土木工程施工组织设计精选系列 3

# 文教卫生工程

中国建筑工程总公司　编著

中国建筑工业出版社

**图书在版编目（CIP）数据**

土木工程施工组织设计精选系列.3，文教卫生工程/中国建筑工程总公司编著.—北京：中国建筑工业出版社，2006

ISBN 978-7-112-08635-1

Ⅰ.土… Ⅱ.中… Ⅲ.①土木工程-施工组织-案例-中国②文化建筑-建筑施工-施工组织-案例-中国③教育建筑-建筑施工-施工组织-案例-中国④卫生工程-施工组织-案例-中国 Ⅳ.TU721

中国版本图书馆CIP数据核字（2006）第106386号

多年来的施工实践表明，施工组织设计是指导施工全局、统筹施工全过程，在施工管理工作中起核心作用的重要技术经济文件。本书精选了18篇施工组织设计实例，皆为优中择优之作，基本上都是获奖工程。例如，东莞玉兰大剧院获“2006年度中国建筑工程鲁班奖”。天津泰达图书馆工程获“2004年度中国建筑工程鲁班奖”。北大医院二部病房楼工程获“2003年度中国建筑工程鲁班奖”等等。希望这些高水平建筑公司的一流施工组织设计佳作能够得到读者的喜爱。

本书适合从事土木工程的建筑单位、施工人员、技术人员和管理人员，建设监理和建设单位管理人员使用，也可供大中专院校师生参考、借鉴。

* * *

责任编辑：郭　栋
责任设计：郑秋菊
责任校对：张树梅　王金珠

土木工程施工组织设计精选系列　3
**文教卫生工程**
中国建筑工程总公司　编著
*
中国建筑工业出版社出版、发行（北京西郊百万庄）
新华书店经销
北京密云红光制版公司制版
北京蓝海印刷有限公司印刷
*
开本：787×1092毫米　1/16　印张：78¼　字数：1948千字
2007年5月第一版　2007年5月第一次印刷
印数：1—3000册　定价：133.00元
ISBN 978-7-112-08635-1
（15299）

（邮政编码　100037）
本社网址：http：//www.cabp.com.cn
网上书店：http：//www.china-building.com.cn

# 编辑委员会

中建五局：蔡　甫　李金望　粟元甲　赵源畴　肖扬明
喻国斌　张和平
中建六局：张云富　陆海英　高国兰　贺国利　杨　萍
姬　虹　徐士林　冯　岭　王常琪
中建七局：黄延铮　吴平春　胡庆元　石登辉　鲁万卿
毋存粮
中建八局：王玉岭　谢刚奎　马荣全　郭春华　赵　俭
刘　涛　王学士　陈永伟　程建军　刘继峰
张成林　万利民　刘桂新　窦孟廷
中建国际：王建英　贾振宇　唐　晓　陈文刚　韩建聪
黄会华　邢桂丽　张廷安　石敬斌　程学军
中海集团：姜绍杰　钱国富　袁定超　齐　鸣　张　愚
刘大卫　林家强　姚国梁
中建发展：谷晓峰　于坤军　白　洁　徐　立　陈智坚
孙进飞　谷玲芝

# 前　言

施工组织设计是指导项目投标、施工准备和组织施工的全面性技术、经济文件，在工程项目中依据施工组织设计统筹全局，协调施工过程中各层面工作，可保证顺利完成合同规定的施工任务，实现项目的管理精细化、运作标准化、方案先进化、效益最大化。编制和实施施工组织设计已成为我国建筑施工企业一项重要的技术管理制度，也是企业优势技术和现代化管理水平的重要标志。

中建总公司作为中国最具国际竞争力的建筑承包商和世界500强企业，一向以建造“高、大、新、特、重”工程而著称于世：中央电视台新台址工程、“神舟”号飞船发射平台、上海环球金融中心大厦、阿尔及利亚喜来登酒店、香港新机场、俄罗斯联邦大厦、美国曼哈顿哈莱姆公园工程等一系列富于时代特征的建筑，均打上了“中国建筑”的烙印。以这些项目为载体，通过多年的工程实践，积累了大量的先进技术成果和丰富的管理经验，加以提炼和总结，形成了多项优秀施工组织设计案例。这是中建人引以为自豪的宝贵财富，更是中建总公司在国内外许多重大项目投标中屡屡获胜的“法宝”。

此次我们将中建集团2000年后承揽的部分优势特色工程项目的施工组织设计案例约230余项收录整理，汇编为交通体育工程、办公楼酒店、文教卫生工程、住宅工程、工业建筑、基础设施、安装加固及装修工程、海外工程8个部分共9个分册，包括了各种不同结构类型、不同功能建筑工程的施工组织设计。每项施工组织在涵盖了从工程概况、施工部署、进度计划、技术方案、季节施工、成品保护等施工组织设计中应有的各个环节基础上，从特色方案、特殊地域、特殊结构施工以及总包管理、联合体施工管理等多个层面凸现特色，同时还将工程的重点难点、成本核算和控制进行了重点描述。为了方便阅读，我们在每项施工组织设计前面增加了简短的阅读指南，说明了该项工程的优势以及施工组织设计的特色，读者可通过其更为方便的找到符合自己需求的各项案例。该丛书为优势技术和先进管理方法的集成，是“投标施工组织设计的编写模板、项目运作实施的查询字典、各类施工方案的应用数据库、项目节约成本的有力手段”。

作为国有骨干建筑企业，我们一直把引领建筑行业整体发展为己任，特将此书呈现给中国建筑同仁，希望通过该书的出版提升建筑行业的工程施工整体水平，为支撑中国建筑业发展做出贡献。

# 目　录

# 第一篇

# 深圳文化中心钢结构工程施工组织设计

**编制单位**：中建三局

**编 制 人**：王　宏　徐联民　刘家华　徐重良　张晓明

**【简介】**　深圳文化中心钢结构工程在室内布置的两棵高大的黄金树是整个文化中心的点睛之笔，也是钢结构设计与施工的重点。黄金树为铸钢节点枝状空间钢结构，由主干、粗枝、中枝和端枝组成，不同类型的铸钢节点共67个，节点分枝最高达10个，单个节点最重7.71t。结构形式新颖独特，节点造型复杂，整个工程的神话设计、节点铸造、结构安装、测控与焊接等方面的综合技术在国内尚无先例可循，施工难度极大。该施工组织设计在黄金树及其节点的设计、验算、安装、焊接以及测控技术方面做了详细阐述，极具参考价值。

# 目 录

# 1 工程概况

## 1.1 工程概况

深圳市文化中心位于深圳市福田中心区北部，莲华山南侧，是深圳市重点建设的文化项目之一。文化中心工程地下面积3.1万$m^2$，地上面积5.5万$m^2$，分为音乐厅、图书馆和室外大平台三大部分，总长312m，总宽89.7m，高40m，主要柱网尺寸为7.8m×7.8m。图书馆地上面积3.3万$m^2$，共8层，除前厅和管理用房外，主要是开架书库阅览室，五层设有报告厅，跨度最大为18.52m。音乐厅地上面积2.2万$m^2$，包括前厅、大音乐厅和服务用房儿部分，服务用房共8层，图书馆、音乐厅屋盖为组合钢屋架，分别用8根大柱承托组合屋盖荷载。图书馆和音乐厅之间有宽16m的市政道路，在6m标高处用通道将两部分连在一起。靠近福中一路两侧的图书馆和音乐厅进口处均设有黄金树组成的大前厅。黄金树由树干（劲性混凝土柱）、树枝（钢管）、树冠（玻璃幕墙）构成，图书馆和音乐厅东侧外墙设有高28m、长93.6m的空间曲面玻璃垂幕，图书馆和音乐厅之间以及东侧外设有标高6.00m的大平台。

## 1.2 钢结构特点

### 1.2.1 黄金树

黄金树位于图书馆和音乐厅入口处，黄金树的结构就像它的名字所表示的一样，由主干、粗枝、中枝和端枝组成，赋予树的想像，起到建筑象征性雕塑的效果。主干从一层标高开始为钢筋混凝土结构，并用钢结构补强，主干上伸出的枝用钢管做成。主干及各枝的连接处采用铸钢节点，连接黄金树端枝的构件作为主梁，在主梁的各面上设置次梁，主梁和次梁跨度均有超过20m的，因此，在它们下面增加张拉构件及竖杆，以增加结构的刚度和强度。

### 1.2.2 组合屋盖

图书馆和音乐厅屋盖结构为组合钢屋盖，由不同型号的H型钢直接拼装焊接而成。屋盖桁架呈圆弧状，最大跨度为55.4m，桁架由楼面混凝土柱上伸出的四叉斜钢管支撑。音乐厅北侧建筑物的边界，图书馆三本书建筑物的边界为不规则形状的约束条件。其设计原则是组合钢屋盖支座在承受包括屋面做法在内的自重时，允许产生水平位移。玻璃垂幕立柱顶部与组合屋盖连接处采用螺栓连接，应保证屋盖结构不承担玻璃垂幕的自重，同时玻璃垂幕的立柱也不承担组合屋盖结构的荷载。

### 1.2.3 音乐厅楼面

平面造型为不规则的多边形，采用H型钢及钢管柱，H型钢梁组合楼面结构，钢梁最大跨度19.8m，构件最重6.27t。

### 1.2.4 黄金树幕墙，音乐大厅直立墙体，音乐大厅、小厅及报告厅围墙

均采用大直径圆钢管、口型钢管、H型钢连接而成，墙体多为不规则的四边形。

### 1.2.5 雨篷

采用H型钢柱梁结构，最大悬挑长度为6m。

### 1.2.6　钢楼梯

本工程音乐厅和图书馆均有部分楼梯采用钢结构楼梯，楼梯虽形状各异，但所有楼梯均采用型钢骨架和 6mm 薄钢板踏步结构。

## 1.3　钢结构工程物量统计及钢结构材料（表 1-1）

**表 1-1**

| 结　构 | 材料型号 | 原设计材料 | 代换国产材料 | 重量合计（t） |
|---|---|---|---|---|
| 黄金树 | 钢　管 | STK490 | 16Mn | 896 |
| | 型　钢 | SM490A | | |
| | 节点铸钢 | SCW480 | GS20Mn5V | |
| 屋　架 | 型　钢 | SS400 | | 1143 |
| 黄金树幕墙 | 型钢 | SS400 | | 89 |
| 小音乐厅楼面 | 型钢圆钢管 | SS400/STK490 | 16Mn | 56 |
| 大音乐厅围墙 | 型钢、钢板 | SS400 | | 88 |
| 小音乐厅围墙 | 型钢、钢板 | SS400 | | 35 |
| 报告厅围墙 | 型钢、钢板 | SS400 | | 20 |
| 音乐厅吊顶 | 型钢、钢板 | SS400 | | 37 |
| 雨　篷 | 型钢、钢板 | SS400 | | 50 |
| 钢楼梯 | 型钢、钢板 | SS400 | | 140 |
| 螺　栓 | | F10T | 8.8 级扭剪型高强螺栓 | |
| 焊接材料 | 焊条、焊丝 | | E43 和 E50 系列 | |
| | 焊条、焊丝 | | JM-58 | |
| 钢结构防腐 | 无机富锌 | | 70μm | |
| 钢结构防火 | 防火一级 | 薄　形 | 耐火 2h | |

## 1.4　钢结构工程难点

### 1.4.1　黄金树

（1）黄金树采用独特的树枝结构，多根钢管杆件以不同的角度汇交于一点，组成树形的空间三维体系，结构新颖，空间角度复杂，设计和施工阶段的验算复杂。

（2）依据设计构思，黄金树钢管汇集节点采用刚性节点，节点承担弯矩，故采用铸钢节点，铸钢节点的计算和受力分析异常复杂。

（3）铸钢节点为多根（最多 10 根）大直径钢管直接汇交，72 个铸钢节点形状各异（每侧 36 个，两侧对称），节点外形复杂、体积庞大，且铸钢需要在现场与普通钢管焊接成型。铸钢的选材、深化设计、成型、铸造、验收、检验均是难题。

（4）黄金树具有复杂的造型，节点是通过钢管的延伸、汇交形成的，黄金树钢管从下到上相互关联，在靠近组合屋盖处，还要与屋盖桁架相连。铸钢节点伸出多个接头，每个节点都是一个复杂的三维体，每一个铸钢节点的安装精度都直接影响到与之相连的钢管的安装和与钢管的另一头相连的铸钢节点，安装过程中的累计误差控制、相关节点的协调和修正，使得黄金树的安装成为相互关联的复杂、庞大的测控体系。

(5) 铸钢节点与相连钢管需要现场组对、焊接，本工程的铸钢件体形复杂（最多是10个钢管以不同的空间角度汇交）、体积庞大（最大的空间尺寸为3.6m×3.6m×3.6m）、重量重（最重6t），铸钢件与普通钢管的现场焊接是本工程的重点和难点。

**1.4.2**　屋架

(1) 本工程屋架结构采用组合型钢屋架，屋架上下弦为弧线，为了保证屋面的曲线形状和尺寸，工厂制作构件时，上下弦构件需要微弯，桁架构件的下料及微弯后如何保证拼装精度是难题。

(2) 组合屋架采用小型H型钢构件直接拼装焊接而成，形式独特，汇交节点的设计、拼装与管桁架和板节点桁架相比，难度大幅增加。

(3) 屋架最大跨度55.4m，最重达34t，屋架在现场需分段吊装，屋架的定位和高空组拼是本工程的又一大难点。

(4) 屋盖结构的边界为不规则形状的约束条件。其设计原则是组合钢屋盖支座，在承受包括屋面做法在内的自重时，允许产生水平位移。可滑动支座的设计、安装均是本工程应解决的问题。

**1.4.3**　其他构件

(1) 本工程其他构件除几何形状比较复杂外，结构设计和拼装都有一定的难度，但构件的吊装和组装均为常规施工。

(2) 音乐厅中大、小厅以及报告厅的钢结构围护墙钢支托与组合屋盖的连接，应遵守屋盖结构不承担钢围护结构墙的自重；同时，钢结构围护墙不承担屋顶结构荷载这一设计原则，故其节点设计和安装精度的保证至关重要。

# 2　施工部署

## 2.1　总体和重点部位施工顺序

用布置在建筑物N轴以西的行走式、固定塔吊作为所有构件的吊装设备。

黄金树结构安装采用高空散装。

屋盖曲线大桁架采用工厂整体拼装、分段运输、分段吊装、高空组拼的安装工艺，其余屋盖连接构件全部为散件，依次吊装。

音乐厅楼面、墙体、楼梯等构件的吊装，需根据吊机的起重能力，尽量组片吊装，在安装位置进行组拼。

高空拼装的支撑架为脚手架钢管拼装胎架。

## 2.2　施工平面布置情况

吊装设备和主要机械钢结构施工总平面布置主要分为如下两个阶段。

**2.2.1**　屋盖结构以下（包括黄金树）构件安装平面布置

因土建施工时已在建筑物N轴西部安装了两台MC-300-K12塔吊，吊装屋盖以下的构件，可使用土建已安装的塔吊。但鉴于本工程黄金树钢结构安装的难度和重要性，在建筑物N轴西部，土建两台塔吊之间，安装一台K50/50行走式塔吊。详见施工总平面图（图2-1）。

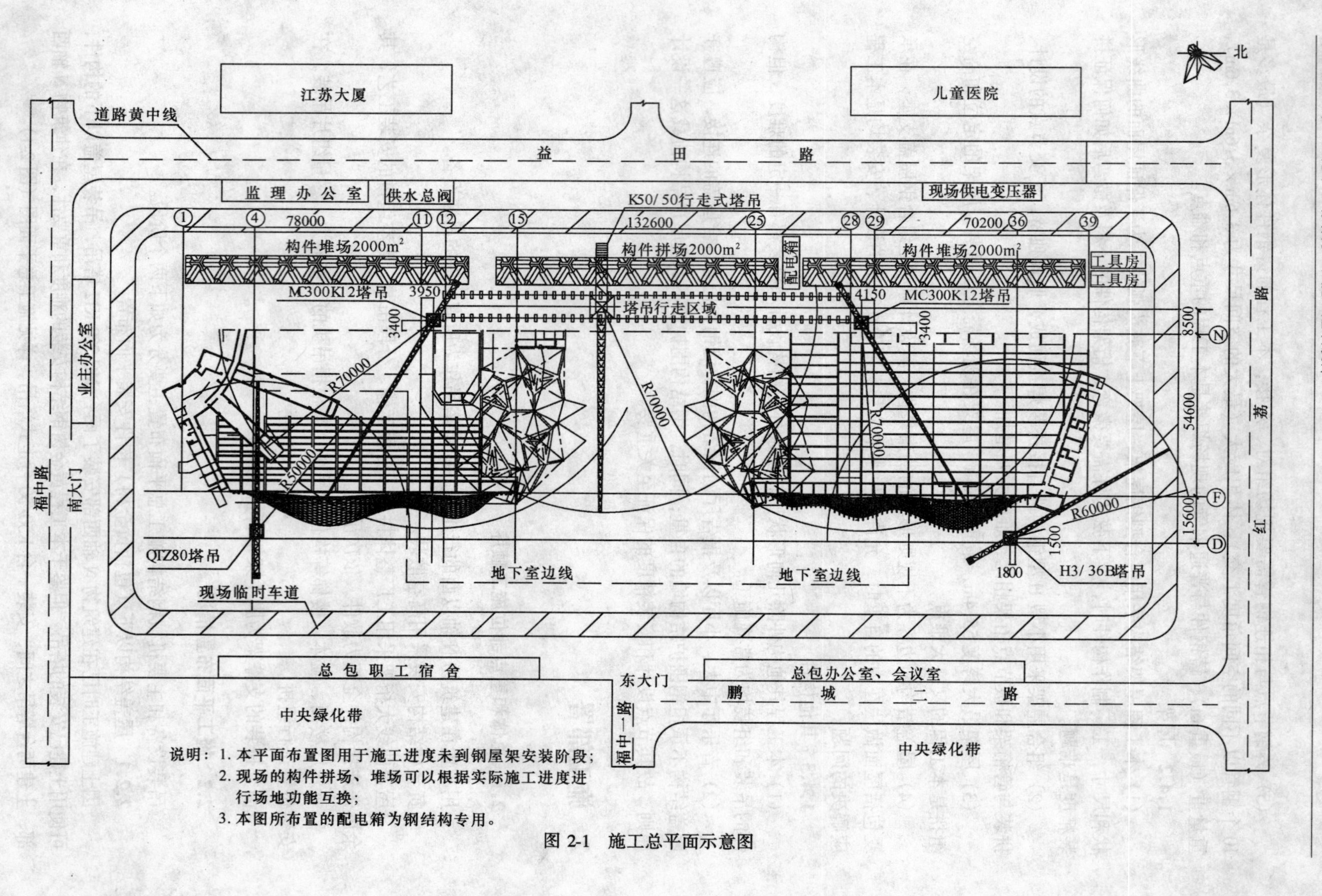


说明：1. 本平面布置图用于施工进度未到钢屋架安装阶段；
2. 现场的构件拼场、堆场可以根据实际施工进度进行场地功能互换；
3. 本图所布置的配电箱为钢结构专用。

图 2-1　施工总平面示意图

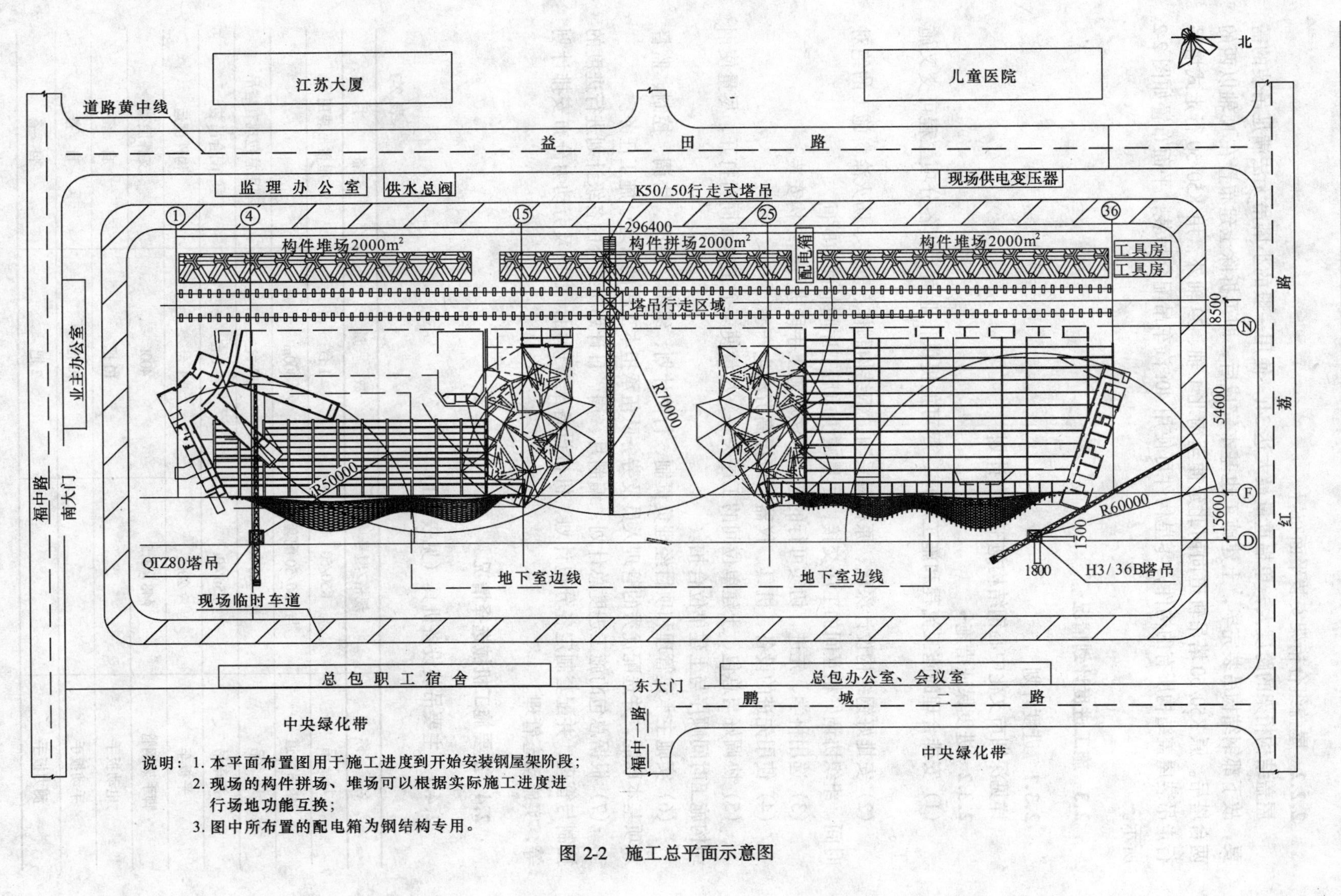


说明：1. 本平面布置图用于施工进度到开始安装钢屋架阶段；
2. 现场的构件拼场、堆场可以根据实际施工进度进行场地功能互换；
3. 图中所布置的配电箱为钢结构专用。

图 2-2 施工总平面示意图

### 2.2.2 屋盖组合桁架安装平面布置

屋盖结构桁架的跨度大，单榀重量最大达34t，使用一般的小塔吊无法满足吊装的需要，故下部钢结构吊装完毕，土建施工也基本完成后，即可拆除土建布置在N轴以西的两台塔吊。原K50/50塔吊轨道向南北延伸至南北1轴、39轴外，用K50/50行走式塔吊行走吊装屋盖结构所有的构件，零星构件可使用40t汽车吊配合吊装，平面布置如图2-2所示。

## 2.3 施工进度计划情况

### 2.3.1 进度计划

详见深圳市文化中心钢结构施工进度计划。

### 2.3.2 进度保证措施

（1）安排合理的施工流程和施工顺序，尽可能提供作业面，使各分项工程可交叉施工。

（2）安排好钢结构设计深化、原材料采购、钢结构制作、安装、防火涂料施工的绝对时间。组织协调好相互间的工序交接，尽量减少前后工序间的间隙时间。

（3）选用科学、先进、切实可行的施工方法和施工手段进行钢结构安装。

（4）使用先进的设备、机具、仪器，以提高劳动生产率。

（5）协调好与总包、土建单位间的工序关系，尽量使多个工作面同时打开，尽量使钢结构施工时间顺序与土建单位合拍。

（6）实施主承建管理和项目经理负责制，行使计划、组织、指挥、协调、控制、监督六项基本职能，并选配优秀的管理人员及劳务队伍承担本工程的管理、施工任务。

（7）根据总包的施工进度总计划，编制月、周、日计划相结合的各级计划进行进度的控制与管理，并配套制定各分包计划、机械设备配备使用计划以及劳动力分布安排计划等，实施动态管理。

## 2.4 主要施工机械选择情况

### 2.4.1 主要吊装设备机具（见表2-1）

表2-1

| 名　称 | 规格/型号 | 数　量 | 备　注 |
|---|---|---|---|
| 塔　吊 | K50/50 | 1台 | 屋盖吊装用 |
| 塔吊轨道 | 与K50/50配套 | 300m | |
| 塔　吊 | MC-300-K12 | 2台 | 利用总包现有塔吊 |
| 汽车吊 | 25t/40t | 各1台 | 配合吊装 |
| 平板车 | 20t | 1台 | 构件倒运 |
| 脚手架钢管 | $\phi48\times3.5$ | 400t | 支撑胎架 |
| 电动扳手 | | 10把 | 自　备 |
| 手动扳手 | | 10把 | 自　备 |
| 测力扳手 | | 2把 | 自　备 |

续表

| 名　称 | 规格/型号 | 数　量 | 备　注 |
|---|---|---|---|
| 螺旋千斤顶 | 8t/16t/20t | 5个/10个/5个 | 自　备 |
| 捯　链 | 1t/3t/5t/10t | 20个/20个/10个/4个 | 自　备 |
| 气切修孔机 | | 4台 | 自　备 |
| 手提磨光机 | $\phi$200 | 2台 | 自　备 |
| 角向磨光机 | $\phi$100 | 10台 | 自　备 |
| 螺旋千斤顶 | 3t/5t/10t/32t | 4台/8台/8台/2台 | 自　备 |
| 导　链 | 2t/3t/5t/10t | 16个/24个/32个/10个 | 自　备 |
| 对讲机 | MOTOROLA | 8台 | 自　备 |

### 2.4.2 主要焊接设备机具（见表2-2）

表2-2

| 序　号 | 名　称 | 规　格 | 数　量 | 备　注 |
|---|---|---|---|---|
| 1 | 二氧化碳焊机 | 600UG | 15台 | 自　备 |
| 2 | 直流焊机 | AX-500-7 | 15台 | 自　备 |
| 3 | 栓钉熔焊机 | JASS-2500 | 1台 | 自　备 |
| 4 | 压型钢板点焊机 | | 1台 | 自　备 |
| 5 | 空压机 | 0.6$m^3$ | 6台 | 自　备 |
| 6 | 碳弧气刨 | | 10台 | 自　备 |
| 7 | 焊条筒 | | 20只 | 自　备 |
| 8 | 保温箱 | 150 | 1台 | 自　备 |
| 9 | 高温烘箱 | 0～500℃ | 1台 | 自　备 |
| 10 | 空气打渣器 | | 10台 | 自　备 |
| 11 | 自动切割机 | | 2台 | 自　备 |
| 12 | $O_2$和$C_2H_2$装置 | | 16套 | 自　备 |
| 13 | 高空焊机房 | | 4个 | 自　制 |
| 14 | 高空操作挂笼 | | 12个 | 自　制 |
| 15 | 氧气瓶 | | 60个 | 周转使用 |
| 16 | 乙炔瓶 | | 30个 | 周转使用 |
| 17 | $CO_2$气瓶 | | 40瓶 | 周转使用 |
| 18 | 三级配电箱 | | 8套 | |
| 19 | 电缆线 | | 若干 | |
| 20 | 焊把线 | 90$mm^2$ | 1000m | |

### 2.4.3 材料试验、质检仪器设备（见表2-3）

表2-3

| 序　号 | 仪器设备名称 | 规格型号 | 单　位 | 数　量 | 备　注 |
|---|---|---|---|---|---|
| 1 | 超声波探伤仪 | USL-32/CTS-22 | 台 | 2 | 质检仪器 |
| 2 | 冲击试验机 | JB30B 6706U | 台 | 1 | 试验设备 |
| 3 | 电子拉力机 | DCS-10T JB6 | 台 | 1 | 试验设备 |
| 4 | 涂装厚度检测仪 | | 台 | 1 | 质检仪器 |

续表

| 序　号 | 仪器设备名称 | 规格型号 | 单　位 | 数　量 | 备　注 |
|---|---|---|---|---|---|
| 5 | 自动安平水准仪 | ZDS3 | 台 | 1 | 质检仪器 |
| 6 | 测温仪 | 300℃ | 只 | 15 | 质检仪器 |
| 7 | 激光铅直仪 | | 台 | 1 | 质检仪器 |
| 8 | 全站仪 | 2″ | 台 | 1 | 质检仪器 |
| 9 | 经纬仪 | J2 | 台 | 1 | 质检仪器 |

## 2.5　总体施工方案和要点

### 2.5.1　方案的重点

根据工程特点，确定本施工组织设计的重点在于钢结构安装过程的验算和设计，铸钢件设计与铸造，曲线桁架的弯曲，节点的拼接，黄金树现场安装定位及铸钢件与普通钢管的焊接等几个方面。

### 2.5.2　设计与验算

设计验算的重点是：根据所选定的材料和构件尺寸，进行黄金树结构的空间整体分析并得出结论。

根据所设计的铸钢件节点，进行刚性节点的节点受力分析，并得出结论。

根据桁架的实体模型，进行屋盖结构的空间受力分析，并得出结论。

根据桁架支座可移动的要求，通过计算确定桁架的最大位移，并据此设计桁架支座。

### 2.5.3　铸钢件铸造

根据设计结果进行铸钢件的试制，重点是解决材质、模具、各类参数、检测手段等问题。试制各项指标合格后，再进行铸钢节点的批量生产。铸钢件按照要求进行制作，运输到现场进行现场安装。

### 2.5.4　钢结构构件制作

黄金树钢管构件根据铸钢节点的连接要求，制作成单根的散件，运输至现场安装。

55.4m 跨度曲线桁架 ST-1、ST-2、ST-3，在工厂需整体平面拼装，根据运输能力，分四段运输到现场，根据现场吊机的起重能力，组装后分段吊装。

其余屋盖结构构件均进行工厂化制作，制作成型后运输到现场，吊装至高空，与主桁架拼装。

音乐厅楼面、墙体、幕墙构件均需根据安装提供的最大起重量、构件的运输能力，尽可能大的拼装成整体构件，进行运输和现场安装。

### 2.5.5　钢结构安装要点

用布置在建筑物 N 轴以西的行走式、固定塔吊作为所有构件的吊装设备。

黄金树结构安装采用高空散装。

屋盖曲线大桁架采用工厂整体拼装、分段运输、分段吊装、高空组拼的安装工艺，其余屋盖连接构件全部为散件，依次吊装。

音乐厅楼面、墙体、楼梯等构件的吊装，需根据吊机的起重能力，尽量组片吊装，在安装位置进行组拼。

高空拼装的支撑架为脚手架钢管拼装胎架。

## 2.6 劳动力计划组织情况（见表2-4）

表2-4

| 序 号 | 类 别 | 数 量（人） | 序 号 | 类 别 | 数 量（人） |
|---|---|---|---|---|---|
| 1 | 管理人员 | 15 | 8 | 测量工 | 4 |
| 2 | 铆 工 | 20 | 9 | 探 伤 | 4 |
| 3 | 钳 工 | 18 | 10 | 机操工 | 8 |
| 4 | 电焊工 | 30 | 11 | 起重工 | 15 |
| 5 | 架子工 | 10 | 12 | 普 工 | 80 |
| 6 | 油漆工 | 8 | 13 | 其 他 | 10 |
| 7 | 电 工 | 2 | 14 | 合 计 | 224 |

# 3 钢结构分析及吊装验算

## 3.1 铸钢节点极限承载力分析

深圳文化中心黄金树结构，就像它名字所表示的一样，由主干、粗枝、中枝和端枝组成，赋予结构以树的形象。主干与各分枝的连接节点采用铸钢节点，多根钢管杆件以不同角度汇集一点，尺寸大，形状和受力相当复杂。在整个黄金树结构中共有铸钢节点68个，我们选取了一些复杂的铸钢节点，即节点424号、415号、412号、312号，计算了它们的极限承载力，并给出了节点极限状态时的应力分布。

节点424号最为典型，也最为复杂，共有7根TB1、6根TB3和2根TG3汇集于此点，其中与TB1和TG3的连接采用铸钢节点连接，与TB3的连接采用焊接钢板节点连接。

### 3.1.1 模型建立

我们对424号节点分别进行了实心节点、空心节点和半空心节点的极限承载力分析，并比较了它们的极限承载力。通过对铸钢节点极限荷载进行分析，在综合考虑铸造、施工和设计等诸多因素后，最后决定在黄金树结构中采用半空心半实心的铸钢节点。

根据节点设计的实际尺寸，采用节点的空间三维模型作为计算模型。铸钢材料为20Mn5V，弹性模量 $E = 2.06 \times 10^5$MPa，屈服强度 $f_y = 275$MPa，泊松比 $\nu = 0.3$。材料本构关系采用理想弹塑性模型，屈服准则采用Von Mises屈服准则，计算时屈服强度取值为270MPa。

节点模型如图10-1~图10-6所示（见附录）。

### 3.1.2 计算分析

利用ANSYS有限元分析软件计算节点的极限承载力。分析中考虑了节点的几何非线性和材料非线性。对于实心节点及半空心半实心节点，采用实体单元SOLID45进行计算；对于空心节点，采用壳单元SHELL181进行分析。

早期对于424号节点进行实心和空心模型极限承载力分析时，选用的荷载工况为：

1.2×恒载+1.4×活载。

近期对于其余节点，计算时荷载工况取为：

1.1×[1.2×恒载+0.85×1.4×(活载+风载)]。

其中，1.1为结构重要性系数，0.85为同时考虑活荷载和风荷载的折减系数。

采用提供的在恒载、活载和风荷载作用下黄金树结构构件的内力，按照杆件的内力对节点进行内力组合。因所提供的杆件内力均为杆件在局部坐标系下的内力，杆件对节点的剪力作用因方向不能确定，暂时无法考虑其影响。因此，目前在分析中只考虑了杆件对节点的轴向力作用。

计算可获得节点在杆件轴向力作用下的荷载-位移曲线，并从中确定极限承载力大小。

#### 3.1.3　主要结论

(1) 通过对424号节点实心模型的极限承载力分析可以得知，其极限承载力为设计承载力的45倍左右，这不仅将造成材料的巨大浪费，而且大大地加大了节点的自重，对整个黄金树结构受力，将产生极其不利的作用。

(2) 通过对424号节点空心模型的极限承载力分析可以得知，当节点壁厚取28mm时，节点的极限承载力为设计承载力的5.71倍。但是，全空心节点将给铸造带来很大的困难。

(3) 综合考虑安全、经济、铸造及施工方便等方面的因素，建议采用半空心半实心的节点形式。这样一方面可以减轻节点自重，另一方面也大大地降低了节点制造的难度。

(4) 采用半空心半实心的节点模型，计算了424号、312号、412号、415号四个典型节点的极限承载力。从节点的荷载-位移曲线可以看出，415号节点的极限承载力为设计承载力的10倍。对于其余节点，在位移允许范围内其极限承载力也为设计承载力的15倍左右。由计算可知，节点的弹性极限承载力也为设计承载力的5~8倍左右。从节点在极限荷载情况下的单元应力分布和节点应力分布可以看出，节点已经有相当大的区域进入了塑性。

(5) 由于在分析中未考虑施工安装偏差等方面的不利因素，所以，节点的极限承载力取为设计承载力的10~15倍是比较合理的。

### 3.2　黄金树内力计算及强度、稳定性和刚度验算

#### 3.2.1　计算模型

(1) 计算模型：黄金树结构计算模型根据设计方提供的图纸和数据建立，并采用ANSYS有限元软件进行内力计算。根据内力计算结果，验算构件的强度、稳定性和刚度。

(2) 边界条件：黄金树结构边界条件根据设计方提供的图纸和数据确定。在与大屋盖连接的部位，取屋盖一榀边桁架与黄金树相连，以考虑桁架对黄金树结构内力的影响。边桁架承担黄金树传来的竖向荷载，但应提供X方向的约束。

(3) 荷载工况

考虑三种荷载工况：

1) 1.2×恒载 + 1.4×活荷载；

2) 1.2×恒载 + 1.4×风荷载（X正方向）；

3) 1.2×恒载 + 1.4×风荷载（Y正方向）。

### 3.2.2 计算结果

(1) 1.2×恒载 + 1.4×活荷载

(2) 1.2×恒载+1.4×风荷载（X正方向）

(3) 1.2×恒载+1.4×风荷载（Y正方向）

### 3.2.3 强度、刚度和稳定性验算

(1) 1.2×恒载 + 1.4×活荷载

结构最大变形及构件最大应力分别见表3-1和表3-2。

**结构最大变形**（mm） **表3-1**

| 变　形 | X | Y | Z |
|---|---|---|---|
| 节点编号 | 723 | 750 | 714 |
| 数　值 | −38.422 | 29.001 | −114.13 |

**结构构件最大应力**（$N/mm^2$） **表3-2**

| 单元编号 | 连接节点号 | | 最大应力 | 杆件长度（m） |
|---|---|---|---|---|
| 102 | 425 | 510 | 178.01 | 7.122 |

选取102单元所在构件进行稳定分析：

$\sigma = 64.75\mathrm{MPa}; A = 295.8\mathrm{E}-04\mathrm{m}^2; I_y = I_z = 67912\mathrm{E}-08\mathrm{m}^4; l = 11.37\mathrm{m}; \varphi = 0.617 \Rightarrow \sigma = 105.3\mathrm{MPa} \Rightarrow \sigma = 262.8\mathrm{MPa}$

(2) 1.2×恒载 + 1.4×风荷载（X正方向）

结构最大变形及构件最大应力分别见表3-3和表3-4。

**结构最大变形**（mm） **表3-3**

| 变 形 方 向 | X | Y | Z |
|---|---|---|---|
| 节点编号 | 608 | 608 | 614 |
| 数　值 | 23.119 | −10.083 | −27.504 |

**结构构件最大应力**（$N/mm^2$） **表3-4**

| 单元编号 | 连接节点号 | | 最大应力 | 杆件长度（m） |
|---|---|---|---|---|
| 207 | 660 | 430 | 54.528 | 4.049 |
| 511 | 1021 | 1121 | −111.09 | 1.989 |

选取40单元和511单元所在构件进行稳定分析：

40单元所在构件：

$\sigma = 64.75\mathrm{MPa}; A = 295.8\mathrm{E}-04\mathrm{m}^2; I_y = I_z = 67912\mathrm{E}-08\mathrm{m}^4; l = 11.37\mathrm{m}; \varphi = 0.617 \Rightarrow \sigma = 105.3\mathrm{MPa}$

511单元所在构件：

$\sigma = 111.09\mathrm{MPa}; A = 295.8\mathrm{E}-04\mathrm{m}^2; I_y = I_z = 67912\mathrm{E}-08\mathrm{m}^4; l = 1.989\mathrm{m}; \varphi = 0.981 \Rightarrow \sigma = 113.24\mathrm{MPa}$

(3) 1.2×恒载+1.4×风荷载(Y正方向)

结构最大变形及构件最大应力分别见表3-5和表3-6。

结构最大变形(mm) 表3-5

| 变形方向 | X | Y | Z |
|---|---|---|---|
| 节点编号 | 708 | 708 | 708 |
| 数 值 | -43.690 | -37.241 | -86.853 |

结构构件最大应力($N/mm^2$) 表3-6

| 单元编号 | 连接节点号 | | 最大应力 | 杆件长度(m) |
|---|---|---|---|---|
| 235 | 707 | 708 | 259.02 | 3.467 |
| 236 | 708 | 709 | -238.67 | 3.466 |

选取40单元和236单元所在构件进行稳定分析:

40单元所在构件:

$\sigma = 78.37\text{MPa}; A = 295.8\text{E}-04\text{m}^2; I_y = I_z = 67912\text{E}-08\text{m}^4; l = 11.37\text{m}; \varphi = 0.615 \Rightarrow \sigma = 127.4\text{MPa}$

236单元所在构件:

$\sigma = 238.67\text{MPa}; A = 295.8\text{E}-04\text{m}^2; I_y = I_z = 67912\text{E}-08\text{m}^4; l = 3.466\text{m}; \varphi = 0.943 \Rightarrow \sigma = 253.1\text{MPa}$

结论:验算结果表明,结构的强度、刚度和稳定性均满足要求。

## 3.3 屋盖内力计算及强度、稳定性和刚度验算

### 3.3.1 深圳文化中心音乐厅大屋盖模型图

参照设计图纸,在AutoCAD2004中建立音乐厅大屋盖空间模型。

### 3.3.2 深圳文化中心音乐厅大屋盖在自重作用下的变形和内力计算

将AUTOCAD2004中的空间模型传入ANSYS5.6计算程序,计算在自重作用下的结构变形图,最大变形为-13.4mm(只考虑了构件自重)。

[杆件强度] 杆件的最大计算应力为:$115\text{N/mm}^2 < f = 235\text{N/mm}^2$

[杆件稳定性] 根据轴力和弯矩的最不利组合进行杆件的稳定性分析:

$N = 482\text{kN}; M_z = 0; M_y = 0; \varphi = 0.978 \Rightarrow 29.6\text{N/mm}^2 < f = 235\text{N/mm}^2$

$N = 36.8\text{kN}; M_z = 173.9\text{kN}\cdot\text{m}; M_y = 0.3\text{kN}\cdot\text{m}; \varphi = 0.939 \Rightarrow 134.4\text{N/mm}^2 < f = 235\text{N/mm}^2$

杆件的稳定性满足要求。

[结果分析] 由计算结果可知,屋盖在自重作用下,强度、刚度及稳定性均满足要求。

考虑自重作用(只考虑了构件自重)与Y负向风荷载进行组合,计算屋盖桁架结构的内力和变形,其最大变形为12.6mm。

[杆件强度] 杆件的最大计算应力为:$113\text{N/mm}^2 < f = 235\text{N/mm}^2$

[杆件稳定性] 根据轴力和弯矩的最不利组合进行杆件的稳定性分析:

$N = 231.5\text{kN}; M_y = 5.71\text{kN}\cdot\text{m}; M_z = 0.29\text{kN}\cdot\text{m}; \varphi = 0.983 \Rightarrow 29\text{N/mm}^2 < f =$

$235N/mm^2$

杆件的稳定性满足要求。

[结果分析] 由计算结果可知，屋盖在自重和风荷载共同作用下，强度、刚度及稳定性均满足要求。

## 3.4 滑动支座水平位移计算

文化中心音乐厅北侧建筑物的边界，图书馆三本书建筑物的边界为不规则形状的约束条件。这些支座设计为滑动铰支座，允许在荷载作用下结构支座处自由滑动。因此，必须分析在各种荷载工况下支座的水平位移，以便支座设计时留有足够的空隙量。要确定这一水平位移，计算时必须考虑结构的几何非线性因素，才能求得支座水平位移量。利用 ANSYS 有限元分析软件，来计算各种荷载工况下支座处的水平位移值。

因为与滑动铰支座相对应的钢桁架尺寸各异，为此，我们取支座水平位移最大的一榀桁架进行分析。

分析时我们考虑了三种荷载工况：

(1) 结构自重；

(2) 结构自重 + Δ（+20℃）；

(3) 结构自重 + Δ（-30℃）。

计算支座水平位移时，荷载用标准值；另外，因为钢屋盖的尺度比较大，温度效应不可忽略。根据工程施工组织设计，钢屋盖的安装暂定在6月份进行。假定6月份深圳市的平均气温为30℃，同时考虑深圳市的气温变化范围为0~50℃，所以在荷载工况二和工况三中分别考虑了20℃和-30℃的温差效应。

水平位移量见表3-7。

**滑动铰支座处水平位移量（mm）** **表3-7**

| 荷载工况 | 结构自重 | 结构自重 + Δ（+20℃） | 结构自重 + Δ（-30℃） |
|---|---|---|---|
| 水平位移 | -26.791 | -10.066 | -51.906 |

说明：

从上述分析结果可以看出，结构的温度效应不可忽视；若施工时间有所变化，需要重新分析温度效应。

计算结果表明，结构的温度效应比较显著，因此，不必考虑除自重以外其他荷载的影响。

## 3.5 深圳文化中心黄金树安装验算

深圳文化中心黄金树钢结构安装方案采用满堂红脚手架，分三个阶段进行；

第一阶段：架设部分脚手架，使杆件节点全部落在脚手架上，并保证杆件节点上的竖向位移等于零。

第二阶段：在第一阶段安装完成后，继续架设第二部分脚手架和第二部分构件，并使第二部分杆件节点也全部落在脚手架上。

第三阶段：在第二阶段安装完成后，继续架设第三部分脚手架和第三部分构件，并使

第三部分杆件节点部分落在脚手架上。

### 3.5.1　建立计算模型

根据设计方提供的图纸和数据，分别建立不同阶段的计算模型；利用 ANSYS 有限元软件计算其内力，并根据杆件内力验算构件的强度、刚度和稳定性。

### 3.5.2　荷载情况

施工过程主要考虑结构杆件重力荷载和施工活荷载。因为采用满堂红脚手架，施工机械设备和人员等大都直接作用在脚手架构造的平台上，构件荷载以自重为主。根据经验，一般通过将杆件自重加大 30%来综合考虑部分施工过程中的活荷载作用，是偏于安全的。

### 3.5.3　计算结果及分析

(1) 第一阶段验算

在第一安装阶段，计算模型中 Δ 为安装时所加临时支撑，限制节点的竖向位移。计算结果见表 3-8、表 3-9。

**节点最大变形（mm）　　表 3-8**

| 挠 度 方 向 | X | Y | Z |
| --- | --- | --- | --- |
| 节 点 号 | 234 | 304 | 234 |
| 变 形 值 | −0.74073 | 0.50044 | −0.15041 |

**构件最大应力（$N/mm^2$）　　表 3-9**

| 单元编号 | 连接节点号 | | 最大应力 | 杆件长度（m） |
| --- | --- | --- | --- | --- |
| 45 | 305 | 428 | −19.584 | 9.573 |
| 45 | 305 | 428 | 19.197 | 9.573 |

(2) 第二安装阶段（表 3-10、表 3-11）

**节点最大变形（mm）　　表 3-10**

| 方 向 | X | Y | Z |
| --- | --- | --- | --- |
| 节点号 | 234 | 513 | 205 |
| 变形值 | −1.0707 | 0.85670 | −0.27460 |

**构件最大应力（$N/mm^2$）　　表 3-11**

| 单元编号 | 连接节点号 | | 最大应力 | 杆件长度（m） |
| --- | --- | --- | --- | --- |
| 10 | 424 | 428 | 50.918 | 18.44 |
| 10 | 424 | 428 | −51.369 | 18.44 |

(3) 第三阶段（表 3-12、表 3-13）

**节点最大变形（mm）　　表 3-12**

| 方 向 | X | Y | Z |
| --- | --- | --- | --- |
| 节点号 | 412 | 626 | 714 |
| 变形值 | 20.772 | 15.732 | −31.792 |

构件最大应力（$N/mm^2$） 表 3-13

| 单元编号 | 连接节点号 | | 最大应力 | 杆件长度（m） |
|---|---|---|---|---|
| 29 | 214 | 314 | 68.241 | 11.37 |
| 29 | 214 | 314 | −91.51 | 11.37 |

计算结果表明，结构构件的刚度、强度和稳定性均满足要求。

### 3.5.4 拆撑验算

在黄金树第三阶段安装工作结束后，黄金树结构的构件全部就位；拆除临时支撑，使黄金树结构逐渐过渡到设计状态。

拆除支撑的过程将是黄金树结构内力发生重分布的过程；如果拆撑不当，会造成结构构件的破坏或失去稳定。为此，必须制定详细的拆撑方案和拆撑顺序，并通过计算来保证在拆撑过程中结构构件的刚度、强度和稳定性满足要求。

## 3.6 屋盖桁架吊装验算

吊装过程及安装就位后的桁架内力分析用 ANSYS 软件的静力分析模块进行，并按照《钢结构设计规范》（GB 50017—2003）有关条款进行构件的强度和稳定性验算，以确保吊装过程中桁架的强度和稳定性满足要求。整个吊装过程拟采用 K50/50 行走式塔吊作为主要的吊装工具。

### 3.6.1 ST1 桁架的吊装验算和就位验算

由于 ST1 桁架截面尺寸较小，根据屋架与下部连接处的位置，采用将 ST1 桁架分 1 号和 2 号两段进行吊装的方案。

（1）1 号部分吊装验算

1）吊装过程验算

（A）吊点选择

由于 1 号部分跨度较大，拟采用扁担吊。吊点的选择应保证桁架在吊装过程中处于最为合理的受力状态。

（B）内力计算

参照设计图纸，在 Auto CAD2004 中建立 ST1 桁架 1 号构件的模型，传入 ANSYS5.6 计算程序。模型各杆件选用梁单元，杆件截面特性见表 3-14。

ST1 桁架 1 号构件的杆件截面性质 表 3-14

| 名 称 | 截面尺寸（mm） | $A$（$mm^2$） | $I_Z$（$mm^4$） | $I_Y$（$mm^4$） | $S_Z$（$mm^3$） | $S_Y$（$mm^3$） |
|---|---|---|---|---|---|---|
| 上弦杆 | 翼缘 300×15<br>腹板 270×10 | 11700 | 1.99E8 | 6.75E7 | 3.21E5 | 3.21E5 |
| 下弦杆 | 翼缘 300×15<br>腹板 270×10 | 11700 | 1.99E8 | 6.75E7 | 3.21E5 | 3.21E5 |
| 其他杆 | 翼缘 200×12<br>腹板 176×8 | 6208 | 4.61E7 | 1.60E7 | 1.13E5 | 1.13E5 |

由于吊装是一个动态的过程，在内力分析中需要考虑动力作用的影响，故对吊装荷载

(构件自重作用) 乘以 1.3 的动力系数。

$$\rho = 1.3 \times 7850 = 10205\text{kg/m}^3, E = 2.06 \times 10^{-5}\text{N/mm}^2$$

[变形图] 最大计算变形是 -1.23mm，发生于构件右悬臂端。

[杆件强度] 杆件的最大计算应力为：$23.2\text{N/mm}^2 < f = 235\text{N/mm}^2$。

[杆件稳定性] 从计算结果中，根据轴力和弯矩的最不利组合进行杆件的稳定性分析：

$N = 52.9\text{kN}, M = 3.98\text{kN} \cdot \text{m} \Rightarrow 13.5\text{N/mm}^2 < f = 235\text{N/mm}^2$

杆件的稳定性满足要求。

[结果分析] 由上述计算结果可知，ST1 桁架 1 号构件在吊装过程中，强度及稳定性均满足要求。

2) 吊装就位后的验算

A. 模型建立

吊装就位后 1 号构件固定于临时支撑，支座铰接。

B. 内力计算

吊装就位后的荷载主要是自重作用。

$$\rho = 1.3 \times 7850 = 10205\text{kg/m}^3, E = 2.06 \times 10^{-5}\text{N/mm}^2$$

[变形图] 最大计算变形 -4.62mm，位于支座间的跨中。

[杆件强度] 杆件的最大计算应力为：$16.2\text{N/mm}^2 < f = 235\text{N/mm}^2$

[杆件稳定性] 从计算结果中，根据轴力和弯矩的最不利组合进行杆件的平面外稳定性分析：

$N = 124.0\text{kN}, M_1 = 2.67\text{kN} \cdot \text{m} \Rightarrow 74.0\text{N/mm}^2 < f = 235\text{N/mm}^2$

杆件的稳定性满足要求。

[结果分析] 由计算结果可知，ST1 桁架 1 号构件在吊装就位后，强度及稳定性均满足要求。

(2) 2 号构件吊装验算

1) 吊装过程验算

A. 吊点位置

B. 内力计算

参照设计图纸，在 AutoCAD2004 中建立 ST1 桁架 2 号构件的模型，传入 ANSYS5.6 计算程序。模型各杆件选用梁单元，杆件截面特性见表 3-15。

吊装是一个动态的过程，在内力分析中需要考虑动力作用的影响，故对吊装荷载（构件自重作用）乘以 1.3 的动力系数。

$$\rho = 1.3 \times 7850 = 10205\text{kg/m}^3, E = 2.06 \times 10^{-5}\text{N/mm}^2$$

**ST1 桁架 2 号构件各杆件截面性质** **表 3-15**

| 名 称 | 截面尺寸 (mm) | $A$ (mm$^2$) | $I_Z$ (mm$^4$) | $I_Y$ (mm$^4$) | $S_Z$ (mm$^3$) | $S_Y$ (mm$^3$) |
|---|---|---|---|---|---|---|
| 上弦杆 | 翼缘 300×15<br>腹板 270×10 | 11700 | 1.99E8 | 6.752E7 | 3.206E5 | 3.206E5 |
| 下弦杆 | 翼缘 300×15<br>腹板 270×10 | 11700 | 1.99E8 | 6.752E7 | 3.206E5 | 3.206E5 |

续表

| 名 称 | 截面尺寸（mm） | A（$mm^2$） | $I_Z$（$mm^4$） | $I_Y$（$mm^4$） | $S_Z$（$mm^3$） | $S_Y$（$mm^3$） |
|---|---|---|---|---|---|---|
| 腹 杆 | 翼缘 200×12<br>腹板 176×8 | 6208 | 4.61E7 | 1.6E7 | 1.128E5 | 1.128E5 |
| 1 | 翼缘 250×22<br>腹板 756×14 | 21584 | 2.17E9 | 5.746E7 | 1.070E6 | 1.070E6 |
| 2 | 翼缘 250×14<br>腹板 222×9 | 8998 | 1.06E8 | 3.647E7 | 2.065E5 | 2.065E5 |

［变形图］最大计算变形 -0.85mm，发生于悬臂端。

［杆件强度］杆件的最大计算应力为：$7.6N/mm^2 < f = 235N/mm^2$。

［杆件稳定性］根据轴力和弯矩的最不利组合进行杆件平面外稳定性分析：

$$N = 82.9kN, M = 0.8kN \cdot m \Rightarrow 10.4N/mm^2 < f = 235N/mm^2$$

杆件的稳定性满足要求。

［结果分析］由计算结果可知，ST1 桁架 2 号构件在吊装过程中，强度及稳定性均满足要求。

2）吊装就位后的验算

（A）模型建立

吊装就位后 ST1 桁架 2 号构件两端固定于临时支撑，支座铰接。

（B）内力计算

吊装就位后的荷载主要是自重作用。

$$E = 2.06 \times 10^{-5} N/mm^2,\ \rho = 7850 kg/m^3。$$

［变形图］最大计算变形 -0.77mm，发生于悬臂端。

［杆件强度］杆件的最大计算应力为：$6.54N/mm^2 < f = 235N/mm^2$。

［杆件稳定性］从计算结果中，根据轴力和弯矩的最不利组合进行杆件平面外稳定性分析：

$$N = 10.1kN, M = 0.41kN \cdot m \Rightarrow 1.6N/mm^2 < f = 235N/mm^2$$

杆件的稳定性满足要求。

［结果分析］从计算和分析可知，采用该吊装方案，ST1 桁架在吊装过程中和安装就位后，其变形、强度和稳定性均满足要求，故该吊装方案可行。

### 3.6.2 ST2 桁架的吊装验算和就位验算

由于 ST2 桁架的截面尺寸较大，拟搭建临时支撑，采用将 ST2 桁架分为 1 号、2 号和 3 号三段进行吊装的方案。

（1）1 号部分吊装验算

1）吊装过程验算

A. 吊点选择

拟采用扁担吊。

B. 内力计算

参照设计图纸，在 AutoCAD2004 中建立 ST2 桁架 1 号构件的模型，传入 ANSYS5.6 计算程序。模型各杆件选用梁单元，杆件截面特性见表 3-16。

ST2 桁架 1 号构件杆件截面性质　　表 3-16

| 名　称 | 截面尺寸（mm） | $A$（$mm^2$） | $I_Z$（$mm^4$） | $I_Y$（$mm^4$） | $S_Z$（$mm^3$） | $S_Y$（$mm^3$） |
|---|---|---|---|---|---|---|
| 上弦杆 | 翼缘 350×19<br>腹板 312×12 | 17044 | 3.951E8 | 1.358E8 | 5.503E5 | 5.50E5 |
| 下弦杆 | 翼缘 350×19<br>腹板 312×12 | 17044 | 3.951E8 | 1.358E8 | 5.503E5 | 5.50E5 |
| 腹　杆 | 翼缘 250×14<br>腹板 222×9 | 8998 | 1.059E8 | 3.647E7 | 5.503E5 | 5.50E5 |

吊装过程是一个动态的过程，在内力分析中需要考虑动力作用的影响，故对吊装荷载（构件自重作用）乘以 1.3 的动力系数。

$$\rho = 1.3 \times 7850 = 10205\text{kg/m}^3, E = 2.06 \times 10^{-5}\text{N/mm}^2$$

[变形图] 最大计算变形是 $-0.42$mm，发生在左悬臂段的端部。

[杆件强度] 杆件的最大计算应力是 $12.4\text{N/mm}^2 < f = 235\text{N/mm}^2$

[杆件稳定性] 根据轴力和弯矩的最不利组合进行杆件平面外稳定性分析：

$$N = 27.94\text{kN}, M = 2.66\text{kN}\cdot\text{m} \Rightarrow 4.06\text{N/mm}^2 < f = 235\text{N/mm}^2$$

杆件的稳定性满足要求。

[结果分析] 由上述计算结果可知，ST2 桁架 1 号构件在吊装过程中强度及稳定性均满足要求。

2）吊装就位后验算

A. 模型建立

吊装就位后 ST2 桁架 1 号构件两端固定于临时支撑，支座铰接。

B. 模型计算

吊装就位后的荷载作用主要是自重作用。

$$E = 2.06 \times 10^{-5}\text{N/mm}^2, \rho = 7850\text{kg/m}^3。$$

[变形图] 最大计算变形位移为 $-0.52$mm，发生于第二跨跨中。

[杆件强度] 杆件的最大计算应力为：$8.2\text{N/mm}^2 < f = 235\text{N/mm}^2$。

[杆件稳定性] 根据轴力和弯矩的最不利组合进行杆件的稳定性分析：

$$N = 51\text{kN}, M = 2.06\text{kN}\cdot\text{m} \Rightarrow 5.4\text{N/mm}^2 < f = 235\text{N/mm}^2$$

杆件的平面内、外稳定性均满足要求。

[结果分析] 由计算结果可知，ST2 桁架 1 号构件在吊装就位后，强度和整体稳定性满足要求。

(2) 2 号部分吊装验算

1）吊装过程验算

A. 吊点选择

B. 内力计算

参照设计图纸，建立计算模型，杆件截面特性见表 3-17。

ST2 桁架 2 号构件杆件截面性质　　表 3-17

| 名称 | 截面尺寸（mm） | $A$（$mm^2$） | $I_Z$（$mm^4$） | $I_Y$（$mm^4$） | $S_Z$（$mm^3$） | $S_Y$（$mm^3$） |
|---|---|---|---|---|---|---|
| 上弦杆 | 翼缘 350×19<br>腹板 312×12 | 17044 | 3.951E8 | 1.358E8 | 5.50E5 | 5.50E5 |
| 下弦杆 | 翼缘 350×19<br>腹板 312×12 | 17044 | 3.951E8 | 1.358E8 | 5.50E5 | 5.50E5 |
| 腹杆 | 翼缘 250×14<br>腹板 222×9 | 8998 | 1.059E8 | 3.647E7 | 2.07E5 | 2.07E5 |

吊装过程是一个动态的过程，在内力分析中需要考虑动力作用的影响，故对吊装荷载（构件自重作用）乘以 1.3 的动力系数。

$$E = 2.06 \times 10^{-5}\text{N/mm}^2,\ \rho = 10250\text{kg/m}^3$$

[变形图] 最大变形位移是 −0.21mm，发生在跨中。

[杆件强度] 杆件的最大计算应力是 $15\text{N/mm}^2 < f = 235\text{N/mm}^2$。

[杆件稳定性] 根据轴力和弯矩的最不利组合进行杆件的稳定性分析：

$$N = 96.7\text{kN}, M = 0.06\text{kN}\cdot\text{m} \Rightarrow 1.5\text{N/mm}^2 < f = 235\text{N/mm}^2$$

杆件的平面内、外稳定性均满足要求。

[结果分析] 由上述计算结果可知，ST2 桁架 2 号构件在吊装过程中强度及稳定性均满足要求。

2）吊装就位后验算

A. 模型建立

吊装就位后，ST2 桁架 2 号构件固定于临时支撑上，支座铰接。

B. 模型计算

吊装就位后的荷载作用主要是自重作用。

$$E = 2.06 \times 10^{-5}\text{N/mm}^2,\ \rho = 7850\text{kg/m}^3$$

[变形图] 最大计算变形位移为 −0.23mm，发生于跨中。

[杆件强度] 杆件的最大计算应力为：$4.76\text{N/mm}^2 < f = 235\text{N/mm}^2$

[杆件稳定性] 根据轴力和弯矩的最不利组合进行杆件的稳定性分析：

$$N = 37.0\text{kN}, M = 1.53\text{kN}\cdot\text{m} \Rightarrow 4.1\text{N/mm}^2 < f = 235\text{N/mm}^2$$

杆件的平面内、外稳定性均满足要求。

[结果分析] 由计算结果可知，ST2 桁架 2 号构件吊装就位后，强度和整体稳定性均满足要求。

(3) 3 号构件吊装验算

1）吊装过程验算

A. 吊点选择

B. 内力计算

参照设计图纸，在 AutoCAD2004 中建立 ST2 桁架 3 号构件的空间模型，传入 ANSYS5.6 计算程序。模型各杆件选用梁单元，杆件截面特性见表 3-18。

ST2 桁架 3 号杆件截面性质 表 3-18

| 名 称 | 截面尺寸（mm） | $A$（$mm^2$） | $I_Z$（$mm^4$） | $I_Y$（$mm^4$） | $S_Z$（$mm^3$） | $S_Y$（$mm^3$） |
|---|---|---|---|---|---|---|
| 上弦杆 | 翼缘 350×19<br>腹板 312×12 | 17044 | 3.951E8 | 1.358E8 | 5.503E5 | 5.503E5 |
| 下弦杆 | 翼缘 350×19<br>腹板 312×12 | 17044 | 3.951E8 | 1.358E8 | 5.503E5 | 5.503E5 |
| 腹 杆 | 翼缘 250×14<br>腹板 222×9 | 8998 | 1.059E8 | 3.647E7 | 3.647E5 | 3.647E5 |
| 1 | 翼缘 250×22<br>腹板 756×14 | 21584 | 2.169E9 | 5.746E7 | 1.070E6 | 1.070E6 |
| 2 | 翼缘 250×14<br>腹板 222×9 | 8998 | 1.059E8 | 3.647E7 | 3.647E5 | 3.647E5 |

吊装过程是一个动态的过程，在内力分析中需要考虑动力作用的影响，故对吊装荷载（构件自重作用）乘以 1.3 的动力系数。

$$E = 2.06 \times 10^{-5}\text{N/mm}^2,\ \rho = 10250\text{kg/m}^3$$

［变形图］最大计算变形为 -0.72mm，发生于悬臂端。

［杆件强度］杆件的最大计算应力为：$7.6\text{N/mm}^2 < f = 235\text{N/mm}^2$。

［杆件稳定性］根据轴力和弯矩的最不利组合进行杆件的稳定性分析：

$$N = 10.2\text{kN}, M = 1.3\text{kN}\cdot\text{m} \Rightarrow 1.3\text{N/mm}^2 < f = 235\text{N/mm}^2$$

杆件的稳定性满足要求。

［结果分析］由计算结果可知，ST2 桁架 3 号构件在吊装过程中，强度及稳定性均满足要求。

2）吊装就位后的验算

A. 模型建立

吊装就位后 3 号构件两端固定于临时支撑，支座铰接。

B. 内力计算

吊装就位后的荷载主要是自重作用。

$$E = 2.06 \times 10^{-5}\text{N/mm}^2,\ \rho = 7.85 \times 10^3\text{kg/mm}^2$$

［变形图］最大计算变形为 -0.65mm，发生于悬臂端。

［杆件强度］杆件的最大计算应力为：$6.2\text{N/mm}^2 < f = 235\text{N/mm}^2$。

［杆件稳定性］从计算结果中，根据轴力和弯矩的最不利组合进行杆件的稳定性分析：

$$N = 8.4\text{kN}, M = 1.18\text{kN}\cdot\text{m} \Rightarrow 1.1\text{N/mm}^2 < f = 235\text{N/mm}^2$$

杆件的稳定性满足要求。

［结果分析］由计算结果可知，ST2 桁架 3 号构件在吊装就位后，强度及稳定性均满足要求。

从计算和分析结果可知，采用该吊装方案，ST2 桁架在吊装过程中和安装就位后，其变形、强度和稳定性均满足要求，故该吊装方案可行。

### 3.7 黄金树张拉构件分析

连接黄金树端枝的构件作为主梁，在主梁的各面上设置次梁，主梁及次梁跨度均有超过20m的，因此，在它们的下面加张拉构件和竖杆，以增加结构的刚度和强度。

一般情况下，确定张拉构件的预应力值的大小，必须遵守下面的原则：

保证结构或构件在预应力和重力荷载作用下，结构有一定的刚度。换句话说，即结构在预应力和重力荷载联合作用下，其跨中挠度值不超过规范规定的允许值。为此，可确定预应力值的最小值。

保证结构或构件在预应力和风荷载产生的吸力联合作用下，结构不发生反拱，且不退出工作。为此，可确定预应力值的最大值。

对于文化中心黄金树钢结构，由于其屋面坡度较大，体形较为复杂，风荷载的作用常使得迎风面受压，背风面受吸，导致斜主梁或次梁受拉还是受压不十分明确。

这样，张拉构件预应力值的确定要考虑以下因素：

斜主梁或次梁在其他外荷载（除预应力以外）作用下产生的最大压力和最大拉力；

作用在斜主梁或次梁上风荷载的大小和方向。

下面以TB3构件为例，研究张力构件的刚度与预应力值的关系。从计算结果可见，张拉索的预应力必须大于一定数值，才能保证结构的挠度控制在规范允许的范围内。

从上述计算结果，可获得以下结论：

从拉索预应力和挠度的曲线可以看出，拉索预应力的值对控制梁的挠度有很大影响。

当预应力值很小时，对控制挠度所起的作用不十分明显；当预应力增加到一定程度时，会使结构的挠度显著减小；当预应力过大时，甚至会出现反拱现象。因此，要使结构的挠度在允许的范围内，必须选取合适的预应力值。

黄金树屋面为玻璃结构，挠度控制较为严格，因此，索的预应力值的大小在黄金树结构中需经过计算确定，确保黄金树结构的挠度控制在允许的范围内。

# 4　铸钢件的设计和铸造

深圳文化中心黄金树钢结构中的铸钢连接件是整个空间结构中非常重要的部件，必须保证具有足够的强度、良好的可焊性、准确的空间位置和较为光洁的外表。技术说明书中规定的铸钢件材质钢号为JIS G5102 SCW480，现将铸钢连接件的生产工艺做初步的说明。

## 4.1　节点的设计步骤

根据所提供的三组模型图和《钢结构设计规范》（GB 50017—2003）、《网架结构设计与施工规程》（JGJ 7—91）、《建筑结构制图标准》（GB/T 50105—2001），采用SolidEdg软件，确定节点的外形尺寸和减重孔的尺寸。

## 4.2　铸钢材料的选择

技术说明书中规定的铸钢件材质钢号为JIS G5102 SCW480，该材料牌号为日本牌号，与之相对应的中国材料牌号为ZG20SiMn。现根据上海浦东新国际博览中心屋顶钢结构技术说明书中规定的材质钢号为GS-20Mn5V，这两种材料规格基本相同。拟采用GS-20Mn5V材料作为深圳文化中心铸钢节点件材料。

铸钢GS-20Mn5V材料的化学成分及力学性能见表4-1、表4-2。

GS-20Mn5V的化学成分（质量分数）（%）（DIN17182—85）　　表4-1

| 钢号 | 材料号 | C | Si | Mn | P | S | Cr | Mo | Ni | 其他 |
|---|---|---|---|---|---|---|---|---|---|---|
| GS-20Mn5V | 1.1120 | 0.17~0.23 | ≤0.60 | 1.00~1.50 | ≤0.020 | ≤0.015 | ≤0.3 | ≤0.15 | ≤0.40 | — |

GS-20Mn5V的力学性能　　表4-2

| 钢号 | 材料号 | 热处理 | 铸件壁厚（mm） | $\sigma_{0.2}$（MPa） | $\sigma_b$（MPa） | $\delta_s$（%） | $A_{kv}$（J） |
|---|---|---|---|---|---|---|---|
| GS-20Mn5V | 1.1120 | 调质 | ≤50 | 360 | 500~650 | 24 | 70 |
| | | | >50~100 | 300 | 500~650 | 24 | 50 |
| | | | >100~160 | 280 | 500~650 | 22 | 40 |

### 4.3　铸钢件的质量检验与证明材料

铸件的品质检验——首先做本材料的焊接工艺性评定，并提供报告。

在向用户提供铸件的同时，供应商可提供下列关于铸件品质检验的证明材料（按DIN 17182—85标准）：

铸件的化学成分分析报告；

铸件的力学测试（试棒）报告；

铸件的外观粗糙度评定报告；

铸件的无损检测报告；

铸件的尺寸检测报告；

铸件的金相组织报告；

铸件的合格证明（按照业主工程师确认的图纸进行验收）；

业主提出需要确认的文件。

### 4.4　铸造工艺路线

根据铸造生产的特点和该铸钢连接件的具体要求，中标后将铸造工艺进行计算机辅助优化设计，并安排以下生产工艺：制模—造型—熔炼—浇注—清理—检测。

对于超过5个节头的铸钢件可通过快速成型技术（RPδM）制成精确的模具，采用消失模铸造工艺方法制造。

#### 4.4.1　制模工艺

木模材料：木模工作面材料一律采用红松制作；结构材料采用不容易变形的高强度木材制作；制作模样和芯盒的木材应干燥，且存放期不应少于20d；木材的含水率控制在8%~16%范围内。

木模的组装应固定在平板上，浇冒口的设计布置有利于铸钢件钢水的补缩，有利于铸件的清理打磨，有利于钢水的排气排渣。

木模的设计考虑GS-20Mn5V钢水的收缩率放量暂定为2%。

木模的检测测量采用三维坐标测量仪器或加工中心进行测量，木模使用过程中采用样板复核。

木模在投入生产使用时，涂装脱模剂，而不涂装油漆。

一般情况下，木模在造型使用20次后，进行复检，并视具体情况予以修整。在考虑单一品种多量铸件生产时，可同时投入使用多套模具。

**4.4.2** 造型工艺

为提高铸件的尺寸精度和表面光洁度并易于清理，造型采用呋喃树脂自硬砂造型，铸型表面刷涂料。

呋喃树脂自硬砂造型表面稳定性为98%，砂型抗压强度为30~32kg/cm$^2$，原砂粒度为45~75目，$SiO_2$含量>97%。

呋喃树脂牌号为901（适用于铸钢生产），含氮量小于0.3%，糠醇含量≥90%，pH6~7，固化剂为对甲苯磺酸，游离态硫酸含量小于3.5%。

呋喃树脂砂可使用时间为7min，固化时间为20min左右。

砂处理设备采用日本进口太阳铸机公司产品，型砂的破碎、混砂、再生均为半自动控制。

涂料采用水基锆英粉涂料，刷涂两次，间隔时间为2h。

砂型除自然硬化外还采用低温干燥法，进烘干炉干燥，工艺为升温1h至150~180℃，保温2.0~2.5h，随炉冷却。

铸型干燥后，存放时间不超过24h；超过该时间必须重新干燥，重复干燥不超过一次。

铸型合箱采用定位销控制。

**4.4.3** 冶炼

冶炼采用两台三相碱性电弧炉。一台可冶炼钢水4t，另一台可冶炼钢水3t。

冶炼钢原料采用优质中小废钢，生铁采用宝钢低硫低磷炼钢生铁。

冶炼钢熔清后，抓紧造渣、流渣，以利低温去磷。

在熔池温度达到1550℃后开始吹氧，进行氧化脱碳。氧化期脱碳量要求大于0.20%。

钢水停止吹氧转入纯沸腾时间不少于8min。

钢水进入还原期时，加入锰铁、石灰、萤石等进行造渣脱硫还原，此过程进行两次。最终还原插入铝锭，插入钢水中铝锭比例为0.8~1.0kg/t钢水。

还原时间在25min左右，造渣在10min以上，钢水在1580~1620℃时出钢。出钢量在1/3左右，开始在钢包内吹氩（Ar）2min（氩气压力为1.5kg/cm$^2$），除气除渣以净化钢水。

出钢后，在钢包内加入碳化稻壳保护钢液，钢水在钢包内镇静5min后开始进行浇注。

钢水的成分测定采用德国进口的SPECTRO LAB直读光谱仪进行成分分析，炉前分阶段取样以控制碳当量和调整化学成分，采用一次性插入式热电偶测温。

**4.4.4** 浇注工艺

（1）每天正常使用的钢包烘烤1h，新砌钢包烘烤时间一般不可少于4h。

（2）钢水在钢包内应镇静5min，以便使非金属夹杂物有足够时间上浮。

（3）浇注时，平稳操作一次浇满，不随意中断钢流，注意补浇回冲1~2次。

（4）为提供检测和分析，每炉钢水浇注梅花试棒一组。

**4.4.5** 清理

（1）浇注在24h后开箱，进行机械振动落砂和人工清砂。

（2）检查铸件有无损坏及缺陷，待评定后再决定是否采用修磨或焊补等措施。

(3) 铸件浇冒口的切割采用氧气—乙炔气割，气割时铸件150~250℃左右进行。铸件气割后的残留量如表4-3所示。

表 4-3

| 浇冒口直径 (mm) | 小于100 | 100~200 | 200~300 | 大于300 |
|---|---|---|---|---|
| 残留量 (mm) | 1~2 | 3 | 5 | 6~8 |

注：所有残根用机械处理方式修平。

(4) 铸件表面的清理打磨采用风动砂轮机械修磨，薄壁部件禁止用风铲或榔头敲击，防止铸件变形和损坏。

(5) 铸件缺陷的焊补，根据国家标准进行焊接工艺评定试验，待焊接工艺评定后，制定焊补工艺。

(6) 铸件焊补后进行机械修磨。

(7) 铸件的表面最后采用喷丸清理，钢丸粒度直径在1.0~1.5mm左右。

**4.4.6** 检查

铸件的产品检测包括几何尺寸检测和无损探伤检测。

(1) 铸件的几何尺寸检测

1) 铸件的几何尺寸及公差的测定使用下列标准：

GB/T 1182—1996　形状和位置公差通则、定义、符合和图样表示法；

GB 1958—80　形状和位置公差测定。

2) 铸件的形状位置的检测可采用样板定位，做辅助测量手段；若发现检测数据或结果没有相关性或不符合要求时，可采用三维坐标测量仪对铸件几何尺寸及形状位置进行复测。

(2) 铸件的无损探伤检测

铸件的无损探伤检测采用射线探伤和磁粉探伤。

1) 射线探伤

射线探伤的方法及缺陷评定采用国家标准。

射线探伤仪器有450kV X光探伤机（德国）和γ射线探伤机（英国）。

射线探伤一般用于铸造工艺的评定和重要铸件的检验，可根据用户的要求进行安排操作并将力学测试试样放在合适的位置。

2) 磁粉探伤

磁粉探伤——本产品主要采取的方法。

磁粉探伤检测采用以下标准：

GB 9444—88　铸钢件磁粉探伤及质量评级方法；

ASTME709—95　磁粉检测实施方法；

仪器——采用日本EISHIN、KAGAKU公司磁粉探伤仪器，型号SA-60，工作电流6000A，磁粉采用日本荣进化学株式会社的荧光磁粉，牌号为SY-7500。

磁粉检测方法可采用支杆法、磁轭法、通电法或线圈法，可按具体零件选择探伤。

磁场强度按ASTME709规定。

采用连续法湿法显示。

缺陷痕迹定级可根据GB 9444—88评定。

对超标缺陷在零件上标识，并按规定做出书面记录。

**4.4.7** 热处理工艺

GS-20Mn5V 钢的热处理在国标中确定为调质处理以保证其力学性能。可做工艺实验进行评定，或由需方提出具体方案和要求。在此之前，仅对调质处理工艺进行概述，基本过程为：装炉—水淬—回火—喷丸—力学检验—金相分析。

（1）淬火（见图 4-1）

铸件入炉温度≤350℃。

铸件加热到等温阶段的升温速度≤120℃/h。

等温（$T_1$）时间：根据装炉量和零件有效尺寸选择等温时间。一般采用每毫米铸件壁厚等温 1.5～2.0min。

铸件升温至保温阶段的升温速度≤100℃/h。

铸件保温时间：根据铸件装炉量和铸件有效尺寸而定，一般为铸件每毫米壁厚保温 2～3min，即 2～3min/mm。

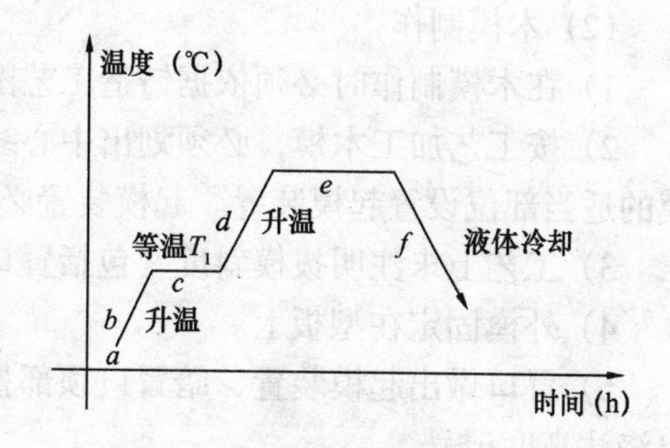


图 4-1 淬火温度变化示意图

铸件入水冷却（水温为室温）。

（2）回火（见图 4-2）

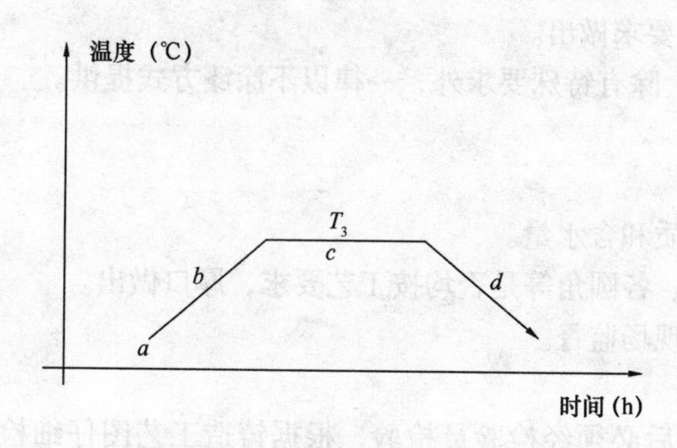


图 4-2 回火温度变化示意图

1）铸件入炉温度≤350℃。

2）铸件加热速度≤120℃/h。

3）铸件保温时间一般为 3～4h，具体按铸件装炉量和铸件尺寸而定。

4）冷却方式：空冷。

5）喷丸清理，除去铸件氧化皮，喷丸粒度直径为 0.5～1.0mm。

（3）力学实验

1）标准

GB 228—87 金属拉伸实验方法；

GB/T 229—94 金属夏比缺口冲击实验方法；

GB 2975—82 钢材力学及工艺性能实验取样规定。

2）设备

WE-30 液压式万能材料实验机；

JB-30A 冲击实验机。

3）常温实验

应在室温 10～35℃下进行检验，试样尺寸确保符合实验要求。

## 4.5 质量控制

### 4.5.1 木模质量控制及控制方法

为了保证木模质量，在木模的制作中应按如下要求进行控制：

（1）木模材料

1）要求木模工作表面材料一律采用红松（或高于红松）制作。结构材料允许采用不容易变形的高强度木材制作，但不应低于GB 153.1和GB 153.2或GB 4817.1和GB 4817.2中规定的三等木材。保存进货验收资料，以备检索。

2）制造模样和芯盒的木材应干燥。

3）木材的含水率宜在8%～16%范围内。

（2）木模制作

1）在木模制作时必须依据铸造工艺图样，按二级木模要求进行施工。

2）按工艺加工木模，必须划出中心线，打样板图，分型面用铁定位销；同时，在木模的适当部位设置起模装置。起模装置必须牢固可靠，起模平稳。

3）工艺上未注明拔模斜度（包括冒口）的，按标准的规定进行。

4）外模固定在型板上。

5）冒口做出起模装置，暗冒口顶部按工艺做出自来气压泥芯，明冒口按工艺要求做出浇注高度记号。

6）按工艺要求位置做出气孔圆凸台，并在上面钉出$\phi 6 \times 12$mm铝出气管。

7）型板上钉出芯头出气槽。

8）木模和芯盒工作面应光滑，型板上的金属定位销移动范围小于0.3mm。

9）木模和芯盒上的外圆角均须按图样要求做出。

10）由于木模用于树脂砂造型，因此，除有特殊要求外，一律以不涂漆方式提供。

（3）检验

1）制作过程的监控

（A）在下料后，应检查所用木材的品质和含水量。

（B）各分块初成时，应检验制作情况、各圆角等是否均按工艺要求，厚口做出。

（C）对于分供方，必要时派驻检验员现场监督。

2）最终验收

（A）要求在木模制作过程和木模完工后必须经检验员检验，根据铸造工艺图仔细检验木模的全部尺寸、制造质量、木模结构及其他工艺要求，经检验合格后填写木模检验单，予以验收。

（B）经制作者自检合格后的木模，按“深圳文化中心铸钢件节点（木模、铸件）检验工艺文件”中有关木模检验内容实施进货验收，对检验不合格木模予以退货。检验合格的木模才能投入使用，并由铸造车间进行标识、登记、保存。

（C）凡木模使用满20次后需进行复验。木模验收后，用填料填补钉眼及缝隙；若验收不符合项有下述四种情况之一者，定为报废：

木模用材材质不符合规定大于10%；

木模结构不合理，影响模型整体强度；

木模木质水分含量过高，以致存放一段时间后无法使用；

多处尺寸问题，整修后需多处贴厚或减薄，严重影响模型强度及表面质量。

（4）标志

1）模样和芯盒经技术检验部门检验合格后才能交付使用，并附有检验合格证或在模样和芯盒的明显部位有合格的标记。

2）活块部分同其连接部位，要做出各种不同而明显的定位标记。

3）模样和芯盒上必须标明产品型号、零件图号、名称、活块、冒口数量和冷铁数量及规格。

（5）修改

木模修改（指工艺性修改）必须经车间技术组有关人员出具木模修改通知单，提出明确的修改内容后方可修改，修改要及时无误。

（6）保管

1）模样和芯盒应保存在干燥的场所，防止日晒、雨淋。

2）模样和芯盒的放置应平整且高于地面200mm左右，不能在其上放置重物。

3）木模由专管人员统一保管，无关人员不得翻动或取走，专管人员要按规格品种分离存放木模，对模型的完好负责，并及时反馈模型的缺损情况，以便及时修复。木模附件要妥善保存，木模送车间要填写木模收发单。

4）木模台账必须完整，做到一件一卡。

5）木模必须定期检查，发现问题及时修理，小修要做到随到随修。每次交付使用前必须仔细复检，并填写木模合格证，方可用于生产。

# 5　钢结构安装

## 5.1　方案的选择与比较

### 5.1.1　铸钢件的比较

铸钢件的设计、铸造是本工程的重点和难点，在铸钢件的试制过程中，从节点验算、铸钢的材质、铸钢的浇铸工艺、成型质量等方面对铸钢件进行了深入的研究，经综合比较，采用半空心铸钢节点，可节约材料，铸造质量易于保证，与钢管连接时焊接质量易于保证，故本工程铸钢节点采用半空心节点。实心、空心、半空心铸钢节点性能对比如表5-1所示。

表 5-1

| 构件类型 | 材料利用 | 构件重量 | 力学性能 | 铸造难度 | 铸造质量 | 与钢管连接时的焊接性能 | 有无先例 |
|---|---|---|---|---|---|---|---|
| 实心 | 浪费材料 | 大 | 能够满足要求 | 容易铸造 | 质量可以保证 | 焊接性能非常差，构件加温时间长 | 有 |
| 空心 | 节约材料 | 轻 | 壁厚大于28cm即可满足要求 | 铸造难度非常大 | 无法保证 | 焊接性能好，与钢管的收缩量几乎相同 | 无 |
| 半空心 | 较节约 | 较轻 | 壁厚大于28cm即可满足要求 | 较容易 | 控制方法得当，可以保证质量 | 与空心的焊接性能完全相同 | 有 |

### 5.1.2　黄金树安装方案比较

黄金树的安装，因单根构件重量小，吊装已不是重点问题，但因其有着复杂的三维造型，最重要的是如何保证安装的进度和避免累计误差。为此，考虑了以下两种安装方案：分块吊装和高空散装。

高空散装：

(1) 将黄金树按设计进行高空散装，精确进行铸钢节点的定位，钢管的安装要依靠铸钢的定位，以免造成过多的累计误差。

(2) 安装从 $\phi1200\times25$ 的钢管柱中伸出四根钢管开始进行。

(3) 搭设安装用脚手架支撑胎架，胎架既作为操作平台，又可作为铸钢件定位架和校正用支架。

(4) 安装与这四根钢管相连接的中部铸钢节点，调整好位置后，初始安装的杆件进行焊接，以形成三棱锥稳定体。

(5) 进行铸钢节点周围相连杆件的安装，每安装好与铸钢相连的三根钢管，就进行三根钢管汇交的铸钢节点安装，依此类推。

(6) 黄金树与屋盖桁架相连部位，需先安装桁架，形成黄金树支点，方可安装与之相连接的黄金树杆件。

分块吊装：

(1) 将黄金树按照设计原则分为三层安装。

(2) 每层定出控制基点，将黄金树合理分块。

(3) 先安装基点处铸钢节点及相连接钢管，通过严格控制，将其调整至准确的设计位置。

(4) 通过基点铸钢节点与钢管杆件的相关关系，控制该层周围的杆件和节点。

(5) 构件的安装顺序是：呈三角形刚体从基点四周延伸。

(6) 完成一层的安装后，进行焊接，拆除胎架，进行下一层安装。

比较见表 5-2:

**表 5-2**

| 安装方法 | 优　点 | 缺　点 |
|---|---|---|
| 分块安装 | ①无需搭设过多的脚手架；<br>②大部分工作在地面进行 | ①需要大吨位吊机设备；<br>②构件就位难度非常大；<br>③安装偏差无法纠正；<br>④安装精度无法保证 |
| 高空散装 | ①构件安装、校正方便；<br>②安装精度易于控制；<br>③无需使用大型吊装设备 | 需要搭设大量的脚手架 |
| 比较结果 | 黄金树的设计采用独特的树枝结构，铸钢节点是钢管以不同的空间角度相关的复杂三维节点，节点的铸造难度极大，精度要求不宜过高，因而可在安装过程中较易调整精度的高空散装法更适用本工程 | |

### 5.1.3　屋架安装方案比较

从屋架的跨度来看，本工程屋架最大跨度为 55.4m，跨度 55.4m 的曲线屋架有 14 榀，

14榀屋架分布在音乐厅和图书馆两边，最大重量34t。从屋架的结构形式来看，桁架为小H型钢直接拼装焊接而成的平面桁架。综合情况分析，没有必要采用高空滑移，故屋架的安装方案仅考虑高空整榀吊装和分段吊装、高空组拼两种方案（表5-3）。

两种方案的比较　　表5-3

| 安装方法 | 基本安装思路 | 优　点 | 缺　点 |
|---|---|---|---|
| 整榀吊装 | ①屋架的分段构件吊装至14.4m，三层楼面进行平面拼装；<br>②安装四叉钢管支撑；<br>③用西部安装的行走式塔吊和东部的大吨位汽车吊抬吊；<br>④安装桁架之间连接型钢梁 | 减少了桁架对接作业 | ①除行走式塔吊外，还需要一台大吨位汽车吊进行配合；<br>②需要在楼面安装拼装平台，占用了施工作业面；<br>③双机抬吊吊装难度大 |
| 分段吊装高空组拼 | ①在建筑物西部安装一台K50/50行走式塔吊；<br>②根据塔吊的起重能力，将桁架分为三段、两段；<br>③安装SP钢管支撑；<br>④搭设高空拼装胎架，将分段桁架吊装至高空进行拼装；<br>⑤安装两榀桁架间的连接梁，移动胎架进行下两榀桁架安装 | ①可有效地利用已有设备；<br>②无需采用特殊的手段进行吊装过程的控制 | 增加了高空作业的工作量 |
| 比较结果 | 选择分段吊装、高空组拼进行屋架结构安装 | | |

## 5.2 黄金树安装

### 5.2.1 概述

黄金树安装是本工程的重点之一，每棵黄金树构件总重约450t。其中每棵各种骨架杆件104根（仅计算TG1、TG2、TG3、TB1、TB2）。多根钢管杆件以不同的空间角度汇集于一点，形成黄金树铸钢节点。每个铸钢件的形状均不同（一棵36个，共72个），铸钢节点形状复杂（最少3根，最多有10个支管），最重的铸钢件重约5t。

黄金树构件安装多为高空对接，其中构件安装最高点标高为39.3m，最长的杆件为24m，最重单根杆件为5.27t。

### 5.2.2 安装方案要点

黄金树的复杂造型，每个构件均需控制空间几何尺寸，多根杆件交汇于铸钢件节点。故黄金树安装采用高空散装施工工艺。

(1) 在所有节点安装部位搭设脚手架作为操作和临时承重平台。

(2) 构件安装从地面平台伸出的的4根$\phi1200\times25$钢管柱主干开始，依照由下向上、由主及次的顺序安装。

(3) 安装的稳定单元为三棱锥体，在安装过程中，杆件形成三棱锥体后，即可对此单元进行焊接。

黄金树主要构件统计见表5-4。

表 5-4

| 构件种类 | 类别 | 数量 | 构件种类 | 类别 | 数量 |
|---|---|---|---|---|---|
| 铸钢件 | 10个支管 | 2 | 柱、枝杆 | TC1A | 9 |
| 铸钢件 | 9个支管 | 1 | 柱、枝杆 | TC1B | 3 |
| 铸钢件 | 8个支管 | 1 | 柱、枝杆 | TG1 | 15 |
| 铸钢件 | 7个支管 | 6 | 柱、枝杆 | TG2 | 12 |
| 铸钢件 | 6个支管 | 6 | 柱、枝杆 | TG3 | 29 |
| 铸钢件 | 5个支管 | 12 | 柱、枝杆 | TB1 | 39 |
| 铸钢件 | 4个支管 | 3 | 柱、枝杆 | TB2 | 9 |
| 铸钢件 | 3个支管 | 5 | | | |
| 总计 | | 36 | 总计 | | 116 |

(4) 铸钢节点的安装顺序原则是：与铸钢节点相连接的三根钢管已定位，即可安装该处的铸钢件节点。

(5) 因各铸钢件节点形状复杂，为了便于安装校正，在各支管末端安装特制的抱箍。与铸钢件对接的构件，也均在相应位置安装特制的抱箍。构件吊装的吊点和连接板均设置在抱箍上，这样避免在铸钢件上焊接连接板和吊耳。

(6) 测量校正时，确保每一个铸钢节点的空间位置和空间角度，从而保证所有杆件顺利地与铸钢件对接。

(7) 与桁架相连的部分需先安装桁架，后安装黄金树构件。

### 5.2.3 胎架搭设

由于黄金树构件安装的空间位置高低不一，且各种杆件在空间纵横交汇。在施工中，随着黄金树构件由下向上、由主及次的安装，脚手架也由下向上搭设，为安装施工提供操作平台，并可临时支托铸钢件和钢管构件。

在黄金树构件安装过程中，脚手管胎架平面布置基本尺寸采用1.2m×1.2m，竖向节间距采用1.5m，在铸钢节点平台下方2.4m×2.4m（4个基本方格）内钢管间距加密为0.6m×0.6m，以保证局部胎架有足够强度支撑铸钢节点平台，验算如下：

按保守计算，取一节（1.5m）单根钢管进行受力分析，该结构体系可简化为长度为1.5m两端铰接的细长轴心受压杆，单根钢管的临界承载力计算公式：$P_{cr}=\pi^2 EI/L^2$

根据计算 $\phi48\times3.5$ 钢管临界力 $P_{cr}=1.10t$，考虑2.0的安全系数，单根脚手架钢管的承载力：$P=0.55t$。

平台下局部胎架承载力：$nP=25\times0.55t=13.75t>6.0t$（最重的铸钢节点施工荷载）。胎架强度满足要求。

胎架局部加密区楼板承载力验算，取加密区最大竖向荷载为6.0t，则加密区面荷载为$6.0/5.76=1.04t/m^2>1t/m^2$（楼面承载力），所以，应采取措施扩大楼板支撑面积（如增加胎架下部斜撑数量等）。

考虑到黄金树杆件纵横交汇，在设计脚手架时须尽量避免脚手架立管与各构件交汇。在黄金树CAD三维模型中模拟脚手架的搭设，选择一个理想搭设位置。

### 5.2.4 黄金树构件安装

根据黄金树安装过程中的施工要点，整个安装过程可大致分为四个阶段：

（1）主干、主枝的安装

当土建施工到±6.00m时，钢结构开始安装TC1A（3根）、TC1B（1根）四根钢柱，每根柱子按设计图纸分三段吊装。黄金树安装步骤一如图10-1所示（见附录）。柱子安装完成后，即可进行主枝的安装。安装过程中，重点控制TG1杆件末端的三维坐标和TG1杆件轴线的空间角度。从而保证TG1杆件与铸钢件顺利对接。黄金树安装步骤二如图10-2所示（见附录）。

（2）组合空间三角形构件安装

在这一阶段，每个柱子上安装三个铸钢节点和三根TG2杆件。三个铸钢件和三根杆件形成一个空间三角形，在每个柱子上已安装的构件形成一个近似倒三棱锥体的稳定体系。黄金树安装步骤三如图10-3所示（见附录）。

1）铸钢件的安装（以313号铸钢节点为例）

在313号铸钢件上选择三个支管安装上特制的抱箍，各穿上一个5t的吊环，每个吊环上挂上一个5t的捯链（在测量校正时使用）。用K50/50塔吊将313号铸钢件吊装到已搭设好的胎架上，将313号铸钢件和下部已安装的TG1杆件对接，通过抱箍上的连接板临时固定构件。此时配合测量工段校正铸钢节点的标高和空间角度（调整三个捯链），在铸钢件下部垫枕木或小垫块，使铸钢件临时固定。

2）TG2杆件的安装

每个柱子上的三个铸钢件吊装校正好后，开始安装TG2杆件。先在TG2杆件的两端安装好特制的抱箍，在TG2杆件两端选择两个合适的吊点，并挂上捯链。当构件吊到安装位置时，调整捯链来改变TG2杆件的空间角度，顺利地和两端的铸钢件对接。TG2杆件与两端铸钢件对接后，通过抱箍上的连接板临时固定构件。

每一组三角形构件安装完成后，经测量工段测量复核后，即可进行焊接工序的施工。焊接完成后，即可拆除抱箍。

（3）组合三棱锥构件的安装

在这个阶段中，每安装一个铸钢件节点，都将安装与之对接的三根杆件。杆件另一端安装在已安装的铸钢件上。铸钢件节点和三根杆件构成稳定的三棱锥体系。黄金树安装步骤四~步骤十五如图10-4~图10-15所示（见附录）。

1）杆件的安装（以与430号、313号节点对接的TG3杆件为例）

将TG3杆件吊至313号铸钢节点上方，调整杆件的角度，使之和313号铸钢节点对接上。安装好抱箍上连接板，使铸钢件和TG3杆件相对固定。杆件的另一端靠放在安装430号铸钢件的胎架上，并用捯链和缆风绳固定。

2）铸钢件节点的安装（以430号节点为例）

待与430号铸钢节点对接的三根TG3杆件吊装就位后，进行430号铸钢件的安装。在430号铸钢件上的支管上先安装特制的抱箍，在每个吊环上挂上一个捯链（在测量校正时使用）。用K50/50塔吊将430号铸钢件吊装到已搭设好的胎架上，将430号铸钢件和下部已安装的TG2杆件对接，装上连接板。此时，配合测量工段校正铸钢节点的标高和空间角度（调整三个捯链），在铸钢件下部垫枕木或小垫块，使铸钢件临时固定。

每一组三棱锥体构件安装完成后，经测量工段测量复核后，即可进行焊接工序的施工。

在这个阶段完成后，所有的铸钢节点安装完毕，整个黄金树骨架基本完成。

(4) 剩余杆件的安装

在这一阶段，除有少量的TB1、TB2杆件与铸钢件对接外，主要安装TB3、TB4、TB5、TB6、TB7杆件。黄金树安装步骤十六～二十二如图10-16～图10-22所示（见附录）。

玻璃幕墙骨架安装：玻璃幕墙骨架立柱TP1～TP4在安装其上方相应的杆件和节点时安装，横向连杆待黄金树安装完成后进行安装。

### 5.2.5　黄金树安装测量

本工程钢结构中除黄金树外都可以简化为钢柱、梁、钢桁架的安装测量，如上所述解决施工中钢构件的定位测量与校正。

(1) 黄金树由主干、粗枝、中枝和端枝组成，赋与树的想像，起到建筑物象征性雕塑的效果。主干位置从设计坐标分析，错落有致地排列在不同的平面上。由$\phi 1200$的钢管柱内浇和外包混凝土组成，主干上伸出的枝用钢管做成，通过连接板相连。主干及各枝的连接处采用铸钢节点。连接黄金树的单枝作为主梁，其中靠近20轴线侧的主梁与立面垂直幕墙钢柱相连。

(2) 黄金树主干上有四个不同方向的连接板与粗枝相接。制作厂在焊接钢管柱与柱底板时，一定要将钢管的圆周四等分线与底板上的十字中心线相吻合，主干的安装定位对中要求精确，底板十字中心线与定位轴线的偏差不能大于3mm。在两个互相垂直的轴线上架设经纬仪校正主干垂直度和柱底标高，缆风绳固定，柱底用楔铁垫平，垫铁组间用电焊固定；然后，交土建浇筑混凝土，待混凝土达到一定的强度后开始粗枝的安装。

(3) 黄金树安装测量如图10-23所示（见附录）。粗枝下部与主干上的连接板相连，搭设临时支撑脚手架将粗枝上端固定。安装铸钢节点，并将该节点第一层面的杆件安装成一个形状封闭的三角形，但此时的三角图形并不稳定，杆件与铸钢节点间的连接在未经测量校正前，不能随便用电焊点焊。

(4) 黄金树设计图中给定了铸钢节点的轴心坐标，对于施工测量而言，这些数据没有实际可操作性。全站仪的反射棱镜不能立于该坐标点位置，红外线也不能穿透该铸钢件到达中心点，而铸钢件的外表面没有明显的棱角特征点，测量定位的要素是点和该点的三维坐标值。要解决这一矛盾，必须在构件的外表面专门为测量选定标志点。

(5) 在第一层面的铸钢节点中，首选粗枝钢管上端口往下300mm的外周径上的点位，便于在第一铸钢节点安装前对粗枝进行初步的定位校正。但圆管安装的随意转动性不能将点位选在外周径上，测量圆管轴线才最合理。当铸钢节点与粗枝相接后，粗枝管件端口的轴线坐标复测也不可能完成；另一方面，粗枝管件与铸钢节点相接，相互之间有一定的安装调整间隙，直接校正第一个铸钢节点比校正粗枝杆件具有更大的意义。铸钢节点的位置是否正确，直接累积影响到上部中枝杆的安装位置正确度。

(6) 铸钢节点测量标志点选取如图10-24所示（见附录）。铸钢节点上测量标志点的选取，要求遵循以下三个基本原则：①端口向内300mm；②点位靠近外侧近底面，尽量在同一个可视平面内，点与点之间距离尽量拉大；③每个铸钢节点上应选取不少于3点。点位选取在铸钢节点端口向内300mm，是钢结构焊接后位置偏差测量的需要。如点位临近端口，焊接过程中金属熔化或焊后打磨，可能会将点位破坏去除，使焊接后的偏差难于测定、比较。

点位靠近外侧近底面，尽可能在一个可视平面点与点之间距离尽量拉大，首先是考虑测量便利，因全站仪架设在地面点位在同一个可视平面可一次性观测，否则需二次搬站。从另一个角度测量，其中二次测量之间也会造成一定的测量误差。点与点之间距离尽量增大，相对于铸钢节点的最大对角线而言，点间距离越大，与对角线长度的比值即相对误差精度越高，铸钢节点的定位正确度就越高。

每个铸钢节点应选取不少于3个测量标志点，是三维坐标空间定位的需要，如果仅选取一点或两点，铸钢节点可能会产生绕轴转动现象，就会影响上部中枝杆件的对位角度。

铸钢节点上测量标志点的点位选取工作应在制作厂图纸刻划时完成，节点图上要明确标示点位和点位坐标值。铸钢件出厂前一定要在构件外表面标明正确的十字中心位置，并用醒目的油漆做好标记。此部分工作如在施工现场临时确定，大量的坐标点位数据换算工作一时将难于完成，十字线的刻划也难于保证十分准确。铸钢件外表因无棱角分明的特征点而需要重新定点，它完全不同于一般工程矩形截面钢柱梁的定位，是本工程测量定位的一大特色且不可缺少，应引起相关工程参建各方的高度重视。

（7）全站仪测定铸钢件外表面的十字标志点，读取仪器面板中显示的三维坐标值，与理论设计值相比较得到偏差值。用千斤顶或捯链升降铸钢件，通过调校使其移动到正确的设计位置，用临时支撑脚手架固定，电焊固定杆件与铸钢件的连接接头形成一个相对稳定的三角形框架。

（8）焊接铸钢件与杆件的连接接头，正式施焊前应做焊接工艺评定，初步确定一般接头的焊接收缩量，根据各点铸钢件的偏差大小方向，确定焊接次序。尽量用焊接收缩的变化量来调整和减少焊接前的偏差。待焊接结束，热量安全释放到自然温度时进行焊后偏差测量。

（9）由于铸钢件焊接要求的特殊性，只能一次成功不允许返工。一旦出现较大偏差，就要在每道工序上认真进行分析研究，避免出现不必要的损失。正常的焊后偏差在上部杆件及节点的安装中调整消化，使它回到正确的设计位置。这样逐步向上安装，逐步搭设临时支撑脚手架，逐步分层次调整偏差和焊接及检测，直至顶面合拢。其中屋顶靠20轴线侧的钢梁与垂直幕墙相接，屋顶节点也有与组合钢屋盖钢桁架相接的。这些相接点虽然在设计和制作上已充分考虑了安装可能出现的偏差，但安装精度一定要控制在钢结构施工与验收规范的要求之内。

（10）铸钢节点三维坐标测量的注意事项

1）三维坐标测量是在地面架设全站仪和反射棱镜，既安全又稳固。铸钢节点的三维坐标测量除了全站仪尽量在地面架设外，反射棱镜必须跟着铸钢节点走。传统的三棱镜无法继续使用时，必须自行配置小巧玲珑的手持式小棱镜或反射薄膜贴片。在铸钢节点的底腹部，反射棱镜是倒置的，起垂直标志作用的圆水准气泡需改装为上下配置。计算Z坐标时要考虑反射棱镜的正倒向，棱镜对中杆的高度直接影响到Z坐标数据。实际施工中，使用反射薄膜贴片，使膜片中心与节点上十字中心重合并粘贴在铸钢件表面，因膜片厚度<1mm，全站仪数据面板显示的Z坐标读数即为该点的实际数值，省略了反射棱镜垂直对中和Z坐标值换算的麻烦。

2）地面同一点上，全站仪每次架设高度不可能完全一致，也没有规律可循，如果简单地用钢尺量取地面至仪器中心的高度，此种测量数据的误差较大，不能满足精度要求。通常在正式施测前，对一个已知高程点做Z向坐标的比测，将测得的数据直接在全站仪上进行数据改正。也可以在计算各点Z坐标值时加上这一常数。Z坐标的观测也采用水准仪配合钢尺单独进行，两种方法可以相互检测比较，检查观测精度。

3）一颗黄金树上的铸钢节点有50多个，测量校正不可能在地面的一个观测点上全部观测完，需变换2~3次，甚至更多的角度才能完成。因此，地面控制点间的相对精度要提高，经多次复核正确无误；否则，不同测点上观测同一铸钢节点的坐标将有不同的数据，造成闭合困难。

## 5.3　组合屋盖安装

### 5.3.1　概述

图书馆和音乐厅屋盖结构为组合钢屋盖，采用组合型钢屋架结构，由不同型号的H型钢直接拼装焊接而成。钢屋架主桁架（ST1、ST2、ST3）总共13榀，主桁架由上下弦、垂直腹杆、斜腹杆组成，屋架上下弦为弧线，单榀最重34t，跨度为55.4m。

屋架间由H型钢梁连接，钢梁最大高度900mm，最大长度23.4m，最大重量约3.9t。

屋盖结构的边界为不规则形状的约束条件，其设计原则是组合钢屋盖支座。在承受包括屋面做法在内的自重时，允许产生水平位移，故支座设计为滑动支座。

### 5.3.2　桁架分段

55.4m屋架在制作厂整体平面拼装，根据运输能力分为四段运输，分段长度分别为13.0m、14.3m、13.0m和15.1m。如图10-25所示（见附录）。

根据塔吊的起重能力，将已分为四段运输至工地现场的主桁架进行现场地面拼装，ST1组装成为两段，分段长度分别为40.3m、15.1m，对应重量为12.8t、4.2t；ST2组装成3段，分段长度分别为27.3m、13.0m、15.1m，对应的重量为12.2t、7.3t、5.5t；ST3组装成3段，分段长度分别为27.3m、13.0m、15.1m，对应的重量为16.9t、9.5t、7.6t。地面组装方式为地面平面拼装，需铺设平面拼装台。

单榀主桁架ST之间通过SB和横向的ST连接为整体，桁架支撑在SP空间斜向支撑上。23.4m长钢梁在工厂分两段制作，11.2m一段，在现场地面组拼成整体后，一次吊装到位。

### 5.3.3　胎架搭设

在14.40m楼面上安装桁架拼装胎架，由于采用钢管支撑柱空间斜向支撑桁架这种独特的结构形式，胎架要求可同时满足两榀桁架的安装。拼装胎架用$\phi48\times3.5$普通脚手架钢管搭设，根据屋架分段高空拼装及斜钢管支撑柱的高空安装要求，每榀桁架拼装需3~4个主胎架。胎架应具有足够的强度和刚度，可承担自重、拼装桁架传来的荷载及其他施工荷载。

### 5.3.4　安装方案及顺序

（1）拼装胎架定位后，即可进行SP空间斜向支撑的吊装。安装SP的控制点为SP的上下端点处的控制点、控制轴线为SP钢管中心线的投影线，调整控制点的标高、轴线到设计位置并固定，然后将SP与混凝土柱上的预埋件焊接在一起。

(2) 分段桁架离接口最近的两个下弦与腹杆、两个上弦与腹杆节点为整榀桁架的控制节点。在拼装胎架的铺板上弹出上下弦轴线的投影线，控制节点的投影点，标定投影点的标高作为桁架标高的控制基准点，如图 10-26 所示（见附录）。

(3) 布设于 N 轴外侧的 K50/50 行走式塔吊由 27 轴－37 轴、13 轴-3 轴依次吊装 ST 桁架的一～三段桁架，如图 10-27～图 10-31 所示。

(4) 用枕木、千斤顶、捯链将每段分段桁架控制点的投影位置及标高调整至控制误差范围之内，方可做对接焊接。

(5) 用多组 $\phi48\times3.5$ 钢管斜撑作为桁架的临时固定约束（如图 10-32 所示），防止单榀主桁架在未与其他主桁架相连接成持力体系时发生失稳。

(6) 调整好单榀桁架的水平偏差、标高偏差，并在胎架上放线，确定横向 ST 的安装位置，吊装次桁架 ST、SB，最后安装用于连接主次桁架的高强螺栓。

(7) 桁架的安装顺序如图 10-33、图 10-34 所示（见附录）。

### 5.3.5 设计与计算

(1) 胎架的承载力计算

根据施工方案的要求，桁架拼装胎架需要承担桁架荷载、施工临时活荷载及脚手架胎架自重。根据拼装施工作业面要求和胎架承载力的初步估算，每榀胎架投影面积为 6m×4.8m。

拼装胎架为空间体系，三维方向间距均为 1.2m，每四节胎架做一道剪刀撑，按保守计算，取一节（1m）单根钢管进行受力分析，该结构体系可简化为长度为 1m 两端铰接的细长轴心受压杆，单根钢管的临界承载力计算公式：$P_{cr}=\pi^2EI/L^2$。

根据计算，$\phi48\times3.5$ 钢管临界承载力 $P_{cr}=2.48t$，考虑 2.0 的安全系数，单根脚手架钢管的承载力：$P=1.24t$；单榀主胎架承载力：$nP=20\times1.24t=24.8t$。

取受力最大的一个主胎架，即 ST3 桁架第 2 胎架进行受力计算：

ST3 桁架一、二分段拼装传来荷载为：$16.9t/2+9.5t/2=13.2t$

脚手架管自重（钢管以平均高 18m 计算）：

$1.2\times(6\times15\times5+4.8\times15\times6+18\times5\times6)\times3.83\times0.001=6.5t$

施工活荷载：0.3t

共计：$20t<24.8t$

(2) 楼面荷载验算：

按设计要求楼面允许活荷载为：400kg

楼面承载面积：$A=6\times4.8=28.80m^2$

按力矩分配法，作用于各胎架上的荷载最大值为：$G=8.6t$

楼面均布荷载：$p=G/A=465kg>400kg$

综上所述，经校核计算，在安装屋面组合桁架时，楼面下部土建支模板的脚手架钢管可暂时不拆，或可在胎架下部垫长枕木增加承载面积，楼面才能够安全使用。

### 5.3.6 测量控制及校正

(1) 测量的基本内容

屋盖钢结构测量工作内容包括：主桁架直线度控制、标高控制、变形观测、滑移胎架同步监控、胎架的二次定位等。

（2）主桁架组装测控技术

直线度控制：考虑到桁架下弦杆中心线在水平面上投影为一直线，故直线度的控制依据可考虑从下弦入手。

主桁架标高控制：随着桁架曲线的变化，桁架上各点标高也相对发生变化，因此，正确地控制其标高至关重要，根据桁架吊装分段示意图，可选定下弦节点与标高控制点。

下挠变形观测：通过对主桁架脱离胎架前后若干节点标高变化的观测，测定主桁架下挠变形的情况。

激光控制点位的布置：根据土建±0.000m层测放的建筑轴线，利用直角坐标法，选定六个激光控制点，并在楼地面做好永久标记，详见激光控制点平面示意图。

铺设测量操作平台：在每个承重架上用木方、七夹板铺设平台。此平台的铺设必须满足仪器架设时的平稳要求。

下弦中心线的投测：把激光铅直仪分别架设在六个已经精密测定的激光控制点上，垂直向上引测激光控制点到铺设好的平台之上，并做好点位标记；然后，在平台上用索佳NET2全站仪进行角度和距离闭合，精度良好，边长误差控制在1/30000范围内，角度误差控制在6″范围内。六个控制点位精度符合要求后，分别架设仪器于主控制节点处，将中心线测设在每个测量平台上，并用墨线标示，详见下弦控制点投影示意图。

下弦控制节点的投测：由于每榀桁架分3段或2段进行组装，故每段都必须做好节点控制，根据桁架分段情况，节点作为控制依据。参照土建+14.4m层建筑轴线网，选定定位轴线作为控制基线，在此基线上通过解析法找出控制节点的投影与基线的交点；然后，分别将这些交点投测到平台之上，并与下弦杆中心线投影线相交，即得到下弦控制节点在水平面上的投影点。

这样每榀桁架直线度控制就以测量平台上所测设下弦中心线为依据，通过吊线坠的方法来完成，直线度控制目标为5mm。

主桁架标高控制：由于主桁架空间曲线变化，其高差变化相当大，需多次架设仪器进行测定。为此，我们在各轴线楼面台架测量操作平台上垂挂大盘尺，通过苏一光DSZ2高精度水准仪，将后视标高逐个引测至每个测量操作平台上的某一点，做好永久标记。用此作为测量操作平台上标高控制时的后视点。根据引测各标高后视点，分别测出平台上相应下弦控制节点标记点位的实际标高；然后，和相应控制节点设计标高相比较，即得出测量平台上控制节点标记与理论上设计的相应控制节点高差值，明确标注于测量平台相应节点标记点，以此作为主桁架分段组装标高的依据，标高控制目标为±10.0mm。

（3）变形观测

1）主桁架下挠变形观测

在每榀桁架组装完毕之后，对所有观测点位进行第一次标高观测，并做好详细记录；待主桁架脱离承重架之后，再进行第二次标高观测，并与第一次观测记录相比较，测定主桁架的变形情况。

2）承重胎架沉降变形观测

由于主桁架静荷载及脚手架自重影响，组装胎架将出现不同程度的沉降现象，需在进行主桁架标高控制时做相应的调节。即根据胎架的沉降报告相应地进行标高补偿，以保证主桁架空间位置的准确性。

### 5.3.7 滑动支座的安装

(1) 支座类型

本工程组合屋盖的部分支座为滑动支座，根据我国滑动支座的生产能力和常规做法，经分析计算和专家建议，采用如图 5-1 所示支座形式可满足设计要求，使得桁架支座在承受包括屋面装修在内的全部自重之前，允许产生水平位移。

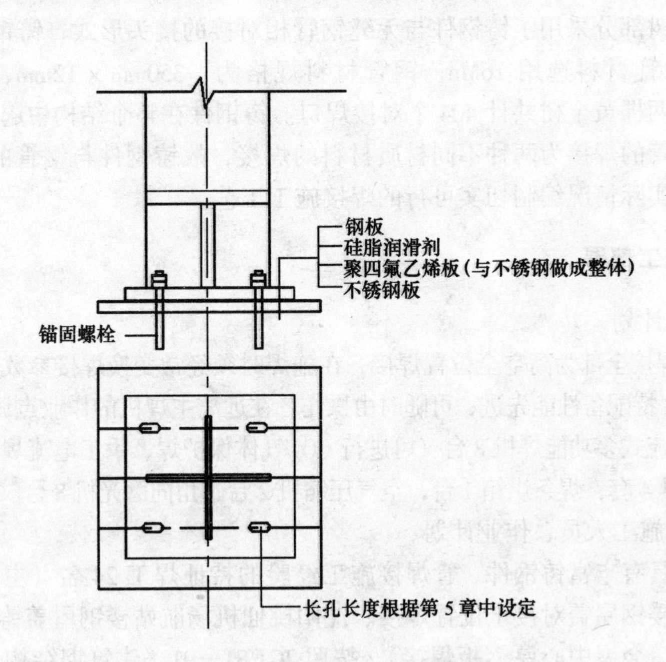


图 5-1 可移动支座示意图

参数：摩擦系数 2‰ ~ 3‰，可满足支座水平自由滑动的要求。

(2) 支座安装

根据支座的形式和支座所起到的效果，支座安装采用如下方案：

支座下半部分的不锈钢板和特氟隆片，在工厂粘结为整体。

在桁架安装前，进行支座下半部分的安装，支座钢板与混凝土支撑采用螺栓连接。

支座的上半部分采用普通钢板，钢板在地面与桁架焊接连接为整体。

就位前，在特氟隆片上涂抹一层硅脂润滑剂。

桁架就位后立即初拧地脚螺栓，进行支座限位装置的安装。桁架可沿长度方向自由滑动。

支座下半部不锈钢特氟隆钢板在安装桁架前逐一安装，以免损坏。

## 5.4 其他构件的安装

音乐厅楼面、墙体、楼梯等构件吊装，需根据吊机的起重能力，尽量组片吊装，在安装位置进行组拼。

根据现场实际情况及施工条件，其他零散构件的安装可跟随土建主体施工的步骤同步进行。

# 6 铸钢件的焊接

## 6.1 基本情况

本工程黄金树部分采用了铸钢件与无缝钢管相对接的接头形式，铸钢件材料选用 GS-20Mn5V，无缝钢管材料选用 16Mn，钢管材料规格为：350mm × 12mm、350mm × 19mm、450mm × 22mm，两棵黄金树共计 404 个对接焊口。铸钢件在整个结构中起连接承载传力作用，铸钢件与钢管的焊接为两种不同材质材料的焊接，故铸钢件与钢管的焊接十分重要，因此，必须根据实际情况编制切实可行的焊接施工工艺。

## 6.2 焊接施工部署

### 6.2.1 机械计划

本工程安装焊接全部为高空全位置焊接，在施焊时须经常变换焊接参数调整电流、电压。根据此特殊情况，特配备性能先进、可随时由操作者在远离主焊机的作业点调整电流、电压的日产 OTC-600A 整流式多功能焊机 8 台（可进行 $CO_2$ 气体保护焊、手工电流焊、碳弧气刨）。用于加热后温的工具 4 套，焊条烘箱 1 台，空气压缩机 2 台，角向磨光机 8 台。

### 6.2.2 焊接施工人员、作业计划

精选我公司具有丰富铸钢件、管焊接施工经验的持证焊工 24 名（主要施焊工程有深圳机场二期航站楼钢屋盖对接全位置焊接、沈阳桃仙机场航站楼钢屋盖铸钢管对接焊、深圳地王大厦、厦门会展中心厚钢板焊接），按照 JGJ 81—91《建筑钢结构焊接规程》第八章“焊工考试”的规定组织复训，结合现场工况模拟练习，进入本工程参加整个黄金树的焊接作业。

由于每个焊接点的焊接量较大，每名操作者无法在一个班次完成，但铸钢件又必须连续完成；否则，将有出现裂纹的危险。为保证焊接的连续性，计划实行三班制连续作业。

## 6.3 焊接工艺

本工程黄金树主要为铸钢件与钢管的对接全位置焊接接头形式。坡口形式为带衬板 U 形坡口（此坡口形式可减少焊缝断面，减小根部与面缝部收缩差，防止由于焊接应力过度集中，在近面缝区产生撕裂现象）。整个黄金树管对接接头的管径有 350mm × 12mm、350mm × 19mm、450mm × 22mm 三种，考虑到工程进度，计划采用 $CO_2$ 气体保护焊与手工焊两种焊接方式，焊丝选用 H10MSIMO、直径为 $\phi$1.2mm，焊条选用 E-5015，直径选用 $\phi$3.2 ~ 4mm。铸钢件与钢管的对接焊是本工程重中之重，整个焊接过程须一次完成，严禁返修，必须从组对、校正、复验、预留焊接收缩量、焊接定位、焊前防护、清理、预热、层间温度控制、焊接、后温、保温、质检等各个工序严格控制，确保接头焊后质量达到设计要求及规范规定。

### 6.3.1 组对

组对前先采用锉刀、砂布、盘式钢丝刷，将铸钢件接头处坡口内壁 15 ~ 20mm 处仔细清除锈蚀及污物。坡口的清理是工艺重点。由于铸钢件的表面光洁度较差，在组对前，必

须把凹陷处用角向磨光机磨平，坡口表面不得有不平整、锈蚀等现象。无缝钢管的对接处清理与铸钢件相同。组对时，不得在铸钢件部位进行硬性敲打，防止产生裂纹。错口现象必须控制在规定的允许范围内。

### 6.3.2 校正、预留焊接收缩量

加工制作的铸钢件可能存在误差，钢管也可能有变形现象，这些都将集中体现在现场组对的接头处，组对后的校正应用专用器具对同心度、曲率过渡线等认真核对，确认无误差后，用千斤顶之类起重器具把接头处坡口间隙顶至成上部大于下部 1.5 ~ 2mm 的焊接收缩预留量，以保证整个焊接节点最终的收缩量等，完成上述各项后进行定位焊。

### 6.3.3 对接接头定位焊

焊接定位对于管口的焊接质量具有十分重要的影响。由于本工程所用的钢材是焊接条件要求极高的铸钢件，故无法在接头处使用临时连接板固定的常规方法。我公司计划特制接头抱箍，为保证构件的稳定性，本次定位焊采用四点定位焊，定位焊采用小直径（$\phi$22.5 ~ 3.2）E-5015 焊条进行。焊条必须严格按使用说明书进行烘烤。定位焊的焊接长度要求为每处$\leqslant$50mm，焊肉厚度$\approx$4mm。

### 6.3.4 焊前防护

铸钢件接头处的焊接必须预先搭设操作平台，做好防风雨措施。操作平台的大小、高度必须满足焊接需要，底部密铺木质脚手板，垫上石棉布防止劲风从底部进入防护棚内，采用彩条布对焊接区域进行全方位立体防护，彻底解决风、雨对焊接的影响。

### 6.3.5 焊前清理

正式焊接前，将定位焊处的渣皮、飞溅附着物仔细清除干净，定位焊的起点与收弧处必须用角向磨光机修磨成缓坡状，并确认无未熔合、裂纹、气孔等缺陷，并把妨碍焊接的器具等清理干净。

### 6.3.6 焊接预热

本工程采用的 GS-20Mn5V 铸钢件与 Q345A 无缝管材，在焊接时对预热、层温、后温等要求非常高。故在进行预热处理时，应严格执行下述要求：预热范围应沿焊缝中心两侧各 100mm 以内进行全方位均匀加热，当预热温度、预热范围均达到预定值后，恒温 20 ~ 30min。预热温度的测试须在离坡口 80 ~ 100mm 处进行，采用表面温度计测试。预热热源采用氧—乙炔中性火焰，进行加热时，至少使火焰焰芯距管壁具有不小于 100mm 的距离且不时绕管运作，以免加热不均匀，单点温度过高而导致对铸钢件的损伤。不同钢种的推荐预热温度表见表 6-1。

**不同钢种的推荐预热温度表（$CO_2$）** **表 6-1**

| 钢　种 | 焊接方式 | 壁　厚（mm） | | |
|---|---|---|---|---|
| | | $T$ = 16 ~ 20 | $T$ = 20 ~ 30 | $T$ = 30 ~ 50 |
| 钢管 20 号 | 手工电弧焊 | 80 ~ 100 | 100 ~ 110 | 100 ~ 120 |
| | $CO_2$ 气体保护焊 | 80 ~ 100 | 100 ~ 110 | 100 ~ 120 |
| 钢管 16Mn | 手工电弧焊 | 180 ~ 200 | 180 ~ 200 | 200 ~ 250 |
| | $CO_2$ 气体保护焊 | 180 ~ 200 | 180 ~ 200 | 220 ~ 250 |
| 铸钢 GS-20Mn5V | 手工电弧焊 | 200 ~ 220 | 200 ~ 220 | 220 ~ 250 |
| | $CO_2$ 气体保护焊 | 200 ~ 200 | 200 ~ 220 | 220 ~ 250 |

### 6.3.7 层间温度

在焊接过程中，焊缝的层间温度应始终控制在120~150℃之间，这就要求焊接过程具有最大的连续性；如在施焊过程中出现修理缺陷、清洁焊道所需的停焊情况，造成层间温度下降，则必须用加热工具进行加热，直至到达规定值后方能再进行焊接。在施焊前应注意收集气象预报资料。预计恶劣气候即将来临时应放弃施焊；若焊缝已开焊，则必须采取一切密闭措施，确保所有工序完成，并严格做好后温处理。

### 6.3.8 后热与保温

焊接节点完成后，为保证焊缝中扩散氢有足够的时间逸出及焊接收缩产生的应力得以释放，从而避免产生延迟裂纹。焊后必须立即进行后热、保温处理。后热时采用氧—乙炔火焰在焊缝两侧各100mm内全方位均匀烘烤，经表面温度计在离焊缝80~100mm处测试达到200~250℃后，用不少于4层石棉布紧裹并用扎丝捆紧，保温至少需达4h以上，确保接头区域达环境温度后方能拆除。

### 6.3.9 焊接

（1）焊前检查、记录

本工程的铸钢—Q345A钢管管接头的焊前预检由专业技术员负责实施，每只接头均需采用钢直尺、角尺、楔尺、焊缝量规核查拼对间隙、错边状况及坡口有无损伤。确认符合规程要求后，向焊接工段长下达施焊指令，完善交接手续。焊接工段需建立焊前与焊后工艺档案。

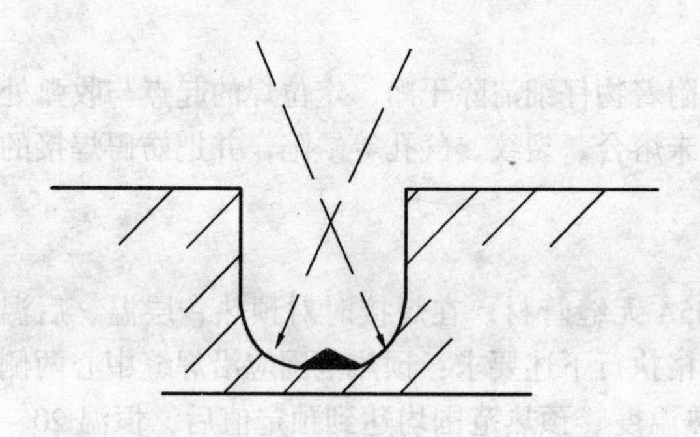

图6-1 根部焊接示意图

（2）根部焊接（见图6-1）

全位置管—管对接接头在焊接根部时，应自焊口的最低处中心线10mm处起弧，至管口的最高处中心线超过10mm左右止，完成半个焊口的封底焊。另一半焊前应将前半部始焊与收尾处，用角向磨光机修磨成缓坡状，并确认无未熔合现象后，左前半部分焊缝起弧处始焊至前半部分结束处焊缝上终了整个管口的封底焊接。由于本工程所使用的铸钢件接头处带有与铸件连为一体的管内垫板，故根部焊接只需注意衬板与无缝钢管坡口部分的熔合，并确保焊肉介于3.5~4.5mm之间。

要点：

1）调试电流、电压等严禁在构件上进行，起收弧必须在坡口内进行，焊条接正极(直流反接)。

2）燃弧时采用擦拉弧法，自坡壁前段燃弧后引向待焊处，确保短弧焊接。

3）运焊时采用往复式运焊手法，在两侧稍加停留，避免焊肉与坡口产生夹角，应达到平缓过渡的要求。

（3）填充层焊接

在进行填充焊接前，应剔除首层焊后焊道上的凸起部分与粘连在坡壁上的飞溅及粉尘，仔细检查坡口边沿有无未熔合及凹陷夹角；如有上述现象，必须采用角向磨光机除去且不得伤及坡口边沿。焊接时注意每道焊道应保持在宽 8～10mm、厚 3～4mm 的范围内。运焊时采用小 8 字方式，焊接仰焊部位时采用小直径焊条，仰爬坡时电流逐渐增大。在平焊部位每次增大电流强度焊接，在坡口边注意停顿，以便于坡口间的充分熔合。每一填充层完成后，都应采用与根部焊接完成后相同的处理方法进行层间清理，在接近盖面时应注意均匀留出 1.5～2mm 的坡口深度，不得伤及坡口边，为盖面做好准备。

(4) 面层焊接

面层焊接直接关系到焊接接头的外观质量能否满足质量要求，因此，在面层焊接时应注意选用小直径焊条适中的电流、电压值，并注意控制坡口边熔合时间稍长。水平固定口时，不采用多道面缝。垂直与斜固定口，须采用多层多道焊。严格执行多道焊接的原则，焊缝严禁超宽（应控制在坡口以外 1～1.5mm 内）或超高（保持在 0.5～2.5mm 以内）。

重点总结如下：

1) 在面层焊接时，为防止焊道太厚而造成焊缝加强面超高，应选用偏大的焊接电压进行焊接。

2) 为控制焊缝内金属的含碳量增加，在焊道清理时严禁使用碳弧气刨，以免刨后焊道表面附着的高碳晶粒无法完全清除，致使焊缝内碳当量增加，而造成焊缝硬度太大，导致焊缝出现延迟裂纹。

3) 为控制线能量，应严格执行多层多道的焊接原则。特别是面层焊接，焊道更应控制其宽度不得大于 8～10mm。

(5) 焊后清理与检查

焊接完成后就认真除去飞溅与焊渣，采用焊缝量规等器具对焊缝外观几何尺寸进行检查，不得有凹陷、超高、焊瘤、咬边、气孔、未熔合、裂纹等缺陷，并做好焊后自检记录，自检合格后签上操作焊工的编号钢印。外观质量检查标准应符合规范的工级规定。

# 7 质量、安全、环保技术措施

## 7.1 质量技术措施

### 7.1.1 施工准备过程的质量控制

(1) 优化施工方案和合理安排施工程序，做好每道工序的质量标准和施工技术交底工作，搞好图纸审查和技术培训工作。

(2) 严格控制进场原材料的质量，对钢材等物资除必须有出厂合格证外，需经试验进行复检并出具复检合格证明文件，严禁不合格材料用于本工程。

(3) 合理配备施工机械，搞好维修保养工作，使机械处于良好的工作状态。

(4) 对产品质量实行优质估价，使工程质量与员工的经济利益密切相关。

(5) 采用质量预控法，把质量管理的事后检查转变为事前控制工序及因素，达到”预控为主”的目标。

### 7.1.2 施工过程中的质量保证措施

根据本工程钢结构施工难度大、质量要求高的特点，必须加强质量管理的领导工作，严格执行规范、标准，按设计要求进行控制施工，把施工质量放在首位，精心管理，精心施工，保证质量目标的实现。

（1）建立由项目经理直接负责，项目副经理中间控制，专职检验员作业检查，班组质量监督员自检、互检的质量保证组织系统，将每个岗位、每个职工的质量职责都纳入项目承包的岗位责任合同中，并制定严格的奖罚制度，使施工过程中的每一道工序、每个部位都处于受控状态，并同经济效益挂钩，保证工程的整体质量水平。

（2）制定项目各级管理人员、施工人员质量责任制，落实责任，明确职责，签订质量责任合同，把每道工序、每个部位的质量要求、标准、控制目标，分解到各个管理人员和操作人员。

（3）根据工序要求，制定项目质量管理奖罚条例，岗位职责质量目标与工资奖金挂钩，实行质量一票否决权。

（4）编写本工程钢结构施工的关键工序作业指导书，严格按作业指导书进行交底和施工操作，做到施工有序控制和监控检查。

（5）施工现场的检查机构，由项目经理和质量总负责牵头建立质量检查机构，是保障工程质量的重要环节。根据工种不同设专职质量检查员，人员职责到位，分兵把关贯彻工程全过程，通过检查机构职能运行，把技术要求、质量要求传达到班组质检员，逐级负责控制各专业技术岗位和质量目标通过每一系统的质量把关（见图7-1）。

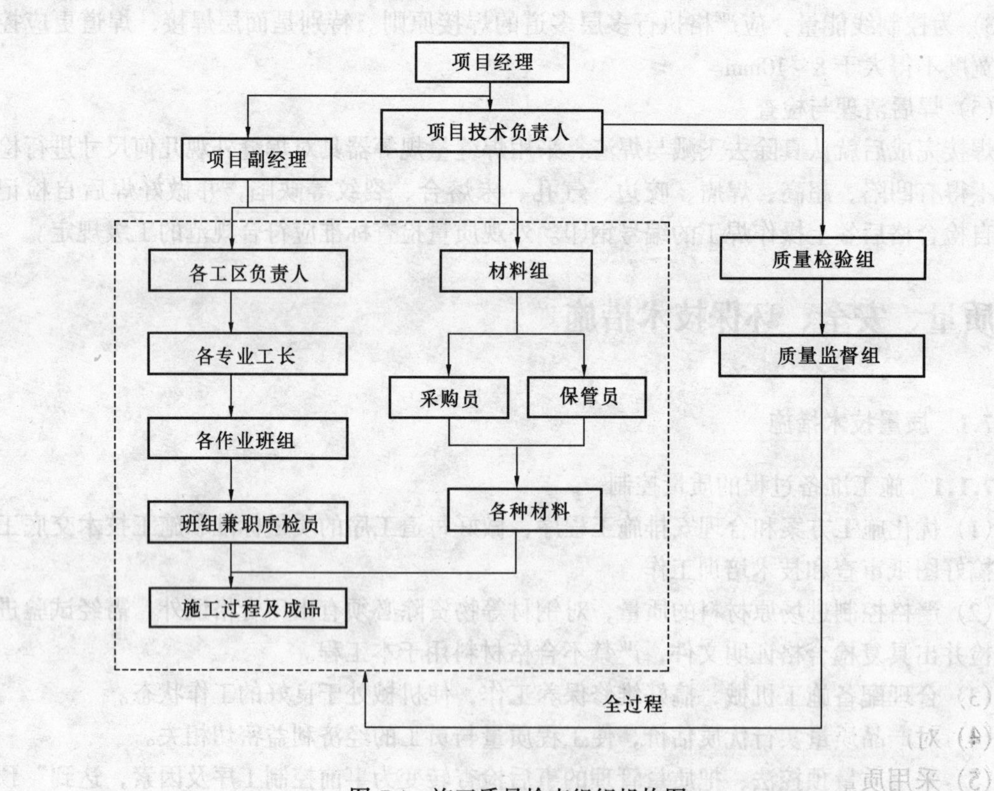


图7-1　施工质量检查组织机构图

### 7.1.3　质量控制程序

（1）认真贯彻执行GB/ISO 9000系列质量标准、质量手册和程序文件，将其纳入规范化、标准化的轨道。

(2) 质量依赖于科学管理和严格的要求，为确保工程质量，特制定本工程钢结构制作、构件预拼装、安装、焊接、高强螺栓施工、油漆质量、防火喷涂质量控制程序（见图7-2～图7-8），并且符合规范及现行标准的要求。

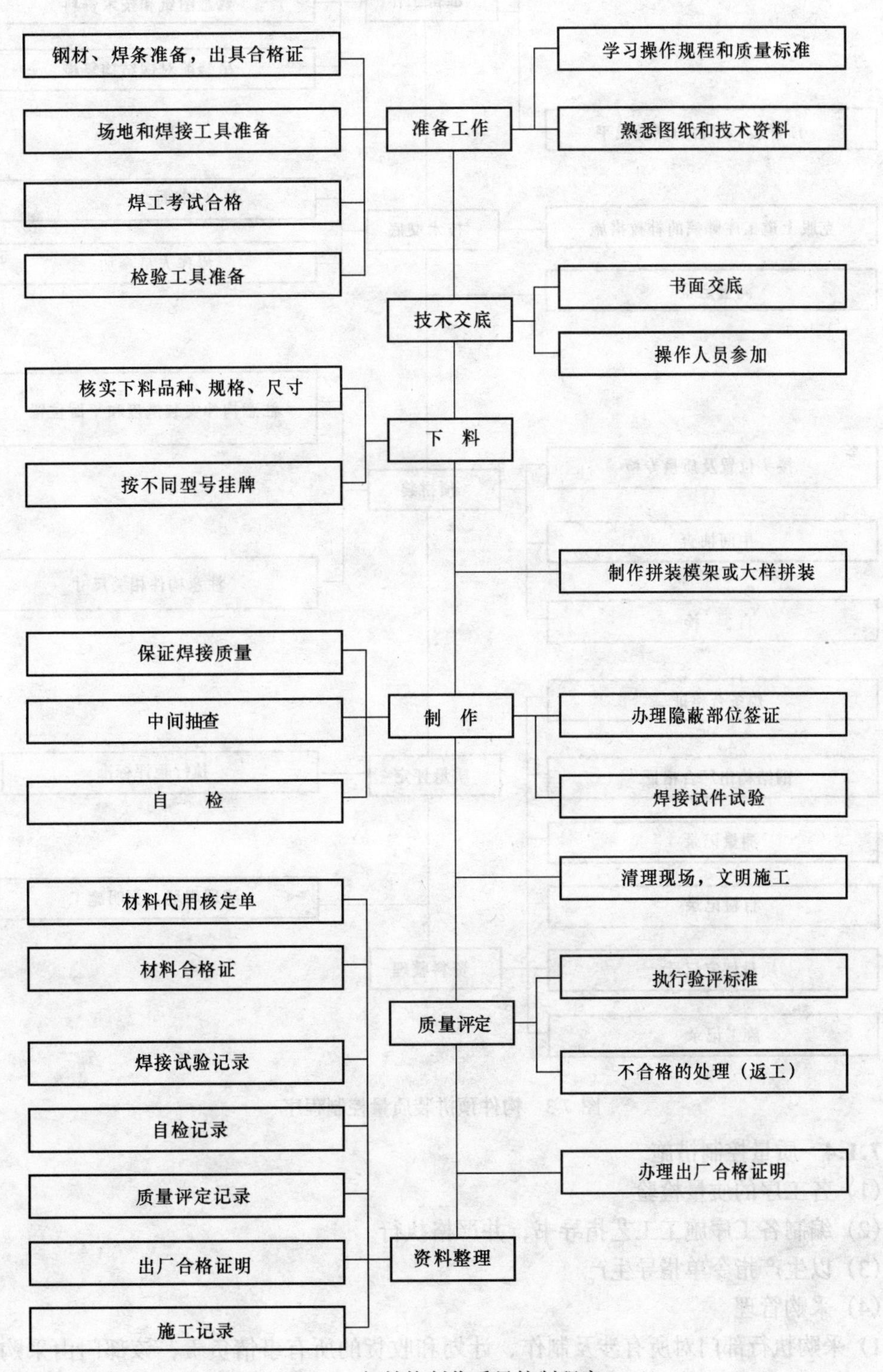

图 7-2 钢结构制作质量控制程序

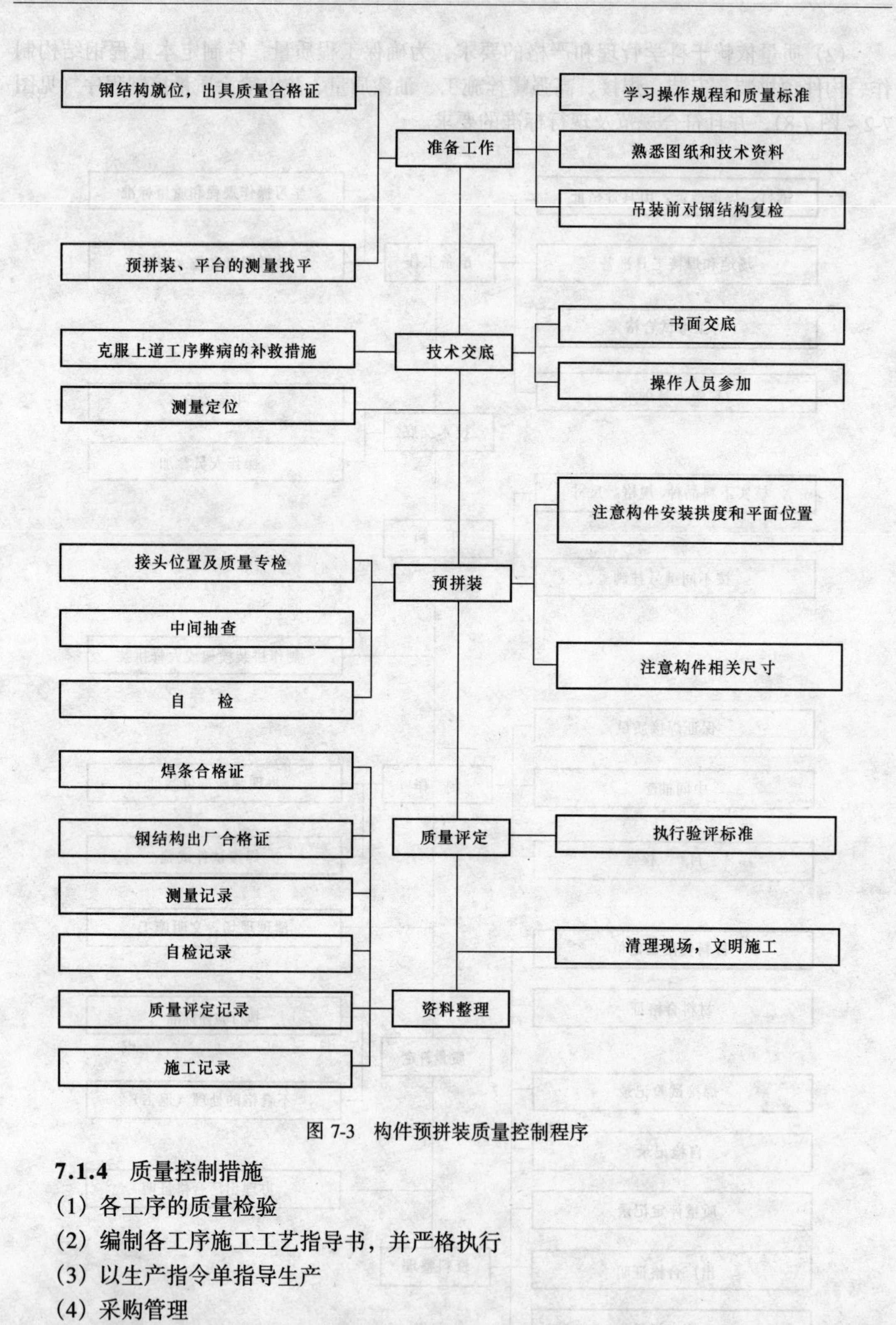


图 7-3　构件预拼装质量控制程序

### 7.1.4　质量控制措施

(1) 各工序的质量检验

(2) 编制各工序施工工艺指导书，并严格执行

(3) 以生产指令单指导生产

(4) 采购管理

1) 采购执行部门对所有涉及制作、计划和收货的所有事情负责，该部门由采购人员和材料管理人员组成。

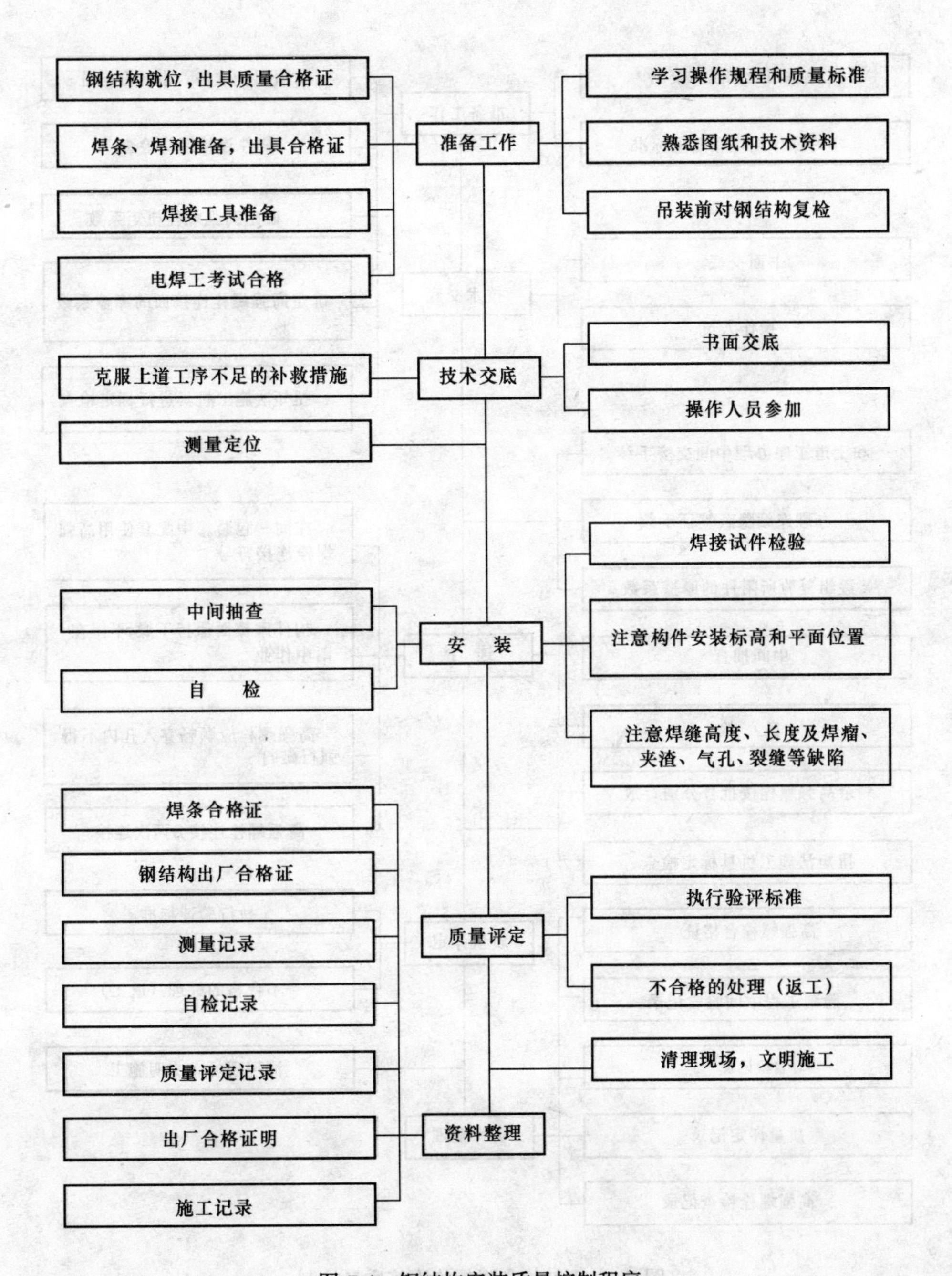


图 7-4　钢结构安装质量控制程序

2）执行部门应当准备采购说明和质量保证要求，并送交供货方；同时，还要复核和认可供货方提供的材料，质量负责人准备质量保证标准并分发，还要审核供货方的质保程序。

3）收货检验及审核供货方的质保能力由项目的质量负责人委托专职质检员负责。

4）采购执行部门负责协调发货，并督促发货方汇报生产进度。

(5) 过程管理

为确保每道工序都能满足质量要求，建立了一个过程控制系统，要求理解和无条件地

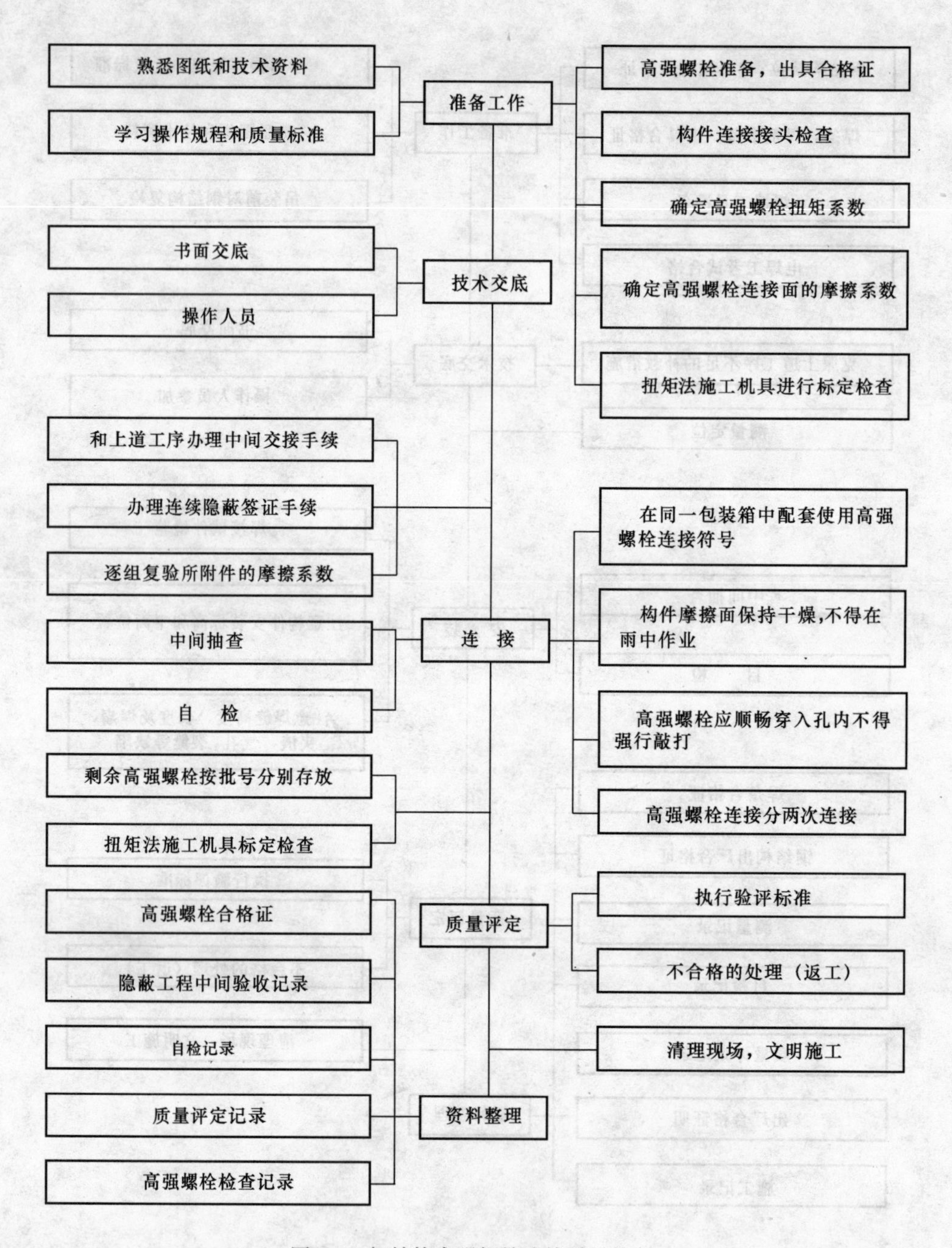


图 7-5 钢结构高强螺栓连接质量控制

执行这些质量管理程序。

1）部件和组装件应当检验，以防止损坏；仅当部件和组装件完全满足质量要求时，才能转入下一道工序。

2）采用合格的焊接。

3）关于变更的修改，应当彻底执行。

过程控制系统应当是有效的，并完全符合相应的标准、规则、规范。用于本工程的过程管理系统如下：

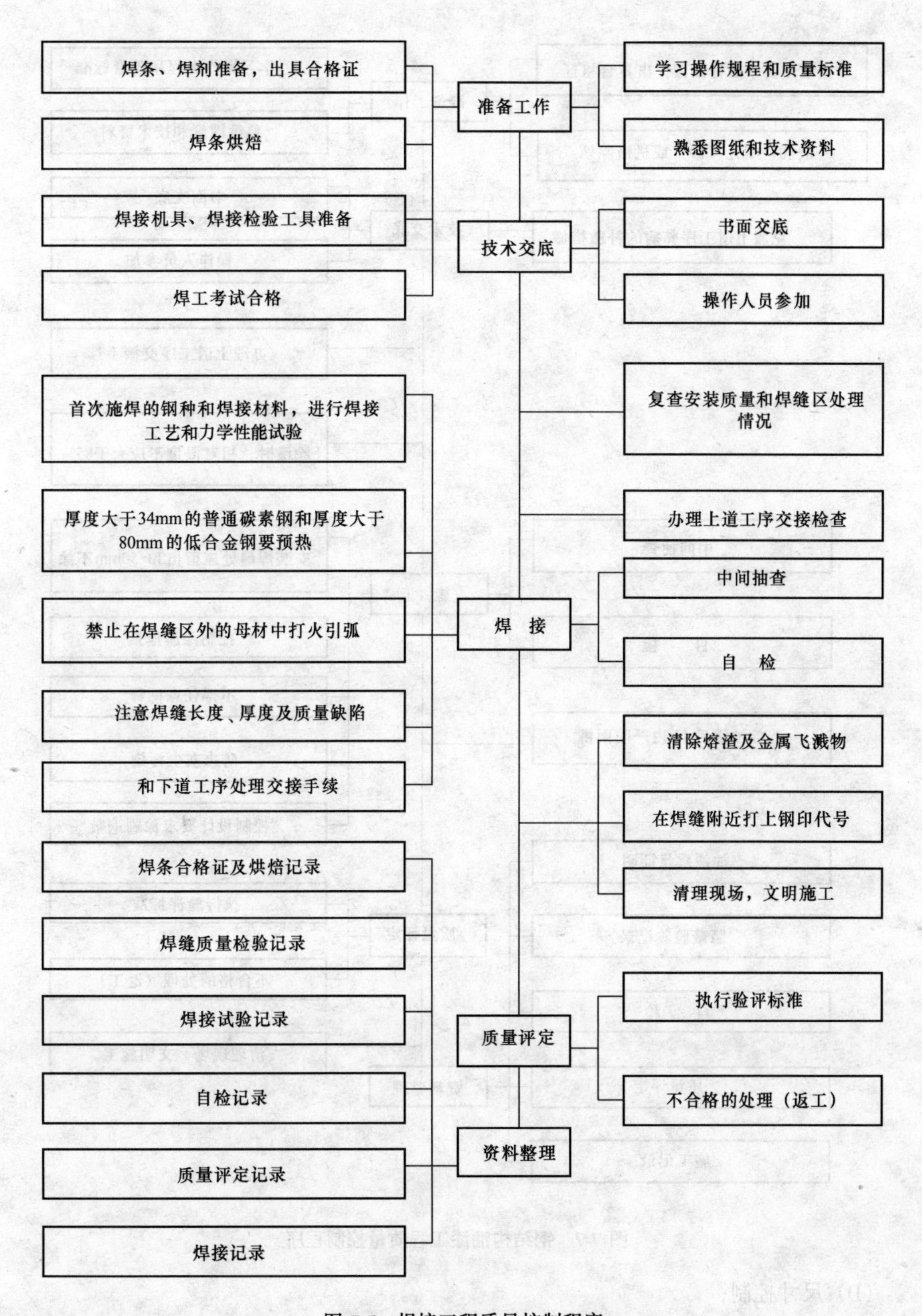


图 7-6 焊接工程质量控制程序

(A) 施工方案；

(B) 材料检验；

(C) 过程中的检验；

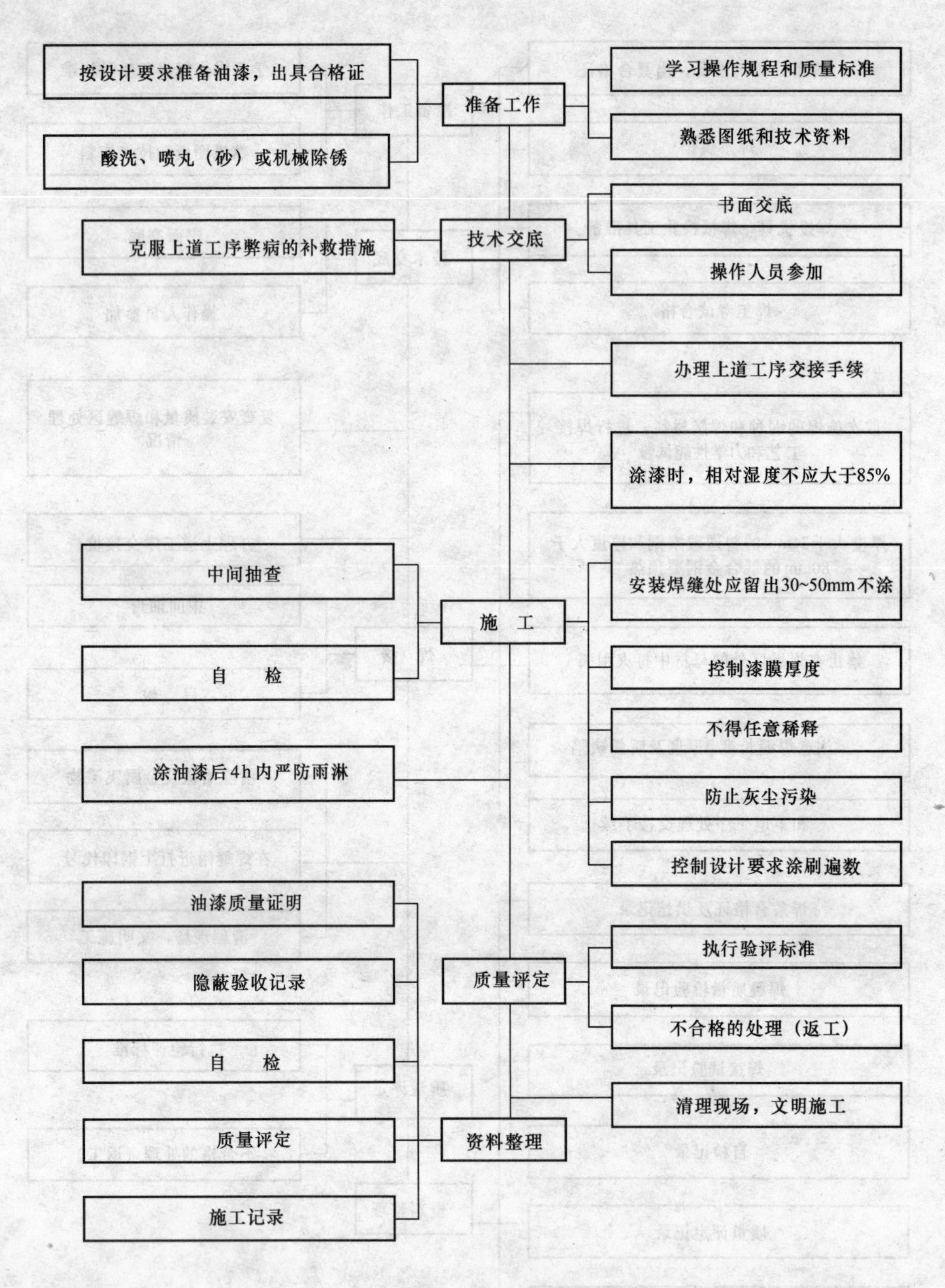


图 7-7 钢结构油漆工程质量控制程序

(D) 尺寸控制；

(E) 焊接无损伤检验；

(F) 缺陷清单、不合格、修改等。

(6) 材料管理

项目质量负责人应保证所收到的材料、零部件符合购货的要求。材料、部件和组装件

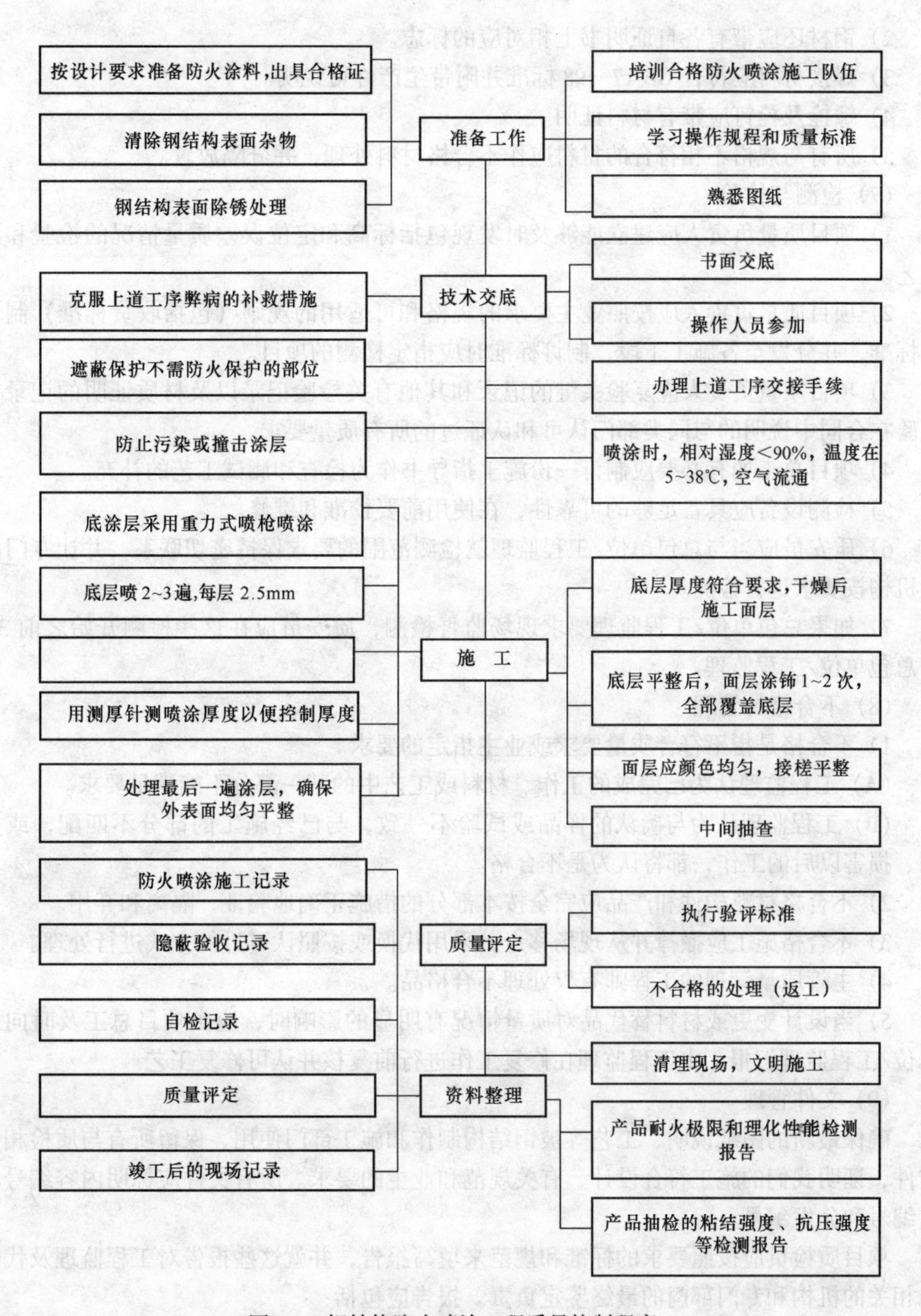


图 7-8 钢结构防火喷涂工程质量控制程序

要进行严格的制作检验，建立适用于本工程的检验程序。以保证不合格材料、原部件可及时被识别，确保该批材料、零部件符合要求后方可用于下一道工序。材料易于确认、分隔和分放，以防止安装时误用。

1）所有收到的钢材应随带其各自的材料试验证明，并交由项目质量负责人检验其尺寸、材料标准、质量、机械性能等，这些试验证书需由认可的检验机构批准核查。

2）钢材还应带有各自证明书上相对应的标志。

3）焊接材料应符合 GB 17—98 标准并附带生产许可说明。

4）螺栓及栓钉应带有材料证明。

5）所有与规格不相符合的材料应作不合格材料处理，并分隔放置。

（7）检测与检验

1）项目质量负责人应建立能够及时发现包括标高和定位误差质量情况的检验和测试工艺。

2）项目质量负责人应按照业主要求的规格和可适用的规则（包括收货标准）制订检测标准，并分发至各施工工段，制订标准时应指定检测的项目。

3）项目质量负责人应复验关键的记录和其他有关检验记录以及材质证明的记录，并检验在合同中说明的与同类部门认可和认证过的所有质量要求。

4）项目总工如有必要应制订一份施工指导书作为检查和测试工艺的补充。

5）检测设备应具备足够的可靠性，在使用前要校准和维修。

6）质安员应当与总包单位/工程监理就检测范围的要求保持密切联系，并让专门的检验机构按要求进行检测。

7）如果总包单位/工程监理要求现场监督检测，质安员应在这些检测开始之前 3d 通知总包单位/工程监理。

（8）不合格的管理

1）不合格是指不符合质量要求或业主指定的要求。

（A）工程监理认为已完成的工作、材料或工艺中的某一部分不能满足要求。

（B）工程监理认为与确认的样品或试验不一致，与已经施工的部分不匹配，或会影响、损害以后的工作，都将认为是不合格。

2）不合格材料构件和产品应完全按本部分的措施正确地验证、隔离和弃用。

3）不合格施工应撤掉并从现场移走，采用代换或按照认可过的方式进行处理。

4）主管质量管理的工程师有权处理不合格品。

5）当设计变更或材料替代品对质量情况有明显的影响时，应由项目总工及时向总包单位/工程监理汇报，由工程监理在修复工作进行前复核并认可修复工艺。

（9）文件管理

确保最新的图纸说明、工艺等被钢结构制作和施工部门使用，保留所有与质检相关的文件，证明我们的施工符合设计、有关规范和业主的要求。所有文件应标明内容编号、复核编号和分发编号。

项目质检员应按照要求的标准和规范来填写报告，并就这些报告对工程监理及代表其他相关的机构和专门部门的最终鉴定负责。报告应包括：

1）零件、部件、单批或成批产品的证明；

2）观测及检测的数量；

3）发现缺陷的数量和类型；

4）采取的所有改正措施的详细内容。

（10）记录的保存

项目质检员配合资料员，根据业主的要求采取适当方式保存记录文件。

## 7.2 安全技术措施

### 7.2.1 安全生产管理体系

由于本工程交叉作业多、施工面积大、施工难度大，安全生产尤为重要，为了有条不紊地组织安全生产，必须组织所有施工人员学习和掌握安全操作规程和有关安全生产、文明施工的条例，成立以项目经理为首的安全生产管理小组，按施工区域分别确定专职安全员，各生产班组设兼职安全员，建立一整套的安全生产管理体系。

### 7.2.2 安全保证措施

(1) 认真贯彻执行国家有关安全生产法规、深圳市有关建筑施工安全规程；同时，结合本工程特点，制定安全生产制度和奖罚条例，并认真执行。

(2) 牢固树立“安全第一”的思想，坚持预防为主的方针，对职工经常进行安全生产教育，定期开展安全活动，充分认识安全生产的重要性，掌握一定的安全生产知识，对职工进行安全生产培训。在安全生产上，一定要克服麻痹思想。

(3) 坚持用好安全“三件宝”，所有进入现场人员必须戴安全帽，高空作业人员必须系好安全带，穿软底防滑绝缘鞋。挂安全网，设醒目标志，用红白小旗绳圈转围。

(4) 钢爬梯、吊篮、平台、吊物钢管等，应设计得轻巧、牢靠、实用，制作焊接牢固，检查全格，并按规定正确使用。

(5) 走道板材质要符合规定，铺设牢靠，不得出现翘头。电焊作业台搭设力求平稳、安全，周围设防护栏杆。所有设置在高空的设备、机具，必须放置在指定的地点，避免载荷过分集中，并须绑扎，防止机器在工作中松动。

(6) 所有安全设施由专业班按规定统一设置，并经有关部门验收，其他人不易随便拆动。因工作需要必须拆动时，要经过有关人员允许。事后要及时恢复，安全员要认真检查。

(7) 搞好安全用电。所有电缆、用电设备的拆除、现场照明均由专业电工担任，要使用的电动工具，必须安装漏电保护器。值班电工要经常检查、维护用电线路及机具，认真执行 JGJ 46—88 标准，保持良好状态，保证用电安全、万无一失。

(8) 各种施工机械编挂操作规程和操作人员岗位责任制，专机专人使用保管，机操人员必须持证上岗，电动、风动机具按使用规程使用。

(9) 重点把好高空作业安全关，高空作业人员须体检合格。工作期间，严禁喝酒、打闹。小型工具、焊条头子、高强螺栓尾部等放在专用工具袋内。使用工具时，要握持牢固。手持工具也应系安全挂绳，避免直线垂直交叉作业。

(10) 切实搞好防火。氧气、乙炔、$CO_2$ 气体要放在安全处，并按规定正确使用，工具房、操作平台、已安装楼层及地面临时设施处，应设置足够数量的灭火器材。电焊、气割时，先观察周围环境有无易燃物后再进行工作，并用火花接取器接取火花，严防火灾发生。

(11) 做好防暑降温、防风、防雨和职工的劳动保护工作。

(12) 统一高空、地面通信，联络一律用对讲机，严禁在高空和地面互相直接喊话。

(13) 起重指挥要果断，指令要简洁、明确。按“十不吊”操作规程认真执行。

(14) 参加业主、监理等单位组织的安全监督检查活动，服从有关安全生产规定，团结一致，把工地的安全工作搞好。

**7.2.3**　防暑降温、雨期施工、防台风、施工用电、防火安全措施

(1) 防暑降温

根据深圳地区夏季气温特点，在现场开展防暑降温保健、中暑急救等卫生知识的宣传工作；高温季节调整作息时间，应减少连续加班加点，保证工人们的身心健康；高温季节现场医务室应加强对工人身体状况的检测工作，搞好医疗保健。

(2) 雨期施工防护措施

深圳地区潮湿多雨，雨期时间较长，为保质保量地完成本工程的施工，利用尽可能的时间和采取相应措施创造条件进行施工，特制订了本雨期施工防护措施。

1）掌握气象资料，与气象部门定时联系，定时记录天气预报，随时通报，以便工地做好工作安排和采取预防措施，尤其防止恶劣气候突然袭击对我方施工造成的影响。

2）当雨期气候恶劣，不能满足工艺要求及不能保证安全施工时，应停止吊装施工。此时，应注意保证作业面的安全，设置必要的临时紧固措施（如缆风绳、紧固卡）。

3）雨天不准进行高强螺栓安装施工，在作业面存放的高强螺栓应入箱进笼。对已穿未拧的高强螺栓，应采用彩条布包裹等措施防雨。高强螺栓吊箱应密闭防水，高空作业位置应可靠、安全、方便。

4）雨后，高强螺栓施工时，应用高压空气吹干作业区连接摩擦面及可能的其他有碍雨水。对已产生的浮锈等，应用铁刷认真刷除。完成以上工作后，方可进行高强螺栓施工。

5）雨天不准进行露天作业面的栓钉熔焊施工，有顶层遮雨的部位，进行熔焊施工时，也应注意潲雨及顶层滴漏。不满足施工条件时，不得施工。

6）雨天不得进行焊接作业，但必须持续焊接时，应设置相应的防护措施。

7）雨期施工时，安全防护措施要合理、有效。工具房、操作平台、吊篮及焊接防护罩等的积水应及时清理。

8）雨期施工，应保证施工人员的防滑、防雨、防水的需要（如雨衣、防滑鞋等）。注意用电防护。降雨时，除特殊情况及特殊工位外，应停止高空作业，将高空人员撤到安全地带，拉断电闸。

(3) 防台风措施

施工过程中，当接到台风消息时，应采取以下措施：

1）现场的施工材料（如焊条、螺栓、螺钉等）应回收到工具房内，施工废料要清理到安全地方。

2）电源线要绑扎固定好，遇到有棱有角的地方要用橡皮或胶垫包起，并闭合所有的电源开关。

3）工具房、操作平台、吊篮、焊接用防护罩等均应捆绑，固定在柱、梁上，所有缆绳均应确保安全、可靠。

4）塔吊应采用防风措施，如夹紧轨道夹、回转臂不固定等措施。

5）其他设备、机械也应采用紧扎、捆固措施。

(4) 施工用电安全措施

1）保证正确、可靠的接地及接零保护措施。

2）电气设备的装置、安全、防护、使用、操作与维修必须符合《施工现场临时用电安全技术规范》JGJ 46—88中的规定要求。

3）有醒目的电气安全标志、操作规程牌。

4）必须经常对现场的电气线路、各台设备进行安全检查，检查电气绝缘、接地电阻、电保护器、杆保险等是否完好。查出的问题要做到定人、定时、定措施，及时整改。

5）夜间施工应有足够的照明且应有电工现场值班监护，以防发生意外。

6）安装维修或拆除临时用电工程，必须由电工完成。

7）机电工长主管现场电气安全技术档案的建立与管理。《电工维修工作记录》由指定电工代管。

8）室内配电必须采取绝缘导线，距地面不得小于2.5mm，采取防雨措施。

9）现场设总配电箱及分配电箱，分配电箱连接开关箱。箱内边接线采用绝缘导线，接头不得松动，不得有外露带电部分。

（5）防火安全措施

1）建立以保卫负责人为组长的安全防火消防组。

2）施工现场明确划分用火作业区、易燃可燃材料堆场、仓库、易燃废品集中站和生活区域。

3）施工现场必须道路畅通，保证有灾情时消防车畅通无阻。

4）施工现场应配备足够的消防器材，指定专人维护、管理、定期更新，保证完整好用。

5）焊、割作业点与氧气瓶等危险品的距离不得少于10m，与易燃易爆物品不得少于30m；乙炔发生器和氧气瓶的存放处之间距离不得少于2m，使用时两者的距离不得少于5m。

6）氧气瓶、乙炔瓶等焊割设备上的安全附件应完整有效，否则不准使用。

7）施工现场的焊、割作业必须符合防火要求，严格执行“十不烧”规定。

8）严格执行动火审批制度，并要采取有效的安全监护和隔离措施。

9）施工现场严禁吸烟。

## 7.3　现场文明施工技术措施

### 7.3.1　总则

（1）认真执行我局颁发的文明施工管理细则，并严格按深圳市的文明施工要求实施。

（2）按施工总平面布置图安装现场机械设备、施工电路。

（3）现场材料应成堆、成型、成色进库，整洁干净，及时清理现场建筑垃圾。

（4）定期打扫卫生，尤其要使食堂、厕所等特殊部位保持清洁，防止流行性疾病的传播，积极采取预防措施，保证职工健康。

（5）场容整洁，宣传标志、安全标志醒目。

（6）加强现场消防、治安保卫工作。

（7）进入现场需佩戴出入证。

### 7.3.2　文明施工具体措施

（1）对施工人员进行文明施工教育，加强职工的文明施工意识。

(2) 做好施工现场临时设施、材料的布置与堆放，实行区域管理，划分职责范围，工长、班组长分别是包干区域的负责人，项目按《文明施工中间检查记录》表自检评分，在每月的生产会上进行总结评比。

(3) 切实加强火源管理，现场禁止吸烟，电、气焊及焊接作业时应清理周围的易燃物，消防工具要齐全，动火区域都要安放灭火器，并定期检查，加强噪声管理，控制噪声污染。

(4) 施工现场及楼层内的建筑垃圾、废料应清理到指定地点堆放，并及时清运出场，保证施工场地的清洁和施工道路的畅通。

(5) 做好已安装构件及待安装构件的外观及形体保护，减少污染。

# 8 经济效益分析

深圳文化中心黄金树的结构就像它的名字所表示的一样，由主干、粗枝、中枝和端枝组成，赋予树的想像，这种树枝结构设计在国内建筑史上较少见。黄金树钢结构工程因规模大、技术含量高、施工工艺先进，尤其是树枝结构及巨型铸件面积大、结构复杂、施工难度大，在我国不规则建筑中位居榜首。为提高我国大面积树枝空间结构的设计、施工水平起到了积极作用。

本工程的建筑设计是由日本矶崎新设计事务所完成的，结构设计是由日本最著名的钢结构设计大师川口惠完成的，两者的结合也代表了日本设计的最高水平。设计方对此工程非常重视，对中国人能否顺利完成本工程心存疑虑。因为该工程不仅存在以上难度，而且中国还没有相应的规范标准，更重要的是，本工程铸钢节点即使在日本也是需要进行攻关的项目。

针对本工程的特点，对巨型复杂铸件的设计及验算、巨型复杂铸件的铸造工艺研究、庞大的树枝结构安装工艺研究、庞大的树枝结构测控技术、复杂条件下异种钢材焊接技术等进行了攻关，并取得了成功。不仅保质保量完成了本工程，在报价大大低于日本某公司报价的情况下，该工程项目仍创造出高于公司平均利润率的良好效益。

# 9 小结

(1) 确保安全生产与文明施工，缩短工期，为后续工作提供了有利条件。

(2) 在工程施工过程中，得到了业主、监理、设计以及检测单位的好评。

(3) 经质检站、业主、监理、设计、总包联合验收，黄金树钢结构工程质量达到优良。

(4) 工程中标价仅为日方预算造价的 11.5%，精心组织施工与管理，还有盈余，有良好的经济效益。

(5) 深圳文化中心的建成，将为深圳文化、经济界的交流与发展发挥重要作用。施工过程中市政府主要领导、省市建设系统领导以及海内外同行多次来现场视察参观，扩大了影响，进一步提高了企业知名度和信誉。

# 10 附录

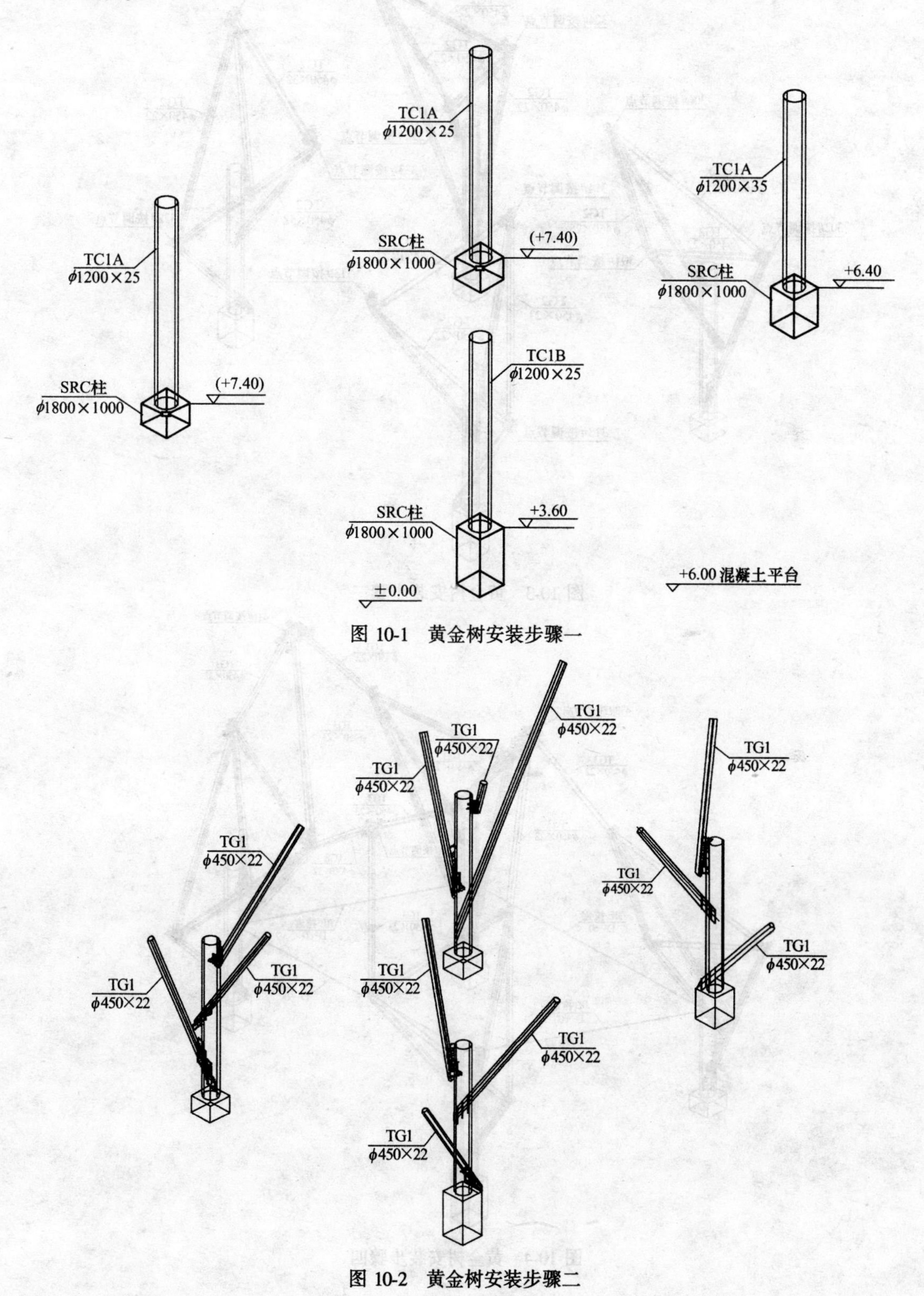


图 10-1 黄金树安装步骤一

图 10-2 黄金树安装步骤二

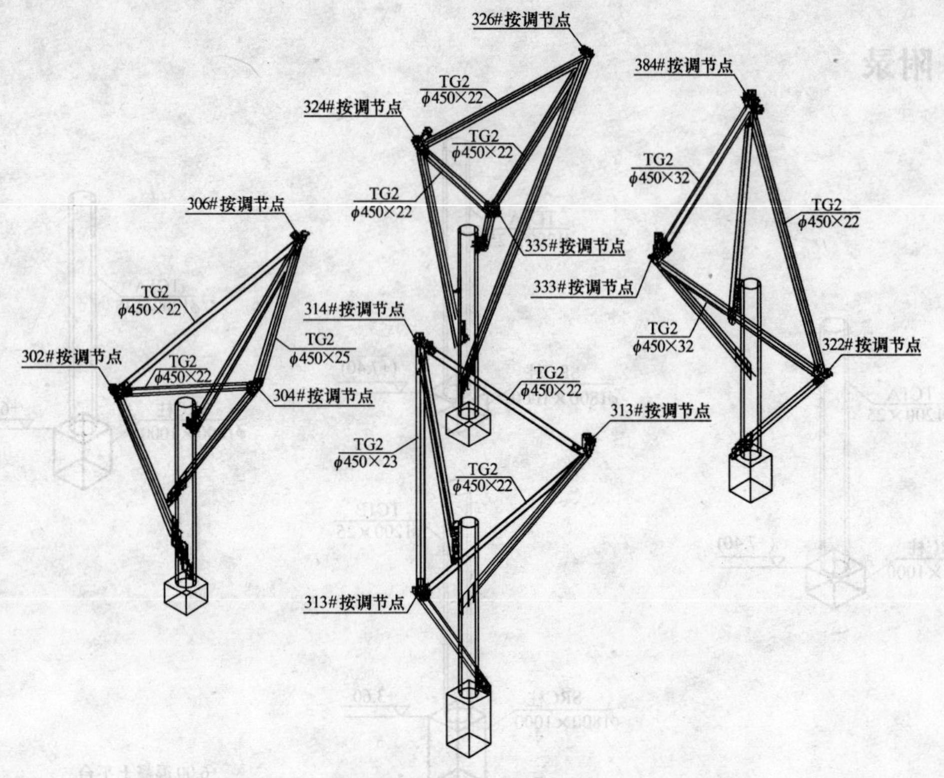


图 10-3 黄金树安装步骤三

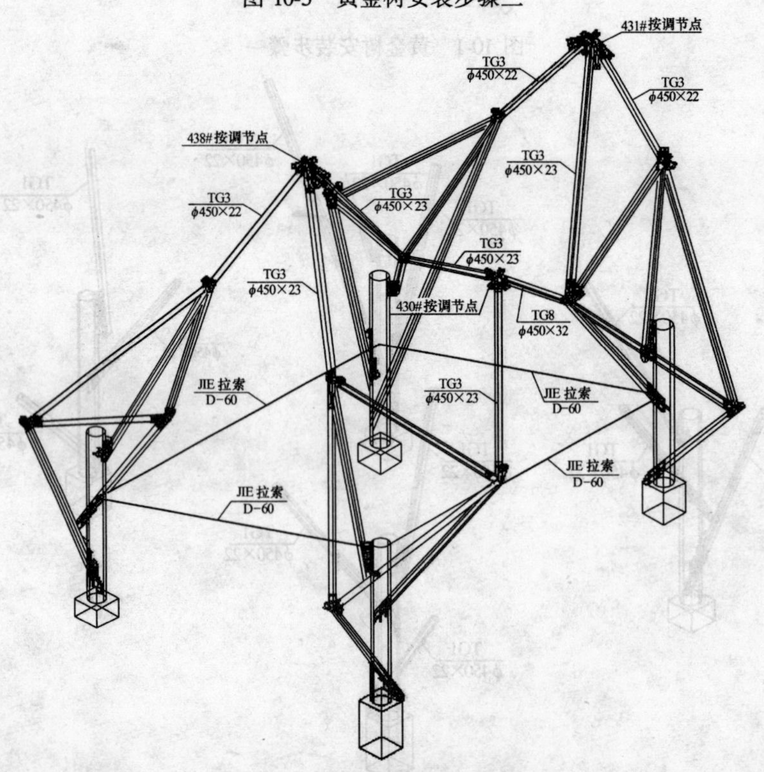


图 10-4 黄金树安装步骤四

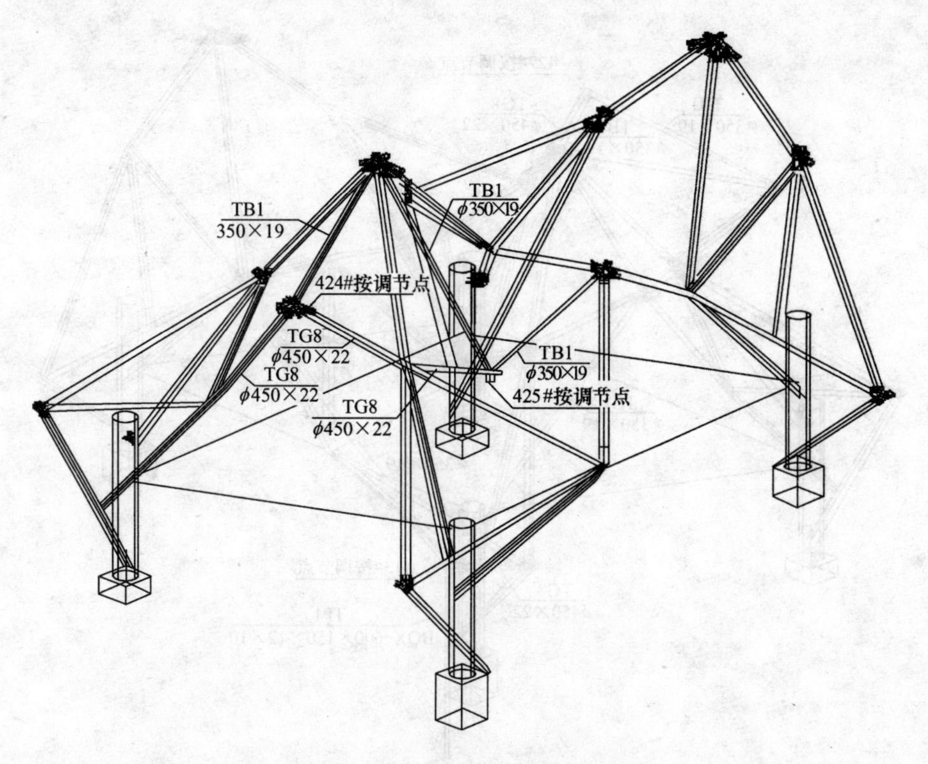


图 10-5 黄金树安装步骤五

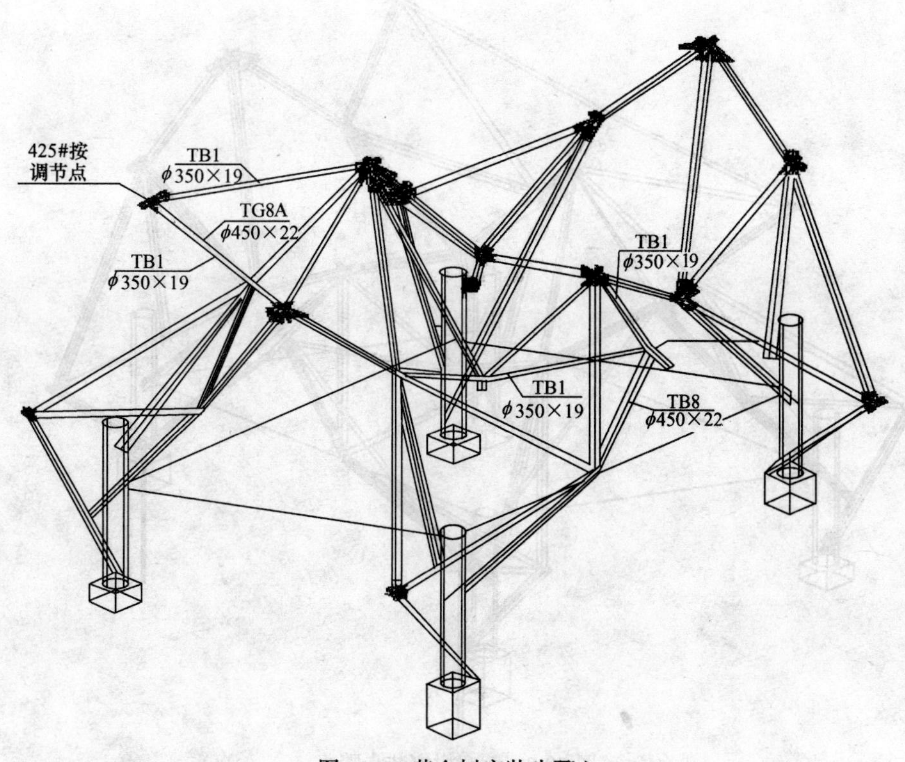


图 10-6 黄金树安装步骤六

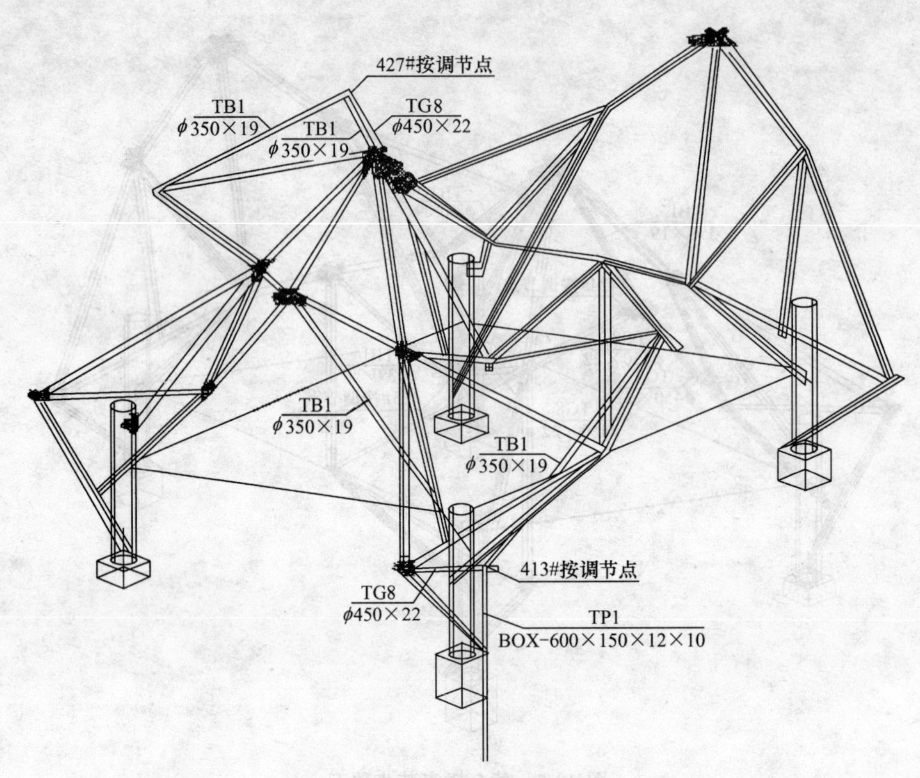


图 10-7　黄金树安装步骤七

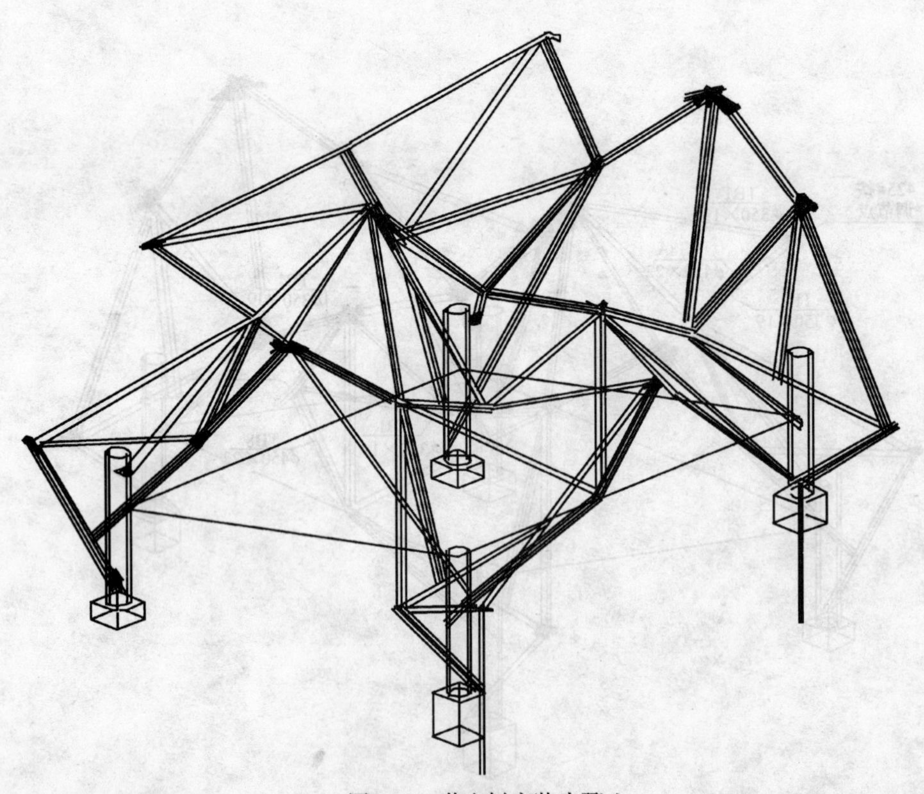

图 10-8　黄金树安装步骤八

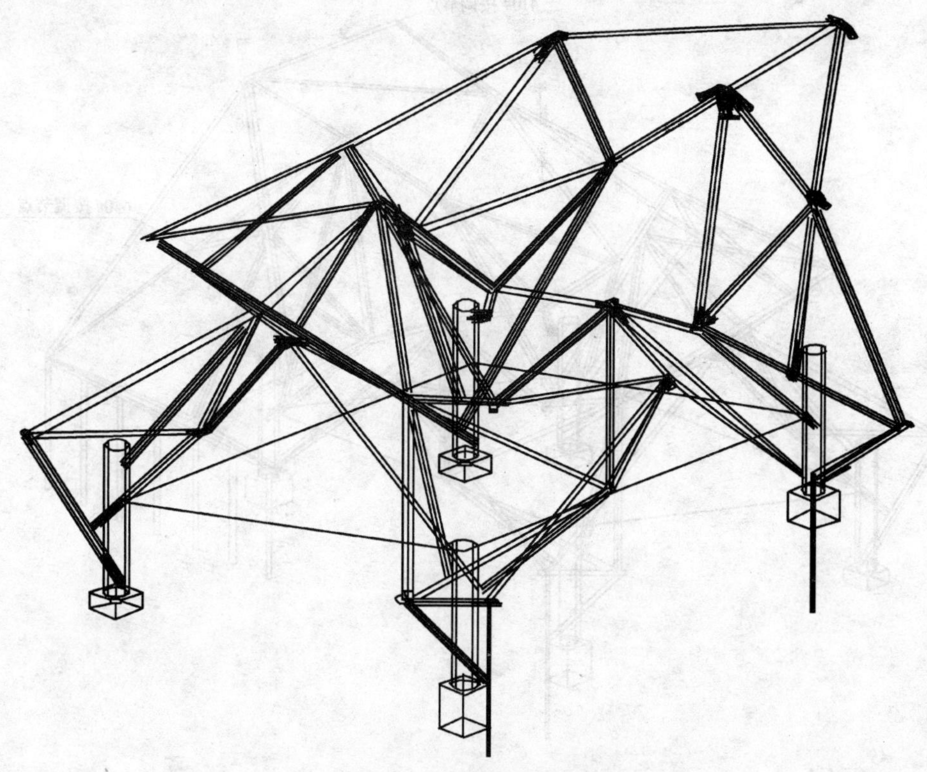

图 10-9　黄金树安装步骤九

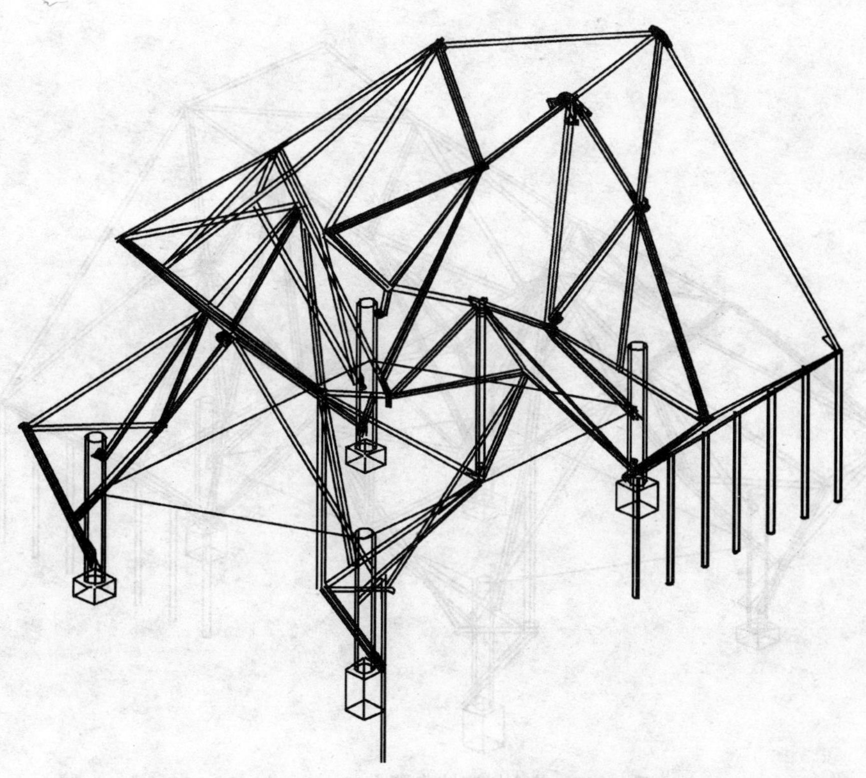

图 10-10　黄金树安装步骤十

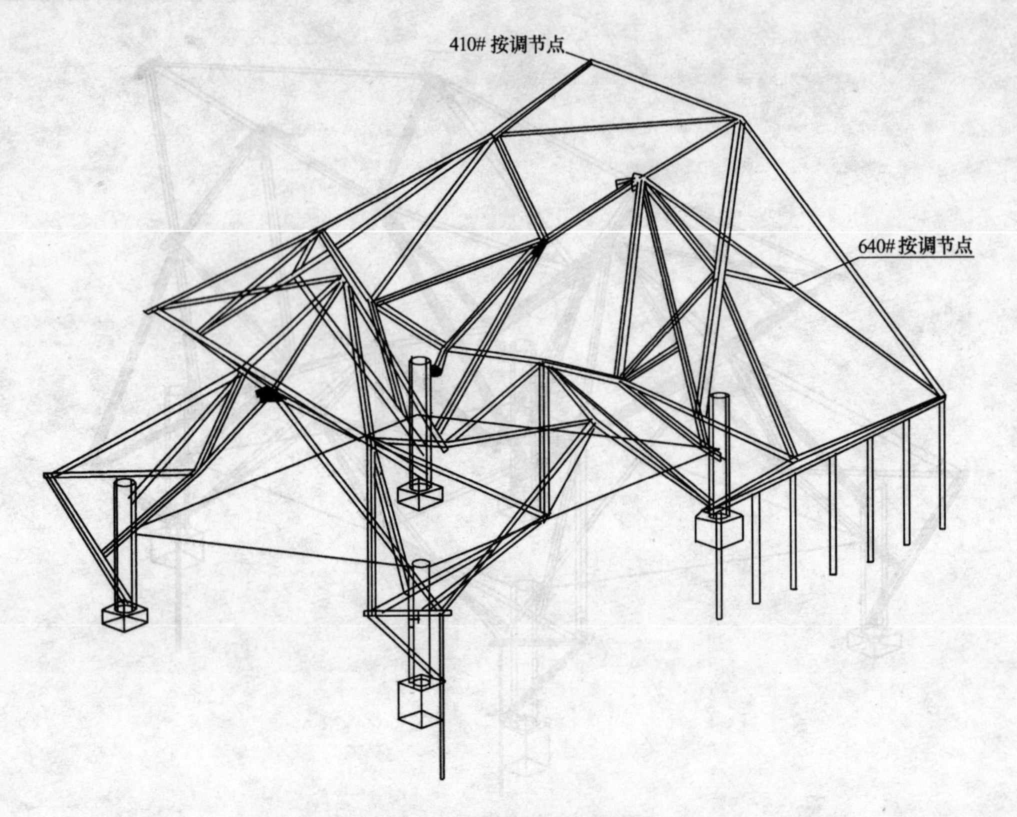


图 10-11　黄金树安装步骤十一

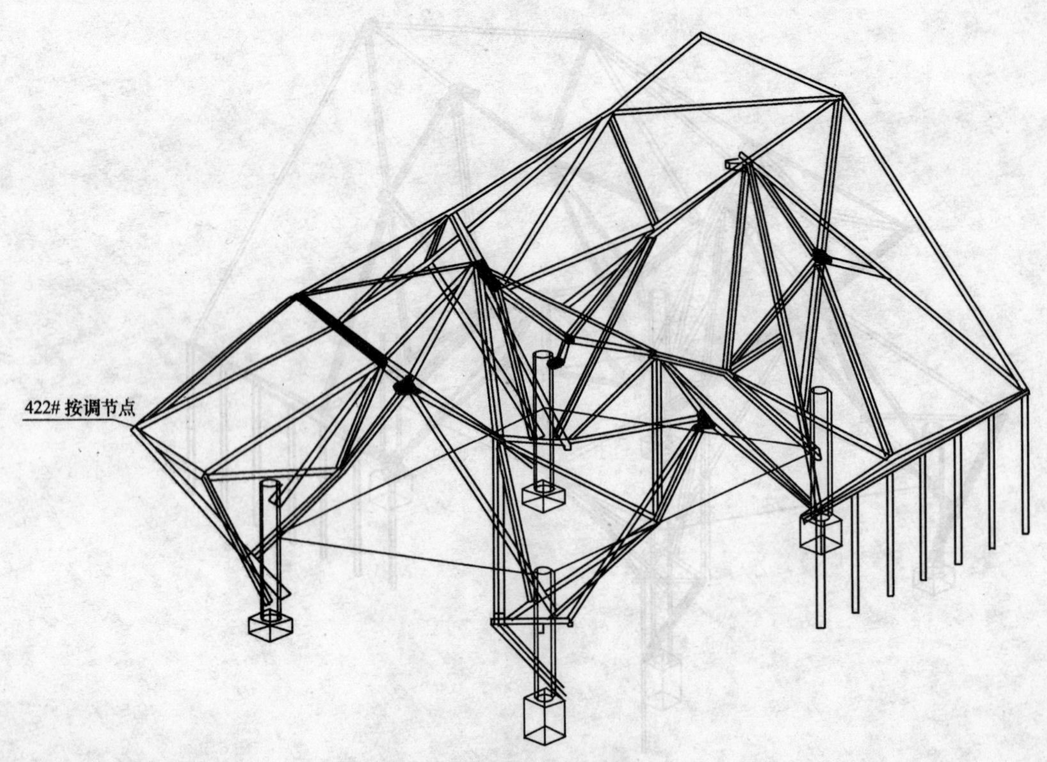


图 10-12　黄金树安装步骤十二

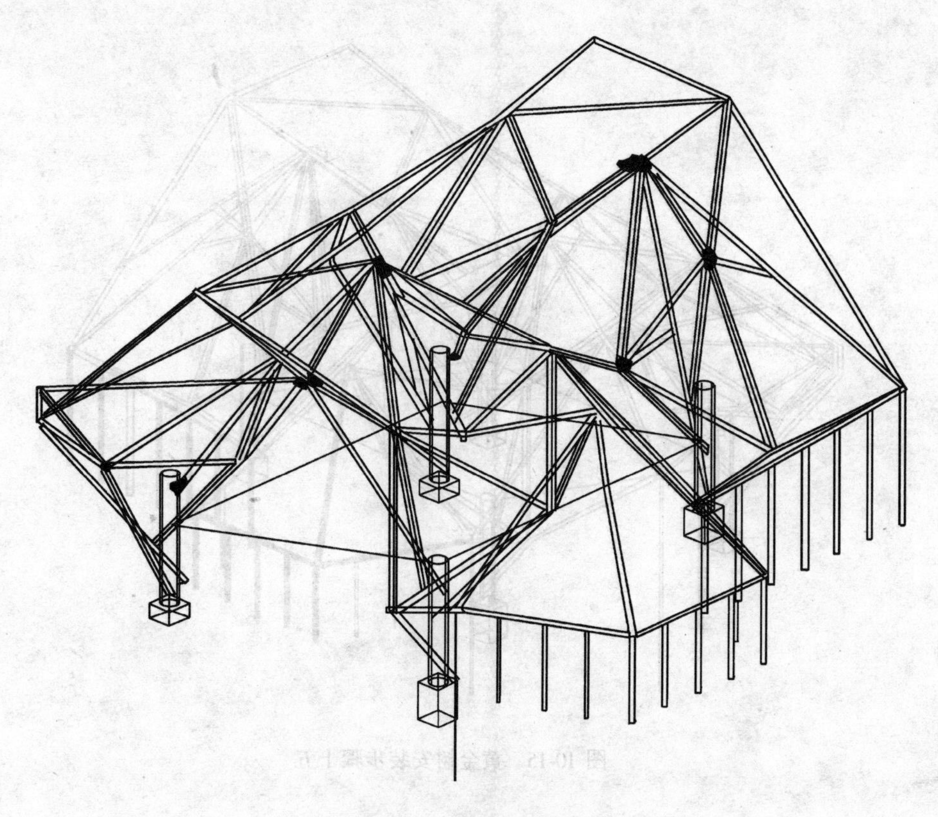

图 10-13　黄金树安装步骤十三

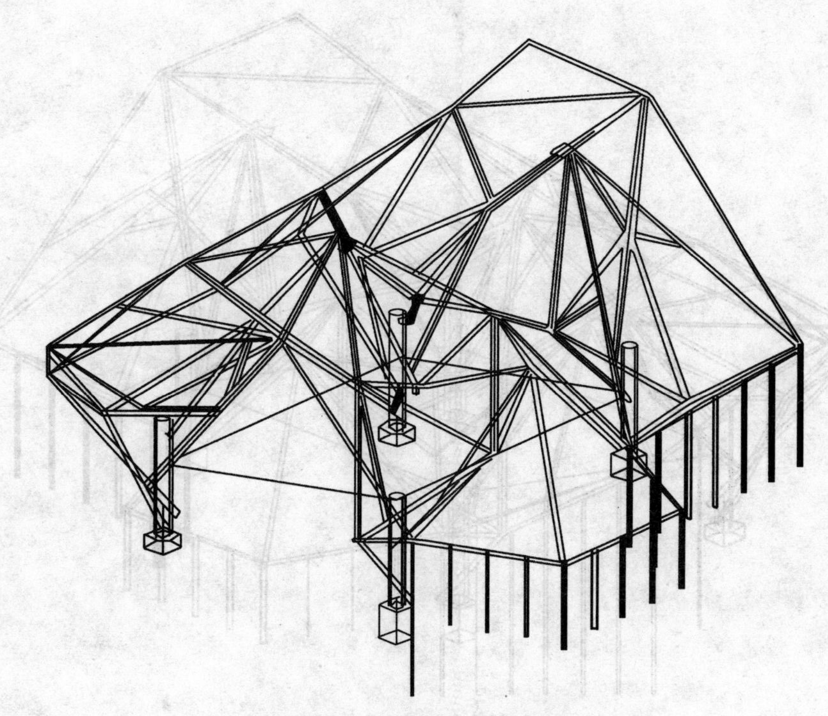

图 10-14　黄金树安装步骤十四

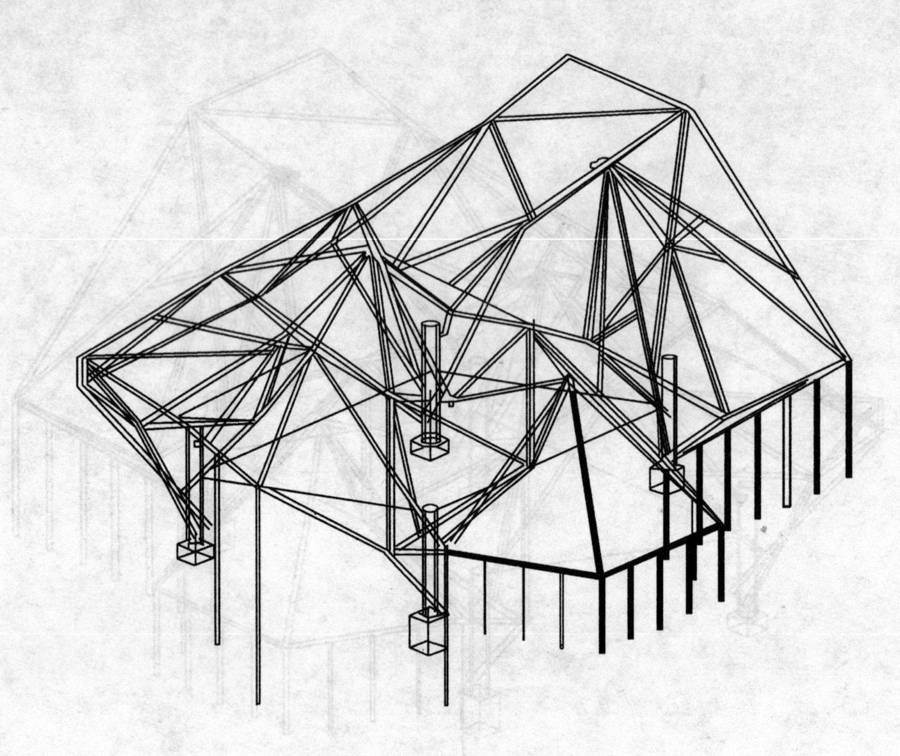

图 10-15　黄金树安装步骤十五

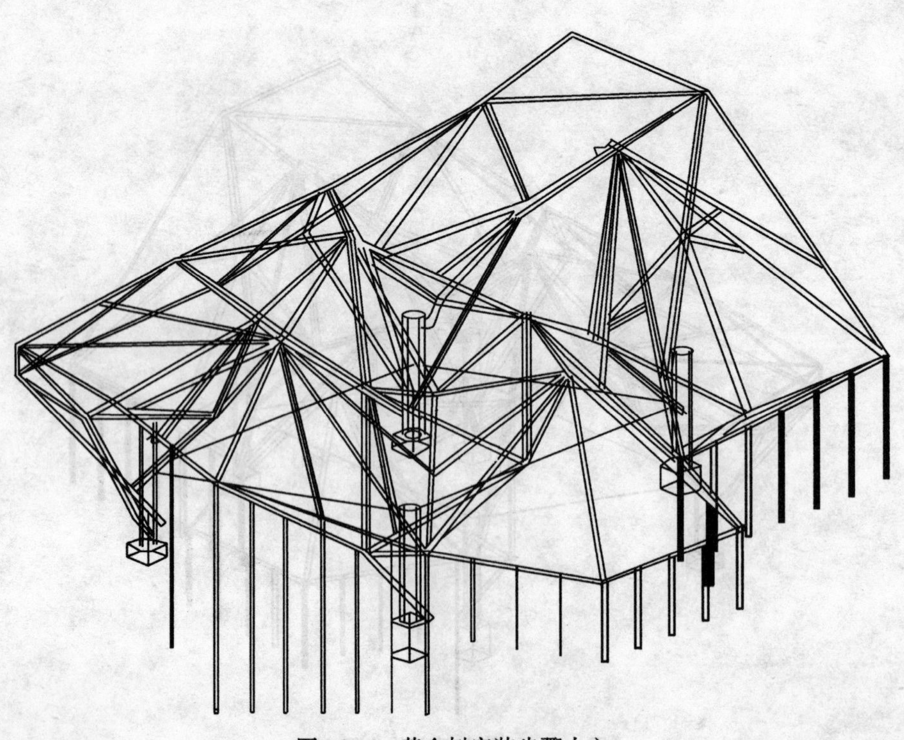

图 10-16　黄金树安装步骤十六

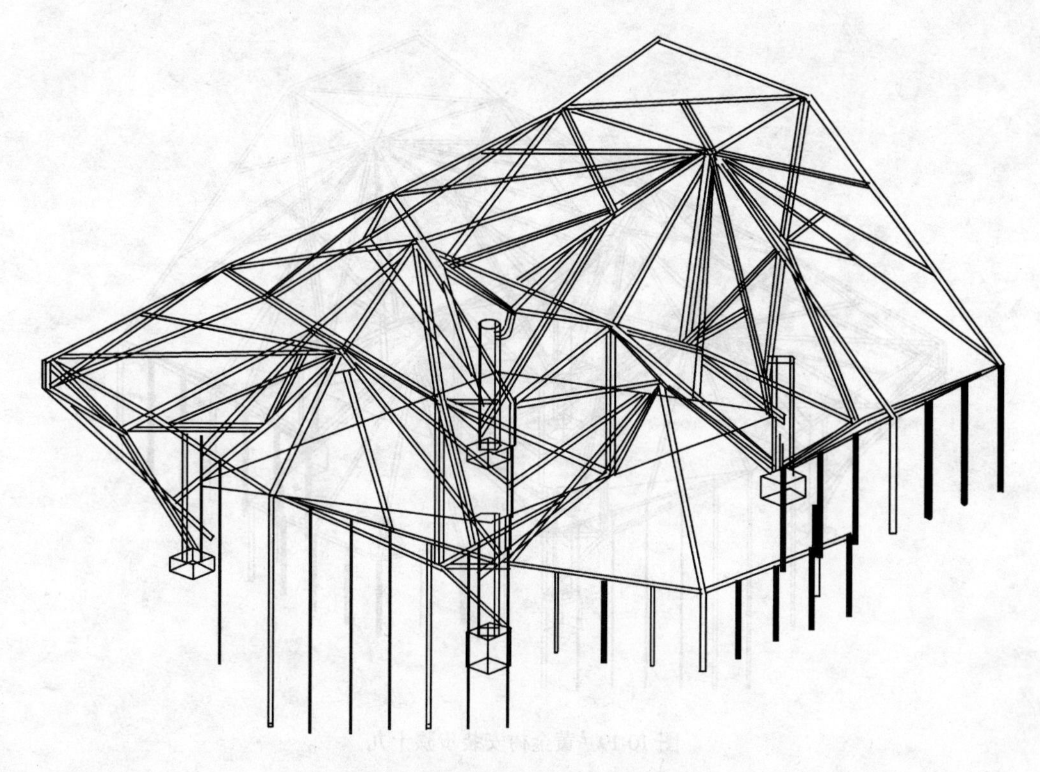

图 10-17　黄金树安装步骤十七

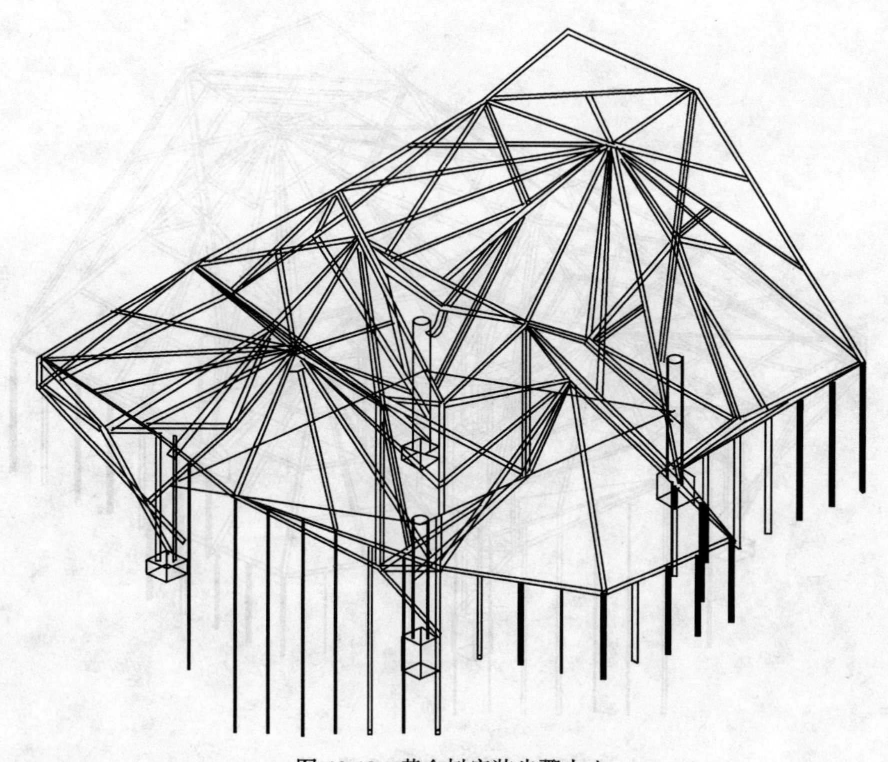

图 10-18　黄金树安装步骤十八

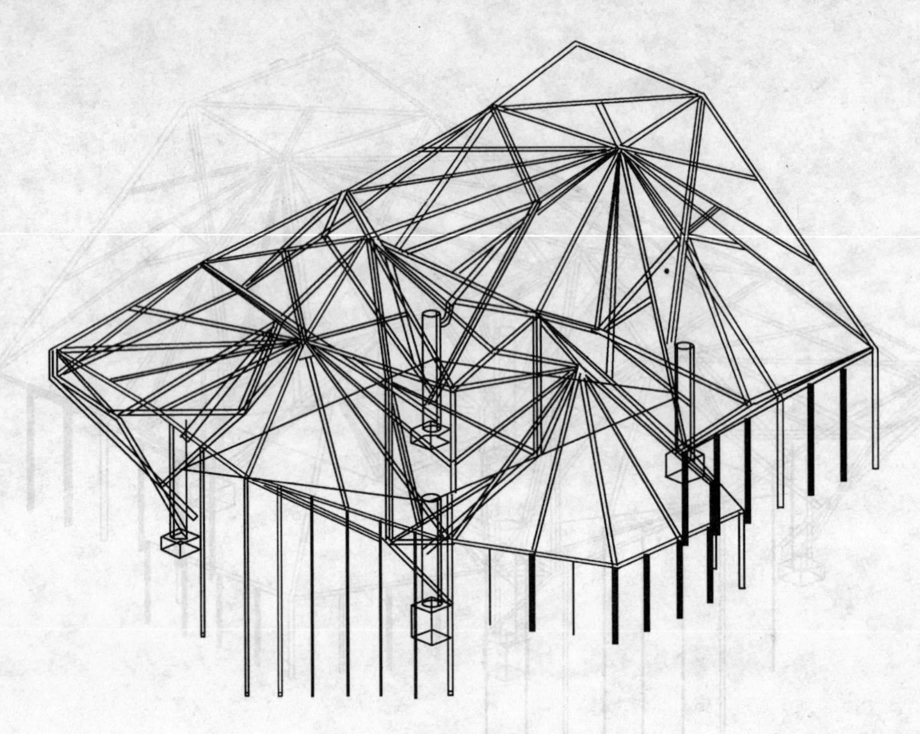

图 10-19 黄金树安装步骤十九

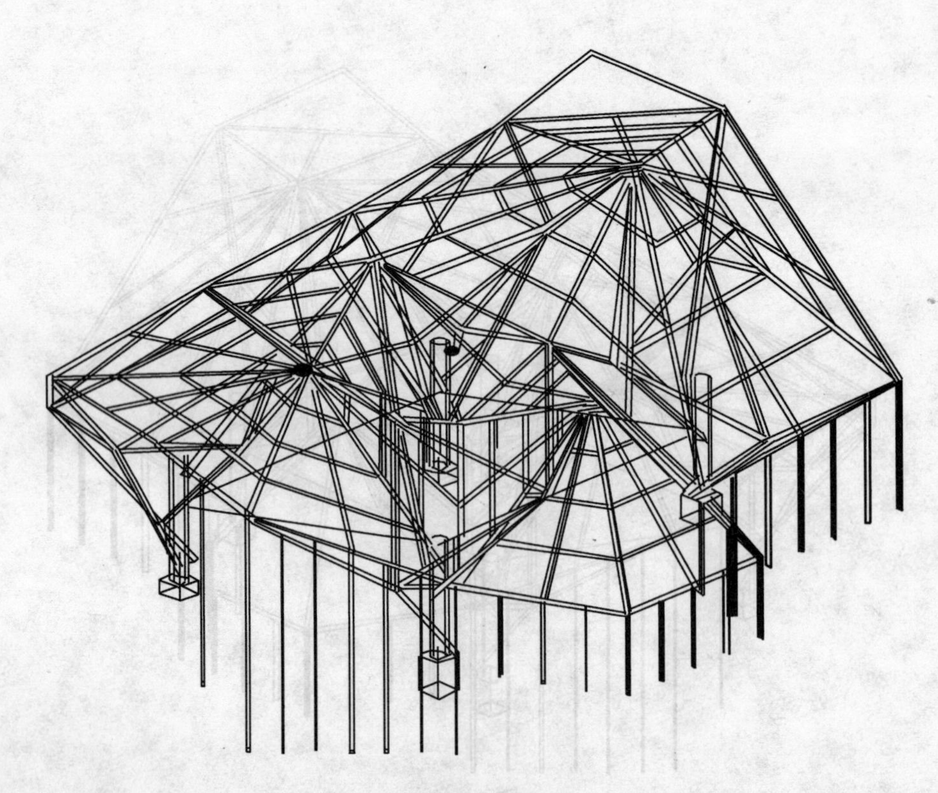

图 10-20 黄金树安装步骤二十

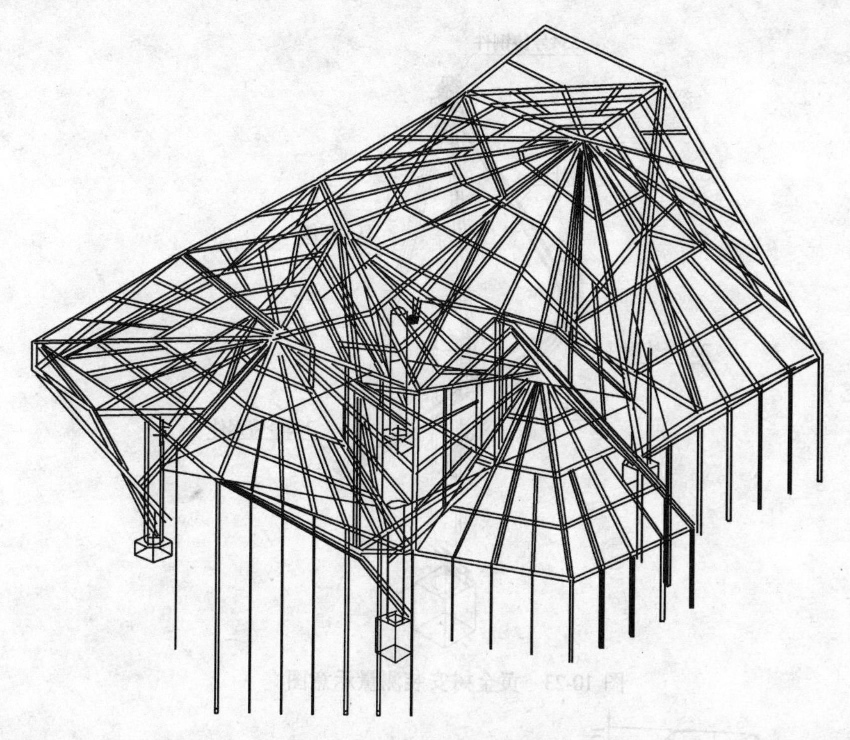

图 10-21　黄金树安装步骤二十一

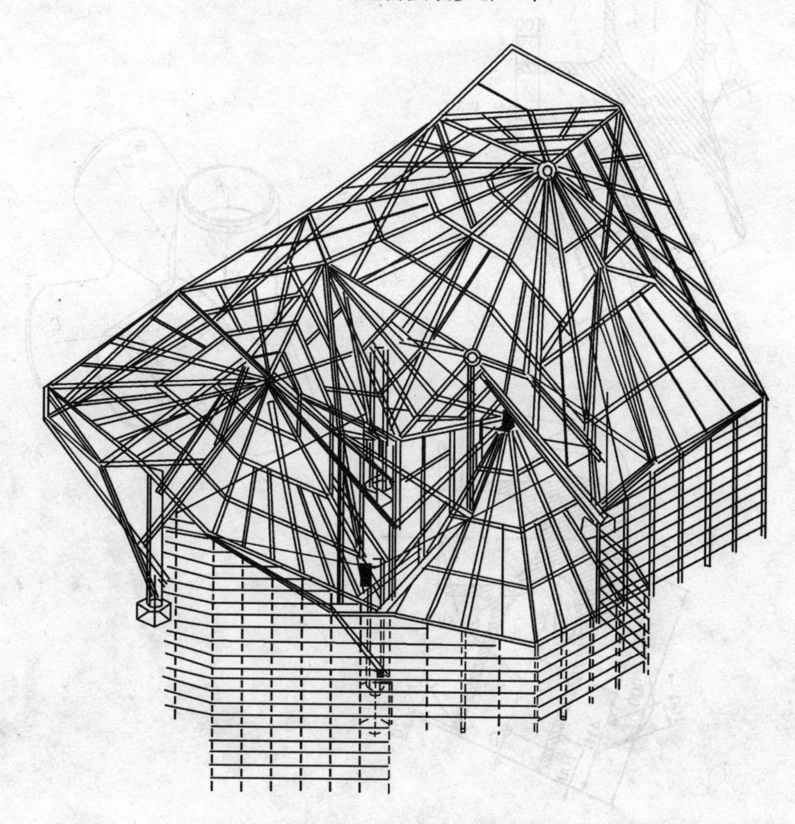

图 10-22　黄金树安装步骤二十二

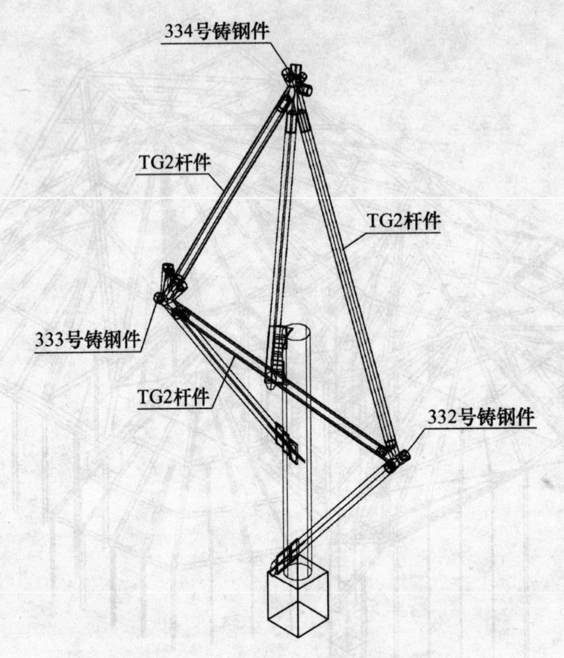


图 10-23 黄金树安装测量示意图

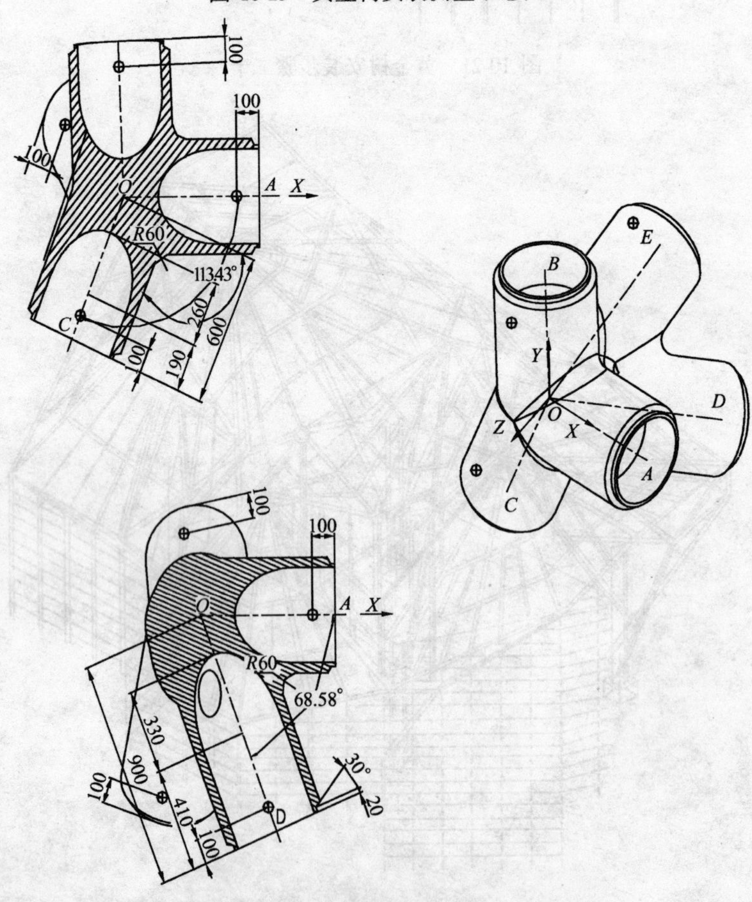


图 10-24 铸钢节点测量标志点选取示意图

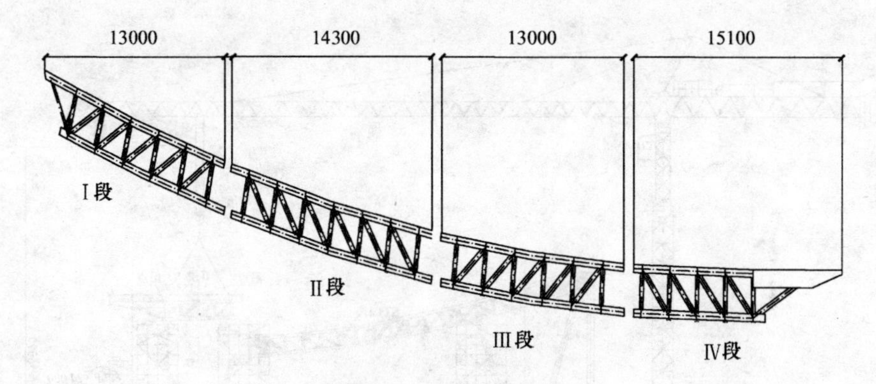


图 10-25　屋架桁架分段图

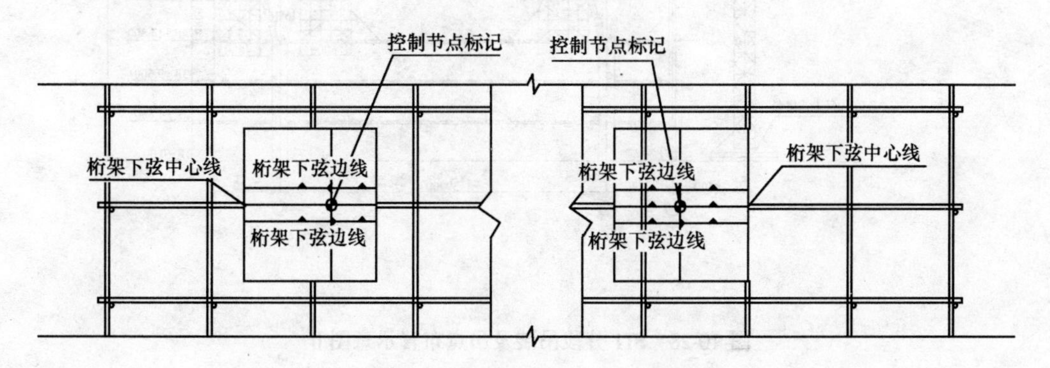


图 10-26　下弦控制点投影示意图

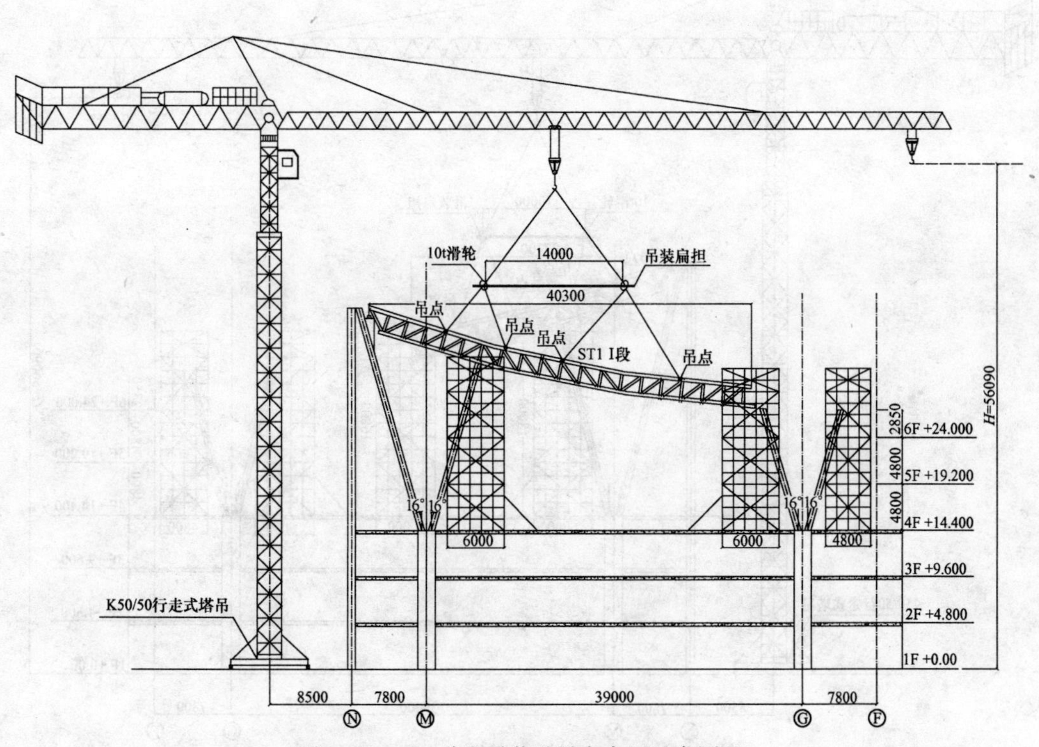


图 10-27　ST1 分段吊装及吊点布置示意图Ⅰ

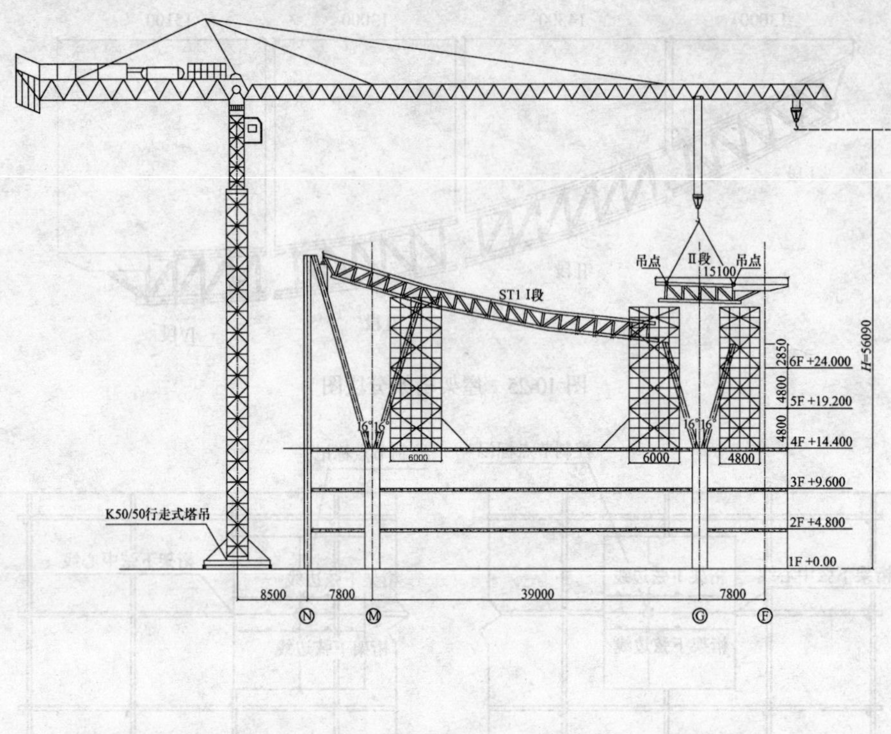


图 10-28 ST1 分段吊装及吊点布置示意图Ⅱ

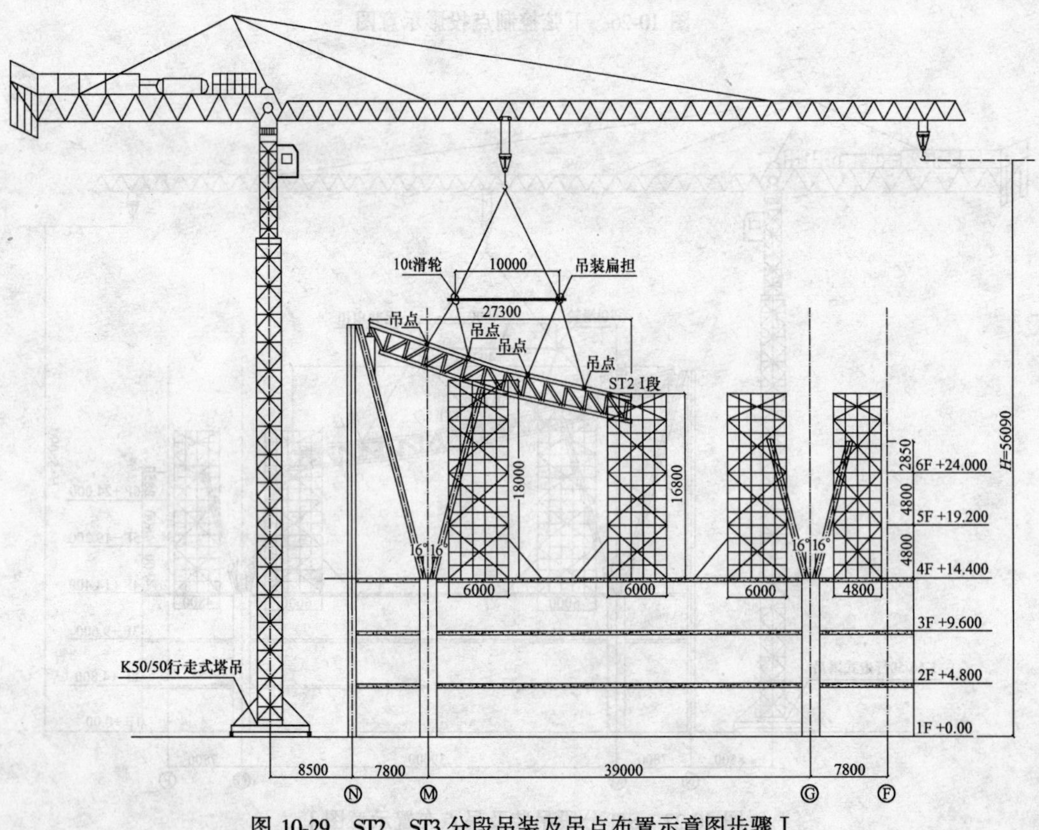


图 10-29 ST2、ST3 分段吊装及吊点布置示意图步骤Ⅰ

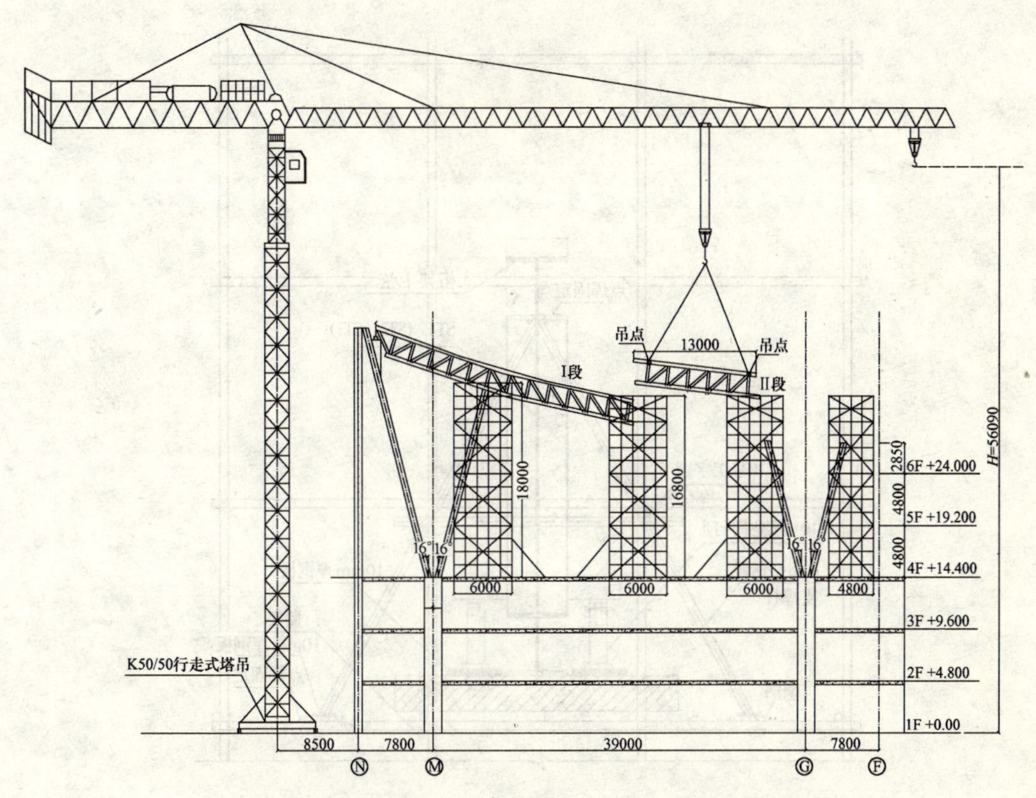


图 10-30 ST2、ST3 分段吊装及吊点布置示意图步骤Ⅱ

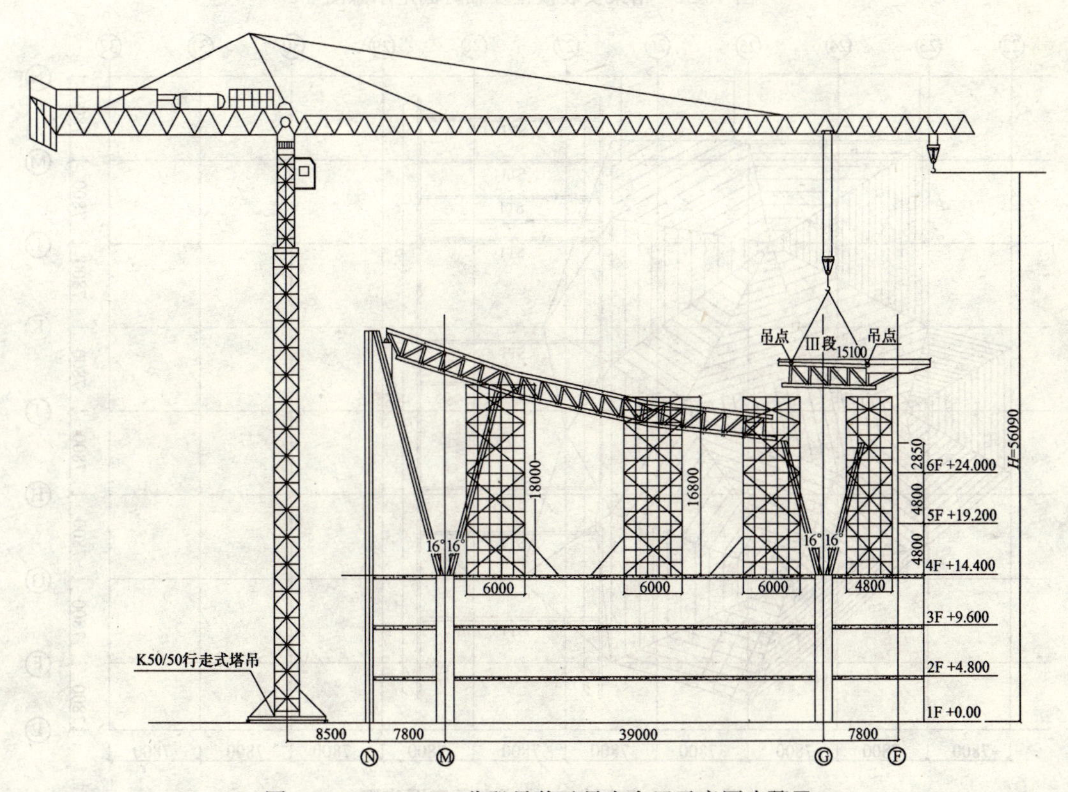


图 10-31 ST2、ST3 分段吊装及吊点布置示意图步骤Ⅲ

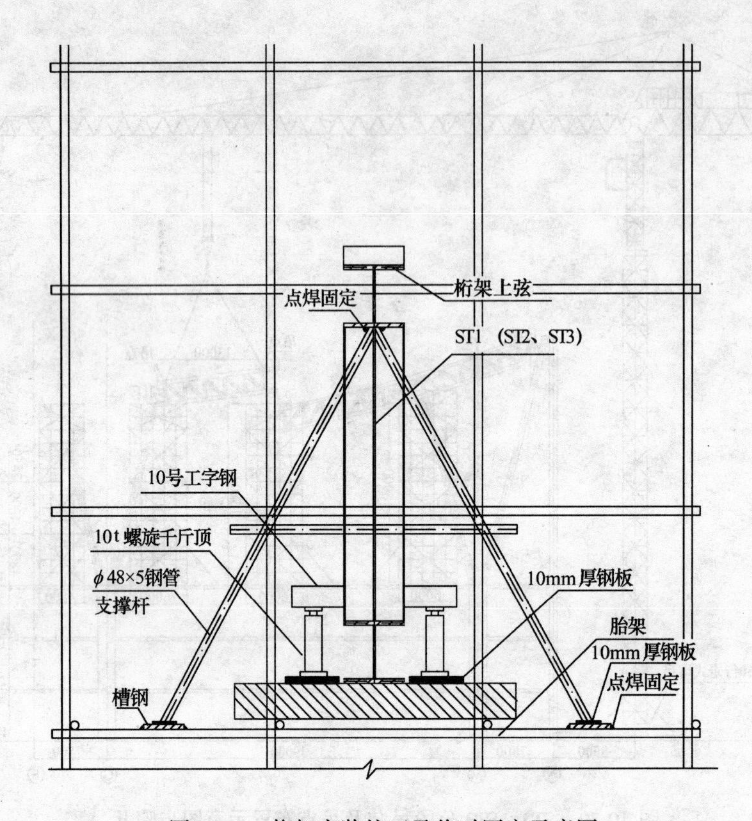


图 10-32 桁架安装校正及临时固定示意图

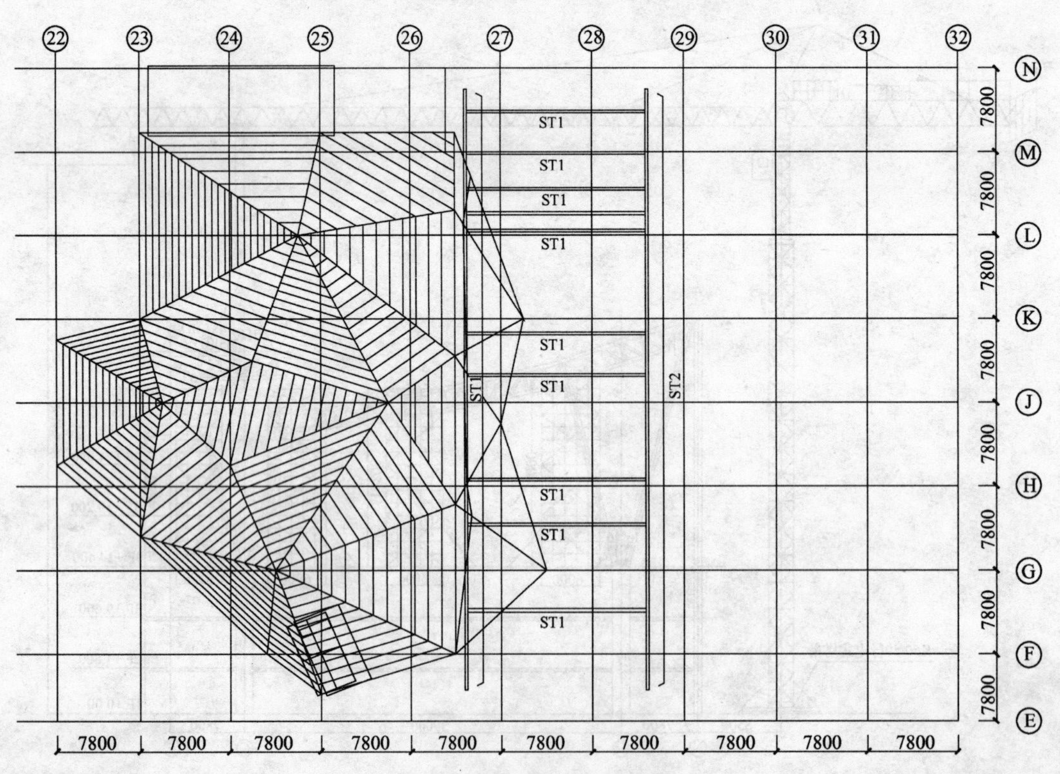


图 10-33 钢屋架安装顺序示意图步骤一

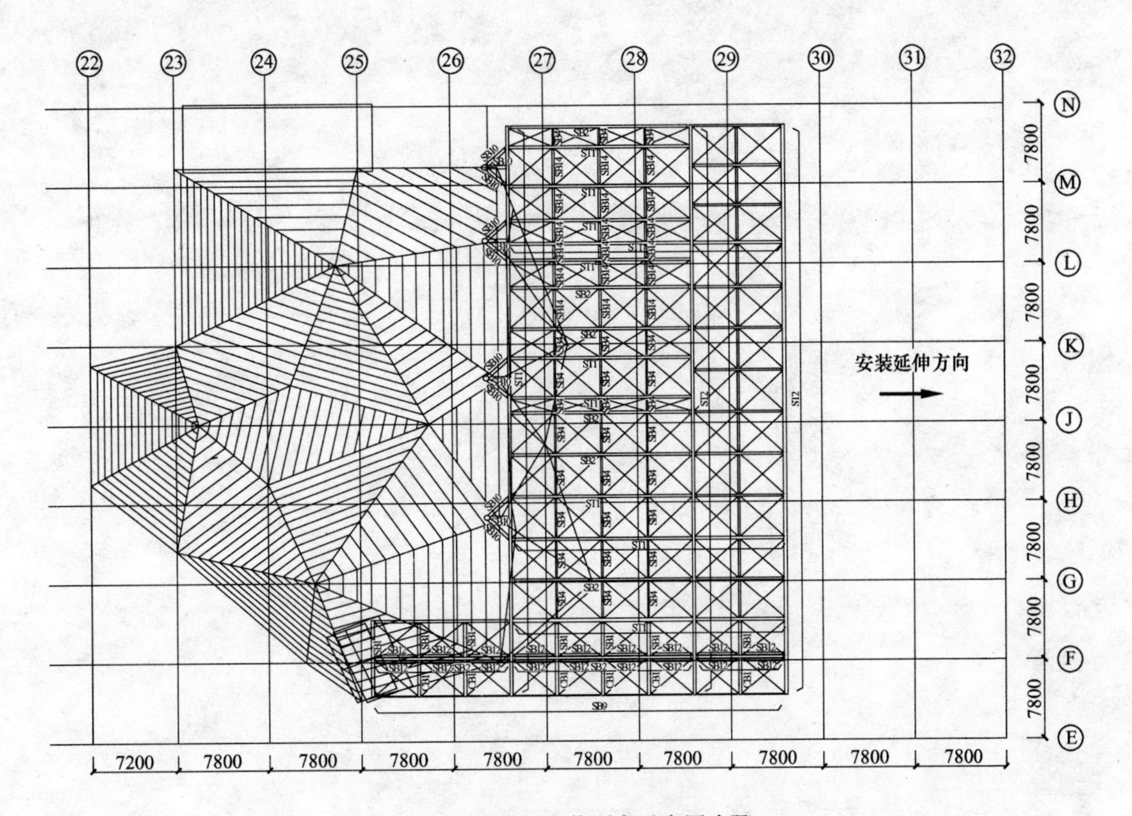


图 10-34　钢屋架安装顺序示意图步骤二

第二篇

# 北京生命科学研究所工程施工组织设计

**编制单位：** 中建一局

**编 制 人：** 徐玉红　董佩玲　解　煜

**审 核 人：** 熊爱华　刘嘉茵

**【简介】**　北京生命科学研究所工程结构形式较复杂，机电设计比较特殊，内设洁净室，对清洁度、温湿度、通风效果要求较高。该施工组织设计内容比较完整，编制合理、简洁、清晰。施工方案中的机电安装部分是工程施工的重点，也是方案的亮点。

# 目 录

# 1 工程概况

## 1.1 建筑设计概况（见表1-1）

**建筑设计概况** **表1-1**

<table>
<tr><th>序号</th><th>项 目</th><th colspan="5">内 容</th></tr>
<tr><td rowspan="4">1</td><td rowspan="4">建筑规模</td><td>面积（m²）</td><td>总面积：25805</td><td>地下：7066</td><td colspan="2">地上：18739</td></tr>
<tr><td>层 数</td><td>地上：3层</td><td colspan="3">地下：1层</td></tr>
<tr><td rowspan="2">高度（m）</td><td>层高</td><td>±0.000标高</td><td>基底标高</td><td>檐 高</td></tr>
<tr><td>4.5</td><td>43.000</td><td>-6.200</td><td>18.900</td></tr>
<tr><td>2</td><td>屋面</td><td colspan="5">屋面防水等级为二级，分为上人屋面和不上人屋面两种。上人屋面铺设彩色水泥砖，不上人屋面面层铺设60mm厚粒径15~20mm的卵石</td></tr>
<tr><td>3</td><td>外墙面</td><td colspan="5">大面采用磨砂劈开砖，局部立面采用铝板和明框玻璃幕墙（铝型材及装饰铝板表面氟碳喷涂，LowE吸热反射玻璃），屋顶构架为涂料墙面</td></tr>
<tr><td>4</td><td>内墙面</td><td colspan="5">乳胶漆、釉面砖、水泥砂浆</td></tr>
<tr><td>5</td><td>楼地面</td><td colspan="5">办公室及走道等粘贴高级玻化砖，标准实验室地面采用PVC弹性地板、计算机房等房间采用抗静电架空活动地板、地下室车库采用混凝土地面</td></tr>
<tr><td>6</td><td>顶棚</td><td colspan="5">主要为高强防水复合硅钙板吊顶，卫生间采用铝条板吊顶，其余房间采用乳胶漆</td></tr>
<tr><td>7</td><td>门窗</td><td colspan="5">铝合金门窗、防火门采用甲级防火门、室内木门采用fisher蓝防火板装饰门</td></tr>
<tr><td rowspan="2">8</td><td rowspan="2">防水</td><td colspan="2">地 下</td><td colspan="2">屋 顶</td><td>厕浴间</td></tr>
<tr><td colspan="2">SBSⅠ型+氯化聚乙烯橡胶共混卷材防水</td><td colspan="2">两道1.5厚氯化聚乙烯橡胶共混防水卷材</td><td>聚氨酯防水涂料</td></tr>
<tr><td>9</td><td>保温节能</td><td colspan="5">外墙局部保温采用盾石干粉外墙内保温，屋面保温采用100mm厚憎水珍珠岩保温板，铝合金窗和玻璃幕墙采用6+12+6吸热反射中空玻璃</td></tr>
<tr><td>10</td><td>人防</td><td colspan="5">地下室为六级人防，平时用作地下车库</td></tr>
<tr><td rowspan="2">11</td><td rowspan="2">其他</td><td colspan="5">办公楼部分的多功能厅、学术报告厅、贵宾厅、图书馆、展示厅、公用办公室、研讨室进行二次精装</td></tr>
<tr><td colspan="5">实验室采用洁净安装技术</td></tr>
</table>

建筑物的平面图、立面图、剖面图见图1-1~图1-4。

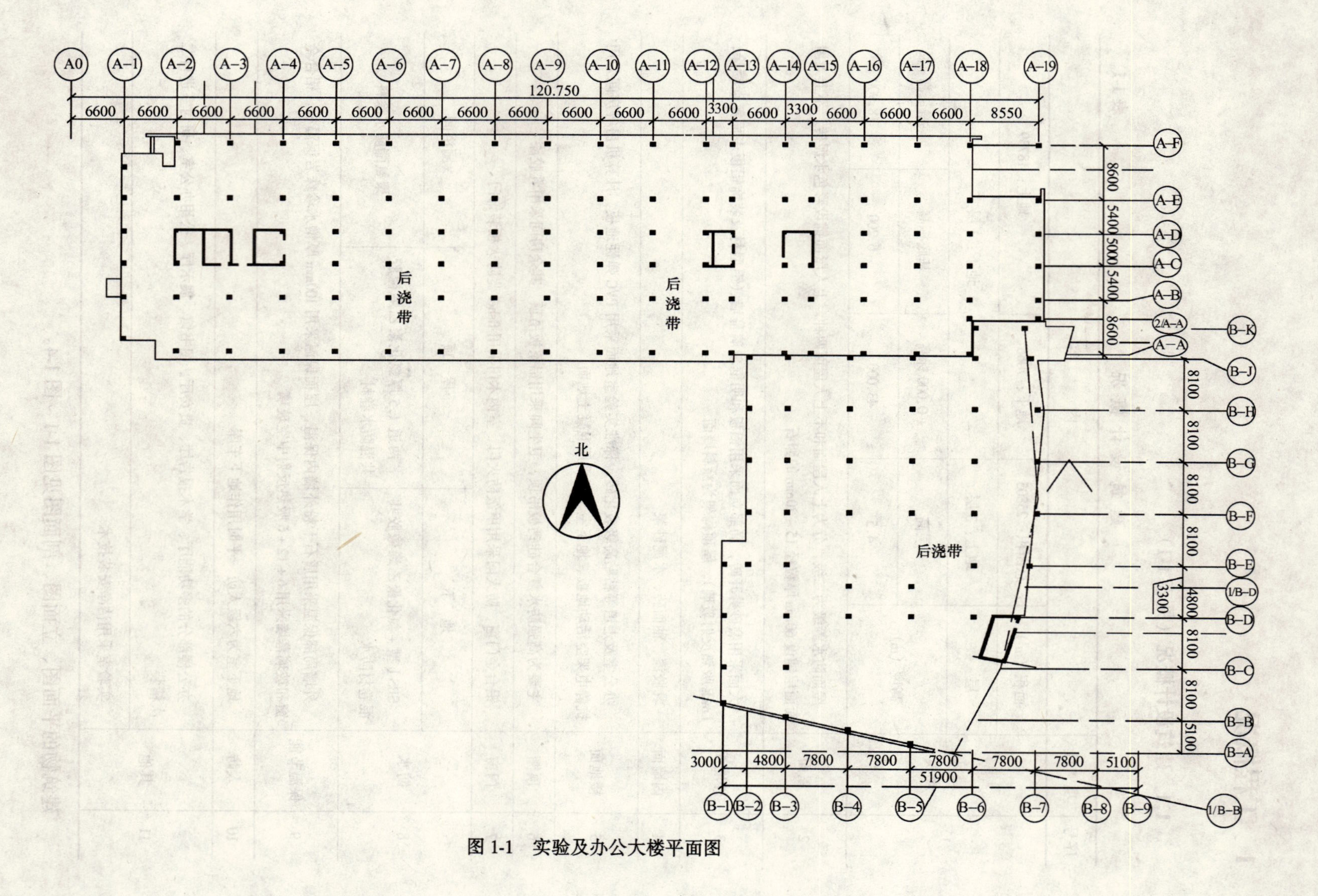


图 1-1　实验及办公大楼平面图

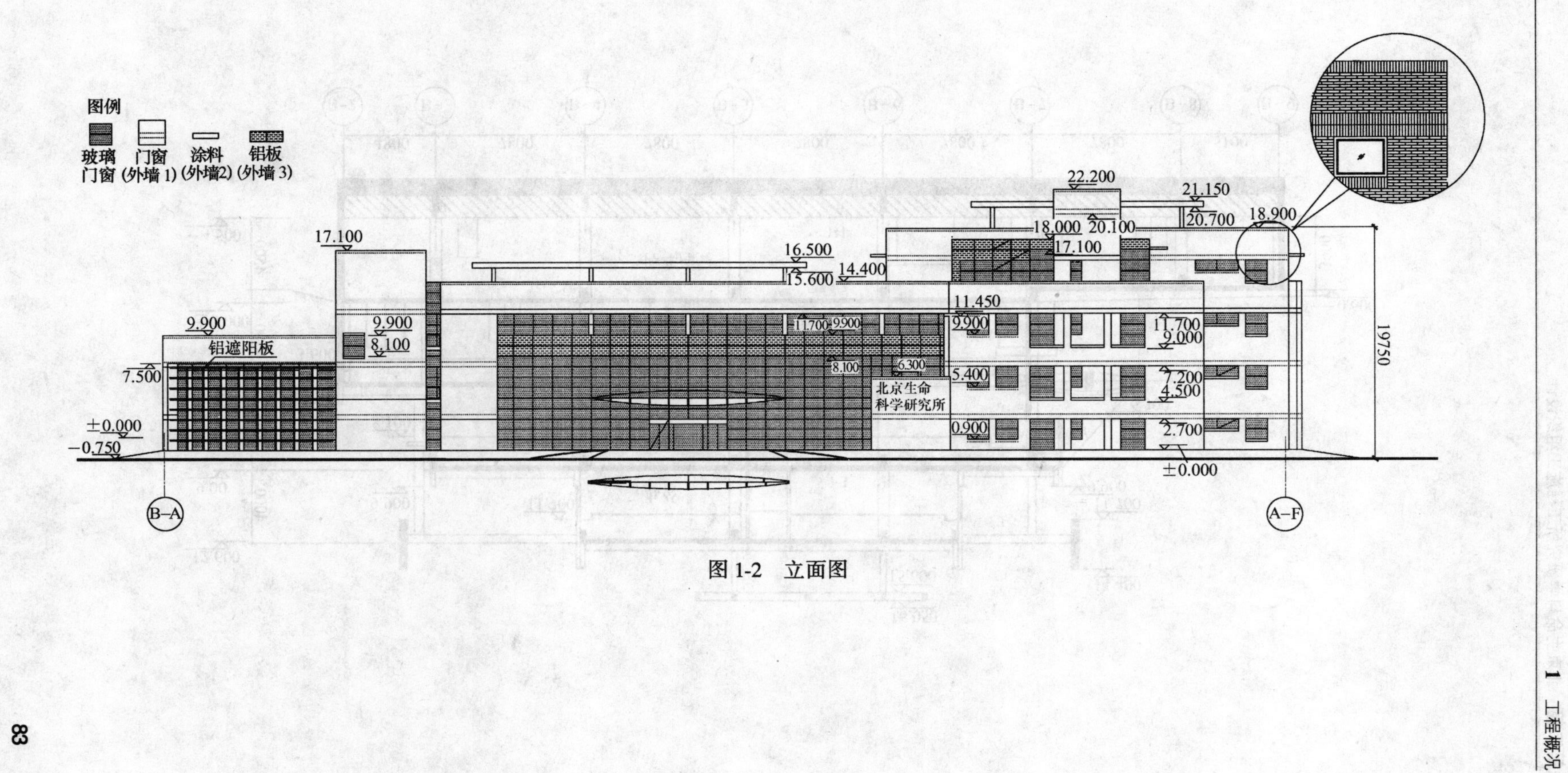
图例
玻璃门窗
门窗(外墙1)
涂料(外墙2)
铝板(外墙3)
铝遮阳板
北京生命
科学研究所
19750
B–A
A–F
±0.000
–0.750
7.500
9.900
9.900
8.100
17.100
16.500
15.600
14.400
11.700
9.900
8.100
6.300
18.000
17.100
22.200
20.100
21.150
20.700
18.900
11.450
9.900
5.400
0.900
11.700
9.000
7.200
4.500
2.700
±0.000

图 1-2 立面图

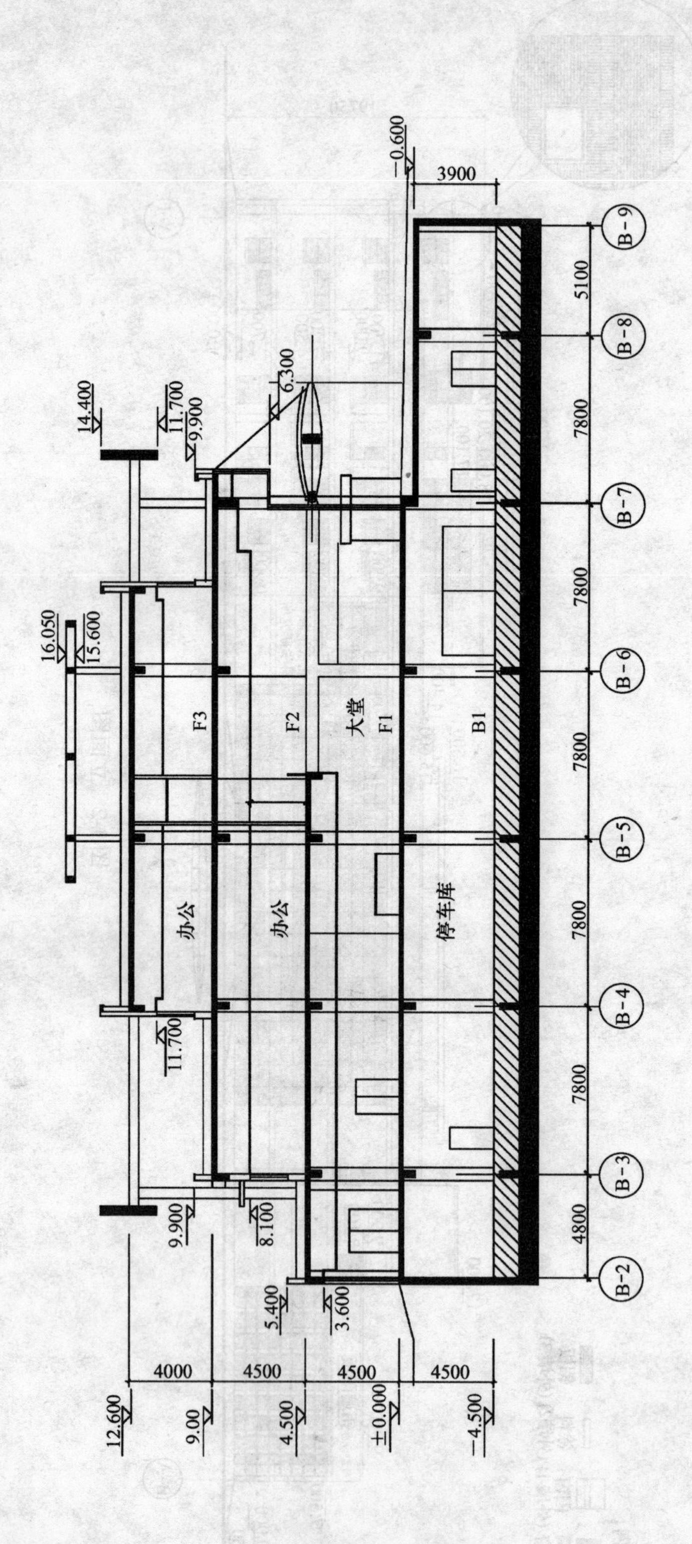

F3
F2
大堂
F1
B1
办公
办公
停车库
B-2
B-3
B-4
B-5
B-6
B-7
B-8
B-9
4800
7800
7800
7800
7800
7800
5100
3900
4000
4500
4500
4500
12.600
9.00
4.500
±0.000
−4.500
16.050
15.600
14.400
11.700
9.900
6.300
−0.600
11.700
9.900
8.100
5.400
3.600


图 1-3 Ⅳ-Ⅳ剖面图

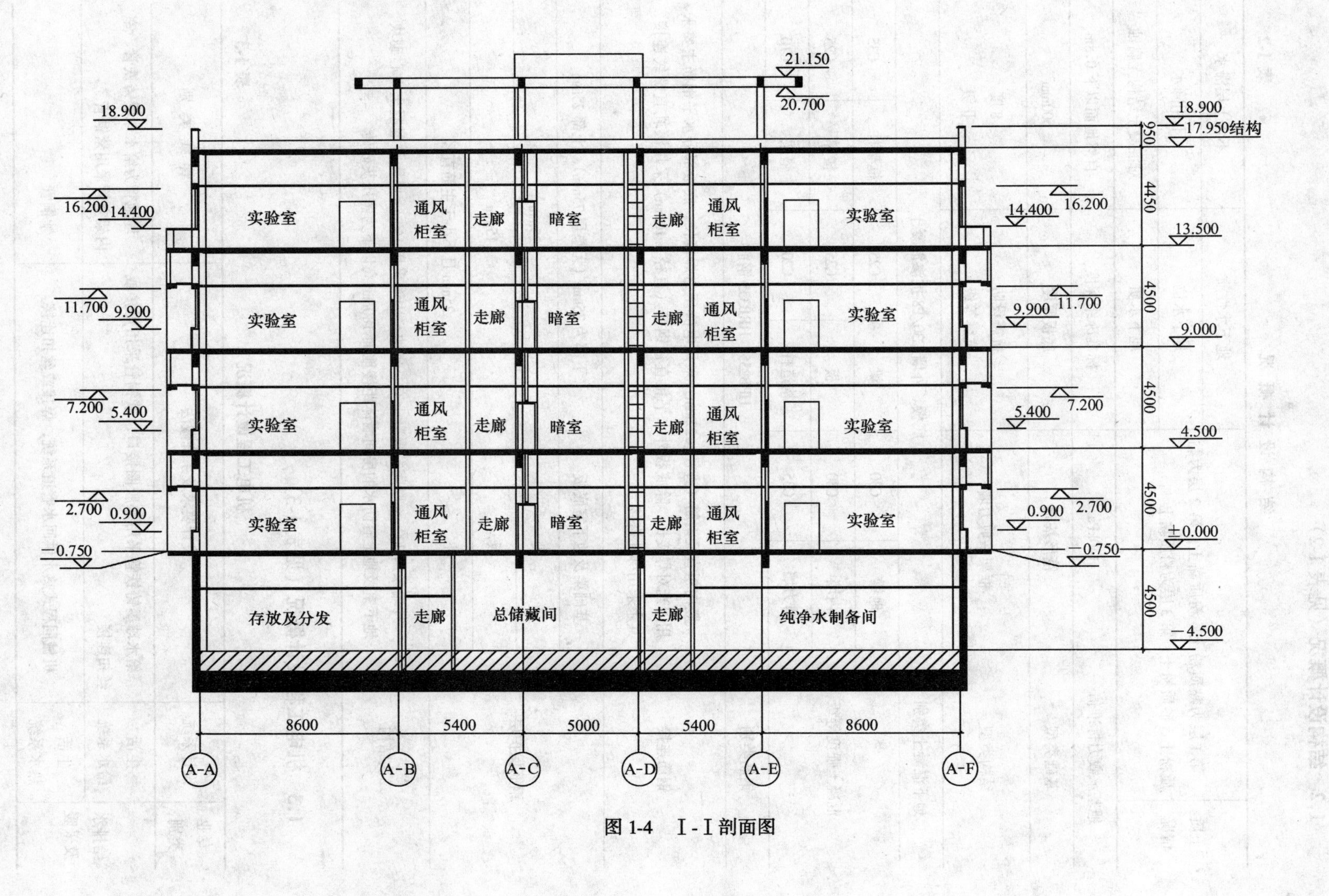

21.150
20.700
18.900
18.900
17.950结构
950
4450
4500
4500
4500
4500
16.200
14.400
13.500
11.700
9.900
9.000
7.200
5.400
4.500
2.700
0.900
±0.000
−0.750
−4.500
实验室
通风
柜室
走廊
暗室
存放及分发
总储藏间
纯净水制备间
8600
5400
5000
5400
8600
A-A
A-B
A-C
A-D
A-E
A-F


图 1-4 I-I 剖面图

## 1.2　结构设计概况（见表1-2）

**结 构 设 计 概 况**　　　　**表1-2**

<table>
<tr><td rowspan="3">土质情况</td><td colspan="2" rowspan="3">第1层为黏质粉土、粉质黏土；第2层为黏质粉土、砂质粉土；第3层为粉质黏土</td><td colspan="2">地下水性质</td><td colspan="2">不含上层滞水</td></tr>
<tr><td colspan="2">地下水位</td><td colspan="2">不用降水</td></tr>
<tr><td colspan="2">地下水质</td><td colspan="2">对混凝土结构无腐蚀</td></tr>
<tr><td>地基承载力标准值</td><td colspan="2">140kPa</td><td colspan="2">标准冻结深度</td><td colspan="2">自然地面以下0.8m</td></tr>
<tr><td>基础类型</td><td colspan="2">筏形基础</td><td colspan="2">底板厚度</td><td colspan="2">500mm</td></tr>
<tr><td>结构类型</td><td colspan="2">框架—剪力墙</td><td colspan="2">抗震设防<br>抗震等级</td><td colspan="2">8度<br>Ⅱ级</td></tr>
<tr><td>地下混凝土类别</td><td colspan="6">底板、外墙C30/P8抗渗混凝土</td></tr>
<tr><td rowspan="3">混凝土强度等级</td><td>地梁</td><td>C30</td><td>梁</td><td>C25</td><td>框架柱</td><td>C35</td></tr>
<tr><td>内墙</td><td>C30</td><td>板</td><td>C25</td><td>楼梯</td><td>C25</td></tr>
<tr><td>剪力墙</td><td>C35</td><td>构造柱</td><td>C20</td><td>垫层</td><td>C10</td></tr>
<tr><td>钢筋类别</td><td colspan="6">HPB235、HRB335钢筋</td></tr>
<tr><td>钢筋连接</td><td colspan="6">竖向粗直径钢筋（直径≥22mm）采用电渣压力焊接长，底板部分水平钢筋主要采用闪光对焊接长，除底板外水平粗直径钢筋（直径≥16mm）采用滚轧直螺纹连接，其余采用绑扎搭接</td></tr>
<tr><td rowspan="4">钢筋保护层</td><td colspan="2">基础梁及地下室底板</td><td colspan="4">下部为35mm（无垫层75mm），上部25mm</td></tr>
<tr><td colspan="2">梁</td><td colspan="4">25mm</td></tr>
<tr><td colspan="2">板</td><td colspan="4">15mm</td></tr>
<tr><td colspan="2">柱</td><td colspan="4">25mm且不小于主筋直径</td></tr>
<tr><td>二次结构</td><td colspan="6">外墙采用300mm厚陶粒混凝土空心砌块，内墙采用150mm厚陶粒混凝土空心砌块，地下室及地上有防水的房间墙体距楼地面180mm高以下为蒸压灰砂砖</td></tr>
</table>

## 1.3　机电工程设计概况（见表1-3）

**机电工程设计概况**　　　　**表1-3**

<table>
<tr><td>专业类别</td><td>设计系统</td><td>设计要求及系统做法</td><td>管线类别</td></tr>
<tr><td rowspan="2">给排水及采暖</td><td>生活给水系统</td><td>给水球墨铸铁管采用橡胶圈接口，紫铜管采用焊接或丝扣连接</td><td>埋地管为给水球墨铸铁管、室内架空管采用紫铜管</td></tr>
<tr><td>生活热水系统</td><td>机械同程式热水供回水管道系统，焊接或丝扣连接</td><td>紫铜管</td></tr>
</table>

续表

| 专业类别 | 设计系统 | 设计要求及系统做法 | 管线类别 |
|---|---|---|---|
| 给排水及采暖 | 纯净水系统 | | PVDF管或聚四氟乙烯管 |
| | 消火栓系统 | 消防水泵和消防水泵接合器，DN80以下丝接，DN≥100mm采用沟槽式卡箍连接。阀门等需拆卸部分采用法兰连接 | 热镀锌钢管 |
| | 自动喷洒系统 | DN80以下丝接，DN≥100采用沟槽式卡箍连接。阀门等需拆卸部分采用法兰连接 | 热镀锌钢管 |
| | 采暖系统 | 由锅炉房集中供暖，供暖方式为单管上供下回式。散热器采用LTNF-X/Ⅱ型铝制散热器和3050型钢制散热器。采暖管DN<50mm的采用普通焊接钢管，DN≤32mm采用丝接，DN≥40mm焊接，采暖管≥50mm的采用无缝钢管，焊接连接 | 普通焊接钢管、无缝钢管 |
| | 排水系统 | 生活污水直接排放到室外化粪池，各个实验室的污水经处理后再排入室内的排水管道，地下一层的污水通过集水坑和潜水泵提升后再排放。排水管采用机制排水铸铁管，石棉水泥接口，压力排水管采用热镀锌钢管、丝扣或法兰连接 | 机制排水铸铁管、热镀锌钢管 |
| | 雨水系统 | 采用内排水方式。埋地管采用给水承插铸铁管、石棉水泥接口，架空管采用热镀锌钢管、丝扣或沟槽式连接 | 给水承插铸铁管、热镀锌钢管 |
| 通风与空调 | 空调系统 | 采用VRV变频空调系统 | |
| | 通风系统 | 采用无机玻璃钢风管（不燃）。风机与风管采用帆布软管连接。地下车库设有送风系统和排风系统，排风系统兼解决车库的排烟问题 | |
| 电气专业 | 变配电系统 | 供电方式采用放射式与树干式相结合的形式 | 配电管线：采用隔氧阻燃型交联聚氯乙烯绝缘电缆，非消防用电设备的电缆采用隔氧阻燃型（GZR），重要消防用电设备的电缆采用隔氧耐火型（GNH） |
| | 照明系统 | 由照明配电箱供给各层，插座使用漏电开关，照明使用普通单极开关。照明灯具形式有筒灯、格栅灯、荧光灯、防爆灯等 | |
| | 接地系统 | 低压配电接地系统为TN—S系统 | |

续表

| 专业类别 | 设计系统 | 设计要求及系统做法 | 管线类别 |
|---|---|---|---|
| 电气专业 | 消防系统 | 本工程为一级保护，设置紧急广播切换设备。消防自动报警系统为两总线方式，火灾报警探测器的设置为全面保护方式，设火灾自动报警探测器和联动控制 | |
| | 广播系统 | 火灾紧急广播系统与日常广播系统合用扬声器及广播线路 | |
| | 综合布线系统 | 设500门程控数字交换机，设置单孔或双孔信息插座 | |
| | 有线电视系统 | 有线电视信号传输采用分配、分支系统 | 干线采用SYV-75-9同轴电缆，支线采用SYV-75-5同轴电缆 |
| | 闭路电视监控系统 | 安装彩色全球摄像机、彩色固定摄像机、黑白小半球摄像机。在BAS控制中心内设置监视器墙和录像机及控制设备以进行多路切换监控及长时间录像机 | |
| | 门禁管理系统 | 在各主要入口及重点部位入口处设置门禁控制装置，系统管理主机设在BAS控制中心 | |
| | 停车场管理系统 | 地下停车场的出入口设置停车管理系统，所有停车管理的线缆均穿钢管暗埋敷设 | |
| | 楼宇自控系统 | 对关键部位的送排风设备运行状态进行调控、检测及故障报警 | |

## 1.4　工程特点

### 1.4.1　特殊的场地条件

本工程施工用地原为农田，场地开阔，交通便利。但施工用地及周边地下无市政排污管网，因此，在施工前进行现场平面布置规划时将着重考虑解决施工过程中生产及生活污水处理问题，确保本工程施工现场的整洁、环保，使施工得以顺利进行。

### 1.4.2　工程的重要性和高标准的质量要求

本工程是由我国海外杰出科技人才回国发展，新组建的国际一流基础生命科学研究机构。我们的施工质量目标是确保北京市长城杯，争创国家建筑工程鲁班奖。因此，怎样通过精心策划组织、科学合理施工来达成这一质量目标将是施工中的重点。

### 1.4.3　复杂的结构形式

本工程为钢筋混凝土框架-剪力墙结构，柱距不一，层高较高，单层面积较大；另外，办公大楼多功能厅屋面采用了钢结构。这样，在施工中给模板支设、混凝土浇筑、施工部署、进度安排及各专业之间的协调等方面都带来了一定的难度。

### 1.4.4　特殊的机电设计

本工程在一些特殊使用的部位对清洁度、温湿度、通风效果、人工气候等都有较高要求，所以，在水、暖、通风、强电、弱电、自控、锅炉、管道等各方面的设计都不同于其他各类建筑。这在进行机电工程施工时，无论是从材料、工艺还是施工技术上都具有其特殊性。

**1.4.5** 土建与机电施工相互配合，协调难度大

建设单位前期准备工作不足，且图纸设计不完善。尤其是机电工程专业多、安装量大，存在边施工边深化图纸的问题。施工中如何组织与协调好各方的进出场时间、合理安排施工顺序、材料与设备报审、系统安装与调试、成品保护等工作，将是项目经理部能否完成工期、质量目标的关键。

# 2 施工部署

## 2.1 施工顺序

**2.1.1** 总体施工顺序

整体工程按照“先结构、后装修”，结构施工按照“先地下、后地上”，装修工程按照自上而下，机电工程按照交叉作业的顺序进行。

施工时我们将合理划分施工区域和施工流水段，分别组织流水施工，科学部署人工、机械和材料，提高施工效率。

**2.1.2** 地下工程施工工艺流程

挖土 → 钎探验槽 → 垫层混凝土及保护墙 → 底板防水层、保护层 → 底板钢筋混凝土 → 墙板钢筋混凝土 → 顶板钢筋混凝土 → 地下结构验收 → 外墙防水 → 防水保护层 → 回填土

**2.1.3** 主体工程施工工艺流程

首层墙、柱混凝土施工 → 首层顶板混凝土施工 → 二层墙、柱混凝土施工 → 二层顶板混凝土施工 → 三层墙、柱混凝土施工 → 三层顶板混凝土施工 → 四层墙、柱混凝土施工 → 四层顶板混凝土施工 → 屋顶机房墙、柱混凝土施工 → 屋顶机房顶板混凝土施工 → 主体结构验收 → 屋面工程 → 隔墙、围护墙砌筑安装 → 设备安装、房间门及外门窗安装 → 外檐装修、电梯安装及内装 → 装修验收交工 → 竣工

## 2.2 施工流水段的划分

地下结构施工阶段根据后浇带及施工缝的留设，整个建筑平面分为五个施工流水段，立面分为四个施工流水段（详见图 2-1 和图 2-2）。

地上结构施工阶段，将办公楼和实验楼分为两个施工区域，分别组织流水施工。其中实验大楼根据后浇带分为三个施工段，办公楼二层楼板分为两个施工段，三层和屋面层作为一个施工段组织施工。（详见图 2-3 ~ 图 2-7）。

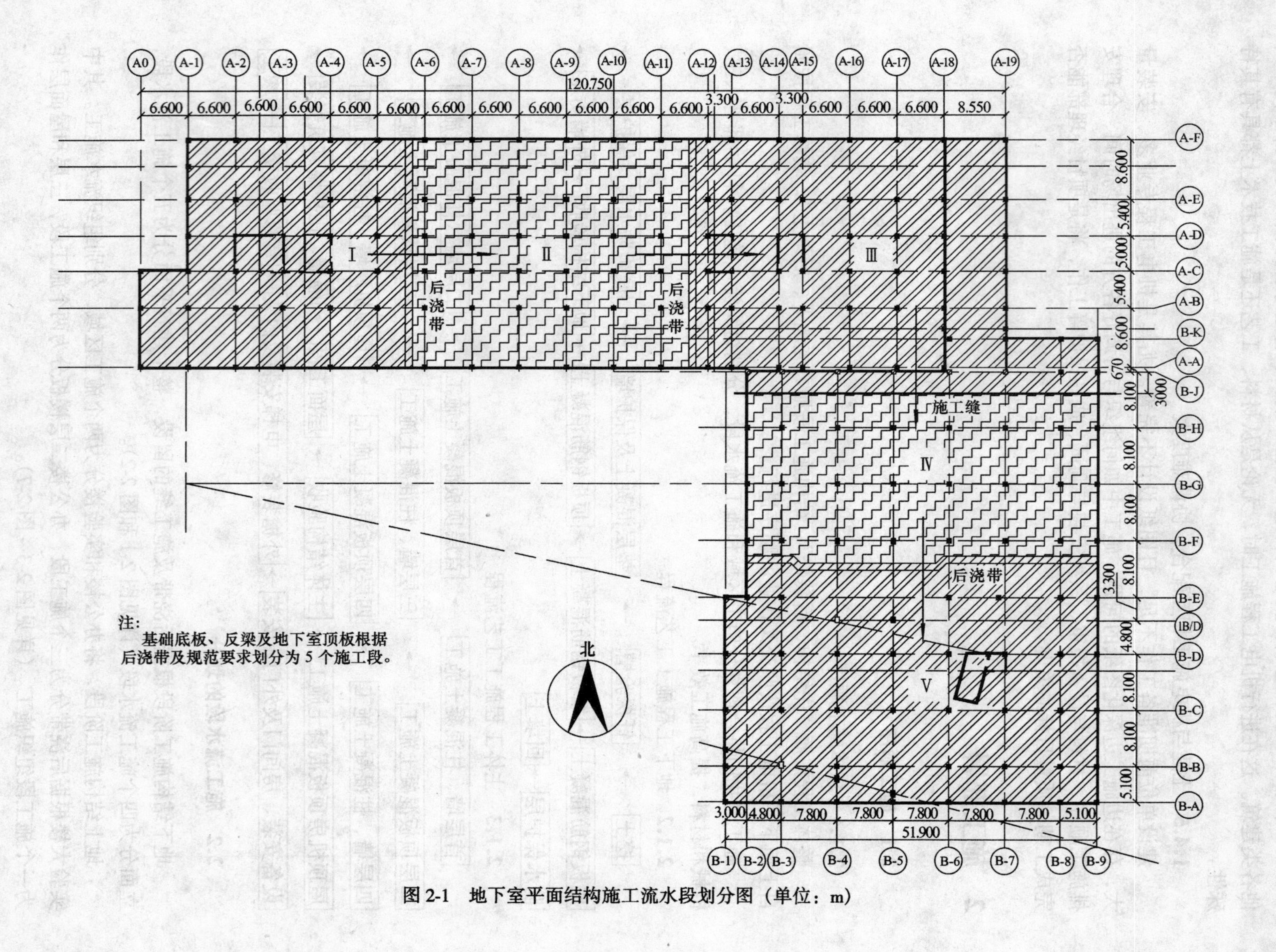


注：
基础底板、反梁及地下室顶板根据后浇带及规范要求划分为5个施工段。

图 2-1 地下室平面结构施工流水段划分图（单位：m）

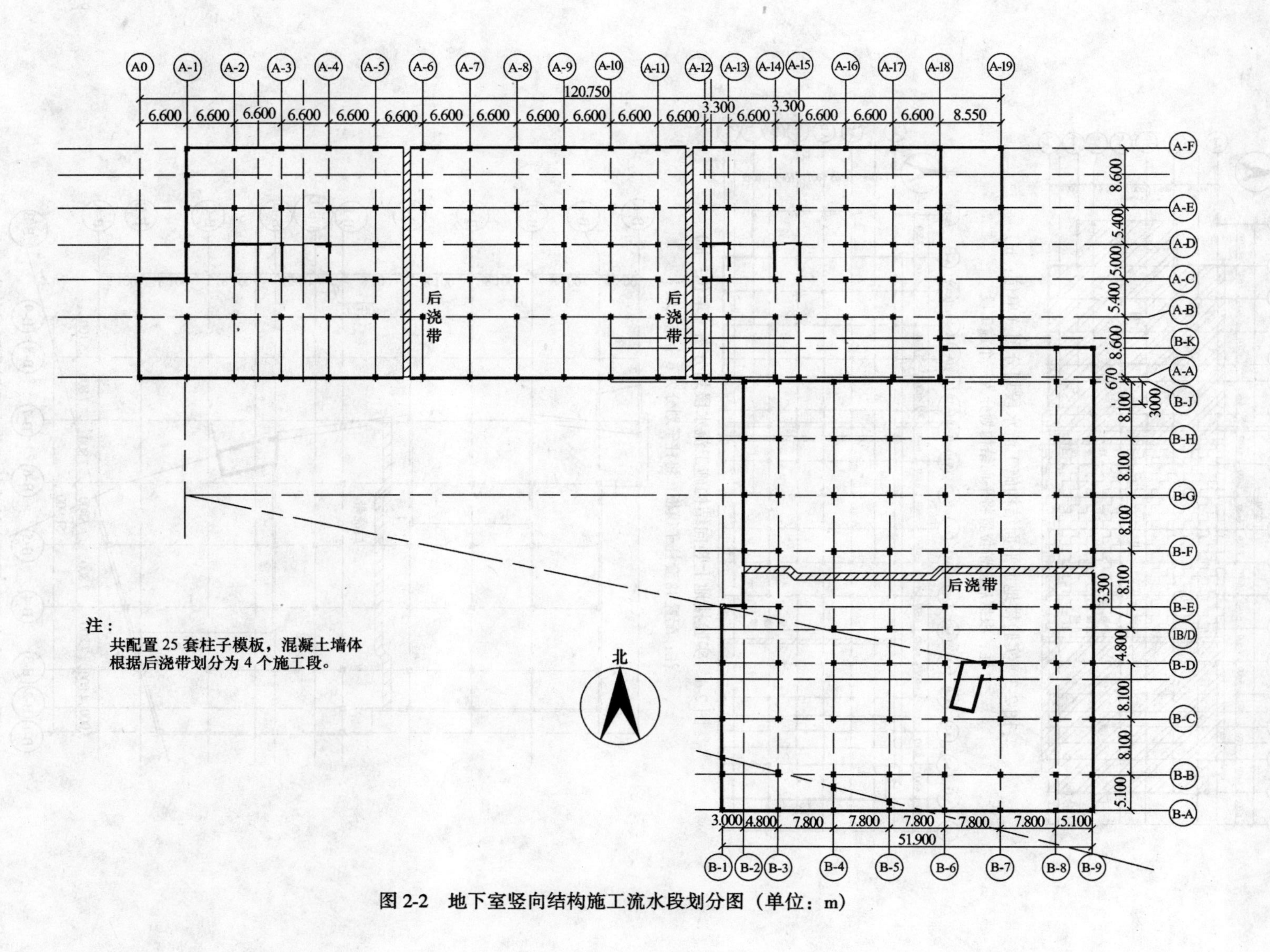


图 2-2 地下室竖向结构施工流水段划分图（单位：m）

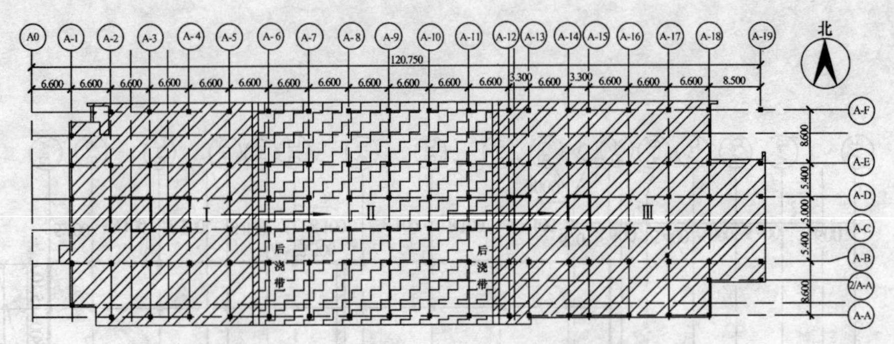


图 2-3　实验楼地上平面结构施工流水段划分图（单位：m）

注：根据后浇带位置将平面结构划分为三个施工段

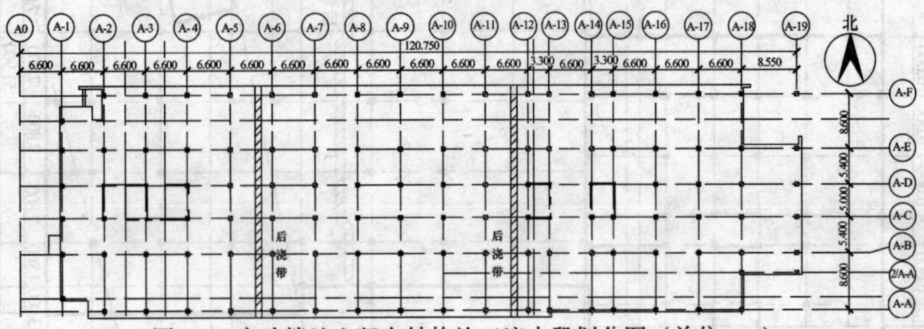


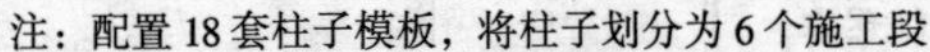

图 2-4　实验楼地上竖向结构施工流水段划分图（单位：m）

注：配置 18 套柱子模板，将柱子划分为 6 个施工段

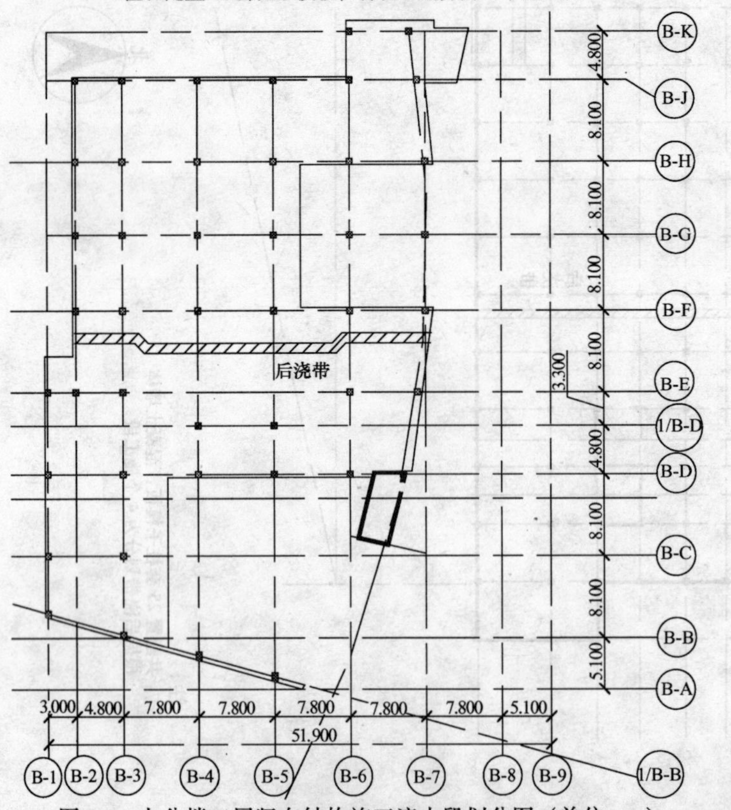


图 2-5　办公楼二层竖向结构施工流水段划分图（单位：m）

注：配置 7 套柱子模板，将柱子划分为 6 个施工段

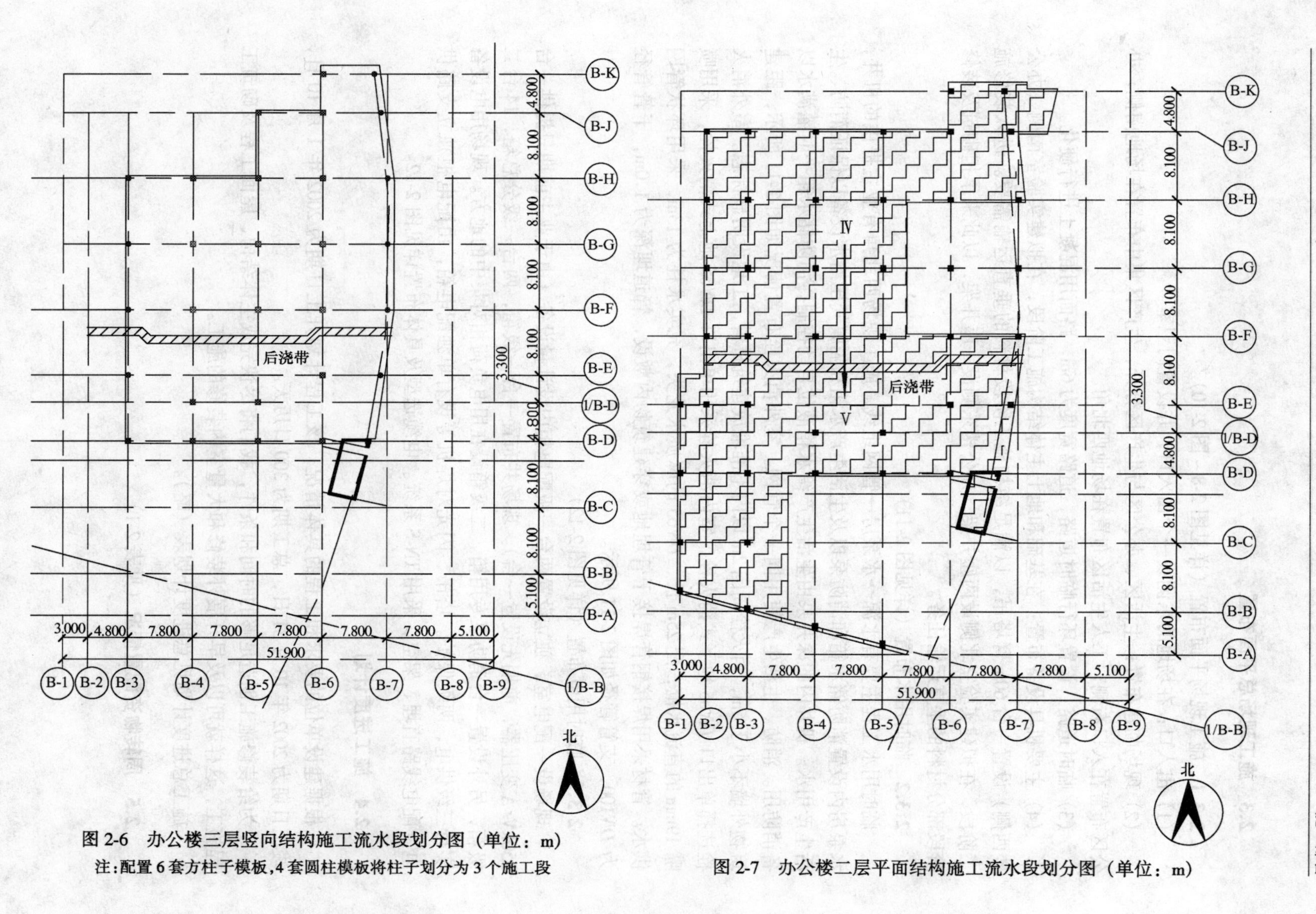


图 2-6 办公楼三层竖向结构施工流水段划分图（单位：m）

注：配置6套方柱子模板，4套圆柱模板将柱子划分为3个施工段

图 2-7 办公楼二层平面结构施工流水段划分图（单位：m）

## 2.3　施工现场总平面布置

### 2.3.1　施工现场平面布置（详见图 2-8 ~ 图 2-10）

（1）出入口：在场地的东侧设一个出入口，并设置门卫室。

（2）现场临建布置：生活区、办公区与生产区分开，生产区集中布置在场地南侧；办公区布置在入口右侧；工人生活区布置在场地西北角。

（3）临时道路：设置环行临时道路，道路宽度为 6m，路面用混凝土进行硬化。

（4）主要机具设备布置：在基础和地上主体结构施工阶段，在拟建实验室南侧（办公楼西侧）设置一台 60m 臂塔吊，以满足结构施工阶段材料的垂直运输需要。进入装修施工阶段，在拟建实验室北侧设两座井架、办公楼东侧设一座井架，以此来承担砌筑及装修阶段部分材料的垂直运输任务。

### 2.3.2　临时用水布置（详见图 2-11）

临时用水工程主要有水源→水泵房→管网组线。施工现场西北角有业主提供的机井，水泵房内设置消防储水箱和消防泵以及生活生产水箱和隔膜气压给水设备以保证消防、生活生产用水。机井内的深井泵由生活生产给水箱液位自动控制，消防储水箱平时灌满水以备消防用。消防、生活生产使用同一个管网。室外消火栓布置情况如图 2-11 所示，距建筑物外墙不小于 5m，消火栓周围 2m 以内不准堆放建筑材料，工地设明显标志。室外消火栓选择单出口 *DN*65 地下式消火栓，室内消火栓采用单出口 *DN*65 地上式消火栓，采用喷嘴 19mm 的直流水枪，配 25m 长、*DN*65 的麻质水龙头，充实水柱为 13m，采用环状管网供水。管材采用焊接钢管焊接干管埋地或穿建筑物内敷设，管道埋深为 1.0m，干管管径为 *DN*100，支管管径如图 2-11 所示。

### 2.3.3　临时用电布置（详见图 2-12）

现场设一配电室，独立设置两台一级配电柜内设计量设备（由于业主前期只提供一台 250kV·A 变压器，前期先设置一台）。现场共布置一台一级箱，两台一级分总箱，14 台二级箱，另外设置一台消防泵专用箱。二级箱设在用电负荷相对集中的地方。现场用电设备实行三级供电，两级保护。塔吊、闪光对焊机等设有单独配电箱，由配电柜独立支路供电。配电线路直埋、架空，采用 TN-S 系统。电缆选型及具体布置详见图 2-12。

## 2.4　施工进度计划

根据建设单位的要求和工程的具体情况，该工程计划开工日期为 2002 年 1 月 10 日，竣工日期为 2002 年 10 月 31 日，总工期为 300 日历天。

为给装修施工创造足够的时间和条件，我们将尽快完成主体结构、屋面工程及砌筑工程施工，这样就可以及早开展外装修和大量室内装修的施工。

施工总进度计划见总进度计划表（略）。

## 2.5　周转物资配置情况（见表 2-1）

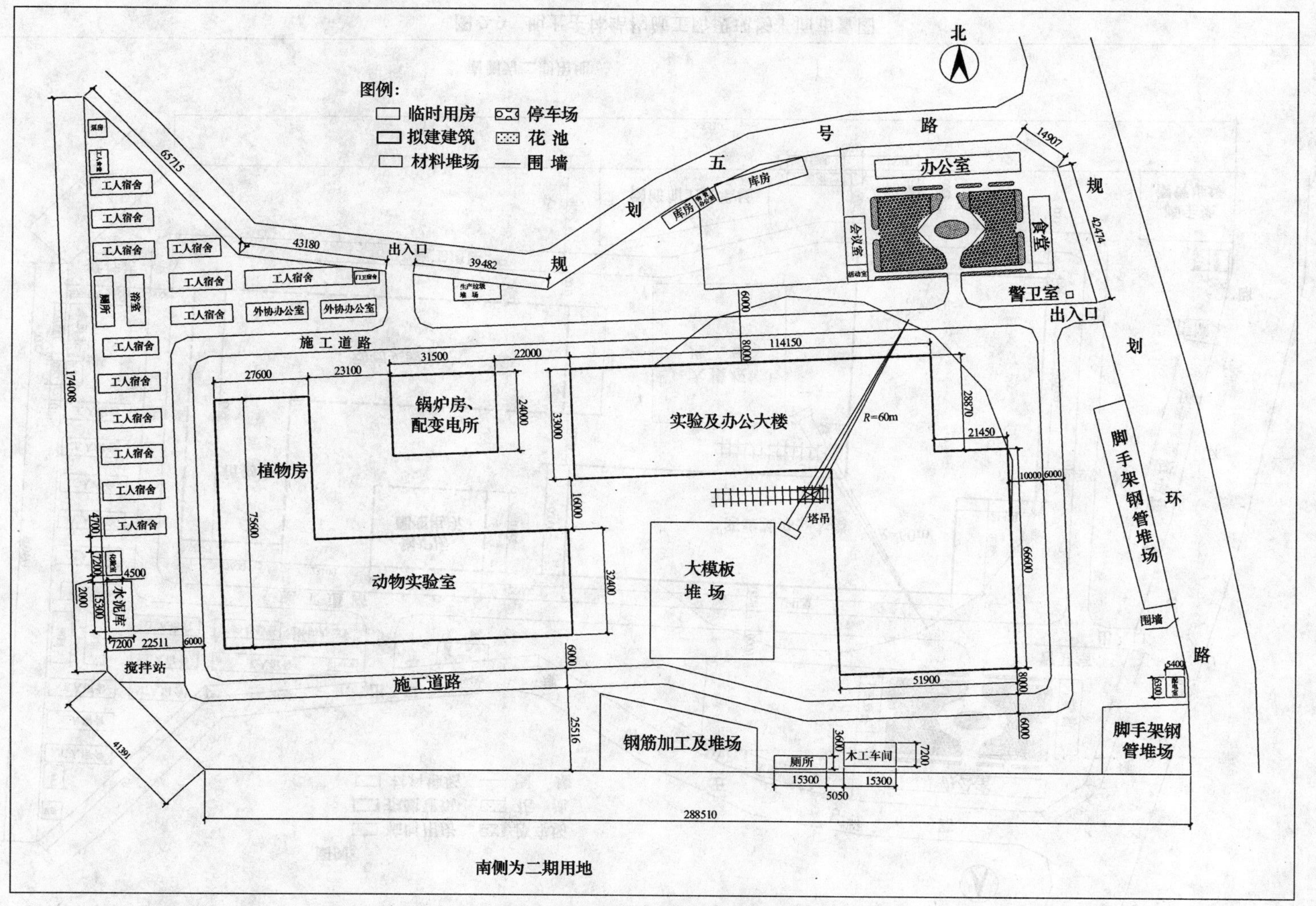

南侧为二期用地

图 2-8 基础施工阶段现场平面布置图

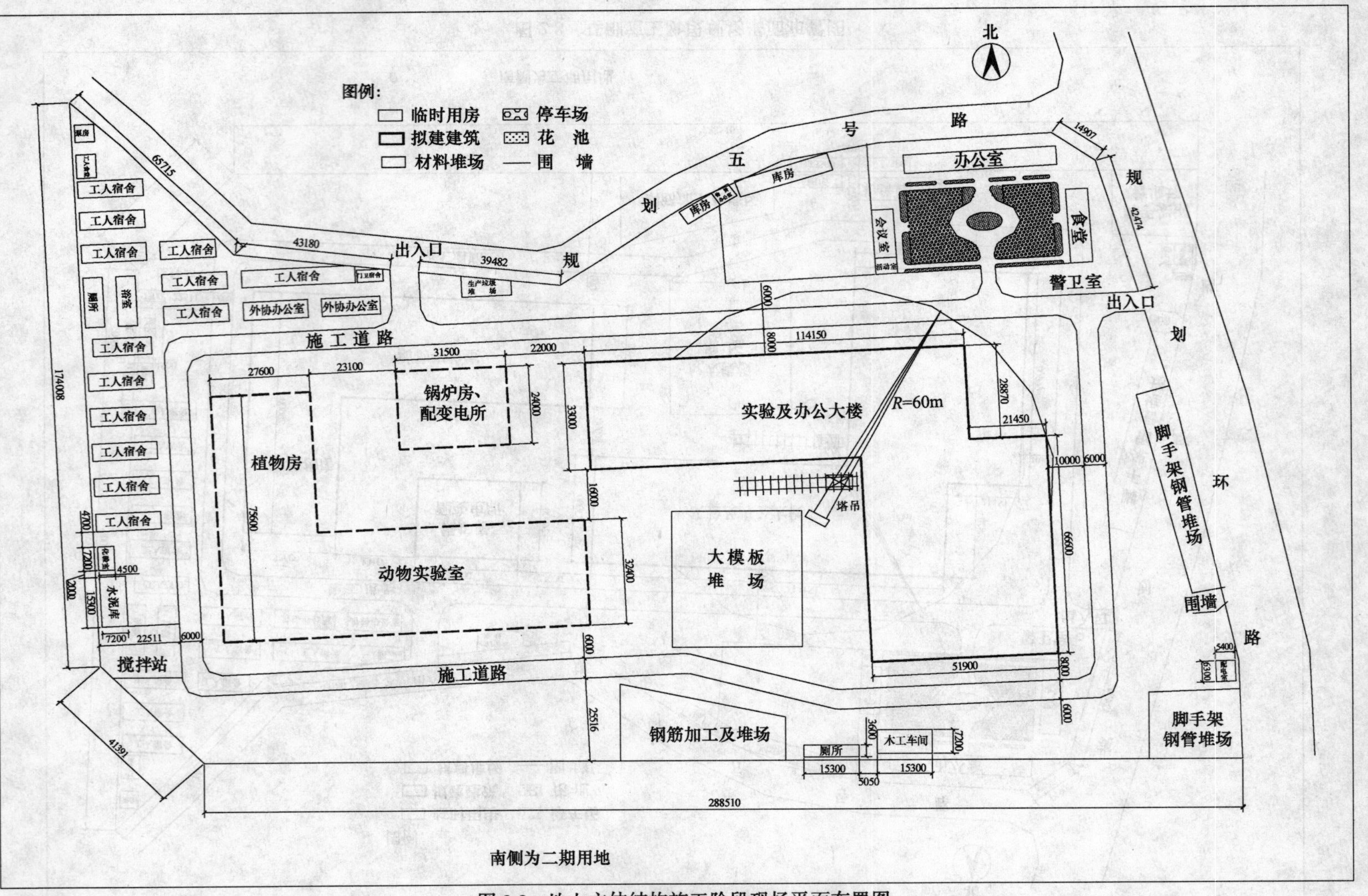

图 2-9　地上主体结构施工阶段现场平面布置图

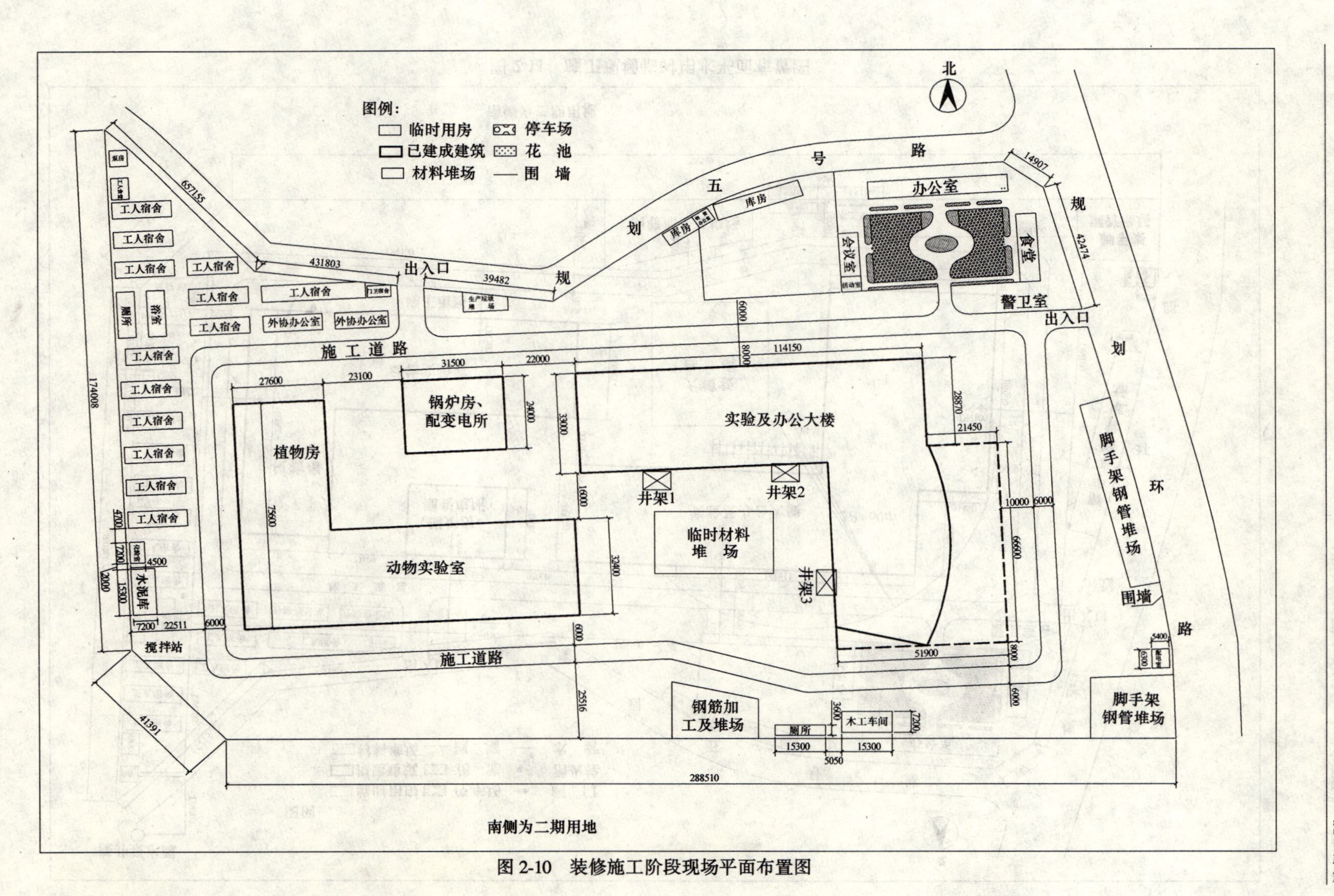


图 2-10 装修施工阶段现场平面布置图

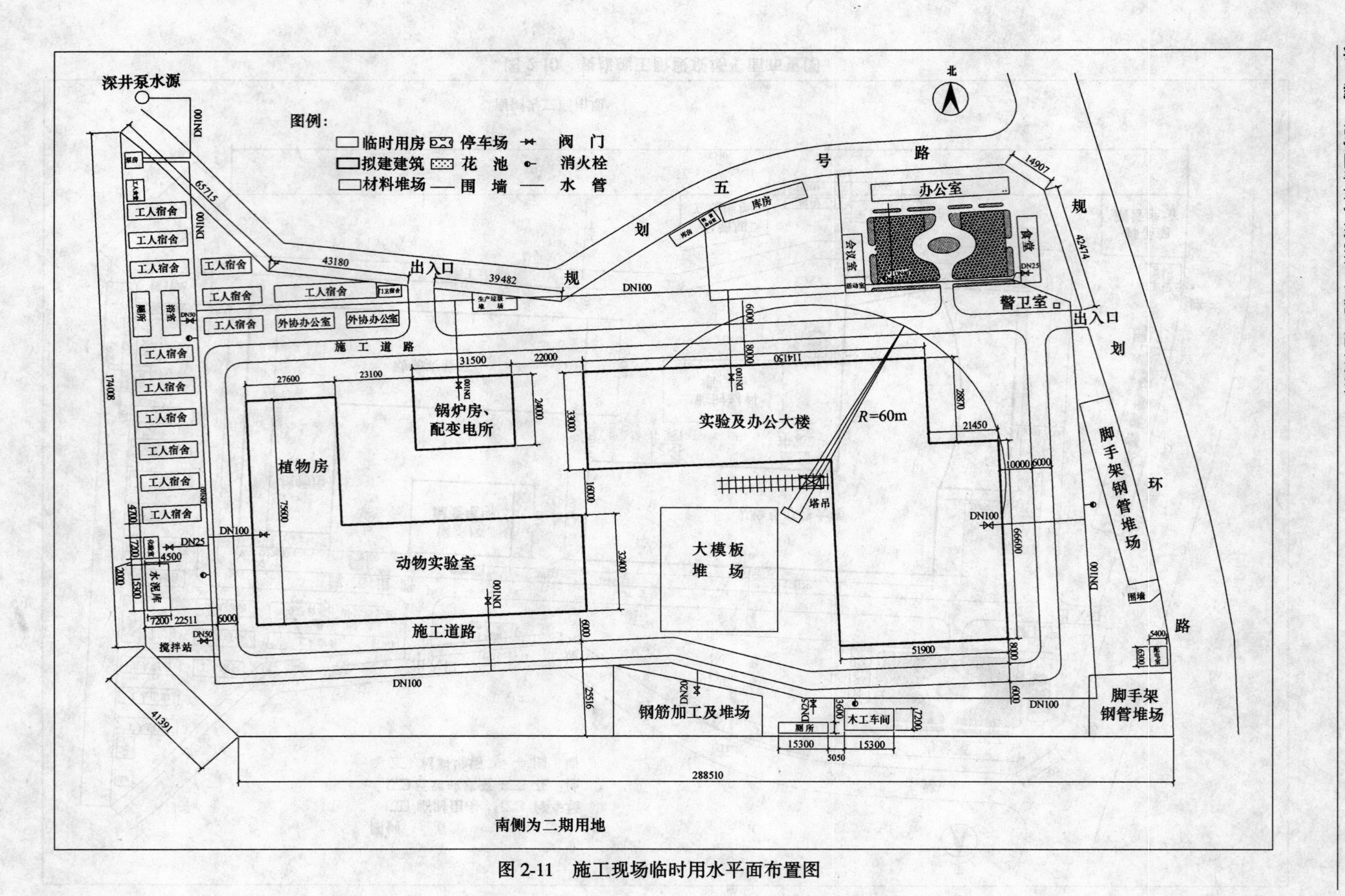

图 2-11 施工现场临时用水平面布置图

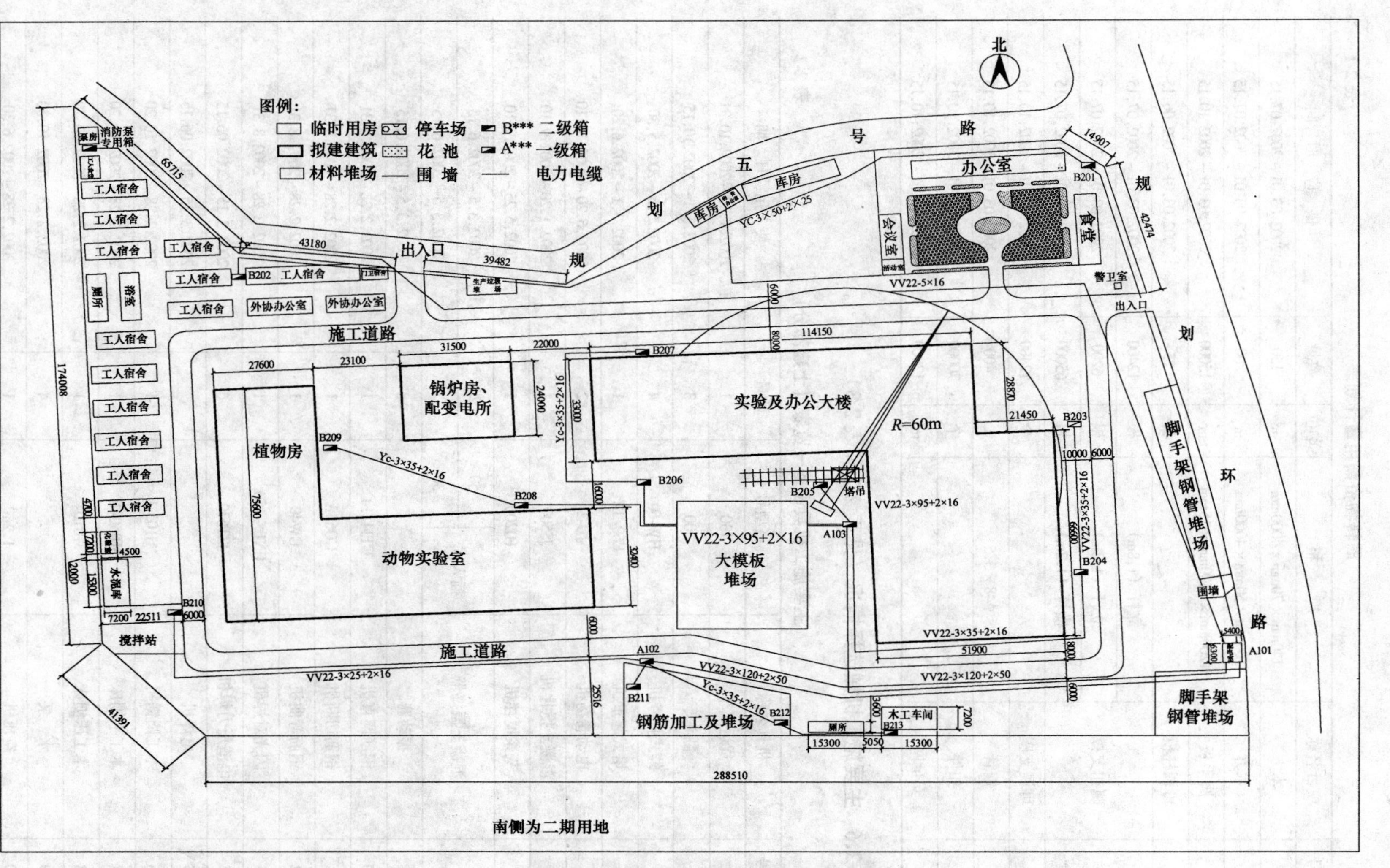


图 2-12　施工现场临时用电平面布置图

**周转物资需用量计划表** **表 2-1**

| 序号 | 项目名称 | 规　格 | 单位 | 数量 | 供 应 时 间 |
|---|---|---|---|---|---|
| 1 | 木方 | 140mm × 70mm × 4000mm | $m^3$ | 150 | 2002.03.01 ~ 2002.07.15 |
| 2 | 木方 | 100mm × 50mm × 4000mm | $m^3$ | 200 | 2002.03.01 ~ 2002.07.15 |
| 3 | 脚手板 | 1200mm × 2400mm × 15mm | $m^2$ | 15000 | 2002.03.01 ~ 2002.10.15 |
| 4 | 可调柱模 | | 套 | 25 | 2002.03.01 ~ 2002.06.15 |
| 5 | 碗扣支撑 | 立杆（1.8m） | 根 | 12400 | 2002.03.01 ~ 2002.07.15 |
| | | 立杆（1.2m） | 根 | 6200 | 2002.03.01 ~ 2002.07.15 |
| | | 横杆（1.2m） | 根 | 65000 | 2002.03.01 ~ 2002.07.15 |
| 6 | 可调支座 | | 个 | 12400 | 2002.03.01 ~ 2002.10.15 |
| 7 | 钢管 | $\phi48 \times 3.5$ | t | 400 | 2002.03.01 ~ 2002.10.15 |
| 8 | 扣件 | | 个 | 70000 | 2002.03.01 ~ 2002.10.15 |
| 9 | 安全网 | | $m^2$ | 12000 | 2002.03.01 ~ 2002.10.15 |

## 2.6 主要施工机械选择情况（见表 2-2 和表 2-3）

**主要施工机具设备一览表（土建部分）** **表 2-2**

| 序号 | 机具名称 | 规格型号 | 数量 | 使 用 日 期 |
|---|---|---|---|---|
| 1 | 货运汽车 | 130 | 1 | 2002.1.10 ~ 2002.10.31 |
| 2 | 翻斗车 | 300 | 3 | 2002.3.1 ~ 2002.10.15 |
| 3 | 蛙式打夯机 | HW-60 | 4 | 2002.5.5 ~ 2002.5.30 |
| 4 | 塔式起重机 | E60/12 | 1 | 2002.3.1 ~ 2002.6.20 |
| 5 | 电动卷扬机 | JD-2 | 2 | 2002.6.20 ~ 2002.10.10 |
| 6 | 混凝土搅拌机 | JS500 | 1 | 2002.1.20 ~ 2002.9.10 |
| 7 | 灰浆搅拌机 | HJ200 | 1 | 2002.5.25 ~ 2002.9.10 |
| 8 | 混凝土振捣器 | 插入式 50 | 20 | 2002.3.5 ~ 2002.6.15 |
| | | 30 | 2 | 2002.3.5 ~ 2002.6.15 |
| 9 | 振动器 | | 8 | 2002.3.5 ~ 2002.6.15 |
| 10 | 钢筋调直机 | GTJ4/14 | 1 | 2002.2.28 ~ 2002.8.31 |
| 11 | 钢筋切断机 | GQ65A | 1 | 2002.2.28 ~ 2002.8.31 |
| 12 | 钢筋弯曲机 | GW40 | 1 | 2002.2.28 ~ 2002.8.31 |
| 13 | 闪光对焊机 | UN1 - 150 | 1 | 2002.2.28 ~ 2002.8.31 |
| 14 | 电渣压力焊机 | JZT630 | 6 | 2002.3.15 ~ 2002.06.15 |
| 15 | 电焊机 | | 7 | 2002.3.15 ~ 2002.06.15 |
| 16 | 木工圆锯机 | MJ105-1 | 1 | 2002.2.28 ~ 2002.10.20 |
| 17 | 木工平刨床 | MB504B | 1 | 2002.2.28 ~ 2002.10.20 |
| 18 | 木工压刨床 | MB104 | 1 | 2002.2.28 ~ 2002.10.20 |
| 19 | 水　泵 | | 4 | 2002.2.28 ~ 2002.10.30 |
| 20 | 空压机 | $1.2m^3$ | 1 | 2002.2.28 ~ 2002.6.30 |

主要施工机具设备一览表（机电部分） 表 2-3

| 序号 | 机具名称 | 规格型号 | 需要量 | 使 用 日 期 |
|---|---|---|---|---|
| 1 | 交流电焊机 | BX | 10 | 1.15~10.30 |
| 2 | 电锤 | TE-14 TE-22 | 16 | 6.20~10.30 |
| 3 | 电动套丝机 | Φ15~100 | 5 | 3.10~10.30 |
| 4 | 砂轮切割机 | | 6 | 3.10~10.30 |
| 5 | 台钻 | 16mm | 6 | 3.10~10.30 |
| 6 | 手枪钻 | | 10 | 3.10~10.30 |
| 7 | 气焊割设备 | | 11 | 6.20~10.30 |
| 8 | 磨光机 | | 6 | 7.1~10.30 |
| 9 | 手压泵 | | 3 | 7.20~10.10 |
| 10 | 电动打压泵 | | 2 | 8.1~10.30 |
| 11 | 捯链 | | 6 | 7.10~10.20 |
| 12 | 滚槽机 | | 2 | 6.20~10.30 |
| 13 | 开孔机 | | 1 | 7.1~10.30 |
| 14 | 剪板机 | QH-3×2000H | 1 | 6.15~10.1 |
| 15 | 冲床 | | 1 | 6.15~10.1 |
| 16 | 手动折弯机 | WS0.3~1.5mm | 1 | 6.15~10.1 |
| 17 | 单平口咬口机 | YZD-12B | 1 | 6.15~10.1 |
| 18 | 联合角咬口机 | YZL-12B | 1 | 6.15~10.1 |
| 19 | 弯头联合角咬口机 | XFWL-12 | 1 | 6.15~10.1 |
| 20 | 法兰机 | | 1 | 6.15~10.1 |

## 2.7 劳动力组织情况（见表 2-4）

按进度计划和施工项目的要求提前对分包队伍进行资质业绩等方面的考察，并采用竞争录用的方法确定。在选定分包队伍时，必须严格考察把关。对于分包队伍不仅要求操作层素质高，而且对于分包队伍的管理层要求更高。使所选择的分包单位无论在资质还是管理上都符合工程要求。

劳动力需用量及进出场计划表 表 2-4

| 序号 | 分项工程名称 | 人 数 | 进出场时间 | 备 注 |
|---|---|---|---|---|
| 1 | 土方工程 | 20人 | 2001.01.17~2002.01.23 | |
| 2 | 混凝土工程 | 50人 | 2002.01.20~2002.09.01 | |
| 3 | 模板工程 | 400人 | 2002.03.05~2002.06.15 | |
| 4 | 钢筋工程 | 250人 | 2002.03.05~2002.06.15 | |
| 5 | 回填土工程 | 20人 | 2002.05.01~2002.5.30 | |
| 6 | 架子工程 | 50人 | 2002.03.05~2002.09.01 | |
| 7 | 砌筑工程 | 100人 | 2002.05.25~2002.08.20 | |

续表

| 序号 | 分项工程名称 | 人 数 | 进出场时间 | 备 注 |
|---|---|---|---|---|
| 8 | 门窗工程 | 25人 | 2002.09.01~2002.10.20 | |
| 9 | 屋面工程 | 30人 | 2002.08.10~2002.09.28 | |
| 10 | 室内初装 | 100人 | 2002.05.30~2002.10.20 | |
| 11 | 楼地面工程 | 50人 | 2002.06.15~2002.10.20 | |
| 12 | 外装修 | 50人 | 2002.06.01~2002.10.20 | |
| 13 | 暖卫工程 | 90人 | 2002.06.20~2002.10.30 | 水暖工 |
| 14 | 通风与空调工程 | 70人 | 2002.06.20~2002.10.30 | 通风工 |
| 15 | 电气工程 | 90人 | 2002.03.10~2002.10.30 | 电工 |
| 16 | 竣工清理 | 50人 | 2002.10.21~2002.10.31 | |

# 3 主要分部分项工程施工方法

## 3.1 施工测量

### 3.1.1 平面控制测量

根据北京市规划管理局钉桩成果通知单，在检查其内外业成果正确无误的前提下，采用全站仪定位测设控制轴线。

### 3.1.2 高程控制测量

依据市测绘院和建设单位提供的高程控制点，用附合测法将高程引测至施工现场，在安全稳定的地方，设置四个水准点，作为施工高程控制的依据。高程传递采用双镜悬吊钢尺法完成，层间水平标高线允许误差为±3mm。

## 3.2 土方工程

本工程基坑开挖深度在自然地坪以下6.35m，根据现场条件和土质情况，采用1:0.5的坡度放坡开挖。安排两台反铲挖掘机分别从实验室的西侧及办公楼的南侧同时开挖。土方除局部外运外，在场地南侧留足回填的土方，并采取覆盖措施。此工程由于地下水位较低，故不需要降水。土方工程由中建一局五公司土石方分公司承包。

## 3.3 地下防水工程

本工程地下室防水采用柔性防水与刚性防水相结合的方式，底板及地下室外墙采用P8抗渗自防水混凝土，另外再做卷材防水［一层SBS改性沥青防水卷材（Ⅰ型、4mm厚、复合胎）+一层氯化聚乙烯橡胶共混卷材防水（1.5mm厚)］。

### 3.3.1 施工流程

清理基层→涂刷底油→附加层施工→卷材防水层施工→保护层施工。

### 3.3.2 施工工艺

(1) 基层处理

先用铲刀和扫帚及其他工具将基层表面的突起物、砂浆和疙瘩等清除干净，并将尘土、杂物清扫干净，对阴阳角、管根等部位必须特别仔细，认真清理。

(2) 涂刷底油

将氯丁胶乳作为底油，与汽油搅拌均匀，用长把辊刷均匀涂布于基层表面上，不得有漏刷和透底现象，常温经过4h或手感不粘时，方可进行下道工序。

(3) 附加层施工

地下室底板的积水坑、电梯井等管根、阴阳角、变形缝等薄弱部位要铺贴与卷材相同的附加层，宽度不小于500mm，以满粘法施工。从底面折向立面的卷材与永久性保护墙的接触部位，应采用空铺法，附加层也应空铺。

(4) 卷材防水层施工

1) 卷材铺贴方法：地下室底板与卷材可用满粘法、条粘法或空铺法施工。但卷材与卷材之间必须满粘法施工，防水卷材与立墙基层也必须满粘法施工，而且粘得越牢固越好，防止卷材下滑或脱落。

2) 卷材接缝处理：SBS防水卷材大面积铺贴完毕后，要对卷材的横竖接缝处进行封边处理，用喷灯按缝烘烤边缘，将流出的热沥青用铁抹子轻轻抹平，使其形成明显的沥青条。氯化聚乙烯橡胶共混防水卷材胶粘剂采用CX-401胶，卷材接缝必须粘牢封严。在大面积铺贴完毕后，所有卷材的接缝及收头处均用聚氨酯密封膏嵌严，以增加防水效果。

(5) 保护层施工

卷材防水层检查合格后应及时做保护层。底板采用40mm厚C20细石混凝土保护层，外墙采用8mm厚高压聚乙烯泡沫板保护层，如图3-1所示。

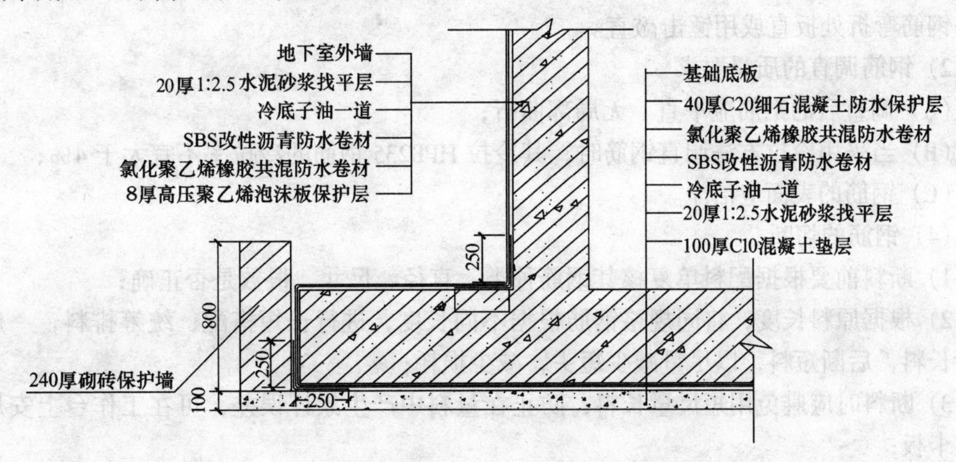


图3-1 地下卷材防水作法示意图

## 3.4 钢筋工程

### 3.4.1 材料要求

(1) 根据设计图纸，本工程所用钢筋均为热轧带肋钢筋。

(2) 钢筋必须在公司合格分承包方范围内进行采购，钢筋进场必须有出厂合格证、材质证明书。

（3）钢筋进场后，严格按规范要求检查其外观、尺寸是否符合设计要求，并按分批、牌号、规格、长度分别挂牌摆放，不得混淆。

（4）进场钢筋按规定取样进行钢筋复试，结构承重钢筋取样时见证取样率不得低于30%。

**3.4.2** 钢筋加工

（1）钢筋加工要求

加工钢筋要求平直、无局部曲折。若不合要求，应按照规定采用冷拉方法调直（HPB235钢的冷拉率不宜大于4%，HRB335钢的冷拉率不宜大于1%）。

钢筋的弯钩或弯折：HPB235钢筋末端需要做180°弯钩，起圆弧直径不应小于钢筋直径的2.5倍，平直部分的长度不应小于钢筋直径的3倍。HRB335钢筋末端需做90°或135°弯折时，其弯曲直径不小于钢筋直径的4倍。弯起钢筋中间部位弯折处的弯曲直径不应小于钢筋直径的5倍。

箍筋：本工程柱箍筋采用焊接箍，单面焊焊缝长度不得小于钢筋直径的10倍。其他构件箍筋均采用封闭箍，箍筋末端应做弯钩，弯钩平直部分的长度不应小于箍筋直径的10倍。

（2）钢筋除锈

钢筋表面的铁锈及油污必须清除干净。除锈后加工好的成品钢筋应覆盖，防止再生锈，在除锈过程中若发现钢筋有严重的麻坑、斑点伤蚀截面时，应降级或剔除不用。

（3）钢筋的调直

1）直径在$\phi$10以下的盘圆钢筋，在使用前必须调直。对于$\phi$10以上的钢筋，如有弯曲时，先将钢筋平放到操作平台上，将钢筋的弯折处放在弯曲机卡盘的立柱间，用平头扳子将钢筋弯折处扳直或用锤击敲直。

2）钢筋调直的质量要求

（A）调直后的钢筋应平直、无局部曲折；

（B）当采用冷拉方法调直钢筋时，其冷拉HPB235钢筋的冷拉率不宜大于4%；

（C）钢筋的表面应洁净。

（4）钢筋的切断

1）断料前要根据配料单复核其钢筋种类、直径、尺寸、根数是否正确；

2）根据原料长度，将同规格钢筋根据不同长度，进行长短搭配，统筹排料，一般应先断长料，后断短料，以尽量减少短头，减少损耗；

3）断料时应避免用短尺量长料，防止在量料中产生累计误差，可在工作台上安尺寸刻度卡板；

4）钢筋连接接头必须用无齿锯进行切割，保证端部平整；钢筋弯曲机进行弯曲加工，柱、梁、底板接头弯曲时注意钢筋横肋的弯曲方向，保证钢筋连接接头肋对肋，确保接头连接质量；

5）钢筋切断质量要求：

（A）钢筋的断口不得有马蹄形或起弯等现象；

（B）要确保钢筋长度的准确性，钢筋切断要在调直后进行，受力钢筋下料长度的允许偏差为1cm；

（C）在钢筋切断配料中，如发现有钢筋劈裂、缩头或严重弯头等，必须切除。

(5) 钢筋的弯曲成型

1) 钢筋弯曲前的准备

(A) 钢筋弯曲成型前，首先应根据钢筋弯曲加工的规格、形状和各部分尺寸，确定弯曲操作步骤和准备机具等。

(B) 划线：对形状复杂的钢筋，要用石笔将各弯曲点位置划出。

(C) 试弯：在进行成批钢筋弯曲操作前，各类型的弯曲钢筋都要试弯一根，然后检查其弯曲形状、尺寸是否与设计要求相符，经过调整后，再进行成批生产。大批量制作同一型号箍筋时，为保证尺寸正确，应用标尺卡，确保尺寸正确、一致。

2) 钢筋弯曲成型

$\phi$10 以下钢筋采用手工弯曲，$\phi$10 以上钢筋采用机械弯曲，加工成型的钢筋均应满足设计和规范要求。

3) 钢筋弯曲质量要求

(A) HPB235 钢末端要做 180°弯钩时，其弯曲圆弧直径不应小于钢筋直径的 2.5 倍，平直部分长度不应小于钢筋直径的 3 倍；

(B) HRB335 钢末端要做 90°或 135°弯折时，其弯曲直径不宜小于钢筋直径的 4 倍，平直部分长度按设计要求确定；

(C) 弯起钢筋中间部位弯折处的弯曲直径不应小于钢筋直径的 5 倍；

(D) 用 HPB235 钢制作的箍筋，其末端应做弯钩，弯钩的弯曲直径应大于受力钢筋直径，且不小于箍筋直径的 2.5 倍，弯钩的平直长度不小于箍筋直径的 10 倍；

(E) 钢筋形状正确，平面上没有翘曲不平现象，钢筋弯曲点处不得有裂缝。

(6) 钢筋下料加工允许偏差（见表 3-1）

**表 3-1**

| 项　目 | 允许偏差 |
|---|---|
| 受力钢筋顺长度方向全长的净尺寸 | ±10mm |
| 弯起钢筋的弯折位置 | ±20mm |
| 弯起钢筋的弯起点高度 | ±5mm |
| 箍筋边长 | ±5mm |

### 3.4.3 钢筋连接

本工程竖向粗直径钢筋（直径≥22mm）采用电渣压力焊接长，底板部分水平钢筋主要采用闪光对焊接长。除底板外，水平粗直径钢筋（直径≥16mm）采用滚轧直螺纹连接。

(1) 直螺纹连接施工工艺

1) 连接套的混凝土保护层厚度宜满足国家现行行业标准《混凝土结构设计规范》中受力钢筋混凝土保护层最小厚度的要求，且不得小于 15mm，接头间的横向净距不宜小于 25mm，且不得小于钢筋直径。受力钢筋接头的位置应相应错开，直螺纹接头从任一接头中心至长度为钢筋直径的 35 倍，且不小于 500mm 的区段范围内，有接头的受力钢筋截面面积占受力钢筋总截面面积的百分率应符合下列规定：

(A) 受拉区的受力钢筋接头百分率不宜超过 50%；

(B) 在受拉区的钢筋受力小的部位，接头百分率不受限制；

(C) 接头宜避开有抗震设防要求的框架梁端和柱端的箍筋加密区，当无法避开时，接头百分率不宜超过≤50%；

(D) 受压区的钢筋受力小的部位，接头百分率可不受限制。

连接套由厂家提供，应有出厂合格证、材质证明书，进场后应进行复检。经检验合格的连接套，应有明显的规格标记，一端孔应用密封盖扣紧。进场后不得露天堆放，且应防止锈蚀和沾污。现场使用的连接套主要有以下两种形式：

标准型：用于一般连接钢筋的部位。

异径型：用于不同直径钢筋的连接部位。

标准型连接套的外形尺寸应符合表3-2的规定。

连接套外形尺寸　单位：mm　表3-2

| 规格（$d$） | 螺距（$p$） | 长度 $L_0-2$ | 外径 $\phi 0-0.4$ | 螺纹小径 $D_1+0.4$ |
|---|---|---|---|---|
| $\phi$16 | 2.5 | 45 | $\phi$25 | $\phi$14.8 |
| $\phi$18 | 2.5 | 50 | $\phi$29 | $\phi$16.7 |
| $\phi$20 | 2.5 | 54 | $\phi$31 | $\phi$18.1 |
| $\phi$22 | 2.5 | 60 | $\phi$33 | $\phi$20.4 |
| $\phi$25 | 3 | 64 | $\phi$39 | $\phi$23.0 |
| $\phi$28 | 3 | 70 | $\phi$44 | $\phi$26.1 |
| $\phi$32 | 3 | 82 | $\phi$49 | $\phi$29.8 |

2）施工准备

（A）凡参加接头施工的操作工人、技术管理和质量管理人员必须参加技术规程培训，操作工人应经考核合格后持证上岗。

（B）钢筋应先调直再下料，切口端面应与钢筋轴线垂直，不得有马蹄形或挠曲，用切割机下料，不得用气焊下料。

3）丝头加工

（A）加工丝头的牙形、螺纹必须与连接套的牙形、螺纹一致，有效丝扣段内的秃牙部分累计长度小于一扣周长的1/2，并用相应的环规和丝头卡板检测合格。

（B）滚轧钢筋直螺纹时，应采用水溶性切削润滑液，当气温低于0℃时，应掺入15%～20%的亚硝酸钠。不得用机油作切削润滑液或不加润滑液滚轧丝头。

（C）操作人员应严格逐个检查丝头的质量。

（D）经自检合格的丝头，应按要求对每种规格加工批量随机抽检10%，且不得少于10个，并且填写丝头加工检验记录；如有一个丝头不合格，即应对该批全数检查，不合格的丝头应重新加工，经再次检验合格后方可使用。

（E）已检验合格的丝头应加以保护。钢筋一端丝头应戴上保护帽，另一端拧上连接套，并按规格分类堆放整齐待用。

4）钢筋连接

（A）钢筋连接时，钢筋的规格和连接套的规格应一致，并确保丝头和连接套的丝扣干净、无损。

（B）采用预埋接头时，连接套的位置、规格和数量应符合设计要求，带连接套的钢筋应固牢，连接套的外露端应有密封盖。

（C）被连接的两钢筋端面应处于连接套的中间位置，偏差不大于 $P$（$P$ 为螺距），并用工作扳手拧紧，使两钢筋端面顶紧。

5）接头型式检验

钢筋滚轧直螺纹接头的型式检验，应符合现行行业标准《钢筋机械连接通用技术规程》(JGJ 107) 中第5章的各项规定。

6) 接头施工现场检验与验收

(A) 工程使用滚轧直螺纹时，供货方应提供有效的型式检验报告。

(B) 钢筋连接时，应检查连接套的出厂合格证及钢筋丝头加工记录。

(C) 连接开始前和过程中，应对每批进场钢筋和接头进行工艺检验。每种规格钢筋接头的试件不少于三根，接头试件应达到《钢筋机械连接通用技术规程》要求的A级强度要求。

(D) 随机抽取同规格接头数的10%进行外观检查，钢筋与连接套规格一致，接头外露完整丝扣不大于三扣，并填写检查记录。

(E) 接头的现场检验按验收批进行，同一施工条件下、同一批材料的同等级、同规格接头，以500个为一个验收批进行检验与验收，不足500个也作为一批。

(F) 对接头的每一验收批，应在工程结构中随机截取3个试件做单向拉伸试验，按设计要求的接头性能等级进行检验与评定，并填写接头拉伸试验报告。

(G) 在现场连续检验10个验收批，全部单向拉伸试件一次抽样均合格时，验收批接头数量可扩大一倍。

(2) 电渣压力焊施工工艺

1) 柱钢筋采用电渣压力焊连接，焊剂采用型号E50，焊剂存放于干燥仓库内，防潮。焊剂回收要清除杂质，并新旧均匀混合。焊工必须持证上岗，夹具应有足够强度，电源采用600A的焊接电源，焊包要求均匀，无明显烧伤，接头的轴线偏移 $<0.1d$，且不大于2mm，接头弯折 <40mm。焊接时，必须严格按有关工艺流程标准操作。

2) 钢筋端头制备

钢筋安装之前，焊接部位和电极钳口接触的（150mm区段内）钢筋表面上的锈斑、油污、杂物等，应清除干净；钢筋端部若有弯折、扭曲，应予以矫直或切除，但不得用锤击矫直。

3) 选择焊接参数

钢筋电渣压力焊的焊接参数主要包括：焊接电流、焊接电压和焊接通电时间（参见表3-3)，不同直径钢筋焊接时，按较小直径钢筋选择参数，焊接通电时间延长约10%。

**钢筋电渣压力焊焊接参数** 表3-3

| 钢筋直径 (mm) | 焊接电流 (A) | 焊接电压（V） | | 焊接通电时间（s） | |
|---|---|---|---|---|---|
| | | 电弧过程 $U_{2-1}$ | 电渣过程 $U_{2-2}$ | 电弧过程 $t_1$ | 电渣过程 $t_2$ |
| 20 | 300~350 | 40~45 | 22~27 | 17 | 5 |
| 22 | 350~400 | 40~45 | 22~27 | 18 | 6 |
| 25 | 400~450 | 40~45 | 22~27 | 21 | 6 |

4) 试焊、做试件、确定焊接参数

在正式进行钢筋电渣压力焊之前，必须按照选择的焊接参数进行试焊并做试件送试，以便确定合理的焊接参数。合格后，方可正式生产。当采取半自动、自动控制焊接设备时，应按照确定的参数设定好设备的各项控制数据，以确保焊接接头质量可靠。

钢筋的品种和质量，必须符合设计要求和有关标准的规定。检查材质证明书和试验报告单。

5）钢筋电渣压力焊接头焊接缺陷与防止措施（见表 3-4）

表 3-4

| 项　次 | 焊接缺陷 | 防　止　措　施 |
|---|---|---|
| 1 | 轴线偏移 | ①矫直钢筋端部；<br>②正确安装夹具和钢筋；<br>③避免过大的挤压力；<br>④及时修理或更换夹具 |
| 2 | 弯　折 | ①矫直钢筋端部；<br>②注意安装与扶持上钢筋；<br>③避免焊后过快卸夹具 |
| 3 | 焊包薄而大 | ①减低顶压速度；<br>②减小焊接电流；<br>③减少焊接时间 |
| 4 | 咬　边 | ①减小焊接电流；<br>②缩短焊接时间；<br>③注意上钳口的起始点，确保上钢筋挤压到位 |
| 5 | 未焊合 | ①增大焊接电流；<br>②避免焊接时间过短；<br>③检修夹具，确保上钢筋下送自如 |
| 6 | 焊包不匀 | ①钢筋端面力求平整；<br>②填装焊剂尽量均匀；<br>③延长焊接时间，适当增加熔化量 |
| 7 | 气　孔 | ①按规定要求烘焙焊剂；<br>②清除钢筋焊接部位的铁锈；<br>③确保被焊处在焊剂中的埋入深度 |
| 8 | 烧伤 | ①钢筋导电部位除净铁锈；<br>②尽量夹紧钢筋 |
| 9 | 焊包下淌 | ①彻底封堵焊剂罐的漏孔；<br>②避免焊后过快回收焊剂 |

6）钢筋接头强度的检查

接头的现场检验按验收批进行，同一施工条件下，同一批材料的同等级、同规格接头，以 300 个为一个验收批进行检验与验收，不足 300 个的也作为一个验收批进行检验与验收。每一批验收，随机截取 3 个试件作单向拉伸试验。按设计要求的接头性能等级进行检验与评定。

### 3.4.4 钢筋绑扎

(1) 基础底板钢筋绑扎

钢筋绑扎前，首先要在垫层上放出轴线及柱、墙位置线，然后根据放线结果进行钢筋绑扎。绑扎时先铺设底板底筋，然后绑扎基础梁钢筋，再绑扎底板上部钢筋，底板上、下层钢筋之间加钢筋马凳 $\phi20\sim\phi25$@1000mm，梅花形放置，以确保上部钢筋位置；最后，根据柱、墙位置线绑扎柱、墙插筋。柱、墙插筋位置除应符合垫层上的尺寸线外，还应沿纵横轴线方向，根据轴线的控制线拉通线检查。校正完毕，将基础上柱、墙插筋用钢筋箍点焊固定。

(2) 框架柱钢筋绑扎

首先，计算好每根柱箍筋数量，将箍筋套在下层伸出的柱筋上；然后，进行柱钢筋连接，连接完毕按图纸要求用粉笔画箍筋间距线，并按线将已套好的箍筋往上移动，由上往下绑扎。绑扎时，箍筋的弯钩叠合处应沿柱子竖筋交错布置，并绑扎牢固。

(3) 梁钢筋绑扎

在梁模板上画出箍筋间距，摆放箍筋。先穿梁的下部纵筋，将箍筋按已画好的间距逐个分开，放主梁的上部钢筋，调整箍筋间距，使之与上筋绑牢，然后绑下部钢筋。

在梁下均要放置塑料垫块，以保证混凝土保护层厚度。

(4) 板钢筋绑扎

板筋绑扎前，首先要清理模板上的杂物，并用粉笔在模板上画好主筋、分布筋间距。然后，按画好的间距先摆放受力主筋，后放分布筋，板上下筋之间放钢筋马凳，以确保上部钢筋的位置。预埋件、电线管、预留孔等应及时配合安装。

(5) 楼梯钢筋绑扎

在楼梯底模上确定主筋和分布筋位置，按图放主筋和分布筋。绑扎时先绑主筋，后绑分布筋，每个交点均绑扎。板底筋绑完后，应按规定垫好保护层垫块，主筋接头数量和位置要符合设计和规范要求。

(6) 钢筋的保护层控制

基础底板的钢筋保护层垫块用 1:2:4 细石混凝土（内掺 3%防水剂）制作，底板上、下层钢筋之间加钢筋马凳 $\phi20\sim\phi25$@1000mm，用于地下室外墙外侧钢筋保护层垫块。地下室部位的钢筋保护层采用 1:3 水泥砂浆加工制作成 50mm×50mm 见方的砂浆块。保护层安置时间距 800mm，呈梅花形布置。地上结构钢筋保护层采用塑料卡具 15mm，直接卡在墙体水平钢筋及楼板钢筋上。

1) 墙体竖向钢筋位置及保护层控制措施

定位框制作时，其内净尺寸 = 墙体厚度 -（立筋保护层 + 立筋直径 + 水平筋直径）×2，这样使定位框能控制墙体钢筋面尺寸。

为保证墙体立筋的水平间距，在定位框上按照墙体筋水平方向间距焊接短向筋，将立筋与定位框上的横向钢筋焊接处绑牢，即可保证墙体立筋水平方向间距，根据墙体立筋间距按不同墙号分别将定位框统一编号。操作时，按规格分别领料，严禁拿错（见图 3-2）。

2) 墙体水平筋间距及保护层控制措施

本工程所有墙体水平钢筋的间距控制时，均采用竖向梯子筋来控制，梯子筋制作时应注意：两根立筋外包尺寸 = 墙体厚度 -（保护层 + 水平筋直径）×2，立筋直径大于设计

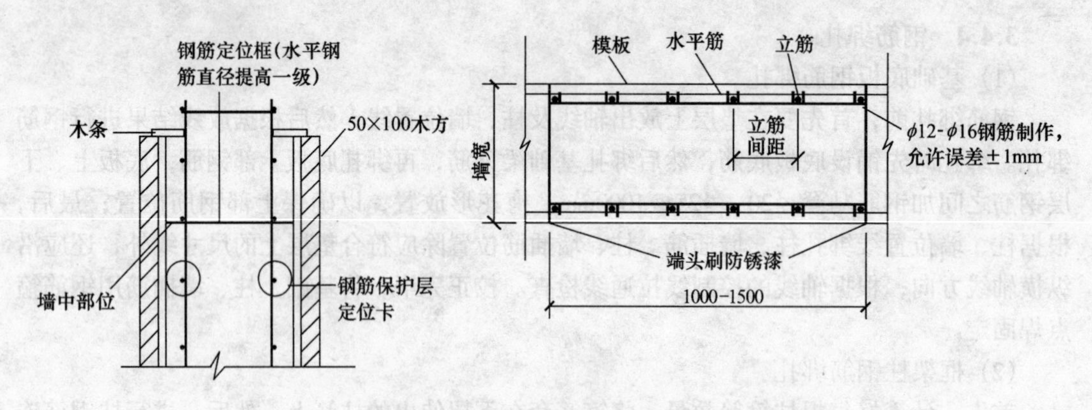


图 3-2　墙体纵向钢筋定位框

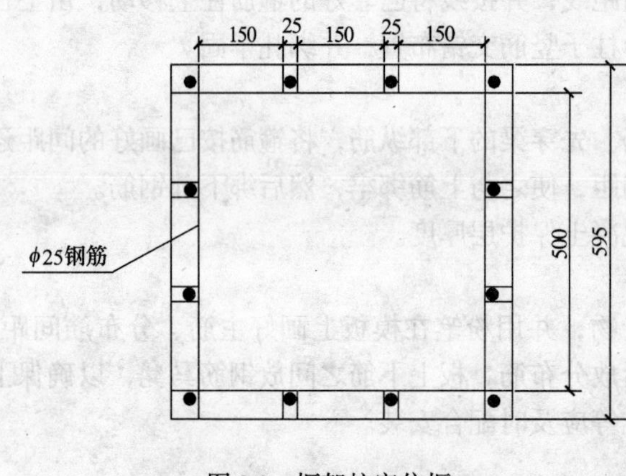


图 3-3　框架柱定位框

一个等级，支撑筋端面刷防锈漆，防止拆模后此处钢筋返锈。水平钢筋与梯子筋绑扎牢固，扎丝头朝墙里，严禁外露，梯子筋间距 1.5 ~ 2m。

3）柱筋水平间距定位控制方法

采用框架柱定位框进行控制，框架柱定位框见图 3-3。

4）板筋的上铁位置控制

楼板上铁利用制作钢筋马凳（见图 3-4）支撑进行位置的控制。

5）所有保护层垫块、定位框、梯子凳加工允许误差为 ± 1mm。

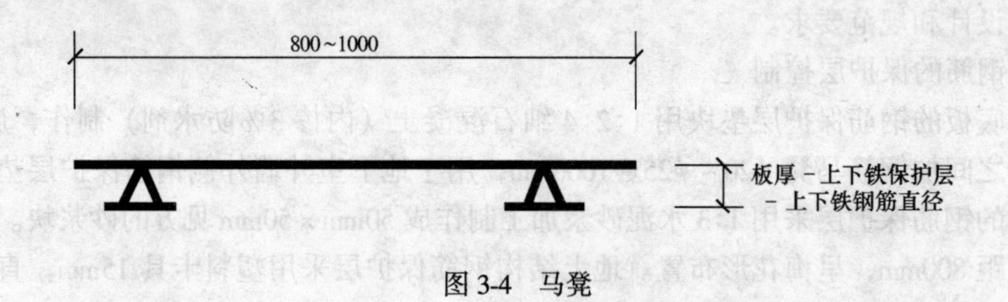


图 3-4　马凳

## 3.5　模板工程

### 3.5.1　基础底板及反梁模板

基础反梁采用 18mm 厚多层板支设，后背 50mm × 100mm 木方和钢管，由于地梁高 900mm，为有效抵抗混凝土浇筑时的侧压力，地梁上还需加设两道 $\phi$12 对拉螺栓，分别设置在距底板面 250mm、650mm 高度处，水平间距 600mm。相邻的两道梁用钢管相互支撑，并加剪刀撑和斜撑，使剪刀撑、斜撑和钢管互撑形成整体支撑系统，集体受力，可以有效抵抗混凝土浇筑时的侧压力。

反梁模板支撑及加工制作见图 3-5。

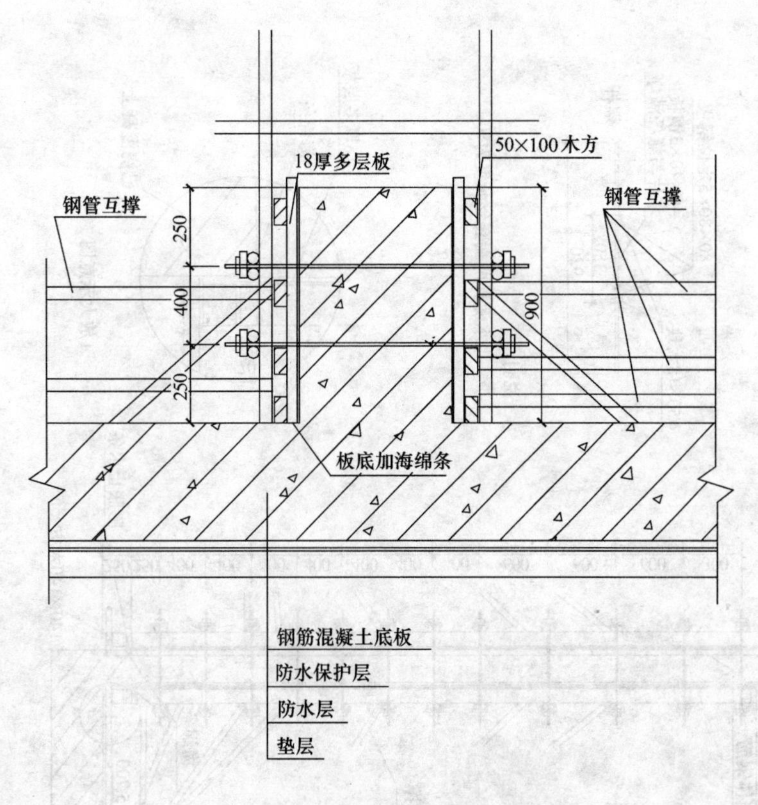


图 3-5　反梁模板支撑示意图

### 3.5.2　墙体模板

地下室内墙、外墙采用 18mm 厚多层板，水平和竖向背楞均用 70mm × 140mm 木方配置。地下室外墙采用 $\phi$14 止水对拉螺栓加钢管固定；内墙厚度大于 200mm 时，采用 $\phi$14 普通对拉螺栓加钢管固定；内墙厚度小于等于 200mm 时，采用 $\phi$12 普通对拉螺栓加钢管固定，有对拉螺栓处设置套管，对拉螺栓水平间距 300mm。墙体模板安装前，应弹出模板就位线，在墙外侧做砂浆找平，$H = 20$mm，宽度 $\delta = 100$mm，以防止模板穿墙螺栓高低错位及模板下口跑浆。

地上剪力墙厚 200mm，墙体模板采用 18mm 厚多层板，水平和竖向背楞均用 50mm × 100mm 木方配置。

模板安装要对号入座。当每道墙体有一块模板就位调整后，即可穿入螺栓杆；当另一块模板就位调整后，对准螺栓孔眼进行固定；当全部螺栓穿通并固定后，一起进行均匀、适度地紧固。

地下室外墙模板示意图详见图 3-6。

### 3.5.3　门窗洞口模板

门窗洞口模板采用简易的整安散拆方案，角部配置钢护角，四侧模板用 50mm 厚木板，外包 18mm 厚多层板，并与钢护角外侧平齐。内支撑采用木方。详见图 3-7。

### 3.5.4　板模板

采用 18mm 厚多层板，次龙骨为 50mm × 100mm 木方，中心间距为 300mm，主龙骨为 $\phi48 \times 3.5$ 钢管，间距为 1200mm。支撑采用可调碗扣脚手架支撑，间距 1200mm × 1200mm，

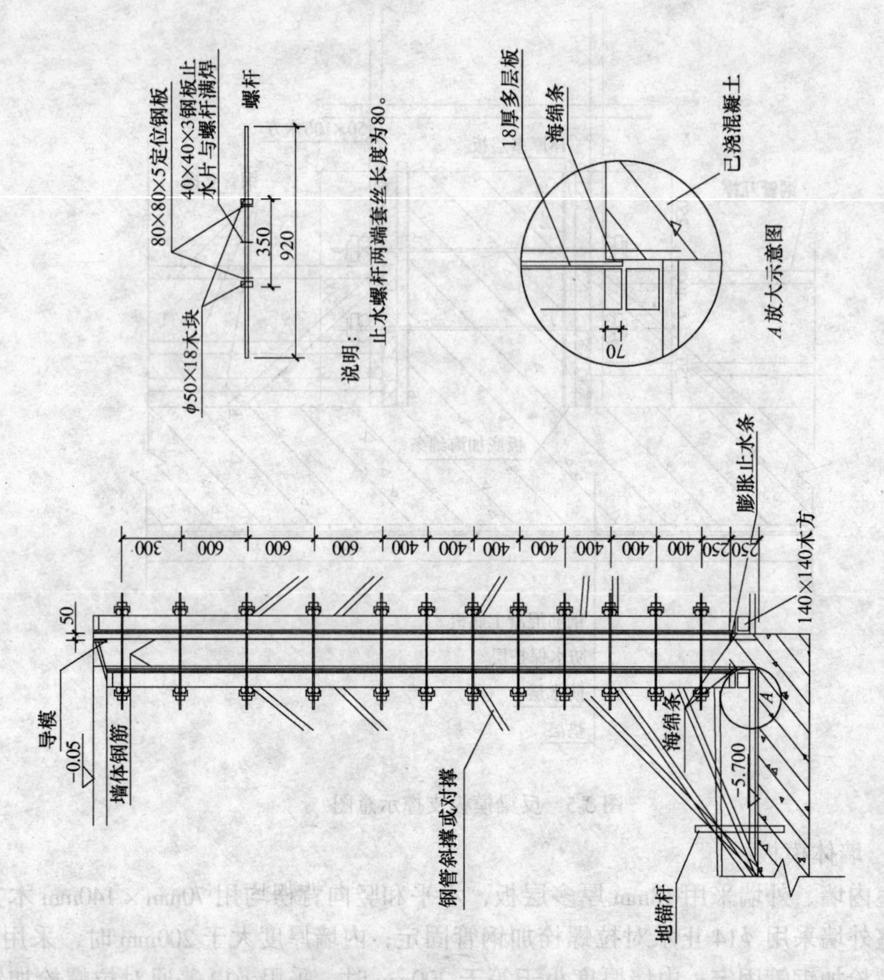


图3-6 地下室外墙模板示意图

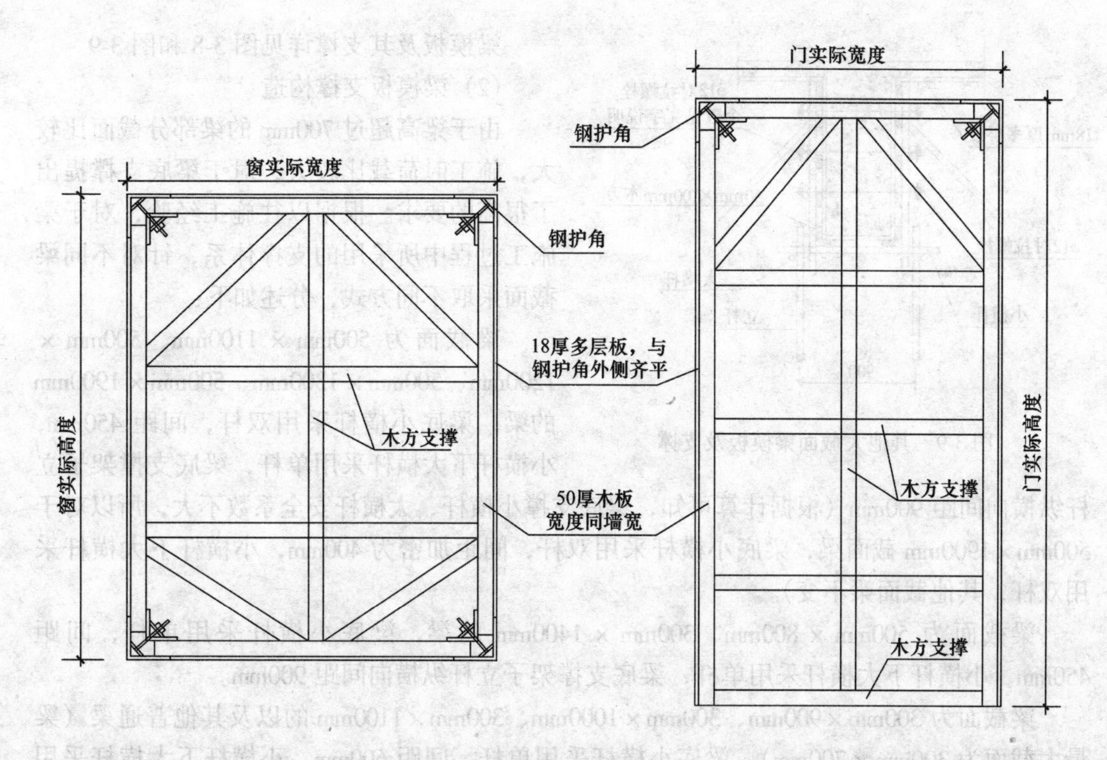


图 3-7　门窗洞口模板示意图

步距 1200mm，对于不符合碗扣钢管模数的位置用钢管代替，立杆 2m 高度的垂直允许偏差为 15mm。

墙与板交接缝处的木方应挑选方正、顺直的好木方，以保证阴角顺直、方正，固定竹胶板时，与墙面接缝处要粘贴海绵条，以防漏浆。模板调整好标高并清理，用空气压缩机把模内杂物吹净。当梁、板的跨度在 4m 或 4m 以上，设计无具体起拱要求时，起拱高度为 2cm。

### 3.5.5　梁模板

（1）梁模板构造

本工程梁截面形式比较多，其中部分梁高非常高。对于各种截面的梁将区别对待。梁模板采用 18mm 厚多层板，次龙骨为 50mm × 100mm 木方，中心间距为 300mm，主龙骨为 $\phi48 \times 3.5$ 钢管。梁高小于 700mm 时，梁侧模采用钢管斜撑进行支撑；梁高为 700mm、800mm 时，梁侧模支撑设置一根对拉螺栓；梁高为 900mm、1000mm、1100mm 时，梁侧模支撑设置两根对拉螺栓；梁高为 1200mm、1300mm、1400mm 时，梁侧模支撑设置三根对拉螺栓；梁高为 1900mm 时，梁侧模支撑设置四根对拉螺栓。

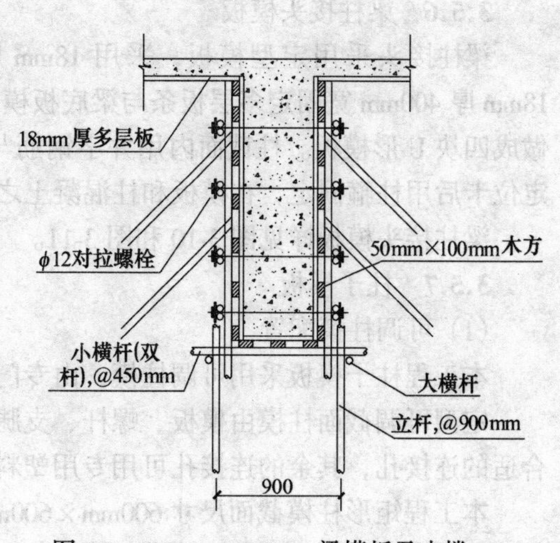


图 3-8　500mm × 1900mm 梁模板及支撑

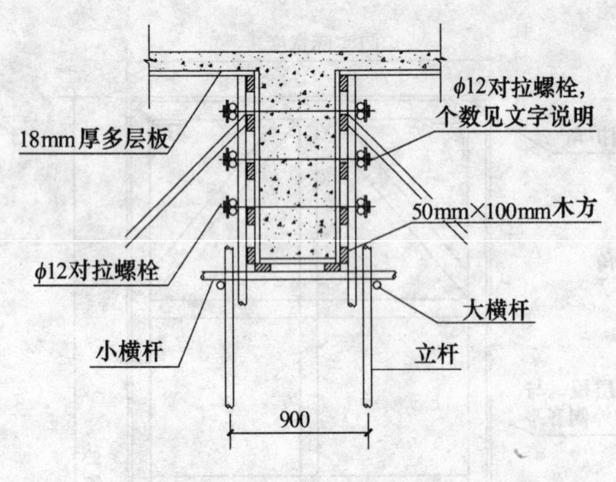


图 3-9　其他大截面梁模板及支撑

梁模板及其支撑详见图 3-8 和图 3-9。

(2) 梁模板支撑构造

由于梁高超过 700mm 的梁部分截面比较大，施工时荷载比较大，对于梁底支撑提出了很高的要求。根据以往施工经验，对于梁施工过程中所采用的支撑体系，针对不同梁截面采取不同方式，分述如下：

梁截面为 500mm × 1100mm、500mm × 1200mm、500mm × 1300mm、500mm × 1900mm 的梁，梁底小横杆采用双杆，间距 450mm，小横杆下大横杆采用单杆，梁底支撑架子立杆纵横向间距 900mm（根据计算可知，梁底支撑小横杆、大横杆安全系数不大，所以对于 500mm × 1900mm 截面梁，梁底小横杆采用双杆，间距加密为 400mm，小横杆下大横杆采用双杆，其他截面梁不变）。

梁截面为 500mm × 800mm、300mm × 1400mm 的梁，梁底小横杆采用单杆，间距 450mm，小横杆下大横杆采用单杆，梁底支撑架子立杆纵横向间距 900mm。

梁截面为 300mm × 900mm、300mm × 1000mm、300mm × 1100mm 的以及其他普通梁（梁最大截面为 300mm × 700mm），梁底小横杆采用单杆，间距 600mm，小横杆下大横杆采用单杆，梁底支撑架子立杆横向间距 900mm，纵向间距 1200mm（根据计算可知梁底支撑小横杆安全系数不大，所以对于 300mm × 1100mm、300mm × 1000mm 截面梁，梁底小横杆改为采用双杆，其他梁不变）。

梁底架子搭设时，必须与板底满堂红脚手架用扣件进行连接，使梁底脚手架与板底脚手架成为一体。另外由于办公楼三层 B-F 轴 ~ B-H 轴/B-5 轴 ~ B-7 轴几道大梁底部支撑架子支撑在地下室顶板上，为防止施工荷载对地下室顶板的破坏，该部分架子底铺设通长脚手板，使荷载均匀传至顶板上；同时，由于该部分架子高度比较高（达 8.93m），为防止架子失稳，架子必须与周边框架柱抱紧，进行可靠连接。

### 3.5.6　梁柱接头模板

梁柱接头采用定型模板，采用 18mm 厚多层板作为面板，在梁柱接头梁豁处，贴 18mm 厚 400mm 宽固定多层板条与梁底板模板平齐相连，采用 50mm × 100mm 木方做背肋，做成四块 U 形模板。柱截面内用井字钢筋与柱钢筋绑扎作为定位卡，四块 U 形模板靠紧定位卡后用柱箍固定，在模板和柱混凝土之间加海绵条，以防止漏浆。

梁柱接头模板详见图 3-10 和图 3-11。

### 3.5.7　柱子模板

(1) 可调柱模配置

本工程柱子模板采用可调柱模，由专门的模板公司制作。

定型可调截面柱模由模板、螺杆、支腿、挑架以及其他柱模配件组成。施工时，选用合适的连接孔，其余的连接孔可用专用塑料塞封闭。

本工程矩形柱模截面尺寸 600mm × 600mm，柱模配高 4200mm（3000mm + 1200mm），共配置 25 套柱子模板。

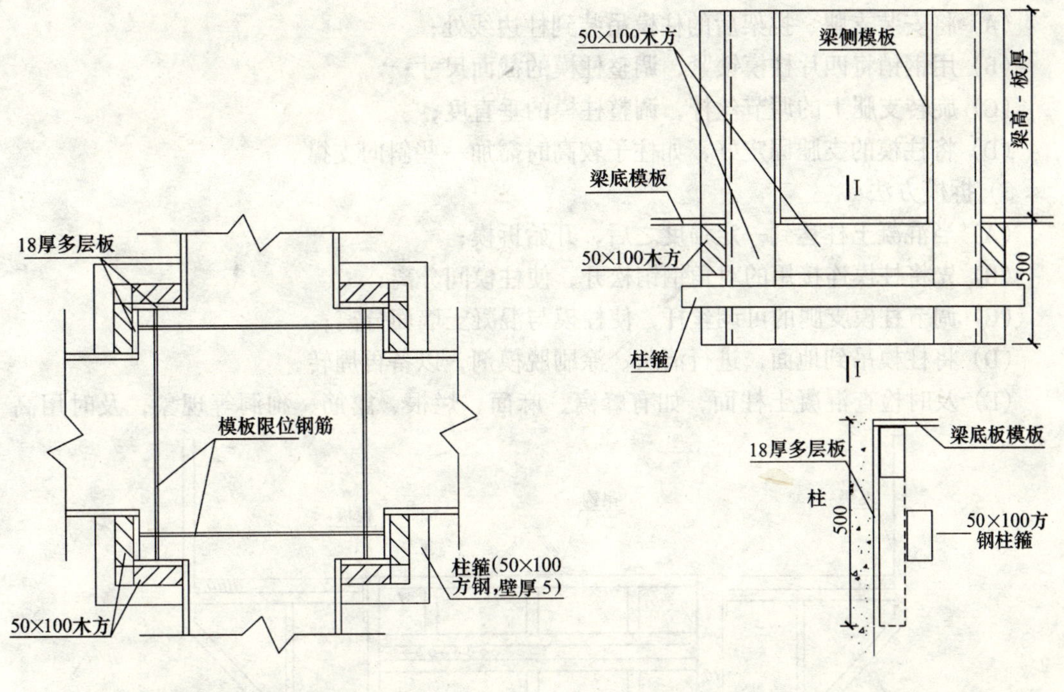


图 3-10 梁柱接头模板示意图　　　　图 3-11 Ⅰ-Ⅰ剖面

柱模板整体厚 105mm，面板为 5mm 的热轧钢板，骨架为［10 槽钢，连接螺栓竖向间距 600mm，竖向筋间距为 250mm 左右，在水平连接螺栓的位置为双根［10 槽钢作为柱模的背楞。柱模面板连接螺栓开孔直径为 $\phi$20。相邻两块柱模的连接采用直径 T18 的钢销。在支柱模时，现场将每片柱模安装好支腿、挑架，支腿为 2100mm 可调支腿一榀，挑架为 600mm 二榀，详见表 3-5。

表 3-5

| | 面　板 | 竖向龙骨 | 横向龙骨 | 螺　杆 |
|---|---|---|---|---|
| 材　料 | 钢　板 | 槽　钢 | 双根槽钢 | 圆　钢 |
| 规格（mm） | $\delta=5$ | ［10 | ［10 | T18 通丝 |
| 间距（mm） | | 300 | 600 | 600 |

（2）可调矩形柱模的安装方法

首次安装时，柱模为一块一块依次安装。浇筑混凝土完毕后拆模时，为两块一组呈对开式拆卸。以后再次组装时，只需将两个对组的柱模用螺杆锁住即可。

1）施工准备

（A）柱模施工放线完毕；

（B）柱筋绑扎完毕，办完隐检记录，柱模内杂物清理干净；

（C）柱模板单片安装完支腿、挑架；

（D）将本柱模中用不到的穿墙孔堵住，并涂刷脱模剂；

（E）柱模定位钢筋焊好、预埋线管、线盒布置好。

2）柱模安装

（A）将安装支腿、挑架后的柱模吊装到柱边线处；

（B）用钢销将四片柱模锁紧，调整柱模的截面尺寸；

（C）旋转支腿上的调节丝杆，调整柱模的垂直度；

（D）将柱模的支腿固定好，如柱子较高时需加一些斜向支撑。

3）拆模方法

（A）当混凝土柱达到一定强度之后，开始拆模；

（B）先将柱模连接用的对角钢销松开，使柱模间分离；

（C）调节柱模支腿的可调丝杆，使柱模与混凝土墙面分离；

（D）将柱模吊到地面，进行清灰、涂刷脱模剂，以备再周转；

（E）及时检查混凝土柱面，如有蜂窝、麻面、烂根、露筋、狗洞等现象，及时用高

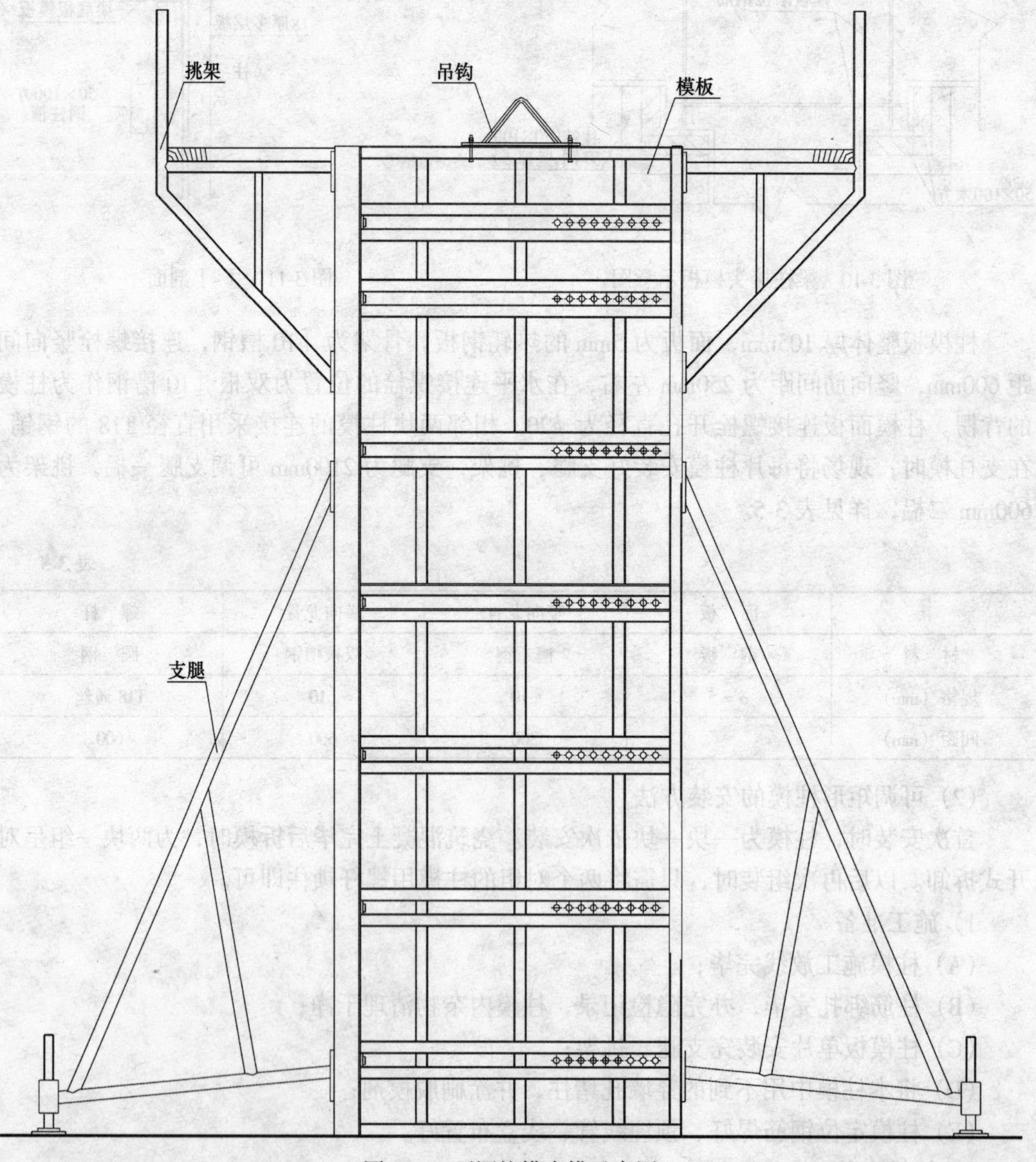


图 3-12　可调柱模支模示意图

一等级细石混凝土进行填充。

4）下一次安装柱模时，只需将柱模的对角钢销锁紧即可。

柱子模板图详见图 3-12。

**3.5.8** 楼梯模板

采用 18mm 厚多层板。施工前应根据实际层高放样，先安装休息平台梁模板，再安装楼梯模板斜楞，然后铺设楼梯底模，安装外帮侧模和踏步模板。安装模板时要特别注意斜向支柱（斜撑）的固定，防止浇筑混凝土时模板移动。

支模时要求注意考虑到装修厚度的要求，使上下跑之间的梯级线在装修后对齐，确保梯级尺寸一致。

**3.5.9** 电梯井筒模板

电梯井筒模板采用 18mm 厚多层板后配木方，用对拉螺栓固定，井筒内搭设落地脚手架，上铺 50mm 厚木板，作为承载平台。井筒模板的配置采用整装整拆的型式。

为了保证井筒墙体的垂直度，模板四周要加斜撑，斜撑固定在事先预埋在楼板内的钢筋上，必要时要用钢丝绳拉正。

电梯模板支设剖面图详见图 3-13。

**3.5.10** 模板安装

（1）墙模板安装

1）安装墙模前，墙体钢筋应绑扎完毕并办理隐检手续，电线管、电线盒预埋件等没有漏项，清扫口留置，弹出墙体轴线、边线及外控制线（5 条线），门窗洞口模板安装完毕并办理预检手续。浇筑板混凝土时应预埋钢筋，支撑地锚。

2）立模时，根据墙边线和控制线先立好正面模板，并用临时支撑支牢，穿上对拉螺栓再立反号模板，根据墙边外控制线调整就位，校正垂直度加固稳妥，拧紧穿墙螺栓螺母。

（2）梁、顶板模板安装

1）墙体混凝土完成后在墙上弹出 +1.0m 高程控制线，由此线为基准弹出顶板模板标高下 50cm 检查控制线及梁底、顶板位置标高线。

2）依据标高，用碗扣搭设满堂架，立杆间距为 1200mm × 1200mm。每个自然间不合模数的部位用 $\phi48\times3.5$ 钢管替补，分别找出梁底（用可调支座）和板底高度，碗扣架上、下加早拆头可调支座，然后铺梁底板。顶板模应跳仓安装并对梁侧模板进行加固，绑完梁钢筋后再安装加固另一侧梁侧模板和顶板模。顶板支撑要横竖成排距墙体 350mm 处开始排列，底部加可调撑头底座，间距 1200mm，保证上下层支撑在同一位置上，防止造成楼板开裂。梁跨度≥4m 时，梁底板按全跨长度的 1‰～3‰起拱。

3）根据标高控制线校正梁板高度，在房间内及自然间之间距地 0.5m、1.8m 处加纵横水平拉杆两道，并进行检查，确保连接牢固。

4）梁、板顶及梁、板底预留的埋件、插筋等要按设计位置放置（其中包括构造柱预埋铁件）。梁端头留置清扫口，长 300mm，宽同梁。垃圾杂物清扫完毕后，将清扫口封闭固定严密。

（3）后浇带模板安装

1）支设底板、反梁模板及梁板模板时，在后浇带处用 20mm 厚木板支设施工缝处模

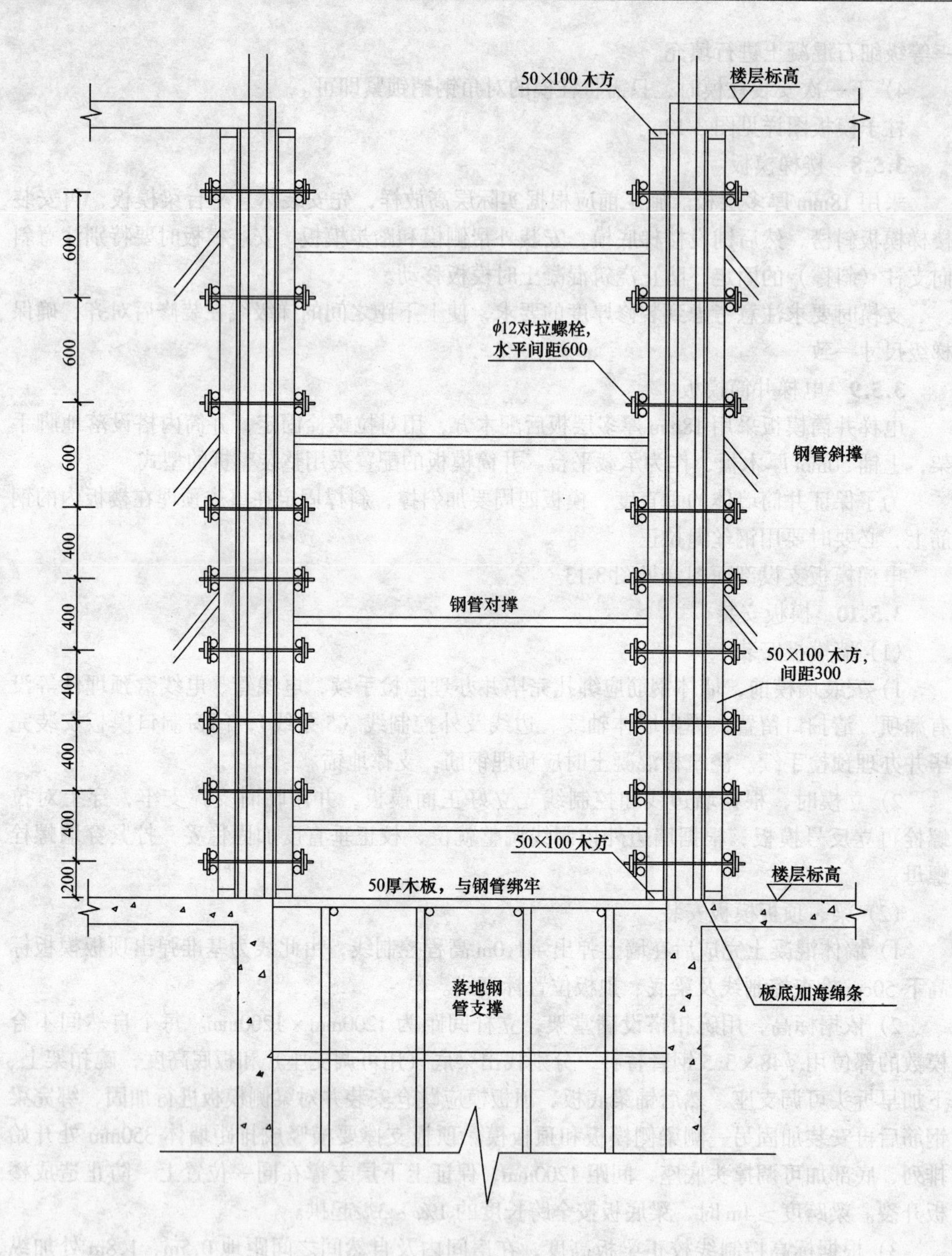


图 3-13　电梯井模板支设剖面

板，钢筋从木板中打孔穿过，木板下钉一条厚度为钢筋保护层厚度的木条，既可防止浇筑底板混凝土时漏浆，又可以保证钢筋保护层厚度。

2）在支设梁板模板时，将后浇带处模板一同支上，并与其他模板相对脱开，待梁板混凝土达到一定强度后，其他地方混凝土模板拆除，留下后浇带处模板及支撑不拆。

3）为防止后浇带内存留垃圾，后浇带上方用 20mm 厚木板覆盖保护。

4）外墙处为不影响防水施工，用1200mm×600mm×100mm（配筋为5$\phi$14，C30）的混凝土预制板与墙内预埋铁件焊接连接，在其上做防水，及时回填土方。

（4）模板安装允许偏差（见表3-6）

现浇结构模板安装允许偏差　　表3-6

| 项　目 | 允许偏差（mm） |
|---|---|
| 轴线位移 | 5 |
| 底模上表面标高 | ±5 |
| 墙、柱截面尺寸 | +2、-2 |
| 层高垂直 | 3 |
| 板面高低差 | 1 |
| 表面平整（长度2m以上） | 5 |

**3.5.11** 模板拆除

（1）模板拆除必须有拆模通知书，技术组根据同条件养护试块强度报告，下达拆模通知书。常温下，墙体侧模在混凝土达1.2MPa时，便可拆除模板。模板拆除后，混凝土表面需立即涂刷养护液。本工程大部分的板跨度<8m，所以强度达75%时便可拆模，外侧悬挑部分没有超过2m的结构，均按75%强度拆模（后浇带处底板模不拆）。

（2）拆除模板的顺序

1）墙模板的拆除

拆除顺序与安装顺序相反，先拆除一面墙的支撑及对拉螺栓，用撬棍轻轻撬动模板，然后逐块拆除，严禁将一面墙的大片模板整个拆倒的做法，不得在墙头上口撬动模板或用大锤砸模板，应保证在拆除时不晃动混凝土墙体，尤其拆门洞口模板时决不能用大锤砸模板，防止出现裂缝，拆模时先拆除外墙模板，再拆内墙模板，模板拆除后及时清理刷脱模剂，吊到另一个流水段备用。

2）梁、顶板模板的拆除

先拆掉水平拉杆及斜支撑，然后拆除梁帮板、楼板支柱，每根梁留1~2根支柱暂不拆。操作人员站在已拆除的空隙中逐段推进，拆除附近余下的模板，注意要半间一拆，用撬棍另一头弯钩将模板轻轻钩下，然后及时将拆除后的模板起钉，分类码放整齐备用。

## 3.6 混凝土工程

### 3.6.1 混凝土供应及要求

本工程结构工程采用商品混凝土，混凝土浇筑采用汽车泵和塔吊相结合的方式。要求商品混凝土厂家严格执行供货技术协议，混凝土使用的水泥、水、骨料、粉煤灰和外加剂必须符合法规和施工规范规定。使用前，检查出厂合格证和相应的试验报告。严格控制混凝土配合比，外加剂的掺量要符合要求，施工中严禁对已搅拌好的混凝土加水。严格做好对商品混凝土的检验和记录。混凝土到场后进行坍落度检测，坍落度要求16~18cm，如与委托不符，则退回不能使用，并及时与搅拌站联系进行调整。

### 3.6.2 混凝土的运输

在混凝土运输过程中，要防止离析、水泥浆流失、坍落度变化以及产生初凝等现象。

浇筑混凝土应连续进行。当必须间歇时，其间歇时间宜缩短，并应在前层混凝土凝结前，将次层混凝土浇筑完毕。此时，混凝土运输、浇筑及间歇的全部时间不得超过

混凝土运输、浇筑和间歇的允许时间（min）　表3-7

| 混凝土强度等级 | 气温（℃） | |
|---|---|---|
| | 不高于25 | 高于25 |
| ≤C30 | 210 | 180 |
| >C30 | 180 | 150 |

表3-7的规定，当超过时应留置施工缝。

### 3.6.3　混凝土施工缝的留置

墙、柱的水平施工缝留在基础顶面和梁底，梁板垂直施工缝设置在跨中1/3范围内，楼梯施工缝设置在梯段1/3范围内。

### 3.6.4　混凝土施工缝的处理

施工缝处须待已浇筑混凝土的抗压强度不小于1.2MPa时才能继续浇筑。在施工缝处继续浇筑混凝土时，要把已硬化的混凝土表面的水泥薄膜和松动石子以及软弱混凝土层清除干净，并加以充分润湿和冲洗干净且不得积水，在浇筑混凝土前，先在施工缝处铺设一层与混凝土配比成分相同的约50mm厚的水泥砂浆，然后浇筑混凝土。

### 3.6.5　混凝土浇筑

（1）浇筑前的准备

模板内的杂物和钢筋上的油污等要清理干净，模板缝隙和孔洞堵严，混凝土保护层垫块垫好，柱模板的清扫口在清除杂物及积水后封闭，剪力墙根部松散混凝土剔掉清净，模板及其支架、钢筋、预埋件和管线等必须经过检查，做好预检、隐检记录，符合设计及有关规范要求后方可申请浇筑。

（2）混凝土浇筑方法

使用插入式振捣棒，要快插慢拔，插点要均匀排列，逐点移动，顺序进行不得遗漏，振捣延续时间以振实均匀为度（表面呈现浮浆，不再下沉）。移动间距不大于振捣棒作用半径的1.5倍。振捣上一层时要插入下一层50mm，以消除两层间的接缝。混凝土浇筑振捣完毕，若浮浆过多要清除。水平结构混凝土表面，应适时用木抹子磨平搓毛两遍以上，以免产生收缩裂缝。对于装修做法为混凝土楼地面的楼板，对混凝土采取大面积一次压光的施工技术，避免再做找平层。

1）筏形基础混凝土浇筑

本工程由于单层面积较大，在底板上设置三条后浇带。在后浇带处钢筋不切断，待上部主体结构混凝土浇注28d后，采用比设计强度高一级的微膨胀混凝土捣密实，并加强养护。后浇带两侧混凝土应一次浇捣完成，浇筑时应避开高温季节，以温度低于20℃为宜。后浇带浇筑前，两侧混凝土应清洗干净，并保持湿润。由于本工程筏形基础为有反梁筏形基础，底板混凝土采用两辆汽车泵配合施工，待底板混凝土浇筑初凝前，进行外墙导墙混凝土施工。浇筑底板混凝土时，标高控制在底板上标高，混凝土的虚铺厚度要略大于板厚，用插入式振捣棒垂直浇筑方向来回振捣，厚板可用插入式振捣棒顺浇筑方向拖拉振捣。待底板混凝土浇筑初凝前，进行导墙混凝土的浇筑，浇筑时，要分层浇筑，反梁混凝土会出现翻浆现象，待振捣完毕后用铁锹铲走后，用木抹子抹平。

2）梁、板混凝土的浇筑

梁、板混凝土要同时浇筑，浇筑前，应根据实际情况，确定浇筑顺序，避免浇筑时出现冷缝。浇筑时，边浇边振，振点采用“行列式”，振点间距应满足要求。

浇筑顶板的混凝土时，混凝土的虚铺厚度要略大于板厚，用插入式振捣棒顺浇筑方向拖拉振捣，并用铁插尺检查混凝土厚度，振捣完毕用长木抹子抹平。

3）框架柱混凝土的浇筑

浇筑柱混凝土前，底部要先铺50mm厚与混凝土同配比的水泥砂浆。在柱的浇筑过程中，要由专人用橡皮锤敲击模板面，特别是阴阳角部位，以保证混凝土密实。浇筑完毕后，要及时将伸出的搭接钢筋整理到位。

4）剪力墙混凝土浇筑

剪力墙浇筑混凝土前，先在底部均匀浇筑5cm厚与墙体混凝土同配比的水泥砂浆。浇筑墙体混凝土应连续进行，间隔时间不应超过2h，每层浇筑厚度控制在50cm左右，因此，必须预先安排好混凝土下料点位置和振捣棒操作人员数量。

振捣棒移动间距应小于50cm，每一振点的延续时间以表面呈现浮浆为度，为使上下层混凝土结合成整体，振捣棒应插入下层混凝土5cm。振捣时注意钢筋密集及洞口部位，洞口两侧要同时下灰振捣，下灰高度也要大体一致。大洞口的洞底模板应开口，并在此处浇筑振捣。

5）楼梯混凝土浇筑

楼梯段混凝土自下而上浇筑，先振实底板混凝土，达到踏步位置时再与踏步混凝土一起浇筑，不断连续向上推进，并随时用木抹子将踏步上表面抹平。

(3) 浇筑时应注意的问题

1）在浇筑工序中，应控制混凝土的均匀性和密实性。混凝土拌合物运至浇筑地点后，应立即浇筑入模。在浇筑工程中，如发现混凝土拌合物的均匀性和稠度发生较大的变化，应及时处理。

2）浇筑混凝土时，应注意防止混凝土的分层离析。混凝土由料斗、漏斗内卸出进行浇筑时，其自由倾落高度一般不宜超过2m，在竖向结构中浇筑混凝土的高度不得超过3m；否则，应采用串筒、斜槽、溜管等下料。

3）浇筑竖向结构混凝土前，底部应先填以50~100mm厚与混凝土成分相同的水泥砂浆。混凝土的水灰比和坍落度，应随浇筑高度的上升，酌情递减。

4）浇筑混凝土时，应经常观察模板、支架、钢筋、预埋件和预留孔洞的情况，当发现有变形、移位时，应立即停止浇筑，并应在已浇筑的混凝土凝结前修整完好。

5）混凝土在浇筑及静置过程中，应采取措施防止产生裂缝。由于混凝土的沉降及干缩将产生非结构性的表面裂缝，应在混凝土终凝前予以修整。在浇筑与柱和墙连成整体梁和板时，应在柱和墙浇筑完毕后停歇1~1.5h，使混凝土获得初步沉实后再继续浇筑，以防止接缝处出现裂缝。

### 3.6.6 混凝土拆模

混凝土模板拆除时，其混凝土强度要符合下列要求。

(1) 混凝土侧模

墙体混凝土拆模要求混凝土强度达到1.2MPa，混凝土强度要在能保证其表面及棱角不因拆除模板而受损坏后方可拆除，常温下一般12h即可。

(2) 混凝土底模

混凝土浇筑后要在混凝土强度符合表3-8的规定后，方可拆模，以同条件试块为准，

**混凝土强度规定　表3-8**

| 结构类型 | 结构跨度（m） | 按设计的混凝土标准值的百分率（%） |
|---|---|---|
| 板 | ≤2 | 50 |
| | >2，≤8 | 75 |
| | >8 | 100 |
| 梁、拱、壳 | ≤8 | 75 |
| | >8 | 100 |
| 悬臂构件 | ≤2 | 75 |
| | >2 | 100 |

局部位置加养护支撑。养护支撑间距2400mm。

### 3.6.7　混凝土养护

混凝土浇筑完毕后，常温下水平构件要在12h内加以覆盖和浇水，浇水次数要能保持混凝土处于足够的湿润状态。进行浇水养护，应控制好时间，以免提前浇水后，混凝土表面起皮，顶板混凝土强度达到1.2N/mm$^2$后方可上人作业，现场养护时间一般混凝土不少于7d，抗渗混凝土不少于14d。

## 3.7　垂直运输与脚手架工程

### 3.7.1　垂直运输

由于本工程檐高较低，主要垂直运输采用塔吊、井架及马道。

### 3.7.2　脚手架工程

结构施工期间地下一层采用外双排架；地上一层、二层结构施工期间由于室外回填土尚未完成，采用外挑钢管脚手架。待地下外墙防水及回填土施工完毕，及时将架子落地，脚手架外侧满挂密目安全网。

## 3.8　砌筑安装工程

外墙采用300mm厚陶粒混凝土空心砌块，内墙除特殊注明外采用150mm厚陶粒混凝土空心砌块，地下室及地上有防水的房间墙体距楼地面180mm高以下为蒸压灰砂砖。

### 3.8.1　陶粒空心砖砌筑

（1）工艺流程

拌制砂浆→施工准备（放线、立皮数杆等）→排砖撂底→砌墙。

（2）操作要点

1）墙体砌筑前，基础墙或楼层表面应清扫干净，洒水湿润。

2）根据墙体各个部位情况，认真排砖撂底。组砌方法合理，便于操作。

3）拌制砂浆：

砂浆的配合比应采用重量比，并应经试验确定。水泥计量精确度控制在±2%以内。

砂浆应采用机械搅拌，先倒砂子、水泥、掺合料，最后加水。搅拌时间不得少于1.5min。

砂浆应具有良好的和易性和保水性。

砂浆应随拌随用，水泥砂浆和水泥混合砂浆必须分别在拌成后3h或4h内使用完毕，严禁使用过夜砂浆。

每一楼层或250m$^3$砌体中各种强度等级的砂浆，每台搅拌机至少应制作一组试块（每组6块），如砂浆强度等级或配合比变更时，还应制作试块。

4）砌墙：

组砌方法应正确，砌体应上下错缝，严重掉角的空心砖不宜使用。墙的水平灰缝厚度不宜大于15mm，且应饱满、平直通顺，立缝砂浆应填实。墙体中的各种预留孔、洞及预埋件，应按设计标高、位置和尺寸准确留置，避免凿墙打洞，洞口上部设置混凝土过梁。

内墙拐角处及纵横墙交接处应同时砌筑，不得留直槎，应留斜槎，其高度不超过1.2m。

墙应拉通线砌筑，并应随砌随吊、靠，确保墙体垂直、平整，不得砸砖修墙。

5）构造柱做法：

构造柱在砌砖前，先根据设计图纸将构造柱位置进行弹线，并把构造柱插筋处理顺直。砌砖墙时与构造柱联结处砌成马牙槎，每一个马牙槎沿高度方向的尺寸不宜超过30cm（即五皮砖）。砖墙与构造柱之间按设计要求埋设插筋。

## 3.9 屋面工程

上人屋面铺设彩色水泥砖面层。

工艺流程为：基层清理→冲筋贴灰饼→抹底层低强度砂浆→弹线找规矩→铺砖→填缝→养护。

（1）基层清理

将防水层上的杂物清理干净。

（2）冲筋贴灰饼

采用水准仪，按照面层标高+20mm冲筋贴灰饼，冲筋间距为1.5m。

（3）抹底层砂浆

根据冲筋标高用木抹子或小平锹将砂浆摊平，用2m刮杠使得砂浆与冲筋找平，厚度20mm，检查其标高、泛水坡度是否准确，用木抹子搓平，24h后养护。

（4）弹线找规矩

根据屋面的实际情况，在女儿墙根部、屋脊处以及每6m×6m留设分格缝，缝宽为20mm，沿屋脊的纵横方向进行排砖，排砖时，砖缝以3mm为宜，根据已确定好的砖数和缝宽，在底层砂浆上弹线。

（5）铺砖

事先确定好铺砖的方向，设置基准砖，找好位置与标高，以此为准进行拉线铺砖，每块砖均应跟线。铺砖的操作程序为：在底灰上刷素水泥浆，然后在砖的背面抹粘结砂浆，将抹好灰的砖铺砌到底灰上，砖上棱应跟线找平找正，用橡皮锤拍实，最后进行划缝。

（6）填缝

等砂浆有了一定的强度以后（以能上人为准），砖缝用砂填满扫净，分格缝用密封胶嵌缝，要求接缝平直。

（7）养护

铺好彩色水泥砖（常温48h）以后，撒上锯末，浇水养护，常温养护7d。

## 3.10 装修、装饰工程

### 3.10.1 内墙饰面工程

基底刮腻子，大部分为乳胶漆墙面。施工方法及工艺略。

### 3.10.2 外墙饰面工程

有外墙砖墙面（用于大面）、铝板（局部立面）、涂料墙面（屋顶构架）、玻璃幕墙。

（1）外墙面砖粘贴

要求饰面砖的品种、规格、颜色均匀性、图案必须符合设计要求和现行标准规定，砖表面平整方正，厚度一致，不得有缺棱、掉角和断裂等缺陷。施工前，做面砖的粘结拉拔试验。

1）基层处理

首先将凸出墙面的混凝土剔平，如果基层混凝土表面很光滑，可采取"毛化处理法"。

2）吊垂直、套方、找规矩

可从顶层开始用特制的大线坠，绷钢丝吊垂直，然后根据面砖的规格尺寸分层设点、做灰饼。横线则以楼层为水平基线交圈控制，竖向线则以四周大角和通天柱、垛子为基线控制，尽量控制全部为整砖。

3）抹底层砂浆

先刷一道水泥素浆，紧跟分层分遍抹底层砂浆。

4）弹线分格

待基层灰六七成干时，即可按图纸要求进行分段分格弹线；同时，进行面层贴标准点的工作，以控制面层出墙尺寸及垂直平整。

5）排砖

根据大样图及墙面尺寸进行横竖排砖，以保证面砖缝隙均匀，符合设计图纸要求。

6）浸砖

釉面砖和外墙面砖镶贴前，首先要将面砖清扫干净，放入净水中浸泡2h以上，取出待表面晾干或擦干净后方可使用。

7）镶贴面砖

在面砖背面宜采用1∶1水泥砂浆或1∶0.2∶2＝水泥∶白灰膏∶砂的混合砂浆镶贴，砂浆厚度为6～10mm，贴上墙后用灰铲柄轻轻敲打，使之附线，再用钢片开刀调整竖缝，并用小杠通过标准点调整平面垂直度。

8）面砖勾缝与擦缝

按设计要求的宽度和颜色进行勾缝与擦缝。面砖缝子勾完后用布或棉丝蘸稀盐酸擦洗干净。

(2) 外墙铝扣板施工

1）工艺流程

吊直、套方、找规矩、弹线→固定骨架的连接件→固定骨架→金属饰面板安装→收口构造。

2）吊直、套方、找规矩、弹线：根据设计图纸的要求和几何尺寸，对镶贴金属饰面板的墙面进行吊直、套方、找规矩并一次实测和弹线，确定饰面墙板的尺寸和数量。

3）固定骨架的连接件：在墙上划线，打膨胀螺栓，将结构与横竖杆件连接起来。

4）固定骨架：骨架要预先进行防腐处理。安装骨架位置要准确，结合要牢固，安装后要全面检查中心线、表面标高等。

5）铝扣板的安装：墙板的安装顺序是从每面墙的边部竖向第一排下部第一块板开始，自下而上安装。安装完该面墙的第一排再安装第二排。每安装铺设10排墙板后，要吊线检查一次，以便及时消除误差。固定金属饰面板时，将板条或方板用螺钉拧到型钢上。板与板之间的缝隙一般为10～20mm，用密封胶处理。当饰面板安装完毕，要注意在易于被污染的部位，用塑料薄膜覆盖保护。

6）收口构造：水平部位的压顶、端部的收口处、两种不同材料的交接处等采用特制的成型金属板进行妥善处理。

(3) 玻璃幕墙施工

1) 施工准备

在各层楼板边缘弹出竖向龙骨的中心线，同时核对各层预埋件中心线与竖向龙骨中心线是否一致相符；如果有误差，预先制定处理方案。

核实主体结构实际标高是否与设计总标高相符，同时把各层的楼面标高标在楼板边，便于安装幕墙时核对。

根据主体结构的平面柱距尺寸，用经纬仪找出玻璃幕墙边缘的尺寸，要注意到与其他外墙饰面材料连接节点的构造方法相呼应。

2) 工艺流程

安装各楼层紧固铁件→横竖龙骨装配→安装竖向主龙骨→安装横向次龙骨→安装镀锌钢板→安装保温防火矿棉→安装玻璃→安盖板及装饰压条。

3) 操作要点

(A) 安装各楼层紧固铁件：在主体结构的每层现浇混凝土楼板或梁内预埋铁件，角钢连接件与预埋件焊接，然后用螺栓再与竖向龙骨连接。

(B) 横竖龙骨装配：在龙骨安装就位前，预先装配好以下连接件：竖向主龙骨之间接头用的镀锌钢板内套筒连接件、竖向主龙骨与紧固件之间的连接件、横向次龙骨的连接件。

(C) 竖向主龙骨安装：主龙骨一般由下往上安装，每两层为一整根，每楼层通过连接紧固铁件与楼板连接。

先将主龙骨竖起，上、下两端的连接件对准紧固铁件的螺栓孔初拧螺栓。

主龙骨可通过紧固铁件和连接件的长螺栓孔，上、下、左、右进行调整，左右水平方向应与弹在楼板上的位置线相吻合，上、下对准楼层标高，前后不得超出控制线，确保上下垂直，间距符合设计要求。

主龙骨通过内套管竖向接长，接头处应留适当宽度的伸缩孔隙，具体尺寸根据设计要求，接头处上下龙骨中心线要对上。

安装到最顶层后，再用经纬仪进行垂直校正。检查无误后，把所有竖向龙骨与结构连接的螺栓、螺母、垫圈拧紧、焊牢。所有焊接重新加焊至设计要求，将焊药皮砸掉，清理检查符合要求后，刷两道防锈漆。

(D) 横向水平龙骨安装：安好竖向龙骨后进行垂直度、水平度、间距等项检查，符合要求后，便可进行水平龙骨的安装。

安装前，将水平龙骨两端头套上防水橡胶垫。

大致水平后初拧连接件螺栓，然后用水准仪抄平，将横向龙骨调平后，拧紧螺栓。

安装过程中要严格控制各横向水平龙骨之间的中心距离及上下垂直度；同时，要核对玻璃尺寸能否镶嵌合适。

(E) 安装楼层之间封闭镀锌钢板：把防火保温矿棉镶铺在镀锌钢板上，将各楼层之间封闭。将橡胶密封条套在钢板四周后，将钢板插入吊顶龙骨内，在钢板与龙骨的接缝处再粘贴沥青密封带，并应敷贴平整；最后，在钢板上焊钢钉，要焊牢固，钉距及规格符合设计要求。

(F) 安装保温防火矿棉：将矿棉保温层用胶粘剂粘在钢板上，用已焊的钢钉及不锈钢片固定保温层，矿棉应铺放平整，拼缝处不留缝隙。

(G) 安装玻璃：单、双层玻璃均由上向下，并从一个方向起连续安装，预先将玻璃由外用电梯运至各楼层的指定地点，立式存放，并派专人看管。

将框内污物清理干净，在下框内塞垫橡胶定位块，垫块支持玻璃的全部重量，故要求一定的硬度与耐久性。

将内侧橡胶条嵌入框格槽内，嵌胶条方法是先间隔分点嵌塞，然后再分边嵌塞。

抬运玻璃时，应先将玻璃表面灰尘、污物擦拭干净。往框内安装时，注意正确判断内外面，将玻璃安嵌在框槽内，嵌入深度四周要一致。

将两侧橡胶垫块塞于竖向框两侧，然后固定玻璃，嵌入外密封橡胶条，镶嵌要平整、密实。

(H) 安装口条和装饰压条：玻璃外侧橡胶条安装完之后，在玻璃与横框、水平框交接处均要进行盖口处理，室外一侧安装外扣板，室内一侧安装压条。

幕墙与屋面女儿墙交接处，应有铝合金压顶板，并有防水构造措施，防止雨水沿幕墙与女儿墙之间的空隙流入。

(I) 擦洗玻璃：幕墙玻璃各组装件安装完之后，在竣工验收前，利用擦窗机将玻璃擦洗一遍，达到表面洁净、明亮。

### 3.10.3　楼地面工程

楼地面做法包括混凝土楼地面、水泥砂浆楼地面、PVC 楼地面、通体砖楼地面、抗静电架空活动地板。

(1) PVC 楼面施工

1) 工艺流程

基层清理→弹线找规矩→配兑胶粘剂→塑料板的清擦→刷胶→粘贴地面→滚压。

2) 基层处理

地面基层为水泥抹面，其表面应平整、坚硬、干燥，无油脂及其他杂质（包括砂粒）；如有麻面，宜采用 108 胶水泥腻子修补，补后再涂刷一道乳液水，使其增加整体强度。

3) 弹线找规矩

在房间长、宽方向弹十字中心线（或对角斜线），弹的墨线要细而清楚。如塑料板的规格与房间长宽尺寸不等模数时，应沿地面四周弹出加条边线。图纸如有镶边要求时，应提前弹出镶边位置线，并按样板要求试铺。

4) 塑料地面铺贴

塑料地面铺贴后，往上反出踢脚板高度，在墙的两端各粘贴一块，以此为起点，拉线铺贴。

5) 配兑胶粘剂

配料前应由专人对原材料进行检查，如发现 XY401 胶中有胶团、变色及杂质时不能使用。使用稀料对胶液进行稀释时亦随拌随用，存放间隔不应大于 1h，在拌合、运输及贮存时应用塑料或搪瓷容器，严禁使用铁器，防止发生化学反应，胶液变色。

6) 塑料板的清擦

为保证粘结牢固，刷胶前对拆去包装的塑料板背面，应用干净的擦布进行清擦，将塑料板后面的粉尘及滑石粉等清净，以保证粘结效果。

7）刷胶

先刷一道薄而均匀的结合层底胶，底胶的配制采用溶剂型稀释剂，其配合比为：XY401 胶∶二甲苯＝100∶（100～150）。

8）铺贴塑料板

采用十字铺贴法和对角斜铺法。

用胶粘剂贴塑料板时，施工温度不应低于 10℃；如低于上述温度施工时，应采取升温措施，以保证粘贴质量。

粘贴塑料地面时，应从十字线处往外粘贴，将塑料板背面朝上，用 3 号油刷子沿塑料板粘贴的地面及塑料板的背面涂刷一道胶。此胶应稍加稀释，其配合比为 XY401∶二甲苯＝100∶10；胶要刷得薄且均匀、无漏刷，待胶稍干燥不粘手，按已弹好的墨线铺贴；然后，沿铺好的塑料板一边用滚子压实，再进行第二块板的铺贴，滚子滚压，依次进行。

对缝铺贴的塑料板，缝子必须做到横平竖直，十字缝处缝子通顺、无歪斜，对缝严密，缝隙均匀。

9）擦光上蜡

铺贴好塑料地面及踢脚后，用墩布擦干净，晾干，然后用豆包布包裹已配好的上光软蜡，满涂 1～2 遍（重量配比为软蜡∶汽油＝100∶（20～30））,另掺 1%～3%与地板相同颜色的颜料。稍干后用净布擦拭，直至表面光滑、光亮。

（2）抗静电架空活动地板施工

1）工艺流程

基层处理→弹线→安装支座和横梁→铺设地板→清擦打蜡→成品保护。

2）基层处理

抗静电架空活动地板的金属支架应支承在水泥地面上，基层表面平整、光洁、不起灰，含水率不大于 8%。

3）弹线

首先量出房间的长、宽尺寸，找出十字交叉点；然后，根据所量尺寸计算。如出现不符合板块模数，可依据交叉点对称分格。应考虑将非整块板放在室内靠墙不明显部位，依此原则在基层表面上按板块尺寸弹线，成方格网状，并标出设备预留位置及标高，内外相通的房间在门口处还应考虑板缝通线，进行排板设计。

4）安装支座和横梁

检查复核已弹在四周墙上的标高控制线，确定安装基准点，选择高度合适的支架；然后，在基层已弹好纵横交叉点上安放好支座，架上横梁，转动支座螺杆调整支架高度。先用小线和水平尺调整支座面高度至全室等高，待所有支座柱和横梁构成一体后，应用水平仪抄平。支座与基层面之间的空隙应灌注环氧树脂，连接应牢固，必要时可用膨胀螺栓或射钉固定。

5）铺设抗静电活动地板

应根据各房间的实际情况，选择板块的铺设方向。板块在铺设前，面层下部铺设的电缆、管线应经过隐蔽验收，并办完隐检手续。先在横梁上铺设密封垫条，并用乳胶液与横梁粘合。铺设地板时应调整水平度，保证四角接触严密，不得采用加垫的方法。板块在切割时，应对毛边进行镶补处理，并应装配相应的可调支撑和横梁。板块在与墙边的接缝处，应用泡沫塑料等材料镶嵌，随后立即检查、调整板块平整度及缝隙。

6）清擦和打蜡

当抗静电活动地板全部完成后，经检验合格符合质量要求，即可进行清擦。局部污染可用清洁剂或皂水擦净，晾干后用棉丝打蜡，满擦一遍，然后将门封闭。如其他专业还没有施工完，那么地板应在未打蜡前用塑料布满铺后，再用薄地毡或聚苯板盖在上面，等剩余工作全面完成后，再清擦打蜡。

7）成品保护

（A）禁止在地板上使用硬物、重物摩擦、滑动、撞击，行走时应穿软底鞋。

（B）地板保养，应及时用吸尘器将板面及缝隙尘土清理，用软布擦拭表面，严禁用过多的水擦洗地板，避免边角、接缝处进水，影响使用效果。

（C）拆卸维修，应使用专用工具或器具，严禁用锐器硬撬，要求轻拿轻放。当再安装时，在结合处应注意紧密性与稳固性。

## 3.11 机电安装工程施工方法

### 3.11.1 紫铜管道施工

（1）管道调直

先将管内冲砂，然后用调直器进行调直。也可将冲砂铜管放在平板或工作台上，并在其上铺放木垫板，再用橡皮锤、木锤或方木沿管身轻轻敲击，逐段调直。

（2）切割

可采用钢锯、砂轮切割机，但不能采用氧—乙炔焰。坡口加工采用锉刀或坡口机，但不能采用氧—乙炔焰来切割加工。

（3）弯管

采用冷弯。

（4）焊接

采用手工钨极氩弧焊。使用含脱氧元素的焊丝，如HS201、HS202。如使用不含脱氧元素的焊丝，如T2牌号，需要与铜焊熔剂CJ301同时使用，并且点固焊的焊缝长度要细而长，如发现裂纹应铲掉重焊。采用直流正接极性左焊法。操作时，电弧长度保持在3~5mm，焊枪喷嘴至焊件表面距离应控制在8~14mm。为保证焊缝熔合质量，常采用预热、大电流和高速度进行焊接。焊接时应注意防止“夹钨”现象和始端裂纹，可采用引出板或始端焊一段后，稍停，凉一凉再焊。

（5）管道支吊架的安装

管道支架做法详见国标S161。管道支、吊架位置应正确，埋设应平整、牢固。固定支架与管道接触应紧密，固定应牢固。固定在建筑结构上的支、吊架不得影响结构的安全。管道支架的最大间距见表3-9。

**管道支架的最大间距** **表3-9**

| 公称直径（m） | | 15 | 20 | 25 | 32 | 40 | 50 | 65 | 80 | 100 |
|---|---|---|---|---|---|---|---|---|---|---|
| 最大间距（m） | 垂直管 | 1.8 | 2.4 | 2.4 | 3.0 | 3.0 | 3.0 | 3.5 | 3.5 | 3.5 |
| | 水平管 | 1.2 | 1.8 | 1.8 | 2.4 | 2.4 | 2.4 | 2.4 | 2.4 | 2.4 |

**3.11.2**　泵房管道和设备安装

本工程的生活给水、消防、喷淋、冷冻、水箱、换热器、循环泵等都集中在地下室的机房内，所以在进行泵房设备安装配管过程中，主要遵循以下原则：

安装前，先仔细核对水泵和设备的基础及基础预留孔洞，要求基础中心线成一条直线，并与相对参照物（如墙面）的相对距离相等，并核查基础留洞、位置及尺寸与所用设备的型号要求是否一致，要求基础严格按设备尺寸进行施工安装，严禁在烧结砖及其他非整体现浇钢筋混凝土的基础上安装设备。

（1）设备安装

将设备运至泵房，要求轻放，根据不同预留洞，将水泵稳固。在此过程中，要求泵的吸水口轴线相互平行，出水管相对平行。在水泵调正调稳后，用混凝土灌进水润的孔洞中，地脚螺栓先不要固定，并留有一定的伸缩余地。待孔洞混凝土凝固后，加上防振垫，再用仪器调整、调正，将地脚螺栓紧固，以进行设备配管。

（2）配管

在配管前，先检查进泵房的总管是否到位，标高、坐标及管径是否相符，在核实与设计无误时可进行水泵配管，要求吸水管的变径大小头使用下偏心大小头，吸水口的橡胶软接头、Y形过滤器以及明杆闸阀的中心线必须在同一直线上；如不在同一直线，可用短管调节，直至符合要求为止（吸水口上严禁用蝶阀）。水泵出水管中的橡胶软接头、压力表位置、法兰闸阀及止回阀的中心位置也要求在同一高度上，在施工时要严格拉线核实，出水管的中心线与相对参照物平行，并间距相等。阀门安装的高度要便于开启，一般在1.5～1.8m之间，出吸水管中严禁用蝶阀。

（3）支架安装

吸水管的支架要求成一直线，出水管的支架要求高度相同，型号一致。

（4）水泵房配管完毕后，将各法兰短管编号，依次拆下，进行二次镀锌，再取回按编号重新安装，进行支架及管道的刷油及色标标记。

**3.11.3**　自动喷淋系统安装

（1）管道安装

按照图纸标高和坐标及喷头甩口位置进行管道安装。自动喷淋管道采用热镀锌钢管，$DN \leqslant 80$mm丝扣连接，$DN > 100$mm为卡箍式连接，丝扣连接处破坏的镀锌层应进行防腐处理，管道的支、吊架间距以及管道水平偏差、垂直偏差、焊口均应按照规范执行。支、吊架与喷头间距不宜小于300mm，与末端喷头之间的距离不宜大于750mm；当管径$DN \geqslant$ 50mm时，每段配水干管或配水管设置防晃支架不小于1个。立管支架要求距地面1.5～1.8m。管道穿墙安装套管（刚性）套管两边与墙平。立管的套管下与墙平，上高出地面20mm，套管比管道大两号，套管与管道的间隙用阻燃型材料填塞密实。水流指示器与信号阀之间的距离应≥300mm，报警阀组安装应先安装水源控制阀、报警阀；然后，再进行报警阀辅助管道的连接（要求方向与水流方向一致）。管道安装完成后，进行管道的试压及冲洗，要求以最大流量进行冲洗。

（2）喷淋头与支管安装

喷淋头安装应根据装修配合进行，在明装上喷头时，要求喷头上沿距顶间距70～150mm，下喷头安装根据不同型号采用专用扳手安装。安装时要严格拉线，配合吊顶安装；同时，应满足设计及规范要求，喷淋头安装完后进行系统试压、系统调试。

(3) 在室内管道满足设计的前提下，管道应尽量靠柱、梁、墙、板敷设。

### 3.11.4　PVDF管或聚四氟乙烯管施工工艺

本工程纯净水系统采用PVDF管或聚四氟乙烯管，这两种管材均为新型管材，但纯净水系统由专业厂家安装施工，所以，在系统安装前要求由专业厂家编制相应的系统施工方案。

### 3.11.5　热镀锌钢管沟槽连接

本工程 $DN \geqslant 100mm$ 消火栓给水管、自动喷淋管采用沟槽式卡箍连接。

(1) 安装工艺

安装前准备→滚槽→检查管端→检查橡胶圈→安装橡胶密封圈→连接管端和外壳→插螺栓→紧螺母。

(2) 安装操作要点

安装必须遵循“先装大口径、总管、立管，后装小口径、分支管”的原则。安装过程中不可跳装、分级装，必须按顺序连接安装，以免出现段与段之间连接困难和影响管路整体性能。

1) 安装准备

(A) 装管子（符合国家标准)、施工机具、安装脚手架等；

(B) 按管路设计要求装好待装管子的支架、托架。

2) 滚槽

(A) 用切管机将钢管按所需长度切割，切口应平整，切口处如有毛刺，应用砂轮机打磨；

(B) 将需加工沟槽的钢管架设在滚槽机和滚槽机尾架上；

(C) 用水平仪调整滚槽机尾架、滚槽机，使钢管处于水平位置；

(D) 将钢管端面与滚槽机下滚轮挡板端面贴紧，即钢管与滚槽机下滚轮挡板端面成90°；

(E) 启动滚槽机电机，徐徐压下千斤顶，使上压轮均匀滚压钢管至预定的沟槽深度为止，停机；

(F) 用游标卡尺、深度尺检查沟槽的深度和宽度等尺寸，确认符合标准要求；

(G) 千斤顶卸荷，取出钢管。

3) 管端检查

管道从末端至开槽的外部必须无划痕、凸起或滚轮印记，保证衬的防漏密封。

4) 检查橡胶圈是否损伤

5) 安装橡胶密封圈

把橡胶密封圈放在管端上，保证密封圈凸缘不外伸管端，并在其凸缘和外侧均匀涂抹一层润滑剂。

6) 管端集合在一起，在槽之间对准橡胶密封圈中心，保证管道中轴线保持一致。橡胶密封圈部分不应延伸到任何一个槽中；然后，用一个螺母和拆下的螺栓，在接头螺孔位置穿上螺栓，并均匀轮换拧紧螺母，防止橡胶密封圈起皱；最后，检查确认接头凸边全圆周卡进两管道的沟槽中。

7）插入螺栓

插入剩下的螺栓，使螺母容易上紧。保证螺栓头进入外壳的凹凸中。

8）上紧螺母

轮流地上紧螺母，并在角螺栓垫保持均匀的金属接触。上紧力矩应适中，严禁用大扳手上紧小螺栓，以免上紧力过大，螺栓受损伤，保证一个刚性的结合。

9）开孔、安装机械三通

（A）安装机械三通，机械四通的钢管应在接头支管部位用开孔机开孔。

（B）用链条将开孔机固定于钢管预定开孔位置处，用水平仪调整水平。

（C）启动电机转动转头。

（D）操作设置在支柱顶部的手轮、转动手轮缓慢向下，并适量添加开孔钻头的润滑剂（以保护钻头），完成钻头在钢管上开孔。

（E）清理钻落金属块和开孔部位残渣，如孔洞有毛刺，需用砂轮机打磨光滑，去毛刺。

（F）将机械三通、接头置于钢管孔洞上下，注意机械三通、橡胶密封圈与孔洞间隙均匀，紧固螺栓到位。

**3.11.6** 通风与空调系统安装

（1）金属风管制作与安装统一要求

空调风管采用镀锌钢板制作，风管法兰用镀锌铆钉铆固，法兰在铆固前应先除锈，再刷樟丹两道，法兰规格详见91SB6—2、3。风管采用联合角咬口，咬口严密、平整，无毛刺。风管法兰连接用镀锌螺栓和螺母，空调风管法兰衬垫采用8501阻燃密封胶带。防排烟风管采用2mm厚薄钢板制作，内外表面均涂刷耐热漆两遍，法兰连接。法兰与风管焊接连接，防排烟风管法兰衬垫采用3mm石棉橡胶板。

（2）玻璃钢风管制作与安装的要求

玻璃钢风管要求由专业生产厂家生产制作，材料为无机材料，风管壁厚和法兰的规格详见《通风与空调工程施工质量验收规范》（GB 50243—2002）要求。风管不得扭曲，内表面应平整光滑，外表面应整齐美观，厚度应均匀，且边缘无毛刺，并不得有气泡分层现象。法兰与风管应成为一整体，并应与风管轴线成直角。风管采用法兰连接，连接螺栓采用镀锌螺栓，连接法兰的螺栓两侧应加镀锌垫圈。风管穿墙体或楼板时，要做防护套管，防护套管的内径尺寸应略大于所保护风管的法兰及保温层，套管应牢固地预埋在墙体或楼板内，钢制套管的壁厚不应小于2mm。

（3）系统部件及设备的安装

消声器、风量调节阀要求采用专业厂家生产的产品；防火阀、排烟防火阀、消防排烟风机等应采用在北京市消防局备案的专业厂生产的产品。在部件安装时，应注意部件的安装方向，部件的操作机构应安装在易于操作的部位。安装完后，要注意部件的成品保护。

（4）通风机安装

管道风机在安装前应检查叶轮与机壳间的间隙是否符合设备技术文件的要求。叶轮旋转后，每次都不应停留在原来的位置上，并不得碰壳。管道风机的支吊、托架应设隔振装置，并安装牢固。风机的安装执行《建筑设备通用图集》（91SB6）和风机的安装技术文件。

（5）空调机组安装

设备到场后会同建设单位及设备供应部门进行开箱检验，并将结果做好记录。安装前，认真熟悉图纸及有关的技术资料，安装机组的地方必须平整，一般应高出地面100～150mm；如需安装减振器，应严格按设计要求的减振器型号、数量和位置进行安装、找平找正。系统安装就位后，应在系统连通前做好外部防护措施，防止杂物落入机组内。空调机房派专人看管保护，防止损坏丢失零件。通风机出口的接出风管应顺叶轮旋转方向接出弯管，应保证出口至弯管的距离不小于风管出口长边尺寸的1.5～2.5倍；如受现场条件限制，应在弯管内设导流叶片弥补。

(6) VRV变频空调系统

VRV系统要求由专业厂家安装和调试，所以，此系统的施工方案和调试方案在系统施工前由专业施工厂家编制。

(7) 通风与空调系统调试方案

本工程设有19个新风系统和20个送排风系统，系统多且复杂，调试难度大，我方将在通风系统调试前专门成立调试小组，编制专门的系统调试方案。

### 3.11.7 电缆敷设

(1) 安装工序

准备工作→电缆沿桥架敷设→水平、垂直敷设→挂标志牌。

(2) 敷设前要仔细进行外观检查，核对型号、规格、电压等级，摇测绝缘电阻。

(3) 人工进行水平敷设，电缆在桥架内排列整齐，不得重叠，拐弯处以最大截面电缆允许弯曲半径为准预留。

(4) 人工进行在竖向桥架内的电缆敷设，自下而上安装，为了防止电缆因自重过大而断裂，可在电缆上绑绳索往上拉，按排列次序敷设一根固定一根。每层用两个卡固定。电缆穿过楼板时应加装套管，敷设完后应将套管用防火材料堵死。现场用扩音喇叭指挥，无线电对讲机联络。

(5) 在电缆两端设置标志牌，标清规格、回路、走向，字迹要清晰。

(6) 在桥架上多根电缆敷设时，事先画出电缆的排列图，以防交叉和混乱。

## 3.12 洁净室的设计与施工技术

本工程的实验室要求必须具备较高的洁净技术，由上海KCS专业洁净公司负责设计安装。洁净室是空气洁净技术创造洁净微环境的最重要、最具代表性的措施，建立在设计、运行和维护好洁净室的理论基础之上。它整个设计规划起点较高，因而施工过程中，对建筑装饰、通风、水、气、电各专业也要求具有相当先进的施工工艺。

### 3.12.1 洁净室的设计

本工程的实验室均有不同级别的洁净度要求，分别采取不同的气流组织形式，有采用高效过滤器顶送风侧墙回风的，也有采用局部加设洁净设备的。在不同洁净级别的洁净室之间及洁净室与外环境之间要维持一个正的静压差，采用粗效、中效和高效三级过滤系统。洁净室的围护结构采用轻质隔断，地面采用PVC材料，室内管线的材质也全部按洁净室的要求进行选取。

### 3.12.2 洁净室的施工程序

洁净室的施工，应按详尽的施工方案及程序进行，施工中各工种之间需密切配合。先行施工的工种，不得妨碍后续的施工。本项目的施工程序大致如下：

主体结构完成→外门窗安装完成→屋面防水工程完成→安装管线及吊顶支架→水、电、风等各专业安装→顶板墙板及内门窗安装→地面装修→净化空调设备及工艺设备安装→室内及设备防尘清扫→粗、中效过滤器安装→空调设备空运转→高效过滤器安装及送水、送电、送风→净化空调系统调试。

**3.12.3** 洁净室建筑装饰施工要点

（1）洁净室施工，必须尽量减少施工作业的发尘量和保持室内的清洁度，这就要求施工人员必须随时清扫灰尘，对隐蔽空间（如吊顶和夹墙中间等部位）还应做好清扫记录。

（2）洁净室施工，必须严密保护已完成的装饰工程表面，不得因撞击、敲打、踩踏等行为而造成板材表面的凹陷、暗裂和表面装饰的污染。

（3）严格按照制定的施工顺序进行施工，对已安装高效过滤器的房间，不得进行有粉尘的作业。

（4）密封胶嵌固前，应将基槽内的杂质、油污剔除干净，并保持表面干燥。

（5）洁净室临时设置的设备入口不用时应封闭，防止尘土杂物进入。

（6）施工现场应保证良好的通风和照明。

**3.12.4** 净化空调系统的施工要点

（1）本项目洁净室风管选用优质镀锌钢板，柔性短管选用光面人造革，制作完成后用无腐蚀清洗液清洗内表面，干燥检查达到要求后立即封口。

（2）法兰密封垫选用弹性好、不透气、不产尘的材料。安装时，将封闭的管道拆封后随即连接好接头；如中间停顿，则将端口重新封闭。

（3）净化空调系统风管安装完成后，在保温前进行漏风检查。

（4）高效过滤器安装前，室内需达到清洁要求；然后，净化空调系统连续运转 12h 以上，再次清洁后才可安装。安装时，外框上箭头应和气流方向一致。

（5）空调过滤器前后必须装压差计，压差测定管应畅通、严密，无裂缝。

**3.12.5** 水、气、电的施工要点

（1）各种管道的材质必须符合设计要求。

（2）纯水及高纯气体管道采用不锈钢焊接时，必须采用氩弧焊打底，管道内冲氩气保护，并进行管道脱脂。

（3）管道预制或进行分段组装作业，必须在环境清洁的条件下进行，完成作业后应将管道的两端封闭。

（4）管道安装完成后，应进行吹洗及清洗，直到达到设计要求。

（5）洁净室内的配电柜、接线盒等，柜门与盒盖必须密闭，电线管穿线后必须密封严实，嵌入式灯具与吊顶接缝处必须进行密封处理。

**3.12.6** 洁净室的验收

（1）洁净室的验收，一般分两个阶段进行，即先进行竣工验收，再进行综合性能全面评定。

（2）竣工验收应在空态或静态下进行，综合性能评定则由建设、设计和施工三方协商确定。

（3）竣工验收时，先对各分项工程做外观检查，再审查单机试运转、联合试运转的施

工记录；然后，对各分项工程按施工规范检查，接着进行带冷热源的系统正常联合试运转，并不少于8h。当检测结果全部符合设计要求且施工单位提交完整的施工资料后，对竣工验收做出相应的结论。

(4) 综合性能全面评定工作应由有经验的检测单位进行，检测仪表需经计量检测合格并在有效期内，检测工作应在系统正常运行24h后进行。

(5) 综合性能全面评定检测前，应对洁净室和净化空调系统再进行全面彻底清扫，针对本工程的具体情况，应做以下项目的检测：

1) 室内送风量、排风量、系统新风量；

2) 房间静压差；

3) 洁净度级别；

4) 室内温度和相对湿度；

5) 室内噪声级别；

6) 室内照度。

评定标准参照《洁净室施工及验收规范》。

### 3.13　楼宇自控和综合布线系统施工技术

生命科学研究所许多实验设备、工艺设备、机电设备是世界上最先进的，凝结着当今高新技术的结晶。为体现21世纪现代化管理水平，保证其楼宇自控系统的可靠性和稳定性，生命科学研究所选用了英国卓灵（TREND）楼宇自控系统。英国卓灵（TREND）的智慧型楼宇自控系统采用集散式环状一级网络系统，也就是目前流行的集散系统。中央监控系统由监控计算机、现场控制器及网络系统组成。生命科学研究所楼宇设备自动控制和管理系统（BAS）对楼内的冷冻站、新风空调机组、送排风、给排水、冷凝机、电梯、变配电、照明等系统的机电设备实行分散监控和集中管理。

为确保生命科学研究所这样一个一流的科研单位对信息的丰富要求，完成所内外的信息交流和数据交换，采用综合布线系统，将先进的对绞线及光缆技术完美地结合起来，而

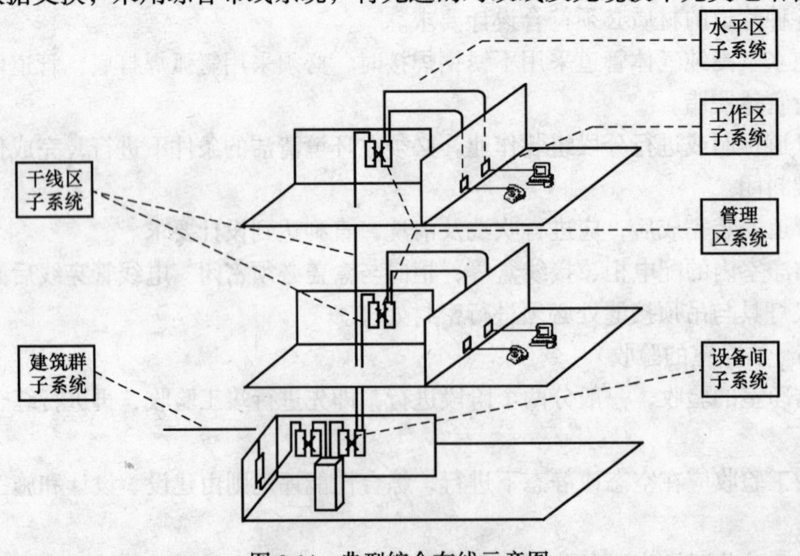


图3-14　典型综合布线示意图

达到信息资源的共享。生命科学研究所的综合布线系统可应用于视频系统、多媒体系统、监控系统、计算机系统等多个应用领域，它不仅支持内部各个子网的通信和数据传输，而且支持远程管理和监控，并可通过无限网络实现移动办公，是新世纪智能化和现代化办公网络的完整结合（如图3-14所示）。

具体施工由专业公司负责，所以，在系统安装前要由专业公司编制相应的系统施工方案。

# 4 质量、安全、环保技术措施

## 4.1 质量技术措施

针对工程分包单位多、施工材料品种繁多、新工艺多、工序交叉作业多等特点，我项目经理部为了确保工程质量，积极采用科学的质量管理方法，建立全面、有效的质量保证体系和管理制度，坚持“百年大计、质量第一”的方针，实现既定的质量目标。从以下几方面对工程的质量进行控制：

### 4.1.1 建立健全工程项目质量保证体系

项目经理部首先结合工程特点，编制详尽的施工组织设计和质量计划，建立以项目经理为第一质量责任人的项目质量保证体系，形成以项目总工和项目副经理牵头的技术保证和生产要素保证两条线，以职能部门为基础，以分包方施工班组为落实的质保网络和责任到人的完整组织保证措施。制定项目经理部管理职责，包括项目经理、总工程师、生产经理、技术部、质检部、物资部、财经部和工程部等的质量职责。

作为施工总承包工程，总承包单位也配备了足够的高素质管理人员，如项目经理、主任工程师、工长和质量检查人员等。在施工过程中，总承包方自始至终设专人对各专业分包的工程质量进行监控，严格质量检查系统和过程控制系统。总承包方在该工程主要管理层中配备土建工长、钢筋工长和专职质量检查员。在施工过程中，参与分包队伍的质量管理，建立以主任工程师为主要负责人，外分包管理人员、质检员等在内的质量网络保证体系，层层管理、层层监督、职责明确、责任到人、严格把关、严格控制。

### 4.1.2 制订实施工程项目质量管理措施

(1) 质量通病防治措施

在施工过程中，经常会出现一些质量通病，由于这些质量通病量大面广，成为进一步提高工程质量的主要障碍。为此，我们针对一些主要的质量通病，制定了一系列预防控制措施，防患于未然，对薄弱环节重点防范，以达到提高整体工程质量的目的。

(2) 样板制

在装修、机电安装工程施工时，所有分项工程必须先做样板，选择有代表性、功能设施尽量齐全的样板工序和样板间推行样板制，经质检员检查合格后，请监理、设计、业主验收确认后再全面推开。

(3) 工程质量奖罚制

认真贯彻国家和上级关于质量工作的方针、政策、法令和标准，以现行国家施工验收规范、质量评定为依据，由质检部以各分包方现场施工质量管理状况为依据，对在施工程签发“工程质量问题奖罚通知单”。奖优罚劣，以促进工程质量的不断进步。

(4) 质量分析会制度

由项目主任工程师负责，根据工程进展情况，针对施工中常见的质量通病和质量问题及时召开质量分析会，制订预防和纠正措施，并形成相关决议和记录，以便提高工程质量，将质量事故消灭在萌芽状态。

(5) 工程质量验收制度

由于参与施工的分包单位较多，工程报验工作不但量大而且集中，为了确保工程施工质量，合理安排和协调分包单位、监理、总承包三方的工程报验工作，提高报验的效率及质量，保证施工进度的顺利进行，项目经理部制订了严格的工程质量验收制度。凡分包方需报验的工程，必须由分包单位质检人员负责组织对该工序进行内部检查，合格后按照有关规定填写报验资料上报质检部，然后约请监理方组织三方现场验收。

**4.1.3** 确保项目质量体系的运行

(1) 严格选定分包方

提前对分包队伍进行资质业绩等方面的考察，合格后确定。在与分包签订合同时，要求工程质量同经济利益挂起钩来，既给分包方增加了压力，同时又调动了他们重视质量的自觉性和积极性。

(2) 严格材料的质量控制

保证工程材料按质、按量、按时供应是提高和保证质量的前提。在该工程结构施工中，为了保证几个主要原材料的质量控制，钢筋等主材均由总包方的物资部门统一采购供应。商品混凝土则采用城建四公司搅拌站供应的商品混凝土。进入现场的原材料、半成品除出具合格证明外，还进行现场取样送检。钢材、混凝土、防水等材料坚持按规定30%进行有见证取样和送检，试样合格后方可使用。严格按《材料及工序试样抽样方法有关规定》执行，从源头上控制了分包方在材料采购、供应上可能出现的质量问题。

(3) 严把施工组织设计、方案和各项资料关

工程开工前，充分做好各项施工准备工作，编制切实可行的、先进的施工组织设计，组织好技术交底，确保在施工中严格按施工方案进行。针对“长城杯”检查中技术资料比一般工程的资料有更规范的要求，我们在工作中学习参考其他项目，以高标准要求各相关人员。

(4) 严格施工质量的过程控制

1) 开展质量意识教育，不断提高全体参施职工的质量意识，牢固树立“质量第一”的思想，充分调动全体职工关心质量、参加质量管理活动的自觉性、主动性和积极性。组织分包单位的主要管理人员以及操作层的班、组长去被评上或正在参加评比“长城杯”的工地进行学习、参观，加深大家对施工规范的认识和理解，做到按规范施工，按规范验收，使施工有章可循，各道工序逐步步入正轨，形成良好的循环。

2) 严格过程控制，使工程质量始终处于受控状态。积极开展三工序活动，严格工程中间检查制度，每道工序均要经过分包单位施工班组自查、质检员检查、项目总工程师连同有关专业人员复查，和总承包质保部连同监理工程师共同检查。对重要工序，如地下室防水、屋面防水、玻璃幕墙等关键部位，实施重点检查。对采用新工艺、新技术的分项工程，如洁净室的施工等重点进行验收。强化质量监督，严格实行质量否决权，对不合格分

项、分部工程必须返工。实行样板制、质量奖罚制、质量分析等管理措施。

## 4.2 安全生产技术保证措施

### 4.2.1 土方工程

(1) 土方开挖前要做好排水工作，坑边砌好挡水墙，防止地表水、施工用水和生活废水浸入施工现场或冲刷边坡。

(2) 在基坑边堆放弃土、材料和机械时，应与坑边保持一定的距离（基坑边1m以内不得堆土、堆料、停置机具），以免影响基坑的边坡稳定，造成土体滑坡。

(3) 基坑四周距坑边150cm处应设立两道护身栏杆，立挂安全网，上杆距地高度为1.5m，下杆距地高度0.3m，立杆间距≤2m，并打入地下50cm。

(4) 室外回填土施工过程中，由于地上和地下同时施工，交叉作业，所以，肥槽处必须支搭防护棚，以免高处坠物伤人。

(5) 土方开挖时，机械旋转半径内不得有人。

### 4.2.2 脚手架作业

(1) 脚手架搭设时，必须按搭设方案进行搭设，所用材料必须符合有关规定要求。

(2) 外脚手架搭设时，必须与楼层结构有可靠拉结，拉结点水平距离不得超过6m，竖向距离不得超过4m。

(3) 脚手架的操作面必须满铺脚手板，不得有空隙和探头板、飞跳板。脚手板下层兜设水平网，操作面外侧设两道护身栏和一道挡脚板。

(4) 结构脚手架立杆间距不得大于1.5m，大横杆间距不得大于1.2m，小横杆间距不得大于1m，且脚手架必须按楼层与结构拉结牢固，离墙面距离不得大于200mm。脚手板对接处必须设双排小横杆，两小横杆间距不得大于300mm，脚手架操作面外侧设1.2m高护身栏杆和不小于180mm高的挡脚板，脚手架外侧满挂密目安全网，下口封严。

(5) 脚手架搭设完成后必须经验收合格方可使用，不得随意改动。大风雨后应及时进行检查。

### 4.2.3 洞口、临边防护

(1) 对于1.5m×1.5m以下的孔洞，应预埋通长钢筋网或加固定盖板；1.5m×1.5m以上的孔洞，四周必须设两道护身栏杆，中间支挂安全网。

(2) 电梯井口必须设高度为1.5m的提升式金属防护门，首层用5cm厚的木跳板封闭，首层以上每两层设一道水平安全网，每四层设一道硬防护，安全网应封闭严密。电梯井禁止做垂直运输通道和垃圾通道。

(3) 管道竖井口四周必须设置不低于1.5m的两道金属栏杆防护，并立挂安全网。每层洞口应预埋通长钢筋网或加固定盖板。

(4) 楼梯踏步及休息平台处，必须设两道防护栏杆。

(5) 洞口必须按规定设置照明装置和安全标志。建筑物出入口搭设长3~6m，且宽于出入通道两侧各1m的防护棚，棚顶满铺不小于5cm厚的跳板，非出入口和通道两侧必须封严。对人或物构成威胁的地方，必须支搭防护棚。

(6) 阳台栏板未施工前，必须设置1.5m高两道护身栏杆。

(7) 分层施工的楼梯休息平台及梯段处必须安装临时护栏。

（8）楼板上的洞口必须按要求加设围护栏、满铺跳板，或设置固定盖板。楼板、屋面和平台等面上短边尺寸为2.5～25cm的洞口，必须设坚实盖板并能防止挪动。25cm×25cm～50cm×50cm的洞口必须设置固定盖板，保证四周搁置均衡，并有固定其位置的措施。50cm×50cm～150cm×150cm的洞口必须满铺脚手板，脚手板绑扎固定，任何人未经许可不得随意移动。150cm×150cm以上的洞口，四周必须搭设围护架，并设双道防护栏杆，洞口中间支挂水平安全网，网的四角要拴挂牢固。

**4.2.4** 高处作业

（1）建筑物四周必须用密目网封闭严密，不得有漏封之处；如有损坏，及时更换。

（2）高处作业和交叉作业施工现场，必须使用“三宝”。严禁向下投掷物料。

（3）高处作业使用的木凳必须牢固，不得摇晃，两凳之间距离不得大于2m，其上只许一人操作。

（4）浇筑离地2m以上雨篷和平台应设操作平台，不得直接站在模板或支撑件上操作。

**4.2.5** 临时用电

（1）临时用电必须建立对现场的线路、设施的定期检查制度，保证临电接地、漏电保护器、开关齐备有效，并将检查、检验记录存档备查。

（2）配电系统必须实行分级配电。各类配电箱、开关箱的安装和内部设置必须符合有关规定，箱内电器必须可靠、完好，其选型、定值要符合规定。

（3）各类配电箱、开关箱外观应完整、牢固、防雨、防尘，箱体外涂安全色标，统一编号，箱内无杂物。停止使用的配电箱应切断电源，箱门上锁。

（4）独立的配电系统必须按部颁标准，采用三相五线制的接零保护系统。非独立系统可根据现场实际情况采取相应的接零或接地保护方式。各种电气设备和电力施工机械的金属外壳、金属支架和底座必须按规定采取可靠的接零或接地保护。在采用接地和接零保护方式的同时，必须设两级漏电保护装置，实行分级保护，形成完整的保护系统。漏电保护装置的选择应符合规定。

（5）手持电动工具的使用，应符合国家标准的有关规定。工具的电源线、插头和插座应完好。电源线不得任意接长和调换，工具的外绝缘应完好无损，维修和保管应由专人负责。手持电动工具使用前必须做空载检查，运转正常后方可使用。

（6）电焊机应单独设开关。电焊机外壳应做接零或接地保护。一次线长度应小于5m，二次线长度应小于30m，两侧接线应压接牢固，并安装可靠的防护罩。焊把线应双线到位，不得借用金属管道、金属脚手架、轨道及结构钢筋作为回路地线。焊把线无破损，绝缘良好。电焊机设置地点应防潮、防雨、防砸。

（7）施工现场闸箱、室外灯具、设备、流动灯具的电源线、负荷线均不得采用塑料线和普通橡皮线，手持电动工具的负荷线必须采用耐气候型的橡皮护套铜芯软电缆。

（8）临时电缆垂直敷设固定点每一楼层不得少于一处，在室内架设时，最低点距地不得小于1.8m。

（9）木工机械禁止安装倒顺开关，平刨刨口有防护装置，且灵敏可靠，圆盘锯有防护罩。

（10）所有用电设备在拆、修或挪动时，必须断电后进行。

(11) 易燃易爆场所应使用防爆灯照明。

(12) 室外镝灯等使用的自镇器应有防雨、防尘、防砸措施。

(13) 照明灯具与易燃物应保持不小于300mm的安全距离。

(14) 现场内架子、塔吊均应有防雷装置，塔式起重机的防雷装置单独设置，不应借用架子或建筑物的防雷装置。

(15) 外用电梯的电源控制开关应用空气自动开关，不得使用铁壳开关或胶盖闸，空气自动开关必须装入箱内，停用时上锁。

(16) 使用打夯机必须按规定穿戴绝缘用品，严禁电缆缠绕、扭结和被夯土机械跨越，打夯机操作手柄必须采取绝缘措施。

(17) 电焊机设单独开关，并安装漏电保护装置，焊机把线和回路零线必须到位，不得借用金属管道等作为回路线，二次线不得泡在水中或压在物料下方。

(18) 焊工必须按规定穿戴防护用品，持证上岗。

**4.2.6** 施工机械

(1) 施工现场应有施工机械安装、使用、检测、自检记录。

(2) 塔式起重机的安装必须符合国家标准及原厂使用规定，并办理验收手续，经检验合格后方可使用。使用中应定期进行检测。塔帽安装、拆除、顶升由专业安装人员操作，经验收合格后方准使用。

(3) 塔式起重机的安全装置（四限位、两保险）必须齐全、灵敏、可靠。

(4) 不得强令塔吊在6级以上大风、雷雨、大雾天气作业或超过限重冒险作业。

(5) 外用电梯轿厢所经楼层，放置栅栏门。每日工作前，必须对外用电梯的行程开关、限位开关、紧急停止开关、驱动装置和制动器等进行空载检查，正常后方可使用，检查时必须有防坠落的措施。外用电梯6级以上大风应停止作业。

(6) 蛙式打夯机必须两人操作，操作人员必须戴绝缘手套和穿绝缘胶鞋。操作手柄应采取绝缘措施。打夯机用完后应切断电源，严禁在打夯机运转时清除积土。

(7) 氧气瓶不得暴晒、倒置、平放，禁止沾油。氧气瓶和乙炔瓶工作间距不小于5m，两瓶同焊炬间的距离不得小于10m。

(8) 圆锯的锯盘及传动部位应安装防护罩，并应设置保险挡、分料器。凡长度小于50cm、厚度大于锯盘半径的木料，严禁使用圆盘锯。破料锯与横截锯不得混用。

(9) 砂轮机应使用单向开关。砂轮必须装设不小于180°的防护罩和牢固的托架。严禁使用不圆、有裂纹和磨损（剩余部分不足25mm）的砂轮。

(10) 钢筋切断机在机械运转正常后方可送料切断，弯曲钢筋时，扶料人员应站在弯曲方向反侧。

**4.2.7** 塔吊

(1) 吊具必须使用合格产品。

(2) 钢丝绳应根据用途保证足够的安全系数。凡表面磨损、腐蚀、断丝超过标准的及打死弯，断股、油芯外露的不得使用。

(3) 吊钩除正确使用外，应有防止脱钩的保险装置。

(4) 卡环在使用时，应使销轴和环底受力，吊运大灰斗、混凝土斗等大件时，必须用卡环。

(5) 吊物上不得站人，吊钩下不得站人。

(6) 塔吊安装完毕后，必须接地。

#### 4.2.8 模板施工安全措施

(1) 登高作业时，各种配件应放在工具箱或工具袋中，严禁放在模板或脚手架上，各种工具应系挂在操作人员身上或放在工具袋中，不得掉落。

(2) 装拆模板时，上下要有人接应，随拆随运，并应把活动的部件固定牢靠，严禁堆放在脚手板上和抛掷。

(3) 装拆模板时，必须搭设脚手架。装拆施工时，除操作人员外，下面不得站人。高处作业时，操作人员要带上安全带。

(4) 安装墙、柱模板时，要随支设随固定，防止倾覆。

(5) 对于预拼模板，当垂直吊运时，应采取两个以上的吊点。水平吊运应采取四个吊点，吊点要合理布置。

(6) 对于预拼模板应整体拆除。拆除时，先挂好吊索；然后，拆除支撑及拼接两片模板的配件，待模板离开结构表面再起吊。起吊时，下面不准站人。

(7) 支模时严禁在连接件和支撑件上攀登。

#### 4.2.9 可调柱模板

(1) 模板存放在施工楼层上，必须有可靠的安全措施。不得沿外墙周边放置，模板平卧堆放，不得靠在其他模板或构件上。

(2) 作业前，就做好安全交底和安全教育工作，检查吊装用绳索、卡具及每块模板上的吊环是否完整有效，并设专人指挥，统一信号，密切配合。

(3) 模板起吊应做到稳起稳落，就位应准确，禁止用人力搬运模板，严防模板大幅度摆动或碰到其他模板。

(4) 在模板拆、装区域周围，应设置围栏，并挂明显的标志牌，禁止非作业人员入内。

(5) 安装外模板的操作人员必须挂好安全带。

(6) 模板安装、拆除、指挥和挂钩人员必须站在安全可靠的地方进行操作，严禁人员随大模板起吊。

(7) 模板的使用、吊装、存放等，请按北京市建委颁布的《施工现场管理条例》执行。

#### 4.2.10 其他安全措施

(1) 绑扎墙筋时，必须搭设脚手架和马道，不得站在钢筋骨架上或攀登骨架上下。

(2) 悬空进行门窗作业时，严禁操作人员站在阳台栏板上操作，操作人员的重心应位于室内，不得在窗台上站立。

(3) 特殊情况下如无可靠的安全设施，必须系好安全带并扣好保险钩。

(4) 建筑物首层四周支搭 6m 宽双层网，网底距地不小于 5m，每隔 10m 固定一道 3m 宽的水平网，无法支搭水平网时，必须逐层设立网封闭。

(5) 木模板、脚手架等拆除时，下方不得有其他操作人员，并设专人监护。

(6) 各种气瓶在存放和使用时，距离明火 10m 以上，并且避免在阳光下暴晒，搬动时不得碰撞。

(7) 易燃、易爆材料必须存放在专用库房内，不得与其他材料混放。脱模剂库房必须防渗漏，同时放干粉灭火器。

(8) 砖、砌块码放必须稳固，砖码放高度不超过1.5m，砌块码放高度不超过1.8m。

## 4.3 施工现场环境保护技术措施

### 4.3.1 环保保证措施

(1) 对整个施工现场进行形象设计，场容及场貌整洁、美观，达到北京市文明样板工地标准。

(2) 施工现场划分文明施工责任区并设立标牌，制定区域负责人制度，实行旬检查、月评比。

(3) 对工人进行现场教育，要求工人举止文明，各施工队伍之间团结合作，施工管理人员对工人应平等尊重，整个施工区营造出一个紧张向上的气氛。

(4) 施工现场经常采取多种形式进行环保宣传教育活动，不断提高职工的环保意识和法制观念，经常进行考核检查，并做好记录。

### 4.3.2 防止资源污染措施

(1) 粉尘控制措施

1) 现场运输道路畅通，做到无积水、无坑洼、无任何杂物，指定专人每天洒水、清扫，水源可取用搅拌站沉淀池和车辆冲洗池经过二次沉淀的水，使现场经常保持干净、整洁。

2) 为保证场容整洁，施工场地采用细石混凝土硬化。

3) 设置专人清运现场建筑垃圾，楼层清扫前，应洒水湿润。

4) 松散颗粒材料应砌筑砖墙围挡堆放，表面用竹席遮盖，防止刮风，粉尘弥漫，影响环境卫生。

5) 运输散装物料车厢应封闭，以免洒落。出入口设专人清理出入车辆及周围道路，防止遗洒。

6) 搅拌站中设喷淋系统，用以降尘。

(2) 废气控制措施

1) 搞好工人宿舍卫生，每个宿舍均设卫生责任人，除定期打药消毒外，职工宿舍做到空气流通，生活用品摆放整齐，并加强对职工的卫生知识教育，养成良好的习惯，对住处经常进行检查评比。

2) 生活区的大灶使用液化气，设置简易、有效的隔油池，定期掏油，防止污染。

(3) 污水处理

1) 工程开工后，施工现场和生活区厕所，每天派专人清扫，污水经专门污水管道排入污水系统。

2) 在搅拌台地面设置两个深浅不同的沉淀池，实行二次沉淀，根据搅拌工作情况，不定期地清理沉淀池淤泥。

(4) 噪声控制措施

1) 结合现场平面特点，将施工机械和现场用房布置在合理的区域内。

2) 材料运输车辆应派专人指挥，不鸣笛。

3）项目经理、主管工长等指挥人员，特别在混凝土浇筑时设专人指挥，应用对讲机联系，避免大声呼叫。

4）材料装卸采用人工传递，特别是钢管、钢模、泵管等，严禁抛掷或汽车一次性下料。

5）强噪声设备必须封闭使用，并合理安排作业时间。

# 5 经济效益分析

项目经理部针对本工程的特点，以科技先导为原则，将建设部推荐的十大新技术和科技成果的应用在施工部署阶段就落到实处，以科技创效益，对保证工程质量、降低消耗、提高工程的经济效益起到了推动作用。本工程造价为 13274.7 万元，科技进步综合效益 246 万元，科技进步效益率 1.85%。项目经理部具体应用“四新”技术，科技效益汇总见表 5-1。

**推广应用“四新”技术科技效益汇总表** 金额单位：元 **表 5-1**

| 项目名称 | 推广面 | 推广数量 | 作用 | | | 经济效益 |
|---|---|---|---|---|---|---|
| | | | 提高质量 | 降低消耗 | 提高效益 | |
| 预拌混凝土 | 全工程 | 20000m³ | ✓ | | ✓ | 100000 |
| YGU-Ⅰ防冻剂 | 地下室 | 6500kg | ✓ | | | |
| UEA-D 微膨胀剂 | 地下室底板、墙 | 28225kg | ✓ | | | |
| YGU-F2 减水剂 | 地下室 | 135215kg | ✓ | | | |
| 粉煤灰 | 全工程 | 1126790kg | | ✓ | ✓ | |
| 混凝土泵送技术 | 全工程 | 20000m³ | | | ✓ | |
| 电渣压力焊 | 柱主筋 | 10618 个 | | | ✓ | 153590 |
| 滚压直螺纹粗直径钢筋连接 | 梁主筋 | 18188 个 | | | ✓ | 104997 |
| 闪光对焊 | 梁、板主筋 | 7214 个 | | | ✓ | 91310 |
| 可调钢柱模 | 柱 | 25 套 | ✓ | | ✓ | 238402 |
| 钢筋保护层定位卡 | 全工程 | 116000 个 | ✓ | | | |
| 均衡小流水施工技术 | 全工程 | 31867m² | | | ✓ | |
| 防水混凝土 | 地下室 | 5500m³ | | ✓ | | |
| 清水混凝土 | 全工程 | 64402m³ | | | ✓ | 515216 |
| 大面积混凝土一次压光 | 楼地面 | 5800m² | | ✓ | | 67488 |
| BW-96 膨胀止水条 | 地下室 | 1102m | ✓ | | | |
| 聚氨酯防水 | 实验室、卫生间等 | 11000m² | ✓ | | | |
| SBS 改性沥青防水卷材 | 地下室、屋面 | 13316m² | ✓ | | | |
| 氯化聚乙烯橡胶共混防水卷材 | 地下室、屋面 | 31263m² | ✓ | | | |
| 陶粒混凝土空心砌块 | 全工程 | 6809m³ | | ✓ | | |
| 陶粒混凝土实心砌块 | 全工程 | 393m³ | | ✓ | | |
| 憎水珍珠岩保温板 | 屋 面 | 8933m² | ✓ | | | |

续表

| 项目名称 | 推广面 | 推广数量 | 作用 | | | 经济效益 |
|---|---|---|---|---|---|---|
| | | | 提高质量 | 降低消耗 | 提高效益 | |
| 盾石干粉外墙内保温 | 外　墙 | $3701m^2$ | √ | | | |
| LowE 吸能反射中空玻璃 | 玻璃幕墙铝合金窗 | $3359m^2$ | | √ | | |
| 磨砂劈开砖 | 外　墙 | $16000m^2$ | √ | | | |
| 进口 PVC 地面 | 实验室 | $9600m^2$ | √ | | | |
| 抗静电架空地板 | 计算机室、控制室 | $322m^2$ | √ | | | |
| 高强防水复合硅钙板 | 吊　顶 | $17450m^2$ | √ | | | 31410 |
| 镀锌穿孔板 | 墙　面 | $1781m^2$ | √ | | | |
| 洁净室施工 | 洁净室 | | √ | | | |
| 局部净化设施安装 | 洁净室 | | √ | | | |
| 铜管新型管材 | 全工程 | | | √ | | |
| 楼宇自控、综合布线安装、检测、调试综合施工技术 | 全工程 | | | √ | | |
| 工程经营管理 | 全项目 | $31867m^2$ | | | √ | |
| 工程项目计算机综合管理系统 | 全项目 | 10 台 | | | √ | |
| 紧固式镀锌电线导管安装 | 电专业 | 8.4 万 m | √ | √ | √ | 91006 |
| 风管制作 | 通风专业 | $10978m^2$ | √ | √ | √ | 68939 |
| 阻燃交流电缆 | 电专业 | 5080m | | | √ | 593528 |
| 纯净水系统 | 水专业 | | | | √ | 350000 |
| 消防系统沟槽管件连接 | 水专业 | | √ | | √ | 57500 |
| 经济效益合计：246 万元 | | | | | | |

# 第三篇

# 中国人民大学仁达科教中心工程施工组织设计

**编制单位**：中建一局
**编 制 人**：叶　青　刘子忠　熊　壮　解　煜　董佩玲
**审 核 人**：熊爱华　刘嘉茵

**【简介】** 仁达科教中心工程中存在较多的弧形结构，地下室需要加固改造。因此，该施工组织设计中的模板方案和加固方案详细、可靠，模板还采用了新型夹具，借鉴意义很大；此外，钢弦石膏板隔墙是新型专利材料，其施工工艺值得参考。

# 目　录

# 1 工程概况

## 1.1 工程项目基本情况（见表1-1）

**工程项目基本情况** **表1-1**

| 序号 | 项　目 | 内　容 |
|---|---|---|
| 1 | 工程名称 | 仁达科教中心 |
| 2 | 地理位置 | 北京市海淀区中关村大街59号 |
| 3 | 建设单位 | 中国人民大学校园建设管理处 |
| 4 | 设计单位 | 北京希埃希建筑设计院 |
| 5 | 勘察单位 | 北京市地质工程勘察院 |
| 6 | 监督单位 | 质量监督总站 |
| 7 | 监理单位 | 北京国建工程监理公司 |
| 8 | 施工总包 | 中建一局集团第五建筑公司 |
| 9 | 施工分包 | 北京京雄消防有限公司、华夏正邦有限公司、弘高装饰设计有限公司、黎东幕墙有限公司 |
| 10 | 建筑功能 | 综合性现代化智能大厦 |
| 11 | 合同工期 | 593天 |
| 12 | 合同质量目标 | 优质工程 |
| 13 | 合同承包范围 | 地下室结构加固、主体结构、室内初装修、外装修、给排水系统、通风空调系统、动力、照明、防雷接地系统、指定分包的总包管理 |

## 1.2 建筑设计概况（见表1-2）

**建筑设计概况** **表1-2**

<table>
<tr><th>序号</th><th>项目</th><th></th><th colspan="4">内　容</th></tr>
<tr><td rowspan="8">1</td><td rowspan="8">建筑规模</td><td rowspan="2">面积（$m^2$）</td><td>占地面积</td><td>地下面积</td><td>标准层</td><td>地上总面积</td></tr>
<tr><td>6358</td><td>11000</td><td>2300</td><td>47500</td></tr>
<tr><td>层　数</td><td>地　上</td><td>22</td><td>地下</td><td>3</td></tr>
<tr><td rowspan="5">高度（m）</td><td>首　层</td><td>4.8</td><td>非标层</td><td>4.8</td></tr>
<tr><td>标准层</td><td>3.65</td><td>绝对标高</td><td>52.3</td></tr>
<tr><td>建筑物总高</td><td>82.6</td><td>基底标高</td><td>13.4</td></tr>
<tr><td>檐　高</td><td>82.6</td><td>室内外高差</td><td>0.150</td></tr>
<tr><td colspan="4"></td></tr>
<tr><td>2</td><td colspan="2">建筑防火等级</td><td colspan="4">一级</td></tr>
<tr><td>3</td><td colspan="2">屋　面</td><td colspan="4">水泥砂浆面层、活动地砖面层</td></tr>
<tr><td>4</td><td colspan="2">外装修做法</td><td colspan="4">外装修为铝单板及玻璃幕墙</td></tr>
<tr><td rowspan="4">5</td><td rowspan="4">内装修做法</td><td>内墙面</td><td colspan="4">大理石、木砖、涂料、吸声墙面</td></tr>
<tr><td>楼地面</td><td colspan="4">大理石、地砖、地毯、网络地板</td></tr>
<tr><td>顶　棚</td><td colspan="4">铝方板、矿棉板、硅钙板、石膏板、涂料、吸声顶棚</td></tr>
<tr><td>门　窗</td><td colspan="4">木质防火门、木门、铝合金门、铝合金中空玻璃窗</td></tr>
</table>

续表

| 序号 | 项目 | 内　容 | | | | |
|---|---|---|---|---|---|---|
| 6 | 特殊做法 | 铝单板及玻璃幕墙、旋转楼梯玻璃栏板、网络地板、钢弦石膏板隔墙、活动屋面地砖等 | | | | |
| 7 | 防水 | 地下 | SBS防水卷材 | 露台、雨篷 | 三元乙丙防水卷材 | |
| | | 屋面 | 三元乙丙防水卷材 | 厕浴间楼地面及墙面 | 聚合物水泥防水涂料 | |
| 8 | 保温节能 | 屋　面 | | 外　墙 | 内　墙 | |
| | | 发泡聚氨酯 | | 挤塑聚苯板 | 无 | |
| 9 | 人防 | 五级人防 | | | | |

## 1.3　结构设计概况（见表1-3）

**结构设计概况**　　**表1-3**

| | | | | | |
|---|---|---|---|---|---|
| 土质情况 | ①人工堆积层；②第四纪沉积地层（持力层为卵石层） | | 地下水性质 | 承压水，上层滞水 | |
| | | | 地下水位 | 4.7~5.0m | |
| | | | 地下水质 | 对混凝土无腐蚀性 | |
| 地基承载力标准值 | 300kPa | | 渗透系数 | 不详 | |
| 地基类别 | Ⅲ类场地 | | 地下防水做法 | SBS卷材防水 | |
| 基础类型 | 筏形基础 | | 底板厚度 | 1.1m | |
| 地下混凝土类别 | 底板、外墙、混凝土水箱为抗渗混凝土 | | 抗震设防烈度 | 8度 | |
| | | | 抗震等级 | 一级 | |
| 地上结构形式 | 框筒 | | 结构转换层 | 无 | |
| 地上/地下混凝土等级 | 外墙 | 地下C50<br>地上C40 | 梁 | C40 | 筒体 C40 |
| | 内墙 | C40 | 板 | C40 | 楼梯 C40 |
| | 基础 | C50 | 柱 | C60/C50/C40 | 其他 构造柱、圈过梁C20 |
| 钢筋类别 | HPB235，HRB335，HRB400，冷轧扭钢筋 | | | | |
| 钢筋接头类别 | 直螺纹套筒、电渣压力焊、搭接 | | | | |
| 墙体材料及厚度 | 外墙 | 250陶粒砌块 | | | |
| | 内墙 | 200~400mm钢筋混凝土、200mm厚陶粒砌块 | | | |
| | 隔墙 | 陶粒块，粉煤灰砖，隔墙板 | | | |
| 结构参数 | 梁断面尺寸（mm） | 900×750，400×700，500×700，600×700，600×750，200×810 | | | |
| | 柱断面尺寸（mm） | 1700×1600~1000×1000，1600×1500~700×700，1500×1500~700×700，1400×1000~700×700，1300×900~700×700 | | | |
| | 最大跨度（m） | 11 | | | |

## 1.4 专业设计概况（见表 1-4）

专业设计概况 表 1-4

| 名称 | | 设计要求 | 系统做法 | 管线类别 |
|---|---|---|---|---|
| 上水 | 冷水 | 镀锌钢管及 PPR | 分高中低区供水 | 给水管线 |
| | 热水 | PPR 管 | 各层设电热水器 | 给水管线 |
| | 消防水 | 焊接钢管 | 分两区供水 | 消火栓管线 |
| | 饮用水 | 镀锌钢管及 PPR | 分层供水 | 给水管线 |
| 下水 | 中水 | 镀锌钢管 | 卫生器具冲洗 | 中水管线 |
| | 雨水 | 镀锌钢管焊接 | 内排水 | 排水管线 |
| | 污水 | 柔性铸铁管及 UPVC 管 | 立管用铸铁管，水平管用 UPVC 管 | 排水管线 |
| 消防 | 烟感 | 采用精灵系列产品 | 导线安装或走线槽 | 报警信号管路 |
| | 喷淋 | 镀锌钢管 | 分 8 区供水 | 喷洒水管线 |
| | 报警 | 采用精灵系列产品 | 导线安装或走线槽 | 报警信号管路 |
| | 监控 | 采用精灵 3400，八回路产品 | 导线安装或走线槽 | 控制信号管路 |
| 通风空调 | 空调 | 风机盘管加新风机组 | 风机盘管加新风 | 空调水管，风管 |
| | 通风 | 排风、新风、排烟 | 各层设新风机组 | 风管 |
| | 冷冻 | 无缝钢管焊接 | 制冷机接至各层 | 冷冻水管线 |
| | 采暖 | 无 | 无 | 无 |
| | 燃气 | 无 | 无 | 无 |
| 电力电梯电讯 | 照明 | 普通及应急照明 | 混合式桥架和焊接钢管 | 桥架和焊接钢管 |
| | 动力 | 按一、二、三级负荷分别设计 | 采用 TN—S 系统，串接式和放射式混合使用 | 使用电缆（阻燃型和耐火型）穿管和走桥架 |
| | 通讯 | 采用丽特网络科技公司系统产品 | 本标仅敷设桥架和预埋管 | 使用线槽和薄壁钢管 |
| | 变配电 | 容量 5700kV·A，设 ZS 型高压柜，GCK 低压柜，直流屏及信号模拟屏 | 两路 10kV 高压进户供电，平常时分别进行；事故时，联络开关互投，互为备用 | |
| | 避雷 | 二级防雷保护，接地电阻小于等于 0.5Ω | 利用底板钢筋做接地体，柱引下主筋为引下线，屋面用圆钢做避雷网 | 使用钢筋和镀锌扁钢 |
| | 电视天线 | 干线从地下一层引入，经首层机房处理后，引至各层设备箱，最后引至用户终端 | 本标仅安装线槽和预埋管 | 线槽和薄壁管 |
| | 人防 | 五级人防 | 分两区送风 | 人防通风管 |

## 1.5 工程特点、难点及解决方法

### 1.5.1 复杂的建筑体型

本工程为单体高层建筑，楼体平面布局整体上呈半圆形，基本左右对称，整个楼体存在大量的圆弧梁、圆弧墙及圆弧墙、梁与直墙相交的情况，且墙、柱截面随层高变化而变化，给施工测量放线、模板支设、节点处理带来了较大困难。

### 1.5.2 预应力技术的使用

由于本工程除筒体墙体外，其余均为大开间框架结构，为满足结构承重要求，首层至

22层顶板采用了无粘结预应力技术，对施工提出了较高的技术要求。

**1.5.3**　复杂的地下室加固改造

本工程地下室加固改造体量大、技术难度高、工期紧迫；同时，地下室部分的加固改造对整个工程的结构安全性至关重要，因此，如何在冬施条件下确保工程质量，是本工程的重点和难点。针对这一难点，项目部将协同甲方共同选取资质能力较高的专业加固公司承担该工作的施工。通过强有力技术和人力资源优势，对加固改造工程进行管理。

# 2　施工部署

## 2.1　施工部署总原则

本工程计划于2002年1月1日开始地下室结构加固工程，2003年3月1日前完成竖向构件加固施工。2003年3月1日开始主体结构施工，因此，要求此前完成主体结构施工准备。

主体结构施工采用小流水施工工艺，其中墙体划分为两个流水段，框架柱划分为6个流水段，楼梁板划分为5个流水段。流水目标为结构标准层施工8d一层，2003年9月结构封顶，10月开始屋面工程施工，11月15日前完成。主体结构封顶后开始南侧地下一层汽车坡道结构施工。

考虑2003年5月砌筑工程及机电安装及早插入，主体结构分3次验收。2003年6月初装插入，2003年7月外装修插入。2003年11月完成屋顶冷却塔设备吊装，塔吊拆除，开始西侧地下二层汽车坡道结构施工。所有结构及初装湿作业在2003年11月15日前施工完毕。2003年冬季仅安排机电设备安装。

2004年3月至10月完成室内精装及设备安装调试。

2004年8月10日竣工清理，组织工程验收。

## 2.2　施工顺序

总工艺流程如图2-1所示。

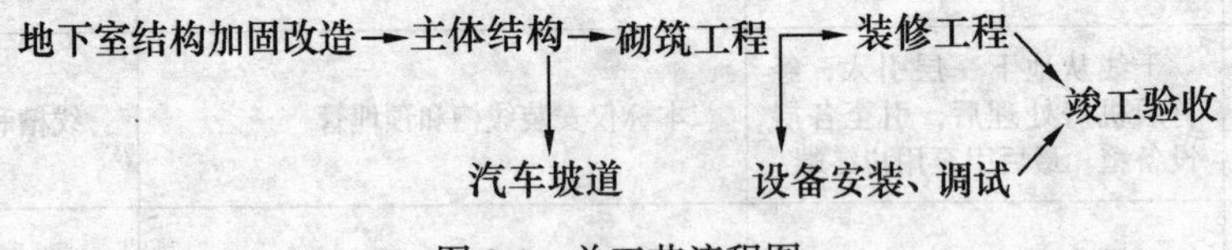


图2-1　总工艺流程图

## 2.3　流水段划分情况

**2.3.1**　平面流水段划分

平面流水段分四段，如图2-2所示。

**2.3.2**　立面流水段划分（见图2-3）

由于立面核心筒墙基本对称，因此，将立面墙划分成两个流水段，而立面柱比较多。为了减少柱模板投入量，将立面柱单独进行流水段划分，进行小流水施工。相比较，柱立面流水段要比立面墙流水段多。

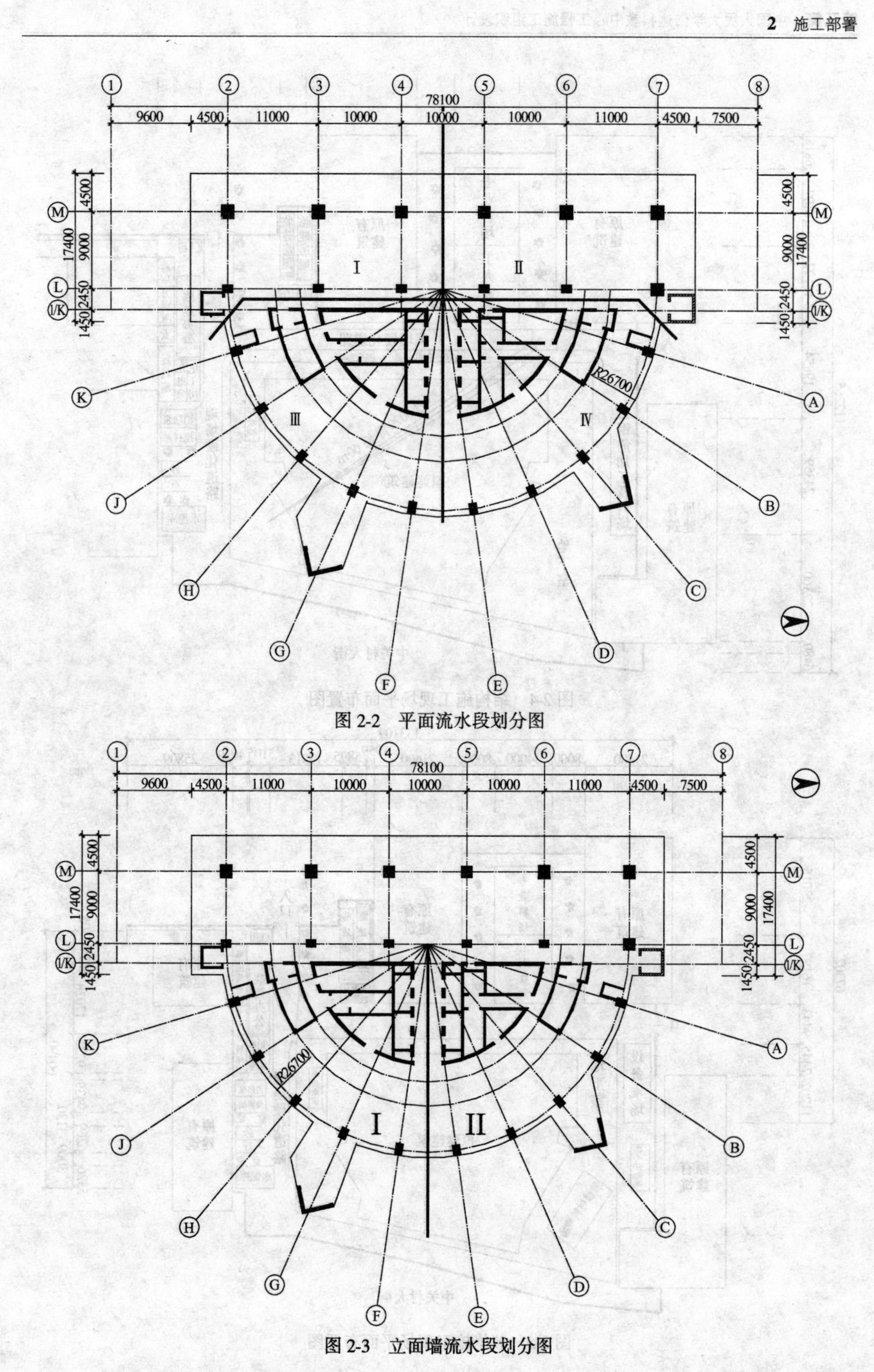


图 2-2 平面流水段划分图

图 2-3 立面墙流水段划分图

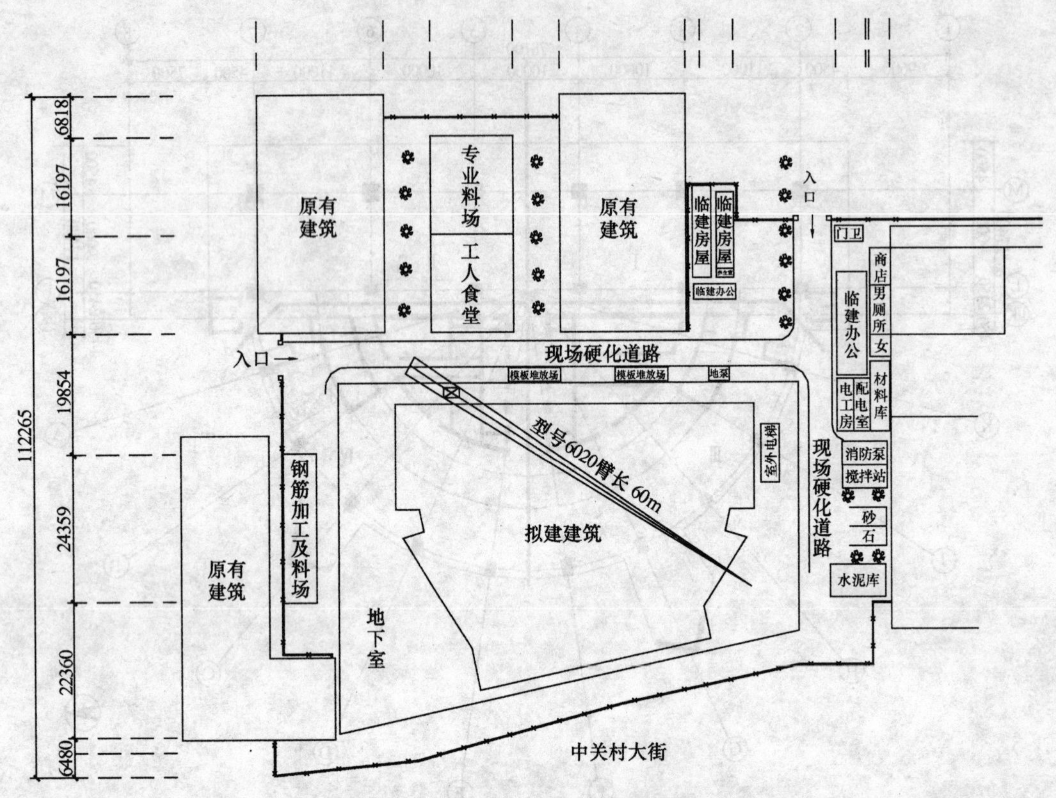


图 2-4　结构施工现场平面布置图

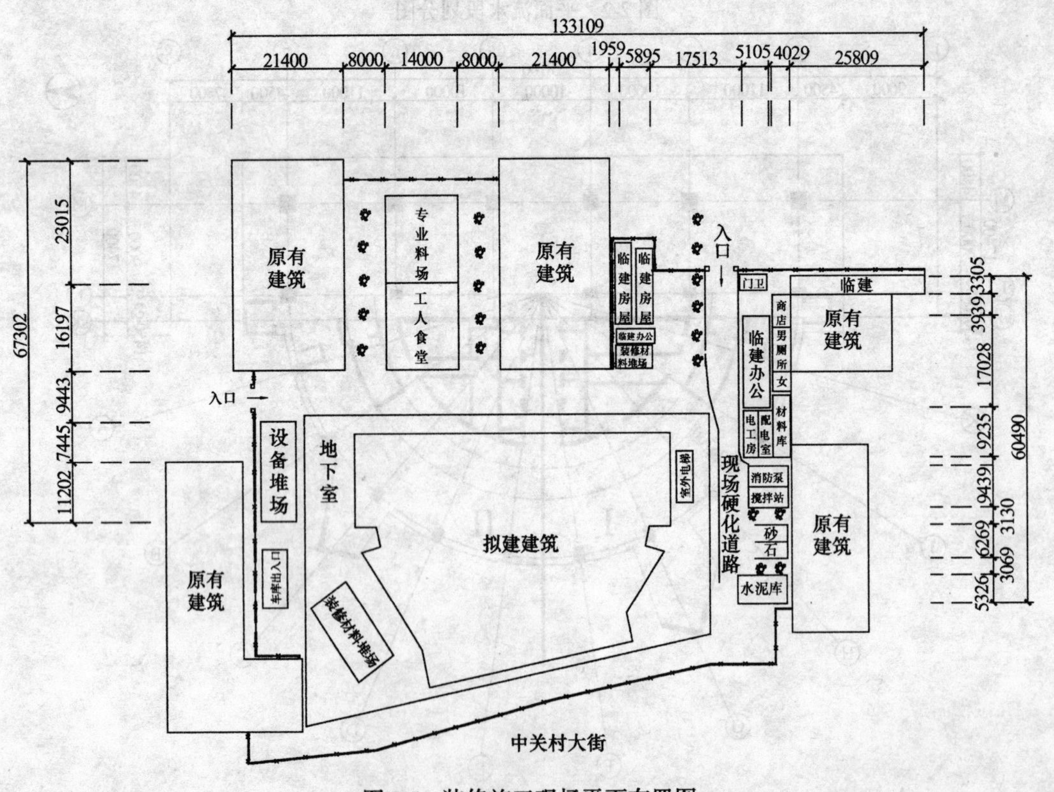


图 2-5　装修施工现场平面布置图

## 2.4 施工平面布置情况

### 2.4.1 结构施工阶段平面布置情况（见图 2-4）

### 2.4.2 装修阶段平面布置图（见图 2-5）

## 2.5 施工进度计划情况

### 2.5.1 工期总目标（见表 2-1）

**表 2-1**

| 实际开工日期 | 地下室结构加固竖向构件完成日期 | 结构封顶日期 | 竣工日期 | 总工期（d） |
|---|---|---|---|---|
| 2003.1.1 | 2003.3.1 | 2003.9.15 | 2004.8.10 | 593 |

### 2.5.2 施工工期汇总表（见表 2-2）

**表 2-2**

| 总 分 配 | | 起 止 日 期 | 经历天数 |
|---|---|---|---|
| 施工准备 | | 2003.2.10～2003.3.1 | 20 |
| 地下室结构加固 | 竖向构件 | 2003.2.25～2003.3.20 | 25 |
| | 其他 | 2003.3.20～2003.4.30 | 40 |
| 地 上 | 主体结构 | 2003.3.15～2003.9.25 | 190 |
| | 屋面工程 | 2003.10.15～2003.11.15 | 30 |
| | 外装修工程 | 2003.7.1～2003.12.1 | 150 |
| | 初装修工程 | 2003.6.1～2003.11.20 | 170 |
| | 门窗工程 | 2003.6.5～2004.6.5 | 360 |
| | 设备安装工程 | 2003.6.10～2004.7.20 | 400 |
| | 精装修工程 | 2004.3.1～2004.7.30 | 150 |
| | 室外管线工程 | 2004.3.20～2004.6.30 | 70 |
| | 竣工收尾 | 2004.8.1～2004.8.10 | 10 |

### 2.5.3 验收安排

(1) 基础验收

已完（北京建工集团第三建筑公司组织）。

(2) 主体结构验收

主体结构验收计划分三次进行。第一次结构验收计划在 8 层梁板混凝土强度达到 100%时进行，时间约为 2003 年 6 月中旬；第二次结构验收计划在 16 层梁板混凝土强度达到 100%时进行，时间约为 2003 年 8 月上旬；第三次结构验收在 22 层顶板预应力张拉完毕后进行，时间约为 2003 年 10月上旬。

(3) 竣工验收

工程计划于 2004 年 8 月 10 日竣工验收。

## 2.6 周转物资配置情况（见表 2-3）

表 2-3

| 序号 | 材料名称 | 材料来源 | 单位 | 数量 | 使用时间 | 使用部位 |
|---|---|---|---|---|---|---|
| 1 | 18mm 厚多层板 | 购置 | $m^2$ | 14500 | 2003.3.1～2003.10.25 | 楼板 |
| 2 | 100mm×100mm 木方 | 购置 | $m^3$ | 250 | 2003.3.1～2003.10.25 | 楼板 |
| 3 | 250mm × 4000mm × 50mm 脚手板 | 购置 | $m^3$ | 180 | 2003.3.1～2003.12.15 | 脚手架楼板 |
| 4 | Φ48×3.5 钢管 | 租赁 | t | 600 | 2003.3.1～2003.12.15 | 外脚手架 |
| 5 | Φ48×3.5 钢管 | 租赁 | t | 30 | 2003.3.1～2004.7.15 | 防护、装修、结构 |
| 6 | 碗扣支撑 | 租赁 | t | 190 | 2003.3.1～2003.10.15 | 楼板 |
| 7 | 可调支座 | 租赁 | 个 | 7000 | 2003.3.1～2003.10.15 | 楼板 |
| 8 | 扣件 | 租赁 | 个 | 12 万 | 2003.3.1～2003.10.15 | 外脚手架 |
| 9 | 扣件 | 租赁 | 个 | 6000 | 2003.3.1～2004.7.15 | 防护、装修、结构 |
| 10 | 早拆头 | 租赁 | 个 | 7000 | 2003.3.1～2003.10.15 | 梁、楼板 |
| 11 | 密目安全网 | 购置 | $m^2$ | 6000 | 2003.3.1～2003.12.15 | 外脚手架 |
| 12 | 大眼安全网 | 购置 | $m^2$ | 6500 | 2003.3.1～2003.12.15 | 防护 |

## 2.7　主要施工机械选择情况

### 2.7.1　塔吊的选用

本工程垂直运输选用一台 H3/36B 塔吊，臂长 60m，设置在地下室西南侧吊装孔位置，塔心距 3 轴 3900mm，距 N 轴 7000mm。塔吊基座落在 1.6m 厚原混凝土底板上，基座通过竖向钢筋 $20d$ 植筋，与底板连为一体。塔身的水平附着共设置两道，分别设置在 27m 及 54m 处(本高度自塔吊基座计算)，附着与柱相连，柱上预埋 600mm×600mm×20mm 钢板。

### 2.7.2　外用电梯

考虑砌筑工程的提前插入及施工人员上下，在 2003 年 5 月设置双笼外用电梯（型号 SCD200/200K)，位置在拟建工程北侧 L、M 轴间。施工电梯的安装要求详见厂家资料。由于施工电梯设置在地下一层顶板上，需根据施工电梯荷载情况对其下部进行加固处理，加固采用 $\phi53$ 钢管满堂脚手架，具体方法根据计算结果而定。

考虑 2004 年 4 月工程正式电梯启用，外用电梯于 2004 年 7 月拆除。

### 2.7.3　混凝土输送泵

由于大量的混凝土浇筑安排在白天进行，根据施工段最大浇筑量（约 $80m^3$）及泵送高度（约 90m，故本工程选用 HBT-80 混凝土输送泵，使用时间为 2003 年 3 月～2003 年 11 月（考虑汽车坡道的施工)。混凝土输送泵的布置见施工平面布置图。

具体机械使用情况见表 2-4。

表 2-4

| 序号 | 机械名称及型号 | 单位 | 数量 | 机械来源 | 进出场时间 | 备　注 |
|---|---|---|---|---|---|---|
| 1 | 塔式起重机 H3/36B　60m 臂 | 台 | 1 | 租赁 | 2003.3.1～2003.11.15 | |
| 2 | 双笼室外电梯 | 台 | 2 | 租赁 | 2003.6.1～2003.6.15 | |

续表

| 序号 | 机械名称及型号 | 单位 | 数量 | 机械来源 | 进出场时间 | 备　注 |
|---|---|---|---|---|---|---|
| 3 | 混凝土地泵 | 台 | 1 | 租赁 | 2003.3.1~2003.11.15 | |
| 4 | 砂浆搅拌机 | 台 | 2 | 租赁 | 2003.3.1~2003.11.15 | |
| 5 | 混凝土振捣棒 | 个 | 80 | 购置 | — | |
| 6 | 混凝土振动器 | 台 | 20 | 购置 | — | |
| 7 | 钢筋切断机 | 台 | 2 | 租赁 | 2003.3.1~2003.11.15 | |
| 8 | 钢筋弯曲机 | 台 | 2 | 租赁 | 2003.3.1~2003.11.15 | |
| 9 | 钢筋调直机 | 台 | 1 | 租赁 | 2003.3.1~2003.11.15 | |
| 10 | 电焊机 | 台 | 4 | 租赁 | 2003.3.1~2003.11.15 | |
| 11 | 电焊机 | 台 | 2 | 租赁 | 2003.11.16~2004.7.15 | |
| 12 | 木工圆锯机 | 台 | 2 | 租赁 | 2003.3.1~2003.11.15 | |
| 13 | 木工圆锯机 | 台 | 1 | 租赁 | 2003.11.16~2004.7.15 | |
| 14 | 木工平刨机 | 台 | 2 | 租赁 | 2003.3.1~2003.11.15 | |
| 15 | 木工平刨机 | 台 | 1 | 租赁 | 2003.11.16~2004.7.15 | |
| 16 | 木工压刨机 | 台 | 2 | 租赁 | 2003.3.1~2003.11.15 | |
| 17 | 木工压刨机 | 台 | 1 | 租赁 | 2003.11.16~2004.7.15 | |
| 18 | 空气压缩机 | 台 | 2 | 租赁 | 2003.3.1~2003.11.15 | |
| 19 | 水泵 | 台 | 6 | 购置 | — | |
| 20 | 翻斗车 | 台 | 2 | 租赁 | 2003.3.1~2003.11.15 | |
| 21 | 蛙式打夯机 | 台 | 4 | 租赁 | 2003.7.15~2003.8.15<br>2004.3.1~2004.5.1 | |
| 22 | 手把砂轮 | 个 | 10 | 购置 | — | |
| 23 | 砂轮机 | 个 | 1 | 购置 | — | |
| 24 | 手把电钻 | 个 | 6 | 购置 | — | |
| 25 | 台式电钻 | 台 | 2 | 租赁 | 2003.3.1~2003.11.15 | |
| 26 | 无齿锯 | 台 | 4 | 租赁 | 2003.3.1~2003.11.15 | |
| 27 | 100m扬程水泵 | 台 | 1 | 租赁 | 2003.3.1~2003.11.15 | |
| 28 | 电子地秤 | 台 | 1 | 购置 | — | |

## 2.8 劳动力部署

### 2.8.1 主要劳动力进场（见表2-5）

表2-5

| 工种 | 地下室加固改造施工人数 | 主体施工阶段施工人数 | 结构与砌筑交叉施工阶段施工人数 | 结构、砌筑、初装、机电、外墙龙骨 | 装修施工阶段施工人数 |
|---|---|---|---|---|---|
| 木工 | 35 | 210 | 230 | 230 | 160 |
| 混凝土工 | 20 | 90 | 110 | 120 | |
| 瓦工 | 5 | 10 | 70 | 130 | 200 |

续表

| 工种 | 地下室加固改造施工人数 | 主体施工阶段施工人数 | 结构与砌筑交叉施工阶段施工人数 | 结构、砌筑、初装、机电、外墙龙骨 | 装修施工阶段施工人数 |
|---|---|---|---|---|---|
| 钢筋工 | 20 | 160 | 180 | 180 | |
| 架子工 | 10 | 50 | 60 | 60 | 30 |
| 水工 | | 10 | 80 | 80 | 50 |
| 电工 | | 25 | 80 | 80 | 100 |
| 通风工 | | 15 | 20 | 20 | 15 |
| 焊工 | | 15 | 20 | 20 | 40 |
| 机械工 | | 30 | 30 | 30 | 30 |
| 油工 | | | | | 140 |
| 防水工 | | | 10 | 10 | 10 |
| 植筋工种 | 30 | | | | |
| 粘钢工种 | 20 | | | | |
| 破碎工种 | 50 | | | | |
| 外墙龙骨 | | | | 80 | |
| 其他 | 10 | 40 | 40 | 40 | 60 |
| 合计 | 200 | 655 | 930 | 1080 | 835 |

### 2.8.2 劳动力动态管理图（见图 2-6）

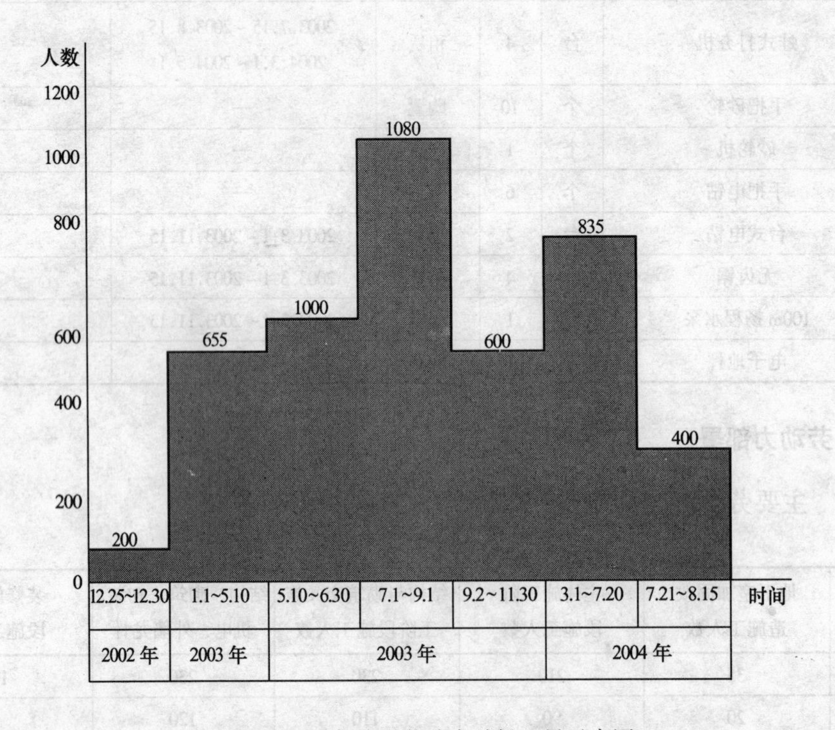


图 2-6 工程各阶段劳动力总投入量示意图

## 2.9 技术准备

### 2.9.1 图纸及资料的准备

(1) 熟悉图纸，审图，参加图纸会审，落实设计存在的问题及解决方法、解决时间；

(2) 准备工程需要的图集、规范、标准、法规、资料等，确保有效版本，满足施工使用要求；

(3) 针对工程的特点、重点和难点，做好各项技术培训和学习准备的工作。

### 2.9.2 主要器具或办公设备的配置（见表 2-6）

表 2-6

| 序号 | 器具设备名称及型号 | 数量 | 来源 | 所属部门 | 备注 |
|---|---|---|---|---|---|
| 1 | 水平仪 | 1 | 购置 | 测量 | |
| 2 | 经纬仪 | 1 | 购置 | 测量 | |
| 3 | 50m 钢卷尺 | 1 | 购置 | 测量 | |
| 4 | 垂直激光铅直仪 | 1 | 购置 | 测量 | |
| 5 | 台秤 | 2 | 购置 | 计量 | |
| 6 | 5m 钢卷尺 | 20 | 购置 | 工程人员 | |
| 7 | 铅坠 | 5 | 购置 | 工程人员 | |
| 8 | 温控仪 | 1 | 购置 | 试验 | |
| 9 | 试控仪 | 1 | 购置 | 试验 | |
| 10 | 试模 | 20 | 购置 | 试验 | |
| 11 | 电脑 | 6 | 购置 | 各部门 | |

### 2.9.3 技术工作安排

(1) 四新成果应用计划（见表 2-7）

四新成果应用计划 表 2-7

| 项目 | | 项目 | |
|---|---|---|---|
| 新材料 | 发泡聚氨酯保温防水材料 | 新工艺 | 预应力楼板施工工艺 |
| | 三元乙丙橡胶防水卷材 | 新技术 | 粘钢加固技术 |
| | 聚合物水泥防水涂料 | | 开放式外幕墙防水 |
| | 玻璃棉毡铝板网吸声板 | | 静力混凝土破碎技术 |

(2) 试验安排

1) 现场试验工作

设置现场标养室，位置见主体结构施工平面布置图。标养室经公司质量保证部、技术部、项目管理部联合验收，合格后投入使用。专职试验员持证上岗。

现场试验工作由项目经理部技术部领导。

2) 试验室及见证试验室的确定

项目经理部和监理单位根据北京市建质［2001］681 号文件，选定中思成工程测试有限公司为常规试验室，北京市科实恒建材检测有限公司为见证试验室。

3）试验内容和送检

（A）原材料的试验及见证试验

钢筋、钢绞线、水泥、砂、三元乙丙防水卷材、聚合物水泥防水涂料、陶粒空心砌块、蒸压粉煤灰砖、加气混凝土砌块、安全玻璃等进场后，需根据有关规定进行取样和见证取样，送至所确定的试验室进行试验。

（B）工序试验

钢筋直螺纹接头、混凝土标养试块、混凝土冬转常试块、混凝土同条件试块、M10混合砂浆、回填土环刀取样等工序，由工长通知，委托试验员进行工序过程的取样（见证取样），送至所确定的试验室进行检验。

钢筋直螺纹接头的现场检验按验收批进行，同一施工条件下的同一批材料的同等级、同规格接头，以500个为一个验收批进行检验与验收，不足500个也作为一批。对接头的每一验收批，应在工程结构中随机截取3个试件做单向拉伸试验，按设计要求的接头性能等级进行检验与评定，并填写接头拉伸试验报告。在现场连续检验10个验收批，全部单向拉伸试件一次抽样均合格时，验收批接头数量可扩大一倍。

4）有关试验和见证试验计划（见表2-8）

表2-8

| 名称 | 部位 | | 工程量 | 单位 | 取样组数 | 见证组数 | 备注 |
|---|---|---|---|---|---|---|---|
| 混凝土试块 | 主体结构柱 | C60 | 721 | $m^3$ | 普通30组 | 10组 | |
| | | C50 | 495 | $m^3$ | 普通24组<br>冬转常6组 | 10组 | |
| | | C40 | 1418 | $m^3$ | 普通78组 | 26组 | |
| | 主体结构墙 | | 5708 | $m^3$ | 普通47组<br>冬转常3组 | 17组 | |
| | 梁板、楼梯 | | 6165 | $m^3$ | 普通133组 | 45组 | |
| | 汽车坡道底板 | | 32 | $m^3$ | 抗渗2组 | 1组 | |
| | 汽车坡道侧墙及顶板 | | 98 | $m^3$ | 抗渗2组 | 1组 | |
| | 构造柱 | | 431 | $m^3$ | 普通25组 | 9组 | |
| | 圈、过梁 | | 113 | $m^3$ | 普通25组 | 9组 | |
| | 设备基础 | | 174 | $m^3$ | 普通2组 | 1组 | |
| | C20细石混凝土 | | 37.9 | $m^3$ | 普通1组 | 1组 | |
| 防水材料 | 聚合物水泥防水涂料 | | 48 | t | 5组 | 2组 | |
| | 三元乙丙防水卷材 | | 2969 | $m^2$ | 10组 | 4组 | |
| | JS-复合防水 | | 16 | $m^2$ | 1组 | 1组 | |
| 钢筋原材 | 热轧圆盘条 | 6 | 35 | t | 1组 | 1组 | |
| | | 8 | 24 | t | 1组 | 1组 | |
| | | 10 | 453 | t | 8组 | 3组 | |
| | 冷轧带肋钢筋 HRB335 | 12 | 473 | t | 9组 | 3组 | |
| | | 14 | 512 | t | 9组 | 3组 | |

续表

| 名称 | 部　位 | | 工程量 | 单位 | 取样组数 | 见证组数 | 备 注 |
|---|---|---|---|---|---|---|---|
| 钢筋原材 | 冷轧带肋钢筋HRB335 | 16 | 255 | t | 6组 | 2组 | |
| | | 18 | 32.5 | t | 1组 | 1组 | |
| | | 20 | 4.3 | t | 1组 | 1组 | |
| | | 22 | 1.8 | t | 1组 | 1组 | |
| | | 25 | 84 | t | 2组 | 1组 | |
| | 冷轧带肋钢筋HRB400 | 16 | 652 | t | 12组 | 4组 | |
| | | 18 | 119 | t | 3组 | 1组 | |
| | | 20 | 108 | t | 3组 | 1组 | |
| | | 22 | 88 | t | 2组 | 1组 | |
| | | 25 | 1139 | t | 24组 | 8组 | |
| | | 28 | 156 | t | 3组 | 1组 | |
| | | 32 | 37 | t | 1组 | 1组 | |
| | | 40 | 1 | t | 1组 | 1组 | |
| | 钢绞线 | | 114.3 | t | 3组 | 1组 | |
| 砂浆试块 | M10混合砂浆 | | 533 | $m^3$ | 25组 | 9组 | |
| 砌块 | 陶粒空心砌块 | | 25 | 万块 | 25组 | 9组 | |
| | 加气混凝土块 | | 4.4 | 万块 | 5组 | 2组 | |
| | 蒸压粉煤灰砖 | | 0.3 | 万块 | 1组 | 1组 | |
| 钢筋连接 | 滚压直螺纹 | | 3.5 | 万个 | 40 | 15组 | |

### 2.9.4 样板及样板间计划（见表2-9）

表2-9

| 序号 | 分部分项工序名称 | 样板或样板间设置部位 |
|---|---|---|
| 1 | 地下室粘钢加固 | 地下三层 |
| 2 | 混凝土工程 | 首层 |
| 3 | 装修工程 | 三层 |

# 3 主要施工方法

## 3.1 高程引测

### 3.1.1 高程引进

首先，对测绘院现场留的高程点进行检测，当其误差在4mm以内时平差使用；当超过时，再从城市级高程点引测进行调整（经查两点无误）。以此高程作为本工程施工的高程依据。

用复合法将高程引进施工现场留标高+0.500m（52.800m）数点作为施工现场依据点，做标识保护，每次使用需用两点校核后再行实测。

### 3.1.2 首层混凝土地面标高的查验

用引进的依据标高对首层混凝土地面进行实测普查，作为下步施工的参考依据；当出现较大误差或错误时，及时通报业主备案。

### 3.1.3 首层及首层以上各层高程测量

（1）首层

当结构施工至首层墙桩时，用测绘院提供高程点校核无误后，用附合法引测首层墙桩，上限差不得超过±1mm。

按施工组织设计，施工分划段内选择竖立面无障碍物地方固定2～3个+0.500m的准确标识点，作为向上传递依据点，此依据点进行联测，其高差不得超过±1mm，做标识保护。

（2）首层以上各层

从首层固定有标识的+0.500m线点向上丈量至实测层，一个施工段引测不少于两个点，经实测引上两点高差不大于±2mm时平差使用，测量本层高程并要与下面一层联测，查其层高误差；当引上两点高差超过±3mm时，应及时检查其原因进行解决，50m钢卷尺丈量时应进行尺长、温度、拉力改正。

由于总高超过50m，故在12层时过渡一下，引测数个准确点，作为12层以上传递高程时使用。

## 3.2 测量放线

### 3.2.1 工程测量放线基本依据

（1）平面数据

1）根据工程总平面图，本工程在红线B、C、E、F四点连线四边形中∠FEC、∠ECB为直角，B、F两点连线为临街红线。

EF红线到本工程北侧外长墙22.5m；

BC红线到本工程南侧外长墙11.50m；

CE红线到本工程西侧外长墙12.50m；

BF红线到本工程东侧外长墙11.33m。

2）根据首层建筑平面图：

（A）1/K轴至M轴加4.50m，从2轴减4.5m至7轴加4.5m为长方形。

（B）1/K轴以东为半圆形，圆心在L轴中④—⑤/2轴位置。

（C）半圆形中L—K轴及L—A轴圆心角为18°00′00″，其他各轴圆心角A—B、B—C、C—D、D—E、E—F、F—G、G—H、H—J、J—K轴均为16°00′00″。

（2）高程数据（见表3-1）

高程数据 表3-1

| 层数 | 地上 | 22 | 地下 | 3 |
| --- | --- | --- | --- | --- |
| 高度（m） | 首层层高 | 4.8 | 非标层层高 | 4.8 |
| | 标准层层高 | 3.65 | ±0.000绝对标高 | 52.3 |
| | 建筑物总高 | 82.6 | 基底标高 | 13.4 |
| | 檐高 | 82.6 | 室内外高差 | 0.150 |

**3.2.2** 工程测量成果的复核

《北京市建筑工程规划监督若干规定及实施细则》第四章第十四条中“规划行政主管部门在建筑工程施工到正负零时，可对建筑工程总平面图位置进行复核”。第七章“建设工程验线申请表告之事项：建设工程到正负零时，应及时将测绘单位对工程复核的‘工程测量成果’报市或者区、县规划行政主管部门”。为此，需将原工程“测量成果”一一对照、进行检查；当有误差时，及时调整；当有错误时，及时通报甲方、监理，商讨解决。

**3.2.3** 测量配置

(1) 首层测量时，使用全站仪 GTS602 (2″、2 + 2ppm) 测量。

(2) 全过程施工测量仪器配置 1 台 2″的 TDJ2E 经纬仪、1 台 2mm 的 NA24 水准仪及 5m 铝合金塔尺、1 把 50m 钢卷尺、1 台激光铅直仪。

(3) 以上仪器和器具均需有合格的有效检定证书。

**3.2.4** 工程测量放线

根据工程特点拟用内控法进行高层轴线竖向传递，在首层各轴线细部线放置完毕后进行内控制点布设，按内控点布置图布设，放置完内控点后应进行严格的检查并保证其精度。

在内控点上各层施工时，预留出内控点铅直方向 200mm × 200mm 孔洞（对应模板孔洞位置模板应能随时拆除）。测放时将激光铅直仪架在预测区的内控点上，打开激光通过各层孔洞到预测面，用接收靶接点，当激光转四个方向取中，本层 4 点全部接受上来后，用经纬仪联线、测角、量边，在保证精度 1/10000 后，再行放置其他轴线和细部小线。

工程的测量放线必须同时设置控制线，以便于施工人员施工控制及监理、质保部检查验线。

**3.2.5** 测量精度和报验资料

(1) 测量精度

1) 平面测量精度 1/10000。

2) 各部位放线和标高竖向传递允许误差：

$H \leqslant 30$m 时，允许误差 ± 5mm；

$30 < H \leqslant 60$m 时，允许误差 ± 10mm；

$60 < H \leqslant 90$m 时，允许误差 ± 15mm。

每层标高竖向传递允许误差 ± 3mm。

(2) 报验及资料收集

报验及资料收集要求及时、同步、规范、标准。在测放组自检、互检合格后，由质保部查验，合格后上报监理验线，合格后方可进行下步工作程序。

(3) 测量桩、点、线的留置保护、移交恢复及标识的要求

1) 留置保护

(A) 作为过渡临时用的中心桩、楼座桩，在做完外控或监理查验前做临时保护。

(B) 外控桩、导线控制桩、高程依据桩要做在不易碰撞的地方，做得要牢固并做保护。

(C) 需要留的点、线，根据工程的特点可用墨线和粉线完成，要加以保护。

2) 标识

所有的测量桩、点、线均应做相应、明确、明显的标识。

3）移交恢复

测设留的桩、点、线均有记录（平面控制桩布置图、内控点图、高程引测点、楼层水平控制线等）。工程所有参与者对测量桩、点、线应加以保护，不得破坏、覆盖。当某种原因测量桩、点、线遭到破坏或覆盖后，由原测量单位及时按原精度进行恢复并有检查合格记录。

## 3.3　地下室结构植筋、包钢及碳纤维加固工程

由于地上结构在原有设计基础上增加了三层，因此，根据设计要求，要对地下室进行植筋及碳纤维加固。

### 3.3.1　植筋（栓）施工工艺流程及技术要点

（1）工艺流程

施工准备→定位放线→钢筋下料制作→钢筋（螺栓）处理—钻孔→清孔→孔烘干→灌胶→植筋（栓）→固化养护→验收。

（2）施工方法

1）施工准备：根据现场施工作业面情况组织相应机械及施工人员，并将现场植筋部位清理干净。

2）放线：根据设计图纸要求，准确弹出植筋部位的控制线；同时，用红丹漆将钢筋位置及钢筋直径做好明确标记。

3）打孔：根据植筋孔标定位置，用相应机械进行成孔。打孔时应尽量避免损伤原有结构主筋；成孔直径应大于锚筋直径4～8mm，孔深根据设计图纸及现场拉拔试验确定。

4）清孔：将孔内渣土浮尘用小型气泵吹除干净，然后用棉丝蘸丙酮，将孔壁擦拭干净。孔内存有积水时，必须用特制烤棒将孔烘干，并保持孔壁干燥，然后用棉丝将孔封住，以防异物落入。

5）锚筋表面处理：先用钢丝刷刷去钢筋表面污物、浮锈，再用棉丝浸入丙酮，反复清洗其表面，彻底清除油污。

6）报验：报请监理验孔。

7）配胶锚筋：本锚筋用胶为YJ型建筑结构胶，现场按胶使用说明书进行配比，然后将两种组分倒入专用的拌胶桶内，用特制搅拌器沿顺时针方向进行搅拌，至色泽完全一致为止。结构胶应根据搅拌桶容积及植筋数量进行拌制，随拌随用，拌制好的结构胶应在30min内用完；否则，应废弃并重新拌制。将拌好后的胶填入孔内至孔深的2/3，同时将钢筋锚入部分裹满结构胶；再将锚筋植入，植筋时应边旋转钢筋，边缓缓植入。使胶浆充满周围空隙，将孔中空气挤出。植筋时注意锚筋的垂直与居中。

8）植筋固化养护：植筋后在常温下养护24h，胶固化期间严禁对锚筋进行扰动，设专人进行看护。

（3）特殊情况处理

1）钢筋过密无法成孔时及时提出，经设计及监理同意后采用水钻成孔、钢筋移位、侧边加筋等方法解决。

2）植筋基面厚度不足时可采用后加背板穿孔，钢筋与背板塞焊后注入结构胶方法

解决。

3）打孔时如在同一截面出现较多废弃孔，且废弃孔孔深超过50mm时，应对废弃孔进行处理，即用比原结构混凝土强度高一等级的水泥砂浆或环氧胶泥进行封堵。

(4) 拆除施工工艺流程及施工技术要点

1）工艺流程

水钻拆除工艺流程：被拆除构件卸荷→放线、验线→四周防护→水钻切割脱离原结构→渣土一次清运。

2）施工技术要点

地下1、2、3层顶板和混凝土墙均有开洞，根据设计要求，采用水钻进行静力拆除。在开洞前，应特别注意，所有支撑及施工脚手架均应经质量员及安全员检验合格后，方可交付使用。

(A) 放线、验线：由总包单位专业人员放线，确定所要拆除混凝土的具体位置，并报请有关单位验收，由相关人员检验。

(B) 整体楼板拆除或新开板洞的尺寸大于1000mm时，在楼板下铺设满堂红架子，下铺垫板，上设支撑托以顶住楼板为宜，四周用安全网密闭，水钻钻排孔并配合液压钳进行拆除；剪力墙开洞时搭设施工用脚手架，用水钻钻排孔并直接进行切割，分块后放到地面。

(C) 梁、板拆除过程中，及时将渣土从工作面清运至垃圾存放处。为防止混凝土块坠落，损伤结构和便于搬运，本拆除工程中所有混凝土破碎后最大块不得超过200kg。

(D) 水钻钻排孔之前，必须确认所需安全防护措施到位。

### 3.3.2 包钢加固施工工艺流程及技术

(1) 压力注胶法

1）工艺流程

定位放线→基层处理（混凝土、钢面层处理）→钢件下料制作→钢板安装→缀板焊接→封堵钢板边缝→缀板间隙填实→结构胶调制→压力注胶→固化养护→二次注胶→验收。

2）施工方法

(A) 定位放线：对需加固部位弹出位置线，一般对混凝土加固，比原设计的粘钢尺寸要宽出20mm。

(B) 基层处理：包括两部分：(a) 混凝土粘贴面处理：将原混凝土表面装修面层铲除，用合金片或钢丝刷磨去混凝土表面浮浆层，用毛刷蘸丙酮刷拭表面，混凝土表面平整度每米不大于5mm；(b) 钢板粘贴面处理：对于钢板粘贴面有轻微锈迹，需用稀盐酸对其进行除锈，然后用角磨机打磨，露出金属光泽。钢板或角钢面应打磨得越粗糙越好，打磨的纹路应与钢板受力方向垂直，然后用丙酮刷拭钢材表面。

(C) 钢件下料制作：缀板及角钢应按设计的规格和尺寸，结合现场实际情况，用等离子切割机准确下料，尺寸偏差在3mm以内，需要成孔部位用台钻成孔，螺栓孔按设计尺寸布置，孔径应比螺栓外径大1~2mm，并按设计要求焊接好钢件。同时在钢板上打好孔径为$\phi 8$的注胶孔，其孔间距为1m。如采用埋管注胶，则不必在钢板上打孔，钢件安装时，沿钢板两侧预埋好$\phi 6$的注胶管，间距为500mm。钢材下料完后和结构胶及焊条一起运至现场，分别码放整齐。

（D）钢板或角钢安装焊接。根据设计图纸要求安装加固钢板及角钢，角钢安装好后用卡具固定，然后根据缀板间距进行缀板焊接。焊接前先对钢板进行点焊，然后检查钢板竖向垂直及表面平整，进行整体焊接。

（E）封堵角钢及钢板边缝。待缀板焊接余热自然冷却后，用预先配置好的环氧胶泥将各角钢及钢板边缝封堵严实。

（F）缀板间隙填实。

（G）现场配胶。本工程加固用胶为 YJ 型建筑结构胶。现场按胶的组分，严格计量配比后进行搅拌，达到色泽完全一致。

压力注胶：将按比例搅拌均匀的结构胶装入高压注胶器中，用空压机将结构胶从提前钻好的孔注入。注胶时，空压机气压应在 0.2～0.6MPa 之间固化和养护。本粘钢加固工程采用自然养护。养护期内，不得对钢板有任何扰动。

（H）检验、补胶。加固构件的粘钢质量采用无破损检验，即用小锤敲击钢板听其声音。如无空鼓声，则表示粘贴严实；如局部有空鼓，则用手枪钻在空鼓处打注胶孔，进行二次注胶，直至满足规范要求为止。

（I）竣工验收：根据施工规范和设计规范的要求，锚固区粘结面积不小于 90%，非锚固区粘结面积不小于 70%。

（2）直接粘钢法

1）工艺流程

定位放线──→基层处理（混凝土、钢面层处理）──→钢件下料制作──→粘钢部件混凝土上成孔──→卸荷──→预贴──→结构胶调制──→钢、混凝土表面涂胶粘贴──→固定加压──→固化养护—检验、补胶──→验收。

2）施工方法（见图 3-1）

（A）定位放线：对需加固部位弹出位置线，一般对混凝土加固比原设计的粘钢尺寸要宽出 20mm。

（B）基层处理：包括两部分：（a）混凝土粘贴面处理：将原混凝土表面装修面层铲除，用合金片或钢丝刷磨去混凝土表面浮浆层，用毛刷蘸丙酮刷拭表面，混凝土表面平整度每米不大于 5mm；（b）钢板粘贴面处理：对于钢板粘贴面有轻微锈迹，需用稀盐酸对其进行除锈，然后用角磨机打磨，露出金属光泽。钢板或角钢面应打磨得越粗糙越好，打磨的纹路应与钢板受力方向垂直，然后用丙酮刷拭钢材表面。

（C）钢件下料制作：钢板或角钢应按设计的规格和尺寸，结合现场实际情况，用等离子切割机准确下料，尺寸偏差在 3mm 以内，需要成孔部位用台钻成孔。螺栓孔按设计尺寸布置，孔径应比螺栓外径大 1～2mm。

（D）粘钢部件混凝土上成孔：混凝土表面处理经验收合格后，有锚固和其他要求的混凝土部件，按设计要求，用静力成孔设备或冲击钻打出孔洞，下好埋件。

（E）卸荷：在加固过程中，严禁在本层及上一层大量堆放重物，施工材料应尽可能随用随运，垃圾必须及时清运，不得影响卸荷效果。

（F）预贴：将下料钢板预贴在对应放线位置；若钢板有螺栓锚固，钢板成孔位置与混凝土成孔对应；若钢板端部有锚固角钢，角钢成孔位置与混凝土成孔对应。

图 3-1 直接粘钢法示意图

(G) 结构胶调制：将结构胶按胶的配方比例配合，用转数 100～300 转/min 的搅拌器或手工搅拌，搅拌至胶内无单组分颜色即可。胶在配制过程中应避免杂物进入容器，混合容器内不得有油污或水。

(H) 涂胶粘贴：将配制好的结构胶用抹刀涂抹在处理后钢板表面，厚度 1～3mm 左右。涂抹应中间厚边缘薄，涂抹均匀，不应有漏涂的地方。对于立面粘贴，为防止结构胶流淌，可加一层脱腊玻璃丝布，平整度差的混凝土表面局部也应预涂结构胶，然后将涂好结构胶的钢板按设计要求的位置粘贴。

(I) 固定加压：钢板粘贴好以后应立即安装螺栓，使胶液刚从钢板边缘挤出为宜。

(J) 固化养护：结构胶固化，常温下 20℃左右，2～5d 可受力使用。

(K) 检验、补胶：加固构件的粘钢质量采用无损检验，即用小锤敲击钢板听其声音。如无空鼓声则表示粘贴严实；如局部有空鼓，则用手枪钻在空鼓处打注胶孔，进行二次注胶，直至满足规范要求为止。

(L)) 验收：根据加固规范的要求，锚固区粘结面积不小于 90%，非锚固区粘结面积不小于 70% 即为合格。

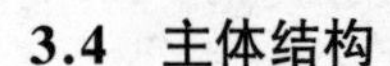

## 3.4 主体结构

### 3.4.1 模板工程

本工程主体结构质量目标为北京市结构长城杯，因此，模板的配置至关重要。其中，顶板模板采用 12mm 厚竹胶板，按照施工周期配置三层的量。

模板安装、拆除执行《混凝土结构工程施工质量验收规范》(GB 50204—2002)，并满足北京市结构长城杯的要求。

由于该工程墙体为圆弧墙，且配用模板体系为引进模板体系，因此，重点阐述墙模的施工方法及要点。

项目结构工程特点分析：

楼剪力墙体平面布局整体上呈半圆形，结构形式为框剪结构；核心筒体也是呈半圆形，且左右基本对称，筒体圆弧墙在 15 层以上存在一次墙厚变化；整个楼体存在大量的圆弧墙、圆弧梁及圆弧墙、梁与直墙相交的情况，柱子随着层高的不同，也存在着变截面的情况。

项目结构工程难点分析：

由于大量圆弧墙梁的存在，保证其墙梁弧度及圆弧墙梁与直墙相交的节点部位的处理比较困难；楼层单层层高较高，混凝土浇筑有一定的难度；同时，柱子存在变截面，施工时需注意控制，可以用可调柱模来降低成本；而筒体圆弧弧墙在 15 层以上截面发生变化，外侧面墙向轴线方向偏100mm，因此，圆弧墙外侧模板在15层以上（包括15层），只能根据变化后的弧度制作新的圆弧模板。

(1) 墙模板配置原则和流水段的划分

1) 配模原则：

墙体部分模板大致按其总量的1/2进行配置，根据大体对称的原则，从对称轴的一边流水到另一边周转使用，不能通用的模板另配。由于首层和2层的层高是4800mm，其标准层层高为3650mm，直墙模板按标准层考虑制作和流水使用，首层和2层考虑接高来满足施工要求，弧墙模板按4800mm考虑。在标准层使用时，考虑将高出部分面板拆除并将高出的竖肋截去，以满足施工要求。洞口模板按照一层满配，15层以上部分由于墙截面变化，洞口模板经改制后继续参与流水。柱模根据截面形式，使用5套可调柱模。

2) 墙、柱模流水段的划分

为了满足施工的要求，流水段分两段，模板在其1、2流水段间周转流水使用，局部不能参与流水的模板另配。流水段的划分示意图如图3-2所示。

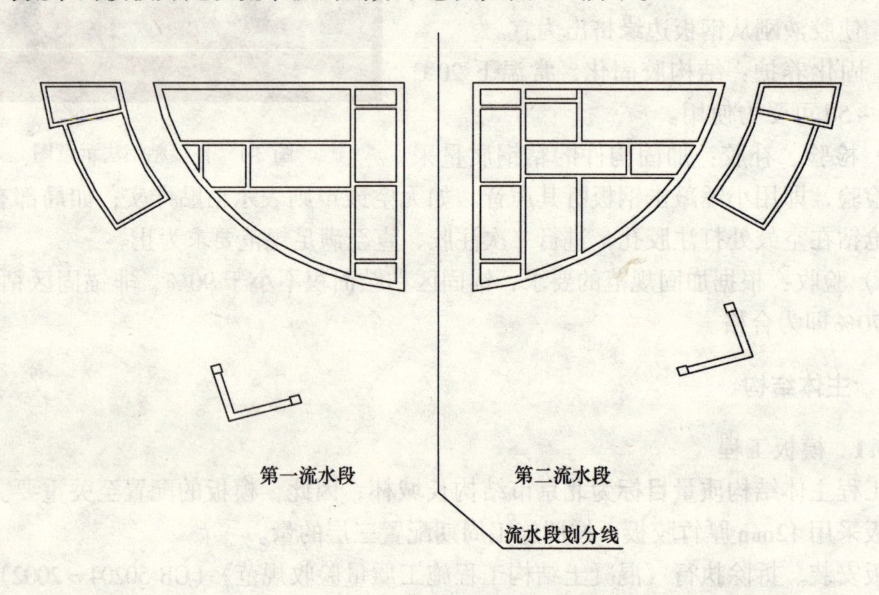


图3-2 墙模流水段划分示意图

3) 墙模配置模板的方法

根据结构的设计尺寸设计模板，剪力墙按标准层层高3650mm，楼板厚度为130mm，故标准层内模高度为3600mm（2700mm+900mm），楼梯间模板部分为3600mm（2700mm+900mm）、部分为3900mm（2700mm+900mm+300mm），电梯井模板及外模考虑300mm的下包板、高度为3900mm（300mm+2700mm+900mm）。柱模是可变截面的模板，可根据柱子的截面尺寸自行调节、周转使用模板。

4) 配模量计算

流水次数：核心筒标准层部分模板总共流水44次；接高模板流水4次。

5) 模板面板材料的选择

平面墙体、柱体面板材料：平面墙体采用周转次数较高的芬兰肖曼公司18mm厚的覆膜多层WISA板（见图3-3），柱体模板由于要满足其可调性和周转性，采用钢板做为面板。

圆弧墙体面板材料：圆弧模板采用18mm厚的进口WISA板。

图3-3 覆膜多层板WISA板

(2) 模板体系的设计

1) 平面墙体模板体系构成

平面墙体模板体系（见图3-4）：面板为覆膜木多层板；采用钢框骨架，骨架的边框为特殊型钢，肋骨为方钢，与面板通过螺钉连接。为减少外露印迹，螺钉下沉1mm，表面刮腻子，使其在混凝土表面不会留下明显痕迹；本体系不需任何通长加强背楞，只在局部位置用加强背楞连接，模板能满足其强度与刚度的需要。工程实例中模板的结构形式见图3-5～图3-6。

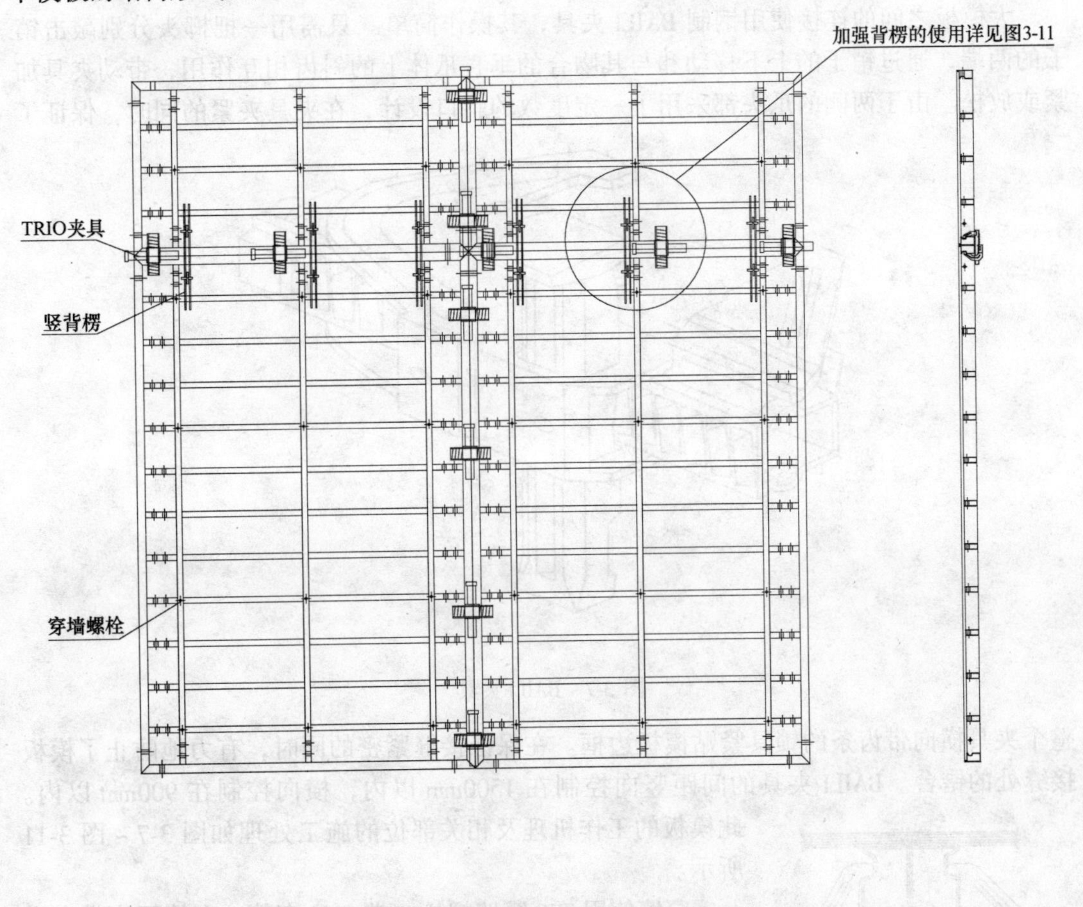


图3-4 平面墙体模板体系形式

图 3-5　模板加强背楞的使用

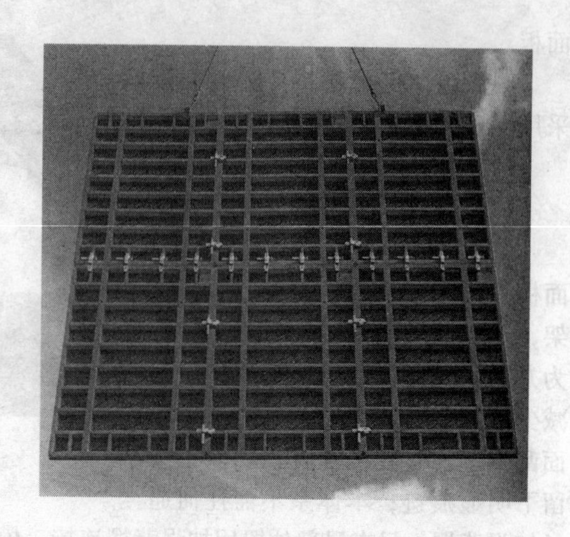

图 3-6　工程实例中模板的结构形式

大模板之间的连接使用钢制 BAILI 夹具，其操作简单。只需用一把榔头分别敲击销子的两端，通过销子的上下移动和与其吻合的垂直爪体上的斜齿相互作用，带动夹具加紧或放松。由于两侧的爪头都采用了一定度数的斜口设计，在夹具夹紧的同时，保证了

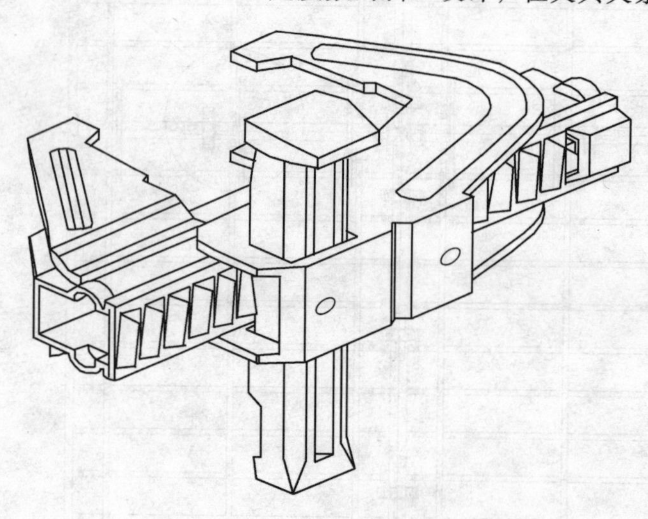

图 3-7　BAILI 夹具

整个夹具横向带齿条的锁具紧贴模板边框。在保证接缝紧密的同时，有力地防止了模板接缝处的错台。BAILI 夹具的间距竖向控制在 1500mm 以内，横向控制在 900mm 以内。

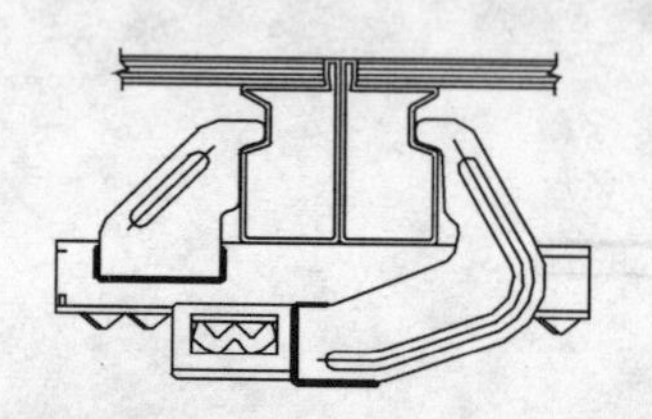

图 3-8　两块模板连接示意图

此模板的工作机理及相关部位的施工处理如图 3-7～图 3-11 所示。

穿墙使用 T20 穿墙螺栓，带 PVC 套管，套管两头带伞形塑料堵头，既用于模板限位，同时也用于穿墙孔眼限位和防止面板孔眼漏浆。立面的视觉效果也较理想。此处理办法已被欧美国家广泛采用，详见图 3-12～图 3-13。

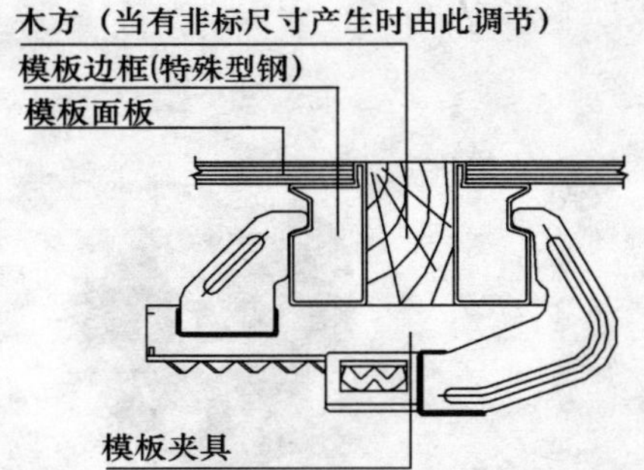


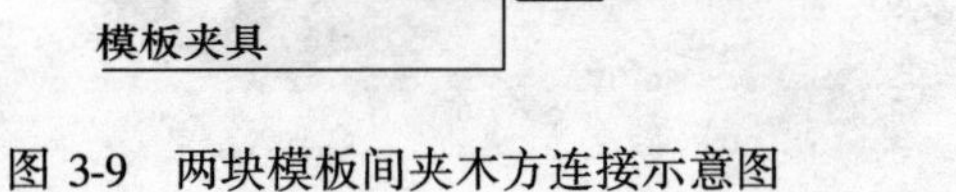


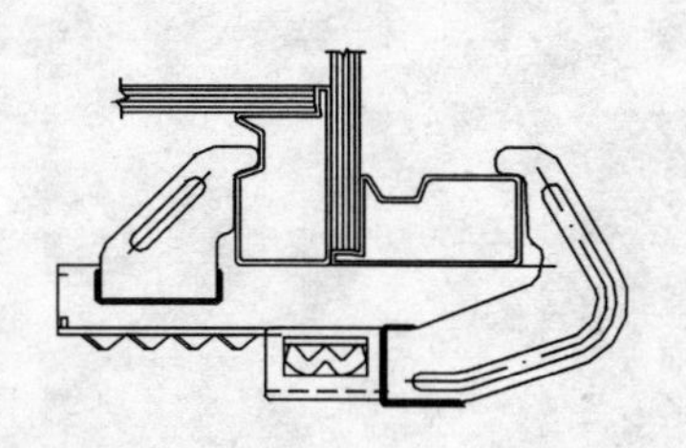

图 3-9　两块模板间夹木方连接示意图　　　　图 3-10　墙体转角模板连接示意图

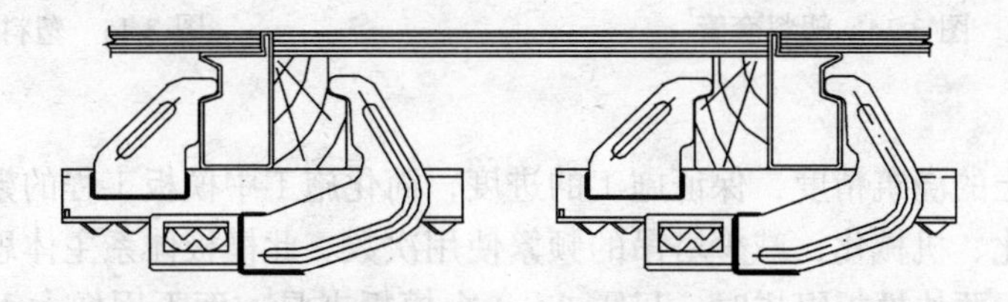

图 3-11　两块模板间非标板尺寸较大时连接示意图

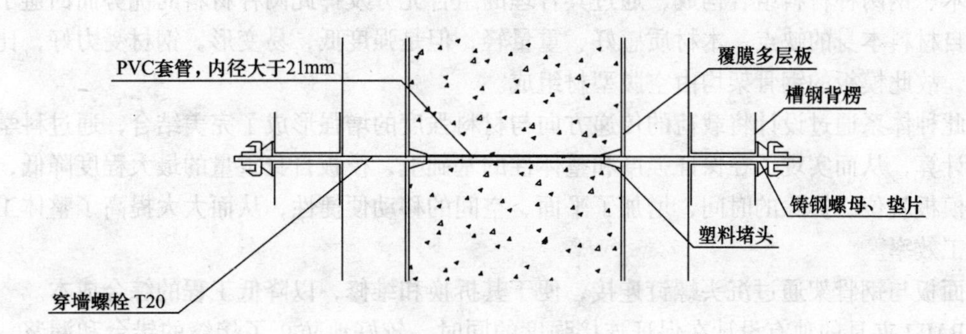


图 3-12　支模状态

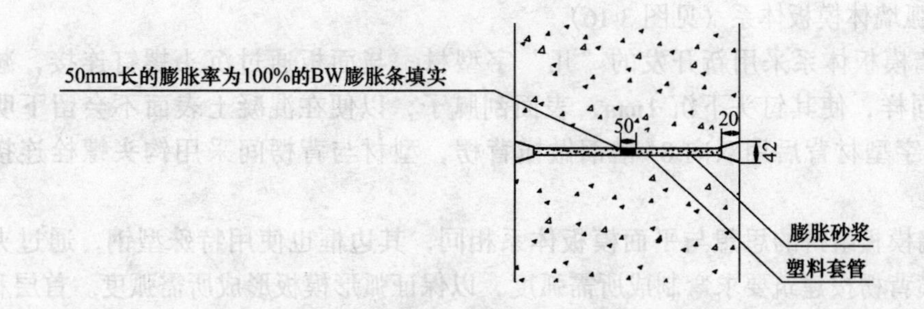


图 3-13　拆模状态

塑料套管（见图 3-14）的两端头套上塑料堵头套管（见图 3-15），既防止了漏浆，又起到模板定位作用，效果较好。

模板拆除后，孔眼内塞 BW 膨胀止水条和膨胀砂浆。墙体混凝土穿墙孔眼处理的立面效果较好。

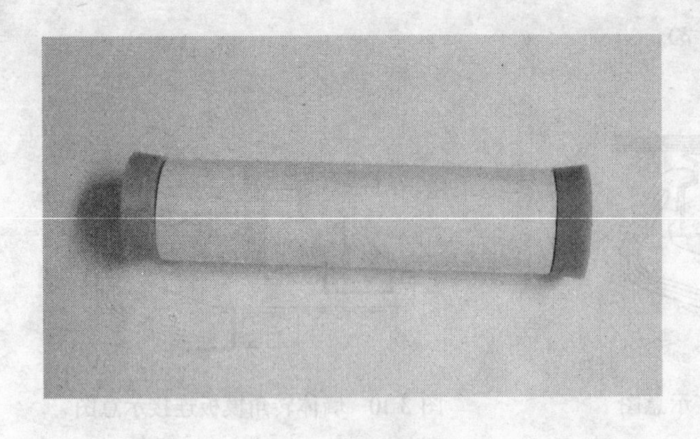

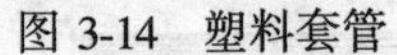

图 3-14 塑料套管

图 3-15 塑料堵头套管

体系优势：

为保证混凝土的浇筑精度，保证施工的进度，简化施工中模板工程的繁杂劳动及提高施工作业的标准化、机械化，减少塔吊的频繁使用次数。此模板体系主体思想采用了模板夹具来连接模板，两块模板组拼时，只需 3～4 个模板夹具，而不用像大钢模板那样，采用很多螺栓连接，且模板比较轻质。机械台班紧张时，可以采用人工搬运进行操作。此体系由木、钢两种材料组合构成，通过其合理的组合充分发挥此两种材料的优势而回避了它们各自材料本身的缺点。木材质感好、重量轻，但是强度低，易变形。钢材受力好，比较笨重，故此模板的钢骨架均由空腹型材组成。

此种体系通过设计将载荷的传递方向与材料强度的增强形成了完美结合，通过科学合理的计算，从而实现了在保证强度和整体性的基础上，模板自身重量的最大程度降低，减少了模板就位、拆除的时间，增加了平面、空间的移动便捷性，从而大大提高了整体工程的施工效率。

面板与钢骨架通过沉头螺钉连接，便于其拆换和维修，以降低工程的综合成本。

BAILI 夹具的独有设计在保证连接强度的同时，较好地防止了接缝的错台和漏浆。彻底淘汰了效率低下的螺钉连接，极大提高了安装就位速度。

2）圆弧墙体模板体系（见图 3-16）

圆弧墙模板体系采用新开发的“几”字型材，与面板通过沉头螺钉连接，减少外露印迹；同样，使其钉头下沉 1mm，表面刮腻子，以便在混凝土表面不会留下明显痕迹。“几”字型材背后用双向 $8^{\#}$ 槽钢做横背楞，型材与背楞间采用钩头螺栓连接（见图 3-17）。

圆弧墙模板组拼的思想与平面模板体系相同，其边框也使用特殊型钢，通过夹具连接，受力横背楞按建筑要求弯制成所需弧度，以保证弧形模板形成所需弧度。首层和 2 层按层高制作模板，施工完毕后，到标准层截去其高出部分，以满足标准层模板的施工，如图 3-18 所示。

3）方柱模板体系

为保证方柱模板的可周转性与可调节性，此模板体系采用钢制的可调柱模，面板采用 6mm 厚钢板，横竖肋采用角钢，可调柱模如图 3-19 所示。根据层高，模板在高度方向存在接高，相互间通过螺栓连接。接高时需加强的地方采用加强背楞。此模板体系的支撑稳

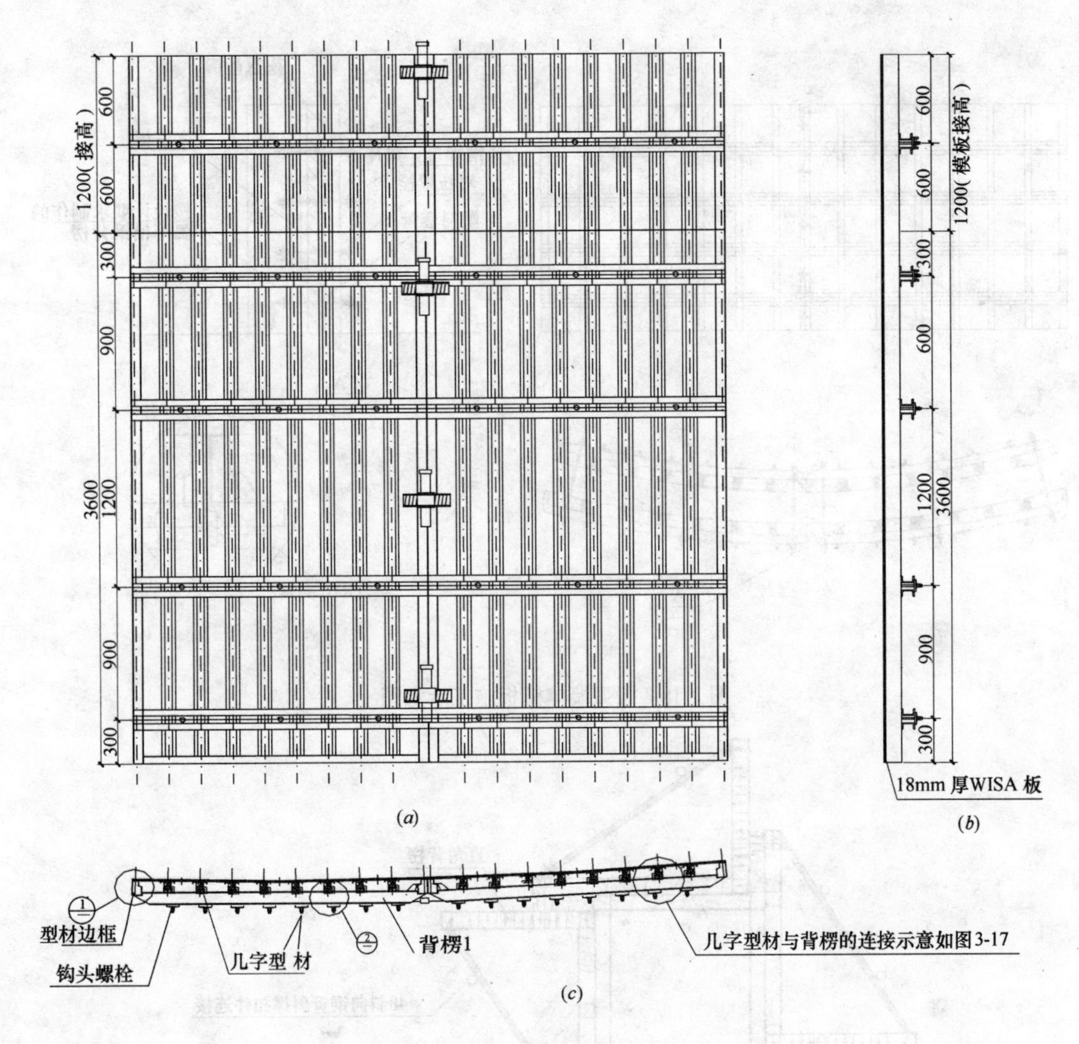


图 3-16 圆弧模板结构图

(a) 正视展开图；(b) 侧视图；(c) 俯视图

固系统，采用钢管等与直角背楞上的钢管进行连接加固。

4）洞口模板

洞口模板采用组合式门窗洞口模板，如图 3-20 所示。

板面板为 18mm 厚 WISA 板，背筋为双[5 槽钢，角部节点采用角钢夹具，相互之间通过钢管扣件连接。

（3）模板力学计算书

1）圆弧墙模板

仁达科教中心圆弧墙混凝土模板面板采用 18mm 厚 WISA 板；竖筋采用 80mm 几字型梁，间距 250mm；背楞为双[8 槽钢，间距 1200mm。

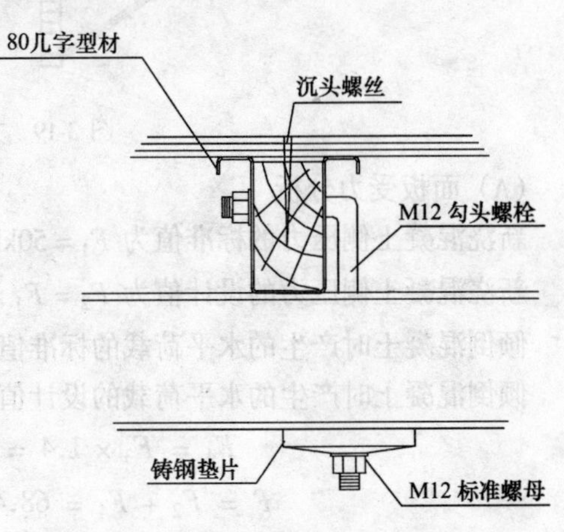


图 3-17 几字型材与背楞的连接示意图

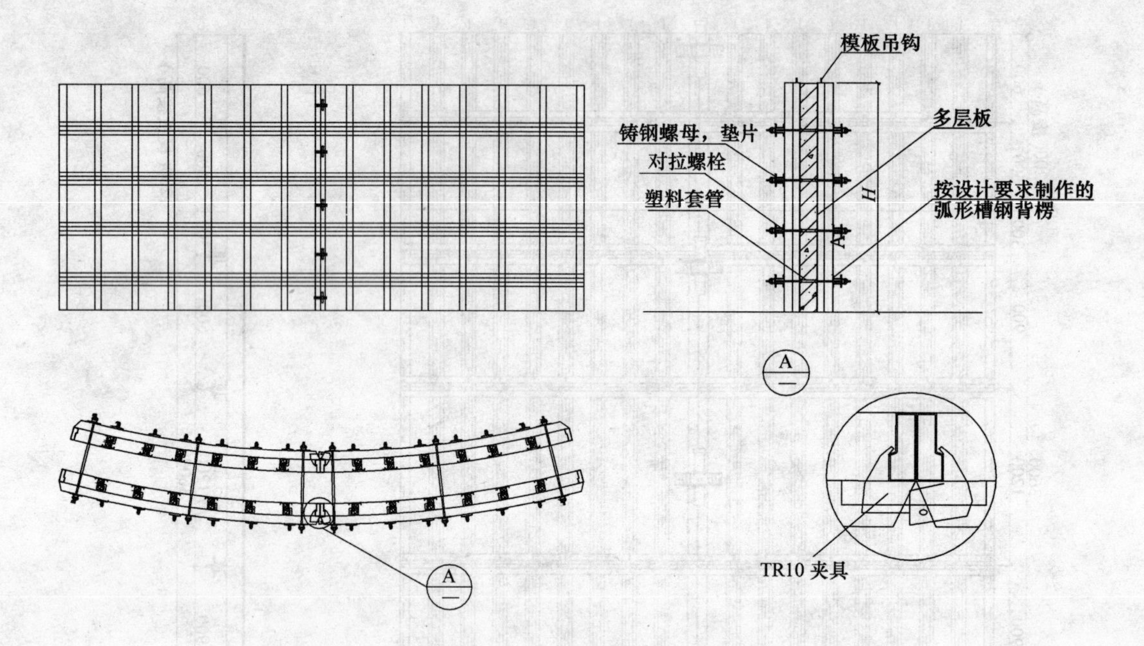


图 3-18　圆弧墙体模板施工示意图

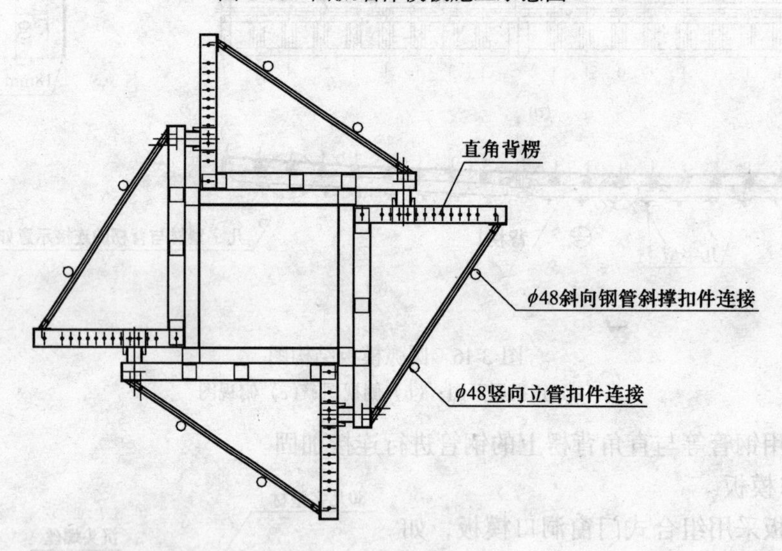


图 3-19　方柱模板体系

（A）面板受力分析

新浇混凝土侧压力的标准值为 $F_1 = 50\text{kN/m}^2$；

新浇混凝土侧压力的设计值为 $F_2 = F_1 \times 1.2 = 50 \times 1.2 = 60\text{kN/m}^2$；

倾倒混凝土时产生的水平荷载的标准值为 $F_3 = 6\text{kN/m}^2$；

倾倒混凝土时产生的水平荷载的设计值为

$$F_4 = F_3 \times 1.4 = 6 \times 1.4 = 8.4\text{kN/m}^2$$

$$F = F_2 + F_4 = 68.4\text{kN/m}^2 = 0.0684\text{N/mm}^2$$

型钢间距为 250mm，面板支撑间距为 163mm。

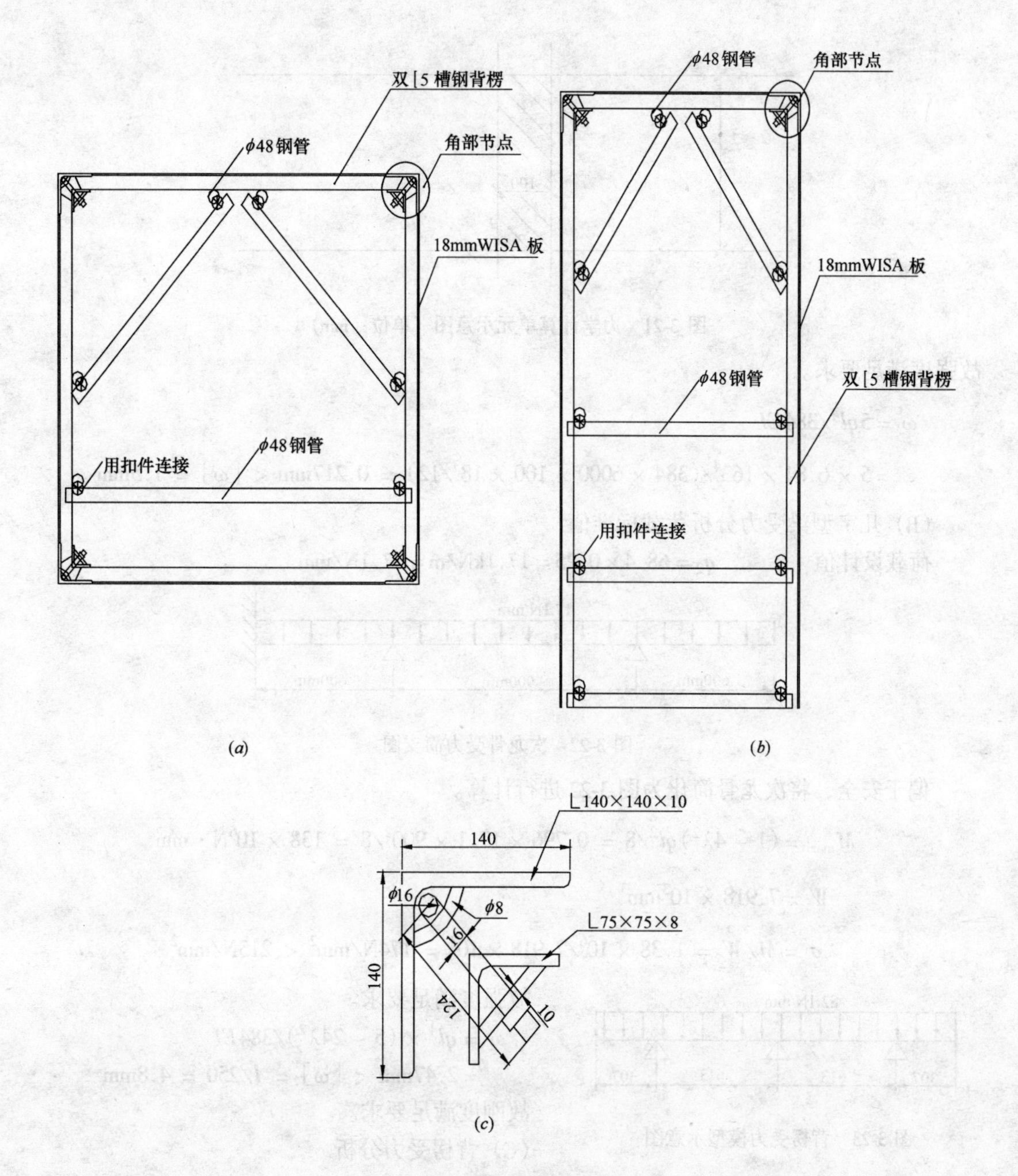


图 3-20 洞口模板

（a）窗洞模；（b）门洞模；（c）角部节点

因 $l/b>2$，所以为单向板，取 100mm 宽板作为计算对象（见图 3-21）。

$$q_1 = 0.0684 \times 100 = 6.84\text{N/mm}$$

$$M = 0.083 q_1 \times l^2/2 = 0.083 \times 6.84 \times 163^2/8 = 1885\text{N} \cdot \text{mm}$$

$$W = bh^2/6 = 100 \times 18^2/6 = 5400\text{mm}^3$$

$$\sigma = M/W = 0.35\text{N/mm}^2 < 6\text{N/mm}^2$$

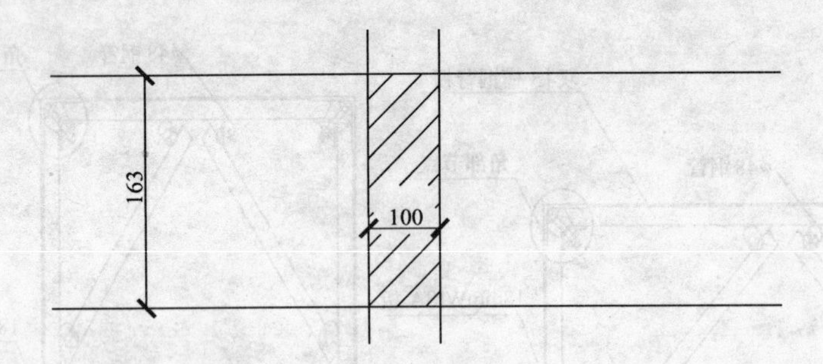


图 3-21　力学计算单元示意图（单位：mm）

故强度满足要求。

$$\omega = 5ql^4/384EI$$

$$= 5 \times 6.84 \times 163^4/(384 \times 6000 \times 100 \times 18^3/12) = 0.217\text{mm} < [\omega] = 1.5\text{mm}$$

（B）几字型梁受力分析荷载标准值

荷载设计值　　　$q_2 = 68.4 \times 0.25 = 17.1\text{kN/m} = 17.1\text{N/mm}$

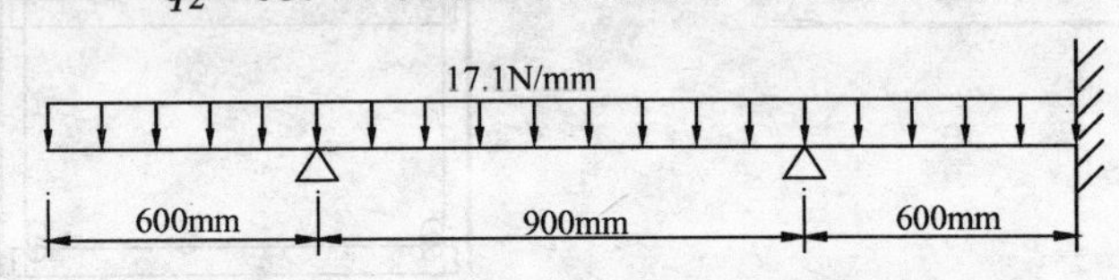


图 3-22　次龙骨受力简支图

偏于安全，将次龙骨简化为图 3-22 进行计算。

$$M_{\max} = (1 - 4\lambda^2)ql^2/8 = 0.796 \times 17.1 \times 900^2/8 = 138 \times 10^6\text{N} \cdot \text{mm}$$

$$W = 7.918 \times 10^3\text{mm}^3$$

$$\sigma = M/W = 1.38 \times 10^6/7.918 \times 10^3 = 174\text{N/mm}^2 < 215\text{N/mm}^2$$

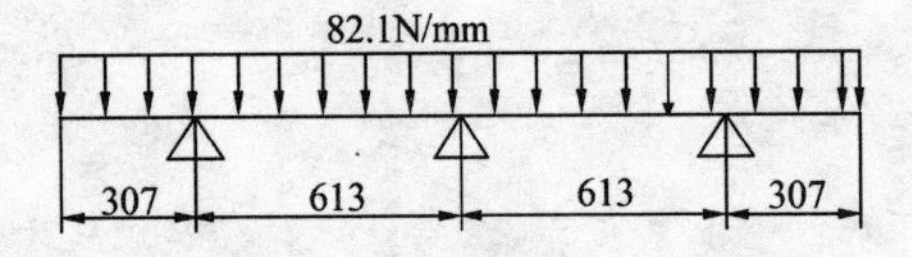


图 3-23　背楞受力模型示意图

故强度满足要求。

$$\omega = ql^4 \times (5 - 24\lambda^2)/384EI$$

$$= 2.47\text{mm} < [\omega] = l/250 = 4.8\text{mm}$$

故刚度满足要求。

（C）背楞受力分析

荷载设计值 $q_3 = F \times 1.2 = 68.4 \times 1.2 = 82.1\text{kN/m} = 82.1\text{N/mm}$

穿墙螺栓为模板的支撑，偏于安全，背楞简化为图 3-23 所示模型进行验算。

$$M = l(5 - 6\lambda^2)/16 + ql^2 \times (1 - 2\lambda^2)/8$$

$$= 1.93 \times 10^6\text{N} \cdot \text{mm}$$

$$W = 2 \times 25.3 \times 10^3\text{mm}^3$$

$$\sigma = M/W = 1.93 \times 10^6/(2 \times 25.3 \times 10^3) = 38.1\text{N/mm}^2 < 215\text{N/mm}^2$$

故强度满足要求。

$$\omega = qml^3/(48EI) \times (-1 + 6\lambda^2 + 6\lambda^3)$$
$$= 82.1 \times 307 \times 613^3/(48 \times 2.06 \times 10^5 \times 2 \times 101 \times 10^4)$$
$$\times (-1 + 6 \times 0.5^2 + 6 \times 0.5^3)$$
$$= 0.363\text{mm} < [\omega] = 1.5\text{mm}$$

故刚度满足要求。

2）直墙部分

直墙部分模板面板采用18mm厚WISA板；边框部分采用型材边框；横筋采用40mm×100mm×2mm的方钢管，间距300mm；竖筋采用100mm×100mm×3mm的方钢管，间距900mm。

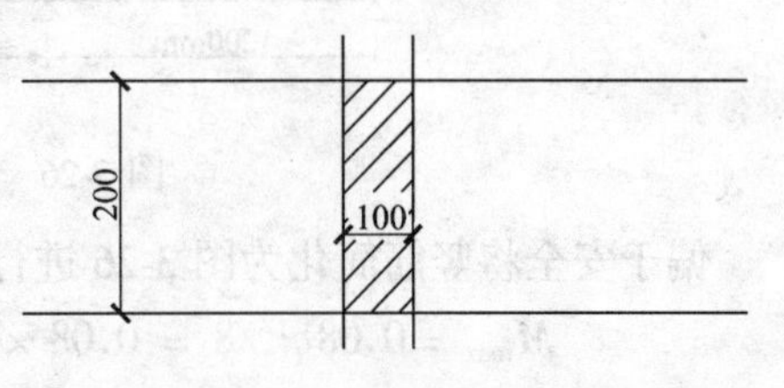

图 3-24 平面模板面板受力计算单元示意图

（A）面板受力分析

新浇混凝土的侧压力标准值为 $F_1 = 50\text{kN/m}^2$；

新浇混凝土侧压力的设计值为 $F_2 = F_1 \times 1.2 = 50 \times 1.2 = 60\text{kN/m}^2$；

倾倒混凝土时产生的水平荷载的标准值为 $F_3 = 6\text{kN/m}^2$；

倾倒混凝土时产生的水平荷载的设计值为

$$F_4 = F_3 \times 1.4 = 6 \times 1.4 = 8.4\text{kN/m}^2$$
$$F = F_2 + F_4 = 68.4\text{kN/m}^2 = 0.0684\text{N/mm}^2$$

方钢管间距为300mm，面板支撑间距为200mm。

因 $l/b > 2$，所以为单向板，取100mm宽板作为计算对象，如图3-24所示。

$$q_1 = 0.0684 \times 100 = 6.84\text{N/mm}$$
$$M = 0.083q_1 \times l^2/8 = 0.083 \times 6.84 \times 200^2/8 = 2838.6\text{N}\cdot\text{mm}$$
$$W = bh^2/6 = 100 \times 18^2/6 = 5400\text{mm}^3$$
$$\sigma = M/W = 0.53\text{N/mm}^2 < 6\text{N/mm}^2$$

故强度满足要求。

$$\omega = 5ql^4/384EI$$
$$= 5 \times 6.84 \times 200^4/(384 \times 6000 \times 100 \times 18^3/12) = 0.49\text{mm} < [\omega] = 1.5\text{mm}$$

故刚度满足要求。

（B）横筋受力分析

$$q_2 = 0.0684 \times 300 = 19.44\text{N/mm}$$

竖筋间距为900mm，所以，横筋简化为图3-25进行计算。

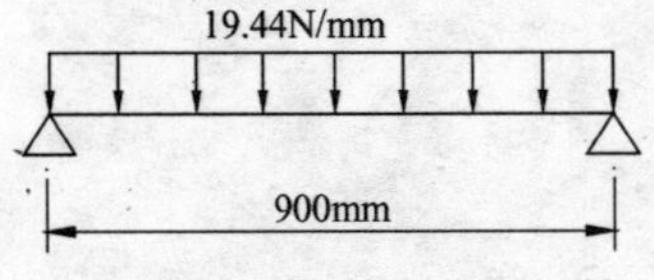

图 3-25 模板横筋受力计算示意图

$$M = q_2l^2/8 = 19.44 \times 900^2/8 = 1968300\text{N}\cdot\text{mm}$$
$$W = 15503.5\text{mm}^3$$
$$\sigma = M/W = 126.95\text{N/mm}^2 < 215\text{N/mm}^2$$

故强度满足要求。

$$\omega = 5ql^4/384EI = 5 \times 19.44 \times 900^4/(384 \times 2.06 \times 10^5 \times 775178.7)$$

$$=1.04 < [\omega] = 1.5\text{mm}$$

故刚度满足要求。

（C）竖筋受力分析

$$q_3 = 0.0684 \times 900 = 61.56\text{N/mm}$$

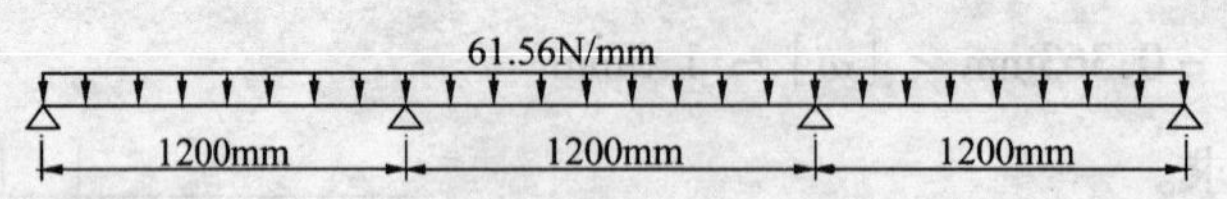


图 3-26　模板竖筋受力计算简图

偏于安全将竖筋简化为图 3-26 进行计算。

$$M_{\max} = 0.08ql^2/8 = 0.08 \times 61.56 \times 1200^2/8 = 8.86 \times 10^5\text{N} \cdot \text{mm}$$

$$W = 22423.84\text{mm}^3$$

$$\sigma = M/W = 8.86 \times 10^5/36541.84 = 24.246\text{N/mm}^2 < 215\text{N/mm}^2$$

故强度满足要求。

$$\omega = qml^3 \times (-1 + 4\lambda^2 + 3\lambda^3)/(24EI)$$

$$= 61.56 \times 600 \times 1200^3 \times (-1 + 4 \times 0.5^2 + 3 \times 0.5^3)/(24 \times 2.06 \times 10^5 \times 1827092)$$

$$= 2.65\text{mm} < [\omega] = l/250 = 4.8\text{mm}$$

故刚度满足要求。

3）可调柱模受力分析

（A）荷载计算

新浇混凝土的侧压力标准值为 $F_1 = 75\text{kN/m}^2$；

新浇混凝土侧压力的设计值为 $F_2 = F_1 \times 1.2 = 75 \times 1.2 = 90\text{kN/m}^2$；

倾倒混凝土时产生的水平荷载的标准值为 $F_3 = 6\text{kN/m}^2$；

倾倒混凝土时产生的水平荷载的设计值为

$$F_4 = F_3 \times 1.4 = 6 \times 1.4 = 8.4\text{kN/m}^2$$

对于一般的钢模板，其荷载设计值可乘以 0.85 的调整系数，所以，柱子钢模面板所受的荷载设计值为

$$F = 0.85(F_2 + F_4) = 0.85 \times (90 + 8.4) = 84\text{kN/m}^2 = 0.084\text{N/mm}^2$$

即　　$q_0 = 0.084\text{N/mm}^2$。

（B）面板的受力分析

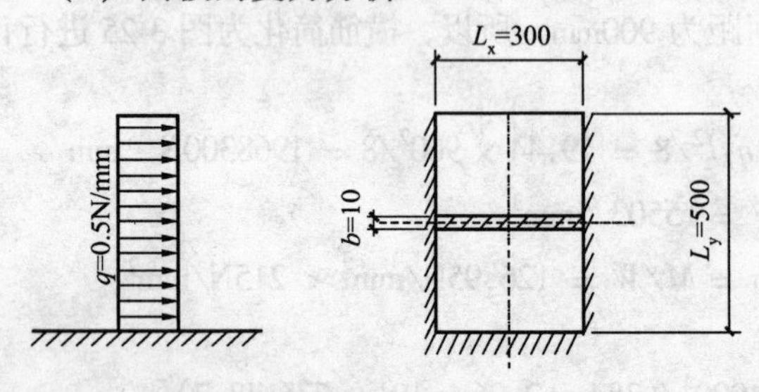


图 3-27　面板受力分析简图

此模板的面板结构形式为双向面板，取面板中的一个区格作为计算单元。根据荷载情况，以三边固定、一边简支的区格为最不利情况，因此，以这种区格的满载为计算依据，其计算简图如图 3-27 所示。

面板厚度为 $h = 6\text{mm}$，取单元格 $L_x$

$\times L_y = 300\text{mm} \times 500\text{mm}$ 进行受力分析，由 $L_x/L_y = 0.6$，查《建筑结构静力计算手册》得，弯矩最大系数：$K_{m_x^0} = 0.0814$，最大挠度系数：$K_f = 0.00249$。

取 $b = 10\text{mm}$ 宽的板条计算，荷载为：

$$q = q_0 \times b = 0.084 \times 10 = 0.84\text{N/mm}$$

强度计算：

面板所受的最大弯矩：$M_{max} = K_{m_x^0} q L_x^2 = 0.0814 \times 0.84 \times 300^2 = 6154\text{N·mm}$

截面的抵抗矩：$W_x = W_y = \frac{1}{6}bh^2 = \frac{1}{6} \times 10 \times 6^2\text{mm}^3 = 60\text{mm}^3$

所以 $\sigma_{max} = \frac{M_{max}}{\gamma_x W_x} = \frac{6154}{1 \times 60}\text{N/mm}^2 = 102.6\text{N/mm}^2 < f = 215\text{N/mm}^2$，满足要求。

挠度计算：

$$f_{max} = K_f F_1 L_x^4 / K$$

$$K = \frac{Eh^3 b}{12(1 - v^2)} = \frac{206000 \times 6^3 \times 10}{12 \times (1 - 0.3^2)} = 4.08 \times 10^6\text{N} \cdot \text{mm}$$

所以，面板的挠度为

$$f_{max} = 0.00249 \times 0.05 \times 300^4 / 4.08 \times 10^6 = 0.25\text{mm}$$

$$[v] = \frac{L_x}{500} = \frac{300}{500} = 0.6\text{mm}$$

$f_{max} < [v]$ 满足工程要求。

(C) 柱背楞的受力分析

墙连柱部分的柱可按独立柱进行计算；柱子按最不利截面尺寸 1600mm × 1600mm 计算，侧压力和倾倒混凝土产生的荷载设计值合计为 $84\text{kN/m}^2$，采用［100 × 48 × 5 槽钢做柱箍柱箍间距为 1050mm，计算其强度和刚度，计算简图如图 3-28 所示。

$$q = F \cdot l_1 \times 0.85 = 84 \times 10^3 \times 1050 \times 0.85 / 10^6 = 74.97\text{N/mm}^2$$

强度计算：

查得 10［2：

$$W_x = 79.4 \times 10^3\text{mm}^3, I_x = 396 \times 10^4\text{mm}^4。$$

截面所受的弯矩：

$$M_{max} = \frac{1}{24} q L_x^2 = \frac{1}{24} \times 74.97 \times 1600^2 = 7996800\text{N} \cdot \text{mm}$$

截面所受的最大应力：

$$\sigma_{max} = \frac{M_{max}}{\gamma_{max} W_{下}} = \frac{7996800}{1 \times 79.4 \times 10^3} = 100.7\text{N/mm}^2 < f = 215\text{N/mm}^2$$

挠度计算：

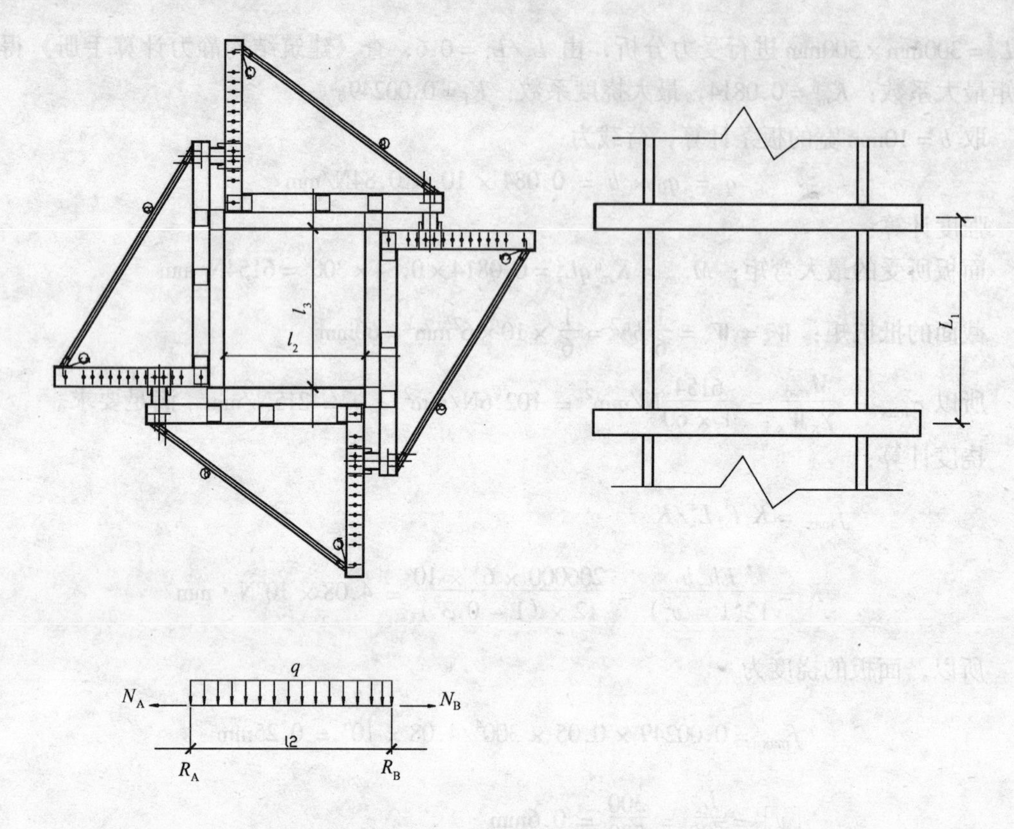


图 3-28　方柱模受力分析图

$$q = 75 \times 1.2 \times 0.85 \times 1050 \times 0.85 = 68.28\text{N/mm}^2$$

$$f_{\max} = \frac{qL_x^4}{384EI} = \frac{68.28 \times 1600^4}{384 \times 2.06 \times 10^5 \times 3960000} = 1.43\text{mm} < [v] = \frac{1050}{500} = 2.1\text{mm}$$

满足工程要求。

(4) 墙模细部节点的处理

1) 丁字墙、阴阳角

丁字墙处模板采用单配的方式，不足量可在模板间夹木方以满足其调节。施工时，也将模板延长到另一开间，与该开间内的另一侧模板用穿墙杆拉结，但得符合其模数要求，以减少异形量的投入。

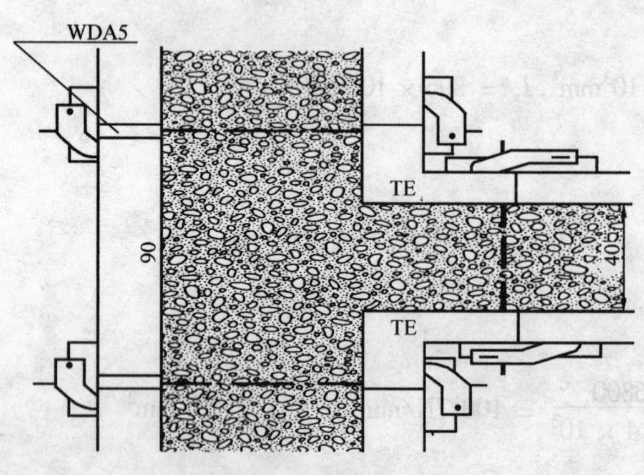


图 3-29　丁字墙施工方案

阳角处连接使用 BAILI 夹具，阴角部位用阴角模，模板间的连接也采用模板夹具，具体的施工方法见图 3-29 和图 3-30。为防止水泥砂浆从阳角接缝处渗出，木胶合板端与板面的结合处背面需贴上密封条，以防漏浆。必要时，需增加模板夹具、加强背楞等进行加固。

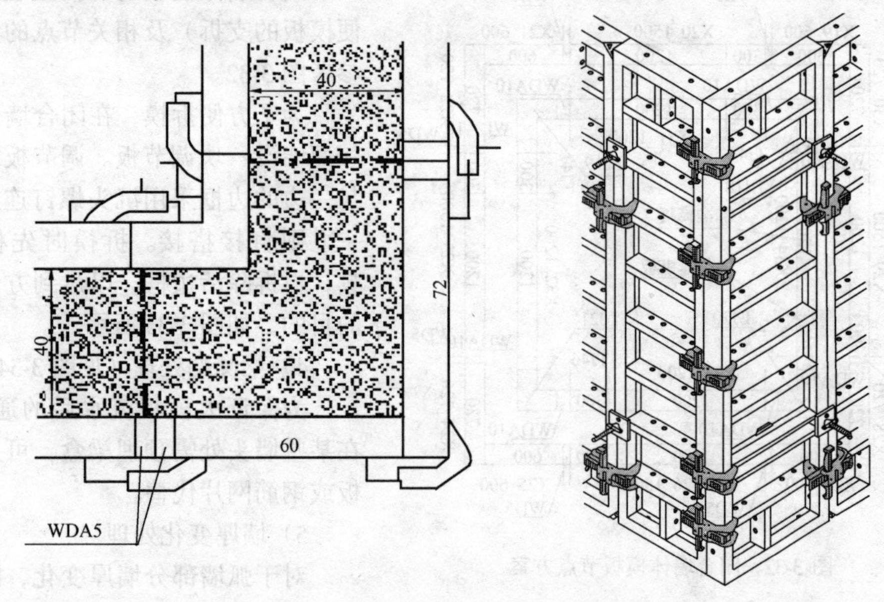


图 3-30 阴阳角模板施工方案

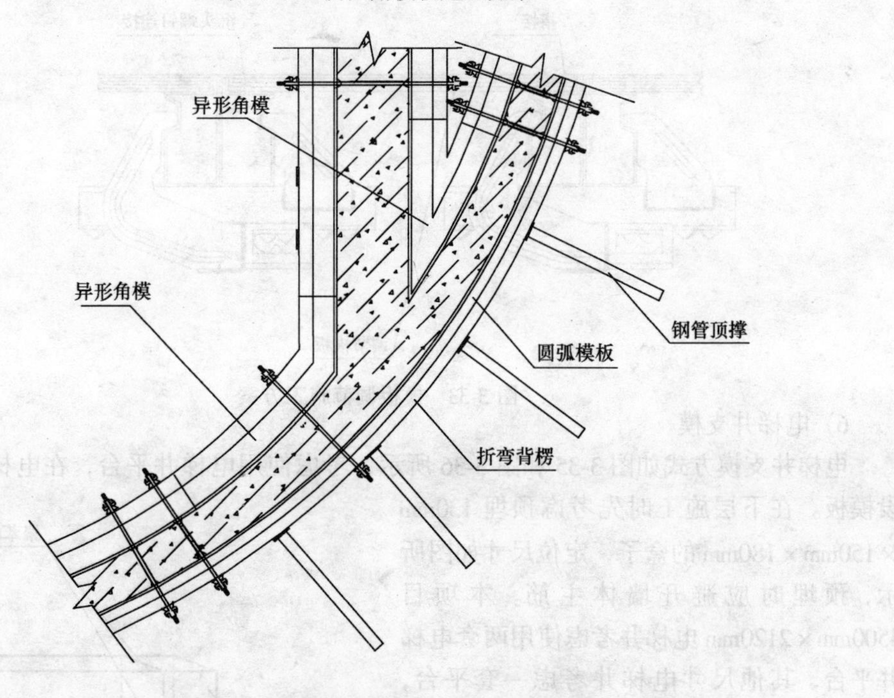


图 3-31 圆弧墙与直墙相连部位的施工方案

2）圆弧墙与直墙连接处的角部处理（见图 3-31）

圆弧墙与直墙连接处的角部处理，需加工异形角模，边框也采用特殊型钢的形式，以便与平面墙体模板体系和圆弧墙体模板体系进行连接处理，端头不能使用穿墙螺栓的部分，需局部采用钢管和可调 U 托的形式进行加固。异形角模为钢模板。

3）闭合墙体处理

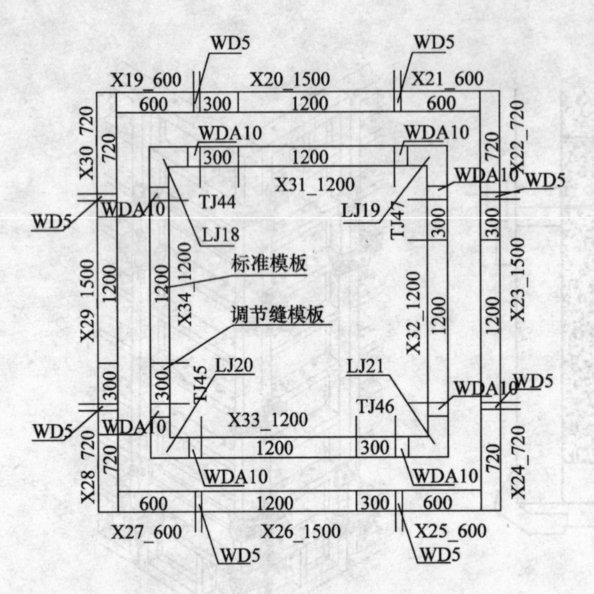


图 3-32　闭合墙体模板节点方案

闭合墙体模板的可调处理（以方便模板的支拆）及相关节点的处理可参考图 3-32。

为了方便拆摸，在闭合墙体中每一面墙设一块调节板。调节板的面板与一边的边框采用沉头螺钉连接，另一边则直接搭接。拆模时先松开夹具，再拆除活边框，以达到方便拆模的目的，如图 3-33 所示。

4）梁窝的处理（见图 3-34）

为保证大模板流水后的通用性，在某些墙头处需预埋梁盒，可用聚苯板或钢筋网片代替。

5）墙厚变化处理

对于弧墙部分墙厚变化，因其曲率不同，只能重新加工弧形模板；对于直墙，可以采用增减调节木方的方法来解决。

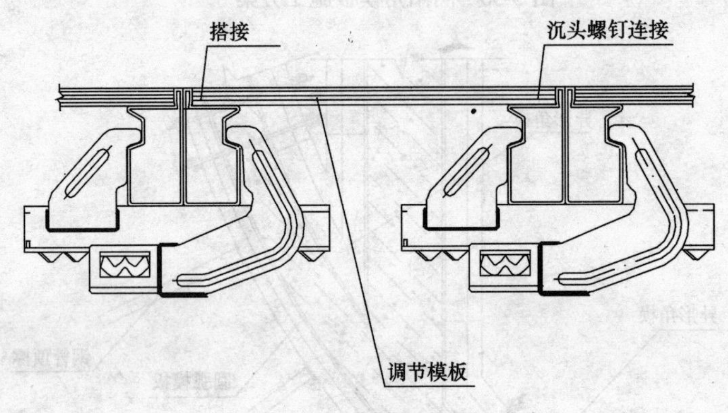


图 3-33　模板调节施工方案

6）电梯井支模

电梯井支摸方式如图 3-35 和图 3-36 所示，考虑使用电梯井平台，在电梯井平台上支设模板。在下层施工时先考虑预埋 130mm × 150mm × 180mm 的盒子，定位尺寸如图所示，预埋时应避开墙体主筋。本项目 4500mm × 2120mm 电梯井考虑使用两套电梯井平台，其他尺寸电梯井考虑一套平台，共配置 10 套电梯井平台。

### 3.4.2　钢筋工程

钢筋加工场地布置在拟建工程南侧，钢筋进料口为南门。

工程各主要部位水平和竖向结构钢筋连接方式见表 3-2。

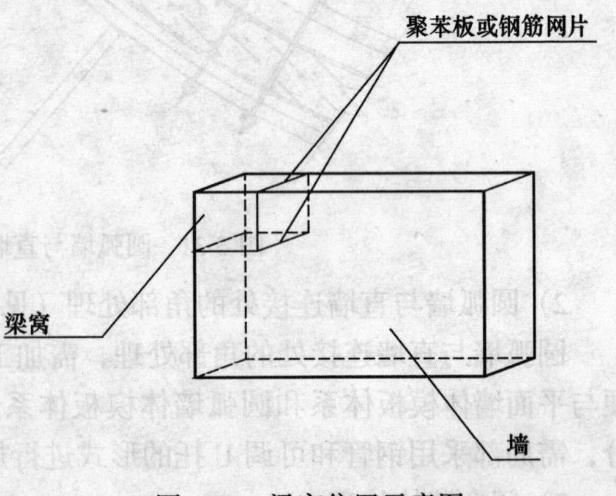


图 3-34　梁窝位置示意图

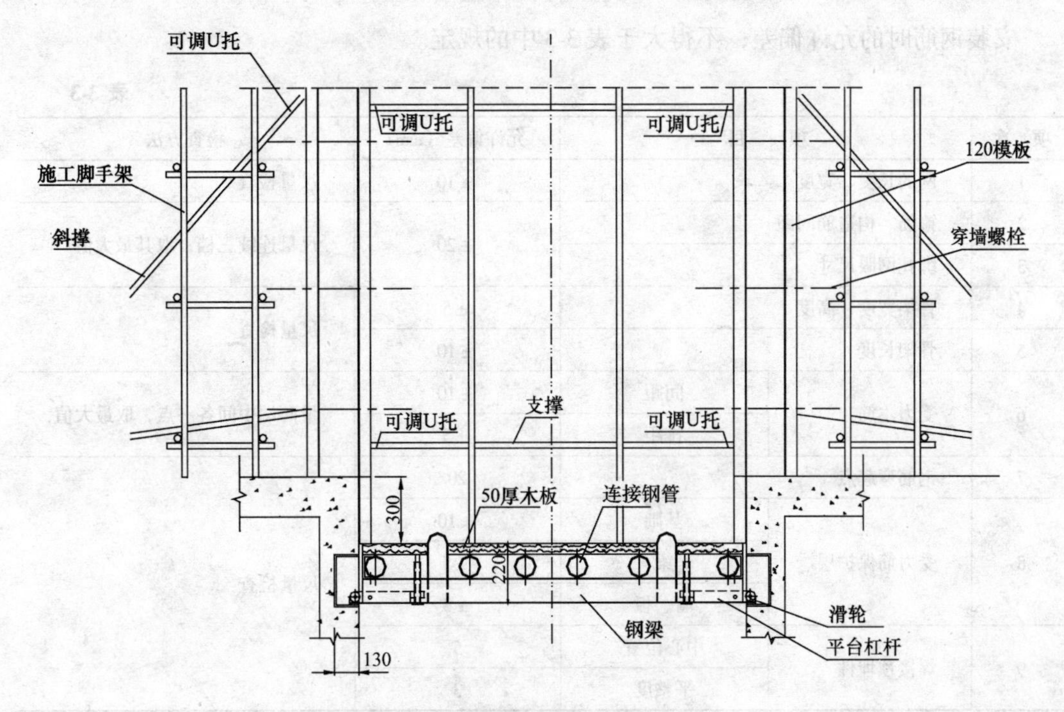


图 3-35 电梯井内筒立面示意图

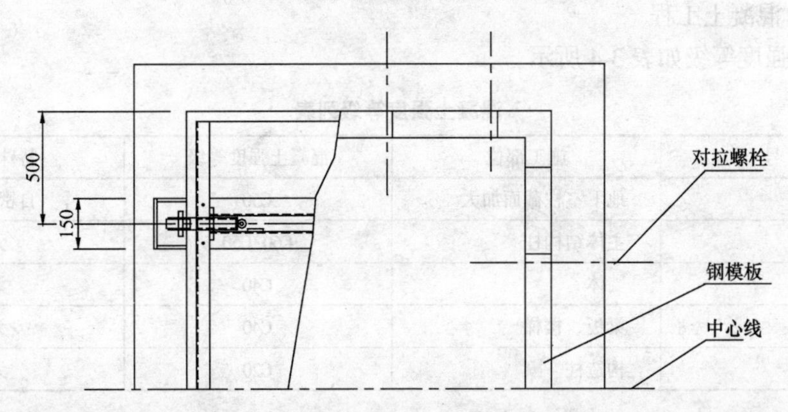


图 3-36 电梯井内筒平面示意图

选用钢筋及连接方式列表 表 3-2

| 序号 | 施工部位 | 主要钢筋直径 | 钢筋连接方式 | 新工艺或新技术 | 其他要求 |
|---|---|---|---|---|---|
| 1 | 墙体暗柱 | 18、20、22、25、28 | 机械连接 | 滚压直螺纹 | |
| 2 | 墙体钢筋 | 12、14、16、18 | 搭 接 | | |
| 3 | 框 架 柱 | 25、28 | 机械连接 | 滚压直螺纹 | |
| 4 | 梁 | 18、20、25 | 机械连接 | 滚压直螺纹 | |
| 5 | 楼板楼梯 | 10、12、14、16 | 搭 接 | | |

说明：梁、竖向构件钢筋直径大于或等于 16mm 的为 HRB400 级钢；楼板钢筋直径大于或等于 12mm 的为 HRB335 级钢。

安装钢筋时的允许偏差，不得大于表 3-3 中的规定。

**表 3-3**

<table>
<tr><th>项 次</th><th colspan="2">项 目</th><th>允许偏差（mm）</th><th>检查方法</th></tr>
<tr><td>1</td><td colspan="2">网的长度、宽度</td><td>±10</td><td>尺量检查</td></tr>
<tr><td>2</td><td colspan="2">箍筋、构造筋间距</td><td rowspan="2">±20</td><td rowspan="2">尺量连续三档，取其最大值</td></tr>
<tr><td>3</td><td colspan="2">绑扎网眼尺寸</td></tr>
<tr><td>4</td><td colspan="2">骨架宽度、高度</td><td>±5</td><td rowspan="2">尺量检查</td></tr>
<tr><td>5</td><td colspan="2">骨架长度</td><td>±10</td></tr>
<tr><td rowspan="2">6</td><td rowspan="2">受力主筋</td><td>间距</td><td>±10</td><td rowspan="2">量两端中间各一点，取最大值</td></tr>
<tr><td>排距</td><td>±5</td></tr>
<tr><td>7</td><td colspan="2">钢筋弯起点</td><td>20</td><td rowspan="6">尺量检查</td></tr>
<tr><td rowspan="3">8</td><td rowspan="3">受力筋保护层</td><td>基础</td><td>±10</td></tr>
<tr><td>梁</td><td>±5</td></tr>
<tr><td>墙、板</td><td>±3</td></tr>
<tr><td rowspan="2">9</td><td rowspan="2">焊接预埋件</td><td>中心位置</td><td>5</td></tr>
<tr><td>平整度</td><td>3</td></tr>
</table>

### 3.4.3 混凝土工程

混凝土强度等级如表 3-4 所示。

**混凝土强度等级列表** **表 3-4**

| 序 号 | 施工部位 | 混凝土强度等级 | 特殊要求 |
| --- | --- | --- | --- |
| 1 | 地下室柱截面加大 | C50 | 自密性能 |
| 2 | 主体结构柱 | C60/C50 | 无 |
| 3 | 墙体 | C40 | 无 |
| 4 | 梁板、楼梯 | C40 | 无 |
| 5 | 构造柱 | C20 | 无 |

（1）混凝土方案执行《混凝土结构工程施工质量验收规范》（GB 50204—2002），并满足北京市结构长城杯的要求。

（2）混凝土采用商品混凝土。商品混凝土搅拌站的选择在满足有关技术要求的前提下，运输时间不应超过 30min。

（3）混凝土浇筑以泵送为主，混凝土输送采用 100m 扬程柴油泵 HBT-80，并配置布料器一台，实际输送混凝土能力要求 $30m^3/h$ 以上；部分柱混凝土浇筑，考虑塔吊配合。

（4）施工缝的设置：柱的水平施工缝留在梁底，梁板垂直施工缝设置在跨中 1/3 范围内，楼梯施工缝设置在梯段 1/3 范围内。

施工缝的处理：施工缝处需待已浇筑混凝土的抗压强度不小于 1.2MPa 时才能继续浇筑。在施工缝处继续浇筑混凝土时，要把已硬化的混凝土表面水泥薄膜和松动石子以及软弱混凝土层清除干净，并加以充分润湿和冲洗干净，且不得积水。在浇筑混凝土前，先在施工缝处铺设一层与混凝土配比成分相同的约 50mm 厚的水泥砂浆，然后浇筑混凝土。

### 3.4.4　砌筑工程

本工程采用外墙及内隔墙采用200mm厚陶粒混凝土空心砌块砌筑，11和12号电梯井道采用MU20蒸压粉煤灰砖和M10混合砂浆砌筑。

施工工艺：

拌制砂浆→施工准备（放线、立皮数杆等）→排砖撂底→砌墙。

砌筑工程施工前需编制单项方案。

### 3.4.5　预应力混凝土工程

本工程部分楼板采用无粘结预应力混凝土，材料选用15.2（1×7），$f_{ptk}=1860N/mm^2$，无粘结预应力的张拉要求在混凝土强度达到100%后进行。预应力工程施工前，需编制预应力混凝土工程施工方案。

（1）无粘结预应力板施工工艺流程

制定预应力施工方案→加工预应力筋、锚具、承压铁板、螺旋筋、马凳→预应力相关材料入库、检验→绑扎非预应力筋底筋→在板模上划出无粘结筋水平位置→无粘结筋铺设→固定马凳→预应力筋端部承压铁板、螺旋筋安装和固定→检查预应力筋铺放质量→张拉设备检查、标定→张拉预应力筋→切割。

（2）施工要点

1）预应力筋下料和制束

本工程预应力筋在预应力筋和锚具复检合格后，下料和制束方可进行。下料长度应综合考虑其曲率、锚固端保护层厚度、张拉伸长值及混凝土压缩变形等因素，并应根据不同的张拉方式和锚固形式预留张拉长度。

2）预应力筋及锚具的运输、存放

按施工进度的要求及时将预应力筋、锚具和其他配件运到工地。在铺放前，应将预应力筋堆放在干燥平整的地方，下面要有垫木，上面要有防雨设施，锚具、配件要存放在指定工具房内。

在运输和吊装过程中尤其注意保护无粘结预应力筋包裹层；如有破损，必须及时用塑料粘胶带包扎，胶带搭接宽度不应小于胶带宽。

3）预应力筋的定位和铺设

预应力筋定位采用定位钢筋和马凳，定位钢筋的直径为10mm，HPB235级钢，马凳间距不大于2m。

4）预应力筋遇洞口时的处理

洞口尺寸小于500mm时，按规范规定进行绕洞处理。

当洞口尺寸大于500mm时，视洞口用途按直接从洞中穿过，均匀分布在洞口两侧，采用断筋增加张拉端或固定端等方法进行处理。

5）混凝土浇筑

（A）预应力筋及有关组件铺设安装完毕后，进行隐蔽工程验收。包括预应力筋、预留孔道品种、规格、数量、位置及排气灌浆孔、螺旋筋等，确定合格后方能浇筑混凝土。

（B）混凝土浇筑时，由质量检查员对预应力部位进行监护。

（C）预应力构件混凝土浇筑时，应增加制作两组混凝土试块，与预应力梁、板混凝土同条件养护，以供张拉使用。

（D）混凝土浇筑时，严禁踏压撞碰预应力筋、支承架以及端部预埋构件。

（E）用振捣棒振捣时，振捣棒不得长时间正对着无粘结预应力筋和组装件进行振捣。在梁与柱、墙结点处，由于钢筋、预应力筋密集，应用插片式振动器振捣，不得出现蜂窝或孔洞。

（F）张拉端、锚固端混凝土必须振捣密实。

6）预应力筋张拉

（A）混凝土达设计强度100%时，方可张拉预应力束。

（B）预应力张拉详见预应力工程施工方案。

（C）预应力筋的伸长量测值加上初始张拉推算伸长值和理论计算值比较，应符合《混凝土结构工程施工质量验收规范》（GB 50204—2002）的要求：误差范围为 -5% ~ +10%。

7）施工注意事项

（A）现场施工中，各工种应注意保护无粘结筋，不得在上面堆料、踩踏，以免碰破外包塑料皮。

（B）在整个预应力筋的铺设过程中，如周围有电焊施工，预应力筋应用石棉板进行遮挡，防止焊渣飞溅损伤外包塑料皮；也必须注意电焊不允许接触预应力筋，以免通电后造成钢绞线强度降低。

（C）无粘结预应力筋在安装前仔细检查一遍，个别破损的地方用防水胶带按搭接 1/2 宽度包好，吊运时用吊带，严禁用钢丝绳，以防损伤外皮。铺设过程中及浇筑前，派专人看管，以防破损处的油脂掉在模板上，污染混凝土。

## 3.5 装修工程

### 3.5.1 开放式幕墙节点做法

对于开放式幕墙而言，外墙防水一般采用抹防水砂浆的办法，费工费时，施工用脚手架的使用期也大大增长，这点对高层建筑的影响尤为明显。本工程在幕墙的施工中采用特制附框，如图 3-37 所示。连接铝单板及龙骨，雨水侵入铝单板板缝后沿附框垂直流下，起到很好的防水效果；同时，降低工程造价，加快施工工期。

图 3-37 特制附框

附框呈不封闭的“口”字形，为防止水分在有效半径内横向扩散，附框规格尺寸经过大量试验确定为 50mm×60mm，开口一边转角处宽度为 23mm。附框自带背楞与铝单板采用螺钉固定，为阻止雨水沿拼缝处进入，所有接缝部位均进行打胶处理。

### 3.5.2 干铺法架空地砖屋面做法

本工程屋面设计要求采用倒置式屋面，即先做防水再做聚苯板保温，面层采用地砖铺设；如果按常规做法，需在保温上做 30 ~ 50mm 细石混凝土后，再抹砂浆进行铺砖处理，这样施工增加了屋面自身荷载，影响结构安全；同时，施工工序复杂，要求较高。经过与设计进行多次探讨后提出改进方案，采用在聚苯板上放置特制塑料垫块（见图 3-38），然后在垫块上直接铺砖的方法，省时省工；同时，施工效果也比较理想。具体施工方法是在结构顶板上做最薄30mm厚1:0.2:3.5水泥粉煤灰页岩陶粒找2%的坡，上做20mm厚1:3水泥砂浆找平层，粘贴防水；然后，铺设50mm厚聚苯板保温，在聚苯板上根据地砖的大小进行放线，定出垫块中心线位置，放置垫块；最后，进行地砖铺设（见图3-39）。施工时，应注意垫块的位置必须准确。为保证整体刚度，地砖与女儿墙的接缝应保持紧密。

图3-38 特制塑料垫块

图3-39 垫块上铺砖示意

(1) 工艺流程

基层清理→最薄30mm厚水泥页岩陶粒找2%坡→20mm厚1:3水泥砂浆找平层→Ⅲ+ⅢSBS防水层→50mm厚挤塑板保温层→固定自制塑料支座架→铺设面层砖。

(2) 操作要点

1) 基层清理：在浇筑陶粒找坡层以前，将混凝土楼板基层进行处理，把粘结在基层上的松动混凝土、砂浆等用錾子剔掉，用钢丝刷刷掉水泥浆皮；然后，用扫帚扫净。

2) 陶粒找坡层：最薄处30mm厚1:0.2:3.5水泥粉煤灰页岩陶粒找2%坡，铺设时应先根据流水方向以间距2m冲筋，在基层刷一道素水泥浆后铺设，铺设时设1.5mm厚分格胶条。并根据标高控制好虚铺厚度，分格缝的间距不大于6m，在用木杠刮平后用滚筒滚压密实。全部操作应在2h内完成，并洒水养护7d。

3) 水泥砂浆找平层：根据坡度要求，拉线找坡，按2m贴灰饼铺抹找平砂浆时，先按流水方向以间距2m冲筋，并设置找平层分格缝，分格缝宽度6m。放置分格缝胶条时，在已定分格缝的位置上放置分格胶条，胶条上用与灰筋同配比的水泥砂浆进行装档抹灰，以灰筋和胶条为准，用木杠搓平，待收水后用铁抹子压实抹平。按分格块装灰、抹平，用刮杠靠冲筋条刮平，找坡后用木抹子搓平，用铁抹子压光。待浮水沉失后，再用铁抹子压第二遍即可交活儿。找平层水泥砂浆用体积比为1:3，拌合稠度控制在7cm。在抹找平层的同时，凡水平面层与突出屋面结构的连接处、转角处，均应做成半径为30～150mm的圆弧，立面抹灰高度为300mm，卷材收头的凹槽内抹灰应呈45°。排水口周围应做半径为500mm和坡度不小于5%的环形洼坑。找平层抹平、压实以后，12h可浇水养护或喷冷底子油养护，一般养护7d，经干燥后铺设防水层。

4) 防水层施工：铺设防水层前，分格缝上部附加单边点粘的卷材覆盖层。施工前将验收合格的基层表面尘土、杂物清理干净，后涂刷基层处理剂。基层处理剂是将氯丁橡胶沥青胶粘剂加入工业汽油稀释，搅拌均匀，用长把滚刷均匀涂刷于基层表面上。经过4h后开始铺贴卷材，基层处理剂要均匀一致，且勿反复涂刷。待基层处理剂干燥后，先对女儿墙、落水口、管根、阴阳角等细部先做附加层，在其中心200mm的范围内均匀涂刷

1mm厚的胶粘剂，干燥后再粘结一层聚酯纤维无纺布。在其上再涂刷1mm厚的胶粘剂，干燥后形成一层无接缝和弹塑性的整体附加层。伸缩缝上的附加卷材每边宽度不小于250mm，必须单面点粘，阴阳角圆弧半径 $R=30\sim50$mm。铺贴在立墙上的卷材高度不小于250mm，一般采用热熔法进行铺贴。铺贴方向应考虑屋面坡度及主导风向（必须从下风开始），本屋面平行屋脊铺贴。铺贴时上下层接缝应错开不小于250mm，将SBS卷材剪成相应尺寸，用原卷心卷好备用；铺贴时随放卷随用火焰加热器加热基层和卷材的交接处，火焰加热器距加热面300mm左右。往返均匀加热至卷材表面发光亮黑色，即卷材的表面熔化时，将卷材向前滚铺、粘贴，搭接部位应满粘牢固，搭接宽度满粘法长边为80mm，短边为100mm。铺第二层卷材时，上下层卷材不得互相垂直铺贴。将卷材搭接处用火焰加热器加热，趁热使两者粘结牢固，以边缘溢出沥青为度，末端收头可用密封膏嵌填严密。如为多层，每层封边必须封牢，不能只是面层封牢。

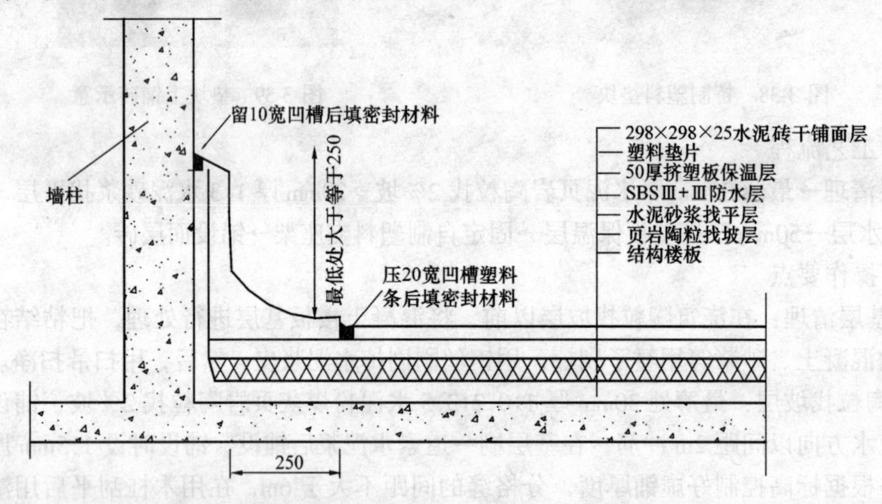


图3-40 泛水及屋面做法（单位：mm）

5）铺设保温层及泛水施工：保温层采用的是50mm厚挤塑聚苯板，为保证上人屋面所能承受的荷载，其抗压强度在250kPa以上，但抗集中荷载能力较弱，所以，应避免钢筋、利器等集中荷载直接作用在保温板上。铺设时，将保温板直接铺于防水层上，尽量将板靠近墙面，缝隙用水泥砂浆填严，表面两块相邻的板厚度应一致，泛水采用的是靴子形泛水，用C20细石混凝土筑成，具体做法如图3-40所示。泛水上下接口分别留凹槽后填密封材料，泛水纵向间隔900mm设置20mm宽伸缩缝，与屋面水泥砖缝对齐。保温材料应铺平，应尽量将挤塑板的接缝设置在坡度变化处，落水口处用一整板直接置于水落口上，板下可用水泥砂浆加入适量108胶点粘进行填充、找平，以挤塑板能平稳、牢固铺设其上，且水能较顺畅地流入落水口为宜。这样面层呈一整体，水落口位于面层之下，雨水经过面层和保温层后，顺着防水层排向水落口。

6）铺设面层砖：本工程采用的面砖为298mm×298mm×25mm水泥砖，砖中心距300mm，砖通过支座直接铺于挤塑板上，塑料支座是通过厂家自行加工制作的硬塑型材料，材料厚35mm，下部分为20mm厚扣花平座底，上部分为四片3mm厚分隔片，成十字排列，上部分厚度为15mm。支座中心为25mm半径掏空圆，每个支座分别支撑四块砖的

图 3-41 整体铺设效果

四角，一块砖将通过 4 个支座来支设，如图 3-41 所示，这样将使水泥砖较平整、牢固地架空于挤塑板上。铺砖前，同样需要进行排砖，挨墙的那块砖所用的支座应在中间锯开，且每一个半块支座的大小应基本一致。铺设时，将其切割面靠在靴子形散水台侧面；然后，将第一块整砖或半砖座在半块支座上，砖要压紧、靠严，以保证砖缝的顺直。设备基础、圆弧墙周边等处的面砖，由于支座不好放置，可在局部用水泥砂浆铺贴散砖，标高应与活动面砖一致。当拼凑成直面时，在设支座铺整砖。铺砖应由屋面的一侧铺向另一侧，砖与砖之间应靠紧，以免出现松散现象。

**3.5.3** 钢弦石膏板隔墙做法

本工程管道封包采用了新型的钢弦石膏板体系，属国家专利产品。

一般的轻质隔墙大都由木龙骨或轻钢龙骨加覆面板材构成，而钢弦石膏板隔墙采用钢弦（镀锌低碳冷拔钢丝）替代木龙骨或轻钢龙骨，具有用料省、取材方便、施工便捷等优点，是一种具有广阔应用前景的新型轻质隔墙。

(1) 隔墙构造及工艺原理

隔墙的构造：隔墙由钢弦体系、轻质混凝土基座、粘结块体系、增强石膏板四部分组成，如图 3-42 所示。

1）钢弦体系（见图 3-43）：按照墙体中心线，将带弯钩的膨胀螺栓垂直固定在楼板板面和上层楼板底面；然后，在上下两个膨胀螺栓的弯钩上挂一根镀锌低碳冷拔钢丝，并拧紧绷直，由若干钢弦组成具有一定刚度的体系。

图 3-42 隔墙

图 3-43 钢弦体系局部

2）基座

(A) 基座：一般由预制轻质混凝土块组成，可以兼做踢脚。

(B) 粘结体系：用特制的胶粘剂将粘结石膏块（见图 3-44）按照规定的间距粘结在绷紧的钢弦上，形成粘结体系，面板与石膏块采用粘结固定。

(C) 增强石膏板（见图 3-45）：在石膏板内加入多层纤维布而成，根据材料不同有普通型、防水型及防火型多种，在两块面板间填充保温材料，可以增强保温效果。

3）工艺原理

采用绷紧的镀锌低碳冷拔钢丝和石膏板粘结块固定面板，使其形成整体受力的隔墙体系，荷载由膨胀螺栓向结构传递，整体刚度受钢弦绷紧度的影响，与面板强度、胶粘剂性能密切相关，如图 3-46 所示。

图 3-44 粘结石膏块

图 3-45 增强石膏板

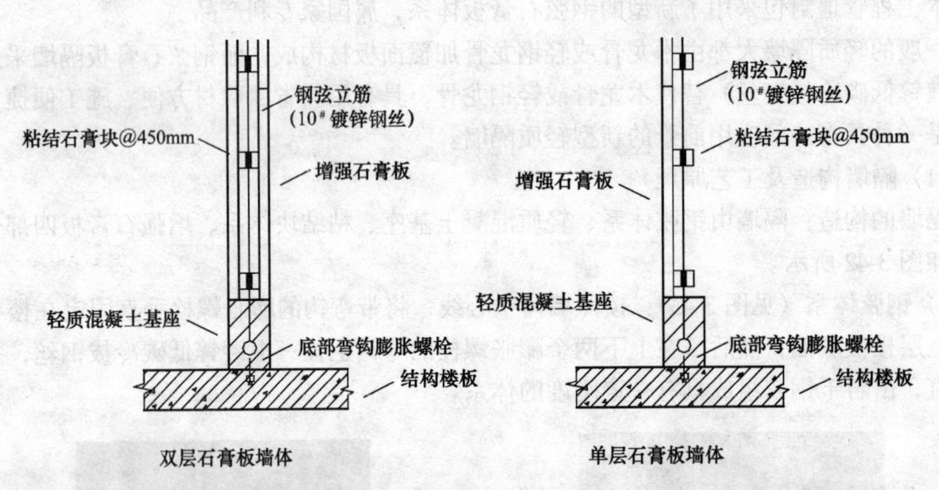


图 3-46 钢弦石膏板隔墙体构造示意图

4）工艺流程

基层清理→测量放线→上下打孔、安装带钩胀栓→挂钢弦→安装水泥预制基座→安装电缆管线和支架→拧紧钢弦，粘结石膏粘结块→粘结石膏板→安装门窗框→嵌缝→刮腻子找平→装饰面施工。

5）施工方法

（A）基层清理

将要安装隔墙的楼板、梁、柱表面清理，清除表面的浮土。

（B）测量放线

用测量仪器在地面上测设隔墙中心线，并在梁、楼板底面测设隔墙的中心线；然后，按设计墙厚，从中心线向两侧引出墙底、墙顶和墙侧面的定位线。

（C）安装钢线（$\phi$3.0 镀锌低碳冷拔钢丝）

（a）本工程隔墙高度在 3～4m 左右，钢弦竖向间距确定为 400mm，超出 2000mm 宽的面需要加斜向钢弦两根，上下端头采用 $\phi$10 带钩膨胀螺栓固定，如图 3-47 所示。

（b）钢弦安装从隔墙的一端向另一端推进（或者中间向两端推进），钢弦上端捆扎拧

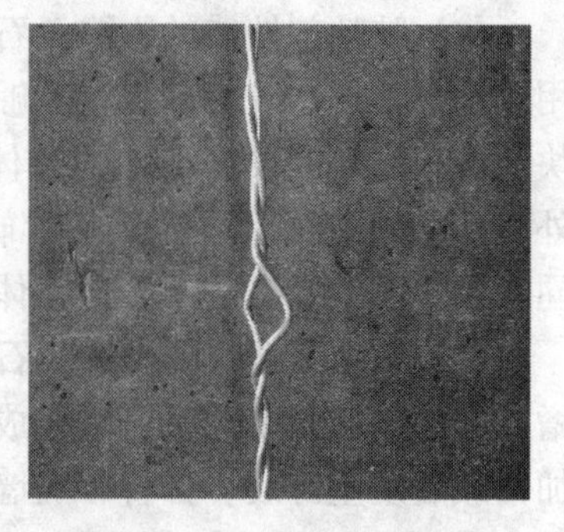

图 3-47 钢弦拧紧控制环

紧的部分不少于 5 圈，钢弦下端捆扎拧紧部分要高出混凝土基座上端面 100～150mm，下端拧紧的部分不得少于 5 圈，总长度不小于 300mm。钢弦应绑牢、绷直，不允许有弯曲、松动。

（c）钢弦安装完毕后，紧接着布置各种管线、线盒等。

（D）基座安装

石膏板隔墙基座采用水泥聚苯预制块，本工程采用 120mm×100mm×400mm 的预制块，用 1:3 水泥砂浆砌筑。

（E）石膏块粘结钢弦

钢弦拧紧后，把石膏块满披粘结石膏后将钢弦粘在两块石膏块中间，形成一组粘结石膏块。每 $m^2$ 石膏板的粘结块不少于 8 组，每组由两块的单个石膏粘结块组成（石膏块尺寸根据墙厚而定），粘结块与钢弦粘结应牢固，各粘结石膏块间距离应一致，粘结块的竖向间距不大于 450mm。粘结块横竖向需交叉布点，形成立体构状结构，以保证隔墙整体受力。

（a）要控制好粘贴石膏块的平整度和垂直度，施工过程中根据具体情况，按验收标准要求 1～2mm，以保证成墙的质量要求，以靠尺检查控制。必要时采用测量仪检查，以检查墙体是否达到平整要求。

（b）施工时根据天气情况配置不同凝结时间的粘结石膏，以满足施工的要求。本工程粘结石膏凝结时间为 10～20min。

（F）石膏板安装

（a）石膏板安装是用粘结石膏，将板粘结在钢弦上的石膏粘结块上。

（b）墙体安装前应对石膏板进行全面的检查，翘曲变形、受潮变质的石膏板严禁使用在隔墙上。

（c）先安装隔墙一侧的石膏板，再安装另一侧石膏板予以封闭（安装前安装好电缆管线、接线盒等）。

（d）粘结石膏板前，先排板，然后从一端向另一端推进，从底向上有序进行粘结。

（e）施工时，墙体起始处和收尾处两侧的板缝应错开。采用不同宽度和高度的石膏板，两侧墙体中间段内外侧的石膏板则可以采用标准板块，隔墙垂直和水平方向均应错缝，隔墙内外侧也应错缝。

（f）当隔墙施工到墙顶时，顶部应留出 10～20mm 的缝隙，填入聚苯板条进行软性连接。外侧用玻纤网络布及胶泥封牢。

板墙与混凝土连接部位特殊的处理，板和混凝土之间用胶泥连接，混凝土表面做最后装修时，在连接部位粘玻璃丝布，宽度不小于 150mm。

（g）钢弦石膏板隔墙施工完后 24h 内，严禁撞击、摇晃墙体，以防成品损坏。

（G）嵌缝找平与面层装饰：石膏板的接缝用粘结石膏腻子找平，沿板缝粘结嵌缝带后，用粘结石膏腻子刮平，待接缝处粘结石膏腻子干燥后，进行墙体验收，然后进入面层施工。

### 3.5.4 技术要点分析

（1）胶粘剂性能的影响：石膏块与石膏块、石膏块与面板、面板与面板的连接都是采用胶粘剂粘结。胶粘剂强度不够或未达到强度都容易脱胶，如石膏块与石膏块之间或石膏块与面板之间脱胶，墙体的整体刚度明显下降；面板与面板之间脱胶，除降低整体刚度外，产生的裂纹还严重影响装饰效果。因此，胶粘剂应采用同种材质的粘结胶泥，其具有同等收缩系数，有利于防止墙体裂纹，缓冲建筑结构变形对墙体产生的挤压力。

（2）粘结石膏块的影响：石膏块的规格应一致，如大小不一，面板安装时凹凸不平，增加面层腻子找平用量，增大成本。石膏块强度不够或含水率过高，产生收缩裂缝或者增加荷载后发生碎裂，都将影响墙体质量。

（3）钢弦性能的影响：墙体的整体刚度主要由钢弦体系承担，钢弦体系的刚度越大，墙体的刚度越大，墙体越稳定。而钢弦体系的整体刚度由钢弦的间距确定，钢弦竖向间距越小，钢弦体系刚度越大，但间距太小，钢弦用量加大，不经济。经过计算，本工程钢弦抗拉强度 $400kN/m^2$，竖向间距确定为400mm，超出2000mm宽的墙面需要加两根斜向钢弦，增大刚度。

（4）增强石膏板面板性能的影响：在胶粘剂性能达到要求的条件下，墙体刚度除由钢弦体系承担外，其余部分应由石膏板面层的抗弯性能承担。经过大量实验确定，增强石膏板的抗弯强度应保证在 $2.5kN/m^2$ 以上。为避免产生收缩裂缝，石膏板的含水率应控制在3%以内。

（5）膨胀螺栓的影响：膨胀螺栓规格、大小应根据墙体的自重选择，墙体的高低、厚度，装饰面材的选择各不相同，产生的荷载大小不一，因此，选择膨胀螺栓时，应经过周密的计算方能确定，如图3-48所示。

图3-48 顶部胀栓固定

（6）钢弦安装的影响：钢弦的松紧度是墙体质量的关键，在墙体施工完成后，随着胶泥固化和楼层预应下沉，墙体存在微量位移，因此，在吊挂钢弦时应保持一定的松紧度。松紧度太大，不利于墙体抗冲击和抗震，也不利于施工；松紧度太小，墙体固化产生变形受钢弦应力的影响，引起墙体开裂。适度的松紧度有利于钢弦应力释放，有效防止墙体裂纹，同时保证整体刚度。通过实验确定，钢弦竖直固定后横向摆幅应为钢弦长度的1%～3%。

（7）粘结石膏块的影响：面板不均匀受力，板面产生不同微变形量，发生翘曲、变形，影响整体观感和强度。因此，连接面板的粘结石膏块必须均匀一致，且呈梅花状分布，使粘结块与墙体形成立体蜂窝体，增强墙体稳定性。综合考虑板材本身的模数和墙体整体稳定及抗冲击力，石膏块间距定为450mm。

（8）面板垂直度的影响：面板垂直度高，荷载集中到一条直线，有利于给胶粘剂加压，保证粘结强度；同时，有利于面板紧密，保证整体刚度。实验确定，面板垂直度应控制在2mm以内。

（9）面板安装的影响：受温度和水分的影响，石膏板板材发生不同程度的微膨胀。不断向混凝土结构加压，当压力达到一定数值后，石膏板被破坏，板面龟裂或胶粘剂性能降低，板面形成脱胶，产生一系列严重后果。因此，墙体与结构交接处应采取软连接，一般采用聚苯板或胶泥填塞处理，如图 3-49 所示。

图 3-49 隔墙施工效果图

### 3.5.5 体系优点

(1) 墙体刚柔结合，稳定性、整体性和抗震性较好，墙面不易产生裂痕。

(2) 重量轻，使用方便。墙厚可随设计要求调整，设备管线等可以走墙内空间，增大房间使用面积。墙内填充隔声材料，可以增强隔声效果；填充防火材料，可以增强防火等级。

(3) 墙面装修方便，适宜刷涂料、贴壁纸和面砖等多种装饰方式。

(4) 干作业施工，施工工期短。能够大面积进行交叉作业，后续工作干法作业有利于降低整体工期，可以短期内单面成墙，有利于各种线路敷设。墙体可随时拆卸和切割，灵活方便。

## 3.6 暖卫工程

仁达科教中心工程生活给水、中水管道支管采用 PP-R 管，热熔连接。

### 3.6.1 管道敷设安装

(1) 管道嵌墙暗敷时，配合土建预留凹槽，其尺寸根据设计规定。如设计无规定，凹槽深度为管道外径 + 20mm，宽度为管道外径 + 40 ~ 60mm。凹槽表面平整，不得有尖角等突出物，管道试压合格后，墙槽用 M7.5 级水泥砂浆填补密实。

(2) 管道安装时不得有轴向扭曲，穿墙或穿楼板时不宜强制校正。

### 3.6.2 管道连接要点

(1) 热熔工具接通电源，到达工作温度指示灯亮后方能开始操作。

(2) 切割管材，必须使端面垂直于管轴线。管材切割后，端面应去除毛边和毛刺。

(3) 清洁管材和管件的连接端面。

(4) 用卡尺和合适的笔在管端测量并标出热熔深度（见表 3-5）。

(5) 熔接弯头或三通时，应按设计要求，注意其方向，在管件和管材的直线方向上，用辅助标志标出其位置。

(6) 连接时，无旋转地把管端导入加热套内，达到标志的深度；同时，无旋转地把管件推到加热头上达到规定标志处。加热时间应满足表 3-5 的规定（也可按厂家规定）。

(7) 达到规定时间后，立刻把管材与管件同时取下，迅速无旋转地直线均匀插入到所标深度，使接头处形成均匀凸缘。

在表 3-5 中所规定的加工时间内，刚熔接好的接头还可校正但严禁旋转。

**热熔连接技术要求** **表 3-5**

| 公称外径 (mm) | 热熔深度 (mm) | 加热时间 (s) | 加工时间 (s) | 冷却时间 (min) |
|---|---|---|---|---|
| 20 | 14 | 5 | 4 | 3 |
| 25 | 16 | 7 | 4 | 3 |

续表

| 公称外径（mm） | 热熔深度（mm） | 加热时间（s） | 加工时间（s） | 冷却时间（min） |
|---|---|---|---|---|
| 32 | 20 | 8 | 4 | 4 |
| 40 | 21 | 12 | 6 | 4 |
| 50 | 22.5 | 18 | 6 | 5 |
| 63 | 24 | 24 | 6 | 6 |
| 75 | 26 | 30 | 10 | 8 |
| 90 | 32 | 40 | 10 | 8 |
| 110 | 38.5 | 50 | 15 | 10 |

注：若操作环境温度小于5℃时，加热时间应延长1/2。

### 3.6.3　支、吊架安装

（1）管道安装时按不同的管径和要求设置管卡或吊架，位置应准确，埋设要平整，管卡与管道接触要紧密，但不得损伤管道表面。

（2）采用金属管卡或吊架时，金属管卡与管道之间应采用塑料带或橡胶带等软物隔垫。在金属管配件与给水PP-R管道的连接部位，管卡应设在金属管配件一端。

（3）立管和横管的支、吊架间距不得大于表3-6中的规定。

冷水管支吊架最大间距　　表3-6

| 公称外径（$D_e$） | 20 | 25 | 32 | 40 | 50 | 63 | 75 | 90 | 110 |
|---|---|---|---|---|---|---|---|---|---|
| 横管（mm） | 650 | 800 | 950 | 1100 | 1250 | 1400 | 1500 | 1600 | 1900 |
| 立管（mm） | 1000 | 1200 | 1500 | 1700 | 1800 | 2000 | 2000 | 2100 | 2500 |

### 3.6.4　试压

（1）管道安装完毕后，应按照设计要求试压。设计无明确规定时，应按照以下要求试压。

（2）冷水管试验压力，应为管道系统工作压力的1.5倍，但不得小于1.0MPa。

（3）管道水压试验按下列步骤进行：

1）热熔连接管道，水压试验应在24h后进行；

2）水压试验前，管道应固定，接头需明露；

3）管道注满水后，先排出管道内空气，进行水密性检查；

4）加压宜用手动泵，升压时间不小于10min，测定仪器的精度应为0.01MPa；

5）升至规定压力，稳压1h，测定压力降不超过0.06MPa；

6）在工作压力的1.15倍状态下，稳压2h，压力降不超过0.03MPa；同时，检查各连接处不渗漏为合格。

## 3.7 通风空调工程

### 3.7.1 镀锌钢板风管制作的主要流程

领料→镀板下料→剪切→倒角→咬口→折方→成型→法兰下料→铆钉孔打眼→焊接→螺栓孔打眼→组对→铆法兰→翻边→检验。

### 3.7.2 矩形普通风管质量控制

矩形风管扭曲、翘角、法兰不平是矩形风管制作中易出现的质量问题，风管扭曲、翘角、法兰不平造成风管管段之间连接受力不均，风管法兰垫片无法压严密，容易漏风，安装时也不能保证风管的平直度。针对这些问题，我们采取以下措施：

(1) 下料时对矩形板料四个边进行严格的角方测量，每片板料的长、宽及对角线在允许误差范围内。

(2) 下料后，将相对的两块矩形板料重合起来检查，要求一致。

(3) 板料预留咬口尺寸必须正确，确保咬口宽度一致。

(4) 风管折边时，要测量精确，小心折边，保证风管折边平直。

(5) 焊接法兰前，严格控制角钢尺寸及角钢本身平直度，保证法兰对角线之差符合要求。焊接时，注意法兰整体平整度，特别是焊缝处的平整度。

(6) 风管咬口时，要求咬缝被均匀打实、打平，使其受力均匀，管段无内应力。

### 3.7.3 焊接风管的质量控制

本工程排烟风管采用 2mm 普通钢板焊接制成。在焊接工程中，由于进行了局部、不均匀的加热，焊接完成后金属不均匀收缩。因此，焊接后风管变形是焊接风管中易出现的问题。针对这些问题，我们采取以下措施：

(1) 对板材预热；

(2) 对称加热和焊接，以使风管膨胀和收缩一致；

(3) 采取正确的焊接顺序，焊接后敲击焊接金属，可使金属均匀受热、冷却，并抵消冷却过程中的收缩；

(4) 使用夹具固定焊接，冷却后再摘取夹具。

### 3.7.4 特殊部位风管的制作

为保证空调与通风系统的使用功能，特殊部位风管的处理尤为重要。多年来，我们针对特殊部位风管的制作依据，暖通规范制订了如下的高标准要求。

矩形主风管的弯管部分尽量使用较大曲率半径的弧形弯管（一般 $R=1.5B$，$B$ 为风管弯边的宽度）；当转弯半径 $R<1.5B$ 时，设置导流叶片，叶片数量、位置按照暖通规范设置；变宽度的弧形弯头按照 $R_{内}=0.75B_1$，$R_{外}=R_{内}+B_2$ 制作。

主风管与支风管的连接采用标准 45°T 形分流三通（带支管、带法兰一次制作好），风管末端三通采用标准 Y 形分流裤衩三通。通过金属咬接的三通较一般铆接做法的三通严密性提高、气流局部阻力小。

风管的升降。升降角 $\theta\leqslant15°$时采用角接，$\theta\leqslant30°$时采用斜接，$\theta>30°$时采用双弧形来回弯。

风管的扩大或缩小，在有条件的位置，做成渐扩 $\theta\leqslant45°$或减缩 $\theta\leqslant60°$。当风管变径接入风机时，要求变径 $\theta\leqslant45°$。转弯或弯头的风管内边至风机入口的距离应大于风机入口的直径，以保证气流均匀进入风机内。当转弯半径不够时，应加导流片。

**3.7.5** 风管及部件安装

(1) 风管安装根据现场条件、施工计划分组、分区同时进行。办公楼 1~6 层风管布置基本相同，采用流水作业，划分小施工段、施工过程、施工班组，保证高效、优质完成施工。主要流程如下：

施工准备→确定标高及轴线位置→制作支、吊架→设置支吊点→安装支、吊架→确定风管及部件位置→排列→法兰连接就位找平→安装→检验。

(2) 本工程风管最大宽度为 2000mm，并有较多的大口径阀件、消声器、大型静压箱。为使安装的施工质量达到较高水平，我们对支、吊架做如下规定：

1) 吊架圆钢根据风管大边长决定，风管大边长 < 1250mm 时，采用 $\phi 8$ 圆钢；≥ 1250mm 时，采用 $\phi 10$ 圆钢。

2) 吊架支撑角钢：风管大边长 > 800mm 时，采用 L40×4 角钢；大边长 ≥ 2000mm 时，采用 L50×5 角钢。

3) 吊架安装：吊架遇有过梁底处，采用 4mm 钢板搭接焊在吊筋上（焊接长度 ≥ $4D$），用 M8 膨胀螺栓固定于梁侧面。在梁间采用 M10 膨胀螺栓固定于楼板处。并且吊架间距应满足风管大边长 ≤ 400mm，间距 ≤ 3m；大边长 > 400mm，间距 ≤ 2m。吊架离风管末端间距 < 500mm。对于较长管段，设置防止风管摆动的固定支、吊架。

(3) 要点：

1) 风管保温材料应符合设计及规范要求，检验合格后方可使用。

2) 风管系统保温前应做漏光试验，并在验收合格后进行。

3) 本工程空调风管保温采用不燃离心玻璃棉板。保温施工时，将保温钉粘在风管壁上；然后，将保温材料铺覆在风管上。

4) 在公用走廊、多层风管叠合等完全施工完毕后难以保温的部位，可在单节风管检验合格后，先局部保温，风管安装检验合格后再将法兰保温完成。

5) 消声器安装时，注意进出风方向，严禁反装。

## 3.8 强电工程

**3.8.1** 管路敷设

本工程采用焊接钢管和套接紧定式镀锌钢导管分别在地面、楼板、墙内及吊顶内敷设。套接紧定式镀锌钢导管用于在吊顶内敷设。

(1) 暗配管工艺流程：预制加工→测定盒箱位置→管路连接→大模板现浇。

(2) 现浇混凝土板内配管应在底层钢筋绑扎完后、上层钢筋未绑扎前根据施工图配合土建施工；在大模板现浇混凝土墙内，配管应在土建钢筋网片绑扎完毕后，按墙体线配管；在砌筑墙内管路随其施工立管；吊顶内管路敷设，在装修施工时配合土建做好吊顶灯位及电气器具位置图，并在顶板弹出实际位置后进行。

(3) 煨管：一般管径为 20mm 及以下时，用手扳煨管器，先将管子插入煨管器，逐步煨出所需弯度。管径为 25mm 及以上时，使用液压煨管器，即先将管子放入模具内；然后，扳动煨管器，煨出所需弯度。

(4) 切管：准确量出管子所需长度，用钢锯、无齿锯、砂轮锯进行切管，断口处平齐、不歪斜，管口刮铣光滑、无毛刺，管内铁屑除净。

（5）管子套丝：采用套丝板、套丝机，根据管外径选择相应板牙。将管子用台虎钳或龙门压架钳紧牢固，再把绞板套在管端。均匀用力，不得过猛，随套随浇冷却液，丝扣不乱、不过长，清除渣屑，丝扣干净、清晰。管径 20mm 及以下时分两板套成；管径在 25mm 及以上时，分三板套成。

（6）根据图纸确定盒、箱轴线位置，以土建弹出的水平线为基准，找平找正，标出盒、箱的实际尺寸位置。在现浇混凝土板墙固定盒、箱加支铁与钢筋固定，盒、箱内堵好。

（7）管路连接：

1）管径 $\phi$20mm 及以下的钢管采用管箍连接。管口锉光滑平整、对严，接头牢固紧密，外露丝不多于两扣。管径 $\phi$25mm 及以上的钢管采用管箍或套管连接，暗配管宜用套管连接，套管长度为连接管径的 2.2 倍，连接管的对口处应在套管的中心。

2）管路超过一定长度时需加接线盒，其位置便于穿线：无弯时 30m；有一个弯时 20m；有两个弯时 15m；有三个弯时 8m。

3）管入盒箱要求一管一孔，不得开长孔，开孔应整齐并与管径相吻合。铁制箱、盒严禁用电、气焊开孔，并刷防锈漆。管入箱、盒，管口露出箱盒应小于 5mm，有锁紧螺母的与锁紧螺母平，露出锁紧螺母的丝扣为 2～4 扣。两根以上管入箱、盒时长短一致，间距均匀，排列整齐。

（8）暗管敷设方式：

1）现浇混凝土楼板内配管：先找灯位，根据房间四周墙的厚度，弹出十字线，将堵好的盒子固定牢然后敷设管子。有两个以上盒子时，拉直线。管进箱、盒长度要适宜，管路每隔 1m 左右用钢丝绑扎牢。

2）大模板混凝土墙配管：将箱、盒固定在该墙的钢筋上，接着配管。每隔 1m 左右，用钢丝绑扎牢。

3）随墙（砌体）配管：管尽量放在墙中心，管口向上的要堵好。为使盒子平整，标高准确，将管先立至距盒 200mm 左右处；然后，将盒子稳好，再接短管。短管入箱、盒后，保证管口与箱、盒里口平。往上引管至吊顶处时，管上端应煨成 90°弯直进吊顶内。由顶板向下引管不宜过长，等砌隔墙时，先稳盒后接短管。

（9）明配管及吊顶内管路敷设：消防明管敷设完后刷防火涂料。

1）本工程明配管采用套接紧定式镀锌钢导管，用抱式管卡、吊杆固定。施工前应按图纸加工支架、吊架、抱箍等铁件以及各种箱、盒、弯管。

2）弹线定位，测定盒、箱的准确位置。吊顶内配管前，应与暖卫等专业协调经审核无误后，在顶板进行弹线定位。如果吊顶是有格块线条的，灯位必须按格块分均；然后，把管路的垂直、水平走向弹出线来，按照表 3-7 中的固定点间距要求，确定支、吊架的具体位置。

**表 3-7**

| 管路直径（mm） | 固定点最大距离（m） |
|---|---|
| 15～20 | 1.0 |
| 25～32 | 1.5 |
| 32～40 | 2.0 |
| 50～65 | 2.5 |

3）固定起始点自管卡与终端、转弯中点、接线盒边缘 150mm 处开始。明配管弯曲半径大于管子直径的 6 倍。弯扁度小于管子直径的 1/10。

4）明配管路敷设前检查管路内侧有无毛刺，镀锌层是否完整无损。敷设管路时，要保持顶棚、墙面、地面的清洁完整，注意其他专业的成品保护。

5）敷设管路：先将管卡一端的螺钉拧进一半，然后将管敷设在管卡内，逐个拧牢。使用铁支架时，可将钢管固定在支架上，不得将钢管焊接在其他管道上。吊顶内各种箱、盒的安装箱、盒口的方向应朝向检查口。

6）吊顶内管路可敷设在主龙骨上，管入箱、盒里外均带锁紧螺母。管路敷设牢固通顺，禁止做拦腰管或拉脚管。受力灯头盒应用吊杆固定，在管进盒处及弯曲部位两端15～30cm处加固定卡固定。

7）吊顶内管路连接采用丝扣连接。管与设备连接，如不能直接进入时，可在管出口处架保护软管引入设备，管口包扎严密。

8）在室外及泵房等潮湿场所，可在管口处装设防水弯头，由防水弯头引出的导线套绝缘保护软管，弯成防水弧度后再引入设备。

**3.8.2　绝缘导线敷设**

（1）工艺流程：选择导线→穿带线→扫管→放线→带护口→导线与带线的绑扎→穿线及断线→导线接头→接头包扎→线路检查和绝缘摇测。

（2）穿带线：带线应顺直无背扣、扭接现象，并具有相应的机械应力，可选用$\phi$1.2～2.0的镀锌钢丝或钢丝作带线。穿带线前，先将其一端弯成不封口的圆圈，再利用穿线器或者一边穿一边搅动的方法将带线穿入管路内，穿入后在管路两端均留出10～15mm的余量。在管路较长或拐弯较多时，可在敷设管路的同时将带线一并穿好。

（3）扫管：将布条两端牢固地绑扎在带线上，两人来回拉动带线，将管内杂物清净。

（4）放线：放线前根据施工图核对导线的型号、规格，放线时导线置于放线架或放线车上。

（5）导线与带线的绑扎：先将导线前端的绝缘层削去，然后当导线根数较少时（如2～3根），将线芯直接插入带线的盘圈内折回压实，绑扎牢固。当导线根数较多或导线截面较大时，将线芯斜错排列在带线上，用绑线缠绕绑扎牢固，最后使绑扎处形成一个平滑的锥形过渡部位，便于穿线。

（6）管内穿线及断线：

1）穿线前检查各个管口的护口是否齐整；如有遗漏或破损，应补齐或更换，并将箱、盒内杂物清除干净。

2）当管路较长或转弯较多时，在穿线的同时往管内吹入适量的滑石粉。

3）两穿线时，需配合协调，一拉一送。穿入管内的绝缘导线，不准接头和局部绝缘破损及死弯。

4）断线时考虑在箱、盒内预留适当长度：接线盒、开关盒、插座盒及灯头盒内导线预留长度为15cm；配电箱内导线预留长度为配电箱体周长的1/2。

（7）导线连接：

1）导线做电气连接时，必须先削掉绝缘去掉氧化膜再进行连接，而后加焊，包缠绝缘。

2）剥削绝缘：

（A）斜削法：用电工刀以约45°角倾斜切入绝缘层，当切近线芯时停止用刀，接着使刀面的倾斜角度改为15°左右，沿着线芯表面向前头端推出，然后把残存的绝缘层剥离线芯，用刀口插入背部以45°角削断。

（B）单层剥法：$4mm^2$以下的单层绝缘导线采用剥线钳剥削绝缘层。

（C）分段剥法：对于多层绝缘导线，用电工刀先剥去外层编织层，并留有约12mm的绝缘台，线芯长度随接线方法和要求的机械强度而定。

3）连接：

单芯线接头：导线绝缘台并齐合拢，在距绝缘台约12mm处用其中一根线芯在其连接端缠绕5～7圈后剪断，把余头并齐折回，压在缠绕线上进行涮锡处理。

不同直径导线接头：对截面小于$2.5mm^2$或多芯软线，先进行涮锡处理，再将细线在粗线上距离绝缘层15mm处交叉，并将线端部向粗导线端缠绕5～7圈，将粗导线端折回压在细线上，最后再做涮锡处理。

安全型压线帽连接：用于$4mm^2$以下的2～4根导线的连接。将导线绝缘层剥13mm或10mm（按帽的规格决定），清除氧化物，按规格选用适当的压线帽，将线芯插入压线帽的压接管内；若填不实，可将线芯折回头（剥削长度加倍）填满为止，线芯插到底后，导线绝缘应和压接管口平齐，并包在帽壳内，用专用压接钳压实即可。

接线端子压接：多股导线采用接线端子连接，先削去导线的绝缘层，不要碰伤线芯，将线芯紧紧地绞在一起，清除套管、接线端子孔内的氧化膜，将线芯插入，用压接钳压紧。导线外露部分小于1～2mm。

4）导线焊接可采用电烙铁焊接和喷灯加热（或电炉加热）法焊接。对于小线径导线及用其他工具焊接困难的场所，采用电影烙铁加焊。焊接完后，必须用布将焊接处的焊剂及其他污染物擦净。

（8）接头包扎：首先用橡胶（或粘塑料）绝缘带从导线接头处始端的完好绝缘层开始，缠绕1～2个绝缘带幅宽度，再以半幅宽度重叠缠绕严密。

（9）线路检查和绝缘摇测：接、焊、包全部完成后，进行自检和互检，不合格的立即纠正，无误后再进行绝缘摇测。绝缘摇测时，选用500V、量程为0～500MΩ的兆欧表，测量线路绝缘电阻时，将被测两端分别接于兆欧表的E和L两个端钮上。要求照明线路的绝缘电阻值不小于0.5MΩ，动力线路的绝缘电阻值不小于1MΩ。

# 4 各项保证措施

## 4.1 组织措施（见图4-1）

## 4.2 保证质量措施

### 4.2.1 工程质量标准

本工程质量标准为北京市优质工程。

### 4.2.2 质量保证措施

（1）质量管理程序（如图4-2～图4-6所示）

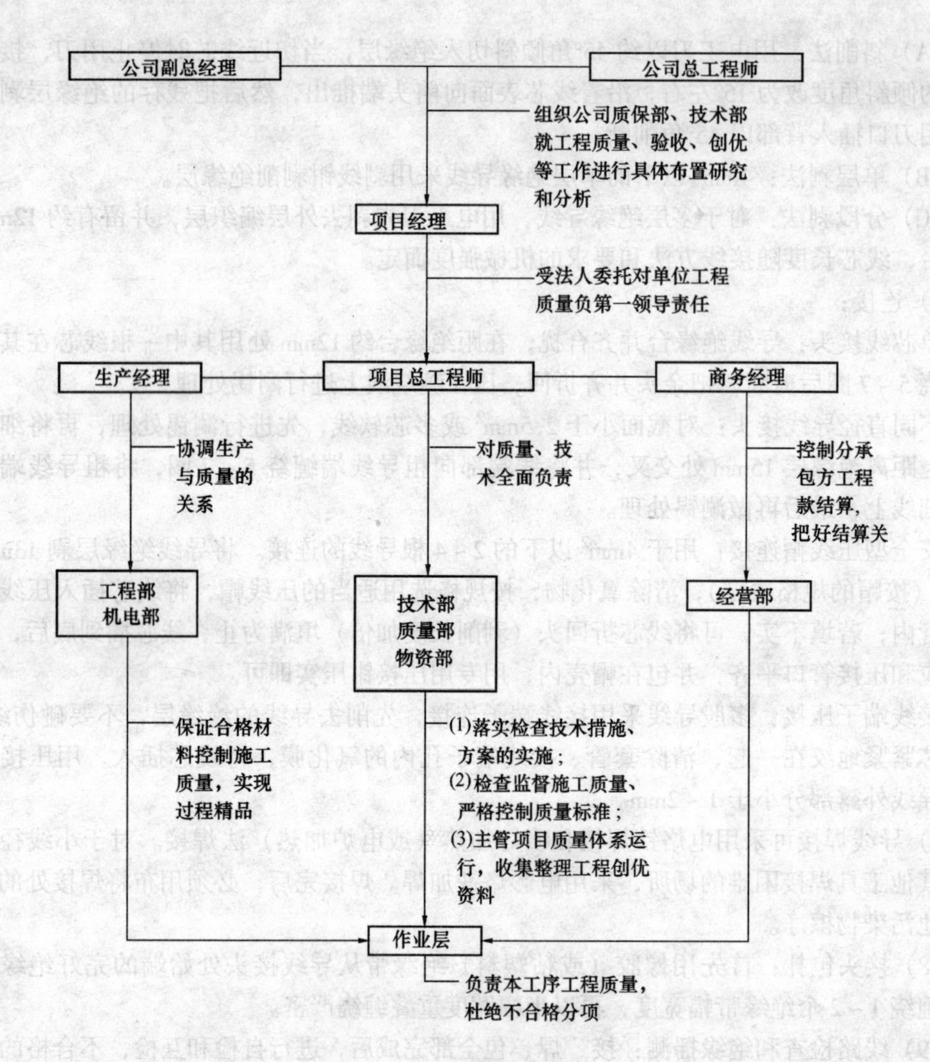


图 4-1　组织措施流程图

(2) 组织措施

明确项目部门及人员的质量管理职责，分工明确，各司其职。

1) 项目经理质量管理职责

项目经理是工程质量的第一负责人，对项目工程质量全过程及质量结果负责。

2) 项目主任工程师质量管理职责

直接对项目经理负责，对工程质量负有第一技术责任；负责组织编写各项管理计划；参加工程事故的调查处理，并提出处理意见及措施；负责新技术、新材料、新工艺的推广应用；组织工程结构及竣工验收工作。

3) 生产经理质量管理职责

对项目经理负责，对工程质量负直接领导责任；贯彻落实项目各项计划并实施监督检查；协调各工种、工序的配合，协调好工期与质量的关系；组织工程质量事故的调查。

4) 项目质量部质量管理职责

全面负责项目质量检查监督工作；督促分承包方建立有效的质量管理体系，并监督其

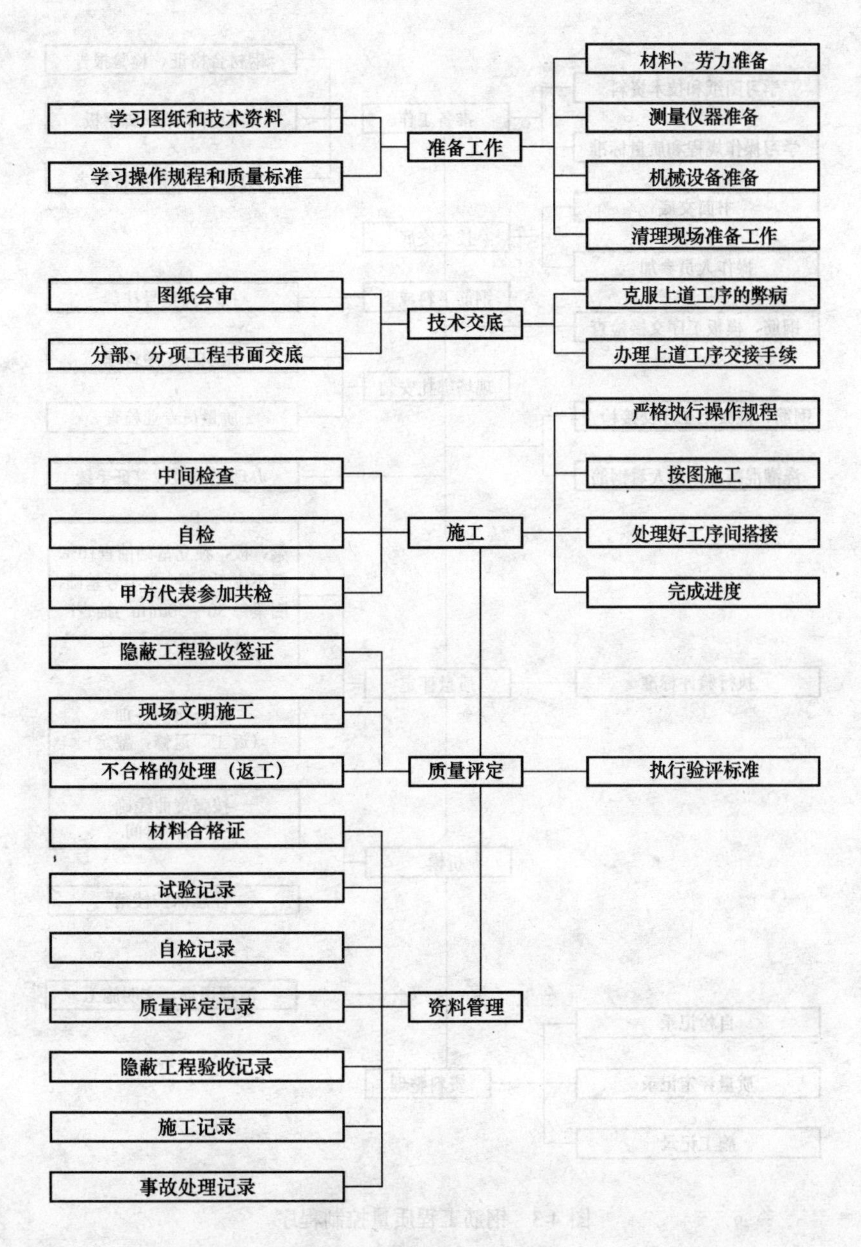


图 4-2　一般质量控制程序

有效运行；参加分部分项工程质量等级验收及评定；定期召开质量例会或分析会，研究质量状况及存在的问题，并提出有效的预防措施；对潜在的不合格隐患发出整改通知，参加工程质量事故调查分析会，提供真实施工情况，供上级领导决策；参加工程结构验收和竣工验收。

5）项目工程部质量管理职责

对工程质量负直接责任；组织分承包方落实质量计划；对分部分项工程进行技术交底并组织实施；认真完成隐检和预检工作；对质量整改通知书及时组织整改消项，并将整改情况反馈质量部。

（3）技术保证措施

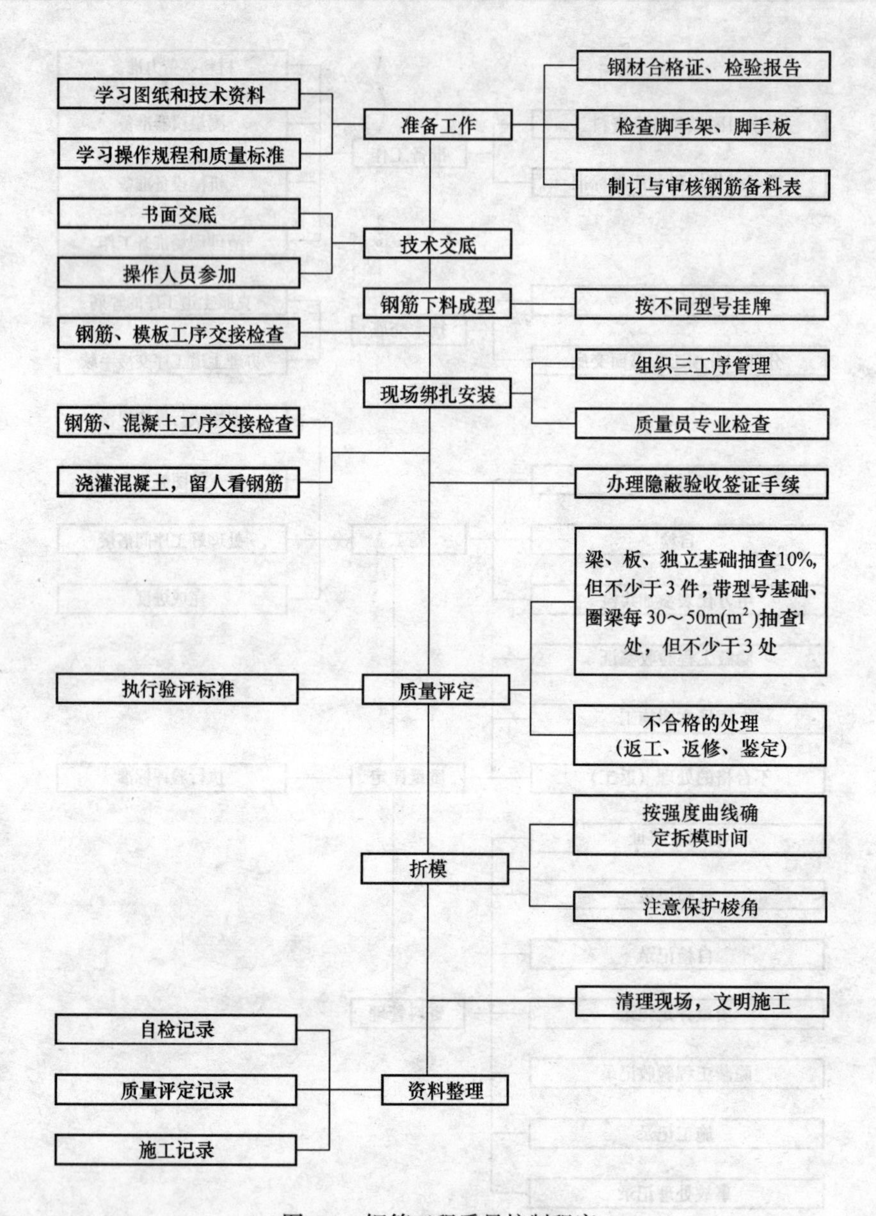


图 4-3 钢筋工程质量控制程序

1）采用流水施工技术

结构施工中，我们将采用流水施工技术，使工人在大多数时间内在不同部位重复同样的工作，成为熟练工种，以此来提高工程质量。

2）采用先进的模板体系

在模板工程施工中，采用先进的模板体系，梁板模板采用台模，电梯井模板采用定型伸缩式电梯井筒模，剪力墙采用定型钢框木模。这样一方面保证模板平整不变形；同时，也能够保证混凝土的外观质量，减少抹灰量。

3）先进的钢筋连接方式

在钢筋工程中，竖向、水平粗直径钢筋均采用滚压直螺纹连接。

4）经济保证措施

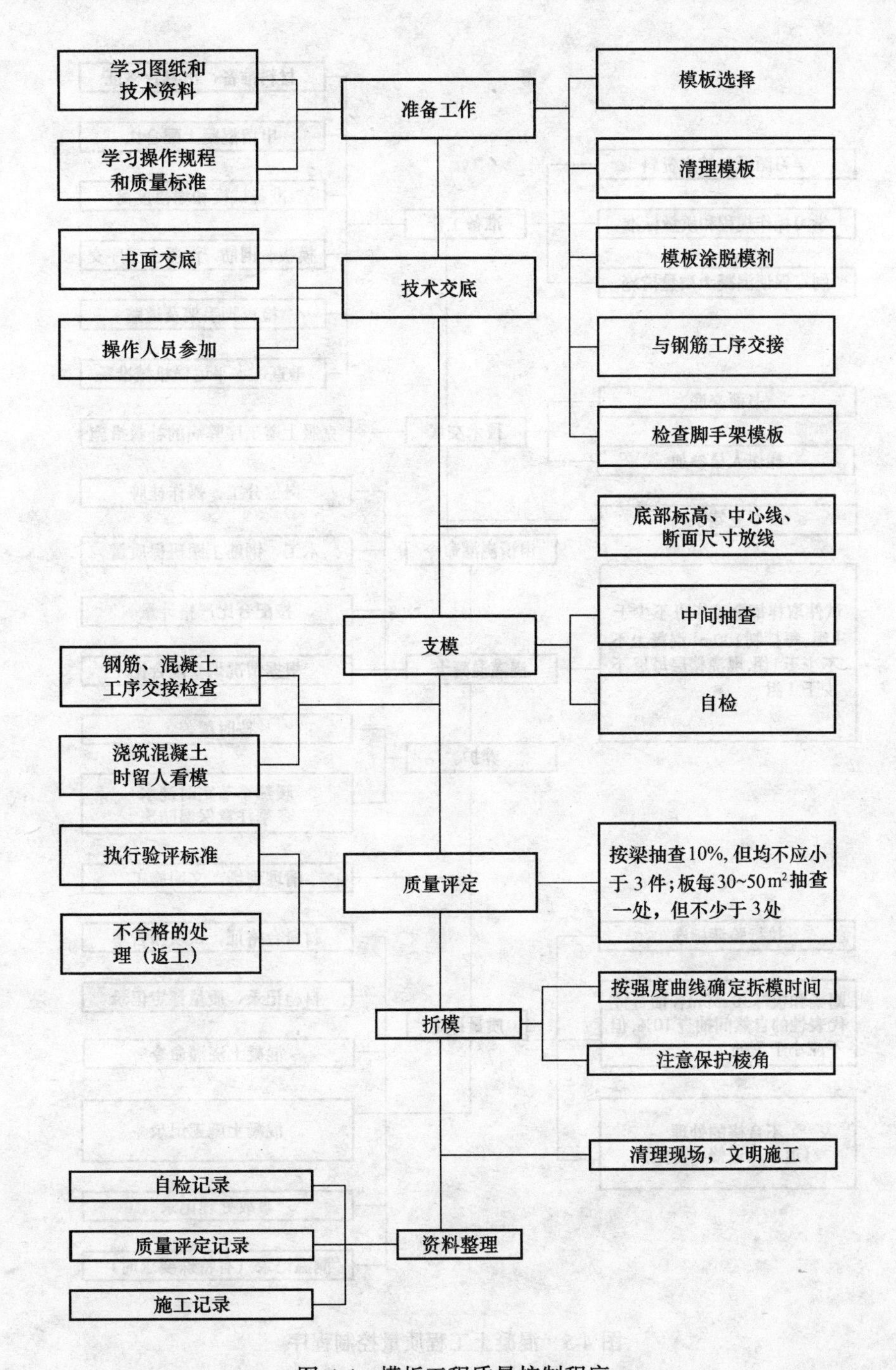


图 4-4　模板工程质量控制程序

为保证工程质量，强化质量意识，控制分项工程施工质量，在施工中我们将建立质量奖惩制度，从经济上保证质量计划的实施。

奖励：分承包方对进场物资的管理要认真执行相关质量管理制度，切实到位。对于工程质量满足项目施工质量计划书要求的，按总包与分承包方所定合同条款中的奖励额度给予奖励。

处罚：对于有如下行为的施工者，将按有关规定给予处罚：分部分项质量达不到预定

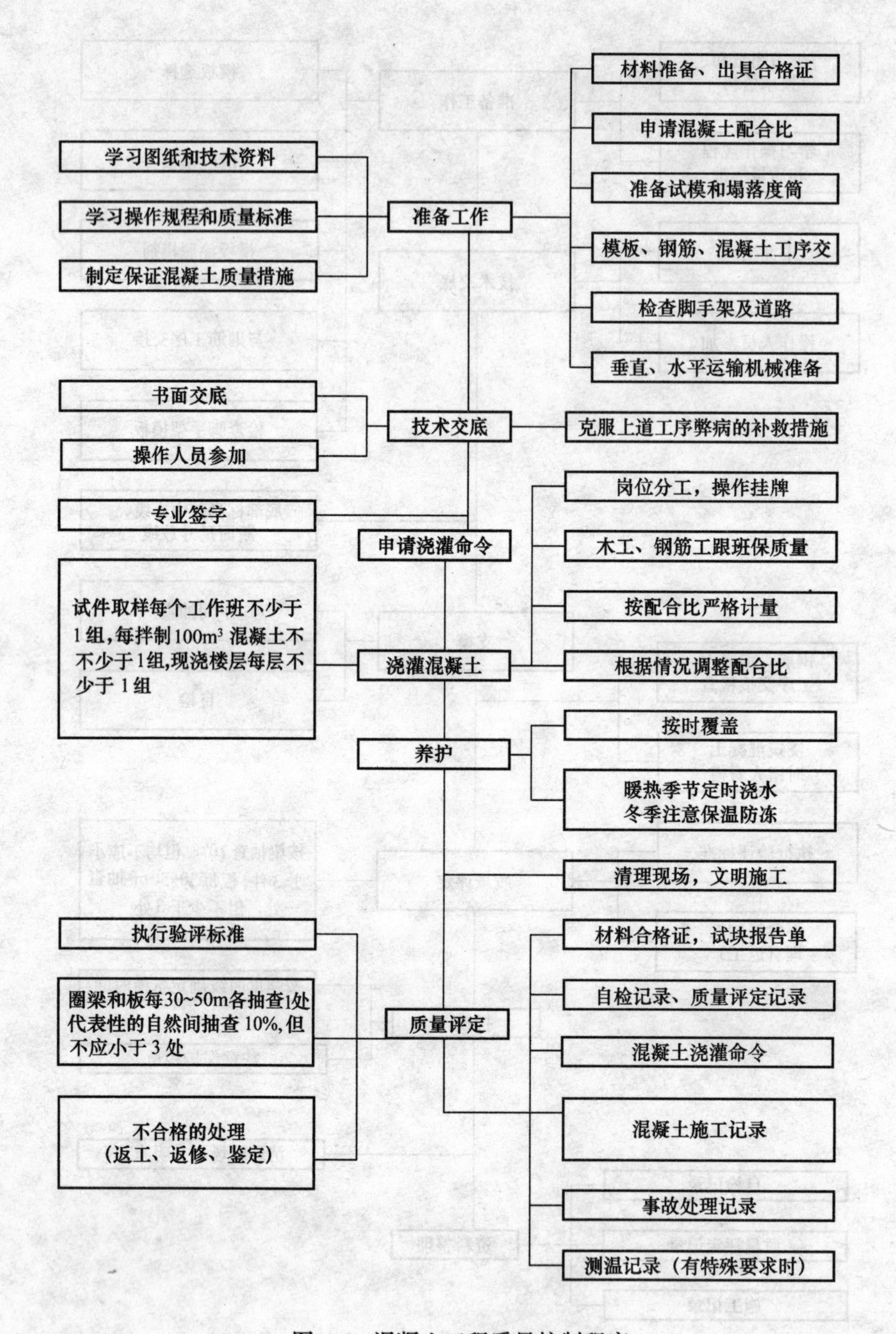


图 4-5 混凝土工程质量控制程序

目标、工程质量低劣、造成不良影响者；分承包方对总包单位、监理单位下达的整改通知书未及时整改者；使用不合格材料，对进场材料不及时进行复试即使用，对工程质量造成影响者；不严格执行三检制，操作过程失控者；成品保护措施不力，造成破坏者。

## 4.3 保证安全、消防措施

### 4.3.1 安全管理

（1）安全管理目标

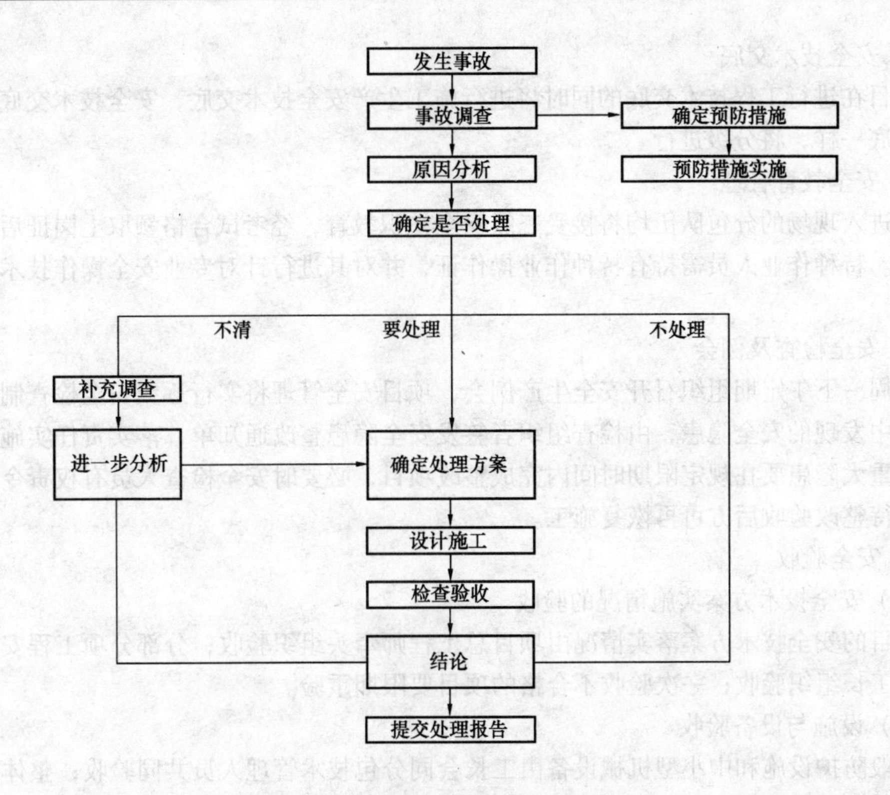


图 4-6 质量事故分析、处理程序框图

本工程安全管理目标是零事故。

(2) 安全生产管理保证体系（见图 4-7）

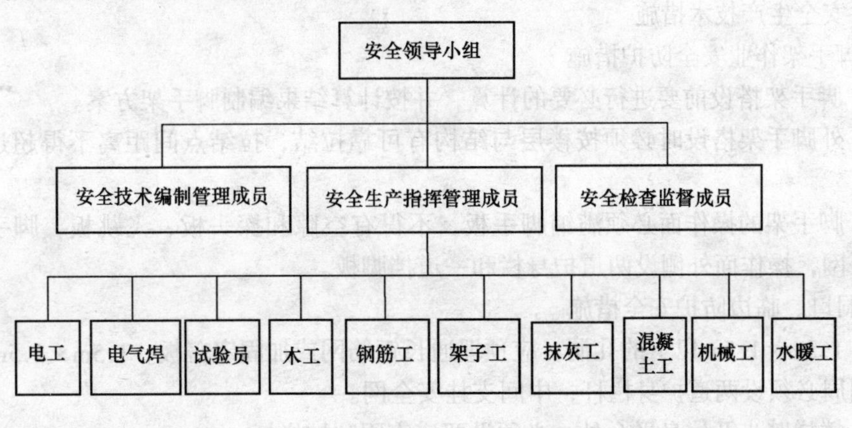


图 4-7

(3) 安全生产管理制度及安全检查

1) 安全技术方案的编制

工程开工前，编制安全技术方案，方案的编制过程中要遵照国家和政府颁发的有关安全生产的规定、规范等；同时，考虑现场的实际情况、施工特点、周围作业环境及不利因素，从技术上采取具体有效的措施予以预防，必要时将有设计、计算、详图、文字说明等。

2）安全技术交底

项目在进行工程技术交底的同时将进行施工生产安全技术交底，安全技术交底与工程技术交底一样，将分级进行。

3）安全教育管理

凡进入现场的分包队伍均将接受三级安全知识教育，经考试合格领取上岗证后方可上岗操作。特种作业人员需持有特种作业操作证，并对其进行针对专业安全操作技术方面的教育。

4）安全检查及例会

每周一下午定期组织召开安全生产例会，项目安全管理将实行逐级安全检查制度，凡在检查中发现的安全隐患，由检查组织者签发安全隐患整改通知单，落实责任实施整改并复查，重大隐患要在规定限期时间内完成整改项目，必要时安全检查人员有权责令其立即停工，待整改验收后方可再恢复施工。

5）安全验收

（A）安全技术方案实施情况的验收

项目的安全技术方案落实情况由项目总工程师牵头组织验收；分部分项工程安全技术措施由工长组织验收；一次验收不合格的项目要限期重验。

（B）设施与设备验收

一般防护设施和中小型机械设备由工长会同分包技术管理人员共同验收；整体防护设施以及重点防护设施由项目总工程师组织区域经理、安全总监及有关人员进行验收，其验收资料要分专业归档；高大防护设施、临电设施、大型设备需在项目经理部自检自查基础上，报请公司安全部组织技术负责人及有关部门和人员验收。

（4）安全生产技术措施

1）脚手架作业安全防护措施

（A）脚手架搭设前要进行必要的计算，并按计算结果编制脚手架方案。

（B）外脚手架搭设时必须按楼层与结构有可靠拉结，拉结点间距离不得超过有关规定要求。

（C）脚手架的操作面必须满铺脚手板，不得有空隙和探头板、飞跳板，脚手板下层兜设水平网，操作面外侧设两道护身栏和一道挡脚板。

2）洞口、临边防护安全措施

（A）1.5m×1.5m以下的孔洞，应预埋通长钢筋网或加固定盖板；1.5m×1.5m以上的孔洞，四周必须设两道护身栏杆，中间支挂安全网。

（B）楼梯踏步及休息平台处，必须设两道牢固防护栏杆。

3）高处作业安全防护措施

（A）建筑物首层四周必须支固定6m宽的双层水平安全网，网底距下方物体表面不得小于5m。

（B）建筑物的出入口需搭设长3～6m，宽于出入通道两侧各1m的防护棚，棚顶应满铺不小于5cm厚的脚手板，非出入口和通道两侧必须封严。

（C）高处作业，严禁投掷物料。

4）料具存放安全技术要求

砌体材料等必须码放稳固，水泥等袋装材料严禁靠墙码垛，砂、土、石料严禁靠墙堆放。

5）临时用电安全防护措施

（A）临时用电必须建立对现场的线路、设施的定期检查制度，并将检查、检验记录存档备查。

（B）配电系统必须实行分级配电。各类配电箱、开关箱的安装和内部设置必须符合有关规定，箱内电器必须可靠完好，其选型、定值要符合规定，开关电器座标明用途。

各类配电箱、开关箱外观应完整、牢固、防雨、防尘，箱体外应涂安全色标，统一编号，箱内无杂物。停止使用的配电箱应切断电源，箱门上锁。

（C）独立的配电系统必须按部颁标准采用三相五线制的接零保护系统，非独立系统可根据现场实际情况，采取相应的接零或接地保护方式。各种电气设备和电力施工机械的金属外壳、金属支架和底座，必须按规定采取可靠的接零或接地保护。

在采用接地和接零保护方式的同时，必须设两级漏电保护装置，实行分级保护，形成完整的保护系统。漏电保护装置的选择应符合规定。

（D）手持电动工具的使用，应符合国家标准的有关规定。工具的电源线、插头和插座应完好。电源线不得任意接长和调换，工具的外绝缘应完好无损，维修和保管应由专人负责。

（E）电焊机应单独设开关，电焊机外壳应做接零或接地保护。一次线长度应小于5m，二次线长度应小于30m，两侧接线应压接牢固，并安装可靠防护罩。焊把线应双线到位，不得借用金属管道、金属脚手架、轨道及结构钢筋做回路地线。焊把线无破损，绝缘良好。电焊机设置地点应防潮、防雨、防砸。

6）施工机械安全防护措施

（A）施工现场应有施工机械安装、使用、检测、自检记录。

（B）蛙式打夯机必须由两人操作，操作人员必须戴绝缘手套，穿绝缘胶鞋，操作手柄应采取绝缘措施。夯机用后应切断电源，严禁在夯机运转时清除积土。

（C）乙炔发生器必须使用金属防爆膜，严禁用胶皮薄膜代替，回火防止器应保持有一定水量，氧气瓶不得暴晒、倒置、平使，禁止沾油。氧气瓶和乙炔瓶（罐）工作间距不小于5m，两瓶同焊炬间的距离不得小于10m。施工现场内严禁使用浮桶式乙炔发生器。

（D）圆锯的锯盘及传动部位应安装防护罩，并应设置保险档、分料器。凡长度小于50cm、厚度大于锯盘半径的木料，严禁使用圆锯。破料锯与横截锯不得混用。

（E）砂轮机应使用单向开关，砂轮必须装设不小于180°的防护罩和牢固的工件托架，严禁使用不圆、有裂纹和磨损剩余部分不足25mm的砂轮。

（F）吊索具必须使用合格产品。

（a）钢丝绳应根据用途保证足够的安全系数，凡表面磨损、腐蚀、断丝超过标准的，打死弯、断股、油芯外露的不得使用。

（b）吊钩除正确使用外，应有防止脱钩的保险装置。

（c）卡环在使用时，应使销轴和环底受力。吊运大灰斗、混凝土斗和预制墙板等大件时，必须用卡环。

## 4.4 保证环境措施

### 4.4.1 现场环保领导小组

现场成立环保小组，并由项目领导任义务环保组长。环保小组定期进行教育，熟悉掌握环保常识，对环保工作进行监督检查和管理。

### 4.4.2 环境管理

(1) 项目确定的重要环境因素

1) 防止建筑材料污染：防止有毒害或产生毒害气体的建筑材料进入现场使用。

2) 防止大气污染：防止施工扬尘、生产和生活的烟尘排放。

3) 防止水污染：灰浆搅拌机、乙炔发生罐等作业产生的污水处理，油漆、油料的渗漏防治。

4) 防止施工噪声污染：人为的施工噪声防治，施工机械的噪声防治。

(2) 目标、指标

严格按照 ISO14000 标准制定并实施环保制度和措施，并严格过程控制，确保环境管理按该标准达标。

(3) 环境保护措施

1) 防止建筑材料的污染

(A) 采用经国家或北京市认证的绿色环保材料，严格现场材料验收制度，杜绝禁止有毒害材料进入现场、用于本工程。

(B) 技术人员和操作人员应熟悉材料性能，对混合后会发生反应，生成有毒害物质的材料应分开存放，并严禁混合使用。

2) 防止施工现场大气污染措施

(A) 施工现场防扬尘措施

(a) 清理施工垃圾，必须使用封闭的专用垃圾道或采用容器吊运，严禁随意凌空抛撒造成扬尘。施工垃圾要及时清运，清运时适量洒水，减少扬尘。

(b) 在施工前做好施工道路的规划和设置。现场临时施工道路，基层要夯实，路面采用混凝土浇筑。

(c) 水泥和其他易飞扬的细颗粒散体材料应尽量库内存放，如露天存放应严密苫盖，运输和卸运时防止遗洒飞扬，以减少扬尘。

(d) 施工现场要制定洒水降尘制度，配备专用洒水设备及指定专人负责，在易产生扬尘的季节，施工场地采取洒水降尘。

(B) 灰浆搅拌站的降尘措施

灰浆搅拌机设置在封闭的搅拌棚内，搅拌机上设置喷淋装置后方可进行施工。

(C) 防止水污染的各项措施

(a) 灰浆搅拌机的废水排放控制

在灰浆搅拌机前台及运输车清洗处设置沉淀池。排放的废水要排入沉淀池内，经二次沉淀后，方可排入市政污水管线或回收用于洒水降尘。未经处理的泥浆水，严禁直接排入城市排水设施和河流。

(b) 乙炔发生罐污水排放控制

施工现场由于气焊使用乙炔发生罐产生的污水，严禁随地倾倒，要求专用容器集中存放，倒入沉淀池处理，以免污染环境。

(c) 油漆、涂料库存的防渗漏控制

施工现场要设置专用的油漆油料库，油库内严禁放置其他物资，库房地面和墙面要做防渗漏的特殊处理，储存、使用和保管要由专人负责，防止油料的跑、冒、滴、漏，污染水体。

(d) 禁止将有毒、有害废弃物用作土方回填，以免污染地下水和环境。

(D) 建筑施工现场防噪声污染的各项措施

(a) 人为噪声的控制措施

施工现场提倡文明施工，建立健全控制人为噪声的管理制度。尽量减少人为的大声喧哗，增强全体施工人员防噪声扰民的自觉意识。

(b) 强噪声机械的降噪措施

a) 易产生强噪声的成品、半成品加工制做作业，应尽量放在工厂、车间完成，减少因施工现场加工制作产生的噪声。

b) 尽量选用低噪声或备有消声降噪设备的施工机械。施工现场的强噪声机械（如搅拌机、电锯、电刨、砂轮机等）要设置封闭的机械棚，以减少强噪声的扩散。

c) 加强施工现场的噪声监测

加强施工现场环境噪声的长期监测，采取专人监测、专人管理的原则，根据测量结果填写建筑施工场地噪声测量记录表。凡超过《施工场界噪声限值》标准的，要及时对施工现场噪声超标的有关因素进行调整，达到施工噪声不扰民的目的。

# 5 经济效益分析

## 5.1 开放式幕墙防水节点

由于应用外幕墙开放式防水节点，免去了外墙防水砂浆作法，共节约资金 14 万元。

## 5.2 钢弦石膏板应用

根据计算，单面钢弦石膏板隔墙施工造价为 90 元/$m^2$，而轻钢龙骨隔墙施工造价为 120 元/$m^2$，ALC 板隔墙施工造价为 120 元/$m^2$，因此，钢弦石膏板墙施工比轻钢龙骨隔墙施工单价低 30 元/$m^2$，比 ALC 板隔墙施工单价低 30 元/$m^2$。仁达科教中心工程风暖管道井隔墙采用了单面钢弦石膏板隔墙，其施工面积达 2000$m^2$，与轻钢龙骨隔墙施工及 ALC 板隔墙施工相比，节约成本 6 万元。

## 5.3 干铺法架空地砖屋面

与普通铺砖屋面相比，将细石混凝土层和铺砖层用塑料支座取代，使材料、人工成本均得以降低。简化了施工工序的同时，加快了工期进度；同时，本工序也减少了建筑垃圾，利于环保，有较好的社会效益。

第四篇

# 天津泰达图书馆工程施工组织设计

**编制单位**：中建三局三公司
**编 制 人**：陈　功　祝晓娟

【简介】　天津泰达图书馆工程结构新颖、外形复杂、测量控制及施工难度较大。该施工组织设计内容完整，层次清楚，主要施工方案如测量方案、模板方案、钢筋方案、劲性钢结构方案等，图文并茂，管理措施得当，值得借鉴。

# 目 录

# 1　工程概况

## 1.1　总体简介

天津泰达图书馆工程位于天津经济技术开发区第三大街，由开发区建设发展局投资兴建，上海华东建筑设计研究院有限公司设计，天津国际工程建设监理公司监理，中建三局第三建设工程有限责任公司总承包施工。

工程于2001年5月18日开工，2003年9月15日按合同规定全部完成并通过竣工验收，2003年9月25日通过竣工验收备案并交付使用。

本工程占地面积16711m$^2$，总建筑面积66749m$^2$，由图书馆、档案馆及地下车库三部分构成。图书馆5层，高24m，建筑面积22567m$^2$；档案馆室11层，高44.8m，建筑面积28914m$^2$；地下车库一层，建筑面积15268m$^2$。

基础为桩承台正梁整板结构，主体结构为全现浇钢筋混凝土框架-剪力墙结构，楼板结构分别为双向密肋板楼盖、井字梁等，本工程抗震设防烈度为7度，建筑类别为一类。

设有双电源供电系统、给排水系统、通风空调系统、楼宇自控系统、消防控制系统、保安监控系统、防盗报警系统等。

整个大楼共设电梯十二部，其中图书馆七部，档案馆五部。

地下室为停车场及设备用房。图书馆一层至四层主要为阅览室、书店，五层为展厅、报告厅。档案馆一层至三层主要为展厅、消防控制中心、档案库房、会议室等；四至十一层为开敞式办公室。

## 1.2　建筑设计概况（表1-1）

**表1-1**

| 序号 | 项　目 | 内　容 | |
|---|---|---|---|
| 1 | 建筑功能 | 图　书　馆 | |
| | | 地下室 | 图书馆快餐厅、车库 |
| | | 一　层 | 服务台、检索厅、咖啡室、网吧、书店、新书阅览、报刊阅览、读者自修区，北侧为儿童阅览室等 |
| | | 二　层 | 服务咨询处、计算机教室、参考文献图书阅览、计算机阅览区、普通文献图书阅览等 |
| | | 三　层 | 研讨室、专题文献阅览区、计算机阅览区，北侧为地方文献阅览区、库房、个人研究室、特种文献阅览区 |
| | | 四　层 | 计算机教室、服务咨询处、大学图书阅览区、计算机阅览区，北侧为电子阅览区等 |
| | | 五　层 | 艺术阅览、展厅、报告厅、音乐沙龙 |
| | | 档　案　馆 | |
| | | 一　层 | 档案馆、寄存、展厅、电子阅览、旅行社、消防控制中心、档案库房 |
| | | 二　层 | 数据录入室、扫描及光盘制作、培训教室、监控室、档案库、会议室 |
| | | 三　层 | 档案整理室、办公室、馆长室、会议室 |
| | | 4~11层 | 开放式办公室 |

续表

| 序号 | 项 目 | 内 容 | | | |
|---|---|---|---|---|---|
| 2 | 建筑特点 | 图书馆的造型是一座下大上小的椭圆形玻璃体建筑，档案馆巨大而有韵律的立面成为背景空间，图书馆简洁雅致的椭圆造型和透明的阅览空间，体现时代精神。设计者强调读者的参与，主体建筑以及极富动态戏剧效果使建筑物充满生命和活力 | | | |
| 3 | 建筑面积 | 占地面积 | 16711m² | 图书馆建筑面积 | 22567m² |
| | | 总建筑面积 | 66749m² | 档案馆建筑面积 | 28941m² |
| 4 | 建筑层数 | 地下一层；图书馆地上五层；档案馆地上十一层 | | | |
| 5 | 建筑层高 | 图书馆1层 | 图书馆2~4层 | 图书馆5层 | 档案馆首层 | 档案馆2~11 |
| | | 4.2m | 5.1m | 4.5m | 4.2m | 4.0m |
| 6 | 建筑高度 | 图书馆 | 23.7m | 档案馆 | 44.8m |
| 7 | 建筑防火 | 钢制卷帘门分断防火分区、钢制防火门和木制防火门局部区域断火 | | | |
| 8 | 外墙保温 | 主楼采用加气混凝土砌块；辅楼采用260厚聚苯夹心保温空心砖 | | | |
| 9 | 装 修 | 外 檐 | 图书馆：空挂花岗石，北侧、底层、两侧、入口处为中空玻璃幕墙，南侧为点式玻璃幕墙。档案馆：玻璃幕墙、部分为花岗石 | | |
| | | 楼地面 | 混凝土地面、地砖地面、花岗石地面、环氧树脂地面、地毯、进口塑胶地板 | | |
| | | 墙 面 | 开水、清洁、卫生间为釉面砖，其余为乳胶漆和花岗石 | | |
| | | 顶 棚 | 乳胶漆、轻钢龙骨铝合金吊顶、防潮防霉涂料 | | |
| 10 | 防水工程 | 屋面防水 | 聚氯乙烯防水卷材1.5厚 | | |
| | | 地 下 | SBSⅢ+Ⅲ型卷材 | | |

## 1.3 结构设计概况（表1-2）

表 1-2

| 序号 | 项 目 | 内 容 | | | |
|---|---|---|---|---|---|
| 1 | 结构形式 | 基础结构形式 | 桩—承台—筏板正梁基础 | | |
| | | 主体结构形式 | 图书馆：框架结构，档案馆：框剪结构 | | |
| | | 地下室结构 | 框剪结构 | | |
| 2 | 土质、水位 | 土质情况 | 地表往下划分5层，第5层粉土为支护桩持力层 | | |
| | | 地下水位 | 地下水埋深0.8m | | |
| 3 | 建筑物桩基 | 持力层 | $\phi$700桩：第Ⅶ4层土，$\phi$650桩：第Ⅴ2层土 | | |
| | | 单桩承载力 | $\phi$700桩：2300kN，$\phi$650桩：970kN | | |
| 4 | 混凝土强度等级及抗渗要求 | 地下室底板 | C40 P8 | 承台、基础梁、地下室外墙体、顶板 | C40P8 |
| | | 档案馆 | 柱及剪力墙：地下一层~标高8.4m为C50，标高8.4m~屋顶为C40 | | |
| | | 图书馆 | 柱及剪力墙：地下一层底板~屋顶为C40 | | |
| | | 地下车库 | 柱墙：地下一层底板~顶板为C40 | | |
| | | 楼面 | 梁板：C40 | | |

续表

| 序号 | 项　目 | 内　容 | |
|---|---|---|---|
| 5 | 抗震等级 | 工程设防烈度 | 7度 |
| | | 框架抗震等级 | 三级 |
| | | 剪力墙抗震等级 | 二级 |
| 6 | 钢筋类别 | HRB235钢 | Φ6、Φ8、Φ10 |
| | | HRB335钢 | Φ12、Φ14、Φ16、Φ18、Φ20、Φ22、Φ25、Φ28 |
| 7 | 钢筋接头形式 | 机械连接 | $d \geqslant 25$的钢筋 |
| | | 电渣压力焊 | $25 > d \geqslant 16$的竖向钢筋 |
| | | 闪光对焊 | $25 > d \geqslant 16$的水平钢筋 |
| | | 搭接绑扎 | $d < 22$的钢筋 |
| 8 | 主要结构尺寸 | 柱子截面尺寸（mm） | 600×600、700×700、800×800、1100×1100、900×1100、300×700、300×600、300×500、500×600、400×500、$D=500$圆柱、$D=600$、圆柱$D=900$圆柱、$D=1000$圆柱、$D=1100$圆柱、$D=1200$圆柱 |
| | | 梁断面尺寸（mm） | 1500×550、400×800、500×800、500×1000、500×1100、500×750、400×1200、400×1100、500×850、400×1000、600×500等 |
| | | 楼板厚度（mm） | 150、130、120、100 |
| | | 剪力墙（mm） | 650、600、500、400、300 |

## 1.4 专业设计概况（表1-3）

表1-3

| 序号 | 项　目 | | 设 计 要 求 | 系统做法 | 管线类别 |
|---|---|---|---|---|---|
| 1 | 给排水系统 | 上　水 | 1～5层为低压系统，6～11层为高压系统，变频加压供水 | 焊接 | 薄壁紫铜管 |
| | | 下　水 | 经处理排入地下污水管 | 卡箍式连接、丝扣连接 | 离心浇铸 |
| | | 雨　水 | 由屋面直接排入市政雨水管 | 承插粘结 | UPVC管 |
| | | 热　水 | 1～5层为低压区6～11层为高区 | 钎焊焊接 | 薄壁紫铜管 |
| | | 饮用水 | 电加热开水炉和市售纯净水 | 钎焊焊接 | 薄壁紫铜管 |
| | | 消防水 | 消防泵从地下室水池抽水，屋顶设水箱稳压 | 沟槽式连接，丝扣连接 | 镀锌无缝钢管，镀锌钢管 |
| 2 | 消防系统 | 消　防 | 喷洒、消火栓 | 沟槽式连接，丝扣连接 | 镀锌无缝钢管，镀锌钢管 |
| | | 报　警 | 自动和手动 | | 线槽、焊管 |
| | | 气体灭火 | — | | 镀锌无缝钢管，镀锌钢管 |
| 3 | 通风系统 | 空　调 | 集中空调 | 风机盘管＋新风，全空气系统 | 镀锌铁皮风管 |
| | | 通　风 | 正压排风、机械排风 | 分系统、分区排风 | 镀锌铁皮 |
| | | 冷　冻 | 空调机组制冷 | | 镀锌无缝钢管 |
| | | 冷凝水 | 风机盘管 | | UPVC管或镀锌钢管 |

续表

| 序号 | 项目 | | 设计要求 | 系统做法 | 管线类别 |
|---|---|---|---|---|---|
| 4 | 电力系统 | 照明 | 双电源切换 | 放射式—树干式相结合 | 线槽、焊管 |
| | | 动力 | 双电源切换 | 放射式—树干式相结合供电 | 桥架、焊管 |
| | | 弱电 | — | — | 线槽、焊管 |
| | | 避雷 | 二类防雷 | TN-S系统 | −25×4镀锌扁钢、柱内主筋 |

## 1.5 工程特点与难点

(1) 工程的重要性及地理位置特殊性：本工程位置开发区行政中心地带，紧邻开发区管委会，是开发区重点工程。

(2) 施工质量标准高：结构工程质量要求达到类似于“北京市结构长城杯”标准，整体工程质量目标为“鲁班奖”。

(3) 两个冬期及一个雨期的影响：施工总工期内逢两个冬期、一个雨期，必须编制切实可行的季节性施工方案，确保工程施工质量。

(4) 深基坑施工

在海相淤泥质高含水率、高压缩性、低抗剪强度软弱地质条件下，开挖面积达16000m$^2$、最深处达10m的深基坑施工中，首次采用了钢筋混凝土钻孔灌注桩加椭圆形格构式环梁内支撑体系，满足天津地区基坑及深基坑设计规范要求，止水帷幕不渗、不漏，确保了周围环境的稳定和安全。

(5) 图书馆为上小下大的渐收式椭圆形建筑物，椭圆造型是由三个不同半径的圆弧组成，弧线上有12根倾斜76°、直径为700mm的圆柱。由于柱子模板及其支撑不规则，造成检查柱倾斜度，并保证倾斜方向位于圆弧半径上等施工难题。采用定制全钢圆柱模，利用钢模两侧吊线、配合全站仪定位等措施确保了柱倾斜度和倾斜方向，混凝土外观质量良好。

(6) 外墙装饰复杂，类型多，有椭圆形渐收式大面积点式玻璃幕墙、背拴式曲面干挂石材幕墙、铝板幕墙、板块式玻璃幕墙等，且造型特殊，施工难度大。通过采用专项施工方案，细化设计图纸，确保了外墙装饰施工质量。

(7) 大型构件吊装：图书馆屋面钢梁以及点式幕墙钢撑柱等构件外形最大尺寸长达26m，单件重16t，其超大、超限，施工现场较小，无法停站吊车作业。

通过设置人字桅杆式起重机、设置拖滚排、卷扬机系统等配合使用，解决了构件和设备吊装难题。

(8) 消防喷淋支管、喷头安装与内装修吊顶同步施工，水压试验必须一次成功。试压时采用先进行气压试验检验，再进行水压试验的工艺，确保12165个接头通水无一渗漏，解决了直接水压试验可能发生“跑、冒、滴、漏”的施工难题。

(9) 结构后浇带多：后浇带的质量控制作为施工的重点和难点。

(10) 地下部分施工难度大

1) 施工场地狭窄，可利用场地较狭小，必须采用合适的基坑开挖方案，并综合考虑现场用地的动态规划和管理，提高总平面的利用率。

2) 施工现场周边及地下管线多，给土方开挖施工及现场平面布置带来不便，给工期带来不利的影响。

## 1.6 工程平、立、剖面图（见图1-1~图1-6）

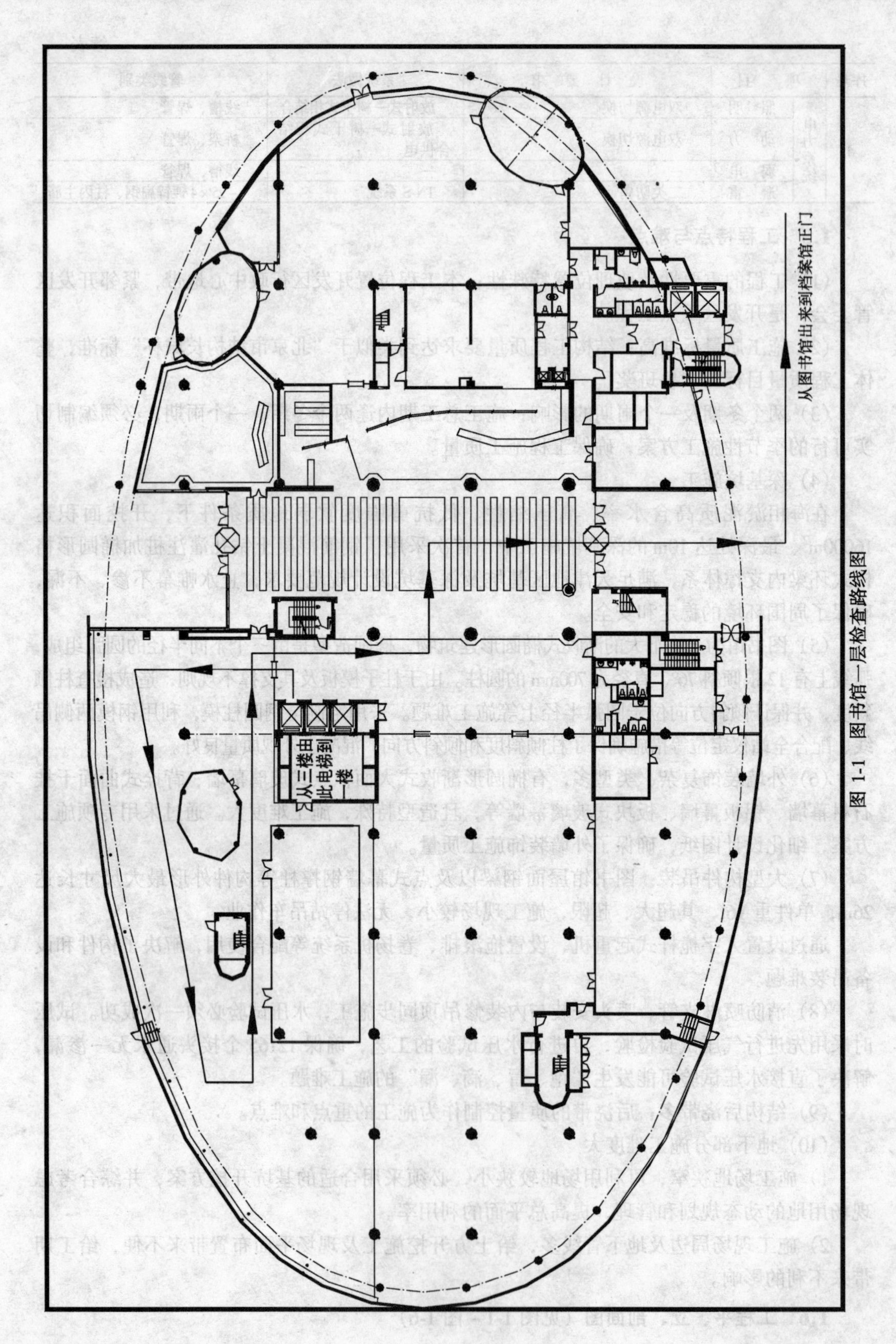


图 1-1　图书馆一层检查路线图

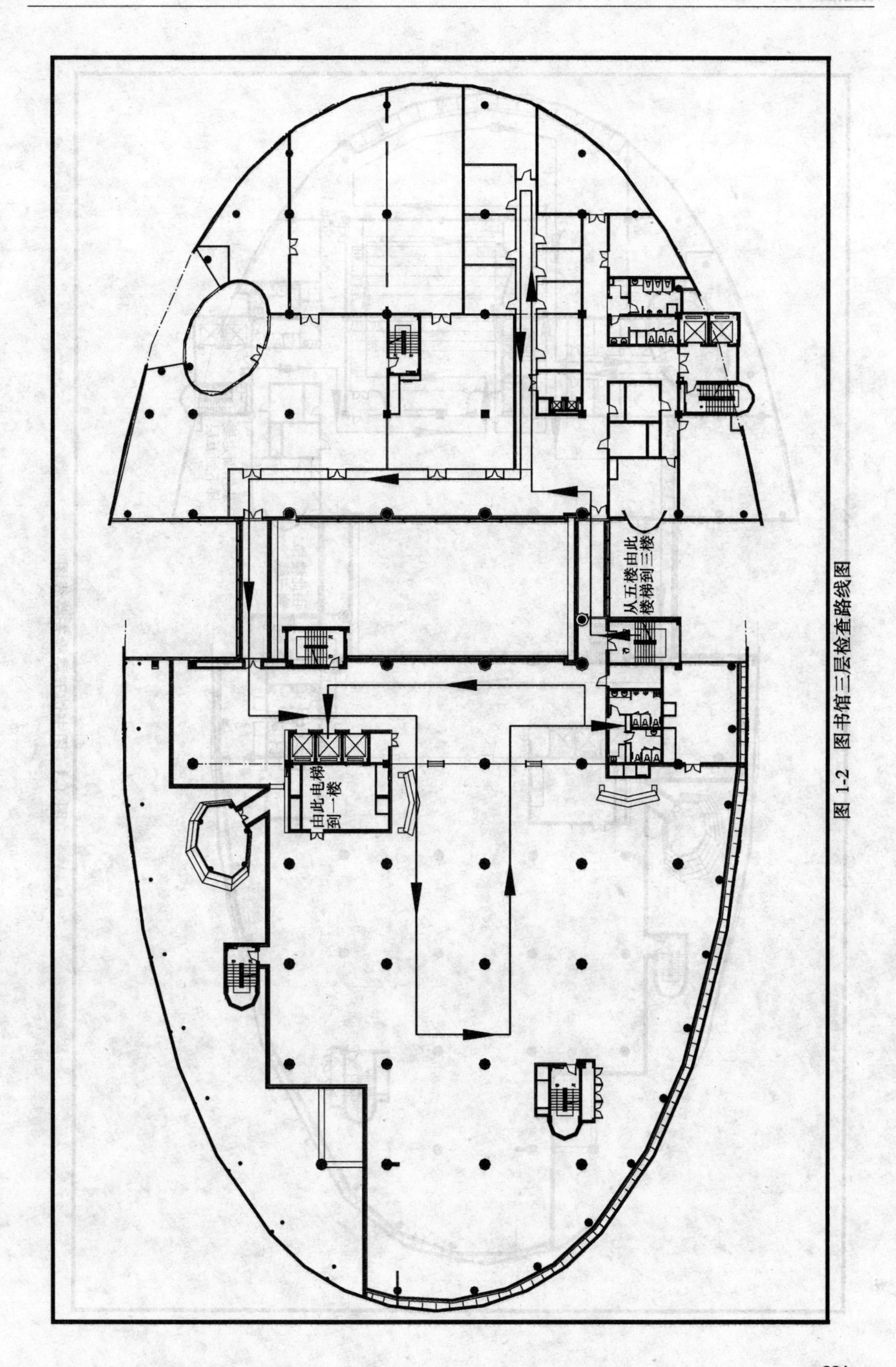


图 1-2 图书馆三层检查路线图

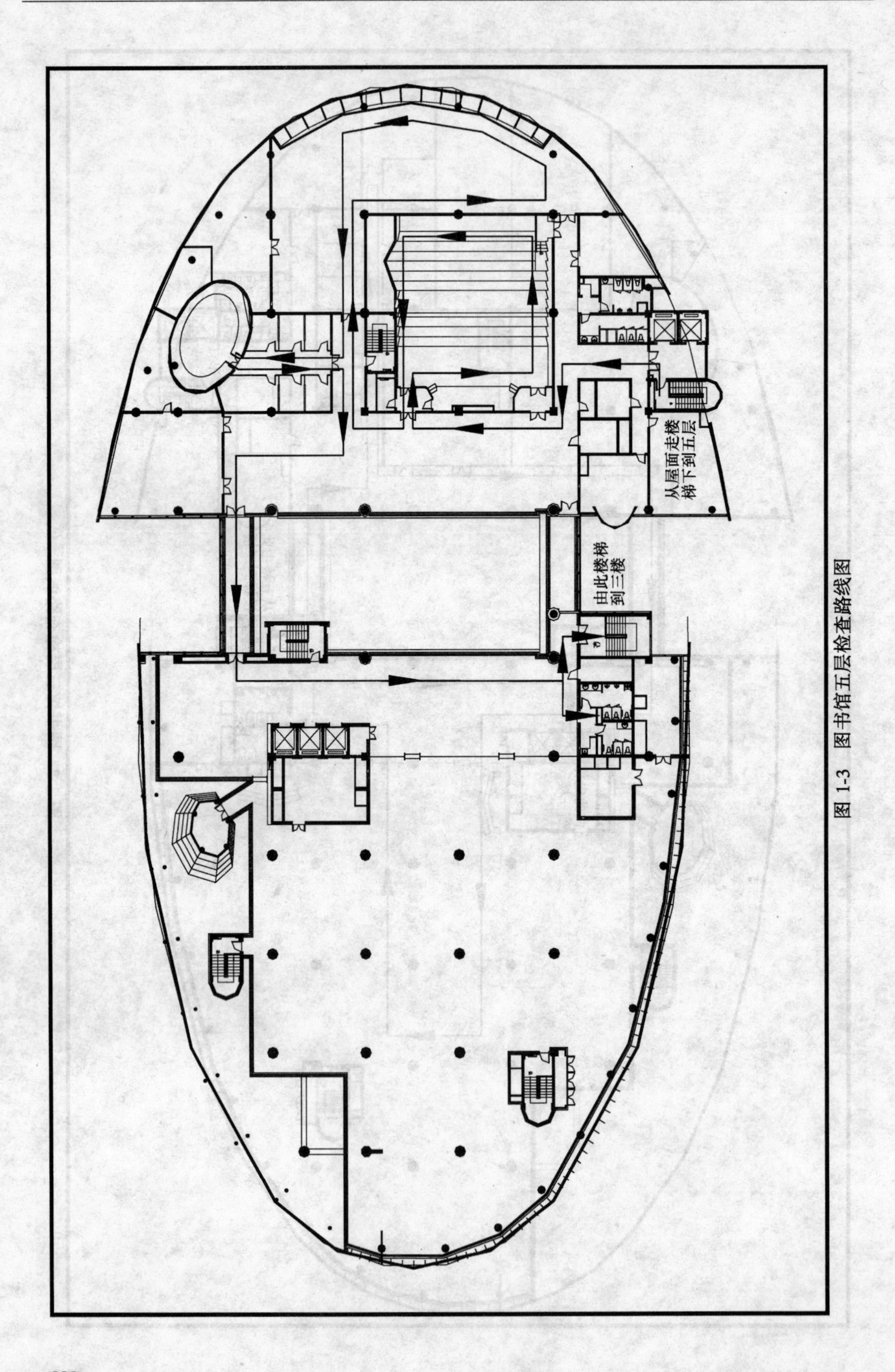


图 1-3 图书馆五层检查路线图

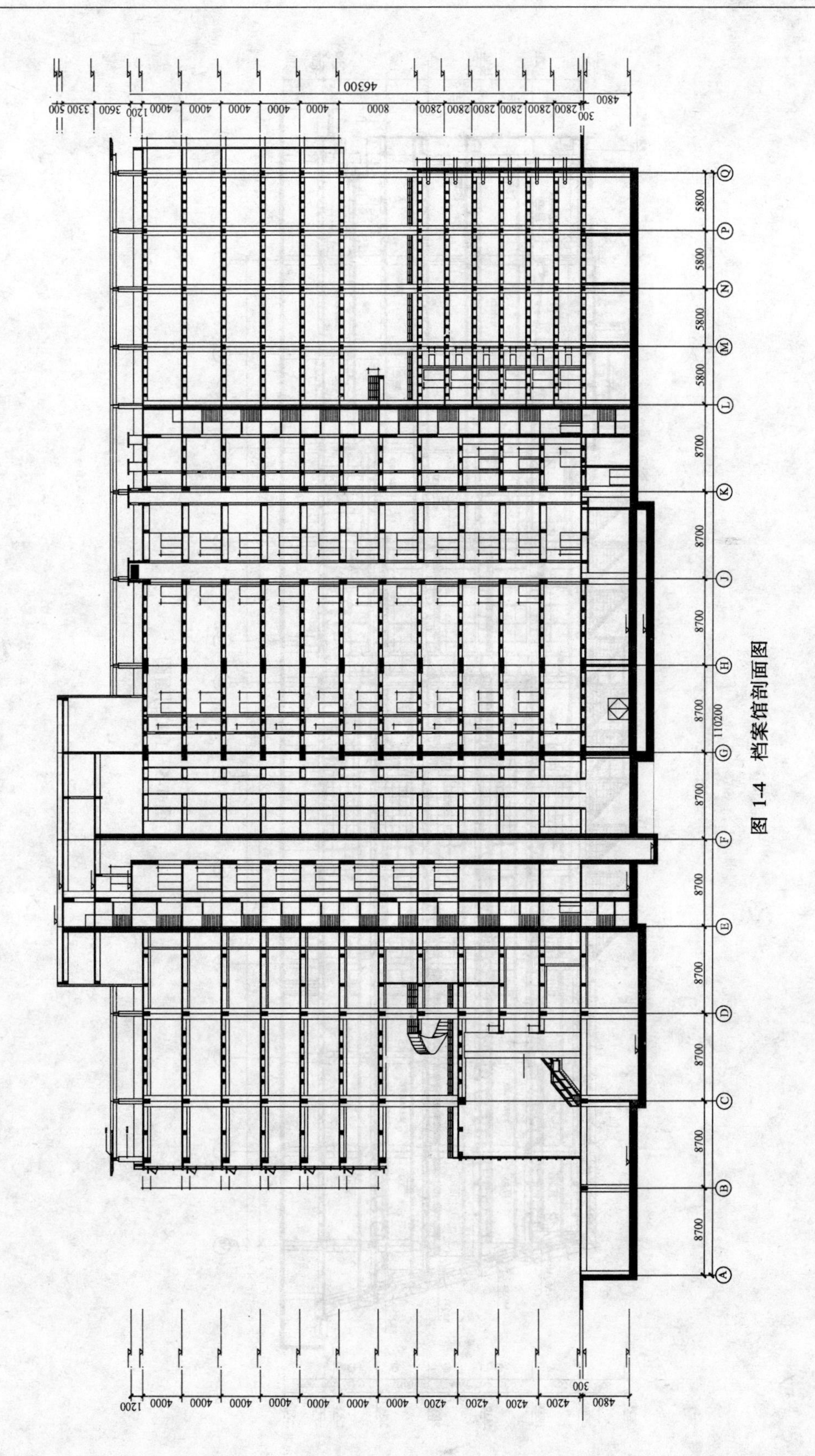
A
B
C
D
E
F
G
H
J
K
L
M
N
P
Q
8700
5800
110200
46300
4800
300
2800
8000
4000
3600
1200
3300
500
4200

图 1-4 档案馆剖面图

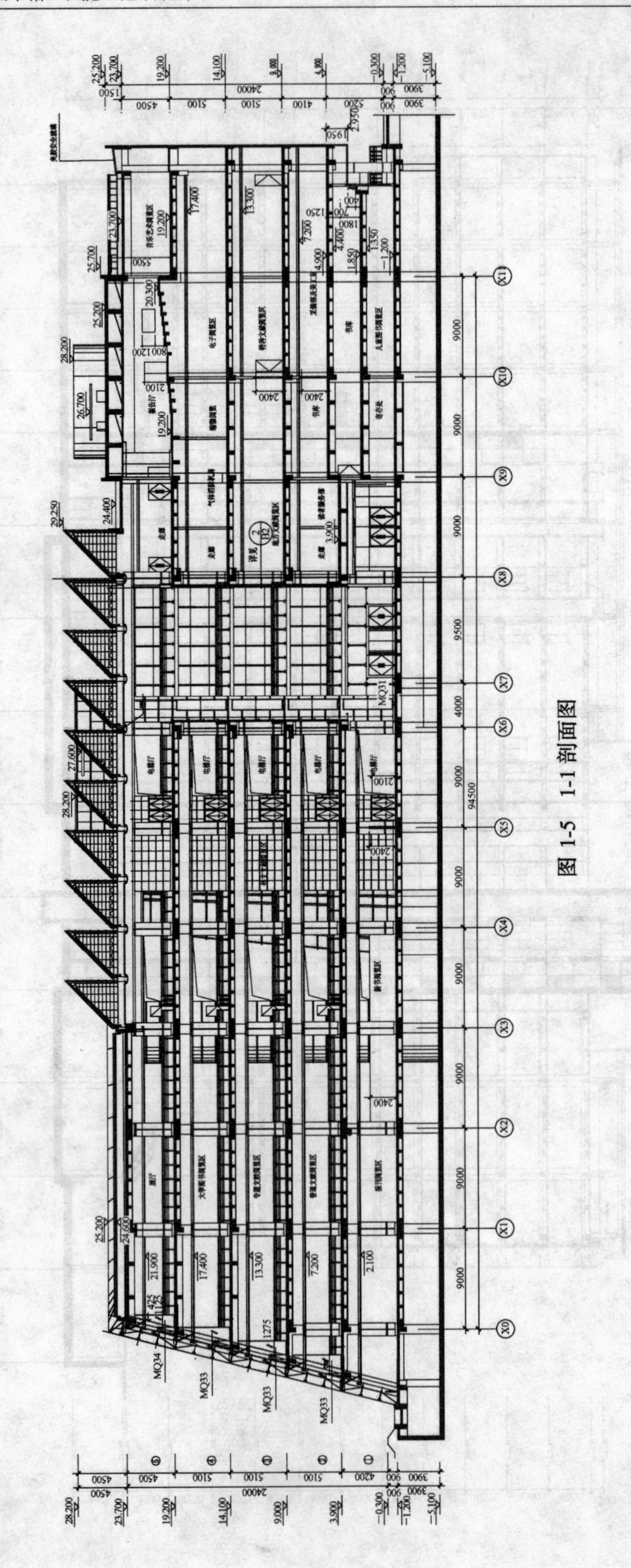

图 1-5 1-1 剖面图

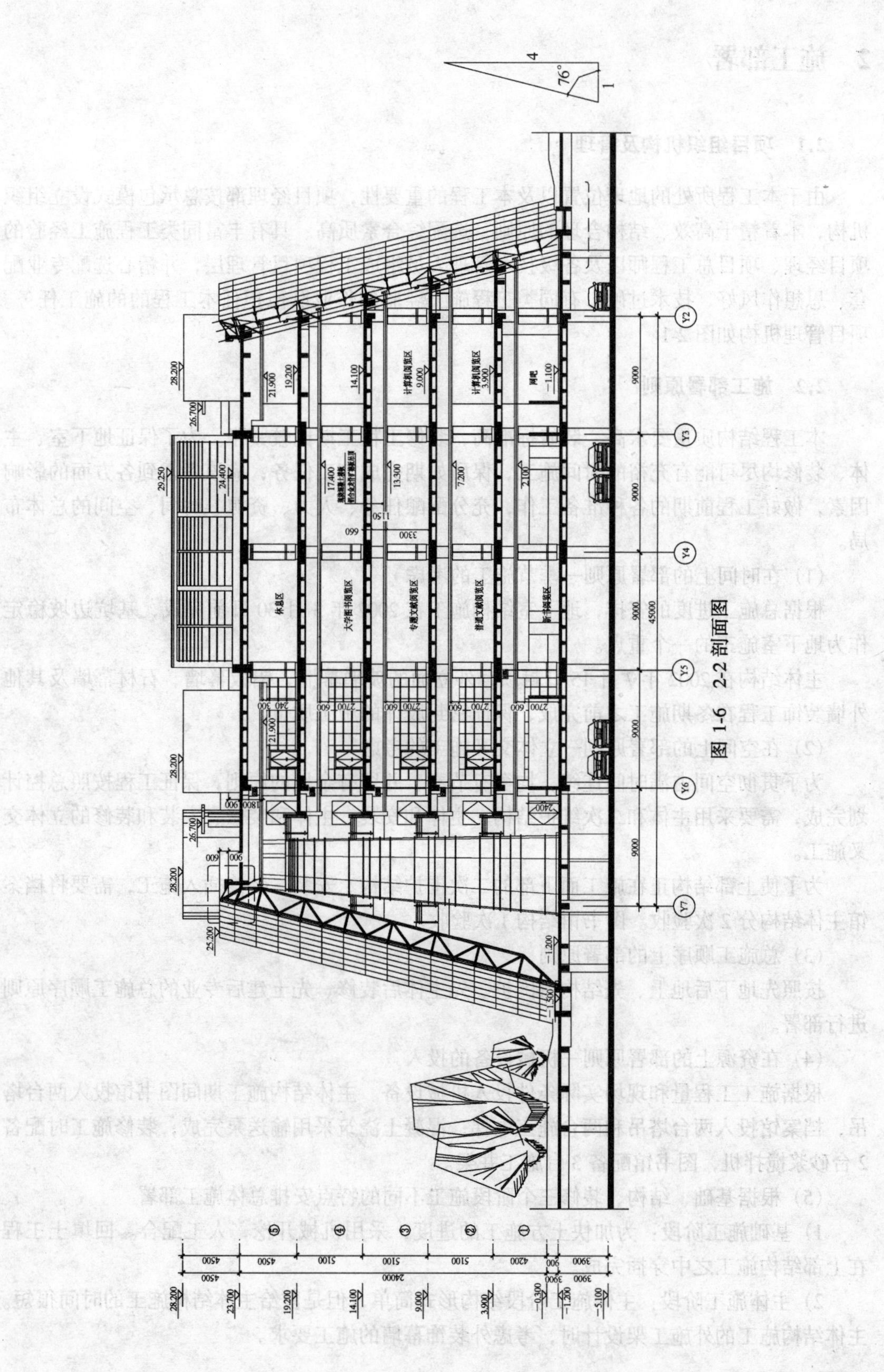


图 1-6 2-2 剖面图

# 2　施工部署

## 2.1　项目组织机构及管理

由于本工程所处的地理位置以及本工程的重要性，项目经理部按总承包模式设立组织机构，本着精干高效、结构合理的原则，选配综合素质高、具有丰富同类工程施工经验的项目经理、项目总工程师以及各级技术管理人员组成工程项目管理层，并精心选配专业配套、思想作风好、技术过硬、有同类工程施工经验的作业队伍担任本工程的的施工任务。项目管理机构如图 2-1。

## 2.2　施工部署原则

本工程结构质量要求高、装修标准高，装修工程工期比较紧张。为了保证地下室、主体、装修均尽可能有充裕的时间施工，保质如期完成施工任务，应该考虑到各方面的影响因素，做好工程前期的各种准备工作，充分酝酿任务、人力、资源、时间、空间的总体布局。

(1) 在时间上的部署原则—季节施工的考虑

根据总施工进度的安排，地下室结构施工在 2002 年 3 月 30 日前完成，基坑边坡稳定作为地下室施工的一个重点。

主体结构在 2002 年 7 月 15 日封顶，外立面的玻璃幕墙、铝板幕墙、石材幕墙及其他外墙装饰工程在冬期施工之前完成，保证密封胶体的施工质量。

(2) 在空间上的部署原则—立体交叉施工的考虑

为了贯彻空间占满时间连续，均衡有节奏，并留有余地的原则，保证工程按照总控计划完成，需要采用主体和二次维护结构、主体和安装、主体和装修、安装和装修的立体交叉施工。

为了使上部结构正在施工而下部的二次围护结构、安装、装修插入施工，需要将档案馆主体结构分 2 次验收。图书馆结构 1 次验收。

(3) 总施工顺序上的部署原则

按照先地下后地上、先结构后围护、先主体后装修、先土建后专业的总施工顺序原则进行部署。

(4) 在资源上的部署原则—机械设备的投入

根据施工工程量和现场实际条件投入机械设备。主体结构施工期间图书馆投入两台塔吊，档案馆投入两台塔吊和两台施工电梯；混凝土浇筑采用输送泵完成；装修施工时配备 2 台砂浆搅拌机，图书馆配备 3 台施工井架。

(5) 根据基础、结构、装修三个阶段施工不同的特点安排总体施工部署

1) 基础施工阶段：为加快土方施工的进度，采用机械开挖，人工配合。回填土工程在上部结构施工之中穿插完成。

2) 主体施工阶段：主体施工阶段结构形式简单，但是留给主体结构施工的时间很短。主体结构施工的外施工架设计时，考虑外装饰幕墙的施工要求。

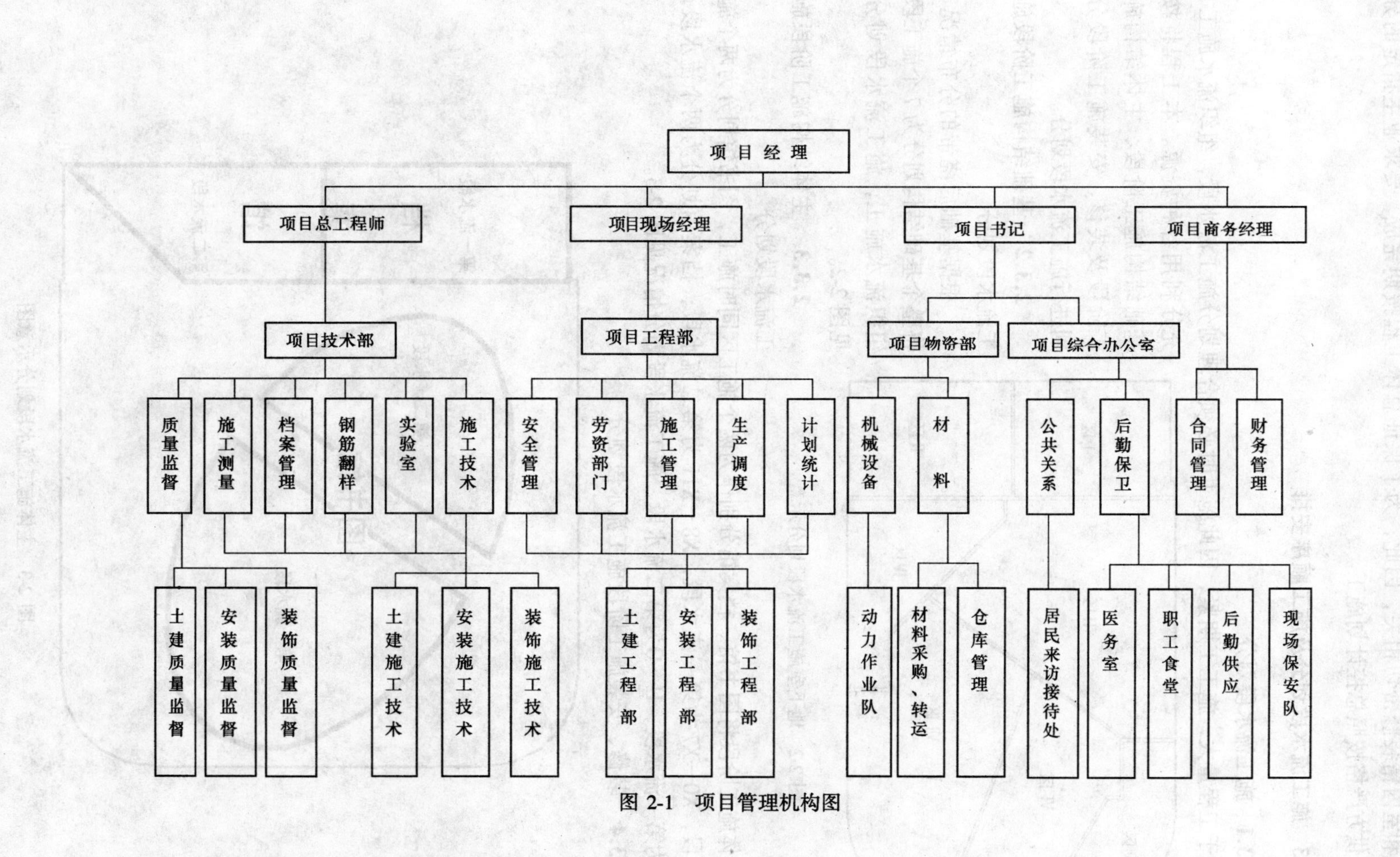
项 目 经 理
项目总工程师
项目现场经理
项目书记
项目商务经理
项目技术部
项目工程部
项目物资部
项目综合办公室
质量监督
施工测量
档案管理
钢筋翻样
实验室
施工技术
安全管理
劳资部门
施工管理
生产调度
计划统计
机械设备
材料
公共关系
后勤保卫
合同管理
财务管理
土建质量监督
安装质量监督
装饰质量监督
土建施工技术
安装施工技术
装饰施工技术
土建工程部
安装工程部
装饰工程部
动力作业队
材料采购、转运
仓库管理
居民来访接待处
医务室
职工食堂
后勤供应
现场保安队

图 2-1 项目管理机构图

3）装修施工阶段：二次维护结构待结构验收完毕后，立即插入施工。由于机电、设备施工和室内精装修密切相关，因此，为了保证总体工程按期完成，要求业主指定的分包、分供方严格按照总控计划施工。

## 2.3 施工流水段划分及施工顺序安排

### 2.3.1 施工流水段划分

由于工程量大，施工工期紧，因此施工时必须合理划分施工流水段，组织流水施工，充分利用各种资源。本工程将按基础结构施工阶段、主体结构施工阶段及装修、安装施工阶段分别进行施工流水段划分。

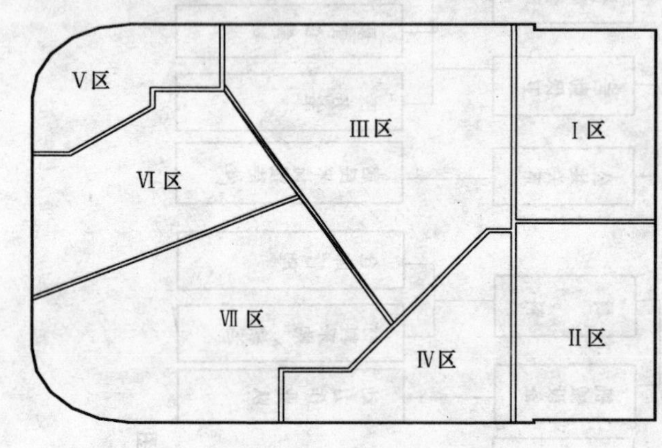


图 2-2 地下室施工流水段划分示意

### 2.3.2 基础结构施工阶段施工流水段划分

根据基础后浇带的分布情况，将整个基础结构划分为7个施工段组织流水施工，施工流水段划分见图 2-2。

### 2.3.3 主体结构施工阶段施工流水段划分

主体施工阶段将图书馆、档案馆分别作为两个施工区同时施工，图书馆划分为两个施工流水段，X0—X7 为第一流水段，X8—X11 为第二流水段；档案馆划分为两个流水段，A—G 为第一流水段，H—Q为第二流水段，施工流水段划分情况见图 2-3。

### 2.3.4 装修、安装施工阶段施工流水段划分

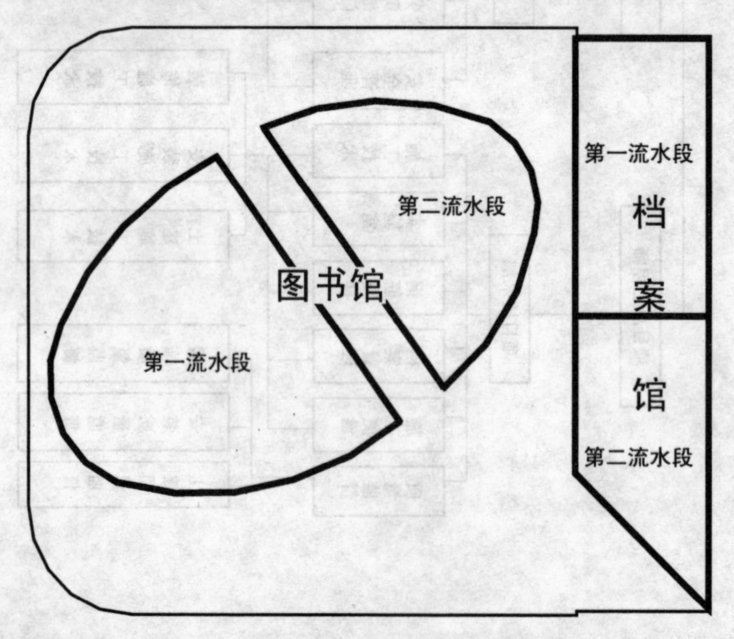


图 2-3 主体施工流水段划分示意图

装修、安装施工阶段，将图书馆、档案馆分别作为两个施工区同时施工。

## 2.4 现场平面布置

最大限度地减少和避免对周边环境的影响，搞好防火、防盗、防环境污染工作，安全生产、文明施工，并在此前提下合理地进行施工作业区、材料堆放区、土方临时存放区、施工管理和生活设施区的布置，以满足施工要求。做好对总平面的分配和统一管理，协调各专业对总平面的使用，以及对施工区域和周边的各种公用设施加以保护，成为本次施工总平面管理的中心任务。

### 2.4.1 现场施工条件

(1) 现场施工用电总柜从变压器引入。两台 315kV·A 变压器可以满足现场施工用电的要求。

(2) 水源的水管为 $\phi100$ 及 $\phi80$，可以满足施工用水要求。

(3) 桩基础、地下室基坑围护桩及止水搅拌桩已完成。

(4) 现场临近第三大街红线外有一 10kV 电缆沟，广场东路红线外 1.5m 有市政给水管线，距地面 1.5m，施工时应予以保护。

(5) 现场分为生活区、施工现场和办公区。

### 2.4.2 施工现场平面布置（见图 2-4 ~ 图 2-7）

## 2.5 工程施工总进度控制计划及保证措施

### 2.5.1 工期目标

先进合理的进度计划安排、科学周密的组织管理和运用成熟的施工新技术的推广应用，是本工程按期完工的保证。我们的开工日期为 2001 年 9 月 28 日，竣工日期为 2003 年 6 月 30 日，总工期按 640 个日历天安排（各施工进度见图 2-8 ~ 图 2-10），今后依据工程情况再作调整。

## 2.6 周转材料投入

**周转材料需用量计划表** **表 2-1**

| 序号 | 名称 | 规格 | 单位 | 数量 | 备注 |
|---|---|---|---|---|---|
| 1 | 普通钢管 | $\phi48\times3.5$ | t | 500 | |
| 2 | 扣件 | | 颗 | 10万 | |
| 3 | WJD 碗扣式快拆支撑 | | t | 400 | |
| 4 | 定型柱钢模 | | 块 | 54 | |
| 5 | 对拉螺栓 | | 套 | 8000 | |
| 6 | 可螺旋支座 | | 套 | 8000 | |
| 7 | 竹夹板 | | $m^2$ | 35000 | |
| 8 | 木方 | 50mm × 100mm | $m^3$ | 1000 | |
| 9 | 木方 | 100mm × 100mm | $m^3$ | 50 | |
| 10 | 木跳板 | | 块 | 5000 | |
| 11 | 安全网 | 1.5m × 6m | 张 | 15000 | |
| 12 | 安全网 | 侧网 | $m^2$ | 60000 | |

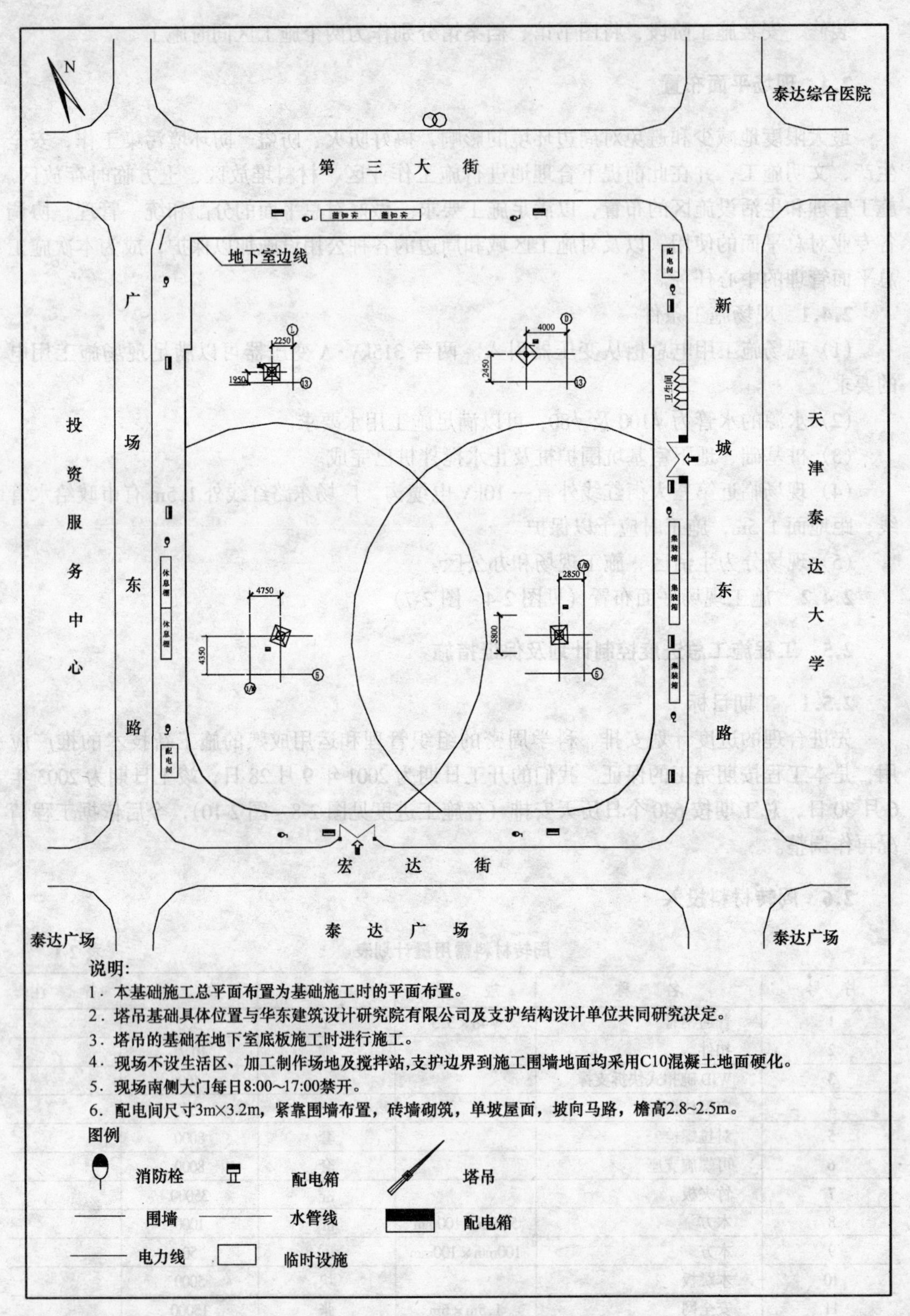


图 2-4　基础施工总平面布置图

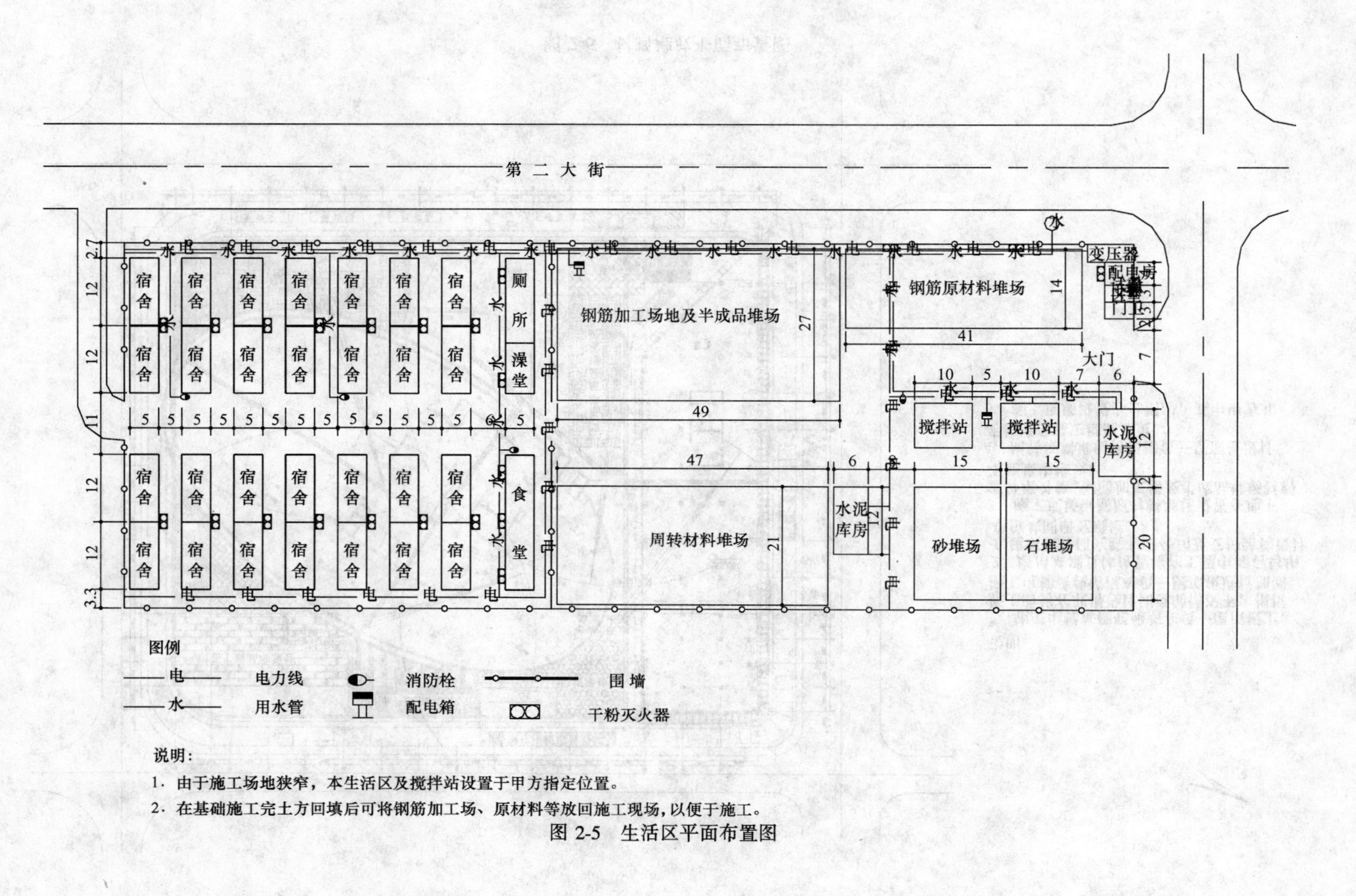


说明：

1. 由于施工场地狭窄，本生活区及搅拌站设置于甲方指定位置。
2. 在基础施工完土方回填后可将钢筋加工场、原材料等放回施工现场，以便于施工。

图 2-5 生活区平面布置图

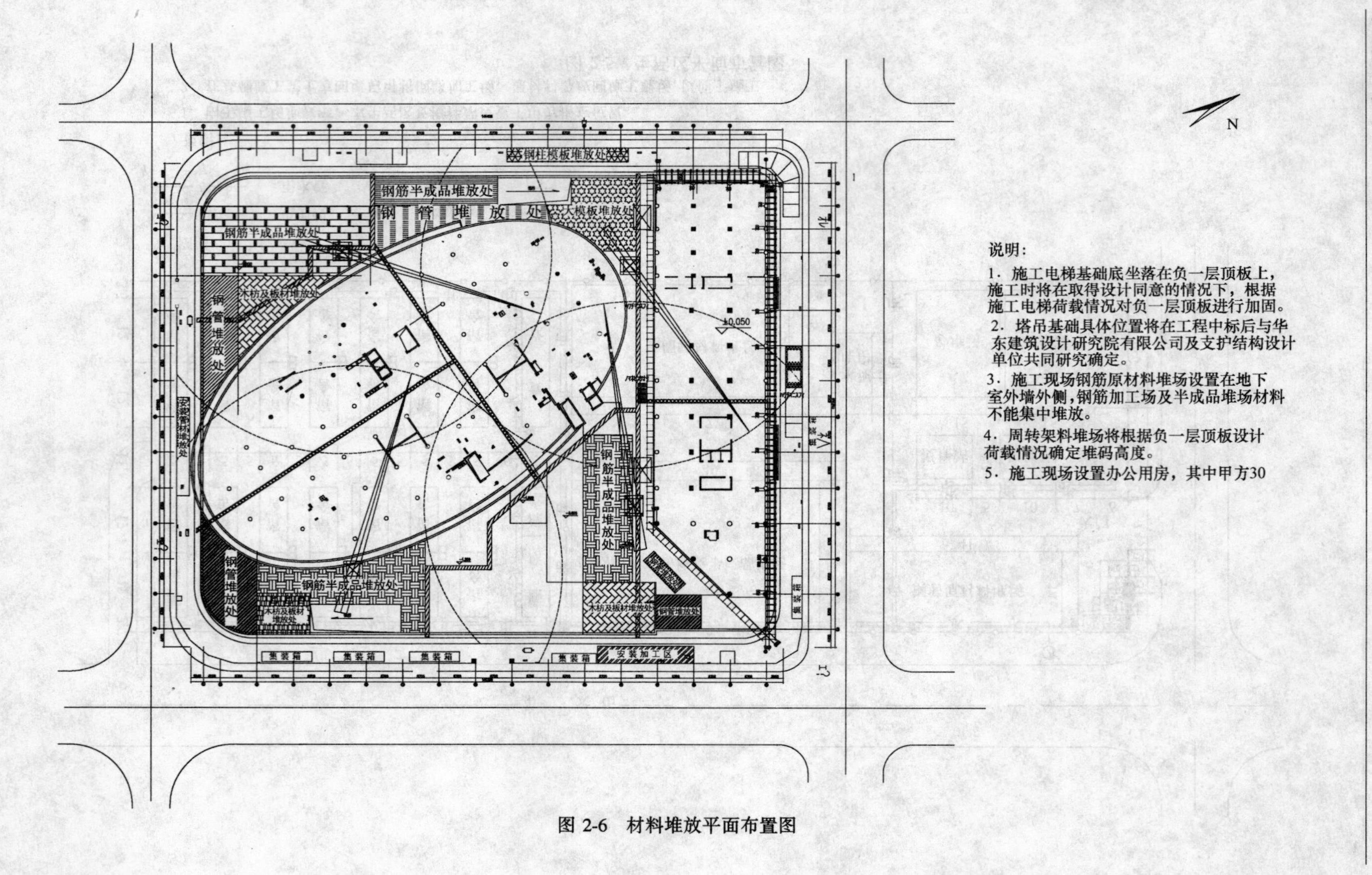
说明：
1. 施工电梯基础底坐落在负一层顶板上，施工时将在取得设计同意的情况下，根据施工电梯荷载情况对负一层顶板进行加固。
2. 塔吊基础具体位置将在工程中标后与华东建筑设计研究院有限公司及支护结构设计单位共同研究确定。
3. 施工现场钢筋原材料堆场设置在地下室外墙外侧，钢筋加工场及半成品堆场材料不能集中堆放。
4. 周转架料堆场将根据负一层顶板设计荷载情况确定堆码高度。
5. 施工现场设置办公用房，其中甲方30
N
钢筋半成品堆放处
钢管堆放处
钢柱预板堆放处
模板堆放处
钢筋半成品堆放处
钢管堆放处
安装加工区
集装箱
-10.050

图 2-6　材料堆放平面布置图

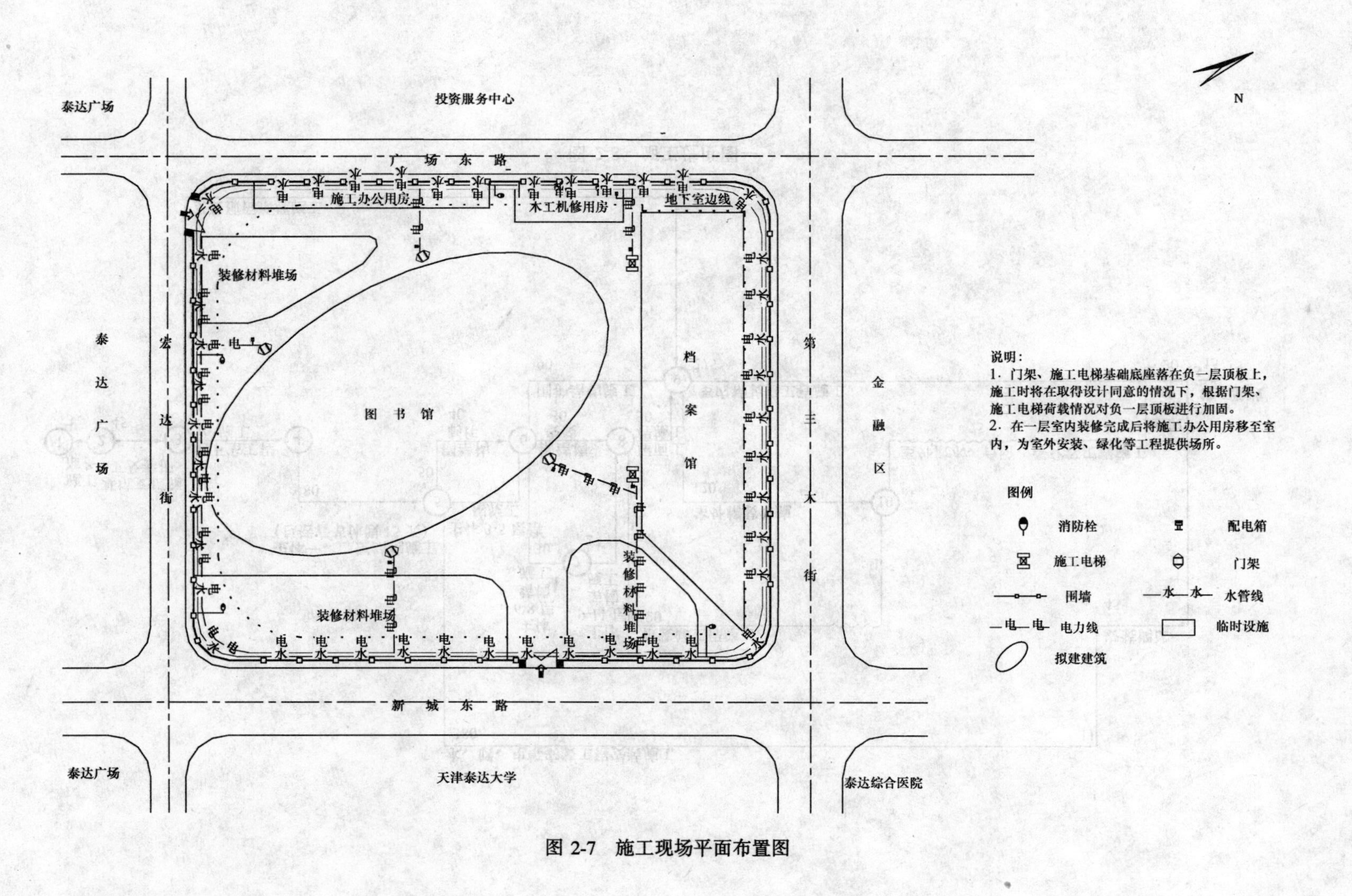


图 2-7 施工现场平面布置图

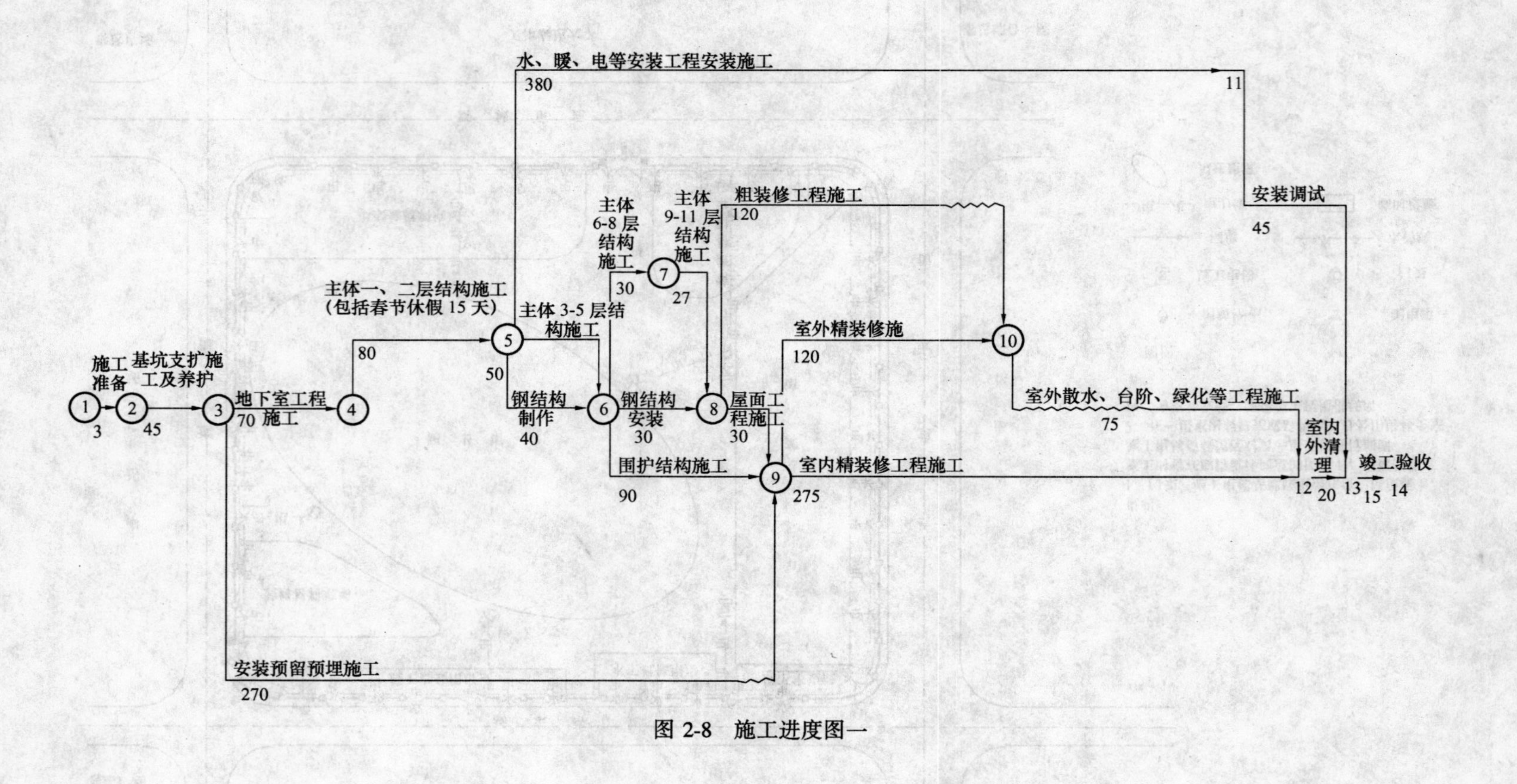
施工准备
基坑支扩施工及养护
地下室工程施工
主体一、二层结构施工（包括春节休假15天）
主体3-5层结构施工
钢结构制作
主体6-8层结构施工
钢结构安装
主体9-11层结构施工
屋面工程施工
围护结构施工
粗装修工程施工
室外精装修施
室内精装修工程施工
水、暖、电等安装工程安装施工
安装调试
室外散水、台阶、绿化等工程施工
室内外清理
竣工验收
安装预留预埋施工

图 2-8　施工进度图一

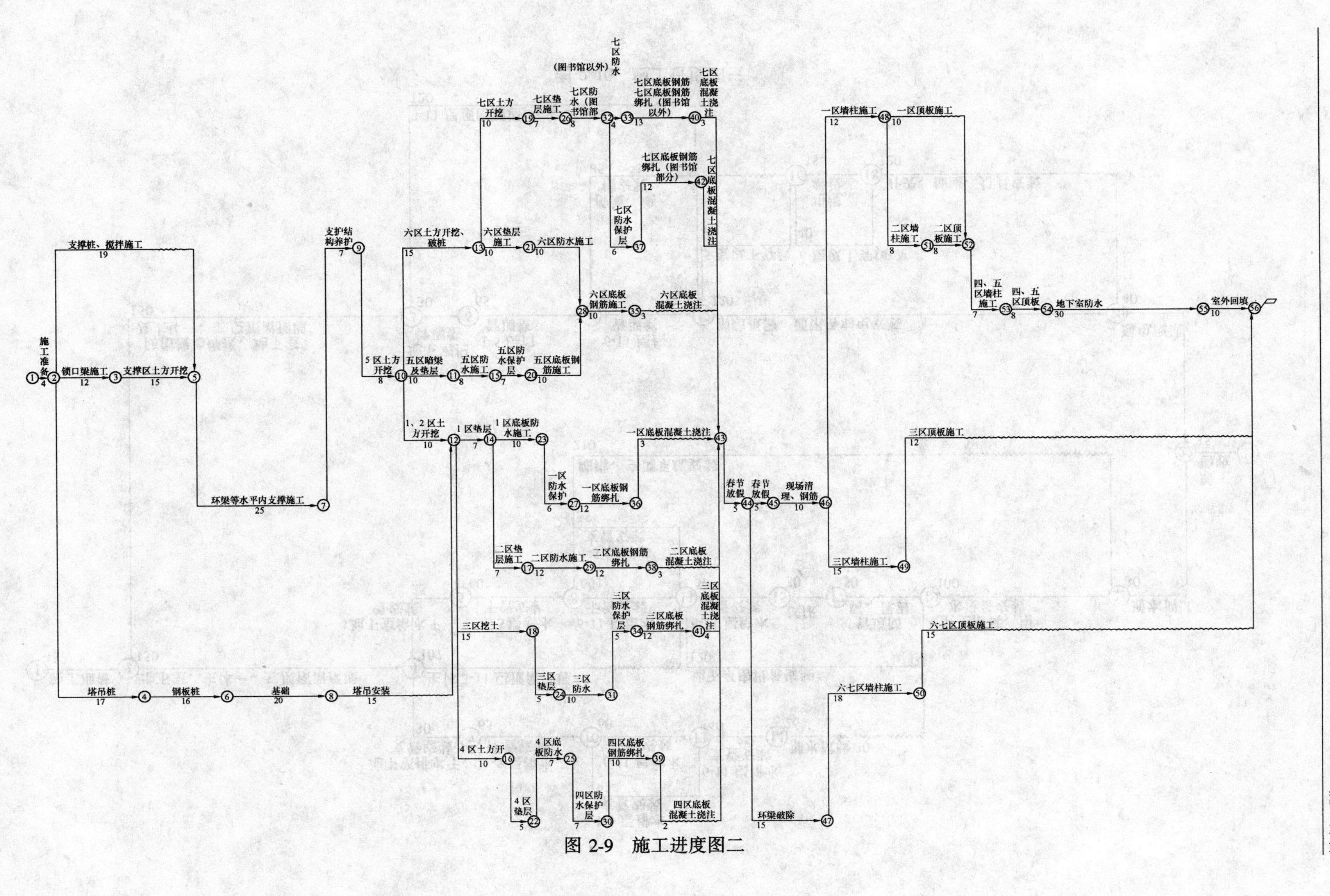

施工准备 4
锁口梁施工 12
支撑区土方开挖 15
支撑桩、搅拌施工 19
环梁等水平内支撑施工 25
支护结构养护 7
塔吊桩 17
钢板桩 16
基础 20
塔吊安装 15
5区土方开挖 8
五区暗梁及垫层 10
五区防水施工 8
五区防水保护层 7
五区底板钢筋施工 10
六区土方开挖、破桩 15
六区垫层施工 10
六区防水施工 10
六区底板钢筋施工 10
六区底板混凝土浇注 3
七区土方开挖 10
七区垫层施工 7
七区防水（图书馆部 8
（图书馆以外）七区防水
七区底板钢筋七区底板钢筋绑扎（图书馆以外）13
七区底板混凝土浇注 3
七区底板钢筋绑扎（图书馆部分）12
七区防水保护层 6
七区底板混凝土浇注
1、2区土方开挖 10
1区垫层 7
1区底板防水施工 10
一区防水保护 6
一区底板钢筋绑扎 12
一区底板混凝土浇注 3
二区垫层施工 7
二区防水施工 12
二区底板钢筋绑扎 12
二区底板混凝土浇注 3
三区挖土 15
三区垫层 5
三区防水 10
三区防水保护层 5
三区底板钢筋绑扎 12
三区底板混凝土浇注 4
4区土方开 10
4区垫层 5
4区底板防水 7
四区防水保护层 7
四区底板钢筋绑扎 10
四区底板混凝土浇注 2
春节放假 5
春节放假 5
现场清理、钢筋 10
环梁破除 15
一区墙柱施工 12
一区顶板施工 10
二区墙柱施工 8
二区顶板施工 8
三区墙柱施工 15
三区顶板施工 12
六七区墙柱施工 18
六七区顶板施工 15
四、五区墙柱施工 7
四、五区顶板 8
地下室防水 30
室外回填 10


图 2-9 施工进度图二

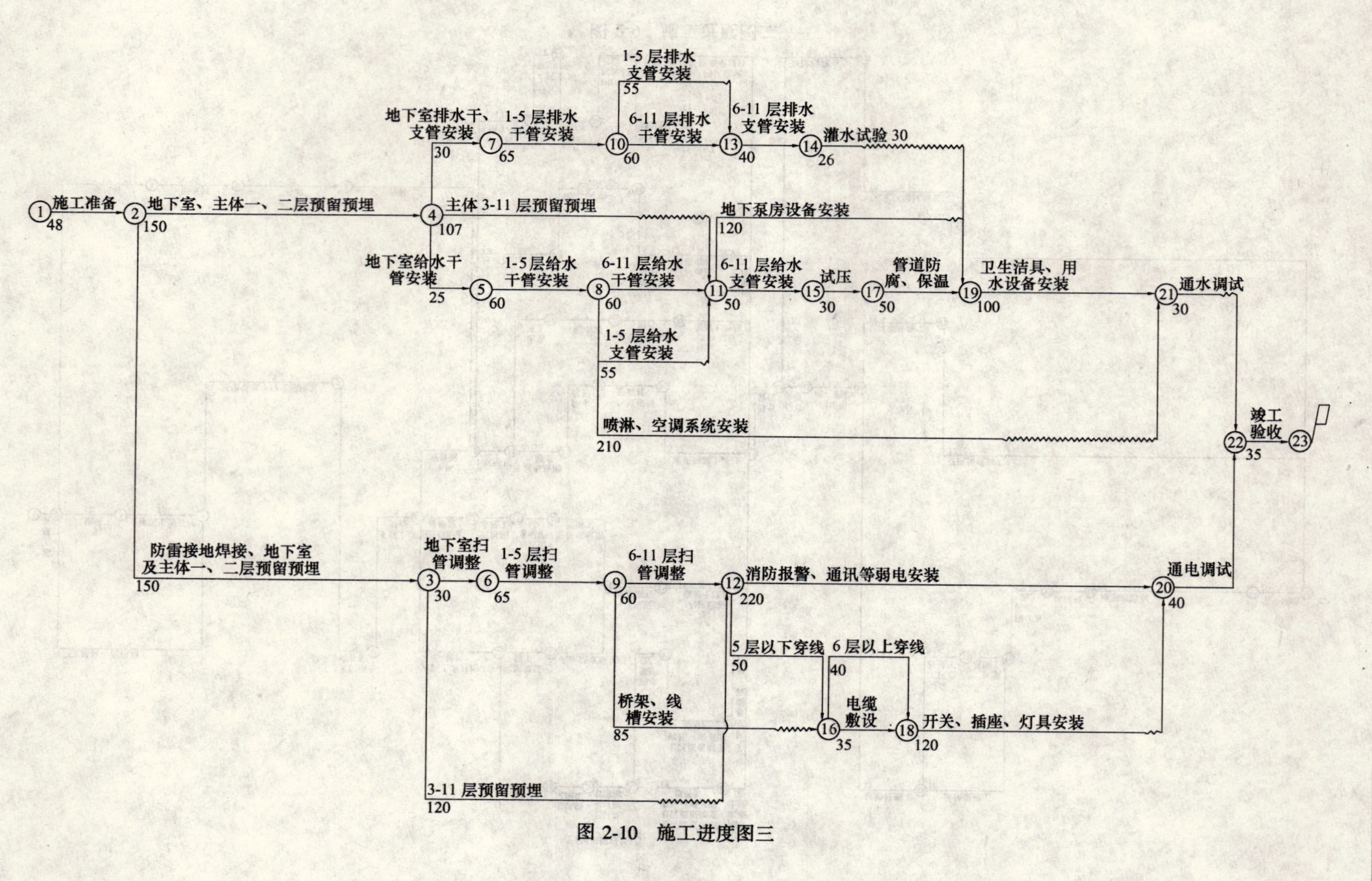

施工准备
48
地下室、主体一、二层预留预埋
150
地下室排水干、支管安装
30
1-5 层排水干管安装
65
1-5 层排水支管安装
55
6-11 层排水干管安装
60
6-11 层排水支管安装
40
灌水试验 30
26
主体 3-11 层预留预埋
107
地下泵房设备安装
120
地下室给水干管安装
25
1-5 层给水干管安装
60
6-11 层给水干管安装
60
6-11 层给水支管安装
50
试压
30
管道防腐、保温
50
卫生洁具、用水设备安装
100
通水调试
30
1-5 层给水支管安装
55
喷淋、空调系统安装
210
竣工验收
35
防雷接地焊接、地下室及主体一、二层预留预埋
150
地下室扫管调整
30
1-5 层扫管调整
65
6-11 层扫管调整
60
消防报警、通讯等弱电安装
220
通电调试
40
5 层以下穿线
50
6 层以上穿线
40
桥架、线槽安装
85
电缆敷设
35
开关、插座、灯具安装
120
3-11 层预留预埋
120


图 2-10 施工进度图三

## 2.7 大型机械选择

### 2.7.1 挖掘机、自卸车的选择优化

挖掘机选择日挖土量满足 8000m$^3$ 的挖掘机即可，选择 6 台挖掘机；由于堆土点距现场约 2km，运输距离较近，选择 20 辆自卸车。

### 2.7.2 垂直运输机械的选择

(1) 塔吊的选取

1) 本工程地下室施工时布置塔吊四台，其中图书馆 2 台，档案馆 2 台，为能满足施工需要，经过计算，档案馆塔吊最大幅度不得小于 50m，图书馆塔吊最大幅度不得小于 50m。

2) 本工程起重力矩经过计算为 500kN·m，因此，所选择塔吊的额定起重力矩不应小于 500kN·m。

3) 本工程档案馆建筑物高为 44.7m，根据计算，为能满足施工要求，本工程图书馆选用 C5613 及 QT63 的塔吊各一台、档案馆选用 C5613 及 QT80A 的塔吊各一台。

4) 档案馆标准层的面积为 2630m$^2$，计划最短工期为 9d 一层。根据实测资料，QT80A 型塔吊平均每台班可完成 70 吊次，采用一台塔吊实行两班作业，工期可以得到保证。

(2) 施工电梯的选取

档案馆施工选取二台 SCD100/100A 施工电梯，在主体结构上升至五层后安装调试完毕。

### 2.7.3 混凝土拖式输送泵的选择

本工程预拌混凝土输送主要采用拖式混凝土输送泵，混凝土量大的时候，如果需要，可以调混凝土泵车协助浇筑。

考虑混凝土浇筑量，选择 2 台拖式混凝土输送泵。

根据以往的施工经验，选择 HBT60 泵可以满足本工程泵送混凝土的要求。

### 2.7.4 大型机械选择一览表（表 2-2）

**表 2-2**

| 序号 | 大型机械名称 | 数量 | 进场时间 | 退场时间 |
|---|---|---|---|---|
| 1 | 大型挖掘机 | 4 | 2001 年 9 月 28 日 | 2001 年 12 月 10 日 |
| 2 | 塔吊 | 4 | 2001 年 11 月 10 日 | 2002 年 7 月 30 日 |
| 3 | 自卸汽车 | 25 | 2001 年 9 月 22 日 | 2001 年 12 月 10 日 |
| 4 | 混凝土输送泵 | 2 | 2001 年 9 月 25 日 | 2002 年 7 月 30 日 |
| 5 | 施工电梯 | 2 | 2002 年 4 月 30 日 | 2003 年 4 月 30 日 |

## 2.8 劳动力投入（表 2-3）

**劳动力需用计划** **表 2-3**

| 序号 | 工种 | 2001 | | | 2002 | | | | | | 2003 | | |
|---|---|---|---|---|---|---|---|---|---|---|---|---|---|
| | | 10 | 11 | 12 | 2 | 4 | 6 | 8 | 10 | 12 | 2 | 4 | 6 |
| 1 | 普通工 | 80 | 50 | 50 | 50 | 50 | 50 | 50 | 50 | 50 | 50 | 50 | 50 |
| 2 | 防水工 | | | 60 | — | 20/ | 50/ | — | 50 | 50 | | | — |

续表

| 序号 | 工种 | 2001 | | | 2002 | | | | | | 2003 | | |
|---|---|---|---|---|---|---|---|---|---|---|---|---|---|
| | | 10 | 11 | 12 | 2 | 4 | 6 | 8 | 10 | 12 | 2 | 4 | 6 |
| 3 | 钢筋工 | 20 | 80 | 100 | 220 | 220 | 220 | 30 | | | | | — |
| 4 | 木　工 | 40 | 150 | 200 | 400 | 400 | 400 | 100 | | | | — | — |
| 5 | 架子工 | | | | | 80 | 80 | 50 | 50 | 50 | 50 | | |
| 6 | 混凝土工 | 10 | 60 | 60 | 80 | 80 | 80 | 30 | 10 | 10 | 10 | 20 | |
| 7 | 砖抹工 | — | 20/ | 50 | | | 50 | 500 | 500 | 300 | 100 | 50 | 20 |
| 8 | 机操工 | 20 | 20 | 20 | 20 | 20 | 20 | 30 | 30 | 30 | 30 | 30 | 30 |
| 9 | 电　工 | | | 10 | 10 | 10 | 80 | 100 | 100 | 100 | 100 | 50 | 50 |
| 10 | 管　工 | | | 10 | 10 | 10 | 80 | 80 | 80 | 80 | 80 | 50 | 50 |
| 11 | 电焊工 | 5 | 10 | 20 | 10 | 10 | 20 | 50 | 50 | 50 | 50 | 20 | 20 |
| 12 | 通风工 | — | | | — | — | 40 | 50 | 50 | 50 | 50 | 20 | 20 |
| 13 | 仪表工 | — | — | — | — | — | 10 | 30 | 30 | 30 | 30 | 20 | 20 |
| 14 | 细木工 | — | — | — | — | — | | 50 | 100 | 100 | 100 | 80 | 50 |
| 15 | 油漆工 | — | — | — | — | — | | 50 | 100 | 200 | 200 | 50 | 50 |
| 16 | 合　计 | 175 | 380 | 580 | 800 | 900 | 1180 | 1200 | 1200 | 1100 | 850 | 440 | 360 |

# 3 施工准备

## 3.1 技术准备

（1）图纸会审及深化：

在收到正式的施工图纸后，将按我企业有关控制文件中有关图纸会审一节的要求进行内部自审并形成记录，在专业会审及综合会审完毕后，迅速将结果整理出来并使其成为施工依据。施工组织设计的编制将按投标施工组织设计确定的原则进行，并根据实际情况进行深化，使其具有可操作性。对于结构重要部位或特殊部位，我们将编制详细施工作业设计。审批后的施工组织设计、作业设计是指导与规范施工行为的具有权威性的施工技术文件。

（2）进场前进行技术交底：

即技术负责人→管理人员→施工班组长→操作工人，交底内容及要求按我企业《项目法施工过程汇编》中技术管理一节进行。

（3）建立测量控制网：

根据业主提供的测量基点进行平面轴线及高程控制，重要控制点要做成相对永久性的标记。

（4）做好各类原材料的进场检验工作和参与混凝土的试配工作。

## 3.2 生产准备

### 3.2.1 现场临电

（1）施工条件及现场情况

1）由于本工程建筑面积较大，需用多台垂直运输设备及混凝土泵送设备，因而现场用电量大。施工现场内距北面围墙 1.5m 处有电力及通信电缆沟，但与工程施工无冲突，没有地下管道，且考虑到高层施工不宜采用架空线路，因而采用 VV22 型电缆沿墙敷设或直埋引入。

2）施工现场及生活区已由供电局提供三台 315kV·A 变压器，根据施工现场及用电设备布置情况，在用电负荷集中处各设三个总配电房。电源分别由变压器埋地引入。

3）根据《施工现场临时用电安全技术规范》规定，本供电系统采用 TN-S 系统供电。且根据“三级控制，两级保护”的配电要求，再由分配电箱引至开关箱，给用电设备提供电源。

(2) 经验算，1 号、2 号、3 号变压器均能满足要求。

(3) 变压器以下导线的选择

根据现场负荷及施工平面图，本设计拟采用 3 个总配电箱和 22 个分配电箱，开关箱按照一机一闸标准选择。

**3.2.2** 现场临水

生产区提供直径 100mm、直径 80mm 的水表井各一处，生活区提供直径 100mm 水表井一处。

消火栓给水系统及施工给水系统：本系统的设置旨在保护施工现场、主体建筑。系统采用市政水压另配 ABC 型灭火器，满足现场消防需要。

# 4 主要施工方法

## 4.1 测量放线

本工程分为图书馆和档案馆两部分，占地面积大，平面布置较为复杂，故对平面控制、高程、细部放样、变形观测上要求精度较高。由于施工场地四边邻街，场地较为狭窄，轴线多、跨距大，给施工放线带来了较大的困难，为确保施工测量的精确，体现设计造型的精美，考虑到各分部分项工程施工工艺、流程及进度计划，采用如下方案进行测量放线。

**4.1.1** 高程控制

将测量偏差控制在规范允许的范围内（层间测量误差控制 ± 3mm 内，总高测量偏差小于 15mm)，及时、准确地为工程提供可靠的高程基准点，紧密配合施工，指导施工。

**4.1.2** 平面高程控制网的施测

将甲方提供水准点复检合格后组成闭合环，采用双仪高法进行引测。四个水准基点分别位于现场塔吊立杆上，为减少架设水准仪的次数，减少误差的产生，按就近原则，四个水准点分别控制不同的区域。见图 4-1。

**4.1.3** 基准点形式

考虑现场情况，拟定用红油漆直接标识于塔吊立杆，作为高程基准点。

**4.1.4** 测量器具配置

选用 DSZ2 自动安平水准仪一台，FS1 平板测微器一台，2m 钢尺两把，50m 钢卷尺一把。

**4.1.5** 钢筋工程

利用双仪高法往返观测，将工作基点引测至柱竖向主筋上，此项工作的精度不得低于

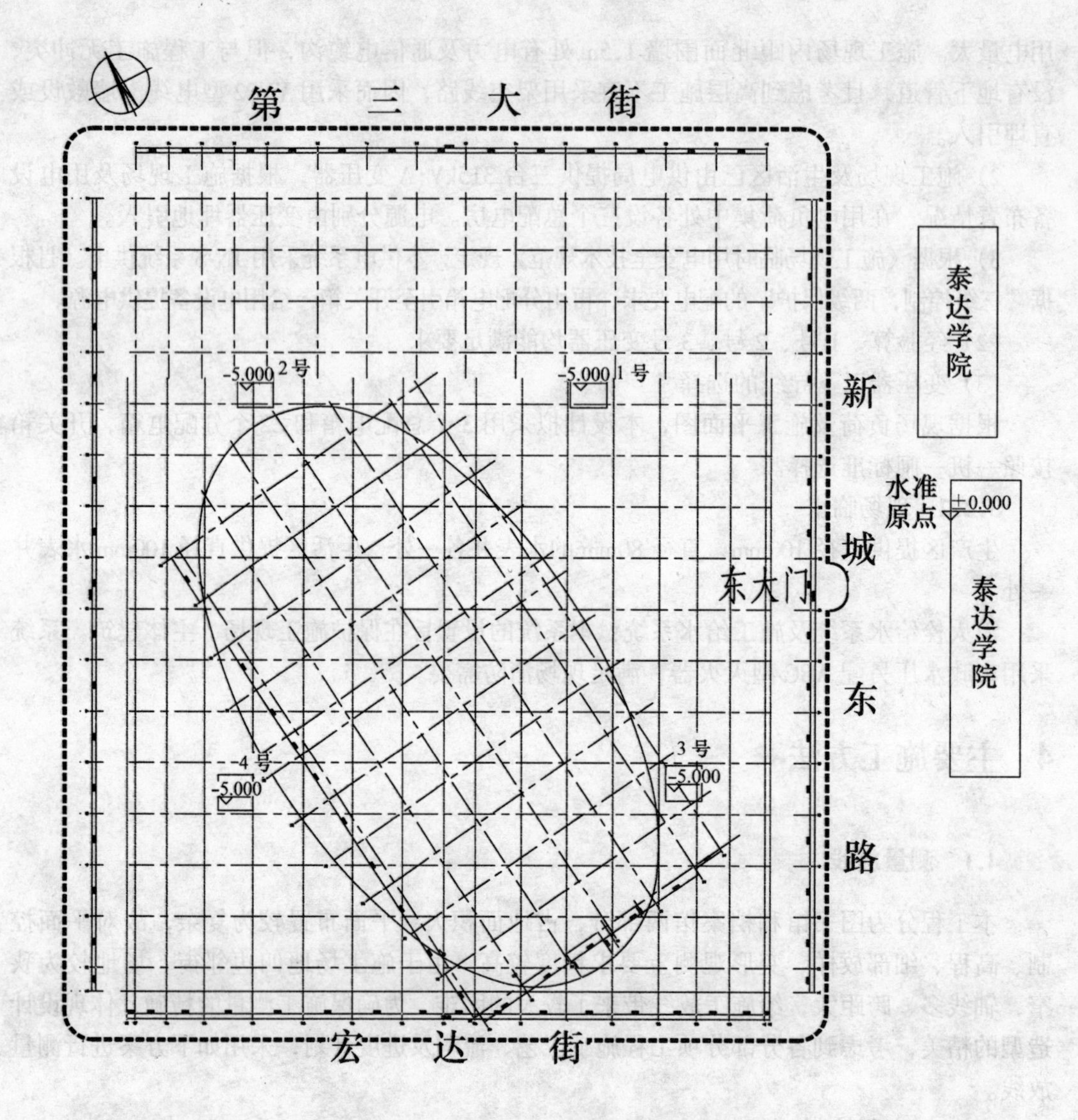


图 4-1　泰达图书馆施工标高控制点示意图

水准网的精度要求，此工作经复测无误后，交给工长作为整个施工层标高控制的依据。

#### 4.1.6　模板工程

板底模支设高度是依据测设于脚手架立杆的标高点，所以，测设脚手架立杆的标高点是模板工程标高控制的着重点。

鉴于本工程满堂脚手架面积较大，测设时可选择位于满堂脚手架的角点、中间点底部稳定可靠、垂直的的立杆，将标高测设其上，扶尺人员注意标高的上方是否有扣件、横杆，阻碍标高点向上的传递；然后，用红或蓝胶带纸做统一标识。测设完毕后，可沿立杆向上传递，定出水平杆的标高点，利用细线将各标高点连线，检查合格后（连线应重合，偏差值小于 3mm），可将此细线作为其他脚手架搭设的依据。

待部分板模铺设完成后，可将水准仪架设其上，检查模板面标高、平整度以及相邻两块模板的高低差；若发现问题，现场改正，直至符合表（4-1）的要求。

现浇结构模板安装允许偏差值　　表 4-1

| 底模上表面标高 | 相邻两板表面高差 | 表面平面度（2m） |
|---|---|---|
| ±5mm | 2mm | 5mm |

工长在过程控制中，应注意检查以下部位标高情况：吊模侧模底标高，外墙模板标高是否低于混凝土顶面标高，跨度不小于 4m 梁、板跨中标高是否按要求起拱，电梯井底模，焊接预埋件标高高差等。

**4.1.7　混凝土工程**

工作重点：控制板混凝土顶面标高。

**4.1.8　平面控制**

档案馆 +16.800m 以上采用“内控法”，其余部分采用“外控法”。

(1)“外控法”的投测

(2) 施工测量主控轴线网的测设过程

依据规划部门提供的红线桩（如图 4-2 所示四个角点坐标控制点），进行各主轴线的

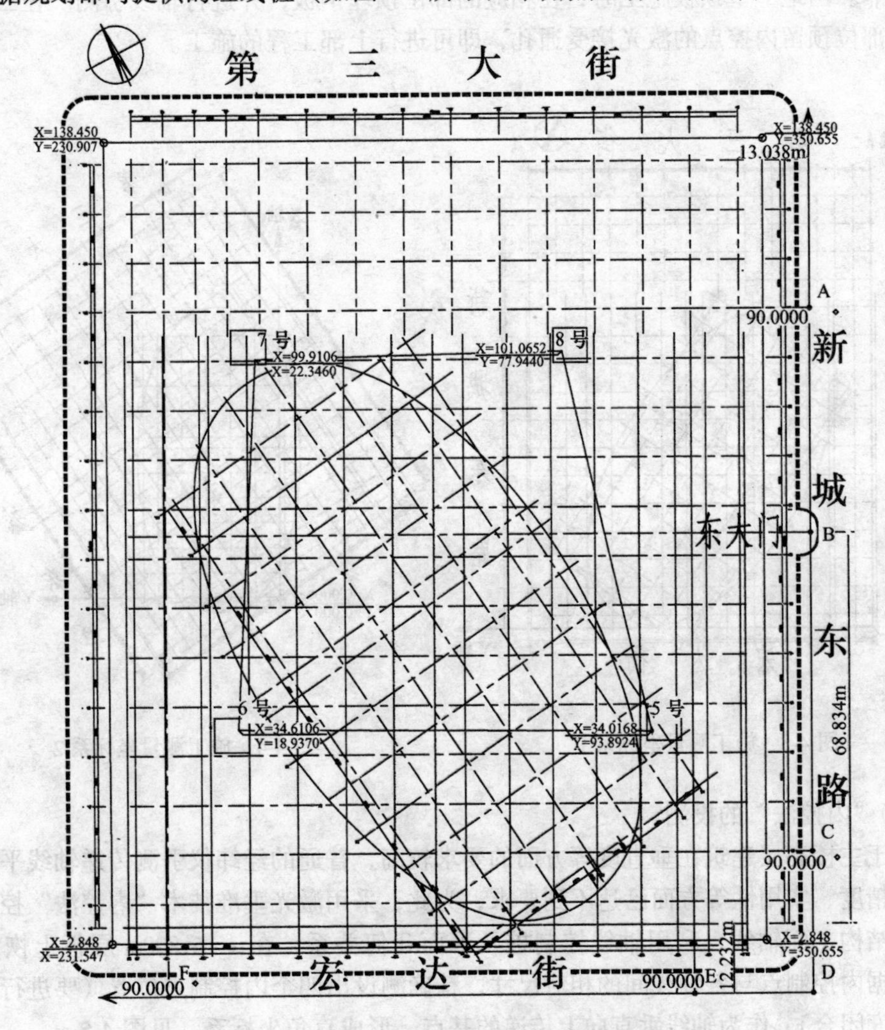


图 4-2　泰达图书馆施工测量平面控制网

投测，自检合格后报请有关部门检验复测。合格后方可进行主轴线控制网的测设，经反复检验、平差，附合要求后引测到便于施工及易于保存的地方作控制点位（如图 4-2 所示 A、B、C、D、E、F），即可进行下一步各部位的放样。因场地狭窄，通视难并考虑到基础四周变形问题，故在基础施工时没在建筑四周引测主轴线，基础的控制完全由东大门的 B 点架设全站仪，将坐标传递进场内，来控制建筑物的主轴线。

在场内四个塔吊基础上设四个，计算出坐标，用于地下部分及一层柱、墙等的施工，具体见附图“地下部分施工测量控制网”。

（3）施工坐标系的建立

依据规划部门提供的红线控制点及施工图纸，考虑到施工便利，轴线特点及精度要求，本工程对于平行于 1、17 和 B、P 轴线的主轴线建立以 1、Q 轴为坐标系 X/Y 轴的施工坐标系 1，方向各坐标原点如图 4-3 所示，对于图书馆内的平行于 X1，X11 和 Y1，Y7 的主轴线采用以 X1，Y7 为 X/Y 轴的施工坐标系 2，方向及坐标原点如图 4-4 所示，两个坐标系相互联系换算，独立施工，这充分利用了全站仪坐标系放样的长处，即省时又安全、可靠。当地下室顶板施工时，在相应的部位预埋钢板，并进行轴线引测。在二层及以上相应部位预留内控点的激光接受通孔，即可进行上部工程的施工。

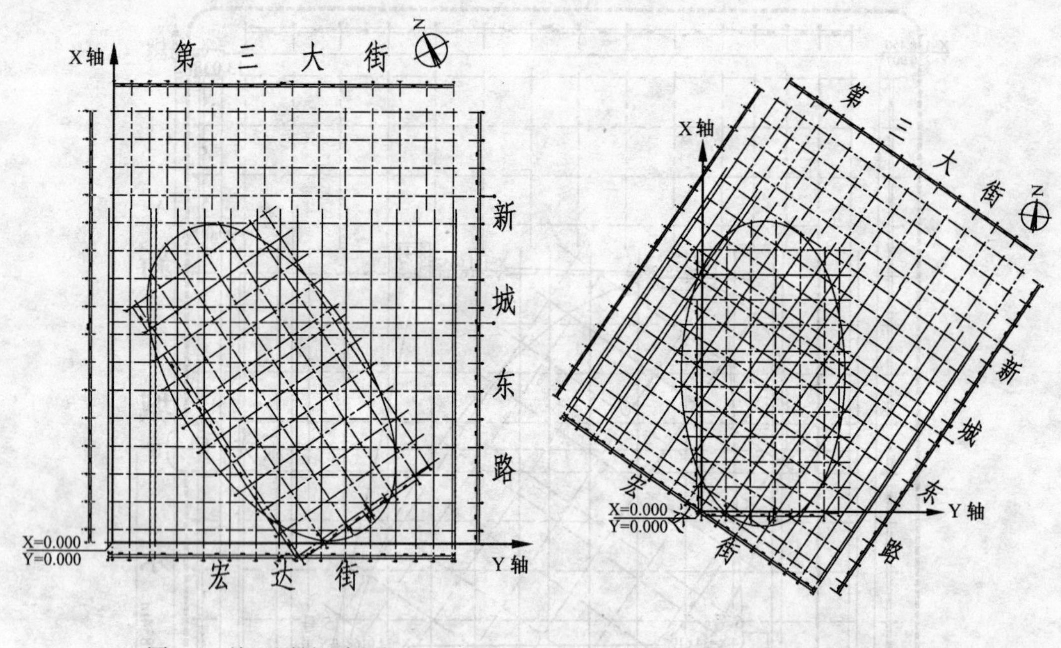


图 4-3　施工测量坐标系 1　　　　图 4-4　施工测量坐标系 2

（4）“内控法”的投测

由于主楼高层建筑在垂直度等方面的要求较高，普通的经纬仪引测传递轴线平面控制放样在精度、实用性等方面已达不到要求，为此，采用激光垂准技术“内控法”控制办公楼主体结构平面轴线，利用轴线控制桩及平面几何关系，在 + 16.800m 层板上恢复主轴线。根据内控制点与各轴线间的相对尺寸，精确测设出四个内控制点位置（要进行矩形边长及角度闭合），作为轴线垂直向上传递的基点，形成直角坐标系。见图 4-5。

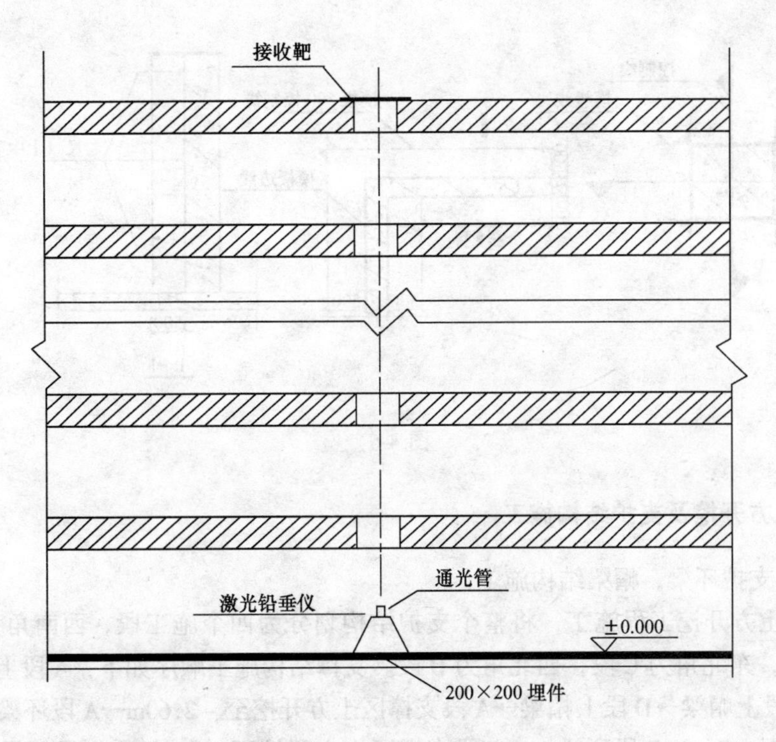


图 4-5 激光投测示意图

### 4.1.9 计算机技术及先进测量仪器的综合应用

项目部将针对本工程环梁支撑复杂的定位测量尺寸，充分利用计算机绘图技术及全站仪测量定位的先进、省时省力、准确性的特点，确保施工质量、工期。

在基坑开挖过程中的变形监测将充分利用绘图技术，测斜仪器、数据库处理技术使得监测变得更便利、准确、实时，确保证基础施工的安全、稳定。

在基础基槽开挖过程中，针对施工面积大，周围狭窄，两种不平行的轴线系，不同半径的大圆弧曲线，标高的不一性，施工流程的要求等使得常规测量方法不易实现等难题，充分利用全站仪及计算机的综合应用技术。依据已建立的施工坐标系及已绘出的建筑结构图，采用简单的数学函数，结合相应的全站仪测量程序和有关测量技术，再加上激光内控技术，逐一定位出设计图纸及施工要求的定位轴线、曲线等尺寸。

### 4.1.10 细部放样

施工层待主轴线投测复测合格后可进行细部线的测设工作。本工程框架柱较多，细部线测设时尽量减少量尺次数，特别是轴线较长时可采用轴线两端量尺定点经纬仪投点的方法。投测完此线后，就可定出柱子的边线和中线，以柱子中线做为柱子支设模板的控制线，并用红油漆做好标识，如图 4-6 所示。

本工程独立柱较多，其垂直度的控制是重点，现场可用经纬仪及线坠对两个方向进行校正，考虑到现场较为狭窄，可用经纬仪的弯管进行配合。

剪力墙现场弹模板线两条及距模板线为 500mm 的墙控制线两条。模板 500mm 的控制线是模板支设的依据。模板安装完后，可采用如图 4-6 所示形式，进行模板的垂直度检查。控制线交点应标识好，可作为室内二次结构（填充墙、构造柱、抹灰归方等）定位的依据。

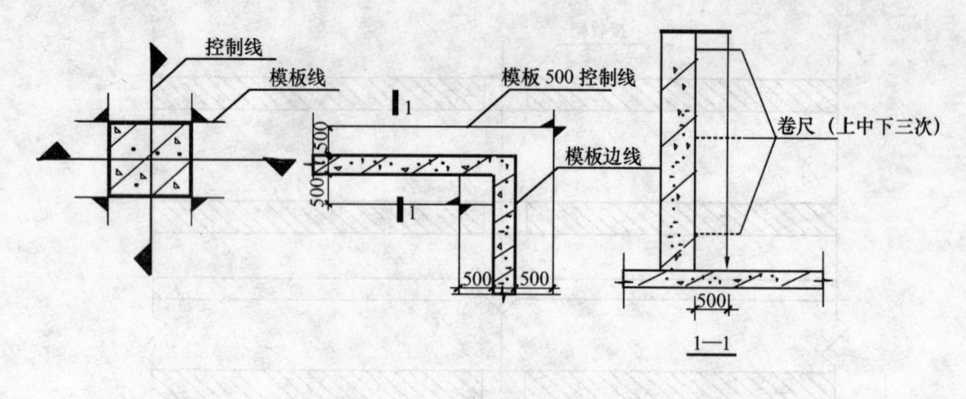


图 4-6

## 4.2　土方开挖及支护结构施工

### 4.2.1　支护环梁、帽梁结构施工

为配合土方开挖工程施工，将整个支护结构划分为四个施工段，西南角为A段，东南角为B段，东北角为C段，西北角为D段。支撑结构施工顺序如下：A段上帽梁→B段上帽梁→C段上帽梁→D段上帽梁→A段支撑区土方开挖至－2.60m→A段环梁→B段支撑区土方开挖至－2.60mB段环梁→→C段支撑区土方开挖至－2.60m→C段环梁→D段支撑区土方开挖至－2.60m→D段环梁。

(1) 模板

环梁侧模根据不同的位置采用两种支模方法：在角部有现浇板区域采用120mm厚砖胎模；其他区域均采用钢模板。底部均铺50mm土石硝。无论采用哪种支模方法，保证环梁截面尺寸正确、侧面顶面混凝土外观感质量优良。

(2) 钢筋

大于$\phi16$（含$\phi16$）钢筋接头均采用闪光对焊，梁底保护层50mm，其他三侧保护层25mm。

(3) 混凝土工程

环梁混凝土共分四个施工段，每个施工段内不留施工缝。环梁、帽梁等水平支撑系统采用商品混凝土，帽梁混凝土必须达到设计强度的70%以上，方可进行下一步土方开挖。

### 4.2.2　基坑降、排水

根据本工程的地质勘测报告及其基础支护结构施工的措施，在深基础开挖前20d进行全面降水，确保地下水位位于开挖面以下。

### 4.2.3　土方工程

(1) 设计要求的土方开挖原则

土方开挖采取尽可能均匀对称、分区开挖的方法，先开挖南侧浅坑一边土方，使该侧支护系统先向基坑里侧变形，通过整个支撑系统将内力传至北侧。这样，在开挖北侧土方时，北侧坑外土压力需要先抵消南侧“预应力”后，再传给北侧支护系统，最后达到南北两侧，变形接近。由于南北两侧土方开挖，使得椭圆形环拱顶承受外部土压力，这些土压力通过椭圆形环梁传给东西两侧拱角，因此，最后开挖中间土方，使得东西两侧变形也得到合理控制。

(2) 土方开挖顺序

1) 将沿内环梁向内 10m 范围的土方开挖至 -3.00m。

2) 采用大小挖土机配合进行支撑区的土方开挖，前提是该段环梁混凝土强度达到设计要求。

3) 等环梁强度全部达到 C20 后（以条同条件养护试块试压结果为准），开始进行大开挖。为确保支护结构安全，采取先试开挖的方法以检验支护结构安全度。试开挖方法如下：根据逐级放坡的原则，首先将基坑南侧支撑下部土方开挖至设计标高，将南侧支护结构全部暴露出来；然后，将北侧支撑下部土方开挖至支撑下部设计标高，将北方侧支护结构全部暴露出来，再将西侧支撑下部土方开挖至支撑下部设计标高，将西侧支护结构全部暴露出来。此时，大面积支护结构均已经受力，由于土方开挖宽度受到严格控制，一旦发现支护结构位移过大等情况，可以迅速组织回填，确保支护结构安全。若支护结构变形均在设计控制范围内，则可以基本说明支护结构安全可靠。

4) 试开挖证明支护结构安全可靠后即开始正式大开挖，正式大开挖采用 6 台挖土机分组作业，整体由西向东后退，退至和南门平行位置即将南门道路挖去；最后，开挖东门出口处土方。

5) 土方开挖顺序示意图见图 4-7。

(3) 土方开挖方法

浅区采用两台挖土机接力开挖，深区采用三台挖土机接力开挖，支撑区的土方开挖先由大挖土机从上部掏挖；然后，人工配合小挖土机开挖至设计标高，角帽梁现浇板区域土方人工配合小挖土机开挖，小挖土机行走路线垫木跳板，以减小对地基土的扰动。

为避免扰动基土，挖土机挖至设计标高以上 20cm，抄出水平标高线，钉上水平橛，留置的余土人工配合随时清理，并及时运到机械挖到的地方，用机械挖去。

1) 后浇带用全站仪定出后浇带位置线，挖土机将后浇带土方挖出，人工配合修边，后浇带区域通长开挖至基础梁和基础承台底标高，并考虑此区域设计要求垫层加厚和预留排水沟坡向坑边集水井。

2) 集水坑、化粪井、电梯坑及底板标高变化位置：必须采用全站仪定出位置线，采用挖土机将土方挖出，人工配合修边。

(4) 开挖标高与截面

土方开挖标高应考虑防水层及其保护层厚度。分别如下：防水保护层 45mm，防水层 6mm，混凝土垫层 100mm，石硝垫层 100mm，即基础梁、承台、底板等底标高向下 250mm。为减少对地基土的扰动力，机械开挖标高按基础梁、承台、底板设计底标高控制，人工及时配合机械清至相应标高。

基础梁、基础承台及底板四周考虑防水层及其保护层厚度。分别如下：8mm 水泥石棉板防水保护层，防水层 6mm，30mm 厚钢筋混凝土预制板胎模。

(5) 开挖过程中降水井的保护

土方开挖过程中，尽量保护好降水井降水，直至封闭垫层，方才考虑封闭降水井。其保护方法和对工程桩的保护方法相同，并需更加小心，降水井周围的土方用人工挖去。

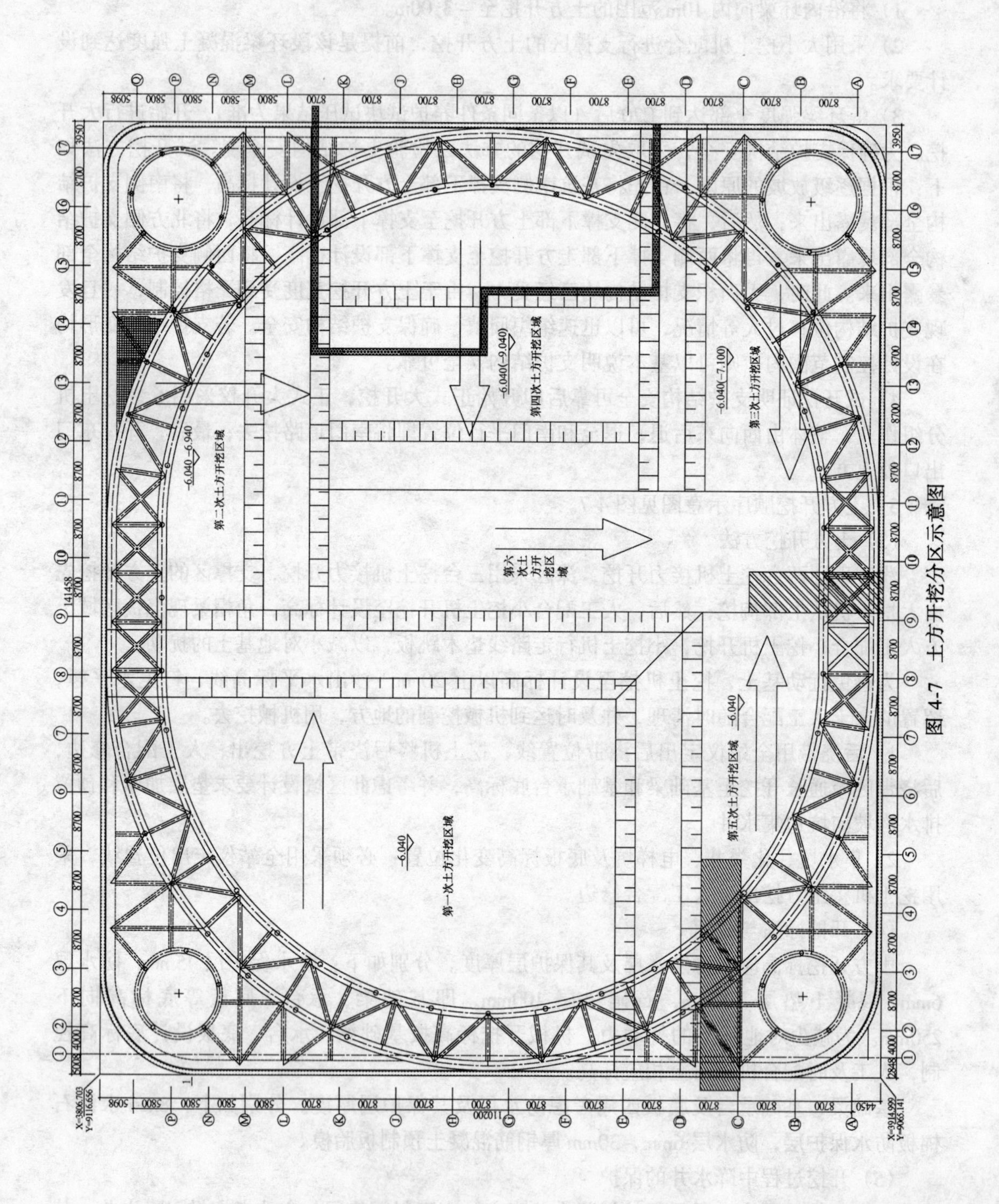


图 4-7 土方开挖分区示意图

### 4.2.4 支护结构拆除

(1) 拟拆除结构概况

根据设计情况及施工需要，基坑内环梁、外环梁、格构梁、基坑四角的梁板结构及基坑南侧的角帽梁及格构式钢支撑均需拆除。其中，内外环梁740m，格构梁1200m，基坑四角的梁板结构460m$^2$，角帽梁120m，总计拆除混凝土量约1600m$^3$。

(2) 拆除支护结构的前提条件

根据天津市港建建筑设计有限公司的基坑支护设计方案的要求，在基础底板施工完毕后，必须保证底板与四周支护桩顶严，方可砸掉水平支撑系统。在基础底板施工完毕后，对四周支护桩作如下支顶措施后，即可砸掉水平支撑系统：

1）基坑底板施工完毕，底板混凝土强度达到C30以上。

2）基坑南侧由于基础承台、底板间已经没有空隙，故在底板施工完毕后不需采取其他措施。

3）基坑东侧、西侧及北侧底板标高为-5.30m位置，在底板施工完毕后，将基础承台、底板和支护桩之间的空隙用300mm厚C20混凝土填塞。

4）基坑东侧、北侧底板标高为-6.80m和-6.20m位置，除了在底板施工完毕后将基础承台、底板和支护桩之间的空隙用300mm厚C20混凝土填塞外，另需在支护桩和底板间加设钢支撑，在地下室顶施工完毕并局部回填后拆除钢支撑，做好防水处理。

(3) 拆除方案选择

各种方案的技术比较分析，拟采用机械破碎为主、人工拆除为辅拆除的方法。

(4) 机械破碎拆除方案

机械破碎拆除施工程序：施工准备→局部环梁开口→铺填机械下基坑通道→机械设备进场→破碎拆除→运输清理→道路土方挖运→存放区二次破碎。

1）铺填机械下基坑通道

(A) 将通道位置墙体、柱子插筋用木板保护起来。

(B) 从自然地面到-2.3m铺设道路，使破碎锤下到环梁上，将通道位置的环梁、格构梁全部破除。

(C) 用干土和建筑垃圾铺填机械设备下基坑的道路。要求基础底板上500mm范围内用干土回填，以上部分可用建筑垃圾，道路坡度在1:5左右（视运输机械的性能而定）。

2）破碎拆除施工

(A) 内外环梁拆除前，必须分别从四个角部先将环梁断开两个缺口以释放环梁应力，以避免在拆除过程中，局部环梁应力突然释放，引起支护结构倒塌，造成安全事故。

(B) 整体拆除顺序为先拆除内环梁和格构梁，再拆除外环梁和角部现浇梁板，拆除施工从基坑西侧正中点开始，两台破碎锤为一组，分别沿顺时针和逆时针方向边拆边退。

(C) 破碎拆除时，先将梁破碎成若干段（长短段的划分根据梁的截面进行，控制每段梁混凝土重量不超过5t，长度在4m以内）；然后，用破碎锤吊住混凝土梁，逐段割断钢筋后，将梁装在运输车辆上运至卸土区。

(D) 拆除时，根据格构柱的位置将环梁及格构梁划分为一个个拆除单元，每个拆除单元内先拆除格构梁（一般分为两段），再拆除环梁（一般分为四到五段）。

(E) 将环破碎锤作业时履带下部垫5mm胶皮，以保护底板混凝土表面。

## 4.3 钢筋工程

### 4.3.1 施工工艺流程图（见图 4-8）

### 4.3.2 钢筋绑扎施工

（1）框架柱及构造柱钢筋绑扎

工艺流程：

套柱箍筋→焊接竖向受力筋→画箍筋间距线→绑箍筋

1）绑扎前，首先检查纵向钢筋位置是否正确；如有偏位，按 1∶6 的坡度进行调整。

2）对竖向钢筋的接头进行外观检查及力学试验，合乎要求方可绑扎箍筋。

3）绑扎箍筋时，采用皮数杆确定箍筋间距；然后，将已套好的箍筋向上移动，由上向下绑扎。

4）柱箍筋上下应连续，在梁柱节点部位应根据该区段的间距进行绑扎，严禁因操作难度大而漏扎。

5）箍筋面应与主筋垂直绑扎，箍筋转角与主筋交点均需绑扎，并且要保持箍筋的弯直部分要在柱上四角通转。

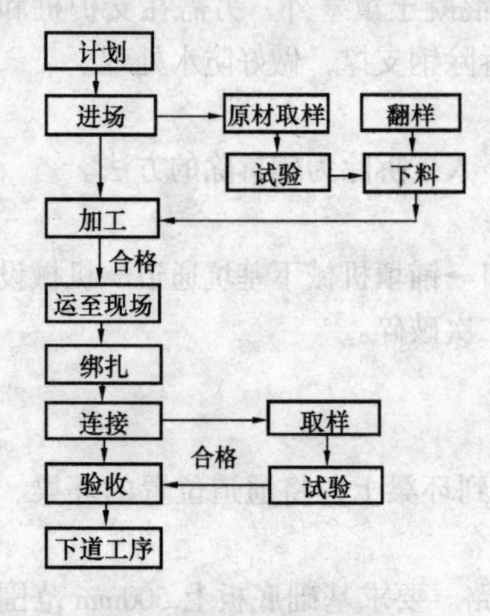


图 4-8 施工工艺流程图

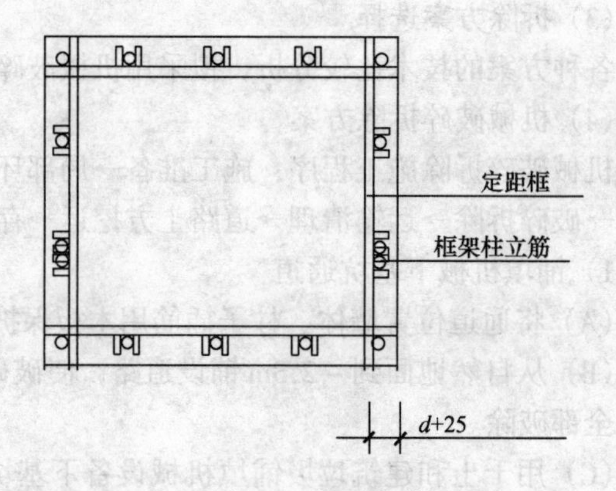


图 4-9 柱限位筋

6）根据独立柱截面的大小，设置定位箍筋卡具，根据独立柱的配筋图把柱筋位置标示在定位箍筋卡具上，在定位箍筋卡具上用钢筋头焊接柱筋限位点，以便确保在混凝土浇筑时柱筋不移位。柱限位筋见图 4-9。

7）柱箍筋端头的平直部分与混凝土面保持 45°夹角，平直长度不小于 $10d$ 绑扎时，要特别注意柱子出现扭位现象；如发现，可将部分箍筋拆除重绑。

8）在浇筑楼板混凝土时，根据建筑图中的隔墙位置，按结构设计总说明的要求，做好构造柱插筋的预埋工作。混凝土施工完后，做好其保护工作。

（2）梁筋绑扎

1）工艺流程：清理模板→模板上画线→绑板下筋→水电配管→绑板上筋。

2）梁钢筋绑扎应注意主、次梁受力主筋的相对位置，以及与柱纵向受力主筋之间的关系，保证主梁及柱主筋位置，其余箍筋相应缩小。

3）主次梁钢筋绑扎时，应同时将保护层、一、二排筋间距调整好，控制好加密箍筋及吊筋间距位置（图 4-10）。支模时应注意成品保护。

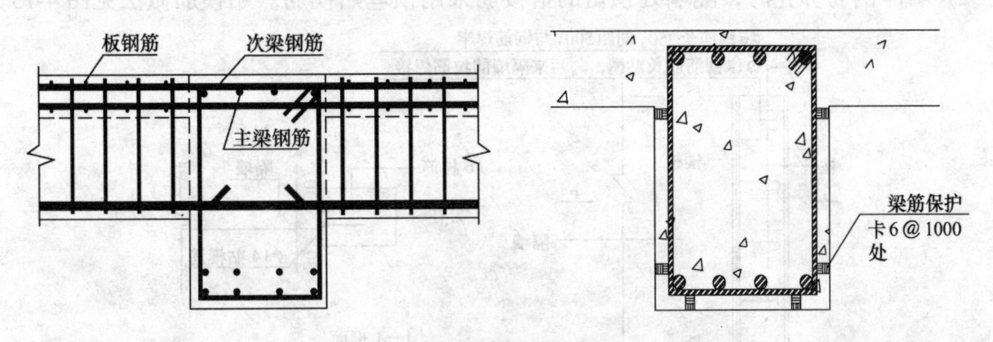


图 4-10　梁筋保护层垫层安放示意图

4）梁纵向受力钢筋出现双层或多层排列时，两排钢筋之间垫以同直径的短钢筋。加密区长度及箍筋间距均应符合设计要求，梁端第一道箍筋设置在距柱节点边缘 50mm。

（3）板筋绑扎

工艺流程为：清理模板→模板上画线→绑板下筋→水电配管→绑板上筋

1）板绑扎前应清理掉板模上的锯末、碎木头、电线、管头等杂物，先摆放受力主筋，后摆放分布筋。

2）单向板除外围两根筋相交点全部绑扎外，其余各点可交错绑扎，双向板相交点必须全部绑扎。

3）双层钢筋网片之间根据板厚不同，用 $\phi$12 制作"A"形马凳铁，间距 600mm，呈梅花状布置，保证上铁位置准确，下铁保护层采用 15mm 厚砂浆垫块控制。如图 4-11 所示。

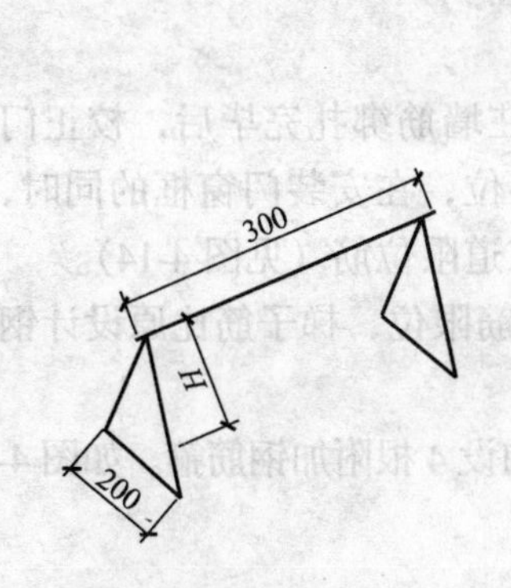


图 4-11　马凳铁

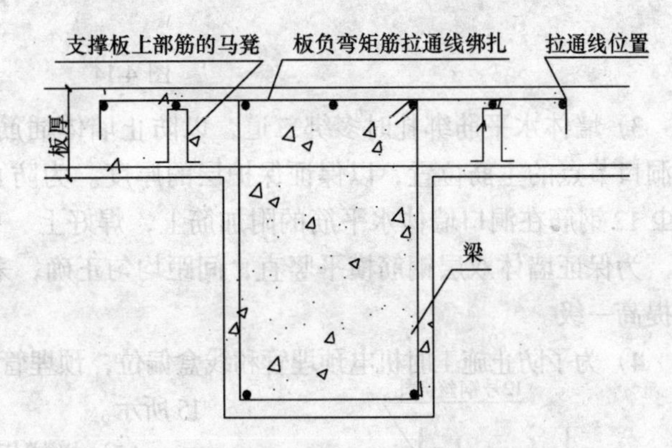


图 4-12　板负弯矩筋拉通线绑扎示意图

4）楼板钢筋绑扎及浇筑混凝土时，应做好成品保护工作；铺垫木跳板，操作人员在板上作业。

5）板上部负弯矩筋拉通线绑扎（见图 4-12）。

（4）墙体钢筋绑扎

1）工艺流程为：

施工缝处理→弹线→修整预留搭接筋→接长竖筋、安装梯子筋→绑横筋→

绑拉筋或支撑筋→绑混凝土垫块。

2）墙体钢筋绑扎时，隔墙处预留的搭接筋采用预埋贴模筋。贴模筋做法见图 4-13。

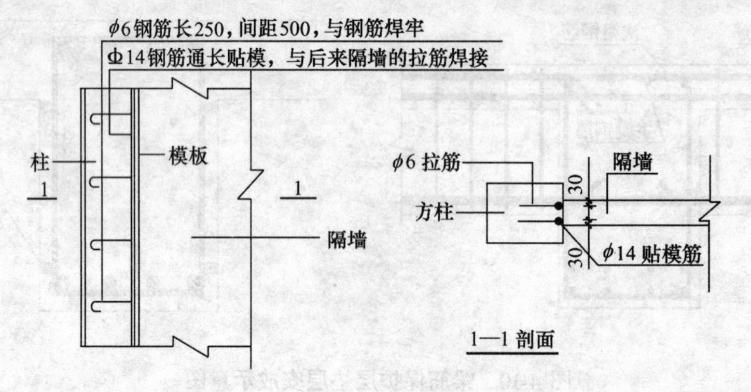


图 4-13　贴模筋做法

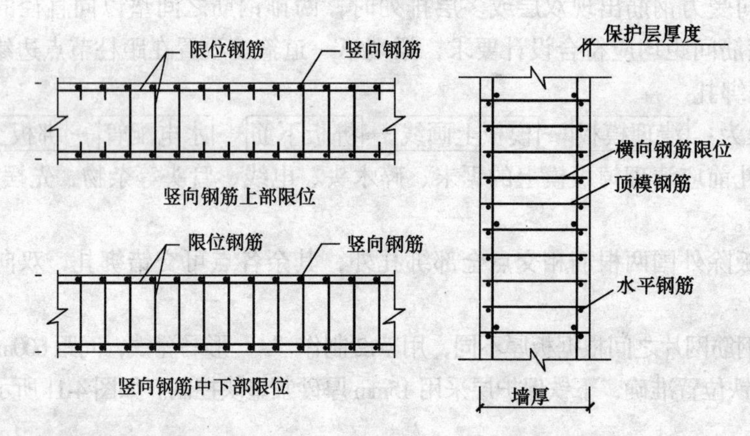


图 4-14

3）墙体水平筋绑扎时多绑二道，以防止墙体插筋移位。在墙筋绑扎完毕后，校正门窗洞口节点的主筋位置，以保证保护层的厚度。为防止门窗移位，在安装门窗框的同时，用Φ 12 钢筋在洞口墙体水平筋的附加筋上，焊好上、中、下三道限位筋（见图 4-14)。

为保证墙体双层钢筋横平竖直，间距均匀正确，采用梯子筋限位，梯子筋比原设计钢筋提高一级。

4）为了防止施工时机电预埋管和线盒偏位，预埋管和线盒加设 4 根附加钢筋箍。如图 4-15 所示。

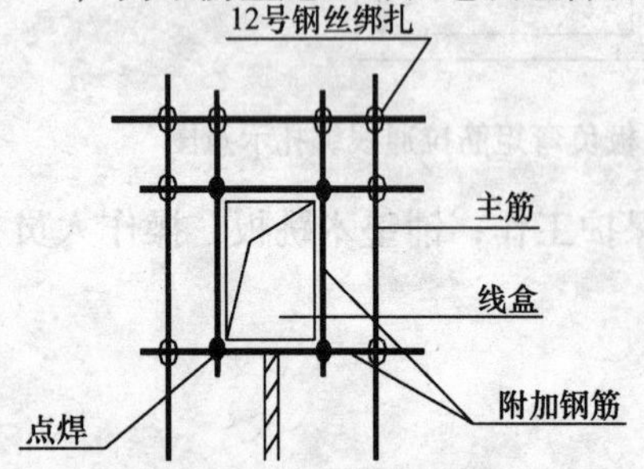


图 4-15　线盒定位示意图

说明：附加钢筋与主筋用粗钢丝绑扎

(5）楼梯钢筋绑扎

1）工艺流程：弹钢筋控制线→绑主筋→绑分布筋→绑踏步筋。

2）先绑扎主筋后绑扎分布筋。每个交点均应绑扎，注意梯梁筋绑扎完后再绑板筋，板筋锚固到梁内。

3）底板筋绑完，待踏步模板支好后，垫好负弯矩筋支凳并绑扎固定。

为保证墙体的厚度，防止因模板支撑体系的紧固而造成墙体厚度变小，对拉螺杆处增加短钢筋内撑，短钢筋两端平整，刷上防锈漆。

(6) 钢筋保护层控制

墙体、柱、梁侧面钢筋保护层控制采用砂浆垫块，墙体结构放在两侧的水平钢筋上，梁柱结构放在箍筋上；底板、楼板、梁板底面使用砂浆垫块，砂浆垫块制作时按钢筋加工成凹槽，使钢筋和垫块更好地结合在一起，保证不偏位和移位。

**各种构件钢筋保护层厚度表**（mm） **表 4-2**

| 构件名称 | 剪力墙 | 暗 柱 | 板 | 密 肋 | 梁 柱 |
|---|---|---|---|---|---|
| 保护层 | 15 | 20 | 15 | 20 | 25 |
| 构件名称 | 基础梁、板、承台 | | | 基础梁板顶部 | |
| | 底部有桩 | 底部无桩有垫层 | 底部无桩无垫层 | | |
| 保护层 | 100 | 35 | 70 | 25 | |
| 构件名称 | 地下室外墙外侧 | | 地下室外墙内侧 | | |
| | 墙厚≤300 | 墙厚大于 300 | 墙厚≤300 | 墙厚＞300 | |
| 保护层 | 25 | 35 | 15 | 25 | |
| 构件名称 | 水箱壁外侧 | 水箱壁内侧 | 水箱底板面部 | 水箱底板底部 | |
| 保护层 | 15 | 25 | 25 | 15 | |

(7) 钢筋锚固及搭接

**钢筋锚固 $L_{ae}$及搭接长度 $L_a$ 表** **表 4-3**

| 抗震等级 | 钢筋种类 | 锚固长度 $L_{ae}$ | 搭接长度 $L_a$ |
|---|---|---|---|
| 一、二 | HPB235 钢 | $25d$ | $29d$ |
| | HRB335 钢 | $35d$ | $41d$ |
| | HRB400 钢 | $40d$ | $47d$ |
| | 冷轧带肋钢筋 | $35d$ | $41d$ |
| 三、四 | HPB235 钢 | $20d$ | $24d$ |
| | HRB335 钢 | $30d$ | $36d$ |
| | HRB400 钢 | $35d$ | $42d$ |
| | 冷轧带肋钢筋 | $30d$ | $36d$ |

注：上述数值适用于混凝土强度等级大于等于 C30，钢筋小于等于 25mm。当混凝土强度等级小于 C30 时，$L_{ae}$增加 $5d$，$L_a$ 增加 $6d$；当钢筋大于 25mm 时，$L_{ae}$增加 $5d$，$L_a$ 增加 $6d$；任何情况下，纵向受拉钢筋 $L_{ae}$大于等于 250mm，$L_a$ 不应小于 300mm。

### 4.3.3 钢筋等强度剥肋滚压直螺纹连接

操作工艺如下：

(1) 工艺流程

钢筋下料、切割 → 钢筋套丝 → 现场检验 → 钢筋连接 → 质量检查。

(2) 钢筋下料可用钢筋切断机或砂轮锯，不得用气割下料。钢筋下料时，要求钢筋端面与钢筋轴线垂直，端头不得弯曲，不得出现马蹄形。

(3) 钢筋套丝

1) 套丝机用水溶性切削冷却润滑液，不得用机油润滑或不加润滑液套丝。

2) 钢筋套丝质量必须用环规检查，钢筋的牙形必须与环规相吻合，直螺纹丝扣完整牙数不得小于表 4-4 的规定值。

表 4-4

| 钢筋直径 (mm) | 完整牙数不小于 (个) |
| --- | --- |
| 25 | 9 |

3) 在操作工人自检的基础上，质检员必须每批抽检 3%，且不少于 3 个，并填写检验记录。

4) 检查合格的钢筋锥螺纹，应立即将其一端拧上塑料保护帽。

(4) 现场检验

1) 试件数量：每种规格接头，每 500 个为一批，不足 500 个也作为一批，每批做 3 根试件。

2) 试件制作：施工作业之前，从施工现场截取工程用的钢筋 300mm 长若干根，接头单体试件长度不小于 600mm。将两端套丝，用环规检查丝扣质量。

3) 试件的拉伸试验应符合以下要求：

屈服强度实测值不小于钢筋的屈服强度标准值，抗拉强度实测值与钢筋屈服强度标准值的比值不小于 1.35（异径钢筋接头以小径钢筋强度为准）。如有 1 根试件达不到上述要求值，应再取双倍试件试验。当全部试件合格后，方可进行连接施工。如仍有 1 根试件不合格，则判定该批连接件不合格，不准使用。

(5) 钢筋连接

1) 连接套规格与钢筋规格必须一致。

2) 连接前，应检查钢筋螺纹及连接套螺纹是否完好无损。钢筋螺纹丝头上如发现杂物或锈蚀，可用钢丝刷清除。

3) 正确使用普通扳手

根据所连接钢筋直径，将普通扳手的钳口垂直咬住所连钢筋均匀加力，一直拧到拧不动为止，外露丝扣不少于 1 扣。扳手不可当撬棍、锤子使用，用完后妥善保管，以防锈蚀。

**4.3.4** 接头的应用

(1) 依 JGJ 107　标准：接头性能等级的选定应符合下列规定：

本工程混凝土结构中要求充分发挥钢筋强度或对接头延性要求较高，所以采用 A 级接头。

(2) 受力钢筋机械连接接头的位置应相互错开。在任一接头中心至长度为钢筋直径 35 倍的区段范围内，有接头的受力钢筋截面面积占受力钢筋总截面面积的百分率，应符合下列规定：

1) 受拉区的受力钢筋接头百分率不宜超过 50%；

2) 在受拉区钢筋受力小的部位，A 级接头百分率可不受限制；

3) 接头应避开有抗震设防要求的框架的梁端和柱端的箍筋加密区；当无法避开时，接头应采用 A 级，且接头百分率不应超过 50%。

### 4.3.5 钢筋电渣压力焊连接

本工程大于 $\phi 16$、小于 $\phi 25$（包括 $\phi 25$）的竖向钢筋接头采用电渣压力焊连接，大于 $\phi 14$、小于 $\phi 25$（包括 $\phi 25$）的水平钢筋接头采用闪光对焊连接。

(1) 操作工艺流程

检查设备、气源 → 钢筋端头制备 → 选择焊接参数 → 安装焊接夹具和钢筋 → 安放焊剂罐、填装焊剂 → 试焊、作试件 → 确定焊接参数 → 施焊 → 回收焊剂 → 卸下夹具 → 质量检查。

(2) 电渣压力焊的工艺过程

闭合电路 → 引弧 → 电弧过程 → 电渣过程 → 挤压断电。

## 4.4 模板工程

本工程质量目标为确保整体工程创鲁班奖。模板工程是影响工程质量的最关键的因素。为了使混凝土的外形尺寸、外观质量都达到较高要求，充分发挥在模板工程上的优势，利用最先进、最合理的模板体系和施工方法，满足工程质量的要求。

### 4.4.1 模板方案的选择

表 4-5

| 序号 | 结构部位 | | 模板选型 | 结构尺寸（mm） |
|---|---|---|---|---|
| 1 | 底板 | | 砖胎模 | 厚 500、650、1900、2000 |
| 2 | 基础梁 | | 砖胎模 | 500×1200、600×1200、600×1400、750×1200 |
| 3 | 承　台 | | 砖胎模 | 厚 1200、1400、1900 |
| 4 | 后浇带 | | 钢板网 | 宽 800、1000 |
| 5 | 地下室墙体 | | 竹胶合板 | 厚 500、650、300 |
| 6 | 独立柱 | 方　柱 | 竹胶合板 | 600×600、700×700、800×800、1100×1100、900×1100 等 |
| | | 圆　柱 | 定型钢模板 | $D=500$、$D=900$、$D=1200$ |
| 7 | 梁、板 | 框架梁板 | 竹胶合板 | 1500×550、500×1000、500×1100、400×1100、600×500 等 |
| | | 密肋楼板 | 塑料模壳 | 1200×1200、1200×600 |
| 8 | 电梯井筒 | | 竹胶合板 | |
| 9 | 楼　梯 | | 竹胶合板 | |

### 4.4.2 模板施工方法

(1) 施工准备工作

1) 在施工底板时，利用现场的 $\phi 25$ 钢筋（长度为 600mm，形状为 L 形）预埋在板中做锚桩用。预埋筋与墙柱距离为墙柱高的 3/4 处，和距墙柱模底口 1.5m 及 0.5m 处。

2) 模板施工前，必须向操作工人进行认真的技术交底；使施工人员熟悉施工图纸和墙柱施工的方案设计。

3）检查钢筋是否绑扎完成，电线管、电线盒、预埋件、门窗洞口预埋是否完成，钢筋是否办完隐蔽工程验收。

4）安装木模板前，应将模板表面清理干净，认真涂刷好脱模剂。但不允许使用废机油作脱模剂，不允许在模板就位后刷脱模剂，以防止污染钢筋和污染混凝土接触面。脱模剂应涂刷均匀，不得漏涂。

（2）基础底板、基础梁、承台模板施工

基础底板、基础梁、承台模板均采用砖胎膜，侧面防水直接在砖胎膜上进行。底板外墙水平施工缝留置高度为450mm，水平施工缝采用钢板止水带。集水坑等板标高变化部位吊模采用钢板拼成，吊模底部采用阴角模。

（3）剪力墙模板施工

采用12mm厚高强覆膜竹胶板，背楞用50×100木方，间距300mm，外墙采用防水对拉杆，内剪力墙外套$\phi$16PVC塑料套管，螺栓采用$\phi$16对拉杆，纵横向间距均按600mm考虑。

墙体模板均制作成大模板，周圈使用。

模板安装：

1）墙体大模板采用塔吊吊装，安装墙模板前检查墙体中心线、边线和模板安装线是否准确，无误后方可安装墙体模板；

2）模板的连接处、墙体转角处、模板底部的缝隙，要用海绵条等堵严；

3）混凝土浇筑过程中，须有木工现场值班进行监视，发现问题及时解决。

（4）梁板模板施工

1）密肋梁板

双向密肋梁板楼盖体系采用一次性模壳，支撑体系采用钢管扣件式脚手架，脚手架立杆按照模壳布置图，位置位于肋梁交叉点，步距1500～1800mm，根据层高调整。

2）施工流程（见图4-16）

（A）柱模拆除后，在柱的主筋上弹出主梁标高，在柱顶端面上弹出主梁的中心线、轴线和位置线。

（B）搭设梁底和板底钢管脚手架。从边跨一侧开始安装，先安第一排立杆，上好连接横杆，再安第二排立杆，两者之间用横杆连接好，依次逐排安装。按设计标高调整梁底的标高；然后，安装梁底模板，并要拉线找直，梁底板起拱，注意起拱应在支模开始时进行，然后将侧模和底模连成整体。在预留起拱量时，要叠加上地基下沉、支撑间隙闭合等因素，使梁在拆模后起拱量符合规范要求。

（C）梁区中现浇楼板的起拱，除按设计要求起拱外，还应将整块楼板的支模高度上提5mm，确保混凝土浇筑后楼板厚度和挠度满足规范要求。

（D）梁底支撑间距应能保证在混凝土重量和施工荷载作用下不产生变形。

（E）在梁模与柱模连接处，应考虑模板吸水后膨胀的影响，其下料尺寸一般应略微缩短些，使混凝土浇筑后不致嵌入混凝土内。

（F）要注意梁模与柱模的接口处理、主梁楼板与次梁模板的接口处理，以及梁模板与楼板模板接口处的处理，谨防在这些部位发生漏浆或构件尺寸偏差等现象。

（G）用钢管连接并夹紧梁侧模板，位置及间距同前面所述要求。安装水平向钢管背

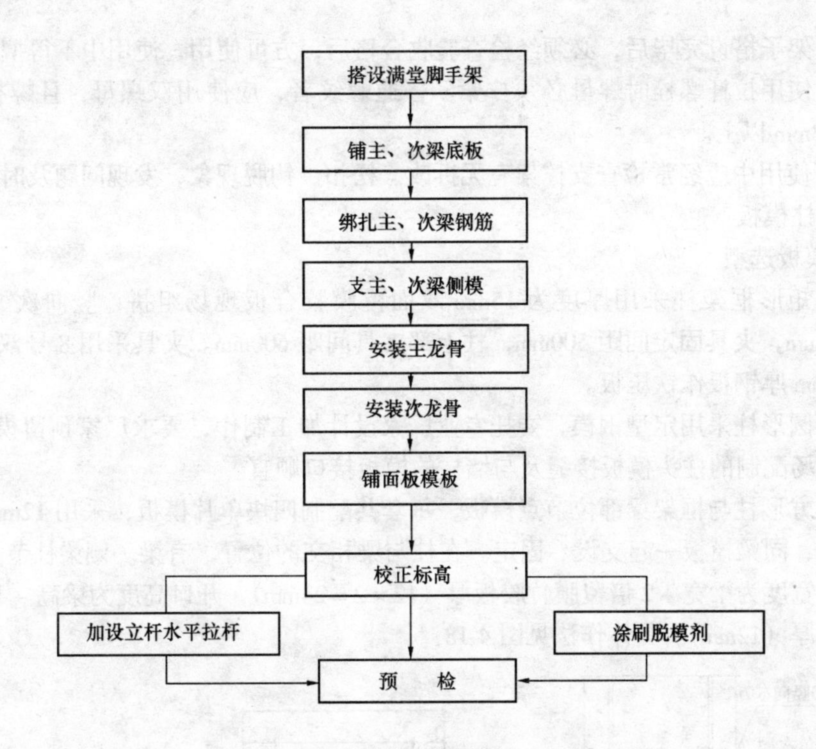


图 4-16　施工流程图

楞之后安装拉杆（模板为竖拼时的做法）。

(H) 按楼板尺寸铺设楼板模板，从一侧开始铺设多层板，尽可能选用整张的，并且是经包边角处理的多层板，余下尺寸再需裁切，以利于多次周转使用。

(I) 楼板模板的接缝处理：模板与模板接缝处，一是要保证两块模板的高度差不能太大。二是要保证混凝土不漏浆。为了达到这两个目的，须在接缝处模板下垫木方，通过木方校正两块模板的高差，并在接缝处形成构造密封，可有效防止漏浆。

楼板模板的接缝处理见图 4-17。

3）安全要求

(A) 墙、柱模板支撑应与脚手架分开搭设。

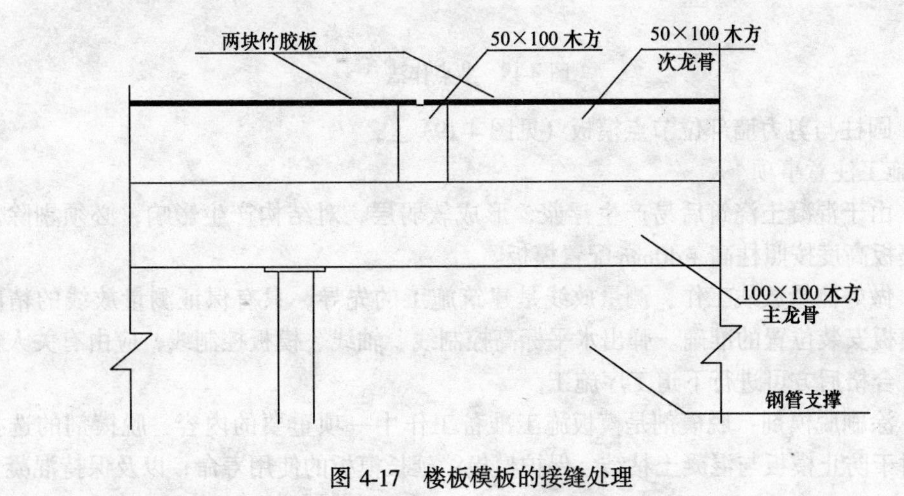


图 4-17　楼板模板的接缝处理

（B）架子搭设完毕后，必须经检查验收合格后，方可使用，使用中不得擅自拆改。

（C）使用拉杆螺栓时螺母必须拧紧。普通螺纹者，应使用双螺母，且螺杆必须凸出螺母 2～3mm 以上。

（D）使用中应经常检查支撑架有无拆改、松扣、钩脱现象，发现问题及时整改。

（5）柱模板

1）模板选型

（A）矩形框架柱采用厚度为 15mm 双面覆膜胶合板现场组拼，竖向次龙骨间距为 250～300mm，夹具固定间距 500mm，柱上部夹具间距 600mm。夹具采用 8 号双槽钢，M16 螺栓，8mm 厚钢板作铁压板。

（B）圆形柱采用定型钢模，委托专业厂家设计加工制作，要求厂家预留模板接口量，以便和现场配制的柱头模板接缝及与墙柱的模板接口顺直。

（C）方形柱与框架梁部位节点模板，每套共配制四块单片模板，采用 12mm 厚双面覆膜竹胶板，同梁模板一起支设、固定。在柱与梁相交的位置，有梁一侧梁柱节点模板上开口，开口宽度为梁宽 + 2 倍覆膜竹胶板厚（12 × 2 = 24mm），开口高度为梁高 − 顶板厚 + 覆膜竹胶板厚（12mm）。具体作法见图 4-18：

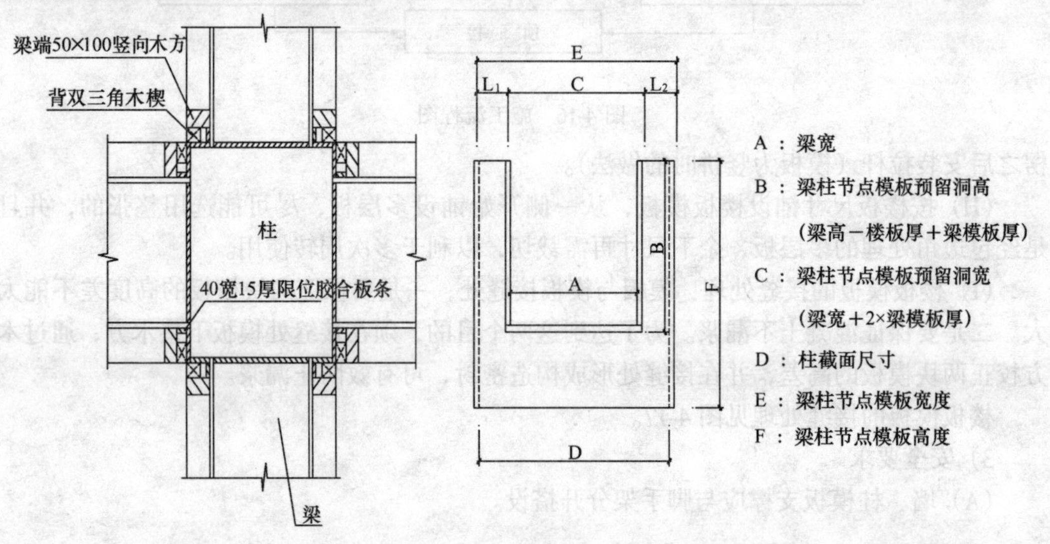


图 4-18　节点作法

（D）圆柱与剪力墙部位节点模板（见图 4-19）

2）施工注意事项

（A）由于混凝土浇筑后易产生浮浆，形成软弱层，对结构产生影响，必须剔除。因此，柱模板高度按照柱高 + 40mm 配置模板。

（B）做好测量放线工作，测量放线是建筑施工的先导，只有保证测量放线的精度才能保证模板安装位置的准确。弹出水平标高控制线、轴线、模板控制线，应由有关人员进行复验，合格后方可进行下道工序施工。

（C）涂刷脱模剂：脱模剂是模板施工准备工作中一项重要的内容；脱模剂的选择与应用，对于防止模板与混凝土粘结、保护模板、延长模板的使用寿命；以及保持混凝土表

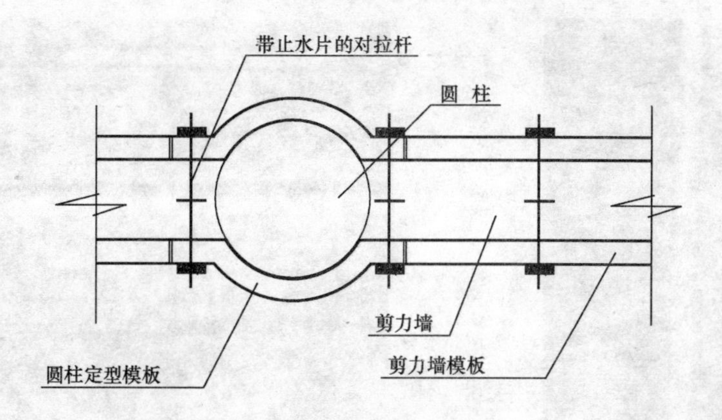


图 4-19 节点模板

面的洁净与光滑，都起着重要的作用。本工程选择油质脱模剂（非废机油类）。

（D）柱支模前，其根部必须加焊 $\phi$14 钢筋限位，以保证其位置准确，梁板混凝土浇筑时预埋 $\phi$14 短钢筋头，以便与定位钢筋焊接，避免直接与主筋焊接咬伤主筋。

（E）柱模板根部及上部应留清扫口和观察孔、振捣孔。清扫后在浇筑混凝土前，应将清扫口、振捣孔等堵死。

（F）模板支设严格按模板配置图支设，模板安装后接缝部位必须严密，为防止漏浆，可在接缝部位加贴密缝条。底部若有空隙，应加垫 10mm 厚的海绵条，让开柱边线 5mm。

（G）模板的安装必须保证位置的准确，立面垂直，用经纬仪进行检查。发现不垂直时，可通过调整斜向支撑解决。

（H）施工中注意成品保护，并随时检查埋件、保护层、水电管线位置等是否准确。

（6）楼梯模板制安

1）楼梯模板及三角踏步板采用 15mm 厚胶合板，50mm × 100mm 木方沿板长方向间距 600mm 设置。支撑采用 $\phi$48 × 3.5 钢管及底托、顶托，底托下方垫 50mm × 100mm 木方。楼梯模板、三角踏步板现场制作，现场安装。

2）楼梯模板施工，先支好底模，再支倒三角踏步模。施工过程中应注意控制标高，踏步模注意第一步与最后一步的高度和宽度与装修材料的关系。

（7）预留洞口模板

板预留洞：用四块 15mm 厚竹胶合板制作成符合设计要求的顶板留洞口模板（前后左右四面，上下没有）。固定方法靠洞口加筋固定；为防止混凝土漏入，应在洞模周边加贴密缝条。

（8）后浇带模板

墙体后浇带、底板后浇带按照设计图纸设计施工说明施工，后浇带专用钢板网。详见图 4-20 和图 4-21。

（9）模板拆除

1）模板拆除，应遵循先安后拆、后安先拆的原则。

2）拆除时先调减调节杆长度，再拆除主、次龙骨及竹胶板，最后拆除脚手架，严禁颠倒工序，损坏面板材料。

3）拆除后的模板材料，应及时清除面板混凝土残留物，涂刷隔离剂。

图 4-20 墙体垂直施工缝封挡方法

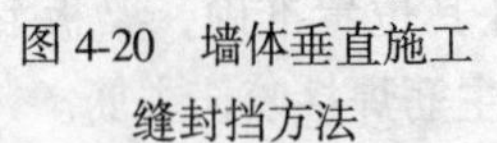

图 4-21 现浇板混凝土施工缝专用定型模具封挡法

4）拆除后的模板及支承材料应按照一定顺序堆放，尽量保证上下对称使用。

5）严格按规范规定的要求拆模，严禁为抢工期、节约材料而提前拆模。

6）承重性模板（梁、板模板）拆除时间见表 4-6，拆除时严格执行模板拆除申请制度，根据同条件下养护试块的抗压强度值来确定。

**模板拆除时间** **表 4-6**

| 结构名称 | 结构跨度（m） | 达到标准强度百分率（%） |
|---|---|---|
| 板 | ≤8 | 75 |
| 梁 | >8 | 100 |
|  | ≤8 | 75 |

7）非承重构件(柱、梁侧模)拆除时,其结构强度不得低于 1.2MPa,且不得损坏棱角。

### 4.4.3 模板安装质量要求

(1) 模板及其支撑必须有足够的强度、刚度和稳定性，不允许出现沉降和变形。

(2) 模板支承应有足够的支撑面积，当支撑在基土上时必须夯实，并设有排水措施。

(3) 模板内侧平整，模板接缝不大于 1.5mm，模板与混凝土接触面应清理干净，脱模剂涂刷均匀。

(4) 在浇筑混凝土过程中，派专人看模，检查扣件、对拉螺栓螺帽紧固情况，发现变形、松动等现象，及时修整加固。

(5) 模板制作允许偏差，见表 4-7。

**模板制作允许偏差** **表 4-7**

| 项　目 | 允许偏差（mm） | 检查方法 |
|---|---|---|
| 平面尺寸 | −2 | 尺检 |
| 表面平整 | 2 | 2m 靠尺 |
| 对角线差 | 3 | 尺检 |
| 螺栓孔位偏差 | 2 | 尺检 |

(6) 模板安装允许偏差，见表4-8

**模板安装允许偏差** **表4-8**

| 项目 | | 允许偏差(mm) | 检查方法 |
| --- | --- | --- | --- |
| 梁轴线位移 | | 5 | 尺检 |
| 梁标高 | | 3 | 2m靠尺 |
| 梁截面尺寸 | | ±5 | 拉线尺量 |
| 相邻两板面高低差 | | +4 -5 | 尺量 |
| 板表面平整度 | | 5 | 2m靠尺 |
| 预留洞 | 中心线位移 | 10 | 尺检 |
| | 截面内部尺寸 | +10 -0 | |

## 4.5 混凝土工程

本工程为现浇混凝土框剪结构，整体工程需求量大，结构质量标准高。本工程的结构混凝土采用集中搅拌，泵送入模。

**4.5.1** 原材料要求

(1) 对水泥的要求

本工程混凝土选择普通硅酸盐水泥,强度等级为32.5/42.5。由于本工程技术要求高,因此,选择定点厂家提供,每次预备同一定用量的水泥,并加强水泥进场的检验和试验工作。水泥要求有出厂合格证和复试报告。对使用的水泥质量严格控制,严禁使用不合格和过期水泥。

(2) 对外掺料及骨料的要求

1) 外加剂：采用天津市山海工贸有限公司THD-15A低掺量复合型混凝土防冻剂，它具有全水溶(无载体)、低掺量、减水、早强和防冻并含有泵送成分。根据试验，该产品掺量为水泥重量的2%~2.5%，减水率18%，满足本工程施工需要。

2) 膨胀剂采用天津市山海工贸有限公司UEA低碱高效多功能混凝土膨胀剂。

3) 粉煤灰：根据历年来的使用经验，掺入一定量的粉煤灰后不仅能替代部分水泥，降低水化热，而且能改善混凝土黏塑性，增加混凝土的可泵性。粉煤灰选用天津军粮城电厂二级粉煤灰。

4) 粗骨料：根据《混凝土结构工程施工质量验收规范》(GB 50204—2002)中要求，选用蓟县碎石。

5) 细骨料选用福建岷江江砂。

6) 拌合水：使用生活饮用水。

(3) 抗腐蚀性要求

根据地下水腐蚀性评价报告，本场地地下水对混凝土的腐蚀性等级按弱腐蚀性考虑，按照《岩土工程勘察规范》(GB 50021)的规定，应对地下部分(包括桩、地下室底板、承台、基础梁地下室外墙及顶板)采取一级防护处理，混凝土采用普通硅酸盐水泥，水灰比≤0.6，水泥用量≥350kg/m$^3$，铝酸三钙C3A<8%。

(4) 对碱骨料的要求

根据天津市《预防碱骨料反应技术管理规定》JJG 14—2000要求，每立方米混凝土中的碱含量不大于 3kg。

(5) 混凝土坍落度的要求

本工程主体结构混凝土浇筑采用塔吊和混凝土输送泵组合方式，对不同的浇筑方式坍落度的要求不同。采用混凝土输送泵浇筑方式的泵送混凝土，其坍落度要求入泵时坍落度最高不要超过 18cm，最低不要小于 12cm。采用塔吊浇筑方式的混凝土，要求入料斗时坍落度最高不要超过 14cm，最低不要小于 10cm。混凝土搅拌时根据气温条件、混凝土原材料（水泥品种、附加剂品种等）变化、混凝土坍落度损失等情况来适当地调整原配合比，确保混凝土浇筑时的坍落度能够满足施工生产需要，确保混凝土质量。

(6) 对混凝土和易性的要求

为了保证混凝土在浇筑过程中不离析，要求混凝土要有足够的黏聚性，要求在泵送过程中不泌水、不离析。《混凝土泵送施工技术规程》规定，要求混凝土泌水速度要慢，以保证混凝土的稳定性和可泵性。

(7) 对混凝土初、终凝时间的要求

为了保证混凝土浇筑不出现冷缝，混凝土初凝时间保证在 8～10h，终凝时间控制在 14～16h。

(8) 输送泵的选择及泵管布置

1) 输送泵的选择

选用 2 台 HBT60 型号的输送泵（其中一台备用）。混凝土最大输出压力为 16.5MPa，最大理论输出量 62.5m³/h，最大输送距离水平 800m，垂直 80m。必要时，现场加配 1 台混凝土汽车泵。

2) 输送泵布置要求

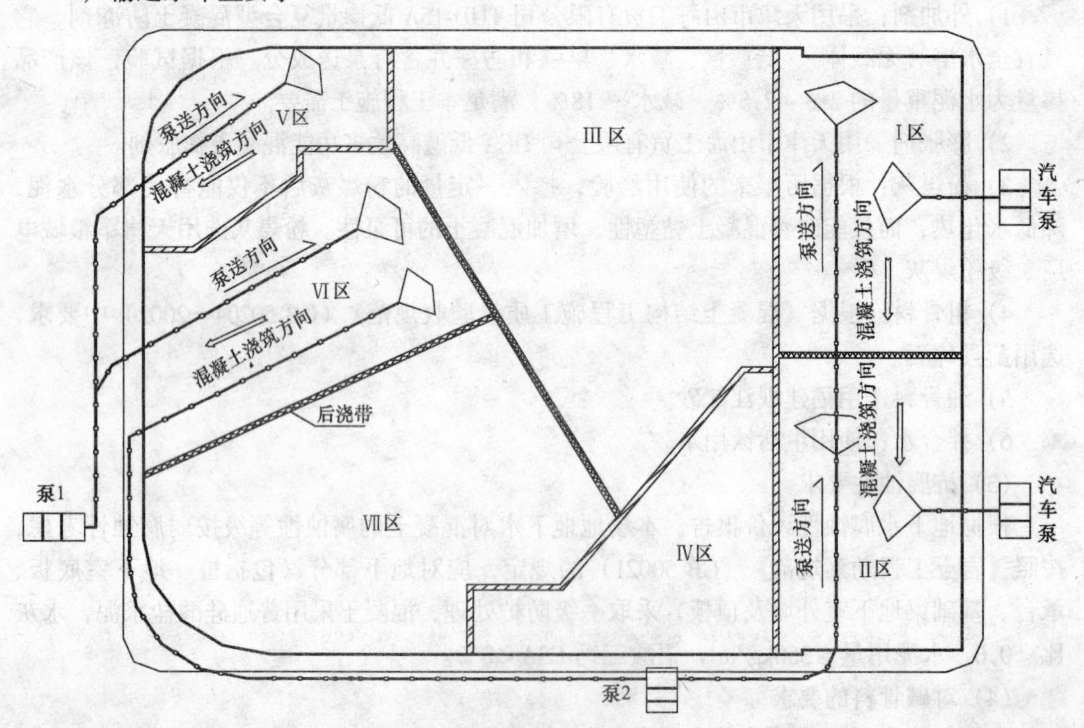


图 4-22　混凝土泵管布置示意图（Ⅰ、Ⅱ、Ⅴ、Ⅵ区）

输送泵布置场地应平整、坚实，道路畅通，供料方便，距离浇筑地点近，便于配管，接近排水设施，供水、供电均很方便。混凝土泵管布置详见图4-22和图4-23。

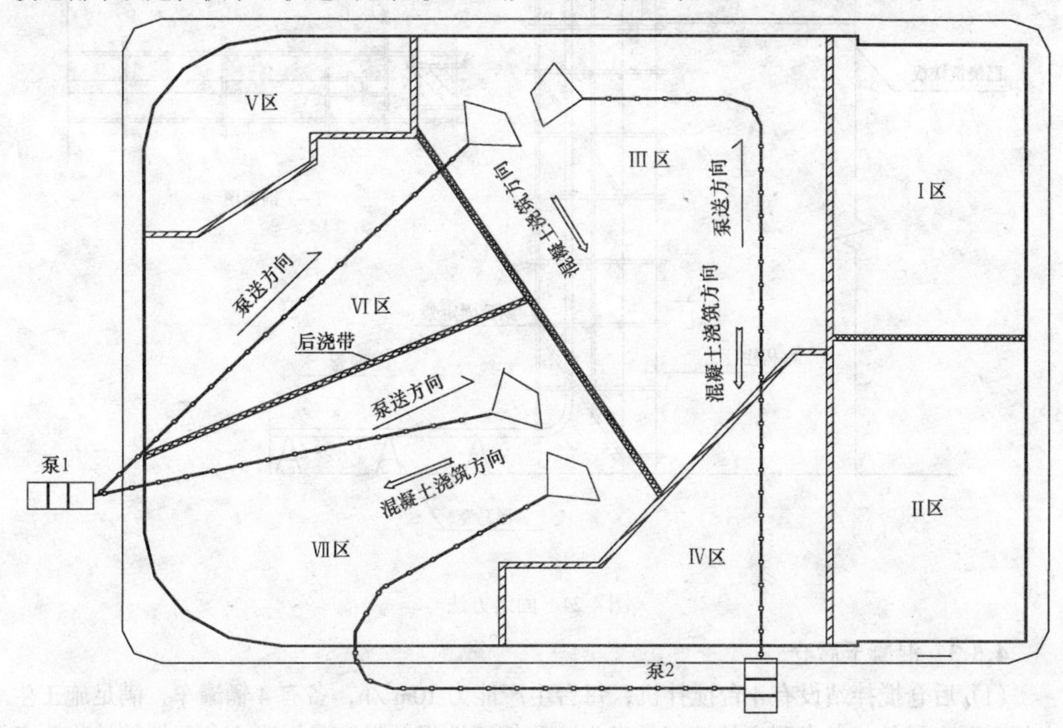


图4-23 混凝土泵管布置示意图（Ⅲ、Ⅳ、Ⅶ区）

3）配管

（A）泵管采用直径为125mm的A形无缝钢管，弯管为45°、90°。

（B）软管装在输送管的最前端作为浇筑混凝土的工具。

4）布管要求

（A）混凝土泵管的布置，缩短管线长度，少用弯头和软管。输送管的铺设应保证施工安全，便于清洗、排除故障和装拆维修。

（B）布置泵管根据泵送压力来确定，新泵管及高压泵管，布置在泵送压力较大处。经常检查泵管有无龟裂、凹凸和弯折，接头是否严密，强度是否满足要求。

（C）倾斜向下配管时，顶部设排气阀；向上配管时，底部水平段长度不小于18m。

（D）水平、向上或向下布管时，都应固定牢固，特别是在弯管部位。泵管固定不应与模板支架发生任何关系，固定方法参见图4-24。

**4.5.2** 配合比设计

本工程底板属大体积混凝土（有部分厚大体积的大面积混凝土），外墙也有较大的长度，是对温度、收缩敏感的结构。因此，除了采取有效的浇筑、养护等措施外，首先要选择合理的配合比，以便从施工角度做好混凝土裂缝的综合防治工作。

混凝土的配合比是根据要求的强度和抗渗等级，并考虑混凝土的耐久性、防碱集料反应、耐腐蚀及防止混凝土干缩等施工性能的综合要求，在试验试配的基础上优化确定。

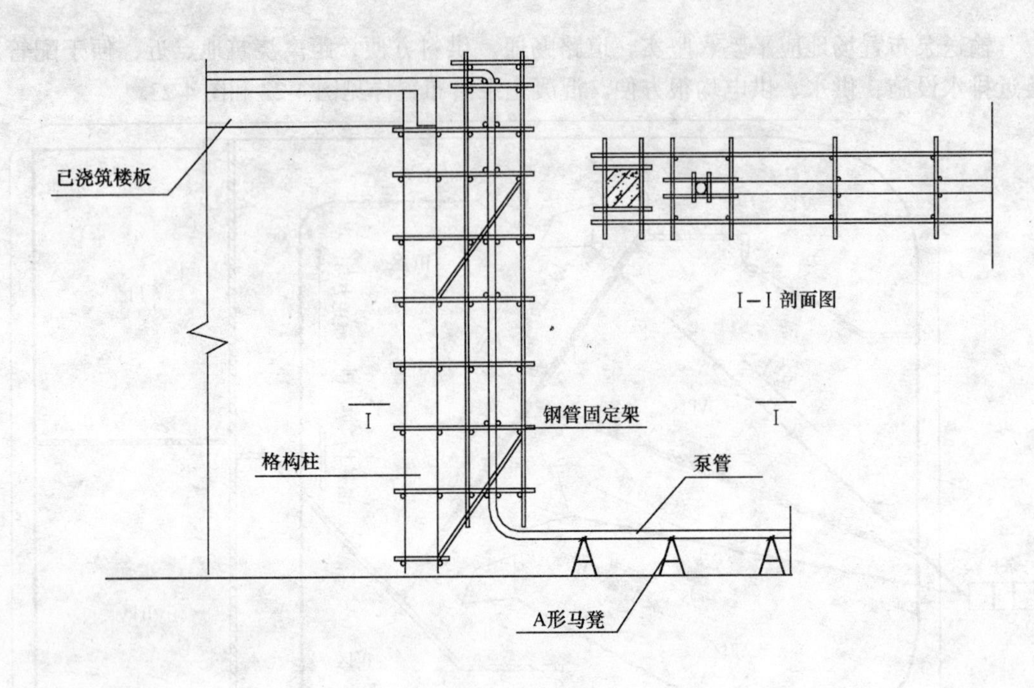


图 4-24　固定方法

**4.5.3**　混凝土后仓

(1) 后仓搅拌站设有4台搅拌机，每台生产能力 $10m^3/h$，备有4辆罐车，满足施工生产的需要；另外，考虑到意外情况的发生，我们还选择航保商品混凝土公司搅拌站作为备用商品混凝土供应商，其资质条件也能满足施工要求。

(2) C50混凝土由航保商品混凝土公司提供，为保证质量，项目与混凝土供应方签订合同。其内容应包括混凝土等级、总量、坍落度、外加剂、水泥用量、水泥品种、早强要求、抗渗要求、骨料粒径、水灰比、初凝时间、终凝时间、原材料、混凝土供应速度等项目的具体要求。

(3) 后仓砂石料计量由配料机的电子秤控制，使用前已经经过塘沽区计量局检定合格；膨胀剂、粉煤灰事先进行小袋包装，混凝土浇筑前抽检；水计量通过时间继电器控制；液体外加剂通过自制漏斗进行控制。

**4.5.4**　混凝土浇筑前的准备工作

(1) 混凝土浇筑层段的模板、钢筋、预埋件、预留洞、管线等全部安装完毕，经检验符合设计及规范要求，并办完隐检手续。

(2) 模板内的杂物及钢筋上的污物等已清理干净。模板的缝隙及孔洞已堵严，并办完预检手续。

(3) 混凝土泵调试完毕能正常运转使用，浇筑混凝土用的架子及马道已支搭完毕，并经检验合格。

(4) 混凝土的各项指标已经过检验。

(5) 技术交底全面完成，各专业负责人已在浇灌许可证上签字。

(6) 签署各专业联检单。

(7) 为保证混凝土质量，提供混凝土前需与混凝土搅拌站签署协议书，提出坍落度，初、终凝时间等要求。

**4.5.5** 混凝土运输

(1) 场内混凝土运输采用混凝土地泵来完成垂直和水平运输，使混凝土运输到浇筑面。

(2) 季节施工：在风雨或暴热天气时运输混凝土，罐车上应加遮盖，以防进水或水分蒸发。

(3) 质量要求：混凝土送到浇筑地点后，如混凝土拌合物出现离析或分层现象，应对混凝土拌合物进行二次搅拌；同时，应检测其坍落度，所测数据应符合施工方案中对此数据的要求，其允许偏差值应符合有关标准的规定；若不符合要求，立即予以退回，不得使用。

(4) 加强通信和调度，切实确保混凝土的连续均匀供应。

(5) 严格混凝土收料制度。对混凝土运输车号、出厂时间、到场时间、开始浇筑时间、浇筑完成时间及浇筑部位进行认真、及时记录。

**4.5.6** 混凝土泵送

(1) 根据平面布置图布置混凝土拖式泵安排2个作业班组轮班作业，每组配备4~5名振捣手。

(2) 泵管采用搭设钢管架手架固定，钢管应与结构物连接牢固，在泵管转弯或接头部位均应固定，达到卸荷的目的。

(3) 混凝土的供应必须连续，避免中途停歇。如混凝土供应不上，可降低泵压送速度；如出现停料迫使泵停转，则泵必须每隔4~5min进行运转，并立即与备用搅拌站联系。

(4) 混凝土泵送时，必需保证连续工作；若发生故障，停歇时间超过45min或混凝土出现离析现象，应立即用压力水或其他方法冲洗管内残留的混凝土。

(5) 泵送混凝土时，料斗内混凝土必须保持20cm以上的高度，以免吸入空气堵塞泵管；若吸入空气致使混凝土倒流，则将泵机反转，把混凝土退回料斗，除去空气后再正转压送。

(6) 泵出口堵塞时，将泵机反转把混凝土退回料斗，搅拌后再泵送，重复3~4次仍不见效时，停泵拆管清理，清理完毕后迅速重新安装好。

(7) 泵送管线要直，转弯要缓，接头要严密。泵管的支设应保证混凝土输送平稳，检验方法是用手抚摸垂直管外壁，应感到内部有骨料流动而无颤动和晃动；否则，立即进行加固。

(8) 板混凝土浇筑时，应使混凝土浇筑方向与泵送方向相反。混凝土浇筑过程中，只许拆除泵管，不得增设管段。

(9) 泵送时，每2h换一次洗槽里的水。泵送结束后及时清理泵管。

(10) 泵送前先用适量的与混凝土内成分相同的水泥砂浆润滑输送管，再压入混凝土。砂浆输送到浇筑点时，应采用灰槽收集并将其均匀分散在接槎处，不允许水泥砂浆堆积在一个地方。

(11) 开始润管及浇筑完毕后清洗泵管的用水，应采用料斗收集排除，严禁流入结构内，影响混凝土质量。

**4.5.7** 施工缝留置

(1) 基础承台、基础梁、底板及墙、梁、顶板施工缝按照设计后浇带的位置留设，中间不留临时施工缝。

(2) 楼梯施工缝留在楼梯踏步板跨1/3处。

(3) 后浇带的处理采用架设密目钢丝网分隔，并用 $\phi6 \sim \phi50$ 的立筋加固。

**4.5.8** 具体浇筑方法

(1) 基础承台混凝土浇筑

基础承台由于体积大，混凝土用量多，应注意分层下灰厚度，不超过振捣棒有效振捣长度的1.25倍，即 $37.5 \times 1.25 = 46.87$cm 取45cm。

(2) 基础梁混凝土浇筑

1) 基础梁混凝土浇筑，考虑沿短向布管后退浇筑，每一周期施工一跨，循环进行。

2) 分层浇筑时间的计算：根据本工程特点，按最长施工周期计算，混凝土浇筑量约 20.74$m^3$；计划泵送能力为15$m^3$/h，则一个周期需用时间为 $T = 20.74/15 = 1.38$h，前次混凝土浇筑结束至后次混凝土开始浇筑时间差为 $1.38 \times 2 = 2.76$h，中途增加布设泵管延误时间约1.5h，累计4.26h，不超过混凝土初凝时间8h。

3) 现场布设1台拖式混凝土泵，必要时增加1台汽车泵，2个作业班组轮班作业，每个班组配备4~5名振捣手，负责混凝土浇筑振捣。

4) 因混凝土的坍落度较大，混凝土的振捣时间不能过长，一般每点振捣时间为20~30s，使混凝土表面呈水平、不再显著下沉、不再出现气泡、表面泛出灰浆液为准。振捣时做到快插慢拔，垂直振捣，振点呈梅花形布置，间距为450mm，在振捣过程中宜将振动棒上下略为抽动，以使上下振捣均匀。振捣上一层时，应插入下层中5cm左右，以消除两层之间的接缝；同时，在振捣上层混凝土时，要在下层混凝土初凝前进行。

(3) 框架柱混凝土浇筑

1) 安排1个作业班组，配备4~5名振捣手，进行振捣施工。

2) 框架柱混凝土浇筑至梁底面往上40mm处，待模拆除后，剔除35mm软弱混凝土层，清理干净后再浇筑梁板混凝土，使接槎留在梁内，而又能保证梁下铁的混凝土保护层厚度。

3) 框架柱混凝土分层浇筑、分层振捣。选用50棒进行振捣。分层厚度不超过振捣棒有效长度的1.25倍，即每次下灰厚度不超过450mm；控制方法：自制一把有厘米刻度的木质活动尺，将木尺靠在模内壁，使刻度尺悬于下方，根据标尺尺寸借助照明设施观测下灰厚度。如图4-25所示。

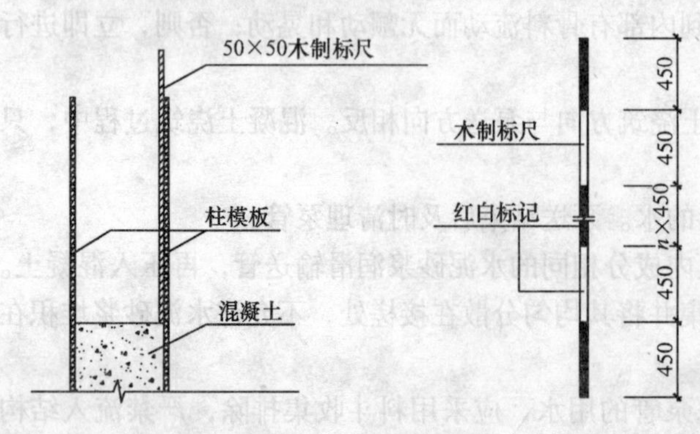

图4-25 自制木尺观测

4) 插点要求均匀，每次移动的距离不大于振捣棒作用半径 $R$ 的1.5倍，且插点应在两墙模中间，避免振捣对模板和钢筋产生影响。

5）振捣要在下层混凝土初凝前进行，并要求振捣棒插入下层混凝土5cm，以保证上下层混凝土结合紧密。

6）当柱高度超过3m时混凝土浇筑采用串筒分层下灰。

7）每一插点要掌握好振捣时间。时间过短不易振实，过长则会引起离析。以混凝土表面呈水平、不大量泛气泡、不再显著下沉、不再浮出灰浆为准。边角处应多加注意，外墙止水带两侧必须仔细振捣，防止漏振。

8）振捣时应尽量避免碰撞钢筋、芯管、线盒、预埋件等。

9）浇筑完后应随时将伸出的钢筋整理到位，并用木抹子按标高线将混凝土表面找平。

10）柱子混凝土一次浇筑到梁下口，且高出梁下口3cm（待拆模后，剔凿掉2cm，使之漏出石子为止）。由于柱和梁（或板）混凝土强度等级不同，在浇筑梁、板混凝土时，先用塔吊浇筑柱头处高强度的混凝土，且在混凝土初凝前再浇筑梁、板混凝土。

（4）楼梯、顶板混凝土浇筑

1）楼梯混凝土与顶板混凝土同时浇筑，浇筑时遵循由低到高原则，将低处混凝土振实后再浇筑高处混凝土。严禁反振。混凝土布料斗如图4-26所示。

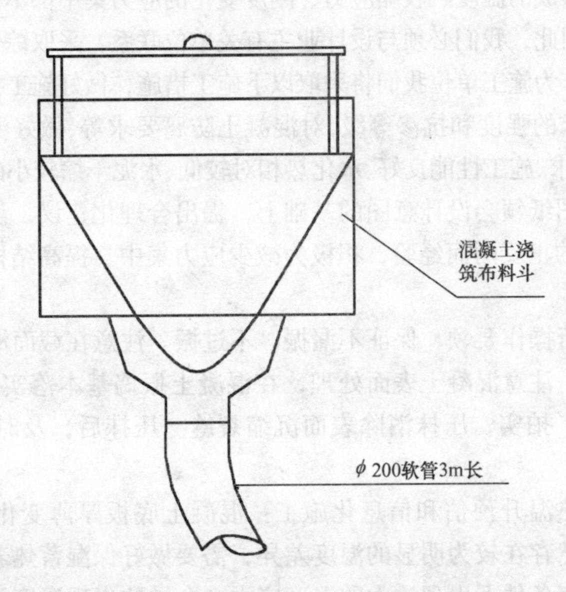


图4-26 混凝土布料斗侧立面图

2）浇筑板混凝土时，混凝土的虚铺厚度略大于板厚。振捣时采用插入式振捣棒，每个泵应配3个以上振捣棒，在混凝土下灰口配1~2个振捣棒，在混凝土流淌端头配1~2个振捣棒。振捣时，要快插慢拔，振捣点间距为45cm，梅花形布置，逐点移动，顺序进行，不得漏振。振捣完后先用长刮尺刮平，待表面收浆后，用木抹刀搓压表面。在终凝前再进行搓压，要求搓压三遍，最后一遍抹压要掌握好时间，以终凝前为准，终凝时间可用手压法把握。

3）梁板混凝土浇筑应同时进行，先将梁的混凝土分层进行浇筑，用“赶浆法”由梁的一端向另一端作阶梯形推进；当起始点的混凝土达到板底时，再与板混凝土同时浇筑；当存在高低跨梁时，应先浇筑低跨梁，从大跨度梁的两端向中间浇筑。浇筑与振捣应紧密配合，第一层下料宜慢，使梁底充分振实后再下第二层料。

4）浇筑柱梁交叉部位的混凝土时，宜采用小直径的振动棒从梁的上部钢筋较稀处插入梁端振捣。浇筑悬臂板时，应注意不使上部负弯矩筋下移；当铺完底层混凝土后，应及时将钢筋提升到位，再继续浇筑混凝土。

5）施工缝处须待以浇筑混凝土的抗压强度达到1.2MPa以上时，才允许继续浇筑。浇筑前应将施工缝混凝土凿毛，清除松动石子，用水冲洗干净。继续浇筑前，先铺设一层5~10cm同混凝土配合比的水泥砂浆，仔细振捣，使结合良好。

6）首层顶板混凝土浇筑时，应密切观察模板的变形情况；发现模板支承下沉，立即停止浇筑采取加固措施，并在混凝土初凝前完成。

**4.5.9** 大体积混凝土施工

本工程地下室结构具有较大的平面尺度，其底板、顶板均是对温度、收缩的影响不可忽视的结构，属大体积混凝土范畴。特别是底板部位有纵横地梁、承台，甚至是长宽达13m×22m×2m的厚大承台和多个加深坑。大体积混凝土主要集中在Ⅰ、Ⅱ区，不但自约束强劲，对水化热温升、混凝土形成的温度、收缩应力、刚度变化的应力集中都不可忽略，因此，对温度、收缩极为敏感。因此，我们必须与设计业主有关单位联系，采取综合措施，作为温度收缩裂缝的防治工作。作为施工单位我们将采取以下施工措施，做好施工控制。

（1）按此设计要求的强度和抗渗等级，对混凝土防腐要求等，做好混凝土配合比优化工作，优选出满足设计要求、施工性能良好、水化热相对较低、水泥干缩较小的混凝土配合比。

（2）在认真学习图纸领会设计意图的基础上，提出合理化建议，认真做好结构构造处理，并根据我们施工的正反两面经验，积极为减少应力集中、提高结构抵抗温度、收缩应力作出努力。

（3）振捣严格执行操作要领，保证不漏振，不过振。注意在截面沿竖向变化部位的二次捣振，详见图4-27。注意混凝土表面处理，在混凝土振捣基本落实之后，接近初凝时，对混凝土上表面刮平、拍实，压抹消除表面沉缩裂缝。压抹后，及时用塑料薄膜严密覆盖，做好保湿养护。

（4）混凝土水化热温升预估和信息化施工：混凝土底板厚薄变化大，散热条件差异大，在混凝土内部必然存在较为明显的温度差异，需要做好保湿蓄热养护，避免混凝土产生过大的温差。在约束条件下出现过大的温度应力，会导致出现温度裂缝，因此，在施工

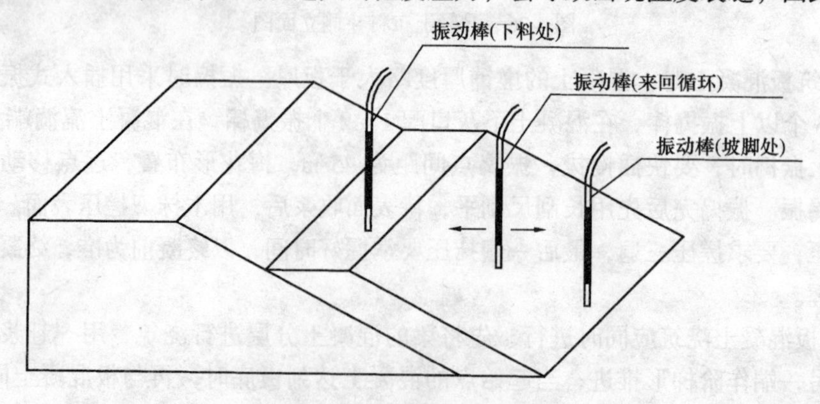


图4-27 二次振捣示意图

中需按信息化施工的原则进行温度监控。

1）水化热温升的预估和保温养护制度设计：按配合比确定的胶结料用量和当时气候条件，估算水化热的绝热温升；按散热条件估算混凝土的最高温升，确定温差控制值，选择保温材料和材料厚度，并列出计算式即可。

2）在混凝土浇筑前，放置测温点，采用变携式电子测温仪按以下测温制度进行测温：1～5d 龄期时每 2h 一次；6～14d 时每 4h 一次。

3）测温数据应及时报告。项目技术负责人与预估的情况核对，判定养护情况。根据测温数据，及时调整养护制度，以控制温差和降温速度，确定撤除养护的时间，以达到控制不出现温度裂缝的目的。各区测温点布置图见图 4-28。

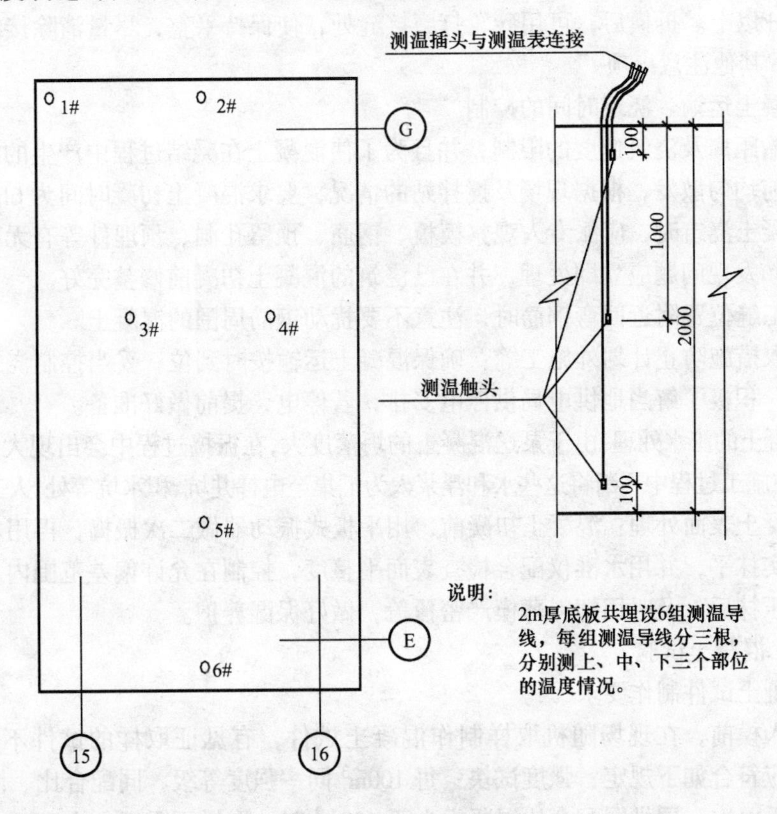


图 4-28 测温点布置图

4）各区测温点平面布置遵照原则：每区承台选择 3～5 点，底板不设测温点（2m 厚底板参照右图）。测量触头的位置见方案附图说明。

**4.5.10** 后浇带施工

（1）本工程 ±0.000 以下有六条后浇带，其中两条折线形及一条直线形沉降后浇带要求在主体封顶后才能封闭。由于后浇带长且为折线形，以及装置时间久的特点，后浇带的清理和保洁有相当大的难度。为此，在施工时采取设置排污沟和集污井，使混凝土浆通过排污沟流入污井内后，由污水泵抽出。

（2）施工要点

1）排污沟留设部位：在止水带处加深 200mm 并适当找坡，使成为一条排污沟。

2）集污井的设置：在排污沟的适当部位加深，形成长×宽=1000×后浇带宽的加深坑，集中清洗后的清水和混凝土碎块等杂物，便于清理。

3）赶浆：在底板混凝土浇筑后，接近初凝时用高压水冲洗后浇带，使流入后浇带的砂浆随水流一起进入集污井，然后由污水泵抽出，以减少以后的清理工作量。

4）保护：底板浇筑完毕并达到规定强度后应立即采取保护措施，即在后浇带边缘砌筑砖墙并用层板覆盖，防止施工中杂物落入。

5）浇筑和养护：后浇带清理完毕，在保护老混凝土接触面湿润无污水的情况下，浇筑高于原混凝土一个强度和抗渗等级的混凝土，并振捣，保证新老混凝土结合严密。浇筑竖向后浇带时要控制浇筑速度，防止模板变形。浇筑完毕要在使混凝土面光保湿的情况下，养护14d以上。拆模后，可用砂轮打磨接缝处，使保持平整，尽量消除接缝痕迹。

**4.5.11**　其他注意事项

（1）混凝土运输、浇筑时间的控制

由于运输距离及浇筑速度的限制，并且为了使混凝土在凝结过程中产生的水化热能在混凝土初凝前均匀散发，根据现场及搅拌站的情况，要求混凝土初凝时间为6h。

（2）混凝土浇筑时，应派专人观察模板、钢筋、预留孔洞、预埋件等有无移动、变形或堵塞情况，发现问题应立即处理，并在已浇筑的混凝土初凝前修整完好。

（3）施工缝位置附近回弯钢筋时，注意不要扰动钢筋周围的混凝土。

（4）采取措施防止计划外施工缝：确保混凝土运输按时到位；妥当控制浇筑时间；关注天气情况；积极了解当地供电局供停电安排，若停电，提前做好准备。

（5）混凝土的泌水处理：由于泵送混凝土的坍落度大，在振捣过程中会出现大量泌水和浮浆，因此，应在施工过程中不断将这些水和浮浆人为汇集至电梯井坑、积水坑等处，人工舀出。

（6）混凝土表面处理：混凝土初凝前，用平板式振动器做二次振捣，再用木抹子将混凝土表面压实抹平，并用水准仪配合检查表面平整度，控制在允许偏差范围内。消除表面沉缩裂缝。压抹后，及时用塑料薄模严密覆盖，做好保湿养护。

**4.5.12**　混凝土试验

（1）混凝土试件制作要求

混凝土入模前，在现场随机取样制作混凝土试件，有见证取样的试件不少于30%，试件的留置应符合如下规定：强度试块：每100m³同一强度等级、同配合比、同班组混凝土取样不少于一次，同批同配合比混凝土少于100m³时，取样不少于一次。

（2）试块留置组数

**4.5.13**　混凝土施工允许偏差（表4-9）

**混凝土施工允许偏差**（单位：mm）　　**表4-9**

| 部　位 | 轴线位移 | 标　高 | | 截面尺寸 | 垂直度 | 表面平整度（2m长度上） |
|---|---|---|---|---|---|---|
| 柱 | 8 | 每层+10 | 全高+30 | +8　−5 | 每层5 | 8 |
| 梁 | 8 | | | +8　−5 | | |
| 板 | 8 | | | | | 8 |
| 预埋管、预留孔中心线位移 | | | | 5 | | |
| 预埋钢板中心线偏移 | | | | 10 | | |
| 预埋螺栓中心线偏移 | | | | 5 | | |

### 4.5.14　混凝土观感质量控制表（表 4-10）

**混凝土观感质量控制表**　　**表 4-10**

| 序　号 | 缺陷特点 | 检查点数 | 允许偏差 | 检验方法 |
|---|---|---|---|---|
| 1 | 蜂窝：混凝土表面无水泥浆，露出石子深度大于 5mm，但小于钢筋保护层厚度 | 按梁或柱件数抽查 10%，但均不少于 3 件，墙或板按有代表性的自然间抽查 10%，但均不少于 3 处 | 梁或柱上一处不大于 $200cm^2$，累计不大于 $400cm^2$ | 尺量外露石子面积及深度 |
| 2 | 孔洞：深度超过钢筋保护层厚度，但不超过构件截面尺寸 1/3 的缺陷 | 同上 | 逐个检查无孔洞 | 凿去孔洞周围松动石子，尺量孔洞面积及深度 |
| 3 | 露筋 | 同上 | 逐处检查无露筋 | 尺量钢筋外露长度 |
| 4 | 缝隙、加渣层 | 同上 | 逐处检查无缝隙、加渣层 | 凿去夹渣层，尺量缝隙长度和深度 |

注：蜂窝、孔洞、露筋、缝隙加渣层等缺陷在装饰前应按施工规范的要求进行修整。

### 4.5.15　施工试验及技术资料管理

工程技术资料按《天津市建筑安装工程质量保证资料评定规定》TDB 14—98 文件要求填写、收集、整理，并与工程进度同步。

## 4.6　砌筑工程

本工程内隔墙采用混凝土砌块，用不小于 M5 的混合砂浆砌筑。

### 4.6.1　材料准备

### 4.6.2　特殊部位处理

外填充墙在窗台下部和窗洞顶高度处及内填充墙在门洞顶高度处，应设置钢筋混凝土圈梁。当圈梁有高差时，应使高低圈梁搭接，搭接长度为 1000mm，圈梁钢筋直接锚入钢筋混凝土墙内 $35d$。当在洞口处圈梁代过梁时，下铁应伸过洞边 400mm，与圈梁钢筋搭接 $40d$。

### 4.6.3　砌筑灰缝要求

(1) 灰缝应横平竖直、砂浆饱满、均匀密实。砂浆饱满度：水平缝不低于 90%；竖直缝不低于 80%。应边砌边勾缝，不得出现暗缝，严禁出现透亮缝。

(2) 灰缝厚度应均匀，一般应控制在 8～12mm，埋设的拉结钢筋和钢网片必须平埋于砂浆中。

# 5　防水工程

根据设计要求，本工程地下室基础底板及外墙采用 SBSⅢ＋Ⅲ防水，地下室顶板采用 APP 改性沥青防水卷材，屋面防水采用聚氯乙烯防水卷材 1.5mm 厚。

### 5.1　作业条件

（1）基层必须牢固，无松动、起砂等缺陷；

（2）基层表面应平整光滑、均匀一致，其平整度用2m直尺检查，面层与直尺间最大空隙不得大于5mm；

（3）基层应干燥，含水率宜小于9%，简易测定方法是：将1m见方的防水卷材倒盖在基层表面上，静置3～4h后掀开检查，若覆盖处的基层表面与卷材上无水印，即为基层含水率小于9%；

（4）基层若高低不平或凹坑较大时，应用掺加108胶（占水泥重量的15%）水泥砂浆抹平；

（5）阴阳角应做成均匀一致、平整光滑的圆弧或钝角；

（6）必须将突出基层表面的异物、砂浆疙瘩等铲除，并将尘土杂物清除干净，最好用高压空气进行清理。阴阳角等处更应仔细清理，若有油污、铁锈等，应以砂纸、钢丝刷、溶剂等予以清除干净；

（7）防水层每一道工序完成后，应由专人进行检查报监理，合格后方可进行下一道工序施工。

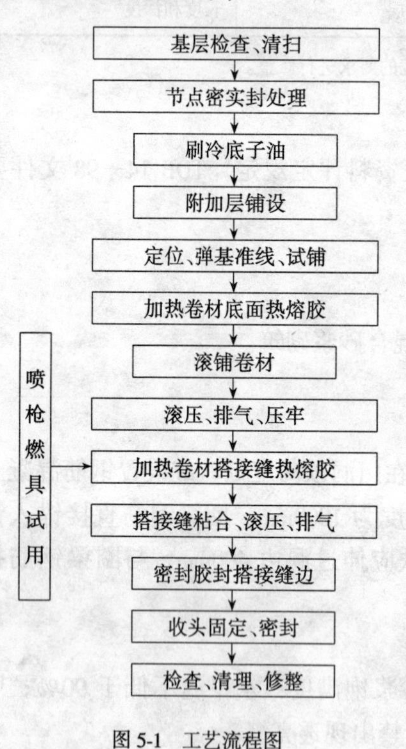


图5-1　工艺流程图

### 5.2　操作工艺

#### 5.2.1　工艺流程

如图5-1所示。

#### 5.2.2　施工要点

（1）涂刷基层处理剂

在已经处理好的基层上涂刷基层处理剂，用长柄滚刷将基层处理剂涂刷在基层表面，要涂刷均匀，不得漏刷或露底。基层处理剂涂刷完毕，必须经过8h以上，达到干燥程度方可施行热熔法施工，以避免失火。

（2）细部附加增强处理

对于阴阳角、管道根部等部位应做增强处理。方法是先按细部形状将卷材剪好，不要加热，在细部贴一下，视尺寸、形状合适后，再将卷材的底面（有热熔胶的一面），用手持汽油喷灯烘烤。待其底面呈熔融状态，即可立即粘贴在已涂刷一道密封材料的基层上，并压实铺牢。

（3）弹粗线

在已处理好并干燥的基层表面，按照所选卷材的宽度留出搭接缝尺寸，将铺贴卷材的基准线及后浇带位置线弹好，以便按此基准线进行卷材铺贴施工。

（4）热熔铺贴卷材

本工程底板面积较大采用满粘，满粘采用“滚铺法”，先铺粘大面、后粘结搭接缝，这种方法可以保证卷材铺贴质量，优于卷材与基层及卷材搭接缝一次熔铺。

1）熔粘端部卷材

将整卷卷材（勿打开）置于铺贴起始端，对准基层上已弹好的粉线，滚展卷材约1mm，由一人站在卷材正面将这1mm卷材拉起，另一人站在卷材底面（有热熔胶）手持液化汽火焰喷枪，慢旋开关、点燃火焰。调呈蓝色，使火焰对准卷材与基面交接处，同时加热卷材底面与基层面（图5-2*a*）。待卷材底面胶呈熔融状即进行粘铺，再由一人以手持压辊对铺贴的卷材进行排气压实，这样铺到卷材端头剩下约30cm时，将卷材端头翻放在隔热板上（图5-2*b*），再行熔烤；最后，将端部卷材铺牢压实。

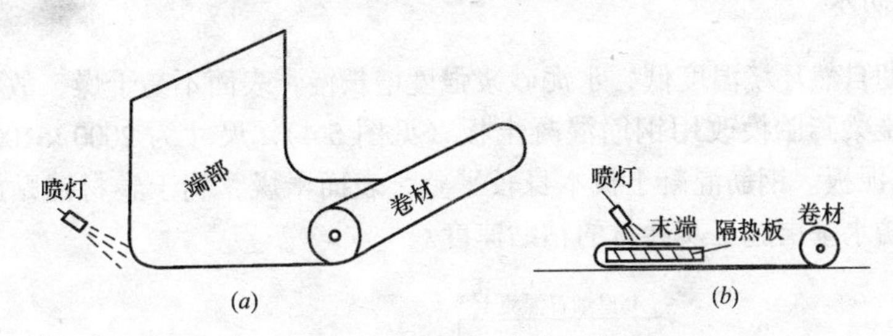


图5-2 热熔卷材端部铺贴示意图

（*a*）卷材端部加热；（*b*）卷材末端加热

2）滚粘大面卷材

起始端卷材粘牢后，持火焰喷枪的人应站在滚铺前方，对着待铺的整卷卷材，点燃喷枪，使火焰对准卷材与基层面的夹角（见图5-3）。喷枪距卷材及基层加热处约0.3~0.5m，施行往复移动烘烤（不得将火焰停留在一处直火烧烤时间过长；否则，易产生胎基外露或胎体与改性沥青基料瞬间分离），至卷材底面胶层呈黑色光泽并伴有微泡（不得出现大量大泡），即及时推滚卷材进行粘铺，后随一人施行排气压实工序。

3）粘贴立面卷材

地下室外墙，采用外防外贴法从脑面转到立面铺贴的卷材，恰为有热熔胶的底面背对立墙基面，因此，这部分卷材应使用氯丁橡胶改性沥青胶粘剂（SBS改性沥青卷材配套材料），以冷粘法粘铺在立墙上，与这部分卷材衔接继续向上铺贴的热熔卷材仍用热熔法铺贴，且上层卷材盖过下层卷材应不于150mm。铺贴借助梯子或架子进行，操作应精心仔细，将卷材粘贴牢固；否则，立面卷材（特别是低温情况下）易产生滑坠。

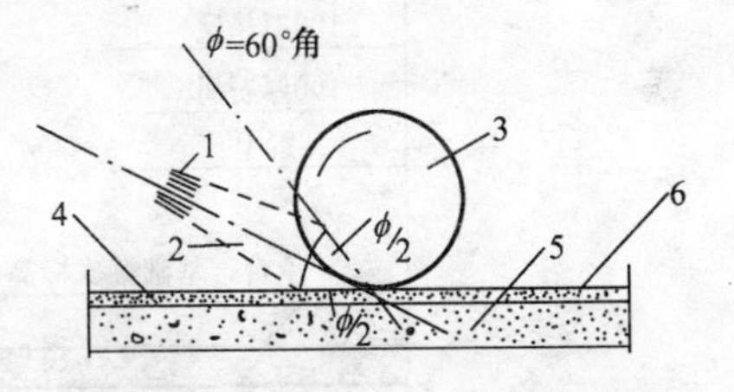


图5-3 熔焊火焰与卷材和基层表面的相对位置

1—喷嘴；2—火焰；3—SBS防水卷材；4—水泥砂浆；5—混凝土层；6—SBS防水层

4）卷材搭接缝施工

卷材搭接缝以及卷材收头的铺粘是影响铺贴质量的关键之一，不随大面一次粘铺，而做专门处理是为保证地下工程热熔型卷材防水层的铺贴质量。

搭接缝及收头的卷材必须100%烘烤，粘铺时必须有熔融沥青从边端挤出，用刮刀将挤出的热熔胶刮平，沿边端封严。操作方法：

（A）为搭接缝粘结牢固，先将下层卷材（已铺好）表面的防粘隔离层熔掉，为防止烘烤到搭接缝以外的卷材，应使用烫板搭接粉线移动，火焰喷枪随烫板移动。由于烫板的挡火作用，火焰喷枪只将搭接卷材的隔离层熔掉而不影响其他卷材。

(B) 粘贴搭接缝：一手用抹子或刮刀将搭接缝卷材掀起，另一手持火焰喷枪（或汽油喷灯）。从搭接缝外斜向里喷火烘烤卷材面，随烘烤熔融随粘贴，并须将熔融的沥青挤出，以抹子（或刮刀）刮平。搭接缝或收头粘贴后，可用火焰及抹子沿搭接缝边缘再行均匀加热抹压封严，或以密封材料沿缝封严。

### 5.3　底板防水

(1) 因冬期自然环境温度低，水泥砂浆强度增长慢，表面不易干燥，故将传统基础底板外侧及混凝土梁砖胎模改用钢筋混凝土板（见图 5-4），尺寸为 2000×1000×30，内配 $\phi$14@150mm 水泥板。钢筋混凝土板本身较平整，表面干燥，利于卷材铺贴施工，采用这一措施加快了防水基层施工及卷材的粘贴速度。

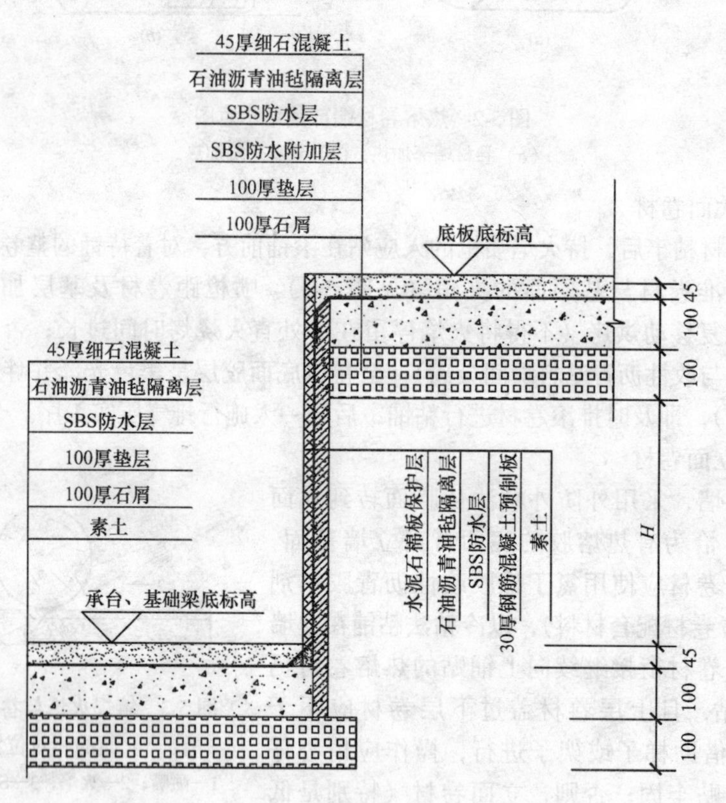


图 5-4　承台及基础梁防水做法示意图

(2) 卷材粘贴采用热熔粘结，除底板平面卷材采用条粘法外（距底板钢筋混凝土板内侧 1mm 范围内要求满粘），其他部位都采用满粘法。卷材铺贴分两步施工，先施工钢筋混凝土板以下部位（包括底板卷材），采用外防内贴法；后施工底板以上部位，采用外防外贴法。卷材搭接宽度长达不小于 100mm，短边不小于 150mm。相邻两幅卷材的接缝要错开 300mm 以上。卷材搭接缝应单独收进，做法是用喷枪烘烤外露边缘，再用专用抹子抹出平滑的 45°斜角。

(3) 底板及基础底板外侧钢筋混凝土板上采用外防内贴法，施工时遵循“先附加层后大面，先立面后平面”的原则。见图 5-5。首先粘贴柱坑、电梯井坑、阴阳角、后浇带等部位的附加层，承台外侧钢筋混凝土板防水采用 SBS 卷材，直接粘贴到该钢筋混凝土板基层上。阴阳角、电梯基坑后浇带处的附加层采用 SBS 卷材进行加强处理。铺贴防水卷材前，在垫层及立墙上弹出铺贴控制线及后浇带位置线，铺贴卷材时按线施工。条粘时，每块卷材沿纵向两边和中间刷 3 道胶粘剂。每道胶粘剂间距 250 ~ 300mm。

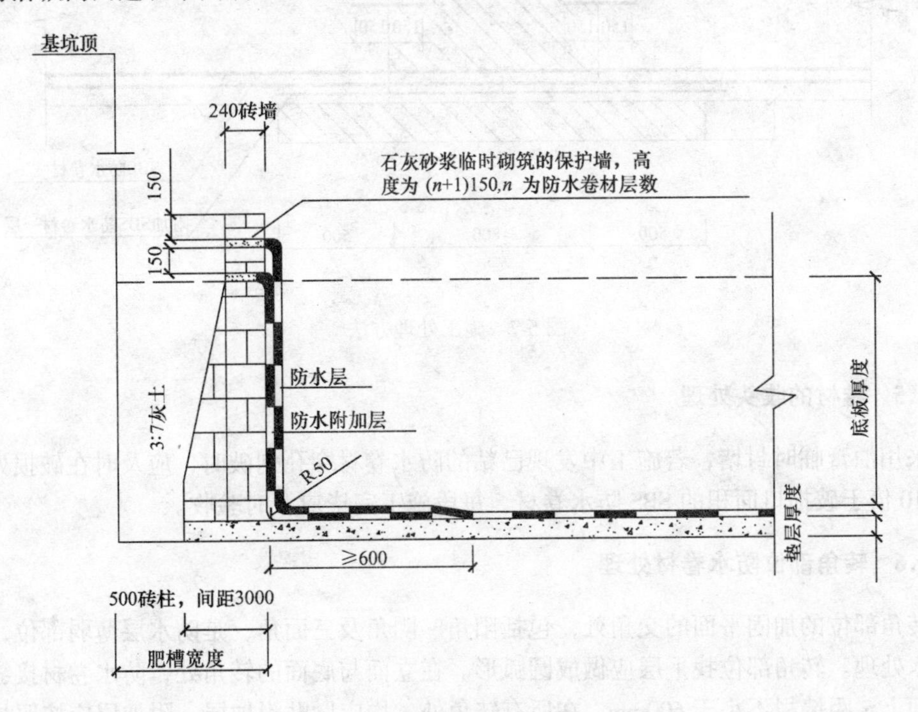


图 5-5 底板防水大样图

## 5.4 后浇带防水施工

为增强卷材的防水效果，底板及侧墙的后浇带处，卷材横跨后浇带铺贴，并附加 1 层 SBS 防水卷材，每边压过后浇带两侧各 500mm，具体作法如图 5-6 所示。

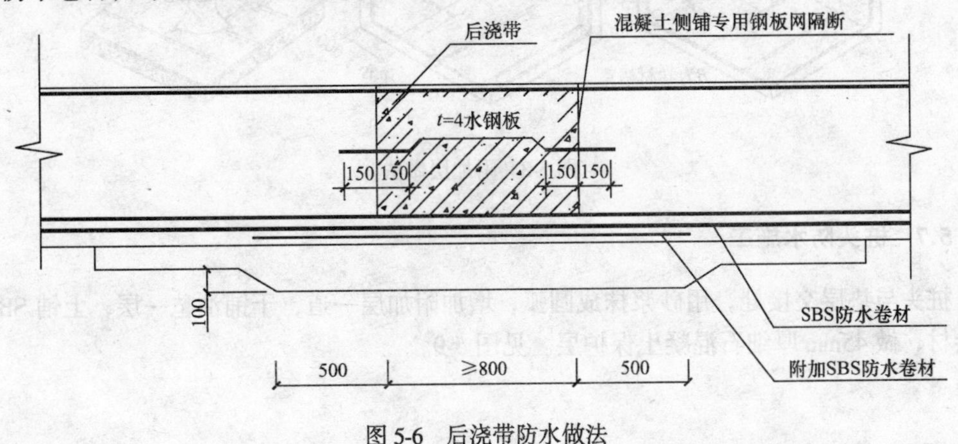


图 5-6 后浇带防水做法

外墙与底板转角处及基坑转角处的防水卷材，均增加1层附加层。外墙后浇带处因无基体附着，又有附加层，在施工时采用如图5-7所示的处理方法。

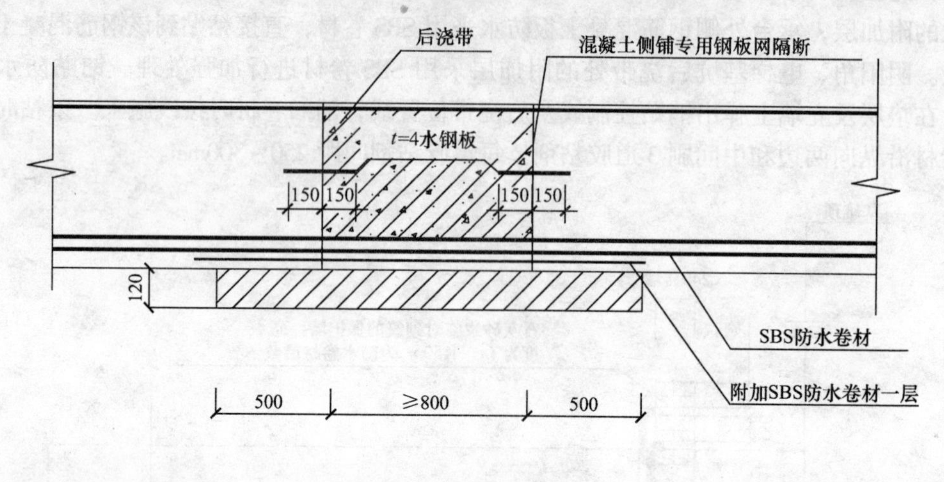


图5-7　施工处理方法

## 5.5　卷材的收头处理

采用油膏临时封堵，若施工中发现已粘的防水卷材穿孔划破时，应及时在破损处粘补一块10倍于破损口面积的SBS防水卷材。每段施工完毕应及时验收。

## 5.6　转角部位防水卷材处理

转角部位的加固平面的交角处，包括阳角、阴角及三面角，是防水层薄弱部位，应加强防水处理。转角部位找平层应做成圆弧形。在立面与底面的转角处，防水卷材接缝应留在底面上，距墙根不小于600mm。在所有转角处，均应增贴附加层，附加层应按照加固处的形状仔细粘贴紧密，具体做法见图5-8。

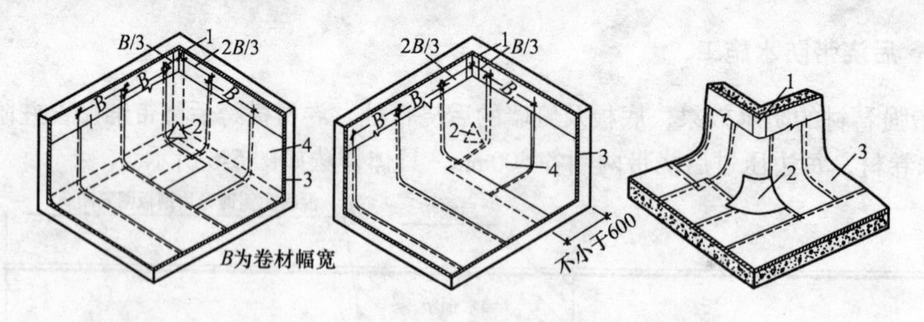


图5-8　附加层做法

## 5.7　桩头防水施工

桩头与垫层交接处，用砂浆抹成圆弧，增加附加层一道，干铺油毡一层，上铺SBS防水卷材，做45mm厚细石混凝土保护层。见图5-9。

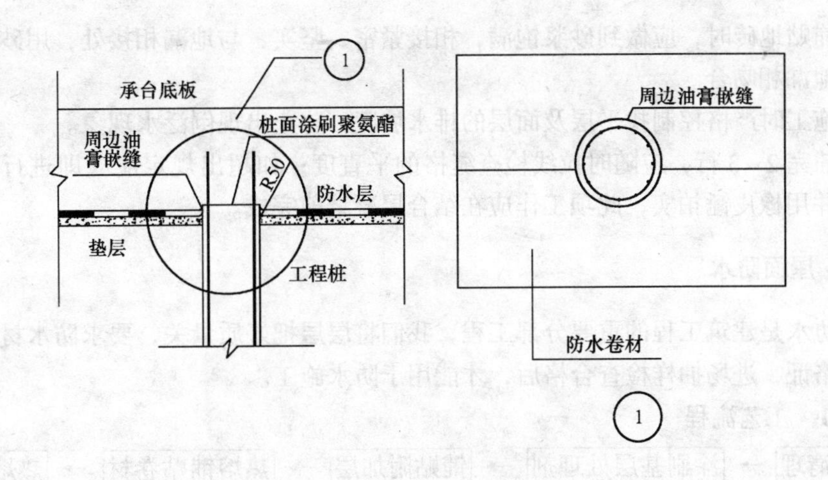


图 5-9 工程桩头防水处理

## 5.8 外墙施工

(1) 基层处理首先，将固定板用的对拉螺栓周边混凝土凿成直径 50mm、深 25mm 的外大内小的洞，在根部将对拉螺栓割除；再将所留空洞浇水洗净、湿润后，用防水砂浆塞实、抹平、压光。对模板接缝处的水泥渣用磨光机磨平，对外墙表面水泥浆等杂物用铲刀和钢丝刷清理干净；最后，将混凝土表面灰尘扫净。

(2) 外墙部分防水卷材铺贴采用满粘，满粘时整个卷材下面均匀涂刷胶粘剂。涂刷胶粘剂时，应严格控制，避免露底、凝胶现象的发生，2h 后方可铺贴卷材。基层处理剂不得过早涂刷，以免沾染灰尘，影响粘结效果，首先铺贴止水带、后浇带、阴阳角等处附加层，然后拆下钢筋混凝土板上防水卷材，将露出卷材接头清理干净，翻转至底板承台上，自下而上垂直进行大面铺贴。

(3) 铺贴过程中，一定要将卷材内空气赶净，以免造成空鼓起泡。铺完外墙卷材，并经验收合格后，在卷材上铺 50mm 厚聚苯板，立即砌 120mm 厚保护砖墙。最后收头时，一定要按设计要求固定牢固。待基础顶板防水施工时，与之搭接。在保护墙全部砌筑完后，开始回填土方。

(4) 外墙防水贴完一层便施工一层防水护墙、回填一层土。防水护墙厚 120mm，采用红砖，防水护墙每隔 5 ~ 8m 及阴阳角转角处留置施工缝，缝隙间干铺一层油毡。

## 5.9 厕浴间防水

厕浴间地面防水作法是整个楼地面分项的施工重点，施工质量的好坏直接影响建筑的使用功能，施工时运用我公司成熟的施工工艺，密切注意该分项的施工要点，确保厕浴间 100% 不渗漏。

### 5.9.1 工艺流程

基层清理→防水界面处理→防水层施工→24h 蓄水试验→防水保护层→找平层砂浆。

### 5.9.2 施工要点

(1) 厕浴间防水施工严格按《防水工程施工方案》进行。

（2）铺贴地砖时，应做到砂浆饱满，相接紧密、坚实，与地漏相接处，用砂轮锯将砖加工成与地漏相吻合。

（3）施工时严格控制找平层及面层的排水坡度，防止出现倒泛水现象。

（4）铺完2~3行，应随时拉线检查缝格的平直度；如超出规定应立即进行修整，将缝拨直，并用橡皮锤拍实，此项工作应在结合层凝结前完成。

## 5.10　屋面防水

屋面防水是建筑工程的重要分部工程，我们将层层把好质量关，要求防水材料必须具有出厂合格证，进场抽样检查合格后，才能用于防水施工。

### 5.10.1　工艺流程

基层清理 → 涂刷基层处理剂 → 铺贴附加层 → 热熔铺贴卷材 → 热熔封边 → 施工保护层 → 蓄水试验

### 5.10.2　施工要点

（1）基层清理：施工前将验收合格的基层清理。

（2）涂刷基层处理剂：用长柄滚刷将基层处理剂涂刷在已经处理好的基层上，一次涂刷完且涂刷均匀，不得漏刷或露底，基层处理剂涂刷完毕，必须经过8h以上达到干燥程度（以不粘脚为宜）方可进行热熔法施工，以免失火。

（3）贴附加层：对于阴、角、出屋面管道根部等部位应做增强处理。方法是先按细部形状将卷材剪好，尺寸、形状合适后，将卷材的底面（有热熔胶的一面）烘烤，待其底面呈熔融状态，即可立即粘贴在已涂刷一道密封材料的基层上，并压实铺牢。

（4）铺贴卷材：

弹线试铺：先在已经处理好并干燥的基层表面，按照卷材的宽度留出搭接缝尺寸（即1000 - 100 = 900mm）；将铺贴卷材的基准线弹好。卷材接缝距墙根应大于600mm。

满粘滚铺法施工，先熔粘端部卷材，然后进行滚粘大面卷材辅贴。要注意在卷材的衔接处理，首先进行试铺，然后对卷材裁剪处理，不得有漏铺、起拱、折皱等现象。

（5）热熔封边：卷材搭接缝处用喷枪加热，压合至边缘挤出沥青粘牢。卷材末端收头用橡胶沥青嵌缝膏嵌固填实。

（6）保护层施工：根据设计图纸施工。

### 5.10.3　应注意的质量问题

（1）卷材搭接不良：接头搭接形式以及长边、短边的搭接宽度偏小，接头处的粘结不密实，接槎损坏、空鼓；施工操作中应按程序弹标准线，使与卷材规格相符，操作中齐线铺贴，使卷材接搭长边不小于100mm，短边不小于150mm。

（2）空鼓：铺贴卷材的基层潮湿，不平整、不洁净，产生基层与卷材间窝气、空鼓；铺设时排气不彻底，窝住空气，也可使卷材间空鼓；施工时基层应充分干燥，卷材铺设应均匀压实。

（3）管根处防水层粘贴不良：裁剪卷材与根部形状不符、压边不实等造成粘贴不良；施工时清理应彻底干净，注意操作，将卷材压实，不得有张嘴、翘边、折皱等现象。

（4）渗漏：转角、管根处不易操作而渗漏。施工时附加层应仔细操作；保护好接槎卷材，搭接应满足宽度的要求，保证特殊部位的施工质量。

(5) 找平层坡度应符合设计要求，内部排水的水落口周围应做成半径为 0.5m 的坡度和不宜小于 5‰的杯形洼坑。

(6) 找平层应按规范要求留设分格缝。

# 6 脚手架工程

## 6.1 脚手架选型

根据工程结构特点和实际施工情况，结构及装修施工时均采用双排外施工架脚手架，设计尺寸如表 6-1 所示。

表 6-1

| 部 位 | 连墙件设置 | 立杆横距 $l_b$（m） | 步距 $h$（m） | 立杆纵距 $l_a$（m） | 脚手架搭设高度（m） |
|---|---|---|---|---|---|
| 图书馆 | 二步三跨 | 1.2 | 1.5 | 1.5 | 47 |
| 档案馆 | 二步三跨 | 1.2 | 1.5 | 1.5 | 25 |

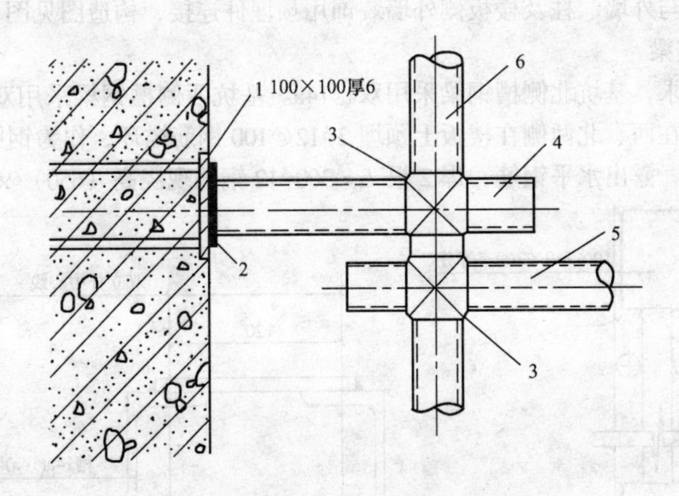


图 6-1 连接杆

1—埋件；2—现场焊接；3—直角扣件；4—连接用短钢管；5—小横杆；6—立柱

本工程大部分脚手架坐落在负一层顶板上，脚手架搭设至 24m 时，必须对负一层顶板进行加固。档案馆脚手架立面中部采用钢丝绳对外脚手架进行卸载。

## 6.2 搭设材料选择

脚手架的杆件、构件、连接件、其他配件和脚手板必须符合以下要求：

### 6.2.1 脚手架杆件

钢管采用 $\phi48\times3.5$ 焊管，图书馆采用单立杆，档案馆 24m 以下采用双立杆，24m 以上采用单立杆，材质 Q235A，钢管的端部切口应平整，禁止使用有明显变形、裂纹和严重锈蚀的钢管。钢管外刷橘黄色的防锈漆并定期复涂，以保障其完好。

### 6.2.2　扣件和支座

扣件应使用与钢管管径相配的、符合现行国家标准《金属拉伸试验方法》(GB/T 228) 规定可锻铸铁扣件，严禁使用加工不合格、锈蚀和有裂纹的扣件。

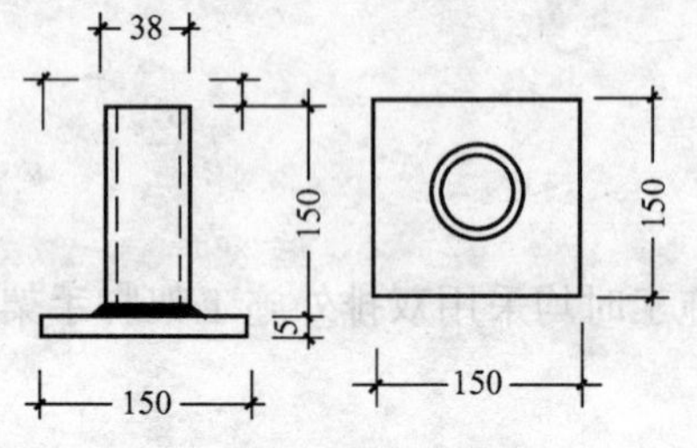

图 6-2　焊接支座形式

档案室北侧及西侧部位外架支座采用槽钢简支梁，外架立杆着力点处焊 $\phi25$ 高 120mm 钢筋头，插入立杆钢管内，防止架体立杆滑移。

其余部位支座采用焊接支座,形式及尺寸见图 6-2。

### 6.2.3　脚手架配件

确保与脚手架主体构架杆件连接可靠。

### 6.2.4　脚手板

本工程采用木脚手板。板宽 25cm，板长为 4m，每块重量不大于 30kg，利用 14# 钢丝与钢管扎牢，钢丝扣应朝下。

### 6.2.5　连墙杆

采用短钢管与外墙、柱及楼板侧外墙装饰用预埋件连接，构造图见图 4-55。

### 6.2.6　简支梁

根据计算要求，基坑北侧槽钢梁采用双[ 14a。基坑西侧槽钢梁采用双[ 16a，首层顶板施工时，分别在西、北两侧在楼板上预埋 $2\phi12@100$ 钢筋锚环，作为钢梁固定件。在外环梁剔除混凝土，露出水平钢筋，焊 2 根 $L=300\phi12$ 钢筋现浇高（650）×长（500）×宽

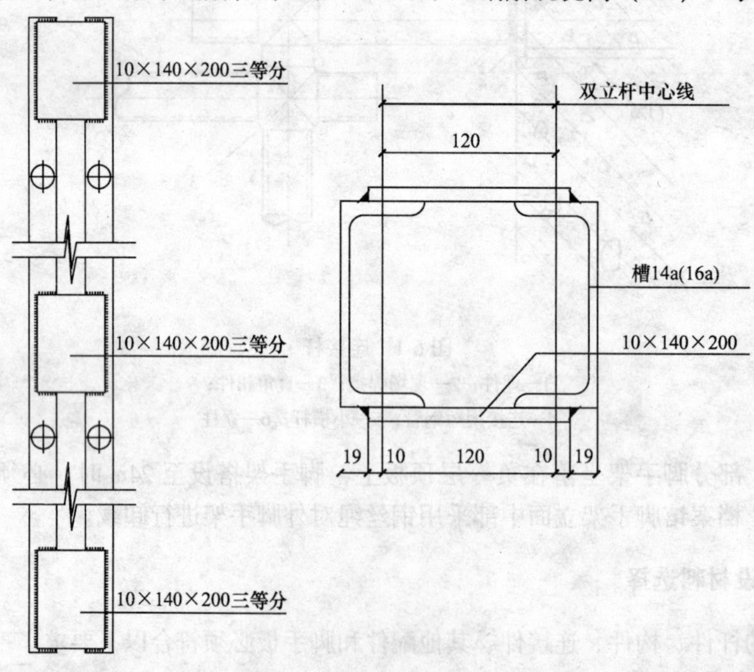

图 6-3　简支梁

(300)混凝土墩，其上预埋一块200mm×200mm埋件，与槽钢周边焊接，其间距按照平面图上钢梁的设置位置（间距1.5m）进行，位于基坑北侧钢梁长度为2.8m，西侧钢梁长度为4.2m，具体平面尺寸及规格见图6-3。

## 6.3 脚手架基础

(1) 档案馆脚北侧及西侧外架基础采用如图6-4所示：西侧剪力墙部分应预留洞口，尺寸为200mm×200mm。外架拆除后，用同强度等级的混凝土进行封闭。

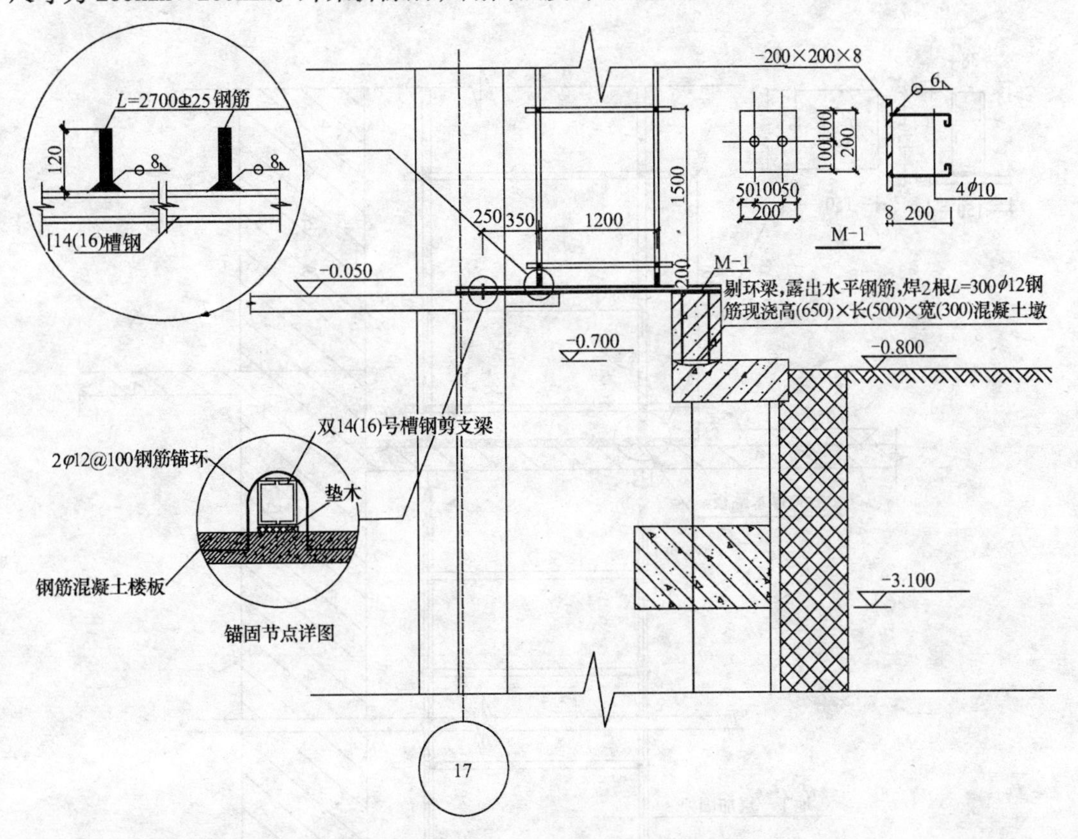


图6-4 脚手架基础

(2) 其他外架基础采用如图6-5所示。

## 6.4 楼梯脚手架

示意图见图6-6。

## 6.5 后浇带脚手架

此部位脚手架采用碗扣单独搭设。如图6-7所示。

## 6.6 楼板脚手架

如图6-8所示。

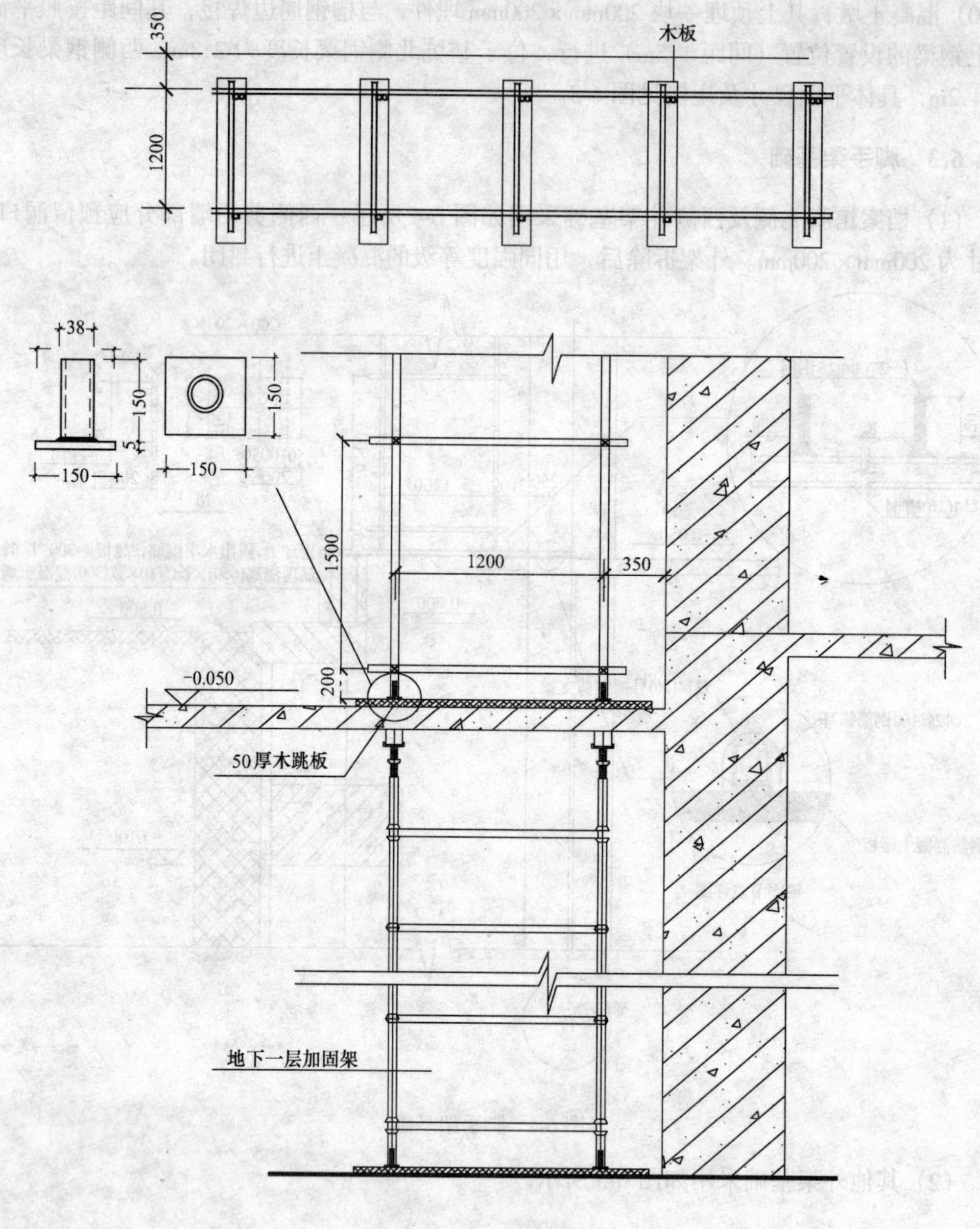


图 6-5　外架基础

# 7　回填土施工

## 7.1　施工顺序

基坑（槽）底清理→检查土质→验收防水层、保护层→砌 120mm 厚砖保护墙→分层铺土、耙平→夯打密实→试验合格→验收。

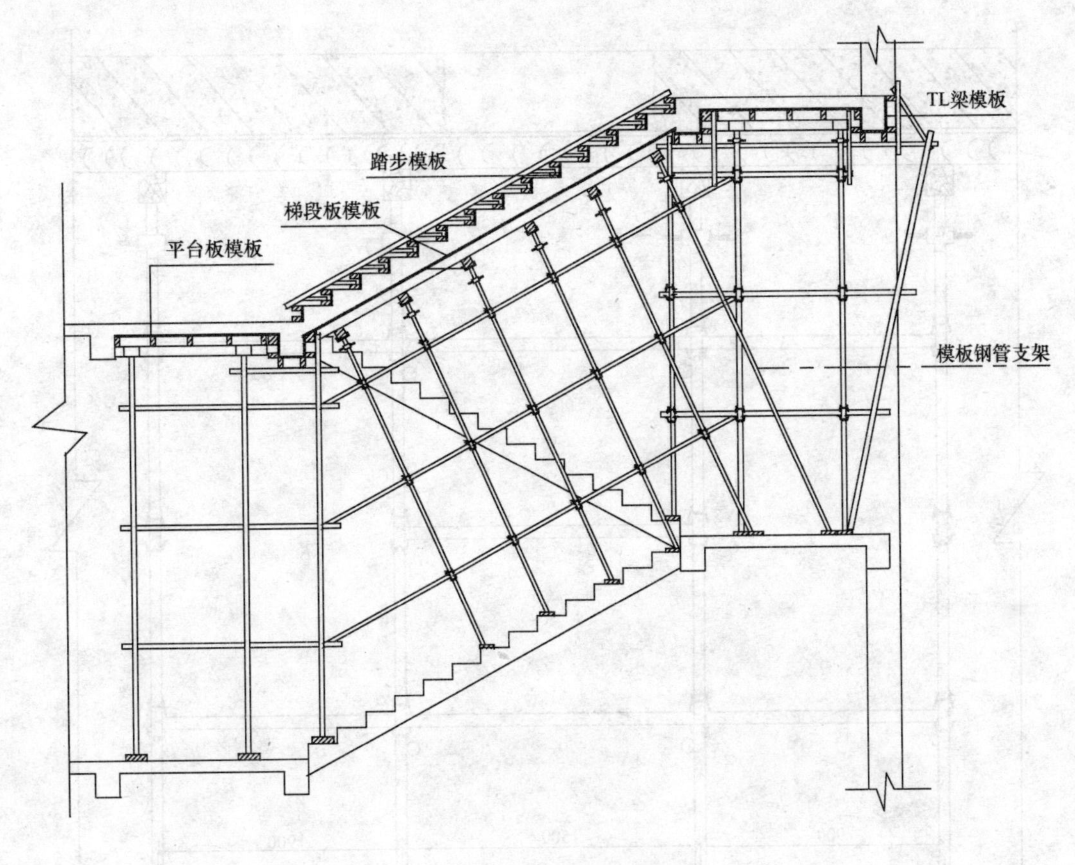


图 6-6 楼梯脚手架

## 7.2 施工方法

回填前检验回填土的含水率是否最优（检验方法为：用手将灰紧捏成团，两指轻捏即碎）。若含水率偏高，可采用翻松、晾晒或均匀掺入干土等措施；若含水率偏低，可采用预先洒水润湿等措施。

由于外墙防水与回填土交叉施工，应在外墙防水做完一定高度后，才进行回填土的施工，下土时要注意对防水层的保护。

回填土应分层铺摊，每层铺摊厚度控制在规范要求以内。每层铺摊后，随之耙平，并采用蛙式打夯机进行夯实。由于场地狭窄，在一些打夯机进不去的地方，采用木夯人工夯。人工夯虚铺厚度为 20cm，人工夯要求“夯高过膝、一夯压半夯、夯排三次”。

打夯前应对回填土初步平整，打夯机依次夯打，均匀分布，不留间隙。打夯应一夯压半夯，夯夯相连，行行相连，纵横交叉。夯打次数由试验确定。

## 7.3 质量要求

基底处理必须符合清洁、无杂物的要求。

回填土必须按规定分层夯压密实。用环刀法取样，取样方法为在每夯实厚度表面下 2/3 范围内进行，检查数量每 20 ~ 50m 范围内取一处。

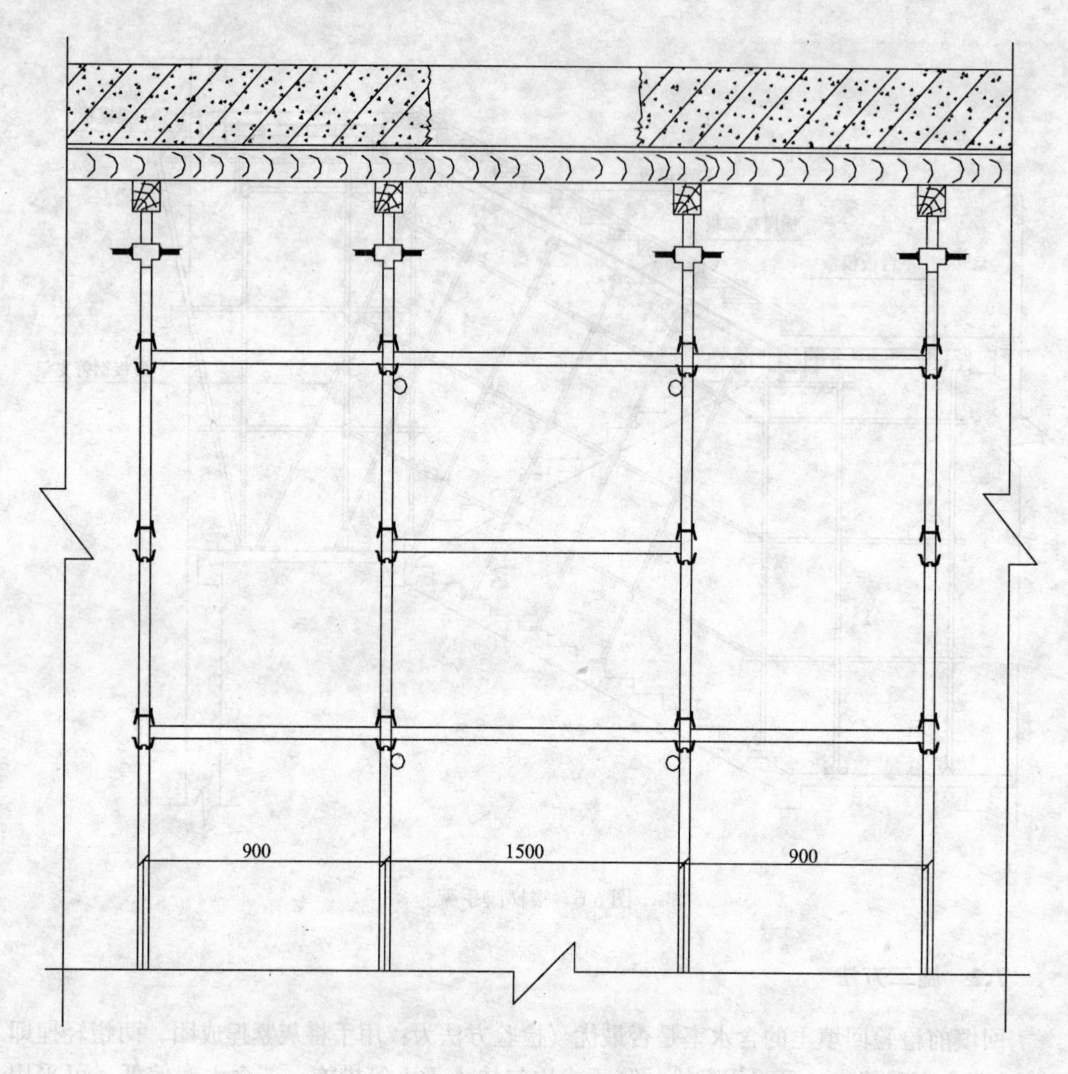


图 6-7　后浇带脚手架

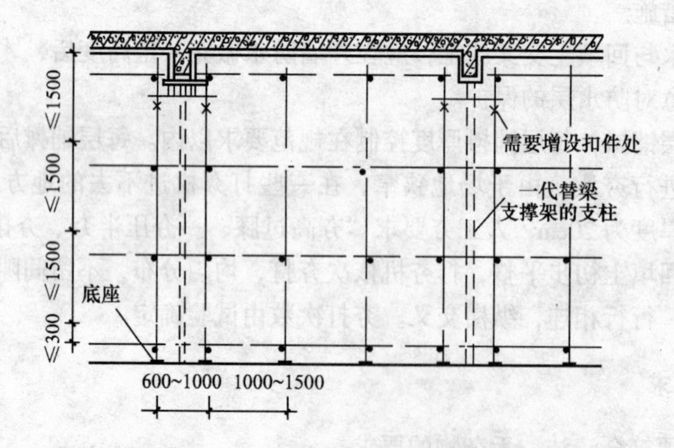


图 6-8　梁、板模板支撑架的一般构造形式

在现场配备环刀法试验设备，能及时测定环刀取样后灰土的干密度。

严格控制回填土标高和平整度。

加强对天气的监测，了解当天的天气预报。做到雨天停止回填土施工和拌制，出现“橡皮土”时，必须挖出换土重填。

# 8 劲性骨架柱施工

本工程有十根由2Ⅰ45组成十字形面的劲性骨架圆柱。

## 8.1 主要施工顺序

劲性骨架柱主要施工顺序见图8-1。

## 8.2 施工要点

劲性骨架柱施工需控制好骨架制作、安装定位、焊接、混凝土浇筑四个环节。

### 8.2.1 骨架制作

(1) 根据设计要求和运输吊装能力、确定骨架加工长度，一般是第一节长度和相关的最后（上）一节长度确定，中间各段都是楼层高度。在确定第一节长度时，应使接头高于柱钢筋播筋，以便有较好的焊接工位。

(2) 柱骨架的材料质量控制，加工要求同钢结构。根据工程特点，应注意以下事项：

1) 材料定货宜根据加工尺寸要求定尺供应，以减少材料损耗。

2) 加工必须作好焊接应力、焊接变形控制。使加工好的骨架焊接必须达到设计要求的质量等级。

3) 控制骨架的长度、端面平整度，穿钢筋孔眼位置，特别要控制好端面平正，从严控制扭转偏差，以便于安装和保证焊缝质量。

### 8.2.2 骨架安装

(1) 每段骨架制作时需在骨架顶端四个翼缘上焊好定位耳板，以便校准上段骨架的轴线位置。制作对骨架端面平度误差应从严控制，即使如此，也可能出现需调平情况，调平用薄钢片垫微调。

(2) 骨架就位的工序及耳板校正示意分别见图8-2与图8-3。

(3) 骨架的安装焊缝是在较好工位的平焊缝，为焊透焊缝，需选派具有操作资质的电焊工，通过做试件核定各项焊接参数后方可上岗操作。

(4) 割除耳板时，不得损伤骨架面，留在骨架上的残留部分在不影响后续施工时可不预处理必须处理时，可用凿子剔除和砂轮打磨修整，不宜多次加热切割。

## 8.3 钢筋绑扎

梁钢筋与骨架之间可能是穿孔塞焊，也可能是加劲性肋板，钢筋焊在肋板和梁翼缘。

(1) 如果是穿孔塞焊，应保证孔位准确，加工时即钻好，在孔经上适当留有余地，注意穿筋顺序，必须保证塞焊的可操作位置，焊缝降至环境温度时需清除焊约皮。

(2) 如果是用加劲肋板，必须保证肋板与骨架、钢筋与骨架间的焊接质量，并且必须

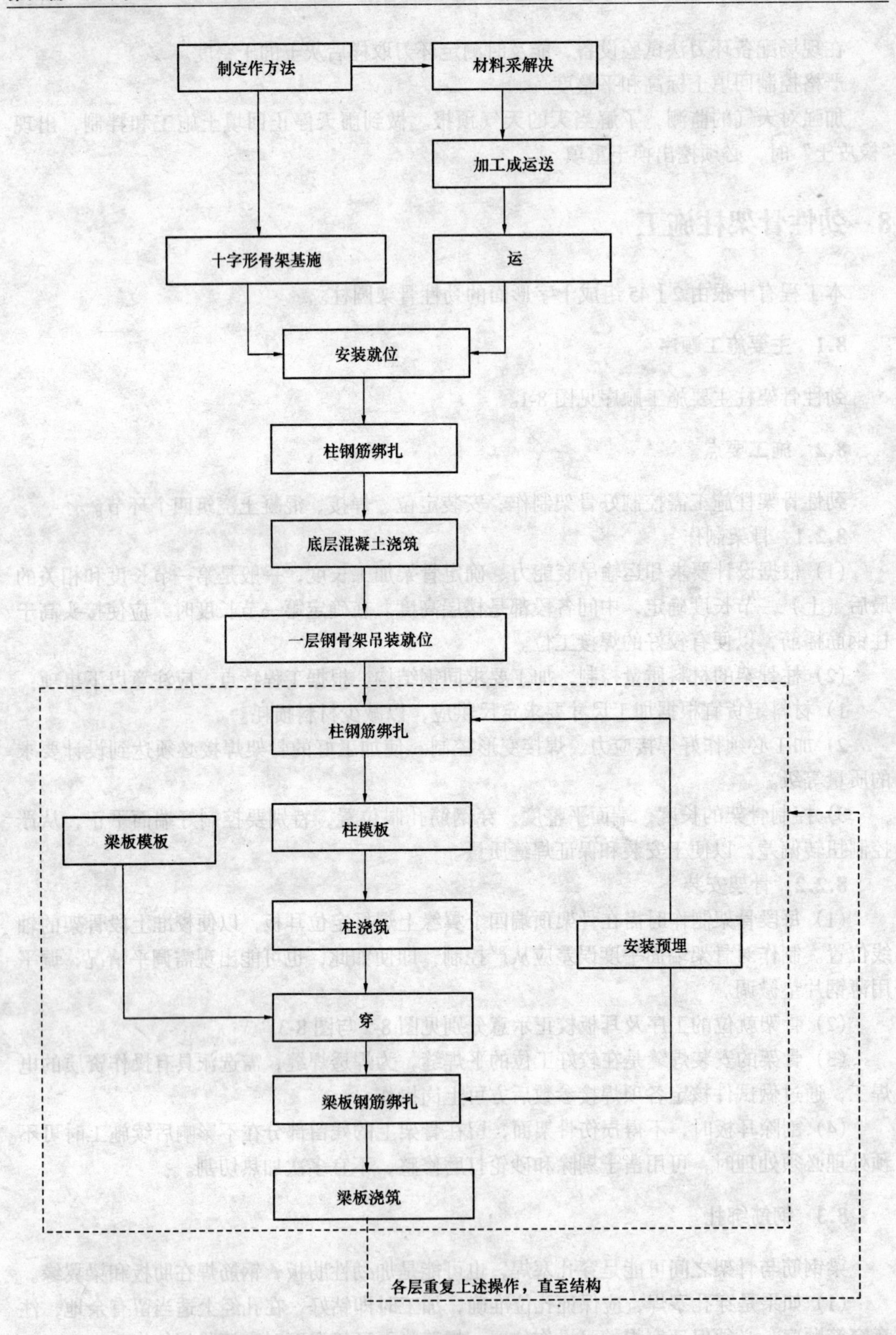


图 8-1　劲性骨架柱主要施工顺序

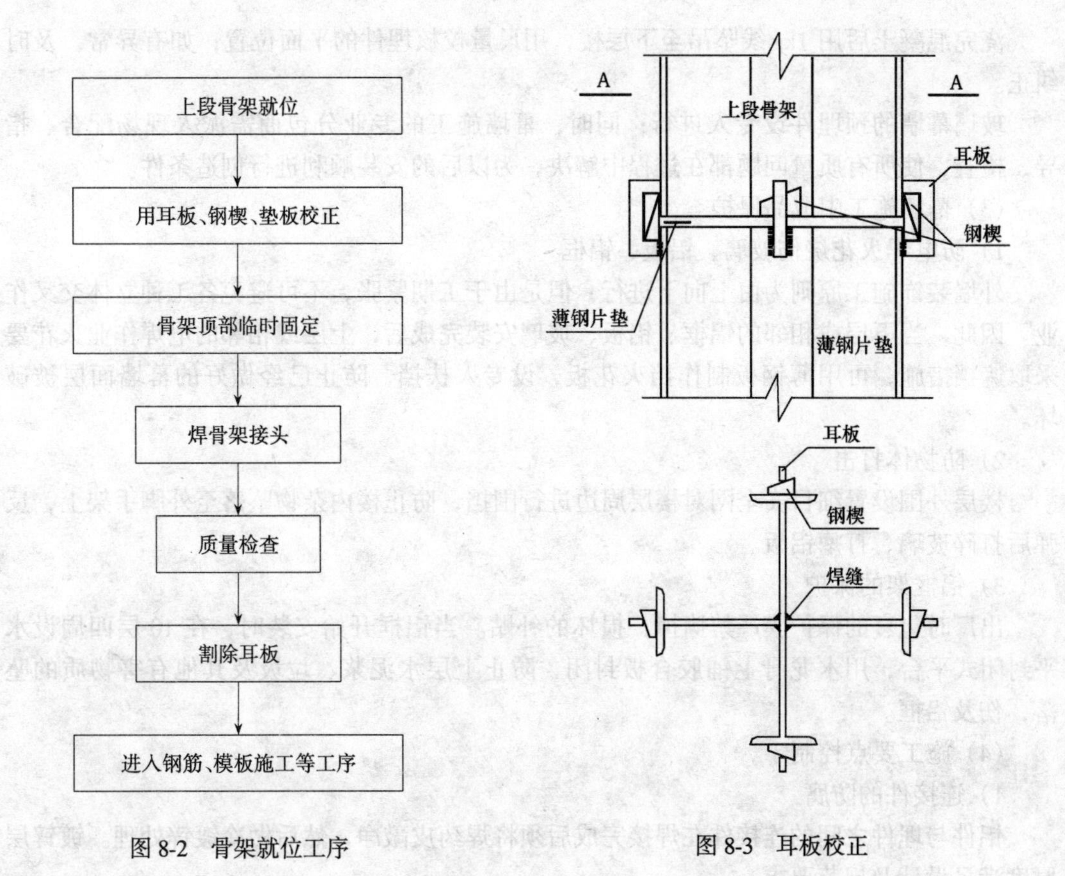


图 8-2 骨架就位工序

图 8-3 耳板校正

注意清除焊药皮。为了保证混凝土浇筑质量，水平肋板上应开有浇筑孔或排气孔。

### 8.4 混凝土浇筑

（1）柱浇筑除遵照一般规律外，还需注意模板外的敲击和水平肋板部位混凝土的二次振捣，以消除水平肋下的泌水缝隙或沉缩裂缝。

（2）混凝土浇筑完毕，立即清除外露骨架上粘染的砂浆等物。在施工缝处理时，尤应小心剔凿混凝土与钢筋骨架接触处的水泥浆皮、浮浆。

## 9 幕墙工程

（1）本工程幕墙由玻璃幕墙、铝板幕墙和石材幕墙组成。

（2）结构施工及砌筑施工期间，要将幕墙的预埋铁件直接埋入到结构中。玻璃幕墙的安装要求预埋件的空间位置十分准确，因此，施工时需采取可靠的措施予以保证。

1）当埋件设在混凝土表面时，模板安装完成后在埋件中心线处钉小铁钉在木模上，防止混凝土浇筑完后找不到中心位置。楼板混凝土浇筑完后，将埋件用小铁锤轻轻敲击，平稳沉入混凝土中，这样可保证埋件下混凝土的密实度。

2）当埋件设在侧立面时，支模后先将埋件的中心线或边线画在模板上，然后每块埋件用 1.5″铁钉将其钉牢在模板上，从而保证其位置不会偏移。

浇完混凝土后用1kg线坠吊至下层楼，用尺量校核埋件的平面位置；如有异常，及时纠正。

玻璃幕墙的预埋件设专人进行；同时，幕墙施工的专业分包商需派人现场配合、指导、检查，使所有质量问题都在过程中解决，为以后的安装顺利进行创造条件。

(3) 幕墙施工中成品保护

1) 防电焊火花烧伤玻璃、铝板、铝框

外墙装饰施工原则为由上向下进行，但是由于工期紧张，不可避免各工种立体交叉作业。因此，当下层或相邻的铝框、铝板、玻璃安装完成后，上层或相邻的电焊作业火花要采取遮挡措施，可用薄钢板制作挡火花板，设专人扶挡，防止已经做好的幕墙面层被破坏。

2) 防物体打击

楼层外围设置细目安全网对楼层周边进行围挡，防止楼内杂物坠落至外脚手架上，反弹后打碎玻璃、打瘪铝板。

3) 铝框架的保护

出厂时包裹的保护膜严禁撕掉，损坏的补贴。当铝框开始安装时，在10层四周设水平封闭式平台，用木龙骨上铺胶合板封闭，防止上层水泥浆、垃圾及其他有害物质的坠落，伤及铝框。

(4) 施工要点控制

1) 连接件的防腐

铝件与埋件之间的连接件在焊接完成后须将焊药皮敲净，然后做冷镀锌处理。镀锌层厚度满足设计及规范要求。

2) 玻璃幕与铝幕、石材幕间节点处理

玻璃幕墙与铝幕、石材幕间处理的好坏将直接影响到幕墙的水密性、气密性，处理不当将产生雨天漏水现象，直接影响建筑物的使用功能。因此，必须做好耐候胶。

3) 玻璃幕墙的三性试验

玻璃幕墙的“三性”(气密性、水密性、结构性) 试验应在施工图及材料报批完成后委托专业部门进行，合格后方可展开大面积施工。

4) 打密封胶的施工环境

幕墙玻璃的密封胶是影响外观的重要因素，打胶前应将缝隙内清擦干净，将缝两侧贴不干胶带，防止玻璃污染及保证胶缝顺直、美观。

打胶时需保证空气的洁净度，避开大风天、雨天等不良环境，温度保持在5°C以上，从而保证施工的质量。

# 10　安装工程

## 10.1　安装工程简介

本安装工程包括生活冷水、热水系统、排水系统、消防系统、雨水系统及电气工程，通风空调系统、消防喷淋系统及弱电工程因只做预留预埋，不进行详述。

图书馆生活给水采用生活水池、变频加压水泵供水系统、档案馆采用水池、水泵、屋顶水箱供水系统，地下室用水及水景补水等由市政自来水直接供给；图书馆、档案馆生活热水系统分区与给水系统一致，图书馆、档案馆分别设置容积式热交换器制备热水，热源为95℃高温热水，由城市热网提供；冷热水管采用薄壁紫铜管及其配件，管径≤*DN*50的采用焊接接口，管径>*DN*50的采用法兰或焊接接口；室内排水管道采用污废水分流制，雨污分流，雨水直接排入市政雨水管，生活污水经化粪池处理，厨房废水经隔油池处理后汇同生活废水排至市政污水管网，进城市污水厂处理，达标后排放；排水管管径<*DN*50的采用热镀锌管丝扣连接，管径≥*DN*50的采用离心浇铸排水铸铁管卡箍式连接。消火栓系统管径≥*DN*50的采用无缝钢管热镀锌，沟槽式连接件连接；管径<*DN*50采用热镀锌管，丝扣连接；冷却循环水管道采用镀锌钢管。

电气工程供电电源由变配电站引入两路10kV电源，从第三大街以电缆埋地引入本工程变配电室；供电系统由两路10kV进线接成单母线分段，两路电源同时供电，分别运行；应急配电在档案馆地下室设置一台1000kV应急柴油发电机组一台，在紧急情况下，对消防用电设备及应急照明等一级负荷供电；本工程配电系统采用放射式—树干式相结合的供电方式，对重要用电设备和大容量用电设备采用放射式供电方式，对各楼层的照明和电力空调系统采用树干式供电方式，对消防用电设备等采用两路电源供电，并在最末一级配电箱处设置自动切换。考虑到质量控制及总体协调，本方案综合编制全部安装工程的主要施工方法。

## 10.2 管道工程

### 10.2.1 管道工程主要施工方法

(1) 严格按施工程序施工。先地下后地上，先干管后支管，先横平竖直埋设支吊架，后安装管道，在土建施工过程中必须严密配合，搞好预埋预留工作。管道穿过基础、墙壁和楼板，必须配合土建进行孔洞预留和套管预埋，并对照施工图逐一复查。设计未注明的，按采暖与卫生工程施工质量验收规范相关规定的尺寸预留，杜绝乱凿乱打现象。

(2) 排水铸铁管采用卡箍式连接方式，其直管对口偏差不大于2mm，靠紧后用橡胶套箍紧，并用两个平衡螺栓均匀拧紧。卫生间的排水管道严格按设计坡度施工，孔洞预留准确，吊装埋设牢固，管道穿楼层地面采用新型防水渗漏胶泥打堵。

### 10.2.2 施工前准备

(1) 熟悉图纸，对现场进行施工测量，并绘制管道安装图。

(2) 对原材料进行外观检查。必要时进行检验和试验。

### 10.2.3 施工程序

(1) 调直：用木榔头轻轻敲击，逐段调直。

(2) 切断：使用切割机。

(3) 下料后管道的清洁：管道连接前用专用工具小刀清除切口内外毛边毛刺。磨后的铜末要清除。铜管插入接头部分的表面应清洁、无油污；否则，表面应清理后才可焊接，一般用纱布或不锈钢丝绒打光。

(4) 管端修正：如果管口变形，必须采用管口修正工具修正管端。管口间隙以把铜管插入接头内，把口朝下不脱落为宜。规定间隙为0.20～0.25mm。

(5) 接合部的清扫和打磨：用压缩空气吹清铜管外及接头部分的尘埃。用尼龙刷、钢丝棉、砂纸、钢丝刷打磨。

(6) 预制：为保证铜管焊接质量，应尽量避免倒焊，应在固定场地预制。

(7) 钎焊：

焊剂焊药涂布：根据需要取适量 GB 11618—89 铜管接头专用焊剂拌匀，然后用小刷子或其他工具蘸取拌匀的钎剂，均匀地在铜管外面接合部中央约 1/3 处或离管口 5mm 处将焊剂、焊药涂成环状，充分插入铜管配件直到终点。插入铜管后使铜管转 1～2 圈，使焊剂焊药均匀、紧密地涂在接合部分。

加热：首先从离接合部 10～30mm 的地方均匀地预热管子，接着用喷烧器迅速加热接合部直到适合钎焊的温度。用加热的钎料蘸取钎剂（焊粉）均匀地抹在缝隙处，当温度达 650～750℃时送入钎料（钎焊适合的温度分辨方法：焊剂焊药涌出来，火焰顶端的颜色变成淡黄绿色），当钎料全部熔化时停止加热。由于该钎料流动性比较好，若继续加热，钎料会不断往里渗透，不容易形成饱满的焊角。

阀门钎焊：首先把管、阀接合部加热到 1000℃，膨胀后，从离阀门稍远处开始从远到近顺序加热。

附件内钎焊：先对钎接部位进行钎焊，然后把密封带绕在螺丝部位后拧进去。

管道安装时尽量避免倒立焊。必要时，应将焊炬对准接头上部加热。为避免焊料下淌，可使用石棉绳扎在焊件下面进行阻流。

(8) 钎焊后的处理：钎焊结束后，黄铜管件自然冷却，紫铜管件用湿布冷却和揩拭连接部分，以除去管外焊剂、焊药并稳定焊接部分，冷却顺序也是离接合部从远至近。

(9) 消防、喷淋系统：消防、喷淋系统在土建主体施工至四层时插入安装，安装时主立管先行安装；然后，安装水平管，并对主管先行试压。支管要求逐层试压，试压完毕后对管道冲洗，冲洗前要将过滤装置拆除，冲洗合格后重新装好，并做好记录。施工、试压及冲洗时，要与土建及其他专业做好配合协调工作，以免损坏成品。

(10) 空调水管可先装主立管，在风机盘管和水泵安装就位后再装支管碰头，管道保温必须在管道试压合格后进行。

(11) 总给水管、消防水管施工应先安装地下室泵房，再安装总管道，并与楼上伸出的管口连接。

(12) 丝接管道主要采用电动套丝机套丝，辅以手工套丝，要保证管口光滑，丝扣均匀，无断丝。除热力管道采用麻丝铅油接口外，其他均采用生料带做接口填料。

(13) 加药 ABS 塑料管采用承插胶粘结和管件连接，粘结前要将管头用砂纸打磨，以增加胶的粘结力，管道粘结后达到胶的固化期后才能搬动。

(14) 支架埋设按照图纸及施工规范，在建筑物上定出管道走向位置及标高，确定支架位置。根据确定好的支架位置，把已加工好的支架埋设到墙上或焊接到预埋铁件上；最后，将管道安装到支架上，校对坡度检验合格后固定。

**10.2.4** 消除或减少质量通病

管道附件和配件漏水也是管道安装质量通病，预防措施是：

(1) 严把材料进货质量关；

(2) 阀件解体、清洗、研磨、试压更换盘根等填料；

（3）管配件质量检查，角度偏差大、壁厚不均匀的管配件不许使用；
（4）丝扣应均匀，外露2扣左右，并且末端有锥度；
（5）管端的椭圆度不应超标；
（6）法兰垫片应符合规范要求；
（7）管道安装应横平竖直，严防强力对管。

**10.2.5** 主要施工工艺（见图10-1～图10-8）

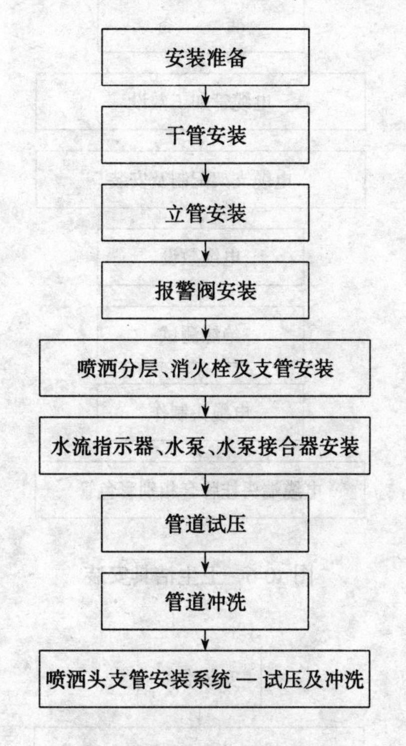


图10-1 消防、喷淋

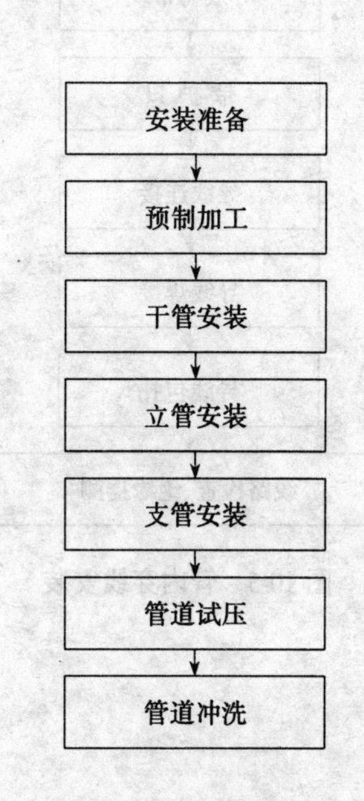


图10-2 给水管道安装

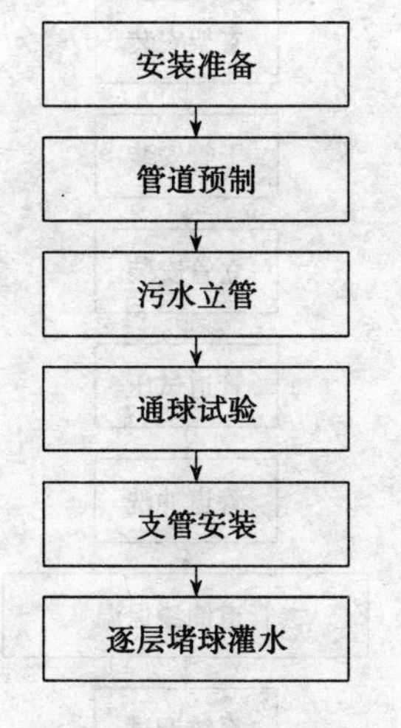


图10-3 排水管道安装

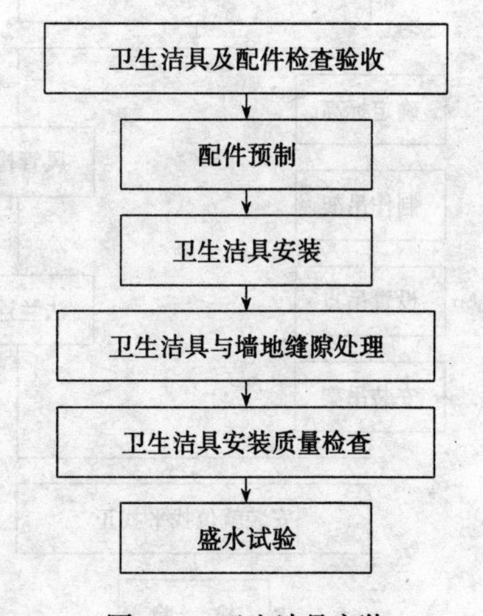


图10-4 卫生洁具安装

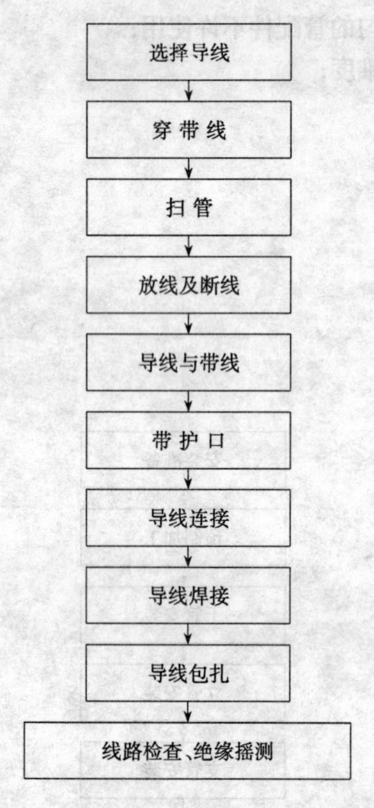


图 10-5　管内穿线安装

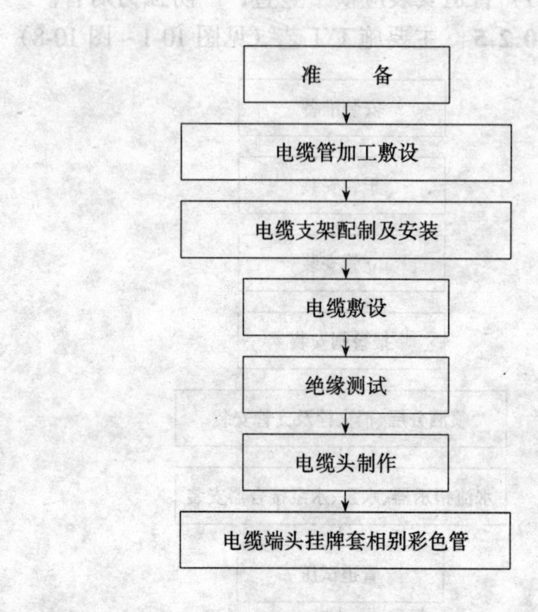


图 10-6　卫生洁具安装

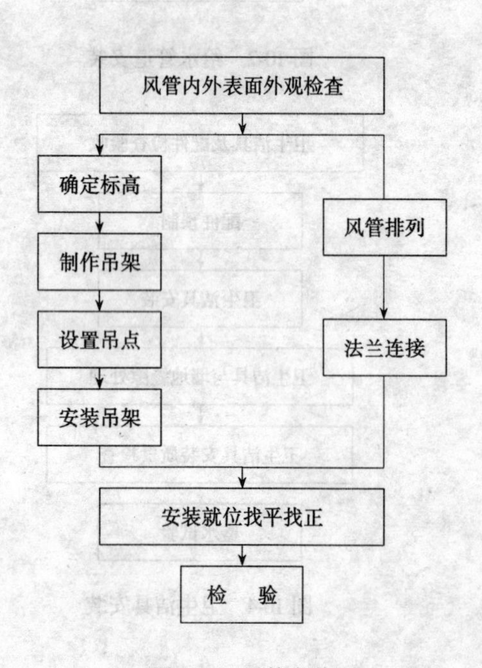


图 10-7　风管安装

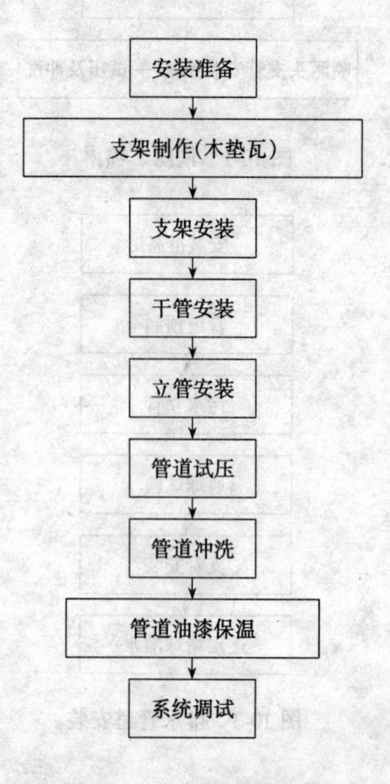


图 10-8　空调回水管安装

## 10.3 电气安装

### 10.3.1 电气工程主要施工方法

（1）施工程序：随土建进度主体由下而上，地下防雷接地焊接→设备配管等→井道管、槽、架→楼层管、盒→配电箱、柜→穿线、电缆→灯具、附件→调整试验。

（2）防雷接地系统：本工程按二类防雷设计，防雷引下线利用柱内主筋，每个引下线不得少于两根；屋面避雷网利用建筑物屋面及在女儿墙上设 -25×4镀锌扁钢避雷网，注意将伸出屋面的金属件与避雷网连接，在地上0.5m处预留测试点；接地装置利用联合接地装置。

（3）本工程电气配管为钢管，管子敷设应连接紧密，管口平滑、护口齐全，管子弯曲，无明显折皱。暗配电管应以最近线路敷设，并尽量减少弯曲，埋入墙及混凝土内的管子离表面净距要不小于15mm，各楼层、配管应在底板钢筋绑扎完毕进行。墙体内埋设的配电箱盒等，预先把洞根据尺寸大小留好，待墙体粗装修完后再进行安装。所有预埋管走向合理，管盒固定牢固，所有管线进箱、盒应保持一定尺寸。待土建模板拆除后，将预埋的箱、盒找出来，清理干净，检查管子是否畅通。

（4）电缆敷设及母线安装

电缆敷设前由专业技术人员排好电缆作业表，按顺序对电缆进行外观及绝缘检查，合格后才能进行施工，水平电缆采用人力敷设，竖井内电缆采用卷扬机加以敷设，电缆弯曲半径应符合要求，终端及拐弯处挂牌，标明电缆型号、规格、回路名称，所有母线安装前都进行型号、规格、外观、绝缘检查，合格后才能安装。先按规定尺寸安装吊架，间距应符合要求，排列整齐，母线横平竖直，自下而上安装。

（5）管内穿线

穿线前对预埋箱、盒进行清理，对预埋管进行吹扫，对导线进行绝缘检查，穿线工作在建粗装修完成后进行，管内导线严禁接头，穿线时应对照图纸查，对导线规格、型号、根数等满足规定。相线、零线、地线采用不同的颜色区分，穿线前，还应在钢管管口处加塑料护口，管线太长的，在导线加滑石粉穿线结束后应再次检查绝缘，合格后做好标记。

（6）配电柜、箱、灯具、开关、插座安装

配电柜在安装前先进行对预埋件的检查，预埋件是否牢固平整，尺寸是否符合要求，对柜体进行外观及性能检查，合格后，方能安装。暗装配电箱应先装箱体、装箱体前，根据尺寸大小处理好预埋管，箱体柜体上严禁用气焊或电焊开孔，需要开孔时用开孔器开孔，预埋管进箱尺寸应≤5mm，箱内配线应整齐，接线牢固可靠，接地良好。

灯具、开关、插座的安装位置符合要求，按规定进行接线，灯具安装前应试亮。开关、插座安装应按照设计标高进行，高度一致。

（7）高低压配电柜及配电装置采用带包装一起就位，安装完毕及时采取临时保护措施，确保电气设备不污损，也以防受潮，配电室高低压设备试验按国家标准《电气装置安装工程电气设备交接试验标准》的规定执行。

（8）弱电系统安装调试

自动火灾报警系统中，暗设于楼地面及墙体内的管、盒，配合土建施工而进行，敷设于吊顶内的依据本设计的强电部分施工方法和顺序施工，敷设于电缆井道的先埋支架，后装线槽，再敷缆线，敷设于托盘的其托盘安装应先敷设托盘支架，用金属膨胀螺栓固定支架，保证托盘水平，沿风管走向下支架，应先于风管安装前敷设。

烟、温感探测器在吊顶装修后安装，区域报警器、集中报警器均在土建内装修门窗完工后安装调试，广播扬声器与烟、温感探测器安装要与建筑统一考虑，整体美观。

**10.3.2** 电气配管、配线、施工质量通病预防措施

(1) 管子变曲时出现压扁、凹裂等现象，管子煨弯时使用定型弯管器，焊缝应在弯曲方向的内侧，逐渐移动弯管器，使管子弯成所需要弯曲半径和角度。

(2) 导线出现背扣或死扣，损坏绝缘层，穿线前按管子的大小应配用相应的护套。放线时应有放线架，将整盘导线放在线架上，转动线架，导线就不会出现螺旋圈。

(3) 灯具安装后质量通病

1) 通病现象：成排成行灯具不整齐高度不一致，吊级、吊链上下的挡距不一致，出现凹凸不平等，大型吊灯吊装不牢固。

2) 预防措施

成行灯具在安装前先排好十字中心线，按中心线确定灯位。

为使成行灯具开档一致，当灯具中心遇到楼板钢筋时，可用射钉枪固定螺钉，或统一改变灯具回环间距。

吊管或日光灯铁管上部可用锁母吊钩安装，使其垂直于地面，以保持灯具平整，所有金属灯具需要认真做好接地接零工作。

大型吊灯需要在土建施工时做好预埋铁件，保证吊灯的牢固性。

## 10.4 安装设备调试措施

**10.4.1** 空调设备调试措施

(1) 运转前的准备

1) 清理现场，将设备机房及设备本体彻底打扫干净，不得有杂物堆放和大量浮尘存在。以免试运转时损坏设备，或给设备带来不良影响。

2) 对所在部分设备的型号、规格是否与施工图相符，接着检查通风空调设备的外观及构造有无缺陷。

3) 据有关规定进行清洗。

(A) 设备的轴承及其他润滑部分添加黄油或其他润滑油。

(B) 测定设备电机绝缘电阻：相对地、相对相。绝缘电阻值不得小于 0.5Ω；否则，电机要进行干燥处理。

(C) 通风管道和设备内应打扫干净，并检查和确认风量调节阀、防火阀动作状态。

(D) 因大楼电气回路系统未形成，需配备临时电源，三相四线，380V/220V，并配上漏电保护器，自动空气开关保护。电源线为 $4\times1.5mm^2$ 胶管线。

(E) 准备好调试用工具及仪表。

4) 组织机构及计划：

调试小组成员共计 20 人

总指挥：1 名（工程师）；

综合技术：1 名，各线线长候补；

通风工长：1名；

电气工长：1名；

设备负责人：1名；

通风工、电工、钳工、杂工共15人。

(2) 设备的试运转

(A) 风机的单体试运转

(a) 设备的外观检查

a) 校对风机、电机型号、规格或皮带轮直径是否与设计相符。

b) 检查风机、电机两个皮带轮的中心是否在一条直线上。

c) 检查风机进出口处柔性管帆布短管是否严密。

d) 检查轴承处是否有足够的润滑油，加注润滑油的种类和数量应符合设备厂家提供技术文件规定。

e) 用手盘车时，风机叶轮无卡碰现象。

f) 检查风机调节阀门启闭应灵活，定位装置可靠。

g) 检查电机、风机、风管接地或连接应可靠。

h) 风管主干管、支干管、支管上的多叶调节阀应全开。

i) 风管内的防火阀应放在开启位置。

(b) 电机的检查

a) 如遇到绕线式电机，电刷与换向器或滑环的接触要良好。

b) 拨动电机转子时应转动灵活，无卡碰现象。

c) 电机接地、接零应良好。

(c) 设备的启动与运转

a) 风机的启动应经一次启动立即停止运转，检查叶轮与机壳有无摩擦和不正常声音，风机的运转方向应与机壳上符号所示方向一致。如机壳内落有螺钉、石子等杂物时，会发生不正常的"啪"的声音，应立即停机，设法取出杂物。

b) 风机启动时，应用钳形电流表测量电动机的启动电流，待风机正常运转后再测量电动机的运转电流；若运转电流值超过额定电流时，应将总风量调节阀逐渐关小，直至达到额定电流。

c) 风机运转中借助螺丝刀，仔细倾听轴承内有无噪声，来判断轴承是否损坏或润滑油中是否混入杂物。风机运转一段时间后，用表面温度计测量轴承温度，其温度值不应超过设备技术文件的规定。

d) 风机经上述运转检查正常后，可进行连续运转，运转不少于2h。在风机连续运行的最初8h内，应定期观察、检查其振动、噪声是否正常并确保马达输入电流、马达和皮带温度有没有超过产品的要求，8h运行后关掉风机，检查下列项目：所有的紧固螺栓和螺帽、皮带的松紧度、轴承温度。在24h运行后，关掉风机，重新调整皮带松紧度。

e) 如果发现有任何问题，立即关掉风机、切断电源并仔细检查叶轮是否磨损，查明引起的原因并纠正。

f) 将各步骤测定数据情况及时填入规定表格。

(d) 整理调试报告

a) 一般要求：锅炉的调试由供应商或其指定的专业人员操作，运行的设定值要求记入测试记录。

b) 启动前准备：

检查设备的压力（水位）：压力表的黑色指针必须指在录区内。如果黑色指针达不到设定的红色指针位置，则说明设备的压力太低，此时需补水并排气通风。

检查房间的送排风口是否打开、未被封闭。

打开燃气截止旋塞阀。

打开废气闸阀或废气挡板。检查废气排放装置的清洁孔是否关好。

接通设备电源：接通主开关、供热循环调节装置的开关以及燃烧器运行开关。至此，设备进入可运行状态。

c) 首次启动运行：（必须由生产厂家或该厂家指定的专业人员操作）

检查紊流器是否推进到燃气道里的止动器部位（打开清洁门，将紊流器推送到止动器部位）。

给供热设备注水，并排风。

检查设备的出力。

检查燃气接口的压力。

打开燃气管上的截止阀，按主开关、供热循环泵开关和燃烧器运行开关的顺序依次接通设备。

达到出水温度后，逐一接通热耗单元，并将燃烧器调到“自动”档上。

注意监视密封及封闭部位，必要时进一步拧紧密封盖。启动运行几天后，请检查一下炉门和清洁盖、加固螺栓。

(B) 冷却塔单体试运转

(a) 运转前的检查

a) 检查电气配线是否按照设备技术标准以及供电规范正确地实施电机配线工程（应确定使用适当的热继电、交流接触器、保险丝、开关装置及配线；必须进行接地线的设置工作；有关电机的配线，对于正相应进行 U 和 V 的更换：逆相配线下，风机作正回转。必须确认从上往下看时的风机回转方向应为顺时针方向；应检查电机端子是否完全拴紧，即使只有一根松懈也会造成单相运转，以至烧坏电机。应引起注意）。

b) 检查管道是否按照设计要求配置完毕，各管路上的阀门的启闭状态是否处在适当的位置，冷却塔注满水。

c) 现场应干净无杂物。

(b) 试运转（试运转应在厂商的参与下进行并注意以下事项）

a) 运转一段时间后，应重新调整皮带。在运转初期，因皮带与皮带轮间的磨合性原因，皮带的张力比较弱。

b) 冷却塔的功能与循环水量有关，应检查是否达到规定的水量。

c) 应保持适当的水槽水位。运转水位应在溢流水位以下 100～150mm 处。

d) 应充分注意噪声、振动和电流值；有异常时，应参照故障原因和对策表尽快处理。

e) 充填材料的耐热温度如下：标准型 50℃，耐热型 75℃。不要流入超过各自耐热温度的循环水。在风机停止状态下，流放循环水时更应注意。即使是临时流入超过耐热温度的循环水，也会导致充填材料的弯曲变形。

（c）故障原因及其对策（见表 10-1）

故障原因及其对策表　　表 10-1

| 故障原因 | 原因及其检查 | 对策 |
|---|---|---|
| 异常声、震动 | 风机平衡不良；<br>叶片前端与塔体接触；<br>紧固螺栓松懈；<br>风机轴承不良；<br>电机轴承不良；<br>管道振动 | 调整平衡；<br>调整风机轴心；<br>锁紧部分的螺栓；<br>加油脂、更换轴承；<br>更换轴承；<br>安装管道支撑台座 |
| 过电流 | 风机叶片角度不齐；<br>电机故障；<br>因风量过大引起过负载 | 调整；<br>修理或更换；<br>调整叶片角度 |
| 循环水的减少 | 水槽水位降低；<br>过滤网堵塞；<br>循环水泵不良或容量不够 | 检查调整浮球阀和补给水系统；<br>清扫；<br>修理或更换 |
| 循环水温度上升 | 循环水量过大或不够；<br>循环水偏位；<br>风机风量不够；<br>被排出空气的再循环；<br>吸入空气偏位；<br>充填材料堵塞 | 调整至规定水量；<br>清扫散水孔并调整阀门；<br>检查并调整皮带，调整风机叶片角度；<br>改善通风环境；<br>改善通风环境；<br>清扫并更换充填材料 |
| 水滴损失过多 | 循环水量过大；<br>循环水位偏位；<br>风量过多 | 调整水量；<br>清扫散水孔并调整阀门；<br>调整风机叶片角度 |
| 皮带断裂或脱落 | 皮带张力不适当；<br>未作过皮带的初始安装；<br>皮带寿命；<br>皮带轮定位不准；<br>皮带轮槽磨损 | 调整皮带张力；<br>更换（皮带轮寿命为 1 年）；<br>调整皮带轮表面；<br>调整皮带张力；<br>更换皮带轮 |

（C）水泵单体试运转

（a）启动

a）应在机泵连接前确定电动机的旋转方向是否正确，泵的转动是否灵活。

b）关闭出水管路上的闸阀。

c）向泵内灌满水，或用真空泵引水。

d）接通电源。当泵达到正常转速后，再逐渐打开出水管上的闸阀，并调整到所需的工况。在出水管上闸阀关闭的情况下，泵连续工作的时间不能超过 3min。

（b）停止

a）逐渐关闭出水管路上的闸阀，切断电源。

b）如环境温度低于 0℃，应将泵内水放出，以免冻裂。

（c）运转

a）在开车及运转过程中，必须注意观察仪表读数、轴承发热、填料漏水和发热、泵的振动和杂声等是否正常；如果发现异常情况，应及时处理。

b）轴承温度最高不大于80℃，轴承温度不得比周围温度超过40℃。

c）填料正常，漏水应该是少量均匀的。

d）轴承油位应保持在正常位置上，不能过高或过低，过低时应及时补充润滑油。

e）定期检查密封环的磨损情况。如密封环与叶轮配合部位的间隙磨损过大，应更换新的密封环。

（d）故障原因及解决办法（表10-2）

故障原因及解决办法　　表10-2

| 故　　障 | 原　　因 | 解决方法 |
| --- | --- | --- |
| 水泵不吸水，压力表及真空表的指针在剧烈摆动 | 注入水泵的水不够，水管或仪表漏气 | 再往水泵内注水或拧紧堵塞漏气处 |
| 水泵不吸水，真空表表示高度真空 | 底阀没有打开，或已淤塞，吸水管阻力太大，吸水管高度过高 | 校正或更改底阀。清洗或更改吸水管，降低吸水高度 |
| 看压力表水泵出水处是有压力，然而水管仍不出水 | 出水管阻力太大，旋转方向不对，叶轮淤塞 | 检查或缩短水管及检查电机。取下水管接头，清洗叶轮 |
| 流量低于预计 | 水泵淤塞，口环磨损过多 | 清洗水泵及管路，更换口环 |
| 水泵耗费的功率过大 | 填料函压的太紧了，填料涵发热，因磨损叶轮坏了，水泵供水量增加 | 拧松填料涵，或将填料取出来打方一些，更换叶轮，增加出水管阻力，降低流量 |
| 水泵内部声音反常，水泵不上水 | 流量太大，吸水管内阻力过大，吸水高度过高在吸水处有空气渗入，所输送的液体温度过高 | 增加出水管内的阻力以减少流量，检查泵吸入管内阻力，检查底阀，降低吸水高度。拧紧堵塞漏气处，降低液体的温度 |
| 轴承过热 | 没有油，水泵轴与电机轴不在一条中心线上 | 注油，把轴中心对准 |
| 水泵振动 | 泵轴与电机轴不在一条中心线上或泵轴斜了 | 把水泵和电机的轴中线对准 |

（D）空调机组和风机盘管单体试运转

风机盘管启动前的准备工作：当完成以下工作后，机组才能启动和运转：水管连接完成，电线连接完成，风管连接完成，滴水盘出水口接至凝结水管，空气过滤器正确就位，电动机——风机叶轮转动自如，以及排管内放出空气。

风机盘管的启动：在启动该装置前，先要完成上面所提及的安装检查条例，以确保启动的进行。对风机盘管有两种控制方法：控制风机的转速和调节盘管循环水量。

风机转速的控制可以通过一个简单的马达速度开关来实现，循环水量控制可以通过自动调温器来实现。壁挂式自动调温器通常由一个马达速度转换器、一个开/关开关来控制这个装置的开和关，马达速度转换器用来控制风机的转速。自动调温器通过转动控制转动盘来取一个大概的温度，进而控制阀门的开度。

风机的速度可以通过标有“OFF-HI-MED-LOW”的开关来选择，通过手把开关移到一个合适位置，直到人为改变风机转速的设定；否则，风机将一直保持原速度远行。

所有的HCCA型风机盘管的马达都有内部超温断电装置。当马达内温度超过140℃时，马达将停止转动，以防止由于过热而被烧坏；当马达内部温度降至 140℃以下，马达又重新开始启动。

盘管排气：当水第一次引入到盘管里，空气有时也会随着水被吸入。盘管里的空气有向最高点聚集的趋势。因此，要在盘管头部最高点装置一个手动放气阀。当空气被吸入盘管里时，在盘管内会出现“冒泡”或“尖锐”的噪声，通过旋转手动放气阀的捏手把空气放出。如果捏手太紧，手不能旋动，可以借助于钳子把它旋开。按顺时针方向转动捏手，让空气从排气孔流出。直到气孔中有稳定的水流出，再旋紧捏手。

空调机组启动前检验：运输途中的振动，使设备连接处产生松动是可能的。在启动该机前，检验所有的螺栓、螺杆的连接及松紧程度（特别是运动部件如：滑轮、轴承等），用手转动风机的叶轮，以叶轮能自如转动为标准。检查涡管是否有被杂物阻塞的现象。

检查风机和马达轴承上的润滑油情况（根据维修说明书）。

检查在装置内（或管道系统内）是否有杂物、空气的进出口是否有被阻塞现象。

检查所有的减振器的位置是否到位及它们的运行情况。

检查所有的电路的连接是否正确，马达的转向是否正确。

检查设备的定位和螺栓连接的松紧；如果有必要，对其进行再定位和旋紧螺栓。

冷冻水管连接在冷凝器的出水管上。检查它们之间连接的密闭性，以防空气的进入和冷冻水的泄漏。

空调机组的启动：

(a) 在启动机组前，按马达制造商的要求，对马达润滑进行检查。

(b) 轴承的预润滑是值得注意的；如果润滑油在轴承上没有涂均匀，那么机组会产生噪声。

(c) 按图示电气的配线，检查机组的线路及其连接，热保护自动控制也要检查。

(d) 对于处理风量可变的机组，应检查阀门是否处于全开状态。

(e) 减振器：检查振动减振器运动是否自如，风机/马达的底座和支座之间是否有其他连接存在。

启动：完成上面文段所述的检查之后，机组可以启动，开始进行下面的检验和调整。

(a) 测量马达的电压和电流，把测量值和说明书或马达铭牌进行比较，以确保机组能安全正常运行。

(b) 通过测量空气的体积和压力，来检查机组风机的容积；如果体积达不到预定值，可以通过平衡阀进行调整。

注意：空气的流量随着风机的转速成正比，压力与流量的平方成正比，轴功率与流量的立方成正比。如果系统的压力超过预定的压力，流量也随着增加即轴功率升高的非常快，这样可能会产生超负荷运行的危险。这种关系对叶片前倾型的风机更重要。对后倾型风机，气流入口后流线的曲率和气流的曲功率是一致的。

### 10.4.2 电气设备调试措施

动力系统干线调试的范围为配电站低压柜的出线至楼层电气小室的配电柜出线侧，按竖井逐一调试。

调试程序：

(1) 准备工作：配备 500V 兆欧表、钳型电流表、万用表各 6 只及电工工具。竖井和电气小室的卫生打扫完毕。

(2) 配电柜调试：

1) DP、EDP配电柜检查：DP、EDP箱是第一级配电，检查柜内是否清洁，开关灰尘是否清理，再检查控制箱内所的接线是否完好、有无松动，开关分合是否灵活。检查合格之后，将所有开关处于分开状态。

2) LP、ELP配电柜检查：LP、ELP为二级配电，检查柜内的清洁情况，检查所有的接线是否完好，开关是否分合灵活。检查合格之后，将所有开关处于分开状态。

3) 配电柜绝缘测试：利用兆欧表测试配电柜DP、EDP、LP、ELP箱的绝缘。

4) 二次回路模拟调试：(A) 将DP柜二次回路通220V电源，检查指示灯是否正常，利用按钮进行分合闸试验，重复两次，操作均能达到灵活正确。(B) 再如DP柜一样检查LP柜。(C) 以同样的方法检测EDP、ELP柜。

5) RMSB电表箱检测：调试方法与上相同。

6) 每一竖井内的配电箱调试完成之后，将所有的开关处于分闸状态，再将配电柜的门锁上，并贴封条。

(3) 干线电缆、母线槽绝缘测试：将母线槽上所有的插接箱内的开关断开，利用兆欧表测试相与相、相与地之间的绝缘，绝缘值不低于1MΩ。将结果记录。

(4) 检查母线槽插接箱：检查母线槽插接箱内断路器分合是否好，分合是否灵活、正确。

(5) 送电调试：以上工作完成之后，分竖井对母线逐根送电，现就一根母线的送电调试：

1) 准备工作：

(A) 逐层检查母线是否完好，插接箱内的开关是否处于分闸状态，检查配电柜的封条是否完好；封条若有破坏，需重新检查配电柜，完成之后将开关处于分闸状态。

(B) 安排在楼层巡视的人员。

(C) 准备有电的标示牌。

2) 试送电：检查完成之后，在低压电气室利用对讲机通知巡视人员，保证电气室内除巡视人员外无其他人，确认无人后试送（合闸——分闸）一次；若无异常，再将开关合上。

3) 通知巡视人员检查竖井内的母线，重点检查温升情况，巡视3h后若无异常，则挂牌（有电危险），并锁电气小室门。

4) 依照以上程序给第二条母线送电。

5) 其他竖井同以上程序。

(6) 配电柜通电调试

1) 检查配电柜内部的开关是否处于分闸状态，使之处于分闸状态。

2) 将母线槽上的插接箱开关合闸——分闸试验一下；若无异常，将开关合上。

3) 查看配电柜的指示灯是否显示正常，利用万用表检查DP柜主开关上桩头电压；若正常，将所有的出线开关处于分闸状态，合上主开关。

4) 检查合上主开关后指示灯是否显示；若正常，则合上出线开关，并利用万用表检测开关出线侧的是否带电。

5) 利用与以上同样的方法将电送至LP柜的出线侧。

6) 每一个电气下室的配电柜送电调试方法相同。

# 11 质量、安全技术措施

## 11.1 质量管理措施

(1) 明确质量目标，用经济杠杆督促强化质量意识。

图书馆项目成立之初，就明确了本工程“争创鲁班奖、实现过程精品”的质量目标，为了实现这一质量目标，我们在劳务分包的选择、分包合同上都强调了“质量第一”的思想。在对施工人员进行入场教育的同时，将我们的质量目标灌输给每一位员工。并根据不同质量等级给予不同的单价，“优良”等级比“合格”等级每个工日多两元，让每个工人都意识到干好干坏与自己的利益息息相关。同时，我们组织项目所有管理人员对工程创优进行了讨论，人人出谋划策，制定一套详细的有操作性的《项目质量管理办法》。管理办法列出了各分项工程容易出现的质量问题和技术措施，并规定了对不按工序步骤操作出现问题的处罚办法及金额。签订责任状，使每一个管理人员充分意识到能否实现创优目标的重大责任和“质量责任终身制”的严肃性。

(2) 推行每周质量例会制，实现事前交底，过程监督，事后总结。

项目部实行每周质量例会制，对每周现场工程质量做一小结，对下周要施工的工程进行策划，对重点、难点以及容易出现质量问题的地方制定预防措施。每道分项工程开始施工前，由项目技术质量组对现场施工人员进行质量要求，达到规范、标准要求的实施步骤详细交底。过程中强调“过程控制”的原则，严格按规程操作，对不按操作程序、步骤施工出现质量问题的，按《项目质量管理办法》进行处罚。

(3) 坚持方案先行，实行质量签字确认制。

质量预控是质量管理的重点和难点。施工前，我们针对本工程的特点编制了施工组织设计和质量计划，对重要工序、特殊工序均编制了详细的作业指导书，基础及主体结构施工期间共编制了22项作业指导书。对施工技术难度较大的部位我们多次组织有关人员讨论、研究、商定最佳作业方案，为工程施工和工程质量打下坚实基础。

严格施工过程的质量控制，强调把过程作为质量的主战场。坚持施工过程“三检”、“三工序”制度，以上道工序必须保证下道工序质量、每个环节的质量必须保证整体工程质量作为创优工作的管理手段，将检查记录列入工程档案。按照谁施工谁负责质量的原则实施现场挂牌制度，将施工部位、操作人员姓名、施工日期及所达到的质量等级挂牌标识。对外委加工的钢结构工程，我们派专人对施工人员进行设计图纸交底，对放样、验线、下料组装、施焊、涂装、运输等全过程进行全方位监控，确保了钢结构制作质量优良。

项目部实行验收确认制、周例会制度，现场管理人员将施工质量情况和检查中发现的质量问题在每天的生产碰头会上进行汇报和曝光，并对存在的质量问题提出整改要求和具体措施，每周六质量例会对本周的施工质量进行小结，对多次出现的质量问题制定出切实可行的预防措施。每道工序验收实行签字确认制，先后班组长→工长→质检签字确认后，方可向监理申请下道施工。

(4) 提高管理人员素质，组织人员对重点难点进行攻关，向管理要质量。

项目组建时，根据本工程的技术特点和质量要求，挑选了一批思想素质好、责任心强、有较丰富管理经验的人员组成项目班子，根据每个管理人员的自身特长进行分工，做到了各尽所能、各尽所长。并选派有关人员参加公司、分公司组织的技术、质量、安全等方面的培训。强制性条文及新规范出台后，项目组织全体人员进行学习。根据工程重点、难点，组织人员进行攻关。如基坑支护、深基坑开挖、图书馆整个椭圆的定位、层缩式结构柱的校正检验等，多次组织人员进行深入分析、讨论，并制定了切实可行、保证质量的具体措施。重点部位、工序相关管理人员全过程参与，对出现的问题及时提出处理意见。过程中严格管理，对不按预先制定的程序步骤施工的坚决返工，绝不允许隐患留到下道工序。

(5) 推广应用“四新”成果，运用先进设备、材料、工艺实现精品工程。

项目部以工程重点部位为对象，以技术难点为着眼点，积极推广应用新技术、新材料、新工艺和新的管理技术和管理手段，重点组织技术攻关。从工程开工伊始，就制定了较为详细的科技推广实施计划，对那些工程量大、技术含量较高、质量要求严的分部分项工程，集中人力物力重点组织技术攻关。

项目积极推广应用钢筋套筒挤压、电渣压力焊连接技术，商品混凝土泵送施工和混凝土外加剂应用技术，定做大型钢模板、塑料模壳和高强度竹胶板等施工新技术，在框架柱、扁梁框架、密肋梁板中普遍采用，使工程内在质量进一步提高，观感质量有了新改观；为加快工程进度、确保工程质量发挥了重要作用；计算机技术在施工计划、工程设计、CAD 制图、工程图像资料处理、财务管理和办公文字处理等方面的应用，极大地提高了项目施工管理水平，为实现过程精品目标作出了积极贡献。

(6) 积极开展 QC 小组活动，深化项目全面质量管理。

本项目成立之初就成立了 QC 小组，结合工程情况选定渐收式椭圆框架边圆柱综合施工控制作为 QC 小组研究的主要课题，先后开展活动 16 次。通过 QC 小组活动，不但彻底解决了斜柱施工、检验问题，而且提高了管理人员的质量意识和管理水平。并且对施工中易出现的质量通病也作为辅助课题进行预防控制，最终取得了满意效果。

施工过程中以“过程精品”为主线，以动态管理为特点，以目标考核为内容，以严格奖罚为手段的质量保证体系和运行机制，规范施工管理，实现我们“创鲁班奖工程”的质量目标。

## 11.2 安全管理措施

### 11.2.1 安全管理方针及目标

安全管理方针是“安全第一、预防为主”。

安全目标：确保无重大工伤事故，杜绝死亡事故；年轻伤频率控制在 3‰以内。

### 11.2.2 安全组织保证体系

以项目经理为首，由现场经理、安全总监、区域责任工程师、专业监理工程师、各专业分包等各方面的管理人员组成安全保证体系，如图 11-1 所示。

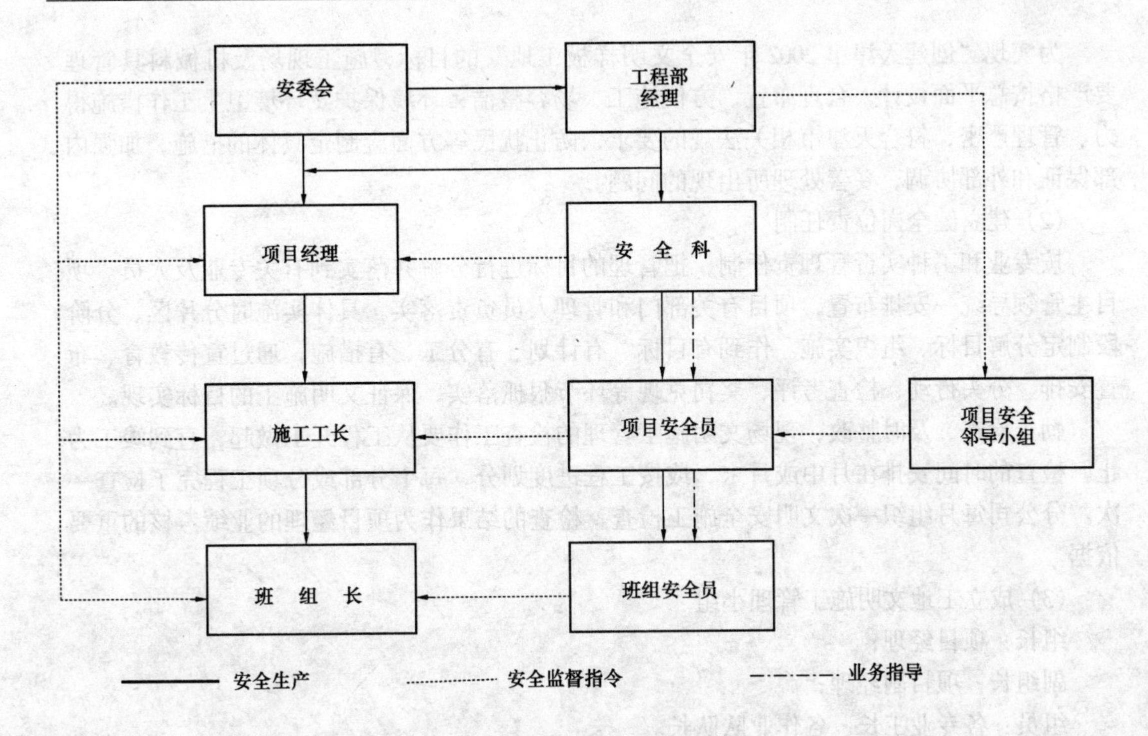


图 11-1 安全生产管理网络图

**11.2.3** 安全管理

(1) 严格执行国家及天津市有关现场安全管理条例及方法。

(2) 制定实施现场安全防护基本标准，如：施工临时用电安全标准、各类施工机械和设备的安全防护标准、施工现场消防管理标准等。

(3) 建立严格的安全教育制度，坚持入场教育、坚持每周按班组召开安全教育研讨会，增强安全意识，使安全工作落实到广大职工上。

(4) 编制安全措施，设计和购置安全设施。

(5) 强化安全法制观念，严格执行安全工作文字意识，双方认可，坚持特殊工种持安全操作证上岗制度等。

(6) 建立定期检查制度。经理部每周组织各部门、各分包方对现场进行一次安全隐患检查,发现问题立即整改;对于日常检查,发现危急情况应立即停工,及时采取措施排除险情。

(7) 分析安全难点，确定安全管理难点：在每个施工阶段开始之前，分析该阶段的施工条件、施工特点、施工方法，预测施工安全难点和事故隐患，确定管理点和预措施。

(8) 制定临边与洞口的安全防护措施。

## 11.3 文明施工与 CI 管理

文明施工是建筑企业的一项重要工作，是建筑施工项目管理的重要内容，是企业形象和社会信誉的特征表现。不文明施工，不仅影响一个工程、一个企业的信誉，而且关系到整个建筑行业健康发展和社会各界的工作和生活秩序。

**11.3.1** 现场文明施工总体要求

(1) 文明施工管理目标

为实现“创建天津市2002年安全文明样板工地”的目标，施工现场及机械料具管理要严格按总平面设计，合理布置、方便施工、场容整洁；环境保护及环境卫生工作措施得力、管理严密，符合天津市相关法规的要求，防止扰民等方面应制定具体的措施，加强内部保证和外部协调，妥善处理所出现的问题。

（2）建立健全岗位责任制

按专业和工种实行管理责任制，把管理的目标进行分解并落实到有关专业及人员。项目主管领导统一安排布置，项目有关部门和管理人员负责落实。具体实施时分片区、分阶段制定分解目标、组织实施。作到有目标、有计划、有分工、有措施，通过宣传教育、布置安排、分头行动、检查考评、奖罚兑现等环节狠抓落实，保证文明施工的目标实现。

勤于检查、及时整改，现场文明施工管理的检查工作要从工程开工做起，直到竣工为止。检查的时间安排在月中或月末，或按工程进度划分，每个分部或分项工程完了检查一次。分公司每月组织一次文明安全施工检查，检查的结果作为项目经理的业绩考核的重要依据。

（3）成立工地文明施工管理小组

组长：项目经理；

副组长：项目副经理；

组员：各专业工长、各作业队队长。

（4）创建良好施工环境创建文明施工样板工地

本公司有充分的对外协调能力和文明施工、安全生产保证能力，我们建立健全了十分完善的多层次安全文明施工、安全生产责任制，制订了行之有效的文明施工、安全生产保证措施，职工队伍具有良好的精神文明施工措施，这是我们获得各方面支持配合的坚强基石，也是我们各项工作得以顺利施工的可靠保证。

**11.3.2**　现场CI整体形象设计方案

本方案根据《中建总公司企业形象视觉识别规范手册》（以下简称手册）和《施工现场CI达标细则》（以下简称细则），结合本工程具体情况，制订施工现场CI设计方案。

**11.3.3**　现场文明施工管理

（1）现场场容管理措施

1）按现场各部位使用功能划分区域，建立文明施工现任制明确管理负责人，专人负责现场清洁工作，清洁人员应有统一的区别于其他工作人员的标识，实行挂牌制，所辖区域有关人员必须健全岗位责任制。

2）施工现场基坑以外场地全部采用混凝土进行硬化，保证道路坚实畅通，现场统一排水措施，施工污水经沉淀后方可排入市政排水管网，基础、地下管线等施工完后，及时回填平整，清除积土。

3）施工现场临时水电设施设专人管理，无长流水、常明灯现象。

4）施工现场临时设施，包括生产、办公、仓库、料场、临时上下水管道及动力照明线道路，严格按施工组织设计确定的平面图进行布置，并做到搭设或埋设整齐。

5）工人操作地点和周围必须清洁整齐，做到活完脚下清、工完场地清，丢撒在楼梯、楼板上的砂浆和混凝土应及时清理，落地灰应回收过筛使用。

6）建筑物内清除垃圾、渣土，必须通过临时设置垃圾通道或吊运、抬运等方式，严禁从门窗向外抛掷。结构施工中，不得用电梯井和管道竖井做垃圾或垂直运输用通道。

7）施工现场不乱堆垃圾和余物，应在适当地点设置临时堆放点，并定期外运，外运途中必须采取遮盖措施，以防遗撒。

8）严禁污染市政道路，做到每天检查、每天清理，加强对各种运输车辆的管理，出入口设置车辆冲洗处，防止污染道路。

9）保持围墙干净、整洁、不变形，施工如有损坏，应及时修补恢复。

（2）现场机械管理

1）施工机械设备的运输、安装调试和拆除要制定相应的施工方案。提前做好准备工作，保证施工场所和过程的安全文明状况。

2）现场使用的机械设备按总平面图设计要求布置，临时使用的机械设备应根据当时场内情况，确定合理的布置方案并经过基础上主管领导的审核、批准。

3）加强机械设备的保养和维修，遵守机械安全操作规程，做好安全防护措施，保证机械正常运转。经常保持机身及周围环境的清洁。

4）保证各种机械设备的标志明显，编号统一，现场机械管理实行挂牌制，标牌内容应包括设备名称及基本参数，验收合格标记，管理负责人及安全管理规定和操作规程。

5）临时用电设施的各种电箱式样标准统一，摆放位置合理，便于施工和保持场容整洁，各种线路敷设符合规范规定，并做到整齐简洁，严禁乱扯乱拉。

（3）现场料具管理

1）施工所需的各种材料和工具，应根据施工进度及现场条件有计划地安排加工和计划进场，做到既不耽误施工又不造成过于积压，充分发挥材料堆放场地的周转使用效率。

2）各种材料的装卸、运输要做到文明施工，根据材料的品种、特性，选择合适的机械设施和装卸方法，保证材料、成品、半成品的完好，严禁乱扔乱砸。现场按规定做好检查验收，并做好检验记录和交接手续。

3）材料的存放位置必须便于施工和符合总平面图布置要求，按照功能分区，挂牌标识，注明材料品种、规格数量、检验状态和管理负责人。

4）材料存放方式、条件必须符合施工要求。各种散料堆料堆放必须保证有合适的容器、包装。各种管件、杆件、散件应搭设架子码放，保证稳固可靠，不产生安全隐患，并根据材料性能要求，做好防雨、防潮、防腐等措施。

5）加强各种材料的使用管理，收、验、发手续齐全，做好限额领料，防止施工中材料损坏和浪费现象，减少物耗。加强边角余料的收集和堆放管理。经常清点现场材料存量，根据使用情况，做好料具的清退和转场。

#### 11.3.4 生活区文明施工管理

（1）合理安排生活区施工人员的住宿、食堂、厕所等生活设施，保证生活区清洁卫生。

（2）现场厕所按最高峰施工人员考虑规模，厕所内贴地砖、墙砖，有完善的给排水系统、化粪池，专人负责清洁卫生，定期清理化粪池，定期消毒，防治蚊蝇。

（3）现场食堂工作人员必须持证上岗，严格按卫生标准进行工作。

(4) 专人负责生活区清洁卫生，对宿舍定期消毒，定期检查。

#### 11.3.5　工作制度

(1) 每周召开一次“施工现场文明施工和环境保护”工作例会，总结前一阶段的施工现场文明施工和环境保护管理情况，布置下一阶段的施工现场文明施工和环境保护管理工作。

(2) 建立并执行施工现场环境保护管理检查制度。每周组织一次由各专业施工单位的文明施工和环境保护管理负责人参加的联合检查，对检查中所发现的问题，开出“隐患问题通知单”，各专业施工单位在收到“隐患问题通知单”后，应根据具体情况，定时间、定人、定措施予以解决，我公司项目经理部有关部门应监督、落实问题的解决情况。

#### 11.3.6　制定管理措施

制定现场场容布置和控制大气污染、水污染、光污染、噪声污染、废弃物管理等方面的具体管理措施。

### 11.4　消防保卫管理措施

在施工生产全过程中，必须认真贯彻实施“预防为主、防消结合”的方针，确保在我项目不出现消防、伤亡事故。

#### 11.4.1　建立消防保卫管理体系

在施工的全过程，建立以项目经理牵头，行政部及安全部主抓，其他部门配合的管理体系，结合工程施工特点，对每位员工进行消防保卫方面的教育培训，做到每个人在思想上的重视。

#### 11.4.2　消防保证措施

(1) 实行逐级防火责任制，明确各级的职责，组建消防小组，负责日常的消防工作。

(2) 分包单位在总包方的监督检查下，建立分包内部的逐级防火责任制，加强民工消防教育。

(3) 施工现场不允许吸烟，生活、办公区设置吸烟处，除特殊批准外，不允许使用电炉，并且在生活区、办公区及现场设足够消防器材。

(4) 加强对易燃、易爆物品的管理，有专用仓库存放，在存放处挂明显警示牌，对于此类材料，严格执行限额领料制度。

(5) 加强对电气焊的管理，操作人员必须持证上岗，严格按规程进行操作。

(6) 现场及楼层内的临时设施应经常检修，挂明显标示牌，任何人不允许私自挪动或改为它用。

#### 11.4.3　保卫措施

(1) 加强对每位员工的思想教育工作，建立有针对性的保卫制度和处罚制度。

(2) 现场经警实行 24h 值班制度，进出场车辆必须进行登记，并对每辆汽车使用数码相机进行照相并存档。

(3) 现场每位员工必须配戴胸卡进出现场，对于来访者要进行登记。

(4) 实行材料出门条制度，材料出场必须有物资部签发的出门条，其他部门签发无效，现场贵重物品必须入库保管，专人专管。

### 11.5 成品保护管理措施

**11.5.1** 成品保护工作的主要内容

(1) 以现场生产经理牵头组织并对成品保护工作负全面责任。工程管理部、机电管理和各责任工程师负责实施。成品保护的责任划分，落实到岗，落实到人。商务经理负责制定成品保护资金计划的落实。

(2) 制定成品保护的重点内容和成品保护的实施计划。分阶段制定成品保护措施方案和实施细则。制定成品保护的检查制度、交叉施工管理制度、交接制度、考核制度、奖罚责任制度等。

(3) 各专业承包商主要领导负责自身施工范围内的作业面上的成品保护。

**11.5.2** 制定各施工阶段成品保护措施

(1) 将土建、水、电、空调、消防等各专业工序相互协调，排出工序流程表，各专业按此流程施工，严禁违反程序施工。

(2) 结构工程施工期间，要对易受破坏的门窗洞口、楼梯踏步等进行保护。

(3) 插入机电安装和装修后，机电专业对已施工完墙、地面不得随意剔凿，要注意保护。

(4) 工程进入精装修阶段（或机电工程进入设备及端口器具安装时），应制定切实可行的成品保护方案，由经理部保卫部门负责监督执行。

# 12 经济效益分析

本工程开工伊始，项目积极申报两级科技推广示范工程，并有针对性地编制了科技推广示范工程实施计划。成立了公司科技推广示范工程工作小组，制定了分项计划责任人和完成时间，制定了奖罚措施，为示范工程的顺利实施提供了坚实的基础。工作小组进行工作布置后，公司技术部门多次进行示范工程中间检查，使得科技示范工程实施一直处于良好状态。

本工程重点推广应用建设部推荐的 10 项新技术中的 10 项，并开发应用了其他新技术，具体清单如下：

(1) 深基坑支护技术；

(2) 高强高性能混凝土技术；

(3) 高效钢筋应用技术；

(4) 粗直径钢筋连接技术；

(5) 新型模板和脚手架应用技术；

(6) 新型墙体材料应用技术；

(7) 新型建筑防水和塑料管应用技术；

(8) 钢结构技术；

(9) 大型构件的整体安装技术；

(10) 企业的计算机应用和管理技术。

除了推广应用 10 项新技术外，根据本工程的实际情况，开发或应用的其他新技术如下：

（1）全站仪、便携式电子测温仪、激光铅直仪、高精度水准仪的应用；

（2）复合风管应用技术；

（3）给水系统采用薄壁紫铜管安装技术；

（4）钢筋混凝土结构采用机械破碎拆除技术；

（5）拉索式点连接全玻璃幕墙设计与施工技术；

（6）大体积混凝土施工技术；

（7）大面积混凝土表面一次抹平、压光技术；

（8）无缝镀锌钢管卡箍连接技术；

（9）电气配管采用 JDG 扣压式薄壁电线管；

（10）预制板胎模代替砖胎模和水泥砂浆找平层；

（11）水泥压力板代替水泥砂浆作防水保护层。

在本项目中，我们把科技推广示范工作与创优质工程相结合、与安全文明施工相结合、与降低成本等各项基础管理工作相结合，既为高质量、高速度、低消耗地完成合同范围内的工作奠定了基础，有力地推动了企业施工技术和管理技术的进步，也为项目取得良好的经济效益创造条件。天津泰达图书馆项目通过推广运用建设部推荐的九项新技术和其他新技术，产生经济益额 220 余万元，取得技术进步效益率为 2.4%，加快了工程进度，提高了工程质量，增加了企业的实力，提高了企业的社会信誉。

第五篇

# 清华大学美术学院教学楼工程施工组织设计

编制单位：中建三局

编 制 人：虢先举　史　军　吴　磊　陈晓彬　陈贻超　占建刚

【简介】　该工程施工组织合理，施工段划分科学。施工方案针对性强且图文并茂。尤其是模板、钢结构、砌筑工程、设备安装工程方案值得学习和借鉴。该工程混凝土砌块墙技术、硬泡聚氨酯防水保温一体化施工技术、企业管理信息化技术经济效益显著。

# 目　录

# 1　编制依据

（1）与业主签定的《建设工程施工合同》（京第04—0106号）

（2）本工程建筑、结构、设备、电气等专业施工图纸

图1-1　清华大学美术学院教学楼实景一

图1-2　清华大学美术学院教学楼实景二

(3) 国家和北京市地方现行规程、规范、标准和通用标准图集
(4) 国家和北京市地方有关法律、法规
(5) 我公司质量体系文件、环境保护体系文件
(6) 本工程岩土工程勘察设计报告（编号 03G152）
(7) 本工程设计交底及图纸答疑文件
(8) 建筑业十项新技术（1998 年）

# 2 工程概况

## 2.1 工程建设概况（见表 2-1）

表 2-1

| 项目 | 内容 |
|---|---|
| 工程名称 | 清华大学美术学院教学楼 |
| 工程地址 | 北京市海淀区成府路 |
| 建设单位 | 清华大学 |
| 勘察单位 | 北京市地质勘察设计研究院 |
| 设计单位 | 帕金斯 & 威尔、北京市建筑设计研究院 |
| 监理单位 | 北京希地环球建设工程顾问有限公司 |
| 总承包单位 | 中建三局第一建设工程有限责任公司 |
| 总承包范围 | 建筑、结构、采暖、通风、空调、热力、电气等工程 |
| 总建筑面积 | $60890m^2$ |
| 工程工期 | 总工期 473 天，开工日期 2004 年 3 月 15 日，竣工日期 2005 年 6 月 30 日 |
| 质量要求 | 达到《建筑工程施工质量验收统一标准》的合格标准，确保北京市结构“长城杯”，确保北京市竣工“长城杯”，争创“鲁班奖” |

## 2.2 工程建筑概况（见图 2-1 和表 2-2）

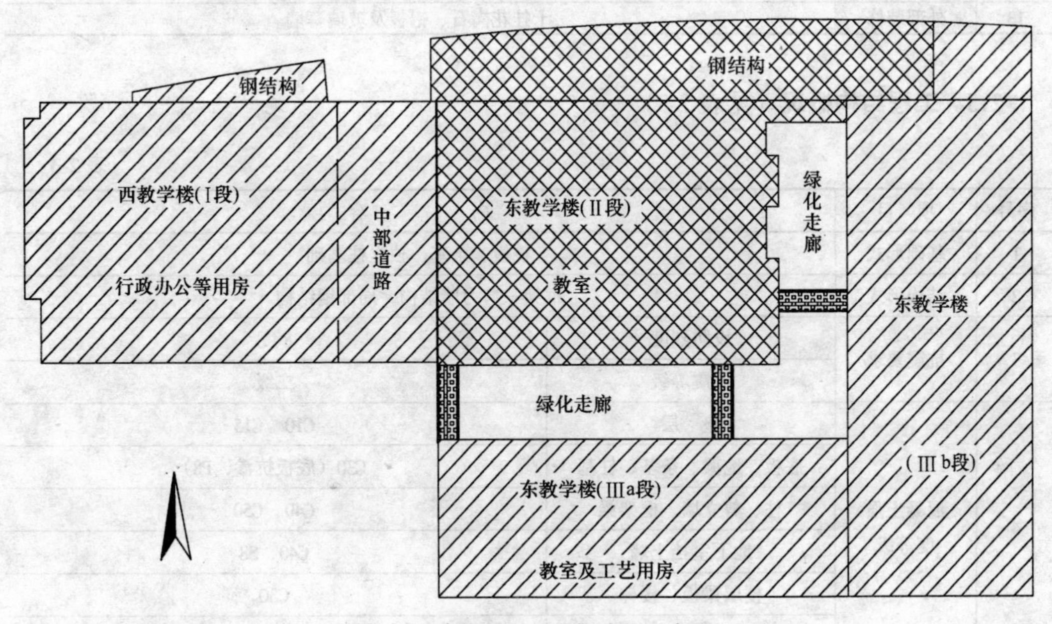


图 2-1 建筑平面及功能分区示意图

表 2-2

| 序号 | 项 目 | 内 容 | |
|---|---|---|---|
| 1 | 建筑功能 | 教室、教学工房、图书馆、附属办公室、行政办公室 | |
| 2 | 建筑面积 | 东侧（Ⅱ、Ⅲ段） | 49153$m^2$（其中地下室 3793$m^2$） |
| | | 西侧（Ⅰ段） | 11737$m^2$ |
| 3 | 建筑层数 | Ⅰ段 | 四层 |
| | | Ⅱ段 | 五层 |
| | | Ⅲ段 | 五层，局部地下一层 |
| 4 | 建筑层高 | 5.0m，地下室 6.0m | |
| 5 | 建筑高度 | Ⅰ段、Ⅱ段 | 至屋面面层高 20m，至外墙顶高 29m |
| | | Ⅲ段 | 至屋面面层高 30m，至外墙顶高 34.5m |
| 6 | 建筑平面 | Ⅰ段 | 南北宽 57.786m，东西长 58.8m |
| | | | 柱网 9.6m×9.6m，9.6m×19.2m 等 |
| | | Ⅱ段、Ⅲ段 | 南北宽 107.222m，东西长 118.8m |
| | | | 柱网 9.6m×9.6m，15.9m×9.6m 等 |
| 7 | 耐火等级 | 一级 | |
| 8 | 防水设计 | 地下防水 | 一道是结构自防水，抗渗等级为 P8，另一道为外贴 SBS 聚酯胎改性沥青防水卷材（3mm+3mm 厚） |
| | | 屋面防水保温 | 聚氨酯硬泡体防水保温一体化 |
| | | 外墙防水保温 | 聚氨酯硬泡体防水保温一体化 |
| | | 卫生间防水 | 刚性防水永凝液 DPS 喷涂，加柔性防水永凝液 RMO 防水涂层 |
| 9 | 墙体 | 填充墙体 | 陶粒混凝土空心砖，填充墙为 190mm 厚，砌筑砂浆采用 M5.0 水泥混合砂浆。 |
| | | 内隔墙 | 10mm 厚玻镁板、轻钢龙骨、75mm 厚岩棉 |
| | | 清水墙体 | Ⅲ区地下一层至三层工房内采用舒布洛克专用砌块、专用砌筑砂浆以及嵌缝条、拉接铁件、钢丝网片及洞口封盖板等专用材料 |
| 10 | 楼地面 | 石材、地毯、水泥地面、自流平、釉面地砖等 | |
| 11 | 顶棚 | 轻钢龙骨纸面石膏板吊顶、矿棉吸声板吊顶、金属板吊顶等 | |
| 12 | 墙面 | 石材干挂、木饰面安装、乳胶漆等 | |
| 13 | 外部装修 | 干挂花岗石、铝板及玻璃幕墙 | |

## 2.3 工程结构概况（见表 2-3）

表 2-3

| 序号 | 项 目 | 内 容 | |
|---|---|---|---|
| 1 | 基础形式 | 筏板、条基、独立柱基础 | |
| 2 | 结构形式 | 框架—剪力墙结构，局部钢结构 | |
| 3 | 抗震要求 | 设防烈度 | 8 度 |
| | | 抗震等级 | 二级 |
| 4 | 混凝土强度等级 | 垫 层 | C10、C15 |
| | | 底板、地梁、条基、柱基 | C30（底板抗渗，P8） |
| | | 柱、剪立墙、框架梁 | C40、C50 |
| | | 地下室挡土墙 | C40、S8 |
| | | 楼层梁板、楼梯 | C30 |
| | | 构造柱 | C25 |

续表

<table>
<tr><th>序号</th><th>项　目</th><th colspan="5">内　　容</th></tr>
<tr><td>5</td><td>安全等级</td><td colspan="5">二级</td></tr>
<tr><td>6</td><td>环境类别</td><td colspan="5">地上室内部分为一类，地上露天部分和基础为二 b 类</td></tr>
<tr><td rowspan="2">7</td><td rowspan="2">基础埋深</td><td colspan="2">Ⅰ段、Ⅱ段</td><td colspan="3">－2.4m（局部－2.7m）</td></tr>
<tr><td colspan="2">Ⅲ段</td><td colspan="3">－7.6m</td></tr>
<tr><td>8</td><td>钢筋等级</td><td colspan="5">HPB235、HRB335、HRB400、预应力钢绞线</td></tr>
<tr><td>9</td><td>结构环境类别</td><td colspan="5">地上非露天部分环境类别为一类，地下室与基础工程及外露结构环境类别为二 b 类</td></tr>
<tr><td rowspan="3">10</td><td rowspan="3">结构混凝土耐久性要求</td><td>环境类别</td><td>最大水灰比</td><td>最小水泥用量（$kg/m^3$）</td><td>最大氯离子含量（%）</td><td>最大碱含量（$kg/m^3$）</td></tr>
<tr><td>一</td><td>0.65</td><td>225</td><td>1.0</td><td>不限制</td></tr>
<tr><td>二 a</td><td>0.6</td><td>250</td><td>0.3</td><td>3.0</td></tr>
<tr><td>11</td><td>结构断面尺寸（mm）</td><td colspan="5">底板厚度 500；地梁断面 900×1300、1300×1000、1000×1100、400×1200、2000×1600、1000×1100、1400×2300、1200×1300；墙体厚度 400、350、300；柱断面 900×700、700×700、600×700 、1200×1200、900×800；楼板厚度 120、140、150、200、160；楼层梁断面 400×800、400×750、300×750、500×1300、400×750mm</td></tr>
<tr><td>12</td><td>其　他</td><td colspan="5">部分大跨度梁采用预应力梁，另有部分焊接型钢梁，钢梁长达 13m，重达 16t 部分柱为钢柱（焊接箱形柱）。Ⅲb 段地下室顶板局部采用无粘结预应力钢筋，钢结构部分楼板为压型钢板上浇混凝土楼板</td></tr>
</table>

## 2.4 钢结构概况

本工程钢结构主要有附在土建主体结构北外围 J 轴外的结构部分，是教学楼便于采光的展厅、入口前厅和教室功能室部分，即Ⅰ段北面 J 轴外钢梁柱、Ⅱ段及Ⅲb 段北面 J 轴外钢梁柱部分、Ⅰ段 1 轴外钢梁柱和中庭 $16^{\#}$ 圆弧钢楼梯部分；另有把Ⅱ段与Ⅲ段联系起来的钢结构栈桥和 $3^{\#}$、$17^{\#}$、$18^{\#}$ 钢楼梯。

另外，屋面原设计为弧型混凝土梁、板，施工难度大，施工周期长，周转架料用量及损耗大，施工成本高，施工质量难以控制，为便于施工，修改成混凝土结构与钢结构相结合的金属屋面系统。

## 2.5 机电工程概况（见表 2-4）

表 2-4

机 电 工 程 概 况

<table>
<tr><td rowspan="2">给排水、消防工程</td><td>给排水工程主要包括给水系统、热水系统、排水系统、中水系统和雨水系统。给水系统、中水给水系统、热水系统采用镀锌钢管丝扣连接和沟槽连接；排水系统埋地部分采用铸铁管承插连接，地上部分采用 UPVC 管粘结；雨水系统采用无缝钢管焊接连接</td></tr>
<tr><td>消防工程包括消火栓系统、自动喷淋系统及气体灭火系统。消火栓系统管道环状布置，采用焊接钢管焊接；自动喷淋系统采用湿式系统，采用镀锌钢管丝扣或卡箍连接；Ⅰ区 3 层珍本书库及Ⅲ区 5 层网络机房采用气体灭火</td></tr>
</table>

续表

| 机电工程概况 | |
|---|---|
| 通风空调工程 | 空调与通风工程包括通风系统、空调水系统和防排烟系统。空调冷源由地下一层冷水机组提供，热源由清华园内热网提供。空调水系统采用无缝钢管焊接连接；通风系统采用镀锌钢板咬口连接；防排烟系统采用普通钢板焊接 |
| 电气工程 | 电气工程包括配电、动力、照明系统和防雷接地系统。本工程供电由两路10kV高压电源引至地下一层变电室，并由低压配电柜通过电缆和母线向各层分区供电。本建筑防雷按二级防雷保护，采用联合接地方式，在各强弱电配电间、弱电机房等均设接地端子箱，做等电位联接。所有进、出建筑物的金属管线做等电位连接，卫生间做局部等电位连接 |

## 2.6　工程水文地质条件

本工程地下室部分持力层为第四纪沉积粉质黏土、重粉质黏土，其余部位持力层为第四纪沉积黏土。

本工程Ⅰ段、Ⅱ段开挖遇有古井，需进行地基处理。

本工程Ⅲb段基础原设计基底标高－2.50m，在开挖过程中，此区间内有大量的回填渣土，继续向下开挖至－4.80m，始见老土，为满足设计要求，在－4.80～－2.50m之间需做换填处理。

本工程±0.00标高相当于绝对标高50.20m，地下水位标高约为46.0m，相当于对于本工程为－4.2m，Ⅲa段地下室底板底标高为－7.6m，地下室施工时需人工降低地下水位。

## 2.7　施工现场作业条件

(1) 本工程用地南侧为学研大厦（高约41.2m）和设计中心（高约16.2m），东侧为学校东围墙，北面为规划建设的博物馆空地，西侧与建筑馆隔路相望。现场东面和北面有围墙，东面紧靠财经东路，西面有一条校园马路从Ⅰ段穿过。用地内无必须保留的树木，土地基本平整。

(2) 现状道路下有多种现状的管线通过，临建规划时应避免互相影响。

(3) 现场电源接口设在建筑物北侧中部地带，现场水源从东侧围墙中部接入。现场三通一平基本完成。

## 2.8　工程特点及难点

### 2.8.1　工期紧

总工期473天。开工日期2004年3月15日，竣工日期2005年6月30日，工期非常紧迫。

### 2.8.2　工程结构复杂，技术难度大

(1) 地下水位较高，需降水和护坡

本工程降水和护坡由建设单位分包，我公司进场后负责做好基坑支护验收工作，协助

其采取措施，确保基坑及周边建筑物安全，保障基础、地下室防水及结构施工条件。

(2) 基础设计标高落差大，施工复杂

本工程地下室部分底板从基础梁（基础梁最高2.30m）中部穿过，Ⅲa段深基础与Ⅲb段浅基础高低落差3.0m左右。施工时对土方开挖、钢筋翻样加工绑扎、混凝土施工缝的留设、混凝土浇筑的顺序等要求极为严格，必须充分领会设计图纸内容，合理组织施工，提前计划辅助技术措施。且各段土方均有局部需要根据实际情况进行处理。

(3) 工程结构大量采用中空布置，施工难度大

(4) 钢结构安装精度高

本工程北入口钢结构设置斜钢柱、斜钢梁，钢结构安装精度高，如何提高钢结构安装精度，对北入口造型有直接影响。

(5) 工程所采用部分钢筋直径大（$\phi$40）、强度高（HRB400），加工、运输、绑扎等各个环节必须安排周密。必须选择合适的接头形式、加工机械，充分考虑钢筋的断料长度、运输措施。

### 2.8.3 机电工程深化设计难度大

本工程安装工程专业分包较多，管线设备密集、空间紧张，协调量大。在施工前需要作详细的深化设计，将各系统的设备管线精确定位、明确设备管线细部做法。提前解决图纸中可能存在的问题，避免因变更和拆改造成不必要的损失。在满足规范的前提下，合理布置机电管线，为业主提供最大的使用空间。

### 2.8.4 总包管理任务重

本工程各专业工种之间的工序上交替穿插频繁，因此，施工总体部署及各专业工种之间的相互协调、配合也是本工程一大重点。要求施工单位具有很强的专业施工、协调和总包管理能力，确保全面实现使用功能。

### 2.8.5 施工管理要求高

(1) 工程质量标准要求高

如何通过严格的过程控制实现“结构长城杯”、“竣工长城杯”，争创“鲁班奖”荣誉，把本工程建成一流的艺术精品，是本工程的核心任务。

(2) 对施工现场管理要求高

本工程地处清华校园内，对现场文明施工、扬尘污染控制、环境保护和施工安全要求高。

### 2.8.6 设计变更频繁

本工程由北京建筑设计研究院与帕金斯 & 威尔（美国设计单位）共同设计，并有清华大学基建处和清华美院两方业主，各方在工程的布局、使用功能和艺术风格上都存在不同意见，导致工程频繁变更，对工程施工有很大的影响。

### 2.8.7 做好精装修，充分体现美院工程特点

本工程代表着21世纪清华新形象，该工程设计采用了简洁、明确的几何体块，将各体量富于逻辑性地组成一个整体，并根据各部分内容特点，在局部处理上表现出不同性格，充分表达了美术学院的建筑个性。

## 2.9 拟应用“四新技术”情况

根据本工程实际情况，在施工中拟应用以下“四新”技术，如表2-5所示。

表 2-5

| 序号 | 项　　目 | 内　　容 |
|---|---|---|
| 1 | 高性能混凝土应用技术 | 混凝土中掺加粉煤灰、外加剂 |
| 2 | 高效钢筋与预应力应用技术 | 采用 HRB400 级热轧带肋钢筋和通长的无粘结预应力钢筋 |
| 3 | 粗直径钢筋直螺纹连接技术 | 粗直径钢筋直螺纹连接 |
| 4 | 新型模板及脚手架应用技术 | 大钢模的应用 |
| 5 | 钢结构技术应用 | 弧形金属屋面、钢结构技术 |
| 6 | 建筑节能及环保应用技术 | 轻钢龙骨隔墙、舒布洛克清水墙砌体 |
| 7 | 建筑防水新技术应用 | 屋面和外墙采用硬泡聚氨酯防水保温一体化施工工艺 |
| 8 | 建筑企业管理信息化技术应用 | CAD 辅助设计、建筑资料管理软件、文档编辑、网络进度、预算决算、财务报表以及项目集成管理软件（CPM）、远程监控系统 |

# 3　施工部署

## 3.1　工程目标

### 3.1.1　工期目标

开工日期：2004 年 3 月 15 日；

交付日期：2005 年 6 月 30 日；

总 工 期：473 天。

本工程里程碑划分和计划如表 3-1 所示。

表 3-1

| 里程碑名称 | 2004 | | | | | | | | | | 2005 | | | | | |
|---|---|---|---|---|---|---|---|---|---|---|---|---|---|---|---|---|
| | 3 | 4 | 5 | 6 | 7 | 8 | 9 | 10 | 11 | 12 | 1 | 2 | 3 | 4 | 5 | 6 |
| 工程开工 | ▲2004 年 3 月 15 日 | | | | | | | | | | | | | | | |
| 地下结构完工 | | | ▲2004 年 6 月 06 日 | | | | | | | | | | | | | |
| 主体结构完工 | | | | | ▲2004 年 8 月 10 日 | | | | | | | | | | | |
| 屋面工程完工 | | | | | | ▲2004 年 10 月 14 日 | | | | | | | | | | |
| 装饰装修完工 | | | | | | | | | | | | | | | 2005 年 5 月 19 日▲ | |
| 安装工程完工 | | | | | | | | | | | | | | | | 2005 年 6 月 12 日▲ |
| 室外工程完工 | | | | | | | | | | | | | | | | 2005 年 5 月 31 日▲ |
| 竣工验收 | | | | | | | | | | | | | | | | 2005 年 6 月 30 日▲ |

### 3.1.2　质量目标

达到《建筑工程施工质量验收统一标准》的合格标准，确保北京市结构“长城杯”，确保北京市竣工“长城杯”，争创“鲁班奖”。

### 3.1.3　安全施工目标

执行《职业健康安全管理体系》（OHSMS）；确保不发生重大伤亡事故及机械伤害事故，杜绝死亡事故，年轻伤率控制在 3‰以内；做好施工现场防疫工作，杜绝食物中毒和传染病；创“北京市文明安全工地”。

### 3.1.4 文明施工及环境保护目标

文明施工目标：建花园式施工现场。

环境保护目标：严格按照ISO14000标准，进行“绿色”施工，采取有效的环境保护与控制扬尘污染措施，保证施工过程中对周边环境无污染。

### 3.1.5 工程总承包管理目标

施工管理过程中以人为本，严格履行施工合同所赋予总承包商的各项权利和义务，主动协调好与业主、设计、监理、各专业分包单位以及相关政府部门的关系，积极、主动、高效地为业主服务，工程参建各方一起通力协作，确保工程总承包范围内各项既定目标的实现，共创精品工程。

## 3.2 项目经理部组织机构

为确保施工任务圆满完成，我公司将本工程列为公司的重点施工项目，选配质量意识高，业务能力强，有实践经验的工程技术管理干部组成本工程项目经理部，负责现场的施工管理，保证按质、按量、按期、按合同要求完成施工任务。

本工程成立由土建、水暖、电气、通风等各专业工程师及质检、安全、器材、资料、预算等人员参加的工程管理机构，实行项目施工承包管理制，建立以项目部领导为主导的工程管理机构。

项目施工组织机构方框图见图3-1。

## 3.3 任务划分及总、分包关系

### 3.3.1 总包范围

合同范围规定内容：地红线内图纸所示的全部的建筑、结构、采暖、通风、空调、热力、电气等工程。

### 3.3.2 专业分包计划（表3-2）

表3-2

| 序　号 | 分包内容 | 分包考察时间 | 分包进场时间 |
|---|---|---|---|
| 1 | 降水工程 | 2004.1 | 2004.1 |
| 2 | 护坡工程 | 2004.1 | 2004.2 |
| 3 | 土方工程 | 2004.1 | 2004.2 |
| 4 | 防水工程 | 2004.3 | 2004.4 |
| 5 | 钢结构制作 | 2004.3 | 2004.4 |
| 6 | 幕墙施工 | 2004.9 | 2004.10 |
| 7 | 电梯工程 | 2005.1 | 2005.2 |
| 8 | 综合布线系统 | 2004.9 | 2004.10 |
| 9 | 有线电视系统 | 2004.9 | 2004.10 |
| 10 | 楼宇自控系统 | 2004.9 | 2004.10 |
| 11 | 多媒体系统 | 2004.9 | 2004.10 |
| 12 | 局域网系统 | 2004.9 | 2004.10 |
| 13 | 电视屏幕系统 | 2004.9 | 2004.10 |
| 14 | 安全防范系统 | 2004.9 | 2004.10 |
| 15 | 火灾报警系统 | 2004.9 | 2004.10 |
| 16 | 气体消防系统 | 2004.9 | 2004.10 |

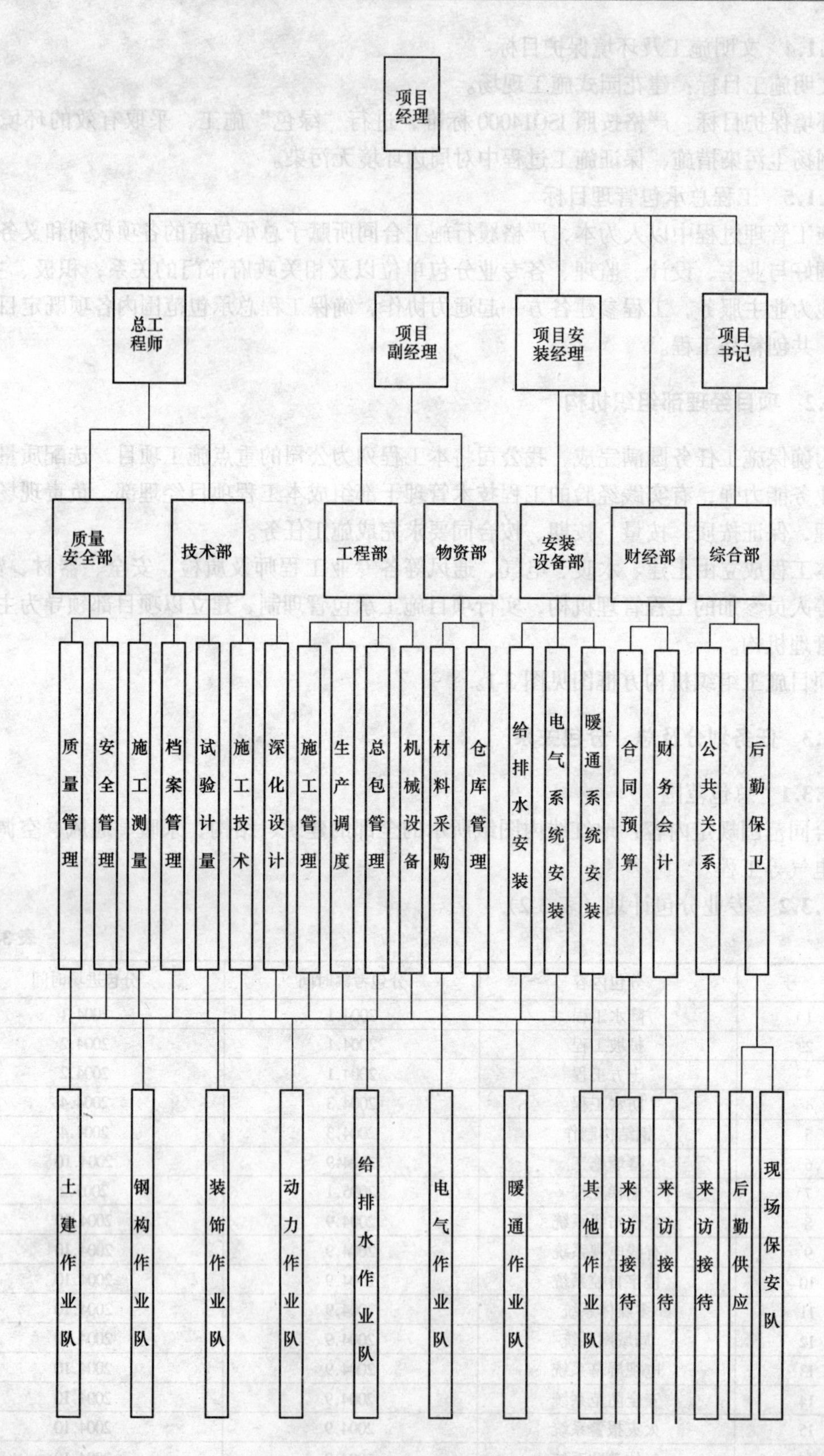


图 3-1　项目施工组织机构方框图

### 3.3.3 总、分包关系

为了达到按质、按期竣工全面交付使用的目标，需要加强与工程相关各单位的配合及协调工作。

(1) 项目主要管理人员必须参加每周二下午监理单位组织召开的由甲方、监理、设计单位、总包单位、分包单位共同参加的监理例会，以便贯彻执行会议精神；

(2) 与设计单位随时沟通，发现问题及时办理工程洽商，并将工程洽商文件及时传递到各方（业主、监理单位及项目部内部）；

(3) 总分包的协调工作由项目生产副经理与技术负责人共同对口负责；项目部内部每周五进行质量、安全、文明施工大检查，并召开生产例会，对项目内部各部门及各分包单位在施工中存在的问题，及时安排处理并布置下一步工作；

(4) 随工程进度由技术部组织对项目各有关部门进行施工组织设计、分项工程施工方案等交底会议，并由工长组织各班组进行技术交底会议，确保落实交底制度（包括设计交底、施工方案交底、技术交底等），确保技术先行；

(5) 项目部根据工程需要随时组织质量、进度、成本分析会，及时组织专题会议，确保集思广益，协调一致。

## 3.4 总体和重点部位施工顺序

### 3.4.1 总体思路

为了高效、有序地组织本工程的施工，我们按照建筑功能的不同，充分考虑施工工作量的均衡性以及作业队伍、工种间的协调，将工程划分为四个区域，见图 3-2。

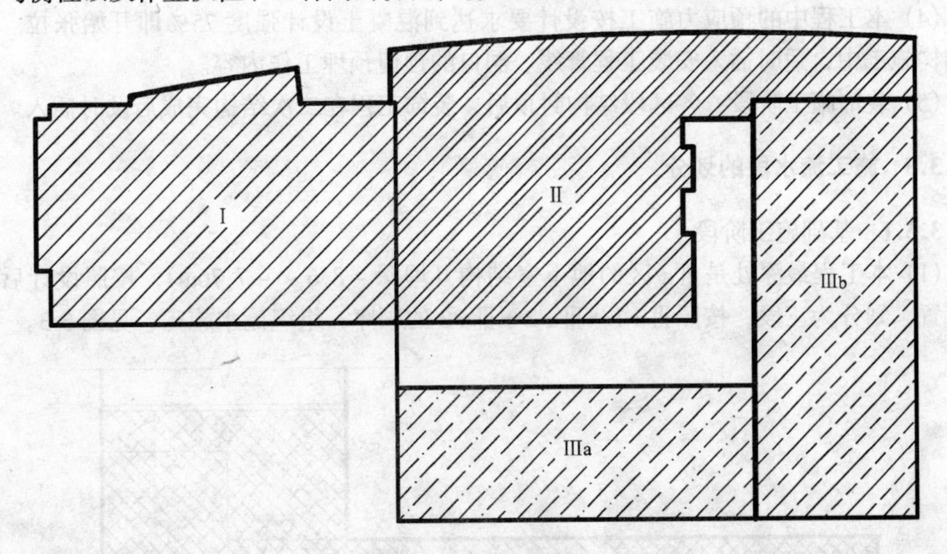


图 3-2 施工区域划分

在结构施工阶段，按照划分的四个区域，我们将组织四个独立的作业队伍，完成主体结构的施工。

在装饰施工阶段，按照主体结构先后封顶时间，组织四个装饰作业队伍，分别进行Ⅰ、Ⅱ区和Ⅲa、Ⅲb 区的施工。

### 3.4.2 施工区段划分

本工程随楼层变化，施工面积变化较大，施工工程量不均衡，见表3-3。

表3-3

| 层　号 | 单层面积 | 层　号 | 单层面积 |
|---|---|---|---|
| 地　下 | 3793m² | 三　层 | 12991m² |
| 首　层 | 14563m² | 四　层 | 9655m² |
| 二　层 | 8018m² | 五　层 | 10473m² |

针对复杂的基础形式及各层施工面积的不断变化，科学的分区和高效有序的组织，是保障顺利施工的关键。我们将按照基础、上部主体、钢结构和装修四大阶段分区组织施工。

### 3.4.3 总体施工顺序

总体施工顺序以进度控制为主线，以计划、组织、协调、控制为主要职能，以项目实施总过程为生命期，各分部分项工程施工的自然逻辑顺序和本工程的组织关系进行全面策划，根据本工程特点及各相关专业的关系，经综合考虑，进行如下阐述：

（1）基础地下室施工阶段：首先进行Ⅰ、Ⅱ区和Ⅲa的地下室部分同步施工，Ⅲb的基础紧随Ⅲa-3段进行施工，要求及早完成5台塔吊的安装；

（2）地上主体结构施工阶段：Ⅰ、Ⅱ区同步施工，Ⅲa、Ⅲb区同步施工，考虑到工序的搭接和施工料具的周转，Ⅰ、Ⅱ区和Ⅲa、Ⅲb区的施工将错开一定的工期；

（3）钢结构施工阶段：Ⅰ、Ⅱ区结构封顶后，拆除J轴外的两台塔吊，待Ⅲb区结构封顶，即可进行钢结构工程施工，绿化走廊栈桥安装在Ⅲa、Ⅲb区结构封顶后进行。

（4）本工程中的预应力施工按设计要求达到混凝土设计强度75%即开始张拉。在各段结构施工中，适时插入安装工程管线、洞口的预留预埋工作内容。

（5）装饰施工阶段：各区段结构封顶后，装饰工程在二次结构完成后及时插入。

## 3.5 施工流水段的划分

### 3.5.1 基础施工阶段

（1）本工程最深处是Ⅲa区的地下室结构（埋深－8.6～－7.76m），按照设计后浇带的布置，划分为三段，按照Ⅲa-1→Ⅲa-2→Ⅲa-3的顺序，组织流水施工，见图3-3。

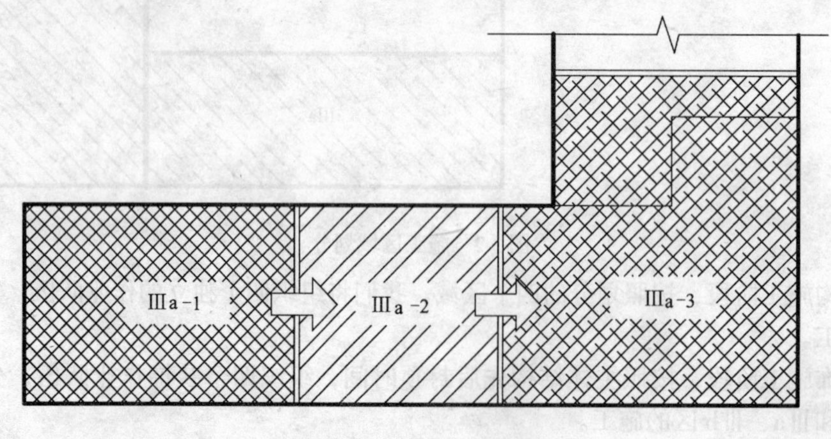


图3-3 流水施工组织

其中，在Ⅲa-3段的基础与Ⅲb区基础相连，并处于不同的标高，需进行两次分层施工，见图3-4。

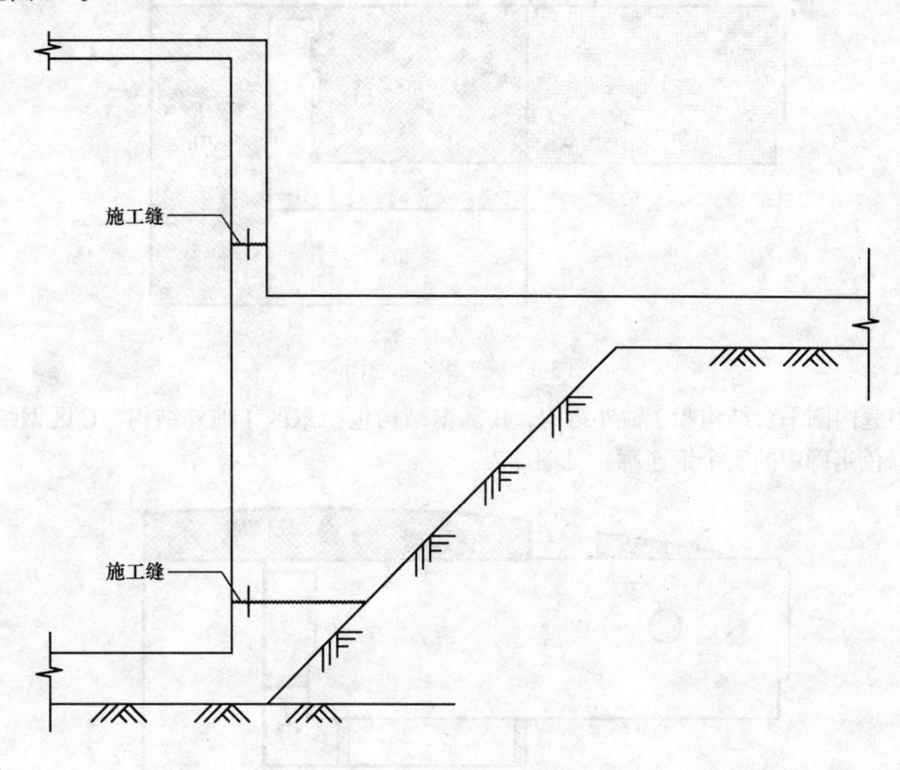


图3-4 分层施工示意图

(2) Ⅰ、Ⅱ、Ⅲb区的基础采用筏基、条基及独立基础（埋深－2.40m），按照设计后浇带的布置，划分为五段（分别是Ⅰ-1、Ⅰ-2、Ⅱ-1、Ⅱ-2、Ⅲb段），见图3-5。

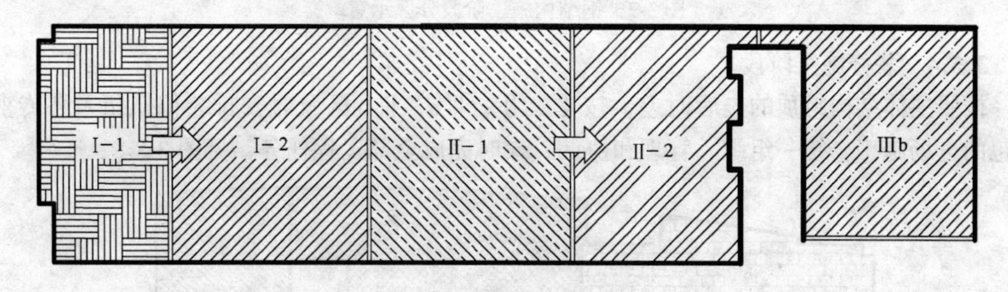


图3-5 区段划分

其中Ⅰ、Ⅱ区按照“区间同步、段内流水”的施工顺序，即Ⅰ-1→Ⅰ-2、Ⅱ-1→Ⅱ-2的顺序组织流水施工；Ⅲb区作为机动部分，跟随Ⅲa-3段的基础进行施工。

### 3.5.2 上部主体施工阶段

上部主体结构按照设计功能划分以及抗震伸缩缝的布置，划分为四个区域，即Ⅰ、Ⅱ、Ⅲa、Ⅲb，按照“Ⅰ、Ⅱ区同步，Ⅲa、Ⅲb同步”的原则组织施工，见图3-6。

### 3.5.3 钢结构施工阶段

本工程钢结构区域较分散，按照不同位置分为A、B、C三区。其中，A区钢结构包

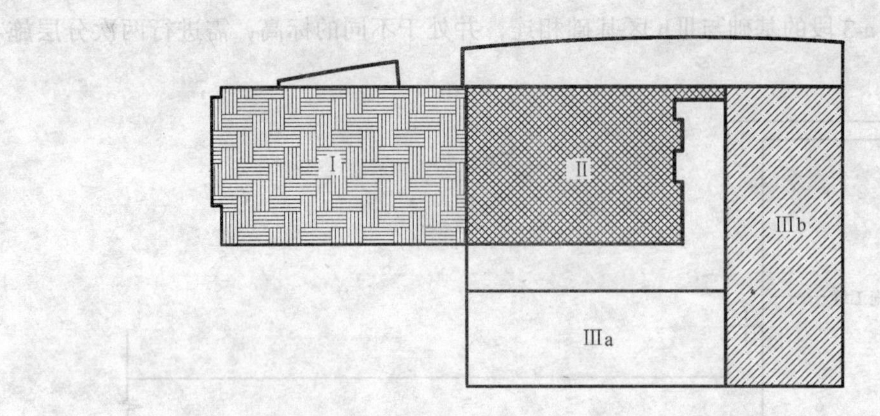


图 3-6　施工组织示意图

括西区中庭内圆平台结构和 J 轴外结构，B 区钢结构包括东区 J 轴外结构，C 区钢结构包括 L 形绿色走廊中的三个钢连廊，见图 3-7。

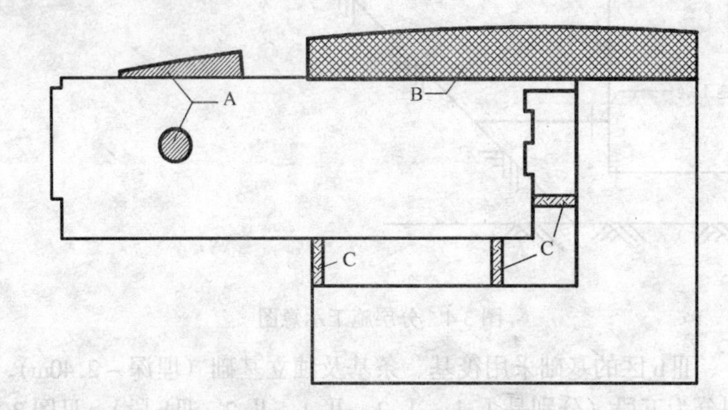


图 3-7　钢结构施工阶段分区示意

### 3.5.4　装修施工阶段

按照主体结构封顶的先后时差，按Ⅰ、Ⅱ、Ⅲa、Ⅲb 区及时安排装修队伍及各专业分包的进场施工，统一组织、管理和协调，按时完成全部工程任务，见图 3-8。

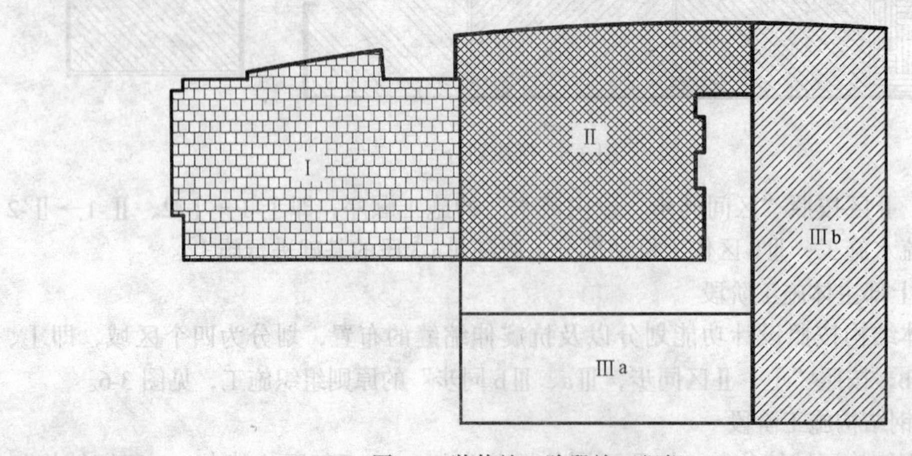


图 3-8　装修施工阶段施工组织

## 3.6 施工平面布置

### 3.6.1 施工平面布置原则

总平面布置的原则是有效利用场地的使用空间，科学规划现场施工道路，最大限度减少和避免对周边环境的影响，满足安全生产、文明施工、方便生活和环境保护的要求。因此，必须做好对总平面的分配和统一管理，协调各专业对总平面的使用，并对施工区域和周边各种公用设施加以保护。具体如下：

(1) 根据施工总体部署，进行施工现场规划布置，高效地使用现场场地。

(2) 办公区、生活区和现场施工、加工区分区布置，相互独立，减少干扰，降低安全隐患。场内各出入口、周边围墙、各类宣传栏及各主要涉外办公房间均按照我单位总体形象设计要求进行布置。

(3) 施工材料堆场设在塔吊大臂覆盖范围内，以减少二次搬运。中小型机械的布置避开高空物体坠落范围，并设防砸棚。

(4) 临时用电电源及电线敷设避开人员流量大的楼梯及安全出口，电线采用暗敷方式。

(5) 现场平面布置本着动态管理的原则，分为基础施工阶段、主体结构施工阶段、钢结构施工阶段、装修施工阶段四个不同时期进行管理，根据每个时期的材料和设备的不同，合理调整堆场位置；同时，兼顾到不宜移动的设施，如办公用房、大型机械设备、临时水电管线、道路等。

(6) 场地施工主干道路进行硬化处理，场地排水进行总体设计。所有材料堆场按照"就近堆放"的原则，即布置在塔吊覆盖范围内，同时考虑到交通运输的便利。

### 3.6.2 施工总平面布置图

(1) 基础施工阶段平面布置图；

(2) 主体施工阶段平面布置图；

(3) 钢结构施工阶段平面布置图；

(4) 装饰施工阶段平面布置图；

(5) 施工用水用电平面布置图；

(6) 临建设施平面布置图。

## 3.7 施工进度计划

(1) 根据合同工期要求和分部分项工程量合理编制施工进度计划，合理组织施工工序的衔接，均衡连续施工，并周密做好建筑材料，周转材料的计划，投入充足的劳动力和机械设备，采取"立体交叉"施工的方式，是提高工效、缩短工期的关键。

(2) 本工程施工的关键线路：施工准备→土方开挖→钎探验槽及地基处理→垫层→基础底板地梁（地下结构）→主体结构（含钢结构）→二次结构→屋面工程→内、外部装修→设备调试→竣工清理→竣工验收。

(3) 本工程施工计划横道图和网络图详见《施工进度计划横道图》、《施工进度计划网络图》。

## 3.8　周转物资配置

主要周转料具见表 3-4。

表 3-4

| 序　号 | 材料名称 | 材料数量 | 进场日期 | 退场日期 |
|---|---|---|---|---|
| 1 | 可调柱模板 | 1110m$^2$ | 2004.4 | 2004.8 |
| 2 | 墙体大钢模 | 3820m$^2$ | 2004.4 | 2004.8 |
| 3 | 普通钢管 | 2187t | 分批进场 | 2004.9 |
| 4 | 扣件 | 52.5 万个 | 分批进场 | 2004.9 |
| 5 | $\phi$16 对拉螺杆 | 17100 根 | 分批进场 | 2004.9 |
| 6 | 50mm×100mm 木枋 | 705m$^3$ | 分批进场 | 2004.10 |
| 7 | 覆膜胶合板 | 38785m$^2$ | 2004.4 | 2004.10 |
| 8 | 5cm 厚木脚手板 | 170m$^3$ | 2004.4 | 2005.5 |
| 9 | 可调 U 形支托 600mm | 20350 根 | 2004.4 | 2004.10 |

## 3.9　主要施工机械及电动工具

### 3.9.1　土建施工机械设备用量计划表（见表 3-5）

表 3-5

| 序　号 | 机械名称 | 型　号 | 单　位 | 数　量 | 使用时间 |
|---|---|---|---|---|---|
| 1 | 塔式起重机 | C5515 | 台 | 3 | 4个月 |
|  |  | F0/23B | 台 | 2 | 4个月 |
| 2 | 施工电梯 | SCD200/200 | 座 | 5 | 8个月 |
| 3 | 汽车起重机 | P&H670TC | 台 | 2 | 2个月 |
| 4 | 混凝土输送泵 | HBT60A | 台 | 3 | 4个月 |
| 5 | 布料杆 | R-12 | 台 | 2 | 4个月 |
| 6 | 钢筋对焊机 | UN-100 | 台 | 4 | 4个月 |
| 7 | 钢筋切断机 | GJ40-1 | 台 | 6 | 4个月 |
| 8 | 钢筋弯曲机 | GW-40-1 | 台 | 6 | 4个月 |
| 9 | 电动卷扬机 | ZS-JJK-3t | 台 | 3 | 4个月 |
| 10 | 木工刨床 | MQ423B | 台 | 4 | 5个月 |
| 11 | 木工锯床 | MT500 | 台 | 4 | 5个月 |
| 12 | 木工压刨 | MB104-1 | 台 | 2 | 5个月 |
| 13 | 交流电焊机 | BX1-300 | 台 | 3 | 12个月 |
| 14 | 水　泵 | 7.5kW | 台 | 2 | 个月 |
| 15 | 插入式振动器 | 1.5kW | 套 | 25 | 4个月 |
| 16 | 平板振动器 | ZW20 | 台 | 4 | 4个月 |
| 17 | 空气压缩机 | 1m$^3$/min | 台 | 2 | 10个月 |
| 18 | 打夯机 | HW60A | 台 | 3 | 1个月 |
| 19 | 砂浆搅拌机 | JS250 | 台 | 5 | 5个月 |
| 20 | 栓钉焊机 |  | 台 | 2 | 1个月 |
| 21 | 烘　箱 | ERICHSEN295/S | 台 | 1 | 2个月 |
| 22 | $CO_2$ 焊机 | PS5000 | 台 | 9 | 1个月 |
| 23 | 直流焊机 | 500A | 台 | 6 | 1个月 |

### 3.9.2 水电、暖通施工机具用量计划（见表 3-6）

表 3-6

| 序 号 | 机械或设备名称 | 型号规格 | 单 位 | 数 量 | 使用时间 |
|---|---|---|---|---|---|
| 1 | 汽车起重机 | QY40 | 台 | 1 | 半个月 |
| 2 | 电 锤 | T24 | 台 | 15 | 12 个月 |
| 3 | 交流焊机 | BX-500 | 台 | 8 | 10 个月 |
| 4 | 氩弧焊焊机 | WSM-400 | 台 | 4 | 10 个月 |
| 5 | 手拉葫芦 | 5t | 台 | 8 | 5 个月 |
| 6 | 手拉葫芦 | 2t | 台 | 15 | 5 个月 |
| 7 | 电动套丝机 | QT4-AI | 台 | 8 | 10 个月 |
| 8 | 轻便套丝机 | QT2-CI | 台 | 18 | 10 个月 |
| 9 | 台钻 | LT13 | 台 | 10 | 8 个月 |
| 10 | 电动试压泵 | 3D-SY543 | 台 | 6 | 3 个月 |
| 11 | 手动试压泵 | / | 台 | 10 | 3 个月 |
| 12 | 联合咬口机 | YZL-12 | 台 | 3 | 3 个月 |
| 13 | 折方机 | SAF-9 | 台 | 1 | 3 个月 |
| 14 | 剪扳机 | Q11-3 × 2500 | 台 | 1 | 3 个月 |

## 3.10 劳动力组织（见表 3-7 和图 3-9）

劳动力需用计划表

表 3-7

| 时间工种 | 2004 年 | | | | | | | | | | 2005 年 | | | | | |
|---|---|---|---|---|---|---|---|---|---|---|---|---|---|---|---|---|
| | 3 | 4 | 5 | 6 | 7 | 8 | 9 | 10 | 11 | 12 | 1 | 2 | 3 | 4 | 5 | 6 |
| 钢筋工 | 10 | 260 | 390 | 230 | 200 | 80 | 18 | 18 | 18 | 12 | 0 | 0 | 0 | 0 | 0 | 0 |
| 木 工 | 0 | 520 | 720 | 460 | 400 | 170 | 25 | 25 | 25 | 20 | 0 | 0 | 0 | 0 | 0 | 0 |
| 混凝土工 | 10 | 80 | 80 | 60 | 60 | 50 | 30 | 15 | 15 | 15 | 0 | 0 | 0 | 0 | 0 | 0 |
| 钳 工 | 0 | 0 | 4 | 8 | 14 | 14 | 10 | 20 | 25 | 25 | 20 | 20 | 8 | 0 | 0 | 0 |
| 探伤工 | 0 | 0 | 0 | 2 | 2 | 2 | 0 | 0 | 0 | 0 | 0 | 0 | 0 | 0 | 0 | 0 |
| 防水工 | 0 | 35 | 0 | 20 | 0 | 20 | 20 | 0 | 0 | 0 | 0 | 0 | 0 | 0 | 0 | 0 |
| 测量工 | 4 | 4 | 7 | 7 | 7 | 7 | 2 | 0 | 0 | 0 | 0 | 0 | 0 | 0 | 0 | 0 |
| 砌筑工 | 40 | 6 | 0 | 0 | 0 | 0 | 120 | 350 | 300 | 120 | 40 | 0 | 20 | 0 | 0 | 0 |
| 架子工 | 0 | 40 | 60 | 60 | 60 | 36 | 0 | 0 | 30 | 30 | 10 | 0 | 10 | 10 | 60 | 0 |
| 机操工 | 0 | 18 | 18 | 20 | 20 | 20 | 18 | 10 | 10 | 10 | 10 | 10 | 10 | 10 | 0 | 0 |
| 电 工 | 11 | 23 | 23 | 30 | 53 | 63 | 68 | 75 | 80 | 60 | 50 | 25 | 50 | 30 | 20 | 15 |
| 起重工 | 0 | 24 | 28 | 30 | 22 | 26 | 4 | 6 | 6 | 6 | 2 | 2 | 2 | 0 | 0 | 2 |
| 管 工 | 2 | 4 | 10 | 30 | 50 | 70 | 80 | 80 | 80 | 50 | 25 | 10 | 15 | 16 | 10 | 6 |
| 通风工 | 1 | 4 | 4 | 20 | 40 | 50 | 55 | 60 | 45 | 30 | 25 | 8 | 18 | 12 | 12 | 6 |
| 保温工 | 0 | 0 | 0 | 0 | 0 | 10 | 20 | 20 | 20 | 10 | 10 | 6 | 6 | 6 | 2 | 0 |
| 焊 工 | 4 | 14 | 17 | 58 | 64 | 54 | 34 | 22 | 17 | 20 | 15 | 4 | 9 | 3 | 2 | 0 |
| 油漆工 | 1 | 2 | 2 | 4 | 11 | 11 | 6 | 16 | 16 | 18 | 18 | 38 | 124 | 124 | 102 | 52 |
| 幕墙工 | 0 | 0 | 0 | 0 | 0 | 0 | 0 | 90 | 250 | 250 | 250 | 10 | 5 | 0 | 0 | 0 |
| 注胶工 | 0 | 0 | 0 | 0 | 0 | 0 | 0 | 0 | 20 | 30 | 15 | 15 | 5 | 0 | 0 | 0 |
| 高级抹灰工 | 0 | 0 | 0 | 0 | 0 | 0 | 80 | 100 | 120 | 100 | 40 | 20 | 100 | 80 | 40 | 0 |
| 高级木工 | 0 | 0 | 0 | 0 | 0 | 0 | 0 | 0 | 0 | 0 | 30 | 80 | 160 | 140 | 80 | 40 |
| 贴面工 | 0 | 0 | 0 | 0 | 0 | 0 | 0 | 0 | 0 | 0 | 0 | 20 | 120 | 120 | 80 | 40 |
| 石 工 | 0 | 0 | 0 | 50 | 70 | 70 | 80 | 90 | 70 | 50 | 20 | 10 | 5 | 0 | 0 | 0 |
| 普 工 | 180 | 190 | 40 | 40 | 40 | 40 | 40 | 40 | 40 | 40 | 40 | 0 | 75 | 60 | 35 | 25 |
| 总人数 | 263 | 1224 | 1403 | 1129 | 1113 | 793 | 708 | 1037 | 1187 | 896 | 635 | 278 | 742 | 611 | 443 | 186 |

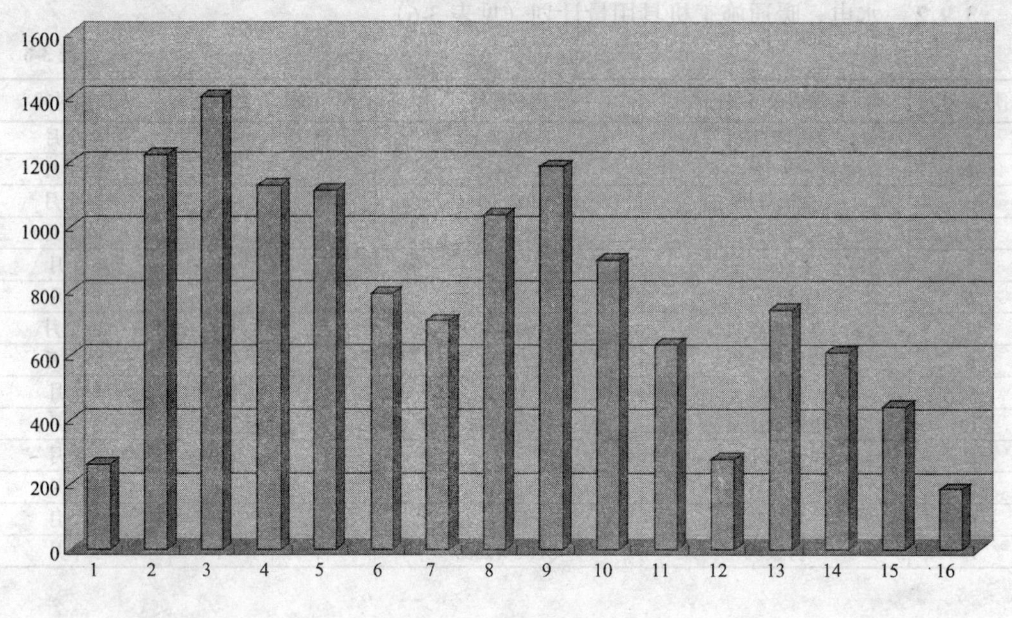


图 3-9　劳动力动态分布图

# 4　施工方法

## 4.1　测量放线

### 4.1.1　工程定位测量

根据甲方提供的定位轴线和标高资料，测放出定位轴线，并将水准点引入工地做桩标志。填写验线资料审报验线。

### 4.1.2　建立平面控制网和高程控制网

以通过验线的定位轴线为 I 级控制网，再根据工程的需要进行加密，建立高程控制网。

### 4.1.3　轴线投测

在楼内分别建立内控点作为施工的测量内控点坐标、轴线投测的依据。上层各层顶板相应位置预留投线口，各层轴线从首层用激光铅垂仪向各层传递，然后在楼层进行闭合较测后，确定各层轴线及控制线。

### 4.1.4　平面放线

根据轴线投测的控制线，经过校核后，进行平面放线。首先，用钢尺把轴线控制线分线，测设出其他轴线控制线（距柱边线 300mm）。放线完毕，请监理验线合格后方可进行下道工序。

### 4.1.5　高程传递和控制

高程传递，首层柱施工完毕后在每根柱子上抄测出 500mm 控制线，并用红漆标注水准符号，以后每层高程传递均用钢尺从首层所选择的起始高程控制点竖直向上量取标高，经过校核、监理检验，作为施工层抄平的控制依据。

## 4.2 基础工程

### 4.2.1 降水及护坡

本工程+0.00m相当于绝对标高+50.20m，根据北京市地质勘察设计研究院提供的本工程《岩土工程勘察报告》，场地内静止水位埋深4.60m。

拟建建筑物Ⅲa、Ⅲb段地下室结构基础底板垫层底标高为-7.76m（基础梁部分插入底板以下0.80m左右）。该处地下室施工时需进行降水及护坡处理。

根据本工程地质情况、地下水水位情况及基坑深度，降水及护坡做如下考虑：

(1) 地下室基坑采用大口井降水方法人工降低地下水位，井位沿地下室边坡上边1m以外四周布置，注意避开Ⅱ段与Ⅲa段、Ⅲb段结构基础位置。为保障基础施工顺利进行，地下水位降至基坑最低部以下0.5m（即水位降至-9.5m以下），开始地下室土方开挖。

(2) Ⅰ段、Ⅱ段基础埋置深度为-2.4m左右，施工时考虑自然放坡。Ⅲa、Ⅲb段地下室坡面采用插筋喷浆护面或土钉墙支护。

### 4.2.2 土方开挖

本工程土方开挖采用机械：两台WY100型反铲挖土机、10~15辆自卸汽车。

挖土顺序：

(1) 地下室部分土方开挖顺序：为配合锚杆施工，土方分层开挖，先挖地下室周边-2.0m以上第一层土方，以后按每层1.8m，挖土时先挖出锚杆施工位置（离坑边8m范围），以便锚杆施工；土方沿四周向临时行车坡道收挖。

(2) Ⅰ段、Ⅱ段基础可分段独立开挖。开挖顺序：沿西边向东边大开挖，土方沿现场周边道路运至土方堆场。

本工程基底部分土方待机械挖至接近设计标高时，保留不少于300mm厚的原状土人工清除。其中Ⅱ段、Ⅲa段、Ⅲb段相交接处，基础落差近3.0m，该处按图纸施工时应进行放坡（坡度为45°），施工时，放坡部分土方采用人工挖除，以避免扰动基底土方。其他部分深浅基础的土方挖除遵照此条原理执行，如地下室底板以下的基梁部分土方挖除等。

### 4.2.3 地基处理

该工程基础形式为梁式筏形基础，地基承载力特征值为150kPa。基槽开挖后，在基槽内发现两口地下砖砌枯井，枯井外径为2.30m和2.70m，枯井深度为基底以下6.20m和9.50m。需对枯井及外围2.0m范围内回填土进行地基处理。地基加固采用搅拌水泥土桩，桩径$\phi$600mm，搅拌桩水泥掺量为桩身土重的25%。桩布置详见图4-1和图4-2，搅拌桩深度依据枯井及外围回填土深度确定，搅拌桩桩端持力层为较为密实的原状土，初步确定为枯井井底深度，分别为6.20m及9.50m。施工过程如遇钻杆下沉进尺缓慢，说明桩端已至较为较为密实的原状土，桩长可根据实际情况调整。桩顶设置150mm厚的碎石垫层，采用5~20mm粒径的碎石，设置垫层可以降低桩土应力比，可以使桩间土给桩较大的侧限力，提高桩的承载力；同时，垫层有利于地基土排水固结，也可提高桩间土的承载力。

本工程Ⅲb段基础原设计基底标高-2.50m，在开挖过程中，由于此区间内有大量的回填渣土，继续向下开挖至-4.80m，始见老土。为满足设计要求，在-4.80m~-2.50m之间做两层换填处理，两层回填深度均为1.15m，-4.80m~-3.65m之间换填级配砂石，-3.65~-2.50m之间换填2:8灰土。

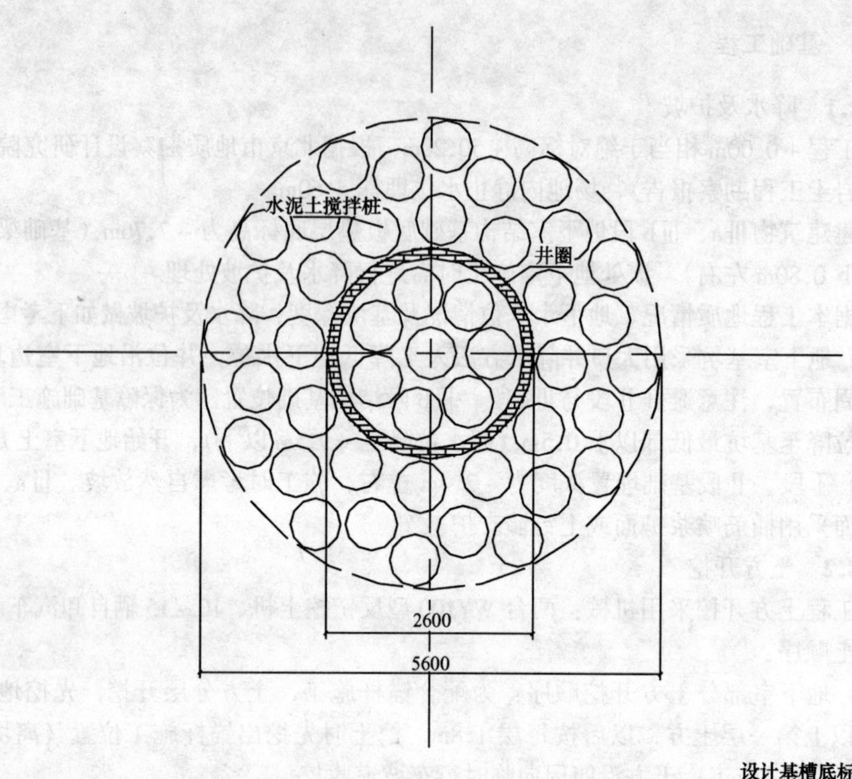


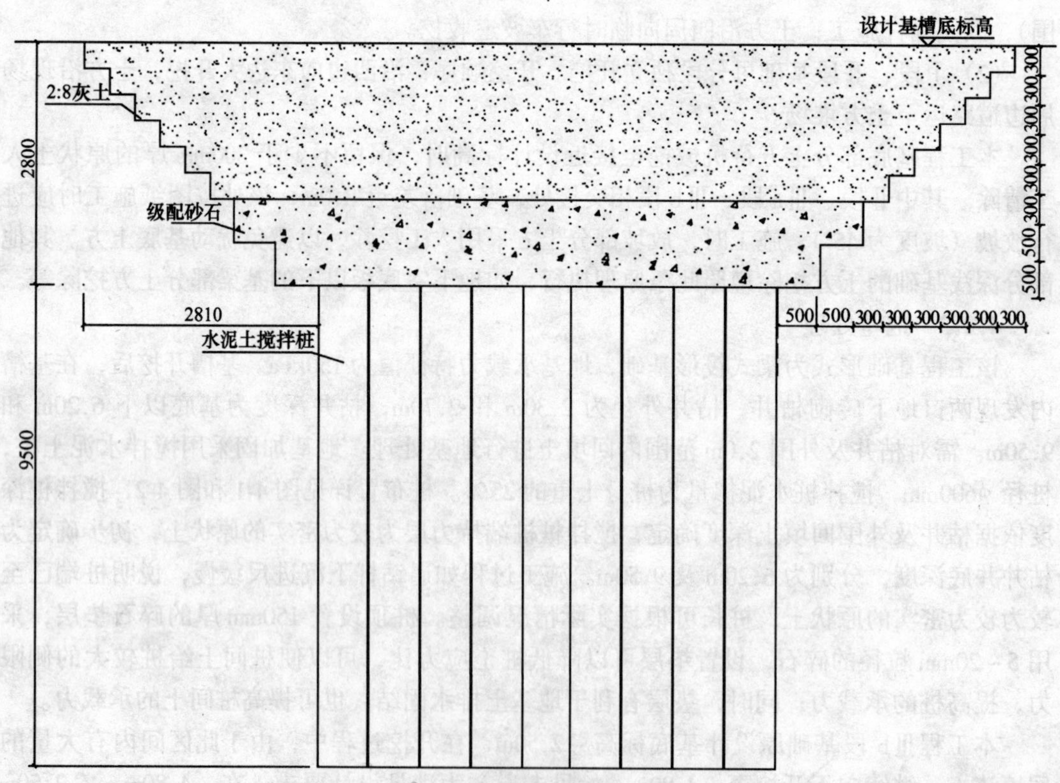


图 4-1　Ⅰ段古井处理示意图（单位：mm）

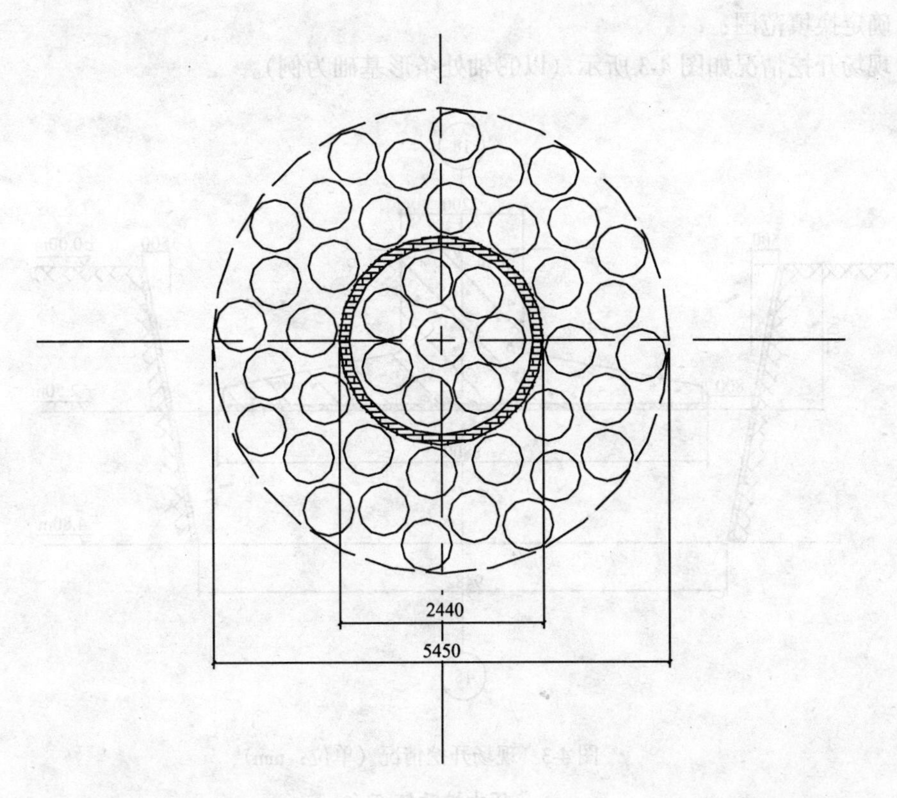


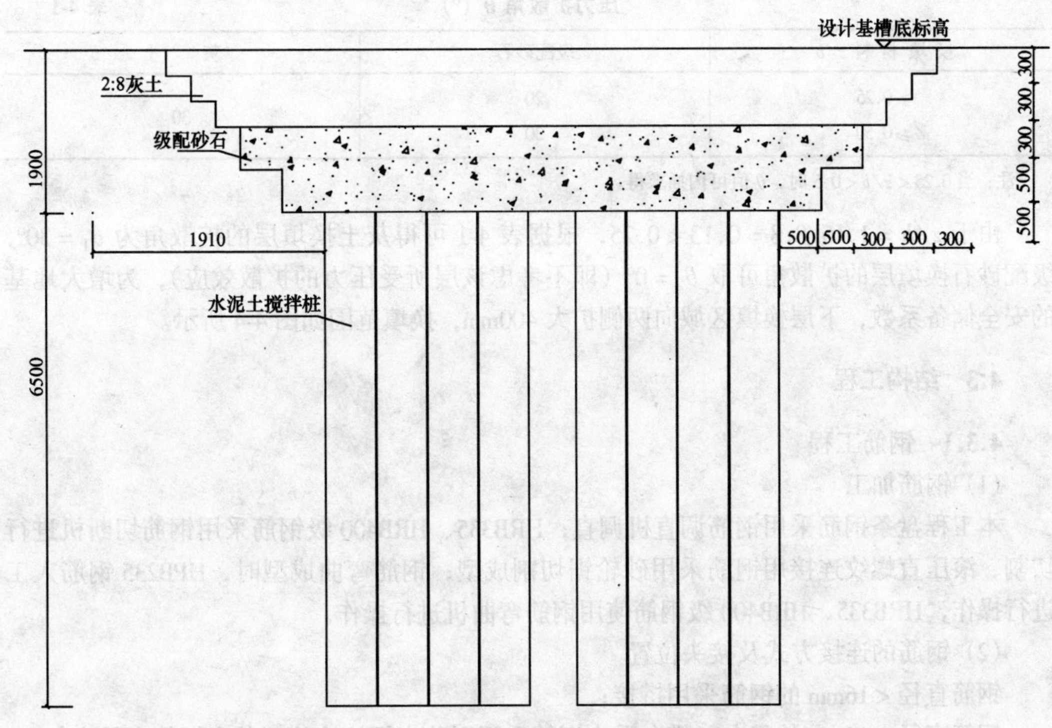


图 4-2 Ⅱ段古井处理示意图（单位：mm）

确定换填范围：

现场开挖情况如图 4-3 所示（以⑱轴处条形基础为例）。

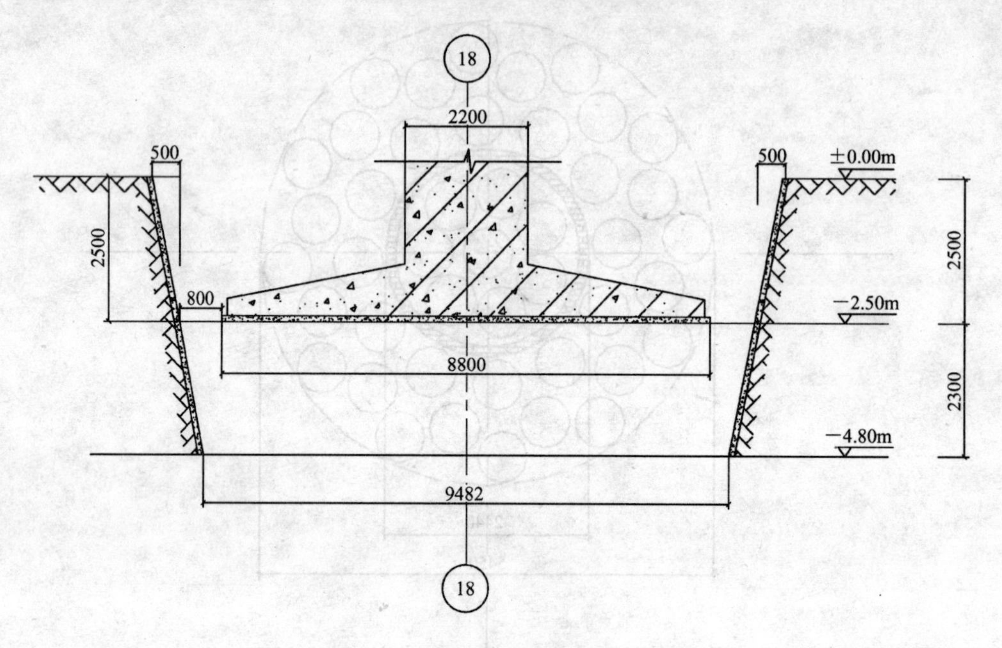


图 4-3 现场开挖情况（单位：mm）

**压力扩散角 *θ*（°）** **表 4-1**

| 换填材料 $z/b$ | 级配砂石 | 灰土 |
|---|---|---|
| ≥0.25 | 20 | 30 |
| ≥0.50 | 30 | |

注：当 $0.25<z/b<0.5$ 时，$\theta$ 值可内插求得。

由于 $z/b=1.15/8.8=0.13<0.25$，根据表 4-1 可得灰土换填层的扩散角为 $\theta_1=30°$，级配砂石换填层的扩散角可取 $\theta_2=0°$（即不考虑该层所受压力的扩散效应），为增大地基的安全储备系数，下层换填区域向两侧扩大 400mm，换填范围如图 4-4 所示。

## 4.3 结构工程

### 4.3.1 钢筋工程

（1）钢筋加工

本工程盘条钢筋采用钢筋调直机调直；HRB335、HRB400 级钢筋采用钢筋切断机进行切割，滚压直螺纹连接用钢筋采用砂轮锯切割成型；钢筋弯曲成型时，HPB235 钢筋人工进行操作，HRB335、HRB400 级钢筋使用钢筋弯曲机进行操作。

（2）钢筋的连接方式及接头位置

钢筋直径＜16mm 的钢筋采用搭接；

钢筋直径≥16mm 的竖向、横向受力钢筋采用剥肋直螺纹连接（其中钢筋直径为 40mm 的钢筋采用滚压直螺纹）。

钢筋的接头位置应严格按设计及规范留设。

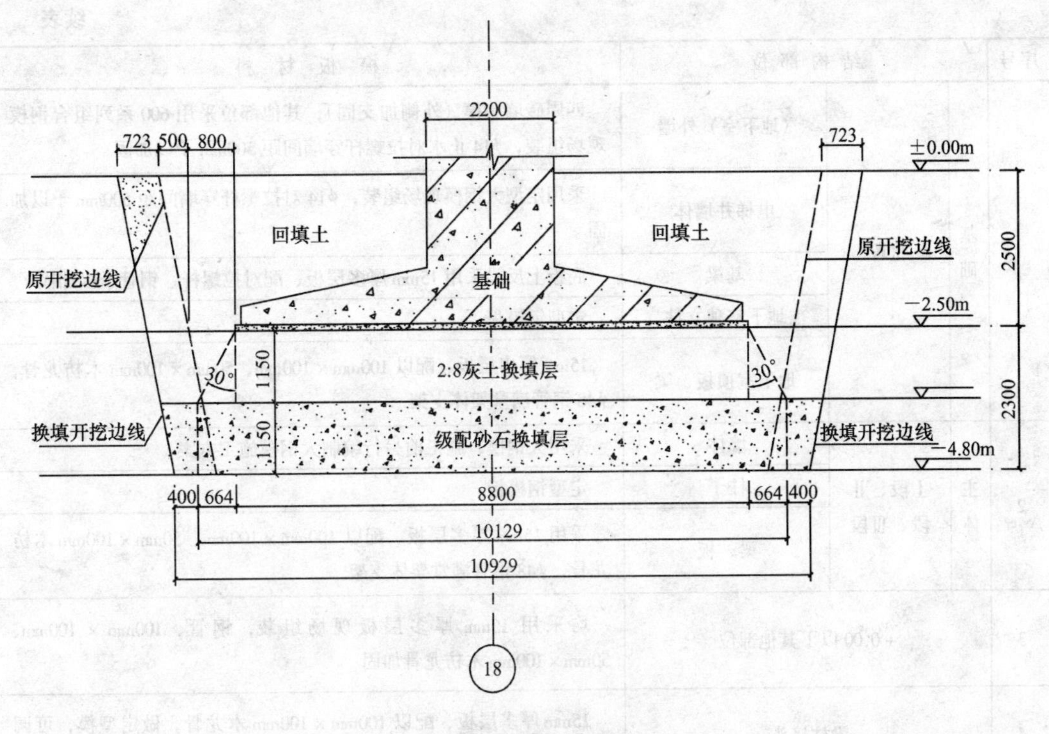


图 4-4 换填范围示意图

(3) 钢筋的焊条等级要求（设计有明确要求）

(4) 钢筋的锚固长度（设计有明确要求）

(5) 钢筋的搭接长度（设计有明确要求）

(6) 钢筋保护层及垫块

钢筋保护层厚度严格按图纸要求及规范要求留设。

底板下层钢筋及地下室外墙外侧等有抗渗要求的部位，保护层采用水泥（42.5R）掺加防水剂制成的防水砂浆垫块来控制保护层厚度，底板上层钢筋保护层采用钢筋马凳来控制。其他部位钢筋垫块采用塑料垫块。

(7) 钢筋剥肋（滚压）直螺纹连接

施工程序：验收连接套→做单向拉伸试验→钢筋套丝（滚压丝口）→钢筋连接→现场取样抽检。

### 4.3.2 模板工程

(1) 模板体系选择（见表 4-2）

**表 4-2**

| 序号 | 结构部位 | | | 模板材料 |
|---|---|---|---|---|
| 1 | 基础 | Ⅰ段 | 基础底板 | 15mm 厚多层板现场组装，配以 $\phi$48 钢管加固 |
| | | | 基　梁 | 15mm 厚多层板现场组装，$\phi$48 钢管架体支架，$\phi$14 对拉螺杆间距 600mm 予以加固 |
| | | Ⅱ段 | 基础底板 | 15mm 厚多层板现场组装，配以 $\phi$48 钢管加固 |
| | | | 基梁 | 15mm 厚多层板现场组装，$\phi$48 钢管架体支架，$\phi$14 对拉螺杆间距 600mm 予以加固 |

续表

| 序号 | 结构部位 | | | 模板材料 |
|---|---|---|---|---|
| 1 | 基础 | Ⅲ段 | （地下室）外墙 | 四周砖墙胎模（外侧加支固）；其他部位采用600系列组合钢模现场组装，$\phi$14止水对拉螺杆穿墙间距500mm予以加固 |
| | | | 电梯井墙体 | 采用定型大钢模现场组装，$\phi$14对拉螺杆穿墙间距500mm予以加固 |
| | | | 基梁 | 底板上反梁采用15mm厚多层板、配对拉螺杆、钢管予以加固 |
| | | | 地下室独立柱 | 定型钢模板 |
| | | | 地下室顶板、梁 | 15mm厚多层板、配以100mm×100mm、50mm×100mm木枋龙骨，$\phi$48钢管满堂架体支架 |
| 2 | 主体 | Ⅰ段、Ⅱ段、Ⅲ段 | 墙体 | 采用大钢模，施工前另行编制大钢模施工方案 |
| | | | 柱子 | 定型钢模板 |
| | | | 梁、板 | 采用15mm厚多层板、配以100mm×100mm、50mm×100mm木枋龙骨，$\phi$48钢管满堂架体支架 |
| 3 | +0.00以下其他部位 | | | 均采用15mm厚多层板现场组装，钢管、100mm×100mm、50mm×100mm木枋龙骨加固 |
| 4 | 梁柱接头 | | | 15mm厚多层板、配以100mm×100mm木龙骨，做定型模，可调钢管支撑体系加固 |
| 5 | 楼梯与其他部位 | | | 15mm厚多层板，100mm×100mm木枋龙骨，$\phi$48钢管架体支固 |
| 6 | 后浇带 | | | 以木模为主，辅以聚苯板、钢板网 |

（2）大钢模施工

地上剪力墙采用定型大钢模，可调角模的方案，模板按Ⅰ、Ⅱ、Ⅲ分区各配制一套大钢模，各区均分成四个流水段进行流水施工。框架柱采用可调截面定型钢模，按照分区，各区单独配置。本工程整体配板原则为由标准层配置模板。

1）模板安装

（A）安装模板前，要对照模板平面布置图。

（B）安装模板时，按照先横墙、后纵墙的安装顺序，根据模板平面布置图，将横墙模板由塔吊吊至安装位置初步就位，用撬棍按照墙位线调整模板位置，校正模板垂直度，安装穿墙杆。

（C）纵横墙相交处十字点模板安装时，应先立阴角模（安装前需贴海绵条，粘贴方法详见节点图）阴角模必须按模板平面布置图就位，给予临时固定。模板在流水段之间周转时，视模板相接情况，部分模板需要调整边角钢。

（D）为防止墙体出现漏浆、烂根现象，在内墙模板就位前，模板底口需贴海绵条。

（E）模板安装完毕后，检查每道模板上口是否平直，穿墙杆是否锁紧，拼缝是否严密，经检查合格后，才能浇筑混凝土。

（F）浇筑混凝土时，必须按有关的规程进行施工。

2）大模板支设示意图（见图4-5～图4-13）

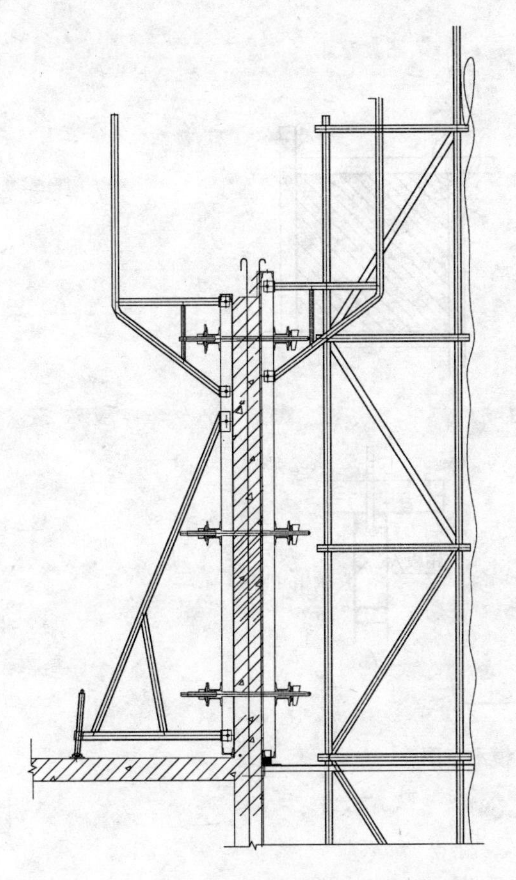

图 4-5 外剪力墙大模板支设示意图

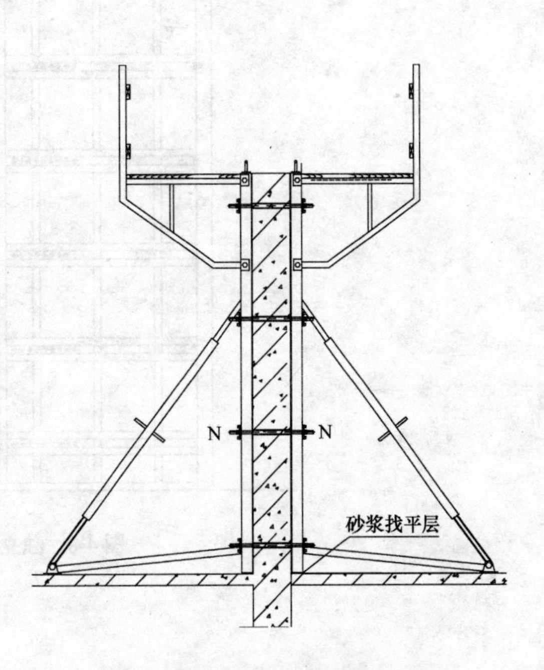


图 4-6 内剪力墙大模板支设示意图

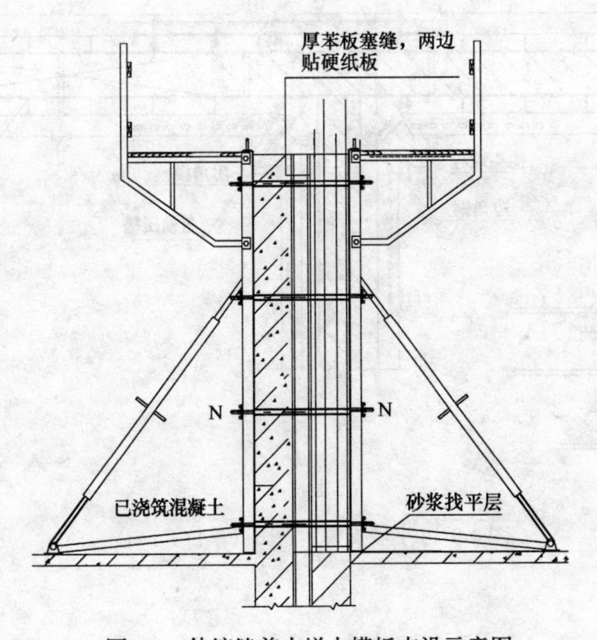


图 4-7 伸缩缝剪力增大模板支设示意图

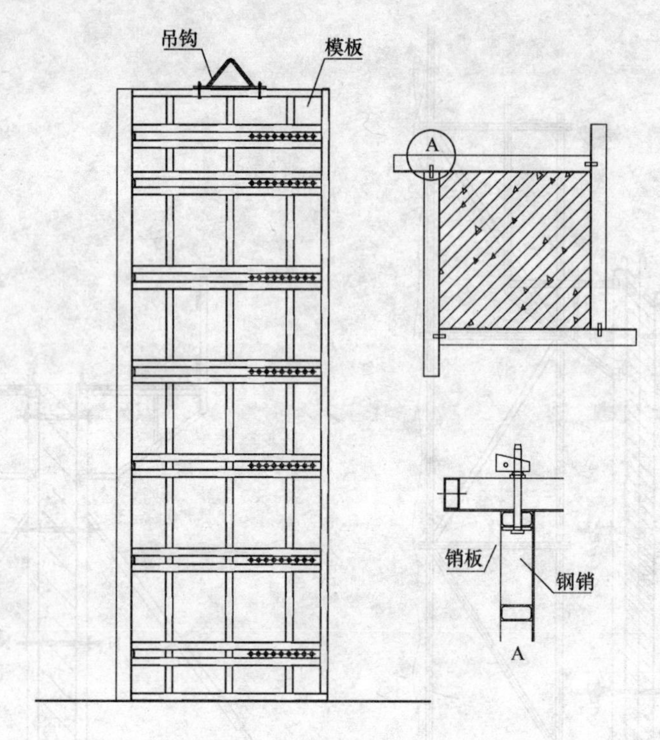


图 4-8　独立柱支模示意图

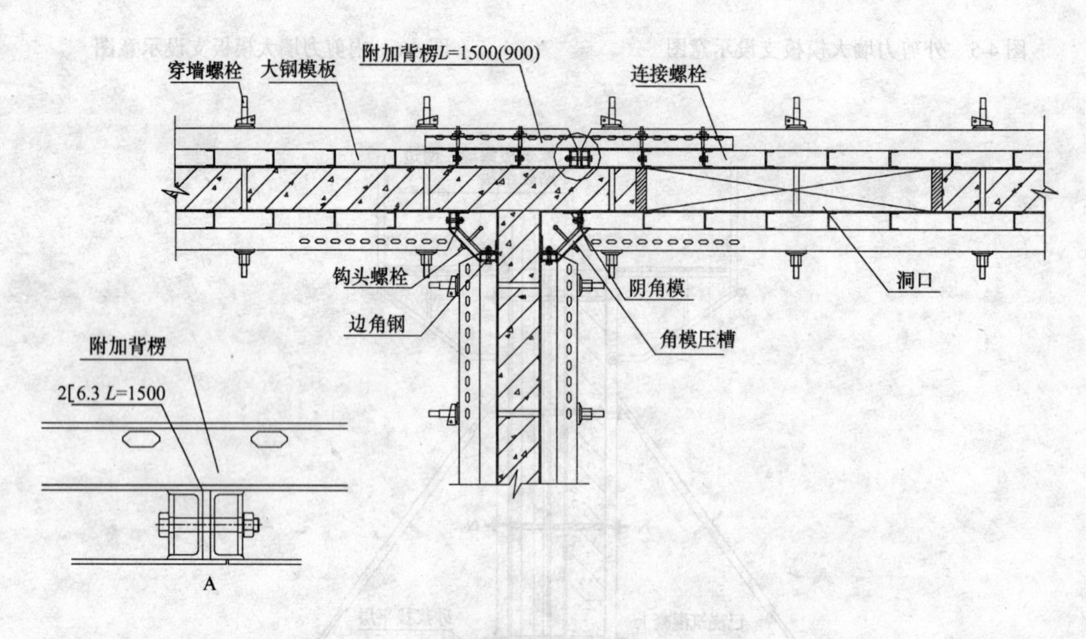


图 4-9　J 字墙支模示意图（单位：mm）

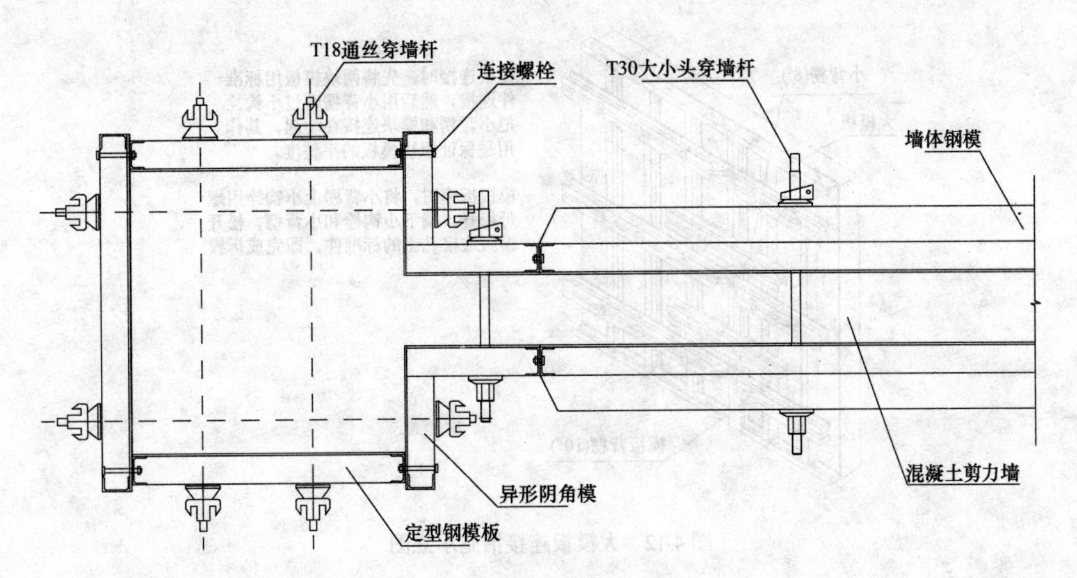


图 4-10 附墙柱支模示意图

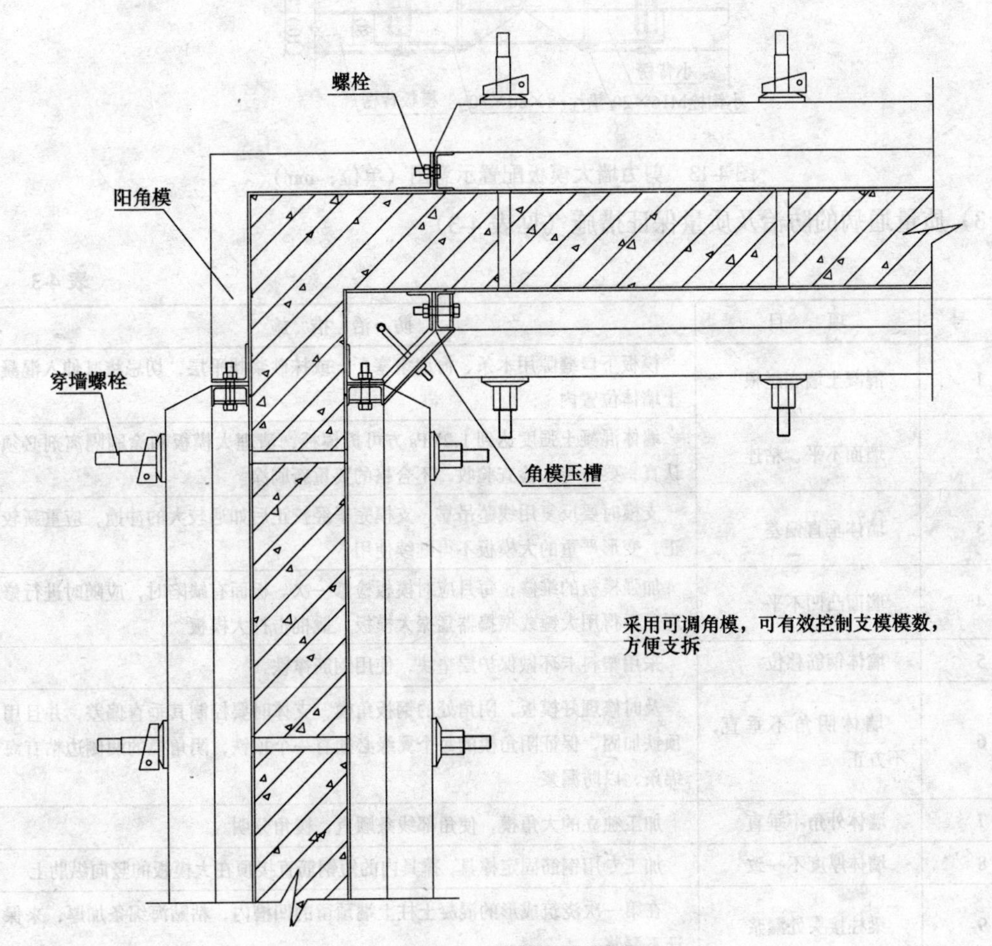


图 4-11 阴阳角示意图

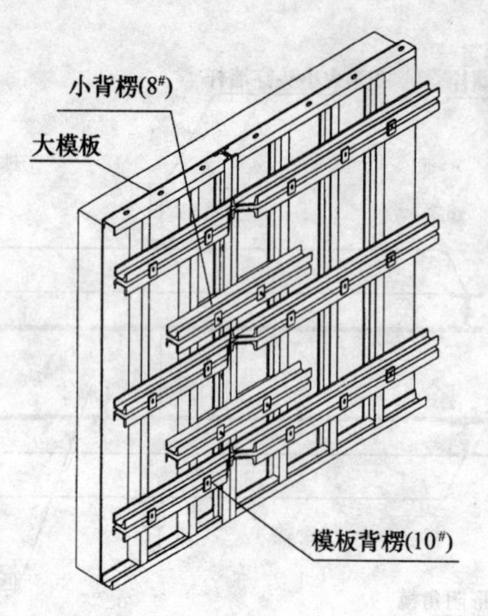


模板连接时，先将两块模板用标准件连接，然后用小背楞通过小钩拴把小背楞和模块连接在一起，其作用是保证组拼模板的平整度。

模板拆模时，将小背楞上小钩拴用螺母松开，摘下小钩拴和小背楞，松开模板边框孔上的标准件，即完成拆模。

图 4-12 大模板连接措施示意图

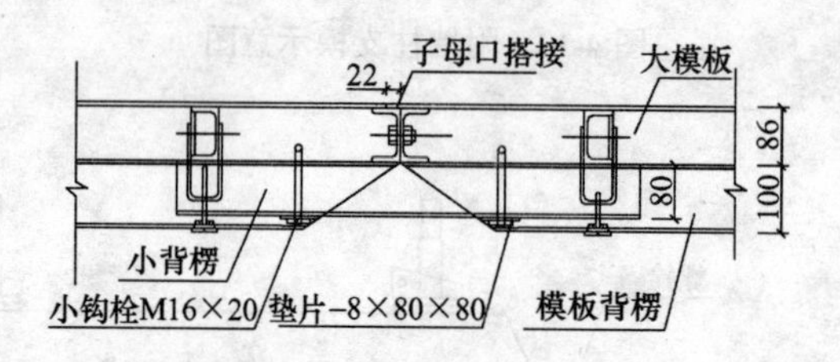


图 4-13 剪力墙大模板配置示意图（单位：mm）

3）质量通病的防治及质量保证措施（见表 4-3）

**表 4-3**

| 序 号 | 项 目 | 防 治 措 施 |
|---|---|---|
| 1 | 混凝土墙底烂根 | 模板下口缝隙用木条、海绵条塞严，或抹砂浆找平层，切忌将其伸入混凝土墙体位置内 |
| 2 | 墙面不平、粘连 | 墙体混凝土强度达到 1.2MPa 方可拆模板，清理大模板和涂刷隔离剂必须认真，要有专人检查验收，不合格的要重新刷涂 |
| 3 | 墙体垂直偏差 | 支模时要反复用线坠吊靠，支模完毕经校正后如遇较大的冲撞，应重新较正，变形严重的大模板不得继续使用 |
| 4 | 墙面凸凹不平 | 加强模板的维修，每月应对模板检修一次。板面有缺陷时，应随时进行修理。不得用大锤或振捣器猛振大模板，撬棍击打大模板 |
| 5 | 墙体钢筋移位 | 采用塑料卡环做保护层垫块，使用钢筋撑铁 |
| 6 | 墙体阴角不垂直，不方正 | 及时修理好模板，阴角处的钢板角模，支撑时要控制其垂直偏差，并且用顶铁加固，保证阴角模的每个翼缘必须有一个顶铁，阴角模的两侧边粘有海绵条，以防漏浆 |
| 7 | 墙体外角不垂直 | 加工独立的大角模，使角部线条顺直，棱角分明 |
| 8 | 墙体厚度不一致 | 加工专用钢筋固定撑具，撑具内的短钢筋直接顶在大模板的竖向纵肋上 |
| 9 | 梁柱接头处漏浆 | 在第一次浇筑成形的混凝土柱上端预留的凹槽内，粘贴海绵条加厚，来保证不漏浆 |

**4.3.3** 混凝土工程

(1) 本工程使用商品混凝土。混凝土由地泵和塔吊送至施工作业面。

(2) 对预拌混凝土的要求

1) 对二b类结构混凝土，应尽量减小碱骨料反应产生的危害，水泥采用低碱水泥，外加剂采用含碱量小的外加剂。

2) 混凝土搅拌站必须保证运输到现场的混凝土坍落度符合配合比申请单和开盘鉴定上要求的坍落度规定，保证运输到现场的混凝土不产生离析现象。

3) 预拌混凝土必须保证匀速运输到现场，保证混凝土连续浇筑且不会发生因塞车引起的混凝土停置超过混凝土初凝时间。

4) 对运输时间超过规定的混凝土坚决予以清退。

5) 浇灌混凝土时设专职质检员全过程值班，对混凝土坍落度、和易性要随时观察测定；对不符合要求的混凝土坚决退货，现场严禁通过加水来调节混凝土坍落度。

(3) 混凝土浇筑的要求

1) 各施工部位所用混凝土强度不同时，施工中要注意区分，防止弄错。

2) 混凝土浇筑应连续进行；如必须间歇，其间隔时间应尽量缩短，并应在前层混凝土凝结之前，将次层混凝土浇筑完毕。

3) 地下室底板、基梁、墙体的混凝土浇筑应严格注意先后顺序。

4) 一般分层浇注厚度为振捣器作用部分长度的1.25倍，最大不超过50cm；其他部位吊模处混凝土浇筑时，不得超过混凝土初凝时间。

5) 使用插入式振揭器应快插慢取，插点要均匀排列，逐点移动，顺序进行，不得遗漏，做到均匀振实。移动间距不大于振捣作用半径的1.5倍（一般为300～400mm）。振捣上一层时应插入下层50mm，以消除两层间的接缝。表面振动器的移动间距，应保证振动器的平板覆盖已振实部分的边缘。

6) 混凝土自吊斗口下落的自由倾落高度不得超过2m；浇筑高度如超过2m时，必须采取措施，用串桶或溜槽。

7) 浇筑混凝土时，应经常观察模板、钢筋、预留孔洞、预埋件和插筋等有无移动、变形或堵塞情况；发现问题应立即处理，并应在已浇筑的混凝土凝结前修正完好。

8) 楼板面标高控制：在楼板纵横向间距2m加一根竖向$\phi10$短钢筋点焊在底板上下层钢筋上；然后，用水准仪将标高抄至短钢筋上，用红油漆做好标记，浇筑混凝土时，拉线配钢尺对板面标高进行控制。

9) 墙、柱混凝土浇筑时，应分层连续浇筑。提前做好标尺（用钢筋按层高定标尺长度，每30cm焊接一段小钢筋作为刻度线），混凝土浇筑时随交随提。

10) 后浇带处混凝土：应按设计要求待结构封顶60d后浇筑；混凝土采用无收缩水泥配置，强度等级比相应结构混凝土等级高一级。

(4) 混凝土养护

混凝土设专人不间断浇水养护，对柱子等竖向结构必要时用塑料薄膜覆盖。混凝土浇水养护时间：

(5) 混凝土施工缝的留设与处理

1) 楼板、梁竖向施工缝：留置在后浇带处。

2）地下室外墙体水平施工缝：留设在－5.9m处（钢板止水带止水）及地下室顶板梁以下（加设橡胶止水条）。

3）地下室内墙体水平施工缝：第一道留置在基础底板、基础梁上20mm，第二道留设在梁板底以上20mm或楼板面以上20mm。

4）独立柱基础水平施工缝：第一道留置在承台面，第二道留置在基础梁面。

5）条基、筏基施工缝留设在基础梁面上20mm。

6）地上结构水平施工缝：留设在梁板底以上20mm或楼板面以上20mm。

7）施工缝的处理：浇筑混凝土前，清除和剔凿已硬化的混凝土表面水泥薄膜和松动石子及混凝土软弱层，并加以充分湿润和冲洗干净。

**4.3.4** 预应力施工

本工程中预应力分项工程主要包括两部分，其一是在Ⅲa段地下室顶板、Ⅲb段沿建筑长向在框架梁及次梁内加通长的无粘结预应力，使结构板内全截面上的预压应力不小于0.7MPa，以解决结构超长所带来的混凝土收缩及温度应力等问题；其二是在Ⅰ段、Ⅱ段部分大跨度框架梁为改善其自身刚度，减小其在荷载作用下的挠度而配置的有粘结预应力。

（1）预应力材料的选型（见表4-4）

表4-4

| 材料名称 | 规　　格 | 验　收　标　准 |
|---|---|---|
| 钢绞线 | $\phi^s$15.2 高强低松弛预应力钢绞线 | $f_{ptk}=1860MPa$<br>《预应力用钢绞线》GB/T 5224—1995 |
| OM系列 | Ⅰ类 | 《预应力钢绞线用锚具、夹具和连接器》GB/T 14370—93 |
| 夹片锚 | | |
| QM系列 | Ⅰ类 | 《混凝土结构工程施工及验收规范》GB 50204—2002 |
| 挤压锚 | | |
| 镀锌波纹管 | $\phi$80 壁厚0.30mm | 《预应力混凝土用金属螺旋管》JG/T 3013—94 |

（2）方式的选择

选择两端张拉的张拉方式，两台千斤顶分别放在梁两端的张拉位置，按左右对称同时各张拉一束，待所有预应力束一端张拉后，再分批在另一端补拉。

Ⅲ段设置的预应力钢绞线的长度大，且在结构施工过程中留设有后浇带，我单位将与设计单位商讨后，选择最符合设计意图的分段张拉形式。

（3）时间与结构模板支撑的协调

1）有粘结预应力

在Ⅰ、Ⅱ段的有粘结预应力中，张拉长度相对较小（最大长度约21.6m），预应力钢绞线在构件中曲线形布置，这一部分的预应力钢绞线是为解决构件变形而设置的，在混凝土达到设计强度的75%后及时组织张拉，预应力梁底模板支撑在预应力张拉完成后拆除。

2）无粘结预应力

在Ⅲ段的无粘结预应力中，张拉长度大（最大长度约 126m），且预应力钢绞线仅仅是为解决温度应力而设置的，不是结构承载力所必须的，模板支撑按设计要求在混凝土强度达到拆模强度后正常拆除，预应力钢绞线的张拉根据后浇带混凝土的强度进行控制。

（4）预应力施工

1）钢绞线定位

采用 $\phi12$ 的螺纹钢筋作为预应力钢绞线的定位筋，间距按 1000mm 布置，每根定位筋通过两点或者是三点与框架梁的箍筋焊接，保证定位尺寸准确。

2）钢绞线安装

采用预埋波纹管孔道成型方法，波纹管采用内径 $\phi80$ 的镀锌波纹管，钢带厚度不小于 0.30mm，波纹管的连接采用 $\phi85$ 的接头管，接头管长 300～400mm，其两端用密封胶带封裹。

按照普通钢筋服从波纹管的原则，波纹管的安装，事先按预应力钢绞线曲线坐标，在箍筋上定出位置，波纹管的固定采用钢筋井字架，间距 800mm，井字架定位固定并与箍筋焊接。

在完成波纹管安装固定后，安装灌浆孔和排气孔组件。对于连续梁，在曲线波纹管的最高点和最低点设置灌浆孔和排气孔。

3）张拉端的设置

根据不同的分段张拉方式，预应力钢绞线的张拉端的设置可以有两种类型：①一种是将张拉端设置在后浇带中；②另一种形式是在梁顶面撅起，采用变角张拉技术进行张拉。

4）施加预应力

根据预应力工程深化设计的要求，梁内预应力张拉控制应力为 $\sigma_{con}=0.8\times1860=1488$MPa，钢绞线的截面面积为 139.98mm$^2$，每根钢绞线的张拉力为 208.3kN，有粘结预应力梁内每束钢绞线张拉力为 1874.7kN。采用 YCW200A 或 YCW200B 型千斤顶配套 2B4-500 型高压油泵，可满足张拉力值要求。

无粘结预应力钢绞线张拉控制应力为 $\sigma_{con}=0.8\times1860=1488$MPa，钢绞线的截面面积为 139.98mm$^2$，每根钢绞线的张拉力为 208.3kN，采用采用 YCN23 型千斤顶配套 STDB0.63×0.63 型超高压油泵 2B4-500 型高压油泵，可满足张拉力值要求。

安装锚具时，工作锚环同锚板对中，夹片均匀打紧。安装张拉设备时，张拉力作用线与孔道未端中心线的切线重合。

预应力张拉前，提供后浇带和相应部位混凝土强度试压报告。当同条件试块立方强度满足设计要求后，方进行张拉。

张拉顺序原则：张拉顺序按对称的原则并考虑水平构件弹性压缩分批完成，同时考虑尽量减少张拉设备的移动次数。对于某一构件，采取左右或上下对称张拉方法。

张拉应力控制：采用 3% 超张拉工艺，实际张拉应力 $1.03\sigma_{con}=1.03\times0.8\times1860=1532$MPa。

张拉程序控制：预应力张拉采用应力控制和伸长校核双重控制，以保证预应力的有效建立，其张拉过程为：

上锚具
↓
装千斤顶，开始张拉
↓
当油压达 10MPa，测千斤顶伸长初始值 $\Delta L_1$
↓
张拉到 $1.03\sigma_{con}$
↓
测千斤顶伸长值 $\Delta L_2$
↓
实测伸长值与计算值比较
↓
伸长值满足要求（±6%）后，顶紧锚具
↓
退出千斤顶

5）张拉端的处理

预应力张拉完成后，及时对锚固区进行保护，预应力钢绞线锚固后外露长度不小于 30mm，多余部分用手持磨光机切除，经防腐处理后，再用 C40 微膨胀细石混凝土封裹张拉端锚具，其保护层不小于 25mm。

6）孔道灌浆

预应力张拉完成后，应尽快进行孔道灌浆。搅拌好的水泥浆通过过滤器置于贮浆桶内，并不断搅拌，以防泌水沉淀。灌浆应缓慢均匀进行，不中断，在孔道两端冒出浓浆并封闭排气孔后，继续加压至 0.6MPa，稍后再封闭灌浆孔。

灌浆后应检查孔道密实情况，如不实；用人工方法二次补浆。

## 4.4 脚手架

### 4.4.1 脚手架类型

本工程各阶段各部位的采用脚手架的类型如表 4-5 所示。

表 4-5

| 施工阶段 | 架设部位 | 架体类型 | 搭 设 方 式 |
|---|---|---|---|
| 基础阶段 | 地下室室内 | 钢管满堂架 | 板底钢管间距 1.2m，梁底钢管至梁两边钢管间距 600mm；纵横两个方向设置剪刀撑，斜杆与地面夹角在 45°~60°之间 |
| | 地下室外架 | 双排钢管架 | 根据地下室外墙支模情况，外架钢管横向间距根据外墙模板及基坑坡度控制；外架钢管纵向间距 1.2m；内立杆距墙外皮距离 0.3m；钢管步距 1.65m |
| 主体阶段 | 室 内 | 各段中空内庭为扣件式钢管脚手架；其他为碗扣式满堂架 | 中空内庭同地下室内，其中Ⅰ段 D~J 交 6~6.5 轴梁底及梁边钢管间距加密至 60cm；碗扣立杆间距 1.2m，拉杆步距 1.2m |
| | 地下室上部外架 | 双排悬挑钢管架 | 地下室外墙防水及土方回填会影响主体结构时外架的搭设，拟定地下室以上主体施工时，外架采用悬挑架。钢管横向间距 1.2m；外架钢管纵向间距 1.5m；内立杆距墙外皮（即二层梁造型外边为准）距离 0.35m；钢管步距 1.8m |

续表

| 施工阶段 | 架设部位 | 架体类型 | 搭 设 方 式 |
| --- | --- | --- | --- |
| 主体阶段 | 其他部分外架 | 一层支设临时防护架（一层主体结构完成后拆除）。二层以上支设外挑架 | 主要考虑外架不影响室外回填土及管沟的施工。外挑架钢管横向间距 1.2m；外架钢管纵向间距 1.5m；内立杆距建筑物外皮距离 0.35m；钢管步距 1.8m |
| 装修阶段 | 室 内 | 多排钢管架 | 钢管的纵、横向间距不大于 1.5m |
| | 地下室上部外架 | 双排钢管架 | 利用主体阶段搭设的外架，其架体可接长至外墙回填土面 |
| | 其他部分外架 | 双排钢管架 | 利用主体阶段搭设的外架 |

**4.4.2** 脚手架搭设的要求

(1) 架体基础必须牢固，且其周边有良好的排水措施。架体基础为回填土时，架体立杆底部必须用木板垫牢。

(2) 按规定位置和搭设方法留设马道。

(3) 外架采用 $\phi$48 钢管脚手架，密目网全封闭。施工操作层必须满铺脚手板并按要求挂好安全网，做好防护。

(4) 钢管、扣件、安全网必须符合有关规范标准。

**4.4.3** 脚手架拆除的要求

(1) 拆除前准备工作

全面检查脚手架的扣件连接、连墙件、支撑体系等是否符合构造要求，并根据检查结果完善方案拆除顺序和措施，经项目主管部门批准后方可实施，应由项目部负责人进行拆除安全技术交底，应清除脚手架上杂物及地面障碍物。

(2) 拆除脚手架

拆除作业必须由上而下进行，严禁上下同时作业；连墙件必须逐层拆除，严禁先将连墙件整层或数层拆除后再拆除脚手架，分段拆除高度不应大于两步；如高差大于两步，应增设连墙件加固；当脚手架拆至最后一根长立杆的高度（约 6.5m）时，应先在适当位置搭设临时抛撑加固后，再拆除连墙件。

(3) 卸料

各构配件严禁抛掷至地面，运至地面的构配件应及时检查、整修与保养，并按品种、规格随时码放整齐。

## 4.5 防水工程

地下防水做法采用两道防水层：一道是防水混凝土，属结构自防水抗渗等级为 P8，另一道为外帖 SBS 聚酯胎改性沥青防水卷材（3mm + 3mm 厚）。防水混凝土中的膨胀剂对混凝土的收缩进行内部补偿，防水卷材进行外部隔离，两相结合，达到防水效果。

屋面及外墙采用硬泡聚氨酯防水保温一体化材料，施工前对混凝土基层面进行处理，硬泡聚氨酯分层均匀喷涂，该材料与混凝土面之间有较好的粘结力，施工方便，不受外幕墙龙骨影响；且同时具有防水层及保温层的功效，减少了施工工序，可有效地缩短工期。

室内卫生间采用刚性 DPS 永凝液 + 柔性 RMO 永凝液（掺 32.5 级水泥）。管根和转角部分进行加厚增强处理。

防水施工示意图见图 4-14 和图 4-15。

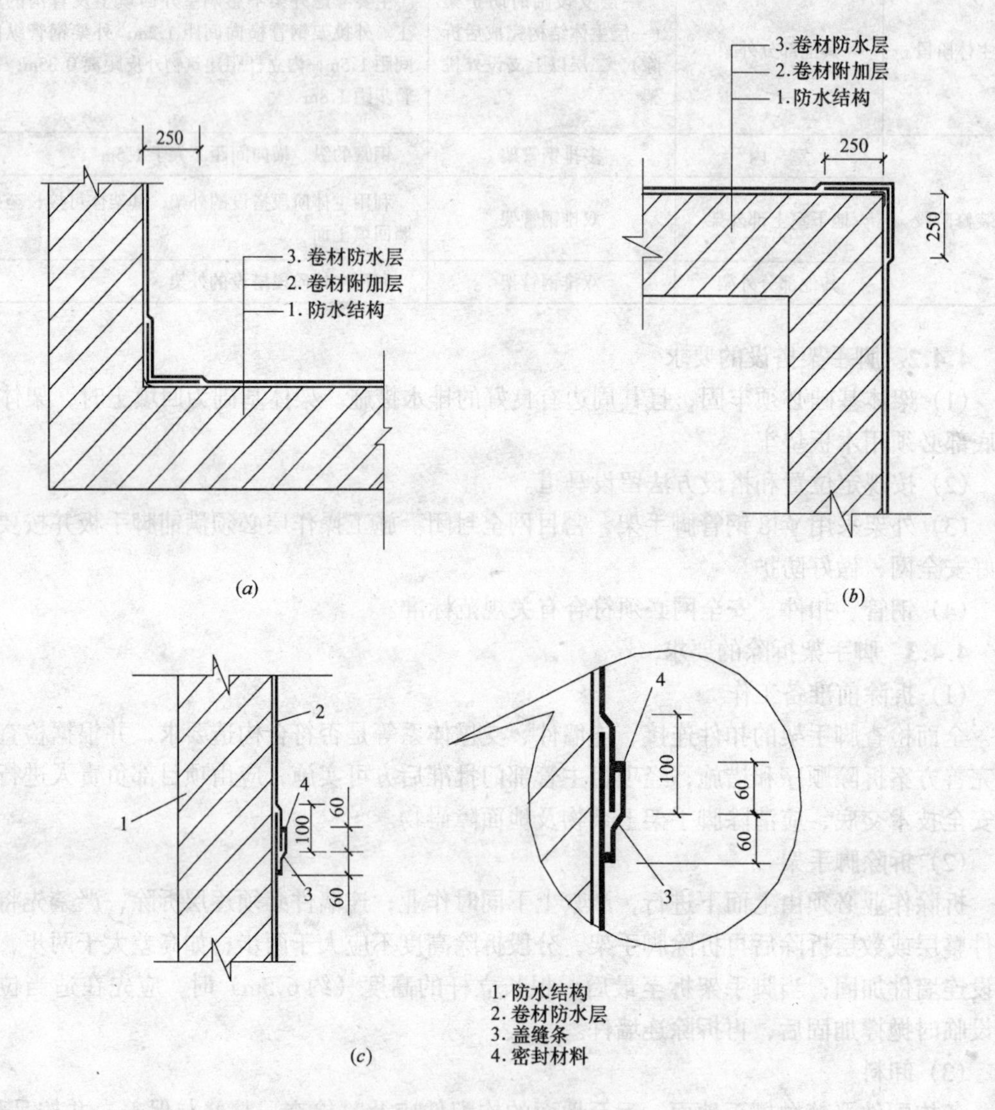


图 4-14　地下室防水施工示意图（单位：mm）
（*a*）阴角处防水层做法；（*b*）阳角处防水层做法；
（*c*）卷材立面错槎搭接

## 4.6　钢结构工程

根据现场情况，钢结构平面、立面布置形式、钢构件重量及施工工期等，钢构件安装选择采用两台 70t 汽车吊进行施工，局部利用塔吊配合吊装。

钢结构安装在土建主体框架结构全部施工完毕，并达到钢结构安装的施工强度要求之后，即具备钢结构安装从开始到吊装施工完成实现连续作业的施工条件后，才插入钢结构施工。

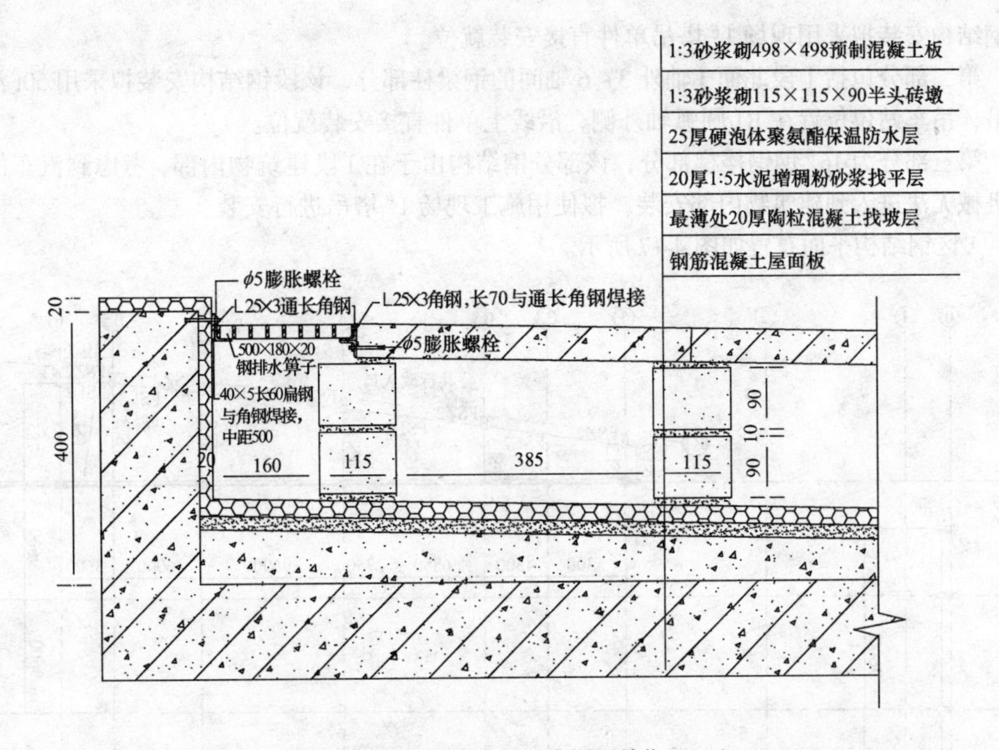


图 4-15 屋面防水施工示意图（单位：mm）

钢结构部分与主体的连接的埋件随主体结构进行预埋，应保证位置标高的精确性。

### 4.6.1 地脚螺栓及预埋件的安装方法

地脚螺栓预埋须在钢结构安装之前，即在基础地梁施工过程中就要开始埋设，在螺栓的中部及两端部车成丝口，并利用临时角钢框支架进行固定（如图 4-16 所示），并与底板垫层中预埋件焊接固定。

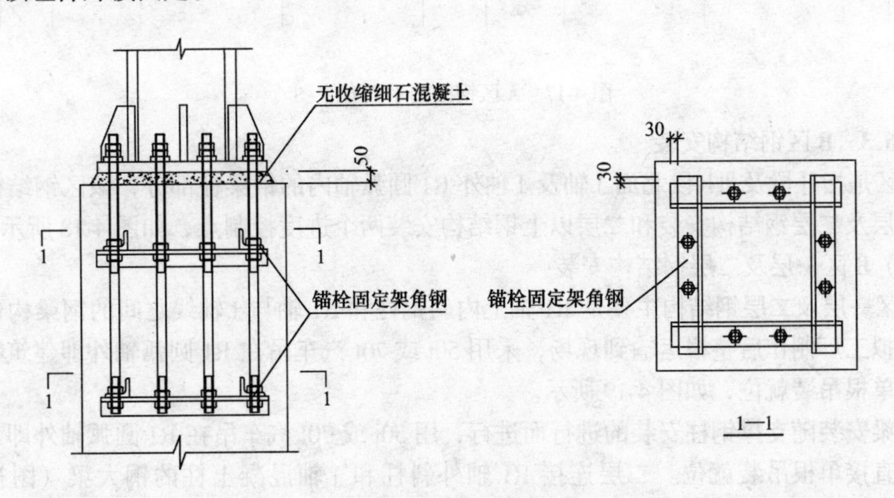


图 4-16 柱脚锚栓固定支架

### 4.6.2 A 区钢结构安装

A 区钢结构包括三部分。第一部分包括Ⅰ段 1 轴外 E.8～H.5 轴间的钢梁柱部分，该段钢结构安装拟采用现场 1[#] 塔吊单件直接安装就位。

第二部分包括Ⅰ段北面 J 轴外 3～6 轴间的钢梁柱部分，该段钢结构安装拟采用 50t 汽车吊，吊车站位位置在 R1 圆弧轴外侧，沿线上单件直接安装就位。

第三部分为 16[#] 钢钢楼梯部分，该部分钢结构由于在Ⅰ段建筑物内部，考虑到汽车吊等机械无法进入到建筑物内部安装，拟使用施工现场 1[#] 塔吊进行安装。

A 区钢结构平面布置如图 4-17 所示。

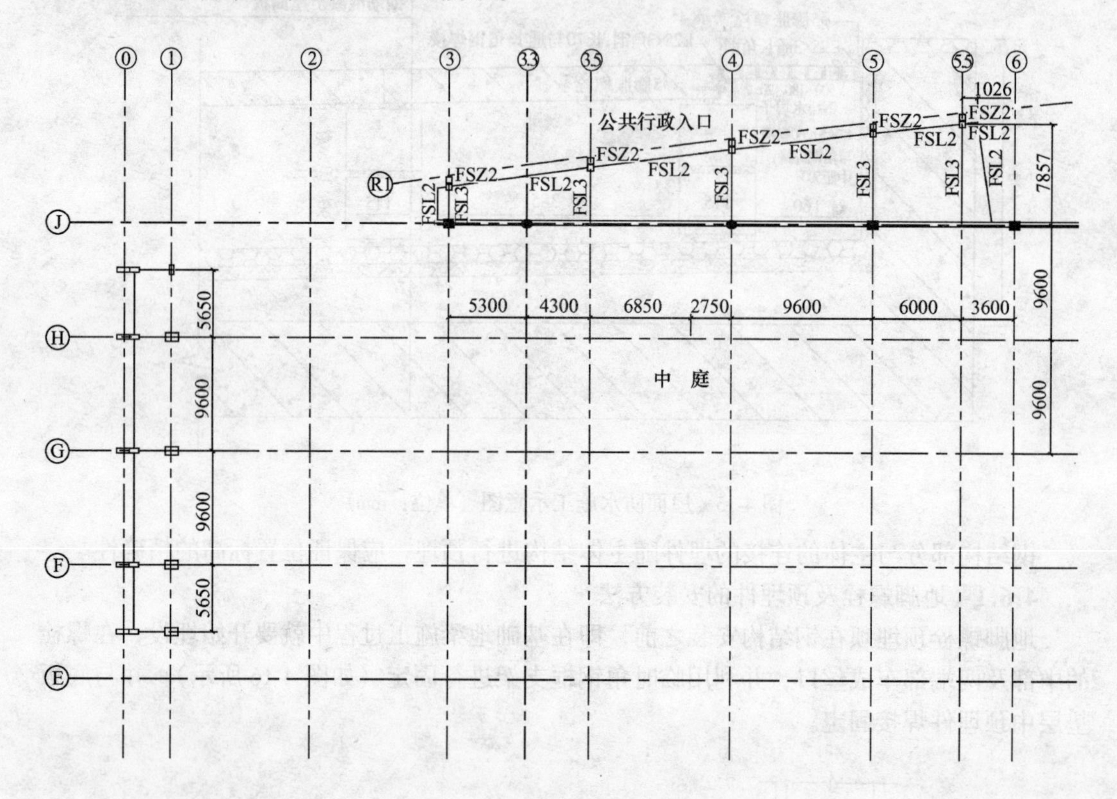


图 4-17　A 区钢结构平面布置图

### 4.6.3　B 区钢结构安装

B 区是指Ⅱ段及Ⅲb 段北面 J 轴及 J 轴外 R1 圆弧轴内的钢梁柱部分，该区钢结构安装分为一层及二层钢结构安装和二层以上钢结构安装两个进度控制点，如图 4-18 所示。

(1) B 区一层及二层钢结构安装

B 区一层及二层钢结构主要是 R1 轴上内斜钢柱和 R1 轴与 J 轴线之间的钢梁构件。钢柱安装拟工厂制作后整根运输到现场，采用 50t 或 70t 汽车吊在 R1 圆弧轴外即建筑物的外侧直接单根吊装就位，如图 4-19 所示。

钢梁安装随支撑钢柱安装的进行而进行，用 50t 或 70t 汽车吊在 R1 圆弧轴外即建筑物的外侧直接单根吊装就位。二层连接 R1 轴外斜柱和 J 轴混凝土柱的钢大梁（图视代号 NSL6）重量较大，约 16t，安装采用 70t 汽车吊在 R1 圆弧轴外直接单根吊装就位，见图 4-20。

(2) B 区二层以上钢结构安装

B 区二层以上钢结构安装遵循由中间向两端扩展安装，先柱后梁。需先安装中间部

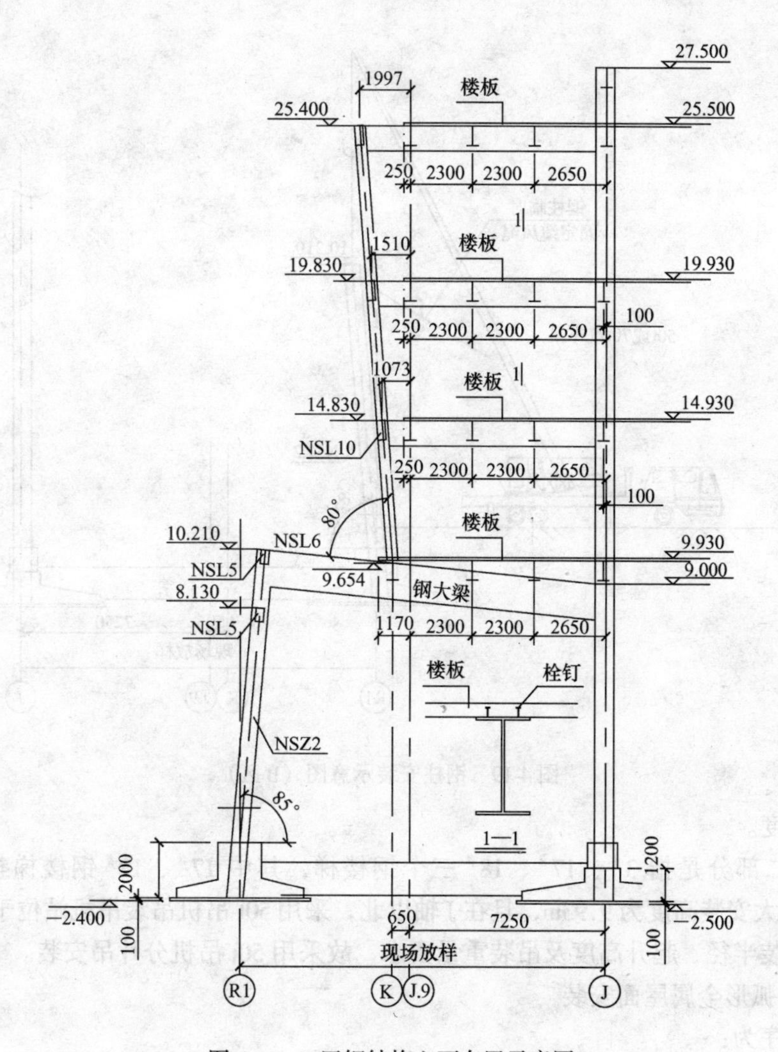


图 4-18　B 区钢结构立面布置示意图

位，至此部位形成稳定框架后再逐步扩大框架，向两端东西方向进行安装，直至安装施工完毕。

K 轴上向外倾斜的 10 根钢斜柱安装是该节安装的重点，钢斜柱均为截面 400mm × 400mm × 20 × 20 的焊接箱型柱，柱脚支撑在二层钢结构大梁上，钢柱安装高度为 + 25.4m，钢柱单根重量为 3.6t，安装时采用 50t 或 70t 汽车吊单根整体吊安装即可。

安装，如图 4-21 所示。

B 区二层以上钢梁大部分重量在 2t 以内，钢梁的最大安装高度即五层顶板高度 + 25.4m，可用 50t 或 70t 汽车吊在 R1 轴建筑物北侧沿线实现单根整体吊装。B 区二层以上钢梁安装，如图 4-22 所示。

**4.6.4**　C 区钢结构安装

C 区部分钢结构第一部分是指Ⅱ段南面、西面的栈桥钢结构部分，由于栈桥（见图 4-23)在建筑物内部，汽车吊无法进入建筑物内部吊装，故采用现场 2# 塔吊及 3# 塔吊将栈桥 3 根代号为 NSL12 主梁吊装就位后，采用一吊多根的办法吊装横向槽钢和角钢，以

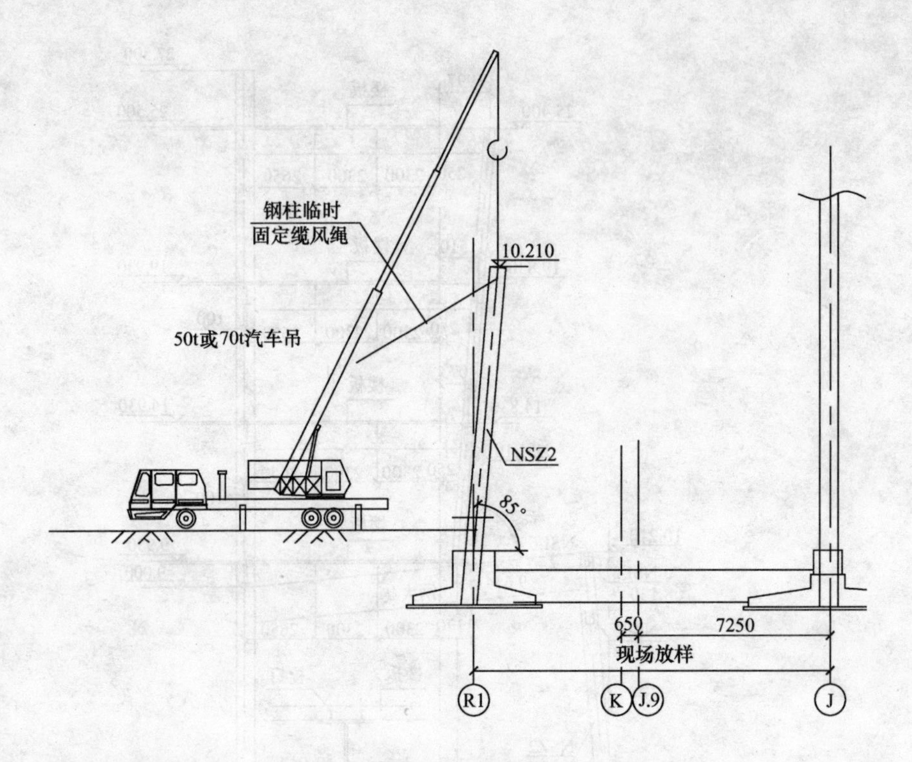


图 4-19 钢柱安装示意图（B 区）

提高吊装速度。

C 区第二部分是指 3#、17#、18# 三个钢楼梯，其中 17#、18# 钢楼梯整体重量在 1～3t内，最大安装高度为9.93m，且在J轴以北，采用50t吊机吊装吊机站位于R1轴沿线能够满足吊装半径、起升高度及吊装重量要求，故采用50t吊机分片吊安装。

**4.6.5** 弧形金属屋面安装

安装程序为：

天沟支撑—镀锌钢丝网—钢底板收边支撑—钢底板（含收边镀锌钢收边泛水）—镀锌钢支撑—固定座—保温棉（含防潮层）—屋面板—屋面配件—收边泛水。

(1) 铺镀锌钢丝网

钢丝网铺设时应张紧，在檩条上表面用自攻螺钉预固定，相邻两块钢丝网之间应有至少一排孔重叠，并用细钢丝间隔 800mm 捆好。钢丝网接头部位必须搭接在檩条上方，搭接长度至少为 300mm，并用细铁丝间隔 800mm 捆好。

镀锌钢丝网安装后不可在上行走或踩踏，以免破坏，影响到保温和防潮膜的功效。

(2) 安装底板

铺设：水平方向底板可由每段中部往两边铺设；纵向若有搭接，从下往上铺设。

搭接：搭接点应尽量在檩条上方，搭接长度以 150～200mm 为宜，并使上面的板端压在下面板端的上面。

固定：底板固定在檩条处，每个波谷处一粒自攻螺钉。

收边：先安装支撑角钢，底板伸入纵向混凝土梁上，横向伸至混凝土梁，固定底板；然后，安装收边镀锌钢泛水，并用普通铆钉（间距 400mm）固定。

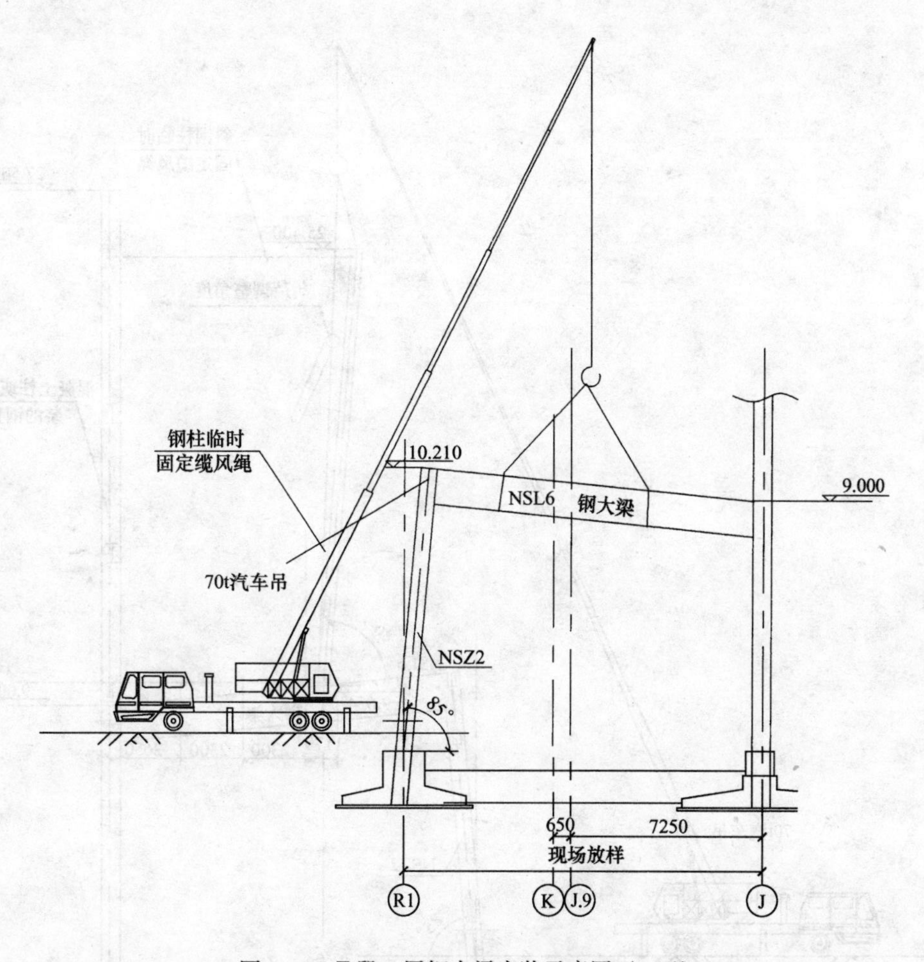


图 4-20 Ⅱ段二层钢大梁安装示意图（B区）

钢底板安装后不可在上行走和踩踏，以免破坏或变形；也需告诫总包在下面施工时不得碰撞，以免破坏。

(3) 安装固定座及底部泛水

按照深化设计图纸每段从中间往两边分-设置固定座标线，并按各收边节点图安装内侧收边泛水。相邻两排固定座间距为 403～405mm。

将隔热垫套在固定座，然后根据放线标明位置固定，各檐口处一排固定座应在泛水固定后安装。

固定座安装后要逐个检查，应确保固定牢固，沿屋面板方向位于一平面内，不得偏离或旋转。固定座若位于檩条接缝处，应增加固定座支撑。

(4) 现场压板、堆放及搬运

机器参数：压板机重约 12t，20 尺标准集装箱包装：长 6060mm，宽 2440mm，高 2590mm。

弯板机重约 2t，集装箱包装：长 2050mm，宽 830mm，高 1660mm。

场地准备：需考虑压直板、弯板和堆放的场地。最长的板约 17m，机器和后面铝卷支架共占地约 10m，故场地必须在 30m 长以上。堆放场地视现场条件而定。

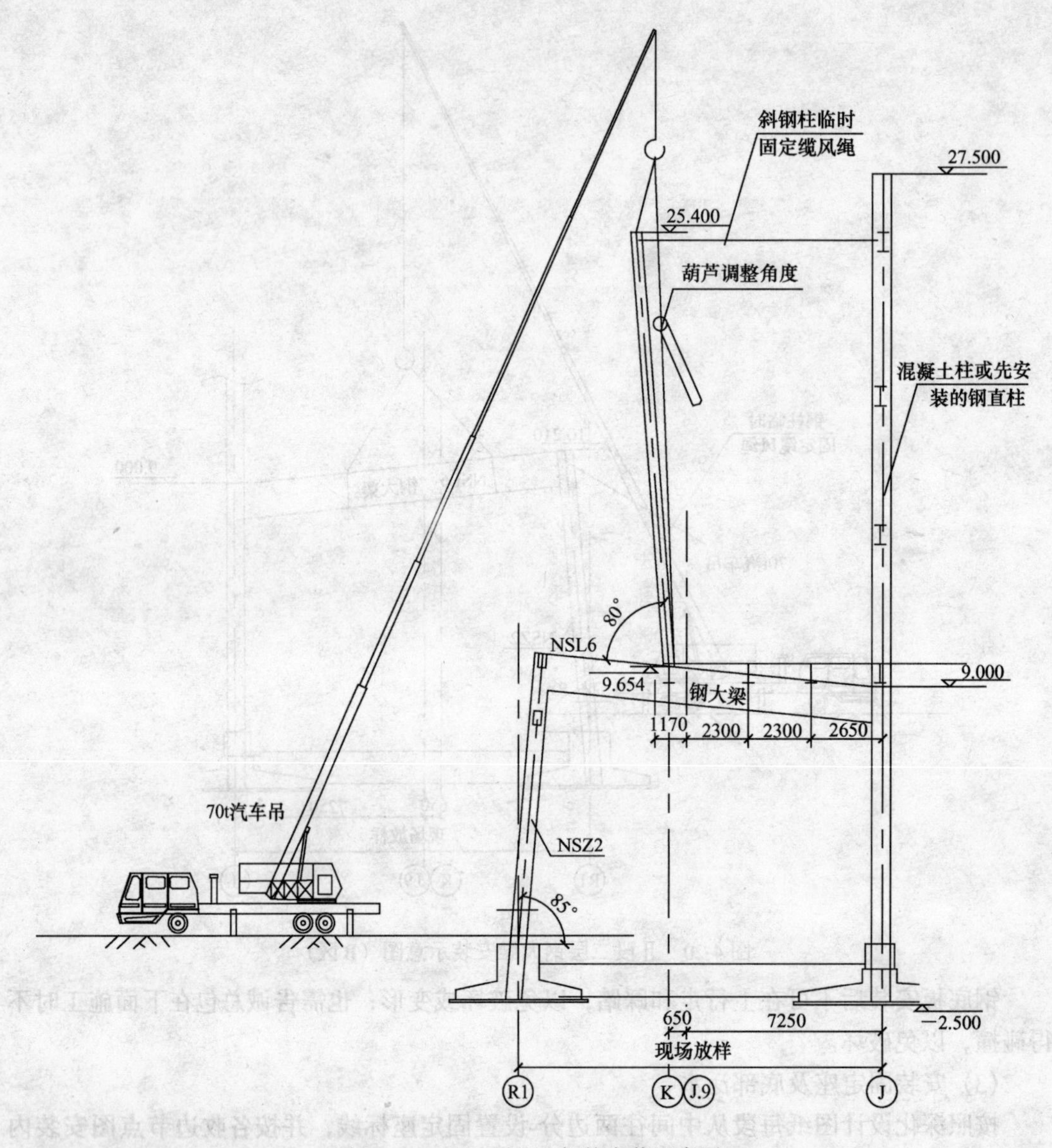


图 4-21　B 区二层以上钢柱安装示意图

现场堆放：在生产时，工人应将板堆放在就近而且方便吊装和搬运的地方。捆绑后用防水布覆盖。

堆放方法：直板平放，每两片板一组，每堆 10 组，下垫木条，木条间隔 4m 左右，两端不要悬挑过大。堆放时从下往上第一片板正面朝上，第二片朝下扣并使两片板的小肋在外。每堆生产完后应立即用绳子捆绑几处，以防板堆滑倒而损坏或影响搬运。弯板侧放，应使板小肋朝下。

搬运：搬运有许多方法，应注意有几个工人同时操作时应严格协调一致；否则，板很容易折断。运用吊车应注意吊车的吨位和高度，需注意保护好板边，每个吊点荷载不可超过 0.8t，端部悬挑不可超过 4.5m。在屋顶上堆放时和地面上一样，但需注意与安装方向一致。

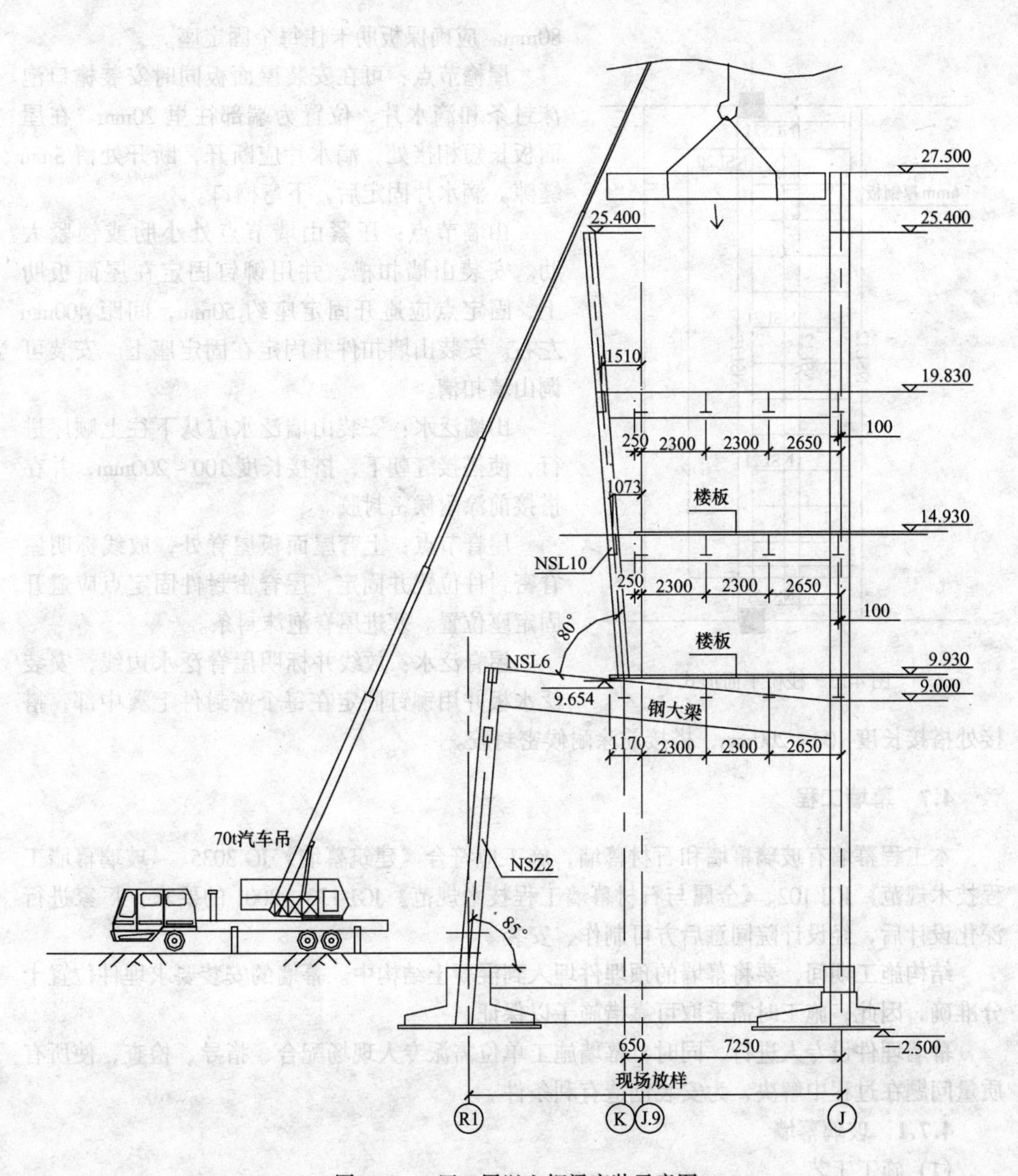


图 4-22　B 区二层以上钢梁安装示意图

（5）安装玻璃棉毡

铺设保温棉前应检查下部钢丝网，使之完好平整。按供应商手册安装棉毡，固定端部和搭接处。

棉毡应在安装屋面板同时进行，每日收工前应用防水布覆盖收尾处和山墙外露处。

（6）安装屋面板及零配件

屋面板：扣板小肋，铆固定点，扣相邻板大肋，依此沿小肋方向铺设。每片板大肋固定后，应立即用手动锁边机锁住每个固定点，尽快用自动锁边机锁住每条肋。屋面板长度控制为屋脊处留缝 75mm，屋檐处伸出天沟悬挑 120mm 左右或参照节点图，但不少于

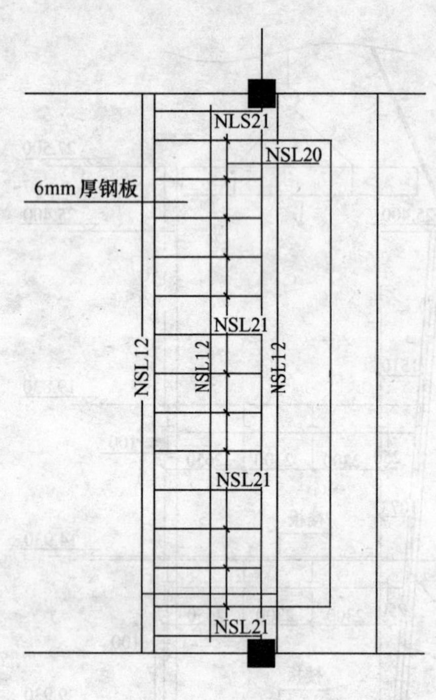


图4-23　栈桥平面形式

80mm。应确保板肋卡住每个固定座。

屋檐节点：可在安装屋面板同时安装檐口泡沫封条和滴水片，位置为端部往里20mm。在屋面板长短相接处，滴水片应断开，断开处留5mm缝隙。滴水片固定后，下弯檐口。

山墙节点：压紧山墙节点处小肋或锁紧大肋。安装山墙扣槽，并用铆钉固定在屋面板肋上，固定点应避开固定座约50mm，间距400mm左右。安装山墙扣件并固定在固定座上。安装可调山墙扣槽。

山墙泛水：安装山墙泛水应从下往上顺序进行，使搭接缝朝下，搭接长度100～200mm，并在搭接前涂耐候密封胶。

屋脊节点：上弯屋面板屋脊处，放线标明屋脊密封件位置并固定，屋脊密封件固定点应避开固定座位置。塞进屋脊泡沫封条。

屋脊泛水：放线并标明屋脊泛水边线，安装泛水板并用铆钉固定在每个密封件上翼中部，搭接处搭接长度100～200mm，搭接前涂耐候密封胶。

### 4.7　幕墙工程

本工程幕墙有玻璃幕墙和石材幕墙，施工应符合《建筑幕墙》JG 3035、《玻璃幕墙工程技术规范》JGJ 102、《金属与石材幕墙工程技术规范》JGJ 133—2001的要求，厂家进行深化设计后，经设计院同意后方可制作、安装。

结构施工期间，要将幕墙的预埋件埋入到混凝土结构中。幕墙的安装要求埋件位置十分准确，因此，施工时需采取可靠措施予以保证。

幕墙埋件设专人进行，同时，幕墙施工单位需派专人现场配合、指导、检查，使所有质量问题在过程中解决，为安装创造有利条件。

#### 4.7.1　玻璃幕墙

（1）施工工艺

测量放线→连接件安装→玻璃幕墙后衬墙施工→耐候胶嵌缝→玻璃板块现场安装→防火、防雷处理→立柱、横梁安装。

（2）施工要点

1）连接件注意防腐；

2）玻璃幕与铝幕、石材幕间的节点处理；

3）玻璃幕墙的三性试验（气密性、水密性、结构性）应在施工图及材料报批完成后委托专业部门进行，合格后方可大面积展开施工；

4）相邻玻璃面平整度、板缝的水平垂直度以及缝宽的控制；

5）注意打密封胶的施工环境；

6）注意成品保护。

**4.7.2** 石材幕墙

（1）施工工艺

测量放线→连接件安装→龙骨安装→耐候胶嵌缝→石材挂板安装→石材挂件安装。

（2）施工要点

1）连接件注意防腐；

2）石材幕与玻璃幕间的节点处理；

3）石材幕墙的三性试验（气密性、水密性、结构性）应在施工图及材料报批完成后委托专业部门进行，合格后方可大面积展开施工；

4）石材加工精度、色差控制；

5）注意打密封胶的施工环境；

6）注意成品保护。

## 4.8 装饰工程

装饰工程是多工种、多工序配合施工的复杂程序。各分项工程施工前，应编制相应的技术措施，其内容包括：准备工作、操作工艺、质量标准、成品保护等。施工时，先做样板或样板间，经各方检查确认后，方可大面积施工。

**4.8.1** 轻钢龙骨隔墙

（1）测量放线：根据设计图纸确定的墙体位置，在地面放出墙体位置线，并将线引至顶棚和侧墙上。

（2）轻钢龙骨隔墙骨架安装：安装沿地、沿顶龙骨，用膨胀螺栓固定，中距600mm。安装竖向龙骨，根据图纸确定的龙骨间距400mm就位。在沿地、顶龙骨上分档画线，竖向龙骨由墙的一端开始排列。

当隔墙上有门窗时，从门窗口一侧排列；当最后一根竖龙骨间距墙（柱）边的尺寸大于规定的龙骨间距时，必须增设一根龙骨。龙骨的上下端除由规定外，与沿地、沿顶龙骨用自攻螺钉固定。

现场龙骨截断时，从龙骨的上端开始，冲孔位置不得颠倒，并保证各龙骨的冲孔高度一致。

（3）岩棉填充要求

1）为便于填充及固定，岩棉采取定尺加工，竖龙骨间距为400mm，岩棉加工尺寸为380mm×1000mm，用细钢丝将岩棉绑扎在龙骨上，以保证填充物牢靠，防止松脱下垂。

2）遇到管道、风管处，洞口部位的岩棉用塑料薄膜包裹。

（4）饰面板安装

1）作业条件

安装玻镁板之前，应对隐蔽于隔墙中的管道和有关附属设备采取局部加强措施，待监理验收合格后方可封板。

2）安装要求

A）玻镁板应竖向铺设，长边接缝应安装在竖向龙骨上，龙骨两侧的玻镁板及龙骨一侧的双层板接缝应错开，不得在同一根龙骨上接缝；

B）玻镁板与龙骨应采用自攻螺钉固定；

C）隔墙的阳角和门窗口边应选用边角方正无损的玻镁板；

D）隔墙下端的玻镁板不应直接与地面接触，应留由 10～15mm 的缝隙，隔声墙的四周应留有 5mm 的缝隙，所有缝隙均用密封膏嵌严；

E）玻镁板的接缝应按设计要求进行板缝处理，玻镁板与周围墙柱应留有 3mm 的槽口，以便进行防开裂处理；

F）控制缝的设置：当墙长超过 12m 时，设置控制缝，做法如图 4-24 所示。

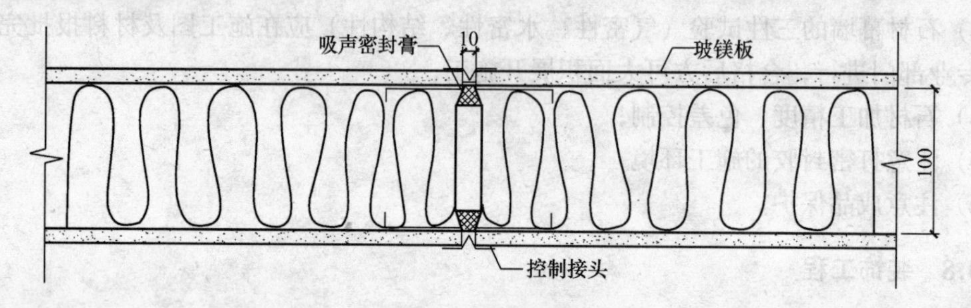


图 4-24　隔墙伸缩缝节点图

### 4.8.2　舒布洛克清水墙

（1）砌块类型

现场施工中用到的主要砌块类型，如图 4-25 所示。

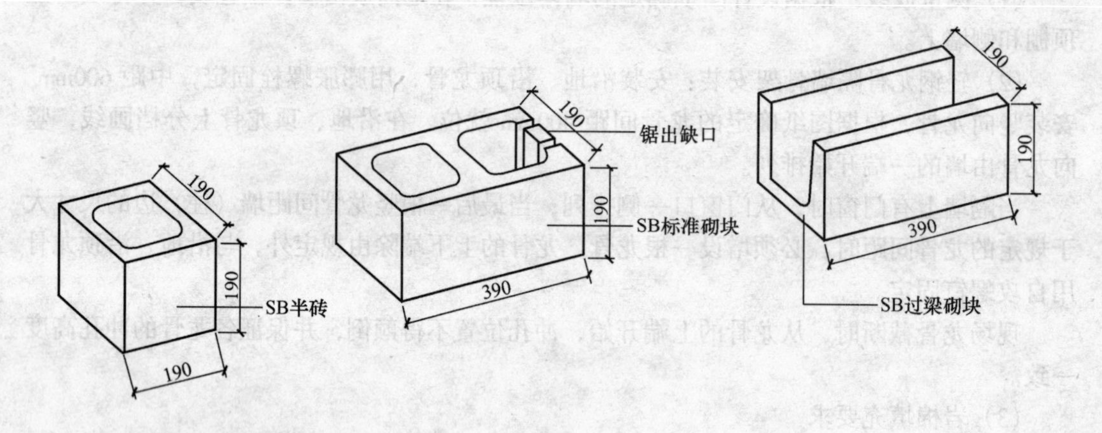


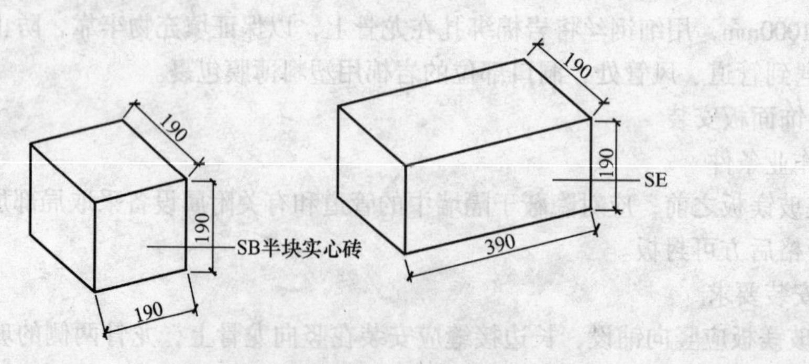


图 4-25　常用砌块类型（单位：mm）

（2）砌筑前准备

根据墙体施工平面放线和设计图纸上的门、窗位置大小，层高、砌块错缝搭接的构造要求和灰缝大小，在每片墙体砌筑前，应按预先绘制好的填充墙砌块排列图，把各种规格的砌块按需要镶砖的规格尺寸进行排列摆放、调整，把每片墙需要修整部分记录在立面排列图上，以供实砌使用。

墙体的厚度等于砌块的厚度。采用全顺砌筑。小砌块应尽量采用390mm长的主砌块，少用辅助砌块。上下皮砖搭接长度为200mm。

（3）灰缝控制措施

为保证灰缝线条顺直、宽窄一致，砌筑时在所有相邻两皮砌块间放置两个塑料垫块，垫块尺寸，摆放位置见图4-26和图4-27。

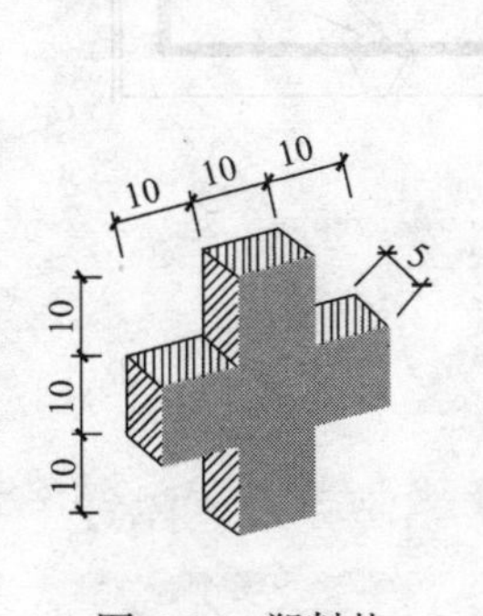


图4-26 塑料垫块（单位：mm）

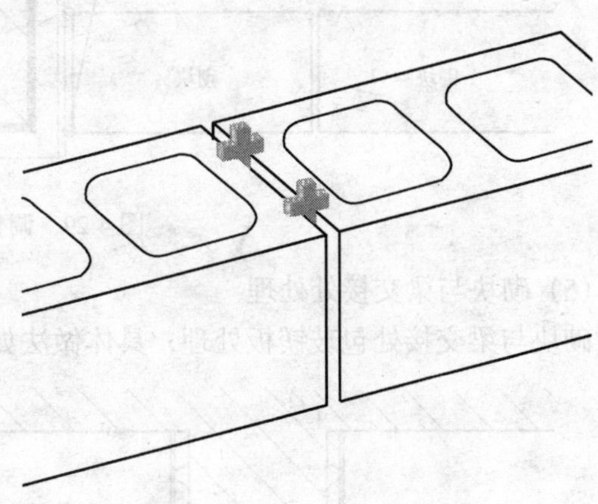

图4-27 塑料垫块摆放位置

（4）嵌缝条设置

砌块与混凝土柱交接部位设两道塑料嵌缝条，嵌缝条尺寸、形状及设置方法如图4-28所示。

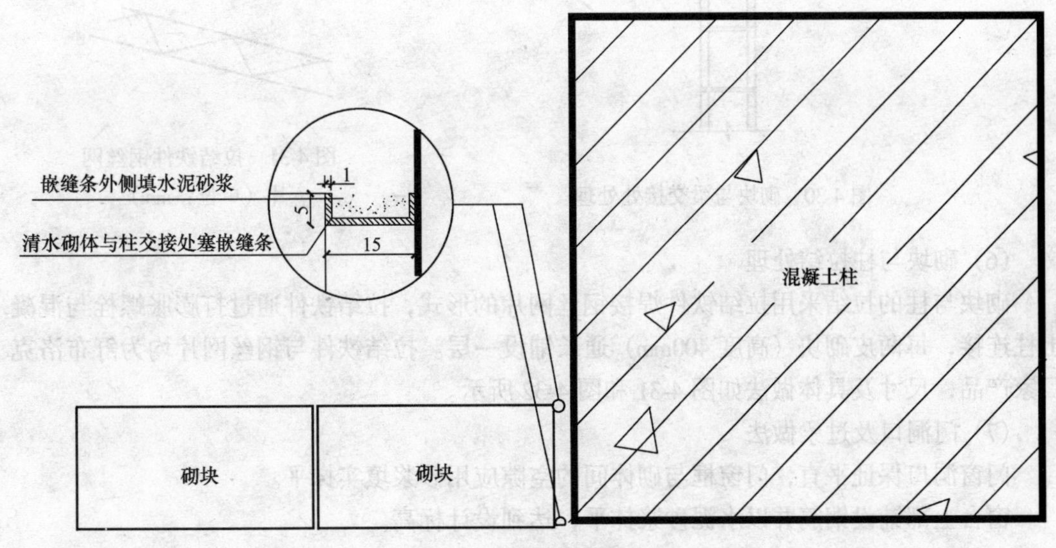


图4-28 嵌缝条设置

当排砖至柱面缝隙较大时，通过柱面包玻镁板进行调整，做法如图 4-29 所示。

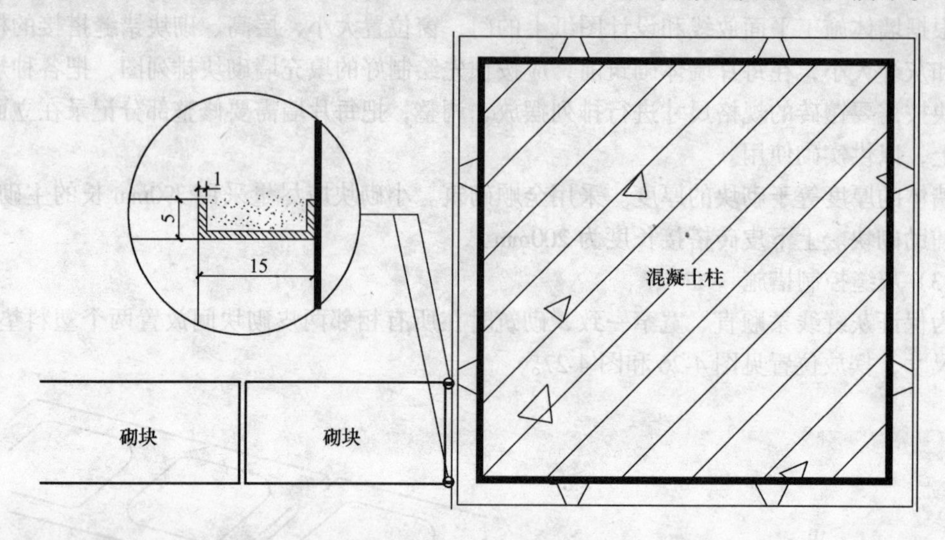


图 4-29　调整做法

(5) 砌块与梁交接处处理

砌块与梁交接处包玻镁板处理，具体做法如图 4-30 所示。

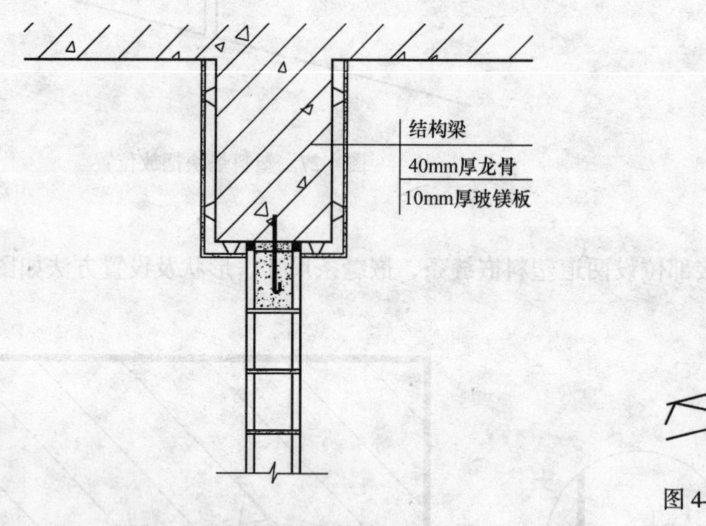


图 4-30　砌块与梁交接处处理

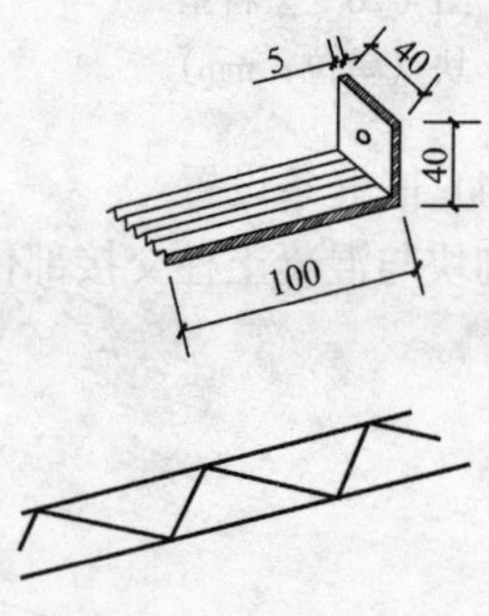


图 4-31　拉结铁件钢丝网片（单位：mm）

(6) 砌块与柱拉结处理

砌块与柱的拉结采用拉结铁件焊接钢丝网片的形式，拉结铁件通过打膨胀螺栓与混凝土柱连接，每两皮砌块（高度 400mm）通长铺设一层。拉结铁件与钢丝网片均为舒布洛克厂家产品，尺寸及具体做法如图 4-31 和图 4-32 所示。

(7) 门洞口及过梁做法

门窗洞口保证平直，门窗框与砌体间的空隙应用砂浆填实抹平。

窗台上部铺设钢筋并以水泥砂浆抹平，达到设计标高。

砌筑门窗洞时，采用砂浆或细石混凝土填实靠近门窗边的孔洞。门窗顶砌体，按设计

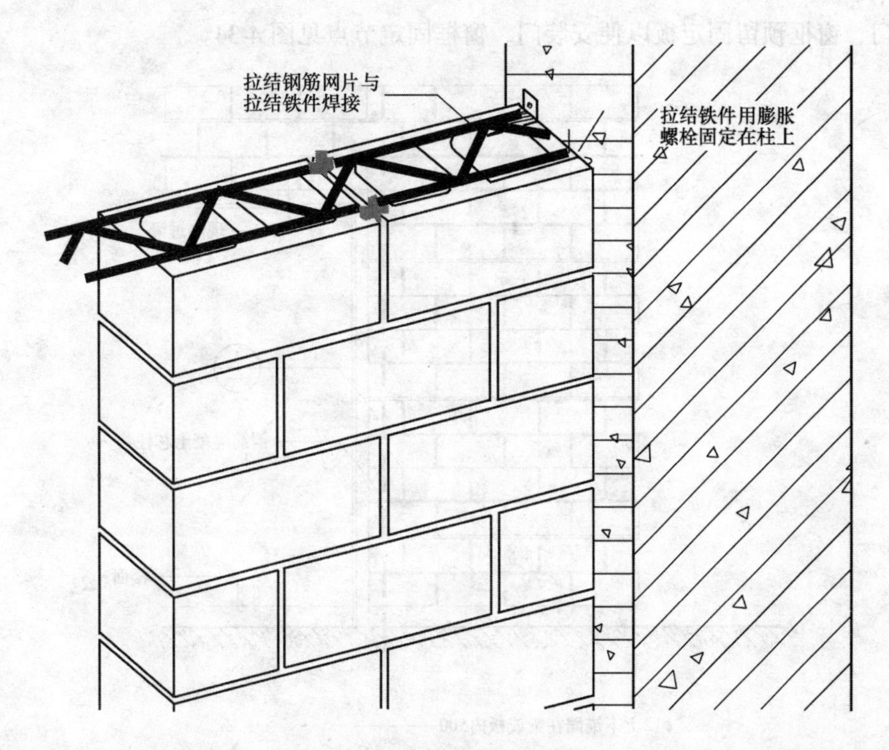


图 4-32 砌块与柱拉结处理

标高浇筑钢筋混凝土过梁，混凝土过梁采用舒布洛克公司专用的过梁砌块进行浇筑（配筋：主筋 6$\phi$14，箍筋 $\phi$8@150），见图 4-33。

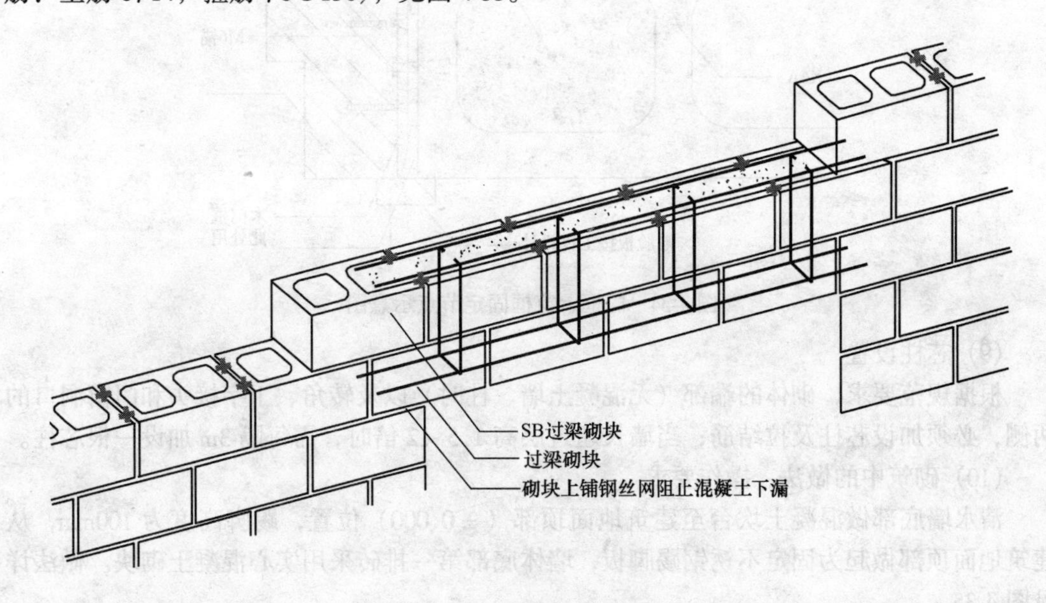


图 4-33 门洞口及过梁做法

（8）砌块墙体上门窗固定

用膨胀螺栓把门、窗框固定在应有的位置，膨胀螺栓固定在砌块上，由电钻在砌块上钻洞，防止伤害砌块的外观。

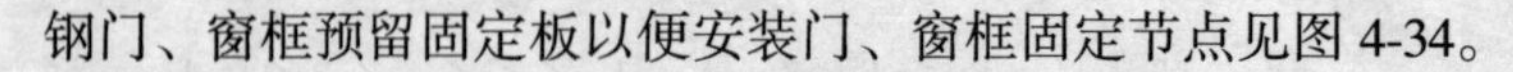

钢门、窗框预留固定板以便安装门、窗框固定节点见图 4-34。

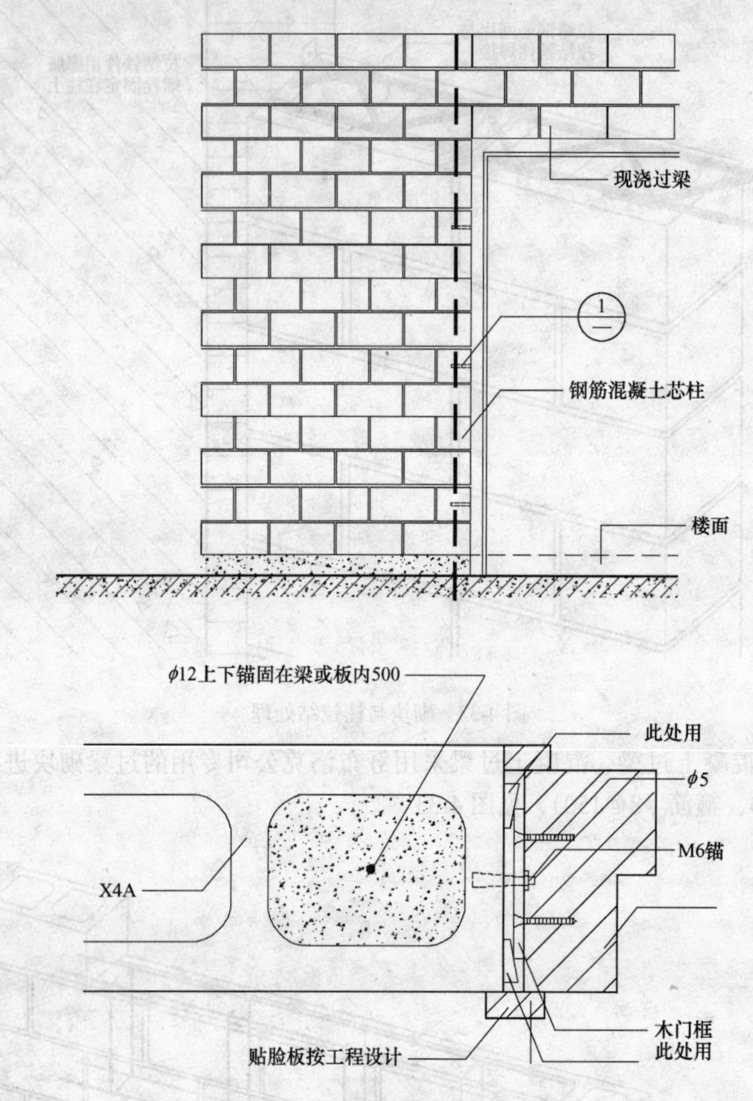


图 4-34　门框、窗框固定节点示意图

(9) 芯柱设置

根据规范要求，砌体的端部（无混凝土墙、柱时）以及转角、丁字接头和门窗洞口的两侧，必须加设芯柱及拉结筋；当墙长超过层高 1.5～2 倍时，需每隔 3m 加设一根芯柱。

(10) 砌筑中的做法、操作要求

清水墙底部做混凝土坎台至建筑地面顶部（±0.000）位置，踢脚高度为 100mm，从建筑地面顶部做起为固定不锈钢踢脚板，墙体底部第一排砖采用实心混凝土砌块。做法详见图 4-35。

砌块墙体的砌筑，从内墙的交接处砌起，然后在全墙面铺开。砌筑时，采用满铺满坐浆的砌法，满铺砂浆层每边缩进砌体墙边 10～15mm（避免砌块坐压，砂浆流溢出墙面），用摩擦式夹具吊起砌块依照立面排列图就位。待砌块就位平稳并松开夹具后，即用线坠或托线板调整其垂直度，用拉线的方法检查其水平度。校正时可用人力轻微推动或用撬杠轻

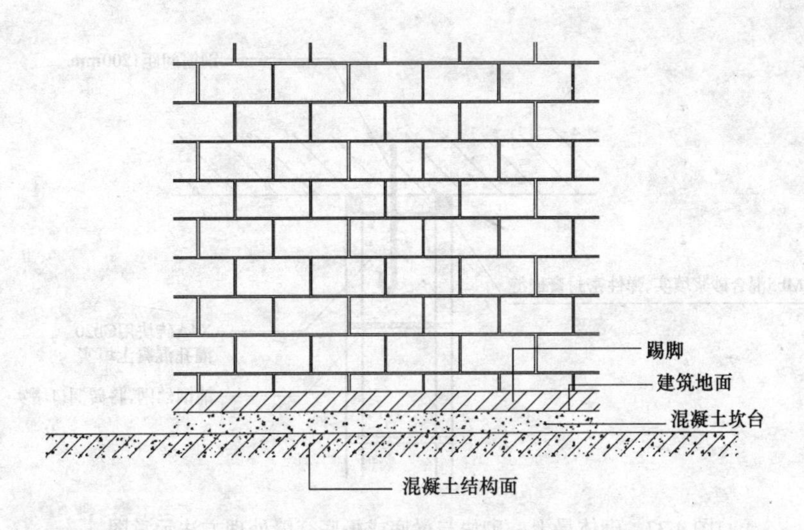


图 4-35 砌筑做法

轻撬动砌块，砌块可用木锤敲击偏高处。竖向灰缝应在已就位和即将就位的砌块的端面同时铺浆，随即用挤浆法将新砌块就位。

砌墙前先拉水平线，在弹墨线的位置上，按排列图从墙体转角处或定位砌块处开始砌筑。砌筑前应先清理基层，湿水后扫一道素水泥浆，第一皮砌块下应铺满砂浆。砌块错缝砌筑，保证灰缝饱满。

一次铺设砂浆的长度不超过 800mm。铺浆后立即放置砌块，可用木锤或橡皮锤敲击摆正、找平。

砌体转角处要咬槎砌筑；纵横交接处未咬槎时设拉结筋。

砌筑墙端时，砌块与框架柱面或剪力墙靠紧，填满砂浆，并将柱或墙上预留的拉结钢筋展平，拉结筋间距 400mm，砌入水平灰缝中。小砌块排列方式详见图 4-36。

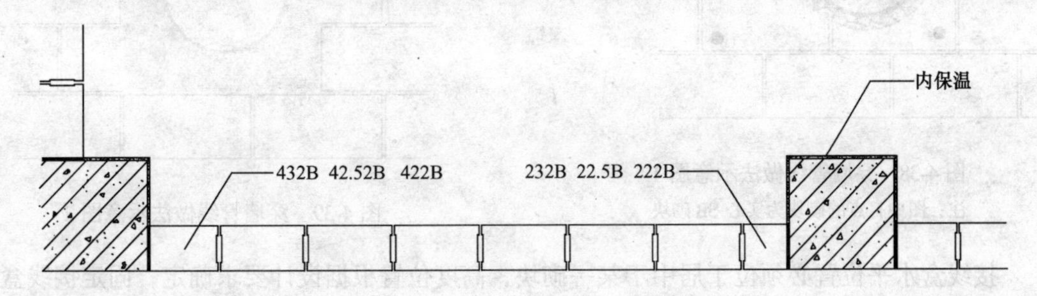


图 4-36 外露柱小砌块外墙排列图

砌体上数第二皮采用封底砌块倒砌，最上一皮隔日砌筑，即待下部砌体变形稳定后(时间间隔大于 7d) 再砌上面一皮，采用辅助实心小砌块砌筑，具体构造详见图 4-37。

墙体表面的平整度、垂直度、灰缝的均匀度及砂浆的饱满程度等，应参照有关施工规程执行并随时检查，校正所发现的偏差。

(11) 砌筑灰缝及勾缝要求

灰缝应横平竖直、砂浆饱满、均匀密实。砂浆饱满度：水平缝不低于 90%；竖直缝不低于 80%。应边砌边勾缝，不得出现暗缝，严禁出现透亮缝。

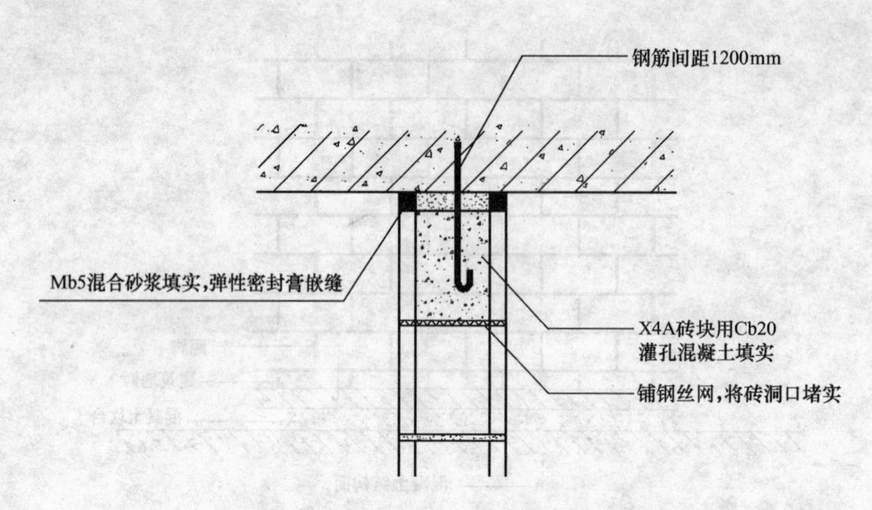


图 4-37　砌体最上一砌块与梁底或板底交缝处理方法示意图

灰缝厚度应均匀，一般应控制在 8～12mm。埋设的拉结钢筋必须平埋于砂浆中。

砌体施工完毕后，采用舒布洛克公司提供的专用勾缝剂勾缝。

(12) 穿墙管线、墙上线盒做法

消防水管等安装管线穿墙处的处理方法，如图 4-38 和图 4-39 所示。

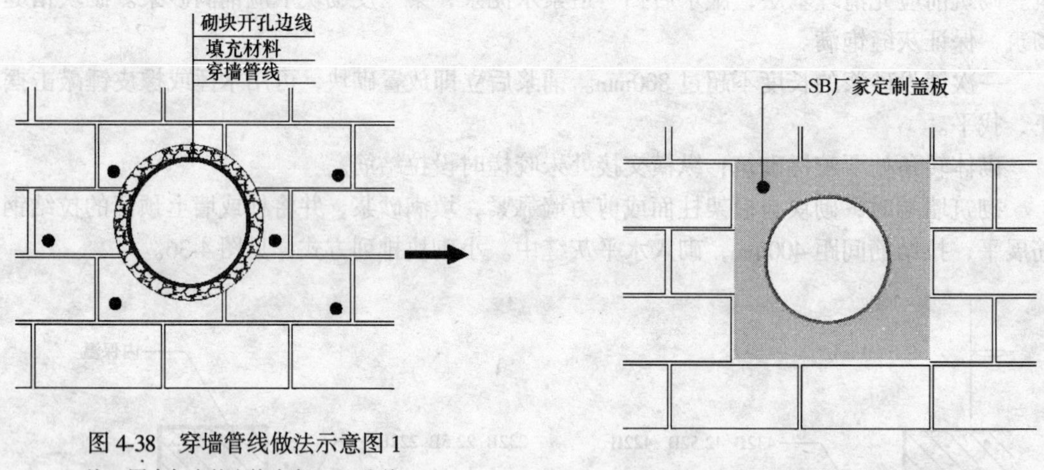


图 4-38　穿墙管线做法示意图 1

注：图中打点的砌块为实心 SB 砌块

图 4-39　穿墙管线做法示意图 2

接线盒水平位置必须位于居中于某一砌块，高度位置根据设计要求确定，固定接线盒的砌块用混凝土灌实。

(13) 成品保护

成活的墙体通高使用彩条布进行覆盖，彩条布底端稍微远离墙体，避免污染。从楼板起的 2m 范围内竖立模板，墙体阳角加设护角条，且距墙面 1m 的搭设钢管护栏，禁止人员靠近。

墙过梁底部的模板，应在灰缝砂浆强度达到设计规定的 50% 以上时（至少间隔 7d 后）方可拆除。在垂直运输施工电梯进料口周围，应用塑料纺织布或木板等遮盖，保护墙面洁净。如需增加留孔洞或槽坑时，开凿后墙体有松动或砌块不完整时，立即进行处理补强。落地砂浆应及时清除，保持施工场地清净，以免影响下道工序施工。

在砌筑围护工程中，水电专业及时配合预埋管线。地线管应预先埋设；所有预留孔用电钻和线锯配合开槽，确保尺寸，避免后期剔凿对结构质量造成隐患。

在构造柱、圈、梁、模板支设时，严禁在砌体上硬撑、硬拉。

**4.8.3** 墙面乳胶漆

（1）主要施工工艺流程

基层处理→填补缝隙、局部刮腻子→轻质隔墙、吊顶拼缝处理→砂纸打磨→复找腻子→刷第一遍浆→满刮腻子→刷第二遍浆→复找腻子→砂纸打磨→刷浆交活。

（2）操作要点

1）基层处理：混凝土墙面及抹灰墙面，先将灰尘、浆粒清理干净。粘附着的隔离剂，应用碱水（火碱:水＝1:10）清刷墙面，然后用清水冲刷干净。油污应彻底清除。

2）填补缝隙：用石膏腻子将墙面缝隙、磕碰处及坑洼缝隙等找平，干燥后用砂纸将凸出处磨平，将浮尘扫净。

3）隔墙板面接缝处理：接缝处应用嵌缝腻子填塞满，上糊一层玻璃网格布、麻布或绸布条，用乳液或胶粘剂将布条粘在拼缝上，粘条时应把布拉直、糊平，糊完刮腻子时要盖过布的宽度。

4）喷（刷）胶水：混凝土墙面在刮腻子前，应先喷、刷一道胶水（重量比为水:乳液＝5:1）以增强腻子与基层表面的粘结性。喷（刷）均匀一致，不得有遗漏。

5）满刮腻子：根据墙体基层的不同和浆活等级要求的不同，墙面刮腻子的遍数和材料也不同，一般情况为三遍。第一遍用胶皮刮板横向满刮，一刮板紧接着 一刮板，接头不得留槎，每刮一板最后收头要干净利落。干燥后磨砂纸，将浮腻子及斑迹磨光，再将墙面清扫干净。第二遍用胶皮刮板竖向满刮，所用材料及方法同第一遍腻子，干燥后砂纸磨平并清扫干净。第三遍用胶皮刮板找补腻子或用钢片刮板满刮腻子，将墙面刮平刮光，干燥后用细砂纸磨光，不得遗漏或将腻子磨穿。

6）刷（喷）第一遍浆：刷（喷）浆前，应先将门窗口圈 20cm 用排笔刷好。如墙、顶为两种颜色时，应在分色线处用排笔齐线并刷 20cm 宽以利接槎，然后大面积喷刷。涂刷顺序是先刷顶面后刷墙面，墙面是先上后下。先将墙面清扫干净，用布将墙面粉尘擦掉。乳胶漆用排笔涂刷，使用新排笔时，将排笔上的浮毛和不牢的毛理掉。乳胶漆使用前应充分搅拌均匀，适当加水稀释，防止头遍漆刷不开。干燥后复补腻子，再干燥后用砂纸磨光，清扫干净。

7）复找腻子：第一遍浆干透后，对墙面的麻点、坑洼、刮痕等用腻子复找刮平，干透后用细砂纸轻磨，并把粉尘扫净，达到表面光滑、平整。

8）刷第二遍浆：浆料操作要求同第一遍。浆料使用前充分搅拌，如不很稠，不宜加水，以防止透底。

9）膜干燥后，复找腻子，用细砂纸将墙面小疙瘩和排笔打磨掉，磨光滑后清扫干净。

10）第三遍浆：由于乳胶漆膜干燥较快，应连续迅速操作，涂刷时从一头开始，逐渐刷向另一头，要上下顺刷互相衔接，后一排笔紧接前一排笔，避免出现干燥后接头。交活浆应比第二遍浆胶量适当增大一点，防止涂层掉粉。

**4.8.4** 自流平地面

(1) 施工工艺流程

基面处理→界面处理剂施工→自流平层施工→地面养护→聚氨酯面层施工→聚氨酯中层施工→聚氨酯底漆施工。

(2) 操作要点

1) 基面处理

基层检查：检查混凝土基层有无空鼓、起皮、裂纹及破损；如有，应通知混凝土基层施工单位做好修补处理。

喷灯烘烤：对局部有油腻和潮湿部位，清除油污并用喷灯进行烘烤，使其表面干燥，无油腻杂物。

表面打磨，用大功率砂带机采用十字打磨法进行基面打磨，清理浮浆，把表面油腻和浮粒打磨干净，并留有一定的粗糙度。局部区域可用角向磨光机进行打磨处理，使其与涂层有更好的吻合，基面除尘后方可进行下一道工序施工。

2) 界面处理剂施工

对沙化严重的地面用汉高界面剂 R777 按 1:2 兑水后，用羊毛滚筒均匀且充分滚涂两遍。再用汉高 R777 按 1:1 兑水后，用羊毛滚筒均匀且充分滚涂。待表干到粘手且无积液（一般情况下，风干 3~4h），即可进行下道工序施工。

3) 自流平层施工

首先，按每袋自流平加水 6.5kg 进行稀释。充分搅拌后，静置 3~4min，让材料充分熟化、放气后，再进行搅拌 1min，成糊状；

然后，将搅拌好的材料倒在界面剂处理过的基层上，用齿刮板进行刮抹；

最后，穿钉鞋进入自流平地面，进行放气处理。干燥 48h 后，可进行下道工序。

4) 聚氨酯底漆施工

首先，对自流平层进行机械打磨；打磨结束后将基面清理干净，然后滚涂 EF-106 底漆，施工中加一定的稀释剂。

5) 聚氨酯中层施工

首先，采用 EF-106 加石英粉（配合重量比为 1:2）拌成腻子；对有缺陷的地方，进行点补、打磨。

然后，在第一遍腻子干透后，再用 EF-106 加滑石粉（配合重量比为 1:2）拌成腻子满刮两遍；对有缺陷的地方，进行点补。

最后，在第二遍腻子干透后，用砂纸进行打磨并除尘。

6) 聚氨酯面层施工

中层施工结束干燥后，用砂纸进行打磨并除尘。用羊毛滚筒均匀且充分滚涂 EF-106 聚氨酯色漆两遍，色泽均匀，无滚筒印。干透后，用高压无气喷涂设备喷涂防滑橘皱亚光耐磨罩面一遍。

7) 地面养护

所有工序完成后，该地面需要一定的养护时间，视现场具体情况而定。一般在室温下，2d 后可以走人，7d 后可以承重。

### 4.8.5 吊顶工程

(1) 金属穿孔板吊顶

1) 施工工艺流程

弹线定位→按照定位尺寸提供材料计划单→固定吊杆→安装专用次龙骨与连接吊件→安装主龙骨→安装边龙骨→调整主次龙骨→隐检→金属板开孔（灯具及设备）→收边清理→吊顶板调整→吊顶板安装。

2) 操作要点

条板的安装是在龙骨调平的基础上方可进行，安装时从一个方向依次安装。板条的固定一般有两种方法。

(A) 龙骨与卡件固定：是利用薄板所具有的弹性将板条卡在龙骨上。这种方法安装简捷、方便，板缝容易处理，拆卸比较简捷、便利。特别是在宽度为100mm以下的板条，决大部分采用此法。因为板条宽度在100mm以下板厚多为0.5~0.8mm，很薄但弹性好，易于卡紧安装。

(B) 螺钉固定：将板用螺钉或自攻钉固定在龙骨上，龙骨一般不需与板条配套，可改用型钢，如角钢、槽钢等型材。方板（含正方形板和长方形板）、圆板或异形板用螺钉固定的多，宽度大于100mm以上的多用螺钉固定。因为宽度影响厚度，宽度增加，为了保证其强度，厚度也随之增加。因为厚度超过1mm，在往龙骨上固定安装时，操作不很顺利，从而对工程质量也有影响。

(C) 板缝处理：采用密缝处理，主要是控制拼版处的平整。

(D) 吸声处理：穿孔金属吊顶板，在板条的上面满铺吸声材料，或者将龙骨之间的距离作为单元格满铺。声音通过多孔吊顶材料的孔壁或间隙时受阻，从而达到吸声的目的。

(E) 细部调整与处理：灯饰、通风口、检查口除了具有自身的功能外，亦是吊顶装饰的主要组成部分。所以选择合适得体的风口箅子，对吊顶装饰的效果来说是举足轻重的。

(F) 自动喷淋、烟感器、风口等设备与吊顶的处理：自动喷淋、烟感器、风口等设备与吊顶表面衔接要得体，安装要吻合，吊顶开工之前与相关专业加强沟通，核实并确定设备位置及合理尺寸。

(G) 特殊部位板条的封口处理

在检查孔、通风口与墙面或柱面交接部位，板条做好封口处理，不得露白槎。一般常用颜色相近的角铝封口，在检查孔部位，因牵涉两面收口，所以，用两根角铝背靠背用拉铆钉固定，然后按照预留的尺寸围成框架。

(2) 木丝吸声板吊顶工程

1) 施工工艺流程

弹线定位→安装吊筋→安装主龙骨→安装副龙骨→调整木丝板→安装木丝板→隐检→调整主副龙骨。

2) 操作要点

(A) 在结构基层上按设计图纸要求弹线，确定吊点位置。在墙面，柱面按设计图纸要求弹线水平线，确定吊顶和边龙骨的标高位置。

(B) 在龙骨安装前应根据设备、灯具的位置预排主龙骨及吊杆位置，确保设备及灯具在安装过程中甩口到位。

(C) 安装吊杆，按吊顶高度配置，吊杆除了同吊顶固定件可以焊接外，吊杆自身不允许有接槎，吊点与吊点之间平直，遇到设备管线影响吊点位置，用角钢做横担以保证吊杆位置，横担挂点两端生根到结构上。通过吊杆将角钢焊到需要的位置上，设备管线不得与吊顶吊杆共用，吊杆垂直与主龙骨连接。

(D) 主龙骨第一根与墙距200mm开始安装，主龙骨端头与四周墙体顶实，主龙骨与主龙骨连接处用连接件接实，主龙骨自身调平调直，之间平行等高。

(E) 次龙骨、边龙骨安装严格控制间距，按吊顶板规格尺寸定位，与主龙骨连接。次龙骨与主龙骨用吊件连接，接头应顶紧、对齐。

(F) 吊顶面板安装前做设备管线及吊顶龙骨的隐检，验收合格后方可封板。

(G) 吊顶面板安装前检查吊顶板的规格、尺寸是否一致，是否完好无缺损。吊顶板安装顺序先中间后四边、先主面后收边。

(H) 吊顶板安装后调平，板缝调直，接缝调均匀。

## 4.9 设备安装工程

### 4.9.1 重点部位综合管线排布

本工程制冷机房、换热站、水泵房、地下室走廊等位置，由于机房内设备多，风管、水管、桥架体积大且布置密集，施工难度大。在施工前根据各专业设计图纸及现场情况绘制深化设计图，明确设备管道安装位置和标高以及设备、阀件、管路之间的关系。具体实施步骤如下：

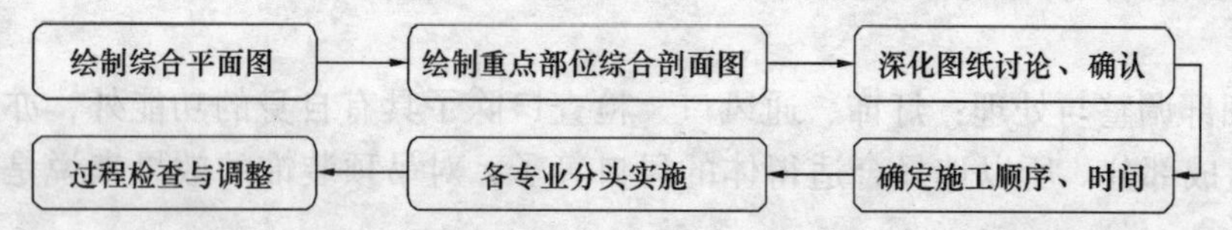


(1) 绘制各专业综合平面图

将给排水、空调水、通风、消防、电气等各专业平面图进行叠加，绘制设备机房、走廊部位的综合平面图。综合平面图上主要反映风管、水管、桥架、母线的大小及走向等信息，预先发现各专业管线的交叉部位。

(2) 绘制重点部位综合剖面图（见图4-40）

在专业管线比较集中的地方绘制综合剖面图，剖面图上主要反映各管线的标高、水平定位尺寸以及各管线之间的关系。在绘制剖面图时，还应综合考虑管道保温、管线支架、检修空间等。

(3) 深化设计图纸讨论与确认

综合平面图及剖面图绘制完成后，分发各专业工长，进行专业核查。主要检查图中管线是否有遗漏，图中反映管线型号是否符合设计，各种管线的间距、坡度、坡向是否正确。将各专业检查结果进行汇总，并进行修改。遇到专业之间交叉问题时，按照优先顺序进行避让，一般情况优先顺序为：重力排水、雨水管→大型风管→电气母线→电气桥架→空调水管→消防管、给水。修改后的综合图通过各专业确认后提交给设计院，并进行设计会签。

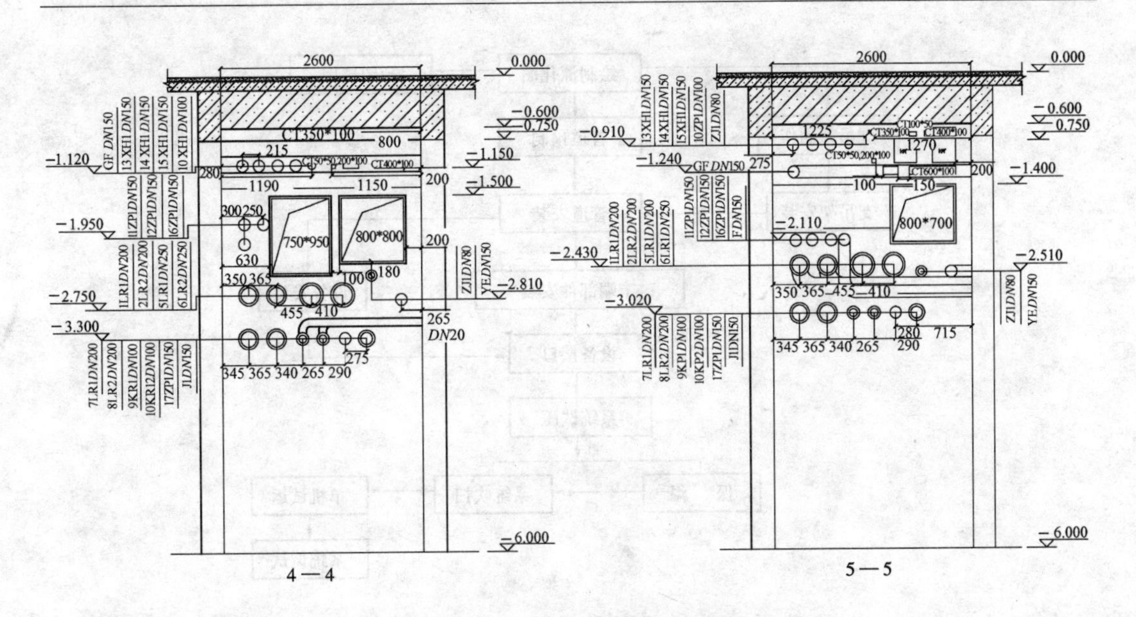


图 4-40 地下室走廊局部剖面图

(4) 确定各专业的施工顺序与时间

综合平面、剖面图确认后，按照从上至下、从里至外的顺序开始安排施工顺序，并根据各专业的施工工程量排定施工时间，各专业必须在规定时间内完成其任务，避免影响下一专业施工。

(5) 各专业分头实施

将综合平面图、剖面图以及各专业管线的施工顺序、时间对施工班组进行详细交底，根据班组施工工作量调配劳动力、施工机具等，并开始组织施工。

(6) 过程检查与调整

在施工同时，进行过程监控。检查现场施工是否偏离深化图、管线与建筑物的关系是否正确；发现施工偏差后立即进行调整，并通知相关施工班组。

### 4.9.2 给排水、消防系统

(1) 本工程使用的管材及管道安装工艺，如表 4-6 所示。

**表 4-6**

| 序　号 | 管 道 名 称 | 管 材 选 择 | 连 接 方 式 |
|---|---|---|---|
| 1 | 给 水 系 统 | 镀锌钢管 | 螺纹连接 |
| 2 | 中水给水系统 | 镀锌钢管 | 螺纹连接 |
| 3 | 热 水 系 统 | 镀锌钢管 | 螺纹连接 |
| 4 | 消火栓管道 | 焊接钢管 | 焊接连接 |
| 5 | 自动喷淋管道 | 镀锌钢管 | 螺纹连接<br>沟槽连接 |
| 6 | 重力排水系统 | 排水铸铁管 | 承插连接 |
| 7 | 压力排水系统 | 焊接钢管 | 焊接连接 |
| 8 | 雨 水 系 统 | 无缝钢管 | 焊接连接 |

(2) 给排水、消防施工流程（见图 4-41）

(3) 卫生洁具安装

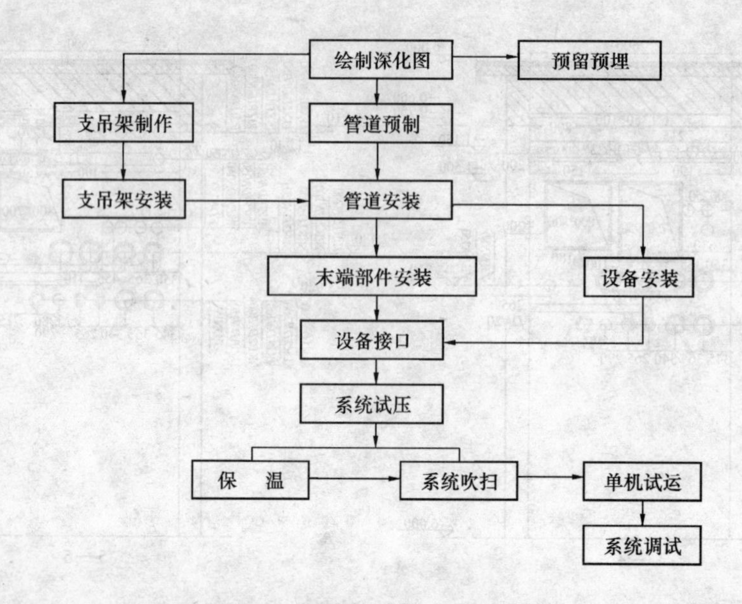


图 4-41 给排水、消防施工流程图

1）卫生洁具的固定必须牢固、平稳，垂直度偏差不大于 3mm，成排洁具允许偏差 3mm。

2）地漏安装在地面的最低处，其箅子顶面应低于该处地面 5mm。洁具排水口与暗装管道的连接情况良好，不影响装饰美观。阀门、水嘴开启灵活，不漏水。

3）洗脸盆安装：对照图纸给定的洗脸盆型号，根据其尺寸，在安装的位置弹好盆的位置坐标及下水管的甩口中心线，将脸盆支架找平栽牢。再将脸盆置于支架上找平找正。

4）蹲便器安装：首先将胶皮碗套在蹲便器进水口上，套正套实。把预留排水管内清除干净，找出排水管的中心线画在墙上，将下水管口内抹好油灰。将蹲便器下水口插入排水管稳好，蹲便器两侧用砖砌好抹光，最后将蹲便器下水口临时封好。

5）小便器安装：挂式小便器安装前，应检查给排水预留管口是否在一条垂线上、间距是否一致。符合要求后按照管口找出中心线。将下水管口周围清理干净，取下管堵，抹好油灰，放好橡胶密封垫，将挂式小便器稳装找正。挂式小便器与墙面的缝隙打胶密封。

**4.9.3** 通风空调系统

（1）系统施工流程（见图 4-42）

（2）冷水机组安装

本工程共有冷水机组 3 台，其中，1 台螺杆式冷水机组制冷量为 1020kW、两台离心式冷水机组制冷量为 2813kW，均位于Ⅲ区地下 1 层，为整个建筑的空调冷源。离心式冷机外形尺寸为 4775mm × 2184mm × 2960mm，运输重量为 12t。

冷水机组安装流程为：

1）设备的验收

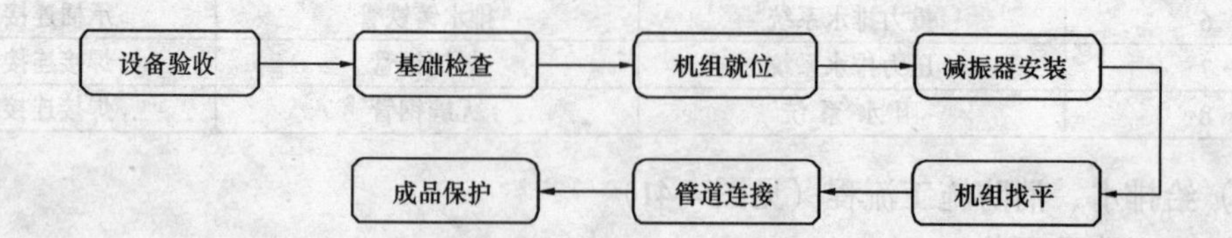

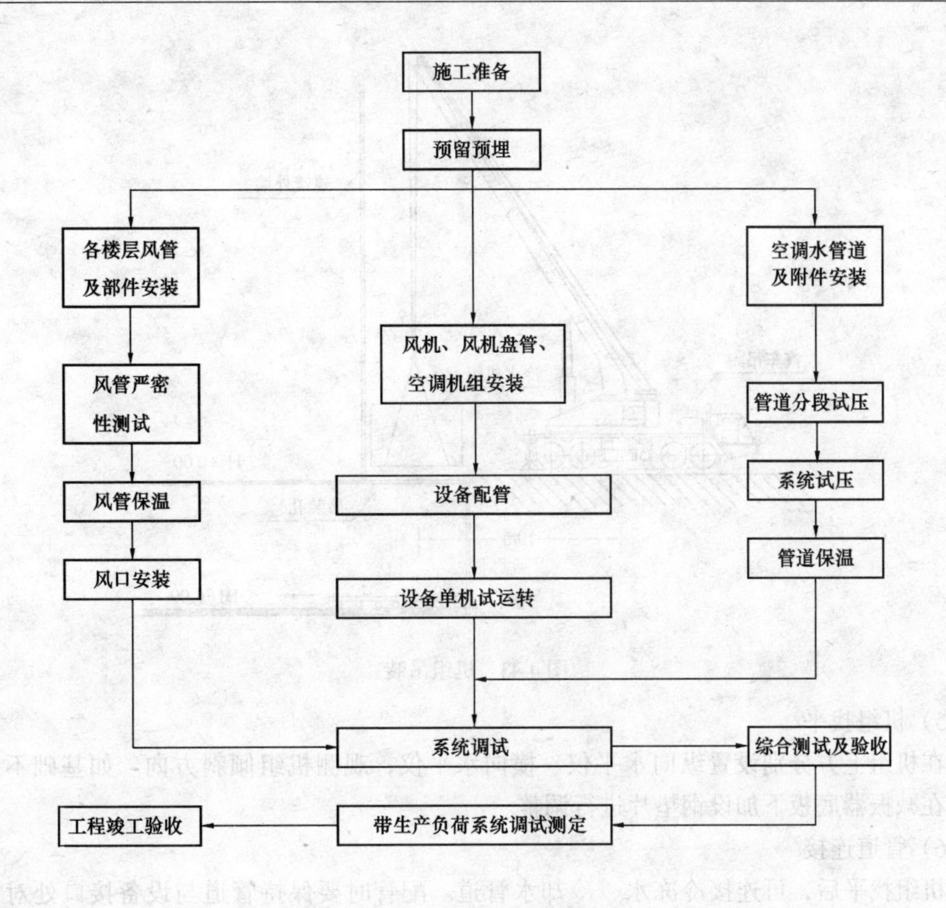


图 4-42 系统施工流程图

开箱验收主要检查设备型号是否正确，主要铭牌参数与设计是否相符，外观有无损坏缺陷等。

2）设备基础的检查

设备基础应达到养护强度，表面应平整。基础的大小、定位、高度尺寸都应该准确无误。

3）机组就位

本工程冷机尺寸为 4775mm × 2184mm × 2960mm、运输重量为 12t，机组通过首层设备吊装孔进行吊装，吊装孔大小为 5000mm × 3000mm。选用汽车吊进行设备吊装，如图 4-43 所示。

吊车选型：

冷水机组吊装重量为 12t；

吊装工作半径为 10m；

根据吊车性能曲线，选用 50t 汽车吊进行吊装。

4）减振器安装

因冷水机组运行过程中振动较大，采用厂家配套的橡胶减振垫进行减振。

将机组吊起离基础 100 ~ 200mm 高度，将橡胶减振器放在机组端板下方，调整 4 块减振器的水平，将机组缓慢放落在减振器上。

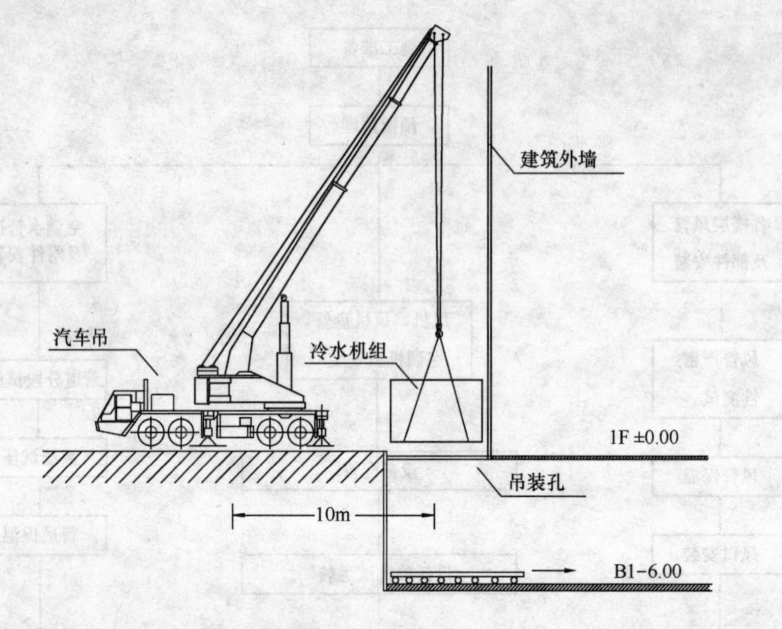


图 4-43　机组吊装

5）机组找平

在机组上方分别设置纵向水平仪、横向水平仪，观测机组倾斜方向。如基础不平整时，在减振器底板下加设钢垫片进行调整。

6）管道连接

机组找平后，可连接冷冻水、冷却水管道。配管时要保持管道与设备接口处对中准确，且应采用软性接头进行连接。管道、阀部件必须有独立的支撑，避免将任何变形或振动转递给机组。

7）成品保护

因冷机设备贵重，机组外部有很多易损坏的元器件。在机组安装完成后，其周围仍存在许多施工项目，可能会对机组造成破坏。施工时采用四周搭设脚手架，机组上方及四周围护木板，将冷机封闭保护；同时，指派专人进行看护。

(3) 空调系统调试

设备单机运行：

1）冷却水泵和冷冻水泵试运转

(A) 水泵试运转在设计负荷下连续运转不应少于 2h；

(B) 运转中应无异常振动和声响，各静密封处不得泄漏，紧固连接部位不应松动；

(C) 轴承的最高温度不得超过 75℃；

(D) 油封填料的温升正常，在无特殊情况下，填料泄漏量不得大于 5mL/h；

(E) 电机电流和功率不应超过额定值。

2）风机试运转

(A) 叶轮应无卡阻和碰擦现象，旋转方向必须正确；

(B) 在额定转速下试运转时间不得少于 2h；

(C) 轴承最高温度不得超过 80℃。

3）冷却塔单机运行

（A）清扫冷却塔内的杂物，防止冷却水管或冷凝器堵塞；

（B）正式进水前，冷却塔底盘做盛水试验，应不渗不漏；

（C）检查自动补水泵、补水阀的动作状态是否灵活、准确；

（D）点动风机，检查风机的旋转方向是否正确；启动风机后测量风扇风量，风量应达到设备额定风量；

（E）开启冷却水泵，检查冷却塔喷水量与吸水量是否平衡，并观察补给水和集水池的水位运行状况；

（F）冷却塔本体稳固、无异常振动，其噪声应符合设备技术文件的规定。冷却塔风机与冷却水系统循环试运行不少于 2h，运行应无异常情况。

4）冷水机组单机运行

（A）检查机组的各种进出水管连接是否正确，检查管路的阀门状态开启状况，水管系统中应充满水。检查冷冻水系统、冷却水系统水质情况，水系统应干净、无杂质。

（B）启动冷却水泵、冷却塔，检查冷却水循环状况并排出其中的气体。水泵稳定后，测量冷机冷却水进水流量，单台进水流量应能满足设计及厂家技术要求。

（C）启动冷冻水泵，检查冷冻水循环状况并排出其中气体。水泵连续运行，并联工作的冷机流量分配应均衡一致。

（D）检查冷冻水补水泵处于自动状态，并且补水压力已按设计压力设定完成，保证系统运行压力稳定。

（E）观测冷却水系统、冷冻水系统进出水水温，水温应慢慢稳定趋于设计值。冷却水进水温度要求在 32℃以下。

（F）观察机组的振动和声响，机组运行声音均匀、平衡，无喘振或其他异常声响。

系统风量测试：

1）依据设计图纸，结合现场实际情况，绘制单线系统图，标明风管尺寸、测点位置、风口位置、截面积大小。

2）开风机之前，将风道和风口本身的调节阀门，放在全开位置。

3）将风速仪在风口处匀速移动 3 次以上，测出各次风速，取其平均值即为该风口的平均风速，再乘以风口净面积即得到风口风量值。

4）将各送风量相加，其总和应近似于总的送风量；新风量与回风量之和应近似于总的送风量；系统送风量、新风量、回风量的实测值与设计的风量偏差值不应大于 10%；如不符合此项要求，则应进行系统的风量调整与平衡。

系统联动试运转：

在设备单体调试及风系统调整合格后即可进行系统的联动试运转，系统带制冷剂正常运转时间不少于 8h。

1）空调水系统试运转前，检查敏感元件、调节仪表或测试仪表和调节执行机构的型号、规格和安装部位是否与设计图纸要求相符。

2）将各管路阀门打开，向系统内注水；同时，进行排气，直至系统内注水完毕。

3）系统试运转开机：依次启动冷却水泵、冷却塔、冷冻水泵、冷冻机组。

4）停止运行系统时应按冷冻机组、冷冻水泵、冷却塔、冷却水泵的顺序关闭。

### 4.9.4 电气系统

（1）系统施工流程（见图 4-44）

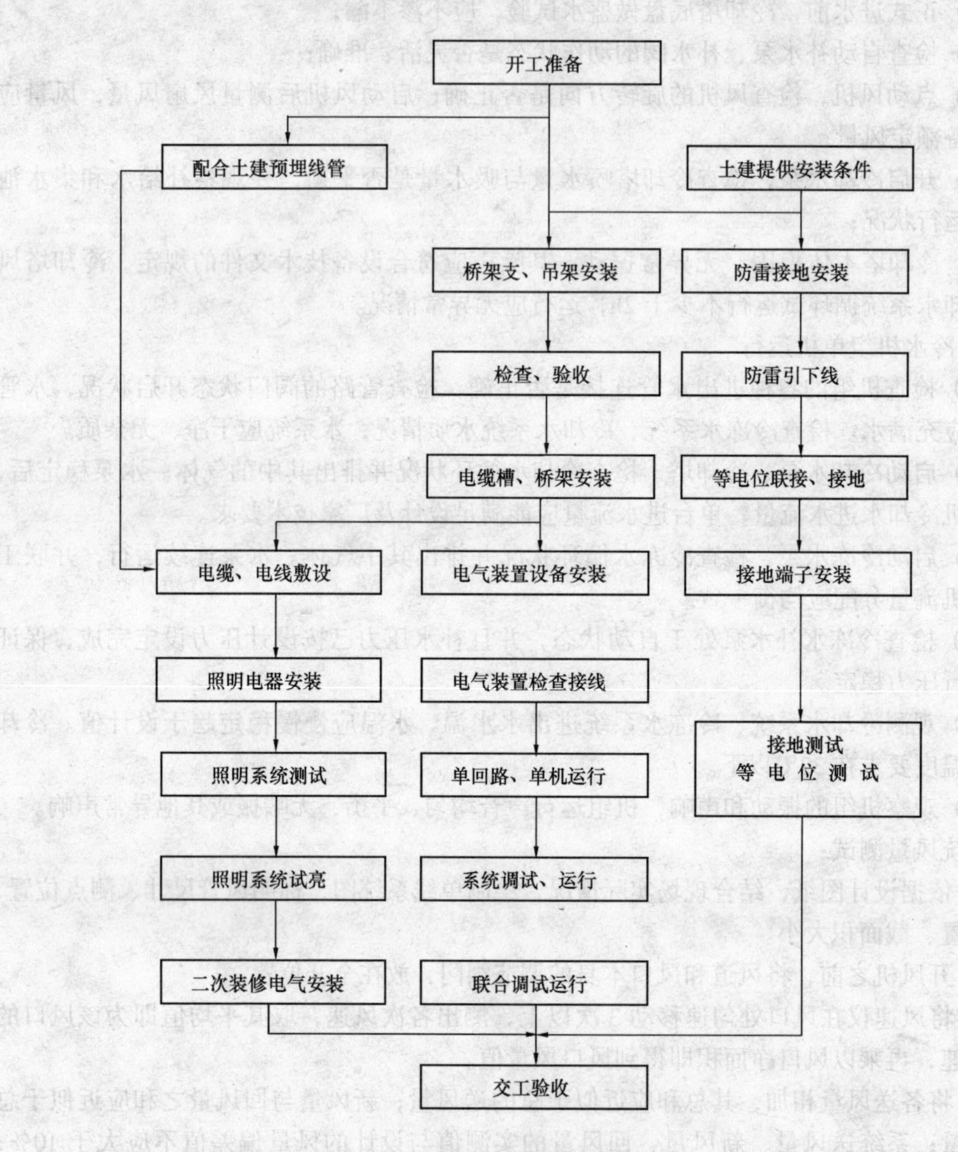


图 4-44　系统施工流程图

（2）桥架及线槽安装

1）电缆桥架安装工艺流程：桥架选择→外观检查→定位支吊架安装→桥架组装→电缆敷设→桥架接地→线路检查→桥架盖板。

2）支架安装：安装支架时应结合深化设计，且需放线定位，确保安装后不仅垂直度满足规范，而且外观成排成线、长短一致，支架间距均≤1.5m。

3）桥架及线槽直线段长度超过 30m 时，应设伸缩节且伸缩灵活。

4）桥架、线槽之间连接采用半圆头镀锌螺栓，半圆头应在桥架内侧，接口应平整，无扭曲、凸起和凹陷。

5）桥架、线槽转弯及分支处必须使用成品配件；弯曲半径由最大电缆的外径决定。

6）桥架、线槽之间应用铜编制带，将两段桥架的接地端子跨接。

7）桥架穿越防火分区时需用防火材料填实；吊顶内强电金属线槽均为开盖式。

（3）电缆敷设

1）施工前，应对电缆进行绝缘摇测或耐压试验，在桥架上多根电缆敷设时，应根据现场实际情况，事先将电缆的排列用表或图的方式画出来，并计算出电缆长度，以防电缆的交叉和混乱。

2）电缆盘选择时，应考虑实际长度是否与敷设长度相符，并绘制电缆排列图，减少电缆交叉。敷设电缆时，按先大后小、先长后短的原则进行，排列在底层的先敷设。

3）电缆沿支架、托盘、桥架敷设时应根据现场情况决定具体敷设方式，电缆敷设不应交叉，应排列整齐，敷设一根应即时卡固一根。在支架上敷设时，支架间距不得大于1.5m，要绑扎牢固，托盘上安装要排列顺直。电缆终端头的引出线应保持固定位置，引出线和绝缘包扎长度，不应小于270mm。敷设于电缆桥架内不同系统的线缆中间加隔板。

4）垂直敷设时，采用由上到下的方法。敷设时利用总包塔吊将电缆盘放置在最高处，将电缆松开并弯直，然后慢慢沿垂直部分放下去。

5）水平敷设时将电缆放置在的转盘式放线架上，沿水平方向弯直并逐渐拉放出去。

6）无论水平敷设还是垂直敷设时，视电缆截面大小，每3~5m站一人，协助电缆敷设，直到电缆敷设到位。

7）电缆敷设应及时进行标识，标志牌规格应一致，并有防腐性，挂装牢固；标志牌上注明线路编号、电缆型号、规格、电压等级、起止点，电缆始端、终端、拐弯处、交叉处应挂标志牌，直线段每20m设标志牌。电缆敷设好后，要检查回路编号是否正确，完整做好相关资料。

8）大楼内垂直电缆穿楼板保护管时，保护管的弯曲半径应当符合穿入电缆的规定，管口应胀成喇叭形状，管口磨光、无毛刺。

（4）电气系统调试

整个电气系统的调试分阶段进行，照明系统利用临时电提前予以送电试亮，动力系统调试须在配电房正式通电后进行。

1）空调机房绝缘检查后，通知低压配电房可以送电，配电房电工确认可以送电后，合闸后挂上通电标识；

2）空调主电源柜受电后，分别对各主机、冷冻泵、冷却泵、冷却塔及各柜机和风机盘管配电；

3）楼层主电源供电电缆绝缘检查后，通知低压配电房可以送电，配电房电工确认可以送电后，合闸后挂上通电标识；

4）楼层主电源箱、柜受电后，参照上面的步骤对各支回路配电，配电至各分配电箱完毕后，挂上送电标识；

5）电源送至各配电箱后，对各灯具插座回路再次绝缘检查后开始送电，送电完毕后挂上送电标识。

### 4.10 季节性施工

#### 4.10.1 雨期施工

雨期施工前，认真组织有关人员分析雨期施工生产计划，根据雨期施工项目编制雨期施工措施，所需材料要在雨期施前准备好，本工程雨期施工主要为混凝土结构和部分砌体工程。

成立防汛领导小组，制定防汛计划和紧急预案措施，其中，应包括现场和与施工有关的周边居民区。

夜间均设专职的值班人员，保证昼夜有人值班并做好值班记录；同时，要设置天气预报员，负责收听和发布天气情况。

应做好施工人员的雨期施工培训工作，组织相关人员进行一次全面检查，施工现场的准备工作，包括临时设施、临电、机械设备防护等项工作。

检查施工现场及生产生活基地的排水设施，疏通各种排水渠道，清理雨水排水口，保证雨天排水通畅。

现场道路两旁设排水沟，保证不滑、不陷、不积水。清理现场障碍物，保持现场道路畅通。道路两旁一定范围内不要堆放物品，且高度不宜超过 1.5m，保证视野开阔，道路畅通。

脚手架立杆底脚必须设置垫木，并加设扫地杆；同时，保证排水良好，避免积水浸泡。所有马道、斜梯均应钉防滑条。

施工现场、生产基地的工棚、仓库、砂浆搅拌站、临时住房等暂设，应在雨期前进行全面检查和整修，保证基础、道路不塌陷，房间不漏雨，场区不积水。

在雨期到来前，做好塔吊、脚手架防雷装置，在雨期前，要对避雷装置做一次全面检查，确保防雷安全。

#### 4.10.2 冬期施工

根据施工进度安排，结构施工在冬期前已施工完，装修阶段尽量避开质量受冬施影响的装修施工，只做各部分施工的准备工作。

根据施工组织设计总控进度计划，结合北京地区冬期以每年 11 月 15 日 ~ 次年 3 月 15 的时间惯例，依据项目的冬施施工内容提前做好人员安排、材料机械准备、技术准备、施工用水管线的保护以及现场临建保温。

注意事项：

(1) 入冬前，项目组织现场人员进行冬施安全、消防教育。制订安全生产和防滑、防冻、防火、防爆的具体措施，教育职工注意施工岗位安全，严守各项规章制度。

(2) 施工现场必须按方案要求做好防冻保温工作，注意天气预报，注意大风天气及寒流袭击对安全生产带来的影响。

(3) 冬期施工，人、机协调一致，防止人员意外伤害及机械伤害。

(4) 用火操作必须经申请同意，并设专人看火，配合好消防器材和消防用水。

(5) 现场保温材料一律采用阻燃草帘，设专人检查消防场内易燃杂物，保证安全生产。

(6) 各种化学外加剂及有毒物品、油料等易燃物品，设专库存放，专人管理并建立严格的领取制度。

(7) 各种架子、上人马道应牢固可靠并定期进行检修，大风及雪后要认真清扫、检查及消除隐患。施工人员要做到遵章守纪，杜绝违章作业，违章指挥冒险作业。

(8) 6 级以上大风时，禁止露天进行起重和高空作业。

## 4.11 计算机管理应用

项目建立了局域网，网络与互联网连通，局域网覆盖了各部门的所有计算机，为项目资源共享和信息交流搭建了平台，提高了工作效率。针对本工程的特点除了广泛应用已成熟的各项信息管理工具，同时积极推广应用监控系统和 CPM。

依据实时监控系统与项目集成管理系统要求，项目添置了 10 台计算机，在项目内部组建局域网（LAN），安装网络宽带（ADSL），为实时监控系统与项目集成管理系统接入准备基础条件。按实时监控系统的配置要求，购置了嵌入式 DVR、一体化摄像机、协议转换器、视频光端机、球型云台、光纤等。

实时监控系统在现场的共计布置了 5 台一体化摄像机。其中 3 台直接正对工程实体，密切关注施工现场的各类活动；1 台正视工地大门，记录进出项目的人员与车辆；最后 1 台正现场办公与生活区。

现场所有摄像机所拍摄到的内容，通过光纤和同轴电缆将视频信号传输并记录至办公室服务计算机（内嵌 DVR ），通过操作计算机上的数字远程操纵杆调节方向与焦距来转换视野，可达到辨认出现场人员面部表情的清晰度。

项目集成管理系统主要添置豪力海文公司开发的一套 CPM 应用程序，同时为其提供安装有 WINDOWS SEVER 操作系统与 SQL 数据库服务器。

现场监控点布置图见图 4-45

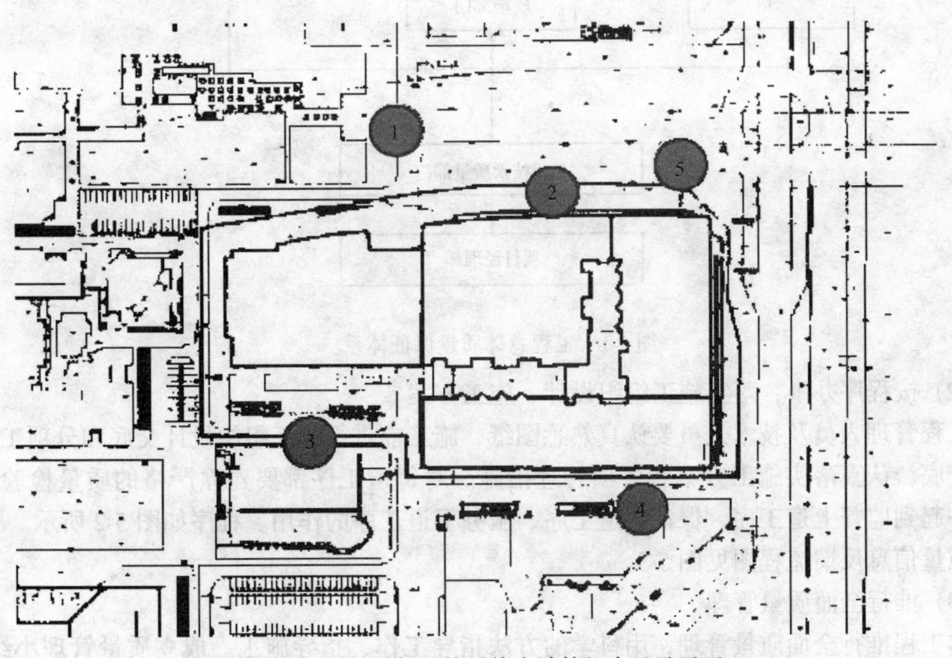


图 4-45 现场监控系统在计算机中显示画面

# 5 各项管理及保证措施

由于本工程具有单层面积大、参建单位多、地理位置特殊、质量要求高、施工工期短的特点，为了更好地完成工程的各项目标，本着规范、有序、有效的管理原则，统筹考虑、全面控制工程全局，使得各工程参建单位能够团结协作、高效运作、充分发挥自身施工优势和现场现有资源配置，全面达到各种既定目标，满足业主对本工程施工所寄予的期望。

## 5.1 质量保证措施

(1) 建立健全完善的组织管理，质量保证体系

严格按照公司质量体系文件进行施工过程管理，建立健全完善的组织管理、质量保证体系，制定合理可行的岗位责任制，各负其责，按程序办事，保持组织体系的有效运行。各级管理部门逐级负责，责权分明。

工程总体质量保证体系，见图 5-1。

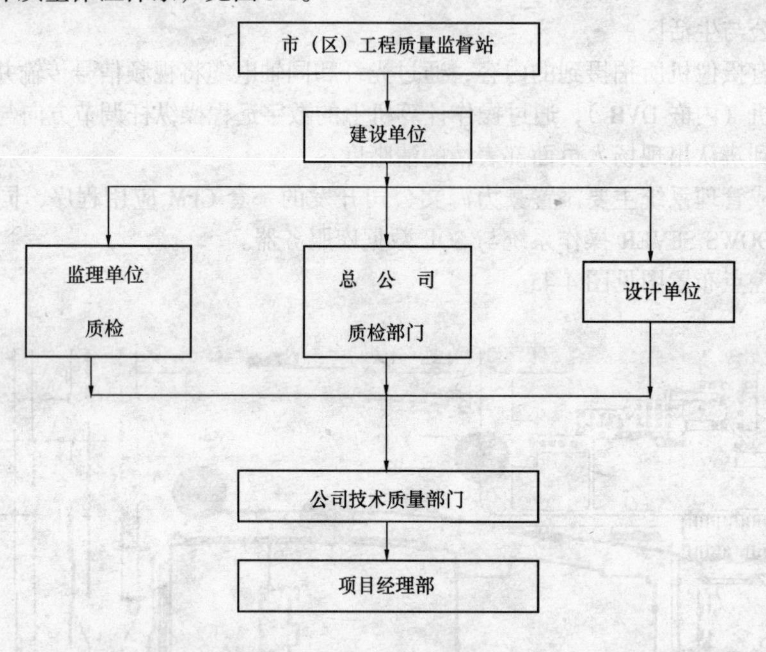


图 5-1 工程总体质量保证体系

(2) 按程序办事，落实施工组织设计、施工方案

工程管理人员及技术人员要认真熟悉图纸，施工前进行施工组织设计交底和分项工程技术交底，认真落实施工方案和各项管理措施。对每道工序都要建立严格的质量检验系统，并起到监督上道工序、保证本道工序、服务下道工序的作用。程序如图 5-2 所示。

质量信息反馈流程图见图 5-3。

(3) 推行全面质量管理

本工程推行全面质量管理，用科学的方法指导工作、指导施工。成立质量管理小组，

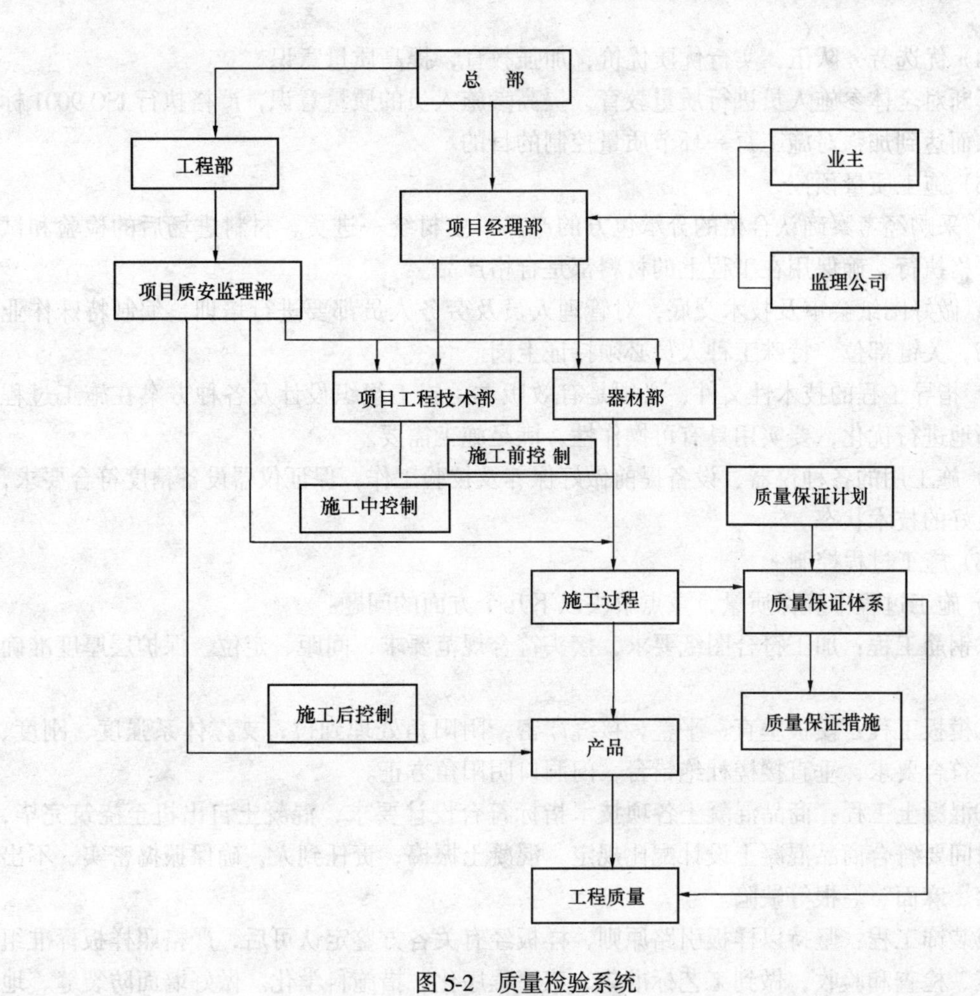


图 5-2 质量检验系统

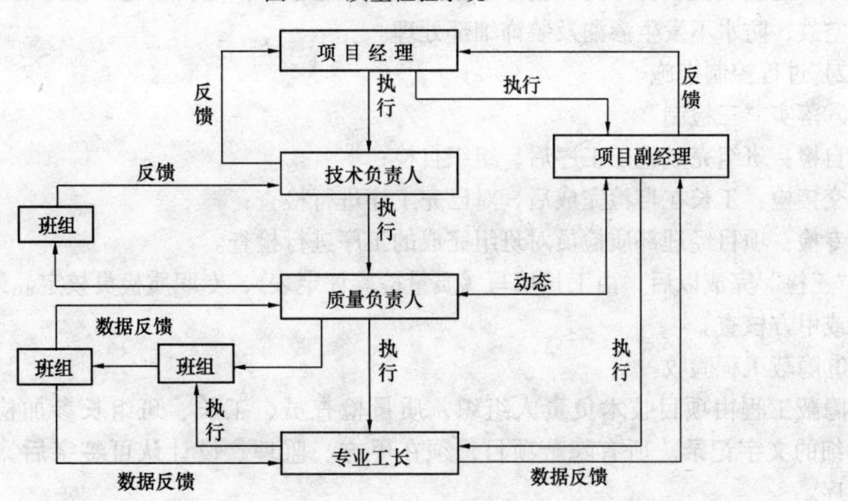


图 5-3 质量信息反馈流程图

根据工程具体情况制定相应的活动计划，有针对性地解决施工中的质量问题，提高工程质量。

(4) 优选劳务队伍，实行优质优价，加强教育，提高质量意识

不断对全体参施人员进行质量教育，提高参施人员的质量意识，严格执行 ISO 9001 标准，从而达到加强对施工每一环节质量控制的目的。

(5) 施工质量预控

1）采购经考察确认合格的分承包方的产品，主材统一进货，材料进场后的检验和试验要严格执行，确保用在工程上的材料都是合格产品。

2）做好图纸会审及技术交底，对管理人员及劳务人员都要进行培训，编制特殊作业指导书，关键部位、特殊工种人员必须持证上岗。

3）指导工程的技术性文件，必须是有效版本，施工组织设计及各种方案在施工过程中不断地进行优化，要实用具有可操作性，满足施工需要。

4）施工用的各种仪器、设备提前做好保养及校验工作，保证仪器设备精度符合要求，且有良好的技术状态。

(6) 施工过程控制

1）施工过程中确保质量，重点解决以下几个方面的问题：

Ⓐ钢筋工程：加工符合图纸要求，接头符合规范要求，间距、定位、保护层厚度准确无误。

Ⓑ模板工程：模板垂直、平整，接缝严密，阴阳角处理到位，支撑体系强度、刚度、稳定性符合要求，垂直接槎杜绝错台，门洞口阴阳角方正。

Ⓒ混凝土工程：商品混凝土各项技术指标符合设计要求，混凝土自出机至浇筑完毕，所用时间要符合商品混凝土设计配比规定。混凝土振捣，责任到人，确保振捣密实，不出现蜂窝、麻面、烂根等缺陷。

Ⓓ装饰工程：坚持以样板引路原则，样板经有关各方鉴定认可后，严格照样板标准组织施工、检查和验收，做到工艺标准化、工序程序化、措施科学化。做好墙面防裂缝、地面防空鼓、防水不发生渗漏及装饰细部处理。

2）过程控制措施

Ⓐ落实“三检制”

自检：班组完成施工工序后，组织自检；

交接检：工长在自检完成后，对已完工序进行检查：

专检：项目经理部质检员对班组完成的工序进行检查。

“三检”完成以后，由工长填写《质量检验评定表》，专职质检员核定。最后，请工程监理或甲方核查。

Ⓑ隐蔽工程验收

隐蔽工程由项目技术负责人组织，质量检查员、工长、班组长参加检查，并做出较详细的文字记录。所有隐蔽项目，须在甲方、监理、设计认可签字后，方可进行下道工序。

Ⓒ测量验线和地基验槽

测量员放线后，由技术负责人、质检员复验后，报请监理或甲方验线。地基验槽须设计单位、地质勘探部门、监理和主任工程师、公司技术部门共同进行。

Ⓓ钢筋混凝土结构施工实行“两申请”

混凝土浇灌申请、拆模申请，由工种负责人提出，经理部技术负责人审批；商品混凝土到场后，检查各项资料，测试混凝土坍落度，并填写商品混凝土监控记录，包括混凝土出机时间、到场时间、浇筑时间、坍落度等。

Ⓔ各分项、分部工程及最终质量检验

不合格的项目按有关控制程序处置后，再复核，合格后方可放行。抓好交底、检查、验收环节，实行全过程、全员的质量监督，使每道工序均处于受控状态。

Ⓕ特殊过程的质量控制

本工程的特殊施工过程有：地下室防水、钢筋直螺纹连接、屋面防水施工。

项目经理部技术人员将总公司的特殊过程作业指导书，发给工种负责人和班组长，加以学习。实行岗位质量责任制，并实行专项检验。由质量检查员负责过程检查和记录。特殊过程操作人员必须持证上岗。

Ⓖ新工艺、新技术、新材料控制

三新项目必须经过充分的技术准备，经总工程师批准方可实施。

Ⓗ把好物资采购关

工程用各种材料、半成品、成品均需有合格证（材质证明）或检验报告，保证材料的质量。

(7) 施工技术资料管理

1) 项目经理部设专职资料员进行施工技术资料的管理工作。资料员按照《北京市建筑安装工程资料管理规程》执行，并符合北京市质量监督站的有关规定。

2) 现场技术负责人负责协调相关部门，确保原始资料的准确及时、真实可靠，并督促资料编制人员的完成情况，定期检查资料的达标情况，确保资料优质。

3) 办公室应随工程进度情况同步拍摄工程照片和工程录像，并具有连续性，作为资料的补充材料。

(8) 施工试验管理

1) 在现场设置一个试验室，配备专职试验员，保证施工试验满足施工需求和施工规范中对施工试验的规定。

2) 依照公司质量体系的规定，对试验工作进行管理切实保证现场施工中人员操作的真实与可靠性，加强器材与试验间的合作，使原材试验工作及时准确、可追溯性强。建立原材及各施工试验的分项台账，按时准确地反映试验结果，保证施工需求。

3) 积极适时地做好施工试验的准备工作，提前完成钢筋、原材检验、砂浆配比申请等工作。

4) 积极配合监督检验部门的检查，认真、及时地做好施工试验的见证取样工作。

5) 认真做好现场混凝土、砂浆试块（标养及现场同条件）的留置和管理工作，做好混凝土拆模、预应力张拉、灌浆前的同条件试块试压。

(9) 现场成立翻样设计室

根据本工程的施工具体情况，在工程进行的过程中，对钢筋节点、模板设计、幕墙、室内地面石材、外墙干挂石材、面砖、精装修等进行翻样设计，研究细部做法。经各方确认后，再进行施工，从而保证施工质量。

## 5.2　技术保证措施

(1) 编制有针对性的施工组织设计、施工方案、作业指导书，实施“方案先行，样板引路”制度，精心规划和部署，优化施工方案，科学组织施工。在本工程施工过程中，对以下技术保证进行重点控制：

各种翻样图、翻样单；

原材料材质证明、合格证、复试报告；

各种试验分析报告；

基准线、控制轴线、高程标高控制；

沉降观测；

混凝土、砂浆配合比试配及强度报告。

(2) 广泛采用新技术、新材料、新工艺、新设备，依靠科技提高工效、加快工程进度。

(3) 成立深化设计部，协助设计单位对土建、安装、装饰、钢结构的各个专业进行深化设计；同时，积极同设计单位联系、配合，减少设计变更返工。

(4) 加强技术培训

针对本工程特点、施工难点，先进行技术培训和安全知识的培训。所有参加施工的人员必须经公司培训中心培训合格后方可上岗。培训的主要项目有地下室及屋面防水、钢筋连接、幕墙工程、干挂石材以及新技术、新材料项目等的培训。

## 5.3　工期保证措施

(1) 周密部署、合理划分流水段

中标后，立即办理相关手续，在开工之前全部办理完毕。人员、材料、机具迅速到位，有关材料试验要随进随做，仪器设备提前检定。将整个工程划分为4个流水段，合理安排工序及人力，扩大作业面。

(2) 强化合同管理

选择合格劳务分包商，并与之签订承包合同，按计划目标明确规定合同工期、相互承担的经济责任、权限和利益；项目部由专业工长采用下达施工任务书的方式将作业下达到施工队、施工班组，明确具体施工任务、技术措施、质量要求等内容，使施工班组必须保证按作业计划时间完成规定的任务。

在签订合同时，要求施工队人员不得随意变动，需要变动时必须经过项目部同意，保证劳务队伍的稳定性。

(3) 优化施工组织设计及方案，提高机械化施工

不断优化施工组织设计，周密部署，考虑各种可能发生的情况，提前研究好对策及时应变。优化施工方案，科学组织施工，使项目各项生产活动井然有序、有条不紊，后续工序能提前穿插。

提高机械化施工程度，从而提高各工种劳动力的工作效率，本工程选用5台塔吊、3台高性能的混凝土输送泵及各种钢筋加工、机械连接设备，降低工人劳动强度，提高工效。

（4）采用工具式模板，提高工效

柱、梁等模板均预先设计制作好，现场只进行组装，提高工效，并且达到清水混凝土标准。

（5）加强各项准备计划，确保各项材料、设备按时进场

做好各阶段的施工准备工作，施工材料、机具、设备、施工人员按计划提前进场就位，保证施工顺利进行。

（6）各专业穿插作业，减少有效工作时间

暖卫电气等设备安装与其他各分部工程配合穿插作业，同步进行，专业设备和管线的安装不占用有效工期。

（7）积极同设计单位联系，减少设计变更返工

成立项目深化设计部，协助设计单位对土建、安装、装饰、钢结构的各个专业进行深化设计，尤其是同一部位的各种专业管线深化为同一张施工图；同时，积极同设计单位联系，减少设计变更返工。并加强与甲方、监理、设计、及分包单位的协调，每周一次甲、乙双方及监理协调会；建立施工调度会议制度，每周两次施工现场调度会，及时解决施工现场出现的问题。

（8）采用新技术，合理安排工期，确保工程按计划完工

根据工程实际，尽量采用新材料、新工艺、新技术和新设备，最大限度地提高工作效率，缩短工期。

### 5.4 降低成本措施

（1）钢筋采用集中配料，采用调直机调直。钢筋接头采用镦粗直螺纹连接，降低钢筋消耗2.5%。

（2）混凝土中掺加粉煤灰、减水剂，可节约水泥10%。

（3）混凝土地面采取一次抹光，提高质量，节约砂浆和劳动力。

（4）剪力墙模板采用大钢模板，进行配板设计，减少非标准木模，加快周转、节约木材。

（5）合理布置施工平面，留够减少回填土量，节约运输费和购土费。

（6）落地砂浆及时收回，可用于管道、化粪池、垫层施工。

（7）加强计划管理和质量控制，避免返工和窝工。

### 5.5 安全、消防保证措施

#### 5.5.1 安全施工管理措施

按 OHSAS 18001 安全认证体系进行现场安全管理，贯彻执行《北京市建筑施工现场安全防护基本准则》，成立安全生产领导小组，制定项目部的安全生产责任制和相应的管理办法，对施工人员进行安全教育，对现场进行安全检查，发现隐患及时排除，做到无违章指挥，无违章操作。

（1）安全管理方针：安全第一、预防为主。

（2）安全生产目标：确保无重大工伤事故，杜绝死亡事故，轻伤频率控制在3‰以内。

(3) 安全组织保证体系:

针对本工程的规模与特点,以项目经理为首,由现场经理、安全主管、专业责任工程师、各分包单位等各方面的管理人员组成安全保证体系。

(4) 安全检查(见表5-1)

**表 5-1**

| 内　容 | 检查形式 | 参 加 人 员 | 考　核 | 备　注 |
|---|---|---|---|---|
| 分包安全管理 | 定　期 | 安全主管 | 月考核记录 | 检查分包单位自检记录 |
| 外脚手架 | 定　期 | 安全主管会同责任工程师、分包单位 | 周考核记录 | |
| 三室、四口防护 | 定　期 | 安全主管会同分包单位 | 周考核记录 | |
| 施工用电 | 定　期 | 安全主管会同分包单位 | 周考核记录 | 分包单位日检 |
| 垂直运输机械 | 定　期 | 安全主管会同分包单位 | 周考核记录 | 分包单位日检 |
| 塔　吊 | 定　期 | 安全主管会同分包单位 | 周考核记录 | 租赁公司日检 |
| 作业人员的行为和施工作业层 | 日　检 | 责任工程师会同分包单位 | 日检记录 | 现场指令,限期整改 |
| 施工机具 | 日　检 | 分包单位自检 | 日检记录 | 责任工程师检查分包自检记录 |

(5) 安全管理制度

1) 安全技术交底制:根据安全措施要求和现场实际情况,各级管理人员需亲自逐级进行书面交底,每道分项工程均要有安全技术交底。

2) 班前检查制:专业责任工程师和安全主管必须督促与检查施工方,专业分包方对安全防护措施是否进行了检查。

3) 外脚手架、大中型机械设备实行验收制:凡不经验收的一律不得投入使用。

4) 周一安全活动制:经理部每周一要组织全体工人进行安全教育,对上一周安全方面存在的问题进行总结,对本周的安全重点和注意事项做必要的交底,使广大工人能心中有数,从意识上时刻绷紧安全这根弦。

5) 定期检查与隐患整改制:经理部每周要组织一次安全生产检查,对查出的安全隐患必须制定措施,定时间、人员整改,并做好安全隐患整改记录。

6) 管理人员和特殊作业人员实行年审制:每年由公司统一组织进行,加强施工管理人员的安全考核,增强安全意识,避免违章指挥。

7) 实行安全生产奖罚制度与事故报告制。

8) 危急情况停工制:一旦出现危及职工生命安全险情,要立即停工;同时,立刻报告公司,及时采取措施排除险情。

9) 持证上岗制:特殊工种必须持有上岗操作证,严禁无证上岗。

(6) 识别现场安全因素,根据识别出的安全因素编制项目安全管理方案,现场按安全管理方案执行。

### 5.5.2 消防保卫措施

根据本工程的重要性及施工现场所在的特殊位置,将消防保卫提高到政治影响的高度上,采取措施,保证不出现任何问题。

（1）施工现场成立消防保卫领导小组，建立消防保卫制度，加强对劳务队伍及各分包单位的管理，签订有关消防保卫管理的协议书，完善消防设施，消除事故隐患。

（2）施工现场要建立门卫和巡逻护场制度，保卫人员要佩戴执勤标志，现场主要出入口的警卫室要有人昼夜值班，搞好“四防”工作，并做好值班记录，非施工人员不得进入施工现场。

（3）现场制定保卫措施，防止发生盗窃等治安事件。施工现场发生各类案件和灾害事故，要立即报告经理部并保护好现场，配合公安机关破案。

（4）现场四周设置8个消火栓，管径100mm（详见平面布置图），装修施工时设置管径为65mm的消防立管，并在楼层内设置消火栓口，配备足够的消防水龙带，并有专人负责，定期检查，保证完好备用。消火栓处要设有明显标志，周围3m内不准存放任何物品。

（5）施工现场要配备足够的消防器材，如消防架、灭火器箱等，做到布局合理。根据施工进展情况，在楼层内布置灭火器箱等消防器材，并经常维护、保养，保证消防器材灵敏有效，任何人不得随意动用消防器材。

（6）施工现场内的道路和消防通道要保持畅通，不得堆放杂物。任何人不得在现场内吸烟，对违禁者实施重罚，并清退出场。

（7）坚持现场动火审批制度，电气焊要开具动火证才能进行，工作时要携带灭火器材并有看火人，操作岗位上禁止吸烟。氧气瓶、乙炔瓶工作间距不得小于5m，两瓶同明火作业距离不小于10m。

（8）施工材料的存放、保管要符合防火安全要求，易燃、易爆物品要专库储存，分类单独存放，保持通风，由专人负责保管，严格履行进出库手续。不准在工棚、库房内调制油漆、稀料。

（9）工人进场要和安全教育一起进行防火教育，重点工作设消防保卫人员。

（10）工地成立义务消防队，并制定和落实相应的消防措施及责任制，定期进行消防教育，并做好记录。施工时，以后浇带为界分4个部分，每个部分设一名专职消防员，每天对整个施工现场的各个部位进行检查，消灭隐患，避免火灾发生。

（11）制定消防预案，定期进行演练，保证能够应付紧急情况。

（12）施工操作人员要认真遵守防火安全交底和操作规程。必须牢记火警电话119，并在工地显要位置设置119火警标志。

（13）不得乱拉电源，未经许可不得使用大功率电热器具，电焊要双线到位，不得以钢筋、铁件当回路电线。

（14）在装修施工时，凡使用易燃材料作业的场所，必须配置灭火器，并派专人巡查，保证不出现火情。凡容易被盗的装修材料，要采取交工前一次性安装的措施，不能最后安装的，要随层随进度分层、分区派人看管。

### 5.6 施工现场环境保护措施

项目实施过程中，按照公司环境与职业健康安全管理手册进行控制，以每个工作计划的制定应以不对环境造成影响、不对学校教学环境造成影响为目标。项目环境保护措施主要有如下几点：

(1) 成立工地环境保护工作领导小组

(2) 根据建筑施工对环境的影响及现场环境状况，确定主要环境因素。本项目主要环境因素如下：

1) 现场及施工过程中的粉尘、烟尘、有毒有害气体等向大气的排放；

2) 施工中及办公、生活区污水向水体的排放；

3) 各种废弃物的排放；

4) 土地污染；

5) 施工噪声的排放及强光污染。

(3) 根据识别出来的环境因素清单，编制项目环境管理手册，减少环境污染发生。

## 5.7　施工总平面管理措施

本工程体量大、施工工期紧，又地处清华大学校园内，安全、文明施工要求高，且各专业施工队伍多，现场内施工人员复杂，要保证完成施工任务，不对学校办公教学环境产生大的影响，不仅要合理布置施工总平面，而且要有科学严密的管理措施。

(1) 现场周边进行全封闭，留设3个出入口，人员及材料主要通过毗临财经东路入口进出现场，且主要在夜间安排材料进场。

(2) 现场入口处设门卫室，挂出入制度、场容管理条例、工程简介、安全管理制度、质量方针、管理机构网络等图牌，所有人员凭出入证进出，维持良好工作秩序和劳动纪律。

(3) 现场运输道路和材料堆场按不同要求做好硬化处理，设置好排水坡度，做好排水沟并保持畅通。

(4) 根据现场实际情况划分各分包单位的材料堆场、库房、临时办公室，任何分包单位未经同意不得随意占领其他分包单位区域，如确需调整扩大材料堆放场地区域，必须以书面形式报总包项目部协调。

(5) 进出入现场的设备、材料需出示有关部门所签放行条，保安进行登记方可。所有设备、材料必须按平面布置图指定的位置堆放整齐，不得任意堆放或改动堆放位置。

(6) 施工现场的水准点、轴线控制点、埋地线缆、架设的电线要有醒目标志。

(7) 现场施工垃圾集中堆放在垃圾池内，专人管理、统一搬运，并及时运出场外。

(8) 安排固定的施工管理人员和相关的专业分包队伍负责人，负责责任区的材料堆放和文明施工。

(9) 现场设棋牌室、放映室、乒乓台等多项娱乐设施，定期组织员工进行友谊比赛，保持现场人员的稳定性，避免人员无序流动。

## 5.8　文明施工与CI

### 5.8.1　文明工地目标

文明安全工地管理目标：创北京市文明安全工地。

### 5.8.2　文明施工管理体系

成立现场文明施工领导小组，现场文明施工管理机构图如图5-4所示。

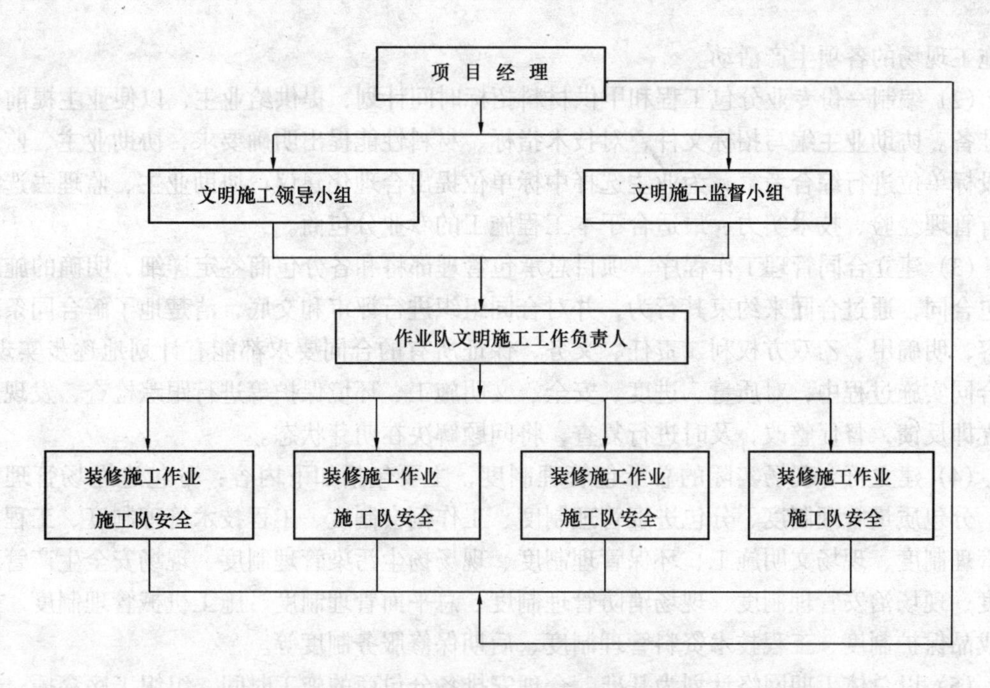


图 5-4 文明施工管理组织机构体系框

### 5.8.3 文明施工现场布置

(1) 施工现场四周按企业形象视觉识别规范手册（CIS 手册）设置连续封闭围墙和出入口，体现出一个施工企业的整体形象。

(2) 现场入口的明显位置设立九牌一图，主要内容包括：工程简介、工程平面图、组织结构、安全制度等。

(3) 现场的临设、库房、加工棚等统一涂刷企业的 CIS 标识，做到整齐划一。

(4) 施工现场责任区划分，指定负责人分片包干。

(5) 场区的道路、料场全部水泥硬化，消灭现场扬尘。

(6) 场区边角，办公区、宿舍区周边做好绿化，做到现场无裸露黄土。

(7) 材料码放，临设布置，严格按照施工现场总平面图放置，不乱堆乱放、乱挪用，标识、标牌齐全。

(8) 现场设立封闭式垃圾站，施工垃圾和生活垃圾分开堆放，及时清运。

(9) 入口处设立车辆清理、沉淀池，过往车辆必须经过清理方可出门。

(10) 作业层做到工完场清，已完作业面设专人保洁，定期打扫、洒水降尘。

(11) 场区道路每天打扫一遍，并洒水降尘。

(12) 进场工人进行现场管理知识教育；现场每月进行三次综合检查，月评、季评、年评，有奖有罚，总结评分，每月定期进行复查。

## 5.9 总承包管理

由于本工程分包单位多，作为工程的总承包商，项目将主要通过以下方法来进行总承包管理。

(1) 组建一个独立的项目总承包管理部，对整个项目施工进行宏观控制，统筹协调整个施工现场的各项生产活动。

(2) 编制一份专业分包工程和甲供材料招标时间计划，提供给业主，以便业主提前做好准备。协助业主编写招标文件，对技术指标、材料性能提出明确要求，协助业主、监理对投标单位进行综合考察，为业主选择中标单位提出合理化建议，协助业主、监理去选择富有管理经验、技术实力、最适合于本工程施工的专业分包商。

(3) 建立合同管理工作程序。项目总承包管理部将和各分包商签定详细、明确的施工分包合同，通过合同来约束其行为，并对合同组织进行评审和交底，清楚地了解合同条款内容，明确甲、乙双方权利、责任、义务，保证所有的合同要求都能有计划地逐步实现。在合同实施过程中，对质量、进度、安全、文明施工、环境保护等进行跟踪检查，发现问题立即反馈，督促整改，及时进行复查，将问题解决在萌芽状态。

(4) 建立符合现场实际的总承包管理制度，主要包括如下内容：分包进退场管理制度、分包质量管理制度、分包进度管理制度、工作例会制度、工程技术管理制度、工程材料管理制度、现场文明施工、环保管理制度、现场扬尘污染管理制度、现场安全生产管理制度、现场治安管理制度、现场消防管理制度、总平面管理制度、施工机械管理制度、分包成品保护制度、工程技术资料管理制度、后期保修服务制度等。

(5) 以总体工期网络计划为基准，合理安排各分包商的施工时间，组织工序穿插；通过每日的工程协调会和每周的工程例会解决总分包间及各分包间的各种矛盾，保证各项目标的实现。

# 6 技术经济指标分析

## 6.1 项目管理目标完成情况（见表 6-1）

**表 6-1**

| 序号 | 项 目 | 内 容 | 完 成 情 况 |
|---|---|---|---|
| 1 | 工期目标 | 合同工期 473 日历天。2004 年 3 月 15 日开工，2005 年 6 月 30 日前竣工 | 实际工期 473 日历天。2004 年 3 月 15 日开工，2005 年 6 月 30 日竣工 |
| 2 | 工程质量 | 达到《建筑工程施工质量验收统一标准》的合格标准；确保北京市结构“长城杯”，确保北京市竣工“长城杯”，争创“鲁班奖” | 工程一次交验合格；获 2004 年度北京市结构长城杯银奖，正申报 2005 年度北京市建筑长城杯 |
| 3 | 安全目标 | 执行《职业健康安全管理体系》（OHSMS）；确保不发生重大伤亡事故及机械伤害事故；杜绝死亡事故；年轻伤率控制在 3‰以内；做好施工现场防疫工作，杜绝食物中毒和传染病；创“北京市文明安全工地” | 无安全事故发生，获 2004 年度北京市文明安全工地称号 |
| 4 | 文明施工目标 | 建花园式施工现场，创“北京市文明安全工地” | 获 2004 年度北京市文明安全工地称号 |
| 5 | 环境保护目标 | 严格按照 ISO 14000 标准，进行“绿色”施工，采取有效的环境保护与控制扬尘污染措施，保证施工过程中无环境污染 | 措施到位，无投诉 |

续表

| 序号 | 项目 | 内容 | 完成情况 |
|---|---|---|---|
| 6 | 新技术目标 | 积极推广和使用建设部推广的十项新技术 | 累计取得经济效益 267 万元，科技进步效益率达 2.39% |
| 7 | 工程总承包管理目标 | 以人为本，严格履行施工合同所赋予总承包商的各项权利和义务，主动协调好与业主、设计、监理、各专业分包单位以及相关政府部门的关系，积极、主动、高效为业主服务，同工程参建各方一起通力协作，确保工程总承包范围内各项既定目标的实现，共创精品工程 | 顺利实现总承包管理目标 |

## 6.2 科技进步效益完成情况

### 6.2.1 高性能混凝土施工技术

依据设计要求，本工程采用泵送商品混凝土施工，地下室外墙及底板为抗渗混凝土，其他为普通混凝土，并在混凝土中添加Ⅱ级粉煤灰，粉煤灰的运用可节约 12% 的水泥用量。本工程混凝土总浇筑量约为 3.5 万 $m^3$，使用粉煤灰，可替代节约水泥约 2000t，运用此项新材料取得的经济效益为 26 万元。

### 6.2.2 高效钢筋与预应力技术

依据设计要求，本工程在基础和主体结构施工阶段大量使用到 HRB400 热轧带肋钢筋，并在Ⅲa 段地下室顶板、Ⅲb 段沿建筑长向在框架梁及次梁内加通长的无粘结预应力，节约了钢材用量，减少了工人的劳动强度。

### 6.2.3 粗直径钢筋直螺纹连接技术

本工程钢筋的使用量约 9400t。钢筋采用的连接有搭接及套筒直螺纹两种连接形式。本工程直径≥16mm 的结构用钢筋采用直螺纹套筒连接代替钢筋搭接，连接套筒采用“场外预制、场内连接”的施工方式。结构施工过程中，共使用直螺纹套筒约 68000 个，共节约搭接用钢筋 310t，产生经济效益 72 万元。

### 6.2.4 新型模板及脚手架应用技术

本工程主体结构型式为框架-剪力墙结构，Ⅰ段地上 4 层，局部 5 层，Ⅱ段、Ⅲ段地上 5 层，局部 6 层，上部结构层高 5m，综合考虑施工质量、工期等因素，本工程框架柱、剪力墙采用大钢模体系。结构施工期间共使用钢模板 4000$m^2$，租赁费为 1.5 元/$m^2$；若使用木模板，需模板 4800$m^2$、木枋 1100$m^3$（含损耗）。经过对木模板周转损耗率的计算比较，采用大钢模的使用为项目创造了 24 万元的经济效益。

### 6.2.5 钢结构技术

本钢结构工程主要是附在建筑物主体结构北面 J 轴外的结构部分，是教学楼便于采光的展厅、入口前厅和教室功能室部分，另有Ⅰ段中庭圆弧钢构部分、Ⅱ段与Ⅲ段连系每层楼间的钢结构栈桥部分。

另在原设计图纸中，Ⅰ区、Ⅲ区的弧形屋面为钢筋混凝土结构，项目经过讨论认为，弧形屋面的面积大，而屋面又是工程评优的重点部位，在当时的工期压力下很难保证弧形屋面的效果。凭借我们平时对新技术的多渠道学习和了解，通过洽商形式，建议用金属弧形屋面替代原设计的钢筋混凝土弧形屋面，并得到了业主和设计的一致认可。此项工艺的运用可节省钢筋 40t，混凝土 360m$^3$，避免混凝土弧形屋面中的模板损耗量 3000m$^2$，且减少了此部分屋面的防水层、保温层施工，缩短工期 30d，此项技术进步节约三材费用共计 34.5 万元。

#### 6.2.6　建筑节能和环保应用技术

本工程室内隔墙主要分为混凝土砌块隔墙和轻钢龙骨隔墙，其中Ⅲ区工房内有部分清水混凝土砌块墙，采用清水混凝土砌块墙约 450m$^3$，省去了墙面抹灰、涂料等工序，可以在缩短工期的同时获得经济效益，产生经济效益约 10 万元；采用轻钢龙骨隔墙 40000m$^2$，能减轻结构自重，产生经济效益 8 万元，并节约国土资源，产生良好的社会效益。

#### 6.2.7　建筑防水新技术

在屋面施工中，采用硬泡聚氨酯防水保温一体化施工工艺取代卷材防水及聚苯板保温，可节省材料费 14.5 万元，此项新工艺的应用缩短工期 15d，可节省人工费以及其他间接费用约 15 万元。此项技术进步创造的经济效益共为 29.5 万元。

本工程采用硬泡聚氨酯取代聚苯板作为外墙保温材料，此项工艺省略了外墙抹灰的施工过程，施工便捷，且可在 5℃以上进行施工，可节约材料费、人工费 25 万元，由于工期缩减了 20d，可节约外脚手架、井架及砂浆搅拌机租赁费 15 万元，并节省冬期施工费用、现场安全文明施工费用等其他费用 13 万元。此项技术进步创造的经济效益共为 53 万元。

#### 6.2.8　建筑企业管理信息化技术

项目建立了局域网，网络与互联网连通，主要运用的管理信息化技术包括：CAD 辅助设计、北京市建筑资料管理软件、文档编辑、网络进度、预算决算、财务报表以及项目集成管理软件（CPM）、远程监控系统的运用等。其中，远程监控系统提高项目的管理水平和工作效率，加强了对现场的监控、管理力度；同时，可以记录下宝贵的施工影像资料，为项目创造了约 10 万元的经济效益。

# 第六篇

# 中国人民大学经济学科与法学院楼工程施工组织设计

**编制单位**：中建三局二公司北京分公司

**编 制 人**：王祥志　何纯涛

**【简介】**　人民大学经法楼工程施工场地狭窄，地下施工难度大，支护要求高。外墙面砖（湿式二丁挂拉毛面砖）单体大，属于首次工程使用，无相应规范、标准。除此之外该工程在季节性施工、安装工程、防水工程等方面也具有一定特色。本施工组织设计对上述特点以及外墙砖、变形缝及钢筋、模板部分等描写的比较详细。节点图示清楚，保证措施中的消防部分也比较可靠。

# 目　录

# 1 工程概况（表1-1）

**工 程 概 况** **表1-1**

<table>
<tr><td colspan="2">工程名称</td><td colspan="4">中国人民大学经济学科与法学院楼工程</td></tr>
<tr><td colspan="2">工程地点</td><td colspan="4">北京市海淀区中关村大街59号，中国人民大学校园内西北区</td></tr>
<tr><td colspan="2">建设单位</td><td colspan="4">中国人民大学</td></tr>
<tr><td colspan="2">设计单位</td><td colspan="4">中国建筑东北设计研究院北京分院</td></tr>
<tr><td colspan="2">监理单位</td><td colspan="4">北京建工京精大房工程建设监理公司</td></tr>
<tr><td colspan="2">质量监督单位</td><td colspan="4">北京市质量监督总站</td></tr>
<tr><td colspan="2">施工总承包单位</td><td colspan="4">中国建筑第三工程局（北京）</td></tr>
<tr><td colspan="2">施工主要分包单位</td><td colspan="4">南通四建建筑公司、中建三局深圳装饰公司、中建三局东方装饰公司</td></tr>
<tr><td colspan="2">建筑功能</td><td colspan="4">综合教学楼：地下两层为人防和车库，地上十六层为教室和图书室等</td></tr>
<tr><td colspan="2">建筑特点</td><td colspan="4">建筑结构呈“门”形，外墙饰面砖、玻璃幕墙及干挂石材</td></tr>
<tr><td colspan="2" rowspan="4">建筑面积</td><td colspan="2">总建筑面积（m²）</td><td colspan="2">94276</td></tr>
<tr><td colspan="2">占地面积（m²）</td><td colspan="2">13594</td></tr>
<tr><td colspan="2">地下建筑面积（m²）</td><td colspan="2">25034</td></tr>
<tr><td colspan="2">地上建筑面积（m²）</td><td colspan="2">69202</td></tr>
<tr><td colspan="2">建筑层数</td><td colspan="4">本工程地上16层，地下2层，檐口高度64.8m</td></tr>
<tr><td colspan="2" rowspan="3">建筑层高</td><td colspan="2" rowspan="2">地下部分层高</td><td>地下一层</td><td>4.2m/4.9m/5.8m</td></tr>
<tr><td>地下二层</td><td>4.5m/5.4m</td></tr>
<tr><td colspan="2">地上部分</td><td colspan="2">首层4.8m，2~6层4.5m，7~14层3.6m，15层3.9m，16层4.5m</td></tr>
<tr><td colspan="2">建筑高度</td><td>±0.00绝对标高</td><td>52.6m</td><td>室内外高差</td><td>0.6m</td></tr>
<tr><td colspan="2">结构形式</td><td colspan="4">基础结构形式为筏形基础，主体结构形式为框架局部剪力墙结构</td></tr>
<tr><td colspan="2">垂直交通</td><td colspan="4">整个大楼共设10部电梯（含4部消防电梯），上人及疏散楼梯共12部</td></tr>
<tr><td colspan="2">其　他</td><td colspan="4">建筑防火防火等级为一级，人防设置等级为六级</td></tr>
<tr><td rowspan="2">墙体</td><td>外</td><td colspan="4">墙柱体内转角及冷桥部位用聚合物胶泥粘贴挤塑板保温，外围护墙300mm厚采用陶粒砌块</td></tr>
<tr><td>内</td><td colspan="4">75系列/100系列轻钢龙骨＋双面双层防火石膏板（12mm/15mm厚）</td></tr>
<tr><td colspan="2" rowspan="3">外装修</td><td>外墙装修</td><td colspan="3">贴大规格拉毛陶土面砖（300mm×90mm×13mm）局部玻璃幕墙及干挂石材</td></tr>
<tr><td>门窗工程</td><td colspan="3">铝合金隔热平开内倒窗、铝合金隔热平开内倒防火窗、铝合金隔热明框幕墙、铝合金隔热上悬窗（幕墙结构）、铝合金隔热上悬防火窗（幕墙结构），不锈钢玻璃门</td></tr>
<tr><td>屋面工程</td><td colspan="3">70mm、100mm厚挤塑板保温层，陶粒找坡层，80mm厚卵石排水层</td></tr>
</table>

续表

| | | |
|---|---|---|
| 内装修 | 顶棚工程 | 喷刮大白浆顶棚、涂料顶棚、矿棉天花板顶棚、铝板顶棚、搁栅顶棚、板条钢板网抹灰顶棚、吸声顶棚 |
| | 地面工程 | 磨光花岗石、地砖、环氧树脂地面、细石混凝土地面 |
| | 楼面工程 | 磨光花岗石楼地面、细石混凝土楼地面、网络地板楼面、地砖楼面、塑胶地板楼面、实木地板楼面 |
| | 内墙装修 | 刮大白墙面、面砖墙面、喷刷涂料墙面、海基布涂料墙面、吸声墙面 |
| | 门窗工程 | 不锈钢玻璃门、铝合金玻璃门、防火门、成品高档实木门（局部带门禁系统） |
| | 踢　脚 | 水泥砂浆踢脚、花岗石板踢脚、不锈钢踢脚、塑胶踢脚、实木踢脚、地砖踢脚 |
| 防水工程 | 屋面防水 | Ⅱ＋Ⅱ型 7mm 厚 SBS 改性沥青防水卷材 |
| | 地下室防水 | Ⅱ＋Ⅱ型 4mm 厚 SBS 改性沥青防水卷材 |
| | 厕浴间 | 1.5mm 厚非焦油聚氨酯防水涂膜 |
| | 屋面防水等级 | 二　级 |
| 水、暖、电、通风系统 | 给水排水系统设有上水、中水、下水、消防水及纯净水系统；送风系统、新风系统、空调系统均采用镀锌钢板咬口而成；正常照明采用 BV 型线，应急照明采用 ZR-BV 型电线；电话系统采用室外－0.8m 引入市网至通信控制中心再分至各层接线箱。本楼内共设置四台消防电梯兼客梯，另有 6 台一般客梯；生活水箱两台设置于地下二层，不锈钢。屋顶设置消防水箱一台，装配式；冷却塔采用 DFWNL-700P 型喷雾通风冷却塔；采暖六层以下中央空调，6～12 层集中供暖，13、14 层 VRV 系统 | |
| 消防系统 | 火灾自动报警系统采用海湾科技 JB-QT-GST5000 报警控制器，自动喷淋灭火系统采用湿式报警阀，消防供水泵与消防报警系统联动，一旦发生火警，能确保大楼有充足的水源灭火；此外，地下一层 UPS 机房设有 IG541 气体灭火装置，供地下一层网络教室、配电室等部位实施气体灭火 | |
| 弱电系统 | 弱电系统包括：楼宇自控系统、停车场管理系统、消防控制系统、保安监控系统、综合布线系统、防盗报警系统、有线电视系统、门禁系统等 | |

## 1.1 立面图（如图 1-1 所示）

## 1.2 一层平面图（如图 1-2 所示）

## 1.3 标准层平面图（如图 1-3 所示）

## 1.4 工程特点与难点

### 1.4.1 施工难度大

施工场地狭窄，现场无法形成环行道路，距离原有建筑物最近距离仅有 3m，必须采取“护坡桩＋锚杆”支护措施，对施工技术和施工组织管理要求高。

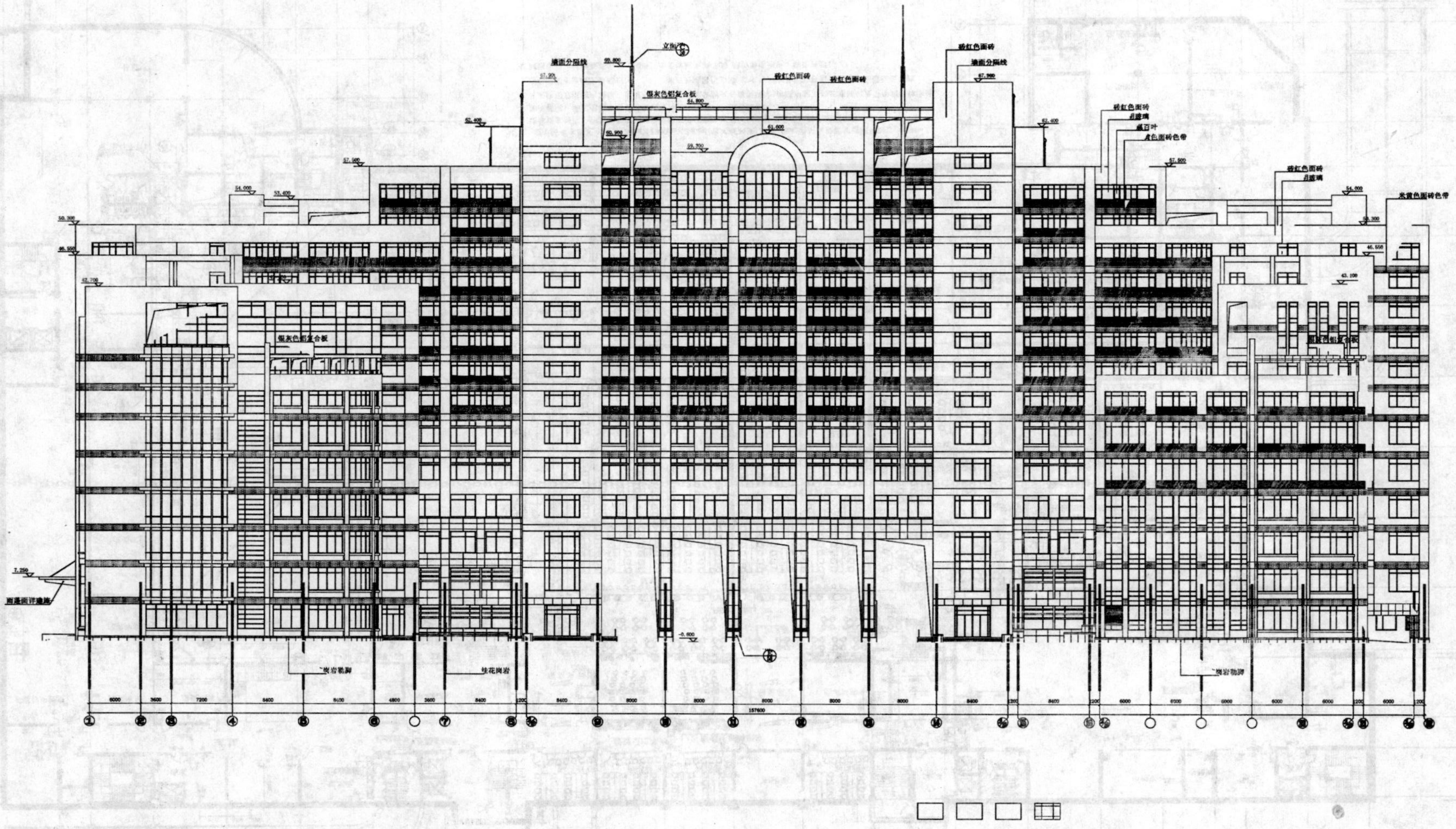

图 1-1　立面图

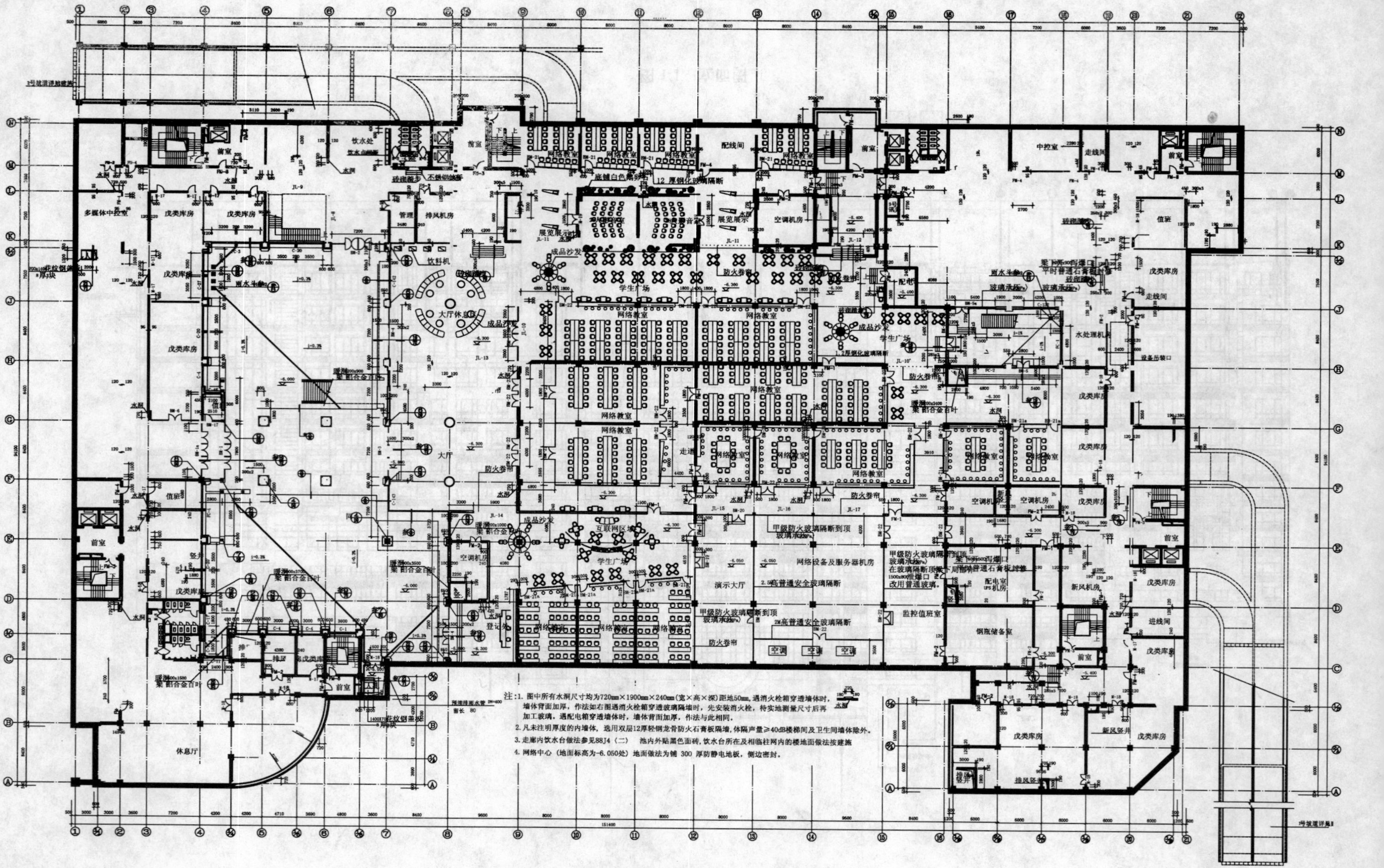
注：1. 图中所有水洞尺寸均为720mm×1900mm×240mm（宽×高×深）距地50mm，遇消火栓箱穿透墙体时，墙体背面加厚，作法如右图遇消火栓箱穿透玻璃隔墙时，先安装消火栓，待实地测量尺寸后再加工玻璃。遇配电箱穿透墙体时，墙体背面加厚，作法与此相同。
2. 凡未注明厚度的内墙体，选用双层12厚轻钢龙骨防火石膏板隔墙，体隔声量≥40dB楼梯间及卫生间墙体除外。
3. 走廊内饮水台做法参见88J4（二） 池内外贴黑色面砖，饮水台所在及相临柱网内的楼地面做法按建施
4. 网络中心（地面标高为-6.050处）地面做法为铺 300 厚防静电地板，侧边密封。
网络教室
学生广场
大厅
大厅休息区
成品沙发
互联网区域
演示大厅
网络设备及服务器机房
监控值班室
空调机房
戊类库房
前室
休息厅
多媒体中控室
中控室
配线间
展览展示
排风机房
饮水处
值班
新风机房
水处理机房
防火卷帘

图 1-2　一层平面图

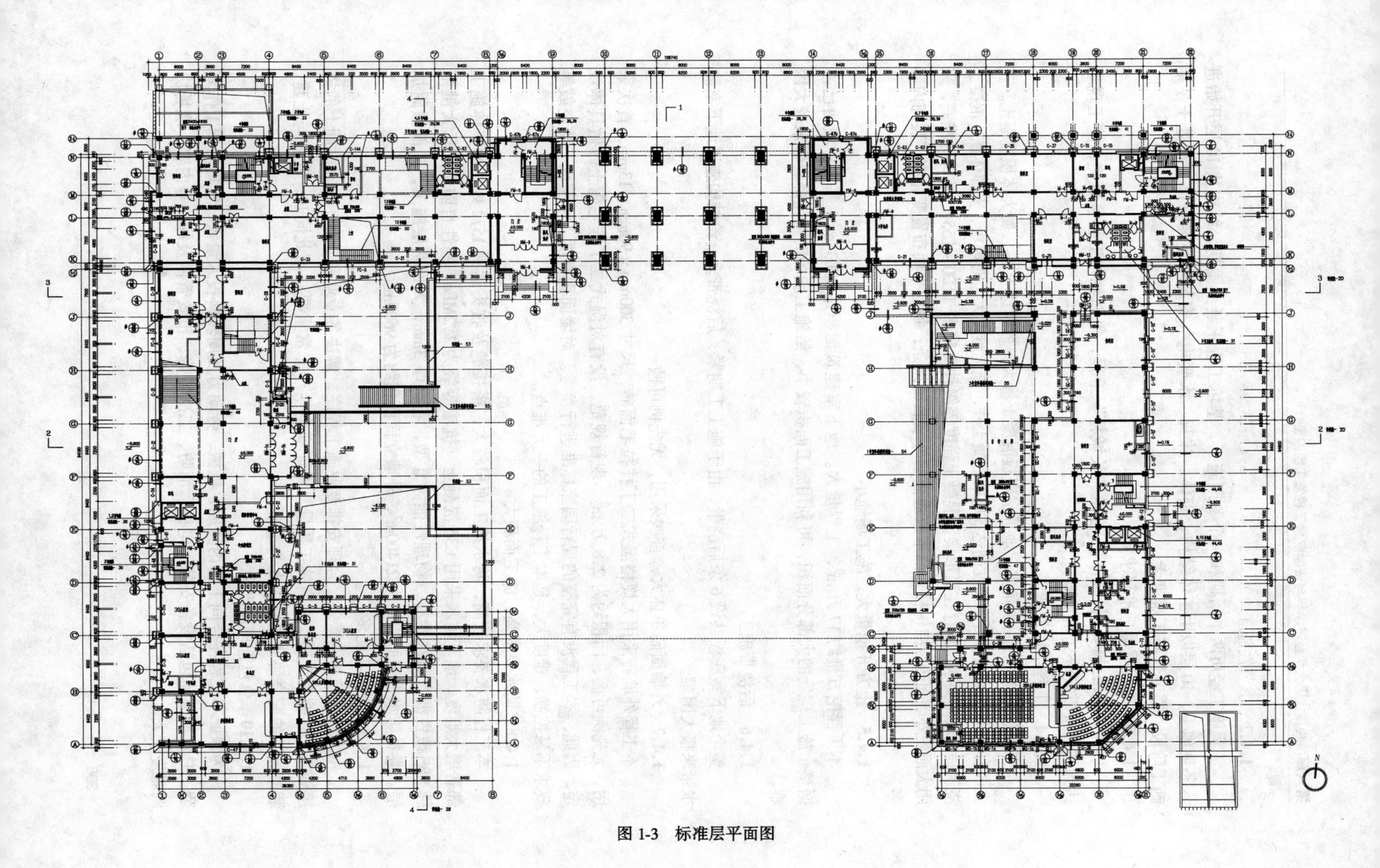

图 1-3　标准层平面图

### 1.4.2　季节性施工

工程施工经历两个雨期和一个冬期施工，基坑工程正赶上雨期，结构从10层开始进入冬期施工，10层以上主体结构、砌体、抹灰、水暖电气安装等主要分部工程处于冬期施工阶段，季节性施工难度大。

### 1.4.3　工程质量标准要求高

确保北京市结构“长城杯”、建筑“长城杯”工程，争创整体工程鲁班奖，施工现场达到“北京市安全文明工地”。

### 1.4.4　工程结构复杂

工程造型别致，阴阳角多、地下室底板混凝土量大，最厚达1.8m，属大体积混凝土。正立面有12根截面大、自由高度高达3层的混凝土柱，施工难度大，对模板、支撑体系、混凝土浇筑提出较高要求，且存在弧形梁，混凝土强度等级种类较多（C20～C55）。装饰标准高，采用大面积外墙面砖；结构柱外凸形成通高的外墙装饰线条；每层平面布置变化多，装饰内容多。

### 1.4.5　土方开挖量大，施工场地小

本工程挖方量约17万$m^3$，工程量大。地下室建筑面积达25034$m^2$，基坑护坡后已占据整个施工现场的大部分面积，可利用施工面积较小，给施工现场的整体部署带来较大困难。

### 1.4.6　后浇带施工

整个地下室底板共设6条后浇带，由于施工工期紧、后浇带多，给结构施工地下室防水带来极大困难。

### 1.4.7　外墙面砖单体大，首次采用，无先例可循

本工程外墙砖采用大规格湿式二丁挂拉毛面砖，尺寸300mm×90mm×13mm，首次采用，无先例可循，面积约为2.8万$m^2$。现行规范，没有对湿式二丁挂毛陶土砖做具体规定。因此，本工程没有完整的现行国家标准进行参考。对墙面垂直度、平整度、防空鼓等要求不易控制，难度大，是本工程施工的一大难点。

### 1.4.8　防水要求高，施工面积大

本工程防水要求较高，防水施工面积较大，搭接缝及收头达到1572处，给整体施工部署增大难度。地下防水采用C35混凝土（抗渗等级为1.2MPa）刚性自防水和远大洪雨牌SBS改性沥青防水卷材，物理性能为Ⅱ型，卷材厚3mm，大面两层施工，局部做附加层。卷材防水平面面积约为21400$m^2$，外墙立面面积约为9600$m^2$。

### 1.4.9　安装功能多

本工程安装功能繁多，合理安排专业施工程序，解决各专业和专业工种在时间上的搭接施工，对缩短工期，提高施工质量，保证安全生产非常重要；与此同时，安装与土建、装修施工的配合协调也显得尤为重要。

### 1.4.10　总包管理难度大

为保证本工程在合同工期内完成，机械、劳动力及周转料投入量大，管理协调工作繁杂。总包范围还包括设备安装、电梯、消防、二次装修、市政管网及绿化等内容，现场协调难度较大。

# 2 施工部署

## 2.1 总体和重点部位施工顺序

### 2.1.1 施工总体部署

本工程体量大、质量要求高、工期紧张。为了保证基础、主体、装修均有尽可能充裕的时间施工，为保证按期完成施工任务，应该综合考虑各方面的影响因素，充分酝酿任务、资源、时间、空间的总体布局。

总体施工顺序部署原则：先地下、后地上；先结构、后围护；先主体、后装修，砌筑工程穿插主体结构施工，由下而上依次施工。主体结构由下而上分层依次施工，分区进行，并注意冬雨期对各分项工程施工的影响。

### 2.1.2 主要阶段施工顺序

(1) 土方及基础施工

本工程土方采用大开挖，基坑支护采用土钉支护，局部采用护坡桩+锚杆支护，降水采用管井配合渗井降水。地下室结构工程分区流水施工，安装预埋预留和防雷接地随结构施工进行。本阶段的施工顺序为：工程定位放线→土方开挖、边坡支护→土方清理→基底钎探→验槽→垫层及砖胎膜→底板防水→底板及导墙钢筋绑扎→底板及导墙混凝土浇筑→混凝土养护。

(2) 地下室结构施工

地下二层结构施工→地下一层结构施工→地下室外墙防水→防水保护层→肥槽土方回填。

(3) 主体结构施工

本阶段先进行1~4层结构施工，第一次验收后插入砌体结构施工，结构封顶后全面进行砌体结构施工。本阶段单层施工顺序为：楼层定位放线→竖向钢筋绑扎及预埋管线布设→竖向模板支设→竖向混凝土浇筑→竖向模板拆除→满堂脚手架搭设→梁底模板支设→梁钢筋绑扎→梁侧模、板底模、楼梯模板支设→板、楼梯钢筋绑扎及预埋管线布设→梁、板、楼梯混凝土浇筑→转入下一层施工。

(4) 安装工程施工

安装工程按照“先下后上、先主管后支管、先预制后安装”的原则，实行平面分区、立体交叉作业的施工。应以吊顶内、管道井内、机房内的安装施工作为重点进行协调控制，每一专业的安装工程完成后进行单体调试，所有安装工程结束后进行联合调试。

(5) 外装饰施工

随主体结构施工进度进行预埋铁件的埋设，主体结构封顶后进行主次龙骨的安装，龙骨安装完毕后进行面板及玻璃的安装，最后进行打胶清理。装饰阶段要特别注意各专业与土建的衔接，确定施工的先后顺序，建立工序会签制度。明确上一道工序未完之前，绝不允许进入下一道工序施工。尤其在收尾阶段，各工序要相互衔接及时插入，如幕墙收口处理。外装饰施工本着自上而下的原则，便于外脚手架及时进行拆除以及室内装修的插入。

(6) 内装饰施工

考虑到本工程的装修特点及工期要求，本工程内装饰施工，先进行水磨石地面施工，然后进行墙面施工，机电安装工程配合施工完成后，进行吊顶工程。分为两个施工段（8

层以下为一段，其余层为第二段)，自上而下逐层进行施工。其中，地下室、管道井等部位的内装修应提前进行，为安装工程的插入创造条件。

(7) 综合调试、竣工收尾阶段

本阶段应认真做好成品保护和清洁卫生，搞好安装及设备调试，加紧各项交工技术资料的整理以及竣工图的绘制，确保工程的一次验收成功。

## 2.2　流水段的划分

根据本工程工期短且场地狭小的特点，本工程采用流水施工。

本工程基础设计为筏形基础，底板厚度700mm，部分为1500mm或1800mm。底板大体积混凝土浇筑按照设计后浇带划分为六个区，其西区包括Ⅰ段、Ⅱ段、Ⅲ段，东区包括Ⅳ段、Ⅴ段、Ⅵ段（见图2-1）。

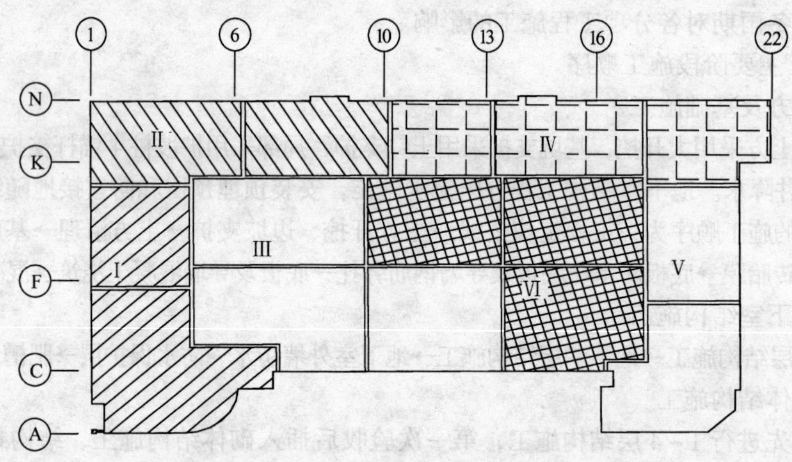


图2-1　底板大体积混凝土浇筑施工段划分示意图

### 2.2.1　主体结构施工段的划分

地上1~3层以K轴、9轴、14轴划分为A1、A2、A3、B、C五个施工段，地上3层以上以K轴、8轴、15轴伸缩缝划分为A1、A2、A3、B、C五个施工段，其西区包括A1段、B段，东区包括A2段、A3段、C段，具体见图2-2和图2-3。

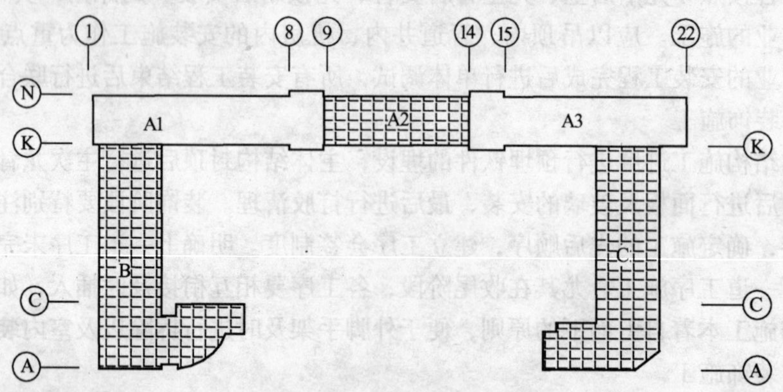


图2-2　1~3层施工段示意图

### 2.2.2 施工程序

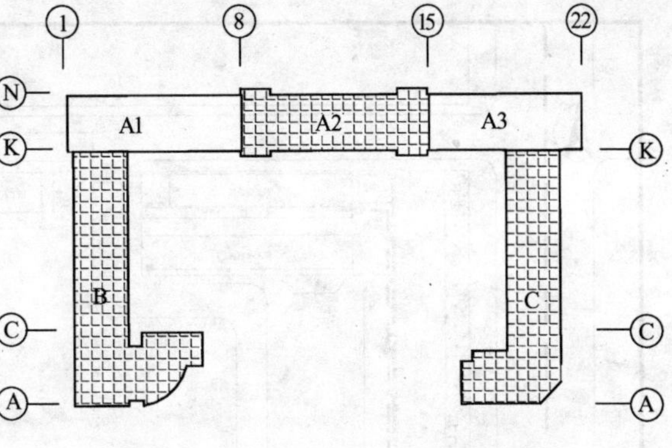

图 2-3 3层以上施工段划分示意图

考虑到本工程各区段结构形式复杂及本工程的特点和工期要求，该工程由A、B两支作业队相对独立并行组织流水施工。

地下室施工阶段：西区Ⅰ、Ⅱ、Ⅲ段由南通四建作业队独立施工，东区Ⅳ、Ⅴ、Ⅵ段由南通六建作业队组织施工。

西区施工顺序：Ⅰ段→Ⅲ段→Ⅱ段；

东区施工顺序：Ⅴ段→Ⅵ段→Ⅳ段；

地上施工阶段：西区A1、B段由南通四建作业队组织施工，东区A2、A3、C段由南通六建作业队组织施工。

1~3层施工程序：

西区：B段→A1段；

东区：由于9~14轴门厅12根独立柱高达13.8m，因此东区施工程序为C段→A3段，当A3段施工到第二层时，插入A2段施工。

3层以上施工阶段：

西区施工顺序：B段→A1段；

东区施工顺序：C段→A3段→A2段。

土方施工由南向北开挖，先开挖Ⅰ、Ⅴ段，再开挖Ⅲ、Ⅵ段，最后开挖Ⅱ、Ⅳ段，东区、西区平行进行。

## 2.3 施工平面布置

### 2.3.1 施工总平面布置依据

根据现场及周边的实际情况，尽量利用现有道路，综合考虑基础施工、主体施工以及装修施工三个阶段的情况，进行施工场地的总平面布置。

### 2.3.2 施工总平面布置原则

(1) 基础阶段平面布置

1) 机械布置

现场布置四台塔吊，分别设于建筑物B、C区两侧，钢筋加工机械设置在现场北侧，建筑南侧布置三台混凝土输送泵。

2) 堆场及加工场布置

木工加工房及模板堆场设置在现场北侧，钢筋原材堆场设于现场南侧，钢筋加工场设置在现场北侧，钢筋半成品临时堆场设在基坑北侧及南侧，大部分处于塔吊覆盖范围内。

本阶段的平面布置详见图2-4：基础阶段总平面布置图。

(2) 主体阶段平面布置

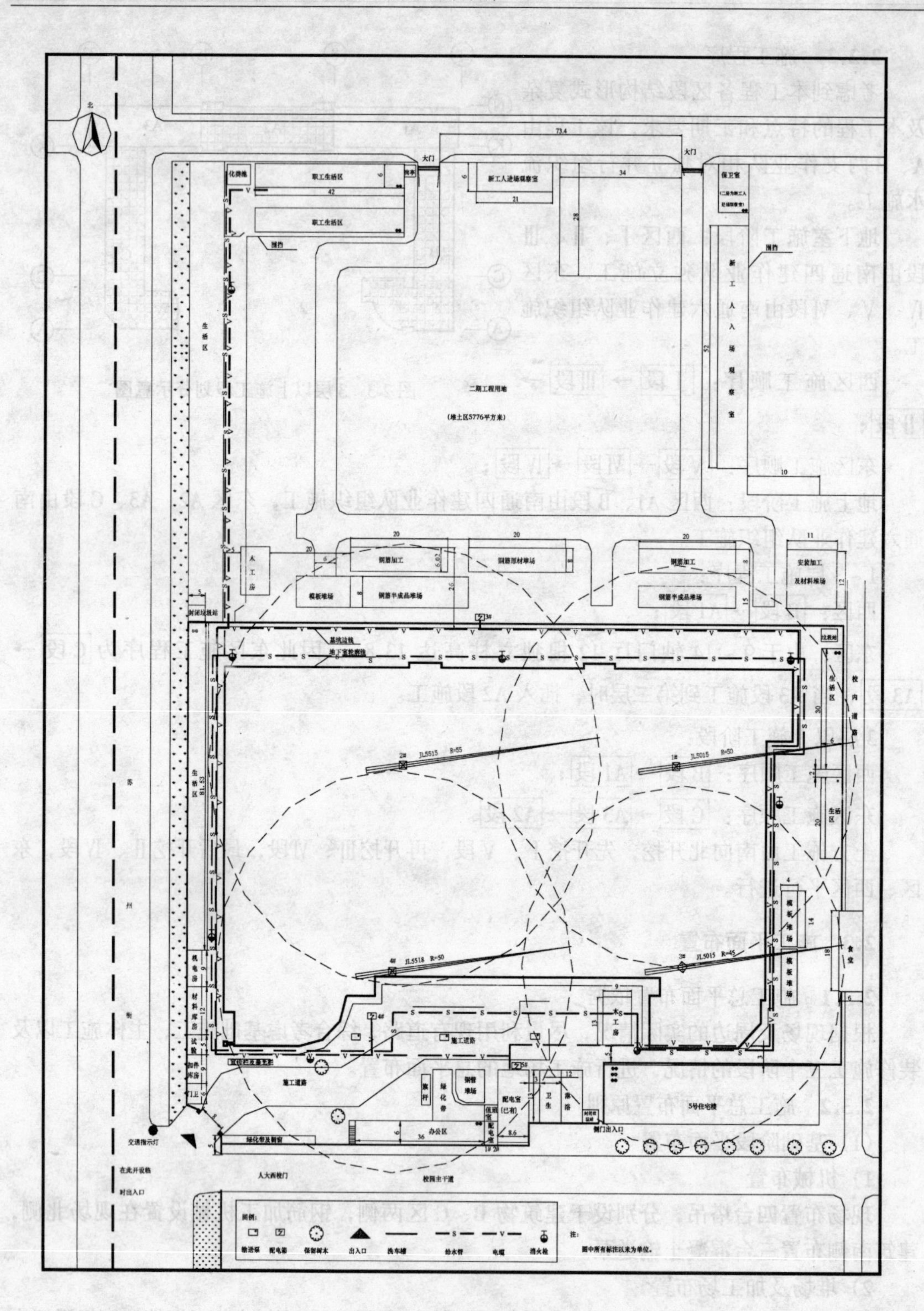


图 2-4 基础阶段总平面布置图

1）机械布置

待主体 10 层结构施工完毕后，我们将先在东西两侧各安装一台施工电梯，随着主体进度再

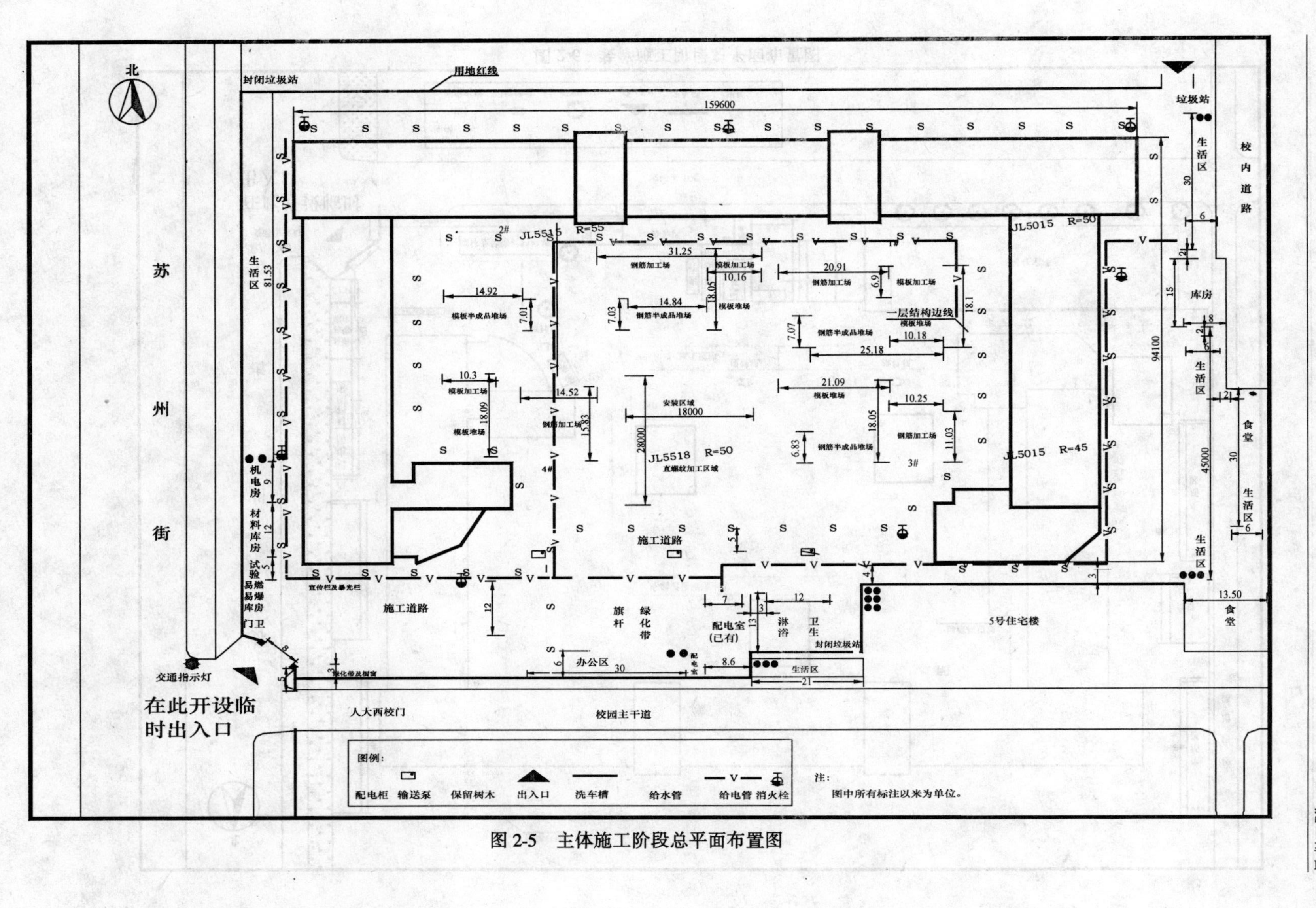


图 2-5 主体施工阶段总平面布置图

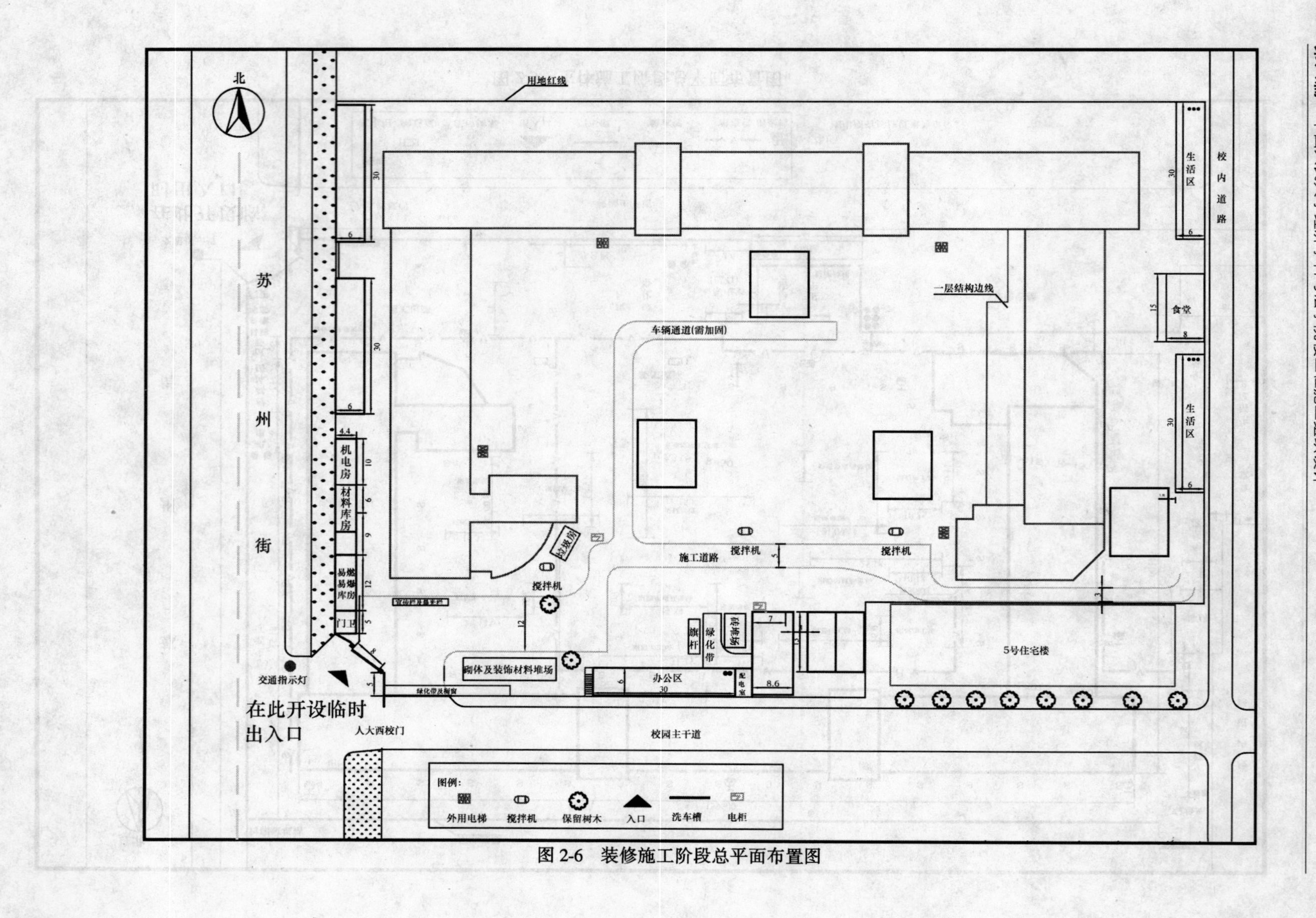


图 2-6　装修施工阶段总平面布置图

在北侧安装两台施工电梯，主要解决砌体施工期间各种材料的垂直运输和人员的上下问题。

钢筋加工机械及木工加工机械位置不变。

2）堆场及加工场布置

本阶段增加木模板、砌体、砂石堆场。主体施工阶段周转材料基本在楼层上，现场仅考虑较小的堆场，场地西北角增设砌体临时堆场。

本阶段的平面布置详见图2-5：主体施工阶段总平面布置图。

(3) 安装、装修阶段平面布置

1）机械布置

本阶段拆除塔吊，施工电梯位置保持不变。

2）堆场及加工场、新增临建布置

本阶段取消钢筋及模板加工场、堆场，增设安装及精装修库房等；周转架料堆场移至拟建建筑西侧，现场北侧增设砌体堆场、水泥堆场等，现场东侧设置安装及装修材料堆场。

本阶段的平面布置详见图2-6：装修施工阶段总平面布置图。

**2.3.3** 施工总平面图规划

(1) 现场出入口及围墙

在现场西南角设主要出入口，围墙采用钢板围挡进行封闭，东、北两侧高2m，南侧高2.1m，西侧保留原有围墙，根据中建总公司CI要求对围墙和大门进行美化。

(2) 现场道路及排水

现场的主要交通道路为南侧的一条5m宽的道路，用混凝土进行硬化后方可使用。施工现场其他区域均做硬化处理，做好排水坡度，在现场周边设排水沟，在排污口位置设置沉淀池，进行有组织排水；同时，在施工场地大门入口处设置洗车槽，以免将灰尘带入场内。

(3) 现场机械、设备的布置

现场布置四台塔吊，分别设于建筑物B、C区两侧，可覆盖整个施工作业面。钢筋加工机械设置在现场南及北侧，建筑南侧布置三台混凝土输送泵。

(4) 现场材料加工、堆放场地

主要统一规划设在现场北侧和南侧空域，待地下室封顶后，北侧所有的加工及堆场全部转移到地下室顶板上。

(5) 现场办公区、生活区

临时办公及管理人员住宿及厕所设在现场南侧，食堂、库房及工人住宿用房设在现场的东侧和西侧。

## 2.4 施工进度计划

**2.4.1** 工期目标

本工程的开工日期为2003年4月29日，计划竣工日期为2004年12月28日。本工程实行网络计划管理，设立阶段性目标控制节点，并对于各种细部工序采用横道图的直观方法，来指导现场人、财、物的合理调配。

**2.4.2** 进度计划

总进度计划见图2-7；

| 标识 | 任务名称 | 2002 工期 | 开始时间 | 完成时间 |
|---|---|---|---|---|
| 1 | 施工准备 | 1 d | 2003年4月29日 | 2003年4月29日 |
| 2 | 现场测量控制网建立 | 2 d | 2003年4月30日 | 2003年5月1日 |
| 3 | 护坡桩施工 | 20 d | 2003年4月30日 | 2003年5月19日 |
| 4 | 土方及土钉施工 | 71 d | 2003年5月5日 | 2003年7月14日 |
| 5 | 垫层施工（局部地基处理） | 15 d | 2003年7月15日 | 2003年7月29日 |
| 6 | 东、西区底板防水 | 14 d | 2003年7月30日 | 2003年8月12日 |
| 7 | 东、西区底板结构 | 23 d | 2003年8月13日 | 2003年9月4日 |
| 8 | 东、西区地下二层结构 | 26 d | 2003年9月3日 | 2003年9月30日 |
| 9 | 东、西区地下一层结构 | 26 d | 2003年10月1日 | 2003年10月26日 |
| 10 | 东、西区一层主体结构 | 10 d | 2003年10月27日 | 2003年11月15日 |
| 11 | 东、西区二层主体结构 | 10 d | 2003年11月6日 | 2003年11月15日 |
| 12 | 地下室土方回填 | 55 d | 2003年11月9日 | 2004年1月2日 |
| 13 | 东、西区三层结构 | 10 d | 2003年11月16日 | 2003年11月25日 |
| 14 | 东西区四到十层结构 | 45 d | 2003年11月26日 | 2004年1月9日 |
| 15 | 东西区11层以上结构 | 7 d | 2004年1月10日 | 2004年1月16日 |
| 16 | 屋面工程 | 25 d | 2004年3月15日 | 2004年4月8日 |
| 17 | 电梯安装 | 120 d | 2004年1月17日 | 2004年5月15日 |
| 18 | 电梯调试 | 20 d | 2004年5月16日 | 2004年6月4日 |
| 19 | 二次结构 | 131 d | 2003年11月26日 | 2004年4月4日 |
| 20 | 外墙装饰工程 | 164 d | 2004年5月24日 | 2004年11月3日 |
| 21 | 室内抹灰 | 110 d | 2004年2月24日 | 2004年6月12日 |
| 22 | 室内油漆 | 160 d | 2004年6月13日 | 2004年11月19日 |
| 23 | 顶棚装饰工程 | 130 d | 2004年5月9日 | 2004年9月15日 |
| 24 | 楼地面工程 | 90 d | 2004年8月7日 | 2004年11月4日 |
| 25 | 门窗工程 | 150 d | 2004年6月13日 | 2004年11月9日 |
| 26 | 首层门厅、阶梯教室等精装修 | 180 d | 2004年4月4日 | 2004年9月30日 |
| 27 | 总平面 | 30 d | 2004年11月4日 | 2004年12月3日 |
| 28 | 安装预留预埋 | 189 d | 2003年8月13日 | 2004年2月17日 |
| 29 | 给排水设备安装 | 322 d | 2003年9月13日 | 2004年7月30日 |
| 30 | 电气设备安装 | 322 d | 2004年9月13日 | 2004年7月30日 |
| 31 | 采暖通风空调安装 | 322 d | 2004年9月13日 | 2004年7月30日 |
| 32 | 分项调试 | 20 d | 2004年7月31日 | 2004年8月19日 |
| 33 | 综合调试 | 24 d | 2004年11月4日 | 2004年11月27日 |
| 34 | 场地清理竣工交验 | 25 d | 2004年12月4日 | 2004年12月28日 |

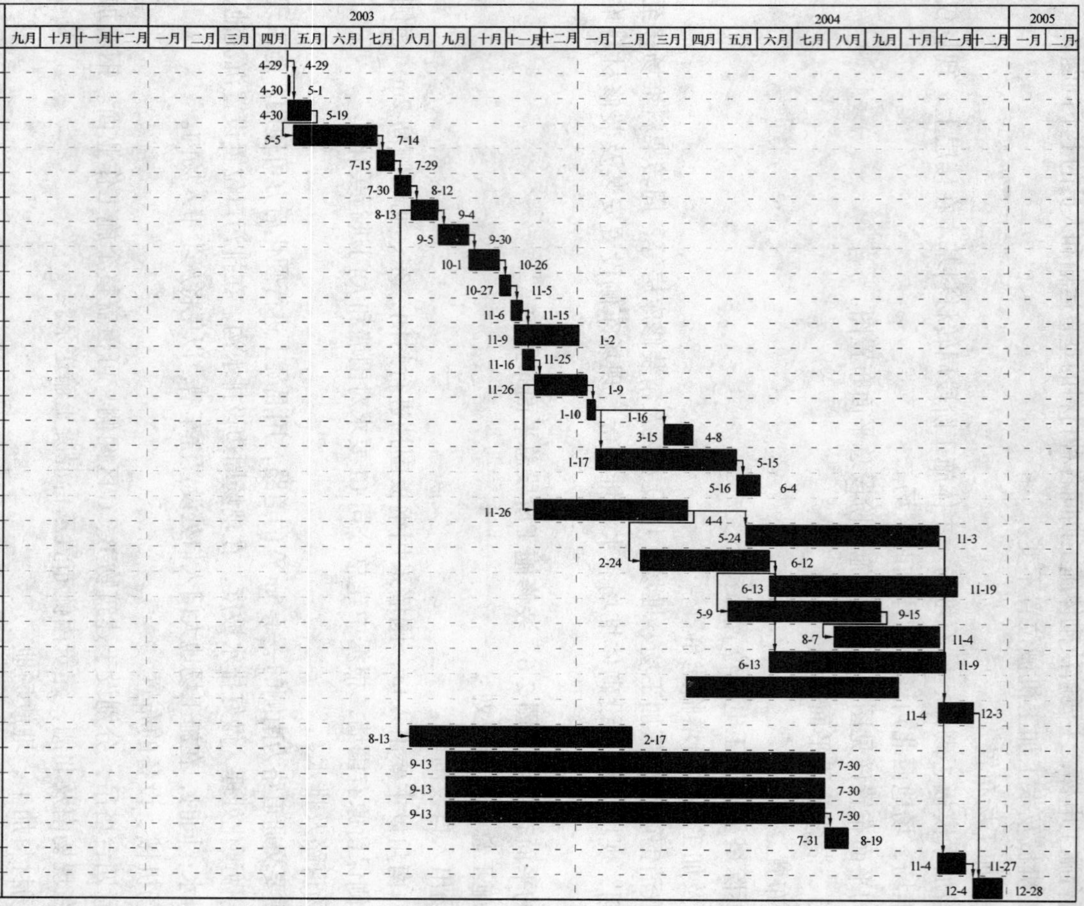

图 2-7　总进度计划

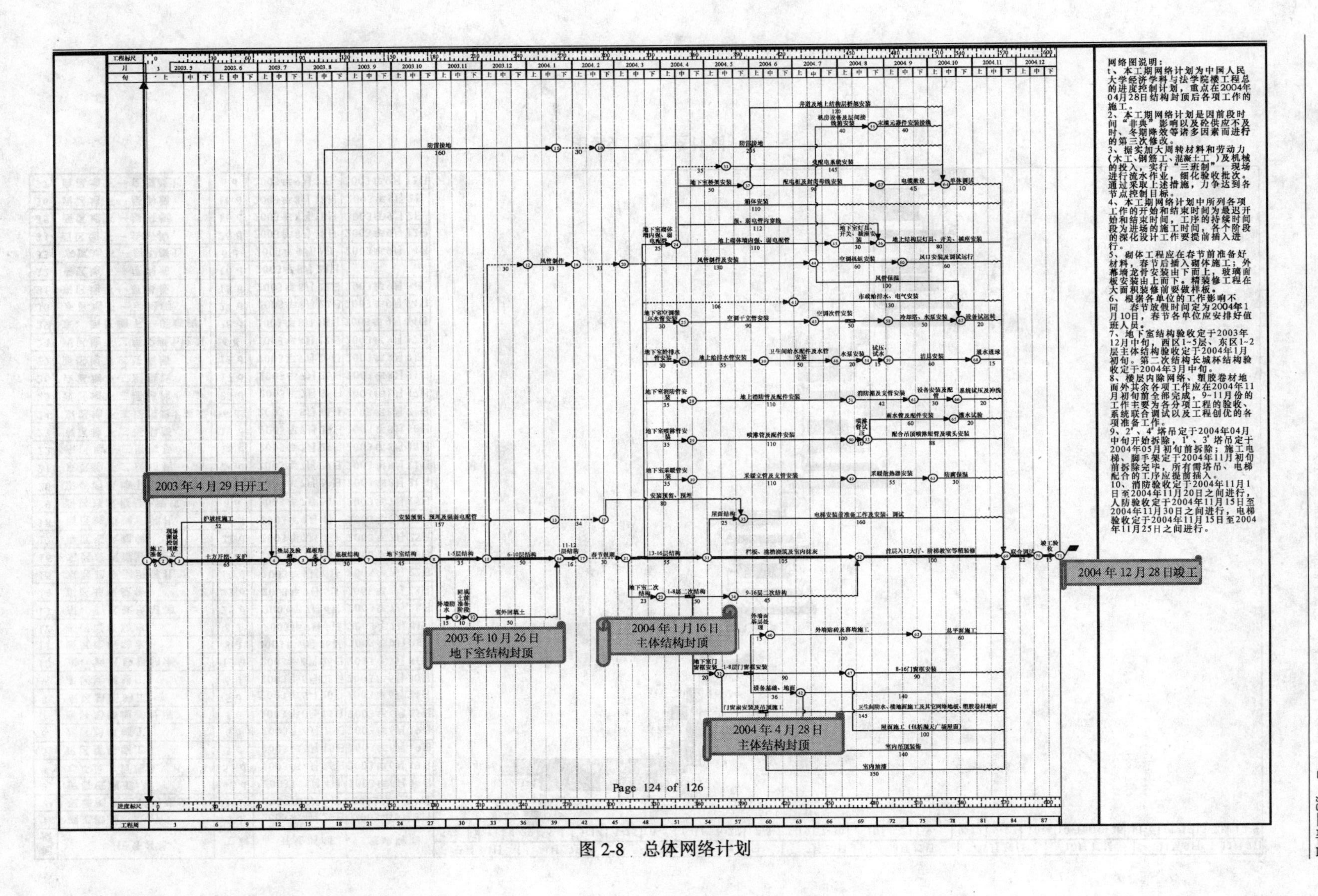
2003年4月29日开工
2003年10月26日
地下室结构封顶
2004年1月16日
主体结构封顶
2004年4月28日
主体结构封顶
2004年12月28日竣工
Page 124 of 126
网络图说明：
t、本工期网络计划为中国人民大学经济学科与法学院楼工程总的进度控制计划，重点在2004年04月28日结构封顶后各项工作的施工。
2、本工期网络计划是因前段时间“非典”影响以及砼供应不及时、冬期降效等诸多因素而进行的第三次修改。
3、据实加大周转材料和劳动力（木工、钢筋工、混凝土工）及机械的投入，实行“三班制”，现场进行流水作业，细化验收批次。通过采取上述措施，力争达到各节点控制目标。
4、本工期网络计划中所列各项工作的开始和结束时间为最迟开始和结束时间，工序的持续时间段为进场的施工时间，各个阶段的深化设计工作要提前插入进行。
5、砌体工程应在春节前准备好材料，春节后插入砌体施工；外幕墙龙骨安装由下而上，玻璃面板安装由上而下。精装修工程在大面积装修前要做样板。
6、根据各单位的工作影响不同　春节放假时间定为2004年1月10日，春节各单位应安排好值班人员。
7、地下室结构验收定于2003年12月中旬，西区1~5层、东区1~2层主体结构验收定于2004年1月初旬。第二次结构长城杯结构验收定于2004年3月中旬。
8、楼层内除网络、塑胶卷材地面外其余各项工作应在2004年11月初旬前全部完成，9~11月份的工作主要为各分项工程的验收、系统联合调试以及工程创优的各项准备工作。
9、2#、4#塔吊定于2004年04月中旬开始拆除，1#、3#塔吊定于2004年05月初旬前拆除；施工电梯、脚手架定于2004年11月初旬前拆除完毕，所有需塔吊、电梯配合的工序应提前插入。
10、消防验收定于2004年11月1日至2004年11月20日之间进行，人防验收定于2004年11月15日至2004年11月30日之间进行，电梯验收定于2004年11月15日至2004年11月25日之间进行。

图 2-8　总体网络计划

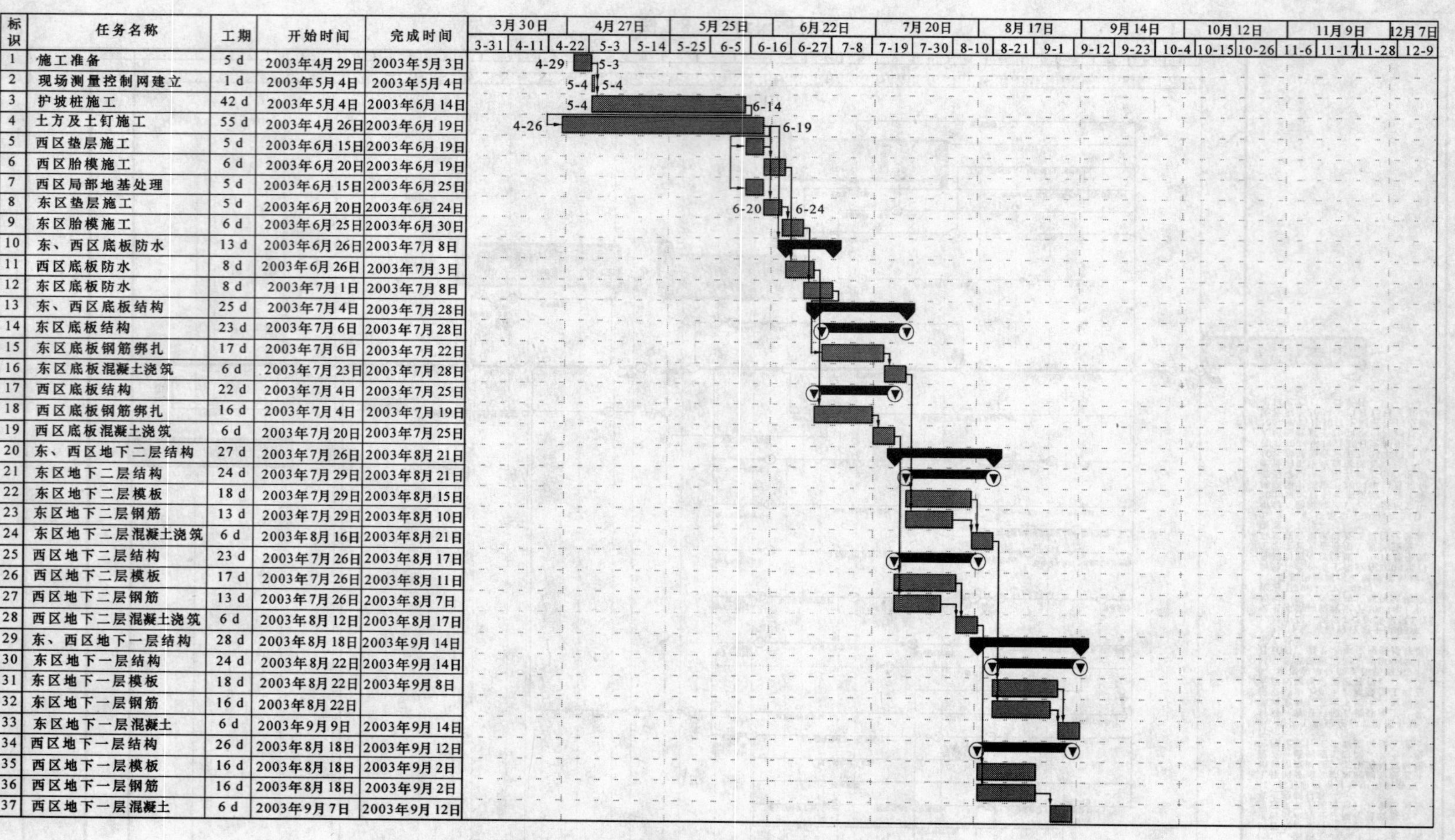

| 标识 | 任务名称 | 工期 | 开始时间 | 完成时间 |
|---|---|---|---|---|
| 1 | 施工准备 | 5 d | 2003年4月29日 | 2003年5月3日 |
| 2 | 现场测量控制网建立 | 1 d | 2003年5月4日 | 2003年5月4日 |
| 3 | 护坡桩施工 | 42 d | 2003年5月4日 | 2003年6月14日 |
| 4 | 土方及土钉施工 | 55 d | 2003年4月26日 | 2003年6月19日 |
| 5 | 西区垫层施工 | 5 d | 2003年6月15日 | 2003年6月19日 |
| 6 | 西区胎模施工 | 6 d | 2003年6月20日 | 2003年6月19日 |
| 7 | 西区局部地基处理 | 5 d | 2003年6月15日 | 2003年6月25日 |
| 8 | 东区垫层施工 | 5 d | 2003年6月20日 | 2003年6月24日 |
| 9 | 东区胎模施工 | 6 d | 2003年6月25日 | 2003年6月30日 |
| 10 | 东、西区底板防水 | 13 d | 2003年6月26日 | 2003年7月8日 |
| 11 | 西区底板防水 | 8 d | 2003年6月26日 | 2003年7月3日 |
| 12 | 东区底板防水 | 8 d | 2003年7月1日 | 2003年7月8日 |
| 13 | 东、西区底板结构 | 25 d | 2003年7月4日 | 2003年7月28日 |
| 14 | 东区底板结构 | 23 d | 2003年7月6日 | 2003年7月28日 |
| 15 | 东区底板钢筋绑扎 | 17 d | 2003年7月6日 | 2003年7月22日 |
| 16 | 东区底板混凝土浇筑 | 6 d | 2003年7月23日 | 2003年7月28日 |
| 17 | 西区底板结构 | 22 d | 2003年7月4日 | 2003年7月25日 |
| 18 | 西区底板钢筋绑扎 | 16 d | 2003年7月4日 | 2003年7月19日 |
| 19 | 西区底板混凝土浇筑 | 6 d | 2003年7月20日 | 2003年7月25日 |
| 20 | 东、西区地下二层结构 | 27 d | 2003年7月26日 | 2003年8月21日 |
| 21 | 东区地下二层结构 | 24 d | 2003年7月29日 | 2003年8月21日 |
| 22 | 东区地下二层模板 | 18 d | 2003年7月29日 | 2003年8月15日 |
| 23 | 东区地下二层钢筋 | 13 d | 2003年7月29日 | 2003年8月10日 |
| 24 | 东区地下二层混凝土浇筑 | 6 d | 2003年8月16日 | 2003年8月21日 |
| 25 | 西区地下二层结构 | 23 d | 2003年7月26日 | 2003年8月17日 |
| 26 | 西区地下二层模板 | 17 d | 2003年7月26日 | 2003年8月11日 |
| 27 | 西区地下二层钢筋 | 13 d | 2003年7月26日 | 2003年8月7日 |
| 28 | 西区地下二层混凝土浇筑 | 6 d | 2003年8月12日 | 2003年8月17日 |
| 29 | 东、西区地下一层结构 | 28 d | 2003年8月18日 | 2003年9月14日 |
| 30 | 东区地下一层结构 | 24 d | 2003年8月22日 | 2003年9月14日 |
| 31 | 东区地下一层模板 | 18 d | 2003年8月22日 | 2003年9月8日 |
| 32 | 东区地下一层钢筋 | 16 d | 2003年8月22日 | |
| 33 | 东区地下一层混凝土 | 6 d | 2003年9月9日 | 2003年9月14日 |
| 34 | 西区地下一层结构 | 26 d | 2003年8月18日 | 2003年9月12日 |
| 35 | 西区地下一层模板 | 16 d | 2003年8月18日 | 2003年9月2日 |
| 36 | 西区地下一层钢筋 | 16 d | 2003年8月18日 | 2003年9月2日 |
| 37 | 西区地下一层混凝土 | 6 d | 2003年9月7日 | 2003年9月12日 |



图 2-9 地下室计划

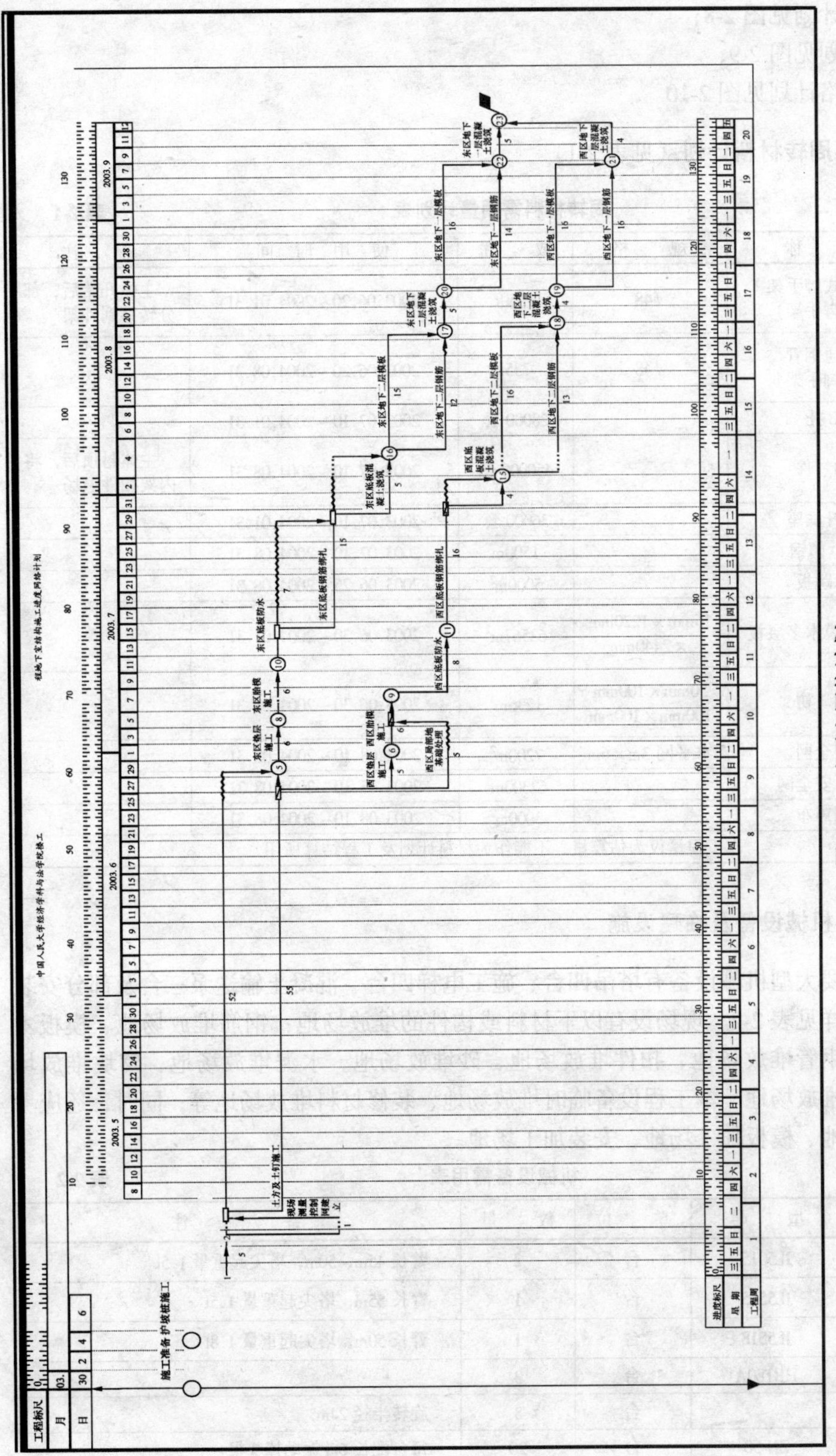

图 2-10 地下室网络计划

总体网络计划见图 2-8；
地下室计划见图 2-9；
地下室网络计划见图 2-10。

## 2.5　主要周转材料计划（见表 2-1）

周转材料需用量计划表　　表 2-1

| 序号 | 名　称 | 规　格 | 数　量 | 使用时间 | 备　注 |
|---|---|---|---|---|---|
| 1 | 扣件式脚手架（内脚手架） | $\phi48$ | 1550t | 2003.06.20～2004.01.31 | 主体开始后，部分转移到外架 |
| 2 | 普通钢管（外脚手架） | $\phi48$ | 735t | 2003.06.20～2004.08.31 | |
| 3 | U 托 | | 28000 套 | 2003.07.10～2004.01.31 | |
| 4 | 扣　件 | | 450000 套 | 2003.07.10～2004.08.31 | 主体封顶后，将内架扣件退场 |
| 5 | 立杆底座 | | 36000 套 | 2003.07.10～2004.01.31 | |
| 6 | [10 槽钢 | | 1500m | 2003.07.10～2004.08.31 | |
| 7 | 木跳板 | | 5000m² | 2003.06.25～2004.08.31 | |
| 8 | 高强覆膜木多层板 | 15mm×1220mm×2440mm | 62567m² | 2003.06.30～2004.01.31 | |
| 9 | 木　枋 | 50mm×100mm<br>100mm×100mm | 1236m³ | 2003.06.30～2004.01.31 | |
| 10 | 安全网 | 水平网 3m×6m | 7200m² | 2003.08.10～2004.08.31 | |
| 11 | 密目安全网 | 侧　网 | 62300m² | 2003.05.10～2004.08.31 | |
| 12 | 隔声布 | | 3000m² | 2003.08.10～2004.08.31 | |
| 本工程量仅为估算量，不能作为材料计划及工程结算所用 | | | | | |

## 2.6　主要机械设备及临建设施

本工程主要大型机械设备有塔吊四台、施工电梯四台、混凝土输送泵三台及部分安装加工设备等，详见表 2-2。现场设有以下材料或构件的堆放场地：钢筋堆放场地、模板木枋堆放场地、钢管堆放场地、扣件堆放场地、砂堆放场地、水泥堆放场地、砌块堆放场地、安装材料堆放场地、本工程设备临时堆放场地、装修材料堆放场地等；同时，还应考虑钢筋加工场地、模板加工场地、安装加工场地。

机械设备需用表　　表 2-2

| 名　称 | 型　号 | 单　位 | 数　量 | 备　注 |
|---|---|---|---|---|
| 塔　吊 | JL5015 | 台 | 2 | 臂长 45m、50m，塔尖起重量 1.5t |
| 塔　吊 | JL5515 | 台 | 1 | 臂长 55m，塔尖起重量 1.5t |
| 塔　吊 | JL5518 | 台 | 1 | 臂长 50m，塔尖起重量 1.8t |
| 混凝土输送泵 | HBT80A | 台 | 3 | |
| 布料机 | | 台 | 3 | 旋转半径 24m |
| 振动器 | ZN-50 | 台 | 20 | 每台配长 6m 振动棒 3 根 |
| 施工电梯 | SCD200/200K | 台 | 4 | |

现场生活设施包括办公室、宿舍、食堂、厕所等。详细用地面积见表 2-3。

临时用地计划表 表 2-3

| 序 号 | 名 称 | 用地面积（m²） | 备 注 |
|---|---|---|---|
| 1 | 钢筋加工及堆场 | 170 | 加工厂封闭 |
| 2 | 模板加工场 | 180 | 加工厂封闭 |
| 3 | 模板、木枋堆场 | 160 | |
| 4 | 大模板堆场 | 130 | |
| 5 | 钢管堆场 | 110 | |
| 6 | 扣件库房 | 90 | |
| 7 | 水泥堆场 | 70 | 封闭 |
| 8 | 砂堆场 | 90 | 设围挡 |
| 9 | 砌块堆场 | 80 | |
| 10 | 安装材料堆场 | 80 | 封闭 |
| 11 | 装修材料堆场 | 120 | 封闭 |
| 12 | 现场办公 | 230 | 二层 |
| 13 | 工人宿舍 | 800 | 二层，局部三层 |
| 14 | 食堂 | 120 | |
| 15 | 厕所 | 50 | |

## 2.7 劳动力组织

劳动力实行专业化组织，按不同工种、不同施工部位来划分作业班组，使各专业班组从事性质相同的工作，提高操作的熟练程度和劳动生产率，以确保工程施工质量和施工进度。根据工程实际进度，及时调配劳动力，实行动态管理。

劳动力情况详见表 2-4 和图 2-11。

主要劳动力需用计划动态分析表 表 2-4

| 日期工种 | 2003.05～06 | 2003.07～08 | 2003.09～10 | 2003.11～12 | 2004 01～02 | 2004.03～04 | 2004.05～06 | 2004.07～08 | 2004.09～10 |
|---|---|---|---|---|---|---|---|---|---|
| 钢筋工 | 70 | 300 | 300 | 300 | 20 | 10 | 10 | 10 | 10 |
| 木 工 | 80 | 300 | 300 | 300 | 20 | 10 | 10 | 10 | 10 |
| 混凝土工 | 30 | 60 | 60 | 60 | 20 | 20 | 10 | 10 | 10 |
| 抹灰砖工 | 40 | 70 | 100 | 300 | 300 | 400 | 300 | 300 | 150 |
| 装饰工 | | | 70 | 150 | 600 | 700 | 700 | 700 | 700 |
| 架子工 | 50 | 50 | 60 | 60 | 60 | 60 | 60 | 40 | 40 |
| 防水工 | 60 | 60 | 60 | 60 | 40 | 60 | 10 | 10 | 10 |
| 机操工 | 20 | 40 | 40 | 40 | 40 | 40 | 40 | 40 | 40 |
| 普 工 | 80 | 120 | 120 | 120 | 120 | 120 | 120 | 120 | 100 |
| 管 工 | 30 | 80 | 80 | 80 | 80 | 80 | 80 | 80 | 60 |
| 电 工 | 10 | 20 | 20 | 20 | 20 | 20 | 20 | 20 | 20 |
| 通风工 | 15 | 60 | 60 | 60 | 60 | 60 | 60 | 60 | 60 |
| 焊 工 | 15 | 30 | 30 | 30 | 30 | 30 | 30 | 15 | 15 |
| 油漆工 | 5 | 20 | 20 | 20 | 30 | 30 | 30 | 30 | 30 |
| 气焊工 | 5 | 20 | 20 | 20 | 20 | 20 | 20 | 20 | 20 |
| 保温工 | | | | | 80 | 40 | 80 | 80 | 30 |
| 钳 工 | 5 | 20 | 20 | 20 | 20 | 20 | 20 | 20 | 20 |
| 铆 工 | | 10 | 10 | 10 | 10 | 10 | 10 | 10 | 10 |
| 仪表工 | | 5 | 5 | 5 | 5 | 5 | 5 | 5 | 5 |
| 测量工 | 5 | 5 | 5 | 5 | 5 | 5 | 2 | 2 | 2 |
| 合 计 | 520 | 1270 | 1380 | 1660 | 1580 | 1740 | 1617 | 1582 | 1342 |

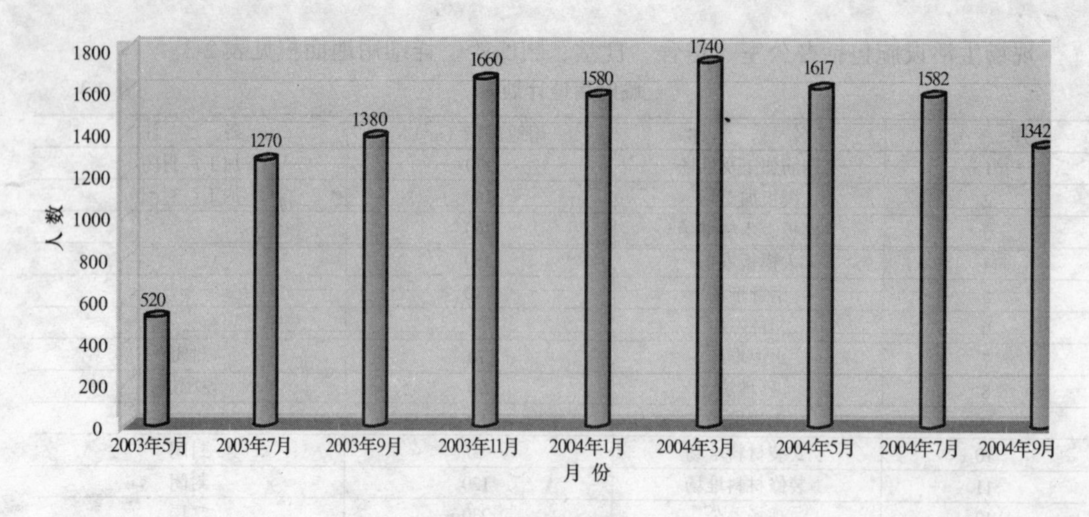


图 2-11　劳动力需用计划

# 3　主要施工方法

## 3.1　基础工程

### 3.1.1　测量放线

(1) 控制网测设测定

包括平面定位控制网测设测定及高程控制网的测设测定。

中国人民大学经济学科与法学院楼的楼座定位根据北京吉安建测绘有限公司提供的"建设工程测量成果报告"上红线桩 D1（X = 311490.778mm，Y = 496027.672mm）、D2（X = 311475.533mm，Y = 495855.001mm），进行计算，求得各点距离和左角，计算结果与测绘院测量结果相符。现场进行校核，架镜转角度，大钢尺量距，角度误差 ± 20″，量距误差在 1/10000 范围内。

1）平面定位轴线控制网的测设测定

定位前先将甲方提供的《测量成果》上各点间的角度和距离进行复核，确认各点的准确性，无误后采用全站仪定出建筑物外围轴线控制网，控制网点详见图 3-1。控制网上各点定出后，对控制网进行距离和角度校核，待精度达到要求后，再根据主要轴线测设出其他各细部轴线，进行施工放样，在测量过程中，严格按照《工程测量规范》（GB 50026—93）的要求施测。

2）高程控制网的测设测定

首层结构面施工完后，认真查阅施工图纸，充分考虑结构图中结构层梁及建筑图中装修时内隔墙的影响，根据建筑物外围轴线控制图，建立上部结构轴线内控网，详见图 3-2。

在内控网上建立激光控制点，使用激光铅直仪投测法控制该工程在施工中的垂直度，激光控制点作为上部结构垂直度控制的基点，如图布置的控制点既能控制整个建筑物在施工中的垂直度，又能有效保证控制面积；同时，控制点之间的连线所构成的几何图形组成一个闭合环，起到复核和检查的作用，能有效地控制精度。

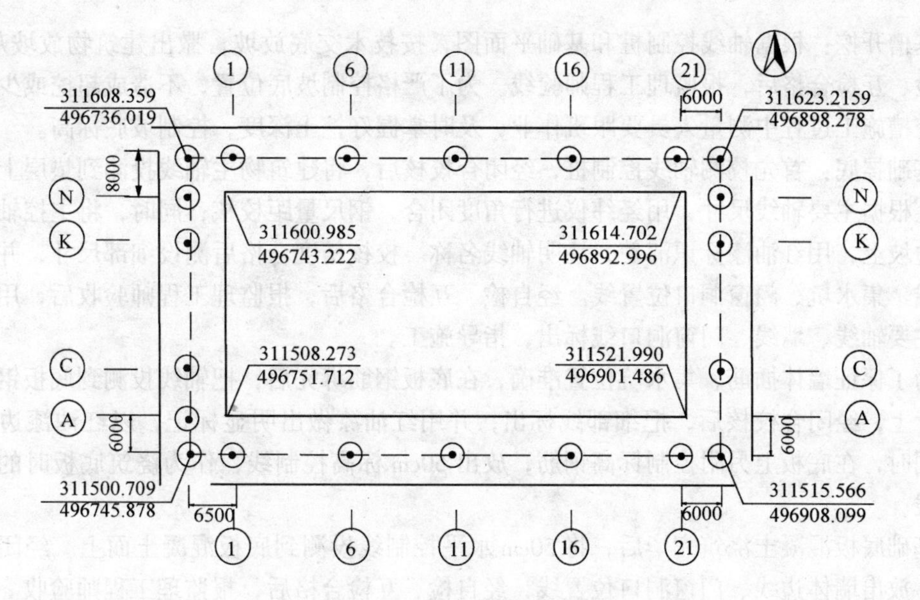


图 3-1 控制网点（单位：mm）

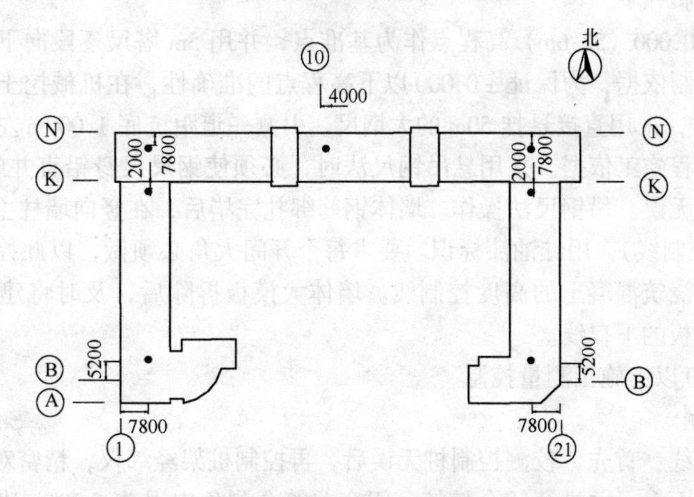


图 3-2 上部结构轴线内控网（单位：mm）

在施工第二层楼板时，将直径 80mm、长 400mm 的钢管垂直埋于与首层激光基准点相应的各点混凝土楼面里，做为激光通光孔，为了确保工作人员和仪器安全，钢管顶部应做一活动盖板。

各楼层应预留直径 200mm 的孔作为通光孔，在各层通光孔上固定一水平激光靶，将激光仪分别安置在首层各激光基准点上。经过严格的对中整平后，望远镜视准各轴调为竖直，启动激光器，发射出一束红色铅直激光基准线于各接收靶上，激光光斑所指示的位置即为地面上各基准点的竖向投影点。在各接收靶上分别安置经纬仪，经过校核改正后，将各细部轴线一一投出，弹上墨线，供施工放样用。直到施工完顶层，均能应用激光投测控制施工的垂直度。垂直度偏差，层高为 5mm，全高为 $H/1000$ 且不大于 30mm。

（2）± 0.000 以下施工测量控制

1）平面控制

基槽开挖：根据轴线控制桩和基础平面图，按技术交底放坡，撒出建筑物放坡灰线，经自检、互检合格后，报监理工程师验线。为了严格控制坡底位置，不造成超挖或少挖现象，挖槽施工过程中测量人员要跟班作业，及时掌握好挖土深度，控制坡底标高。

基础摞底：首先校测轴线控制桩，经闭合校核后，将建筑物主轴线投测到垫层上，在垫层上根据主要轴线尺寸，用经纬仪进行角度闭合，钢尺量距校核；同时，将主控轴线投测到边坡上，用红油漆标识清楚，注明轴线名称。校核精度合格后测设细部尺寸，并弹出墙边线、集水坑、门窗洞口位置线。经自检、互检合格后，报监理工程师验收后，用红油漆把主要轴线、墙线、门窗洞口线标出，指导施工。

为了保证墙体插筋、集水坑位置准确，在底板钢筋绑完后，把轴线投测到底板钢筋上铁网片上，经闭合校核后，把细部线标出，并用红油漆做出明显标记，以红油漆边缘为准；同时，在底板上另附控制标高钢筋，放出 50cm 标高控制线，作为浇筑底板时的标高控制线。

基础底板混凝土浇筑完毕后，将 50cm 水平控制线投测到底板混凝土面上。经闭合校核后，放出墙体边线、门窗洞口位置线，经自检、互检合格后，报监理工程师验收。

2）高程控制

以现场内 ±0.000（52.6m）高程点作为基准点，并用 5m 塔尺逐段向下传递。作为机械挖土深度的控制依据，为保证 ±0.000 以下高程点的准确性，在机械挖土到距设计开挖线 300mm 深处时，采用直接悬挂 50m 的大钢尺，引测一道距坑底 1.000m 左右的标准标高点，作为基坑高程施工依据。采用悬吊钢尺法时，必须使钢尺尺身铅直并施加一定拉力，使所传高程准确无误。吊钢尺法操作。墙体钢筋绑扎完毕后，在竖向墙柱主筋上测设标高控制点（50cm 控制线），用红油漆标识。要求每个开间大角必须做，以此控制门窗洞口和顶板高度，以及浇筑混凝土的高度控制线。墙体大模板拆除后，及时将建筑 1m 线放出，以此为准弹出顶板的下口线。

（3）±0.000 以上施工测量控制

1）平面控制

首层楼板放线：首先，校测控制桩无误后，再控制桩架经纬仪，精密对中后，把控制点投测到首层板面上，并进行闭合校核。闭合差符合测角中误差 ±20″，边长相对中误差不超过 1/10000，内校核无误后，进行细部点投测，弹出墙边线、50cm 控制线、门窗洞口位置线。经自检、互检合格，监理验收合格后，依据轴线控制网图和施工分区图做控制桩点，作为平面控制基点。控制桩点做法，用冲击钻把桩点钻出；然后，把钢筋埋入，并用钢锯条锯出十字，画在钢筋上做出标记。

标准层测量工作与主体结构施工关系：

楼板混凝土浇筑（轴线、墙体边线、墙体 50cm 控制线、门窗洞口位置线等）→墙体钢筋绑扎（门窗洞口边线）→墙体模板（上一层结构标高 50cm 控制线、油漆标识）→墙体拆模（本层建筑标高 100cm 控制线、墨斗弹于墙上）→顶板支模、钢筋绑扎（轴线控制线、门窗洞口位置线用油漆标识）→校正钢筋浇筑顶板混凝土。

±0.000 以上部位轴线控制：本工程场地狭小，故采用内控，从首层顶板上开始留出 200mm×200mm 的方洞，用作激光垂直仪向上传递各层轴线。留设此施工洞时，位置必须正确，测量人员在每层浇混凝土前应对各洞定位进行校核，保证高层竖向轴线正确；然后，按各层施工图的位置，放出各墙体500mm控制线、门窗洞口线。

2）高程控制

沿建筑物外墙或楼梯间向上进行。首先，根据±0.000标高控制点，用水准仪将其引测到建筑物的主要角点，经闭合无误后将其标识在外墙上或楼梯间内，作为该处标高引测的起始点。用钢尺沿铅垂方向引测各楼层所需要的标高，当传递高度超过钢尺长度时，应另设一道标高起始线。每个施工区不少于3个点；然后，将水准仪安放在工作面测点范围的中心位置上，校测下面传递来的各点；当误差在±3mm以内时，以其平均点引测水平线。所有结构50mm线两端用射钉分别在墙上设点，将来装修时水平线同样以该线为准，避免二次放线引起误差。

（4）边坡观测

为防止四周护坡下沉，故在四周的护坡边上距坡边500mm处，用木桩钉上小钉作为移位观测点，架仪镜位和后视点位均应选择在不易产生位移和变形的位置上，并应做好每次观测记录。边坡观测在开挖阶段每天测量一次，主体施工阶段每三天测量一次，雨天及特殊情况时随时观察。基坑回填结束时停止观测。

（5）沉降观测

由业主委托的具有相应资质的测量单位进行沉降观测，本工程沉降观测点设置72个，其中主楼52个，规范依据《建筑变形测量规程》（JGJ/T 8—97）。

### 3.1.2 土方工程

（1）土方开挖施工方法

1）土方开挖计划由南往北开挖，根据东西分向中轴线，在中轴线部位分先、后逐一开挖并不互相干扰，第一组施工由湘运宏达专业施工单位自中轴线南端开挖至轴线中部；第二组由北京宏福建工专业施工单位开挖，但其挖至轴线中部后，继续向北先行开挖，直到槽北边线。两组所挖高程留出1m错台，以划分两组工程量。

2）本工程土方采用反铲式挖掘机逐层分段开挖，首先沿基坑边线进行开挖，为土钉墙支护创造工作面，开挖两层后挖除中心余土。每层开挖深度不得超过1.2m，且需待土钉注浆和喷层混凝土达到一定强度后，方可开挖下层土。

3）在距离基坑南侧30m左右地下4～5m埋有两石人（文物），施工时应特别主要该位置，晚上禁止在该处开挖，白天开挖时应请文物部门人员现场进行指导施工。在基坑开挖范围内有一老湖，该湖可能存在解放战争期间的战争遗留物，施工时派专人特别旁站，一经发现立即上报有关主管部门。

4）地质勘探资料表明，现场北侧偏东向有软弱下卧层，依据设计要求，应一直挖至卵石层，超挖部分用C15毛石混凝土填至设计标高处。

5）机械挖土距槽底200～300mm，采用人工清底。收口马道设在东北侧，土方收尾采用两台挖土机进行接力挖除，装车运走，坡道根部土方用长臂挖掘机将土方挖出，装车运走。

（2）钎探验槽

挖土至基底标高时，遇到卵石层可以不做钎探，但是遇到砂层及黏性土层应做钎探。要严格按照钎探点图，对基底土质进行分段钎探。打钎时，按穿心锤落距为50cm，使其自由下落，将触探杆垂直打入土层中，每打入30cm记录一次锤击数。并把钎探的锤击数如实地记录在钎探记录表上，不得弄虚作假。钎探验收完毕后，用沙子回灌孔洞。

(3) 土方回填

本工程土方回填主要是地下室外围基坑土方回填。

1) 施工流程

基坑（基槽）地坪上清理→检验土质→分层铺土、耙平→分层碾压密实（夯打密实）→检验密实度→修整找平验收。

2) 施工方法

回填前，对地下室外墙防水层、保护层进行验收，并要办好隐检手续，把基槽的垃圾杂物清理干净。做最大干密度和最佳含水率试验，确定每层虚铺厚度和压实遍数等参数。抄好标高，严格控制回填土厚度、标高和平整度。回填土应分层铺摊，每层铺摊厚度不超过250mm，施工机械选 YZS1 手扶式振动压路机和蛙式打夯机，边角部位采用少量电动 ZH85 平板振动夯。雨期施工时，应有防雨措施，要防止地面水流入坑内，以免边坡塌方或遭到破坏。

### 3.1.3 基坑支护工程

本工程采用土钉墙垂直支护形式，其施工流程如图 3-3。

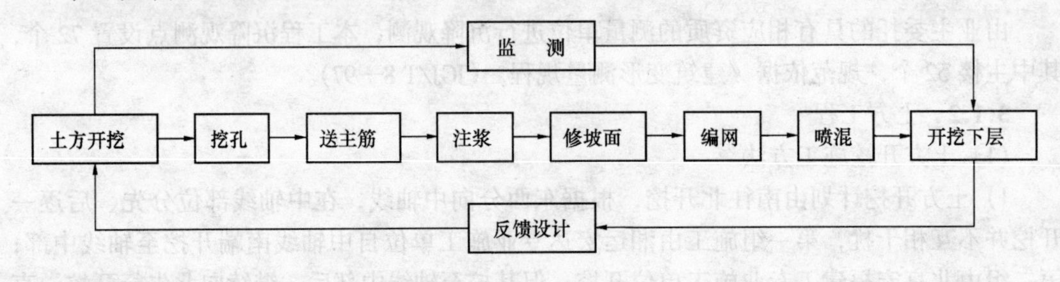


图 3-3 施工流程示意图

### 3.1.4 防水工程

本工程防水工程包括地下室防水、屋面防水及卫生间、饮水间防水工程。总的施工程序为：基础垫层混凝土施工时一次性找平压光，砌集水井、后浇带的砖胎膜，喷锚护坡面胎膜、砖胎膜内侧面抹灰找平压光，待垫层及砖胎膜含水率达到要求后（小于9%），即组织防水层施工。验收合格后，在平面防水层上做40mm厚的细石混凝土保护层，再进行基础底板、地下室外墙顶板及地上部分结构的施工。地上部分结构约施工到第三层，此时，地下室结构外墙混凝土强度已达到设计要求，即着手组织外墙立面的卷材施工。验收后及时组织保护层施工，再组织回填土施工。

(1) 结构自防水

本工程地下室二层外墙、底板、水池壁抗渗等级为 1.2MPa，地下一层外墙、人防顶板与临空墙、屋面梁板抗渗等级为 0.8MPa。根据混凝土强度等级及抗渗等级，做好混凝土的试配工作。施工过程中要加强控制，保证混凝土的连续浇筑，保证混凝土的密实。对于后浇带、施工缝等部位，应按照设计要求的防水处理做法进行施工，保证这些部位不渗漏。

(2) 地下室底板、外墙防水

地下室防水除外围护混凝土结构采用刚性自防水外，其结构墙、底板等外围护结构外敷设3mm+3mm厚SBS改性沥青防水卷材。地下室防水采用外防内贴法，外墙防水采用外防外贴的形式，保护层采用100mm厚聚苯板，外回填2:8灰土。底板防水保护层采用40mm厚细石混凝土，厚度要严格控制，达到厚度均匀、标高一致；同时，加强养护，保证其强度。

（3）屋面防水

施工顺序：防水层施工时，应先做好节点、附加层和屋面排水比较集中部位（如屋面与水落口连接处、天沟、屋面转角处等）的处理，然后由屋面最低标高处向分水线施工。铺贴天沟卷材时，宜顺天沟方向，减少搭接。按先高后低、先远后近的顺序进行。

搭接方法及宽度要求：铺贴卷材采用搭接法，上下层及相邻两幅卷材的搭接缝应错开。平行于屋脊（分水线）的搭接缝应顺流水方向搭接；垂直于屋脊的搭接缝应顺年最大频率风向（主导风向）搭接。叠层铺设的各层卷材，在天沟与屋面的连接处应采用叉接法搭接，搭接缝应错开；接缝宜留在屋面或天沟侧面，不宜留在沟底。短边搭接宽度为80mm，长边搭接宽度为80mm。

### 3.2 结构工程

#### 3.2.1 钢筋工程

本工程钢筋为自行采购，根据施工进度分层分部位现场制作。在钢筋质量控制上，需从钢筋原材入场、钢筋翻样及制作、钢筋接头及锚固、钢筋定位、钢筋绑扎等几个方面进行全面、严格的控制。现将施工方法介绍如下：

（1）钢筋连接

钢筋接长按直径大小分别采用不同的接长方式：

梁、板等水平结构：直径22mm及以下的主筋按搭接连接，直径22mm以上的主筋按直螺纹连接。

柱、剪力墙等竖向结构：直径16mm以下的主筋及构造筋按绑扎接头连接，直径16~22mm的主筋按电渣压力焊连接，少量直径25mm及以上的主筋按直螺纹连接。

在施工过程中要注意如下几点：

1）所有用于连接的钢筋母材均应检验合格，接头处的杂物应清理干净。

2）所用机械设备必须事先进行校验，所有操作人员必须持证上岗。

3）施工完毕后，需按照一定比例进行抽样检验。

（2）钢筋绑扎

钢筋绑扎前，操作人员必须吃透图纸，领会设计意图。绑扎过程中，必须注意安装预埋、预留的适时穿插，要反复对照图纸认真检查，要严格执行三检制，自检、互检后才能进行交接检，并认真做好每次检查记录，做到钢筋质量的可追溯性；同时，必须注意安装预埋、预留的适时穿插，决不能损坏已成型钢筋网片，以免削弱受力部位。

1）现场绑扎

（A）本工程为筏板基础，采用双层钢筋网片，施工中应根据板厚加工合适的钢筋马凳，以保证钢筋位置的正确。严格按照设计要求以及规范进行钢筋连接、锚固、搭接、绑扎安装和保护层厚度的控制，钢筋马凳根据板厚选用，700mm厚底板采用双“A”形$\phi$16@800mm×800mm钢筋马凳支撑，1500mm、1800mm厚底板采用双“A”形$\phi$25@800mm×

800mm 钢筋马凳支撑，马凳要支撑在垫块上，其高度应为底板厚－垫块厚－上层钢筋保护层厚－上层钢筋直径，每隔 1.5m 放置一个。

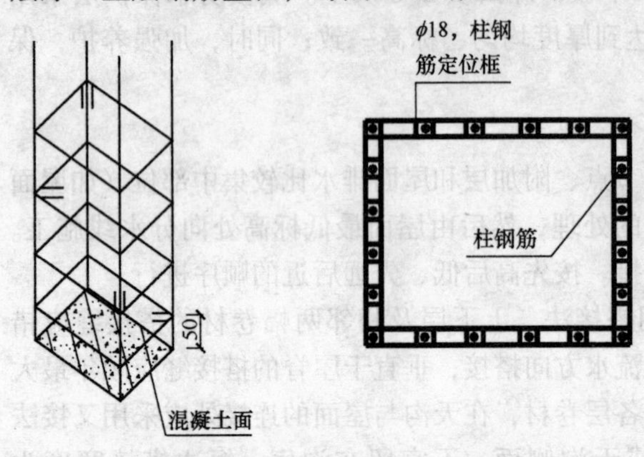


图 3-4　柱划线及钢筋定位框示意图

(B) 墙体双排钢筋之间应绑扎“S”拉筋，拉筋与两层钢筋网片钩牢。采用环行塑料卡控制剪力墙混凝土保护层。

(C) 柱筋按要求设置后，在板上口增设一道限位箍，保证柱钢筋的定位。柱筋上口设置一钢筋定位卡，保证柱筋位置准确。柱筋同样采用塑料垫块。

柱箍筋绑扎前，应按照弹出的柱位置线将所有偏位的主筋按照 1∶6 的比例进行修整调直，并将钢筋的表面清理干净。将箍筋按照顺序套入已接长的主筋内，在柱的对角主筋上用粉笔自混凝土面上 5cm 起画线，画好箍筋间距；然后，将已套好的箍筋向上移动，由上向下绑扎，箍筋面应与主筋垂直绑扎，箍筋与主筋交点均需绑扎，并且要保持箍筋的弯直部分在柱上四角通转（见图 3-4)。柱箍筋端头的平直部分与混凝土面保持平行，平直长度不小于 $10d$。绑扎时，要注意柱子不能出现扭位现象；如发现可将部分箍筋拆除，重新绑扎。

(D) 梁筋施工：在梁箍筋加设塑料定位卡（见图 3-5)，保证梁钢筋保护层的厚度。

(E) 梁、柱箍筋端头做成 135°弯钩，平直部分长度不小于 $10d$。箍筋与主筋要垂直，箍筋转角与主筋交点均要绑扎，箍筋弯钩叠合处应沿梁柱主筋交错布置绑扎。加密区长度及箍筋间距均应符合设计要求，梁端第一道箍筋设置在距柱节点边缘 50mm。

(F) 在主次梁受力筋、顶板筋下均加塑料定型垫块控制保护层，梁侧加环行塑料卡，卡住箍筋，以保证梁的主筋保护符合设计要求。在较大的梁内需放置“工”字形钢筋支撑，以保证钢筋骨架的保护层。

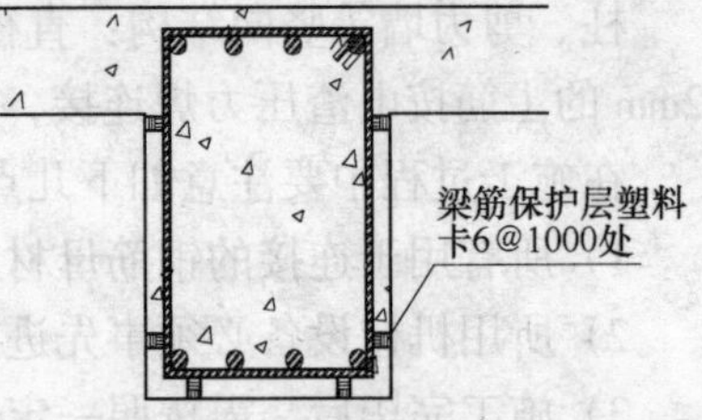


图 3-5　梁筋保护层塑料卡安放示意图

(G) 为保证墙体的厚度，防止因模板支撑体系的紧固而造成墙体厚度变小，采用 ϕ12 的短钢筋（其长度与墙体厚度相同）做内撑，短钢筋的两端横向各焊上长 5cm 左右的钢筋头，短钢筋内撑与主筋绑扎固定，分部间距为 800mm×800mm，呈梅花形布置。

(H) 为保证墙体双层钢筋横平竖直，间距均匀正确，采用梯子筋限位，梯子筋比原设计钢筋提高一级。支撑筋在墙通长设置，在墙体中间间隔设置，竖向间距为 1500mm，水平间距为 1200mm，具体做法详见图 3-6。

(I) 单向板除外围两根筋相交点全部绑扎外，其余各点可交错绑扎，双向板相交点必须全部绑扎。板上部负弯矩筋拉通线绑扎。双层钢筋网片之间加马凳铁，选用 ϕ14 钢筋加工，采用工字形马凳，马凳要支撑在垫块上，其高度应为底板厚－垫块厚－上层钢筋保护层厚－上层钢筋网厚，呈梅花状布置（见图 3-7)。

(J) 中间层过梁必须有一根箍筋进入支座 50mm 左右，顶层过梁在主筋范围内加密。

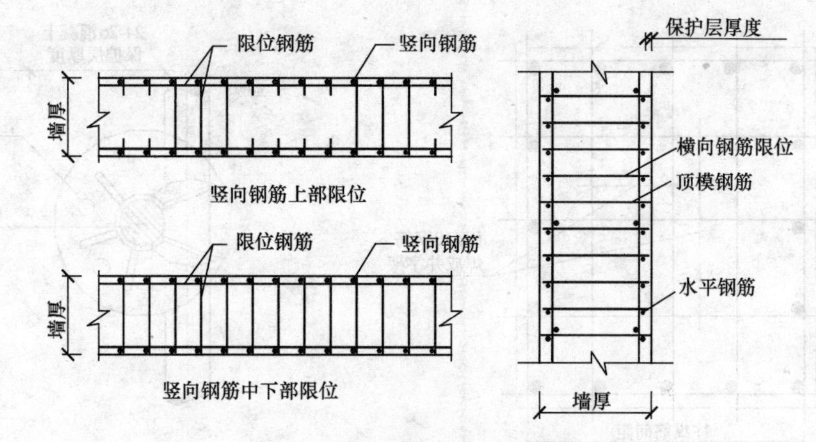


图 3-6　布置双层钢筋做法示意图

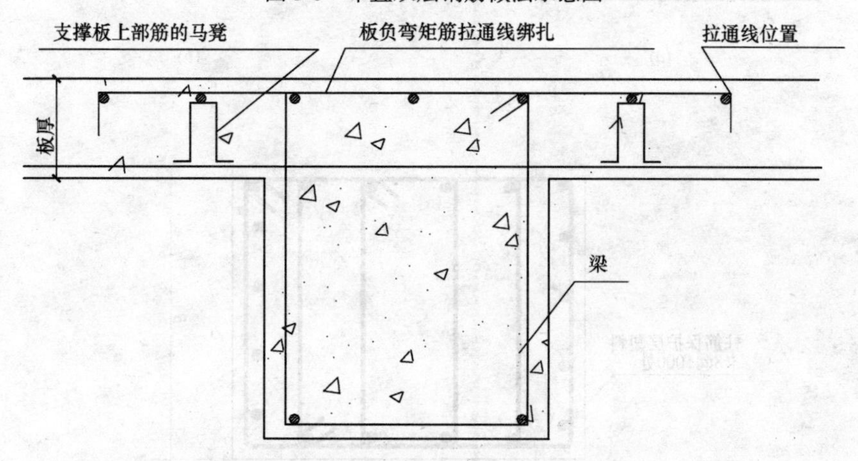


图 3-7　板负弯矩筋拉通线绑扎示意图

(K) 为了防止施工时机电预埋管和线盒偏位，预埋管和线盒加设 4 根附加钢筋箍。限位筋紧贴线盒，与主筋用粗钢丝绑扎，不允许点焊主筋，具体做法见图 3-8。

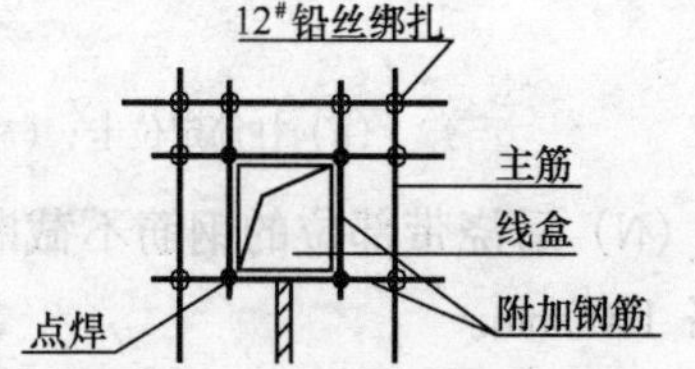


说明：附加钢筋与主筋用粗铁丝绑扎。

图 3-8　线盒定位示意图

(L) 较为复杂的墙、柱、梁节点由技术部人员按图纸要求和有关规范进行钢筋摆放放样，并对操作工人进行详细交底。

为了防止柱筋在浇筑混凝土时偏位，在柱筋根部以及上、中、下部增设钢筋定位卡见图 3-9。

(M) 绑扎必须达到的质量标准：绑扎骨架外形尺寸的允许偏差见表 3-1（比规范提高一个等级，达到长城杯要求）：

绑扎骨架外形尺寸的允许偏差　　表 3-1

| 项　目 | | 允许偏差（mm） |
|---|---|---|
| 骨架的宽及高 | | ±3 |
| 骨　架　的　长 | | ±8 |
| 箍　筋　间　距 | | ±8 |
| 受　力　钢　筋 | 间　距 | ±8 |
| | 排　距 | ±5 |

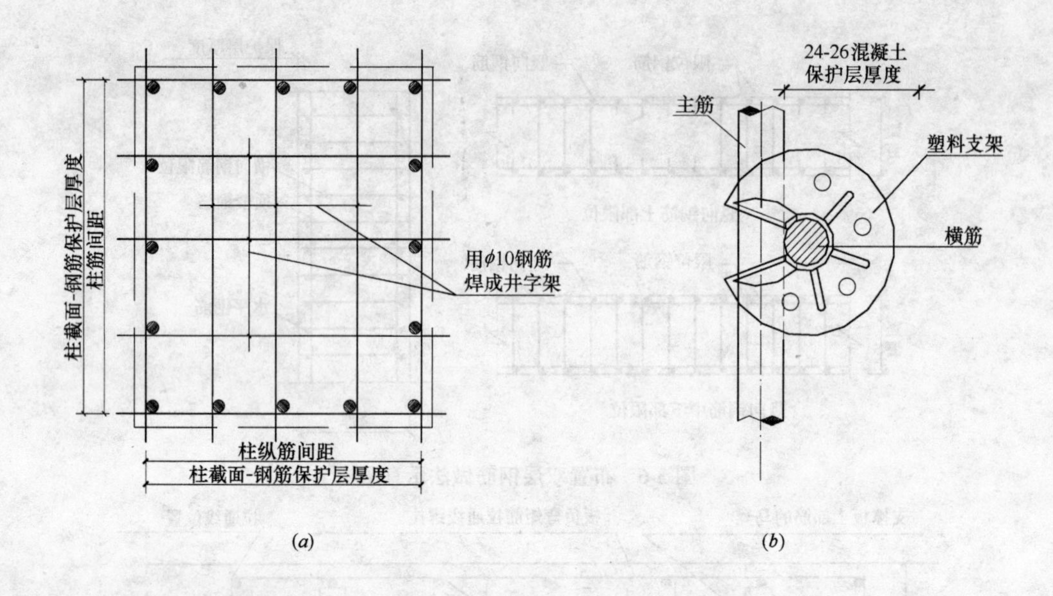


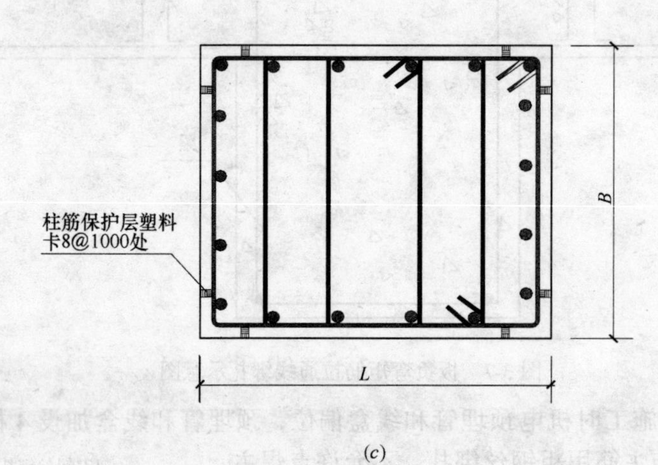


图 3-9　钢筋定位卡

(a) 柱筋定位卡；(b) 墙筋塑料卡；(c) 柱筋保护层塑料卡安放示意图

(N) 后浇带部位的钢筋不截断，且增设不少于原配筋 15% 的附加钢筋，伸后浇带两侧各 1000mm。

2) 分项工程绑扎顺序

(A) 基础底板钢筋施工顺序

定位放线→下层横向钢筋→下层纵向钢筋→暗梁钢筋骨架定位→混凝土垫块固定→绑扎成网→柱子定位筋→马凳钢筋→上层纵向钢筋→上层横向钢筋→柱子、剪力墙插筋。

其中底板暗梁钢筋施工顺序：次梁主筋→放梁定位箍→梁箍筋→主梁主筋→放梁定位箍→梁箍筋→混凝土垫块固定。

(B) 剪力墙钢筋施工顺序

暗柱主筋→暗柱箍筋→剪力墙竖向钢筋→定位梯子筋→剪力墙水平筋→S 钩拉筋→塑料垫块固定。

(C) 柱钢筋绑扎施工

立柱筋→套箍筋→连接柱筋→画箍筋间距→放定位筋→绑扎钢筋→塑料垫块。

(D) 梁钢筋施工顺序

主梁主筋→放梁定位箍→梁箍筋→次梁主筋→放梁定位箍→梁箍筋→混凝土垫块固定。

(E) 板钢筋施工顺序

弹板钢筋位置线→板短向钢筋→板长向钢筋→洞口附加钢筋→板负弯筋→塑料垫块固定。

(F) 施工中应注意要点

(a) 墙体插筋及模板的定位，应牢固、准确。

(b) 绑扎墙体钢筋网片时，应从两端开始向中间进行绑扎，以避免钢筋网片向一个方向倾斜。

(c) 为确保混凝土保护层厚度，采用专用塑料垫块垫置于钢筋网片外侧；混凝土保护层厚度应满足表 3-2 的要求。

**混凝土保护层厚度** **表 3-2**

| 序号 | 构件名称 | | 保护层厚度 |
|---|---|---|---|
| 1 | 基础底板 | | 底筋 40mm，上筋 40mm |
| 2 | 墙 | 外墙外侧、水池壁 | 迎水面 25mm，背水面 20mm |
| | | 其他墙体 | 15mm |
| 3 | 梁、柱 | | 主筋 35mm，箍筋≥25mm |
| 4 | 板 | | 15mm |

注：所有板、梁、柱、墙的钢筋保护层均不应小于钢筋直径

(d) 板和墙的钢筋网，靠近外围两行钢筋的交点必须全部扎牢，中间部分交叉点在保证钢筋不发生位置偏移的前提下，可按梅花形绑扎；对于双向受力钢筋，必须全部扎牢。

(e) 本工程主体结构的混凝土墙、框架梁柱、楼板、次梁内的纵向受力钢筋搭接长度、锚固长度取值，根据不同混凝土强度等级、不同抗震等级要求，按照 00G101 图集中第 25 页要求并增加 $5d$ 进行计算。

对于梁的多层钢筋排布，采用 $\phi25$ 钢筋（$L$ = 梁宽 − 50）@3000mm。

3) 关键部位绑扎方法

(A) 井字梁楼板结构，在施工中要注意主次梁的穿插避让关系，井字梁钢筋绑扎见图 3-10。

(B) 框架柱，其基础插筋要插入底板底部，详见图 3-11。

(C) 柱子纵筋连接与锚固，严格按照 03G101 图集实施，主要部位的节点详见图 3-12。

### 3.2.2 模板工程

(1) 模板体系选型

1) 基础底板侧模：采用 240 页岩砖胎模。

2) 地下室墙体、独立柱、柱连墙模板均采用 15mm 厚 1220mm × 2440mm 规格高强覆膜木多层板，现场组拼大模板，模板采用钢管支撑体系。

3) 地上主体剪力墙、主体门窗洞口采用 1220mm × 2440mm × 15mm 覆膜木多层板。

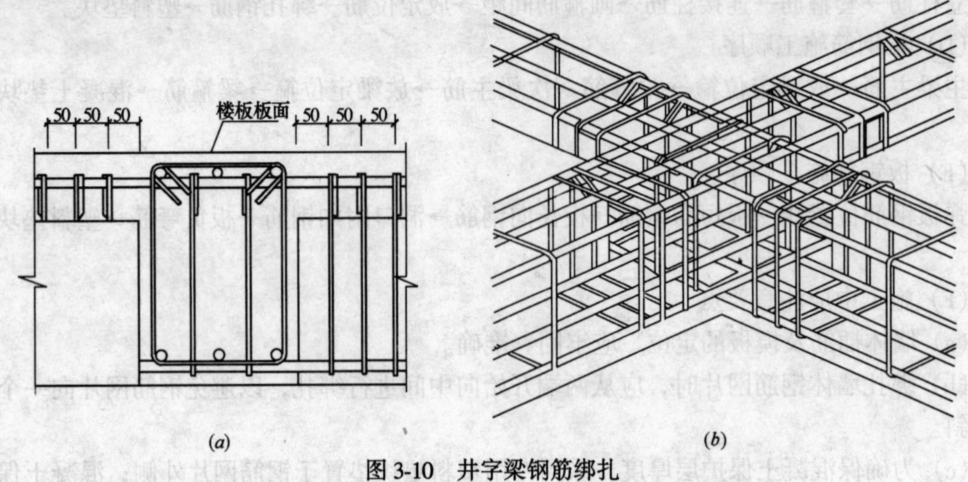


图 3-10　井字梁钢筋绑扎

（*a*）井字梁钢筋绑扎典型剖面图；（*b*）井字梁钢筋绑扎立体图

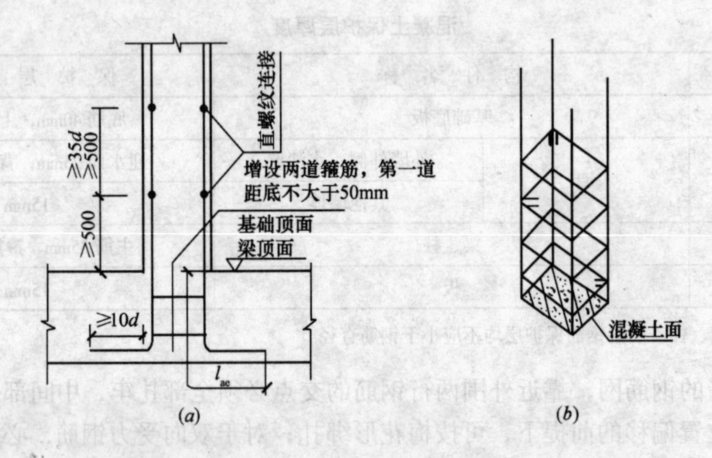


图 3-11　框架柱钢筋绑扎

（*a*）框架柱基础插筋示意图；（*b*）框架柱箍筋绑扎示意图

4）地下室各层梁底、梁侧模板采用 15mm 厚覆膜木多层板。梁侧模水平向龙骨采用 50mm × 100mm 木枋，间距 250mm。梁底模水平向龙骨采用 50mm × 100mm 木枋，间距 250mm。

5）地下室和主体顶板模板采取支撑 + 快拆头 + 木龙骨 + 木多层板的散装散拆支模方案。顶板选用 15mm 厚 1220mm × 2440mm 双面覆膜木多层板，次背楞选用 50mm × 100mm 木枋，间距≤300mm，主背楞为 100mm × 100mm 木枋，间距 1000mm。内支撑架采用快拆式满堂钢管支撑架。

6）楼梯模板：采用 15mm 厚覆膜木多层板，底模沿斜向龙骨为 50mm × 100mm 木枋，间距 250mm。楼梯底模应伸出侧模 5cm，模板拼缝处应加贴密封条。

7）支撑体系

（A）墙、柱（柱截面≤800mm）模板采用普通钢管斜向支撑体系，木模板穿 $\phi$14 的对拉螺杆（采用“3”形卡及 100mm × 100mm × 8mm 钢垫片），间距 400mm × 400mm。

（B）梁侧模板采用 50mm × 100mm 木枋制作成“U 形箍”，梁高大于 700mm 的梁须采用 $\phi$14 的对拉螺杆夹紧，间距 400mm × 400mm。

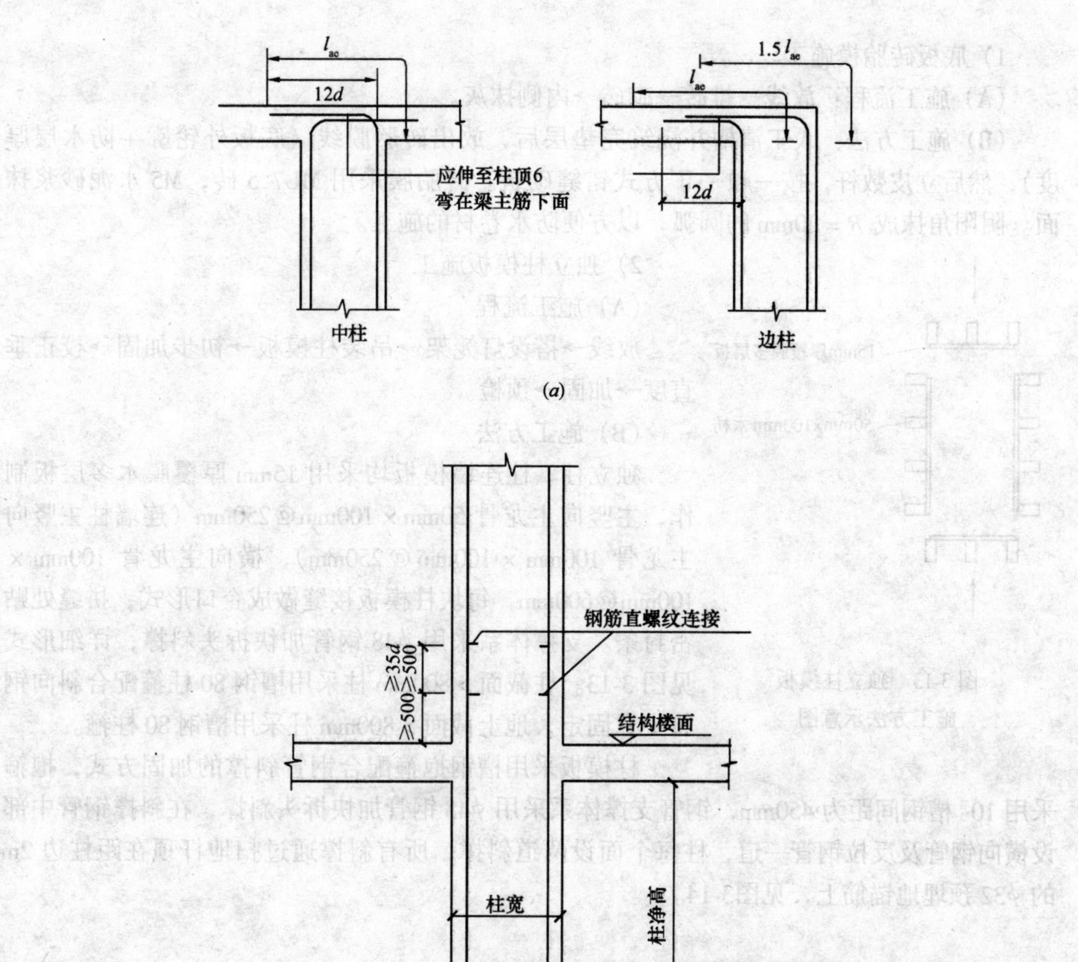


图 3-12 部分节点详图

(*a*) 典型顶层柱竖向钢筋锚固详图；(*b*) 典型中间层柱竖向钢筋锚固详图

(2) 模板的流水划分

整个地下室阶段以后浇带为界，将墙、柱和梁板划分为6个流水段、两个施工区。6个流水段：Ⅰ段、Ⅱ段、Ⅲ段、Ⅳ段、Ⅴ段、Ⅵ段。两个施工区：西区（Ⅰ段、Ⅱ段、Ⅲ段)、东区（Ⅳ段、Ⅴ段、Ⅵ段)。主体阶段则以伸缩缝为界，将墙、柱和梁板划分为5个流水段、两个施工段：A1、A2、A3、B、C段；西区（A1、B、A2/2)、东区（A3、C、A2/2)。

地下室和主体阶段由东西两侧同时开始施工。

(3) 施工方法

1）底板砖胎模施工

（A）施工流程：放线→排砖→砌砖→内侧抹灰。

（B）施工方法：人工清槽并浇筑完垫层后，放出砖胎膜线（底板外轮廓＋防水层厚度），然后立皮数杆，按一顺一丁方式错缝砌筑。砖胎膜采用 MU7.5 砖，M5 水泥砂浆抹面。阴阳角抹成 $R=20$mm 的圆弧，以方便防水卷材的施工。

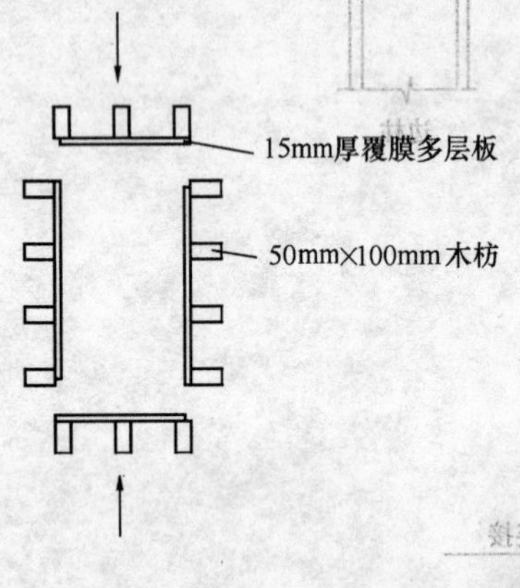


图 3-13　独立柱模板施工方法示意图

2）独立柱模板施工

（A）施工流程

放线→搭设灯笼架→吊装柱模板→初步加固→校正垂直度→加固→预检。

（B）施工方法

独立柱、柱连墙模板均采用 15mm 厚覆膜木多层板制作，主竖向主龙骨 50mm×100mm@250mm（连墙柱主竖向主龙骨 100mm×100mm@250mm），横向主龙骨 100mm×100mm@600mm，每块柱模板接缝做成企口形式，拼缝处贴密封条。支撑体系采用 $\phi$48 钢管加快拆头斜撑，详细形式见图 3-13。柱截面＞800mm 柱采用槽钢 80 柱箍配合斜向钢管支撑固定，地上截面＞800mm 柱采用槽钢 80 柱箍。

柱模板采用槽钢抱箍配合钢管斜撑的加固方式，抱箍采用 10# 槽钢间距为 450mm，钢管支撑体系采用 $\phi$48 钢管加快拆头斜撑，在斜撑钢管中部设横向钢管及反拉钢管一道，柱每个面设两道斜撑，所有斜撑通过扫地杆顶在距柱边 2m 的 $\phi$32 预埋地锚筋上，见图3-14。

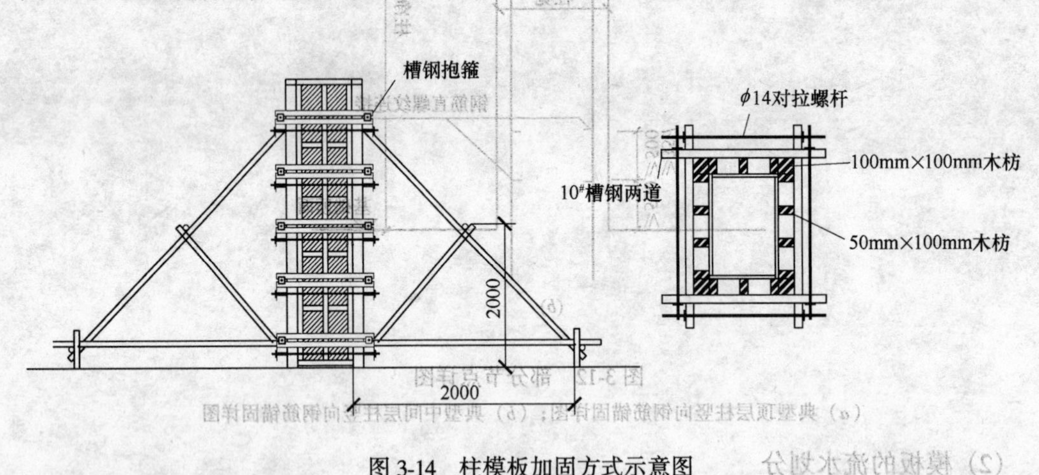


图 3-14　柱模板加固方式示意图

3）墙体模板施工

采用木制大模板施工。

施工流程：放线 → 焊限位 → 安设洞口模板 → 安装内侧模板 → 安装外侧模板 → 调整固定 → 预检。

施工方法：木模板采用 $\phi$48 普通钢管斜撑在预埋地锚钢筋上。地下室外墙采用带止水钢板（80mm×80mm×3mm）的对拉螺杆。为避免割除螺杆时在墙上留下痕迹，影响混凝土效果及防水卷材施工，封模时在螺杆两端穿上 15mm 厚 40mm × 40mm 楔形木塞（见图3-15），螺杆割除后用高强度等级防水水泥砂浆填坑。

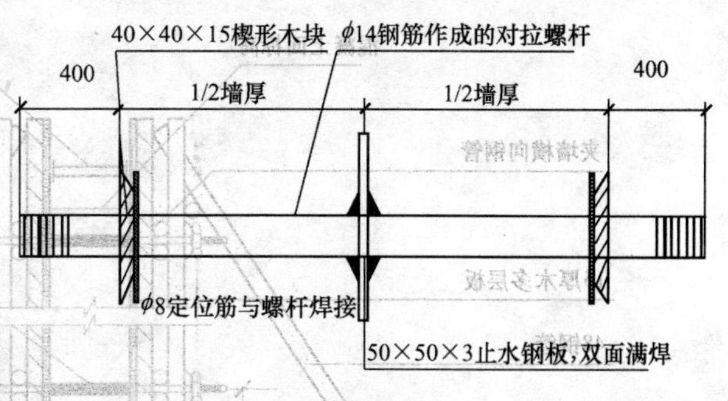


图 3-15　地下室外墙对拉螺杆（单位：mm）

在大板接缝处螺栓加密一道，以防胀模。板与板拼缝处贴 1mm × 5mm 的密封条，保证接缝的严密，两块模板之间的拼缝做成企口形式，并粘贴密封条以防漏浆。如图 3-16 所示。

外墙内侧模板及内墙模板支撑系统采用 ϕ48 钢管加快拆头斜撑，间距 3m，在斜撑钢管中部设横向钢管及反拉钢管一道。在楼（底）板上预埋 ϕ32 地锚，间距 5m，斜撑钢管与地锚通过扫地杆相连。外墙外侧模板支撑系统采用脚手架横撑，竖向设水平及竖向钢管拉杆一道，间距 1500mm。模板支设如图 3-17 所示。

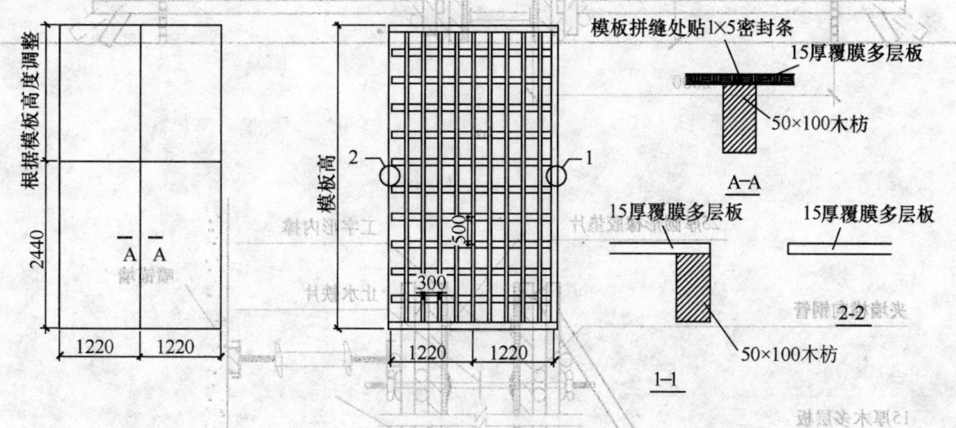


图 3-16　墙体模板施工方法示意图（单位：mm）

4）梁模板施工

（A）施工流程：搭设梁底支撑脚手架→安装梁底模板 →校正标高及平面位置→安装梁侧模板→上"U 形箍"（对拉螺杆）加固→预检。

（B）施工方法：梁模板预先加工成型，现场进行拼装。采用木枋制作的"U 形箍"或 ϕ16@400mm 的对拉螺杆进行加固。对梁高 > 900mm 的，纵横栅采用 100 × 100 木枋；梁高 ≥ 1800mm 的，需验算（见模板方案），其余梁纵横栅采用 50mm × 100mm 木枋。现浇钢筋混凝土梁跨度 ≥ 4m 时，模板应起拱，起拱高度宜为全跨长度的 1/1000 ~ 3/1000（本工程取 3/1000）。

（C）模板制作成侧模包底模的形式。侧模与侧模接缝的位置做成企口形式，并贴 1mm × 5mm 密封条。梁底模板在拼缝处模板应长出木枋 10cm，在模板拼接时增设两根长度不小于 1000mm 的短木枋。详见图 3-18。

5）板模施工

（A）施工流程：搭设快拆式满堂脚手架→安装主龙骨 →安装次龙骨→铺板模→校正标高→加设立杆水平拉杆→预检。

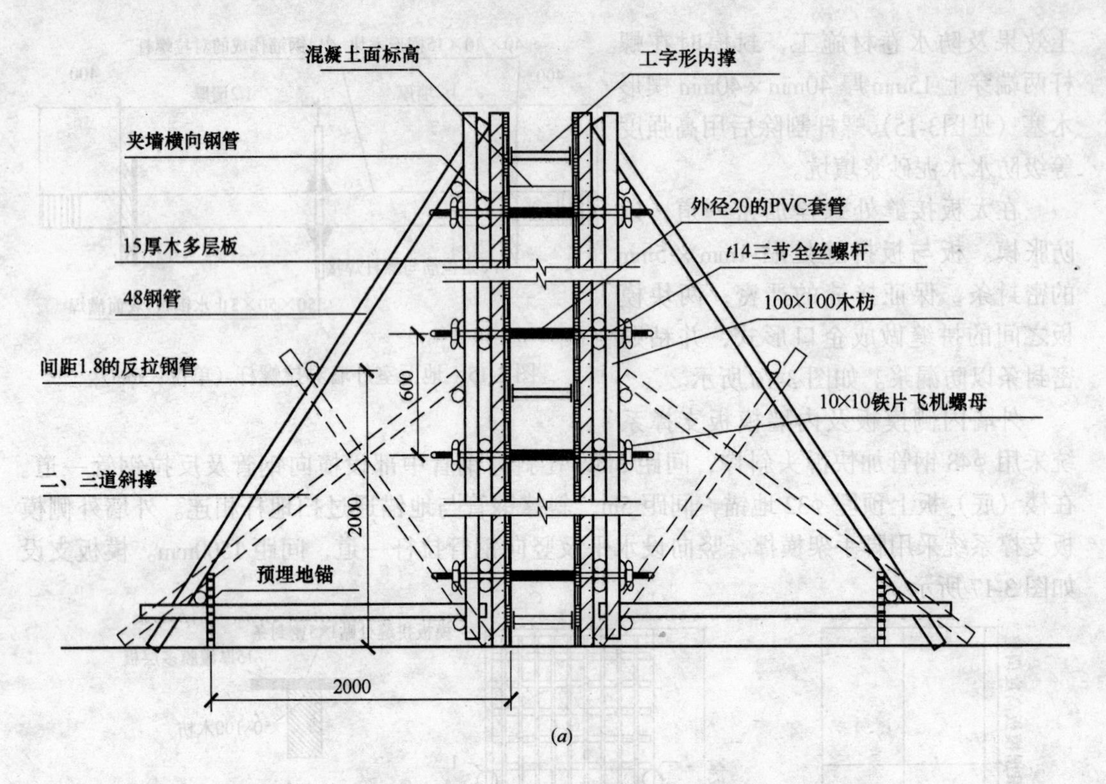


(*a*)

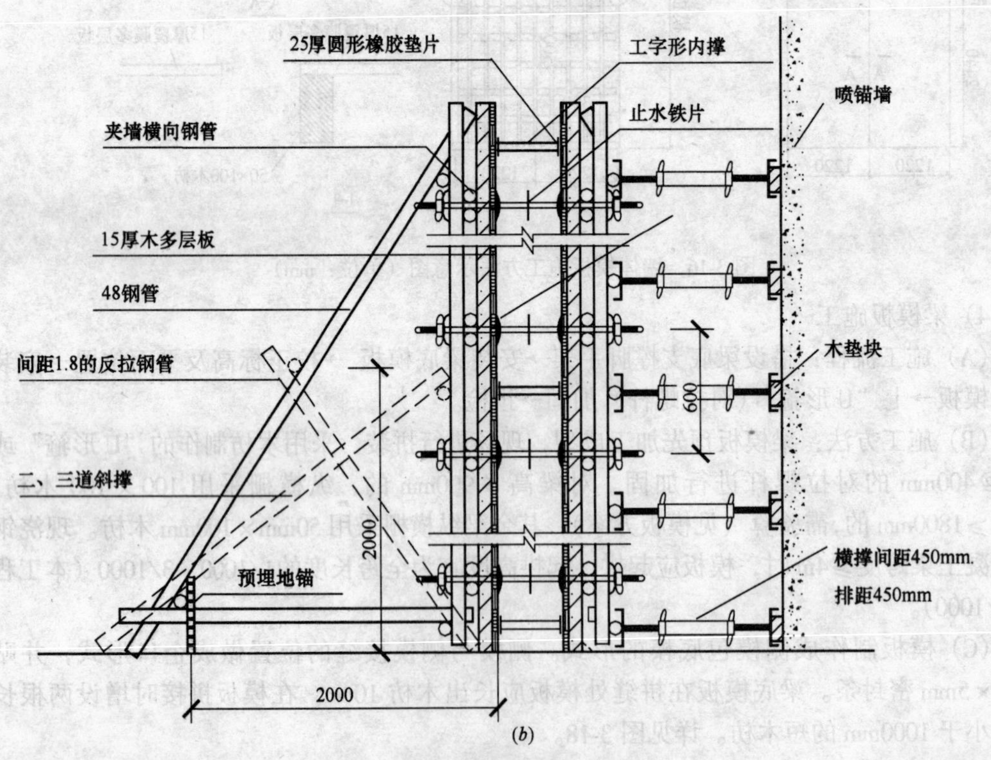


(*b*)

图 3-17　模板支设示意图（单位：mm）

（*a*）地下室内墙支模图；（*b*）地下室外墙支模图

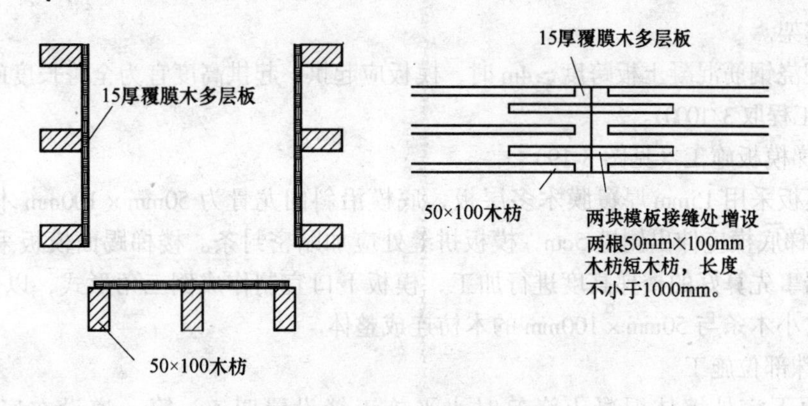


图 3-18 梁模板施工示意图（单位：mm）

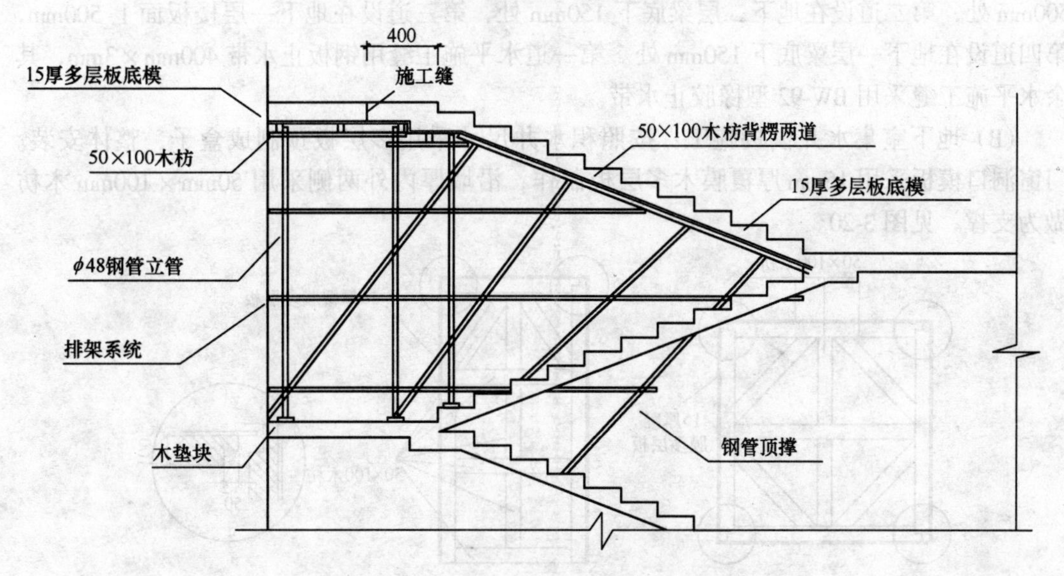


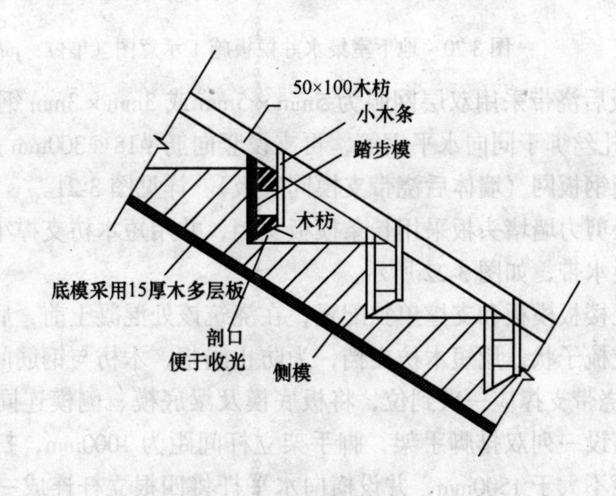


图 3-19 楼梯模板施工示意图

(B) 施工方法：楼板模板采用15mm厚木多层板，模板硬拼不留接缝，防止漏浆，要求所有木枋拉线找平后方可铺设木多层板，以确保顶板模板平整，支撑体系采用快拆式满堂钢管支撑架。

（C）现浇钢筋混凝土板跨度≥4m时，模板应起拱，起拱高度宜为全跨长度的1/1000～3/1000（本工程取3/1000）。

6）楼梯模板施工（见图3-19）

楼梯模板采用15mm厚覆膜木多层板，底模沿斜向龙骨为50mm×100mm木枋，间距250mm。楼梯底模应伸出侧模5cm，模板拼缝处应加贴密封条。楼梯踢面模板采用多层板制作，根据事先算好的楼梯高度进行加工，模板下口宜制作成倒三角形式，以便于收光，踢面板通过小木条与50mm×100mm的木枋连成整体。

7）特殊部位施工

（A）地下室外墙体混凝土浇筑时水平施工缝设置四道：第一道设在底板面以上500mm处，第二道设在地下二层梁底下150mm处，第三道设在地下一层楼板面上500mm，第四道设在地下一层梁底下150mm处。第一道水平施工缝用钢板止水带400mm×3mm，其余水平施工缝采用BW-92型橡胶止水带。

（B）地下室集水井模板施工：按照积水井尺寸采用多层板预制成盒子，整体安装。门窗洞口模板采用15mm厚覆膜木多层板制作，沿墙厚内外两侧采用50mm×100mm木枋做为支撑，见图3-20。

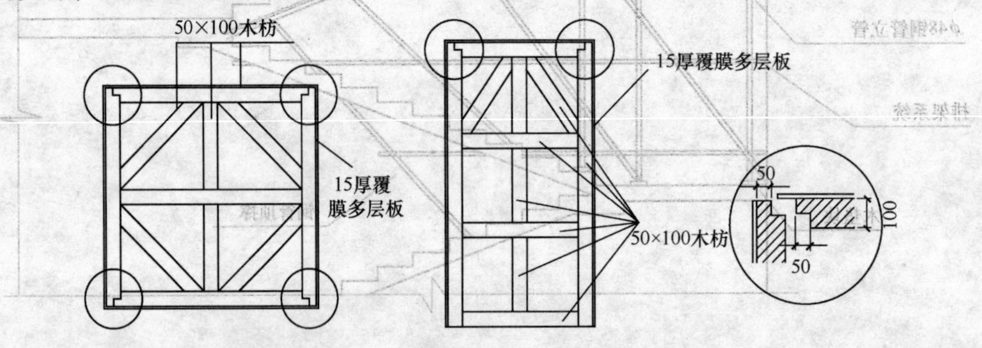


图3-20　地下室集水井模板施工示意图（单位：mm）

（C）底板后浇带采用双层网眼为5mm×5mm或3mm×3mm钢板网（靠里再加一层铁砂网），并用扎丝绑于同向水平钢筋，再支设竖向筋$\phi$18@300mm及水平钢筋$\phi$14@150mm作为骨架支挡钢板网（墙体后浇带支模同底板）。详见图3-21。

后浇带处剪力墙堵头板采用长条模板支挡，并用短木枋支撑牢固。地下室部分还需预埋竖向钢板止水带，如图3-22所示。

后浇带处楼板模板和支撑单独配置，在浇筑该处混凝土前，底部模板和支撑不拆。分隔的模板做成梳子状，用短木枋支挡，为防止漏浆，木枋与钢筋间隙处填塞海绵条（详见图3-23）。后浇带支撑应一次到位，将板底模及梁底模、侧模连同支撑一起支设完毕，后浇带两侧各搭设一列双排脚手架，脚手架立杆间距为1000mm，扫地杆距地面300mm，纵向水平杆步距不大于1500mm，并设横向水平杆将四根立杆连成一体。每根立杆底部及顶部均设50mm×100mm木枋，立杆上部加设快拆头，使木枋与板底或梁底模板顶紧。有梁的部位在梁宽中部加设两根立杆，并将该立杆与其他立杆连接起来。后浇带上部采用15mm覆膜厚木多层板进行封闭，避免垃圾等杂物进入后浇带，并应在后浇带两侧采用砂

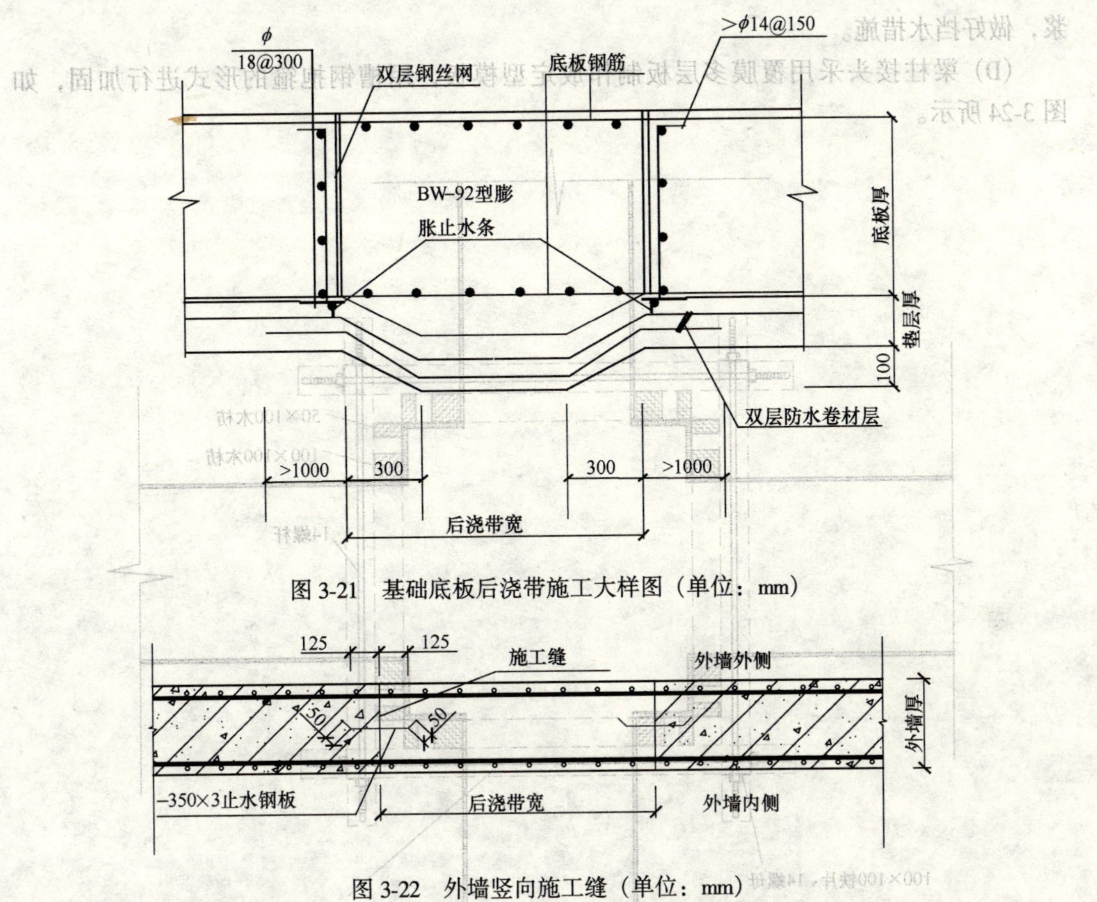


图 3-21 基础底板后浇带施工大样图（单位：mm）

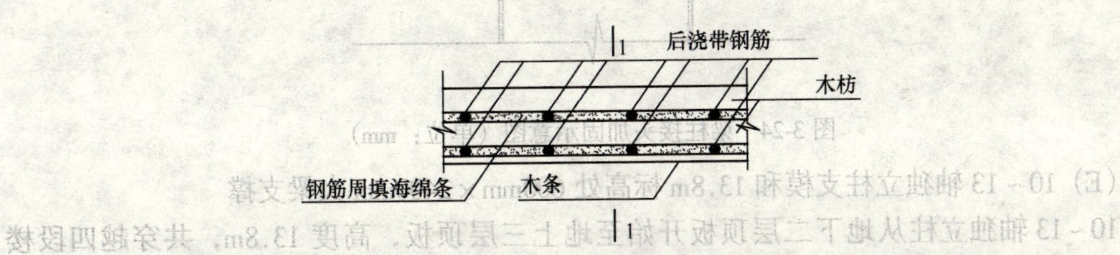


图 3-22 外墙竖向施工缝（单位：mm）

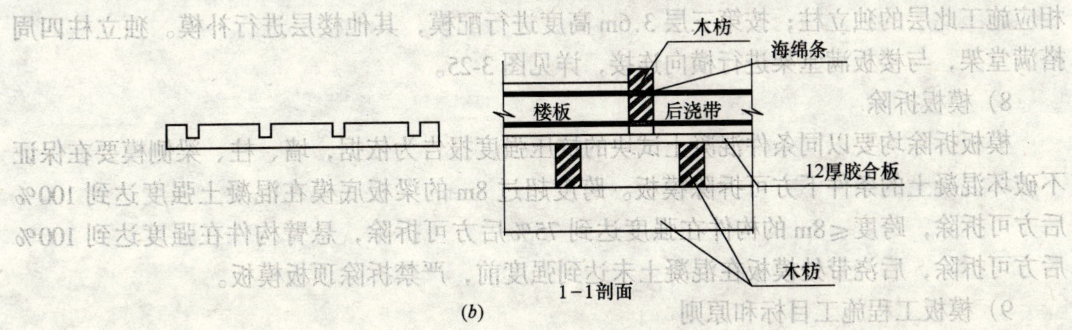


图 3-23 楼板后浇带处模板示意图

（*a*）楼板后浇带处模板施工大样；（*b*）楼板后浇带处梳子状模板大样

浆，做好挡水措施。

(D) 梁柱接头采用覆膜多层板制作成定型模板，用槽钢抱箍的形式进行加固，如图 3-24 所示。

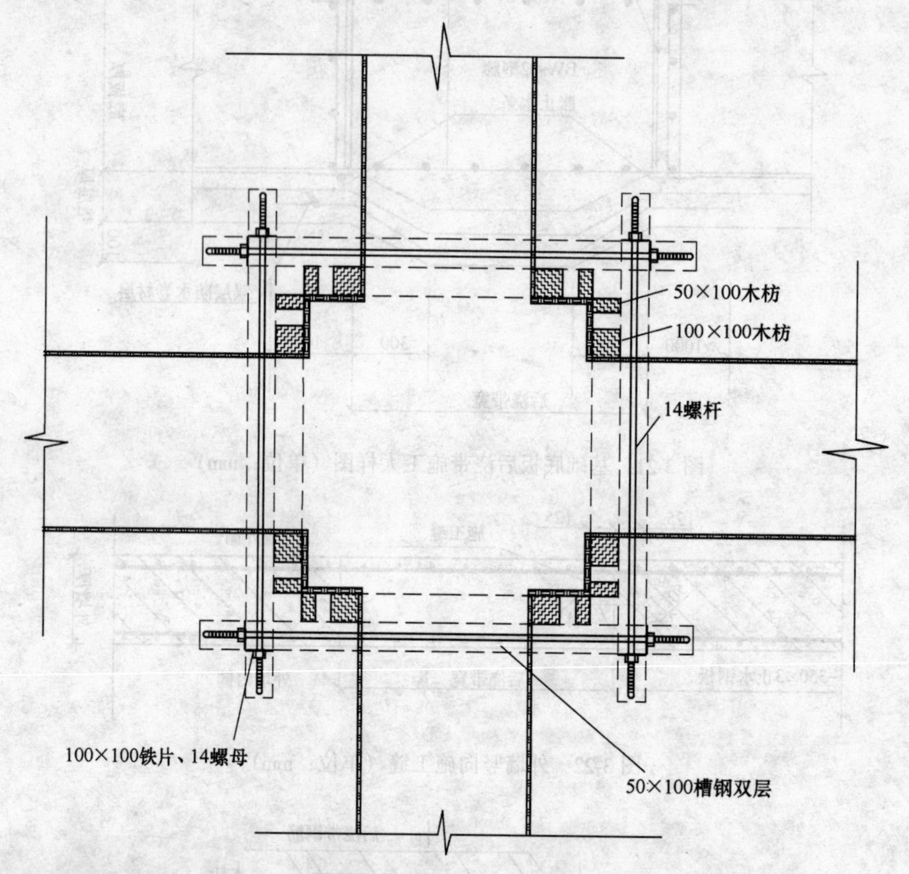


图 3-24　梁柱接头加固示意图（单位：mm）

(E) 10～13 轴独立柱支模和 13.8m 标高处 600mm×2400mm 大梁支撑

10～13 轴独立柱从地下二层顶板开始至地上三层顶板，高度 13.8m，共穿越四段楼层。为了便于施工和整体支撑架的稳定性，拟按楼层高度进行支模，即每施工一层楼板，相应施工此层的独立柱；按第三层 3.6m 高度进行配模，其他楼层进行补模。独立柱四周搭满堂架，与楼板满堂架进行横向连接，详见图 3-25。

8) 模板拆除

模板拆除均要以同条件混凝土试块的抗压强度报告为依据，墙、柱、梁侧模要在保证不破坏混凝土的条件下方可拆除模板。跨度超过 8m 的梁板底模在混凝土强度达到 100%后方可拆除，跨度≤8m 的构件在强度达到 75%后方可拆除，悬臂构件在强度达到 100%后方可拆除，后浇带处模板在混凝土未达到强度前，严禁拆除顶板模板。

9) 模板工程施工目标和原则

(A) 目标：结构施工达到清水混凝土的标准。即：

(a) 混凝土表面颜色均匀一致，无蜂窝麻面、露筋、夹渣、粉化锈斑和明显气泡存在。

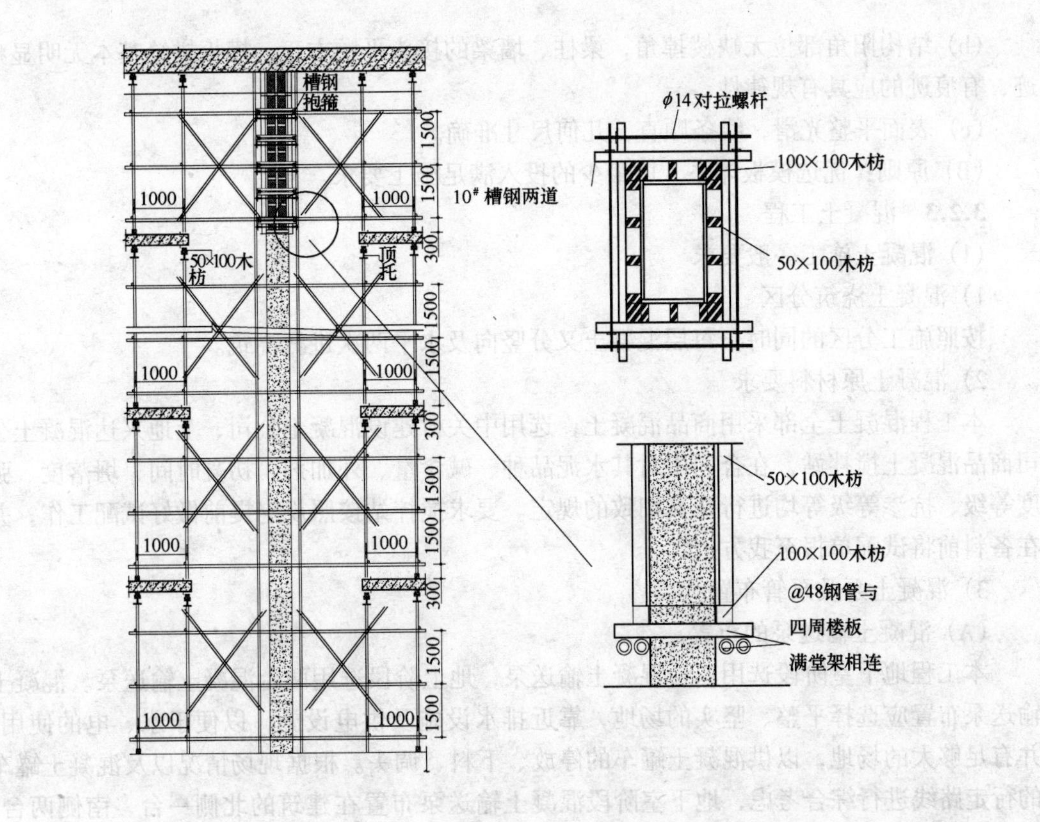


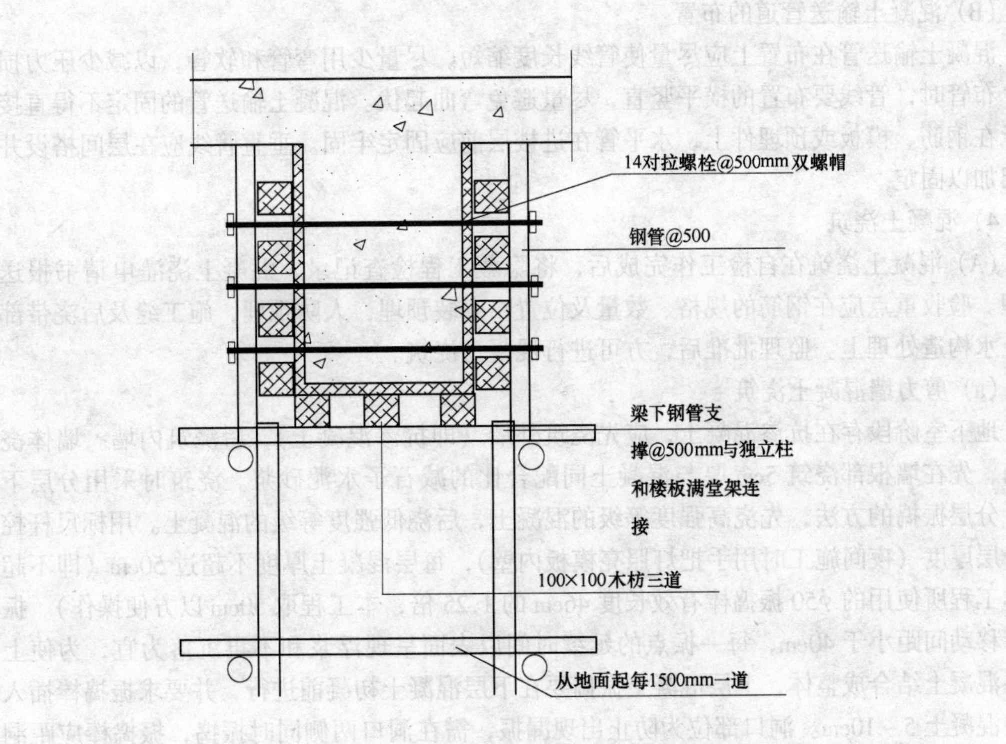


图 3-25　600×2400 大梁支撑（单位：mm）

(b) 结构阳角部位无缺棱掉角，梁柱、墙梁的接头平顺方正，模板拼缝基本无明显痕迹，有痕迹的应具有规律性。

(c) 表面平整光滑，线条顺直，几何尺寸准确。

(B) 原则：优选模板体系，以最少的投入满足施工要求。

### 3.2.3 混凝土工程

(1) 混凝土施工一般要求

1) 混凝土浇筑分区

按照施工分区的同时，每层混凝土又分竖向及水平两次进行浇筑。

2) 混凝土原材料要求

本工程混凝土全部采用商品混凝土，选用中关村建设混凝土公司、上地兴达混凝土公司商品混凝土搅拌站，在合同中对其水泥品种、碱含量、外加剂、初凝时间、坍落度、强度等级、抗渗等级等均进行认真细致的规定。要求搅拌站按照规定提前做好试配工作，并在备料前将试配单报至我方。

3) 混凝土泵及泵管布置

(A) 混凝土输送泵的布置

本工程地下室阶段选用三台混凝土输送泵，地上阶段选用两台混凝土输送泵。混凝土输送泵布置应选择平整、坚实的场地，靠近排水设施及供电设施，以便于水、电的使用，并有足够大的场地，以供混凝土罐车的停放、下料、调头。根据现场情况以及混凝土罐车的行走路线进行综合考虑，地下室阶段混凝土输送泵布置在建筑的北侧一台、南侧两台；地上阶段取消北侧混凝土输送泵，保留南侧的两台混凝土输送泵。

(B) 混凝土输送管道的布置

混凝土输送管在布置上应尽量使管线长度缩短，尽量少用弯管和软管，以减少压力损失。布管时，管线要布置的横平竖直，尽量避免弯曲起伏。混凝土输送管的固定不得直接支承在钢筋、模板或预埋件上，水平管在进楼层前应固定牢固。垂直管线应在层间搭设井字架加以固定。

4) 混凝土浇筑

(A) 混凝土浇筑在自检工作完成后，将隐蔽工程检查记录、混凝土浇灌申请书报送监理。验收重点应在钢筋的规格、数量及位置，安装预埋，人防预埋，施工缝及后浇带部位止水构造处理上。监理批准后，方可进行混凝土浇筑。

(a) 剪力墙混凝土浇筑

地下室阶段存在抗渗混凝土，应先浇筑外墙（即抗渗混凝土），后浇筑内墙。墙体浇筑前，先在墙根部浇筑 5cm 厚与混凝土同配合比的减石子水泥砂浆。浇筑时采用分层下料、分层振捣的方法，先浇高强度等级的混凝土，后浇低强度等级的混凝土。用标尺杆控制分层厚度（夜间施工时用手把灯照亮模板内壁），每层混凝土厚度不超过 50cm（即不超过本工程所使用的 $\phi50$ 振捣棒有效长度 46cm 的 1.25 倍，本工程取 50cm 以方便操作）。振捣棒移动间距小于 40cm，每一振点的延续时间以表面呈现浮浆和不再沉落为宜，为使上下层混凝土结合成整体，上层混凝土振捣要在下层混凝土初凝前进行，并要求振捣棒插入下层混凝土 5~10cm。洞口部位为防止出现漏振，需在洞口两侧同时振捣，振捣棒应距洞边 30cm 以上，下灰高度也要大体一致，大洞口的洞底模板应开口，并在此处浇筑振捣。

由于本工程钢筋含量较大，在墙体位置存在多处钢筋密集的部位，为保证混凝土密实，此部位采用附着式振动器配合振捣棒共同振捣。墙体混凝土一次浇筑到梁底（或板底），且高出梁底或板底2cm（待拆模后，剔凿掉浮浆层，至漏出石子为止），地下室外墙抗渗混凝土与内墙非抗渗混凝土之间用密眼钢丝网隔开。如图3-26所示。

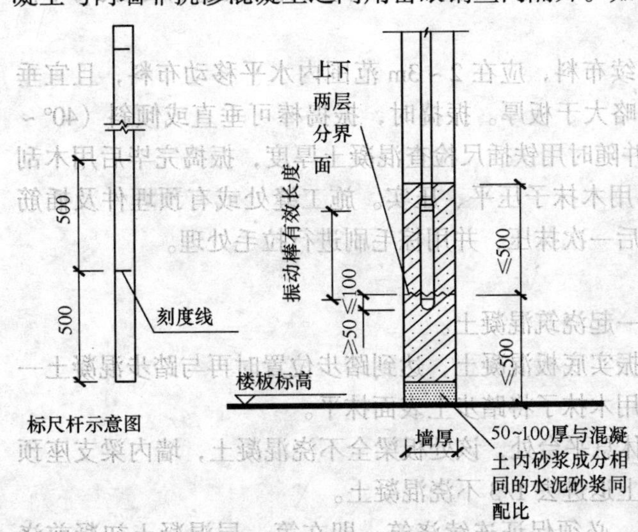


图3-26　剪力墙混凝土浇筑

墙上口找平：墙体混凝土浇筑完成后，将上口甩出的钢筋加以整理，用木抹子按标高线添减混凝土，将墙上表面混凝土找平，高低差控制在10mm以内。

墙体混凝土浇筑时，为了避免产生冷缝，搭设布料杆，布料杆的旋转半径为12m，能浇筑绝大部分混凝土，布料杆够不着的地方采用塔吊配合浇筑；同时，要沿着墙体的顺序逐段浇筑，每层每段墙体的长度要根据混凝土的初凝时间确定，控制在初凝前必须浇筑上一层混凝土，由于本工程层高较高，故混凝土下料时应采用溜槽。浇筑完后，应随时将伸出的搭接钢筋整理到位。

(b) 柱混凝土浇筑

柱子混凝土一次浇筑到梁下口，且高出梁下口2cm（待拆模后，剔凿掉浮浆层，至漏出石子为止）。施工缝留在梁下口。浇筑前，先在柱根部浇筑5cm厚与混凝土同配合比的减石子水泥砂浆。浇筑时，采用分层下料、分层振捣的方法，用标尺杆控制分层厚度（夜间施工时用手把灯照亮模板内壁），每层混凝土厚度不超过50cm。振捣点应均匀布置在柱平面内，一般为柱四角及柱中心。由于本工程柱高超过3m，混凝土下料时应采用溜槽。浇筑完后，应随时将伸出的搭接钢筋整理到位（见图3-27）。

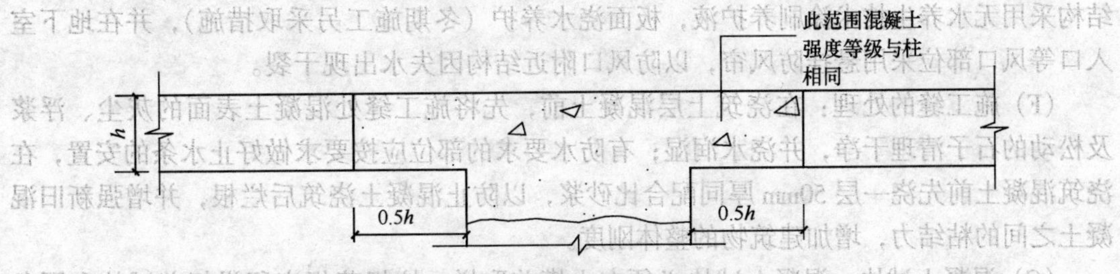


注：当柱混凝土为C60时，板内配筋间距应≤150mm；否则，应在交接面处布置与板筋同直径的附加钢筋，此钢筋布置在上层锚固长度为35$d$。

图3-27　梁柱接头处混凝土处理详图

(c) 梁、顶板混凝土浇筑

浇筑前先在楼板上搭设人行栈道，由于柱和梁（或板）混凝土强度等级不同，在浇筑梁、板混凝土时，先浇筑柱头混凝土，且在混凝土初凝前再浇筑梁、板混凝土。其浇筑方法由一端开始用“赶浆法”，即先浇筑梁，根据梁高分层浇筑成阶梯形；当达到板底位置时再与板的混凝土一起浇筑，随着阶梯形不断延伸，梁板混凝土浇筑连续向前进行。浇筑与振捣必须紧密配合，第一层下料慢些，梁底充分振实后再下第二层料，保持水泥浆沿梁底包裹石子向前推进，每层均应振实后再下料，梁底及梁帮部位要注意振实，振捣时不得触动钢筋及预埋件。

浇筑板混凝土时不得在同一处连续布料，应在2~3m范围内水平移动布料，且宜垂直于模板布料，每次下料虚铺厚度应略大于板厚。振捣时，振捣棒可垂直或倾斜（40°~45°），不允许用振捣棒铺摊混凝土，并随时用铁插尺检查混凝土厚度，振捣完毕后用木刮杠刮平，此时应拉线控制好标高，再用木抹子压平、压实。施工缝处或有预埋件及插筋处，用木抹子抹平。待终凝前进行最后一次抹压，并用棕毛刷进行拉毛处理。

（d）楼梯混凝土浇筑

楼梯间竖墙混凝土随结构剪力墙一起浇筑混凝土。

楼梯段混凝土自下而上浇筑，先振实底板混凝土，达到踏步位置时再与踏步混凝土一起浇捣，不断连续向上推进，并随时用木抹子将踏步上表面抹平。

楼梯施工缝留在上跑楼梯根1/2休息平台处，该处板梁全不浇混凝土，墙内梁支座预留梁窝，空开不浇混凝土，在休息板上退进去1/3不浇混凝土。

（B）为防止混凝土“冷缝”产生，必须保证连续浇筑，即在第一层混凝土初凝前浇筑第二层混凝土。每次浇筑混凝土前，对混凝土的初凝时间、工程量、浇筑路线、垂直和水平运输时间、商品混凝土的运输、混凝土的分层厚度以及振捣器的数量等因素，均要提出具体要求。

（C）严格控制商品混凝土的入场质量，防止因水灰比过大造成混凝土密实性达不到要求，在现场浇筑混凝土时，应分层均匀下料。

（D）混凝土浇筑过程中，派专人进行巡视，及时发现漏浆、胀模等情况，并及时进行处理。

（E）混凝土浇筑完毕后，采用人工二次拍捣和压实抹平方法，以清除墙、柱、梁及梁板接头处等截面部位出现的表面干缩裂缝；同时，要特别注意保证早期保湿养护，竖向结构采用无水养生技术涂刷养护液，板面浇水养护（冬期施工另采取措施），并在地下室入口等风口部位采用悬挂防风帘，以防风口附近结构因失水出现干裂。

（F）施工缝的处理：在浇筑上层混凝土前，先将施工缝处混凝土表面的灰尘、浮浆及松动的石子清理干净，并浇水润湿；有防水要求的部位应按要求做好止水条的安置，在浇筑混凝土前先浇一层50mm厚同配合比砂浆，以防止混凝土浇筑后烂根，并增强新旧混凝土之间的粘结力，增加建筑物的整体刚度。

（G）混凝土试块：混凝土试块必须在入模前取样，按规范规定留设标养试块和同条件养护试块，标养试块在现场标养室进行养护，同条件养护试块在施工作业面进行养护。

（H）混凝土养护

夏季楼板采用浇水养护，若夏天气温高，水分蒸发快，则覆盖塑料薄膜保持水分。洒水养护时间要求7d。墙体涂刷养护剂进行养护。

5）混凝土预防碱集料反应

根据北京市建委“预防混凝土工程碱集料反应技术管理规定（试行）京建科［1999］

230号”的通知，特制定如下控制碱集料反应措施：

(A) 技术部门必须依据工程设计要求，针对工程的类别编制具体的预防碱集料的技术措施。

(B) 要求商品混凝土供应商提供有关碱集料反应的技术资料：水泥的氧化钾、氧化钠的含量报告；外加剂、掺合料的碱含量报告；对有特殊要求的部位，必须提供砂石碱活性种类报告。

(2) 大体积混凝土施工

底板为大体积混凝土施工，底板厚度为1.50m、1.80m，局部0.70m，混凝土强度为C35，抗渗等级为P12，按照刚性混凝土自防水要求，内掺FS复合型微膨胀剂，掺量为水泥用量的8%。

1) 施工准备

(A) 技术准备

混凝土配合比对于混凝土质量是十分重要的，确定配合比时应考虑当时施工的气候条件。我方在进行底板混凝土试配前，将有关技术要求提供给搅拌站，搅拌站应根据要求做好配合比试配工作。

(B) 现场准备

在基坑北、南侧布置3台混凝土输送泵进行混凝土的浇筑工作。泵管采取一次接长到最远处、边浇边拆的方式。

(C) 施工区域划分和施工顺序

根据设计图纸，底板混凝土分东区、西区，以后浇带划为6个施工段连续进行，西区包括Ⅰ、Ⅱ、Ⅲ段，东区包括Ⅳ、Ⅴ、Ⅵ段。

(D) 混凝土搅拌站及混凝土搅拌运输车安排

选择二建搅拌站、上地兴达混凝土公司进行混凝土供应，为保证混凝土连续浇筑，应根据混凝土浇筑需用量、混凝土输送泵实际输送能力、混凝土搅拌站距离、混凝土搅拌运输车的平均车速等参数，进行混凝土输送泵及混凝土运输车数量的验算。

(E) 混凝土浇筑人员安排

底板大体积混凝土施工前，应做好人员的责任分解与落实工作，重点安排好现场协调、车辆联系、搅拌站监督、混凝土浇筑、混凝土养护、混凝土测温及试验等工作。通过各项工作的完成，确保底板大体积混凝土浇筑的成功。

2) 混凝土浇筑

(A) 底板混凝土的浇筑采用斜面分层由下而上浇筑的方式，循环推进，每层厚度300mm左右，在下层混凝土初凝前必须浇筑上层混凝土并振捣密实，每层混凝土浇筑的最大间隙时间不得超过初凝时间。采取二次振捣法保持良好接槎，提高混凝土的密实度。

(B) 采用插入式振动器振捣，每个振动器配3个以上振捣棒，振捣手要认真负责，仔细振捣，防止过振或漏振。

(C) 因导墙混凝土强度等级与底板混凝土强度等级不同，底板周边导墙混凝土采用布料机浇筑，浇筑时间必须在底板混凝土初凝之前。

(D) 大流动性混凝土在浇筑和振捣过程中，必然会有上涌的泌水及浮浆顺着混凝土坡面下流至坑底。为此，在每个区设置集水坑，通过垫层找坡使泌水流至集水坑内，用潜水泵将坑内泌水抽走；当表面泌水消去后，用木抹子压一道，避免混凝土沉陷时出现沿钢筋的表面裂纹。

(E) 由于泵送混凝土表面水泥浆较厚，浇筑后需在混凝土初凝前用刮尺抹面和木抹子打平，可使上部骨料均匀沉降，以提高表面密实度，减少塑性收缩变形，控制混凝土表面龟裂，也可减少混凝土表面水分蒸发、闭合收水裂缝，促进混凝土养护。在终凝前再进行搓压，要求搓压三遍，最后一遍抹压要掌握好时间，以终凝前为准，终凝时间可用手压法把握。

(F) 底板标高控制

在底板纵横向每隔 2m 加一根竖向 $\phi10$ 附加短钢筋，短钢筋与底板上下层钢筋网绑牢，然后用水准仪将标高抄于短钢筋上，用红油漆标明。

3) 混凝土的养护

底板混凝土浇筑时间在 6 月中旬，此时北京市气温约 35℃，根据热工计算，混凝土内部最高温度在 70 ~ 80℃左右。为保证混凝土内外温差控制在 25℃以内，混凝土表面采用两层塑料薄膜以达到保温保湿目的，并随时根据测温情况及天气变化进行增减；为延缓混凝土内部温度的急剧升高，保证底板不出现温度裂缝，要求预拌混凝土初凝时间为 4 ~ 6h，终凝时间 10 ~ 12h。

4) 混凝土养护温度监测

(A) 测温点的布置：测温采用电脑程序软件自动测温技术，测温点平面布置与混凝土浇筑方向平行纵向排列，每组点沿混凝土厚度在底部、中部和表面均匀布置 3 个测点。

(B) 测温要求：在养护开始阶段，混凝土温升比较快，前 4d，对混凝土每 2h 测温一次；以后对混凝土测温每 4h 一次。环境温度每昼夜不少于 2 次。做好测温计算；如发现温差过大，及时覆盖保温，使混凝土内外温差下降，减缓收缩，有效降低约束应力，提高混凝土结构抗拉能力，防止产生裂缝。实行昼夜不间断测试。

### 3.2.4 脚手架工程

本工程外脚手架及模板支撑架均选用 $\phi48\times3.5$mm 规格的无缝钢管，采用直角扣件、旋转扣件、对接扣件进行连接。脚手架所用材料经验收合格后方可使用。

(1) 外脚手架

本工程脚手架主要采用两种形式，即悬挑脚手架与落地式脚手架，脚手架搭设应经过严格计算。

1) 搭设顺序

(A) 落地式脚手架

放线→铺设垫板→按立杆间距排放底座→放置纵向扫地杆→逐根树立杆→安装横向扫地杆→安装第一步大横杆→安装第一步小横杆→第二步大横杆→第三步小横杆→加设临时抛撑→第三、四步大横杆和小横杆→设置连墙杆→加设剪刀撑→铺脚手板→绑护身栏杆和挡脚板→立挂安全网。

(B) 悬挑脚手架

预埋锚固钢筋环→安装 20a 型工字钢悬挑梁→安装 18b 型槽钢→竖立杆→搭设扫地杆→纵向水平杆→横向水平杆→加设剪刀撑→铺设脚手板→在作业面搭设护身栏杆→挂安全网。

施工方法：(a) 预埋锚固钢筋环采用 $\phi28$ 的圆钢进行制作，每根钢梁设两个，第一个距结构边 250mm，第二个距结构边 2000mm，第一个钢筋环埋在梁内，第二个钢筋环埋在板内。锚固长度不少于为 $20d$，钢筋环露出板面不超过 250mm，且不少于 210mm，详见图 3-28。

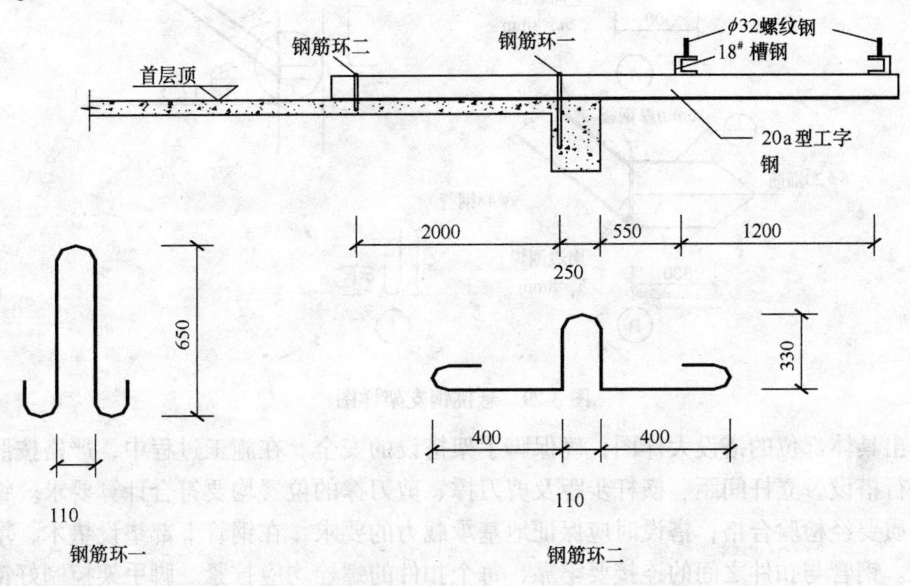


图 3-28 悬挑钢梁详图（单位：mm）

(b) 悬挑钢梁采用 20a 型工字钢，伸出结构边 1750mm，总长 4000mm。在楼板混凝土强度达到设计强度的 50%时，方可开始安装工字钢，工字钢应与钢筋环卡紧。

(c) 工字钢安装完毕后，开始进行槽钢安装，安装前应在槽钢上间隔 1500mm 焊一根长 150mm、$\phi32$ 的短钢筋，以防止钢管产生滑移。槽钢中心线距结构边分别为 200mm 和 1700mm，槽钢与工字钢焊接，焊缝高度不小于 6mm。槽钢安装时应拉好通线，防止偏位。

(d) 剪力墙部位采用预埋铁件焊接钢架的方式。预埋铁件采用 10mm 钢板制作，尺寸为 300mm × 400mm（宽 × 高），锚脚采用 6 根 $\phi20$ 的圆钢，锚脚长度不小于 350mm。钢管同预埋件周边围焊，焊缝高度不小于 8mm。详见图 3-29。

(C) 搭设要求

所有架子工必须具备北京市特种作业操作证或北京市特种临时操作证、北京市安全资格上岗位（接受相应三级安全教育）及暂住证等准许施工证件。

本工程地上 3 层施工时为悬挑脚手架，基槽土方回填完毕后改为落地式脚手架。

钢管、扣件、脚手板、安全网必须符合相关规范标准。

(2) 支撑脚手架

本工程支撑脚手架选用快拆式满堂脚手架。

1) 脚手架的计算

根据不同部位、不同荷载要求、不同高度进行支撑用脚手架的计算，计算内容包括脚手架的整体稳定性、单肢立杆稳定性、地基承载力等项，为支撑用脚手架的搭设提供理论依据。

2) 脚手架的搭设

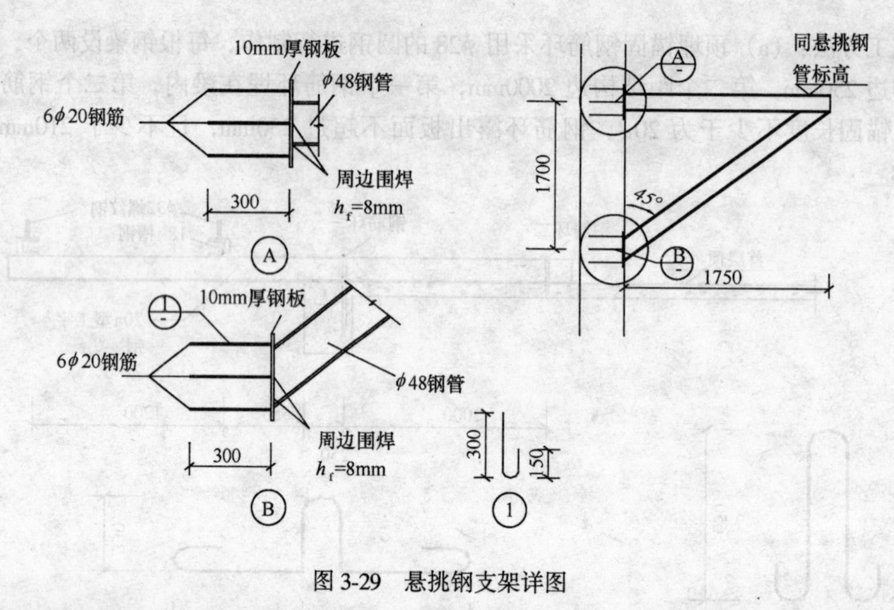


图 3-29　悬挑钢支架详图

画出具体部位的搭设大样图，确保脚手架搭设的安全。在施工过程中，严格按照方案要求进行搭设，立杆间距、横杆步距及剪刀撑、剪刀撑的位置均要符合计算要求。钢管与扣件材质要经检验合格，搭设时应保证地基承载力的要求，在钢管下部垫设垫木，增大受力面积。钢管与扣件之间的连接要牢靠，每个扣件的螺栓均应拧紧。脚手架控制好钢管顶部的标高，保证模板支设时标高正确。

3）支撑脚手架的拆除

所有支撑用脚手架的拆除，要以混凝土是否达到拆模时间为依据。在混凝土未达到拆模要求强度前，严禁拆除任何杆件。

支撑脚手架详细计算见模板方案。

(3) 脚手架的防护

外脚手架底部采用夹板全封闭，架体与建筑物的空隙采用平网防护，操作面外架外侧设置挡脚板，挡脚板高度为 180mm，并在两根大横杆之间设一道护身栏杆，脚手架外架立面采用密目式绿色安全网进行全封闭，水平方向作业层按结构进度满铺脚手板，并搭设斜道。斜道脚手板的防滑条间距不应大于 300mm。

架体较高的支撑用脚手架应在作业面下部用白色兜网及绿色密目安全网设置两道水平防护，安全网与钢管采用较粗的钢丝连接牢靠，以保证工人在操作过程中的安全。

### 3.2.5　塔吊穿结构的处理

据施工部署，塔吊全部将放置在基坑内，处理方式如下：

(1) 塔吊基础 6300mm × 6300mm × 1500mm 放置在垫层下，其顶面与垫层顶面持平。基面底板底间设 100mm × 100mm 止水口等措施。在止水口处的防水采用增设附加层进行处理（增设附加层指在止水口四周加 2mm 厚防水卷材），底板施工时预留 2.5m × 2.5m 的洞口，即该处 800mm 宽后浇带改为 2500mm 宽，穿塔身型钢范围内的底板钢筋采用搭接焊，并增设附加钢筋。塔吊拆除后，沿塔吊基础顶与底板底交接处做附加防水处理。然后，绑扎、焊接好该处底板钢筋，浇筑该处底板抗渗混凝土。混凝土强度提高一级，并掺入 UEA 微胀剂（见图 3-30）。

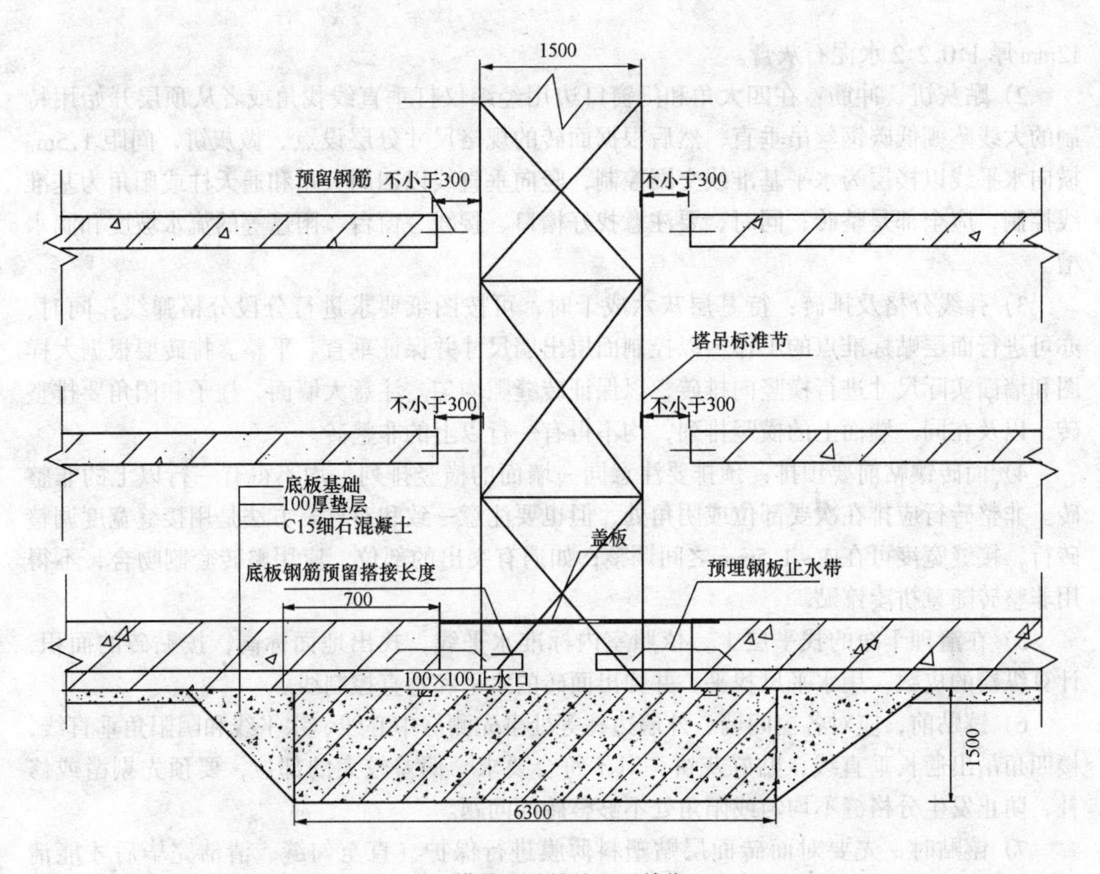


图 3-30 塔吊基础的处理（单位：mm）

(2) 塔吊穿底板、负一层、±0.000 板（2 号、4 号穿底板、负一层板）梁板，负一层、±0.000 板结构施工时预留 2.5m×2.5m 的洞口，即该处 800mm 宽后浇带改为 2500mm 宽，此处塔身范围的梁（次梁）板钢筋切断，预留搭焊长度，并增设附加钢筋；在塔吊拆除后，钢筋搭接焊，将洞口封闭，并采用提高一个强度等级的微膨胀混凝土浇筑封闭。

## 3.3 外装饰工程

外墙面为砖红色大规格湿式二丁挂拉毛陶土面砖贴面，局部为浅玻璃幕墙及冷灰色花岗石。

### 3.3.1 湿式二丁挂拉毛陶土面砖

施工流程如图 3-31 所示：

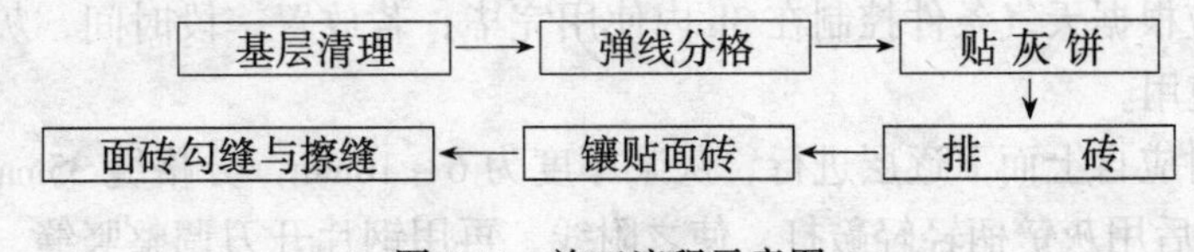


图 3-31 施工流程示意图

(1) 操作工艺

1) 基层处理及抹底层砂浆：将凸出墙面的混凝土剔平，清除干净。遇混凝土墙面先刷界面剂，再刷素水泥浆一道。用 8mm 厚 1:3 水泥砂浆打底，表面要搓毛，结合层用

12mm 厚 1:0.2:2 水泥石灰膏。

2）贴灰饼、冲筋：在四大角和门窗口边用经纬仪打垂直线找角或者从顶层开始用特制的大线坠绷低碳钢丝吊垂直，然后根据面砖的规格尺寸分层设点、做灰饼，间距 1.5m。横向水平线以楼层为水平基准线交圈控制，竖向垂直线以四周大角和通天柱或阳角为基准线控制，应全部是整砖；同时，要注意找好檐口、腰线、窗台、雨篷等的流水坡度和滴水槽。

3）弹线分格及排砖：待基层灰六成干时，可按图纸要求进行分段分格弹线；同时，亦可进行面层贴标准点的工作，以控制面层出墙尺寸并保证垂直、平整。排砖要根据大样图和墙面实际尺寸进行横竖向排砖，以保证砖缝隙均匀。注意大墙面、柱子和阳角要排整砖，以及在同一墙面上的横竖排列，均不得有一行以上的非整砖。

4）面砖镶帖前要预排：预排要注意同一墙面的横竖排列，均不得有一行以上的非整砖。非整砖行应排在次要部位或阴角处，但也要注意一致和对称。方法是用接缝宽度调整砖行，接缝宽度可在 1～1.5mm 之间调整；如遇有突出的部位，应用整砖套割吻合，不得用非整砖随意拼凑镶贴。

5）在清理干净的找平层上，依照室内标准水平线，找出地面标高，按贴砖的面积，计算纵横的皮数，用水平尺找平，并弹出面砖的水平和垂直控制线。

6）镶贴前，应对各窗间墙、外墙边柱等处事先测好中心线、水平线和阴阳角垂直线，楼四角吊出通长垂直线，贴好灰饼；对不符合要求、偏差较大的部位，要预先剔凿或修补，防止发生分格缝不均匀或阳角处不够整砖的问题。

7）镶贴时，先要对面砖面层贴塑料薄膜进行保护（直至勾缝、清洁完毕后才能清除），然后再在面砖背后铺满专用胶粘剂。镶帖后，用小铲轻轻敲击，使之与基层粘结牢固，并用靠尺、方尺随时找平找方。贴完一皮后要将砖上灰口刮平，每日下班前需清理干净。

（2）胶粘剂及其施工方法

1）本工程胶粘剂选用 TC-22 专用的一种预先干式混合的聚合物改性水泥胶粘剂。

2）施工方法如下所述：

（A）基层表面应结实、清洁、不晃动，无油污、其他松散物，新抹灰的表面至少养护 7d 方可铺砖。将 TC-22 粉料放入清洁水内搅拌成膏状，注意先放水后放粉剂。搅拌时用人工或电动搅拌器均可，拌合比例为：粉剂 25kg:水 7kg，水粉比例可因天气、施工条件等不同做调整。搅拌需要均匀，水粉充分拌合，以完全无生粉团为准。搅拌完毕后，需静止放置约 10min，略微再搅拌一下再使用，可增加粘结强度。

（B）灰浆应根据天气条件控制在 3h 内使用完毕；若放置一段时间，灰浆表面结皮的应剔除，不能使用。

（C）镶贴时应自上而下逐层进行，灰浆厚度为 6～10mm，分格缝 35mm，自然排列砖缝按 10mm 贴上后用灰铲柄轻轻敲打，使之附线，再用钢片开刀调整竖缝，并用小杠通过标准点调整平面和垂直度；同时，对留设有分仓缝的部分，必须使缝断至结构面层为止。

（D）调砖时限：15～30min。

（E）铺砖过程中，在可能会受到强烈阳光直射或者遭遇雨淋部位，盖上塑料布来养护。

(3) 勾缝材料及施工方法

1) 按设计要求勾缝材料选用专用黑色勾缝剂。大面积施工前，先做小面积的实验进行确认，确保颜色浓淡一致。

2) 施工方法

(A) 底层处理．用金属刮刀、扫把等工具将灰缝部分的灰尘、胶粘剂的结块扫掉，如灰缝底层太干燥，需喷水适当润湿。但需确保在施工时面砖表面无水渍。勾缝前要对面砖加以覆盖，避免污染。

(B) 拌合：拌合用水要使用清洁的自来水，不得混入其他物料。盛水和拌合用的容器和工具要保持清洁、干净。拌合用水量，在每包勾缝材料加入清水 5~6kg。拌合方法是先向容器中加入水，然后一边徐徐加灰缝材料，一边用手搅拌，一边逐步添加剩余的水，拌合至适当的柔软度。在相同的施工条件下，勾缝材料添加的水量要保持一致，这样才能保证色调的统一。勾缝材料的拌合要一次完成，中途严禁加水重调。拌合好的材料要在 1h 内用完，否则需废弃。

(C) 填压灰缝：填缝要保证勾缝材料充分地填入灰缝中，不得有空位。填缝后残留在面砖的勾缝料，要清理干净，便于后期的清洗工作。但必须保证不能有额外的水渗入到已填好的灰缝料中。填缝以后，待灰缝有一定的硬度后，用工具将灰缝压紧和修理，填缝和压缝的时间间隔大约在 30~90min，气温高时要短一些。填缝完毕后，24h 内不可淋水，弄湿填好的灰缝。

(D) 清洗：在面砖覆盖不到位或灰尘多的情况下，需要进行清洗。但要注意在达到基本养护时间以后（用铁器刺入灰缝时觉得很困难，可以认定已达到基本养护时间），才可以进行清洗，要采取从上到下、先高后低的模式。在用清水难以清洗干净时，将工业盐酸稀释到 2%以下的浓度来进行清洗。自使用盐酸开始，至用水冲洗完所需的时间，控制在 2min 以下。时间太长，会损害灰缝；同时，要确保面砖和灰缝面上没有留存盐酸。

(4) 质量验收标准

根据厂家提供的日本横滨桃仙工程的一些施工资料，并收集、研究了国内有关的标准外墙湿式二丁挂拉毛面砖粘贴的允许偏差和检验方法，指定出了适合本工程的外墙湿式二丁挂拉毛面砖粘贴的允许偏差和检验方法，如表 3-3 所示。

**外墙湿式二丁挂拉毛面砖粘贴的允许偏差和检验方法** **表 3-3**

| 序号 | 项目 | 允许偏差（mm） | 检查方法 |
|---|---|---|---|
| 1 | 立面垂直度 | 2 | 用 2m 垂直尺检查 |
| 2 | 表面平整度 | 2 | 用 2m 靠尺和塞尺检查 |
| 3 | 阴阳角方正 | 2 | 用直角检测尺检查 |
| 4 | 接缝直线度 | 1 | 拉 5m 线，不足 5m 拉通线，用钢直尺检查 |
| 5 | 接缝高低差 | 0.5 | 用钢直尺检查 |
| 6 | 接缝宽度 | 1 | 用钢直尺检查 |

### 3.3.2 干挂花岗石墙面

本工程干挂花岗石拟采用直接干挂法施工。

砌体砌筑时，依据干挂石要求，做钢筋混凝土加强带并预埋不锈钢挂件（或用普通钢材进行防锈处理)。混凝土墙面采用膨胀螺栓固定件。

根据设计要求及实际尺寸进行翻样加工。根据设计尺寸进行石材钻孔，在石材背面涂刷胶粘剂，贴玻璃网格布增强。

弹线分格，并根据尺寸确定混凝土墙面的钻孔位置进行钻孔。

支底层石材托架，放置底层石板，调节并临时固定。

用嵌缝膏嵌入石材上部孔眼，插入连接钢针，嵌上层石材下孔。用膨胀螺栓固定后逐层施工，最后镶贴顶层石材。

顶层石材安装调整后，在结构与面板的缝隙里穿一通长的20mm厚木条，木条为石板下去250mm并吊固在连接铁件上，然后在缝隙里塞入聚苯板保温，最后再灌浆并压顶板。

特殊部位的处理：变形缝处的干挂石材与外墙面砖的处理方法，见图3-32所示。

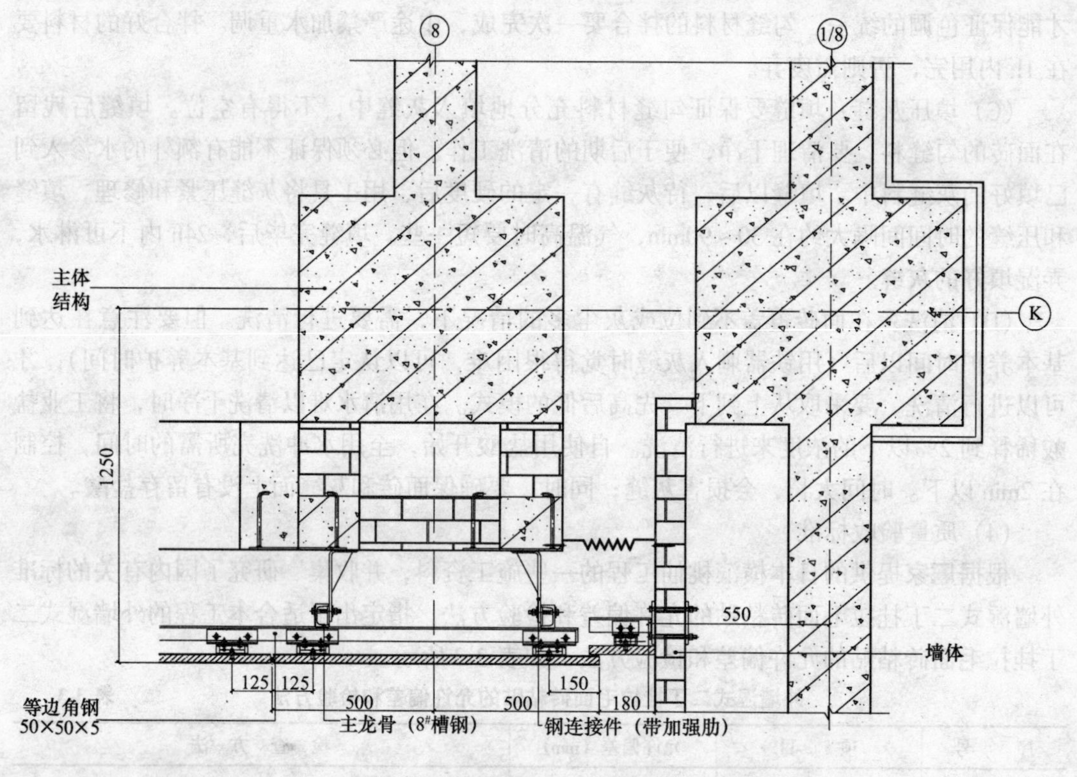


图3-32　变形缝处干挂石材与外墙面砖的处理方法

## 3.4　内装饰工程

### 3.4.1　内装饰工程施工流程

(1) 轻钢龙骨石膏板墙体施工工艺流程

弹线→浇筑混凝土地垄墙100mm高→安装竖向龙骨、横向龙骨→安装沿地、沿顶、沿侧墙龙骨→修整龙骨→安装第一层石膏板→安装第二层石膏板→龙骨空腔内安装接线盒、穿线、穿管→接线盒密封→铺设隔声矿棉层→隐蔽验收→石膏板缝处理→安装另一面第一层石膏板→安装另一面第二层石膏板→石膏板墙角密封膏处理。

（2）铝板吊顶施工工艺流程

弹线→安装龙骨→安装吊杆→安装铝板→饰面清理。

（3）轻钢龙骨矿棉板吊顶施工工艺流程

测量放线→打膨胀螺栓→安装吊杆→安装主龙骨→安装次龙骨→调校→隐蔽验收→安装罩面板→终验。

（4）玻璃隔断施工工艺流程

弹线→安装固定玻璃的上下边框→安装玻璃→安装玻璃肋→嵌缝打胶→边框装饰→清理。

（5）墙瓷砖饰面施工工艺流程

基层处理→选砖→排砖弹线→贴标准点→镶贴瓷砖→擦缝清理。

（6）干挂石材施工工艺流程

测量放线→材料准备→基层钢架龙骨制作安装→安装挂件→石材排版→隐蔽验收→试装石板→调校固定→打胶→清理。

（7）地面地砖铺贴施工工艺流程

测量放线→预选地砖→地面处理→抹底灰→弹线、分格定位→铺贴→勾缝验收。

（8）地面石材铺贴施工工艺流程

基层处理→放线→试拼、试排→拌制干混砂浆→铺贴切夯平→浇素水泥浆→铺贴就位→检查、清理→擦缝→终验。

（9）乳胶漆施工工艺流程

基层处理→螺钉点防锈漆→嵌缝、贴纸带→批腻子→打砂纸→封底漆→刷乳胶漆→清理→成品保护→终验。

（10）架空防静电地板施工工艺流程

检验地板质量→技术交底→机具准备→基层处理→找中套方、分格弹线→安装支座、横梁组件→铺活动地板→擦光→检查验收。

（11）木地板施工工艺流程

检验木地板质量→技术交底→机具准备→安装木格栅→铺基层地板→铺木地板→清理验收。

（12）塑胶地板施工工艺流程

地面基层清理→弹线分格→裁切试铺→刮胶→铺贴→养护→清理验收。

（13）环氧树脂地面施工工艺流程

地面基层清理→涂底漆→涂补强中涂层→止滑面层→罩面漆→清理验收。

### 3.4.2 内装饰工程的施工方法

（1）轻钢龙骨石膏板墙体施工方法（见表 3-4）

表 3-4

| 序号 | 施工阶段 | 施工方法 |
|---|---|---|
| 1 | 施工准备 | 对接触砖石、混凝土的木料进行防腐处理。轻钢龙骨在运输安装时，不得扔摔、碰撞，龙骨应平放，防止变形，龙骨要存放于室内，防止生锈。石膏板运输和安装时应轻放，不得损坏板材的表面和边角，应防止受潮变形，放于平整、干燥、通风处 |

续表

| 序号 | 施工阶段 | 施工方法 |
|---|---|---|
| 2 | 放线 | 放线包括两方面工作，一个是墙体的位置，另一个是轻钢龙骨的量裁。墙体位置线：根据施工图来确定隔断的位置、隔断墙门窗的位置，包括在地面上的位置、墙面的位置和高度位置以及隔断墙的宽度，并在地面和墙面上弹出隔断墙的宽度线与中心线。按所需龙骨的长度尺寸，对龙骨进行划比配料，并按先配长料、后配短料的原则进行。量准尺寸后，用粉饼或记号笔在龙骨上画出切截位置线 |
| 3 | 固定沿地沿顶龙骨 | 用砂轮片割机切裁龙骨，对龙骨原规格还不够高度的竖向龙骨，应用铆接法或焊接法把龙骨加长。沿地沿顶龙骨固定前，先按固定点的间隔在隔断墙中心线上打孔。通常固定点间隔在500~800mm，并且固定点要与竖向龙骨位置错开。固定的方法通常为膨胀螺栓和木楔铁钉。如果顶面地面有预埋件，可直接与其固定。在有防水的楼板面上，采取在地面做出一条混凝土地垅，并在地垅内预埋连接件的方法。地垅墙的宽度等于隔断墙厚度，高度为100mm左右 |
| 4 | 轻钢龙骨的连接 | 轻钢龙骨架隔断墙的骨架分格，按施工图进行。如果施工图中没有标明骨架的分格尺寸，则需根据石膏板或其他板材的尺寸，进行骨架分格设置，或者按轻钢龙骨通用图集（中国建筑标准设计所编制，代号86YJ01）进行施工。轻钢龙骨隔断墙的骨架分格形式，是按竖向龙骨的间隔来分格，并按规定要求设置横向加强龙骨。在沿地沿顶龙骨槽之间装入竖向龙骨，并校正其垂直度后，将竖向龙骨与沿地、沿顶固定起来。可用连接件或铆钉固定。如不用连接件，而直接在两龙骨侧面用铆钉固定时，在龙骨上打孔后，用圆头钢冲子冲凹，以便保证平头螺钉不向龙骨平面外突出。安装C75/100系列的轻钢龙骨时，用铆钉或配件组装。在竖向龙骨间安装门框、窗框的横撑龙骨时，其固定方法也是采用铆钉或配件组装 |
| 5 | 固定板材 | 轻钢龙骨隔墙的饰面基层板使用石膏板，固定石膏板用平头自攻螺钉，螺钉的间距为150~170mm。固定石膏板应将板竖向放置，当两块在第一竖向龙骨上对缝时，其对缝应在龙骨中间，对缝的缝隙大于3mm。固定时，先将整张板材铺在龙骨架上，对正缝位后，用自攻螺钉进行固定，固定后的螺钉头要沉入板材平面2~3mm，以不损坏纸面为宜。板材应尽量整张使用，不够整张位置时可以切割，切割石膏板可用墙纸刀、钩刀，小钢锯条进行 |
| 6 | 门窗位置的结构处理 | 轻钢龙骨隔墙门框的结构，是隔断墙施工的要点之一。门框边上的龙骨需做加强处理。门框架的组合结构可以轻钢龙骨为主体，并与封面层夹板和木线条、金属线条组合而成。轻钢龙骨隔墙的门框的木方框架必须与轻钢龙骨门洞两侧的竖向龙骨相连接。连接方法是用长螺栓，在木框与石膏板的对接缝处必须用厚木夹板封边，封边板也应与竖向龙骨连接。门框的木方框架应在地脚处固定。轻钢龙骨隔墙的窗框，将把18mm的厚木夹板条固定在隔墙窗洞四边的龙骨上，再用夹板条或木线条压边。龙骨与厚木夹板的固定用平头自攻螺钉，木与木的固定用胶水加钉或木螺钉。其钉头都需埋入木构件表面2~3mm |

（2）板块材料吊顶施工方法（见表3-5）

**表3-5**

| 序号 | 施工阶段 | 施工方法 |
|---|---|---|
| 1 | 准备工作 | 吊顶内的灯槽、水电管道等作业应安装完毕，消防管道安装并试压完毕；作业人员、材料、机具进场 |
| 2 | 材料要求 | 吊顶龙骨在运输安装时，不得扔摔、碰撞，龙骨应平放，防止变形，龙骨要存放于室内，防止生锈。石膏板运输和安装时应轻放，不得损坏板材的表面和边角，应防止受潮变形，放于平整、干燥、通风处 |

续表

| 序 号 | 施工阶段 | 施 工 方 法 |
| --- | --- | --- |
| 3 | 龙骨安装 | 根据吊顶的设计标高在四周墙上或柱子上弹线，弹线应清楚，位置应准确。主龙骨吊顶间距，应按设计推荐系列选择，中间部分应起拱，金属龙骨起拱高度应不小于房间短向跨度的1/200，主龙骨安装后应及时校正其位置和标高。吊杆距主龙骨端部不得超过300mm，否则应增设吊杆，以免主龙骨下坠。当吊杆与设备相遇时，应调整吊点构造或增设角钢过桥，以保证吊顶质量。次龙骨应贴紧主龙骨安装，当用自攻螺钉安装板材时，板材的接缝处，必须安装在宽度不小于40mm的次龙骨上 |
| 4 | 罩面板安装 | 板材应在自由状态下进行固定，防止出现弯棱、凸鼓现象，罩面板的长边沿纵向次龙骨铺设 |

(3) 铝格栅吊顶施工方法（见表3-6）

**表3-6**

| 序号 | 施工阶段 | | 施 工 方 法 |
| --- | --- | --- | --- |
| 1 | 施工工具 | | 电锯、无齿锯、手锯、手枪钻、螺丝刀、方尺、钢尺、钢水平尺 |
| 2 | 施工条件 | | 顶棚的各种管线、设备及通风道，消防报警、消防喷淋系统施工完毕，并已办理交接和隐蔽工程验收手续。管道系统要求试水、打压完成。提前完成吊顶的排板施工大样图，确定好通风口及各种明露孔口位置。准备好施工的操作平台架子或可移动架子。在金属吊顶大面积施工前，必须做样板间或样板段，分块及固定方法等应经试装和鉴定合格后方可大面积施工 |
| 3 | 施工要点 | 吊顶上部处理 | 顶棚基层处理：应按设计要求对开敞式吊顶的基层明露部分进行处理，施涂建筑涂料时，涂料品种和色彩应符合设计要求。管线及设备处理：吊顶上部的电器及供水管线或有关设施，均已布置和安装到位；必要时应对较明显的管道和设备等进行涂装，以保证开敞式吊顶面的美观效果。施工放线：根据搁栅吊顶的平面图，弹出构件材料的纵横布置线、造型较复杂的部位的轮廓线以及吊顶标高线；同时，确定并标出吊顶吊点。吊顶的紧固处理：按设计要求采用金属膨胀螺栓或射钉固定吊顶连接，或直接固定钢筋吊杆、镀锌钢丝及扁铁吊件等 |
| | | 搁栅单体的组合与拼装 | 局部搁栅的拼装：单体与单体、单元与单元，作为搁栅吊顶的富有韵律感的图案构成因素，必要时应尽可能在地面拼装完成，然后再按设计要求的方法悬吊。为保证构件间连接牢固，应根据木工作业的有关技术要求，采用钉固、胶粘、榫接以及采用方木或铁件加强 |

(4) 墙面干挂石材施工方法（见表3-7）

**表3-7**

| 序号 | 施工阶段 | 施 工 方 法 |
| --- | --- | --- |
| 1 | 测量放线 | 依据每面墙的面积大小，凹凸转折情况，分别在墙的上下、两侧及中部设置测量控制点，并做好相邻墙面阴、阳角转折控制 |
| 2 | 材料准备 | 板材的大小按设计图确定，依据建筑师和业主确认，选厂订货，组织验收、入库，进货板材不得有裂纹和缺损。根据管理人员指定的石材颜色、纹路及色差，对石材统一整理归类，较小的缺角进行板材技术处理 |

续表

| 序号 | 施工阶段 | 施工方法 |
|---|---|---|
| 3 | 底座连接件安装 | 在主体结构混凝土墙上用不锈钢锚栓将角码与角钢连接件焊接牢，横向角钢水平面位置要正，确保不锈钢定位孔竖直 |
| 4 | 石材面板安装 | 依次将石材搬运至安装位置，将石材进行排版，严格控制石材色差及缺边掉角情况。石材安装时，先用水准仪放出水平标高线，用棉线或钢丝拉出石材装饰面控制线。从下而上依次安装，石材与钢销相连处填石材专用胶。胶固定后确保石材表面平整，石材缝要横平竖直 |
| 5 | 施工要点 | 严格控制材料质量、材质和加工尺寸都必须合格；要仔细检查每块石材有无裂纹，防止石材在运输和施工时发生断裂；测量放线要十分精确，各专业施工要组织统一放线、统一测量，避免发生误差和矛盾；根据现场数据绘制施工放样图，落实实际施工和加工尺寸 |

(5) 环氧树脂施工方法（见表 3-8）

**表 3-8**

| 序号 | 施工阶段 | 施工方法 |
|---|---|---|
| 1 | 材料要求 | 地面涂料采用环氧树脂乳液涂料，按设计要求选用涂料的具体品种。腻子采用建筑胶水泥腻子 |
| 2 | 基层处理 | 基层即混凝土面层表面处理后要平整、坚实、洁净，无酥松、粉化、脱皮现象，并且要不空鼓、不起砂、不开裂、无油脂，含水率不大于 9%。用 2m 直尺检查平整度允许空隙不大于 2mm。表面如有缺陷，提前 2~3d 用环氧树脂砂浆修补。采用建筑胶水泥腻子打底，腻子要坚实牢固，不粉化、起皮和裂纹。将腻子用刮板均匀涂刷于面层上，满刮 1~3 遍，每遍厚度为 0.5mm。最后一遍干燥后，用 0 号砂纸打磨平整光滑，清除粉尘 |
| 3 | 打底、刷主涂层 | 将环氧树脂涂料满涂 1~3 遍，顺序为由前逐渐向后退，厚度控制在 0.6mm。涂刷方向、距离长短报保持一致，勤蘸短刷。如涂料干燥较快，则缩短刷距。在前一遍涂料表面干后再刷下一遍，每遍间隔时间为 2~4h，或者通过试验确定 |
| 4 | 罩面 | 待涂料层干后即可采用树脂乳液涂料罩面，满涂刷 1~2 遍 |
| 5 | 打蜡养护 | 为进一步保护涂料罩面，待干燥后可以在其表面打蜡上光 |
| 6 | 质量要求 | 面层表面平整、洁净，用 2m 直尺检查平整度允许空隙不大于 2mm，颜色、光泽符合设计要求 |

(6) 地面地砖施工方法（见表 3-9）

**表 3-9**

| 序号 | 施工阶段 | 施工方法 |
|---|---|---|
| 1 | 预选地砖 | 对其规格颜色进行检查，对有裂缝、掉角、扭曲变形的予以剔除，将选好的地砖按房间部位分别存放，铺贴前要用水浸润 |
| 2 | 地面处理 | 铺贴地面砖前，应先挂线检查并掌握楼地面垫层的平整度。如基层表面较光滑应进行凿毛处理。对地面基体表面应进行清理，表面残留的砂浆、尘土和油渍等应用钢丝刷刷洗干净，并用清水冲洗地面。对于楼、地面的基层表面，应提前一天浇水浸润 |

续表

| 序号 | 施工阶段 | 施　工　方　法 |
|---|---|---|
| 3 | 抹底灰 | 当地面标高相差比较大时，用1:3水泥砂浆打底，木刮杆刮平，有坡度要求或有地漏的房间要按排水方向找坡，坡度不小于5‰ |
| 4 | 弹线、分格定位 | 根据设计要求确定地面标高线和平面位置线。可用尼龙线或棉线绳在墙面标高点上拉出地面标高线以及垂直交叉的定位线。在地面上做出控制水平度的地标筋 |
| 5 | 铺贴 | 按定位线的位置铺贴地砖。用1:2水泥砂浆摊在地砖背面上，再将地砖与地面铺贴，并用橡皮锤敲击地砖面，使其与地面压实，并且高度与地面标高线吻合。铺贴8块以上时应用水平尺检查平整度，对高的部分用橡皮锤敲平，低的部分应起出地砖后用水泥浆垫高。地砖的铺贴顺序，对于小面积房间（小于40m²），做"T"字形标准高度面。对于房间面积较大时，通常在房间中心处做"+"字形标准高度面，这样可便于同时施工 |
| 6 | 铺贴大面 | 铺贴大面施工是以铺好的标准高度面为标准进行，铺贴时紧靠已铺好的标准高度开始施工，并用拉出的对缝平直线来控制瓷砖对缝的平直。铺贴时，水泥浆应饱满地抹于地砖背面，并用橡皮锤敲实，以防止空鼓现象，并一边铺贴一边用水平尺检查校正，还需即刻擦去表面挤出缝隙的水泥浆。对卫生间、洗手间的地面，铺贴时应注意留出5‰的泛水斜坡。整个地面铺贴完毕，养护2d后再进行抹缝施工。抹缝时，用白水泥调成干性或加入与地砖颜色一致的矿物颜料调合，在缝隙上擦抹，使地砖的对缝内填满水泥，并要密实，再将地砖表面擦干净 |

（7）地面石材施工方法（风表3-10）

表3-10

| 序号 | 施工阶段 | 施　工　方　法 |
|---|---|---|
| 1 | 施工准备 | 石材按设计图纸选出样品并经业主认可后进行采购，大批量加工时要派人到加工厂检查质量。磨光板面要平滑，磨光度符合要求，纹理排列要统一，所有板块外边缘切口平直，不能崩角崩边。平面不能有裂纹。厚度要基本一致，长、宽度尺寸要准确，对角线误差不超过0.5mm。施工前应将混凝土垫层清扫干净，洒水湿润；如垫层发现有空鼓现象，应将其撬起，对空鼓部位重新找平。使用浅色大理石装饰，需用专用的石材保护剂在石板背后进行技术封闭处理，封闭石板中的隐形裂缝，防止杂色在石板表面显现，防止泛碱流露 |
| 2 | 操作方法 | 根据设计图及定位图对地面石板进行放线，放线时要确保各施工部位尺寸准确。根据施工图及现场测试，熟悉各部位尺寸和做法，弄清洞口边、角等部位之间关系。试排试拼：铺设前对各房间的石板板块按图案颜色、纹理试拼，并按两个方向编号排列，然后按编号放整齐，在房间的两个互相垂直的方向，铺两条干砂带，其宽度大于板块，厚度不少于30mm，按图纸将板材排好，以便检查板块之间的缝隙，核对好板块与墙面、洞之间的关系。根据试排结果，在房间主要部位弹互相垂直的控制十字线，用以控制石板的位置；铺砌前将混凝土垫层清扫干净，并洒水湿润，扫一遍素水泥浆，根据水平线，定出地面结合层厚度，拉十字线，铺结合层砂浆，从里往门口处铺，拍实找平；铺石材板块，先里后外，按试拼编号，安放时四角同时下落，用橡皮锤锤击板材，用水平尺找平，校正后掀起浇素水泥浆安装就位。铺完第一块后，向两侧和后退方向顺序铺设，发现空隙应掀起板块，补实砂浆，再行安装，板块之间接缝要严，一般不留缝隙；在铺贴7昼夜后进行勾缝，选择与石板相同颜色的矿物颜料同水泥拌合均匀，调制成水泥色浆，用勾缝溜子勾缝，用棉砂将板面擦干净 |

(8) 乳胶漆施工方法（见表 3-11）

**表 3-11**

| 序号 | 施工阶段 | 施工方法 |
|---|---|---|
| 1 | 基层处理 | 混凝土基层如有坑、洞的，需用 1:3 的水泥砂浆或聚合物水泥砂浆修补，表面有麻面及缝隙的应用腻子填补齐平。清理罩面板缝隙。新墙面要彻底干燥，墙面滴溅的水泥砂浆和任何附着物要彻底去除 |
| 2 | 嵌缝 | 用裁纸刀将石膏板接缝处纸面刮出坡口缝，坡口尺寸 5mm×5mm。第一道腻子：用嵌缝石膏在板接缝内满填刮平，用玻纤布封住接缝，用嵌缝石膏轻轻覆盖。第二道腻子：轻抹板面并修边，再次覆盖螺钉部位。第三道腻子：抹一层嵌缝石膏腻子，先湿润新抹腻子的边缘，再用抹子修边。表面腻子凝固后，用 150# 砂纸打磨 |
| 3 | 满刮腻子、打磨 | 第一遍满刮腻子、打磨：用 2m 靠尺先检查，要求刮薄，刮匀不留腻子。腻子干燥后，用砂纸磨平磨光。第二遍满刮腻子及磨光：收缩裂缝不平处，重新补腻子，腻子干燥后，打磨平整并清扫干净。第三遍满刮腻子及磨光：不平整的部位，再用腻子抹平，腻子干燥后，再打磨平整，清扫粉尘 |
| 4 | 封底漆 | 涂刷前用 300～500# 砂纸将基层表面打磨平整，清除表面余灰后，即可刷涂 |
| 5 | 刷乳胶漆 | 刷第一遍乳胶漆：搅拌均匀后，用排刷涂刷，要求无漏刷、无明显接槎，同一独立面应用同一批号的乳胶漆。第二、三遍乳胶漆：磨光，操作方法同第一遍 |

(9) 架空防静电地板施工方法（见表 3-12）

**表 3-12**

| 序号 | 施工阶段 | 施工方法 |
|---|---|---|
| 1 | 基层处理 | 把粘在基层上的浮浆、落地灰等用錾子或钢丝刷清理掉，再用扫帚将浮土清扫干净。基层表面应平整、光洁、不起灰。平整度误差太大时，应当用水泥砂浆找平 |
| 2 | 找中套方、分格弹线 | 量测房间的长、宽尺寸，在地面弹出中心十字控制线。依照活动地板的尺寸，排出活动地板的放置位置，并在地面弹出分格线，分格线的交叉点即为支座位置，分格线即横轴的位置。在墙面上弹出活动地板面层的横梁组件标高控制线和完成面标高控制线 |
| 3 | 安装支座和横梁组件 | 按照分格线的位置，安放支座和横梁，并调整支座螺杆，使横梁与标高控制线同高且水平。待所有支座和横梁均安装完毕构成一体后，用水平仪再整体抄平一次。支座与基层面之间的空隙应灌注环氧树脂，连接牢固 |
| 4 | 铺地板 | 先在横梁上铺设缓冲胶条，并用乳胶液与横梁粘合。铺设地板块应用吸盘，垂直放入横梁间方格，保证四角接触处平整、严密 |

（10）木地板施工方法（见表 3-13）

表 3-13

| 序号 | 施工阶段 | 施工方法 |
| --- | --- | --- |
| 1 | 施工准备 | 主要材料：木枋、基层地板、木地板、防潮防水剂、地板漆等。木地板面层所采用的条材和块材，木材含水率小于 11%，其技术等级和质量要求应符合设计要求。木搁栅、垫木和基层地板等必须做防腐、防蛀及防火处理。胶粘剂应采用具有耐老化、防水和防菌、无毒等性能的材料，或按设计要求选用。胶粘剂应符合现行国家标准《民用建筑工程室内环境污染控制规范》（GB 50325—2001）的规定。常用机具：手提电刨、手提圆锯、手电锯、磨光机、地板钳、手锯、手锤、透明塑料管、墨线斗、手铲等 |
| 2 | 作业条件 | 材料检验已经完毕并符合要求。对所覆盖的隐蔽工程进行验收且合格，并进行隐检会签。抹灰工程和管道试压等施工完毕后进行 |
| 3 | 安装木搁栅 | 木搁栅进场后表面刷防潮、防污处理剂三遍，对原有混凝土基层地坪进行找平，再铺设防潮层，铺设到四周墙面时高于墙面 100mm，按间距 300mm 安装木搁栅，将搁栅放平、放稳，并找好标高，用内膨胀螺栓把搁栅牢固固定在基层上，木搁栅间缝隙处填撒防腐防潮干燥剂 |
| 4 | 铺基层板 | 根据木搁栅的模数和房间的情况，将基层板下好料。将基层板牢固钉在木搁栅上，钉法采用直钉和斜钉混用，直钉钉帽不得突出板面。基层板可采用条板，也可采用整张的细木工板或中密度板等类产品。采用整张板时，应在板上开槽，槽的深度为板厚的 1/3，方向与搁栅垂直，间距 200mm 左右 |
| 5 | 铺木地板 | 从墙的一边开始铺贴企口木地板，靠墙的一块板应离开墙面 10mm 左右，以后逐块排紧。拼贴时胶采用点涂或整涂，板间企口也应适当涂胶。木地板面层的接头应按设计要求留置。铺木地板时应从房间内退着往外铺设。不符合模数的板块，其不足部分在现场根据实际尺寸将板块切割后镶补，并应用胶粘剂加强固定 |
| 6 | 质量要求 | 木地板面层材质图案和颜色应符合设计要求，图案清晰、颜色均匀一致、板面无翘曲。施工面层接头应错开、缝隙严密、表面洁净。踢脚线表面应光滑、接缝严密、高度一致 |
| 7 | 成品保护 | 木地板面层完工后应进行遮盖和拦挡，避免受到损伤。后续工程在木地板面层施工时，必须进行遮盖、支垫，严禁直接在木地板面上动火、焊接、合灰、调漆、支铁梯、搭脚手架 |

（11）塑胶地板施工方法（见表 3-14）

表 3-14

| 序号 | 施工阶段 | 施工方法 |
| --- | --- | --- |
| 1 | 施工准备 | 常用机具准备：锯齿形涂胶刀、橡胶滚筒、压滚、橡皮锤、钢卷尺、角尺、记号笔、划针、墨斗、毛刷、刮板等。主要材料准备：按照图纸设计要求备齐所需型号的塑料地板及胶粘剂、胶乳液、双飞粉、砂布、棉纱及清洗用汽油等 |

续表

| 序号 | 施工阶段 | 施工方法 |
|---|---|---|
| 2 | 现场前期准备 | 基层必须平整、结实、有足够强度，各阴阳角必须方正、无污垢、灰尘和砂粒。基层含水率不大于8%，地面平整度不得超过2mm。水泥砂浆混凝土基层上贴塑料地板，必须首先找平、干燥，本工程找平要求用环氧砂浆自流平 |
| 3 | 弹线分格 | 按塑料地板的尺寸、颜色，根据设计要求图案弹线分格 |
| 4 | 裁切试铺 | 塑胶地板铺前应提前运至铺贴现场放置24h以上，并除去防粘隔离剂。试铺前，对于靠墙处不足整块时，应先裁切，所有裁切完后进行试铺，试铺合格后，按顺序编号，以备正式铺贴 |
| 5 | 刮胶 | 刮胶前，应将基层清扫干净，并先涂刷一层薄而匀的底子胶，且不得漏刷。底子胶待干燥后，方可涂胶铺贴。通常施工温度应控制在10～35℃之间，凉置时间为5～15min。低于或高于此温度，最好不要铺贴。基层不同选用胶粘剂不同，若用乳液型胶粘剂，应在基层上刮胶的同时在塑料板背面刮胶；若用溶剂型胶粘剂，仅在基层上刮胶即可 |
| 6 | 铺贴 | 铺贴时，切忌整块一次贴上，应先将边角对齐粘合，轻轻用橡胶滚筒将地板平伏地粘贴在地面上，准确就位后，用滚筒压实赶气或用橡胶皮锤敲实。对于接缝处理，粘结坡口做成同向顺坡，搭接宽度不小于30mm |
| 7 | 养护 | 铺贴完毕后，应及时清理塑料地板表面，用棉纱蘸少许汽油或松节油擦去各种胶印和缝中挤出的余胶，并上地板蜡保护。上蜡后1～3d内禁止上人走动 |
| 8 | 质量要求 | 地板排列整齐，表面平整、光滑、无皱纹，并不得有翘边和鼓泡。表面洁净，色泽一致，接缝严密，四边顺直，板块无裂纹，不得有接缝歪斜和高低。门口、走道及管道接合处应接缝严密，粘结牢固、平顺。地板大面观感应色泽一致，过滤自然，小面不应缺棱掉角。允许偏差：表面平整度≤2mm；缝格平直≤3mm；接缝高低≤0.5mm；板块间隙宽≤1mm |
| 9 | 成品保护 | 塑料板面层完工后应进行遮盖和拦挡，避免受侵害。后续工程在塑胶地板面层施工时，必须进行遮盖、支垫，严禁直接在塑料板面上动火、焊接、和灰、调漆、支铁梯、搭脚手架。进行上述工作时，必须采取可靠的保护措施 |

### 3.4.3 变形缝施工装饰方法

本工程变形缝总计四处，其装饰处理是一大难点，块材安装存在困难，安装后的平整度难以达到美观，针对这些难点，本着高起点、高品格的原则，力求设计新颖，既体现人文思想，又具有独特的建筑风格，专门制定了专项施工方案，保证了结构安全和装饰美观的效果。具体装饰节点见图3-33。

### 3.4.4 内装饰与各方的协调（见表3-15）

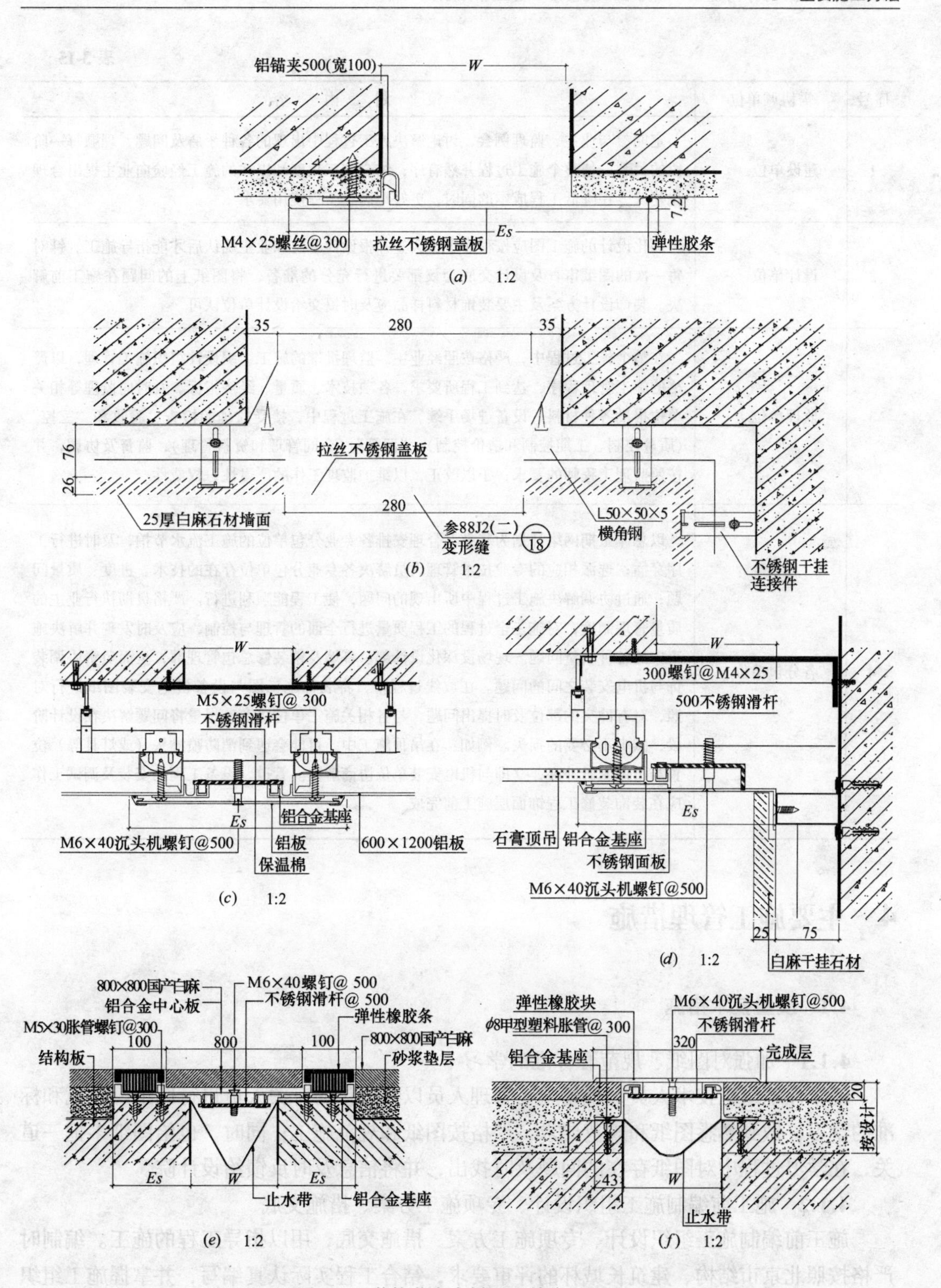


图 3-33 装饰节点大样图（单位：mm）

（*a*）走道墙面变形缝详图；（*b*）电梯厅墙面变形缝详图；（*c*）走道吊顶伸缩缝详图；
（*d*）电梯厅吊顶伸缩缝详图；（*e*）走道地面伸缩缝详图；（*f*）电梯厅地面伸缩缝详图

表 3-15

| 序号 | 需协调单位 | 策　划　内　容 |
|---|---|---|
| 1 | 建设单位 | 定期参与业主、监理例会，讨论解决施工过程中出现的各种矛盾及问题，理顺每一阶段的关系，使整个施工过程井然有序；结合施工角度和以往的施工经验向业主提出合理化建议，在降低工程成本的同时，更好地满足工程使用要求 |
| 2 | 设计单位 | 深化设计的施工图应按程序进行会签并报设计单位和业主确认后才能指导施工。针对每一次的图纸审查及设计交底会议都要进行充分的准备，将图纸上的问题在施工前解决。装饰设计方案及主要装饰材料样品应及时提交给设计单位认可 |
| 3 | 监理单位 | 在整个施工过程中，严格按照经业主、监理批准的施工组织设计组织施工管理，以严格的施工管理程序，达到工程所要求，各项技术、质量、经济指标。及时向监理等相关单位报批各种材料、设备进场手续。在施工过程中，接受监理的检查、验收和“三控”（质量控制、工期控制和造价控制）、“两管”（合同管理和资料管理）、监督及协调，并按照监理工程师的要求，予以改正，以维护监理工作的严肃性、权威性 |
| 4 | 各分包单位 | 以总体工期网络计划为基准，合理安排各专业分包单位的施工流水节拍，及时进行工序穿插；选派相应的专业技术管理人员解决各专业分包单位存在的技术、进度、质量问题；通过协调解决施工过程中所出现的问题，使工程能顺利进行。严格贯彻执行业主的质量管理制度，对施工全过程的工程质量进行全面的管理与控制，应及时发现并解决施工中的各种质量问题。现场设深化设计部、幕墙及精装修总包管理部，全面负责协调装饰与机电安装之间的问题。在放线过程中，将装饰施工图与设备机电安装图纸进行对照，对有冲突的部位及时提出问题，与各相关施工单位协商，尽量将问题解决在设计阶段，减少不必要的损失。例如：在吊顶施工中，可能会遇到消防喷淋头（或灯具等）位置与吊顶龙骨冲突，立即与机电安装单位协商解决。管道、设备工程的安装及调试工作应在装饰装修工程饰面层施工前完成 |

# 4　主要施工管理措施

## 4.1　质量技术措施

### 4.1.1　加强对图纸、规范和标准的学习

经常性地组织技术人员、现场施工管理人员以及分包的有关人员进行图纸、规范和标准的学习，做到熟悉图纸和规范要求，严格按图纸和规范施工；同时，也给图纸多把一道关，在学习过程中对图纸存在的问题及时找出，并将信息及时反馈给设计院。

### 4.1.2　施工前编制施工组织设计、专项施工方案、措施交底

施工前编制施工组织设计、专项施工方案、措施交底，用以指导工程的施工。编制时严格按照北京市结构、建筑长城杯的评审要求，结合工程实际认真编写，并掌握施工组织战略的指导性、方案战役的部署性、交底战斗的可操作性，做到三者互相对应、相互衔接、相互交圈，层次清楚、严谨全面、符合规范，使之真正成为我们施工中可以遵循依靠的指导文件。

**4.1.3** 注重对分包队伍的选择

选择具有一定资质、信誉好且与公司长期合作的分包队伍参与本工程的施工，对分包队伍建立一套完整的管理和考核办法，对分包队伍进行质量、工期、信誉和服务等方面的考核。从根本上保证项目所需劳动者的素质，为工程质量目标奠定坚实的基础。

**4.1.4** 做好培训和交底

增强全体员工的质量意识是创过程精品的首要措施，项目将定期组织质量讲评会；同时，组织到创优内外部单位进行观摩和学习，并邀请上级质量主管领导和专家进行集中培训和现场指导；项目还将做好规范、标准和技术知识的培训工作，促使项目人员的素质不断提高，从人的因素上消除产生质量问题的源头。

项目对分包主要管理人员也要进行施工质量管理的培训，对分包班组长及主要施工人员，按不同专业进行技术、工艺、质量综合培训，未经培训或培训不合格的分包队伍不允许进场施工。项目责成分包建立责任制，并将项目的质量保证体系贯彻落实到各自施工质量管理中，并督促其对各项工作的落实。

**4.1.5** 加强合同的预控作用

合同管理贯穿工程施工经营管理的各个环节，我们将依据总包合同内容和创精品目标，细化分包合同的内容，将对分包的质量要求写入合同中，合同内容力求全面严谨、责权明确、不留漏洞。

**4.1.6** 严格材料供应商的选择，加强材料进厂检验

结构施工阶段模板加工与制作、钢筋原材、装修材料及加工成品采用等均将采用全方位、多角度的选择方式，以产品质量优良、材料价格合理、施工成品质量优良为材料选型、定位的标准。材料、半成品及成品进场要按规范、图纸和施工要求严格检验，不合格的立即退货。

**4.1.7** 严格按方案施工

我们对每个方案的实施都要通过方案提出→讨论→编制→审核→修改→定稿→交底→实施几个步骤进行。施工中有了完备的施工组织设计和可行的施工方案以及可操作性强的措施交底，才能保证全部工程整体部署有条不紊，施工现场整洁规矩，机械配备合理，人员组织有序，施工流水不乱，分部工程方案科学合理，施工操作人员严格执行规范、标准的要求，才能有力地保证工程的质量和进度。

**4.1.8** 坚持样板引路

分项工程开工前，由项目经理部的责任工程师，根据专项方案、措施交底及现行的国家规范、标准，组织分包单位进行样板分项（工序样板、分项工程样板、样板墙、样板间、样板段等）施工，样板工程验收合格后才能进行专项工程的施工；同时，分包在样板施工中也接受了技术标准、质量标准的培训，做到统一操作程序，统一施工做法，统一质量验收标准。

**4.1.9** 实行"三检制"和检查验收制度，执行过程质量执行程序

在施工过程中我们将坚持检查上道工序、保障本道工序、服务下道工序，做好自检、互检、交接检；遵循分包自检、总包复检、监理验收的三级检查制度；严格工序管理，认真做好隐蔽工程的检测和记录。

#### 4.1.10　实行挂牌制度

实行技术交底挂牌，施工部位挂牌，操作管理制度挂牌，半成品、成品挂牌，以明确责任。

#### 4.1.11　实行质量例会制度、质量会诊制度，加强对质量通病的控制

定期由项目总工主持，由项目经理部及分包方的施工现场管理人员和技术人员参加，总结前期项目施工的质量情况、质量体系运行情况，共同商讨解决质量问题应采取的措施，特别是针对质量通病的解决方法和预控措施，最后由项目总工以《月度质量管理情况简报》的形式发至项目经理部有关领导、各部门和各分包方，简报中对质量好的分包方要给予表扬，需整改的部位注明限期整改日期。

#### 4.1.12　加强对成品的保护的管理

由于各工种交叉频繁，对于成品和半成品，容易出现二次污染、损坏和丢失，影响工程进展，增加额外费用。制定成品（半成品）保护的措施，并设专人负责成品保护工作。

在施工过程中对易受污染、破坏的成品和半成品要进行标识和防护，由专门负责人经常巡视检查，发现现有保护措施损坏的，要及时恢复。

工序交接检要采用书面形式由双方签字认可，由下道工序作业人员和成品保护负责人同时签字确认，并保存工序交接书面材料，下道工序作业人员对防止成品的污染、损坏或丢失负直接责任，有专人对成品保护负监督、检查责任。

#### 4.1.13　奖罚制度

我们在工程施工中将实行奖惩公开制，制定详细、切合实际的奖罚制度和细则，贯穿工程施工的全过程。由项目总工负责组织有关管理人员，对在施作业面进行检查和实测实量。对严格按质量标准施工的班组和人员进行奖励，对未达到质量要求和整改不认真的班组进行处罚，以利于提高质量。

#### 4.1.14　内外部优质工程观摩活动，参加质量创优交流活动

在项目施工过程中，经常组织项目管理人员及其他承包商管理人员到其他优秀项目上进行学习、交流，通过观摩参评“长城杯”、“鲁班奖”推荐项目，积极参加类似工程的经验交流会，吸取其先进的施工方法和管理经验；同时，邀请专家到现场进行讲课，提高项目的管理水平。

#### 4.1.15　持续改进

通过各种激励手段，辅以坚持不懈的思想工作，使项目员工充分发挥主观能动性及个人潜能，体现以人为本的精神，通过培训，提高员工的综合素质和内涵，充分展现员工的自我价值，不断促进员工人生价值的自我完善；同时，这也会使员工工作质量得到持续改进。

只要全体员工团结一致、奋发努力、精益求精，一定能实现创精品工程的目标。

要切实履行对业主的承诺，确保本工程达到国家及北京市有关施工及验收规范的合格标准，争取获得北京市结构及建筑“长城杯”的质量目标。

### 4.2　安全技术措施

#### 4.2.1　土方工程安全技术措施

(1) 按照施工方案的要求作业。

(2) 挖土时应由上而下、逐层挖掘，控制好每层挖掘深度。夜间施工要有足够的照明措施。

(3) 在深基坑操作时，应随时注意土壁的变化情况；如发现有大面积裂缝现象，必须暂停施工，报告项目部进行处理。

(4) 在深基坑作业时，必须戴安全帽，严防上面土块及其他物体下落砸伤头部；遇到地下水渗出时，应及时把水引入积水坑加以排出。

(5) 挖土方时，如发现有不能辨认的物体或事先没有预见到的地下电缆时，应及时停止操作，报告上级进行处理，严禁随便处理。

(6) 护坡施工要按照要求进行，人员不能过于集中；如土质较差，应指定专人进行看管。

(7) 临边防护栏杆及时搭设，保证牢固，不经同意，不得随便拆除。

(8) 验收合格方可进行作业，未经验收或验收不合格的，不准进行下一道工序作业。

### 4.2.2 钢筋工程安全技术措施

(1) 作业前必须检查机械设备、作业环境、照明设施等，并试运行符合安全要求。作业人员必须经安全培训考试合格后，上岗就业。

(2) 脚手架上不得集中码放钢筋，应随使用随运送。

(3) 操作人员必须熟悉钢筋机械的构造性能和用途。应按照清洁、调整、紧固、防腐、润滑的要求，维修保养机械。

(4) 机械运行中停电时，应立即切断电源。收工时应按顺序停机，拉闸，销好闸箱门，清理作业场所。电路故障必须由专业电工排除，严禁非电工接、拆、修电气设备。

(5) 操作人员作业时必须扎紧袖口、理好衣角、扣好衣扣，严禁戴手套。女工应戴工作帽，将发挽入帽内且不得外露。

(6) 机械明齿轮、皮带轮等高速运转部分，必须安装防护罩或防护板。

(7) 电动机械的电闸箱必须按规定安装漏电保护器，并应灵敏有效。

(8) 工作完毕后，应用工具将铁屑、钢筋头清除，严禁用手擦抹或用嘴吹。切好的钢材、半成品必须按规格码放整齐。

(9) 在高处、基坑绑扎钢筋和安装钢筋骨架，必须搭设脚手架或操作平台，临边应搭设防护栏杆。

(10) 绑扎钢筋和安装钢筋骨架时，必须搭设脚手架和马道。

(11) 绑扎圈梁、挑梁、挑檐、外墙和边柱等钢筋时，应搭设操作平台架并张挂安全网。

(12) 层高较高处梁钢筋的绑扎，必须在满铺脚手板的支架或操作平台上进行。

(13) 绑扎立柱和墙体钢筋时，不得站在钢筋骨架上或攀登骨架上下。3m 以内的柱钢筋，可在地面或楼面上绑扎。整体竖向绑扎 3m 以上的柱钢筋，必须搭设操作平台。

### 4.2.3 模板施工安全技术措施

(1) 模板安装

1) 作业前应认真检查模板、支撑等构件是否符合要求，钢模板有无严重锈蚀或变形，木模板及支撑材质是否合格。

2) 地面上的支模场地必须平整夯实，并同时排除现场的不安全因素。

3）模板工程作业高度在2m和2m以上时，必须设置安全防护措施。

4）操作人员登高必须走人行梯道，严禁利用模板支撑攀登上下，不得在墙顶、独立梁及其他高处狭窄而无防护的模板面上行走。

5）模板的立柱顶撑必须设牢固的拉杆，不得与门窗等不牢靠的临时物件相连接。模板安装过程中不得间歇，柱头、搭头、立柱顶撑、拉杆等安装牢固成整体后，作业人员才允许离开。

6）基础及地下工程模板的安装，必须检查基坑支护结构体系的稳定状况，基坑上口边沿1m以内不得堆放模板及材料。向槽内运送模板构件时，严禁抛掷。使用起重机械运送时，下方操作人员必须离开危险区域。

7）组装立柱模板时，四周必须设牢固支撑；如柱模在6m以上，应将几个柱模连成整体。支设独立梁模时应搭设临时操作平台，不得站在柱模上操作或在梁底模上行走立侧模。

8）用塔吊吊运模板时，必须由起重工指挥，严格遵守相关安全操作规程。

（2）模板拆除

1）模板拆除必须满足拆模时所需混凝土强度，经项目总工程师审核并报监理工程师批准同意，不得因拆模而影响工程质量。

2）拆除模板的顺序和方法。应按照拆模顺序与支模顺序相反的原则（应自上而下拆除），后支的先拆，先支的后拆。先拆非承重部分，后拆承重部分。

3）拆模时不得使用大锤或硬撬乱捣，拆除困难时，可用撬杠从底部轻微撬动；保持起吊时模板与墙体的距离；保证混凝土表面及棱角不因拆除受损坏。

4）在拆柱、墙模前不准将脚手架拆除，用塔吊拆除时应有起重工配合；拆除顶板模板前必须划定安全区域和安全通道，将非安全通道应用钢管、安全网封闭，并挂“禁止通行”安全标志，操作人员必须在铺好跳板的操作架上操作。已拆模板起吊前应认真检查螺栓是否拆完、是否有勾挂地方，并清理模板上杂物，仔细检查吊钩是否有开焊、脱扣现象。

5）拆除的模板支撑等材料，必须边拆、边清、边运、边码，楼层高处拆下的材料，严禁向下抛掷。

#### 4.2.4　混凝土施工安全技术措施

（1）施工前，工长必须对工人有安全交底。

（2）夜间施工，施工现场及道路上必须有足够的照明，现场必须配置专职电工24h值班。

（3）混凝土泵管出口前方严禁站人，以防混凝土喷出伤人。

（4）现场照明电线路必须架空，严禁在钢筋上拖拉电线。

（5）大风、大雨天气停止施工。

（6）混凝土振捣工必须穿雨鞋，戴绝缘手套。

（7）泵机运行时，机手不得离岗，并经常观察压力表、油温等是否正常。

（8）泵管连接，由专人操作，其他人不得随意搭接。混凝土泵送过程中定时、定人检查连接件及卡具有无松动现象。

（9）泵送过程中应经常注意液压油温度；当油温升到85℃时，应立即停止泵送，进行冷却，使油温降低后方可继续泵送。

（10）泵送过程中，还应经常注意水箱中的水温；当温度过高（水温≥35℃）时，应及时换水。

（11）布料杆操作者经过培训，熟悉操作方法。混凝土作业时，布料杆下严禁有人通行或停留。

**4.2.5** 脚手架的搭设、使用和拆除的安全技术措施

（1）脚手架的搭设作业应遵守以下规定。

1）预埋铁件必须牢固，按照设计尺寸和位置进行施工。

2）在搭设之前，必须对进场的脚手架杆配件进行严格的检查，禁止使用规格和质量不合格的杆配件。

3）脚手架的搭设作业，必须在统一指挥下，严格按照以下规定程序进行。

（A）按施工设计放线、固定预埋铁件位置。

（B）周边脚手架应从一个角部开始并向两边延伸交圈搭设；"一"字形脚手架应从一端开始并向另一端延伸搭设。

（C）应按定位依次竖起立杆，将立杆与纵、横向扫地杆连接固定，然后装设第1步的纵向和横向平杆，随校正立杆垂直后予以固定，并按此要求继续向上搭设。

（D）在设置第一排连墙件前，"一"字形脚手架应设置必要数量的抛撑；以确保构架稳定和架上作业人员的安全。边长≥20m的周边脚手架，亦应设置适量抛撑。

（E）剪刀撑、斜杆等整体拉结杆件和连墙件，应随搭升的架子一起及时设置。

（F）脚手架处于顶层连墙点之上的自由高度不得大于6m；当作业层高出其下连墙件3步或4m以上，且其上尚无连墙件时，应采取适当的临时撑拉措施。

4）脚手板或其他作业层板铺板的铺设应符合以下规定。

（A）脚手板或其他铺板应铺平铺稳，必要时应予绑扎固定。

（B）脚手板采用对接平铺时，在对接处，与其下两侧支承横杆的距离应控制在100～200mm。

（C）脚手板采用搭设铺放时，其搭接长度不得小于200mm，且在搭接段的中部应设有支承横杆。铺板严禁出现端头超出支承横杆250mm以上未作固定的探头板。

（D）长脚手板采用纵向铺设时，其下支承横杆的间距不得大于规定值：木脚手板为1.0m。纵铺脚手板应按以下规定部位与其下支承横杆绑扎固定：脚手架的两端和拐角处，沿板长方向每隔15～20m，坡道的两端，其他可能发生滑动和翘起的部位。

（E）装设连墙件或其他撑拉杆件时，应注意掌握撑拉的松紧程度，避免引起杆件和整架的显著变形。

（F）工人在架上进行搭设作业时，作业面上宜铺设必要数量的脚手板并予临时固定。工人必须戴安全帽、佩挂安全带。不得单人进行装设较重杆配件和其他易发生失衡、脱手、碰撞、滑跌等不安全现象的作业。

（G）在搭设中不得随意改变构架设计、减少杆配件设置和对立杆纵距做≥100mm的构架尺寸放大。确有实际情况需要对构架做调整和改变时，应提交技术主管人员解决。

（2）脚手架的使用规定

1）作业层每1m$^2$架面上实用的施工荷载（人员、材料和机具重量）不得超过以下的

规定值或施工设计值：施工荷载（作业层上人员、器具、材料的重量）的标准值，结构脚手架采取 $3kN/m^2$；装修脚手架取 $2kN/m^2$。

2）在架板上堆放的标准砖不得多于单排立码 3 层；砂浆和容器总重不得大于 1.5kN；施工设备单重不得大于 1kN，使用人力在架上搬运和安装构件的自重不得大于 2.5kN。

3）在架面上设置的材料应码放整齐稳固，不影响施工操作和人员通行。按通行手推车要求搭设的脚手架应确保车道畅通。严禁上架人员在架面上奔跑、退行或倒退拉车。

4）作业人员在架上的最大作业高度应以可进行正常操作为度，禁止在架板上加垫器物或单块脚手板，以增加操作高度。

5）在作业中，禁止随意拆除脚手架的基本构架杆件、整体性杆件、连接紧固件和连墙件。确因操作要求需要临时拆除时，必须经主管人员同意，采取相应弥补措施，并在作业完毕后，及时予以恢复。

6）工人在架上作业中，应注意自我安全保护和他人的安全，避免发生碰撞、闪失和落物。严禁在架上嬉闹和坐在栏杆等不安全处休息。

7）人员上下脚手架必须走安全防护的出入通（梯）道，严禁攀援脚手架上下。

8）每班工人上架作业时，应先行检查有无影响安全作业的问题存在，在排除和解决问题后方可进行作业。在作业中发现有不安全的情况和迹象时，应立即停止作业进行检查，解决以后才能恢复正常作业；发现有异常和危险情况时，应立即通知所有架上人员撤离。

9）在每步架的作业完成之后，必须将架上剩余材料物品移至上（下）步架或室内；每日收工前应清理架面，将架面上的材料物品堆放整齐，垃圾清运出去；在作业期间，应及时清理落人安全网内的材料和物品。在任何情况下，严禁自架上向下抛掷材料物品或倾倒垃圾。

（3）脚手架的拆除

1）拆除前，生产调度要向拆除施工人员进行书面安全技术交底，班组要学习安全技术操作规程。

2）拆除脚手架时，地面设围栏和警戒标志，并派专人看守，严禁一切非操作人员入内。

3）全面检查脚手架的扣件连接、连墙杆支撑是否牢固、安全。

4）清除脚手架上杂物及地面障碍物。

5）拆除时，先搭的后拆，后搭的先拆。

6）所有连墙杆随脚手架逐层拆除，严禁先将连墙杆整层或数层拆除后再拆脚手架。分段拆除高低差不大于两步；如高差大于两步时，应增设连墙杆加固。

7）当脚手架拆至下部最后一根长钢管的高度时，应先在适当位置搭临时抛撑加固，后拆连墙杆。

8）拆除架子时，地面要有专人指挥、清料，随拆随运，禁止往下乱扔脚手架料具。

9）6 级及 6 级以上大风和雾、雨、雪天应停止脚手架作业，雨、雪后上架操作应注意防滑，并扫除积雪。

**4.2.6** 防水施工安全技术措施

（1）材料存放于专人负责的库房，严禁烟火并应有醒目的警告标志和防火措施。

(2) 施工现场和配料场地应通风良好，操作人员应穿软底鞋、工作服、扎紧袖口，并应配戴手套及鞋盖。涂刷处理剂和胶粘剂时，必须戴防毒口罩和防护眼镜。外露皮肤应涂擦防护膏。操作时严禁用手直接揉擦皮肤。

(3) 患有皮肤病、眼病、刺激过敏者，不得参加防水作业。施工过程中有恶心、头晕、过敏者，应停止作业。

(4) 使用喷枪或喷灯点火时，火嘴不准对人。汽油喷灯加油过满，打气不能过足。

(5) 高处作业屋面周围边沿和预留洞口，必须按“洞口、临边”防护规定进行安全防护。

(6) 防水卷材采用热融法施工时，使用明火操作时，应申请办理用火证，并设专人看火。应配有灭火器材，且周围 30m 内不准有易燃物。

(7) 雨、雪、霜天应待屋面干燥后施工。6 级以上大风应停止室外作业。

(8) 下班清洗工具。未用完的溶剂必须装入容器，并盖严。

**4.2.7** 砌筑施工安全技术措施

(1) 在操作之前必须检查操作环境是否符合安全要求，道路是否畅通，机具是否完好牢固，安全设施和防护用品是否齐全，经检查符合要求后才可施工。

(2) 墙身砌体高度超过地坪 1.2m 以上时需搭设脚手架。在一层以上施工，采用里脚手架搭设安全网，采用外脚手架设防护栏杆和挡脚板后方可砌筑。

(3) 脚手架上堆料量不超过规定荷载，同一块脚手板上的操作人员不超过两人。

(4) 不准站在墙顶上做划线、刮缝及清扫墙面或检查大角垂直等工作。

(5) 不准用不稳固的工具或物体在脚手板面垫高操作，更不准在未经过加固的情况下，在一层脚手板上再叠加一层。

(6) 砍砖时面向架内打砍，防止碎砖飞出伤人。

(7) 用于垂直运输的电梯不得超负荷运输，并经常检查，发现问题及时修理。

(8) 装卸砌块时，要先取高处后取低处，防止砖垛倾倒伤人。

(9) 冬期施工时，脚手板上如有冰霜、积雪，应先清除干净才能上架子进行操作。

(10) 在同一垂直面内上下交叉作业时，设置安全隔板，下方操作人员必须戴好安全帽。

(11) 如遇暴风雨天气，要采取防雨措施，避免恶劣天气吹倒新砌筑的墙体；同时，应及时浇筑拉梁混凝土，增加墙体稳定性。

(12) 人工垂直向上或向下传递砌块时应搭设架子，架子上的站人宽度应不小于 600mm。

(13) 对稳定性较差的窗间墙加临时稳定支撑，以保证其稳定性。

(14) 大风、大雨、冰冻等异常气候之后，应检查砌体垂直度是否有变化，是否产生裂缝。

**4.2.8** 装修施工安全技术措施

(1) 外装修时，每天检查外脚手架及防护设施的设置情况；发现不安全因素时及时整改加固，并及时汇报主管部门。

(2) 随时检查各种洞口临边的防护措施情况，因施工需要拆除的防护，设警示标志，施工结束后及时恢复。在洞口上下施工需设警戒区，派专人看守。

（3）当施工作业易产生可燃、有毒气体时，需保证屋内通风良好，或配备强制通风设施。

（4）所有电动工具必须在使用前由电工做防漏电测试，不得带病或超负荷运作，并应有可靠的接地接零装置。

（5）在脚手架上进行安装作业时，脚手架的板面必须牢固，加工的碎片或打胶用完的空罐不得随意向下扔。

**4.2.9** 给排水工程施工安全技术措施

（1）规定2m以上的作业即为高处作业，在高处作业时，必须佩戴安全带；使用的人字梯必须采用可靠的张拉绳，在顺手的位置设置工具袋和零件袋，在高处作业时两个人一组，一人高处作业，一人看护，严禁抛掷零件和工具。

（2）在“五临边”处作业时，作业前检查防护栏杆和防护网是否牢固，临时制作的安装平台必须设置1.2m高的护身栏，操作宽度必须大于0.6m，上下的梯子横担间距不大于0.4m。

（3）在管道井内施工的时候，将上下两层的洞口用木板封闭，在下层显眼位置设置“施工危险区域，请绕行”的标志，防止上层或本层掉落物体伤害下层施工或经过的人员。

（4）在屋架下、顶棚内、墙边安装管道时，要有足够的照明，能搭设脚手架的地方必须搭设，不能搭设的除佩戴安全带外，在管道下方还应设置双层水平安全网，其宽度超出最外边的管道至少1m。

（5）电焊作业时，随班组配备手提式灭火器。

（6）在地下管道性调试、修理、焊接时，对施工环境内的空气样品进行分析；如超出安全标准，应采取强制排风措施，同时操作人员佩戴好个人防护用品。

（7）大型设备安装之前，必须编制安全措施方案。

**4.2.10** 暖通工程施工安全技术措施

（1）暖通工程的特点是预制加工多、管道口径大、防腐保温施工量大，根据其特点，制定科学完善的安全技术措施。

（2）合理布置风管加工车间，留出安全通道，设置边角料存放区；加工区内的所有电线、电缆均采用悬空架设，防止电线被铁皮割破造成漏电，对于必须敷设在地面的电源和机械控制线，穿钢管进行保护。

（3）在大型的风管安装时，搭设合乎安全规范的操作平台，防止风管滑落伤人。

（4）在大型的管道垂直安装时，在管道下方采取临时防护，管道上设置可靠的临时固定耳块。

（5）在进行保温时，采取机械通风、佩戴防护用品等方式，防止粘胶等挥发的有毒气体造成中毒事故。

（6）在保温作业时，随作业班组配备小型的手提式灭火器。

（7）在大型设备安装前，编制详细的安全技术措施方案。

**4.2.11** 电力工程施工安全技术措施

（1）在井道内施工时，必须有足够的照明，在施工前检查井道上下两层的洞口封闭情况，防止本层的物体掉落伤害下层的作业人员和被上层掉落的物体伤害。

（2）在高处安装桥架、线槽、母线，敷设电缆、安装灯具时，佩戴安全带，人字梯采取防滑和劈叉措施。

(3) 在调试工作进行前，和相关专业进行交底，并编制调试安全技术方案，在施工电梯内、安全通道等显眼位置张贴宣传标语和标志。特别是在开关处，悬挂“有人作业，合闸有触电危险”的警示标志。

(4) 调试工作完成后，及时将井道、设备间的门窗上锁，防止非专业人员误操作，造成设备损坏和触电事故。

### 4.3 消防技术措施

(1) 严格遵守北京市有关消防方面的法令、法规，按照《北京市建设工程施工现场消防安全管理规定》第84号令，开工前必须办理“消防安全许可证”，配备专职消防安全员。

(2) 严格遵守北京市消防安全工作十项标准，贯彻“以防为主，防消结合”的消防方针，结合施工中的实际情况，加强领导，组织落实，建立逐级防火责任制，确保施工安全。做好施工现场平面管理，对易燃物品的存放要有管理专人负责保管，远离火源。

(3) 对易燃易爆物品指定专人，按其性质设置专用库房分类存放。对其使用要按规定执行，并制定防火措施。

(4) 开工前根据施工总平面图、建筑高度及施工方法等，按照有效半径25m的规定，布置消火栓和工程用消防竖管。消防栓用 $\phi50$，平面设7个，业务用房楼设一路，生活楼设一路，每层各设一个消防栓。现场配备干粉灭火器、消防锹、消防桶等器具。

(5) 在库房、木工加工房及各楼层、生活区均匀布置消防器材和消防栓，并由专人负责，定期检查，保证完整。冬期应对消防栓、灭火器等采取防冻措施。

(6) 施工现场内建立严禁吸烟的制度，发现违章吸烟者从严处罚。为确保禁烟，在现场指定场所设置吸烟室，室内有存放烟头、烟灰的水桶和必要的消防器材。

(7) 坚持现场用火审批制度，现场内未经允许不得生明火，电气焊作业必须由培训合格的专业技术人员操作，并申请动火证，工作时要随身携带灭火器材，加强防火检查，禁止违章。对于明火作业应每天巡查，一查是否有“焊工操作证”与“动火证”；二查“动火证”与用火地点、时间、看火人、作业对象是否相符；三查有无灭火用具；四查油漆操作是否符合规范要求。

(8) 施工现场设置临时消防车道，并保证临时消防车道的畅通。现场应保证消防车道宽度大于3.5m，悬挂防火标志牌及119火警电话等醒目标志。

(9) 在不同的施工阶段，防火工作应有不同的侧重点。

结构施工时，要注意电焊作业和现场照明设备，加强看火，特别是高层焊接时火星一落数层，应注意电焊下方的防火措施。装修施工时，要注意电气线路短路引起的火灾，对电气设备和线路要严格检查，还要注意在施工后期收尾时，个别电气线路变更或其他变更项目，需要用电气焊时的防火措施。在易燃材料较多处施工时，要设防火隔板，控制火花飞溅。还要注意油漆和一些挥发易燃易爆气体的涂料作业，做好通风措施，严禁明火；同时，还应注意在这种场所施工时工具碰撞打火或静电起火。

(10) 新工人进场要进行防火教育，重点区域设消防人员，施工现场值勤人员昼夜值班，搞好“四防”工作。对进场的操作人员及操作者进行安全、防火知识的教育，并利用板报和醒目标语等多种形式宣传防火知识，从思想上使每个职工重视安全防火工作，增强防火意识。

（11）积累各项消防资料，健全施工现场防火档案。

### 4.4　环保技术措施

#### 4.4.1　施工材料环保的控制措施

施工过程中，使用绿色环保材料，与通过环保认证的材料供应厂家建立了供货关系，在施工时，特别注意控制材料的环保。

（1）本工程所使用的无机非金属建筑材料，包括砂、石、水泥、商品混凝土和陶粒混凝土空心砌块等，其放射性指标限量，应符合《民用建筑工程室内环境污染控制规范》（GB 50325—2001）的规定。

（2）本工程所使用的无机非金属装饰材料，包括板材、建筑卫生陶瓷、石膏板和吊顶材料等，进行分类时，其放射性指标限量应符合 GB 50325—2001 的规定。

（3）室内装修中所采用的水性耐擦洗涂料等必须有总挥发性有机化合物（TVOC）和游离甲醛含量检测报告；溶剂性涂料、溶剂性胶粘剂必须有总挥发性有机化合物（TVOC）、苯、游离甲苯二异氰酸酯（TDI）（聚氨酯类）含量检测报告，并符合 GB 50325—2001 的规定。

（4）工程验收时，室内环境污染物浓度检测结果符合 GB 50325—2001 的规定。

#### 4.4.2　降低烟雾污染的控制措施

（1）现场禁止燃煤及木柴或其他材料，严格消防管理，将烟尘控制到最小限度。

（2）现场供暖设施采用清洁燃料。

（3）场内垃圾集中处理，严禁焚烧。

（4）施工现场禁止吸烟。

（5）茶炉采用电热开水器。

（6）施工现场不得熔融防水卷材、油漆以及其他产生有毒、有害烟尘和恶臭气体的物质。

#### 4.4.3　降低现场噪声的控制措施

（1）工程外立面采用密目安全网实行全封闭，减少噪声扩散。

（2）结构施工阶段，尽量选用低噪声环保混凝土振动棒和有消声降噪的施工机械；各类管道安装临时固定要牢靠。强噪声施工机具必须采用有效措施，如添加抑制器等。

（3）现场搬运材料、模板、脚手架的拆除等，针对材质采取措施，轻拿轻放。

（4）在作业楼层加强控制，避免材料、设备安装时出现敲打、碰撞噪声。模板、脚手架支设、拆除、搬运时必须轻拿轻放，各方向有人控制。

（5）电锯切割速度不要过快，锯片及时刷油；电钻、水钻开洞时，钻头要保证用油和用水，降低摩擦噪声。

（6）塔吊指挥使用对讲机，减少指挥哨声。

（7）施工车辆进入现场禁止鸣笛。

（8）采用隔声罩来隔绝机器设备向外辐射的噪声。隔声罩外层常用 1～2mm 厚的钢板制成。内涂阻尼漆、沥青等阻尼层，目的是防止吻合效应和钢板低频共振。为了提高降噪效果，内层再铺一层吸声材料（如玻璃棉、微穿孔板等）。机器和隔声罩之间需要留有空隙，机器和隔声罩支撑之间、隔声罩与基础之间应加入减振器。

(9) 在现场建立噪声监控系统，设立动态噪声监测牌，公布项目的噪声控制目标及联系电话，供广大教练员、运动员随时监督。

**4.4.4** 施工污水排放的控制措施

(1) 工地生产废水和雨水分开排放，单独设立管网；场内废水管网、雨水沟槽要分别和市政废水管线、雨水管线接口，雨水排放口沿现场周圈围墙布置，保证一定的泄水坡度，控制好流向。

(2) 场内厕所污水出口设立化粪池，废水进入市政废水管；由专人负责定期清掏淤积物。

(3) 运输车辆清洗处设置沉淀池。排放的废水要排入沉淀池内，经二次沉淀后，方可排入市政污水管线或回收用于洒水降尘。未经处理的泥浆水，严禁直接排入城市排水设施。

(4) 油漆油料库的防漏控制。施工现场要设置专用的油漆油料库，油库内严禁放置其他物资，库房地面和墙面要做防渗漏的特殊处理，储存、使用和保管要有专人负责，防止油料跑、冒、滴、漏，污染水体。

(5) 禁止将有毒有害废弃物用做土方回填，以免污染地下水和环境。

(6) 安全环保部门组织专人定期检查管线、沟槽的畅通情况，每半月定期清理淤积物，保证排放畅通。

**4.4.5** 施工夜间照明的控制措施

(1) 探照灯尽量选择既满足照明要求又不刺眼的新型灯具或采取措施，使夜间照明只照射施工区域而不影响东边教师公寓楼、南侧闲进楼人员的工作和休息。

(2) 对于夜晚的照明灯产生的光污染，在布置镝灯时考虑灯光的照射方向，避免直射东边教师公寓楼、南侧闲进楼的窗口；同时，夜晚施工不得超过22：00，做到工完灯熄。

**4.4.6** 节约用水的控制措施

(1) 项目经理部成立以项目经理为组长的节约用水小组，落实责任到人，实行生产区、办公区用水每月定额包干管理制度。

(2) 坚持检查制度。项目部每月对施工现场和生活区进行两次检查，并将检查结果在生产会上点名提出，要求相关责任队伍及人员进行整改。

(3) 施工现场用水在各回路都安装了阀门，生活区用水使用节水龙头，并喷涂节约用水标志和标语，经常对施工作业工人进行节约用水教育。

(4) 进场后在现场设置水箱，主要用于现场出入口冲车、场地及道路洒水、厕所冲水、结构混凝土养护等。

(5) 在现场大门处冲洗槽边设置沉淀池，并将经过沉淀处理后的水进行回收，再重复冲车。

(6) 在场内各排水终点设置沉淀池，特别在雨期屋面进行有组织排水并收集，将收集起来经沉淀后的水用来冲洗厕所、文明施工洒水和冲车。

**4.4.7** 能源使用环保的控制措施

(1) 项目经理部要制定水、电、办公用品（纸张）的节约措施，通过减少浪费、节约能源来达到保护环境的目的。

(2) 现场茶炉采用电力加热，严禁采用煤炉等污染环境的能源加热。

(3) 加强建筑废料、渣土的综合利用，对施工中产生的旧沥青混合料，按照有关规定进行热再生利用，不得随意废弃，在综合利用过程中，还应采取防止二次污染措施。

(4) 现场所有临建房间采用节能灯。

(5) 钢筋加工产生的钢筋皮、钢筋屑应及时清理。

(6) 在东边教师公寓楼、南侧闲进楼的建筑物外围立面，采用双层进口隔声罩，降低楼层内风的流速，阻挡灰尘进入施工现场周围。

(7) 木模通过电锯加工的木屑、锯末必须当天进行清理，以免锯末刮入空气中。

(8) 现场办公区和各楼层均设置垃圾桶，严禁乱扔垃圾。

(9) 安排专人，每天打扫现场产生的垃圾，清扫时先洒水湿润。

**4.4.8** 防止施工扰民和民扰措施

(1) 进场前主动与建委、市容、市政、环卫等政府部门取得联系、备案，办齐各项手续，施工过程中随时保持联系，加强沟通。

(2) 加强对全体施工人员的环保教育，提高环保意识，把环境保护、文明施工、最大限度减少对周边环境的影响、保护市容、场容整洁变成每个施工人员的自觉行为。

(3) 规范每个员工的举止行为和言谈，不说粗话、脏话，避免和周边居民及紧邻其他工程项目施工单位人员或其他人员发生纠葛；对于因我单位人员造成的纠纷，我单位将严肃处理。

(4) 本工程施工有其特殊性，因为在中国人民大学校园内，施工现场周边宿舍楼较多且施工单位多，这是施工过程中可能引起扰民的重要环境因素，我单位要采取特殊措施来控制。

(5) 对于施工设备带来的噪声污染，我单位将力求使用新设备，及时维修设备出现的问题，噪声比较大的设备采用挡板和隔声布进行封闭使用。

对于地面和楼面扬起的粉尘，我单位每天安排专人对各个施工区进行湿水、清洁；对暴露的土地，采用草坪绿化或者混凝土硬化。

对于废弃物的处置要设置临时存放场地并及时清运出现场，尤其是生活垃圾，现场周边多设封闭式垃圾筒并且每天定时清运，避免散发难闻气味。

废水要经过沉淀池的沉淀达标后才可排入市政污水管网，禁止乱排乱放。

(6) 所有与市政、环卫等部门的协调配合关系由我单位负责处理。

通过 ISO 14000 环境管理体系的运行，我单位完全有能力创造良好的社会效益和环境效应，最大程度上降低了施工对环境的影响，实施花园式工地管理，营造“绿色建筑”。

# 5　经济效益分析

## 5.1　建筑节能和新型墙体应用技术

墙体设计为陶粒砌块墙体系列。

陶粒砌块：具有隔声、保温的特点，砌筑速度快；另外，还可以减少环境污染，节约资源。

在工程施工中，采取有效措施，确保工程质量。

## 5.2 采用 Auto-PLANT 绘图软件进行三维立体深化设计

本工程机电安装除采用 AutoCAD 常规的绘图软件进行三维绘图外，还采用 Auto-PLANT 绘图软件进行三维立体深化设计。本软件使用时只要输入建筑、结构及机电专业管线的基本信息，就能生成动态的三维图形，这样绘制的深化图能非常直观、准确地反映出各种管线之间及与结构之间的相互关系，还可任意取其截面，获得剖面的位置关系；同时，可生成材料的数量，这样的深化设计图不仅能为发现管线之间，管线与结构之间“打架”的现象，及早解决问题提供理论依据，还可对设计蓝图进行优化组合，为中国人民大学经济学科与法学院楼节约材料，降低工程造价，也为现场高效合理地组织施工打下了坚实的基础。

图 5-1 为在其他工程中运用 Auto-PLANT 绘图软件制作出的深化图片段。

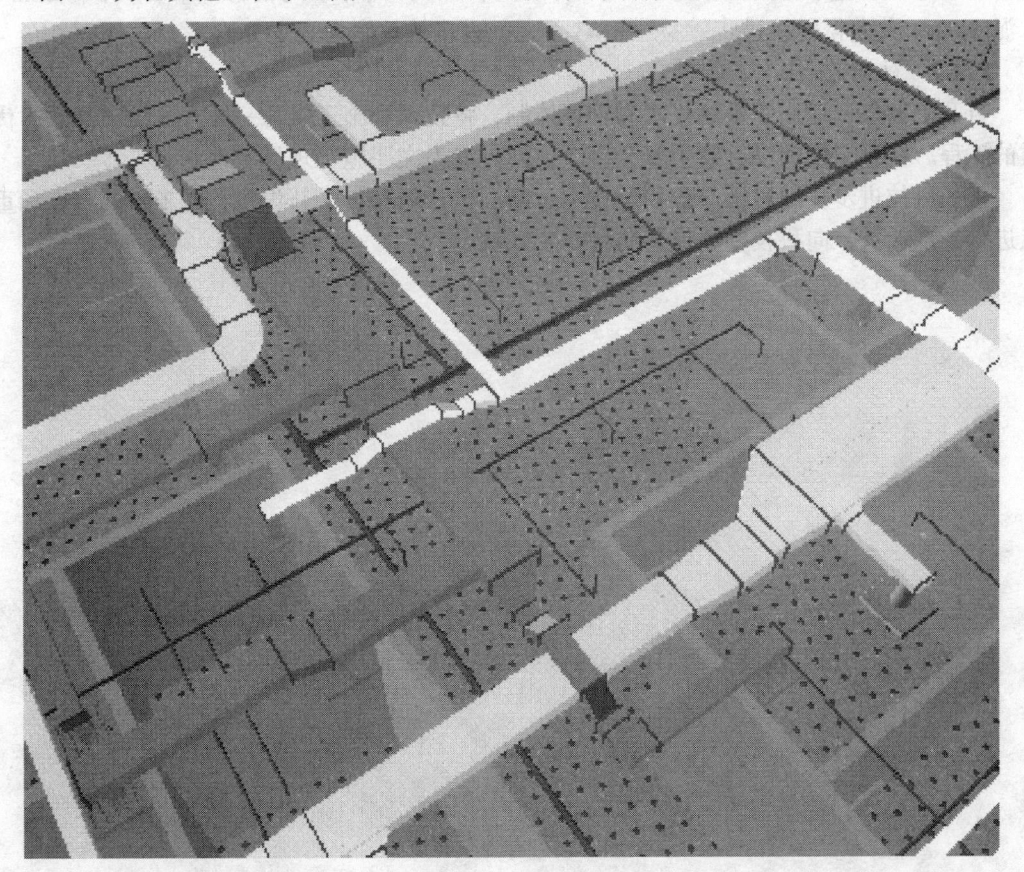

图 5-1 深化图片段

## 5.3 积极推广、应用新技术、新材料

根据本工程的特点，为优质、高速、高效地完成本工程施工任务，项目经理部在施工

过程中始终贯彻“科学技术是第一生产力”的思想，充分发挥科技在施工中的先导地位和促进作用，计划采用建设部颁发的“10项新技术”中的8项，它们是：

（1）深基坑支护技术；（2）高强高性能混凝土技术；（3）粗直径钢筋连接技术；（4）新型模板和脚手架应用技术；（5）建筑节能和新型墙体应用技术；（6）新型建筑防水应用技术；（7）大型设备的整体安装技术；（8）企业的计算机应用和管理技术。除上述“8项新技术”以外，该工程根据实际，还采取了以下6项新技术：（1）大体积混凝土测温技术；（2）钢管的沟槽连接技术；（3）大面积风管制作安装技术；（4）真石漆技术；（5）彩色耐磨地坪施工技术；（6）大规格毛面湿式二丁挂陶土砖粘贴技术。

我项目为保证这些技术的实施，成立了推广领导小组，并制定计划。

### 5.4　取得的经济和社会效益

#### 5.4.1　经济效益

通过以上新技术应用，截止至2005年5月20日，共计节约钢材731.4t，木材11m$^3$，水泥4403t，共获得经济进步效益595.43万元，进步效益率为2.24%。

#### 5.4.2　社会效益

自开工以来，运用先进的技术和管理体制，将技术和施工融为一体，建设出高效、优质的工程。在施工期间没有发生安全事故，同时成为文明施工现场工地。

依托科技进步，通过推广应用新技术、新工艺、新材料、新设备，对工程的难点和重点进行技术攻关，向科技要质量，向科技要效益。

# 第七篇

# 东莞玉兰大剧院施工组织设计

**编制单位：** 中建五局广东公司

**编 制 人：** 赵源畴　秦裕民　张　剑　谭　青　刘忠林　左建新　陈　强　胡跃军　陈耀毅

**审 核 人：** 史如明

**【简介】** 本工程结构复杂，层高大，跨度大，大型构件和设备整体吊装，难度较大；同时，作为剧院，对声、光的要求较高。本施工组织设计对重点、难点的把握准确，相应的施工技术措施得当。尤其是针对剧院的噪声控制，从设计、材料、施工质量等方面进行了描述，抓住了剧院的特点，对超大跨、超高悬空大梁、大跨度转换梁的施工等也做了详细阐述，值得借鉴。

# 目 录

# 1　工程项目简述

东莞大剧院系广东省规模最大、功能最齐的特大型剧院工程，总建筑面积 43997m$^2$，建筑高度 59m，包括一个 1606 座大剧院和一个 409 座的多功能实验剧院及配套的公众文化娱乐活动区，由世界著名的加拿大卡洛斯·奥特建筑师事务所提出总体方案，同济大学建筑设计研究院担任总设计，中国建筑第五工程局总承包。

工程采用一个正锥与一个倒锥相贯而成芭蕾舞演员摆裙造型，钢筋混凝土—钢桁架交叉组合大空间结构，综合应用了多种混凝土结构和钢结构形式，西侧为内倾 62°正锥干挂花岗石幕墙，东侧为外倾 72.65°点支玻璃幕墙（见图 1-1）。

图 1-1　东莞大剧院

作为国际先进的剧院，该工程采用多种国际领先声学措施和智能化舞台。在声学方面应用了隔声墙、隔声屋面、虹吸雨排水系统、吸声墙面、减振基础和浮筑地面等多种新型施工工艺。大剧院舞台分左、右、中、后四个区，可做平移、升降、倾斜和旋转等变换；多功能实验剧场活动观众席全部位于升降舞台上，通过调整升降舞台高度及座椅位置、方向，以实现舞台形式变化，来适应如小型室内乐、话剧、舞蹈、戏曲、时装表演、报告、会议等各种不同的需求。

该工程造型独特，曲线多，内部空间复杂且跨度大，智能化程度高，各种结构犬牙交错，综合布线系统复杂，混凝土结构最大跨度 34.7m，最大凌空高度 48.2m；钢结构最大跨度 56m，最大安装高度 59m，共有 25 个安装子系统需进行综合布线，极大地增加了工程的测量控制精度和施工安装难度。

# 2 工程概况

## 2.1 工程建设概况（见表2-1）

工程建设概况一览表　　表2-1

| 工程名称 | 东莞大剧院 | | 工程地址 | 东莞市新城市中心鸿福路南侧 | |
|---|---|---|---|---|---|
| 建设单位 | 东莞市城市建设工程总指挥部 | | 勘察单位 | 广州地质勘察基础工程公司 | |
| 设计单位 | 同济大学建筑设计研究院 | | 监理单位 | 广东工程建设监理有限公司 | |
| 质量监督 | 东莞市质监站 | | 总包单位 | 中国建筑第五工程局 | |
| 主要分包工程 | 钢结构、幕墙、舞台机械、灯光音响、智能化系统 | | | | |
| 建筑安装合同工期 | 523天 | 建筑安装合同额 | 9500万 | 总投资额 | 6.18亿 |
| 工程主要功能及用途 | 1606座歌剧院、409座实验剧场，大型文化艺术活动主场地及高级景观休闲区 | | | | |
| 建筑功能分布概况 | 地下室 | ① 车库、储藏室、器材库；<br>② 舞台设备台仓及控制室；<br>③ 排风、空调、发变电、冷冻、消防等设备机房、控制间及配套辅助设施（消防水池等）；<br>④ 乐队休息、工作场所 | | | |
| | 首　层 | ① 歌剧院、实验剧场观众厅及静压箱等辅助设施；<br>② 大厅及前厅、展览厅、商场等公共空间；<br>③ 贵宾休息室、剧团会议室、化妆间、道具室等服务用房；<br>④ 电台广播、网络设备等设备机房及控制间 | | | |
| | 二　层 | ① 歌剧院池座，光控、声控、音响等控制间；<br>② 前厅、咖啡厅等公众休息、娱乐空间；<br>③ 剧团会议室、化妆间、道具室等服务用房 | | | |
| | 三　层 | ① 实验剧场光控、声控、音响等控制间；<br>② 办公室 | | | |
| | 四　层 | 厨房、休息厅等 | | | |
| | 五　层 | 排演厅、指导练习室、服装间等 | | | |
| | 六　层 | 电梯机房、空调机房等 | | | |
| | 七层以上 | 库房、舞台机械控制室、电梯机房等 | | | |

## 2.2 工程建筑设计概况（见表2-2）

东莞大剧院占地面积9628m$^2$，建筑面积43977m$^2$，地下2层，地上8层，檐高59m。立面为优美舞姿摆线造型，平面由四段圆弧呈扇形组成，东西最长114m，南北最长117m。

**建筑设计概况一览表** **表 2-2**

<table>
<tr><td>占地面积</td><td colspan="2">9628m²</td><td>首层建筑面积</td><td>8990m²</td><td>总建筑面积</td><td>43977m²</td></tr>
<tr><td rowspan="3">层数</td><td>地上</td><td>8层</td><td>建筑总高度</td><td>59m</td><td>地上面积</td><td>32209m²</td></tr>
<tr><td rowspan="2">地下</td><td rowspan="2">2层</td><td>地下室标高</td><td>−12.0m<br>−5.6m/−4.8m</td><td>地下面积</td><td>11768m²</td></tr>
<tr><td>室外地坪标高</td><td>−1.0m</td><td>基地面积</td><td>36010m²</td></tr>
<tr><td rowspan="2">楼层层高</td><td colspan="2">地下</td><td colspan="4">地下一层：6.6m/5.6m/4.8m；地下二层：6.4m</td></tr>
<tr><td colspan="2">地上</td><td colspan="4">首层：4.2m/5.2m；二层：3.2m/4.2m/7.7m；三层：3.5m/3.7m<br>四层：4m；五层：4m/8.5m；六层：4.5m；七层：4m；<br>八层：3.5m/4.5m</td></tr>
<tr><td rowspan="6">装饰</td><td colspan="2">外墙</td><td colspan="4">① D14 轴→D1 轴→C11 轴→C1 轴，顺时针旋转点支玻璃幕墙，墙顶标高 17.93～34.57m；<br>② B11 轴→D1 轴→A1 轴→B1 轴→C1 轴→D1 轴→D5 轴，逆时针旋转干挂花岗石幕墙，墙顶标高 59～38m</td></tr>
<tr><td colspan="2">楼地面</td><td colspan="4">细石混凝土楼面、同质防滑地砖楼面、磨光花岗石楼面、木地板楼面、抗静电活动地板</td></tr>
<tr><td colspan="2">顶棚</td><td colspan="4">乳胶漆平顶、T形轻钢龙骨 FC 板吊顶、轻钢龙骨铝板吊顶、防水砂浆平顶、轻钢龙骨石膏板乳胶漆吊顶、轻钢龙骨矿棉吸声板吊顶、防霉涂料平顶</td></tr>
<tr><td colspan="2">内墙</td><td colspan="4">水泥砂浆乳胶漆墙面、水泥砂浆防霉涂料墙面、磨光大理石墙面、复合铝板墙面、FC 板吸声墙面、瓷砖墙面</td></tr>
<tr><td colspan="2">楼梯</td><td colspan="4">同质防滑地砖楼地面、水泥砂浆乳胶漆墙面、乳胶漆平顶</td></tr>
<tr><td colspan="2">电梯厅</td><td colspan="4">抛光花岗石楼地面、抛光大理石墙面、轻钢龙骨铝板吊顶、穿孔铝板吊顶</td></tr>
<tr><td rowspan="3">防水</td><td colspan="2">地下室</td><td colspan="4">SIK 涂料防水、APP 卷材防水、防水混凝土自防水</td></tr>
<tr><td colspan="2">屋面</td><td colspan="4">细石混凝土（加筋）刚性防水、三元乙丙卷材防水、高分子涂料防水；复合金属屋面板防水</td></tr>
<tr><td colspan="2">厕浴间</td><td colspan="4">高分子涂料两度，四周卷起 150mm 高</td></tr>
<tr><td>保温节能</td><td colspan="6">本工程使用了新型节能材料，框架填充墙材料采用 200mm 厚（100mm 厚）加气混凝土砌块、200mm 厚多孔砖、部分围护墙采用轻质加气混凝土板</td></tr>
<tr><td>绿化</td><td colspan="6">本工程绿化率为 37%，具体待业主指定分包商负责设计、施工</td></tr>
<tr><td>其他需要说明的事项</td><td colspan="6">①本工程防火等级一类，耐火等级为一级，采用防火墙划分防火分区；<br>②本工程入口为钢筋混凝土大台阶结构，室外为大型景观设计，靠鸿福路设两个进风口；<br>③本工程凡有水的房间楼地面必须做好排水坡，排水坡度不小于 0.5%，坡向从门口坡向地漏；<br>④室内门窗：防火门采用甲、乙级木质防火门；检修门采用丙级防火门；隔声门采用钢木质隔声门；密闭门采用钢木质密闭门（应满足气密性要求）；<br>⑤室内装修由二次装修设计完成，待业主指定单位设计，办公室均需做窗帘盒；<br>⑥本工程与其他设备专业预埋件、预留孔洞位置及尺寸详见各工种详图</td></tr>
</table>

## 2.3　工程结构设计概况（见表2-3）

结构设计概况一览表　　**表2-3**

| | | | | |
|---|---|---|---|---|
| 地基基础 | 人工挖孔桩 | 桩径（mm）：1300、1000、800 | 持力层：中风化花岗石 | 单桩承载力（kN）：8200、5700、2500 |
| | 预应力管桩 | 桩径（mm）：500、400 | 持力层：强风化花岗石 | 单桩承载力（kN）：2200、1400 |
| | 箱、筏 | 底板厚度（mm）：1600、1000 | 顶板厚度（mm）：180、160 | 外墙厚度（mm）：800、600、500 |
| 主体 | 结构形式 | 地下室底板为桩基承台筏板；地上采用钢筋混凝土框架—剪力墙结构；局部采用钢结构；屋盖主要为钢结构屋架，局部为钢筋混凝土结构 | | |
| | 主要结构尺寸（mm） | 梁 | （250～800）×（500～4950） | |
| | | 板 | 100、120、150、160、180、500 | |
| | | 柱 | 600×600、800×800、1000×（800～1400） | |
| | | 墙 | 800、600、500、400、200 | |
| 抗震设防等级 | | 框架三级、剪力墙二级 | 人防等级 | |
| 混凝土强度等级及抗渗要求 | 底板 | 负一层 C30，P6<br>负二层 C30，P8 | 墙体 | 负二层外墙：C30，P8<br>负一层外墙：C30，P6<br>内墙：C35 |
| | 梁 | 非预应力梁：C35<br>预应力梁：C40 | 楼板 | C35 |
| | 柱 | C35 | 水箱 | C30，P6 |
| | 其他 | 构造混凝土强度等级采用C20 | | |
| 钢筋 | | HPB235钢、HRB335钢；粗钢筋连接采用镦粗钢筋直螺纹连接；直径14mm以下钢筋采用搭接连接；直径16mm以上钢筋竖向采用电渣压力焊，横向采用闪光对焊；局部处理采用搭接电弧焊 | | |
| 钢结构 | | Q345B、Q235B钢材，10.9S级高强螺栓，焊材采用低氢焊条或焊丝；高强螺栓采用摩擦型，连接处构件应采用喷砂作表面处理，抗滑移系数 $\mu$ 值大于等于0.45；焊接连接采用坡口焊缝，质量等级按二级以上控制，受拉对接焊缝应按一级焊缝控制 | | |
| 其他需说明的事项 | | 钢结构的深化设计及幕墙设计待业主选定的分包商完成，报同济大学设计研究院审批；钢结构防锈、防腐涂料类型待业主定 | | |

## 2.4　建筑安装设计概况（见表2-4）

设备安装概况一览表　　**表2-4**

| | | |
|---|---|---|
| 给水 | 冷水 | 生活给水系统：由市政供水管网以 *DN*150 管引入地下一层生活水泵房，室外预留 *DN*100 绿化及喷水池接口管；泵房设两台生活贮水箱，由变频调速泵分区供水；另一路 *DN*100 管道引至屋顶消防水箱内 |
| | 热水 | 生活热水系统：地下一层水泵房设两台48kW电热锅炉，干、立管循环，制备出的热水由水泵分别送至各用水点 |

续表

| | | |
|---|---|---|
| 排水 | 污水 | 生活排水系统采用污废合流设计，污水系统立管设专用通气管，室内污水由底层分多处汇集后排至室外；地下层设集水坑，排水汇集后由污水泵提升排出室外；空调机房排水经收集后直接排出室外 |
| | 雨水 | 雨水排放系统以自重排放为主，屋面雨水收集采用虹吸雨水系统，雨水收集后经悬吊管、雨水立管排入市政雨水排水管网 |
| 强电 | 高压 | 采用两路10kV高压电源，引入地下一层变电站，另设两个变电所，1号供南侧动力、照明（总容量2500kV·A），2号供北侧动力、照明及冷冻机组（总容量4450kV·A），两路独立供电，平时分列运行各带50%负荷，当一路电源失电时，另一路电源可带全部100%负荷。地下一层另设置两台1000kW自备应急柴油发电机组并机运行，保证消防设备及重要设备的可靠供电 |
| | 低压 | 电力使用380V（单相设备使用220V），照明使用电压为220V，均采用树干式和放射式混合方式配电或链式配电；采用集中式大楼应急疏散指示灯供电系统，连续供电时间不小于30min，可向消防中心发出信号 |
| | 接地 | 接地形式采用TN-S系统，三相四线接地，零线与相线同截面，工作接地、等电位接地、电气设备保护接地、等电位连接接地以及其他电子设备的功能接地合用同一接地体 |
| | 防雷 | 本工程为二类防雷，为防直击雷，屋顶设置避雷带、避雷针和利用金属屋面作为接闪电器，利用柱内外侧主筋钢筋作引下线，接地极利用建筑物基础及承台内主筋 |
| 弱电 | 有线电视 | 由线槽引至电视终端，吊顶内明敷外，其余均暗敷；分支器位置集中设置在弱电井内 |
| | 综合布线 | 由线槽引出至单孔、双孔信息终端及光纤终端，吊顶内明敷外，其余均暗敷 |
| | 安保系统 | 由线槽引至每个摄像机和门禁设备，吊顶内明敷，其余暗敷；具体穿线由承包商指导，电源线（24V）与视频电缆及控制线在同一线槽内敷设；共有彩色摄像机26台，黑白摄像机52台 |
| | 楼宇自控 | 自控系统设备电源由控制中心集中供电，具体由业主指定分包单位设计到位，各设备机房内末端管线由业主指定系统工程方负责；凡与电气控制箱二次回路交流220V以上电压有直接控制及反馈的线路均在电气控制箱处设中继转换器，使之转变为接点信号或低电压线路 |
| | 广播系统 | 平面敷管线，在吊顶内扬声器用金属软管到位，明敷管线应做防火处理 |
| 中央空调系统 | | ① 冷源选用两台制冷量为1600kW及1台制冷量为800kW的水冷螺杆式冷水机组。冷水机组、冷冻水循环泵、冷却水循环泵置于地下一层冷冻机房，冷却塔置于标高28.45m屋面；<br>② 底层咖啡吧、艺术品商场、贵宾休息室及售票厅设置3套30HP，变频变冷媒风冷热泵直联机组；新风排风采用全热交换器；<br>③ 空调水系统采用二管制异程式系统，末端空调箱回水管上设置比例式电动两通阀与动态平衡阀组合为一体的流量控制阀，末端风机盘管回水管上设置开关式电动两通阀与动态平衡阀的组合阀；<br>④ 空调风系统及气流组织：大剧院舞台分为两个空调系统，歌剧院观众厅一个空调系统，观众席送风方式为座位下送方式，回风为上回方式；实验剧场一个空调系统，采用上送（叶片可调式旋流风口）侧下回方式；进厅、回廊、餐厅、休息厅等采用两台组合式空调机，送风方式采用旋流风口上送、喷口侧送、双层百叶侧送等方式；办公、化妆间等采用风机盘管加新风系统；合唱排练厅、歌剧排练厅、芭蕾舞排练厅采用组合式空调箱；底层钢琴存放间采用独立风冷恒温恒湿机组；七层计算机房采用机房专用机组 |

续表

<table>
<tr><td colspan="2">通风系统</td><td colspan="4">① 地下室2号变配电房采用机械式送排方式，地下室1号变配电房采用自然进风；<br>② 冷冻机房、水泵房采用机械进风、机械排风的通风方式；<br>③ 歌剧、合唱、芭蕾舞厅排练厅设有排风系统，排风量为新风量的90%；<br>④ 歌剧院、小剧场设有带变频控制装置的排风机，排风量通过新风阀、回风阀、排风阀联动控制；<br>⑤ 所有卫生间均设有机械排风系统；<br>⑥ 灶具通风待厨房工艺确定后，由工艺提供通风量</td></tr>
<tr><td colspan="2">采暖供热系统</td><td colspan="4">冬季供暖采用一台电加热间接式锅炉，输出热量为1060kW，备制成供回水温度为60℃/50℃的热水供冬季空调系统用，空调热水循环泵利用一台冷冻水循环泵。电加热间接式锅炉输出热量1060kW</td></tr>
<tr><td rowspan="4">消防系统</td><td>火灾报警系统</td><td colspan="4">共分11个回路，为一线保护设置火灾报警系统，形式为集中报警，通风、排烟、喷淋、消火栓、广播、卷帘门、电梯、消防电源等系统联动控制，探测器为烟感探测器和温感探测器，剧场内设置图像感烟和双波段火灾探测器</td></tr>
<tr><td>防、排烟系统</td><td colspan="4">① 楼梯间、合用前室分别设置正压送风系统，正压风机设置在楼梯间顶层，楼梯间送风口为常开风口，合用前室为常闭风口，火灾时打开着火层以及着火层上一层送风口；<br>② 歌剧院的观众厅、小剧场排烟量按90$m^3$/($m^2$·h)计算；<br>③ 歌剧院主舞台排烟量按换气次数6次/h计算，歌剧院后舞台、侧舞台、台仓排烟量按换气次数6次/h计算，两个侧台、后台、台仓合用竖向排烟系统，小剧场台仓排烟系统排烟量为13000$m^3$/h；<br>④ 合唱、歌剧、芭蕾舞排演厅排烟量按60$m^3$/($m^2$·h)计算；<br>⑤ 地下室辅助用房、底层贵厅休息厅、七层餐厅、地下车库及不符合自然排烟要求的内走廊分别设置机械排烟系统。<br>进厅部分采用自然排烟方式，各层平台按不大于500$m^3$一个防烟分区加设挡烟垂壁，火灾时的烟气经设置在顶部的电动排烟窗排至室外</td></tr>
<tr><td>自动喷淋系统</td><td colspan="4">防火分隔水幕采用$K=102$的雨淋式水幕喷头，最低工作压力为0.20MPa；雨淋系统采用$K=80$的开式雨淋喷头，最低工作压力为0.10MPa；喷淋泵$P=120$kW 2台，雨淋泵$P=90$kW 2台，水幕泵$P=37$kW 3台；根据使用功能不同，分别采用快速响应闭式喷头或快速响应早期抑制型喷头</td></tr>
<tr><td>消火栓系统</td><td colspan="4">消防箱内置*DN*65室内消火栓、25m水龙带、$\phi$19水枪一套或两套（详见图纸要求），每处消防箱附近应设MFZL3型手提灭火器3具，消防泵$P=37$kW 2台</td></tr>
<tr><td rowspan="8">电梯</td><td>编号</td><td>用　途</td><td>起止层数</td><td>定位轴线</td><td>洞口尺寸（mm）</td></tr>
<tr><td>B01</td><td>客梯兼消防梯</td><td>-2F~8F</td><td>Ⓒ-Ⓓ/④-⑥</td><td>2550×2250</td></tr>
<tr><td>B02</td><td>客梯兼消防梯</td><td>-1F~8F</td><td>Ⓒ-Ⓓ/⑤-⑥</td><td>2650×2250</td></tr>
<tr><td>B03</td><td>大型客货梯消防梯</td><td>-2F~5F</td><td>Ⓝ-Ⓜ/④-⑥</td><td>5400×3200</td></tr>
<tr><td>B04</td><td>客梯兼消防梯</td><td>-1F~4F</td><td>Ⓝ-Ⓜ/⑫-⑬</td><td>2600×2250</td></tr>
<tr><td>B05</td><td>客梯兼消防梯</td><td>-1F~4F</td><td>Ⓝ-Ⓜ/⑫-⑬</td><td>2600×2250</td></tr>
<tr><td>B06</td><td>客梯兼消防梯</td><td>-1F~5F</td><td>Ⓑ-Ⓒ/⑫-⑬</td><td>2600×2250</td></tr>
<tr><td>B07</td><td>客梯兼消防梯</td><td>-1F~5F</td><td>Ⓑ-Ⓒ/⑫-⑬</td><td>2500×2250</td></tr>
</table>

续表

| | 编号 | 用　途 | 起止层数 | 定位轴线 | 洞口尺寸（mm） |
|---|---|---|---|---|---|
| 电梯 | B08 | 景观电梯 | －1F～4F | Ⓠ－Ⓡ/⑲－⑳ | $\phi$2400 |
| | B09 | 景观电梯 | －1F～4F | Ⓠ－Ⓡ/⑱－⑲ | $\phi$2400 |
| | B10 | 景观电梯 | －1F～4F | Ⓢ－Ⓣ/⑭ | $\phi$2400 |
| | B11 | 工作梯（主舞台） | －2F～8F | Ⓙ－Ⓚ/⑤－⑥ | 2100×1400 |
| | B12 | 工作梯（侧舞台） | －1F～7F | Ⓑ－Ⓒ/⑪－⑫ | 2100×1400 |
| | B13 | 客货梯（厨房） | 1F～5F | Ⓠ－Ⓡ/⑫－⑬ | 1850×1600 |
| | B14 | 客梯（实验剧场贵宾） | 1F～2F | Ⓤ/⑤－⑦ | 1850×1700 |
| | B15 | 客梯（歌剧院贵宾） | 1F～4F | Ⓗ－Ⓘ/㉑－㉓ | 1850×1700 |
| | B16 | 客货梯（员工厨房） | 1F～7F | Ⓙ－Ⓚ/③－④ | 2000×1900 |

其他需说明的事项：

①地下一层柴油发电机房水喷雾灭火系统和屋顶虹吸排水系统由设备承包商提供施工安装图；

②建筑智能化、舞台机械、灯光音响及混响、高压供配电由专业单位设计报批后施工

## 2.5 施工环境及自然条件

### 2.5.1 气象条件

本项目所处地区属亚热带海洋季风气候，终年温暖、湿润、雨量充足，10月至次年春季一般为晴朗、少雨天气，对工程结构施工比较有利，但仍要做好防阵雨的准备，特别是季节变换的时候。

### 2.5.2 地形条件

本工程位于新城市中心区，西面及北面临近城市主干道路，场内区域平坦规整，结构施工条件较好，但可用场地面积较少，在原材料、半成品、成品的堆放及加工场地的安排上，要注意交叉、立体调度。

### 2.5.3 场区及周边地下管线

本建筑物场址为新的开发区，东面有地下管线穿过，南面有一高压线路（待拆除），施工中应注意保护和安全。

## 2.6 工程主要特点及难点

（1）剧院功能齐全，平面及空间布置复杂，声学要求高，舞台机械安装难度大

本工程包括1606座的歌剧院和409座的多功能剧场，歌剧院可满足大型歌剧、响乐、芭蕾舞剧、大型综艺演出，多功能实验剧场可满足小型室内乐、话剧、舞蹈、戏曲、时装表演、报告、会议等不同要求，其功能要求造成建筑平面布置以及各功能使用空间的布置极其复杂，建筑分层不明确，各专业工程交叉、关系复杂，给施工组织带来极大的难度。

同时，由于剧院对声学的要求很高，从而对建筑结构、装饰构造能及内部空间的曲线造型提出了严格的要求，对建筑墙体、屋面和地面提出了极高的声学要求，对内部构造的外轮廓线条和表面光滑（粗糙）度提出了较精细的要求，形成了剧院建筑构造复杂、内部空间定位精细及专业间交叉作业成品保护要求高等施工难点。

整个舞台机械系统贯穿整个内部建筑空间，施工管理难度大。平面上自东向西采用收缩式布置，依次为沿摆线展开的公众活动区，底面倾斜的台阶式扇形曲面观众厅和长方形的小剧院，中心“T”形舞台区，围绕舞台的弧形演员活动区和办公区，平面布置形状多样，相互关系复杂，结合紧密（见图2-1和图2-2）。

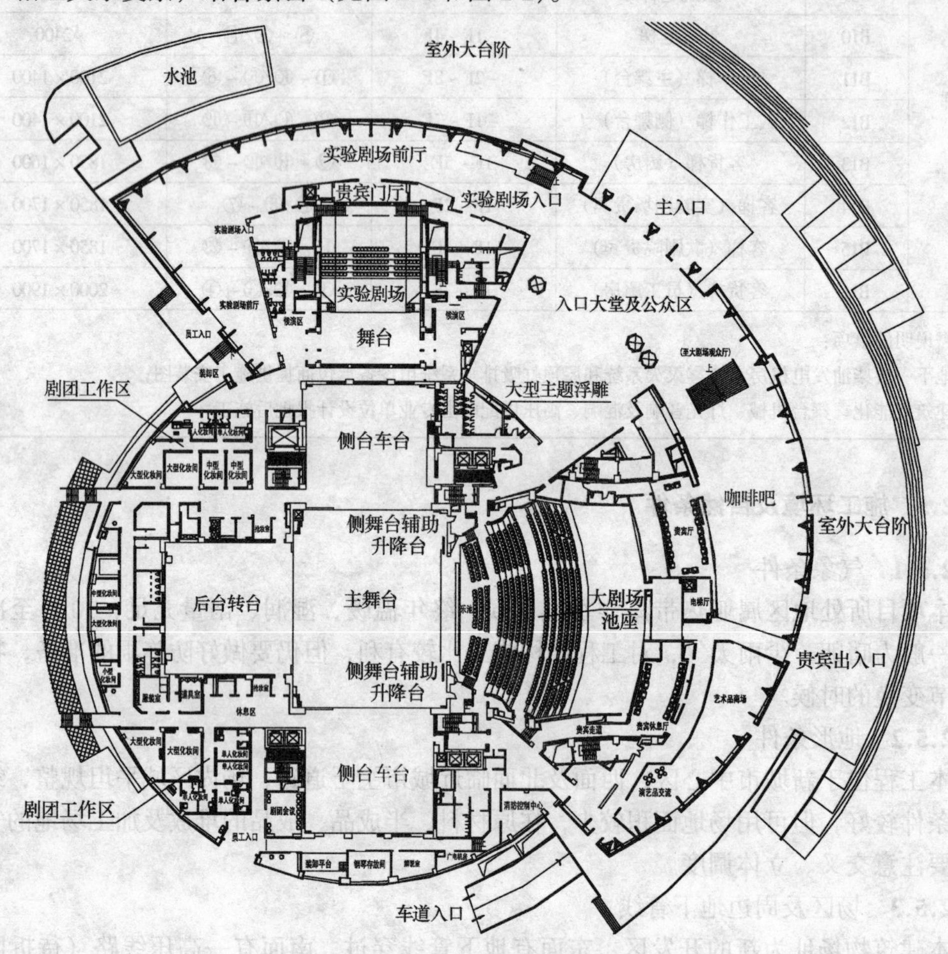


图2-1　大剧院平面图

作为多功能现代化剧院，智能程度高，高、精、尖的智能设备、自动化控制设备多，材料种类繁杂，采购量大，采用的建筑新技术、新工艺多，系统设计先进，功能齐全，功能上，舞台区采用了复杂的综合隔声砌体技术和隔声屋面系统，舞台地面采用了复合减振柔性地面，地下室采用了综合防水技术，并采用了大型设备减振基础等多种国际先进的施工工艺，四新技术的广泛应用也增大施工管理的难度。

(2) 系统复杂，总包管理难度大

本工程建筑造型复杂，定位坐标系多，相互关系复杂，由四个不在一个圆心、直径不同的扇形组成一个类似圆形的结构，四个圆心的放射性轴线控制不同的范围，中心舞台区是一个往上收缩的结构，四周的柱均是往上斜的斜柱，且异形柱多，墙柱定位复杂，结构层次繁多、交错多、曲线多、预埋预留多，要求测量精度高，系统性强。

总包管理项目多，包括土建、钢结构、幕墙、给排水、供配电、空调、二次装修、门

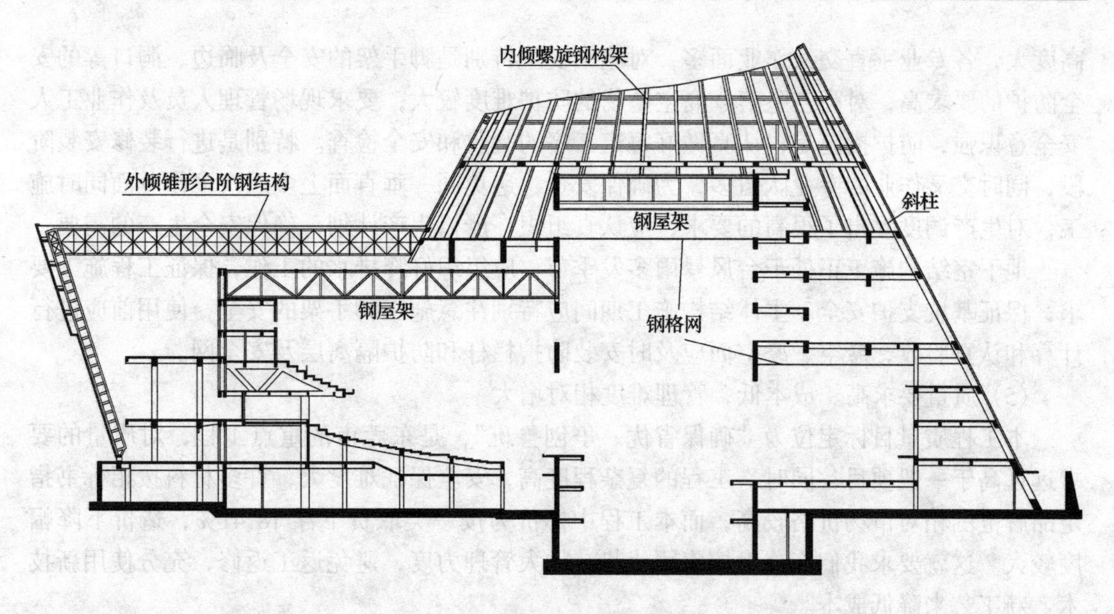


图 2-2 沿观众厅中线剖切面

窗、建筑智能化、燃气、舞台设备、观众厅座椅、可调混响装置、灯光、音响、声学调试、白蚁防治等。施工内容牵涉专业多、主管部门多，技术含量高，质量要求高（争创鲁班奖），总包管理的复杂性、高难度较突出。

这就决定了工程必须采取系统化、信息化的管理办法，建立现代化信息管理平台，系统管理、合理调度、提高效率是本工程管理的必要措施和一个重大课题。

(3) 工期紧迫，结构复杂，工作量大

本工程工期仅为 523 天，2004 年 6 月 15 日必须完成土建主体的施工，2004 年底必须完成全部施工内容，施工工期相当紧张。

本工程主体为框剪结构，屋面为钢结构体系，外立面为幕墙，结构形式多，各形式交叉布置，形式复杂。异形构件多，有大量弧形墙、梁、楼梯、双曲楼板和高大独立圆柱、斜柱、异形柱；钢管柱、劲性柱、钢连桥、钢架屋盖等钢结构安装精度要求高，吊装难度大。超高凌空结构多且构件尺寸大，主舞台上空格构梁底凌空高度达 48.2m，梁截面为 350mm × 1000mm，跨度最大达 30m；钢屋架下弦凌空高度达 48.2m，跨度达 30m；舞台左右后侧均为超高凌空钢筋混凝土预应力梁板，凌空高达 16.9m，梁最大截面 600mm × 4950mm，跨度达 20m；观从厅上空八层预应力转换大梁梁底凌空高度 30.5m，梁截面为 600mm × 3600mm 和 700mm × 4000mm，跨度分别为 31m 和 34.7m。

相对工期紧迫，结构复杂，混凝土构件的截面尺寸大，跨度大，钢筋含量高，特别是地下室底板厚 1000mm 和 1600mm，而地上部分深梁、大梁多，形成了混凝土浇筑较集中，大体积混凝土浇筑较多的特点，从而突出了主体结构施工时间短、工作量大的特点。

在质量要求高且技术难度很大的条件下，尽可能地考虑到一些不可预见的因素，并准备必要的应急措施和防范措施，制定切实可行的专项方案，合理而具体地安排施工计划是确保结构工程安全、高速、高质量完成的必要手段。

(4) 体形复杂，凌空大型构件多，安全要求高

本工程体形复杂，建筑物内结构层次多，悬空面多且凌空的大型钢筋混凝土构件多，

高度大，各专业垂直交叉作业面多，对施工安全特别是脚手架的安全及临边、洞口等的安全防护的要求高，对高空坠落、高空坠物的防护难度较大，要求现场管理人员及作业工人安全意识强，防护措施足，认真做好每道工序的验收和安全检查。特别是进行装修安装阶段，同时交叉作业的专业队伍多，为确保安全，避免同一垂直面上多层次多作业面同时施工，对生产调度提出了很高的要求，应认真组织，严格生产计划，确保安全生产的需要。

地下室结构施工正处于台风暴雨多发季节，应组织好降排水的工作，保证工程施工要求，保证基坑支护安全。主体结构施工期间应特别注意施工脚手架的安全，使用前应进行计算和认真验收，悬空、凌空面应及时安装防护栏杆和防护隔离层及安全网。

(5) 质量要求高、成本低，管理难度相对增大

本工程质量目标定位为“确保省优、争创鲁班”，是东莞市的重点工程，对质量的要求远远高于一般项目；同时，工程的复杂程度高，安全保证难度大，许多材料按招标书指定品牌范围相对市场价格较高，而本工程中标价为按一类取费下浮 18.41%，造价下降幅度较大。这就要求我们充分发挥集团优势，加大管理力度，避免返工返修，充分使用新技术、新工艺来降低成本。

质量方面各工种、各道工序的施工技术交底，分项工程的质量检查、验收、评定等，都必须严格按规范标准和设计要求进行。对重点质量难题，应组织 QC 小组进行攻关，并努力推广应用一些新技术、新工艺，做到项目落实、人员组织落实以及技术措施落实。

(6) 大体积混凝土和弧形长墙施工

本工程地下二层底板厚 1.6m，地下一层底板厚度为 1m，属于大体积混凝土，必须在施工工艺上保证其浇灌强度，不致因施工原因而引起施工冷缝和温度裂缝，并取得设计院和业主、监理的支持，合理安排施工保证措施，以确保工程质量。

地下室一层弧形长墙总长达 420 多米，以后浇带分为四段，一次整浇混凝土墙体最长达 198m，避免因施工原因引起施工冷缝和温度裂缝，也是本工程的一个难点，应在测量上保证长墙定位准确，并在混凝土中添加适量的聚丙烯纤维，加强混凝土的抗裂抗渗性能。

(7) 钢结构工程安装精度高，与土建交叉多，对接及吊装难度大

本工程钢结构包括钢管柱、劲性柱、钢边桥、型钢网架、钢屋架、钢楼梯及舞台结构支承体等，类型多，预埋件多，要求的安装精度高，对土建的要求高于土建规范标准，从而加大了土建的施工难度，对混凝土浇筑过程中预埋件的平面位置、标高、垂直度、扭转度应进行全面监测，随时校位。

外弧钢屋架最大跨度达 56m，最重达 48t，吊装高度最大 35m；舞台区上空钢屋架凌空高度达 46.5m，跨度达 30m，重 11t，型钢网架凌空高度达 39.5m；舞台钢梁支承为自动控制整体活动支座，拼装精度高，自重大，承受荷载大，制定合理的拼装、吊装方案是本工程的一个难点，保证运输过程中的构件不变形、不损伤是保证质量的必要措施。

(8) 幕墙形状控制困难，防水要求高（见图 2-3 和图 2-4）

由于本工程造型需要，采用正锥花岗石幕墙与倒锥点支玻璃幕墙相贯的形状，其形状为不规则弧形曲面，在三维空间上都是变化的，其中干挂石材墙面约 7000m$^2$，玻璃幕墙约 10500m$^2$。其中约需不规则石材 4500 余块，最大尺寸为 2100mm × 1400mm × 40mm；玻璃共 2300 余块，最大尺寸为 2550mm × 3500mm，采用 12mm 透明钢化玻璃 + 1.52mm PVB + 10mm透明钢化玻璃 + 12mm 中空层 + 10mm 钢化 Low-E 玻璃（Low-E 膜朝中空层）夹胶中

空玻璃，每一块尺寸均不一样，对块材的下料和加工精度要求高，特别是与混凝土结构相交的界线曲折多样，增加了节点连接和防水的难度。

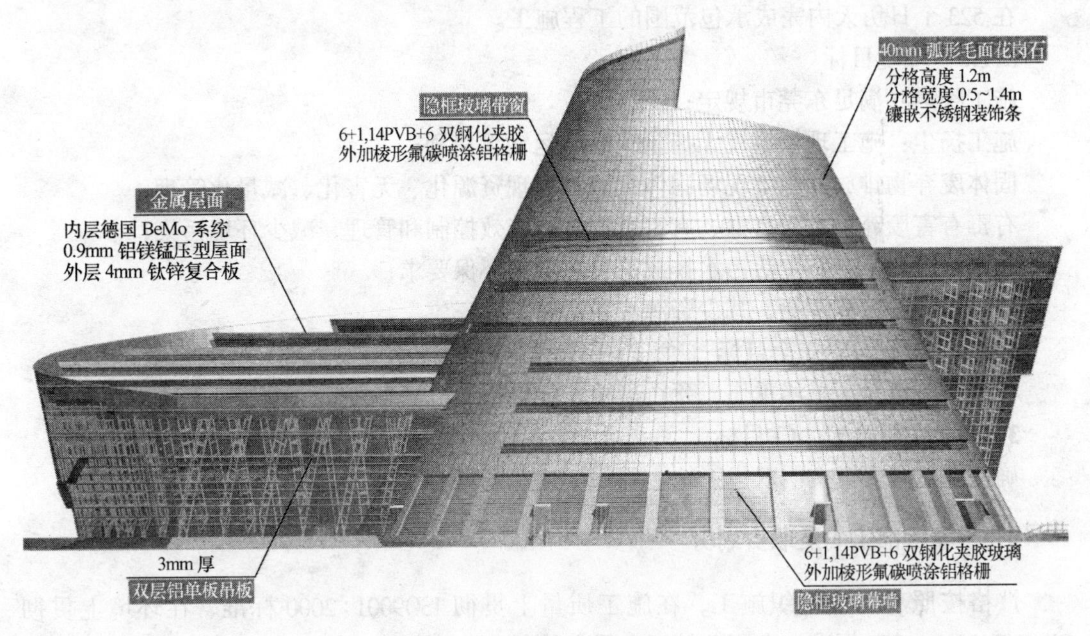


图 2-3　大剧院立面布置图一

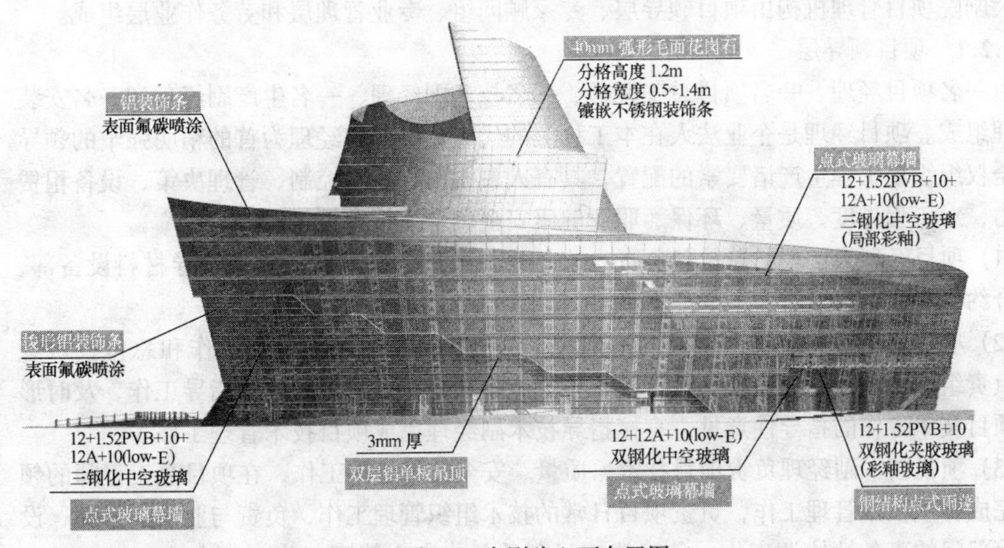


图 2-4　大剧院立面布置图二

# 3　施工部署

## 3.1　施工管理目标

### 3.1.1　质量目标

总体质量目标：达到国家施工及验收规范规定，确保广东省优质样板工程，确保中建总公司优质工程金奖，争创“鲁班奖”。

**3.1.2** 工期目标

在523个日历天内完成承包范围的工程施工。

**3.1.3** 环境目标

施工噪声：满足东莞市规定；

施工扬尘：施工现场目视无扬尘，道路运输无遗洒；

固体废弃物排放：施工现场固体废弃物实现资源化、无害化、减量化管理；

有毒有害废弃物：对有毒、有害废物进行有效控制和管理，减少环境污染；

污水排放：生产、生活污水排放符合东莞市环保要求；

资源管理：节能降耗，减少资源浪费。

**3.1.4** 职业健康安全目标

杜绝火灾事故，杜绝重伤、死亡事故，杜绝重大机械事故。

**3.1.5** 文明施工、CI目标

确保广东省安全文明双优工地，确保中建总公司CI金奖工地。

## 3.2 项目部组成及职责划分

严格按照项目法组织施工，在施工质量上贯彻ISO9001:2000标准、在环境上贯彻GB/T 24001—1996标准、在职业健康上贯彻执行GB/T 28001—2001标准。

大剧院项目管理机构由项目领导层、专家顾问组、专业管理层和劳务作业层组成。

**3.2.1** 项目领导层

由一名项目经理、一名项目总工程师、一名技术副经理、一名生产副经理和一名安装副经理组成。项目经理是企业法人在本工程上的代表，以项目经理为首的精明强干的领导班子全权组织该工程生产诸要素的配置，具有人事调动、成本控制、管理决策、设备租赁的权力，对工程进度、质量、环保、职业健康安全负全面领导责任。

(1) 项目经理为工程的总承包负责人，是整个项目的决策者，直接领导材料设备部、成本合约部。

(2) 项目总工程师是整个项目的策划者，负责项目总的施工策划工作和总包技术管理，负责组织协调业主、监理、设计院等各方专家和专家顾问组的技术指导工作，及时形成对项目技术工作的指导性意见，直接指导技术副经理完成项目技术管理工作。

(3) 项目技术副经理负责项目技术、质量、安全技术管理工作，在项目总工程师的领导下完成各项技术管理工作，负责项目日常的技术组织管理工作，负责与业主、监理、设计院等部门的事务性协调工作，负责施工过程质量、安全管理工作，负责施工过程的记录、资料整理、信息收集统计和上报等，直接领导项目工程技术部。

(4) 土建生产副经理是项目现场施工组织者，负责本工程的生产组织与管理，负责工程进度的计划和控制，负责施工现场安全文明施工监督组织指导工作。

(5) 项目安装副经理是项目水电、消防、空调等安装工程的施工组织管理工作负责人，直接领导安装工程部。

**3.2.2** 专家顾问组

由局长挂帅、副局长驻点，组织有丰富总包管理经验和专业施工技术经验的管理专家和技术专家组成中建五局东莞大剧院项目专家顾问组，负责对项目部的总包管理和技术管理工作提出原则性的指导意见，充分利用局各兄弟单位的管理和技术经验，确保项目高效、优质地完成。

**3.2.3** 项目管理部门

在部门的设置上，为了便于工程的统一管理，本项目部设置工程技术部、质量安全部、材料设备部、成本合约部、安装工程部和综合办公室“五部一室”。各部门除负责人外全部由各专业工长和内业管理人员组成，负责项目各项工程的具体实施。各部门主要职责如下：

(1) 工程技术部

1）负责工程的施工计划、施工准备与工程实施等日常工作管理；

2）负责工程施工组织设计（方案）、项目质量计划的编制；

3）负责施工复核、技术交底、档案资料、技术资料、材料试验、工程测量等技术管理；

4）负责钢筋翻样、模板翻样等工作。

(2) 质量安全部

1）负责工程质量管理和内部质量监督工作；

2）负责工程的职业健康安全生产、环境保护和文明施工管理和内部监督工作。

(3) 材料设备部

1）负责机械设备配置、使用和现场施工用电的管理；

2）负责材料的采购、验收、发放和现场材料管理。

(4) 成本合约部

1）负责项目成本控制、施工预算、成本核算、合同管理；

2）负责工程材料采购、进场组织、周转材料料具对内租赁等管理。

(5) 安装工程部

1）负责水电、消防、空调等安装工程的施工组织管理工作；

2）协助工程技术部对安装分包单位实施总包管理。

(6) 综合办公室

1）负责现场的后勤、企业文化、党群工作等；

2）负责文件资料的收发工作。

**3.2.4** 项目作业层

由各专业施工队伍组成，在施工中由项目经理部统一指挥，协调工作，项目部按项目法原则组织施工。各专业队根据工程需要进场和撤场，在工期安排上服从项目经理部的统一安排，并根据奖优罚劣的原则组织各专业施工队伍之间展开劳动竞赛，每月进行进度、质量、安全、文明施工等的评比。对评比的内容、检查情况和打分结果进行公示，对各专业队伍中工作积极、工作质量好效率高的个人也要进行奖励并通报表扬，从而促进各专业队伍之间的良性竞争，提高工人工作的积极性，以确保工程高效、优质地完成。

**3.2.5** 项目管理组织机构（见图 3-1）

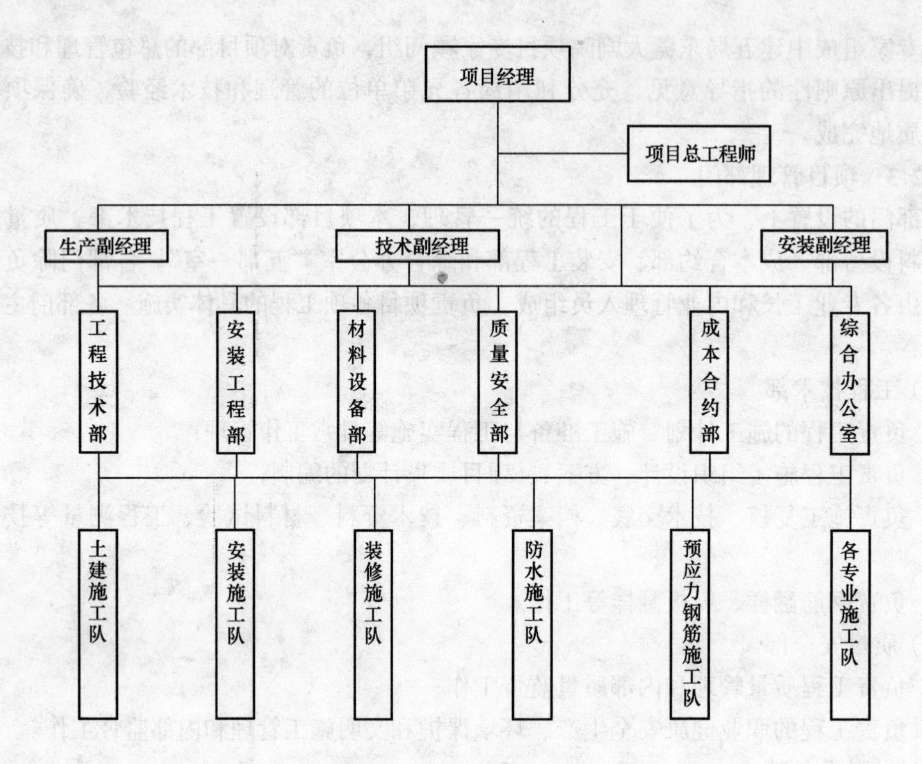


图 3-1 项目管理组织机构示意图

## 3.3 任务的划分及总、分包管理

### 3.3.1 总包合同范围

本工程总包合同包括所有土建、装修、设备安装、水电消防、空调通风、防水、门窗、钢结构、幕墙、建筑智能化、舞台机械、室内二次装修、高压配电、管道燃气及其他完成工程必须涉及的专业工程。

### 3.3.2 业主指定的分包工程

本工程中业主指定分包商的工程包括门窗、钢结构、幕墙、建筑智能化、舞台机械、室内二次装修、高压配电、管道燃气、座椅设备安装等专业工程。

### 3.3.3 总包直接指定的分包工程

本工程我局直接施工范围内的专业工程仅防水工程计划分包，其余桩基础、结构、水电消防、通风空调等工程均由我公司直接施工完成。

### 3.3.4 总、分包的管理

(1) 工程分包策划

1) 项目策划，项目经理组织成本合约部、工程技术部、材料设备部等有关部门，制定分包方案，确定分包项目、分包合同内容、分包商选择方法、分包方式及候选分包商名单。

2) 在分包方案策划时，注意对于性质相同或相近的分包工作，原则上只设定一个分包项目。

(2) 业主指定的分包商

1) 对业主指定并将与我局签订分包合同的分包商，按我局及项目部的有关管理规定进行有效的管理。

2) 对业主直接与之签订分包合同的分包商，我局将按照业主的要求和分包商的实际情况与其精诚合作，提供良好的配合服务。

(3) 总包管理

本工程技术含量高，结构复杂，专业分包类别多，对总包管理的要求高。为确保工程进度，优质高效安全地完成这一工程，有效地控制工程成本，我局组建了强有力的项目班子，在综合能力和水平、策划与运作、管理与协调、技术与设备等方面做了详细的策划工作。施工中我局将最大限度地发挥集团优势、地缘优势、管理与协调优势、策划与运作优势、技术设备优势、计算机和信息管理优势、社会力量组合优势等，在实现项目质量和工期等综合目标的同时，有效地节约工程成本和造价。

1) 总承包管理的模式：实行项目一级管理，杜绝分层管理，全权履行业主赋予我们的责任、权力、义务和我们的承诺，实现总包项目管理的综合目标和业主与投标人的合约目标。我局对项目管理进行全方位的支持和服务。

2) 配备强大的管理阵容，充足的优秀人才和装备，充分发挥我局的集团优势、地缘优势、管理与协调优势、策划与运作优势、技术设备优势、计算机和信息管理优势和社会力量组合优势，有效利用社会一切优良资源，以满足该工程的需要。

3) 站在总包的高度，具备总包的胸襟，对各专业承包商和供应商，要具有对业主、对工程高度负责的职业道德，对工程进行统筹安排和全面控制，全过程、全方位地为业主服务。

4) 在设计、技术、计划、设备和物资材料、定货加工和施工人员与劳动力、项目管理等方面，大力推广和采用计算机技术、综合信息技术和网络技术，大力进行技术创新、管理创新，制定专项降低成本的措施，实现工程项目的降低成本目标。

5) 对分承包商、供应商进行严格的招投标制，确保招标文件和合约的严密性。以合约管理为核心，对分承包商、供应商进行跟踪管理、协调、监控、指导和帮助，充分发挥总承包综合管理、协调和综合配套的能力。

6) 强化应变能力和风险意识，通过超前的策划和计划，及时预测风险、识别风险、消除风险，牢牢控制工程的成本和造价。

7) 与业主、监理、设计、各专业承包商和供应商以及工程相关方建立起团结、高效、和谐、相互信任的紧密合作关系，共同实现项目的质量目标、工期目标和成本造价控制目标。

8) 建立完善、严格的分包管理程序、分包管理制度，严格公正地按管理程序和制度实行分包管理，指导和约束分包商严格执行管理程序与制度。以制度保证分包工程的进度、质量、安全及文明施工。

## 3.4 作业区、流水段划分

### 3.4.1 施工流水段的划分

由于本工程工期紧、工序多，必须进行合理的施工分段作业。以后浇带为界，按建筑功能区大致划分为四个施工区，其中Ⅰ区位于舞台区和后台区，Ⅱ区和Ⅲ区位于大堂及前区，Ⅳ区位于实验剧场观众厅。由两个相对独立的施工队伍同时进行施工。具体划分见图3-2。

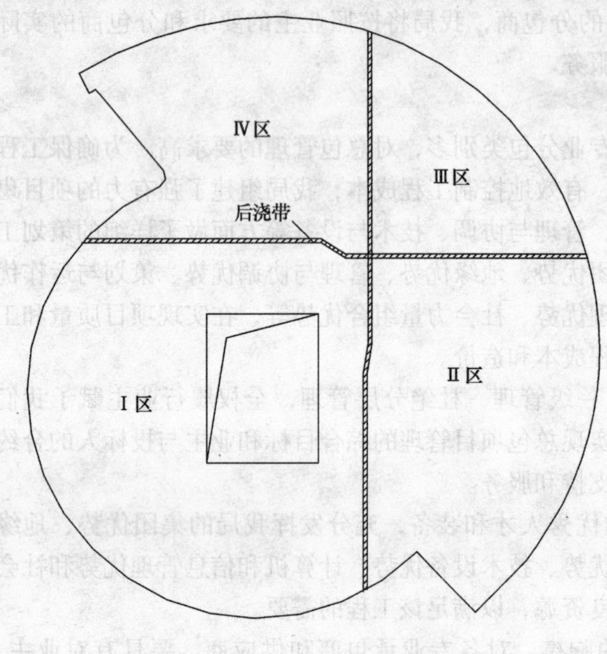


图 3-2 施工流水段划分示意图

**3.4.2** 总体施工思路

(1) 整个上部工程分五个阶段施工，第一阶段为首层和二层结构（5.200m 以下），第二阶段为三～七层结构（5.200～23.725m），第三阶段为八层以上结构（23.725～37.000m）及钢屋架吊装，第四阶段为钢结构及幕墙龙骨安装阶段，第五阶段为室外工程及室内设备安装、调试阶段。各阶段施工重点不同，要特别注意作业程序的安排，保证流水作业顺利过渡。

(2) 第一阶段以钢筋混凝土结构工程为主线，施工重点为Ⅱ、Ⅲ、Ⅳ区，施工的难点为观众厅及实验剧场看台台阶板的施工质量及预埋管的精度，应制定详细的施工方案；同时，为保证整个工程的施工进度，在流水作业安排和施工措施上，应保证Ⅰ区先施工、快施工。

(3) 第二阶段以钢筋混凝土结构工程为主线，施工重点为Ⅰ区、Ⅳ区，该部分舞台区台口梁为超大预应力深梁，后台区和实验剧场 15.0m 板和预应力梁凌空高度达 17.2m，是本阶段施工的重点和难点。

(4) 第三阶段施工主线为：观众厅钢屋架安装→八层及机房层钢筋混凝土结构、扇形屋面钢屋架吊装、舞台区钢屋架安装→37.00m 格构梁结构施工。施工重点为钢屋架吊装的组织，施工的难点为钢结构吊装与钢筋混凝土结构的交叉施工组织、八层转换大梁、舞台区台口梁和 37.000m 格构梁的施工。

(5) 第四阶段以钢结构安装及幕墙龙骨安装为主线。施工的重点是 37.00m 以上锥形钢结构和幕墙龙骨骨架的安装以及扇形屋盖断水，施工的难点是幕墙龙骨骨架的测量定位。

(6) 第五阶段以室外工程及室内设备、管线等安装、调试为主线，插入幕墙玻璃安装。施工的重点是舞台机械的安装、室外大台阶的施工，施工难点是幕墙玻璃的安装。

(7) 钢结构施工队与土建施工队密切配合，一开始即进行钢结构预埋件的配合。钢结构预埋件的施工不影响整个工期即可。钢结构及舞台机械预埋件应由专业施工队组织施工并负责检查、保护，项目部派专人负责交底、复核等，确保预埋件达到设计要求。

**3.4.3** 施工工艺流程

施工工艺流程为：施工准备→测量放线→地下二层结构施工、地下一层预应力管桩施工→地下一层底板施工→地下一层地下室外墙、柱施工→±0.000m 板结构施工→

±0.000m以上结构的施工（其中要插入部分钢结构的施工）→钢结构施工→玻璃幕墙的施工→设备安装和二次装修工程的施工→竣工验收。其中，一般的安装工程随土建工程穿插进行，在总工期中不单独占用时间。

## 3.5 施工准备

### 3.5.1 技术准备

(1) 施工图设计技术交底及图纸会审

1) 项目总工程师负责组织有关工程技术人员熟悉施工图纸，领会设计意图，做好图纸会审前的准备工作。

2) 审图一般以建筑施工图为定位基准，基础和主体结构工程构件尺寸一般以结构图为准。图纸会审的重点和内容如下：

(A) 图纸数量是否齐全，地质资料是否齐全；

(B) 总平面与施工图的几何尺寸、平面位置、标高是否一致；土方开挖、基坑支护等与周围建筑物、道路、地下管线及输变电线路等有无冲突；

(C) 建筑与结构构造是否存在不能施工或施工难度大，容易导致质量、安全或加大费用等方面的问题；

(D) 核对±0.000m标高与水准基点及与周围建筑物室内外地坪标高的关系，比较是否合理；

(E) 核对建筑说明与结构说明是否一致，建筑标高与结构标高关系是否合理；

(F) 核对结构、水电、消防等专业预留洞口与结构构件的位置关系，是否影响到结构安全和承载能力；

(G) 核对预埋件与结构构件的位置关系，是否便于施工和控制质量；

(H) 核对建筑详图与结构详图是否一致。

(2) 规范、标准、图集等

准备本工程所需的规范、标准、图集等技术资料，并确定是否有效。

(3) 设备和器具

组织施工设备的进场，准备本工程所需的计量、测量、检测、试验仪器、仪表等。

(4) 测量基准交底、复测及验收

项目技术负责人组织有关人员进行测量控制点的交接，并进行控制线、控制点的测量、复核工作。

### 3.5.2 现场准备

(1) 工程轴线控制网测量定位及控制桩、控制点的保护

(2) 临时供水、供电

应综合考虑生产、生活、消防等各方面的因素，编制临时供水方案、临时供电方案等。经计算确定需用量、管径、导线截面、变压器容量，并合理布置管线。

(3) 临时排水

应综合考虑生产、生活用水和雨水的排放，对可再利用的废水应回收处理。

(4) 生活设施

在现场设办公室、管理人员生活区，工人生活区设在场外。

(5) 生产设施

生产设施：本工程混凝土采用商品混凝土，现场设置三台 $60m^3/h$ 的混凝土输送泵(其中一台备用)。

根据施工部署，本工程采用两个作业队伍同时进行施工作业，那么应考虑两个相对独立的材料、构件堆放场地及各种加工作业场地的安排等。

计划安装三台塔吊（臂长 $R=65m$、60m、55m 各一台），负责加工场到施工现场的垂直运输。

**3.5.3** 各种资源（劳动力、材料、机械设备）准备

(1) 劳动力需用量及进场计划

本工程地下室、主体结构施工按两个作业队进行配备，粗装修、水电、消防、通风、空调等按一个作业队进行配备，各甲方指定专业队的劳动力及工种配备待各专业队确定后与其协商决定。因地下室、主体结构、粗装修施工阶段主要为土建施工，水电消防等工程主要是预留预埋工作，各专业施工主要是预埋件，故本劳动力计划主要考虑土建部分，按土建部分总体施工考虑各工种主要施工人员数量，计划土建部分人员高峰期达 500 人，水电、消防、通风空调等安装施工人员总数按 200 人考虑，专业安装部分暂按高峰期 120 人考虑（见表 3-1)。

各工种及专业分包队施工工人应按计划提前 2d 组织进场，以便进行进场安全教育、劳动纪律教育和岗位培训及主要施工措施交底工作。

**劳动力需用计划表**（单位：人） **表 3-1**

| 工种＼年月 | 2003 年 | | | | | | 2004 年 | | | | | | | | | | | |
|---|---|---|---|---|---|---|---|---|---|---|---|---|---|---|---|---|---|---|
| | 7 | 8 | 9 | 10 | 11 | 12 | 1 | 2 | 3 | 4 | 5 | 6 | 7 | 8 | 9 | 10 | 11 | 12 |
| 普工 | 30 | 50 | 50 | 20 | 20 | 20 | 20 | 30 | 30 | 30 | 50 | 60 | 30 | 30 | 30 | 30 | 20 | 10 |
| 桩基 | 20 | 30 | 5 | 0 | 0 | 0 | 0 | 0 | 0 | 0 | 0 | 0 | 0 | 0 | 0 | 0 | 0 | 0 |
| 钢筋 | 20 | 60 | 100 | 100 | 100 | 80 | 60 | 60 | 40 | 30 | 30 | 0 | 0 | 0 | 0 | 0 | 0 | 0 |
| 混凝土工 | 5 | 60 | 60 | 60 | 60 | 60 | 60 | 60 | 50 | 30 | 20 | 0 | 0 | 0 | 0 | 0 | 0 | 0 |
| 木工 | 10 | 20 | 50 | 100 | 150 | 150 | 100 | 80 | 60 | 60 | 50 | 30 | 20 | 5 | 0 | 0 | 0 | 0 |
| 砌筑 | 10 | 30 | 30 | 30 | 10 | 50 | 80 | 120 | 120 | 120 | 80 | 80 | 50 | 30 | 10 | 0 | 0 | 0 |
| 架子 | 5 | 10 | 15 | 30 | 40 | 40 | 50 | 40 | 40 | 40 | 30 | 10 | 10 | 10 | 10 | 10 | 0 | 0 |
| 装修 | 0 | 0 | 0 | 0 | 0 | 0 | 30 | 60 | 80 | 100 | 100 | 100 | 80 | 80 | 50 | 30 | 0 | 0 |
| 防水 | 0 | 30 | 30 | 0 | 0 | 30 | 20 | 20 | 30 | 30 | 30 | 20 | 0 | 0 | 0 | 0 | 0 | 0 |
| 安装 | 5 | 20 | 20 | 40 | 60 | 60 | 80 | 100 | 120 | 120 | 100 | 80 | 50 | 30 | 30 | 30 | 0 | 0 |
| 其他专业 | 0 | 0 | 0 | 0 | 0 | 0 | 0 | 0 | 50 | 50 | 50 | 100 | 150 | 200 | 250 | 300 | 300 | 100 |
| 合计 | 112 | 318 | 369 | 390 | 451 | 502 | 501 | 572 | 623 | 614 | 545 | 486 | 397 | 393 | 389 | 410 | 331 | 122 |

(2) 材料需用量计划

材料供应，是保证工期与质量最关键的一环。搞好材料供应，主要应抓好以下几个方面：

1) 周密计划

根据施工预算的工程量，列出材料一览表，做到周密细致、无遗漏。并且在每个月的

25号前根据月作业计划，由工程技术部提出下月的材料需用计划，报总工程师审批后交材料设备部。

2）及时采购

材料设备部门收到月材料需用计划后，及时编制采购计划，报项目经理审批后交采购员及时采购，按照施工进度计划的要求，及时组织材料的采购、进场工作，避免在施工中出现停工待料的情况。

3）仔细检查

采购人员应把好第一道关，材料应有合格证明，严禁次品或不合格材料进场。材料进场时，工地质量部门须组织认真的抽查、复检工作。建立材料员、质量员、工地施工人员层层把关的检验制度，使材料合格率达到100%，不合格者坚决运出施工现场。

为保证工程质量，在材料品种的选择特别是在一些主材料方面，必须经过考察与比较，采用目前应用广泛的优良品种。

周转材料计划及主要材料需用量计划分别如表3-2和表3-3所示。

**主要周转材料计划表** 表3-2

| 序号 | 材料名称及规格 | 单位 | 数量 | 备注 |
|---|---|---|---|---|
| 1 | 18mm厚胶合板 | $m^2$ | 40000 | |
| 2 | 50mm×100mm木枋（2m长） | 根 | 70000 | |
| 3 | 50mm×100mm木枋（4m长） | 根 | 5000 | |
| 4 | $\phi$48钢管 | t | 1200 | |
| 5 | 直角扣件 | 个 | 80000 | |
| 6 | 对接扣件 | 个 | 10000 | |
| 7 | 回旋扣件 | 个 | 8000 | |
| 8 | 密目式安全网 | $m^2$ | 15000 | |
| 9 | 水平安全网 | $m^2$ | 6000 | |

**主要材料需用量计划表** 表3-3

| 序号 | 材料名称及规格 | 单位 | 数量 | 备注 |
|---|---|---|---|---|
| 1 | 钢筋（圆钢） | t | 1520 | 主体结构 |
| 2 | 钢筋（螺纹钢）直径25mm内 | t | 4010 | 主体结构 |
| 3 | 钢筋（螺纹钢）直径25mm外 | t | 1862 | 主体结构 |
| 4 | 钢绞线 | t | 40 | 主体结构 |
| 5 | 水泥32.5R | t | 1723 | 砌体、装修 |
| 6 | 水泥42.5R | t | 204 | 砌体、装修 |
| 7 | 砂 | $m^3$ | 4634 | 砌体、装修 |
| 8 | 商品混凝土 | $m^3$ | 38584 | |
| 9 | 小型空心砌块 | $m^3$ | 864 | |
| 10 | 蒸压加气块 | $m^3$ | 1486 | |
| 11 | 瓷砖 | $m^2$ | 15612 | |
| 12 | 防水卷材 | $m^2$ | 28990 | |
| 13 | 穿孔板、吸声板 | $m^2$ | 11888 | |

（3）机械设备需用量及进场计划（见表 3-4）

主要施工机械设备需用量及进场计划表 表 3-4

| 序号 | 机械设备名称 | 规格型号 | 数量 | 功率（kW） | 计划进场时间 | 计划出场时间 |
|---|---|---|---|---|---|---|
| 1 | 走管式打桩机 | | 3 台 | | 第一月 | 第二月 |
| 2 | 筒式柴油锤 | | 3 个 | | 第一月 | 第二月 |
| 3 | 汽车吊 | 80t | 1 台 | | 第一月 | 第二月 |
| 4 | 潜水泵 | 扬程 20m | 20 个 | 2.2 | 第一月 | 第九月 |
| 5 | 打夯机 | | 4 台 | 5 | 第一月 | 第十二月 |
| 6 | 空压机 | $3m^3$ | 1 台 | 5 | 第一月 | 第五月 |
| 7 | 塔吊 | 臂长：65m/60m/55m | 共 3 台 | 94/70/70 | 第一月 | 第十二月 |
| 8 | 混凝土输送泵 | HBT60C | 2 台 | 75 | 第一月 | 第十月 |
| 9 | 井架 | 50m 高 | 2 台 | 10 | 第一月 | 第十月 |
| 10 | 钢筋对焊机 | $UN_1$-100 | 2 台 | 100 | 第二月 | 第十月 |
| 11 | 电渣焊设备 | | 6 套 | 100 | 第二月 | 第十月 |
| 12 | 电弧焊机 | BX3-300 | 2 台 | 30 | 第二月 | 第十月 |
| 13 | 砂轮切割机 | | 6 台 | 5 | 第二月 | 第十月 |
| 14 | 钢筋切断机 | GQ40-1 | 4 台 | 5 | 第二月 | 第十月 |
| 15 | 钢筋弯曲机 | GWB-40 | 4 台 | 5 | 第二月 | 第十月 |
| 16 | 钢筋冷拉机 | JTK-1 | 2 台 | 5 | 第二月 | 第十月 |
| 17 | 钢筋液压冷镦机 | HJC200 | 4 台 | 5 | 第二月 | 第十月 |
| 18 | 直螺套丝机 | GZL-40 | 4 台 | 5 | 第二月 | 第十月 |
| 19 | 插入式振动器 | $\phi$50 | 20 个 | 1.1 | 第二月 | 第十月 |
| 20 | 平板式振动器 | | 6 个 | 2.2 | 第二月 | 第十月 |
| 21 | 木工圆盘锯 | $\phi$400 | 4 台 | 3 | 第二月 | 第十月 |
| 22 | 混凝土抹光机 | | 3 台 | 1 | 第二月 | 第十月 |
| 23 | 机动翻斗车 | | 2 台 | | 第三月 | 第十月 |
| 24 | 电子经纬仪 | J2 | 4 台 | | 第一月 | 完工 |
| 25 | 红外线测距仪 | | 1 台 | | 第一月 | 完工 |
| 26 | 水准仪 | YJS3 | 6 台 | | 第一月 | 完工 |

## 3.6 施工总平面布置

### 3.6.1 施工总平面布置依据

施工总平面布置图见图 3-3。

现场施工用地、生活用地状况：根据业主提供的东莞市大剧院临建工程总平面布置图，场地围墙已经做好，在东面靠北有一出入口作为材料、设备出入口，现有的东面靠南的大门计划封闭，在西面靠南另开大门作为施工现场主入口。现场内已有环南、西、北三个方向的场内混凝土道路。

现场东南角已有建设方办公室。紧临甲方办公室在现场西南角布置现场办公室及管理

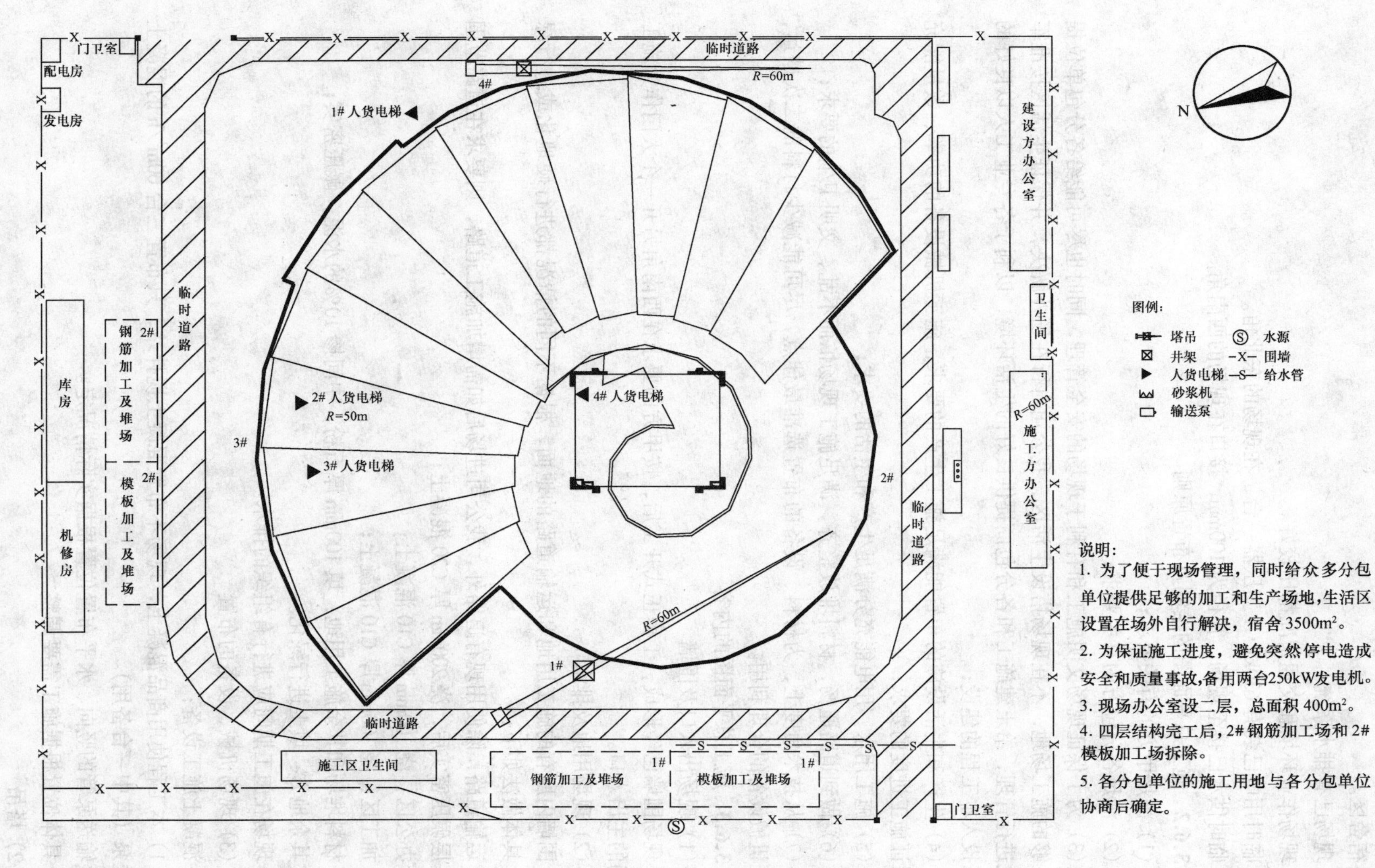


图 3-3 施工总平面布置图

人员宿舍区。

现场已有排水系统。

现场作业环境和交通情况都比较好。

临时用电已装有630kV·A变压器一台，在现场的东北角。

临时供水已接至现场，管径为100mm，接口在现场的西南角。

**3.6.2**　施工总平面图的绘制及布置原则

(1) 满足甲方的有关要求；

(2) 满足各分包方的有关要求；

(3) 为了保证现场文明施工和有利于现场的安全管理，同时也尽可能给各分包单位提供足够的施工场地，不在现场搭设生活区，我公司自行在场外解决，并保证生活区按准军事化进行管理，给土建施工和各分包商提供良好的生活环境，以利于各专业工人以良好的状态投入本工程的建设；

(4) 生产和生活设施的布置能满足施工生产的要求，施工机械设备的功率、数量能充分保证施工进度的要求；

(5) 施工用水、用电能充分满足生产和生活的要求；

(6) 做到道路通畅，材料堆放整齐，满足施工现场忙而不乱、文明卫生的要求；

(7) 从技术角度上，为材料、设备的布置选准最佳点，尽可能减少材料的二次搬运，保证机械设备的合理利用。

**3.6.3**　施工总平面图的内容

(1) 现场出入口及围墙

现场围墙已经形成，工程正式开工后，按甲方的要求在西南角另开一个大门作为施工现场的主出入口。

(2) 现场用地及排水

围墙内所有的施工用地和运输道路的地面，根据不同的情况都进行硬地化或进行绿化，具体做法如下：

运输道路：除使用现有道路外，我公司进场后如需增加施工道路，则要求在道路范围的基层碾压密实后，浇200mm厚C20混凝土；

办公区：浇100mm厚C10混凝土；

加工区：浇100mm厚C10混凝土；

材料堆场和其余施工用地：填100mm厚石粉，中间掺10%的水泥，碾压密实；

其余地方：填土进行绿化。

现场在施工期间应进行有组织的排水。

(3) 现场机械、设备的布置

混凝土施工设备：

1) 本工程使用商品混凝土，现场不布置混凝土搅拌站，只布置三台60$m^3$/h的混凝土输送泵（其中一台备用）。

输送泵管的竖向、水平布置位置根据实际情况定。

具体位置根据施工需要调整。

2) 塔吊

为了保证工期和配合钢结构预埋件的安装，我局计划在安装三台塔吊，一台 160t·m（臂长 65m），一台 120t·m（臂长 60m），一台 80t·m（臂长 55m）。

3）井架

计划布置两台井架在舞台中心区，同时利用一台货梯作为垂直运输设备，主要用于墙体施工和装修阶段材料的垂直运输。

(4) 现场材料加工、堆放场地

主体结构施工时，现场安排两个钢筋加工场和一个模板加工场。主体施工阶段安排一个钢筋加工场，一个模板加工场；砌体装修阶段施工时，装修材料主要考虑在首层内堆放，分布在井架附近，砌块材料主要堆放在塔吊附近；我公司尽量在施工过程中多让出用地，供其他各分包单位的材料加工和堆放，各单位充分协商后具体确定。

(5) 现场办公区和生活设施

办公室设在现场南面，模式和规格与建设方办公室相同，面积约 400m$^2$。

为了便于施工现场的管理和给其他施工单位提供足够的施工用地，我公司在场外自行解决生活设施用地。

(6) 临时用水

本工程混凝土采用商品混凝土，施工用水量不大，根据我公司施工经验，施工用水量和生活用水量之和不会大于消防用水量，故取消防用水量作为现场的总用水量，采用 *DN*100 临时供水管可满足要求。

(7) 临时用电布置

现场地形、地貌和工程施工位置

整个施工现场为扇形和半圆状布置，临时用电配电房布置在建筑物的西北角，业主已安装的变压器在鸿福路旁，容量为 630kV·A。施工临时用电采用三相五线制。

## 3.7 施工进度计划

### 3.7.1 进度计划安排

本工程总工期为 523 个日历天，2004 年 12 月 31 日完成全部承包内容。

### 3.7.2 施工调度

(1) 组成以项目经理为核心的调度体系，各专业管理人员都是这一体系的成员。

(2) 每星期召开有业主、监理单位、设计单位参加的四方协调会，确保现场所有问题能得到及时沟通和解决。

(3) 每天定时召开各专业管理人员碰头会，检查落实当天整个项目的进度、成本、计划、质量、安全、文明施工执行情况，及时解决项目进度、成本、计划、质量、安全、文明施工等问题，并安排第二天的各项工作。

(4) 每周星期五召开周进度协调会，检查本周进度完成情况并安排下周的周作业计划。

(5) 每月 25 日召开月生产调度会议，检查落实当月进度完成情况，并安排下月的进度计划；当进度滞后时应分析原因，及时调整人、财、物的配置。

(6) 及时收听天气预报，避免因气候变化，对工程施工造成不利影响。

# 4 主要项目施工方法

## 4.1 测量工程

本工程体形复杂，施工控制网的建立和预应力管桩桩位的测定采用了全站仪观测技术，结构施工采用了测距仪高程传递技术。

### 4.1.1 施工控制测量

接受业主提供的城市工程控制桩点，进行坐标和高程的复核检查测量，并进行控制桩的引测，然后请业主组织城市规划和城市建设主管部门进行对引测控制桩检查核准。有关控制桩的引测按设计图定位总平面图上的设计坐标进行，并延伸。

对已开挖的基础进行定位轴线的复核检查，使得原测量点的轴线与我们引测的控制桩和测放的轴线一致；若误差过大，就提交给监理单位和业主进行复核检查，共同进行调整方案的确定。

### 4.1.2 施工放线测量

为了保证建筑物轴线定位的精度，应用空间坐标精确定位技术，通过外控点控制建筑物的内外形状，以保证建筑物的奇异体形的需要，空间坐标精确定位技术贯穿于整个施工过程，呈现了精度高的空间定位测量技术要求（见图 4-1）。

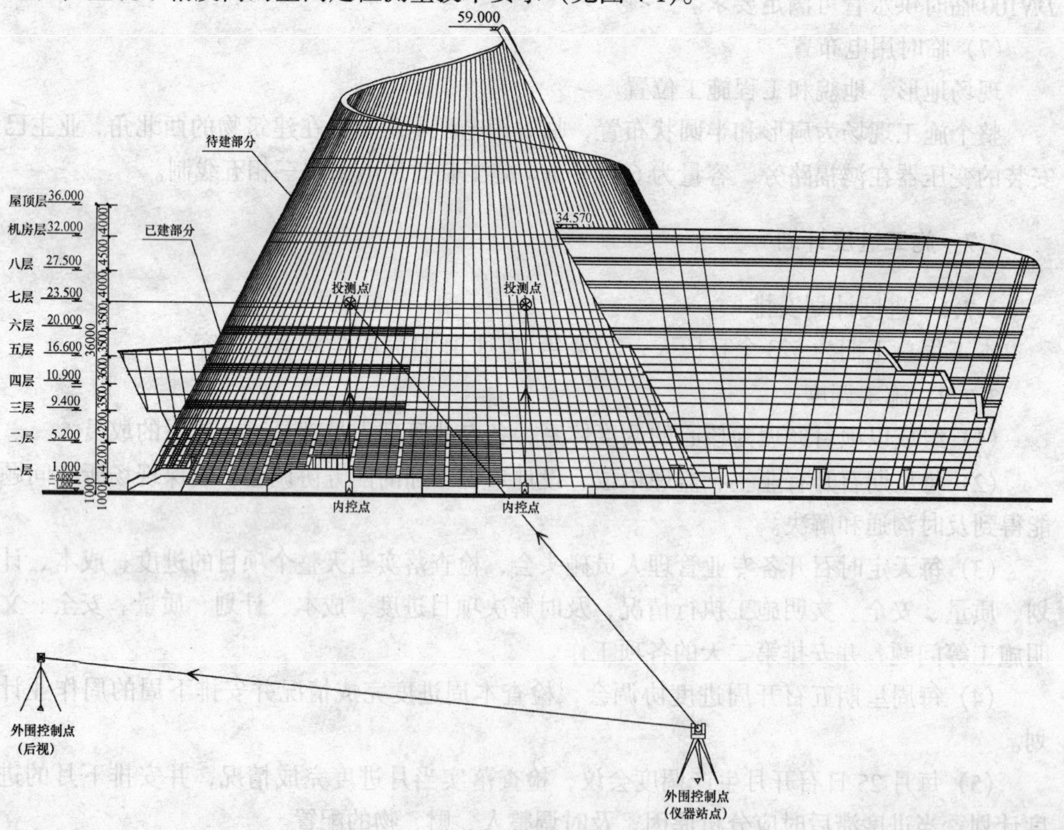


图 4-1 空间坐标传递点位控制立体示意图

为满足通过应用外控点进行控制建筑物的几何形状空间定位测量技术要求，该建筑物的轴线坐标系与施工控制网（外控点）坐标系必须在一个坐标系下。

因此，将建筑物的轴线点坐标位置的相对关系作为大剧院施工控制坐标系的基准数据。应用空间坐标精确定位技术，将外控点与轴线点之间的几何关系，通过计算，将外控点的坐标归算到该建筑物的轴线点坐标系中，从而统一测量基准。在施工过程中，应用空间坐标精确定位技术，通过外控网可检测建筑物轴线点的位置，从而实现了在施工区域外进行监测施工中建筑物的轴线定位监控技术。

（1）放样点的坐标计算

利用计算机软件计算放样点位的空间坐标，并进行复核。对于复杂的曲线，采用计算机技术模拟放样再在现场放样复核，保证了高质量、高速度施工的要求。

（2）坐标反算

求得边长、坐标方位角、高程。

（3）根据坐标反算，求解的放样参数 $D$、$\alpha$ 和 $H_1$，即可在外空点上安置测量仪器，对建筑物轴线点进行空间位置标定。

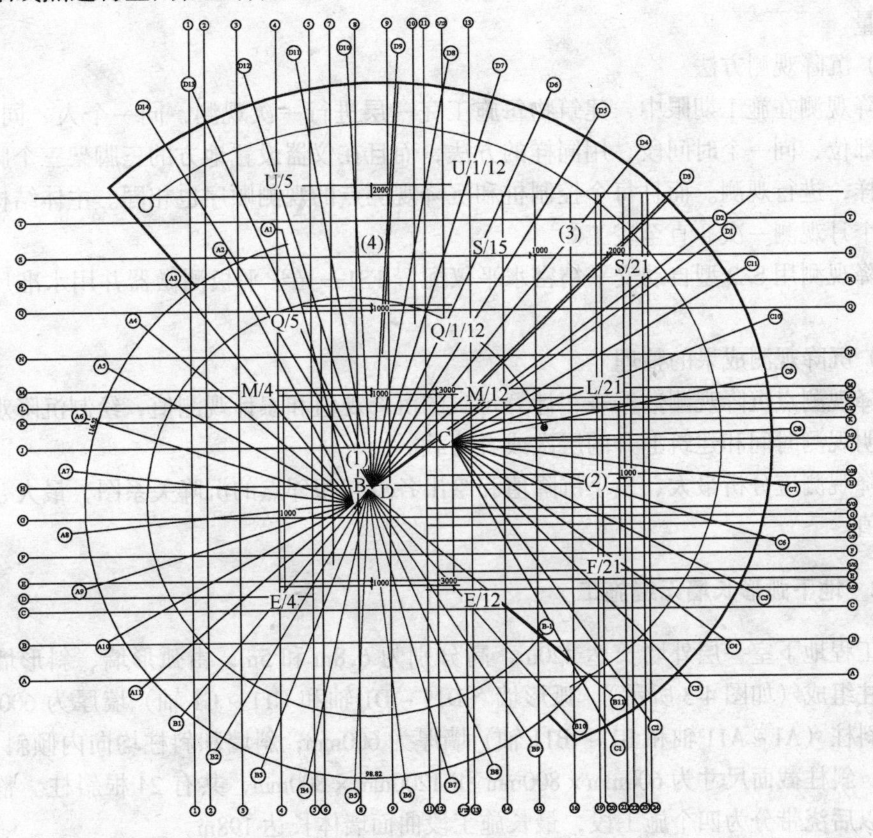


图 4-2　空间坐标传递点位控制立体示意图

### 4.1.3　激光投测点位（内控点）检核（见图 4-2）

为了保证建筑物轴线定位的精度，设置了 12 个内控点，通过激光垂准仪把轴线投测到上升层的板面，这 12 个点就可以控制每层各轴线和细部放样。从而用 12 个内控点对空间坐标精确定位技术放样的轴线点，进行空间坐标点位的检测。

#### 4.1.4 建筑物的沉降观测

（1）沉降观测的布置

按设计的沉降观测点布置图中主要在建筑角点、中点及沿周边每端 12m 左右布置的沉降观测点，在工程中标后，施工队伍进场时就在周边按设计图上的要求先布置好沉降观测点；当建筑出地面 ±0.000 时，在高于室外地坪 300mm 处，在建筑物的角点、中点再布置建筑物上的沉降观测点。

（2）沉降观测点观测

由于在施工场区布置了 7 个二级水准测量控制桩，并按二级水准测量观测的方法进行用合成路施测，在建筑物沉降观测点观测前，再次对这些控制桩点进行复测，确定这些点没有沉降和变化，就进行沉降观测。因为沉降观测点按图上的布置有 42 个，因此必须分组观测。考虑分四个组进行，每组 10～12 个沉降观测点和两个沉降观测控制点进行附合线路测量，每个线路上的一个控制点和一个沉降观测点进行联测；然后，进行各自的平差和整体联测平差，其平差后的观测成果为正式测量成果，并与前次观测成果进行比较，确定沉降量。

（3）沉降观测方法

沉降观测在施工期限中，建筑物每施工完一层进行一次观测，同一个人、同一仪器、同一个部位、同一个时间段、用同样的方法，而且在仪器设置地方的三脚架三个脚加高方面也一样，进行观测。而且每个控制桩和沉降观测点的观测顺序也相同。主体结构封顶后每隔两个月观测一次，直至竣工。

沉降观测用 SZ2 型自动安平精密水平仪配置 FS1—光学平板测微器并用水准尺进行施测。

（4）沉降观测成果的整理

沉降观测点沉降观测数据表，计算每次的沉降观值和累计观测值，绘制沉降观测曲线图，标明观测时间和建筑上升的层次或者荷载。

沉降观测应分析最大、最小沉降值和绘出各点与相邻点的沉降关系图，最大、最小相对沉降值。

### 4.2 地下弧形长墙无缝施工

本工程地下室一层外墙长达 420m，高分别为 6.8m 和 5m，由弧形墙、斜形墙、斜柱和异形柱组成（如图 4-3 所示）。弧形墙（D11～D1 轴和 C11～C1 轴）墙厚为 600mm，斜形墙和斜柱（A1～A11 轴和 B1～ B11 轴）墙厚为 600mm，斜墙和斜柱均向内倾斜 62°，向上收缩，斜柱截面尺寸为 600mm × 800mm 和 1200mm × 800mm，共有 24 根斜柱。整个地下室外墙以后浇带分为四个施工段，最长施工段曲面墙体长达 198m。

#### 4.2.1 原材料的选择

水泥：选用华润 P·Ⅱ42.5 水泥并掺粉煤灰外掺料，降低并延迟水化热高峰期的到来，有利于混凝土的后期强度增长，避免温度应力过大而产生裂缝。

碎石：选用级配较好且压碎指标小于 12％的碎石，粒径为 25～40mm。

砂：选用级配较好的中粗砂。

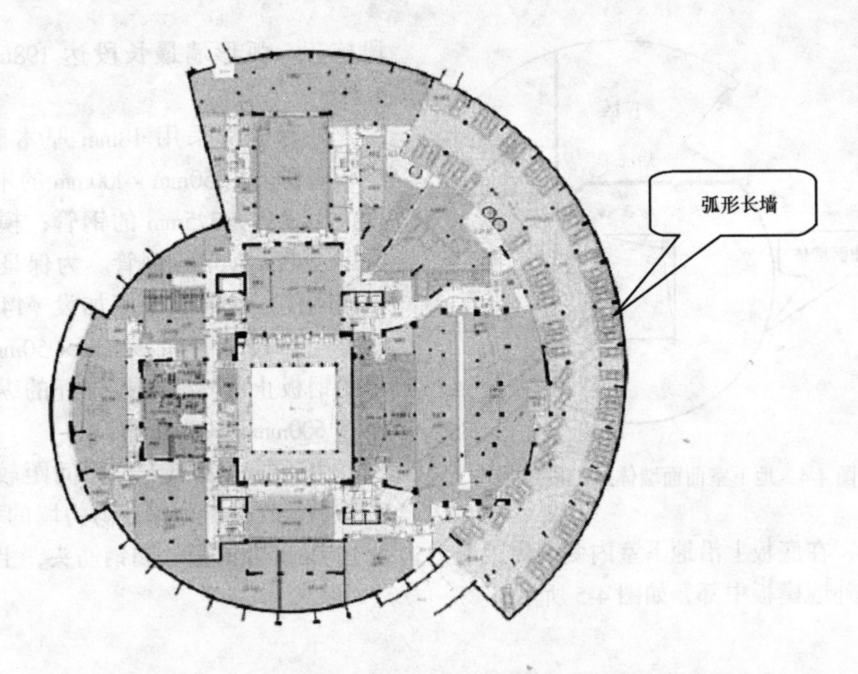


图 4-3 地下一层平面图

外加剂：外加剂应掺加缓凝剂、膨胀剂，掺量必须严格按照配合比来进行，进场必须有出厂合格证或质量保证书，确保其性能和质量的可靠性。

**4.2.2** 利用聚丙烯纤维提高混凝土的综合性能

东莞大剧院超长曲面墙体工程施工时，在外墙抗渗混凝土中掺入杜克裂单丝纤维（每立方米混凝土中掺入纤维 0.9kg），可有效提高混凝土的抗裂能力和综合性能。

**4.2.3** 混凝土配合比的设计

根据施工部位的不同及时向混凝土生产厂家提出不同的配合比技术要求，并进行试配，以利于混凝土配合比的优化设计，确保商品混凝土满足以下技术参数的要求：

（1）水灰比控制在 0.45～0.5，坍落度控制在 140～160mm；

（2）初凝时间不少于 8h；

（3）砂率控制在 40%～45%；

（4）强度满足设计要求；

（5）掺加外加剂，外加剂能起到降低水化热峰值及推迟峰值热出现的时间，延缓混凝土凝结时间，减少混凝土水泥用量，降低水化热，减少混凝土的干缩，提高混凝土强度，改善混凝土和易性；

（6）掺入 0.9kg/$m^3$ 混凝土体积率的聚丙烯单丝纤维，直径及长度为 48μm/19mm，以提高混凝土的抗拉能力，有利于混凝土的裂缝控制；

（7）掺加适量粉煤灰，以降低水化热；

（8）抗渗等级：P6～P8。

在拌制混凝土时，利用各种优质材料，如优质水泥、性能稳定的粉煤灰、建筑外加剂等，确保混凝土在搅拌后 1h 内坍落度没有损失。

**4.2.4** 模板支设

本工程地下室一层弧形长墙，总长约 420m，地下一层底板、外墙按后浇带划分为四

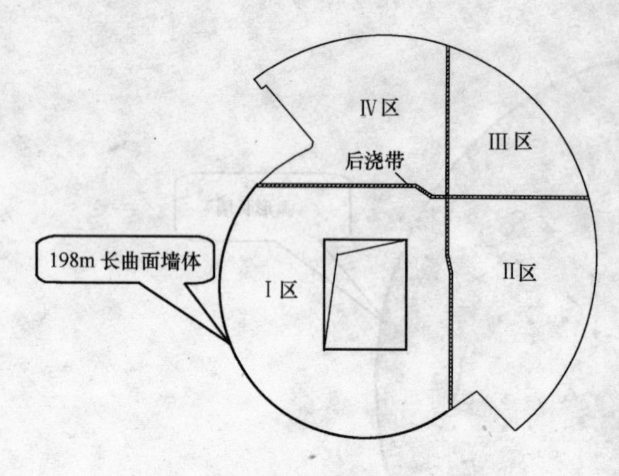


图 4-4 地下室曲面墙体施工段划分

段施工，弧形墙最长段达 198m（见图 4-4）。

外墙模板采用 18mm 厚木胶合板，模板竖楞采用 50mm × 100mm 的木枋，横楞采用 $\phi48\times3.5$mm 的钢管；模板支撑采用 $\phi48\times3.5$mm 钢管。为保证模板的侧向刚度，在模板中间加设 $\phi14$ 的对拉螺杆，对拉螺杆带 50mm × 50mm、4mm 厚的钢板止水片，对拉螺杆的纵横向间距按 600mm × 600mm 布设。

由于剪力墙与支护间间距较小，不利于进行支撑。为保证剪力墙的垂直度，加强支撑，在底板上沿地下室内侧四周距墙内边线 1500mm 处留设一圈钢筋头，上套钢管支撑顶在外墙模板中部，如图 4-5 所示。

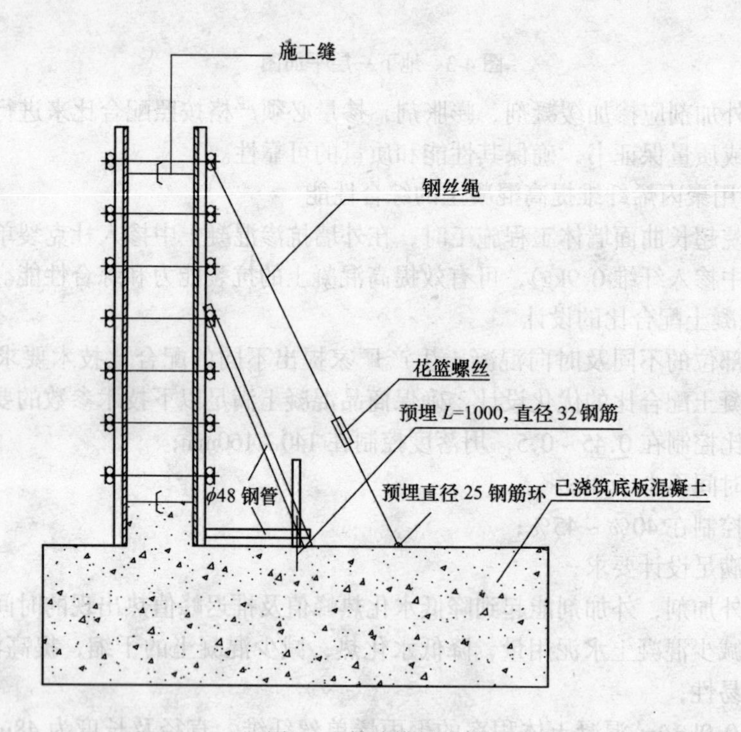


图 4-5 外墙模板支撑

### 4.2.5 混凝土浇筑与养护

在混凝土浇筑前，先将与下层混凝土结合处凿毛，并注意在混凝土斜向浇筑前应在底面先均匀浇筑 50mm 厚与混凝土配合比相同的水泥砂浆，砂浆下料时间应根据混凝土浇筑速度掌握，浇筑时分层推进，分层振捣，每次推进控制在 1000mm 左右。地下室曲面墙体总体浇筑顺序为Ⅰ段→Ⅲ段→Ⅱ段→Ⅳ段。采用两台混凝土输送泵同时配合浇筑，防止施工冷缝出现。

外墙后浇带处均设钢板网模板，其间安装止水钢板。由于宽度小、高度大，后浇带处模板加固较困难，施工时用短钢筋网片与钢板网和墙主筋焊接加固，效果良好。

后浇带混凝土在主体完成后采用 C35P8 补偿收缩混凝土封闭，并加厚 200mm 作为附加层。

混凝土浇筑完毕后，常温下在 12h 内浇水（小水）养护。遇高温时，6h 内浇水养护。墙体采用涂刷养生液养护，保证这些关键构件始终处于湿润状态，养护时间为浇筑后不少于 15d，并加强施工中养护的监督，保证混凝土在早期时不产生收缩裂缝和温度裂缝。

## 4.3　钢筋工程

### 4.3.1　钢筋的进场验收和堆放

(1) 钢筋原材料统一按材料计划组织进场，进场钢筋必须有出厂质量证明。钢筋进场时应按批进行检查验收，每批由同牌号、同炉罐号、同规格、同交货状态的钢筋组成，重量不大于 60t。

1) 外观检查：从每批钢筋中抽取 5%进行外观检查，钢筋表面不得有裂纹、结疤和折叠。钢筋表面允许有突块，但不得超过横肋的高度，钢筋表面上其他缺陷的深度和高度不大于所在部位尺寸的允许偏差。钢筋每 1m 弯曲度应大于 4mm。

2) 力学性能试验：从每批钢筋中任选两根钢筋，每根取三个试样分别进行拉伸试验和冷弯试验。

拉伸、冷弯、反弯试验试样不允许进行车削加工，计算钢筋强度采用公称横截面面积。反弯试验时，经正向弯曲后的试样应在 100℃温度下保温不少于 30min，经自然冷却后再进行反向弯曲。

如有一项试验不符合要求时，则从同一批中另取双倍的试样做各项试验；如仍有一个试样不合格，则该批钢筋为不合格。

对于不合格的原材料坚决不允许进场，并严格做好见证送检和监督抽检，达到力学性能要求后方可使用。

(2) 钢筋在场内存放时，不同级别不同直径的钢筋要分开堆码，并用标牌标识清楚，标牌上写规格、型号、厂家、进场数量和检验试验情况等。堆码时必须用砖墩垫起，距地面的高度不得少于 200mm，砖墩间距不得大于 2m。

### 4.3.2　钢筋的翻样

(1) 本工程的结构构件主筋最小保护层如表 4-1 所示。

**构件主筋最小保护层（mm）**　　　　**表 4-1**

| | 承台、底板 | 地下室外墙 | 地下室内墙 | 柱 | 梁 |
|---|---|---|---|---|---|
| 受力筋 | 100 | 50 | 15（25） | 30（35） | 25（35） |
| 构造筋、箍筋 | 10 | 15 | 15 | | |

注：露天或高湿环境下用括号内值。

(2) 受拉钢筋最小锚固长度（$L_a$）要求如表 4-2 所示。

受拉钢筋最小锚固长度

表 4-2

| 钢筋级别 \ 强度等级 | C20 | C25 | C30 | C35 | ≥C40 |
|---|---|---|---|---|---|
| HPB235 级 | 31$d$ | 27$d$ | 24$d$ | 22$d$ | 20$d$ |
| HRB335 级 | 39$d$ | 34$d$ | 30$d$ | 27$d$ | 25$d$ |

（3）抗震设计时锚固长度按表 4-3 采用。

表 4-3

| 钢筋位置 | $L_{ae}$ |
|---|---|
| 剪力墙 | 1.15$L_a$ |
| 框架梁板柱 | 1.05$L_a$ |

（4）受拉钢筋的搭接长度（$L_l$、$L_{lE}$）按表 4-4 采用。

表 4-4

| 钢筋位置 | ≤25% | 50% | 100% |
|---|---|---|---|
| 剪力墙（$L_l$） | 1.40$L_a$ | 1.65$L_a$ | 1.85$L_a$ |
| 框架梁板柱（$L_{lE}$） | 1.30$L_a$ | 1.50$L_a$ | 1.70$L_a$ |
| 构造筋 | 1.20$L_a$ | 1.40$L_a$ | 1.60$L_a$ |

注：①不同直径钢筋搭接时按较小直径计算；

②最小锚固长度应≥300mm。

（5）钢筋接头

1）纵向受力钢筋接头

纵向受力钢筋接头主要采用机械连接、焊接接头，辅以绑扎搭接。

墙柱等竖向纵筋直径≥16mm 时采用电渣压力焊，<14mm 时采用绑扎接长；

梁板等水平纵筋直径≥25mm 或梁通筋直径≥20mm 时采用等强直螺纹连接；

其余梁板纵筋直径≥16mm 时采用闪光对焊连接，直径<14mm 时绑扎接长。

2）受力钢筋接头位置

受力钢筋接头位置应在受力较小处，接头应相互错开。当采用非焊接接头时，从任一接头中心至 1.3 倍搭接长度范围内；当采用焊接接头时，从任一接头中心至长度为钢筋直径的 35 倍且不小于 500mm 的区段范围内，有接头的受力钢筋面积占钢筋总面积的百分率应符合表 4-5 的规定。

表 4-5

| 接头形式 | 受拉区 | 受压区 |
|---|---|---|
| 绑扎接头 | 25% | 50% |
| 机械连接或焊接接头 | 50% | 不限 |

### 4.3.3 钢筋的直螺纹连接

本工程直径 25mm 以上梁板柱纵向钢筋及直径 20mm 以上梁内通长钢筋采用镦粗等强直螺纹连接技术。

镦粗直缧纹连接是最新的一种等强型直缧纹机械连接方式，由于钢筋经镦粗后再加工螺纹，加工后的截面净面积仍大于钢筋原材的截面面积，能够充分发挥钢筋母材的强度，且具有套筒短、丝头扣数少、连接速度快、螺距标准一致、可连接异径（直径相差不受限制）等优点。

钢套筒的材质应采用 Q245 优质碳素钢，其规格尺寸应符合表 4-6 的要求：其允许偏差外径为 ± 1%（且不大于 ± 0.5mm）；壁厚为 + 12%、－10%；长度为 ± 2mm。

**表 4-6**

| 钢筋直径（mm） | 钢套筒尺寸 | | | 套筒种类 |
|---|---|---|---|---|
| | 外径（mm） | 长度（mm） | 螺纹规格（mm） | |
| 20 | 32 | 50 | M24 × 3 | 标准型<br>变径型<br>正反丝扣型<br>加长型 |
| 22 | 36 | 55 | M27 × 3 | |
| 25 | 40 | 60 | M30 × 3.5 | |
| 28 | 45 | 65 | M33 × 3.5 | |
| 32 | 50 | 70 | M36 × 4 | |
| 36 | 55 | 80 | M39 × 4 | |

注：本表数据供参考，具体规格待加工单位提供资料报验，并报监理同意后方可使用。异径接头时，以较大直径选用套筒。

直螺纹连接工艺流程为：钢筋原材料检验→钢筋直螺纹加工→直螺纹丝扣质量检验→安装丝扣保护套→存放待用。

直螺纹连接工艺要点：

(1) 钢筋加工直螺纹丝扣前，要对钢筋的规格、下料长度、外观进行检验；如果发现两端有弯曲或端头不规整等现象时，须处理后方能使用。钢筋下料时应采用砂轮切割机，切口的端面应与轴线垂直，不得有马蹄形或挠曲。

(2) 加工好的钢筋直螺纹头，由操作人员逐个用月牙规和卡规检查。对检验不合格的端头，应切断重新加工。

(3) 钢筋与连接套连接时，连接套必须是经过与钢筋规格相同的直螺纹塞检查的合格品。

(4) 现场安装时，钢筋与连接套规格必须一致。安装前检查直螺纹，完好无损后方可使用。

(5) 连接水平钢筋时，必须从一头往另一头依次连接，不许从两边往中间连接。用扳手将接头拧紧后，立即在钢筋接头处做油漆标记，以便检查。

(6) 梁钢筋接头上铁接头位置在跨中 1/3 轴跨范围内，下铁接头在支座范围内；基础底板部位钢筋接头上铁在支座，下铁在跨中。连接水平钢筋时，从一头往另一头依次连接。

## 4.4 模板

本工程正锥体部分为框架—剪力墙结构，柱截面尺寸多样，其中有斜柱、异形柱；地下室外墙墙厚为 800、600、500mm；地下二层底板厚为 1600mm、地下一层底板厚为

1000mm；梁宽、高有很多种规格。板厚有110、120、130、140、150、180mm等。为保证施工工期，提高施工工效，模板支撑采用早拆体系。在模板选材上，墙、梁模板采用木胶合板；地下室底板外侧和承台模板采用砖模；后浇带模板采用钢丝网模板；电梯井采用定型模板。木枋采用50mm×100mm的规格。

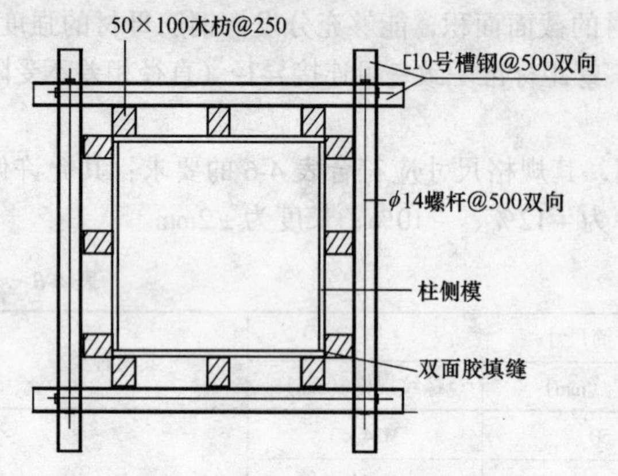


图4-6 一般方柱模板拼模示意图

### 4.4.1 柱模

为确保本工程达到优质样板工程的标准，柱箍采用10号槽钢进行加固，竖楞采用50mm×100mm木枋，柱子中间一般不加对拉螺杆，模板采用18mm厚胶合板模板。为保证模板的侧向刚度，柱箍间距为500mm（竖向）。为了保证柱子垂直度，采用$\phi$48钢管做斜撑或与梁板支撑脚手架拉结住，每2m高撑一道，每个方向撑两点。

（1）一般方柱模板拼模如图4-6所示。

（2）斜柱模板支设如图4-7所示。

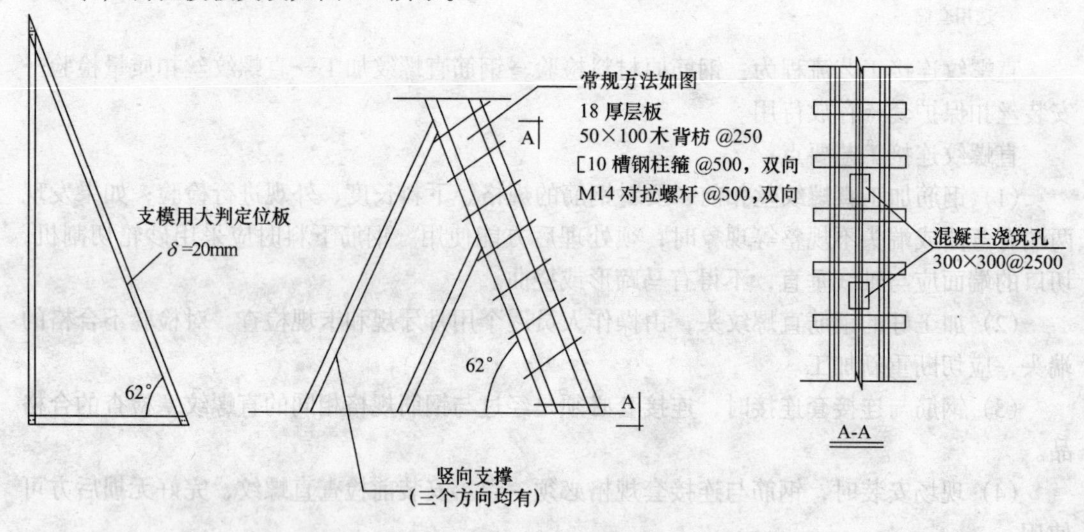


图4-7 斜柱模板支设示意图

斜柱混凝土浇注口应从柱脚下500mm高处留第一道，往上等距布置，应注意留好堵头；待混凝土浇筑到留口高度下500mm时，及时堵上并加固好。

（3）圆柱模板

圆柱模板采用定型组装木模板，如图4-8所示。

（4）异形柱模板

1）外墙半圆加直墙异形柱，半圆部分采用定型组合木模板，直墙部分采用木夹板拼装而成，具体支模方法参考圆柱模和墙模支设方法，支模应有详细的配模图，拼模在加工场制作完成，现场只进行安装。

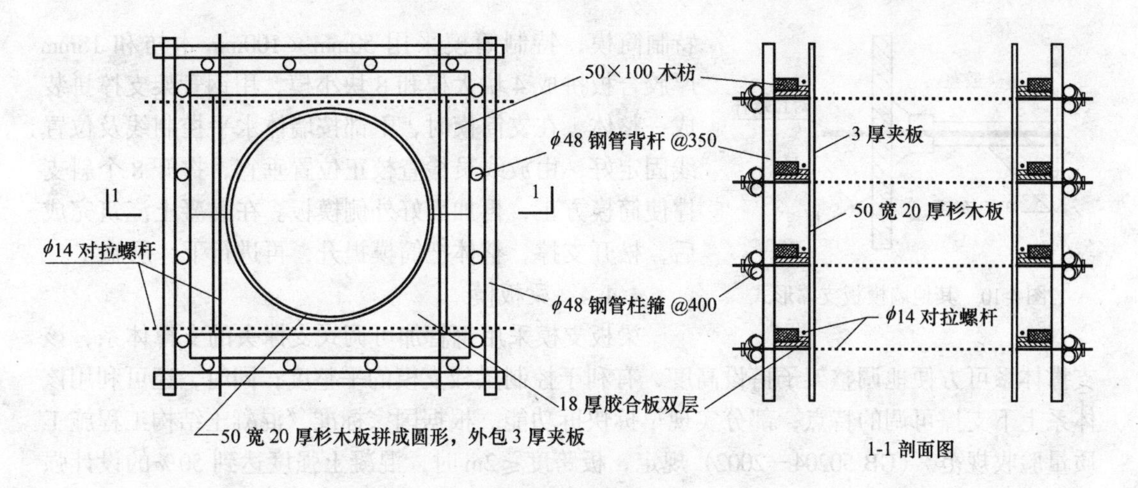


图 4-8　圆柱模板

2）墙内异形暗柱与墙模方法支设方法相同，并同时支设。

3）大型异形柱，采用木模板拼装，支模方法同圆柱模和墙模支设方法。

4）异形柱施工前应进行详细的技术交底，并绘制配模图。

### 4.4.2　墙体模

(1) 外墙及水池模板

采用 18mm 厚木胶合板，模板竖楞采用 50mm × 100mm 的木枋；横楞采用 ϕ48 × 3.5mm 的钢管；模板支撑采用 ϕ48 × 3.5mm 钢管。为保证模板的侧向刚度，在模板中间加设 ϕ14 的对拉螺杆，对拉螺杆尚需带 50mm × 50mm、4mm 厚的钢板止水片，对拉螺杆的纵横向间距按 600mm × 600mm 布设。

地下室及水池外墙模安装如图 4-9 所示。

为保证剪力墙的垂直度，加强支撑，在剪力墙高度上内外每隔 1500mm 各设两道斜撑以确保剪力墙的垂直度，一道设在墙高 1/3处，一道设在墙高 2/3 处，内侧斜撑与楼板或水池顶板支撑体系连接牢固，外侧与基坑支护顶牢或撑在底板预埋的钢筋头上，在钢筋头上套钢管支撑，顶在外墙模板钢筋管横楞上。

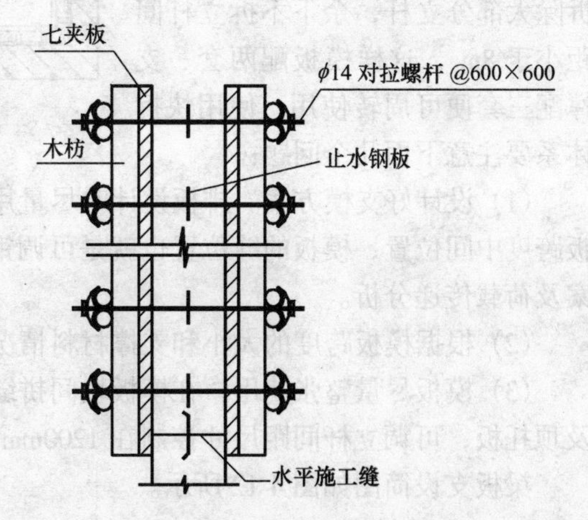


图 4-9　外墙/水池模板示意图

(2) 其他墙模板

其他墙模板支撑形式同地下室外墙模板，对拉螺杆间距采用 500mm × 500mm 布置，不用焊止水钢板。为了对拉螺杆能重复利用，外套直径 25mm 的厚壁 PVC 管（壁厚大于 2mm）。为保证混凝土表面美观，PVC 管应与胶盔套住，与模板顶死，不穿过模板，既可作为模板内撑，又可确保穿管处不漏浆，接口美观，具体如图 4-10 所示。

### 4.4.3　电梯井模（见图 4-11）

为确保电梯井模板的施工质量，保证电梯井内壁的垂直平整，此部位模板应采用整体

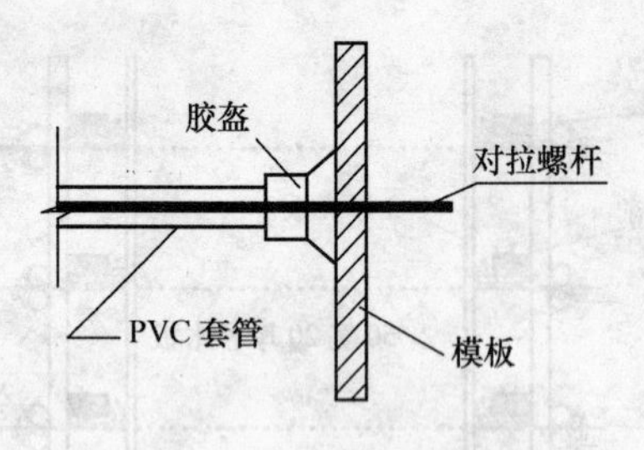


图 4-10　其他墙模板支撑形式

特制筒模，特制筒模采用 50mm×100mm 木枋和 18mm 厚胶合板拼成 4 块大模和 8 块小模，用钢管架支撑拼装成一整体。在支筒模时，下部按墙体水平控制线及位置线固定好，由放线员检查校正位置垂直，撑开 8 个斜支撑使筒模方正，再加固好外侧模板。在混凝土浇筑完成后，松开支撑，整体把筒模提升，再进行下一层施工。

#### 4.4.4　梁板模

梁板支模采用钢管加可调式支撑头的支撑体系，该支撑体系可方便地调整架子搭设高度，有利于控制梁板支模的平整度；同时，还可利用该体系上下支撑可调的特点，部分实现早拆快拆功能。根据国家标准《混凝土结构工程施工质量验收规范》(GB 50204—2002) 规定，板跨度≤2m 时，混凝土强度达到 50% 的设计强度时方可拆模；跨度在 2～8m 时，混凝土强度必须达到 75%；大于 8m 时，混凝土强度必须达到 100% 方可拆模。可根据这一规定，利用不拆立杆将板分成较小跨度，实现提早拆模。在混凝土浇筑 3～4d 后，拆除楼板底模和支撑横杆，而立杆保持支撑状态，使楼板处于短跨 (1.5m) 受力状态，待混凝土的强度达到设计强度的 75% 时，即可拆除大部分立杆，余下不拆立杆间距小于 8m，这样模板配两套、支撑配三套便可周转使用。使用快拆体系要注意下面几个问题：

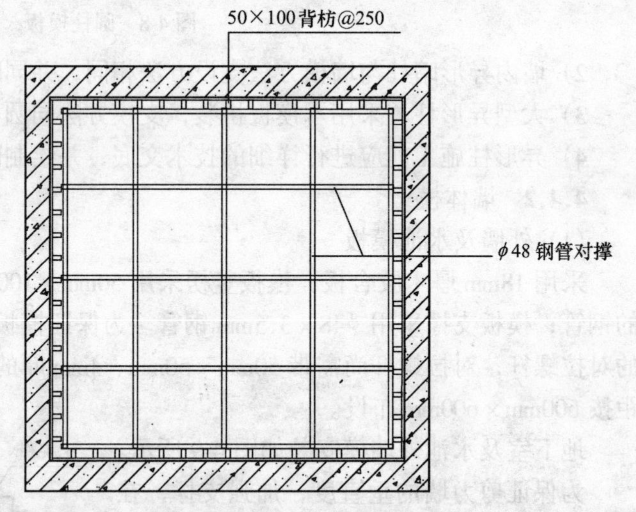


图 4-11　电梯井模施工示意图

(1) 设计好支模方案。排板设计时尽量用整张模板做面板，模板拼缝尽可能设置在楼板跨度中间位置，模板的缝位置也就是可调钢支柱的顶托板能够嵌入的位置，做好支模方案及荷载传递分析。

(2) 根据模板跨度的大小和支撑材料情况，合理布置保留立杆。

(3) 模板尽量整张使用，在模板块间拼缝处留 140mm×140mm 方洞，供嵌入可调立杆及顶托板，可调立杆间距尺寸控制在 1200mm 以内，立杆底部应垫实垫牢。

梁板支设简图如图 4-12 所示。

#### 4.4.5　楼梯模

为了保证楼梯混凝土浇筑的外观几何尺寸和混凝土的施工质量，根据我们的施工经验，认为采取封闭式楼梯模是一个防止出现质量通病的较好方法。其具体安装及混凝土浇筑方法如图 4-13 所示。

### 4.5　混凝土

本工程混凝土强度等级不高，防水混凝土的等级也不高，墙、柱、梁板混凝土强度等

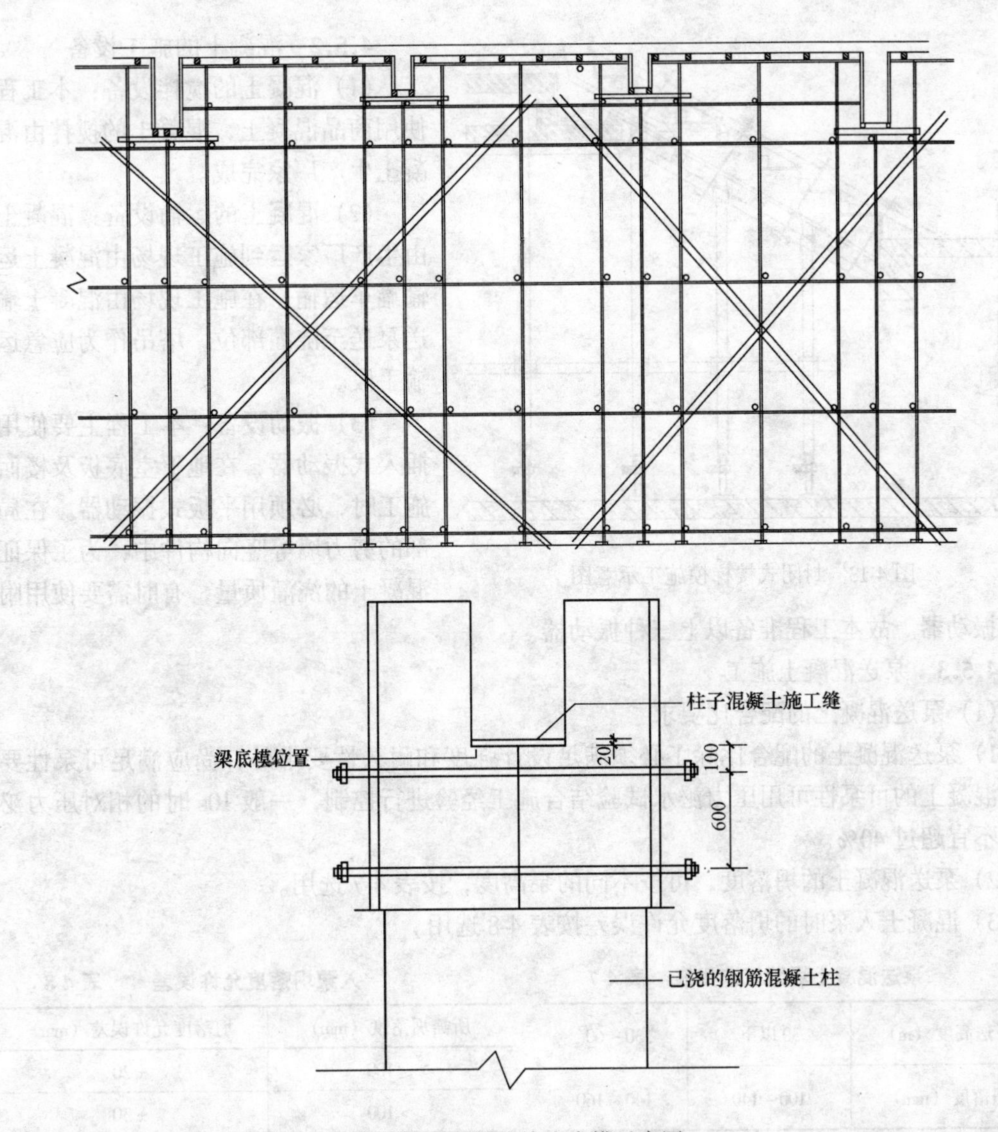


图 4-12 梁柱接头支模示意图

级相同，且本工程采用的是商品混凝土，所以，本工程混凝土施工比较方便，施工质量比较容易保证。

考虑到本工程的体量比较大，为了保证施工进度，我公司在施工部署上采用两个作业班组，故考虑两台混凝土输送泵，另准备一台备用。

**4.5.1** 混凝土原材料选择

（1）水泥：采用 42.5R 普通硅酸盐水泥；地下室底板大体积混凝土宜采用水化热较低的矿渣硅酸盐水泥。

（2）骨料：采用 5～30mm 石子及中砂，必须符合《普通混凝土用碎石或卵石质量标准及检验方法》及《普通混凝土用砂质量标准及检验方法》中的规定。

（3）混凝土掺合料：泵送混凝土中常用的掺合料为粉煤灰。

（4）外加剂：由试验确定，根据需要可选用泵送剂、缓凝剂等外加剂。

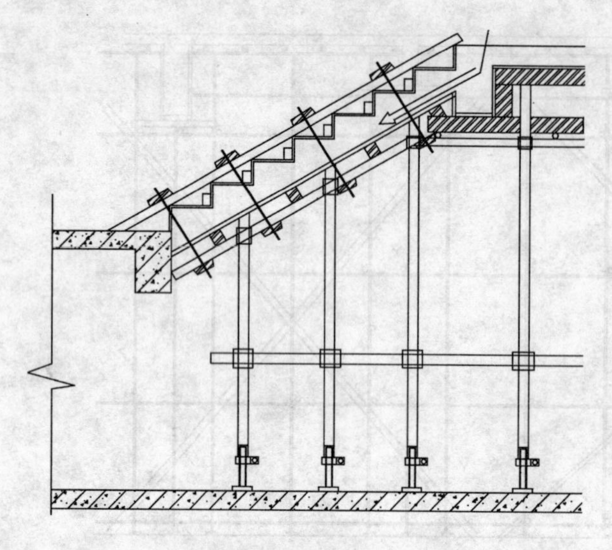

图 4-13　封闭式楼梯模施工示意图

**4.5.2**　混凝土的施工设备

（1）混凝土的搅拌设备：本工程使用商品混凝土，混凝土的搅拌由混凝土生产厂家完成。

（2）混凝土的运输设备：混凝土由生产厂家运到施工现场由混凝土运输罐车运输；在施工现场由混凝土输送泵送至浇灌部位，塔吊作为应急运输手段。

（3）振动设备：本工程主要使用插入式振动器，在地下室底板及楼面施工时，必须用平板式振动器。在局部的剪力墙等竖向构件中，为了保证混凝土的浇灌质量，有时需要使用附着式振动器。故本工程准备以上三种振动器。

**4.5.3**　泵送混凝土施工

（1）泵送混凝土的配合比要求

1）泵送混凝土的配合比除了必须满足设计强度和耐久性要求外，尚应满足可泵性要求，混凝土的可泵性可用压力泌水试验结合施工经验进行控制，一般 10s 时的相对压力泌水率不宜超过 40%。

2）泵送混凝土的坍落度，可按不同的泵高度，按表 4-7 选用。

3）混凝土入泵时的坍落度允许误差按表 4-8 选用。

**泵送混凝土坍落度选用表　表 4-7**

| 泵送高度（m） | 30 以下 | 30～60 |
|---|---|---|
| 坍落度（mm） | 100～140 | 140～160 |

**入泵坍落度允许误差　表 4-8**

| 所需坍落度（mm） | 坍落度允许误差（mm） |
|---|---|
| ≤100 | ±20 |
| >100 | ±30 |

4）设计泵送混凝土配合比时，应参照以下参数：

（A）水灰比宜为 0.4～0.6；

（B）砂率宜为 38%～45%；

（C）最小水泥用量宜为 300kg/m$^3$；

（D）应掺适量外加剂，并应符合国家有关规定要求；

（E）掺粉煤灰的泵送混凝土设计，必须经过试配。

（2）泵送混凝土的供应

1）泵送混凝土的拌制：应严格按配合比设计对各种原材料进行计量，搅拌时其投料次序除应符合有关规定外，粉煤灰宜与水泥同步；外加剂的添加应符合配合比设计的要求，且宜滞后于水和水泥；搅拌的最短时间，应按国家有关规定确定。

2）混凝土的运送：采用混凝土搅拌运输车。装料前，必须将拌筒中的积水倒净，运输途中，严禁往拌筒内加水。运至目的地，坍落度损失过大时，在符合设计配合比的条件下适量加水，强力搅拌后，方可卸料。泵车在运输途中，应保持 3~6 转/min 的慢速转动。

混凝土运输延续时间，不宜超过所测得的混凝土初凝时间的 1/2。

混凝土搅拌运输车在给混凝土泵喂料时，应符合下列要求：

(A) 喂料前，应用中、高速旋转拌筒，使混凝土拌合均匀，避免混凝土出料时分层离析；

(B) 喂料时，反转卸料应配合泵送均匀进行，且应使混凝土保持在集料斗内高度标志线以上；

(C) 暂时中断泵送作业时，应使拌筒低转速搅拌混凝土；

(D) 混凝土泵进料斗上，应安置网筛并设专人监视喂料，以防大粗径的料或异物进入混凝土泵，造成堵塞。

(3) 混凝土的浇灌

地下室混凝土浇筑，采用柱墙体与梁、板分开浇筑，对于梁、板、墙混凝土强度等级不同的楼层，采用挂牌作业，在各结构部位现场挂牌标明混凝土强度等级。

混凝土浇筑应连续进行，如必须间歇，时间要尽量缩短。混凝土振捣采用插入式高频振动棒，振动棒插点要均匀，采用交错式的次序，移动距离不得超过作用半径的 1.5 倍，振动棒要快插慢拔，振动时间控制在 20~30s。

各结构部位混凝土浇筑方法如下：

1) 柱墙体混凝土浇筑

在混凝土浇筑前，先将与下层混凝土结合处凿毛，在底面均匀浇筑 50mm 厚与混凝土配合比相同的水泥砂浆，然后再进行浇筑。浇筑时分层浇筑振捣，每层浇筑厚度控制在 500mm 左右，混凝土下料点分散布置，循环推进，连续进行。严禁单点下料，用振动棒驱赶混凝土。

对于构造柱的浇筑采用分层浇筑，每层厚度不超过 300mm。

2) 梁板混凝土浇筑

梁、板混凝土同时浇筑，浇筑方法应由一端开始用“赶浆法”推进，先将梁分层浇筑成阶梯形，当达到楼板位置时，再与板混凝土一起浇筑。在浇筑与墙连成整体的梁和板时，应在墙体混凝土浇筑完毕时，用刮尺或拖板抹平表面。

3) 楼梯混凝土浇筑

楼梯由于采用封闭支模，混凝土浇筑时，混凝土从平台口灌入，振动棒插入内部振捣。

(4) 混凝土养护与拆模

混凝土浇筑完毕后，常温下在 12h 内加以覆盖，并浇水养护。高温下 6h 之内要浇水养护。梁板等水平构件应不间断浇水，保持湿润，墙体采用涂刷养生液养护。保证这些关键构件始终处于湿润状态，养护时间为浇筑后不少于 7d，以确保结构混凝土强度。

地下一层和地下二层底板应采用薄膜 + 麻袋蓄水养护，蓄水高度视混凝土水化热温升情况变化调整，连续养护 15d。

拆模时间需符合国家规范规定。施工时可做控制混凝土拆模时间的试块，经试压达到规定强度后即可确定拆模时间。拆模经监理确认后方可进行。

### 4.6 超大跨超高悬空大梁施工

本工程超高凌空结构多、构件尺寸大，主舞台上空格构梁底凌空高度达48.2m，梁截面为350mm×1000mm，跨度最大达30m；观从厅上空8层预应力转换大梁梁底凌空高度30.5m，梁截面为600mm×3600mm和700mm×4000mm，跨度分别为31m和34.7m。

为保证该部分结构的安全、高质量的施工，采取措施如下。

#### 4.6.1 大梁模板支撑采用结构钢屋架

由于超大跨超高悬空梁自重大，凌空高度高，若完全采用一般$\phi$48钢管脚手架支模，以600mm×3600mm梁为例，钢管间距太小（经估算间距需小于450mm），按常规搭设耗用钢管多，难以操作，施工周期长（耗用钢管量为一般梁板支撑的10倍左右，考虑到搭设的难度，施工周期更加倍延长），结合工程实际，故考虑采用钢结构桁架体系作为主要支撑体系，采用落地满堂红脚手架作为辅助支撑体系。

超大跨超高悬空梁普遍位于屋面钢屋架的上方，由于屋面钢屋架较大（钢屋架主要采用HW350×350工字钢为上下弦杆，屋架高度达3m以上），能够承受上部梁自重及一定的施工荷载，故考虑采用钢屋架作为大梁的模板支架；同时，该部分楼板可采用落地式钢管脚手架作为支架，并作为大梁防侧倾的支撑和支模操作架。

模板支设前先进行模板支架的设计，做好详细的施工方案和计算书，报设计院、监理审批后执行。

#### 4.6.2 混凝土浇筑采用叠合施工法

由于模板支架较高，为保证模板支架的安全和侧向稳定性，根据以往成熟施工经验及与设计院的研讨意见，决定大梁采用叠合施工方法。大梁混凝土分两次浇筑，施工缝的留设位置根据设计院的意见确定。

叠合处的施工缝要进行加强处理，第一次浇筑时在水平施工缝处放置50mm×100mm木枋（混凝土终凝时取出），长度为梁宽，沿梁长度方向以间距1000mm布置，以便在施工缝处形成沟槽；同时，每500mm插两根直径25mm的螺纹钢（长度1800mm，锚入上下层混凝土中各900mm），保证上下两层混凝土结合良好，共同工作；叠合面处理采用界面剂。

#### 4.6.3 钢筋工程

大梁钢筋绑扎，箍筋接头采用焊接，箍筋一次加工成封闭形。钢筋的绑扎程序为：梁底模安装、梁上部筋操作架→自下而上分层铺上部主筋、分层螺纹连接或焊接连接→穿入箍筋→分层穿入下部筋（从梁一端向另一端穿入，穿一段连接一段）→检查验收→梁侧模安装。

### 4.7 预应力混凝土结构

本工程结构平面呈蜗牛形，中间设置一矩形舞台，预应力大梁分布在3~8层、机房层以及37.00m标高处。框架梁的跨度多数为17~22m，截面尺寸为（500~600）mm×（1300~2000）mm，配置16~36根$\phi^{s}$15.24有粘结钢绞线。其中8层转换梁的跨度为33m和36m，截面尺寸为700mm×4000mm和600mm×3600mm，分别配置6×12$\phi^{s}$15.24和8×12$\phi^{s}$15.24有粘结钢绞线。37.00m标高处除框架梁为有粘结预应力外，该层次梁为无粘结预应力。经统计，本工程有粘结预应力钢绞线用量约为 40 ~ 45t，无粘结预应力钢绞线用量约为 4 ~ 5t。

本工程预应力筋均采用低松弛高强度钢绞线，抗拉强度 1860MPa，混凝土强度等级为 C40。预应力张拉控制应力为 1339.2MPa，张拉方式为一端张拉或两端张拉，张拉端采用夹片锚，固定端采用挤压锚。

**4.7.1** 本工程预应力施工特点

(1) 梁高筋多，预应力转换梁高度达 4000mm，配置 $8\times12\phi^{s}15.24$，施工难度大。

(2) 一般预应力框架梁采用竖向扁锚锚固体系，张拉时摩擦损失大，实施时可能需要调整。

(3) 预应力张拉端位于结构平面内，需在板上预留张拉口。

**4.7.2** 主要机具、设备、材料

(1) 主要材料的选用

1) 预应力钢材应选用优质国产 $\phi^{j}15.24$ 高强度低松弛钢绞线，抗拉强度标准值 $f_{ptk}=1860N/mm^2$。

2) 金属波纹管选用优质国产镀锌金属波纹管。

3) 预应力锚具选用优质国产 HVM15 圆形夹片锚具与 BM15 扁形夹片锚具。锚具使用前应逐个检查外观，要求无裂缝，齿形无异常，合格后方可使用。

4) 灌浆用水泥应选用 42.5R 优质国产普通硅酸盐水泥，并附有出厂合格证和质量保证书。

(2) 主要机具、设备的选用（见表 4-9）

**主要机具、设备表** **表 4-9**

| 序号 | 设备名称 | 规格 | 数量 | 备注 |
|---|---|---|---|---|
| 1 | 千斤顶 | YDC240Q | 10 台 | 配套工具锚 |
| 2 | 高压油泵 | ZB4-500 | 10 台 | 与千斤顶配套 |
| 3 | 挤压机 | JY46 | 5 台 | 配套油泵 |
| 4 | 砂轮切割机 | | 10 个 | 配套锯片 |
| 5 | 手持切割机 | | 20 个 | 配套锯片 |
| 6 | 配电箱 | | 10 个 | |
| 7 | 注浆泵 | UBJ1.8 | 5 台 | 配套搅拌机 |

**4.7.3** 施工工艺流程

(1) 无粘结预应力施工工艺流程如图 4-14 所示。

(2) 有粘结预应力施工工艺流程如图 4-15 所示。

**4.7.4** 施工方法

(1) 预应力筋孔道埋设

1) 金属波纹管安装前，按设计图纸的预应力筋曲线坐标，在箍筋上画线并焊 $\phi8$ 钢筋支托（间距 1.1 ~ 1.5m）。

2) 波纹管的接长可采用大一号的波纹管作为接头管。接头管的长度为 200mm，其两端用粘胶带封闭。波纹管安装后，用钢丝与钢筋支托绑扎固定。

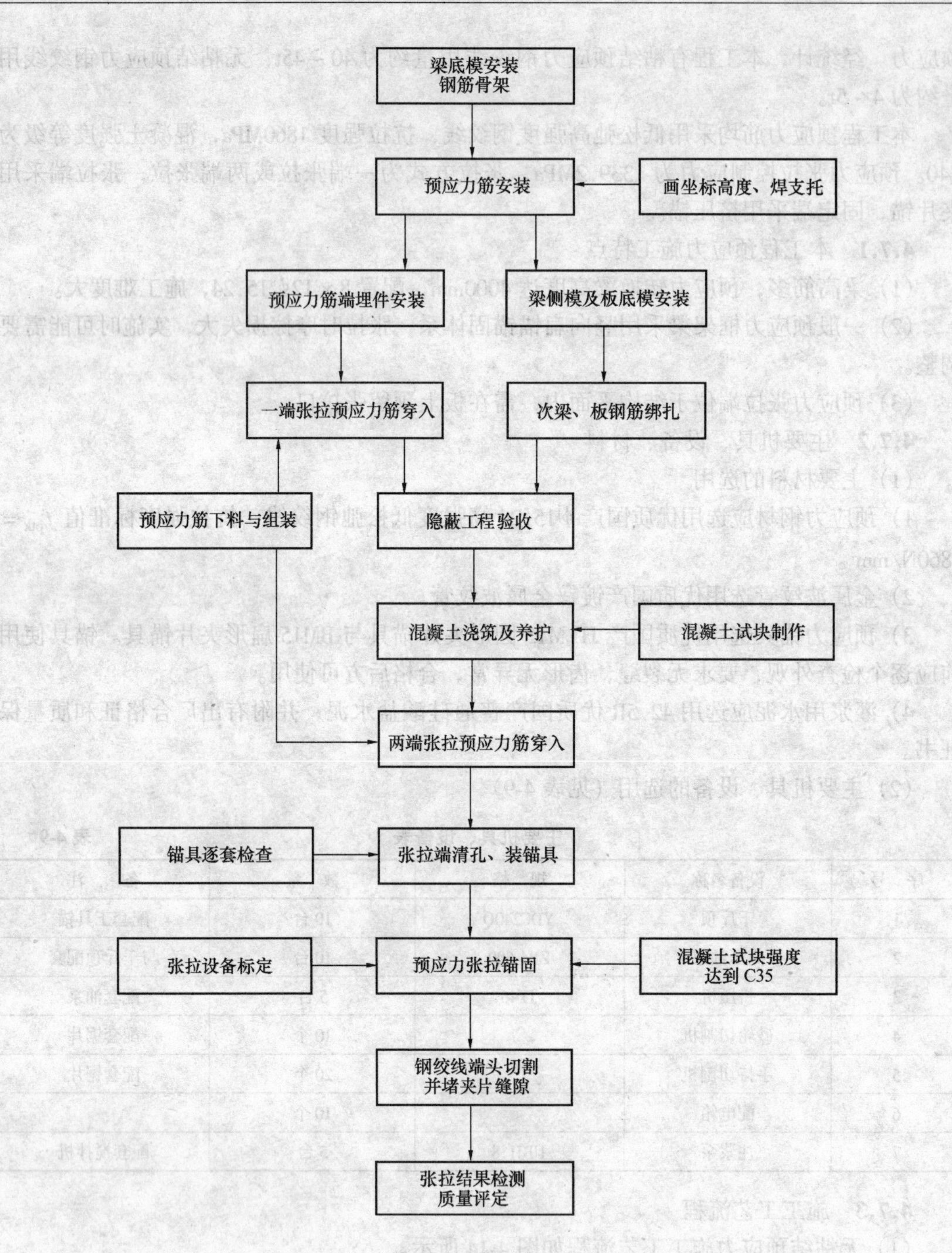


图4-14　无粘结预应力施工工艺流程图

（2）张拉端埋件安装

1）铸铁喇叭管应垂直于曲线孔道末端的切线，并用钢筋支托固定；喇叭管上应设有灌浆孔；螺旋筋应沿喇叭管居中放置，喇叭管与波纹管接口处应密封。

2）曲线孔道最高点处，需设置塑料泌水管，塑料管应高出梁面400mm。

（3）预应力筋下料与穿束

1）钢绞线下料场地应干燥、洁净，采用钢尺丈量，砂轮切割机切割。

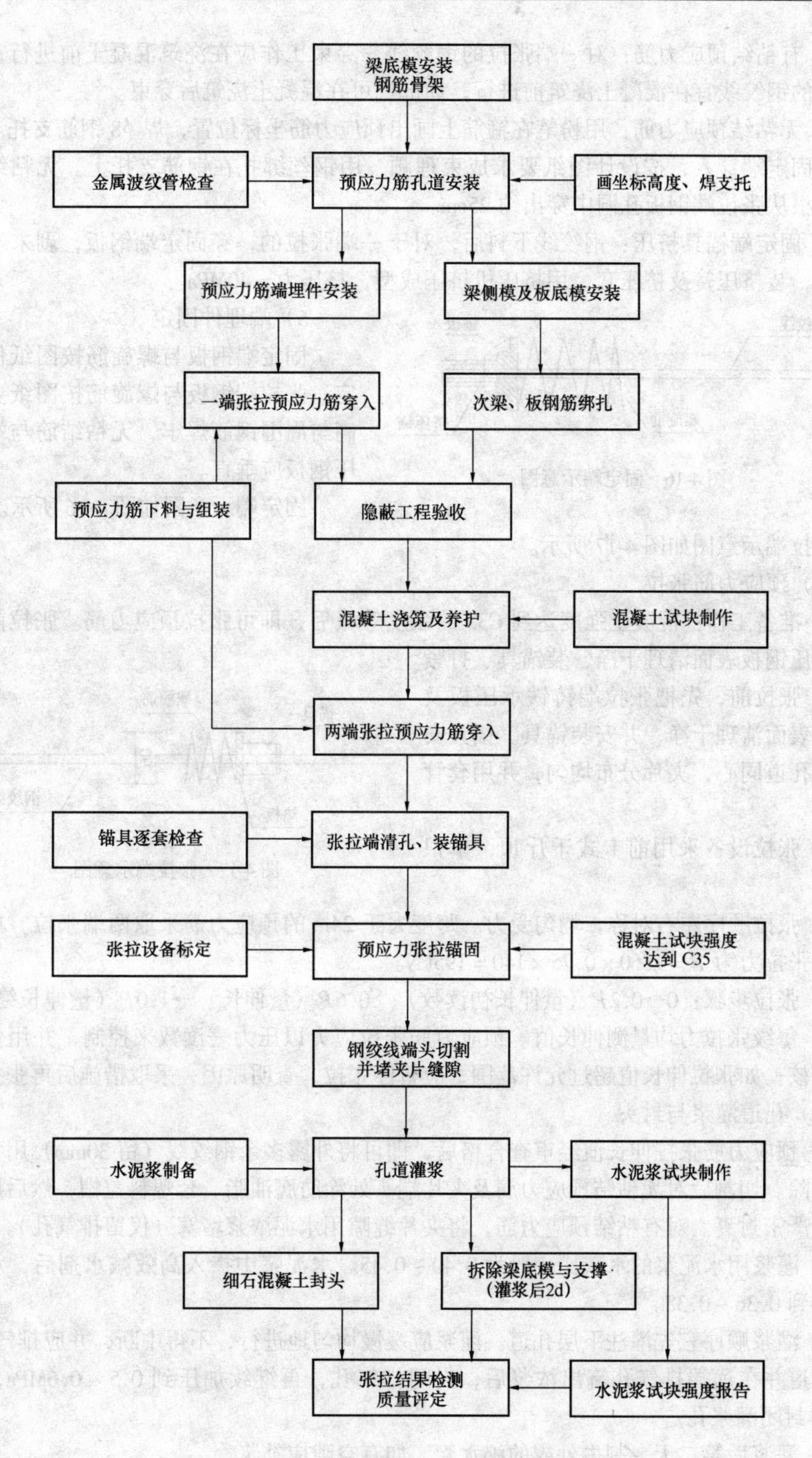


图 4-15　有粘结预应力施工工艺流程图

2）有粘结预应力筋：对一端张拉的钢绞线，穿束工作应在浇筑混凝土前进行；对两端张拉的钢绞线宜在混凝土浇筑前进行，局部也可在混凝土浇筑后穿束。

3）无粘结预应力筋：用粉笔在箍筋上画出预应力筋坐标位置，焊 $\phi 8$ 钢筋支托。无粘结筋从固定端穿入，按设计图纸要求成束理顺，用钢丝绑扎在钢筋支托上。无粘结筋分散，逐根从张拉端钢板孔洞中穿出约 25cm。

4）固定端锚具挤压：钢绞线下料后，对于一端张拉的，穿固定端钢板，剥末端 8mm 塑料皮，装挤压簧及挤压套，用挤压机挤压成型，挤压力≥40MPa。

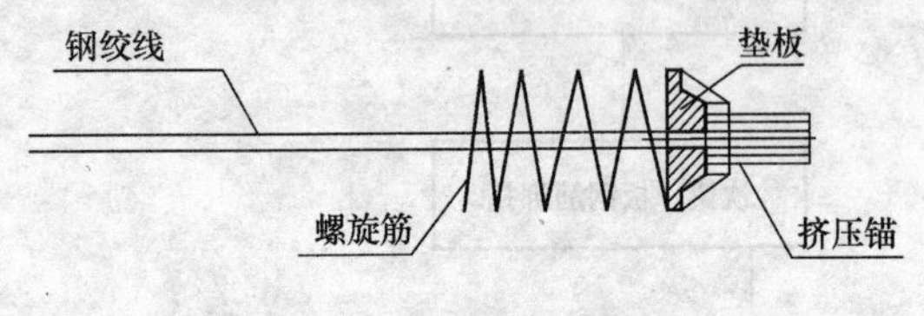


图 4-16　固定端示意图

5）端埋件固定

固定端钢板与螺旋筋按图纸位置固定；张拉端钢板与螺旋筋按图纸要求标高与周围钢筋焊牢，无粘结筋与端部承压钢板应垂直。

固定端示意图如图 4-16 所示。

张拉端示意图如图 4-17 所示。

（4）预应力筋张拉

1）准备工作：混凝土强度达到 C35 的强度等级后，即可张拉预应力筋。张拉前将张拉端承压钢板表面清理干净，装锚具、打紧。

2）张拉前，先把张拉端铸铁承压板及钢绞线表面清理干净，并安装锚具。锚具安装应与孔道同心，夹片分布均匀，并用套管打紧。

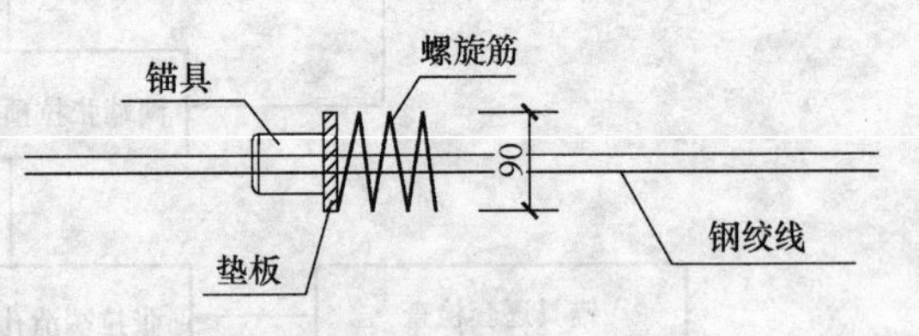


图 4-17　张拉端示意图

3）张拉设备采用前卡式千斤顶，单根张拉。

4）张拉顺序左右对称，均匀受力。跨度大于 24m 的预应力筋采取两端张拉。单根预应力筋张拉力为 $P = 1860 \times 0.75 \times 140 = 195\text{kN}$。

5）张拉步骤：$0 \to 0.2P$（量伸长初读数）$\to 0.6P$（量伸长）$\to 1.0P$（量伸长终读数，锚固）。每级张拉力均量测伸长值。预应力筋张拉应力以压力表读数来控制，并用伸长值进行校核；如张拉伸长值超过允许范围，应暂停张拉，查明原因，采取措施后再张拉。

（5）孔道灌浆与封头

1）预应力筋张拉伸长值经审查合格后，即可将外露多余钢绞线（留 30mm）用手提砂轮机切除。切割后对无粘结预应力筋及夹片端头处涂防腐油脂、套塑料盖帽，然后用细石混凝土严密封裹。对有粘结预应力筋，将夹片缝隙用水泥浓浆堵塞（仅留排气孔）。

2）灌浆用水泥浆的水灰比一般为 0.40～0.45。水泥浆中掺入高效减水剂后，水灰比可减小到 0.36～0.38。

3）灌浆顺序宜先灌注下层孔道。灌浆应缓慢均匀地进行，不得中断，并应排气通顺。灌满孔道并在远端排气孔流出浓浆后，封闭排气孔，再继续加压到 0.5～0.6MPa，持荷 1min 再封闭灌浆孔。

4）灌浆后第二天，割去外露的泌水管，如有空隙应补浆。

5）对凹入式张拉端，应先将周围的混凝土冲干净，然后浇筑封头混凝土。

(6) 质量要求

1) 预留孔道用金属波纹管应采用铁丝绑扎牢靠，接头应密封，电焊时严禁焊液落在波纹管上；如管壁破损，应采用粘胶修补，严重的要更换。

2) 无粘结筋外皮应完整，破损处用胶带补，严重的要更换。

3) 预应力筋曲线应平顺，梁预应力筋垂直坐标容许偏差为±10mm，水平坐标容许偏差为±20mm，合格率不应低于90%。

4) 张拉端铸铁喇叭管与预应力筋孔道中心线垂直，其偏差不得大于10°，并应可靠固定。

5) 安装夹片时外口应齐平，缝隙要均匀，张拉后夹片外露应一致，一般为2~4mm。

6) 预应力筋张拉伸长允许偏差为±6%，其合格率应不低于90%，锚固时其内缩值不大于6mm。

7) 孔道浆体应填充密实，孔道上曲部位月牙形空隙不大于2mm，钢绞线不得裸露。水泥浆的抗压强度不应低于30MPa。

8) 第 $n$ 层预应力楼盖下支撑，必须待其上部相应的第 $n+1$ 层预应力楼盖张拉结束后方可拆除。

#### 4.7.5 大跨度转换梁预应力施工要点

(1) 圆形群锚体系

1) 张拉端如图4-18所示。

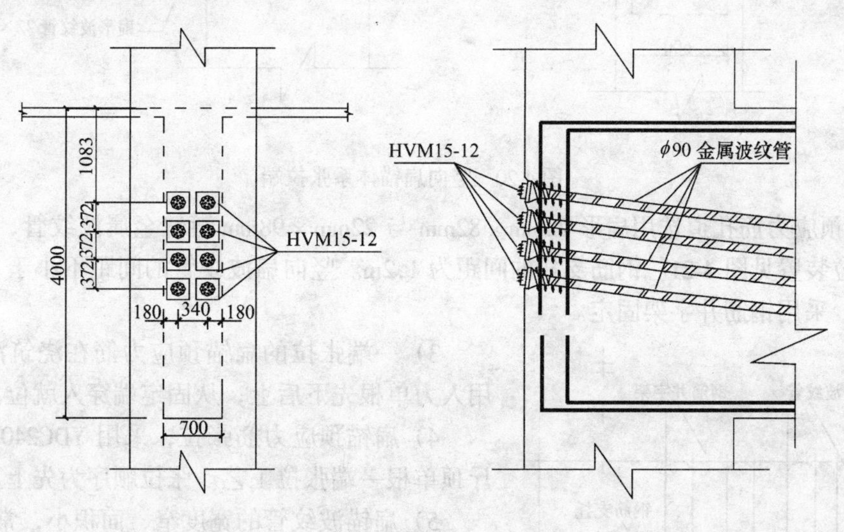


图4-18 张拉端示意图

2) 预应力筋孔道选用 $\phi$90 镀锌金属波纹管，分4排布置。波纹管安装前，在箍筋上划线并焊钢筋支托（间距1.0~1.2m），控制预应力筋的曲线坐标，波纹管安装时从梁端依次穿入，置于钢筋支托上，绑扎牢靠。

3) 钢绞线用砂轮切割机下料，下料场地应干燥，并防止沾染污泥。对两端张拉的钢绞线宜在浇混凝土后穿入，采用整束穿并配备绞车牵引。

4) 预应力筋张拉工作在混凝土达到设计强度的80%后方可进行。转换梁的预应力筋分两阶段张拉。第一阶段张拉 $6\times12\phi^{s}15.24$ 钢绞线束。预应力筋采用两端张拉工艺。张

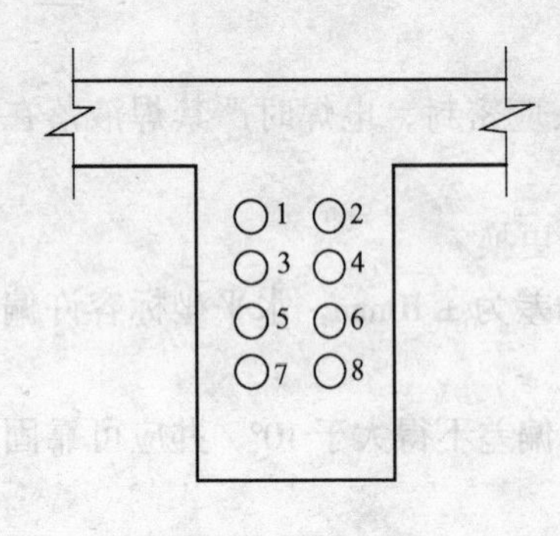


图 4-19　张拉顺序图

拉设备采用 YCW250B 一端张拉，另一端补拉。张拉顺序见图 4-19。张拉伸长值允许偏差为 ± 6%。

5）灌浆用水泥浆的水灰比一般为 0.40 ~ 0.45，水泥浆掺入高效减水剂后，水灰比可减少至 0.36。灌浆孔设置在梁端锚垫板上，灌浆顺序宜先灌下层孔道，灌满后封闭排气孔继续加压至 0.5 ~ 0.6MPa，持荷 1min 后再封闭灌浆孔。灌浆后第二天，割去外露泌水管，对不密实的部位进行补浆。封头时，先将周围的混凝土冲洗干净，然后浇筑强度不低于 C35 的封头混凝土。

（2）竖向扁锚体系

1）竖向扁锚体系张拉端如图 4-20 所示。

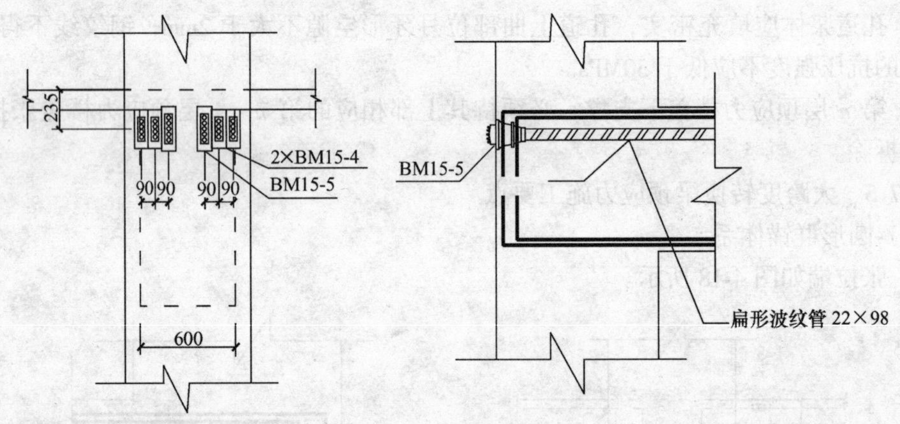


图 4-20　竖向扁锚体系张拉端

2）预应力筋孔道选用扁形 22mm × 82mm 与 22mm × 98mm 镀锌金属波纹管，竖向位置及其定位装置见图 4-21。钢筋支托的间距为 1.2m。竖向扁波纹管的间距不小于 30mm。为防倾倒，采用钢筋井字架固定。

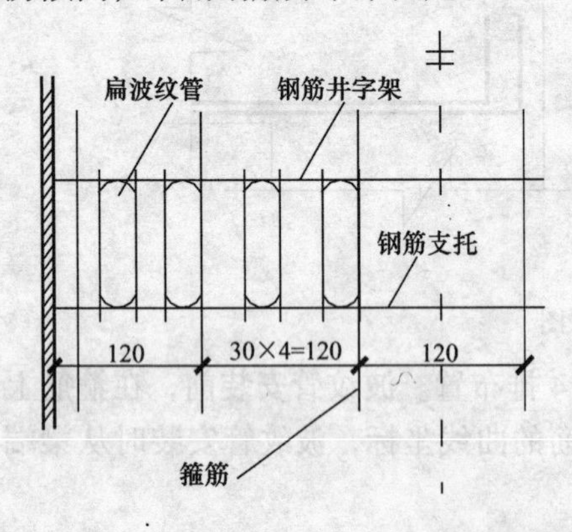


图 4-21　竖向位置及定位装置图

3）一端张拉的扁锚预应力筋在浇筑混凝土前，用人力单根先下后上，从固定端穿入就位。

4）扁锚预应力筋张拉，采用 YDC240 前卡式千斤顶单根一端张拉工艺。张拉顺序为先上后下。

5）扁锚波纹管的宽度窄、面积小，常规灌浆难以保证密实。拟采用真空辅助压浆新技术。真空辅助压浆新技术，需要采用塑料波纹管留孔，优化水泥浆、配置真空泵、先将孔道抽真空后，用灌浆泵灌浆。

### 4.7.6　有关工序的配合要求

（1）梁的侧模与端模，应在金属波纹管及端埋件埋设后安装。

（2）预应力筋张拉前，宜先将梁的侧模拆除；张拉后，方可拆除底模与支架。

(3) 柱的竖向钢筋与梁的负弯矩钢筋，应严格按张拉端翻样图中的位置安装。

(4) 浇筑混凝土时，应防止振动器触碰金属波纹管，张拉端与固定端混凝土必须振捣密实。

## 4.8 钢结构工程

本工程钢结构构件较多，包括钢屋盖体系、钢构葡萄架、钢结构栈桥、音桥、马道、楼梯等，另外舞台机械的钢结构工程量也很大，钢结构施工的难度较大。该项工程由业主组织招标，指定分包，施工单位进场后纳入项目部总包管理，分包单位应另行编制专项施工组织设计。

钢结构工程突出的特点主要表现在以下三个方面。

(1) 工程量大，工期短，现场拼装场地狭窄，吊装难度大。

根据目前的设计图纸，初步估算仅钢屋架用钢量就约有2000t。其中最重的一榀屋架重48t左右，跨度约56m，凌空高度约25m；凌空高度最高的屋架为建筑物中部主舞台上空的屋架，每榀重约11t，凌空高度约44m，跨度约30m，吊装难度很大。而钢结构施工工期较短，现场也无足够场地加工、拼装，且考虑到安全施工的需要，不能在钢结构安装的过程中进行垂直交叉作业。为保证施工进度，确保施工质量和安全，应尽量缩短钢屋架在现场的施工时间，钢屋架的施工应采取场外拼装、跨外整榀吊装的方法安装就位。由钢结构施工队在现场外设加工场，加工和组装连接成整榀屋架，再根据施工进度的要求和现场场地条件，分批按计划进场，用足够吨位的大吊车将屋架吊装就位。

(2) 与混凝土结构交叉施工，施工组织难度大。

本工程钢屋架与混凝土结构在垂直面上交错分布，互为施工的前提条件，主要是歌剧院观众厅上空钢屋架安装后方可施工七层转换大梁，而主舞台上空37m层格构梁必须待钢屋架安装后方可施工。这就要求钢结构施工与混凝土结构施工的组织要合理有序，避免因冲突而影响工期进度。由于工期紧，钢屋架不能采用工作面拼装的方法（这样占用场地多，施工周期长），只能在场外拼装成整榀屋架，运至现场一次吊装就位，以确保不影响混凝土结构施工的工期。

(3) 预埋件多，要求精度高，对土建施工质量的要求高。

本工程钢结构的预埋件较多，包括钢屋架、幕墙支撑体钢构、舞台机械钢结构等的预埋件，这些预埋件规格尺寸大，承受荷载大，定位关系复杂，要求平整度、轴线位置及标高等控制精度较精细，通常比土建混凝土结构工程施工验收规范要求的允许偏差要小，这就在一定程度上增加了土建混凝土结构施工的难度，也就要求钢结构的施工、设计与土建施工、设计四方能及时、密切地合作，及时出图，以便土建施工单位放样定位，也便于甲方及监理单位审图；同时，为避免返工，钢结构的施工及设计单位应对土建预埋件的位置进行复核，以确保预埋件达到设计和钢结构施工的要求。

## 4.9 防水工程

### 4.9.1 工程概况

(1) 地下防水工程（见图4-22）

本工程地下结构防水为Ⅰ级，采用聚合物涂料防水、自粘型沥青卷材防水和C30P8抗渗混凝土自防水三道防水层，防水总面积达17900余平方米。

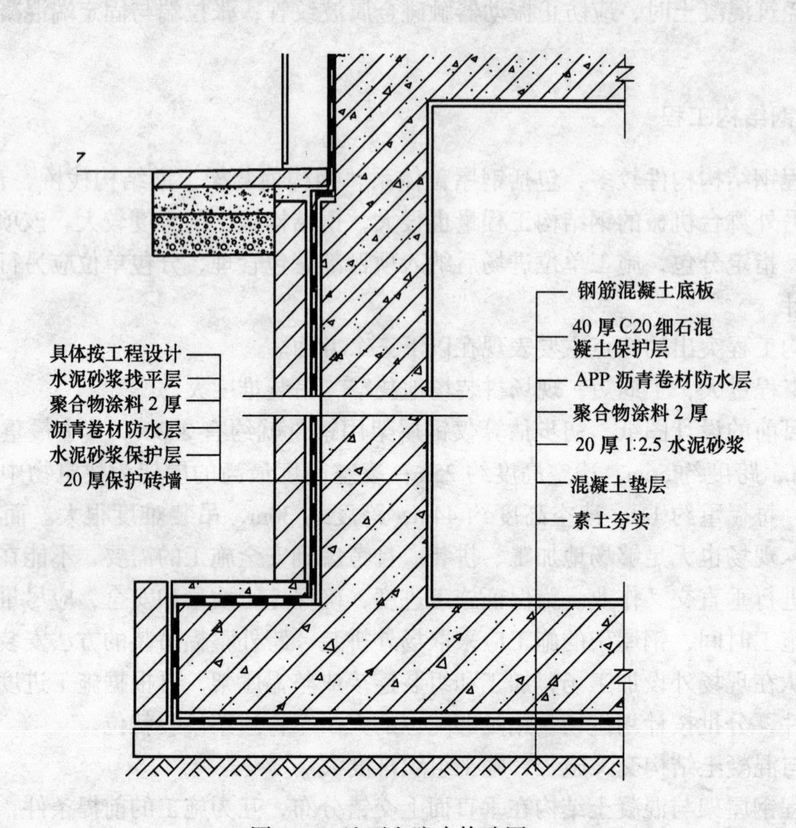


图4-22 地下室防水构造图

后浇带、施工缝处理，采用了膨胀橡胶带、条（20mm × 20mm）和镀锌钢板（-300mm × 4mm），如图4-23所示。

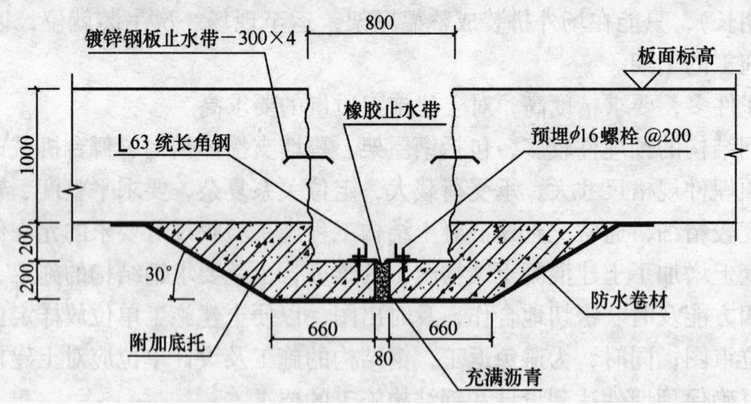


图4-23 底板后浇带防水大样

(2) 混凝土屋面防水工程

本工程屋面防水等级为Ⅰ级，防水耐用年限为25年。屋面防水做法如下：

40mm厚C20防水细石混凝土防水层（内配 $\phi 4@200$mm 双向）；

20mm 厚 1:3 水泥砂浆隔离层；

隔离层一道；

2mm 厚三元乙丙防水卷材，专用胶粘剂；

2.5mm 厚高分子防水涂料；

20mm 厚 1:3 水泥砂浆找平层；

高强度防水树脂膨胀珍珠岩保温兼找坡（坡度 2%），最薄处不小于 50mm；

2mm 厚涂膜胶隔汽层；

20mm 厚 1:3 水泥砂浆找平层；

现浇钢筋混凝土屋面。

设计要求的施工工艺为：找平层施工→涂膜隔汽层→保温层→找平层→防水涂料→防水卷材→隔离层→水泥砂浆隔离层→细石混凝土保护层。

本工程拟采用倒置法施工，混凝土屋面采用结构找坡，先做柔性防水层，再做保温层。

(3) 金属屋面

主舞台顶和扇形屋面均采用了复合金属防水保温隔声屋面（分别见图 4-24 和图 4-25）。

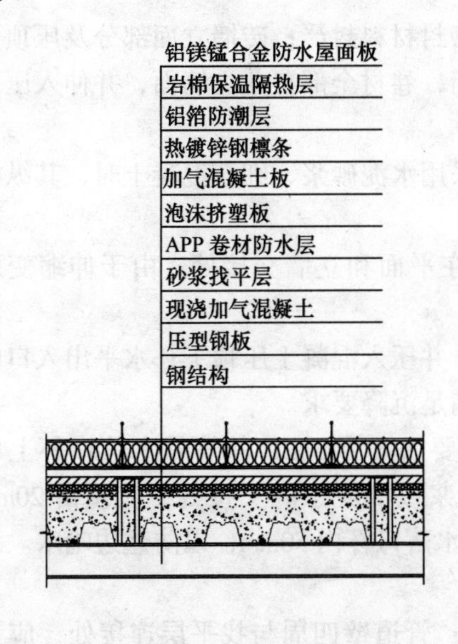


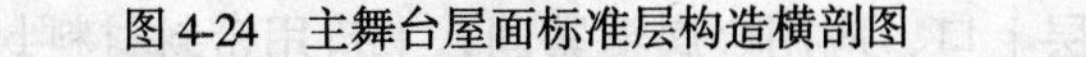

图 4-24 主舞台屋面标准层构造横剖图

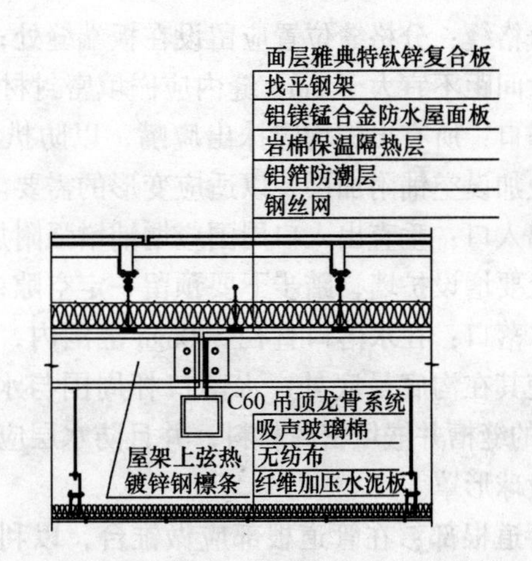


图 4-25 扇形台阶屋面标准层构造横剖图

### 4.9.2 主要施工方法

(1) 防水涂料的施工

大面积施工应先用油漆蘸底层涂料，将阴阳角、排水口、预埋件等细部均匀细致地涂布一遍，再用长把辊刷在大面积基层上均匀地涂布底层涂料。要注意涂布均匀、厚薄一致，且不得漏涂。

在底层涂料固化干燥后，应先检查其上有无残留的气孔或气泡。如无，即可涂布施工；如有，则应用橡胶板刷将混合料用力压入气孔填实补平，然后再进行下一层涂膜施工。

在防水层未固化前不宜上人踩踏，涂抹施工过程中应留出施工退路，可以分区分片用后退法涂刷施工。

涂布第二道涂膜涂刮方向与第一道的涂刷方向相垂直。涂布第二道涂膜与第一道相间隔的时间应以第一道涂膜的固化程度（手感不粘）确定，一般不小于24h，亦不宜大于72h。

阴阳角处理：在基层涂布底层涂料后，应先进行增强涂布；同时，将玻璃纤维布铺贴好，然后再涂布第一道、第二道涂膜。

管道根部处理：将管道以砂纸打毛，并用溶剂洗除油污，管根周围基层应清洁干净；在管根周围及基层涂刷底层涂料；底层涂料固化后做增强涂布；增强层固化后再涂布第一道涂膜；涂膜固化后沿管道周围密实铺贴十字交叉的玻璃纤维布做增强涂布；增强层固化后再涂布第二道涂膜。

施工缝（或裂缝）处理：施工缝处变形往往较大，应着重处理，先以弹性嵌缝材料（勿用硅酮密封胶）填嵌裂隙，再涂刷底层涂料，固化后沿裂隙涂抹绝缘涂料（溶剂溶解的石油沥青）或铺设1mm厚的非硫化橡胶条；然后，做增强涂布（厚约2mm），增强层固化后再按规定顺序涂布第一道及第二道涂膜。

（2）卷材防水层施工

卷材收头：卷材收头应用水泥钉钉压，并用密封材料封严；砖墙立面部分及压顶上面应做防水处理，以防开裂渗漏；对于较低的女儿墙，卷材全部覆盖立墙面，并伸入压顶下墙厚1/3处。

分格缝：分格缝位置应留设在板端缝处；当采用水泥砂浆、细石混凝土时，其纵横缝的最大间距不宜大于2m，缝内应嵌填密封材料。

檐口：所有出檐均应抹出鹰嘴，以防扒水；在平面和立墙交接处，由于伸缩变形不一，应加设空铺附加层，以适应变形的需要。

出入口：垂直出入口周围应增铺增强附加层，并压入混凝土压顶下；水平出入口的防水层上要增设护墙，踏步下要预留一定空隙，以满足沉降要求。

水落口：在水落口直径500mm范围内，坡度要加大为5%，并算好水落口杯上口标高，使其在沟底最底处；水落口杯周围与水泥砂浆或混凝土的交接处，应预留20mm×20mm的缝槽并嵌填密封材料；并且防水层应深入水落口杯内50mm，以防翘边呛水。水落口应设球形罩。

管道根部：在管道根部应做锥台，以利排水；管道壁四周与找平层连接处，应预留凹槽，用密封材料嵌填；管道壁上的防水层上口，应用金属箍紧固，上口用密封材料封严。

设备根部：设施基座与结构层相连时，防水层宜包裹设施基座的上部，并在地脚螺钉周围做密封处理；在设施下部的防水层应做附加增强层，必要时应浇筑50mm以上的细石混凝土；并在设施周围至屋面出入口之间的人行道上，铺设刚性保护层。

（3）刚性防水层施工注意事项

1）防水层混凝土配合比设计至关重要，混凝土应达到规定的强度等级且不小于C20。而且混凝土的水灰比不应大于0.55；每立方米混凝土最小水泥用量不应少于330kg；混凝土中的含砂率宜为35%～40%；混凝土中的灰砂比宜为1:2～1:2.5。

满足上述要求，才能提高混凝土的密实性，提高混凝土的抗风化能力并减缓碳化速度，提高混凝土的抗渗性能。

2）在细石混凝土防水层下加设隔离层。为使混凝土防水层与结构层脱开，避免或减少由于混凝土结构挠曲变形和温差变形等对防水层的影响，使两者能相对活动，不致因相互约束影响而造成防水层开裂，在细石混凝土防水层下加设隔离层。隔离层可用石灰砂浆、黏土砂浆、纸筋或麻刀石灰，或在水泥砂浆上铺一层细砂，再铺一层卷材做隔离层等多种做法，可根据具体情况采用。

3）合理分仓，并做好密封处理。防水层分格缝的位置应设在屋面板的支承端、屋面转折处、防水层与突出屋面的交接处，并应与屋面结构层的板缝对齐，使防水层因温差影响、混凝土干缩、结构变形等因素造成的防水层裂缝集中到分格缝中，以避免板面开裂。在分格缝中嵌填柔性密封材料，使刚性防水层变为一个连续的整体，以提高屋面防水功能。

4）合理配筋。在本工程混凝土防水层中配置双向 $\phi4@200$mm 钢筋，并在分格缝处断开，以增强混凝土防水层板块的刚度和整体性。新规范中考虑到细石混凝土防水层的上表面更易受温差变形的影响而产生裂缝，因此，规定钢筋网片在防水层中的位置应尽量偏上，以承担温差变形产生的应力；同时，还考虑到板面碳化对钢筋的影响，所以，新规范规定保护层的厚度应不大于 10mm。

5）保证足够的混凝土厚度。新规范规定细石混凝土防水层的厚度不应小于 40mm，如过薄时，混凝土失水很快，水泥水化不充分，会降低混凝土的抗渗性能。

6）严格施工时的板面处理工艺。细石混凝土防水层表面处理不当，不仅会影响排水速度，而且还会影响混凝土的耐久性，使板面过早风化、碳化，或者内部疏松，成为渗水通路而造成屋面渗漏。因此，在新规范中强调了以下几点：

（A）排水坡度应符合设计要求，板面厚薄要均匀一致；

（B）采用机械振捣，提高混凝土的密实性；

（C）混凝土收水后应进行二次压光，以切断和封闭混凝土中的毛细管，提高抗渗性能；

（D）抹压时严禁在混凝土表面洒水、加水泥浆或撒干水泥，以防龟裂脱皮，降低防水效果。

7）强调充分养护。养护是细石混凝土防水层极其重要的最后一道工序，养护不好会造成混凝土早期脱水，不但会降低混凝土强度，而且会由于干缩引起混凝土内部裂缝或表面起砂，使抗渗性能大幅度降低。所以，新规范规定在混凝土浇筑 12～24h 后应进行养护，养护时间不得少于 14d。

8）改进节点做法，加强成品保护。节点构造不合理或施工粗糙，常常是导致节点渗漏的主要原因，因此，节点均应采取“刚柔结合，以柔适变”的做法，各种节点均应采用密封材料嵌填密封；另外，细石混凝土防水层完工后，应避免在其上凿孔打洞，破坏防水层的整体性，这一点对细石混凝土防水层尤为重要。

9）分格缝。刚性防水层的分格按 1000mm×1000mm 设置，缝内应嵌柔性密封材料。

（4）金属屋面施工工艺

1）金属复合屋面安装

檩托及C形檩条的安装→保温层安装→T码安装→基层铝镁合金板安装→吊顶层安装→面层复合钛锌面板安装。

2）不锈钢天沟及收口附件安装

天沟托架安装→天沟面板安装→保温及防潮层安装→泛水及收边材料安装。

3）电动排烟天窗系统

测量放线→天窗龙骨安装→天窗控制线路布置→天窗窗框安装→天窗窗扇安装→天窗驱动器安装→天窗烟感及雨水感应系统安装→中央控制系统安装。

4）主要施工方法

檩托及檩条安装：檩托安装→ 檩条吊装→ 檩条固定→防腐处理；

保温层安装：固定钢丝网→铺设防潮膜→铺设岩棉；

T码安装（关键工序）：放线→钻孔 →安装T码→复查T码位置；

铝镁合金板安装：放线→就位→咬边→板边修剪→折边；

面层钛锌复合板安装：铝合金夹具安装→角钢支撑桁架安装→钛锌复合板安装。

## 4.10 脚手架工程

### 4.10.1 外脚手架

（1）外脚手架的搭设参数

本工程结构檐高为38.5m，且结构平面逐层内收，根据实际情况，外脚手架采取随结构平面内收逐层内收，上层外脚手架搭设在下层楼板上，单片外脚手架最高不超过20m，采用双排扣件式钢管脚手架，外用密目式安全网全封闭，根据技术规范可不进行验算，按规范要求进行搭设。

采用单根双排立杆，架体宽度1.2m，立杆间距1.8m，大横杆步距1.8m，小横杆间距0.9m，离墙35cm；拉墙点为柔性拉结点，三步三跨（5.4m×5.4m）呈梅花形布置；剪刀撑除在每片架子的端部布置外，中间部分每隔12m左右加设一道。

（2）外架的搭设要点

1）构架材料的技术要求

（A）钢管杆件：包括立杆、大横杆、小横杆、剪刀撑等，在作业层设置的、用于拦护的平杆也称为“栏杆”。钢管采用外径48mm、壁厚3.5mm的焊接钢管或同规格的无缝钢管。钢管材质宜使用力学性能适中的Q235钢，用于立杆、大横杆、剪刀撑和斜撑的钢管长度在4～6m之间为宜，小横杆长度1.5m。

（B）扣件：扣件为钢管的连接件，分为直角扣件（用于两根呈垂直交叉钢管的连接）、旋转扣件（用于两根呈任意角度交叉钢管的连接）和对接扣件（用于两根钢管对接连接）三种。

扣件的技术要求有：扣件应采用机械性能不低于KT33-8的可锻铸铁制造，铸铁不得有裂纹、气孔，不宜有疏松、砂眼或其他影响使用性能的铸造缺陷；扣件与钢管的贴合面必须严格整形，应保证与钢管扣紧时接触良好；扣件活动部位应能灵活转动，旋转扣件的两旋转面间隙应不小于1mm；当扣件夹紧钢管时，开口处的最小距离应不小于5mm。扣件表面应进行防锈处理。

2）搭设作业程序：安装立杆底垫→放置纵向扫地杆→自角部起依次向两边竖立底立

杆。底端与纵向扫地杆扣接固定后，装设横向扫荡地杆并与立杆固定（应吊线确保立杆垂直），每边竖起 3～4 根立杆后，即装设第一步纵向平杆（与立杆扣接固定）和小横杆（与大横杆扣接固定），校正立杆垂直和横杆水平使符合要求，按 40～60N·m 力矩拧紧扣件螺栓，形成构架的起始段→按上述要求依次向前延伸搭设，直至第一步架交圈完成。交圈后，再全面检查一遍构架的质量→符合要求后设置连墙杆→按第一步架的作业程序和要求搭设第二步、第三步架→随搭设进程及时装设连墙壁件和剪刀撑→铺脚手板和栏杆→挂安全网。

3）立杆：相邻立杆的接头位置相互错开布置在不同的步距内，与相近横杆的距离不大于步距的 1/3，立杆大横杆必须用直角扣件扣紧，不得隔步设置或遗漏；立杆的偏差不大于架高的 1/300，本工程中，立杆的绝对偏差值不大于 50mm。

4）大横杆：上下横杆的接长位置应错开布置在不同的立杆纵距中，与相近立杆的距离不大于纵距的 1/3；同一排大横杆的水平偏差不大于该片脚手架总长度的 1/250，且不大于 50mm；相邻步架的大横杆应错开布置在立杆的里侧和外侧，以减少立杆偏心受载情况。

5）小横杆：贴近立杆布置，搭于大横杆之上并用直角扣件扣紧，在相邻立杆之间根据需要加设一根；在任何情况下，均不得拆除作为基本构架结构杆件的小横杆。

6）剪刀撑：剪刀撑每隔 6 根立杆设一道，剪刀撑的斜杆与地面的夹角为 45°，剪刀撑沿架高连续布置；斜杆除两端用旋转扣件与脚手架的立杆或大横杆扣紧外，在其中间应增加 3 个扣结点。

7）连墙件：采用柔性拉墙点，梅花形布置。

8）护栏和挡脚板：操作层上满铺脚手板，设两道护栏（600mm 一道）和挡脚板（高 180mm）。

9）安全网：在外立杆的内侧用密目式安全网全封闭，必须按有关规定悬挂。

10）层间封闭：在操作层及以下一层，内立杆与建筑物之间的空隙用水平安全网封闭，其余每三层封闭一次。

#### 4.10.2 斜向外脚手架

本工程西南侧为向内倾斜外墙面，倾斜角度为 62°，采用斜向可卸式外挑架作为外墙面施工时的操作架，如图 4-26 所示。

施工中该脚手架随作业面上升而上升，注意该架上升后，原位置楼面边应及时设置单排外防护架，防护架高度不得低于 1500mm，并挂上警示牌。

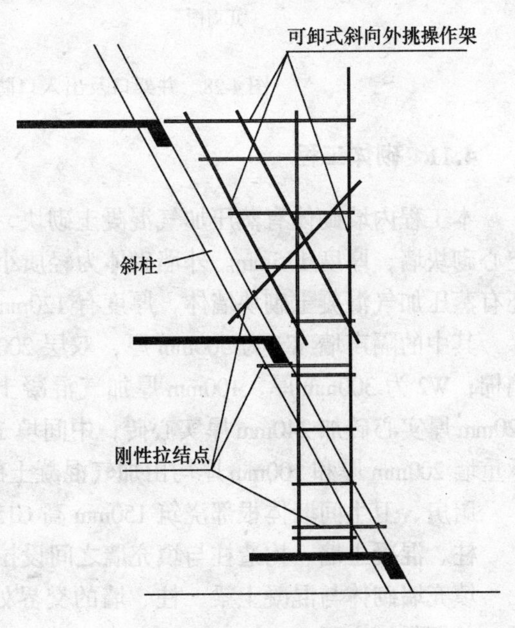


图 4-26 西南侧向内倾斜外墙面操作架示意图

#### 4.10.3 内操作架

本工程内部操作架采用定型化的门式钢管脚手架。

#### 4.10.4 受料台的搭设

转料平台采用悬挂式的转料平台，平台尺寸 2m × 3m，用 16 号工字钢、10 号槽钢及 $\phi$16 钢丝绳组成受力体系，与外架完全脱离。周围用钢管做 1.2m 高的防护栏杆，再用密目安全网封闭，见图 4-27。

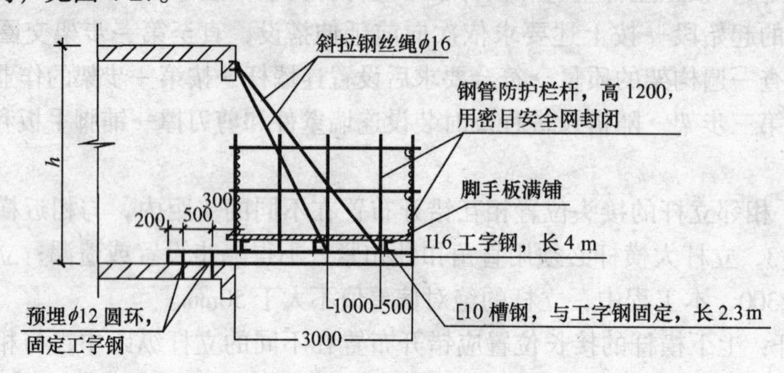


图 4-27　受料平台搭设图

### 4.10.5　防护棚的搭设

井架、通道出入口防护棚的搭设要求见图 4-28。

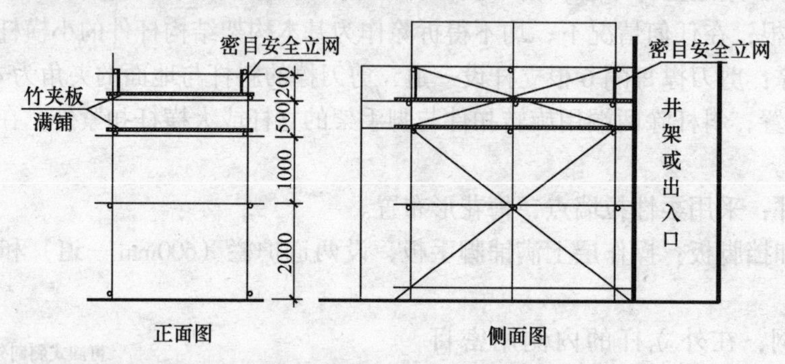


图 4-28　井架口及出入口防护棚搭设图（单位：mm）

## 4.11　砌体工程

本工程内墙砌体有蒸压加气混凝土砌块，厚度为 120mm、200mm 两种；还有轻质小型空心砌块墙，厚度 175mm。外墙砌体为轻质小型空心砌块，墙厚有 140mm 和 190mm 两种，还有蒸压加气混凝土砌块墙体，厚度有 120mm 和 200mm 两种。

其中的隔声墙 W1 为 500mm 厚，双层 200mm 厚加气混凝土砌块，中间填 100mm 厚玻璃棉；W2 为 300mm 厚，100mm 厚加气混凝土砌块加 200mm 厚多孔砖；W3 为 460mm 厚，120mm 厚实心砖加 240mm 厚实心砖，中间填 100mm 厚玻璃棉。玻璃棉密度为 32kg/m$^3$。非承重墙 200mm 厚和 100mm 厚均由加气混凝土砌块、M5 混合砂浆砌筑。

厨房、卫生间墙体根部浇筑 150mm 高 C15 素混凝土坎。

柱、混凝土墙、构造柱与填充墙之间设拉结筋拉结。

填充墙砌体与混凝土梁、柱、墙的交界处，抹灰前应加铺宽度不小于 200mm 的钢丝网，并绷紧钉牢固。

本工程砌筑允许偏差应符合表 4-10 中的规定。

表 4-10

| 项目 | | | 允许偏差（mm） | 检查方法 |
|---|---|---|---|---|
| 轴线位移 | | | 10 | 用经纬仪水平复查或检查施工记录 |
| 墙垂直度 | 每层 | | 5 | 用 2m 托线板检查 |
| | 全高 | ≤10m | 10 | 用吊线和尺线检查 |
| | | ＞10m | 20 | |
| 表面平整度 | | | 8 | 用 2 号直尺和楔形塞尺检查 |
| 水平灰缝平直度 | | | 10 | 拉 10 号线和尺检查 |
| 水平灰缝厚度 110mm 皮砖累计数 | | | 8 | 皮数杆比较用尺检查 |
| 外墙上下窗口偏移 | | | 20 | 吊线检查以底层窗口为准 |
| 门窗洞口宽度 | | | 5 | 用尺检查 |

## 4.12 装饰工程

装饰工程需经建设方、监理或设计院验收主体子分部后方可进行。根据建设单位招标文件规定，本工程二次装修内容包括干挂花岗石墙面、大理石地面及塑胶地面、内墙及顶棚涂料、内墙面砖、顶棚吊顶等。

## 4.13 设备安装工程

本工程设备安装工程包括给排水工程、采暖通风空调工程、强弱电工程、消防工程、电梯安装工程以及智能建筑安装工程等。

## 4.14 舞台设备安装工程

东莞玉兰大剧院（见图 4-29）采用了国际上常用的“品”字形舞台，分主舞台、左右对称侧台和后舞台。主舞台宽 30m，台深 24.4m，舞台面至栅顶距离为 26.5m，主舞台基坑深 13m，左右侧舞台宽 19m，深 20.5m，舞台面至侧舞台屋面距离为 13m，舞台台口尺寸为 16m×10m。

东莞大剧院遵照国内一流剧院的水准，采用了瓦格纳比罗卢森堡公司的 CAT 控制系统。该控制系统能稳定、安全、可靠地监控分散在台上、台下范围内的舞台机械设备，并满足装台、排练、演出对舞台机械设备的控制和操作要求。在工程中使用了钢丝绳传动升降舞台、舞台专用低噪声卷扬机、12 个 Outlet 接口的双网络控制系统、无硬盘流动控制台以及远程网络故障排除系统等世界领先的舞台机械与控制技术。

### 4.14.1 台上机械设备概况

东莞玉兰大剧院台上舞台机械设备配置有：乐池上空设置 10 台台口单点吊机（GT2.1）、1 道字幕机吊杆（GT2.2）；主舞台上空设置 1 套防火幕（GT2.3）、1 道前檐幕吊杆（GT2.4）、1 套均匀升降对开大幕（GT2.5）、1 道纱幕吊杆（GT2.6）、1 套活动假台口（GT2.7）、51 道电动吊杆（GT2.8）、2 套二道幕机构（GT2.9）、4 道灯光吊杆、2 道灯光渡桥（GT2.10）、8 台灯光吊笼（GT2.11）、2 道侧吊杆（GT2.12）、1 道天幕吊杆（GT2.13）、15 台吊点可移动式单点吊机（GT2.15）、1 套声反射罩系统（GT2.18）、2 套飞行机构

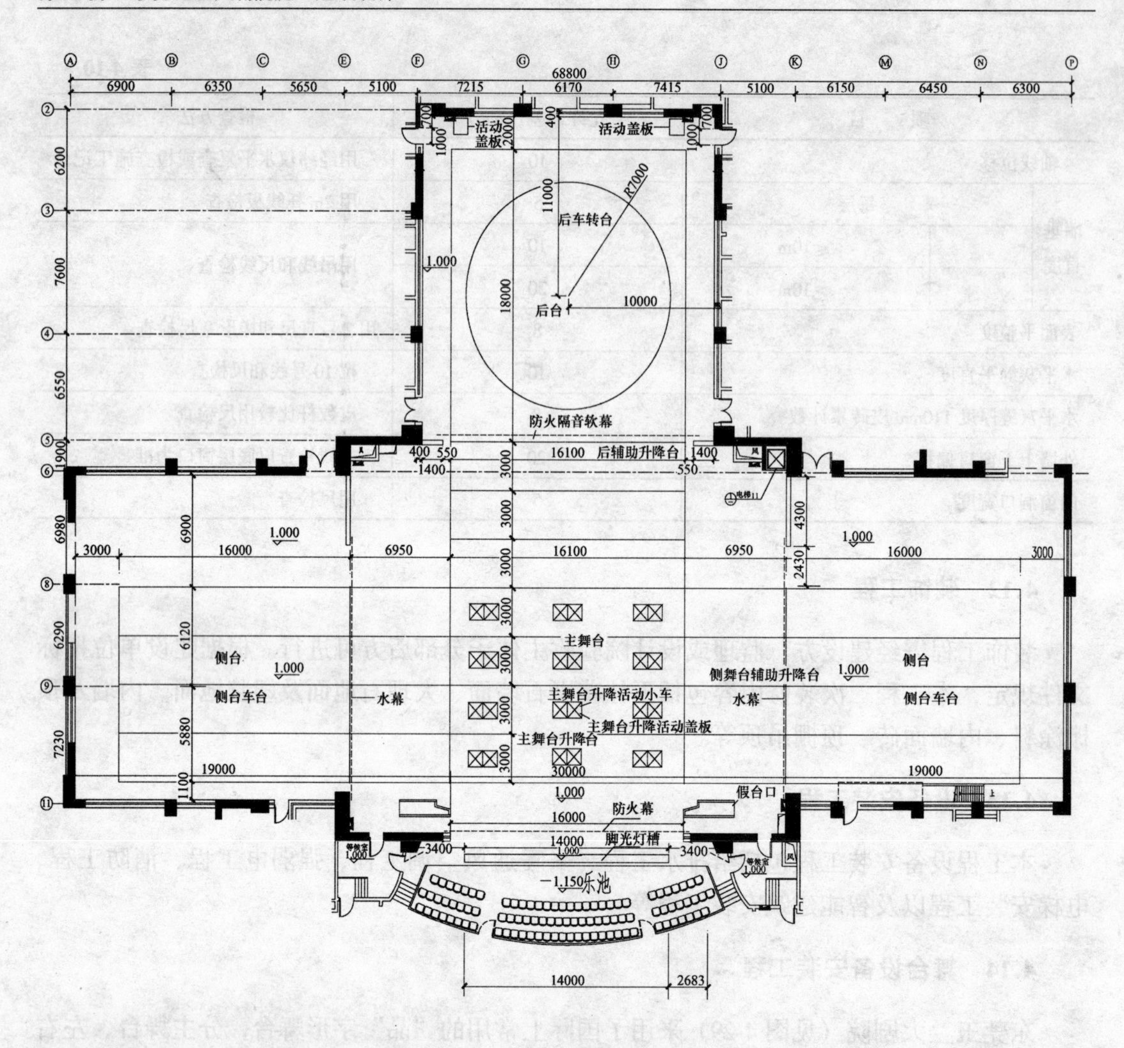


图 4-29 东莞大剧院舞台平面布置图

(GT2.19)；后舞台上空设置 4 道后台灯光吊杆（GT2.16)、12 道后台电动吊杆（GT2.17)；左右侧台上空各设 4 组侧台轨道吊机（GT2.14)。

在台口前乐池上方共布置 10 台台口单点吊机，沿乐池边线分两排摆放，固定位置安装，既可单独使用也可多台组合使用，或与主舞台上空单点吊机及其他设备编组运行参加演出。

设置于台口后的第一个设备是防火幕，作为观众厅与舞台之间的防火分隔。

防火幕之后是前檐幕，然后是均匀收缩大幕机，紧接着是一道电动纱幕，一道景杆，景杆之后是假台口。大幕有对开、提升、斜拉三种运动方式。

活动假台口主要是根据不同剧种的需要调节台口大小；同时，它也提供了主舞台的第一道顶光和台口两侧的柱光。

在假台口的后部是主舞台区域。在这个区域中考虑到车台位置与宽度以及主舞台屋架吊点的位置，将电动吊杆与灯光吊杆、灯光渡桥相间布置，分成 6 个小的表演景区，共布置于 4 道灯光吊杆、1 道灯光渡桥和 51 道电动吊杆。舞台上空各吊杆主要是悬挂布景和幕布等，在载荷允许的情况下可任意组合使用，电动吊杆可做到多道精确同步运行，可同时运行15道电动吊杆和60kW的其他台上设备（主要考虑到用电负荷的限制）。

在主舞台区域内共设置两套二道幕机构，以满足多幕剧种的需要，根据需要可将其悬挂于任意的电动吊杆上，更换非常方便，使用更灵活。在主舞台上空的后部共布置了15台吊点可移动式单吊点机，吊机本身固定安装，吊点滑轮可以沿轨道前后移动。这种单点吊机的设置使得使用更加灵活方便，且基本上可覆盖整个主舞台上空，而吊机本身的各种电缆（动力和控制）可以固定位置布置，使用也更加安全。

为满足音乐会演出的需要，创造自然声环境，设置了一套完整的声反射罩系统。这套反射罩在使用时可以快速搭装，演出结束后上片可提升至舞台上空垂直于舞台台面储存，两套侧片及后片则可以轻松推走。

在主舞台上空的两侧，分别设置了4套灯光吊笼（共8套）和1套侧吊杆（共2套）用于吊挂灯具、幕布等。主舞台上空设置了1套灯光渡桥，用于吊挂舞台灯具及营造特殊艺术效果。主舞台两侧的侧舞台上空，分别布置了4组（共8台）侧台轨道吊机，主要用于侧台布景的移动以及车台的装台。主舞台上空设置了两套可拆卸式飞行器，可做飞行特技表演，增强表演效果。在后舞台上空设置了4套灯光吊杆和12套电动吊杆，用于吊挂灯具、道具、景片等。

**4.14.2** 台下机械设备概况

东莞大剧院台下舞台机械设备布置有：2块乐池升降台、6块主舞台升降台、24块演员升降活动盖板、4个演员升降活动小车、8台侧台辅助升降台、8台侧台车台、8台侧台车台补偿台、7台后台辅助升降台、1台后车转台。

台口前设置两块独立台体乐池升降台，面积共约100$m^2$，主要供有乐队伴奏或合唱队伴唱的歌舞剧演出使用。其位置处在台唇与观众厅之间。乐池升降台的最高工作标高为1m，即与舞台的台面平齐，升起来可作为舞台的延伸部分，拉近与观众的距离；当其降到标高-1.4m的位置时，可用于乐队演奏，降到标高-4.8m的位置时，可把储存在那里的座椅运上来；然后，升到前排座椅标高处，可增加观众厅的座位数量。

乐池升降台组成部分：升降台台体、驱动系统、大螺旋传动系统、导向系统、周边安全防剪切装置、与进入乐池升降台门之间的安全联锁系统、升降安全警示系统、行程限位装置、全行程数字检测装置等。

主舞台升降台是现代化机械舞台的主体，为双层结构，层高为4.0m，其上层台面最高可升至标高+5.0m处，最低可降至标高-3.0m处，总升降行程8.0m。6块主升降台根据演出需要可随意组合，同步或单独升降以用于变换舞台形式，可以使舞台形成不同高度的平面，使整个舞台在平面、台阶之间变化。

主舞台升降台由下列部分组成：主升降台台体、主驱动系统、备用驱动系统、钢丝绳传动系统、导向用的支撑架、电动插销、配重系统、绝对位移控制系统、演员升降活动盖板、电动安全防护网、周边安全防剪切系统、固定安全护栏、灯光、舞台控制用电缆收放装置、进入双层升降台的安全门、侧台车台用的驱动系统。

主舞台升降台采用钢丝绳提升的驱动方式，这是国内首创钢丝绳驱动升降台（见图4-30），优于传统的链条链轮传动方式，具有升降晃动小、运行平稳、噪声低、安装简便、速度快的优点；同时，很好地解决了系统运行过程中的偏载问题，使整个系统更加安全可靠，解决了由于升降速度快和链条多边性效应而引起的运行振动加大、噪声加剧、平稳性

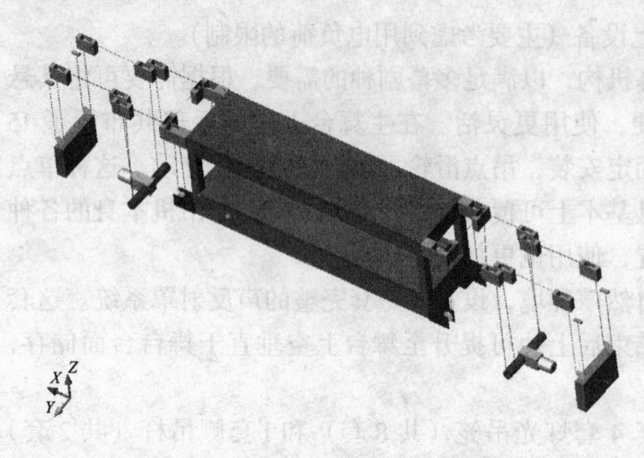


图 4-30　钢丝绳传动升降台原理图

差的问题。

### 4.14.3　舞台安装施工的特点

(1) 作为最现代化的大型文化娱乐设施，各个方面对项目的质量和管理标准高、要求严，项目管理将采用国际工程项目管理的模式。

(2) 该工程项目作业面狭窄，各专业工种交叉配合多，高空作业多，不安全因素多，组织协调能力要求高。

(3) 该工程设备安装工作量大，且分散在舞台从地下到空中的各个位置，纵、横向作业点多。

(4) 该工程设备安装坐标基准要求高，对土建基础坐标位置准确性要求高，各项设备相互位置要求准确无误。

(5) 该工程设备结构、功能复杂，推、拉、升、降、转功能齐备，综合立体布局紧凑，按相对设备量来说，安装空间小、精度高。

(6) 整个舞台设备是一个系统工程，高科技自动化控制，涉及计算机、网络、无线通信等技术，安全性、可靠性要求高。

### 4.14.4　主要台下机械安装技术

(1) 后舞台台下设备

后舞台台下设备包括后车转台和后辅助升降台，设置与后舞台的车载转台，由在轨道上行走的车台和置于车台内的薄片式旋转台组成。使用时，可分行程移动到主舞台位置。后舞台台下设备安装顺序为：测量放线→车载转台轨道梁安装→车载转台轨道安装→车载转台安装→后辅助升降台安装→辅助设备安装→电气设备安装→单机调试。

利用永久控制点用经纬仪、50m 卷尺、1m 钢尺等测量工具将后舞台的中心线放设在混凝土基础或预埋件上：用墨线在混凝土基础或预埋件上弹出各中心线；用水平仪、1m 钢板尺等测量工具将标高线测设到混凝土柱上，并做明显标记。检查各预埋件或预埋螺栓的偏差、垂直度和标高情况，并做记录。后舞台台下设备构件吊装就位利用临时 10t 龙门吊进行（见图 4-31）。

(2) 主舞台台下设备

主舞台设备包括主舞台升降台、演员升降活动盖板和演员升降活动小车。主升降台采用封闭链条驱动形式，平衡重安装在升降台的两侧，与钢结构主体相连。升降台带有定位锁定装置和导向装置，并在周边设置安全网和栏杆。

演员升降活动小车位于主舞台二层平面，可以搭载一个或多个演员从主舞台二层台板升至上层台面。演员升降活动盖板升到与主舞台平齐后，可以通过机械锁紧机构锁紧。

主舞台台下设备安装顺序为：测量放线→平衡重导轨安装→平衡重安装→升降台导向装置安装→升降台驱动装置安装→升降台钢架安装→驱动链安装→木地板等辅助设备安装→电气设备安装→单机调试。

主舞台台下设备构件运输：

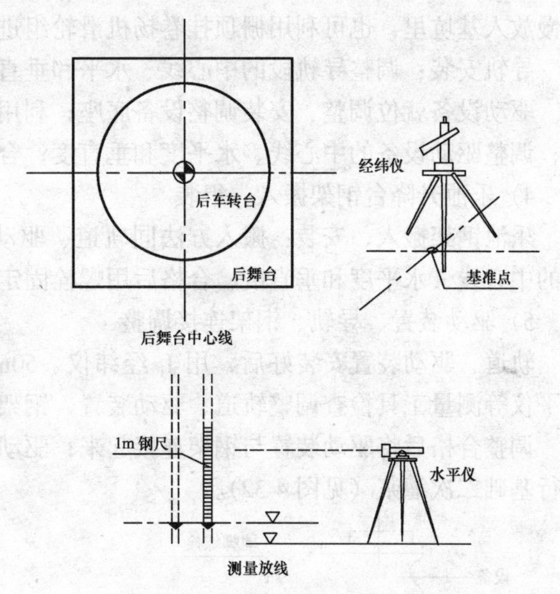


图 4-31 后舞台测量放线示意图

主舞台台下设备构件运输通道是从左侧台外部进入到左侧台，利用 25t 汽车吊或者自制桅杆进行卸车，然后再吊入主台仓底部。

主舞台台下设备构件吊装：

1) 主舞台台下设备构件吊装就位利用临时 10t 龙门吊进行。

2) 先用汽车吊将平衡重导轨吊至主台仓下，再以龙门吊将其逐一吊到各安装层面，用葫芦进行配合安装，调整后固定。

3) 以同样的方法将平衡重逐块吊到各安装层面，用葫芦进行配合安装，调整后固定。

4) 用汽车吊将升降台导轨构件逐件吊入主台仓下部，以龙门吊依次将其吊装就位，调整后固定。

5) 以同样的方法将主升降台驱动装置逐件吊入主台仓底部，以龙门吊依次将其吊装就位，调整后固定。

6) 主升降台驱动装置安装验收后，在台仓两侧搭设临时支撑平台，以便拼装主升降台钢架，用汽车吊将主升降台钢架逐个吊放到临时支撑平台上，连接、调整、固定，并装上辅助构件。

7) 用汽车吊将升降台驱动链逐件吊放到主升降台上部，以龙门吊依次将其吊装就位，调整后连接固定。

(3) 电气设备安装

机械设备安装就位后即可进行电气接线，然后进行线路测试，单机试车。

(4) 乐池舞台安装

乐池舞台位于整个舞台的前部，由两块独立的升降台组成。

1) 乐池升降台安装顺序

测量放线→导轨安装→驱动装置安装→升降平台钢架安装→辅助设备安装→电气设备安装→单机调试。

2) 测量放线

利用永久控制点用经纬仪、50m 卷尺、1m 钢尺等测量工具将乐池的中心线放线，基准点设在混凝土基础或预埋件上；用墨线在混凝土基础或预埋件上弹出各中心线。用水平仪、1m 钢板尺等测量工具将标高线测设到混凝土柱上，并做明显标记；检查各预埋件或预埋螺栓的偏差、垂直度和标高情况，并做记录。

3) 驱动装置、导轨搬入与安装

驱动装置和导轨的搬入：用载重汽车将驱动装置设备、导轨运至左侧台；用 25t 汽车吊将设备、导轨卸车并吊运至主台仓与乐池之间；在乐池坑口上架设龙门桅杆吊起构件，慢慢放入基坑里，也可利用棚顶挂卷扬机滑轮组进行吊装作业。

导轨安装：调整导轨段的中心线、水平和垂直度；合格后用安装螺栓临时固定。

驱动设备就位调整：安装调整设备底座；利用临时横梁吊装驱动设备就位到设备底座上；调整驱动设备的中心线、水平度和垂直度；合格后用螺栓临时固定。

4）乐池升降台钢架搬入、组装

乐池钢架搬入、安装：搬入方法同轨道、驱动装置搬入；搬入后用5t千斤顶调整钢架的中心线、水平度和垂直度；合格后用螺栓固定、焊接。

5）驱动装置、导轨、钢架连接调整

轨道、驱动装置安装好后，用$J_1$经纬仪、50m卷尺、N28水准仪、1m钢板尺、框式水平仪等测量工具检查调整轨道、驱动装置、钢架的中心线、垂直度、标高和变形情况。

调整合格后将驱动装置与钢架连接起来；驱动装置调整好中心线后，用微膨胀混凝土进行基础二次灌浆（见图4-32）。

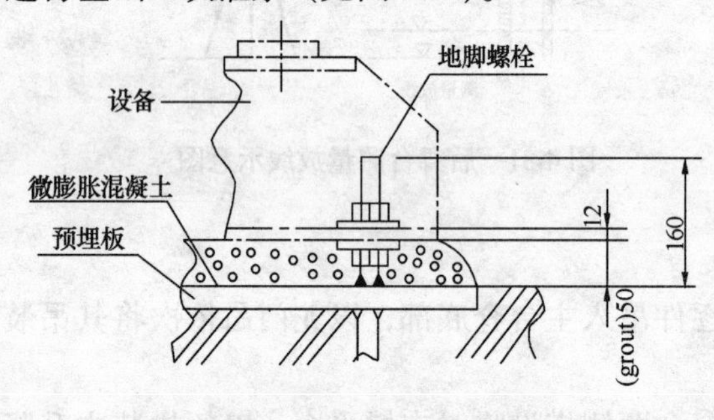


图4-32　设备基础二次灌浆

6）乐池升降台动作确认

驱动装置安装完毕后，通临时电源，使用备份电机进行升降试验。

7）升降台运行调试

以上工作安装（包括相关的电气装置）完成后，即进行运行试验。在空载、额定荷载情况下，按产品设计的性能进行各项试验，升降台板面之间缝隙大小均匀，高差在规范要求范围内，升降台运行平稳，制动可靠，连续运行无故障；同时，还应对噪声、停靠准确度、运行速度、同步性等进行检验。

(5) 侧舞台台下设备安装

侧舞台台下设备包括左右侧台辅助升降台、侧台车台和侧台车台补偿台。侧舞台台下设备在侧舞台台上设备（悬挂装置）安装完毕后进行，且左侧舞台台下设备需在最后安装(因为左侧台为构件卸车场地)。

侧台辅助升降台位于左右侧台车台与主升降台之间，左右各4台。侧台辅助升降台是定速设备，每台由钢结构框架、驱动装置和控制系统组成，侧台车台可在其上行驶。

侧台车台补偿台位于左右侧台车台之下，与车台尺寸相同，左右各4台。当侧台车台完全移出原位置时，可上升使侧舞台与主舞台保持同一平面，有利于侧台的使用和安全，也可直接将侧台车台抬起至+0.20m。

1）侧舞台台下设备安装顺序

测量放线→侧台车台补偿台安装→侧台车台安装→侧台辅助升降台安装→辅助设备安装→电气设备安装→单机调试。

2）侧舞台设备构件运输

侧舞台设备构件运输通道从左侧台外部进入到左侧台，利用25t汽车吊或者自制桅杆进行卸车，然后再将右侧台设备构件依次吊入主台仓底部或主升降台上部。

3）侧舞台设备构件吊装

用龙门吊将右侧舞台设备构件从主台仓吊运到右侧台，再以卷扬机滑轮组和上部悬挂吊机进行吊装就位，调整后连接固定。

左侧舞台设备构件在卸车后直接以卷扬机滑轮组和上部悬挂吊机进行吊装就位，调整后连接固定。

**4.14.5** 台上机械安装技术

(1) 防火幕布

防火幕是安全防火专用门，位于观众席和舞台之间，能电动升降和用手动拉环落下。防火幕的两侧设有运行导轨，幕体四周与建筑墙体装有密封装置，以便防火幕处在下降位置时，能有效地密封烟和火。防火幕由幕体、导轨、平衡重、驱动装置、卷扬系统、阻尼装置等组成。

1）测量放线

以设定的永久基点、基线为基准，用经纬仪、水准仪、50m 卷尺、1m 钢尺等测量工具将轨道竖直中心线放设在混凝土墙面或预埋件上，检查预埋件或预埋螺栓的偏差、垂直度和标高情况，并做记录。

2）支架、导轨的搬入、安装和调整

用载重汽车将支架、导轨运至左侧台，再用现场起重机吊运至安装位置附近；利用台上已安装好的栅顶吊装支架、轨道，调整轨道的中心线、垂直度、标高，合格后固定。

3）平衡重安装和调整

用载重汽车将平衡重块运至左侧台，再用现场起重机运至安装位置附近；安装临时配重支架，安装平衡配重块，调整配重的中心线、垂直度、标高，合格后固定。

4）防火幕安装

防火幕根据现场条件分段安装，首先搭设组装脚手架，用载重汽车将防火幕钢架运至左侧台，再用临时现场起重机运至安装位置附近，再利用台上已安装好的葡萄架挂卷扬机滑轮组，自上而下依次吊装各段防火幕钢架，调整其中心线、垂直度和标高，合格后连接固定，装上防火板。整个防火幕组装完毕后，检查整体中心线、垂直度和标高，合格后方可进行下一步工作。

5）防火幕动作调试

检查驱动装置连接情况和滑行轨道情况，通上临时电源，用临时控制盘升降防火幕，观测其运行情况，合格后在其运行到最高位置处停止锁紧。

以上安装工作（包括相关的电气装置）完成后，即可通正式电源进行运行试验，按产品的设计性能进行各项试验，防火幕提升要求运行平稳、制动可靠、连续运行无故障；同时，也应对噪声、停靠准确度、运行速度、同步性等进行检验。

(2) 活动假台口

活动假台口位于舞台台口内侧，由上片和两侧片组成。通过上片和侧片位置的变化，可以调整舞台开口的大小。上片为两层钢制框架，两端设有常闭式防护门，并通过渡桥与两侧马道相连，两侧片为三层钢制框架：上片（含灯桥）为电动提升或下降（含手动辅助装置），侧片为手动，上下设导向装置。

活动假台口安装与防火幕的安装方法基本相同。

(3) 电动吊杆

电动吊杆位于主舞台上部，可以调速，用于提升布景、各种幕布、二道幕，也可以吊挂灯具等。电动吊杆由桁架式吊杆、卷扬系统（含手动辅助装置）、控制系统和保护装置等组成。

1）电动吊杆运输

电动吊杆运输通道是从左侧台外部进入到左侧台，利用25t汽车吊或者自制桅杆进行卸车，然后再吊入主台仓内主升降台上部。

2）电动吊杆吊装

电动吊杆吊装就位利用临时10t龙门吊和卷扬机滑轮组进行。当主舞台灯光吊杆被吊到主台仓下后，用龙门吊将其依次吊起，移至待装位置下方主升降台上，再用卷扬机滑轮组将其吊起至安装位置就位，调整固定。

**4.14.6　舞台机械联动测试**

舞台机械安装完成以后，各单项机械设备都要进行单机运行测试，包括无荷作用下以及满荷作用下的运行。但这并不代表整个安装工作的结束，舞台机械的联动测试是舞台机械安装的最后一项重要工作，只有经过联动测试才能保证所有机械设备能按照设计的要求协调统一地工作。其重要性在于：

①联动测试保证了舞台联动机械能够同步协调地运行，保证舞台机械的一体化运行；

②联动测试同时保证了舞台机械安全运行，共同运行的噪声低于设计要求。

（1）各设备联动测试的内容

1）台下设备运行联动测试内容

包括单台设备运行，多台设备组合运转，同类设备同步运行，左、右车台的组合运行，不同设备的联锁。

2）台上设备的运行联动测试内容

除吊杆和单点吊机外，其他台上设备为单台设备独立运行。其中，部分设备为两个固定停位点；部分设备除两个固定停位点外，可自由设定中间位置。可设定中间位置的设备，采用设定位置的运行状态时，以相对于舞台平面的高度来表示。

单台吊杆运行：分设定位置和设定行程两种，即任一吊杆在原始位置下，按设定的位置或行程，以设定的速度（时间）运行。位置以相对舞台平面的高度来表示，而行程则是以该吊杆原始位置为基准，并具有方向性。

多台吊杆运行：分设定位置（各吊杆位置相同或不同）或设定行程（各吊杆行程相同或不同）两种，并以设定的速度（各吊杆速度相同或不同）或时间运行，也可编组定速、变速运行；当多台吊杆设定速度相同时，即为同步运行。

3）各设备联动测试的安全要求

所有运动设备的紧急停车系统是否运行正常。紧急停车系统是否能使附近的操作人员在发生事故或潜在事故时，能方便而迅速地停止该区域内所有设备的运动。紧急停车按钮是否设置在操作台上及其他适当部位。紧急停机系统符合有关标准，在舞台的任何区域启动紧急停机系统都将使该区域的电动舞台设备（除非另有规定）断电并安全而迅速停机。

未经操作人员启动，任何设备是否处于静止状态，只有在操作人员启动相应的开关后才能运动。对升降设备、行走和旋转设备在启动时，警告附近人员的声光信号是否工作，以避免由于该设备的运动造成伤害。

所有对同一传动设备实施控制的电动或手动控制装置，或两个独立控制或操作的制动器，或两套独立的安全装置之间能否自锁，以免发生不希望的动作。

所有舞台机械在运动过程中一旦发生意外停电事故时，能否自动停止或处于安全状态，不能出现自由坠落等危险情况。

在所有卷扬机设备上，制动器与电动机电源能否联锁、受控，使制动器只能在电动机电源接通时才能松开，并保持或控制负荷。所有的设备是否都在一旦制动器没有得到适当控制而松开时，负载会保持静止或只以低速和控制的速度下降。

卷扬机和提升机系统的超载检测装置测试：超载检测装置在超载的方向停止设备运行，并能反向操作带电设备（即降低负荷并送回舞台）；同时，声光报警，以便排除故障。

卷扬机和提升机系统的松绳检测装置测试：松绳检测装置的动作可终止钢绳进一步松弛，能以反向操作电动设备的方法排除故障，将松弛的钢绳绕回卷筒。在松绳情况下，还设有相应的装置，使钢绳不脱离绳槽，从而将松弛的钢绳在卷筒上重新缠紧。

4）联动噪声测试内容

各单项设备的噪声在安装完成后需进行噪声测试，在整体完成后，还应满足整体噪声要求：现场的噪声不大于40dB。测试条件为：观众厅及舞台均为空场，侧舞台及后台（如果有）关闭，大幕开启，在观众厅第一排中部1.5m高处进行测量。环境背景噪声不大于25dB。

（2）设备的定位及同步精度（见表4-11）。

**表4-11**

| | 定位精度（mm） | 同步精度（mm） | 相邻台板同步精度（mm） |
|---|---|---|---|
| 主升降台 | ±2 | ±3 | ±2 |
| 车　　台 | ±3 | ±3 | ±2 |
| 车载车台 | ±3 | — | — |
| 车载转台 | ±0.05° | — | — |
| 辅助升降台 | ±2 | — | — |
| 乐池升降台 | ±2 | — | ±2 |
| 电动吊杆 | ±3 | ±3 | — |
| 轨道单点吊机 | ±3 | ±4 | — |
| 自由单点吊机 | ±3 | ±4 | — |
| 其他机械 | ±5 | — | — |

## 4.15 剧院专业工程

### 4.15.1 声学施工技术

（1）东莞大剧院各厅、室的音质设计指标

音质指标设计主要包括：混响时间、响度（强度因子）、明晰度、早期反射声时延间隙、声场不均匀度和噪声限值，具体要求见表4-12。

表 4-12

| 项　目 | | 设计值 | 施工控制值 |
|---|---|---|---|
| 混响时间 | 最　长 | 1.6～2.0s | 1.8s |
| | 最　短 | 1.3～1.6s | 1.5s |
| 响　度 | | 3.5～4.5dB | 4.0dB |
| 明晰度 | | +2～-2dB | 有音罩 -1.35dB |
| | | | 无音罩 1.00dB |
| 早期反射声时延间歇 | | ≤20ms | 18ms |
| 声场不均匀度 | | ≤8dB | 8dB |
| 噪声限值 | | ≤25dB | 20dB |

(2) 音质设计概况

1) 体形设计

吊顶和台口前侧墙设计是为加强大厅前区的早期反射声和后座声级。

由于大厅太宽，使前、中座缺乏早期侧向反射声，因此，在大厅两侧追加矮墙，使之得到改善。

两侧挑台（包厢）向前伸展，以此改善声场的不均匀度。

大厅不规则形（包括墙体和吊顶）和凸弧形的栏板，有利于声音的扩散。

降低台口高度，相应地降低了吊顶高度，缩短了观众厅前区顶部反射声的时延间隙，增加了直达声强度。

尽可能缩短后排观众至舞台的距离，使之不大于 35m（楼座）和 30m（池座），确保后座声级。

2) 混响时间的控制

由于歌剧和交响音乐均要求长混响，因此，厅内除座椅和观众本身的声吸收外，几乎不用吸声材料。主要是尽可能降低座椅的声吸收，各界面用材料如下：

石膏板或其他水泥板吊顶；

台口前侧局部用石材或砖墙抹灰；

侧墙除可调百叶吸声构造外，均为抹灰墙；

后墙局部用少量吸声材料或扩散体；

楼座和包厢栏板为厚木板；

木地板和仅设座、靠垫的座椅。

可调结构反射面为 20mm 厚弧形木板，吸声面为 25mm 厚成品软包吸声板、留空腔。可调幅度为 0.5s，面积不小于 150m$^2$。

3) 早期反射声的设计

为增强听众席前、中区的早期侧向反射声，提高亲切感，台口边缘的墙专供该区的反射声；后区由两侧的矮墙提供；此外，台口上部第一块展斜面也是为了给前、中区投射顶部的一次反射声。

楼座和包厢，来自顶棚和侧墙的早期反射声较强，且时延间隙很小，不必追加其他反射面，就会有较好的效果。

4）消除音质缺陷

大剧院没有平行的墙面，且有限的侧墙上配置了扩散结构，上部为设有听众席的包厢和楼座以及可调吸声结构（当反射面暴露时为扩散面），吊顶是不对称、错落配置的。因此，消除了颤动回声。惟一容易产生回声的部位是后墙，对此，后墙将配置吸声材料或扩散结构。

由于听众席不仅分布在池座和楼座地面上，在侧向的包厢内也有听众席，因此，增加了厅内的声扩散，使厅内的声衰减滑顺。

（3）噪声控制

1）大剧院观众厅和舞台均被周围的休息厅、辅助用房所包围，只有局部舞台墙体暴露在户外。因此，墙体具有 50dB（计权隔声量）隔声量，足以防止建筑物内毗邻房间的噪声干扰。采用 240mm 砖墙或 200mm 混凝土墙体双面抹灰均可满足要求。伸出舞台的墙体，因远离表演区和观众席，不必做追加处理。

2）大剧院是金属屋顶，在南方大雨冲击下会产生较大的噪声干扰，在屋面下采取隔声措施。

3）小剧场的墙体可与大剧院相同，小剧场屋顶板上部有混凝土结构，可以隔绝外部噪声。因此，可不采取其他隔声措施。

4）无论是大剧院、小剧场，所有进入观众厅的门均设置声闸。开向观众厅的窗设双层玻璃木窗。

5）大剧院观众厅地面因采用地面送风，因此，失去固有的隔声能力。在其下面的空调机房、停车场做隔声处理。

6）在大剧院观众厅上部的空调机房做“浮筑”构造。

7）大剧院的回风系统，小剧场的送、回风系统做消声、减振设计，并控制气流速度：主风道≤6m/s；出风≤1.5～2m/s。

8）冷却塔做隔振和消声处理。

（4）声学构造措施

1）浮筑地面（见图 4-33）

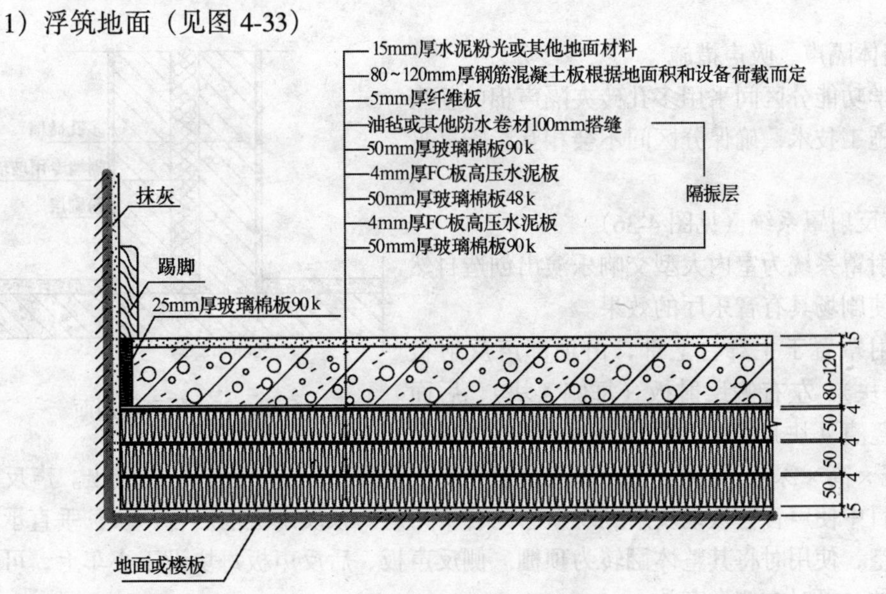


图 4-33　浮筑地面构造

舞台、排练厅等有跳跃动作的位置采用浮筑隔声减振地面设计，多层 50mm 厚玻璃棉板为主要隔声吸声材料，使结构通过减振垫层脱开，有效地隔绝声音撞击结构地板后再传递至楼下。

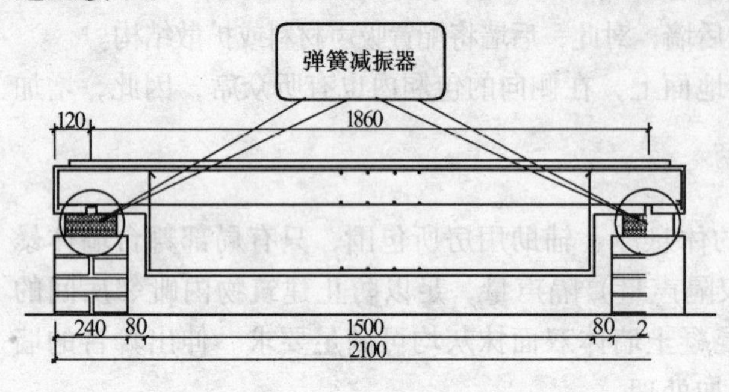

图 4-34　柔性设备基础

2）设备消声、隔振（减振）措施

（A）冷冻机房、水泵房、空调机房、通风机房内贴吸声材料；

（B）组合式空调箱均设消声段或送回风主管上设管道式消声器；

（C）冷冻机组、水泵下设弹簧减振器，见图 4-34；

（D）风机进、出口：防排烟系统设非燃性软接头，通风系统设帆布软接头；

（E）冷水机组、水泵进出口装可挠曲橡胶接头；

（F）吊装的空调器、风机均设减振吊架；

（G）所有空调机组基础为钢筋混凝土质量块，质量块之下放置弹簧减振器，隔振层下局部地面应加高 5cm；

（H）机房内壁及顶棚采用 15mm 厚水泥木丝板吸声处理，后面能留空腔效果更佳，以降低室内噪声；

（I）所有送风、回风管道穿越机房墙壁时，必须把预留洞口的四周除水泥堵塞外，必要时还需用沥青麻丝嵌密，防止漏声；

（J）机房门宜选用隔声量不小于 35dB；

（K）充分利用土建空间做消声处理，所有竖井风道四周用 5cm 玻璃棉（$25kg/m^3$）包贴，表面用粗糙度低的材料，如玻璃丝布或金属穿孔板（穿孔率大于 20%），减少了气流阻力损失。

3）墙体隔声、吸声措施

各声学功能分区间采用多孔砖夹隔声棉的新型隔声墙体施工技术，确保分区间不会相互影响（见图 4-35）。

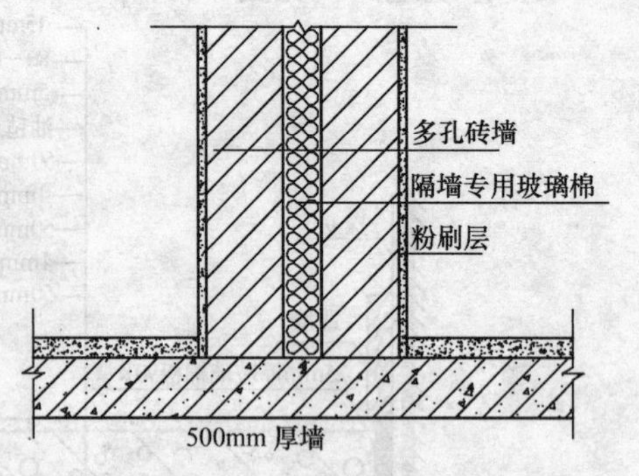

图 4-35　隔声墙剖面

4）声反射罩系统（见图 4-36）

声反射罩系统为室内大型交响乐演出创造自然声环境，使剧场具有音乐厅的效果。

声反射罩置于主舞台上部，由顶部声反射板（前后各一块）、左右侧反射板（每侧 4 块）、后面反射板（竖直 4 块）组成，总体尺寸 16m × 10m × 11.6m（宽 × 高 × 深），可满足 120 人大合唱和管弦乐队（至少 3 管制）的演出。声反射罩在声乐节目中使声音有效地反射到观众席的各个角落。顶反声板前后各一块，垂直承放于主舞台上空，使用时将其整体翻转为顶棚。侧反声板、后反声板每块设于小车上，可向任意方向推拉，平时在侧台存放。

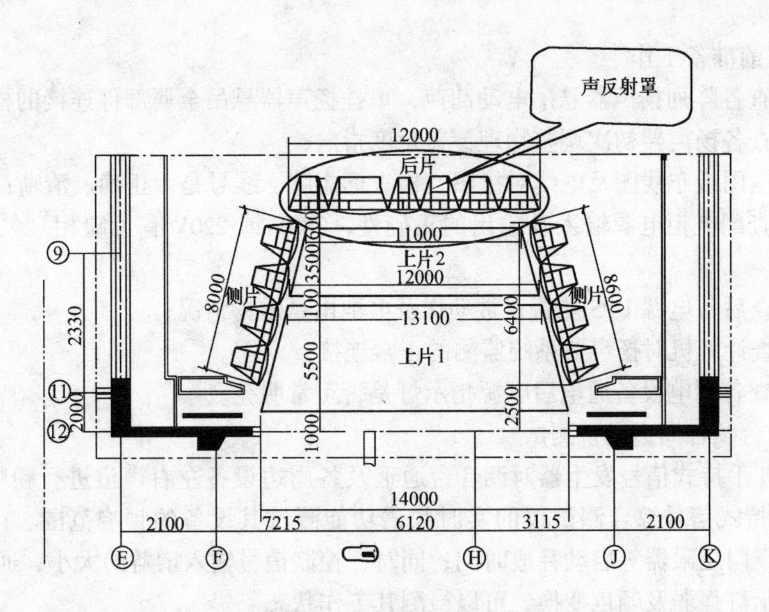


图 4-36 声反射罩系统布置图

5）空调通风系统消声技术

东莞玉兰大剧院在空调通风系统的消声方面采用了多种消声技术，如在大观众厅下的静压箱内采用了专门设计的折回式消声室消声技术，在回风通道内采用了纵向迷宫式消声技术。在系统和位置都受到严格限制的条件下，达到了良好的消声效果。

观众厅采用了阵列式空调调控技术，每个座椅均有独立的空调调节能力以满足个人不同的温、湿度要求。在观众席下混凝土静压箱内，顶面和底面吸声采用预制 5cm 厚超细玻璃棉（25kg/$m^3$）框，便于安装固定。如静压箱至第一风口距离小于 3m 时，需做特殊声学处理。

## 4.15.2 音响设备安装

本工程音响设备均采用国际著名的高端产品，主要分布在歌剧院和多功能实验剧场，主要设备选型如下：

（1）音箱——美国 MeyerSound；

（2）调音台——数字调音台——德国 LAWO；

（3）模拟调音台——英国 MIDAS；

（4）光纤网络——德国 LAWO，100%冗余设计；

（5）话筒——德国 Schoeps、Sennheiser，美国 SHURE，奥地利 AKG；

（6）效果器——丹麦 T.C.electronic。

（1）施工工艺流程

施工准备→图纸会审→技术交底→材料采购→管线施工→设备安装→系统调试→竣工验收。

（2）管线施工与设备安装

管线施工与设备安装按常规电气安装工程进行。

（3）系统调试

系统调试是音响系统工程安装的重点，是达到设计要求效果的关键步骤。

1）调试前准备工作

（A）检查各阵列扬声器悬吊电动葫芦，单挂扬声器悬吊金属部件连接的松紧程度；

（B）检查各扬声器初次调整物理覆盖角度指向；

（C）根据图纸布线图及电缆对接图，检查标志牌、线号是否正确、清晰；

（D）检查配电柜电源输入及输出的正确性，380V或220V有无缺相、欠压或过压现象；

（E）检查后备电源UPS能否正常动作及电池电量维持情况；

（F）检查计算机对扬声器系统监测的正常连接；

（G）检查各用电设备通电后电源指示灯是否正常明亮。

2）调音台及各周边设备测试

使用NTI手持式信号发生器对调音台通道及各周边设备左右声道进行粉噪信号输入，通过MR1手持式信号综合测试仪的实时频谱功能测试其设备的频响范围、声道分离度、高低通、噪声门压限器等启动释放时间；同时，控制信号输入增益的大小，通过查看其设备面板的指示灯强弱及颜色变换，可以检测其工作状态。

3）系统各级电缆对接状态

整个系统中电缆对接分为：声控房内电缆对接、观众厅现场调音位电缆对接、上场口跳线柜中心枢纽电缆对接、转播点电缆对接、下场门监听位置及乐池监听位置电缆对接等。其中，以上场口跳线柜中心枢纽电缆对接点作核心辐射。为了设备方便、快速、准确地安装，所有设备电缆对接口采用多针头连接。通过使用NTI手持式信号发生器，对所要检测的电缆逐一进行粉噪信号输入，通过MR1手持式信号综合测试仪的实时频谱和极性测试功能，测试其电缆的线损和全频带的平衡及对接头的极性正常。100m的传输距离在10kHz时只损耗0.47dB。每组电缆的对应线号应准确无误；否则，信号将无法正常传输。

4）系统调试

（A）将音箱接入系统，逐一打开设备的电源，待它们工作稳定后，接入相位仪，在较小的音量下，逐一检查所有音箱的相位是否正确。

（B）将噪声发生器和中央处理器、均衡器接入系统，准备好频谱仪，按照国家有关厅堂扩声质量测试要求，将频谱仪设置在相应的地方；然后，以适中的音量对粉红噪声信号扩声，在20~20000Hz的音频范围内，细致微小地调节均衡器的各个频点，在保持音量一致的前提下，使得频谱仪显示的房间频响曲线在各个测试点处基本平直，并且记录好均衡器各频点的位置；同样，在音量较小和额定的音量下，再对均衡器进行调试，并记录好；最后，将这些记录好的均衡器频点进行相应的折衷处理，再利用频谱仪高一级的档位进行测试，适当修正后就可以确定好均衡器的频点位置了。在进行均衡器的调试时，注意调音台的频率均衡点一定要在0μV处，其他周边处理设备要处在旁路状态。

（C）将系统接入，进行分频器的调试。对于仅作为低音音箱分频的分频器，可以在均衡调试结束后，让低音系统单独工作，适当调整低音信号的增益，感觉音量适合即可；然后，与全频系统一道试听，平衡低音和全频音量；对于作为全频系统的分频器，一定要尽量参照音箱厂家推荐的分频点进行设定；然后，反复调整各频段信号的增益，直到听感比较平衡后，再参照后面的声压级测试对增益做进一步微调即可。

（D）声压级的测定。同样将粉红噪声仪接入扩声系统，像调试均衡一样选取几个测试点放置声压计，将音响系统的所有设置都调整完毕，最后打开系统的设备，逐渐提升噪声信号音量，要求在保证信号最佳动态的前提下，调整各设备的增益，使得系统的扩声声压在各测试点都达到设计要求；同时，需要参考声压级在高、中、低各频段的情况，再对均衡器和分频器略微做一些调整。当然高、中、低各频段的声压级不可能完全相同，一般为了考虑听感的特点，都需要在高频的声压级上做一些降低。在声压级的测试时，需要将各测试点的声压级比较一番；如果各点的结果偏差较大，即说明该声场的均匀度不好，就应该认真地进行分析和改进。

(E) 话筒和效果器的调试。对于话筒的调试一般要分类进行，人声、乐器用的有线话筒通常需要日常使用者配合完成，调试时需要了解好各人、各乐器最合理的话筒型号和使用距离，音质好、没有可闻的线路噪声即可；而无线话筒需要注意：天线的位置要合理，话筒使用时的死点和反馈点要足够少，并详细对位置做好记录，接收机的信号增益要适当，噪声抑制的微调旋钮要反复调试等；对于效果器的调试工程要求都不严格，只要将信号的输入和输出增益调试合理，保证有一定的余量，并且将混响时间和延时量限制在一定范围，以免影响语言的清晰度和信号的连续性即可，其他具体的使用调整可以让操作者自己进行。

(F) 对于信号压限的调试，一般要在其他设备调试基本完成后再进行。在多数工程中，压限的作用是保护功放和音箱以及保持声音平稳，所以，要先视信号强弱来设定压缩起始电平，通常起始电平不要设定太低；否则，系统音质会受到影响，但设定太高也会失去保护作用；压缩启动的时间设置也不宜太长，以免使保护动作不及时，但太短又会破坏音质，产生奇怪的声音，压缩恢复时间却不宜太短，否则也会产生奇怪的声音；压缩比在一般的工程中设定为4:1左右。在设定压限上的噪声门时，如果系统没有什么噪声，可以将噪声门关闭；如果有一定的噪声，可以将噪声门的门槛电平设置在比较低的位置，以免造成信号断断续续的打嗝现象；如果系统的噪声较大，就应该在工程的施工上分析了，不应该单独利用噪声门来解决。总之，压限的调试没有一个具体的标准，各种设定基本都需要根据信号的情况和声音的质量来决定，反复比较，来找到一个最佳点。

#### 4.15.3 舞台灯光安装

大剧院舞台灯光系统设备选用世界知名品牌（英国Strand）原装进口设备，其中，调光台选用Strand 500系列电脑调光台，大柜选用Strand SLD96调光立柜，全套设备功能先进、性能稳定、配置齐全。主要包括舞台灯光电力与信号布线，舞台灯光强弱电插座设计、提供与安装，舞台灯光、调光系统与观众照明控制设备安装、调试，舞台专用灯具、特效灯具与相关设备安装，灯光系统调试及相关产品的测试检验。

(1) 施工工艺流程

施工准备→图纸会审→技术交底→材料采购→管线施工→设备安装→系统调试→竣工验收。

(2) 管线及设备安装

管线施工与设备安装按常规电气安装工程进行。

(3) 系统调度

1) 调试前的准备

调试前要仔细确认每一台设备是否安装、连接正确，认真向施工人员询问施工遗留的可能影响使用的有关问题；调试前必须再次认真地阅读所有的设备说明书，仔细查阅设计图纸的标注和连接方式；调试前一定要确信供电线路和供电电压没有任何问题；调试前应该保证现场有关人员在场；调试前还要准备相应的仪器和工具。

2）对安装、供电线路、连接情况的检查

因为灯光工程的整个系统涉及的连接点和插接件比较多，在安装时也有可能因为个别的原因发生错误，所以，细致的检查是有必要的，一般的检查包括设备安装安全性、供电线路是否合理、各插接件的连接是否正确等；另外，还有一个重要的检查项目就是仔细检查每一件设备的状态设置是否满足设计要求，这点绝对不能忘记；否则，极易造成设备损坏。各设备的电源选择开关是否合适，电脑灯、换色器的地址码是否设置正确等等。待以上施工步骤都确信完成后，就应该准备进行设备的调试了。

3）灯光控制系统的调试

包括灯光的色调、色彩、色温、亮度、投射范围、调光台的场景、序列程序的编辑等多方面的内容，其中控制系统的调试是工程调试的关键，要首先集中精力完成它。从信号源开始逐步检查信号的传输情况，这项检查很有意义，因为只有信号在各个设备中传输良好，调光硅柜、电脑灯、换色器等设备才会得到一个正确稳定的信号，才可能有一个好的控制质量，所以，在做这一步工作时，一定要有耐心，一定要仔细。进行这步时，调光硅柜、电脑灯、换色器等设备先不要着急连接上，相关周边处理设备也最好置于旁路状态。依据施工图纸，检查时要顺着信号的去向，逐步检查它的电平设置、正副极性及畅通情况，保证各个设备都能得到前级设备提供的最佳信号，也能为下级提供最佳信号；在检查信号的同时，还应该逐一观察设备的工作是否正常，是否稳定。网络线路检测无误后，就将调光硅柜、电脑灯、换色器等设备逐一接入系统，在较小的负载下，首先逐一检查调光硅柜、电脑灯、换色器等设备。

# 5　质量、安全、环保技术措施

## 5.1　质量保证措施

### 5.1.1　质量策划和组织保证

(1) 明确工程质量目标为确保省优、争创鲁班奖，为此建立项目质量标准，项目质量标准高于国家质量验收标准和企业标准。

(2) 建立系统的总包管理组织，明确各管理机构的组织责任，包括勘察、设计、监理、各分包方等均纳入总包管理组织。

(3) 按照质量管理程序做好全过程的质量控制，运用体系管理的思维进行全过程的质量管理，贯彻局质量、环境、职业健康安全管理体系手册和程序文件的要求。

### 5.1.2　技术保证

大力推广使用新技术，满足各分部分项工程从质量符合项目制定的质量标准，本项目计划推广使用的新技术见第4章。

### 5.1.3　合同保证措施

全面履行工程承包合同，加大合同执行力度，及时监督施工队伍的施工质量，严格控制施工质量，随时接受建设单位、监理单位监督。

做好“质量第一”的传统教育工作，强化和提高职工整体素质，定期学习规范、规程、标准、方法，严格内控质量标准，消除质量通病，确保使用功能。按项目内控工艺质量标准，进行全面技术交底，切实做到施工按规范、操作按规程、质量验收按标准。

## 5.2 安全保证措施

### 5.2.1 建立项目安全保证体系

根据“管生产必须管安全”、“安全生产、人人有责”的原则建立安全组织机构体系，明确规定各级领导、各职能部门和各类人员在生产活动中应负的安全职责，保障施工正常进行。项目部根据施工安全管理条例，成立安全生产主管部门，配置两名专职安全员，对施工安全生产进行监督和检查，并成立项目部安全组织机构。

项目部安全组织机构组成人员如下：

组长：项目经理

副组长：项目生产副经理、项目技术负责人、专职安全员

组员：各施工工长、材料部负责人、机械设备负责人、电工班负责人、各施工作业班组长。

### 5.2.2 安全技术管理

(1) 安全技术管理严格执行国家有关安全生产政策、法令和规章制度，特别是对“一表、三规范”的执行。一表：JGJ 59—99 检查评分表；三规范：《施工现场临时用电安全技术规范》、《龙门架及井架物料提升机安全技术规范》、《建筑施工高处作业安全技术规范》。

(2) 施工现场道路、上下水、电气线路、材料堆放、临时和附属设施等平面布置，都要符合消防安全、职业健康安全卫生要求。

(3) 各种机械设备的安全装置和起重设备的限位装置要齐全有效，建立定期维修保养制度，检修机械设备同检修防护装置。施工现场机械设备的安装和拆除，必须有公司总工程师审批后的施工技术方案，安装和拆除时应有专人监护，施工现场各种机械设备安装完后，必须经设备主管部门和安全部门验收合格方能使用，各种机械设备操作时必须严格遵守操作规程。

(4) 井字架和安全网，搭设完必须经工长和专职安全员验收合格后，方能使用，使用期间要指定专人维护保养，发现有变形、倾斜、摇晃等情况，要及时加固。

(5) 施工现场坑、井、沟和各种孔洞，易燃易爆场地，变压器周围，要指定专人设置围栏或盖板和安全标志，夜间施工要设置红灯示警。各种防护设施、警告标志，未经施工负责人批准，不得移动和拆除。

(6) 实行逐级安全技术交底制度。开工前，技术负责人将工程概况、施工方法、安全技术措施等情况向全体施工人员进行详细交底。各施工工长要按施工进度定期或不定期地向有关班组进行安全技术交底。班组长每天要对工人进行施工要求、作业环境的安全交底。

(7) 加强季节性劳动保护工作。夏季有防暑措施，合理安排作业时间，雨期有防雨和防滑措施。

### 5.3 环境保护措施和文明施工管理

（1）施工现场的材料、设备、临时建筑物、施工用电、供水、排水等，严格按照施工现场总平面图布置。

（2）对施工现场进行责任区划分，按责任制、责任区落实到个人。

（3）工地大门设置洗车台，由专人负责对进出车辆冲洗；未经冲洗的车辆禁止上路。

（4）冲洗车辆的污水经过沉淀池沉淀后再排放，定期清理沉淀池内泥沙。

（5）砂浆机旁设置沉淀池，对污水进行沉淀，不得将浆水直接排入下水道。

（6）施工道路平坦畅通无阻，无堆放物、散落物，定期打扫现场道路。

（7）施工现场要定期和不定期打扫，现场场地平整，各类物品堆放整齐，做到无积水、无垃圾，有排水措施。

（8）施工现场的生活垃圾与建筑垃圾应分别定点堆放，并及时清运。

（9）作业区零散材料和垃圾，要及时清理，垃圾临时存放不得超过2d。

（10）施工现场和生活区内根据实际情况设置绿化区。

（11）宿舍内各类物品堆放整齐卫生清洁，保持室内通风良好。

（12）厕所设专人冲洗打扫，做到无积垢、无臭味，并有洗手水源、水冲设施来保持厕所清洁卫生。

（13）在施工现场和生活区分别设置宣传栏，加强对广大职工的宣传教育工作，在宿舍区设置娱乐设施，丰富职工的业余文化生活。

# 6 技术总结

东莞玉兰大剧院工程结构复杂、造型新颖、科技含量高，我局一开始就将工程质量目标定为“确保省优，争创鲁班”。为保证这一目标的顺利实现，成立了局、公司及项目部三个层面的创优工作小组。公司技术部门和项目部进行了详细的施工策划，建立了严格的质量保证体系，并按照策划书的要求制定了详细的质量计划，规定了各分部分项工程的质量目标。在施工过程中加强过程控制，实行专人跟踪检查。认真抓好技术交底工作，层层把关，严格保证各项质量保证措施落到实处，确保各分部分项工程按现行建筑工程施工规范，达到优良标准。

针对大剧院工程专业齐全、分包单位多的特点，为保证工程质量，我局在传统“三控制、二管理、一协调”的基础上，具体建立了“四控制、四管理、三协调”的工程管理创新体系（即：进度控制、质量控制、投资控制、安全控制；合同管理、图纸设计动态管理、现场管理、信息资料管理；各专业图纸设计的协调、各分包商的协调、各专业工程师交叉工作的协调）。对科研、设计、施工分包单位进行统一协调、组织管理，有力地保证了整个项目的顺利实施和工程质量，提升了项目的技术水平。

（1）原材料质量控制

原材料质量控制是工程管理质量的重要部分，大剧院工程材料使用需经过严格的审批程序，所有材料在使用前必须提供品牌资料和样板，报监理单位专业工程师和建设单位技术人员审批通过后方可采购。进场材料不论大小全部由监理单位进行严格验收，总包质量工程师跟踪检查，严格按照建筑工程质量验收规范进行检查验收。凡规范要求复检的材料必须送质监单位检验合格后方可投入使用；凡规范没有复检要求的，必须有厂家提供的质量证明资料及厂家检测报告。

（2）工程质量验收

本工程严格按照建筑工程质量验收规范进行验收，验收工作由监理单位组织，总包单位参加，施工单位提前编制好各检验批、分项工程的验收计划，提前申报书面验收资料。经专业监理工程师现场验收合格后签发工程质量验收记录，对不合格的项目以书面形式发出整改通知单，责令整改。

（3）建立QC小组，做好质量通病防治

为保证关键部位和重点、难点工程的施工质量和进度，项目建立了QC小组，对地下室大体积混凝土施工、超长曲面纤维混凝土墙体施工、扇形屋面钢结构吊装施工、正锥形石材幕墙防水施工、大跨度超高梁清水混凝土施工、观众厅上空转换层箱体结构高支模施工、出屋面环形格构梁施工、锥形结构斜柱环梁施工、地下室耐磨地面施工等进行专门跟踪研究，制定并落实了质量保证措施，确保了工程的细部质量优良，保证工程顺利实施。其中正锥形石材幕墙防水施工、大跨度超高梁清水混凝土施工等分别获中建总公司QC成果一等奖、三等奖。

（4）安全管理及文明施工情况

东莞玉兰大剧院为我局重点工程之一，安全生产及文明施工备受局、公司各级的重视。工程结构复杂、临边洞口多、电气设备多，安全管理工作尤为困难。公司在工程开工前就进行了详细的策划工作，项目部编制了详细的《安全施工方案》和《文明施工管理办法》。施工期间，各单位配备专职的安全员每天巡逻检查，并成立了以建设单位项目负责人为组长的安全巡检小组，每周进行两次安全大检查，切实有效地消除了安全隐患，保证了施工安全。至工程竣工，未曾出现过重大安全事故，并顺利通过了东莞市双优文明工地、广东省双优文明工地以及中建总公司CI金奖的评选。

（5）建筑施工新技术的推广应用（见表6-1）

本工程在施工中推广应用了建设部推广的“建筑业10项新技术（2005）”，共25个子项（含小项39个），并采用多种国际先进的新型工艺和新型材料，取得了显著的经济效益。

**东莞玉兰大剧院“建筑业10项新技术”推广应用一览表　　表6-1**

| 序号 | 项　目 | 子　项 | | |
|---|---|---|---|---|
| | | 编　号 | | 新技术名称 |
| 一 | 地基基础和地下空间工程技术 | 1 | 深基坑支护及边坡防护技术 | 复合土钉墙支护技术 |
| | | | | 预应力锚杆施工技术 |
| 二 | 高性能混凝土技术 | 2 | 混凝土裂缝防治技术 | |
| | | 3 | 清水混凝土技术 | |
| | | 4 | 改性沥青路面施工技术 | |
| 三 | 高效钢筋与预应力技术 | 5 | 高效钢筋应用技术 | HRB400级钢筋的应用技术 |
| | | 6 | 粗直径钢筋直螺纹连接技术 | |
| | | 7 | 预应力施工技术 | 无粘结预应力成套技术 |
| | | | | 有粘结预应力成套技术 |

续表

| 序号 | 项目 | 子项 | | |
|---|---|---|---|---|
| | | 编号 | | 新技术名称 |
| 四 | 新型模板及脚手架应用技术 | 8 | | 清水混凝土模板技术 |
| 五 | 钢结构技术 | 9 | | 钢结构 CAD 设计与 CAM 制造技术 |
| | | 10 | 钢结构施工安装技术 | 厚钢板焊接技术 |
| | | | | 大跨度空间结构与大型钢构件的滑移施工技术 |
| | | | | 大跨度空间结构与大跨度钢结构的整体顶升与提升施工技术 |
| | | 11 | | 钢结构的防火防腐技术 |
| 六 | 安装工程应用技术 | 12 | | 管线布置综合平衡技术 |
| | | 13 | 电缆安装成套技术 | 电缆敷设与冷缩、热缩电缆头制作技术 |
| | | 14 | 建筑智能化系统调试技术 | 通信网络系统 |
| | | | | 计算机网络系统 |
| | | | | 建筑设备监控系统 |
| | | | | 火灾自动报警及联动系统 |
| | | | | 安全防范系统 |
| | | | | 综合布线系统 |
| | | | | 电源防雷与接地系统 |
| | | 15 | | 大型设备整体安装技术（整体提升吊装技术） |
| 七 | 建筑节能和环保应用技术 | 16 | 节能型围护结构应用技术 | 新型墙体材料应用技术及施工技术 |
| | | | | 节能型门窗应用技术 |
| | | 17 | 新型空调和采暖技术 | 供热采暖系统温控与热计量技术 |
| 八 | 建筑防水新技术 | 18 | 新型防水卷材应用技术 | 自粘型橡胶沥青防水卷材合成高分子防水卷材 |
| | | 19 | 建筑防水涂料 | |
| | | 20 | 建筑密封材料 | |
| | | 21 | 刚性防水砂浆 | |
| 九 | 施工过程监测和控制技术 | 22 | 施工过程测量技术 | 施工控制网建立技术 |
| | | | | 施工放样技术 |
| | | 23 | 特殊施工过程监测和控制技术 | 深基坑工程监测和控制 |
| | | | | 大体积混凝土温度监测和控制 |
| 十 | 建筑企业管理信息化技术 | 24 | | 工具类技术 |
| | | 25 | | 管理信息化技术 |

（6）总结

东莞玉兰大剧院工程在各级领导的指导和建设、监理、设计、施工等单位的共同努力下，在质量、安全、进度等各方面都取得了显著的成绩，在科技创新方面的成绩尤为突出，在 2005 年 11 月 28 日举办的《东莞玉兰大剧院工程建设成套技术》科技成果鉴定会中，顺利通过了由中国工程院院士组成的权威专家组的鉴定，鉴定结果为："总体水平国际先进，多个单项技术达到国际、国内领先水平"。目前，我局正在全力组织东莞玉兰大剧院的鲁班奖申报工作，力争为东莞建筑业再创丰碑。

# 第八篇

# 中国社会科学院中心图书馆工程施工组织设计

**编制单位**：中建三局

**编 制 人**：张　瞳　王德强　刘国军

**【简介】**　社科院中心图书馆工程针对该工程场地狭窄的情况，以及图书馆工程自有的特殊性要求，在场地布置、地下施工防水、消防等方面采取了有效措施，施工总承包管理的组织机构设置合理，管理职责分明，施工组织设计的编写方面，内容完整、文字叙述简练、流畅。

# 目 录

# 1 编制依据

## 1.1 合同（见表1-1）

表1-1

| 合同名称 | 编号 | 签定日期 |
|---|---|---|
| 北京市建设工程施工合同 | 00010026 | 2000.1.20 |

## 1.2 工程地质勘察报告（见表1-2）

表1-2

| 地勘报告名称 | 报告编号 | 报告日期 |
|---|---|---|
| 岩土工程勘察报告 | 97技350 | 2000.1.28 |

## 1.3 施工图（见表1-3）

表1-3

| 图纸名称 | 图纸编号 | 出图日期 |
|---|---|---|
| 建施图 | 建1～建38，防建2 | 1999.12.24 |
| 结施图 | 结总～结38，防结1、5、7、8 | 1999.12.24 |
| 设备图 | 设1～设32，防设1、2 | 1999.12.24 |
| 电气图 | 电1～33，电人防1～3，电R1～R14，电消1～13 | 1999.12.24 |

## 1.4 主要法规、规范、标准、图集（见表1-4）

规范、标准、文件一览表 表1-4

| 序号 | 名称 | 编号 | 类别 |
|---|---|---|---|
| 01 | 《中华人民共和国建筑法》 | | 国家法规 |
| 02 | 《建设工程质量管理条例》 | | 国家法规 |
| 03 | 《北京市建筑安装工程施工技术资料管理规定》 | | 地方法规 |
| 04 | 《北京市建设工程施工试验实行有见证取样和送检制度的暂行规定》及补充通知 | | 地方法规 |
| 05 | 《预防混凝土工程碱集料反应技术管理规定（试行）》 | | 地方法规 |
| 06 | 《工程测量规范》 | GB 50026—93 | 国家标准 |
| 07 | 《地基及基础工程施工及验收规范》 | GBJ 202—83 | 国家标准 |
| 08 | 《基坑土钉支护技术规程》 | CECS96：97 | 行业标准 |
| 09 | 《地下工程防水技术规范》 | GBJ 108—87 | 国家标准 |
| 10 | 《地下防水工程施工及验收规范》 | GBJ 208—83 | 国家标准 |
| 11 | 《人防工程施工及验收规范》 | GBJ 134—90 | 国家标准 |
| 12 | 《混凝土结构工程施工及验收规范》 | GB 50204—92 | 国家标准 |

续表

| 序号 | 名　　称 | 编号 | 类别 |
| --- | --- | --- | --- |
| 13 | 《钢筋混凝土高层建筑结构设计与施工规程》 | JGJ 3—91 | 行业标准 |
| 14 | 《普通混凝土配合比设计技术规程》 | JGJ/T 55—96 | 国家标准 |
| 15 | 《钢筋焊接及验收规程》 | JGJ 18—96 | 行业标准 |
| 16 | 《钢筋焊接网混凝土结构技术规程》 | JGJ 114—97 | 行业标准 |
| 17 | 《钢筋机械连接通用技术规程》 | JGJ 107—96 | 行业标准 |
| 18 | 《带肋钢筋套筒挤压连接技术规程》 | JGJ 108—96 | 行业标准 |
| 19 | 《钢筋锥螺纹接头技术规程》 | JGJ 109—96 | 行业标准 |
| 20 | 《组合钢模板技术规范》 | GBJ 214—89 | 国家标准 |
| 21 | 《砌筑砂浆配合比设计规程》 | JGJ/T 98—96 | 行业标准 |
| 22 | 《砌体工程施工及验收规范》 | GB 50203—98 | 国家标准 |
| 23 | 《屋面工程技术规范》 | GB 50207—94 | 国家标准 |
| 24 | 《建筑地面工程施工及验收规范》 | GB 50209—95 | 国家标准 |
| 25 | 《建筑装饰工程施工及验收规范》 | JGJ 73—91 | 行业标准 |
| 26 | 《玻璃幕墙工程技术规范》 | JGJ 102—96 | 行业标准 |
| 27 | 《建筑机械使用安全技术规程》 | JGJ 33—86 | 行业标准 |
| 28 | 《施工现场临时用电安全技术规范》 | JGJ 46—88 | 行业标准 |
| 29 | 《建筑施工高处作业安全技术规范》 | JGJ 80—91 | 行业标准 |
| 30 | 《建筑工程冬期施工规程》 | JGJ 104—97 | 行业标准 |
| 31 | 《采暖与卫生工程施工及验收规范》 | GBJ 242—82 | 国家标准 |
| 32 | 《制冷设备、空气分离设备安装工程施工及验收规范》 | GB 50274—98 | 国家标准 |
| 33 | 《通风与空调工程施工及验收规范》 | GB 50243—97 | 国家标准 |
| 34 | 《建筑安装工程质量检验评定统一标准》 | GBJ 300—88 | 国家标准 |
| 35 | 《建筑工程质量检验评定标准》 | GBJ 301—88 | 国家标准 |
| 36 | 《建筑采暖卫生与煤气工程质量检验评定标准》 | GBJ 302—88 | 国家标准 |
| 37 | 《建筑电气安装工程质量检验评定标准》 | GBJ 303—88 | 国家标准 |
| 38 | 《通风与空调工程质量检验评定标准》 | GBJ 304—88 | 国家标准 |
| 39 | 《电梯安装工程质量检验评定标准》 | GBJ 310—88 | 国家标准 |
| 40 | 《混凝土质量控制标准》 | GB 50164—92 | 国家标准 |
| 41 | 《混凝土强度检验评定标准》 | GBJ 107—87 | 国家标准 |
| 42 | 《建筑施工安全检查标准》 | JGJ 59—99 | 行业标准 |
| 43 | 建筑物抗震构造详图 | 97G 329 | 地方图集 |
| 44 | 钢筋混凝土防护密闭门门框墙通用图集 | 88RFMK | 地方图集 |
| 45 | 钢筋混凝土单扇活门槛防护密闭门、密闭门选用图集 | 97RFM | 地方图集 |
| 46 | 沟盖板图集 | 京 92G 15 | 地方图集 |
| 47 | 框架结构填充空心砌块构造图集 | 京 94SJ 19 | 地方图集 |
| 48 | 常用木门、钢木门 | 京 95-J61 | 地方图集 |

续表

| 序号 | 名　称 | 编号 | 类别 |
|---|---|---|---|
| 49 | 建筑构造通用图集：工程做法 | 88J1、88JX1 | 地方图集 |
| 50 | 建筑构造通用图集：墙身—加气混凝土 | 88J2（二） | 地方图集 |
| 51 | 建筑构造通用图集：墙身—现浇混凝土 | 88J2（三） | 地方图集 |
| 52 | 建筑构造通用图集：外装修 | 88J3 | 地方图集 |
| 53 | 建筑构造通用图集：内装修 | 88J4（一） | 地方图集 |
| 54 | 建筑构造通用图集：内装修 | 88J4（二） | 地方图集 |
| 55 | 建筑构造通用图集：屋面 | 88J5 | 地方图集 |
| 56 | 建筑构造通用图集：楼梯 | 88J7 | 地方图集 |
| 57 | 建筑构造通用图集：卫生间、洗池 | 88J8 | 地方图集 |

## 1.5 企业ISO9002质量体系标准文件（见表1-5）

表1-5

| 序号 | 文 件 名 称 | 编　号 | 版本号 |
|---|---|---|---|
| 1 | 质量手册 | ZJS.QA0001 | 第二版 |
| 2 | 管理评审控制程序 | ZJS.QP0101 | 第二版 |
| 3 | 质量策划控制程序 | ZJS.QP0201 | 第二版 |
| 4 | 合同评审控制程序 | ZJS.QP0301 | 第二版 |
| 5 | 文件和资料控制程序 | ZJS.QP0501 | 第二版 |
| 6 | 工程施工文件和资料控制程序 | ZJS.QP0502 | 第二版 |
| 7 | 质量体系文件和资料控制程序 | ZJS.QP0503 | 第二版 |
| 8 | 物资采购控制程序 | ZJS.QP0601 | 第三版 |
| 9 | 分承包方控制程序 | ZJS.QP0602 | 第二版 |
| 10 | 业主提供物资控制程序 | ZJS.QP0701 | 第二版 |
| 11 | 标识和可追溯性控制程序 | ZJS.QP0801 | 第二版 |
| 12 | 过程控制程序 | ZJS.QP0901 | 第二版 |
| 13 | 施工设备控制程序 | ZJS.QP0902 | 第二版 |
| 14 | 检验和试验控制程序 | ZJS.QP1001 | 第二版 |
| 15 | 检验、测量和试验设备的控制程序 | ZJS.QP1101 | 第二版 |
| 16 | 检验和试验状态控制程序 | ZJS.QP1201 | 第二版 |
| 17 | 不合格品控制程序 | ZJS.QP1301 | 第二版 |
| 18 | 纠正和预防措施控制程序 | ZJS.QP1401 | 第二版 |
| 19 | 物质搬运堆码保管控制程序 | ZJS.QP1501 | 第二版 |
| 20 | 工程保护及竣工交付控制程序 | ZJS.QP1502 | 第二版 |
| 21 | 质量记录控制程序 | ZJS.QP1601 | 第二版 |
| 22 | 内部质量体系审核控制程序 | ZJS.QP1701 | 第二版 |
| 23 | 培训控制程序 | ZJS.QP1801 | 第二版 |

续表

| 序号 | 文件名称 | 编号 | 版本号 |
| --- | --- | --- | --- |
| 24 | 工程服务控制程序 | ZJS. QP1901 | 第二版 |
| 25 | 统计技术应用控制程序 | ZJS. QP2001 | 第二版 |
| 26 | 环境和职业安全卫生管理手册 | ZJSJ. ES101—2001 | 第一版 |
| 27 | 环境和职业安全卫生因素识别与评价程序 | ZJSJ. ES201—2001 | 第一版 |
| 28 | 方针、目标、指标和管理方案管理程序 | ZJSJ. ES202—2001 | 第一版 |
| 29 | 文件控制程序 | ZJSJ. ES206—2001 | 第一版 |
| 30 | 运行控制程序 | ZJSJ. ES207—2001 | 第一版 |
| 31 | 供方（承包方）控制程序 | ZJSJ. ES208—2001 | 第一版 |
| 32 | 应急预案、准备和响应控制程序 | ZJSJ. ES209—2001 | 第一版 |
| 33 | 监测和测量控制程序 | ZJSJ. ES210—2001 | 第一版 |
| 34 | 不符合控制程序 | ZJSJ. ES211—2001 | 第一版 |
| 35 | 纠正措施控制程序 | ZJSJ. ES212—2001 | 第一版 |
| 36 | 预防措施控制程序 | ZJSJ. ES213—2001 | 第一版 |
| 37 | 记录控制程序 | ZJSJ. ES214—2001 | 第一版 |
| 38 | 内部审核控制程序 | ZJSJ. ES215—2001 | 第一版 |

# 2 工程概况

## 2.1 工程建设概况（见表 2-1）

**工程建设概况一览表** **表 2-1**

| 工程名称 | 中国社会科学院中心图书馆工程 | 工程地址 | 北京市建国门内大街 5 号 |
| --- | --- | --- | --- |
| 建设单位 | 中国社会科学院基建处 | 勘察单位 | 北京市勘察设计研究院 |
| 设计单位 | 北京市建筑设计研究院 | 监理单位 | 中国国际工程咨询公司 |
| 质量监督部门 | 东城区质量监督站 | 总包单位 | 中建三局（北京） |
| 合同工期 | 540 天 | 总投资额 | 54723510 元 |
| 主要分包单位 | 中建三局一公司安装公司、苏中公司、四海公司、京藤幕墙公司、金丰环球公司 | | |
| 工程主要功能或用途 | 地下室为车库、机房，地上为密集书库、开架阅览室、文献研究 | | |

## 2.2 工程建筑设计概况（见表 2-2）

**工程建筑设计概况一览表** **表 2-2**

| 占地面积 | | 2206m² | 建筑高度 | | 48.2m | 总建筑面积 | 18468m² |
| --- | --- | --- | --- | --- | --- | --- | --- |
| 层数 | 地上 | 13 | 层高 | 地下 | 3.6m，3.3m | 首层面积 | 948m² |
| | 地下 | 3 | | 首层 | 4.2m | 标准层面积 | 1004m² |
| | | | | 2、3 层 | 3.6m | 地上面积 | 14010m² |
| | | | | 标准层 | 3.3m | 地下面积 | 4458m² |
| | | | | 13 层 | 3.6m | | |

续表

| 占地面积 | | 2206m² | 建筑高度 | 48.2m | 总建筑面积 | 18468m² |
|---|---|---|---|---|---|---|
| 装饰 | 外檐 | 干挂花岗石饰面、玻璃幕墙，并配合铝合金装饰条 | | | | |
| | 楼地面 | 耐磨地面，花岗石，地砖 | | | | |
| | 墙　面 | 耐擦洗涂料，釉面砖，大理石 | | | | |
| | 顶　棚 | 耐擦洗涂料，纸面石膏板吊顶，矿棉板吊顶 | | | | |
| | 楼　梯 | 地　砖 | | | | |
| | 门 | 木门、木制防火门、玻璃自动门、电磁防火门、防火卷帘门 | | | | |
| | 窗 | 铝合金窗、钢质防火窗 | | | | |
| | 电梯厅 | 地面：花岗岩 | 墙面：花岗石 | | 顶棚：纸面石膏板 | |
| 防水 | 地　下 | 三元乙丙橡胶防水卷材 | | | | |
| | 屋　面 | 三元乙丙橡胶防水卷材 | | | | |
| | 卫生间 | 确保时防水材料 | | | | |
| 保温节能 | 屋　面 | FSG 防水保温板 | | | | |
| | 外　墙 | FGC 复合保温砂浆 | | | | |
| | 地下室顶板 | 反贴聚苯乙烯泡沫塑料板 | | | | |
| | 外　窗 | 中空玻璃 | | | | |
| 环境保护 | | 所有机房墙体为双层硅酸钙板内加隔声材料的隔声墙，以减低噪声 | | | | |
| 绿　化 | | 工程用地范围内结合道路在建筑周围设草地，局部加乔木点缀 | | | | |
| 竖向交通 | | 从－3F 到 13F 设两部客用电梯、一部消防电梯及两部疏散楼梯贯通全楼 | | | | |

## 2.3　工程结构设计概况（见表 2-3）

**结构设计概况一览表**　　**表 2-3**

| 地基基础 | 埋深 | | －12.140m | 持力层 | 砂质粉土 | 承载力标准值 | 250kPa |
|---|---|---|---|---|---|---|---|
| | 梁式筏形基础 | | 反梁尺寸：1200mm×1700mm | | | 底板厚度：600mm | |
| 主体 | 结构形式 | | 4-12F 为板柱剪力墙结构，其余为框架-剪力墙结构 | | | | |
| | 主要结构尺寸（mm） | 梁 | 400×550，500×550，400×500，250×500，250×450 | | | | |
| | | 板 | 90，100，120，140，250 | | | | |
| | | 墙 | 400，300，250，200 | | | | |
| | | 柱 | 950×950，900×900，800×800，800×550，700×700，500×500 | | | | |
| 抗震设防等级 | | | 8 度 | | 人防等级 | 6 级 | |

| 混凝土强度等级及抗渗要求 | | 柱 | 外墙/内墙 | 反梁/梁 | 底板/板 | 楼梯 |
|---|---|---|---|---|---|---|
| | －3F～－1F | C50 | C40S10/C40 | C30S10/C30 | C30S10/C30 | C25 |
| | 1F～2F | C50 | C40 | C30 | C30 | C25 |
| | 3F～5F | C45 | C40 | C30 | C30 | C25 |
| | 其他层 | C40 | C30 | C30 | C30 | C25 |

续表

| | | |
|---|---|---|
| 钢筋连接形式 | 冷挤压套筒 | 直径≥28mm的钢筋连接 |
| | 锥螺纹连接 | 18mm≤直径≤25mm的竖向钢筋接长 |
| | 搭接绑扎 | 小直径钢筋接长 |
| | 闪光对焊 | 水平钢筋接长 |
| 特殊结构 | | 4~12层③~⑤/D轴处梁为无粘结预应力梁 |

## 2.4 建筑设备安装（见表2-4）

设备安装概况一览表 表2-4

| | | | | | |
|---|---|---|---|---|---|
| 给水 | 冷　水 | 镀锌钢管丝接 | 排水 | 下水 | 硬聚氯乙烯管（UPVC） |
| | 消防水 | 镀锌钢管丝扣连接 | | 雨水 | 无缝钢管焊接 |
| 强电 | 高压 | 由原大楼配电房引入多路电源直接接入 | | | |
| | 低压 | 二次提供设备电源；沿水平和竖井内桥架敷设，小支线穿钢管保护 | | | |
| | 接地 | 引下线为柱内两根主筋，建筑物周围1m做40mm×4mm镀锌扁钢环带 | | | |
| | 防雷 | $\phi$10镀锌圆钢成15m×15m网状做接闪器 | | | |
| 弱电 | 有线电视 | 干线采用物理高发泡射频同轴电缆沿竖井线槽敷设；支线采用SYV-75型同轴电缆穿镀锌钢管暗敷 | | | |
| | 安全监控 | 首层设保安监视中心，车库、首层大厅、电梯前室、通道、电梯中设摄像头 | | | |
| | 综合布线 | 水平配线采用五类四对双绞线（UTP/FTP）沿金属线槽或穿镀锌钢管暗敷 | | | |
| | 楼宇自控 | 由专业公司设计 | | | |
| 中央空调系统 | | 由两台冷水机组及单体空调机组、新风机组、风机盘管等设备及冷热水管、风管、调节室内温度和湿度 | | | |
| 通风系统 | | 火灾或战时自动控制防火、排烟阀，并设有正压送风、排烟风机、自动导流风机 | | | |
| 消防系统 | 火灾报警系统 | 首层设消防控制室，各功能单元按规范要求设置 | | | |
| | 自动喷水灭火系统 | 镀锌钢管丝扣或焊接法兰连接，每层设电信号闸阀、水流指示器及末端检验装置，地下室采用直立型喷头，其余层采用下垂型喷头 | | | |
| | 消火栓系统 | 消火栓管道采用焊接钢管，丝扣或法兰连接；消火栓口径为65mm；消火栓系统管道阀门采用对夹式手动蝶阀 | | | |
| | 防、排烟系统 | 两部楼梯间内隔两层设风口，采用镀锌钢板制作；消防电梯前室各层设电动多叶送风口 | | | |
| | 气体灭火系统 | 由专业消防公司设计 | | | |
| 电梯 | 客梯：　两台 | 消防梯：　一台 | 书梯：　两台 | | |
| 其他需说明的事项：<br>配电柜采用抽屉式，上进上出；在屋顶及地下三层制冷机房内设水箱；在十三层屋面设两台冷却塔 | | | | | |

## 2.5 自然条件

### 2.5.1 气象条件

根据北京地区的历年气象报告，本工程施工将经过两个雨期（6~8月份）及一个冬期（11~3月份）施工。

### 2.5.2 工程地质及水文条件

本工程持力层土质为第四纪沉积的砂质粉土③$_2$层、细砂、粉砂④$_1$层，持力层标高为-12.140m（31.660m），地基承载力标准值为250kPa。根据勘察报告历史最高水位为40.70mm，滞水层静止水位标高35.56~37.26m，未勘测到地下承压水静止水位，地下水对钢筋混凝土结构中的钢筋无腐蚀性，但需做好降水工作。

**2.5.3** 地形条件

场地地坪较为平整，无高低起伏。

**2.5.4** 周边道路及交通条件

本工程位于东长安街和东二环交接处，周边道路交通通畅。

**2.5.5** 场地及周边地下管线

现场部分场地为原有建筑拆除后场地，随已做完场地平整工作，但地下仍可能存在部分管线及原有建筑的基础，地下情况较为复杂。现场临时水电的接口位置已经解决。

## 2.6 工程特点

针对本工程概况，我们认为在本工程的施工中应抓住以下特点：

（1）本工程为施工场地位于中国社会科学院内，四周环境复杂，场地狭小，因此采用垂直开挖，土钉支护的方法，同时社科院科研楼距基坑仅不到3m，且其基础位于本工程基础之上，故在基槽开挖过程中，必须把新老建筑结构交接处的边坡支护作为施工中的重点。

（2）地下部分施工难度大：

1）施工场地狭窄，周围南、北、东三面紧靠围墙，没有可利用场地，只有西面有部分场地，必须采用合适的基坑开挖方案，并综合考虑现场用地的动态规划和管理，提高总平面的利用率。

2）施工现场周边及地下管线多，且有原社科院办公楼的基础，给土方开挖施工带来不便，给工期带来不利的影响。

3）地下室结构混凝土强度各部分差异大，柱为C50，剪力墙、核心筒为C40，梁、板为C30，给施工带来了相当不便。

（3）本工程建成后将作为图书馆使用，地下结构也有作为书库的可能，因此要求地下室防水的施工是施工中的一个重点同时也是难点，施工过程中要严格控制，并做好检查记录。

（4）本工程测量控制要求高，新老建筑的轴线、相对位置、标高相关性较高，此点在测量放线中应加以注意。

（5）本工程结构形式较为复杂，存在密肋梁、无梁楼盖、弧形墙等结构，给模板和脚手架的施工带来一定难度；同时，本工程所用的垂直支护方式，也造成了地下室外墙模板支设的困难，在施工中应作为重点进行控制。

（6）本工程外部装修为干挂石材及玻璃幕墙，因此，为确保工程的质量及使用安全，应在前期结构施工中做好预埋件的工作。

（7）本工程使用功能要求高，因此，在后期施工过程中会有多家专业施工单位进场施工，做好这些单位的协调管理工作将成为重点。

（8）由于本工程所处的特殊地理位置，以及现场场地狭小的原因，给材料的进场及建筑垃圾的清运带来一定的难度。

# 3　施工部署

## 3.1　工程目标

### 3.1.1　质量目标

按照《建筑安装工程质量检验评定标准》及北京市现行质量评定标准、工程验收规范，达到优良标准，确保本工程获得结构长城杯、北京市优质工程，争创“鲁班奖”工程。

### 3.1.2　工期目标

我们计划总工期为540个日历天，确保顺利交工。

### 3.1.3　安全目标

杜绝死亡、重伤及重大机械事故，年轻伤率控制在3‰以下。

### 3.1.4　文明施工目标

严格按照北京市文明施工的各项规定执行，争创北京市文明安全工地。

### 3.1.5　科技进步目标

我们将在本工程的施工中采用我企业应用成熟的“四新”科技成果，充分发挥科学技术作为第一生产力的作用，确保工程顺利建成。

本工程中采用的“四新”成果详见《“四新”成果推广计划表》。

### 3.1.6　节约投资目标

我们将积极向业主提出合理化建议，并制定资金使用计划，为业主各阶段资金的合理投入提供参考，最大限度地为业主节约投资资金。

### 3.1.7　施工环境目标

采取有效措施，力争杜绝施工扰民，最大限度减少对环境的污染。同时，加强对已有市政道路、排污系统等设施的保护。对现场原有树木加以保护，不破坏已有绿化。

## 3.2　项目经理部组织机构

在本工程中我们将实行项目化管理。项目经理部按总承包模式设立组织机构，本着精干高效、结构合理的原则，选配综合素质高、具有丰富同类工程施工经验的项目经理、项目总工程师以及各级技术管理人员组成本工程项目管理层，负责施工过程中的质量、安全、进度、物资采购、成本控制及管理协调等职能。并精心选配专业配套、技术过硬、有同类工程施工经验的作业队伍担任本工程的施工任务。

项目经理部其组织关系详见图3-1。

项目经理部机构设置特点如下：

(1) 把质量控制摆在首要位置，设置专职质检员，属项目经理直接领导，独立开展工作。对整个施工过程进行有效监控；同时，安装、幕墙、装饰等工程配备专业质检员，对本专业、本工序进行严格监控。

(2) 加强技术力量，以便及时做好设计变更的办理、技术方案的编制以及进度计划的安排等工作。

(3) 现场各土建、安装专业设立专业工长，直接管理、指导作业队伍的施工，并及时将现场的生产进度、物资需求及技术问题进行反馈。

(4) 设置专职安全员，对现场的安全、文明施工及环境保护工作进行管理，同时各专业设置安全员，对本专业的安全生产及文明施工负责。

(5) 设置材料、财务、经营、行政后勤等部门由项目经理直接管理，以便于成本的控制。

项目组织结构体系图见图 3-1。

## 3.3 任务划分及总、分包管理

### 3.3.1 总包合同范围

本合同编号为 00010026，合同包括以下一些内容：

土建工程（含结构、建筑两部分）；制冷与空调通风系统，给排水及雨水系统，消防系统，供电电源及配电系统，照明系统，建筑物防雷及接地系统；电梯工程；其中，有线电视、保安监视、火灾自动报警及联动控制综合布线 4 个系统只做预留管的敷设。

### 3.3.2 业主自行组织施工范围

室外工程，有线电视，保安监视，火灾报警及联动控制工程，擦窗机工程。

### 3.3.3 合同范围内业主指定的分包工程

消防系统，电梯工程，1 ~ 5 层公共部分精装修，玻璃幕墙工程。

### 3.3.4 总包范围内的分包工程

土方开挖及支护工程、人防门工程、预应力工程、干挂石材工程、装修工程。

### 3.3.5 总、分包管理

项目经理部全面对业主方负责，负责协助业主管理与协调各分包的现场施工，专业分包必须与项目经理签定总分包协议，从以下几个方面服从总包管理。

(1) 进度计划管理

此项工作包括各分包单位的进度计划，分包单位之间的交叉施工协调计划，分包单位的主要料具进出场计划等。各分包单位按照本工程的总体网络计划编制本单位的施工进度计划，合理安排施工工序，尤其应注意与其他单位交叉施工的工作安排；同时，还应根据进度计划安排，上报主要材料及机具的进出场计划，以便总包方合理布置现场平面。

(2) 总包的技术质量管理

各分包单位进场前应向项目技术部提供专业施工方案，由项目技术部审核，报建设单位、监理单位审批后方可进场施工。分包单位进场后，应严格按方案及施工规范要求组织施工。项目部质检人员应按照国家质量验评标准检查专业分包单位施工质量，定期向监理方通报质量情况，并提出改进专业分包施工质量的方法和建议。

(3) 总分包的信函管理

各分包单位需请业主解决问题的各种工作来往函件，需先交总承包方，经总承包方有关人员审核同意后，盖上总承包项目经理部公章，由总承包方送甲方。收至总包的信函，总包亦有文字答复分包。

(4) 总包协调管理

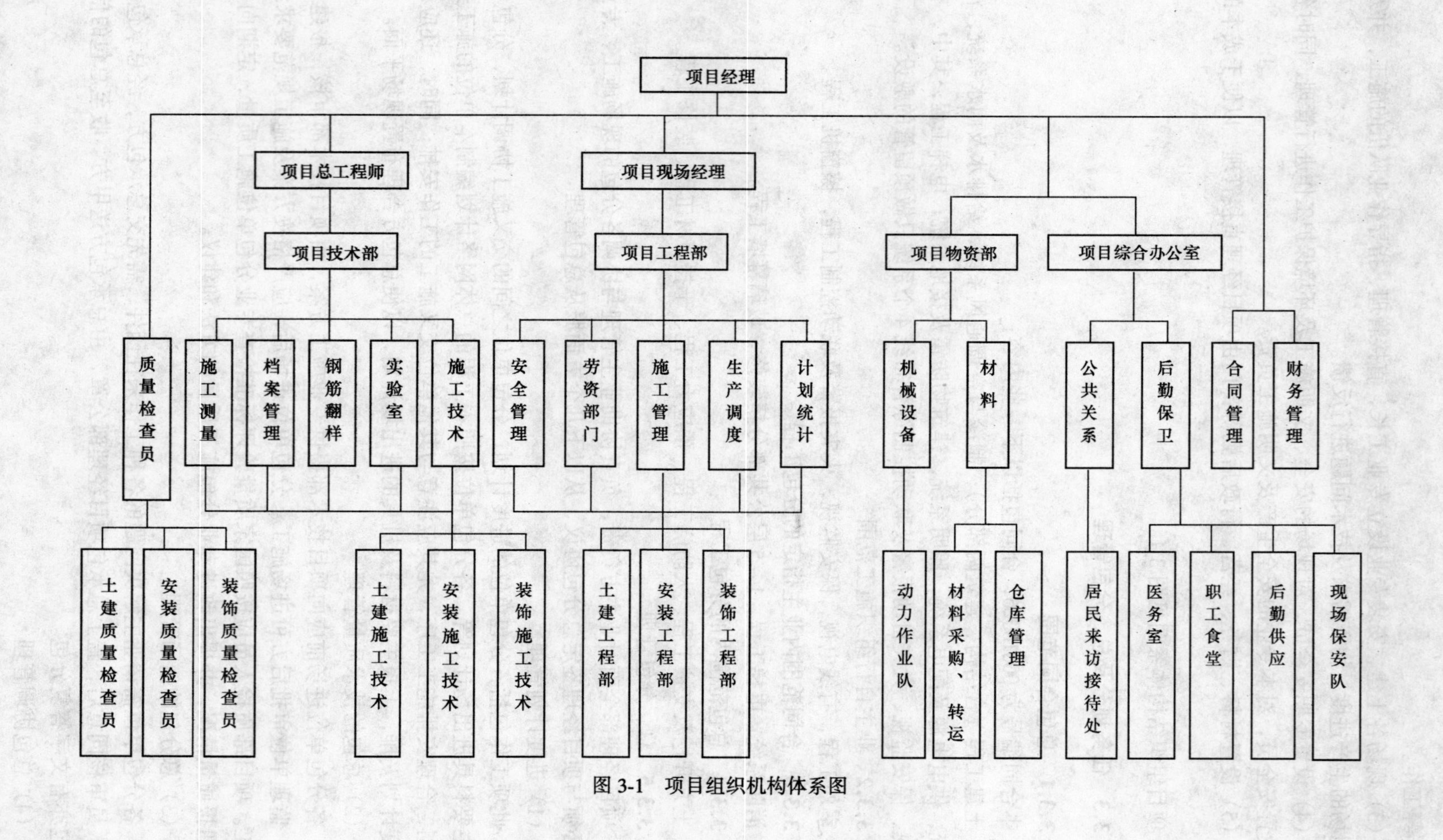


图 3-1 项目组织机构体系图

为加大各专业施工的协调力度，确保交叉施工的有序性，我们将与业主、监理及其他分包精诚合作，严格按施工总体部署科学组织、精心施工，确保有计划、有步骤地实现工程各项目标；同时，做好以下工作：

1）负责设计方与现场施工方之间的协调工作；积极向设计方提出合理化建议，并将施工中出现的问题及时反馈给设计方。

2）积极主动地参加业主、监理组织的生产协调会，积极配合业主搞好图纸会审工作。

3）协调好各分包之间的交叉施工关系，合理安排分包单位进场施工，定期组织召开各分包之间的协调会，解决施工中出现的问题。

4）协助业主方办理施工中及竣工验收的有关手续。

5）协助业主处理好与周围居民的关系。

## 3.4　施工流水段的划分及施工工艺流程

### 3.4.1　施工流水段的划分

（1）本工程在地下室施工期间，根据工程特点，将整个施工作业平面划分为两个施工流水段：两个施工流水段的划分详见图3-2；同时，考虑采用大模板体系，故竖向与水平结构分开施工。

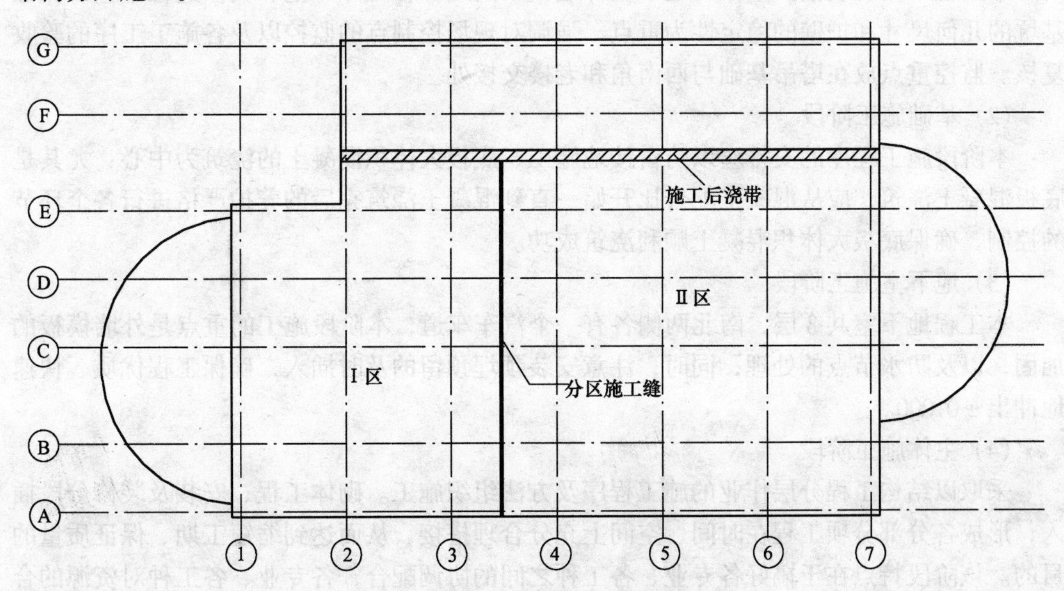


图3-2　地下室施工流水段划分图

（2）在主体施工阶段，由于结构内收，工作面缩小，竖向结构使用钢模板体系，因此在施工工序上依然与地下室相同，采用先竖向、后水平的施工工序，主体结构施工阶段依然分Ⅰ区、Ⅱ区进行流水施工，单区面积较地下室有所减少。分区图如图3-3所示。

### 3.4.2　施工工艺流程

施工总体部署原则：先地下，后地上；先结构，后围护；先主体，后装修。同时应注意季节性施工的不利时间。在基础施工时应躲开雨期，结构施工时应避开冬期施工。

各施工阶段的施工程序安排重点如下：

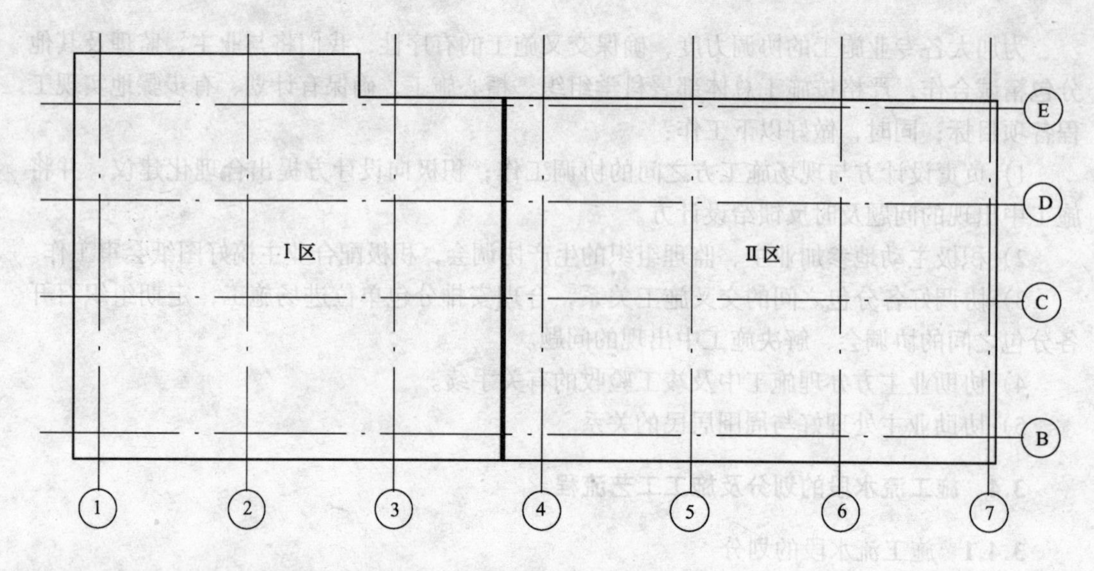


图 3-3　地上结构施工流水段划分图

（1）土方开挖、支护施工阶段

本工程采用以喷锚护壁作为地下室外墙模，因此，在土方开挖、支护过程中应以保证基坑的几何尺寸和护壁的稳定性为重点，强调对现场控制点的监控以及各施工工序的验收复核。监控重点放在塔吊基础与西南角和老楼交接处。

（2）基础施工阶段

本阶段施工程序的安排应以防雷接地施工、底板大体积混凝土的浇筑为中心，尤其是底板混凝土浇筑，应从混凝土配合比开始一直到混凝土浇筑完后的养护严格进行各个环节的控制，确保底板大体积混凝土顺利浇筑成功。

（3）地下室施工阶段

本工程地下室共3层，南北两侧各有一个汽车车道，本阶段施工的重点是外墙模板的加固，以及防水节点的处理；同时，注意安装预埋预留的及时插入，确保工程优质、快速地冲出±0.000。

（4）主体施工阶段

采取以结构工程分层作业的施工程序及方法组织施工。砌体工程、安装及装修分段插入，形成各分部分项工程在时间、空间上充分合理搭接，从而达到缩短工期、保证质量的目的。该阶段特点在于搞好各专业、各工种之间的协调配合，各专业、各工种对资源的合理调配。

（5）主体封顶，粗装饰、安装大量插入阶段

该阶段我们将大力加强各专业协调管理力度重点是使装修和安装相互创造工作面，高质、高效地完成施工任务；同时，本工程安装专业齐全，其自身的施工程序关系也应协调安排，详见安装工程施工组织设计。

（6）外墙装修和室内精装修大规模展开，安装随之穿插进行

该阶段我们将继续加强各专业协调管理力度，处理好各工种之间的交叉施工关系，并把成品保护放到重要位置，加强管理措施，避免损坏成品。

（7）竣工收尾阶段

应以综合调试为施工重点，做好各楼层修补收尾工作，引好室外管线，缩短调试周期。本阶段我们将加紧整个工程的配套收尾、清洁卫生、成品保护；加紧各项交工技术资料的整理，确保工程一次验收成功。

## 3.5 施工准备

### 3.5.1 施工技术准备

(1) 施工图设计技术交底及图纸会审

在收到正式的施工图纸后，将按我企业有关控制文件中有关图纸会审一节的要求进行内部自审并形成记录，在专业会审及综合会审完毕后迅速将结果整理出来，并使之成为施工依据。施工组织设计的编制将按施工组织设计大纲确定的原则进行，并根据实际情况进行深化，使之具有可操作性。

(2) 施工图深化设计

组织技术人员熟悉图纸，理出哪些内容在设计图纸中不完善，需做深化设计，并根据工程的进度情况，落实解决时间。需要找专业分包单位的，要配合业主做好分包单位的选择确定工作。

(3) 图纸、规范、标准、图集等

从设计院取回图纸后，将施工图发放至相关技术人员，并做好记录。及时组织技术人员熟悉图纸，以便安排下一步的施工。

拟出本工程的规范、标准、图集目录，并确保其有效性，根据拟出的目录购买有关书籍，并建立管理制度。

(4) 设备及器具

施工前将针对本工程的特点，选购适应本工程需要的测量、计量器具。详见表3-1和表3-2。

主要测量仪器一览表　　表3-1

| 仪器名称 | 规　格 | 数　量 | 备　注 |
|---|---|---|---|
| 光学经纬仪 | J2 | 1台 | 已校验 |
| 激光垂准仪 | | 1台 | 已校验 |
| 水准仪 | DS3 | 1台 | 已校验 |
| 钢卷尺 | 50m | 两把 | 已校验 |

现场试验室主要仪器配备计划　　表3-2

| 仪器名称 | 规　格 | 数　量 |
|---|---|---|
| 振动台 | 1m | 1台 |
| 混凝土试模 | 100mm×100mm×100mm | 8个 |
| 砂浆试模 | 70.7mm×70.7mm×70.7mm（三联） | 6个 |
| 混凝土坍落度桶 | | 1个 |
| 恒温空调 | 1.5kW | 1只 |
| 温度计 | | 1只 |

(5) 测量基准交底、复测及验收

由测绘院根据业主提供的总平面图中基点坐标和红线位置，从国家级水准点进行坐标点和高程的引测，到现场形成不少于三个坐标点和两个高程点，做出明显标记，提出测绘成果并和我方测量人员进行交接。我方测量人员在对现场坐标及高程控制点进行复测后，进行平面轴线及标高引测，并将重要控制点做成相对永久性的标记。

（6）技术工作计划

对于结构重要部位或特殊部位，我们将编制详细施工施工方案。工程主要施工方案编制计划表见表 3-4。审批后的施工组织设计、施工方案是指导与规范施工行为的具有权威性的施工技术文件。

同时，根据本工程材料的大致需用量，制定出施工试验计划，用以指导现场材料取样。根据见证取样的有关规定，钢筋、水泥、防水材料、混凝土需做见证试验。见证试验为各试验总量的 30%，由施工方试验工、技术人员、施工工长会同现场监理共同取样，并出具各材质的出厂证明、检验报告、合格证、准用证、资质、说明书等并存档。施工试验计划见表 3-3。

**施工试验计划表　　表 3-3**

| 名　称 | 取样规定 | 试验项目 |
|---|---|---|
| 钢　筋 | 60t/批 | 拉力、冷弯 |
| 砂　石 | 600t/批 | 筛分析、含泥量、泥块含量、压碎指标值 |
| 回填土 | 五点/每层 | 最小干容重 |
| 水　泥 | 500t/批量 | 抗折、安定性、初凝时间、胶砂强度 |
| 三元乙丙橡胶防水材料 | 3000m/批 | 抗拉伸度、断裂时延伸率、低温柔性、固体含量、不透水性 |
| 混凝土 | 一组/流水段 | 抗压强度、抗渗性能、稠度 |
| 外加剂 | 200t/批 | 减水率，坍落度保留值，钢筋锈蚀等 |

**项目主要施工方案编制计划表　　表 3-4**

| 序号 | 施工方案内容 | 编制时间、期限 | 编制人 |
|---|---|---|---|
| 1 | 土方开挖、基坑支护及降水施工方案 | 2000 年 2 月 | 李×× |
| 2 | 塔吊基础施工方案 | 2000 年 3 月 | 赵×× |
| 3 | 基础底板施工方案 | 2000 年 4 月 | 赵×× |
| 4 | 地下室结构钢筋施工方案 | 2000 年 4 月 | 赵×× |
|  | 地下室结构模板施工方案 | 2000 年 4 月 | 赵×× |
|  | 地下室结构混凝土施工方案 | 2000 年 4 月 | 赵×× |
| 5 | 主体结构钢筋施工方案 | 2000 年 6 月 | 赵×× |
|  | 主体结构模板施工方案 | 2000 年 6 月 | 赵×× |
|  | 主体结构混凝土施工方案 | 2000 年 6 月 | 赵×× |
| 6 | 外脚手架施工方案 | 2000 年 6 月 | 赵×× |
| 7 | 预应力梁施工方案 | 2000 年 8 月 | 专业分包队 |
| 8 | 地下室防水施工方案 | 2000 年 4 月 | 赵×× |
| 9 | 屋面防水工程施工方案 | 2000 年 10 月 | 赵×× |

续表

| 序号 | 施工方案内容 | 编制时间、期限 | 编制人 |
| --- | --- | --- | --- |
| 10 | 室内防水工程施工方案 | 2001年2月 | 赵×× |
| 11 | 砌体结构施工方案（含门窗框安装） | 2000年10月 | 赵×× |
| 12 | 地下室土方回填施工方案 | 2000年10月 | 赵×× |
| 13 | 屋面工程施工方案 | 2000年10月 | 赵×× |
| 14 | 冬期施工方案 | 2000年10月 | 赵×× |
| 15 | 粗装修施工方案（地面找平、墙面抹灰） | 2000年10月 | 赵×× |
| 16 | 通风空调安装施工方案 | 2000年10月 | 胡×× |
|  | 管道安装施工方案 | 2000年10月 | 曹×× |
|  | 电气施工施工方案 | 2000年10月 | 余×× |
| 17 | 外挂石材施工方案 | 2000年11月 | 专业分包队 |
|  | 玻璃幕墙安装施工方案 | 2000年11月 | 专业分包队 |
|  | 铝合金窗安装施工方案 | 2001年2月 | 专业分包队 |
|  | 吊顶施工方案 | 2001年2月 | 专业分包队 |
|  | 装饰涂料施工方案 | 2001年3月 | 专业分包队 |

### 3.5.2　现场准备

(1) 工程轴线控制网测量定位及控制桩、控制点的保护

本工程的测量定位点由北京市勘察设计院从国家二级水准点引测至现场三个坐标点及两个高程点，我方测量员首先校核现场的三个坐标点 A、B、C（该三点是首层结构外墙皮的三个角点与轴线的关系见图3-4），在B点架设仪器，检查测绘院所给的BC、BA两条线是否垂直，用经过检定的50m钢卷尺量AB和BC的距离，看是否为49.400m和18.200m。经过复核，该三点相对关系无误后，根据总平面图中标注尺寸放出平面轴线，

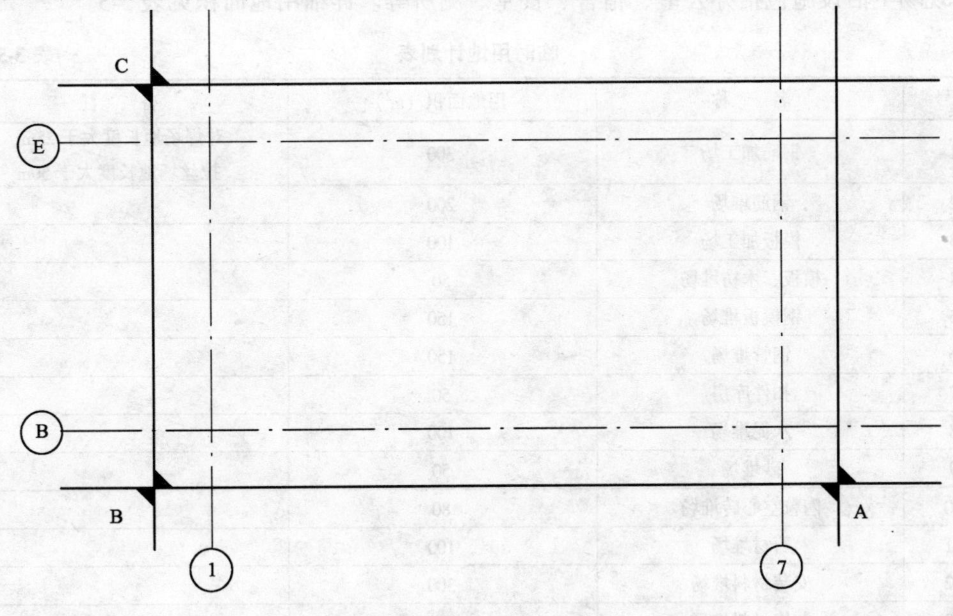


图3-4　三点与轴线的关系

并将所有轴线及高程控制点引测到周边的围墙或建筑上，用红油漆做好标记。

(2) 临时供水、供电

1）现场所用临时电源直接从社科院配电室接出，采用架空线路引至现场配电室。甲方提供现场电源用电容量350kV·A，满足施工要求。现场供电采用三相五线制，按生产用电、生活用电、现场照明用电分开设置，并严格按照用电规范要求进行配电箱的布置。现场线路采用埋地敷设的方法，拟建建筑西侧楼房上及现场东南角各挂一盏镝灯，以满足土方开挖阶段的照明要求，待塔吊立好后将两盏镝灯转移至塔吊上，解决现场夜间照明问题。

2）现场用水按生产用水、生活用水、消防用水分开设置，生产用水管径应不小于$\phi70$，生活用水采用$\phi25$镀锌钢管。楼层用水采用高压水泵将水加压后引至各楼层。水管均应涂刷防锈漆，穿过路面时应埋地。装修阶段应尤其注意引水立管同支管间接头处的处理，以防渗水污染墙面。

(3) 临时排水

现场设隔油池、沉淀池、三级化粪池。使现场生活用水经过处理后进入城市管网。现场生产、洗车等排水必须经过沉淀井，隔油池、沉淀池、化粪池应定期清掏。基坑内外必须建立有组织排水系统，避免积水。现场周边设置排水沟，场地硬化时需向排水沟找坡。

(4) 大型暂设

本工程主要大型机械设备有塔吊、施工电梯、混凝土输送泵、砂浆搅拌机、剪板机、弯管机、折方机等。根据本工程所选用的材料及数量的多少，现场应预留出以下一些材料或构件的堆放场地：钢筋堆放场地、钢模板堆放场地、模板木枋堆放场地、钢管堆放场地、扣件堆放场地、砂堆放场地、水泥堆放场地、陶粒空心砖堆放场地、石材堆放场地、安装材料堆放场地、本工程设备临时堆场、装修材料堆放场地等；同时，还应考虑钢筋加工场地、模板加工场地、安装加工场地。

现场生活设施包括办公室、宿舍、食堂、厕所等。详细用地面积见表3-5。

**临时用地计划表**　　**表3-5**

| 序号 | 名　称 | 用地面积（$m^2$） | 备　注 |
|---|---|---|---|
| 1 | 钢筋加工场 | 300 | 对焊场地长度大于25m；拉丝场地长度大于50m |
| 2 | 钢筋堆场 | 200 | |
| 3 | 模板加工场 | 100 | |
| 4 | 模板、木枋堆场 | 50 | |
| 5 | 钢模板堆场 | 150 | |
| 6 | 钢管堆场 | 150 | |
| 7 | 扣件库房 | 50 | |
| 8 | 水泥堆场 | 100 | |
| 9 | 砂堆场 | 50 | |
| 10 | 陶粒空心砖堆场 | 80 | |
| 11 | 石材堆场 | 100 | |
| 12 | 安装材料堆场 | 300 | |
| 13 | 装修材料堆场 | 300 | |

续表

| 序号 | 名　称 | 用地面积（$m^2$） | 备　注 |
|---|---|---|---|
| 14 | 安装加工场地 | 200 | |
| 15 | 现场办公 | 150 | |
| 16 | 宿　舍 | 650 | 施工人员住宿在地下室，约 $500m^2$ |
| 17 | 食　堂 | 120 | |
| 18 | 厕　所 | 70 | |

### 3.5.3 各种资源准备

(1) 劳动力需用量及进场计划

我们将选派综合素质高、操作技术熟练、作风顽强并承担过同类工程施工的作业队伍进驻现场。作业队伍进场后我们将分级签定劳务合同，进行入场教育和技术交底，使之迅速进入工作状态。特殊工种如电焊工、机操工做到持证考核上岗。

劳动力情况详见表 3-6 ~ 表 3-7 和图 3-5 ~ 图 3-6。

**土建劳动力需用计划及动态分析表**　　　　表 3-6

| 序号 | 时间 / 工种 | 2000 年 | | | | | | | | | | 2001 年 | | | | | | | | | | |
|---|---|---|---|---|---|---|---|---|---|---|---|---|---|---|---|---|---|---|---|---|---|---|
| | | 3月 | 4月 | 5月 | 6月 | 7月 | 8月 | 9月 | 10月 | 11月 | 12月 | 1月 | 2月 | 3月 | 4月 | 5月 | 6月 | 7月 | 8月 | 9月 | 10月 | 11月 |
| 1 | 挖土工 | 40 | 30 | | | | | | | | | | | | | | | | | | 20 | 15 |
| 2 | 防水工 | | 30 | 20 | 20 | | | | 10 | 10 | | | | | | | | | 5 | | 2 | |
| 3 | 钢筋工 | 15 | 40 | 80 | 80 | 60 | 60 | 60 | 40 | 10 | 10 | 5 | 5 | 5 | | | | | | | | |
| 4 | 模板工 | | 40 | 100 | 100 | 80 | 80 | 80 | 60 | 10 | 10 | 4 | 4 | 4 | | | | | | | | |
| 5 | 混凝土工 | | 20 | 60 | 60 | 40 | 40 | 40 | 30 | 10 | 10 | | | | | | | | | | | |
| 6 | 架子工 | | 10 | 10 | 20 | 20 | 20 | 20 | 20 | 10 | 10 | 6 | 6 | 6 | 6 | 6 | 6 | 6 | 2 | 2 | 2 | 3 |
| 7 | 瓦　工 | 30 | 20 | 20 | | | 40 | 40 | 40 | 60 | 50 | 50 | 50 | 50 | 10 | 10 | 5 | 5 | | | | |
| 8 | 木　工 | | | | | | | | | | | | | 10 | 15 | 26 | 30 | 30 | 30 | 20 | 10 | 5 |
| 9 | 油漆工 | | | | | | | | | | | | | 10 | 20 | 20 | 25 | 40 | 40 | 40 | 40 | 6 |
| 10 | 贴面工 | | | | | | | | | | | | 15 | 20 | 40 | 40 | 40 | 40 | 35 | 30 | 10 | 55 |
| 11 | 普　工 | 15 | 10 | 10 | 10 | 10 | 10 | 10 | 10 | 15 | 15 | 10 | 10 | 10 | 10 | 10 | 10 | 10 | 10 | 20 | 20 | 40 |
| | 合　计 | 100 | 200 | 300 | 290 | 210 | 250 | 250 | 210 | 125 | 105 | 75 | 90 | 115 | 101 | 112 | 116 | 131 | 122 | 112 | 104 | 124 |

注：①歇工期劳动力变化未反映在本图中；

②本图未考虑安装施工人员。

**安装劳动力需用计划及动态分析表**　　　　表 3-7

| 序号 | 时间 / 工种 | 2000 年 | | | | | | | | | | 2001 年 | | | | | | | | |
|---|---|---|---|---|---|---|---|---|---|---|---|---|---|---|---|---|---|---|---|---|
| | | 3月 | 4月 | 5月 | 6月 | 7月 | 8月 | 9月 | 10月 | 11月 | 12月 | 1月 | 2月 | 3月 | 4月 | 5月 | 6月 | 7月 | 8月 | 9月 |
| 1 | 电　工 | 2 | 15 | 15 | 15 | 15 | 20 | 25 | 25 | 25 | 25 | 25 | 20 | 25 | 25 | 25 | 30 | 30 | 25 | 8 |
| 2 | 管　工 | 1 | 5 | 5 | 15 | 15 | 20 | 20 | 20 | 20 | 20 | 20 | 15 | 25 | 25 | 25 | 30 | 30 | 20 | 6 |
| 3 | 通风工 | | 1 | 7 | 12 | 24 | 24 | 24 | 24 | 24 | 24 | 24 | 24 | 12 | 12 | 12 | 6 | 6 | 6 | 4 |
| 4 | 电焊工 | 1 | 2 | 3 | 6 | 6 | 6 | 6 | 6 | 6 | 6 | 6 | 6 | 6 | 6 | 6 | 6 | 6 | 6 | 4 |

续表

| 序号 | 工种＼时间 | 2000年 | | | | | | | | | | 2001年 | | | | | | | | |
|---|---|---|---|---|---|---|---|---|---|---|---|---|---|---|---|---|---|---|---|---|
| | | 3月 | 4月 | 5月 | 6月 | 7月 | 8月 | 9月 | 10月 | 11月 | 12月 | 1月 | 2月 | 3月 | 4月 | 5月 | 6月 | 7月 | 8月 | 9月 |
| 5 | 油漆工 | | 1 | 2 | 2 | 4 | 4 | 4 | 4 | 4 | 4 | 4 | 4 | 4 | 4 | 4 | 4 | 4 | 4 | 1 |
| 6 | 气焊工 | | 1 | 2 | 2 | 2 | 2 | 2 | 2 | 3 | 3 | 3 | 3 | 3 | 3 | 2 | 2 | 2 | 2 | |
| 7 | 保温工 | | | | | | | | | 6 | 6 | 6 | 6 | 6 | 4 | 4 | 4 | 4 | 4 | 1 |
| 8 | 钳　工 | | 1 | 2 | 2 | 5 | 5 | 5 | 5 | 5 | 5 | 5 | 5 | 5 | 5 | 8 | 8 | 8 | 6 | 1 |
| 9 | 铆　工 | | | | | | | | | 3 | 3 | 3 | 3 | 6 | 6 | 6 | 6 | 3 | 3 | 1 |
| 10 | 仪表工 | | | | 1 | 1 | 1 | 1 | 1 | 1 | 1 | 1 | 1 | 1 | 2 | 2 | 2 | 2 | 2 | 1 |
| 11 | 普　工 | | 2 | 4 | 16 | 16 | 16 | 20 | 20 | 20 | 20 | 20 | 10 | 20 | 25 | 25 | 25 | 25 | 20 | 5 |
| | 合　计 | 4 | 28 | 40 | 71 | 88 | 98 | 107 | 107 | 117 | 117 | 117 | 97 | 113 | 117 | 119 | 123 | 120 | 98 | 32 |

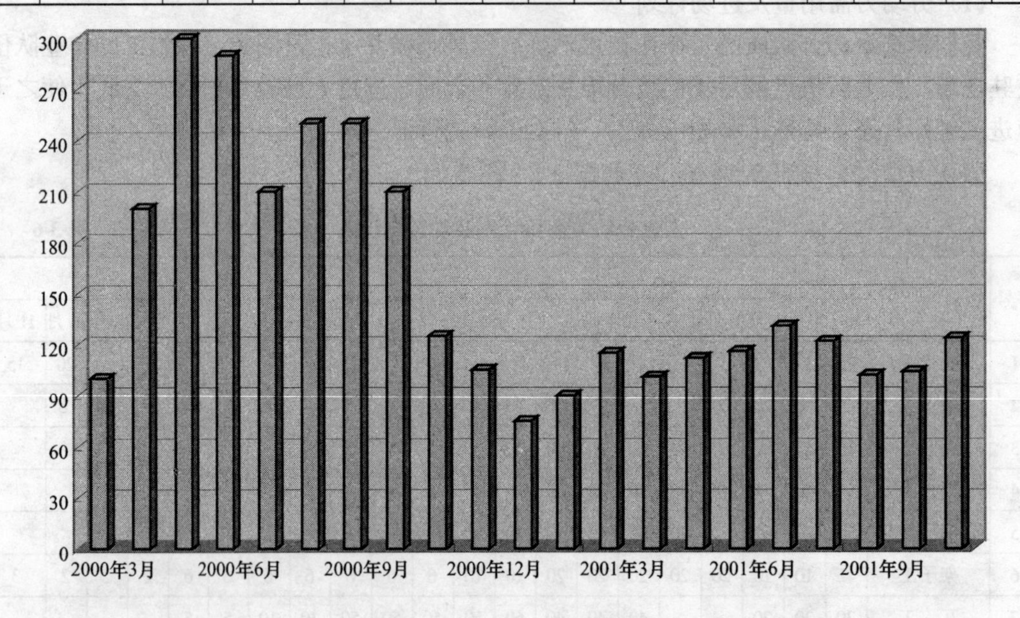


图 3-5　土建劳动力计划图表

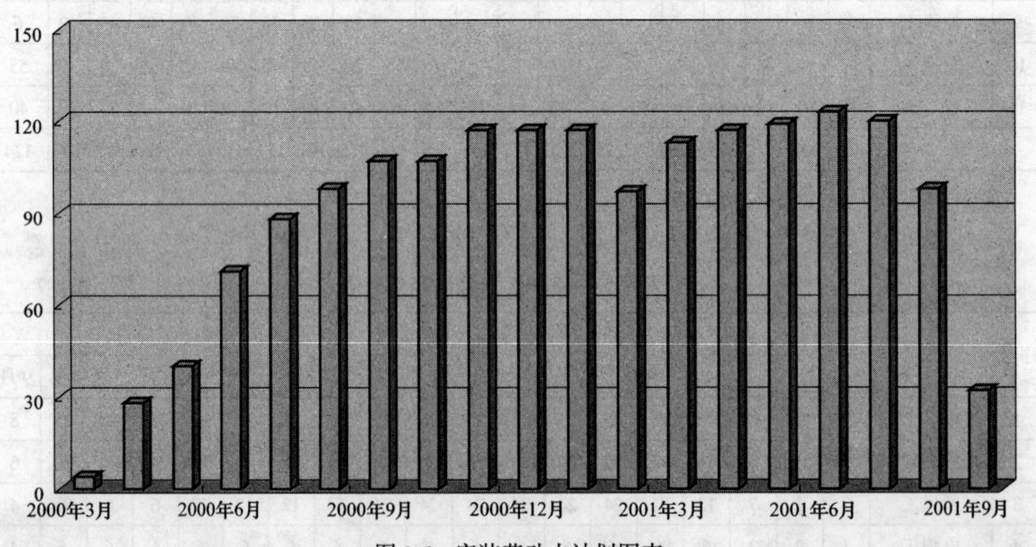


图 3-6　安装劳动力计划图表

(2) 材料需用量计划

材料进场将严格按计划及我企业《材料管理程序》文件要求进行，特别强调以下几点：

1) 材料进场必须经专人验收，不经过验收的材料不准进场；

2) 材料进场后应按规范要求进行抽检，严禁未经试验或试验不合格的材料流入生产环节；

3) 在材料的使用中，应按先进场先使用的原则进行。

主材需用计划详见表3-8。

周转材料需用计划详见表3-9。

**主材需用量计划表** **表3-8**

| 序号 | 名称 | 单位 | 数量 |
|---|---|---|---|
| 1 | 钢材 | t | 1263 |
| 2 | 水泥 | t | 4849 |
| 3 | 木材 | $m^3$ | 263 |
| 4 | 混凝土 | $m^3$ | 10430 |
| 5 | 砌体 | $m^3$ | 1214 |
| 6 | 砂 | t | 8089 |

注：此表仅供计划用，不做结算依据。

**周转材料需用量计划表** **表3-9**

| 序号 | 名称 | 规格 | 数量 | 备注 |
|---|---|---|---|---|
| 1 | 普通钢管 | $\phi48\times3.5$ | 340t | |
| 2 | 扣件 | | 7万颗 | 扣件按三种类型备齐 |
| 3 | 钢模板 | | 160$m^2$ | |
| 4 | 定型柱钢模 | | 80块 | |
| 5 | 竹夹板 | | 15000$m^2$ | |
| 6 | 木枋 | 50mm×100mm | 200$m^3$ | |
| 7 | | 100mm×100mm | 50$m^3$ | |
| 8 | 木跳板 | | 6000块 | |
| 9 | “3”形卡 | | 15000个 | |
| 10 | 快拆头 | | 4000个 | |
| 11 | 安全网 | 底网3m×6m | 1500张 | |
| | | 侧网 | 10000$m^2$ | |

(3) 机械设备需用量及进场计划（见表3-10）

**主要机械设备需用量计划表** **表3-10**

| 序号 | 类别 | 名称 | 型号 | 数量 |
|---|---|---|---|---|
| 1 | 土建机械设备 | 塔吊 | QTZ100 | 1台 |
| 2 | | 施工电梯 | SCD100/100A | 1台 |

续表

| 序号 | 类　别 | 名　称 | 型　号 | 数　量 |
| --- | --- | --- | --- | --- |
| 3 | 土建机械设备 | 混凝土输送泵 | HBT60A | 2台 |
| 4 | | 布料机 | $R = 15m$ | 2台 |
| 5 | | 木工房机床 | | 1台 |
| 6 | | 压刨机 | | 1台 |
| 7 | | 手提圆盘锯 | | 4台 |
| 8 | | 对焊机 | UN125 | 1台 |
| 9 | | 电焊机 | $BX_1$-500，$BX_1$-330 | 各2台 |
| 10 | | 钢筋切断机 | GQ-40 | 2台 |
| 11 | | 弯曲机 | | 3台 |
| 12 | | 卷扬机 | | 1台 |
| 13 | | 自卸汽车 | 10t | 8台 |
| 14 | | 铲　车 | | 1台 |
| 15 | 安装机械设备 | 交流焊机 | B×3-500或B×3-300 | 9台 |
| 16 | | 直流焊机 | AX7-500或AX-300 | 1台 |
| 17 | | 套丝机 | Z3T-R4 | 5台 |
| 18 | | 台　钻 | DP-25 | 5台 |
| 19 | | 冲击钻 | TE-2，TE-42 | 12把 |
| 20 | | 电　钻 | 6～13mm | 10把 |
| 21 | | 手动试压泵 | SY-5 | 2台 |
| 22 | | 电动试压泵 | ZP-R500/5 | 2台 |
| 23 | | 卷扬机 | JJK-1B | 1台 |
| 24 | | 弯管机 | SYM-3A | 2台 |
| 25 | | 切割机 | J3G2-400 | 8台 |
| 26 | | 冲剪机 | | 2台 |
| 27 | | 咬口机 | | 8台 |
| 28 | | 卷圆机 | | 1台 |
| 29 | | 折方机 | | 2台 |
| 30 | | 剪板机 | 3m | 1台 |

续表

| 序号 | 类　别 | 名　称 | 型　号 | 数　量 |
|---|---|---|---|---|
| 31 | 装饰机械设备 | 空压机 | 6m³/min | 1台 |
| 32 | | 电焊机 | | 8台 |
| 33 | | 电　钻 | | 10把 |
| 34 | | 两用冲击钻 | | 12台 |
| 35 | | 台　钻 | | 2台 |
| 36 | | 型材切割机 | | 2台 |
| 37 | | 冲击电锤 | | 10把 |
| 38 | | 云石切割机 | | 14台 |
| 39 | | 磨光机 | | 6台 |
| 40 | | 玻璃专用吊车 | | 2辆 |
| 41 | | 射钉枪 | | 10把 |
| 42 | | 曲线锯 | | 5把 |
| 43 | | 自攻螺丝枪 | | 8把 |
| 44 | | 打胶枪 | | 20支 |
| 45 | | 点式专用扳手 | | 40把 |
| 46 | | 喷　枪 | | 8把 |
| 47 | | 电　锯 | | 4台 |
| 48 | | 汽　泵 | | 6台 |

# 4 施工进度计划

## 4.1 工期目标（见表4-1）

我们的开工日期为2000年3月1日，总工期按540个日历天安排，今后依据工程情况再做调整。本工程实行网络图控制管理，对于各种细部工序的安排，采用横道图的直观方法。在不同的施工阶段前补充相应的工期网络控制图，以便于合理安排施工。

**总工期网络计划设六个控制点　　表4-1**

| 控制点 | 日　期 | 第日历天 | 内　容 |
|---|---|---|---|
| 1 | 2000.5.28 | 89 | 底板施工完 |
| 2 | 2000.7.20 | 141 | 地下室结构完 |
| 3 | 2000.10.29 | 242 | 主体结构封顶 |
| 4 | 2000.12.21 | 295 | 外围护墙砌筑完 |
| 5 | 2001.7.10 | 495 | 室内精装修完 |
| 6 | 2001.8.23 | 540 | 竣　工 |

## 4.2 进度计划

总进度计划详见图4-1。

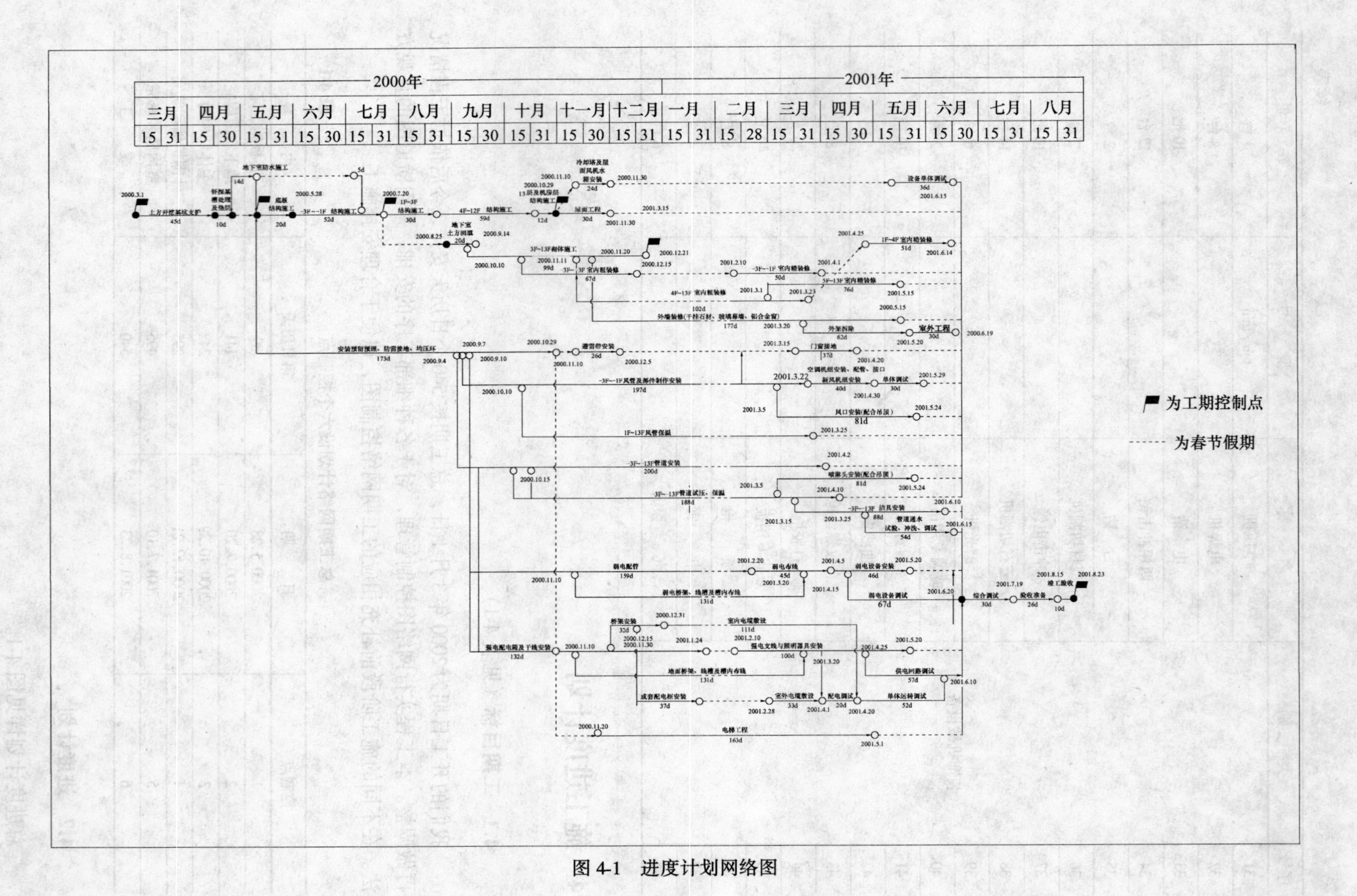
2000年
2001年
三月 四月 五月 六月 七月 八月 九月 十月 十一月 十二月 一月 二月 三月 四月 五月 六月 七月 八月
为工期控制点
为春节假期

图 4-1 进度计划网络图

# 5 施工总平面布置

## 5.1 施工总平面布置依据

我项目根据现场地下及周边的实际情况，尽量利用现有道路，综合考虑基础施工、主体施工以及装修施工三个阶段的情况，进行施工场地的总平面布置。

## 5.2 施工总平面的绘制及布置原则

### 5.2.1 基础阶段平面布置

（1）机械布置

现场布置一台塔吊，设于现场东北角；钢筋加工机械设在基坑东西两侧，在拟建建筑的西北角布置两台混凝土输送泵。

（2）堆场及加工场布置

钢筋原材堆场设于北侧围墙外侧，现场北侧作为墙体模板堆场，加工场设置在基坑东、西二侧；周转材料堆场位于办公室东侧，模板堆场设在办公区南侧，木工加工场地设在现场东北角，大部分处于塔吊覆盖范围内。

### 5.2.2 主体阶段平面布置

（1）机械布置

待主体十层结构施工完毕后我们将在 E/3—4 轴线间安装一台施工电梯，主要解决砌体施工期间各种材料的垂直运输和人员的上下。

钢筋加工机械仍布设在场地的东西两侧。

（2）堆场及加工场布置

本阶段周转架料增加钢模板，材料增加砌体材料，因此，现场材料及周转材料堆场位置将有所变动。钢筋原材堆场、钢筋加工场同基础结构阶段；新建建筑西侧作为钢模板堆场，主体施工阶段周转材料基本在楼层上，现场仅考虑较小的堆场，故将办公区东侧作为周转材料堆场。场地西北角增设砌体堆场，在原墙体模板堆场处增加安全通道，以利于人员进出现场。

### 5.2.3 装修阶段平面布置

（1）机械布置

本阶段拆除塔吊，施工电梯位置保持不变；另外，在现场北侧增设零星混凝土和砂浆的搅拌机械，一台 JDY-350 型滚筒式搅拌机。

（2）堆场及加工场、新增临建布置

本阶段取消钢筋及模板加工场、堆场，增设安装及精装修库房等；周转架料堆场移至拟建建筑西侧，大门西侧增设砌体堆场、水泥堆场等；

## 5.3 施工总平面图的内容

### 5.3.1 现场出入口及围墙

我项目对原有大门及围墙进行改造，并在西北两面增砌 240mm 砖墙，作为施工现场的出入及封闭；同时，根据中建总公司 CI 要求对围墙和大门进行美化。

#### 5.3.2　现场道路及排水

现场的主要交通道路为北侧和西侧的两条 6m 宽的道路，北侧道路为社科院内原有道路可直接使用，西侧为社科院 1#楼拆除后的空地，需用混凝土进行硬化方可使用。施工现场其他区域均做硬化处理，做好排水坡度，在现场周边设排水沟，在排污口位置设置沉淀池，进行有组织排水；同时，在施工场地大门入口处设置洗车槽，以免将灰尘带入场内。

#### 5.3.3　现场机械、设备的布置

本工程塔吊布置在拟建建筑的东北角，两者之间距离为 5m，塔吊臂长为 50m，高 60m，最大起重量为 8t，最小起重量 1.5t，基本可覆盖整个施工作业面。混凝土输送泵布置在拟建建筑的西北角，此位置场地较为空旷，便于混凝土罐车转向，泵管沿建筑中线南北向布置，泵管水平长度为 50m。

#### 5.3.4　现场材料加工、堆放场地

详见“5.2 施工总平面的绘制及布置原则”及总平面布置图。

#### 5.3.5　现场办公区、生活区

临时办公及管理人员住宿及厕所设在社科院科研楼与 1#楼之间的空地内，食堂、库房及工人用房设在现场的西北角。现场工人住宿在的地下室内。

# 6　主要分部（分项）工程施工方法

## 6.1　测量放线

#### 6.1.1　工程轴线控制

（1）地下室轴线控制

从土方开挖到地下室封顶，我们都可以直接通过外控法进行控制测量，即利用在土方开挖前布设的地面上的轴线控制点和围墙上的轴线标记，直接在地面上架设仪器，向基坑内投测。由于受土方开挖的影响，轴线控制点可能受到破坏，所以要经常检查复核。

（2）地上部分轴线控制

因为施工现场比较狭窄，同时也为了保证楼层垂直度，利用内控法控制，即在 ±0.000层用激光垂准仪将四个控制点 N1、N2、N3、N4 投测至施工楼层；复核无误后，用 J2 经纬仪和 50m 钢卷尺放出所需轴线。激光垂准仪向上垂直投点的精度为 1/40000，本楼高度只有 45m，投测误差只有 1mm。

在 ±0.00 层浇混凝土前，在 N1、N2、N3 和 N4 处埋设 200mm×200mm×10mm 的钢板（加焊钢筋锚脚），其埋设高度要高于混凝土面 10mm 左右，待混凝土凝固后，将 N1、N2、N3 和 N4 点进行精确定位。检查各边距离和各角度，误差在 ±2mm 和 ±5″以内，即可刻上“十”字丝。

从二层开始，每层点位处预留 200mm×200mm 的洞口，以便从下向上投点时，激光可以通过。

#### 6.1.2　垂直度控制

施工现场有两个水准点 BM1 和 BM2，是由测绘院测设的，其标高为 44.263m 和 44.280m（相对标高为 +0.463m 和 +0.480m）。为防止受破坏，在远处引测了两个 +0.500m的标高。在地下室和地上部分施工时，先用 DS3 水准仪将标高引测到钢管架上，用钢卷尺向上或向下传递至施工层，再用 DS3 水准仪抄平。

**6.1.3**　测量仪器（经过检验）和工具

J2 光学经纬仪一台；激光垂准仪一台；

DS3 水准仪二台；50m 钢卷尺两把；

对讲机一对（其他日常用具不计）。

## 6.2　地下工程

**6.2.1**　基坑降水、排水

根据本工程的地质勘察报告，影响到本工程的地下水为第一层滞水，其标高为 35.56～37.26m，水位埋深 6～7.6m，拟采用大管井降水。管井沿基坑开挖边线外侧 1.5m 布置，井间距 5m，井深 8～9m，孔直径 600mm，井管采用直径 400mm 的水泥砾石滤水管，周边填入 3～5mm 的滤料，最后采用黏土将地面以下 1m 范围内封填。采用冲击型钻机成孔，成孔时钻机应稳固，须保证钻头自由下垂，以保证井孔垂直度。成孔后开始下滤管，下管时要平稳、缓慢，居中放置。最后一节管应高出地面 30～50cm。下管完毕后进行滤料的回填，回填至距地面 1m 时开始采用空压机洗井，洗井要自上而下进行，并保证井底不存在沉淀；如有异常，立即进行处理。洗井完成后，井口顶部 1m 左右用黏土封填。最后下泵抽水，泵底距井底 1m，水泵安装完毕后，将井口封住，并定期观测水位，做好记录。水抽出后排入现场的排水沟内，通过排水沟排出现场。

**6.2.2**　基坑支护

本工程基坑支护形式为 90°土钉墙护壁支护形式。土钉主钢筋取 HRB335 螺纹钢，呈梅花形分布，排间距为 1.5m。根据现场土质情况，土钉设计分三类支护，Ⅰ类支护：第一类支护只考虑土体荷载和施工荷载。设置八排土钉。Ⅱ类支护：第二类支护采用微桩与土钉联合支护，既考虑土体荷载，又考虑施工荷载和三层办公楼荷载，设置七排土钉，并设孔径为 110mm。在基坑开挖到 6m 深时，进行超前微桩施工，微桩孔径为 110mm，内置直径 50mm 的钢管，长度为 6m，微桩与壁面夹角为 5°。Ⅲ类支护：第三类支护采用微桩与土钉联合支护，主要考虑施工荷载、土体荷载和社科院主楼荷载。此段由于基坑离社科院主楼很近，所以对主楼的保护就成为主要问题。在基坑未开挖前，预先在沿基坑开挖线边布设一排微桩，孔径为 150mm、内置直径 80mm 的钢管、长度为 12.5m、壁面夹角为 0°，并采用中间压力注浆。同时主楼基础以上布设 8 排土钉，间距排距都为 1m，在主楼基础以下布设 4 排土钉，间距为 1.5m。面层采用 $\phi$6.5@200×200mm 钢筋网片，喷射混凝土厚度为 10cm，强度为 C20。

**6.2.3**　土石方工程

由于本工程所处的特殊地理位置，只能在夜晚出土。根据本工程选择的支护形式，须逐层分段采用反铲式挖掘机进行开挖；首先，沿基坑边线进行开挖，为土钉墙支护创造工作面，开挖两层后挖除中心余土。每层开挖深度不得超过 1.5m，且须待土钉注浆和喷层混凝土达到一定强度后方可开挖下层土。机械挖土距槽底 20～30cm，采用人工清底。坡道收口的处理将边壁上开挖一个缺口，把坡道降低一半高度（约6m），挖掘机停在此范围内将余土挖尽，并按设计打好土钉。编面层钢筋网片与之焊接，再用土袋沿边坡内侧挡起后，于外侧用喷射混凝土同支护面取平，最后将此坡道填平。

#### 6.2.4　地下防水工程

本工程地下防水分为底板防水、地下室外墙防水及地下室顶板防水三种，均采用三元乙丙橡胶卷材防水材料。

（1）防水施工前应将基层表面的异物、砂浆疙瘩铲除，并将尘土杂物清扫干净。

（2）在大面积涂刷基层处理剂之前，先用油漆刷沾底胶在阴角、管道根部等复杂部位均匀涂刷一遍，再以长把滚刷进行大面涂刷在基层上，不应有漏刷或白底现象，手摸干燥方可进行下道工序施工。

（3）在正式铺贴卷材前，先进行立墙与平面交接部位、积水坑和电梯井等阴阳角处做宽600mm附加层，应先铺贴平面，然后由下向上铺贴立面，在立墙与平面交接的圆弧段卷材虚铺。

（4）沿弹线铺贴卷材，铺贴前首先在卷材表面满涂专用胶粘剂，边压合边挤除气泡，粘合后用压辊滚压一遍，对阴角部位卷材要贴紧圆弧。错开部位，不留齐头接槎。

（5）排除空气：每铺完一卷卷材，应立即用干净的长把滚刷从卷材的一端开始，沿卷材的横向顺序用力滚压一遍，以便将卷材下的空气尽量排出。排除空气之前，严禁踩踏卷材。

（6）滚压：为使卷材粘牢固，在排除空气后，用胶辊滚压一遍。

（7）接头部位的粘贴：长边留出不小于80mm，短边留出不小于150mm。将专用胶粘剂均匀涂刷在翻开的卷材接头的两个粘贴面上，涂胶后20min左右，指触基本不粘手时即可粘贴，边粘合边驱除空气，粘合后在用手压辊滚压一遍。

（8）密封膏嵌缝：凡卷材搭接处的接缝均用填充增强密封膏嵌填严密。

（9）卷材接缝盖口条处理：在接缝处嵌填密封膏后，再裁剪12cm宽的附加条，做补强附加盖口条处理；同样，用手持压辊滚压粘牢，盖口条两侧边缘用增强密封膏嵌填密实。

### 6.3　结构工程

#### 6.3.1　钢筋工程

本工程钢筋为自行采购，根据施工进度分层分部位现场制作。在钢筋质量控制上，需从钢筋原材入场、钢筋翻样及制作、钢筋接头及锚固、钢筋定位、钢筋绑扎等几个方面进行全面、严格的控制。

（1）钢筋原材入场

钢筋原材必须有出厂质量证明书或试验报告单，且必须物证相符后方可进场，钢筋进场后试验员需进行检验，并按比例随机抽样进行试验。见证取样时需请监理到场，钢筋经检验合格后方可投入使用。不合格的钢筋应清退出场。钢筋堆放应做好防锈、防污染的处理。

（2）钢筋翻样及制作

1）在熟悉施工图纸的基础上，按照设计图纸及施工验收规范的有关规定，并综合考虑钢筋定尺的因素，确定钢筋相互穿插、避让关系，接头位置，搭接长度，锚固长度，在准确理解设计意图、执行规范的前提下，认真进行钢筋翻样。

2）钢筋加工应严格按图纸和施工翻样进行制作，制作前应由专人对翻样结果进行复核，钢筋的下料长度、锚固长度、弯曲角度等必须符合下料尺寸和规范要求。钢筋半成品按规格、品种、使用部位等分类堆放，挂牌标识。所有钢筋半成品经验收合格后方可按使用部位投入使用。

3）钢筋的现场代换必须经业主的现场代表、监理单位、设计单位同意后方可进行。

(3) 钢筋连接（见图 6-1 和图 6-2）

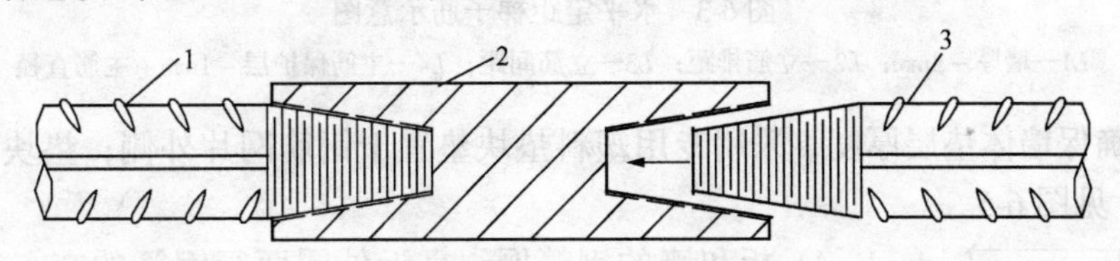


图 6-1 锥螺纹钢筋连接

1—已连接的钢筋；2—锥螺纹套筒；3—未连接的钢筋

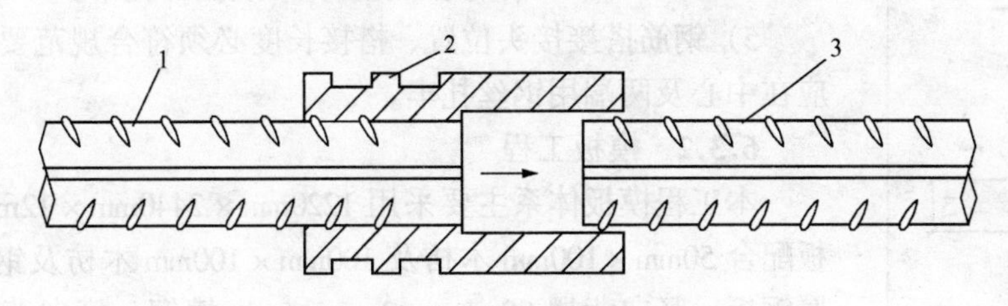


图 6-2 套筒挤压连接

1—已挤压的钢筋；2—钢套筒；3—未挤压的钢筋

本工程所有竖向钢筋（$\phi$18 及以下除外）和水平钢筋（$\phi$20 及以上）均采用机械连接。对于机械连接，我们拟采取锥螺纹及冷挤压两种连接方式。

在施工过程中要注意如下几点：

1）所有用于连接的钢筋母材均应检验合格，接头处的杂物应清理干净。

2）所用机械设备必须事先进行校验，所有操作人员必须持证上岗。

3）施工完毕后，需按照一定比例进行抽样检验。

(4) 钢筋绑扎

钢筋绑扎前，操作人员必须吃透图纸，领会设计意图。绑扎过程中，必须注意安装预埋、预留的适时穿插，要反复对照图纸认真检查，严格执行三检制，自检、互检后才能进行交接检，并认真做好每次检查记录，做到钢筋质量的可追溯性；同时，必须注意安装预埋、预留的适时穿插，决不能损坏已成型钢筋网片，以免削弱受力部位。

施工中还应注意以下几点：

1）墙体插筋及模板的定位，应牢固、准确。

2）绑扎墙体钢筋网片时，应从两端开始向中间进行绑扎，以避免钢筋网片向一个方向倾斜；同时，为增强钢筋网片的刚度，每隔 1.2m 增设一道 $\phi$14 加劲箍。为保证钢筋间距，分别设置水平及竖向梯子筋，见图 6-3 和图 6-4。

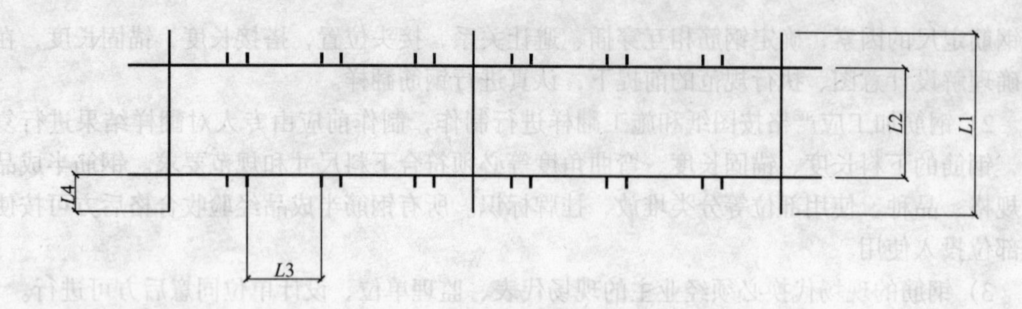


图 6-3 水平定距梯子筋示意图

$L1$—墙厚 - 2mm；$L2$—立筋排距；$L3$—立筋间距；$L4$—主筋保护层 - 1mm + 主筋直径

3）为确保墙体垫层厚度，采用专用塑料垫块垫置于钢筋网片外侧；垫块厚度应满足有关要求，见图 6-5。

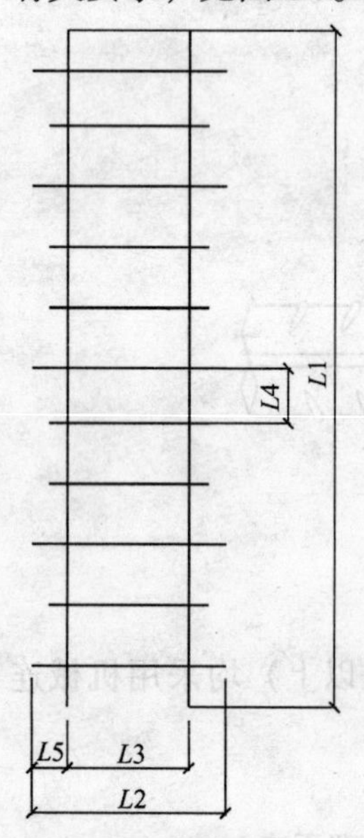


图 6-4 水平定距梯子筋示意图

$L1$—层高；$L2$—墙厚 - 2mm［296mm（246mm）］；$L3$—立筋排距 238mm（188mm）；$L4$—水平筋排距 200mm；$L5$—主筋保护层 - 1mm(30mm)

4）板和墙的钢筋网，靠近外围两行钢筋的交点必须全部扎牢，中间部分交叉点在保证钢筋不发生位置偏移的前提下，可按梅花形绑扎；对于双向受力钢筋，必须全部扎牢。

5）钢筋搭接接头位置、搭接长度必须符合规范要求，搭接处应在中心及两端用钢丝扎牢。

### 6.3.2 模板工程

本工程模板体系主要采用 1220mm × 2440mm × 12mm 的竹胶合板配合 50mm × 100mm 木枋及 100mm × 100mm 木枋及钢模板（6mm 厚钢板，竖向背楞 80mm × 43mm × 5mm 槽钢，横向背楞 100mm × 50mm × 3mm 槽钢），支撑体系采用 $\phi$48 钢管，扣件连接。主要考虑以下几种形式。

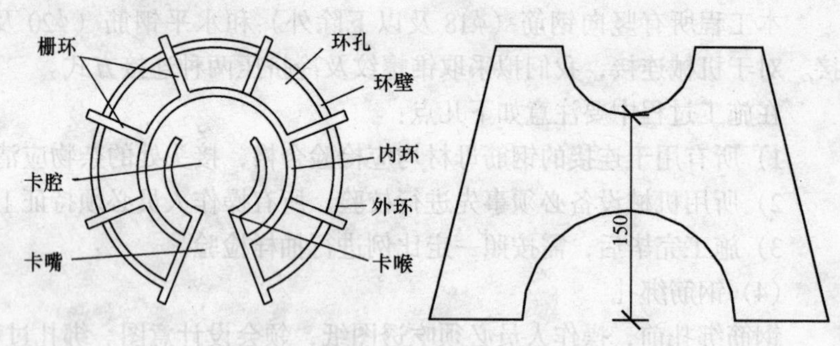


图 6-5 控制混凝土保护层用的塑料环圈

（1）地下室外墙模板（见图 6-6）

本工程基坑支护为土钉墙支护，同时兼做外墙外模板，地下室外墙为单面支模，且无穿墙螺杆，施工上有一定难度，在施工中应作为重点考虑。外墙内模板采用整装整拼的方法，墙模事先制作好，待钢筋绑扎完毕后整体拼装。外墙模板采用 1220mm × 2440mm × 12mm 的竹胶合板，背枋采用 50mm × 100mm 木枋（边角处采用 100mm × 100mm 木枋），间距 250mm。后加 4 道水平钢管，每道间距为 0.6m，通过钩头螺栓、“3”形卡与木枋连接，其支撑体系采用 $\phi$48 钢管搭设满堂红脚手架，扣件连接，并加设 3 道斜撑。

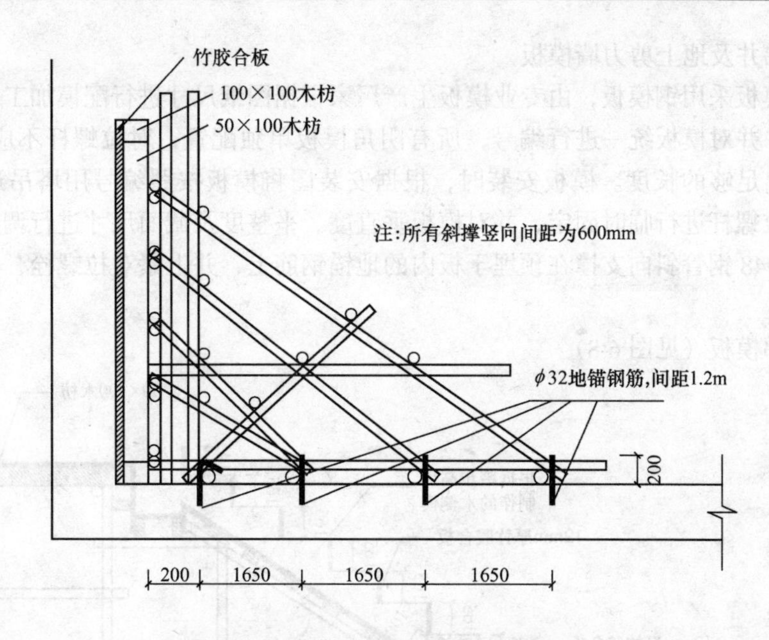


图 6-6　外墙模板支撑示意图（单位：mm）

（2）地下剪力墙模板（见图 6-7）

地下室剪力墙模板采用 1220mm × 2440mm × 12mm 竹胶合板，背楞采用 50mm × 100mm × 3000mm 木枋，间距为 250mm，大模板边框采用 100mm × 100mm 木枋，阴角处直接制成与大模板相连的钢制阴角模。采取整体拼装的方法，预先制作好模板，并对其平整度与垂直度进行检查，合格后统一编号存放，待竖向钢筋绑扎完毕后统一吊装到位。吊装前对其进行校正、修整，并刷好脱模剂。对拉螺杆采用 $\phi$12 光圆钢筋制成，外套 $\phi$25（外径）硬 PVC 管，双向间距 600mm，用“3”形卡固定在两道钢管上。模板支撑体系采用 $\phi$48 钢管，扣件连接，设置三道斜向支撑，斜向支撑钢管与满堂脚手架相连，钢管间距为 2m。

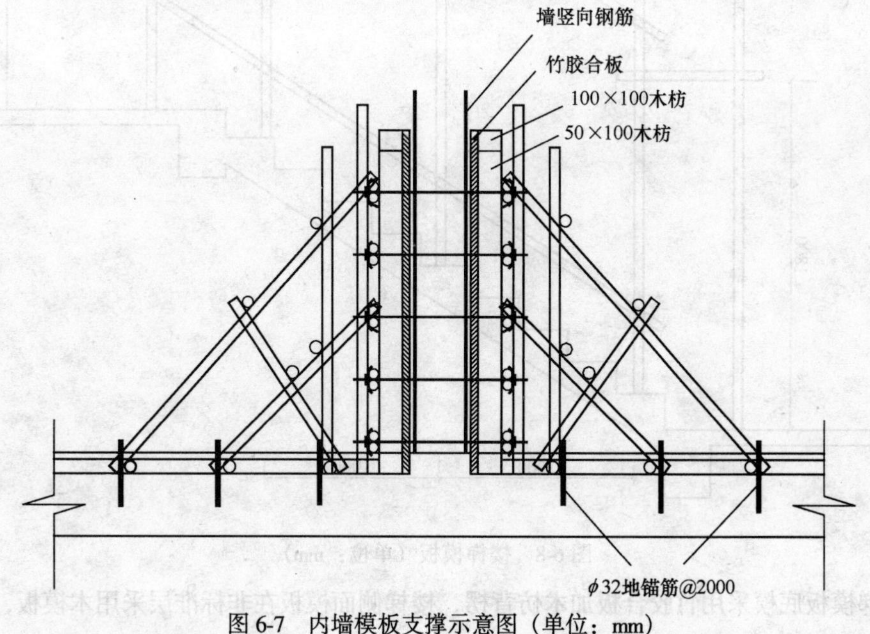


图 6-7　内墙模板支撑示意图（单位：mm）

(3) 电梯井及地上剪力墙模板

电梯井模板采用钢模板，由专业模板生产厂家根据图纸尺寸进行配模加工，绘出配模图及安装图，并对模板统一进行编号，所有阴角模板单独配置，对拉螺杆不应低于 M16，且两端应留出足够的长度。模板安装时，根据安装图将模板按照编号用塔吊逐一吊装到位。采用对拉螺杆进行临时固定，并对模板垂直度、平整度及截面尺寸进行调整，校正完毕后，采用 $\phi48$ 钢管斜向支撑在预埋于板内的地锚钢筋上，并上紧对拉螺栓，以保证模板体系的稳定。

(4) 楼梯模板（见图 6-8）

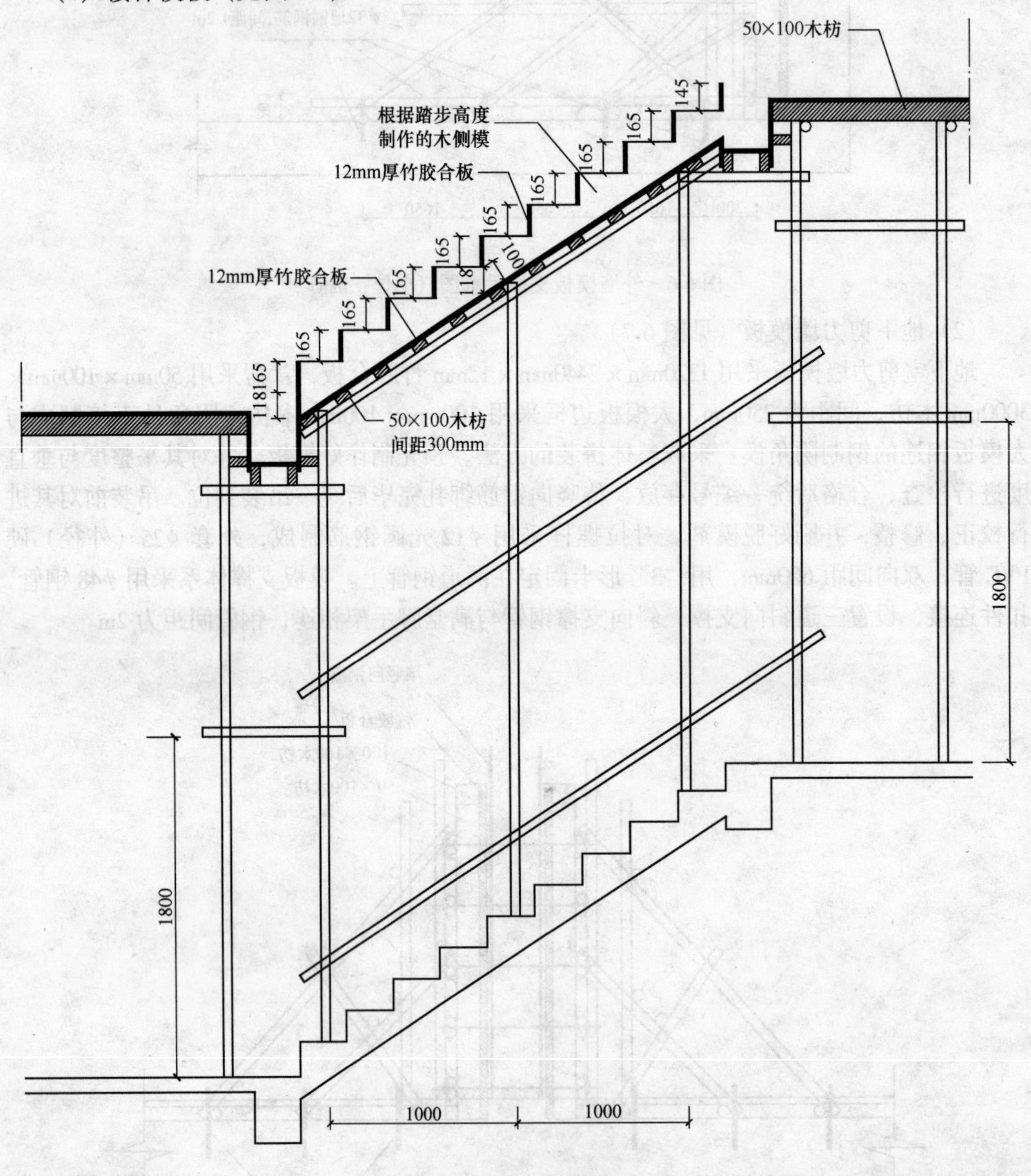


图 6-8　楼梯模板（单位：mm）

楼梯模板底模采用竹胶合板加木枋背楞，楼梯侧面模板在非标准层采用木模板，标准层采用定型钢模板。侧模制作时，为保证装修后楼梯踏步的高度一致，事先应预留出装修面层的厚度；同时，考虑踏步面层与休息平台面层厚度的不同。楼梯踏步装修面层厚30mm，休息平台装修面层厚度为50mm，故楼梯踏步在做结构时高度有所不同。起步为踏步高-30mm+50mm，最后一步为踏步高-50mm+30mm，其他各步均为原踏步高。楼梯支设前应在楼梯间内墙上放出位置线。底模与墙壁交接处贴好海绵条，以防漏浆，污染墙面。

（5）柱模板

地下室柱模板采用1220mm×2440mm×12mm竹胶合板，背枋为50mm×100mm木枋，间距250mm，与墙相连的柱在配模时与墙模一起配置，柱采用两道对拉螺杆，竖向间距600mm，每隔600mm设置一道柱箍，采用$\phi48$钢管。

地上部分柱模板采用定型钢模板，由专业模板生产厂家根据图纸尺寸进行配模加工，采用风车式配模方式，对拉螺杆应不小于M24，除采用对拉螺杆固定外，还应在每面设两道斜向支撑及三道柱箍，均采用$\phi48$钢管，扣件连接。

由于本工程设有柱帽，故柱帽也应加工成定型钢模板，柱帽模板除应具有的斜角部分外，还应有竖向部分至少20cm，以便于加固。

（6）梁板模板（见图6-9）

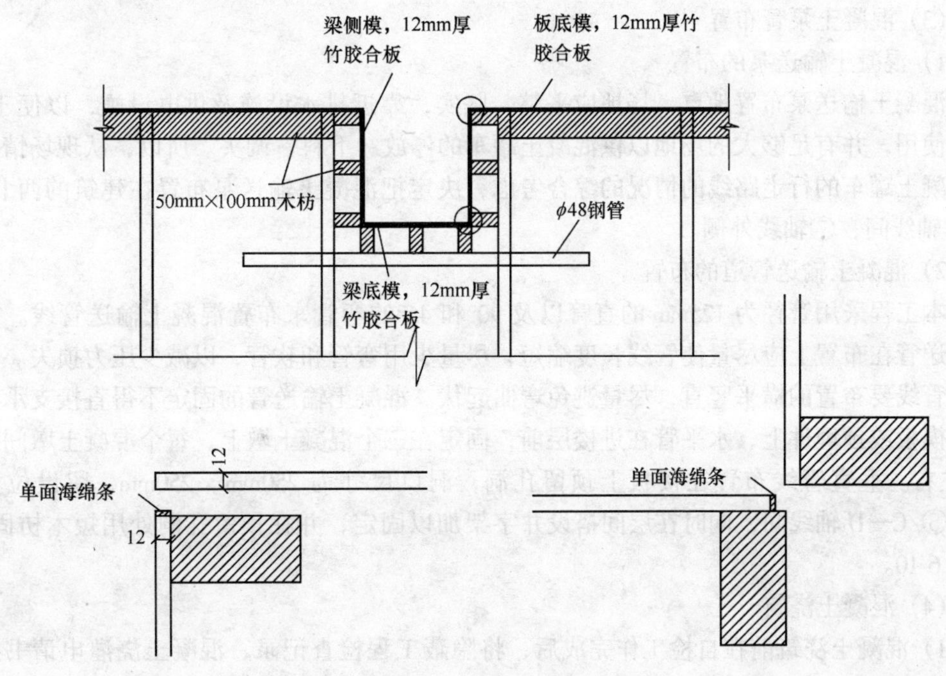


图6-9 梁模板大样图

梁板模板均采用竹胶合板，支模时应注意起拱，跨度大于或等于4m时起拱高度为全跨的1/1000~3/1000。模板下沿长向铺设50mm×100mm木枋，间距为200mm，木枋下沿长向间隔600mm支一道横向钢管，板支撑体系为满堂红脚手架，其立杆间距为1.2m，横杆步距为1.2m。支模过程中应注意接缝的处理，尤其是梁柱接头处，应在模板与混凝土之间加海绵条，防止漏浆。支板模时，模板之间拼缝要严密，模板毛边要适当加以修整；同时，控制好板面标高与平整度。

(7) 模板的拆除

施工中应严格掌握侧模拆除强度，常温施工时，不得低于 1.2MPa，并保证拆模时不沾模、不掉角、无裂缝，模板拆出后，要及时进行养护。现浇梁、楼板底模板拆除，严格按施工规范要求进行，跨度大于 4m 小于等于 8m 的结构，达到 75%强度时方可进行拆除；跨度大于 8m 的结构以及悬臂结构模板，必须达到 100%强度后方可拆除。

### 6.3.3 混凝土工程

(1) 混凝土浇筑分区

由于本工程竖向模板采用大模板，因此，决定了每层混凝土浇筑分为竖向及水平两次进行。地下室每层按照后浇带及分区施工缝划分为三个区段，地上每层按照分区施工缝划分为两个区。每个区段内混凝土一次连续浇筑。内剪力墙施工缝留在楼板底和梁底，外剪力墙施工缝留在板面以上 200mm 处。

(2) 混凝土原材料要求

本工程混凝土全部采用商品混凝土，为控制其质量，必须选择信誉好的大站作为混凝土供应商；同时，在合同中，对其水泥品种、碱含量、外加剂、初凝时间、坍落度、强度等级等，均进行认真细致的要求。

(3) 混凝土泵管布置

1) 混凝土输送泵的布置

混凝土输送泵布置地点，场地应平整、坚实，靠近排水设施及供电设施，以便于水、电的使用，并有足够大的场地以供混凝土罐车的停放、下料、调头。所以，从现场情况以及混凝土罐车的行走路线的情况的综合考虑，决定把混凝土输送泵布置在建筑的西北角，F—G轴线间，⑦轴线外侧。

2) 混凝土输送管道的布置

本工程采用管径为 125mm 的直管以及 90°和 45°的弯管来布置混凝土输送管线。混凝土输送管在布置上应尽量使管线长度缩短，尽量少用弯管和软管，以减少压力损失。布管时，管线要布置的横平竖直，尽量避免弯曲起伏。混凝土输送管的固定不得直接支承在钢筋、模板或预埋件上，水平管在进楼层前，固定在三个混凝土墩上，每个混凝土墩间距为 3m 左右。垂直管线布置在楼板上预留孔洞，洞口尺寸为 250mm × 250mm，留设位置在④ ~ ⑤/C—D 轴线间，同时在层间搭设井字架加以固定，并在预留孔洞处用短木枋固定。见图 6-10。

(4) 混凝土浇筑

1) 混凝土浇筑前在自检工作完成后，将隐蔽工程检查记录、混凝土浇灌申请书报送监理等。除按常规外，重点应在柱墙钢筋的位置及固定、安装预埋、人防预埋、施工缝及后浇带部位止水构造处理。确认合格并检查现场水、电、管线及材料设备齐全、完好。监理批准后，方可进行混凝土浇筑。

2) 为防止混凝土“冷缝”产生，我们必须保证连续浇筑，即在第一层混凝土初凝前浇筑第二层混凝土。每次浇筑混凝土前，对混凝土的初凝时间、工程量、浇筑路线、垂直和水平运输时间、商品混凝土的运输、混凝土的分层厚度以及振捣器的数量等因素均要提出具体要求。

3) 混凝土密实性与分层浇捣：为保证混凝土质量，必须严格控制商品混凝土的入场

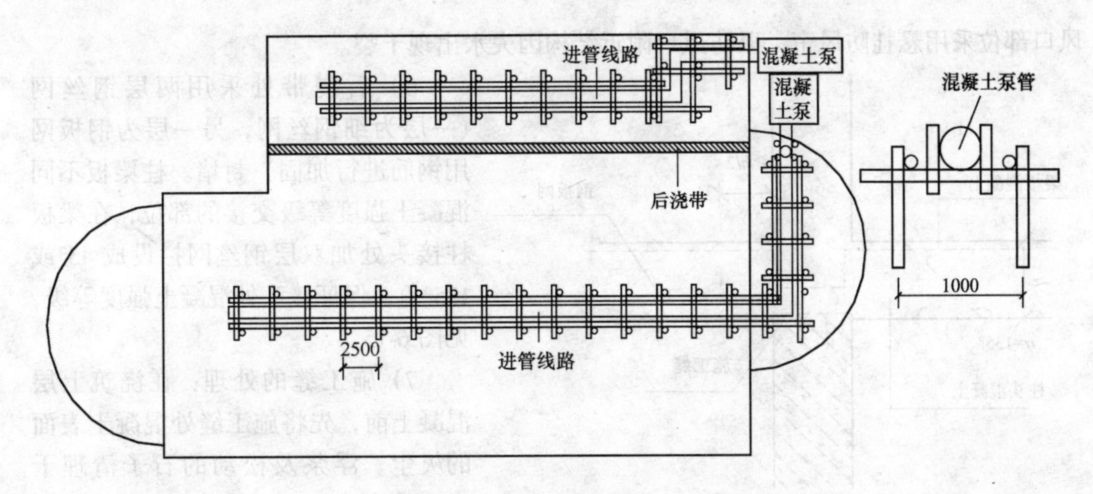


图 6-10　混凝土浇筑布管示意图

质量，防止因水灰比过大造成混凝土密实性达不到要求，在现场浇筑混凝土时应分层均匀下料，振动棒应快插慢拔、布点均匀，这样可保证混凝土的密实性和防止混凝土表面产生气泡；根据振动棒长度确定分层厚度，并做好标尺杆、配备照明灯具作为分层下料的控制手段，可保证混凝土表面色泽一致，内部密实，见图 6-11 ~ 图 6-14。

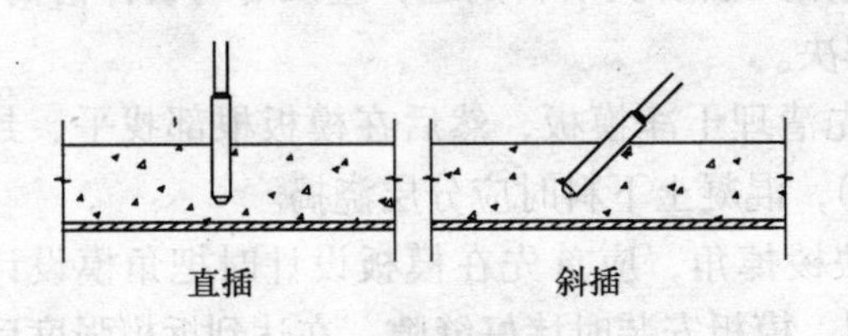


图 6-11　内部振捣器振捣方法

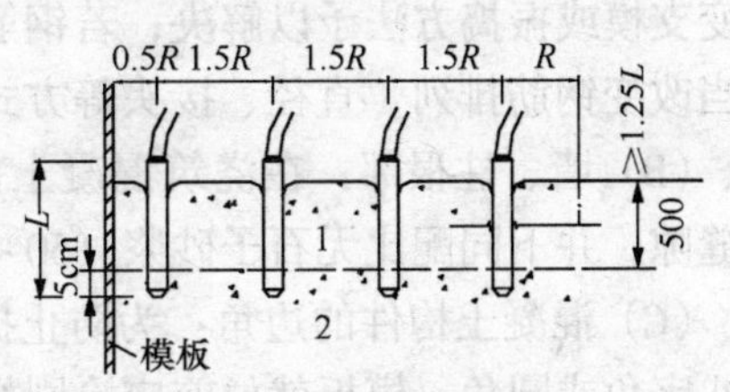


图 6-12　插入式振动器的插入深度

1—新灌入的混凝土；2—下层已振捣但未初凝的混凝土；R—有效作用半径；L—振动棒长

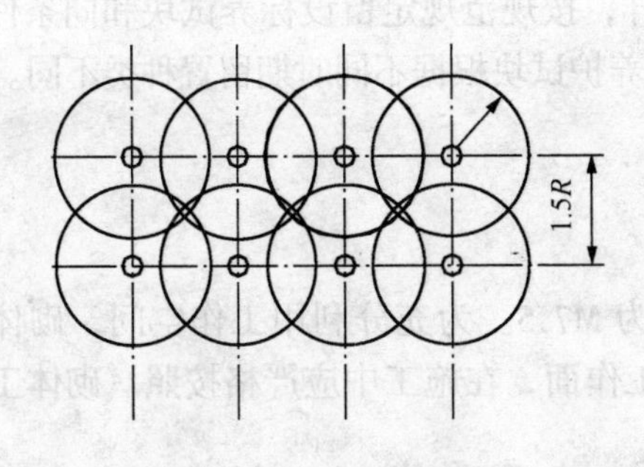


图 6-13　行列式排列

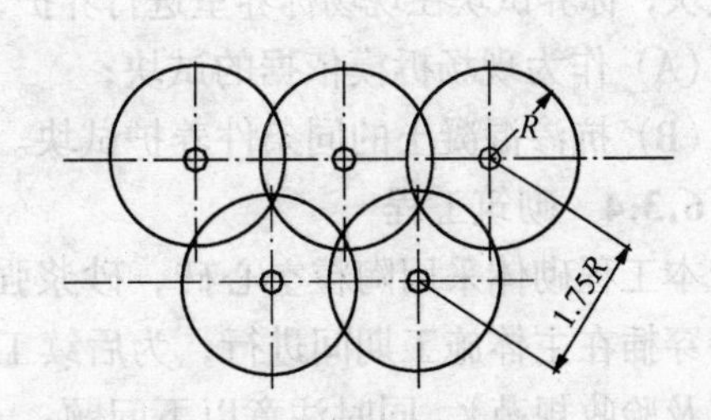


图 6-14　边格式排列

4）混凝土浇筑过程中，派专人进行巡视，及时发现漏浆、胀模等情况，并及时进行处理。

5）混凝土浇筑完毕后采用人工二次振捣和压实抹平方法，以清除墙、柱、梁及梁板接头处等截面部位出现的表面干缩裂缝。要特别注意保证早期保湿养护，竖向结构采用无水养生技术涂刷养护液，板面浇水养护（冬期施工另采取措施）；同时，在地下室入口等风口部位采用悬挂防风帘，以防风口附近结构因失水出现干裂。

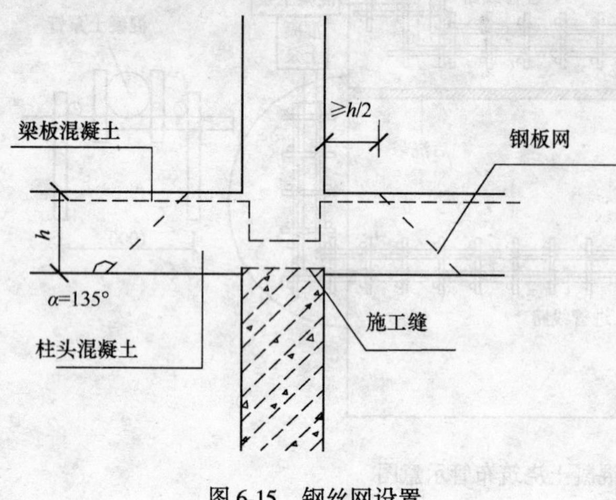


图 6-15　钢丝网设置

6）后浇带处采用两层钢丝网（一层为细钢丝网，另一层为钢板网用钢筋进行加固）封堵。柱梁板不同混凝土强度等级交接的部位，在梁板柱接头处加双层钢丝网拦设成 45°或 135°角，保证接头处混凝土强度等级，见图 6-15。

7）施工缝的处理：在浇筑上层混凝土前，先将施工缝处混凝土表面的灰尘、浮浆及松动的石子清理干净，并浇水润湿；在浇筑混凝土前，先浇一层 50mm 厚同配合比砂浆，以防止混凝土浇筑后烂根，并增强新旧混凝土之间的粘结力，增加建筑物的整体刚度。

8）特殊部位的处理：

（A）钢筋密集处：在钢筋密集处混凝土难以下料，我们采用小粒径骨料的混凝土和改变支模或振捣方法予以解决；若钢筋过于密集无法解决下料问题，应及时与设计洽商，适当改变钢筋排列、直径、接头等方式予以解决。

（B）墙、柱根部：在浇筑混凝土前，应先清理干净模板，然后在模板根部找平、封堵缝隙，并下同配比无石子砂浆（50～100mm），混凝土下料时应分层浇捣。

（C）混凝土构件的边角：为防止拆模时缺棱掉角，应首先在模板设计时把角模设计成八字角或圆角，模板就位前应涂刷好脱模剂，模板安装时堵好缝隙，在达到拆模强度后方可拆模，并防止碰破边角。

（D）洞口：为防止洞口变形，混凝土浇筑前，加固好洞口支撑，保证有足够刚度并与主体模板固定好；在浇筑混凝土时，应均匀对称下料，以防止将模挤偏。

9）混凝土试块：混凝土试块必须在入模前取样，按规范规定留设标养试块和同条件养护试块，标养试块在现场标养室进行养护，同条件养护试块根据不同时期留置种类不同。

（A）作为现场拆模依据的试块；

（B）抗渗混凝土的同条件养护试块。

**6.3.4**　砌筑工程

本工程砌体采用陶粒空心砖，砂浆强度等级为 M7.5。为充分利用工作空间，砌体工程将穿插在主体施工期间进行，为后续工作提供工作面，在施工中应严格按照《砌体工程施工及验收规范》，同时注意以下问题：

砌筑时及时做好砌体内安装工程的各种管、线、槽、箱、盒的留设；

做好砌体砌筑前的湿水工作，注意砌体在运输过程中的半成品保护，避免砌块破损和缺棱掉角；

砌块布置要合理，避免出现通缝；

按规定位置设置拉墙筋、构造柱、构造圈梁，构造柱在砌筑后浇筑，砌筑时按“先退后进”，留好马牙槎和拉墙筋。

我们将在砌体施工前，编制详细的施工方案指导施工。

#### 6.3.5　预应力工程

本工程预应力主要为6～12层③～⑤/D轴线处截面尺寸为800mm×400mm的预应力梁，跨度为16.2m。此梁混凝土强度等级为C30。梁内配置14束曲线无粘结预应力筋，预应力筋采用$\phi^j$15.24高强1860级国家标准低松弛预应力钢绞线，其标准强度$f_{yk}$ = 1860 N/mm$^2$。预应力筋采取后张法，一端固定，一端张拉，每端张拉7根。张拉端采用夹片式锚具，固定端采用挤压式锚具。具体施工方案由专业队伍提供。

### 6.4　脚手架工程

本工程主体外架采用落地式双排钢管外架，外架外侧挂一层密目安全网进行全封闭；双排外架架体立杆间距1.5m，排距1.2m，步距1.8m，脚手架两端及每隔12m设一道剪刀撑，每层采用抱柱的形式与结构进行连接。个别跨度较大处，在梁内预埋钢管，进行拉结，外架在4层、9层处采取卸荷措施，卸荷采用撑拉体系。模板支撑体系采用满堂脚手架，立杆间距1.2m；内装修层高3.6m以上时采用满堂脚手架；层高3.6m以下时采用自制移动式操作脚手架。对于工程中搭设的超过9m的脚手架及挑脚手架施工，我们将在入场后编制详细的脚手架施工方案，以确保其安全可靠性。

### 6.5　屋面工程

屋面工程包括标高为48.600m和44.700m的两层屋面，均为上人屋面，做法为：(1) 10mm厚铺地缸砖面层，干水泥擦缝，每3m×6m留10mm宽缝，填1:3石灰砂浆；(2) 撒素水泥面（洒适量清水）；(3) 25mm厚108胶水泥砂浆结合层（配比：1:3水泥砂浆掺水泥量15%的107胶）；(4) 1.4mm厚三元乙丙橡胶卷材防水层；(5) 20mm厚1:2.5水泥砂浆找平层；(6) 1:6水泥焦渣最低处30mm厚，找2%坡度，振捣密实，表面抹光；(7) 10mm厚FSG防水保温板；(8) 钢筋混凝土现浇板。屋面排水坡度为2%，水流走向为东西向，屋面排水坡度为2%，水流走向为南北向。屋面有雨水管7个，标高48.600m屋面设两个$\phi$100PVC管，雨水口半径300mm。雨水排至标高44.700m屋面。标高44.700m屋面设五个雨水管，采用$\phi$150无缝钢管，雨水口半径为500mm，东侧三个位于②、④、⑥轴处，西侧两个位于②轴及⑥～⑦轴中部，雨水管处排水坡度为5%。

### 6.6　门窗工程

本工程门分为防火门和普通门两种，防火门为甲级木质防火门，普通门为木制全板门；窗主要为铝合金窗。门窗施工时，应注意以下几点：

(1) 门窗等半成品到达现场后要进行验收，检验型号、数量、尺寸、材质是否符合要求，在运输过程中有无损坏，所有材质证明材料应齐备。

(2) 门窗框安装前应检查门窗洞口的尺寸是否符合，安装时应与结构连接牢固，尤其是外墙铝合金窗，还要保证同层窗水平标高的一致，同位置窗竖向位置相同，以及窗框自身的垂直度。

(3) 门和窗扇安装前，应对门窗框进行复核，无误后方可安装，门窗缝应符合规范规定要求，外墙窗应注意打胶的严密性。

(4) 门窗配件安装，门配有闭门器、门锁、门阻，窗配有执手，所有这些材料均应是合格产品，安装前应确定好位置，安装时应注意保护门窗扇。

## 6.7　幕墙工程

本工程建筑外檐为干挂石材和玻璃幕墙，所有建筑外檐距结构150mm，干挂石材为磨光齐鲁红花岗石和烧毛樱花红花岗石两种，玻璃幕墙为竖明横隐式，窗框为铝型材，玻璃采用6+6A+6中空玻璃，外层为灰色镀膜钢化玻璃，内层为白浮法玻璃。干挂石材和玻璃幕墙与结构连接采用预埋铁件焊接钢龙骨的形式。详细施工方法由专业施工单位在施工前提供。

## 6.8　装饰工程

### 6.8.1　内墙工程

室内隔墙采用120mm或240mm陶粒空心砖、75系列轻钢龙骨硅酸钙板。面层抹灰、刮腻子、刷白色耐擦洗涂料。

陶粒空心砖墙砌筑完毕后，进行抹灰，基层清理必须干净，提前浇水润湿并刷界面剂，吊垂直、套方、找规矩的墙面标筋以控制墙面抹灰平整度，每次抹灰厚度不得过大，要分层进行，待底层干透后再抹下一层，孔洞、槽盒尺寸正确、方正、整齐、光滑，管道后面抹灰平整，护角必须符合要求。

刮腻子前应对抹灰面进行检查，水泥砂浆表面要平整，符合有关规范要求，无空鼓、起砂、开裂等现象，且表面不得有油污。腻子采用现场拌制的方式，108胶、腻子粉按一定比例进行配比。采用钢片刮板或橡皮刮板批刮，按照一定顺序刮涂，刮涂时往复次数不可过多，力求均匀，勿甩接缝痕迹。腻子不可刮涂过厚，尤其是第一道，应以找平墙体为准。

墙面涂料采用滚涂的方式，待腻子找平后开始进行，涂料应按厂家规定配合比配料，涂料施工要分层成活，每层涂刷不宜过厚或过薄，充分盖底、不透虚影即可。

### 6.8.2　楼地面工程

(1) 地砖楼地面

1) 工艺流程

基层清理→弹铺砖控制线→铺砖→勾缝、擦缝→养护。

2) 基层清理：按地面标高留出水泥面砖厚度（10mm厚）做灰饼，用1:4干硬砂浆（用粗砂）冲筋、刮平，厚度为20mm，刮平过程中砂浆要拍实、拉毛，并浇水养护。

3) 弹铺砖控制线预铺：当结合层施工完毕且达到上人强度后（约1d），开始上人弹铺砖的控制线。预留2~3mm作为地砖铺砌的缝隙。正式铺砌前应先进行预铺，排砖时应考虑门口处砖的布置宜从门口中间向两侧分布；同时，尽量将半砖布置在墙边、柱边等角落处。

4) 铺砖前，应先将砖浸水2~3h，再取出阴干后方可使用。铺砖时宜从门口处开始，纵向先铺2~3行砖，以此为标筋拉纵横水平标高线，铺砖过程中为严格控制砖缝，应用尼龙线挂线。

5) 踢角为120mm高抛光瓷砖，采用水泥砂浆加胶粘贴，其厚度应一致。

6）面砖铺贴需在24h内进行勾缝工作，须采用同品质、同强度等级、同颜色的水泥进行勾缝。要求缝内砂浆密实、平整、光滑。随勾随将剩余水泥砂浆清走、擦净。

7）养护：铺完砖24h后，洒水养护。完工后3~4d内不得上人踩踏。

（2）水泥砂浆楼地面

水泥砂浆面层在施工中要注意：

1）严格控制水灰比，水泥砂浆稠度不应大于35mm，宜采用干硬性或半干硬性砂浆。

2）精心进行压光工作，一般应不少于三遍，最后一遍"定光"操作是关键，对提高面层的光洁度、密实度，减少微裂纹起到重要作用。

3）水泥砂浆面层铺好后1d内应进行覆盖，并在7~10d内每天进行浇水养护。

**6.8.3** 顶棚

（1）轻钢龙骨矿棉板吊顶

主龙骨为1.2mm厚38mm龙骨，次龙骨采用T形烤漆龙骨形式。面板材料选用15mm矿棉板。

1）轻钢龙骨吊顶施工

（A）施工顺序：在墙上弹出标高线→固定吊杆→安装主龙骨→按标高线调节主龙骨→固定次龙骨→固定异形龙骨→装横撑龙骨。

（B）放线：主要放出吊杆位置线（放于楼板板底，间距为1200mm）、吊顶标高线（放于墙面、柱面上）。

（C）吊杆固定：在吊杆位置线符合无误后，开始安装吊杆。吊杆采用$\phi 8$的钢筋加工制作，吊杆一端与M12的胀管螺栓焊接后，将胀管螺栓用冲击钻按吊点位置打入结构内；吊杆的另一端同吊挂件连接。

（D）龙骨安装与调平：首先，安装主龙骨，主龙骨与吊挂件连接，主龙骨应沿房间短向布置，间距为1200mm，由于房间开间较大故在中间部分应按短跨的1/200起拱。接着，在主龙骨上放出次龙骨位置线，次龙骨间距为600mm，进行次龙骨的安装。安装龙骨时，应配合考虑安装的风管、水管、电管、风口、灯具等设备的位置，局部位置做适当调整。龙骨安装时应拉好标高控制线，根据标高控制线就位龙骨，随安装随检查，主要控制好主龙骨的标高。

2）吊顶面板安装

吊顶面板选用600mm×600mm的矿棉板，板厚15mm。面板采用T形烤漆龙骨明架固定方式，将面板跌级形式直接卡在T形龙骨的两肢上。

（2）耐擦洗涂料顶棚

地下室顶棚为耐擦洗涂料，采用滚涂的方式，涂刷涂料前，应先用腻子加胶进行找平、找方正。腻子涂刷完毕后，按照厂家要求配合比配制涂料，采用滚筒进行涂刷。

**6.8.4** 木作及油漆

本工程木作主要为楼梯栏杆扶手、窗帘盒、柱帽造型、窗台板等，均采用细木工板制作，制作时应注意接缝的处理，避免开裂。表面应平整，尺寸要符合要求，板材无扭曲、变形的情况。

面层油漆采用喷涂的方式，喷涂前应做好周边的保护，避免污染其他完成面。

**6.8.5** 卫生间及厕浴间

卫生间顶棚采用200mm宽微孔铝扣板吊顶，墙面采用200mm×300mm灰色瓷砖，地面采用300mm×300mm深灰色防滑地砖，卫生间隔断采用抗倍特板。

(1) 防水层及保护层施工

卫生间防水采用确保时防水，首先在混凝土板上用水泥砂浆找平，然后用专业厂家提供的确保时粉末加水按一定比例混合拌匀，在找平层上刮约1.2mm厚一层防水层，穿地板管道处及四周上翻300mm，做完闭水试验后，做水泥砂浆保护层及水泥焦渣垫层。

(2) 吊顶施工

吊顶材料选用微孔铝扣条板，龙骨为轻钢龙骨，吊杆选用$\phi6$钢筋，吊杆与结构之间的连接选用M8的膨胀螺栓。安装时将吊顶板直接卡在龙骨上，吊顶板之间基本不留缝隙。吊顶内的灯具、风口安装应与吊顶表面衔接得体，安装吻合，灯具及风口的悬吊应自成系统。

(3) 墙面瓷砖施工

墙面装修选用200mm×300mm灰色瓷砖，进行墙面瓷砖施工前应先检查墙面的平整度及垂直度，符合要求后开始放瓷砖的分格线，宜从门窗洞的中部向两边排布，将半砖布置在墙角的位置。采用由下往上分层粘贴的施工顺序，所有墙面砖的横竖缝宽须保证在1mm范围内，且横竖缝宽一致。贴砖前要作好墙面的湿润工作，并根据瓷砖的性能选择一定配比的砂浆。面砖粘贴完毕后进行清缝及勾缝处理，勾缝采用白色水泥浆。

(4) 地面施工

卫生间及清洁间墙边地面采用300mm×100mm白色防滑地砖，大面采用300mm×300mm深灰色防滑地砖。排砖时应尽量符合墙砖的排版，地砖砖缝为2~3mm。地砖的具体施工方法同地砖面层。

本工程为图书馆工程，6~11层为活动书架，在地面上安装固定的导轨，作为书架的运行轨道，考虑到导轨安装的牢固性，必须直接安装在结构层，因此，要在地砖铺贴前安装完毕，安装轨道时应注意标高的控制，以防地砖铺贴时出现高低不平。

(5) 抗倍特板隔断施工

本工程卫生间隔断采用抗倍特板，采用不锈钢五金件固定，按照图纸的分隔尺寸安装。

## 6.9　设备安装工程

### 6.9.1　给排水工程

(1) 主要施工方法

1) 管材及管道的连接

(A) 管材

(a) 自动喷洒管道管径采用热镀锌钢管丝扣连接。大于100mm的钢管采用法兰连接，镀锌层破坏部位补刷防锈漆一道。

(b) 消火栓管用焊接钢管焊接接口，阀门及需拆卸处采用法兰连接。

(c) 排水管及雨水管采用UPVC管粘接接口。

(d) 与污水泵连接的管道采用镀锌钢管丝扣连接，需拆卸处采用法兰连接。

(e) 通过人防墙的喷淋与消火栓管时，在剪力墙内预埋带法兰短管，法兰螺孔带内丝，并与短管焊接，焊缝处用砂浆防腐。

(B) 管道的安装

(a) 管道的预埋预留

管道穿梁、穿混凝土墙预埋套管；管道穿地下室外墙时或水池壁时，预埋柔性防水套管。

(b) 管道焊接

管道焊接由持有合格证的焊工施焊，并选用合格的焊条。对于壁厚大于5mm以上者，对管端焊口部位铲坡口。

(c) 硬质PVC管的承插口连接

粘结前，对承插口进行插入试验，插入深度一般为承口的3/4深度，试验合格后，用棉布将承插口需粘结部位的水分、灰尘擦拭干净。插入粘结时将插口稍作转动，粘结时要注意预留方向。

(C) 管道支架安装

管道支吊架选型、活动和固定支架的设置要符合规范、标准要求，特别是热力管道支吊架，还要进行受力计算选型设置。

(D) 管道试压吹洗

管道试压按系统分段进行，调节阀、过滤器的滤网及有关仪表在管道试压吹洗后安装。吹洗时，水流不得经过所有设备。冲洗后的管道要及时封堵，防止污物进入。

2) 卫生洁具安装

(A) 在结构施工时，按业主和监理提供的预留洞口图预留洞口。

(B) 卫生洁具的安装，要在所有与卫生洁具连接的管道压力、闭水试验已完毕，并已办好隐预检手续后进行。

3) 管道防腐保温

热镀锌钢管的镀锌层被破坏时，补刷防锈漆。埋地钢管做加强防腐，铸铁管内外刷防锈漆两道。

保温按有关标准进行，保证严密。

(2) 质量控制要点

1) 在本工程上加强质量通病的防治和新技术、新工艺的推广。采用二氧化碳保护焊接新工艺，保证焊接质量，施工快捷。

2) 管道保温确保严密，阀门附件处也要保温，支吊架处要设防腐木托，防止产生冷桥，保温层外的防潮隔气层确保密闭、不透气，以防结露。

3) 正确选择支架形式，确定支架间距，根据管道标高走向和坡度，计算出每个支架的标高和位置，弹好线后再进行安装。选择正确的固定方法，防止扭斜现象，保证支架平直、牢固。

4) 给水、消防喷淋安装前，进行单管试压，所有阀门进行逐一试压检验。排水管道安装前，认真清理内部，清除管内锈蚀及杂物。管道安装过程中，随时加管堵严外露管口，以防异物落入；安装后及时固定牢固，以防移位。管道安装完毕，严格按规范进行严密性试验或强度试验，杜绝接口出现渗漏现象。投入使用前，要反复冲洗。

5) 卫生器具安装前，首先找好墙面的平整部位，再用水平尺找好卫生器具的水平，以使卫生器具与墙面紧贴，使用的支架及螺栓要符合国标规定，具有足够的刚度和稳定性，并埋设牢固；与上、下水管连接时，要仔细检查。排水管甩口高度必须合适，并做好卫生器具及接口处保护，以防破坏漏水。

6）在安装排水管等有坡度要求的管道时，要严格掌握管道坡度，杜绝倒坡现象。

**6.9.2** 通风空调工程

（1）主要施工方法

1）镀锌钢板风管制作

（A）根据主体结构施工进度和现场具体情况，选定风管及零部件加工制作场地，考虑材料进场堆放和风管搬运方便。

（B）根据设计图纸与现场对照测量情况绘制通风系统分解图，按施工进度制定风管及零部件加工制作计划，编制明细表和制作清单，交制作车间实施。

2）风管支吊架安装

风管支、吊架的选型参照标准图集 T616，定位、测量和制作加工指定专人负责，既要符合规范标准的要求，并与水电管支吊架协调配合，互不妨碍。

3）风管安装

风管吊装采取分节吊装和整体吊装，整体吊装是将风管在地面（楼面）连成一定长度（20m 左右），用捯链提升至吊架上。

阀门安装严格按 GB 50243—97 的规定安装，注意防火阀的方向，消声器、阀门必须单独设置吊架。

4）本工程图书室及阅览室内空调系统为中央分控式，在每个楼层设置空调机房，向房间内送风。

（2）质量控制要点

1）在施工现场指派技术素质高、经验较丰富的技术工人负责风管和法兰加工。

2）认真进行图纸会审，组织专业技术人员和经验丰富的技术工人，对照现场实际情况将图纸细化、分解、编号，绘出制作图和组装图，明确工艺要求和质量标准，交车间预制。

3）风管支吊架采用膨胀螺栓固定时，要固定在梁、柱或墙上，风管与支吊架之间垫木块，以免产生冷桥。

4）风管的检视窗和测量孔的设置位置必须正确，并便于操作。

5）对风口、风阀、排烟口和防火阀的零部件进行仔细检查，紧固件牢靠，活动或转动件灵活可靠，不灵敏时打磨光滑或涂上润滑剂。风管安装完毕后，分系统详细检查，包括支、吊架各零部件。

6）通风空调工程的质量通病主要是漏风量和噪声超标，保温不严密，支吊架制作安装不规范、不美观。在施工中对工序质量实行“三检制”控制，并确保每道工序质量。

**6.9.3** 电气工程

（1）主要施工方法

1）桥架及线槽安装

（A）施工程序

（B）桥架及线槽跨过伸缩、沉降缝时，要设伸缩节，且伸缩灵活。

(C) 桥架弯曲半径由最大电缆的外径决定，桥架各段要连为一体，头尾与接地系统可靠连接。

2) 配管配线

施工中注意事项

不同相线和一、二次线采用不同线色加以区分，零线统一采用黑色，保护地线采用双色线。管口处加护口，防止电线损伤。导线不得直接露于空气中，截面为 2.5mm$^2$ 及以下的多股铜芯线，要先拧紧烫锡或压接端子后，再与设备、器具的端子连接。

火灾报警系统及弱电配管与强电配管执行同一标准，接线盒统一采用 86 系列铁质接线盒。并认真做好记录，以便中间交接。

3) 灯具、开关箱等低压电器安装

(A) 对安装有妨碍的模板、脚手架必须拆除，墙面、门窗等装饰工作完成后，方可插入施工。

(B) 大型和重型灯具固定在专设的支架上。灯具及开关箱等的安装需格外注意观感质量、标高位置要正确可靠。

(2) 质量控制要点

1) 暗配电管严格按图纸及相关规范施工，并清扫管内尘埃、杂物和湿气。穿线前，清除管口毛刺，在管中穿入引线。导线出管口后应留有足够的余量，管内导线严禁有接头。

2) 消防工程安装施工，严格执行《火灾自动报警系统施工及验收规范》(GB 50166—92)。

3) 锯电管时用锉刀光口，管子穿入箱、盒时，必须在箱内、外加锁母。

4) 电气箱、盒安装时，参照土建装修统一预放的水平线定位，并在箱盒背后另加 $\phi 6$ 钢筋套圈固定。穿线前，先清除箱、盒内灰渣，再刷二道防锈漆，土建装修湿作业进行完毕后，才能安装电气设备，工序不能颠倒。

5) 电缆敷设前，根据设计图纸绘制电缆施工图，图中包括电缆的根数、各类电缆的排列，放置顺序，以及与各种管道交叉位置；同时，对运到现场电缆进行核算。在沟内敷设的电缆，当电缆放好后，上面要盖一层 100mm 的软土或细沙，再铺预制板或砖。

## 6.10 季节性施工

### 6.10.1 冬期施工

(1) 现场准备工作

1) 在入冬前编制冬期施工方案，方案确定后组织有关人员学习，并向各施工班组进行交底；

2) 进入冬期施工前，对掺外加剂人员、测温保温人员，应专门组织技术业务培训，学习本工作范围内的有关知识，明确职责，做到持证上岗；

3) 与当地气象台保持联系，及时接收天气预报，防止寒流突然袭击；

4) 由试验员负责测量施工期间的室外气温、混凝土以及砂浆的温度，并做好记录；

5) 根据实物工程量提前组织有关机具、外加剂、保温材料进场；

6) 施工现场所外露水管均应做好保温工作，防止水管冻裂；

7) 现场石灰膏等必须搭设保温棚，防止受冻；

8）现场各种机械设备在每晚下班时必须将水箱内水放尽，防止水箱冻裂；

9）由试验室试配冬期施工所用砌筑砂浆及抹灰砂浆的配合比。

（2）主要分项工程施工要点

1）材料要求

（A）冬期施工应优先选用硅酸盐水泥及普通硅酸盐水泥；

（B）冬期施工中对骨料除要求没有冻决、雪团外，还要求清洁，级配良好，质地坚硬，不应含有易被冻的矿物；拌制砂浆所用的砂，不得含有直径大于10mm的冻结块或冰块；

（C）外加剂采用TD-10掺量为水泥用量的2%～3%；

（D）普通砖、陶粒空心砖、加气混凝土砌块在砌筑前应清除表面污物、冰雪等，遭水冻结后的砖或砌块不得使用；

（E）石灰膏等材料应保温防冻；如遭冻结，应经融化后方可使用；

（F）拌合砂浆时，水的温度不得超过60℃；当水温超过规定时，应将水、砂先行搅拌，再加水泥，以防出现假凝现象；

（G）冬期砌筑砂浆的稠度应控制在8～13cm范围内。

2）砂浆的搅拌及运输

（A）冬期施工砂浆搅拌的时间延长到3～4min；

（B）搅拌棚内温度必须保证在5℃以上，砂浆应随拌随运，不可积存或二次倒运；

（C）运砂浆用手推车及灰槽必须进行保温处理；

（D）运砂浆用手推车及灰槽每日下班时必须用热水清洗，以免冻结。

3）砌体工程

（A）严禁使用已冻结的砂浆，砂浆冻结后不准掺入热水重新搅拌使用，也不宜在砌筑时向砂浆内掺水使用。

（B）砌筑宜采用“三一砌砖法”。水平砌体面铺灰长度要尽量缩短，防止砂浆温度降低太快。

（C）必须严格控制砌体的水平和垂直灰缝，在规范范围内尽可能的小，施工时要经常检查灰缝的厚度及均匀性。

（D）施工过程中，必须严格遵守抹灰工程施工规范及有关验评标准。

（E）留置的砂浆试块，除按常温规定要求外，还应留设两组与砌体同条件养护试块，用以检查同条件养护下的28d强度。

4）抹灰工程

（A）在进行室内抹灰前，将门窗口封闭好，门窗口的边缝及孔洞等堵好，施工洞口、楼梯间等处也必须封闭保温；

（B）操作面的环境温度应保持在5℃以上；否则，应使用掺加防冻剂的砂浆；

（C）养护期间应当随时检查抹灰层的湿度，如干燥过快应及时洒水养护；

（D）使用未掺防冻剂的砂浆抹灰完成后7d内，室内温度仍应不低于5℃；

（E）施工过程中，必须严格遵守抹灰工程施工规范及有关验评标准。

**6.10.2**　雨期施工

（1）施工期间加强同气象部门的联系，混凝土连续浇筑时应尽量避开大雨，少量混凝土浇筑如遇下雨，应用事先准备好的塑料薄膜，将新浇混凝土覆盖，防止因雨水冲刷而出现泛砂现象。

(2) 由于本工程混凝土为商品混凝土，因此，必须要求商品混凝土站在雨后对砂、石含水率进行测定，及时调整混凝土配合比，确保水灰比准确，从而保证混凝土质量。

(3) 大雨天气室外施工必须停止，雨后必须组织机电、安全人员对施工用电、脚手架、安全防护等各种设施进行全面检查，确实无安全隐患后方可进行施工。

(4) 做好电器设备的防雨工作，各种露天电器设备必须备有防雨罩。

(5) 定期对漏电保护器等安全保护装置进行检查，及时更换失效的设施。

(6) 上人跑道必须设防滑条，雨后必须对上人跑道及操作平台等进行检查。

(7) 塔吊必须设有防雷装置，防止雷击。

(8) 做到整个施工现场的排水畅通，雨后及时清除积水，保持整个施工现场的整洁。

## 6.11 “四新”应用

本工程所将应用的有关新技术、新材料、新工艺、新方法见表 6-1。

“四新”技术推广计划表　　表 6-1

| 序号 | 项　目 | 计划实施阶段 |
|---|---|---|
| 1 | 深基坑土钉墙支护技术—土钉墙支护技术 | 土方施工阶段 |
| 2 | 深基坑土钉墙支护技术—基坑工程信息化施工 | 土方施工阶段 |
| 3 | 高强高性能混凝土技术—预拌混凝土的应用技术 | 基础、主体施工阶段 |
| 4 | 高强高性能混凝土技术—开发应用超细活性掺合料（粉煤灰） | 基础、主体施工阶段 |
| 5 | 高强高性能混凝土技术—补偿收缩混凝土（HEA） | 基础施工阶段 |
| 6 | 高效钢筋和预应力混凝土技术—低松弛高强度钢绞线 | 标准层施工阶段 |
| 7 | 高效钢筋和预应力混凝土技术—高效预应力混凝土技术 | 标准层施工阶段 |
| 8 | 粗直径钢筋连接技术—套筒挤压连接技术 | 基础、主体施工阶段 |
| 9 | 粗直径钢筋连接技术—锥螺纹连接技术 | 基础、主体施工阶段 |
| 10 | 新型模板和脚手架应用技术—钢制大模板 | 主体施工阶段 |
| 11 | 建筑节能和新型墙体应用技术—节能保温门窗 | 门窗工程施工阶段 |
| 12 | 新型建筑防水和塑料管应用技术—三元乙丙橡胶防水卷材 | 地下室及屋面防水施工阶段 |
| 13 | 新型建筑防水和塑料管应用技术—冷涂法 | 地下室及屋面防水施工阶段 |
| 14 | 新型建筑防水和塑料管应用技术—硬聚氯乙烯管材 UPVC | 排水管安装 |
| 15 | 企业的计算机应用和管理技术 | 全过程 |
| 16 | 现场无线电通讯管理技术 | 全过程 |
| 17 | 环行车道地面耐磨环氧石英砂施工技术 | 楼地面施工阶段 |
| 18 | 塔吊基础微桩、土钉墙联合支护技术 | 基础施工阶段 |

## 6.12 计算机管理应用

本工程配备两台计算机，用于方案编制、图纸绘制、预算及财务管理。主要使用 Office 办公软件、AutoCAD 绘图软件、广联达预算软件及用友财务软件，进行工程的管理工作。

# 7　各项管理及保证措施

## 7.1　质量保证措施

### 7.1.1　项目质量保证体系的组成及其分工

本项目质量保证体系的组成及分工详见图 7-1。

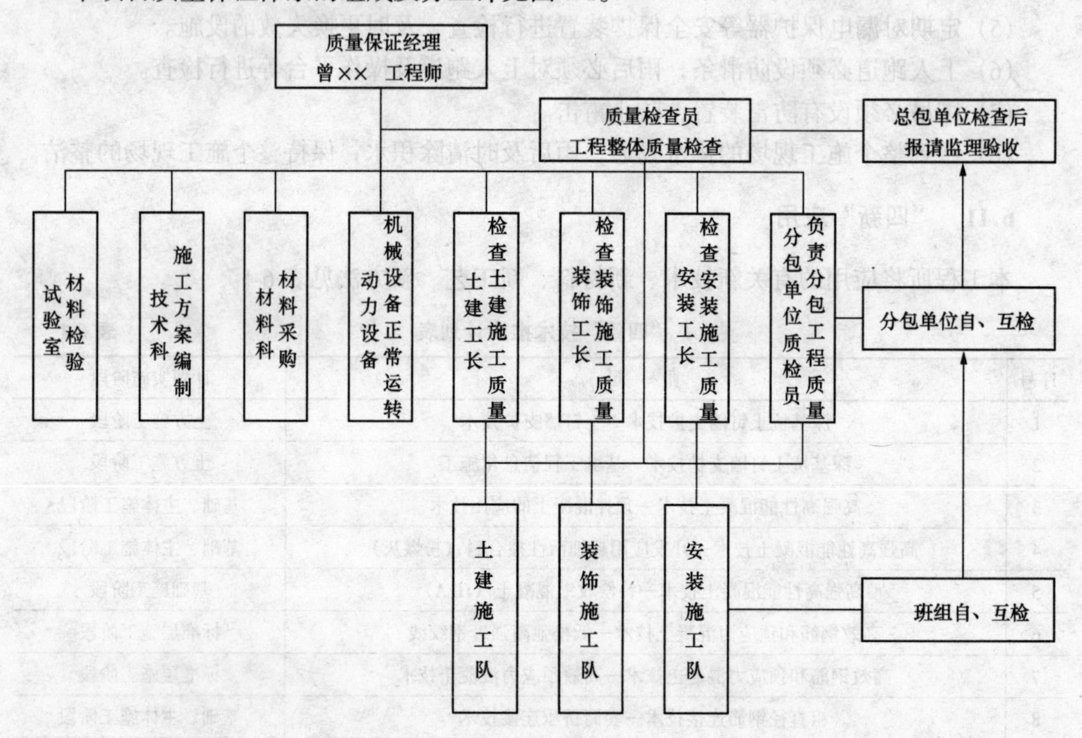


图 7-1　项目质量管理体系图

### 7.1.2　质量目标及分解

按照《建筑安装工程质量检验评定标准》及北京市现行质量评定标准、工程验收规范，确保本工程为北京市优质工程。主体结构达到北京市结构“长城杯”，其他分部均达到优良标准。

### 7.1.3　明确质量标准

本工程采用《建筑工程质量检验评定标准》（GBJ 301—88）进行质量检查及验收。

### 7.1.4　组织保证措施

根据《工程项目施工管理责任制（试行的通知）》建质［1996］42 号文精神，在本工程中特制定以下质量管理制度，以保证《质量计划》的实现。

（1）工程项目质量负责制度

我企业对本工程的承包范围内的工程质量向建设单位负责。

（2）技术交底制度

坚持以技术进步来保证施工质量的原则。技术部门应编制有针对性的施工组织设计，积极采用新工艺、新技术；针对特殊工序，要编制有针对性的作业设计。每个工种、每道工序施工前，要组织进行各级技术交底，包括项目总工程师对工长的技术交底、工长对班组长的技术交底、班组长对作业班组的技术交底。各级交底以书面进行。因技术措施不当或交底不清而造成质量事故的，要追究有关部门和人员的责任。

(3) 材料进场检验制度

本工程的钢筋、水泥和混凝土等各类材料必须具有出厂合格证，并根据国家规范要求分批量进行抽检，抽检不合格的材料一律不准使用，因使用不合格材料而造成质量事故的，要追究验收人员的责任。

(4) 样板引路制度

施工操作注重工序的优化、工艺的改进和工序的标准化操作，通过不断探索，积累必要的管理和操作经验，提高工序的操作水平，确保操作质量。砌体工程和装修工程要在开始大面积操作前做出示范样板，包括样板墙、样板间、样板件等，统一操作要求，明确质量目标。

(5) 施工挂牌制度

主要工种如钢筋、混凝土、模板、砌砖、抹灰等，施工过程中在现场实行挂牌制，注明管理者、操作者、施工日期，并做相应的图文记录，作为重要的施工档案保存。因现场不按规范、规程施工而造成质量事故的，要追究有关人员的责任。

(6) 过程三检制度

实行并坚持自检、互检、交接检制度，自检要做文字记录。隐蔽工程要由工长组织项目技术负责人、质量检查员、班组长检查，并做出较详细的文字记录。

(7) 质量否决制度

对不合格分项、分部和单位工程必须进行返工。不合格分项工程流入下道工序，要追究班组长的责任；不合格分部工程流入下道工序，要追究工长和项目经理的责任；不合格工程流入社会，要追究法人和项目经理的责任。有关责任人员要针对出现不合格品的原因，采取必要的纠正和预防措施。

(8) 成品保护制度

应当像重视工序的操作一样，重视成品的保护。项目管理人员应合理安排施工工序，减少工序的交叉作业。上下工序之间应做好交接工作，并做好记录。如下道工序的施工可能对上道工序的成品造成影响时，应征得上道工序操作人员及管理人员的同意，并避免破坏和污染；否则，造成的损失由下道工序操作者及管理人员负责。

(9) 质量文件记录制度

质量记录是质量责任追溯的依据，应力求真实和详尽。各类现场操作记录及材料试验记录、质量检验记录等要妥善保管，特别是各类工序接口的处理，应详细记录当时的情况，理清各方责任。

(10) 工程质量等级评定、核定制度

竣工工程首先由施工企业按国家有关标准、规范进行质量等级评定，然后报当地工程质量监督机构进行等级核定，合格的工程发给质量等级证书，未经质量等级核定或核定为不合格的工程不得交工。

(11) 竣工服务承诺制度

工程竣工后在建筑物醒目位置镶嵌标牌，注明建设单位、设计单位、施工单位、监理单位以及开竣工的日期，这是一种纪念，更是一种承诺。我企业将主动做好用户回访工作，按有关规定实行工程保修服务。

(12) 培训上岗制度

工程项目所有管理及操作人员应经过业务知识技能培训，并持证上岗。因无证指挥、无证操作造成工程质量不合格或出现质量事故的，除要追究直接责任者外，还要追究企业主管领导的责任。

(13) 工程质量事故报告及调查制度

工程发生质量事故，马上向当地质量监督机构和建设行政主管部门报告，并做好事故现场抢险及保护工作，建设行政主管部门要根据事故等级逐级上报，同时按照“三不放过”的原则，负责事故的调查及处理工作。对事故上报不及时或隐瞒不报的，要追究有关人员的责任。

**7.1.5** 材料、成品、半成品的检验、计量、试验控制

本工程所需各种材料、成品和半成品进场后必须按企业规定、监理要求、北京市有关规定进行检查验收，检查验收合格后方可使用。未经检查或检查不合格的材料、成品及半成品一律不准使用。各类施工材料、机具设备进场后应堆放整齐，并有明显标识，标明材料、机具的品种、规格和检验状态。

现场建立标准养护室，设置专职试验员，严格按有关标准规范和本单位试验检测工作程序进行控制。见证取样程序按北京市建委有关规定执行。

由项目总工程师负责项目的计量日常管理，由公司计量部门负责计量器具的检测工作。用于施工过程的各种有关长度、重量、流量和电气参数等检测的计量器具必须按计划进行首检和周检，做好标识，保证相应的精确度。

**7.1.6** 采购要素的控制

本项目由项目自行采购物资的工作由专人负责。对物资的采购在选取的合格供应商和分包商中进行，并定期对合格的分包商进行考评，以确保他们的工作符合质量要求；对于不符合要求的，我们将依据程序规定进行处理。

**7.1.7** 成品保护

为了保证工程质量，应注意加强对已完工序的成品保护工作，防止对已完工序的破坏，影响整个工程的质量。本工程中成品保护的难点和重点为底板防水层的保护、安装对土建工程成品保护、精装修与安装后期的成品保护等。除通过技术质量交底、过程检查进行控制和必要的奖罚外，在进入精装修及安装后期时，要派保安人员进行值班管理。

(1) 现浇钢筋混凝土成品保护

木工支模及安装预埋、混凝土浇筑时，不得随意弯曲、拆除钢筋，基础、梁、板钢筋绑扎成型后，在其上进行作业的后续工种、施工人员不能任意踩踏或堆置重物，以免钢筋骨架变形。模板隔离剂不得污染钢筋，如发现污染应及时清洗干净。

安装预留、预埋应在支模时配合进行，不得任意拆除模板或用重锤敲打模板、支撑，以免影响质量。模板侧模不得堆靠钢筋等重物，以免倾斜、偏位，影响模板质量。模板安装成型后，派专人值班保护，进行检查、校正，以确保模板安装质量。

混凝土浇筑完成后应将散落在模板上的混凝土清理干净，并按方案要求进行覆盖保

护。雨期施工混凝土成品，应按雨期要求进行覆盖保护。混凝土终凝前，不得上人作业，按方案规定，确保养护时间。

(2) 砌体及楼地面成品保护

需要预留预埋的管道铁件、门窗框应同砌体有机配合，做好预留预埋工作。砌体完成后，按标准要求进行养护。雨期施工按要求进行覆盖保护，保证砌体成品质量。不得随意开槽打洞，重物重锤击撞。

楼地面施工完成后，应将建筑垃圾和多余材料及时清理干净。不允许放带棱角硬材料和易污染的油、酸、油漆、水泥等材料。

下道工序进场施工，应对施工范围楼地面进行覆盖、保护，油漆料、砂浆操作面下楼面应铺设防污染料布，操作架的钢管应设垫板，钢管扶手挡板等硬物应轻放，不得抛敲掷，撞击楼地面。

(3) 防水成品保护

底板防水施工时，操作人员严禁穿硬底鞋，严禁施工机具或尖硬物品损坏防水层；防水层施工完毕后，及时做好保护层。底板防水保护层采用细石混凝土，立面采用纤维板；细石混凝土浇筑时，要铺好运输道或做好卸料斗，小车腿用布包好，防止在运输过程中损伤防水层。

屋面防水施工完工后应清理干净，做到屋面干净、排水畅通。不得在防水屋面上堆放材料、杂物、机具。因收尾工作需要在防水层面上作业，应先设置好防护木板、薄钢板覆盖保护设施，散落材料及垃圾应工完场清，电焊工作应做好防火隔离。

因设计变更，在已完防水屋面上增加或换型安装设备，必须事先做好防水屋面成品质量保护措施方能施工。作业完毕后应及时清理现场，并进行检查复验；如有损坏应及时修理，确保防水质量。

(4) 门窗及装饰成品保护

木门框安装后，应按规定设置拉档，以免门框变形。不得利用门窗框销头，作为架子横档使用。窗口进出材料应设置保护挡板，覆盖塑料布防止压坏、碰伤、污染。施工墙面油漆涂料时，应对门窗进行覆盖保护。作业脚手架搭设与拆除，不得碰撞挤压门窗。不得随意在门窗上敲击、涂写，或打钉、挂物。门窗开启，应按规定扣好风钩、门碰。

室内外装饰成活后，均应按规定清理干净，做好成品质量保护工作。不得在装饰成品上涂写、敲击、刻划。作业架子拆除时应注意防止钢管碰撞。风雨天门窗关严，防止装饰后霉变。严禁违章用火、用水，防止装饰成品污染，受潮变色；同时，按层对装饰成品进行专人值班保管；如因工作需要进行检查、测试、调试时，应换穿工作鞋，防止泥浆污染。

(5) 水电安装成品保护

预留预埋管（件）应做好标记，牢固地固定于已有结构上。混凝土浇捣过程中，振动棒应避免接触预埋件，避免其产生位移。穿线管、线盒保护同预埋件。开关、线槽、灯具安装后，应利用封闭罩进行保护。

## 7.2 技术保证措施

### 7.2.1 技术投入

项目根据需要拟订购入书籍的目录，购买了工程所需技术资料；同时，配置所需用的计算机。

#### 7.2.2　技术资料的管理

(1) 施工资料的管理实行技术负责人负责制，项目配备专职资料员，负责施工资料的收集和整理工作。工程资料应与施工进度保持同步，按专业归类，认真书写，做到字迹清楚，项目齐全、准确、真实，无未了事项。表格统一采用《北京市建筑安装工程施工技术资料管理规定》(京建质字［1996］418号) 所附表格。总承包单位对整个工程施工资料的真实性和完整性负责，完工时由总承包单位向业主提交完整、准确的工程资料。

(2) 工程资料的填写必须符合《中华人民共和国建筑法》、《建设工程质量管理条例》、《建设工程勘察设计管理条例》及国家有关规范、标准和《北京市建筑安装工程施工技术资料管理规定》(京建质字［1996］418号) 的要求。

(3) 本工程技术资料采用计算机进行管理，工程资料用不易褪色的书写材料书写、绘制。

(4) 项目质量检查员严格执行国家质量验评标准和施工规范，代表企业对工程质量行使监督检查职能。负责检查施工记录和试验结果的真实性。

(5) 材料工作人员必须认真贯彻现行建筑工程法规、规程，应在材料进场一周内提供随行质量文件 (材质证明、合格证、准用证等)，所有材质证明文件均应为原件，如是复印件的应加盖原件存放单位红章，并在材质上注明抄件人、日期、进场批量。

(6) 项目试验人员必须严格按照材料检验标准有关取样的规定取样送检，对出具的试验报告的计算、审核及结论的正确性负责，一切原始数据不准涂改，资料不准抽撤；同时，应有试验、计算、审核和负责人签字。尤其是有见证取样，每个项目应抽取的比例为该项目试验总次数的30%以上，试验总次数在10次以下的不得少于两次。

(7) 各责任工长 (含测量) 对所负责分项分部工程形成的技术资料负责，按照资料员的要求填写资料，保证其内容真实、完整。

(8) 音像资料的收集与管理工作

音像资料是工程资料中不可缺少的部分，它是从工程开工到工程交付使用的全过程中形成的，工程的音像资料也是优质工程申报资料内容的组成部分。项目经理部设专人负责音像资料的收集整理工作，配备必要的设备保证音像资料的安全。并严格按照国家《照片档案管理规范》(GB/T 11821—89) 进行管理。

### 7.3　工期保证措施

#### 7.3.1　组织措施

(1) 组成精干、高效的项目班子，确保指令畅通、令行禁止；同甲方、监理工程师和设计方密切配合，统一领导施工，统一指挥协调，对工程进度、质量、安全等方面全面负责，从组织形式上保证各项目标的实现。

(2) 建立生产例会制度，每星期召开一次由甲方、监理、施工方参加的工程例会 (必要时请设计院参加)，每周召开三次生产协调会，围绕工程的工程质量、施工进度、生产安全等内容，检查上一次例会以来的计划执行情况。

(3) 实行合理的工期计划、目标奖罚制度。根据工作需要，可采取24h连续作业。

(4) 做好施工配合及前期施工准备工作，拟定施工准备计划，专人逐次落实，确保后勤保障工作的高质、高效。

### 7.3.2 技术措施

(1) 针对本工程的特点，我们编制了三级网络计划。采用长计划与短计划相结合的多级网络进行施工进度的控制与管理，通过施工网络节点控制目标的实现来保证各控制点工期目标的实现，从而进一步通过各控制点工期目标的实现来确保总工期控制进度计划的实现。

在计划管理中，采用科学的滚动计划法，既保证了计划的连续性，又能根据现实情况变化及时做出调整。

(2) 采用成熟的“四新”技术，向科技要质量、要速度、要效益。

### 7.3.3 料具措施

本工程主要的施工机械是QTZ100塔吊1台、施工电梯1台、两台混凝土输送泵（地上施工为1台）、两台布料机（地上施工为1台）、两套钢筋加工机械等，为保证施工机械在施工过程中运行的可靠性，我们将加强管理协调，同时采取以下措施：

(1) 加强对设备的维修保养，对机械零部件的采购储存；为保证设备运行状态良好，我们备齐两套常用设备配件，现场配备维修班子，确保发生故障，在2h内修复。

(2) 对塔吊、施工电梯的运行设专人进行监督、检查，并做好运行记录；在混凝土浇筑过程中，对混凝土输送泵的运行进行24h监控，并应与厂家随时处于联系状态；对钢筋加工机械，特别是对焊机，落实定期检查制度。

(3) 对于大宗材料的需求，提前摸好市场行情，进行询价、比价，组织落实好货源。对于零星材料，应提前1~2d提出采购计划，进行采购。避免出现因材料不到位而导致停工的现象。

(4) 组织进场的材料应确保质量，避免因材料不合格退场而延误工期。

## 7.4 降低成本措施

(1) 明确项目各职能人员、作业班组成本管理责任制，与全体管理人员签订了目标责任状，与劳务队伍签订了承包责任状，并在开工之初对项目管理人员进行了合同交底（包括施工合同和劳务合同），明确了全体管理人员的责任，使大家了解了合同内容所涉及的范围，为做到合理安排工作、准确把握尺度打下了基础；同时，通过劳务合同中有关条款的的规定，加强对劳务队伍的管理控制，最大限度地减少材料浪费。

(2) 采用先进的施工工艺，如粗钢筋机械连接、大钢模体系，以及先进的施工组织方法，如“流水段”施工、工期网络控制等。合理安排施工顺序，避免出现不必要的返工，将劳动力、材料、机械设备安排到最佳状态，提高工效。

(3) 在材料采购方面，首先提出材料计划，材料部门根据库存量与需用量进行比较后进行采购。大宗材料的采购依靠公司的集团采购优势，向公司提出材料需用计划，由公司采取公开竞标的方式，控制质量及价格，对材料进行统一的采购。自行采购的零星材料方面，也本着货比三家的原则，在保证质量的前提下，选择价格较低的材料供应商，以降低项目成本。

## 7.5 安全、消防保证措施

### 7.5.1 现场生产、生活安全措施

本工程安全防护范围有：建筑物周边、临边防护；洞口防护；施工用电安全防护；现

场机械设备安全防护；现场防火。

（1）周边防护

本工程紧邻原有建筑，安全防护问题显得尤为重要。因此，我们拟定的外架方案为：主体结构采用双排双立杆外架，用密目安全网进行全封闭，并按规定设置兜底网。

（2）临边防护

临边设一道防护栏杆，其栏杆高度不小于1m，并用密眼网围护绑牢，任何人未经现场负责同意不得私自拆除，项目要对违章违纪行为制定严密的纪律措施；如因计划跟不上，必须在临边埋设钢筋头出楼面150mm高，间距1500mm一根，栏杆水平筋不小于Φ12，然后用密眼网封闭。

（3）洞口防护

洞口的防护应视尺寸大小，用不同的方法进行防护。如边长大于20cm且小于150cm的洞口，可用坚实的盖板封盖，达到钉平、钉牢，不易拉动，并在板上做警示标志。大于150cm的洞口，洞边设钢管栏杆1m高，四角立杆要固定，水平杆不少于两根；然后，在立杆下脚捆绑安全水平网两道（层）。栏杆挂密眼立网密封绑牢。电梯井口的防护采用定型钢筋门焊接进行防护。

（4）现场安全用电

1）现场施工用电原则执行一机、一闸、一漏电保护的“三级”保护措施。配电箱设门、设锁、编号，注明负责人。

2）机械设备必须执行工作接地和重复接地的保护措施。

3）不得使用偏大或偏小于额定电流的电熔丝，严禁使用金属丝代替熔丝。

4）电焊机上要有防雨盖，下铺防潮垫；一、二次电源接头处要有防护装置，二次线使用接线柱，一次电源线采用橡皮套电缆或穿塑料软管，长度不大于3m。

5）振捣器、手电钻等手持电动工具都必须安装灵敏、有效的漏电保护装置，安装完毕要办理验收单。

（5）机械安全防护

1）塔吊、施工电梯基础必须牢固。架体必须按设备说明预埋拉结件；其设备配件齐全，型号相符。防冲击、防坠联锁装置要灵敏可靠，制动设备要完整无缺。设备安装完后要进行试运行，必须待几大指标均达到要求后，才能进行验收签证，挂牌准予使用。

2）钢筋机械、木工机械、移动式机械。除机械本身护罩完善、电机无病的前提下，还要对机械作接零和重复接地的装置。接地电阻值不大于4Ω。

3）机械操作人员经过培训考核合格，持证上岗。

4）施工现场各种机械要挂安全技术操作规程牌。

5）垂直运输机械在吊运物料时，现场要设人值班和指挥。

6）各种机械不准带病进行。

（6）施工现场防火措施

1）项目建立防火责任制，明确职责。

2）各楼层及临建宿舍、食堂等处，应有常规消防器材。

3）各种气瓶要有防振胶圈和防焊、防晒措施，要有明显标志。

4）建立动火审批制度，加强对易燃物品的管理。

(7) 安全检查和汇报

1) 班组每天进行班前活动，由班长或安全员传达工长安全技术交底。并做好当天工作环境的检查，做到当时检查当日记录。

2) 项目经理带队每星期组织一次本项目安全生产的检查，记录问题，落实责任人，发整改通知，落实整改时间，定期复查，对未按期完成整改的人和事，严格按企业安全奖惩条例执行。

3) 企业对项目进行一月一次的安全大检查。发现问题，提出整改意见，发出整改通知单，由项目经理签收，并布置落实整改人、措施、时间；如经复查未完成整改，项目经理将受到纪律和经济处罚。

4) 项目每月及时向企业上报安全检查情况。

### 7.5.2 现场消防、保卫措施

(1) 现场消防管理

1) 严格遵守北京市消防安全工作十项标准，贯彻以“以防为主，防消结合”的消防方针，结合施工中的实际情况，加强领导，组织落实，建立逐级防火责任制。确保施工安全，做好施工现场平面管理，对易燃物品的存放要设管理专人负责保管，远离火源。

2) 成立工地防火领导小组，由项目经理任组长，项目生产经理任副组长，由安全员、保卫干部及工长为组员。建立一支以经济警察为主体、以联防队员为补充的义务消防队，负责日常消防工作。

3) 对进场的操作人员及操作者进行安全、防火知识的教育，并利用板报和醒目标语等多种形式宣传防火知识，从思想上使每个职工重视安全防火工作，增强防火意识。

4) 施工现场设 $\phi100$ 管径的消防栓，每 50m 布设一个，随施工楼层增高，设 $\phi65$ 管径消防竖管，每两层设置一个水龙带、消防枪、消防箱。现场配备干粉灭火器。

5) 现场保证消防环道宽大于 3.5m；悬挂防火标志牌、防火计划及 119 火警电话等醒目标志。

6) 同周围派出所、居委会积极配合，取得工程所在地有关部门的支持和帮助。

7) 加强制度建设，创建无烟现场。

8) 现场动用明火，办理动火证，易燃易爆物品妥善保管。

9) 搭设临建符合防火要求。

10) 坚持安全消防检查制度，发现隐患，及时清除，防止工伤、火灾事故的发生。

11) 现场设消防储备水箱和消防泵，配专用用电线路，直接与总闸刀上端连接。

(2) 现场治安保卫

1) 配合地方部门，维持社会治安管理，积极主动办理各种证件手续。

2) 精选综合素质高的作业人员，凡曾有不良表现的一律不予使用。

3) 加强入场教育及治安规章制度学习。

4) 实行全封闭式管理，严格将施工区域与周围办公区分开。

5) 增派现场经警，实行 24h 巡逻值班制度；值班人员在当班期间要认真负责，不得擅离岗位，注意防盗、防火。

6) 建筑材料及机具出场，要由材料员和工长开具出门证方可放行。

7) 定期进行检查，发现问题及时严肃处理。

## 7.6　施工现场环境保护措施

### 7.6.1　控制噪声污染措施

（1）在靠近居民区等噪声敏感区设置监测点，定期用专用仪器测量控制噪声白天在65dB以内，夜晚在55dB以内。

（2）施工现场进行全封闭防护，施工层四周设置进口阻燃防声布；南、北两侧围墙上部布设隔声布。

（3）建立定期噪声监测制度；发现噪声超标，立即查找原因，及时整改。

（4）对大型机械定期进行维修，保持机械正常运转，减少因机械经常性磨损而造成噪声污染。

（5）对施工现场工作噪声大的车间进行隔声封闭；将一些噪声大的工序尽量安排在白天进行，夜间施工尽量安排噪声小的工序（如砌筑、抹灰）。

（6）采用定型模板，减少模板加工产生的噪声；采用封闭式施工，减少振捣混凝土产生的噪声。

（7）对于特殊分部分项工程，如在22:00～次日6:00进行施工时，必须向北京市建设行政主管部门提出申请，经审查批准后到环保部门备案；未经批准，禁止在此段时间进行超过国家标准噪声限值的施工作业；如必须进行连续性施工时，应在施工前公布连续施工时间，并向工程周围居民做好解释工作。

### 7.6.2　控制扬尘污染的措施

（1）对现场细颗粒材料运输、垃圾清运，采取遮盖、洒水措施，减少扬尘。

（2）现场道路进行硬化，现场道路出口设清洗槽，减少车辆带尘。

（3）每天对现场道路清扫两次，并做洒水处理，保持路面的整洁。

（4）现场设封闭型垃圾堆放场地，垃圾、水泥、砂等易飞扬的物品要进行覆盖。

（5）现场禁止燃煤及木柴，控制烟尘在规定的指标内。

### 7.6.3　控制水污染的措施

（1）现场设隔油池、沉淀池、三级化粪池。使现场生活用水经过处理后进入城市管网。

（2）现场生产、洗车等排水必须经过沉淀井；水磨石施工必须进行有组织排放沉淀设计；地下连续墙的排放浆必须经沉淀处理及时外运。

（3）隔油池、沉淀池、化粪池应定期清掏。

（4）现场必须建立有组织排水系统，避免积水。

## 7.7　文明施工与CI

现场文明施工作为施工单位综合素质的体现，是一扇宣传的窗口。我们将根据《中建总公司施工现场CI标准》对现场加以美化布置，加强管理，争创北京市文明施工优良现场。

（1）加强管理组织建设

成立现场文明施工管理小组，项目经理担任组长，定期组织检查评比，制定奖罚制度，切实落实执行文明施工细则及奖罚制度。

（2）明确文明施工管理的责任人

现场文明施工管理实行分区分段包干制。由各区各段责任人负责本区段的文明施工管理。

(3) 贯彻执行现场材料管理制度

1) 严格按照施工平面布置图堆放原材料、半成品、成品及料具。

2) 严格执行限额领料、材料包干制度。及时回收落地灰、碎砖等余料。做到工完场清，余料要堆放整齐。

(4) 落实现场机械管理制度

1) 现场机械必须按施工平面布置图进行设置与停放。

2) 机械设备的设置和使用必须严格遵守《建筑机械使用安全技术规程》(JGJ 33—86)。

3) 设置专职机械管理人员，负责现场机械管理工作。

(5) 施工现场场容要求

1) 现场要加强场容管理，使现场做到整齐、干净、节约、安全、施工秩序良好。

2) 施工现场要做到"五有"、"四净三无"、"四清四不见"、"三好"，现场布置做到"四整齐"。

3) 项目应当遵守国家有关环境保护的法律，采取有效措施控制现场的各种粉尘、废气、废水、固体废弃物以及噪声振动对环境的污染及危害。

4) 对于施工所用场地及道路应定期洒水，降低灰尘对环境的污染。

5) 现场污水必须经过沉渣池沉淀后，方可排入城市管网。

(6) 文明施工检查

1) 检查时间：项目文明施工管理组每月对施工现场做一次全面的文明施工检查。

2) 检查内容：施工现场的文明施工情况。

3) 检查依据：我企业《文明施工管理规定》及北京市有关"文明施工管理办法"。

4) 奖惩措施：为了鼓励先进，鞭策后进，应当对每次检查中做得好的进行奖励，做得差的应当进行惩罚，并敦促其改进。由于项目文明施工管理采用的是分区、分段包干制度，应当将责任落实到每个责任人身上，明确其责、权、利，实行责、权、利三者挂钩。奖惩措施由项目根据前面所述自行拟定。

# 8 主要技术经济指标

## 8.1 工期指标

总工期为540个日历天，确保顺利交工。

## 8.2 分部优良率指标

所有分部均达到优良标准。

## 8.3 降低成本指标

成本降低率达到3%。

## 8.4 主要分部（分项）工程量（见表 8-1）

主要分部（分项）工程量 表 8-1

| 序 号 | 分部（分项）工程名称 | 单 位 | 数 量 | 备 注 |
|---|---|---|---|---|
| 1 | 土方开挖 | $m^3$ | 23000 | |
| 2 | 地下室防水 | $m^2$ | 5000 | |
| 3 | 基础及主体混凝土 | $m^3$ | 15000 | |
| 4 | 基础及主体钢筋 | t | 3500 | |
| 5 | 陶粒空心砖墙 | $m^3$ | 7500 | |
| 6 | 轻质隔墙 | $m^2$ | 2200 | |
| 7 | 屋面防水 | $m^2$ | 1100 | |
| 8 | 墙面抹灰 | $m^2$ | 15000 | |
| 9 | 地砖楼地面 | $m^2$ | 9200 | |
| 10 | 矿棉板吊顶 | $m^2$ | 11000 | |
| 11 | 顶棚乳胶漆 | $m^2$ | 9400 | |
| 12 | 墙面涂料 | $m^2$ | 6600 | |
| 13 | 内墙面砖 | $m^2$ | 1600 | |
| 14 | 普通木门 | $m^2$ | 500 | |
| 15 | 木质防火门 | $m^2$ | 500 | |
| 16 | 外墙干挂石材 | $m^2$ | 5500 | |
| 17 | 铝合金窗 | $m^2$ | 2500 | |

## 8.5 经济及社会效益分析

社科院中心图书馆工程共推广用垂直土钉墙支护、冷挤压钢筋连接、钢制大模板、高强高性能混凝土、三元乙丙橡胶防水卷材等新技术，累计产生经济效益 126 万元，技术进步效益率达到 2.3%。

本工程获得 2000 年度北京市结构"长城杯"，2000 年度北京市安全文明工地，北京市优质工程等多项荣誉。

# 第九篇

# 中国人民大学多媒体教学楼工程施工组织设计

编制单位：中建三局二公司

编 制 人：吕雄　梁贵才

【简介】　中国人民大学多媒体教学楼地下二层、地上六层，总建筑面积 18112m²，是人大教学区的标志性建筑。该工程地下二层为人防及设备用房；地下一层为机动车库；地上六层为日常教学设有 500 人、300 人、180 人的阶梯教室，120 人、60 人的交互式教室，多功能厅，演播厅，展览厅及 300m² 的休闲广场等。

该工程造型独特新颖，结构形式复杂、变化多样，装饰讲究，特别是其底板采用先进的超长无缝筏形基础，1-7 轴为框架结构，7-20 轴为框架-剪力墙结构，多功能厅屋面为弧形网架结构；500 人阶梯教室顶板为预应力结构，梁最大跨度达 24.9m，柱最大净空高度达 9.0m；300 人阶梯教室为斜梁和水平梁双层梁结构；180 人教室弧形剪力墙、井字形梁板结构；室内、室外共设置了 13 部楼梯、两部电梯，尤以一部 26 m 长、9m 高的室外直跑楼梯及一部悬空式楼梯更为独特。该楼还设有计算机网络、楼宇自控系统、有线电视分配网、管理系统、火灾自动报警系统、中央空调，是人大第一座数字化、智能化的教学楼。

该工程涉及的主要分部工程有：土方工程、防水工程、钢筋工程、模板工程、混凝土工程、网架工程、砌体工程、预应力工程、装饰工程、幕墙工程电气工程、给排水工程、暖通工程。

中国人民大学多媒体教学施工组织设计有以下几个特点：全员参与、部署合理、准备充分、目标明确、措施得当、施工方法切实可行。

# 目　录

# 1　工程概述

## 1.1　总体概况（见表 1-1）

表 1-1

| 序号 | 项　　目 | 内　　容 |
|---|---|---|
| 1 | 工程名称 | 中国人民大学多媒体教学楼 |
| 2 | 工程地点 | 海淀区中关村大街 59 号，人民大学（西郊）校园内 |
| 3 | 建设单位 | 中国人民大学 |
| 4 | 设计单位 | 北京煤炭设计研究院（集团） |
| 5 | 监理单位 | 中咨工程建设监理公司 |
| 6 | 质量监督单位 | 海淀区质量监督站 |
| 7 | 施工总包单位 | 中国建筑第三工程局 |
| 8 | 施工主要分包单位 | 江苏江都建总 |
| 9 | 投资来源 | 自筹 + 国拨 |
| 10 | 合同承包范围 | 土建工程、门窗工程、给排水、采暖、电气照明、动力工程、弱电系统、空调通风工程、消防工程、变配电系统、动力、照明和防雷接地工程等。电话（不含话机）电视及综合布线只做埋管穿代线，预留箱（盒） |
| 11 | 结算方式 | 投标价 + 变更（增减） |
| 12 | 合同质量目标 | 结构"长城杯"，单位工程"长城杯" |
| 13 | 合同工期 | 323 天 |
| 14 | 合同开工日期 | 2001 年 9 月 27 日 |

## 1.2　建筑设计概况（见表 1-2）

表 1-2

| 序号 | 项　目 | 内　　容 | | | |
|---|---|---|---|---|---|
| 1 | 建筑功能 | 教学及学术交流中心 | | | |
| 2 | 建筑面积 | 总建筑面积（$m^2$） | 18111.88 | | |
| | | 地下建筑面积（$m^2$） | 5575.04 | 地上建筑面积（$m^2$） | 12537.84 |
| 3 | 建筑层数 | 地　　上 | 2 | 地　　下 | 6 |
| 4 | 建筑层高 | 地下二层层高（m） | 4.5 | 地下二层层高（m） | 3.9~5.1 |
| | | 地上部分层高（m） | 标准层 | 4.5 | |
| | | | 阶梯教室 | 7.2~9.0 | |
| 5 | 建筑高度 | ±0.00 标高（m） | 52.000 | 室内外高差（m） | 0.6 |
| | | 基底标高（m） | -10.20 | 最大基坑深度（m） | -11.8 |
| | | 建筑檐高（m） | 29.0 | 建筑高度 | 34.3 |
| 6 | 建筑平面 | 横轴编号 | ①~⑳ | 纵轴编号 | Ⓐ~Ⓚ |
| | | 横轴距离（mm） | 84300 | 纵轴距离（mm） | 45000 |

续表

| 序号 | 项目 | 内容 | | |
|---|---|---|---|---|
| 7 | 建筑防火 | 一级 | | |
| 8 | 墙面保温 | 外墙外保温：FGC保温层30mm厚 | | |
| 9 | 室外装饰 | 外墙装修 | 涂料、霹雳砖、铝板幕墙 | |
| | | 门窗工程 | 出入口为拉丝不锈钢门、铝合金窗、玻璃幕墙 | |
| | | 屋面工程 | 多功能厅屋面：单曲线弧形钢网架彩色夹心钢板屋面，上人屋面：200mm厚水泥膨胀蛭石 | |
| | | 台阶（楼梯） | 花岗石 | |
| | | 散水 | 细石混凝土 | |
| 10 | 室内装修 | 顶棚 | 走廊、大厅 | 纸面石膏板 |
| | | | 300、500人教室 | 铝方搁栅 |
| | | | 120、180、60人教室 | 硅钙板 |
| | | | 多功能厅 | 铝塑板 |
| | | | 卫生间 | 铝条板 |
| | | 地面工程 | 走廊、大厅、多功能厅 | 花岗石 |
| | | | 300、500、180、120人教室 | 玻化砖 |
| | | | 60人教室 | 防静电地板 |
| | | | 卫生间 | 防滑地砖 |
| | | 内墙 | 首层大厅 | 花岗石 |
| | | | 多功能厅 | 针孔铝板 |
| | | | 300、500人教室 | 矿棉吸声板 |
| | | | 卫生间 | 釉面砖 |
| | | | 其他房间 | 涂料 |
| | | 其他 | 水曲柳夹板门、拉丝不锈钢栏杆、扶手 | |
| 11 | 防水工程 | 地下 | Ⅱ+ⅡSBS改性沥青防水卷材 | |
| | | 屋面 | Ⅱ+ⅡSBS改性沥青防水卷材 | |
| | | 厕浴间 | 1.5mm聚氨酯涂膜防水 | |
| | | 屋面防水等级 | 二级防水 | |

## 1.3 结构设计概况（见表1-3）

表1-3

| 序号 | 项目 | 内容 | |
|---|---|---|---|
| 1 | 结构形式 | 基础结构形式 | 筏形基础 |
| | | 主体结构形式 | 框架-剪力墙结构 |
| | | 屋面结构形式 | 平屋顶、彩板屋面 |
| 2 | 地基 | 持力层以下土质类别 | 持力层土质为细、中砂层 |
| | | 地基承载力 | 250kPa |

续表

| 序号 | 项　目 | 内　容 | |
|---|---|---|---|
| 3 | 地下防水 | 结构自防水 | 抗渗等级 P12 |
| | | 材料防水 | Ⅱ + ⅡSBS 改性沥青防水卷材 |
| | | 构造防水 | 3mm 厚钢板止水 |
| 4 | 混凝土强度等级 | 部位：垫层 | C10 |
| | | 部位：底板 | C40P12 |
| | | 部位：地下室剪力墙 | C45 |
| | | 部位：内墙框架柱 | C50 |
| | | 部位：预应力梁 | C50 |
| | | 部位：其他梁板 | C40 |
| | | 部位：圈梁、构造柱 | C20 |
| 5 | 抗震等级 | 工程设防烈度 | 八　度 |
| | | 剪力墙抗震等级 | 二　级 |
| 6 | 钢筋类别 | HPB235、HRB335、Q235 | |
| 7 | 钢筋接头形式 | $d \geqslant 18$mm 滚轧直螺纹，$d < 18$mm 搭接 | |
| 8 | 结构尺寸 | 基础底板厚度（mm） | 800 |
| | | 外墙厚度（mm） | 300 |
| | | 内墙厚度（mm） | 200 |
| | | 主要梁断面最大尺寸 | 800 × 1500、700 × 1000、600 × 800、700 × 900 |
| | | 梁最大跨度（m） | 24.9 |
| | | 楼板厚度（mm） | 150、170、180、200、300 |
| 9 | 楼梯坡道结构形式 | 楼梯结构形式 | 板式楼梯 |
| | | 坡道结构形式 | 整板基础、剪力墙结构 |
| 10 | 混凝土碱含量 | 混凝土碱含量 $\leqslant 3kg/m^3$ | |

## 1.4　专业设计概况（见表 1-4）

表 1-4

| 序号 | 项　目 | | 设计要求 | 系统做法 | 管线类别 |
|---|---|---|---|---|---|
| 1 | 给排水系统 | 上　水 | 管网供水 | 树干式 | 钢塑管 |
| | | 下　水 | 室内主管与外网连接到化粪池 | 树干式 | 机制铸铁管 |
| | | 雨　水 | 室内安装、首层外排 | 分区独立式 | UPVC 管 |
| | | 生活水 | 水箱供水和管网供水 | 树干式 | 钢塑管 |
| | | 消防水 | 消防水池供水 | 环状供水 | 焊接钢管 |
| 2 | 消防系统 | 消　防 | 消火栓 | 变频定压 | 焊接钢管 |
| | | 排　烟 | 排 烟、防排烟 | 局部 | 普通钢管风管 |
| | | 报　警 | 手动和自动 | 总线制 | 焊接钢管 |
| | | 监　控 | 烟感 | 总线制 | 焊接钢管 |

续表

| 序号 | 项目 | | 设计要求 | 系统做法 | 管线类别 |
|---|---|---|---|---|---|
| 3 | 电力系统 | 照明 | | 放射式与树干式结合 | |
| | | 动力 | | 放射式与树干式结合 | 桥架及焊接钢管 |
| 4 | 弱电系统 | 弱电 | | | 线槽、焊管 |
| | | 避雷 | 三类防雷 | 92DQ13 | 基础主筋及屋面避雷带 |
| 5 | 设备安装 | 电梯 | 两部电梯 | | |
| | | 配电柜 | | 落地明装、墙上暗装、墙上明装 | 桥架、线管 |
| | | 污水泵 | | 地下污水坑安装 | |
| 6 | 通风空调系统 | 采暖 | 管网供暖 | 集中供热 | 镀锌钢管 |
| | | 空调 | 风机盘管 | 分区制冷 | 焊接钢管 |
| | | 通风 | 排风、新风机组 | 分区排风 | 玻璃钢风管 |
| | | 冷冻 | 双效直燃机组 | 集中制冷 | |
| 7 | 电视天线 | | 接收、播放、录制 | 采用550MHz邻频传输 | 桥架及焊接钢管 |
| 8 | 通讯 | | | 五类八芯双绞线 | 线槽、焊管 |

## 1.5 主要分部（分项）工程量（见表1-5）

表1-5

| 序号 | 分部（分项）工程名称 | | 单位 | 数量 |
|---|---|---|---|---|
| 1 | 土方工程 | 开挖土方量 | $m^3$ | 38000 |
| | | 回填土方量 | $m^3$ | 9800 |
| 2 | 基础及主体 | 钢筋 | t | 2074 |
| | | 防水混凝土 | $m^3$ | 6200 |
| | | 普通混凝土 | $m^3$ | 10400 |
| 3 | 砌筑工程 | 陶粒空心砖墙 | $m^3$ | 3450 |
| 4 | 防水工程 | 地下室防水（SBS卷材） | $m^2$ | 6930 |
| | | 卫生间防水（聚氨酯） | $m^2$ | 1200 |
| | | 屋面防水（SBS卷材） | $m^2$ | 1840 |
| 5 | 抹灰工程 | 地下室抹灰 | $m^2$ | 18600 |
| | | 地上抹灰 | $m^2$ | 45800 |
| 6 | 装饰工程 | 玻化砖 | $m^2$ | 5400 |
| | | 花岗石地面 | $m^2$ | 7800 |
| | | 纸面石膏板吊顶 | $m^2$ | 3400 |
| | | 硅钙板吊顶 | $m^2$ | 2600 |
| | | 铝方搁栅吊顶 | $m^2$ | 1800 |
| | | 矿棉吸声板墙面 | $m^2$ | 2600 |
| | | 釉面砖 | $m^2$ | 1700 |

续表

| 序号 | 分部（分项）工程名称 | | 单 位 | 数 量 |
| --- | --- | --- | --- | --- |
| 6 | 装饰工程 | 花岗石墙面 | $m^2$ | 1150 |
| | | 内墙涂料 | $m^2$ | 45700 |
| | | 外墙涂料 | $m^2$ | 31450 |
| | | 外墙砖 | $m^2$ | 3490 |
| | | 玻璃幕墙 | $m^2$ | 1100 |
| 7 | 门窗工程 | 铝合金窗 | $m^2$ | 560 |
| | | 木制防火门 | $m^2$ | 656 |
| | | 木　门 | $m^2$ | 1500 |
| | | 人防门 | $m^2$ | 680 |
| | | 拉丝不锈钢门 | $m^2$ | 280 |
| 8 | 设备安装 | 水泵直燃 | 台 | 16 |
| | | 配电柜 | 个 | 8 |
| | | 电　线 | m | 30230 |
| | | 卫生洁具 | 套 | 1830 |
| | | 新风机组 | 台 | 12 |
| | | 散热器 | 片 | 6780 |
| | | 电梯安装 | 部 | 2 |
| | | 冷却塔 | 台 | 2 |
| | | 直燃机组 | 台 | 2 |

## 1.6 建筑设计总平面图（见图 1-1）

## 1.7 建筑设计典型（一层）平面图（见图 1-2）

## 1.8 建筑设计剖面图（见图 1-3）

## 1.9 工程特点与难点

（1）施工难度大：本工程地处大学校园内，教学集中、生活集中，人员流动较大，距学校主干道仅一墙之隔，距学生宿舍仅 15m，环保和安全文明施工要求高。

（2）施工工期紧：合同工期 323d，比定额工期提前 217d，并且地处人大校园内，施工时间受限制。

（3）季节性施工明显：本工程结构全部处于冬期施工，装饰全部处于雨期施工，季节性施工难度大。

（4）工程质量要求高：确保北京市结构“长城杯”，单位工程“长城杯”，施工现场确保北京市“安全文明工地”。

（5）建筑造型新颖：本工程为多媒体教学楼，使用功能的多样性决定了建筑造型的多

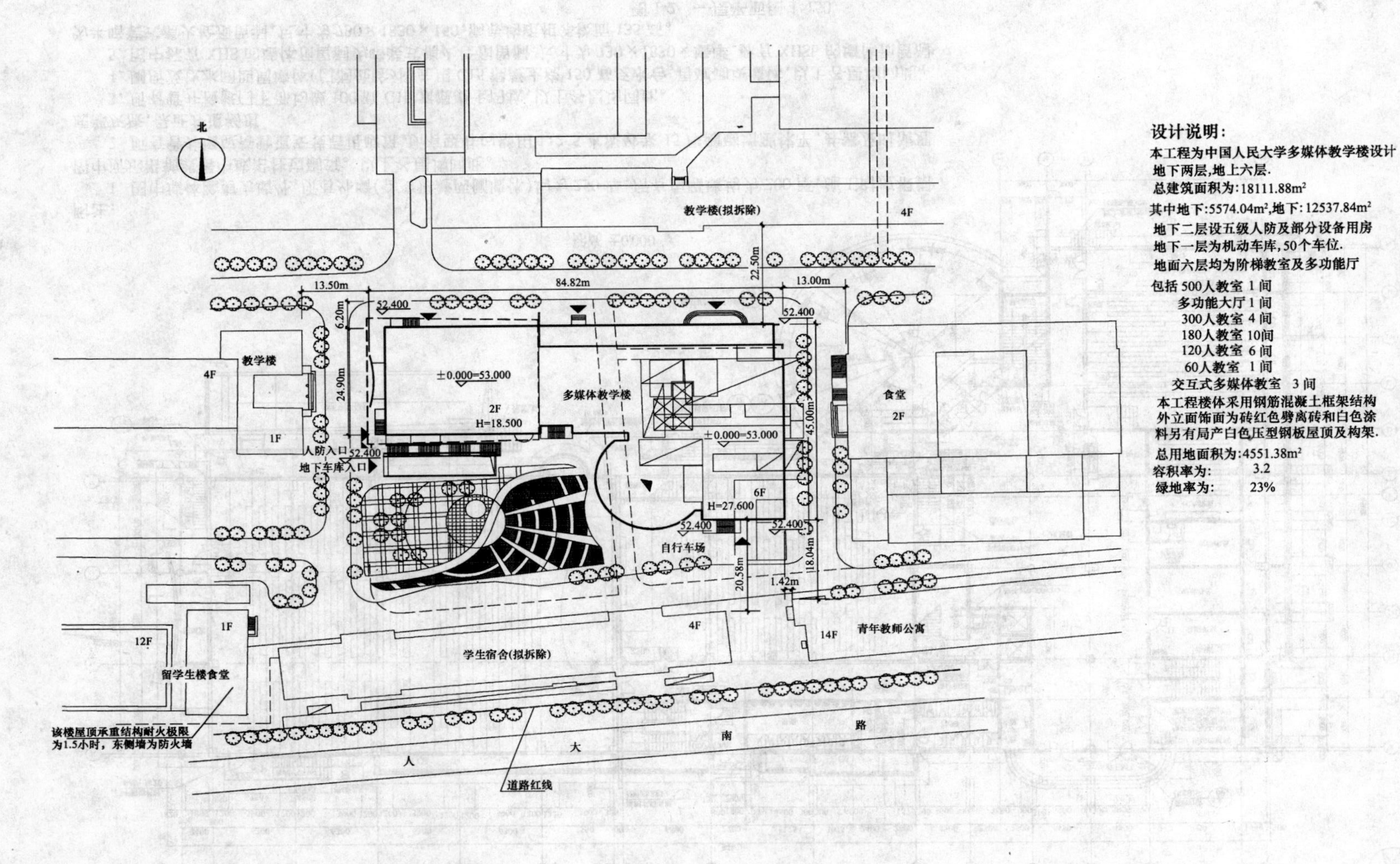


图 1-1 总平面图 1:500

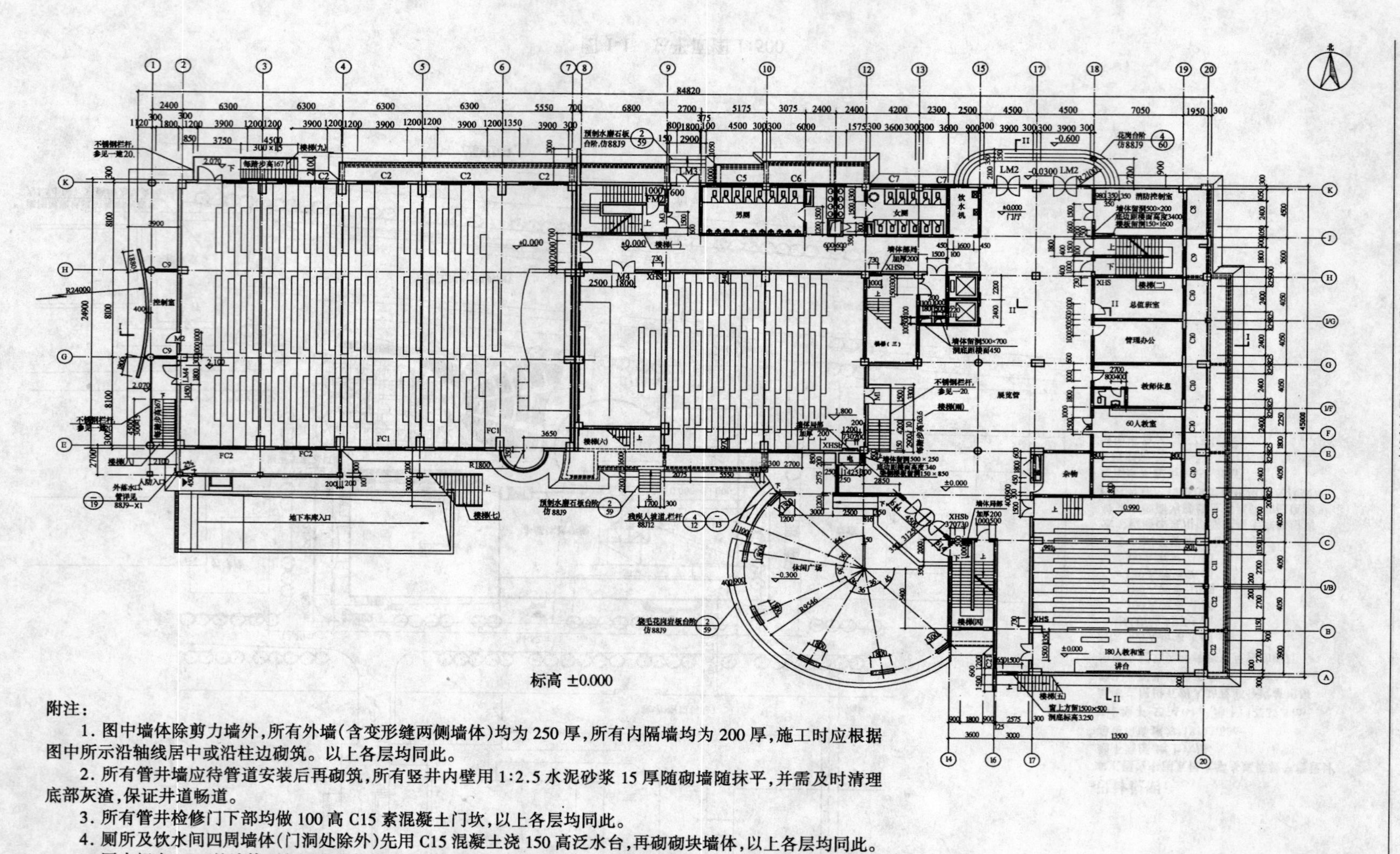


附注：

1. 图中墙体除剪力墙外，所有外墙(含变形缝两侧墙体)均为 250 厚，所有内隔墙均为 200 厚，施工时应根据图中所示沿轴线居中或沿柱边砌筑。以上各层均同此。

2. 所有管井墙应待管道安装后再砌筑，所有竖井内壁用 1:2.5 水泥砂浆 15 厚随砌墙随抹平，并需及时清理底部灰渣，保证井道畅道。

3. 所有管井检修门下部均做 100 高 C15 素混凝土门坎，以上各层均同此。

4. 厕所及饮水间四周墙体(门洞处除外)先用 C15 混凝土浇 150 高泛水台，再砌砌块墙体，以上各层均同此。

5. 图中标有 XHS 的墙体预留洞为暗装式消火栓预留洞，尺寸为 730×1830×墙厚，标有 XHSb 的墙体预留洞为半暗装式消火栓预留洞，尺寸为 730×1830×150，洞底均距相邻楼面 135 高。

图 1-2　一层平面图 1:150

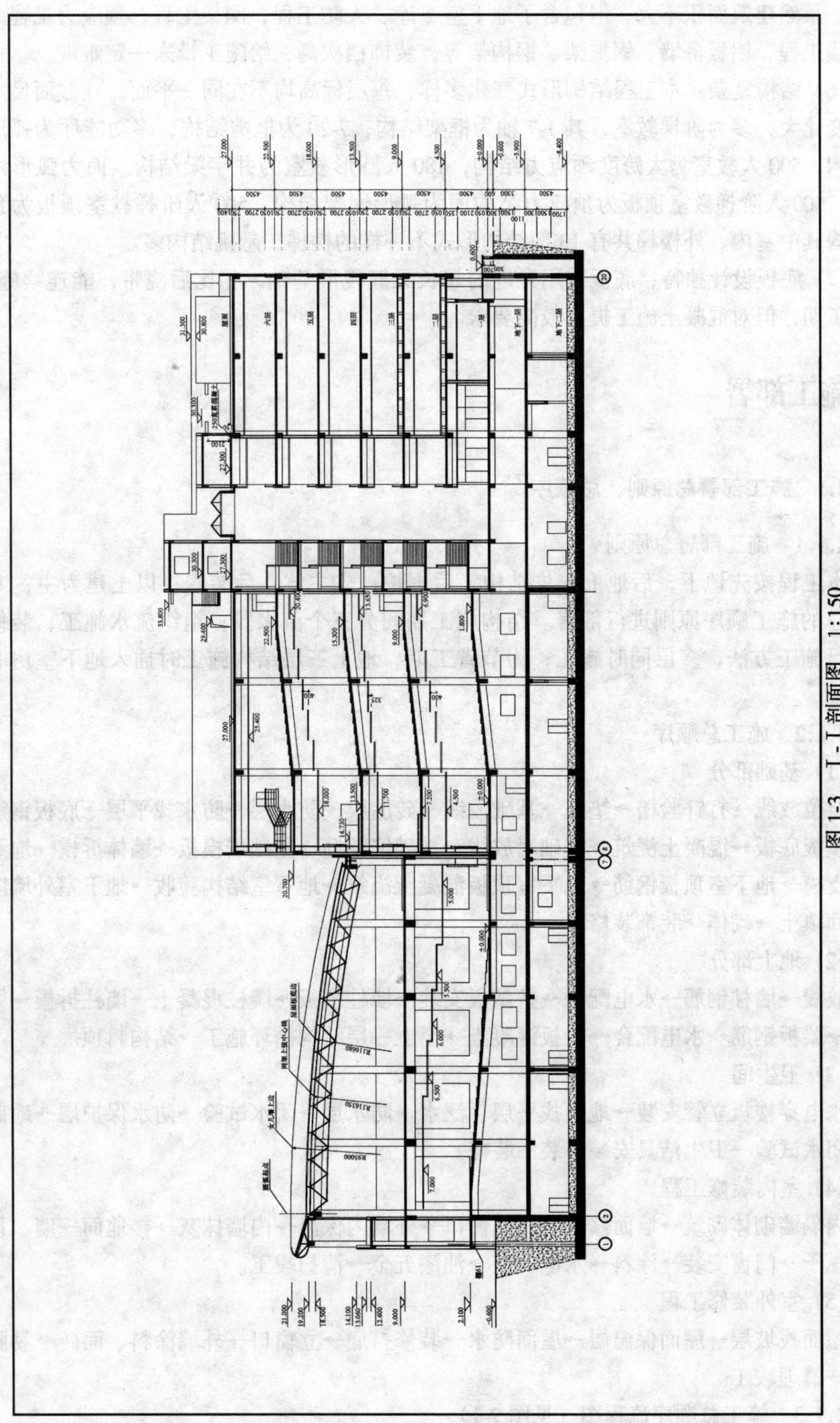

图 1-3 Ⅰ-Ⅰ剖面图 1:150

样性，虽然建筑面积不大，但包含了地下室车库、人防工程，网架工程、预应力工程、玻璃幕墙工程、铝板幕墙、钢拖架、钢构架等，装饰档次高，给施工带来一定难度。

（6）结构复杂：本工程结构形式变化多样，每层标高均不在同一平面，柱截面尺寸及柱高变化大，多为阶梯教室，其1-7轴为框架结构，7-20为框剪结构，多功能厅为弧形网架结构，500人教室为大跨度预应力结构，180人圆形教室为井字梁结构。面为弧形网架结构，500人阶梯教室顶板为预应力结构面为弧形网架结构，500人阶梯教室顶板为预应力结构其中室内、外楼梯共有13部结构形式不一样的楼梯，悬挑结构多。

（7）底板设计独特：底板采用先进的超长无缝筏形基础，相比后浇带，能连续施工，缩短工期，但对混凝土施工提出较高要求。

# 2 施工部署

## 2.1 施工部署总原则、总顺序

### 2.1.1 施工部署总原则

本工程按先地下，后地上；先结构，后围护；先主体，后装修；以土建为主，专业配合总的施工顺序原则进行部署。结构施工期间分三个流水段；组织流水施工；装修采用平行施工方法，多层同时施工；为节省工期，地上三层结构施工时插入地下室房心回填。

### 2.1.2 施工总顺序

（1）基础部分

定位放线→打钎验槽→垫层→基础放线→砖胎膜→防水层→防水找平层→底板钢筋→底板模板底板→混凝土浇筑→基础墙放线→基础墙钢筋→基础墙模板→墙体拆模→地下室顶板支模→地下室顶板钢筋→地下室顶板混凝土浇筑→地下室结构验收→地下室外墙防水层→回填土→砌体→装饰装修。

（2）地上部分

放线→墙柱钢筋→水电配合→挤塑板安装→墙柱模板→墙柱混凝土→墙柱拆模→梁板支模→梁板钢筋→水电配合→梁板混凝土→至上一层结构循环施工→结构封顶。

（3）卫生间

水电穿楼板立管安装→地面找平层、泛水→防水层→闭水试验→防水保护层→地砖→二次闭水试验→卫生洁具安装→装饰装修。

（4）室内装修工程

内隔墙砌体砌筑→墙面修理→立门窗口→外墙内保温→内墙抹灰→楼地面→墙、顶棚满刮腻子→门窗安装→涂料→水电安装→油漆五金→清扫竣工。

（5）室外装修工程

屋面找坡层→屋面保温层→屋面防水→装修打底→立窗口→外墙涂料、面砖→勒脚→散水→清理竣工。

### 2.1.3 施工总顺序流程图（见图2-1）

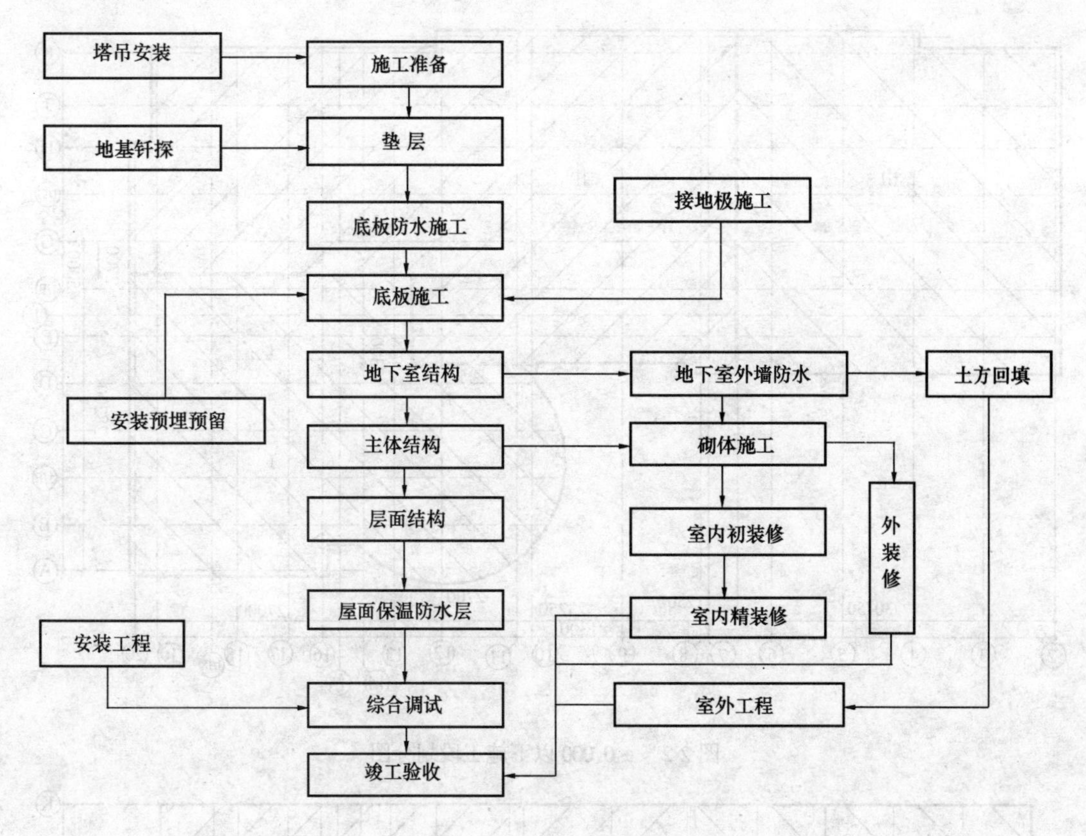


图 2-1 施工流程图

## 2.2 施工流水段划分

本工程东西长 80 余米，西侧宽约 25m，东侧宽约 45m，其中①～⑦轴：地下二层、地上二层为框剪结构；⑧—⑳轴：地下二层、地上六层为框剪结构；地下室设有两条膨胀加强带，地上⑦—⑧轴间设有一条伸缩缝，为保证工期，加快工效：将地下室根据膨胀加强带划分三个流水段，由Ⅲ段→Ⅱ段→Ⅰ段组织流水作业。将地上结构根据伸缩缝划分三个流水段，由Ⅱ段→Ⅰ段→Ⅲ段组织流水作业。具体见图 2-2 和图 2-3。

## 2.3 施工总平面布置

### 2.3.1 施工总平面布置依据

根据现场及周边的实际情况，尽量利用现有场地，综合考虑基础施工、主体施工以及装修施工三个阶段的情况，进行施工场地的总平面布置。

### 2.3.2 总体布置原则

(1) 施工现场按我单位 CI 要求进行围挡。

(2) 办公室设在现场南侧。

(3) 现场设一个钢筋加工棚，在现场东南侧。

(4) 施工道路用混凝土硬化，现场地表水可利用排水沟组织，经沉淀池过滤后，排至市政排污系统。

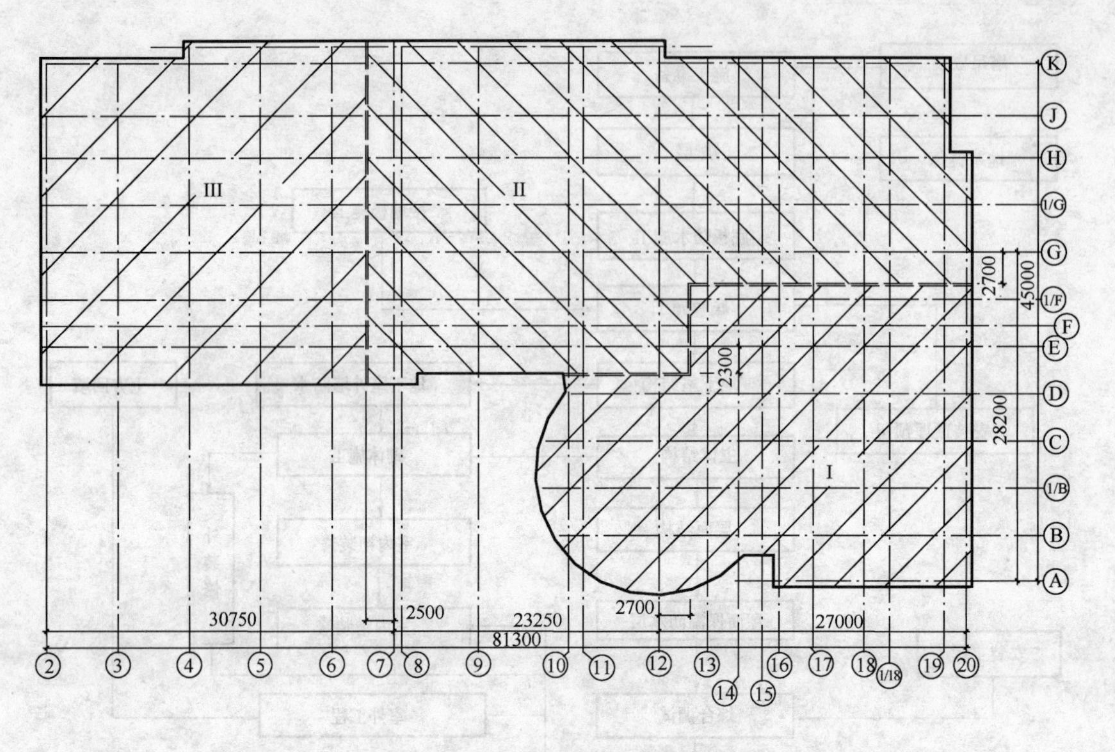


图 2-2　±0.000 以下施工段划分图

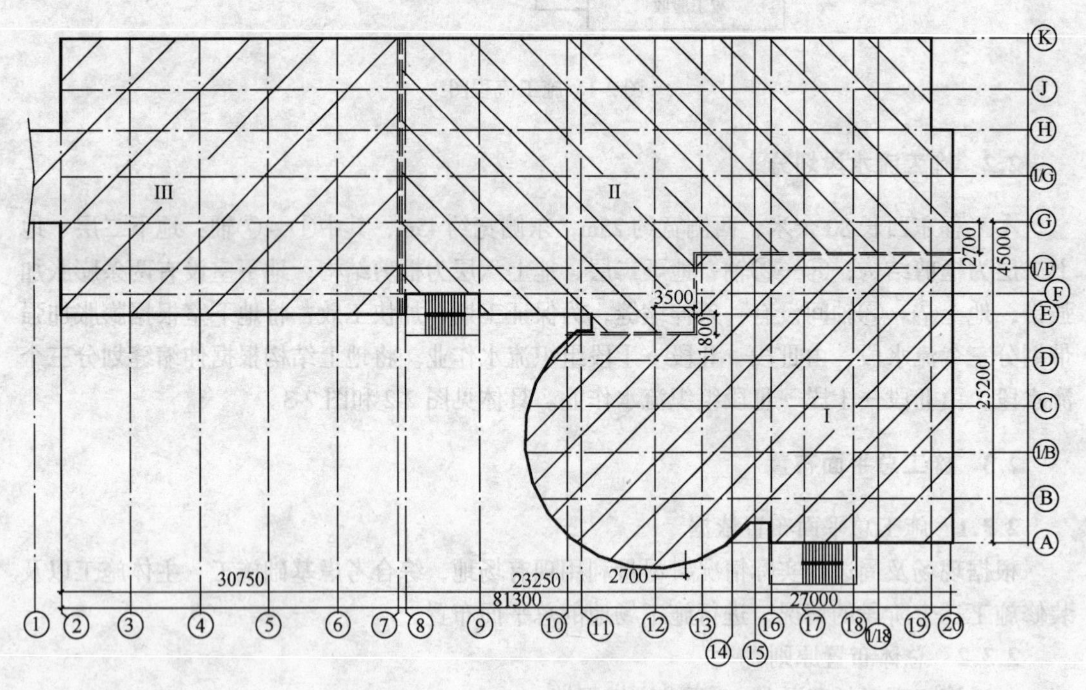


图 2-3　±0.000 以上施工段划分图

（5）施工现场及临时设施均按我单位 CI 策划要求布置并达标。施工现场管理要求达到北京市文明安全样板工地标准，创建花园式施工现场。

（6）为保证施工期间的消防问题，在现场设置 3 个埋地消火栓，并配足够长度的消防水管。与现场水源接通；并根据水压情况设高压消防水泵。

(7) 临时用电采用埋地电缆方式，既可防止物体坠落打击，又减少视觉污染。

### 2.3.3 施工总平面布置

(1) 地下室施工阶段

1) 地下室结构施工阶段，沿基坑周边搭设刷有红、白相间的钢管护栏；同时，在基坑内搭设两个斜道，供施工人员上下。

2) 基坑周围砌 200mm 高挡水墙，墙外设断面不小于 200mm × 250mm 排水沟通向现场沉淀池，进行有组织排水。

3) 现场布置两台塔吊，一台 QTZ80（臂长 50m）用于Ⅰ、Ⅱ区土方、基础等施工，另一台 QTZ80A（臂长 40m）塔吊用于Ⅲ区。塔吊在基础施工阶段不仅担负着垂直运输，亦承担了现场跨越基坑等水平运输。在底板抗裂带，混凝土施工以 QTZ80（臂长 50m）塔吊为主，另一台配合。

(2) 主体阶段总平面布置

1) 主体施工阶段在现场西侧偏南、南侧中部各布置一道大门，形成场内交通。

2) 主体结构施工阶段继续使用两台塔吊，Ⅲ区 QTZ80A 塔吊在完成网架吊装、屋面施工后，可安排拆除退场。

3) 在Ⅰ区布置一台双笼外用电梯用于人员、材料的垂直运输。

4) 主体施工阶段需要大量周转材料堆场，现场主要布置在Ⅱ区南侧。

5) 现场四周均为交通道路，我项目将在路口设置安全提示牌，其中，东、西两侧拟建多媒体教学楼主体距道路距离都较近，主体施工阶段可考虑搭设安全通道。

(3) 装饰阶段总平面布置

1) 项目施工进入装饰阶段后现场保留Ⅰ区塔吊作垂直运输；同时，双笼外用电梯依然保留。

2) 由于本工程楼梯较多，可选择两个楼梯在采取合理成品保护措施后做主体辅助交通，兼做防火疏散通道。

3) 装饰现场布置两台砂浆机，用于墙体砌筑及抹灰。

## 2.4 施工进度计划

### 2.4.1 阶段目标控制计划

本工程的开工日期为 2001 年 9 月 27 日，竣工日期为 2002 年 8 月 15 日，总工期 323 个日历天。本工程实行网络计划管理，设立阶段性目标控制节点，并对于各种细部工序采用横道图的直观方法，指导现场人、财、物的合理调配。主要控制节点如表 2-1 所示。

**阶段目标计划控制** **表 2-1**

| 序号 | 阶段目标 | 施 工 时 间 | 所用天数 | 第 日历天 |
|---|---|---|---|---|
| 1 | 土方工程 | 2001 年 09 月 27 日 ~ 2001 年 11 月 15 日 | 50 | 50 |
| 2 | 钎探、垫层、防水施工 | 2001 年 11 月 16 日 ~ 2001 年 11 月 23 日 | 8 | 58 |
| 3 | 底板施工 | 2001 年 11 月 24 日 ~ 2001 年 12 月 08 日 | 15 | 73 |
| 4 | 地下室结构 | 2001 年 12 月 09 日 ~ 2002 年 01 月 20 日 | 43 | 116 |

续表

| 序号 | 阶段目标 | 施　工　时　间 | 所用天数 | 第　日历天 |
|---|---|---|---|---|
| 5 | 主体结构封顶 | 2002年01月16日~2002年04月25日 | 100 | 211 |
| 6 | 屋面施工 | 2002年05月05日~2002年05月25日 | 21 | 241 |
| 7 | 室内装饰 | 2002年05月15日~2002年07月30日 | 77 | 307 |
| 8 | 外墙装饰 | 2002年06月06日~2002年07月05日 | 31 | 282 |
| 9 | 给排水工程 | 2001年11月24日~2002年07月15日 | 234 | 292 |
| 10 | 通风空调工程 | 2001年11月24日~2002年07月20日 | 239 | 297 |
| 11 | 电气工程 | 2001年11月24日~2002年07月20日 | 239 | 297 |
| 12 | 系统调试 | 2002年07月10日~2002年07月24日 | 15 | 301 |

### 2.4.2　样板计划（见表2-2）

坚持样板引路，施工前确定操作要点及质量标准，用样板指导后续工程的施工。

**主要工序样板计划**　　**表2-2**

| 序　号 | 样板名称 | 样板部位 | 样板施工时间 |
|---|---|---|---|
| 1 | 墙柱钢筋 | 地下二层②-⑩/Ⓙ-Ⓝ | 2001.12.11 |
| 2 | 墙柱模板 | | 2001.12.12 |
| 3 | 墙柱混凝土 | | 2001.12.13 |
| 4 | 板模板 | 地下二层②-⑩/Ⓙ-Ⓝ | 2001.12.15 |
| 5 | 梁板钢筋梁 | | 2001.12.16 |
| 6 | 梁板混凝土 | | 2001.12.17 |
| 7 | 陶粒墙砌筑 | 二层②-⑩/Ⓖ-Ⓝ | 2002.05.25 |
| 8 | 内保温及涂料 | 三层①/Ⓖ-Ⓙ外墙 | 2002.06.15 |
| 9 | 外墙面砖 | 一层1/Ⓖ-Ⓙ外墙 | 2002.06.25 |
| 10 | 内墙涂料 | 二层②-⑩门厅 | 2002.07.05 |
| 11 | 底板防水 | 5-15/A-Q | 2001.12.05 |
| 12 | 地下室外墙防水 | 5-15/A | 2002.03.17 |
| 13 | 卫生间防水 | 二层卫生间 | 2001.04.25 |
| 14 | 屋面防水 | ⑮-⑳/Ⓖ-Ⓝ屋面 | 2001.05.05 |
| 15 | 装修样板间 | 二层180人圆形教室 | 2001.06 |

### 2.4.3　验收计划（见表2-3）

**验　收　计　划**　　**表2-3**

| 序号 | 验收部位 | 验　收　时　间 | 资料备齐时间 |
|---|---|---|---|
| 1 | 地下室结构验收 | 2002年02月20日~2002年02月22日 | 2002年02月19日 |
| 2 | 地上结构验收 | 2002年05月25日~2003年05月27日 | 2002年05月24日 |
| 3 | 人防验收 | 2002年07月10日~2002年07月12日 | 2002年07月09日 |
| 4 | 消防验收 | 2002年07月25日~2002年08月10日 | 2002年07月24日 |
| 5 | 规划验收 | 2002年08月05日~2002年08月06日 | 2002年08月04日 |
| 6 | 电梯验收 | 2002年08月08日~2002年08月10日 | 2002年08月07日 |
| 7 | 水质检测 | 2002年08月09日~2002年08月10日 | 2002年08月08日 |
| 8 | 环境检测 | 2002年08月11日~2002年08月12日 | 2002年08月10日 |
| 9 | 竣工验收 | 2002年08月13日~2002年08月15日 | 2002年08月12日 |

### 2.4.4　施工总进度计划及网络图

总施工进度网络计划图见图2-4。

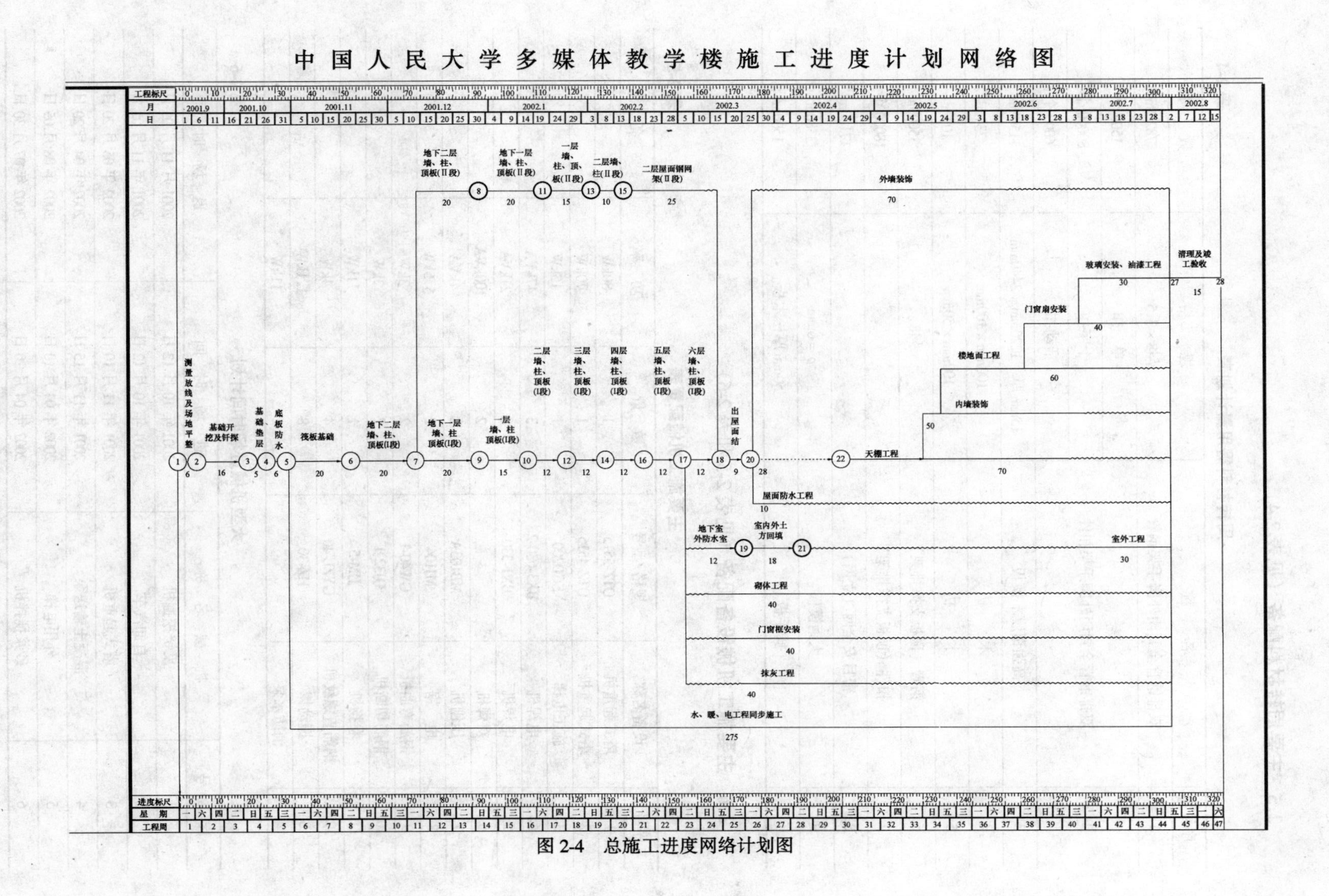


图 2-4 总施工进度网络计划图

## 2.5 主要周转材料配备（见表 2-4）

周转材料需用量计划表 表 2-4

| 序号 | 名称 | 规格 | 数量 |
|---|---|---|---|
| 1 | 双排钢管全封闭外脚手架钢管 | $\phi48\times3.5$ | 78258m |
| 2 | 双排钢管全封闭外脚手架扣件 | 单扣 | 1500 个 |
| | | 十字扣 | 80000 个 |
| | | 活动扣 | 6000 个 |
| 3 | 高强覆膜木模板 | 15mm 厚 1220mm × 2440mm | 11500m² |
| 4 | 木枋 | 100mm × 100mm | 234m³ |
| 5 | 木枋 | 100mm × 50mm | 107m³ |
| 6 | 钢管（顶板支撑排架） | $\phi48$ | 35000m |
| 7 | 扣件（顶板支撑排架） | | 18000 个 |
| 8 | 密目安全网（立网） | | 17100m² |
| 9 | 大钢模板 | $\delta=6$mm | 3380m² |
| 10 | 脚手板 | 50mm 厚松木板 | 1500m² |

## 2.6 主要施工机械设备配备（见表 2-5 和表 2-6）

主要施工机械配置表 表 2-5

| 序号 | 设备名称 | 规格/型号 | 数量 | 功率 | 备注 |
|---|---|---|---|---|---|
| 1 | 塔式起重机 | QTZ-5515 | 1 | 80kW | |
| 2 | 塔式起重机 | QTZ-4515 | 1 | 70kW | |
| 3 | 施工电梯 | SCD200 | 1 | 15kW | |
| 4 | 电焊机 | BX3-630-2 | 3 | 47kVA | |
| 5 | 电焊机 | BX1-330 | 8 | 21kVA | |
| 6 | 对焊机 | | 2 | 100kVA | |
| 7 | 压刨机 | MB103A | 2 | 4kVA | |
| 8 | 电锯 | MJ104 | 2 | 5.5kW | |
| 9 | 钢筋弯曲机 | GW40-1 | 2 | 3kW | |
| 10 | 钢筋切断机 | QJ32-1 | 2 | 3kW | |
| 11 | 卷扬机 | JJM-5 | 1 | 11kW | |
| 12 | 钢筋直螺纹机 | GYZL-40 | 4 | 4kW | |
| 13 | 振动棒 | HZ-30 | 8 | 1.1kW | |
| 14 | 消防水泵 | | 2 | 11kW | |

大型机械进场时间计划 表 2-6

| 序号 | 机械名称 | 进场时间 | 退场时间 |
|---|---|---|---|
| 1 | 反铲挖掘机 | 2001 年 10 月 12 日 | 2001 月 11 月 05 日 |
| 2 | 自卸汽车 | 2001 年 10 月 12 日 | 2001 年 11 月 05 日 |
| 3 | 塔式起重机 | 2001 年 11 月 10 日 | 2002 年 05 月 20 日 |
| 4 | 混凝土输送泵 | 2001 年 11 月 15 日 | 2002 年 04 月 20 日 |
| 5 | 外用电梯 | 2002 年 04 月 10 日 | 2002 年 08 月 05 日 |
| 6 | 砂浆搅拌机 | 2002 年 04 月 20 日 | 2002 年 07 月 30 日 |

## 2.7 主要劳动力计划（见表 2-7 和图 2-5）

劳动力实行专业化组织，按不同工种，不同施工部位来划分作业班组，使各专业班组从事性质相同的工作，提高操作的熟练程度和劳动生产率，以确保工程施工质量和施工进度。

主要劳动力需用计划动态分析表　　　　表 2-7

| 项目＼时间 | | 9.27～10.27 | 10.27～11.27 | 11.27～12.27 | 12.27～1.27 | 1.27～2.27 | 2.27～3.27 | 3.27～4.27 | 4.27～5.27 | 5.27～6.27 | 6.27～7.27 | 7.27～8.15 |
|---|---|---|---|---|---|---|---|---|---|---|---|---|
| 序号 | 工种 | 第1月 | 第2月 | 第3月 | 第4月 | 第5月 | 第6月 | 第7月 | 第8月 | 第9月 | 第10月 | 第11月 |
| 1 | 木　工 | 15 | 30 | 40 | 60 | 50 | 45 | 18 | 15 | 15 | 10 | |
| 2 | 钢筋工 | 25 | 42 | 50 | 50 | 45 | 40 | 15 | 5 | | | |
| 3 | 混凝土工 | 20 | 30 | 45 | 55 | 50 | 40 | 20 | 10 | | | |
| 4 | 机操工 | 5 | 7 | 10 | 10 | 10 | 10 | 10 | 10 | 6 | 6 | |
| 5 | 修理工 | 3 | 3 | 6 | 6 | 6 | 6 | 6 | 6 | 6 | 3 | 2 |
| 6 | 电　工 | 4 | 10 | 15 | 15 | 15 | 15 | 15 | 15 | 15 | 10 | 6 |
| 7 | 焊　工 | | 10 | 10 | 10 | 10 | 10 | 10 | 10 | 6 | 6 | 4 |
| 8 | 砖　工 | | | | | | 50 | 50 | | | | |
| 9 | 抹灰工 | | | | | | | 40 | 20 | | | |
| 10 | 架　工 | | 20 | 20 | 20 | 20 | 20 | 20 | 20 | 20 | 20 | 5 |
| 11 | 油漆工 | | | | | | 20 | 20 | 20 | 20 | 10 | |
| 12 | 通风工 | | | | | | | 10 | 10 | 10 | 10 | 5 |
| 13 | 钳　工 | | 10 | 10 | 10 | 10 | 15 | 20 | 25 | 20 | 10 | 5 |
| 14 | 管　工 | | 10 | 10 | 10 | 10 | 10 | 10 | 10 | 10 | 10 | 5 |
| 15 | 测量工 | 5 | 3 | 2 | 2 | 2 | 2 | 2 | | | | |
| 16 | 装饰工 | | | | | | | 45 | 60 | 80 | 80 | 40 |
| 17 | 防水工 | 20 | | | | | 20 | 20 | 20 | | | |
| 18 | 普　工 | 30 | 40 | 50 | 55 | 55 | 45 | 35 | 35 | 30 | 30 | 30 |
| 合　计 | | 127 | 215 | 268 | 303 | 283 | 348 | 366 | 291 | 238 | 190 | 97 |

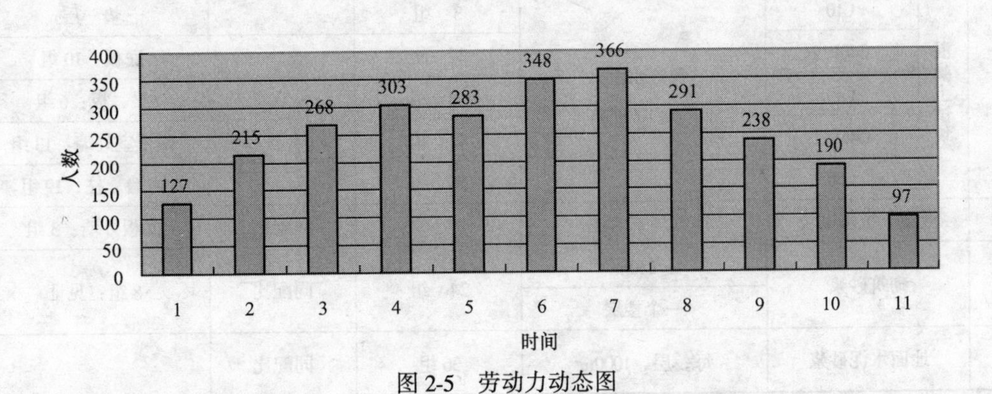


图 2-5　劳动力动态图

## 2.8 技术工作计划

### 2.8.1 分项工程施工方案编制计划

技术部根据施工进度提前编制施工组织设计和分项工程的施工方案，报业主、监理工程师、公司审批后作为工程施工生产的指导性文件。工程主要施工方案编制计划表见表2-8。

**分项工程施工方案编制计划表** **表 2-8**

| 序号 | 施工方案内容 | 编制时间、期限 | 序号 | 施工方案内容 | 编制时间、期限 |
|---|---|---|---|---|---|
| 1 | 基坑支护施工方案 | 2001.10.01 | 11 | 外墙内保温施工方案 | 2001.10.15 |
| 2 | 地基钎探方案 | 2001.10.03 | 12 | 脚手架施工方案 | 2001.10.15 |
| 3 | 施工测量方案 | 2001.10.05 | 13 | 砌体结构施工方案（含抹灰工程） | 2002.01.20 |
| 4 | 临时水电施工方案 | 2001.10.05 |  |  |  |
| 5 | 地下室防水工程施工方案 | 2001.10.08 | 14 | 外装饰施工方案 | 2002.01.25 |
| 6 | 钢筋施工方案 | 2001.10.10 | 15 | 屋面工程施工方案（含屋面防水） | 2002.01.25 |
| 7 | 模板施工方案 | 2001.10.12 | 16 | 室内装修施工方案 | 2002.10.25 |
| 8 | 混凝土施工方案 | 2001.10.12 | 17 | 通风、空调施工方案 | 2001.10.15 |
| 9 | 回填施工方案 | 2001.10.15 | 18 | 给排水施工方案 | 2001.10.15 |
| 10 | 季节性施工方案 | 2001.10.15 | 19 | 电气施工方案 | 2001.10.15 |

### 2.8.2 主要试验工作计划（见表 2-9）

**表 2-9**

| 序号 | 试验内容 | | 取样批量 | 试验数量 | 备注 | 见证部位、数量（实际>计划） |
|---|---|---|---|---|---|---|
| 1 | 钢筋原材 | | 非混合批≤60t<br>混合批：6个炉号，C≤0.02%，Mn≤0.15%，≤30t | 40组 |  | 地下室：6次<br>主 体：12次 |
| 2 | 钢筋接头 | 直螺纹 | 每500接头 | 同一规格每一流水段1组 | $d\geqslant18$mm | 基础主体：30%见证 |
| 3 | 混凝土试块 | C10 | 每流水段，≤100m³ | 3 组 |  | 垫 层 |
|  |  | C40P12 |  | 27 组 |  | 底板：10组 |
|  |  | C40 |  | 18 组 |  | 梁、板：6组 |
|  |  | C45P12 |  | 42 组 |  | 地下室外墙：13组 |
|  |  | C50 |  | 56 组 |  | 内墙、柱：19组 |
| 4 | 混凝土抗渗试块 | | 连续浇筑500m³ | 10 组 | 同配比 | 底板外墙：3组 |
| 5 | 砌筑砂浆 | | ≤250m³<br>一个楼层 | 24 组 | 同配比 | 8组：见证 |
| 6 | 地面水泥砂浆 | | 每一层、1000m² | 36组 | 同配比 |  |

续表

| 序号 | 试验内容 | 取样批量 | 试验数量 | 备注 | 见证部位、数量（实际＞计划） |
| --- | --- | --- | --- | --- | --- |
| 7 | 砌筑水泥 | 同一厂家≤200t | 6 | 同一规格 | 两组：见证 |
| 8 | 砌筑用砂 | 同一厂家≤600t | 4 | 同一规格 | |
| 9 | SBS防水卷材 | ≤1000卷 | 5组 | 同品种 | 底板、地下室外墙：两组 |
| 10 | 防水涂料 | ≤5t | 6组 | 同品种 | 卫生间：两组 |
| 11 | 外墙饰面砖粘结 | 每一层、300m² | 4 组 | 同品种 | 1～2层 |
| 12 | 回填土 | 分段、分层每10～20m | 1500点 | 同品种 | 肥槽、房心 |
| 13 | 外窗、玻璃幕墙 | | 2 | 同品种 | 三性试验 |

### 2.8.3 现场准备

(1) 按CI要求搭设现场围墙、办公室，及时清理业主提供的临时住宿场地。按现场实际情况及业主所提供的现场条件，在基坑开挖的同时，安排及时搭设现场临时生产设施，如钢筋加工房、木工房、库房等，安装施工现场临时用水、电管线，以解决生产需要；保证在土方开挖的同时，能够进行钢筋的制作等工作。

(2) 在劳动力进场后，土方开挖的同时，及时安排机械基础施工及机械设备的进场、安装、调试。

(3) 对施工场地临时施工道路、材料堆场等区域进行硬化；根据施工总平面图的要求搭设现场办公用房、材料库房、加工场地，布置施工机械和设备就位。

(4) 办理各种开工手续（见表2-10）。

表 2-10

| 序号 | 证件名称 | 编号 | 办理日期 | 办理单位 |
| --- | --- | --- | --- | --- |
| 1 | 建筑工程施工许可证 | 00建2001.1146 | 2001年10月 | 北京市城乡建设委员会 |
| 2 | 安全生产许可证 | | 2001年10月 | 北京市劳动局 |
| 3 | 夜间施工许可证 | | 2001年10月 | 北京市城市管理委员会 |
| 4 | 建筑项目备案书 | 2001F30000097 | 2001年10月 | 北京市城乡建设委员会 |

## 2.9 施工临时用水、用电布置

### 2.9.1 临时用水布置

本工程现场临时用水包括给水和排水两套系统。给水系统又包括生产、生活和消防用水。排水系统包括现场排水系统和生活排水系统。

给水系统：从甲方指定的现场中部偏西南水源接用水管至生活区和各施工用水点，并按有关要求报装和安装水表。管道布置要综合考虑施工用水量。主供水管采用$\phi$100的镀锌钢管埋地埋地深度＞0.8m敷设，用离心泵加压，通过立管送至各施工楼层。消防用水采用独立的供水管，每隔一楼层设消防栓，配备消防水带。地下室施工阶段现场出入口设洗车槽，所有外运渣土的车辆必须清洗，减少车辆带尘遗撒。

排水系统：施工现场的各类排水必须经过处理达标后才能排入排水管网。沿临时设施、建筑四周及施工道路设置排水明沟，并做好排水坡度。生活污水和施工污水经过沉淀处理后将清水排入管线。排水沟要定期派人清掏，保持畅通，防止雨期高水位时发生雨水倒灌。生产、生活用水必须经过沉淀，厕所的排污必须经过三级化粪处理，食堂设隔油池。

管道布置：根据生产、生活、消防用水量，工地进水管管径为 *DN*100，施工现场消防及施工用水管道管径均为 *DN*100，末端分别为 *DN*25，*DN*20；现场生活用水末端管径为 *DN*15。

### 2.9.2　施工用电设计

（1）本工程主要机械用电负荷见表 2-11。

**主要机械用电负荷情况一览表　　表 2-11**

| 序　号 | 设 备 名 称 | 规格/型号 | 安 装 功 率 | 数　量 | 合 计 功 率 | 备　注 |
|---|---|---|---|---|---|---|
| 1 | 塔式起重机 | QTZ-5515 | 80kW | 1 | 80kW | |
| 2 | 塔式起重机 | QTZ-4515 | 70kW | 1 | 70kW | |
| 3 | 电焊机 | BX3-630-2 | 47kV·A | 3 | 141kW | |
| 4 | 电焊机 | BX1-330 | 21kV·A | 8 | 168kW | |
| 5 | 对焊机 | | 100kV·A | 2 | 100kW | |
| 6 | 压刨机 | MB103A | 4kV·A | 2 | 8kW | |
| 7 | 电　锯 | MJ104 | 5.5kW | 2 | 11kW | |
| 8 | 平板刨子 | MB503A | 3kW | 1 | 3kW | |
| 9 | 钢筋弯曲机 | GW40-1 | 3kW | 2 | 6kW | |
| 10 | 钢筋切断机 | QJ32-1 | 3kW | 2 | 6kW | |
| 11 | 卷扬机 | JJM-5 | 11kW | 1 | 11kW | |
| 12 | 钢筋直螺纹机 | GYZL-40 | 4kW | 4 | 16kW | |
| 13 | 振动棒 | HZ-30 | 1.1kW | 8 | 8.8kW | |
| 14 | 消防水泵 | | 11kW | 2 | 22kW | |
| 15 | 施工电梯 | SCD200 | 15kW | 1 | 30kW | |
| 16 | 其他设备 | | 60kW | | 60kW | |

（2）根据施工现场各用电设备使用情况，采用需要系数 $K_x$ 法，将用电设备分组进行计算，计算公式如下：

有功功率：$P_{js} = K_x \cdot \Sigma p_e$

无功功率：$Q_{js} = P_{js} \cdot \mathrm{tg}\phi$

视在功率：$S_{js} = \sqrt{P_{js2} + Q_{js2}}$

总负荷计算，同期系数取 $K_x = 0.8$

总有功功率：$P_{js总} = K_x \cdot (P_{js1} + P_{js2} + P_{js3} + P_{js4} + P_{js5} + P_{js6} + P_{js7}) = 0.8 \times (57 + 131 + 28 + 16 + 7 + 79 + 54) = 372 \times 0.8 = 298\text{kW}$

总无功功率：$Q_{js总} = K_x \cdot (Q_{js1} + Q_{js2} + Q_{js3} + Q_{js4} + Q_{js5} + Q_{js6} + Q_{js7}) = 0.8 \times (59 + 260 + 29 + 15 + 8 + 81 + 0) = 362\text{kW}$

总视在功率：$S_{js}=\sqrt{P_{js2}+Q_{js2}}=\sqrt{2892+3622}=468\text{kW}$

总电流计算：$I_{js}=\dfrac{S_{js}}{\sqrt{3\cdot V_e}}=\dfrac{362}{\sqrt{3}\times 0.38}=548\text{A}$

(3) 用电布线情况：

1) 从甲方提供的电源接线路至施工现场，供电电缆采用埋地敷设。

2) 遵循生产生活用电分路的原则，由总配电室引三相五线至各用电点。

3) 现场系统按“三级配电三级保护”的原则进行配置。

4) 现场施工用电应按《建设工程施工现场供用电安全规范》执行。

# 3 主要施工方法

## 3.1 施工测量

### 3.1.1 检验、测量、试验仪器设备购配置

施工前针对本工程的特点选购适应本工程需要的测量、计量器具。详见表 3-1。

表 3-1

| 序号 | 仪器设备名称 | 单位 | 数量 | 规格型号 |
|---|---|---|---|---|
| 1 | 工程检测尺 | 把 | 1 | JZC-2 |
| 2 | 钢卷尺 | 把 | 8 | 5m |
| 3 | 钢卷尺 | 把 | 1 | 50m |
| 4 | 水准仪 | 台 | 1 | AL25A |
| 5 | 经纬仪 | 台 | 1 | XGJ2 |
| 6 | 游标卡尺 | 把 | 1 | 20cm |
| 7 | 振动台 | 台 | 1 | ZHJ-A |
| 8 | 湿度自控器 | 台 | 1 | ZH-A |
| 9 | 混凝土试模 | 组 | 24 | 100×100 |
| 10 | 混凝土试模 | 组 | 10 | 150×150 |
| 11 | 混凝土试模 | 组 | 6 | 175×185×150 |
| 12 | 坍落度桶 | 套 | 1 | |
| 13 | 压力表 | 只 | 6 | |
| 14 | 转速表 | 只 | 1 | |
| 15 | 万用表 | 只 | 2 | C15 |
| 16 | 焊接检验尺 | 把 | 5 | 0.2mm |
| 17 | 热电风速仪 | 只 | 2 | 30m/s |

### 3.1.2 布设测量控制网

根据北京市测绘设计研究院第三测绘分院提供的 2001 年 8 月 16 日工程编号 2001 验测 0332 普通测量成果引入普通测量成果，建立平面控制网和高程控制网。

建筑物平面、高程控制网的主要技术指标见表 3-2。

表 3-2

| 等　级 | 测距相对中误差 | 测角中误差 (″) | 测站测定高差中误差 (mm) | 起始与施工测定高程中误差 (mm) |
|---|---|---|---|---|
| Ⅱ　级 | 1/20000 | 5 | 1 | 6 |

**3.1.3** 平面控制网布设

依据北京市规划部门提供的测量成果、测量控制点，在建筑物外 5m 处建立四个平面控制点，采用二级导线法作矩形平面网，打入木桩，初步标出矩形控制网各点的位置。并以混凝土护住，外部加钢管围护。

**3.1.4** 高程控制

为精确控制各施工层的标高，依据北京市规划部门提供的水准点采用环线用双面尺法进行观测。在建筑物外部设置 4 个高程控制点，组成一个高程控制网，经闭合改正后，作为各施工层控制标高，并定期对四个点与水准点进行联测。

**3.1.5** 沉降观测

采用几何水准测量方法进行沉降观测，沉降观测网布设成附合或闭合路线。宜按国家二等水准测量的技术要求施测，往返较差、符合或环线闭合差不大于 $0.6\sqrt{n}$（mm)，检测已测高差较差 $0.8\sqrt{n}$（mm)。首层施工时，即按设计要求埋设沉降观测点。在一层柱设置观测点，定期观察。

**3.1.6** 测量放线

+0.000 以下：采用经纬仪方向交会法来传递轴线，同上一层引测三个高程点，经校核后取平均值作为该层标高基准点。

+0.000 以上：采用激光垂准仪来传递轴线，从下层墙柱已有的标高点用钢尺沿墙柱向上量传递标高。

**3.1.7** 网架安装测量

施工时采用激光测距仪、经纬仪等配合，边安装、边测量、边调整。重点控制轴线、垂直度、下挠度、支座标高等。

## 3.2 土方开挖及回填

**3.2.1** 土方施工准备

由于场地狭窄，土方全部外运。基坑土方采用机械开挖、人工配合修边修底；选用两台反铲挖掘机（斗容量 $1m^3$），15 台 8t 自卸汽车进行施工。

**3.2.2** 土方施工程序

考虑到工期比较紧张，所以，从东部向西采用两台反铲挖掘机开挖。按 1:0.10 的边坡系数进行放坡，遇到地表杂填土时适当增大放坡系数，严格按所放灰线进行开挖。边坡采用人工修整，土方边挖边进行边坡支护施工，确保边坡稳定安全；基坑顶部设置排水明沟、挡水矮墙，基底设排水沟及集水坑进行有组织排水。

**3.2.3** 地基钎探

（1）根据设计图纸绘制钎探孔位平面布置图。

（2）根据土方开挖方向从东到西安排钎探顺序，以便提前插入钎探。

钎探完成后，做好标记，采用烧结砖覆盖保护好钎孔，并在砖上用油漆写好孔号，每排钎孔第一孔则另加一立式标示牌注明该孔孔号；钎孔在未经质量检查人员和有关工长复验和勘察部门基础验槽前，不得私自堵塞或灌砂。

(3) 土方及钎探期间更要密切关注天气情况；如在钎探施工过程中遇大雨，则应及时采取措施保护已施工的钎孔。

(4) 遇到钢钎打不下去时，应请示有关工长和技术员，采取取消钎孔或移位打钎等措施，并相应在钎探点平面布置图及钎探表上注明该处，以备验槽时勘测、设计单位方参考。

(5) 在钎孔平面布置图上，注明过硬或过软孔号的位置，把枯井或坟墓等特殊部位做好标注，及时与设计、勘察单位取得联系。

### 3.2.4　土方回填

在地下室外墙立面防水施工完毕，保护层施工后，立即进行地下室基坑土方回填工作。因建筑物除南侧外其他几个方向都离建筑物较近，故先从南侧中部开始，再从东、西两侧同时对称分级回填。

(1) 施工机械选用1台装载机、10台机动翻斗车运土、6台蛙式打夯机；地下室基坑采取对称回填2:8防渗灰土，对称夯实的办法，边角、管道部位采用人工夯实。

(2) 回填前检验回填土的含水率是否最优（检验方法为：握手成团、落地开花）。若含水率偏高，可采用翻松、晾晒或均匀掺入干土等措施；若含水率偏低，可采用预先洒水润湿等措施。

(3) 回填土应分层夯实，每层铺土厚度200~250mm。严格控制回填土标高和平整度。每层至少夯3遍，打夯一夯压半夯，夯夯相接，行行相连。

(4) 回填土夯实后按规范进行环刀取样，合格后方可进行下一步填土。

## 3.3　钢筋工程

### 3.3.1　主要部位钢筋规格（见表3-3）

### 3.3.2　钢筋构造

(1) 钢筋保护层厚度如表3-4所示。

表3-3

| 类　型 | 主筋直径 | 箍筋直径 |
|---|---|---|
| 底　板 | 20、22、25 | 10 |
| 基础梁 | 22、25 | 14 |
| 框架柱 | 20、22、25 | 12、10、8 |
| 剪力墙 | 12、14、16 | 10、8、6（拉结筋） |
| 框架梁 | 20、22、25 | 12、14 |
| 板 | 8、10、12、14 | 6（分布筋） |

表3-4

| | | |
|---|---|---|
| 墙（含连侧） | +0.000以上外墙 | 15mm |
| | 地下室外墙 | 25mm |
| | 内　墙 | 15mm |
| 柱、连梁底 | 25mm | |
| 楼　板 | 15mm | |
| 基础底板 | 下铁35mm，上铁25mm | |

注：①受力钢筋保护层厚度不应小于受力钢筋直径；
②梁、柱钢筋和构造钢筋保护层厚度不得小于15mm；
③墙、板分布筋保护层厚度不得小于10mm。

(2) 钢筋最小锚固长度 $L_{ae}$（见表3-5）。

(3) 钢筋最小搭接长度 $L_{le}$（见表3-6）。

表 3-5

| 类 别 | C40 | C45 | C50 |
| --- | --- | --- | --- |
| 直径（mm） | $d \leqslant 25$ | $d \leqslant 25$ | $d \leqslant 25$ |
| HPB235 钢筋 | $32d$ | $32d$ | $32d$ |
| HRB335 钢筋 | $40d$ | $40d$ | $40d$ |

注：任何情况下受拉钢筋小锚固长度不应小于250mm。

表 3-6

| 类 别 | C40 | C45 | C50 |
| --- | --- | --- | --- |
| 直径（mm） | $d \leqslant 25$ | $d \leqslant 25$ | $d \leqslant 25$ |
| HPB235 钢筋 | $49d$ | $49d$ | $49d$ |
| HRB335 钢筋 | $56d$ | $56d$ | $56d$ |

注：任何情况下受拉钢筋小搭接长度不应小于300mm。受压钢筋小搭接长度不应小于200mm。

（4）钢筋接头

焊接接头或搭接接头末端距钢筋弯折处$\geqslant 10d$，且不得位于构件最大弯距处，同时注意：

1）基础底板、梁、框架柱钢筋 $d \geqslant$18mm，采用直螺纹连接，个别部位采用电弧焊。

2）暗柱或剪力墙等构件竖向钢筋的接头连接方法为：对于直径大于或等于 18mm 的钢筋采用直螺纹连接；小于 18mm 的钢筋采用绑扎搭接。剪力墙水平方向的钢筋采用绑扎连接。

3）楼板钢筋的接头采用绑扎连接。

4）受力钢筋接头百分率：搭接接头任一接头中心至 $1.3L_{le}$范围内，或搭接接头任一接头中心至 $35d$，且$\geqslant$500mm 范围内，受力钢筋接头百分率见表 3-7。

表 3-7

| 序 号 | 接头形式 | 接头面积允许百分率 | |
| --- | --- | --- | --- |
| | | 受拉区 | 受压区 |
| 1 | 搭接接头 | 25 | 50 |
| 2 | 焊接接头 | 50 | 50 |

**3.3.3** 钢筋原材

热扎光圆钢筋必须符合《普通低碳钢热轧圆盘条》（GB 701）及《钢筋混凝土用热轧光圆钢筋》（GB 13013），热轧带肋钢筋必须符合《钢筋混凝土用热轧带肋钢筋》（GB 1499）。特别对用于纵向受力的钢筋，其钢筋在满足有关国家标准的基础上，还应满足《混凝土结构工程施工质量验收规范》（GB 50204）关于抗震结构的力学性能要求。

**3.3.4** 钢筋材质检验

钢筋进场时材质证明必须齐全，钢筋进场后，按规定在甲方代表或监理工程师的见证下进行试件取样，经送检测中心复验合格后方可使用，不合格立即清出场。非混合批$\leqslant$60t，混合批：6 个炉号，C$\leqslant$0.02%，Mn$\leqslant$0.15%，$\leqslant$30t 为一个验收批。

**3.3.5** 钢筋加工

钢筋加工以在现场设置的加工棚内集中加工为主。现场设置两个加工棚，布置两套钢筋加工机械。钢筋加工时，必须严格按钢筋翻样料表进行加工制作。钢筋加工包括断料、调直、弯曲、除锈、直螺纹套丝及连接、焊接。

（1）采用冷拉方法进行钢筋调直，HPB235 钢筋冷拉率$\leqslant$4%，HRB335 钢筋冷拉率$\leqslant$1%。

（2）钢筋弯钩或弯折：HPB235 钢筋末端做 180°弯钩，平直长度$\geqslant 3d$。HRB335 钢筋末端按图纸要求弯折。箍筋末端弯钩：135°平直长度$\geqslant 10d$。

**3.3.6** 钢筋连接（直螺纹）

本工程直径$\geqslant$18mm 钢筋的采用滚轧直螺纹机械连接，接头位置应相互错开，在同一区域内接头的截面面积占受力钢筋总截面的面积$\leqslant$25%。直螺纹钢筋等级为 HRB335 和 HRB400 钢筋，主要部位为梁、柱。

(1) 施工准备

1) 技术简介和特点

滚轧式接头是利用轧制设备直接在钢筋上轧制出螺纹，钢筋无需镦粗，加工工效比镦粗式接头高，且加工工序少，适宜现场加工。本工程钢筋直螺纹连接接头选用滚轧式接头，现场加工。具有以下特点：

(A) 连接质量高，对中性好，操作方便；

(B) 钢筋套丝可预制，不占工期，套筒运到工地即可连接，缩短工期；

(C) 连接时不用电、不用气，无明火作业，风雨无阻，可全天候施工；

(D) 实用性强，在狭小场地，钢筋排列密集处能灵活操作；

(E) 不受钢筋有无花纹及可焊性等因素的限制；

(F) 综合经济效益好。

2) 施工机械、机具准备

专用套丝机4台：专门用于钢筋直螺纹套丝；

梳刀：根据钢筋直径不同配备不同型号的梳刀，梳刀的型号必须严格检验合格；

牙型规：检查钢筋直螺纹牙型加工质量的检测量规；

卡规：检查套筒直径和螺纹钢筋端头直径；

直螺纹塞规：检查套筒和钢筋加工螺纹；

力矩扳手：连接钢筋工具。

3) 材料检验

(A) 对钢筋应严格按照有关规范要求进行检验和试验，把好材料质量关。钢筋进场后，按不同规格进行分类堆放；

(B) 连接套进场应有产品合格证；施工单位进行复检；连接套不能有严重锈蚀、油脂等影响混凝土质量的缺陷；连接套螺纹精度不得低于6级，尺寸应符合要求。

4) 技术规范的准备

组织现场施工人员学习《钢筋机械连接通用技术规程》及相应的技术规范，参与接头加工的操作工人、技术管理和质量管理人员均参加技术培训，设备操作工人经考核合格后持证上岗。

5) 现场准备

(A) 备好套丝机、连接套筒、塑料保护帽、冷却液、轧丝配件等物料；

(B) 在两个钢筋加工棚处各安置一台设备，要求搭好防雨棚和加工工作架；

(C) 根据要求的螺纹相关尺寸，调整螺纹轧制机的设置；

(D) 检查螺纹轧制机运转是否正常，轧制出的螺纹尺寸是否符合要求，通电进行正反转。水泵冷却系统、行程控制系统的试运转，当一切运转正常后，将待加工钢筋不同规格各取6根（长度250~300mm），做3组试拉件。

(2) 直螺纹施工方法

1) 施工程序

钢筋下料→套丝加工→套筒、钢筋螺纹验收→现场连接→连接验收。

2) 接头螺纹轧制加工工艺

(A) 将待轧钢筋平放在支架上，端头对准螺纹轧制机的轧制孔。

(B) 开动轧制机，并用水溶性润滑液轧制头，缓慢向钢筋端头方向移动轧制头（移动尺寸根据螺纹相关尺寸调整），使钢筋端头伸入轧制头内并轧出螺纹，再慢慢移开轧制头。此过程约需 40s。

(C) 逐个检查钢筋端头螺纹的外观质量，并用手将套筒拧进钢筋端头，看是否过松或过紧，检查螺纹的深度是否符合要求。

(D) 将检验合格的端头螺纹戴上保护套或拧上连接套筒，并按规格分类堆放整齐待用。

3）直螺纹接头连接工艺

(A) 钢筋同径和异径普通接头：先用扳手（或管钳）将连接套筒与一端钢筋拧紧，再将另一端钢筋与连接套筒拧紧。

(B) 可调接头（用于弯曲钢筋、固定钢筋等不能移动钢筋的接头连接）：先将连接套筒和锁紧螺母全部拧入螺纹长度较长的一端钢筋内，再把螺纹长度较短的一端钢筋对准套筒，旋转套筒使其从长螺纹钢筋头逐渐退出，并进入短螺纹钢筋头中，与短螺纹钢筋头拧紧；然后，将锁紧螺母也旋出，与连接套筒拧紧。

(C) 套筒具体尺寸要求：见图 3-1、图 3-2 和表 3-8。

**套筒具体尺寸要求表**（单位：mm）　　　　**表 3-8**

| *d* | *A* | *B* | *C* | 螺　距 |
|---|---|---|---|---|
| 32 | 85 | 48 | 41 | 2.5，3 |
| 28 | 70 | 42 | 33 | 2.5，3 |
| 25 | 63 | 38 | 31 | 2.5，3 |
| 22 | 60 | 32 | 28 | 2，2.5 |

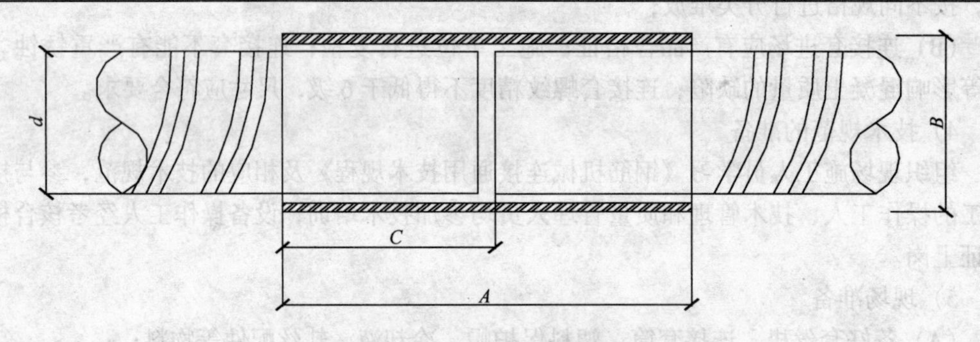


图 3-1　同径接头构造图

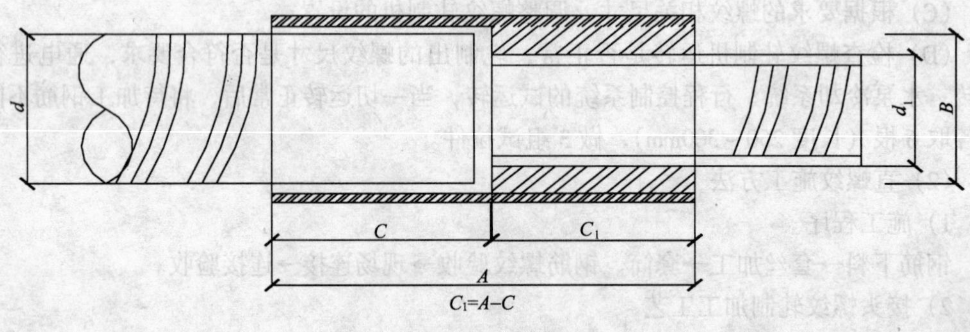


图 3-2　异径接头构造图

4）施工方法

（A）操作程序

根据下料单下料：钢筋切口端面应与钢筋轴线基本垂直，宜用钢筋切断机和砂轮片切断，不得用气割下料。

设备调试：先根据钢筋规格调好机头，再将行程开关位置调整到该规格技术规范要求的尺寸位置。

丝头轧制：单台设备配备操作工一名，钢筋辅助工两名，待加工钢筋由钢筋工安放到工作架旁，由操作工和钢筋辅助工把钢筋移至工作架并加工成合格的丝头，并戴好塑料保护帽；同时，把加工成型钢筋按指定位置分规格、分类型堆放整齐。

钢筋连接：连接前首先进行塑料保护帽的回收，要求回收率在70%以上，并检查待连钢筋是否同图纸要求一致，连接时可用普通扳手（管钳）旋合接头到位，其步骤为：

第一步：顺时针旋转联结器，拧到固定钢筋上；

第二步：将待连接钢筋对准已安装联结器的钢筋；

第三步：将待连接钢筋全部拧入联结器。

（B）接头的施工现场检验与验收

（a）要求技术提供单位必须提供有效的型式检验报告；

（b）钢筋连接工程开始前及施工过程中，应对每批进场钢筋进行工艺试验，工艺试验应符合下列要求：

①每种规格钢筋的接头试件不应少于3根；

②对接头试件的钢筋母材应进行抗拉强度试验；

③根接头试件的抗拉强度除均应满足强度要求外，尚应大于等于0.95倍钢筋母材的实际抗拉强度$f_{st}^{0}$，计算实际抗拉强度时应采用钢筋的实际横截面面积。

（c）现场检验应进行外观质量检查和单向拉伸强度试验；随机抽取同规格接头数的10%进行外观检查，应与钢筋连接套筒的规格相匹配，接头无完整丝扣外露。

（d）接头的现场检验按验收批进行，同一施工条件下采用同一批材料的同等级、同型号、同规格接头，以500个为一个验收批进行检验与验收，不足500个也作为一个验收批；

（e）对接头的每一个验收批，必须在工程结构中随机截取3个接头试件做抗拉强度试验；当3个接头试件抗拉强度试验结果均符合设计的强度要求时，该验收批评为合格；如有一个试件的强度不合格，应再取6个试件进行复检；复检中如仍有一个试件试验结果不合格，则该验收批评为不合格。

（f）在现场连续检验10个验收批，其试件抗拉强度试验全部一次抽样合格时，验收批接头数量可扩大一倍。

（C）丝头加工现场检验

操作工人丝头自检：按照技术规范的要求，操作工要逐个检查丝头的外观质量，钢筋端头螺纹中径尺寸符合环规通端能旋入整个有效长度，而环规止端旋入的深度不超过止规厚度的2/3即为合格；钢筋端头螺纹的有效长度用专用螺纹环规检查，允许偏差不超过两个螺距有效丝扣长度；连接套筒螺纹中径尺寸和螺纹有效长度的检验：塞规通端旋入套筒的深度应不小于螺纹连接的有效长度值。而止规旋入的深度不能超过止规厚度的2/3，即为合格；并按表格内容详细填写，报验合格后，方可进行安装连接；检验项目丝头加工现场检验项目、检验方法及检验要求见表3-9。

丝头质量检验要求　　表3-9

| 序　号 | 检验项目 | 量　具　名　称 | 检　验　要　求 |
|---|---|---|---|
| 1 | 外观质量 | 目　测 | 牙形饱满、牙顶宽超过0.6mm秃牙部分累计长度不超过一个螺纹周长 |
| 2 | 外型尺寸 | 卡尺或专用量具 | 丝头长度应满足设计要求，标准型接头的丝头长度公差为+1P |
| 3 | 螺纹直径 | 光面轴用量规 | 通端量规应能通过螺纹的直径 |

### 3.3.7　钢筋绑扎与安装定位

钢筋绑扎时，其品种、规格、间距、数量必须符合设计要求，基础底板及外墙均采用水泥砂浆垫块，内墙采用塑料垫块。所有钢筋交叉点均绑扎，丝头一律向里，柱角等抗震高强部位用双股钢丝。

钢筋定位与间距控制：水平钢筋采用定距框，竖向钢筋采用竖向定位梯子筋进行控制。

## 3.4　模板工程

### 3.4.1　模板选择

根据结构设计特点，为确保北京市优质工程的质量目标，本工程剪力墙及顶板模，按清水混凝土标准进行配模设计。具体如表3-10所示。

中国人民大学多媒体教学楼施工组织设计　　表3-10

| 序号 | 构　件 | 模板形式（mm） | 数　量 | 支　撑　体　系 |
|---|---|---|---|---|
| 1 | 基础底板 | 240厚砖胎膜 | 410m² | φ48钢管 |
| 2 | 基础梁 | 小钢模 | 1500m² | 对拉螺杆和φ48钢管支撑体系 |
| 3 | 墙体、框架柱 | 15厚木模板配以100×100，100×50木龙骨 | 5600m² | φ48钢管 |
| 4 | 楼　梯 | 15厚木模板配以100×100，100×50木龙骨 | 11套 | φ48钢管配U托 |
| 5 | 顶　板 | 15厚木模板配以100×100，100×50木龙骨 | 2700m² | φ48钢管配U托 |
| 6 | 电梯井 | 15厚木模板配以100×100，100×50木龙骨 | 4个 | φ48钢管配U托 |
| 7 | 圆弧墙 | 6mmQ235全钢大模 | 390m² | 配套机械支撑体系 |
| 8 | 圆　柱 | 6mmQ235全钢大模 | 2　套 | φ48钢管 |

### 3.4.2 模板设计

（1）剪力墙模板采用木模板、木枋在工作台上事先制作的整拼大模板，$\phi48\times3.5$mm 钢管做背楞，间距不大于 300mm，见图 3-3。

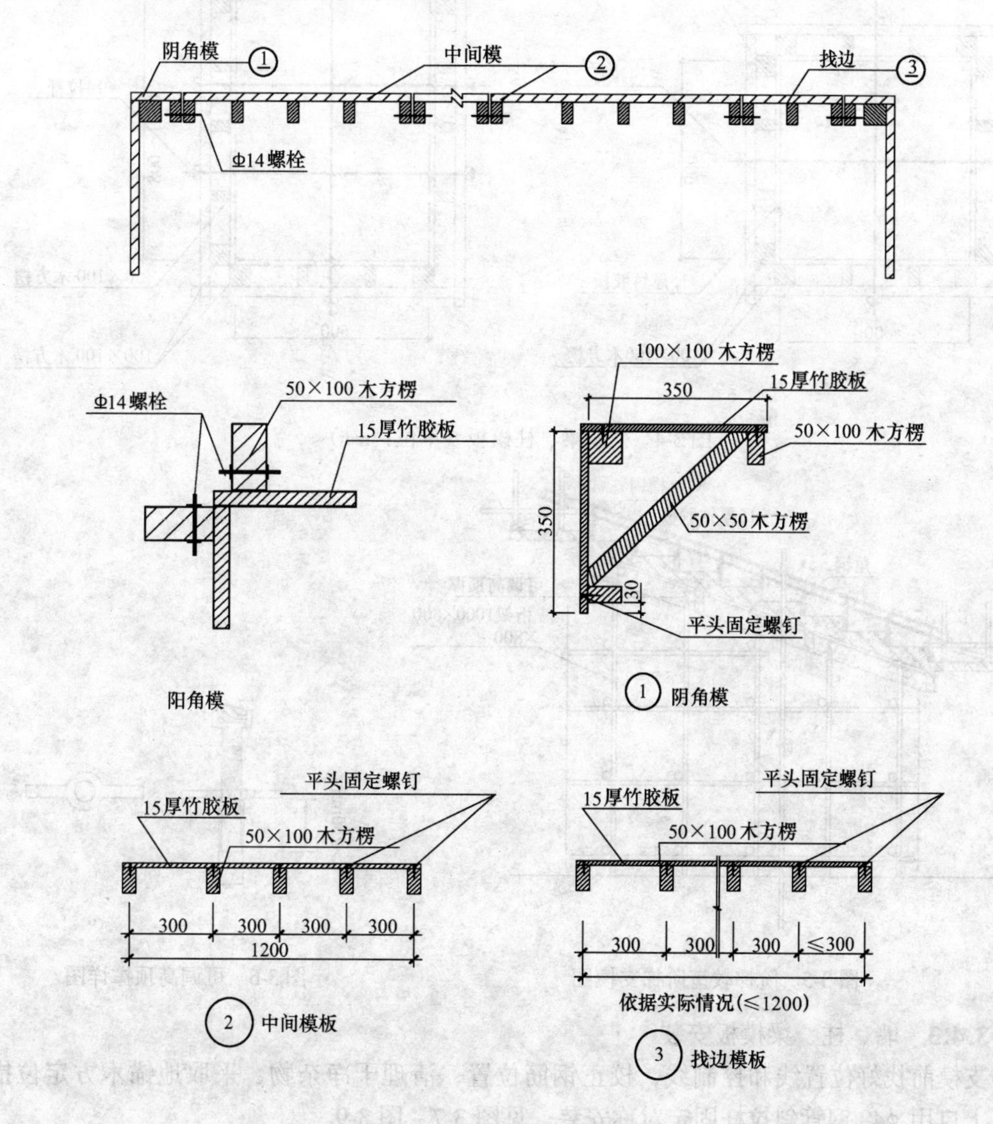


图 3-3 剪力墙模板（单位：mm）

（2）框架柱、梁板模均采用双面覆膜木模板，其背枋为 50mm × 100mm 木枋@300mm（模板接合部位采用 100mm × 100mm 木枋），$\phi48\times3.5$mm 钢管作抱箍或背楞，其间距分别为 500mm 和 800mm，本工程框架柱尺寸主要为600mm ×（800 ~ 1200mm），见图 3-4。

（3）顶板支撑采用 $\phi48$ 钢管搭设排架配可调 U 形托。立管纵横向间距均为 800 ~ 1000mm，横杆步距为 1500mm，阶梯教室支撑如图 3-5 ~ 图 3-6。

（4）钢模背楞采用[8 槽钢纵横向排列。

（5）穿墙螺栓除地下室采用 $\phi14$ 止水螺栓外，其他墙体、柱、梁采用 $\phi14$ 螺栓 + PVC 管。

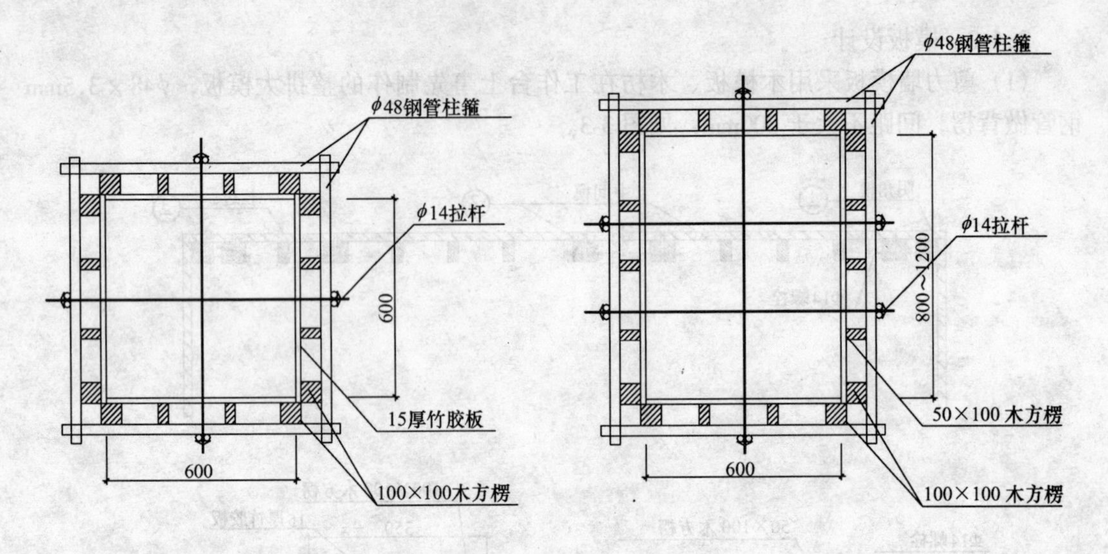


图 3-4　框架梁、柱模板（单位：mm）

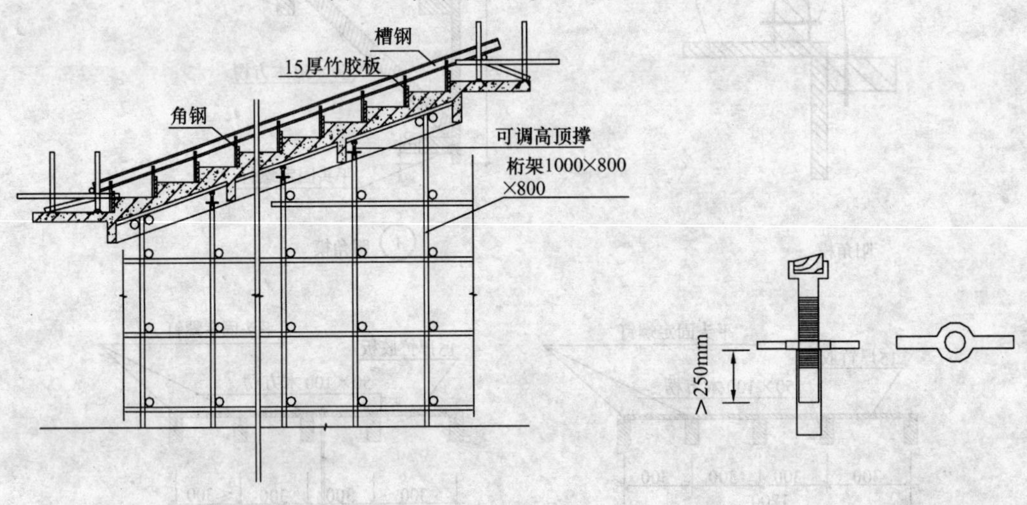


图 3-5　阶梯教室阶梯支模图　　　　图 3-6　可调高顶撑详图

**3.4.3**　墙、柱、梁模板安装

支模前找好位置线和控制线，校正钢筋位置，清理干净杂物，采取地锚木方定位措施，上口用 ϕ48 钢管斜拉杆固定对称安装，见图 3-7 ~ 图 3-9。

**3.4.4**　配模原则

（1）墙、柱模板：配置第Ⅲ段模板，按Ⅲ段→Ⅱ段→Ⅰ段流水。

（2）梁、板模板按三层配置。其支撑体系按 2.5 层配置，施工中第三层的模板，从第一层周转使用，第三层的支撑配置半层，另一半支撑从第一层采取“隔一拆一”的方法，拆除一半周转至第三层。

## 3.5　混凝土工程

**3.5.1**　混凝土配合比设计

根据本工程混凝土强度等级较高、量大、钢筋密集的特点，我项目结合施工阶段情

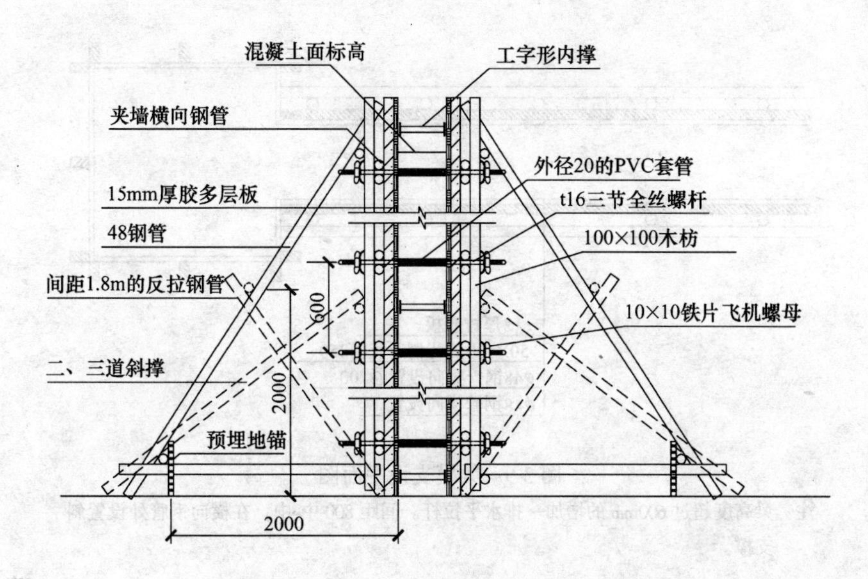


图 3-7　地下室内墙支模图（单位：mm）

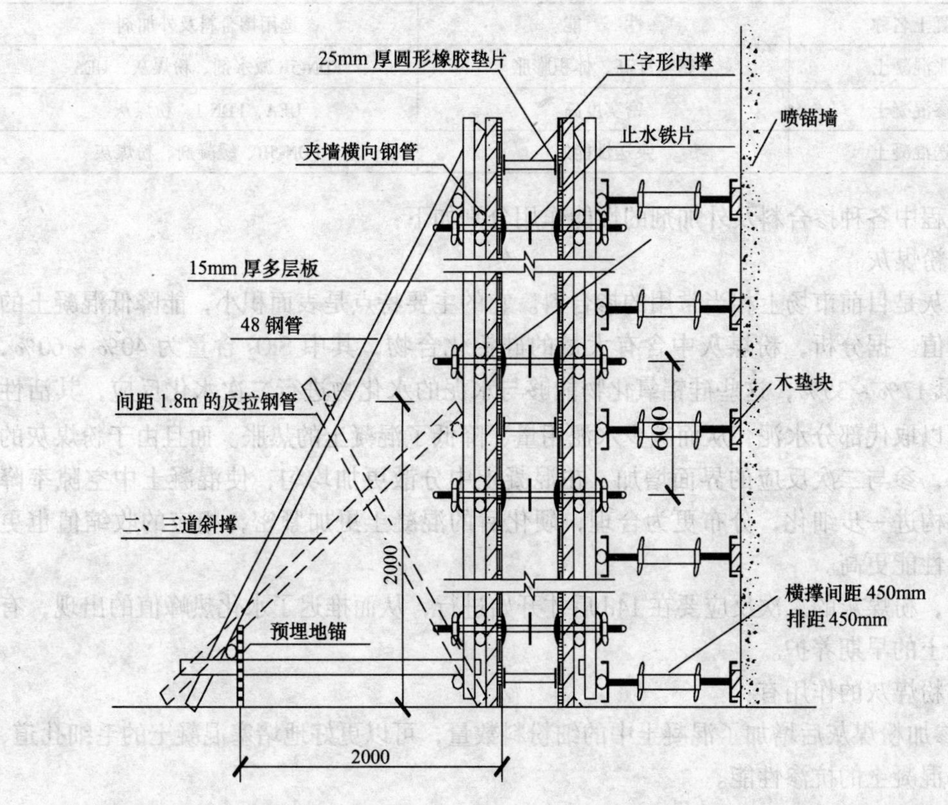


图 3-8　地下室外墙支模图

况，在混凝土的配制中掺入了以下外加剂和掺合料：粉煤灰、减水剂、缓凝剂、膨胀剂，配制出具有多种性能的各种混凝土以满足工程施工需要，它们分别是膨胀混凝土、抗渗混凝土、泵送混凝土等高性能混凝土。

各种混凝土的性能，选用的外加剂、掺合料见表 3-11。

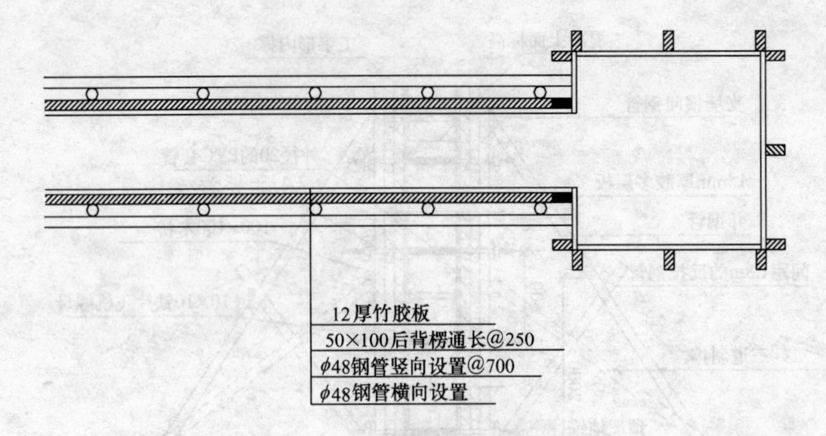


图 3-9 梁模支设平面图

注：梁高度超过 600mm 的增加一排水平拉杆。间距 800 中-中，在横向钢管处设置斜支撑。

**表 3-11**

| 混凝土名称 | 性 能 | 选用掺合料及外加剂 |
| --- | --- | --- |
| 膨胀混凝土 | 密实度高、体积膨胀 | FDN-5R 减水剂、粉煤灰、UEA |
| 抗渗混凝土 | 密实度高 | UEA、FDN-1、粉煤灰 |
| 泵送混凝土 | 泵送性能好 | FDN-5R、缓凝剂、粉煤灰 |

本工程中各种掺合料及外加剂的性能作用分别如下：

(1) 粉煤灰

粉煤灰是目前市场上相当常用的掺合料。它的主要特点是表面积小，能降低混凝土的干燥收缩值。据分析，粉煤灰中含有大量的硅铝化合物，其中 $SiO_2$ 含量为 40%～60%，$Al_2O_3$ 含量 17%～35%，这些硅铝氧化物能够与水泥的水化物进行二次水化反应，其活性来源，可以取代部分水泥，从而减少水泥用量，降低了混凝土的热胀。而且由于粉煤灰的颗粒较细，参与二次反应的界面增加，在混凝土中分散更加均匀，使混凝土中空隙率降低，孔结构进一步细化，分布更为合理，硬化后的混凝土更加紧密，相应的收缩值也更小，抗渗性能更高。

此外，粉煤灰的二次反应要在 14d 后才开始进行，从而推迟了水化热峰值的出现，有利于混凝土的早期养护。

掺加粉煤灰的作用有：

1）掺加粉煤灰后增加了混凝土中的细粉料数量，可以更好地堵塞混凝土的毛细孔道，从而提高混凝土的抗渗性能。

2）细粉料数量增加，提高了混凝土拌合物的黏聚性，使混凝土的和易性得到改善，提高了混凝土的泵送性能。

3）掺加粉煤灰可减少水泥用量，降低了混凝土的水化放热量，从而有利于大体积混凝土的施工。

4）粉煤灰混凝土的后期强度发展较快，龄期达到了 60d 时，粉煤灰混凝土的强度将赶上和超过不掺粉煤灰的基准混凝土强度，从而提高了混凝土的强度安全储备。

(2) 减水剂

国内外资料表明：水泥水化热所需的水仅为其质量的20%~25%，其余的完全是为了和易性的要求，其中一部分被离析出来，相当大的部分留在孔隙中。掺加不同剂量的减水剂或高效减水剂，和易性增强却减少了单位用水量10%~12%、水泥用量15%，从而提高了混凝土的强度和耐久性，并且能够降低收缩，预防裂纹。

(3) 缓凝剂

缓凝剂不仅能使混凝土的凝结时间延长，而且还能降低混凝土的早期水化热，降低混凝土最高温升，这对于减少温度裂缝、减少温控措施费用、降低工程成本、提高工程质量都有显著的作用。

(4) 膨胀剂

本工程主要使用的抗渗剂为UEA，是以水化硫铝酸钙（$C_3A \cdot 3CaSO_4 \cdot 32H_2O$ 即钙矾石）为膨胀源，采用天然或轻烧钙石原料，经粉磨制成的膨胀剂，用于补偿混凝土的收缩，防止或减少混凝土开裂，提高混凝土抗渗防水性能。它具有以下性能：

1) 补偿收缩性能

钢筋混凝土建筑物产生裂缝或发生渗漏，原因很复杂，单就材料而言，混凝土干缩和温差收缩是主要原因。UEA混凝土膨胀剂以补偿收缩为主要功能加入到普通混凝土中，拌水后生成大量膨胀性结晶水化物——水化硫铝酸钙（$C_3A \cdot 3CaSO_4 \cdot 32H_2O$ 即钙矾石），使混凝土产生适度膨胀，在钢筋和邻位的约束下，在结构中建立0.2~0.7MPa预压应力；同时，降低水化热或延缓放热过程，从而防止或减少混凝土收缩开裂。

2) 密实防渗性能

UEA水化形成的钙矾石晶体具有填充切断毛细孔缝的作用，使大孔减少，总空隙减少，使混凝土密实化，抗渗指标可达P30，从而提高了混凝土结构的防渗能力。

3) 提高限制条件下混凝土强度

UEA按规定掺量加入混凝土中，混凝土的早期和后期强度正常发展。在限制条件下，由于混凝土密实度增加，其实际强度比自由强度（按现行规范测定的强度）还可以提高10%~30%。

4) 提高粘结强度

在接缝或填充混凝土中，由于UEA的膨胀作用，使新老混凝土粘结紧密，有利于整个构筑物一体化。本工程混凝土中UEA的掺加，在混凝土的反应过程中建立预压应力，可以抵消部分收缩应力。

### 3.5.2 混凝土泵及泵管布置

本工程地下室底板选用汽车泵，其他选用一台HBT80混凝土输送泵。根据从现场情况以及混凝土罐车的行走路线进行综合考虑：混凝土输送泵分别布置在楼南，详见总平面布置图。

### 3.5.3 混凝土输送管道的布置

混凝土输送管在布置上应尽量使管线长度缩短，尽量少用弯管和软管，以减少压力损失。布管时，管线要布置的横平竖直，尽量避免弯曲起伏。混凝土输送管的固定不得直接支承在钢筋、模板或预埋件上，水平管在进楼层前应固定牢固。垂直管线应在层间搭设井字架加以固定。

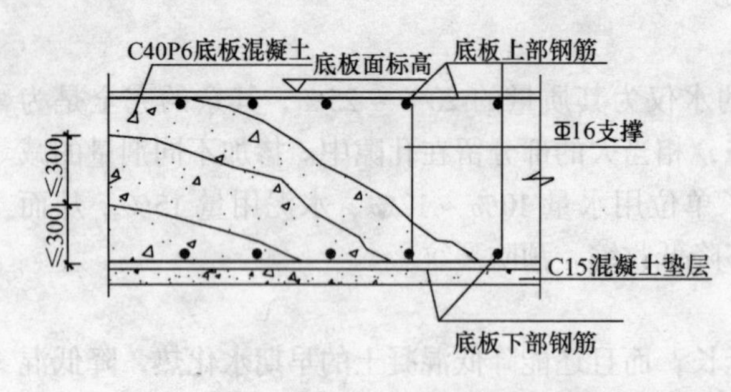


图 3-10　底板大面积斜向分层浇筑示意图

#### 3.5.4　混凝土的浇筑

（1）底板混凝土浇筑：采用大面积斜向分层法一次推进，分层厚度控制在400mm以内，连续浇筑，均匀下料，见图3-10。

（2）墙、柱混凝土浇筑：在底部接槎处应先浇筑5cm厚与墙体混凝土成分相同的水泥砂浆，用铁锹均匀洒入模内；浇筑时应分层浇捣，浇筑分层厚度不大于振动棒有效长度的1.25倍，见图3-11。

（3）梁、楼板：混凝土浇筑采用分段推进浇筑法。楼板混凝土采用插入式振捣器与平板式振捣器结合进行振捣施工，随打随捣，并做好板面保护及养护工作。

（4）混凝土振捣采用50型振动棒进行振捣，采用局部钢筋特别密集的部位小50型振动棒。

#### 3.5.5　超长无缝筏板基础施工

本工程超长无缝混凝土结构是以ZY补偿收缩混凝土为结构材料，以加强带取代后浇带连续浇筑超长钢筋混凝土结构的一种新工艺。ZY混凝土在硬化过程中产生膨胀作用，在钢筋和邻位约束下，混凝土预压应力与混凝土的限制膨胀率成正比例关系，通过调整ZY的掺量，可使混凝土获得0.2～0.7MPa的预压应力，全面补偿结构的收缩应力，控制有序裂缝的出现。

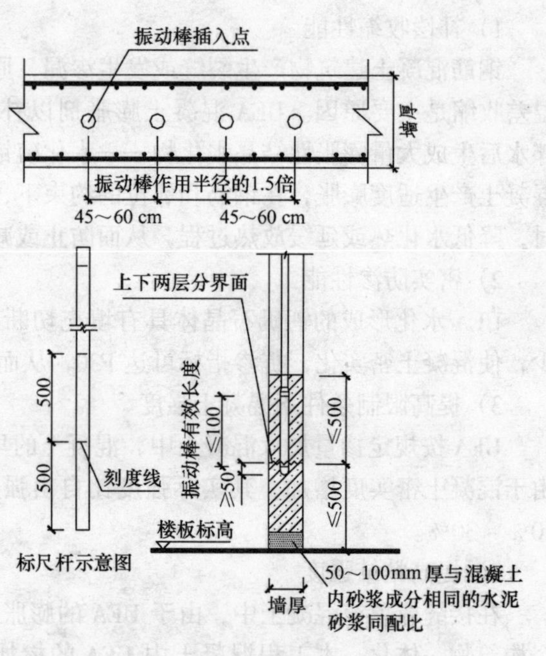


图 3-11　墙体振捣点布置图

本工程横轴距离84.3m，在中部设置一条南北向的膨胀加强带，宽2m。膨胀加强带外部混凝土为掺6%～7%ZY的C40小膨胀混凝土，膨胀加强带为掺10%ZY的C45大膨胀混凝土。膨胀加强带两侧和内外墙交接处用密目钢丝网封闭，在上下层主筋之间点焊$\phi$20@300mm的双向钢筋加强网。

施工时浇筑采用斜向推进、分层连续浇筑方法，在底板混凝土流淌面接近加强带时，即同时进行加强带混凝土施工，清除泌水。防止普通混凝土流入加强带，影响加强带施工质量。

膨胀加强带处的浇筑方向：1台输送泵由南向北退泵浇筑，整个过程中，保证连续浇筑超长无缝筏板混凝土，并由塔吊吊斗配合，进行膨胀加强带和墙体混凝土浇筑。

相关技术措施如下：

（1）混凝土浇筑时，注意严防其他部位混凝土进入膨胀后浇带内，以免影响设计效果。浇筑混凝土前的润管砂浆必须弃置，拆管排除故障或其他原因造成的废弃混凝土严禁进入工作面。严禁混凝土洒落在尚未浇筑的部位，以免形成潜在的冷缝或薄弱点。对作业面洒落的混凝土、拆管倒出的混凝土、润管浆等应吊出作业面外。

(2) 在混凝土浇筑至膨胀加强带附近时，注意使振动棒插捣点与密目钢丝网保持距离不小于30cm，并不得过振。

(3) 膨胀加强带处混凝土采取塔吊吊斗吊运和混凝土输送管泵并用。加强带处超长无缝筏板混凝土浇筑在一侧混凝土浇筑完毕后进行，墙体混凝土待该部位超长无缝筏板混凝土初凝后、终凝前浇筑。膨胀带混凝土，振捣棒可靠近密目钢丝网，但不得碰撞。

(4) 超长无缝筏板板面上的板面粗钢筋处，容易在振捣后、初凝前出现早期塑性裂缝和沉降裂缝，施工过程中通过控制下料和二次振捣予以消除，以免成为混凝土的缺陷，导致应力集中，影响温度收缩裂缝的防治效果。底板浇筑至标高后，在终凝前用磨光机反复抹压多次，防止混凝土表面的沉缩裂缝出现。

(5) 为保证膨胀混凝土的充分湿养护，发挥ZY混凝土的膨胀效能，我们设立专职养护人员，建立严格的混凝土养护制度。混凝土浇筑完毕后，即保湿养护14d。混凝土收平后，即洒水润湿，再用塑料膜严密覆盖，在养护期喷洒雾状水，保持环境相对湿度在80%以上，以减少混凝土干缩。

#### 3.5.6 施工缝的留设及处理

(1) 地下室底板上外墙的施工缝留在底板以上300mm处，施工缝处设300mm宽，3mm厚的钢板止水片。

(2) 框架柱、墙体水平施工缝留在梁或楼板底以上20~30mm。竖向施工缝应留置在门洞跨中1/3范围内或纵横向墙交接处。

(3) 楼梯、梁、板留在跨中1/3范围内。

(4) 施工缝在浇筑下次混凝土前，已浇混凝土强度不得低于1.2N/mm$^2$，已硬化的混凝土表面，应清除松散的石子和水泥浆，并用水充分湿润。在浇筑混凝土前，先在施工缝处铺一层（50~100mm厚）与混凝土成分相同的无石子水泥砂浆。

#### 3.5.7 混凝土取样及养护

(1) 所有的混凝土试块GB 50204进行取样，现场设置标养室。

(2) 混凝土养护采用蓄热养护，养护覆盖一层薄膜加两层岩棉被养护。

(3) 墙、柱的养护采用喷养护液的方法。

(4) 普通混凝土养护不少于7d，抗渗混凝土养护时间不少于14d。

### 3.6 施工脚手架

#### 3.6.1 外脚手架

(1) 搭设总体要求

本工程外脚手架采用$\phi48\times3.5$mm钢管扣件双排全高搭设，架高35.8m，在有洞口处每层挂尼龙安全网，每隔三层满挂尼龙安全网一圈；竖直方挂绿色阻燃安全网，所有安全网均用尼龙绳穿绕，不得使用钢丝绑扎，脚手架在施工前编制详细施工方案，并严格进行技术、安全交底，确保外围护脚手架安全。

本工程外脚手架施工的难点在与Ⅰ、Ⅱ区结构（6层）与Ⅲ区结构（2层）层数不同，为控制因层数不同带来的不利因素，Ⅲ区结构西侧采取挑、拉搭设全封闭脚手架。平面示意图如图 3-12 所示。

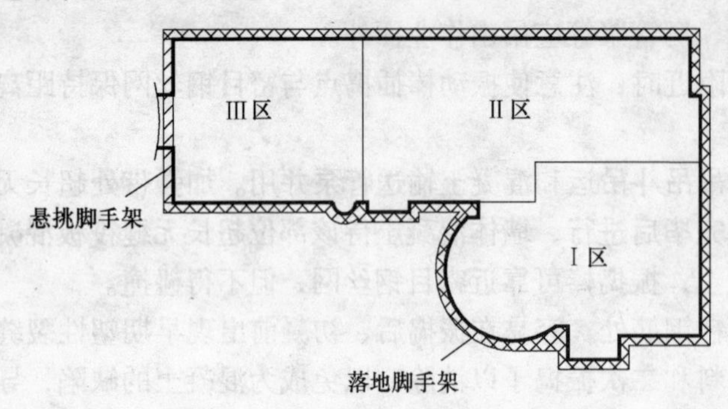


图 3-12　平面示意图

悬挑架采用钢管与楼层的预埋钢管相连固定的方法进行外挑。悬挑杆与预埋钢管连接，用大横杆将各悬挑杆扣接成片，使内横杆距建筑物外皮 0.5m，操作面下每两层铺设一道水平安全网，见图 3-13。

(2) 主要构件搭设要求

1) 立杆

立杆采用 6m 长钢管搭设，除在顶层可采用搭接外，其余各接头必须采用对接扣件对接，对接、搭设应符合以下要求：

(A) 对接接头扣件开口方向应向下或向内，以防雨雪进入。

(B) 立杆上的对接扣件应交错布置，相邻立杆接头位置的错开不小于 500mm。各接头与中心节点相距不应大于步距的 1/3 即 600mm。立杆接头如图 3-14 所示。

2) 纵向水平杆

纵向水平杆设置于立杆的内侧、横向水平杆之下，并采用直角扣件与立杆扣紧。

纵向水平杆一般采用对接扣件连接，至边角处也可采用搭接。对接、搭接应符合以下要求：

对接接头应交错布置，不应设在同跨内，相邻接头水平距离不应小于 500mm，与相近立杆的距离不大于立杆纵距的 1/3，即 500mm，见图 3-15。

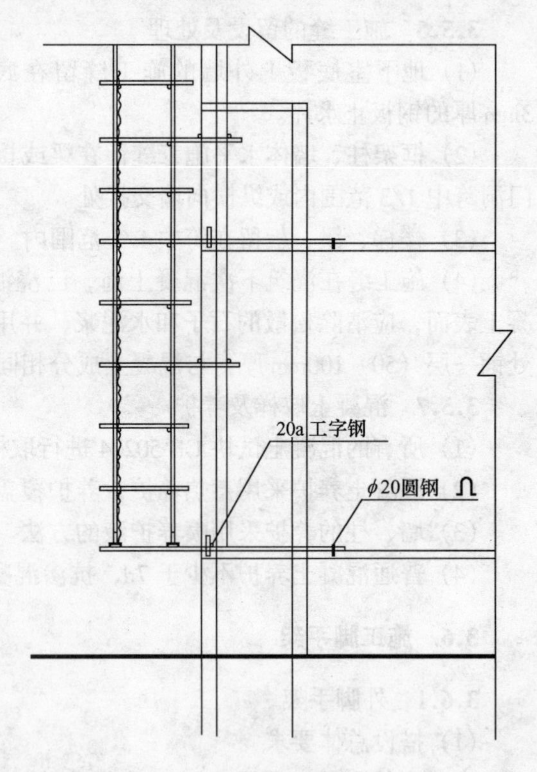


图 3-13　悬挑架施工

3) 横向水平杆

每一主节点处必须设置一根横向水平杆，横向水平杆长度 1.8~1.9m，采用直角扣件扣紧在纵向水平杆上，该杆的轴线偏离主节点的距离不应大于 150mm（对于双立杆，应设置在双立杆之间）。

操作层非主节点处的横向水平杆根据支撑脚手板的需要设置。

横向水平杆伸出大横杆外的长度应控制在 150~200mm。

4) 剪刀撑：

每纵向 4 步、横向 6 跨设置一道剪刀撑，沿脚手架外侧及全高方向连续设置，剪刀撑与地面成 45°角，剪刀撑夹角为 90°；剪刀撑主要采用 6m 长钢管，最下面的斜杆与立杆的连接点离地面不应大于 500mm，斜杆接长采用对接扣件。除斜杆两端扣紧外，中间应增加 2～4 个扣结点。

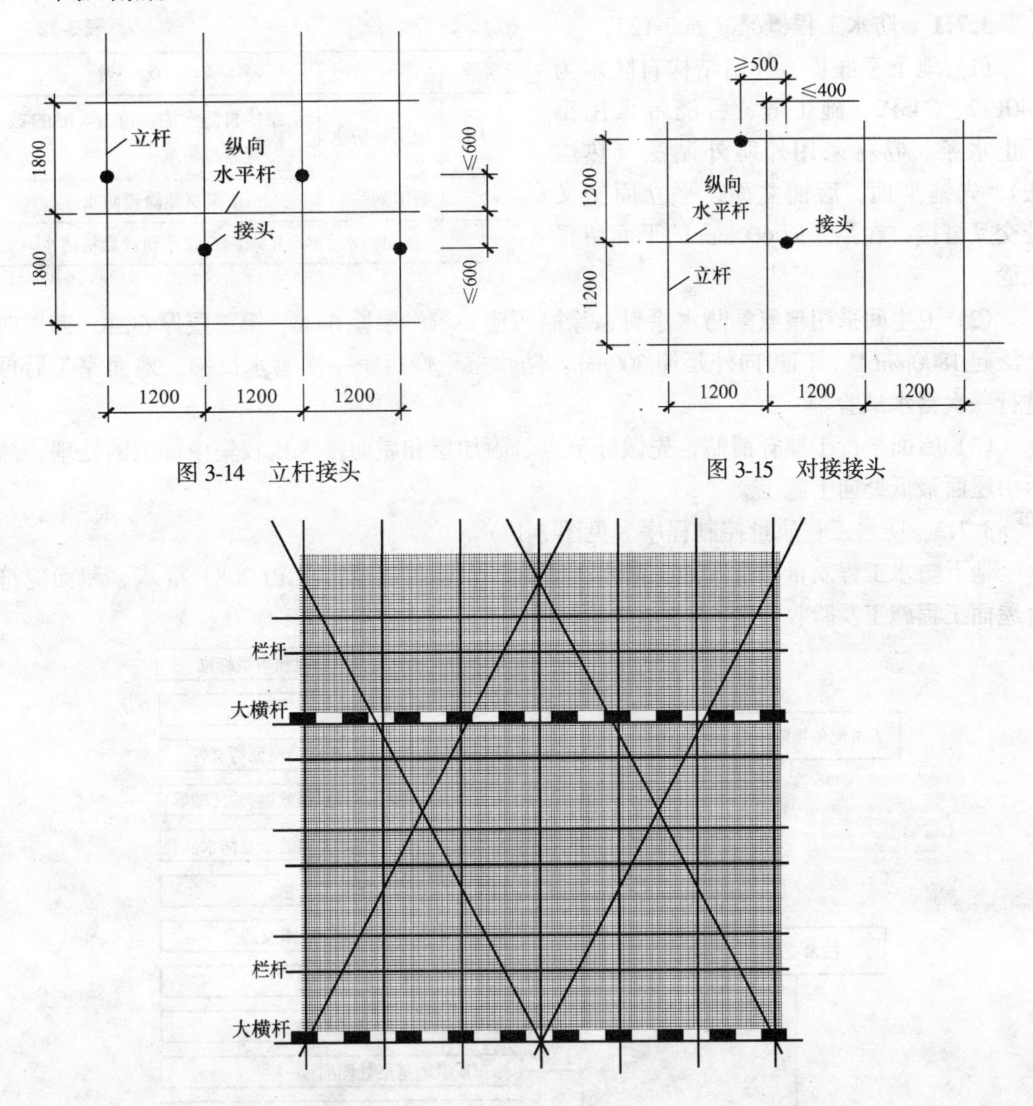


图 3-14　立杆接头

图 3-15　对接接头

图 3-16　脚手架立面图

剪刀撑斜杆的接头除顶层可以采用搭接外，其余各接头均必须采用对接接头。

剪刀撑斜杆应用旋转扣件固定在与之相交的横向水平杆的伸出端或立柱上，旋转扣件中心线距主节点的距离不应大于 150mm。

脚手架非封闭端如转截面处、施工电梯断开处脚手架端头应设置之字形斜撑及连墙件。

### 3.6.2　内脚手架（支撑脚手架）

结构顶板支撑均采用扣件式钢管排架 + 可调 U 形托。地下室主要采用 3.5m 钢管，地上主要采用 4m 钢管，支撑纵横向轴线一致，间距 0.8～1.2m，内支撑按 3 层数量配置。支撑不得直接搁放在楼板，底部必须垫≥400mm 长木方。见图 3-16。

## 3.7 防水工程

**3.7.1** 防水工程概况（表3-12）。

(1) 地下室底板、外墙结构自防水为C40P12、C45P2，施工缝、后浇带采用钢板止水条。卷材采用外防外贴法（热熔法），先铺平面，后铺立面，平立面交叉处交叉搭接，在距立面600mm的平面留置接缝。

**表3-12**

| 序号 | 部　位 | 材　料　及　做　法 |
|---|---|---|
| 1 | 地下室防水 | 结构自防水加一道Ⅱ+ⅡSBS改性沥青卷材防水 |
| 2 | 厨卫间防水 | 1.5mm聚氨酯涂膜防水 |
| 3 | 屋面防水 | Ⅱ+ⅡSBS改性沥青卷材防水 |

(2) 卫生间采用聚氨酯防水涂料，涂刷两遍，第一层厚6mm，第二层厚6mm，四周向上泛起1800mm高，门边向外延伸300mm。防水层干燥后第一次蓄水试验，地面完工后再进行一次蓄水试验。

(3) 屋面平行于屋脊铺贴，先做好节点、附加层和屋面排水比较集中部位的处理，然后由屋面最低处向上施工。

**3.7.2** 防水工程质量控制程序（见图3-17）

地下防水工程质量符合《地下防水工程施工及验收规范》（GBJ 208）要求，屋面应符合屋面工程施工及验收规范GB 50207的要求。

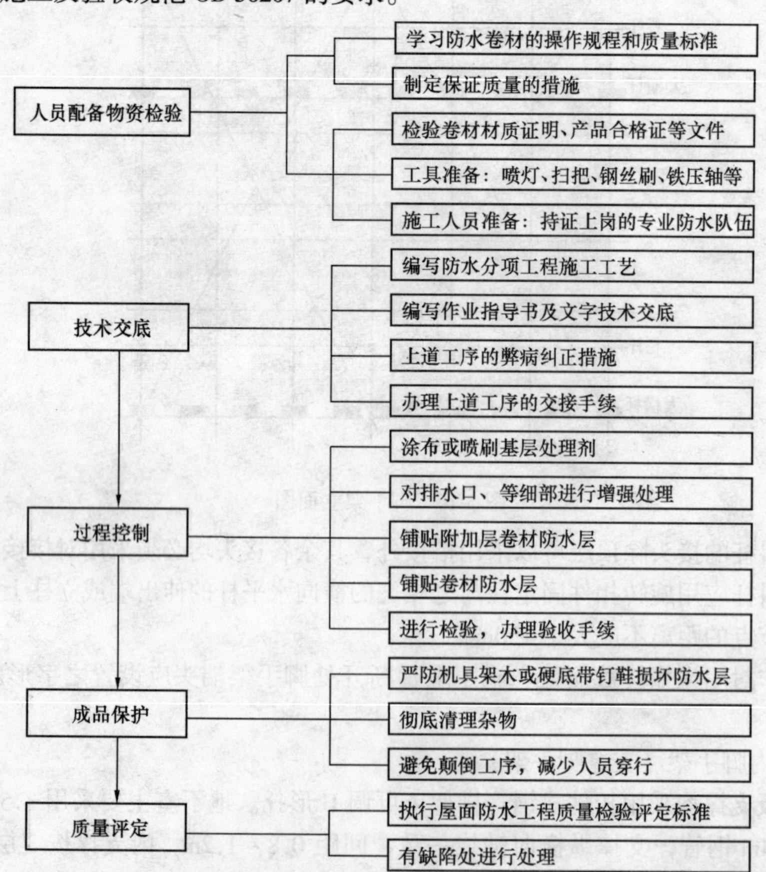


图3-17　防水工程质量控制程序图

## 3.8 预应力工程

### 3.8.1 预应力工程概况

本工程预应力为无粘结预应力，共有4根长度为24.9m的预应力梁采用BUPC体系，预应力筋采用1860$\phi^j$15.2低松弛无粘结钢绞线，张拉锚具采用夹片锚具。预应力梁采用C50混凝土，根据同条件混凝土试块，当混凝土强度达到100%时允许张拉。

(1) 无粘结预应力钢绞线（1×7）主要性能指标为：$f_{ptk}=1860MPa$。Ⅱ级松弛，公称直径$\phi$15.24mm，润滑防腐油脂为无粘结筋专用油脂，外包高密度聚乙烯。

(2) 无粘结预应力张拉端采用YM-15-1J型单孔夹片锚。锚具的锚固性能符合国家标准规定的“Ⅰ”类锚具的要求。锚具的静载锚固效率系数$\eta_a \geqslant 0.95$，实测极限拉力时的总应变$\varepsilon_{apu} \geqslant 2.0\%$。锚具的疲劳荷载性能，通过试验应力上限取预应力钢材抗拉强度标准值的65%，应力幅度80MPa，循环次数为200万次的疲劳性能试验；同时，满足循环次数为50次的周期荷载试验。

(3) 预应力张拉控制应力$\sigma_{con}=1302MPa$，钢绞线的截面面积139.98mm$^2$，每根钢绞线的张拉力为182.3kN。无粘结预应力张拉设备采用FYCD-23型千斤顶，配套STDB0.63×63型超高压油泵。

(4) 钢绞线下料：

钢绞线下料时采用砂轮切割机，严禁使用电焊和气焊。钢绞线下料长度按下列公式计算：

两端张拉：
$$L = L_0 + 2(L_1 + L_2 + L_3 + 100)$$

式中 $L_0$——构件的孔道曲线长度；

$L_1$——夹片式工作锚厚度；

$L_2$——穿心式千斤顶长度；

$L_3$——夹片式工具锚厚度。

### 3.8.2 预应力张拉施工

(1) 张拉准备工作

1) 混凝土强度检验

预应力张拉前，应提供相应部位混凝土100%强度报告；当同条件试块混凝土强度达到设计要求时，方可开始张拉。

2) 承压板面清理

清除承压板面的混凝土、毛刺等。

3) 张拉操作平台搭设

搭设可靠的张拉操作平台（另出张拉操作平台方案）。

4) 安装锚具与张拉设备

安装锚具时，注意工作锚环或锚板对中，夹片均匀打紧；安装张拉设备时，注意张拉力的作用线与孔道中心线末端的切线重合。

(2) 张拉顺序

张拉顺序按对称的原则并考虑水平构件弹性压缩分批完成，各构件以4、5轴向两边推进张拉。

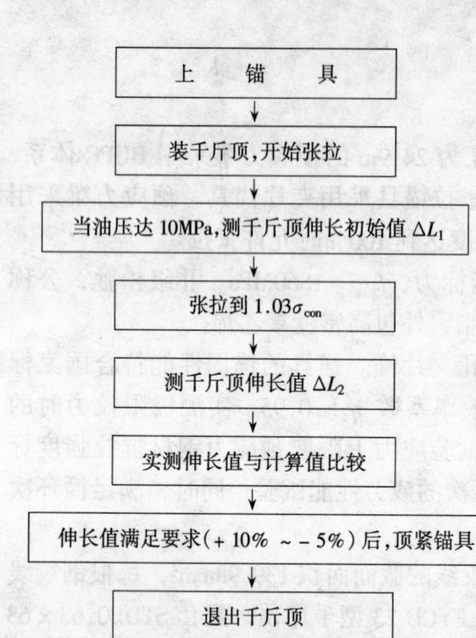


图 3-18　张拉流程图

(3) 张拉操作程序

根据设计要求张拉控制应力 $\sigma_{con}=0.70\times1860=1302\text{MPa}$，为减少应力损失，采用 3% 超张拉工艺。

张拉操作程序：0→$1.03\sigma_{con}$→锁紧锚具→退出千斤顶。

(4) 张拉步骤

根据施工安排，采用两端张拉的施工方法，张拉采用应力控制和伸长校核双重控制，以保证预应力的有效建立。其张拉过程如图 3-18 所示。

张拉中，要随时检查张拉结果，理论伸长值与实测值的误差不超过 +10% ~ -5%。

(5) 理论伸长值

千斤顶张拉时，影响预应力筋伸长量 $\Delta L$ 的主要因素是：张拉控制应力和摩擦阻力，为便于施工采用简化法计算伸长值：

$$\Delta L=\frac{PL_{\mathrm{T}}}{A_{\mathrm{P}}\cdot E_{\mathrm{m}}}$$

式中　$P$——预应力筋的平均张拉力，取张拉端的拉力与计算截面扣除孔道摩擦损失后的拉力平均值（见图 3-19），即

$$P=P_j\times\left(1-\frac{kL_{\mathrm{T}}+\mu\theta}{2}\right)$$

无粘结预应力取 $k=0.004$，$\mu=0.12$。

$A_{\mathrm{P}}$——预应力筋的截面面积；

$L_{\mathrm{T}}$——预应力筋的实际长度；

$E_{\mathrm{m}}$——预应力筋的弹性模量；

$P_j$——预应力筋张拉端张拉力。

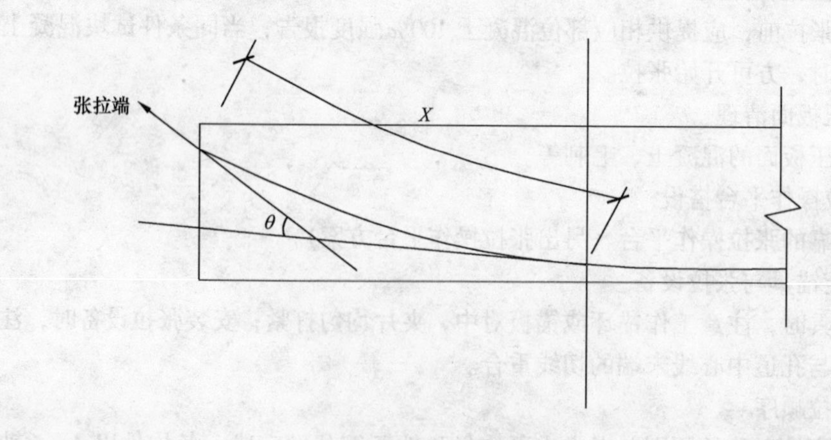


图 3-19

(6) 张拉伸长值

开始张拉时，预应力筋在套管内是自由放置的，要用一定张拉力使之收紧，这样就难以测出张拉的开始点，这一点在理论上是测量预应力筋伸长值的标记。零点的确定方法是将千斤顶加压到10MPa，这时预应力筋的张拉应力为$\sigma_{10}$，在千斤顶上标记，作为测量伸长值的起始点，见图3-20中$A$点，然后逐步增加压力，直至控制张拉力，记录此时的伸长值，见图中$B$点。

由于在弹性范围内，伸长值与应力成正比，因此，可将图中$A$、$B$两点作一直线并延长，与横轴相交于$O_1$点，此$O_1$点即是所求零点，其计算公式为：

$$\Delta L_1 = \frac{\sigma_{10} \cdot \Delta L_2}{\sigma_{\text{com}} - \sigma_{10}}$$

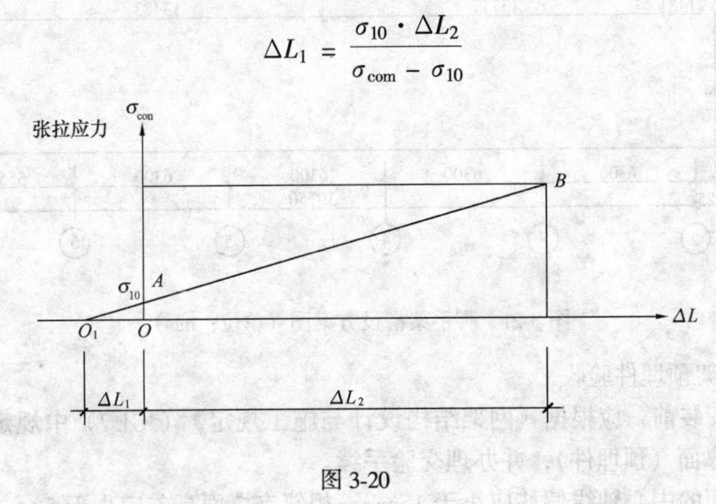


图3-20

预应力钢绞线的总伸长值为：

$$\Delta L = \Delta L_1 + \Delta L_2$$

(7) 预应力张拉组织管理

预应力张拉施工由一名工程师负责。施工现场组建一个张拉小组，由3人组成，配备张拉设备一套，其中一人负责量伸长值，其他人分别负责开油泵、做张拉记录和装千斤顶。

## 3.9　网架工程

本工程的多功能厅屋盖为正放四角锥型钢网架，网架上面铺夹心压型钢板，网架履盖面积747.2$m^2$，网架上下弦正截面均为圆弧形，圆弧半径分别为116.350m和114.550m，上弦支承于四周的16个支座上，支座与预埋件连接，支座标高为14.7~18.5m，即网架从①轴线向⑦轴线倾斜，排水坡度可变。

### 3.9.1　施工方法的选择

因网架跨度较小，因此，安装采用常用的高空散装法，需搭设满堂脚手架，脚手架搭设应符合结构脚手架的要求。

### 3.9.2　脚手架搭设

脚手架搭设要求按“脚手架搭设规定”进行，平均荷载270kg/$m^2$，网架下弦到脚手架板平面的距离为200mm，脚手架的搭设要安全、适应、节约、稳定。

操作面的周围要加设防护栏及安全网。搭设方案见图3-21。

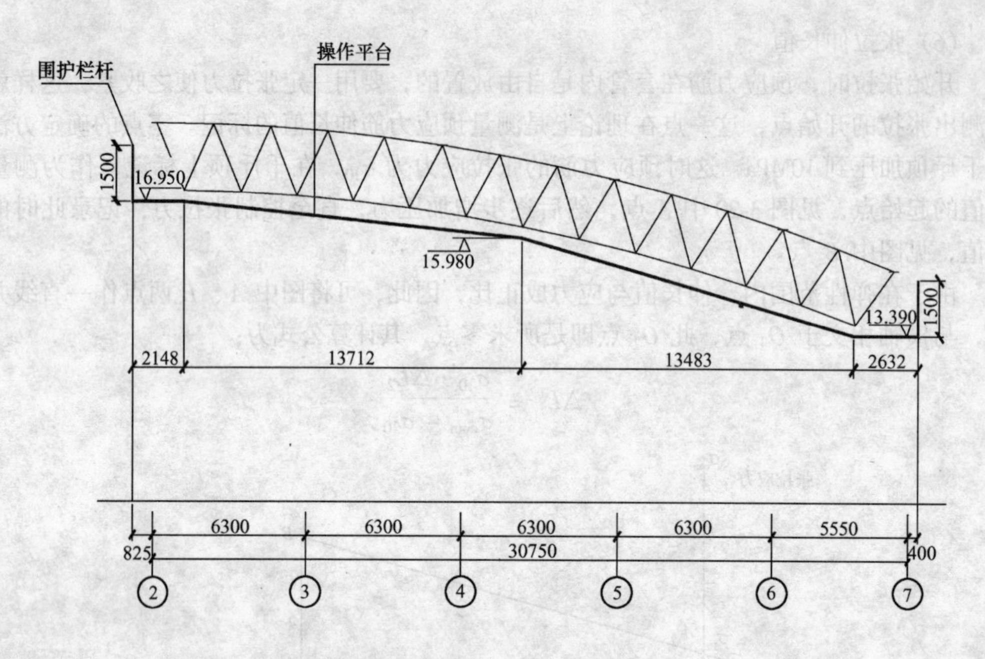


图 3-21　脚手架搭设方案图（单位：mm）

### 3.9.3　网架预埋件验收

（1）网架安装前，应根据《网架结构设计与施工规定》（JGJ 7）中规定的技术要求，提供合格的支撑面（预埋件），并办理交验手续。

（2）支撑面的中心轴线偏移应小于 15mm；相邻支撑面高差应小于 5mm。

（3）最高与最低支撑面高差应小于 10mm，埋件具体位置及标高如图 3-22 所示。

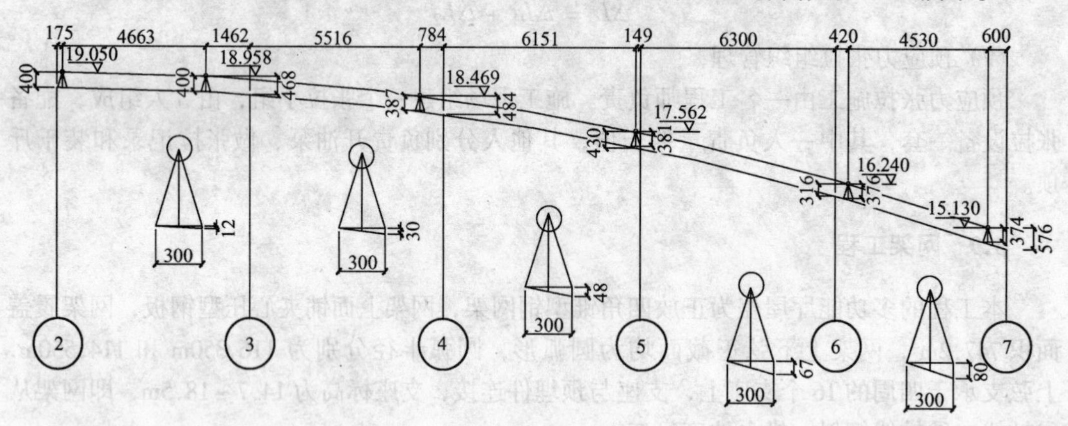


图 3-22　网架支座埋件位置图

### 3.9.4　网架安装

网架安装顺序为先安好基准网格，基准网格是指网架开始安装的第一个四角锥几何体。基准网格的安装质量直接影响到整个网架的安装速度和质量。安装步骤是先 4 根下弦杆，再 4 根腹杆；在对基准格检查无误后，按图 3-23 所指方向向 *K* 轴进行安装其他杆件，待第一排网格完成后再依次类推向 7 轴方向安装。网架工程施工另行编制详细方案。

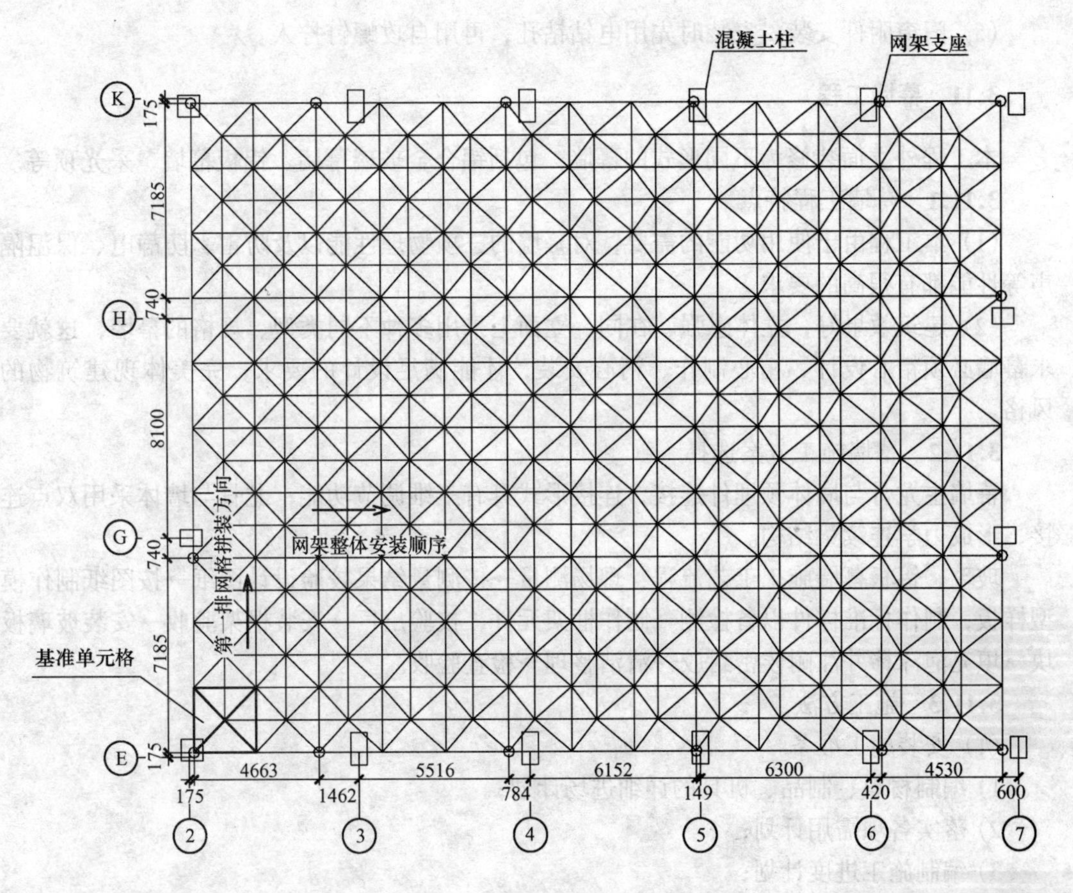


图 3-23 网架安装示意图

## 3.10 门窗工程

该工程外窗为铝合金窗，室内门为木制门，楼出入口为拉丝不锈钢门，各种门窗安装后应做好成品保护工作。

### 3.10.1 质量要求

门窗在结构施工期间开始翻样、放样工作，并提前加工定货。进场后严格验收，门窗表面应色泽均匀，无裂纹、麻点、气孔，无明显擦伤。门窗框与门窗扇应装配成套，并配好五金。

### 3.10.2 门窗安装

(1) 按图纸尺寸放好门窗框位置及标高线。

(2) 安装门窗框上的铁脚。

(3) 安装门窗框，并按线就位找好垂直度及标高，用木楔临时固定，检查正侧面垂直及对角线，合格后，将铁脚与结构固定牢固（混凝上墙洞口采用膨胀螺栓固定；设有防腐木砖的砌体结构，采用木螺钉把固定片固定在防腐木砖上）。

(4) 嵌缝：门窗框与洞口之间的伸缩缝内腔采用闭孔发泡聚苯乙烯弹性材料分层填塞，然后去掉临时固定用的木楔，其空隙用相同材料填塞。表面用 5 ~ 8mm 的密封胶封闭。

(5) 门窗附件安装：安装时先用电钻钻孔，再用自攻螺钉拧入。

## 3.11　幕墙工程

本工程外立面装修为不同形式的幕墙，包括铝合金玻璃幕墙、铝板幕墙、采光顶等。

### 3.11.1　幕墙工程特点

(1) 本工程由于使用功能的需要，对幕墙的三项物理性能以及防雷、防静电、保温隔声等性能都有很高的要求。

(2) 建筑效果好，立体感强，在同一立面上采用多种不同类型、规格的幕墙，这就要求幕墙必须精心设计、精心制作、精心安装，才能满足设计的要求，完美体现建筑物的风格。

### 3.11.2　幕墙施工方案选择

幕墙主龙骨与墙体预埋件连接，连接形式具有三维调节功能；龙骨与墙体采用双点连接，形成力学连续梁结构。

玻璃、铝板幕墙施工工艺流程：现场测量→按测量结果校验设计图纸→按图纸制作模型样板，制作标准样件以备检测→制作框架元件，校验出厂→安装框架验收→安装玻璃板块→填充泡沫棒并注耐候密封胶→清洁整理→检查验收。

### 3.11.3　施工方法

(1) 安装施工准备

1) 编制材料、制品、机具的详细进场计划；

2) 落实各项需用计划；

3) 编制施工进度计划；

4) 做好技术交底工作；

5) 搬运、吊装构件时不得碰撞、损坏和污染构件；

6) 构件储存时应依照安装顺序排列放置，放置架应有尽有足够的承载力和刚度，在室外储存时应采取保护措施；

7) 构件安装前应检查制造合格证，不合格的构件不得安装。

(2) 预埋件安装

1) 从下向上逐层安装预埋件；

2) 按照幕墙的设计分格尺寸，用经纬仪或其他测量仪器进行分格定位；

3) 检查定位无误后，按图纸要求埋设铁件；

4) 安装埋件时要采取措施防止浇筑混凝土时埋件位移，控制好埋件表面的水平或垂直，防止出现歪、斜、倾等；

5) 检查埋件是否牢固、位置是否准确。预埋件的位置误差应按设计要求进行复查，当设计无明确要求时，预埋件的标高偏差不应大于10mm，预埋件的位置与设计位置偏差不应大于20mm。

(3) 施工测量放线

1) 复查基准线。

2) 放标准线：在每一层将室内标高线移至外墙施工面，并进行检查；在放线前，应首先对建筑物外形尺寸进行偏差测量，根据测量结果，确定基准线。

3）以标准线为基准，按照图纸将分格线放在墙上，并做好标记。

4）分格线放完后，应检查预埋件的位置是否与设计相符；否则，应进行调整或预埋补救处理。

5）用 $\phi0.5\sim\phi1.0$ 的钢丝在单幅幕墙的垂直水平方向各拉两根，作为安装的控制线，水平钢丝应每层拉一根（宽度过宽，应每间隔 20m 设一支点，以防钢丝下垂），垂直钢丝应间隔 20m 拉一根。

6）注意事项：放线时，应结合本工程的结构偏差，将偏差分解，应防止误差积累；应考虑好与其他装饰面的接口；拉好的钢丝应在两端紧固点做好标记，以便钢丝断了，快速重拉。

（4）过渡件的焊接

1）经检查，埋件安装合格后，可进行过渡件的焊接施工；

2）焊接时，过渡件的位置一定要与墨线对准；

3）应先将同水平位置两侧的过渡件点焊，并进行检查；

4）再将中间的各个过渡件点焊上，检查合格后，进行满焊或段焊。

（5）玻璃幕墙铝龙骨安装

1）将加工完成的立柱按编号分层次搬运到各部位，临时堆放。堆放时，应用木块垫好，防止碰伤表面。

2）将立柱从上至下或从下至上逐层上墙，安装就位。

3）根据水平钢丝，将每根立柱的水平标高位置调整好，稍紧连接件螺栓。

4）再调整进出、左右位置，检查是否符合设计分格尺寸及进出位置；如有偏差就及时调整，不能让偏差集中在一个点上。经检查合格后，拧紧螺帽。

5）当调整完毕，整体检查合格后，将连接件与过渡件、螺帽与垫片间均采用段焊、点焊焊接，及时消除焊渣，做好防锈处理。

6）安装横龙骨时水平方向应拉线，并保证竖龙骨与横龙骨接口处的平整，连接不能有松动，横梁和立柱之间垫片或间隙符合设计要求。

（6）防火材料安装

1）龙骨安装完毕，可进行防火材料的安装；

2）安装时应按图纸要求，先将防火镀锌钢板固定（用螺钉或射钉），要求牢固可靠，并注意板的接口；

3）然后铺防火棉，安装时注意防火棉的厚度和均匀度，保证与龙骨料接口的饱满，且不能挤压，以免影响面材；

4）最后进行顶部封口处理，即安装封口板；

5）安装过程中要注意对玻璃、铝板、铝材等成品以及内装饰的保护。

（7）玻璃安装

1）安装前应将铁件或钢架、立柱、避雷、保温、防锈全部检查一遍，合格后再将相应规格的面材搬入就位，然后自上而下进行安装；

2）安装过程中用拉线控制相邻玻璃面的平整度和板缝的水平、垂直度，用木板模块控制缝的宽度；

3）安装时应先就位，临时固定，然后拉线调整；

4）安装过程中，如缝宽有误差，应均分在每条胶缝中，防止误差积累在某一条缝中或某一块面材上。

（8）密封

1）密封部位的清扫和干燥，采用甲苯对密封面进行清扫，清扫时应特别注意不要让溶液散发到接缝以外的场所，清扫用纱布脏污后应常更换，以保证清扫效果；最后，用干燥清洁的纱布将溶剂蒸发痕迹拭去，保持密封面干燥；

2）贴防护纸胶带：为防止密封材料使用时污染装饰面，同时为使密封胶缝与面材交界线平直，应贴好纸胶带，要注意纸胶带本身的平直；

3）注胶：注胶应均匀、密实、饱满，同时注意施胶方法，避免浪费；

4）胶缝修整：注胶后，应将胶缝用小铲沿注胶方向用力施压，将多余的胶刮掉，并将胶缝刮成设计形状，使胶缝光滑、流畅；

5）清除纸胶带：胶缝修整好后，应及时去掉保护胶带，并注意撕下的胶带不要污染玻璃面，及时清理贴粘在施工表面上的胶痕。

（9）清扫

1）清扫时先用浸泡过中性溶剂（5%水溶液）的湿纱布将污物擦去，然后再用干纱布擦干净；

2）清扫灰浆、胶带残留物时，可使用竹铲、合成树脂铲等仔细刮去；

3）禁止使用金属清扫工具，更不得使用粘有砂子、金属屑的工具；

4）禁止使用酸性或碱性洗剂。

（10）竣工交付

1）先自检，然后上报甲方竣工资料；

2）在甲方组织下，验收、竣工交付；

3）办理相关竣工手续。

### 3.12　砌筑工程

（1）按照施工总体计划安排及时购进陶粒混凝土砌块，陶粒混凝土砌块运至现场后在指定地点堆码整齐，堆码不宜过高，堆垛上设立标志。

（2）选用P.O32.5普通硅酸盐水泥，在现场设的水泥库中，按品种、强度等级、出厂日期堆放，并保持干燥。

（3）配制砂浆用洁净的中砂并过筛，且含泥量不超过5%。

（4）砌筑施工所在的施工层，在施工前应先进行结构验收，办理好施工隐蔽验收手续。

（5）做好砂浆配合比技术交底及配料的计量准备。

（6）弹出建筑物的主要轴线及砌体的控制边线，经技术复线，检查合格后方可进行施工。

（7）砌筑前按砌块尺寸计算皮数和排数，编制排列图。

（8）质量保证措施：

1）所有材料进场时进行严格的抽样检查，不合格的坚决退场。

2）砌筑前各段工长应做好技术及安全交底。

3）砌体尺寸和位置允许偏差必须符合表 3-13 中的规定。

**表 3-13**

| 序　号 | 项　　目 | | 允许偏差（mm） | 检 查 方 法 |
|---|---|---|---|---|
| 1 | 墙面垂直度 | 每　层 | 5 | 用尺检查 |
| 2 | 表面平整度 | | 5 | 用 2m 靠尺检查 |
| 3 | 水平灰缝平直度 | | 10 | 尺检查 |
| 4 | 水平灰缝厚度（连续 5 皮砌块累计） | | ±10 | 用尺量检查 |
| 5 | 垂直灰缝宽度（连续 5 皮砌块累计） | | ±15 | |
| 6 | 门窗洞口 | 宽　度 | ±5 | |
| | | 高　度 | ±15<br>−5 | |

4）砌筑用水泥砂浆、混合砂浆分别在搅拌后 3h、4h 内用完。当施工期间最高气温超过 30℃时，分别在 2h、3h 内使用完毕。

## 3.13　装饰工程

### 3.13.1　室内装饰总原则

室内装饰工程，按从下往上进行施工的原则进行施工，每层各分项工程的施工安装顺序为："先顶棚、后墙面、再地面"，安装各专业按照装饰分项工程的施工进度实施配合施工，重点做好楼面花岗石、地砖，确保表面光滑、分格条牢固。

### 3.13.2　室外装饰部分总原则

按从上至下的施工程序安排施工，本工程装饰工程的各工种必须密切配合，施工前应编制详细的作业指导书，使装饰分部质量评定达到本工程质量目标要求，并为保证工期创造条件。重点注意外墙砖必须牢固，表面平整、接缝平直顺畅、颜色一致。

### 3.13.3　主要装饰工程施工方法

（1）抹灰工程

本工程外墙内抹灰由 30mm 厚 FGC（有机硅）保温涂层代替，其余墙面采用水泥砂浆抹灰。

工艺流程：基层处理 → 吊直、套方、找规矩、贴灰饼 → 墙面冲筋（设标筋）→抹底灰→抹罩面灰。

1）基层处理：将墙面表面灰尘、油垢清扫干净，剔除凸出部位，并于抹灰前一天浇水，湿透墙面。

2）吊直、套方、找规矩、贴灰饼：根据基层表面平整、垂直情况，经检查后确定抹灰层厚度。贴灰饼采用线坠、方尺、拉通线等方法，用托线板找好垂直，灰饼用 1∶3 水泥砂浆做成 50mm 见方，间距 1.5m。

3）墙面冲筋（设置标筋）：冲筋用 1∶3 水泥砂浆，冲筋的根数根据房间的高度决定，筋宽 50mm。

4）抹底灰：在墙面湿润时，先刷一道素水泥浆（内掺 108 胶），随刷随打底；底灰采用 1∶3 水泥砂浆，分层分边与所冲筋抹平，分层厚度 7～9mm，每边厚度不超过 5mm。后用大杠子刮平，后用木抹子搓平搓毛。

5）抹罩面灰：底灰抹好后第二天，先墙面湿润后即可抹罩面灰。罩面灰采用1:2.5水泥砂浆，厚度不超过9mm。抹灰时先薄薄地刮一道，以增强罩面灰层与底灰层粘结力，随即抹第二遍至抹灰厚度，并用大杠子刮平找直，用铁抹子压实压光。

(2) 吊顶工程

本工程吊顶分项工程有通透性铝方搁栅、复合硅钙板及纸面石膏板吊顶。

轻钢龙骨铝方搁栅吊顶的施工程序为：弹线→龙骨布置→固定吊筋→安装与调平龙骨架→安装铝方搁栅面板→修边封口。

1）弹线：根据地面500mm线或事先确定的地面基准点，按图纸设计的吊顶标高弹出高度点；然后，用水注法打出吊顶平面标高线，并将标高线弹到墙面或柱面上。对于通透性等差迭级吊顶，要精确弹出等差尺寸标高及迭级位置线。水平允许偏差±5mm。

2）龙骨布置：根据铝方板的尺寸规格，以及吊顶面积尺寸来安排骨架的结构尺寸。要求板块组合的图案完整，并尽量减少接头。龙骨间距视搁栅板而定，不大于1200mm。对通透性吊顶，要布置、安排好迭级龙骨的位置、尺寸。

3）固定吊筋：根据图纸设计吊筋规格及龙骨布置，画出吊筋安装点位置。吊点分布要均匀。吊筋间距以800~1200mm为宜。上人型吊顶的吊筋承载力不得小于1000N。

4）安装、调平龙骨架：先安主龙骨后安次龙骨，按设计好的间距安装龙骨。次龙骨应紧贴龙骨安装。对于跨度（$H$）大于4000mm的房间，龙骨中间部分应起拱，起拱高度不应小于$H/200$（因是铝合金面板，可小于此值）。明龙骨系列的横撑龙骨与通长次龙骨的接头不得在一条线上。吊筋距主龙骨端部距离不得超过300mm，否则应增设吊筋。

5）安装铝合金面板：铝合金板在安装时应轻拿轻放。先将板的一端用力压入卡脚，再顺势将其余部分压入，采用推压法。由中间向四周安装，使龙骨均匀受力。

6）修边封口：对于边角部位做打磨修整，使缝隙严密、通直、饱满、均匀。阴阳角处用线条封口。

7）复合硅钙板：采用复合粘贴法安装，胶粘剂未完全固化前，板材不得受剧烈振动；安装时，房间内湿度不宜过大，并保持室内通风。受污染、破损、变形、图案不全的板材不得使用。

(3) 涂料工程

本工程涂料工程为主体内墙为乳胶漆墙面、外墙局部采用白色弹性涂料。

工艺流程：基层清理→填补缝隙、局部刮腻子→打磨→第一遍涂料→复补腻子→打磨（光）→第二遍涂料→打磨→第三遍涂料。

1）对于混凝土及抹灰墙面，涂料工程施工前必须除去棉层油污及浮层；然后，用腻子批嵌，将砂眼、水气泡孔不平之处刮平。第一遍腻子要满刮；然后，用0~2#砂纸打磨，以后各遍以此类推。

2）施涂时一批或一桶涂料要一次用完，一面墙要一气涂完，以免色泽不一致。上下次、上下遍之间的接槎处要严。

3）抹灰墙面的含水率不得大于10%。阴阳角要修顺直。

4）滚涂法施工：使用排笔，先刷门窗；然后，竖向、横向滚涂大面两遍，时间间隔2h。上下涂层的接头要接好，流平性要好，颜色应均匀一致。

(4) 饰面砖工程

本工程包括地面玻化砖，花岗石墙面、地面，卫生间瓷砖墙面、地面及外墙劈离砖等的施工。

1) 地面饰面砖施工

玻化砖施工工序：地面清理→弹标高线→弹十字定位线→铺贴→养护→勾缝、清理。

(A) 地面清理：清除地面残留砂浆浮尘等垃圾，清扫干净，检查垫层是否空鼓。施工前1~2d浇水润湿。

(B) 弹标高线：根据50mm线弹出面砖成活后的标高线。对于地面基层超高部位要凿除。注意每一层、每一个房间只用一个标高点，以免地面面层标高不交圈。

(C) 弹十字定位线：房间面积较大时，要在房间中间弹定位线，其目的是使非整砖排在次要部位或阴角处；对于不规则房间，如多功能厅，必须要弹出十字定位线，同时要进行试排，尽量减少非整砖数量。

(D) 铺贴：铺贴前先在地面上扫素水泥浆一道，然后满铺1:3干硬性水泥砂浆20~40mm厚。挑选地砖，在其背面满刮加108胶水的素水泥浆，再将地砖与地面铺贴，并用橡皮锤由中间向四周轻轻敲击，使其与地面压实，以免空鼓，并且高度与地面标高线吻合。每4~8块地砖用水平靠尺一靠。铺贴时，注意砖缝的通直、均匀、饱满。

(E) 养护：地砖铺贴后，严禁踩踏，气温高、空气干燥时浇适量水加以养护。

(F) 勾缝：用水泥加颜料拌成腻子，将砖缝勾擦饱满，使砖缝颜色与地砖颜色一致。

2) 花岗石铺贴

施工工序：地面基层清理→弹标高线→找规矩（或十字定位线）→试拼、试排→铺贴→养护→上蜡、抛光。

(A) 地面清理、弹标高线：同玻化砖铺贴。

(B) 找规距：根据石材的规格尺寸挂线找中，室内地面与走廊拉通线，分块布置要以十字线对称。

(C) 试拼：根据标准线确定铺贴顺序和标准块位置。在选定的位置上，按图案、颜色、纹理试拼。试拼后按两个方向编号排列，然后按编号码放整齐。

(D) 试排：在室内两个垂直方向，按标准线铺两条干砂。根据设计图要求把板排好，以便检查板块之间的空隙，核对板块与墙面、柱、管线洞口等的相对位置。根据试排结果，在房间主要部位弹上相互垂直的控制线并引至墙上，用以检查和控制板块的位置。

(E) 铺贴：铺贴方法基本同地砖。但花岗石铺贴时，石材四周需刷防污剂，注意石材色差。石材采用密拼施工，缝隙1mm。

(F) 养护：同地砖。

(G) 上蜡、抛光：石材面上划伤、污染、轻度腐蚀部位要上石蜡。整个面层用抛光机抛光，达到镜面效果。

3) 墙面瓷砖施工

工艺流程：弹线分格 →弹控制线→镶贴面砖→勾缝与擦缝。

(A) 弹线分格：根据图纸要求，分段分格弹线；同时，贴面层标准点，以控制面层出墙尺寸及垂直、平整。

(B) 镶贴面砖：镶贴应自上而下进行，外墙面砖采用1:1水泥砂浆加水重20%的108

胶，砂浆厚度为4～5mm（要求砂浆用砂应过窗纱筛）。上后用灰铲柄轻轻敲打，使之附线，再用钢片开刀调整竖缝，并用小杠通过标准点调整平整度和垂直度；女儿墙、窗台平面镶贴，除流水坡度应符合要求外，应采取顶面面砖压立面面砖的做法；同时，立面中最低一排砖必须压底平面面砖，并低于底平面面砖3～5mm，以起滴水槽的作用。

（C）内墙瓷砖采用直缝排列自下而上、从左向右镶贴，先贴阳角后贴阴角。水泥浆加108胶水（水泥:108胶水:水＝100:5:26），管道洞口处，先整砖后套割。

（D）面砖勾缝与擦缝：外墙面砖横竖缝宽8mm，拉缝时用1:1水泥砂浆先水平缝，再勾竖缝，要求勾好后凹进面砖外表面2～3mm。内墙面砖缝宽为1～2mm，镶贴完毕20～30min后将其表面纸张揭开；若发现有歪斜、不正的缝子应拨正贴实，先横后竖。内墙面砖镶贴完毕后48h后，用颜色与面砖同的水泥砂浆刮满缝子并压实，再用麻丝和擦布将其表面擦净。

4）花岗石饰面

本工程门厅、展览厅、走廊墙柱面装饰属室内石材饰面，故采用湿挂法施工。

湿挂法施工工艺：基体处理→墙柱面弹线→焊接、绑扎钢筋网→板材检验、修补→预排编号→安装板材→临时固定→灌浆→清理→嵌缝→抛光。

（A）基体处理：用钢丝刷清除面层残留的砂浆、尘土和油渍，对基面凿毛处理，凿毛深度应为5～15mm，凿坑间距不大于30mm。

（B）弹线：根据设计要求，确定地平面标高位置，以标高线为基准来安排板块的排队列分格。

（C）焊接、绑扎钢筋网：有预埋件时，先凿出预埋钢筋环，然后插入$\phi$8的竖向钢筋，在竖向钢筋的外侧绑扎横向钢筋，其位置低于板缝2～3mm为宜。若没设预埋件，需打入M10～16的膨胀螺栓来焊接钢筋，不得有松动和弯曲现象。竖向钢筋间距500mm为宜，横向钢筋间距由板的高度所决定；当间距超过1200mm时，中间应增加横向钢筋。

（D）板材检验、修补：对板材进行边角垂直测量、平整度检验、尺寸误差检验。

（E）预排编号：预排编号是保证石材安装时能上下左右颜色、花纹一致，纹理通顺，接缝严密吻合。先按图排出品种、规格、颜色和纹理一致的块料。按设计尺寸，在地上进行试拼、校正尺寸及四角套方。凡阳角对接处应磨边卡角，将预排好的石材编号。对有缺陷的石材应剔除、改小料或用于不显眼处。

（F）安装板材：安装顺序自下而上，每一层自中间或一端开始。先将最下层的板块，按地面标高就位，垫上垫块，将石块上口外仰，把下口不锈钢丝或铜丝绑扎在横向钢筋上，绑扎上口金属丝，然后用靠尺检查调整。最下一层定位后，拉水平、垂直控制线来控制安装质量。柱面可按顺时针方向安装。先从正面开始，第一层就位后找垂直和平整，用角尺找好阴阳角。石板安装时应用铅皮加垫，保证板材间的缝隙均匀一致。板材安装就位后，用云石胶临时固定。临时固定后，用1:3、稠度为100～150的水泥砂浆进行灌浆，灌浆时不可碰动石板，也不要从一处灌浆；同时，要检查石板是否因灌浆而位移。灌浆高度一般为150～200mm，不得超过石板高度的1/3，灌浆后用铁棒扦插。第一次灌浆后1～2h，待砂浆初凝无水溢出后再次检查石板是否移位，然后第二次灌浆。最后一次灌浆至低于石板上口50～80mm处为止，待上层石板灌浆时来完成。石材安装前，其侧面四边需涂防污剂。

(G) 清理：砂浆初凝后，清理上口余浆，用棉纱擦干净，隔天清理垫块及其他杂物。

(H) 嵌缝：全部安装完毕后，用与石材同色的色浆嵌缝，使缝隙密实，色泽一致(有板缝设计另做处理)。

(I) 抛光：石材面光泽受污染影响时要上蜡抛光，使表面更加光洁。石材施工完毕，加强表面尤其是棱角的保护。

(5) 矿棉吸声板饰面

本工程矿棉吸声板饰面墙主要在教室内，并内衬保温层。

施工工序：基层处理→安装轻钢龙骨→填充保温材料→粘贴吸声板→修边、封口。具体为：

1) 基层处理：同瓷砖饰面。

2) 安装轻钢龙骨：根据图纸设计的轻钢龙骨型号，选定施工所需材料。弹线布置主龙骨及横撑龙骨（通贯龙骨）的位置，根据矿棉吸声板的规格布置龙骨的间距。轻钢龙骨与墙体通过膨胀螺栓固定，固定点间距 500 ~ 1000mm 左右。龙骨下料，安装时必须避免接头在一条线上。门窗或特殊接点处应使用附加龙骨。

3) 粘贴面板：自下而上，用建筑胶将矿棉吸声板粘结于龙骨上。粘贴时，注意板材的方向、图案，破损、受污染、翘曲变形的板材严禁使用。无板缝设计要求时，板缝要密实、通直饱满。阴阳角处要做45°碰角处理。

4) 修边封口：对阴阳角、墙裙线、吊顶线等处，用美工刀仔细修整，保证接头、板缝横平竖直。设计有收口线条时，用线条压口。

(6) 防火塑料板饰面

本工程防火塑料板饰面主要是墙裙部位。

施工工序：基体处理→木骨架制安→木夹板基层安装→饰面及收口。

1) 基体处理：检查墙体的垂直度和平整度，误差大于 10mm 的墙体须重新修正，以保证木骨架的垂直度和平整度。

2) 木骨架制安：用 16 ~ 20mm 的冲击钻在墙体上钻孔，孔距 600mm 左右，深度不小于60mm，在钻孔中打入做防腐处理的木楔，木龙骨制安规格采用 300mm × 300mm 或 300mm × 400mm 或 400mm × 400mm。有造型时按设计做造型。木龙骨必须做防火、防腐处理。安装时，注意检查龙骨的垂直度和水平度；如龙骨与墙体间有空隙，应用木块垫实。

3) 木夹板基层安装：用 15mm 枪钉或 25mm 钢钉把五夹板或九夹板固定在龙骨上，钉距 100mm 左右，要求钉帽钉入夹板面内 5mm 左右。

4) 防火塑料板粘贴：在基层面和塑料板上弹出安装定位线，按分块尺寸弹线预排。再在塑料板背面和木基层面上分别涂上万能胶 3 ~ 5min 后，将塑料板按定位线粘贴在木基层面上，先从一端开始一边粘一边压抹已贴上部分，并在塑料板面上拍打加压，及时擦去挤出的胶液。粘贴时，每次涂刷胶粘剂的面积不宜过大，厚度应均匀，采用推压法粘贴，避免出现鼓泡。出现鼓泡时，应刺破鼓泡，排出气体，注入胶液并压实，用电吹风吹干。粘贴前需细致进行修边，并进行试拼，缝隙不应大于 0.3mm。有板缝设计时，用螺机螺缝，然后嵌缝。

5) 整修收口：待防火板粘牢后，用刨刀片或锉刀裁边，锉成45°接角。锉时只能向下锉，不能回锉。用细砂纸轻轻打磨缝隙。

(7) 细木工程

本工程所使用的实木及各种板材，木制品均应符合图纸图示及业主所认定的材料，其他选材应以干燥、色泽均匀、无虫蛀或节痕、不龟裂和弯曲为原则，木材外露部分应磨平刨光。木材的含水率控制在12%以内。

1）木材做为龙骨或基层部位，按照消防规定。喷刷防火涂料或阻燃处理，封板前需经消防部门检验合格后方可继续施工，各种防火板均有国家消防检测合格证书。

2）工程所使用的各种夹板、木芯板、木皮等经国家检验合格的正品，其规格应符合国家标准或国际尺寸。

3）隐蔽的木材均应防腐处理。

4）饰面板使用前，应按同房间，同部分进行挑选，使安装后从观感上木纹、颜色一致、阳角纵横交叉的部位，饰面板均应45°拼缝，安装完后应尺寸正确，表面光滑平直，棱角方正，线条顺直，无毛刺或锤印。

5）木板及线条收口，收头处要连贯、规整、协调，接处应放在不显眼处，做圆弧、曲面造型时，规格需在专业厂家定做。

6）木制品固定连接需用白乳胶加钉或螺钉固定。

7）墙面、立面衔接阴阳角处理恰当，线条平滑顺直，镶边整齐光滑。

8）同种材料无明显色差，无明显接痕，表面平整。

9）讲台地板表面洁净，图案清晰，色泽一致，无明显色差、高差，周边顺直，板面无裂纹、空鼓。

10）木制品安装位置正确，割角整齐，交圈接缝严密、平直、通顺，与墙面紧贴，出墙尺寸一致。

11）同一层楼、同一面墙的门窗套高度应拉通线，保证高度一致。

(8) 油漆饰面

清漆施工工序：清扫、除油污→磨砂纸润粉→ 磨砂纸→第一遍满刮腻子→磨光→第二遍满刮腻子→磨光→刷油色→第一遍清漆→拼色→复补腻子→磨光→第二遍清漆→磨光→第三遍清漆→磨水砂纸→第四遍清漆→磨光→第五遍清漆→磨退→打砂蜡→打油蜡→擦亮。

1）木材表面的浮尘、污垢等要用1#木砂纸打磨清楚、干净，缝隙、毛刺、脂囊修整后用腻子填补，木材的含水率不得大于12%。木材在使用前刷封闭底漆一遍，以免遭受污染后不好清理。

2）对木材面上少量色斑或颜色不均匀，要进行脱色处理，使木材表面颜色一致。脱色剂配比：双氧水（30%）：氨水（25%）：水＝100:20:100。也可用水配次氨酸钠进行脱色（50g次氯酸钠:1L 70℃温水）。

3）用20%虫胶清漆和老粉加颜料调成与木材颜色一致的腻子，嵌补钉眼、缝隙，干后用1#木砂纸全面打磨光滑，除尽表面砂灰。再用棉球蘸22.2%的白虫胶清漆揩涂2～3次，干后用旧木砂纸将表面轻轻磨滑。根据设计颜色进行底层着色。

4）对于多组分清漆，要按使用说明配制，刷涂时用12～16支的羊毛排笔，迅速均匀，刷涂面积长短一致，避免流挂、过楞、气泡等缺陷，每遍间隔60min。阴雨天出现泛白现象时，用布揩去表面水分，再涂一遍清漆，最后一遍清漆加入15%的乙酸丁酯。

5）每遍之间用木砂纸或白细纱布、棉布揩擦，达到手感细腻、光滑。门窗扇的上下冒头面不得漏刷。

其他装修做法见 88J1-X1 工程做法。

## 3.14 安装工程

### 3.14.1 电气安装工程

（1）防雷接地

本建筑防雷按二级防雷要求设置，将保护接地、防雷接地、等电位接地联成一个系统，总的接地电阻不大于 1Ω。在屋顶采用 $\phi$12 镀锌圆钢装设避雷带及避雷网作接闪器，利用建筑物组合柱内二根主筋作为防雷引下线，上下贯通。利用建筑物基础底板钢筋作接地极，成闭合环状。

（2）线槽及桥架的安装

金属线槽与电缆桥架用支架固定在顶板或墙（柱）上，支架吊点间距（除注明外）均 ≤1.5m，穿越防火分区、墙壁或楼板处，加装防火隔板防护，弱电金属线槽外涂防火涂料。

（3）配电箱、柜的安装

配电箱、柜安装时，对照图纸的系统原理图检查，核对配电箱内电气元件、规格名称是否齐全完好，暗装配电箱先配合好土建预留。在同一建筑物内，同类箱盘的高度做到一致。

配电箱、柜安装调试完毕后，最后在箱内分配开关下方用标签标上每个回路所控制的具体负荷、设备名称、位置，以便用户使用检修方便。

（4）管内配线、预留管口保护及电缆敷设

根据设计图纸要求选择导线，管内扫管穿带线，保证管路畅通、准确。在电缆敷设前，全部电缆规格、型号、截面、电压等级等进行全面详细地核对无误，检查外观无损坏现象后，对电缆进行绝缘电阻测试。均需达到规范要求，对高压电缆及电缆头需做耐压试验，并做好试验记录。在桥架上多根电缆敷设时，应根据现场实际情况，事先将电缆的排列用表或图的方式画出来，并计算出电缆长度，以防电缆的交叉和混乱。

（5）开关、插座、灯具安装

1）开关插座的安装

（A）安装前先清理开关、插座接线盒内的夹渣、夹块等杂物，因预埋过深（≥2.5mm）的个别箱盒要重新安装，加装套盒。

（B）同一室内成排安装的开关、插座的标高保持一致，安装平整美观，高差不大于 0.5mm，暗开关之间留有一定的距离，并距门框 0.15～0.20m。开关位置与灯位相对应，开关翘把指示明晰一致，开关向上为开，向下为关；暗装插座、开关的面板应端正，并紧贴墙面。

（C）电器灯具的相线经开关控制，插座的接线孔为单相三孔插座，上孔为保护接地线，左孔为工作零线，右孔为相线。

（D）先将盒内甩出的导线留出维修长度，注意不要碰伤线芯，再将线芯直接接入线孔内，并用顶丝将其压紧；然后，将开关或插座推入盒内，并与墙面平齐，并上紧固定螺钉。

(E) 在装修墙面上安装开关插座，与装修工作配合进行。

2) 灯具安装

灯具的安装必须密切配合装修，针对业主选定的灯具形式，在施工前绘制灯具安装详图报审后进行安装。嵌入式灯具安装前，积极配合装饰工程做好预留灯具安装位置等工作。成排灯具先放线再安装，安装后进行调整，确保最佳视觉效果。

**3.14.2** 弱电工程

弱电系统包括：电话、电视、可视对讲、宽带网络系统、保安监控系统、消防报警系统。工程的优劣很大程度上取决于质量保证体系的好坏，因此，我公司制订了一整套的全面质量管理体系，见表 3-14。

**表 3-14**

| 施工阶段 | 质检项目 | 质检内容 |
|---|---|---|
| 施工前检测 | 环境要求 | ①土建基础设施施工情况：地面、墙面、预留空洞、活动地板安装；<br>②安装配合情况：电源插座、接地等安装情况 |
| | 器材检测 | ①外观检测、规格品种、数量；<br>②电缆传输性能抽样检测；<br>③所有电缆电器性能检测 |
| | 安全防火要求 | ①消防器材；危险物的堆放；<br>②预留孔洞的防火措施 |
| 线缆布放 | 线缆布放 | ①线缆规格、路由、位置；<br>②符合布放缆线工艺要求；<br>③使用护管管径、规格，缆线的防护措施；<br>④通信线路及其他设施的距离 |
| 设备安装 | 配线架 | ①规格程式符合要求；外观不得损坏，标示完整齐全；接地措施符合要求；<br>②安装垂直、水平度，螺栓紧固，防震加固措施可靠；进线排列整齐，捆扎紧固 |
| | 信息插座 | ①规格、位置、质量符合要求，标志齐全；<br>②安装符合工艺要求，屏蔽层连续可靠 |
| 系统检测 | 工程电气测试 | ①接地电阻测试；<br>②系统屏蔽性能检测；<br>③线缆绝缘检测、衰减测试等 |
| | 传输特性测试 | ①BASE LINK 测试；<br>②CHANNEL 测试；<br>③测试数据与设计标准参数对比分析；<br>④系统数据整理 |
| 工程验收 | 竣工技术文件 | 清点交接技术文件 |
| | 工程验收评测 | 考核工程质量，确认验收结果 |

施工流程图如图 3-24 所示。

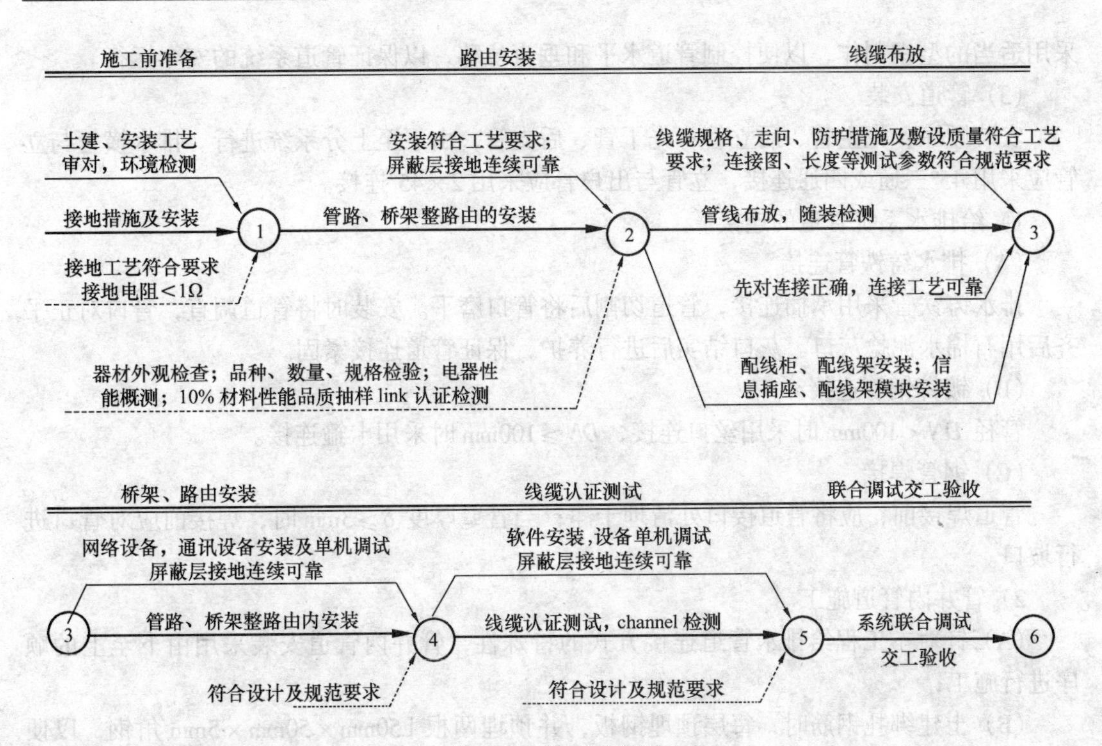


图 3-24 施工流程图

### 3.14.3 暖通及给排水工程

(1) 材料选用及连接

1) 管材及连接

生活给水管、中水管全部采用 PP-R 管，热熔连接。

采暖管道地下水平干管采用无缝钢管焊接，管井内立管采用镀锌钢管丝接，垫层内管道采用 PB 管热熔连接。

污废水立管采用 UPVC 螺旋消声管，立管为螺纹连接，支管粘结。干管采用薄壁离心铸铁管件，不锈钢箍柔性接口。有压排水管用焊接钢管。

消火栓给水管采用焊接钢管，焊接。自动喷水系统采用热镀锌钢管，$DN<100$mm 采用丝接，$DN\geqslant100$mm 则采用卡箍连接。

雨水管采用镀锌钢管，沟槽连接。

2) 阀件

$DN\leqslant50$mm 采用铜截止阀，$DN\geqslant70$mm 采用涡轮双偏心对夹式蝶阀。

所有水龙头采用瓷芯水龙头。

3) 套管安装

套管按其方位和标高用螺纹钢筋加强固定，安装好后管内填塞袋装泡沫及编织物，以防混凝土进入套管内部，堵塞套管。安装后要仔细核对，在土建浇混凝土时，专人看护，避免移位和歪斜。

(2) 管道支架的制作安装

支架安装支架安装前先拉线，给支吊架位置打孔定位，支架安装时将支架调正后拧紧螺栓，安装平整、牢固，参照准图集 S161 并结合支架设置的部位选择相应形式的支架，采用适当的型钢制作，以便控制管道水平和垂直位移，以保证管道系统的安全运行。

(3) 管道安装

安装顺序：先主管、后立管；先干管、后支管，由下至上分系统进行。排水横管与立管应采用45°三通或四通连接，立管与出户管应采用2×45°连接。

1) 给排水系统管道的连接

(A) 排水铸铁管连接

排水铸铁管采用承插连接，管道切割后将管口磨平。安装时将管道调直，管口对正平齐后用石棉水泥捻灰口。灰口结实后进行养护，保证管道连接紧固。

(B) 镀锌钢管连接

管径 $DN<100$mm 时采用丝口连接，$DN\geqslant100$mm 时采用卡箍连接。

(C) 钢管焊接

管道焊接前，应将管道接口处清理干净；当管壁厚度 $\delta\geqslant3$mm 时，焊接前应对管口进行坡口。

2) 管井内管道施工

(A) 针对本工程给排水管道连接方式的特殊性，管井内管道安装采用由下至上的顺序进行施工；

(B) 土建绑扎钢筋时，每层预埋钢板，并预埋两根∟50mm×50mm×5mm角钢，以便进行支架的安装及搭设操作平台。支架安装时先吊线，保证每个支架面在一个平面上。

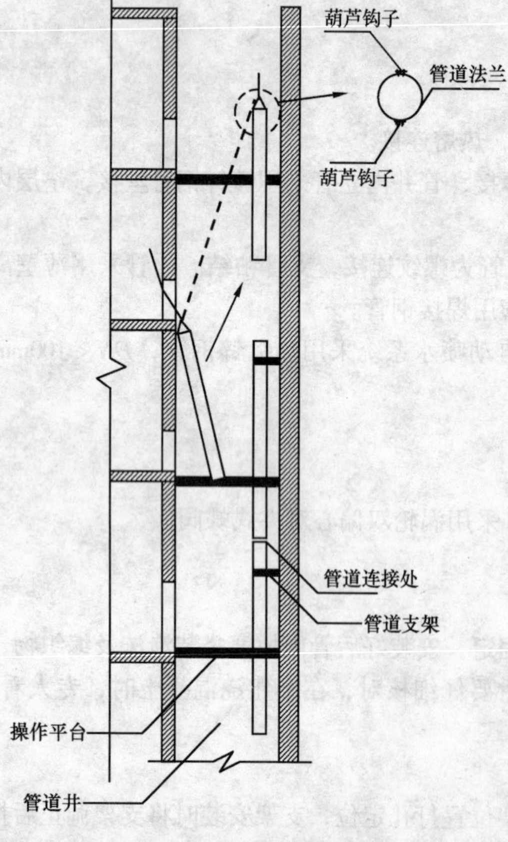

图3-25　管井管道安装示意图

(C) 在每层的管井检修门上部设置一个2t的手动葫芦，每2层在管道支架上设置一个2t的手动葫芦。管道沿管井的检修门送入管井进行组对，连接一段固定一段，直至整个管井管道安装完成。具体操作和控制如图3-25所示。

3) 阀门安装及耐压试验

阀门安装时仔细核对阀件的型号与规格是否符合设计要求。阀体上标示箭头与介质流动方向一致。阀门按设计要求，安装在便于操作的地方并注意阀柄的安装方位。

在每批进场的阀门（同品牌、同规格、同型号）中抽查10%的数量，且至少抽查两个。如有漏、裂、不合格的再抽查20%，仍有不合格的逐个试验。对于安装在主干管上起切断作用的闭路阀门，逐个做强度和严密性试验，试验压力为阀门的出厂规定压力。

(4) 消火栓安装

1) 检查所有消防产品，都必须符

合国家规范，要有生产许可证、产品合格证及消防部门出具的准销证。

2）普通消防支管要以栓阀的坐标、标高定位甩口，核定后再稳固消防箱，待箱体找正稳固后再把栓阀安装好。栓口朝外，安装在箱门开启侧，栓口中心距地1.1m。阀门中心距侧面140mm，距后内表面100mm。箱体稍微凸出墙面，便于箱门开启。

3）消火栓系统安装完成后，利用屋顶试验消火栓和首层的两个消火栓做试射试验，保证达到设计要求。

（5）卫生洁具的安装

1）卫生洁具安装遵照国标S342，要求支架牢固、平面尺寸安装高度正确，器具表面完整，无倾斜。

2）洁具及配件的检验洁具及配件的规格应标准，质量应可靠，表面应光滑、美观、无裂纹、色调一致。

3）卫生洁具的支托架防腐良好，埋设应平整牢固，洁具放置平稳。支架与洁具接触应紧密，洁具排水口与排水管承口的连接以及透气管与透气管的连接处都必须严密不漏。

4）安装好的洁具逐一进行通水试验，并采取相应的遮盖措施，防止装修施工时洁具瓷面受损和洁具损坏。卫生洁具安装的允许偏差和检验方法按设计及规范要求采用。

（6）通风、空调系统安装

1）送风系统、新风系统、空调系统均采用镀锌钢板制作。系统采用上送上回送风方式，风机盘管均配置室温控制器及电动二通阀，可根据不同要求独立控制室温。空调及新风机组电动风阀与风机联动，空调机组设室温自动控制系统，新风机组设送风温度控制系统。

2）排烟系统平时排风，火灾时启动，排烟及补风，当烟气温度达280℃时停止。排风系统平时排风，火灾时关闭各系统全自动防火阀，灭火后开启上速阀门并启动风机排除有害气体。加压送风系统火灾时开启风机送风。排烟系统、排风系统均采用普通钢板咬口、焊接而成。

3）冷水机组安装采用导轨安装法、平板安装法、水平牵引法和滚筒移动法等方式进行设备水平搬运，采用索具穿安装孔进行吊装就位。在吊装时，吊环和缆绳必须受力均匀，作用于设备的重心位置；机组校正用水平仪（或用灌水的透明塑料管，对正水准孔的中心及水柱液面，使胶管两端水液柱取平）测定机器上的水平测点，找正找平后，拧紧地脚螺栓。管道及其附件必须用支、吊架稳固，不得把管道及其附件的重量传递给设备承受。

4）冷却塔安装，先将塔支架安装在基础上校正找平，与基础预埋件焊牢。将下塔体按编号顺序固定在塔支架上并紧固，再与底座固牢；要求下塔体拼装平整，拼缝处放有胶片或者糊制1mm玻璃钢胶水，以保证水密封良好；安装托架及填料支架，并放上点波片，要求双片交叉推叠，每层表面平整，疏密适中，间距均匀，与塔壁不留空隙。将上塔体编号依次连接，并拧紧螺栓，将风机支架安装在风筒上，电机、风机安装在支架上，风机旋转面应与塔体轴线性垂直，叶端与筒壁间隙均匀，使风机保持平衡，减少振动。注意风向朝上，安装要保证紧固件无松动，严禁强行装配和任意敲击玻璃钢构件，以免损坏和变形，影响使用。相邻壳体要保证不漏风，布水管安装面要求水平，安装喷头布水器时，先安装好进入主管再装配水管，校对水平后安装喷头，冷却塔必须进水干净清洁，严防残渣、污垢、杂物堵塞管道及布水孔。

5）空调风柜及风机盘管的安装。空调风柜安装基础必须平整，并高出地面150mm，安装完后不应有漏风、渗水、冷凝水排不出去的现象；风机盘管安装前进行单机三速试运转及水压试验，试验压力为系统工作压力的1.5倍，不漏即为合格，冷凝排水的设计坡度为3%，按设计将风机盘管滴水盘延长，供水、回水阀及水过滤器安装在滴水盘内，冷冻供水、回水管与风机盘管采用金属软管连接。

6）防腐保温

（A）除锈。在角向砂轮上装上碗式钢丝刷，将金属表面的氧化皮除掉。防腐刷油，手工防腐涂漆应分层涂刷，每层应往复进行，纵横交错，并保持涂层均匀，不得漏涂或流坠；无缝钢管和螺旋焊管的外壁及支吊架均涂红丹防锈漆两遍，不保温的水管和支、吊架再涂灰色调合漆两遍。

（B）风管的保温。应符合设计和规范要求，保温材料的下料要准确，切割面要平齐，保温材料采用铝箔超细玻璃棉，厚度25mm。水系统管道分集水器等部件均要保温，采用铝箔超细玻璃棉管壳保温，供水管保温厚度30mm，凝结水管20mm，非镀锌钢管保温前涂防锈漆两遍。

### 3.15　计算机应用和管理技术

为充分发挥科技人员对工程进度、质量的保证作用，提高项目管理水平，项目配备了5台计算机，建立小型NT网，通过Internet网络与公司在线联络，方便了公司对项目的管理和各种资料信息的传递，提高了工作效率；另外，为了解决施工中的诸多不便，根据工程实际情况，项目购置了一系列计算机辅助软件，应用于项目日常施工生产管理的各个环节，并进行根据公司要求，进行了CPM集成管理系统的试运行。

#### 3.15.1　硬、软件配置

（1）局域网的建立和应用

针对项目的具体情况，与业主、监理项目一起建立了一个小型NT网，并接入ADSL宽带。

（2）各种软件的运用

在施工过程中主要使用了：Internet、Word、Excel、梦龙、PERT办公软件；PowerPoint2000软件、AutoCAD计算机绘图软件、海文—2000预算定额软件、用友软件等工程软件；以及运用建筑工程项目集成管理系统（CPM）。

#### 3.15.2　建筑工程项目集成管理系统（CPM）运用简介

项目集成管理系统是全过程的动态管理，其系统独特的服务器数据库功能实现了材料库、人力信息库、项目基本信息等的共享、互用，确保数据统一、唯一。本系统由一个维护平台、六个模块组成（计划、劳资、材料、机械、成本、质量安全）。系统服务器上管理维护平台程序主要进行系统的配置维护，客户端进行六大模块的操作。

数据操作流程主要是：

月进度计划编制→施工预算→人、材、机计划→材料、劳资、机械、质量安全模块→月度成本模块。

# 4 主要施工管理措施

## 4.1 工期保证措施

本工程计划总工期为323个日历天，为确保顺利交工制定如下措施：

(1) 根据总工期网络计划，确定关键线路，采用节点控制，通过施工网络节点控制目标的实现来保证总工期目标的实现。

(2) 制定月进度计划，根据月进度计划制定周进度计划，周计划根据前三天计划调整后三天计划并且制定下周计划，实行3日保周、周保月、月保总进度计划的管理方法。

(3) 实施动态管理，合理、及时安排人力、机械设备，组织进行流水施工。

(4) 根据总工期进度计划，明确影响工期的材料、设备、分包单位的考察日期和进场日期，加强对各分包单位的计划管理。

(5) 加强例会制度，坚持每周一生产例会，每天碰头会制度，解决矛盾，协调关系，保证工程顺利进行。

## 4.2 质量保证措施

本工程质量目标是：确保获得北京市“结构长城杯”、单位工程北京市“长城杯”工程。

### 4.2.1 体系保证措施

根据公司质量方针、ISO9002质量标准和公司质量保证手册，推行“一案三工序管理措施”，即“质量设计方案、监督上工序、保证本工序、服务下工序”和QC质量管理活动；编制项目质量计划和创优方案，并把质量职能分解，严格按照计划实施。

### 4.2.2 物资检验制度

(1) 所有原材料、半成品坚持进场检验，建立台账。各类材料必须具有出厂合格证，需进行复试的材料要根据国家规范要求进行抽样复试，并将试验结果向监理报告。

(2) 进场材料必须进行标识，按合格、不合格、待检进行标识。严格管理，避免使用不合格材料。

(3) 不合格的材料坚决退场，注明处理结果和材料去向，建立不合格材料处理台账。

### 4.2.3 过程检验和报验

(1) 技术交底制度：每个分项工程（工序）施工前，严格按工艺标准要求，对作业班组进行技术、质量交底。

(2) 样板引路制度：各工序施工前做好样板工作，统一操作要求，明确质量目标，便于工人操作。

(3) 施工挂牌制度：主要工种如钢筋、混凝土、模板、砌砖、抹灰等，施工过程中在现场实行挂牌制，注明管理者、操作者、施工日期以及施工要点、质量要求、安全文明施工等内容。

(4) 过程三检制度：实行并坚持自检、互检、交接检制度，自检要做文字记录。做到上一道工序验收不合格，坚决不进行下一道工序的施工。

(5) 质量会诊制度：每项工序完成后，组织各相关人员会诊，对达不到施工验收要求的找原因。有关责任人员要针对出现不合格品的原因，采取必要的纠正和预防措施。

(6) 成品保护制度：合理安排施工工序，减少工序的交叉作业。上下工序之间应做好交接工作，并做好记录，下道工序的施工应尽量避免对上道工序的破坏和污染。

(7) 质量报验制度：分项工程或工序完成后，并经自检合格后，填写报验单向监理工程师复查验收，报验单附自检、交接检查记录、隐蔽检查记录、预检记录、质量评定资料。

#### 4.2.4 工程验收

(1) 分项工程质量验收按国家质量验收规范检验验收。

(2) 分项、分部工程、单位工程，由项目专职质检员组织自检，报请项目技术质量经理核定后，报请监理（甲方、设计）组织验收。

(3) 分项工程出现的不合格项，由项目专职质检员下达不合格通知单，技术部门制订整改措施，整改后重新验收。

#### 4.2.5 质量保证资料

(1) 质量保证资料的填写严格执行国家、行业、地方标准。

(2) 各种质量保证资料必须与工程同步，不得后补。

(3) 项目质检员编制每周质量检验计划，并严格按计划组织验收。

(4) 质量资料必须统一、格式化，严格按 GB 50300—2001 规范验收。

#### 4.2.6 工程质量奖罚

(1) 分包单位必须对工程质量负责。

(2) 分部位、分阶段、分期组织质量等级核定，坚决按合同条款奖罚。

(3) 不按图施工，违章操作，坚决处罚。

### 4.3 技术保证措施

(1) 根据工程需要购置相关规范、标准、图集及检验、测量仪器。

(2) 组织图纸会审，编制施工组织设计、施工方案。

(3) 制订图纸发放计划，并对图纸进行标识，将设计变更及时标注到图纸上，与工程同步，工程竣工前竣工图基本完成。

(4) 技术资料的管理实行技术负责人负责制，并配备专职城建档案管理员，负责施工资料的收集、整理和归档工作。施工资料的填写必须符合北京市地方性标准《建筑安装工程资料管理规程》及《工程建设监理规程》（DBJ 01—41—98）的规定。

(5) 资料归档整理按分部、分项进行资料归档。资料员应对上交资料进行检查，保证资料的准确无误。项目技术负责人每月对归档资料进行检查，确保资料与工程同步进行、完整。

(6) 项目经理部设专人负责音像资料的收集整理归档工作，制定照相及录像计划，确保覆盖整个施工过程；同时，配备必要的设备，保证音像资料的安全。并严格按照国家《照片档案管理规范》（GB/T 11821—89）进行管理。

### 4.4 成品保护措施

#### 4.4.1 现浇钢筋混凝土成品保护

(1) 木工支模及安装预埋、混凝土浇筑时，不得随意弯曲、拆除钢筋，基础、梁、板钢筋绑扎成型后，在其上进行作业的后续工种、施工人员不能任意踩踏或堆置重物，以免钢筋骨架变形。模板隔离剂不得污染钢筋，如发现污染应及时清洗干净。

(2) 钢筋螺纹保护帽要堆放整齐，不准随意乱扔；连接钢筋的钢套筒必须用塑料盖封上，以保持内部洁净、干燥、防锈；钢筋直螺纹加工经检验合格后，应戴上保护帽或拧上套筒，以防碰伤和生锈。

(3) 安装预留、预埋应在支模时配合进行，不得任意拆除模板及重锤敲打模板、支撑，以免影响质量。模板侧模不得堆靠钢筋等重量物，以免倾斜、偏位，影响模板质量。模板安装成型后，派专人值班保护，进行检查、校正，以确保模板安装质量。

(4) 混凝土浇筑完成后应将散落在模板上的混凝土清理干净，并按方案要求进行覆盖保护。雨期施工混凝土成品，应按雨期要求进行覆盖保护。混凝土终凝前，不得上人作业，按方案规定确保养护时间。

**4.4.2** 砌体及楼地面成品保护

(1) 需要预留预埋的管道铁件、门窗框应同砌体有机配合，做好预留预埋工作。砌体完成后按标准要求进行养护。不得随意开槽打洞，重物重锤击撞。

(2) 楼地面施工完成后，应将建筑垃圾及多余材料及时清理干净。不允许放带棱角硬材料及易污染的油、酸、油漆、水泥等材料。

(3) 下道工序进场施工，应对施工范围楼地面进行覆盖、保护，油漆料、砂浆操作面下楼面应铺设防污染料布，操作架的钢管应设垫板，钢管扶手挡板等硬物应轻放，不得抛敲掷，撞击楼地面。

**4.4.3** 防水成品保护

(1) 底板防水施工时，操作人员严禁穿硬底鞋，严禁施工机具或尖硬物品损坏防水层；防水层施工完毕后，及时做好保护层，底板防水保护层采用 C20 细石混凝土；细石混凝土浇筑时，要铺好运输道或做好卸料斗，用布包好小车腿，防止在运输过程中损伤防水层。

(2) 屋面防水施工完工后应清理干净，做到屋面干净，排水畅通。不得在防水屋面上堆放材料、杂物、机具。因收尾工作需要在防水层面上作业，应先设置好防护木板、薄钢板覆盖保护设施，散落材料及垃圾应工完场清，电焊工作应做好防火隔离。

**4.4.4** 门窗及装饰成品保护

(1) 木门框安装后，应按规定设置拉档，以免门框变形。不得利用门窗框销头，作架子横档使用。窗口进出材料应设置保护挡板，覆盖塑料布防止压坏、碰伤、污染。施工墙面油漆涂料时，应对门窗进行覆盖保护。作业脚手架搭设与拆除，不得碰撞挤压门窗。不得随意在门窗上敲击、涂写，或打钉、挂物。门窗开启，应按规定扣好风钩、门碰。

(2) 室内外装饰成活后，均应按规定清理干净，做好成品质量保护工作。不得在装饰成品上涂写、敲击、刻划。作业架子拆除时，应注意防止钢管碰撞。风雨天门窗关严，防止装饰后霉变。严禁违章用火、用水，防止装饰成品污染，受潮变色；同时，按层对装饰成品进行专人值班保管，如因工作需要进行检查、测试、调试时，应换穿工作鞋，防止泥浆污染。

**4.4.5** 水电安装成品保护

预留预埋管（件）应做好标记，牢固地固定于已有结构上。混凝土浇捣过程中，振动棒应避免接触预埋件，避免其产生位移。穿线管、线盒保护同预埋件。开关、线槽、灯具安装后，应利用封闭罩进行保护。

### 4.5　安全保证措施

本工程安全管理目标是：杜绝重大伤亡及火灾、机械事故，年轻伤频率控制在1.4‰以下，创建“北京市文明安全工地”。

#### 4.5.1　安全保证体系

以项目经理为组长，项目技术负责人、项目生产经理、专职安全员为副组长，各专业专（兼）职安全员为组员的项目安全生产领导小组。

#### 4.5.2　安全生产责任制

（1）项目经理是项目安全生产的第一责任人，对整个工程项目的安全生产负责；

（2）项目技术负责人负责主持整个项目的安全技术措施、脚手架的搭设及拆除、大型机械设备的安装及拆卸、季节性安全施工措施的编制、审核工作；

（3）项目各专业工长是其工作区域（或服务对象）安全生产的直接责任人，对其工作区域（或服务对象）的安全生产负直接责任；

（4）专职安全员负责对分管的施工现场，对所属各专业分包队伍的安全生产负监督检查、督促整改的责任。

#### 4.5.3　安全管理制度

（1）安全教育制度：所有进场施工人员必须经过安全培训，经公司、项目、岗位三级教育，考核合格后方可上岗。

（2）安全学习制度：项目经理部针对现场安全管理特点，分阶段组织管理人员进行安全学习。

（3）安全技术交底制：根据安全措施要求和现场实际情况，项目经理部分阶段对管理人员进行安全书面交底，各施工工长及专职安全员定期对各分包队伍进行安全书面交底。

（4）安全检查制：项目经理部每周一由项目经理组织一次安全大检查，各专业工长和专职安全员每天对所管辖区域的安全防护进行检查，督促各分包队伍对安全防护进行完善，消除安全隐患。对检查出的安全隐患落实责任人，定期进行整改，并组织复查。

（5）安全验收制：大中型机械设备安装完成后，必须经北京市安全劳动部门进行验收后才能使用；脚手架搭设完成后，必须经公司质安部验收合格后，方可使用。凡未经验收的，一律不得投入使用。

（6）持证上岗制：特殊工种必须持有上岗操作证，严禁无证上岗。

（7）安全隐患停工制：专职安全员发现违章作业、违章指挥，有权进行制止；发现安全隐患，有权下令立即停工整改，同时报告公司，并及时采取措施，消除安全隐患。

（8）安全生产奖罚制度：项目经理部设立安全奖励基金，根据每周一的安全检查结果进行评比，对遵章守纪、安全工作好的班组进行表扬和奖励，对违章作业、安全工作差的班组进行批评教育和处罚。

#### 4.5.4　临边防护措施

（1）基坑边设置红白相间的水平警示护栏两道，高度0.6m、1.2m，并用密目网进行封挡。

(2) 主体施工阶段结构外围全部采用密目式安全网进行封闭，层间每隔四层采用硬质材料进行封闭，每层采用兜网进行封闭。

(3) 楼板、平台等面上的空口，使用坚实的盖板固定盖严。边长 1.50m 以上的洞口，四周设防护栏杆，洞口下张设安全网。

(4) 在建筑物底层，人员来往频繁，而立体的交叉作业对底层的安全防护工作要求更高，为此，在建筑底层的主要出入口将搭设双层防护棚及安全通道。

#### 4.5.5 临时用电和施工机具

(1) 使用电动工具（手电钻、手电锯、圆盘锯）前检查安全装置是否完好，运转是否正常，有无漏电保护，严格按操作规程作业。

(2) 电焊机上应设防雨盖，下设防潮垫，一、二次电源接头处要有防护装置，二次线使用接线柱，且长度不超过 30m，一次电源采用橡胶套电缆或穿塑料软管，长度不大于 3m，且焊把线必须采用铜芯橡皮绝缘导线。

(3) 配电箱、开关箱应装设在干燥、通风及常温场所，不得装设在易受外来固体物撞击、强烈振动、液体浸溅及热源烘烤的场所。

(4) 开关箱必须实行“一机、一闸、一漏”制，熔丝不得用其他金属代替，且开关箱上锁编号，有专人负责。

(5) 施工电梯需安装高度限位器、防坠落装置、紧急停止开关，卸料平台和人员出入口应设防护门。每日工作前，必须对施工电梯行程开关、限位开关、紧急停止开关等进行空载检查，正常后方可使用。

(6) 塔吊拆装顶升由专业人员负责，专业装拆人员操作，并经专门验收后，方准使用。塔吊在 6 级以上大风、雷雨、大雾天气或超过限重时禁止作业。塔吊之间的作业范围要协调好，塔吊的起重臂必须错开布置，不得处于同一高度。

### 4.6 消防、保卫措施

#### 4.6.1 建立完善的保证体系

在施工中，建立以项目经理为第一领导责任，质量安全部主抓，其他部门配合的管理体系。结合该工程特点，对每位员工进行消防、保卫培训，制定消防、保卫计划。

#### 4.6.2 消防保证措施

(1) 严格遵守北京市消防安全工作十项标准，贯彻以“以防为主，防消结合”的消防方针，结合施工中的实际情况，加强领导，组织落实，建立逐级防火责任制。

(2) 对易燃易爆物品指定专人、按其性质设置专用库房分类存放。对其使用要按规定执行，并制定防火措施。

(3) 平面布置消防栓用 $\phi 50$，设 6 个，每层各设一个消防栓。现场配备干粉灭火器、消防锹、消防桶等器具。

(4) 施工现场内建立严禁吸烟的制度，发现违章吸烟者从严处罚。为确保禁烟，在现场指定场所设置吸烟室，室内有存放烟头、烟灰的水桶和必要的消防器材。

(5) 坚持现场用火审批制度，现场内未经允许不得生明火，电气焊作业必须由培训合格的专业技术人员操作，并申请动火证，工作时要随身携带灭火器材，加强防火检查，禁止违章。

(6) 施工现场设置临时消防车道，并保证临时消防车道的畅通。现场保证消防车道宽度大于3.5m；悬挂防火标志牌及119火警电话等醒目标志。

(7) 新工人进场要进行防火教育，重点区域设消防人员，施工现场值勤人员昼夜值班，搞好“四防”工作。

#### 4.6.3 保卫措施

(1) 加强对每位员工思想教育，建立保卫制度。

(2) 经警实行24h值班，进出车辆必须登记。

(3) 每位员工佩戴胸卡上班，来访人员进行登记。

(4) 材料工具实行出门条制度，由物资部签发。

### 4.7 文明施工、环保措施

#### 4.7.1 文明施工措施

(1) 建立现场文明施工责任区制度，根据文明施工管理员、材料负责人、各工长具体的工作，将整个施工现场划分为若干个责任区，实行挂牌制。

(2) 认真执行工完场清制度，每一道工序完成以后，必须按要求对施工中造成的污染进行认真的清理，前后工序必须办理文明施工交接手续。

(3) 定期对员工进行文明施工教育、法律和法规知识教育，以及遵章守纪教育。提高职工的文明施工意识和法制观念。

(4) 每周对施工现场做一次全面的文明施工检查，邀请公司每月对项目进行一次大检查。每次检查应认真做好记录，指出其不足之处，并限期整改。对每次检查中做得好的进行奖励，做得差的进行处罚，并敦促其改进。

#### 4.7.2 环境保护管理措施

本工程实行花园式工地管理，确保居民投诉率为零。

(1) 控制噪声措施

1) 对大型机械定期进行维修，保持机械正常运转，减少因机械经常性磨损而造成噪声污染。

2) 对施工现场工作噪声大的车间进行隔声封闭；将一些噪声大的工序尽量安排在白天进行，夜间施工尽量安排噪声小的工序（如砌筑、抹灰）。

3) 合理安排施工时间，如在22:00~次日6:00进行施工时，必须向北京市建设行政主管部门提出申请，经审查批准后到环保部门备案；未经批准，禁止在此段时间进行超过国家标准噪声限值的施工作业；如必须进行连续性施工时，应在施工前公布连续施工时间，并向工程周围居民做好解释工作。

(2) 控制扬尘污染的措施

1) 现场道路进行硬化，现场道路出口设清洗槽，减少车辆带尘。

2) 对现场细颗粒材料运输、垃圾清运，采取遮盖、洒水措施，减少扬尘。

3) 每天对现场道路清扫两次，并做洒水处理，保持路面的整洁。

4) 现场设封闭型垃圾堆放场地，垃圾、水泥、砂等易飞扬的物品要进行覆盖。

(3) 控制水污染的措施

1) 现场生产、洗车等排水必须经过沉淀井；

2）隔油池、沉淀池、化粪池应定期清掏；

3）建立有组织排水系统，避免积水。

## 4.8 季节性施工措施

冬期施工的有基础及主体钢筋混凝土工程，雨期施工的主要有装饰工程、机电设备安装工程。

### 4.8.1 冬期施工措施

（1）钢筋工程

本现场钢筋连接方式主要为直螺纹，冬期施工尽量避免使用电弧焊；如必须采用时，应严格按有关规范进行操作。冬期负温钢筋焊接如在室外进行时其环境温度不宜底于-20℃,风力超过3级时应有挡风措施，焊后未冷的接头，严禁碰到积水冰雪。

（2）混凝土工程

1）结构混凝土采用蓄热养护法，要求搅拌站混凝土材料水泥优先采用硅酸盐水泥或普通硅酸盐水泥。骨料要求没有冰块、雪团，清洁、级配良好，质地坚硬，不含有易被冻坏的矿物。

2）混凝土浇筑后，应及时采取蓄热法保温，对混凝土进行保温覆盖，并由专人24h监控。混凝土板采取覆盖一层防火草席被，混凝土利用自身水化热达到保温养护效果。

3）混凝土防冻剂选定按JC 475—92标准，选用SL-Ⅲ型防冻剂。掺量根据配合比及气温进行适当调整。

4）混凝土的出机温度、入模温度、已施工混凝土温度由专人负责测量；混凝土出机温度不宜低于10℃，入模温度不底于5℃；一旦发现异常情况，立即通知有关人员及时采取措施。

5）混凝土罐车必须采取保温措施。

（3）模板工程

冬期施工模板按如下要求执行：

1）模板拆除应严格申报，在有同条件试块实验报告的情况下，通过监理单位的确认后方可拆除。

2）模板拆除时，及时对梁、板进行支撑，悬挑构件不得提前拆摸。

3）当拆摸后混凝土表面温度与环境温度差大于15℃时，对混凝土采用保温材料及时覆盖。

### 4.8.2 雨期施工措施

（1）工程施工期间与北京气象局加强联系，及时了解气候变化情况，提前做好各项预防措施。

（2）施工过程中，根据所掌握的气象资料，尽量避开大雨施工。雨天施工时，应配足遮雨物资，并及时将新浇筑的混凝土用塑料薄膜覆盖，以防雨水冲刷而出现混凝土泛砂现象。

（3）根据现场施工总平面布置情况，完善现场排水系统，疏通管道及沟渠。在施工中加强现场的排水管沟管理和保护，定人定期进行检修和维护。

（4）雨期施工做好结构层的防漏及排水措施，以确保室内装饰不受影响。

(5) 组织义务抢险队，遇到紧急突发的事情及时进行处理。

(6) 雨期施工中重点做好防雷设施，利用井架避雷针及结构钢筋作避雷针，并派电工每天对避雷电阻进行测试。

(7) 大雨时室外施工必须停止，雨后必须组织机电、安全人员对施工用电、安全防护等各种设施进行全面检查，确无安全隐患后方可继续施工。

(8) 做好电器设备的防雨工作，露天电器、配电箱必须有防雨措施。

(9) 定期对漏电保护器等安全防护装置进行检查，及时更换失效的设施。

# 5 科技推广及经济效益分析

## 5.1 科技进步目标

我们将在本工程的施工中采用我企业应用成熟的“四新”科技成果，充分发挥科学技术作为第一生产力的作用，确保科技进步效益在3%；同时，做到大型机械利用率达80%以上，两塔吊每台班完成148m² 建筑工程吊装任务。

## 5.2 科技推广计划

根据本工程特点，为优质、高速、高效地完成本工程施工任务，项目经理部在施工过程中始终贯彻“科学技术是第一生产力”的思想，充分发挥科技在施工中的先导地位和促进作用，计划采用建设部重点推广的“建筑业10项新技术”中的6个大项，共9项。如表5-1所示。

“四新”技术推广计划表　　表5-1

| 序 号 | 新技术名称 | 应用项目 | 应用部位 | 运用数量 |
|---|---|---|---|---|
| 1 | 粗直钢筋连接技术 | 钢筋直螺纹连接 | 地下室、主体 | 2800个 |
| 2 | 高强高性能混凝土应用 | 预拌混凝土应用技术 | 地下室、主体 | 16600 |
| 3 | | 开发运用高性能混凝土 | 膨胀带 | 380m³ |
| 4 | 新型模板和脚手架运用技术 | 可拆式大木模板 | 地下室 | 1800m² |
| 5 | | 工具式大钢模板 | 主 体 | 600m² |
| 6 | 建筑节能和新型墙体运用技术 | 节能保温门窗 | 室外门窗 | 1660m² |
| 7 | | 外保温隔热技术 | 外 墙 | 6500m² |
| | | 陶粒砌块建筑体系 | 内隔墙 | 2450m³ |
| 8 | 新型建筑防水和塑料管运用 | 高聚物改性沥青防水材料SBS运用 | 底板、地下室外墙 | 6930m² |
| | | 硬聚氯乙烯管材运用 | 给排水 | 125t |
| 9 | 企业计算机运用与管理技术 | 计算机编制预算、施工进度计划、项目施工信息化管理等管理技术的使用 | 施工全过程 | |

除“建筑业10项新技术”以外，还采用了以下1项新技术：封闭式楼梯模板施工

工艺。

### 5.3 科技推广工作措施

我项目为保证这些技术的实施，将成立推广小组并制定计划落实。在每项新技术实施前，推广小组对实施方法、工艺流程、操作要点、施工准备、劳动力组织、成品保护、质量要求、质量问题的预防措施反复进行推敲，制订最优实施方案。在方案实施过程中，小组成员要及时全过程跟踪检查，不断优化方案，使各项新技术的运用取得最佳效果。每项新技术完成后还将及时进行总结，进行技术经济效益对比，找出经验体会和需要有待进一步解决的技术问题，为今后同类型工程积累宝贵的经验。具体措施如下：

(1) 在各项新技术项目推广前，对该项目推广的内容，推广以后工程质量、进度、经济成本、劳动强度及所带来的综合效益等进行宣传，让相关人员了解并接受，从思想上重视它，真正认识到“科技是第一生产力”的重要性。

(2) 在每一个新工艺推广之前，组织相关人员学习并掌握它；同时，进行必要的操作演练，使其了解整个工艺流程，为该工艺在推广过程中的顺利实施打下基础。在推广过程中及时总结经验及不足，以便在以后工作中不断改进和完善。

(3) 成立专门的 QC 小组，对推广过程中产生的一些问题进行分析和研究，找出原因，寻求对策。通过多次 PDCA 循环，最终解决技术上的问题。

(4) 项目针对各工艺制定管理制度，工程部及技术部对原材料、半成品、成品、施工工艺等过程严格把关，并及时将一些质量、管理信息反馈到推广领导机构和技术推广 QC 小组，以便领导机构随时了解推广情况及解决实施过程中出现的质量技术问题。

(5) 对推广项目的主要责任人实行责任制，将取得的经济效益与自身的经济利益挂钩，项目决定的推广项目完成预定效益时，将给予一定的奖励，同时将其作为评定业绩的重要参考。

### 5.4 经济效益分析

(1) 本工程通过在混凝土中掺加水泥重量 10% 的 UEA 膨胀剂和运用粉煤灰等超细活性掺合料（C40 每立方米掺粉煤灰 112kg、C45 每立方米掺粉煤灰 108kg、C50 每立方米掺粉煤灰 100kg）等措施，共节约水泥 1880t，节约水泥费用：$1880 \times 420 = 78.96$ 万元；粉煤灰费用：$1880 \times 50 = 9.4$ 万元；故在高强、高性能混凝土应用中产生经济效益：$78.96 - 9.4 = 69.56$ 万元

(2) 本工程直径 18 以上的受力钢筋使用直螺纹接头（共 2800 个）连接，共节约钢材 $2800 \times 0.025 \times 35 \times 3.85/1000 = 9.43$t，节约钢筋费用为：$9.43 \times 4281.51 = 4.04$ 万元，扣除直螺纹接头费用 $2800 \times 8 = 2.24$ 万元，纯经济效益 1.8 万元。

(3) 本工程为框架-剪力墙结构，单层面积大，施工速度快，钢管和模板一次性投入很大，我们除了在施工组织上合理组织流水施工、加快施工进度、减少周转材料的投入外，还采用了梁板的快拆支撑体系施工技术和钢模背楞采用［8 槽钢加固、剪力墙采用 PVC 管对拉螺杆施工技术。通过上述施工技术的应用，提高模板工程和脚手架工程的整体工效约 30%。并节约对拉螺杆 7.457t，产生经济效益 2.947 万元。

(4) 本工程还通过采用整体式全封闭现浇楼梯支模工艺、项目集成管理系统（CPM），

使用新型砌体材料、新型防水材料等新技术应用，共产生技术进步效益 105.3886 万元，进步效益率为 2.13%。

### 5.5 社会效益

（1）自开工以来，运用先进的技术和管理体制，将技术和施工溶为一体，建设出高效、优质的工程。在施工期间没有发生安全事故，同时达到文明施工现场工地。

（2）中国人民大学多媒体教学楼工程质量、安全文明施工方面均产生良好的社会效益，先后获得诸多市以及公司奖项，质量方面如：获“中建总公司优质工程金奖”及“中建三局优质工程”、“结构长城杯”等，安全文明施工方面获“中建总公司 CI 金牌工地”及“北京市安全文明工地”等。

## 6 附图

### 6.1 基础施工阶段总平面布置图（见图 6-1）

### 6.2 主体施工阶段总平面布置图（见图 6-2）

### 6.3 装修施工阶段总平面布置图（见图 6-3）

### 6.4 安装工程施工网络计划图（见图 6-4）

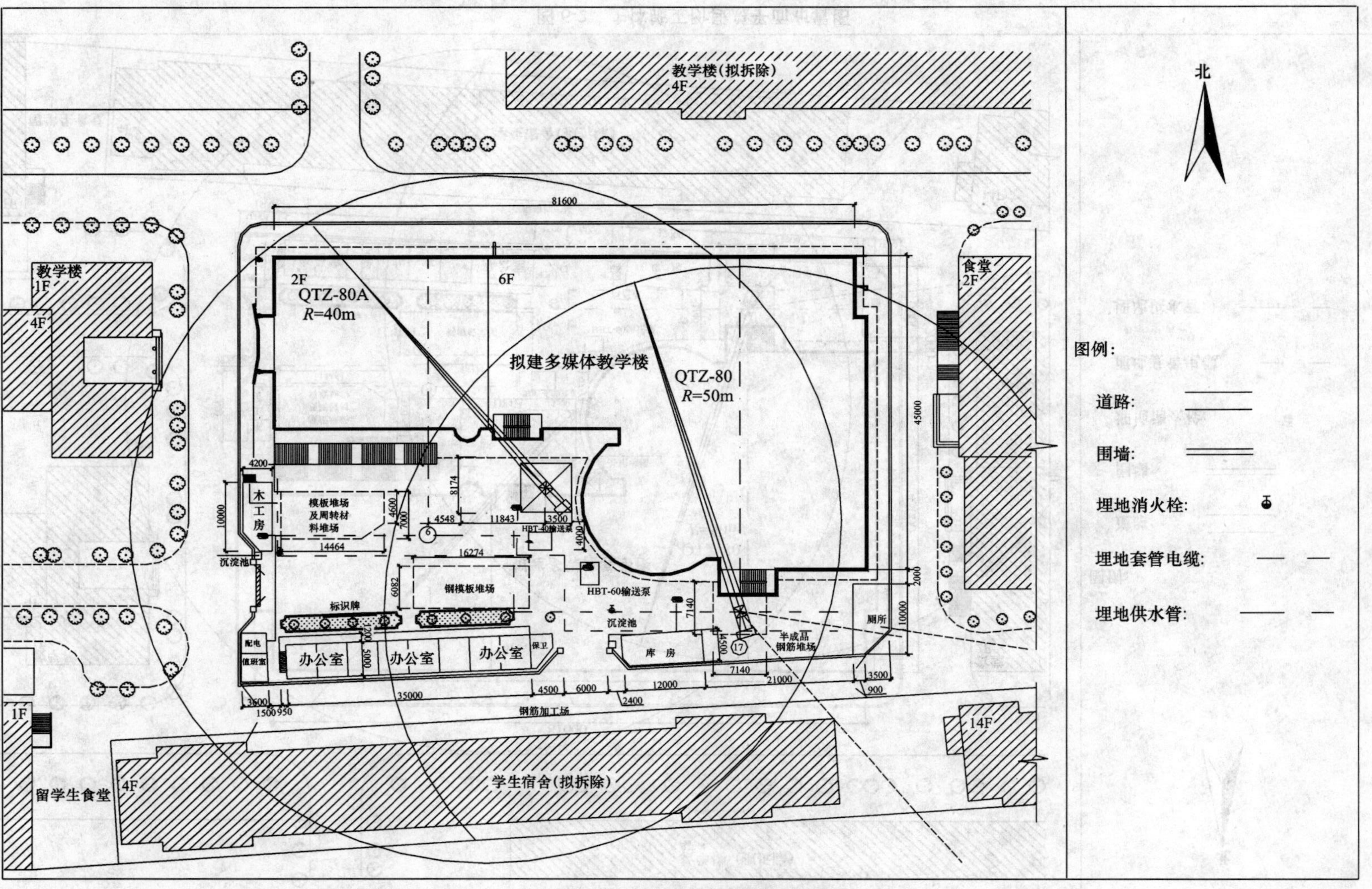


图 6-1 基础施工阶段总平面布置图

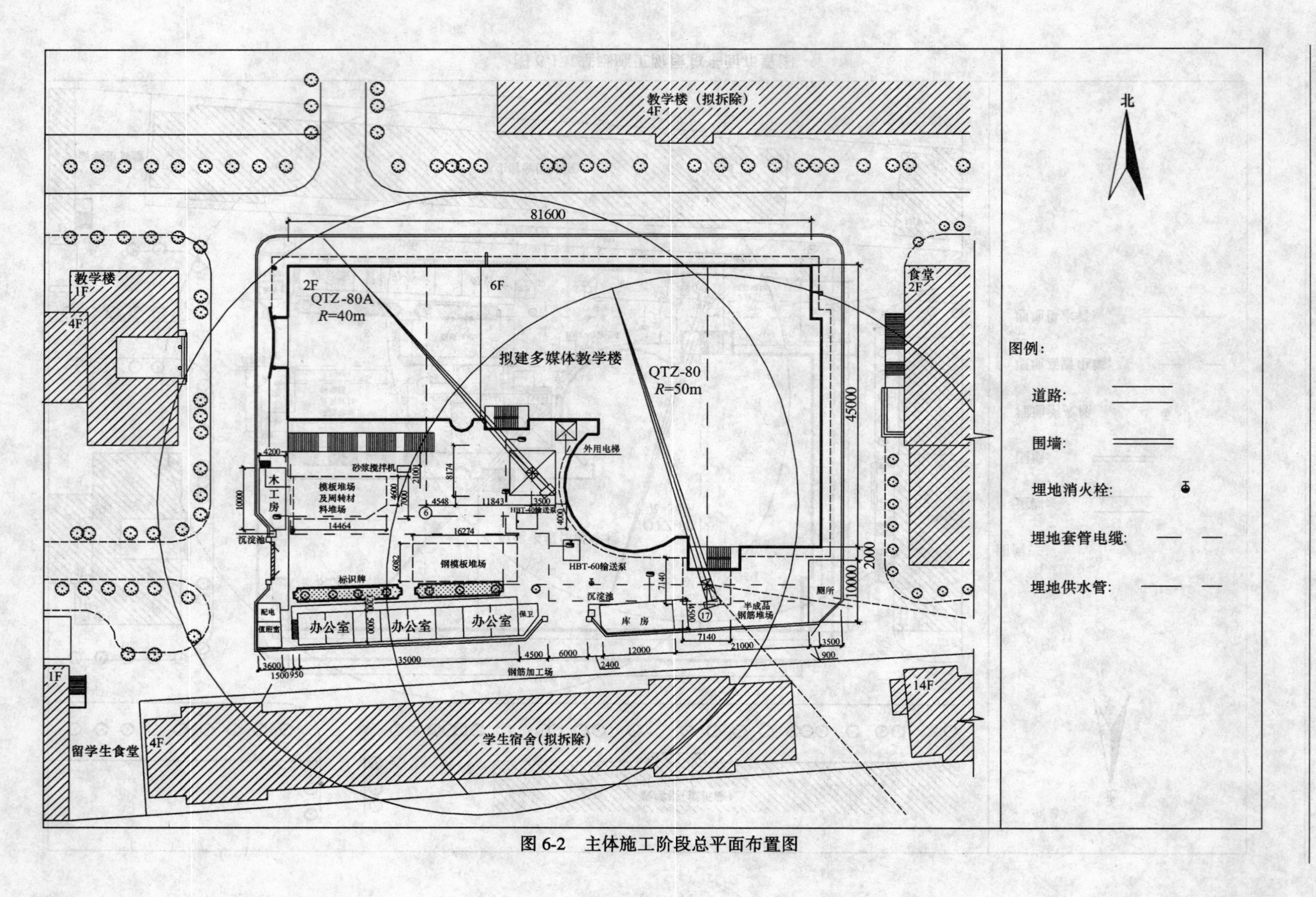


图 6-2 主体施工阶段总平面布置图

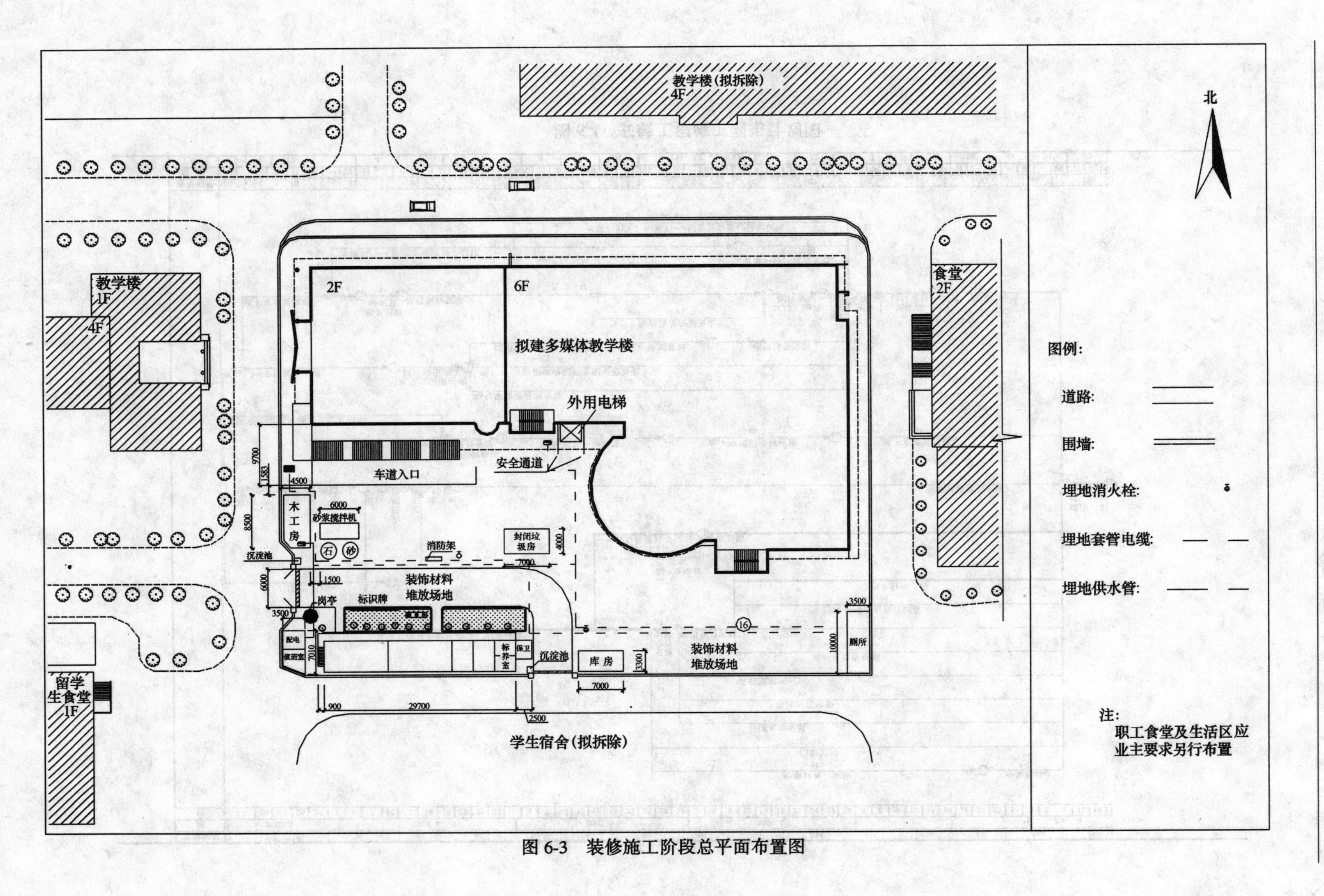


图 6-3 装修施工阶段总平面布置图

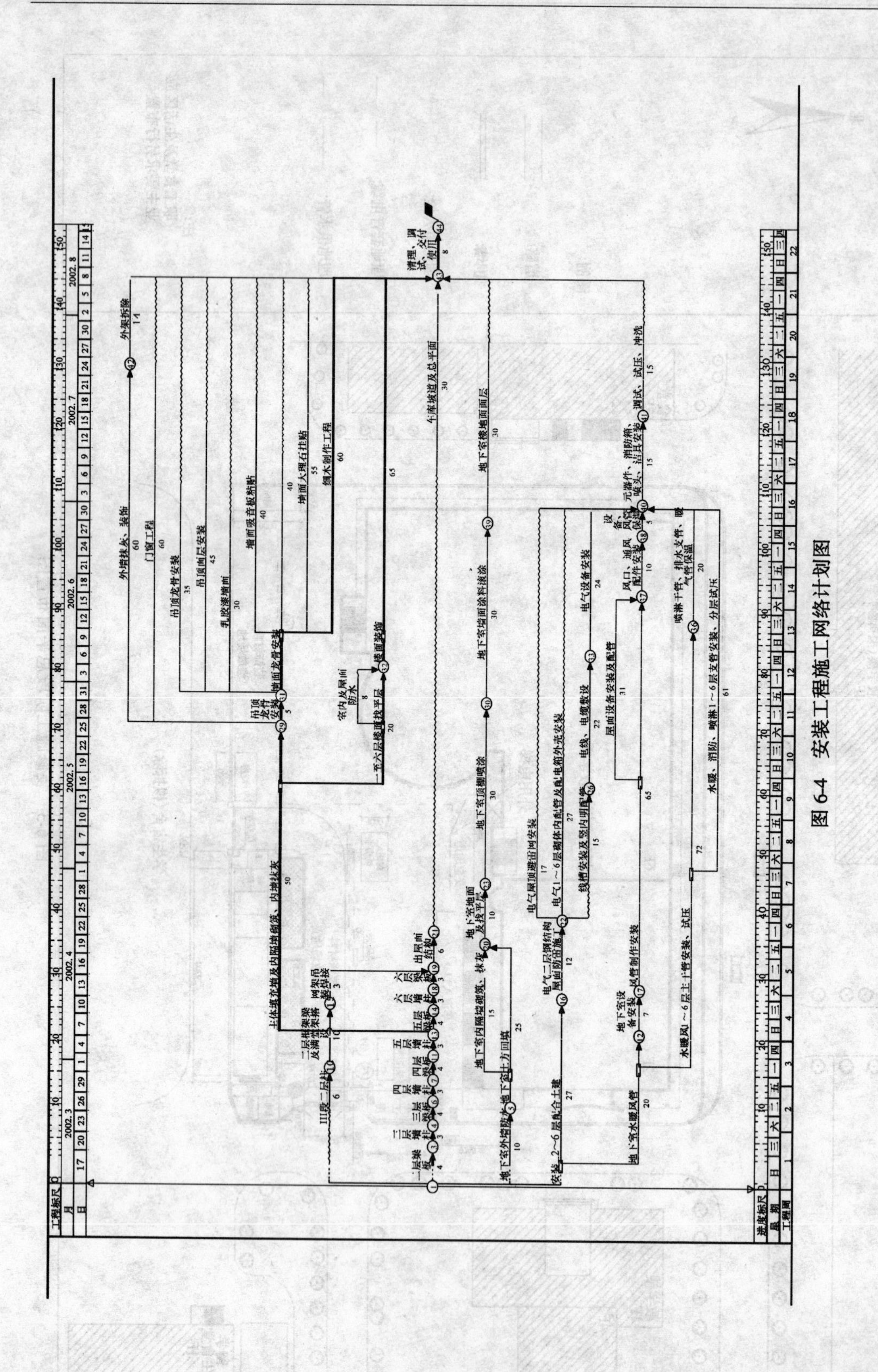

图 6-4 安装工程网络计划图

# 第十篇

# 东莞市莞城三中新校工程施工组织设计

**编制单位**：中建四局华南分公司

**编 制 人**：张益江

**【简介】** 体量大（$76303m^2$），工期紧（215天）是本工程的难点，该施工组织设计围绕工期要求，合理划分流水段，采取了机具、材料投入和人力方面的保证措施，有力地保证了工程工期。施工组织合理、有效。

# 目 录

# 1 项目概述

东莞市莞城三中新校是一个群体建筑，为一般框架结构，由9栋单体工程和附属工程组成，本工程主要特点是施工作业面广、工程量大、工期紧。从桩基础2005年3月份陆续交出工作面开始施工，必须确保9月1日学校开学，施工工期仅6个月。因此，如何合理组织人力、物力，确保本工程在8月15日前达到开学要求是本工程施工管理的重点和难点。

# 2 工程概况

## 2.1 工程建设概况

工程名称：东莞市莞城三中新校工程；
建设单位：东莞市城建工程管理局；
设计单位：东莞市城建规划设计院；
监理单位：广州广保建设监理公司；
施工单位：中国建筑第四工程局；
开工、竣工时间：2005年3月15日、2005年9月30日。

东莞市莞城三中新校是一个群体建筑，工程规划总用地62437m$^2$，总建筑面积76303m$^2$，其中地上部分70407m$^2$，地下部分5896m$^2$。本工程位于东莞市莞城区博夏“泥田”，运河路南侧。我局承包工程项目和范围主要包括：校区内土建、给排水工程，配电、照明等电气工程、防雷接地工程，幕墙、二次装饰装修、热水工程；弱电系统的室内外线管和电铃线路的管线敷设；体育馆网架工程；电教综合楼实验楼的通风排烟工程；校区内施工中的土方挖填和余土清运；室外景观工程。

## 2.2 建筑概况

按学校功能重点，本工程由9栋单体工程和附属工程组成，各工程概况如表2-1所示。

表2-1

| 工程名称 | 教学楼 | 学生宿舍 | 行政楼 | 教工宿舍 | 电教楼 | 图书馆 | 体育馆 |
|---|---|---|---|---|---|---|---|
| 建筑面积（m$^2$） | 19613 | 12257 | 8129 | 4079 | 19270 | 4310 | 4383 |
| 层　数 | 6 | 7 | 9 | 9 | 7 | 5 | 2 |
| 建筑高度（m） | 26.4 | 26.1 | 37.4 | 35 | 30.5 | 29.6 | 16.2 |

工程设计耐火等级为2级，防水等级为2级，结构安全等级为2级，设计使用年限为50~100年。本工程设计标高±0.000m相当于测量标高4.200m。墙体砌筑采用蒸压加气混凝土砌块，规格为400mm×120mm（180mm、300mm）×200mm，砂浆采用M5混合砂浆。室内墙面装修采用砂浆抹灰，面层为白色内墙漆；楼地面防滑地砖、楼梯间为花岗

石；顶面为白色内墙漆；外墙为混合砂浆抹灰贴外墙面砖。门窗为铝合金门窗、木门和塑料门。

### 2.3　结构概况

本工程为框架结构，抗震设防烈度为六度，建筑类别为Ⅱ类，地基基础设计等级为丙级。框架抗震等级为四级。

基础为桩径0.8~1.8m的冲孔灌注桩，持力层为中风化砂岩，桩净长约为17m，单桩设计承载力为2000~6900kN。桩基础部分由发包方单独发包给其他施工单位施工。

行政楼和电教综合楼实验楼均有一层地下车库（建筑面积5896m²），行政楼地下室底板厚300mm，电教综合楼实验楼地下室底板厚500mm，挡土墙厚300mm。行政楼地下室顶板为后张无粘结预应力结构。

本工程结构最大层高位于电教综合楼实验楼的综合电教室，层高为7.5m，其余结构层高为3.1~4.8m。框架柱截面为矩形（尺寸700mm×700mm，500mm×700mm等）和圆形（直径为700mm、600mm、550mm和500mm等）。体育馆屋盖为网架结构（面积2500m²）。

各单体工程混凝土强度等级如表2-2所示。

表2-2

| 工程名称<br>工程部位 | 教学楼 | 学生宿舍 | 行政楼 | 教工宿舍 | 电教楼 | 图书馆 | 体育馆 |
|---|---|---|---|---|---|---|---|
| 承台、地梁、底板 | C30 | C25 | C30P8 | C30 | C30P8 | C30 | C30 |
| 1~3层框架柱 | C30 | C30 | C30 | C30 | C30 | C30 | C30 |
| 4层以上柱 | C25 | C25 | C25 | C25 | C25 | C25 | |
| 1~4层梁板 | C25 | C25 | C30 | C25 | C30 | C25 | C25 |
| 5层~屋面梁板 | C25 | C25 | C25 | C25 | C25 | C25 | |
| 楼梯 | C20 | C20 | C20 | C20 | C20 | C20 | |

### 2.4　安装工程概况

安装工程水施有生活给水工程、消防给水工程和排水工程；电施有强电照明系统、动力系统；弱电系统有火灾自动报警及联动控制系统、消火栓按钮及警铃配线系统、有线电视配线、电话配线系统、宽频网配线系统、闭路电视监控系统、防雷安保接地系统。整个校区供水方式为市政自然压力供水和由行政楼清水泵抽至屋顶水箱后反送的二次供水相结合；排水方式为雨污分别由各单体集中后排至学校主干排水管网，然后排至市政相应的雨污水管中；供电方式为由供电局外线公用变压器引进校区内配电房10kV进线柜后，由电缆沟敷设电缆送至各单体；防雷系统本工程属于三类防累建筑，所有防雷与接地材料及人工接地体均为热镀锌材料，接地装置利用桩基础接地。

### 2.5　施工现场条件

#### 2.5.1　自然条件

工程所在地属亚热带气候，1月平均气温9~16℃，7月平均气温28~31℃，年平均降雨量为 1500 ~ 2000mm，基本风压 $w_0 = 0.495kN/m^2$。年平均气温较高，春夏两季湿热多雨。

### 2.5.2 场地条件

目前，施工现场已经完成场地平整，目前场地平整标高，基本为设计 ±0.00 标高面，不存在大的土方开挖与平整工作。

### 2.5.3 交通现状

目前，施工现场出入道路已经建成，施工所需材料及设备能够顺利运输到施工现场。

### 2.5.4 用水、用电情况

建设单位提供用电用水接驳口。

## 2.6 重点和难点

本工程施工的重点和难点主要是工程量大、工期紧，从桩基础交桩情况 2005 年 3 月份陆续交出工作面，必须确保 9 月 1 日学校开学。因此，如何在 8 月 15 日前使本工程达到开学要求是本工程施工的重点和难点。

# 3 施工部署

## 3.1 工程管理目标（见表 3-1）

表 3-1

| 工程名称 | 项　目 | 管　理　目　标 |
|---|---|---|
| 东莞市莞城三中新校工程 | 质　量 | 一次交验收合格 |
| | 工　期 | 整体工程工期 215 个日历天 |
| | 安全生产 | 杜绝重大安全事故发生，轻伤发生率保证在 5‰以下 |
| | 文明施工 | 东莞市安全文明施工样板工地 |
| | 环境管理 | 严格按照 ISO 14001 环境管理体系文件执行 |

## 3.2 项目管理组织机构

### 3.2.1 组建项目管理机构

达到上述目标，确保现场安全文明生产，我公司组建了项目管理机构，见图 3-1。

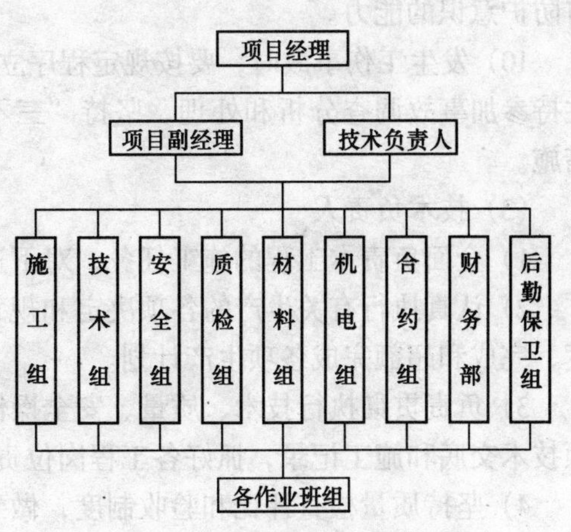

图 3-1　项目管理组织机构图

### 3.2.2 项目管理人员职责

(1) 项目经理

1）全面负责本工程的施工任务，对下达的各项生产经济、技术指标全面负责。

2）认真执行有关生产的各项决定和规章制度，完成和超额完成各项生产计划。

3）做好本工程的劳动力、机械、材料平

衡调度，召开生产会议，下达生产任务。

4）抓好工程岗位责任制和贯彻实施，做到文明施工。

5）认真贯彻执行国家及上级颁布的各项有关劳动保护和安全生产方针、政策、法规、法令和规章制度，把安全生产工作列入日常的议事日程上，不违章指挥。

6）对本工程项目的安全生产负全面责任，定期召开工地安全工作会议，及时通报安全生产情况。

7）制定和实施本工程的施工技术措施，认真落实各项规章制度。

8）带领本工地有关人员进行月度一次的质量安全生产大检查，及时制止违章作业，发现不安全的因素和隐患，要定时、定人、定措施进行整改，防患于未然。

9）对本工程全体职工进行经常性安全技术和遵章守纪教育，以增强全员安全意识和自防护意识的能力。

10）发生工伤事故时，要按规定程序立即上报，及时抢救伤员。保护好现场，并亲自主持参加事故调查分析和处理，坚持“三不放过”的原则，分析原因，提出改进的防范措施。

（2）项目副经理

1）协助项目经理管理好本工程的施工任务，对下达的各项生产经济、技术指标负责。

2）认真执行有关生产的各项决定和规章制度，完成和超额完成各项生产计划。

3）做好本工程的劳动力、机械、材料平衡调度，召开生产会议，下达生产计划。

4）认真履行本岗位责任制和贯彻实施，做到文明施工。

5）认真贯彻执行国家及上级颁布的各项有关劳动保护和安全生产方针、政策、法规、法令和规章制度，把安全生产工作列入日常的议事日程上，不违章指挥。

6）对本工程项目的安全生产负直接责任，定期召开工地安全工作会议，及时通报安全生产情况。

7）制定和实施本工程的施工技术措施，认真落实各项规章制度。

8）带领本工地有关人员进行月度一次的质量安全生产大检查，及时制止违章作业，发现不安全的因素和隐患，要定时、定人、定措施进行整改，防患于未然。

9）对本工程全体职工进行经常性安全技术和遵章守纪教育，以增强全员安全意识和自防护意识的能力。

10）发生工伤事故时，要按规定程序立即上报，及时抢救伤员。保护好现场，并亲自主持参加事故调查分析和处理，坚持“三不放过”的原则，分析原因，提出改进的防范措施。

（3）技术负责人

1）全面负责本工程的施工任务，对下达的各项生产经济技术指标全面负责。

2）认真执行有关生产的各项决定和规章制度，做好本工程的劳动力、材料等平衡高度，完成和超额完成各项生产计划。

3）负责贯彻执行技术、质量、安全操作规程，检查工程定位、定标、抄平复核及各项技术交底和施工记录，抓好各工程岗位责任制和贯彻实施，做到文明施工。

4）坚持质量检查评比和验收制度，做到项项有记录、有资料，抓好管理搞好生产。

5）指导工程技术人员及时编制月、年度生产计划，机具材料计划和劳动力计划。

6）认真贯彻执行国家及上级颁布的各项有关劳动保护规定和安全生产方针、政策、法规、法令和规章制度，把安全生产工作列入各项议程，不违章指挥。

7）制定和实施本工地施工安全技术措施，定期向职工报告本工程的安全生产情况。

8）对工地全体施工人员进行安全技术和遵章守纪教育。

9）带领本工地有关人员进行每月一次的质量安全生产大检查，制止违章作业；发现不安全因素和隐患要定时、定人、定措施进行整改，消除隐患。

(4) 综合工长

1）在现场工程负责人的指导下，全面负责本工程项目的具体施工任务，对施工进度、质量、安全负责。

2）学习图纸，熟悉施工图纸说明，对设计要求、质量要求、具体做法有清楚的了解；组织工人班组按图施工生产。

3）做好各项施工前的准备工作，做到“打一、备二、看三”，排除生产操作中的障碍，为班组创造良好的施工条件。

4）向班组进行计划交底、技术交底、措施和操作方法交底、工程质量和安全生产交底，亲临现场检查，指导施工操作。

5）计算工程量，编制月、年度生产计划，机具材料计划，成品和半成品加工计划。

6）合理使用劳动力，努力完成各项生产任务，完成后要按质量标准进行验收。

7）参与分部分项工程质量评定，领导班组认真进行自检、互检和交叉检，参加隐蔽工程验收工作。

8）贯彻施工组织设计和技术、质量、安全生产管理措施的落实，做到文明施工。

9）做好施工日记的记录，协助技术资料员累积各种原始记录等工作。

10）贯彻各项生产、技术质量、安全管理制度，发现违章作业要立即制止，发现不安全因素和隐患要及时采取措施，杜绝事故发生的根源。

11）对施工现场的外排栅、塔吊、井架、电气机械设备等，都要亲自检查组织验收，试运转合格后方能使用。

12）经常组织工人班组学习技术，学习安全和操作规程，经常教育工人不违章冒险作业，自己也不要违章指挥。

13）认真消除事故隐患，发生工伤事故要立即报告，并保护好现场，参加事故调查分析。

(5) 施工员

1）在综合工长的指导下，负责本工程项目的施工任务，对工程的技术、质量、安全工作负责。

2）努力学习图纸，熟悉施工图纸说明，对设计要求、质量要求、具体作法要有清楚了解和熟记，组织班组认真按图施工。

3）全面负责本工程施工项目的定位测量、抄平放线、放大样的具体工作，对建筑物的轴线、标高、垂直度的测控预留洞口，预埋件等要认真检查，工作要做细，不留隐患。

4）对班组进行技术交底，工程质量、安全生产交底，操作方法交底。

5）综合工长不在位时，要全面履行总工长的责任。

(6) 技术员

1）在技术负责人的指导下，全面负责本工程的技术工作，深入研究施工图纸，熟悉主要尺寸、标高、结构形式、位置、质量要求和材料规格，提出修改意见。

2）参加施工图纸会审，负责办理隐蔽工程验收及设计图纸修改变更手续。

3）编制单位工程的施工方案，制定各项施工技术措施，确保工程质量和施工安全的措施。

4）对工程概况、质量要求、施工安全措施及施工方法等在施工前，向施工员、班组长进行技术交底，对关键部位的工程质量、安全措施在施工前，向参与施工的全体人员进行交底。

5）负责检查单位工程的定点、定位、测量、抄平放线，放大样的复核检查工作，负责指导试验员做好工程原材料施工前送检试验工作。

6）对施工中发生的一般工程质量事故，提出处理意见并报总工程师，对较大的工程质量事故，经总工程师签证后方能处理。

7）做好深入现场指导施工，解决一般性的技术问题，贯彻执行质量管理制度、施工验收规范、技术及安全操作规程。

8）熟悉工程质量检评标准，做好各项工程技术档案资料的积累、整理和总结工作。

9）做好组织分部分项隐蔽工程质量评定和验收工作，整理及编审竣工报告。

10）负责提出改善工地施工安全环境的措施并付诸实施。

11）在进行施工项目技术交底的同时进行安全技术交底，提出有针对性的具体措施。

12）对工地职工进行安全技术教育，及时解决施工过程中的安全技术问题。

13）参加重大伤亡事故的调查分析，提出技术性的鉴定意见和安全技术改进措施。

（7）质安员

1）认真贯彻执行国家颁发的各项有关工程质量、施工安全法规法令、规范规定，把“一标一规范”认真落实到班组和个人。

2）经常进行“保证安全生产，提高工程质量”的教育，掌握班组质量、安全动态，搞好安全质量管理，实现“五无”安全生产，提高施工质量。

3）对所监督的工程项目进行经常性的检查，发现问题要立即予以纠正，对出现的工程质量、安全问题，视其情节轻重，有权责令返工、整改或暂停施工，并可越级上报。

4）对原材料、成品或半成品、安全防护用品等质量低或不符合施工规范规定和设计要求的，有权禁止使用。

5）按照安全操作规程和质量验评标准要求帮助班组，开展质量安全自检、互检，努力提高工人技术素质和自我防护能力。

6）参加分部分项工程和质量检验评定，对不合格的分项工程有权拒绝签名认证。

7）主持或参加各种定期质量安全检查，做好记录，定期上报。

8）参加质安事故调查分析会议，对工程质量、施工安全工作提出改进意见的措施。

9）对违反劳动纪律、违反安全条例、违章指挥、冒险作业行为或遇到严重险情，有权暂停生产，越级上报。

10）认真学习规程及操作规程，为工人班组上技术课。

（8）班组长

1）班组是确保工程质量、安全生产的基础，班组长要模范带头，遵守安全生产各项规章制度，领导本组安全检查生产作业。

2）班组长负责班组内的全面工作，相互关心，相互爱护，搞好班组内外的团结协作。

3）班组长要组织本班组职工，学习技术，学习操作规程，遵守劳动纪律，安排好班组的生产，做到优质、高产、低耗、安全地完成各项生产任务。

4）班组长要经常掌握工程质量、安全生产情况，发现问题要及时解决。

5）班组长对新调入工人要进行现场安全教育，同时要办好安全检查教育交底卡的签证。

6）教育班组成员合理使用原材料，及时清理落地灰，做到工完料尽场地清，搞好现场文明施工。

7）健全“六大员”，做好传帮带，当生产工作与安全发生矛盾时，首先生产必须服从安全。

8）班前要检查安全，班后要检查质量，对使用的机器、设备及作业环境要经常进行检查，发现不安全因素，要采取改进措施。

9）组织搞好安全活动日，开好班前安全会和每周安全检查例会，提高组员“安全第一，预防为主”的安全意识和自防护的能力。

10）遵章守纪，反对违章作业；当发生工伤事故时，要立即上报有关人员，及时抢救伤员，保护好现场。

11）服从领导听指挥，工作时思想要集中，要坚守岗位，未经许可不得到其他非作业区去，严禁酒后上班，不得在禁止烟火的地方吸烟动火。

12）严格遵守“施工现场安全生产八大纪律”和“十六项”规定，正确使用安全“三宝”，爱护各种安全设施及安全标志牌，不得任意拆除挪动。

(9) 机电员

1）负责施工现场各种机电设备的维修管理，保证其经常处于安全完好的状态，对危及人身安全的机电设备应禁止使用。

2）对一切机电设备必须配齐安全防护保险装置（接地接零）并加强经常检查、维修、保养，确保安全运转。

3）严格执行机电操作规程的有关防火、防爆和危险品管理的规定，搞好仓库防火和危险品、气瓶的管理，健全发放、领退等安全管理制度。

4）制定或审定有关机电设备的采购、供应，更新改造方案并确保实施。

(10) 材料员

1）制定本工程的各项材料计划，做好采购、运输、保管、堆放工作，对各项材料质量应严格把关（出厂质量证明、合格证），对不合格的材料决不组织进场。

2）施工现场的材料堆放，必须按照平面图堆放齐整，砂、石材料随用随清，无底脚材料。

3）灰池砌筑应符合标准、布局合理、安全、清洁，做到灰不外溢、渣不乱堆。

4）各类周转材料应分类堆放，整齐平稳，规格成方，不散不乱。

5）做好各项建筑材料的月、季、年度记账、盘点、报耗等工作，爱护材料，使其物尽其用，不浪费。

(11) 防火、保卫员

1）全面负责施工现场的安全保卫、防火宣传、教育管理工作，贯彻执行有关安全防火、防爆的法规法令。

2）经常深入施工现场，检查了解易爆、易燃、高温、电源、火源、热源等物质和环境的情况，对不安全问题提出改进意见和措施。

3）组织义务消防队，配备、配齐有关安全防火器材，定期换药。

4）参加定期安全检查，发现不安全因素和隐患要及时进行整改。

5）建立和健全各项住宿、保卫、值班和管理制度，参加事故调查处理，防止事故发生。

### 3.3 总体和重点部位施工顺序

我们把本工程作为重点工程，对组织机构、施工队伍、机械设备、周转料具等各大要素予以全面充分保证，牢牢掌握并抓住本工程的特点、难点和重点，以结构工程为先导，实施平面分单体、立体分层、流水交叉、循序推进的施工方法组织施工。在保证工程质量的前提下，加快工程的施工进度，尽快为后续工程创造施工作业面，保证整个工程优质、快速、安全、文明地完成。

针对本工程单体工程多、工期紧的实际情况，为确保2005年9月1日学校开学的总目标，根据学校的功能设置特点和工程完成验收情况，将学校各单体工程划分为两个大的施工阶段组织施工。第一阶段为学生宿舍、教学楼、行政楼、配电房、图书馆和校门；第二阶段为电教综合楼实验楼、教工宿舍、体育馆、附属工程、校内道路、室外景观工程。第一阶段工程在2005年8月15日前完成合同范围内全部工程内容，第二阶段工程在2005年9月15日前完成合同范围内全部工程内容。

以每个单体工程作为一个施工区段组织同步施工，学生宿舍、教学楼和电教综合楼实验楼以伸缩缝划分为2～3个施工段组织流水施工。施工组织上采取独立施工与流水施工相结合的方式进行各施工区段的施工。各施工区混凝土结构施工完成4层后，由下至上及时进行砌体工程施工和室内墙面、顶棚装修和水电安装施工；在砌体工程完成后，由上至下进行外墙面装修和室内楼地面、卫生洁具、灯具安装施工。主体结构施工时，同步进行校内市政管网的施工；主体结构完成后，及时插入校内道路和景观工程的施工。项目部在进行施工组织时，将以系统工程原理，精心组织各工种、各工序的作业，对工程的施工流程、进度、资源、质量、安全、文明，实行全面管理和动态控制。

针对本工程行政楼（第一阶段施工的单体工程）和电教综合楼实验楼（第二阶段施工的单体工程）在所有单体工程中工程量最大，且有地下室结构，施工组织时将此两个单体工程列为关键工序控制。此两单体工程±0.000标高相当于绝对标高7.50m，比现有场地平均绝对标高4.00m高出3.50m，地下室施工完成后土方回填量比较大；另外，电教综合楼、实验楼的综合电教厅和车库入口有296条深层水泥搅拌桩，必须在土方回填后才能进行施工。由于前期桩基础工程为业主先期单独发包施工，桩基施工单位未做通盘施工部署考虑，导致这两栋楼的桩基础到4月仍未完成，在工期上给我们造成了非常大的难度和压力，此两单体工程能否按期完工就成了本工程施工成败的关键。在我们进场后，仔细分析研究工序情况在工程桩验收前尽可能提前插入土方、破桩头、混凝土垫层施工，施工中合理考虑和组织结构施工、防水施工、回填土、搅拌桩施工、预应力施工、幕墙施工，最大限度地节约时间，达到工期目标的要求。

## 3.4 施工流水段的划分

### 3.4.1 施工阶段的划分

根据学校的功能设置特点和施工部署，将学校各单体工程划分为两个大的施工阶段组织施工。第Ⅰ阶段为学生宿舍、教学楼、行政楼、配电房、图书馆和校门，第Ⅱ阶段为电教综合楼实验楼、教工宿舍、体育馆、附属工程、校内道路、室外景观工程。其划分如图3-2所示。

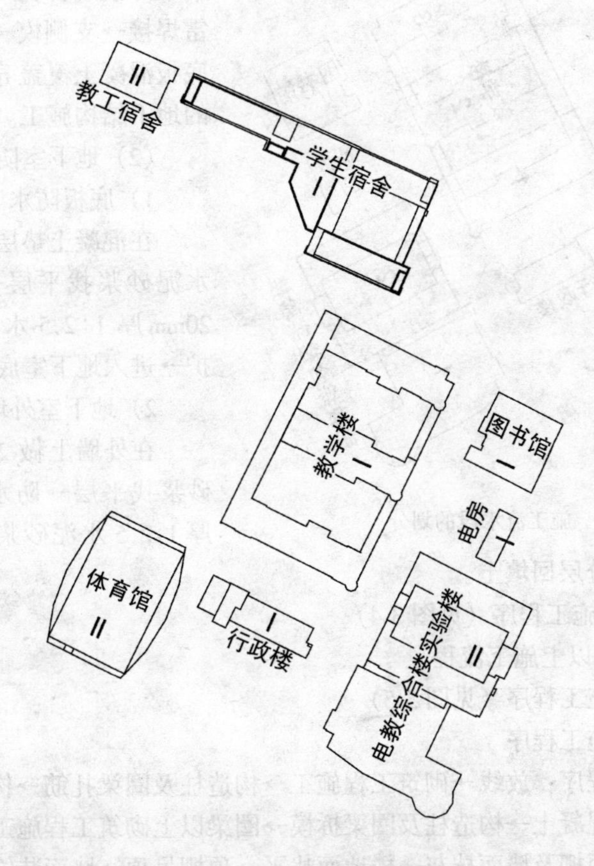


图3-2 施工阶段的划分

### 3.4.2 施工流水段的划分

根据施工任务的布置，原则上各单体工程均为一个施工区段，其中学生宿舍划分为两个施工流水段，教学楼划分为三个施工流水段，电教综合楼实验楼划分为两个施工流水段。其划分如图3-3所示。

## 3.5 各阶段施工流程

### 3.5.1 地下室施工流程

(1) 地下室底板

地下室底板采取与柱基、集水井基础一次性浇筑混凝土的方法施工，具体的施工程序

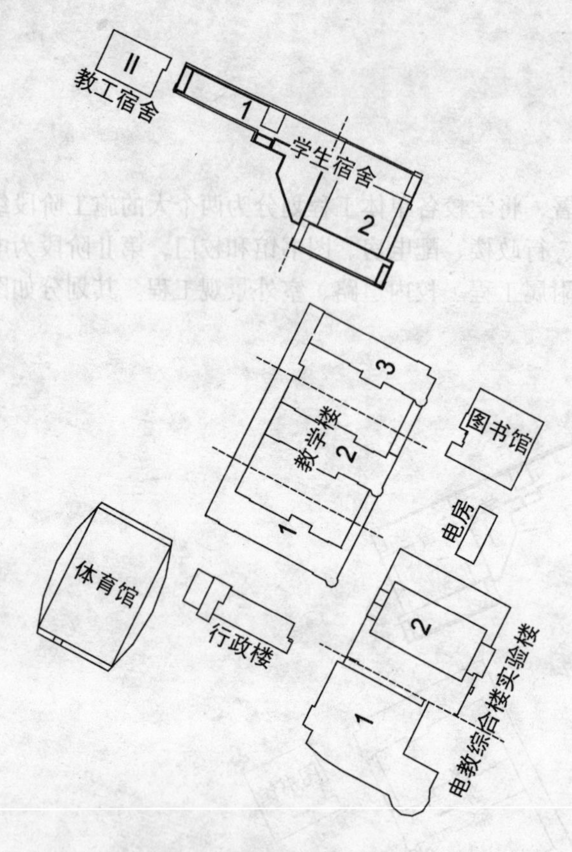


图 3-3　施工流水段的划分

如下：

基坑清底→底板、基坑、集水井放线→柱基、基坑、集水井土方开挖→底板、柱基、基坑、集水井垫层浇筑→地梁、承台、集水井砖胎模→地梁、承台、集水井外土方回填→找平层、防水层及保护层→地梁、承台、集水井钢筋绑扎→水电预留预埋、防雷焊接→支侧模→底板浇筑混凝土→底板混凝土覆盖养护→进入底板以上的地下结构施工。

(2) 地下室防水工程

1) 底板防水

在混凝土垫层上做 20mm 厚 1:2.5 水泥砂浆找平层→防水层施工→做 20mm 厚 1:2.5 水泥砂浆保护层→养护→进入地下室底板施工。

2) 地下室外墙防水工程

在外墙上做 20mm 厚 1:2.5 水泥砂浆找平层→防水层施工→做 20mm 厚 1:2.5 水泥砂浆保护层→砌 180mm 厚保护砖墙→基坑分层回填土。

3) 地下室结构施工程序（见图 3-4）

**3.5.2**　±0.00 以上施工流程

(1) 地上结构施工程序（见图 3-5）

(2) 室内装修施工程序

室内装修施工程序：放线→砌筑工程施工→构造柱及圈梁扎筋→构造柱及圈梁支模→构造柱及圈梁浇筑混凝土→构造柱及圈梁拆模→圈梁以上砌筑工程施工→门、窗框安装→顶棚、墙面清理→顶棚及墙面抹灰→楼地面找平→顶棚吊顶→墙面装饰。

## 3.6　施工平面布置

### 3.6.1　施工平面布置原则

施工总平面布置合理与否，将直接关系到施工进度的快慢和安全文明施工管理水平的高低，为保证现场施工顺利进行，具体的施工平面布置原则如下：

(1) 在满足施工的条件下，尽量节约施工用地，在平面交通上，尽量避免各施工单位相互干扰。

(2) 满足施工需要和文明施工的前提下，尽可能减少临时建设投资，对现场道路、堆场、加工场实施硬化，并适当进行绿化。

(3) 在保证场内交通运输畅通和满足施工对材料要求的前提下，最大限度地减少场内

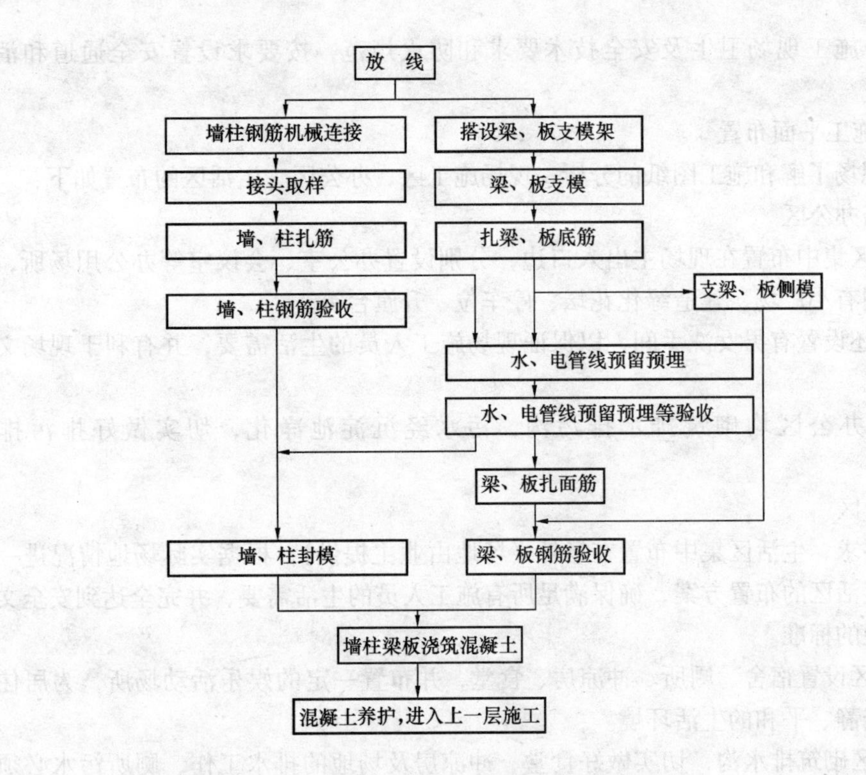


图 3-4 地下室结构施工流程图

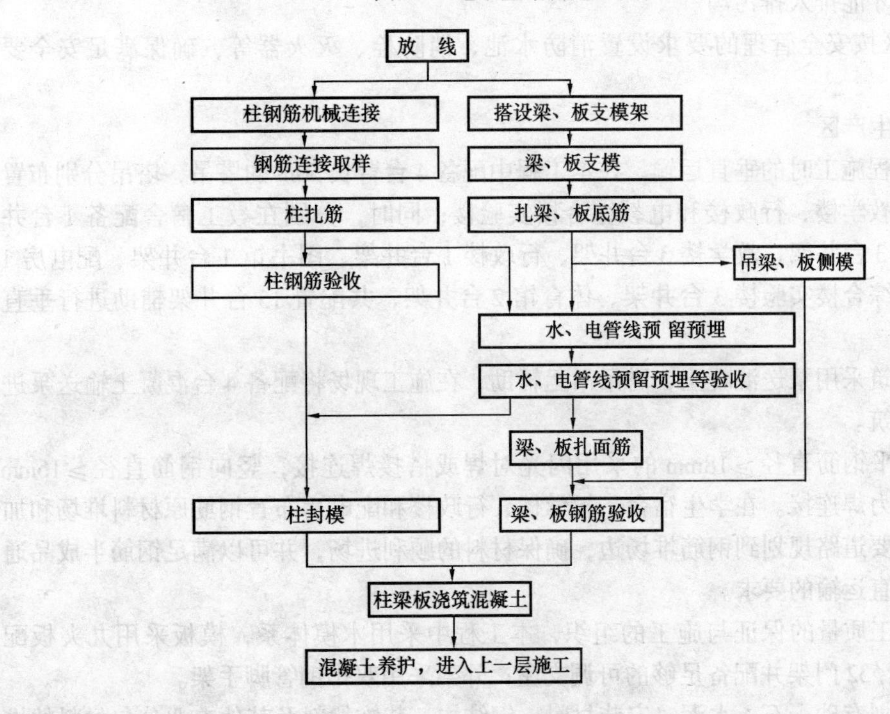


图 3-5 地上结构施工流程图

运输，特别是减少场内二次搬运。

(4) 尽量利用现有用地，少占用后期工程用地，避免对后期工程造成影响。

(5) 符合施工现场卫生及安全技术要求和防火规范，按要求设置安全通道和消防设施。

**3.6.2** 施工平面布置

经过对现场了解和施工图纸的分析，现场施工区、办公区、生活区的布置如下：

(1) 现场办公区

1) 办公区集中布置在现场主出入口边，分别设置办公室、会议室等办公用场所，办公区前面规划有小广场，建造绿化花坛、停车位、升旗台等。

2) 现场还设置有男女洗手间，以保证现场施工人员的生活需要，并有利于现场文明施工。

3) 现场办公区均砌筑排水排污沟，污水经沉淀池净化，切实做好排污排水工作。

(2) 生活区

按业主要求，生活区集中布置在场外（场地由业主提供），根据实际场地情况进一步细化、优化生活区的布置方案，确保满足所有施工人员的生活需要，并完全达到安全文明施工样板工地的标准。

1) 生活区设置宿舍、厕所、冲凉房、食堂，并布置一定的娱乐活动场所，为居住人员营造一个安静、平和的生活环境。

2) 生活区砌筑排水沟，切实做好食堂、冲凉房及场地的排水工作，厕所污水必须经化粪池净化后才能排入排污沟。

3) 生活区按安全管理的要求设置消防水池、消防栓、灭火器等，确保满足安全要求。

(3) 施工生产区

为保证工程施工时的垂直运输，在本工程中配备4台臂长50m的塔吊，塔吊分别布置在学生宿舍、教学楼、行政楼和电教综合楼实验楼；同时，分别在教工宿舍配备1台井架、学生宿舍3台井架、教学楼3台井架、行政楼1台井架、图书馆1台井架、配电房1台井架、电教综合楼实验楼3台井架、体育馆2台井架，共配置15台井架辅助进行垂直运输。

混凝土浇筑采用泵送混凝土，塔吊吊运辅助，在施工现场将配备4台混凝土输送泵进行混凝土的浇筑。

本工程水平钢筋直径≥18mm的采用闪光对焊或搭接焊连接，竖向钢筋直径≥16mm的采用电渣压力焊连接。在学生宿舍、教学楼、行政楼和配电房布置钢筋原材料堆场和加工场，并将主要道路规划到钢筋堆场边，确保材料的顺利进场，并可以满足钢筋半成品通过塔吊进行垂直运输的要求。

为便于施工质量的保证与施工的组织，本工程中采用木模体系，模板采用九夹板配制，支撑采用$\phi$32门架并配备足够的可调支座；外架采用双排钢管脚手架。

在现场规划有砂、石、水泥、安装材料、钢结构、装饰材料及其他专业分包材料的堆场，以满足材料、半成品分批进场、分批使用的要求。

为方便材料、机具使用和存放，将仓库规划在学生宿舍和教学楼通道旁边建筑物距离较近，并有施工道路通至仓库。

现场临时用电、用水分别由建设单位提供的电源和水源接驳口接出，沿围墙内侧布设，并分别引至用水用电机械、临建、建筑物中，满足主要用水、用电的输送和安全管理要求。

### 3.6.3 施工平面管理措施

(1) 平面管理原则

1) 平面管理总原则

施工总平面设计及各施工分阶段平面布置，以充分保障阶段性施工重点、保证进度计划的顺利实施为目的。在工程实施前，制定详细的大机具使用、进退场计划，主材及周转材料生产、加工、堆放、运输计划，以及各工种施工队伍进退场调整计划；同时，制定以上计划的具体实施方案，严格依照执行标准、奖罚条例，实施施工平面的科学、文明管理。

2) 平面管理计划的确定

施工平面科学管理的关键是科学的规划及周密详细的具体计划，在工程进度网络计划的基础上形成主材、机械、劳动力的进退场，垂直运输、布设网络计划，以确保工程进度，充分、均衡地利用平面为目标，制定出拟合实际情况的平面管理实施计划；同时，将该计划输入电脑，进行动态调控管理。

3) 平面管理计划的实施

根据工程进度计划的实施调整情况，分阶段发布平面管理实施计划，包含时间计划表、责任人、执行标准、奖罚标准。计划执行中，不定期召开调度会，经充分协调、研究后，发布计划调整书。经理部负责组织阶段性和不定期的检查监督，确保平面管理计划的实施。

(2) 平面管理办法

1) 施工平面管理由项目经理总负责，由安全员、材料员、设备管理员等实施分片包干管理。

2) 施工现场主出入口按照文明施工的要求悬挂施工标牌，并按项目管理规范设置“七牌一图”，明确管理责任人及目标，积极接受社会各界的监督。

3) 加强场容场貌管理，切实做到工完场清，施工垃圾集中堆放和清运，做到整齐、干净、节约、安全，力求均衡生产。

4) 按照安全文明施工检查评分标准的要求，定期组织检查，发现问题及时组织整改，确保达到安全文明施工样板工地的标准。

## 3.7 施工进度计划

### 3.7.1 施工进度计划

(1) 总工期

确保第Ⅰ阶段工程内容在2005年8月15日前完成，第Ⅱ阶段工程内容在2005年9月15日前完成，在180d内完成本工程合同范围内的施工任务。

(2) 主要工期控制点

本工程主要施工工作主要控制点（完成时间）如表3-2所示。

表 3-2

| 栋号 / 分项名称 | 学生宿舍 | 教学楼 | 行政楼 | 配电房 | 图书馆 | 电教综合楼实验楼 |
|---|---|---|---|---|---|---|
| 桩施工 | 2005.3.10 | 2005.3.22 | 2005.3.22 | 2005.3.10 | 2005.3.10 | 2005.3.22 |
| 基础 | 2005.3.25 | 2005.4.1 | 2005.4.15 | 2005.3.25 | 2005.3.30 | 2005.4.20 |
| 主体结构 | 2005.5.10 | 2005.5.20 | 2005.6.15 | 2005.4.15 | 2005.5.10 | 2005.6.30 |
| 砌体工程 | 2005.6.10 | 2005.6.20 | 2005.7.15 | 2005.4.30 | 2005.6.10 | 2005.7.30 |
| 外墙装修 | 2005.7.10 | 2005.7.20 | 2005.8.15 | 2005.7.10 | 2005.7.20 | 2005.8.30 |
| 内装修 | 2005.8.10 | 2005.8.15 | 2005.8.15 | 2005.8.10 | 2005.8.15 | 2005.9.15 |
| 收尾 | 第Ⅰ阶段工程 2005.8.20，第Ⅱ阶段工程 2005.9.20 | | | | | |
| 竣工 | 第Ⅰ阶段工程 2005.8.30，第Ⅱ阶段工程 2005.9.30 | | | | | |

### 3.7.2　进度计划保证措施

(1) 总则

为保证该工程项目能按计划顺利、有序地进行，并达到预定的目标，必须对有可能影响工程计划的因素进行分析，事先采取措施，尽量缩小计划进度与实际进度的偏差，实现对项目工期的主动控制。影响该项目进度的主要因素有计划因素、人员因素、技术因素、材料和设备因素、机具因素、气候因素等，对于上述影响工期的诸多因素，我们将按事前、事中、事后控制的原则，分别对这些因素加以分析、研究，并制定相应对策，以确保工程按期完成。

(2) 组织保证

为确保本工程按期完工，选派年富力强的工程技术管理人员组成现场项目经理部。项目经理部对整个工程的施工实施总包管理，对整个工程的施工质量、进度、安全文明施工实施全面管理；同时，设置专门的计划负责人，对工程的整个施工进度进行全面动态控制。在施工组织管理上，制定详细的施工进度计划，通过严格科学的管理，确保计划得到落实。

(3) 计划管理

1) 严格依据合同工期要求，更进一步编制各单体工程施工控制进度计划，该施工进度计划作为本工程的总控实施目标。项目按照施工计划组织施工，确保关键线路工期得到保障；同时，设专人负责计划的管理。

2) 项目经理部将依据各单体工程施工计划按照实际情况编制月施工计划、周施工进度计划。周施工计划的编制将落实到每一道工序、每一责任工长及职能部门，并制定严格的奖罚措施，确保每一关键工序按期完成，对关键线路工期予以保障。项目经理部每月、每周定期召开项目生产会，针对施工生产中出现的制约施工进度的不利因素进行分析，及时找出制约施工进展的不利因素，及时解决出现的矛盾及问题。并根据计划完成情况对相关部门及责任人进行奖罚，同时下达下一月或周施工进度计划。

3) 为了保证项目施工的均衡进行，对于本工程所有参建的施工分包单位，在进场前均需上报进度控制计划，以便整个工程的施工进度计划实施全面管理，项目部将结合分包单位的施工计划及施工特点，进一步优化投标控制计划，编制详尽的控制计划上报业主及监理单位，并将本计划作为工程施工进度控制计划。

4）编制资源供应计划。根据工程实际情况，对工程中使用的物资编制详尽的总需求计划、季度计划、月计划，以便材料主管部门及时准备，保证工程中使用的主要材料能够按时到场，保证施工需要。

5）执行月报制度：对监理及甲方实施月报表制度，对每月进度实施情况、实际完成与计划的比较、影响进度的因素进行分析，并提出详细的解决办法。在月报制度中，将分包单位进度实施情况也纳入月报制度的内容。

6）建立进度管理的奖罚实施办法，每周对工程进度实施情况进行检查，对达到和提前完成的施工队伍进行奖励，对进度滞后的施工班组实施处罚，使全体作业人员树立人人抓进度的良好氛围。

(4) 劳动力保证

1）选派强有力的、在技术上完全有能力胜任本工程施工的专业施工队伍进场施工。

2）在劳动力的需求量上，根据各分部分项工程的特点以及工期控制的要求配备足够的劳动力。

3）保证所有进场的劳动力均进行劳动教育和劳动培训。

4）建立奖罚制度，开展劳动竞赛，提高作业人员的施工积极性。

5）做好班组工作、生活等的后勤保障，保持旺盛的工作热情和责任感，确保施工任务的顺利完成。

(5) 周转料具的保证

1）根据本工程的工期安排，为适应本工程工期紧的特点，采用普通木模板体系，支撑架及外架全部采用钢管脚手架。钢管、扣件等周转料具，充分满足拟定的流水施工要求，并按计划充分保证周转料具供应及时。

2）适当加大机械设备的投入，重点做好垂直运输和水平运输的保证，提高劳动生产率。对此，在平面布置的章节对机械设备的投入进行了详细阐述，依据平面布置要求，保证设备的投入。

3）在施工过程中，充分发挥集团优势，发挥自有周转料具资源丰富的特点，及时对周转料具提供保障。

4）将本工程周转料具的使用作为优先考虑的项目。

(6) 严格质量控制

工程施工质量是确保施工进度的基本前提，因此施工组织时，将严格控制工程质量，确保一次成活，主要从以下几方面入手，进行质量控制：

1）在本工程项目施工中，推行ISO 9000标准质量管理体系，制定施工组织设计、质量计划、质量记录等质量体系文件，在物资采购的管理、施工过程控制、检验和试验、标识和可追溯性、培训、质量审核、质量记录等与质量有关的各个方面，规范与工程质量有关工作的具体做法；同时，在项目建立一个由项目经理领导的质量保证机构。

2）在施工当中，项目将严格加强培训考核、技术交底、技术复核、“三检”制度的管理工作，使每一位职工知其应知之事、干其应干之活，并使其质量行为受到严格的监督；同时，实行质量重奖重罚，以确保质量控制体系的有效运行，确保工程质量目标的实现。

3）项目技术负责人组织工长、质检等人员进行深入研究，编制相应的作业指导书，从而在技术上对此类问题进行周密保证，并在实施过程中予以改进。从技术上确保工程质量。

4）实行样板引路制度，推行“样板墙、样板间、样板层”制度，明确标准，增强可操作性，便于检查监督，暴露问题，把问题解决在大面积施工之前。样板做好后，经业主代表、监理验收合格后方可进入大面积施工。

5）在施工中实行“工序操作挂牌制”，各工序要坚持“自检、专业检、交接检”制度。在整个施工过程中，做到工前有交底、过程有检查、工后有验收的“一条龙”操作管理方式，以确保工程质量，避免返工；同时，也提高自我控制的意识和能力。

(7) 加强与工程有关各方的沟通

重视与业主、监理、设计、专业分包、地方政府部门之间的协调及沟通，融洽相互之间的关系。对于工程方面的问题及矛盾，从大局出发，从工程的进展出发，积极主动加强相互沟通工作，为工程优质、高速施工创造有利条件。

(8) 节假日保证措施

针对本工程工期非常紧的特点，工程施工将跨越五一传统节日的长假期，对此采取相应措施，确保工程施工在节假日正常进行。

1）从政治角度提高全体人员对工程重要性的认识，将本工程的施工质量、进度提升到政治高度进行考虑。

2）赶工工程历来有春节加班的传统，其职工队伍不会因本工程施工出现节假日正常施工而出现人心不稳的情况。

3）职工及外聘工人均签定了相关合同，其管理群及作业队伍群相对较为稳定，节假日施工易于保证。

4）在本工程施工中，将依据《劳动法》及相关法律法规文件，对本工程春节施工人员提供相应的劳动报酬，以提高施工人员的工作积极性。

5）在本工程中，将配备专人负责工程施工过程中施工人员的思想教育工作、后勤保障工作。特别加强节假日期间职工的稳定工作，使职工在节假日期间感受到家的温暖，以饱满的工作热情投入到本工程的施工过程中。

6）有一大批相对固定、实力雄厚的材料供应商，实行强强联合，在长期合作中形成了相对固定的合作关系，使材料供应能力能够得到充分的保证。

7）针对建筑市场节假日期间材料采购困难特点，对于材料采购工作年、季度、月计划要求做到提前储备，保证春节期间材料使用的正常保证。

8）为对节假日、封路、停水、停电等特殊情况进行妥善安排，以及建立天气预警制度。

9）有预计、有组织地开展安全防护、成品保护等工作。

(9) 雨期及台风施工保证措施

东莞地处亚热带，属海洋性季风气候，全年大部分时间光照充足，雨量充沛，每年5~9月为雨期，夏秋季节有台风袭击，根据这一地区气候特征，在施工过程中做好雷雨季节、台风季节及炎热季节施工措施对保证工程进度与质量十分重要。项目部将做好与气象台的联系工作，通过电话咨询、传媒播报及时了解天气情况，提前做好准备。将不利损失降至最小，制定以下措施：

1）日常防备措施

（A）根据工程场地特点，由项目经理部合理进行现场排水设施的布置，现场排水设施能满足最大降水时及时排水的需要，确保场地内不积水。

（B）现场采用有组织排水，排水通道畅通。

（C）机械设备按规定配备必要的防雨棚。各类机械设备经常检查防雷接地装置是否良好。

（D）水泥等需防潮防雨材料应架空堆放，仓库屋面必须防水、防漏。

（E）钢筋要用枕木、地垄等架高，防止沾泥、生锈。

（F）办公室、工人宿舍等临时设施，必须建于高地上，并加固牢靠。

（G）储备足够水泵、棚布、塑料薄膜等防雨用品。

（H）定期检查各类防雨设施，发现问题及时解决，并做好记录。特别要做好汛前和暴风雨来临之前的检查工作。

（I）汛期和暴风雨期间组织昼夜值班，密切注意天气预报。

2）工程各施工阶段防雨措施

（A）基础工程施工阶段

a）按施工总平面布置方案设置排水管沟，并保持排水通畅。

b）雨天尽可能不安排土方开挖或回填；若必须施工时，应进行小范围作业，并及时覆盖防雨用品，大雨时不安排施工。

（B）主体工程施工阶段

a）雨天停止电渣压力焊施工。

b）雨期应经常检测石子、砂子、粉煤灰的含水率，及时调整配合比，保证混凝土质量。

c）浇筑混凝土应尽量避免在雨天进行；若无法避开，应采取提高混凝土强度等级、及时覆盖新浇筑混凝土等措施，以保证混凝土质量。

（C）砌砖工程施工阶段

a）砖集中堆放，雨天及时覆盖。

b）砂浆在储存和运输过程中应覆盖。

c）砌筑不宜采用铺砌，每天的砌筑高度控制在1.2m以内。

d）收工时墙上用草帘覆盖，以免雨水将砂浆冲掉。

（10）防台风措施

1）台风季节应特别提高警惕，随时做好防台风袭击的准备。设专人关注天气预报，做好记录，并与市气象台保持联系；如遇天气变化及时报告，以便采取有效措施。

2）成立台风期间抢险救灾小组，密切注意现场动态；遇有紧急情况，立即投入现场进行抢险，将损失降到最低。

3）科学、合理安排风雨期施工；当风力大于6级时，应停止室外的施工作业，项目部提前安排好各分部分项工程的风雨期施工，做到有备无患。

4）对施工现场办公室、仓库等临设应进行全面详细检查；如有拉结不牢、排水不畅、漏雨、沉陷、变形等情况，应采取措施进行处理，问题严重的必须停止使用。风雨过后应随时检查，发现问题，重点抢修。

5）台风到来之前，应对高耸独立的机械、脚手架、未装好的钢筋、模板等进行临时加固，堆放在楼面、屋面的小型机具、零星材料要堆放加固好，不能固定的东西要及时搬运到建筑物内。

6）吊装机械用缆风绳固定。在台风来临前，要对模板、钢筋，特别是脚手架、电源线路进行仔细检查，发现问题及时处理，台风过后需经项目经理同意后方可复工。

## 3.8 主要材料投入

### 3.8.1 主要材料投入

根据总体的施工部署，采用分区、分段流水施工，周转材料和工程主要材料及半成品均在使用前 10d 左右开始进场，在使用过程中根据仓库或堆放场地情况分批进场，以保证施工需要。

主要材料、周转材料进场计划见表 3-3。

**表 3-3**

| 名称 | 单位 | 2005 | | | | | | | | | | | |
|---|---|---|---|---|---|---|---|---|---|---|---|---|---|
| | | 1 | 2 | 3 | 4 | 5 | 6 | 7 | 8 | 9 | 10 | 11 | 12 |
| 钢管 | t | | | 300 | 1000 | 500 | | | | | | | |
| 模板 | $m^2$ | | | 30000 | 30000 | 10000 | | | | | | | |
| 木枋 | $m^3$ | | | 20000 | 50000 | 20000 | | | | | | | |
| 门架 | 套 | | | 5000 | 15000 | 5000 | | | | | | | |
| 钢筋 | t | | | 1000 | 3000 | 1000 | | | | | | | |
| 混凝土 | $m^3$ | | | 2000 | 12000 | 10000 | | | | | | | |
| 砖 | 块 | | | 50000 | 150000 | 10000 | | | | | | | |
| 聚氨酯 | kg | | | 3000 | | | | | | | | | |
| 铝合金门窗 | $m^2$ | | | 2000 | 5000 | 2000 | | | | | | | |

### 3.8.2 材料保证措施

材料保证是工程顺利进行的基本保证，为确保本工程施工进度计划的顺利实施，从以下几方面进行周转材料及施工材料的保证工作：

（1）目前可提供使用的自有钢管、扣件等周转材料已经能够达到本工程的需求量，并已经校正、保养完成，随时可以进场。

（2）本工程模板工程采用木模体系，材料准备周期短，材料采购较为容易；同时，具有充分的流动资金保证，可以随时提供足够的模板、木枋等周转材料。

（3）拥有实力强劲、长期进行合作的材料供应商作为合作伙伴，实行强强联合，对工程中使用的混凝土、钢筋、水泥、砂、石等主材已经进行了一定程度的洽谈，进场后将立即签订材料供应合同，可以保证有关材料的供应。

（4）为确保材料供应满足现场需要，进场后的重点工作就是做好材料需用量计划的编制，在保证计划准确、合理的基础上，提前做好备料、供料工作，使计划得到切实落实。

（5）按照总平面布置的要求，精心进行施工场地的布置，确定现场仓库、堆场面积及组织运输，并做好保管工作。

(6) 为了保证材料顺利采购进场，专门制定材料、半成品及构配件样品送审计划，以便有足够的时间进行材料、半成品的采购订货。

(7) 加强与材料供应商的协调和沟通，提前提供材料的总需用量、月使用量计划，保证主要材料及半成品在使用前10d左右开始进场，在使用过程中根据仓库或堆放场地情况分批进场，以保证施工需要。

(8) 加强对市场的调查，特别是遇到节假日应提前准备，做好材料的进场工作，保证在节假日期间施工不受影响。

## 3.9 机械设备投入及保证措施

### 3.9.1 拟投入本工程的主要施工机械设备清单（表3-4）

表3-4

| 序号 | 机械或设备名称 | 型号规格 | 数量 | 国别产地 | 备注 |
|---|---|---|---|---|---|
| 1 | 深层搅拌桩机 | | 3 | 上海 | |
| 2 | 履带式单斗挖掘机 | 小松PC200 | 6 | 日本 | |
| 3 | 载重自卸汽车 | 15t | 20 | 宣化工程机械厂 | |
| 4 | 塔式起重机 | | 4 | 广西建机 | |
| 5 | 钢井架（带电动卷） | 2t（2斗） | 15 | 南海裕华 | |
| 6 | 汽车式起重机 | 16t | 1 | 徐州工程机械厂 | |
| 7 | 混凝土输送泵 | 斯维茵 | 4 | 德国 | |
| 8 | 钢筋调直机 | JK－2T | 6 | 浙江务阳 | |
| 9 | 钢筋弯曲机 | GWB40 | 6 | 广东始兴 | |
| 10 | 钢筋切断机 | GQ40B | 6 | 广东始兴 | |
| 11 | 木工圆盘锯 | 800mm | 15 | 南海 | |
| 12 | 钢筋对焊机 | UN100 | 3 | 上海华东 | |
| 13 | 交流电焊机 | BX400 | 10 | 上海 | |
| 14 | 空气压缩机 | 1.05$m^3$ | 10 | 东莞空压机厂 | |
| 15 | 抽水机 | 100mm以上 | 10 | 广东 | |
| 16 | 砂浆搅拌机 | JZC500 | 15 | 韶关建机厂 | |

### 3.9.2 施工机械保障措施

精良的机具是保证施工进度、质量、安全和成本的重要环节，对于机械设备的管理从三个方面着手：合理配置机械设备、规范机械设备的使用、完善机械设备的保养。

(1) 合理配置机械设备

1）根据施工组织设计，采用分析、预测等方法，按照工程量、施工进度要求，编制机械设备使用计划，明确机械设备选用的种类、型号、数量，既保证施工需要，又能够充分发挥机构设备的效率。

2）合理组合机械设备，原则是尽量简化机型、组合要配套和系列化，机械组合能力相适应，以保证机械设备能够配套使用，最大限度地发挥机械设备效率。

3）机械设备使用管理的基本要求是：保持机械设备的良好技术状态，正确使用和优化组合，充分发挥机械设备的效能，以达到安全、高效、优质、低消耗地完成施工任务。

（2）规范机械设备的使用

1）建立、健全机械设备操作、使用、保养和管理制度，主要机械设备要严格执行定人、定机、定岗位的责任制，所有机械设备都要有人负责；多班作业时，要执行交班制度。

2）班前登记领取机械设备，检查其技术状态，保证机械设备性能良好，运转正常，零部件齐全，安全防护装置良好，操作、控制系统灵敏可靠，无漏油、漏水、漏气、漏电现象，外观清洁、整齐，方可使用，不符合条件的机械设备不能使用。

3）施工过程中应该按照机械设备的性能、使用说明书、操作规程及正确使用机械设备的各项技术要求使用，合理安排，充分发挥机械设备的效能，以较低的消耗获得较高的效益。

4）施工过程中避免由于使用不当导致机械设备早期磨损、事故损坏及各种机械设备技术性能受到损害或缩短使用寿命。

5）施工完毕后，收工前必须检查机械设备的技术状态是否良好，将机械设备交回库房，做好领取、交还记录。

（3）完善机械设备的保养

1）配备专职机械设备管理员，经培训合格后持证上岗，负责做好对机械设备的日常管理和保养，并做好记录。

2）机械设备管理员做好对班组的交底、检查工作，现场任何机械设备不得随意拆、装。

3）成立机械设备检验小组，由项目经理负责牵头，不定期检查监督，以保证机械设备完好。

### 3.9.3　主要检测设备投入（见表3-5）

表3-5

| 序号 | 计量器具 | 规格型号 | 配备数量 | 使用人 | 备注 |
|---|---|---|---|---|---|
| 1 | 全站仪 | SET2110 | 1台 | 测量员 | 自有 |
| 2 | 经纬仪 | J2 | 3 | 测量员 | 自有 |
| 3 | 精密水准仪 | $B2_1$ | 3台 | 测量员 | 自有 |
| 4 | 钢卷尺 | 50m | 5把 | 测量员、施工员 | 新购 |
| 5 | 钢卷尺 | 5m | 30把 | 施工员、质量员 | 新购 |
| 6 | 台秤 | TGT－1000A | 1台 | 材料员 | 自有 |
| 7 | 游标卡尺 | 0～125mm | 1把 | 材料员 | 新购 |
| 8 | 坍落度检测仪 | | 3个 | 实验员 | 自有 |
| 9 | 质量检测尺 | | 3把 | 质量员、施工员 | 自有 |
| 10 | 万用表 | MF 470 | 1个 | 电工 | 自有 |
| 11 | 兆欧表 | ZC25－3 | 1个 | 电工 | 自有 |
| 12 | 钳型电流表 | MG36 | 1个 | 电工 | 自有 |

### 3.9.4 检测设备保证措施

(1) 项目配备1名计量员，负责检测设备的管理和检测工作的监督与检查，掌握在用各种检测设备的周检情况，检查是否有漏检现象，检查检测设备的三率：即配备率、检测率、合格率是否满足规范及工艺要求。

(2) 检测工作的主要目的在于保证施工质量，项目在用检测设备的检定必须按计量法要求的检定周期送专业检测单位检验，在用检测设备的受检合格率应达到100%。

(3) 对于关键工艺的检测人员（测量、试验）都要经过上级相关部门考核取证上岗，具备较好的专业技能。

(4) 施工过程中的工艺和质量检测必须按计量网络图要求进行检测，以确保工程质量和检测数据准确可靠。

(5) 混凝土半成品质量、钢筋加工质量、现场钢筋绑扎质量、模板拼装质量直接影响着工程质量，钢筋混凝土工程是建筑工程主要结构，因此，特别要加强对钢筋、混凝土施工过程的质量检测。

(6) 对于经营管理、施工过程及质量检验计量检测数据监督其是否正确，检测率不低于90%。

(7) 检测数据是企业科学管理的依据，项目各项检测数据必须准确一致，认真做好计量数据的采集、处理、统计、上报四步工作。

## 3.10 劳动力投入及保证措施

### 3.10.1 劳动力投入

充足的劳动力投入是确保工期实现的必不可少的要素，根据施工计划安排，在该项目主体结构施工期和装修阶段劳动力投入数量如表3-6所示。

**主要劳动力需用量计划表** **表3-6**

| 序号 | 工种 | 2005年 | | | | | | | | | | | |
|---|---|---|---|---|---|---|---|---|---|---|---|---|---|
| | | 01月 | 02月 | 03月 | 04月 | 05月 | 06月 | 07月 | 08月 | 09月 | 10月 | 11月 | 12月 |
| 1 | 钢筋工 | | | 200 | 250 | 250 | 150 | 60 | 20 | | | | |
| 2 | 木工 | | | 200 | 300 | 300 | 200 | 100 | 20 | | | | |
| 3 | 混凝土工 | | | 50 | 80 | 80 | 50 | 30 | 10 | | | | |
| 4 | 安装工 | | | 60 | 100 | 150 | 200 | 200 | 200 | 50 | | | |
| 5 | 瓦工 | | | 30 | 100 | 200 | 200 | 100 | 50 | | | | |
| 6 | 粉刷工 | | | | 60 | 100 | 150 | 200 | 200 | 30 | | | |
| 7 | 装修工 | | | | | 50 | 200 | 300 | 300 | 30 | | | |
| 8 | 普工 | | | 100 | 60 | 60 | 100 | 60 | 60 | 20 | | | |
| 9 | 机械工 | | | 30 | 40 | 40 | 40 | 40 | 40 | 10 | | | |
| 10 | 合计 | | | 670 | 990 | 1230 | 1290 | 1090 | 900 | 140 | | | |

注：主要劳动力计划表中未包括业主另行各专业分包单位所需的劳动力。

### 3.10.2 劳动力保证措施

根据确定的现场管理机构建立项目施工管理层，选择高素质的施工作业队伍进行该工程的施工。

(1) 根据工程劳动力需求量大的客观情况，为保证工程所需要的劳动力的进场及施工过程中的管理，在本项目设立劳资员，负责本工程劳动力的管理。

(2) 根据该工程的特点和施工进度计划的要求，确定各施工阶段的劳动力需用量计划。基本配备情况已经在本章中做了阐述。

(3) 选派强有力的在技术上完全有能力胜任本工程的专业施工队伍；根据各分部分项工程的特点以及工期控制的要求配备足够的劳动力。

(4) 对所有进场工人进行必要的技术、安全、思想和法制教育，教育工人树立“质量第一、安全第一”的正确思想；遵守有关施工和安全的技术法规；遵守地方治安法规。

(5) 在大批施工人员进场前，做好后勤工作的安排，为职工的衣、食、住、行、医等应予全面考虑，认真落实，以便充分调动职工的生产积极性。

(6) 建立奖罚制度，开展劳动竞赛，严格执行《劳动法》及相关法律法规文件，提高作业人员的施工积极性。

# 4　主要施工方法及施工工艺

## 4.1　测量方案

本工程占地面积较大，测量定位存在一定的难度，针对本工程测量的特点派测量经验丰富的测量工程师测量，并配备优良的测量仪器（全站仪、激光经纬仪等），以确保工程测量质量。

### 4.1.1　原始数据

根据甲方提供的点坐标及通视情况，由坐标公式 $Q=(x_2-x_1)^2+(y_2-y_1)^2$ 以及 $\alpha=\arctan(y_2-y_1)/(x_2-x_1)$ 计算出各点的方位角和距离；然后，用全站仪进行角度和距离的校核；若各项偏差均在允许范围内，则由这些点及工程图纸上建筑物的坐标，测放出建筑物的、用地红线以及基坑、基础的开挖边线，然后根据甲方提供的定位轴线控制点，测放出建筑物的主要控制轴线。

### 4.1.2　工程轴线控制方法

根据施工图纸要求，考虑到建筑物高度不大，采用传统的线坠引测的方法进行垂直方向的传递，并用经纬仪观测和控制楼层垂直度偏移的情况。具体控制方法如下：根据甲方认可的控制网，用J2经纬仪精密测定出多个控制点并预埋钢板于首层楼面上；同时，在远处建筑物上分别做好后视点。

在首层铅直控制点铅直上方开一 100mm×100mm 孔，通过线坠将控制点引测到上一楼层，并用经纬仪通过该控制点的后视点进行复测。

在施工过程中随时检查楼层的垂直度和施工放线的精度。观察每次数据，并做好记录。两次之差即为偏移的方向，以此作为纠偏的依据，保证楼层的垂直精度。

### 4.1.3　建筑物标高控制方法

(1) 根据甲方指定的水准点，用DS3水准仪（带测微器）进行闭合水准测量，在建筑物外适当的坚硬的地方，测设出A、B、C三个半永久性水准点，其闭合差 $f_h\leqslant\pm10\sqrt{n}$；然后，由这三个水准点，将标高投设在首层结构柱上；同时，在建筑物四周各设一点用混凝土浇筑成半永久性水准点以便随时复测，然后用50m大钢尺向上反出比楼面高出50cm控制标高。

（2）当楼层模板钢筋完成后，测量人员用水平仪进行抄平，即在每根柱子钢筋上打两个比楼面设计标高高500mm水平标高，并用红油漆做好标记，供有关人员使用。当施工楼板面混凝土完时，用水平仪进行扫描，混凝土面平整度应合乎规范。

（3）当楼层施工完后，用DS3水平仪在墙柱混凝土上抄一个500mm的水平标高，并弹上墨线，用以作为地面及墙面的装饰控制线。

**4.1.4 沉降观测**

（1）当楼层施工到一定高度时，要对其地基沉降进行观测；当把观测点埋置好后，根据建筑物周围的A、B、C三个临时水准点，进行附合水准测量，测设出各观测点的原始高程，并作为原始记录，其附合差$f_h \leq \pm 10\sqrt{n}$。

（2）完成观测点原始标志测设后，每隔两周进行一次沉降观测，沉降观测的数据记录完善；同时，还要画出沉降曲线进行数据分析，发现有不同的沉降或沉降过大，则应立即通知有关主管部门，以做必要处理。

**4.1.5 轴线及细部放样**

（1）直线形轴线：此种轴线皆为平行布置，在控制线放出后可根据图纸尺寸利用钢卷尺直接拉出各细部轴线。

（2）弧形轴线及曲线：本工程有部分曲线设计，而且多数半径较大且圆心不在施工面上，常规放线方法实施起来难度较大。因此，本工程曲线放样拟利用计算机辅助绘图软件AutoCAD辅助放样，具体如下：

1）首先利用AutoCAD在电脑上将所放样曲线所在平面图纸精确绘出。

2）定出曲线各要素点：可选择曲线上柱位点、曲线转折点、分点等作为曲线要素。

3）利用AutoCAD尺寸标注及查询功能标出各要素点与附近直线形轴线的水平、垂直距离。

根据已放出的曲线形轴放出曲线各要素点，连接各要素点，到此曲线已被拟合为连续的几段弦线，将各弦由中间向两侧分成距离为$x$的$n$等分，则$d_n = \sqrt{R^2 - (nx)^2}$，（$n = 0, 1, 2\cdots$）；然后，沿着弦线上等分点量出与其垂直且距离为$d_n$的点，这些点均为弧线上的点，再用墨线将这些点连成圆滑曲线。

**4.1.6 各项表格资料管理**

（1）在工程开工之前，要进行测量定位，填好测量定位记录表，以备存档；

（2）每层楼板施工放线工作完成后，检查各轴线是否符合设计的几何关系，并填好轴线偏差表格；

（3）做好每次使用仪器前检查记录；

（4）认真做好水平观测记录工作；

（5）工程完工后，认真做好竣工记录。

## 4.2 主体结构工程

### 4.2.1 模板工程

本工程主体结构（包括地下室结构）模板拟选用优质新九夹板。

(1) 基本要求

1) 模板及其支撑系统必须满足以下要求:

(A) 保证结构、构件各部分形状尺寸和相互间位置的正确;

(B) 必须具有足够的强度、刚度和稳定性;

(C) 模板接缝严密,不得漏浆;

(D) 便于模板的安拆。

2) 模板与混凝土的接触面应满涂隔离剂。

3) 按规范要求留置浇捣孔、清扫孔。

4) 浇筑混凝土前用水湿润木模板,但不得有积水。

5) 墙、柱模板必须按规范要求进行拆除。

6) 上层梁板施工时,应保证下面一层的模板及支撑未拆除。

7) 模板接缝应严密,对局部缝隙较大的采用胶带纸封贴。

8) 现浇结构模板安装的允许偏差不能超过规范要求。

(2) 柱模

在本工程中,柱子截面形状多为矩形和圆形柱。

支模拟采用七夹板配制模板,加 50mm × 100mm 木枋竖楞和钢管抱箍加固,木枋竖楞的横向间距按 250 ~ 350mm 设置,钢管抱箍的竖向间距按 500mm 设置;施工要结合实际情况做到上疏下密。木枋条定位必须准确以保证柱线角顺直。为保证柱模的侧向刚度,在柱模上设置双向 $\phi$14 对拉螺杆,间距按 400 ~ 500mm 设置。

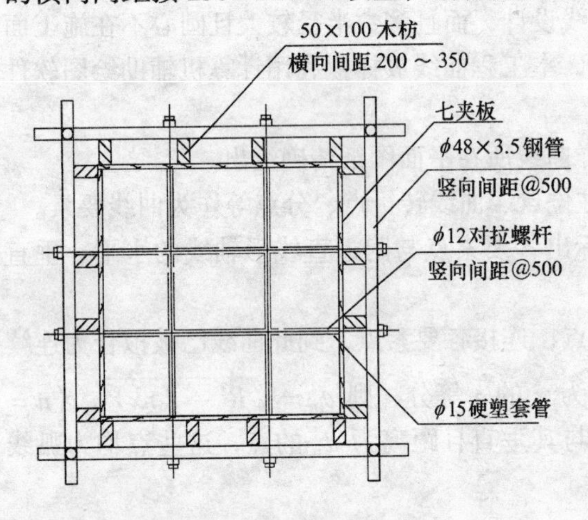


图 4-1 柱模板示意图(单位:mm)

圆柱采用定型钢模板外加钢管抱箍的方式进行支模。

柱模板示意见图 4-1。

(3) 地下室外墙模板

地下室外墙模采七夹板配制,模板竖楞采用 50mm × 100mm 木枋,横向间距为 400mm,横楞采用 $\phi$48 × 3.5mm 钢管,纵向间距为 500mm;模板支撑采用普通钢管脚手架,并采用普通钢管做斜撑。为了保证模板的侧向刚度和地下室外墙的防水需要,在模板中间加设一次性的 $\phi$12mm 止水对拉双帽螺杆,对拉螺杆的纵向间距按 500mm、横向间距按 600mm 布设。地下室外墙支模如图 4-2 所示。

(4) 梁模板

本工程梁截面变化多,为便于配模,采用七夹板配置梁板模,以满足不同结构形状的配模要求。模板支撑均采用 $\phi$48 × 3.5mm 钢管搭设室内满堂脚手架,钢管立杆下端加设可调支座,钢管立杆纵横向间距在板底为 1500mm × 1500mm(对于层高超过 4m 的,在板底间距为 1200mm × 1200mm),在梁底为 1200mm × 1200mm(对于层高超过 4m 的,在梁底间距为 1000mm × 1000mm),在距离楼面 1600mm 左右设纵横水平杆,并适当加设剪刀撑,在

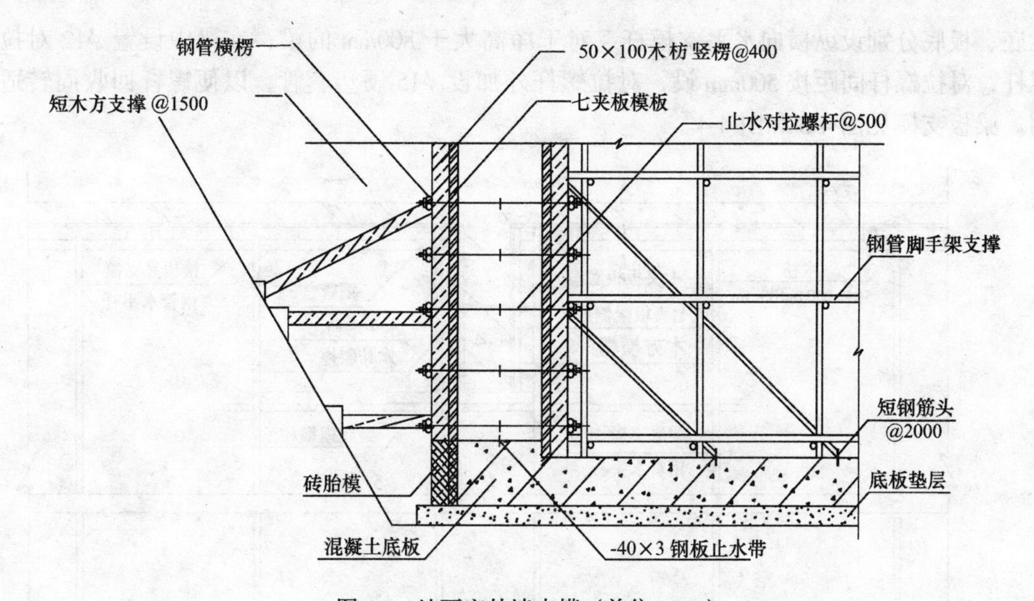


图 4-2 地下室外墙支模（单位：mm）

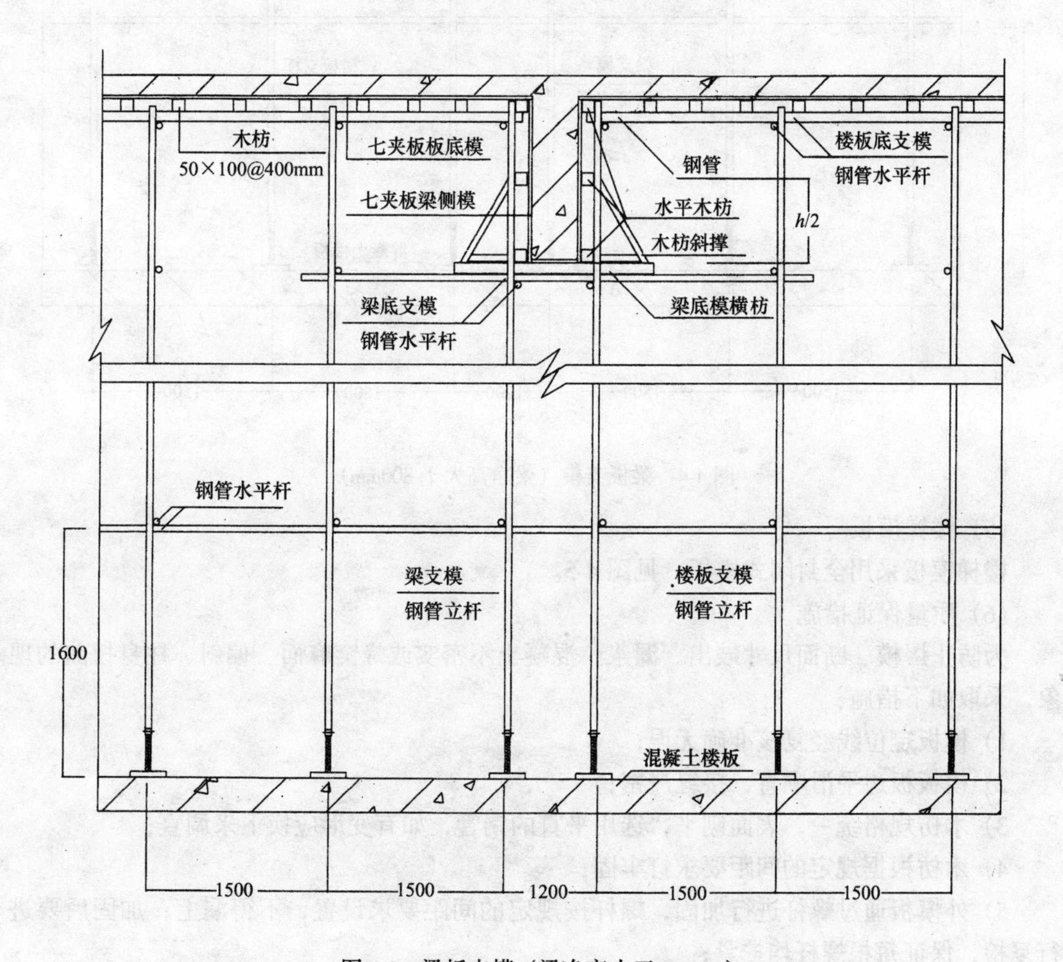


图 4-3 梁板支模（梁净高小于 800mm）

梁底、板底分别设纵横向水平支模杆，对于净高大于800mm的梁，在梁中设置 $\phi12$ 对拉螺杆，对拉螺杆间距按500mm设，对拉螺杆外加设 $\phi15$ 硬塑套管，以便螺杆回收周转适用。梁板支模见图4-3和图4-4。

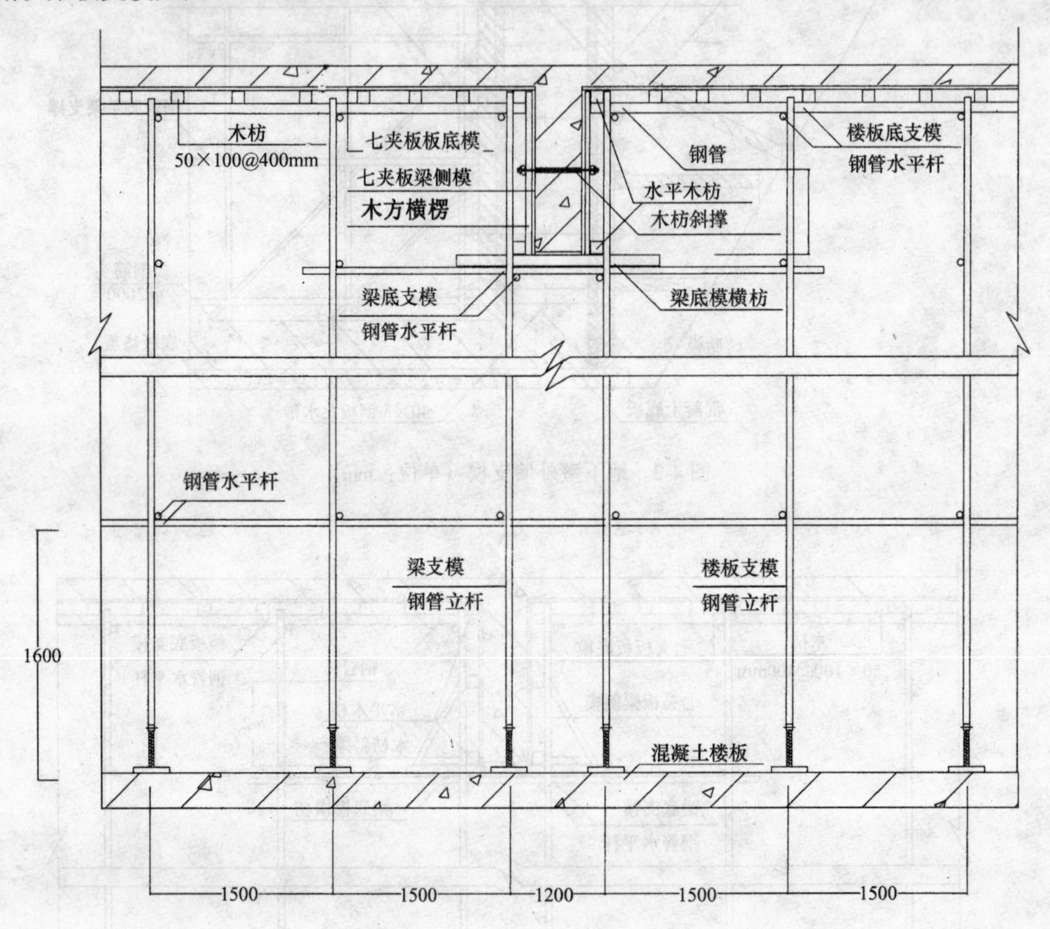


图4-4 梁板支模（梁净高大于800mm）

(5) 楼梯模板

楼梯模板采用全封闭式模板，见图4-5。

(6) 质量保证措施

为防止爆模、断面尺寸鼓出、漏浆、混凝土不密实或蜂窝麻面、偏斜、柱身扭曲的现象，采取如下措施：

1) 模板定位线经复核准确无误；

2) 模板板边平滑顺直，接缝严密；

3) 木枋规格统一，表面刨平，选用平直的钢管，如有变形应换下来调直；

4) 木枋根据规定的间距要求钉牢固；

5) 外模板通过螺杆进行加固，螺杆按规定的间距要求设置，不得漏上；加固后要进行复检，保证每根螺杆均拧紧；

6) 因其高度大，侧向稳定差，内模在纵、横向设剪刀撑对撑，并固定在模板上，使

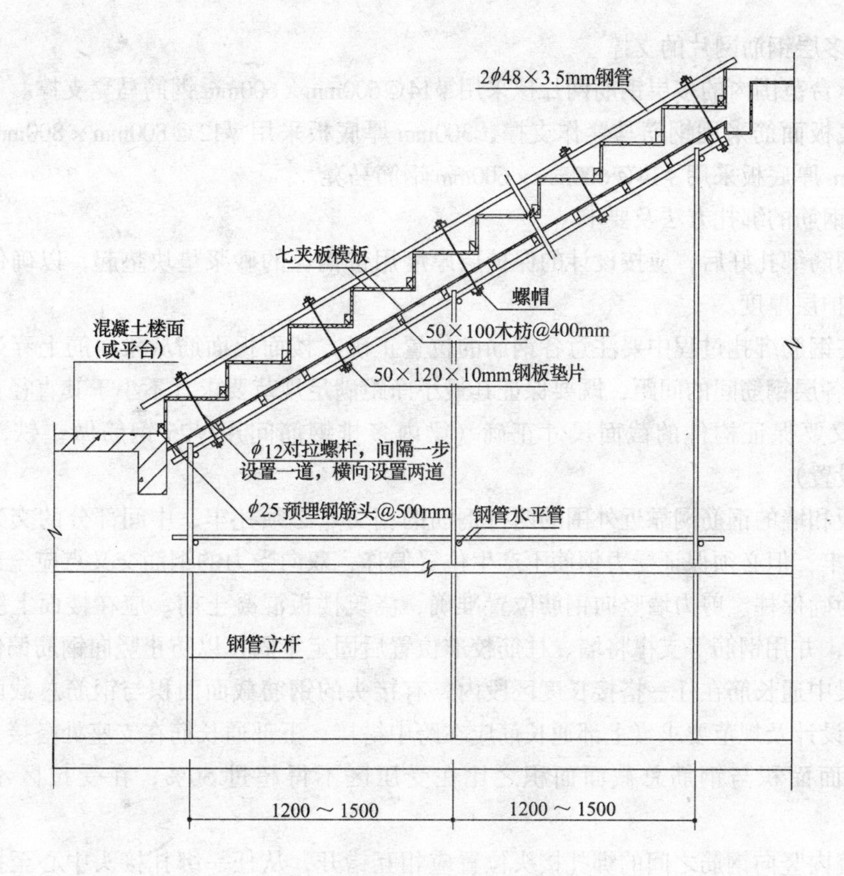


图4-5　楼梯模板（单位：mm）

整个模板保持稳定；

7）浇筑混凝土时，要均匀、对称下料，避免对模板产生集中的侧压力；

8）浇筑混凝土时，要求加强监测；发现模板变形，及时纠正。

**4.2.2**　钢筋工程

（1）钢筋加工要求

1）钢筋应有出厂质量证明书、试验报告单，钢筋表面或每捆（盘）钢筋均应有标志，钢筋进场时应查对标志，进行外观检查，并按现行国家关标准的规定抽取试样做力学性能试验，合格后方可使用。

2）钢筋均在现场设置的钢筋加工车间制作，钢筋必须经过检验合格；如有弯曲和锈蚀的钢筋必须经调直、除锈后方可开始下料。

3）钢筋的加工制作必须严格按翻样单进行，加工后的钢筋半成品应按区段部位堆放，且要挂牌，并做好钢筋半成品的验收工作，绑扎前必须对钢筋的钢号、直径、形状、尺寸和数量等进行检查；如有错漏应及时纠正增补。

4）现场的钢筋垂直及水平运输，由塔吊配合人工进行。

（2）钢筋的连接方式

1）框架柱≥$\phi$16的竖向钢筋的接长，采用电渣压力焊技术。

2）梁、板内≥$\phi$18的纵向钢筋的接长，采用闪光对焊和搭接焊使用，小于18mm的纵向钢筋采用冷搭接。

（3）多层钢筋网片的支撑

1）承台范围内的多层钢筋网片拟采用 $\phi$14@600mm×600mm 钢筋马凳支撑。

2）底板面筋采用钢筋马凳作支撑，300mm 厚底板采用 $\phi$12@800mm×800mm 钢筋马凳，500mm 厚底板采用 $\phi$14@600mm×600mm 钢筋马凳。

（4）钢筋的绑扎方法及要求

1）钢筋绑扎好后，应按设计的保护层厚度用带钢丝的砂浆垫块垫起，以确保钢筋的混凝土保护层厚度。

2）在钢筋绑扎过程中要注意各钢筋的位置正确，楼面板面筋从梁面筋上穿过，必须严格控制各层钢筋间的间距，既要保证其最小净距满足规范要求（不小于其直径且不小于25mm)，又要保证构件的截面尺寸正确（梁内多排钢筋间用 $\phi$25 钢筋做垫铁，间距按1000mm 设置）。

3）板和墙的钢筋网靠近外围的两行钢筋的相交点必须扎牢，中间部分的交叉点可间隔交错扎牢，但必须保证受力钢筋不产生位置偏移，双向受力的钢筋交叉点应全部扎牢。

4）为确保柱、剪力墙竖向钢筋位置准确，浇筑楼板混凝土前，应在楼面上绑扎三道水平钢筋，并用钢筋等支撑将墙、柱筋校准位置后固定牢固，以防止竖向钢筋偏位。

5）梁中通长筋在任一搭接长度区段内，有接头的钢筋截面面积与钢筋总截面面积之比应满足设计及规范要求（上部通长筋应在跨中搭接、下部通长筋在支座处搭接，有接头的钢筋截面面积与钢筋总截面面积之比在受压区不得超过 50%，在受拉区不得超过25%）。

6）墙内竖向钢筋之间的绑扎接头位置应相互错开，从任一绑扎接头中心至搭接长度的 1.3 倍区段范围内，有绑扎接头的钢筋截面积不超过受力钢筋总截面积的 50%。

7）框架柱筋及剪力墙内纵筋连接，当每边的钢筋少于 4 根时，可在同一截面设置接头；多于 4 根时，分两次接长，每边多于 8 根时分 3 次接长，相邻接头间距≥$L_{ae}$且不得小于 500mm，接头最低点宜在楼板面以上 750mm 处。

8）配双层钢筋的楼板，同一截面的有接头的钢筋面积不应超过该截面钢筋总面积的25%。

9）钢筋的搭接长度和锚固长度，按设计和有关施工规范的要求留置。

10）开洞楼板洞宽小于 300mm 时，板筋可绕过洞边不需切断受力筋；洞宽大于等于300mm 时，应另加附加钢筋。图中未标明时，洞边附加钢筋为 2$\phi$12，锚入洞边 450mm。

11）在主次梁和柱相交的节点处，为防止板超厚，钢筋在加工过程中必须保证其形状、几何尺寸的准确，该直的钢筋必须校直，不得弯曲，梁柱交叉的箍筋可以适当缩小，避免此处钢筋超高。

12）所有与钢筋混凝土墙平行连接的框架梁及墙肢间连梁，梁的钢筋均应伸入墙内（锚固长度 $L_{ae}$并不少于 600mm)，在楼层时梁筋伸入墙内不设箍筋，在顶层梁伸入墙的钢筋长度内应设置间距为 150mm 的箍筋（箍筋直径与梁箍筋相同）。

13）框架梁梁端箍筋加密的长度应≥1.5$h$（$h$ 为梁截面高度），框架柱箍筋加密范围为梁面以上和梁底以下各≥柱边长，且≥1/6 柱净高，不小于 500mm，梁柱节点区应保证柱箍筋。

### 4.2.3 钢筋连接技术

（1）竖向钢筋电渣压力焊

1）施工准备

（A）材料

钢筋：应有出厂合格证，试验报告性能指标应符合有关标准或规范的规定。钢筋的验收和加工，应按有关的规定进行。

电渣压力焊焊接使用的钢筋端头应平直、干净，不得有马蹄形、压扁、凹凸不平、弯曲歪扭等严重变形；如有严重变形时，应用手提切割机切割或用气焊切割、矫正，以保证钢筋端面垂直轴线。钢筋端部200mm范围不应有锈蚀、油污、混凝土浆等污染，受污染的钢筋应清理干净后，才能进行电渣压力焊焊接。处理钢筋时应在当天进行，防止处理后再生锈。

电渣压力焊焊剂：需有出厂合格证，化学性能指标应符合有关规定。在使用前，须经恒温250℃烘焙1～2h。焊剂回收重复使用时，应除去熔渣和杂物并经干燥，一般采用431焊药。

（B）机具设备

（a）电渣焊机

（b）焊接夹具：应具有一定刚度，使用灵巧，坚固耐用，上、下钳口同心。焊接电缆的断面面积应与焊接钢筋大小适应。焊接电缆以及控制电缆的连接处必须保持良好的接触。

（c）焊剂盒：应与所焊钢筋的直径大小相适应。

（d）石棉绳：用于填塞焊剂盒安装后的缝隙，防止焊剂盒焊剂满泄漏。

（e）铁丝球：用于引燃电弧。用22号或20号镀锌钢丝绕成直径约为10mm的圆球，每焊一个接头用一颗。

（f）秒表：用于准确掌握焊接通电时间。

（g）切割机或圆片锯：用于切割钢筋。

（C）作业条件

（a）焊接工应经过有关部门的培训、考核，持证上岗。焊工上岗时，应穿戴好焊工鞋、焊工手套等劳动保护用品。

（b）电渣压力焊的机具设备以及辅助设备等应齐全、完好。施焊前必须认真检查机具设备是否为正常状态。焊机要按规定的方法正确接通电源，并检查其电压、电流是否符合施焊的要求。

（c）施焊前应搭好操作脚手架。

（d）钢筋端头已处理好并清理干净，焊剂干燥。

（e）在焊接前施工前，应根据焊接钢筋直径的大小，按电渣焊机说明书或按表4-1选定渣池电压、焊接电流、焊接通电时间工作参数。有条件的现场，在焊前先做焊接试验，以确认工艺参数。制3个拉伸试件，试验合格后才能正式施焊，见表4-1。

**表 4-1**

| 钢筋直径（mm） | 渣池电压（V） | 焊接电流（A） | 焊接通电时间（s） |
|---|---|---|---|
| 14 | 25～35 | 200～250 | 12～15 |
| 16 | | 200～300 | 15～18 |
| 20 | | 300～400 | 18～23 |

续表

| 钢筋直径（mm） | 渣池电压（V） | 焊接电流（A） | 焊接通电时间（s） |
|---|---|---|---|
| 25 | | 400～450 | 20～25 |
| 32 | | 450～600 | 30～35 |
| 36 | | 600～700 | 35～40 |
| 38 | | 700～800 | 40～45 |
| 40 | | 800～900 | 45～50 |

注：不同直径钢筋焊接时，应根据较小直径钢筋选择参数。

2）操作工艺

（A）电渣压力焊接工艺

（a）电渣压力焊接工艺分为“造渣过程”和“电渣过程”，这两个过程是连续不间断的操作过程。

（b）“造渣过程”是接通电源后，上下钢筋端面之间生产电弧，焊剂在电弧周围熔化，在电弧热能的作用下，焊剂熔化逐渐增多，形成一定浓度的渣池。在形成渣池的同时，电弧的作用把钢筋端面逐渐浇平。

（c）“电渣过程”把上钢筋端头浸入渣池中，利用电阻热能使钢筋端面熔化在钢筋端面形成有利于焊接的开头和溶化层，待钢筋溶化量达到规定后，立即断电顶压，排出全部溶渣和溶化金属，完成焊接过程。

（B）电渣压力焊施焊接工艺程序

（a）安装焊接钢筋→安放引弧钢丝球→缠绕石棉绳装上焊剂盒→装放焊剂→接通电源，“造渣”工作电压40～50V，“电渣”工作电压20～25V→造渣过程形成渣池→电渣过程钢筋端面溶化→切断电源顶压钢筋完成焊接→卸出焊剂拆卸焊盒→拆除夹具。

（b）焊接钢筋时，用焊接夹具分别钳固上下的待焊接的钢筋，上下钢筋安装时，中心线要一致。

（c）安放引弧钢丝球：抬起上钢筋，将预先准备好的钢丝球安放在上、下钢筋焊接端面的中间位置，放下上钢筋，轻压钢丝球，使其接触良好。

（d）放下上钢筋时，要防止钢丝球被压扁变形。

（e）装上焊剂盒：先在安装焊剂盒底部的位置缠上石棉绳，然后再装上焊剂盒，并往焊剂盒装满焊剂。安装焊剂盒时，焊接口宜位于焊剂盒的中部，石棉绳缠绕应严密，防止焊剂泄漏。

（f）接通电源，引弧造渣：按下开头，接通电源，在接通电源的同时将上钢筋微微向上提，引燃电弧，同时进行“造渣延时读数”，计算造渣通电时间。

（g）“造渣过程”工作电压控制在40～50V之间，造渣通电时间约占整个焊接过程所需通电时间的3/4。

（h）“电渣过程”：随着造渣过程结束，实时转入“电渣过程”的同时进行“电渣延时读数”，计算电渣通电时间，并降低上钢筋，把上钢筋的端部插入渣池中，徐徐下送上钢筋，直至“电渣过程”结束。

（i）“电渣过程”工作电压控制在20～25V之间，电渣通电时间约占整个焊接过程所需时间的 1/4。

(j) 顶压钢筋，完成焊接："电渣过程"延时完成，电渣过程结束，即切断电源；同时，迅速顶压钢筋，形成焊接接头。

(k) 卸出焊剂，拆除焊剂盒、石棉及夹具。

(l) 卸出焊剂时，应将接料斗卡在剂盒下方，回收的焊剂应除去熔渣及杂物，受潮的焊剂烘焙干燥后，可重复使用。

(m) 钢筋焊接完成后，应及时进行焊接接头外观检查；外观检查不合格的接头，应切除重焊。

(2) 钢筋闪光焊接

1) 施工准备

(A) 机械设备

对焊机 UN1－100。

(B) 材料

各种规格钢筋级别必须有出厂合格证，进场后进行物理性能检验；对于进口钢筋需增加化学性能检验，符合要求后方能使用。

(C) 作业条件

(a) 设备在操作前检修完好，保证正常运转，并符合安全规定，操作人员必须要持证上岗。

(b) 钢筋焊口要平口、清洁，无油污、杂质等。

(c) 对焊机容量、电压要符合要求。

(D) 操作工艺

(a) 对焊工艺

选用连续闪光焊，对于可焊性差的钢筋，对焊后宜采用通电热处理措施，以改善接头塑性。

连续闪光对焊：工艺过程包括连续闪光和顶锻过程。施焊时，先闭合一次电路，使两钢筋端面轻微接触，此时端面的间隙中即喷射出火花般熔化的金属微粒——闪光，接着徐徐移动钢筋，使两端面仍保持轻微接触，形成连续闪光。当闪光到预定的长度，使钢筋端头加热到将近熔点时，就以一定的压力迅速进行顶锻，再灭电顶锻到一定长度，焊接接头即告完成。

焊后通电热处理：方法是焊毕松开夹具，放大钳口距，再夹紧钢筋；接头降温至暗黑后，即采取低频脉冲式通电加热；当加热到钢筋表面呈暗绖色或桔红色时，通电结束；松开夹具，待钢筋冷却后取下钢筋。

(b) 对焊参数

为获得良好的对焊接头，应合理选择对焊参数。焊接参数包括：调伸长度、闪光留量、闪光速度、顶锻速度、顶锻压力及变压级次。采用预热闪光焊时，还要有预热留量与预频率等参数。

(c) 对焊操作要求

HPB235、HRB335 级钢筋的可焊性较好，焊接参数的适应性较宽，只要保证焊缝质量，拉弯时断裂在热影响区就小，因而，其操作关键是掌握合适的顶锻。

(d) 对焊注意事项

a) 对焊前应清除钢筋端头约150mm范围的铁锈污泥等，防止夹具和钢筋间接触不良而引起“打火”。钢筋端头有弯曲应予调直及切除。

b) 当调换焊工或更换焊接钢筋的规格和品种时，应先制作对焊试件（不小于两个）进行冷弯试验，合格后方能成批焊接。

c) 焊接参数应根据钢种特性、气温高低、电压、焊机性能等情况，由操作焊工自行修正。

d) 焊接完成，应保持接头红色变为黑色才能松开夹具，平衡地取出钢筋，以免引起接头弯曲。当焊接后张预应力钢筋时，焊后趁热将焊缝毛刺打掉，利于钢筋穿入孔道。

e) 不同直径钢筋对焊，其两截面之比不宜大于1.5倍。

f) 焊接场地应有防风、防雨措施。

**4.2.4** 混凝土工程

该工程结构混凝土拟全部采用商品混凝土，混凝土的浇筑主要采用混凝土输送泵进行泵送。因本工程混凝土工程量较大、性能要求高（强度、和易性要求高），必须从原材料控制、半成品生产、运输、浇捣施工、养护的全过程予以严格控制，方能确保混凝土工程质量，达到设计要求强度和内实外光的要求。

(1) 商品混凝土质量控制要求

1) 原材料的质量控制

(A) 水泥：水泥活性符合规范要求，并按规定进行抽检。

(B) 砂：采用中砂，细度模数宜大于2.6，含泥量（重量比）不应大于2%，泥块含量（重量比）不应大于1%，定期抽检各项技术指标。

(C) 碎石：选用10~20mm碎石，最大粒径不大于31.5mm，针片状颗粒含量不宜大于5%，含泥量（重量比）不应大于1%，泥块含量（重量比）不应大于0.5%。

(D) 粉煤灰：选用Ⅱ级及以上优质粉煤灰，并定期抽检。

(E) 外加剂：选用高效缓凝减水剂，并按规定进行抽检。

(F) 水：选用洁净的饮用自来水。

2) 混凝土的配合比设计

由试验室提供多种配合比经试拌后确定施工配合比，确保砂率为35%~45%，搅拌站出厂坍落度不超过200mm，现场泵送坍落度120~150mm，初凝时间不低于6h。

3) 混凝土生产质量管理

(A) 原材料计量控制误差范围：水泥±1%，粗细骨料±2%，水、外加剂±1%，掺合料±2%。

(B) 按出盘混凝土的坍落度在160~200mm范围控制加水量，外加剂采用后掺法，严格控制用水量。

(C) 混凝土拌合物自加入外加剂后继续搅拌时间不少于150s，混凝土出机温度控制在15~30℃范围。

4) 泵送混凝土的质量要求

(A) 碎石的最大粒径与输送管内径之比不宜大于1:3，选用1~3cm粒径的碎石；砂选用中粗砂，通过0.315mm筛孔的砂不少于15%。

(B) 搅拌站混凝土出厂坍落度为160～200mm，现场泵送坍落度宜为120～150mm。

(C) 最小水泥用量为300kg/m$^3$。

(D) 混凝土内宜掺适量的泵送剂、减水剂，防水混凝土掺加防水剂等外加剂。

(E) 严格按设计配合比拌制。

(F) 根据原材料的变化应随时调整混凝土的配合比，如随砂、石含水率的变化，调整砂、石用量及水的用量。

(2) 混凝土浇捣方法及要求

1) 墙柱与梁板分开浇筑。

2) 混凝土运输到现场后要取样测定坍落度，符合要求后随即用混凝土输送泵连续泵送浇灌混凝土，混凝土在泵送浇灌的同时，用高频振捣棒加强各部位振捣，防止漏振。

3) 竖向构件应分层下料、分层振捣，分层厚度不大于0.5m，用插入式振动器振捣时，上下层应搭接不少于50mm。

4) 混凝土振捣除楼板采用平板式振动器外，其余结构均采用插入式振动器，每一振点的振捣延续时间，应使表面呈现浮浆和不再浮落。

5) 插入式振动器的移动间距不宜大于其作用半径的1.5倍，振捣器与模板的距离，不应大于其作用半径的0.5倍，并应尽量避免碰撞钢筋、模板，且要注意"快插慢拔，不漏点"。

6) 平板式振动器移动间距应保证振动器的平板能覆盖已振实部分的边缘。

7) 柱混凝土浇筑采用导管下料，使混凝土倾落的自由高度小于2m，确保混凝土不离析。

(3) 混凝土施工缝的处理

1) 在施工缝处继续浇筑混凝土时，已浇混凝土的强度（抗压）不应小于1.2MPa；

2) 在已硬化的混凝土表面上，应细致凿毛，以清除水泥薄膜和松动的石子以及软弱混凝土层，并加以充分湿润和冲洗干净，但不得积水；

3) 在浇混凝土前，首先在施工缝处铺一层水泥浆或与混凝土内成分相同的水泥砂浆（厚15～20mm），并细致捣实，使新旧混凝土紧密结合。

(4) 后浇带的处理

楼板中通过板后浇带的钢筋，做成双层钢筋并断开搭接，搭接长度大于45$d$，浇灌板带混凝土前对钢筋进行加焊。地下室底板及侧壁等有抗渗要求的后浇带两侧，加设钢板止水带。

在底板混凝土浇筑完成并达到一定强度后，应立即对底板后浇带进行保护。方法是在底板后浇带两边砌筑200mm高砖坎；然后，用七夹板覆盖后浇带，以防止在今后施工中有杂物落下。底板后浇带保护措施做法如图4-6所示。

一般在混凝土浇筑60d后，开始浇筑后浇带处混凝土，浇筑混凝土前应清除松动的石子及软弱混凝土层，并加以充分的湿润并冲洗干净，且不得有积水。浇筑混凝土的强度应比原强度高一个等级，同时混凝土内掺适量的UEA微膨胀剂和防水剂。

(5) 混凝土找平及养护方法

底板、顶板面混凝土浇筑前，在墙、柱竖向钢筋上测设出标高控制线，用振动器振捣后，采用3～4m双人刮尺控制标高刮平，然后用长把拖抹平。找平期间使用一台水准仪

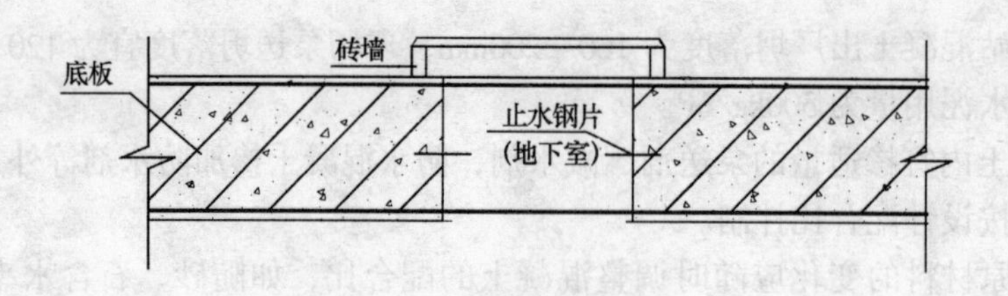


图 4-6 底板后浇带保护措施做法

随时复测，保证板混凝土面的平整。

混凝土在浇捣后根据气温情况及时浇水养护，保持湿润状态，养护时间一般不少于7d。地下室底板、顶板及屋面等有防水要求的一般需要养护 14d。

(6) 柱梁接头处不同强度等级混凝土浇捣的处理方法

本工程框架柱与梁板采用了不同强度等级的混凝土，由于框架柱与梁板混凝土强度等级只相差一级，故按规范规定，在梁柱接头可以用低强度等级混凝土浇筑。

### 4.3 砌筑及抹灰工程

#### 4.3.1 砌筑工程

(1) 砖和砌块的质量要求

砖和砌块的质量影响到装修阶段工作，故在本工程中应对砖和砌块的质量进行严格的控制。以如下的步骤对运到的砖进行质量控制：在砖和砌块的购买时就保证砖的质量，选择一级品，并对砖和砌块的外观尺寸做抽样检查；砖在使用前，还应将砖进行强度的抽样试验，以确保砖的强度满足要求。

(2) 砂浆的质量要求

砂浆是影响砖墙质量的决定因素，我们对其做以下的控制：

1) 对水泥质量严格把关：对水泥按品种、强度等级、出厂日期分别堆放。严格检查水泥的出厂日期，逾期的一概不用。

2) 对砂的质量严格控制：控制好砂内的杂质，砂浆强度等级大于或等于 M5 时，杂质含量不超过 1%；强度等级小于 M5 时，杂质含量不超过 2%。

3) 石灰膏的质量控制：生石灰熟化成石灰膏时应用网过滤，熟化时间不少于 7d，禁止使用脱水硬化的石灰膏。

(3) 砌筑

1) 砌筑流程：找平→放线→摆砖→立皮数杆挂水准线→铺灰砌砖→勾缝。

2) 砌筑要求：横平竖直、砂浆饱满、上下错缝、内外搭砌、接槎牢固。

3) 砖砌体的水平灰缝高度和竖向缝控制在 8～12mm 之间，以 10mm 最佳。

4) 砖墙一次砌筑高度不超过 1.5m，砖墙砌筑到梁底后停置一周左右；然后，再塞顶砖，以防止墙、梁之间接缝处开裂，砌筑砂浆按规范留置试块试验。

5) 墙体低于 ±0.00 室内标高 60mm 处砌 25mm 厚 1:2.5 水泥砂浆（掺水泥重量 5%防水剂）防潮层，防潮层以下砖墙砌筑为 MU10 砖 M5 水泥砂浆，防潮层以上砌筑为 MU7.5 砖 M2.5 混合砂浆。

#### 4.3.2 抹灰工程

(1) 为使抹灰砂浆与基本表面粘结牢固，防止抹灰层产生空鼓现象。抹灰前，应对砖石、混凝土等表面凹凸不平的部位剔平或用1:3水泥砂浆补齐，表面太光的要凿毛，或用1:1水泥砂浆掺10%的108胶拉毛处理。

(2) 表面上的灰尘、污垢和油渍均应清除干净，并洒水湿润。对穿墙管道的洞孔和楼板洞门窗框与立墙交接处，墙面脚手洞等缝隙均应用1:3水泥砂浆分层嵌塞密实。

(3) 在内墙面的阳角和门洞口侧壁的阳角、柱角等易于受碰撞之处，宜用强度较高的1:2水泥砂浆制作护角，其高度应不低于2m，每侧宽度不小于50mm。

(4) 对砖砌体基体，应对砌体充分沉实后方抹底层灰，以防砌体沉陷，拉裂灰层。

(5) 在抹灰中，对基体表面的平整度要加以控制，并为控制抹灰层的厚度和墙面平直度，应用与抹灰层相同砂浆设置标志或标筋。

(6) 在分层涂抹中，水泥砂浆和水泥混合砂浆的抹灰层，应待前一层抹灰层初凝后，方可涂抹后一层。在中层的砂浆凝固前，也可在层面上每隔一定距离交叉划出斜痕，以增强面层与中层的粘结。

(7) 抹灰抹好后应加强洒水养护，防止抹灰空鼓和干裂。

## 4.4 防水工程

本工程的地下室及屋面防水采用聚氨酯涂膜防水。

### 4.4.1 施工准备

(1) 基层表面清洁平整，用2m直尺检查，最大空隙不应大于5mm，不得有空鼓、开裂及起砂、脱皮等缺陷，空隙只允许平缓变化。

(2) 基层表面干燥，满涂冷底子油，待冷底子油干燥后，方可刷防水涂料。

(3) 基层处理剂、有机溶剂等，均属易燃物品，存放和操作应远离火源，并不得在阴暗处存放，防止发生意外。

(4) 刷防水涂料不得在雨天中施工，同时应按说明书所规定的室外温度进行作业。

### 4.4.2 操作工艺

(1) 工艺流程

基层表面清理、修整→喷刷底胶→特殊部位附加增强处理→配料搅拌→刮涂第一遍涂料→干燥→刮涂第二遍涂料→干燥→刮涂第三遍涂料→铺保护层材料→养护→闭水试验。

(2) 清理基层

基层表面凸起部分应铲平，凹陷处用砂浆填平，并不得有空鼓、开裂及起砂、脱皮等缺陷，如沾有砂子、灰尘、油污，应清除干净。

(3) 涂刷底胶

1) 底胶的配制：按说明书提供的比例配合搅拌均匀，即可进行涂布施工。

2) 底胶的涂刷：在涂第一遍涂料前，应先将立面、阴阳角、排水管、立管周围、混凝土接口、裂纹处等各种接合部位，增补涂抹，然后大面积平面涂刷。

(4) 配料与搅拌

根据材料生产厂家提供的配合比进行混合。在配制过程中，严禁任意改变配合比；同时，要求计量准确。

涂料混合时，在圆形的塑料桶中均匀搅拌，搅拌时间一般为3～5min左右，搅拌后的混合料，以颜色均匀一致为标准；然后，可进行刮涂施工。

（5）涂刷防水涂料

1）第一遍涂料的施工：在底胶基本干燥固化后，用塑料或像皮刮板均匀涂刷一层涂料，涂刷时用力要均匀一致。在第一层涂料固化8h后，对所抹涂料的空鼓、气孔、砂、卷进涂层的灰尘、涂层伤痕和固化不良等，进行修补后刮涂第二遍涂抹，涂刮的方向必须与第一层涂刮的方向垂直。涂刷总厚度按设计要求，控制在1mm。

2）第二、三遍涂料的施工：等第一遍涂料干燥后，进行第二遍涂料的施工，方法基本同第一遍，涂刮方向和前一遍垂直。

3）特殊部位处理：突出地面的管子根部、排水口、阴阳角、变形缝等薄弱环节，应在大面积涂刷前先做好防水附加层，底胶表面干后将纤维布裁成与阴阳角管根等尺寸、形状相同，并将周围加宽200mm的布，套铺在阴阳角管道根部等细部；同时，涂刷涂料防水涂料，常温4h左右表面干后，再刷第二、三道防水涂料。经8h干燥后，即可进行大面积涂料防水层施工。

4）涂层厚度控制试验及厚度检验

涂层厚度是影响涂料防水质量的一个关键因素。手工操作要正确控制涂层厚度是比较困难的。因为涂刷时每个涂层要刷几道才能完成，而每道涂料又不能太厚。如果涂料过厚，就会出现涂料表面已干燥成膜，而内部涂料的水分或溶剂却又不能蒸发或挥发，使涂料难以实干而形不成具有一定强度和防水能力的防水膜。当然，涂刷过薄也会造成不必要的劳动力浪费和工期拖延。

因此，涂料防水施工前，必须根据设计要求的每平方米涂料用量、涂料厚度（2.0mm）及涂料材性，事先通过试验确定每道涂料涂刷的厚度。根据以往的施工经验及通过计算，涂料总量宜控制在2.0kg/m$^2$，每遍刮涂料为0.7kg/m$^2$，通过准确的用料控制，才能准确地控制涂层的厚度，使每道涂料都能实干，从而保证涂料防水的施工质量。

防水涂料总厚度检查可采取适当取样，用游标卡尺测量；然后，对取样处进行修补处理。

5）涂刷过程中遇到下列情况应做如下处理：

Ⓐ当涂料黏度过大，不易涂刷时，可按说明加入少量的稀释剂进行稀释；

Ⓑ当发生涂料固化太快，影响施工时，可按说明加入少量的缓凝剂；

Ⓒ当发生涂料固化太慢，影响施工时，可按说明加入少量促凝剂；

Ⓓ当涂料有沉淀现象时，应搅拌均匀后再进行配制；否则，会影响涂料质量。

材料应在贮存期内使用；如超期，则需经检验合格方能使用。

**4.4.3**　保证防水质量的技术措施

（1）原材料的质量控制

1）所有涂料防水材料的品种、牌号及配合比，必须符合设计要求和施工规范的规定。没有产品合格证及附使用说明书等文件的材料，不得采购和使用。

2）凡进场的材料都须按规定抽样检查。凡抽查不合格的产品，坚决不能使用。

3）加强计量管理工作，并按规定计量器具进行检验、校正，保证计量器具的准确性。

（2）施工全过程的技术控制

1）审查好设备图纸并加强施工管理，认真制定详细的施工方案。

2）防水施工队伍严格考核，确保施工人员的素质及作业水平。

3）施工过程中层层把关，前一道工序合格后，方可施工后一道工序。

4）涂料防水层及其变形缝、预埋管件等细部做法，必须符合设计和施工规范的规定。

5）涂料防水层的基层应牢固，表面洁净、平整，阴阳角处呈圆弧形或纯角，底胶应涂刷均匀、无漏涂。

6）底胶、附加层、涂刷方法、搭接和收头应符合施工规范规定，并应粘结牢固、紧密，接缝封严，无损伤、空鼓等缺陷。

7）涂料防水层应涂刷均匀，且不允许露底，厚度最少达到设计要求。保护层和防水层粘结牢固、紧密，不得有损伤。

(3) 防水成品保护

1）防水施工完工后，应及时清扫干净；

2）不得在防水层上堆放材料、机具；

3）不得在防水层上用火或敲踩；

4）因收尾工作需要在防水层上作业，应设置好防护木板、薄钢板，对防水层进行保护，完工后应将剩余材料和垃圾及时清除。

## 4.5 给排水工程

### 4.5.1 典型管材连接方法简述

(1) 衬塑钢管沟槽卡箍式连接

镀锌衬塑钢管沟槽卡箍式连接较好地解决了大口径镀锌钢管焊接破坏和丝扣连接质量不易保证的问题；同时，使管道安装及检修更为方便、快捷。由于镀锌钢管壁厚一般只有3～5mm，切槽后管壁过薄，影响系统运行安全，故本工程拟采用滚槽机压槽的办法，管道安装的配件应采用与卡箍相配套的成品带沟槽的管件；从沟槽卡箍连接的干管上引出$D \leqslant 50$mm的分支，采用开孔机在引出干管上开孔，再安装带支管螺纹的机械式管配件形成三通；管道上安装阀件，可采用配套于沟槽卡箍连接的阀件用卡箍直接连接，或加装沟槽结构的单片法兰与阀件法兰连接。钢塑管安装应注意的几个要点：

1）在运输、装卸和安装钢塑管的过程中切勿剧烈撞击、抛摔钢塑管。若钢塑管曾被撞击，在使用前必须检查钢塑管内壁；如出现变形，应将损坏部分切除；

2）储存于施工现场的钢塑管不得暴晒于阳光下，室内储存时应避免化学品的污染和远离热源；

3）切割钢塑管不得使用高速砂轮切割机和气体切割器及电焊切割器，应使用自动带锯机或自动金属切锯机；

4）安装前，须在切割管端表面统一涂上防锈剂，即使使用密封带，也要首先使用防锈剂后方可缠绕密封带。管道安装后，在所有螺纹外露部分及所有钳痕和表面损坏的地方应涂上防锈剂进行修补。

(2) 离心铸铁排水管卡箍式连接

离心铸铁管卡箍连接是采用橡胶圈和不锈钢卡箍连接的灰口铸铁排水管，其安装工艺较为便捷、灵活，维修方便，是近年来使用较多的新型管材之一。

1）安装顺序

原则上与承插连接铸铁管相同，即从下游方向向上游安装，排出管→立管→支管→连接卫生洁具，由于管道连接无承插头，在施工工艺或工序需要时，也可分段施工再碰头。

2）管道连接方法

（A）切割管道，清扫加工毛刺，外缘略倒角；

（B）将不锈钢卡箍套在接口一端的管身上；

（C）将胶圈的一头套在接口管的管口上，并套到足够的深度（胶圈的一半）；

（D）将胶圈的另一头向外翻转，把要连接的管件和直管的管口放入翻转的橡胶圈口内，校准方位，把翻转的橡胶圈翻回到正常状态；

（E）再次校准管道的坡度和垂直度或方位，初步用支、吊架固定管道，移动不锈钢卡箍套住橡胶圈外，用专用套筒拧紧卡箍上的紧固螺栓；

（F）拧紧支吊架上的螺栓，使管道牢固地固定。

（3）高密度聚乙烯排水管

高密度聚乙烯排水管采用胶圈连接，其安装工艺比较简单：

1）清洁管材承接口两端之间的外壁，检查管口是否已倒角；

2）取出橡胶圈擦干净再套入；

3）在承接管内壁和插入管插入部分的外壁涂敷润滑剂，在插入管管端标注插入长度记号（两管之间留适当的间隙供伸缩，小管约10mm，大管约25mm）；

4）套接管接口，将插入管插入承口中，小口径用手工插入，大口径用安管器插接。

（4）UPVC排水管安装

1）施工前应提前将管材运至施工现场，使其存放温度接近施工现场的环境温度。材料在存放过程中，应注意防止油漆、沥青等有机污染物与其接触。

2）管道系统安装前，对材料的外观和接头配合的公差进行仔细检查，清除管材及管件内外的污垢和杂物。

3）管道系统的配管与管道粘结严格按下列步骤进行，以确保施工质量：（A）按设计图纸的坐标和标高放线，并绘制实测施工图；（B）按实测施工图进行配管，并进行预装配；（C）管道粘结；（D）接头养护。

4）配管严格按下列步骤进行：（A）断管工具宜选用细齿锯、割刀或材料厂家配套断管机具；（B）断管时，断口应平整，并垂直于管轴线；（C）应去掉断口处的毛刺和毛边，并倒角。倒角坡度宜为10°～15°，倒角长度宜为2.5～3.0mm。

5）配管时，应对承插口的配合程度进行检验。将承插口进行试插，自然试插深度以承口长度的1/2～2/3为宜，并做出标记。

6）管道的粘结连接按下列规定执行：（A）管道的粘结不宜在湿度很大的环境下进行，操作场所应远离火源、防止撞击和阳光直射；（B）涂抹胶粘剂应使用鬃刷或尼龙刷，用于擦揩承插口的干布不得带有油腻及污垢；（C）在涂抹胶粘剂之前，应先用干布将承、插口处粘结表面擦净；若粘结表面有油污，可用干布蘸清洁剂将其擦净；粘结表面不得沾有尘埃、水迹及油污；（D）涂抹胶粘剂时，必须先涂承口，后涂插口；涂抹承口时，应由里向外；胶粘剂应涂抹均匀，并适量；（E）涂抹胶粘剂后，应在20s内完成粘结；若操作过程中，胶粘剂出现干涸，应在清除干涸的胶粘剂后，重新涂抹；（F）粘结时，应将插口轻轻插入承口中，对准轴线，迅速完成；插入深度应至少超过标记；插接过程中，可稍做旋转，但不得超过 1/4 圈；不得插到底后进行旋转；（G）粘结完毕，应即刻将接头处多余的胶粘剂擦揩干净。初粘结好的接头，应避免受力，需固化一段时间，牢固后方可继续安装。

7）室内明装塑料管原则上待土建粉饰完毕后进行施工；若业主确有赶工需要，在管道安装完毕后，土建粉饰施工前，必须在管身周围包裹一层塑料薄膜，以避免管道受污染；若管道上粘有灰浆，应小心清理干净，严禁采用瓦刀或灰铲等铲除。

8）管道安装前，严格按设计要求设置管卡。位置应准确；埋设应平整、牢固；管卡与管道接触紧密，但不得伤害管道表面。采用金属管卡时，金属管卡和塑料管道间应采用塑料带或橡胶物软隔垫。在金属管配件与塑料管连接部位，管卡应设置在尽量靠近金属管配件一端。在塑料管的各配水点、受力点处，必须采取可靠的固定措施。塑料管道的立管和水平管的支撑间距不得大于表 4-2 中的规定。

给水塑料管道的最大支撑间距（mm）　　表 4-2

| 外径 | 20 | 25 | 32 | 40 | 50 | 65 | 75 | 90 | 110 |
|---|---|---|---|---|---|---|---|---|---|
| 水平管 | 500 | 550 | 650 | 800 | 950 | 1100 | 1200 | 1350 | 1550 |
| 立管 | 900 | 1000 | 1200 | 1400 | 1600 | 1800 | 2000 | 2200 | 2400 |

9）排水管道上的吊钩或卡箍应固定在承重结构上，固定件间距：横管不大于 2m，立管不大于 3m。层高小于或等于 4m，立管设一个固定件。立管底部的弯管处应设支墩，塑料排水管固定件的间距不得大于表 4-3 中的规定值。

表 4-3

| 外径（mm） | | 40 | 50 | 75 | 110 | 110 |
|---|---|---|---|---|---|---|
| 最大支撑间距 | 横管（m） | 0.40 | 0.50 | 0.75 | 1.10 | 1.60 |
| | 立管（m） | | 1.50 | 2.00 | 2.00 | 2.00 |

10）排水立管在底层和最高层，乙字管、转折管上层均应设置检查口，检查口高出地面 1m。斜三通、四通、立管转横管处应采用两个 45°弯头连接。排水管道横管与横管、立管之间的连接应采用 45°三通、四通，90°斜三通。其他有关管件的安装严格按设计图纸施工，确保施工质量。

11）UPVC 排水管材的机械强度比铸铁管低，膨胀系数是铸铁管的 6～8 倍。因此，在排水立管上应装伸缩节。施工中应严格按设计要求装设伸缩节。常规伸缩节伸缩量一般夏季为 5～10mm，冬期为 15～20mm。施工中，操作人员在安装时必须预留伸缩量。为避免施工中工人的误操作，在材料采购时，优先选用改良型伸缩节产品，即在伸缩节上加一承插件，然后装施工环，伸缩节安装完毕后把施工环脱下。

12）排水管穿楼板及屋面应做好防水处理，施工中采取如图 4-7 的办法进行施工。

（5）不锈钢管卡压式连接

不锈钢管卡压式连接是一种极为简单、方便的连接方式，其安装步骤如下：

1）用砂轮切割机断管，注意切口要平整；

2）清除管口毛刺、校圆；

3）将管螺帽、压紧环依次套入不锈钢管，再把管件内芯用力推入不锈钢管内；然后，

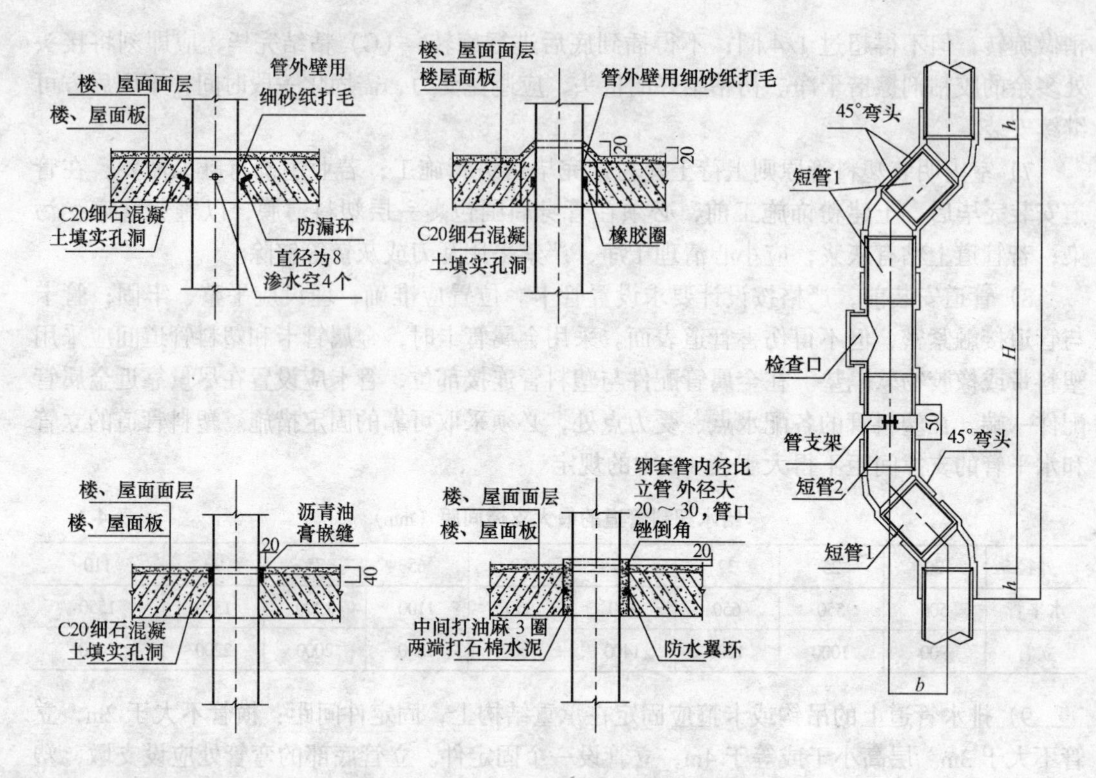


图 4-7　排水管穿楼板及屋面的防水处理

用扳手紧固螺帽。

**4.5.2**　管道、预埋件预留预埋工艺、工序

(1) 管道预埋

混凝土内管道预埋的关键是保证预留口位置、角度的准确和质量可靠，本工程施工将采取以下措施：

1) 预埋管道安装完毕后的试压使用自制堵头封堵管口，堵头长度至少应有 50mm 以上，以便于在浇捣混凝土时观察管口的水平度和垂直度；

2) 试压完成后，保持管道压力且不拆除压力表，浇捣混凝土时，设专人观察表压，以保证管道接口不出现松动、泄露的情况；

3) 用油漆或铁钉在埋设管道的位置的模板上做上标记，拆模后标记留在混凝土表面，可有效防止后续施工的破坏。

(2) 支架、吊架预埋件预埋

预埋件用钢板和钢筋焊接制成，埋件钢筋不能与结构受力钢筋焊接或绑扎在一起，采用圆钢制作埋件时，端头应做弯钩处理。

埋件钢板厚度应和与埋件焊接的铁构件和支架将承受的荷载相匹配，原则上组件厚度应基本相同，埋件厚度一般不宜小于 8mm。

(3) 预留孔施工

管道预留孔施工应以结构轴线作为定位基准，条件允许时，可使用线坠检测上下楼层管道位置是否一致；

考虑预留管管径时，应充分考虑管道保温、防水翼环的预留空间（包括灌缝留缝）；

因留洞而切割的钢筋应重新搭接焊牢，留洞位置应避开结构钢筋受拉和混凝土受压或剪力最大的区域，钢筋混凝土梁上留洞纵向宜在下 1/3 处，横向宜在靠近梁 1/3 处，且安装钢性套管以减少对结构的影响。

**4.5.3** 管道下料、预制、拼装工艺、工序

(1) 顶棚（无论有无吊顶）内各安装专业工程管线设备较多，安装空间相对狭小拥挤，布置好顶棚内的各种管道、设备的工艺位置，对于安装工程的质量和观感是非常重要的。其中管道工程的施工工序如下：

1) 管道安装前，应根据建筑、结构实际情况，配合安装其他专业绘制符合装饰要求的安装工艺图，有效、合理地回避风管、梁、桥架、设备等障碍物。

2) 在现场根据管道走向在地面用墨线放线，精确确定管段下料长度，并预制管道丝扣、沟槽等；

3) 用铅坠将地面弹好线返到顶板上，合理地确定支架位置，通过标高拉线，精确确定管道、支架长度、螺栓孔的开孔位置，预制支吊架；

4) 将预制好的支吊架、管道及组件、附件安装到位，调直管道。

按上述工序安装管道能有效地保障管道安装的效率及合理性，避免盲目作业和返工。

(2) 支架预埋件

卡箍连接离心铸铁管支架的设置：

1) 当立管穿过有防水要求的楼板安装时，应使用穿楼板专用短管，该短管的止水翼环应置于楼板中间位置，并用膨胀水泥砂浆填缝捣实，该短管可作为立管的固定支撑点；当条件许可时，两根“穿楼板专用短管”之间的立管宜采用整根直管段，这样就只需要设一个滑动支架固定管道，见图 4-8。

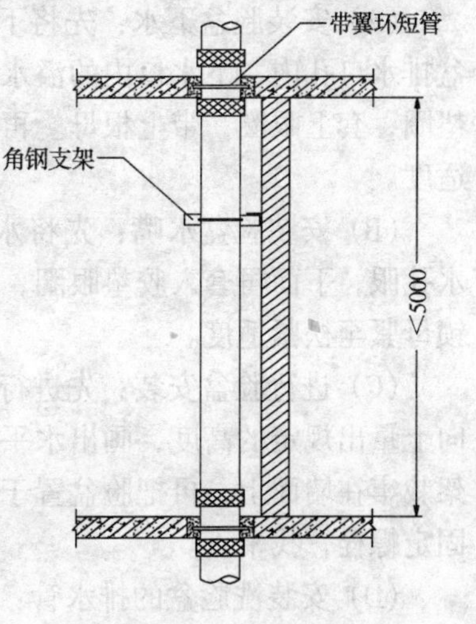


图 4-8 卡箍连接离心铸铁管支架设置

2) 当楼板无防水要求时，可不使用“穿楼板专用短管”穿越楼板，但应在立管适当位置设置固定支架，原则上固定支架与滑动支架应交替使用；

3) 横管安装支架布置的典型工艺见图 4-9，具体要求为：

(A) 横管段上固定支吊架的间距不宜大于 9m，两个固定支吊架之间再设晃动支架，横管起端和终端的支吊架应为固定支架；

(B) 横管在平面上转弯时，应在弯头中心增设支吊架；

(C) 与底部储水型卫生洁具连接的 90°顺水弯头，应有固定支架。

**4.5.4** 管道系统卫生和消防附件安装

(1) 阀门安装

阀门安装前，应做耐压强度试验。试验以每批（同规格、同牌号、同型号）数量中抽查 10%，且不少于 1 个，如有漏、裂、不合格的再抽查 20%，仍有不合格的应逐个试验或作全部退货处理。对于安装在主干管上的起切断作用的闭路阀门，应逐个做强度和严密性试验。强度和严密性试验压力应符合设计要求和出厂规定。经试验合格后的阀门方许安

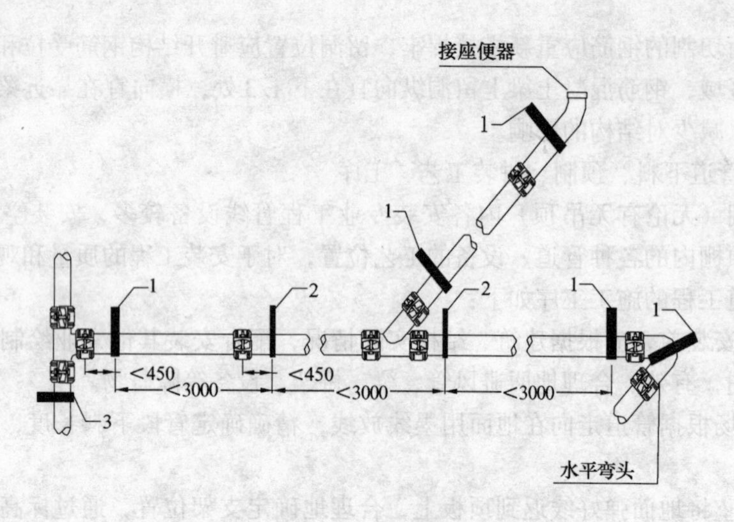


图 4-9　横管安装支架布置的典型工艺

1—固定支（吊）架；2—滑（晃）动支（吊）架；3—立管支架

装于本工程中。阀门安装中应保证位置、进出口方向正确，连接牢固、紧密，阀门开启灵活，朝向合理。安装完毕后，应确保阀门清洁，有漏漆部位应补刷完整。

(2) 卫生洁具安装

1）洗脸盆安装

(A) 安装脸盆下水：先将下水口根母、眼圈、胶垫卸下，将上垫垫好油灰后插入脸盆排水口孔内，下水口内的溢水口要对准脸盆排水口中的溢水口眼，外面加上垫好油灰的垫圈，套上眼圈，带上根母。再用自制扳手卡住排水口十字筋，用平口扳手上根母至松紧适度。

(B) 安装脸盆水嘴：先将水嘴根母、锁母卸下，在水嘴根部垫好油灰，插入脸盆给水孔眼，下面再套入胶垫眼圈，带上根母后左手按住水嘴，右手用自制的八字死扳手，将锁母紧至松紧适度。

(C) 进行脸盆安装：先进行支架安装，按照排水管口中心在墙上画出竖线，由地面向上量出规定的高度，画出水平线，根据盆宽在水平上画出支架的位置；然后，将脸盆支架栽牢在墙面上，再把脸盆置于支架上找平找正，将架钩钩在盆下固定孔内，拧紧盆架的固定螺栓，找平正。

(D) 安装洗脸盆的排水管：在脸盆排水丝口下端涂铅油，缠少许麻丝，将存水弯上节拧在排水口上（P形直接把存水弯立节拧在排水口上），松紧适度，再将存水弯下节的下端缠油麻后插在排水管口内，将胶垫放在存水弯的连接处，把锁母用手拧紧后调直找正，再用扳手拧紧至松紧适度，用油灰将下水管口塞严、抹平。

(E) 安装洗脸盆的给水管：首先量好尺寸配好短管，装上角阀，再将短管另一端丝扣处涂油、缠麻，拧在预留给水管口（如果是暗装管道带护口盘，应先将护口盘套在短节上，管子上完后将护口盘内填满油灰，向墙面找平、按实，清理外溢油灰）至松紧适度。将铜管（或塑料管）按尺寸断好，将角阀与水嘴的锁母卸下，背靠背套在铜管（或塑料管）上，分别缠好油盘根绳或铅油麻线，上端插入水嘴根部，下端插入角阀中口，分别拧上、下锁母至松紧适度，找直、找正，并将外露麻丝清理干净。

2）坐便器安装

（A）坐便器配件安装：先将虹吸管、锁母、根母、下垫卸下，涂抹油灰后将虹吸管插入水箱的出水孔，将管下垫、眼圈套在管上，拧紧根母至松紧适度，将锁母拧在虹吸管上，虹吸管方向、位置视具体情况自行确定；然后，把漂球拧到漂杆上，并与浮球阀连接好；接着把拉把上螺母眼圈卸下，将拉把上螺栓插入水箱一侧的上沿（侧位方向视给水预留口情况而定）架垫圈紧固，再安装扳手，将圆盘塞入背水箱左上角方孔内，把圆盘上方螺母内用管钳拧至松紧适度，把挑杆煨好勺弯，将扳手轴插入圆盘孔内，套上挑杆拧紧顶丝。

（B）安装坐便器：将坐便器预留排水管口周围清理干净，取下临时管堵，检查管内有无杂物；将坐便器出水口对准预留排水口放平找正，在坐便器两侧固定螺栓眼处画好印记，移开坐便器，在印记中心剔孔洞装入螺栓用水泥栽牢，将坐便器试稳，使固定螺栓与坐便器吻合，移开坐便器，将坐便器排水口及排水管口周围抹上油灰后，将坐便器对准螺栓放平、找正，螺栓上好胶皮套、眼圈上螺母拧紧至松紧适度；同时，水箱如需固定的，采用相似的方法安装。

（C）上角阀：其安装方法与洗脸盆安装角阀类同。

3）小便器安装

安装前，先检查给排水预留管口是否在一条垂线上，间距是否一致，符合要求后按照管口找出中心线，将下水管周围清理干净，取下临时管堵，抹好油灰，在立式小便器下铺垫水泥、白灰膏的混合灰（比例1:5）。将立式小便器稳装找平、找正；立式小便器与墙面、地面缝隙嵌入白水泥浆抹平、抹光。

### 4.5.5 压力管道系统水压试验

（1）各系统试验压力（见表4-4）

**表4-4**

| 序　号 | 系　统　名　称 | 试验压力（MPa） |
|---|---|---|
| 1 | 给水系统 | 0.8 |
| 2 | 热水系统 | 0.8 |
| 3 | 室外给水系统 | 0.8 |

本工程的管道工作压力均小于1.0MPa，故采用管道系统强度试验压力为管道系统工作压力的1.5倍，但给排水系统不得小于0.6MPa，本工程一般不小于0.8MPa。

（2）试压前的准备

1）编制水压试验方案，并报业主和监理单位批准；

2）试压管道应采取安全有效的固定和保护措施，特别是在球墨铸铁管和卡箍连接的管道的三通和弯头部位增设加固支撑，但接头部位必须明露；

3）将试压管段末端封堵，按试压方案关闭隔断阀门（如隔断阀为闸阀，则拆除闸阀更换为堵板），拆除管道中的安全阀、止回阀和湿式报警阀等部件，仪表、设备、安装加压设备和不少于两块量程为试验压力1.5～2.0倍的压力表，一般应安装在试压泵的出口处和管道系统的末端。

（3）水压试验步骤：

1）缓慢注水，同时将管道内气体排出；

2）充满水后，进行初步严密性检查；

3）检查无误后，启动加压泵，对系统增压，区域小系统采用手动泵缓慢升压，较大系统使用电动泵升压，升压时间不得小于10min；

4）升至规定工作压力后，停止加压，观察接头部位是否有漏水现象；

5）观察压力稳定后，再采用分级升压，每升一级检查管身、接口、附件处有无异常，补压至规定的强度试验压力，停止加压，15min内的压力降不超过0.05MPa为合格；

6）将管道内水压降至工作压力，保持恒压2h，进行外观检查，无漏水现象判定为严密性合格；

7）如在试压时无法稳定压力，则说明管道中的空气没有完全排空，应放空系统，重新灌水并试验；

8）试验合格后放水并恢复系统，填写试验记录。

（4）埋地敷设的压力管道应进行两次试压，在回填土和装配附件以前应分段进行预先试验，在回填沟槽和完成管段的附件连接后，应进行最后的试验。

（5）管道冲洗

给水管道、热水管道和自动喷水灭火系统管道都要进行冲洗，冲洗流速一般不宜小于3.0m/s，冲洗前应解决好排水措施，如加设临时排水管、疏通排水沟渠。系统冲洗介质采用干净自来水，并要求保证连续冲洗，冲洗结果以目测排出的冲洗水颜色，透明度与入口处水基本一致即为合格。其他应注意的要点有：

1）管网冲洗的水流方向应与管网正常运行时的水流方向相一致；

2）管网冲洗结束后，应将管网内的水排除干净；必要时，应采用压缩空气吹干；

3）原则上，自动喷水灭火系统应采用水冲洗；在条件无法允许时，也可以用压缩空气吹扫末端管网；

4）冲洗水流速一般为3m/s，特殊情况不能低于1.0m/s。

（6）排水管灌水试验和通水试验

所有排水管在安装完毕后，按设计要求进行灌水试验。其中，单独排放天面或雨棚雨水的管道，灌水高度必须到每根立管最上部的雨水斗。室内安装或埋地的排水管道在隐蔽前需做灌水试验，其灌水高度应不低于底层地面或楼层楼面高度，满水15min后，再灌满延续5min，若液面不下降即为合格。

（7）卫生器具盛水试验

所有卫生器具在安装完毕后均需进行24h的盛水试验。盛水量：便器高、低水箱按要求灌满；各种洗涤盆、面盆、化验盆应盛至溢水口；水盘、拖布盘、洗菜池等不少于盘深的2/3；浴缸不少于缸深的1/3。试验结果以卫生器具不渗漏为合格。

**4.5.6** 系统调试

（1）热水系统调试

把进入各用水点的阀门全部关闭严密。把各分支系统上的控制阀门关闭，并把水箱出口阀门关闭，特别是换热器出水口阀门和循环水泵的系统回水阀门必须关闭严密。

上述步骤调试成功后，首先进行热水系统的调试。关闭所有支系统的阀门，系统注水完毕后，启动循环水泵加压，然后开启换热器的排污阀，系统内的水排向地下室地下室集水坑；当水质达到出口的水色和透明度与入口处的透明度目测一致时，关闭排污阀，开始向系统干管注水，检查不渗不漏后，开始支系统的调试。支系统需逐个调试，每调试一个系统必须严格检查各阀门压盖、水嘴、活接、丝扣、洗脸盆等连接是否严密，确保不渗不漏，并做好记录和按要求填写好竣工资料。

(2) 排污泵安装与调试

把潜水泵平稳地安放在集水坑的底部，并检查潜水泵于排水管道之间的卡口是否连接牢固。液位控制器调整到设计要求的水位高度，并检查反应是否灵敏。检查阀门和止回阀是否严密，安装方向是否正确。自动控制箱接上电源，集水坑注水，使其达到要求的水位，测试液位自动控制装置的动作，并做好调试记录。

# 5 安全文明施工措施

## 5.1 职业健康与安全生产管理措施

### 5.1.1 职业健康与安全生产管理措施

本工程职业健康与安全生产管理措施范围包括：建筑物周边防护，建筑物五临边防护，建筑物预留洞口防护，现场施工用电安全防护，现场机械设备安全防护，施工人员安全防护，现场防火、防毒、防台风措施及重点部位安全生产措施等。

(1) 建筑物周边防护

该工程外脚手架采用普通双排钢管脚手架，其搭设标准按规范的具体要求搭设和防护。外脚手架使用前必须经项目负责人、项目总工、安全员、施工工长、搭设班组共同验收，合格、签字、挂合格牌后方可投入使用，其检验标准为《建筑施工扣件式钢管脚手架安全技术规范》。凡保证项目中某一条达不到标准，均不得验收签字，必须经整改达到合格标准后重新验收签字，然后才能使用。

(2)“五临边”防护

临边防护应按计划备齐防护栏杆和安全网，拆一层框架模板，清理一层，五临边设一道防护，其栏杆高度不小于1m，并用密眼网围护绑牢，任何人未经现场负责人同意不得私自拆除，项目要对违章违纪行为制定严密的纪律措施。对于无混凝土结构围护墙部位的临边，项目以施工进度为准，可对临边砌筑穿插施工。如因计划跟不上，必须在临边埋设钢筋头出楼层150mm高，焊接一根钢筋栏杆（@1500mm），栏杆水平筋不小$\phi$12，然后用密网封闭。

(3) 四口防护

楼层平面预留洞口防护以及电梯井口、通道口、楼梯口的预留，洞口的防护应视尺寸大小，用不同的方法进行防护。如边长大于25cm的通口，可用坚实的盖板封盖，达到钉平钉牢不易拉动，并在板上标识“不准拉动”的警示牌。大于150cm的洞口，洞边设钢管栏杆1m高，四角立杆要固定，水平杆不少于两根；然后，在立杆下脚捆绑安全水平网两道（层）。栏杆挂密眼立网密封绑牢。其他竖向洞口如电梯井门洞、楼梯平台洞、通道口洞均用钢管或钢筋设门或栏杆，方法同临边，详见图5-1。

(4) 现场安全用电

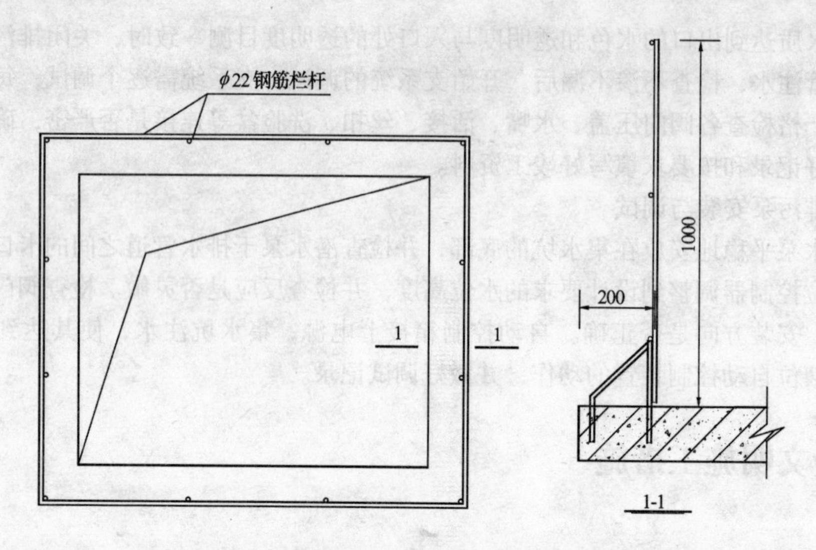


图 5-1 楼层洞口防护示意图（单位：mm）

现场设配电房和备用发电机房，主线执行三相五线制，其具体措施如下：

1）现场设配电房，建筑面积不小于 $10m^2$，并且具备一级耐火等级。

2）现场塔吊、钢筋加工车间、楼层施工各设总电箱一个。

3）主线走向原则：接近负荷中心，进出线方便，接近电源，接近大容量用电设备，运输方便。不设在剧烈振动场所，不设在可触及的地方，不设在有腐蚀介质场所，不设在低洼和积水、溅水场所，不设在有火灾隐患的场所。进入建筑物的主线原则上设在预留管线井内，做到有架子和绝缘设施。

4）现场施工用点原则执行一机、一闸、一漏电保护的“三级”保护措施。其电箱设门、设锁、编号，注明责任人。

5）机械设备必须执行工作接地和重复接地的保护措施。

6）照明使用单相 220V 工作电压，室内照明主线使用单芯 $2.5mm^2$ 铜芯线，分线使用 $1.5mm^2$ 铜芯线，灯距离地面高度不低于 2.5m，每间（室）设漏电开关和电闸各一只。

7）电箱内所配置的电闸、漏电、熔丝荷载必须与设备额定电流相等。不使用偏大或偏小额定电流的电熔丝，严禁使用金属丝代替电熔丝。

8）东莞地区雷雨天气较多，现场防雷不可忽视。由于塔吊、脚手架都将高于建筑物，很容易受到雷击破坏。因此，这类装置必须设置避雷装置，其设备顶端焊接 2m 长 $\phi$20mm 镀锌圆钢作避雷器，用不小于 $35mm^2$ 的铜芯线作引下线与埋地（角钢为 ∟50mm × 5mm × 2500mm）连接，其电阻值不大于 4Ω。

9）现场电工必须经过培训，考核合格后持证上岗。

（5）机械设备安全防护

1）架体必须按设备说明预埋拉结件，设防雷装置。设备应配件齐全，型号相符，其防冲、防坠联锁装置要灵敏可靠，钢丝绳、制动设备要完整无缺。设备安装完后要进行试运行，必须待几大指标达到要求后，才能进行验收签证，挂牌准予使用。

2）钢筋机械、木工机械、移动式机械，除机械本身护罩完好、电机无病外，还要求机械有接零和重复接地装置，接地电阻值不大于 4Ω。

3）机械操作人员必须经过培训考核，合格后持证上岗。

4）各种机械要定机定人维修保养，做到自检、自修、自维，并做好记录。

5）施工现场各种机械要挂安全技术操作规程牌。

6）各种起重机械和垂直运输机械在吊运物料时，现场要设人值班和指挥。

7）所有机械都不许带病作业。

（6）施工人员安全防护

1）进场施工人员必须经过安全培训教育，考核合格，持证上岗。

2）施工人员必须遵守现场纪律和国家法令、法规、规定的要求，必须服从项目经理部的综合管理。

3）施工人员进入施工现场必须佩戴符合标准的安全帽，其佩戴方法要符合要求；进入2m以上架体或施工层作业必须佩挂安全带。

4）施工人员高空作业，禁止打赤脚、穿拖鞋、硬底鞋和打赤膊施工。

5）施工人员不得任意拆除现场一切安全防护设施，如机械护壳、安全网、安全围栏、外架拉结点、警示信号等；如因工作需要，需经项目负责人同意方可。

6）施工人员工作前不许饮酒，进入施工现场不准嬉笑打闹。

7）施工人员应立足本职工作，不得动用不属本职工作范围内的机电设备。

8）夏天酷热天气，现场为工人备足清凉解毒茶或盐开水。

9）搞好食堂饮食卫生，不出售腐烂食物给工人餐饮。

10）施工现场设医务室，派驻医生一名，对员工进行疾病预防和医治。

11）夜间施工时，在塔身上安装两盏镝灯，局部安装碘钨灯，在上下通道处安装足够的电灯，确保夜间施工和施工人员上下安全。

（7）施工现场防火措施

1）项目建立防火责任制，职责明确。

2）按规定建立义务消防队，有专人负责，制定出教育训练计划和管理办法。

3）重点部位（危险的仓库、油漆间、木工车间、宿舍等）必须建立有关规定，有专人管理，落实责任，设置警告标志，配置相应的消防器材。

4）建立动用火审批制度，按规定划分级别，明确审批手续，并有监护措施。

5）各楼层、仓库及宿舍、食堂等处设置消防器材。

6）焊割作业应严格执行"十不烧"及压力容器使用规定。

7）危险品押运人员、仓库管理人员和特殊工种必须经培训和审证，做到持有效证件上岗。

（8）风灾、水灾、雷灾的防护

1）气象部门发布暴雨、台风警报后，值班人员及有关单位应随时注意收听报告台风动向的广播，转告项目经理或生产主管。

2）台风接近本地区之前，应采取下列预防措施：

（A）关闭门窗，如有特殊防范设备，亦应装上。

（B）熄灭炉火，关闭不必要的电源或煤气。

（C）重要文件及物品放置于安全地点。

（D）放在室外不堪雨淋的物品，应搬进室内或加以适当遮盖。

(E) 准备手电筒、蜡烛、油灯等照明器具及雨衣、雨鞋等雨具。

(F) 门窗有损坏应紧急修缮，并加固房屋屋面及危墙。

(G) 指定必要人员集中待命，准备抢救灾情。

(H) 准备必要药品及干粮。

3) 强台风袭击时，应采取下列措施：

(A) 关闭电源或煤气来源。

(B) 非绝对必要，不可生火。生火时，应严格戒备。

(C) 重要文件或物品应有专人看管。

(D) 门窗破坏时，警戒人员应采取紧急措施。

4) 为防止雷灾，易燃物品不应放在高处，以免落地造成灾害。

5) 为防止被洪水冲击，应采取紧急预防措施。

(9) 重点部位安全保证措施

1) 认真做好安全教育和安全交底

(A) 对进场的工人开始工作前要进行一次普遍的书面安全交底并办好签证手续，对新工人、合同工、临时工、民工要进行特殊的安全教育；

(B) 工长在向班组人员下达施工任务时，要针对不同操作对象和工作地点进行口头安全交底，交底要有针对性和及时性，内容要细致全面，并要做到班前交底、班中监督、班后有检查、活儿后有总结。

(C) 工长和班组长对改变工种、调换工作岗位的工人，必须按规定进行新工种和工作岗位的安全教育和安全交底；

(D) 按时进行周一上午一小时的安全教育活动，开展班组安全自我检查和班组互查活动，总结经验，消除隐患；对违章违纪者予以处罚，对在安全生产中有突出成绩者予以奖励。

2) 对电工、焊工、张拉工等特种作业工人，必须经过培训考试合格取证后才能上岗。

3) 对张拉平台、脚手架、安全网、张拉设备等，现场施工负责人要组织技术人员、安全人员及施工班组共同检查，合格后方可使用。

4) 严禁酒后上班，患有可能影响正常施工工作疾病的人员不准上班。

5) 发生重大安全事故，要保护好事故现场，及时向上级报告。

6) 所有进场的预应力设备必须维护保养好，完好率必须达到100%，严禁带病运转和操作。

7) 操作机械设备要严格遵守各机械的安全操作规程，要按规定配备防护用具。

8) 进入现场作业必须戴好安全帽，系好帽带，在无防护的高空作业必须系好安全带，不得穿高跟鞋和拖鞋进入施工现场，在高空作业禁止穿硬底鞋和易滑鞋。

9) 进入施工现场的人员要看上顾下，“看上”就是看看上面是否有易坠物和有人作业，要做到及时躲开，“顾下”就是看看下面是否有料物绊脚、扎脚或是否有未加护盖的洞口。

10) 进入现场的作业人员对所使用的工具一定要保管好，存放在工具袋内或放在牢靠、不易碰落的地方，以防作业时工具失落砸人。

11) 夜间施工要有足够的照明。

12）要注意用电安全，遵守施工操作安全用电的要求，配备相应的漏电开关，经常检查线缆有无磨损，开关有无漏电、错相等。

13）无论何工种，施工期间必须严格遵守安全操作规程，不得违章作业。

**5.1.2** 职业健康与安全生产检查

(1) 班组每天进行班前活动，有班长或安全员传达工长安全技术交底，并做好当天工作环境的检查，做到当时检查当日记录。

(2) 安全员每周一组织本项目安全生产的检查，记录问题，落实责任人，签发整改通知，落实整改时间，定期复查，对未按期完成整改的人和事，严格按单位安全奖惩条例执行。

(3) 项目部对项目进行一月一次的安全大检查。发现问题，提出整改意见，发出整改通知单，由责任人签收，并布置落实整改人、措施、时间；如经复查未完成整改，责任人将受到纪律和经济处罚。

(4) 对单位各部门到项目随即抽查发现的问题，有项目经理监督落实整改，对不执行整改的人和事，项目经理有权发出罚款通知单，对责任人扣发当月奖金。

(5) 项目经理代表单位行使有关权利，对项目施工管理人员（包括项目经理）的安全管理业绩进行记录，工程完工后向主管部门提供依据，列入当事人档案之中。

## 5.2 文明施工及环境保护措施

**5.2.1** 文明施工管理细则

(1) 建立管理机构

成立现场文明施工与环境管理领导小组，定期组织检查评比，制定奖罚制度，切实落实执行文明施工与环境管理细则及奖罚制度。

(2) 实行分层包干管理

由各单体工程责任人负责本区段的文明施工管理。

(3) 建立健全现场材料管理制度

1）严格按照施工平面布置图堆放原材料、半成品、成品及料具。

2）各种成品及半成品必须分类按规格堆放，做到妥善保管，使用方便。

3）现场仓库内外整齐干净，怕潮、怕洒、怕淋及易失火物品应入库保管。

4）严格执行限额领料、材料包干制度；做到工完场清，余料要堆放整齐。

5）现场各类材料要做到账物相符，并要有质量证明，证物相符。

(4) 建立健全现场机械管理制度

1）现场机械必须按施工平面布置图进行设置与停放。

2）机械设备的设置和使用必须严格遵守国家有关规范规定。

3）塔吊等垂直运输机械应做好避雷接地措施。塔吊的基础应定期做沉降观测。

4）认真做好机械设备的保养及维修，并认真做好记录。

5）应设置专职机械管理人员，负责现场机械管理工作。

(5) 施工现场场容管理制度

1）现场做到整齐、干净、节约、安全，施工秩序良好。

2）施工现场要做到"五有"、"四净三无"、"四清四不见"、"三好"及现场布置做好

“四整齐”。

3）现场施工道路必须保持畅通无阻，保证物资的顺利进场。排水沟必须通畅，无积水，场地整洁，无施工垃圾。

4）要及时清运施工垃圾。由于该工程工程量大、周转材料多，施工垃圾也较多，必须对现场的施工垃圾及时清运。施工垃圾经清理后集中堆放，集中的垃圾应及时运走，以保持场容的整洁。

5）项目应当遵守国家有关环境保护的法律，采取有效措施控制现场的各种粉尘、废气、废水、固体废弃物以及噪声振动对环境的污染及危害。

6）在现场出入口设洗车槽。对进出车辆进行冲洗，防止将泥土等带到道路上；如有污染，应派专人对市区道路进行清扫。

7）除设有符合规定的装置外，不得在施工现场熔融沥青或者焚浇油毡以及其他会产生有毒、有害烟尘和恶臭气体的物质。

8）对一些产生噪声的施工机械，应采取有效措施减少噪声。

**5.2.2**　文明施工检查措施

（1）检查时间

项目文明施工管理组每周对施工现场做一次全面的文明施工检查。局生产技术部门牵头组织局各职能部门（质安部门、劳资部门、材料部门、动力部门等），每月对项目进行一次大检查。

（2）检查内容

施工现场的文明施工执行情况。

（3）检查依据

前面所述“文明施工管理细则”。

（4）检查方法

项目文明施工管理组及局文明施工检查团应定期对项目进行检查。除此之外，还应不定期地进行抽查。每次抽查，应针对上一次检查出的不足之处作重点检查，检查是否认真地作了相应的整改。对于屡次整改不合格的，应当进行相应的惩戒。检查采用评分的方法，实行百分制记分。每次检查应认真做好记录，指出其不足之处，并限期责任人整改合格，项目文明施工管理组及局文明施工检查团应落实整改的情况。

（5）奖惩措施

为了鼓励先进，鞭策后进，应当对每次检查中做得好的进行奖励，做得差的应当进行惩罚，并敦促其改进。由于项目文明施工管理采用的是分区、分段包干制度，应当将责任落实到每个责任人身上，明确其责、权、利，实行责、权、利三者挂钩。奖惩措施由项目根据前面所述自行制定。

**5.2.3**　噪声控制措施

（1）建筑施工现场的噪声控制应进行必要的噪声声级测定，声级测量应按规范进行，在主体结构施工阶段要求进行噪声的监控。

（2）建筑施工作业的噪声可能超过建筑施工现场的噪声限值时，在开工前向建设行政主管部门和环保部门申报，核准后方能施工。

（3）施工中采用低噪声的工艺和施工方法。

(4) 塔吊的安装、拆除要控制施工时间，零配件、工具的放置要轻拿轻放，尽量减少金属件的撞击，不要从较高处丢金属件，以免发生较大声响。

(5) 结构施工过程中，应控制模板搬运、装配、拆除声，钢筋制作绑扎过程中的撞击声，要求按施工作业噪声控制措施进行作业，不允许随意敲击模板的钢筋，特别高处拆除的模板不撬落自由落下，或从高处向下抛落。

(6) 在混凝土振捣中，按施工作业程序施工，控制振捣器撞击钢筋模板发出的尖锐噪声，在必要时应采用环保振捣器。

(7) 合理安排施工工序，严禁在中午和夜间进行产生噪声的建筑施工作业（中午12:00~下午14:00，晚上23:00~第二天早上7:00）。由于施工中不能中断的技术原因和其他特殊情况，确需中午或夜间连续施工作业的，在向建设行政主管部门和环保部门申请，取得相应的施工许可证后方可施工。

**5.2.4** 粉尘控制措施

(1) 建筑施工现场的粉尘排放应满足《大气污染物综合排放标准》的相关规定，以不危害作业人员健康为标准。

(2) 对水泥必须贮存在密闭的仓库，在转运过程中作业人员应佩戴防尘口罩，搬运时禁止野蛮作业，造成粉尘污染。

(3) 对砂、灰料堆场，一定要按项目文明施工的堆放在规定的场所，按气候环境变化采取加盖等措施，防止风引起扬尘。

(4) 工完清理建筑垃圾时，首先必须将较大部分装袋，然后洒水清扫，防止扬尘，清扫人员必须佩戴防尘口罩，对于粉灰状的施工垃圾，采用吸尘器先吸，后用水清洗干净。

(5) 在涂料施工基层打磨过程中，作业人员一定要在封闭的环境作业佩戴防尘口罩，即打磨一间、封闭一间，防止粉尘蔓延。

(6) 拆除过程中，要做到拆除东西不能乱扔乱抛，统一由一个出口转运，采取溜槽或袋装转运，防止拆除下的物件撞击，导致扬尘。

(7) 对于车辆运输的地方易引起扬尘的场地，首先设限速区，然后要派专人在此通道上定时洒水清扫。

(8) 砂、灰料的筛分，首先考虑在大风的气候条件下不要作业，一般气候条件下，作业人员应站在上风向施工作业。

**5.2.5** 污水排放的控制

(1) 生产所产生的污水排放

1) 混凝土外加剂是在搅拌站掺加的，现场只存在施工过程中对残留物的清洗而存在污水排放，所以，排放必须有沉淀池及限定维护范围，排入指定的排污管道。

2) 所有操作人员在施工混凝土和砂浆熟料及浇筑过程中必须穿雨鞋及戴手套作业，在操作中不得向其他半成品上及相关环境抛撒，需对残余料集中处理。

3) 对涉及重要的一次性金属物和其他半成品应作相应的防护，保证不受侵蚀。

4) 现场的输送泵、塔吊、电梯、修理、汽运，钢筋加工机械等存在使用机油、黄油、废机、柴油工作，应对不同情况采取不同的防范措施。

(A) 混凝土输送泵属于较长时间使用的较大设备，如为柴油泵，加油的频率就更高。所以，一是对进场的柴油指定位置存放，存放点底部必须有砖砌，防护外浸围堤，必须设立安全、环境措施的 CI 警示标志，并对存地安置灭火器具、沙堆。

(B) 加油必须采用抽油器，不得使用斜倒的方法，防止失手导致大量的外泻情况，并对回收的器具集中处理。

(C) 输送泵存在着大量冷却水含油脂的排放情况，所以排水沟需设过滤网，定时进行油污的收取消除措施。

(D) 化学防水的施工主要采用的是 SBS、聚氨酯等材料，施工中除操作人员佩戴手套外，还必须对施工中的残余料及油筒进行专门回收处理，不得发生乱丢现象，对清洗的残液不得乱倒，以防污染路面及工作环境。

(E) 以上各种污水应注意对现场周围居民，种植物的影响保护，不定期地进行检查纠正。

(2) 生活污水的排放

1) 食堂的洗食品和洗用具的污水排放，应注意对残物的沉积清除工作，不得直接排入污水管。

2) 对浴室的污水排放也应注意留置沉积池，防止残积旧衣物及塑料袋直接排入污水管。

3) 厕所的污水排放除按东莞市要求进行报批，实施三级过滤，按指定的污水管排放，并定时对化粪池采取抽排措施。

**5.2.6**　固体废弃物的控制

(1) 各施工现场在施工作业前，应设置固体废弃物堆放场地或容器；对有可能因雨水淋湿造成污染的，要搭设防雨设施。

(2) 现场堆放的固体废弃物应标识名称，并按标识分类堆放废弃物。

(3) 有害有毒类的废弃物不得与无毒、无害类废弃物混放。

(4) 固体废弃物的处理应由管理负责人根据废弃物的存放量及存放场所的情况安排处理。

(5) 对于无毒、无害、有利用价值的固体废物，如其他工程项目想再次利用，应向材料部门、生产部门提出回收意见。

(6) 对于无毒、无害、无利用价值的固体废弃物处理，应委托环卫垃圾清运单位清运处理。

(7) 对于有毒有害的固体废物处理，应委托有经营许可证的单位处理。

# 6　质量保证措施

## 6.1　质量保证体系

### 6.1.1　建立健全管理组织，推行 ISO 9000 标准质量管理体系

在本工程项目推行 ISO 9000 标准质量保证体系，制定施工组织设计、质量计划、质量记录等质量体系文件，在物资采购的管理、施工过程控制、检验和试验、标识和可追溯性、培训、质量审核、质量记录等与质量有关的各个方面，规范与工程质量有关的工作的具体做法；同时，在项目建立一个由项目经理领导的质量保证机构，本项目的质量保证机

构及职能如图 6-1 所示。

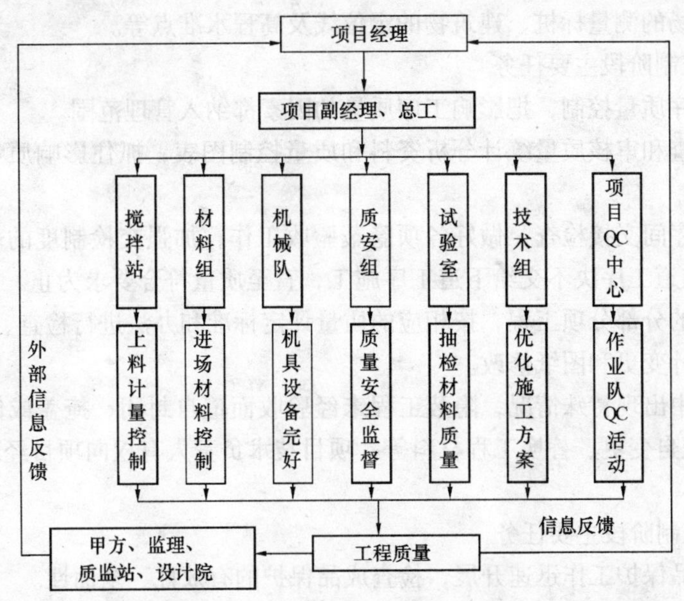


图 6-1 质量保证机构及其职能

**6.1.2** 加强施工全过程管理，建立质量预控体系

建立健全施工全过程的质量保证体系，对工程施工实施质量预控法，提高操作人员的操作水平及管理人员的管理效能，有目的、有预见地采取有效措施，有效防止施工中的一切质量问题的产生，真正做到施工中人人心中有标准、有准则，以确保施工质量达到预定的目标，把以事后检查为主要方法的质量管理转变为以控制工序及因素为主的 ISO 9000 质量管理，达到预防为主的目的。在施工当中，项目将严格加强培训考核、技术交底、技术复核、"三检"制度的管理工作，使每一位职工知其应知之事、干其应干之活，并使其质量行为受到严格的监督；同时，实行质量重奖重罚，以确保质量控制体系的有效运行，确保工程质量的目标。

**6.1.3** 各施工阶段性的质量保证措施

施工阶段主要分为事前、事中、事后三个阶段。按照这三个不同阶段的特点，必须有针对性地采取阶段性的质量保证措施，来对本工程各分部分项工程的施工进行有效的质量控制。

（1）事前控制阶段主要任务

1）建立质量管理组织机构、明确分工、权责；

2）建立完善的质量保证体系和质量管理体系，编制《质量保证计划》；

3）根据《项目管理手册》（ZJSJ/XG—2000）规定、要求，建立项目的管理制度体系；

4）建立完善的计量及质量检测器具、技术和手段；

5）对工程项目施工所需的原材料、半成品、构配件进行质量检查和控制，并编制相应的检验计划；

6）进行设计交底，图纸会审等工作；

7）根据本工程特点确定施工流程、工艺及方法；对本工程将要采用的新技术、新结构、新工艺、新材料均要审核其技术审定书及运用范围；

8）检查现场的测量标桩、建筑物的定位线及高程水准点等。

（2）事中控制阶段主要任务

1）完善工序质量控制，把影响工序质量的因素都纳入管理范围。

2）及时检查和审核质量统计分析资料和质量控制图表，抓住影响质量的关键问题进行处理和解决。

3）严格工序间交接检查，做好各项隐蔽验收工作，加强交检制度的落实；对达不到质量要求的，前道工序决不交给下道工序施工，直至质量符合要求为止。

4）对完成的分部分项工程，按相应的质量评定标准和办法进行检查、验收。

5）审核设计变更和图纸修改。

6）如施工中出现特殊情况，隐蔽工程未经验收而擅自封闭，掩盖或使用无合格证的工程材料，或擅自变更、替换工程材料等，项目技术负责人有权向项目经理建议下达停工令。

（3）事后控制阶段主要任务

1）保证成品保护工作迅速开展，检查成品保护的有效性、全面性。

2）按规定的质量评定标准和办法，对完成的单位工程、单项工程进行检查验收。

3）核查、整理所有的技术资料，并编目、建档。

4）在保修阶段，对本工程进行回访维修，增补、修订已有的预防纠正措施。

## 6.2 质量保证措施

### 6.2.1 模板工程质量保证技术措施

（1）模板安装与拆除质量点设置（见表6-1）

**表 6-1**

| 工程项目 | 班组目标 | 分项项目 | 管理点设置 | 工艺标准允许偏差（mm） | | | 对策措施 | 检查工具及检查方法 |
|---|---|---|---|---|---|---|---|---|
| | | | | 多层 | 高层 | 大模 | | |
| 模板安装与拆除 | 表面平整、垂直度良好、截面准确、标高无误 | 轴线位移 | 模板底口偏移 | 5 | 3 | 3 | ①施工前检查上道工序质量，钢筋位置及放线位置是否准确；<br>②及时更换有缺陷的模板，并予以修复；<br>③加强工序自检；<br>④加强材料进出场管理及现场保养；<br>⑤连接件扣紧不松动；<br>⑥支撑点牢固可靠，损坏变形的钢龙骨、钢支柱不予使用 | 用盒尺引测检查 |
| | | 截面尺寸 | 表面变形，支撑不牢 | +4<br>−5 | +2<br>−5 | ±2 | | 用盒尺测量检查 |
| | | 标高 | 底模标高不准，支撑不牢 | ±5 | +2<br>−5 | ±5 | | 用水准仪、拉线或用尺量检查 |
| | | 垂直度 | 模板上口偏移，支撑不牢 | 3 | 3 | 3 | | 用2m靠尺检查 |
| | | 平整度 | 小面平整度、大面平整度 | 5 | 5 | 2 | | 用2m靠尺检查 |

（2）模板安装与拆除质量预防措施（见表6-2）

表 6-2

| | 项目 | 影响因素 | 采取预防措施 |
|---|---|---|---|
| 模板工程质量预防措施 | 施工操作 | 支撑系统不合理 | 严格设计要求，因地制宜，合理布局 |
| | | 扣件连接松动 | 严格设计要求，严格控制扣件间距，加固面板 |
| | | 拼缝不平 | 尽量使用平直模板，扣件补缺 |
| | | 拆除时硬撬 | 组装前及时刷脱模剂 |
| | | 颠倒工序 | 强化施工工艺，完善工序间的交接检 |
| | 环境 | 基底未夯实 | 加强夯实，并铺通长脚手板，加强交接检 |
| | | 钢筋网片位移 | 加强工种之间的交接检、互检工作 |
| | | 混凝土侧压力过大 | 工种之间相互配合，加强支撑，适当振捣，设专人看模 |
| | 材料 | 模板变形，孔多 | 及时检查、修理，严重者退回，不予使用 |
| | | 龙骨、支撑件软弱 | 及时同技术部门共同研究加固措施 |
| | | 连接附件质量差 | 及时退换，加密连接，加固支撑系统 |
| | 管理 | 岗位责任制执行不严 | 强化岗位意识，完善责任制，人员定岗 |
| | | 重进度，轻质量 | 加强教育，摆正进度与质量关系 |
| | | 忽视资料管理 | 加强全面管理意识，确立技术档案重要性的认识 |
| | 施工人员 | 技术水平低 | 进行岗位技术培训 |
| | | 自检不认真 | 认真执行自检负责制 |
| | | 技术交底不清 | 认真、科学地进行书面交底 |
| | | 指挥人员只重进度 | 尊重科学，服从质量，好中求快 |
| | | 违章作业 | 严格操作规程 |
| | | 忽视交接检、互检 | 加强工种间配合，把质量问题消灭在上一工序中 |
| | | 专检人员检查不细 | 加强教育，不合格者予以停职 |

### 6.2.2 钢筋工程质量保证措施

(1) 钢筋工程质量工艺流程（见图 6-2）

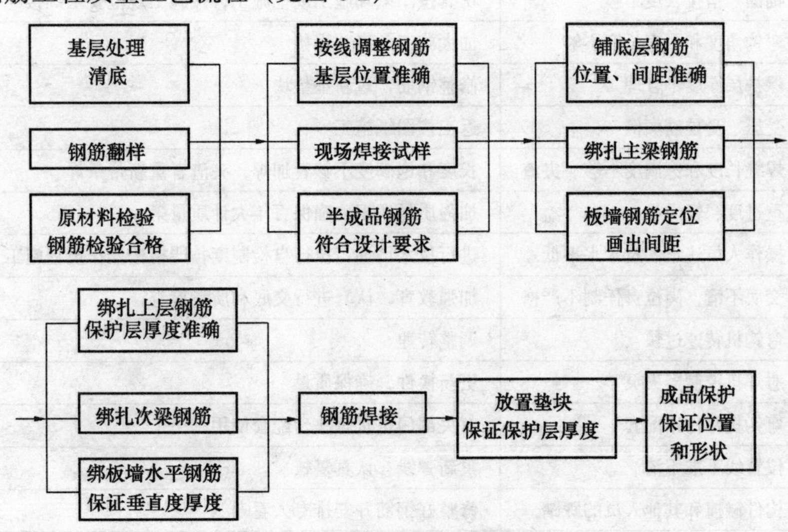


图 6-2 钢筋工程质量工艺流程

（2）钢筋工程质量控制（见表6-3）

表6-3

| | 目标项目 | 检查项目 | 质量标准 |
|---|---|---|---|
| 钢筋绑扎工程 | 品种质量 | 钢筋翻样 | 按规范及设计要求 |
| | | 品种、质量 | 材质证明、试验报告 |
| | | 断料尺寸 | 按图纸及配料单 |
| | | 施工操作 | 执行工艺标准 |
| | | 钢筋保护 | 防止腐蚀生锈 |
| | | 钢筋成形 | 图纸和规范 |
| | | 钢筋焊接试件 | 施工规范 |
| | 绑扎牢固、不位移、不变形 | 基层处理 | 调直、修整 |
| | | 画尺寸线 | 固定标准 |
| | | 操作工具 | 不变形 |
| | | 施工操作 | 执行工艺标准 |
| | | 定位卡及定位箍 | 尺寸、位置准确 |
| | | 焊接 | 按规范要求 |
| | | 做垫块 | 按规范要求 |

（3）钢筋工程质量预防措施（见表6-4）

表6-4

| | 项目 | 影响因素 | 采取预防措施 |
|---|---|---|---|
| 钢筋绑扎工程质量预防措施 | 材料 | 对焊口在端头 | 调换使用或退场 |
| | | 材质不合格 | 不允许进场 |
| | | 现场保管不当 | 妥善分类存放，加以保护 |
| | 施工工艺 | 锚固、搭接长度不够 | 认真按图纸和施工规范施工，按施工规范要求焊接 |
| | | 弯钩角度和平直长度不够 | 加大施工角度并焊接 |
| | | 保护层厚度不合理 | 修整钢筋，重新垫垫块 |
| | | 受压、受拉筋颠倒 | 返工按图纸施工 |
| | | 焊缝长度和饱满度不够、夹渣 | 长度和饱满度不够者加焊，夹渣者重新帮条焊 |
| | 施工人员 | 重进度、轻质量 | 加强质量意识，确保百年大计质量第一 |
| | | 操作人员违章、技术水平低 | 进行技术培训，执行自检制度，严格按操作规程施工 |
| | | 交底不清，岗位责任制不严格 | 加强教育，认真进行交底和质量检查 |
| | 机具 | 弯钩机转速过快 | 调整转速 |
| | | 对焊机控制器失灵 | 更新换件，确保质量 |
| | | 弯钩机零件不配套 | 有关部门负责解决，配套使用 |
| | 环境 | 位置线不准不清 | 重新弹线，认真复核 |
| | | 构件碰撞和其他人员的踩踏 | 修整好钢筋并安排专人看守 |
| | | 照明亮度不够 | 保证施工需要 |

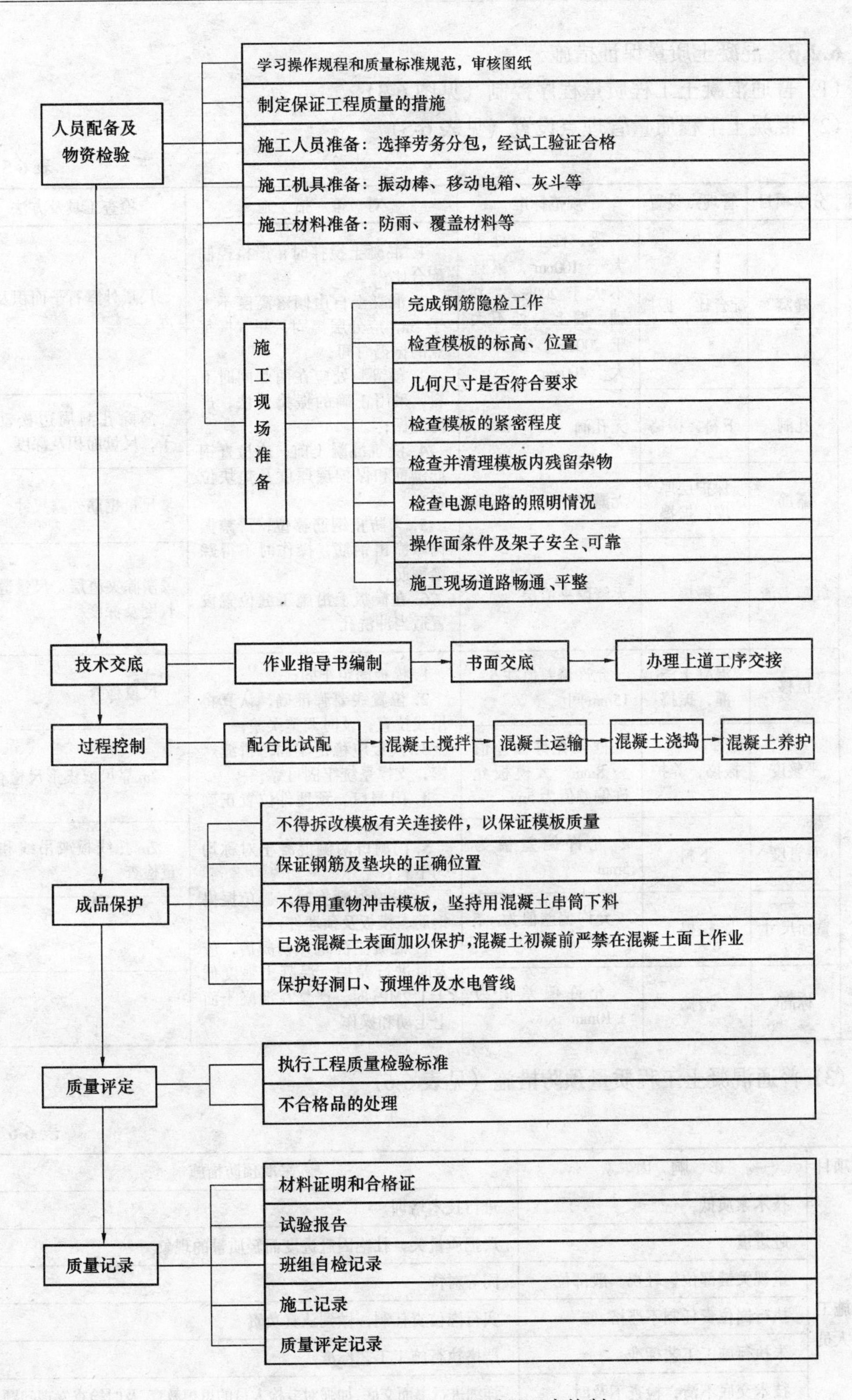


图 6-3 普通混凝土工程质量程序控制

### 6.2.3　混凝土质量保证措施

（1）普通混凝土工程质量程序控制（见图 6-3）

（2）混凝土工程质量管理点设置（见表 6-5）

表 6-5

<table>
<tr><th>项目</th><th>分项项目</th><th>管理点设置</th><th>规范标准</th><th>对策措施</th><th>检查工具及方法</th></tr>
<tr><td rowspan="8">混凝土工程</td><td>蜂窝</td><td>配合比，振捣</td><td>梁、柱上一处不大于 100cm²，累计不大于 200cm²；基础、墙上一处不大于 200cm²，累计不大于 400cm²</td><td rowspan="4">1. 混凝土搅拌时，严格控制配合比；<br>2. 混凝土自由倾落高度不大于2m，应分层捣固，并掌握每点的振捣时间；<br>3. 预留洞处应在两侧同时下料，采用正确的振捣方法，严防漏振；<br>4. 浇筑混凝土前，应检查钢筋位置和保护层厚度及垫块位置；<br>5. 为防止钢筋移位，严禁振捣棒撞击钢筋，操作时不得踩踏钢筋；<br>6. 在模板上沿施工缝位置设置适当冲洗孔</td><td>尺量外露石子面积及深度</td></tr>
<tr><td>孔洞</td><td>下料，振捣</td><td>无孔洞</td><td>凿除孔洞周边松动石子，尺量面积及深度</td></tr>
<tr><td>露筋</td><td>保护层厚度，振捣</td><td>无露筋</td><td>尺量钢筋外露尺寸</td></tr>
<tr><td>缝隙夹渣</td><td>振捣</td><td>无缝隙夹渣层</td><td>凿除夹渣层，尺量缝隙长度及深度</td></tr>
<tr><td>位移</td><td>混凝土浇灌，振捣</td><td>允许偏差值在 5～15mm 间</td><td rowspan="4">1. 模板固定牢固；<br>2. 位置线要弹准确，认真将吊线拉直，及时调整误差；<br>3. 模板应稳定牢固，拼缝严密，支撑系统牢固可靠；<br>4. 门洞口、预埋件位置正确无误；<br>5. 门洞口两侧混凝土对称均匀下料；<br>6. 振捣混凝土时，避免振捣钢筋、模板及预埋件；<br>7. 混凝土浇筑并初凝后，应及时进行养护，混凝土强度低于 1.2MPa 时，严禁在混凝土面上走动和操作</td><td>尺量检查</td></tr>
<tr><td>平整度</td><td>振捣，养护</td><td>框架允许偏差值为 8mm，大模板允许偏差值为 5mm</td><td>2m 靠尺或楔形尺检查</td></tr>
<tr><td>垂直度</td><td>下料</td><td>允许偏差值为 5mm</td><td>2m 托线板或吊线和尺量检查</td></tr>
<tr><td>截面尺寸</td><td>振捣</td><td>允许偏差值为 +5～-2mm</td><td></td></tr>
<tr><td></td><td>标高</td><td>振捣</td><td>允许偏差值为 ±10mm</td><td></td><td></td></tr>
</table>

（3）普通混凝土工程质量预防措施（见表 6-6）

表 6-6

| | 项目 | 影响因素 | 采取预防措施 |
|---|---|---|---|
| 混凝土工程质量预防措施 | 施工人员 | 技术素质低 | 进行技术培训 |
| | | 赶进度 | 严把质量关，杜绝因赶进度而轻质量的现象 |
| | | 重视关键部位，轻视一般部位 | 同等对待 |
| | | 执行岗位责任制不严格 | 实行岗位责任制，做到认真负责 |
| | | 未执行施工工艺标准 | 严格执行施工工艺标准 |
| | | 技术交底不清，检查不及时 | 详细进行书面交底，加强对专检人员的思想教育，及时检查发现问题 |
| | | 管理要求不严格 | 加强管理，建立严格管理制度 |

续表

| | 项目 | 影 响 因 素 | 采取预防措施 |
|---|---|---|---|
| 混凝土工程质量预防措施 | 工艺方法 | 养护不够 | 加强养护工作 |
| | | 清理不到位 | 认真清理 |
| | | 搅拌时间短 | 满足规范规定的最短搅拌时间 |
| | | 保护层过大过小，垫块不合理 | 均匀、合理布置垫块 |
| | | 一次性下料过多 | 分层下料，分层振捣 |
| | | 配合比不准确 | 加强计量工作，严格控制配合比 |
| | | 振捣方法不对 | 分层捣固，严防漏振和超振 |
| | | 模板隔离剂不均匀 | 均匀涂刷 |
| | 机具 | 计量器具不准 | 定时检测复核计量器具 |
| | | 机具完好率不高 | 加强平时的保养工作和检修工作 |
| | 材料 | 砂子级配不合理 | 改变砂子级配，砂率控制在40%～50% |
| | | 砂、石、水泥、外加剂进场未检验 | 所有进场原材料必须试验方可使用 |
| | 环境 | 雨期施工 | 做好雨期施工前的准备工作 |
| | | 夜间施工 | 施工前检查电源、电路、照明设备 |

# 7　主要技术措施经济效益分析

## 7.1　商品混凝土外掺粉煤灰应用技术

本工程均采用商品混凝土外掺粉煤灰替代水泥用量，降低混凝土的内部温度，增加混凝土的泵送性能，降低成本；以外掺粉煤灰按设计配比代换水泥用量，只计节省水泥的材料费用，并扣除购粉煤灰的成本，其两者差值为项目采用该技术取得的经济效益。

C20用量2315$m^3$，代换比1.5%，每立方粉煤灰掺量72kg，粉煤灰用量166.68t，散装水泥单价360元/kg，粉煤灰单价105元/kg，节约成本费用为42503.4元；

C25用量26372$m^3$，代换比1.5%，每立方粉煤灰掺量74kg，粉煤灰用量1951.528t，散装水泥单价360元/t，粉煤灰单价105元/t，节约成本费用为497639.64元；

C30用量1850$m^3$，代换比1.5%，每立方粉煤灰掺量87kg，粉煤灰用量160.95T，散装水泥单价360元/kg，粉煤灰单价105元/kg，节约成本费用为41042.25元；

C35用量350$m^3$，代换比1.5%，每立方粉煤灰掺量82kg，粉煤灰用量28.7t，散装水泥单价360元/kg，粉煤灰单价105元/kg，节约成本费用为7318.5元。

总计节约经济成本费用58.85万元。

## 7.2　电渣压力焊

地下室及标准层墙柱竖向结构$\phi$25～$\phi$16钢筋连接采用电渣压力。采用电渣压力焊与普通搭接焊相比较，扣除其发生成本，其两者差值为项目采用该技术取得的经济效益。钢筋电渣压力焊统计：

$\phi$25 共计 23088 个接头，$\phi$22 共计 4914 个接头，$\phi$20 共计 1775 个接头，$\phi$18 共计 560 个接头，$\phi$16 共计 3088 个接头，单价按 1.8 元/个；

总价为 60165 元。

钢筋设计搭接接头统计（按设计要求 42$d$ 分析）：

$\phi$25 共计 23088 个接头，单位重量 3.85kg/m，搭接接头重量为 93.333t；

$\phi$22 共计 4914 个接头，单位重量 2.98kg/m，搭接接头重量为 13.53t；

$\phi$20 共计 1775 个接头，单位重量 2.47kg/m，搭接接头重量为 3.683t；

$\phi$18 共计 560 个接头，单位重量 2.0kg/m，搭接接头重量为 0.847t；

$\phi$16 共计 3088 个接头，单位重量 1.58kg/m，搭接接头重量为 3.279t；

钢筋采购单价 3600 元/t，共计造价：412794 元。

经济效益节约为：412794 − 60165 = 352629 元 = 35.26 万元。

### 7.3 闪光对焊

地下室及主体结构梁 $\phi$18 ~ $\phi$25 直径钢筋连接采用闪光对焊进行连接，以短料接长，节约钢材废料，降低成本，便于工人安装操作，确保钢筋连接质量。采用闪光对焊与普能搭接相比较，其两者差值为项目采用该技术取得的经济效益。钢筋电闪光对焊统计：

$\phi$25 共计 7743 个接头，$\phi$22 共计 2640 个接头，$\phi$20 共计 2126 个接头，$\phi$18 共计 1315 个接头，$\phi$16 共计 2937 个接头，单价按 0.8 元/个，造价为 13408.8 元。

钢筋设计搭接接头统计（按设计要求 42$d$ 分析）：

$\phi$25 共计 7743 个接头，单位重量 3.85kg/m，搭接接头重量为 31.301t；

$\phi$22 共计 2640 个接头，单位重量 2.98kg/m，搭接接头重量为 7.269t；

$\phi$20 共计 2126 个接头，单位重量 2.47kg/m，搭接接头重量为 4.411t；

$\phi$18 共计 1315 个接头，单位重量 2.0kg/m，搭接接头重量为 1.988t；

$\phi$16 共计 2937 个接头，单位重量 1.58kg/m，搭接接头重量为 3.118t；

钢筋采购单价 3600 元/t，共计造价：173149.2 元；

经济效益节约为：173149.2 − 13408.8 = 159740.4 元 = 15.97 万元。

## 第十一篇

# 大连开发区文化中心工程施工组织设计

**编制单位**：中国建筑第八工程局
**编 制 人**：汪志刚　杨深强　刘相雷　王永红　王长营　叶现楼
**审 核 人**：刘桂新

**【简介】**　该工程是集剧院、图书、文化休闲于一体的多功能建筑，外形新颖，结构复杂。该施工组织设计对测量、模板、脚手架、砌筑等土建施工方案阐述细致，节点多用图示表示，清晰、易操作。尤其是针对该工程测量难度大的特点，制定了针对性很强的测量和沉降观测方案，值得类似工程借鉴。

# 目　录

# 1 工程概况

## 1.1 工程简况

本工程位于大连市开发区，东临7#路，西临9#路，北面临东北大街，南面临金马路，是不规则方形，地理位置极为重要，其主要功能是为满足开发区市民文化、休闲、娱乐及部分政府会议功能，见图1-1。

本工程建筑主体由A、B、C、D四个区组成。总建筑面积78809.66m²，A区为图书馆，该部分为地下一层，地上为局部六层，层层退台，建筑面积26543 m²；B区为会议中心，地下一层、地上二层建筑面积12142 m²；C区为1300座歌剧院及多功能小剧院，建筑面积24778m²；D区为地下车库，该部分为两层的全地下建筑，其中地下一层为车库，建筑面积1797 m²，其顶板上为上人广场；E区为地下车道，建筑面积4038 m²，该区位于A、B区外侧。

广场面积22779 m²，其中流水台阶2900 m²，屋面广场13988 m²，地面广场5891 m²。绿化面积37000m²。

图1-1 大连开发区文化中心效果图

## 1.2 结构情况

结构部分：基础为筏形基础；A区为图书馆，结构形式为框架结构，楼板采用300mm厚现浇混凝土空心板，局部框架梁为宽扁梁；B区为会议中心，结构形式为框架结构；C区为剧场，结构形式为框架—剪力墙结构，主舞台上空及观众厅上空采用网架结构，侧舞台上空，主舞台台口及部分楼座为粘结预应力结构，及部分楼座采用粘结预应力混凝土结构，小剧场屋盖采用钢—混凝土组合梁；D区为地下车库，框架结构，井字梁楼盖；E区为地下车道。结构混凝土强度等级分为C30P8、C30、C40、C25、C20、C15六种。

### 1.3　施工特点和难点

根据上述工程的建筑、结构概况，以及对本工程的施工工期、施工质量所做的要求，确保鲁班奖，本工程的突出特点和难点是：

(1) 质量要求高，本单位工程质量等级为优良，质量目标为鲁班奖工程。

(2) 本工程E区北部、东西两侧的覆土相对较厚，此部位的防水要求较高，且挡土墙对结构侧压力较大。

(3) 本工程B区屋面水池以及大面积流水台阶的防水问题。

(4) C区歌剧院在结构施工和装修施工时，要充分考虑其对舞台声、光的影响。

(5) 钢结构部位多、形式多样，钢梁、螺栓球网架、钢结构的制作及吊装是本工程的难点。

(6) 大体积土方回填是本工程的重点。

(7) 有大面积广场的绿化及铺装。

(8) 建筑外型的局部处理讲究，弧线的流线造型和圆柱突出了建筑物典雅的艺术气息，但同时给外墙施工和柱子的施工提出了较高的技术要求，暴露的混凝土结构必须达到清水效果，清水混凝土施工也是本工程的特点。

(9) 结构层次变化多、空间大，无标准层，施工机械、料具的投入大，给施工提出了较高的要求。

(10) C区舞台的净空高度大，接近50m，墙体施工搭设脚手架对施工提出了较高的技术要求。

(11) 结构的层次变化多，平面极其复杂，形状十分不规则，弧线和圆柱非常多，施工放线平面控制难度很大，造成通视条件差，因此，测量控制点的布置数量较多，投点工作量大，并且需要联测。

同时，在组织施工过程中，如不针对工程中关键的工序采取先进的、可靠的技术措施，将给工程的施工质量带来不利的影响。因此，测量放线、钢构件（含钢网架）制作施工、施工过程中减少土方侧压力、清水混凝土工程、声光电的施工、防水工程、流水台阶防水施工将是本工程的重点控制对象。

### 1.4　总承包管理

本工程实施完全意义上的设备、施工（P·C）总承包，由中建八局自行组织设备、材料的招标采购和整个工程的施工，在施工中经过探索，我们采用了以责任工程师为基本元素的总承包项目管理模式，总承包下设工程部、商务部、设计部，根据分工，全面负责工程的管理。

## 2　施工部署

### 2.1　组织机构及职能

本工程为一项大型综合性公共建设项目，工程投资大、工期紧、质量要求高，涉及的专业面广，参建单位多，专业设备安装复杂，因此，在项目管理中必须突出以项目总承包管理为核心，综合管理各分包单位，使得各分包单位在总承包单位的统一指挥下完成各自分包合同内的施工任务，工程总包单位将把土建工程作为自己的主承建工程，土建项目部在总承包管理下，科学、有序地进行组织施工，达到优质、高速、低成本地把此工程建设成一流建筑精品，项目部配备人员如下：

(1) 项目经理1名、生产副经理、商务副经理各1名；

(2) 项目总工1名；

(3) 质检员2名、安全员3名；

(4) 施工员7名、测量员2名、资料员1名、材料员3名；

(5) 预算员2名。

## 2.2 施工进度计划

本工程开工时间定为2003年3月1日（现场正式通电时间在2003年4月19日），完工时间安排在2004年10月31日，总日历工期611天，比要求交工时间提前74天完工。

第一施工阶段：

A区结构施工，2003年3月1日~2003年7月26日；钢结构施工，2003年4月1日~10月1日；

B区结构施工，2003年4月5日~2003年6月30日；

C区结构施工，由于图纸滞后因素，所以，安排在图纸到场以后再大面积进行施工，前期只能按照土方开挖图纸进行初步挖土。挖土时间安排在2003年4月18日开始（挖土图纸到场日期）。

第二施工阶段：

A区网架施工完成后，开始D区穿插施工，先进行D1、D4区施工，当C区网架完成以后D区全面开始施工；B区结构完成后开始E区施工。

D区结构施工，2003年9月1日~2003年11月5日；

E区结构施工，2003年6月15日~2003年7月30日。

A、B、C区结构施工完成以后，D、E区展开施工。

## 2.3 施工区段划分及施工顺序

### 2.3.1 施工区段划分

施工时，A、B区同时展开施工，第一施工阶段A、B区施工至地上各层结构完成，第二施工阶段，A区屋面网架完成后即开始D区（D1、D4）穿插作业，C区屋面完成后，D区全面施工；B区结构完成后开始E区施工。A、B区分段见图2-1和图2-2。

### 2.3.2 施工顺序

地下室施工阶段施工顺序为：土方开挖→垫层混凝土→砖模砌筑→卷材防水→防水保护层→底板、柱、墙钢筋绑扎→底板混凝土浇筑→墙板钢筋绑扎→墙板模板支设→墙板、柱混凝土浇筑→梁板模板支设→梁板钢筋绑扎→梁板混凝土浇筑。

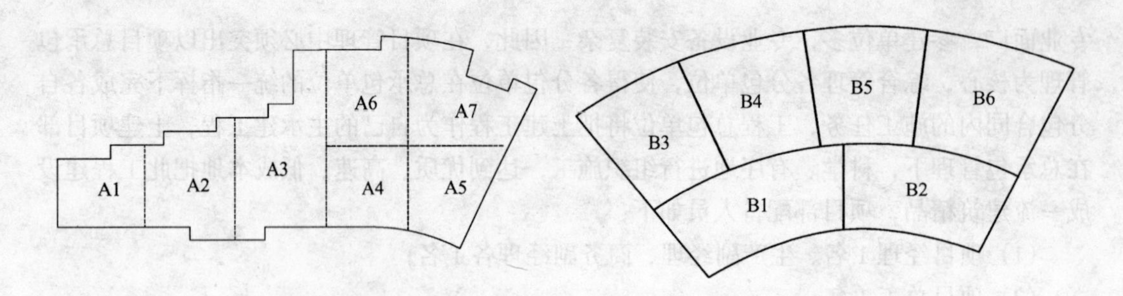


图 2-1　A 区分段图
注：具体位置见后浇带图。

图 2-2　B 区施工分段图
注：具体位置按结施 B－1 后浇带划分。

地上施工阶段施工顺序为：柱（墙）钢筋绑扎 → 柱（墙）模板支设 → 柱（墙）混凝土浇筑 → 梁板模板支设 → 梁板钢筋绑扎 → 梁板混凝土浇筑 → 网架结构安装 → 幕墙安装 → 屋面板安装 → 屋面防水 → 局部屋面回填土 →屋面植被。

水、暖、电、钢结构、人防预留预埋配合土建专业穿插进行，设备安装等待结构工程完成以后才可以进行；精密专业设备安装等待土建装饰完成以后才可以进行；吊顶工程需等待灯具就位以后进行；卫生间设备安装须等待卫生间地面防水施工完成后开始。

施工流向：组织三个施工队分别负责 A、B、C 三区同时穿插流水施工。三个施工队同时作业；先地下后地上、先深后浅、先室内后室外。

粗装修期间施工顺序：

地下室回填 → 隔墙砌筑 → 墙面抹灰 → 电梯安装 → 窗户安装 → 顶棚喷涂（乳胶漆）→ 楼地面找平 → 扶梯安装 →门安装 →室外管网 → 室外地坪。

装修期间施工程序：

吊顶 → 灯具安装 → 大理石地面 → 墙面乳胶漆 → 隔断安装 → 不锈钢栏杆→ 声光设备→ 卫生洁具 →室外广场地坪→广场灯具 →小品植被 → 喷泉设备安装。

### 2.3.3　主要施工方法

(1) 地下室施工

1）施工内容

分成两个施工阶段，第一阶段施工 A、B、C 区，第二阶段施工 D、E 区；施工内容为土方开挖、垫层混凝土、卷材防水、防水保护层混凝土、钢筋混凝土地下室梁柱板结构。分成两个施工阶段的目的主要是先行解决主要矛盾，即将结构层次复杂的 C 区、A 区、B 区框架结构先行施工完成，利用 D 区底板场地作为材料堆放、塔吊安装场地及施工用场地，等到该三个施工区域的屋面网架、幕墙安装施工完成后，再开始第二个施工区域的作业内容，即将 E 区地下隧道范围至挡土墙、D 区的地下室结构完成。

2）土方工程

C 区～A 区基坑全部采用大开挖，开挖同时进行。挖土的原则是由浅入深，逐层向下，挖土边坡为 1:0.8；－16.80m 主台区域南北两侧底板斜坡部位土方按照底板结构坡度进行开挖；相邻两个高低差区域等待较低施工区结构墙板混凝土及防水施工至较高区域底板上标高以下 35$d$（底板钢筋在墙板内的锚固长度）时，两者因放坡形成的高低差空缺才可以进行回填土，然后开挖较高区域的土方；剩余土方开挖采用挖掘机，运输采用太拖拉自卸汽车，挖出的土方全部向外运出场区到业主指定地点；对于个别部位的岩石，先进行爆破。

3）钢筋工程

地下室底板钢筋 $\phi$20 以上连接采用滚压直螺纹连接技术，墙板水平钢筋连接采用绑扎搭接；柱钢筋、墙板竖向钢筋规格在 $\phi$20 以上连接，采用滚压直螺纹连接技术。

4）模板工程

柱模板以及清水部位的墙体全部采用全钢大模板；梁板采用规格为 12mm×1220mm×2440mm 竹胶模板，采用 50mm×100mm 的木方配合 $\phi$48 钢管、$\phi$12 对拉螺栓进行固定；柱模板采用专门加工订制的定型钢模板，拼装时采用塔吊吊装就位，校正位置及垂直度以后采用满堂脚手架进行固定。

5）混凝土工程

混凝土来源为商品混凝土，现场布设固定混凝土输送泵，混凝土浇筑时配合汽车泵。混凝土浇筑时，按照划分好的施工段进行流水作业。

施工缝处理办法：混凝土底板与侧墙板二次浇筑界面水平缝处理采用 PZ 遇水膨胀止水条 20mm×30mm 嵌入事先成型好的双槽内；底板后浇带两侧竖向施工缝采用 300mm×8mm 橡胶止水带安放进入底板内，沿缝两侧每边 150mm；相临区域底板高低差施工缝，同样采用橡胶止水带的办法，安放在预先留置好的启口缝里，在混凝土二次浇筑前进行安放固定；采用止水条的施工缝处理，必须执行清洗、凿毛、刷浆、嵌条、二次浇筑的程序，以保证接缝处混凝土施工质量，从而达到防水的目的。

（2）主体施工

平面按照施工段，竖向按照施工层组织进行流水施工，依次进行钢筋工程、模板工程、混凝土工程的流水作业；混凝土浇筑时，柱子的施工缝留置在梁底以下 50mm 处；柱子先浇，梁板后浇；梁板按照后浇带进行分段；后浇带处钢筋按照设计要求进行加密布置；后浇带的混凝土强度比同楼层的混凝土强度大一个等级；两个月以后再行浇筑；混凝土来源为商品混凝土，输送泵进行泵送；梁板模板采用竹胶板，柱模板采用定型钢模板，安装时采用塔吊进行吊装就位，人工校正；脚手架采用满堂脚手架体系，结合不同的层高选用不同长度的钢管，钢管规格 $\phi$48；支模用木方采用 50mm×100mm；主台仓部分采用脚手架一直搭设到顶部混凝土屋面下表面，满堂脚手架四面采用 4m 长钢管设置剪刀撑，以保证架体整体稳定性；在土建专业施工的同时，网架专业、幕墙专业做好自己的预留预埋工作，等土建楼层结构施工完毕，混凝土达到 28d 强度以后，屋面网架的施工即可进行，在楼层面上铺设轨道，搭设可移动空中操作平台，吊装网架空中拼接就位；网架结构施工完毕一个施工区域时，屋面折型板即可插入施工；幕墙专业安排于屋面板施工后开始进行施工；全部结构完成以后，塔吊即行拆除；楼板上用于塔吊预留的孔洞二次进行施工完成。

（3）精装修施工

本工程的装饰分项分为顶棚、墙面、柱面、栏杆扶手、隔断、地面、门窗等，装饰工程的施工顺序遵循的原则是先粗后精、先高后低、先上后下、先室内后室外。吊顶工序开始必须安排在房间顶部电、消防专业完成安装，系统打压后才可以进行；墙面精装饰必须等待粗装饰的墙面充分干燥并且窗户、墙壁灯具、插座、电视、电话、电信等完成后才可进行；地面施工安排在地热、水暖、电梯、扶梯完成后进行；最后安排的室内装饰为玻璃隔断、不锈钢扶手、栏杆、内门；主入口的旋转门可以在内部装饰完成后再行安装，安装完毕后进行该部位局部区域的地面铺装；室外装饰的施工必须等土坡、台阶、地下电缆、室外管线等完成后方可进行。

### 2.4 施工机械的选择

#### 2.4.1 垂直运输机械的选择

(1) 塔吊

本工程体量大，占地面积也较大，工程材料、周转材料的运输是影响施工进度的重要因素之一，为了充分保证施工进度，根据现场的具体平面布置，C区～A区地下室及主体施工阶段准备安装塔吊6台，型号选用两台固定式H3/36B、四台固定式FO/23B；塔吊的安置用于整个结构施工过程的钢筋、模板、周转料具及半成品、构配件等的吊装运输。结构工程施工完成以后，塔吊予以拆除。

平面布置见塔吊平面布置图（图2-4）。

H3/36B型塔吊机械性能：覆盖半径为60m，最大起重量12t，端部起重量为3.60t；

FO/23B塔吊机械性能：覆盖半径50m，平衡臂长12.5m，平衡臂宽2.5m。

(2) 龙门架

由于本工程为多层建筑，垂直运输采用龙门架，龙门架主要用于地上各层粗装修、精装饰材料、设备运输任务；龙门架平面布置具体位置见图2-3。

(3) 混凝土拌制与运输机械的选择

混凝土采用商品混凝土，拟投入以下设备：

1) HBT60固定式混凝土泵：3台；

2) PY21－30E汽车泵：3台；

3) 混凝土运输罐车：24台；

4) 混凝土布料机HGY13：3台。

(4) 塔吊安装方案

1) 塔吊安装位置见下页塔吊平面布置图

2) 塔吊安装高度：

1#塔吊：47.80m；2#塔吊：57.80m；3#塔吊：45.80m；

4#塔吊：56.00m；5#塔吊：56.00m；6#塔吊：46.00m。

3) 塔吊基础图见图2-4～图2-6。

(5) 塔吊基础（底板混凝土）的施工

1) 土方开挖

为保证此部位底板先行施工，必须优先开挖此部位土方。在开挖此部位土方时，必须先做好周围边缘排水沟，采取相关降排水措施后，方可开始土方开挖。开挖时，需安排专人在现场进行指挥。最后预留300mm厚土方，人工进行清槽。禁止超挖或扰动地基。

2) 垫层浇筑

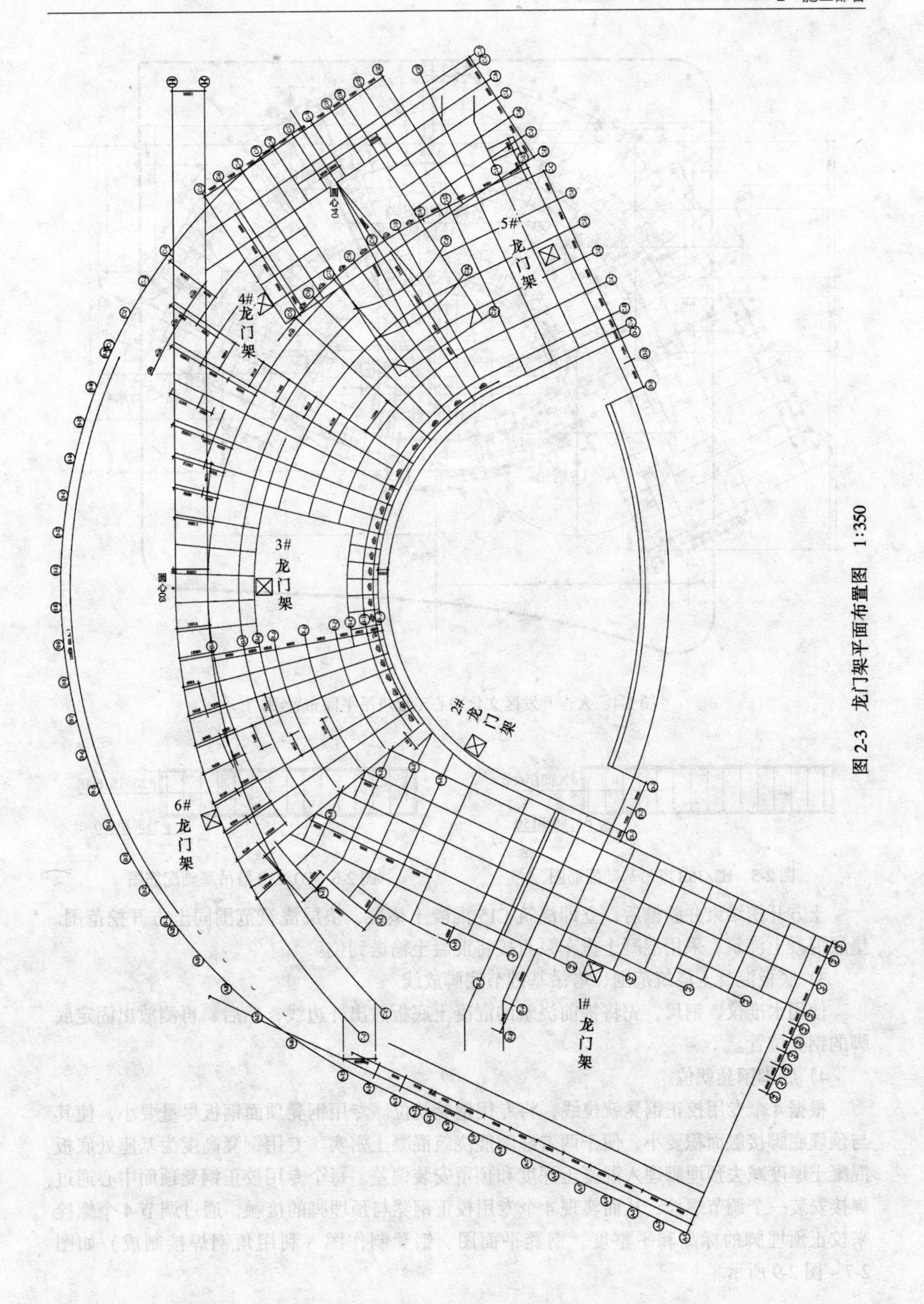


图 2-3 龙门架平面布置图 1:350

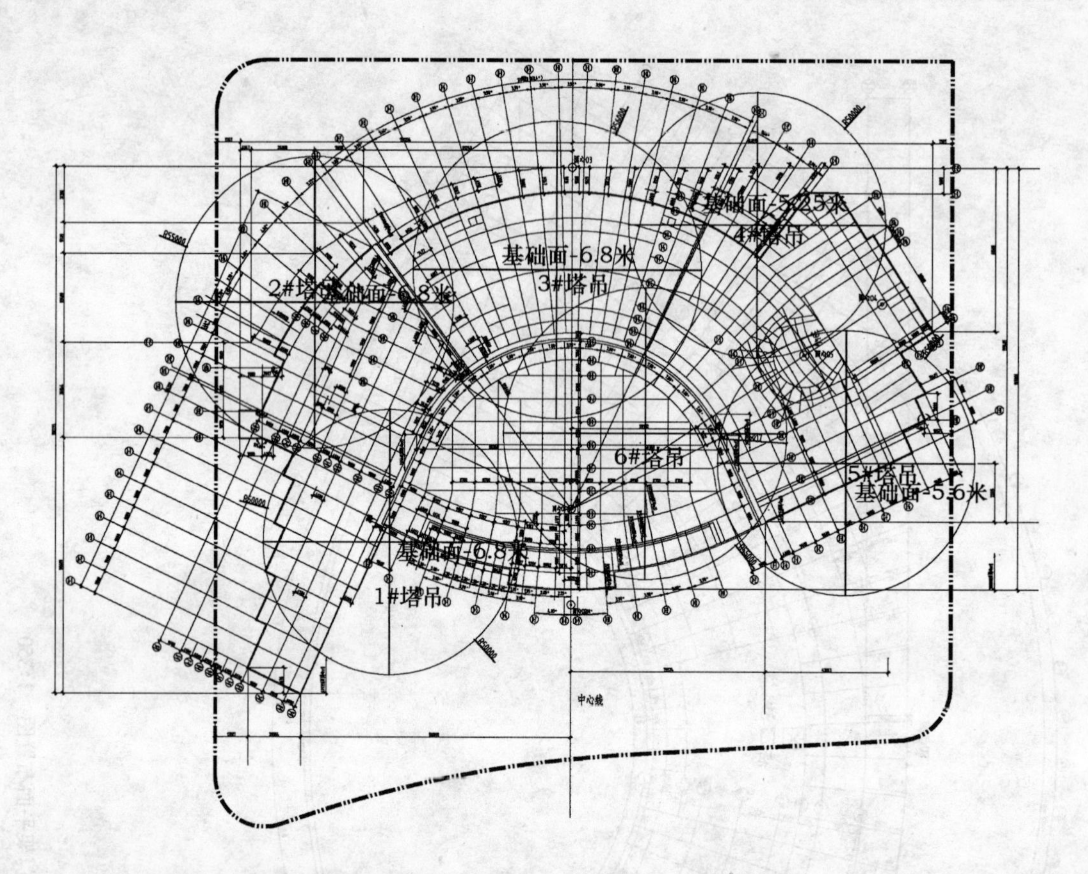


图 2-4　大连开发区文化中心工程塔吊平面布置图

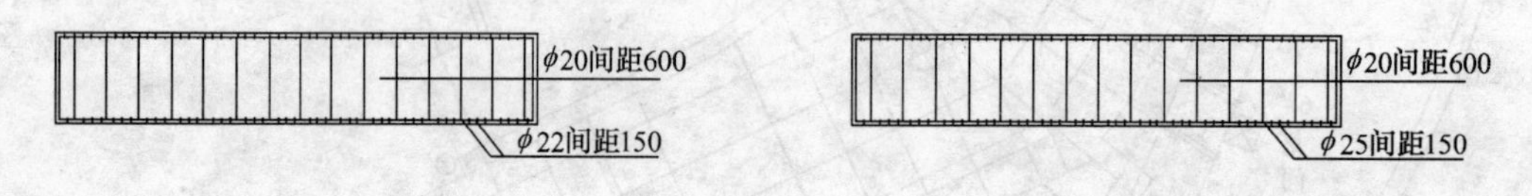


图 2-5　H3/36B 塔吊基础配筋图　　　图 2-6　FO/23B 塔吊基础配筋图

土方开挖结束并验槽后，立即浇筑 C15 混凝土垫层，垫层浇筑范围同土方开挖范围。垫层混凝土浇筑，采用混凝土汽车泵直接将混凝土输送到位。

3）底板混凝土浇筑范围、塔吊基础节底脚放线

使用水准仪、钢尺，先将提前浇筑的混凝土底板放出外边线；然后，再测放出固定底脚的钢凳位置。

4）底脚钢凳就位

根据 4 个专用校正钢凳就位线，将专用钢凳就位。专用钢凳顶面钢板尽量要小，使其与预埋底脚接触面积要小，便于两者缝隙能浇筑混凝土密实。专用钢凳高度为基座处底板混凝土厚度减去预埋脚埋入混凝土深度和预留安装偏差。每个专用校正钢凳顶面中心通过焊接安装一个调节螺栓，从而实现 4 个专用校正钢凳与预埋脚的接触，通过调节 4 个螺栓来校正预埋脚的标高和平整度。钢凳平面图、钢凳制作图（利用角钢焊接制成）如图 2-7 ~ 图 2-9 所示。

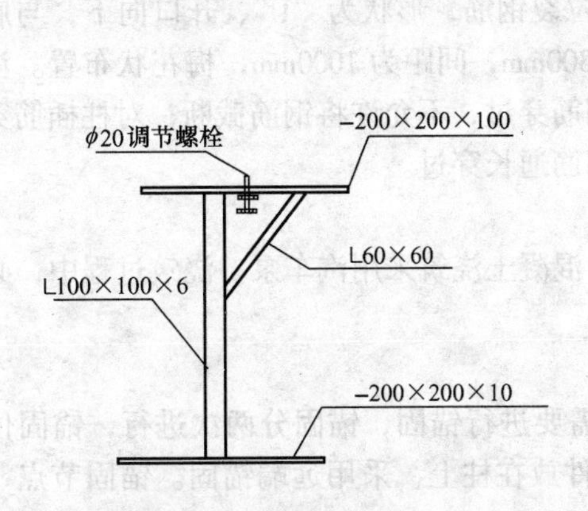


图 2-7 钢凳立面图（单位：mm）

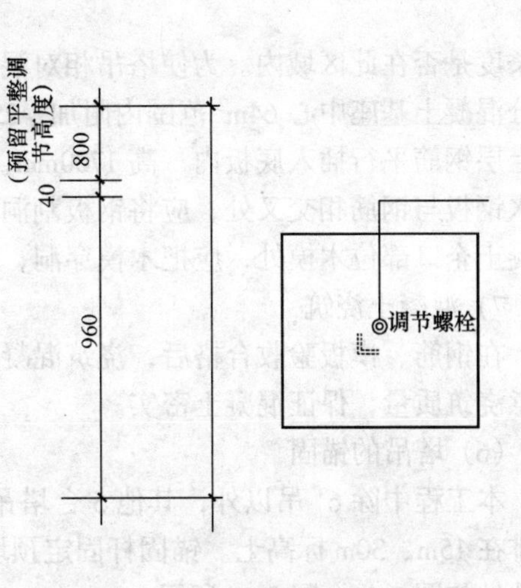


图 2-8 钢凳上顶面图（单位：mm）

钢凳就位后将其大致找平，并在 4 个钢凳之间焊接钢筋进行加固。

5）基础节及预埋脚的安装

利用汽车吊分别将预埋脚及其固定架（禁止将固定架与底脚连接成整体后，进行吊装，造成固定架变形，影响塔吊标准节的安装）吊至 4 个专用钢凳上，然后利用调节螺栓对预埋脚的标高和平整度进行校正，校正至符合要求后，将 4 个预埋脚之间加焊拉杆进行加固；然后，绑扎钢筋、支模、浇筑混凝土。混凝土基座浇筑成型后，立面示意如图 2-10 所示。

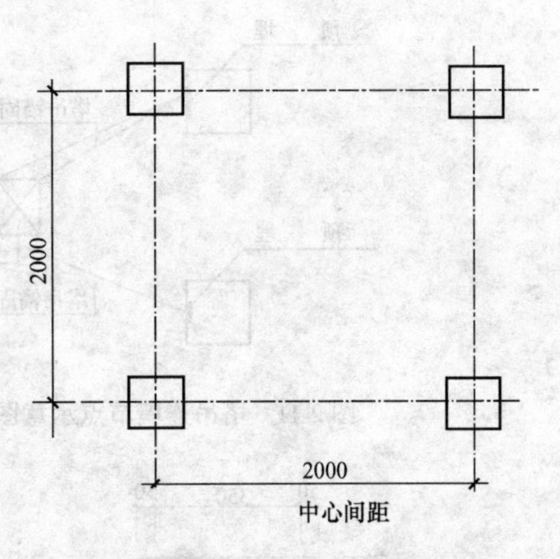


图 2-9 钢凳平面图（单位：mm）

6）钢筋绑扎

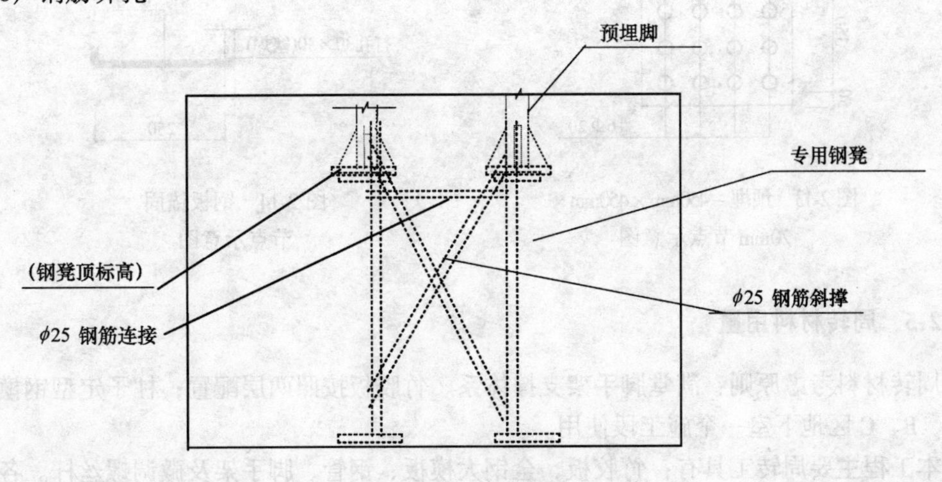


图 2-10 混凝土基座立面图

底板钢筋绑扎，必须将接头相互错开，钢筋连接采用墩粗直螺纹接头，同一截面接头数量不大于 50%。特别注意柱板带位置处下层钢筋为 $\phi28$ 及周围柱、核心筒等钢筋的锚固长度是否在此区域内。为使塔吊相对混凝土基座产生的力矩对混凝土不造成拉裂，在此部分混凝土基座中心 64m² 范围内附加 φ25 抗拉裂钢筋，形状为“U”、开口向下，与底板最上层钢筋平行插入底板内，高 1700mm，宽 300mm，间距为 1000mm，梅花状布置。注意止水钢板与钢筋相交叉处，应将钢板割洞让钢筋穿过，不允许将钢筋截断；对柱插筋穿越混凝土企口部位木模处，应把木模穿洞，让钢筋通长穿过。

7）混凝土浇筑

在钢筋、模板验收合格后，浇筑混凝土。混凝土浇筑采用汽车泵。浇筑过程中，必须注意浇筑质量，保证混凝土密实。

（6）塔吊的锚固

本工程中除 6# 吊以外，其他 5 台塔吊均需要进行锚固，锚固分两次进行，锚固位置安排在 15m、30m 标高上。锚固杆固定预埋铁件放在柱上，采用远端锚固。锚固节点、预埋铁件如图 2-11 ~ 图 2-14 所示。

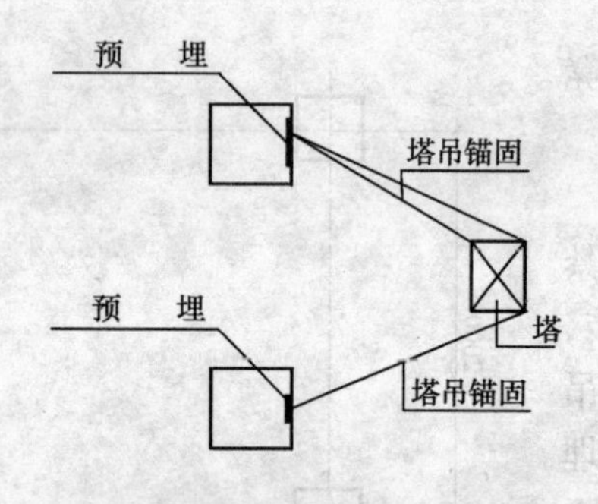


图 2-11　塔吊连墙节点示意图

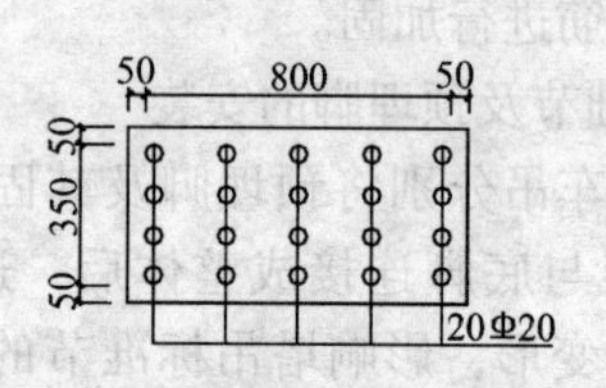


图 2-12　预埋 – 900mm × 450mm × 20mm 节点示意图

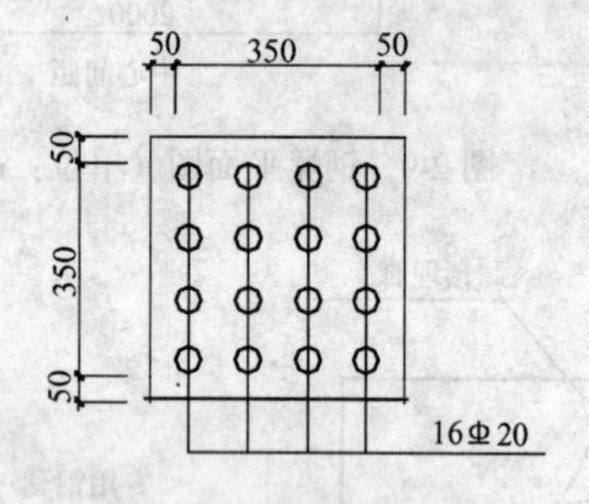


图 2-13　预埋 – 450mm × 450mm × 20mm 节点示意图

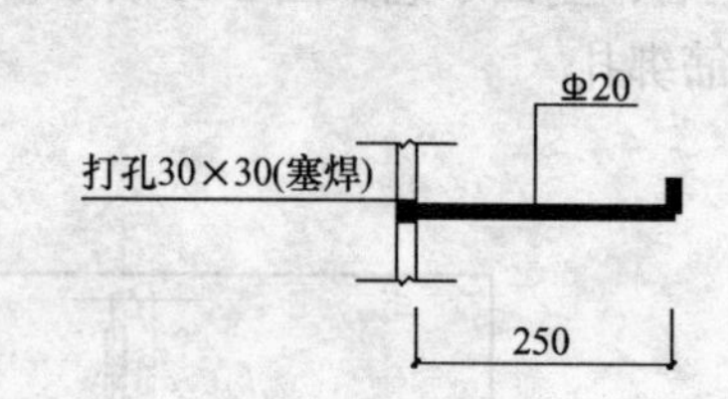


图 2-14　钢板锚固节点示意图

## 2.5　周转材料用量

周转材料考虑原则：满堂脚手架支撑体系、竹胶板按照两层配置；柱子定型钢模板考虑 A、B、C 区地下室一个施工段使用。

本工程主要周转工具有：竹胶板，全钢大模板、钢管、脚手架及微调螺丝杆。各种材料用量计划如下：

竹胶板 25000m²，φ48 钢管 3200t，微调螺丝杆 48 万个，扣件 6 万个，定型方柱大钢模板及圆柱大钢模板共 67 套。

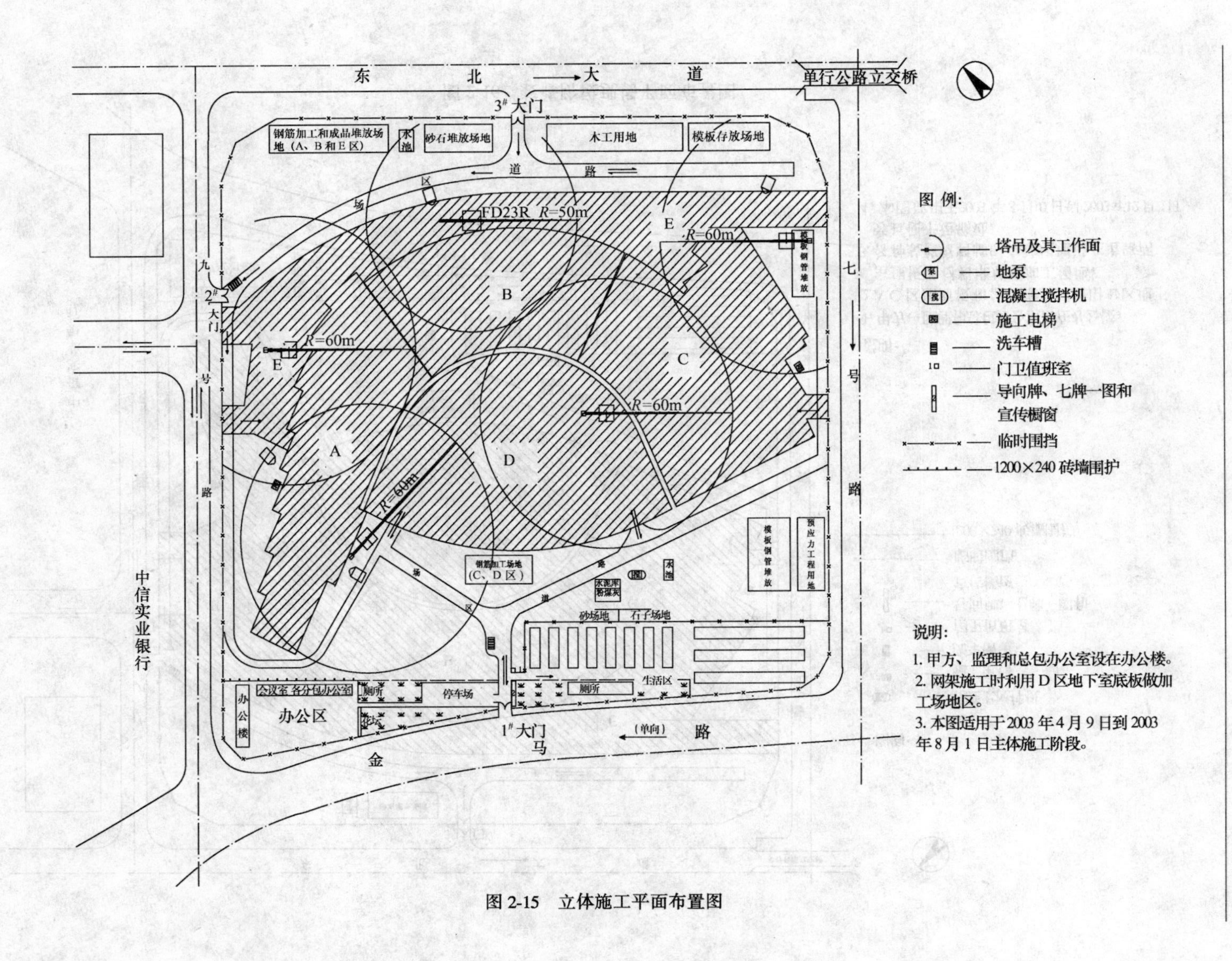


图 2-15　立体施工平面布置图

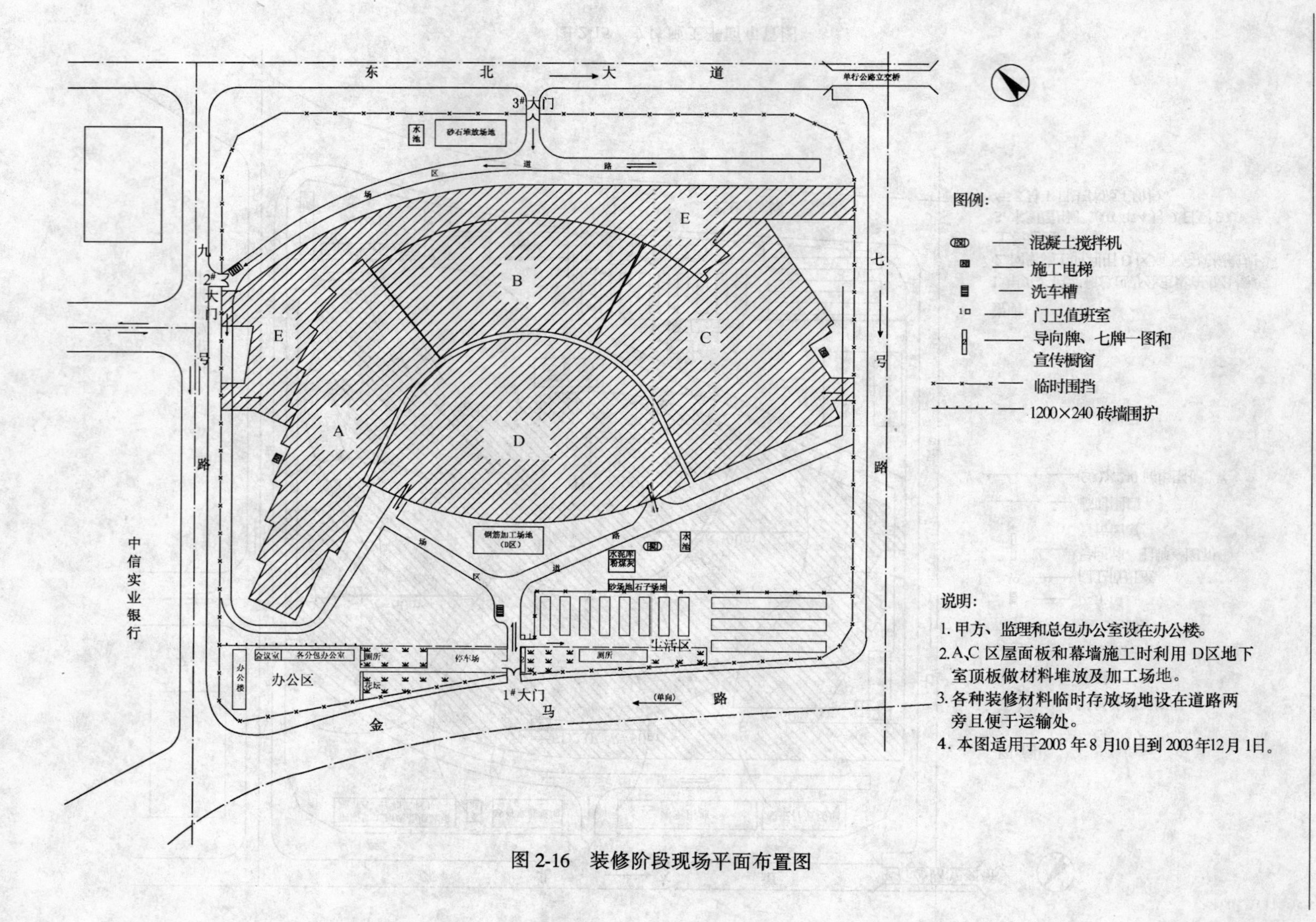


图 2-16　装修阶段现场平面布置图

### 2.6 劳动力部署

本工程劳务选用素质良好、有丰富施工经验的队伍，现场采用三个施工队分别分布在A、B、C区，平行展开施工。各专业施工队伍，根据施工进度与工程状况按计划、分阶段进退场，保证人员的稳定和工程的顺利展开。

本工程施工人员的配备根据本工程的特点和工程量，高峰期土建工程需配备各类施工人员共1600人左右。

### 2.7 施工总平面布置图

（1）主体施工阶段总平面布置图（见图2-15）；

（2）装修施工阶段总平面布置图（见图2-16）。

# 3 主要分项工程施工方法

## 3.1 测量工程

### 3.1.1 平面控制网的建立

本工程是一个大型的公益建设项目，占地面积大，A、B、C、D、E区施工工艺多，建筑物形式各异，结构复杂，广场内建筑小品多，因此，需要建立一个满足施工要求的测量控制网，能够对整个施工区进行全方位的控制。

（1）总平面控制网的建立

为了整个施工区的受控，提高施工的质量、进度、精度、便利等各方面的需要，防止原始基准点的丢失、破坏。根据甲方提供的原始基准点圆心1、圆心2、圆心3、圆心4及A区A－D、A－B坐标点、C区C－B、C－E坐标点，我们需要建立起服务于全施工区的总的测量平面控制网，将原始基准点层层受控。

首先，用全站仪将原始基准点引测到附近通视条件好，人为因素不易破坏的地方加以良好的保护，用红色油漆加以标注。

其次，将各引测点连成一闭合导线，将各导线点进行连测，外业采集控制网数据进行内业分析，计算出控制网各导线点的坐标，用误差原理进行分析各导线点的误差，在测量规范允许范围内对产生的误差进行平差处理。

角度误差：$\Delta\alpha = 360° - (\alpha_{\mathrm{I}} + \alpha_{\mathrm{II}} + \alpha_{\mathrm{III}} + \alpha_{\mathrm{IV}} + \alpha_{\mathrm{V}} + \alpha_{\mathrm{VI}} + \alpha_{o2})$。

误差分配原理：将总误差$\alpha$按比例，根据大角分配大误差的原理分配在各个角上。误差值为正，误差分配按$-\Delta\alpha$分配；误差值为负，误差按$+\Delta\alpha$分配。

距离误差：由于角度测量有误差，因此，各控制点将相应地会产生距离误差和坐标误差，将角度误差分配到各条边上以后，用所实测的各边距离和分配到相应边上的误差角度推算出未改正之前的坐标增减量（$x_i$，$y_i$）。由于分配的角度有正负之分，以及各边的方位角处于不同的象限，因此，产生的坐标（$x_i$，$y_i$）也有正负。求出各控制点坐标增减量：$f_x = \Sigma x_i, f_y = \Sigma y_i$，再求各控制点所产生的矢量和：$f_i = (f_x^2 + f_y^2)^{1/2}$，进一步求得各测边产生的误差是否符合边长闭和差：

$$f = f_i / \Sigma s$$

当 $f$ 小于规范限差值时（按一级导线网布设），所采集的数据成果有效；然后，用以下公式进行平差：

$$\Delta S_i = s_i \times f = s_i \times f_i / \Sigma s$$

误差分配：$S = s_i + \Delta S_i$

式中　$s_i$——实测边长；

$S$——改正后的边长。

当 $f$ 大于规范限差值时，应当重新测量，进行再次平差计算。

最后，进行内业数据整理，绘制总平面控制图。

总平面控制网位置如图 3-1 所示。

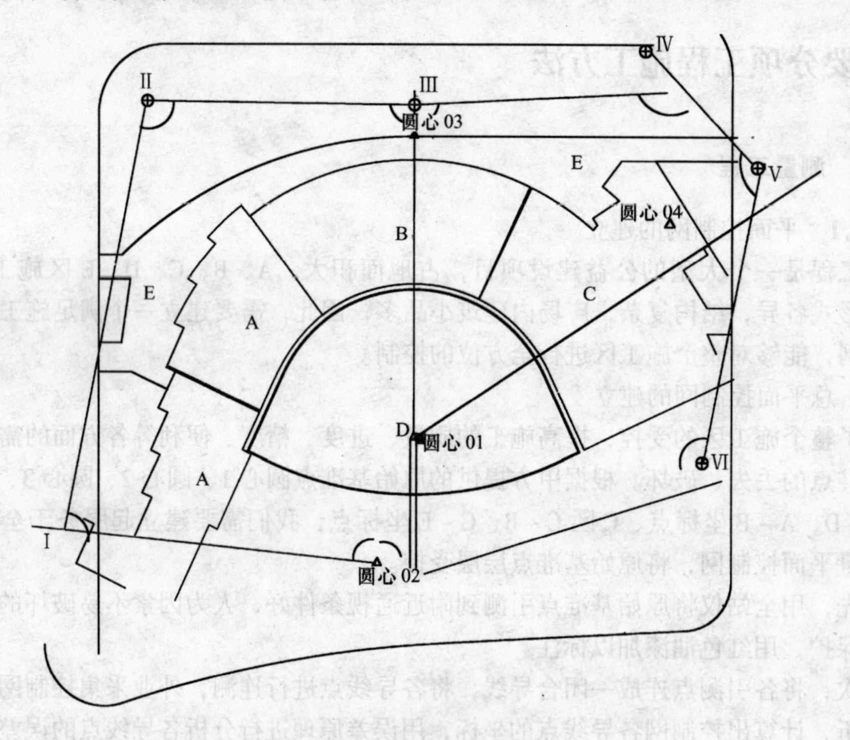


图 3-1　总平面控制网

该控制网主要控制整个施工区建筑物的精度，有利于各区施工的轴线控制网的布设和检核，提高整个工程的质量和进度。如果主要控制点在施工期间被破坏或丢失，各个控制点能相互恢复和校核。各点的坐标在布置总平面控制点时已经推算为已知，因此，利用前方交会的方法恢复施工时丢失或破坏的控制点：

$$S = [(y_{ii} - y_i)^2 + (x_{ii} - x_i)^2]^{1/2}$$

$$\alpha = \tan^{-1}[(y_{ii} - y_i)/(x_{ii} - x_i)]$$

如图 3-2 所示。

(2) 各施工区平面控制网的建立

本工程分5个施工区，分别是A、B、C、D、E区，为了便于施工流水作业，我们在布置施工平面控制网时采用各区分别布设，内、外控制相间，大网控制小网，层层控制，层层检核的布设方法，进行建立A、B、C、D、E区的施工区平面控制网。

根据各区建筑物的布局、柱网的特点及各区建筑物的标高和平面特点，对各区平面控制网进行如下建立：

1）A区控制网

根据甲方提供的原始基准点圆心1、圆心2、圆心3及A区AD、AB坐标点，放样图纸上A区外墙边线坐标点A、B、C、D四点。然后，据已知坐标点圆心1、圆心2，利用如下公式：

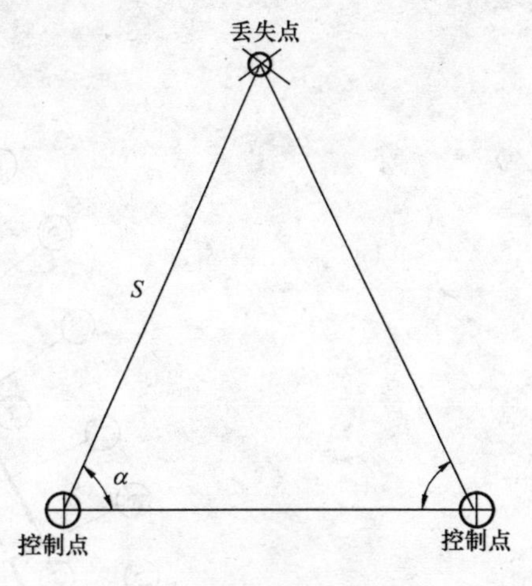


图3-2 恢复控制点示意图

$$\Delta x = X + S \cdot \cos\alpha$$

$$\Delta y = Y + S \cdot \sin\alpha$$

反算出控制线上控制点坐标，根据A区的平面图和剖面图，选择控制点的位置和数量，该区从下至上呈塔形阶梯状结构，因此，控制点的个数要求能控制各层的轴线的放样，然后用全站仪精确放样出控制线位置，并加以保护。待建筑物出地面后，将控制线引测到建筑物内，并做好相应的控制点，加以保护，作为整个A区的永久性控制点，如A区内$I_A$、$II_A$、$III_A$、$IV_A$、$V_A$、$VI_A$。控制点上方开预留洞，传递控制线和高程。把其中两条相互垂直的控制线延长至马路或已有建筑物的墙体上，做好标记，作为复核点。控制线位置如图3-3所示。

另外，针对于A区边缘在圆弧上的柱点，我们不能通过轴线平移的办法进行施工放样，因此，我们可以通过在A区设立坐标控制点的办法对处于圆弧上的柱点进行放样。为了便于管理和不发生混淆，我们采用A区的$I_A$、$II_A$控制点作为控制放样圆弧段柱点的控制点位，并计算出$I_A$、$II_A$控制点的坐标。放样时，通过$I_A$、$II_A$控制点，计算各圆弧上柱点坐标，进行坐标放样。放样简图如图3-4所示。

2）B区控制网

根据B区的柱网的形状呈扇形放射状，并且是以原始基准点圆心1为圆心的同心圆，且柱网的柱子全是圆形，因此，我们采用内控、外控为一体的平面控制形式，放样方法以坐标放样为主。具体做法如下：

将圆心1引测到基坑里（－6.000m），采取措施保存好。为了能良好地观测到B区的柱网，在靠近B区边缘上一点，作为临时观测点，并做好临时保护措施。该临时点以圆心1或圆心2定向，并且算出该临时点的坐标。通过圆心1和圆心2的坐标，算出柱网中各柱子的坐标，在该点上架设全站仪，放样地下一层（－6.000m）的B区所有柱子的平面位置（外控），见图3-5。

到地上（±0.000m）位置，圆心$O_1$点就和该区成为一个水平面，通过圆心$O_2$将圆心

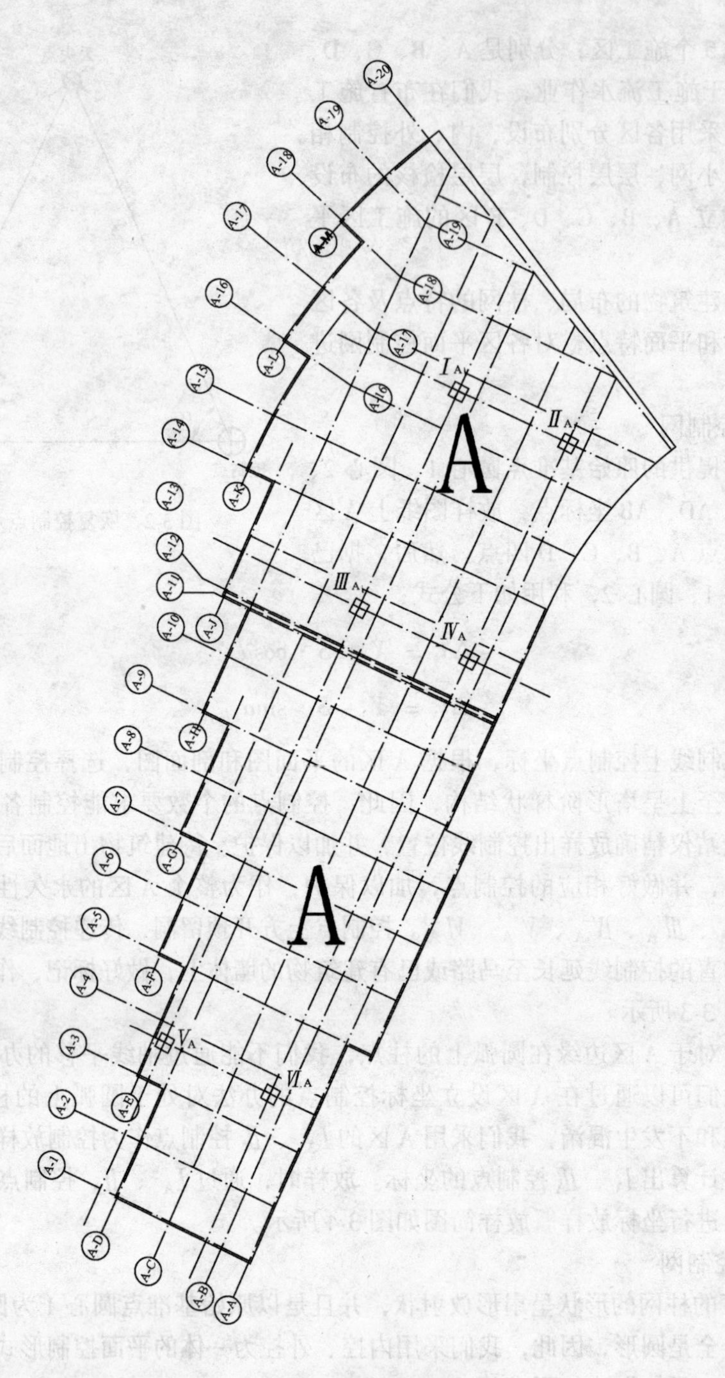


图 3-3　控制线位置

$O_1$ 恢复到 ±0.000 上来，用圆心 $O_1$ 放出 B 区 ±0.000 上的柱网。然后，在一层屋面板柱网里，从原始基准点圆心 1 上引测四个次基准点，作为上层柱网的坐标传递点；然后，据已知坐标点圆心 1、圆心 2，利用如下公式：

$$\Delta x = X + S \cdot \cos\alpha$$

$$\Delta y = Y + S \cdot \sin\alpha$$

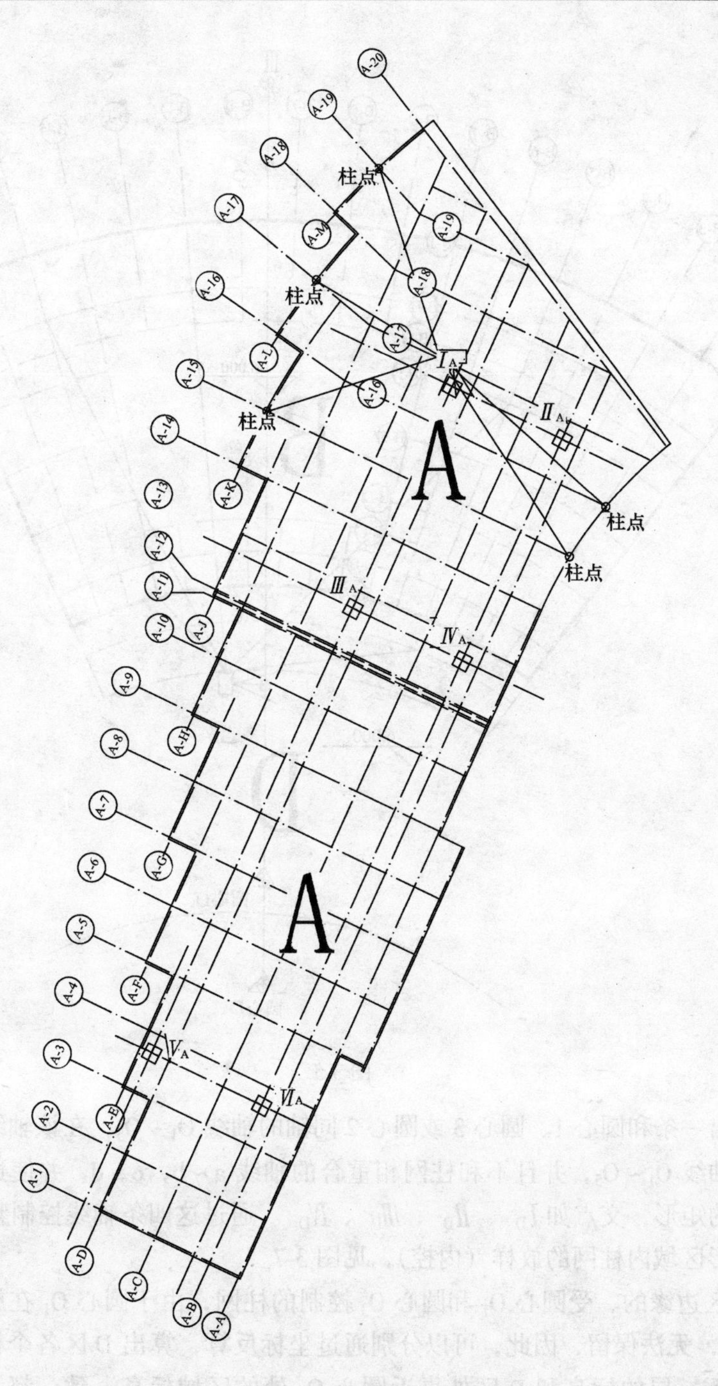


图 3-4 放样简图

反算出控制线上次基准点坐标；然后，用全站仪精确放样出控制点位置，并加以保护。作为整个 B 区一层以上的永久性控制点（内控）如图上点：$I_B$ 、$II_B$ 、$III_B$ 、$IV_B$ 。控制点上方开预留洞，传递控制线和高程。把其中两条相互垂直的控制线延长至马路或已有建筑物的墙体上，做好标记，作为复核点。控制线位置如图 3-6 所示。

3）D 区控制网

根据 D 区的柱网结构形式为矩形，只需将圆心 1 到圆心 3 或圆心 2 轴线引测到 D 区，

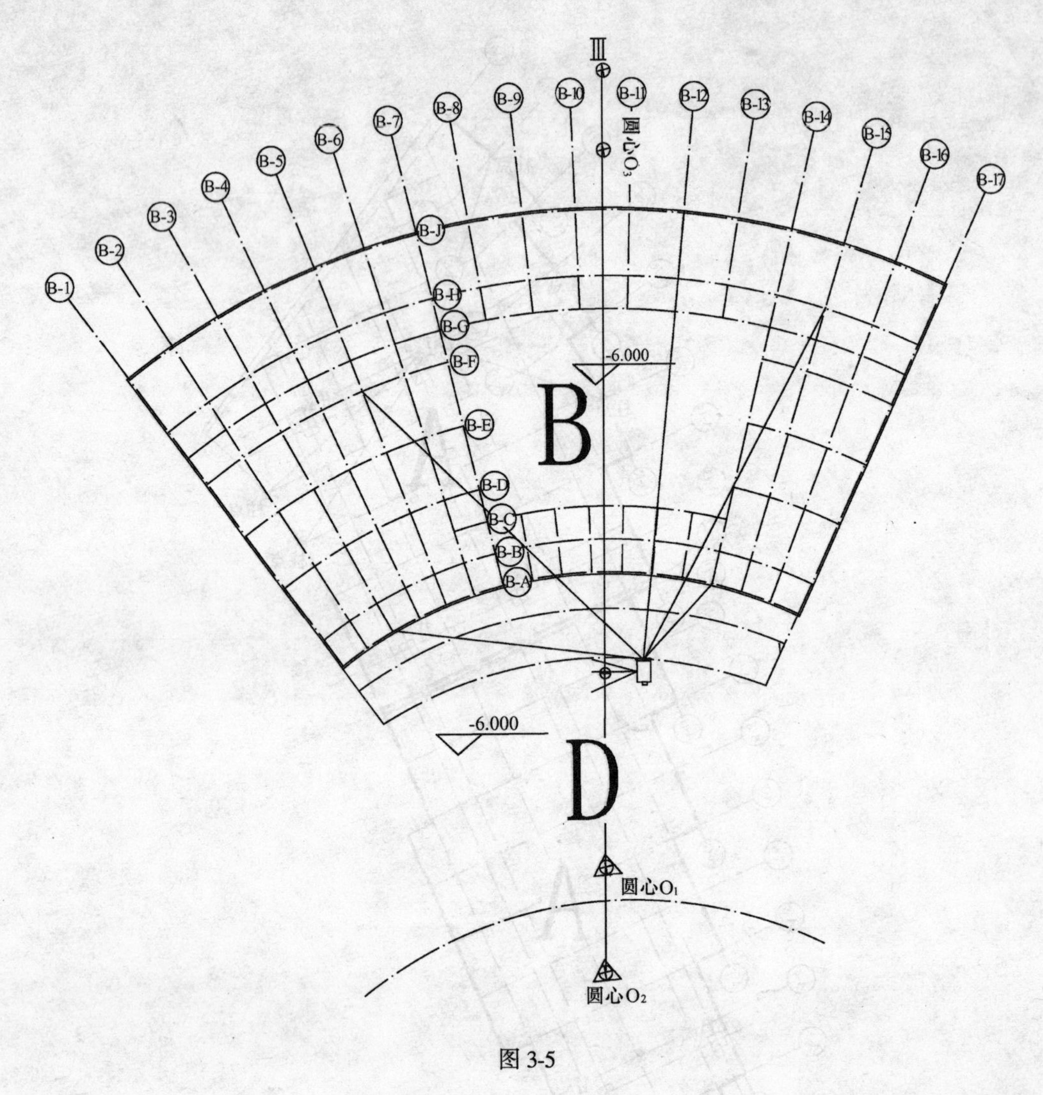


图 3-5

在基坑里放出一条和圆心 1、圆心 3 或圆心 2 同轴的轴线 $O_1 \sim O_5$，在该轴线上分别引测两条垂直于主轴线 $O_1 \sim O_5$，并且不和柱网相重合的轴线 a～b，c～d，并使这两条轴线围成一相互垂直的矩形，交点如 $I_D$ 、$II_D$ 、$III_D$ 、$IV_D$ 。通过这四条轴线控制整个 D 区地下一层所有的矩形区域内柱网的放样（内控），见图 3-7。

对于 D 区边缘的、受圆心 $O_1$ 和圆心 $O_3$ 控制的柱网，由于圆心 $O_1$ 在施工区人防工程（-10.000m），无法保留，因此，可以分别通过坐标反算，算出 D 区各个柱体的坐标。又因为 D 区地下一层的标高和 D 区外靠近圆心 $O_2$ 处的区域标高一致，都为 -6.000m，因此，可以通过在圆心 $O_1$ 和圆心 $O_2$ 上设控制点或以圆心 $O_2$ 为控制点，将整个圆弧曲线段内的柱体进行放样（外控），见图 3-8。

4）C 区控制网

C 区是结合 A、B、D 三区结构特点为一体的施工区，轴线布置比较复杂，基坑深度大，因此，我们应结合 A、B、D 三区的结构形式，分别采用轴线偏移、坐标等形式分别来布设该区的平面控制轴线。具体划分如下：

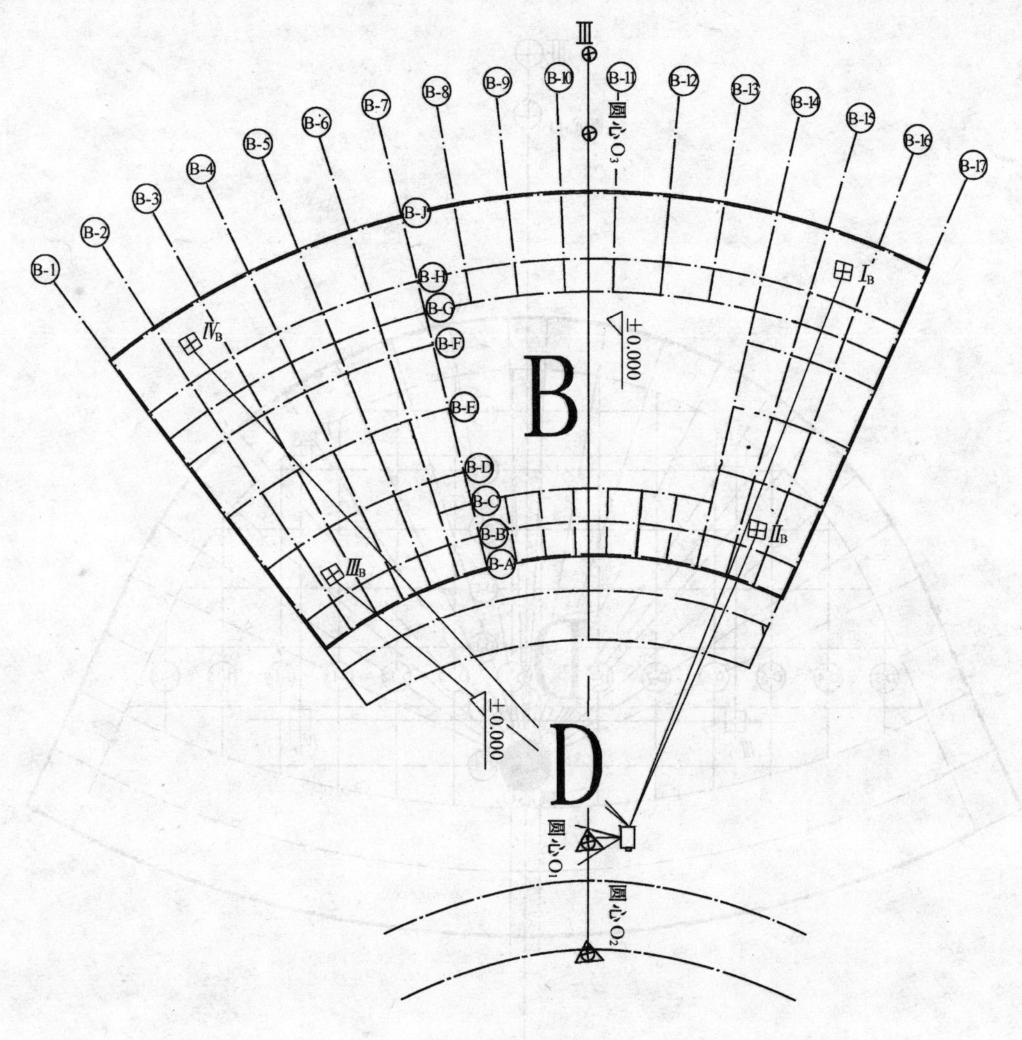


图 3-6　控制线位置

对于由同心圆 $O_1$ 控制的扇形区 C－1～C－11…C－A～B－Q 区域，采用坐标放样法，小区施工控制网布置和 B 区一样，其平面控制轴线图如图 3-9 所示。

对于 C－11～C－15…C－A～C－G 段，轴线 C－11～C－15 处于圆心 $O_1$ 的切线上，不在弧线上，因此，该段采用内控轴线偏移放样方法，布设线轴方法和 A 区一样，控制点如图 3-10 所示（$I_{C2}$、$II_{C2}$、$III_{C2}$、$IV_{C2}$），其平面控制轴线图如图 3-10 所示。

对于 C－1a～C－11a…C－H～C－P 段，根据建筑物的标高和形状，采用主轴线 $O_1$～$O_4$ 控制两条副轴线的方法进行平面控制轴线布设，由于该段施工标高各处不同（如图中－16.000m、－9.500m、－12.500m），因此，在布设两条副轴线时，将控制点置于基坑边上，能俯视其整个基坑的位置，轴线 C－1a 和轴线 C－11a 外侧，且控制点间相互通视，处于同一条轴线或垂直线上。其平面控制图如图 3-11 所示。

### 3.1.2　高程测量

由于该施工区占地面积比较大，施工区比较多，且施工的断面层次多样（－17.000～31.000m），仅此一个水准点（马桥子二等水准点）很难满足使用，因此，必须在整个施工

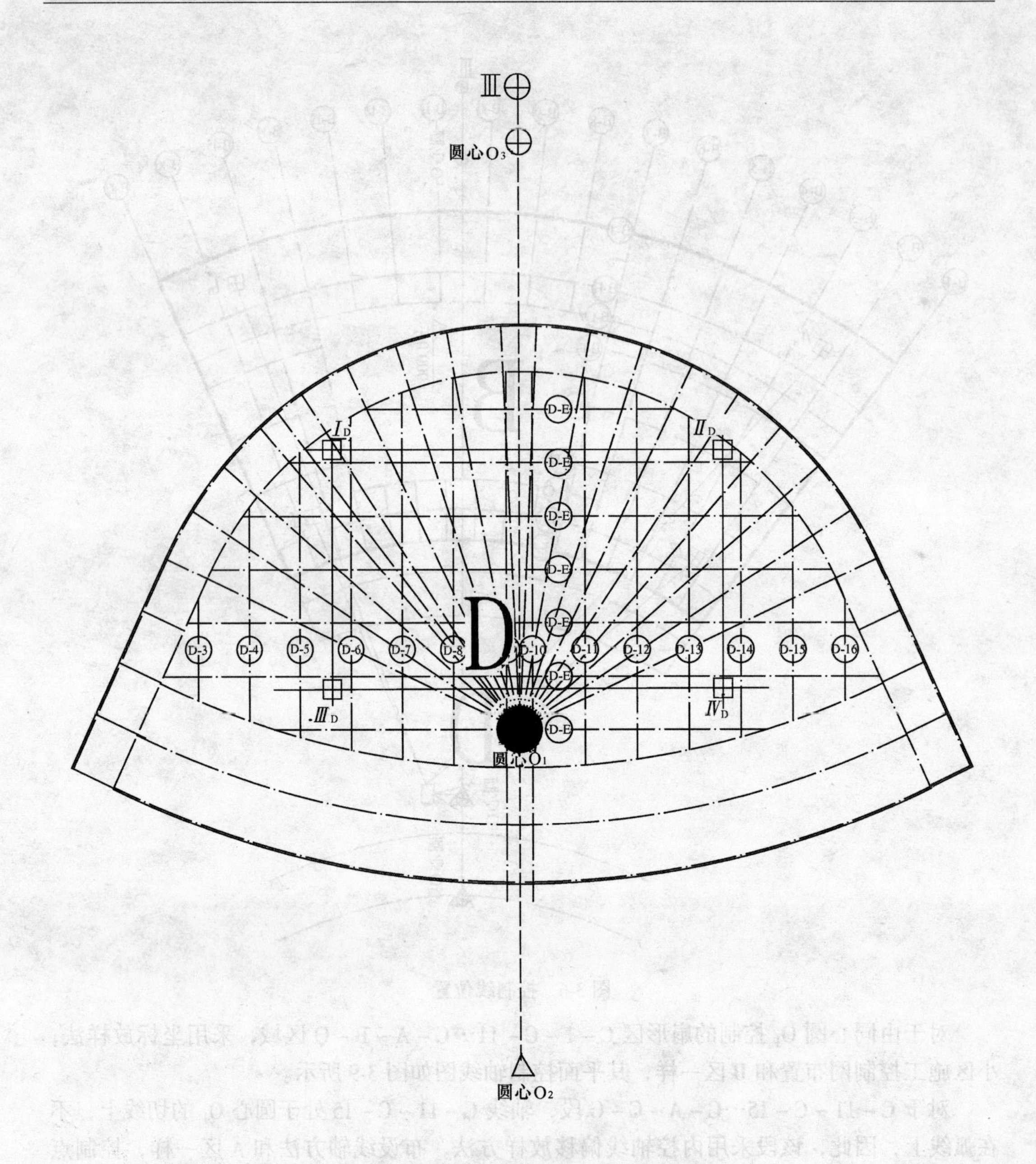


图 3-7　柱网放样

区布设水准网，以便满足 A、B、C、D、E 五个施工小区的使用。

在五个施工小区 A、B、C、D、E 基坑周围不影响施工、通视良好且易保存、地质坚固的地方设置加密水准点 $H_1$、$H_2$、$H_3$、$H_4$、$H_5$，按Ⅳ等水准测量的方法建立高程控制网。从马桥子二等水准点引测高程到各加密水准点上，并和马桥子二等水准点闭合组成一个闭合水准路线。对外业采集到的数据进行内业分析，总误差为：

$\Delta h = h_1 + h_2 + h_3 + h_4 + h_5 + h_6$　　$h_1$、…、$h_6$ 为加密水准点间的高差。

四等水准测量的限查差为：$20\sqrt{S}$或 $5\sqrt{n}$，单位：mm。

其中　$S$——闭合水准路线长的千米数；

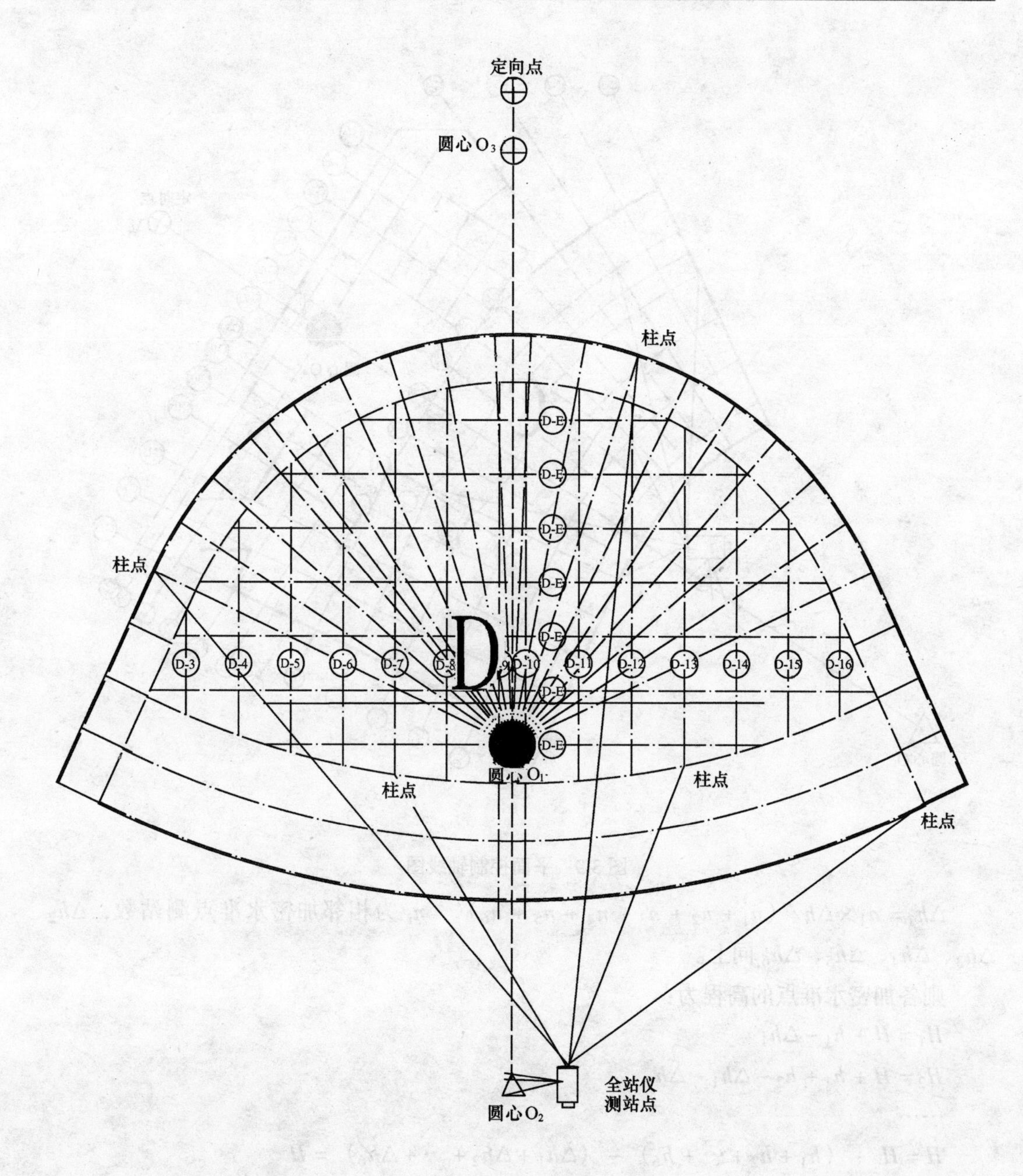


图 3-8 放样示意图

$n$——往返测的测站数。

对以上测设的总误差进行分析；如果该误差超出施工测量误差限差，此成果无效，并重新测设；如果该误差在施工测量误差限差以内，则用误差分配原理对各加密水准点进行平差处理：

距离平差：

$\Delta h_1 = s_1 \times \Delta h / (s_1 + s_2 + s_3 + s_4 + s_5 + s_6)$　$s_i$ 为相邻加密水准点间距离，$\Delta h_2$、$\Delta h_3$、$\Delta h_4$、$\Delta h_5$、$\Delta h_6$ 同上。

测站平差：

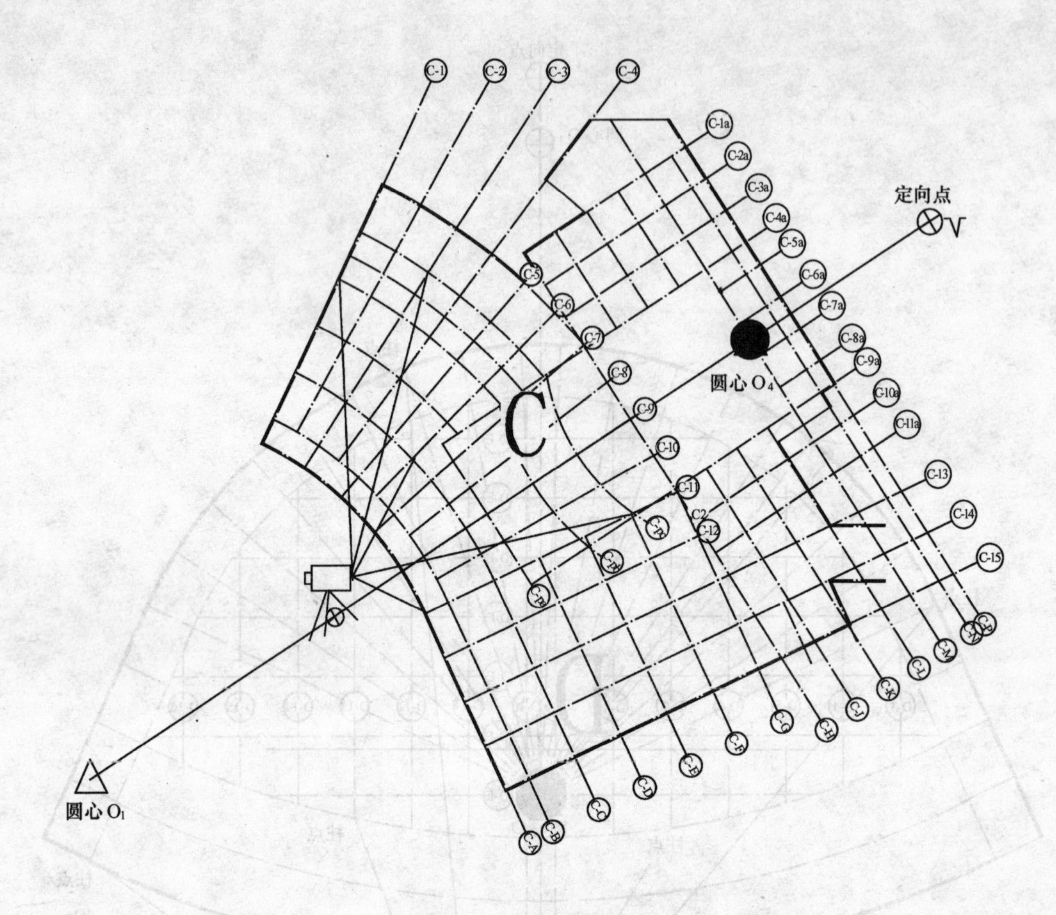


图 3-9　平面控制轴线图

$\Delta h_1 = n_1 \times \Delta h /（n_1 + n_2 + n_3 + n_4 + n_5 + n_6）$　$n_i$ 为相邻加密水准点测站数，$\Delta h_2$、$\Delta h_3$、$\Delta h_4$、$\Delta h_5$、$\Delta h_6$ 同上。

则各加密水准点的高程为：

$H_1 = H + h_1 - \Delta h_1$

$H_2 = H + h_1 + h_2 - \Delta h_1 - \Delta h_2$

……

$H = H +（h_1 + h_2 + \cdots + h_6）-（\Delta h_1 + \Delta h_2 + \cdots + \Delta h_6）= H$

$H_1$、$H_2$、$H_3$、$H_4$、$H_5$ 五个水准点分别作为 A、B、C、D、E 区施工的加密水准点高程。水准点布设如图 3-12 所示。

在施工时各区的水准点从相应的加密水准点上引测到柱子或墙体上，用红色油漆画出并标注其高程。作为该区的永久性标高点，其正上方留置预留洞。标高预留洞，用经纬仪、钢尺引测上去，并设置每层永久性的楼层标高基准点 +1.000m 标高点。用红油漆标注，不经许可，不得覆盖或破坏。以后，每层用经纬仪在预留洞处沿柱子或墙体的竖向方向引一通长直线，以消除钢尺的垂直误差。为了尽可能避免因传导的次数而造成累计误差，在施工中高程每三层用钢尺复测一次，及时纠正误差。标高允许偏差：层高不大于 ±10mm，全高不大于 ±30mm，如图 3-13 所示。

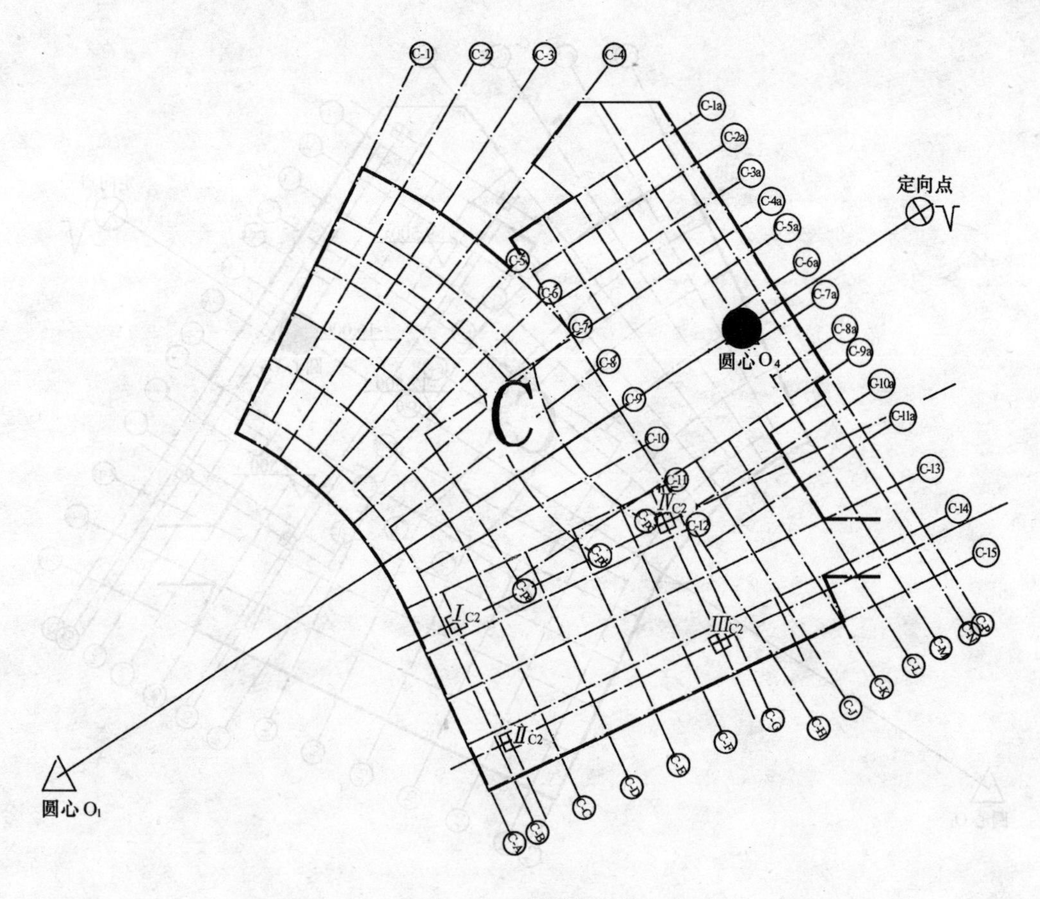


图 3-10 控制轴线图

**3.1.3** 误差依据

依据现行中华人民共和国国家标准《工程测量规范》、《建筑安装工程质量检验评定标准》。

**3.1.4** 仪器

(1) 日本产 TOPCON301D 全站仪、测角精度 2″，测距精度 5mm ± 2ppm。

主要用于总平面控制点、小施工区控制点的定位、坐标放样、检测以及建筑物整体位移、垂直度的控制。

(2) 瑞士产莱卡光学铅直仪，测量精度为 2mm/km。

主要用于楼层控制点的引测。

(3) 天津产莱特自动安平水准仪 LETAL3200。测量精度为 1mm/km。

主要用于施工控制网的测设、楼层高程的引测、沉降观测及检测。

(4) 激光经纬仪。测量精度为 ± 1/20000。

主要用于控制点的引测工作。

(5) 国产苏光 $J_2$ 经纬仪。测角精度 2″。

主要用于各楼层的轴线放样工作及配合铅直仪，做控制点的引测工作。

(6) 50m 钢尺。

主要用于量距及配合水准仪引测高程。

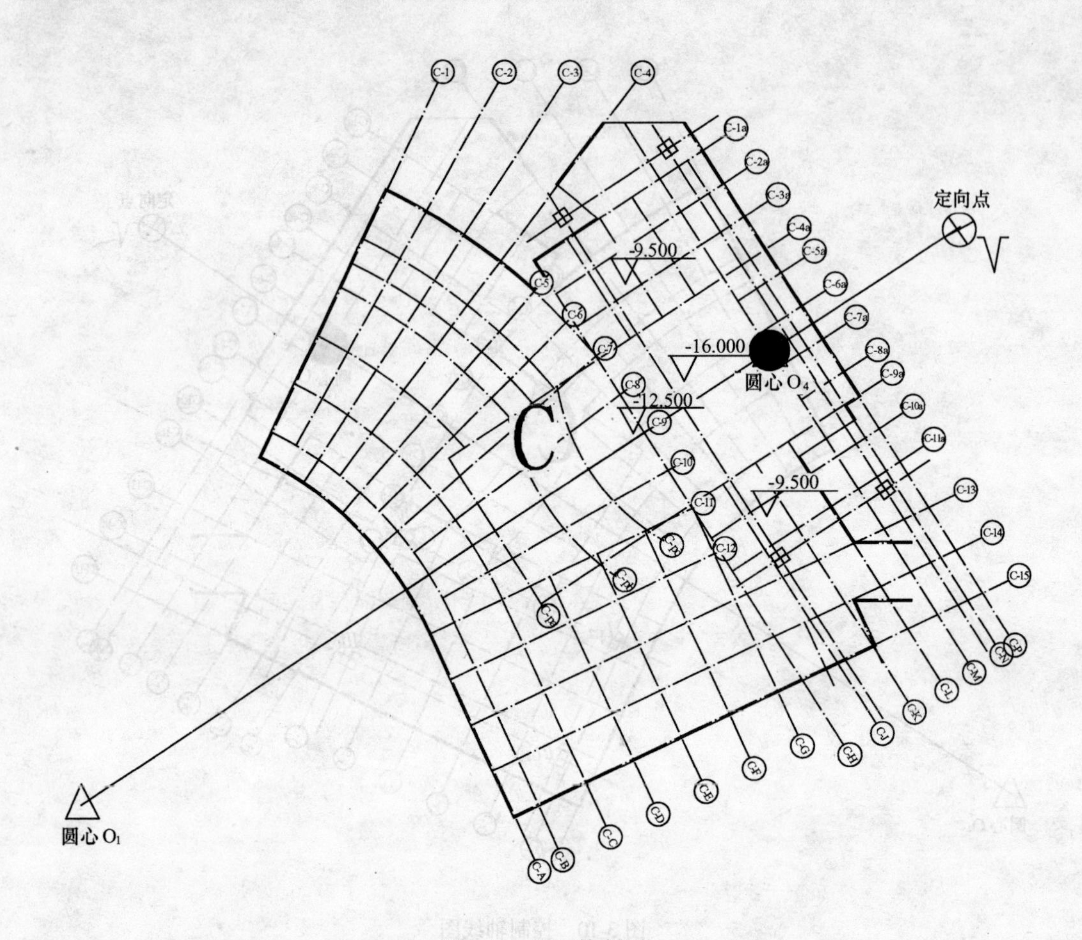


图 3-11 平面控制图

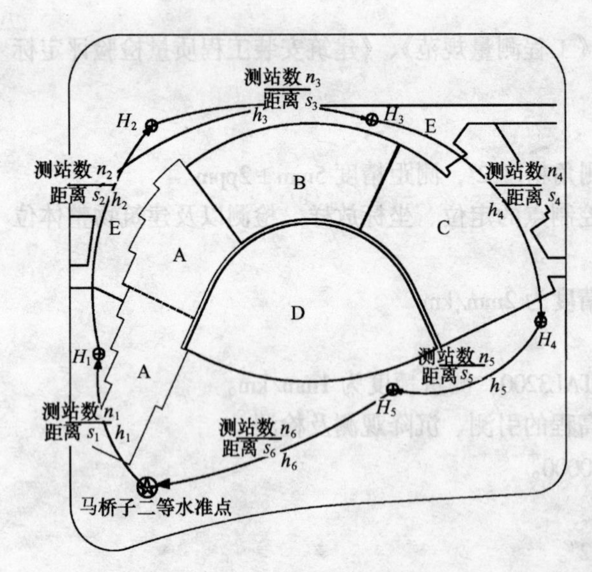


图 3-12 施工区加密水准点布设图

### 3.1.5 沉降观测

(1) 沉降观测的特点

精度高：为了能够准确反映出建筑物的变形情况，一般规定测量的误差应小于变形量的 1/10～1/20。为此，沉降观测中应使用精密水准仪 $S_1$、$S_{05}$和精密的测量方法。

(2) 沉降观测的方法

根据现场实际情况，在建筑内选择坚固稳定的地方，根据设计的沉降观测点布置图埋设沉降观测点，与离建筑物较远处便于观测且坚固稳定的点组成闭合水准路线，以确保观测结果的精确度。当浇筑基础底板时，按设计指定的位置埋好临时观测点。沿纵横轴线和基础周边设置观测点。观测的次数和时间，应按设计要求。第一次观测应在观测点安设稳定

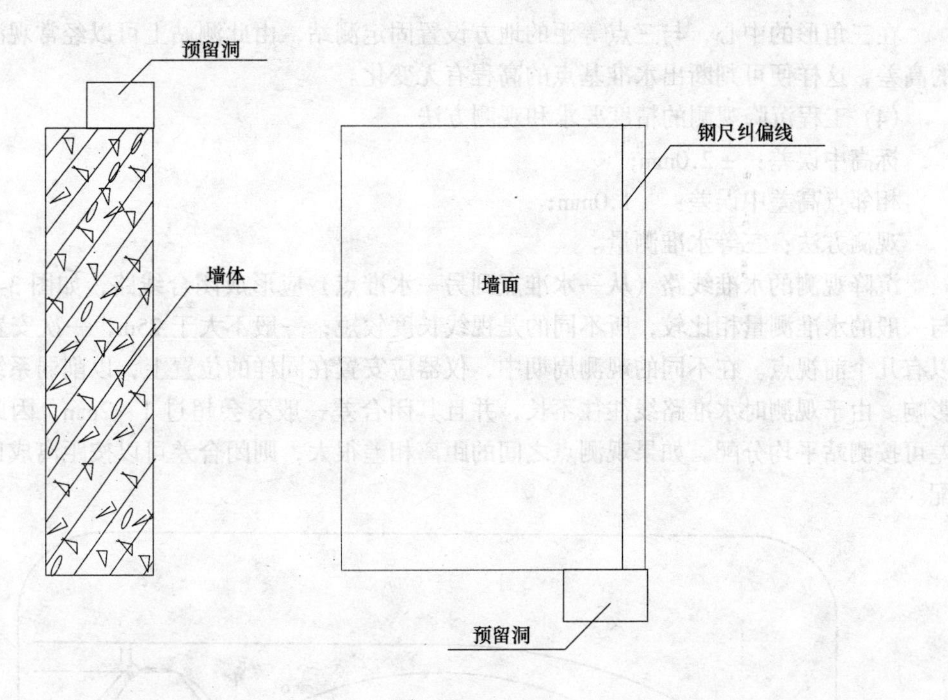


图 3-13

后及时进行。以后结构每升高一层，将临时观测点移上一层并进行观测，直到±0.000时，再按规定埋设永久性观测点；然后，每施工一层，复测一次，直至竣工。工程竣工后的第一年内要测四次，第二年两次，第三年后每年一次，至下沉稳定为止。

(3) 基准点的选择与布设

要得到沉降观测点的沉降变化情况，必须要有一些固定（相对的固定）的点子作为基准，根据它们来进行测量，以求得所需要的位移值。

工程建筑物兴建以后，其周围地区受力的情况随着离开它的水平距离与垂直距离（深度）的改变而变化。离开建筑物愈远，深度愈大，地基受力愈小，亦即受建筑物的影响愈小。为了达到使基准点稳定的要求，可有两种方法：一是远离工程建筑物，一是深埋。然而，如果基准点离建筑物远了，测量工作量就加大，测量误差的累积也随之加大，所测量的位移值的可靠程度就小；如果将标志埋设很深，既费人力，又费物力，也不经济。基准点的选择与控制网的布设，应该全面考虑、合理解决作为变形观测依据的基准点的布设问题。具体做法：在选定的合适位置用长约 1m 的钢筋深埋，并固定保护。为了检查水准基点本身的高程有否变动，可将其成组地埋设，通常每组三点，并形成一个等边三角形，如图 3-14 所示。

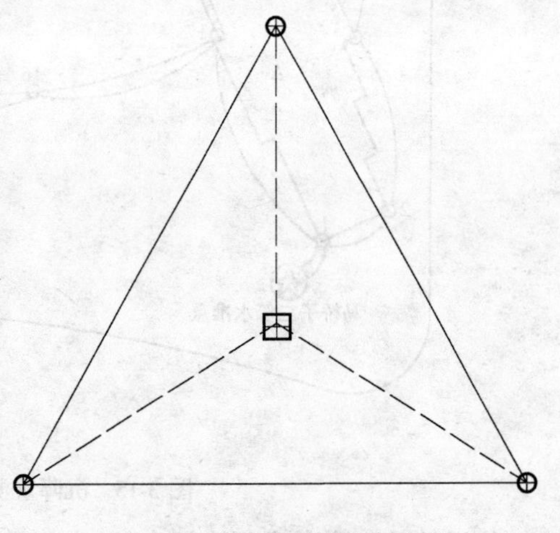

图 3-14 基准点的选择与布设

在三角形的中心，与三点等距的地方设置固定测站，由此测站上可以经常观测三点间的高差，这样便可判断出水准基点的高程有无变化。

（4）工程沉降观测的精度要求和观测方法

标高中误差：±2.0mm；

相邻点高差中误差：±1.0mm；

观测方法：三等水准测量。

沉降观测的水准线路（从一水准点到另一水准点）应形成闭合线路，如图3-15所示。与一般的水准测量相比较，所不同的是视线长度较短；一般不大于25m，一次安置仪器可以有几个前视点。在不同的观测周期中，仪器应安置在同样的位置上，以削弱系统误差的影响。由于观测时水准路线往往不长，并且其闭合差一般不会超过1～2mm，因此，闭合差可按测站平均分配。如果观测点之间的距离相差很大，则闭合差可以按距离成比例地分配。

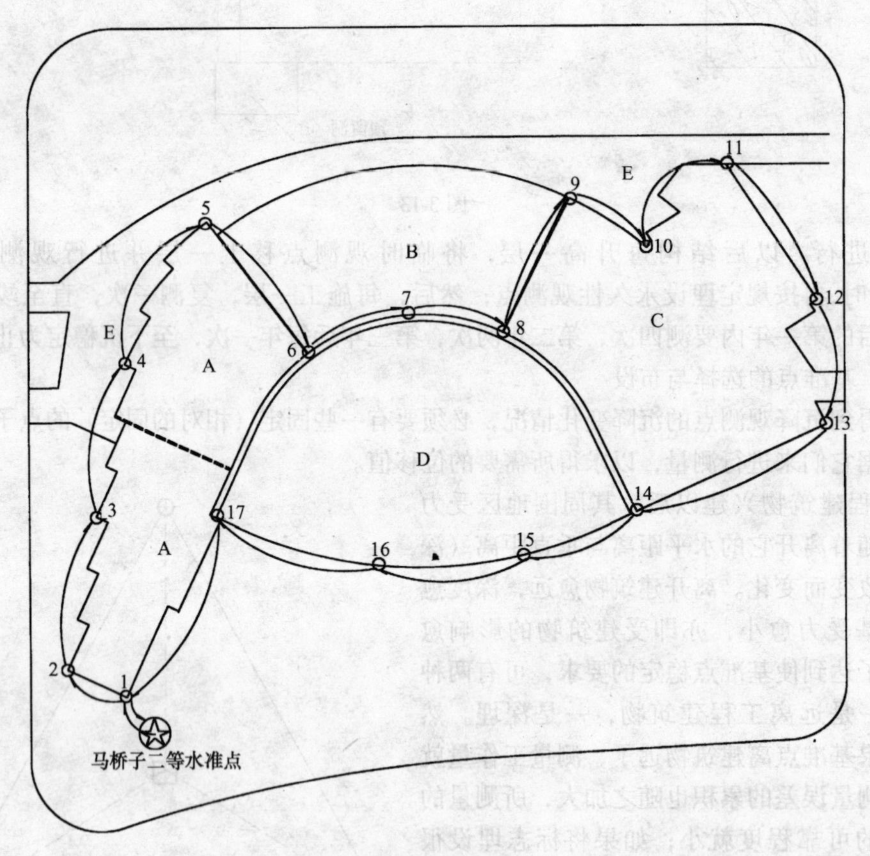


图3-15　沉降观测闭合水准路线布设图

往返较差、附合或环线闭合差：$1.4\sqrt{n}$。

（5）沉降观测的成果资料

1）建筑物平面图；

2）下沉量统计表是根据沉降观测原始记录整理而成的各个观测点每次下沉量和积累

的统计值；

3）测点的下沉量曲线。

（6）沉降观测的基本措施

一稳定：

一稳定是指沉降观测依据的基准点、工作基点和被观测物上的沉降观测点，其点位要稳定。基准点是沉降观测的基本依据，本工程至少要有3个稳定可靠的基准点，并每半年复测一次；工作基点是观测中直接使用的依据点，要选在距观测点较近但比较稳定的地方。

四固定：

四固定是指使用仪器、设备要固定；观测人员要固定；观测的条件、环境基本相同；观测的路线、镜位、程序和方法要固定。

降观测点布置图见图3-16。

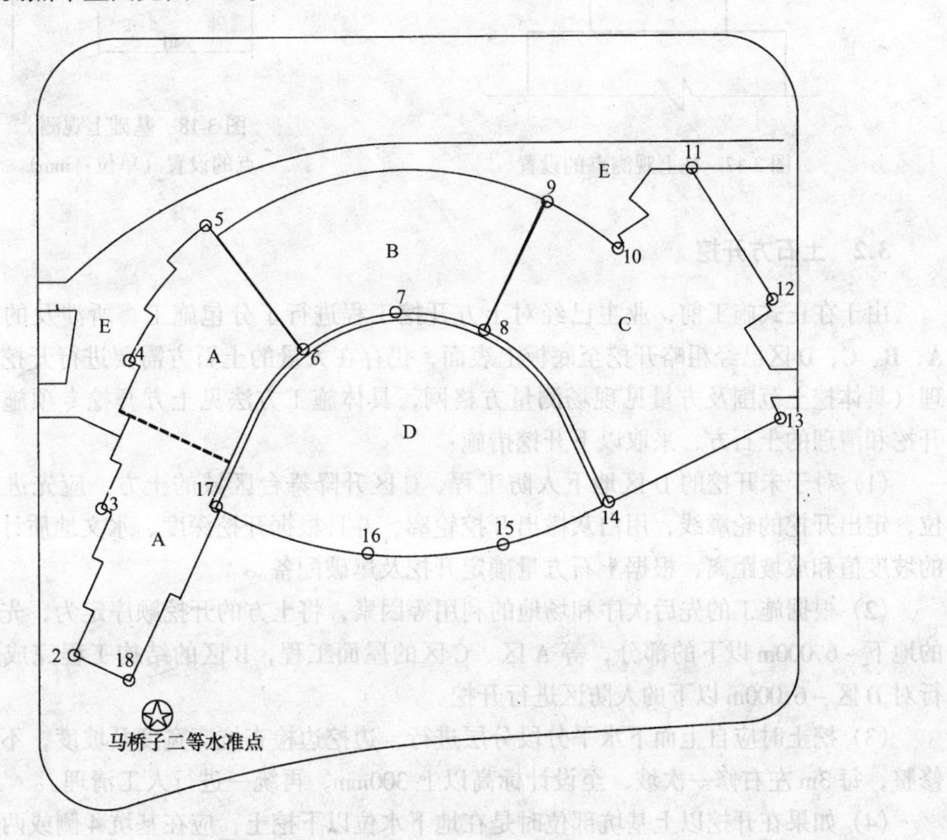


图3-16　各区沉降观测点的布设图

（7）观测点的布置及做法

钢筋混凝土柱上的观测点：

在柱子±0.000标高以上10～50cm处凿洞（或在预制时留洞），将截面为30mm×30mm×5mm、长160mm的角钢插进凿开洞中，使其与柱面成60°的倾角，再用1:2水泥砂浆填实，如图3-17所示。

钢筋混凝土基础上的观测点：

根据所布置观测点的位置，用直径为20mm、长60mm的铆钉，下焊40mm×40mm×5mm的钢板，埋设在基础面上。如图3-18所示。

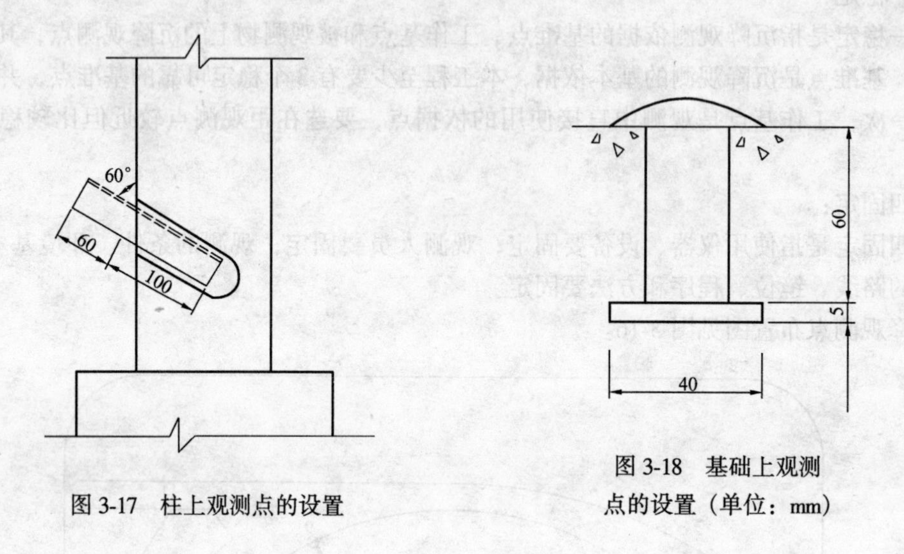


图3-17　柱上观测点的设置

图3-18　基础上观测点的设置（单位：mm）

### 3.2　土石方开挖

由于在正式施工前，业主已经对土方开挖工程进行了分包施工，所涉及的土方开挖A、B、C、D区已经粗略开挖至底板上表面，仍存在大量的土石方需要进行开挖及爆破处理（具体挖土范围及方量见现场测量方格网，具体施工方法见土方开挖专项施工方案）。开挖和清理的土石方，采取以下开挖措施：

（1）对于未开挖的D区地下人防工程、C区升降舞台区域的土方，应先进行测量定位，定出开挖的轮廓线，用白灰撒出开挖轮廓，并且根据开挖深度、水文地质计算出放坡的坡度值和放坡距离，根据土石方量确定开挖及爆破配备。

（2）根据施工的先后次序和场地的利用等因素，将土方的开挖顺序定为，先开挖C区的地下－6.000m以下的部分，等A区、C区的屋面工程，B区的结构工程完成后方可进行对D区－6.000m以下的人防区进行开挖。

（3）挖土时应自上而下水平分段分层进行，边挖边检查坑底宽度及坡度，不过应及时修整，每3m左右修一次坡，至设计标高以上300mm，再统一进行人工清理。

（4）如果在开挖以上基坑部位时是在地下水位以下挖土，应在基坑4侧或两侧挖好临时排水沟和集水井，将水位降至坑、槽底以下500mm，以利挖方进行。

（5）当开挖过程中遇到岩石须爆破施工时，委托具有爆破资质的专业的土石方公司施工；同时，现场做好安全措施。

### 3.3　基坑降水及排水

#### 3.3.1　基坑护坡

（1）业主外委施工完毕的基坑北侧边坡高度较大，根据现场勘察及地质报告，边坡的稳定性基本满足要求，但由于土方回填安排在2004年施工，边坡暴露时间较长。为防止基坑边坡因气温变化，或失水过多而风化或松散，或防止坡面受雨水冲刷而产生溜坡现象，基坑边坡需采用防护措施。

具体方法：在边坡下部用草袋或聚丙烯编织袋装土压住坡角，沿边坡堆砌，顶部留3m不堆砌，在坡脚、坡顶设排水沟。A、B、C、D区护坡如图3-19所示。

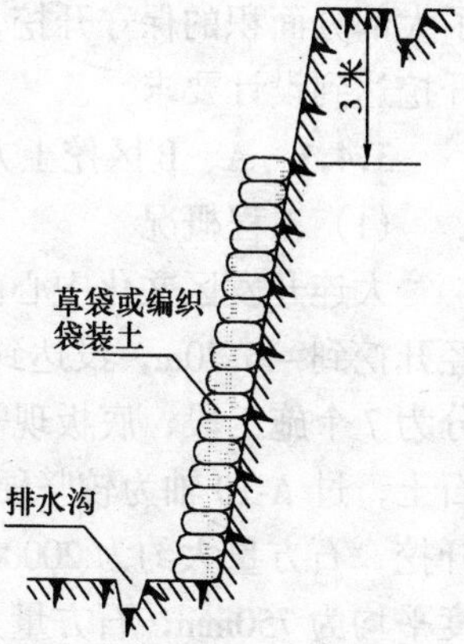

(2) C区舞台部分及D区人防工程土方开挖时，根据土质及地下水情况，采取有效的基坑护壁方式，确保土方开挖及结构施工时不出现塌方。

3米

草袋或编织袋装土

排水沟

图3-19 基坑边坡护面方法

### 3.3.2 降水及排水

(1) 施工现场地下水概况

地质勘察报告显示，在钻探深度内未见地下水，但在岩石地基中有可能发生地下水，所以，在基坑开挖过程中要及时排出地下水及雨水。

(2) 施工顺序

1) 开挖时先浅后深，逐层向下进行。

2) 在开挖至地基设计标高后，如果地基表面有水渗出，或者在垫层上出现渗水，采用在地基上或垫层上留设永久性小排水沟的办法，将渗水引入消防电梯井或其他低洼部位，必要部位设置临时集水井，井内设置一台潜水泵（50t/h）将水排走（渗水排水沟因水势走向导引至集水井），将其周围地基的地下水降至底板下的合理位置。

3) 开挖时，从一侧坑边开始，先用机械后退着开挖。在开挖过程中，对出现的积水，采用人工开挖、宽为200~400mm、深为100~200mm的临时排水沟，将积水引入低处的临时集水坑内，通过潜水泵排走。对最后300mm土石方，实行人工清渣，人工与机械相互配合，保证开挖后的地基干燥，不被水浸蚀。对开挖至设计标高的地基，应及时浇筑混凝土垫层。如图3-20所示。

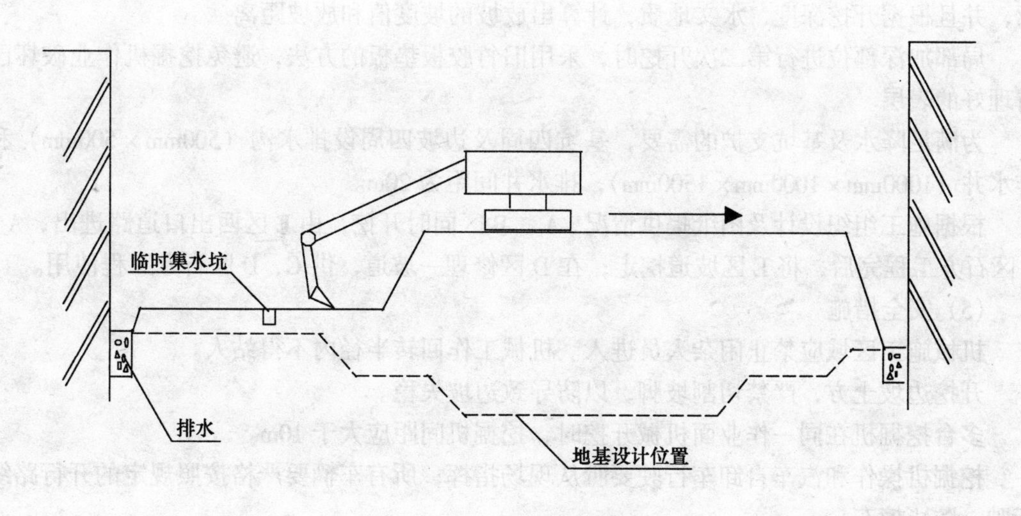


图3-20 开挖示意图

### 3.4　分区域土方开挖方案

A、B、C、D区挖土方案：由于在正式开工以前，业主已经根据施工招标方案图进行了大部分面积的保守开挖，所以正式的挖土内容为补充扩大边坡、根据正式图纸加深土方开挖达到设计要求。

#### 3.4.1　A、B区挖土方案

(1) 工程概况

大连开发区文化中心前期土石方工程业主已进行了分包施工，进场后大面积土石方已经开挖到-6.70m，没达到设计标高，且局部加深部位也需要开挖。A区占地面积6900m$^2$，分为7个施工段，底板现需开挖平均深度为650mm，土质呈现出A-1轴到A-10轴线为碎石土，过A-10轴为较坚硬的风化岩，需开挖处均达到普坚石，局部为特坚石，需要爆破开挖，石方量大约为20000m$^3$；B区占地面积5300m$^2$，分为6个施工段，底板需开挖的深度平均为750mm，石方量大约为8000m$^3$，开挖区域大面积中风化岩层，需爆破；C区占地面积约8000m$^2$，局部下挖至-17.00m，基本上属中风化岩层，部分为特坚岩，石方量约为35000m$^3$；D区需大面积开挖，石方量大约为25000m$^3$。开挖A、B区时石方运输使用E区车道，A、B区开挖完后在D区设一坡道，供C、D区开挖使用。

(2) 施工顺序

A1→A2→A3(B6)→A4(B2)→A5(B5)→A6(B4)→A7(B1)→B3。

(3) 主要机具设备

日立PC300（斗容量为1.4m$^3$）反铲挖掘机3台，装载机2台，碾压机1台，推土机2台，自卸汽车28辆，洒水车1辆，拉水车1辆。

(4) 施工技术措施

由于在进场之前，业主已经对土石方开挖工程进行了分包施工，所涉及的大部分土石方开挖至底板上表面，对未开挖的采取以下开挖措施：

对于未开挖的各区石方，应先进行测量定位，定出开挖的轮廓线，用白灰洒出开挖轮廓，并且根据开挖深度、水文地质，计算出放坡的坡度值和放坡距离。

局部加深部位进行第二次开挖时，采用旧竹胶板垫板的方法，避免挖掘机作业破坏已清理好的表层。

为满足降水及基坑支护的需要，基坑四周及边坡四周设排水沟（500mm×500mm）和排水井（1000mm×1000mm×1500mm），排水井间距为20m。

根据施工组织设计及图纸提供情况，A、B区同时开挖，由E区西出口道路进出，A、B区石方工程完后，将E区坡道挖走；在D区修理一坡道，供C、D区石方工程使用。

(5) 安全措施

机械施工区域应禁止闲杂人员进入。机械工作回转半径内不得站人。

开挖边坡土方，严禁切割坡脚，以防导致边坡失稳。

多台挖掘机在同一作业面机械开挖时，挖掘机间距应大于10m。

挖掘机操作和汽车自卸车行驶要听从现场指挥；所有车辆要严格按照规定的开行路线行驶，防止撞车。

夜间施工，机上及作业地点必须要有足够的照明设施，在危险地段应设明显的警示标志和护栏。

雨期施工时，运输机械和行驶道路采用防滑措施，以保证安全，防止飞石。

遇7级以上大风或雷雨、大雾时，各种挖掘机应停止工作，并将臂杆降至30°~45°。

夜间作业，机上及工作地点必须有充足的照明。

(6) 环保措施

开挖所使用机械要正常保养，严格检查合格后方可进场，不得漏油；如果需要修理，及时送修理场。详见专项方案。

(7) 土石方工程爆破

由地勘资料可以看出，整个施工区域内从上至下，由不同的土质和岩石组成，挖到一定的深度机械无法再进行正常挖掘，这时我们需要利用爆破的方法进行基坑的开挖，且需开挖处已经到达地下水层。考虑到安全因素，该工程的石方爆破采用有水电力起爆法，表面覆盖草编织袋。

1) 主要的机具设备

钻孔机具：风动内燃机、钻钎、钻头、风镐，风动凿岩机配套设备为移动式柴油机。

测试仪表：有爆破电桥、小型欧姆机、伏特计、安培计。

覆盖材料：草编织袋。

2) 作业条件

编制好爆破施工作业设计，包括炮眼布置、药量、网路连接及安全措施等。成立现场指挥小组，并进行细致的技术交底。

爆破设计和工项已报请公安和有关部门审核批准。

爆破施工器材，包括炸药、火具、点火器材及有关仪表、机械、工具、防护材料、照明器材等需提前准备齐全。

爆破影响范围内的地上、地下障碍物，如供电、照明线路、通信、电缆、供水、供热、供气管线等予以妥善处理。

爆破施工用空压机房、加工药卷房、检测电雷管及放置点火站等的位置，以及车辆停放和工具材料的存放位置，需提前确定，并设置警戒范围标志。

3) 施工工艺

放线定位→钻孔→药卷制作及起爆雷管→安放装药堵塞→连接爆破网路→防护与覆盖→爆破清渣。

4) 质量标准

施爆后，爆裂、破碎面及基底的岩石状态必须符合设计要求。

防护措施安全有效，对临近建筑物未造成破坏，且无人员伤亡。

5) 安全技术措施

详见专项方案。

### 3.4.2 C区挖土方案

(1) 工程概况

大连开发区文化中心前期土石方工程已由业主进行了分包施工，C区大面积土石方已开挖到 - 6.70m左右，边坡放坡不够，且局部加深部位没有开挖，需大面积第二次开挖。C区占地面积约8000m$^2$，石方量约为35000m$^3$，机械台仓部位下挖至 - 18.05m，放坡角度为 75°。

(2) 工程难点

C 区舞台机械台仓需开挖至 - 18.05m，需开挖深度为 12m 左右，放坡角度为 75°。为保证基坑边坡不扰动原土层，采用光面爆破。

据地勘报告可以看出，需加深部位全达到特坚石层，需要爆破分层开挖，且地下水位高（约 - 7.00m 处)，必须采用防水爆破。

基坑地下水势复杂，开挖至 - 7.00m 时即见地下水，渗水主要从护壁周围的缝隙内流出，采用集水井点降水。

机械台仓开挖与锚杆施工相结合。

(3) 施工顺序

边坡扩挖至设计要求→开挖至 - 9.75m（深 3m 左右)。

→开挖 - 18.05m 深坑（随开挖打锚杆）→ - 13.00m 开挖→深坑清渣。

→ - 9.75m 底板集水坑、电梯井坑→清渣。

(4) 主要机具设备

日立 PC300（斗容量为 1.4$m^3$）反铲挖掘机 2 台，自卸汽车 28 辆，洒水车 1 辆，拉水车 1 辆。

(5) 施工技术措施

进场时，由于基坑底及基坑周围道路不平整，局部有杂草及旧路砖，影响石方工程的施工，在开挖前平整场地，主要施工道路进行了碾压。

对于未开挖的各区石方，应先进行测量定位，定出开挖的轮廓线，用白灰洒出开挖轮廓，并且根据开挖深度、水文地质，计算出放坡的坡度值和放坡距离。

分段先按控制的深度进行机械开挖，后人工清渣 30cm 左右，局部人工凿岩，并用小推车运至开挖区，集中堆放；所有石方用自卸汽车运至离现场 6.5km 指定的堆石场堆放。

由于土质坚硬且不均匀，机械开挖岩石较易超挖，要保证开挖深度，对超挖部分用垫层混凝土垫实。

石方开挖要与锚杆施工相配合，石方逐层开挖，待达到锚杆工作面时立即施工；待所有锚杆拉拔实验结束合格后，用塔吊将钻孔机械吊出基坑。

(6) 具体降水措施

根据石方在平面上的开挖顺序和实际地下水情况，留设若干个集水井，在集水井内安放潜水泵排水，以达到排水、降水的目的。

集水井设置数量及位置根据现场的涌水量、渗水量等实际开挖情况而定，暂考虑留设 5 个集水井。集水井位置设在集水坑处，平面布置见图 3-21。

如果其他区域实际涌水量、渗水量也较大时，进行人工挖集水井，直径为 600 ~ 800mm，深为 1400mm。人工挖集水井的位置要严格确定，避免把集水井设置在柱及地下室剪力墙下，以免影响地基承载力。

舞台机械台仓要挖至 - 18.05m，根据现场的涌水量、渗水量等实际情况，设若干盲沟和集水井，暂考虑留设 3 个集水井，具体平面布置见图 3-22。

以集水井为起点，向外开挖排水沟，挖至预定标高后，向沟内填满 30 ~ 50mm 碎石。碎石清洁不含泥砂，必要时过筛。碎石上面先覆盖五彩布，必要时最后再做 20mm 厚砂浆

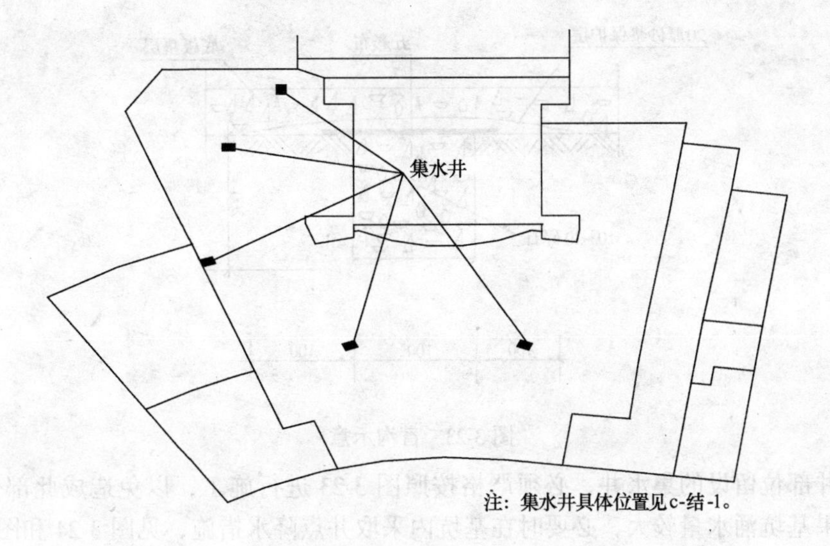


图 3-21 集水井位置分布图

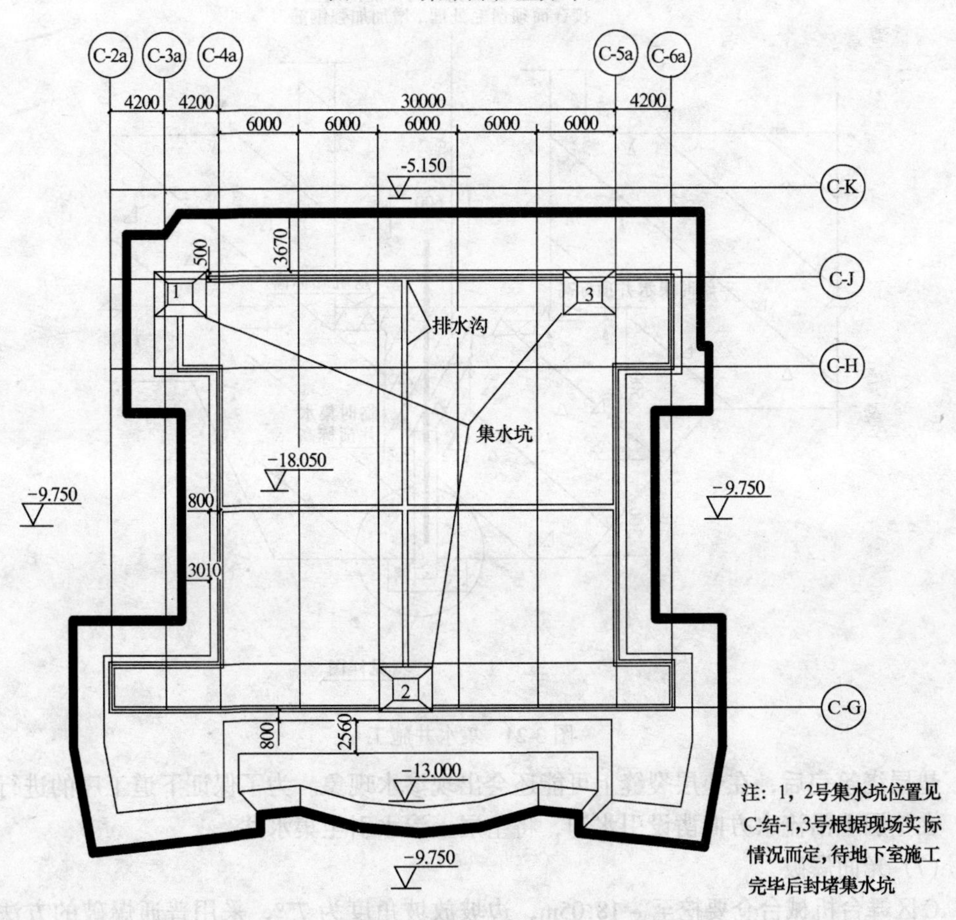


图 3-22 C 区机械台仓石方开挖及降水平面图

保护层，避免建筑垃圾堵塞盲沟而导致排水不畅通，盲沟的设置根据渗水情况来定走势，沟的大小视地下水涌水量的多少而定，一般深 200mm，宽 100mm。做法见图 3-23。

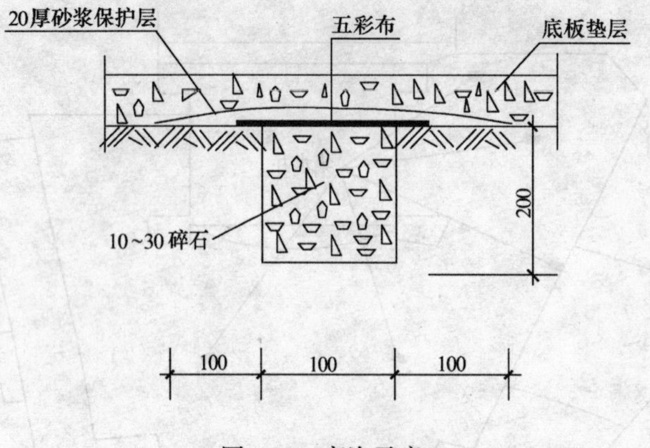


图 3-23　盲沟示意

电梯井部位留设的集水井，必须严格按照图 3-23 进行施工，以免造成此部位出现渗漏水；如果基坑涌水量较大，必要时在基坑内采取井点降水措施，见图 3-24 和图 3-25。

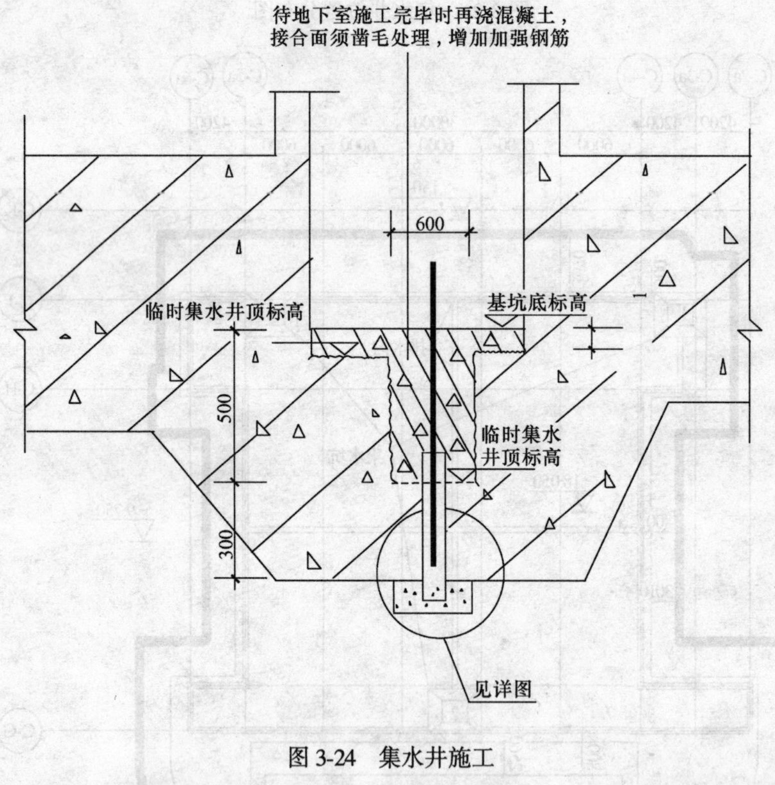


图 3-24　集水井施工

垫层浇筑完后，在垫层裂缝上可能还会出现渗水现象。为了保证下道工序的进行，因此，在垫层上沿流水方向凿设引水沟，将垫层上渗水引至集水井。

（7）光面爆破

C 区舞台机械台仓要挖至 – 18.05m，边坡放坡角度为 75°，采用普通爆破的方法，扰动原土层，影响边坡的整体性；为满足工程质量，该处的石方爆破工程采用光面爆破，表面覆盖草编织袋。

（8）安全措施（详见专项方案）

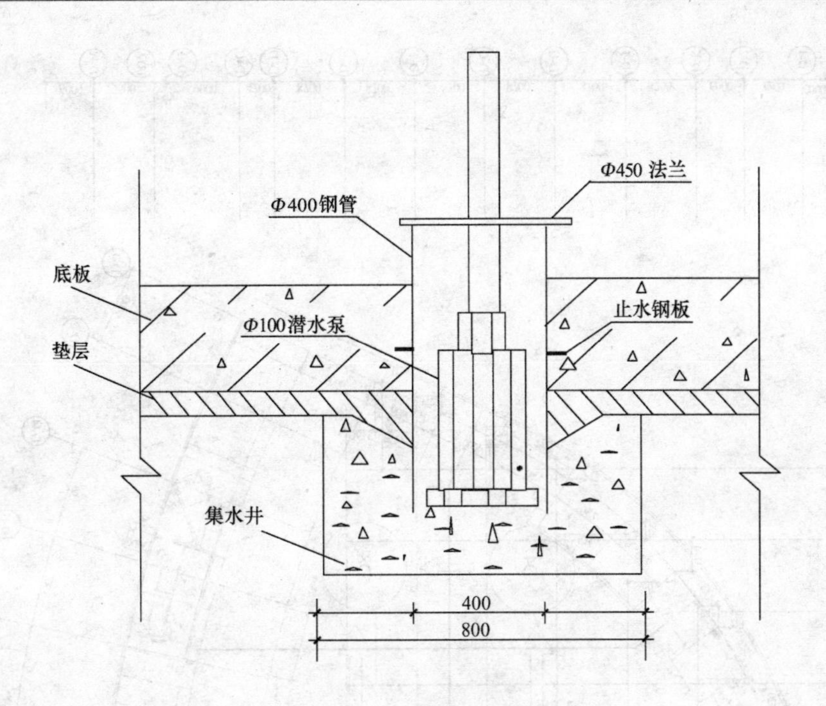


图 3-25 系统安装详图

(9) 环保措施

开挖所使用机械要正常保养，严格检查合格后方可进场，不得漏油；如果需要修理，及时送修理场。

控制机械噪声，不得在晚 21:00～次日早 8:00 期间爆破施工。

运输车出场必须盖帆布，并及时清理车身泥土。

汽车出入口道路必须硬化，严禁下雨天将现场的泥土带到路上，定期用拉水车从离工地 6km 的水场拉水用洒水车洒水，减少扬尘，及时将路面上的泥土清理干净。

### 3.4.3 D区挖土方案

(1) 工程概况

大连开发区文化中心工程的 D 区主要功能分三部分，地下二层为人防工程，地下一层为地下停车场，地上一层为露天广场，是整个文化中心的交通枢纽。D 区前期土石方工程业主已进行了分包施工，进场后大面积土石方已经开挖到 -6.90m 左右，D 区人防工程处需开挖至 -12.25m，其他大面积需开挖至 -7.75m，需开挖石方量大约为 25000$m^3$。

(2) 施工顺序

先开挖至 -7.75m 的顺序为 D1(D5)→D2(D6)→D3(D7)→D4(D8)。

后开挖人防至 -12.25m 的顺序为 D5→D6→D7→D8（具体见图 3-26）。

(3) 主要机具设备

主要机械设备：

日立 PC300（斗容量为 1.4$m^3$）反铲挖掘机两台，装载机两台，碾压机 1 台，推土机 2 台，自卸汽车 28 辆，洒水车 1 辆，拉水车 1 辆。

主要机具：

小推车 18 台，铁锹 50 把，铁锤 30 把，钢钻 30 个，竹扫把 20 把，小扫把 40 只。

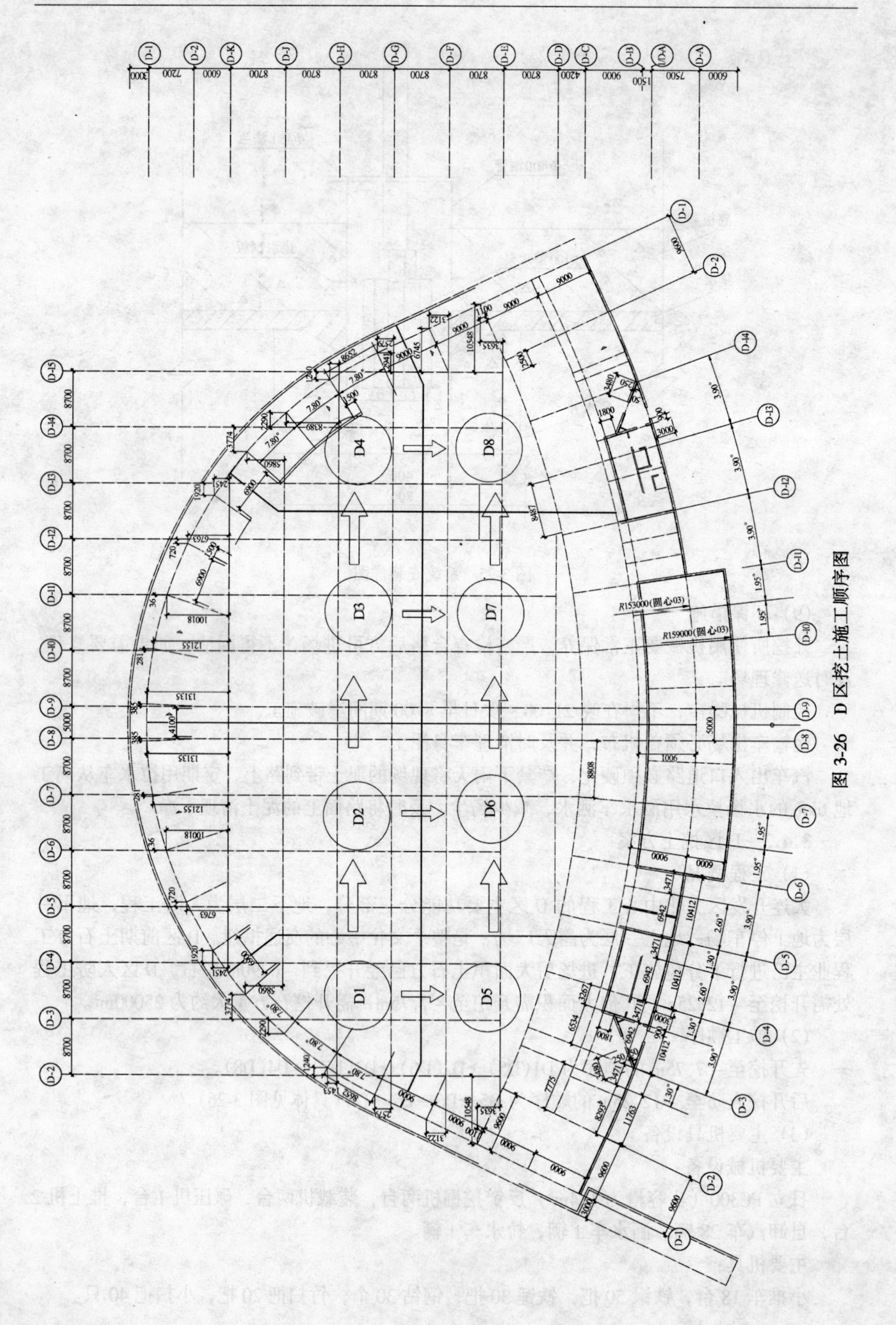


图 3-26　D区挖土施工顺序图

(4) 施工技术措施

由于在进场之前，业主已经对土石方开挖工程进行了分包施工，所涉及的大部分土石方开挖至底板上表面，对未开挖的采取以下开挖措施：

因ABC区施工时使用D区作为场地，现D区开挖时，清理D区场区内的钢管、木方、模板等；做好对控制点的保护工作。

进行测量定位，定出开挖的轮廓线，用白灰撒出开挖轮廓，并且根据开挖深度、水文地质，计算出放坡的坡度值和放坡距离。

根据边坡情况，确定运输车辆上下坡道，见坡道平面布置图。

根据施工的先后次序和场地的利用等因素，将石方的开挖顺序定为先浅后深，先大面积开挖，然后对局部放线进行加深开挖，每段先按控制的深度进行机械开挖，后遗留30cm左右由人工清渣，局部人工凿岩，并用小推车运至开挖区，集中堆放；所挖石方用自卸汽车运至离现场6.5km指定的堆石场堆放；车辆上下坡道区域土方最后收尾时，二次开挖完成。

由于土质坚硬且不均匀，机械开挖岩石较易超挖，要保证开挖深度。对于基槽在设计标高仍未达到设计承载力要求时，继续开挖，对超挖部分C20细石混凝土垫至设计标高。

局部加深部位进行第二次开挖时，采用旧竹胶板垫板的方法，避免挖掘机作业破坏已清理好的表层。

为满足降水及基坑支护的需要，基坑四周及边坡四周设排水沟（500mm×500mm）和排水井（1000mm×1000mm×1500mm），排水井间距为20m。排水沟设置见排水沟平面布置图。

(5) 安全措施

详见专项方案。

(6) 环保措施

见3.4.2中（9）。

(7) 石方爆破

详见专项方案。

**3.4.4** E区挖土方案

(1) 工程概况

文化中心工程E区主要功能为停车场，占地面积为13000多平方米，设计基础坐落在强风化板岩和强风化辉绿岩上，基础加深部位深度有800mm、900mm、1200mm、1300mm、1400mm，截面尺寸有3400mm×3400mm、3800mm×3800mm、4200mm×4200mm、5100mm×13300mm等，构造底板厚均为400mm。需完善土石方工程约为15000m$^3$，基础加深部位多，土石方工程施工难度大。

(2) 施工顺序

根据现场实际情况，将E区分为三大部分，即E-1~E-18、E-19~E-42、隧道。施工顺序为E-1~E-18→E-19~E-42→隧道。每个区先大面开挖至基层顶标高，E-1~E-18和E-19~E-42区为0.85m（1.85m），隧道为变数（根据图纸和现场实际情况确定），后按顺序逐个开挖加深的基础及沟槽部位。

(3) 主要机具设备

日立 PC300（斗容量为 $1.4m^3$）反铲挖掘机两台，自卸汽车 28 辆，洒水车 1 辆，拉水车 1 辆。

（4）施工技术措施

进场时，由于基坑底及基坑周围道路不平整，局部有杂草及旧路砖，影响石方工程的施工，在开挖之前平整场地，主要施工道路进行了碾压。

对于未开挖的各区石方，应先进行测量定位，定出开挖的轮廓线，用白灰撒出开挖轮廓，并且根据开挖深度、水文地质，计算出放坡的坡度值和放坡距离。

分段先按控制的深度进行机械开挖，后人工清渣 30cm 左右，局部人工凿岩，并用小推车运至开挖区，集中堆放；所有石方用自卸汽车运至离现场 6.5km 指定的堆石场堆放。

由于土质坚硬且不均匀，机械开挖岩石较易超挖，要保证开挖深度和基础截面，对超挖部分用 C20 细石混凝土垫实。

开挖原则：首先按照图纸的尺寸和深度要求开挖；如基坑底开挖至设计标高仍没达到强风化层的，需继续开挖至强风化层面向下 500mm。

局部加深部位进行第二次开挖时，采用旧竹胶板垫板的方法，避免挖掘机作业破坏已清理好了的表层。

（5）隧道处开挖

由于土石方工程前期由业主已经分包开挖，现场隧道处有超挖现象，为满足设计要求，具体开挖时根据实际情况，对隧道底部超挖部分采取如图 3-27 所示的开挖方案。

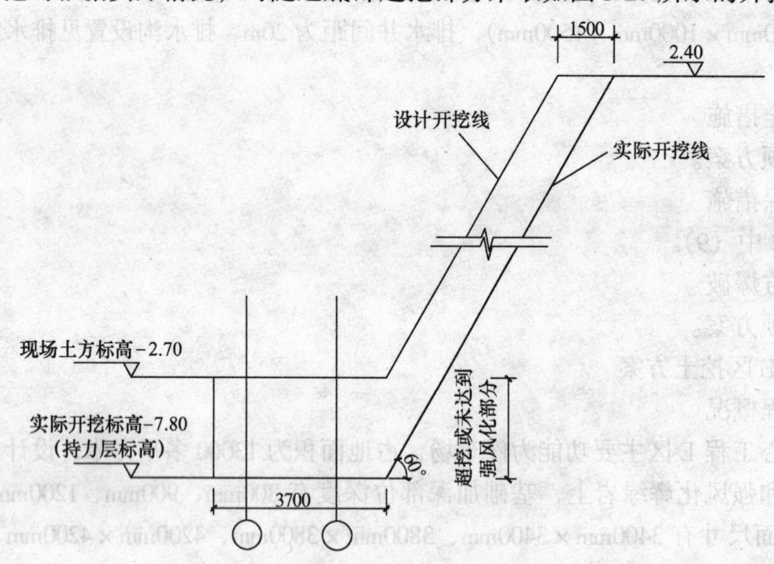


图 3-27 隧道边坡开挖图

（6）石方爆破

由于现场土质不均匀，部分需开挖的部位已经达到中分化岩层，为工程设计的要求，该处必须采用石方爆破工程，表面覆盖草编织袋。

（7）基坑边坡的施工

根据图纸要求，边坡的放坡角度为 60°。为保证防水卷材的施工，基坑边坡采用砌毛石抹灰的方法保证基坑边坡的平整，具体砌筑方法见图 3-28。

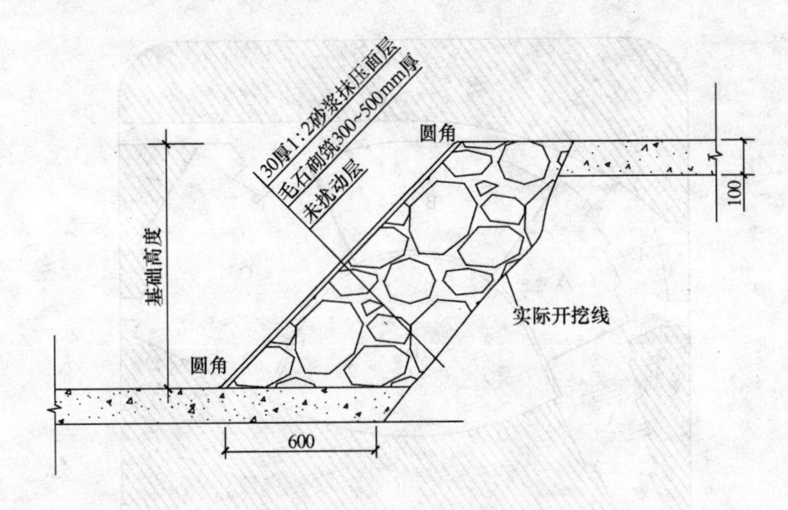


图 3-28 基坑边坡做法图

(8) 质量保证措施

基坑底在浇筑混凝土前，必须清除任何松动的土和石块，并用小扫把扫除，经项目部人员和监理验收合格后，才能浇筑垫层混凝土。

基坑底没达到强风化层的，必须继续开挖至强风化层面。

在浇筑垫层混凝土时，随找平随覆盖，先覆盖一层塑料薄膜，再覆盖一层草垫，以免混凝土受冻，并做好混凝土试压块。

在砌筑抹灰时，砌完抹完的部位必须用草垫覆盖，防止砂浆受冻。

由于E区基础施工在冬期施工，基础施工时必须遵守《文化中心工程冬期施工方案》。

(9) 安全、环境职业健康保证措施

详见专项方案。

## 3.5 土方回填

### 3.5.1 土方回填区域

根据现场实际情况，考虑车辆的运距、施工的集中性及回填土方的厚度和填挖面积，将土方回填按区域分成两块施工，沿E区隧道挡土墙北侧为一块，该段土方回填量大，回填深度大，产生的侧压力对构筑物（尤其是对挡土墙）的影响也最大，因此为重点施工段，定为Ⅰ区；另一块为地下停车场入口处、D区外侧以南、地下停车场出口及隧道出口和地下停车场出口夹区为一块，定为Ⅱ区。土方回填时，先回填Ⅰ区，再回填Ⅱ区。

土方施工分段图如图 3-29 所示。

### 3.5.2 土方回填的主要施工方法及措施

现场施工应以平行作业施工为主，合理安排工序调运土、石方，尽量缩短土方回填时间，在少雨期及早修建挡土墙和构造物，待构造物强度达到足以抵抗回填土对其产生的侧压力强度时，及时回填土方。但要注意回填时机械对构筑物的影响，不要使构造物毁坏和挤裂，以保证工期和各工序的衔接。土方回填的具体工序详见图 3-30。

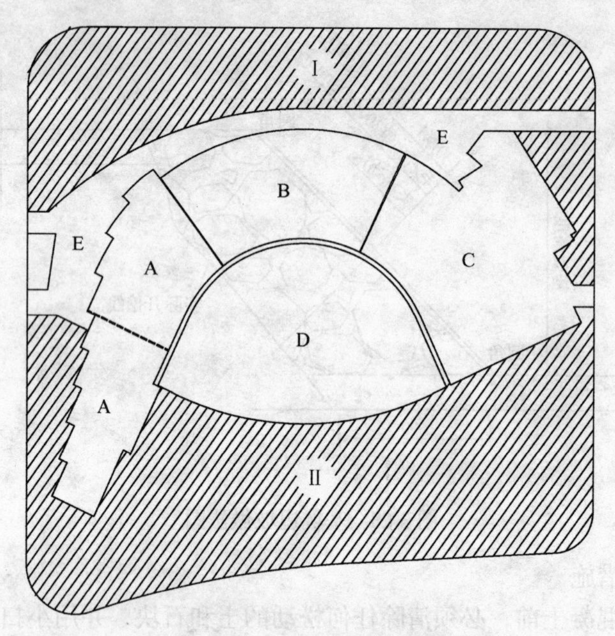


图 3-29　土方施工分段示意图

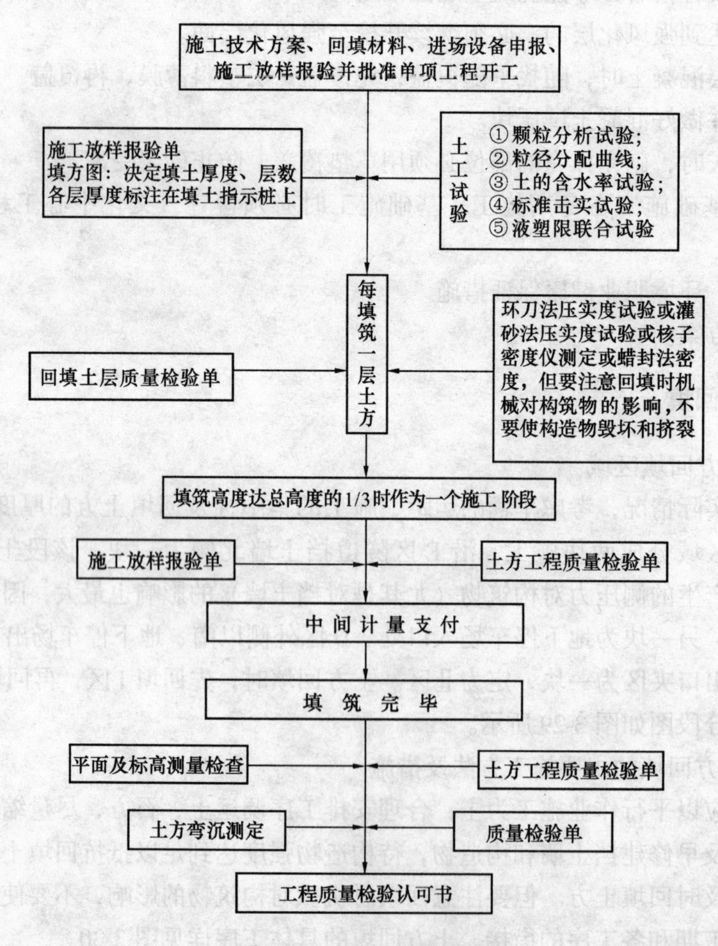


图 3-30　土方回填流程图

## 3.6 防水工程

详见专项方案。

## 3.7 模板工程

### 3.7.1 工程概况

(1) A 区为图书馆，框架结构

采用底板上独立基础，柱墩边长主要有 2800mm、2400mm、2000mm、1600mm，墩高有 600mm、400mm、300mm；柱子截面主要为 700mm×700mm，其余 400mm×400mm，圆柱截面为 $\phi$900。

(2) B 区会议中心

基础底板厚 900mm，外墙厚 350mm，消防水池墙厚 200mm，混凝土强度等级 C30S6；底板上独立基础，柱墩边长 2000mm，墩高 600mm；框架柱为 $\phi$700 或 $\phi$800。

(3) C 区剧院

C 区结构形式为框架—剪力墙结构，侧舞台上空、主舞台台口、部分楼座采用有粘结预应力混凝土结构，小剧场屋盖采用了钢—混凝土组合梁。

(4) D 区车库

地下二层人防区底板厚 800mm，顶板厚度为 250mm；井字梁结构 700mm×1000mm；其余梁 400mm×600mm。

(5) E 区地下车道

墙厚 400mm，部分为 300mm，板厚 250mm；方柱截面为 700mm×700mm，圆柱 $\phi$900。

### 3.7.2 竹胶板施工

详见专项方案。

### 3.7.3 全钢大模板施工

(1) 框架柱截面尺寸

A 区：柱子截面主要为 700mm×700mm，其余 400mm×400mm，圆柱截面为 $\phi$900；

B 区：框架柱为 $\phi$700 或 $\phi$800；

D 区：矩形柱截面 700mm×700mm，部分 600mm×600mm；圆柱 $\phi$800 或 $\phi$700；

E 区：矩形柱截面为 700mm×700mm，圆柱 $\phi$900。

(2) 柱模板

1) 本工程框架柱边长主要有 600mm、700mm，直径为 700mm、800mm、900mm 的圆柱，均可采用可调式全钢柱模和全钢圆柱模板进行施工。

2) 柱模板的高度为：层高 – 最低的梁高。

3) 根据施工进度安排及分段施工要求，分区配备模板，满足施工需要。

A 区圆柱在地下一层最多，以后逐层减少，由于留置后浇带自然形成 7 个施工段，地下室部分第 1 段 9 根、第 2 段 10 根、第 3 段 16 根（长柱 14 根，夹层 2 根）、第 4 段 12 根（长柱 7 根，夹层 5 根）、第 5 段 13 根（长柱 11 根，夹层 2 根）、第 6 段 7 根（长柱 3 根，夹层 4 根）、第 7 段 11 根（长柱 9 根，夹层 2 根）。圆柱混凝土浇到板底 2cm 上。

B 区：B 区配的柱采用 7 套 $\phi$800 柱模，1 套 $\phi$700 的柱模，1 套 $\phi$600 的柱模，$\phi$900 的

采用A区柱模；对于大于600mm的方柱，采用竹胶板。

D区：共有8根600mm×600mm，34根700mm×700mm柱，$\phi$700圆柱13根，$\phi$800圆柱28根。

### 3.7.4　柱模施工

方柱钢模由四个单片组成，相互间成"丁"字形连接；

圆柱模板由两个单片组成，均为半圆形。

(1) 方柱模板

1) 方柱钢模板

可根据预留螺栓孔的位置以100mm为模数调整柱的截面尺寸（见图3-31）。因此，将边长为950～1050mm列为a套进行变截面流水施工，700～1000mm列为b套调整，墙柱列为c套。如图3-31和图3-32所示。

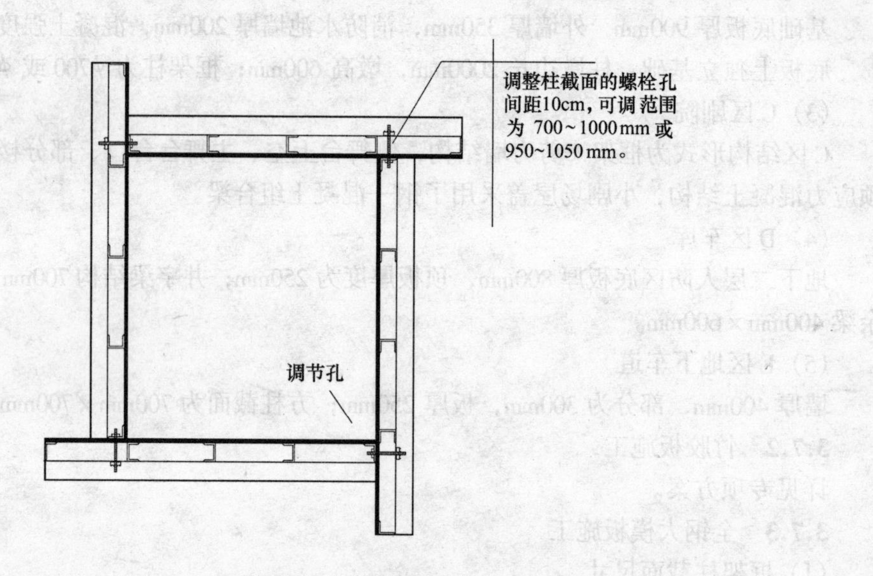


图3-31　柱拼接平面图

2) 方柱竹胶板

方柱模板采用15mm厚木胶板拼装，先根据墙边长制作成4片，现场互锁式拼装。背楞为5cm×10cm木方扁放，间距不大于250mm。外部用100mm×60mm×4mm槽钢加M14对拉螺栓抱箍，间距400～800mm，下密上稀。

3) 圆柱钢模板

圆柱钢模板是以薄钢板加角铁圆弧挡组成，两片拼接缝用角钢加螺栓连接，圆柱模都作成两个半圆拼装而成，见图3-33和图3-34。

4) 施工顺序

第一步：拼装：施工时先按照截面将模板两片两片拼装在一起，吊到柱子所在的位置；第二步：下口轴线、截面的校正：首先根据柱子周围弹出的20cm控制线调整柱子的轴线位置，调整过程中保证柱子的根部截面满足要求，达到要求后加固下口螺栓；第三步：上口截面的校正：调整柱子上口的截面，加固好上口螺栓，接着把柱钢模中间的螺栓也加紧；第四步：最后调整柱子的垂直度。

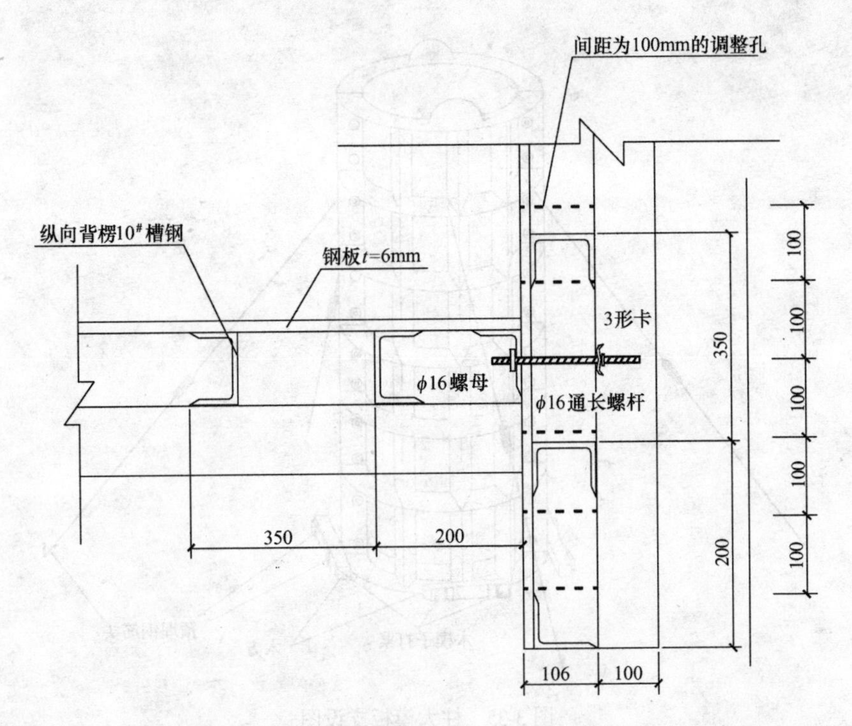


图 3-32 变截面螺栓孔节点详图

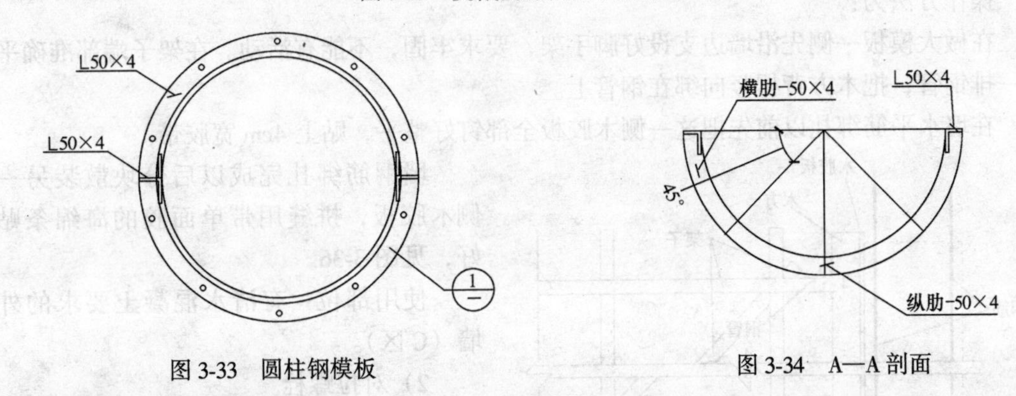


图 3-33 圆柱钢模板

图 3-34 A—A 剖面

柱大模板支设见图 3-35。

柱子的拆模：

按照施工规范规定：混凝土强度要求达到不因拆模而使柱子表面或棱角受损时，方可拆除柱模板。

(2) 剪力墙模板

1) 模板设计

墙模板采用木胶板模板。

木胶板为竹胶合板，大小为 1220mm × 2440mm，厚 15mm；背楞为立放 5mm × 10cm 规格白松木方；支撑为 $\phi48 \times 3.5$mm 钢管。

为保证施工过程中模板的刚度和平整度，提高墙面混凝土表面的观感效果，墙模板采用一面整拼为大模板，另一面散拼的方式处理。这样可以使整拼一面的墙体平整度得到显著提高，相应地，另一面也得到很大改善。

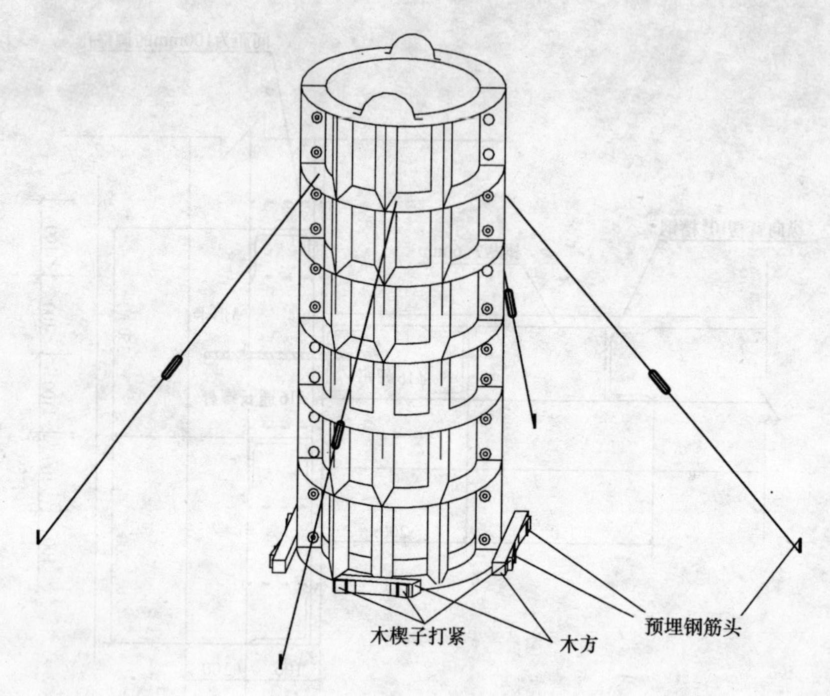


图 3-35 柱大模板支设图

操作方法为：

在做大模板一侧先沿墙边支设好脚手架，要求牢固，不能有活动。在架子端部准确平扣一排钢管，把木方背楞竖向绑在钢管上。

在墙水平筋绑扎以前先把这一侧木胶板全部钉好整平，贴上4cm宽胶带。

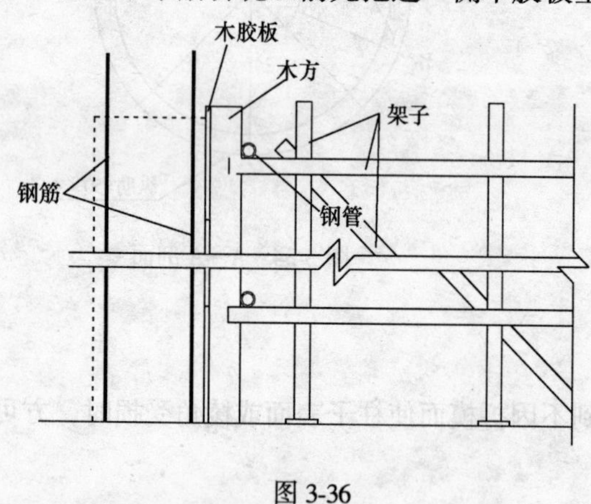


图 3-36

墙钢筋绑扎完成以后分块散装另一侧木胶板，拼缝用带单面胶的海绵条贴好，见图3-36。

使用部位：有清水混凝土要求的外墙（C区）。

2）对拉螺栓

墙模板对拉螺栓采用M12对拉螺栓，水平间距400mm，竖向间距600mm，最上面一排模板必须有螺栓连接。扣件用自制钢筋扣件代替3形扣件。螺帽下钢筋垫片用5mm钢板制作（可与钢筋扣件焊在一起），大小为50mm×50mm。如图3-37所示。

3）模板处理和使用

进场木胶板用油漆封边后弹线钻孔，钻孔位置如图3-38所示。

拼装时要把木胶板竖起来拼。每两个螺栓孔之间放两个木方，拼缝处加一道木方背楞。拼装效果如图3-39所示。

**3.7.5** 墙模板施工

（1）安装前的准备工作

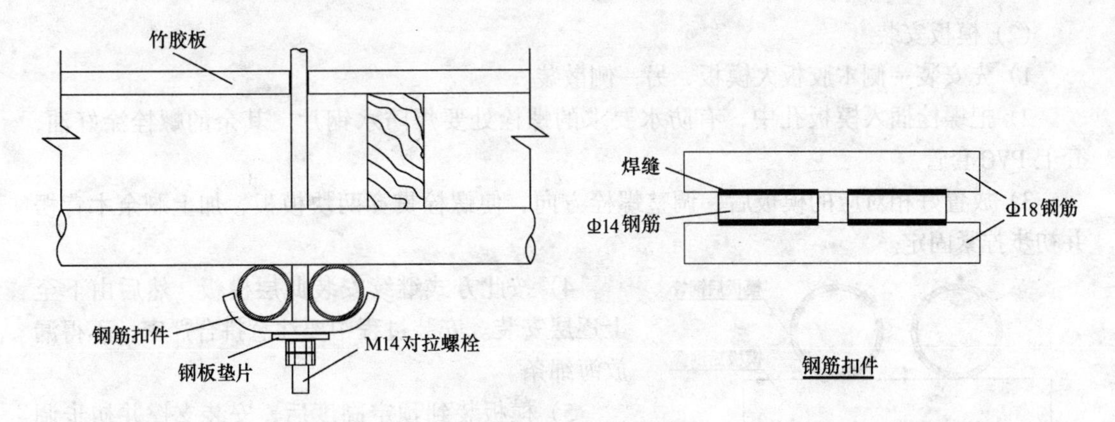


图 3-37　对拉螺栓示意图

1）模板加工好以后在地上检查模板的各部尺寸是否合适，模板的接缝是否严密。发现问题及时修理，待解决后才能正式安装。

2）墙下板混凝土施工时，预埋上下支撑钢筋头。钢筋绑扎完后，准确焊好模板定位筋。

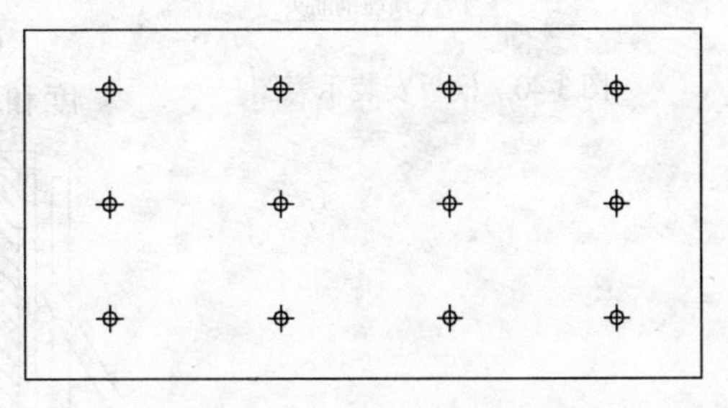

图 3-38　木胶板钻孔位置图

3）安装模板前必须做好抄平放线工作，墙模板和柱子同样要放双线（模板线和 20cm 控制线），据放线位置进行模板的安装就位。模板承垫底部必须预先坐浆找平，以保证模板位置正确，防止模板底部漏浆。找平用 1∶3水泥砂浆，宽度为 50mm，沿模板边线抹。必须保证找平面的水平；否则，将影响整个墙面的模板拼缝。

4）所用模板要涂刷清机油脱模剂。

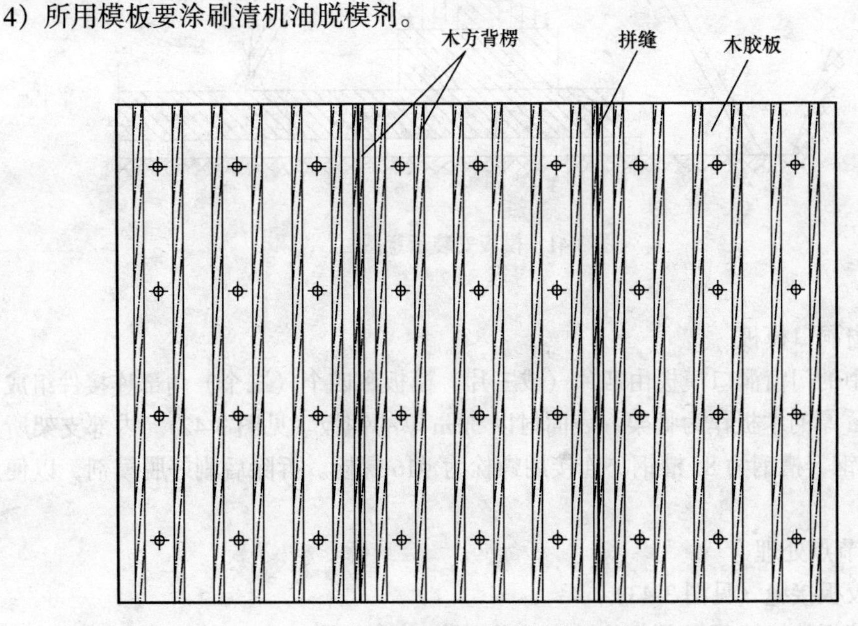


图 3-39　木胶板大模拼装示意图

（2）模板安装

1）先安装一侧木胶板大模板，另一侧散装。

2）把螺栓插入模板孔中，有防水要求的螺栓处要焊防水钢片。其余的螺栓涂好油，套上 PVC 套管。

3）放置好相对应的模板后，调整螺栓方向，使螺栓贯穿两块模板，加上剩余木背楞并初步拧紧固定。

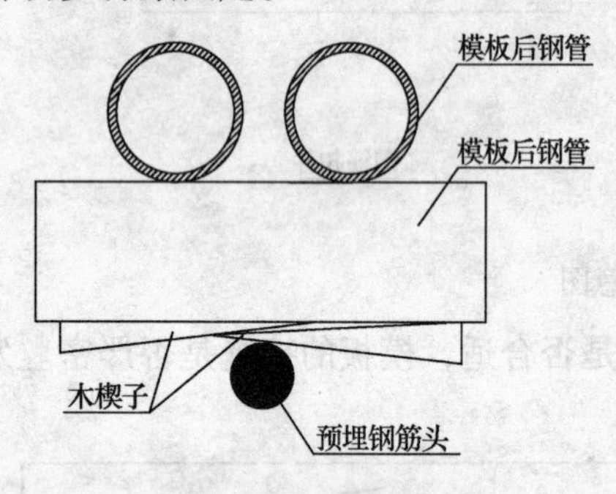


图 3-40 模板安装示意图一

4）按此方式继续安装此层模板，然后由下至上逐层安装。安装过程中要注意拼合严密，不得漏放海绵条。

5）模板装到预定高度后，安装支撑并初步调整垂直度。先在柱脚处预埋钢筋头与钢管间塞上木方，然后两边用楔子对着楔紧。上部用钢管做斜撑，见图 3-40 和图 3-41。

6）安装结束对模板进行精确调整，包括平整度和垂直度，随调整随拧紧对拉螺栓，完成最后固定。

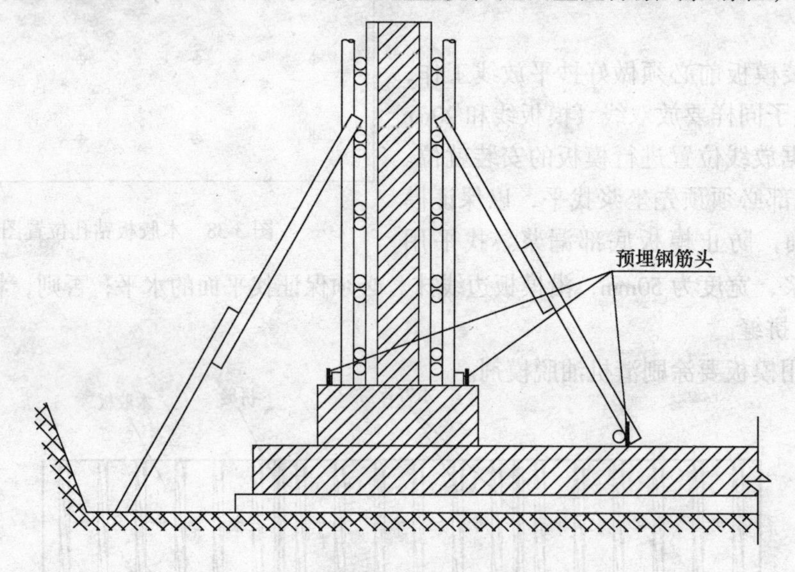


图 3-41 模板安装示意图二

（3）门窗洞口模板

剪力墙中的门窗洞口模板由四片（或三片）模板和四个（二个）角部连接件组成，单片模板用 5cm 厚的木板作为骨架，表面衬以 3mm 厚的钢板（见图 3-42）。内部支架所用角钢均为 $5^{\#}$ 角钢，槽钢为 $8^{\#}$ 槽钢，连接用螺栓为 $\phi 16$ 螺栓。拆除后刷好脱模剂，以便周转使用。

### 3.7.6 节点处理

（1）木胶板接缝（见图 3-43）

所有木胶板的接缝都必须加海绵条，海绵条要求有单面胶，粘在先装模板上的接缝

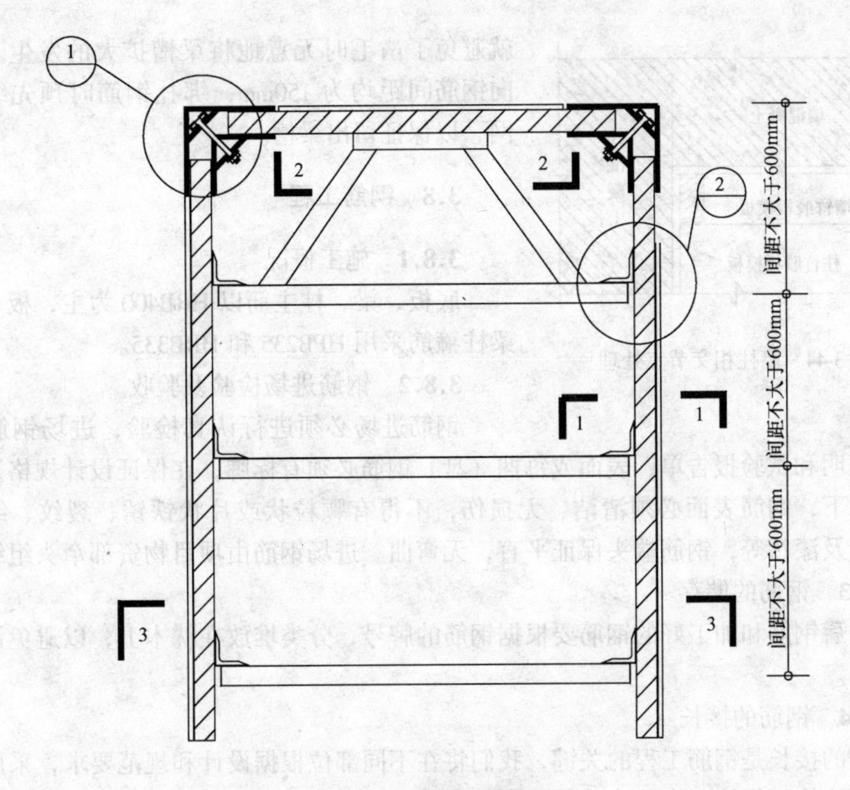


图 3-42 门窗洞口模板

处。海绵条边要和模板表面相平；否则，将影响混凝土观感。

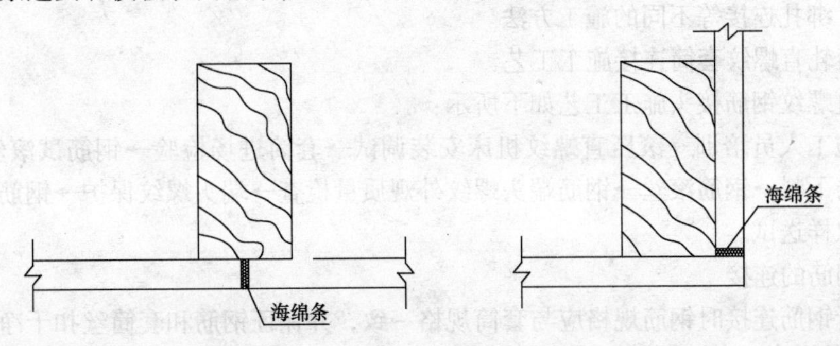


图 3-43 木胶板接缝

(2) 墙柱节点（见图 3-44）

墙柱交接处，先立墙模板再加柱模板。墙模板木胶板比木背楞多出 15mm，刚好是一块木胶板的厚度，可以将柱模板木胶板卡在里面。待模板都装好后，一起调整平整度和垂直度，见图 3-44。

圆柱与墙相交处为保证清水效果，先做圆柱，墙水平筋植筋。

(3) 墙梁节点

墙体在梁头位置留下梁槽，与梁板一起浇筑，所留梁槽应位置准确，且截面要比梁截面各边均小 2cm 左右，在对施工缝处进行凿毛处理前，应按所放的梁截面线向梁截面内缩进 1cm 弹线，用切割机切出 1cm 左右深的槽；然后再将另外 2cm 多余的混凝土凿掉，这样

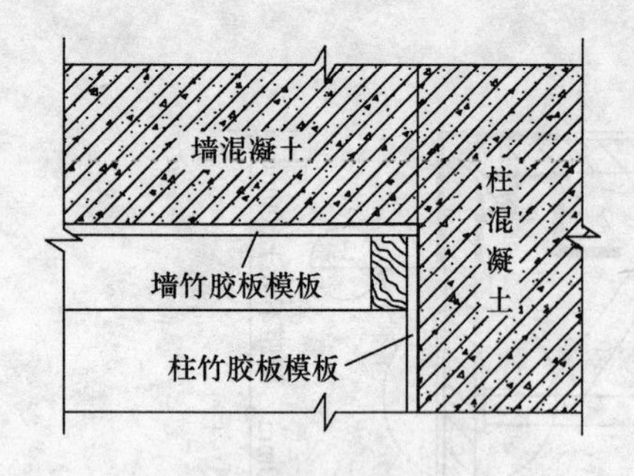


图 3-44　墙柱相交节点处理

就避免了凿毛时无意地将梁槽扩大的发生。纵横两向钢筋间距均为 150mm，绑扎钢筋时预先绑好钢丝网，以保证留出梁槽。

## 3.8　钢筋工程

### 3.8.1　施工概况

底板、梁、柱主筋以 HRB400 为主，板、墙以及梁柱箍筋采用 HPB235 和 HRB335。

### 3.8.2　钢筋进场检验及验收

钢筋进场必须进行认真检验，进场钢筋要有出厂质量证明和试验报告单，表面或每捆（盘）钢筋必须有标牌，在保证设计规格及力学性能的情况下，钢筋表面必须清洁、无损伤，不得有颗粒状或片状铁锈、裂纹、结疤、折叠、油渍及漆污等，钢筋端头保证平直，无弯曲。进场钢筋由项目物资部牵头组织验收。

### 3.8.3　钢筋的储存

进场后钢筋和加工好的钢筋要根据钢筋的牌号，分类堆放在枕木上，以避免污垢或泥土的污染。

### 3.8.4　钢筋的接长

钢筋的接长是钢筋工程的关键，我们将在不同部位根据设计和规范要求，采用滚压直螺纹套筒连接、焊接、绑扎连接等不同的施工方法。

墙、柱中 $\phi \geqslant 22$mm 竖向钢筋及底板中 $\phi \geqslant 22$mm 钢筋采用滚压直螺纹套筒连接，其他采用焊接、绑扎连接等不同的施工方法。

（1）滚轧直螺纹套筒连接施工工艺

滚轧直螺纹钢筋接头施工工艺如下所示：

现场施工人员培训→滚压直螺纹机床安装调试→套筒进场检验→钢筋试滚丝 →试件送样→钢筋下料→钢筋滚丝→钢筋端头螺纹外观质量检查→端头螺纹保护→钢筋与套筒连接→现场取样送试。

（2）钢筋的连接

在进行钢筋连接时钢筋规格应与套筒规格一致，并保证钢筋和套筒丝扣干净、完好无损。

钢筋连接时必须用管钳扳手拧紧，使两钢筋丝头在套筒中央位置相互顶紧，或用锁母锁紧并加以标志。

钢筋套筒连接完毕后，套筒两端外露完整有效扣不得超过两扣。

（3）施工现场检验

1）钢筋连接工程开始前及施工过程中应对每批进场钢筋进行接头工艺试验。工艺试验应符合下列要求：

A）每种规格钢筋的接头试件不应少于 3 根；

B）对接头试件的钢筋的钢筋母材应进行抗拉强度试验；

C）3 根接头试件的钢筋母材应满足规范要求外，尚应大于等于 0.95 倍钢筋母材的实际抗拉强度 $f$。计算实际抗拉强度时，应采用钢筋实际的横截面面积。

2）现场检验应进行外观质量检查和单向拉伸强度试验；

3）接头的现场检验按验收批进行。同一施工条件下采用同一批材料的同等级、同形式、同规格接头，以500个为一个验收批进行检验与验收，不足500个也作为一个验收批；

4）对接头的每一个验收批必须在工程结构中随机截取3个试件进行试验，做单向拉伸强度试验，并按规范规定的强度要求确定其性能等级；

5）加工工人应逐个目测检查丝头的加工质量，出现不合格丝头时应切去重新加工。

#### 3.8.5 钢筋的下料绑扎

详见专项方案。

### 3.9 混凝土工程

#### 3.9.1 工程概况

文化中心的各部分的主要结构形式为：

A区图书馆框架结构，楼板采用了现浇混凝土空心楼板，板厚300mm，框架梁采用了宽扁梁。框架柱为$\phi$900的圆柱。

B区会议中心地下一、二层为框架结构，框架柱为$\phi$700或$\phi$800，框架梁为扁梁，楼板为肋梁楼板以及现浇圆孔空心板相结合，会议中心一、二层报告厅及宴会厅上空采用的是钢—混凝土组合梁。

C区结构形式为框架-剪力墙结构，侧舞台上空、主舞台台口、部分楼板采用有粘结预应力混凝土结构，小剧场屋盖采用了钢-混凝土组合梁。

D区为框架结构，楼板为井字梁楼盖，地下人防框架梁为宽扁梁。

混凝土强度等级说明：

除A区地下室底板以及一层柱采用C40混凝土外，其余部分基础、梁板柱均采用C30混凝土。C区底板满足P8级抗渗要求，其余各部分的底板及外墙应满足P6级抗渗要求。

底板防水做法P8防水密实抗渗混凝土，外墙SBS改性沥青防水层4mm厚，外加保护层，底板下垫层上SBS改性沥青防水层4mm。

#### 3.9.2 原材料

混凝土坍落度设计值为160~180mm，混凝土坍落度的允许偏差值要控制在±20mm范围之内。

#### 3.9.3 施工管理

（1）混凝土配合比的设计及审核

本工程所用混凝土施工配合比采用委托形式经由大连市建委、质检站认可的二级以上资质试验室预配后提供，试配结果报送业主和监理；混凝土使用的外加剂为建筑主管部门认证产品，外加剂的种类及性能报监理认可。

（2）混凝土的拌制、运输

1）混凝土由商品搅拌站拌制、运输到施工现场。浇筑混凝土时，项目经理部定期派专人去混凝土生产厂家监督混凝土的拌制。混凝土在原材料的计量、搅拌时间上，严格按规范标准进行控制。

2）由于文化中心处于大连开发区的繁华地带，因此，每次浇筑混凝土时，由专人作好混凝土运输车辆的疏导指挥工作，确保混凝土能够及时连续的供应，连续浇筑。

3）当相邻车次间隔时间超过正常间隔时间时，应取该罐车混凝土作坍落度实验。混凝土从罐车输出时，不得任意加水，施工人员应服从现场管理人员的指挥。

（3）混凝土浇筑值班制度

在每次浇筑混凝土前，由专人（如项目技术负责人）确定本次浇筑混凝土值班人员，以便于提前准备，做到岗位到位、责任到人。每次浇筑混凝土时，值班人员不少于两人（至少有一名为土建专业技术人员），其中有一人在现场值班，实行旁站式管理。混凝土浇筑时值班人员严格按施工方案、操作规程进行施工监督，做好值班人员记录。

（4）混凝土的检查制度

混凝土的检查在混凝土拆模后、上一施工段施工完毕进行，此项工作由质安部门组织责任工程师及模板、混凝土施工班组长参加，由质安部门具体检查，检查结果及时评定，及时以书面形式反馈给监理和各专业施工班组，督促、改进工作；检查结果在检查部位盖章显示（每一楼层每一施工段在同一部位盖章），印章为黑色。

**3.9.4**　施工准备工作

详见专项方案。

**3.9.5**　材料质量要求

详见专项方案。

**3.9.6**　混凝土供应

本工程混凝土采用商品混凝土，浇筑混凝土的前一天填好混凝土委托单交物资部门，并书面通知物资部门供应混凝土的时间、供应数量、供应频率等，保证混凝土的及时供应。每次浇筑混凝土时随机抽查混凝土车方量，保证混凝土的连续浇筑。

混凝土浇筑：

（1）混凝土的浇筑方向

墙混凝土的浇筑方向在墙内无预留洞时，从两端均可浇筑；当墙上有预留洞时，从预留洞两侧分层连续浇筑，以防止预留洞模板两侧受力不均出现偏移。梁板混凝土的浇筑，先浇筑柱头混凝土；然后，在柱混凝土初凝前浇筑完梁、板混凝土。

（2）混凝土的泵送

1）泵管穿越楼层位置图

管路布置原则：与各施工段距离尽可能短、弯头尽可能少，管路连接要牢固、稳定，各管卡位置不得与地面或支撑物接触，管卡在水平方向距离支撑物 > 100mm，竖直方向距离地面 > 100mm，接头要密封严密（垫圈不能少）。

2）泵管的铺设

泵机出口的水平管用钢管搭设支架支撑，运输到浇筑层的立管亦采用钢管搭设支架支撑。转向90°弯头曲率半径要大于1m，并在弯头处将泵管固定牢固。浇筑层的水平管采用铁马凳作水平支撑，每节泵管采用两个铁马凳支撑，支撑点设在泵管节头处的两侧，距离接头不大于500mm。

3）混凝土泵送时要有足够的看输送管人员，混凝土泵操作手必须坚守岗位，不得擅自离岗。混凝土每次施工时，采用$1m^3$与混凝土成分相同的砂浆润管，泵出后用铁桶吊下，倒入建筑垃圾中，再进行处理。

(3) 混凝土的分层

本工程所用混凝土采用布料机，配合一台混凝土地泵直接输送到浇捣部位。

墙的混凝土采用分层斜坡浇筑，首层厚度为400mm，以上每层浇筑高度为900mm，浇筑层高偏差应控制在±100mm之内。每层振捣密实后再覆盖新一层混凝土，上下层浇筑间隔时间不得超过1.5h，但上层浇混凝土应在下层混凝土初凝前进行浇筑。混凝土布料机臂端混凝土出口处采用软管配合下料，以控制混凝土自由下落高度，防止混凝土出现离析。

柱混凝土浇筑在梁、板模板安装前进行，做好必要的操作平台等安全防护措施。在布料机的同一落点范围内，浇筑柱子无先后顺序，但应尽可能地减少布料机的旋转距离，施工中可灵活掌握。混凝土浇筑过程中振捣手分两班同时作业，每班两个振捣棒，两班浇筑的柱子应相邻，以减少布料机的旋转距离。

柱沿高度分层浇筑，每300~500mm为一浇筑层，上层混凝土的浇筑应在下层混凝土初凝前浇筑完成。本工程柱子的高度均超过3m，在浇筑柱子下部混凝土时配以串筒进行浇筑，以防止混凝土出现离析。

(4) 混凝土的振捣

本工程要达到清水混凝土效果，对振捣要求较高，既不能漏振，也不能过振。混凝土浇筑过程中，振捣各个施工部位时责任到人，细化具体部位，做好各个部位的振捣记录。拆模后各个部位的振捣质量反馈给各个振捣手，促使其改进工作，达到提高混凝土振捣质量的目的。一台布料机在一定范围内分层来回浇筑，安排4名振捣手，在相对固定位置振捣，尽可能地减少移动。

混凝土现浇板浇筑时，边浇边用铁锹摊平、振捣，边用2m长刮杆刮平。

混凝土拆模时拆模强度不准以估算值为准，必须以混凝土同条件试块抗压强度报告为准，不同施工段、不同结构件的混凝土拆模强度报告要归档保存。柱拆模强度不得低于1.5MPa，墙拆模强度不得低于1.2MPa。

(5) 混凝土的养护

混凝土浇筑后在强度达到1.2MPa以前，不允许有人员在上面踩踏或安装模板及支架。可上人的最早时间5~9月约为8~10h，10~次年4月约为15~20h。

独立柱采用包裹塑料布方式养护；墙、梁及底板采用浇水方式养护。浇水养护时间不少于7d。

**3.9.7** 混凝土试块的留置、施工记录

详见专项方案。

**3.9.8** 成品保护

详见专项方案。

**3.9.9** 现浇混凝土空心板的施工

(1) 现浇空心板的优点（以DBF空心管为例）

适用范围广，尤其适用于大跨度的楼板，自重轻、刚度大、抗震性好、隔声效果好、增加层高净空高度、降低工程造价等。

(2) 设计原理

设计计算时，对与DBF管平行的方向，把板分成若干个工字梁，按单向板计算配筋；

另一方向按构造配筋，以防止板出现裂缝。

DBF现浇空心板构造节点，如图3-45所示。

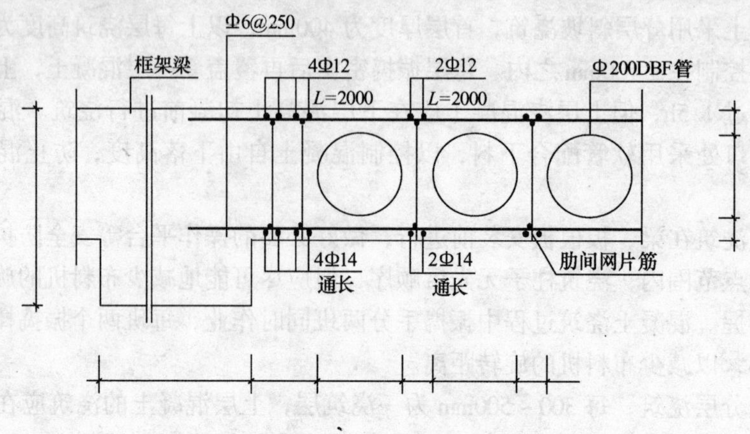


图3-45 DBF现浇板构造节点图（单位：mm）

（3）施工技术

1）施工工艺流程

支设梁、楼板模板→绑扎梁钢筋→在楼板模板上标出预留预埋位置线、DBF管肋间钢筋网片位置线、楼板底排钢筋位置线→绑扎楼板底排钢筋→预留、预埋→DBF管肋间钢筋网片安装→安装DBF管→铺设木板操作走道→绑扎楼板上排钢筋→安装DBF管定位卡、调整DBF管→钢筋、DBF管隐蔽检查验收→安装混凝土布料机、泵管→浇筑肋间混凝土→浇筑剩余部位混凝土→取出DBF管定位卡→混凝土找平、抹面→混凝土养护。

2）楼板下排钢筋施工

网片筋构造示意，如图3-46所示。

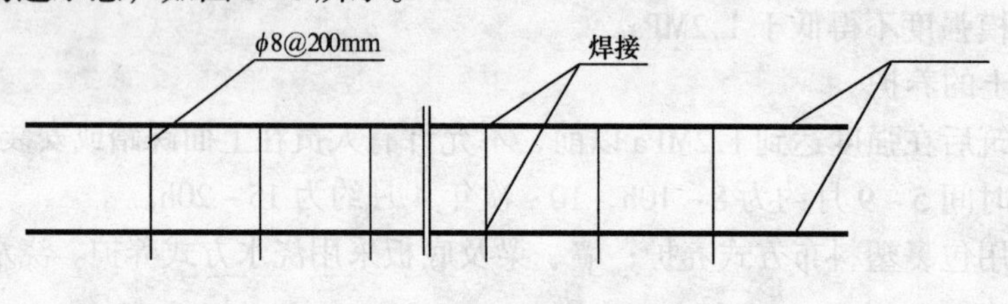


图3-46 焊接网片示意图

网片筋使用固定模具，提前制作，这样可以节约钢筋的绑扎时间，加快施工速度。

3）DBF管的安装

DBF管施工前，必须根据设计图纸中每块楼板的平面尺寸、施工缝位置、预留预埋、DBF管的排布方向和生产厂家生产的DBF管标准长度（大连地区为2m），进行排管设计，每层绘制一张DBF管排版图。

4）DBF管的调整、固定

同一排DBF管安放必须保持顺直，两排管之间间距要符合设计要求。在浇筑混凝土时，由于DBF管自重轻，会产生较大浮力，所以必须做好DBF管的固定；否则，会造成管上浮，把楼板上排钢筋顶起，发生质量事故。

我们可自行制作 DBF 管定位卡，如图 3-47 所示。

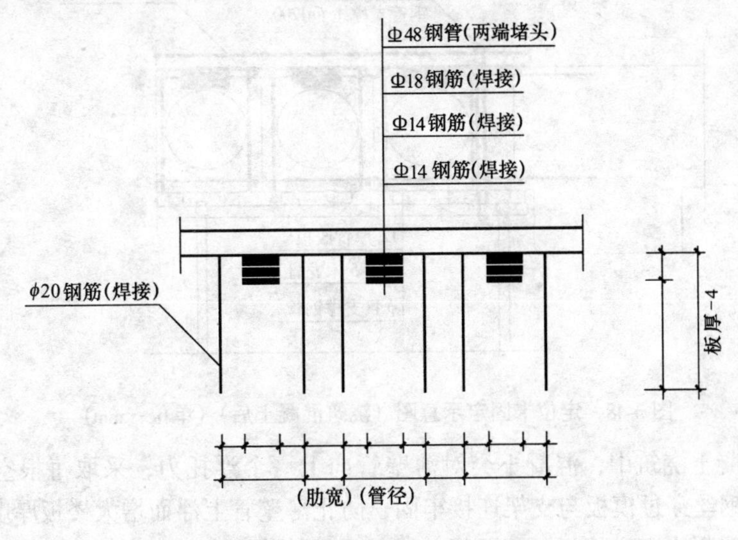


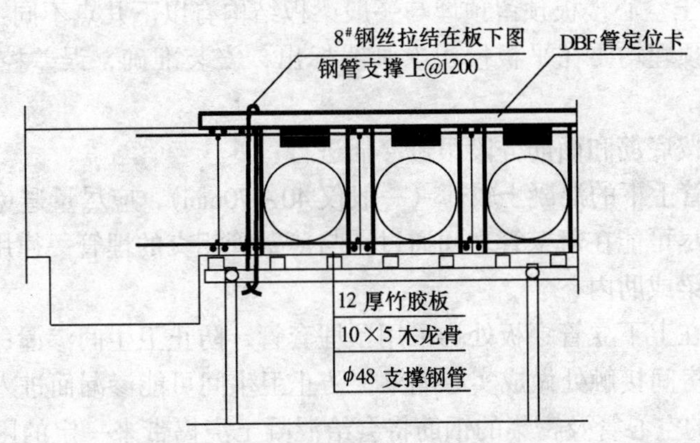


图 3-47 定位卡固定示意图（浇筑混凝土前）

为使同一排 DBF 管顺直，要拉通线调整，两排管之间间距通过定位卡控制。定位卡必须与 DBF 管垂直布设，每一根管一般要有两根定位卡固定（小于 500mm 长的管，可有一根定位卡固定），见图 3-48。

5）施工难点及控制要点

（A）加强对 DBF 管端头封堵质量的进场检查，对封堵不严或不牢固的要拒收。

（B）注意做好 DBF 管的固定，避免管上浮。

（C）混凝土必须分两次浇筑到顶，尤其要注意肋部混凝土的振捣。

6）技术措施及质量控制

（A）现浇混凝土空心板中薄壁复合材料管，入模前应逐根检查，防止损坏。

（B）空心管的每节长度应根据制作、运输和安装需要，以及工程结构尺寸而确定，并应配有长短不等的空心管。每管两端均用本身基料封闭。

（C）平板模板支好后，要将房屋轮廓轴线及空心管位置弹好线，然后绑扎底筋安装薄壁管，并应使空心管顺直，误差在 ± 10mm 以内。

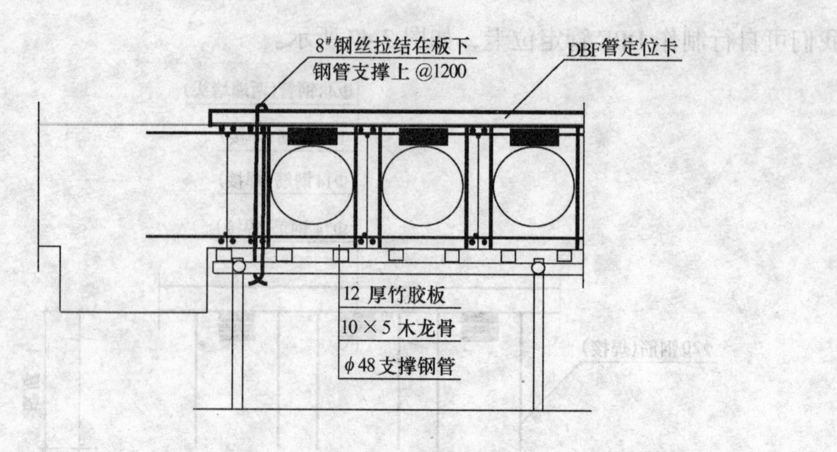


图 3-48　定位卡固定示意图（浇筑混凝土后）（单位：mm）

（D）在混凝土浇筑中，混凝土会对薄壁管向上一个浮托力，采取每根空心管上扎两根压筋，并用钢丝穿过模板与支架连接牢固，防止薄壁管上浮而增大楼板厚度。

（E）现浇混凝土空心楼板预留预埋与一般梁板结构有以下几点不同：

（a）所有预留预埋均要在平板模板上画线标出，安装准确，误差控制在 ± 15mm，以防以后凿打；

（b）预留预埋按底筋和面筋分段跟班穿插进行；

（c）由于薄壁管上下的混凝土较薄（一般仅 40 ~ 70mm），应尽量避免预埋管线对楼板强度的削弱，管线尽可能在薄壁管之间通过，与薄壁管相交的埋管一律用钢管，预埋管交叉点一律布置在暗梁或肋内；

（d）卫生间里在上下立管穿板处均采用预埋套管，防止卫生间渗漏；

（e）卫生间与房间接触处做成实心隔梁，防止卫生间可能渗漏而进入房间空心管；

（f）由于密排的空心管及密集的钢筋将会给混凝土浇捣带来一定的困难，混凝土要有较大的坍落度，一般为 15 ~ 18mm 左右，并采用小直径的振捣棒仔细振捣混凝土，以保证空心管底平板混凝土密实。

**3.9.10**　底板混凝土浇筑方案

本工程地下室底板尺寸较大，为防止冷缝出现，采用泵送商品混凝土。施工时采取斜面分层、依次推进、整体浇筑的方法，使每次叠合层面的浇筑间隔时间不得大于 8h，小于混凝土的初凝时间。

混凝土浇筑方法为斜面分层布料方法施工，即“一个坡度、分层浇筑、循序渐进”。在各自范围内，汽车泵采取“S”形行走路线，地泵采取“Z”形行走路线。

（1）混凝土浇筑定为采用两台汽车泵，两台地泵。

（2）溜槽搭设：

由于电梯井、集水坑处混凝土浇筑方量很大，单靠地泵无法满足 8h 内浇筑完。为保证混凝土的连续浇筑，不出现冷缝，要求在两地泵混凝土浇筑到核心筒前，开始利用溜槽向电梯井、集水坑内倾泄混凝土，以期达到与地泵混凝土共同向前推进的目的。

为防止混凝土发生离析现象，泵管在从地上引到底板过程中，要做如图 3-49 所示的处理。

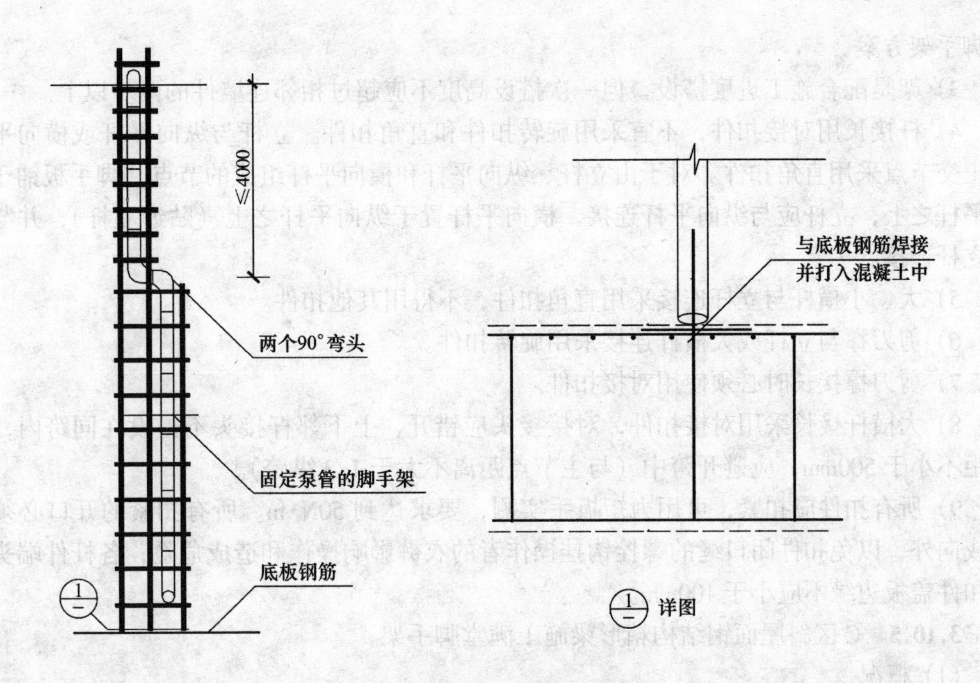


图 3-49　泵管弯折处理示意图

## 3.10　脚手架工程

### 3.10.1　脚手架工程概述

根据本工程的高度及结构形式，室外脚手架采用双排落地脚手架，室内楼板采用满堂脚手架。

### 3.10.2　材料准备

详见专项方案。

### 3.10.3　劳动力准备

详见专项方案。

### 3.10.4　搭设要求

(1) 质量要求

1）横平竖直、整体清晰、图形一致、间距均匀、连接牢固、不变形、不摇晃。

2）立杆的垂直偏差应小于 75mm。

3）纵向水平杆的水平偏差值控制在 ± 20mm 以内。

4）小横杆突出纵向水平杆长度一致，整齐划一。

5）转角处大横杆搭接时，应上下错位一致。

(2) 技术要求

1）本工程外围护脚手架搭设时的技术参数如下：

立杆纵距 $l_a = 1.5$m；立杆横距 $l_b = 1.05$m；

步距 = 1.8m；连墙件两步三跨设置，采用刚性连接，利用钢管与柱抱箍同结构连在一起。

2）各区域网架、钢结构施工用满堂脚手架构造及技术要求，见 3.9.7 钢结构施工满堂脚手架方案。

3）架是配合施工进度搭设，但一次搭设高度不应超过相邻连墙件的两步以上。

4）杆接长用对接扣件，不宜采用旋转扣件和直角扣件。立杆与纵向平杆或横向平杆的正交节点采用直角扣件。对于由立杆、纵向平杆和横向平杆组成的节点，脚手板铺于横向平杆之上，立杆应与纵向平杆连接，横向平杆置于纵向平杆之上（贴近立杆），并与纵向立杆连接。

5）大、小横杆与立杆连接采用直角扣件，不得用其他扣件。

6）剪刀撑与立杆或大横杆连接采用旋转扣件。

7）剪刀撑接长时必须使用对接扣件。

8）大横杆接长采用对接扣件，对接接头应错开，上下邻杆接头不得设在同跨内，且间距不小于500mm，应避开跨中（与主节点距离不大于1/3纵跨）。

9）所有扣件应扣紧，可用力矩扳手实测，要求达到50N·m。所有扣紧的开口必须向上或向外，以免扣件闭口缝的螺栓钩挂操作者的衣裤影响操作和造成危险；各杆件端头伸出扣件盖板边缘不应小于100mm。

**3.10.5**　C区斜屋面钢结构箱形梁施工满堂脚手架

（1）概况

A区上空为弧面斜交箱形梁，水平投影面积近2000m$^2$，下弧梁底标高为8.85m，上弧梁底标高为20.35m，下弧长为59.43m，上弧长为57.62m，斜宽为29.27m，倾斜角为26°，约有140个连接节点，300根梁左右，总重量约为320t。具体形状见图3-50。

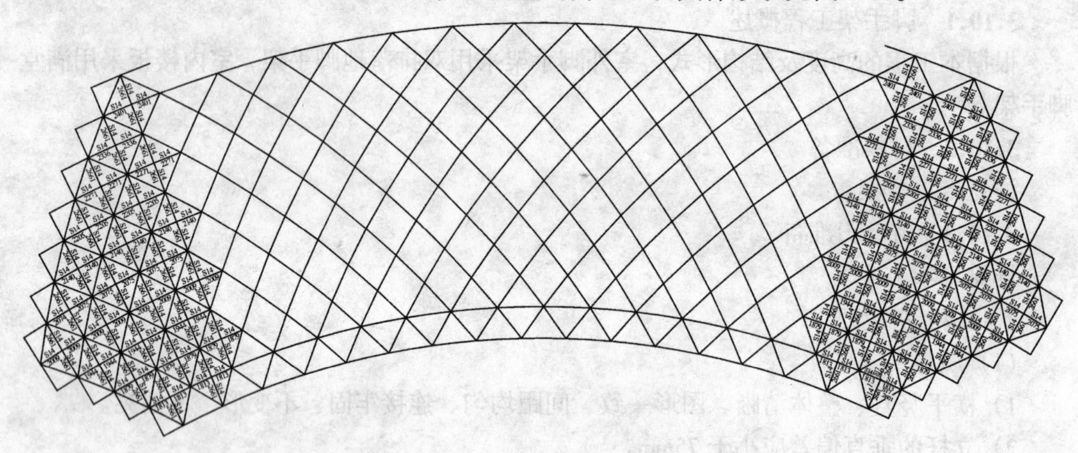

图3-50　施工满堂脚手架概况

本分项工程施工时间2003年12月22日～2004年1月20日，正值大连冬季最冷的时期，采用空中散拼法进行施工，先从中部拼出一个单元，然后向两侧扩散，最后调整、焊接完成。

由于工期很紧，脚手架工程要在7d内。

支撑系统采用扣件式钢管脚手架传递箱形梁自重及施工产生的荷载等。脚手架搭接面积约为2000m$^2$左右。搭设高度为台阶状，最高为20.0m，最低处为8.5m。最前侧要伸入D区，架子宽度约24m。

（2）施工准备

详见专项方案。

(3) 施工工艺

脚手架的搭设:

1) 工艺流程:放立杆底线→铺设立杆垫板(50mm×200mm木板沿①轴方向)→立杆和绑扎纵横扫地杆→架设横杆→架设剪刀撑→搭设马道→控制杆件标高→绑扎封顶杆→铺设脚手板→挂设周边封边网及平网→脚手架验收。

2) 搭设前应先检查挑选钢管、扣件所使用的钢管有无严重锈蚀弯曲压扁或裂纹,扣件不得有裂纹、气孔、疏松、沙眼等。扣件与钢管贴合面应整洁,保证与管扣紧时接触良好,扣件活动部位应能灵活转动,两旋转面之间的间隙应小于1mm,当扣件挟紧钢管时开口处最小距离应不小于5mm,使用的扣件应有出厂合格证,凡有脆裂变形损伤或滑丝的扣件严禁使用。

检查标准:钢管应顺直,立杆平直偏差不得大于5mm,不得有裂缝。扣件应逐个检查,不得有裂纹,螺栓应完好。

3) 工艺要求:立杆纵横间距均为1m,横杆步距为1.5m,杆接长中心偏差为5mm,垂直度偏差为5mm。有条件的与周围结构进行拉结,拉结点纵横间距不少于3m。

4) 垫板与地面间结合紧密,受力均匀,在使用对接扣件接长水平杆时,要注意将开口的一面朝下,以防止雨水从向上的开口流进钢管内,发生锈蚀,影响钢管的使用寿命,水平杆与立杆连接时使用的十字扣件要避免开口向下,以防止在扣件螺纹滑丝脱落时造成事故。

5) 水平杆总水平度偏差不大于50mm。扣件距钢管端头至少为50mm。扣件螺栓扭紧力矩为45~55N·m。

6) 立杆采用对接接头接长,相临的两根立杆的接头不准在一个水平面上,到设计标高时,选用不同长度的钢管,确保杆头出设计要求标高不大于200mm,以保证箱形梁的顺利施工。

7) 剪刀撑纵横间距为5m,可采用搭接接头,搭接长度不小于1m,必须用双扣件进行搭接,剪刀撑必须到顶。

8) 整个脚手架外侧栏杆均应高出施工区1.2m,并设置防护栏杆及挡脚板,并挂密目网。

9) 脚手搭设的剖面图见图3-51。

(4) 上下通道的搭设

上下通道设置于⑥~⑦/Ⓒ+4.6m处,每跑宽1.5m,每跑高度3m,坡度为25°,呈“之”字形上升。每跑通道上2m满铺50mm厚木跳板一道,密目网一道。通道两侧满挂密目网一道,坡道两侧设1.5m高的$\phi48$钢管防护栏杆和180mm高的挡脚板。通道板采用50mm厚木跳板满铺,并设50mm×50mm防滑条间距300mm。通道至此部位箱形梁施工操作层。

(5) 脚手架的验收

脚手架搭设完毕,组织验收后方可使用。下雨及加荷后均应检查脚手架的地基及各杆件间的连接是否正常;否则,禁止上部及后续工序施工。

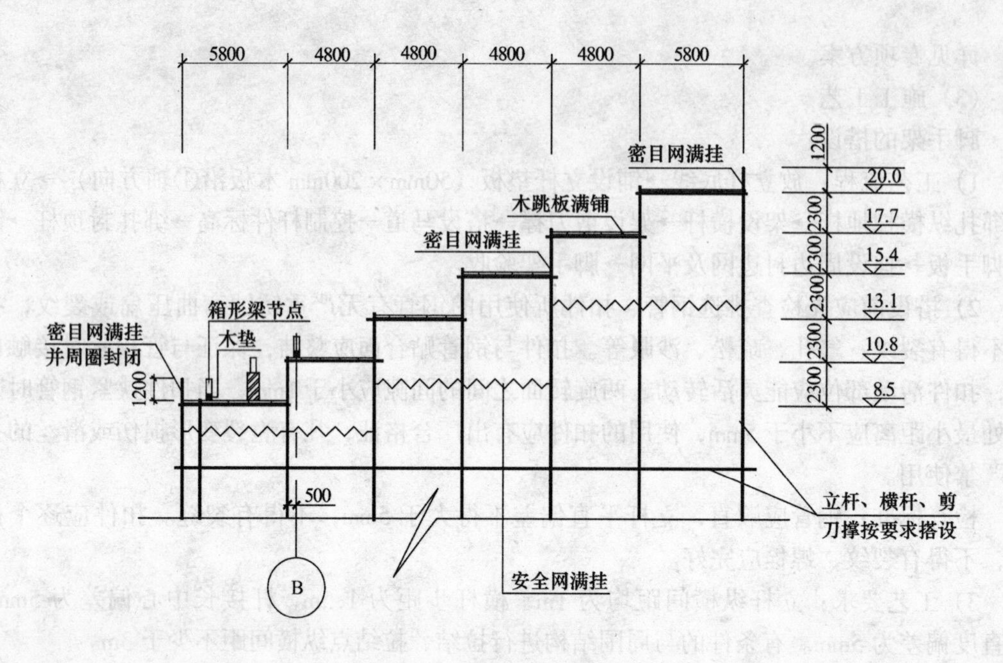


图 3-51　脚手搭设剖面图

## 3.11　砌筑工程

### 3.11.1　编制依据

大连开发区文化中心建筑施工图、建筑详图、结构施工图；

《砌体工程施工质量验收规范》(GB 50203—2002)；

《砌体结构设计规范》(GB 50003—2001)；

《轻集料混凝土小型空心砌块》(GB 15229—94)。

### 3.11.2　原材料控制与检验

详见专项方案。

### 3.11.3　施工准备

详见专项方案。

### 3.11.4　作业条件

详见专项方案。

### 3.11.5　施工工艺

(1) 制备砂浆：本工程砂浆采用强制搅拌机拌合。搅拌混合砂浆时，应先将砂、水泥、石灰膏投入，干拌均匀后，再加水搅拌均匀。混合砂浆搅拌时间，自投料完算起不得少于 2min。

(2) 楼地面弹线：砌体施工前，应将楼层结构面按标高找平，依据砌体图放出第一皮砌体的轴线、边线和洞口线。

(3) 砌块浇水：砌块一般不需浇水；如果天气炎热干燥，可提前喷水湿润表面但表面不能有浮水；雨天作业不得使用含水率饱和状态的砖。

(4) 垂直运输：本工程砌筑工程垂直运输工具使用卷扬机上料及塔吊上料，A 区 1 ~ 11 轴间砌块上料采用塔吊，A 区 12 ~ 20 轴间采用卷扬机上料；B 区为卷扬机上料；具体布置详见交底。

(5) 砌筑:

1) 砌筑顺序：先施工样板间，样板间均选在一层楼面，样板间质量经项目部检查合格再大面积展开施工。

2) 砌筑流向：A 区按照 1 ~ 6 层顺序展开施工，B 区按照由 1 ~ 3 层顺序展开施工，地上部分墙体砌筑完毕后再开展地下室墙体施工。

3) 砌筑高度：砌至梁板底部。

4) 砌体排列：在砌筑前，应根据工程设计施工图，结合砌块的品种、规格，绘制砌体砌块的排列图，经审核无误，按图排列砌块。

5) 砌块就位与校正：砌块砌筑前冲去浮尘，清除砌块表面的杂物后方可吊运就位。砌筑就位应先远后近，先上后下，先外后内；每层开始时，应从转角或定位砌块处开始。应吊砌一皮，校正一皮，皮皮拉线，控制砌体标高和墙面平整度。

6) 选砖：砌筑时，应先根据墙体类别和部位选砖。砌正面时，应选尺寸合格、棱角整齐、颜色均匀的砖；空心砌块采用反砌施工。

7) 盘角：砌筑时先盘角，每次不得超过 5 层，随盘随吊线，使砖的层数、灰缝厚度与皮数杆相符。

8) 挂线：砌一砖半厚及其以上的墙应两面挂线，一砖半厚以下的墙可单面挂线。线长时，中间应设置支线点，拉紧线后，应穿线看平，使水平缝均匀一致、平直通顺，砌一砖混水墙时宜采用外手挂线，可以照顾砖墙两面平整。

9) 砌砖：砌砖宜采用一铲灰、一块砖、一挤揉的“三一”砌筑法，即满铺、满挤操作法。砖要砌得横平竖直，灰缝饱满，不得游丁走缝。

10) 墙体日砌筑高度不得超过 2.4m，雨天不宜超过 1.2m。

11) 留槎：外墙转角处应同时砌筑，内外墙砌筑必须留斜槎，槎长与高度的比不得小于 2/3，槎子必须平直、通顺，分段位置在门窗口角处；临时间断处的高度差不得超过一部脚手架的高度，如图 3-52 和 3-53 所示。

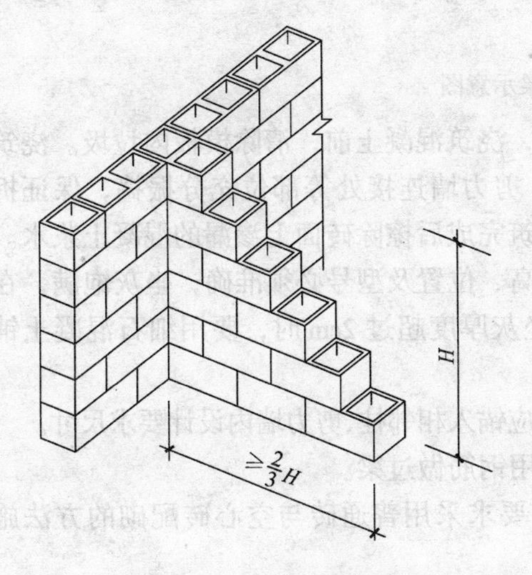


图 3-52　空心砌块墙斜槎

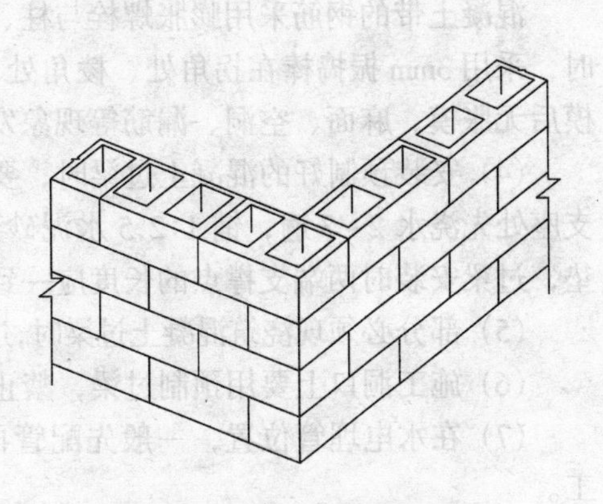

图 3-53　空心砌块墙转角砌法

12）预留槽：本工程室内设计要求很高，细部深化设计将进一步完善，对预留孔洞及安装穿墙等均应按设计要求砌筑，墙上埋设电线管时，只能垂直埋设，应使用专用镂槽工具。不得水平镂槽，不得用锤斧剃凿。埋好后用水冲去粉末，再用 1∶2.5 水泥砂浆填实。对于管线密集较多即超过 3 根时，用钢丝网满铺，管线埋设应在抹灰前完成。

13）砌筑镶砖：在砌块墙底部用三皮实心砖搭底；墙顶和门窗洞口处也应用普通实心砖砌筑。普通实心砖必须采用无横裂的整砖，顶砖镶砌不得使用半砖。门窗洞口两侧的普通实心砖沿墙长方向的厚度为 120～370mm。

14）封顶：砌到接近上层梁、板底时，至少需隔 7d，待下部砌体变形稳定后，用普通实心砖斜砌挤紧，砖倾斜度为 60°左右，砂浆应饱满。

**3.11.6**　构造措施

门窗过梁

（1）柱与填充墙交接处，沿高度每隔 400mm 用 2$\phi$6mm 钢筋与柱拉结，钢筋进入墙内的长度，按设计要求尺寸。

（2）室内 100mm 厚、200mm 厚、250mm 厚填充墙门洞过梁，墙长大于 5m 时，墙顶与梁应有拉结，墙长超过层高两倍时，应设置构造柱；

以上做法均详见各区结构说明。

（3）当墙体高度≥4000mm 时，在墙体高度 2m 处或有洞口时在洞口上方设 180mm 高混凝土圈梁，如图 3-54 所示。

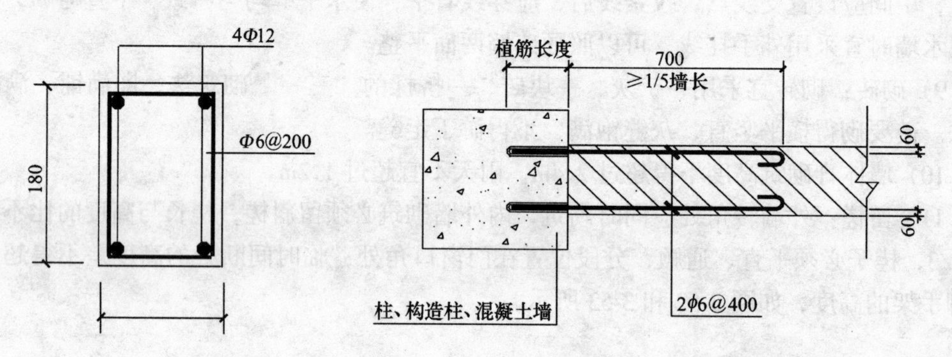


图 3-54　门窗过梁示意图

混凝土带的钢筋采用膨胀螺栓与柱、墙连接，浇筑混凝土前，清除模板内垃圾。浇筑时，采用 3mm 振捣棒在拐角处、棱角处，与柱、剪力墙连接处等部位充分振捣，保证拆模后无胀模、麻面、空洞、漏筋等现象发生，浇筑完成后擦除砖面上渗漏的混凝土浆水。

（4）安装预制好的混凝土过梁时，要求其标高、位置及型号必须准确，坐灰饱满，在支座处先浇水 2～3 遍，铺 1∶2.5 水泥砂浆；如坐灰厚度超过 2cm 时，要用细石混凝土铺垫，过梁安装时两端支撑点的长度应一致。

（5）部分必须现浇筑混凝土过梁时，过梁配筋应锚入相邻柱、剪力墙内设计要求尺寸。

（6）施工洞口上要用预制过梁，禁止直接使用钢筋做过梁。

（7）在水电埋管位置，一般先配管再砌筑，要求采用普通砖与空心砖配砌的方法施工。

（8）洗漱室、卫生间安装洗脸盆、洁具等较重的墙体部位，应把砌块正砌（孔朝上），内填充 C20 细石混凝土方法施工。

**3.11.7** 质量标准（见表 3-1）

**表 3-1**

| 项次 | 项目 | | 允许偏差（mm） | 检验 |
|---|---|---|---|---|
| 1 | 轴线位移 | | 10 | 用尺复查 |
| 2 | 楼面标高 | | ±15 | 用水准仪复查 |
| 3 | 垂直度 | 大于或等于 3m | 5 | 用 2m 托线板检查 |
| | | 大于 3m | 10 | |
| 4 | 表面平整度 | | 8 | 用 2m 直尺和楔形塞尺 |
| 5 | 水平灰缝平直度（连续 5 皮砖累计） | | 5 | 用尺量检查 |
| 6 | 水平灰缝厚度（连续 10 皮砖累计） | | ±8 | 用尺量或与皮数杆比较 |
| 7 | 门窗洞口高、宽（后塞口） | | ±5 | 用尺检查 |
| 8 | 外墙上、下窗口偏移 | | 20 | 用经纬仪或吊线检查 |

**3.11.8** 防止和减轻裂缝几项措施

轻集料小型空心砌块墙体干缩、线膨胀系数较砖墙大，抗剪强度较实心砖砌体低，因此，施工中应严格控制质量管理，提高砌体施工质量，并采取相应防墙体裂缝措施。

防墙体渗水：

（1）轻质砌块块体本身毛细管渗入内墙面。措施：墙体两面抹灰，并处理好抹灰层的开裂问题。

（2）抹灰前，将填充墙片与柱、墙顶与顶梁接缝处应用 400mm 宽密目钢丝网片覆盖固定，方可施工抹灰面层。

（3）在砌块纵横墙交接处设置水平网片，$\phi6$ 焊制，各段墙内长为 600mm。

**3.11.9** 水电管线、盒安装施工（见图 3-55～图 3-57）

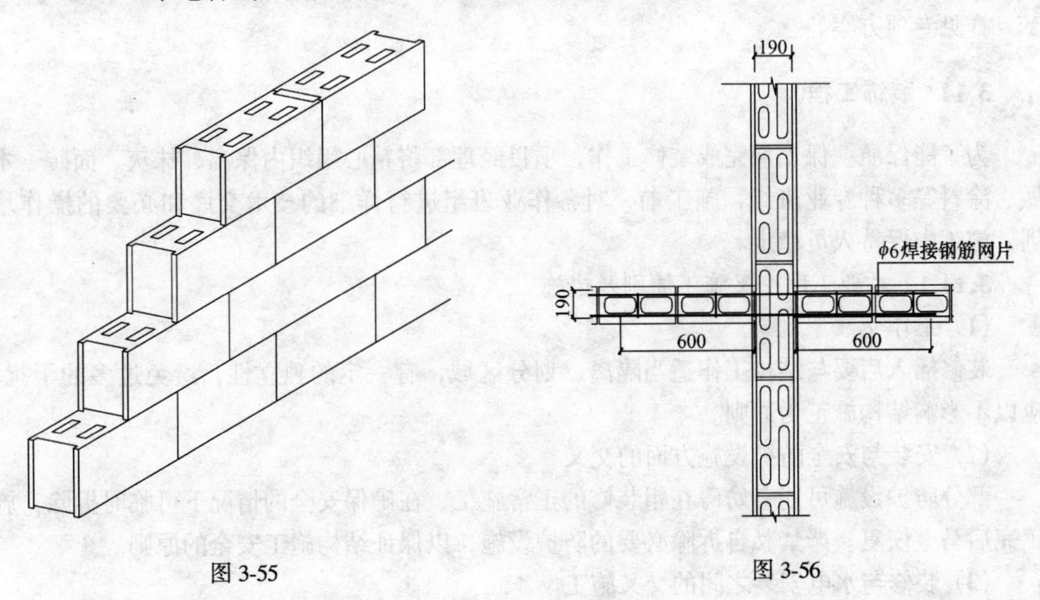


图 3-55　　图 3-56

由于空心砌块易碎，规范要求：洞口、管道、沟槽和预埋件等部位应在砌筑时预留或预埋，严禁在砌好的墙上剔凿。

（1）水平管线安放在圈梁内；

（2）竖向管线随墙体砌筑预埋在空心砌块的空洞内；

（3）开关、插座盒设置在 190mm × 390mm × 190mm 砌块内，盒子四周用 C20 混凝土或 1:2 水泥砂浆填实；

（4）卫生设备安装及以后的二次装修等凿洞可使用电钻成孔，不允许剔凿墙体。

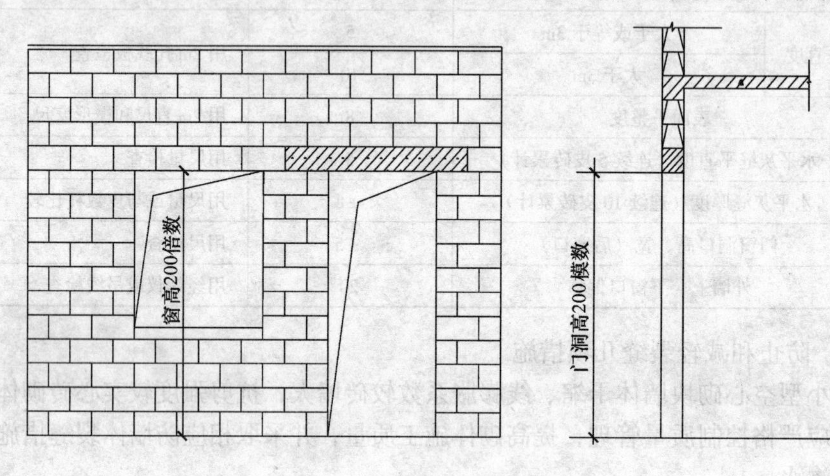


图 3-57

## 3.12　抹灰工程

详见专项方案。

## 3.13　楼地面工程

详见专项方案。

## 3.14　装饰工程

为了能保质、保工期完成装修工作，项目经理部将精心组织内保温、抹灰、面砖、木做、涂料等多种专业班组，施工前，对各作业班组进行详细的技术交底和必要的操作培训，施工中保持人员稳定。

### 3.14.1　主要工序交叉施工原则及措施

（1）工作交叉

装修插入后要与结构工作适当隔离、划分区域，有一定的独立性，避免过多的干扰，应以不影响结构施工为原则。

（2）安装与安全防护设施方面的交叉

部分防护设施可能会妨碍在粗装修的正常施工，在确保安全的情况下可临时拆除，施工完后马上恢复。严禁私自拆除必要的防护设施，以保证结构施工安全的原则。

（3）装修与水电安装之间的交叉施工

装修与水暖电通风之间的交叉施工较多，交叉工作面大，内容复杂，如处理不当将出现相互制约、相互破坏的不利局面，土建与水电的交叉问题必须重点解决。解决的原则为：

1）在技术准备阶段就把土建、安装的协调图绘好，如卫生间、厨房、屋面等协调图，各专业根据该图纸安排施工，不得打乱施工顺序抢先施工，造成双重破坏，留下质量隐患。每个分项工程的协调图不仅应包括水、通风、暖、电等安装专业，还应包括土建有关工作，协调图绘好后，应按《文件控制程序》执行。进行审批、修改与分发工作，使各专业有关人员做到心中有数。

2）各专业人员根据协调图进行施工。每天上午 8:30 开碰头协调会，安排同一工作面上有关专业的施工顺序问题，并形成会审纪要，每个专业进入工作面上施工，必须有上道工序传来的专业会签单和项目部的“施工许可证”方可进行施工。

3）做好总进度控制计划。水电安装应根据计划合理进行穿插作业，要在统一的协调指挥下施工，使整个工程形成一盘棋。

4）明确责任，划分利益关系，建立固定的协调制度。

5）一切从大局出发，互谅互让，土建和水、暖、电、安装各专业要尽可能为对方创造施工条件，并注意保护对方成品和半成品。

6）内外装修的交叉施工：

内外装修期间二者存在交叉点，但总体原则为：先外后内，内装修要为外部装修提供条件和工作面。

**3.14.2** 主要分部分项工程

在室内，原则上按先上后下、先内后外的施工顺序，每道工序完成后，必须经专业人员按验收标准严格检查验收后，才能转到下一道工序施工。

在施工中每层每个房间都要提供，标高线（50cm 线）和十字中心线（十字中心线既弹在地板上，又弹到顶棚上，十字线上下一致），以供土建、装饰和机电安装等专业共同使用，方便施工。

房间装修施工顺序：

放线→穿套管→墙面修整→安电器管线盒→顶棚吊顶→设备、开关安装→墙面饰面→地面饰面板施工。

卫生间装修施工顺序：

放线→机电管线→墙、地面孔洞修整（第一次灌水实验）→地面防水（第二次灌水实验）→防水保护层→地面防滑砖（第三次灌水试验）→墙面瓷砖→卫生洁具→电气安装→五金配件→门油漆。

顶棚吊顶施工：

根据 +50cm 前线，按照设计标高弹出吊顶标高线，沿标高线固定边龙骨，按饰面板尺寸确定龙骨位置，并将龙骨与吊件固定。次龙骨应按弹线安装固定。灯具可先固定在主次龙骨上，最后安装饰面板。主次龙骨安装应牢固可靠，吊顶面平整，饰面板对缝均匀，色泽一致。灯槽、空调出风口、消防烟雾报警器、喷淋头等设备要不破坏吊顶结构、顶面的完整性，与顶面衔接应平整。

详见装饰工程施工组织设计。

## 3.15　幕墙工程

大连开发区文化中心工程图书馆、剧院部分外墙装修采用驳接式玻璃幕墙中空玻璃，装饰完后的幕墙可以产生良好的感观视觉效果，其通透性墙采光充分，此分项工程将由具有资质的专业公司施工。

### 3.15.1　施工流程

原材料、机具进场验收→按设计要求搭设操作平台→按图纸测量放线→驳接点与主体的焊接→在驳接点上安装驳接爪→挂面玻→整体调整平整度→打密封胶→完工清理。

### 3.15.2　具体施工方法

对进场材料进行验收，按规定组织复试，合格后存入仓库，并注意长期保存原始资料；同时，对电焊机、电动滑轮等器具进行全面检查和维修，做到随时能用。

按设计要求搭设操作平台，并保证施工时的稳定性、适用性、安全性。

根据图纸尺寸挂出通线，将驳接点的中心线位置弹出，并同时标出控制线。

驳接与主体结构预埋件的焊接：由于驳接点是本玻璃幕墙工程施工的关键部位，整个驳接构件、玻璃自重以及风载等其他动荷载都是靠驳接点传给主体结构的，它是整个幕墙受力的集中点，所以，保证此接点的施工质量至关重要。

驳接点施焊完以后，接下来便是对原主体结构梁、板、柱正立面用进行饰面。保证整个幕墙施工完后，有较好的立面效果。

驳接爪是用来固定玻璃的装置，它是用螺钉直接固定在驳接点上，待复核无较大偏差后，将螺钉拧紧并用点焊焊死，以确保工程质量。

面玻的吊装是用一个带有吸板的电动滑轮来完成的。待整块玻璃吊装到位后，用驳接爪上的调整螺栓穿过玻璃上四角处的预留锚固孔，同时在玻璃孔上垫上橡皮垫，经复核无误后，将调整螺钉拧紧。

硅酮密封胶的打设，施工时应保证胶的饱满度，以及胶与玻璃的粘结牢固程度。

所有工序施工完后，应对现场进行清理，做到工完场清并注意保护成品。

## 3.16　屋面工程

详见专项方案。

## 3.17　室外广场及绿化

### 3.17.1　室外广场施工

该工程为大型公建设施，室外有 23392m$^2$ 的铺装广场，其中地面广场面积 6916m$^2$，屋面广场面积 11105m$^2$，行人台阶面积 1852m$^2$，流水台阶面积 3108m$^2$，广场瀑布面积 150m$^2$，广场喷泉面积 260m$^2$。

流水台阶为钢化玻璃，地面广场、屋面广场、行人大台阶面层均为铺装石材。广场石材主要采用花岗石，A 区屋面面层采用彩色广场砖。广场花岗石施工同室内花岗石地面基本相同，下面重点介绍广场砖铺设。

### 3.17.2　室外绿化

工程室外绿化包括文化中心北侧、东侧、南侧共计 19973m$^2$ 的草坡绿化，广场西北角、东南角14900m$^2$的地面植被绿化，A区屋顶1596m$^2$的绿化平台。该分项工程将由专业的园林公司负责施工。

## 3.18 安装工程

大连开发区文化中心安装工程主要工程内容有：通风空调系统、采暖系统、给排水及消防系统、强电系统、弱电系统及电梯安装、钢结构工程、钢网架工程。

### 3.18.1 工程特点

(1) 工程质量要求高

大连开发区文化中心工程质量目标是确保鲁班奖工程，为保证这一目标的实现，施工中必须严格按照设计和国家现行施工验收规范及质量评定标准执行，施工中应做到工程进度和工程资料同步，在施工工艺和技术方面应综合使用各种技术含量高的科技进步成果。

(2) 建筑面积大、施工管理难度大、需要协调配合的工作多

本工程是一座综合性建筑，占地面积大，结构复杂，一半的构筑物是在地下室。各功能区之间要求不同，造成一个非常多样化的工程，各处的工作内容都不尽相同。而结构复杂势必造成某些设备运输就位的困难，管道错落穿插容易发生空间冲突。所以，必须统筹考虑，多专业协调才能顺利完成这个工程，我们将建立有效的管理体系，保证安装工程与其他专业的有效配合。

(3) 超长钢梁安装和螺栓球网架安装施工难度大，质量要求高

螺栓球网架整体几何尺寸要求准确，安装牢固。这对在工厂网架零部件制造精度要求很高；各区钢网架造型各异，地面分片拼装，分片吊装，再高空对接，部分采用脚手架高空散装，施工有一定难度；个别钢梁整体长约36m，最大单重约15t，最高吊装高度约30m，其制作、运输及吊装均需要精心组织。

(4) 各系统特点

1）采暖系统，在不常使用的场所和高大空间，设置了散热器值班采暖和地热辅助采暖系统。在B区地下一层西侧的空调主机房内设置两台1000kW的板式水—水换热器，生产90/70℃热水，热源由开发区集中供热外网供给的130/80℃热水，所需水量约30t/h（地板采暖系统由空调系统承担），系统补水和空调水共用，采用高位膨胀水箱定压，水箱设置在A区顶层。

2）空调系统，夏季冷源选用两台2000kW溴化锂吸收式和两台2100kW双级离心式冷水机组，供给7/12℃的冷冻水。冬季热源选用3台2400kW板式水—水换热器，供给60/50℃的热水。空调水系统采用两管制两级变流量系统形式，划分为：KTS—1系统承担A区—图书馆、KTS—2系统承担B区—会议中心、KTS—3系统承担C区—影剧院，空调主机房内设置补水泵集中补充全自动钠离子交换水处理器的软化水。空调冷却系统采用一级泵定流量系统形式，冷却塔采用低噪声、低飘水型的方形横流式冷却塔（设置在A区五层屋面），采用电子水处理仪进行水处理直接补给。空调风系统，对于大空间场所采用全空气定风量空调形式（每层均设有空气处理机组）、小空间场所采用风机盘管+新风的空调形式，送风分别采用球形喷口侧送、方形散流器上送、地面坐椅下送等形式，回风采用空调机房侧壁回风。便于空调运行和节能要求，系统内还设置了各种自动控制设备。

3）通风及防排烟系统，本工程在空调系统负担的区域、D区地下停车场和E区地下

隧道、厨房、公共厕所和卫生间设置了机械排风系统和补风系统，结合消防设置了防排烟系统。

4）人防通风系统，在D区地下二层的人防工程内设置了滤毒式通风系统和排风系统。

5）电气系统：本工程属一类民用建筑，供电等级为一级负荷，高压设备多，全部在地下室安装，设备吊装的难度大。工程中大量采用了矿物绝缘电缆，该电缆单根长度短，接头多，弯曲半径大，施工时的难度相应增加。且施工面积大，施工工期短，大大加大了各专业之间交叉作业的机会，增加了作业的难度。

6）作为现代化建筑的智能化系统主要由通讯自动化系统（CA）、楼宇自动化系统（BA）和办公自动化系统（OA）三部分组成，而综合布线系统则是如上3A系统的信息传输通道，像整个大厦的血脉一样，将3A系统有机地结合起来。因此，严格来讲一个完整的智能大厦应至少由通讯自动化系统（CA）、楼宇自动化系统（BA）、办公自动化系统（OA）和综合布线系统四部分组成。

7）本工程电梯、扶梯种类、数量多，安装技术要求较高且现场物资、设备堆放和与装潢专业配合较为困难。扶梯安装就位时，必须考虑现场位置和其他专业配合；如有困难，需要编写专题方案，经业主、监理批准后实施。

8）该工程网架是屋顶倾斜一定角度的平板网架，自重向下的滑动推力很大，施工中地面单元分片和高空对接拼装时，严格按安装程序拧紧高强螺栓，牢固固定在支座上；否则，该推力会使网格变形，而不能保证网架的几何尺寸。杆件与节点球的每个构件都要以同样的精度进入组装。如果某一构件几何尺寸超过允许的偏差，不管是人为错装，还是加工误差，都会使周围网格上发生变形，造成杆件弯曲或产生很大的内应力，从而影响整体几何尺寸，采取强迫就位的办法必须杜绝。

### 3.18.2　施工技术关键

本工程安装量大，工艺复杂，施工时必须抓住重点，特别要注意以下几个方面：

（1）要做好各类管线的预留预埋工作。在预埋工作进行之前，要绘制预埋综合图，避免在支吊架安装膨胀螺栓时，把预埋管子打穿；同时，预埋工作完成后，要有清晰、完整的验收记录。

（2）通风空调施工时要注意机房、冷冻站及竖井等重点部位的施工，冬季管道试压后要及时将水放净，避免管道冻裂。

（3）阀门、管件等在施工前要进行必要的检验和试验，确保无泄漏、无次品。

（4）强电系统要重视竖井大截面电缆的展放，避免出现安全事故。

（5）做好防雷接地工作。本建筑为一级防雷建筑，必须严格满足接地电阻等技术指标的要求。

（6）本工程楼内电线电缆数量大，接头多，必须做好每一个接头，以防止安全事故及照明线路的断电事故。

（7）喷洒头施工质量要求高，要和装修紧密配合，做到美观、整齐；同时，消防系统自动化程度高，要认真做好调试的配合工作。

（8）气体灭火系统管线的螺纹和法兰连接质量要求高，连接后要对管路进行强度试验和严密性试验。

(9) 在管道连接中尤其注意螺纹连接，要做好管道的套丝工作及连接后的防腐处理工作。

(10) 排水管道的排出管过长，施工时必须注意严格按照设计坡度安装，避免出现管道堵塞现象。

(11) 要做好同一平面内各专业之间综合施工图的会审工作，以便协调管道、线槽等的走向、标高位置；同时，利用剖面图解决交叉碰撞的矛盾。

(12) 严格按照设计图纸（包括深化设计详图）和国家现行的有关标准，对零部件制造环节各关键工序进行三级质量监控（工厂专业质检、驻厂技术人员监控、现场技术人员质量验收）。确保螺栓球、杆件等主要部件的制造精度，确保现场高质量拼装。

(13) 制造监控重点为原材料检验、外购件检验、装配尺寸的检验、试拼装整体几何尺寸控制、零部件编号、焊工资格证明检查、主控项目资料文件的验收等。

(14) 吊装前必须对钢网架结构支座定位轴线的位置以及支承面顶板的位置、标高、水平度、支座锚栓的规格、位置偏差等进行复验，同土建单位做好移交记录签字，监理认可。

(15) 重点抓好地面单片拼装环节，要求杆件、球件配套无误，尺寸准确，高强螺栓连接牢固，部分脚手架平台搭设、放线，下弦球支点的标高、轴线要准确。

(16) 强化指挥系统，协调起重设备、起重工、装配工之间的整体配合，特别是计算好吊点位置、对接方向、角度、落点位置。

(17) 钢梁吊装前要做好技术复核，选用合适的吊车、吊具，并与土建紧密配合，按照施工顺序进行吊装。

详见安装工程施工组织设计。

# 4 施工技术措施

## 4.1 质量保证措施

工程质量严格遵循设计图纸及施工规范要求，并根据贯标要求制定项目《质量计划》。

### 4.1.1 工程质量目标

本工程按照国家标准《建筑安装工程质量检验评定统一标准》的要求进行质量检验评定，质量等级为优良，鲁班奖工程。

### 4.1.2 质量保证体系

土建项目部建立以项目经理为领导，总工程师中间控制，质安部门检查实施组建的三级质量管理系统，推行专业技术工程师责任制。施工全过程对工程质量进行监控，形成一个横向从土建、安装到装饰，纵向从项目经理到施工班组的质量管理网络，使质保体系延伸到各项施工中。公司保证质量目标予以实现，建立高度灵敏的质量信息反馈系统，以试验、技术管理、质量检查为信息中心，负责搜集、传递质量信息，使决策机构对异常情况能迅速做出反应，并将新的指令信息下达给执行机构使之能及时调整施工部署，纠正质量偏差，确保优良的实现。

#### 4.1.3　质量控制要点一览表

详见《质量计划》。

### 4.2　工期保证措施

（1）采用微机技术加强调度管理

合理安排工序穿插和工期，建立主要形象进度控制点，运用组织计划跟踪技术和动态管理方法，坚持月平衡、周调度，确保总进度计划实施。按施工总进度原则，科学调度生产，协调土建、安装、装饰交叉作业和分段流水施工。

（2）模板施工体系

墙模（地上部分）采用大钢模板，面板厚6mm。刚度大、板面平整、组装灵活、混凝土成型质量好，可省掉墙面抹灰的工序，节省时间。板支撑系统采用可微调螺钉早拆装置，面板采用竹胶板，当混凝土达到一定强度（设计强度的50%）时，就可以拆除大面积底模，只保留一小块活板和支撑。这样加快了模板的周转，减少了模板与劳动力的投入量，保证施工进度。

（3）采用均衡流水施工

流水施工是一种科学的施工方法，采用此方法可以加快施工进度，均衡配备劳动力。

（4）建立例会制度

建立如下会议制度，每月一次的工程总结会，做阶段性总结；每周一次的工程例会，安排检查进度；每日一例会，检查作业进度，并做日报、周报和月报，控制保证计划的层层落实。

### 4.3　施工安全技术措施

详见专项方案。

### 4.4　冬雨期施工措施

详见专项方案。

### 4.5　环境保护措施

详见专项方案。

### 4.6　现场文明施工

详见专项方案。

### 4.7　创“鲁班奖”措施

#### 4.7.1　成立创奖工作领导小组

项目部在施工准备阶段就成立创奖工作领导小组，小组内成员职责明确，人员选配时要选择有创优经验、组织能力强、有责任感、技术过硬的专业技术人员。

#### 4.7.2　制定创优计划

目标管理是整个创奖活动的开始，根据工程总体质量目标，结合本工程具体情况和特点，确定工程各阶段目标，将质量目标层层分解，落实到分部分项工程，要求各分项工程验收质量高于国家现行规范和合格要求。

**4.7.3** 制定创优技术方案

开工前根据工程特点，制定需要编制的施工组织设计和施工方案清单，明确时间和责任人。施工组织设计和方案定稿前要召开专题讨论会。方案一经确定不得随意更改，并组织有关人员对操作层工人进行技术交底。

**4.7.4** 建立有效过程控制制度

为确定过程精品，确保质量目标实现，项目部建立质量例会制度、质量会诊制度、样板制度、三检制及检查验收制度、挂牌制度、问题追根制度。

**4.7.5** 混凝土结构工程确保达到清水混凝土效果

为保证清水混凝土效果，其模板支设和混凝土浇筑质量决定着结构本身的观感质量，是创优检查中两项很重要的内容。

模板选型是一个重要环节，本工程墙模采用大模板，梁板模板采用竹胶板。大模板和竹胶板具有良好的刚度和强度，表面平整，易拼装、易拆卸、接缝严密，混凝土浇筑后表面光滑等优点。

混凝土浇筑过程中采取合理混凝土施工工艺和有力保证措施，保证混凝土的外观效果。

**4.7.6** 装修工程的质量控制

装饰工程是建筑工程的重要组成部分，它具有保护主体、改善使用功能、美化空间和环境的作用。我们将把装修工程作为精品装修工程来抓。完美的装饰设计要通过精心施工来实现，我们将通过二次深化设计、合理布置、精心施工，严格控制设计、选材、施工质量、工程进度等各个环节。

(1) 样板间施工

为保证装修工程施工质量和建筑效果，在大面积装修施工前应进行样板间施工，目的是通过样板间施工来深化设计，选择装修材料，完善各装修工序的工艺流程和工艺标准，为大面积的装修工程做好技术准备工作。

(2) 制定各分项工程控制要点

门窗工程控制要点主要有：门窗制作安装精致，安装位置准确，无污染和划痕，合页安装正确、细致。

室内木装饰：接口缝隙严密，无交叉污染，油漆细腻，楼梯扶手平整光滑；贴脸、压条粘结牢固光滑，其与墙面交接处打胶顺直。

室内顶板装饰：绘制吊顶预排版图；灯具、消防等附属物安装在吊顶中心，整个顶棚协调、美观。

室内墙面：涂料色泽一致，基层无开裂，喷涂压光均匀；面砖经过预排，不得出现小于1/2的整砖；墙面平整，色泽一致，墙阴阳角顺直，勾缝、打胶细腻；电盒上口平直、标高准确，电盒与墙面结合紧密、无污染。

室内地面：面层平整、色泽一致，块状地面在铺贴前经过预排，不得出现小于1/2的整砖，墙面钻孔用专用机具，不得进行切割，磨光石材接缝处无打磨、空鼓、裂缝，分格条与地面平齐。

楼梯踏步：无空鼓、无污染、光滑平整、楞角方正、踏步侧面光滑平整，滴水线宽度、厚度适当，无污染且有线条感。

外墙石材干挂：石材经过预排或深化设计，颜色均匀一致、纵横缝平直均匀。

玻璃幕墙：幕墙与主体连接符合设计要求，幕墙表面、幕墙与其他装饰交接处处理，密封胶处理，幕墙水密性，幕墙防水性能。

(3) 装修工程的细部处理按照我局编制的企业标准《建筑工程细部做法》施工。

# 5　工程总结

## 5.1　概述

本工程建筑主体由 A、B、C、D、E 五个区组成。

图书馆和剧院围绕着中央广场，分别坐落于场地的西北面和东南面包围着中心广场，他们从广场上拔地而起，并以向外伸出的扇形屋顶结构，强调了中央广场的中心地位，剧院屋顶将成为沿金马路从西往东景观的终点标志，连接图书馆和剧院的流水台阶下部形成的扇面围合空间是国际会议中心。

本工程造型新颖，图书馆与剧院屋顶上形象各异又尺度夸张的钛金屋面板像一双飞翔的翅膀，面向广场的里面是点式中空钢化玻璃，无论白天还是夜晚，水晶白的玻璃体将建筑内部的运动反映出来，应成为建筑本身的景观，与玻璃形成强烈的对比的是大体块的石灰石凝灰岩，材质质朴细腻，室内清水混凝土的柱身和通过玻璃的界定相互延续的凝灰岩墙体将建筑的内外一体统一融合，巨型白色网架托起的玻璃屋顶将阳光引入洒在建筑物的室内，天际中逻辑界定的网架形式，体现了工程与力学的逻辑美，其与折面钛金屋面板交向组合，形成简洁、统一的几何组合体，其纯净怪异的纯几何形体发散围合，烘托出宁静的人工湖泊及气势澎湃的叠水景观，动与静的水面对比，虚与实的立面构图，阳光、金属、空灵的网架，虚幻的空间，夸张对比的几何体，晶莹的玻璃体渗透了空间的灵动。是大连天然港湾的暗示，美的和谐。

建成后，该工程将成为大连市标志性建筑之一，是大连市向世界展示自身的城市品牌。

## 5.2　工程亮点及难点

(1) 总承包管理

我们与业主的合同使我们实现真正意义的总承包，为此成立了总承包管理部，运行着以往业主工程部所做的工作，共要签定合同 40 多份，实现整个工程的管理与协调。

(2) 大剧院工程

这是我局承建的第一个大剧院工程，结构非常复杂，有许多我们以前没有接触过的施工项目，如机械舞台、灯光、音响，我们只有通过参观学习，和各分包商探讨，使我们成为专业人士，并最好能最终培养出各方面专家。

(3) 2500m$^2$ 玻璃流水台阶

B 区宴会厅屋面有 2500m$^2$ 玻璃流水台阶，这是国内所没有的，既要保证在露天演出时当看台用，又要保证流水时出现均匀水幕；既要保证玻璃的强度及刚度，又要保证耐磨等等。该项目目前有许多难题没有最终解决，现正在大连理工大学做1:10的模型流水试验。

(4) 钛金屋面板

该材料目前国内没有生产，本工程将采用德国产品，但该屋面板与屋面结构的连接及防水节点的处理，目前还没有一个成熟的施工经验。

(5) 大体积的回填土工程

在E区上将回填出一个人工湖，原计本工程有18万$m^3$的回填土，其压实及挡土墙的施工也是一个施工难题。

(6) 清水混凝土的施工

本工程的清水混凝土柱子及一个清水混凝土楼梯将是永恒的看点，2000多根柱子将同一个色泽，不加任何装饰地保留下来。

本工程是局重点项目，难度很大，亮点很多，科技含量高，经济效益提升度很大。项目部将以百倍的信心，以技术管理为核心，让科技成为第一生产力，勤于思考、勇于创新，敢于实施，善于总结，为填补局科技空白，为鲁班奖而奋斗。

### 5.3 经济分析

完成施工产值63816万元，项目实现责任成本收入61017万元，实际发生成本59410万元，实现成本降低额1607万元，成本降低率2.63%。

# 第十二篇

# 解放军306医院综合医疗楼工程施工组织设计

编制单位：中建国际建设公司
编 制 人：黄玉成　陈钟山

# 目　　录

# 1　工程概况

## 1.1　工程主要概况

解放军第306医院综合医疗楼工程位于北京市朝阳区德胜门外安翔北里九号，建筑功能为医疗用房，总建筑面积54195m$^2$，总工期850天。

## 1.2　建筑概况

本工程地上19层、地下2层，檐高81.6m，标准层高为3600mm，裙房高为4200mm、4500mm、4800mm，地下室高3900mm、4800mm。建筑耐火等级一级，I类防火。主要装修做法如下：

楼地面：防滑地砖、普通地砖、PVC、细石混凝土、花岗石等；

内墙面：乳胶漆面层、涂料面层、釉面砖、大理石等；

顶 棚：乳胶漆、涂料、铝合金条板吊顶、石膏板、抹灰喷白等；

外墙面：花岗石、面砖、铝板、玻璃幕墙等；

防 水：氯丁橡胶改性沥青防水涂料，3mm厚SBS防水卷材。

## 1.3　结构概况

本工程为钢筋混凝土剪力墙结构，筏形基础，抗震等级一级，抗震设防烈度8度，混凝土强度等级为C15、C35（P8）、C40、C40（P8）。

钢筋连接方式：$d \geqslant 18$mm时，采用直螺纹连接技术，有粘接后张法预应力钢绞线$1 \times 7\phi 15.2$mm。

本工程报告大厅设有4根23.4m跨度预应力梁，预应力梁设计为铰支座，预应力梁周边设后浇带，预应力结构上部两层及周边均为普通现浇混凝土结构。预应力梁呈井字形布置，采用有粘结后张预应力双向梁，梁截面尺寸为600mm×2200mm，每根预应力梁设计6束预应力筋，每束为7根$1 \times 7\phi 15.2$mm钢绞线，抗拉强度的标准值$f_{ptk} = 1860\text{N/mm}^2$。

## 1.4　本工程的重点、难点施工

### 1.4.1　大体积混凝土施工

本工程为筏形基础，底板混凝土厚度为1200mm、800mm，1200mm属于大体积混凝土，易发生裂缝，施工难度较大，在施工时采取措施解决水化热、混凝土温度控制和混凝土养护问题。

### 1.4.2　高强混凝土施工

由于本工程框架柱从地下2～地上4层为C55混凝土，5～14层为C50混凝土，地下2～8层剪力墙混凝土强度等级为C50，混凝土强度等级较高。选择优秀的混凝土供应商，提出相应混凝土的技术要求，施工时对混凝土坍落度进行抽查。

### 1.4.3　混凝土强度等级多

本工程混凝土强度等级较多，如地下结构外墙C40P8，剪力墙C50，框架柱C55和

C55P8（外墙柱），楼板C40和C40P8（无地上部分），楼梯C30。在同一流水段混凝土施工强度等级较多时，控制好混凝土强度等级要求。不同强度等级的混凝土浇筑时，由专人负责浇筑部位，并按需、按时，及时供应、浇筑混凝土。

**1.4.4** 本工程预防渗漏措施

（1）地下结构防渗漏

结构混凝土自防水外加剂应满足混凝土的抗渗、减水、膨胀、密实、抗裂等性能。施工缝的止水设置采用膨胀橡胶止水条和钢板止水带。柔性防水层外防水贴（涂）法施工时，在垫层与立墙交角处应做成半径为50mm的小圆角，并设置宽度不小于300mm的防水附加增强层。

（2）外墙防渗漏

外墙门窗周围防渗漏是外墙防渗漏的重点和难点。窗框在安装前，必须先用掺有膨胀剂的防水砂浆填塞下框凹槽。门窗框与墙体间的空隙要严格填堵密实，这是防止渗水的关键。

（3）厨房、卫生间防渗漏

厨房、卫生间防水施工完毕后，要做蓄水试验。地面及墙面找平层均采用水泥砂浆。洁具、器具等设备沿墙周边和门框、预埋件、穿过防水层的螺钉周边均应采用高性能密封材料密封。

（4）屋面防渗漏

在屋面结构和女儿墙结构施工完后，清除杂物，结构层清除干净后用水冲洗，并认真检查有无渗漏。施工穿屋面的管道，必须将管道与预留孔洞边的空隙用防水砂浆堵实或加套管。

**1.4.5** 合理的冬雨期施工措施

本工程在施工期间将经历两个冬期和两个雨期，为保证工程的顺利进行，我们将考虑气候对工程的影响，合理编制施工进度计划，尽可能使混凝土结构、抹灰和室外装修避开冬期和雨期施工，保证工程质量。

**1.4.6** 医院工程特点及洁净度施工要求

根据医院工程特有的施工特点和施工洁净度要求，严格按照《医院洁净手术室建筑技术规范》（GB 50333—2002）进行统一指挥施工。洁净手术时应采取防静电措施。洁净室建筑装饰施工现场的环境温度应不低于10℃。

**1.4.7** 医院工程中机电施工特点及操作要点

（1）给排水专业

院用水量大，污水需处理后排放。核医学及放射科污水（洗涤器皿和病人污水）需经衰变池处理后排放（根据放射物的半衰期确定衰变池）。经病区污染的污水，需经医院污水处理站处理，达标后排放。手术室等要求无菌的地方，必须设置地漏时，采用弹簧加盖式地漏，以免污染。

（2）电气专业

医院建筑是一个具有特殊用电性质的建筑，为保证供电的可靠性、安全性，医院应采用至少两路电源供电，中间设联络开关，互为闭锁，备用自投。

（3）智能弱电系统

由于手术室的空调系统是洁净空调系统，故楼宇自控对空调机组的监控要比普通的空调机组多一些监测点。

(4) 暖通、空调专业特点

针灸科检查室、血液病房、手术部、X线诊断室、功能检查室、内窥镜室等用房均应采用“早期采暖”。

# 2 施工部署

## 2.1 施工部署原则

本工程工程量大、质量要求高、场地狭小。为了保证基础、主体、装修均有充裕的时间施工，保证按期完成施工任务，应该综合考虑各方面的影响因素，充分酝酿任务、资源、时间、空间的总体布局。

(1) 总施工顺序上的部署原则

按照“先主体、后装修，先土建、后机电”的总体施工顺序进行部署。在分段流水施工上，由于一区为主楼部分，基础断面大、施工难度大，是保证总体进度的关键部位，所以现场施工从一区开始向二区、三区流水施工。

(2) CI形象的部署原则

本工程目标达到中建CI达标工地，现场管理必须完全符合CI手册的要求；同时，在计算机的管理上，项目必须达到系统联网、资源共享。

(3) 在时间上的部署原则

根据总控进度计划的安排，2004年3月6日进场施工，2004年7月10日完成基础结构工程，2005年1月30日主体结构工程封顶，2006年1月30日完成装修工作量的80%以上及设备安装工程，2006年5月30日完成装修收尾及系统调试工程，在2006年7月3日前进行竣工验收、竣工备案并交付业主。

(4) 在空间上的部署原则——立体交叉施工的考虑

为了贯彻“空间占满，时间连续，均衡协调有节奏，力所能及，留有余地”的原则，保证工程按总控计划完成，需要采用主体和二次结构、主体和安装、安装和装修立体交叉的施工方案。为了使上部结构正在施工时插入下部的二次结构、安装，整栋楼安排三次结构验收。地下二层的二次结构施工顺序先进行房心回填，后进行该部位的少量砌筑工程。

(5) 结构验收计划

基础结构验收　　2004年8月10日

1~8层结构　　2004年10月30日

9~19层结构　　2005年2月25日

(6) 机械设备部署原则

根据施工工程量和现场实际条件投入机械设备，塔吊负责钢筋、模板的吊运，混凝土用地泵配合布料杆运输，装修采用一台双笼室外电梯。垂直运输设备为3台塔吊、两台地泵及布料杆施工。三层以下裙房施工完成后，拆除西侧和北侧塔吊，留东侧H3/36B主塔吊作为三层以上结构施工的垂直运输设备。结构施工至十层时开始安装东侧室外双笼电梯，结构施工完毕且屋面材料及机电设备等起吊运输完毕后，拆除东侧 H3/36B 主塔吊，室内粗装修基本完成时可拆除室外施工电梯，零星材料用室内电梯运输。

(7) 场地的部署原则

施工场地北侧为生活区，南侧为办公区。基础结构施工时，东侧场地作为钢筋原材堆放、钢筋加工及混凝土地泵和汽车泵布置场地，待地下二层结构顶板完成后，F 轴以南结构顶板作为模板、钢筋半成品堆放及其他零星材料堆放场地。

## 2.2 施工进度计划

本工程定于2004年3月6日开工，2005年1月30日结构封顶，2006年7月3日竣工交付使用。各道工序安排要紧密结合，严格按施工进度计划和施工流水节拍进行，实现等节拍流水。按照工期要求配置相应的劳动力、材料及设备。

### 2.2.1 结构施工期间工序穿叉

结构施工期间，除完成地上主体结构施工外，同时进行地下室外防水、室外回填土、房心回填土及地下室的甩项结构施工。结构施工进入后期，还将插入机电安装、砌筑等初装修工程。

结构及初装修工程施工时，各阶段必须遵循“先地下、后地上，先结构、后围护，先主体、后装修，先土建、后机电”的施工顺序；油漆、涂料及精装修施工时应保证作业环境干燥、清洁，施工顺序遵循先上后下的原则。

### 2.2.2 主要施工工期目标

整个工程总工期为：2004年3月6日～2006年7月3日，共计850个日历天。

基础结构：　2004.3.6～2004.7.10

主体结构：　2004.6.30～2005.1.30

初装修阶段及设备安装：　2005.2.25～2006.1.30

装修收尾及系统调试：　2006.2.25～2006.5.30

竣工清理及验收：　2006.6.1～2006.7.3

## 2.3 组织协调

根据管理体系图，项目经理部建立岗位责任制，明确分工职责，落实施工责任，各岗位各行其职。

工程施工过程是通过业主、设计、总包、分包、供应商等多家单位合作完成的，如何协调组织各方的工作和管理，是能否实现工期、质量、安全、成本、文明施工的关键。因此，为了保证这些目标的实现，特制定以下制度，确保将各方的工作组织协调好。

(1) 制定图纸会审、图纸交底制度

在正式施工前，由项目经理部技术总工组织技术部、工程部和机电部的技术人员仔细核对图纸，并进行内部会审，形成会审纪要。然后，参加由业主组织的图纸会审、图纸交底会，解决各方发现的图纸问题，确保工程顺利开始。

由总包方及时组织分包商进行二次图纸交底。

(2) 建立周例会制度

每周四下午由业主主持业主会，由业主、监理、总包、分包负责人参加；每周三下午由总包生产经理主持总包周例会，有现场经理、技术总工、质量总监、安全总监、工程部、分包主要负责人等参加；根据现场情况，不定期举行业主、监理、设计、总包会议；由总包质量总监及安全总监主持的每周一次的质量会和安全会；现场还不定期举行其他会议。

(3) 制定专题讨论会议制度

遇到较大问题时，业主、设计、总包、有关分包应聚到一起，商讨解决，此专题会不定时召开。

(4) 制定考察制度

根据ISO 9001—2000体系管理要求，项目的分包、分供方要组织三家以上参与竞争。因此，制定考察制度，公司或项目经理部组织对主要分包、分供方进行考察，经过综合评比，最终选定合格、满意的分包、分供方，同时报请业主、监理审批认可。

### 2.4 主要项目工程量

#### 2.4.1 土建主要工程量（见表2-1）

表2-1

| 序号 | 名称 | 单位 | 数量 | 备注 |
|---|---|---|---|---|
| 1 | 钢筋（$\phi$10以内） | t | 504 | |
| 2 | 钢筋（$\phi$10以外） | t | 5812 | |
| 3 | 钢绞线 | t | 2.91 | |
| 4 | 混凝土 | $m^3$ | 32625 | |
| 5 | 回填土 | $m^3$ | 15150 | |
| 6 | 人防门安装 | $m^2$ | 153 | |
| 7 | 机制砖 | $m^3$ | 370 | |
| 8 | 陶粒砌块 | $m^3$ | 8430 | |
| 9 | 页岩陶粒 | $m^3$ | 640 | |
| 10 | SBS改性油毡防水 | $m^2$ | 19248 | |
| 11 | 内墙抹灰 | $m^2$ | 70500 | |
| 12 | 水泥及细石混凝土楼面 | $m^2$ | 13430 | |
| 13 | 块材楼面 | $m^2$ | 16320 | |
| 14 | 塑料地板 | $m^2$ | 15130 | |
| 15 | 吊顶 | $m^2$ | 35600 | |
| 16 | 外墙面砖 | $m^2$ | 6922 | |
| 17 | 外墙干挂石材 | $m^2$ | 4925 | |
| 18 | 门窗 | $m^2$ | 3975 | |

#### 2.4.2 机电主要工程量（见表2-2）

表2-2

| 序号 | 名称 | 单位 | 数量 | 备注 |
|---|---|---|---|---|
| 1 | 给排水工程 | | | |
| (1) | 铜管 $DN$15～150 | m | 16173 | |

续表

| 序号 | 名称 | 单位 | 数量 | 备注 |
|---|---|---|---|---|
| (2) | 柔性排水铸铁管（法兰接口），公称直径50mm以内 | m | 9150 | |
| (3) | 低压镀锌钢管（焊接），公称直径100mm以内 | m | 1560 | |
| 2 | 消防喷淋系统 | | | |
| (1) | 镀锌钢管 25~200 | m | 22300 | |
| (2) | 各类阀门 | 个 | 247 | |
| (3) | 信号蝶阀 100~150 | 个 | 122 | |
| (4) | 湿式报警阀 | 套 | 6 | |
| 3 | 医疗气体及热力 | | | |
| (1) | 用户终端 | 个 | 1551 | |
| (2) | 二级稳压箱 | 台 | 15 | |
| (3) | 治疗带 | m | 1157 | |
| (4) | 不锈钢管 | m | 4309 | |
| (5) | 铜管 | m | 8357 | |
| (6) | 各类阀门 | 个 | 103 | |
| (7) | 无缝钢管 | m | 288 | |
| 4 | 电气 | | | |
| (1) | 各类配电盘 | 台 | 299 | |
| (2) | 等电位箱 | 台 | 256 | |
| (3) | 隔离变压器 | 台 | 5 | |
| (4) | 插接式母线（含插接箱、连接件、端头等） | 项 | 1 | |
| (5) | 插座箱 | 台 | 14 | |
| (6) | 各类电缆 | m | 16467 | |
| (7) | 各类灯具 | 套 | 6678 | |
| (8) | 各类桥架 | m | 2530 | |
| (9) | 铜接地板 | 块 | 17 | |
| (10) | 电线 | m | 237011 | |
| 5 | 弱电 | | | |
| (1) | 同轴电缆 SYWV-75 | m | 4200 | |
| (2) | 电缆桥架 | m | 2200 | |
| (3) | 各类线管 | m | 98000 | |
| 6 | 暖通 | | | |
| (1) | 新风机组空调机组（含消毒装置及蒸汽加湿器） | 台 | 29 | |
| (2) | ICU手术室用空调机 | 台 | 3 | |
| (3) | 吊顶式排气扇 | 台 | 338 | |

续表

| 序　号 | 名　称 | 单　位 | 数　量 | 备　注 |
|---|---|---|---|---|
| (4) | 风机盘管 | 台 | 776 | |
| (5) | 各类风机 | 台 | 63 | |
| (6) | 不锈钢散热器　SAR-407 | 片 | 1560 | |
| (7) | 镀锌薄钢板 | $m^2$ | 3873 | |
| (8) | 热轧薄钢板风管 | $m^2$ | 3900 | |
| (9) | 玻璃钢风管 | $m^2$ | 4713 | |
| (10) | 复合型矩形风管 | $m^2$ | 8986 | |
| (11) | 无缝钢管　*DN*15-273 | m | 16500 | |
| (12) | 各类阀门　*DN*20-250 | 个 | 950 | |
| (13) | 各类风阀 | 个 | 1450 | |
| (14) | 各类风口 | 个 | 2550 | |

## 2.5　主要劳动力计划

### 2.5.1　基础劳动力配备（见表2-3）

表2-3

| 序　号 | 名　称 | 单　位 | 数　量 | 备　注 |
|---|---|---|---|---|
| 1 | 钢筋工 | 人 | 280 | |
| 2 | 木　工 | 人 | 200 | |
| 3 | 混凝土工 | 人 | 80 | |
| 4 | 普　工 | 人 | 80 | |
| 5 | 回填工 | 人 | 80 | |
| 6 | 机电工人 | 人 | 20 | |
| 7 | 其　他 | 人 | 40 | |

### 2.5.2　主体劳动力配备（见表2-4）

表2-4

| 序　号 | 名　称 | 单　位 | 数　量 | 备　注 |
|---|---|---|---|---|
| 1 | 钢筋工 | 人 | 120 | |
| 2 | 木　工 | 人 | 120 | |
| 3 | 混凝土工 | 人 | 50 | |
| 4 | 普　工 | 人 | 50 | |
| 5 | 架子工 | 人 | 20 | |
| 6 | 机电工人 | 人 | 20 | |
| 7 | 其　他 | 人 | 40 | |

### 2.5.3 装修劳动力配备（见表2-5）

表2-5

| 序号 | 名称 | 单位 | 数量 | 备注 |
|---|---|---|---|---|
| 1 | 瓦工 | 人 | 60 | |
| 2 | 抹灰工 | 人 | 50 | |
| 3 | 木工 | 人 | 40 | |
| 4 | 架子工 | 人 | 20 | |
| 5 | 油漆工 | 人 | 40 | |
| 6 | 普工 | 人 | 50 | |
| 7 | 机电安装 | 人 | 200 | |
| 8 | 其他 | 人 | 30 | |

### 2.5.4 业主分包劳动力配备

大概配备80～100人。

### 2.5.5 劳动力动态表（见表2-6～表2-8，图2-1～图2-3）

2004年劳动力动态表　　表2-6

| 月份 | 3月 | 4月 | 5月 | 6月 | 7月 | 8月 | 9月 | 10月 | 11月 | 12月 |
|---|---|---|---|---|---|---|---|---|---|---|
| 人数 | 250 | 580 | 700 | 800 | 800 | 750 | 500 | 450 | 400 | 350 |

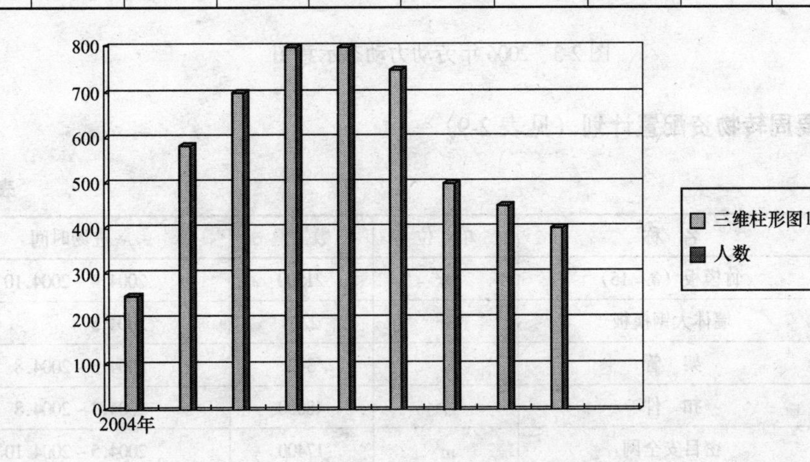


图2-1　2004年劳动力动态示意图

2005年劳动力动态表　　表2-7

| 月份 | 1月 | 2月 | 3月 | 4月 | 5月 | 6月 | 7月 | 8月 | 9月 | 10月 | 11月 | 12月 |
|---|---|---|---|---|---|---|---|---|---|---|---|---|
| 人数 | 350 | 100 | 300 | 350 | 450 | 500 | 550 | 550 | 500 | 500 | 450 | 400 |

2006年劳动力动态表　　表2-8

| 月份 | 1月 | 2月 | 3月 | 4月 | 5月 | 6月 |
|---|---|---|---|---|---|---|
| 人数 | 300 | 100 | 150 | 150 | 100 | 100 |

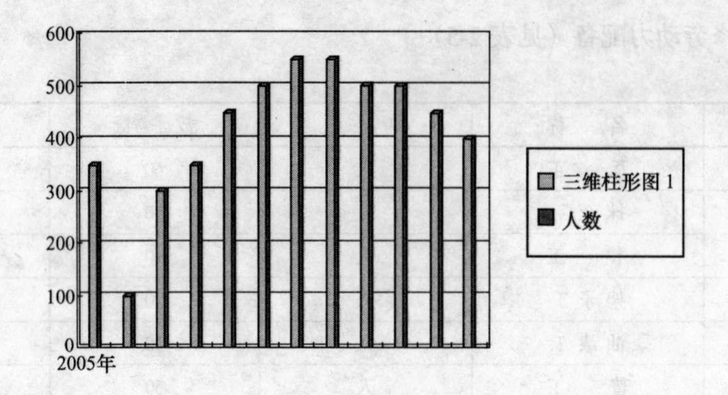


图 2-2　2005 年劳动力动态示意图

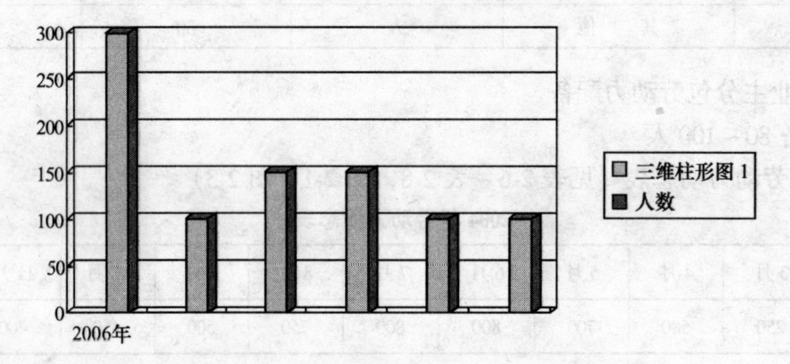


图 2-3　2006 年劳动力动态示意图

## 2.6　主要周转物资配置计划（见表 2-9）

表 2-9

| 序　号 | 名　称 | 单　位 | 数　量 | 进场时间 |
|---|---|---|---|---|
| 1 | 竹模板（$\delta=15$） | $m^2$ | 21500 | 2004.4～2004.10 |
| 2 | 墙体大钢模板 | $m^2$ | 2200 | 2004.5 |
| 3 | 架　管 | t | 342 | 2004.3～2004.8 |
| 4 | 扣　件 | 个 | 48000 | 2004.3～2004.8 |
| 5 | 密目安全网 | $m^2$ | 17400 | 2004.5～2004.10 |
| 6 | 碗扣件支撑架（高 3.3m） | $m^2$ | 14000 | 2004.5～2004.7 |
| 7 | 木枋（50mm×100mm） | $m^3$ | 320 | 2004.3～2004.9 |
| 8 | 木枋（100mm×100mm） | $m^3$ | 150 | 2004.4～2004.9 |

## 2.7　主要施工机械计划（见表 2-10）

根据本工程的规模、场地情况及工程整体的工期安排，为满足工程施工需求，主体结构施工阶段主要使用 3 台塔吊、两台混凝土输送泵（在底板大体积混凝土施工阶段租用 1 台混凝土汽车泵，装修阶段配置 1 部 SCD200/200J 双笼人货电梯）、1 台井架（用于裙房施工）。装修阶段拆除塔吊，使用人货电梯进行垂直运输。

表 2-10

| 序 号 | 机械或设备名称 | 型号规格 | 数 量 | 功 率 | 使用时间 |
|---|---|---|---|---|---|
| 1 | 塔吊 | QTZ5015 | 2 | 45kW | 2004.4～2004.9 |
| | 塔式起重机 | H3/36B | 1 | 90kW | 2004.4～2005.6 |
| 2 | 人货电梯 | SCD200/200J | 1 | 30kW | 2004.10～2006.1 |
| 3 | 消防泵 | XBG10/15-BOG/5 | 1 | 11kW | 2004.7～2006.4 |
| 4 | 混凝土输送泵 | HBT80 | 2 | 110kW | 2004.4～2005.1 |
| 5 | 装载机 | ZL50 | 1 | | 2004.7～2004.10 |
| 6 | 钢筋调直机 | GT4-14 | 1 | 5.5kW | 2004.4～2005.10 |
| 7 | 钢筋切断机 | GQ50-1A | 4 | 10kW | 2004.4～2005.3 |
| 8 | 钢筋弯曲机 | GW40-1 | 6 | 4kW | 2004.4～2005.3 |
| 9 | 直螺套丝机 | GHG-40 | 8 | 4kW | 2004.4～2005.3 |
| 10 | 砂轮切割机 | JG-400 | 14 | 1.2kW | 2004.4～2005.10 |
| 11 | 电焊机 | GB/T 7834-95 | 4 | 38kV·A | 2004.4～2006.4 |
| 12 | 真空吸水机 | HZX-60A | 20 | 4kW | 降水期间 |
| 13 | 木工圆锯 | MJ105 | 2 | 2kW | 2004.4～2005.12 |
| 14 | 木工电刨 | MB503A | 2 | 3kW | 2004.4～2005.12 |
| 15 | 平板式振动器 | | 2 | 1.5kW | 2004.4～2005.3 |
| 16 | 插入式振动器 | 30m、50m | 8 | 1.1kW | 2004.4～2005.8 |
| 17 | 砂浆搅拌机 | | 2 | 1.5kW | 2004.10～2005.12 |

## 2.8 主要分部、分项工程施工顺序

### 2.8.1 地下结构施工顺序

测量放线→垫层施工→底板防水→底板防水保护层施工→基础底板钢筋绑扎施工→底板反梁模板支设→基础底板混凝土施工→墙体及柱钢筋混凝土施工→顶板、梁施工→外墙防水→回填土→清理验收。

### 2.8.2 主体结构施工顺序

柱、核心筒墙体钢筋施工→柱、核心筒墙体模板施工→柱、核心筒混凝土浇筑→梁、板模板支设→梁、板钢筋绑扎→梁、板混凝土浇筑→砌筑工程。

## 2.9 施工流水段的划分

(1) 结构流水段划分及流水

在地下部分，根据图纸设计的后浇带将整个地下划分为3个施工区；在裙楼部分后浇带将工程划为2个施工区。在主楼标准层施工阶段，将其平面划分成4个施工段，依次流水组织施工（见图2-4和图2-5）。

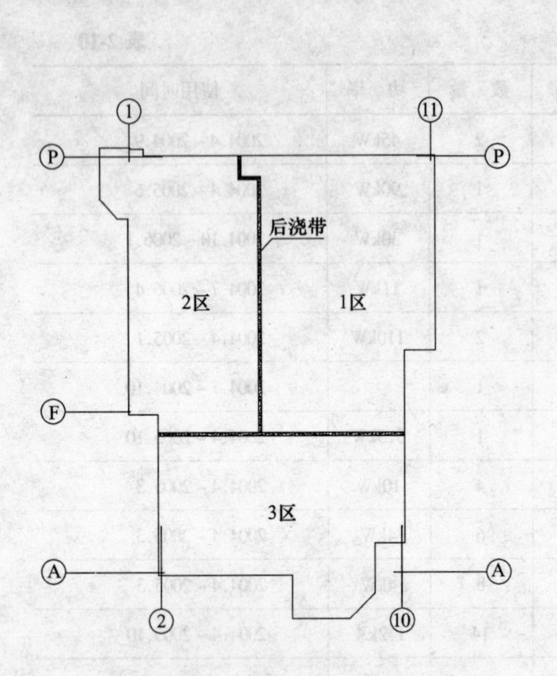


说明：1区→2区→3区。

图2-4　基础底板施工流水段划分

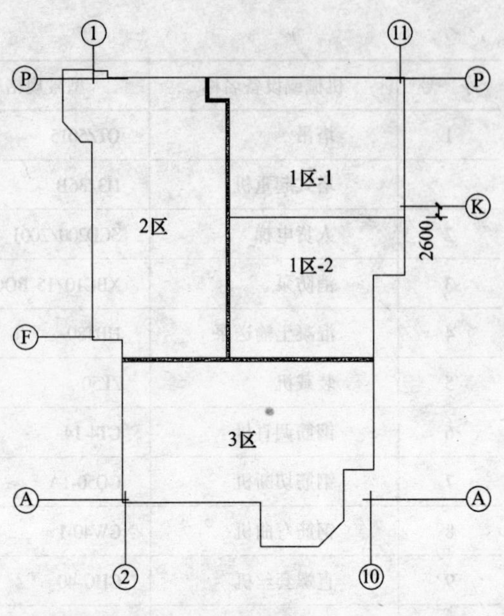


说明：

① 1区-1→1区-2→2区→3区；

② 中筒墙体混凝土分两次浇筑，见模板方案

图2-5　基础结构流水段划分（单位：mm）

(2) 1~3层及设备层结构流水段的划分及流水（见图2-6）

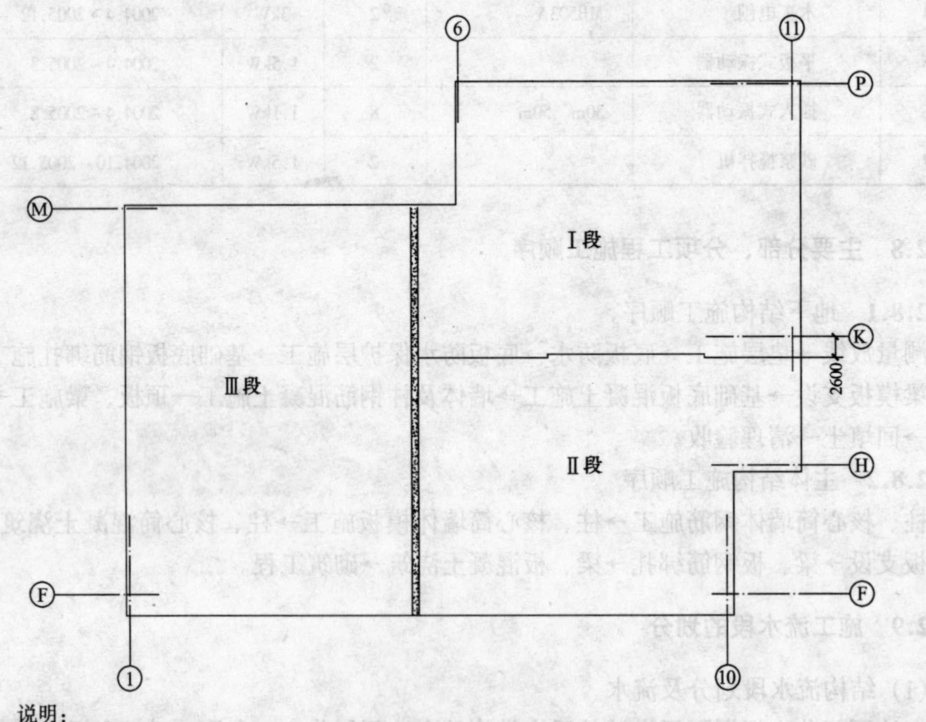


说明：

① Ⅰ段→Ⅱ段→Ⅲ段；

② 中筒墙体混凝土分两次浇筑，分段见模板方案。

图2-6　1~3层及设备层结构施工流水段划分

（单位：mm）

(3) 4~19层结构流水段划分及流水（见图2-7）

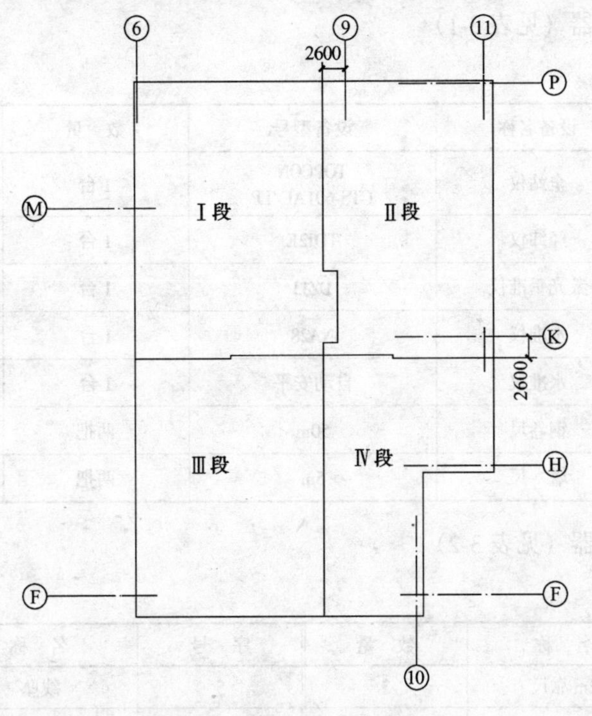


说明：

① Ⅰ段→Ⅱ段→Ⅲ段→Ⅳ段；

② 中筒墙体混凝土分两次浇筑，分段见模板方案。

图 2-7　4~19层结构施工流水段划分

（单位：mm）

# 3　施工总平面图布置

## 3.1　施工现场平面布置原则

合理地组织运输，保证现场运输道路的畅通，运输道路进行C15混凝土硬化。施工材料堆放应尽量设在垂直运输机械范围内，减少材料的二次搬运。各项施工设施布置都要满足方便生产、有利于安全生产、环境保护和劳动保护的要求。现场各项施工场地布置，尽量考虑不影响或少影响周围居民的生活。

## 3.2　施工准备

### 3.2.1　技术准备

(1) 图纸准备

业主提供图纸后，及时进行审图，按照图纸要求及国家规范准备各种标准、图集及其他技术资料，问题汇总后交与业主，业主组织设计交底。问题得到解决后，马上组织钢筋、模板放样技术人员进行放样工作。

(2) 主要器具准备

1) 工程测量仪器(见表3-1)

表3-1

| 序 号 | 设备名称 | 设备型号 | 数 量 | 用 途 |
|---|---|---|---|---|
| 1 | 全站仪 | TOPCON GTS-601AF/LP | 1台 | 前期工程控制定位 |
| 2 | 经纬仪 | TDJ2E | 1台 | 测量放线 |
|  | 激光垂准仪 | DZJ3 | 1台 | 内控点竖向传递 |
| 3 | 水准仪 | NA28 | 1台 | 标高控制 |
|  | 水准仪 | 自动安平 | 1台 | 标高控制 |
| 4 | 钢卷尺 | 50m | 两把 | 施工放样 |
|  | 塔 尺 | 5m | 两把 | 标高控制 |

2) 工程检测仪器(见表3-2)

表3-2

| 序 号 | 名 称 | 数 量 | 序 号 | 名 称 | 数 量 |
|---|---|---|---|---|---|
| 1 | 2m靠尺 | 3 | 5 | 线坠 | 40 |
| 2 | 30m钢尺 | 2 | 6 | 角 尺 | 10 |
| 3 | 5m钢卷尺 | 15 | 7 | 小锤子 | 10 |
| 4 | 塞 尺 | 3 | 8 | 八格网 | 4 |

3) 工程试验仪器(见表3-3)

表3-3

| 序 号 | 名 称 | 数 量 | 序 号 | 名 称 | 数 量 |
|---|---|---|---|---|---|
| 1 | 架盘天平(2kg) | 1台 | 6 | 抗渗模具 | 10组 |
| 2 | 混凝土振动台 | 1台 | 7 | 环刀 | 1套 |
| 3 | SWMSZ型温湿度自动控制器 | 1套 | 8 | 砂浆模具 | 5组 |
| 4 | 混凝土坍落度桶 | 3个 | 9 | 坍落度标尺 | 3把 |
| 5 | 混凝土模具100mm×100mm×100mm | 30组 |  |  |  |

4) 办公设备(见表3-4)

表3-4

| 序 号 | 名 称 | 数 量 | 序 号 | 名 称 | 数 量 |
|---|---|---|---|---|---|
| 1 | 办公桌 | 30套 | 5 | 打印机 | 5台 |
| 2 | 奔腾4电脑 | 8台 | 6 | 数码相机 | 1台 |
| 3 | 复印机 | 1台 | 7 | 对讲机 | 4对 |
| 4 | 传真机 | 1台 |  |  |  |

(3) 技术工作计划

根据工程进度和季节，针对不同分部、分项工程进度情况，制定专业分部、分项方案。

**3.2.2** 新技术应用与推广

(1) 混凝土技术

1) 掺 HE-O 防水剂混凝土；

2) 预拌混凝土；

3) 泵送混凝土。

(2) 粗直径钢筋连接技术

梁柱主筋及墙节点筋采用直螺纹连接。

(3) 新型模板和脚手架应用技术

1) 墙体采用大钢模；

2) 柱模采用可调式定型钢模板；

3) 梁板支撑采用碗扣式脚手架。

(4) 预应力施工技术

三层大梁预应力结构。

(5) 项目计算机应用和管理

在项目管理过程中广泛应用计算机技术，实现资源共享，提高管理水平。

(6) 建筑节能

1) 外墙内保温；

2) 保温外窗。

**3.2.3** 生产设备

(1) 生产准备；

(2) 进行临建、临水、临电建设；

(3) 组织生产要素进场，包括分包队伍、生产设备、材料等；

(4) 办理各种开工手续。

## 3.3 具体布置

根据业主提供的施工现场水源情况及临时用水要求，依据有关的施工规范，编制临时用水设计方案，其中包括临时消火栓给水系统、施工生产给水系统及现场临时排水系统。

**3.3.1** 临时用水计算（具体临时用水方案另详）

根据施工现场用水量，需要选择 2L/s；根据消防流量取 10L/s。供水干管 100 水源。水泵选型为一台 XBG10/15-BOG/5 消防泵，设置在地下一层，用地下二层消防水池作为蓄水池，竖向消防干管管径为 100mm。

**3.3.2** 临时用电方案（具体临时用电方案另详）

根据计算，现场需要一台 700kV·A 变压器，由于业主仅能提供一台 500kV·A 变压器，不能满足现场临时用电要求，特采取如下措施：

一台电地泵改为汽油地泵；

施焊与混凝土泵错开使用；

混凝土浇筑时停止钢筋加工。

**3.3.3　临时道路及围墙**

根据北京市环保要求，施工现场围墙内地面全部采用硬地面（基底土夯实，面层为150mm厚C15混凝土），并设排水沟。从现场情况来看，场地道路通畅，符合消防要求，围墙高度及形式均满足中建总公司CI标准，道路布置详见总平面布置图。

**3.3.4　生产、生活、临时设施**

临时办公用房采用3.6m×5m的彩板房，现场安装，分上下两层，共计30间，层高2.8m，其中为业主提供5间。西侧食堂、试验室各两间为烧结砖砌筑，屋顶为钢板瓦屋面。

# 4　主要项目施工方法

## 4.1　测量工程

我单位进场时基础土方基本开挖完毕，定位依据业主指定的105#（$X$ = 314076.398mm，$Y$ = 501931.447mm，$H$ = 46.136mm）、106#（$X$ = 314073.519mm，$Y$ = 501808.293mm，$H$ = 45.816mm）进行定位放线，测设本楼的平面控制网和高程控制网。本工程设计±0.000相当于绝对高程46.700m。

**4.1.1　地下施工阶段测量**

平面轴线直接以坑边的主控轴线桩用经纬仪向下投测，标高投测以场区内的高程控制网用悬吊钢尺的方法向下引测。

**4.1.2　地上施工阶段测量**

轴线向上引测采用内控法，标高采用水准仪向上进行标高传递。

**4.1.3　工程轴线控制**

由于该工程采用多流水段的流水作业，为了保证轴线投测的精度，平面控制采用内控法。

**4.1.4　内控网的布设**

控制轴线标志桩投测纵轴及横轴几条主轴线，对边、角值进行校测，边角的各项精度必须符合表4-1中的规定制作内控基准点：在首层楼面用100mm×100mm×8mm钢板制作，埋设在楼板内，用钢针划出十字线。

**表4-1**

| 等　级 | 测角中误差（$m\beta$） | 边长相对中误差（$K$） |
|---|---|---|
| 二级 | ±12″ | 1/50000 |

留置测量口：在各层楼板的内控基准点正上方相应位置预留一个150mm×150mm孔洞（激光束通孔）。

#### 4.1.5 轴线投测方法

仪器采用 DZJ3 激光垂准仪及接收靶。将激光垂准仪架设在楼板的内控基准点上，接收靶放在投测楼层面的相应预留洞口上，将最小光斑的激光束投到接收靶的“十”字交点处。

将激光垂准仪架设在接收靶上，依次投测出主轴线。

激光光斑圆的直径允许偏差（指接收靶上的允许偏差）见表 4-2。

表 4-2

| 序号 | 投测高度（mm） | 允许误差（mm） |
|---|---|---|
| 1 | 每层 | ±3 |
| 2 | $H \leqslant 30m$ | ±5 |
| 3 | $30m < H \leqslant 60m$ | ±10 |
| 4 | $60m < H \leqslant 90m$ | ±15 |
| 5 | $H < 90m$ | ±20 |

#### 4.1.6 高程投测

根据业主给定的高程控制基点 105#（46.136mm）、106#（45.816mm），测设本工程所需的 ±0.000 高程控制点，每间隔一定的时间联测一次，以做相互检校。检测后的数据成果必须进行分析，以保证水准点使用的准确性。现场高程根据这两个点进行控制。待施工到首层后，在首层平面上易于向上传递标高的位置做三个高程标准点，通过往返检测合格后（误差在 ±3mm 内为合格），标注“▽”红色油漆标记和建筑标高。

利用首层红“▽”为标高基准，用检定合格的钢尺向上传递，并用红“▽”做好标记，然后使用 SNA28 水准仪往返检测合格后（误差在 ±3mm 内为合格），将该层标记作为向上层引测的标记。每层的墙、暗柱模板拆除后，采用水准仪和钢卷尺在墙、柱上放出该楼层的建筑 500mm 线。

#### 4.1.7 建筑物垂直度控制

采用激光垂准仪及接收靶做轴线投测的过程，同样也是控制建筑物垂直度的过程。电梯井筒的垂直度控制同样也是采用激光垂准仪，方法是在电梯井的附近做内控基准点和每层留出的投测口。

#### 4.1.8 工程放线

根据投测的轴线使用钢卷尺放墙、柱边线，钢卷尺要求经过计量或购买免检产品。放好的线采用红油漆做出标记。

#### 4.1.9 沉降观测

根据设计要求，主楼沉降值应 < 40mm。业主委托有资质的测量单位编制沉降观测方案并进行沉降观测，详见沉降观测方案。

### 4.2 钢筋工程

#### 4.2.1 钢筋概述

本工程钢筋等级主要为 HPB235、HRB335 和 HRB400，钢筋直径 $\phi 6 \sim \phi 10$ 和 $\phi 12 \sim \phi 32$。钢筋搭接、锚固、保护层厚度、箍筋加密区、构造要求详见结构施工图纸总说明。

钢材采用 Q235、Q345 钢，吊钩、吊环均采用 HPB235 级钢筋，不得采用冷加工钢筋。HPB235 级钢筋采用 E43××焊条，HRB335、HRB400 级钢筋采用 E50××焊条，钢筋与型钢焊接随钢筋定焊条。

钢筋连接方法见表4-3。

表4-3

| 序 号 | 钢筋的连接方法 | 适 用 范 围 | | | |
|---|---|---|---|---|---|
| | | 钢筋级别 | 钢筋直径(mm) | 方 向 | 位 置 |
| 1 | 搭接绑扎 | HPB235、HRB400 | <18 | 水平、竖向 | 施工现场 |
| 2 | 滚轧直螺纹连接 | HRB400 | ≥18 | 水平、竖向 | |

注:搭接接头和机械连接接头必须离开拐点≥$10d$。

### 4.2.2 钢筋原材的检验

钢筋进场时,现场材料责任师要检验钢筋出厂合格证、炉号和批量,要有相应资料,并在规定时间内将有关资料归档。钢筋进场后,现场试验室应根据规范及《试验计划》要求,立即做钢筋复试或见证取样工作。钢筋复试合格后,方能批准使用。

### 4.2.3 钢筋的堆放

钢筋要堆放在现场指定的场地内,钢筋堆放要进行挂牌标识,标识要注明检验状态、使用部位、规格、数量、尺寸等内容。钢筋标识牌要统一。堆放时,钢筋下面要垫垫木,离地面不宜少于200mm,以防钢筋锈蚀和污染。

### 4.2.4 施工机具准备(参照表4-4)

表4-4

| 序 号 | 设备名称 | 型号规格 | 数 量 |
|---|---|---|---|
| 1 | 钢筋弯曲机 | GW40-1 | 6台 |
| 2 | 钢筋切断机 | GQ50-1A | 4台 |
| 3 | 钢筋调直机 | GT4-14 | 1台 |
| 4 | 钢筋直螺纹套丝机 | GHG-40 | 8套 |
| 5 | 砂轮切割机 | JG-400 | 14台 |

### 4.2.5 钢筋加工

项目根据工程施工进度和现场储料能力,编制钢筋供应和加工计划,要求各方应严格按照计划执行,以确保工程施工进度。

钢筋加工主要包括:调直、除锈、下料、弯曲等。HPB235钢筋的调直采用调直机调直。对于HRB400钢筋,如果出现弯曲、变形情况,可采用锤直或扳直的方法进行调直。钢筋加工前,先对由于潮湿或雨水引起的钢筋锈蚀进行除锈。本工程HPB235钢筋,采用砂轮切割机进行切割;HRB400钢筋,采用切断机进行切断(直螺纹连接钢筋采用砂轮切割机进行切割)。

### 4.2.6 受力钢筋的弯钩和弯折(见图4-1)

HPB235级受力钢筋末端除板的上铁做直角弯钩外,其余做180°角弯钩,其弯弧内直径 $R \geqslant 2.5d$($d$为钢筋直径),弯钩的弯后平直部分长度≥$3d$。

HRB400级钢筋末端需做90°或135°弯钩时,弯弧内直径取值如下:钢筋直径 $d \leqslant 25$mm时,$R=4d$;$d>25$mm时,$R=6d$。钢筋做不大于90°的弯折时,弯折处的弯弧内直径不小于$5d$。

HPB235级钢筋箍筋弯钩的弯弧内直径 $R \geqslant 2.5d$,且不小于受力钢筋直径;HRB400级钢筋箍筋弯钩的弯弧内直径 $R \geqslant 5d$,且不小于受力钢筋直径。弯钩弯折角度为135°时,

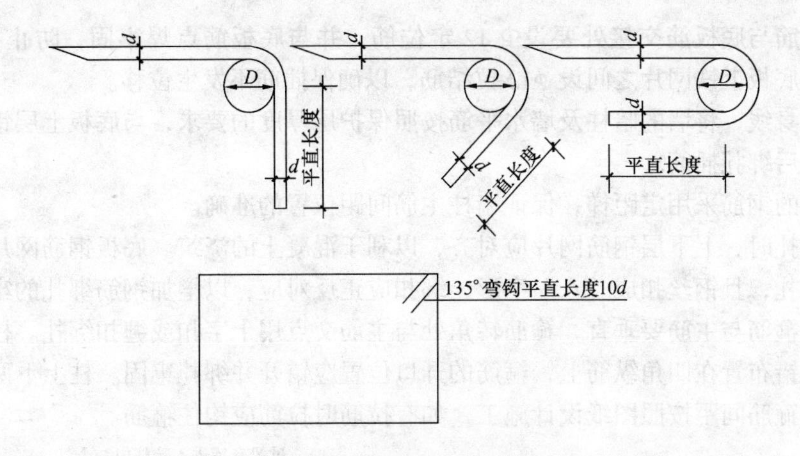


图 4-1 受力钢筋的弯钩和弯折

弯后平直长度不小于 10$d$；墙、梁、柱拉筋做 135°弯钩时，弯后平直长度不小于 10$d$。

**4.2.7** 受力钢筋的接头位置控制

纵向受力钢筋的接头位置应设置在受力较小处。

各层楼板的下部钢筋应在支座内搭接，上部钢筋应在跨中 1/3 净跨范围内搭接，搭接长度应符合设计规范和图纸要求；墙体及暗柱内的钢筋接头位置应相互错开，在规定搭接长度的任一区段内有接头受力钢筋的，接头数量比例不得超过 50%。

**4.2.8** 钢筋施工

(1) 墙体、柱子钢筋施工（见图 4-2 ~ 图 4-4）

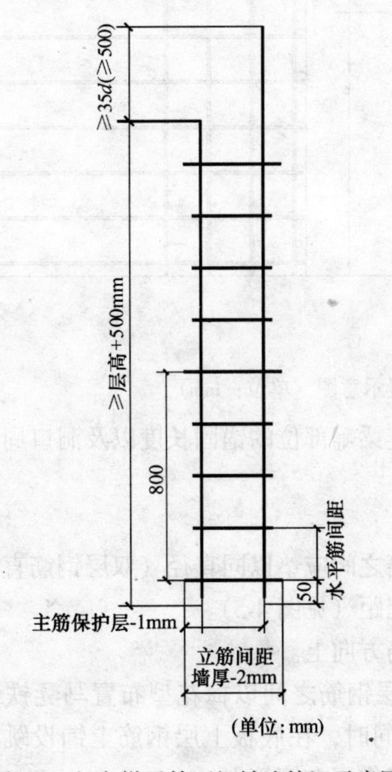


图 4-2 竖向梯子筋（机械连接）示意图

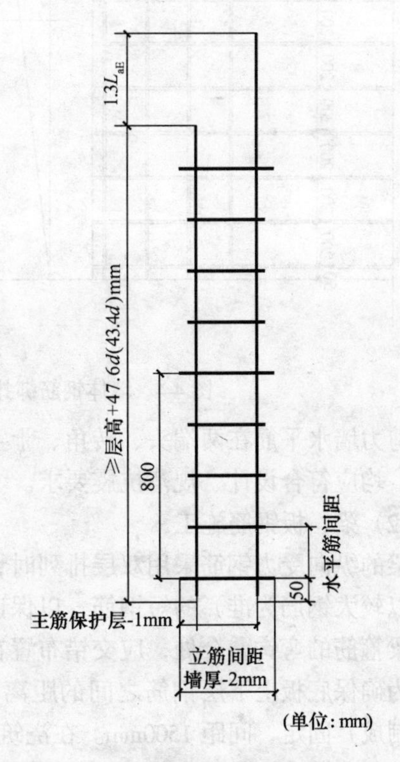


图 4-3 竖向梯子筋（绑扎搭接）示意图

墙柱插筋与底板筋交接处要设Φ 12 定位筋，并与底板筋点焊牢固，防止根部位移，墙柱插筋与底板上铁网片之间设 ϕ12 拉结筋，以确保插筋不发生位移。

按照墙身线，将墙的暗柱及墙水平筋按照保护层厚度的要求，与底板上层钢筋焊接牢固定位，然后绑扎插筋。

墙、柱的钢筋采用定距梯，保证墙柱主筋间距位置的准确。

钢筋绑扎时，上下层钢筋网片应对齐，以利于混凝土的浇筑。底板钢筋网片的交叉点每点均应绑扎，且钢丝扣成“八”字形，绑扣应正反对应，以增加钢筋绑扎的牢固性。

柱绑扎箍筋与主筋要垂直，箍筋转角处与主筋交点用十字扣或缠扣绑扎。柱箍筋弯钩叠合处应交错布置在四角纵筋上，箍筋的开口位置应错开并绑扎牢固。柱上下两端箍筋加密区长度和箍筋间距按照图纸设计施工，如有拉筋时拉筋应钩住箍筋。

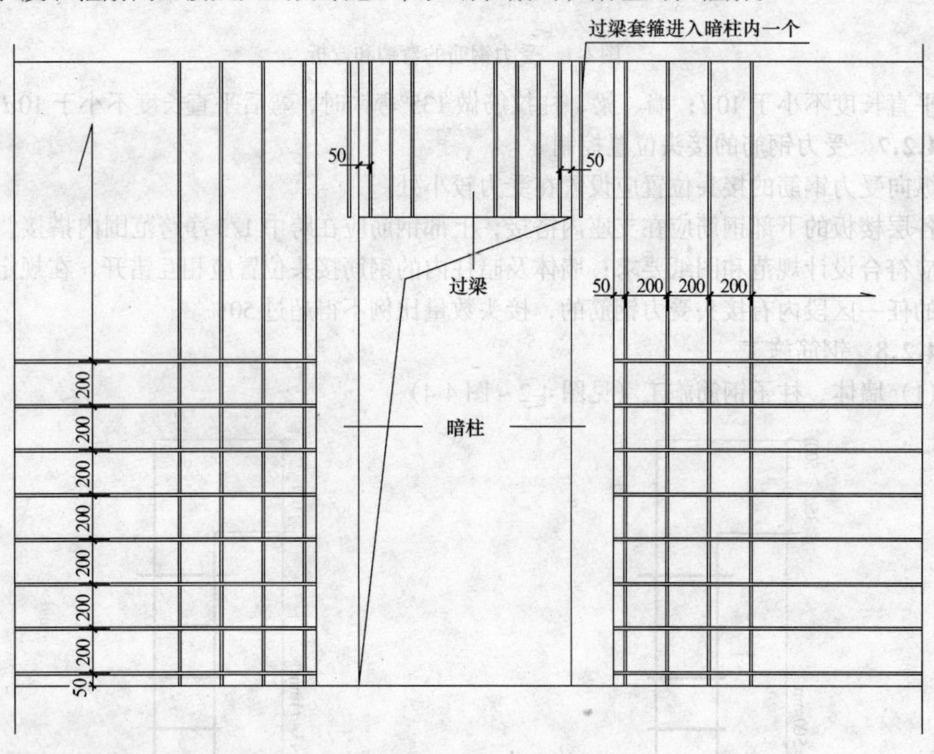


图 4-4　墙体钢筋绑扎起步筋位置示意图（单位：mm）

剪力墙水平筋在两端头、转角、十字节点、连梁等部位的锚固长度以及洞口周围加固筋等，均应符合设计、规范抗震要求。

(2) 梁、板钢筋施工

梁的纵向受力钢筋采用双层排列时，两排钢筋之间应垫以同直径（双层钢筋直径不同时，以较大钢筋为准）的短钢筋，以保证其设计间距（见图 4-5）。

梁箍筋的弯钩叠合处，应交错布置在受力钢筋方向上。

为确保底板上下层钢筋之间的距离，在上下层钢筋之间以梅花型布置马凳铁（Φ 16 钢筋制成）固定，间距 1500mm。在浇筑混凝土的同时，在底板上层钢筋上铺设跳板，以保证施工荷载通过跳板作用在钢筋网上，禁止直接作用在钢筋上。

主、次梁应同时配合进行，主次梁交接处，主梁箍筋在次梁两侧应附加箍筋，梁端第一个箍筋应设置在距离柱节点或梁边缘50mm处。梁端与柱交接处箍筋应加密，其间距与加密区长度均要符合设计要求。箍筋在叠合处的弯钩应交错绑扎，绑梁上部纵向筋的箍筋，宜采用套扣法绑扎。绑扎过程中，次梁筋让主梁筋、梁筋让柱筋。

注：

① 双层双向钢筋顶板

$h$ = 顶板厚-下网下铁钢筋直径-上网双向钢筋直径-上下铁保护层；

② $a$ = 顶板钢筋间距 + 20mm。

图 4-5　双层双向钢筋布置示意图

(3) 楼梯钢筋施工

在楼梯底板上画主筋和分布筋的位置线。根据设计图纸中主筋、分布筋的方向，先绑扎主筋，后绑分布筋，每个交点均应该绑扎。底板筋绑完，待踏步模板吊绑支好后，再绑扎踏步钢筋。

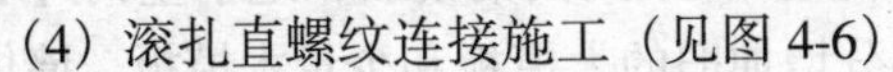

(4) 滚扎直螺纹连接施工（见图4-6）

钢筋下料用切割机，不得用电焊、气割焊及切断机等方法切断；钢筋端面平直并与钢筋轴线垂直，不得有马蹄形或扭曲。

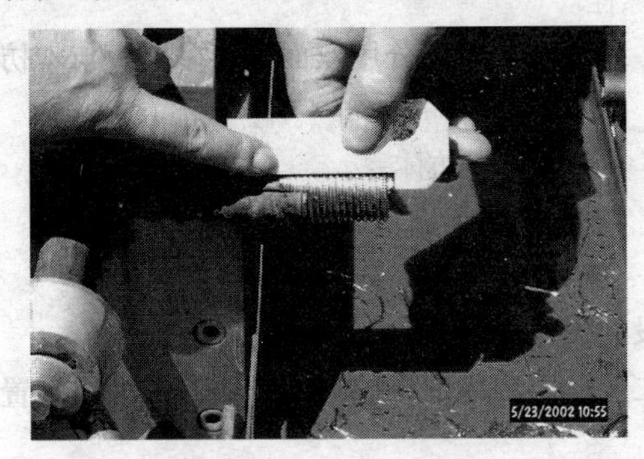


图 4-6　滚扎直螺纹连接施工

钢筋丝头加工完毕后，钢筋套丝的质量，必须由操作工人逐个用牙规和卡规或环规进行检查。钢筋的牙形必须与牙形规相吻合，其小端直径必须在卡规或环规的允许误差范围内。

受拉区钢筋接头百分率≤25%，受压区接头百分率≤50%。达到质量要求的丝头，应立即用与钢筋规格相同的塑料保护帽（套）拧上，存放待用，防止装卸钢筋时损坏，并防止灰浆、油污等杂物的污染。

连接钢筋时必须用管钳扳手拧紧，使两钢筋丝头在套筒中央位置相互顶紧，或用锁紧螺母锁紧并加以标记。接头拼装完成后，套筒每端不得有一扣以上的完整丝扣外露。

(5) 钢筋保护层控制

墙体、柱、梁侧面钢筋保护层控制采用混凝土垫块，墙体结构放在外侧的水平钢筋上，梁、柱结构放在箍筋上。基础底板垫块间距控制在600mm×600mm，呈梅花形布置，结构各部位钢筋保护层的厚度和使用垫块形式见表4-5。

**表 4-5**

| 序　号 | 部　　位 | 保护层厚度（mm） | 垫块形式 |
|---|---|---|---|
| 1 | 底板 | 板底50，板顶25 | 混凝土垫块 |
| 2 | 地下室外墙 | 外侧50，内侧25 | 混凝土垫块 |
| 3 | 梁侧、柱 | 25 | 混凝土垫块 |
| 4 | 墙 | 15 | 混凝土垫块 |
| 5 | 板、梁底 | 15 | 塑料垫块 |

注意：钢筋保护层厚度取主筋直径与上表中的较大值。

## 4.3 模板工程

### 4.3.1 模板的配置

模板的配置原则如下：

模板的配置数量应同流水段划分相适应，满足施工进度要求；

所选择的模板应能达到或大于周转使用次数要求；

模板的配置要综合考虑质量、工期和技术经济效果。

### 4.3.2 模板的选择

顶板：面板采用15mm的竹胶板，搁栅采用50mm×100mm木枋、主龙骨为100mm×100mm木枋，地下室采用900mm间距支撑碗扣架，标准层采用1200mm间距支撑碗扣架。

墙体：墙体模板以标准层核心筒墙体为标准配置86系列大钢模板，地下室内外墙及一至三层利用核心筒墙体大钢模板接高，不足部分增加旧的大模板和少量木模板，墙体变截面采取增配角模调节。地下室外墙及人防临空墙采用三节头防水螺栓，其他墙为Φ 32大小头穿墙螺栓，木模部分采用Φ 14止水穿墙螺栓。

柱模板：标准层采用配制钢的可调方柱模；地下室不足部分用双面覆膜多层板与木枋配置。

楼梯、梁：楼梯、梁模板采用15mm的覆膜多层板+木枋体系。

其他部分均采用15mm的竹胶板与木枋配置。

### 4.3.3 主要模板配置数量（见表4-6）

墙体：地下室及标准层墙体配置一个流水段的模板；

顶板、梁模板：考虑周转使用，配置地下二层整层和地下一层半层模板；标准层配置三层模板。

柱模板：配置12套钢的可调方柱模板，地下室增配20套木枋+竹胶板柱模。

表4-6

| 序号 | 名称 | 分项 | 实际需用量 | 单位 |
|---|---|---|---|---|
| 1 | 墙体定型大钢模 | 地下一、二层增配旧模板用量 | 1100 | $m^2$ |
| | | 标准层新加工制作用量 | 1100 | $m^2$ |
| 2 | 木枋 | 梁侧模及顶板用量 | 450 | $m^3$ |
| 3 | 钢管 | 地下室用量 | 50 | t |
| | 扣件 | 地下室用量 | 3 | 万只 |
| 4 | 15mm厚竹板 | 梁及顶板用量 | 21500 | $m^2$ |
| 5 | 穿墙套管 | $\phi 20$　$L=300\sim800$mm | 2000 | m |
| 6 | 可调柱模 | 标准层用量 | 12 | 套 |
| | 多层板柱模 | 地下室柱 | 20 | 套 |
| 7 | Φ 28钢筋 | 汽车坡道背楞 | 100 | m |
| 8 | 三节头止水螺杆（外墙及人防临空墙用） | T20　$L=700\sim1100$mm | 两端可周转段700<br>中间止水段5300 | 套 |

续表

| 序号 | 名称 | 分项 | 实际需用量 | 单位 |
|---|---|---|---|---|
| 9 | 止水穿墙螺杆 | T14 $L=250\sim350$mm | 8000 | 套 |
| 10 | 内墙穿墙螺杆 | T32 $L=800\sim1550$mm | 2100 | 套 |
| 11 | 木模用穿墙螺栓 | T14 $L=550\sim1950$mm | 500 | 套 |

#### 4.3.4 模板拆除

严格控制模板拆除时间，常温下墙体模板要求拆除时强度不小于1.2MPa，即混凝土浇筑完毕12h左右。

模板的拆除应符合下列规定：

侧模：在混凝土的强度能保证其表面（即棱角）不因拆除模板而受损害后方可拆除，拆模时混凝土强度应不小于1.2MPa。

底模：应在同条件下试块混凝土强度达到表4-7中的要求后，才能开始拆模（并需经技术负责人同意）。

表4-7

| 构件类型 | 构件跨度（m） | 达到设计的混凝土立方体抗压强度标准值的百分率（%） |
|---|---|---|
| 板 | ≤2 | ≥50 |
| | >2，≤8 | ≥75 |
| | >8 | ≥100 |
| 梁、拱、壳， | ≤8 | ≥75 |
| | >8 | ≥100 |
| 悬臂构件 | — | ≥100 |

### 4.4 混凝土工程

本工程结构混凝土均采用预拌混凝土。混凝土合格分供商邀请业主考察。本工程基础底板混凝土为大体积混凝土，具体见《大体积混凝土施工方案》。基础底板后浇带止水条采用BW止水条，地下室其他部位后浇带及施工缝采用3mm厚钢板。

#### 4.4.1 混凝土原材料的基本要求

优先选用P.O32.5以上的普通硅酸盐水泥和早强型硅酸盐水泥，本工程业主指定水泥为北京琉璃河水泥厂产水泥。细骨料宜选用质地坚硬、级配良好的中砂，其含泥量不应超过2%，应符合《普通混凝土用砂质量标准及检验方法》的规定。粗骨料选择0.5~2.5cm的级配机碎石，应符合《普通混凝土用碎石或卵石质量标准及检验方法》的规定。混凝土均由预拌混凝土搅拌站供应，混凝土原材料计量要准确，重量的允许偏差不应超过下列限值：水泥和掺合料为±1%，粗骨料为±2%，水及外加剂为±1%。地下室混凝土的碱含量应符合规范的最大碱含量为3.0kg/m$^3$的要求。

#### 4.4.2 混凝土的运输

地下部分：现场设两台HBT80型混凝土地泵输送混凝土。混凝土浇筑采用混凝土罐车运输，基础底板采用两台地泵和一辆汽车泵浇筑。地下二层和地下一层浇筑汽车泵覆盖范围内墙体，优先选用汽车泵，柱优先选用塔吊，其他一律采用地泵浇筑。

地上部分：采用两台地泵输送混凝土。作业面设BL系列手动布料器。现场水平、垂直采用混凝土泵输送混凝土，作业面采用布料杆输送混凝土。布管时，将弯折处设于距地泵较近处，保持泵管的直线行进。

**4.4.3**　施工缝的处理及浇筑

（1）墙体竖向施工缝的处理

墙体竖向施工缝可用15目×15目的双层钢丝网绑扎在墙体钢筋上，外用12mm厚多层板封挡混凝土。当墙模拆除后，清理施工缝，保证混凝土的接槎质量。

1）墙体顶部水平施工缝的处理

墙体混凝土浇筑时，高于顶板底30mm。墙体模板拆除后，弹出顶板底线和顶板底线上5mm标高线，将直缝以上的混凝土软弱层剔掉，露出石子，清理干净。

2）墙柱底部施工缝的处理

剔除浮浆，使石子外露，保证混凝土接缝处的质量，并加以充分湿润、冲洗干净，且不得积水。

（2）顶板施工缝的处理

施工缝处顶板下铁垫15mm厚木条，保证下铁钢筋保护层。上、下铁之间用木板保证净距，与下铁接触的木板侧面按下铁钢筋间距锯成豁口，卡在下铁钢筋上。

（3）施工缝处混凝土浇筑

在施工缝处继续浇筑混凝土时，应清除垃圾、表面上松动砂石和软弱混凝土层；同时，还应加以凿毛，用水冲洗干净并充分湿润，一般不宜少于24h，残留在混凝土表面的积水应予清除。在浇筑混凝土前，在施工缝处铺一层与混凝土成分相同的减石子水泥砂浆，接浆厚度为20~30mm，然后再浇筑混凝土。从施工缝处开始继续浇筑时，要注意避免直接靠近缝边下料。机械振捣前，宜向施工缝处逐渐推进。

（4）后浇带混凝土浇筑

本工程后浇带在结构混凝土浇筑完2个月后浇筑。后浇带混凝土采用无收缩水泥配置的比原混凝土高一级的混凝土。后浇带混凝土均内掺复合型微膨胀剂。

**4.4.4**　底板混凝土浇筑

该工程基础底板为筏形基础，板厚为800mm和1200mm，底板混凝土总量约为10000m$^3$，1区混凝土量约为5000m$^3$，现场设置有2台混凝土地泵及一台汽车泵，每小时混凝土需求量为80m$^3$以上，选用HBT80型混凝土地泵（46m$^3$/h）来保证现场混凝土的泵送量，混凝土运输量选用8m$^3$的罐车。

**4.4.5**　墙板混凝土浇筑

在浇筑前要做好充分的准备工作，制定施工方案、机具准备，保证水电的供应，要掌握天气季节的变化情况，检查模板、钢筋、预留洞等的预检和隐蔽项目。检查安全设施、劳动力配备是否妥当，能否满足浇筑速度的要求。

浇筑时应注意的要点如下：

在浇筑工序中，应控制混凝土的均匀性和密实性，混凝土拌合物运到浇筑地点后，应立即浇筑入模。

浇筑过程中，应经常观察模板、支架、钢筋、预埋件和预留洞口情况；当发现有变形、移位时，应立即停止浇筑，并立即采取措施在已浇筑混凝土凝结前修整完好。

混凝土浇筑温度不宜超过35℃，浇筑间隙不得超过2h，对于接缝处应仔细振捣，要求密实。待1~2h后再进行抹压收光，以防裂缝出现。在基础底板混凝土初凝前对混凝土进行第二次振捣，其目的是使混凝土内部结构更加密实，大大减少混凝土表面的裂缝产生，同时可提高混凝土的强度。

为尽可能减少扰民和保证混凝土的运输条件，基础地板大体积混凝土浇筑时间应尽可能安排在星期六和星期日进行。

基础底板大体积混凝土测温应在每块混凝土浇筑完后的12h左右进行，其时间间隔如下：1~7d每2h测温一次；8~14d每4h测温一次；14d后依据测温结果，决定是否继续测温。测温工作应指派专人负责，24h连续测温，尤其是夜间当班的测温人员，更要认真负责，测温结果应填入测温结果记录表。每次测温结束后，应立刻整理、分析测温结果并给出结论。在混凝土浇筑的7d以内，测温员应每天向业主、监理、技术部报送测温记录表，7d以后可2d报送一次。混凝土内外温差控制在25℃之内。在测温过程中，温差大于25℃属于异常，应及时报告。

#### 4.4.6 混凝土的养护

混凝土终凝后，立即进行养护。普通混凝土养护不得少于7d，抗渗混凝土养护时间不得少于14d，同时要加以覆盖。

水平构件混凝土养护必须设专人不间断地进行洒水养护，保证构件湿润，竖向构件混凝土待模板拆除后及时涂刷指定的养护剂进行养护。涂刷时表面必须均匀。

### 4.5 回填土工程

本工程基坑回填土采用素土回填，主楼基础采用30cm级配砂石回填。回填土工程的施工重点在于控制含水率，使用回填土的含水率在最优含水率左右，严格按工艺规程和规范要求进行分层夯实，并按层做好回填土干土质量密度的检测试验，不合格处应立即查明原因进行处理，然后再进行下一步施工。

### 4.6 外架工程

结构施工时，外架采用$\phi48\times3.5$m钢管扣件搭设双排脚手架，用密目安全网防护，外装修采用结构用外架，根据装修需要进行局部修改，具体详见施工方案。

### 4.7 杉篙搭设

因本工程东侧距架空电线较近，需在东侧做杉篙以保护架空电线。杉篙防护基础应夯实平整，并有排水设施，以保证地基有足够的承载力。杉篙架子搭设前，放好轴线，材料分码整齐。杉篙进场前无腐枯、折裂、枯竭。杉篙脚手架的杆件使用8#钢丝，立杆间距、横杆间距不得大于1.8m。杉篙脚手架必须保证结构不变形，边线与高压线必须保证0.75m的距离。大风天气必须观察杉篙是否发生位移、是否绑扎牢固。

### 4.8 防水工程

(1) 本工程地下室底板及侧墙防水采用SBSⅡ型3mm+3mm厚改性沥青卷材与防水混凝土（P8）共同防水，地下室四周砌120mm砖墙保护。

(2) 地下室防水工程必须由专业队施工，其技术负责人及班组长必须持有市建委颁发的防水施工人员上岗证书。

(3) 现场责任工程师提前编制技术交底，及时组织对现场施工操作人员进行针对性现场说明及指导（如阴阳角做法及搭接密封等节点处理）。

(4) 地下室防水施工，按各道工序进行验收，严格把关，合格后方可进行下道工序施工，并及时做好隐蔽记录。

(5) 检查验收顺序：班组自检→内部质检→监理质检。

(6) 地下防水工程按特殊过程控制，施工前进行特殊过程预先鉴定，施工过程中进行特殊过程连续监控。

## 4.9　外墙面砖施工

### 4.9.1　工艺流程

基层处理→吊垂直、套方、找规矩→贴灰饼→抹底层砂浆→弹线分格→排砖→浸砖→镶贴面砖→面砖勾缝与擦洗。

### 4.9.2　施工要点

(1) 基层处理

混凝土梁、柱（构造柱）表面用掺加界面剂的水泥浆甩毛。陶粒空心砖墙用扫帚将面层上的粉尘扫净，浇水将墙浸湿。

(2) 吊垂直、套方、找规矩、贴灰饼

从顶层开始用特制的大线坠、绷铁丝吊垂直，然后根据面砖的规格尺寸分层设点，做灰饼。横线则以楼层为水平基线交圈控制，竖向线则以四周大角和通天柱为基线控制，墙面根据各控制线要求，保证大阳角全部为整砖，每层竖直；同时，要注意找好突出檐口、腰线、雨篷等饰面的流水坡度。

(3) 抹底层砂浆

基层不同材料（如混凝土柱、梁、陶粒空心砖墙等）交接处在抹底灰之前应先钉300mm宽钢板网，防止因混凝土与陶粒砖墙吸水率不同，引起抹灰面开裂。

抹灰前先刷一道掺水重10%的胶水泥素浆，紧跟分层分遍抹底层砂浆，采用1:3水泥砂浆，第一遍厚度宜为5mm，抹后用扫帚扫毛；待第一遍六七成干时，即可抹第二遍，厚度约8~12mm，随即用木杠搓毛，终凝后浇水湿润养护。

(4) 弹线分格

墙面抹灰至六七成干后，即可按照“外墙面砖镶贴排板深化设计图”要求进行分段分格弹线，主要弹出各控制点和特征点的控制线以及腰线、分色线滴水檐、窗台等部位。

要求设专门弹线小组负责外墙四边周圈的弹线工作，以确保纵线垂直、横线水平。

(5) 排砖

根据大样图及墙面尺寸进行横竖排砖，以保证面砖缝隙均匀，符合设计图纸要求，注意大面和通天柱子排整砖以及在同一墙面上的横竖排列，均不得有一行以上的非整砖。非整砖行应排在次要部位，如窗间墙或阴角处等，但要注意对称。如遇突出的卡件，应用整砖套割吻合，不得用非整砖拼凑镶贴，并要注意阳角的拼接以及窗台上下口的排砖及坡度。接缝宽窄分为密缝（接缝宽度在1~3mm范围内）和离缝（接缝宽度在4mm以上），具体采用哪一种应根据设计要求。排好砖后要与设计图纸相对照，发现问题应提前与设计等相关单位协商解决。

（6）选砖、浸砖

外墙面砖在镶贴前，首先要对面砖进行挑选，挑选主要是选出颜色、花纹、规格一致的面砖，选砖必须注意砖的长宽以及对角线尺寸，应采用专用工具进行检查、挑选。并对要求45拼缝的砖提前进行加工。将选好的砖在镶贴前清扫干净，并放入清水中浸泡2h以上，取出晾干或擦干净后方可使用，其主要目的是防止胀缩变形。

（7）镶贴面砖

每一分段或分块内的砖面，均为自下向上镶贴。在最下一层砖下皮的位置线处，先稳好靠尺，以此托住第一皮面砖。在砖面外皮上口拉水平通线，作为镶贴的标准。

镶贴方法：采用胶浆粘贴（胶浆配比应按照所用胶的产品说明书并结合实际情况进行试配决定），在砖背面抹3~4mm厚粘贴即可。

女儿墙压顶、窗台、腰线等部位平面镶贴面砖时，应采取顶面面砖压立面面砖的做法，以免向内渗水，引起空鼓、裂缝；同时，应采取立面中最底一排面砖底平面面砖，并低出平面面砖3~5mm的做法，让其起滴水线的作用，防止尿檐，引起空鼓。在面砖镶贴达到初凝前，应及时将砖缝之间溢出的砂浆清理干净。

（8）面砖勾缝与擦缝

面砖缝宽一般在5~8mm及其以上，用1:1水泥砂浆勾缝，可以掺加一定量的矿物颜料，勾缝之前必需将缝隙内的砂浆松散部分清理干净，并用清水提前湿润。

勾缝可分为两种形式：一种是平缝勾法；另一种是凹缝勾法。凹缝要求比砖面低2~3mm为宜。

勾缝时注意先勾水平缝再勾竖缝，无论是平缝还是凹缝要求缝隙填嵌密实，用相应的工具反复压实，并且在横竖缝交叉部位一定要突出交叉特点，轮廓分明。

若横竖缝为干挤缝或小于3mm者，应采用白水泥配矿物颜料进行擦缝处理，面砖勾完缝后应用干净布或棉纱轻擦干净，待勾缝砂浆初凝后适当浇水养护。

（9）质量要求

瓷砖的品种、规格、颜色、图案、性能必须符合设计要求。

瓷砖湿贴工程的找平、防水、粘结和勾缝材料及施工方法符合设计要求及国家现行产品标准，瓷砖湿贴工程应无空鼓、裂缝。瓷砖表面应平整、洁净，颜色协调一致。

阴阳角搭接方式、非整砖使用部位应符合设计要求。

瓷砖的接缝应平直、光滑。添缝应连续、密实，宽度和深度符合设计要求。

有排水要求的部位应做滴水线，流水坡向符合设计要求。

（10）允许偏差（见表4-8）

**表4-8**

| 项　次 | 项　　目 | 允许偏差（mm） | 检　验　方　法 |
|---|---|---|---|
| 1 | 立面垂直 | 3 | 用2m垂直检测尺检查 |
| 2 | 表面平整 | 4 | 用2m靠尺和塞尺检查 |
| 3 | 阴阳角方正 | 2 | 用直角检测尺检查 |
| 4 | 接缝直线度 | 3 | 拉5m线，不足5m的拉通线，用钢尺检查 |
| 5 | 接缝高低差 | 1 | 用钢直尺和塞尺检查 |
| 6 | 接缝宽度 | 1 | 用钢直尺检查 |

### 4.10　墙体砌筑

#### 4.10.1　施工顺序

弹画平面线→检查柱、墙上的预留连结筋，遗留的必须补齐→砌筑→安装或现浇门窗过梁→顶部砌体。

#### 4.10.2　施工要点

（1）排砖撂底

一般外墙第一皮砖撂底时，横墙应排丁砖，前后纵墙应排顺砖。根据窗门洞位置墨线，核对门窗间墙、附墙柱（垛）的长度尺寸是否符合排砖模。不合模数时，要考虑砍砖及排放的计划。所砍砖或丁砖应排在窗口中间、附墙柱（垛）旁或其他不明显的部位。

（2）选砖

选择棱角整齐、无弯曲裂纹、规格基本一致的砖。

（3）盘角

砌墙前应先盘角，每次盘角砌筑的砖墙角度不要超过5皮，并应及时进行吊靠，如发现偏差应及时修整。盘角时要仔细对照皮数杆的砖层和标高，控制好灰缝大小，水平灰缝均匀一致。每次盘角砌筑后应检查，平整和垂直完全符合要求后才可以挂线砌墙。

（4）挂线

砌筑一砖厚及以下者，采用单面挂线；砌筑一砖半厚及以上者，必须双面挂线。若是长墙，几个人同时砌筑共用一根通线，中间应设几个支线点；小线要拉紧平直，每皮砖都要穿线看平，使水平缝均匀一致，平直通顺。

（5）砌砖

砌砖宜采用挤浆法，或采用三一砌砖法。三一砌砖法的操作要领是“一铲灰、一块砖、一挤揉”，并随手将挤出的砂浆刮去。操作时砖块要放平、跟线。砌筑操作过程中，分段控制游丁走缝和乱缝。经常进行自检，如发现偏差，应随时纠正，严禁事后采用撞砖纠正。应随砌随将溢出砖墙面的灰迹块刮除。内外墙的转角处严禁留直槎，其他临时间断处，留槎的做法必须符合施工规范规定。

（6）木砖预埋

木砖应经防腐处理，预埋时小头在外，大头在内，数量按洞口高度确定；洞口高度在1.2m以内者，每边放两块；高度在2～3m者，每边放4块。预埋木砖的部位一般在洞口上下四皮砖处开始，中间均匀分布。门窗洞口考虑预留后安装门窗框，要注意门窗洞口宽度及标高应符合设计要求。

### 4.11　抹灰工程

#### 4.11.1　工艺流程

表面清理→浇水湿润→弹线找规矩→灰饼→冲筋→抹底灰→抹中层灰→抹面层灰→养护。

#### 4.11.2　施工要点

（1）不同材质（如混凝土与砌筑墙）接缝处，钉30cm宽钢丝网，以防抹灰收缩、裂缝。

(2) 抹底灰前根据不同基层采用素水泥浆甩毛、外加剂专用砂浆刮糙或者采用界面剂处理，以防止空鼓。

(3) 先将房间地面弹出十字线，作为墙角抹灰准线。弹出墙角抹灰准线后，在准线上下两端排好通线后做标准灰饼及冲筋，间距150cm，以保证墙面平直和垂直。

(4) 墙面阳角抹灰，应先用1:2水泥砂浆做出水泥护角后再收口，或者选用成品护角。本工程阴阳角做圆角，半径50mm。

(5) 墙面抹灰时应提前洒水湿润。

(6) 掌握抹灰的分遍赶平时间，保证墙体的平整。

(7) 粉刷石膏砂浆在凝结前应防止水冲、撞击、振动。抹灰层宜在湿润的条件下养护。

(8) 内墙面抹灰要防止穿堂风，外墙迎风面要设挡风幕。

(9) 抹灰面层不得有爆灰和开裂。各抹灰层之间及抹灰层与砌体之间应粘结牢固，不得有脱层、空鼓等缺陷。

(10) 埋设暗线、暗管等孔槽处，应先用水泥砂浆填实抹平，并用纤维网布或钢网做防裂处理，再分层抹灰。

### 4.12 屋面工程

详细构造另行编制专项方案。

(1) 屋面施工前，预先计算排水坡度到女儿墙处的最大厚度，确保防水层卷边到屋面的最小高度满足250mm。

(2) 保温层的铺贴要保证其表面的平整，接缝严实。

(3) 基层应平整、干净、干燥。

(4) 陶粒找坡层要按要求及提前在墙面上放好的坡度线进行施工，严格配比，振捣密实，表面压光。

(5) 防水找平层在防水层施工前，一定要检验其表面的平整度及质量情况，检查有无起砂、空鼓、油渍等；如有则必须进行处理，合格后再施工防水层。另外，找平层间距按3~6m设置20mm宽分隔缝，满足伸缩的要求。

### 4.13 医用气体管道、给排水工程

#### 4.13.1 施工流程

配合土建预留、预埋→支吊架预制→支吊架安装→水管安装→填堵孔洞→水压试验→设备、用水设备安装→水管与设备连接→系统试压→保温及防腐→系统冲洗→系统调试。

#### 4.13.2 施工要点

(1) 预留、预埋

施工人员进入施工现场后，要对土建施工图纸中预留洞、预埋件的坐标、标高、规格等有关尺寸进行核实。凡与安装施工图纸不相符的问题，要以书面形式及时通知业主和设计人员，提前做好设计修改工作，避免出现土建施工后再返工的现象。

在工程前期的土建施工过程中，安排一个专业技术负责人配合土建专业进行安装专业的预留预埋协调工作，随时处理土建图纸与安装图纸设计不符的有关问题，为下步顺利安

装创造良好条件，确保安装质量。

在土建施工过程中，应提前将预埋在土建墙体、楼面中的钢套管和管道预制好，随时与土建施工负责人保持密切联系，并在施工现场随时关注土建施工进度情况，需要预埋套管或管道时根据土建提供的标高和坐标基准点使用经纬仪、水准仪、力矩盘尺、卷尺、粉线等进行测量定位，确定预埋管道或预埋件的准确安装位置，及时进行预埋。

(2) 管道支架预制

为确保工程按工期完工，应在土建施工期间进行管道预制、管道支吊架预制，以减少工程的后期作业量。在预制过程中要严格控制施工质量。

管道及支吊架预制前，应编制《管道、支吊架预制施工方案》并经甲方及工程监理审核批准，在管道、支吊架加工预制过程中，严格按照该方案执行。

柔性套管预制要按照设计图纸要求和标准图集S312精心加工制作，防水圈与钢管的焊接要采取双面焊接并使用煤油渗透检查，确保防水圈根部焊缝的密封性能。

(3) 管道安装

管道安装时应按照先地下后地上、先高空后地面、先里后外、先大管后小管、先主管后支管的顺序进行管道安装。管道安装时，要对管道标高、坐标进行认真测量复查，确保标高坐标准确无误；同时，又应保证管道的直线度和坡度。成排管线按设计要求合理布置，当设计无要求时，成排管线要做到高空架设时底部同一标高，地面铺设时管顶部同一标高，使管道安装后外观舒适、美观。

(4) 阀门安装

阀门安装前，要验证阀门的型号、规格是否符合图纸要求。截止阀和止回阀安装时，要注意其安装方向是否与图纸设计的介质流向相符。阀门的安装位置与设计图纸保持一致的同时，阀杆的安装位置应放在便于操作的方位，阀门安装状态应为关闭状态。

(5) 管道支、吊架安装

管道支吊架与土建预埋件焊接时应焊接牢固，焊缝不得有夹渣、未焊透现象；支吊架与土建墙、柱采用膨胀螺栓固定时，其根部钢板应与墙、柱紧贴，膨胀螺栓要拧紧，不得有松动现象，使用的膨胀螺栓规格应根据管道直径大小是否保温以及墙体结构情况，按照有关标准图集规定选用。管道吊杆安装时，应对吊杆进行调直，不得有弯曲、歪斜现象。管道不保温时，其支吊架应与管材紧密接触，管卡及吊环要上紧。管道保温时，管道与支架之间设置管托并与钢管和支架同时焊牢，管托高度应比管道保温厚度大10~15mm，钢管与吊杆之间应焊接吊耳，吊耳高度应比保温厚度大20~30mm。管道支吊架应在管道铺设前安装，支吊架安装标高、坐标应按照图纸设计要求，并参照有关标准图集规定精心测量、认真核实，为下步管道敷设安装精度提供保障。

(6) 立管安装

竖井内立管的卡件宜在管井口设置型钢，上下统一吊线安装卡件，立管安装后吊线找正，用卡件固定，支管的甩口应明露，并加好临时丝堵。

(7) 立管管卡安装

当层高小于或等于5m时，每层必须安装一个；层高大于5m时，每层不得少于两个，管卡安装高度，距地面为1.5~1.8m，两个以上管卡可匀称安装。

(8) 支管安装

将预制好的支管从立管甩口处依次逐段进行安装，根据管道长度，适当加好临时固定卡，核定不同末端设备管道预留口高度，位置是否正确，找平找正后栽支管卡件，去掉临时固定卡，上好临时丝堵。

## 4.14 医用通风空调工程

### 4.14.1 通风安装主要施工程序

配合土建预留、预埋→风管及配件、支吊架预制→支吊架安装→风管安装→保温→风口安装→设备安装→风管与设备连接→设备单机试运转→风管空吹→系统风量平衡→带负荷联动试车→系统调试。

### 4.14.2 通风空调技术要求

(1) 风管制作

空调通风系统风管采用镀锌钢板制作。风管安装前，要检查采用的材料质量是否合格，有无合格证或质量鉴定文件，进行外观检查，应符合下列要求：

镀锌钢板表面应平整，厚度均匀，不得有裂纹、砂眼、刺边情况，不得有损伤和锈蚀的痕迹；

型钢应等型、均匀，不应有裂纹、气泡、窝穴及其他影响安装及使用质量的缺陷。其他材料不能因具有缺陷导致成品强度降低或影响其使用效能。

(2) 风管支吊架

风管吊架吊杆采用圆钢，横担采用等边角钢。弯头处，应在45°角方向上设一吊架，三通、四通及风管末端0.5m处均应设吊架。吊架不得设置在风口、阀门、检修门处，不得影响阀体的操作，不宜直接吊在法兰上，矩形风管的支架设在保温层外部，并不得损伤保温层。

风管与部件支吊架的预埋件位置应正确、牢固可靠，埋入部分应除油污，并不得涂漆。

吊架的吊杆应平直，螺纹应完整、光洁。吊杆拼接可采用螺纹连接或焊接。采用螺纹连接时，任一端的连接螺纹应长于吊杆直径，并应有防松动措施；采用焊接时，应采用搭接，搭接长度不少于吊杆直径的6倍，并应在两侧焊接。支吊架上的螺孔必须采用机械加工，不得用气焊开孔。

(3) 风管的安装

风管安装轴线和标高应准确，风管与支吊架接触紧密牢固。风管水平安装，水平度的允许偏差不超过3mm/m，总偏差不应大于20mm。风管垂直安装，垂直度的允许偏差不超过2mm/m，总偏差不应大于20mm。

法兰连接应平行、严密，垫料不得突出，法兰螺栓应均匀拧紧，螺母方向一致。保温风管的支吊架必须在保温层的外面。风管与配件可拆卸的接口及调节机构，不得装设在墙体或楼板内。安装风管时应及时进行支吊架的固定和调整，其位置应正确、受力应均匀。风管及部件安装前，应清除内外杂物及污物，并保持清洁。风管及部件安装完毕后，进行系统的严密性检验，检验采用抽检（适用于低压系统）法，抽检率为5%，且抽检不得少于一个系统。在加工工艺以及安装操作质量得到保证的前提下，采用漏光法检测。漏光检测不合格时，做漏风量测试。系统风管漏风量测试被抽检系统应全部合格，如有不合格，应加倍抽检直至全部合格。

(4) 风管阀部件安装

系统中部件与风管连接主要采用法兰连接形式，其连接要求和所用垫料与风管接口相同。

1) 阀门

多叶阀、蝶阀等各种阀门在安装前应检查其结构是否牢固，调节装置是否灵活，安装时手动操纵机构应放在便于操作的位置。

2) 防火阀

防火阀的转动部件在任何时候都应转动灵活，易熔件应为批准并检验合格的正规产品。易熔件应在安装完毕后再装，设在阀板迎风侧，不得装反。在安装前还应再试一下阀板关闭是否灵活、严密，易熔件材质严禁代用。

防火阀有水平安装、垂直安装及左式、右式，在安装时务必要注意，不能装反。

防火阀安装时，应单独设立支吊架，安装在便于调节的部位。

阀门安装完毕后，应在阀体外部明显地标出开关方向及开启程度，保温风管系统应在保温层外做标志，以便调试和管理。

3) 柔性短管

空调箱，送排风机隔振用软连接及沉降缝处软接管采用耐火帆布制作，外涂自熄性隔气涂料。排风排烟兼用风机，风管隔振用双层预氧丝中间耐火帆布制作。排烟风机不设软连接。

柔性短管安装应松紧适当，不能扭曲，不能把柔性短管当成找平、找正的连接管和异径管，柔性短管的长度宜为150~250mm，接缝处应严密、牢固。设于沉降缝的柔性短管，其长度应大于沉降缝的宽度。

4) 风口安装

各类送回风口、新风口，安装在墙面或吊顶上，风口安装要与土建装饰工程配合进行，保证质量和美观。风口位置待二次装修时定，要求土建在吊顶风口处安木框，以便于风口位置正确，木框尺寸由通风专业人员提供。

安装要求位置、标高准确。外露表面无损伤。携带调节装置的风口应保持启闭调节灵活。安装前应把风口擦拭干净。

风口安装应与装饰面贴实、无缝隙、横平竖直、不扭歪，自攻螺钉或拉铆钉宜在风口侧面。风口安装后，应无变形、无损伤。吸顶安装的散流器应与顶面齐平，散流器与总管的接口应牢固可靠。

(5) 风管保温防腐

风管保温材料的选用应严格遵守设计说明的规定，以防止发生结露现象。各保温结构应牢固，表面平整，圆弧均匀，无断裂、缝隙和松弛现象，要特别注意三通的保温质量。法兰接口处应用与管件相同的保温材料封严。支吊架刷防锈漆两道，明露的支吊架按照设计说明涂刷面漆。

**4.14.3** 空调水、采暖系统

(1) 空调水、采暖安装主要施工程序

配合土建预留、预埋→支吊架预制→支吊架安装→水管安装→填堵孔洞→水压试验→

设备安装、暖气片安装→水管与设备连接→系统试压→保温防腐→系统冲洗→系统调试。

(2) 支吊架制安装

空调水及冷、热、共用供回水管与其支吊架之间采用与保温层厚度相同的、经过防腐处理的木托。

钢管管道支吊架间距如表 4-9 所示。

**表 4-9**

| 公称直径（mm） | | 25 | 32 | 40 | 50 | 65 | 80 | 100 | 125 |
|---|---|---|---|---|---|---|---|---|---|
| 最大间距（m） | 保温 | 2 | 2.5 | 3 | 3 | 4 | 4 | 4.5 | 5 |
| | 不保温 | 3.5 | 4 | 4.5 | 5 | 6 | 6 | 6.5 | 7 |
| 公称直径（mm） | | 150 | 200 | 250 | 300 | 350～400 | | 500～700 | |
| 最大间距（m） | 保温 | 6 | 7 | 8 | 8.5 | 9 | | 10 | |
| | 不保温 | 8 | 9.5 | 11 | 12 | 13 | | 13 | |

(3) 机房管道安装

阀类安装整齐一致，方便操作。仪表设备应设在便于观察、不易磕碰处。设备拆箱后，各口加盲板封堵。施工中各种管道应加封，以防杂物进入系统。保温管道遇梁、柱、墙及两管并行等情况，必须考虑保温量及操作空间。

(4) 散热器安装要求

室内的墙地面已经施工完毕后才能开始散热器的安装。同一房间内散热器的安装应一致，禁止杂乱无章的安装。安装完成后的散热器与墙等的距离应一致。散热器的托架与散热器之间应垫 2～3mm 厚的橡胶垫片，防止散热器与碳素钢支架直接接触。

(5) 管道试压

试压泵设在管道留口处，水源利用临时水源。试压前检查每一处预留口，将预留口堵严，关闭入口总阀门和所有泄水阀门及放风阀门，打开各分路及主管阀门和系统最高处的放风阀门，打开水源阀门往水系统内充水，水满后将阀门关闭。

本工程采暖、空调水系统设计试验压力为 1.2MPa。根据规范规定，系统在试验压力下观测 10min，压力降应不大于 0.02MPa。

上水过程为：水压试验放净空气，充满水后进行加压，压力升到设计要求时停止加压，进行检查；如各接口和阀门均无渗漏，持续到规定时间，观察其压力下降是否在允许范围内，通知有关人员验收，办理交接手续。然后把水泄净，破损的镀锌层和外露丝扣处应做防腐处理。试压完毕拆除试压水泵和水源，泄净管道系统内的水。

(6) 系统冲洗

冲洗前应先除去过滤网，冲洗结束后再将其装上。用水冲洗系统时，冲洗水流速不低于 1.5m/s，直到冲洗水的颜色、透明度与入口处相同。

冲洗时水流不得经过所有设备，并用压缩空气进行吹扫。

### 4.14.4 医用洁净空调系统施工

(1) 洁净空调安装主要施工程序

配合土建预留、预埋→风管及配件、支吊架预制→支吊架安装→风管安装→漏风量检验→保温→高效过滤器安装→风口安装→设备安装→风管与设备连接→设备单机试运转→

风管空吹→洁净度测试→系统风量平衡→送冷（热）负荷、联动试车→系统调试。

(2) 风管及部件制作加工

清洁加工场地，并且委派专人负责保持每日的场地清洁。

产尘大的加工工作，应在专门的加工场地进行，并严禁与加工、清洁风管的场地合用。

设立专门的清洁房间，用于风管的清洁工作所需。风管进出清洁房间必须有专人负责搬运，专人负责擦洗风管。其他人员不得兼职。

洁净空调系统的法兰螺栓及铆钉的间距宜采用高压系统风管的要求，即不大于100mm，以尽量减少系统风管单位面积的允许漏风量。

板材应该减少拼接。风管底边宽度小于或等于900mm时，不应有拼接缝，大于900mm时，应该尽量减少纵向拼接缝，且不得有横向拼接缝。洁净空调系统风管不得采用楞筋方法进行加固，而且加固框或加固筋不得设在风管内，避免尘埃的积累对系统的运行造成危害。

洁净空调系统风管无法兰连接件的，不得使用S形插条、直角形平插条及立联合角插条，其900级贴角处应用密封胶涂抹严密。1000级以上的空气洁净系统风管不得采用按扣式咬口。

导流片的迎风侧边缘应圆滑，其两端与管壁的固定应牢固，连接处应光滑平整，避免积尘。同一弯管的导流片的弧长应加工一致。

洁净空调系统的风管应该按照工作压力和洁净度的要求，在咬口缝、铆钉缝以及法兰翻边四角等缝隙处采取涂密封胶或其他密封措施。应用抽芯铆钉的地方应在风管内壁用密封胶涂抹光滑、严密。

风管板材在加工前应初步除去板材表面的油污和灰尘，并且必须选用中性的清洁剂进行清洗。避免酸碱性清洁剂对风管板材表面的镀锌层造成破坏。

将初步清洁过的板材咬合，铆接法兰，制成成品。将风管成品搬运到清洁房间进行擦洗。

擦洗完毕后，视系统要求用密封胶将风管咬缝处、铆钉处密封严密，法兰四角密封严密；然后，用干净的塑料布将风管两端封闭严密。软接头伸缩量在制作时建议为2～3cm，以减少其积尘的几率。其接缝处应均匀涂抹密封胶，并确保接缝严密、牢固。

(3) 洁净系统风管安装

系统安装时，应严格按照施工图进行放线施工。

当使用膨胀螺栓作为紧固件，在建筑结构上打眼时，必须派专人用吸尘器将灰尘同步清除，以免造成施工现场污染。

风管进行对接安装时，拆哪一头，安装哪一头，随拆随安装，避免安装间隔过长，对风管造成二次污染。

软接头的安装严禁扭曲，避免灰尘的积累。法兰垫片应减少接头，接头必须采用梯形或楔形连接，垫片应干净，并涂密封胶粘牢。

安装防火阀或调节阀时，阀体内部必须擦洗干净。而且，阀体与外界相通的缝隙处（如转轴处等）应采取密封措施。

在风管上开孔时，也必须用吸尘器将造成的尘埃同步清除。

连接高效过滤器和风管的软管在安装前应擦洗内壁（尽量利用工艺设备用纯水），避免其中的灰尘对高效过滤器造成污染，降低其效能。

高效过滤器在安装以前应首先安装初效及中效过滤器，并进行设备的试运转。

洁净空调系统的风口在安装前必须清扫干净，以减少对洁净室的污染。其边框与建筑顶棚或墙面之间的缝隙应加密封胶或密封垫料，不得漏风。

高效过滤器的安装必须符合《通风与空调工程施工质量验收规范》GB 50243—2002 的规定。必须严格遵守以下规定：高效过滤器必须按照出场标志方向搬运和存放，安装前的成品应存放在清洁的室内，并采取防尘和防潮措施。安装时，外包装应在清洁的房间内拆开，最里边的包装在洁净室内拆开后立即进行安装。高效过滤器外框上的箭头方向应与气流方向一致。过滤器与框架之间必须加密封垫料或涂抹密封胶，密封垫料厚度应为 6～8mm，粘贴在过滤器边框上，拼接方法按照 GB 50243—2002 规定执行，安装后的垫料压缩率应大于 50%。若采用硅胶作为密封材料，应首先清除过滤器边框上的污物，挤抹硅胶应饱满、均匀、平整，并应在常温下进行施工。

风管、静压箱、余压阀、风口等安装在围护结构上或穿过围护结构时，其接缝处应用密封胶或者密封胶条密封，做到清洁、严密、不漏风。

机械式余压阀安装，阀体应与地面垂直，与墙体之间的缝隙应用硅胶密封。

(4) 洁净系统设备安装

风淋室、传递窗等洁净系统设备安装在围护结构上或穿过围护结构时，其接缝处应用密封胶或者密封胶条采取密封措施，做到清洁、严密、不漏风。

洁净设备安装除应符合设备技术文件规定外，设备的安装环境还应清洁。设备安装前应擦去内外表面的污物，经检验合格后尽快进行安装。

洁净空调系统的空气处理机组在安装以前应将机组内部擦拭干净，并将机组的各个出入口用塑料布封闭严密。待与风管对接时再行打开。

洁净空调系统的空气处理机组下部的冷凝水排放管必须加做水封，防止外界空气不经过初效过滤器直接进入风管，降低送风洁净度。

(5) 设备安装

空调机组、落地风机、热交换器及水泵的就位，首先要根据图纸核对设备基础，然后用墨线弹出中心线及减振块中心线（放线）。与图纸核对无误后，放置减振块及垫铁，将设备用捯链吊起后水平下放至正确位置就位。设备的起吊要遵守有关安全规定。

风机盘管，新风机组的吊装应平整牢固、位置准确，吊杆不应自由摆动。吊杆与托板相连处，应使用双螺母紧固找平，并进行接水盘充水试验，保证无积水现象。

## 4.15 建筑智能化系统工程

### 4.15.1 综合布线系统

(1) 综合布线系统的安装流程（见图 4-7）

(2) 综合布线系统工程

1) 工程前期的准备工作

(A) 施工人员现场准备工作（包括人员宿舍、库房、生产用房）；

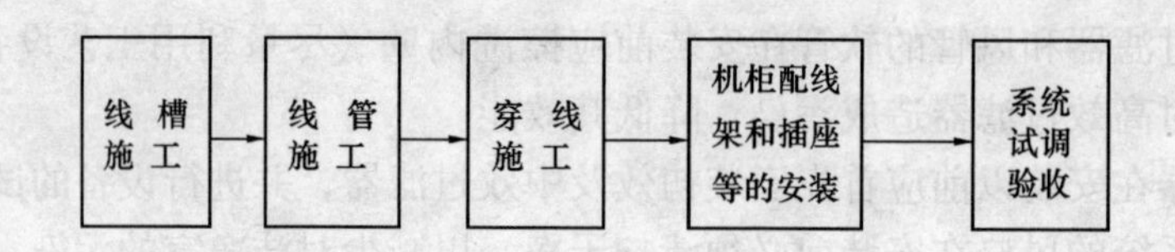


图4-7 综合布线系统的安装流程

(B) 看现场并确定、了解桥架和预埋管的走向;

(C) 购进工程前期所需材料(如桥架、镀锌管、出线盒、根母、管箍、纤丝、护口、吊筋等)、设备(设备随工程进度再行购进)、施工工具。工具的规格、型号及数量,视工期情况组织购进。

2) 材料及设备的进场

(A) 现场具备进场条件时,材料、设备进场,进场后及时填写报表报送甲方与监理,进行材料、设备的验收;

(B) 如果现场不具备进场条件,要等现场具备进场条件后,材料、设备才能进场,这一期间延误工程所造成的损失及工期由甲方及监理签字认可。

3) 桥架管路的敷设

(A) 按照甲方确定的图纸和工程规范,按照已确定的路由实施桥架安装和管路的预埋,并且一边做一边进行自检工作;

(B) 按进度填写相应的工程报验单或隐蔽工程报验单,报送监理验收。

4) 进行管内穿线

Ⓐ 购进确定的线材,报送甲方和监理验收,验收完后进行管内敷设;

Ⓑ 在穿线过程中要按图纸统一编号,做好线标;如图纸无编号,要自行在图上做出预埋标记及线号,防止配线时发生混乱;

Ⓒ 穿线后报监理验收。

5) 设备的安装

Ⓐ 购进确定的设备报送甲方和监理验收;

Ⓑ 如果现场具备条件,就进行各个系统设备的安装;

Ⓒ 如果不具备条件,必须等到具备条件后再进行设备的安装,因延误工期造成的损失由甲方及监理签字认可;

Ⓓ 完毕后报监理验收。

6) 调试

Ⓐ 按照规范进行各系统调试工作,在各系统调试过程中对出现的错误进行改正,以保证合格;对各系统测试数据进行整理,并根据合同要求做好测试报告及软盘的准备;

Ⓑ 测试完成,请甲方及监理签字认可,提交成品保护。

7) 工程验收

Ⓐ 根据甲方、监理及参加工程验收单位的要求,做好工程验收的准备,及时做好整改工作;

Ⓑ 验收后落实验收报告;如有可能,请甲方或有关单位做出工程评价。

8) 竣工资料

Ⓐ 工程竣工后要做出竣工资料,竣工资料包括:工程概况、技术方案文件、主要设

备清单、移交文件记录、竣工图纸、楼层配置表、机柜配置表、测试报告等。资料要经项目经理及主管工程师签字认可；

Ⓑ 竣工资料交于甲方。

(3) 施工技术要求

1) 各个系统安装施工开始前，施工图纸、资料应齐全，施工图纸、施工方案已经业主批准；

2) 各个系统暗管敷设，吊顶内桥架、管线安装应与土建施工、室内装饰工作密切配合进行；

3) 为确保工程质量和加快工程施工进度，所有布线配管和金属构架制作、安装实行“小流水作业法”、“工厂化加工”；

4) 工程使用的电缆质量应符合国家标准和相应行业要求；

5) 已安装好的布线系统设备、器件应做好保护工作，以防造成损坏和污染；

6) 布线系统施工中做好工程施工记录，隐蔽工程在施工过程中应进行中间验收，并做好签证；

7) 熟悉网络布线系统的组成，对涉及网络布线的各种设备性能及参数深入了解。

(4) 系统设备安装方法

1) 各系统设备、材料到达现场后，应进行开箱检查，并填写设备开箱检查记录，设备应完好，资料应齐全；

2) 所有设备安装的高度都必须遵照设计指明的高度，如一般场所信息插座距地高度0.3m，同一层内安装的插座高低应一致；

3) 配线箱、盘、柜安装应横平竖直，垂直误差、水平误差应符合规范规定的要求；

4) 闭路监控系统前端设备安装时，选用体积小、重量轻、便于现场安装的摄像机，固定摄像机在特定部位上的支撑装置，可采用摄像机托架或云台；

5) 设备安装时，注意仔细查阅技术说明，不要损坏设备接口。

(5) 布线管路设计安装方案

本设计方案中将根据招标书的要求和实际踏勘情况，综合布线系统的线缆铺设根据系统要求铺设，综合安防系统、楼控系统等的线缆铺设在小弱电线槽内，再对弱电系统所配套的管路进行设计。

1) 桥架（见图4-8）

桥架是支持线缆的托架，其质地直接关系到各系统的可靠性和寿命。因此，本系统对桥架的要求如下：

(A) 使用标准的桥架，以避免因壁厚等原因降低桥架的承载能力；

(B) 使用全封闭式金属桥架，以防止鼠害；

(C) 由于布线系统的线缆均为阻燃线缆，因此按照国家规范，可不使用阻燃桥架，但建议在桥架外侧喷涂防火漆。

本系统的桥架由大包方负责完成。

2) 管路的工艺考虑

管路的工艺按照有关建筑标准执行，在此不多叙述有关管路的防火工艺、吊装、布局等标准中已经规定的事项。仅就与弱电系统有关的一些问题进行说明。但由于管路的许多

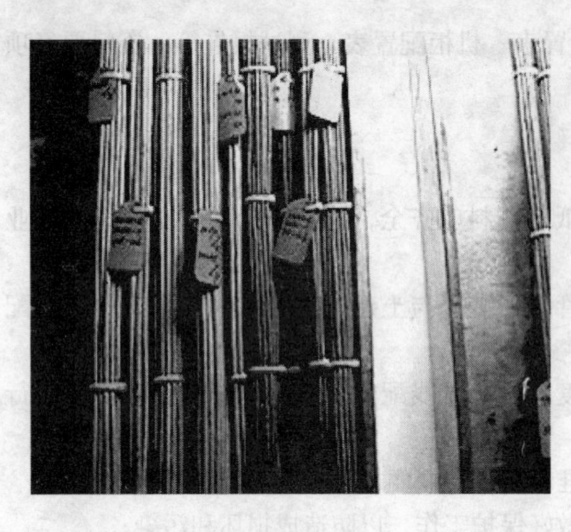

图4-8　桥架

调整需要在施工现场与施工单位、总包单位、土建单位共同商定，因此，在这里只做一个粗略的说明。

3）垂直桥架

垂直桥架安装在弱电竖井内，自下而上，贯通整个大楼。

(A) 垂直桥架的作用是提供弱电竖井内垂直干线的通道。电缆井的位置应设在靠近支持电缆的墙壁附近。垂直线缆通过垂直桥架贯通整个大楼。

(B) 桥架应固定在墙面上，要求桥架为全密封结构，以防鼠害。可通过锁扣开启盖子，桥架之间通过配套的连接片和螺栓连接。

(C) 桥架底面要求冲穿线环，提供可以固定线缆的支架，以免线缆因重力损伤。根据布线标准，要求每隔600mm高度冲一排（每排均布4个穿线环），要求没有毛刺。

(D) 垂直桥架要与各层的水平桥架连接，并且要与各楼层配线间高架地板下的桥架连接。

(E) 要求桥架的内截面尺寸应大于所穿线缆截面积之和的3倍。

(F) 桥架转弯处应采用弧线形弯头或折线型弯头，以免发生线缆太多无法盖盖子的现象。

(G) 桥架连接处要求通过接地线彼此连接。

(H) 桥架施工应在内装潢期间，与强电工程同步进行。

(I) 桥架施工完毕后，应交弱电系统施工方检查。

4）水平管路

水平管线是楼内信息系统的血管。根据图纸，弱电线缆（包括光纤）从每层配线间引出后，先沿走廊吊顶内的主电缆桥架敷设至各个设有点位的房间，再由各房间吊顶内的分路桥架和预埋在墙内的不同规格的铁管，将电缆引到墙上暗装的信息插座内。

水平线缆通过各层走廊上方吊顶内的水平桥架进入各个房间。在房间内，将根据实际情况，使用金属线槽（吊顶内）和薄壁金属电线管。

为确保线路的安全，应使管线有良好的接地端。金属线槽、金属软管、电缆桥架及各配线机柜均需整体连接，然后接地。

由于内装潢与弱电管线之间有着密切的联系，需要获得装修公司的大力支持，例如隔断内是否有横档、弱电管线与强电管线的交叉、在剪力墙上不能动大手术、在玻璃隔断上不能穿线、部分柱子要剔槽或外包装、某些垂直桥架要安装假柱子等等，因此，有关管线的实际走向有待于与内装潢工程的承包商商谈后，再提供准确的管线方案。

5）对管路的要求

(A) 桥架应固定在墙面上（或吊顶下），要求桥架为全密封金属结构，以防鼠害。可通过锁扣开启盖子，桥架之间通过配套的连接片和螺栓连接。

(B) 金属桥架用来安放和引导电缆，并起到机械保护的作用。同时还提供了一个防火、密封、紧固的空间使线缆可以安全地延伸到目的地，并为今后维护和扩充提供方便。

(C) 桥架材料均为冷轧合金板，表面镀锌。

(D) 使用带分隔的金属防火桥架。

(E) 桥架内线缆的总截面积不超过桥架内截面积的1/3。

(F) 金属电线管内线缆的填充率不超过30%。

(G) 管线施工单位要求能够根据国家标准，确保电缆铺设的可能性，清除管内毛刺和垃圾，并在管内留有穿线所需的引导钢丝。

(H) 为了确保穿线顺利，在电线管排放中，施工单位应根据建筑规范在管线分支、连接、转弯处设过线盒。

(I) 根据综合布线系统的施工要求，每根电缆的转弯半径要求为其电缆外径的8~10倍。因此，吊顶内桥架在转弯或分路处均应设置45°转角（对于100mm×300mm的桥架，其45°转角边长为100mm；对于100mm×400mm的桥架，其45°转角边长为150mm）。

(J) 在管线转弯处不能拐死角，转弯半径>10cm。

(K) 水平线槽和竖井梯架连接处及水平线槽和管线各连接处需配以相应规格的分支附件，不能断接，以保证线路路由的弯曲自如和线路的安全。

(L) 若管线长度不够，需加套管时，应加外套，不能加内套。

(M) 在个别地方不能通过铁管时，可用金属软管连接，软管内径不能小于铁管内径。

(N) 所有桥架在线缆安装完毕后，全部要求使用锁扣封闭，以防鼠害。

(O) 为确保线路安全，应使桥架有良好的接地端。金属桥架、金属软管均需整体连接，并在本楼层内接地（强电保护地）。接地线截面积不小于$6mm^2$。

(P) 所有薄壁金属电线管均用导线焊接，并与桥架连接。

(Q) 为防止电磁干扰，信息线缆线路与强电线路平行走向之间距离不能小于如下距离：

| | |
|---|---|
| <2kV·A | 127mm |
| 2~5kV·A | 305mm |
| >5kV·A | 610mm |

6) 电缆桥架及线槽的安装方法

电缆桥架及线槽的总体平面布置应做到距离最短、经济合理、安全运行，并应满足安装、敷设电缆和维修的要求。

电缆、电线敷设后，电缆桥架及线槽的挠度应不大于其跨度的1/200，当其跨度≥6000mm时，其挠度应不大于其跨度的1/150。电缆桥架安装应因地制宜选择支吊架，在某一段内桥架的支吊架应一致；电缆桥架连接严禁采用电、气焊接；电缆桥架及线槽与工艺管架共架安装时，电缆桥架及线槽应布置在管架的一侧。

电缆桥架与各种管道平行、交叉架设时，其净距离应满足规定的要求。

电缆桥架及线槽从正常环境穿墙进入防火、防爆的环境时，墙上应安装相应的密封装置；电缆桥架及线槽从室内穿墙至室外时，在墙的外侧应采取防雷措施；过伸缩沉降缝时，电缆桥架应断开，断开距离以100mm左右为宜；线槽过伸缩沉降缝时，宜采用伸缩接头。两组电缆桥架及线槽在同一槽梁上安装时，两组电缆桥架及线槽之间的净距离不小于50mm；敷设10kV及以下电缆的电缆桥架及线槽多层安装时，其层间间距一般不小于50mm；电缆桥架到楼板、梁或其他障碍物等底部的距离应不小于300mm；一般情况下，支撑电缆桥架及线槽的各托臂、支架之间的距离以1.5～3m左右为宜，应根据具体情况确定；电缆桥架及线槽水平安装时，其连接板连接不应置于跨度的1/2处或支撑点上；电缆桥架及线槽安装时出现的悬臂段，一般不得超过100mm；电缆桥架及线槽不应做行人通道使用。

有下列情况之一者，电缆桥架及线槽应加保护罩：

（A）电缆桥架及线槽在户外安装时，其最上层或每一层；

（B）电缆桥架及线槽在铁篦子板或类似的带孔装置下安装时，其最上层电缆桥架及线槽应加保护罩，如果最上层电缆桥架及线槽宽度小于下层的电缆桥架及线槽宽度时，下层电缆桥架及线槽也应加保护罩；

（C）电缆桥架及线槽垂直安装时，离所在地平面2m以下的电缆桥架及线槽；

（D）电缆桥架及线槽安装在容易受到机械损伤的地方；

（E）电缆桥架及线槽安装在多粉尘场所；

（F）电缆桥架及线槽安装在有特殊要求的场所。

（6）电缆敷设要求

电缆在敷设过程中和敷设后，其弯曲地方的弯曲半径应符合规定要求；

电缆经过建筑物结构（如楼板、墙或防火区）时，所有的孔洞应用至少保持2h的防火材料堵塞；

电缆与热力等管道、热力设备之间的净距离应按规定保持足够的间距或加隔热保护措施；

电缆桥架及线槽内敷设的电缆，应用尼龙卡带、绑线或金属卡子进行固定，固定点要求为：垂直敷设时，相隔1000～1500mm。

（7）电气设备、电气设施的接地

1）金属电缆桥架、线槽、穿电线用的金属管子均应可靠接地；

2）电气设备金属外壳的接地，应采用多股软铜线；

3）多台设备的金属外壳的接地，不应互相串接后再与接地干线连接，而应单独与接地干线连接；

4）接地干线至少应有不同的两点与接地网相连接；

5）接地体与建筑物的距离不应小于1.5m；

6）接地网的接地电阻采用三点测试法测量，其测量阻值应符合设计要求或国家规范的要求；如不能达到要求规定，应增加接地极；如增加接地极困难，应对接地极周围土进行处理，以降低接地电阻。

（8）分线箱（盒）安装

1）分线箱（盒）安装以前，应检查分线设备的零配件是否齐全有效，电气性能是否符合规定。

2）分线箱（盒）的安装方式、地点与型号，应符合设计规定，装设应稳妥、牢固、端正。分线箱之间最大距离为30m。

3）分线箱（盒）安装后，应按设计图的编号在箱（盒）正面写上配线区编号，分线箱编号及线序，字体应端正，大小均匀。

4）信息插座装于墙上低位处，并应有“电话”标志，不用时应有防尘盖保护。

(9) 电缆的接续

1）布线电缆在连接前应对已敷设的电缆留长、走向、接头位置等核对清楚，确定无误后方可进行连接工作；

2）在线缆芯线接续前都要进行编线和对号工作，它是接续前不可少的工序；

3）线缆芯线打线对号，一般来说，全色谱的线缆在芯线接续工作中，都按色谱顺序进行接续，即“对号入座”；

4）线缆接续后，应进行断线、混线、错接、芯线对号、反接、差接、交接情况的检查。

(10) 对机房环境的通用要求

1）温度及湿度

温度：操作时：16~20℃；非操作时：10~43℃。

湿度：20%~65%。

2）静电及空气质量

为防止静电，湿度40%~50%；用抗静电的地毯或地板覆盖物或喷洒抗静电物剂。

3）电源

电压：220V+6%，频率：50±0.5Hz。

最大瞬间电压不能超过220V的+15%或-18%，必须在0.5s内返回正常范围。

在UPS输出端，计算机使用专用地线，阻抗要小于4Ω，零地之间电压要小于1V；否则，把零地短接。

4）不间断电源

不间断电源由它所带设备的功率来决定。UPS功率=机器功率×1.5，本次方案中选用延时8h的热备份电源，主要给机房、楼层交换机和主要输入输出设备供电，有足够的输出容量和后备容量。

以上机房设计和实施要求是对通用计算机房的标准要求。

(11) 机房电源的有效接地问题

电源的有效接地是保证电源应用安全的重大问题，这个安全问题涉及人员安全和设备安全。在机房整体供电系统的设计中，要满足所有用电端设备电源接地线的共地，只有系统设备的充分共地才能保障人员和设备的安全应用，才能保障业务系统的稳定运行。在接地系统的设计中要依据国家电工规范的相关标准，确保接地电阻小于4Ω。

用电的主要影响因素为零漂、三向负载不均衡和雷击问题。在这三种现象多发区要采取相应的补救措施。

1）零漂问题

零漂问题的产生主要来自于供电系统（电业系统）的线路设计。在电业系统的线路设计和施工中，整体接地不好（另外也会由于大地地质状态的不均衡性和不稳定性）、传输线路材质不好所导致的零点漂移，地零电压大于1V。如此状况促使零线参考电势提高，火线、零线电压差小于220V，过大的零漂将影响用电设备的正常工作。在这种情况下，我们建议采用隔离变压器来解决零漂问题。

2）三向不均衡问题

三向电不均衡问题的产生是由于用户用电线路与传输线路的连接对称性较差，这种较差的对称性导致某条线路中的用电负载较重，电压被拉了下来。遇到这种问题可以使用稳压电源来解决。在供电方和用电方之间使用稳压设备，利用电压取样回路自动控制系统来保证用电方电压的稳定。

3）雷击或强脉冲干扰问题

雷击和强脉冲干扰问题是用电设备的大敌。雷击是自然产生的，强脉冲是重工业系统产生的，它们可以耦合到用电传输线路中，瞬间高压可能会击毁用电设备。在雷雨多发区和会产生强脉冲干扰的地区采用防雷击插座用以隔离用电设备，保证用电设备的安全。

（12）工程测试验收（表4-10）

工程竣工后，施工单位应在工程验收以前，将工程竣工技术资料交给业主。竣工技术资料应包括以下内容：

安装工程量；

工程说明；

设备及器材明细表；

工程验收项目及内容　　表4-10

| 阶段 | 验收项目 | 验收内容 | 验收方式 |
|---|---|---|---|
| 施工前检查 | ①环境要求 | 土建施工情况：地面、墙面、门、电源插座及接地装置；<br>土建工艺：机房面积、预留孔洞、施工电源、活动地板铺设 | 施工前检查 |
| | ②器材检验 | 外观检查：规格、品种、数量；<br>电缆电气性能抽样测试 | 施工前检查 |
| | ③安全、防火要求 | 消防器材；危险物的堆放；预留孔洞防火措施 | 施工前检查 |
| 设备安装 | ①设备机架 | 规格、程式、外观；安装垂直、水平度；油漆不得脱落，标志完整齐全；各种螺钉必须紧固；防震加固措施；接地措施 | 随工检验 |
| | ②各种设备 | 规格、位置、质量；各种螺钉必须紧固；标志完整齐全；安装符合工艺要求；屏蔽层可靠连接 | 随工检验 |
| 系统测试 | ①工程电气性能测试 | 设计中规定的测试内容 | 竣工检验 |
| | ②网络设备和软件测试 | 设计中规定的测试内容 | 竣工检验 |
| | ③系统接地 | 符合设计要求 | 竣工检验 |
| 工程总验收 | ①竣工技术文件 | 清点、交接技术文件 | 竣工检验 |
| | ②工程验收评价 | 考核工程质量，确认验收结果 | |

测试记录（系统如采用微机设计、管理、维护、监测，应提供程序清单和用户数据文件，如磁盘、操作说明等）；

工程变更、检查记录及施工过程中，需更改设计或采取相关措施，业主、设计、施工等单位之间的双方洽商记录；

竣工验收记录；

隐蔽工程签证。

竣工图纸为施工中更改后的施工设计图，竣工技术文件要保证质量，做到外观整洁、内容齐全、数据准确。

**4.15.2** 楼宇设备自控系统

楼宇设备自控系统（BAS）是智能建筑弱电工程中较为复杂的子系统之一，它不仅与弱电工程其他子系统有着密切联系（信息通讯与联动），而且由于其受控对象是楼宇内的主要机电设备及其系统，故BAS涉及专业和设计领域的面广、施工专业性强。要做好BAS工程实施，应从系统工程观点出发，以工程项目管理为准则，根据BAS工程的特点抓好工程实施中的工程项目管理的各个环节，严格按国内相关的施工规范和施工工艺进行工程质量控制，最终以严格、完整、科学的系统调试方案以及相关的验收规范为标准，进行系统调试，以确保系统开通和正常运行，充分发挥该系统的运行效果并取得相应的投资回报。

(1) 工程项目管理

BAS的工程项目管理应根据其系统的特点，在一般的工程项目管理中的技术管理和工程现场管理应有其特点或者说有其重点，主要体现在如下几个方面：

1) 技术管理

(A) 根据合同和设计要求，应在工程实施过程中确定BAS工程界面，并根据工程实施的具体情况及时调整并相互确认，是系统开通的必要条件。

(a) 设备材料供应界面：各类阀门、风门及其执行机构、流量和压力传感器、通讯接口卡及其相应接口软件、电量传感器等。

(b) 系统技术界面：各类传感器、执行器与DDC之间信号与逻辑的匹配；BAS与受控设备之间以通讯方式进行信息交换，它们之间的通讯协议、传输速率、数据格式；各子系统之间联动控制信号的匹配等等。

(c) 设计界面的确定：BAS与空调、供配电、照明设计界面划分，BAS与火灾、安保、信息传输与联动界面的确定等等。

(d) 施工界面的确定：由于各子系统的承包商承接的工程不同，则相互之间的施工范围、界面必须确定，尤其是管线施工和接线的范围以及工序和工种之间的质量控制界面等等。

(B) 我们根据智能建筑设计标准和主要机电设备的性能特点，对上述的工程界面进行规范化和标准化。作为在工程实施前期根据上述规范化的接口界面要求，向其他系统专业、工种提出技术条件和在实施过程中的审核复查，并在相应的设计和合同中予以明确，以防止扯皮，确保系统开通。

(C) 抓好技术和施工设计图纸及其资料的审核。设计是龙头，是工程实施的主要环节，尤其是BAS设计涉及专业、工种面较广，因此，必须在施工前做好对BAS技术和施工设计的审核，及时发现问题并采取必要的措施，以确保工期、质量和减少返工，尤其对BAS而言，必须对上述图纸、资料进行审核，以确保工程合同中的设备清单、监控点表和施工图中实际情况三者一致，也就是监控点表的每一个监控点在图纸上必须有反映，而且与受控点或监测点接口匹配，其设备数量、型号、规格与图纸、设备清单一致，这样确保系统在硬件设备上的完整性，并审核是否符合接口界面、联动、信息通讯接口技术参数的要求。

（D）各类传感器和执行机构安装位置的确定必须在专业工程师指导下进行，由于这类设备的安装位置将直接影响系统的性能，采样数据是否正确会影响系统的测试精度和系统的可靠运行等，故必须在制造商和设计专业人员指导下进行，以确保系统正常开通与运行。

2）工程管理

除了满足常规的工程管理外，对BAS工程更应该重点抓如下几个方面的工作。

（A）加强专业与工种之间的协调配合

BAS工程涉及土建、装饰、空调、给排水、供电、照明、电梯等专业，而且在某种意义上BAS是配合工种，因此，在工程现场必须与上述专业密切配合与协调，尤其是与阀门、水管温度传感器、流量计和水流开关及其安装、开孔位置、凸台焊接、风门与执行器的配合等等，均必须与相应工种协调配合，严防在各专业工艺管道完成后再增补BAS的传感器、执行器等。

（B）加强工序之间的检查与验收

由于BAS工程的配管、线、槽和线路敷设可能由不同的施工单位施工，因此，在进行单体设备安装和穿线、接线时，必须按照隐蔽工程和相应的工程验收规范和设计图纸要求进行交接验收，以确保工程质量，防止扯皮。

（2）楼宇设备自控系统施工要点

本系统设备包括现场设备、中央设备，对于各类不同系统的设备必须根据各系统的安装要求完成设备的安装方法与线路端接，包括中央监控与管理计算机网络部分，如各类计算技术设备、现场控制器部分，如安装在现场的控制器、现场探测器、传感器以及执行机构，如温度传感器、压力传感器、水流开关、流量计等。

1）中央监控与管理计算机网络

中央监控与管理计算机的网络硬件由多机组成并行处理、分布式计算机系统组成，每台PC机中需增加网络卡以及网络连接器，每台PC机之间的网络连线可以采用PDS连接。

2）现场控制器（现场控制分站）

建筑智能化系统的现场控制器都安装在监控机电设备的现场附近，如弱电竖井内、冷冻机房、高低压配电机房等处，现场控制器可以采用挂壁式安装或支撑式安装。现场控制器是处于系统结构的中间层，向上与PC机连接，向下与各种监控点探测器、传感器、读卡机、执行机构连接，在这里我们先介绍与PC机的连接。

一般情况下，现场控制器是通过通信卡的接线端子板端接，以现场总线方式与PC机的RS485卡的接口9芯插座相连接。采用4芯普通通讯电缆，每芯截面积为0.5mm$^2$，或3类双绞线，连接导线最长距离可以是1~1.5km。现场控制器之间采用LONWORK总线的串接和并接方式。

现场控制器向下与各类监控点相连接，现场控制器采用模块化结构。因此，在系统配置时，设计者根据该区域监控点的数量和类型来配置模块板的数量和类型。

3）现场监控点与现场控制器各模块板之间的线路端接方式

Ⓐ数字量输入模块（DI）

数字量输入模块（DI），每块DI接线端子板可以连接多路数字量开关信号输入，也有称之为开关量输入信号，这些信号可以是报警信号或由继电器送出的接通或断开的状态信号。因此，每一路信号的状态有两个，即通/断或正常/报警。

Ⓑ无源数字量输出模块（DOR）

无源数字量输出模块（DOR），每块DOR接线端子板可以提供多路的无源数字量输出控制信号，也称之为开关量输出控制信号（干结点）。这些开关量输出控制信号可以通过继电器结点的接通和断开，来控制机电设备的启停或照明线路的通断等。每一路控制信号结点的负载功率为220V×5A。

Ⓒ有源数字量输出模块（DOT）

有源数字量输出模块（DOT），每块DOT接线端子板可以通过晶体管集电极回路提供多路的有源电压控制信号，该信号可以控制中间继电器的接通和关断，并提供模拟屏LED发光二极管的工作电压。

Ⓓ模拟量输入模块（AI）

模拟量输入模块（AI），每块AI接线端子板可以提供多路连续模拟量的信号输入，输入信号的规格为电源型/4-20mA或电压型/0-10V。输入信号可以是由传感器转换的温度、湿度、流量、压力或由变送器转换的电流、电压、功率因数、功率、频率等连续变化的模拟信号。模拟量输入模块（AI）的每一个信号端接点都可以连接四种不同规格类型传感器的信号，即有源电流型、无源电流型、有源电压型、无源电压型。

Ⓔ模拟量输出模块（AO）

模拟量输出模块（AO），每块AO接线端子板可以提供多路连续模拟量的输出控制信号。输出连续控制信号的规格为电源型/4-20mA或电压型/0-10V。输出的连续控制信号电压可以通过执行机构来改变调节阀的大小、风门的开启程度等。

Ⓕ传感器与执行器

在本工程中我们将采用大量的、多种规格型号的传感元件和执行元件。我们将严格按照该产品的技术说明书及相关行业标准规范进行安装调试。

(3) BAS施工工艺的要点

1）电管、线槽、电缆、电线的敷设原则上应参照《民用建筑电气设计规范》（JGJ/T 16—92）、《电气装置安装工程电缆线路施工及验收规范》（GB 50168—92）、《工业自动化仪表工程施工及验收规范》（GBJ 93—86）等规范中相关部分。

除了上述基本规范外，尤其应注意如下几点：

Ⓐ电源线与信号、控制电缆应分槽、分管敷设；

ⒷDDC、计算机、网络控制器、网关等电子设备的工作接地应连在其他弱电工程共用的单独接地干线上，应防止接在强电接地干线上；

Ⓒ屏蔽电缆的屏蔽层必须一点接地。

2）系统设备的施工要点

BAS的主机、DDC、网关、网络控制器的安装施工工艺应参照“GBJ 93—86”中相关部分的规定。

3）BAS输入设备施工要点

BAS输入设备包括各类水管、风管、室内外温湿度传感器、压力、流量等传感器，其施工要点有：

Ⓐ安装位置应能正确反映其性能，便于调试和维护，不同类型的传感器应按设计和产品的要求和现场实际情况确定其位置。

Ⓑ水管型温度传感器、蒸汽压力传感器、水管压力传感器、水流开关、水管流量计不宜安装在管道焊缝上或在其边缘上开孔焊接。

Ⓒ风管型温湿度传感器、室内温度传感器、风管压力传感器、空气质量传感器应避开蒸汽放空口及出风口。

Ⓓ管型温度传感器、水管型压力传感器、蒸汽压力传感器、水流开关的安装应与工艺管道安装同时进行。

Ⓔ风管压力、温度、湿度、空气质量、空气速度、压差开关的安装应在风管保温完成后进行。

4）BAS输出设备的施工要点

BAS输出设备包括风阀控制器、电动调节阀、电磁阀、电动蝶阀等，其施工要点如下：

Ⓐ风阀箭头和电动阀门的箭头应与风门、电动阀门的开闭和水流方向一致。

Ⓑ安装前宜进行模拟动作。

Ⓒ电动阀的口径与管道径不一致时，应采用渐缩管件，但阀门口径一般不应低于管道口径两个档次，并应经计算确定满足设计要求。

Ⓓ电动与电磁调节阀一般安装在回水管上。

**4.15.3**　安全防范系统

（1）电视监控系统的安装（如图4-9所示）

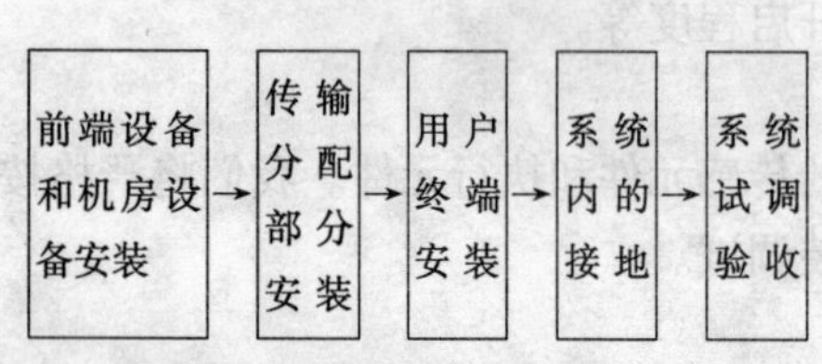


图4-9　电视监控系统安装流程图

用户终端盒应在大厦装修后完成，并且在墙面油漆喷浆及装修作业全部完成后进行安装。

屏蔽网丝与金属膜应翻过外护套，并同时用卡环卡紧，拐弯不可过死。

分支分配器暗装在铁盒内。

前端安装应在前端机房土建装修完工、门窗齐备的条件下进行，平时机房门应能上锁，以防无关人员进入，使设备损坏和丢失。交流电源安装完毕。

设备安装前，均应对所有设备、器件进行单体测试，通过后再安装。

机房内的避雷器、机架、设备金属外壳、电缆金属护套均应汇接在机房总接地线上，并单独接地。

(2) 电视监控系统工艺流程

1）前端设备的安装

选取大楼布防区域的监控点位置。

选用体积小、重量轻、便于现场安装的摄像机，固定摄像机在特定部位上的支撑装置，可采用摄像机托架或云台。

摄像机的设置位置、摄像方向和照明条件应该符合标准。

2）监控室设备安装

监控室的环境要求：温度应宜为16～30℃，相对湿度宜为30%～75%，环境噪声需要较小。

监控室内设备安置及管线布设：在布线阶段已经留足基础。

(3) 防盗报警系统的安装流程

前端设备的安装，主要使用入侵探测器，使用双鉴探测器，防止漏报警和误报警。

控制设备的安装，强化中央控制主机的功能。

终端设备的安装，具备显示、记录功能，系统联动响应时间应限制在不大于4s。

(4) 安防专业验收

对安防专业应进行特别的验收，包括功能验收、质量验收、维修保养措施验收、培训验收。

功能验收是指对技防工程的所有功能，如对防盗功能、防劫功能、报警功能、监控功能、联动功能、防破坏功能和联网功能等进行试验考核。

质量验收是指对技防工程的内在质量和外在质量进行验收，包括设计质量、器材质量和安装质量等。

维修保养措施验收是指技防工程是否有维修保养措施，对此要进行考核。

培训验收是指设计安装公司对用户的使用操作人员进行培训的情况进行验收。

**4.15.4** 停车场控制系统

(1) 施工准备

1）材料准备

根据工程图纸提出翔实的材料计划，对工程所用材料，我方将坚持货比三家的原则，择优选择。对进场材料要严格检查产品商标、产品合格证明。做到进口产品无品质证明、无商标、无报关单，不得进入施工现场。施工前，检查工程所用材料和机具设备是否齐全，做到材料设备不全不开工。

2）技术准备

开工前我方将会同甲方和设计及弱电总包对工程的施工图纸进行会审。根据现场的具体情况确定施工图的可实施性，并会同其他施工单位协调解决各专业之间交叉施工的配合问题。组织本专业人员熟悉施工图纸及相关的国家规范，勘察现场，为顺利施工做好准备。

3）人员准备

为了使工程顺利完成，我公司决定成立智能大厦门禁系统工程项目工程部。

项目工程部是在项目经理领导下作为项目施工管理的工作班子而设置的。根据确定的施工项目目标，选择合适的项目经理，设置项目组织机构并组建项目管理班子。

(2) 施工技术措施与要求

1）技术措施

施工技术措施（施工技术方案）是根据施工组织设计所规定的基本原则编制的、具体指导工程施工的技术文件。施工技术措施主要包括以下方面的内容：

Ⓐ工程概况；

Ⓑ施工程序；

Ⓒ主要的操作方法及要求；

Ⓓ关键工序的进度安排；

Ⓔ施工机具及主要施工手段用料；

Ⓕ执行标准及保证质量的措施；

Ⓖ安全措施。

2）技术要求

Ⓐ严格按照经甲方认定的厂商设计规范及系统设计方案进行施工。

Ⓑ严格按照厂商的代理原则，办理和订购甲方选定厂方的产品，保证产品的高质量和正常的供货原则渠道。

Ⓒ严格按照厂商的安装手册的要求及国家有关的施工规范进行安装，确保每道工序的施工质量。

Ⓓ严格按照有关的测试标准及参数和原厂商测试手册的要求，使用专用仪器对所有设备进行测试。

Ⓔ严格按照施工规程，记录和整理施工资料。

(3) 管路敷设

执行北京市标准《建筑安装分项工程施工工艺规程》（DBJ 01—26—96）并参照执行《建筑电气安装工程图集》第二版，配合甲方对管线施工单位进行技术督导。

弹线定位、盒箱固定、管路敷设。

工艺流程如图4-10所示。

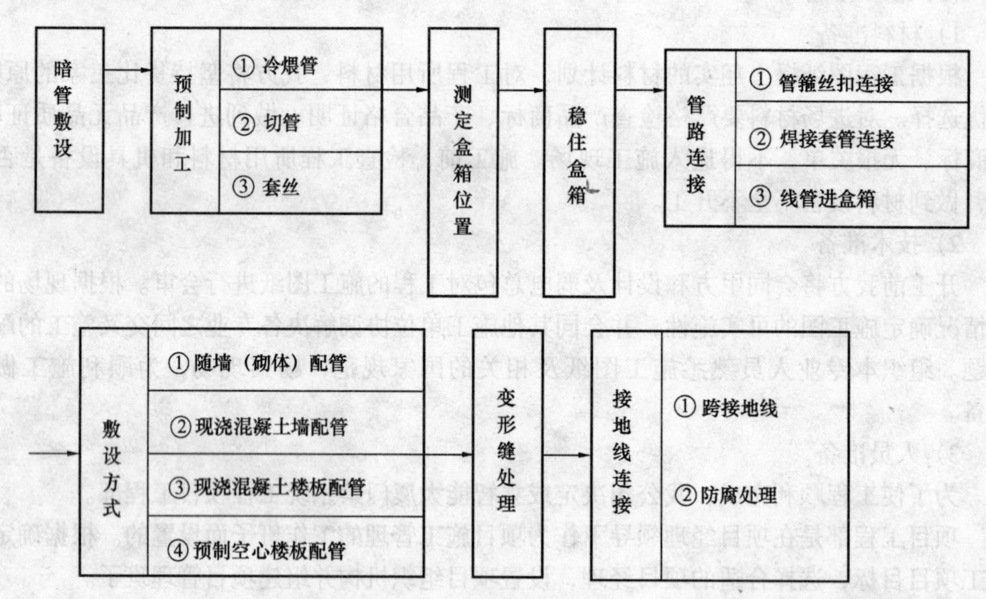


图4-10　暗管敷设工艺流程

(4) 缆线敷设

管内穿线和槽内配线应在建筑的结构及土建施工墙面、地面抹灰作业完成后进行，将线槽内清扫干净。

穿线流程如图4-11所示。

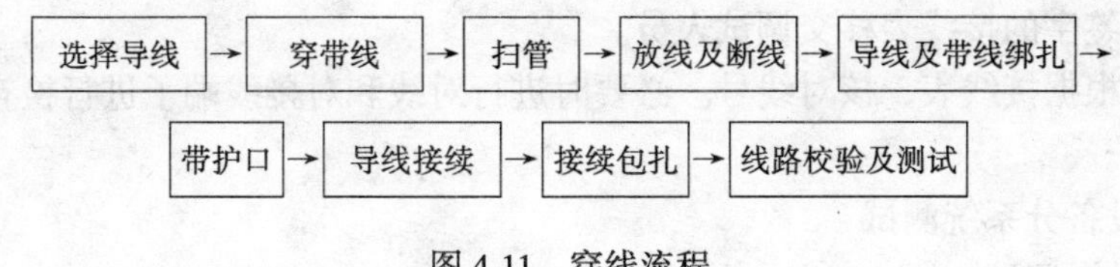


图 4-11 穿线流程

布线施工：

在布线施工中施工人员必须遵守电缆色码接读，严格遵循国际标准中的 SCS 色码配置，电缆长度确定后方可剪裁。对线缆严禁猛力拉拽，严禁野蛮施工。线路应严格注意防水，并注意成品保护。施工中要使用专用工具，保证光缆及 UTP 接续正确，对 MDF、IDF、模块的卡接要准确并一次到位，模块及面板的安装要规范并符合工艺要求。

(5) 设备箱、架、控制器等的安装

箱、架、控制器的安装应在下述工作完成后进行。

1) 管线、盒均敷设完毕；

2) 土建的墙面油漆、喷浆及装修作业全部完成；

3) 由地面引出端口时，应待土建地面抹灰完毕后，盒口修好后进行。

(6) 设备安装

现场的设备安装严格执行国家相关规范，并执行《民用建筑电气设计规范》(JGJ/T 16—92) 中的相关系统规定。

(7) 系统测试和试验

北京博意隆计算机系统工程技术有限公司具有先进的测试设备和技术，按照国家行业标准进行测试工作。这些测试和检验工作，配合工程阶段进展实施，并根据各分系统的使用需求、技术需求以及相应质量评定标准进行检验。

工程完工后，根据前面叙述的标准和参数，用专用仪器端到端进行严格测试，并提供布线系统及数据系统的验收报告。

(8) 调试

设备现场安装完毕，施工主管需给调试主管提供：施工完成申请书、设备安装清单、电缆清单、接线表。

未完成安装清单（因他方原因，需甲方认可）等文件，经调试主管认可之后，调试人员根据调试进度表和以下步骤对工程各系统进行调试。

在甲方认可或要求的情况下，可对施工调试进度表进行调整，即对一部分子系统进行先期调试并开通。

调试步骤如下：

1) 查线

在施工时，由现场技术员监督布线，根据电缆清单表明电缆标号并签字，施工完成后，由现场技术员签字的电缆清单移交调试人员。

调试人员根据电缆清单，核对电缆数量和电缆标号。必要时进行对线并做对地绝缘或接地电阻的检查，以确保布线的准确无误。

2) 接线检查

同样在施工时，由现场技术员监督接线，根据接线表做好线号并签字，施工完成后，由现场技术员签字的接线表移交调试人员。

调试人员根据接线表，核对线号。必要时进行对线和对接线端子进行检查，以确保布线的准确无误。

3）现场设备分系统测试

4）设备上电测试

在完成以上测试，确保设备不会有损害的情况下，可以进行设备上电测试。

连接其他供货厂商设备的上电测试，在甲方和供货厂商在场的情况下进行。

(9) 试运行

1）在系统调试完成后，我们将负责系统的试运行，试运行将考核整个系统的工作质量和可靠性。在试运行期间对系统的主要指标进行连续测试和记录，以验证系统的性能是否达到合同的要求。

2）在系统试运行期间，调试组人员负责系统的操作和维护工作。试运行结束前，对系统进行全面的清洁、整理，为验收做准备，使移交给业主的是一个全新、整洁、完美的系统。

### 4.16　医用ICU房间工程施工方案

(1) 施工流程图

1）手术室安装程序如下：

安装场地的画线→安装结构→安装墙板→安装空调→安装斜顶板、安装填充板→安装顶棚→手术室墙面喷涂→安装电控设备→手术室内部装潢→安装自动门→安装吊塔及手术灯。

墙位放线→墙内管道安装就位→墙面施工→安装沿地、沿顶龙骨→安装竖向龙骨→固定各种洞口及门→安装墙面板→水暖、电器等预留孔和下管线→验收墙内各组管线→安装墙另一面墙板→连接固定设备电气→墙面装饰→安装踢脚线→安装防撞栏和护角。

2）一切都按图纸指导施工，以规范标准管理好施工质量。

我们在整个施工过程中既要抓先进的生产工艺，同时要处理好每个环节技术性的要求，这样整体施工时才有层次性。在现场施工中以第一工序为基准点，第一工序为第二工序负责；同样，第二工序又检查、监督第一工序，以此交替施工。

(2) 洁净空调安装工程施工措施

施工中做到“物洁”、“人净”、“环清”。

1）风管加工预制与安装

通风空调及排风系统风管采用优质镀锌钢板制作。所使用板材、型钢等主要材料应具有出厂合格证明书质量鉴定文件。本工程矩形通风风管采用优质镀锌钢板制作，板材及厚度按设计要求，如表4-11所示。

表 4-11

| 矩形风管最大边长（mm） | 80～650 | 650～1000 | 1000～2000 |
| --- | --- | --- | --- |
| 钢板厚度（mm） | 0.8 | 1.0 | 1.2 |

风管采用现场加工并装配吊装。

风管法兰垫料采用闭孔聚乙烯板，厚度为3～5mm，垫料不得凸入管内或坠出法兰。

风管在保温或吊装前，必须先用干布（或毛巾）擦干净，干燥后再保温，保温后风管内壁需用清洁剂清洗，去除油污及灰尘后，再用清水抹拭，直到用洁白毛巾擦拭风管内壁无污物为止，再用薄膜密封风管两端存放。

通风管制作应严格按照系统图、大样图的要求，并应有施工员书面的技术质量及施工工艺交底，风管的规格、尺寸必须符合设计要求。

关于镀锌钢板风管的制作：

Ⓐ要求遵循《通风与空调工程施工及验收规范》（GB 50243—97）的有关规定。

Ⓑ风管咬口必须紧密、宽度均匀、无孔洞、半咬口和胀裂等缺陷，直管纵向咬缝应错开。注意其严密性，对咬口缝、法兰翻边等容易出现漏风的地方，采用加添密封胶等有效的密封措施。

Ⓒ风管外观质量应达到折角平直、圆弧均匀、两端面平行、无翘角，表面凹凸不大于5mm。

Ⓓ风管法兰：采用翻边自成法兰，中间用螺栓连接，螺栓孔距应符合设计要求和施工规范规定，螺孔具备互换性。

Ⓔ风管加固要求：洁净风管不得采用内支撑或瓦楞线压筋的加强措施，牢固整齐，间距适宜，均匀对称。当矩形风管边长大于或等于630mm和保温风管边长大于或等于800mm时，采作角钢加固。

Ⓕ洁净风管不得采用抽芯铆钉，宜用镀锌铁铆钉。风管的支管与干管相接处为三通分路，当支管与干管的底面（或顶面）相距小于或等于150mm时，做成弧形三通；相距150mm以上时，做成插管式弧形三通，连接要紧。

Ⓖ风管段长大于1200mm，设加固件。矩形风管直角弯头大于或等于500mm，大边尺寸应加装导流片。

Ⓗ所有过墙或过楼板风管必须加防护套、保温风管在保温后加防护套。

Ⓘ风管在穿越墙或楼板时，四周缝隙宜用岩棉塞严，外用水泥砂浆抹面。

2）支吊架的防腐与风管保温

防腐：金属支吊、托架，在清除表面的灰尘、污垢和锈斑后，内外表面均涂红丹刷防锈漆两道，裸露部分再刷灰漆两道。

绝热保温：空调系统送回风管均需做绝热处理。本工程风管保温使用福耐斯橡塑保温板。

清洁干净风管、胶水均涂在风管表面，严格按照胶水凝固时间等候，然后再粘橡塑保温板。

铺贴保温板时，应从下至上，保温板拼口尽量在风管上面，用力要均匀，要用力压牢固，保温板接缝必须互相错开。

法兰位置要用不小于200mm宽的橡塑保温板粘贴。

按驳口保温板外表要清洁干净，要用保温胶带均匀粘牢，驳口处有空隙的，一定要用保温板充填饱满，防止有泄漏空气的地方。

3）高效过滤器安装

高效过滤器是保证空气洁净度的关键设备，也是洁净系统的最后一道关口，所以，在运输和安装等各个环节都要加以特别保护。

高效过滤器要求自身内在质量好。

高效过滤器在运输和搬运过程中，要防止折叠的滤纸下垂受力。

过滤器的静压箱安装时内表面必须擦拭干净，为防止系统内的尘粒吹出来后又被回风吸回系统中去，应对洁净室进行清扫，并对设备层进行全面清扫。

高效过滤器在安装开箱时应进行外观检查；如无损坏，应立即安装。安装方向要正确，其边框上的箭头标志必须与系统方向一致。

在安装高效过滤器的静压箱时，为了防止日长月久，静压箱与吊顶连接处密封胶会因为风冲击力而开裂，从而导致吊顶灰尘进入洁净间，因此吊杆用角钢吊装。

安装高效过滤器的框架应平整，框架的平整度允许偏差不大于1mm。

(3) 电气安装工程

1) 电气线管安装和导线敷设

电气线管安装和导线的敷设应按设计图纸及规范要求进行；当需修改设计时，应经院方、监理公司同意，有文字记录后才能施工。

金属管路较多或有弯时，宜适当加装接线盒，两个接线盒之间的距离应符合以下要求：

对无弯的管路，不超过30m；

两个拉线点之间有一个弯时，不超过20m；

两个拉线点之间有两个弯时，不超过15m；

两个拉线点之间有三个弯时，不超过8m；

两个拉线点之间不能超过两个直角弯，且不超过12m；

在吊顶内敷设不同系统的管线和线路时，宜采用单独的卡吊具或支撑物固定，设备房与包装间内的明敷线管应涂白漆。

顶棚内线管应排列整齐，支架（固定点）的距离应均匀；管卡与终端、转弯中点、电气器具或接线盒边缘的距离150~500mm；中间的管卡最大距离应符合表4-12中的规定。

表4-12

| 敷设方式 | 钢管名称 | 钢管直径（mm） | | | |
|---|---|---|---|---|---|
| | | 15~20 | 25~30 | 40~45 | 65~100 |
| | | 最大允许距离（m） | | | |
| 吊架、支架或沿墙敷设 | 厚钢管 | 1.5 | 2.0 | 3.5 | 3.5 |
| | 薄钢管 | 1.0 | 1.5 | 2.0 | |

各系统的布线应符合国家现行最新的有关施工和验收规范的规定。

各系统布线时，根据国家现行标准的规定，对导线的种类、电压等级进行检验。

管内或线槽穿线应在建筑抹灰及地面工程结束后进行。在穿线前管内或线槽内的积水及杂物应清除干净。

不同系统、不同电压等级、不同电流类别的线路不应穿在同一管内或线槽内；导线在管内或线槽内不应有接头和扭结，导线的连接应在线盒内用锡焊接或用专用安全压线帽连接。

动力、照明各回路的导线要严格按照规范的规定，各相线的颜色一定要统一：A相——红色，B相——黄色，C相——蓝色，零线——黑色，地线——“黄、绿”双色。消防报警探测器的“+”线为红色，“-”线应为黑色，其余颜色导线应该根据不同用途区分，整个系统中相同用途的导线颜色应一致。

各系统导线敷设后，应对每一回路的导线用500V的兆欧表测量其绝缘电阻其对地绝缘电阻值，一般线路应不小于0.5m，消防报警和联动控制系统的导线应不小于20m。

线管敷设要连接紧密、管口光滑、护口齐全；明配管及其支架平直牢靠，排列整齐，管子弯曲外无明显折皱，油漆防腐完整；暗配管保护层大于30mm。线管敷设通过伸缩缝外，应采用金属软管和线盒过渡。

盒（箱）设置正确，固定可靠，管子进入盒（箱）外顺直，用铜梳固定的管口，线路进入电气设备和器具的管口位置正确。

按照规范要求，在顶板内和其他地方明敷设的线管不准焊接接地跨接线，必须采用专用的接地管卡和2.5mm$^2$的多股铜芯软线同接线盒跨接进行保护接地。

在盒（箱）内的导线有适当的余量（15～30mm）；导线连接牢固，包扎严密，绝缘良好，不伤线芯；盒（箱）内清洁、无杂物，导线整齐，护线套、标志齐全，不脱落。

线管敷设前应清洁线管，完工后、验收前应再清洁线管。

2）照明器具安装

照明各种设备器具要严格按照设计要求，按随机文件及有关规范，进行安装、调试及验收。

设备到货后，应会同甲方、监理公司、总包单位等有关人员进行开箱检查，检查其是否满足图纸设计参数，是否有产品牌号、注册商标、产品合格证书、产品鉴定书、安装运行说明书或手册，做好设备开箱检查记录。

安装前应检查灯具配件（特别是接地端子）是否齐全，有无机械损伤、变形、油漆剥落、灯罩破裂等现象。

灯具安装应按设计大样图进行，并应安装牢固可靠。利用金属线槽固定安装的，应调整好金属线槽吊架的间距，防止金属线槽变形。

固定灯具的螺钉或螺栓不少于两个；灯座直径在75mm以下时，可用一个螺钉或螺栓。

插座接线应符合以下要求：

单相二孔插座面对插座的右极接相线，左极接零线；

单相三孔及三相四孔插座的接地或接零线均应在上方。

成排安装的插座、开关高度应一致，高低差不大于2mm。

（4）装饰工程

1）定位放线

依据图纸给定的尺寸，先弹出各手术室走廊隔墙的龙骨外包线（轴线-隔墙厚-外饰面厚），灯具、设备开孔处的尺寸，安装部门应书面提供并协助放线。

2）手术室钢架及钢板安装

预制组合式钢结构八角形手术室是我公司专利产品，专利号为：ZL95 20547.6，具体参照预制组合式钢结构八角手术室安装说明及要求。

3）地面卷材铺贴

应特别注意基层处理，地面用自流平长，以保证基层平整，卷材铺贴时，结合层胶水应涂刷均匀，并应边涂边铺。接缝处无明显高地面，卷材铺贴应达到平整度不大于2mm，因此，对基层施工应严格检验，使其平整度达到要求。

(5) 设备安装

1）自动门的安装

具体依自动门产品的安装要求进行。

2）系统调试

通风空调系统运转前的检查；

通风空调系统的风量测定与调整；

控制系统。

### 4.17　施工用机械设备

(1) 塔吊

1）为完成物料垂直任务，现场安装3台塔吊，1台H3/36B，起重臂长60m，臂端起重量为3.6t；两台QZT5015，起重臂长50m，臂端起重量为1.5t。

2）1#、2#塔基混凝土承台平面为5.6m²，中心离边壁为3.7m。16根微桩均匀布置在承台平面中，微桩之间间距1.1m，周边微桩离各自边壁为1.15m，微桩孔径120mm，微桩内置$\phi$65钢管，整个孔洞用P32.5水泥浆注满，水灰比控制在0.45，每根微桩全长13.35m，其中伸入土体中12m，外露1.35m，将与塔基承台浇筑在一起。

3）1#塔基南侧离基坑边壁仅0.9m，西侧离基坑边壁6.5m。2#塔基西侧离基坑边壁仅0.9m，北侧离基坑边壁5.7m。分别在1#塔基西侧、2#塔基北侧两面离地面1.0m处，各自布设一排（4根）土钉，土钉全长分别为9m、8m，其中伸入土体分别为6m、5m，孔径100mm，土钉间距1.1m左右；1#、2#塔基其他两面离地面1.0m处，各自均布设一排（4根）土钉，土钉全长12m，其中伸入土体9m，孔径100mm，土钉间距1.1m左右；共布设12根土钉。外露的土钉钢筋将来与塔基承台浇筑在一起。

4）现场安装采用两台50t汽车吊配合安装大臂及顶升前立塔，先将标准节立至3节，然后拼装大臂，完成后安装大臂。

5）拆除顺序与安装顺序正好相反。

6）塔吊拆除时，必须事先勘察场地情况，落实安全交底后方可开始拆搭。

(2) 室外施工电梯

装修施工在东侧安装一台SCD200/200J双笼电梯，群房装修施工设置一部提升架。

1）电梯及提升架的防护：根据安全使用要求，在投入使用前，必须进行安全验收，做好防护，并定期检查、维修、保养。

2）操作人员必须进行培训，考试合格方可上岗。

(3) 混凝土泵及布料管

根据现场情况及实际工作量，基础和群楼采用两台HBT80型地泵，主楼施工采用一台HBT80型地泵。

配管应尽量缩短管的长度，少用弯头和软管；同时，应考虑场地的原因便于装拆维修、排除故障和清洗。

# 5 主要施工管理措施

## 5.1 工期保证措施

本工程将严格按照 ISO 9001—2000 标准的工作程序开展各项工作，对各工序的工作质量严格把关；全面实行计划控制，制定阶段性工期目标，严格执行关键线路工期，以小节点保大节点，对工期进行动态管理，确保阶段目标得以完成。根据施工中出现的影响关键线路的因素，及时分析原因，找到解决办法；并及时将网络计划进行调整，再按照调整后的关键线路组织实施。从而使施工在经常变化的资源投入及不可见因素的动态影响下，始终能够对工期进行纠正及控制。严格按计划管理，定期召开由各配属队伍参加的工程例会，解决施工中出现的各种矛盾。这样就能保证整个工程的工期，避免了盲目性，做到心中有数。

在项目经理技术协调部成立特别小组，积极和设计配合，了解设计意图，解决施工过程中图纸表达不清或需要及时修改的具体问题。充分发挥我项目补充详图设计能力，为工程顺利进行创造条件。

(1) 采用先进的施工技术和机械设备

本工程钢筋连接采用滚轧直螺纹连接，其施工速度快、质量好。顶板模板拟采用早拆支撑体系，墙模板采用钢骨架大模板，柱子采用可调钢柱模，节省工期和人工。

塔吊在底板施工前安装就位。这样在绑扎钢筋前就能充分利用塔吊。根据工程工期、工作量、平面尺寸和施工需要，合理安排现场材料垂直运输和水平倒运。现场固定设置两台混凝土地泵，以满足现场混凝土泵送。采用混凝土泵送，极大地提高了劳动生产率，保证了施工进度。

加强总包协调管理，项目经理部指定专人根据不同配属队伍的进场时间对分包进行协调管理，并主动配合专业配属队伍的施工，为配属单位施工创造条件，使各工序衔接有序。

(2) 专业施工保证

项目经理部是集技术含量大、施工组织能力强、具有专业技术优势的分公司组成的配属队伍实体。专业配属队伍有：模板架料租赁分公司、装饰分公司、安装工程分公司、物资分公司等。以这些实力雄厚、装备精良的专业配属队伍作为本项目的施工保障，为工程项目最终完成工期、质量目标提供了专业化施工手段。

信誉良好、素质高的配属队伍是保证工程按期完成的基本条件之一，项目经理部选用与公司长期合作的素质较高的成建制的具有一级或二级资质的建筑公司作为劳务配属队伍的专业施工队伍。通过项目经理部严格的管理和控制，保证分部分项工程施工一次验收通过，减少由于质量原因造成的工期延误，确保工期目标的实现。

专门成立协调部：施工期间，项目专门成立协调部，负责和业主联络，协调各施工工种、各专业配属队伍之间的工作，了解业主和设计意图，力争为工程施工创造条件。为尽量避免装修与机电相互交叉的影响，必须遵循下列原则：1）水电安装进度必须服从总的进度计划，选择合理的穿插时机，在经理部的统一协调指挥下施工，使整个工程形成一盘棋；2）建立固定的协调制度，各专业穿插和施工所遇到的问题均通过协调解决；3）一切从大局出发，互谅互让，密切配合，土建要为水电安装创造条件，水电安装要注意对土建成品及半成品的保护。

定期召开生产例会：每天项目经理部召集各施工方、各专业召开生产碰头会、生产例会，及时解决工程施工中出现的问题，同时为下一步生产工作提前做好准备。

引进竞争机制：引进竞争机制，选用高素质的配属队伍，并采取经济奖罚手段，加大合同管理力度，以合同为依据，严格履行合约工期。

加强成品保护：建立成品保护制度，项目经理部将派专人分管此项工作；同时，将各专业配属队伍的成品保护人员统一纳入到总包指定人员的管理之中。

项目经理部将根据工程总控计划对物资、设备采购做出有效实施措施，保证物资按期供应。

进入装修和安装阶段，各专业配属队伍均处于交叉施工，项目经理部在为配属队伍创造施工工作面的同时，将积极、科学、合理地组织各工序穿插作业。

制定出严密周详的季节性施工措施，使处于季节性施工的主要工序能够保质、保量完成。

为了保证质量和工期，全面调动公司资源配合项目经理部顺利完成本项目的施工任务。由项目专职书记负责的工地接待组，主要解决施工期间的扰民和民扰问题，使工程得以顺利进行。

### 5.2　质量保证及“创结构长城杯”、“鲁班奖”措施

(1) 质量保证、创结构长城杯、鲁班奖的指导原则

1）首先建立完善的质量管理体系，配备高素质的项目管理和质量管理人员，强化“项目管理，以人为本”。

2）严格过程控制和程序控制，开展全面质量管理，树立创“过程精品”、“业主满意”的质量意识。

3）制定质量目标，将质量目标层层分解，质量责任、权利彻底落实到位，严格奖罚制度。

4）建立严格而实用的质量管理和控制办法、实施细则，在工程项目上坚决贯彻执行。

5）严格样板制、三检制、工序交接制度和质量检查和审批等制度。

6）利用计算机技术等先进的管理手段进行项目管理、质量管理和控制，强化质量检测和验收系统，加强质量管理的基础性工作。

7）大力加强图纸会审、图纸深化设计、详图设计和综合配套图的设计和审核工作，通过确保设计图纸的质量来保证工程施工质量。

8）物资的质量对工程质量有直接影响，我们将严格按照公司的《物资管理程序》要求，做好分供方的选择、物资的验证、物资检验、物资的标识、物资的保管、发放和投用、不合格品的处理等环节的控制工作，确保投用到工程的所有物资均符合规定要求。

9）严把材料（包括原材料、成品和半成品）、设备的出厂质量和进场质量关。

10）确保检验、试验和验收与工程进度同步；工程资料与工程进度同步；竣工资料与

工程竣工同步；用户手册与工程竣工同步。

（2）工程创鲁班奖质量目标（见表5-1）

表5-1

| 序号 | 分部工程 | | 分项工程 | | | 备注 |
|---|---|---|---|---|---|---|
| | 分部工程名称 | 质量等级 | 序号 | 分项工程名称 | 检验批合格率 | |
| 1 | 地基与基础工程 | 合格 | ① | 土方工程 | 100% | |
| | | | ② | 模板工程 | 100% | |
| | | | ③ | 钢筋工程 | 100% | |
| | | | ④ | 混凝土工程 | 100% | |
| | | | ⑤ | 防水工程 | 100% | |
| 2 | 主体工程 | 合格 | ① | 模板工程 | 100% | |
| | | | ② | 钢筋工程 | 100% | |
| | | | ③ | 混凝土工程 | 100% | |
| | | | ④ | 砌砖工程 | 100% | |
| | | | ⑤ | 钢屋顶制安 | 100% | |
| 3 | 地面与楼面工程 | 合格 | ① | 细石混凝土楼地面 | 100% | |
| | | | ② | 防滑地砖、普通地砖楼地面 | 100% | |
| | | | ③ | 花岗石楼地面 | 100% | |
| | | | ④ | PVC楼地面 | 100% | |
| 4 | 门窗工程 | 合格 | ① | 铝合金门 | 100% | |
| | | | ② | 铝合金窗 | 100% | |
| | | | ③ | 防火门 | 100% | |
| | | | ④ | 木门 | 100% | |
| | | | ⑤ | 隔声门 | 100% | |
| 5 | 装饰工程 | 合格 | ① | 外墙花岗石墙面 | 100% | |
| | | | ② | 玻璃幕墙 | 100% | |
| | | | ③ | 涂料墙面 | 100% | |
| | | | ④ | 内墙釉面砖墙面 | 100% | |
| | | | ⑤ | 大理石墙面 | 100% | |
| | | | ⑥ | 石膏板顶棚 | 100% | |
| | | | ⑦ | 乳胶漆墙面、顶棚 | 100% | |
| 6 | 屋面工程 | 合格 | ① | 卷材防水 | 100% | |
| 7 | 建筑采暖卫生工程 | 合格 | ① | 给水管道安装 | 100% | 室内 |
| | | | ② | 给水管道附件及洁具配件 | 100% | |
| | | | ③ | 给水附属设备安装 | 100% | |
| | | | ④ | 排水管道安装 | 100% | |
| | | | ⑤ | 卫生器具安装 | 100% | |
| | | | ⑥ | 给水管道安装 | 100% | 室外 |
| | | | ⑦ | 排水管道安装 | 100% | |

续表

| 序号 | 分部工程 | | 分项工程 | | | 备　注 |
|---|---|---|---|---|---|---|
| | 分部工程名称 | 质量等级 | 序号 | 分项工程名称 | 检验批合格率 | |
| 8 | 建筑电气安装工程 | 合格 | ① | 电缆线路 | 100% | |
| | | | ② | 配管及管内穿线 | 100% | |
| | | | ③ | 电力变压器安装 | 100% | |
| | | | ④ | 高压开关安装 | 100% | |
| | | | ⑤ | 配电柜及动力开关柜安装 | 100% | |
| | | | ⑥ | 弱电系统安装 | 100% | |
| | | | ⑦ | 电气照明及配电箱安装 | 100% | |
| | | | ⑧ | 避雷针安装 | 100% | |
| 9 | 通风空调与医疗气体工程 | 合格 | ① | 金属风管制作 | 100% | |
| | | | ② | 部件制作 | 100% | |
| | | | ③ | 风管及部件安装 | 100% | |
| | | | ④ | 通风机安装 | 100% | |
| | | | ⑤ | 风管及设备保温 | 100% | |

（3）创优组织措施

1）现场成立TQC全面质量管理小组，对现场经常出现的质量问题运用TQC管理方法（如排列图、因果图、调查表等方法），分析质量产生原因，制定对策，及时整改。

2）全员参与在实施创建精品工程的过程中，通过各种宣传手段，将创造精品的意识树立于每个员工的头脑中，自觉地以精品意识与标准衡量和计划每一项工作。

3）在影响工程质量的关键部位和重要工序设置控制点，如在测量放线、模板、钢筋定位和全部隐蔽工程处，设立以责任工程师牵头的检查小组实施控制。

4）建立高效灵敏的质量信息反馈系统，设专职质检员和责任工程师作为信息的收集和反馈传递的主要人员，针对存在的问题，项目经理部生产组织管理系统及时调整施工部署，纠正偏差。

5）精心操作对于本工程而言，一方面指具体的施工操作者对每一道施工工序、每一项施工内容均精心操作；另一方面指项目部的管理人员在各项工作中精心计划、精心组织和精心管理。

6）严格控制即在施工管理中应用过程控制的管理方法，对施工进行全过程、全方位、全员的控制，确定最佳的施工工艺流程，将管理人员的岗位职责相联系。

7）周密组织在施工管理中应用计划管理的手段，将施工各环节纳入计划的轨道，严格执行计划中的各项规定。在本工程的施工管理中编制以下计划：总体进度控制计划、月度施工进度计划、施工周计划、施工日计划。

（4）创优的施工过程管理

确保施工过程始终处于受控状态，是保证本工程质量目标的关键。施工时按规范、规程施工，加强预先控制、过程控制，样板开路。按公司ISO 9001质量体系文件《施工控制程序—质量》规定，施工过程分为一般过程和特殊过程，本工程的地下防水分项工程、屋顶钢结构分项工程（业主直接分包）属于特殊过程，其余分项工程属于一般过程。

一般过程施工分为一般工序和关键工序，本工程初步确定测量放线分项工程、钢筋分项工程、模板分项工程、混凝土分项工程、卫生间防水等为关键工序，关键工序将编制专项施工技术方案。

1）一般过程施工

（A）技术交底

施工前，主管责任工程师向作业班组或专业分包商进行交底，并填写技术交底记录。

（B）设计变更、工程洽商：由设计单位、建设单位及施工单位汇签后生效。

（C）施工环境

施工前和过程中的施工作业环境及安全管理，由项目组织按公司《环境管理手册》及《文明施工管理办法》的规定执行并做好记录。

（D）施工机械

（a）项目责任工程师负责对进场设备组织验收，并填写保存验收记录，建立项目设备台账；（b）项目责任工程师负责编制施工机械设备保养计划，并负责组织实施；（c）物资中心定期组织对项目机械设备运行状态进行检查。

（E）测量、检验和试验设备

施工过程中使用的测量、检验和试验设备，按《监视和测量装置的控制程序》进行控制。

（F）隐蔽工程验收

在班组自检合格后，由主管责任工程师组织复检，质量工程师和作业人员或专业分包商参加，复检合格后报请（业主、设计院）进行最终验收，验收签字合格后方可进行下道工序施工。

2）特殊过程施工

依据《施工控制程序－质量》规定，本工程地下室防水为特殊过程，需按特殊过程控制进行施工。

责任工程师及质量工程师负责对操作者上岗证、施工设备、作业环境及安全防护措施进行检查，并填写《特殊过程预先鉴定记录》，只有在预先鉴定通过后才能进行大面积施工。

责任工程师负责施工过程的连续监控并做好记录，填写《特殊过程连续监控记录》。

（5）工程试验管理

1）现场试验要求

凡规定必须经复验的原材料，必须先进行委托试验，合格后才能使用。本工程主要有：钢筋、水泥、砂、石、防水材料、砌块材料等。

上道工序必试项目试验合格后才能进入下道工序的施工。主要是钢筋试验合格后才能浇筑混凝土，混凝土结构工程合格后才能进行装饰装修工程施工，回填土下面一层合格后才能回填上面一层。

2）试验的主要内容

（A）原材料试验

（a）钢筋试验

钢筋进场后先试验后使用。每一验收批不大于60t，每批应由同一牌号、同一炉号、同一规格、同一交货状态的钢筋组成。每一验收批取样一组试件，应做拉伸和弯曲试验。

（b）水泥

以同一水泥厂、同品牌、同强度等级、同一出厂编号，袋装水泥每不大于200t为一验收批。散装水泥每不大于500t为一验收批。每批取样一组12kg，做安定性、凝结时间、抗压、抗折强度试验。

（c）砂石

以同一产地、同一规格每不大于400m$^3$或600t为一验收批，每一验收批取样一组20kg，做筛分析、含泥量、泥块含量等规定项目试验。

（d）防水卷材

以同一生产厂、同一品种、同一标号的产品每不大于1000卷为一验收批，每一验收批中抽取一卷做物理性能试验。切除距外层卷头2500mm后，顺纵向截取长500mm全幅卷材试样2块，做拉力、断裂伸长率、不透水性、柔度、耐热度试验。

其他材料按其各自标准分批取样试验，合格后才能使用。

（B）工序试验

（a）普通混凝土试验

以同一强度等级、同一配合比、同种原材料、每一工作班、每一现浇楼层同一单位工程为一取样单位，标准养护试块不得少于一组（3块），并根据需要制作同条件试块。冬期施工另增加2组试块。

（b）砌筑砂浆试块

以同一砂浆强度等级、同一配合比、同种原材料每一楼层或250m$^2$砌块为一取样单位，标准养护试块不得少于一组（6块）。

（c）钢筋连接试件：直螺纹接头以500头为一批，取样试验。

（6）其他相关制度

1）会诊制度

项目应做到各分项工程层层交底、层层落实、记录完整，做到“凡事有章可循、凡事有人负责、凡事有人监督、凡事有据可查”，对每一重要分项工程都编制了管理流程；同时，我们将采用“会诊制度”与“奖惩制度”相结合的方式彻底解决施工中出现的问题。

2）样板引路制度

施工操作注重工序的优化、工艺的改进和工序的标准操作，在每项工作开始之前，首先进行样板施工，在样板施工中严格执行既定的施工方案，在样板施工过程中跟踪检查方案的执行情况，考核其是否具有可操作性及针对性，对照成品质量，总结既定施工方案的应用效果，并根据实施情况、施工图纸、实际条件（现场条件、操作队伍的素质、质量目标、工期进度等），预见施工中将要发生的问题，完善施工方案。

3）工序挂牌施工制度

工序样板验收进行在各工序全面开始之前，配属队伍技术和质量员必须根据规范规定、评定标准、工艺要求等将项目质量控制标准写在牌子上，并注明施工负责人、班组、日期。牌子要挂在施工醒目部位，有利于每一名操作工人掌握和理解所施工项目的标准，也便于管理者的监督检查。

4）过程三检制度

实行并坚持自检、互检、交接检制度，自检要做文字记录，预检及隐蔽工程检查应做好齐全的隐预检文字记录。

5）质量否决制度

对不合格的分项、分部工程必须返工至合格，执行质量否决权制度，对不合格工序流入下一道工序造成的损失应追究相关者责任。

6）成品保护制度

分阶段分专业制定专项成品保护措施，设专人负责成品保护工作。

管理者合理安排工序，上、下工序之间做好交接工作和相应记录，下道工序对上道工序的工作应避免破坏和污染。

采取“护、包、盖、封”的保护措施，对成品和半成品进行防护，专人负责巡视检查，发现有保护措施损坏时要及时恢复。

7）培训上岗制度

工程项目所有管理人员及操作人员应经过业务知识技能培训。对于特殊工种，按北京市要求，必须持证上岗。

8）分包商选择

分包商选择执行公司《分包商选择程序》，由合约商务经理负责，合约经理协助将结果及有关评审、汇签等记录报公司。

9）竣工后服务承诺

按公司相关要求，应做好竣工后的服务工作，定期回访用户，并按有关规定实行工程保修服务。

## 5.3 安全保证措施

### 5.3.1 安全计划

根据工程进展的实际情况分别编制具有针对性的安全计划。

周边居民通行防护安全计划；

塔吊安装安全计划；

地下室结构施工时，基坑边坡稳固监测计划；

脚手架搭设安全计划；

高空作业安全计划；

施工临电使用安全计划；

其他施工机具使用安全计划。

### 5.3.2 安全管理

(1) 安全管理方针：安全第一、预防为主。

(2) 安全生产目标：确保无重大工伤事故，杜绝死亡事故，轻伤频率控制在3‰内。

### 5.3.3 安全组织保证体系

针对本工程的规模与特点，以项目经理为首，由现场经理、安全总监、专业责任工程师、各分包单位等各方面的管理人员组成安全保证体系。

### 5.3.4　安全检查（见表5-2）

表5-2

| 检查内容 | 检查形式 | 参加人员 | 考　核 | 备　注 |
|---|---|---|---|---|
| 配属队伍安全管理 | 定期 | 安全总监 | 月考核记录 | 检查配属队伍自检记录 |
| 外脚手架 | 定期 | 安全总监会同责任工程师配属队伍 | 周考核记录 | |
| 三室、四口防护 | 定期 | 安全总监会同配属队伍 | 周考核记录 | |
| 施工用电 | 定期 | 安全总监会同配属队伍 | 周考核记录 | 配属队伍日检 |
| 塔吊 | 定期 | 安全总监会同配属队伍 | 周考核记录 | 租赁公司日检 |
| 作业人员的行为和施工作业层 | 日检 | 责任工程师会同配属队伍 | 日检记录 | 现场指令，限期整改 |
| 施工机具 | 日检 | 配属队伍自检 | 日检记录 | 责任工程师检查配属队伍自检记录 |

### 5.3.5　安全管理制度

(1) 安全技术交底制

根据安全措施要求和现场实际情况，各级管理人员需亲自逐级进行书面交底。

(2) 班前检查制

专业责任工程师和区域责任工程师必须督促与检查施工方，专业配属队伍对安全防护措施是否进行了检查。

(3) 高大外脚手架、大中型机械设备安装实行验收制

凡不经验收的一律不得投入使用。

(4) 周一安全活动制

经理部每周一要组织全体工人进行安全教育，对上周安全方面存在的问题进行总结，对本周的安全重点和注意事项做必要的交底，使广大工人能心中有数，从意识上时刻绷紧安全这根弦。

(5) 定期检查与隐患整改制

经理部每周要组织一次安全生产检查，对查出的安全隐患必须制定措施，定时间、定人员整改，并做好安全隐患整改消项记录。

(6) 管理人员和特殊作业人员实行年审制

每周由公司统一组织进行，加强施工管理人员的安全考核，增强安全意识，避免违章指挥。

(7) 实行安全生产奖罚制度与事故报告制

(8) 危急情况停工制

一旦出现危及职工生命安全险情，要立即停工；同时，即刻报告公司，及时采取措施排除险情。

(9) 持证上岗制

特殊工种必须持有上岗操作证，严禁无证上岗。

### 5.3.6 安全管理工作

项目经理部负责整个现场的安全生产工作，严格遵照施工组织设计和施工技术措施规定的有关安全措施组织施工。

专业责任工程师要对配属队伍进行检查，认真做好分部分项工程安全技术交底工作，被交底人要签字认可。

在施工过程中对薄弱部位环节要予以重点控制，特别是配属队伍自带的大型施工设备如外用电梯等，从设备进场检验、安装及日常操作均要严加控制与监督，凡设备性能不符合安全要求的一律不准使用。

防护设备的变动必须经项目经理部安全总监批准，变动后要有相应有效的防护措施，作业完成后按原标准恢复，所有书面资料由经理部安全总监管理。

对安全生产设施进行必要的合理投入，重要劳动防护用品必须购买定点厂家认定产品。

分析安全难点，确定安全管理难点，在每个大的施工阶段开始之前，分析该阶段的施工条件、施工特点、施工方法，预测施工安全难点和事故隐患，确定管理点和预控措施，在结构施工阶段，安全难点集中在如下方面：

高层施工防坠落，主体交叉施工防物体打击；

基坑周边的防护，预留孔洞口竖井处防坠落；

脚手架工程安全措施等；

各种电动工具施工用电的安全等；

现场消防等工作；

塔吊安全措施；

洞口、电梯井安全防护，详见《安全防护方案》；

临边作业安全防护，根据现场的实际情况，参照公司《项目安全管理手册》的要求，制定出有针对性、有效的安全防护；

现场用电安全防护，根据现场的实际情况，参照公司《CI手册》和《项目安全管理手册》的标准要求和现场总平面布置图，制定出有针对性、有效的安全防护措施；

塔吊拆装顶升由专业人员负责，专业装拆人员操作，并经专门验收后，方准使用；塔吊在6级以上大风、雷雨、大雾天气或超过限重时禁止作业，群塔之间的作业范围要协调好，两塔塔吊的起重臂必须错开，不得处于同一水平面高度；

外用电梯轿厢内、外均应安装紧急停止开关。外用电梯轿厢与楼层间应安装双响通讯系统。外用电梯轿厢所经过的楼层应设置有机卸货电气连锁装置的防护门或栅栏。每日工作前必须对外用电梯的行程开关、限位开关、紧急停止开关驱动机械和制动器等进行空载检查，正常后方可使用，检查时必须有防坠落的措施。6级以上大风应停止作业。

## 5.4 环保、文明施工措施

(1) 目标为“安全文明工地”。

(2) 成立工地文明施工委员会

组长：项目经理（执行经理）。

副组长：文管监察员、工程管理部经理、现场经理、总工程师。

组员：区域责任工程师、专业监理工程师、分包方现场经理、分包方工长。

(3) 文明施工管理措施

1) 将施工现场临时道路须进行硬化，浇筑150mm厚混凝土路面，以防止尘土、泥浆被带到场外。

2) 设专人进行现场内及周边道路的清扫、洒水工作，防止灰尘飞扬，保护周边空气清洁。

3) 建立有效的排污系统。

4) 合理安排作业时间，将混凝土施工等噪声较大的工序放在白天进行，在夜间避免进行噪声较大的工作，如表5-3所示。

**施工阶段作业噪声限值一览表（单位：dB）** **表5-3**

| 施工阶段 | 主要噪声源 | 噪声 | 限值 |
|---|---|---|---|
| | | 白天 | 夜间 |
| 土方 | 装载机、打夯机等 | 75 | 55 |
| 结构 | 混凝土罐车、混凝土泵车、吊车、振捣棒、电锯等 | 70 | 55 |
| 装修 | 小型木工机械、升降机等 | 65 | 55 |

5) 夜间灯光集中照射，避免灯光干扰周边居民的休息。

6) 散装运输物资，运输车厢须封闭，避免遗撒。

7) 各种不洁车辆开离现场之前，需对车辆进行冲洗。

8) 施工现场设封闭垃圾堆放点，并予以定时清运。

9) 设置专职保洁人员，保持现场干净清洁。现场的厕卫设施、排水沟及阴暗潮湿地带，予以定期投药、消毒，以防蚊蝇、鼠害孳生。

(4) 降噪专项措施

1) 地下室施工阶段，在基坑四周布设隔声屏；主体施工阶段，结构外墙外侧为全封闭双排脚手架，用密目网进行围挡，并在操作层处布设隔声屏。

2) 使用对讲机指挥塔吊。

3) 采用碗扣式早拆支撑体系，减少因拆装扣件引发的高噪声，监控材料机具的搬运，轻拿轻放。

4) 主动与当地政府联系，积极和政府部门配合，处理好噪声污染问题，加强对职工的教育，严禁大声喧哗。

5) 夜间如有混凝土浇筑时，采用低噪声振捣棒。

(5) 协调周边居民关系

在本工程的施工过程中，经理部将采取各种措施保持与周边居民和睦友好的关系。为实现这一目标，应采取以下措施：

1) 开工之初，主动拜访附近的单位、居民委，说明我公司施工将采取的防扰民措施，针对其提出的要求采取相应的措施，并将所采取的措施反馈给他们，以获得对方的信任和理解。

2) 在不影响施工且力所能及的前提下，主动为附近社区建设做贡献，所采取的活动应以解决实际问题为原则，以求得居民的协助和理解。

(6) 协调政府的关系

本工程的顺利施工与政府有关部门的支持与配合是密切相关的。为此项目经理部将做到：

1）严肃认真地执行政府有关规定，对各有关部门下达的各项指令、通知、要求，必须及时贯彻落实，并将落实情况汇报给有关部门。

2）处理好与政府部门的关系，首先需了解和掌握政府的各项相关规定的内容、要求，尊重和执行政府的要求，对有争议的事项，应耐心做解释工作，力求从政策上达到对方的认同，从情理上求得对方的理解。

3）在处理与政府官员的关系上，必须以遵纪守法为原则。

(7) 项目经理部的政治工作

项目管理归根到底是人的管理，故充分调动起经理部每一个员工的责任心及主观能动性，对工程的顺利进行将起到积极的作用。而这一工作正是党组织可以发挥作用的地方，经理部的政治工作将从以下几个方面着手：

1）加强廉政建设，对物资、经营等经济环节进行指导。避免任何贪污、腐化现象。

2）指导分包建立党支部，在现场形成一个完整的党支部管理机构。保证党组织对现场一个强有力的领导。

3）协调与周边单位以及政府相关部门的关系。

4）协调与交通队的关系，保证施工的顺利进行以及物资的正常运输。

5）协调与环卫环保、市容监察，保证现场的文明施工，创建北京市文明施工工地。

6）协调与地区公安部门的关系，使得能够处理突发事件，保证工程施工的安全有序。

7）协调与当地居委会的关系，减少扰民现象。

8）协调和处理经理部内部的人际关系，及时发现问题、解决问题，将可能发生的矛盾化解于初期，在经理部内部创造和谐的人际关系和宽松的工作环境，避免无谓的内耗。

9）工程地处居民区，在每周一次的安全会上，文明教育也将作为一个话题进行教育，使该地区处于一个较为稳定的环境中。

# 6 季节性施工

## 6.1 雨期施工部位

(1) 2004 年雨期施工部位

地下一层至八层结构施工、地下室外墙防水、基坑肥槽回填土、房心回填土。

(2) 2005 年雨期施工部位

屋面工程、室内外装修工程。

## 6.2 冬期施工部位

(1) 2004 年冬期施工部位

十五～十九层及电梯、水箱间层结构施工，八层以下部分砌筑工程。

(2) 2005 年冬期施工部位

室内装修收尾、机电安装调试。

## 6.3　具体施工措施

根据现场具体情况另行制定冬雨期施工措施。根据施工进度计划，本工程施工过程经过两个冬期，三个雨期。冬雨期施工主要项目为结构施工和装修施工。为保证工程顺利进行，必须从思想上、措施上和物质上做好充分准备，严格制定冬雨期技术措施，确保冬雨期施工质量，工期不延误，针对特殊分项采取如下措施。

（1）冬期施工

根据工程总的进度控制计划，进入冬期时主要为装修施工。为保证装修工程施工质量及施工工期，尽量优先施工外围护墙及玻璃幕墙，使冬期装修施工在封闭的室内环境中进行；否则，必须用透明塑料布及稻草被进行围护，并采取供暖措施，以保证冬期室内装修施工始终在正温下进行。冬期不得进行外装修施工。

冬期施工前，认真组织有关人员分析冬期施工生产计划，加强冬施安全管理，彻底落实安全责任制，并根据冬期施工项目编制冬期施工措施，所需材料要在冬期施工前准备好。夜间设专职的值班人员，保证昼夜有人值班并做好值班记录，并设一名天气预报员，负责收听和发布天气情况。

施工用火要有用火证，用火点设专人看火，防止火星落在易燃物上，并配备干粉式灭火器。

组织相关人员进行一次全面检查施工现场的准备工作，包括道路、之字道、跳板上防滑、临时设施、临电、机械设备防冻、防护等各项工作，检查施工现场及生产生活基地的保暖挡风措施。

1）混凝土施工

混凝土罐车必须装上保温套，接料前用热水润后倒净余水，减少混凝土的热损失。

混凝土浇筑前将模板及钢筋上冰雪清理干净，提高混凝土的浇筑速度。

加强冬施混凝土的测温工作。

冬施混凝土采用综合蓄热法养护，掺少量防冻剂与蓄热保温相结合。

混凝土冷却到50℃，且超过临界强度（4MPa）并满足常温混凝土拆模要求时方可拆模。

2）钢筋工程

现场钢筋直径≥18mm时采用滚轧直螺纹连接，以利冬期施工；当温度低于－20℃时，不得进行钢筋的绑扎及滚轧直螺纹连接施工。

本工程HPB235级钢筋采用冷拉调直，在负温下进行冷拉，其冷拉率不变；当温度低于－20℃时，不得进行钢筋的冷拉施工。

负温条件下使用的钢筋，施工时应加强检验。钢筋在运输和加工过程中防止撞击和刻痕。

（2）雨期施工

为保证工程在雨季施工中的顺利进行，雨期施工期间必须做好“排水、挡水、防水”工作。雨期施工前，认真组织有关人员分析雨期施工生产计划，根据雨期施工项目编制雨期施工措施，所需材料要在雨期施工前准备好。

现场中、小型施工机械必须按规定搭设防雨罩或搭设防雨棚。闸箱防雨漏电接地保护装置应灵敏有效，每周检查一次线路绝缘情况。

成立防汛领导小组，制定防汛计划和紧急预防措施，其中应包括现场和周边居民小区。夜间设专职的值班人员，保证昼夜有人值班并做好值班记录，并设一名天气预报员，负责收听和发布天气情况。

组织相关人员进行一次全面检查施工现场的准备工作，包括临时设施、临电、机械设备防雨、防护等项工作，检查施工现场及生产生活基地的排水设施，疏通各种排水渠道，清理雨水排水口，保证雨天排水通畅。

在雨期到来前，做好高耸塔吊和脚手架防雷装置，安全部要对避雷装置做一次全面检查，确保防雷安全。

1）混凝土施工

混凝土施工尽量避免在雨天进行。大雨和暴雨天不得浇筑混凝土，新浇混凝土应进行覆盖，以防雨水冲刷。

雨期施工，在浇筑板、墙混凝土时，可根据实际情况调整坍落度。

浇筑板、墙、柱混凝土时，可适当减小坍落度。梁板同时浇筑时，沿次梁方向浇筑，此时如遇雨而停止施工，可将施工缝留在次梁和板上，从而保证主梁的整体性。

2）钢筋工程

现场钢筋堆放垫高，以防钢筋泡水锈蚀。

雨后钢筋视情况进行除锈处理，不得把锈蚀严重的钢筋用于结构上。

下雨天钢筋应遮盖，作业面钢筋上的泥污应清除，以免影响施工质量。

3）模板工程

雨天使用的木模板拆下后放平，以免变形。木模板拆下后及时清理，刷脱模剂，大雨过后应重新刷一遍。

模板拼装后尽快浇筑混凝土，防止模板遇雨变形。若模板拼装后不能及时浇筑混凝土，又被雨水淋过，则浇筑混凝土前应重新检查、加固模板和支撑。

大块模板落地时，地面坚实并支撑牢固。

4）脚手架工程

雨期前对所有脚手架进行全面检查，脚手架立杆底座必须牢固，并加扫地杆，外用脚手架要与墙体拉接牢固。

外架基础随时观察；如有下陷或变形，应立即处理。

5）机电安装工程

设备预留孔洞做好防雨措施；如施工现场地下部分设备已安装完毕，要采取措施防止设备受潮、被水浸泡。

现场中外露的管道或设备，用塑料布或其他防雨材料盖好。

直埋电缆敷设完后，立即铺砂、盖砖及回填夯实，防止下雨时，雨水流入沟槽内。

室外电缆中间头、终端头制作选择晴朗无风的天气，油浸纸绝缘电缆制作前需摇测电缆绝缘及校验潮气；如发现电缆有潮气侵入时，逐段切除，直至没有潮气为止。

敷设于潮湿场所的电线管路、管口、管子连接处做密封处理。

6）防水工程

卷材防水施工要保证防水基层的干燥程度；如含水率大于9%时，禁止防水施工。雨天严禁进行卷材施工，风力≥5级时也不得施工。新做的防水层遇天气有雨时，应用塑料薄膜盖牢，不得使新做的防水层遭到冲刷。卷材防水每天都要做好收头工作。

7）回填土工程

地下室外墙防水采用外贴法施工，铺贴SBS卷材，砌砖墙保护后回填肥槽，增加稳定性，防止大雨冲倒。

雨期施工回填土，一定要注意观察气象预报，及时做好雨前的防护工作，如将土源覆盖、遮挡等有效措施。回填土要选择在晴天施工，以保证回填土施工质量。

肥槽回填为素土夯实，必须抓紧在晴天分层夯实回填，每层虚铺厚度为250mm；施工中遇小雨要及时用塑料布覆盖；如遇雨水浸泡，则该部分回填土必须换掉。

# 7 经济技术指标

### 7.1 合同工期

合同工期为2004年3月6日~2006年7月3日，总工期为850天。

### 7.2 工程质量目标

北京市结构“长城杯”金奖、鲁班奖。

### 7.3 安全目标

确保无重大工伤事故，坚决杜绝死亡事故，轻伤频率控制在3‰以内。

### 7.4 场容目标

创北京市“建筑工程安全文明工地”，总公司CI样板。

### 7.5 消防目标

消除现场消防隐患，杜绝火灾发生。

### 7.6 环保目标

达到国家及北京市环保规定要求。

### 7.7 施工回访和质量保修计划

根据我公司对业主和社会服务的承诺，保修期内每年均对用户进行回访，质量保修按合同约定执行。

### 7.8 成本目标

确保完成公司核定的收益指标，并降低成本费用5%。

# 第十三篇

# 北大医院二部病房楼工程施工组织设计

**编制单位：** 中建一局
**编 制 人：** 孔洪庄　缪　军　商文升　石志刚　严占峰
**审 核 人：** 冯世伟　高俊峰

**【简介】**　北大医院二部病房楼工程属于典型的医院建筑，专业性很强，工程规模较大，对专业工程的质量管理和协调管理难度较大。该施工设计中，对上述特点都有很好的反映，施工方案叙述精要、简练，其中的核磁共振屏蔽方案、手术室、整体卫生间方案等专业性非常明确，叙述详备，可做为类似工程的参考。

# 目　　录

# 1 工程概况

## 1.1 总体概况（见表1-1）

**表1-1**

| 序号 | 项 目 | 内 容 |
|---|---|---|
| 1 | 工程名称 | 北大医院二部病房楼工程 |
| 2 | 工程地址 | 北京市西城区大红罗厂街1号，西临西皇城根北街，东临西什库大街，南侧与原医院住院部相连，北侧为全国人大常委会会议楼 |
| 3 | 建设单位 | 北京大学第一医院 |
| 4 | 设计单位 | 中元国际工程设计研究院（原机械工业部设计研究院） |
| 5 | 监理公司 | 中国国际工程咨询公司 |
| 6 | 质量监督 | 北京市西城区质量监督站 |
| 7 | 施工总包 | 中建一局建设发展公司 |
| 8 | 合同范围 | 结构、室内装修、机电安装 |
| 9 | 合同性质 | 总承包合同 |
| 10 | 投资性质 | 国家预算内拨款 |
| 11 | 合同工期 | 2000年5月8日~2002年8月16日，共550天 |
| 12 | 质量目标 | 中国建筑工程鲁班奖 |

## 1.2 建筑设计概况（见表1-2）

**表1-2**

<table>
<tr><th>序号</th><th>项 目</th><th colspan="4">内 容</th></tr>
<tr><td>1</td><td>建筑功能</td><td colspan="4">为医政、病房及办公为一体的综合楼</td></tr>
<tr><td>2</td><td>建筑特点</td><td colspan="4">简洁、现代，力求创造一个温馨、舒适的医疗环境，也力求与周边环境的协调统一</td></tr>
<tr><td rowspan="3">3</td><td rowspan="3">建筑面积</td><td>占地面积</td><td>11000m²</td><td>总建筑面积</td><td>62196m²</td></tr>
<tr><td>地下建筑面积</td><td>19734m²</td><td>地上建筑面积</td><td>42432m²</td></tr>
<tr><td>设备层面积</td><td>7431m²</td><td></td><td></td></tr>
<tr><td>4</td><td>建筑层数</td><td>地 上</td><td>6层</td><td>地 下</td><td>2层</td></tr>
<tr><td rowspan="6">5</td><td rowspan="6">建筑层高</td><td rowspan="2">地下部分层高</td><td colspan="2">地下二层</td><td>4.2m</td></tr>
<tr><td colspan="2">地下一层</td><td>4.2m</td></tr>
<tr><td rowspan="4">地上部分层高</td><td colspan="2">首层</td><td>4.15m</td></tr>
<tr><td colspan="2">二层</td><td>3.3m</td></tr>
<tr><td colspan="2">设备层</td><td>2.2m、2.0m</td></tr>
<tr><td colspan="2">3~6层</td><td>3.5m</td></tr>
</table>

续表

| 序号 | 项目 | 内容 | | | |
|---|---|---|---|---|---|
| 6 | 建筑高度 | ±0.00绝对标高 | 48.75m | 室内外高差 | -0.15m |
| | | 基底标高 | -10.0m | 最大基坑深度 | -10.0m |
| | | 檐口高度 | 23.97m | 建筑总高（M） | 23.97m |
| 7 | 建筑平面 | 横轴编号 | 1~24轴 | 纵轴编号 | A~L轴 |
| | | 横轴轴线距离 | 7.2m | 纵轴轴线距离 | 7.2m |
| 8 | 建筑防火 | 钢制卷帘门分断防火分区、钢制防火门和木制防火门局部区域断火 | | | |
| 9 | 外装修 | 檐口 | 女儿墙+钢栏杆 | | |
| | | 外墙装修 | 首层为石材，二层以上为组合铺贴的高级面砖，每层设有铝合金檐口 | | |
| | | 主入口 | 正门门头 | 9m宽悬挂式轻型钢结构，外包铝板 | |
| | | 门窗工程 | 开启窗为显框铝合金窗，中空玻璃 | | |
| | | 屋面工程 | 不上人屋面 | 面层为细石混凝土保护层 | |
| | | | 上人屋面 | 面层为广场砖 | |
| 10 | 室内装修 | 顶棚工程 | 造型吊顶、抑菌矿棉板吊顶、金属吊顶等 | | |
| | | 地面工程 | 橡胶地面、石材地面、地砖地面等 | | |
| | | 内墙装修 | 精装修 | | |
| | | 门 | 电磁屏蔽门、射线防护门、手术室门、防火门、隔声门 | | |
| | | 楼梯 | 10个楼梯，楼梯面层采用地砖、石材 | | |
| 11 | 防水工程 | 屋面防水 | | 自粘型防水卷材必坚定3000 | |
| | | 厨房、厕浴间 | | 聚氨酯防水涂料 | |

## 1.3 结构设计概况（见表1-3）

表1-3

| 序号 | 项目 | 内容 | |
|---|---|---|---|
| 1 | 结构形式 | 基础结构形式 | 柱下梁板筏基，底板厚500mm、600mm和800mm |
| | | 主体结构形式 | 现浇钢筋混凝土框架结构体系 |
| | | 屋盖结构形式 | 现浇钢筋混凝土平面屋盖楼板 |
| 2 | 土质、水位 | 土质情况 | 从地表往下划分12层，第4层细砂、第5层粉质黏土层为持力层 |
| | | 地下水位 | 地下承压水位：17.7~18.80m以下 |
| | | | 设防水位：2.4m |
| | | 地下水水质 | 对基础混凝土无腐蚀性 |
| 3 | 建筑物地基 | 地基土质层 | 细砂（第4层）、粉质黏土（第5层） |
| | | 地基承载力 | 250kPa、180kPa |
| | | 地基渗透系数 | 垂直$4.86\times10^{-6}$cm/s；水平$3.6\times10^{-6}$cm/s |

续表

| 序号 | 项目 | 内容 | |
|---|---|---|---|
| 4 | 地下防水系统（双道设防） | 混凝土自防水 | 底板、外墙、消防水池、外露顶板，在混凝土中掺加FS-H防水剂形成自防水混凝土（C30P8） |
| | | 柔性防水 | 结构迎水面做聚氯乙烯PVC防水卷材 |
| | | 刚性防水 | 结构后浇带、施工缝、穿墙套管涂粘性防挡水 |
| 5 | 混凝土强度等级 | C25 | 楼梯 |
| | | C30 | 基础梁、底板、外墙、水池、三层（9.55m）以下楼板及梁、四层以上（16.6~27.27m）框架柱、框架墙 |
| | | C35 | 3、4层（9.55~16.6m）框架柱、框架墙 |
| | | C40 | 设备层（7.4m、7.6~9.55m）框架柱、框架墙 |
| | | C45 | 二层（4.05~7.4m、7.6m）框架柱、框架墙 |
| | | C50 | 首层（4.05m）以下框架柱、框架墙 |
| 6 | 抗震等级 | 工程设防烈度 | 8度 |
| | | 框架抗震等级 | 二级 |
| 7 | 钢筋类别 | 一级钢 | $\phi 6$、$\phi 8$、$\phi 10$ |
| | | 二级钢 | $\phi 12$、$\phi 14$、$\phi 18$、$\phi 20$、$\phi 22$、$\phi 25$、$\phi 28$ |
| | | 无粘结预应力钢绞线 | $\phi^j 15$ |
| 8 | 钢筋接头形式 | 冷挤压 | 柱顶最后一个接头，底板反梁钢筋、框架梁主筋最后一个接头 |
| | | 锥螺纹 | 底板反梁、框架梁主筋、框架柱竖筋 |
| | | 搭接绑扎 | 底板钢筋、墙、板 |
| 9 | 结构断面尺寸 | 外墙厚度 | 300mm |
| | | 内墙厚度 | 120mm、150mm、250mm |
| | | 柱子截面尺寸（mm） | 600×600、600×800、400×400 |
| | | 梁断面尺寸（mm） | 550×250、450×250、500×650、400×650、300×550、400×550 |
| | | 楼板厚度 | 120mm、150mm、180mm |
| 10 | 二次维护结构 | 陶粒混凝土空心砌块 | |

## 1.4 专业设计概况（见表1-4）

表1-4

| 序号 | 项目 | | 设计要求 | 系统做法 | 管线类别 |
|---|---|---|---|---|---|
| 1 | 给排水系统 | 上水 | 水箱供水和管网供水 | 竖管走管井、水平管暗装 | 铜管 |
| | | 下水 | 室内主管与外网连接到市政管网 | 机制排水铸铁管柔性接口 | 排水铸铁管 |
| | | 雨水 | 室内暗装，首层外排 | 机制排水铸铁管柔性接口 | 排水铸铁管 |

续表

| 序号 | 项目 | | 设计要求 | 系统做法 | 管线类别 |
|---|---|---|---|---|---|
| 1 | 给排水系统 | 热水 | 变频调速给水设备 | 焊接 | 铜管 |
| | | 饮用水 | 变频调速给水设备 | 焊接 | 铜管 |
| | | 消防水 | 消防水池供水 | 法兰连接 | 镀锌钢管 |
| 2 | 消防系统 | 消防 | 喷洒、消火栓 | 丝扣连接、法兰连接 | 镀锌钢管 |
| | | 排烟 | 排烟、防排烟 | 分系统、分区通风 | 镀锌钢板风管 |
| | | 火灾报警 | 手动和自动、烟感、温感 | 二总线 | 线槽、镀锌钢管 |
| 3 | 空调通风系统 | 空调 | 中央空调 | 风机盘管+新风,全空气水系统 | 镀锌薄钢板风管、玻璃钢风管、玻纤风管、超净化风管 |
| | | 通风 | 正压送风、排风 | 分系统、分区通风 | 镀锌薄钢板 |
| | | 采暖 | 换热站供暖 | 局部采暖,散热器 | 镀锌钢管 |
| 4 | 电力系统 | 照明 | | 放射式与树干式结合 | 母线、镀锌钢管、线槽 |
| | | 动力 | | 放射式与树干式结合 | 桥架、镀锌钢管 |
| | | 弱电 | | | 线槽、镀锌钢管 |
| | | 避雷 | 一类防雷 | 92DQ13、TSJT-36 | 扁铁、柱内主筋 |
| 5 | 设备安装 | 电梯 | 21部电梯 | | |
| | | 配电箱柜 | | 落地明装、墙上明装 | 镀锌钢管 |
| | | 污水泵 | 布置在地下二层 | 落地明装 | 镀锌钢管、丝扣连接 |
| | | 冷却塔 | 布置在屋顶 | 落地明装 | |
| 6 | 通讯 | | 综合布线 | 五类八芯双绞线、光纤 | 线槽、镀锌钢管 |
| 7 | 电视天线 | | 接收、播放、录制 | 采用550MHz邻频传输 | 线槽、镀锌钢管 |
| 8 | 绿化 | | 室外绿化、拖后设计 | | |
| 9 | 楼宇清洁 | | 使用室外擦窗机 | | |

## 1.5 工程难点及特点

### 1.5.1 结构施工复杂

(1) 结构超长

结构东西向总长度165.6m，采用无缝设计，中间设置后浇带，首层及二层、三层设计了无粘结预应力钢筋。

(2) 大体积混凝土施工

直线加速器、模拟机房等混凝土超厚，尤其是直线加速器室顶板厚度为1300~2800mm，墙厚800~3200mm，长2400~24300mm；经计算，施工荷载达9.6t/m²。

(3) 单层面积大，施工投入大

工程地下一层、二层、首层单层面积近10000m²，二层单层面积近8000m²。由于层数较少，材料周转次数低，成本压力大。

#### 1.5.2　医院工程的特点

(1) 便于清洁卫生：为易于清洁、防止卫生死角和减少病菌滋生，在医院工程中有严格的要求。

(2) 防止交叉感染的要求。

(3) 洁净空调：手术区、ICU区域等采用了洁净空调系统。

(4) 防辐射要求：地下二层放疗科除采用加厚混凝土迷宫防护外，采用了防辐射套管、射线防护门；首层放射科拍片室、照相室、血管造影机室采用了混凝土防护及射线防护门窗；首层核磁室采用全屏蔽防护；此外，首层碎石中心、高频电疗室等也采用了防辐射措施。

(5) 手术室的综合施工：工程共设17间手术室。其中，百级手术室2间，万级手术室13间，十万级手术室2间。

#### 1.5.3　机电系统多样

空调系统有洁净空调及舒适性空调，洁净空调从技术分级上又根据不同部位及功能需要有百级、万级及十万级之分；较之一般民用建筑，本工程又多了医疗气体系统、物流输送系统、医技排水系统、电视示教系统及紧急呼叫系统；本工程的供电系统采用双路供电；另外，在地下一层还设有自备发电机房，一些重要的设备均采用双路电源末端自动切换，在计算机房及两个百级手术间及ICU病房内设有UPS不间断电源。

# 2　施工部署

## 2.1　施工顺序

### 2.1.1　地下部分结构施工工序

土方开挖→垫层浇筑→砖台模砌筑→防水卷材施工→防水保护层浇筑→底板钢筋绑扎→底板混凝土浇筑→底板混凝土养护→地下外架搭设→测量放线→地下二层墙柱钢筋绑扎→地下二层墙柱支模→地下二层墙柱混凝土浇筑→墙柱混凝土养护→地下二层内架搭设→地下二层顶板、梁支模→地下二层顶板、梁钢筋→地下二层顶板、梁混凝土浇筑→梁板混凝土养护→测量放线→地下一层墙柱钢筋绑扎→地下一层墙柱支模→地下一层墙柱混凝土浇筑→墙柱混凝土养护→地下一层内架搭设→地下一层顶板、梁支模→地下一层顶板、梁钢筋→地下一层顶板、梁混凝土浇筑→梁板混凝土养护→地下外墙防水→外墙防水保护层→土方回填。

### 2.1.2　地上部分结构施工工序

外架搭设→首层墙柱放线→墙柱钢筋绑扎→墙柱支模→墙柱混凝土→墙柱混凝土养护→内架搭设→梁、板模板支设→梁、板钢筋绑扎→梁、板混凝土浇筑→梁板混凝土养护。

### 2.1.3　装修施工工序

基本同步进行，大致顺序为：标准护理单元→医技科室→首层走廊、大堂→地下室。

## 2.2　流水段划分

本工程地下二层，总面积为19734m$^2$，地下两层面积和形状变化不大，单层面积近

10000m$^2$ 左右。地下室底板、反梁必须连续浇筑，因此，按后浇带为界分为4个大的区域，分四段流水。地下室B1、B2层共分为4个大区域，共11个流水段。1~3层分10个流水段，三层以上分为8个流水段。

## 2.3 施工平面布置图

### 2.3.1 现场临建布置

(1) 现场平面布置说明

1) 现场出入口及道路

北大医院二部工程，西临西皇城根北街，东临西什库大街。因此，在东侧设两大门，西侧设一大门。平时施工人员都从东大门进出。

2) 办公区与生活设施布置

(A) 依据现场实际需要，特殊工种需要常住现场、警卫人员也需常住现场，在锅炉房后加建两层砖房。总包和施工队伍办公室设在东侧围墙边（28间）。现场东南侧原有的办公用房作为业主方及监理方的现场办公室用。

(B) 各门门口处均设警卫值班室一间（共3间）。

(C) 现场东北角原有厕所进行重新翻修、装饰后作为管理人员厕所；另外，在现场锅炉房东侧，加建工人用临时公共厕所。

(2) 施工区以及施工设施布置

1) 依据现场实际情况，在现场东侧、南侧和西南侧、西北侧加建围墙。因北侧业主锅炉房的需要，加建大门各一个。

2) 考虑到实验室的特殊用途，利用现场北侧原有建筑物作为实验室，并在旁边加建一间实验室。现场共设18m$^2$ 标养室。

3) 在现场西北角加建封闭式垃圾站，生活垃圾和生产垃圾分类设置，并及时清运处理。

4) 为保证施工过程中大型机械行走需要，防止扬尘污染，对现场场地进行硬化或绿化处理。施工现场铺设混凝土路面（主路宽不小于4m）。路面由基坑向外侧侧向设1%分水坡度，纵向坡度按现场实际情况实布，坡度不小于0.3%。现场基坑东侧布置各类宣传牌，增加12m长不锈钢旗杆3根。基坑边1m范围内做绿化处理，主要通道两侧做绿化处理。

5) 各门口均设清洁池一个，用以对进出场车辆的清洗；同时，沉淀后清水也可用来进行现场洒水使用，以节约资源。

(3) 垂直运输工具的布置

根据结构特点及施工过程中的工程量，结构施工阶段共布置3台塔吊，分别为两台F0/23B塔及一台H3/36B塔，基本覆盖整个建筑物。

(4) 马道的设置

因基坑范围较大，东西方向较长，基坑深度为约10m，结合施工区段设置，在②~③/Ⓙ~Ⓛ、⑫~⑬/Ⓙ~Ⓛ、㉓~㉔/Ⓕ~Ⓗ轴设三个下坑马道，随工程进度及时调整，保证施工安全和方便。

地上结构在①/Ⓚ~Ⓛ、㉔/Ⓚ~Ⓛ各设置一个马道。

### 2.3.2　施工临水临电

(1) 现场临水布置

1) 施工现场临水布置

略。

2) 临时消防系统

室外共设置6个室外地下式消火栓。靠近北侧基坑的室外消火栓采用双头消火栓，其余3个采用单头消火栓。两个消火栓之间间距不超过100m。室外给水管道沿基坑成环形埋设，采用铸铁管，丝扣连接。

室外给水管道通过⑦~⑧/Ⓙ~Ⓚ轴及17~18/Ⓙ~Ⓚ轴间的水气管井进入建筑物内，在管井内设 $\phi$100立管输送到各楼层，在每个水气管井附近每层设一个消防箱配两根水带。在立管上引出 $\phi$20支管作为取水龙头。

3) 生产给水系统

在施工现场各用水点预留施工生产用水甩口6个。

4) 排水系统

按照有关现场施工卫生设施的设置要求，在施工现场四周部分区域设置集水坑，雨水经沉淀后经 $\phi$300暗埋水泥管排入场内市政污水井。在东西大门处设清洗沉淀池，用以对进出场车辆的清洗，水经沉淀后可做洒水降尘使用。

(2) 现场临电

1) 现场临电条件

在施工现场西南侧由业主提供临电电源500kV·A的变压器一台。

2) 现场临电设置

现场设两个一级电箱，8个二级电箱，对全现场的施工工序进行统一布署、统一调配，以平衡现场的用电量。为保证塔吊、外用电梯的正常运转及现场生产、生活的正常用电，两个一级配电柜，分别设置于东西两侧，东侧为2#，西侧为1#。一级配电柜电缆为 $\phi$185五芯电缆。在1#、2#箱内设计量表。二级配电箱布置见附图。3台塔吊分别为两台F0/23B和一台H3/36B，配置塔吊专用电箱，电缆采用70mm$^2$四芯电缆。施工用电现场设两个回路，电缆采用70mm$^2$五芯电缆。

## 2.4　施工进度计划

略。

## 2.5　周转物资配置（见表2-1）

表2-1

| 序号 | 材料名称 | 规　格 | 单　位 | 数　量 | 备　注 |
|---|---|---|---|---|---|
| 1 | 木　方 | 100mm×100mm | m$^3$ | 150 | |
| 2 | 木　方 | 50mm×100mm | m$^3$ | 400 | |
| 3 | 覆膜竹胶板 | 1220mm×2440mm | m$^2$ | 15000 | $t=12$mm |
| 4 | 覆膜多层板 | 1220mm×2440mm | m$^2$ | 5000 | $t=15$mm |
| 5 | 钢　管 | $\phi$48×3.5 | t | 400 | |

续表

| 序号 | 材料名称 | 规　格 | 单　位 | 数　量 | 备　注 |
|---|---|---|---|---|---|
| 6 | 扣　件 | | 万只 | 12 | |
| 7 | 泵　管 | 125mm | m | 200 | |
| 8 | 钢跳板 | 3000mm×250mm | 块 | 4000 | |
| 9 | 柱模板 | 可调钢模（900mm×900mm） | 套 | 24 | |
| 10 | 槽钢 | [10 | t | 300 | |
| 11 | 可调撑托 | | 个 | 8000 | |
| 12 | 扣件 | | 个 | 80000 | |
| 13 | 安全网 | 密目（绿色） | $m^2$ | 20000 | |
| 14 | $\phi$16 穿墙螺栓 | 带止水片 | 套 | 10000 | |
| 15 | $\phi$16 穿墙螺栓 | 不带止水片 | 套 | 3000 | |
| 16 | $\phi$12 穿墙螺栓 | | 套 | 2000 | |

## 2.6　主要施工机械选择（见表 2-2）

表 2-2

| 序号 | 用电设备名称 | 型　号 | 单机设备用电量（kW） | 设备投入总量（台） | 需要系数 $K$ | 设备用电总量（kW） |
|---|---|---|---|---|---|---|
| 1 | 塔吊 | F0/23B，$L=50$m | 70 | 2 | 1 | 140 |
| 2 | 塔吊 | H3/36B，$L=60$m | 90 | 1 | 1 | 90 |
| 3 | 插入式振捣棒 | $\phi$50，$\phi$30 | 1.2 | 20 | 0.6 | 14.4 |
| 4 | 直螺纹设备 | | 3 | 10 | 0.6 | 18 |
| 5 | 平板式振动器 | | 2.8 | 2 | 0.8 | 4.48 |
| 6 | 钢筋切断机 | | 2.2 | 4 | 0.6 | 5.28 |
| 7 | 电焊机 | BS9-500 | 13.2 | 8 | 0.6 | 63.36 |
| 8 | 潜水泵 | | 2.4 | 2 | 0.6 | 2.88 |
| 9 | 钢筋弯曲机 | GW32 | 2.2 | 3 | 0.6 | 3.96 |
| 10 | 钢筋弯箍机 | GGJ12 | 2.2 | 1 | 0.6 | 1.32 |
| 11 | 电动除锈机 | | 2.2 | 1 | 0.6 | 1.32 |
| 12 | 钢筋调直机 | GT4×10 | 2.2 | 1 | 0.6 | 1.32 |
| 13 | 冷挤压机 | | 2 | 4 | 0.7 | 5.6 |
| 14 | 空压机 | | 5.5 | 2 | 0.6 | 6.6 |
| 15 | 平刨机 | | 4 | 2 | 0.6 | 4.8 |
| 16 | 压刨机 | | 4 | 2 | 0.6 | 4.8 |
| 17 | 圆盘锯 | | 2.2 | 2 | 0.6 | 2.64 |
| 18 | 混凝土振动台 | | 7.5 | 1 | 0.6 | 4.5 |
| 19 | 现场照明及办公 | | 50 | 1 | 0.8 | 40 |

## 2.7　劳动力组织情况

### 2.7.1　结构施工劳动力投入计划（见表 2-3 和图 2-1）

表 2-3

| 工种 \ 人数 | | 2000年 6月 | 7月 | 8月 | 10月 |
|---|---|---|---|---|---|
| 1 | 木工 | 200 | 200 | 200 | 200 |
| 2 | 钢筋工 | 240 | 240 | 240 | 150 |
| 3 | 混凝土工 | 60 | 75 | 75 | 60 |
| 4 | 架子工 | 20 | 30 | 30 | 30 |
| 5 | 预应力工 | | | 45 | |
| 6 | 电焊工 | 6 | 6 | 6 | 6 |
| 7 | 水电工 | 20 | 40 | 40 | 30 |
| 8 | 防水工 | 40 | 20 | | |
| 9 | 机务 | 9 | 9 | 9 | 9 |
| 10 | 其他 | 70 | 70 | 48 | 43 |
| 合计 | | 671 | 697 | 701 | 538 |

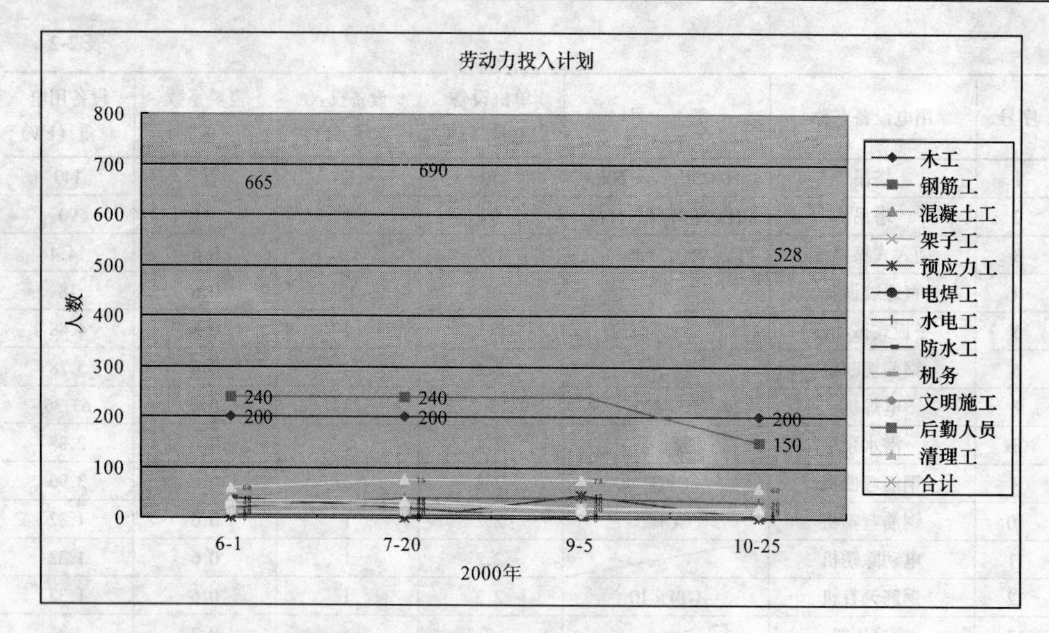


图 2-1　每月劳动力投入动态曲线表

### 2.7.2　装修施工劳动力投入计划（见表 2-4 和图 2-2）

表 2-4

| 工种 \ 人数 | | 2000年 6月 | 7月 | 8月 | 10月 |
|---|---|---|---|---|---|
| 1 | 木工 | 200 | 200 | 200 | 200 |
| 2 | 钢筋工 | 240 | 240 | 240 | 150 |
| 3 | 混凝土工 | 60 | 75 | 75 | 60 |

续表

| 工种 | | 2000年 | | | |
|---|---|---|---|---|---|
| | | 6月 | 7月 | 8月 | 10月 |
| 4 | 架子工 | 20 | 30 | 30 | 30 |
| 5 | 预应力工 | | | 45 | |
| 6 | 电焊工 | 6 | 6 | 6 | 6 |
| 7 | 水电工 | 20 | 40 | 40 | 30 |
| 8 | 防水工 | 40 | 20 | | |
| 9 | 机务 | 9 | 9 | 9 | 9 |
| 10 | 其他 | 70 | 70 | 48 | 43 |
| 合计 | | 671 | 697 | 701 | 538 |

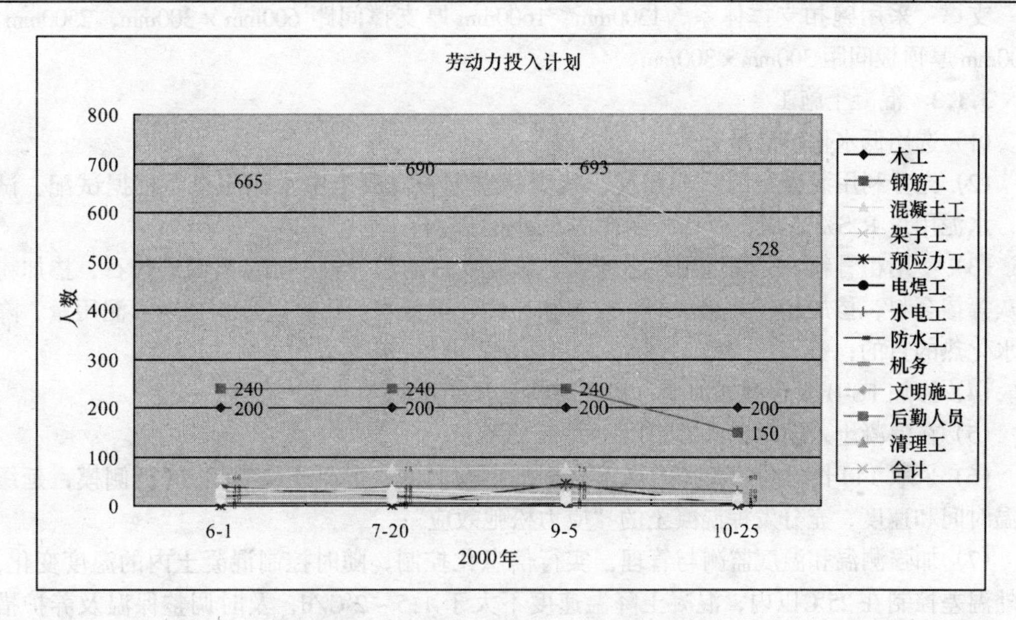


图 2-2 每月劳动力投入动态曲线表

# 3 主要项目施工方法

## 3.1 直线加速器大体积混凝土施工

直线加速器室因严格的防辐射要求在结构及机电预埋及以后的装修等各方面都有其特殊性。

超厚的墙及顶板对钢筋绑扎定位及支撑造成一定的困难，尤其模板施工难度较大，北侧及东侧顶板侧模只能支撑于护坡上面，南侧及西侧在－4.27m部位板在墙中部，而且要同直线加速器室顶板一起浇筑，使上部侧模板的支撑和定位也比较困难。

墙及顶板超厚，为大体积混凝土，施工时要按大体积混凝土的要求施工，采取相应的控温及养护措施，防止产生裂缝是重点和难点。除规定的两道水平施工缝外，不得留置任何其他施工缝，尤其是不得留置竖向施工缝，混凝土量也比较大，必须保证混凝土连续浇筑。

#### 3.1.1 钢筋绑扎

除钢筋保护层较厚以外施工方法同常规一致，钢筋层数较多，施工时要先明确绑扎顺序。

#### 3.1.2 模板施工

面板：1300mm、1600mm厚顶板采用12mm厚竹胶板，2500mm、2800mm厚顶板采用双层12mm厚竹胶板。墙体模板面板采用15mm厚多层板。

次龙骨：100mm×100mm木方，间距200mm。

主龙骨：双根10#槽钢背靠背，1300mm、1600mm厚顶板间距600mm，2500mm、2800mm厚顶板间距300mm。

支撑：采用碗扣支撑体系，1300mm、1600mm厚支撑间距600mm×300mm，2500mm、2800mm厚顶板间距300mm×300mm。

#### 3.1.3 混凝土施工

(1) 选用低水化热混凝土；

(2) 充分利用混凝土的后期强度，减少每立方米混凝土中水泥用量。根据试配、试验，水泥用量P.S32.5级，严格控制在345kg/m$^3$以内；

(3) 使用粗骨料，尽量选用粒径较大、级配良好的粗骨料，如：密云产碎石，掺加粉煤灰等掺合料，掺加相应的减水剂，改善和易性，降低水灰比，以达到减少水泥用量、降低水化热的目的；

(4) 掺加FS-H复合型外加剂，初凝时间延长到16h；

(5) 在混凝土入模时，入模温度不大于25℃；

(6) 采取14d长时间的养护，规定合理的拆模时间，混凝土浇筑后7d拆侧模，延缓降温时间和速度，充分发挥混凝土的“应力松弛效应”；

(7) 加强测温和温度监测与管理，实行信息化控制，随时控制混凝土内的温度变化，内外温差控制在25℃以内，混凝土降温速度不大于1.5~2℃/d，及时调整保温及养护措施，使混凝土的温度梯度和湿度不致过大，以有效控制有害裂缝的出现；

(8) 合理安排施工程序，控制混凝土在浇筑过程中分层浇筑厚度，避免混凝土拌合物堆积过大高差。在结构完成后及时回填土，避免其侧面长期暴露；

(9) 采用电子测温，混凝土内预设测温导线。根据测温情况调整养护措施，控制温差。

### 3.2 预应力施工

由于本工程结构东西向超长（165.6m），为防止楼板因温度应力过大而开裂，在首层、二层和三层梁板配置了无粘结预应力筋。预应力技术的运用可以满足大跨度、重荷载和抗震对建筑结构的要求。

本工程采用的无粘结预应力筋为国家标准低松弛1860级钢绞线$\phi^j 15$，抗拉强度标准值$f_{ptk}$为1860N/mm$^2$，预应力筋张拉控制应力为$\sigma_{con} = 0.7 \times 1860$ N/mm$^2$ = 1302N/mm$^2$。

本工程无粘结预应力筋张拉端采用夹片式锚具，固定端采用挤压锚具。

### 3.2.1 无粘结预应力筋加工、运输、储存

(1) 无粘结预应力筋按照施工图纸规定在无粘结筋生产厂进行下料。按施工图上结构尺寸和数量，考虑预应力筋的曲线长度、张拉设备及不同形式的组装要求，定长下料。预应力筋下料应用砂轮切割机切割，严禁使用电焊和气焊。对一端锚固、一端张拉的预应力筋要逐根进行组装；然后，将各种类型的预应力筋，按照图纸的不同规格进行编号堆放。

(2) 无粘结筋运输时采用成盘运输，应轻装轻卸，严禁摔掷及锋利物品损坏无粘结筋表面及配件。吊具用钢丝绳需套胶管，避免装卸时破坏无粘结筋塑料套管；若有损坏，应及时用塑料胶条修补。其缠绕搭接长度为胶条宽度的1/3。

(3) 无粘结筋运到施工现场后，应按不同规格分类成捆、成盘、挂牌，整齐堆放在干燥平整的地方。露天堆放时，需覆盖雨布，下面应加设垫木，防止锚具和钢丝锈蚀。严禁碰撞踩压堆放成品，避免损坏塑料套管及锚具。

(4) 锚夹具及配件应在室内存放，严防锈蚀。

### 3.2.2 无粘结预应力筋铺放原则

预应力筋为单向布置，需制定严格的铺放顺序。按照流水施工段，顺着混凝土浇筑方向铺放，保证预应力筋的设计矢高，且避免施工中的混乱。铺设预应力筋时还要特别注意与非预应力筋的走向位置协调一致，特别是跨中和支座处，预应力筋与非预应力筋的相互关系不可倒置。

### 3.2.3 预应力筋的张拉

(1) 预应力筋张拉前标定张拉机具。

(2) 计算理论伸长值，计算结果应在张拉记录附表中给出。

(3) 后浇带混凝土达到设计要求的强度（设计强度的75%），且环境温度不高于10℃，方可进行预应力筋张拉。

(4) 预应力筋张拉顺序：根据设计要求，先浇筑⑫—⑬轴间的后浇带，待其混凝土达到设计要求时，既先行张拉⑦—⑱轴间的板中预应力筋；然后，浇筑其他后浇带，待其强度达到设计要求后，张拉其余的预应力筋。

## 3.3 外墙饰面砖施工

本工程为框架结构，外墙围护主要为陶粒混凝土砌块墙。外墙饰面砖总面积约8000m$^2$。饰面砖规格为195mm×45mm×8mm，横排骑马缝镶贴。

### 3.3.1 主要施工工艺流程

测量放线→基层处理→做灰饼→钉钢板网→界面处理→养护→水泥砂浆底灰→养护→水泥石灰膏砂浆→养护→弹线→镶贴饰面砖→勾缝。

### 3.3.2 界面处理

界面处理前，在混凝土与砌块交接面钉300mm宽钢板网。

为保证抹灰层与基层粘结牢固，界面处理采用高强度界面处理剂，使用配合比为界面剂:水泥:砂=1.5:2:4（重量比）。将调好的水泥砂浆在基层甩毛，在达到一定强度之后进行抹灰作业。

### 3.3.3 外墙抹灰

第一遍采用1:3水泥砂浆抹底层砂浆，厚度控制在10mm，待第一遍六七成干时，即

可抹第二遍。

第二遍采用1:0.2:2.5水泥石灰膏混合砂浆，厚度控制在6mm。用刮杠刮平，木抹搓毛，终凝后浇水养护。

为避免抹灰层产生收缩裂缝，外墙抹灰时设分格缝。以外窗两侧为界限进行分格。

门窗口阴阳角必须横平竖直，上下口按3%找坡。

#### 3.3.4　饰面砖镶贴

饰面砖镶贴前先画出排版图，经业主、设计及监理等有关方确认后按此执行。

大面积施工前应先制作样板，确定施工工艺及操作要点，并与施工人员进行交底。样板经确认合格后，再进行大面积施工。

铺贴饰面砖时采用5点随意铺贴法，浅灰:中灰:灰=1:3:1，窗上下口竖向砖采用中灰颜色砖。

饰面砖镶贴采用强力瓷砖粘贴粉，使用配合比为:粘贴粉:水=(4~5):1(以适宜施工为宜),粘贴结合层厚度3~5mm。

饰面砖勾缝采用瓷砖专用嵌缝剂进行勾缝，勾缝时注意缝宽，深度必须一致，缝面应光滑流畅。

饰面砖铺贴完，按要求做拉拔试验，取样数量、检验方法、检验结果判定应符合现行行业标准《建筑工程饰面砖粘结强度检验标准》JGJ 110规定。

### 3.4　核磁共振屏蔽方案

超短波治疗机高频电场形成的电磁辐射对长期工作在其中的医护人员健康产生不良影响。防止其造成的电磁污染环境，最佳的解决方式就是屏蔽其高频电磁辐射。

屏蔽主体采用紫铜板，采用制作拼装式的、无泄漏的六面体屏蔽，并将屏蔽体与地面做绝缘处理，保证屏蔽的单点接地，以提高屏蔽效果。

屏蔽门采用先飞公司生产的进口铍铜簧片医疗专用屏蔽门，没有门槛的设计特别适用于医院病人行走和病床车出入。

屏蔽窗采用先飞公司的专利产品医疗专用观察窗，没有反射、眩光、清晰通透，大大减轻观察人员的疲劳感。

通风波导采用铜锡结合蜂窝大孔径波导，以提高通风效率。

照明、维修用电通过滤波器送入屏蔽室。

内部装修方案主要听取医院意见，充分考虑治疗室的使用功能设计：采用石膏板吊顶，一是保证房间的一体化；二是便于安装分割治疗区所用的吊轨；三是造价经济，节省资金。

墙板使用密度板上贴防火板，地面使用复合木地板，照明和维修插座按照医院所提功能要求设置。

棚顶安装铝合金吊轨，垂吊帐幔，方便分割治疗区域。

屏蔽由专业施工单位完成。

### 3.5　橡胶地面施工

本工程病房室内地面、护士站、部分公共走廊、检查科室地面设计采用自流平橡胶地板，总面积约 15000m$^2$，橡胶地板采用“诺拉”牌。地面基层为陶粒混凝土、细石混凝土两类，地面基层找平采用汉高自流平。护理单元采用 2mm 厚橡胶卷材，电梯厅采用 4mm 厚片材。

地面施工由专业厂家实施。施工前进行地面拼花设计及排版设计。

地面基层清理：用吸尘机、铲刀除去地面的杂物、砂粒及前道施工的残留物。因楼内空调系统已开始供暖，为不影响空调排风及消防报警系统运行，及可能对顶棚产生的污染，特采用 F-30 日本劳耐克石自吸式磨地机进行打磨，保证现场干净整洁。

用 2m 靠尺检查地面，偏差在 2mm 以内时，地坪不进行特殊打磨，以防止表面起砂，通过做自流平施工调整其平整度。偏差大于 2mm 且小于 4mm 时，使用手提磨地机打磨平整，偏差大于 4mm 时，使用 F-30 磨地机磨去地坪大面积超高部分。

地面与墙面交接的圆弧上墙部位采用垫角线垫实处理的方法，为了上墙顺直平整，在墙角与地面 90°阴角处加做水泥垫角线。

地坪封底处理：对地坪清洁、打磨后，为确保界面附着力，对地坪进行封底处理。使用材料：汉高 R777 处理剂，按 150g/m$^2$，与水 1:1 混合搅拌，使用专用滚筒充分滚涂，不可遗漏。

自流平施工：对已处理过的地坪，按施工规范要求的时间内进行自流平施工，即采用高汉 DX 自流平水泥兑水进行搅拌，自流平水泥:水 = 25kg:6L。用自流平专用刮板刮平放气，为确保施工质量，自流平厚度按设计要求 2mm。用搅拌器、搅拌桶、量杯等工具搅拌。将清水按比例倒入桶内，再倒入自流平水泥，用搅拌器搅拌均匀。自流平施工：将自流平分批倒入地坪，用专用刮板将自流平推刮均匀，并用放气滚筒进行放气。

待自流平干透后用砂皮机进行修整打磨。目的在于清除自流平施工后遗留在表面的微小颗粒。使施工后的自流平表面更加平整、光洁。对已打磨的地坪进行湿度测量，确保下道铺设工序的质量。

铺设施工：严格根据设计规范、施工范围要求进行铺设。在铺设前先进行预铺检查，确保平整。铺设施工过程中防止划伤地材表面和地板表面起毛。最后按施工要求涂布胶水，用专用齿板进行上胶、铺设，对已铺设的地板，用压滚进行排气、压实。

### 3.6 手术室

手术室的施工专业性很强，一般都是设计、施工一体；同时，出于竞争考虑，每个厂家都不同程度对设计、施工核心技术有保密意识。

本工程手术室施工由甲方单独签订合同。

钢板手术室外围采用 100mm × 56mm 工字钢作为高承重的结构框架，墙身及顶棚斜板采用进品 1.5mm 厚一级电触钢板，钢板背面加贴进品背板，提高墙身抗撞击性及保温、隔声效能，而接缝处采用金属填料填充，经精工打磨光滑，达到平滑无缝、气密封内壳的手术室，采用特殊高压真空喷英国 TREMCO 防裂、抗菌涂料，保证手术室正常使用寿命超过 15 年。

洁净室地面采用德国汉高 R777 及 AGL-DX 自流平及法国产 GERFLOR RVC 导电胶地板铺贴，在地面与墙面的过渡处理上采用原材料一体化处理，实现地面与墙面的圆弧过渡，彻底消除藏尘机会。

要防止病人在手术室时受到感染，关键取决于净化空调系统和送风模式的设计以及风管系统的施工质量，因为只要往室内所送的风能保证手术台周围的空气洁净度，对于非高风险的深部手术来说，病人受感染的机率极小。

送风顶板的送风面积经精确计算，依据手术室需要，在确保送风面积可以覆盖手术台区域的同时保持室内的换气频率，从而使手术台周围始终处于最洁净状态，使污染物在扩散之前便流向回风口，带出室外，本手术室净化顶板系统下降气流，为避免由于无影灯、手术仪器、手术内人员所产生的热能而受到干扰，采用中速气流补偿装置有效解决这一难题。

本工程净化空气处理系统采用行进的控制系统控制，设计上采用一套具有互锁功能的程控系统，全制冷盘管和电热加湿器不同时工作，以免产生无谓能源消耗。在对温度控制上，选用美国进口控制阀，实现室温的无级调节，使室温变化呈接近水平稳定不变状态。

当手术室常用气体（氧气、压缩气、真空、笑气）出现异常情况时进行声光报警；可在空调机组出现运行故障时发出声光报警；可以在 AGSS 机组出现运行故障时发出声光报警；当出现火灾时发出声光报警。

门：标准尺寸 1400mm × 2100mm，控制模式采用微电脑控制开门方式，有手肘按动开关、脚膝部触发红外线感应开关等功能；在传动系统出现故障时，也可用手轻易打开门，关门为自动延时主动关门保护装置，遇障碍物自动打开。所有设备的箱体均内嵌，藏在手术室墙内，不会占用手术室内部的使用空间。

内嵌式不锈钢器械柜：尺寸 1700mm × 900mm × 300mm，分四门开启，上下层内均有高强度的玻璃托架，可放置大量手术器械，柜体采用 1.5mm 的磨砂白钢板，便于清洁消毒，柜门贴用与手术室主色调颜色相同的防火板，周边采用铝合金包边。

多功能吊塔：适用于手术室、ICU 病房、CCU 病房、麻醉准备间等环境使用，承重能力可达 350kg，活动范围 650 ~ 2000mm，配件包括输液挂钩、医气系统，可倾斜式托盘、监视器支架、书写台等。

内嵌式 X 光看片箱：按即亮式，亮度 3000lx，箱体门设在污物走廊墙壁上，在维修时不会将灰尘带入手术室内或洁净通道。

手术灯：无影灯系统，德国 Heraeus。

不锈钢洗手池：用 1.2mm 不锈钢磨砂板制作内弧型设计可令水花不易溅出，标准尺寸 2m 或 1.5m，带 3 个或两个进品恒温水龙头，控制方式有膝控、感应、时控三种。

### 3.7　整体卫生间

本工程共采用了 99 套海尔整体卫生间，构配件由工厂生产，运至现场拼装。施工由厂家负责。设计时考虑水电等专业接口与整体设计一致。

安装工艺流程：

弹线套方、标高测定 → 防水底盘安装 → 地漏、污水法兰安装 → 底盘试水→ 墙面板拼装 → 上水支管连接、保温、试压 → 墙面板组装 → 门框安装→ 顶板安装 → 电管、电盒安装、穿线 → 内部边缝打胶 → 墙板淋水 → 洗面台、防水镜、灯具等安装→ 玻璃隔断安装 → 暖气、坐便、五金安装 → 门扇安装 → 清理现场 → 整体报验 → 石膏板导墙混凝土 → 轻钢龙骨保温棉石膏板安装 → 墙面腻子、乳胶漆 → 木作油漆。

安装施工：按海尔整体卫浴间安装手册 1999 年 1 月（A）版本执行、操作。

暖气管路的安装，海尔公司在壁板上开 $\phi26$ 洞口，在洗面台下方安装好暖气片。暖气管与暖气片安装时，海尔公司提供两个/套装饰盖，对卫浴间暖气管道开洞口进行装饰。

整体浴室框架安装完成后，进行电气穿线，安装面板。

海尔公司安装完成坐便器下水口，坐便器到货后由给排水专业安装，海尔公司提供坐便器固定连接件。

上水管保温连接后进行试压，试压泵保压值为 0.6MPa/2min，现针对现场安装情况，保压时间调整为 5min。

下水管渗漏检查：将下水管（洗面台、淋浴盘地漏、坐便器）用相应的 PVC 管件和专用 PVC 冷焊胶粘结，将下水口封堵，防水盘注满水，观察 2h 不渗漏。

墙板：墙板打完胶，胶干后用龙头冲刷，冲刷时间 1h，保证边角缝隙打胶处不渗漏。

发生渗漏的解决方法：

(1) 上水：在卫浴间内部将上水贯通件拆除，将整套水管从壁板背面取出，维修或更换渗漏点管件。

(2) 墙板渗漏：打完胶后，做仔细检查才能将胶带撕掉；如发生渗漏，可将渗漏部位胶剔除，重新打胶。

# 4 质量、安全、环保技术措施

## 4.1 工程质量控制

### 4.1.1 质量方针

我们公司的质量方针是：用我们的承诺和智慧雕塑时代的艺术品。

### 4.1.2 质量目标

在本工程项目上，我们的质量目标是：质量等级“优良”，实施“过程精品”，实现北京市“结构长城杯”、整体“长城杯”和国家优质工程“鲁班奖”。

### 4.1.3 质量保证体系（见图 4-1）

根据质量保证体系，建立岗位责任制和质量监督制度。按照企业的项目管理模式，以 GB/T 19002—ISO 9002 模式标准建立有效的质量保证体系，并制定项目质量计划，以合同为制约，强化质量的过程和程序管理和控制。

### 4.1.4 内部质量控制

(1) 建立完善的项目经理部的质量责任制；

(2) 制定切实可行的各项管理制度；

(3) 严格质量程序化管理；

(4) 强化质量过程控制；

(5) 实施过程中，严格实行施工样板制、三检制，实行三级检查制度；

(6) 加强对原材料进场检验和试验的质量控制，加强施工过程的质量检查和试验的质量控制，加强施工工艺管理。

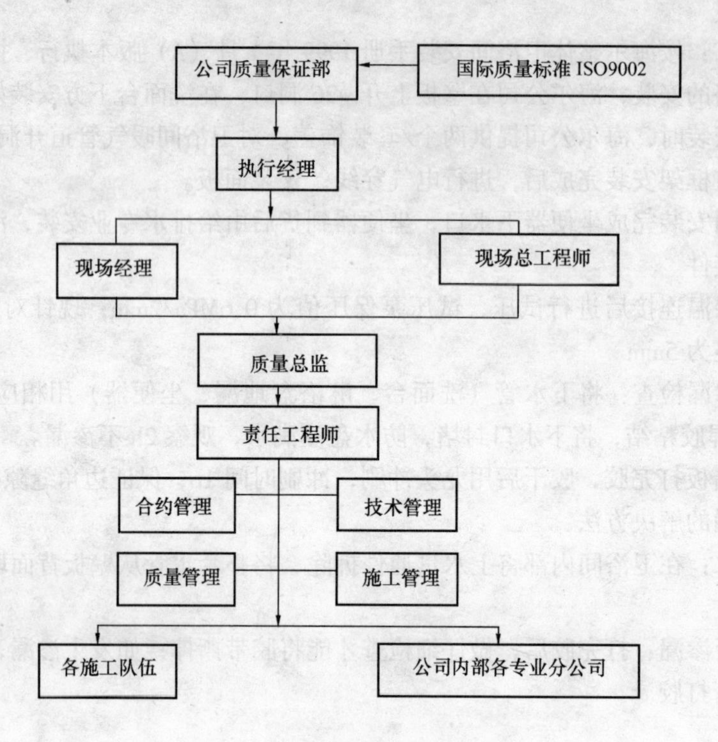


图 4-1 质量组织保证体系

**4.1.5** 外部质量控制

本工程实行监理制，由监理公司对施工实行全过程、全方位监理，监理工程师作为业主代理人。为此，我项目将严格报审制度，执行有关程序规定，接受监理公司指导、监督。

**4.1.6** 组织保证措施

根据组织保证体系图，建立岗位责任制和质量监督制度，明确分工职责，落实施工质量控制责任，各岗位各行其职。

**4.1.7** 采购物资质量保证

项目经理部物资部负责物资统一采购、供应与管理，并根据 ISO 9002 质量标准和公司物资《采购手册》，对所需采购和分供方供应的物资进行严格的质量检验和控制。

**4.1.8** 试验管理措施

试验工作分原材料试验和施工试验两部分，它必须遵循以下原则：

(1) 原材料试验：贯彻原材料先试验后使用的原则。凡规范规定进场必须复试的材料，复试合格后方可使用。做好钢筋、水泥、砂、石、防水材料等原材料的试验。

(2) 施工试验：施工试验需要贯彻上道工序，必须试验项目经试验合格后才能进入下道工序。做好混凝土、钢筋、砌筑砂浆、回填土的试验。

(3) 试验工作设专人负责。

**4.1.9** 技术保证措施

项目选用实力雄厚、装备精良的专业分公司作为项目管理的支撑和保障，为工程项目实现质量目标提供了专业化技术手段。

#### 4.1.10 经济保证措施

保证资金正常运作，确保施工质量、安全和施工资源正常供应。同时，为了更进一步搞好工程质量，引进竞争机制，建立奖罚制度、样板制度，对施工质量优秀的班组、管理人员给予一定的经济奖励，激励他们在工作中始终能把质量放在首位，使他们能再接再厉，扎扎实实地把工程质量干好。对施工质量低劣的班组、管理人员给予经济惩罚，严重的予以除名。

#### 4.1.11 合同保证措施

全面履行工程承包合同，加大合同执行力度，及时监督配属队伍，专业公司的施工质量，严格控制施工质量，热情接受建设监理。

### 4.2 安全防护

#### 4.2.1 管理目标

(1) 在施工中，始终贯彻“安全第一、预防为主”的安全生产工作方针，认真执行国务院、建设部、北京市关于建筑施工企业安全生产管理的各项规定，把安全生产工作纳入施工组织设计和施工管理计划，使安全生产工作与生产任务紧密结合，保证施工人员在生产过程中的安全与健康，严防各类事故发生，以安全促生产。

(2) 强化安全生产管理，通过组织落实、责任到人、定期检查、认真整改，杜绝死亡事故，确保无重大工伤事故，严格控制轻伤频率在6‰以内。

#### 4.2.2 组织体系（见图 4-2）

成立由项目经理部安全生产负责人为首，各施工单位安全生产负责人参加的“安全生产管理委员会”组织领导施工现场的安全生产管理工作。

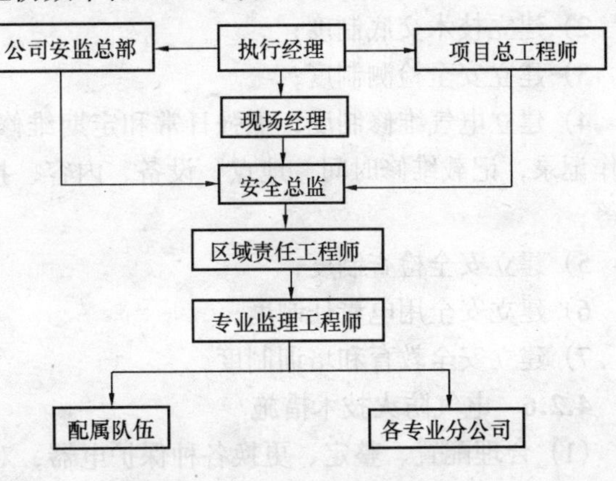


图 4-2 组织体系

#### 4.2.3 安全管理制度

(1) 严格执行施工现场安全生产管理的技术方案和措施；

(2) 建立并执行安全生产技术交底制度；

(3) 建立并执行班前安全生产讲话制度；

(4) 建立并执行安全生产检查制度；

(5) 建立机械设备、临电设施和各类脚手架工程设置完成后的验收制度。

#### 4.2.4 安全防护管理

(1) 钢管脚手架的杆件连接必须使用合格的码钢扣件，不得使用钢丝或其他材料绑扎。

(2) 脚手架的操作面必须满铺脚手板，离墙面不得大于 20cm，不得有空隙和探头板、飞跳板。施工层脚手板下一步架处兜设水平安全网。操作面外侧应设两道护身栏杆和一道挡脚板或设一道护身栏杆，立挂安全网，下口封严，防护高度应为 1.2m。

（3）结构内 1.5m×1.5m 以下的孔洞，应预埋通长钢筋网或加固定盖板。1.5m×1.5m 以上的孔洞，四周必须设两道护身栏杆，中间支挂水平安全网。

（4）建筑物楼层临边的四周无围护结构时，必须设两道防护栏杆或一道防护栏杆并立挂安全网封闭。

（5）通过强化塔机作业的指挥、管理和协调，本工程群体塔机在施工中，要保证安全、合理使用、提高效率、发挥最大效能，满足生产进度的要求。

**4.2.5**　安全用电

（1）安全用电技术措施

为保证正确可靠的接地与接零必须按本设计要求设置接地与接零，杜绝疏漏。所有接地、接零处必须保证可靠的电气连接。保护线 PE 必须采用绿/黄双色线，严格与相线、工作零线相区别，杜绝混用。

1）电气设备的设置、安装、维修必须符合《施工现场临时用电安全技术规范》JGJ 46—88 的要求。

2）电气设备的操作与维修人员必须符合《施工现场临时用电安全技术规范》JGJ 46—88 的要求。

（2）安全用电组织措施

1）建立临时用电施工组织设计和安全用电技术措施的编制、审批制度，建立相应的技术档案；

2）建立技术交底制度；

3）建立安全检测制度；

4）建立电气维修制度；加强日常和定期维修工作，及时发现并消除隐患，建立维修工作记录，记载维修时间、地点、设备、内容、技术措施，处理结果、维修人员、验收人员等；

5）建立安全检查制度；

6）建立安全用电责任制度；

7）建立安全教育和培训制度。

**4.2.6**　电气防火技术措施

（1）合理配置、整定、更换各种保护电器，对电路和设备的过载、短路故障进行可靠的保护。

（2）在电气装置和线路周围不堆放易燃、易爆物和强腐蚀介质，不使用火源。

（3）在电气装置相对集中的场所，如变电所、配电室等，配置绝缘灭火器材，并禁止烟火。

（4）加强电气设备绝缘，防止闪烁。

（5）合理配置防雷装置。

**4.2.7**　电气防火组织措施

（1）建立易燃、易爆物和强腐蚀介质管理制度。

（2）建立电气防火责任制，加强重点场所烟火管制，并设置禁止烟火标志。

（3）建立电气防火教育制度，经常进行电气防火知识教育和宣传提高各类用电人员电气防火自觉性。

(4) 建立电气防火检查制度，发现问题及时处理。

(5) 强化电气防火领导体制，建立电气防火队伍。

**4.2.8** 临时用电系统的使用、管理与维护

(1) 坚持电气专业人员持证上岗，非电气专业人员不准进行任何电气部件的更换或维修。

(2) 施工现场的配电设施要坚持，一个月一检查，一个季度复查一次。

(3) 应保持配电线路及配电箱和开关箱内电缆、导线对地绝缘良好，不得有破损、硬伤、带电体裸露、电线受挤压、腐蚀、漏电等隐患，以防突然出事。

(4) 工地所有配电箱都要标明箱的名称、所控制的各线路称谓、编号、用途等。

(5) 配电箱要做到“六有”，在现场施工，当停止作业 1h 以上时，应将动力开关箱断电上锁。

(6) 检查和操作人员必需按规定穿、戴绝缘鞋、绝缘手套；必须使用电工专用绝缘工具。

(7) 平时应经常查看配电箱的进出线有没有承受外力，有没有被水泥砂浆浸污、被金属锐器划破绝缘，配电箱内电器的螺钉有没有松动，动力设备有没有缺相运行的声音等。

**4.2.9** 现场消防

(1) 消火栓及管道的设置

1) 根据施工现场情况，在基坑四周设置 5 个消火栓及环行水管，水管采用给水铸铁管，并在基坑四周设置一定数量的灭火器。

2) 施工现场进水管直径 100mm。栓消火栓处昼夜设有明显标志，配备足够的水龙带，周围 3m 内不存放任何物品。

(2) 现场消防规章制度

1) 严格遵守有关消防安全方面的法令、法规、配备专职消防保卫人员，制定有关消防保卫管理制度，完善消防设施，消除事故隐患。

2) 现场设有消防管道、消防栓，楼层内设有消防栓、灭火器，并有专人负责，定期检查，保证随时可用，并做明显标识。

3) 建立各种安全生产规章制度；安全教育制度；安全工作资料管理制度；安全技术交底制度。

4) 设专职安全员负责全面的安全生产监督检查和指导工作，并坚持安全生产谁主管谁负责的原则，贯彻落实每项安全生产制度，确保指标的实现。

5) 现场要有明显的防火宣传标志，每月对职工进行一次防火教育，每季度培训一次义务消防队。定期组织防火工作检查，建立防火工作档案。

6) 施工现场配备足够的消防器材，并做到布局合理，经常维护、保养，采取防冻保温措施，保证消防器材灵敏有效。

7) 施工材料的存放、保管，应符合防火安全要求，库房应用非燃材料支搭。易燃易爆物品应专库储存，分类单独存放，保持通风，用电符合防火规定。不准在工程内、库房内调配油漆、稀料。

8) 结构内不准作为仓库使用，不准存放易燃、可燃材料，因施工需要进入结构内的可燃材料，要根据工程计划限量进入并应采取可靠的防火措施。

9）在施工过程中要坚持防火安全交底制度。特别在进行电气焊、油漆粉刷或从事防水等危险作业时，要有具体的防火要求。

### 4.3　文明施工与环境保护

#### 4.3.1　管理目标

我们将依据 GB/T 24001—1996/ISO 14001—1996 环境管理标准和公司环保手册，建立环境管理体系，制定环境方针、环境目标和环境指标，配备相应的资源，遵守法规、预防污染、节能减废，实现施工与环境的和谐，达到环境管理标准的要求，确保施工对环境的影响最小，并最大限度地达到施工环境的美化，选择功能型、环保型、节能型的工程材料设备，不仅在施工过程中达到环保要求，而且要确保医院工程成为使用功能完备的绿色建筑。

认真贯彻执行建设部、北京市关于施工现场文明施工管理的各项规定。使施工现场成为干净、整洁、安全和合理的文明工地，使之成为北京市“安全文明样板工地”。

鉴于本工程周边环境的特殊性，我们将重点控制和管理现场布置、临建规划、现场文明施工、大气污染、对水污染、噪声污染、废弃物管理、资源的合理使用以及环保节能型材料设备的选用等。在制定控制措施时，考虑对企业形象的影响、环境影响的范围、影响程度、发生频次、社区关注程度、法规符合性、资源消耗、可节约程度以及对材料设备对建筑物环保节能的效果等。

#### 4.3.2　组织保证

（1）在项目经理部建立环境保护体系，明确体系中各岗位的职责和权限，建立并保持一套工作程序，对所有参与体系工作的人员进行相应的培训。

（2）本工程地处闹市区，施工现场必须严格按照公司环保手册和现场管理规定进行管理，项目经理部成立 10 人左右的场容清洁队，每天负责场内外的清理、保洁、洒水降尘等工作。

#### 4.3.3　工作制度

（1）每周召开一次“施工现场文明施工和环境保护”工作例会，总结前一阶段的施工现场文明施工和环境保护管理情况，布置下一阶段的施工现场文明施工和环境保护管理工作。

（2）建立并执行施工现场环境保护管理检查制度。每周组织一次由各专业施工单位的文明施工和环境保护管理负责人参加的联合检查，对检查中所发现的问题开出“隐患问题通知单”，各专业施工单位在收到“隐患问题通知单”后，应根据具体情况，定时间、定人、定措施予以解决，项目经理部有关部门应监督落实问题的解决情况。

#### 4.3.4　管理措施

（1）场容布置

1）根据施工现场情况本工程需要设置 3 个大门，并设围墙与周围环境隔离。

2）对现有围墙按公司 CI 手册要求统一进行粉刷，做到牢固、美观、封闭完整的要求。

3）为美化环境，在主要出入口和围墙边进行绿化和摆放盆花。

4）在主要大门口明显处设置标牌，标牌写明工程名称、建筑面积、建设单位、设计单位、施工单位、工地负责人、开工日期、竣工日期等内容，字迹书写规范、美观，并经常保持整洁、完好。

5）大门口内设二图五板（即施工现场平面图、施工现场卫生区域划分图、施工现场安全生产管理制度板、施工现场消防保卫管理制度板、施工现场现场管理制度板、施工现场环境保护管理制度板、施工现场行政卫生管理制度板）。

（2）防止对大气污染

1）施工阶段，定时对道路进行淋水降尘，控制粉尘污染。

2）建筑结构内的施工垃圾清运，采用搭设封闭式临时专用垃圾道运输或采用容器吊运或袋装，严禁随意凌空抛撒，施工垃圾应及时清运，并适量洒水减少粉尘对空气的污染。

3）水泥和其他易飞扬物、细颗粒散体材料，安排在库内存放或严密遮盖，运输时要防止遗撒、飞扬，卸运时采取码放措施，减少污染。

4）现场内所有交通路面和物料堆放场地全部铺设混凝土硬化路面，做到黄土不露天。

5）对商品混凝土运输车要加强防止遗洒的管理，要求所有运输车卸料溜槽处必须装设防止遗洒的活动挡板，混凝土卸完后必须清理干净方准离开现场。

6）在出场大门处设置车辆清洗冲刷台，车辆经清洗和苫盖后出场，严防车辆携带泥沙出场，造成道路的污染。

7）现场内的采暖和烧水茶炉均采用电器产品。

（3）防止对水污染

1）雨水管网与污水管网分开使用，严禁将非雨水类的其他水体排进市政雨水管网。

2）罐车冲洗池将罐车清洗所用的废弃水经初步沉淀后排入市政污水管线，定期将池内的沉淀物清除。

3）现场交通道路和材料堆放场地统一规划排水沟，控制污水流向，设置沉淀池，污水经沉淀后再排入市政污水管线，严防施工污水直接排入市政污水管线或流出施工区域污染环境。

4）加强对现场存放油品和化学品的管理，对存放油品和化学品的库房进行防渗漏处理，采取有效措施，在储存和使用中，防止油料跑、冒、滴、漏，污染水体。

（4）防止施工噪声污染

1）现场混凝土振捣采用低噪声混凝土振捣棒，振捣混凝土时，不得振钢筋和钢模板，并做到快插慢拔。

2）除特殊情况外，在每天晚22:00~次日早6:00，严格控制强噪声作业，对混凝土输送泵、电锯等强噪声设备，以隔声棚遮挡，实现降噪。

3）模板、脚手架在支设、拆除和搬运时，必须轻拿轻放，上、下、左、右有人传递。

4）使用电锯切割时，应及时在锯片上刷油，且锯片送速不能过快。

5）使用电锤开洞、凿眼时，应使用合格的电锤，及时在钻头上注油或水。

6）加强环保意识的宣传。采取有力措施控制人为的施工噪声，严格管理，最大限度地减少噪声扰民。

7）塔吊指挥尽可能配套使用对讲机，降低起重工的吹哨声带来的噪声污染。

8）木工棚及高噪声设备实行封闭式隔声处理。

9）由项目书记负责扰民协调工作，现场设置居民接待室，负责接待和解决周边居民的投述。

（5）限制光污染措施

探照灯尽量选择既能满足照明要求又不刺眼的新型灯具，或采取措施使夜间照明只照射工区而不影响周围社区。

（6）废弃物管理

1）施工现场设立专门的废弃物临时储存场地，废弃物应分类存放，对有可能造成二次污染的废弃物必须单独储存，设置安全防范措施且有醒目标识。

2）废弃物的运输确保不散洒、不混放，送到政府批准的单位或场所进行处理、消纳。

3）对可回收的废弃物做到再回收利用。

（7）材料设备的管理

1）对现场堆场进行统一规划，对不同的进场材料设备进行分类合理堆放和储存，并挂牌标明标示，重要设备材料利用专门的围栏和库房储存，并设专人管理。

2）在施工过程中，严格按照材料管理办法，进行限额领料。

3）对废料、旧料做到每日清理回收。

4）使用计算机数据库技术，对现场设备，材料进行统一编码和管理。

（8）其他措施

1）对易燃、易爆、油品和化学品的采购、运输、储存、发放和使用后对废弃物的处理制定专项措施，并设置专人管理。

2）对施工机械进行全面的检查和维修保养，保证设备始终处于良好状态，避免噪声、泄漏和废油、废弃物造成的污染，杜绝重大安全隐患的存在。

3）生活垃圾与施工垃圾分开，并及时组织清运。

4）施工作业人员不得在施工现场围墙以外逗留、休息，人员用餐必须在施工现场围墙以内。

5）对水资源应合理再利用，如将降水时抽出的浅层水用于冲洗车辆、降尘和冲洗地面。

6）项目经理部配置粉尘、噪声等测试器具，对场界噪声、现场扬尘等进行监测，并委托环保部门定期对包括污水排放在内的各项环保指标进行测试。项目经理部对环保指标超标的项目及时采取有效措施进行处理。

（9）避免扰民措施

由于现场南侧为教学楼和医院住院部，因此，在进行地上结构施工时，我部将在现场南侧搭设专用脚手架，并在其外侧张挂环境保护协会新开发的隔声软帘。这种隔声软帘隔声效果好，隔声量在10~12dB（A）左右，使用这种隔声软帘可以减少扰民费用的投入。此外，这种隔声软帘外观整齐、美观、色彩丰富，在隔声的同时，又能在视觉上增加美感。

第十四篇

# 湖北省人民医院综合门诊楼施工组织设计

**编制单位**：中建三局工程总承包公司
**编制人员**：张　亮　陶方清　雷转运

【简介】　湖北省人民医院综合门诊楼工程施工场地比较狭窄，组织管理难度较大。在施工方案中，组织机构设置合理，模板方案、总承包管理和土建、安装、装饰的配合等方面，方法得当，具有特色，在施工组织设计中叙述得较为详细、清晰，对其他分项工程的施工方案叙述也比较完备，图文并茂，值得借鉴。

# 目　录

# 1 前言

## 1.1 编制说明

### 1.1.1 编制说明

本施工组织设计是遵照我局技术管理程序，按照《湖北省人民医院综合门诊楼工程施工组织设计大纲》确定的原则编制的，反映了我公司对湖北省人民医院综合门诊楼工程施工的总体构思和部署。作为总承包单位，我公司在施工组织设计中对整个工程的施工组织、方法进行了简要介绍，编制了相应的施工方案。以确保优质、高速、安全、低耗地建成本工程，为业主贡献了优质的建筑产品。

### 1.1.2 编制范围及依据

本工程中标范围：桩基以上全部建筑安装工程（含支护及土方工程）。

本施工组织设计编制依据：

（1）湖北省人民医院综合门诊楼工程中标通知书；

（2）与湖北省人民医院签定的《湖北省人民医院综合门诊楼工程建筑安装施工合同》及补充合同；

（3）由业主提供的本工程结构、建筑、安装、人防施工图纸及有关文件；

（4）国家、行业及现行设计施工的相关法规、规范、规程及验评标准；

（5）湖北省武汉市人民政府有关建筑工程管理、市政管理、环境保护等地方性法规；

（6）现场和周边的踏勘情况；

（7）中建总公司及中建三局有关质量管理、安全管理、文明施工管理和相关工种、工序的工法；

（8）由业主、监理、武工大设计院、人防设计院和我公司共同召开的设计交底及图纸会审纪要；

（9）现行建筑、安装劳动定额及取费定额；

（10）我公司投标过程中编制的《施工组织设计大纲》；

（11）我公司质量体系文件、管理制度。

### 1.1.3 拟采用国家及地方规范清单

| | |
|---|---|
| 《地基及基础工程施工及验收规范》 | GBJ 202—83 |
| 《土方与爆破工程验收规程》 | GBJ 201—83 |
| 《工程测量规范》 | GB 50026—93 |
| 《砌体工程施工及验收规范》 | GBJ 50203—98 |
| 《混凝土工程施工及验收规范》 | GB 50204—92 |
| 《建筑安装工程质量检验评定统一标准》 | GBJ 300—88 |
| 《钢筋混凝土高层建设结构设计与施工规程》 | JGJ 300—91 |
| 《钢筋焊接及验收规范》 | JGJ 18—96 |
| 《建筑装饰工程施工及验收规范》 | JGJ 73—91 |
| 《人防工程施工及验收规范》 | GBJ 134—90 |

《施工现场临时用电安全技术规范》 JGJ 46—88
《建筑施工安全检查评分标准》 JGJ 59—88
《建设机械使用安全技术规程》 JGJ 33—86
《混凝土泵送施工技术规程》 JGJ/T 10—95
《混凝土质量控制标准》 GB 50164—92
《建筑工程质量检验评定标准》 GBJ 301—88
《建筑配件图集合订本》 98ZJ
《屋面工程技术规范》 GB 50207—94
《地下工程防水技术规范》 GBJ 108—87
《给水排水管道工程施工及验收规范》 GB 50268—97
《电气装置安装工程施工及验收规范》 GB 50254—96
《建筑电气安装工程质量检验评定标准》 GB 50303—97
《通风与空调工程施工及验收规范》 GB 50243—97
《通风与空调工程质量检验评定标准》 GB 50304—97

## 1.2　指导思想与实施目标

### 1.2.1　指导思想

我们的指导思想是：树立大科技观念，贯彻科技是第一生产力的方针，以质量为中心，执行 GB/T 19000—ISO 9000《质量管理和质量保证》系列标准，建立工程质量保证体系；编制项目《质量保证计划》；选配高素质的项目经理及管理人员组成项目经理部；按国际惯例实施项目管理；在工程施工过程中积极应用推广新技术、新工艺、新材料、新设备等“四新”技术；精心组织、科学管理；在预定工期内优质、高速、安全、低耗地完成本工程的建设任务，把本工程建设成为武昌地区新的优质工程，为武汉市及湖北省人民医院的发展做贡献。

### 1.2.2　实施目标

(1) 工程质量目标

确保本工程评为省优质工程（楚天杯），争创“鲁班奖”。

(2) 工期目标

确保 492 个日历天全面完成合同范围内的工程内容。

(3) 科技进步目标

施工中积极开推广应用科技成果和现代化管理技术，达到提高质量、保证工期、降低成本的目的。

工程拟推广应用的四新技术见表 1。

(4) 安全生产目标

杜绝死亡、重伤及消防、机械事故，月负伤（轻伤）频率控制在 1.25‰以内。

(5) 文明施工目标

严格按武汉市文明施工的各项规定和我公司 CI 战略布置和管理整个现场，创建一流的文明施工现场，场内各种建筑材料堆码成垛，实行无垃圾管理，保持场容、市容环境卫生，确保创建武汉市年度文明施工优良样板工地。

(6) 投资控制目标

积极协助业主，提出合理化建议，科学地编制施工方案和作业计划，减少定额外消耗，为业主最大限度节约投资。

"四新"成果推广计划表　　表 1-1

| 序号 | 项　目 | 主要技术内容 | 目　　标 | 备 注 |
|---|---|---|---|---|
| 1 | 施工测量 | 高精度经纬仪、水准仪，激光铅直仪等先进设备应用 | 确保平面和竖向尺寸准确 | 新技术应用 |
| 2 | 模板技术 | 高强度工具式定型模板的应用、电梯井筒子模技术 | 按工业化、机械化制作安装，减少模板损耗，提高混凝土的质量 | 新技术应用项目 |
| 3 | 钢筋连接技术 | 电渣焊连接 | $\phi$18 以上（含 $\phi$18）竖向钢筋连接，包括二层以下（含二层剪力墙竖筋的接长） | |
| | | 锥螺纹连接技术 | 地梁纵向钢筋连接 | |
| 4 | 混凝土工程 | ①采用商品混凝土、计算机自动配料技术 | 保证混凝土强度达到设计要求 | 新技术应用 |
| | | ②普通混凝土高性能化施工技术 | 在不增加成本前提下，优化混凝土配合比设计，改善混凝土的施工性能，提高混凝土密实性与耐久性，提高混凝土质量 | 新技术开发 |
| | | ③混凝土泵送、布料杆布料技术 | 加快施工进度，降低劳动强度，有利于提高工程质量，保证混凝土施工连续性 | 新技术应用 |
| | | ④板面楼面机械抹光技术 | 有利于楼板面标高控制，减少后续工程投入 | |
| 5 | 脚手架技术 | 碗扣式快拆支撑脚手架 | 加快内架及支撑架施工进度，提高周转架料周转率 | 新技术应用 |
| 6 | 建筑防水新技术 | 执行 GBJ 108—87、GBJ 208—83、GB 50207—94 | 从原材料质量、构造处理、施工过程控制等方面应用新材料、新技术确保防水工程质量，消除通病 | 新技术应用 |
| 7 | 计算机应用技术 | ①网络技术的应用；②软件的应用 | ①高效进行数据处理、分析，提高管理效率；②提供资料库检索功能，开发文件资料的应用价值；③进行高速信息传递，充分利用信息反馈信息，进行信息化施工 | |
| 8 | 混凝土裂缝控制技术 | ①配合比优化；②保湿蓄热养护 | 提高混凝土性能、信息化施工，便于控制有害裂缝发生；裂缝控制是一项系统工程，我们将与有关方面配合，使此项工作较现阶段控制水平有较大提高 | 新技术应用 |

(7) 服务目标

信守合同，密切配合，认真协调与各方的关系，接受业主、监理及社会的控制与监督。

(8) 协调目标

做好内外关系的协调，结合现场周边情况充分发挥项目管理优势，主动争取各方的支持和配合。

(9) 总承包管理目标

在上述各项目标明确的前提下，对各分包商进行管理和考评。

# 2　工程概况及特点

## 2.1　工程概况

工程名称：湖北省人民医院综合门诊楼

业　　主：湖北省人民医院

设计单位：武汉工业大学设计院（建筑、结构、安装部分）

广州军区司令部建筑工程设计院（人防地下室部分）

监理单位：湖北华隆监理公司

湖北省人民医院综合门诊楼工程位于武昌解放路238#，湖北省人民医院院内，建筑面积34092m$^2$，地下一层，地上16层（局部18层），建筑高度72.700m，为钢筋混凝土剪力墙结构。基础采用后压浆钻孔灌注桩基础。地下室为人防地下室（平时为车库及设备用房），1~6层为门诊部，7层为转换层，8~16层为住院部，16~18层为多功能会议室及设备用房。大楼设有垂直电梯4部，自动扶梯10部（1~6层每层2部）。大楼外墙面采用玻璃幕墙和面砖贴面，窗为铝合金窗，立面富有变化和层次，装饰典雅、华美，建筑风格独特，建成后将成解放路上又一座亮丽的建筑物。

其他详见表2-1。

工程概况特征表　　表2-1

| 序号 | 项目 | | 说明 |
|---|---|---|---|
| 1 | 建筑场地类别 | | Ⅲ类 |
| 2 | 抗震设防烈度 | | 7度 |
| 3 | 框架抗震等级 | | Ⅱ级 |
| 4 | 基础结构形式 | | 灌注桩 |
| 5 | 支护结构形式 | | 排桩+内支撑 |
| 6 | 上部结构形式 | | 框架—剪力墙结构 |
| 7 | 砌体 | ±0.000m以下 | MU10烧结砖，M5水泥砂浆 |
| | | ±0.000m以上 | 250、200加气混凝土砌块，M5混合砂浆 |
| 8 | 混凝土强度等级 | 17.370m以下 | C40 |
| | | 17.370~39.670m | C35 |
| | | 39.670m以上 | C30 |

续表

| 序号 | 项 目 | 说 明 |
|---|---|---|
| 9 | 外墙装修 | 玻璃幕墙、面砖、局部大理石 |
| 10 | 内墙装修 | 大部分为乳胶漆面层，少量面砖及混合砂浆面贴 1mm 铅板 |
| 11 | 楼地面工程 | 大部分地砖，少量花岗石、塑料地板 |
| 12 | 门窗工程 | 普通门、防火门、铝合金等 |
| 13 | 屋面工程 | 威特力防水涂料 |

### 2.2 施工主要特点及对策

(1) 本工程施工地点位于湖北省人民医院院内，离周围建筑（特别是居民住宅）较近，地理位置特殊。

对策：认真做好环境保护和安全防护工作，尽量避免进行夜间施工。采取有效的措施减少施工噪声和环境污染。同时，对周围建筑加强沉降观测和变形观测，做好记录。

(2) 本工程平面形状不规则，异形结构多。

对策：编制确实可行的测量方案，保证测量数据的准确，异形结构采用定型模板，严格控制支模质量，确保结构尺寸准确。

(3) 本工程不同楼层使用的混凝土强度等级有所变化。

对策：事先做好混凝土的试配工作。

(4) 本工程为综合门诊楼，各种管线较多。

对策：做好土建施工与安装的配合工作，结构施工时注意安装的预留预埋的准确。

(5) 根据本工程的施工进度安排，本工程主体施工阶段处于冬期，装修施工阶段处于雨期。

对策：制定相应的冬雨期施工措施，保证工程质量，确保工程顺利进行。

(6) 本工程施工场地狭小。

对策：合理利用现有的场地，按基础、主体、装饰三个阶段，对总平面进行动态管理；

(7) 本工程施工主要入口位于紫阳路，交通状况对施工影响较大。

对策：连续施工期间（土方外运、底板、结构层混凝土等），我们将设专人进行交通协调联络。

(8) 门诊楼内池槽较多，地下室为人防地下室。

对策：做好穿墙、穿板管线的防水处理，人防部分必须按人防要求做好防水、防气处理；同时，保证埋件的准确，避免事后处理。

# 3 施工部署

### 3.1 组织机构

本着“精干高效、结构合理”的原则，我们选派了具有丰富实践经验、承担过同类工程施工的人员担任项目经理、项目技术负责人，选配综合素质高、技术全面的各级技术管理人员组成人民医院综合门诊楼工程项目经理部，代表法人全面履约；项目经理部设"四部一室"，其组织关系详见图 3-1。项目主要管理人员名单详见表 3-1。同时，精心选配经验丰富、技术水平高、有战斗力的各专业劳务队伍担任本工程的施工任务。

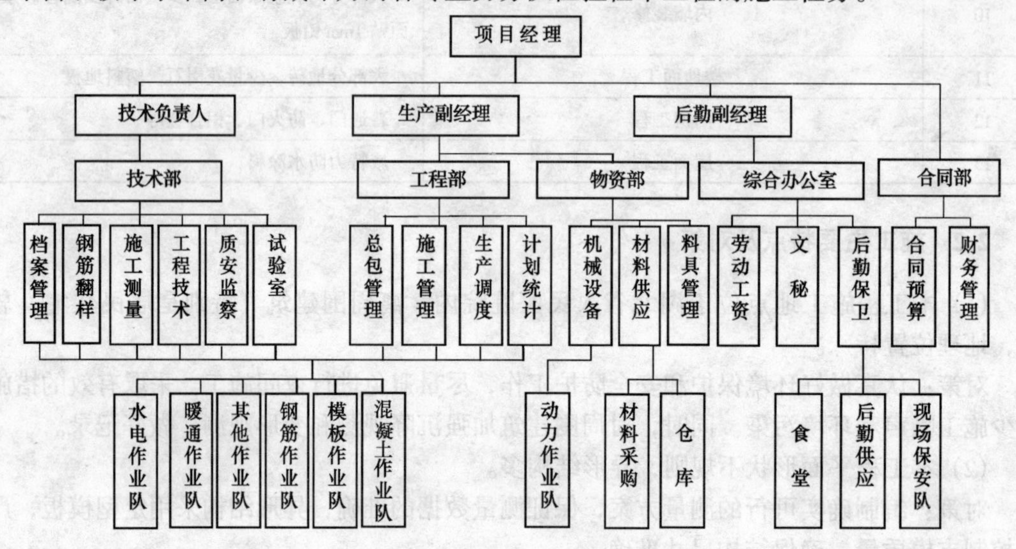


图 3-1　项目组织机构体系图

主要管理人员一览表　　　　表 3-1

| 序号 | 姓　名 | 性　别 | 年　龄 | 职　称 | 学　历 | 专　业 | 项目职务 |
|---|---|---|---|---|---|---|---|
| 1 | 袁×× | 男 | 50 | 高级工程师 | 大学 | 工民建 | 项目经理 |
| 2 | 胡×× | 男 | 53 | 高级工程师 | 大学 | 工民建 | 项目总工 |
| 3 | 王×× | 男 | 35 | 工程师 | 大专 | 工民建 | 常务副经理 |
| 4 | 万×× | 男 | 38 | 政工师 | 大专 | 党政管理 | 项目书记 |
| 5 | 漆×× | 男 | 38 | 工程师 | 大专 | 工民建 | 生产副经理 |
| 6 | 张　× | 男 | 28 | 工程师 | 大学 | 工民建 | 技术负责人 |
| 7 | 赵×× | 男 | 28 | 工程师 | 大学 | 工民建 | 内业负责人 |
| 8 | 彭　× | 男 | 28 | 工程师 | 大学 | 工民建 | 木工主工长 |
| 9 | 刘　× | 男 | 28 | 工程师 | 大学 | 工民建 | 混凝土主工长 |
| 10 | 张×× | 男 | 55 | 工程师 | 中专 | 机　电 | 机电工长 |
| 11 | 徐×× | 男 | 28 | 工程师 | 大学 | 工民建 | 钢筋主工长 |
| 12 | 张×× | 男 | 48 | 工程师 | 大学 | 工民建 | 质量负责人 |
| 13 | 严×× | 男 | 38 | 助　工 | 中专 | 工民建 | 安全负责人 |
| 14 | 张×× | 男 | 30 | 助　工 | 中专 | 工民建 | 材料负责人 |
| 15 | 凌×× | 男 | 29 | 助　工 | 中专 | 工程测量 | 测量负责人 |
| 16 | 汤×× | 男 | 28 | 工程师 | 大学 | 工民建 | 预算负责人 |
| 17 | 刘×× | 女 | 45 | 经济师 | 大专 | 劳动人事 | 劳资负责人 |
| 18 | 舒　× | 女 | 32 | 助理经济师 | 中专 | 企业管理 | 后勤负责人 |

## 3.2 施工分区及施工程序

对于本工程的施工，我们拟采取“水平分区、竖向分层，砌体、装饰、安装等适时插入”的方式进行施工。同时，实行层间施工小流水，以达到缩短工期、保证质量的目的。

### 3.2.1 施工分区段

(1) 平面分区

地下室及主体结构 1～6 层单层建筑面积均为 2600m² 左右，每层拟以加强带为界(3-1)～(3-2)轴间划分为两个区流水施工，各施工区间实行小流水，即先Ⅰ区、后Ⅱ区。

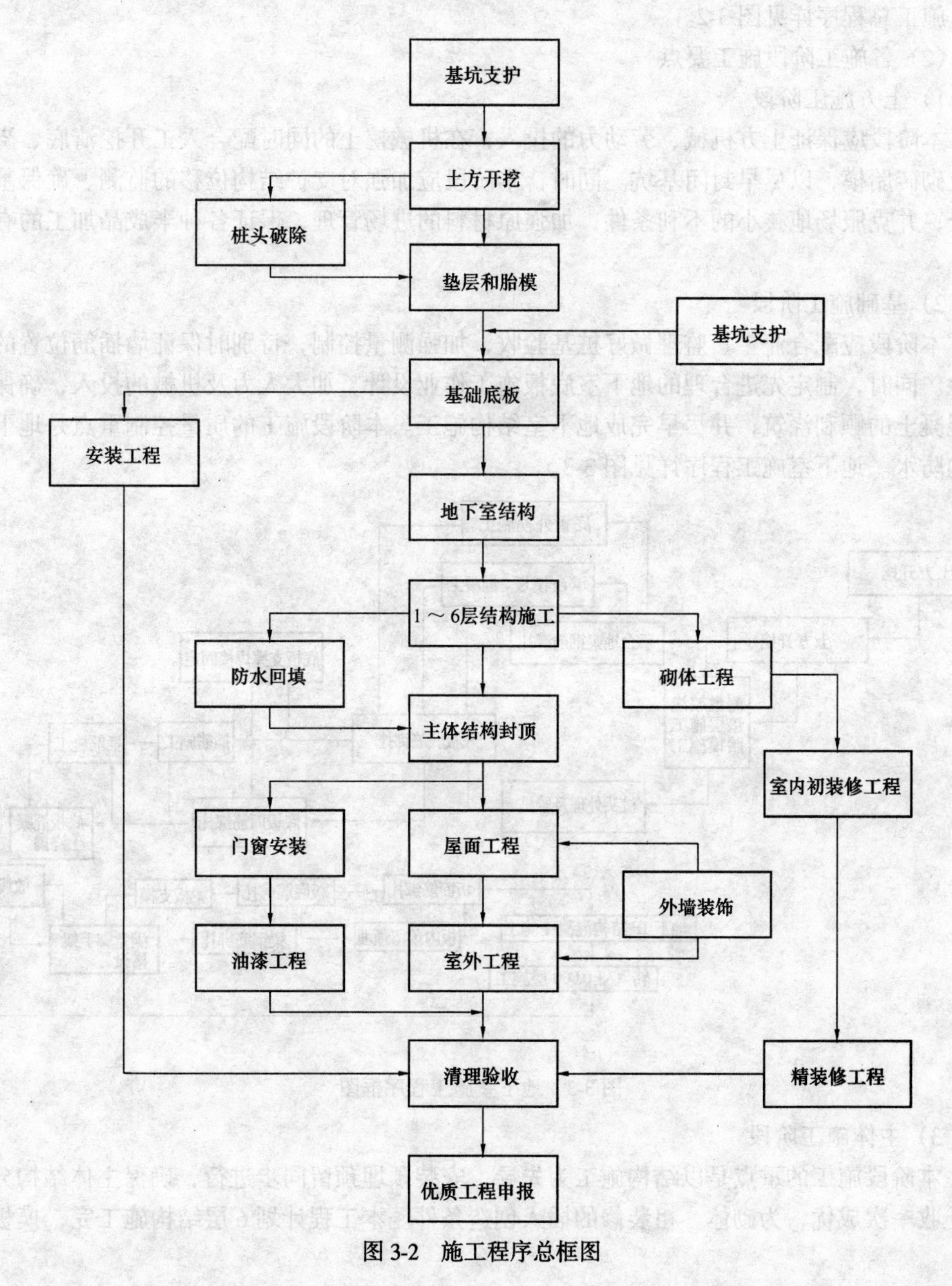


图 3-2 施工程序总框图

（2）竖向分段

本工程主体结构竖向以1～6层为第一施工段，7～18层为第二施工段，在主体结构6层施工完毕后插入砌体、装饰施工，分段对结构进行验收。

**3.2.2** 施工程序

（1）施工总程序安排

施工总程序安排以主体结构施工为主线，水平分区、竖向分段，适时插入砌体、装修施工（计划在6层结构施工完、模板拆除完后进行一次中间结构验收），实行层间流水施工，以达到缩短工期、保证质量的目的。

施工总程序详见图3-2。

（2）各施工阶段施工要点

1）土方施工阶段

本阶段应保证土方机械、劳动力的投入，在机械挖土的同时配合人工开挖清底、浇垫层及砌砖胎模，以尽早封闭基坑。同时，本阶段应加强对支护结构位移的监测、确保基坑安全；并克服场地狭小的不利条件，加强原材料的进场管理，保证各种半成品加工的有序性。

2）基础施工阶段

本阶段应配合业主、监理做好桩基验收，加强测量控制，特别时保证墙插筋位置的准确性。同时，制定先进合理的地下室底板施工作业设计，加大人力及机械的投入，确保底板混凝土的顺利浇筑，并尽早完成地下室结构施工。本阶段施工的质量控制重点是地下室结构防水。地下室施工程序详见图3-3。

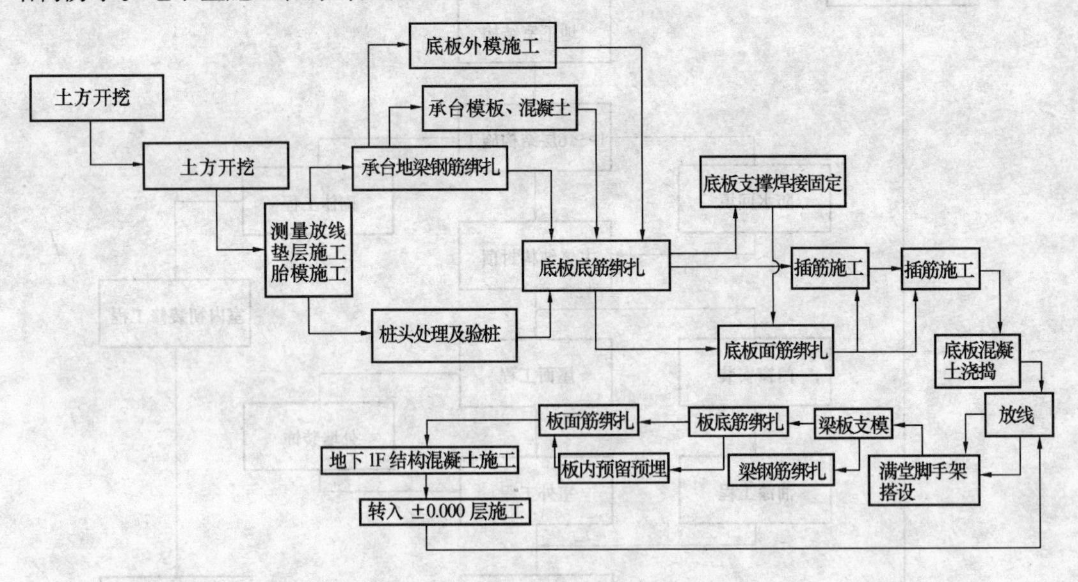


图3-3 地下室施工程序框图

3）主体施工阶段

本阶段施工的重点是以结构施工为先导，安装预埋预留同步进行，确保主体结构分阶段验收一次成优，为砌体、粗装修的插入创造条件。本工程计划6层结构施工完，模板拆除后组织进行一次结构中间验收，合格后插入砌体及粗装修施工。在砌体、粗装修插入后应加强主体施工与砌体、粗装修施工之间的协调，以主体施工为重点，确保主体结构顺利封顶。主体结构施工程序详见图3-4。

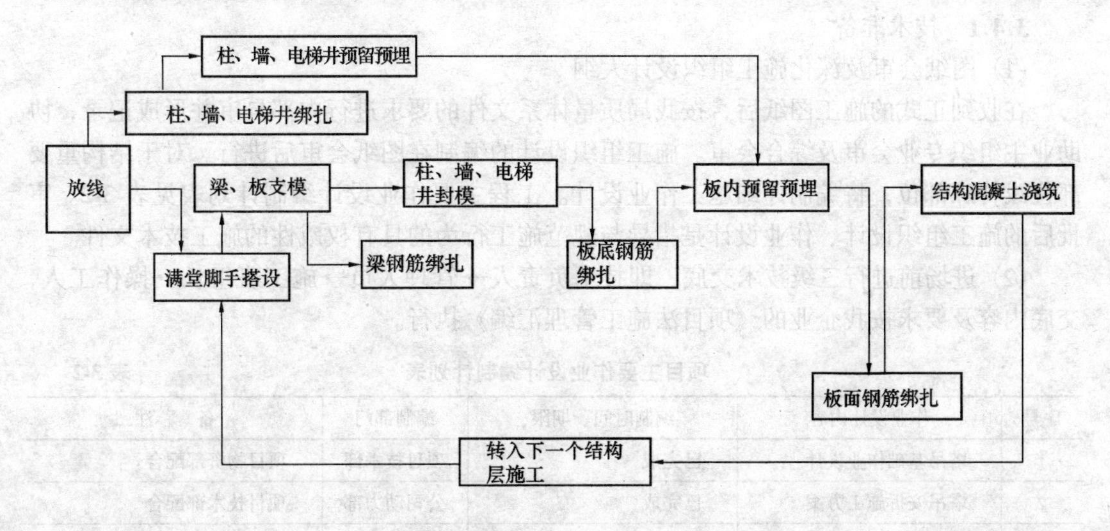


图3-4 主体结构施工程序框图

4）装修、安装阶段

在本阶段以室内装修为工作重点，土建、安装必须最大限度地为装修创造工作面，确保装修全面展开。

5）室外工程及收尾阶段

本阶段以安装调试为重点，加紧整个工程的配套收尾和清理卫生，整理各项交工资料，以保证工程验收一次成优。

## 3.3 主要机械设备的选择

### 3.3.1 垂直运输设备

（1）塔吊的选择

本工程布置1台125t·m，$R=56$m塔吊，具体位置详见施工总平面布置图。塔吊应在基础土方开挖到位前，安装调试完毕。

（2）施工电梯的选择

根据每层工程量及施工进度要求，主体阶段布置1台SCD200/200K型施工电梯，装饰阶段增设一台同规格施工电梯，以解决人员上下及砂浆、装饰材料及其他零星材料的垂直运输问题。第一台施工电梯于主体结构6层前安装调试完毕，第二台电梯在主体施工完成前安装调试完毕。

### 3.3.2 混凝土施工机械的选择

（1）本工程采用商品混凝土、泵送入模，为确保施工进度，地下室及入口层选用3台输送泵，主体各层选用2台输送泵。

（2）现场配$R=15$m手动布料杆1套，实现从材料供应到现场布料的混凝土施工全过程自动化。

其他机械设备的配备参照下节。

## 3.4 施工准备

### 3.4.1 技术准备

(1) 图纸会审及深化施工组织设计大纲

在收到正式的施工图纸后，按我局质量体系文件的要求进行内部自审并形成记录，协助业主组织专业会审及综合会审。施工组织设计的编制在图纸会审后进行。对于结构重要部位或特殊部位，将编制详细施工作业设计。工程主要作业设计编制计划表见表3-2。审批后的施工组织设计、作业设计是指导与规范施工行为的具有权威性的施工技术文件。

(2) 进场前进行三级技术交底，即技术负责人→管理人员→施工班组长→操作工人，交底内容及要求按我企业的《项目法施工管理汇编》执行。

项目主要作业设计编制计划表　　表3-2

| 序号 | 作业设计内容 | 编制时间、期限 | 编制部门 | 备　注 |
|---|---|---|---|---|
| 1 | 塔吊基础作业设计 | 已完成 | 项目技术部 | 项目物资部配合 |
| 2 | 塔吊安拆施工方案 | 已完成 | 公司动力部 | 项目技术部配合 |
| 3 | 土方开挖作业设计 | 已完成 | 项目技术部 | |
| 4 | 地下室底板作业设计 | 已完成 | 项目技术部 | |
| 5 | 地下室施工作业设计 | 已完成 | 项目技术部 | |
| 6 | 模板体系作业设计 | 结构施工前2周 | 项目技术部 | |
| 7 | 防水作业设计 | 防水施工前1周 | 项目技术部 | 施工单位配合 |
| 8 | 地下室试水作业设计 | 试水前2周内 | 项目技术部 | 包括堵漏措施 |
| 9 | 施工临时水电作业设计 | 已完成 | 项目物资部 | 项目技术部配合 |
| 10 | 安装施工组织设计 | 图纸会审完后2周内 | 长申公司 | 项目安装负责人配合 |
| 11 | 施工电梯基础作业设计 | 地下室施工完成前 | 项目技术部 | 项目物资部配合 |
| 12 | 施工电梯安拆作业设计 | 施工电梯安装前2周 | 公司动力部 | 项目技术部配合 |
| 13 | 季节性施工措施 | 冬、雨期来临前2周 | 项目技术部 | 每次根据施工作业不同有针对性的编制 |
| 14 | 安全施工作业设计 | 已完成 | 项目工程部 | 项目技术部配合 |
| 15 | 砌体作业设计 | 主体地上12层施工前 | 项目技术部 | |
| 16 | 室内初装修作业设计 | 主体15层施工前 | 项目技术部 | |
| 17 | 屋面工程施工作业设计 | 主体封顶前一周 | 项目技术部 | |

(3) 建立测量控制网

根据业主提供的测量基点进行平面轴线及高程复核，重要控制点要做成相对永久性的标记，并对桩基进行复核，配合业主、监理进行桩基验收。

(4) 做好各类原材料的进场检验和混凝土的试配工作。

(5) 确定工程中即将使用的“四新”技术类型、内容及施工注意事项。

### 3.4.2 现场准备

制定科学的平面布置和管理措施，严格按优良现场的标准进行现场平面、空间的分配和动态化管理。

### 3.4.3 材料准备

入场后应按规定编制材料总体需用计划及年度、月度需用计划，分批到位入场准备阶段所需材料，把好材料验收关。周转材料需用量计划见表 3-3。

周转材料需用计划表 表 3-3

| 序号 | 名称 | 规格 | 数量 | 备注 |
|---|---|---|---|---|
| 1 | 普通钢管 | $\phi48\times3.5$ | 50t | 地下室 |
| 2 | 扣件 | | 10 万颗 | 扣件按三种类型备齐 |
| 3 | 模板 | 1830×915×18 | 9900m$^2$ | 九夹板 |
| | | SP-70 钢框竹模板 | 1500m$^2$ | |
| 4 | 木枋 | 50×100 | 150m$^3$ | |
| 5 | 竹跳板 | | 3000 块 | |
| 6 | “3”形卡 | | 25000 个 | |
| 7 | 安全网 | 底网 3m×6m | 160 张 | |
| | | 侧网 | 15000m$^2$ | |

### 3.4.4 机械设备准备

主要设备的准备详见上一节。机械设备需用量情况详见表 3-4。

主要机械设备需用计划表 表 3-4

| 序号 | 机械或设备名称 | 型号 | 数量 | 国别产地 | 制造年份 | 额定功率 kW | 生产能力 | 备注 |
|---|---|---|---|---|---|---|---|---|
| 1 | 塔吊 | FO/23B | 1 | 四川建机厂 | 1995 年 | 51.5×2 | 125t·m | |
| 2 | 施工电梯 | SCD200/200K | 2 | 江汉建成机厂 | 1997～1998 年 | 44kW | 2×2t | |
| 3 | 搅拌机 | JD750 | 2 | 江汉建成机厂 | 1997 年 | | | |
| 4 | 布料杆 | HG15 | 1 | 长沙 | 1997 年 | | | |
| 5 | 混凝土输送泵 | BP3000HDD-18R | 2 | 德国斯维茵 | 1997 年 | 157kW | | |
| 6 | 混凝土输送泵 | 楚天泵 | 1 | 湖北 | 1998 年 | 157kW | | |
| 7 | 插入式振动器 | ZN-1.5 | 10 | 上海 | 1997 年 | 1.5kW | | |
| 8 | 振动棒 | ZX-50 | 15 | 上海 | 1997 年 | 1.5kW | | |
| 9 | 振动棒 | ZX-35 | 4 | 上海 | 1997 年 | 1.5kW | | |
| 10 | 平板振动器 | | 2 | 上海 | 1998 年 | | | |
| 11 | 混凝土收光机 | | 2 | 上海 | 1998 年 | | | |
| 12 | 对焊机 | UN-100 | 2 | 上海华东 | 1997 年 | 100kV·A | | |
| 13 | 钢筋切断机 | GQ-40 | 3 | 山西临汾 | 1997 年 | 4kW | $\phi40$ | |
| 14 | 弯曲机 | GW-40 | 4 | 山西临汾 | 1997 年 | 3kW | $\phi40$ | |
| 15 | 电焊机 | BX1-500 | 2 | 上海华东 | 1997 年 | 41kW | | |
| 16 | 木工电锯 | BX1-330 | 2 | 上海华东 | 1997 年 | 26.4kW | | |
| 17 | 木工平刨 | MJ235 | 1 | 威海 | 1997 年 | 3kW | $\phi500$ | |
| | | MB504A | 1 | 乐山 | 1997 年 | 3kW | | |

### 3.4.5 劳动力准备

选派素质高、操作熟练、作风顽强的成建作业队伍。进场后进行入场教育，使其迅速进入工作状态。入场阶段首先要组织土工、钢筋工、木工、砖工、抹灰工和水电工入场，进行土方施工、临建搭设和施工前的钢筋、模板制作。钢筋焊接、电工等特殊工种持证上岗。

劳动力需用量情况详见表 3-5。

主要劳动力需用计划表　　表 3-5

| 序号 | 阶段<br>工种 | 基础阶段 | 主体阶段 | 装饰阶段 | 竣工阶段 |
|---|---|---|---|---|---|
| 1 | 土工 | 45 | 0 | 0 | 15 |
| 2 | 石工 | 30 | 30 | 30 | 30 |
| 3 | 钢筋工 | 80 | 80 | 0 | 0 |
| 4 | 模板工 | 60 | 80 | 0 | 0 |
| 5 | 混凝土工 | 30 | 50 | 0 | 0 |
| 6 | 砖工 | 40 | 40 | 120 | 40 |
| 7 | 抹灰工 | 0 | 90 | 120 | 40 |
| 8 | 杂工 | 40 | 40 | 40 | 40 |
|  | 合计 | 325 | 410 | 310 | 165 |

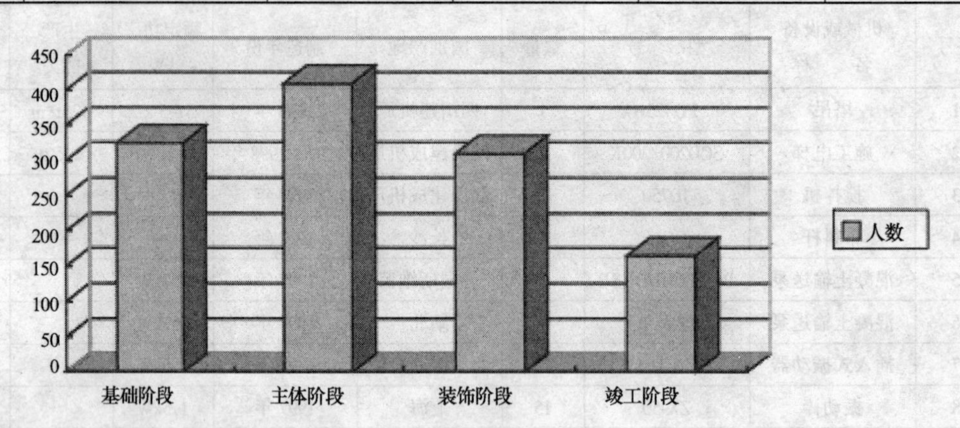


## 3.5 施工总平面布置

### 3.5.1 施工现场平面布置

施工现场平面布置包括：

(1) 围墙、临建及场地硬化

将入口处业主提供的二层临建经装修后作为现场办公室，场地西侧紧邻围墙处修厕所和浴室，东南侧紧邻围墙设临时钢筋加工棚和材料堆场，在场外另设一钢筋加工场地及堆场，以保证地下室钢筋的加工。生活区（食堂和民工宿舍等）设于场外业主指定位置。

现场围墙根据现场情况布置，对施工区域内进行硬化处理，临时道路做 200mm 厚 C30

混凝土，钢筋加工区域做100mm厚碎石垫层，100mm厚C15混凝土，其余区域做120mm厚C15混凝土。同时做好排水坡度，进行有组织排水，在施工场地大门入口处设置洗车槽，以免扬尘污染；同时，进行水电线路的布设。主要用地计划见表3-6。

临时用地计划表 表3-6

| 序　号 | 用　　途 | 需用面积（$m^2$） | 需用时间 |
|---|---|---|---|
| 1 | 现场办公用房 | 180 | 进场时 |
| 2 | 宿舍区 | 600 | 进场时 |
| 3 | 材料库房及试验室 | 90 | 进场时 |
| 4 | 水泥库房 | 80 | 围护施工前 |
| 5 | 钢筋加工场及堆场 | 240 | 结构施工前 |
| 6 | 模板加工场及堆场 | 150 | 结构施工前 |
| 7 | 周转架料堆场 | 120 | 结构施工前 |
| 8 | 砌体堆场 | 100 | 胎模施工前及围护结构施工前 |
| 9 | 安装材料堆场 | 120 | 安装大面积施工前 |
| 10 | 装饰材料堆场 | 100 | 装饰施工前 |

注：当现场无场地布置时，考虑场外解决，一层结构拆模后，部分加工场地移到一层

（2）地下室工程施工阶段的总平面布置

本阶段施工总平面布置的任务是：

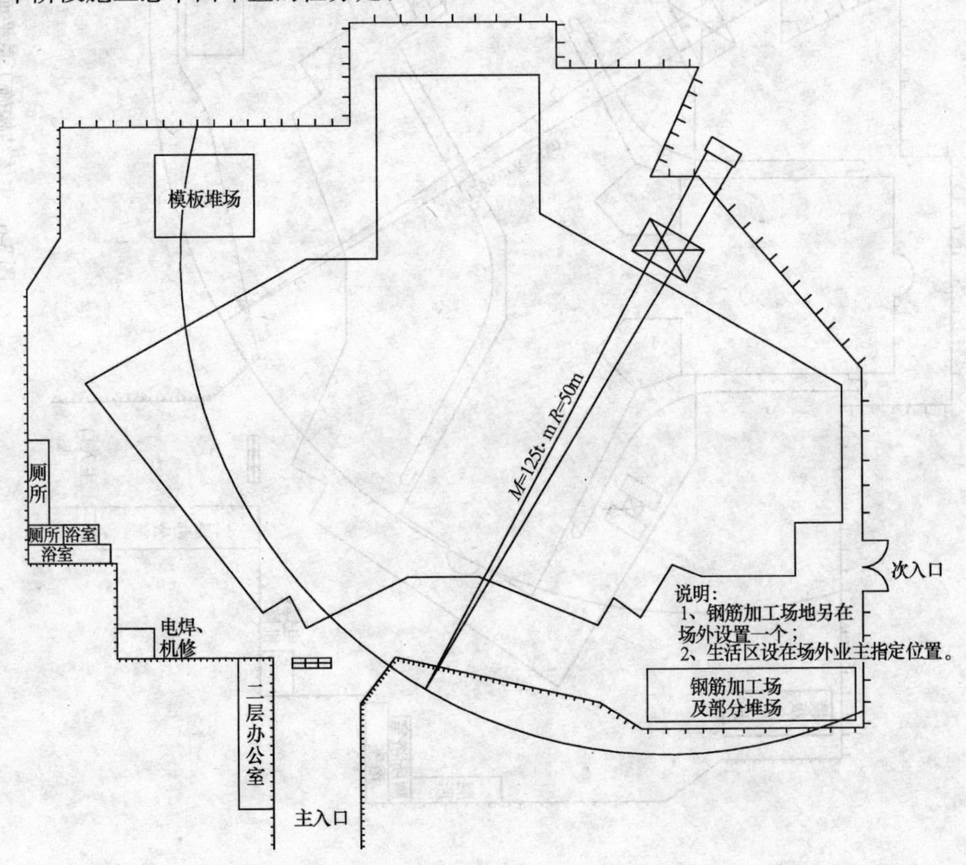


图3-5　地下室施工阶段总平面布置图

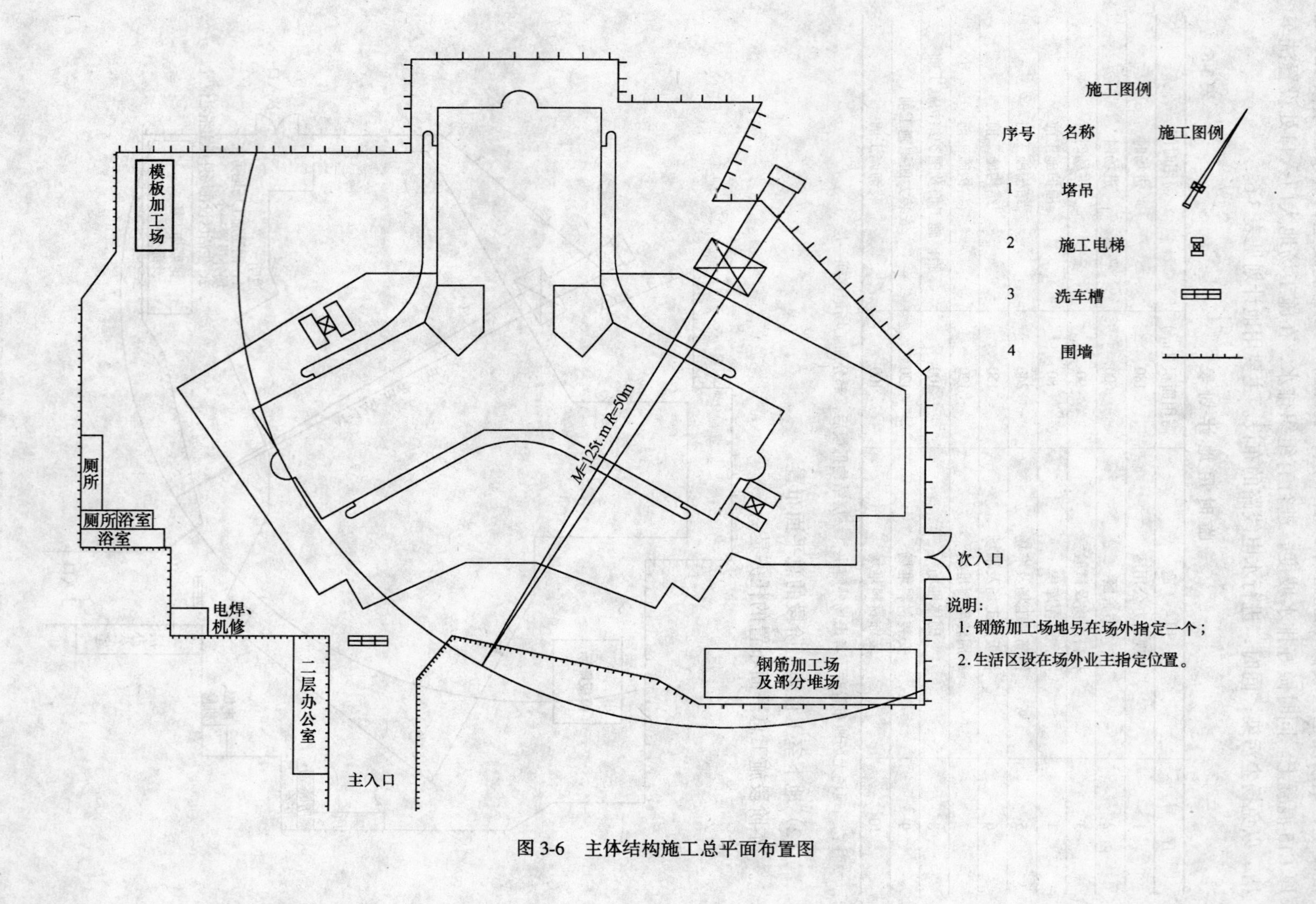


图3-6 主体结构施工总平面布置图

1）满足土方工程基础施工程序和方法，综合考虑施工全过程需要，设置各类库房、办公、生活用房和各类生产用房，设置塔吊等施工机械设备。

2）基坑内的排水、用电系统布设及四周防护布置。地下室施工阶段平面布置详见图3-5。

（3）主体结构施工阶段的总平面布置

本阶段应增设施工电梯等设备，位置选在（2-3）~（2-4）轴与（2-6）~（2-H）轴交汇区域，在主楼施工至第5层时开始安装施工电梯，以地下室顶板为基础（需对该处顶板和洞口进行局部加固）。同时在北面和东面临边的医院主干道上搭设防护棚。根据砌体的插入时间，增设砂浆搅拌场地。主体阶段施工总平面布置详见图3-6。

（4）安装、装修阶段总平面布置

主要管材、设备、型材吊运就位后，拆除塔吊，将原钢筋、模板堆场改为安装、装饰材料堆场。详见图3-7。

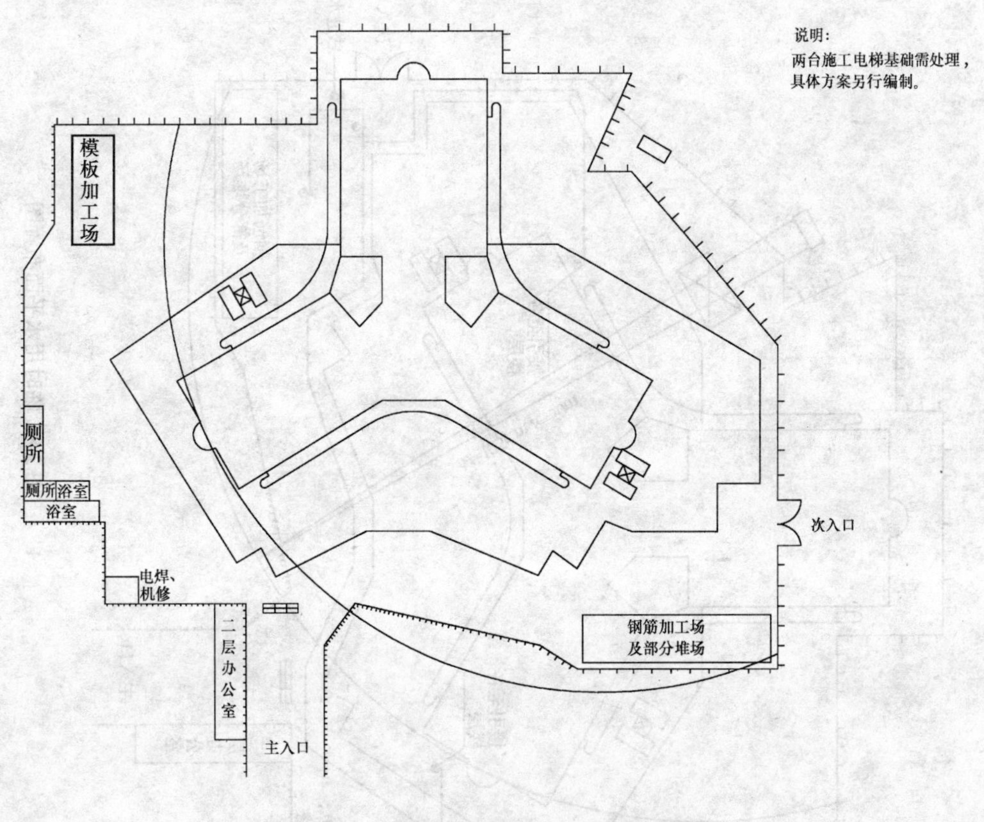


图3-7 装修阶段施工总平面布置图

### 3.5.2 临时水电方案

（1）临时供水方案

本工程采用商品混凝土，现场供水需满足模板清洗、混凝土养护、设备清洗、冷却及自搅拌砂浆等生产用水和消防、生活用水需要。

1）水源：业主方提供，可满足现场用水要求。

2）干管布置：现场供水干管采用无缝钢管，绕建筑物周边布置；横跨道路时筑沟槽埋地，其余采用裸铺。连接形式为焊接管路，转弯处采用钢质弯头焊接，阀门处采用法兰连接。

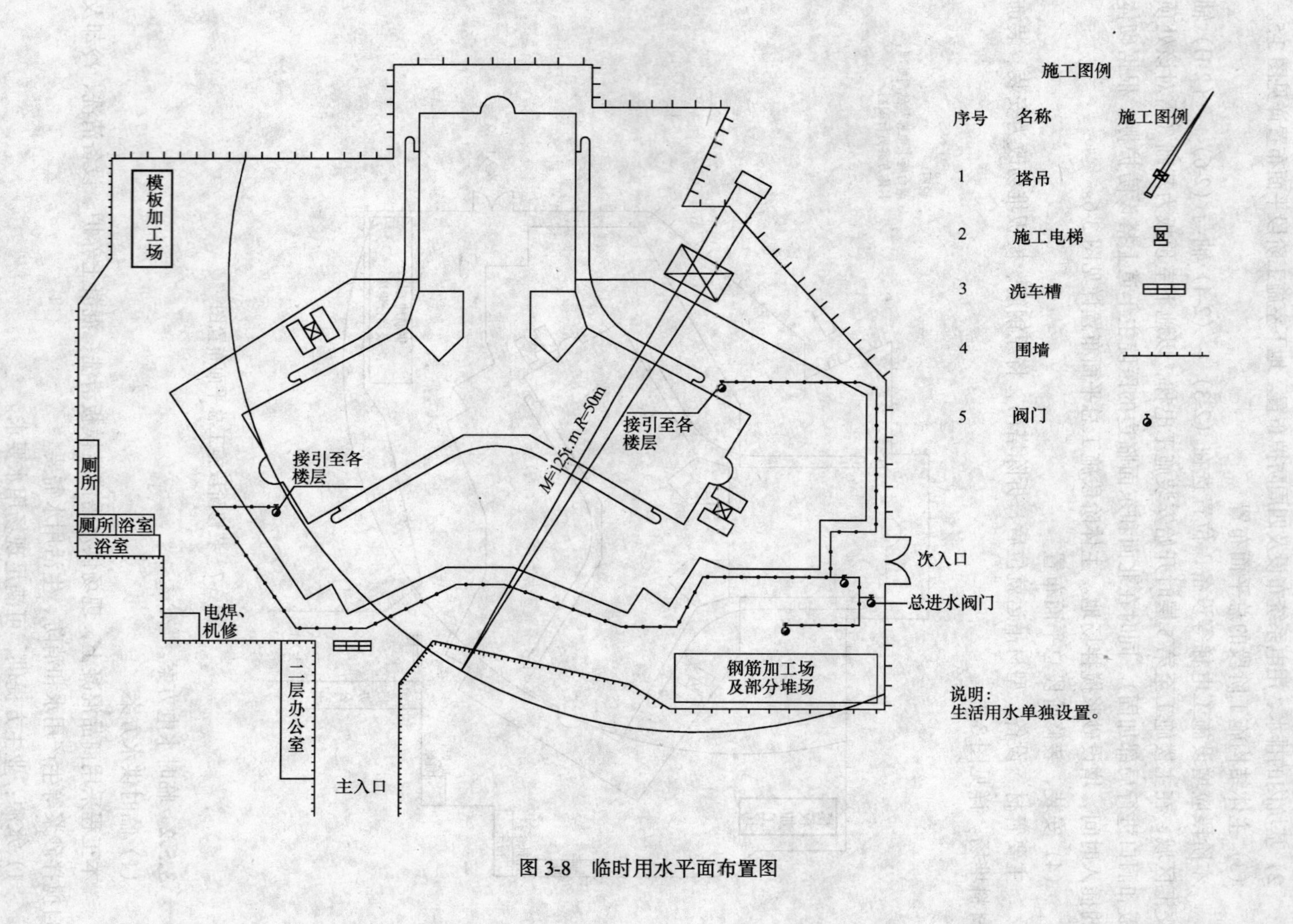


图 3-8　临时用水平面布置图

3）现场钢筋加工车间和临建处设置供水点，其余地方视情况间距布置供水点。支管采用 $\phi$20 镀锌水管，为支型供水，即在干管上焊 $\phi$20 短丝，接闸阀、短管至各供水点。

4）楼层供水：施工楼层用水采用城市管网直接供水；6 层以上施工用水采用楼层高压供水系统。现场设置两套楼层供水系统，每套供水系统由一个 2m×2m×2m 的水池、一台 ZGC5X7 高压水泵及管楼组成。高压供水管道采用 $\phi$48 无缝钢管沿管道井引至各楼层，每层楼设置一个供水点。楼层供水管路采用预制，长度为楼层高度，上面焊接 $\phi$20 短丝，接 $\phi$20 闸阀作为供水点。

5）消防用水：在施工现场周边设置临时消防栓，楼层每两层设置一个消防栓，采用专门管路供水；同时，消防管路与楼层供水系统连接，以提供高层消防用水，保证安全生产。

(2) 临时用电方案

施工用电由业主提供的电源引出，现场供电采用三相五线制，按生产用电、生活用电分开设置，并严格按照用电规范要求进行配电箱的布置。现场照明线路采用梢径为 100mm 的木制电线杆（约每 25m 一根）架空，大门入口处挂一盏镝灯，并每隔一定距离挂一盏普通照明灯。

用电负荷计算及线路的选择详见项目编制的《临时用电施工组织设计》。

施工临时水电布置详见图 3-8 及图 3-9。

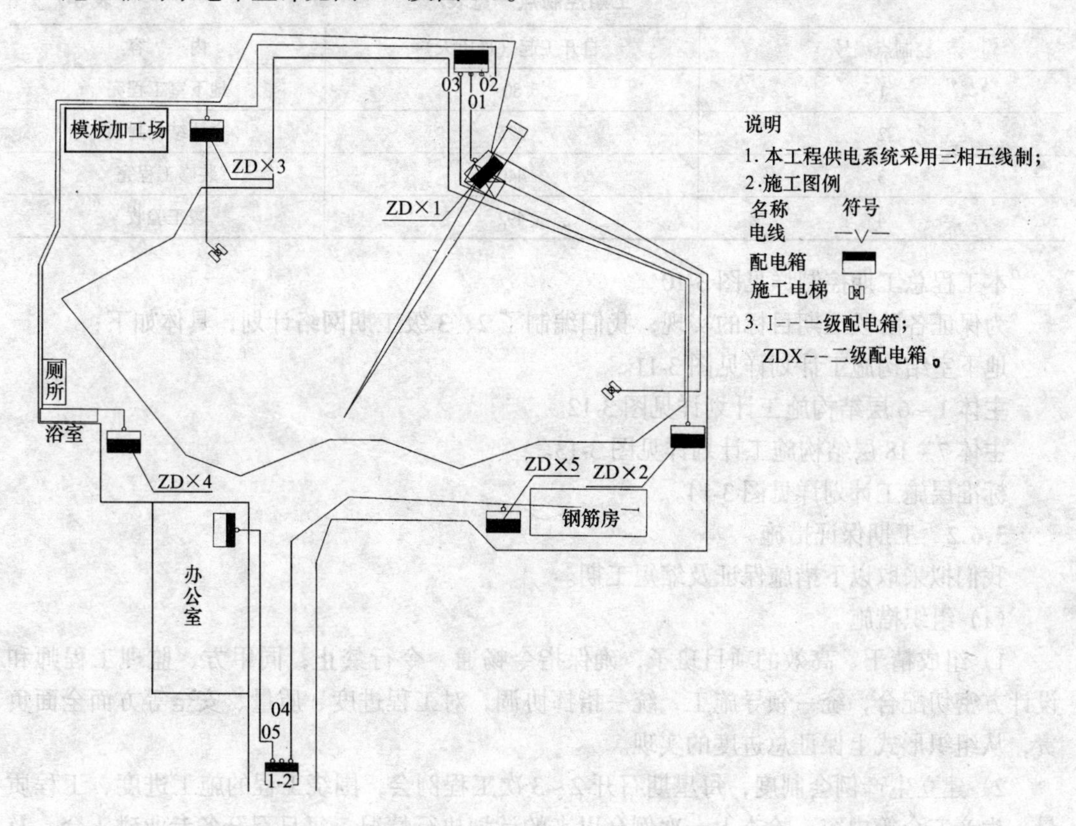


图 3-9　临时用电平面示意图

**3.5.3** 施工总平面管理

为充分合理地利用空间，使现场处于整齐有序的状态，各阶段的施工平面实施动态管理。

总平面的分配和统一管理是协调各专业对总平面使用的重要问题。如：土方与基础、结构与装修、初装修与精装修、土建与安装之间的协调等。总平面管理的职责设在项目工程部。对总平面的分配和使用，我们将坚持以下原则：

(1) 实行统一规划管理的原则；

(2) 总平面的分配和使用必须以不影响工期网络计划关键线路为原则；

(3) 总平面布置必须满足文明施工及环境保护要求。

## 3.6 施工进度安排及工期保证措施

**3.6.1** 施工进度安排

本工程为湖北省重点工程，为目前武汉市医疗卫生系统行业内最大的一座综合性门诊大楼，我们已将其列为我局和我公司的重点工程，在确保质量、安全的前提下，科学合理地统筹安排施工进度计划，使大楼早日投入使用，发挥效益。

在施工进度计划的安排上，我们充分考虑到个方面的因素，结合本工程具体特点、施工难点、现场情况和社会环境等，对整个大楼安排总工期 492 天。

各具体进度控制点见表 3-7。

**工期控制点一览表**　　**表 3-7**

| 控制点编号 | 自开工起（日历天） | 内　容 |
|---|---|---|
| 1 | 80 | 地下室工程完 |
| 2 | 225 | 主体结构封顶 |
| 3 | 440 | 装修工程完 |
| 4 | 492 | 竣工验收 |

本工程总工期控制详见图 3-10。

为保证各阶段工期目标的实现，我们编制了 2、3 级工期网络计划，具体如下：

地下室结构施工计划详见图 3-11。

主体 1～6 层结构施工计划详见图 3-12。

主体 7～18 层结构施工计划详见图 3-13。

标准层施工计划详见图 3-14。

**3.6.2** 工期保证措施

我们拟采取以下措施保证及缩短工期。

(1) 组织措施

1）组成精干、高效的项目班子，确保指令畅通、令行禁止；同甲方、监理工程师和设计方密切配合，统一领导施工，统一指挥协调，对工程进度、质量、安全等方面全面负责，从组织形式上保证总进度的实现。

2）建立生产例会制度，每星期召开 2～3 次工程例会，围绕工程的施工进度、工程质量、生产安全等内容，检查上一次例会以来的计划执行情况。每日召开各专业碰头会，及时解决生产协调中的问题。

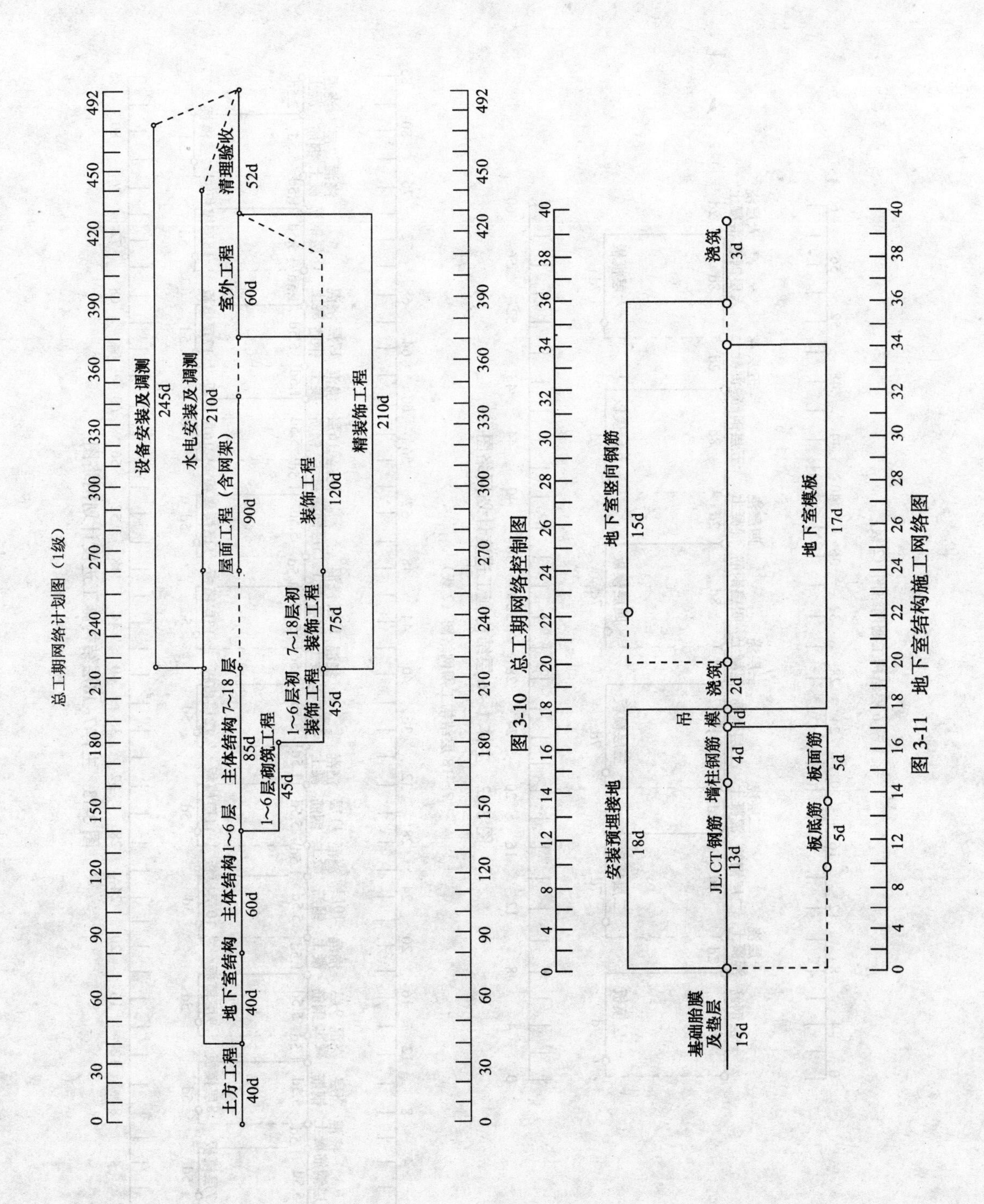


图 3-10 总工期网络控制图



图 3-11 地下室结构施工网络图

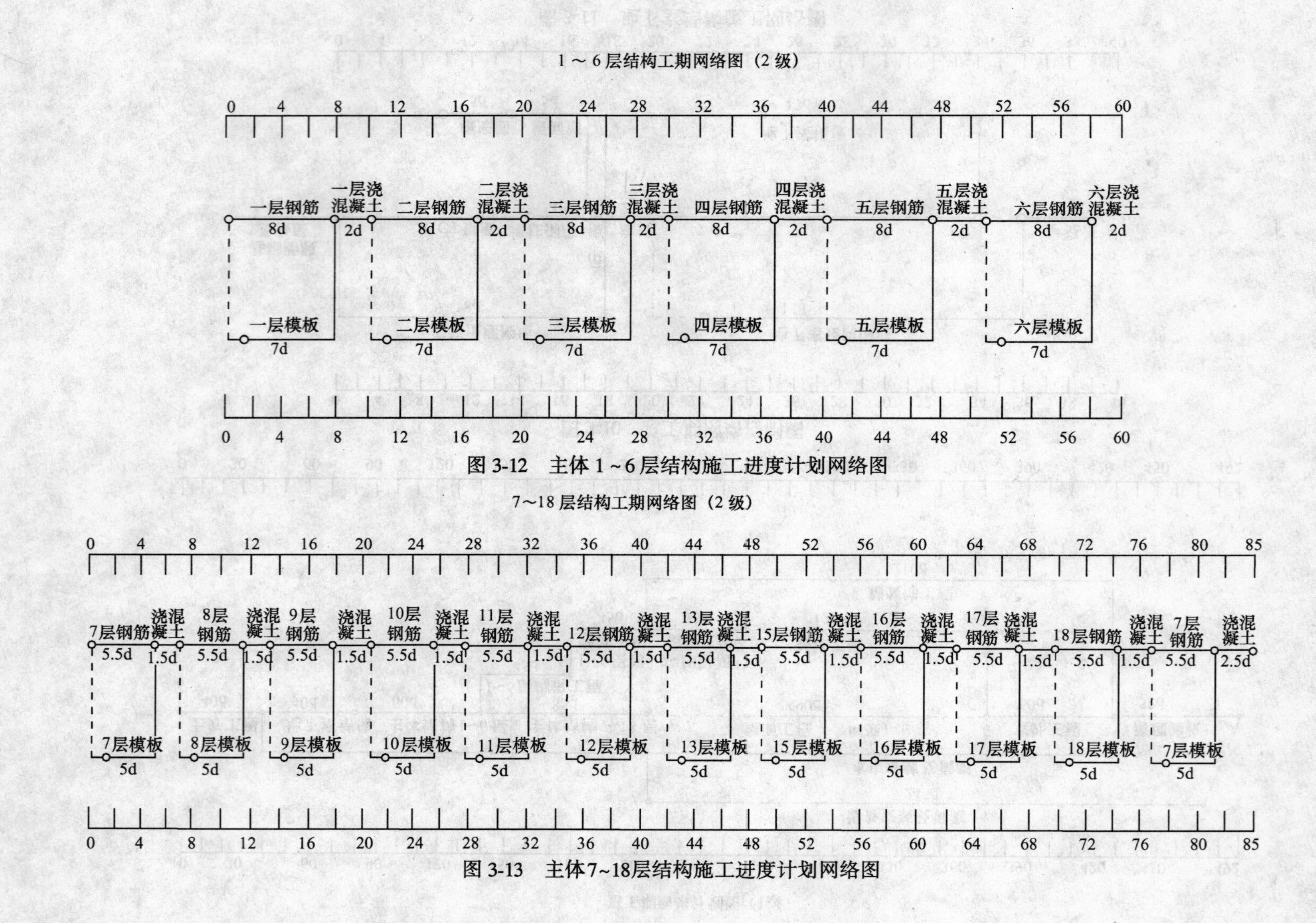


图 3-12 主体1～6层结构施工进度计划网络图



图 3-13 主体7~18层结构施工进度计划网络图

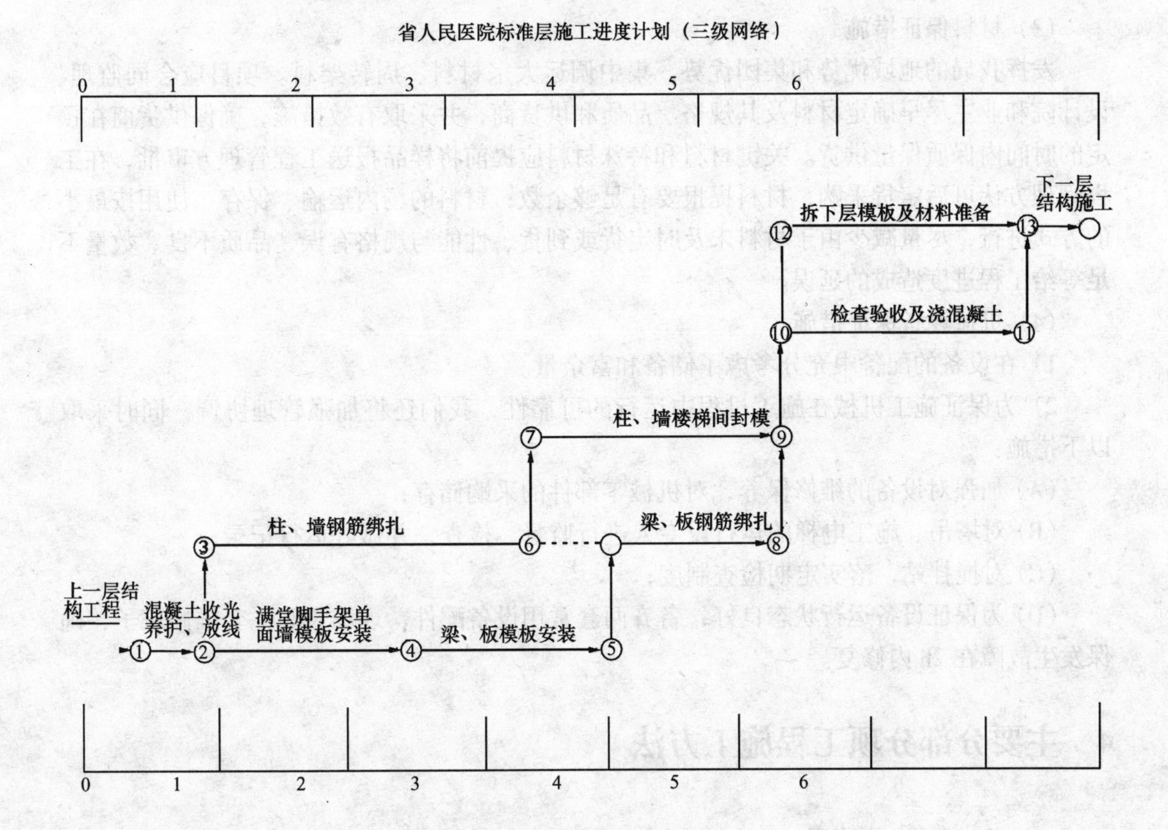


图 3-14　标准层施工进度计划网络图

3）做好施工配合及前期施工准备工作，拟定施工准备计划，专人逐项落实，确保后勤保障工作的高质、高效。

4）关键工序 24h 连续作业，人员按两班配备。

5）积极配合业主，做好桩基验收组织工作和现场交接工作，缩短进入施工高峰期的周期。

6）做好各专业间的协调管理，合理安排各专业穿插。

（2）技术措施

1）针对本工程的特点，采用长计划与短计划相结合的多级网络计划进行施工进度计划的控制与管理，并利用计算机技术对网络计划实施动态管理，通过施工网络节点控制目标的实现来保证各控制点工期目标的实现，从而进一步通过各控制点工期目标的实现来确保总工期控制进度计划的实现。

2）采用成熟的“四新”技术，向科技要速度。如：

（A）采用无水养生技术，计划用水，保持现场文明施工。

（B）运用信息化施工的现代化管理手段，加快了信息传达与反馈速度，减少了中间环节，并加快了工序间的穿插速度，从而加快了施工进度。

（C）采用先进的定型化模板体系的运用，加快了支、拆模速度。

（D）采用双掺法普通混凝土高性能化的原则、优化混凝土配合比，提高混凝土的施工性能和质量，有助于加快施工进度。

（3）材料保证措施

发挥我局的地域优势和集团优势，集中调运大宗材料、周转架料。项目应会同监理、设计院和业主尽早确定材料及其规格、品质和供货商，并采取有效措施，确保供货商在预定的时间内保质保量供货。关键材料和特殊材料应提前将样品报送工程管理方审批，在工程管理方认可后定货采购，材料提报要有足够余数；材料的场内运输、保存、使用按最小的方式进行，尽量减少由于材料未及时定货或到货、性能与规格有误、品质不良、数量不足等给工程进度造成的延误。

（4）机械设备保证措施

1）在设备的配备中充分考虑了储备和富余量。

2）为保证施工机械在施工过程中运行的可靠性，我们还将加强管理协调，同时采取以下措施：

（A）加强对设备的维修保养，对机械零部件的采购储存；

（B）对塔吊、施工电梯的运行设专人进行监督、检查，并做好运行记录；

（C）对搅拌站，落实定期检查制度；

（D）为保证设备运行状态良好，备齐两套常用设备配件，现场长驻一套维修班子，确保发生故障在2h内修复。

# 4　主要分部分项工程施工方法

## 4.1　测量工程

本工程平面形状不规则，对建筑物的平面控制不利，为确保平面控制的精度，拟定地下室（包括顶板）采用外控法进行平面控制，地上一层以上采用内控法进行平面控制。

以建设单位提供的平面和高层控制点为依据，根据设计对本工程坐标和高程的要求，准确地将建筑物的轴线与标高反映在施工过程中，严格按《工程测量规范》GB 50026—93要求，以先整体后局部的原则对整个工程进行整体控制，再进行各部位控制点的加密和放样工作。

### 4.1.1　测量仪器配置

根据本工程场地特点及工程结构情况，主要测量仪器配备详见表4-1。

**主要测量仪器配备表**　　**表4-1**

| 序号 | 名　称 | 型　号 | 单位 | 数量 | 用　　途 |
|---|---|---|---|---|---|
| 1 | 激光铅垂仪 | DJ6-C6 | 台 | 1 | 轴线内控点的竖向投测 |
| 2 | 经纬仪 | J2北光 | 台 | 1 | 日常测量放线 |
| 3 | 精密水准仪 | S1级 | 台 | 1 | 建立高程控制网 |
| 4 | 铟钢尺 | 5m | 把 | 4 | 同上 |
| 5 | 水准仪 | S3级自动安平 | 台 | 2 | 施工过程中的标高控制 |
| 6 | 塔尺 | 5m | 把 | 1 | 用于抄测标高、测设及抄平 |
| 7 | 对讲机 | SONY | 对 | 4 | 用于测量放线的联系 |
| 8 | 钢尺 | 50m | 把 | 1 | 日常测量放线 |
| 9 | 线坠 | | 个 | 2 | 垂直度测量 |

说明：所有测量仪器均是经过湖北省计量局鉴定合格

### 4.1.2 建立测量控制网

为了将建筑物的设计放样到实地上去，首先应根据业主移交的城市测量控制网资料，利用施工坐标与城市控制网的换算关系来确定施工主轴线和建立总的平面控制坐标系统。

平面控制网的建立首先应根据业主、桩基施工单位移交的坐标基准点用J2经纬仪配合钢尺量距埋设主要轴线控制点：2-2轴、1-C轴、3-4轴共6点（主要轴线控制点离基坑的距离不小于3m）。主要轴线控制点采用100mm×100mm×8mm钢板埋设，其混凝土体积不小于400mm×400mm×600mm并设钢盖板进行保护。然后进行加密、放出各轴线控制点用红三角标于现场围上。

水准控制网的建立应根据业主、移交的水准基点在施工场区周围建立首级水准控制网。本工程首级水准控制网由6个以上的水准控制点组成（编号为S1～S6），水准控制点沿基坑四周在场区埋设（要求同轴线控制点），以方便使用。

由于在土方开挖进行基础施工后，基坑四周地面会有一定的沉降和位移，故应另行在场区外设置两个永久性的水准点和两个永久性的坐标点做为首级控制网的监测点。如业主移交的水准基点和坐标基点离现场较近，可直接用基点做为首级控制网的监测点。结构施工过程中每月检测首级控制网一次，并根据沉降值及位移值分别对水准控制点及轴线控制点进行调整。

测量控制网的布设详见图4-1。

### 4.1.3 地下室施工测量（外控法）

当土方工程施工至结尾时，采用外控手段，利用J2经纬仪将设在基坑四周的控制点轴线转移至坑内，以控制承台、地梁人工挖土的平面位置，根据水准控制点，利用S3自动安平水准仪控制挖深和清底，经验槽后开始垫层和胎模施工。

垫层与胎模施工时，依据就近原则，将方格网中的控制轴线用经纬仪投至基坑底的施工区域内，基坑的轴线即从附近的控制轴线通过经纬仪和钢尺测出。控制轴线的标定在施工前期采用50mm×50mm×500mm木桩钉设；当一部分垫层和胎模施工完后，可直接在垫层上弹墨线及在胎模上标红三角。木桩钉设的控制轴线使用期限不得超过两天，且每次使用前必须拉麻线，校核木桩有无移动。

垫层与胎模施工完后，地面上的方格控制网必须全部引测到基坑内以便控制底板、承台、地梁边线及地下室墙、暗柱位置和检查工程桩及基坑的轴线位置。顶板施工时将平面控制网引测到顶板模板上，以便检查±0.00m处墙、柱位置。

### 4.1.4 主体结构施工测量（内控法）

地下室顶板施工完毕后，此时基坑底部已经稳定，在下一步测量时，首先进行基坑外围轴线、标高控制点的复核。确认控制点无误后，利用精密水准仪、J2经纬仪和钢尺将标高控制点、轴线施放到地下室顶板表面上，并设立建筑物高程控制点和内控轴线控制网络系统。此时建筑物内形成独立系统，而外部标高、轴线控制点转换成为建筑物的变形比较系统，将作为建筑物沉降、不均匀沉降引起的倾斜、外墙装饰墙面控制的检验基点。内部控制点需经常检验复核，保持系统的精确度。

根据建筑物平面形状及轴线关系，拟定内控点设置4点。并在这4点处设立测量室，室内设有钢板控制轴线交汇点，并在以上各楼层板上相应的位置留出200mm×200mm的预留孔，作为该四个轴线点向上垂直传递用。内控轴线向上传递采用激光铅垂仪进行，将轴

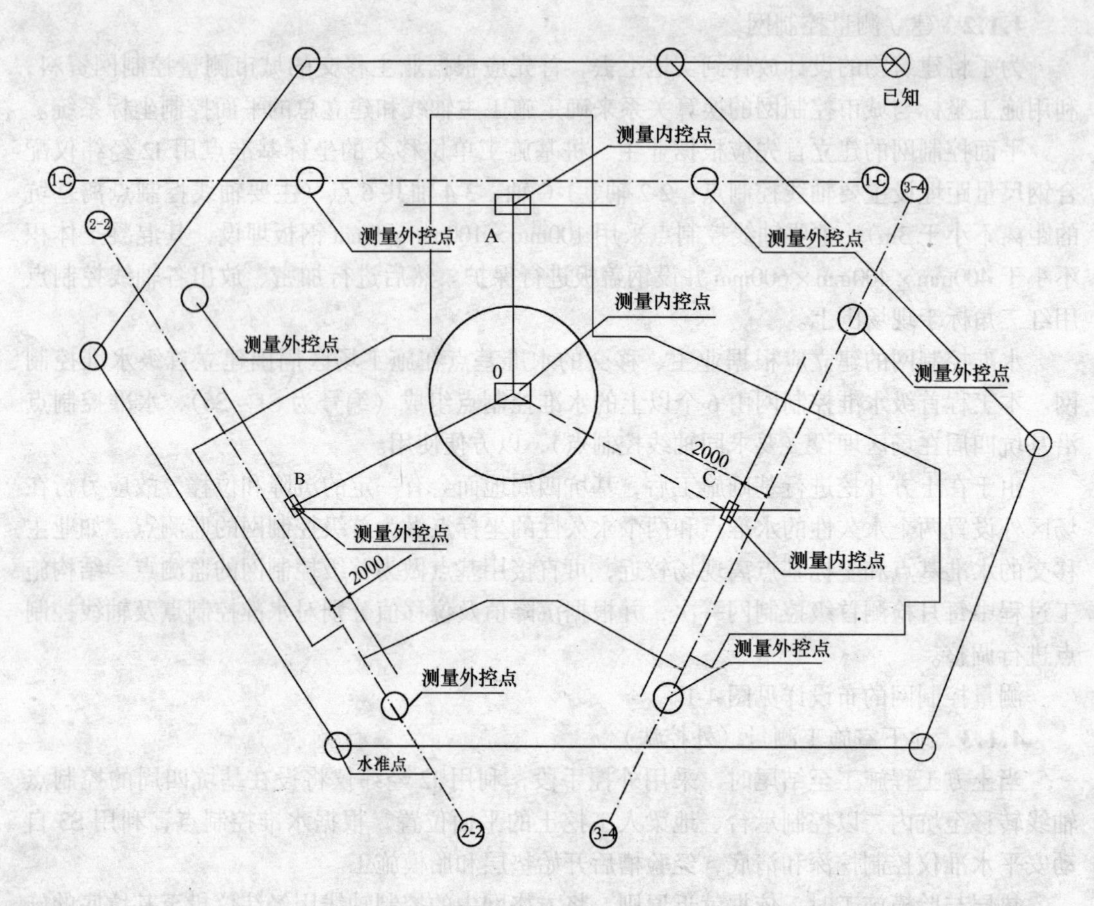


图 4-1　测量控制图

线交汇点向上垂直投射至上层的透明靶上，确定上层楼面主要控制轴线交汇点；再利用J2经纬仪对主要控制点进行交汇复核，得到上层楼面的控制轴线平面，利用该平面控制体系进行上层楼的施工测量。6层以下可利用J2经纬仪将外控点引测至各楼层，与内控轴线相互校核。当施工到一定高度时，外控点和红三角标志均失去作用时，此时应以内控点作为轴线施放的主要依据。

**4.1.5**　装修与外墙的测量控制

内部装修的局部平面位置的确定从已经在结构施工中确定的结构控制轴线中引出，高程同样从结构施工高程中用水准仪转移至各需要处。在转移时尽量遵循仪器使用过程中保持等距离测距的原则，以提高测量精度，从而使装修工作有明确的控制依据。

外墙垂直轴线与高程均由内控轴线和高程点引出，转移到外墙立面上，弹出竖向、水平控制线，以便外墙装修。在轴线点引出后，务必注意内控法是逐层实施的，而外墙是从上至下的全长线条，因此，需用J2经纬仪在外控点的辅助下，从上至下进行一次检测，修正逐层测量引起的间接微小误差，使垂直线贯穿于建筑物的整个外墙面。

**4.1.6**　施工水准测量

(1) 高程控制

地下室施工阶段先根据首级水准控制网在基础四周的围墙上建立二级水准控制网，施工时依据就近原则，从施工区域附近的二级（或首级）水准控制点引测施工控制标高，并与相邻的水准点进行对照闭合。二级水准控制网用水准仪进行测设。一层结构施工完后，即将业主给定的建筑物±0.000层标高引测至一层结构内，施工各层间高程传递由激光束通光孔和电梯井处引测，用钢卷尺丈量，每层用S3级自动调平水准仪抄平，弹出建筑标高+500mm处水平线。

（2）沉降观测

本工程的沉降观测由业主委托有相应资质的单位进行，我公司的主要工作是埋设沉降观测点，并对观测点、观测基点进行保护。根据《城市测量规范》、《水准测量规范》及设计要求，在建筑物阳角处布设8个沉降降观测点，观测点标高为0.20m。利用经准确测量的4个水准控制点作为工作基点。当地下结构施工完毕，首层结构施工时在本结构施工图规定位置埋设沉降观测点，沉降观测点采取保护措施防止冲撞引起变形，从而影响数据统计。沉降观测保护详见图4-2。

沉降观测周期，采取每施工完一层观测一次，主体结构完工后至工程全部竣工后的一年内每隔3个月观测一次，主体竣工后的第2年每半年一次，以后每年一次，直到下沉稳定为止；如沉降量大时，缩短周期，并及时整理施测数据，编制成果表，作为竣工资料归档。

#### 4.1.7 测量管理

（1）对现场的轴线控制点，水准控制点及位移控制点进行统一编号，主要轴线控制点，轴线控制点用轴线号编号，水准控制点编号为S1~S6，内控点编号N1~N4，位移控制点、沉降观测点编号以业主指定的观测单位编号为准，并统一管理、标识清楚。

（2）水准控制点、轴线控制点应定期（结构施工阶段每月）用甲方提供的基准点进行检查，发现误差及时修正。

（3）水准控制点的使用由测量员绘制点位图（应注明点号及高程）交工长使用（必须办理书面交接手续）；如进行了修正，需将修正结果以书面形式交施工工长，工长接到修正通知后，及时将点位图上的有关高程进行修改。

（4）轴线控制点必须由测量员使用，测量员将轴线投设于垫层或模板上，并根据施测结果绘制测量定位交接表，交工长使用（办理交接手续）。

（5）各种测量必须做好原始记录，做到资料齐全。

（6）严格执行测量复核制度，以保证观测值的准确。

### 4.2 土方工程

#### 4.2.1 土方开挖的准备

本工程地下室底板面标高为-5.00m。底板厚度500mm。底板下做100mm厚C10混凝土垫层，地梁高1250mm，承台厚度800~4000mm，承台底标高最深达-9.0m（局部-9.5m）。按设计±0.00标高和实际自然地面标高计算，土方机械开挖平均深度为5.35m，地梁、承台（少数较大承台除外）均采用人工开挖。

土方开挖过程中，将标高测量控制作为重点，防止超挖和欠挖。开挖中及时请业主、监理、设计院进行验收，及时插入混凝土垫层和砖胎模施工，加快地下室的施工进度。

根据我公司施工同类工程的实际经验，结合武汉环卫及城管部门的有关规定，拟采用

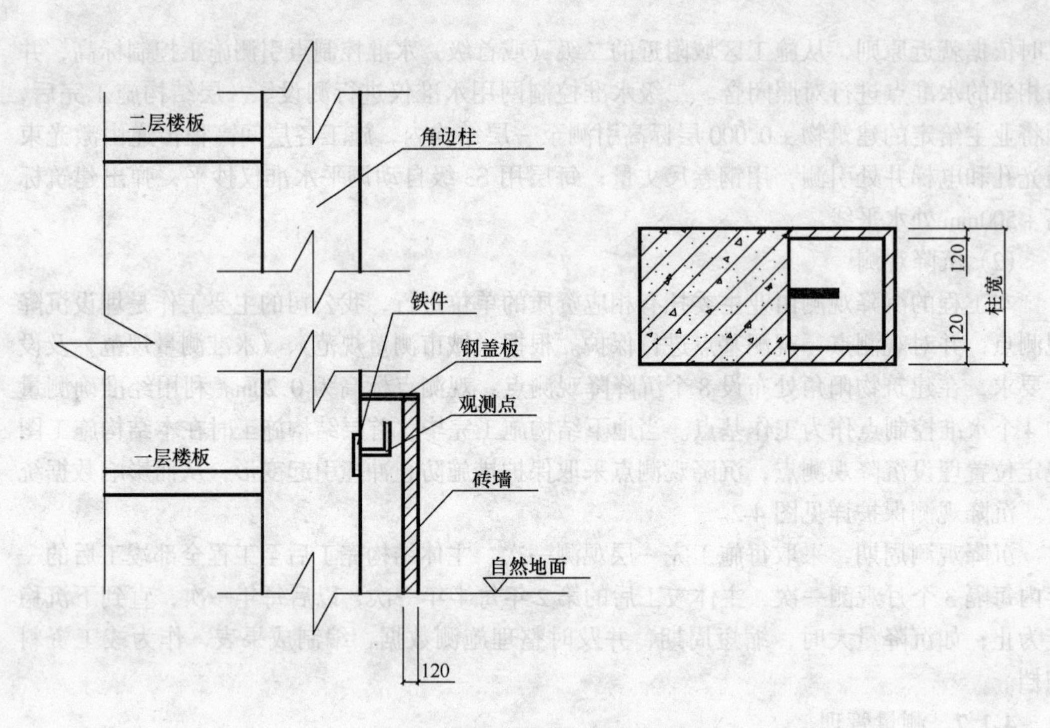


图 4-2　沉降观测点保护示意图

两台 $1m^3$ 反铲挖土机，15～20 台自卸汽车，并配备 40 名普工清底、挖地梁、承台。

土方开挖前，根据基坑周边市政管网及预埋情况制定相应的处理方案，以应付基坑土方开挖可能出现的意外情况，在土方开挖前和开挖过程中，做好场内地表水的排放工作，并对周围建筑及支护结构做好监测。

**4.2.2**　机械开挖顺序及方法

本工程采用两台反铲挖土机开挖，自卸汽车运至指定地点弃土。开挖按两层、两块的顺序开挖。一台挖土机负责 1 轴区和 2 轴区（Ⅰ区），一台挖土机负责 3 轴区（Ⅱ区），Ⅰ区先挖 1 轴区（由西向东），再挖 2 轴区（由南向北），Ⅱ区由北向南开挖。第一层土开挖至锁口梁下口，即－2.6m 处，开挖厚度约 2.2m，本层土方开挖面应尽量平整，以便于水平支撑的施工，不平处采用人工清平。该层土方开挖到入口处应挖出斜道，以便于第二层土开挖时车辆的进出。在水平支撑施工过程中，可插入锁口梁上环沟的施工，但应留出车辆进出通道。

在水平支撑施工完成，经监理，业主认可后开始进行第二层土的开挖，其开挖的顺序同第一层土，开挖至－5.4m 处，开挖厚度 2.8m，剩余土方采用人工清挖。在第二层土方施工完成后，立即在锁口梁上形成排水环沟。

**4.2.3**　承台、地梁人工开挖

由于本工程除 CT9、CT9a 承台外，其余承台，地梁土方采用人工开挖。开挖前由测量人员投设出轴线，施工工长根据轴线用尺量出承台，地梁土方开挖边线（注意，放出砖胎模位置）。承台、地梁开挖高度小于 700mm 时不放坡，大于 700mm 按 1∶3.3 放坡，放坡面在胎模施工时用砂回填（砌 300mm 高填 300mm 高）。挖土标高采用木桩控制，根据土方周围的水准控制点，将挖土面标高控制线引到木桩上，控制线高出挖土面（挖好后）

500mm 左右，控制木桩的间距不宜大于 6m。挖出的土方装入料斗中，用塔吊运至自然地面后采用挖土机上车，自卸车运出现场。

在承台土方开挖时首先应及时做好坑内临时排水沟及集水井，临时排水沟设置在支护结构边上，在浇垫层混凝土时形成 300mm 宽、150mm 深沟道，并每隔 30m 设 1000mm × 1000mm × 1000mm 砖砌积水坑。

#### 4.2.4 土方开挖注意事项

(1) 土方开挖时，必须严格按照分层开挖的原则，每次开挖的深度控制在设计开挖深度内，以保证在开挖过程中，不会因局部开挖过深而使未挖的土方向一侧挤压；

(2) 在开挖至离设计底板或垫层底标高 200 ~ 300mm 时，开始采用人工清挖，以防止超挖；

(3) 在清土完成经验收后立即浇筑混凝土垫层，不得使基底暴露时间过长；

(4) 在挖土过程中严禁用挖土机碰撞工程桩，以保证工程桩在挖土过程中不受损坏；

(5) 在开挖至基底标高时，如出现超挖现象，不得利用土方回填，必须使用碎石加黄砂填充；

(6) 土方开挖注意控制开挖标高和支护结构的监测；在每层土方开挖的同时，应及时清理护坡桩桩壁上松动的土块，以免坠落伤人；

(7) 在土方开挖前配合监理督促支护施工单位编制详细的《支护结构应急措施》，该措施经监理认可后方可进行土方开挖，保证在出现异常情况时能及时、有效地进行处理。

#### 4.2.5 土方回填

回填土料采用黏土，其塑限为 17% ~ 20%，塑性指数 14 ~ 21，稠度 > 0.25。现场运输采用 1t 机动翻斗车运输，人工铲运下坑，人工铺平，用蛙式打夯机辅以人工夯填密实。

土方回填由相邻两积水坑间基坑中部开始，分别向两积水坑方向回填，由中部向两侧由下向上分层铺填，每层铺填厚度不应大于 300mm。铺填完一层后，先初步平整，然后用蛙式打夯机夯实 3 ~ 4 遍，蛙式打夯机不能夯到的地方采用人工木夯实。人工木用 60 ~ 80kg 的木夯，由两人提夯，提起高度不小于 0.5m，打夯应按一定的方向按次序进行。夯实土自重达 16kN/m$^3$，含水量控制在 19% ~ 21%，有机质不得大于 2%。为保证填土不被水浸泡，填土时应使中间稍高，两边稍低，使水流向积水井，并保证当天填土当天夯实。已填好的土如遭水浸，应先把稀泥铲除后，再进行下道工序施工。积水井待填土填至标高后，用砂石料回填。

回填土质量控制与检查：

填前应对回填用的土料进行检查，合格后方可用于回填。

在夯实后，对每层回填土的质量采用环刀取样测定干密度，求出土的密实度。

取样按 500m$^2$ 一组，每层不少于一组，取样部位在每层夯实后的下半部。

填土夯实后的干密度，应有 90% 以上符合设计要求；其余 10% 的最低值于设计值之差，不得大于 0.08g/cm$^3$，且不应集中。

对于出入口处的回填应进行重点检查。

### 4.3 桩头破除及试桩配合

本工程试桩由业主指定的检测单位进行，我项目在施工过程中应积极配合试桩，为试桩工作的顺利开展创造条件。根据业主、监理、检测单位确定的大应变、小应变桩号，做好相应的桩头处理工作。

**4.3.1** 桩头的处理

(1) 大应变桩

根据设计院定出的大应变桩位，在承台开挖后，需保证桩伸出承台底高度等于1500mm，不足1500mm处按图4-3处理。

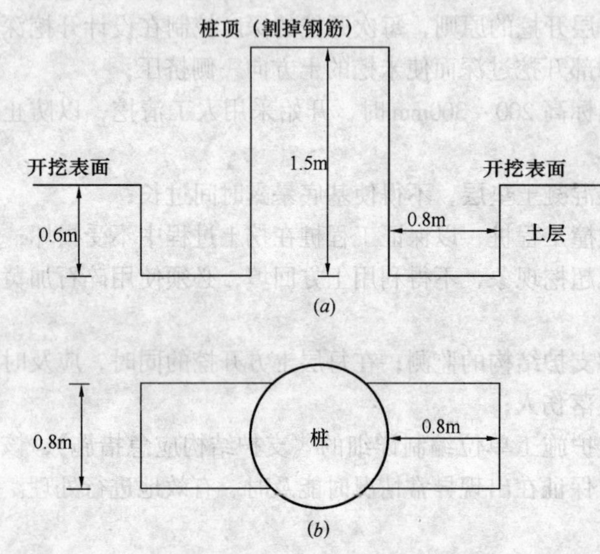


图4-3 大应变桩桩头处理示意图

(*a*) 桩侧开挖侧视图；(*b*) 桩顶俯视图

桩顶须按要求割掉钢筋，并将表面剔平。试桩完成后，按不做检测的桩头处理方法破至设计标高。

(2) 小应变桩

小应变桩桩头应破至承台底向上200mm处，钢筋保证进入承台内45$d$；然后将桩头剔平，待小应变完成后，再破除至承台底向上100mm处表面剔平。

(3) 不做检测的桩

确定不做检测的桩可一次破至设计标高（承台底向上100mm）剔平桩头。

桩头的破除及钢筋的切断必须严格控制标高，确保桩伸入承台100mm，钢筋锚入承台45$d$。

**4.3.2** 配合试桩

为保证试桩工作的顺利进行，项目将做好以下工作：

(1) 根据机械开挖及人工开挖的进度，挖出一片即封闭一片垫层，在垫层施工是为保证不影响桩基检测的数据，垫层与桩间留50mm宽缝隙，待试桩完成后再用C10混凝土封闭。

(2) 主动与桩检测单位取得联系，按桩检测单位要求做好桩基检测前的准备工作。

(3) 在桩检测过程中对于桩检测单位提出的合理要求，我项目将积极予以支持。

本工程基础采用机械成孔灌注桩基础，上部由桩承台、地梁、现浇板组成倒置式筏形基础。

## 4.4 钢筋工程

本工程所用钢筋必须是国家定点厂家的产品，钢筋必须批量进货，每批钢筋质保书齐全，物证相符。在此基础上，再按国家施工规范的要求取样复验合格后才能用于工程。

**4.4.1** 钢筋加工

(1) 熟悉施工图纸，按照设计规范及施工验收规范的有关规定，在准确理解设计意图、执行规范的前提下，确定暗梁、暗柱剪力墙钢筋相互穿插，避让关系，注意抗震设防要求，认真进行钢筋翻样。

（2）钢筋加工在现场钢筋车间内进行，应根据施工进度分层制作。钢筋应严格按经审核后的施工翻样配料表进行制作，钢筋半成品经验收合格后按使用部位、规格、品种等分类堆放，挂牌由专人发放。

（3）钢筋的代换必须经业主的现场代表、监理单位、设计单位同意后方可进行。

#### 4.4.2 钢筋连接

（1）制作配料阶段钢筋连接采用闪光对焊，操作人员必须持证上岗。在开始操作前，对每一规格的钢筋应做试件来确定焊接参数，试件合格后方可按照确定的参数进行作业。水平钢筋纵筋的现场连接：$\phi$20 及以上的钢筋采用焊接接头（电弧焊），$\phi$18 以下用绑扎接头。竖向钢筋纵筋的现场连接：暗柱采用电渣压力焊连接，剪力墙底部 1/8 范围竖筋采用电渣压力焊连接，其余部位采用绑扎接头。

（2）结构竖向钢筋一层一层连接，接头按施工规范要求错开。

（3）现浇楼板板筋的连接采用绑扎接头，上部钢筋接头在板跨 1/3 处，下部钢筋应在支座处，并按规范要求错开。

（4）从事钢筋连接的焊工，必须持证上岗。持证人员在开始操作前或在钢筋直径变化或操作条件变化较大时，均应先做试件，确认操作方法，焊接参数选择合理，试件合格后方可正式操作。

#### 4.4.3 钢筋成品保护

（1）严禁在钢筋上打火引弧和任意施焊；

（2）注意绑扎和预埋预留和安装的顺序，避免撬折；

（3）垫好保护层，严防露筋。

#### 4.4.4 施工要点

（1）地下室钢筋施工要点

1）承台及底板双层钢筋网之间设置撑筋，以保证钢筋网间距离，地下室剪力墙钢筋绑扎设置梯子筋。

2）底板面层钢筋网上焊接“十”字形钢筋间距 1000mm，用于支承上部脚手架用；钢筋的保护层 35mm，宜采用塑料垫卡。

3）主次梁交接处应充分考虑钢筋的避让关系，钢筋翻样时应注意调整钢筋保护层，剪力墙预留插筋在根部点焊连接，避免钢筋移位。

（2）主体钢筋施工要点

1）剪力墙钢筋伸入暗柱长度必须按规范设置；绑扎墙筋时，应先做模子筋，模子筋钢筋直径与设计增大一个规格，找好规矩后再依次绑扎剪力墙钢筋。

2）门窗洞口两侧暗柱钢筋易偏移，施工时加工“井”字形钢筋卡具，并将暗柱钢筋根部点焊牢固，以确保钢筋尺寸准确。

3）宜选用定型塑料垫卡套在剪力墙钢筋上，避免钢筋露筋，为控制模板的几何尺寸，剪力墙钢筋网片间设置“工”字形定位筋。

4）暗梁钢筋锚入暗柱后，钢筋净距较小，浇筑混凝土时应调整粗骨料级配。

### 4.5 模板工程

本工程水平结构和地下室墙体模板采用 1830mm×915mm×18mm 木模板做面板，50mm

×100mm 杉木枋做龙骨；竖向结构（柱和±0.00 以上墙体）采用 SP-70 系列钢框竹胶合板模板；门洞模板采用钢制定型模板；电梯井采用筒子模；模板支撑体系采用 WDJ 碗扣式快拆脚手架。

（1）根据工程实际情况，地下室内外墙模板采用双面覆膜胶合板（板厚 18mm，尺寸 1830mm×915mm）现场拼装成大模板，利用塔吊吊装就位。各阴角配制阴角模。地下室外墙支模时应加止水片，模板拼缝处作成企口，并粘贴密封条，以防漏浆。模板竖向次龙骨为 50mm×100mm 木枋，间距≤400mm，横向次龙骨为 50mm×100mm 木枋，间距≤400mm，横向次龙骨嵌入竖向次龙骨，横向背楞为 2$\phi$48 钢管，间距 600mm。对拉螺杆为 $\phi$14，纵距 600mm，横距 400mm，螺杆长度为墙厚+650mm。为避免割除螺杆时在墙上留下的痕迹影响混凝土表面效果，封模时在螺杆两端穿上 18mm 厚 $\phi$40 圆形木塞子，木塞子净间距为墙厚减两倍木塞子厚，混凝土浇筑完后取出木塞子，墙上将会留下弧形凹坑，割除螺杆时将氧割伸入到凹坑内，螺杆割除完后用高强度等级防水水泥砂浆抹平。内墙对拉螺杆外套 $\phi$25PVC 套管，混凝土浇筑完后拆出螺杆，既不用割除螺杆，又可将螺杆进行周转使用。地下室墙模板支设示意见图 4-4，地下室防水施工缝做法详见图 4-5。

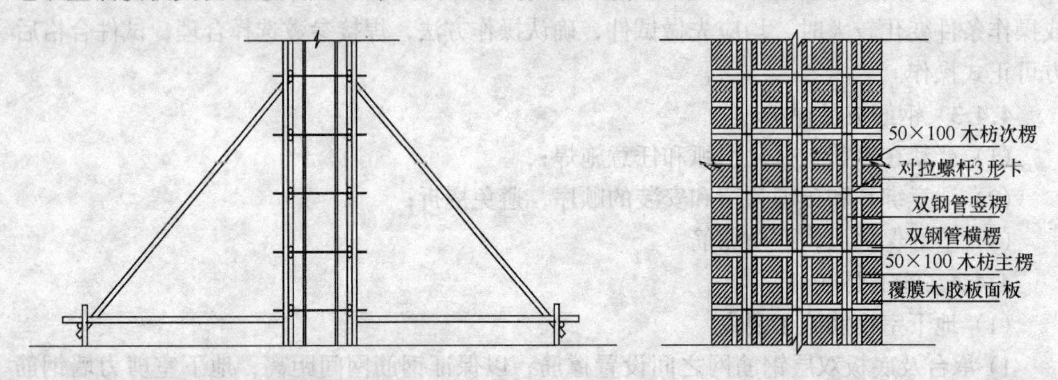


图 4-4　墙模支设示意图

（2）楼板模板采用双面覆膜胶合板（板厚 18mm，尺寸 1830mm×915mm），主龙骨为两根 100mm×50mm 木枋，间距 1000mm，次龙骨为 50mm×100mm 木枋，间距 400mm，部分配置可调支撑头，详见图 4-6。楼板支撑系统均采用 $\phi$48 钢管碗扣式脚手架满堂支撑，梁下支撑经计算确定。考虑流水施工，模板配置 3 层用量，支撑配足 3 层用量。将模板分部位进行编号，并涂刷非油性脱模剂，确保模板的周转次数。

（3）柱模板采用 SP-70 钢框竹模板，配标准柱箍。

（4）梁侧模及底模采用胶合板（$\delta$=18mm），梁底模、板底模，柱、梁、板相接处，采用胶合板做模板。梁底模铺在木枋 50mm×100mm 的小搁栅上，间距根据梁宽尺寸定为 200～250mm。梁侧模采用 $\phi$48 钢管做背楞；当梁高小于 600mm 时，间距取≤750mm；当梁高大于 600mm 时，间距宜≤600mm，且沿梁长度方向设 $\phi$48 钢管做水平背楞，梁中央应设 $\phi$14 拉杆一道。梁侧向加斜撑，以确保梁模稳定，间距为 600mm。梁、柱接头处模板支设详见图 4-7，梁板模板支设示意详见图 4-8。

（5）楼梯底模板采用木胶合板，根据楼梯几何尺寸进行提前加工，现场组装，要求木工放大样，踏步模板用木板做成倒三角形，局部实测实量，支架采用 $\phi$48 钢管。楼梯支模

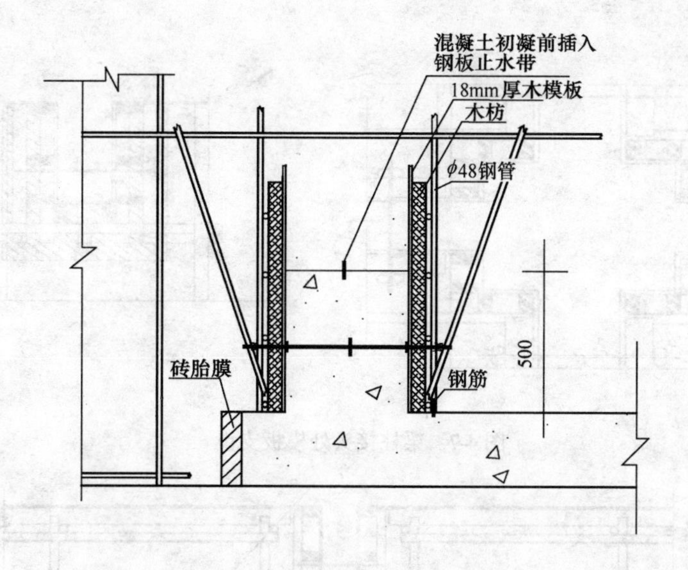


说明：1. 在底板钢筋上预焊钢筋头，将斜撑钢管套撑在上固定；
2. 因支模时尚未浇筑混凝土，故模板、木枋等均支在底板钢筋上用垫块隔开。

图 4-5 地下室外墙防水施工缝模板图

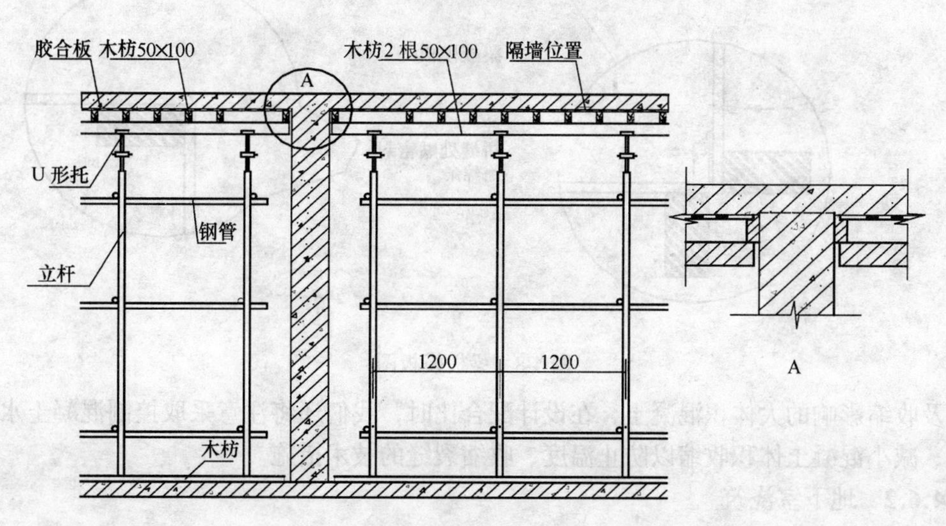


图 4-6 楼板支模示意图（单位：mm）

示意图详见图 4-9。

(6) 门窗洞口模板采用 $\delta = 18$mm 厚胶合板，50mm × 100mm 木枋制作。详见图 4-10。

## 4.6 混凝土工程

### 4.6.1 混凝土供应

本工程所用混凝土由我局商品混凝土供应站供应。

在严格控制原材料质量、进行试验试配的前提下，优化配合比设计，供应强度、抗渗等级满足设计要求、施工性能良好、耐久性好的优质混凝土。地下室混凝土属于必须考虑

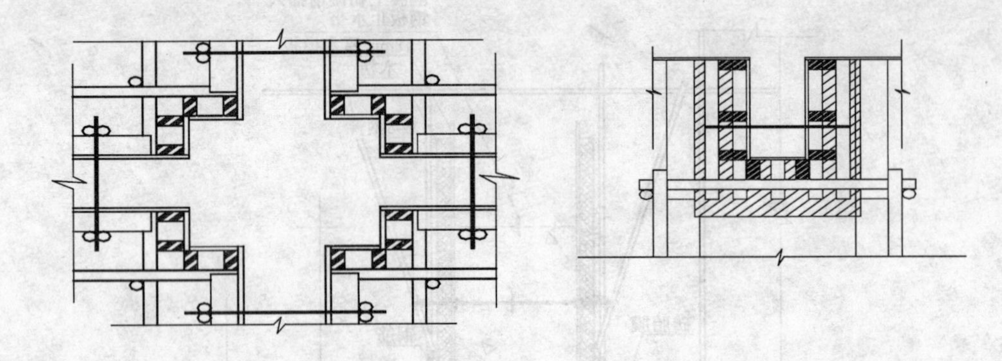

图 4-7　梁柱接头处模板支设

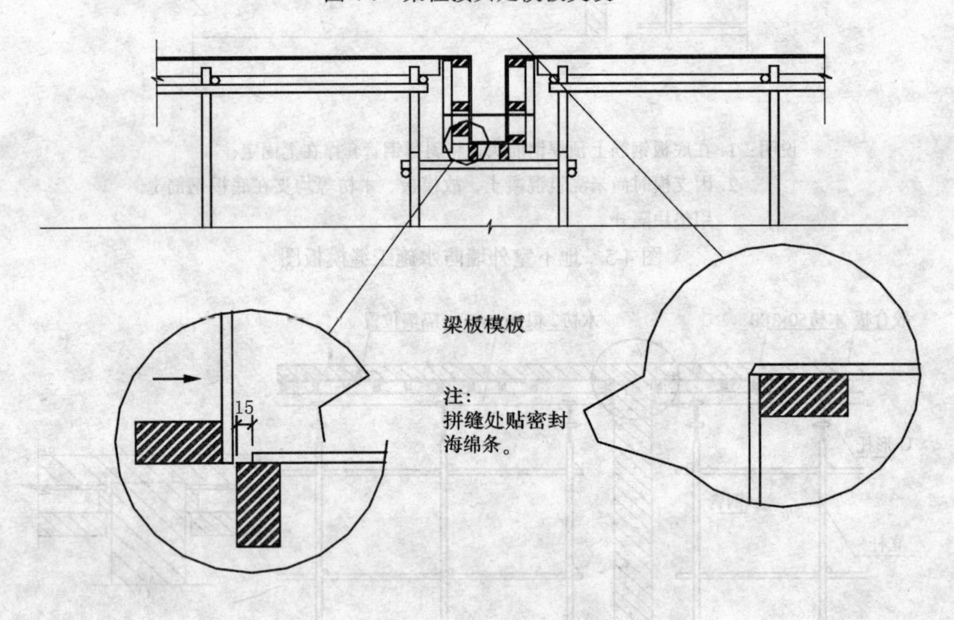


图 4-8　梁板模板图

温度及收缩影响的大体积混凝土，在设计配合比时，我们还将注意采取控制混凝土水化热升温、减小混凝土体积收缩以防止温度、收缩裂缝的技术措施。

**4.6.2**　地下室浇筑

（1）地下室底板浇筑

在浇筑底板混凝土前，地梁及承台施工缝应按规范要求处理，混凝土应连续浇灌，在混凝土浇筑即将结束时，注意抽排浮浆，避免在混凝土中留下软弱部位。混凝土浇平底板标高后，在接近初凝时，进行二次表面振捣、拍实，消除初期的表面塑性裂缝；混凝土表面采用二次抹压，抹压后即用塑料薄膜将板面严密覆盖，以减少水分蒸发。在塑料薄膜之上覆盖草袋二层保温。地下室外墙水平施工缝留于底板以上 500mm 高处，设钢板止水带。

（2）地下室墙浇筑

1）地下室墙体连续浇筑，为防止出现烂根情况，墙模底部设泡沫海绵条封闭，墙体钢筋网中设置定位钢筋，避免在振捣时钢筋移位。

2）墙体浇筑后视气候情况带模养护 4～7d，随后涂刷无水养护液养护。

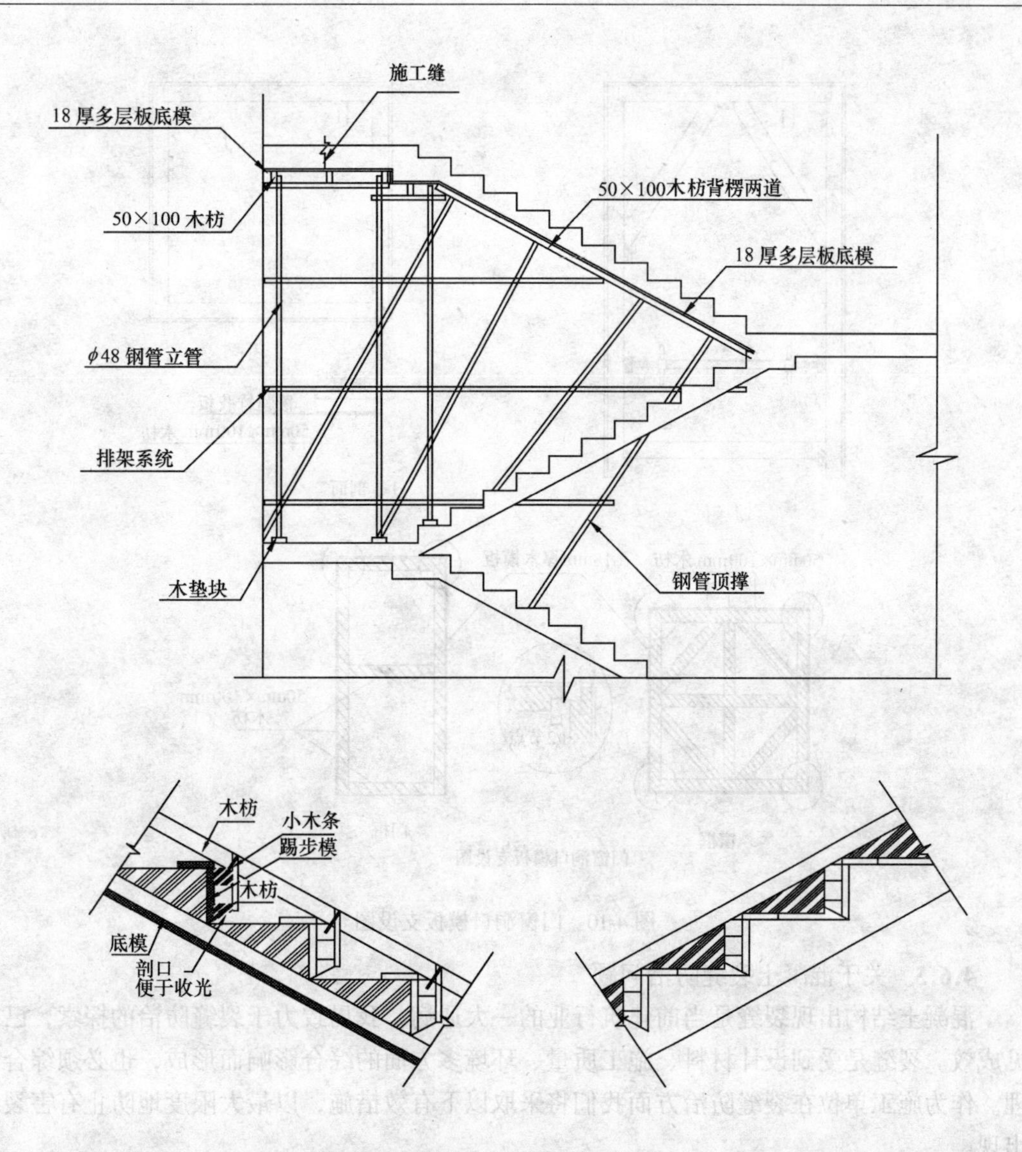


图 4-9 楼梯支模示意图（单位：mm）

(3) 地下室顶板浇筑

1）采用二次振捣消除楼面标高变化处、梁板交接处及板面的沉缩裂缝，及时用混凝土表面压光棍压平混凝土表面。

2）用塑料薄膜覆盖进行保湿养护，在顶板浇灌完毕 24h 后方可上人作业。

**4.6.3** 主体结构浇筑

结构楼层较高，采用竖向结构与梁板结构分开浇筑。在浇筑柱时，注意柱顶会有较多的砂浆上浮的情况，应适当舀出，舀出的砂浆可浇于即将浇筑的柱内，起到柱底铺浆防治烂根的作用。

**4.6.4** 混凝土养护

垂直结构采用无水养护液涂膜养护，平面结构采用浇水养护、保持湿润。冬期采用草袋覆盖养护。

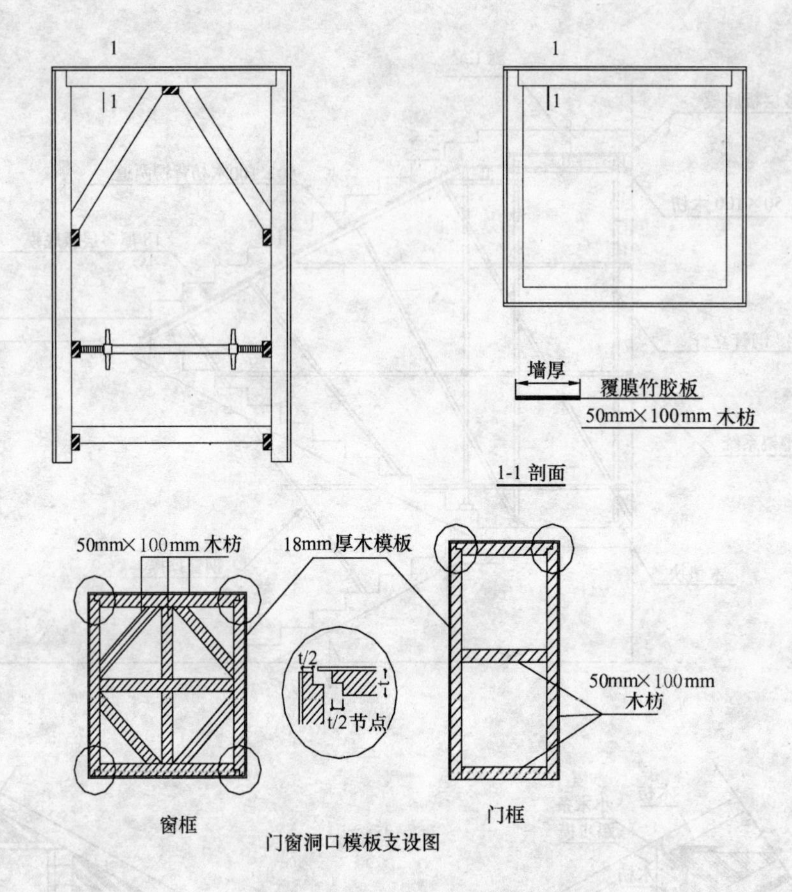


图 4-10　门窗洞口模板支设图

**4.6.5**　关于混凝土裂缝防治问题

混凝土结构出现裂缝是当前建筑行业的一大通病。我局致力于裂缝防治的探索，已初见成效。裂缝是受到设计材料、施工质量、环境多方面的综合影响而形成，也必须综合治理。作为施工单位在裂缝防治方面我们将采取以下有效措施，以最大限度地防止有害裂缝出现。

(1) 认真学习图纸、领会设计意图，主动献计献策，优化设计构造处理；

(2) 配制和生产供应优质的高性能混凝土，保证施工连续浇筑和振捣质量；

(3) 切实作好保湿蓄热养护；

(4) 加强与有关部门的联系，及时完成地下室主体结构的隐蔽阶段，抓紧回填，减少地下室在大气中暴露的时间。

## 4.7　脚手架工程

本工程结构施工采用满堂脚手架，围护及外装修采用双排外脚手架，内装修根据装饰面的大小及操作工艺的不同，分别选用满堂脚手架或工具式内装饰架。结构施工用架及装饰施工用架经计算按常规方法结合有关操作规程执行。本节只对外架的搭设进行详细说明。

**4.7.1**　外架搭设方案

(1) 材料选用 $\phi 48\times 3.5$ 钢管，扣件、连接件为铸铁成品配套件，材料质量及性能均应符合国家有关规范要求。

(2) 由于考虑地下室的回填与上部结构施工同步进行，因此，裙楼脚手架从二楼面开始外挑，使回填工作面敞开。采取的方式是整体搭设，分段卸荷。在结构的第 2、4、6、10、14 层分别设置钢管斜撑，将脚手架荷载卸至主体结构。

(3) 主楼缩进部分在六楼顶板面上开始搭设，底部沿外架纵向垫 50mm 厚硬木板。17、18 层外架在 16 层顶板面搭设。

**4.7.2　外架搭设施工要求**

(1) 外架基本数据

脚手架类型为双排脚手架。作用为施工封闭及外墙装饰用架。其立杆纵距 1.5m，立杆横距 0.75m，步距根据层高，底层为 1.6m，2 ~ 6 层 1.4m，七层 1.1m，八层以上为 1.9m，使每个结构层有一道水平杆。内排立杆距建筑物外墙面为 0.35m。

(2) 脚手架与主体结构连接点的布置：每层在楼面结构中预埋短钢管间距 3000mm，与同楼面的小横杆连成一体（预埋钢管的位置要保证准确）。各 2mm 处用钢管与柱箍牢。

(3) 剪刀撑的设置

在脚手架的外侧沿高度由上而下连续设置，剪刀撑宽度为 4 个立杆间距，高度为 4 个部距，确保剪刀撑与地面成 45° ~ 60°。

(4) 卸载斜撑的设置

第 2 条中在结构中预埋的短钢管在卸载层改为 1500mm，并用水平扫地杆连接，然后在每个立杆处加设双道斜撑，以保证卸荷的可靠性。

(5) 外架外侧挂一道钢板网、一道密目阻燃安全网，水平防护每隔 3 层设一道兜网，其外挑宽度不小于 3m。

(6) 外架搭设的质量要求、安全要求及使用要求按有关规定执行。

## 4.8　围护砌体工程

砌筑工程除应符合设计要求外，主要按抗震设防和标准要求，做好砌体与主体结构的拉结及构造柱、圈梁的设置，注意砌体组砌合理、灰缝横平竖直、砂浆饱满、墙面平顺垂直。

在砌筑过程中，要安好门、窗埋件，及时做好电气配管槽、各类穿墙孔洞及箱的设置，避免事后凿打。

砌筑工程施工中应注意如下几点：

(1) 不同结构交接处的构造处理。

(2) 砌块应提前一天浇水，直到砌块表面充分湿润，呈现水影为止，以避免砂浆中水分在砂浆硬化前被砌体吸收，砂浆缺水将影响强度和粘结。雨期则应适当控制浇水量，必要时采取防雨、排水措施，以免砌体吸水饱和过湿，砌筑后砂浆中的水分增加，降低砂浆强度。

(3) 砌筑要组砌合理，防止通缝现象，上下皮砌体要错缝砌筑，搭接长度按规范执行。砂浆饱满度要达到规范要求。构造柱的浇筑必须在砌块砌筑后分段浇筑。

(4) 严格控制墙面的平整度和垂直度。

### 4.9　装饰工程施工

装饰工程是多项目、多工种、多工序配合施工的复杂工程，所以，施工前必须制定合理的施工组织程序。在各分项装饰工程施工前，还应编制相应的施工技术措施及施工工艺卡，其内容包括：施工准备、操作工艺、质量标准及成品保护等，做到严格控制操作程序和质量要求。因装饰工程项目多、工序复杂，因此，统筹安排、合理穿插就显得十分重要，施工时必须严格按照施工计划的先后安排进行插入施工。装饰材料一次购进、统一配料，避免色泽差异；施工后，严格成品保护措施，以保护成品完好无损。

本工程装饰工程总的施工程序为：先室外后室内，上下交叉施工；先粗装修，后精装饰；先做样板，再大面积施工。

内装饰：在主体结构施工时可插入内墙粗装修，然后随着工程的进度自下而上进行，内墙精装修自上而下进行，并应先做样板，经各方共同检查确定后方可大面积施工。楼地面装修安排在室内管线安装后进行。室内精装修与楼地面工程施工的顺序依各房间情况不同互有先后，以后道工序不污染、不影响前道工序质量为原则。

外装修：在主体完成后方可进行。利用原有脚手架自上而下分层作业，施工前仍需先做样板，经各方检查合格后进行。

由于本工程精装修需进行二次设计，本节主要对一般的装修方法进行说明，待二次设计后编制详细的施工作业设计。

#### 4.9.1　抹灰工程

(1) 内墙面抹灰

基层处理：

清除墙面的灰尘、污垢、碱膜、砂浆块等附着物，要洒水浸湿。对于过于光滑的混凝土墙，可采用墙面凿毛或用喷、扫的方法将 1:1 的水泥砂浆分散、均匀地喷射到墙面上，待接硬后才能进行底层抹灰作业，以增强底层灰与墙体的附着力。

套方、吊直，做灰饼。抹底层灰前必须先找好规矩，即四角规方，横线找平，立线吊直，弹出基准线和墙裙，踢脚线板。可先用托板检查墙面平整、垂直程度，并在控制阳角方正（可用方标尺方）的情况下大致确定抹灰厚度后（最薄处一般不小于 7mm），进行挂线“打墩”（打墩的厚度应不包括面层）。

墙面冲筋：

待砂浆墩结硬后，使用与抹灰层相同的砂浆，在上下砂浆墩之间做宽约 30 ~ 50mm 的砂浆带，并以上下砂浆墩为准用压尺推平，冲筋（打栏）完成后，应待其稍干后才能进行墙面底层抹灰作业。

做护角：

根据砂浆墩和门框边离墙面的空隙，用方标尺方后，分别在阳角两边吊直和固定好靠尺板，抹出水泥砂浆护角，并用阳角抹子推出小圆角；最后，利用靠尺板，在阳角两边 50mm 以外位置，以 40°斜角将多余砂浆切除、清净。

抹底层灰：

在墙体湿润的情况下抹底层灰，对混凝土墙体表面宜先刷扫水泥浆一遍，随刷随抹底层灰。抹底层灰要用力压使砂浆挤入细小缝隙内，底灰要抹薄，不漏抹，底层抹完后紧接着抹中层灰找平。但对于混凝土顶棚，应在底层灰养护一段时间（一般为 2~3d）再抹中层灰。

抹面层灰：

宜两遍成活儿，第一遍尽量薄，紧接着抹第二遍，罩面应在中层灰六七成干时进行。

(2) 顶棚抹灰

同墙面大面抹灰。

(3) 外墙抹灰

按照先上部后下部，先檐口再墙面。大面积外墙抹灰为缩短工期可以适当分段作业，一次不能完成时，可以在阴阳角交接处或分格缝处间断施工。其基本工艺大致与内墙抹灰相同，本方案不再重复。

**4.9.2** 墙面装饰工程

(1) 涂料的主要施工方法如下：

1) 涂刷顺序是先上后下。涂料涂刷用排笔，新排笔使用前要去除活动的排笔毛。涂刷时，从一头开始，逐渐向另一头推进，要上下顺刷，互相搭接，后一排笔紧接前一排笔，避免出现干燥后接头。

2) 涂料在使用前要过滤，适当加水稀释，并充分搅拌均匀。

3) 每遍涂料干燥后，复补腻子，腻子干燥后用砂纸磨光，清扫干净。乳胶漆涂刷要求 3~5 遍，严禁出现色差，分色线平直，偏差限值。

4) 涂刷涂料时，配料要合适，保证独立面、同一房间每遍用同一批涂料，并且一次用完，保证颜色一致。

5) 每天工作完成后，器具清洗干净，材料、器具统一分类且堆放整齐，以备第二天使用。

(2) 涂料面层施工工艺流程

清理基层→填补缝隙→磨砂纸→满刮腻子两遍→磨光→刮第一遍涂料→磨光→刮第二遍涂料→磨光→刮第三遍涂料→拆除脚手架。

施工要点：

1) 基层处理：基层表面的尘土、脏物事先清扫或铲除，基层含水率不得大于 10%。

2) 刮腻子：腻子随用随调一次调配的数量最多不得超过 2d，在找补腻子时，对孔缝深的应分两次或三次补平，待腻子干透后，用砂纸打磨光滑即可涂刷涂料。

3) 刮涂料：刮涂料的施工温度应按产品说明的要求控制，防止冻结。刮涂料前，先将涂料搅拌均匀，如感太稠，可以加水稀释，但加水量不应超过 20%。刮涂料用不锈钢刮板，从一头开始，顺着逐渐刷向另一头，每个墙面应一次完成，以避出现接头。第一遍涂料刮过之后，遇有局部透底，厚薄不均，不能用补点方法处理，必须满刷一遍才能保证色泽一致。最后一遍涂料要一下一下挨着刷直，不得成弧形，做到刮纹顺直、厚薄均匀、不显接砂，无流坠、溅沫、透底等质量问题。涂刮遍数应根据颜色深浅和涂料遮盖力情况确定，至少 3 遍。

**4.9.3** 楼地面工程

陶瓷地砖地面：在铺贴前，对砖的规格尺寸、外观质量、色泽等要进行预选，并预先湿润后晾干待用；铺贴时宜采用干硬性水泥砂浆，面砖应紧密、坚实，砂浆要饱满。严格控制面层的标高；面砖的缝隙宽度：当紧密铺贴时，不宜大于1mm；当虚缝铺贴时，一般为5～10mm，或按设计要求。

面层铺贴24h内，根据各类砖面层的要求，分别进行擦缝、勾缝或压缝工作。缝的深度宜为砖厚度的1/3，擦缝和勾缝应采用同品种、同强度等级、同颜色的水泥；同时，应随做随即清理面层的水泥，并做好面层的养护和保护工作。

#### 4.9.4　顶棚

涂料面施工工艺流程同4.9.2（2）。

### 4.10　屋面工程

本工程裙房屋面面积1210m$^2$，主楼屋面面积1500m$^2$。屋面设计做法如下：

8～10mm厚地砖；

3～4mm厚水泥胶结合层；

40mm厚C20细石混凝土刚性层；

PVC防水卷材一道；

20mm厚1:3水泥砂浆找平层；

乳化沥青珍珠岩保温层（最薄处60mm厚，找2%坡）；

刷防水冷胶料一道；

20mm厚1:2.5水泥砂浆找平层；

钢筋混凝土屋面清扫干净。

屋面工程是建筑工程的重要分部工程，其中屋面防水是屋面施工的关键工序，由于其施工完成后无法用有效的施工检测方法进行检测，故我项目将其列为特殊工序，施工时将按特殊工序的控制原则对其进行施工控制，以确保达到设计及规范要求。

#### 4.10.1　施工准备

（1）技术准备

1）做好施工前技术交底工作。由项目技术负责人组织施工工长、质检员、施工班组长对本施工作业设计进行交底，使全体施工管理人员（包括班组长）均能了解屋面工程的具体做法、施工步骤、质量要求。

2）施工工长根据图纸及本作业设计向各施工操作人员进行详细的书面技术交底。

3）做好屋面工程用各项材料的进场检验工作，严格按规范要求进行取样、检验。主要检验的材料有：水泥、卷材、沥青、珍珠岩、冷拔丝等。

4）预先做好沥青珍珠岩、C20细石混凝土的试配工作。

（2）材料准备

1）根据施工进度计划，编制详细的材料进场计划。

2）根据材料进场计划及现场仓容量，合理组织各类材料进场。

3）进场的材料应由专人验收，不合格或不满足使用要求的材料不得进场。

4）进场材料应按先进先用的原则使用。

（3）现场准备

1）施工前，伸出屋面的管道、设备或预埋件等均应安设完毕，并经检查无误。

2）基层表面的尘土、沙砾、砂浆硬块等杂物清扫干净。

3）穿过屋面的管道、洞口用细石混凝土封闭严实。

**4.10.2** 施工要点

（1）屋面清理

屋面清理工作主要是将屋面上的材料、杂物等清理干净；同时，为保证找平层与基层粘结，将钢筋混凝土屋面表面的尘土、沙砾、砂浆硬块等杂物清扫干净，并在找平层施工前浇水湿润。

（2）找平层施工

本工程在隔汽层及防水层下各有一道找平层，分别采用1:2.5、1:3水泥砂浆。本作业设计主要说明防水层下找平层的施工要点，隔汽层下找平层参照施工（不需要找坡）。

1）找坡

找平层的操作顺序是转角→立面→平面。施工时先找坡、弹线、找好规矩，从女儿墙开始、按天沟、排水口顺序进行，待细部处理抹灰完成后再抹平面找平层。

屋面找平层的坡度必须符合设计要求，天沟的纵向坡度也必须满足设计要求。内部排水的水落口周围应做成略低的凹坑。

施工时应根据设计要求，测定标高、定点、找坡；然后，拉屋脊线、分水线、排水坡度线，并应贴灰饼、冲筋，以控制找平层的标高和坡度。

2）细部处理

基层与突出屋面构筑物的连接处以及基层转角处的找平层应做成半径为100～150mm的圆弧形或钝角。

排水沟找坡应从两排水口距离的中间点为分水线、放坡抹平，纵向排水坡度不应小于1%。最低点应对准排水口，排水口与落水管的落水口连接应平滑、顺畅，不得有积水，并应用柔性防水密封材料填实。

找平层与女儿墙、天沟等相连接的转角，应抹成光滑一致的圆弧形。

3）分格缝的设置

为避免或减少找平层开裂，找平层应留设分格缝，缝宽20～30mm，并用密封材料封闭（密封材料封闭仅用于隔气层下找平层）。

屋面找平层的平、立面转角（转折）处均应留设分格缝。

屋面分格缝应与保温层排气道对齐，其纵横最大间距不得大于6m。

分格缝的设置施工时用（30～20mm）×20mm梯形木条，以保证分格缝的位置准确，顺直。

4）铺设平面找平层

铺砂浆前，基层处理必须完成，并浇水湿润（有保温层时，不得浇水）。

砂浆铺设应按由远到近、由高到低的程序进行，在每分格内一次连续铺成，严格掌握坡度，可用2m长方尺找平。

待砂浆稍收水后，用抹子压实抹平；并在初凝后，终凝前进行二次压光。终凝前，轻轻取出嵌缝条，并注意成品的保护。

铺设找平层12h后，洒水养护，养护时间不少于7d。

找平层硬化后，用密封材料嵌填分格缝。

（3）隔汽层施工

本工程隔汽层采用防水冷胶料，施工时应注意以下几点：

施工用原材料必须满足有关规范要求。

隔汽层的施工应在其下部找平层干燥后进行。

隔汽层的涂刷应按由远到近、由高到低的程序进行，其涂刷要均匀、严密。

隔汽层施工完后应注意检查，避免漏刷，并加强成品保护。

(4) 保温层施工

本工程保温层采用现浇沥青珍珠岩，同时间做找坡层。

1) 施工条件

屋面保温层施工应在隔气层干燥后进行。

严禁在雨天和5级以上大风天气情况下施工。

在施工过程中和堆放时，应注意采取防水、防雨措施。

2) 材料要求

膨胀珍珠岩粒径宜大于0.15mm；粒径小于0.15mm的含量不应大于8%；堆积密度应小于$120kg/m^3$。导热系数应小于0.07W/（m·K）。

沥青采用乳化沥青。

乳化沥青珍珠岩应采用机械，严格按配合比要求拌制，严格控制材料的掺量。

3) 保温层的铺设

由于本工程保温层为整体现浇保温层，根据有关规范要求必须设置排气道及排气孔，故在铺设保温层之前应定出排气道、排气孔位置，实现安装好排气孔。

(A) 排气道、排气孔的设置

本工程由于结构几何形状不规则，同时屋面使用功能为屋顶花园，故屋面排气道的设置受到一定的限制。根据其实际情况，排气道、排气孔的设置按不大于$36m^2$设置一个排气孔，排气槽纵横贯通，排气槽宽50mm，内用0.5~1.5mm卵石填充。在保温层施工时，排气槽用50mm厚木枋预留。

(B) 保温层的铺设

铺设保温层时应严格控制厚度、坡度和坡向。可先在女儿墙、围护墙上弹出厚度控制线，在垂直屋脊方向设置厚度和坡度控制挡板，然后分层铺设、找坡，每层虚铺厚度不宜大于150mm，并适当压实。压实的程度与厚度应经试验确定，压实后不得直接在保温层上行车或堆放重物。

保温层施工完后，应及时进行下道工序，找平层和防水层的施工。雨期施工时，应采取遮盖措施，防止雨淋。

(5) 防水层施工

本工程防水层为PVC卷材防水。由于防水层施工为特殊工序，施工时应对其施工全过程进行连续监控。

1) 材料的验收、储存与搬运

屋面防水材料进场后，必须抽样送检合格后方可使用。

屋面防水材料的储存应单独指定位置，由专人进行保管。

材料（特别是防水卷材）在搬运过程中必须轻拿轻放，避免由于碰撞划伤卷材，影响防水效果。

2）操作人员要求

防水层施工操作人员必须经过培训，执证上岗。

施工前应针对防水层施工进行书面技术交底。

3）基层要求

基层必须牢固，无松动现象。

基层表面应平整，用2m直尺检查，基层与直尺间的最大空隙不大于5~10mm，每米凹处不得多于一处。

基层必须干净，无灰尘，无明显潮湿或积水。

基层转角应做成半径为100~150mm的圆弧或钝角。

对找平层应严格检查，局部不平、起砂起皮、裂缝等缺陷按要求进行修补。

为防止施工中雨水渗入保温层中，蒸发后使找平层开裂造成卷材起泡，需先刷一层防水胶粘剂。

4）防水卷材的铺设

防水层施工时，应先做好节点、附加层和屋面排水比较集中部位（如屋面与水落口连接处、屋面转角处）的处理，然后由最低标高处向上施工。

施铺防水卷材应将卷材顺长向进行配置，使卷材长向与水流坡向垂直。卷材的搭接要顺水流坡度方向，严禁与水流成逆向配置。

卷材的铺设应根据卷材的配制方案，从流水下坡开始，先弹出基准线，刮第二层防水胶粘剂，需完全干，不粘脚；然后，将涂过胶粘剂的卷材圆筒中插入一根$\phi 30 \times 1500$mm的钢管，由两人分别手持钢管两端，将卷材的一端粘贴固定在预定部位，再沿基准线铺展卷材。

施铺时，严禁将卷材拉得过紧，更不允许拉伸卷材，也不允许有皱折现象。铺展时，每间隔1m对准标准线粘贴一下，以此顺序，边对线边铺贴，以使卷材平整、顺直。

立面与平面相连部位的卷材，应由平面向立面铺贴，并要使卷材紧贴阴角，严禁出现空鼓现象。

卷材铺展后应及时用干净松软的长把刷，从卷材的一端开始朝卷材的横方向顺序用力滚压一遍，并应认真地排除卷材底下的空气，使卷材铺贴牢固。

排除空气后，平面部位应用外包橡胶的长300mm、重30~40kg的铁辊滚压一遍，使其粘结牢固，垂直部位（立面）用手压辊滚压粘牢。

卷材的搭接宽度横向为50~60mm，纵向70~80mm。交接口重叠处用胶粘剂封严。

施工完的防水层应注意加强成品保护，避免划破，影响防水效果。

5）特殊部位的铺贴要求

（A）水落口

卷材铺设前，应先对水落口进行密封处理。在水落口杯埋设时，水落口杯与竖管承插口的连接处应用密封材料嵌填密实，防止该部位在暴雨时产生倒水现象。水落口周围直径500mm范围内防水涂料或密封材料涂封作为附加层，厚度不小于2mm，涂刷时应根据防水材料的种类，采用不同的涂刷遍数来满足涂层的厚度要求。水落口杯与基层接触处应留宽20mm、深20mm的凹槽，嵌填密封材料。

铺至水落口的卷材和附加层，均应粘贴在杯口上，用雨水罩的底盘将其压紧，底盘与卷材间应满涂胶结材料予以粘结，底盘周围用密封材料填封。

(B) 泛水与卷材收头

泛水是指屋面转角与立墙部位。这些部位结构变形大，容易受太阳暴晒，因此，为了增强接头部位防水层的耐久性，一般要在这些部位加铺一层卷材或涂刷防水涂料作为附加层。

泛水部位卷材铺贴前，应先进行试铺，将立面卷材长度留足，先铺贴平面卷材至转角处，然后从下向上铺贴平面。如先铺立面卷材，由于卷材自重作用，立面卷材张拉过紧，使用过程易产生翘边、空鼓、脱落等现象。

卷材铺贴完成后，将端头裁齐。采用预留凹槽收头，将端头全部压入凹槽内，用压条钉压平实，再用密封材料封严，最后用水泥砂浆抹封凹槽。

(C) 排气孔与伸出屋面管道

排气孔与屋面交角处卷材的铺贴方法和立墙与屋面转角处相似，所不同的是流水方向不应有逆槎，排气孔阴角处卷材增加附加层，将上部剪口交叉贴实。

伸出屋面管道卷材铺贴与排水孔相似，但应加铺两道附加层。防水层铺贴后，上端用沥青麻丝或细钢丝扎紧，最后用密封材料密封或焊上薄钢板泛水。

(D) 阴阳角

阴阳角处的基层涂胶后要用密封膏涂封距角每边 100mm，再铺一层卷材附加层。

(6) 刚性层施工

本工程屋面刚性层为 40mm 厚 C20 细石混凝土。施工中所采用的各类材料如：水泥、砂、石等必须经检验合格。

刚性层用细石混凝土在现场搅拌站拌制，垂直运输采用施工电梯及门架，水平运输采用手推车。

刚性层施工前应对防水层进行试水检验，合格后方可进行刚性层的施工。

刚性层的施工应事先找好坡度，其厚度控制采用灰饼并冲筋，再检查冲筋的坡度及厚度，无误后方可进行刚性层的施工。

刚性层施工过程中应加强对防水层、排水管的保护，避免施工对防水层、排水管造成破坏。

其施工程序及操作要求参照找平层施工。

(7) 面砖施工

由于本工程屋面使用功能为屋顶花园，目前其做法尚未确定，面砖铺贴范围也未确定，同时该部分施工由中建三局装饰公司分包施工，本作业设计对该部分施工暂不进行说明，待施工范围及屋顶花园做法确定后另行编制作业设计。

### 4.11 安装工程施工

安装工程分 4 个阶段进行施工：配合主体预留、预埋阶段；全面安装阶段；调试；交工验收。安装工程施工前期立体交叉进行。中期与初装修同步配合，后期与收尾施工配合并单独或系统进行调整试运行。

#### 4.11.1 给排水工程

(1) 施工流程（见图 4-11）

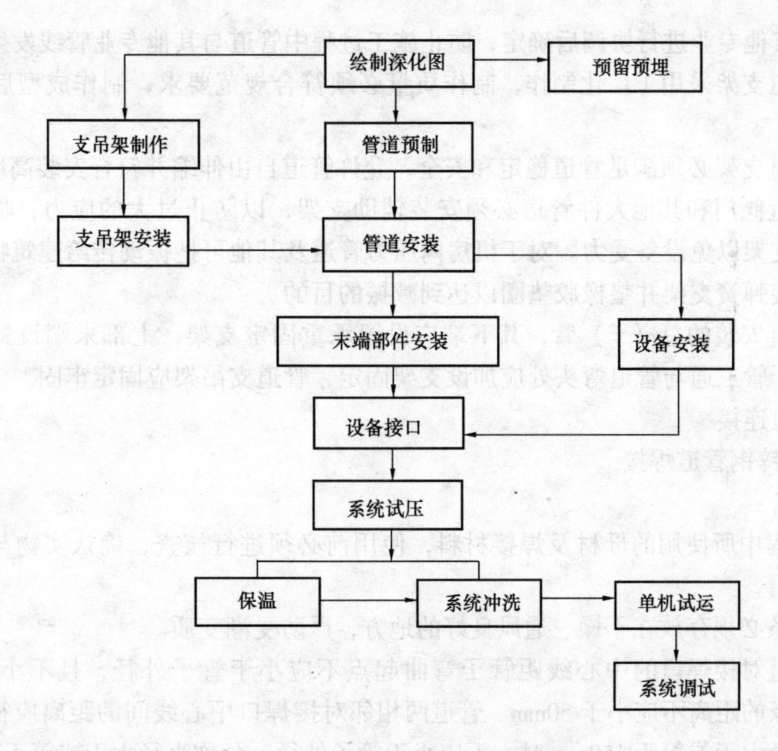


图 4-11　给排水工程施工流程图

（2）预留预埋

1）将所有预埋预留点统一编号，绘制预留预埋综合布置图。

2）严格按标准图集加工制作防水套管、穿墙套管，套管长度按结构施工图尺寸确定，套管管径参照表 4-2 中的标准。

表 4-2

| 管径（mm） | 50～75 | 75～100 | 125～150 | 200～300 |
|---|---|---|---|---|
| 预留洞尺寸（mm） | 100×100 | 200×200 | 300×300 | 400×400 |
| 防水套管（mm） | $\phi$114 | $\phi$140～$\phi$159 | $\phi$180～$\phi$219 | $\phi$273～$\phi$325 |

3）套管安装

(A) 刚性套管安装：主体结构钢筋绑扎好后，按照给排水施工图标高几何尺寸找准位置；然后，将套管置于钢筋中，焊接在钢筋网中；如需气割钢筋来安装的，安装后与土建单位协商加强筋加固，并做好套管的防堵工作。

(B) 穿墙套管安装：土建专业在砌筑隔墙时，按专业施工图的标高、几何尺寸将套管置于隔墙中，砌块找平后用砂浆固定，然后交给土建队伍继续施工。

（3）支吊架制作安装

1）支吊架制作安装流程

支吊架选型→确定尺寸→下料→支吊架制作→支吊架防腐、涂漆→支吊架安装。

2）支吊架制作安装

(A) 管道支架加工制作前应根据管道材质、管径大小等按标准图集进行选型。支架的高度应与其他专业进行协调后确定，防止施工过程中管道与其他专业管线发生“碰撞”。

（B）管道支架采用工厂化制作，制作质量必须符合规范要求，制作成型后除锈和防腐处理。

（C）管道支架必须满足管道稳定和安全，允许管道自由伸缩并符合安装高度。

（D）临近阀门和其他大件管道必须安装辅助支架，以防止过大的应力，临近泵接头处亦需安装支架以免设备受力。对于机房内压力管道及其他可把振动传给建筑物的压力管道，必须安装弹簧支架并垫橡胶垫圈以达到减振的目的。

（E）垂直安装的总（干）管，其下端应设置承重固定支架，上部末端设置防晃支架固定。管道干管三通与管道弯头处应加设支架固定，管道支吊架应固定牢固。

（4）管道连接

1）热镀锌钢管道焊接

焊前准备：

（A）工程中所使用的母材及焊接材料，使用前必须进行核查，确认实物与合格证件相符方可使用。

（B）焊条必须存放在干燥、通风良好的地方，严防受潮变质。

（C）管道对接焊口的中心线距管子弯曲起点不应小于管子外径，且不小于100mm，与支吊架边缘的距离不应小于50mm。管道两相邻对接焊口中心线间的距离应符合下列要求：公称直径大于或等于150mm时，不应小于管子外径；公称直径大于或等于150mm时，不应小于150mm。

（D）焊件的切割口及坡口加工采用机械方法。

（E）焊前应将坡口表面及坡口边缘内侧不小于10mm范围内的油漆、锈、毛刺及镀锌层等清除干净，并不得有裂纹、夹层等缺陷。

（F）管子或管件的对口，应做到内壁平齐，内壁错量要求不应超过管壁厚度的10%，且不大于1mm。

焊接工艺：

（A）焊件组对时，点固焊选用的焊接材料及工艺措施应与正式焊接要求相同，管子对口的错口偏差不超过壁厚的20%，且不超过2mm。调整对口间隙，不得用加热张拉和扭曲管道的办法，双面焊接管道法兰，法兰内侧不凸出法兰密封面。

（B）不得在焊件上引弧和试验电流，管道表面不应有电弧擦伤等缺陷。

（C）管道焊接时，管内应防止有穿堂风。除工艺上有特殊要求外，每条焊缝应一次焊完。

（D）焊接完毕后，应将焊缝表面熔渣及其两侧的飞溅清理干净。

（E）焊接完毕后，对焊缝区域进行刷油防腐处理。

2）热镀锌管道卡箍连接

具体做法如下：

（A）清理对接的管口端面和表面；

（B）将沟槽卡箍专用接头在管端试连接，在管道上滚出痕迹，用专用工具在管端压出沟槽；

（C）连接的两节直管道固定在支架上，留出沟槽缝隙；然后，用沟槽卡箍专用接头连接。连接时，应保证两节管道在同一条直线上。

3）PP-R管道的热熔连接

热熔连接按下列步骤进行：

（A）热熔工具接通电源，到达工作温度指示灯亮后方能开始操作；

（B）切割管材，必须使用端垂直于管轴线。管材切割一般使用管子剪或管道切割机，必要时可使用锋利的钢锯，但切割后管材断面应去除毛边和毛刺；

（C）管材与管件连接端面必须清洁、干燥、无油；

（D）用卡尺和合适的笔在管端测量并标绘出热熔深度，热熔深度应符合要求；

（E）熔接弯头或三通时，按设计图纸要求，应注意其方向，在管件和管材的直线方向上，用辅助标志标出其位置；

（F）连接时，无旋转地把管端导入加热套内，插入一所标志的深度，同时，无旋转地把管件推到加热头上，达到规定标志处。加热时间应满足规范的规定（也可按热熔工具生产厂家的规定）；

（G）达到加热时间后，立即把管材与管件从加热套与加热头上同时取下，迅速、无旋转地直线均匀插入到所标深度，使接头处形成均匀凸缘；

（H）在规定的加工时间内，刚熔接好的接头还可校正，但严禁旋转。

4）热镀锌钢管螺纹连接

（A）施工工艺流程

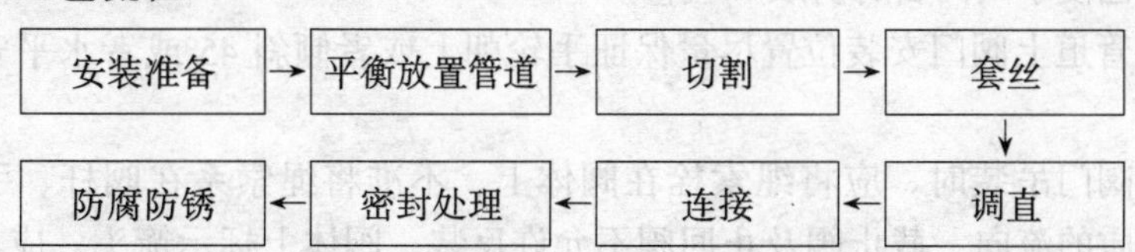


采用专用的切管机、套丝机对管道进行处理，套丝时螺纹深度要符合产品要求，连接过程中要注意保护好丝口段，对丝口需进行防锈处理。

（B）控制要点

管道切割要根据安装的要求及现场安装中的条件进行切割，切割的断面必须保持与管道的垂直度，且切割后须对断面进行清理，去除毛刺及杂物。

套丝时必须保持管道与套丝机具的垂直度。

套丝的深度必须符合不同管径的要求，深度过大的不能一次套丝，必须分2~3次套丝。套丝后清理丝口的残余渣物。

进行安装前须对套丝部分刷防腐漆，保持镀锌钢管的整体防腐性能。刷漆中为了保持刷漆端的平整性，可预先缠一段隔断物（如纸条）。

安装中要注意保护好套丝段，以免破坏丝口或镀锌层。

管道安装后，应根据管道的垂直度要求进行调节，但要注意保持调节量不宜过大；否则，会影响管道的密封性能。

螺纹连接的管道，螺纹应清洁、规整，断丝或缺丝不大于螺纹全扣数的10%；连接牢固；接口处根部外露螺纹为2~3扣，无外露填料；镀锌管道的镀锌层应注意保护，对局部的破损处，应做防腐处理。

5）铸铁给水管卡套连接

(A) 清理对接的管口端面和表面。

(B) 先松开卡套紧固螺钉，将卡套以及内衬的橡皮套入其中一段管段，将对接的管道或管件对口、调正。

(C) 橡皮套套在管道接口处，再将管箍移到橡皮套的位置，拧紧管箍的紧固螺钉。连接时，应保证两节管道在同一条直线上。

(5) 阀门安装

1) 阀门的安装流程

核对型号规格→检查质量、外观→强度试验→严密性试验→阀门安装。

2) 阀门安装要点

(A) 阀门安装前按设计要求，检查其种类、规格、型号及质量，阀杆不得弯曲，按规定对阀门进行强度和严密性试验。试验应以每批（同牌号、同规格、同型号）数量中抽查10%，且不少于一个。对于安装在主干管上起切断作用的闭路阀门，应逐个做强度和严密性试验。

(B) 强度试验压力为公称压力的1.5倍，严密性试验压力应为阀门出厂规定的压力。检验是否泄漏，并做好阀门试验记录。

(C) 阀门安装时，应仔细核对阀件的型号与规格是否符合设计要求。

(D) 阀门安装的位置除施工图注明尺寸外，一般就现场情况，做到不妨碍设备操作和维修，同时也便于阀门自身拆装和检修。

(E) 水平管道上阀门安装位置尽量保证手轮朝上或者倾斜45°或者水平安装，不得朝下安装。

(F) 大型阀门吊装时，应将绳索栓在阀体上，不准将绳索系在阀杆、手轮上。安装阀门时注意介质的流向，截止阀及止回阀不允许反装。阀体上标示箭头，应与介质流动方向一致。

(G) 所有的阀门在安装完毕后，均用明显的标示牌标示出阀门的开闭情况。

(6) 管道试压、冲洗、通（闭）水试验

1) 管道试压

采取先总管，后干管，再支管，最后总系统的顺序进行。对于要隐蔽的管道，要在进行隐蔽前试压。试压时，先向管道内充水，在管网上部排空空气，然后缓慢加压到试验压力。管道在试验压力下观测10min，压力降不应大于0.02MPa，然后降到工作压力进行检查，应不渗不漏。

2) 管道冲洗

管道试压合格后，应进行冲洗和消毒试验。冲洗时，打开所有用水点，利用压力对管道进行清洗，专人在管道各接头处以木槌进行轻微敲击，使管道内杂质或焊渣脱落冲出，待出水纯清后完成管道冲洗。

3) 管道消毒

生活给水管道使用前要进行消毒，管道冲洗完毕后，应用每升含20~30mg游离氯的清水灌满管道进行消毒，封闭消毒24h后，再用饮用水冲洗干净，并经有关部门检验合格后方可投入使用。

4) 排水管道通（闭）水试验

排水管道安装完毕后要按要求进行通（闭）水试验，闭水试验时将充气球胆在立管检查口处堵严，由本层预埋口处做闭水试验。

（7）管道防腐

先用刮刀、锉刀将管道、设备表面的氧化皮、铸砂除掉，用钢丝刷将管道、设备表面的浮锈除去，用砂纸磨光，用棉丝将表面灰尘擦净。再进行刷油，手工涂刷并分层涂刷，每层应往复进行，纵横交错，并保持涂层均匀，不得漏涂或流坠。如进行两遍以上的涂刷，必须在第一遍漆干透后才能进行下一遍涂刷。

（8）卫生洁具安装

1）洁具安装流程

洁具布置→放线定位→洁具安装→给水配件安装→满水试验→通水试验→成品保护。

2）几种常规卫生洁具安装工艺

（A）洗脸盆安装：对照图纸给定的洗脸盆型号，根据其尺寸在安装位置弹好盆的位置坐标及下水管的甩口中心线，将脸盆支架找平栽牢，再将脸盆置于支架上找平找正。

（B）蹲便器安装：首先将胶皮碗套在蹲便器进水口上，套正套实。把预留排水管内清除干净，找出排水管中心线画在墙上，将下水管口内抹好油灰，将蹲便器下水口插入排水管稳好，蹲便器两侧用砖砌好抹光，最后将蹲便器下水口临时封好。

（C）小便器安装：挂式小便器安装前，应检查给排水预留管口是否在一条垂线上、间距是否一致。符合要求后，按照管口找出中心线，将下水管口周围清理干净，取下管堵，抹好油灰，放好橡胶密封垫，将挂式小便器稳装找正，挂式小便器与墙面的缝隙用白水泥抹平抹光。

**4.11.2**　通风空调工程

（1）施工流程（见图4-12）

（2）风管制作安装

1）风管制作

风管制作主要以现场集中预制为主。对风管及管件按系统分层将同一规格尺寸统计数量，实施统一加工，以提高工效。所有板材、角钢、圆钢材料规格严格按设计要求及施工验收规范采用，半成品、成品尺寸范围及允许误差必须符合现行《通风与空调工程施工质量验收规范》GB 50243—2002要求。法兰及插条制作与风管同步，提准各类规格法兰及插条数量，以满足风管闭合成型后能立即进入下一工序。

（A）风管的拼料应尽量减少纵向拼接，标准节制作长度以2m为宜。其咬口形式采用单平咬口和联合角咬口，其中单平咬口用于管材拼接，联合角咬口用于风管和管件四角组合，咬口宽度一般为7～11mm。对长边长≥500mm的风管，应采取适当加工措施。

（B）角钢法兰要求平整，下料应考虑焊接空隙，法兰成批焊接前须按不同规格制作模具，焊接必须在平台上操作，保证法兰平整度和垂直度及同规格法兰螺栓孔的互换性、对称性；其螺孔及铆钉间距不得大于150mm，法兰内径尺寸误差应在规范内；风管翻边一般为6～9mm，应保持翻边平整、严密、宽度一致。

风管长边大于1600mm时，为大型风管，在制作和安装时必须采用加强措施。在风管上下间加支撑柱，截面长边在1600～2200mm的风管，中间设置一根支撑柱；截面长边在2200～3200mm的风管，中间设置两根支撑柱，支撑柱为圆柱体，中间可以穿过$\phi$10的螺

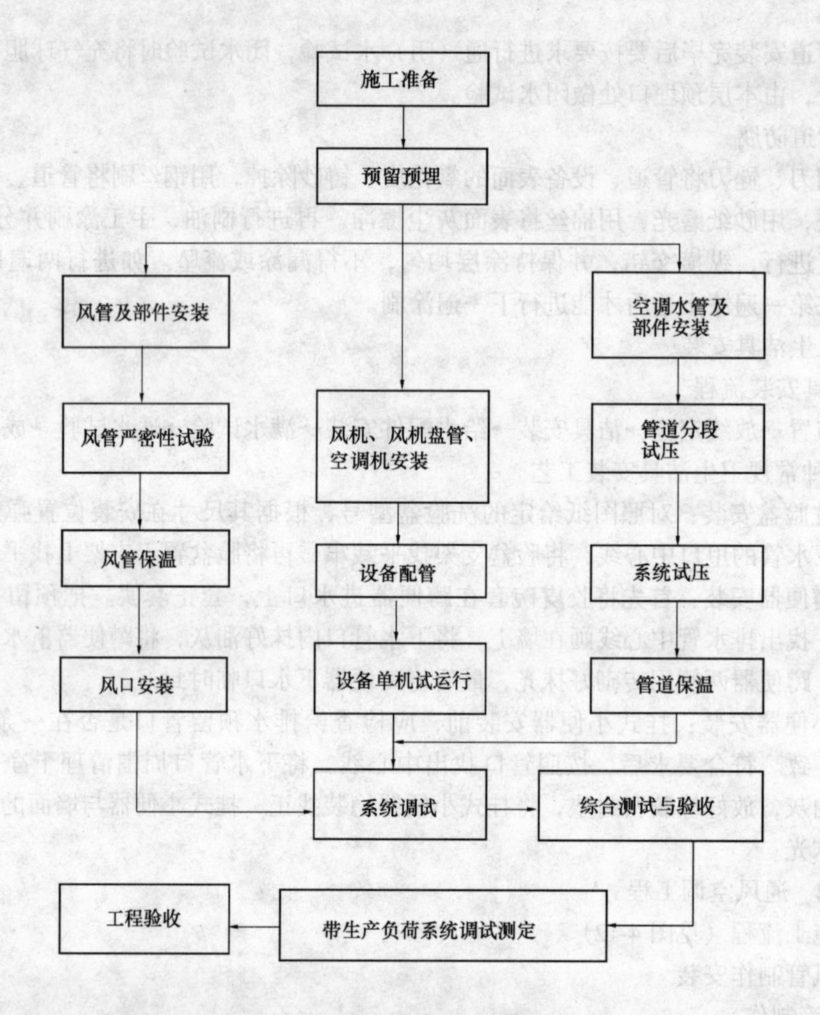


图 4-12　通风空调工程施工流程

杆，用螺母固定在风管的上下板上，上下板的内外侧均用 80mm×80mm×5mm 的硅镁板作垫片，同时在风管的内转角处粘贴 4 根加强条；风管大边大于 3000mm 时，为超大型风管，除按大型风管采取加强措施以外，每隔 1.3m 在风管的外壁设加强筋。

2）支吊架制作安装：风管支吊架的选型结合具体安装部位、结构形式及负荷要求确定，支吊架的定位、测量和制作加工均指定专人负责，使其位置准确，安装牢固可靠，间距符合规范要求。支吊架按国标 T616 加工。

3）风管吊装：风管吊装前，在风管位置楼板部位设置吊点（用膨胀螺栓固定），通过吊索滑轮，吊链葫芦将风管起吊，并通过移动脚手架安装吊架横担，并调整好其水平度。对于不便悬挂捯链或滑轮，或受场地限制，不能进行吊装时，可将风管分节用绳索拉到龙门脚手架操作平台；然后，抬到支架上对正法兰逐节安装，也可运用顶升机做垂直运输。

(3) 风管部件安装

1）防火阀门安装

防火阀门有水平安装和垂直安装，左式和右式之分，在安装时务必注意不能装反，易熔件应在安装工作完毕后再装，在安装前还应再试一下阀板关闭是否灵活和严密，阀在安装完毕后，应在阀体外部明显地标出“开”和“关”方向及开启程度。

2）消声器安装

消声器的安装时前后应设 150mm×150mm 单位清扫口，并做好标记，以便清理和检查。对于消声器支吊架设置，应单独设置支吊架，不能用风管承受消声器或消声器弯管的重量，有利于单独检查、拆卸、维修和更换。

3）风口安装

（A）风口制作委托专业厂家定做，验收合格后运至现场安装，其中矩形风口两对角线之差不应大于 3mm；圆形风口任意两正交直径的允许偏差不应大于 2mm，调节部分应灵活，叶片应平直，同边框不得碰撞。

（B）风口与风管的连接应严密、牢固；边框与建筑装饰面贴实，外表面应平整、不变形，调节应灵活。同一厅室、房间的相同风口安装高度一致，排列整齐、美观。风口水平安装其水平度的偏差不应大于 3‰，风口垂直安装其垂直度的偏差不应大于 2‰。

（4）风管严密性测试

风管安装完毕，保温之前应进行风管检漏。漏光法检测是采用光线对小孔的强穿透力，对系统风管严密程度进行定性检测的方法。其试验方法在一定长度的风管上，在黑暗的环境下，在风管内用一个电压不高于 36V、功率在 100W 以上的带保护罩的灯泡，从风管的一端缓缓移向另一端，试验时若在风管外能观察到光线，则说明风管漏风，并对风管的漏风处进修补。系统风管的漏光法检测采用分段检测，汇总分析的方法，被测系统的风管不允许有多处条缝形的明显漏光，低压系统风管每 10m 接缝漏光点不超过 2 处，100m 接缝平均不大于 16 处。

（5）空调水管道及部件安装

1）管材选用及连接方式：空调供、回水管道 $DN \leqslant 40$mm 采用焊接钢管，$DN > 40$mm 采用无缝钢管，均为焊接连接，与风机盘管等有丝接部位的未端或阀门类连接时，采用螺蚊连接；凝结水管采用镀锌钢管，$DN \leqslant 32$mm 螺纹连接，$DN > 32$mm 焊接连接。

2）阀门设置及选型：$DN < 70$mm 采用 J11T-16 截止阀；$DN \geqslant 70$mm 采用 D71X-16 手柄传动蝶阀；$DN \geqslant 200$mm 采用 D371X-16 蜗轮蜗杆传动蝶阀；止回阀采用 H44T-16 微阻缓闭止回阀。

3）系统设置：水管路系统的最低点处设置 $DN$25 泄水管和闸阀，最高点处设 $DN$20 自动排气阀；与风机盘管及新风机组连接的支管坡度大于 0.01，且供、回水支管上各装一个截止阀和橡胶软接头；水平供回水管道坡度不小于 0.003，凝结水管道坡度为 0.01。

（6）空调风管、水管保温

1）排烟风管保温

排烟风管采用加筋铝箔岩棉板。

（A）风管保温在严密性试验及隐蔽验收合格后进行。板材下料要准确，切割面要平齐，裁料时要使水平、垂直面搭接处，以短面两头顶在大面上。

（B）加筋铝箔岩棉板保温采用保温钉固定，保温钉与风管、部件表面粘结牢固，均匀布置，其数量每平方米底面不少于 16 个，侧面不少于 10 个，顶面不少于 6 个。保温层表面平整、严密。

（C）绝热材料与风管、部件表面应紧密贴合，无缝隙，绝热层纵横向的接缝应错开。

(D) 保温材料铺接缝处必须用胶带缠紧，同一平面尽量不使用小块保温材料。

(E) 支吊架处将木垫一起保温，角钢部分外露，风阀处将手柄外露，阀体用保温材料裹住。

(F) 保温材料层必须密实，无裂缝、空隙等缺陷，表面必须平整，采用卷材或板材时允许偏差为1mm。

2) 空调风管、水管保温

空调风管、空调冷热水管、冷凝水管采用橡塑保温。

(A) 空调风管、空调冷热水管保温必须在风管漏光试验、管道试压验收完毕后进行，凝结水保温必须在灌水试验完毕后进行。

(B) 橡塑保温采用粘结法施工，粘结时必须选用与橡塑材料配套之胶水。胶水涂刷时必须在保温管壳内部和管道外壁进行满涂，涂刷时先涂管壳内壁，再涂管道外壁，稍后再将其粘上。

(C) 水管保温直径100mm的水管用管材保温材料，风管和直径100mm的水管用板材保温材料。管材保温接口时，两接口面均刷胶。

(D) 为保证保温观感效果，管壳纵向拼缝应置于管道上部，并且相邻管壳纵向拼缝应错开一定角度。

(E) 对于保温管壳纵向、环向拼缝要采用专用胶带进行合缝粘结，避免长时间使用后拼缝裂开。支吊架木垫与保温材料接口时，两接口面必须都刷胶，并用胶带将接缝绑紧。

**4.11.3** 电气工程

(1) 施工流程（见图4-13）

(2) 电气预留预埋

1) 电气暗配管

(A) 所有配管以设计图纸为依据，暗配管应沿最近的路线敷设管路敷设要求如下，管路超过表4-3中的长度应加装接线盒，其位置应便于穿线。

**电气暗配管加装接线盒要求表** **表4-3**

| 序号 | 距离 | 拐弯个数 |
|---|---|---|
| 1 | 30m | 无弯 |
| 2 | 20m | 1个弯 |
| 3 | 15m | 2个弯 |
| 4 | 8m | 3个弯 |

(B) 暗敷镀锌钢管采用套管连接。焊管丝接连接时，其套管长度宜为管外径的2.5倍，套管内两管口应对接齐平，管与管的对口处应位于套管中心。

2) 接线盒预埋

(A) 在现浇混凝土顶板内安装接线盒时，用油漆在设计规定的位置上画上接线盒位置和进出线方向，按进出线方向将接线盒壁上的对应敲落孔取下，将管口用塑料管堵和胶带封好，将接线盒用锯末填满；然后，用塑料宽胶带将盒口包扎严密，并做好接地跨接线。

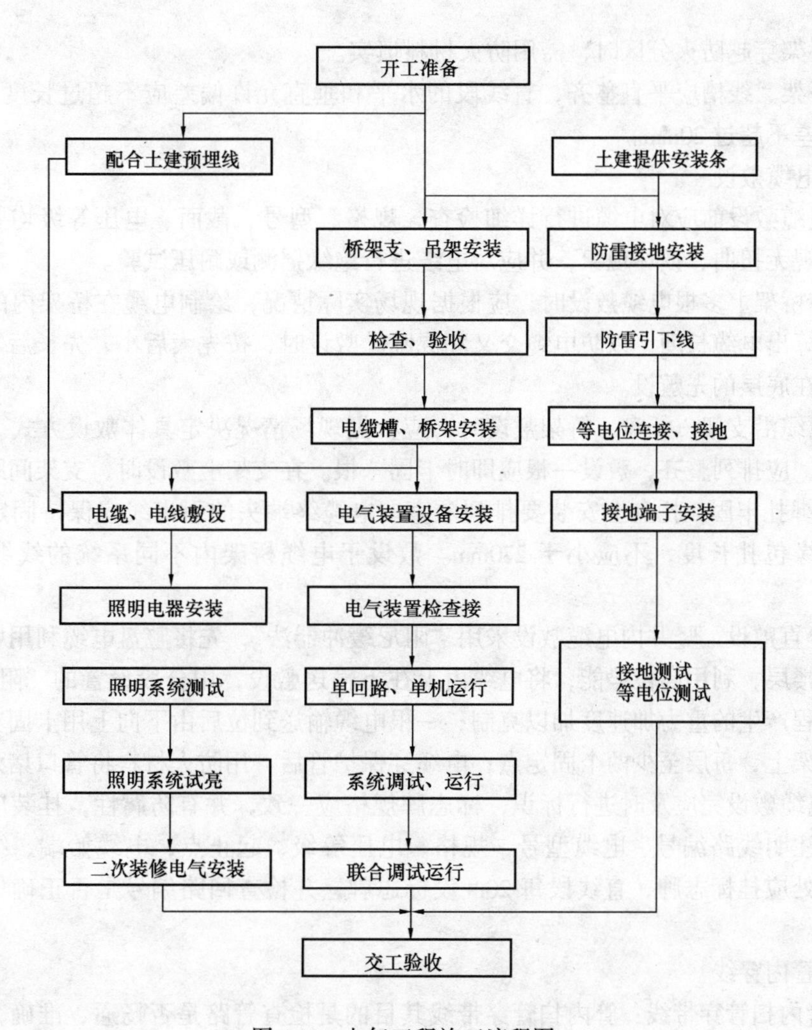


图 4-13　电气工程施工流程图

(B) 现浇混凝土墙体上电盒预留可随结构施工直接将盒子安装到位，所有开关、插座盒预留时标高宜比设计高 2cm。为了控制盒与墙面距离，施工时可根据墙体保护层厚度和电盒尺寸，利用钢筋套子与墙体钢筋采用绑接固定，通过墙体模板与钢筋套子将电盒夹紧夹牢，以防盒子移位。

(3) 桥架及线槽安装

1) 施工程序：桥架、线槽检查→支吊架定位→支吊架制作安装→桥架、线槽安装→桥架、线槽接地。

2) 支架安装：安装支架时，必须确保安装后不仅垂直度满足规范，而且外观成排成线、长短一致，支架间距均≤1.5m。

3) 桥架及线槽直线段长度超过 30m 时，应设伸缩节，且伸缩灵活。

4) 桥架、线槽之间连接采用半圆头镀锌螺栓，半圆头应在桥架内侧，接口应平整，无扭曲、凸起和凹陷。

5) 桥架、线槽转弯及分支处必须使用成品配件；弯曲半径由最大电缆的外径决定。

6) 桥架、线槽之间应用软铜接地专用线将两段桥架的接地端子跨接。

7）桥架穿越防火分区时，需用防火材料填实。

8）桥架、线槽应平直整齐，直线段的水平和垂直允许偏差应不超过长度的2%，全长允许偏差不超过20mm。

（4）电缆敷设

1）电缆敷设前应对电缆进行详细检查，规格、型号、截面、电压等级均要符合设计要求，外观无扭曲、损坏现象，并应对电缆进行绝缘摇测或耐压试验。

2）在桥架上多根电缆敷设时，应根据现场实际情况，绘制电缆在桥架内的剖面分布图，并计算出电缆长度，以防电缆交叉和混乱。敷设时，按先大后小、先长后短的原则进行，排列在底层的先敷设。

3）电缆沿支架、托盘、桥架敷设时，应根据现场情况决定具体敷设方式。电缆敷设不应交叉，应排列整齐，敷设一根应即时卡固一根。在支架上敷设时，支架间距不得大于1.5m，要绑扎牢固，托盘上安装要排列顺直。电缆终端头的引出线应保持固定位置，引出线和绝缘包扎长度，不应小于270mm。敷设于电缆桥架内不同系统的线缆中间应加隔板。

4）竖直敷设，竖井内电缆敷设采用“阻尼缓冲器法”，先将整盘电缆利用塔吊吊运至电缆摆放楼层，利用高位势能，将电缆由上往下输送敷设，用分段设置的“阻尼缓冲器”对下放过程产生的重力加速度加以克制；一根电缆输送到位后由下向上用卡固支架将电缆固定在桥架上，每层至少两个固定点；电缆穿保护管后，用防火材料将管口堵死。

5）电缆敷设完应及时进行标识，标志牌规格应一致，并有防腐性，挂装应牢固；标志牌上应注明线路编号、电缆型号、规格、电压等级、起止点，电缆始端、终端、拐弯处、交叉处应挂标志牌，直线段每20m设标志牌，并检查回路编号是否正确，完整做好相关资料。

（5）管内穿线

1）管内扫管穿带线：管内扫管穿带线其目的是检查管路是否畅通、准确，清扫管内积水和杂物，用空压机吹扫后，用棉布条两端牢固地绑扎在带线上来回拖拉。穿线时须放适量滑石粉，以便线路滑行。

2）选择导线：根据设计图纸要求选择导线。为保证相线、零线、地线不致混淆，应采用不同颜色的导线，本工程统一规定A相为黄色，B相为绿色，C相为红色，N线为淡蓝色，PE线为黄绿双色线。

3）管内穿线带护口：导线在管内严禁有接头，导线应按标准留足接线长度。

4）线路检查及绝缘检测：管内穿线结束后，应按规范及质量验评标准进行自检互检，不符合规定时应立即纠正，检查导线的规格和根数，检查无误后再进行绝缘检测。其绝缘电阻值应符合规范和设计规定的要求。

（6）配电箱、柜安装

1）配电箱、柜安装前应对箱体进行检查，箱体应有一定的机械强度，周边平整、无损伤，油漆无脱落，箱内元件安装牢固，导线排列整齐，压接牢固，并有产品合格证。

2）配电箱、柜安装时应对照图纸的系统原理图检查，核对配电箱内电气元件、规格名称是否齐全完好，暗装配电箱应先配合土建预留。在同一建筑物内，同类箱盘的高度应一致，暗埋配电箱下边距地1.4m。

3）暗装配电箱安装时，预先了解墙面粉刷层厚度；如无法掌握，则配电箱外壳露出未粉刷墙面5mm，四边要一致，使盘面板紧贴墙面，横平竖直。明装箱采用金属膨胀螺栓固定，明装配电箱下边距地1.2m。

4）电线管进配电箱开孔要排列整齐，用开孔钻开孔，电管进入箱内要绞丝，并加锁母、护口，箱内排线应整齐绑扎成束，扎带距离相等，保持工艺美观。在活动的部位应该两端固定，盘面孔出线及引进导线应留有适当余量，以便于维修。

5）配电箱、柜本体要安装好保护接地线，箱门及金属外壳应有明显可靠的PE线接地。

6）配电箱通电试运行：配电箱安装完毕，且各回路的绝缘电阻测试合格后方允许通电试运行。通电后应仔细检查和巡视，检查灯具的控制是否灵活、准确，开关与灯具控制顺序相对应；如果发现问题，必须先断电，然后查找原因进行修复。

7）配电箱、柜安装调试完毕后，最后在箱内分配开关下方用标签标上每个回路所控制的具体负荷、设备名称、位置，以便用户使用检修方便。

(7) 开关、灯具安装

1）开关插座的安装

(A) 安装前应先清理开关、插座盒内的夹渣、夹块等杂物，因预埋过深（≥3.5mm）的个别箱盒要重新安装，加装套盒。

(B) 同一室内成排安装的开关、插座的高差不应大于0.5mm，暗开关之间留有一定的距离，并距门框0.15~0.20m。开关位置应与灯位相对应，开关向上为开，向下为关，暗装插座、开关的面板应端正，并紧贴墙面。

(C) 电器灯具的相线应经开关控制，插座的接线孔为单相三孔插座，上孔为保护接地线，, 左孔为工作零线，右孔为相线。

(D) 先将盒内甩出的导线留出维修长度，注意不要碰伤线芯，再将线芯直接接入线孔内，并用顶丝将其压紧；然后，将开关或插座推入盒内，并与墙面平齐，并上紧固定螺钉。

(E) 在装修墙面上安装开关插座，应与装修工作配合进行。

2）灯具安装

(A) 安装程序：画线定位→灯具检查→ 灯具安装→通电试运行。

(B) 灯具安装之前，根据设计图纸的位置以及建筑吊顶图对灯具进行准确定位，并对灯具的吊点位置画线做标识。

(C) 灯具检查：灯具必须符合设计要求和国家标准的规定，灯内配线严禁外露，灯具配件齐全，无机械损伤、变形、油漆脱落、灯罩破裂、灯箱歪翘等现象，所有的灯具应有产品合格证。

(D) 嵌入式灯具的灯框预制预留必须在确切掌握灯具实际尺寸、重量的基础上制作。

(E) 大型灯具，重量较重的灯具的笼骨应在结构上加强处理，并使灯具用吊点将力传递到混凝土层上，这样如吊顶棚稍有变形，灯具亦保持原位。

(F) 灯具安装标高低于2.4m的灯具时，应做接地保护。

(8) 送电调试

送电调试分为照明调试及动力调试两种，整个电气系统的调试分阶段进行，照明系统可利用临时电提前予以送电试亮，动力系统调试需在配电房通正式电后进行。

1）调试准备

（A）进行各照明线路的绝缘检查及配电箱和控制柜的接线检查，确保各送电回路符合送电要求；

（B）进行各消防联动线路检查，确保各送电回路符合送电要求；

（C）检查空调机房各设备线路的绝缘检查及配电箱和控制柜的接线检查，确保送电回路符合送电要求；

（D）对其他动力线路的绝缘及配电箱和控制柜的接线进行检查，确保送电回路符合送电要求。

2）调试步骤

（A）机房绝缘检查后，通知低压配电房可以送电，配电房电工确认可以送电后，合闸后挂上通电标识；

（B）主电源柜受电后，分别对各主机、冷冻泵、冷却泵、冷却塔及各柜机和风机盘管配电；

（C）楼层主电源供电电缆绝缘检查后，通知低压配电房可以送电，配电房电工确认可以送电后，合闸后挂上通电标识；

（D）楼层主电源箱、柜受电后，参照上面的步骤对各支回路配电，配电至各分配电箱完毕后，挂上送电标识；

（E）电源送至各配电箱后，对各灯具插座回路再次绝缘检查后，开始送电，送电完毕后挂上送电标识。

#### 4.11.4 设备安装工程

（1）空调机组的安装

1）空调机组安装前应检查内部是否有杂物，部件是否安装正确、牢固。换热器表面有无损伤，过滤器安装牢固、紧密，无破损。

2）冷热媒水管与空调机组连接应平直，并有足够的操作维修空间。凝结水管采用软性连接，并用喉箍紧固严禁渗漏，坡度应正确，排水应设存水弯。凝结水应畅通地流到指定的位置，水盘无积水现象。

（2）风机的安装

落地安装通风机采用落地支架安装，支架与风机底座之间垫橡胶减振垫，并用垫铁找平找正。顶板吊装通风机安装采用减振吊架减振。

（3）水泵的安装

1）安装前应对水泵基础进行复核验收，基础尺寸、标高、地脚螺栓的纵横向偏差应符合标准规范要求。

2）水泵开箱检查：按设备的技术文件的规定清点泵的零部件，并做好记录，对缺损件应与供应商联系妥善解决；管口的保护物和堵盖应完善。核对泵的主要安装尺寸应与工程设计相符。

3）水泵就位后应根据标准要求找平找正，其横向水平度不应超过0.1mm/m，水平联轴器轴向倾斜不超过0.8mm/m，径向位移不超过0.1mm。

4）找平找正后进行管道附件安装，安装不锈钢伸缩节时，应保证在自由状态下连接，不得强力连接。在阀门附近要设固定支架。

5）立式水泵安装及隔振，优选国家建筑标准设计《立式水泵隔振及其安装》图集（95SS658）中，隔振器为JSD橡胶隔振器的，若水泵型号与图集上不符，按JSD橡胶隔振器选择方法选用偏大的JSD橡胶隔振器及钢板。隔振器支承为4个，隔振器必须与水泵基础固定。

6）水泵的调试：水泵调试前应检查电动机的转向是否与水泵的转向一致、各固定连接部位有无松动，各指示仪表、安全保护装置及电控装置是否灵敏、准确可靠。泵在运转时，转子及各运动部件运转应正常，无异常声响和摩擦现象。附属系统运转正常；管道连接牢固无渗漏，运转过程中还应测试轴承的温升，其温升应符合规范要求。水泵试运转结束后，应将水泵出入口的阀门和附属管路系统的阀门关闭，将泵内的积水排干净，防止锈蚀。

(4) 风机盘管安装

1）预检：风机盘管在安装前，应检查每台电机壳体积表面热交换器有无损伤、腐蚀等缺陷；

2）电机检查：风机盘管每台进行通电试验检查，机械部分应无摩擦，电气部分不得漏电；

3）水压试验：风机盘管逐台进行水压试验，试验强度为工作压力的1.5倍，定压后观察2~3min不渗不漏为合格；

4）吊架安装：吊架安装平整牢固，位置正确，吊杆不得自由摆动，吊杆与托盘相联应用双螺母紧固，找平找正；

5）风机盘管安装：风机盘管安装必须平稳、牢固；同冷热媒水管连接应在系统冲洗排污之后，以防堵塞热交换器；与进出水管的连接要采用金属软接头，凝结水管的坡度必须符合排水要求，严禁倒坡。

### 4.12 土建与安装、装饰的配合

在施工过程中加强各专业的协调配合是保证工程质量、进度及避免造成返工的有效措施，故在土建施工时，我们将做好以下配合工作：

(1) 土建施工前的配合

在土建施工前，组织土建、安装各专业技术负责人及有关人员对土建、安装、装饰的图纸进行会审，找出各专业图纸中存在的问题及专业间不明确的地方，在施工前予以消化；同时，确定各施工阶段（主体施工阶段、初装修施工阶段、安装、装饰施工阶段）的配合原则及插入时间。对于在土建施工前尚未确定的专业安装，由项目部安装负责人根据项目确定的施工进度总计划的时间要求暂估插入时间，并以书面形式向业主提出最迟时间，以保证该专业及时插入。

(2) 主体结构施工时的配合

在结构施工阶段的配合主要是安装的预留预埋，在该阶段安装的施工人员必须进驻现场，参加项目组织的生产调度会，积极掌握施工动态，合理安排安装的预留预埋的插入，土建施工应为安装预留预埋创造条件，做好专业会签工作，平板混凝土施工、墙体封模（未会签前只可封一侧模板）前必须经安装专业会签后方可施工。对于安装专业需要土建

预埋的埋件（铁件、套管等）或预留孔洞，在施工前土建应与安装专业核对，并在土建图上明确标明，对于埋件较多的部位必须画出埋件图，以保证不漏埋；同时，土建在施工过程中主动为安装留出施工时间，并提醒安装专业及时插入施工，只有紧密配合才能缩短施工周期，加快工程进度。

(3) 装修阶段的配合

初装修阶段的配合一方面是与安装的配线、配管的配合，一方面是与装饰面层与初装基层的统一。

安装在加气混凝土墙上的开槽必须采用机械切割，保证线槽平直，深浅一致。在各部位（根据施工需要确定的施工段划分）安装线管安装完后进行墙面抹灰，交接时应做好专业会签。对于在抹灰前漏埋的线管，安装可在抹灰面上切割埋管，但为保证质量，抹灰的修补必须由土建进行施工，该费用由安装专业支付。如因设计变更或是安装专业在主体施工时漏埋的埋件或孔洞，安装应书面与土建专业联系（特别是混凝土墙、板上的孔洞），在经得土建同意后方可开洞（人防墙、板上的开洞应征得设计院同意）。开孔后的修补、堵洞同样由土建负责，安装支付费用。

对于土建在该阶段与装饰的配合，首先在施工前应明确各自的施工范围，并各自对其施工人员交底。在初装修施工前，应对个房间的装饰做法进行确定；并在平面图上进行标注，抹灰施工根据各房间面层做法的不同对抹灰表面进行收光或搓毛，避免给面层施工造成麻烦。

(4) 安装、装饰施工阶段的配合

进入安装、装饰施工前，土建应以书面的形式将各层的标高、轴线交于安装及装饰进行施工，并由各专业一起对其进行复核。

在该阶段土建施工应以安装、装饰施工为重点，积极为安装、装饰创造条件。为保证各专业的紧密配合，每周至少召开两次生产调度会，在会上明确各专业配合的问题，并在下一次会议前对上次会议确定的问题进行检查。安装专业的各分包队伍的进场由项目安装专业负责人及时通知其进场施工，对于安装、装饰提出的需我方配合的问题，无论是否在我方配合范围的，我方积极给予支持，以保证工程进度；同时，做好专业会签工作，避免造成返工，返修现象。

由于该阶段各专业同时施工，应加强成品保护工作，各专业均应根据自身的情况编制详细的成品保护措施，交由总包单位审核汇总后，各专业应严格按成品保护措施进行保护，对于不按成品保护措施施工的队伍进行严惩。

# 5　质量管理及保证措施

## 5.1　组织制度、技术措施

### 5.1.1　组织制度措施

我局已形成一套成熟、完备的质量管理组织模式和相应的工作标准及制度。近几年来，我局坚决贯彻实施 ISO9000 系列标准，形成了对质量控制各要素从组织到原材料到回访服务的一整套全面规范化、标准管理；同时，开展群众性 QC 小组活动，及时抓住生产实践中的质量环节，通过 PDCA 循环（计划、实施、检查、处理）把生产过程和质量有机联系起来，形成质量多方位管理。本工程的质量保证体系由组织机构、质量职责的分配及制度措施（含成品保护措施）三大部分构成，具体详见《质量计划》分册。

**5.1.2** 质量保证技术措施

本工程质量保证技术措施应重点把握以下几点：

(1) 粗钢筋的连接技术。

(2) 轴线定位、垂直度控制技术。

粗钢筋连接技术重点强调以下几点：

(1) 粗钢筋弯折时弯心直径不宜过小。虽然目前规范对部分参数尚未给出明确规定，但由于制作引起的暗伤将给结构安全带来影响。

(2) 轴线定位及垂直度控制主要通过精密仪器激光经纬仪等和工具式模板脚手架体系的应用来保证，前面章节已说明，此处不另赘述。

另外，工程施工中针对不同时期易发生的质量通病，预先制定针对性的技术措施（在阶段分项作业设计中详细论述），进行严密的质量控制，做到预防为主，以提高分项工程的一次成活率，保证分部工程的优良率，本工程施工的质量控制措施如下：

1）主体结构施工阶段

本工程平面形式较丰富，截面构件的定位、主体，特别是垂直度的控制应列为质量控制重点，对电梯筒体的施工质量进行严格控制。

2）围护结构施工阶段

(A) 连接件设置应满足设计要求；

(B) 结构交接处的构造处理。

3）初装修及防水施工阶段

此阶段应重点控制好以下几方面：

(A) 砂浆的配合比，抹灰层厚度、平整度、阴阳角等；施工前基层的处理：湿水、凿毛、素水泥浆、干湿度等。

(B) 大楼预埋预留量大，分布范围广，必须与安装专业密切配合，保证预埋件预留洞口的定位和尺寸准确，满足管线及设备的安装要求。

对于屋面防水还应特别注意管道出屋面等处的构造处理，工序穿插与施工质量控制及成品保护控制质量。

重点工序质量控制要点见表 5-1。

**各类质量通病防治表** **表 5-1**

| 序号 | 问题 | 预防方法 |
|---|---|---|
| 1 | 轴线偏差 | 在混凝土浇筑前，浇筑时，浇筑后对板面上墙柱“插筋”进行复验 |
| 2 | 楼面标高偏差 | 每 4m 设标记一处，便于找平混凝土，用混凝土抹光机压抹混凝土面保证平整度 |
| 3 | 施工缝结合不密实 | 凿打至无松动石子，浇混凝土前刷素水泥浆一道 |

续表

| 序号 | 问　　题 | 预　防　方　法 |
|---|---|---|
| 4 | 楼面钢筋绑扎损坏 | 严禁闲杂人员上楼面，沿梁铺设竹跳板 |
| 5 | 梁支模缺陷 | 梁底模板应起拱，梁底支撑间距满足要求 |
| 6 | 墙柱支模夹渣 | 开清渣口，浇混凝土前用水冲洗干净 |
| 7 | 梁墙柱钢筋保护层偏差 | 对撑定位，垫块控制 |
| 8 | 混凝土爆模 | 对扣件，弓形卡，支模方式逐步检查，限制振动棒时间 |
| 9 | 混凝土楼面标高的偏差 | 每4m见方做好标高标记 |
| 10 | 轴线偏差 | 进行浇混凝土前，浇混凝土中，浇混凝土后3次复检 |
| 11 | 混凝土构件蜂窝麻面 | 严密检查模板拼缝，防止漏浆，振动棒的振动方式必须进行技术交底 |
| 12 | 砂浆强度不稳定 | 严格按配合比施工，坚持计量工具的检验维修，保修制度 |
| 13 | 砂浆和易性差，沉底结砖 | 严格执行配合比，保证搅拌时间 |
| 14 | 砂浆强度不饱满，砂浆与砖粘结不良 | 改善砂浆和易性，严禁用干砖砌墙 |
| 15 | 楼地面、墙面抹灰空鼓，裂缝 | 加强基层处理，湿水，改善砂浆和易性，墙面分层抹灰 |
| 16 | 抹灰阴阳角不方正，不垂直 | 贴灰饼冲筋，抹灰时用方尺检查角的方正 |
| 17 | 地砖空鼓，脱落 | 面砖使用前必须浸泡，粘结砂浆要饱满，配合比要准确 |
| 18 | 外墙渗漏 | 密闭砌体灰缝，基层细致处理，充分润湿，分层抹灰，浇水检查无渗漏后，粉刷面层 |
| 19 | 卫生间渗漏 | 细致处理预留管道周边填缝，找平层后，灌水试验，无渗漏后，做防水层，再灌水试验，再做防水层。加强防水层保护 |
| 20 | 屋面渗漏 | 基层细致处理，找平层后，灌水试验，无渗漏后，做防水层，再灌水试验，再做防水层，严格按规范做好构造处理。加强防水层保护 |
| 21 | 窗渗漏 | 柔性材料密闭窗框周边，窗台粉刷密实，窗框外周边打密封胶 |
| 22 | 钢筋保护层偏差过大 | 翻样时考虑构件间钢筋穿插关系，准确计算下料尺寸 |
| 23 | 钢筋骨架损坏移位 | 理好各工序施工顺序，适时穿插其他工种的预埋，预留，避免事后的撬折，板面钢筋设支凳避免踩踏 |
| 24 | 墙柱烂根 | 在柱底、墙底开清渣口，冲洗模板后应封堵严密。浇筑时应先铺同标号砂浆。浇筑时辅以模外振捣 |
| 25 | 梁柱接头不顺 | 采用专用工具式柱头模板 |
| 26 | 爆模板 | 竖向结构模板按计算混凝土的侧压力确定背枋，对拉螺栓及支撑点的设置 |
| 27 | 填充墙构造处理不当 | 按抗震设计要求设置拉接筋，构造柱梁，合理组砌，加强检查 |
| 28 | 填充墙灰缝不饱满，砂浆强度离散性大 | 砂浆严格执行配合比，加入塑化剂改善砂浆和易性 |
| 29 | 墙面抹灰空鼓开裂 | 做好基层处理，优化砂浆配合比，采用防裂剂 |

续表

| 序号 | 问　　题 | 预　防　方　法 |
| --- | --- | --- |
| 30 | 防水层损坏 | 设置排气屋面，做好成品保护 |
| 31 | 凿打修补过多和预埋预留损坏 | 准确做好预埋预留，安装预埋管道外露端头要封堵，合理安排工序，加强成品保护意识 |

## 5.2 质量保证季节性施工措施

### 5.2.1 主体工程阶段的冬期施工措施

（1）备好工程用保温材料、防冻剂及加热取暖的设备，现场铺设热水管道、自来水管均进行保温处理。

（2）混凝土搅拌应视具体气候情况掺加外加剂；搅拌站用砂、石原材料应进行覆盖保温，混凝土采用热水搅拌，但水温不宜高于80℃。搅拌站应派调度员至工地，协调商品混凝土的供应，避免出现混凝土供应不及时或滞留现象。

（3）控制混凝土的入模温度不得低于5℃，混凝土浇筑完毕后，及时用塑料薄膜覆盖并加盖两层草袋。

（4）及时收集气象信息，妥善安排工程进度。

### 5.2.2 装修工程阶段的雨期施工措施

（1）防止加气粉煤灰块砖因雨期吸水过多，影响加气块的材料性能，将加气块堆场布置在一楼架空层。

（2）建筑用砂浆在楼层中利用我局自制的砂浆搅拌机进行搅拌，防止雨淋，影响砂浆的使用功能。

（3）在雨期一般不允许进行室外抹灰施工；如确实需要在雨期施工，必须采用带雨棚的封闭式脚手架，防止雨水影响抹灰质量。

### 5.2.3 其他工程季节性措施

（1）土方开挖工程中做好现场的排水系统，保证基坑积水能及时抽排。

（2）土方工程，验收一片，封闭一片，缩短基础底土暴露时间，避免基底土浸泡。

（3）在浇筑垫层过程中准备彩条布，对浇筑完的面能够及时覆盖。

（4）基础四周要设挡水沟，兼起挡水、排水作用，减少边坡的冲刷。

（5）当日气温低于5℃时，尽量不安排室外抹灰施工。

（6）根据当日气温适当配制掺用防冻剂，保证砂浆的冬期施工性能。

（7）砂浆制作场地必要时可搭设暖棚。

## 5.3 回访服务

（1）项目经理部在工程交付使用初期，留下一定数量的专业人员对工程进行一段时间的跟踪观察，及时对可能出现的问题进行维护保养，切实保护用户的正常使用。

（2）严格履行与业主签订的工程合同和投标书中的工程保修承诺。

（3）经过多年发展，我局已建立一套完善的回访制度和信息反馈网络，并已组建维修专班。形成完备的材料设备供应网点，接到反馈信息可迅速进入工作状态。

(4) 我局被评为湖北省建筑施工企业中唯一的全国实施“用户满意工程”企业，我们将不断提高售后服务质量，更好满足业主对产品质量的需要，为解除业主后顾之忧提供有力保障。

# 6　安全生产管理

## 6.1　安全生产管理体系（见图 6-1）

建立以项目经理为组长，项目副经理、项目总工、专职安全员为副组长，专业工长和施工队班组长为组员的项目安全生产领导小组，在项目形成纵横网络管理体制。

安全小组的职责：

(1) 认真贯彻执行上级有关安全生产的法令法规，制定项目安全生产计划目标和安全管理制度、措施，并监督有关部门和人员切实执行；

(2) 定期组织项目施工人员进行安全教育、安全培训；

(3) 定期或不定期组织施工现场及宿舍区的安全和防火检查；

(4) 负责项目劳保用品、防护设施、用具计划的审批；

(5) 严格执行奖罚制度，根据“中建三局总承包公司安全生产检查奖罚规定”对有关人员实施奖罚；

(6) 建立健全安全生产的责任制度和群防群治制度，对整个现场的安全生产实现网络管理。

## 6.2　安全生产管理制度

(1) 落实企业安全生产、安全防护、安全生产奖惩办法等各项制度。

(2) 自项目经理至施工班组等各级人员分级签订安全生产合同，使职责与利益挂钩。

(3) 进行技术交底制度，项目开工前除通过签定安全生产合同，由项目技术负责人牵头召开安全会议对项目管理施工人员进行一般性安全交底外，还应组织工长、安全员及现场管理人员，交代本工程的施工特点。

施工班组长在工作开始前，应对所属人员做安全交底，交代在当时气候、环境下施工时的注意事项。

安全交底书一式两份，接受交底人签字后一份自存，一份给安全员存档备查。

(4) 落实入场安全教育制度，针对各施工阶段安全工作特点，定期进行安全技术交底。

安全生产思想教育通过对思想路线和方针政策的教育，提高项目管理干部和职工群众对安全生产意义重要性的认识和政策水平。

安全知识教育。项目要不定期对职工进行安全基本知识教育和按规定进行安全培训，使所有职工具备安全基本知识。

安全技能教育。项目应加强对技术工人安全技能的教育，使每个工人具备基本的安全技能，熟悉本工种、本岗位专业安全技术知识，以实现安全操作。

班组应坚持每周一次的安全活动日制度，一般安全在每星期的星期一晚上进行。

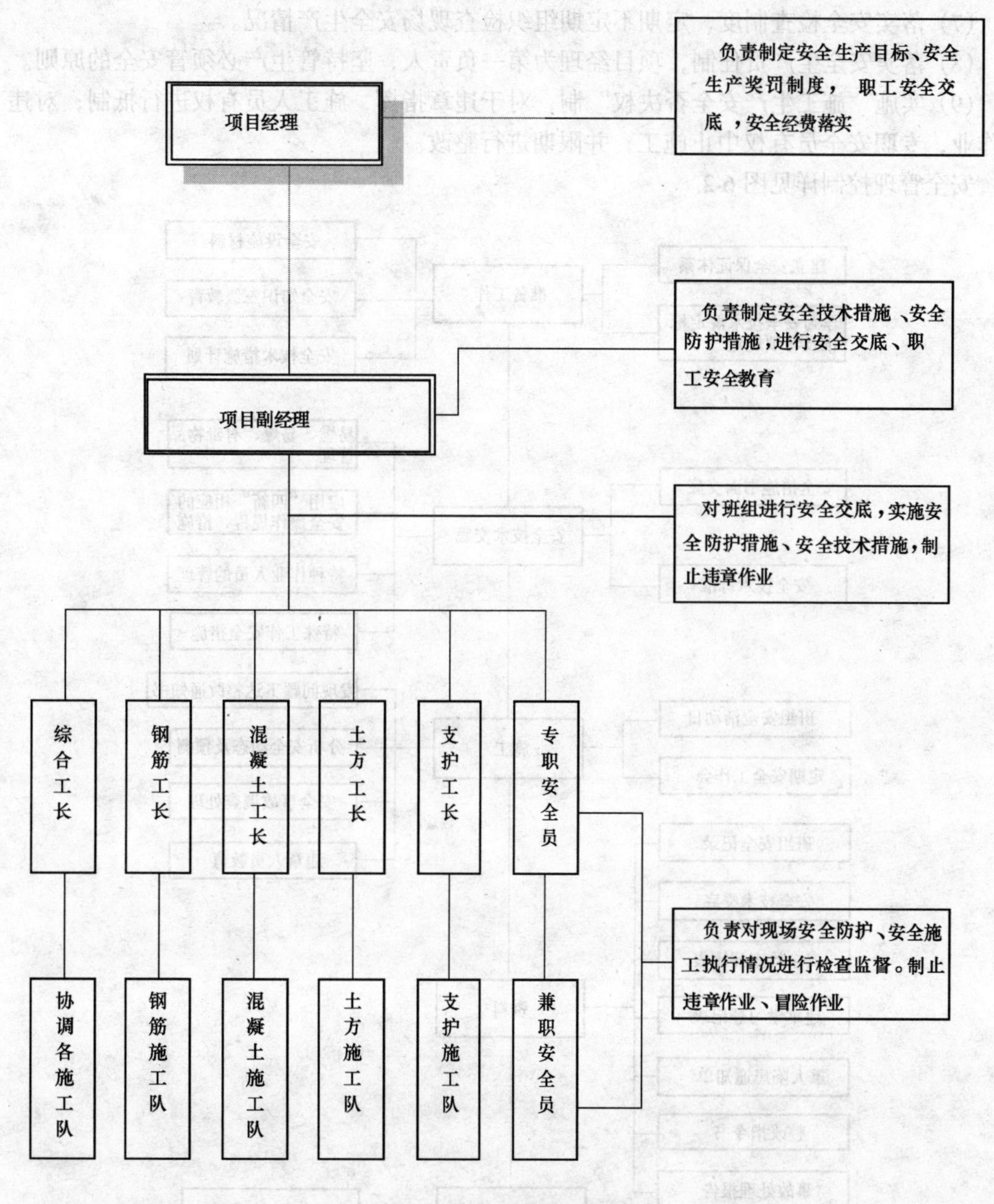


图 6-1　安全生产管理体系图

（5）落实班组班前安全活动制度，每天上班前，班长及班组兼职安全员要结合当天的施工任务、气候情况、操作环境，对本班操作人员进行有针对性的安全讲话，并做好记录备查。

每星期一为安全活动日，班长要组织全班人员结合本项目开展安全活动，学习安全责任制，安全操作规程，安全生产文件和通报，参加工地召开的安全生产会议，接受安全教育或总结本班一周的安全工作，布置新的一周的安全工作，并做好记录备查。

（6）每月召开安全生产专题会，安全生产领导小组总结上月安全生产情况，分析下月安全工作重点与难点，并制定对策。

(7) 落实安全检查制度，定期不定期组织检查现场安全生产情况。

(8) 落实安全生产责任制，项目经理为第一负责人，坚持管生产必须管安全的原则。

(9) 实施“施工生产安全否决权”制，对于违章指挥，施工人员有权进行抵制；对违章作业，专职安全员有权中止施工，并限期进行整改。

安全管理控制详见图 6-2。

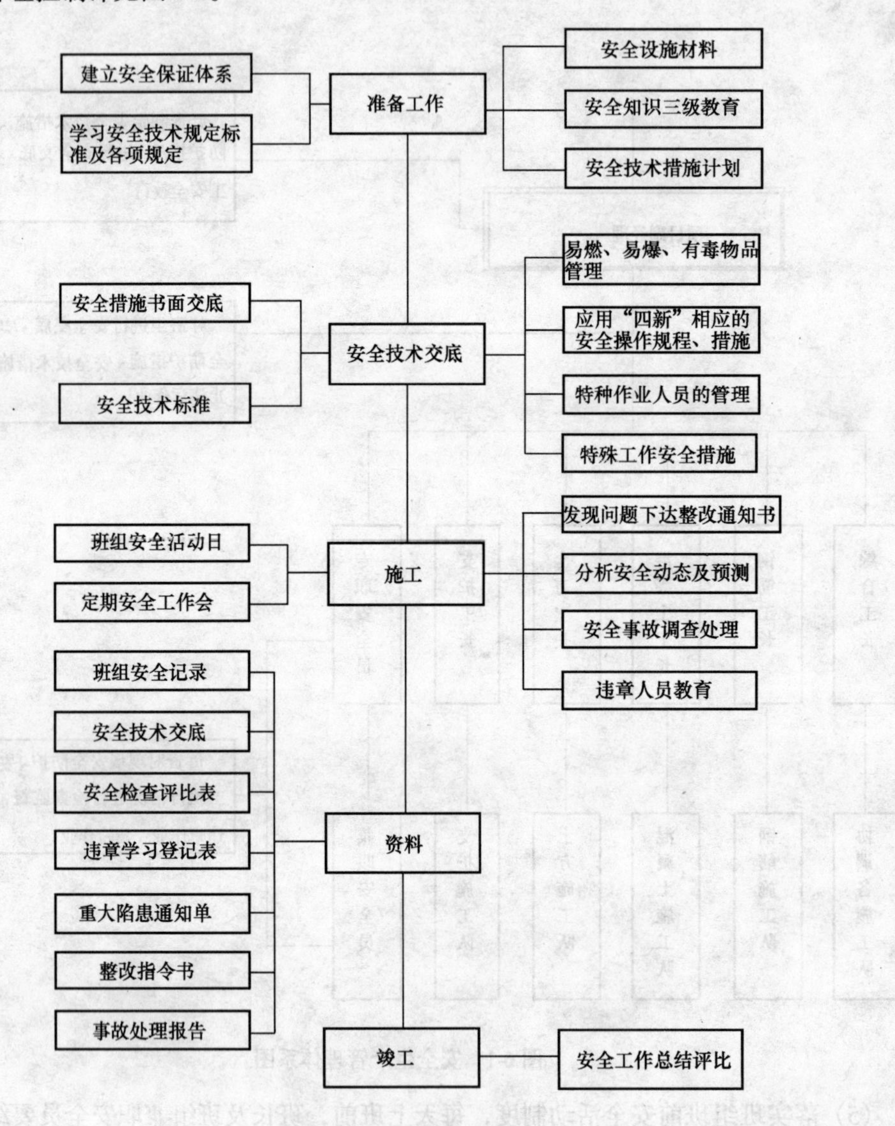


图 6-2　安全管理控制图

## 6.3　安全生产计划与技术措施

本工程施工场地狭小，因此，安全生产管理必须以防护为重点，同时抓好现场用电、机械使用等各项安全工作，加强安全计划管理，做到防患与未然。

### 6.3.1　现场用电安全

施工现场临时用电严格遵照安全用电 100 条规定，合理布线，做好接零接地。重点注意以下问题：

(1) 现场施工用电执行一机、一闸、一漏电保护的“三级”保护措施。其电箱设门、设锁、编号，注明负责人。

(2) 机械设备必须执行工作接地和重复接地的保护措施，必须采用“三相五线制”。

(3) 电焊机上要有防雨盖，下铺防潮垫。一、二次电源接头处要有防护装置，二次线使用接线柱，一次电源线采用橡皮套电缆或穿塑料软管，长度不大于3m。

(4) 手持电动工具都必须安装灵敏、有效的漏电保护装置，安装完毕要办理验收单。

(5) 现场用高、低压设备及线路，按编制的平面布置图安装和埋设，禁止使用破坏或绝缘性能不良的电线，严禁电线随地走。

### 6.3.2 消防安全措施

首先，要根据现场的实际情况制定切实可行的消防制度或措施，由专人负责检查落实效果。

其次，要根据不同作业条件、不同材料合理配备灭火器材，如在电器设备附近配备干粉类不导电的灭火器材，宿舍、食堂、木材加工区、焊接作业面等易燃部位都配备足够的灭火器材，对于设置的泡沫灭火器材注明换药日期和防晒措施，按有关消防规定设置灭火器材的位置和数量。

配备足够的消防水源和自救的用水量，立管直径在2寸以上，配备高压水泵保证水压并在每层设有消防水源接口。

在施工现场建立动火审批制度。严禁任何人私自随时随地动火。

并且加强消防安全知识的宣传教育，成立消防领导小组，制定防火预案，定期检查，定期活动，确保集体和个人生命财产的安全。

### 6.3.3 机械安全防护

(1) 各种机械要定机定人维修保养，保证机械运行正常。

(2) 施工现场各种机械要挂安全技术操作规程牌。

(3) 起重机械和垂直运输机械在吊运物料时，要做好指挥及防护工作。

(4) 安全检查和处理：

1) 班组每天进行班前活动，落实安全技术交底。并做好当天工作环境的检查，做到当时检查、当日记录。

2) 项目经理带队每星期一组织一次本项目安全生产的自查，奖优罚劣，及时整改。

# 7 文明施工与环境保护措施

## 7.1 现场文明施工

### 7.1.1 现场文明施工管理

现场文明施工严格按照《武汉市建设工程施工现场管理基本标准》执行，并结合我单位《施工现场CI手册》的规定，建立组织机构，详见《项目文明施工体系图》。具体措施如下：

(1) 统一领导，明确责任

按“谁施工，谁负责”的原则，实行统一领导，分工负责，实行分区包干制。由各区责任人负责本区的文明施工管理。

(2) 贯彻执行现场材料管理制度

1) 严格按照施工平面布置图堆放原材料、施工机具及料具并挂牌堆放整齐。

2) 现场做到工完场清，余料要堆放整齐。

(3) 落实现场机械管理制度

1) 现场机械必须按施工平面布置图进行设置与停放。

2) 机械设备应洁净，标识明确；出入车辆必须经过冲洗。

(4) 施工现场场容要求

1) 施工现场的出入口按CI要求美化布置，设置“六牌两图”以及安全宣传标语和警告牌。

2) 现场要加强场容管理，要做到“五有”、“四净三无”、“四清四不见”、“三好”，现场布置做好“四整齐”，实现良好施工秩序。

3) 组织专人对于施工所用场地及道路应定期维护、清扫、洒水，降低灰尘对环境的污染。

4) 建立严格门卫制度，项目人员出入要佩戴统一发放的胸卡，核对无误后予以放行。

5) 本工程地处闹市繁华地带，给施工环境保护提出较高要求，除在现场出入口设置洗车槽外，还要配备一台洒水车，离开现场的车辆要冲洗干净后才能除去，在自卸车行走的范围内，安排人员清扫落地泥土，并用洒水车早晚各洒水一次。

(5) 生活卫生管理

1) 建筑和生活垃圾集中堆放、集中搬运，建立无烟现场。

2) 伙房要经过防疫卫生部门审批，内外要整洁，炊具用具必须干净，无腐烂变质食品，生熟食分开操作，做到无蝇、无鼠、无蜘蛛网。施工现场设茶水桶，做到有盖加锁配杯子，有消毒设备。

3) 现场厕所应设专人每日进行清理、保洁工作。

(6) 大门围墙及临时道路与交通

大门及围墙设置应满足武汉市文明施工管理要求，入场后结合周围环境，精心设置；路面横向坡度2%，沿路边挖排水沟，纵向坡度为0.5%。

#### 7.1.2　现场文明施工检查

项目文明施工管理组每月对施工现场做一次全面的文明施工检查，奖优罚劣，依据《武汉市建设工程施工现场管理基本标准》及我企业《文明施工管理规定》，按合同分阶段实施。

### 7.2　防止施工扰民

本工程地处武汉市繁华的商业地带，因此，必须采取有效的措施防止施工扰民，防止给周边居民和行人带来噪声、大气、水等污染。对本工程的施工扰民问题，我们拟从以下两大方面入手，解决好这一矛盾。

#### 7.2.1　建立居民的协调互助关系

(1) 严格执行国家颁布的《环境保护法》及武汉市有关环保的规章制度，在全施工过程中，严格控制噪声、粉尘等对周边环境的污染。

(2) 组织专人，成立扰民问题工作小组，建立从组织→实施→检查记录→整改的环保工作自我保证体系。配合业主设立居民来访接待处，积极和居民建立协调互助关系。

(3) 夜间不间断施工时，应提前张贴安民告示并定期对附近居民进行互访，及时了解情况，达成谅解。

### 7.2.2 防止施工扰民措施

施工污染主要包括三方面：大气污染、水污染和噪声污染。这三方面也是对居民正常生活带来干扰的主要原因。

根据武汉市有关文件规定，我们将采取以下措施防止施工扰民：

(1) 减少大气污染的措施

1) 对现场细颗粒材料运输，垃圾清运，施工现场拆除，采取遮盖、洒水措施，减少扬尘。

2) 现场道路进行硬化并定时洒水，现场道路出入口设清洗槽，减少土方运输车辆扬起灰尘，现场烟尘控制在规定的指标内。

(2) 减少水污染

1) 现场设隔油池、沉淀池、三级化粪池，使现场生活用水经过处理后进入城市管网。

2) 现场生产、洗车等排水必须经过沉淀井。

3) 基坑内外必须建立有组织排水系统，避免积水。

(3) 贯彻执行武汉市人民政府关于加强施工现场及噪声扰民管理的有关规定，特别做到：

1) 对于特殊分部分项工程，如需在22:00~次日6:00进行施工时，必须向武汉相应的建设行政主管部门提出申请，经审查批准后到环保部门备案；未经批准，禁止在此段时间进行超过国家标准噪声限值的施工作业。

2) 如必须进行连续施工时，应在施工前张贴安民告示，公布连续施工时间，并向工程周围居民做好解释工作。

## 7.3 现场消防保卫措施

### 7.3.1 现场消防措施

(1) 严格遵守武汉市消防安全工作十项标准，贯彻以“以防为主，防消结合”的消防方针，结合施工中的实际情况，加强领导，组织落实，建立逐级防火责任制。确保施工安全。做好施工现场平面管理，对易燃物品的存放要设管理专人负责保管，远离火源。

(2) 成立工地防火领导小组，由项目经理任组长，由安全员、保卫干部及工长为组员。建立一支以经济警察为主体、以联防队员为补充的义务消防队负责日常消防工作。

(3) 对进场的操作人员进行安全防火知识教育，并利用板报和醒目标语等多种形式宣传防火知识，从思想上使每个职工重视安全防火工作，增强防火意识。

(4) 现场配备干粉灭火器及消防栓。

(5) 现场保证消防通道宽大于3.5m；悬挂防火标志牌、防火制度、防火计划及119火警电话等醒目标志。

(6) 同周围派出所、居委会积极配合，取得工程所在地有关部门的支持和帮助。

（7）加强制度建设，创建无烟现场。

（8）现场动用明火办理动火证，易燃易爆物品妥善保管。

（9）坚持安全消防检查制度，发现隐患及时清除，防止火灾事故的发生。

**7.3.2　现场治安保卫**

（1）配合地方部门，维持社会治安管理，积极主动办理各种证件手续。

（2）精选综合素质高的作业人员，凡曾有不良表现的一律不予使用。

（3）加强入场教育及治安规章制度学习。

（4）增派现场经警，实行24h巡逻制。

（5）定期进行检查，发现问题及时严肃处理。

（6）建筑材料及机具出场，由材料员和工长开具出门证方可放行。

# 8　总承包管理

## 8.1　总承包管理

项目经理部作为总承包单位的代表机构，全面负责施工过程的各分包专业队伍，协调管理并向各专业分包队伍提供合同范围内的服务。各专业分包管理工作由项目经理负责，日常分包业务管理设在项目工程部，项目工程部按总体施工网络计划统筹安排专业分包队伍进出场事宜；协调专业分包交叉施工的工序搭接；调配专业分包垂直运输设备的使用；管理分包施工用水、用电；按合同要求提供分包库房，堆场等；负责审核分包单位月度报表，对专业分包施工质量、安全质量、安全状况及文明施工进行督促管理，并负责将专业分包的技术方案提交项目技术部审核。

专业分包必须与项目经理签定总分包合同，并明确总分包管理方式。如下所述：

**8.1.1　总分包计划管理**

项目经理部代表企业，全面对业主负责，此项工作内容包括进出场计划、交叉施工协调计划、承包使用计划等，都必须服从总承包的统一管理。各分包单位按照总体的专业施工顺序，安排施工顺序和施工进度，提出详细的专业分包进出场计划，计划中列出分包工程工程量、施工周期、进出场日期、项目工程部负责各工序之间的交叉安排。

**8.1.2　交叉施工过程的总分包协调管理**

分包按计划进场后，应按照施工组织设计中的工序施工，施工过程中项目工程部根据施工进度，合理地进行交叉施工协调，定期组织召开各专业工种之间的协调会。

**8.1.3　总分包的技术质量管理**

项目工程部负责管理专业分包的技术及质量，专业分包队伍进场前应向项目工程部及技术部提供施工方案，由项目技术部会同建设单位、监理单位一同审定施工方案，项目工程部督促分包单位严格按方案及施工规范要求组织施工。项目经理部质检人员严格按照国家质量标准督促专业分包队伍施工质量，定期向监理方通报施工质量，并提出改进分包队伍施工质量的方法和建议。

**8.1.4　总分包的信函管理**

各分包单位需要请业主解决问题的各种工作来往函件，需先交总承包方，经总承包方有关人员审核同意后，盖上总承包项目经理部的公章，由总承包方送甲方。收至总承包方的信函，总包一有文字立即答复分包。

## 8.2 信息化管理

近年来，电子信息技术迅猛发展，在建筑施工领域也越来越得到人们的重视，出现了“信息化施工”这一全新的概念，我国建筑业已经把信息化施工确定为2010年远景发展规划。建筑信息化施工就是以建筑业信息化为总体目标，通过增加可利用信息的质量，促进信息资源在施工生产中转变为生产力。

本项目将建立施工管理信息系统，系统涵盖项目经理部各部门（工程部、财务部、经营部、技术部、物资部、办公室等），包括工程管理、技术质量、商务、物资、安全保卫、行政办公等各业务系统都将实行微机化、网络化管理。

(1) 在项目管理部建立计算机信息网络，建立项目内部网络 Intranet

在项目网络上，以内部网络 Intranet 的方式组织项目施工及管理等各种信息，对外联入国际互联网 Internet，以方便项目对外的信息交流与宣传，也能更快获取外部信息，同时广泛采用电子信箱、电子数据交换、可视图文等新技术。

项目 Intranet 系统实现以下基本功能：

1）普通公文传递系统。实现文件、报告、通知等文件的传输，保密性高的文件通过电子信箱进行定向传递，一般性的文件通过主页（Homepage）来发布。

2）内部管理信息的查询。主要通过网络主页制作系统，由各部门进行信息的组织和制作。

3）实现 E-mail（电子邮件）的传递。为项目的管理人员建立个人电子信箱。

4）提供统一的 Internet 接入。通过 LanGates Server（网关服务器）技术直接管理用户对 Internet 的访问。

(2) 建立项目施工信息及各业务管理的数据库系统，使施工信息及项目各业务管理实现微机信息化

在项目的各管理部门（如财务、人事、劳资、材料、机械设备、质量、安全等）建立图纸、资料、进度、档案等的数据库管理系统，加强项目各项管理业务，实现项目各项管理业务的微机化、信息化、网络化，并将这些数据库系统与企业内部网络 Intranet 相连接，提供企业网络的数据库信息管理服务。

(3) 加强信息的收集、存储、交换、检索、利用工作

1）在信息的收集上，利用传感设备从施工现场采集混凝土温度、构件变形、设备运行状况等技术数据；用 IC 卡获取现场作业人员的个人信息等。

2）在信息存储方面，施工过程中将信息存储于计算机系统中，施工项目竣工后，有关该项目的完整施工信息可保存在一张光盘上，存档备用。

3）在信息交换方面，施工项目合同签定、图纸会审、设计变更、进度与质量控制、物资与技术支持、竣工验收移交等工作，信息化要求能够在网络环境下实现这些环节的部分或全部。

4）在信息检索方面，使施工人员不但可以及时掌握施工项目自身的信息，还可检索到与自己有关的各种技术资料与管理规定，获得全面的信息支持。检索结果还可加工为各

种需要的格式输出，支持办公自动化。

5）在信息利用方面，可提供工期、质量、成本分析工具软件，分析比较实际工期与计划工期、排定下一阶段生产计划；发现质量通病并查找原因；及时汇总成本，找出节支或浪费发生的主要环节。

（4）推广应用各项建筑施工及管理的应用软件

为加快建筑行业的计算机应用水平，建筑部优选了一批较好的行业应用软件，在全国的建筑行业加以推广应用，本项目计划使用软件详见表8-1。

项目应用软件使用表　　表8-1

| 软件名称 | 用　途 | 使用部门 |
|---|---|---|
| 用友软件 | 财务管理 | 财务部 |
| Project 98 | 计划管理 | 技术部 |
| 项目经理'98 | 项目综合管理 | 工程部 |
| 物料管理'98 | 材料管理 | 物资部 |
| 神机妙算 | 工程预决算 | 经营部 |
| 梦　龙 | 项目综合管理 | 技术部 |

（5）在项目部建立CAD工作中心

为加强项目部的绘图及图纸处理、计算功能，我们在项目部建立一个CAD工作中心，可配合设计单位在项目部直接进行施工图纸的细化工作，从而更好地为项目的施工生产服务。

（6）系统配置

网络配置见表8-2。

表8-2

| 名　称 | 型　号 | 数　量 |
|---|---|---|
| 服务器 | HP PIII | 1 |
| 集线器 | Intel stackable Hub | 1 |
| 网卡 | 100M | 8 |
| 路由器 | CISCO 2508 | 1 |
| 网关 | LanGates Server | 1 |

客户端配置见表8-3。

表8-3

| 使用部门 | 配置数量 | 型　号 | 主要用途 |
|---|---|---|---|
| 工程部 | 1 | PIII 500 | 计划、统计、安全质量管理 |
| 技术部 | 1 | PIII 500 | 方案、作业设计、技术交底 |
| 经营部 | 1 | PIII 450 | 预算管理 |
| 材料部 | 1 | PIII 400 | 材料管理 |
| 综合办公室 | 1 | PIII 400 | 网络管理、文件管理 |
| 财务部 | 1 | PIII 400 | 财务管理 |

外设配置见表8-4。

表8-4

| 名称 | 型号 | 数量 |
|---|---|---|
| 激光打印机 | HP 6L | 1 |
| 喷墨打印机 | Canon BC5000 | 1 |
| 数码摄影机 | Sony | 1 |
| 扫描仪 | Mustek | 1 |
| 数码相机 | Panasonic | 1 |
| 光盘记录机 | HP 7200e | 1 |

(7) 应用效益

通过在该项目应用信息化施工技术，将达到以下效果：

(1) 提高工作效率，加快施工进度；

(2) 提高施工质量，保证施工安全；

(3) 提高管理水平。

## 8.3 与业主、监理的施工协调配合

### 8.3.1 计划管理配合

在日常计划管理中及时向业主提供以下资料：

(1) 每月施工进度计划；

(2) 每周施工进度计划；

(3) 工程质量保证计划；

(4) 月度产值完成情况报表。

以上资料经业主和监理认可后实施。

### 8.3.2 技术质量管理配合

此项内容包括：

(1) 及时向业主、监理提供主要分部分项工程作业设计，并经业主、监理认可后实施。

(2) 认真及时办理好工序的交验工作，协助与业主、监理质监站及设计部门进行质量考评工作。

(3) 积极配合业主协调与监理、质监、设计等各单位的关系，为施工创造良好的外部环境。

### 8.3.3 资金配合

(1) 施工中积极向业主提供合理化建议，减少投资；

(2) 入场后协助业主制定资金需用计划，提高资金的利用率；

(3) 在业主资金周转出现暂时困难时，可协助业主及时融资，确保正常施工。

# 9 经济效益分析

根据本工程的特点，为优质、高速、高效地完成本工程施工任务，在施工过程中始终

贯彻“科学技术是第一生产力”的思想，充分发挥科技在施工中的先导地位和促进作用，采用了“四新”技术共计8项。

为保证这些技术的实施，成立推广领导小组，并制定计划。

经济效益：通过以上新技术应用，工程共计节约钢材158t，木材5m$^3$，水泥1120t，共产生经济进步效益82万元，进步效益率为1.45%。

社会效益：自开工以来，运用先进的技术和管理体制，将技术和施工溶为一体，建设出高效、优质的工程。在施工期间没有发生安全事故，同时达到文明施工现场工地。先后被评为：1999年中建总公司CI评比“金杯”；1999年、2000年被评为武汉市文明施工样板工地；2001年被评为武汉市安全优良工地；2002年被评为全国用户满意工程。在质量上先后被评为武汉市优良工程、中建三局优质工程（银奖）、武汉市黄鹤杯（银奖）、湖北省楚天杯、中建总公司优质工程（银奖）。

# 第十五篇

# 武汉协和医院外科病房大楼工程施工组织设计

**编制单位：**中建三局二公司
**编 制 人：**林伟洪　邹慧芳

**【简介】**　华中科技大学协和医院外科病房大楼是一栋智能化超高层建筑，由协和医院投资兴建、中南设计院设计、中建三局二公司总承建。该工程南临解放大道，西临医院内主要交通道路，距离仅有几米之遥，人流、车流均较大。建筑外形呈橄榄形，高度为 144.2m，是亚洲第一外科病房大楼，总建筑面积达 $74117m^2$，地下室建筑面积为 $8888m^2$，工程基坑开挖深度为 12.9m。

施工技术重点、难点为：2.5m 超长无缝大体积混凝土的施工；4 根钢骨柱定位、固定、焊接难度较大；裙楼屋顶安装曲面钢网架；有粘结、无粘结预应力施工；裙楼有一部分 20.2m 跨度梁、截面 1100mm×4700mm 转换梁的施工等。

本工程质量要求为鲁班奖，为此公司组织了强有力的项目班子，成立了总分包管理小组，制定了总分包管理原则，并细化为质量、技术、工期、安全四个方面的具体管理制度，在施工过程中严格执行各项管理制度，做到奖罚分明，保证工程顺利完成。

# 目 录

# 1 工程概况

## 1.1 工程建设概况（见表 1-1）

华中科技大学协和医院外科病房大楼是一栋智能化超高层建筑。由协和医院投资兴建，中南建筑设计院设计，中建三局二公司总承建。

**工程建设概况一览表** **表 1-1**

| 工程名称 | 武汉协和医院外科病房大楼 | 工程地址 | 汉口解放大道1277#协和医院内 |
|---|---|---|---|
| 建设单位 | 华中科技大学协和医院 | 勘察单位 | 武汉市中汉岩土工程公司 |
| 设计单位 | 中南建筑设计院 | 监理单位 | 武汉工程建设监理有限公司 |
| 质量监督部门 | 武汉市质量监督站 | 总包单位 | 中国建筑三局二公司 |
| 主要分包单位 | 无 | 建设工期 | 690天 |
| 合同工期 | 690天 | 总投资额 | 20588万元 |
| 合同工期投资额 | 20588万元 | | |
| 工程主要功能或用途 | 外科病房大楼 | | |

## 1.2 工程建筑设计概况（见表 1-2）

**建筑设计概况一览表** **表 1-2**

| 占地面积 | | $3282m^2$ | 首层建筑面积 | | $3282m^2$ | 总建筑面积 | $74117m^2$ |
|---|---|---|---|---|---|---|---|
| 层数 | 地上 | 32层 | 层高 | 首层 | 5.02m | 地上面积 | $65229m^2$ |
| | 地下 | 两层 | | 标准层 | 3.6m | 地下面积 | $8888m^2$ |
| 装饰 | 外墙 | 干挂石材和涂料 | | | | | |
| | 地面 | 细石混凝土和水泥砂浆 | | | | | |
| | 楼面 | 细石混凝土、水泥砂浆、陶瓷地砖、花岗石、塑料地板、高级组合地板 | | | | | |
| | 顶棚 | 混合砂浆、轻钢龙骨、铝合金条型板 | | | | | |
| | 墙面 | 水泥砂浆、釉面砖、花岗石 | | | | | |
| | 楼梯 | 地面：陶瓷 | 墙面：花岗石 | | 顶棚：混合砂浆 | | |
| | 电梯厅 | 地面：花岗石 | 墙面：花岗石 | | 顶棚：轻钢龙骨石膏板吊顶 | | |
| 防水 | 地下 | 结构自防水和合成高分子涂膜防水 | | | | | |
| | 屋面 | 合成高分子卷材和涂膜防水屋面，高聚物改性沥青防水屋面 | | | | | |
| | 厕浴间 | 1.5mm厚聚氨酯，四周沿墙上翻1000mm高 | | | | | |
| 其他需说明的事项：本工程建筑外型较为新颖，是亚洲第一外科大楼 | | | | | | | |

## 1.3 工程结构设计概况（见表 1-3）

本工程属框架—剪力墙结构，建筑结构的安全等级为一级；建筑物的安全等级为一级；建筑抗震设防类别属乙类建筑；结构抗震等级为一级；人防地下室地下二层防护等级 5

级，地下一层6级；地下室防水等级为一级，底板及外墙抗渗等级为1.2MPa。主楼采用桩筏基础，裙楼为柱下独立桩基。

结构概况一览表　　表 1-3

| 分类 | 项目 | 内容 | | | | |
|---|---|---|---|---|---|---|
| 地基基础 | 埋深 | 12.7m | 持力层 | 中风化岩层 | 承载力标准值 | 13250kN<br>10550kN |
| | 桩基 | 类型：钻孔灌注桩 | | 桩长：进入持力层大于1500mm | 桩径：1000mm和800mm | 间距：3000mm |
| | 筏板 | 底板厚度：2.5m | | | 顶板厚度：400 | |
| | 承台 | 深度：1.9m | | | | |
| 主体 | 结构形式 | 框架-剪力墙 | | | | |
| | 主要结构尺寸（mm） | 梁：500×700<br>1100×4700 | | 板：150、130 | 柱：1200×1200<br>700×700 | 墙：400、350、300 |
| 抗震设防等级 | | 一级 | | 人防等级 | 五级 | |
| 混凝土强度等级及抗渗要求 | 基础 | C40 | | 墙体 | C60、C50、C45、C40 | |
| | 梁 | C50、C45、C40 | | 板 | C50、C45、C40 | |
| | 柱 | C60、C50、C45、C40 | | 楼梯 | C60、C50、C45、C40 | |
| 钢筋 | 类别：（HPB235、HRB335、LL550级）ϕ36、ϕ32、ϕ28、ϕ25、ϕ22、ϕ20、ϕ18、ϕ16、ϕ14、ϕ12、ϕ10、ϕ8、ϕ6.5、ϕ12、ϕ10、ϕ8 | | | | | |
| 特殊结构 | 钢结构、网架、预应力（有粘结、无粘结两种）、劲性钢结构 | | | | | |
| 其他需说明的事项：大型转换梁（1100mm×4700mm）；大体积超长无缝混凝土施工，高强抗渗混凝土 | | | | | | |

## 1.4 建筑设备安装（见表1-4）

设备安装概况一览表　　表 1-4

| 系统 | 项目 | 内容 | 系统 | 项目 | 内容 |
|---|---|---|---|---|---|
| 给水 | 冷水 | 分为地下室、裙房、Ⅱ、Ⅲ、Ⅳ区5个区；<br>供水方式：裙房、Ⅱ区采用变频水泵供水；Ⅲ、Ⅳ区由屋顶水箱供水，上行下给；<br>管材：冷水干管为热镀锌钢管，热水干管铜管；冷热水支管采用PP-R管 | 排水 | 污水 | 分为地下部分、裙房、塔楼3个区；管道5层以上采用柔性接头排水管，其余采用排水铸铁管水泥接口、压力排水管采用给水铸铁管水泥接口 |
| | 热水 | 分为地下室、裙房、Ⅱ、Ⅲ、Ⅳ区5个区；<br>供水方式：裙房、Ⅱ区采用变频水泵供水；Ⅲ、Ⅳ区由屋顶水箱供水，上行下给；<br>管材：冷水干管为热镀锌钢管，热水干管铜管；冷热水支管采用PP-R管 | | 雨水 | 本工程雨水系统均采用重力雨水系统，管材采用无缝钢管，均设在室内。主楼屋面的雨水由7个雨水斗收集后通过7个立管排至室外，裙楼屋面雨水由8个雨水斗收集后，通过四个立管排至室外，所有雨水与总平面雨水管一道最后汇入市政雨水管网 |
| | 消防 | 分为消火栓系统、自动喷水灭火系统两个系统 | | 中水 | 无 |

续表

| 类别 | 项目 | 内容 | 类别 | 项目 | 内容 |
|---|---|---|---|---|---|
| 强电 | 高压 | 高压电源进入后，进行保护处理，分为6路变压输出 | 弱电 | 电视 | 设置一套有限电视系统，采用直埋方式引入至分配器，设置在消防中心，输送至各综端 |
| 强电 | 低压 | 低压电由电缆、插接母线送到各配电柜（箱），配电柜（箱）出线采用导线供给动力设备与照明设备，消防设备采用双电源 | 弱电 | 电话 | 大楼内各个房间，护士站均设置电话 |
| 强电 | 接地 | 防雷接地采用基础承台钢筋与扁钢形成接地体，所有高低压柜、变压器、配电箱及钢管导线、用电设备均要求接地 | 弱电 | 安全监控 | 包含护理呼叫系统、监护闭路电视监控系统、安防系统；<br>护理呼叫系统设置一套总线护理呼叫系统，其主控设备设在护士站，并能接受多个呼叫及其显示有声光及电光；监护闭路电视监控系统设置一套闭路电视监控系统，用于重要部位的监护、主控台设在五层弱电机房内；安防系统设置一套闭路电视系统用于保安监视，主控台设在一层消防中心内，要求能与BAS主计算机联网 |
| 强电 | 防雷 | 屋顶采用避雷带（网）避雷、高层采用焊接圈梁做均压环防侧雷与等电位点、采用柱内4根主筋作防雷引下线 | 弱电 | 楼宇自控 | 设置一套BA系统用于建筑物设备控制及检测自动化，由主计算机，NCU、DDC控制器等组成。主控台设在一层消防中心，采用双主计算机备用方式 |
| | | | 弱电 | 综合布线 | 含电话系统。要求能可靠进行信息交换、传递和资源共享，各个终端要求具有语音及数据功能，主控台设在5层弱电机房内 |

| 项目 | 子项 | 内容 | |
|---|---|---|---|
| 中央空调系统 | | 分为三种形式：门厅、报告厅采用空调处理机组；手术室采用净化空调，其他为风机盘管加新风系统。空调水系统分为高区和地区两部分，冷源设在地下二层由4台离心式冷水机组和一台螺杆式冷水机组提供，热源由中心锅炉房及换热间提供。新风集中处理后由管井送至相应各楼层，风管除洁净空调采用不锈钢板制作外，其余均为镀锌钢板制作 | |
| 通风系统 | | 分为卫生间通风系统和地下一、二层送排风系统。卫生间通风：各个卫生间设排风机，由排风井集中排出。风管采用镀锌薄钢板制作 | |
| 采暖供热系统 | | 无 | |
| 消防系统 | 火灾报警系统 | 火灾报警及联动系统保护对象为特级，采用集中控制方式，并设防火分区 | |
| 消防系统 | 自动喷水灭火系统 | 分为地下2~地上13层、14~29层、30~32层3个区；<br>供水方式：地下室、中间、屋顶消防水箱，喷淋泵、水泵结合器联合供水；<br>管道采用热镀锌钢管 | |
| 消防系统 | 消火栓系统 | 分为地下室、1~13层、14~26层、27~32层4个区；<br>供水方式为地下室消防水池、中间、屋顶消防水池和消防水泵、水泵结合器联合供水；<br>管道采用无缝钢管 | |
| 消防系统 | 防、排烟系统 | 由地下室防、排烟系统、楼梯及合用前室防排烟系统、走道防、排烟系统三部分组成 | |
| 消防系统 | 气体灭火系统 | | |
| 电梯 | 医梯：8台 | 货梯：3台 | 消防梯：两台 | 客梯：1部 |
| 其他需说明的事项 | | | |

工程平面图和立面图见图1-1~图1-3。

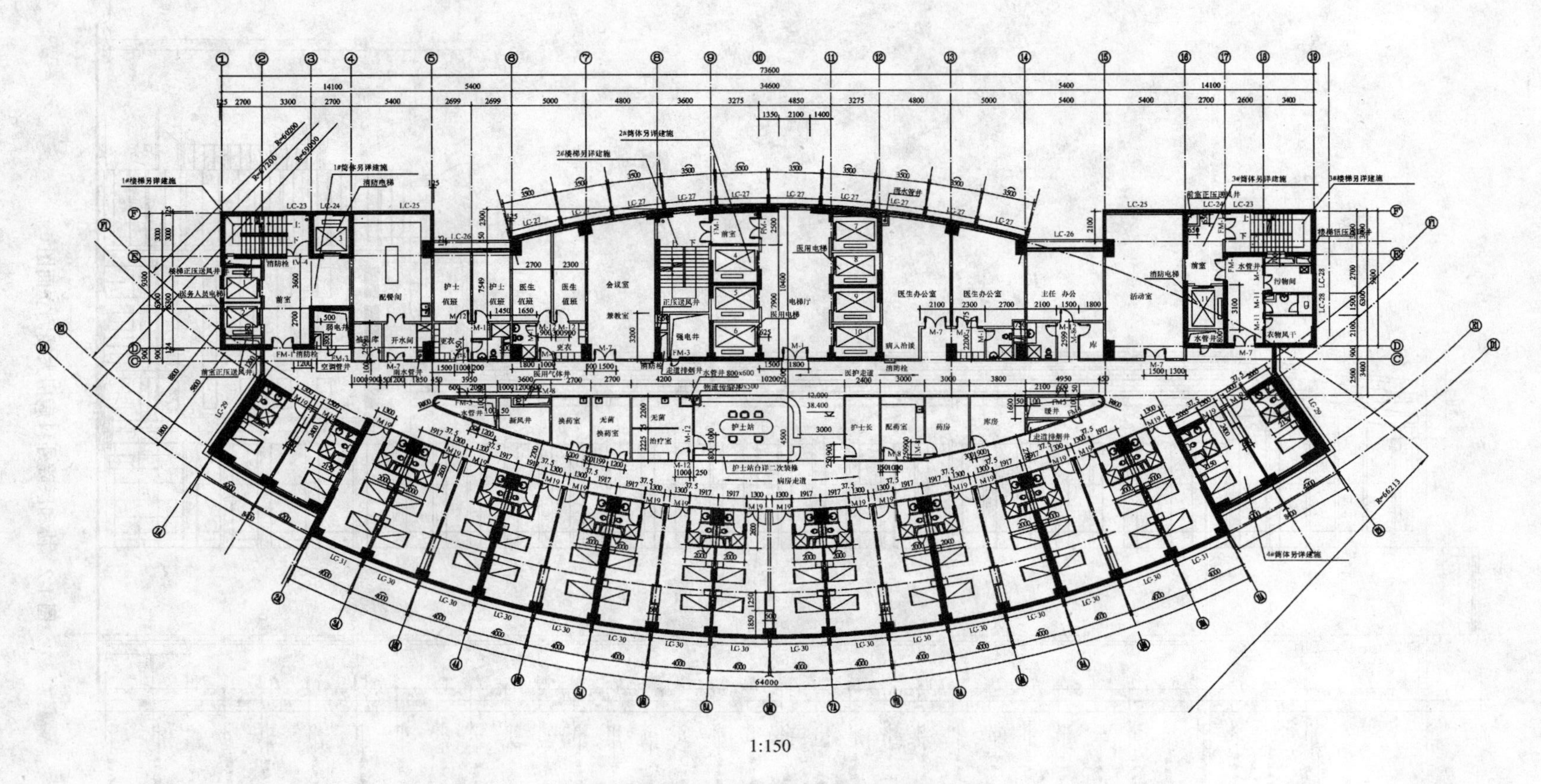

1:150

图 1-1 协和医院外科病房大楼标准层平面图

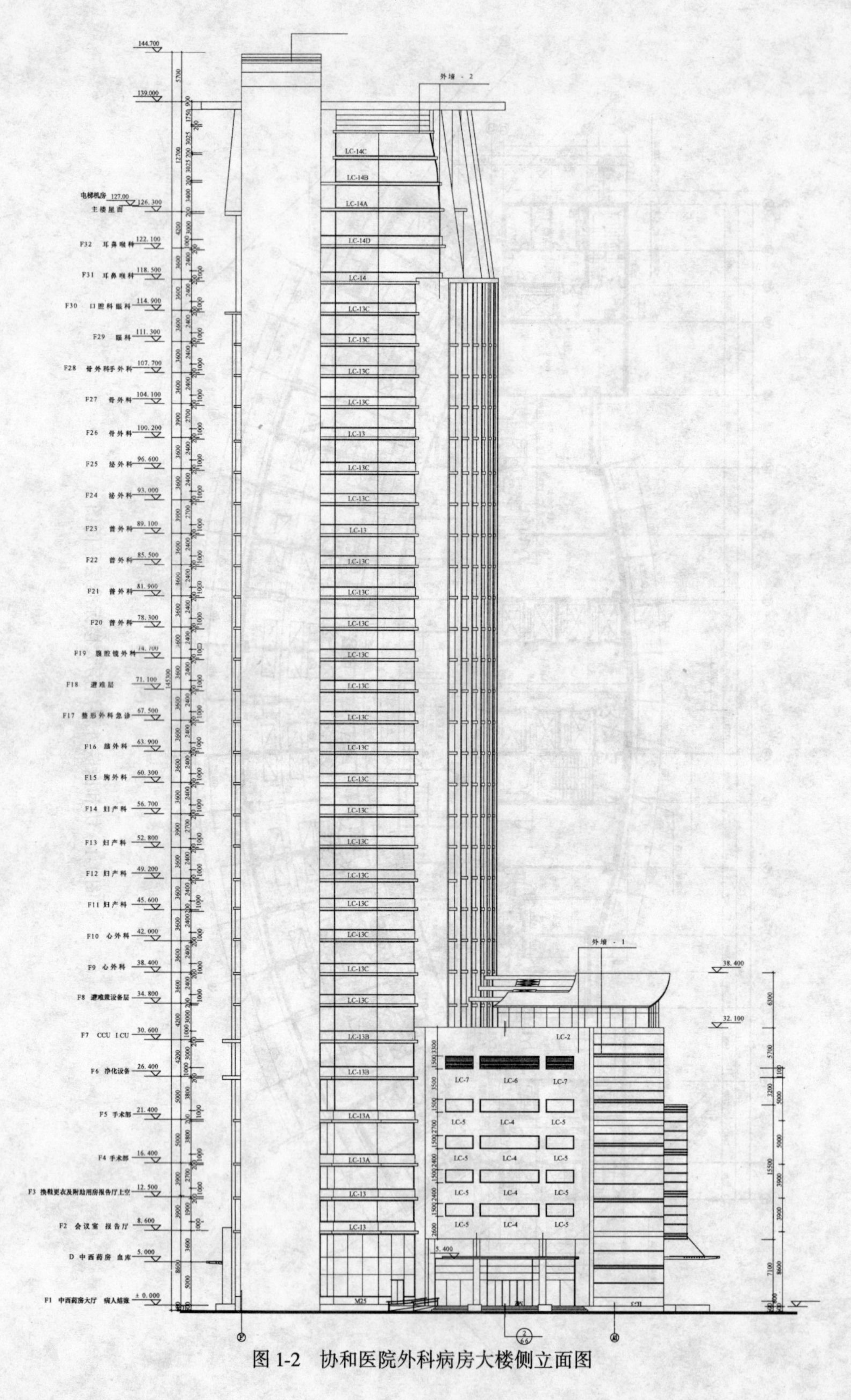

图 1-2　协和医院外科病房大楼侧立面图

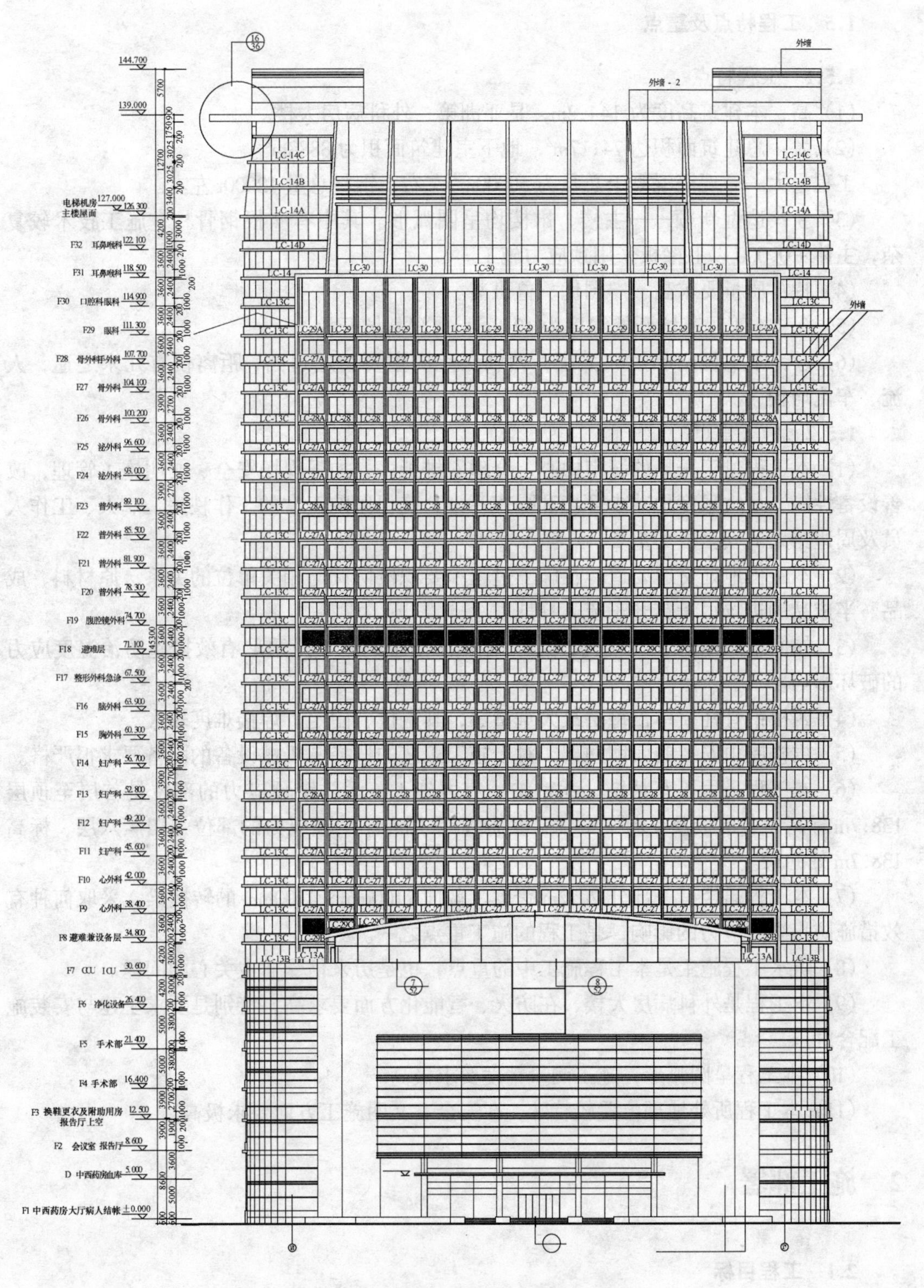

图 1-3 协和医院外科病房大楼正立面图

### 1.5　工程特点及重点

#### 1.5.1　工程特点

(1) 高：本建筑高度为144.2m，是亚洲第一外科病房大楼。

(2) 大：总建筑面积达74117m$^2$，地下室建筑面积为8888m$^2$。

工程量大——现浇混凝土总量为50000m$^3$左右，钢材总量12000t左右。

(3) 新：造型新颖——主楼、裙楼均呈圆弧形。其中有4根钢骨柱，施工技术较复杂，主体±0.000以上梁板采用预应力施工。

(4) 特：质量要求高——国优、鲁班奖。

(5) 深：本工程基坑开挖深度为12.9m，属深基坑开挖。

(6) 近：本工程南临解放大道，西临医院内主要交通道路，距离仅有几米之遥，人流、车流均较大。

#### 1.5.2　施工重点

(1) 本工程位于繁华的城市中心，合理安排工序，加强现场安全、文明施工管理，改善设备性能，最大限度地减少环境和噪声污染，确保医院正常的工作秩序，病人、工作人员及周边路人的安全极为重要。

(2) 本工程地处交通要道，在施工过程中要积极协调与相关单位的关系，原材料、成品、半成品的进场尽量错开车流高峰期。

(3) 如何组织厚达2.5m超长无缝大体积混凝土的施工及采取有效措施防治温度应力的破坏影响。

(4) 四根钢骨柱，单根每层最大重量3t，其定位、固定、焊接难度较大。

(5) 裙楼屋顶安装曲面钢网架，对于施工工艺的选择、机械设备的配备要求很严格。

(6) 本工程采用了有粘结、无粘结预应力施工，无粘结预应力的部位是首层至顶层138.7m标高中各层板及纵向梁中（温度筋）；采用有粘结预应力的部位是四~八层、标高138.7m处的梁。

(7) 本工程裙楼有一部分20.2m跨度、截面1100mm×4700mm的转换梁。采取何种有效措施防止温度应力的影响，是工程的施工重点之一。

(8) 防水工程施工是本工程施工中的重点，也是历来倍受业主关心的问题。

(9) 本工程是外科病房大楼，在防火、智能化方面要求高，特别是要求土建与安装施工配合好。

(10) 本工程呈圆弧形，施工测量精度要求极高。

(11) 本工程所处地理位置较特殊，在安全、文明施工方面要求极高。

## 2　施工部署

### 2.1　工程目标

#### 2.1.1　质量目标

在本工程的施工质量上，我项目承诺：确保国优工程，达到“鲁班奖”。

#### 2.1.2 工期目标

我项目将以690个日历天完成本工程的施工任务。在这690个日历天内，将以165个日历天完成地下室的施工，以257个日历天完成主体施工。

#### 2.1.3 安全目标

杜绝死亡及重伤事故，年安全事故频率控制在1‰之内。

#### 2.1.4 文明施工目标

达到武汉市文明管理标准，确保获市级文明施工样板工程。

#### 2.1.5 成本目标

成本降低率控制在与公司签定的承包价的2%。

### 2.2 施工流水段的划分及施工工艺流程

#### 2.2.1 施工流水段的划分

本工程工期为690日历天，根据本工程的实际情况，施工时分为Ⅰ区、Ⅱ区两个区，具体划分为：①~⑲/Ⓕ~Ⓓ1轴（主楼）为Ⅰ区，$\frac{1}{2}$~$\frac{1}{17}$/Ⓓ1~Ⓐ1轴（裙楼）为Ⅱ区。

#### 2.2.2 施工程序安排

在施工过程中统筹安排，注重整体效益，忙而不乱，以理清施工步骤。施工中以施工程序为主线，分阶段、突重点、明确控制目标。本工程施工分五大阶段进行，各阶段划分和控制的重点如下：

第一阶段：施工准备阶段。重点做好场地交接，调集人、材、物等施工力量；进行施工平面布置、图纸会审，开展技术、质量交底工作，尽快办理开工有关手续，争取早日开工。

第二阶段：地下室施工阶段。编制有效的土方开挖方案，充分考虑突发事件，合理安排工序，为地下室结构施工赢得充裕的时间。地下室底板的钢筋量大，钢筋翻样工作一定要仔细认真，审核人员更要逐一核对，尽量做到不出问题或少出问题。

在进行地下室最后一层土方开挖的时候，先集中人力物力将Ⅰ区即主楼筏板的土方清运干净，然后进行垫层和钢筋绑扎，与此同时进行Ⅱ区的土方开挖及后续工序的施工。整个Ⅰ、Ⅱ区的地下室结构完成后，进行一次地下室结构验收。

第三阶段：主体施工阶段。本阶段采用“六同步”法施工，即主体结构、预应力、砌体、安装、内装修、外装修等。在裙楼第四层结构施工完后，依次从第一层进行梁板的预应力施工，从而保证结构施工不影响总工期。

8层裙楼结构施工完工后，进行第一次中间结构验收，接着马上插入砌体施工。Ⅰ区9~20层结构施工完后，进行第二次中间结构验收，同时插入9~20层砌体施工。整个主体结构施工完后，进行最后一次主体结构验收。

在插入砌体工程的同时，并适时插入室内粗装饰、安装工程、部分外装饰等工作。该阶段由于各工种全面铺开，为工程的施工高峰期。

第四阶段：装饰、安装阶段。该阶段前半部分以装饰为主，安装跟进，后半部分转换为以安装为主，装饰配合，其他各专业工种也全面展开，这是工程竣工的关键阶段，也是文明施工和安全生产较难控制的阶段，重点是做好各专业工种的协调工作。

第五阶段：总平面工程。此部分包括室外道路、绿化等公共部分施工内容。此时其他各专业工种已处于收尾阶段，应做好工程成品保护和周边环境创建工作。

## 2.3 施工准备

### 2.3.1 施工技术准备

(1) 施工图设计技术交底及图纸会审

本工程施工前，积极与业主、设计院取得联系，要求他们针对施工图纸给以设计技术交底。之后，项目主任工程师组织全体工程技术人员阅读施工图，理解设计意图和要求，收集施工图中存在的疑问，以便在图纸会审中得到明确的解决。对设计构思与施工常规相冲突的地方做到心中有数，在图纸会审中与设计院协商，尽量取得一致意见，以便正确施工，完善地实现设计意图。

(2) 施工图深化设计

在图纸会审中，针对我们提出的问题，与中南建筑设计院联系，要求他们对自己的设计进一步深化，让设计与施工合二为一。

(3) 图纸、规范、标准、图集等

在熟悉图纸的基础上，找出与本工程有关的规范、标准、图集，认真学习。对已经换版的规范，要及时学习有关文件精神，购入新规范加以认真学习，以保证我们规范、标准、图集的有效性。

(4) 设备及器具（见表 2-1）

设备及器具一览表 表 2-1

| 名称 | 型号 | 数量 | 精度 | 用途 |
|---|---|---|---|---|
| 经纬仪 | J2-1 | 1 | 2″ | 测角 |
| 铅直仪 | | 1 | 1/50000 | 垂直度 |
| 全站仪 | TCR702 | 1台 | 2mm + 2ppm | 测角测距 |
| 水准仪 | AL332.DSE3 | 2 | 3mm | 测高程 |
| 50m 钢卷尺 | HSP-50 | 3 | | 量距 |
| 线坠 | 10~20kg | 5 | | 垂直度 |
| 游标卡尺 | 150mm | 1把 | 0.02mm | 量距 |
| 7.5m 钢卷尺 | 7.5m | 3 | | 量距 |
| 5m 钢卷尺 | 5m | 7 | | 量距 |
| 混凝土试模 | 150mm × 150mm × 150mm | 6组 | ±0.2mm | 抗压 |
| | 100mm × 100mm × 100mm | 4组 | ±0.2mm | 抗压 |
| 混凝土抗渗试模 | | 3组 | ±0.2mm | 抗渗 |
| 砂浆试模 | 70.7mm × 70.7mm × 70.7mm | 2组 | ±0.2mm | 抗压 |
| 坍落度桶 | | 一套 | 高±2mm，厚±1.5mm | 测坍落度 |
| 台秤 | 100kg | 1 | 1/50 | 测重量 |

设备详见本书各种资源准备中的机械设备一览表。

(5) 测量基准交底、复测及验收

1）基准交底

协和医院外科大楼业主在2002年6月16日移交了《协和医院病房大楼轴线移交示意图》和《建筑红线定位图》两份资料，其业主和监理单位意见为：本次仅交两控制点，其图面有关尺寸在现场放线时，业主和监理单位配合校核，如有问题，业主进行再次交点。

2）复测

因为业主提供的只有两个控制点，我方只能复测出两点间距离，并以这两个控制点放样出原红线班测设的两控制点：N1和N2（已破坏）和G1轴中点，根据《建筑红线定位图》实测出N1、N2、G1轴中点到周边已有建筑物的相对关系，如超出规范以外，提交一份实测测量资料反馈到业主和监理单位。

3）验收

我方复测出两控制点误差超出规范以外或是在规范以内任一结果，只有业主和监理单位认可并签字、盖章，方为有效。

（6）技术工作计划

1）分项工程施工方案编制计划（见表2-2）；

2）混凝土强度及抗渗试验计划（见表2-3）；

3）钢筋接头试验计划（见表2-4）；

4）防水工程试验计划（见表2-5）；

5）建筑设备安装工程试验、测试计划（见表2-6）。

**分项工程施工方案编制计划** **表2-2**

| 序号 | 施工方案名称 | 完成日期 |
|---|---|---|
| 1 | 土方开挖施工方案 | 2002.6.30 |
| 2 | 钢骨柱施工方案 | 2002.10.10 |
| 3 | 地下室底板大体积混凝土浇筑方案（包括温控） | 2002.10.15 |
| 4 | 地下室二层剪力墙混凝土浇筑方案 | 2002.10.30 |
| 5 | 预应力施工方案 | 2002.11.10 |
| 6 | 地下室防水施工方案 | 2002.1.20 |
| 7 | 外脚手架方案 | 2002.10.10 |
| 8 | 大型转换梁施工方案 | 2002.11.30 |
| 9 | 钢屋架（网架）施工方案 | 2003.2.15 |
| 10 | 屋面防水施工方案 | 2003.5.10 |
| 11 | 给水PP-R管安装施工方案 | 2003.2.10 |
| 12 | 钢管卡箍连接施工方案 | 2003.2.10 |
| 13 | 喷淋管道安装施工方案 | 2003.2.10 |
| 14 | 水泵设备安装施工方案 | 2003.2.10 |
| 15 | 防雷接地施工方案 | 2002.12.1 |
| 16 | 高低压柜安装调试施工方案 | 2004.3.3 |
| 17 | 电缆与母线安装施工方案 | 2004.3.7 |
| 18 | 火灾报警联动调试施工方案 | 2004.4.5 |

续表

| 序号 | 施工方案名称 | 完成日期 |
|---|---|---|
| 19 | 综合布线调试施工方案 | 2004.4.5 |
| 20 | 楼宇自控调试施工方案 | 2004.4.8 |
| 21 | 风管制安施工方案 | 2003.10.6 |
| 22 | 空调风管保温施工方案 | 2004.1.2 |
| 23 | 风口安装施工方案 | 2004.1.2 |
| 24 | 设备安装施工方案 | 2004.4.6 |

**混凝土强度及抗渗试验计划　表 2-3**

| 序号 | 取样的分层、分段部位 | 取样组数 | 见证取样组数 | 养护条件 | 同条件养护 | 龄期 |
|---|---|---|---|---|---|---|
| 1 | 地下室底板混凝土（C40） | 43 | 43 | 标养 | 3组 | 28d |
| 2 | 地下室剪力墙、柱混凝土（C60） | 10 | 10 | 标养 | 2组 | 28d |
| 3 | 地下二层梁、板混凝土（C50） | 10 | 10 | 标养 | 2组 | 28d |
| 4 | 地下一层剪力墙、柱混凝土（C60） | 8 | 8 | 标养 | 2组 | 28d |
| 5 | 地下一层梁、板混凝土（C50） | 7 | 7 | 标养 | 2组 | 28d |
| 6 | 夹层剪力墙、柱混凝土（C60） | 9 | 9 | 标养 | 2组 | 28d |
| 7 | 夹层梁、板混凝土（C50） | 3 | 3 | 标养 | 1组 | 28d |
| 8 | 二层剪力墙、柱混凝土（C60） | 5 | 5 | 标养 | 2组 | 28d |
| 9 | 二层梁、板混凝土（C50） | 7 | 7 | 标养 | 1组 | 28d |
| 10 | 三层剪力墙、柱混凝土（C60） | 7 | 7 | 标养 | 2组 | 28d |
| 11 | 三层梁、板混凝土（C50） | 6 | 6 | 标养 | 1组 | 28d |
| 12 | 四层剪力墙、柱混凝土（C60） | 6 | 6 | 标养 | 2组 | 28d |
| 13 | 四层梁、板混凝土（C50） | 10 | 10 | 标养 | 1组 | 28d |
| 14 | 五层剪力墙、柱混凝土（C60） | 9 | 9 | 标养 | 2组 | 28d |
| 15 | 五层梁、板混凝土（C50） | 9 | 9 | 标养 | 1组 | 28d |
| 16 | 六层剪力墙、柱混凝土（C60） | 9 | 9 | 标养 | 2组 | 28d |
| 17 | 六层梁、板混凝土（C50） | 8 | 8 | 标养 | 1组 | 28d |
| 18 | 七层剪力墙、柱混凝土（C60） | 7 | 7 | 标养 | 2组 | 28d |
| 19 | 七层梁、板混凝土（C50） | 9 | 9 | 标养 | 1组 | 28d |
| 20 | 八层剪力墙、柱混凝土（C60） | 7 | 7 | 标养 | 2组 | 28d |
| 21 | 八层梁、板混凝土（C50） | 4 | 4 | 标养 | 1组 | 28d |
| 22 | 九层～十八层（C50） | 每层8组 | 每层8组 | 标养 | 每层各2组 | 28d |
| 23 | 十九～二十七层（C45） | 每层8组 | 每层8组 | 标养 | 每层各2组 | 28d |
| 24 | 二十八～三十二层（C40） | 每层8组 | 每层8组 | 标养 | 每层各2组 | 28d |
| 25 | 主楼电梯机房（126.27） | 9 | 9 | 标养 | 2组 | 28d |
| 26 | 电梯机房（129.9） | 4 | 4 | 标养 | 2组 | 28d |
| 27 | 电梯机房（138.7） | 6 | 6 | 标养 | 2组 | 28d |
| 28 | 电梯机房（144.2） | 1 | 1 | 标养 | 1组 | 28d |

钢筋接头试验计划　　表 2-4

| 序号 | 取样的分层、分段部位 | 接头方式 | 钢筋直径 | 钢筋级别 | 取样组数 | 见证取样组数 |
|---|---|---|---|---|---|---|
| 1 | 筏板 | 直螺纹 | Φ32 | A级 | 三组 | 三组 |
| 2 | 筏板 | 直螺纹 | Φ25 | A级 | 一组 | 一组 |
| 3 | 底板 | 直螺纹 | Φ20 | A级 | 二组 | 二组 |
| 4 | 基础梁 | 直螺纹 | Φ32 | A级 | 二组 | 二组 |
| 5 | 基础梁 | 直螺纹 | Φ25 | A级 | 一组 | 一组 |
| 6 | 地下一层梁 | 直螺纹 | Φ20 | A级 | 一组 | 一组 |
| 7 | 地下一层梁 | 直螺纹 | Φ22 | A级 | 一组 | 一组 |
| 8 | 地下一层梁 | 直螺纹 | Φ25 | A级 | 四组 | 四组 |
| 9 | 一层梁 | 直螺纹 | Φ20 | A级 | 一组 | 一组 |
| 10 | 一层梁 | 直螺纹 | Φ25 | A级 | 三组 | 三组 |
| 11 | 夹层梁 | 直螺纹 | Φ20 | A级 | 一组 | 一组 |
| 12 | 夹层梁 | 直螺纹 | Φ22 | A级 | 一组 | 一组 |
| 13 | 夹层梁 | 直螺纹 | Φ25 | A级 | 一组 | 一组 |
| 14 | 二层梁 | 直螺纹 | Φ20 | A级 | 一组 | 一组 |
| 15 | 二层梁 | 直螺纹 | Φ22 | A级 | 一组 | 一组 |
| 16 | 二层梁 | 直螺纹 | Φ25 | A级 | 二组 | 二组 |
| 17 | 三层梁 | 直螺纹 | Φ20 | A级 | 一组 | 一组 |
| 18 | 三层梁 | 直螺纹 | Φ22 | A级 | 一组 | 一组 |
| 19 | 三层梁 | 直螺纹 | Φ25 | A级 | 一组 | 一组 |
| 20 | 四层梁 | 直螺纹 | Φ20 | A级 | 一组 | 一组 |
| 21 | 四层梁 | 直螺纹 | Φ22 | A级 | 一组 | 一组 |
| 22 | 四层梁 | 直螺纹 | Φ25 | A级 | 二组 | 二组 |
| 23 | 五层梁 | 直螺纹 | Φ20 | A级 | 一组 | 一组 |
| 24 | 五层梁 | 直螺纹 | Φ22 | A级 | 二组 | 二组 |
| 25 | 五层梁 | 直螺纹 | Φ25 | A级 | 四组 | 四组 |
| 26 | 六层梁 | 直螺纹 | Φ20 | A级 | 一组 | 一组 |
| 27 | 六层梁 | 直螺纹 | Φ22 | A级 | 一组 | 一组 |
| 28 | 六层梁 | 直螺纹 | Φ25 | A级 | 二组 | 二组 |
| 29 | 七层梁 | 直螺纹 | Φ20 | A级 | 一组 | 一组 |
| 30 | 七层梁 | 直螺纹 | Φ25 | A级 | 三组 | 三组 |
| 31 | 七层梁 | 直螺纹 | Φ32 | A级 | 一组 | 一组 |
| 32 | 七层梁 | 直螺纹 | Φ36 | A级 | 一组 | 一组 |
| 33 | 八层梁 | 直螺纹 | Φ20 | A级 | 一组 | 一组 |
| 34 | 八层梁 | 直螺纹 | Φ22 | A级 | 一组 | 一组 |
| 35 | 八层梁 | 直螺纹 | Φ25 | A级 | 一组 | 一组 |
| 36 | 曲屋面 | 直螺纹 | Φ25 | A级 | 一组 | 一组 |

续表

| 序号 | 取样的分层、分段部位 | 接头方式 | 钢筋直径 | 钢筋级别 | 取样组数 | 见证取样组数 |
|---|---|---|---|---|---|---|
| 37 | 九～三十层梁（每层） | 直螺纹 | Φ20 | A级 | 一组 | 一组 |
| 38 | 九～三十层梁（每层） | 直螺纹 | Φ22 | A级 | 一组 | 一组 |
| 39 | 九～三十层梁（每层） | 直螺纹 | Φ25 | A级 | 一组 | 一组 |
| 40 | 三十一层梁 | 直螺纹 | Φ20 | A级 | 一组 | 一组 |
| 41 | 三十一层梁 | 直螺纹 | Φ22 | A级 | 一组 | 一组 |
| 42 | 三十一层梁 | 直螺纹 | Φ25 | A级 | 二组 | 二组 |
| 43 | 三十二层梁 | 直螺纹 | Φ20 | A级 | 一组 | 一组 |
| 44 | 三十二层梁 | 直螺纹 | Φ22 | A级 | 一组 | 一组 |
| 45 | 三十二层梁 | 直螺纹 | Φ25 | A级 | 一组 | 一组 |
| 46 | 标高129.9m层梁 | 直螺纹 | Φ20 | A级 | 一组 | 一组 |
| 47 | 标高129.9m层梁 | 直螺纹 | Φ22 | A级 | 一组 | 一组 |
| 48 | 标高129.9m层梁 | 直螺纹 | Φ25 | A级 | 一组 | 一组 |
| 49 | 标高129.9m层梁 | 直螺纹 | Φ32 | A级 | 一组 | 一组 |
| 50 | 标高138.7m层梁 | 直螺纹 | Φ20 | A级 | 一组 | 一组 |
| 51 | 标高138.7m层梁 | 直螺纹 | Φ22 | A级 | 一组 | 一组 |
| 52 | 标高138.7m层梁 | 直螺纹 | Φ25 | A级 | 三组 | 三组 |
| 53 | 标高144.2m层梁 | 直螺纹 | Φ20 | A级 | 一组 | 一组 |
| 54 | 标高144.2m层梁 | 直螺纹 | Φ22 | A级 | 一组 | 一组 |
| 55 | 标高144.2m层梁 | 直螺纹 | Φ25 | A级 | 一组 | 一组 |

防水工程试验计划　　表2-5

| 序　号 | 防水工程的部位 | 试验方法 | 试验次数 |
|---|---|---|---|
| 1 | 地下室底板防水 | 无 | 无 |
| 2 | 地下室外墙防水 | 灌水试验 | 一次 |
| 3 | 屋面防水 | 灌水试验 | 一次 |
| 4 | 厕所防水 | 灌水试验 | 两次 |

建筑设备安装工程试验、测试计划　　表2-6

| 序号 | 试验、测试名称 | 及试验、测试的部位或系统 | 试验、测试时间 | 仪器、仪表型号 |
|---|---|---|---|---|
| 1 | 管道压力试验 | 冷水系统、热水系统、消防系统、喷淋系统 | 2004.3～5 | 压力表0～2.5MPa |
| 2 | 水泵调试 | 地下室、设备层、屋面 | 2004.2～3 | |
| 3 | 排水灌水试验 | 地下室、裙房、塔楼 | 2004.4～5 | 钢直尺0～150mm |
| 4 | 排水通水试验 | 地下室、裙房、塔楼 | 2004.4～5 | |
| 5 | 洁具盛水试验 | 地下室、裙房、塔楼 | 2004.5～6 | 钢直尺0～150mm |
| 6 | 防雷接地 | 地下室、1层～屋面的每层 | 2002.11～2003.10 | 接地电阻表ZC-8 |

续表

| 序号 | 试验、测试名称 | 及试验、测试的部位或系统 | 试验、测试时间 | 仪器、仪表型号 |
|---|---|---|---|---|
| 7 | 电缆、导线电阻测试 | 配电箱（柜）进出线 | 2003.7~2004.4 | 兆欧表 500V、兆欧表 1000V |
| 8 | 电机运转试验 | 电机 | 2004.2~2004.2 | 万用表 MF500V、钳形表 266 型、温度计 |
| 9 | 水平垂直度试验 | 配电箱（柜） | 2003.11~2004.2 | 吊线靠尺、宽座直尺 400mm、水平尺 500mm、塞尺 0.02~1.00m |
| 10 | 弱电线路电阻测试 | 报警系统、自控系统 | 2003.7~2004.4 | 兆欧表 250V |
| 11 | 风速测试 | 送、排风管 | 2004.4~5 | 手持风速仪 EDK-1A |
| 12 | 压力测试 | 送、排风管 | 2004.4~5 | |
| 13 | 透光试验 | 送、排风管 | 2004.4~5 | |

### 2.3.2 现场准备

(1) 工程轴线控制网测量定位及控制桩、控制点的保护

1) 控制网定位　详见轴线控制。

2) 控制桩、控制点的保护　用直径 φ32mm 的粗钢筋，上端磨成半圆形，下端弯成钩形，将其埋固于混凝土中。这种形式控制点可以先预制后埋设，也可在现场挖坑浇灌。最后在标桩上部设置预制防护井圈，上加保护盖。

(2) 临时供水、供电

1) 用水量计算（计算过程略）

2) 临时用电量计算（计算过程略）

**临时用地计划表　　表 2-7**

| 用地名称 | 面积（$m^2$） | 位　置 | 使用时间 |
|---|---|---|---|
| 现场临时办公室 | 90 | 见施工总平面布置图 | 23 个月 |
| 办公室 | 180（3 层） | 见生产区、生活区平面布置 | 23 个月 |
| 职工宿舍 | 400（两层） | 设在现场外 | 23 个月 |
| 现场模板堆场 | 100 | 见施工总平面布置图 | 15 个月 |
| 钢筋原材料堆场 | 144 | 设在现场外 | 15 个月 |
| 钢筋加工房 | 10000 | 设在现场外 | 15 个月 |
| 模板加工房 | 200 | 见施工总平面布置图 | 15 个月 |
| 食堂 | 80 | 设在现场外 | 22 个月 |
| 门卫（两个） | 35 | 见施工总平面布置图 | 23 个月 |
| 厕所 | 32 | 见施工总平面布置图 | 23 个月 |
| 电工房 | 20 | 见施工总平面布置图 | 23 个月 |
| 成品半成品堆场 | 150 | 见施工总平面布置图 | 18 个月 |
| 配电房 | 10 | 见施工总平面布置图 | 23 个月 |
| 开水房 | 32 | 设在现场外 | 23 个月 |
| 动力车间 | 60 | 设在现场外 | 18 个月 |

### 2.3.3 各种资源准备

(1) 临时用地计划表（表2-7）

(2) 材料及机械设备需用计划（见表2-8～表2-9）

材料需用量计划　　表2-8

| 序号 | 名称 | 型号 | 单位 | 数量 | 备注 |
| --- | --- | --- | --- | --- | --- |
| 1 | 圆钢 | $\phi6\sim\phi14$ | t | 1350 | |
| 2 | 螺纹钢 | $\phi12\sim\phi36$ | t | 9000 | |
| 3 | 冷轧带肋筋 | $\phi5\sim\phi10$ | t | 770 | |
| 4 | 水泥 | 32.5 | t | 3420 | |
| | | 42.5 | | 54 | |
| 5 | 商品混凝土 | C60～C40 | $m^3$ | 50000 | |
| 6 | 木模板材 | 18mm厚九层板 | $m^2$ | 30000 | |
| 7 | 加气混凝土块 | 600mm×300mm×（125mm、200mm、250mm） | $m^3$ | 4300 | |
| 8 | 工程用木材 | 50mm×100mm、100mm×150mm | $m^3$ | 1350 | |
| 9 | 钢管 | $\phi48$ | t | 2000 | |
| 10 | 扣件 | 十字、活动、对接 | 万个 | 20 | |

机械设备需用量及进场计划　　表2-9

| 序号 | 机械或设备名称 | 型号规格 | 数量 | 额定功率（kW） | 生产能力 | 进场计划 |
| --- | --- | --- | --- | --- | --- | --- |
| 1 | 塔式起重机 | $H_3/36B$ | 1台 | 75 | 130t·m | 2002.6.20 |
| 2 | 塔式起重机 | 80G | 2台 | 60 | 80t·m | 2002.6.20 |
| 3 | 施工电梯 | SCD200/200 | 2台 | 21 | | 2003.3.10 |
| 4 | 施工井架 | SS160 | 2台 | 11 | | 2003.3.10 |
| 5 | 混凝土输送泵 | BP3000HD－18R | 4台 | 60 | $60m^3/h$ | 2002.11.5 |
| 6 | 钢筋切断机 | CQ40-2 | 8台 | 3 | $\phi40mm$ | 2002.7.30 |
| 7 | 钢筋弯曲机 | GJB40 | 8台 | 3 | $\phi40mm$ | 2002.7.30 |
| 8 | 插入式振捣器 | ZN60 | 150根 | 1.1 | | 2002.11.5 |
| 9 | 闪光对焊机 | UN-100 | 4台 | 100 | | 2002.7.30 |
| 10 | 交流焊机 | $BX_3$-400A | 4台 | 15 | | 2002.7.30 |
| 11 | 手提电锯 | MJ50 | 30台 | 1.1 | | 2002.7.30 |
| 12 | 圆盘锯 | MJ105 | 4台 | 4 | | 2002.7.30 |
| 13 | 打夯机 | HC700 | 10台 | 1.5 | | 2002.7.30 |
| 14 | 潜水泵 | 60 | 20台 | 3 | | 2002.7.30 |
| 15 | 载重汽车 | Q＝5t | 40台 | | | 2002.7.30 |
| 16 | 高压水泵 | YBZSZ-2 | 1台 | 7 | 160m | 2002.7.30 |
| 17 | 发电机 | 250KWGF | 1台 | 250 | | 2002.10.20 |
| 18 | 砂浆搅拌机 | HJ-200 | 4台 | 3 | | 2003.5.10 |
| 19 | 直螺纹车丝机 | | 6台 | | | 2002.7.30 |
| 20 | 发电机 | 150GF | 1 | 150 | | 2002.10.20 |
| 21 | 污水机 | | 4台 | 11 | | 2002.7.30 |
| 22 | 振动平台 | | 1 | | | 2002.9.10 |

# 3 总平面布置（见图3-1）

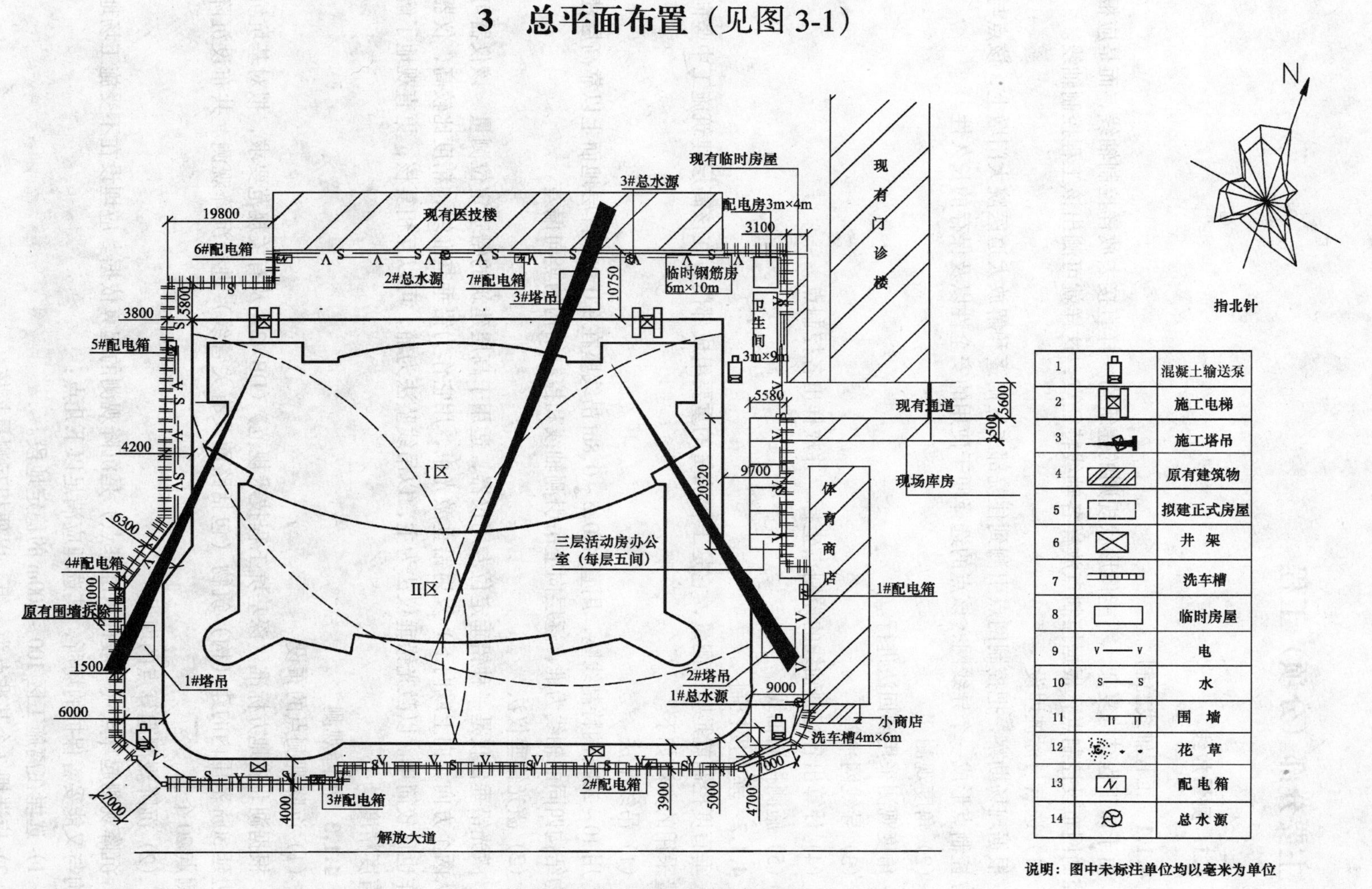


图3-1 协和医院外科病房大楼施工总平面布置图

# 4　主要分部（分项）工程

## 4.1　测量放线

### 4.1.1　工程轴线控制

由于该工程结构复杂，不能像形状规则的建筑物一样直接去放样控制轴线，而是应根据控制网布设控制点，根据控制点放样各轴线特征点，这样就可测出该工程控制轴线。

（1）选点与标桩埋设

根据现场勘察，把控制网点引测到住院部二区雨篷和解放大道医院大门墩上；该点与甲方控制点形成一个导线网，该点的选择便于使用的安全性以及保存的长久性。

（2）角度观测

角度观测采用测回法进行。

（3）导线网平差

（4）计算出各控制轴线的控制点坐标，并放样出各控制点

（5）施测控制轴线

### 4.1.2　垂直度控制

垂直度控制就是竖向测量，它是工程测量的重要组成部门，在该高层建筑施工中竖向测量采用的方法如下。

（1）吊线坠法

用10~20kg的特制线坠，用直径0.5~0.8m吊线坠在±0.000首层地面上以靠高层建筑物结构四同的轴线为准，逐层向上吊引测轴线和控制结构的竖向偏差。

（2）激光铅垂仪法

激光铅垂仪仅是一种铅垂定位专用仪器，适用于高层建筑的铅垂定位测量。该仪器可以从两个方向（向上或向下）发射铅垂激光束，用它作为铅垂基准线，精度比较高，仪器操作也比较简单。以激光铅垂仪法为主，以吊线坠法为辅，可以互相复核，更直观地了解垂直度精度。

### 4.1.3　沉降观测

（1）沉降观测点的布设

根据湖北省地方标准《深基坑工程技术规范》（DB 42）及有关规范要求，拟对基坑坑口边延30m范围内的建（构）筑物（包括路面及有关管线）进行沉降观测。共布设沉降观测点20个。

（2）沉降观测起算点的埋设

沉降观测起算点（一般称水准基点）是沉降观测的起算依据。应埋设在不受施工场地影响与又能妥善保护的场所，其选埋应满足以下几点：

1）选埋在离施工区100~200m的稳定地段。

2）应选埋3个基准点为一组，以便相互测量校核。

3）基准点应选埋在避免车辆辗压的位置。

4）应做盖子保护。

(3) 沉降观测所使用的仪器

沉降观测使用的仪器应为S05级精密水准仪（其相应型号的仪器为瑞士WILDN3水准仪或2EISS NI0G4水准仪或其他相应的仪器）及2m（或3m）水准尺。沉降观测的等级为二级，相邻基准点高差中误差为±0.5m，各项技术要求如下：视线长度≤35mm，前后视距差≤1m，前后视距差累计<3m，基辅分划读数≤0.3mm，基辅分划所测高差之差<0.5mm，附合水准路线闭合差<0.5mm。

在水准观测之前应对水准仪及水准尺进行一次全面的检校，并定期进行仪器I角（视准轴与水准轴间夹角不大于10°）检验，以确保仪器的性能。

(4) 沉降观测的周期：

一般7d测一次，开挖阶段2d测1次。

(5) 监测的组织形式及成果提交

每一监测项目，必须有专人负责进行观测，记录及资料整理。整个监测工作设一监测负责人，协调处理各种问题，及时向有关人员提交监测结果（一般在外业结束后24h内提交成果），其成果资料包括：沉降观测成果表、分层位移曲线等。

整个监测工作结束后，及时编写监测报告书。

## 4.2 地下工程

### 4.2.1 基坑降水、排水

本工程场地位于长江一级阶地，表层填土、饱和砂土、砂砾层等土层透水性强，为含水层。填土层下的一般黏性土层及底部基岩为两相对隔水层。两相对隔水层将本场地地下水分为潜水和承压水两种类型。潜水赋存于表层填土中，回填土厚度差异大，十分复杂、其透水性呈各异性，其主补给来源为大气降水和地表生活用水，承压水赋存于一般黏性土与泥岩之间的砂砾层中，其补给方式主要为径流补给，水位随季节变化大。

本工程周边环境非常严峻，场地地质条件差，在基坑开挖过程中必须采取可行的地下水处理措施，以防止基坑内出现漏水、流砂、坑底管涌现象的发生，以免影响基础施工危及基坑和周边环境的安全。

本工程基坑降水、排水由武汉中汉岩土工程技术开发公司派专业的施工队伍施工，并编制了详细的设计书。

### 4.2.2 基坑支护

由于建筑物周边与建筑红线之间场地狭窄，基坑开挖深。不能放坡，只能用支护桩护壁。支护桩沿基坑周边布置，其布置详见《武汉协和医院外科病房大楼基坑支护工程设计书》。

### 4.2.3 土方工程

根据本工程特点，土方必须分层开挖，每层开挖深度同锚杆竖向间距，要在确保基坑安全的前提下抢进度，不得超挖、乱挖，以防止出现超挖或开挖机械碰到桩头等情况。

具体的开挖方法及注意事项如下：

(1) 开挖方法的选择

当基坑开挖深度大于目前常用挖土机最大挖土深度时，可采用分层开挖。分层的主要依据是基坑开挖深度、现有挖土机的合理挖土深度、土质、水位情况以及基坑支护情况等。本基坑开挖根据工程支护桩及锚杆施工的实际情况大部分为4层开挖，局部19轴/A1～F轴即CD段分5层开挖。

根据现场和支护的的要求，场地东北、西北角及南侧偏东段锚杆，为试验锚杆初选位置，故在第一层土方开挖时，首先将此三处的土方挖走，为锚杆施工留足工作面。

第一层分一次开挖，一次分两段开挖。第一段沿护坡桩的中心线向基坑内10m范围周边挖至标高－3.8m的位置，且与中间场地土四周形成一定的坡道，以防局部塌方，并且给进行第1层锚杆施工的人员留设足够的工作面。在第1层锚杆施工的同时，进行第2段的挖方施工，形成两个闭合回路。接着进行第2层土方开挖施工，第2层分两次开挖，第1次第1段先开挖同第一层10m范围的土方，至标高－5.2m时，进行CD段局部第2层锚杆施工，再开挖第2段土方。然后进行第2次第1段开挖至标高－6.8m时，进行大面积第2层锚杆施工，同时进行第2次第2段土方开挖。进行第3层土方开挖时，首先在CD段挖到标高－7.7m和其水平所需工作面（10m范围)，进行CD段局第3层锚杆施工，然后进行大面积第1段（标高－10.3m)，第3层锚杆（局部第四层锚杆)、第2段(－10.3m）土方开挖，最后一层（即第4层）土方开挖的标高底为－12.6，第4层开挖过程中，由主楼向裙楼方向退行开挖，这样就可以先给主楼基础筏板留出工作面。在进行第4层土方开挖的过程中要求北面锚杆先施工，以便土方顺利进行。具体的开挖深度及标高位置详见表4-1。

**表4-1**

| 段　序 | 剖面编号 | 开挖层数 | 开挖底标高（m） | 锚杆标高（m） |
|---|---|---|---|---|
| 1 | ⅠA、AB | 第一层 | －3.8 | －3.4 |
| | | 第二层 | －6.8 | －6.4 |
| | | 第三层 | －10.3 | －9.9 |
| | | 第四层 | －12.6 | — |
| 2 | BC | 第一层 | －3.8 | －3.4 |
| | | 第二层 | －6.8 | －6.4 |
| | | 第三层 | －10.3 | －9.9 |
| | | 第四层 | －12.6 | — |
| 3 | CD | 第一层 | －3.3 | －2.9 |
| | | 第二层 | －5.2 | －4.9 |
| | | 第三层 | －7.7 | －7.4 |
| | | 第四层 | －10.2 | －9.9 |
| | | 第五层 | －12.6 | — |
| 4 | DE、BI | 第一层 | －3.8 | －3.4 |
| 5 | EF、GH | 第一层 | －3.8 | －3.4 |
| | | 第二层 | －6.8 | －6.4 |
| | | 第三层 | －10.3 | — |
| 6 | FG | 第一层 | －3.8 | －3.4 |
| | | 第二层 | －6.8 | －6.4 |
| | | 第三层 | －9.3 | －8.9 |
| | | 第四层 | －12.6 | — |

根据现场实际情况，在靠近解放大道的围墙边另开两个门，加上原有一个大门，共三个门分别为 $M_1$、$M_2$、$M_3$。根据基坑支护及锚杆施工的实际情况，在 EF 及 FG 段的锚杆层数较少，故运土汽车从 $M_1$ 进来，由 $M_2$ 出土运至场外 15km 处。

由于在大面积开挖时，要给运土汽车预留坡道，所以在 $M_1$、$M_3$ 两个门处的车道土方没有挖运。等到大面积土方挖完之后，采用边挖边退的方法进行挖运。由于反铲挖掘机的臂长有限，在没法挖运的地方，采用人工清运。

对于主楼筏板基础机械开挖到 -12.6m 的深度时，剩余 30cm 采用人工挖土清运，局部（集水坑）可采用机械挖槽、人工修整。裙楼大面积机械开挖深度到 -10.9m，地基梁和承台采用人工挖槽、清运，如果在土方开挖过程中遇到障碍物将采用爆破或啄木鸟机械破除。

（2）机械选择和配备

根据本工程的土方量及占地面积的实际情况，选用 5 台反铲挖土机，其中备用一台。每台挖掘机配备 8 台自卸汽车挖运施工，共配备 40 台。其他辅助机械根据需要配备，机械配备详见表 4-2。

表 4-2

| 序号 | 名称 | 型号、规格 | 数量 | 额定功率（kW） |
|---|---|---|---|---|
| 1 | 塔式起重机 | TC5613（$R=51$m） | 两台 | 60 |
| 2 | 塔式起重机 | H3/36B（$R=60$m） | 1 台 | 75 |
| 3 | 反铲挖掘机 | PF5LC | 5 台 | 120 |
| 4 | 交流焊机 | $BX_3$-400A | 4 台 | 15 |
| 5 | 打夯机 | HC700 | 10 台 | 2 |
| 6 | 潜水泵 | 60 | 30 台 | 3 |
| 7 | 载重汽车 | $Q=5$t | 40 台 | |
| 8 | 高压水泵 | YBZSZ-2 | 两台 | 7 |
| 9 | 泥浆泵 | 80$m^3$ | 30 台 | |

（3）基坑支护和边坡

由于基坑周边的支护桩，锁口梁均已施工完毕。故支护桩内土全部开挖，且成 90°垂直开挖。

在开挖的过程中，应时刻观察基坑支护桩和支护桩间土质的情况。若遇支护桩有险情，桩间土自稳较差等应及时通知业主，支护桩施工单位加固处理，以免发生意外，并及时向有关单位索取护坡观测资料。

（4）排水方法

基坑底采用明沟加集水坑排水方法。具体做法，在基坑底四周边挖设排水沟，每隔 20m 设置一个集水坑，集水坑大小为 1.0m×1.0m×1.5m，用 MU10 灰砂砖、M5 水泥砂浆砌筑 240mm 厚，排水沟截面最低处 500mm×500mm，找坡 5‰，采用 MU10 灰砂砖，M5 水泥砂浆砌 240mm 厚墙。每个集水坑安装 100mm 潜水泵和泥浆泵各一台，如吸程不够，要搭设泵架，尽量降低水泵的吸水高度，发挥水泵效率。

（5）基坑周边的道路硬化

为了保证现场施工的整洁，满足湖北省、武汉市的相关规定要求。现场周边的道路全部用 100mm 厚 C20 细石混凝土硬化；如地基不稳定，采用 500mm 厚砂夹石换填。

（6）破桩和试桩的破除

1）桩头采用人工破除，选用风镐钢钎将纵筋别离出桩头，留足锚固长度用气割割断纵筋及箍筋，最后截割桩身混凝土，桩头部分由塔吊运出基坑，部分用挖掘机运走。注意控制桩头标高，留足设计要求长度的桩伸入基础或承台。

2）本工程有 6 根试桩，标高与自然地面平，在土方开挖的同时组织人工截断桩身，随挖随截，保证土方施工顺利进行（条件允许的情况下，可考虑人工爆破）。

（7）土方施工机械防陷措施

根据地质勘测报告本工程土层表层抗剪能力差，将造成汽车起步困难，所以铺垫 500mm 厚砖渣，局部土质太差时考虑用块石加大分口换填 500mm 厚，以改良土方开挖车道的土质。

汽车行走坡道在 $M_1$、$M_2$ 处设两道，坡度为 30°，路宽为 5m。基坑内土层每层第一次挖方的 10m 宽范围内全部满铺 500mm 厚砖渣。

第二次开挖范围内平行东、西两侧有两条竖向汽车道，横向汽车道每隔 10m 设置一道，宽为 5m。

为了节省铺料，减少重复挖土土方量，非机械活动区土可不铺垫。在基坑开挖前，必须在现场囤积至少 1500m$^3$ 的砖渣备用，根据施工方案整个工程中共需要砖渣 4000m$^3$。

**4.2.4** 地下防水工程（特殊工序）

协和医院外科病房大楼工程，地下 2 层，地上部分 32 层，根据该工程的设计要求，地下室外墙、车道采用施工快捷性能较好的混凝土密封剂——HM1500，地下室底板采用 2mm 厚聚氨酯。另外根据该工程的地质情况，由于该工程地下水位高，因此，防水施工的质量好坏直接影响到该建筑物的使用寿命和使用功能，为确保地下室的防水施工的质量，特编制如下防水施工方案。

HM1500 水性水泥密封剂防水施工方案：

材料简介：HM1500 水性水泥密封剂，是一种含有催化剂和载体复合无机水基溶液，系无色、无味、无毒、不燃的透明液体。由于它具有超强的渗透性能，所以当其喷涂于混凝土表面时，能很快地渗透到混凝土内部数厘米处，并与混凝土中的碱类物质（如 $Ca(OH)_2$、$Mg(OH)_2$ 等）发生化学反应，形成大量不溶于水的硅酸盐凝胶体，堵塞水泥在水化过程中所形成的大量空隙和毛细孔道，形成致密的厚度达数厘米的，没有搭接面的整体性防水层，由于它不受阳光（紫外线）、温度等外界的影响，因此，它具有水泥建筑物寿命相匹配的永久防水效果。

HM1500 水性水泥密封剂具体施工步骤如下：

（1）施工前，对需做防水处理的基面进行严格检查，对于外墙有裂缝的地方，根据裂缝修补方案对裂缝进行严格处理，使其达到防水施工前的标准态，并经验收合格后，方可进行防水作业施工。

（2）对混凝土表面的不渗透材料，如：沥青、油污、油漆等应彻底铲除干净，以保证混凝土面的良好渗透性能。

（3）对所有模板对拉螺杆应沿其根部里 1cm 割去，然后用 1∶2.5 的同强度等级水泥砂浆对螺杆头进行封闭处理，以杜绝日久螺杆锈蚀后可能导致的渗漏。

（4）对附着在混凝土表面上的浮渣、流浆应一一铲錾平整，以确保 HM1500 的有效渗透深度。

（5）对基面上的所有蜂窝、麻面、孔洞及理裂纹等浇筑缺陷，必须先将其周边的疏松部分统统凿去，直到坚实处，然后用 1:2.5 同强度等级的水泥砂浆，将所有的开凿部位按规范一一修补平整。

（6）喷施 HM1500 水泥密封防水剂（以下工作全部由专业工程技术人员进行）

1）前期施工

在喷施 HM1500 之前，必须对基面进行湿水，并同时将基面上的浮渣及尘土冲洗干净。

2）第一次喷施 HM1500

当已施水的基面处于无明显积液的潮湿状态时立即喷施 HM1500，喷施时必须严格“均匀布到”，万不可漏喷。

3）第二次喷施 HM1500

当第一次喷施 HM1500 全部渗入后，而基面无明显积液的状态下，立即进行第二喷施（喷施方向与前垂直），方法原则同上。

4）水保养阶段

（A）严格水保养阶段

当第二次喷施的 HM1500 再次渗入基面而无明显积液的潮湿状态时，应立即用低压喷雾器喷洒清水，以促进 HM1500 继续向纵深方向渗透和有利于化学反应的充分进行。潮湿状态持续时间，应不少于 4h，在这一过程中应始终注意喷洒清水的剂量，其标准是“以充分润湿表面，而又不使其流淌”为原则；如喷洒的清水不足，则会影响 HM1500 的渗透深度及化学反应效果；如过量，则易发生流淌而冲淡药力，也会影响防水质量。

（B）一般保养阶段

在经严格水保养 4h 后，凝胶体（即：$CaSiO_4$、$MgSiO_4$）的化学反应过程大部分完成，少许未反应的防水剂会与纵深方向的水或湿气继续进行反应，故此时无须再用喷雾器，而可直接用水管施水，其间隙时间亦可放宽至 2h 洒一遍，24h 后若见白色析出物，此时应用清水冲洗。

聚氨酯涂膜防水施工方案：

聚氨酯涂膜防水层施工工艺：本工艺仅适用于使用聚氨酯涂膜防水材料做保护层的地下室底板的防水施工，见表 4-3。

表 4-3

| 材料名称 | | 规格 | 容量 | 用量 | 用途 |
|---|---|---|---|---|---|
| 聚氨酯涂膜防水材料 | 甲料 | $-NCO=3.5\%$ | 16kg/桶 | 1kg/m² | 涂膜用 |
| | 乙料 | $-OH=0.7\%$ | 24kg/桶 | 1.5kg/m² | 涂膜用 |
| 无纺布 | | 1×200 | | 1.2m² | 加强用 |

主体防水材料及性能：

涂膜防水材料是以聚醚型聚氨为主体，加放适量的改性剂、添加剂和固化剂等，组成的双组分常温反应固化型黏稠物质。涂布固化后能形成柔软、耐水、抗裂和富有弹性的整体防水涂层。

施工准备：

（1）材料保管

聚氨酯及辅助材料均属易燃品，应存放在远离明火和干燥的室内。

（2）对基层的要求：

1）需要做防水层的混凝土，表面要抹平压光，其平整度可用2m直尺检查，垫层与直尺之间的最大间隙不应超过10mm，空隙仅允许平缓变化。

2）基层的混凝土或砂浆必须牢固，无裂缝，不允许有空鼓、松动、鼓包、凹坑、起砂掉灰等缺陷存在。

3）基层的阴、阳角应一律做成半径为30mm的均匀一致、平直光滑的弧状圆角。

4）凡和基层相连接的管件、卫生设备和地漏必须安装牢固、接缝严密、收头圆滑，不允许有松线现象存在。

5）基层要求干燥，以含水率小于9%即可进行涂膜防水的施工。

施工工艺：

（1）清扫基层：将基层表面的砂浆疙瘩、尘土杂物清扫干净。

（2）涂布底胶：将聚氨酯甲料、乙料和二甲苯按1∶1.5的比例配合搅拌均匀，再用滚刷均匀涂布在基层表面上，涂布量一般以0.1~0.2kg/m为宜，涂布底胶后，应干燥4~8h才能进行下一工序的施工。

（3）涂膜防水层的施工：将聚氨酯甲料和乙料按1∶1.5的比例混合，用人力强力搅拌均匀，再用塑料或橡皮刮板涂刮在干净的基层表面上，第一度涂膜的涂布量以1.5kg/m$^2$为宜。在第一度涂膜涂刷完工后，未完全固化前再涂刷第二度聚氨酯涂膜，但涂刮方向应与第一度涂刮相垂直。第二度涂膜的涂布量以1.0kg/m$^2$为宜。

（4）涂膜防水层的验收：在做保护层前必须认真检查涂膜防水层，要求满涂防水层，厚薄均一，封闭严密，不允许有露底见白、起鼓脱落、开裂挠边等缺陷存在。必要时，还可蓄水检查至不漏为合格。

## 4.3 结构工程

### 4.3.1 钢筋工程

本工程钢筋量大，钢筋的采购严格按照公司采购程序文件规定执行，对工程所用全部钢材必须有出厂合格证及实验鉴定报告，检验合格才能使用，检验各项性能必须满足规范要求，严禁使用不合格钢材。进场材料必须分批挂牌堆放整齐，其加工制作必须根据施工进度及钢材配料表下料加工成型，加工半成品必须根据配料表按规格类型分类，挂牌堆放，专人负责。

本工程钢筋最大直径为$\phi$36，在大楼中有圆弧状钢筋，在Ⓓ1-Ⓕ1轴/⑤A-⑧A轴处受钢骨柱影响必须采取特殊措施，这些是本工程钢筋施工中应予以重视的地方。

（1）钢筋加工场地及运输方式

根据本工程的特点，在进行地下室施工时，由于基坑周边所承受的荷载较小，且场地狭小，无法满足钢筋加工需求，故此部分钢筋考虑到现场外加工。半成品然后由汽车运到现场后用塔吊吊运到指定地点绑扎就位，直至裙楼结构施工完。主楼9层以上钢筋加工，如现场条件许可，可以考虑在场内加工。

（2）钢筋翻样及加工

根据图纸及规范要求进行钢筋翻样，经技术人员对钢筋翻样料表审核后，方可进行加工制作。本工程结构配筋多而复杂，在翻样时要综合考虑墙、柱、梁相互关系，按照设计和规范的要求，确定钢筋相互穿插、避让的关系，解决首要矛盾，做到在准确理解设计意图、执行规范的前提下进行施工作业。

钢筋的弯钩应按施工图纸中的规定执行，同时也应满足有关标准与抗震设计要求。

（3）钢筋连接

根据设计要求，本工程钢筋直径 $d \geqslant 20$mm 者全部采用 A 级直螺纹接头。水平钢筋直径 14mm$\leqslant d < 20$mm 采用闪光对焊，现场接头采用单面搭接焊 $10d$；钢筋直径 $d \leqslant 12$mm 可采用冷搭接。竖向钢筋 $14 \leqslant d < 20$mm，每层采用电渣压力焊接头；钢筋直径 $d \leqslant 12$mm 采用冷搭接接头。相邻钢筋接头位置相互错开，错开间距不小于 $1.3L_{ae}$。直螺纹、闪光对焊及电渣压力焊连接为本工程的关键工序。

楼面（屋面）板中通长钢筋采用搭接时，搭接长度为 $24d$（HPB235 级）或 $36d$（HRB335 级）或 $40d$（LL550 级），且都不小于300mm，从任一接头中心至 1.3 倍搭接长度且小于600mm的范围内，可接长 25% 的总钢筋面积，板面钢筋在跨中 $L_0/3$ 范围内搭接（$L_0$ 为板净跨），板底钢筋（包括通长筋）均应锚入支座不少于 $20d$（HPB235 级）或 $30d$（HRB335 级及 LL550 级）。

LL550 级钢筋搭接处应在其中心和两端用钢丝扎牢，钢筋网的每个交叉点用钢丝绑扎牢固。

楼面（屋面）板面钢筋伸入边支座的长度应为：支座宽 - 15mm 且锚固长度不少于 $20d$（HPB235 级）或 $24d$（HRB335 级）或 $30d$（LL550 级）；板底钢筋应伸过支座中线且不小于 $20d$（HPB235 级）或 $30d$（HRB335 级及 LL550 级）。

非预应力梁当跨度大于 4m 时应按跨度的 1/500 起拱，非预应力悬挑梁跨度 2m 时应按悬挑长度的 1/300 起拱。预应力梁按跨度的 1/1000 起拱。

采用焊接接长的钢筋，焊工必须持证上岗，有证人员应先做试件，确认操作方法、焊接参数、试件都合格后方可正式操作。已焊的接头抽检合格后方可实施焊接。

（4）钢筋固定及绑扎

1）地下室钢筋绑扎

（A）底板钢筋绑扎顺序为：

清扫底板→弹线标明墙柱位置→放板底混凝土保护层垫块→扎板底钢筋→安上层钢筋支架→钢骨柱安装、就位→扎底板上层钢筋→扎墙柱插筋→安设止水带。

根据本工程的特点，梁配筋较密，上下主筋双排或三排的较普遍，为保证其上下间的距离，在其主筋上加横向短筋支承，短筋采用 $\phi 32$ 钢筋，长度是梁宽减保护层。

筏板板底、承台钢筋用 C15 细石混凝土垫块，尺寸为 100mm × 100mm × 100mm，垫块留出设计所需的保护层厚度；筏板上下层钢筋网则用型钢加工成支架来支撑和定位，每 2m 一排支架。

底板上的柱子、墙体插筋钢筋要一直插到板底钢筋网片上，其板厚位置内的墙体水平分布筋同墙体水平筋，柱子的箍筋同柱箍，绑扎前就先在垫层上弹好位置线，底板钢筋绑扎时预先留出插筋位置，以确保插筋位置准确。插筋要用钢丝绑扎牢靠，必要时用电焊点焊固定。

（B）地下室钢筋绑扎的顺序为：地下二层墙柱钢筋→地下二层梁板钢筋→地下一层墙柱钢筋→±0.000梁板钢筋。

钢筋绑扎时要做到钢筋间距均匀，绑扎牢固，绑扎前必须要拉通线，做到钢筋纵横成线。

剪力墙水平筋绑扎时由于受两端暗柱的影响，如不作处理，会导致剪力墙厚度减薄。因此，在绑扎水平筋时，在现场将钢筋两端弯成“——╲____”形状，以保证剪力墙的有效厚度。此项工作由钢筋工长监督完成。为了保证剪力墙竖向钢筋之间的间距，在水平方向采用图4-1进行加固，间距500mm，钢筋采用$\phi$14钢筋焊接而成。

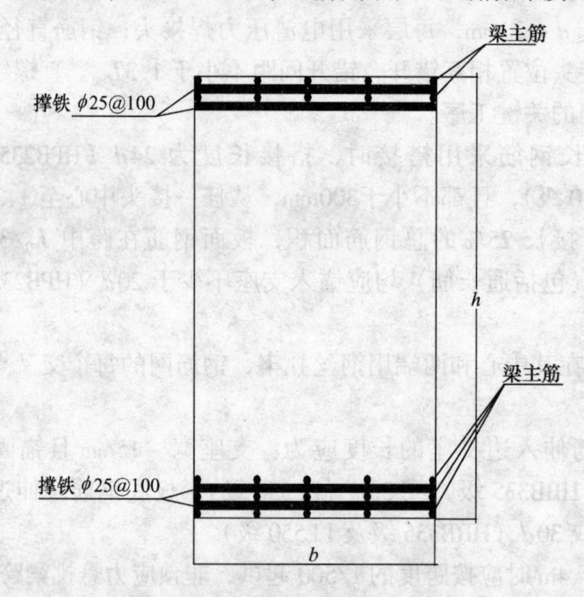


梁主筋支撑图

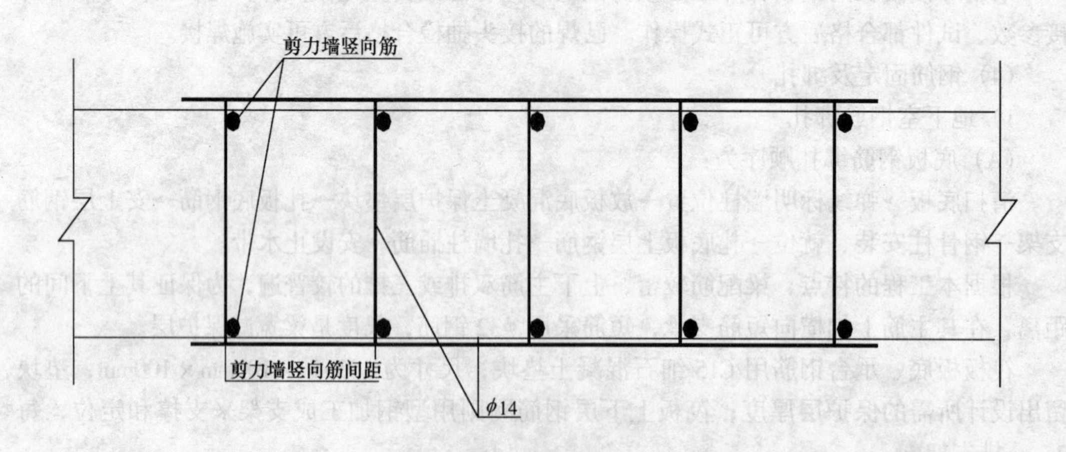


图4-1　剪力墙竖向筋定位示意图

2）地上钢筋部分

由于梁板部分模板工程量较大，为方便各工序在工作面上衔接进行，工程计划在满堂脚手架搭设及梁板模板支设这段时间内，完成柱钢筋施工，接着进行梁板钢筋绑扎，同时进行墙体封模。

施工顺序为：墙柱钢筋绑扎→框架梁钢筋绑扎→楼板钢筋绑扎。

钢筋的级别、直径、根数和间距均应符合设计要求，绑扎或焊接的钢筋骨架、钢筋网不得变形、松脱与开焊。结构洞口的预留位置及洞口加强处理必须按设计要求做好。柱插筋按测量放线定位位置设置，并做好根部定位固定，抗震节点的箍筋按规范正确设置与绑扎。钢筋绑扎应严格按施工图、验收规范、操作规程和技术交底进行，并垫好细石混凝土垫块和撑铁，注意成品保护。剪力墙竖向钢筋的定位措施与大梁主筋的定位措施同地下室部分，在此不细谈。

柱插筋必须定位准确，绑扎固定牢固，以保证竖向结构轴线准确，凡通过楼层结构的竖向钢筋，在板内应按设计要求绑扎箍筋、分布筋、拉结筋。

(5) 钢筋施工的配合

钢筋施工的配合主要指与木工及架子工的配合，一方面钢筋绑扎时应为木工支模提供空间，并提供标准成型的钢筋骨架，以使木工支设模板时，能确保几何尺寸及位置达到设计要求；另一方面，模板的支设也应考虑钢筋绑扎的方便，梁板钢筋绑扎时凡梁高大于700mm者应留出一面侧模不得支设，以供钢筋工绑扎梁底钢筋。待绑扎以及垫块放置均已完成后梁侧模方可封模；另外，必须重视安装预留预埋的适时穿插，及时按设计要求绑附加钢筋，确保预埋准确，固定牢靠，更应做好看护工作，以免被后续工序破坏。混凝土施工时，应派钢筋工看护钢筋，保证楼板钢筋保护层厚度符合规范要求，板、墙、柱插筋位置准确。

### 4.3.2 模板工程

本工程承台、地基梁采用砖胎模。砖胎模用MU7.5灰砂砖、M5水泥砂浆砌筑，壁厚为500mm。2.5m厚的筏形基础四周边也全部用砖胎模，做法同承台地基梁，但为了防止混凝土的侧压力过大，砖胎模外侧需用钢管支撑。

混凝土结构的模板工程是混凝土构件成型的十分重要的组成部分，采用先进合理的模板技术，对于提高工程质量，加快施工进度，提高劳动生产率，降低工程成本和实现文明施工，具有十分重要的意义。

本工程墙体最厚为525mm，柱最大断面为1400mm×800mm、1200mm×1200mm，梁截面一般为400mm×700mm、300mm×700mm，最大转换梁为1100mm×4700mm。根据以上情况，本工程结构模板采用18mm厚九层板，支撑系统采用$\phi48\times3.5$钢管，100mm×150mm、50mm×100mm木背枋。支模顺序：搭设脚手架→安装柱模→安装梁、板模板。内外脚手架均采用钢管扣件式脚手架。

(1) 对于模板及其支撑系统，必须满足如下要求：

1）保证结构构件各部分形状、尺寸和相互间位置的准确；

2）必须具有足够的承载能力、刚度和稳定性，能可靠地承受新浇混凝土的重量和侧压力以及在施工过程所产生的荷载；

3）构造简单、装拆方便，并便于钢筋的绑扎和安装、符合混凝土的浇筑及养护等工艺。模板接缝应严密、不漏浆。

(2) 根据本工程结构实际特点，编写如下柱模、梁板模、混凝土墙模及封闭楼梯模板方案。

1) 模板支撑系统

模板的支撑系统是施工的临时结构，主要承受施工过程中的各种垂直和水平荷载。因此，支撑必须有足够的承载能力、刚度和稳定性，确保在施工过程中在各种荷载作用下不发生失稳倒塌以及超过容许要求的变形、倾斜、摇晃或扭曲现象，以确保结构安全和构件几何尺寸的准确性。因此，模板的支撑显得尤其重要。

本工程结构模板支撑全部采用 $\phi48\times3.5$ 钢管，对于柱沿竖直方向每 1600mm 高与满堂脚手架通过扣件横向连接加固，增加其稳定性。满堂脚手架作为梁、板模底撑采用 $\phi48\times3.5$ 的钢管搭设，各钢管通过直角扣件、旋转扣件、对接扣件相连。对于板立杆纵横间距为 1.2m，横杆沿竖向步距为 1.5m，靠柱的立杆离开柱的间距为 0.5m，每根立杆铺设时与楼地面接触的部位下垫小木枋，针对梁截面高度不一，而钢管的长度是定长，为更好地满足梁底撑长度需要，特配置快拆支撑，以根据需要调节所需底撑高度。梁底支撑采用双排钢管架，双排钢管架横向间距根据梁宽度而定，主梁纵向立杆间距为 0.8m，竖向步距为 1.2m，次梁立杆间距为 1.2m，竖向步距为 1.5m，沿横向每档与满堂脚手架相连，以加强其稳定性和整体刚度。

2) 墙、柱、梁板及楼梯模板支设方法

(A) 地下室及裙楼墙、柱、梁、板模板施工

当柱、墙钢筋绑扎完且通过隐蔽验收后，进行竖向模板施工，首先在墙柱底进行标高测量和找平；然后进行模板定位卡的设置和保护层垫块的设置，埋设预留洞，安装预埋管，经查验后支柱、墙、电梯井筒等模板。柱墙模实行拼装固定，用塔吊在楼层间提升周转。截面小于 900mm 的柱采用 100mm × 150mm 背枋，大于 900mm 截面的柱模采取 16＃槽钢加固。地下室有 4 根圆柱，采用定型钢模加固。墙体模板就位后，采用钢管作为背楞，模板采用定位销孔，穿对拉螺栓进行加固。剪力墙使用带止水片（60mm × 60mm × 3mm）的对拉螺杆，止水片与螺杆杆身用电焊满焊。为了保证墙体截面尺寸，对拉螺杆两边加焊限位卡，用 $\phi6.5$ 的钢筋头，长度为 100mm，在此处加木垫块后进行加固处理。模板拆除后将木垫块取出，此处凹槽用水泥防水砂浆补平。对拉螺杆间距 400mm × 400mm，采用 $\phi14$ 钢筋加工。

柱、墙模板的垂直度依靠楼层内满堂脚手架和加斜向连接支撑进行加固调整。柱、墙模底留清扫孔，以便在混凝土浇筑前进行杂物清理。

梁模板施工时先测定标高，按规范要求起拱，铺设梁底模，根据楼层上弹出的轴线进行平面位置校正、固定。较浅的梁（450mm 以内）可在梁钢筋绑扎前支好侧模，而较深的梁先绑扎梁钢筋，再支侧模；然后，支平台模板和柱、梁、板交接处的节点模板。当梁的截面高度 $1000\text{mm}\geqslant h\geqslant700\text{mm}$ 时，加一排对拉螺杆进行加固（如 $1500\text{mm}\geqslant h>1000\text{mm}$，则加两排对拉螺杆进行加固）；间距均为 400mm，采用 $\phi14$ 钢筋加工。本工程地下一层的板厚为 400mm，针对此部分内容将编写详细的方案。

(B) 主楼混凝土墙模板

本工程混凝土墙体模板均采用 18mm 厚九层板，竖向用 50mm × 100mm 木枋做背枋，

其间距为200mm；另外，由于墙体侧面面积大、墙体高，浇筑混凝土时侧模所承受的压力大，因此用 $\phi48\times3.5$ 双排钢管和 $\phi14$ 对拉螺杆固定和加强模板，对拉螺杆竖向间距为400mm，横向间距为400mm，其支撑系统，内墙与满堂脚手架用横撑相连，外墙与双排立杆相连（具体连接见模板支撑系统），对拉螺杆两端按墙体厚度设限位卡，限位卡外侧设置圆形垫片，待拆除模板后敲除小木片，割掉对拉螺杆，对缺口用1:1水泥防水砂浆进行处理。

为了加快施工进度，电梯井采用筒子模。局部在1/2轴、1/17轴处有两段圆弧剪力墙，则采用大钢模。

（C）主楼柱模板

本工程柱模板采用18mm厚九层板。大于900mm截面的柱采用16#槽钢加固，截面小于900mm的柱采用100mm×150mm背枋，同时用 $\phi14$ 对拉螺栓加固。

（D）主楼梁、板模板

本工程一般的梁、板模板为18mm厚九层板配制，支撑采用钢管满堂脚手架，模板背枋采用50mm×100mm厚木枋@200mm，横向采用 $\phi48\times3.5$@1200mm钢管；然后，在其上铺设九层板梁底模，梁侧边上下口及中间钉50mm×100mm木枋，两边用@400mm钢管夹紧。梁高大于800mm时，设置对拉螺杆 $\phi14$@400mm并设圆形垫片。并设横向钢管与满堂脚手架固定，加强侧边刚度，间距1200mm。梁底撑与板竖向支撑通过横向钢管@1200mm与满堂脚手架相连，对于跨度大于4m的梁，梁底模板及支撑按设计要求起拱跨度的3‰，悬臂构件按跨度5‰起拱，且起拱高度不小于20mm。

大跨度框架梁模板支撑体系及起拱高度，应通过计算确定。

（E）主楼楼梯模板

为保证楼梯混凝土质量，楼梯模板采用封闭式模板，根据我公司实际经验，采用封闭式楼梯模板取得了较好效果。封闭楼梯底撑立杆，间距为1200mm，水平横杆步距为1600mm，楼梯板面模板均为18mm厚九层板，木枋为50mm×100mm，间距400mm，封闭模板踏步和底部均钉50mm×100mm木枋，并在楼梯板面底，设双排双根钢管，用 $\phi14$ 对拉螺杆固定。

（3）模板接头处拼缝处理

为提高混凝土浇筑质量，在模板拼接处平整的前提下，对于模板拼缝，用双面海绵胶填嵌密实；对于梁板和墙柱分开浇筑的楼层，为防止先后两次浇筑接头处，由于流浆上下不平的现象出现，采用刮腻子的做法补缝。

（4）模板早拆工艺

根据《混凝土结构工程施工质量验收规范》的有关规定，以及本工程结构的实际特点，遵循一般的拆模原则，本工程侧模5d拆除。但由于本工程混凝土量大，模板及支撑需要量大，为减少周转材料用量，降低成本，针对底模需28d拆除，时间太长，采用模板早拆工艺。根据结构受力情况，模板早拆最重要的是框架梁和次梁的结构安全性的问题，因此，为加快材料周转，底模于浇筑混凝土后14d拆除底模，拆除底模前，主梁用快拆体系每隔1000mm设置一道底撑，次梁每隔1600mm设置一道底撑，底撑上部沿梁宽垫一木枋，下部用“Δ”形木楔调节其具体高度，底撑全部支好后，遵循模板拆除“先支后拆、后支先拆”的原则。先拆除非承重部分，后拆承重构件，至上而下拆除。悬臂构件要等强度达到100%后，方可拆除；另外，拆模时严禁用大锤和撬棍硬砸撬，以免损坏混凝土表面棱角，拆模的操作人员应站在安全处，以免发生安全事故。拆下的模板扣件等，严禁抛扔且要有人接应传递，按指定地点堆放，并及时清理，维修和涂刷隔离剂，以备周转使用。

#### 4.3.3　混凝土工程

鉴于本工程所处位置和现场场地以及工期的情况，采用商品混凝土泵送运输，塔吊配合保证混凝土施工的连续性。本工程竖向从下至上分层施工。

混凝土施工必须在钢筋绑扎完且通过隐蔽工程验收后才能进行。模板安装完毕冲洗湿润后方可进行。

(1) 混凝土的试配与选料

本工程混凝土强度等级有C60、C50、C45、C40四种。为了确保工程质量，应严格控制材料质量，选用级配良好、各项指标符合要求的砂石材料，水泥选用同品种、同强度等级产品，以同一生产厂家为好。

本工程开工后，立即组织对原材料的选料试验并参考以往的施工级配，按照施工进度可能遇到的气候，外部条件变化的不利影响，优化配合比设计。配合比一经确定后，即通知商品混凝土供应厂家按要求备料，做好施工前期准备。

(2) 泵送工艺

超高层建筑结构泵送混凝土工艺，工期短、节约材料、施工质量有保证，因此，得到较为广泛的应用。

本工程为高层建筑，合理布设泵管，是保证泵送施工得以顺利进行的条件。混凝土泵管根据路线短、弯头少的原则布置；同时，还需满足水平管与垂直管长度之比不小于1:4且相差不小于30m的要求。由于场地限制及随着楼层高度增加，长度不能满足要求时，为平衡压力，必须在输送泵出料口附近泵管上增加一个逆止阀。室外一般泵管用$\phi48\times3.5$钢管及扣件组成支架予以固定。竖向泵管用钢抱箍夹紧，再与电梯井内壁予埋件焊牢，垂直管的底部弯头处受力较大，故用钢架重点加固。

泵管堵塞及爆管预防措施：

由我项目技术人员对混凝土的搅拌质量进行监控，对粗、细骨料进行事前检查，碎石应符合连续的颗料级配，偏粗规格不予使用。黄砂选用中粗砂。

碎石率控制在40%左右，细度模数以2.5左右为佳。

合理配置混凝土搅拌运输车与泵送速度相适应，施工前，必须与商品混凝土搅拌站协调好车辆数量及出车频率。施工时，加强现场与搅拌站的联络，以便及时解决问题。

浇筑混凝土前，应对输送泵等机械进行维修，并加强保养。浇完混凝土后，及时冲洗泵管；同时，对弯管接头处的密封性进行检查，每浇完3层混凝土，对水平管应旋转一定角度后安装，以免泵管因侧壁受不均匀磨擦而出现局部受损的现象。

气温在30℃以上时，用浸水麻袋对泵管进行覆盖降温。

随泵管高度的增加及天气条件的变化，对混凝土坍落度及外加剂进行适当的调整，以满足不同条件下的施工需要。

(3) 地下部分混凝土施工

为确保本工程的顺利进行，地下室施工时我公司拟投入4台HBT60输送泵。

1）混凝土的浇筑顺序为：底板、导墙→地下二层柱、墙→地下一层梁板→地下一层柱、墙→±0.000梁、板。

2）墙、柱、梁、板混凝土浇筑与振捣的方法：

墙、柱混凝土均安排在楼层模板架完成后再浇筑，既利用楼层模板架做操作平台，又利用楼层模板架稳固柱子、墙体模板保证轴线尺寸不偏移。

3）根据设计要求，有抗渗要求的底板、外墙水池混凝土中必须掺加UEA微膨胀剂。考虑到施工工艺的要求，内外墙混凝土一起浇筑，所以，施工时内筒墙、柱也需要掺加微膨胀剂。

4）特别注意的是浇柱、墙体混凝土时，泵送混凝土不能直接入模，应在操作平台上放置专门加工的集料斗，再用串筒下料，混凝土下料的自由高度应控制在2m以内。

5）梁、板混凝土一次整浇完毕，采用磨光机一次成型。

6）混凝土的试配工作在浇筑前一个月进行，应在混凝土中掺入微膨胀剂，并掺加适量的减水剂，以减少水泥用量，加快混凝土早期强度的提高。

7）为了防止内外温差过大，造成温度应力大于同期混凝土抗拉强度而产生裂缝，养护工作尤为重要，底板混凝土采取保温、保湿养护法，先在混凝土表面覆盖两层塑料薄膜以防水分的蒸发，覆盖时间以混凝土初凝时间为宜；然后，在塑料薄膜上覆盖两层麻袋以保温。

8）墙、柱养护采取涂刷养护液，梁板采用浇水养护。

9）侧模在保证不损坏混凝土棱角的情况下拆除，悬挑梁、板底模必须待混凝土强度等级达到100%后拆除。

（4）地上部分混凝土工程

1）本工程1~8层部分混凝土采用商品混凝土，5台泵送运输，8层以上部分混凝土采用商品混凝土，两台泵送运输，形成混凝土从搅拌、运输、泵运一条龙，以加快混凝土施工速度。

2）每层混凝土的浇筑顺序为：墙、柱→梁、板。

3）为提高混凝土早期强度加快模板的周转率，在混凝土施工中掺加FDN-1减水剂，每次混凝土施工过程中要派试验人员至搅拌站监督，以确保混凝土搅拌的质量。

4）每次混凝土浇筑前，工长要求对施工队作技术交底，特别是剪力墙，由于墙厚较小，钢筋较密，容易出现问题，除了提高民建队素质，加强管理固定打棒人员外，混凝土的坍落度、石子粒径、运输速度要严格控制，以杜绝质量事故的发生。

5）竖向结构采用养护液养护，水平结构采用浇水养护。

（5）检测

按国家现行有关检测抽样标准100%的实行见证取样检测。其中，30%的见证取样试块送建设行政主管部门指定的检测单位进行监督检测。

（6）超长无缝大体积混凝土

本工程筏板长80m，厚2.5m。属超长无缝大体积混凝土结构，是本工程施工质量控制的重点之一，也是本工程的特殊工序之一。

要确保超长无缝大体积混凝土施工质量，除了满足混凝土强度等级，内实外光等混凝土的常规要求外，关键在于严格控制混凝土的温度裂缝。

详细的施工方法见单项施工方案。

(7) 特殊要求混凝土（高强防水混凝土 C60）

地下室剪力墙的混凝土采用 C60 高强防水混凝土。高强度混凝土的配制与质量控制是本工程施工中的又一个重点。

**4.3.4** 砌筑工程（略）

**4.3.5** 预应力工程

本工程采用了有粘结预应力与无粘结预应力两种，裙楼 20.2m，跨梁采用有粘结预应力；首层至顶层（138.700m 标高）中各层手术台及纵梁中采用无粘结预应力。板中无粘结预应力筋始终位于板厚的正中间，梁中的无粘结预应力筋均为预应力腰筋，预应力筋全部采用直径为 15.2mm 的钢绞线，预应力孔道埋管采用圆形镀锌波纹管，锚具采用 OVM15 或 HVM15 系列锚具。本过程属于特殊工序，其施工要求如下：

(1) 预应力筋下料应严格按下料尺寸下料，误差不得超过 -50 ~ +100mm。

(2) 无粘结筋放线下料时应保护好外塑料皮，不得划伤；同时，应保护好不得被烧伤，有破损的应用胶带纸包裹好。

(3) 应保护好预应力筋不被车压，不被钢筋压住，下完料及时盘好。

(4) 挤压锚、挤压模必须配套，绝对禁止胡乱套用。

(5) 挤压前应检查挤压机是否完好，必须保证挤压顶杆、挤压锚、挤压模中心线同轴。

(6) 预应力筋应尽量外露出挤压锚环 1 ~ 5mm。

(7) 油泵压力表读数应在 28 ~ 45MPa 之间，超出此范围应查明原因并处理好后才能继续。

(8) 波纹管垂直误差范围 ±5mm，水平误差范围 ±10mm，无粘结筋垂直误差范围 ±10mm，水平误差范围 ±20mm。

(9) 主梁马凳间距不大于 800mm，反弯点处必须支设马凳，板上马凳间距不大于 1000mm。

(10) 散开式埋入固定端应分批散开锚固，不允许垫板重叠在一起。

(11) 波纹管之间的接头长度必须保证 200 ~ 300mm，连接处应用胶带纸缠好，波纹管与喇叭管的接口亦应用胶带纸缠好。

(12) 张拉千斤顶和油表必须配套标定，每次标定维持期限半年，千斤顶大修和油表更换必须重新标定。

(13) 张拉前，混凝土强度应达到 75%；预应力梁底模支撑不得拆除；应检查张拉端混凝土密实情况，有空洞等质量问题不得张拉。

(14) 严格按张拉控制应力张拉，控制应力 $0.75f_{ptk}$，超张拉 3%，张拉时应认真量测实际伸长值，真实记录；若实际伸长值在允许范围之外，应停机查明原因后再张拉。

(15) 水泥净浆严格遵循配合比要求。

(16) 灌浆前应用水泥砂浆封堵锚具夹片缝隙。

(17) 预应力筋张拉后应在一周内灌浆，每台灌浆机每次做一组水泥净浆试块。

(18) 灌浆完毕 3 ~ 4h 必须人工补浆。

### 4.3.6 钢结构安装工程

本工程裙楼曲屋顶为钢结构屋面。裙楼钢屋盖由H型钢檩条构成屋盖结构。屋盖顶部沿1～19轴方向呈圆弧形，此项工程属于关键工序，钢结构施工方案如下：

（1）工程概况

武汉协和医院外科病房大楼裙楼屋盖为双向拱结构，屋盖主梁为钢筋混凝土结构，主檩条采用H型钢，主檩条通过预埋锚栓与钢筋混凝土梁连接，次檩条为规格为160mm×60mm×20mm×2.5mm的C型热浸镀锌檩条，次檩条通过镀锌螺栓M12与6mm厚檩托板连接，檩托板与H型钢采用焊接方式连接，屋面采用澳大利亚0.53mm厚820型角弛Ⅲ型咬合式压型BHP镀铝锌彩钢板，彩钢板和C型檩条之间用配套支架通过自攻螺钉相连。彩钢屋面板组成由上至下依次为：0.53mm厚彩钢板、100mm厚欧文斯科宁玻璃纤维保温棉、贴面、75mm×75mm钢丝网。屋面排水方向为东、西和由南向北向排水，东西向排水坡度为弧形结构梁自然形成的坡度，由南向北的排水坡度通过焊接在型钢主梁上的檩托板调坡，坡度为2%。

（2）工程难点

1）本工程主檩条采用锚栓与钢筋混凝土梁连结，由于屋架梁为双拱结构，锚栓预埋位置确定难度较大。

2）系杆为双拱形状，且构件较薄，构件制作时变形较大，需要专用胎具组装、焊接和校正。

3）南侧方管支架安装为悬空施工，确保施工安全和构件安装质量是一大重点和难点。

4）由于彩钢板为卷材，在南北向为在现场按实际需要裁剪的整材，而由于现场场地实际特点，彩钢板卷材在上屋面时需搭设东端悬挑平台。

（3）钢结构制作方案

1）钢檩条制作

（A）工艺流程

本工程H型主檩条采用轧制H型钢，在其上面焊接方管作为副檩条，钢檩条的制作工艺流程如下：

型钢采购→校正→放样下料→H型主檩条切割下料→制孔→半成品检查→喷砂除锈→油漆→成品检查→编号。

（B）主要工艺的施工方法

（a）校正

型钢由于经过多次运输，可能发生变形，为保证构件质量，型钢在下料前，必须进行校正。校正在专用H型钢校正机上进行。校正后H型钢翼板对腹板的垂直度偏差应小于2mm，型钢直线度偏差小于1‰长度，

（b）下料

为保证型钢切头的精度，本工程H型钢的下料采用砂轮切割机进行，不得使用氧、乙炔焰进行切割。下料后H型钢端头垂直度偏差小于2mm。

（c）制孔

檩条制孔是型钢檩条制作的关键工序，应当特别注意。与锚栓连接的螺栓孔一端制成圆孔，另一端制成长圆孔，以便锚栓预埋位置偏差时调整。制孔在摇臂钻床上进行。

2）系杆制作

（A）工艺流程

腹板放样→腹板下料→翼板放样、下料→腹板弯曲成形→系杆组装→系杆焊接→构件校正→构件检查→除锈、油漆。

（B）主要工艺的施工方法

（a）腹板弯曲成形

腹板成形在80t油压机上完成。先用1mm厚镀锌钢板制成弧长1.5m的样板。腹板放在油压机上进行成形，成型过程随时用样板进行检查，确保弧度准确。

（b）翼板放样、下料

由于翼的曲率半径很大，不能用1:1大样方法放样，采用计算方法在钢板上放样，用仿形切割机进行切割。

（c）系杆组装

系杆组装在胎具上进行，按图在平台上放出系杆大样，用5号角钢焊成靠模，将系杆腹板和翼板放进胎模内。为减少焊接变形，在翼板和腹板连接的内侧面每隔500mm加焊一块三角形加强板。

（d）系杆焊接

系杆焊接采用自动弧焊机进行焊接，电压控制在32V。

3）除锈、涂漆、编号

（A）构件验收合格后，构件表面用钢丝刷清除浮锈和杂质，并进行抛丸处理，洁度须符合GB 8923Sa2½级规定。

（B）完成抛丸处理后，应用无水无油的压缩空气或真空清理去除表面的杂物。

（C）需喷防火涂料的构件表面，仅涂无机富锌底漆，漆膜总后度不小于75μm。

（D）不喷涂防火涂料的构件表面，喷涂无机富锌底漆及面漆，漆膜总厚度不小于150μm。

（E）构件的工地焊接处，外包混凝土的构件表面均不得涂漆或镀锌。

（F）涂装完毕后，在构件上贴上标有构件编号、长度、重量的标签。

（4）钢结构安装方案

1）檩条的安装

（A）用塔式起重机将主檩条吊运到相应位置，按照事先编号安装到钢筋混凝土梁上，初步调整好位置后，将锚栓略为紧固。调整主檩条的直线度和标高，合适后将锚栓拧紧。

（B）将方管次檩条焊接在H型主檩条的上翼板上，方管应安装在主檩条的中心，次檩条采用两边交错间断焊方法与主檩条连接。

2）系杆安装

（A）脚手架和操作平台搭设

在系杆安装位置下方约1.5m处，搭设宽度比悬挑宽度大1m的脚手架，上面满铺脚手板，作为安装系杆的操作平台。

（B）按照事先编号将系杆吊运到安装位置，先点固在H型檩条的端头上，调整好尺寸后，按工艺指导书进行焊接。

3）屋面彩钢板安装：

由于本工程屋面为双拱曲面，造型美观，但给双层彩钢板安装带来较大难度，屋面板的下料除按电脑排版图外，还应根据现场实际情况进行排版下料。

(A) 工艺流程

檩托板定位测量→檩托板焊接→托架焊接→檩条安装→天沟安装→铺丝网→铺保温棉→安装（咬合）屋面板。

(B) 主要工艺施工方法

(a) 檩托板位置尺寸测量：用卷尺测量出位置尺寸、标注记号，以备檩托板焊接无误。

(b) 檩托板焊接：焊缝应达到4mm厚（满焊），做到不虚焊达到合格标准。

(c) 托架焊接：托架起支托天沟的作用，故采用满焊形式，连接点为托架与钢梁焊接。

(d) 檩条安装：由于屋面为双曲型，因此，檩条采用短尺寸分段相接，连接方式为螺栓固定。

(e) 天沟安装：天沟选用镀铝锌彩板材料，分段连接处用铆钉与檩条连接并打胶以防漏水。由于采用外天沟形式，故在天沟端部用彩板材料做一拉条与屋面板相连，作用是减轻托架的支撑力及整体性，连接处用铆钉固定。

(f) 铺丝网：铺设方法采用整条平铺，再用自攻钉将其固定在钢梁上。

(g) 保温棉采用冷铺法。

(h) 屋面板安装：采用从屋面中部向两侧安装，咬合按东西向分别正咬合方式以防止雨水渗漏，屋面板必须安装平整，两张板搭接时必须紧扣，屋面中部设有屋脊板，并用铆钉交其固定在屋面板上，并打胶以防漏水。起头板应固定，屋面板连接采用咬合方式，在安装过程中边铺边咬合，以免屋面板滑落发生人员伤亡及财产损失事故。

**4.3.7** 劲性钢结构工程

本工程Ⓓ1～Ⓕ1/5A～8A轴处有四根钢骨柱，柱截面为1200mm×1200mm。钢骨柱标高从－12.8～34.77m和－12.8～16.37m。总重量为90t左右。钢骨竖向接位置宜在承台面或梁面以上1500mm处，钢骨混凝土保护层厚度为150mm，钢骨柱中板及节点板中的钢筋贯穿孔应在工厂制作完毕，不得临时现场开孔，梁柱节点区柱封闭箍筋，可用两个U形箍筋焊接而成，单面搭焊$10d$，钢骨腹板内开钢筋贯通孔所造成的截面缺棱掉角不应超过腹板面积的20%，贯通孔的直径比钢筋直径大2mm，节点板及钢骨腹板中钢筋贯通孔的位置在开孔前经中南建筑设计院认可。钢骨柱与竖向节点区，应采取有效措施保证混凝土浇捣密实。

该项工程属于关键工序，编制单项钢骨柱施工方案：

(1) 钢结构制作方案

1) 主要制作工艺

材质检查、试验→接料（标记）→超检→校正→切割组装十字→形钢加引弧板→焊接超检→校正→组装→十字形柱焊接→超检校正装焊→加劲→肋板→制孔→栓钉焊验收标记。

2) 制作工艺方法

(A) 矫正

合格原材料在下料前必须进行矫正，并经检验合格后方可使用。

(B) 放样、号料

(a) 号料前对钢材规格、材质进行检查，并进行标记移植。

(b) 加劲板、连接板采用铁皮样板号料，必须号出检查线。

(c) 号料所用钢尺必须是经过计量校核过的钢尺。

(d) 各杆件、零件尺寸应经现场放样并考虑起拱（$l/500$）及焊接变形影响，校核无误后再下料。

(e) 放样、号料必须预留余量，预留余量按以下计算：

a) 气割缝宽度：板厚 $\delta \leqslant 14$mm

b) 考虑焊接收缩余量、少量热校收缩余量，板料宽度方向预留余量。

(f) 号料偏差应符合规范要求。

3) 下料、切割：

(A) 十字形柱应顺着轧制方向接料，对接焊缝错边小于 1mm，翼板、腹板对接焊缝严禁在同一截面上，要求错开 200mm 以上。

(B) 所有板材要求用半自动切割机下料，不得有大于 1mm 缺棱，翼板、宽度允许偏差 $-1.5 \sim +1$mm，腹板宽度（整宽的）允许偏差 $0 \sim +2$mm，1/2 整宽的允许偏差 $0 \sim +1.5$mm，直线度 $L/1000$，且不得大于 1.5mm。

(C) 腹板、翼板、加劲板坡口如图 4-2 所示。

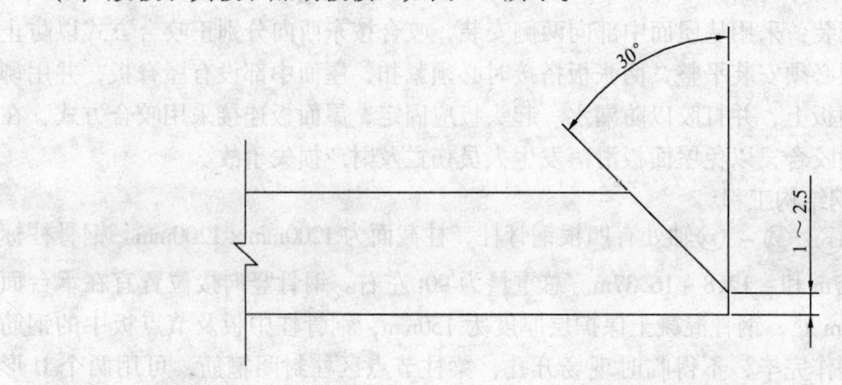


图 4-2　坡口示意图

(D) 为减少切割受热不匀产生变形，一条切割缝必须一次切割完，不允许中途停止。

(E) 切割前对钢材表面切割区铁锈、油污等清除干净。切割后清除边缘的熔瘤和飞溅物等。

(F) 下料后的板料尺寸和切割断面质量必须符合有关规范要求。

(G) 各种构件必须放 1:1 大样加以核对，尺寸无误后再进行下料加工。

4) 边缘加工

焊接坡口加工采用半自动切割机。坡口加工时用样板控制坡口角度和各部分尺寸。

5) 组装

(A) 组装十字形钢，必须在胎具上进行，所用卡具牢固可靠，装配面要平整。

(B) 装配出的十字形钢必须如图 4-3 所示，考虑反变形 10mm 的斜度，组装完毕要在

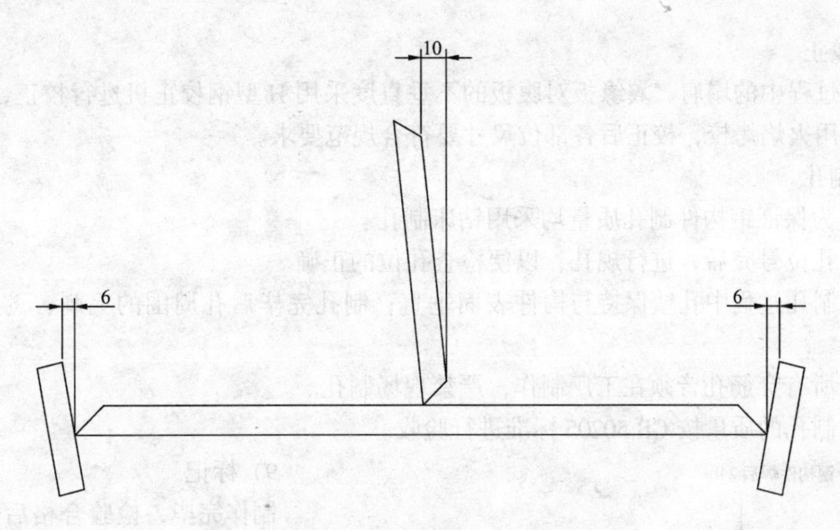


图 4-3 装配出的十字形钢（单位：mm）

焊道的背侧加拉固件，并在构件的两端头加引弧板。

（C）待十字形钢焊完，超检合格，校正后，再组装成十字形柱，翼板装配要求如图考虑反变形 6mm 的斜度。

（D）组装完毕的十字形钢或十字形柱高度（腹板中心线处）允许偏差 0～3mm，腹板中心偏移允许 1.5mm 以内。

6）焊接

（A）所有焊工持证上岗，并在其焊接区域打上钢印编号。

（B）主焊缝一律采用单面坡口埋弧自动焊，焊前对钢板焊接区域要除锈、除油污、除潮湿，保持干净。

（C）坡口处第一道用 $\phi3.2$ 焊条打底，第二道 $\phi4$ 焊条铺底，然后取 $\phi5$ 焊丝用自动焊施焊，焊接电流在 500～650A 之间，电压控制在 32～36V 之间。

（D）施焊前要考虑焊接顺序，减少反变形扭曲。焊接时不得在母材上引弧。

（E）焊接完成 24h 后，方可对焊缝进行超声波探伤，不合格处及时返修，并再超探，一道焊缝返修不得超过两次。

全熔透焊缝均为一级焊缝，角焊缝为三级焊缝。其中全熔透焊缝超声波探伤检查比例为 100%，超声波检查等级按《钢焊缝手工超声波检验方法和探伤结果分级》（GB 11345—89）标准中的 B 级（其中的Ⅱ级）要求执行。

（F）焊条、焊丝、焊剂必须有质量证明书，并符合国家标准 GB 5117—85、GBJ 300—77 和招标文件及设计的要求和规定。

（G）焊材置于干燥的贮存库内，施焊前必须对焊条、焊丝焊剂进行烘烤，烘烤温度为：

焊条：烘烤温度 350～400℃；
　　　烘烤时间 1h。
焊剂：烘烤温度 250℃；
　　　烘烤保温时间 2h。

焊条焊剂烘烤后置于二级箱内 100℃恒温，随用随取。

7）校正

制作过程中的塌肩、翼缘板对腹板的不垂直度采用H型钢校正机进行校正，对旁变、扭曲必须用火焰烤校，校正后各部位尺寸要符合规范要求。

8）制孔

（A）为保证钢构件制孔质量均采用钻床制孔。

（B）孔位号完后，进行规孔，以便检查孔位的正确。

（C）制孔过程中孔壁保持与构件表面垂直；制孔完毕后孔周围的毛刺、飞边用砂轮打磨平整。

（D）所有穿筋孔皆须在工厂制作，严禁现场制孔。

（E）制孔的质量按GB 50205标准进行验收。

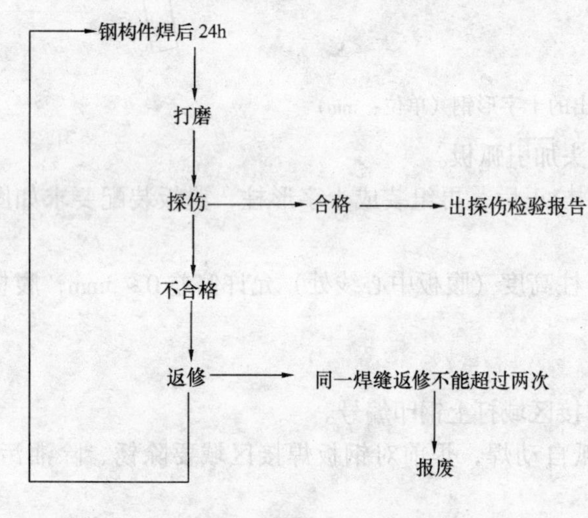


图4-4　探伤工艺流程图

9）标记

制作完毕，检验合格后，在构件上用不同颜色的油漆（如白漆）标注构件的编号、轴线标记及长度。

10）检验：

（A）二级焊缝以上内部缺陷采用超声波探伤检查合格，探伤工艺流程见图4-4。

（B）焊缝外观检查应符合规范要求。

（C）成品（半成品）构件验收分一般项与重要项，严格按规范进行验收。

（D）制作磨擦面抗滑移系数测定试样到专门检测机构进行测定，并送业主方进行认定。

（2）钢构件吊装方案

在钢构吊装过程中，我公司决定利用现场已有的塔吊完成整体钢构的吊装。在局部塔吊不能起吊的部位可采用扒杆进行辅助吊装，并根据现场构件的重量、位置，具体选择钢丝绳、牵引卷扬机的吨位。

1）构件总体安装顺序流程

预埋板及底层钢柱的现场拼装→底层钢柱吊装起位→校正→焊接→扎钢筋→公司支模、浇混凝土、养护两层→钢柱吊装（以此类推）。

2）主要吊装工艺

（A）吊装前的准备工作

（a）吊装前仔细检查起吊设备、工具、钢丝绳等各种机具的性能是否完好，确保万无一失。

（b）框架柱定位轴线的控制，采用建筑物外部设辅助线的方法。每节柱的定位轴线应从地面控制线引上。

（B）起吊与就位

（a）检查柱顶面中心轴线及标高。

（b）起吊：拼装好的钢架，经绑扎等准备工作后，做一次全面检查，检查无误后，先试吊，再开始起吊，起吊过程不宜过快。

（c）就位：就位方法原则上是从上往下落放，当上层钢柱起吊到下层钢柱顶标高处时，做水平移动，按事先做好的就位标记，向下落放，落放时应缓慢，落放后吊绳不得松开，等待校正对口。

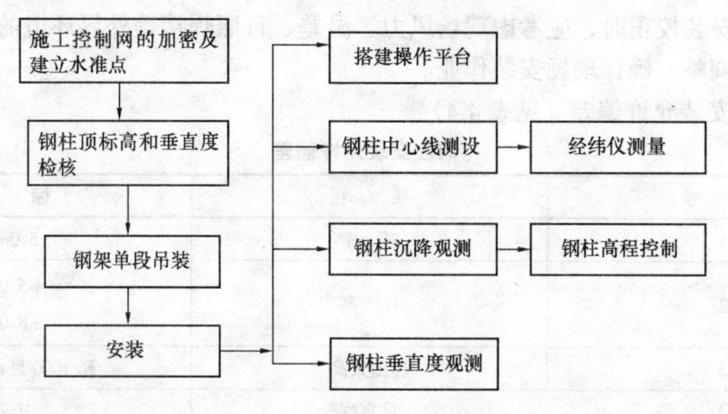


图 4-5　测量与控制流程图

（d）固定：将柱与柱端安装完毕后，用揽风绳将钢架固定。由于柱较高，在吊装过程中及构件就位后，应做好临时加固工作，以免构件扭曲、失稳。

（e）脱钩：安装完毕后，再点动松吊绳，当确信钢架稳固后才能完全脱开吊钩。

（C）测量与控制

测量与校正采用边安装，边测量，边校正的方式。具体方法如图 4-5。

3）主体的吊装：

（A）柱的吊装（见图 4-6）

钢柱吊装前在柱身焊好吊耳，采用吊耳式吊装方法。

钢柱吊装采用单机旋转直吊法。钢柱经绑扎等准备工作后，做一次全面检查。检查无误后，先试吊，再开始起吊，起吊过程不宜过快。

钢柱吊装前，将基础就位轴线和柱中心线均正确有"△"标志好，在柱身上绑好钢爬梯，柱头四面均栓好一根缆风绳。钢柱吊点设置在柱顶部，通过专用吊具与柱侧面吊耳相连。起吊时柱底应垫好木板，避免损伤构件及楼板，钢柱头往下 600mm 处设抱箍操作台，便于钢柱对接进高空操作。

钢柱就位后用螺栓临时固定，利用缆绳调整垂直度，在两台经纬仪监测下找正后最终固定。

柱的安装应先调整标高，再调整位移，最后调整

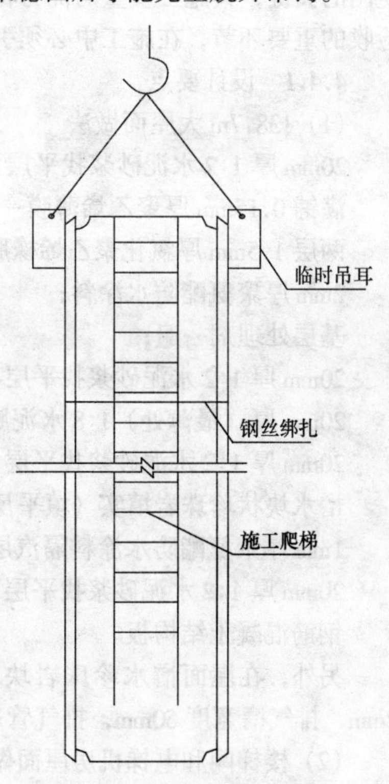


图 4-6　钢柱吊装示意图

垂直偏差，直到柱的各项安装指标符合要求。采用缆风绳校正柱时，松开缆风绳，柱应仍保持垂直的状态。

(B) 钢柱吊装注意事项

(a) 在吊装过程中，不得利用已安装就位的构件起吊其他重物。

(b) 不得在主要受力部位焊其他物件。

(c) 当天安装的钢构件应形成临时空间稳定体系。

(d) 构件安装校正时，应考虑现场风力、温差、日照焊接等外界环境的影响，采取相应的措施予以调整，确保现场安装作业。

(C) 钢柱安装允许偏差（见表4-4）

**钢柱安装允许偏差** **表4-4**

| 序 号 | 项 目 | 标 准 |
| --- | --- | --- |
| 1 | 对 中 | 5.0mm |
| 2 | 柱 高 | +5.0mm<br>-8.0mm |
| 3 | 挠曲矢高 | $H$/1000且≤15.0mm |
| 4 | 垂直度 | 10mm |

### 4.4 屋面工程

屋面工程最为关键的一项工作是防水工程。屋面防水工程是关系到整个工程能否正常使用的关键，其施工质量的优劣将直接影响到业主的切身利益；同时，防水工程又是质量验收的重要环节，在施工中必须引起充分的重视。

#### 4.4.1 设计要点

(1) 138.7m大屋面做法

20mm厚1:2水泥砂浆找平层；

满铺0.15mm厚聚乙烯薄膜一层；

两层1.5mm厚氯化聚乙烯橡胶共混防水卷材；

2mm厚聚氨酯防水涂料；

基层处理剂一遍；

20mm厚1:2水泥砂浆找平层；

20mm厚（最薄处）1:8水泥膨胀珍珠岩找坡2%；

20mm厚1:2水泥砂浆找平层；

憎水块状珍珠岩填实（填平反梁）；

1mm厚聚氨酯防水涂料隔汽层；

20mm厚1:2水泥砂浆找平层；

钢筋混凝土结构板。

另外，在屋面憎水珍珠岩块中设置6m×6m的$\phi$75不锈钢排气管，不锈钢管壁厚2mm，排气槽宽度50mm，排气管高出屋面表层300mm。

(2) 楼梯间和电梯机房屋面做法

50~100mm厚粒径10~20mm的卵石保护层；

无纺布一层；

30mm 厚聚苯乙烯泡沫塑料板，XY409 地板胶点粘保温层；

两层 3mm 厚 SBS 或 APP 改性沥青防水卷材；

刷基层处理剂一遍；

20mm 厚 1:2.5 水泥砂浆找平层；

20mm 厚（最薄处）1:8 水泥珍珠岩找坡 2%；

钢筋混凝土楼面板。

（3）除上述（1）、（2）屋面以外，屋面做法如下

8~10mm 厚地砖铺平拍实，缝宽 5~8mm，1:1 水泥砂浆填嵌；

25mm 厚 1:4 干硬性水泥砂浆，面上撒素水泥；

满铺 0.15mm 厚聚乙烯薄膜一层；

两层 1.5mm 厚氯化聚乙烯橡胶共混防水卷材；

2mm 厚聚氨酯防水涂料；

刷基层处理剂一遍；

20mm 厚 1:2.5 水泥砂浆找平层；

20mm 厚（最薄处）1:8 水泥珍珠岩找坡 2%；

干铺 30mm 厚聚苯乙烯泡沫塑料板；

1mm 厚聚氨酯防水涂料隔汽层，沿墙高出保温层上表面 150mm；

20mm 厚 1:2.5 水泥砂浆找平；

钢筋混凝土屋面板，表面清扫干净。

**4.4.2** 施工作业准备

（1）组织准备

1）使用材料应符合有关规定，进场材料有合格的出厂合格证，现场材料经监理见证抽检试验合格。

2）施工队伍为专业防水施工人员，均持证上岗。

3）和其他单位密切配合，保进度、保质量。

（2）技术准备

施工作业前，组织管理和作业人员，学习有关规范、规程、制度，熟悉设计要求、作业方法、工艺流程等方面。特别强调对结构细部构造的防水层处理，每道工序向工人进行交底，使大家都明确工程的总体质量标准要求，做到精心操作，贯穿于整个施工过程中。

（3）现场准备

1）基层的找平层必须坚固，无裂缝，不允许有空鼓、鼓包、凹坑、起砂掉灰等缺陷存在。基层的阴、阳角一律做成半径为 30mm 的均匀一致，平直光滑的弧状圆角。在抹找平层时，凡遇到管子根部的周围，其抹面要略高于地坪面，落水口的周围应做成略低于地平面的洼坑。

2）基层干净、基本干燥，其含水率不大于 9%，一般在基层表面均匀泛白，表面无明显水印时方可进行下一步防水层施工。

3）找平层经检查平整度，排水坡度符合设计要求。

**4.4.3**　施工工艺

该工程屋面防水工程有找平层、隔汽层、保温层、防水层、水落管变形缝制作安装等分项工程。下面对屋面防水和保温层施工具体分述如下：

(1) 聚氨酯防水涂料施工

使用材料：聚氨酯防水涂料是双组分（甲料、乙料）液态交联反应固化型高分子涂膜防水材料。

该产品特点为：

1）拉伸强度大，拉伸强度为1.65MPa，延伸性优异，断裂伸长率≥35%。

2）对基层变形适应能力较强，低温性能优异，低温柔性－30℃无裂缝。

3）适用于有保护层的屋面，地下室、卫生间等部位的工程防水。

4）聚氨酯涂膜有良好的耐热、耐寒、不透水性和抗老化性能，与混凝土等多种材料有较强的粘结力，涂膜无流淌，施工为冷作业，使用寿命可达10年以上。

使用工具：油刷、扫帚、刮板、铲刀、喷灯、电子秆、铁桶、电动搅拌器、拌料桶、滚动刷。

施工要求：

1）清扫基层（找平层）：将基层表面的疙瘩、尘土杂物等清铲平整，彻底清扫干净。

2）涂布底胶。待基层干燥后将聚氨酯涂料的甲、乙料按一定重量比例混配。甲料∶乙料＝1∶2，并加入适量二甲苯。使其搅拌均匀，在基层表面涂刷薄薄一层，进行基层处理，4～8h后进行下道工序。

3）聚氨酯涂料甲∶乙料按1∶2重量比混合在一起，然后加入二甲苯，加量要黏度适当，易于施工为准，强力搅拌均匀，用刮板均匀的涂刮第一遍，第一遍涂刮完后待其固化6～8h后，基本不粘手时再涂刮第二遍，但涂刮方向与第一遍涂刮方面垂直，每道涂刮量约为0.6kg/m$^2$，依此方法逐遍施工，直至其防水涂膜厚度达到设计要求。

4）对于屋面的女儿墙，排气管口，落水口的细部做法应在第二遍涂刮完后立即铺贴无纺布进行增强处理，无纺布均匀平坦铺贴，不得有空隙和皱折，并滚压密实，确保防水效果。

5）聚氨酯涂料要随拌随用。配好的涂料必须在2h内用完。

6）涂膜防水层的验收，在做一下道工序前必须认真检查涂膜防水层，要求满涂防水层。厚薄均一、封闭严密，不允许有露底、漏刮现象。

(2) 屋面保温、隔热层施工

主要材料：138.7m大屋面保温层为憎水珍珠岩保温块，其他屋面的保温层为30mm厚聚苯乙烯泡沫塑料板，FN-400胶粘剂，XY409地板胶，膨胀颗粒珍珠岩、32.5级水泥、$\phi$75不锈钢管、1mm厚铁板等。

使用工具：扫帚、铁锹、碾压辊、橡胶锤、水管、水龙头等。

施工要求：

138.7m大屋面：

1）保温层为憎水珍珠岩保温块，待隔汽层固化后进行施后，粘结块采用FN-400胶粘剂粘贴，块与块间用胶粘剂紧密相连，在施工中采取分段分层铺设，其顺序从一端开始向另一端铺设，每层铺设厚度不大于150mm，采用FN-400胶粘剂作嵌缝处理，并按纵横4～

6m 间距留设排气凹槽，槽面用 1mm 厚、150mm 宽铁板沿槽铺设固定，并在排汽道的交叉处埋设排气管（$\phi$75 不锈钢管，管壁厚 2mm），排气管高出屋面表层 300mm。

2）保温块压实填平反梁，检查好排汽管、排汽槽合格后，用 1:2 水泥砂浆找平 20mm 厚，为了便于排水，用 1:8 水泥膨胀珍珠岩按 2% 排水坡度进行找坡（最薄处 20mm 厚）。材料要求：膨胀珍珠岩粒径宜大于 0.15mm，小于 0.15mm 的含量不大于 8%，导热系数小于 0.048W/（m·K）。在施工中，材料拌合加水应适量，水泥珍珠岩铺设应压实；同时，应注重排水坡度的留设方向，确保找坡坡度。

对于其他屋面保温层，聚苯乙烯泡沫塑料板施工方法与憎水珍珠岩块粘贴方法相同，采用 XY409 地板胶点粘。

（3）氯化聚乙烯橡胶共混防水卷材施工

该工程屋面 1、3 防水质量要求很高，最上面一道防水采用两层 1.5mm 厚氯化聚乙烯橡胶共混防水卷材。

其他材料准备：基层胶粘剂、聚氨酯嵌缝膏、卷材接缝胶粘剂。

工具准备：高压吹风机、扫帚、铲刀、铁辊、手持压辊、剪刀、卷尺等。

施工要求：

1）基层应干净、干燥，用高压吹风机、扫帚对基层灰尘进行清扫。

2）铺贴卷材防水层：

（A）铺贴卷材应排好尺寸，在卷材和基层上涂刷 CX404 胶，铺贴时从流水坡度的下坡开始，先远后近的顺序进行，使卷材长向与流水坡度垂直搭接顺流水方向。采取满粘法施工，短边搭接宽度不少于 100～150m，长边搭接 80～100m，上下层及相邻两幅卷材的搭接缝应错开，接缝留在屋面或无沟侧面，不宜留在沟底，铺贴平面与立面相连接的卷材应由下向上进行，使卷材紧贴阴阳角，不得有空鼓或粘贴不牢现象。屋面防水层施工时，应先做好节点，附加层和屋面排水比较集中的部位（屋面与水落口连接处、檐口、天沟、屋面转角等）先处理，然后由屋面最低标高处向上铺贴施工。

（B）排除空气：每铺完一张卷材，应立即用干净的长把滚刷从卷材的一端开始在卷材的横向顺序用力滚压一遍，以便将空气彻底排出，在排除空气后，用外包橡皮的铁辊滚压一遍，立即用手持压辊滚压贴牢。

（C）接缝处理：在未涂刷 CX404 胶的卷材部位长、短边处，每隔 1m 左右用 CX404 胶涂一下，待其基本干燥后，将接缝翻开临时固定。卷材接缝采用丁基胶粘剂粘贴，将 A、B 组分按 1:1 重量比搅拌均匀，用毛刷均匀涂刷，干燥 30min 后粘合，从一端开始用手一边压合一边挤出空气，粘贴好的搭接处不得有皱折、气泡等缺陷；然后，用铁辊滚压一遍，沿卷材边缘用聚氨酯密封膏密闭，其宽度不少于 10mm。

（D）卷材末端收头：为使卷材末端收头粘贴牢固，防止翘边和渗水，用聚氨酯密封膏等密封材料封闭严密后，再涂刷一层聚氨酯涂膜防水材料，防水卷材铺贴不得在雨天，大风天施工。立面卷材收头的端部应裁齐，并用压条或垫片钉压固定。最大钉距不应小于 900mm，钉口用密封材料封固。

（E）淋蓄水试验：卷材铺贴完成后应做蓄水试验，用自来水管人工淋水，淋水应将屋面淋遍，若屋面防水施工完毕遇大雨两场，可免做淋蓄水试验。淋蓄水试验 48h 后应及时检查屋面是否渗漏，凡有渗水处必须认真修理，直至无渗漏为止。

(4) SBS 沥青防水卷材施工:

主要工具：煤油喷灯、铁抹子、滚动刷、长把滚动刷、钢卷尺、剪刀、笤帚、小线等。

作业条件:

1) 铺贴防水层的基层表面，应将尘土、杂物彻底清除干净。

2) 基层坡度应符合设计要求，表面应顺平，阴阳角处做成圆弧形，基层表面要基本干燥，含水率应不大于 9%。

3) 卷材及配套材料必须验收合格，规格、技术性能必须符合设计要求及标准的规定。

施工工艺:

SBS 沥青防水卷材采用热熔法施工，工艺流程如下:

清理基层→涂刷基层处理剂→铺贴卷材附加层→铺贴卷材→热熔封边→蓄水试验→保护层。

1) 清理基层：施工前将验收合格的基层表面尘土、杂物清理干净。

2) 涂刷基层处理剂：将基层处理剂稀释后搅拌均匀，用长把滚刷均匀涂刷于基层表面上，常温经过 4h 后，开始铺贴卷材。

3) 附加层施工：在女儿墙、水落口、管根、阴阳角等细部先做附加层。

4) 铺贴卷材：根据设计要求，SBS 卷材需铺设两层 3mm 厚，铺贴时上下层要错开，用火焰喷枪加热基层和卷材的交接处，喷枪距加热面 300mm 左右，经往返均匀加热，趁卷材的材面刚刚熔化时，将卷材向前滚铺、粘贴，搭接部位满粘牢固，搭接宽度为 80～100mm。

5) 热熔封边：将卷材搭接处用喷枪加热，趁热使两者粘贴牢固，以边缘挤出沥青为度，末端收头用密封膏嵌填严密。

6) 蓄水试验，同前。

(5) 排汽道和排汽管的设置:

根据该屋面设计具体情况，由于该工程大屋面结构为反梁，梁高为 700mm、900mm，纵横交错，因此，为保证排汽畅通效果并且保证屋面排汽管安装后的美观，在大屋面反梁形成的各仓内，纵横间距 4～6m，开设排汽槽，排汽槽宽 75mm，深度为保温层厚度。将直径 75mm 的 PVC 管侧边开孔，埋设于排汽槽中（PVC 管顶与保温层管顶平齐），遇到反梁将管弯起，绕过反梁。PVC 管底部排汽槽内，用卵石铺填。排汽管安设于纵横交叉的排汽槽交点处；另外，对于除大屋面以外的屋面，由于面积较小，保温层较薄，因此，不采用 PVC 排汽管埋设，而在槽内（宽 50mm，深同保温层厚度）填铺卵石，最后同前所述，在排汽槽交叉点设置出屋面排汽管。

在沿排气槽方向上面，铺贴 150mm 宽、1mm 厚铁板，盖住排气槽，并在铁板上用无纺布铺贴，再用聚氨酯涂刷密实。

### 4.5　幕墙工程

玻璃幕墙主要用于Ⓔ-Ⓕ/④-⑥、⑭-⑯，Ⓖ/⑥-⑭等部位。

#### 4.5.1　幕墙基本施工工序（见图 4-7）

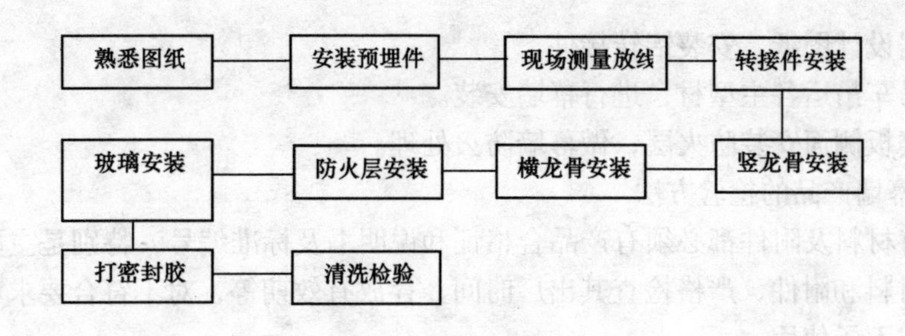


图 4-7 幕墙基本施工工序

### 4.5.2 施工测量放线方法

(1) 测量放线要求

测量是施工中非常重要的一环，即按照设计图纸，在主体结构上进行垂直及水平分格，为幕墙的安装提供必须的数据。

1) 测量放线前，先熟悉图纸，拟出测量方案，画出测量放线图。

2) 要求幕墙分格轴线的测量与主体结构的测量相配合，其误差应及时调整，不得使其积累。

3) 测量放线在风力不大于 4 级的情况下进行，每天定时进行两次校核，确保测量放线的准确性。

(2) 测量使用的仪器

1) 名称：激光仪（美国）；

型号：MOOEL 1110XL（2001 年 12 月 4 日经鉴定合格）；

性能：有效测量范围：450m。

2) 名称：电子经纬仪（日本 NIKON）；

型号：NE-10LA（2001 年 12 月 17 日经鉴定合格）。

3) 名称：光学水准仪（德国：徕卡）；

型号：NA828。

(3) 测量步骤

1) 熟悉图纸。

2) 实际勘测，对各控制点进行确认。

3) 通过现场勘测，根据图纸，计算出各分格点的位置、尺寸等数据，制定出详细的测量方案，再由计算机按 1:1 比例作图，并得出详细、精确的各项数据。

4) 实地测量放线。

5) 提交测量报告。

### 4.5.3 加工组装方法

(1) 构件加工：钢材下料、加工，加工钢转接件。

(2) 幕墙材料加工。

### 4.5.4 幕墙的安装方法

(1) 安装吊篮，以便进行安装。

(2) 架设小吊车，用以吊运材料和板块。

(3) 根据设计图纸，并根据放线位置进行调整。

(4) 根据设计图纸，安装铝转接件。

(5) 用吊车吊运各主型材，进行幕墙安装。

(6) 在楼板侧面安装防火层，做幕墙防火处理。

**4.5.5** 幕墙产品的检验方法

(1) 所有材料及附件都必须有产品合格证和说明书及标准编号，特别是主要部件，同安全有关的材料和附件，严格检查其出厂时间、存放有效期等，对不符合要求和过期的材料及附件一律不予使用。

(2) 型材下料符合图纸，必须首件检验合格后，再批量加工。

(3) 板材加工尺寸误差在±3mm以内，加工方向必须一致，且必须保证平整度。

(4) 对于需补充的膨胀螺栓要进行拉拔试验，并出具试验合格报告。

(5) 幕墙安装完毕后，进行观感检验和抽样检验。具体见本公司质检文件。

(6) 检验方式采取“三检制”，即自检，互检，专检相结合，并在施工全过程进行跟踪检验，随时发现问题，改进质量。

**4.5.6** 幕墙成品保护措施

(1) 材料搬运时需保持原包装状态，注意保护产品标识和检验试验标记。

(2) 材料加工过程中，由多人搬运，轻拿轻放，不直接与硬质渣滓或器械划碰，严格保证材料表面质量。

(3) 加工好的材料一般保持原包装状态摆入零件架，或打包成捆运往工地。

(4) 已加工的型材、玻璃分不同的位置存放，做好明显标签，采取不同的贮存保护措施，保护产品不受操作影响。

(5) 橡胶制品、硅胶储存在室内，避免日晒雨淋。

(6) 玻璃缝打密封胶时应设保护胶带，防止打胶时弄脏下面的玻璃表面。

(7) 已装好的幕墙产品表面保留保护胶纸，在拆除脚手架前撕掉，防止雨淋、砂石坠落造成的划伤。

(8) 型材内表面用宽保护膜贴在型材表面进行保护，避免内装修或其他单位施工造成型材表面的划伤或沾污。

(9) 工程完工后至竣工验收前组织好防护工作，防止胶水或水泥粘在幕墙的表面上。

(10) 交付前应清除幕墙表面的防护物、脚手架及其他无关杂物，对幕墙进行一次清洗。

(11) 幕墙工程安装完工后，应制定从上到下的清洗方案，其清洗工具、吊盘、清洗方法、时间和程序等得到专职人员批准，防止表面装饰发生异常。

(12) 清洗玻璃的中性清洗剂应经过检验，证明对玻璃确无腐蚀作用，清洗剂在清洗后应立即用清水冲洗干净。

**4.5.7** 幕墙工程的维护方案

(1) 幕墙应根据污染的情况，至少每年清洁一次。

(2) 清洗幕墙外墙的机械设备应运作平稳可靠，操作灵活方能不撞击、擦伤幕墙。应使清洗方便。可能与外墙接触的部分由海绵式橡皮包裹。清洗工作时，用中性清洁剂。

(3) 每年定期检查螺栓、焊接部位；如松动应拧紧，或补焊。连结件锈蚀处应除锈补焊。检查玻璃情况，如破损应立即更换；如松动，采取措施，重新紧固。当发现密封胶和密封条松脱或损坏，应及时修补和更换。

(4) 检查时如发现幕墙构件和连接件损坏，或连接件与主体结构的紧固松动，应及时更换或采取措施加固修复。定期检查幕墙排水导流；如发现堵塞，应及时疏通。

(5) 检查五金件的情况；如有松动脱落、损坏或功能障碍时，应及时进行更换和修复。

(6) 当遇台风、地震、火灾等灾害时，应在灾后对幕墙进行全面检查，并视损坏程度进行维护和加固。

(7) 玻璃幕墙在正常使用时，每隔5年应进行一次全面的检查。对玻璃、密封条、密封胶、结构硅酮密封胶等应进行检查。

(8) 对幕墙进行保养和维修时应符合下列安全规范：

1) 不得在大于4级以上风和大雨天气进行幕墙外面的检查与维修工作。

2) 检修用的机械设备应运行平稳、可靠。

3) 维护时使用的工具等应系安全绳。

4) 保持幕墙的金属构件、胶条及玻璃等不能沾上或靠近酸碱物质。

5) 热源等不能与幕墙靠得太近，以防止过大温差，造成幕墙损坏。

## 4.6 装饰工程

### 4.6.1 外墙工程

(1) 涂料施工

1) 施工部位：用于8层以上外墙。

2) 施工顺序：刷108胶素水泥浆一遍，胶水比＝1:4→15mm厚2:1:8水泥石灰砂浆，分两次抹灰→5mm厚1:2.5水泥砂浆木抹搓平→喷涂或滚涂外墙涂料。

3) 施工要点：清除墙面的灰土污垢、碱膜、砂浆块等附着物，并洒水湿润，待硬结后才进行底层抹灰作业。抹底层灰前，并须找好四角规方，横线抹平，方线吊直，弹出其准线，然后进行挂线打墩。待砂浆结硬后，使用与抹灰层相同的砂浆在上下砂浆墩之间做宽约30~60mm的灰浆带，并以上下砂浆墩为准，用尺推平。冲筋完成后，应待其稍干后才能进行墙面抹灰作业。

涂刷顺序为先上后下，施工时应连续操作。涂刷时，从一头开始，逐渐向另一头推进，要上下顺刷，互相衔接。

(2) 干挂石材施工

本工程1~8层外墙部分采用干挂石材，为确保本工程的整体质量，确保质量目标的实现，在这里将干挂石材施工方法做简单的介绍。

干挂法镶贴是在饰面板上打孔或开槽，用各种金属连接件与结构连接固定，而不需要粘结的方法。

1) 施工准备

(A) 使用材料准备

主要使用材料：槽钢、角钢L40mm×5mm、穿墙螺栓、不锈钢配件、膨胀螺栓、云石胶、膨胀带、密封胶、石材。

(B) 施工机具准备

台钻、冲击钻、无齿锯、开槽机、电焊机、云石锯、电锤、水平尺、线锤、刨光机及垂直和水平运输工具。

(C) 外脚手架施工

挂石材前，首先应搭设适用于石材的外脚手架，再留出操作距离。挂板时，用施工电梯、井架垂直运输，用手推车水平运输。

(D) 基层的处理

挂板的基层应具有足够的稳定性和刚度，以承受饰面板传来的外力。为了使基体具有较高的强度，来承受饰面板传来的外力，需在墙上布置钢龙骨，布置原则如下：

首先布置竖向槽钢：对于砌体墙基体，需用螺栓穿通墙，在墙两侧将铁板用螺母拧紧在穿墙螺栓上，槽钢焊在铁板上。对于混凝土基体，用膨胀螺栓固定铁板，在铁板上焊槽钢。竖向槽钢在窗间墙及每面墙上至少布置两根，以便焊接水平槽钢或角钢。

水平方向槽钢必须焊于竖向槽钢上，使挂板的重力经竖向槽钢传至墙上，布置角钢时，水平方向按每排板标高布置角钢，以便安装不锈钢埋件、挂板。

(E) 石材拆包加工处理

详细查看图纸，复检现场各部位尺寸，提出准确的板材规格及图样要求，按部位画出准确的石材排版图，并标明尺寸，作为加工的依据，为施工做准备。对拆包大板石材进行详细检查，凡是破碎、变色、污染的应挑出，另行堆放。对能用的按品种、颜色严格挑选，分别堆放、加工，严格把关，使加工的板材规格、尺寸、图样符合排版要求，其颜色、花纹在加工现场重新严格挑选，并检查其四周是否有爆边、不方正等现象，严格按石材验收规范把关，不合格禁止使用；然后，将加工好的板材按规格、颜色、品种分批、分部位运至现场保护起来，放至相应的位置上进行预排，依照排版图按安装先后顺序编号标在板上，并复核尺寸，需要切割处理的先调整好，力求对号入座，符合设计和规范要求。

(F) 抄平、分块弹线、预铺试拼

墙面和柱面铺贴饰面前，应先抄平，分块弹线，按设计图在墙上弹线分格，并在地板及两侧墙面上弹出饰面板的外边线。为了使饰面板石材铺贴后上下左右颜色一致、图案完整、板缝均匀、拼缝处严密，铺贴前按下料图试拼，使其达到理想效果。

2) 施工程序：搭设外脚手架→测量放线→安装钢结构架→制安圆弧套模样板→花岗石打眼→安装不锈钢支撑件及花岗石板→调整校正、检查垂直度和圆滑度→固定→在拼缝边贴单面胶带纸→上密封胶→拆掉胶带纸、清洁、打蜡→拆架子。

3) 施工方法：

(A) 弹出每根柱两个方向的轴线，按设计图纸定出各面石材的基准点，用钢丝挂线。

(B) 固定挂件和结构配件，根据基准点及水平标高调整挂件。

(C) 石材预拼。石材施工顺序为由下至上，按单块石材高度逐层施工，保证横平竖直、无色差、无石缝，必要时可调换板块或局部打磨，使尺寸及外形完全符合要求，再确定石材开槽和钻孔位置。

(D) 开槽和钻孔。开槽的目的是为嵌入活动片和灌注结构胶固定石材。钻孔要在专用模具钻台上进行，确保孔眼位置和深度满足要求，避免钻偏钻斜。

(E) 石材初调和固定。石材经开槽钻孔后，将挂件螺栓按预拼位置初步拧紧，安放石材，必要时局部进行微调，调整后取下石材，用扭力扳手紧固所有螺栓及膨胀螺栓，孔内灌环氧树脂胶或硅酮胶，安装石材，接缝抹胶将石材最后固定。

（F）石材表面清洗，打蜡抛光。

**4.6.2** 内墙工程

（1）施工部位

同水泥砂浆墙面。

（2）操作工艺

1）清理墙面：首先，将墙面起皮及松动处清理干净，将灰渣铲干净；然后，将墙面扫净。

2）墙面：用水石膏将墙面磕碰处及坑洼缝隙等处找平，干燥后用砂纸将凸出处磨掉，将浮尘扫净。

3）刮腻子：刮腻子遍数可由墙面平整程度决定，腻子重量配比为乳胶∶滑石粉∶纤维素＝1∶5∶3.5，用胶皮刮板横向满刮，一刮板紧接着一刮板，接头不得留槎，每刮一刮板最后收头要干净利落。干燥后磨砂纸，将浮腻子及斑迹磨平磨光，再将墙面清扫干净。

4）刷第一遍涂料：涂刷顺序是先刷顶板后刷墙面，墙面是先上后下，先将墙面清扫干净，用布将墙面粉尘擦掉。涂料用排笔涂刷，使用新排笔时，将活动的排笔毛理掉。涂料使用前应搅拌均匀，适当加水稀释，防止头遍涂刷不开。干燥后复补腻子，再干燥后用砂纸磨光。清扫干净。

5）刷第二遍涂料：由于涂料膜干燥较快，应连续迅速操作，涂刷时从一头开始，逐渐刷向另一头，要上下顺刷互相衔接，后一排笔紧接前一排笔，避免出现干燥后接头。

**4.6.3** 楼地面

（1）水泥砂浆楼面施工

施工部位：用于设备用房及设备层。

1）施工准备

（A）材料：

水泥：宜采用3.25级以上硅酸盐水泥、普通硅酸盐水泥和矿渣硅酸盐水泥。

砂：中砂或粗砂，过8mm孔径筛子，含泥量不应大于3%。

（B）作业条件

水泥砂浆地面施工前应弹好＋50cm水平标高线。室内门框和楼地面预埋件等项目均应施工完毕并办好检查手续。各种立管和套管孔洞位置应用细石混凝土灌好捣实。有垫层的地面应做好垫层，地漏处找好泛水及标高。地面施工前应做好屋面防水层或防雨措施。

2）操作工艺

（A）基层清理：地面基层、地墙相交的墙面、踢脚板处粘的杂物清理干净，影响面层厚度的凸出部位应剔除平整。

（B）洒水湿润：在施工前一天洒水，湿润基层。

（C）抹踢脚板：有墙面抹灰的踢脚板，底层砂浆和面层砂浆分两次抹成；无墙面抹灰层的只抹面层砂浆。踢脚板抹底层水泥砂浆：清理基层，洒水湿润后，按标高线向下量至踢脚标高，拉通线确定底层厚度，套方，贴灰饼，抹1∶2水泥砂浆，刮板刮平，搓平整，扫毛，浇水养护。踢脚板抹灰层砂浆：底层砂浆抹好硬化后，拉线贴粘靠尺板，抹1:2水泥砂浆，抹子压抹上灰后用刮板紧贴靠尺垂直地面刮平，用铁抹子压光，阴阳角、踢脚板上口，用角抹子溜直压光。

（D）贴灰饼：根据+50cm标高水平线，在地面四周作灰饼。大房间应相距1.5~2m增加冲筋；如有地漏和有坡度要求的地面，应按设计要求做泛水和坡度。

（E）水泥浆结合层：宜刷1:0.5水泥浆，也可在垫层或楼层基层上均匀洒水后，再撒水泥面，经扫涂形成均匀的水泥砂浆结合层，随刷随铺水泥砂浆。

（F）铺水泥砂浆压头遍：紧跟贴灰饼冲筋铺水泥砂浆，配合比为水泥:砂=1:2的配合比，稠度应小于3.5cm：用木抹子赶铺拍实，木杠按贴饼和冲筋标高刮平，用木抹子搓平，待泛水后略撒1:1的干水泥砂子面，吸水后铁抹溜平；如有分格的地面，经分格弹线或拉线，用劈缝溜子开缝，至平直光。上述操作均在水泥初凝前进行。

（G）第二遍压光：在压平头遍之后，水泥砂浆凝结，人踩上去有脚印但不下陷时，用铁抹子压第二遍，要求不漏压，平面出光。有分格的地面压光后应用溜缝抹子溜压，做到缝边光直，缝隙明细。

（H）第三遍压光：水泥砂浆终凝前进行第三遍压光，人踩上去稍有脚印，抹子抹上去不再有抹子纹时，用铁抹子把第二遍压光留下的抹子纹印压平、压实、压光，达到交活的程度。

（I）养护：地面压光交活后24h，铺锯末洒水养护并保持湿润，养护时间不少于15d。养护期间不允许压重物和碰撞。

（2）地砖楼面施工

施工部位：用于卫生间、污物间、洗衣间、备餐间、消毒间。

1）施工程序：清扫基层→冲筋铺砂浆→弹线→铺砖→压平擦缝→养护。

2）操作要点

（A）将基层表面砂浆、油污及垃圾等清理干净，并用水清洗、晾干；同时将地砖浸水2~3h后阴干备用。

（B）均匀刷素水泥浆一道，随即铺25mm厚1:4干硬性水泥砂浆，用刮尺压实抹平，木抹子搓压。

（C）地砖铺贴前，应先撒素水泥并洒水湿润，将地砖按弹好的控制线铺贴平整、密实。

（D）地砖铺贴完，用橡皮锤和木拍板按铺贴顺序锤拍一遍，不遗漏。

（E）地砖铺完2d后，将缝隙清理干净，浇水养护7昼夜以上。

（3）花岗石地面

施工部位：用于大厅、门厅、电梯厅。

（A）作业条件

花岗石板块进场后应堆放在室内，侧立堆放，底下应加垫木枋。并详细核对品种、规格、数量、质量等是否符合设计要求。有裂纹、缺棱掉角的不得使用。

设加工棚、安装好台钻及砂轮锯，并接通水电源，要切割钻孔的板在安装前加工好。室内抹灰、水电设备管线等均已完成。房内四周墙上弹好+50mm水平线。施工前应放出铺设花岗石地面的施工大样图。

（B）操作工艺

(a) 熟悉图纸：以施工图和加工单为依据，熟悉了解各部位尺寸和作法，弄清洞口、边角等部位之间关系。

(b) 试拼：在正式铺设前，对每一房间的花岗石（花岗石）板块，应按图案、颜色、纹理试拼。试拼后按两个方向编号排列，然后按编号码放整齐。

(c) 弹线：在房间的主要部位弹互相垂直的控制十字线，用以检查和控制花岗石板的位置，十字线可以弹在混凝土垫层上，并引至墙面底部。

(d) 试排：在房内的两个相互垂直的方向，铺两条干砂，其宽度大于板块，厚度不小于3cm。根据图纸要求把花岗石板块排好，以便检查板块之间的缝隙，核对板块与墙面、柱、洞口等的相对位置。

(e) 基层处理：在铺砌花岗石板之前将混凝土垫层清扫干净（包括试排用的干砂及花岗石)，然后洒水湿润，扫一遍素水泥浆。

(f) 铺砂浆，根据水平线，定出地面找平层厚度，拉十字线，铺找平层水泥砂浆（找平层一般采用1:3的干硬性水泥砂浆，干硬程度以手捏成团不松散为宜)。砂浆从里往门口处摊铺，铺好后刮大杠、拍实，用抹子找平，其厚度适当高出根据水平线定的找平层厚度。

(g) 铺花岗石块：一般房间应先里后外进行铺设，即先从远离门口的一边开始，按照试拼编号，依次铺砌，逐步退至门口。铺前将板块预先浸湿阴干后备用，在铺好的干硬性水泥砂浆上先试铺合适后，翻开石板，在水泥砂浆上浇一层水灰比0.5的素水泥浆，然后正式镶铺。安放时四角同时往下落，用橡皮锤或木锤轻击木垫板（不得用木锤直接敲击花岗石板)，根据水平线用铁水平尺找平，铺完第一块向两侧和后退方向顺序镶铺；如发现空隙，应将石板掀起用砂浆补实再行安装。花岗石板块之间接缝要严，一般不留空隙。

(h) 灌浆、擦缝：在铺砌后1～2昼夜进行灌浆擦缝。根据花岗石颜色，选择相同颜色矿物颜料和水泥拌合均匀，调成1:1稀水泥浆，用浆壶徐徐灌入花岗石板块之间缝隙，并用小木条把流出的水泥浆向缝隙内喂灰。灌浆1～2h后，用棉纱团蘸原稀水泥浆擦缝，与地面擦平，同时将板面上水泥浆擦净。然后，面层加以覆盖保护。

(i) 打蜡：当各工序完工不再上人时方可打蜡，达到光滑洁净。

(C) 贴花岗石踢脚板

(a) 粘贴法：根据墙抹灰厚度，用1:3水泥砂浆打底找平后在面层划纹，干硬后再把湿润阴干的花岗石踢脚板的背面，刮抹一层2～3mm厚的素水泥浆（宜加10%左右108胶）后，往底灰上粘贴，并用木锤敲实根据水平线找平找直。24h用同色水泥浆擦缝，将余浆擦净，与地面同时打蜡。

(b) 灌浆法：在墙两端先各镶贴一块踢脚板，其上楞高度在同一水平线上，出墙厚度应一致。然后沿两块踢脚板上楞拉通线，逐块依顺安装，随装随时检查踢脚板的平直和垂直。相邻两块之间及踢脚板与地面、墙面之间用石膏稳牢，然后灌1:2稀水泥砂浆，并随时将反溢出的砂浆擦干净，等灌入的水泥砂浆终凝后，把石膏铲掉。踢脚板的擦缝做法同地面。踢脚步的面层打蜡同地面一起进行。踢脚板之间缝隙宜与地面花岗石板对缝。

冬期施工铺设时，气温不应低于－5℃。

#### 4.6.4 顶棚及内隔墙

(1) 混合砂浆顶棚

1) 施工部位：除大厅、门厅、电梯厅、报告厅、会议室、走道顶棚、卫生间、更衣室、洗衣间顶棚以外的部分采用混合砂浆顶棚。

2）施工顺序：钢筋混凝土板底面清理干净→7mm 厚 1:1:4 水泥石灰砂浆→5mm 厚 1:0.5:3水泥石灰砂浆。

3）施工要点：施工前，将混凝土顶板底表面凸出部分凿平，对蜂窝、麻面、露筋等处应凿到实处。用水泥砂浆分层找平，把外露钢筋头和铝丝头等清除掉。根据墙上弹出的水平墨线，用粉体在顶板下 100mm 的四周墙面上弹出一条水平线，作为顶板抹灰的水平控制线。在顶板混凝土提前湿润的情况下，才能抹水泥石灰砂浆；当面层稍干时，要及时压光，不得有气泡、接缝不平等现象。

(2) 顶棚乳胶漆施工

施工方法同内墙乳胶漆施工。

(3) 轻钢龙骨纸面石膏板吊顶工程

1）施工部位

用于大厅、门厅、电梯厅、报告厅、会议室、走道顶棚。

吊顶的控制关键是轻钢龙骨的平整度，轻钢龙骨安装顺序是先主龙骨后次龙骨。安装龙骨前，要与照明、通风、消防等专业统一协商解决有关标高、预留孔洞等问题，严格处理好吊顶面与吊顶上设备的关系。

2）轻钢龙骨安装程序

在墙上弹出标高线→固定吊杆→安装在龙骨→按标高调整主龙骨→主龙骨底部弹线→固定次龙骨→装横撑龙骨。

轻钢龙骨（隐龙骨）纸面石膏板吊顶施工是采用 UC50 型轻钢龙骨，轻钢龙骨主筋@1000mm用 $\phi$8 吊杆，吊点@1200mm，U50 轻钢龙骨平顶筋@500mm 处钉纸面石膏板，石膏板的安装采用螺钉固定法，可用镀锌自攻螺钉与 U 形龙骨固定，钉头嵌入石膏板约 0.5 ~ 1mm，钉眼用腻子找平，并用与同样颜色的色浆将腻子刷色一遍，石膏板之间的缝隙用贴纸嵌平，表面做乳胶漆面。施工质量主要控制两个方面：一是龙骨的平整；二是饰面板拼缝顺直。

3）轻钢龙骨（隐龙骨）纸面石膏板吊顶施工程序

放线→固定吊杆→安装与调平龙骨→固定板材→板面的饰面处理

轻钢龙骨（明龙骨）纸面石膏板吊顶施工是采用 T 形龙骨，石膏板的安装采用平安装法，可将石膏板装入由 T 形龙骨组成的格框内即可。龙骨的接头等横平竖直影响安装质量，应特别引起重视。

**4.6.5**　卫生间及厕浴间

卫生间防水操作工艺和操作方法与屋面做法相同，其重点是细部处理。卫生间等处贯穿楼板的管道根部处理是防水的重点，也是极易出现渗漏的地方，该处的施工必须认真仔细，其详细施工方法如下：

(1) 待立管安装完毕，固定并检查合格后，清洗洁净楼板孔壁混凝土，保持湿润，清理管外围的油污和漆膜。

(2) 制成定型（抱箍式）专用托地式模板，固定托好。

(3) 混凝土的调制，配合比为 1:2:2（水泥:砂:细石子）。水灰比不大于 0.5，并掺入水泥用量的6%的防水剂，水泥选用32.5级普通硅酸盐水泥，空隙内的混凝土面应比楼板面低10mm，拍平压实抹光，隔24h浇水养护，并检查缝底是否漏水。

(4) 管周防水处理：混凝土硬化干燥后，将管道外壁200mm高的范围内刷除灰浆和油污。刮除管根混凝土面的灰疙瘩杂物，扫刷洁净，按选定的聚氨酯的防水材料，将10mm的凹坑填平防水材料，并将管周的立面涂刷200mm高的防水涂料。

试水：管根孔隙的防水材料固化后，进行24h试水合格后，方可交付卫生洁具的安装。

(5) 地漏的作用是排除卫生间、阳台的污水。传统地漏的存水弯在楼板下面，当发生堵塞及周边渗水时，很难到下层去处理，因此，防水施工应按施工规范要求做好细部处理。

正确安装好地漏：地漏的位置根据设计、标高须和土建施工配合，地漏箅子要低于地坪面层不小于20mm。

地漏的灌筑：地漏位置固定，楼板周围的缝隙小于20mm，用1:3水泥砂浆填嵌密实，当缝隙大于21mm，用1:2:2的细石混凝土填嵌密实。

地漏的防水处理：为防止混凝土的干缩裂缝，为水渗漏造成通道，水沿地漏外围渗漏。必须在地漏上口外围留10~15mm凹槽，在凹槽中填嵌密封胶。

## 4.7 设备安装工程

### 4.7.1 给排水工程

管道材质选用：生活冷水给水系统，干管采用热镀锌钢管，支管采用PPR管。生活热水给水系统，干管采用铜管，支管采用PPR管。消防给水系统、循环冷却水系统，采用无缝钢管卡箍连接。自动喷淋系统采用热镀锌钢管。污水系统，5层以上立管采用柔性接头排水管，其他采用排水铸铁管自应力水泥砂浆接口。

### 4.7.2 通风与空调工程

(1) 施工要点与重点

该分项工程的要点如下：

1) 矩形风管、圆形风管、不锈钢风管等的制作；

2) 风管系统安装；

3) 风管系统保温；

4) 空调水管支、吊架制作安装；

5) 管井内空调水立管施工；

6) 医用气体管道安装；

7) 防排烟工程安装；

8) 空调水系统水压试验、清洗、防腐及保温；

9) 空调设备安装；

10) 单机试运转、设备试运转及联合调试。

以上施工要点中重点为：医用气体管道安装、异径管制作安装，管井内空调立管施工，空调设备安装和联合调试。

(2) 主要的施工方法

（A）空气处理系统

（a）其他风管及部件制作

异形风管依据现场实测制作，同时考虑其加固措施，例如回风主管制作；不锈钢矩形风管、普通镀锌钢板矩形风管、小管径圆形风管制作依据设计和规范进行，并按规定进行加固处理。

（b）风管系统安装

主要是管井中立管和圆形走廊弧状矩形风管及其部件等安装，其施工要点为：

a）支吊架选择及制作安装；

b）管井中送、回风立管安装；

c）其他风管安装；

d）部、配件及软管安装。

（c）风管系统保温

风管系统经过严密性测试后进行保温。其所用材料为：闭泡式橡塑材料，空调风管厚度为20mm，新风管厚度为15mm，具体施工方法应符合规范及设计要求。其中，竖井中的风管保温需结合各层的支架，以防止保温层滑落。

（B）空调水系统

（a）管材、阀门选用和连接方式；

（b）管道支、吊架安装；

（c）管井中管道施工；

（d）管道放气与排污；

（e）阀门安装；

（f）水压试验；

（g）系统清洗；

（h）管道刷油与保温。

（C）医用气体管道安装

（a）本综合楼医疗气体管道系统有氧气、笑气压缩空气和真空吸引。

（b）材质选用：

医疗气体管道除真空吸引管道采用镀锌钢管外，其他均采用脱氧铜管（或不锈钢管）。管材必须符合下列标准：

铜管：GB 1527 拉制铜管；

不锈钢管：GB 2270 不锈钢无缝钢管；

镀锌钢管：GB 3091 低压流体输送镀锌焊接钢。

（c）医用气体管道安装应单独做支吊架，不允许与其他管道共架敷设，与电线管道平行距离大于等于 0.5m，交叉点间距大于等于 0.3m；如空间无法保证，应做绝缘保护处理。支吊架间距如表 4-5 所示。

**支吊架间距**　　**表 4-5**

| 管道公称直径（mm） | 1～4 | 4～8 | 8～12 | 12～20 | 20～25 | >25 |
|---|---|---|---|---|---|---|
| 支吊架间距（m） | 1 | 1.5 | 2 | 2.5 | 3 | 4 |

(d) 医用气体管道安装

(D) 防排烟工程安装

(E) 单机试运转和系统调整

(a) 准备工作

设备试运转在设备安装完毕，系统管道和电气及相应配套工程已具备条件，试车所需水、电、材料等能保证供应，试运转方案已审定，润滑剂已灌注等准备工作就绪后进行。

(b) 试运转原则

部件到组件，最后到主机；

先手动后自动，先点动后连续；

先无负荷后有负荷；

做到上道不合格、下道工序不试车。

**4.7.3** 电气工程

(1) 施工的要点及重点

该分项工程施工要点如下：

1) 高低压配电房内设备的安装及调试；

2) 电缆敷设；

3) 插接母线的安装；

4) 大楼的防雷接地系统；

5) 各系统安装完毕后的联合调试。

以上施工要点中重点为：高低压配电房内设备的安装及调试和各系统安装完毕后的联合调试。

(2) 主要的施工方法（略）

**4.7.4** 弱电工程

协和医院外科病房大楼是一座超高层智能化建筑，主要包含的施工范围为：

保安监控系统设备安装及调试；

有线电视系统设备安装及调试；

楼宇自控系统的联动控制调试；

火灾报警系统设备安装调试；

综合布线系统的测试；

护理呼叫系统；

监护闭路电视监视系统。

# 5 “四新”技术的应用及经济效益

## 5.1 四新技术的应用

为实现本工程质量、工期、安全等目标，充分发挥科学技术是第一生产力的作用。在本工程施工中，我们将采用成熟的科技成果和现代化管理技术，以实现公司“优质、高效、安全、低耗”的施工指导方针，本工程计划列入我公司科技示范工程。

## 5.2 采用新技术取得的经济效益（见表 5-1）

表 5-1

| 采取新技术 | 节约金额（万元） | 节约钢材（t） | 节约水泥（t） |
| --- | --- | --- | --- |
| 钢筋直螺纹及闪光对焊 | 331.873 | 1064.338 | |
| 混凝土中掺加粉煤灰 | 139.008 | | 3881.35 |
| 泵送混凝土 | 2.000 | | |
| 混凝土一次抹平技术 | 34.562 | | |
| 矩形柱无穿越螺杆支模 | 27.584 | 61.297 | |
| 膨胀加强带代替后浇带 | 15.000 | | |
| 合　计 | 550.027 | 1125.635 | 3881.35 |

# 第十六篇

# 昆山宗仁卿纪念医院医疗大楼（一期）新建工程施工组织设计

**编制单位：**中建四局五公司

**编 制 人：**李起山　林开元　刘天堂　陶　磊　汪小伟

**审 核 人：**虢明跃

**【简介】**　该工程地基比较复杂，需降水、护坡。方案中对基础处理和维护进行了详细阐述。其中，劲性水泥土搅拌桩、轻型井点降水、阀管压密注浆施工、外架工程、钢筋工程等方案编制都较为详细，可操作，值得借鉴。

# 目 录

# 1　项目简述

本工程施工管理有“三高”，配合协调要求高；质量要求高；文明施工要求高。

### 1.1　施工技术难点

(1) 因本工程工期紧，基坑围护施工时对周边环境影响较大，为确保围护工程的安全，所以将工程施工分成（A、B、C）三段。为此，在工程施工期间会同时进行基坑围护工程、土方开挖、胎模砌体工程、土方回填、RC结构施工及安装工程施工，工序交叉进行给施工管理、质量控制、安全保障带来很大困难。

(2) 筏箱施工难度大，工序较繁琐。

(3) 直线加速器部位施工难度大，有大体积混凝土施工，模板对拉螺栓45°角加固，2m厚顶板支撑系统施工，300mm厚防辐射钢板吊装与焊接。

### 1.2　工程施工重点

(1) 要认真做好施工组织的管理协调工作，尽可能把各专业、各系统相互之间的干扰降至最小。

(2) 要强化施工质量意识，消除工程的常见质量通病，严格把好每一施工工序关，实事求是地对工程质量负责。

(3) 重视各专业、各系统样板段（间）制度的执行，保证工程的实施按计划推进，并确保各关键工期的实现。

(4) 竣工文件、数据的收集、整理工作必须与工程施工同步进行，确保竣工数据的真实与完整。

(5) 运用现代化管理手段，对现场工程进度计划、劳动力、材料、成本等实行有效控制，加强宏观调控力度，实行动态管理。

(6) 根据工作量及工期要求，科学、合理地安排进度计划，制订有针对性的技术措施、施工工艺及施工方法。

(7) 注意对特殊工序及关键部位施工工艺的控制。

# 2　工程概况

### 2.1　建设概况

工程名称：江苏省昆山市宗仁卿纪念医院医疗大楼第一期新建工程。

建筑地点：昆山市樾河北路与前进东路交汇处。

设计单位：北京联华建筑事务有限公司、台湾许长吉建筑师事务所、昆山开发区建筑设计院。

勘察单位：徐州中国矿大岩土工程新技术发展公司。

主要技术经济指标：

(1) 红线总用地面积：27870m²。

(2) 总建筑面积：67259m²；

其中：地上：48538m²；地下：18727m²。

(3) 建筑总高度：51.8m。

(4) 建筑建筑密度：34.70%。

(5) 容积率：2.83。

(6) 绿地率：40.14%。

(7) 医疗大楼±0.000相当于绝对标高+3.700m。

(8) 一期工程由医疗大楼、锅炉房、液氧站及道路停车场组成。

建筑等级：一级。

建筑防火分类等级：一类一级。

人防抗力等级：6级。

抗震烈度：7度。

结构类型：框架结构。

## 2.2 现场自然条件

本工程位于昆山市樾河北路与前进东路交汇处，场地地形较为平整，黄海高程2.10～2.70m。本地区抗震设防烈度为7度。气候属亚热带季风气候。基本风压为0.55kPa。

场地在樾河北路和前进东路设置出入路口。

## 2.3 结构概况

(1) 本工程结构地上9层（不包括屋顶机房层），地下二层，地上结构总高度为51.80m，结构形式为框架结构，形式复杂，各层之间的平面布置、标高均不同，其中在1/11～2/11轴处有一条抗震缝，结构施工时，应仔细核对图纸，认真审查结构图与建筑图之间的矛盾；结构设计安全等级一级，结构设计使用年限50年。本工程±0.000黄海高程为3.700m。

(2) 基础形式为桩基础，共有桩540根，采用$\phi$1000钻孔灌注桩。桩长35m，进入持力层1500mm，持力层为⑨-3层粉质黏土与粉砂互层。单桩竖向承载力设计值3600kN；承压抗拔桩单桩竖向抗拔力设计值2200kN。地下两层，结构形式为桩基承台筏箱式基础，筏箱高度为2000mm，其中筏箱底板厚600mm，顶板厚为200mm。筏基底标高为-11.2m，直线加速器底标高为-12.6m。

(3) 抗震：本工程框架抗震等级为二级，剪力墙抗震等级为一级，场地土类别Ⅲ类。抗震设防烈度为7度，采取8度抗震措施。

(4) 材料：除另有注明者外，混凝土强度等级均按表2-1和表2-2采用。

当框架梁、板、柱混凝土强度等级不同时，其接头处必须按混凝土强度较高的一级施工。

**混凝土强度等级表** **表2-1**

| 结构部位 | 基础垫层 | 基础、底板地下外墙 | 地下室室内墙 | 一、二层梁板 |
|---|---|---|---|---|
| 强度等级 | C15 | C40P12、C50P12 | C50 | C40 |

表 2-2

| 结构部位 | 剪力墙、框架柱 | | 楼面梁、板 | 构造柱 |
|---|---|---|---|---|
| | ±0.00～24.45m | >24.45m | | |
| 强度等级 | C50 | C45 | C35 | C25 |

注：地下室顶、底板、混凝土墙、水池侧壁均采用微膨胀抗渗混凝土。

（5）钢筋：HPB235 级钢，HRB400 级钢。

（6）填充墙：

外墙：轻质砂加气混凝土砌块；

内墙：防火分区，空调机房等采用 MU10 多孔砖，防辐射房间采用烧结普通砖；

其他隔间墙采用轻钢龙骨硅酸钙板。

## 2.4　建筑概况

### 2.4.1　屋面防水等级

二级。设计合理使用年限为 15 年。

### 2.4.2　墙体

（1）地下室墙体：钢筋混凝土墙体。

（2）地上外墙体：250mm 厚轻质砂加气混凝土砌块；

120mm 厚轻钢龙骨硅酸钙板。

（3）防火墙体：240mm 厚 20 多孔砖。

（4）CT、XT、模拟摄影、ECT、震波碎石机房：240mm 厚实心砖墙，四周墙面贴 3mm 铅板防护。

（5）MRT：240mm 厚实心墙，墙面防磁处理。

### 2.4.3　建筑室内装修

（1）楼地面作法：花岗石、架空活动防静电地板、PVC 卷材、防滑地砖、钢化地砖、细石混凝土、木质楼面、磨石子地砖、水泥楼面。

（2）墙面作法：花岗石、抗菌防潮漆、乳胶漆、贴面砖、吸声面板、夹铅复合板、防磁屏蔽墙面、抗菌树脂板材、水泥砂浆、水性水泥漆。

（3）顶棚作法：硅酸钙板吊顶、铝合金方形板吊顶、穿孔板吸声平顶、18mm 厚矿棉板吊顶、板底乳胶漆、板底水泥漆。

### 2.4.4　外墙面装修

仿真石漆涂料饰面、仿石面砖饰面、玻璃幕墙、干挂花岗石饰面（由专业厂家设计制作），土建配合做好预埋铁件。

### 2.4.5　地下室防水工程

地下室防水（特别是直线加速器部分）要求高。抗渗等级为 1.2MPa，底板及地下室外墙均做 2mm 厚（湿克威）涂膜防水层。防水混凝土抗渗等级 P12，防水等级为 1 级防水；采用结构自防水，密实性防水混凝土浇捣板底，设备穿管防水等。

### 2.4.6　各层层高表（见表 2-3）

各层层高表 表 2-3

| 层数 | 层高（m） | 标高（m） | 层数 | 层高（m） | 标高（m） | 层数 | 层高（m） | 标高（m） |
|---|---|---|---|---|---|---|---|---|
| -2 | 4.20 | -9.2 | 设备层 | 3.30 | 13.2 | 8 | 3.80 | 32.1 |
| -1 | 5.0 | -5.0 | 4 | 4.20 | 16.5 | 9 | 4.2 | 35.9 |
| 1 | 4.80 | 0.000 | 5 | 3.80 | 20.7 | 屋面 | 5.20 | 40.1 |
| 2 | 4.20 | 4.8 | 6 | 3.80 | 24.5 | 屋顶夹 | 2.50 | 45.3 |
| 3 | 4.20 | 9.0 | 7 | 3.80 | 28.3 | 屋顶 2 | 4.00 | 47.8 |

注：屋面总高度为 51.8m。

## 2.5 机电安装工程概况

本工程机电安装工程包括空调通风系统、给排水系统、雨水系统、消防系统、强电系统、消防弱电系统等，具体内容如下：

（1）电气系统：含动力干线设备、动力开关箱设备、动力干线管线设备、照明、插座设备、防雷接地设备。

（2）消防弱电系统：含火灾报警及消防联动系统工程、广播系统工程。

（3）给排水及消防工程：含户外环管、室内冷热水系统及附属设务备、自动喷淋系统、消防栓箱系统、FM200 气体灭火系统。

（4）暖通系统：含空调设备安装、冷却水塔安装、空调泵、空调水管及风管之安装、防排烟系统及设备安装。

## 2.6 医疗大楼使用功能

昆山宗仁卿纪念医院一期工程地下 2 层，地上 10 层（包括设备层）。其中，地下二层为地下车库及肿瘤门诊区（包括直线加速器部分）、洗衣房、垃圾集中区；地下一层主要有水泵房、变电室、厨房餐厅区域；地上一层为门诊区、检验科、急诊、影像科、康复科等；二层为分科门诊、儿科门诊；三层为手术区、病理科、设备层；四层为妇科手术室、NZCU 区等；五～八层为病房区；九层为行政办公区。

## 2.7 工程施工重点与难点

（1）本工程基坑围护工程对周边环境影响较大，如何保证基坑围护的安全稳定是工程能否顺利进行的重要一关。

（2）因直线加速器位于 8—12 轴交 A—C 轴，地下二层。顶板标高 -5.0m，底板标高 -10.9m，建筑面积 382.032m$^2$。分迷道与直线加速器两部分。其中，直线加速器的底板标高为 -10.9m（建筑标高），采用 2m 厚筏板。迷道部分的底板为双层，第一层为 200mm 厚，标高为 -10.35m，向内做成 1/13.63 坡度；第二层为 600mm 厚。直线加速器墙体最厚处为 2110mm，顶板厚度为 2000mm，顶板内夹有 3000mm×9350mm×300mm 的防辐射普通钢板，施工难度大。

（3）因工程工期紧张，周边建筑物相邻较近，围护结构进行中即介入基础底板施工，分 3 个区进行基础底板施工工作，劳动力组织、施工缝和临边防护也因此增加诸多的施工难度。

（4）基础筏箱地梁的施工：筏箱高度为2000mm，筏箱底板厚600mm，顶板厚为200mm，顶板在箱梁施工时预留插筋后序施工。

（5）每层混凝土浇筑面积大，柱和梁、板为不同强度等级的混凝土，施工控制难度较大。

# 3　施工部署

## 3.1　组织部署

（1）总承包组织施工以土建为主，水电、通风、综合布线、消防、电梯、设备安装配合施工。

（2）整体工程分结构施工工期；设备安装和装饰施工工期；设备调试及精装饰施工工期。按分部控制工期，通过平衡协调和调度，确保按计划工期组织施工。

（3）本工程工期以土建为主要进度控制，中间插入其余分部分项工程，确保结构施工总进度计划。

（4）总体施工顺序：土方开挖→围护工程→桩基工程→地下室基础工程（穿插安装工程）→主体结构→装饰工程（穿插机电安装及调试工程）。

（5）重点部位施工顺序：

筏箱基础工程施工流程：承台及底板垫层→涂膜防水层→防水保护层→筏箱底板及承台施工→地梁施工（预留筏基顶板插筋）→地下二层墙、柱、顶板施工→地下一层墙、柱、顶板施工→筏箱顶板施工。

（6）流水段划分：

1）按后浇带分为A、B、C三段施工，先施工A、B两段底板部分再施工C段，结构四层作为水平施工段的交接层，从四层开始不在留置后浇带，按图纸上的伸缩缝分为两阶段施工。主体施工阶段，可以穿插进行砌筑工程、管道安装等施工。主体结构验收后进入装饰工程施工（穿插进行机电安装及调试工程施工），竣工验收，见图3-1和图3-2。

2）平面施工：项目组织两个作业队同时进行，每层进行平行流水施工，以建筑物中轴线为界分为两个大施工段，组织两个劳务作业队分段进行小流水段施工。

3）主体结构分四段验收（基础、地下室、1～5层、6～12层）。主体结构施工至4层后砌筑工程开始插入进行，装饰工程主体验收后随即进行，其他安装工程与土建施工同步进行。

4）每层竖向施工时，墙、柱→梁、板、墙、柱、梁、板混凝土同时浇筑。

## 3.2　施工平面布置图（略）

## 3.3　施工进度计划表（略）

## 3.4　周转物资配置情况

### 3.4.1　物质准备

（1）根据机械设备计划，组织施工机械设备、周转工具进场，按施工平面布置就位、

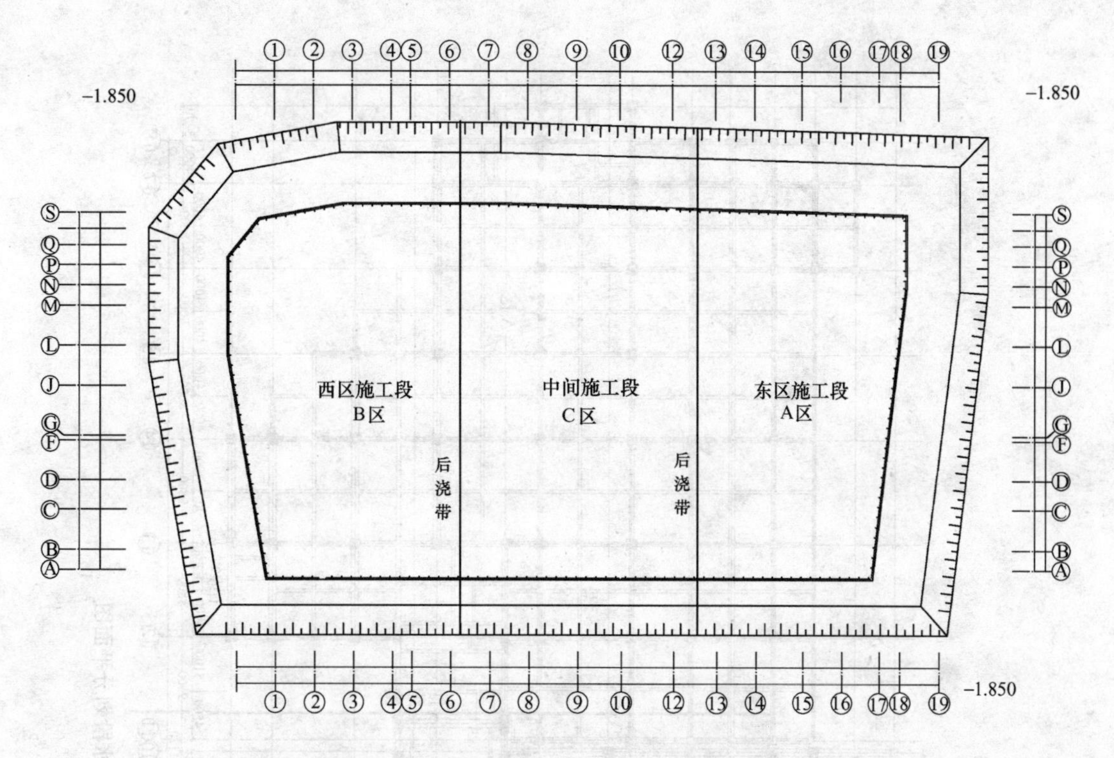


图 3-1 结构四层以下施工流水段划分平面图

安装、调试、运行。

(2) 根据施工图预算材料分析和施工进度计划、材料需用计划，确定供货渠道，按计划组织进场。及时进行二次检验和各种拌合物的配合比试验。

(3) 根据施工要求，现场配备全站仪一台、垂投仪一台，水准仪二台，100m 钢尺一把，50m 钢尺二把，5m 卷尺 8 把，混凝土坍落筒一个，混凝土抗渗试模 8 组，混凝土试模 20 组，砂浆试模 10 组，检测尺一套。

### 3.4.2 主要周转物资供应

(1) 模板及支撑脚手架

1) 本工程结构形式为框结构，竖向结构：柱、地下室外墙及电梯井围护墙。

2) 框架柱、梁：采用 18mm 厚双面覆模镜面模板；现浇顶板及剪力墙采用 18mm 厚胶合板；90mm × 45mm 木枋及钢管扣件支撑加固体系并采用对拉螺杆对大型构件及剪力墙进行加固。板及其支撑系统需用计划见表 3-1。

**板及其支撑系统需用计划表** **表 3-1**

| 名 称 | 材料选型及规格 (mm) | 材料用量 | 备 注 |
|---|---|---|---|
| 梁板模板 | 1830 × 915 × 16 | 50000m$^2$ | |
| 木 方 | | 1000m$^3$ | |
| 梁板支撑 | 2440 × 1220 × 15 | 8000m$^2$ | |
| 钢 管 | | 1600t | |
| 扣 件 | | 14 万只 | |
| 安全网 | 密目网 5.9 × 1.8 | 1800 床 | |
| 电梯网 | | 10 床 | |
| 隔离网 | | 500 床 | |
| 竹 笆 | 1500 × 100 | 8000 块 | |

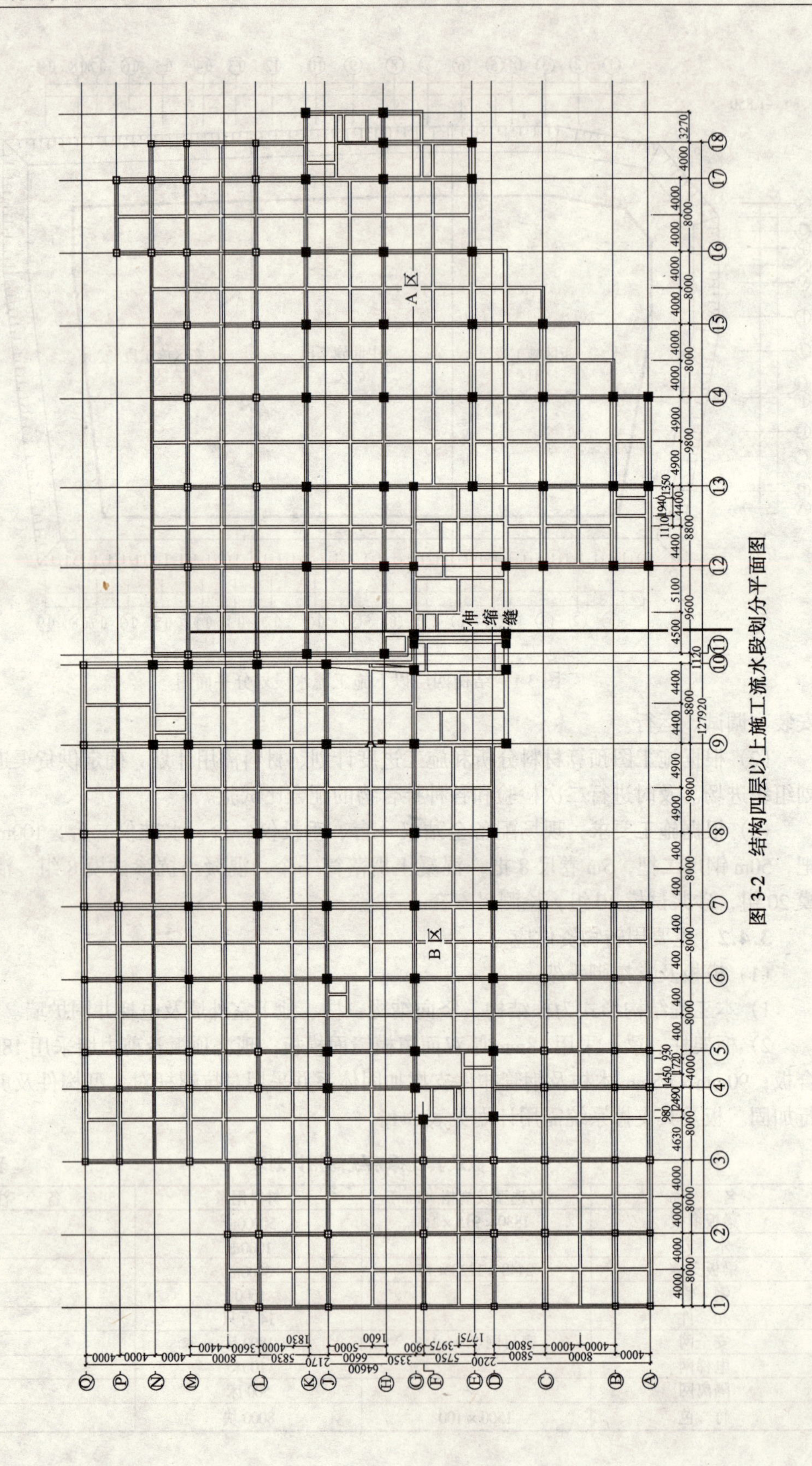


图 3-2 结构四层以上施工流水段划分平面图

(2) 外脚手架

本工程外脚手架采用型钢支撑加悬挑脚手架、双排扣件式脚手架。

## 3.5 主要施工机械选择情况

### 3.5.1 塔吊

本工程在现场设置三台塔吊，用于结构施工时钢筋、模板的垂直运输，三台塔吊分别位于现场北侧、东侧和西侧。塔吊可以满足施工现场施工作业面的施工和垂直吊运次数要求。塔吊位置详见施工现场总平面布置图。

### 3.5.2 混凝土施工机械配备

本工程混凝土主要采用商品混凝土的方式，运输采用混凝土输送泵。

### 3.5.3 施工电梯

设3部施工电梯做辅助垂直运输。

### 3.5.4 本工程主要施工机械设备配备表（见表3-2）

表3-2

| 设备名称 | 规格型号 | 数 量 | 功率（kW） | 总功率（kW） | 备 注 |
|---|---|---|---|---|---|
| 塔 吊 | $QT_{FD-80}$ | 3 | 40 | 120 | 地面负荷 |
| 施工电梯 | SCD200/200 | 3 | 42 | 126 | 地面负荷 |
| 对焊机 | VN1-100 | 1 | 100 | 100 | 地面负荷 |
| 断钢机 | $G_J40$ | 2 | 5.5 | 11 | 地面负荷 |
| 弯钢机 | $G_W40$ | 2 | 3 | 6 | 地面负荷 |
| 木工圆锯 | MT104A | 2 | 3 | 6 | 地面负荷 |
| 镝 灯 | | 8 | 3.5 | 28 | 地面负荷 |
| 夯土机 | YH-2 | 2 | 3 | 6 | 地面负荷 |
| 混凝土搅拌机 | JW350 | 2 | 5.5 | 11 | 地面负荷 |
| 碘钨灯 | 1000W | 10 | 1 | 10 | 主体负荷 |
| 振捣器 | | 6 | 1.1 | 6.6 | 主体负荷 |
| 交流电焊机 | BX3-500 | 4 | 21 | 84 | 主体负荷 |
| 低压变压器 | 36V | 1 | 30kV·A | 30kV·A | 主体负荷 |
| 合计 | | | 544.6kW | | |

## 3.6 劳动力组织情况

### 3.6.1 劳动组织准备

(1) 根据工程规模，结构特点和施工工期等情况，确定项目经理部人员和劳动力数量，遵循合理分工与密切协作的原则，因事设职和因职选人。按时组织工人进场，并进行安全技术、防火、文明施工教育。

(2) 确定各级人员岗位职责、权限。

(3) 定期对各级人员工作业绩进行考核。

### 3.6.2 劳动力计划

(1) 本工程将选用和我公司长期合作的劳务施工队伍进行施工，确保劳动力的质与量，并确保按计划进行。

（2）劳动力包括土方、防水、结构、水电安装、装饰等所需劳动力。劳动力需用计划见表3-3。

**劳动力需用计划表** **表3-3**

| 工　种 | 基础阶段（人） | 主体阶段（人） | 装修阶段（人） | 扫尾阶段（人） |
|---|---|---|---|---|
| 木　工 | 150 | 200 | 30 | 10 |
| 钢筋工 | 100 | 120 | 10 | 0 |
| 混凝土工 | 80 | 80 | 10 | 0 |
| 架子工 | 40 | 40 | 40 | 20 |
| 泥　工 | 20 | 60 | 20 | 10 |
| 抹灰工 | 10 | 10 | 120 | 30 |
| 普　工 | 120 | 200 | 150 | 30 |
| 其他工 | 50 | 50 | 50 | 20 |
| 合　计 | 570 | 760 | 530 | 120 |

（3）本工程劳动力实行专业化组织，按不同工种、不同施工部位来划分作业班组，使相同专业班组从事相同的工作，提高操作工人的熟练程度和劳动生产率，确保工程质量，加快施工进度。

（4）本工程将根据工程不同施工阶段调配劳动力，并根据施工生产情况及时调配相应专业施工队伍，对劳动力实行动态管理。

# 4 主要项目施工方法

## 4.1 基础工程

### 4.1.1 基坑围护工程

基坑围护采用三轴水泥搅拌桩（SMW）止水帷幕+普通土钉墙支护形式（局部不良地基处采用袖阀管压密注浆的施工方法进行地基加固）。

（1）工程内容

1）掺量18%的三轴水泥搅拌桩（SMW）做止水帷幕，桩长为15.85m。

2）开挖深度-7.85m以上的土钉墙1:1放坡护坡；-7.85m以下的直壁复合土钉墙挡土。

3）C20压顶路面混凝土。

4）C20混凝土护坡。

5）深井降水、轻型井点各一项。深井布置18口；轻型井点布置6套。

6）局部不良地基处采用袖阀管压密注浆的施工方法进行地基加固。

（2）施工前准备工作

1）基坑支护是保证地下结构施工及基坑周边环境的安全，对基坑侧壁采取的支挡加固与保护措施。随着支护技术在安全、经济、工期等方面要求的提高和支护技术的不断发展，在实际工程中采用的支护结构形式也越来越多，为了在基坑支护工程中做到技术先进、经济合理，确保基坑边坡、基坑周边建筑物道路和地下设施的安全，应综合场地工程地质与水文地质条件、地下室的要求、基坑开挖深度、降排水条件、周边环境和周边荷载、施工季节、支护结构使用期限等因素因地制宜地选择合理的支护结构形式。

2）本工程基坑最深处深度达到－13.5m，周围环境较为复杂，基坑东、南两侧均临近原有建筑物，为确保基坑围护工程安全且符合国家有关规范规定，及保证临近建筑物安全，我项目部组织相关人员在前期对该基坑围护施工所采用的施工方法、工艺等做了大量的市场调查，并组织业主、监理、设计院、基坑围护工程方面专家进行多次专题论证，最终制定了可靠的基坑维护施工方案及有效的应急处理措施。

3）施工前准备阶段流程：基坑地质及周边情况进行勘测→组织业主、监理、设计院、基坑围护工程方面专家进行大量技术论证→设计院进行施工图纸设计→总包单位进行施工方案及应急措施的编制→报公司、业主、监理、设计院、基坑围护工程方面专家进行方案审批→报建筑工程质量监督站审核备→确定并组织专业施工队伍进入施工。

(3) 施工工艺及技术方案

昆山市宗仁卿纪念医院医疗大楼基坑深度约11.4m，局部13.4m，整个坑壁基本处在黏土层，原先考虑了多种支撑围护体系，后经对比分析，基坑开挖土层较好，对坑壁维护有利，通过同济大学有关专家论证并着重考虑基坑安全及成本因素后，决定在本工程基坑施工中采用复合土钉墙技术：采用普通土钉墙、SMW深层水泥搅拌桩（止水帷幕）、自然放坡、袖阀管法分层注浆处理地基等综合性基坑支护形式。本工程的基坑支护通过安全计算及专家多次论证，可以满足基坑安全方面的使用要求，土方开挖后基坑四周稳定，止水效果好，满足地下工程施工要求，取得了不错的技术成果和经济效益。现结合昆山市宗仁卿纪念医院医疗大楼基坑围护工程的实际实施情况，将基坑围护工程施工中采取的一些技术措施和施工方法介绍如下：

轻型井点、管井井点降水：本工程降水沿基坑围护周边采用轻型井点降水，井点管长为6m，间距为1.2m，滤管长度1.2m，总管长度60m，打井点管时避开坑底加固部分。坑内采用管井井点降水以疏干坑内土体利于挖土，布置18套井点降水，管井直径为$\phi$300～400，长度为开挖面以下2.0m。抽水10d左右开挖土方。在宽度约定值内每30m长设置一口观察井，观测水位情况。

1）施工技术措施

轻型井点的开孔采用钻机钻成孔，间距1.2m，井管采用$\phi$48钢管，成孔后埋置井管井管四周孔内回填石瓜子片、黄砂滤水，井口1m范围内用黏土封口。管井成孔亦采用钻机钻成孔。

土方开挖前8～10d为有效降水期间，预降水期为10d，该地区土质渗透系数大，降水过程中每天需对水位下降情况做好记录，具体从观察井中观察的数据为准，水位一般控制在基坑底下0.5～1.0m。

由于本工程开挖面积大，宽度大，井管在土方开挖时应注意保护，井降的水位到计划标高时可以开挖土方。开挖土方后需要继续降水工作，故在开挖土方时我方配套进行撤除井降设备和再安装井降设备工作，以保证基坑底水位控制在－0.5～1.0m处。

排水系统采用各台机为分管，出水接至总管，总管出口为集水池，再用翻水泵抽出排到工地外面。

2）机械设备

排水泵10台；电焊机2台BX300型；轻型井点8套，管井井点18套；配套设备1套；氧焊器具1套。

注意事项：基坑开挖一般为分层开挖，土方开挖时应密切注意挖机避免碰撞外井管。为保证降水效果，降水可降至素混凝土底板，浇筑前，拔除井管。定井点位尽量避开工程桩。回填滤料（瓜子片）要四周均匀，不能过快，防止局部脱空。

对坑内、坑外的排水明沟要及时进行检查、清排，保证排水畅通，发现有渗漏水现象要马上进行修补。

通过使用该降水方法，该基坑在开挖后基底干燥，达到降水的预期目标。

（4）SMW深层水泥搅拌桩施工工艺（见图4-1和图4-2）

图4-1 施工工艺

图4-2 施工工艺

本工程基坑围护经我项目部通过大量的技术措施分析，根据现场实际情况同设计院协商讨论，最终决定采用以SMW工法取消其原有的型钢及内部钢支撑系统为止水帷幕，用土钉墙代替原有的型钢及内部钢支撑做为该基坑的支撑系统，从而形成一种以SMW工法止水帷幕同土钉墙为内部支撑的基坑围护形式（详见图4-3）。

该施工方案即方便于施工又节省工程造价，并通过了业主及监理单位的认可；该围护工程从－7.85m标高处进入基坑围护搅拌桩的施工，挖方时分层开挖；同时，进行土钉锚杆施工，水泥搅拌桩采用三头$\phi$650@450mm型，相邻搅拌桩互相搭接200mm，水泥掺量为18%（重量比），水泥强度等级32.5；采用二次搅拌施工工艺，局部加深地段加打一排搅拌桩。

1）主要施工工艺流程和施工要求

（A）清理地下障碍物、平整场地并进行测量、放线。

（B）根据基坑维护边线用0.4m³挖机开挖沟槽，并清除地下障碍物，沟槽尺寸见图4-4，开挖沟槽土体及时处理，以保证SMW工法正常施工。

（C）就位：起重机悬吊深层搅拌桩机达到指定桩位，对中。采用水平尺和线垂使起重机体保持平稳，使垂直度保证控制在1%内。

（D）预搅下沉：启动搅拌机电机，放松起重机钢丝绳，使搅拌机沿导向架切土搅拌

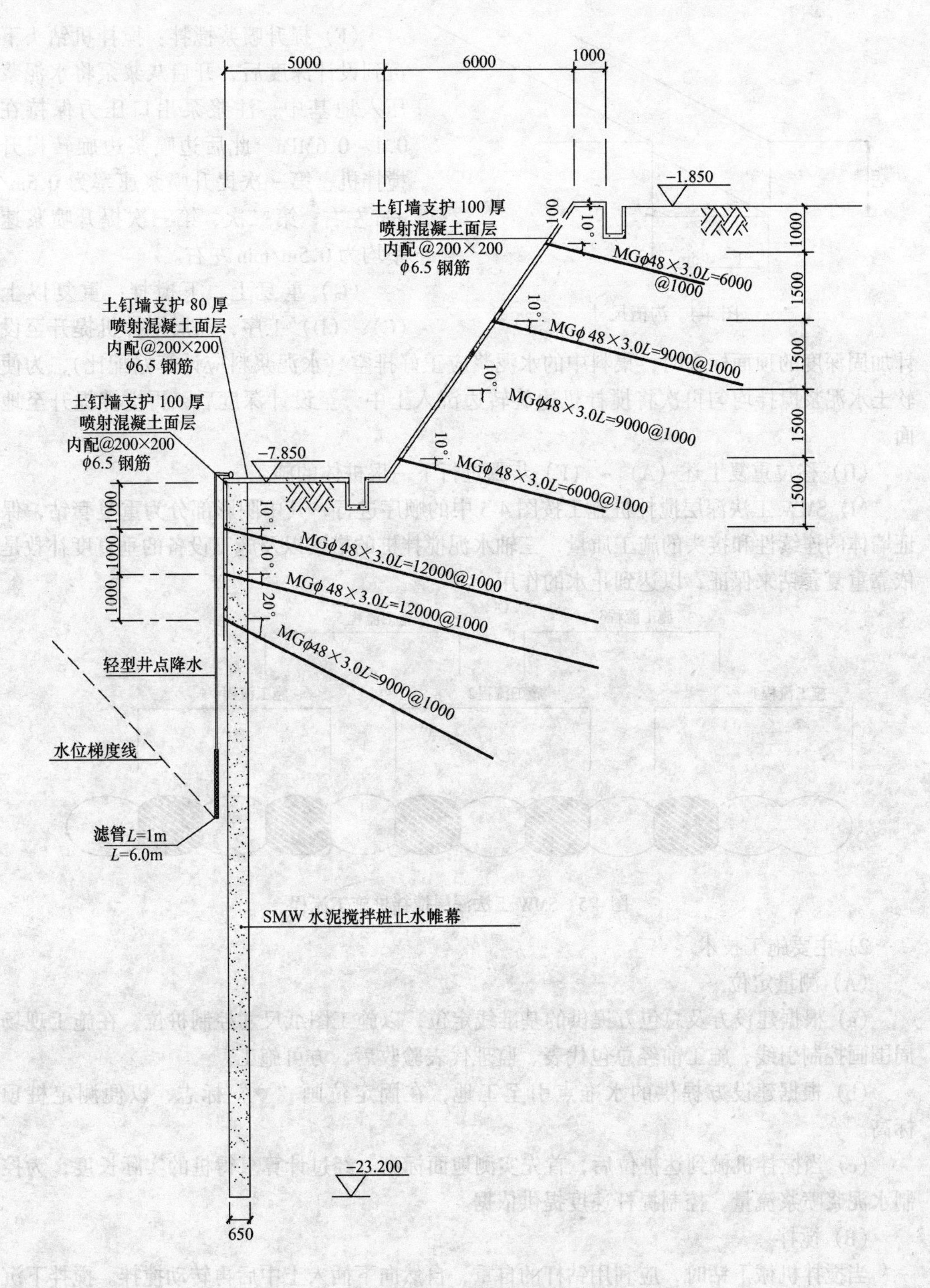


图 4-3 基坑围护示意图

下沉，下层速率控制在 0.8m/min。

(E) 制备水泥浆：拌制水泥浆，待注浆时倒入集料斗中且必须过滤，并不停地搅动，防止水泥浆离析。

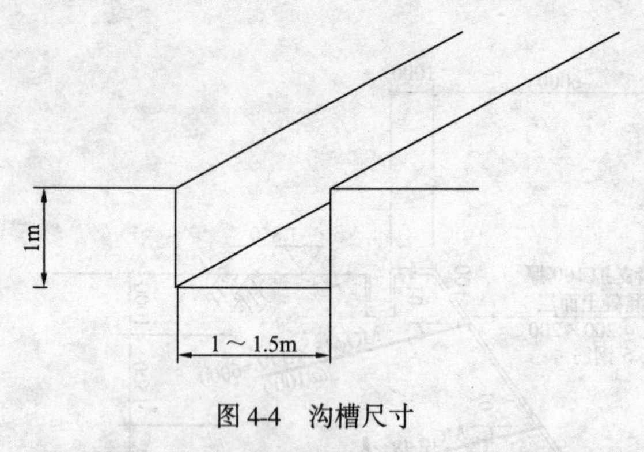

图4-4　沟槽尺寸

（F）提升喷浆搅拌：搅拌机钻头下沉到设计深度后，开启灰浆泵将水泥浆压入地基中，注浆泵出口压力保持在0.4～0.6MPa，此后边喷浆边旋转提升搅拌机，第一次提升喷浆速率为0.5m/min左右；第二次、第三次提升喷浆速率均为0.5m/min左右。

（G）重复上、下搅拌：重复以上（C）、（D）工序，深层搅拌机提升至设计加固深度的顶面标高时，集料中的水泥浆应正好排空（水泥浆料应计算好配比），为使软土水泥浆搅拌均匀再次将搅拌机边旋转边沉入土中，至设计深度后，再搅拌提升至地面。

（H）移位重复上述（A）～（E）步骤进行下一根桩体的施工。

（I）SMW工法深层搅拌桩施工按图4-5中的顺序进行，其中阴影部分为重复套钻，保证墙体的连续性和接头的施工质量，三轴水泥搅拌桩的搭接以及施工设备的垂直度补救是依靠重复套钻来保证，以达到止水的作用。

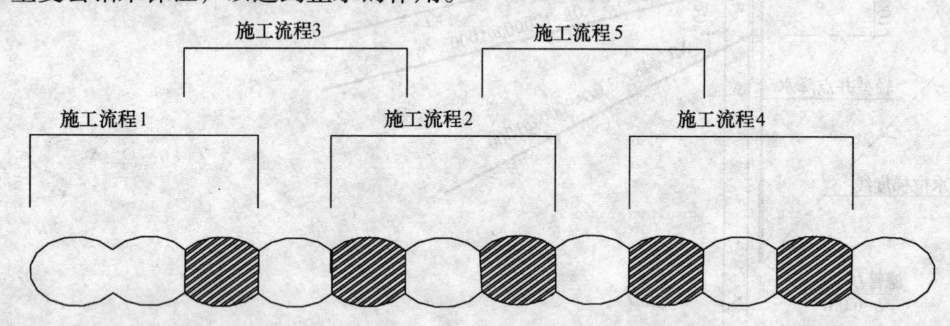

图4-5　SMW工法深层搅拌桩施工流程

2）主要施工技术

（A）测量定位

（a）根据建设方及总包方提供的基准线定位，以施工图纸尺寸控制桩位，在施工现场周围画控制引线，施工前经总包代表、监理代表验收后，方可施工。

（b）根据建设方提供的水准点引至工地，在固定位画"▼"标志，以便测定桩顶标高。

（c）当搅拌机械到达桩位后，首先实测地面标高，经过计算求得桩的实际长度，为控制水泥浆喷浆流量、控制提杆速度提供依据。

（B）搅拌

当搅拌机械下钻时，应利用钻杆的自重，自然向下插入土中后再转动搅拌。搅拌下沉都必须匀速，速率为0.8m/min，确保切削原状土成碎块，且充分搅拌均匀。在预搅下沉达到桩底标高后，应确保泵送水泥浆液到达单向球阀后方可提升搅拌，泵机和桩机之间必须有明确的联络信号，在喷浆搅拌提升中应保持慢速提升，第一次提升速度必须控制在0.5m/min左右。

（C）提升速度

（a）搅拌桩质量的关键是注浆量，注浆与搅拌的均匀程度，因此，施工中应严格控制喷浆提升速度。

（b）预搅0.8m/min；提升喷浆0.5m/min；复搅下沉0.8m/min；二次提升喷浆0.8m/min。

具体操作要根据现场施工的实际情况而定。

（D）配合比

根据设计图纸规定水泥掺量为18%（重量比），水泥强度等级32.5，施工水泥浆液的水灰比为1:1.8。

（E）资料

施工中有专人负责做好桩定位放线记录、搅拌桩原始记录及施工日记。对每根桩的编号、水泥用量、成桩过程（下沉、喷浆提升和重复搅拌等时间）进行详细记录。

3）施工流程

本工程一台搅拌桩机，搅拌桩施工流程顺序采取“逐根进打”的方式。

4）质量控制与保证措施

（A）土体应充分搅拌，充分破碎，以破坏原状土的结构，使之破碎土体与水泥浆均匀搅拌。水泥浆不得离析，严格按预定的配合比配置水泥浆，水泥中没有结块。为防止水泥浆发生离析，可在灰浆拌制机中不断搅动，待压浆前再缓慢倾入集料斗中。水泥采用32.5级水泥，水泥进工地后即送复试，待合格后方可使用。水泥浆一般水灰比为1:1.8，必须保证水泥掺量。

（B）确保加固强度，确保加固体均匀一致，搅拌桩压浆阶段不允许发生断浆现象，输浆管道不能发生堵塞，严格按提升速度提升，必须重复搅拌并控制下降和提升速度，以保证每处土体得到充分搅拌。当喷浆达到桩顶标高时，慢速提升搅拌喷浆，或停止提升搅拌数秒，使桩顶部均匀密实；如发生堵管现象，待处理结束后立即把搅拌钻具上提或下沉1.0m后方能注浆，等10~20s后恢复正常。

（C）为使桩体基本垂直于地面，必须保证桩架的平整度，方可保证导向架的垂直度。机架用线垂和水平尺校正机架的水平和垂直度，使机架垂直偏差在1%内。

（D）成桩后保养期内，桩基区域内不得有严重扰动和重物堆压，以免影响质量。开挖基坑时，距离桩0.3m采用人工开挖，避免挖土机碰撞损坏桩顶。

（E）报表记录

施工过程中由专人负责记录，记录要求详细、真实、准确。

（F）每机每天要求做一组7.07cm×7.07cm×7.07cm试块，试样宜取自最后一次搅拌提升出来的附于钻头上的土，试块制作好后进行编号、记录、养护，到龄期后送实验室做抗压实验。

实践证明：深基坑的质量、成本控制和安全很大程度上取决于围护方案的选择，同时与土方开挖及地下结构的施工也有密切联系。SMW工法围护墙体通常较薄，在土方开挖及地下结构施工时更应精心组织、精心施工，对围护墙体及支撑要予以妥善的保护，确保基坑的安全。诚然，这一方法近年才引入我国，目前施工工艺还在探索之中，尚无相应的施工规程及验收规范，对于施工过程中的监控来说也是一项新的课题，需要在工作中进行摸索和总结，积累经验。

（5）复合土钉墙施工

1）土钉墙施工工艺流程图（见图4-6）

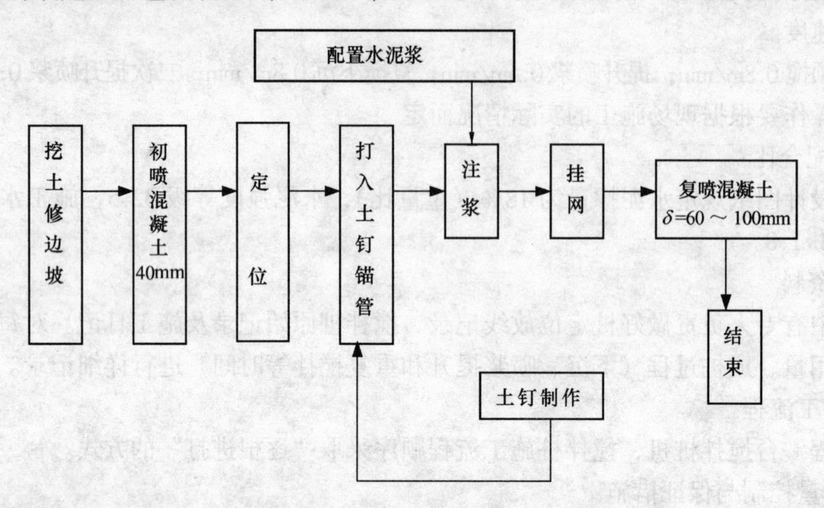


图4-6 土钉墙施工工艺流程图

2）土钉墙施工工艺

放线：根据设计图纸，确定基坑开挖边线，用木桩、白灰做出开挖线标记。

土方开挖：土钉墙的施工必须遵循“边挖土、边支护”的原则，挖土必须遵循“分段、分层”的原则，分段长度为15～20m，分层厚度根据每层土钉的间距取1.0～1.6m，分层开挖，分层支护，挖完亦支护完。土方开挖必须和支护施工密切配合，前一层土钉完成注浆1.5d以上方可进行下一层边坡面的开挖。开挖时铲头不得撞击网壁和钉头，开挖进程和土钉墙施工形成循环作业；第一次开挖时间在水泥搅拌桩施工10d后，搅拌桩必须达到强度方可开挖。

修坡：要求坡面修理平整，确保喷射混凝土质量。

土钉制作：土钉按照设计方案制作，采用$\phi48\times3$钢管四周开注浆小孔，小孔直径5～15mm，小孔在钢管上呈梅花状布置，小孔间距350mm，钢管头部（靠近基坑一端）3m范围不设注浆孔，钢管末端封闭。

钻孔方法：采用压水钻进成孔法，该法是锚杆施工应用较多的一种钻孔工艺。这种钻孔方法的优点，是可以把钻孔过程中的钻进、出渣、固壁、清孔等工序一次完成，可以防止坍孔，不留残土；软、硬土都能适用；在施工过程中要配合做好相应的排水工作；钻进时要不断供水冲水（包括接长钻杆和暂时停机时），而且要始终保持孔口的水位；待钻到规定深度以后，继续用压力水冲洗残留在钻孔中的土屑，直至水流不显浑浊为止；钻进时宜先用3～4m长的岩芯管，以保证钻孔的直线形，钻进速度视土质而定，一般以30～40cm/min为宜，对锚杆的自由段钻进速度可适当稍快一点，对锚固段，尤其是扩孔时钻进速度可稍慢；在钻进的过程中如遇到流沙层，应适当地加快钻进的速度，降低冲孔水压，保持孔内水头压力。对于杂填土地层（包括建筑垃圾等），应设置护壁套管钻进。

土钉位置、间距及角度根据设计图纸要求，用空压机带动冲击器将加工好的土钉分段焊接打入土中；当土钉插入困难时，土钉采用直径45mm的钢管，此时采用人工或机械开孔，孔径 $\phi60\sim\phi80$，采用注浆工艺。暗滨区注浆量增加为40kg/m（水泥）。

注浆是锚杆施工中的一个重要工序，施工时应将有关数据记录下来，以备将来查用。注浆的主要作用是：（A）形成锚固段，将锚杆锚固在土层中；（B）充填土层中的空隙和裂缝；对于土钉注浆，注浆前将注浆管插入土钉底部，从土钉底部注浆，边注浆边拔注浆管，再到口部压力灌浆。水泥浆按照设计拌制，搅拌充分，并用细筛网过滤，然后通过挤压泵注浆。土钉注浆通过两方面控制，一是注浆压力控制在0.4~0.6MPa，同时小于上覆土压力的两倍。为防止土钉端部发生渗水现象，在土钉成孔之后，喷射混凝土施工之前，将土钉周围用黏土及水泥袋填塞捣实，喷射混凝土时先将土头喷射填塞密实，注浆饱满，即可避免出现土钉头渗水现象。

编制钢筋网：将 $\phi6.5$ 钢筋拉直，钢筋网片按照设计之间间距绑扎。土钉成孔后，端部用连系筋、井字加强筋焊接压在钢筋网上，使钢筋网片、土钉钢管连成整体。土钉钢管与加强筋、连系筋之间均焊接连接，焊缝长度符合规范要求。钢筋网编扎接长度及相临搭接接头错开长度符合规范要求；不能满足规范要求的，必须用电焊焊接牢固。

喷射混凝土：钢筋网编焊完成后，进行混凝土喷射，一次喷射总厚度≥60mm，石子粒径5~10mm，专用喷射混凝土速凝剂掺入量不小于5%。喷层初凝时间小于10min，终凝小于30min，喷射混凝土在每一层、每一段之间的施工搭接之前，将搭接处泥土等杂质清除，确保喷射混凝土搭接良好，保证喷射混凝土质量，不发生渗漏水现象。

3）土钉的现场测试

（A）土钉支护施工时，必须安排进行土钉的现场抗拔试验，应在专门设置的非工作土钉上进行抗拔试验直至破坏，用来确定极限荷载，并据此估计土钉的界面极限粘结强度。

（B）每一典型土层中至少应有3个专门用于测试的非工作钉。

（C）土钉的现场抗拔试验采用穿孔液压千斤顶加载。

（D）测试钉进行抗拔试验时的注浆体抗压强度不应低于6MPa；根据试验得出的极限荷载，可算出界面粘结强度的实测值。这一试验平均值应大于设计计算所用标准值的1.25倍；否则，应进行反馈修改设计。

（E）极限荷载下的总位移必须大于测试钉非粘结长度段土钉弹性伸长理论计算值的80%；否则，这一测试数据无效。

（F）上述试验也可不进行到破坏，但此时所加的最大试验荷载值应使土钉界面粘结应力的计算值应超过计算所用标准值的1.25倍。

4）质量监测与施工质量检验

（A）土钉现场测试：土钉支护设计与施工必须进行土钉现场抗拔试验和验收试验。

（B）混凝土面层的质量检验：混凝土要进行抗压强度试验，每500m$^2$面层取一组，且不少于三组；混凝土面层厚度检查可用凿孔法；混凝土面层外观检查应符合设计要求，无漏喷、离鼓现象。

5）施工监测

（A）支护位移的量测；

（B）地表开裂状态（位置、裂宽）的观察；

（C）附近建筑物和重要管线等设施的变形测量和裂缝观察；

（D）基坑渗漏水和基坑内外的地下水位变化。

（6）袖阀管压密注浆施工

本工程袖阀管压密注浆施工，注浆孔布置 1m×1m 覆盖层，厚度 4m 左右，注浆区宽度 7m，分层厚度 0.33m。

本工程总体施工程序：机械设备进场→主要材料进场→成孔、埋管→注浆→自检、封孔、质检→场地清理。

（A）袖阀注浆的成孔（见图 4-7 和图 4-8）

图 4-7　施工现场图片一

图 4-8　施工现场图片二

孔径为 80mm，孔深穿过土层。所有的成孔要做好“工程钻孔原始记录表”一式两份，要准确记录地基与地板之间的脱空距离，为下袖阀管和砂浆回填注浆工作提供依据。

（B）下袖阀管（见图 4-9 和图 4-10）

图 4-9　施工现场图片三

图 4-10　施工现场图片四

袖阀管分花管和实管两部分，根据注浆高度配备花管，下管时管内灌入清水克服浮力，使花管下到孔底，花管的长度高于洞顶板至少 50cm。下管时管与管之间连接必须牢固，袖阀管下底端要套好锥形堵头，上顶端要戴上保护帽。对于袖阀注浆孔，成孔后要及时下袖阀管，下袖阀管时，要浇筑套壳料，下袖阀管，再固管止浆。

具体参数及步骤为：

套壳料配合比为（重量比）水泥∶黏土∶水＝1∶1.50∶1.88。

套壳料用量（m³）＝1.3×π×（钻孔半径$^2$－袖阀管半径$^2$）×注浆段高度。

套壳料浇筑：将钻杆下到孔底，用泥泵将拌好的套壳料经钻杆注入孔内。

下袖阀管：花管下至孔底，占据注浆段。洞体顶界以上至地面为实管，实管要高出地面一定长度（一般为0.2～0.3m）。

（C）注浆

根据成孔的先后顺序，待套壳料具有一定强度后（一般为3d），将4″带双塞的注浆钢管从袖阀管中下到注浆位置，自下而上分段注浆，分段长3m，两段之间搭接0.3m。注浆参数及步骤如下：

浆液配合比为：水泥:磨细粉煤灰:水＝1:1:1.1。

注浆压力：0.6～0.8MPa。主要以注浆泵的档位（注浆速度）及压力表前回浆管控制压力。

注浆顺序：先外后内、间隔跳灌为原则。

注浆流量：7～10L/min；

注浆量：（a）单点注浆量50L；（b）单根注浆量600L，根据搅拌桶的容积、注浆泵的档位确定。

注浆次数：依据设计要求，本次灌浆采用一次性从下到上灌浆。

注浆设备：BW-150型注浆泵。

浇灌标准：保证地面不产生裂缝和隆起和冒浆的情况下，注浆压力维持0.8MPa，稳压10～15min终止注浆。

在注浆过程中，应观察相邻注浆孔的排气、返水、冒浆等情况；若周围孔有浆液冒出，应停止灌浆固结，12h后重新注浆；若周围注浆孔没有反应，且注浆量过大并超过本身的容积时，应采用"间歇定量分序注浆法"进行注浆，以控制浆液流失过大。做好注浆原始记录，包括注浆压力、注浆量、水泥用量等项目。

（7）监测措施

1）监测内容与方法

监测内容主要有基坑及建筑物附近地下水位、周围建筑物沉降和裂缝。

基坑围护周边坡顶水平位移和沉降观测。测点间隔为10～15m，基坑中布设水平位移观测点25个，沉降观测点25个。观测标志用膨胀螺栓布设，用红漆编号。水平位移采用苏OTS234全站仪观测，沉降用苏光SZ2水准仪观测，观测误差不大于1mm。在远离基坑的地方按规范要求及工地具体情况设置基准点和水平位移测站。埋设完毕后，测读围护坡顶水平位移的沉降的初读数。

周围建筑物沉降观测。在建筑物上设置沉降观测点，用苏光SZ2水准仪观测，误差小于1mm，对于围墙可利用围墙原有特征点，其他均用膨胀螺栓在围墙角进行布设。

房屋裂缝观测。对房屋的现状及已有的裂缝进行描述并拍照，在已有的裂缝上涂上标记，用裂缝计测裂缝最大和最小处的宽度，测试精度为0.1mm。

2）监测实施

建筑物沉降和建筑物裂缝监测从基坑开挖时开始监测。从围护搅拌桩施工到基坑开挖，建筑物各监测项目监测频率为1次/d。

当监测值超过预警值（位移或沉降5mm/d，累计30mm/h），在日报表中注明，以引起有关各方注意。当监测值达到预警值，除在日报表中注明外，专门出文通知有关各方。监测技术负责人参加出现险情时的排险应急会议，积极协同有关各方出谋划策，提出有益的建议，以采取有效措施确保基坑及周围环境的安全。

3）监测成果

本工程基坑围护从开工到挖土结束，基坑沉降监测点累计最大值为56mm，位移累计最大值为75mm。经设计和专家结合现场情况分析论证后认为，沉降和位移状况不影响基坑安全，基坑周边稳定。

（8）施工中应急处理及监测值分析与控制

该基坑在施工过程中，项目部安排专业监测人员根据现场实际情况及方案进行监测控制点的布置，并对施工进行跟踪监测。

1）基坑 - 7.85m 以上土钉墙混凝土起鼓及土钉墙面层开裂处理措施

基坑维护 - 7.85m 以上土钉混凝土，在施工过程中曾出现过 15mm 左右的裂缝，但沉降和位移监测数值却很小，后经组织业主、监理、设计院、基坑围护工程方面专家对前期监测数据及现场情况进行分析、论证后认为：

（A）由于长期变形积累，基坑维护应力释放而引起开裂；

（B）由于两侧土体不均匀沉降引起混凝土面层开裂；

（C）应急措施：（a）对基坑围护工程沉降值是否达到报警界限重新进行讨论及确定（①日观测变形值≤5mm。②累计观测变形值≤30mm。③监测率为每天1次，有异常情况时要加大监测次数。④土钉墙基坑围护完工易变期为7～10d，监测变形值≤5mm/d，以变形值逐天减少为宜。）（b）如发生突发事件，应立即采取上部土方卸载减压；如基坑底部出现隆起及紧急情况，应采取回土加压的措施。

2）对直线加速器部位土钉的施工处理措施

直线加速器部分基坑属最深部位，且临近有震川中学宿舍楼，施工过程中，维护位移偏大，经组织业主、监理、设计院、基坑围护工程方面专家对前期监测数据及现场情况进行分析、论证并制定处理措施——论证结果（为确保震川中学宿舍楼及基坑的安全，建议“直线加速器部位”施工前先将基坑两侧的混凝土底板浇筑好；并将该部位分为A、B、C三区进行分段开挖施工，采取先开挖两侧进行土钉施工；然后，进行中间土钉的施工，完成后立即进行垫层施工。建议采用自钻式注浆锚杆施工法，这样可以避免在进行震川中学宿舍楼部位施工时水量和土体流失过大，引起维护过大的沉降和位移，达到提高安全的目的）。

**4.1.2　土方工程与降水工程**

（1）土方工程

1）施工准备（见图4-11）

做好施工区域内的“三通一平”工作。

本工程采用人工降水，以保证土方、基坑干燥不积水。

做好测量放线工作，在不受基础施工影响的范围，设置测量控制网，包括轴线和水准基点。根据控制网轴线，放出基坑灰线和水准标志。灰线、标高、轴线进行技术复核后，方可破土动工。

基坑上部设排水措施，防止地面水流入坑内冲刷边坡，造成塌方和破坏基土。

图 4-11 施工准备

做好基坑挖土的各类施工机械的准备工作，包括挖土机械、运输车辆、排水机具等。

2）开挖土方（见图 4-12 和图 4-13）

（A）基坑开挖程序：测量放线→降水→切线分层开挖→修坡→留足预留土层。

（B）挖土要点：

挖土自上而下水平分段分层进行，第一次用挖掘机挖至 -7.85m 处，施工 SMW 工法桩和基桩，养护期到后将挖机下到坑内，挖至基桩顶处；最后，开挖桩间土，用小挖机挖，辅以人工清土，注意不能碰动桩身。

图 4-12 开挖土方一

基坑开挖时尽量防止对地基土的扰动。人工挖土部分，如基坑挖好后不能立即进行下道工序时，则预留一层 20 ~ 30cm 土不挖，待下道工序开始前再挖至设计标高。机械开挖部分，为避免破坏基底土，采取在基底标高以上预留一层 20cm 人工清理，见图 4-14 ~ 图 4-17。

图 4-13 开挖土方二

图 4-14　大门洗车池安装的减速板

图 4-15　出土前大门出口处满铺麻袋

图 4-16　运土卡车出工地时的清理工作

雨期施工时，基坑分段开挖，挖好一段浇筑一段垫层；同时，经常检查边坡情况，防止坑壁受水浸泡，造成塌方。

图 4-17　运土结束后冲洗道路

弃土及时运出，在基坑槽边缘临时堆土、堆放材料以及移动施工机械时，与基坑边缘保持 1m 以上的距离，以保证坑边直立壁或边坡的稳定。

挖土至坑底设计标高后及时由建设单位、质监单位、设计单位、监理单位等组织基槽验收，做好记录；如发现地基土质与地质勘察报告、设计要求不符时，与有关人员研究及时处理。达到设计要求后，及时进行垫层施工，每一块坑底的无垫层暴露时间严格控制在 24h 以内。

（C）挖土注意事项：为防止超挖，配备专职测量人员进行标高监测控制。

挖土时在桩周边留三角土，必须采用人工挖土，以确保桩身质量。

挖土时注意检查基坑底是否有古墓、洞穴、暗沟等；如发现迹象及时汇报，并进行探查处理。

3）回填土

在地基回填和停止降水前，应先做地下室抗浮验算；建筑物重量大于地下室浮力时，方可进行回填土回填。

回填土的来源应落实，回填土质应采用无有机质和腐殖质的土，并应符合最佳含水量要求，黏性土以手捏成团、落地开花为宜。因为回填土过干将夯打不实，过湿则易变成橡皮土。

基坑内无明显积水（积水和有机质物体如模板、纸袋等残留物，应清除干净）。

（A）施工方法：回填土从场地最低部分开始，由一端向另一端自下而上分层铺填。

每层虚铺厚度，用打夯机械夯实时不大于 30cm。

深浅坑（槽）相连时，先填深坑槽，相平后与浅坑全面分层填夯。墙基与管道部分回填采用在两侧用细土同时均匀回填、夯实，以防止墙基及管道中心线位移。

采用自卸式汽车运输土料。回填土较少部分采用人工填土，用手推车送土，以人工用铁锹、耙、锄等工具进行回填土。

在夯实或压实后，对每层回填土的质量检查检验，采用小轻便触控仪直接通过锤击数来检验干密度和密实度，或采用环刀法取样测定土的干密度，求出土的密实度，见图 4-18。

图 4-18　施工现场图片

（B）回填土施工的注意事项：回填土应考虑天气对回填土的影响，必要时应采取暂停回填土或采取防水覆盖措施。

要控制好回填土土料的质量，严禁使用淤泥或含水量过大甚至达到饱和及被雨水淋湿的土料进入基坑。

当回填土的表层被雨水浸、淋时，回填前应将其表层铲去，方可填筑。

回填时发现有机质杂质应随时清除，大块土块应先敲碎，再填筑。

碾压回填土时，应注意保护基础结构或外墙防水层不受破坏。

详见基坑围护及土方施工方案。

（2）降水工程

1）土方开挖前要进行基坑降水。由于本基坑开挖深度较深，采用真空深井与轻型井点降水。降水应有一定周期，以保证降水深度控制在坑底以下 0.5～1.0m（包括深坑部位）。

2）降水单位在基坑开挖期间应每天测报抽水量及坑内地下水位。

3）为保证底板施工的顺利进行，除了在坑内保留部分深井继续抽水外，在底板与围护桩之间再设置一排轻型井点降水，在基坑回填时拆除。

4）监测

本工程应加强信息化施工，施工期间根据监测资料及时控制和调整施工进度和施工方法。

（A）监测内容

测试所采用的具体项目如下：

（a）水平垂直位移的量测

主要用于观测围护桩顶、立柱顶端、地下管线及邻近建筑物的水平位移及沉降。管线的测点、相邻建筑物布置测点，应与有关管理部门和业主商定。

（b）地下水位的观测

布置坑外地下水位观测井，监测坑外地下水位的波动情况。坑内的水位观测井一般由降水单位实施。

（c）环境观测

对周围道路、建筑物进行沉降观测。

（B）观测要求

（a）在围护结构施工前，需测得初读数。

（b）在基坑降水及开挖期间，需做到一日一测。在基坑施工期间的观测间隔，可视测得的位移及内力变化情况放长或减短。

（c）测得的数据应及时上报甲方、设计院及相关和部门。

（d）报警界限：

水平、垂直位移大于3mm/d或累计大于30mm；坑外地下水位下降达500mm。

若测试值达到上述界限需及时报警，以引起各有关方面重视，及时处理。

5）降水停止时间的确定

（A）抽排水停止时间

（a）地下水引起的上浮力

本基地原始地下水位为 $G_L-1.5m$，开挖深度约 $G_L-11.1m$，假设上浮力为 $U$，则

$$U=1.0\times(11.1-1.5)=9.6t/m^2$$

地下室面积约为9864m²，因此总浮力为

$$U=9.6\times9864=94694t$$

（b）结构体重量计算（见表4-1）

**表4-1**

| 楼　层 | 混凝土重量 | 单位重量（t） | 小计（t） | 累计（t） |
|---|---|---|---|---|
| 底板 | 17793m³ | 2.4 | 42703 | 42703 |
| B2F | 6940m³ | 2.4 | 16656 | 59359 |
| B1F | 4856m³ | 2.4 | 11654 | 71013 |
| 1F | 2349m³ | 2.4 | 5638 | 76651 |
| 2F | 2232m³ | 2.4 | 5357 | 82008 |
| 3F | 2118m³ | 2.4 | 5083 | 87091 |
| 设备层 | 2222m³ | 2.4 | 5333 | 92424 |
| 4F | 1174m³ | 2.4 | 2818 | 95242 |

依上述计算地基总浮力为94694t，而结构体累计重量至4层时为95242t，已足抵抗总浮力，故可停止地下水的抽汲。

（B）紧急应变措施

设置紧急发电机，平时注意蓄电池及定期保养，还有油料的添加，以备不时之需。

注意排水管路的维护及排水箱涵的疏通，务必使排水畅通无阻。

定期检查抽水机运转状况；如有异常，立即会同厂商排除故障。

（C）观测及监控方案

在土方及降水施工作业时，应对基坑围护、场地周围建筑、道路等进行观察，充分了解基坑施工时对周围环境的影响，并做好记录存档。

（a）基坑围护水平位移；

（b）一、二级井点降水处地下水位高低；

（c）周围建筑物、道路的沉降观测；

（d）施工前对周边建筑物的标高、裂缝情况进行测量、观测并记录，有必要处留影像资料。

### 4.1.3 桩基工程

（1）施工准备

1）材料及主要机具

水泥：宜采用32.5级普通硅酸盐水泥或矿渣硅酸盐水泥；

砂：中砂或粗砂，含泥量不大于5%；

石子：粒径为0.5~3.2cm的卵石或碎石，含泥量不大于2%；

水：应用自来水或不含有害物质的洁净水；

黏土：可就地选择塑性指数 $I_P \geqslant 17$ 的黏土；

外加早强剂应通过试验确定；

钢筋：钢筋的级别、直径必须符合设计要求，有出厂证明书及复试报告；

主要机具：回旋钻孔机 8 台、翻斗车或手推车、混凝土导管、套管、水泵、水箱、泥浆池、混凝土搅拌机、平尖头铁锹、胶皮管等。

2）作业条件

（A）地上、地下障碍物都处理完毕，达到“三通一平”。施工用的临时设施准备就绪。

（B）场地标高一般应为承台梁的上皮标高，并经过夯实或碾压，见图 4-19 和图 4-20。

图 4-19

图 4-20

（C）制作好钢筋笼。

（D）根据图纸放出轴线及桩位点，按上水平标高木橛，并经过预检签字。

（E）要选择和确定钻孔机的进出路线和钻孔顺序，制定施工方案，做好技术交底。

(F) 正式施工前应做成孔试验，数量不少于两根。

(2) 操作工艺

1) 工艺流程：钻孔机就位→钻孔→注泥浆→下套管→继续钻孔→排渣→清孔→吊放钢筋笼→射水清底→插入混凝土导管→浇筑混凝土→拔出导管→插桩顶钢筋。

2) 钻孔机就位：钻孔机就位时，必须保持平稳，不发生倾斜、位移，为准确控制钻孔深度，应在机架上或机管上做出控制的标尺，以便在施工中进行观测、记录，见图 4-21 和图 4-22。

图 4-21 钻机进位进行安装调试做好准备

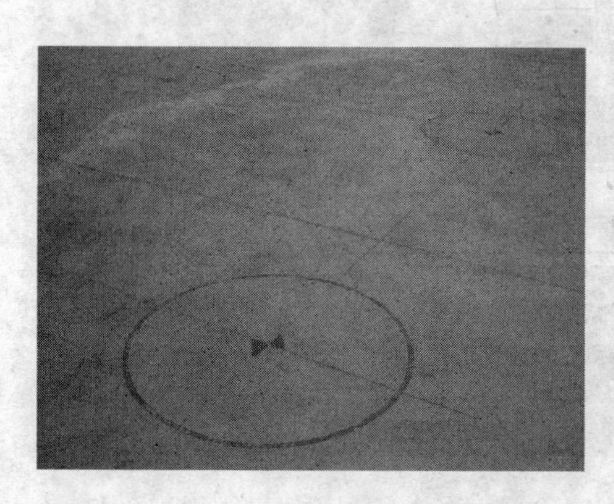

图 4-22 工程桩放线定位会同监造与监理验收

3) 钻孔及注泥浆：调直机架挺杆，对好桩位（用对位圈），开动机器钻进、出土，达到一定深度（视土质和地下水情况）停钻，孔内注入事先调制好的泥浆，然后继续进钻，见图 4-23。

4) 厂套管（护筒）：钻孔深度到 5m 左右时，提钻下套管。

(A) 套管内径应大于钻头 100mm。

(B) 套管位置应埋设正确和稳定，套管与孔壁之间应用黏土填实，套管中心与桩孔中心线偏差不大于 50mm。

图 4-23　管井施工

（C）套管埋设深度：在黏性土中不宜小于 lm，在砂土中不宜小于 1.5m，并应保持孔内泥浆面高出地下水位 1m 以上，见图 4-24。

图 4-24　套管埋设

5）继续钻孔：防止表层土受振动坍塌，钻孔时不要让泥浆水位下降；当钻至持力层后，设计无特殊要求时，可继续钻深 1m 左右，作为插入深度。施工中应经常测定泥浆相对密度。

6）孔底清理及排渣

（A）在黏土和粉质黏土中成孔时，可注入清水，以原土造浆护壁。排渣泥浆的相对密度应控制在 1.1～1.2。

（B）在砂土和较厚的夹砂层中成孔时，泥浆相对密度应控制在 1.1～1.3；在穿过砂夹卵石层或容易坍孔的土层中成孔时，泥浆的相对密度应控制在 1.3～1.5。

（C）吊放钢筋笼：钢筋笼放前应绑好砂浆垫块；吊放时要对准孔位，吊直扶稳，缓慢下沉，钢筋笼放到设计位置时，应立即固定，防止上浮，见图 4-25 和图 4-26。

图 4-25 钢筋笼加工完成组织监造、监理单位验收

图 4-26 钢筋笼下放

7）污水清底

在钢筋笼内插入混凝土导管（管内有射水装置），通过软管与高压泵连接，开动泵水即射出。射水后孔底的沉渣即悬浮于泥浆之中，见图 4-27 和图 4-28。

图 4-27 二清后用测绳测量孔深

图 4-28 二清后测量泥浆相对密度

8）浇筑混凝土

停止射水后，应立即浇筑混凝土，随着混凝土不断增高，孔内沉渣将浮在混凝土上面，并同泥浆一同排回储浆槽内，见图4-29和图4-30。

图4-29　安装混凝土导管

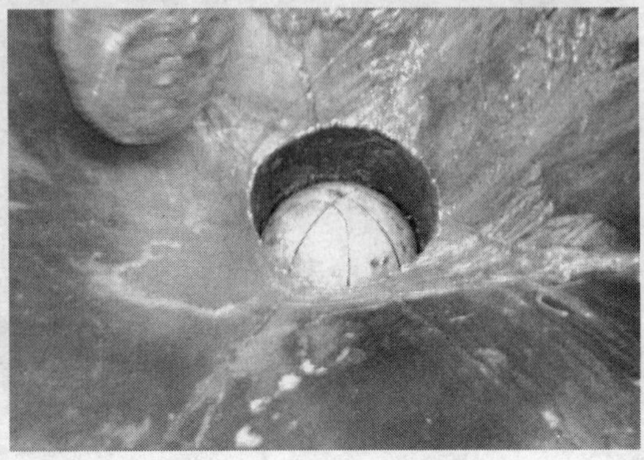

图4-30　止水球安装完成

（A）水下浇筑混凝土应连接施工；导管底端应始终埋入混凝土中0.8～1.3m；导管的第一节底管长度应≥4m。

（B）混凝土的配制：

（a）配合比应根据试验确定，在选择施工配合比时，混凝土的试配强度应比设计强度提高10%～15%。

（b）水灰比不宜大于0.6。

（c）有良好的和易性，在规定的浇筑期间内，坍落度应为16～22cm；在浇筑初期，为使导管下端形成混凝土堆，坍落度宜为14～16cm。

（d）水泥用量一般为350～400kg/m$^3$。

（e）砂率一般为45%～50%。

9）拔出导管：混凝土浇筑到桩顶时，应及时拔出导管。但混凝土的上顶标高一定要符合设计要求，见图4-31和图4-32。

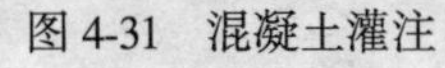

图4-31　混凝土灌注

图4-32　每组混凝土试块进行编号养护

10）插桩顶钢筋：桩顶上的插筋一定要保持垂直插入，有足够锚固长度和保护层，防止插偏和插斜。

11）同一配合比的试块，每班不得少于1组。每根灌注桩不得少于1组。

12）冬雨期施工：

(A) 泥浆护壁回转钻孔灌注桩不宜在冬期进行。

(B) 雨天施工现场必须有排水措施，严防地面雨水流入桩孔内。要防止桩机移动，以免造成桩孔歪斜等情况。

### 4.1.4 基础工程

(1) 施工流程

承台及底板垫层→涂膜防水层→筏箱底板及承台施工→地梁施工（预留筏基顶板插筋）→地下二层墙柱顶板施工→地下一层墙柱顶板施工→筏箱顶板施工，见图4-33。

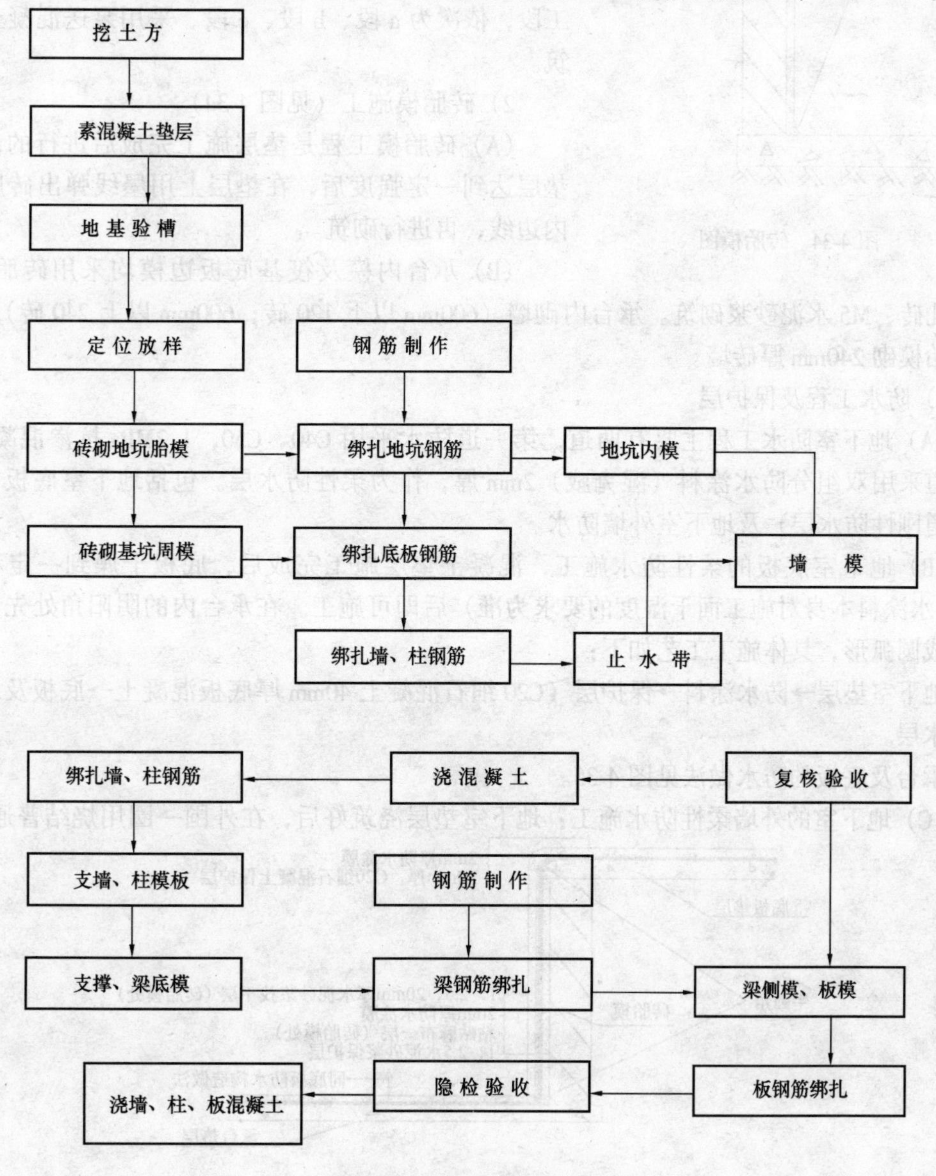


图4-33 基础工程施工流程

（2）主要施工工艺

1）垫层施工技术措施

（A）土方开挖至设计标高后，应立即浇筑垫层，垫层施工分为两阶段。为保证基坑安全，先将整个基坑四周8～10m范围垫层先浇筑；然后，按挖土分段分区浇筑垫层。承台内垫层先施工，承台垫层施工完成后进行砖胎模施工；然后，再进行基层土方清理工作，进行基层垫层浇筑。

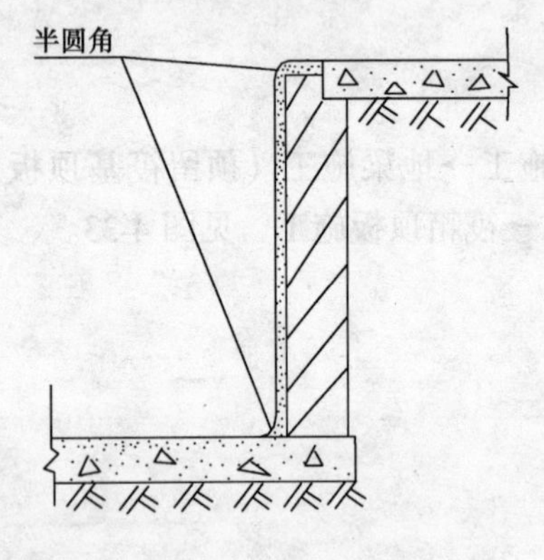


图4-34　砖胎模图

（B）垫层浇筑采用商品混凝土，强度等级C15，100mm厚。考虑在此垫层上不做找平层，直接做防水，所以垫层需原浆收光。

（C）根据施工段的划分，垫层浇筑分为三个施工段，依次为a段、b段、c段、采用泵送混凝土浇筑。

2）砖胎模施工（见图4-34）

（A）砖胎模工程是垫层施工完成后进行的，待垫层达到一定强度后，在垫层上用墨线弹出砖胎模内边线，再进行砌筑。

（B）承台内模及筏基底板边模均采用砖胎模，用多孔砖、M5水泥砂浆砌筑。承台内砌墙（600mm以下120砖；600mm以上240砖）；底板砖胎模砌240mm厚砖墙。

3）防水工程及保护层

（A）地下室防水工程主要有两道，第一道防水采用C40、C50，1.2MPa抗渗混凝土；第二道采用双组分防水涂料（湿克威）2mm厚，作为柔性防水层。包括地下室底板（内加一道刚性防水层）及地下室外墙防水。

（B）地下室底板的柔性防水施工，混凝土垫层施工完成后，底板干燥到一定程度（以防水涂料本身对施工面干湿度的要求为准）后即可施工。在承台内的阴阳角处先用砂浆作成圆弧形，具体施工工艺如下：

地下室垫层→防水涂料→保护层（C20细石混凝土40mm厚底板混凝土→底板及地梁内防水层。

承台及底板的防水做法见图4-35。

（C）地下室的外墙柔性防水施工：地下室垫层浇筑好后，在外围一圈用烧结普通砖、

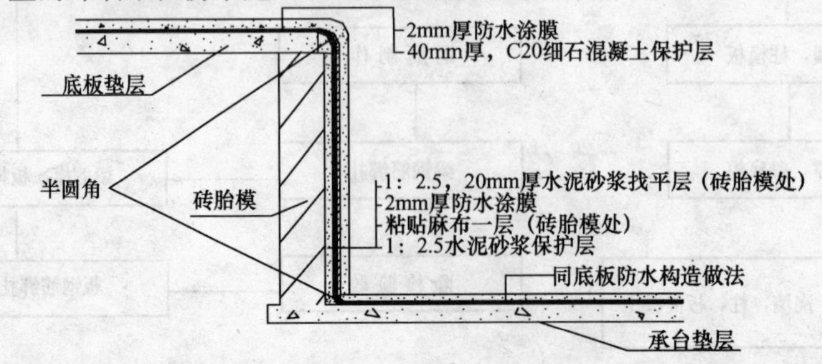


图4-35　承台及底板防水构造做法

M5水泥砂浆砌筑砖胎模，高度为110cm、240mm厚；墙内侧用1∶2.5水泥砂浆粉20mm厚；墙与垫层阴角处抹成圆弧形；防水涂料沿墙面到顶，在顶端用防水卷材或麻布作为上下防水层的衔接，110cm以上模板采用胶合板，待外墙浇筑完毕后再进行防水层施工。具体工艺如图4-36所示。

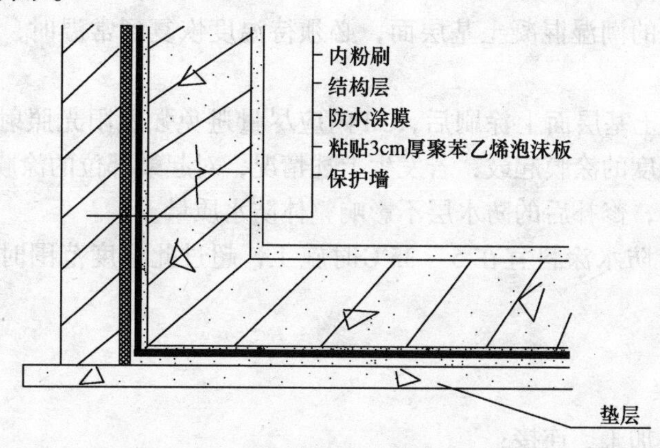


图4-36 外墙防水构造做法

(D) 工程质量控制

(a) 防水层表面应平整、不得有漏涂、翘边、开口、开裂、空鼓等现象；

(b) 对阳转角、施工缝处、应加贴涤纶布，布宽应距中心线各10cm，并用"湿克威"涂刷两遍，涂层应宽于涤纶布10cm；对细微墙体裂缝，加贴涤纶布宽10cm（跨中心各5cm）即可；

(c) 地下室墙体与底板连接处的防水层搭接，应少于20cm；

(d) 地下室不设地板防水层，墙面外防水应将外露的底板全面涂抹"湿克威"；有条件时，应涂刷到底板侧面，低于底板平面10cm；

(e) 防水层厚度控制（在平面的基础上）：

a）方法之一：以涂抹次数及用量来控制。

防水层平均厚度1.5mm：涂刷三次，用量≥2.5kg；

防水层平均厚度2mm：涂刷四次，用量≥3.3kg；

表面应平整，无明显流淌。

b）方法之二：直测法控制。

将$\phi$10长100mm铁棒端头，用车床加工$\phi$1高度1.2mm或1.6mm测厚针。检查防水层1.5mm时，取针头高1.2mm测厚针；检查防水层2mm时，取针头高1.6mm测厚针。

检查时，用力将测厚针刺入防水层，探头端部的铁棒平面触及防水层为合格，反之不合格；防水层面积100m$^2$取三点，每增加100m$^2$加测一点。测点由随机抽样选得，并具有一定代表性。测点平均后厚度应符合设计厚度，允许有30%的测点不低于设计厚度的80%。

对被检查部位，必须用"湿克威"一布三涂，修补面积100mm×100mm。

(E)"湿克威"防水层厚度与用料（见表4-2）

(F) 施工注意事项

(a) 混凝土需在养护期后，方可做防水施工。

**“湿克威”防水层厚度与用料表**　　**表 4-2**

| 防水层平均厚度（mm） | 1.5 | 2.0 | 2.5 |
| --- | --- | --- | --- |
| 涂刷次数 | 3 | 4 | 5 |
| 用　量 | ≥2.5 | ≥3.3 | ≥4 |

(b) 经喷灯加热的潮湿混凝土基层面，必须待温度恢复到常温时，才能涂刷“湿克威”防水涂料。

(c) 在潮湿混凝土基层面上涂刷后，3d 内应尽量避免强烈阳光照射，以防潮气突然蒸发，使未能形成强度的涂膜起鼓；若发生上述情况，对起鼓部位的涂膜割除后，排出潮气，再进行局部修补，修补后的防水层不影响整体防水质量。

(d) “湿克威”防水涂料宜在 5～35℃时施工，超过此温度范围时，应采取相应的措施。

4) 钢筋工程

(A) 钢筋的制作

钢筋滚轧直螺纹加工、连接：

(a) 施工准备

钢筋切口端面应与钢筋轴线基本垂直，宜用切断机和砂轮片切断，不得用气割下料。

(b) 钢筋直螺纹加工

①加工的钢筋端头螺纹牙形、螺距等必须与连接套牙形、螺距一致，并经配套的量规检测合格后方能使用，螺纹量规精度应符合 5*f*（GB 197）要求。

②加工钢筋端头螺纹，应采用水溶性润滑液。

③操作工人应按要求逐个检查钢筋端头螺纹的外观质量。

④经自检合格的钢筋端头螺纹，应对每种规格加工批量随机抽检 10%，且不少于 10 个；如有一个端头螺纹不合格，即应对该批加工批全数检查，不合格的端头螺纹应重新加工，经再次检验方可使用。

⑤已检验合格的端头螺纹应加以保护，戴上保护帽或拧上连接套，并按规格分类堆放整齐待用。

(c) 钢筋连接

①连接钢筋时，钢筋规格和连接套的规格应该一致，并确保钢筋和连接套的丝扣干净，完好无损。

②采用预埋接头时，连接套的位置、规格和数量应符合设计要求。带连接套的钢筋应固定牢，连接套的外露端应有密封盖。

③连接钢筋时，可用普通扳手旋合接头到位。检验外露有效丝扣牙数在 3 牙之内。

(d) 接头的型式检验

①在下列情况下应进行型式检验：

确定企业具有生产能力时；

产品进行技术鉴定时。

②用于型式检验的钢筋母材的性能除符合有关规定外，其屈服强度及抗拉强度实测值不宜大于相应屈服强度和抗拉强度标准值的 1.10 倍。

③钢筋超强时，接头的强度达到钢筋强度标准值的 1.10 倍即可判定该接头为 SA 级接

头，对接头的破坏位置可不受限制。

④接头的型式检验应符合现行行业标准《钢筋机械连接通用技术规程》（JGJ 107）中第5章规定，接头性能检验指标按3.0.3条执行。

e）接头的现场检验与验收

①工程中应用接头时，应用有技术提供单位的型式检验报告；

②检查连接套出场合格证和连接原材料质量保证书；

③检查钢筋材料出场质量保证书和钢筋端头螺纹加工记录；

④钢筋连接开始前及施工过程中，应对每批进场钢筋和接头进行性能检验，包括：

每种规格钢筋母材的抗拉强度试验抽样数量不少于3根；

每种规格钢筋接头的单向拉伸试验抽样数量不应少于3根；

每种规格钢筋接头抽样单向拉伸试件的抗拉强度均应满足试验要求；

随机抽取同规格接头数的10%进行外观检查，并符合规程规定，钢筋与连接套的规定一致。

⑤根据外露有效丝扣必须在3牙之内检验螺纹连接长度，抽检数量应不少于3%；如发现有一个不合格，则该批接头应逐个检查，对查出的不合格接头应按要求重新连接，并按接头质量检查记录。

⑥现场单向拉伸检验验收批进行，同一施工条件，采用同一批材料的同等级、同型式、同规格接头，以500个为一个验收批，不足500个也作为一个检验批。

⑦对接头的每一验收批，如一组中有一个试件的抗拉强度不符合要求，应再取6个试件进行复检；复检中仍有一个试件抗拉强度不符合要求，该验收批判定为不合格。

⑧现场连续检验10个验收批均一次合格时，验收批接头数量可扩大一倍。

f）加工质量检验方法

①钢筋端头螺纹中径尺寸的检验应符合环规通用端能旋入整个有效长度，而环规止端旋入的深度不超过止规厚度的2/3。

②钢筋端头螺纹的有效长度用专用螺纹环规进行检测，允差不大于两个螺距有效丝扣长度。

③连接套螺纹中径尺寸和螺纹有效长度的检验：塞规通端旋入套筒的深度应不小于螺纹连接的有效长度值。而止规旋入的深度不超过止规厚度的2/3，即为合格（见图4-37）。

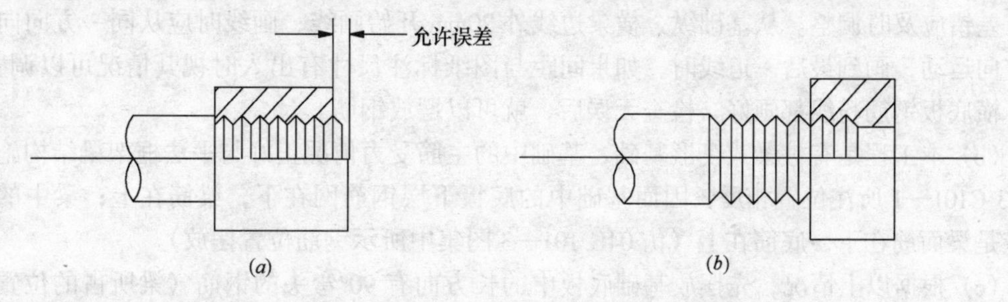


图4-37 连接套螺纹中径尺寸与螺纹有效长度的检验

（a）钢筋直螺纹环规-通端螺纹有效长度环规；（b）钢筋直螺纹环规-止端

g）常用接头连接方法

同径和异径普通接头：

先用扳手将连接套与一端钢筋拧到位，再将另一端钢筋与连接套拧到位；

可调接头（用于钢筋笼、弯折钢筋等钢筋不能转动场合的连接接头）；先将连接套和锁紧螺母全部拧入螺纹长度较长的一端钢筋内，再把螺纹长度较短的一端钢筋对准套筒，旋转套筒使其从长螺纹钢筋头中逐渐退出，并进入短螺纹钢筋头中，并与短螺纹头钢筋拧到位，然后将锁紧螺母也旋出，并同连接套拧到位。

（B）基坑底板钢筋绑扎、安装

钢筋工程在 -9.2m 以下梁板制作绑扎中，施工难度比较大，因此专项对此进行了技术措施方案。

（a）准备工作

基坑底板下最后一层 C20 细石混凝土浇好后，在混凝土面上弹出纵、横基础梁的轴线，弹好基础底板梁的两边边线，并把纵、横基础梁的轴线引到四周的护壁上固定牢实，高度在 -11.6m 标高上 2.6m 处。把基础桩上的预留钢筋调直，钢筋上的杂物、泥土及混凝土块都应清理干净，桩顶及基坑内的垃圾都应清除，积水扫干以利画线。

（b）承台板钢筋的绑扎及安装

按图要求划好承台板内的纵横粉线，核对承台板的半成品钢筋是否与料单、图纸所示规格、形状、尺寸相符，如有差别应及时调整，根据图纸标示，先把第一排已弯曲成型的钢筋按粉线摆齐。双向钢筋都摆好后，再把另一方向的承台板筋按粉线位置摆整齐。双向钢筋都摆好后再检查钢筋的规格、形状、位置都符合要求后，可以开始用 22# 钢丝把钢筋交叉点成八字形绑扎牢固，边绑扎边用 100mm×100mm×100mm 混凝土垫块把钢筋网支垫与桩顶平齐，垫块间距 1000mm×1000mm，并视情况适当调整。低于底板底筋的承台竖向筋应加 $\phi$12@200mm 的水平筋，在承台竖向筋的外侧，水平筋的搭接头按剪力墙水平筋要求布置。与基础底板底筋一样平齐的承台竖向筋，在其顶端用 $\phi$12 钢筋一道临时固定，并绑扎牢固，待基础梁、板钢筋都绑扎完毕后拆除；所有承台纵、横钢筋都绑扎完毕，经检查合格后，清理现场杂物申请报验，填好自检表，做好钢筋隐蔽记录，交付下道工序。在浇筑混凝土时，应有钢筋工在现场随时修整钢筋。

（C）基础底板下层钢筋绑扎

（a）先核对半成品钢筋的规格、形状及接头位置是否与料单、料牌、图纸所标相符，如有差错应及时调整。从基础纵、横梁边线外 20mm 开始画线，画线时应从同一方向向另一方向运动，画到最后一道线时，如果间距与图纸标注尺寸有出入时视其情况可以调整，纵、横底板钢筋粉线都画好、检查无误后，就可以摆放钢筋。

（b）本工程是有桩梁式筏形基础，基础中的主筋受力情况正好与平法框架梁结构施工图 03 G101—1 所注位置相反，因而基础中的底板下层钢筋网在下，梁筋在上；梁中的钢筋应是梁面筋在下，底筋在上（仿 04G 101—3 图集中所示钢筋位置摆放）。

（c）根据以上情况，先摆放基础底板中的长方向有 90°弯头的钢筋（梁所占的位置不用摆放），钢筋对焊接头的位置要在 35$d$（钢筋直径）的区段外，错开 50%并基本在连接区内。长方向的钢筋总长 128.5m，用 4 根已对焊成型的钢筋组合成一根，中间用手工电弧焊搭焊而成。长方向的钢筋摆好后开始绑扎钢筋，接着摆短方向的有 90°弯头钢筋并压在长方向钢筋之上，检查无差错后开始绑扎钢筋。纵、横钢筋都对准已画好的粉线就可以绑扎，钢筋绑扎用22#钢丝，底板都是双向板，所有交叉点都要绑扎牢固，并应注意相邻绑扎点的铁丝扣要成八字形，防止钢筋网变形。所有的钢筋弯头都要朝上，短方向的钢筋是由两根已对焊成型的钢筋组合成一根，中间用手工电弧焊搭接焊接。钢筋网绑扎好后，用已准备好的60mm×60mm×40mm的混凝土垫块把钢筋网支垫起来，垫块间距1000mm×1000mm（双向），梁底视其情况可加密；钢筋网支垫好后，检查长、短方向的钢筋保护层、弯钩的朝向等，无误后钢筋搭接区就可以进行手工电弧焊。电弧焊采用搭接单面焊，焊缝长度$10d$，焊缝高$0.3d$，焊缝宽$0.7d$（$d$为钢筋的直径）。电焊接头以300个同一规格，同一型号、同一焊工、同种焊接方法取一组实验接头。本工程使用的电焊条型号为E50，加固电焊条型号为E43，焊条应有出厂合格证。

(D）基础底板梁钢筋绑扎安装

(a）因本工程的基础底板梁高2m，与基础长、宽一样长。梁内配置的钢筋多、密，特别是梁与梁交叉的地方更是复杂。所以，搭设钢管架将梁的上下两层钢筋分层架空安放，在钢管架上将纵横梁钢筋绑扎并加固好后再安装就位。

(b）先将①杆立在离底板梁边100mm的地方，离底板筋700mm高的地方用十字扣件扣牢②号小横杆，形成小门架状，每隔1500mm上一排再用③号拉杆连接成整体不倒架子。所有纵、横梁都搭设成这种门架，用搭吊把对焊好的短方向的梁底第一排钢筋吊在门架第一排②号小横杆上；如果搭吊紧张，同时可用人工搬运。短方向梁通长筋是两根对焊成型的钢筋组合成的，组合的部位用滚轧直螺纹加钢套连接。直螺纹接头钢筋需经检查合格后方可使用，接头的连接检验需按JGJ 107—2003及DBJ/CT 005—99技术规程执行。短方向梁底第一排钢筋全部排好之后，再把长方向梁底第一排钢筋吊在门架上，穿过短梁时压在短梁第一排钢筋之上。所有长方向梁底第一排钢筋都摆好之后，回头来再把短方向梁底第二排钢筋摆上，穿过长方向梁时压在长方向梁底第一排钢筋之上。最后，又把长方向梁底第二排钢筋摆上，穿过短梁时压在短梁底第二排钢筋之上。所有纵横梁底第二排与第一排钢筋之间都要用$\phi$25钢筋隔开，间距1200mm左右。所有纵、横梁底第一排、第二排钢筋都临时摆好，再检查钢筋的根数、位置等，都符合工程设计后，在第一排②号小横杆上1400mm的地方搭设第二排②号小横杆，用③号拉杆连成整体，两根③号杆上下之间再用④号斜杆加固（连接用活动扣件），使纵横梁的搭设架子形成钢架。纵横梁架子的第二排③号杆需延伸出去，撑在基坑四周的外模上并加固、顶牢，松动有缝的地方还应加木楔子。

(c）架子搭好之后，再检查高度是否符合要求，扣件是否拧紧，布局是否合理，有无影响钢筋安放的地方，无误之后就可以在第二排小横杆上摆好钢筋。这时钢筋摆放的顺序是：先吊放短方向梁面筋的第二排钢筋，再安放长方向梁面筋的第二排钢筋，穿过短梁时压在短梁第二排钢筋之上；然后，再吊放短方向梁面筋的第一排钢筋，穿过长梁时压在长梁面筋第二排钢筋之上；最后，吊装长方向梁面筋第一排钢筋，与第二排之间用短筋$\phi$25隔开，间距1200mm左右。长、短方向梁的上下各层主筋都摆好之后，检查有无漏掉的钢筋，特别是一、二排的短筋；同时，检查架子的牢固程度，不足的地方还应加固。安放梁箍筋前，先分段拆除第一排的一边③号大横杆，箍筋安放好后再重新恢复，按图纸要求套上长短方向梁的箍筋。四肢箍时，外边套上一个大箍筋，内面套一个小箍筋。六肢箍时，外面套一个大箍筋，内面分别套两个大小相同的小箍筋，上下排主筋均匀，位置完好。用22#钢丝把箍筋与主筋的每个点都绑扎牢固，相邻的钢丝扣都成八字形；同时，将主筋的

90°直角弯钩朝下，中间加工段以外的钢筋接头用滚轧直螺纹连接。最长梁主筋用4根对焊成型的钢筋再用滚轧直螺纹连接成型，钢筋工、焊工都站在第一排②号小横杆上的⑤号脚手板上操作，不准蹲在梁顶上操作。梁顶箍筋、主筋、垫铁等都绑扎完毕之后。可以把⑤号脚手板，第一排②号小横杆拆除，让短、长梁的底部钢筋落到箍筋底部，这时重新把②号小横杆放回原处，上好扣件。

（d）落到箍筋底部的长短方向梁的一、二排主筋重新按图纸要求，排好间距，留足保护层的位置，垫好垫铁，90°直钩都朝上，与顶部下弯筋对齐并绑扎好。中间的长方向梁主筋螺纹端头对准另一头已套好套筒的主筋端头，用扳手旋紧，外露两丝主筋摆好之后对好箍筋，这时箍筋一定要垂直，不得有偏斜现象。箍筋与主筋铰接的每一个点都绑扎牢固，相邻的钢丝扣都成八字形，角筋每隔两道箍筋应包角绑扎（包括梁顶箍筋），见图4-38。

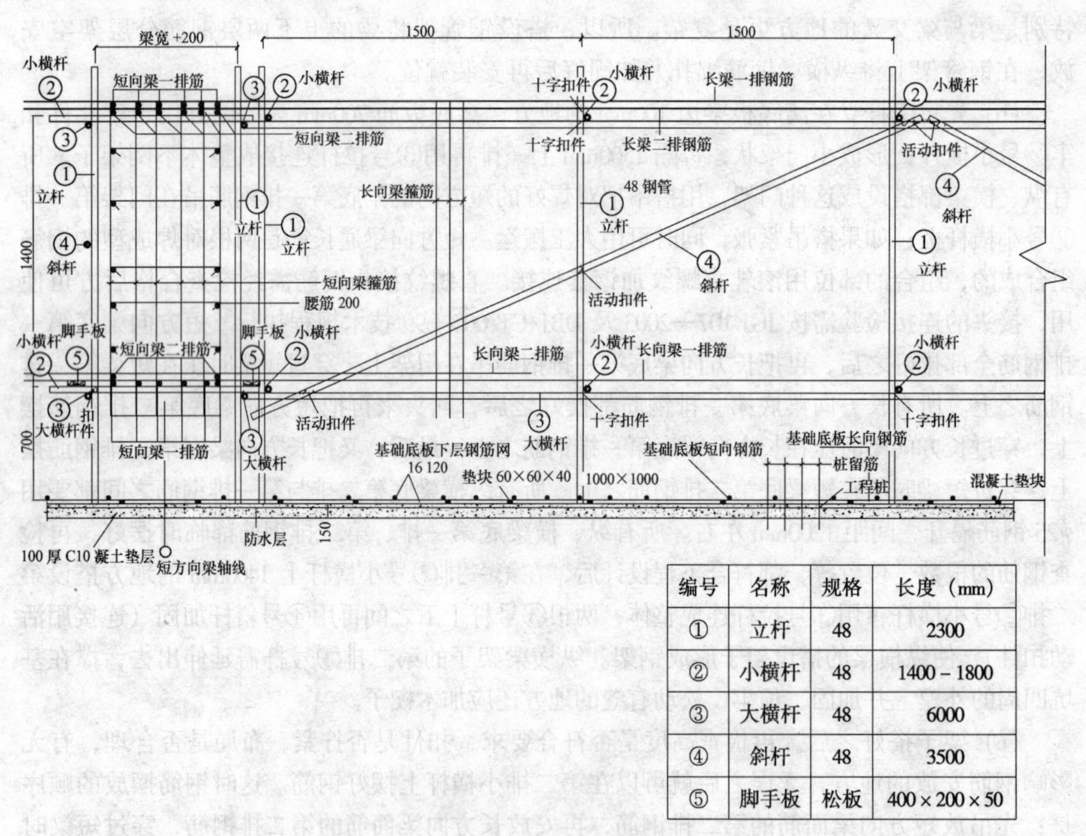


| 编号 | 名称 | 规格 | 长度（mm） |
|---|---|---|---|
| ① | 立杆 | 48 | 2300 |
| ② | 小横杆 | 48 | 1400－1800 |
| ③ | 大横杆 | 48 | 6000 |
| ④ | 斜杆 | 48 | 3500 |
| ⑤ | 脚手板 | 松板 | 400×200×50 |

图4-38　基础底板梁钢筋绑扎支撑示意图

（e）长短方向梁的上下层主筋都绑扎好之后（有吊筋的地方暂时不绑扎，只把吊筋放入就行），再把⑤号脚手板放回原处，在长短梁的侧面开始穿侧向构造筋。按图要求穿足两个侧面的构造筋后均匀绑扎在箍筋的侧面，并按要求绑扎好拉钩，拉钩的距离是梁箍筋非加密区的两倍，并上下错开。构造筋的搭接长度按15$d$，接头间应错开35$d$区段，接头率不超过50%，可在梁中任何部位搭接。特别注意的是，每根梁应留出两根构造筋的位置，正好是底板上层筋穿过的位置，上层底板筋正好搁在构造筋的面上。把架子上绑扎好的长、短方向梁位置对准底板梁边线留出保护层，这时把所有吊筋按图要求绑扎好，局部位置需要电焊焊牢上、下主筋及能焊的构造筋。短方向的梁每隔一跨，用 $\phi$25 钢筋把梁上、下主筋斜支撑成八字形，支撑与主筋的夹角成 45°，并焊接牢固，每跨只撑一个部位在梁的两对边，支撑与腰筋交点的地方都点焊牢固。

(f) 所有长、短方向梁钢筋都绑扎好并加固牢实，经检查符合要求就可以从一头拆除架子，将梁钢筋平稳落在有垫块支撑的底板底层钢筋上。拆架子时应注意，先从⑱轴长向梁端同时开始只拆 1 跨梁的架子。先拆脚手板，再拆第一排的②号小横杆拆除。接着拆除第二排架子的③号大横杆，第二排②号小横杆的扣件螺帽拧松，让小横杆连着扣件逐渐下滑，直到梁钢筋平稳落在底板钢筋上。不能把扣件螺帽全部拧松，这样梁钢筋会突然下落，造成事故。为防止梁钢筋突然下滑，可在扣件下再加一个扣件形成限制下降，每次下降 100mm，逐渐向前推进，直到全部梁钢筋落在指定位置。所有的长、短方向梁钢筋都落在底板下层钢筋网上后，全面检查梁钢筋是否有歪斜现象、位置是否正确、加固的地方是否牢固等；有不足的地方进行调整，直到符合要求。这时就可以把四周边梁钢筋垫好保护层，没有支边梁模板时用钢管把边梁钢筋撑在四周护壁上并稳定，把长、短方向梁交接处的第一排钢筋临时电焊，每交接处焊四个点，使整体长、短梁不摆动。如果梁跨度大，中间没有次梁连接，站在上面有晃动，就用钢管上扣件临时加固梁上排钢筋，使上排梁钢筋连成一体不晃动。

(E) 基础底板上层钢筋绑扎、安装

长、短方向梁钢筋都绑扎完毕后经检查符合要求后，就开始穿插基础底板上层钢筋。上层筋都是直筋不用弯钩，同底板下层筋一样长，也是短方向上层筋用两根对焊好的钢筋，在中间再搭接电弧焊而成。长方向上层筋用 4 根也对焊好的钢筋，在中部搭接电弧焊而成。上层钢筋网与下层钢筋网对称安放。先把短方向的钢筋用搭吊放在基础长梁上与短梁平行，吊放的钢筋分散堆放不能集中，钢筋的接头先错好。梁上的钢筋不能放多应随吊随摆放。穿插的钢筋可以放在预先准备好的钢筋撑脚上。撑脚用 $\phi$16～20 钢筋加工成形，每 1200mm 左右安装一个。用吊在基坑内左面的短方向底筋往基础坑右边穿过去，放在撑脚上，穿过长方向梁压在与上层底板筋同高度的腰筋上，如此依顺序摆放。又用右面的钢筋往左边穿过去，放在撑脚腰筋上，一根接一根搭接，直到摆完成或到长方向底板筋用塔吊吊到基坑中部，压在短方向的梁钢筋上与长梁平行。然后一根一根地从基础中部往基坑边梁处穿插，一头穿过边梁中线有锚固长度，另一头与中部的底板筋搭接有焊接长度，依此类推，直到另一边的两侧中线。长方向底板上层钢筋放在短方向底板上层钢筋之上，穿过短方向梁钢筋，搁在与上层底板筋一样高的腰筋上。长、短方向的上层钢筋都对准下层钢筋，边绑扎边调整撑脚位置，绑扎方法同底板下层钢筋网，直到整个底板上层钢筋全部绑扎完毕。绑扎的同时，每隔 1～2 个撑脚把靠在撑脚上、下的钢筋用电弧焊焊牢，与上层板筋同样高度的梁腰筋与梁箍筋每隔 1000mm 点焊牢固。穿出底板的桩预留插筋，用横口扳手折弯，与底板上层钢筋绑扎或电焊成整体。

### 4.1.5 模板工程

(1) 地下室侧板模板采用多层胶合板模板，钢管扣件结合木方支撑。横楞采用方木，搁栅采用钢管，并在壁板中采用对拉螺栓拉撑。基础梁在梁面上设置钢管与扣件组成的钢支撑外，另在梁中设对拉螺栓拉撑。

(2) 施工时，固定模板用的钢丝尽量不穿过防水混凝土结构，结构内部设置的各种钢

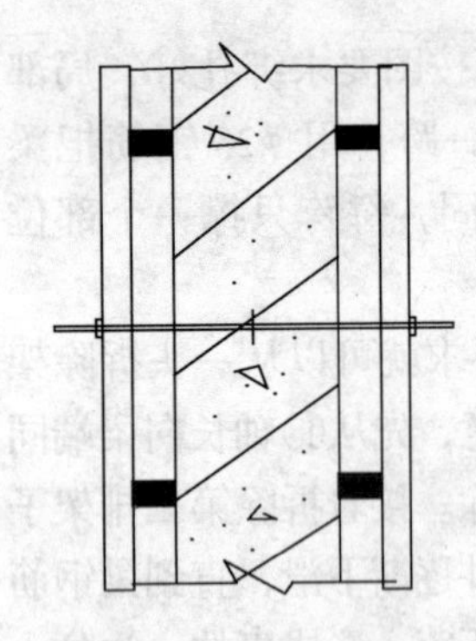

图 4-39　螺栓示意图

筋以及绑扎钢丝均不得接触模板。如固定模板用的螺栓必须穿过防水混凝土结构时，在螺栓上加焊止水环或加设焊有止水环的套管，止水环直径为 5cm，止水环与螺栓间满焊严密，见图 4-39。

（3）基础梁支模前，先在垫层上放出基础的中心线和边线，然后按边线固定模板。

（4）固定在模板上的预埋件和预留孔洞均不得遗漏，安装必须牢固，位置准确。

（5）模板安装完毕后，项目部及时对模板工程进行质量检查与技术复核，见图 4-40。

### 4.1.6　混凝土工程

（1）混凝土的浇筑

1）混凝土浇筑可根据面积大小和混凝土供应能力采取全面分层、分段分层或斜面分层连续浇筑，分层厚度 300～500mm 且不大于振动棒长 1.25 倍。分段分层多采取踏步式分层推进，一般踏步宽为 1.5～2.5m。斜面分层浇灌每层厚 30～35cm，坡度一般取 1:6～1:7。

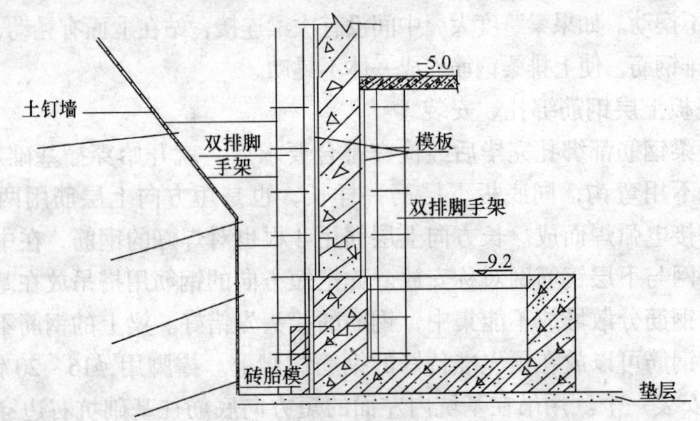


图 4-40　外墙模板示意图

2）浇筑混凝土时间掺外加剂时由试验确定，但最长不得大于初凝时间减 90min。

3）混凝土浇筑宜从低处开始，沿长边方向自一端向另一端推进，逐层上升。亦可采取中间向两边推进，保持混凝土沿基础全高均匀上升。浇筑时，要在下一层混凝土初凝之前浇筑上一层混凝土，避免产生冷缝，并将表面泌水及时排走。

4）局部厚度较大时，先浇深部混凝土，2～4h 后再浇上部混凝土。

5）振捣混凝土应使用高频振动器，振动器的插点间距为 1.5 倍振动器的作用半径，防止漏振。斜面推进时，振动棒应在坡脚与坡顶处插振。

6）振动混凝土时，振动器应均匀地插拔，插入下层混凝土 50m 左右，每点振动时间 10～15s，以混凝土泛浆、不再溢出气泡为准，不可过振。

7）混凝土浇筑后 3～4h，在混凝土接近初凝前，进行二次振捣；然后，按标高线用刮尺刮平，并轻轻抹压。

8）混凝土的浇筑温度按施工方案控制，以低于 25℃为宜，最高不得超过 28℃。

9）间断施工超过混凝土的初凝时，应待先浇混凝土具有 1.2N/mm² 以上的强度才允许后续浇筑混凝土。

10）混凝土浇筑前应对混凝土接触面先行湿润，对补偿收缩混凝土下的垫层或相邻其他已浇筑的混凝土，应在浇筑前24h即大量洒水浇湿。

（2）混凝土的养护与温控

1）混凝土侧面钢木模板在任何季节施工均应设保温层。采用砖侧模时，在混凝土浇筑前宜回填完毕。

2）混凝土养护期间需进行其他作业时，应掀开保温层尽快完成随即恢复保温层。

3）当设计无特殊要求时，混凝土硬化期的实测温度应符合下列规定：

（A）混凝土内部温差（中心与表面下100或50mm处）不大于20℃；

（B）混凝土表面温度（表面以下100或50mm）与混凝土表面外50mm处的温度差不大于25℃；对补偿收缩混凝土，允许介于30~35℃之间；

（C）混凝土降温速度不大于1.5℃/d；

（D）撤除保温层时，混凝土表面与大气温差不大于20℃。

当实测温度不符合上述规定时，应及时调整保温层或采取其他措施，使其满足温度及温差的规定。

4）混凝土的养护期限：除满足上条规定外，混凝土的养护时间自混凝土浇筑开始计算，使用普通硅酸盐水泥不少于14d，使用其他水泥不少于21d，炎热天气适当延长。

5）养护期内（含撤除保温层后）混凝土表面应始终保持温热潮湿状态（塑料膜内应有凝结水），对掺有膨胀剂的混凝土尤应富水养护；但气温低于5℃时，不得浇水养护。

（3）测温

1）测温延续时间自混凝土浇筑始至撤保温后为止，同时应不少于20d。

2）测温时间间隔，混凝土浇筑后1~3d为2h，4~7d为4h，其后为8h。

3）施工缝、后浇带与加强带

（A）大体积混凝土施工，除预留后浇带尽可能不再设施工缝；遇有特殊情况必须设施工缝时，应按后浇缝处理。

（B）施工缝、后浇带与加强带均应用钢板网或钢丝网支挡；如支模时，在后浇混凝土前应凿毛清洗。

（C）后浇缝使用的遇水膨胀止水条必须具有缓胀性能，7d膨胀率不应大于最终膨胀率的60%。

（D）膨胀止水条应安放牢固，自粘型止水条也应使用间隔为500mm的水泥钉固定。

（E）后浇带和施工缝在混凝土浇筑前应清除杂物、润湿，水平缝刷净浆再铺10~20mm厚的1:1水泥砂浆或涂刷界面剂，并随即浇筑混凝土。

（F）后浇缝与加强带混凝土的膨胀率，应高于底板混凝土的膨胀率0.02%以上或按设计要求执行。

### 4.2 主体工程

#### 4.2.1 模板工程

（1）根据本工程框架结构的整体模板施工情况，适合采用18mm厚层板做模板，柱梁、板楞方根据受力情况采用40mm×90mm木方，支撑系统采用$\phi$4.8×3.0钢管、扣件等。

(2) 对于现浇混凝土施工，保证支撑质量是一个重要的课题，模板支撑的准确牢固就能够保证混凝土的断面尺寸。支模达不到上述标准，就难使混凝土达到设计的要求。其主要分项支模施工方法如下：

1) 柱模板支设

先把基层清理干净，放出轴线、柱边线及支模控制线。校正柱子的主筋，在柱子四周用钢钉固定好井字形支架，安装柱模时把柱模套在井字形支架内。在成排柱子的支模时，先把两端支好再支中间。模板的高度控制应以50cm水平控制线为准，量到梁底，按尺寸配合模板，柱模上口就是梁底。整根柱模板立完后，用线坠在个方向吊直后，上口用短钢管卡成铁箍，牢固地锁在操作架上，两端的柱模吊直固定后，挂通线校正中间的柱模。上口的高度也要挂通线找平，用这样的方法，在纵横两个方向上校准锁牢。每根柱子的中间处，采用50mm×100mm的木楞做竖向背楞@200mm。边长500mm×500mm以下的矩形柱设“#”钢管柱箍@500～800mm。边长600mm×600mm以上的矩形柱中部设$\phi$14对拉螺栓，第一道钢管箍或对拉螺栓距楼面300mm，并与操作架锁牢。要确保柱子的高度及断面尺寸的准确性，同时也要确保柱子的位置准确。

2) 梁模板支设

(A) 工艺流程：复核梁底标高及轴线位置→支梁底模（按规范规定起拱）→绑扎钢筋→支梁侧模→复核梁模尺寸及位置→与相临梁模连接固定。

(B) 先在混凝土楼面上弹出所有梁的位置并写出梁的编号；然后，根据线在梁的两侧用脚手钢管搭设排架支撑体系，再铺设梁底模和侧模。

(C) 在主梁与次梁交接处，在主梁侧板上留缺口，并钉上衬口档，次梁的侧板和底板钉在衬口档上。次梁模板的安装，要待主梁模板安装并校正后才能进行。梁模板安装后，要拉中线进行检查，复核各梁模中心位置是否对正。待平板模板安装后，检查并调整标高，将木榫钉牢在垫块上。各顶撑之间要设水平撑或剪刀撑，以保持顶撑的稳固。当梁的跨度在4m或4m以上时，在梁模的跨中要起拱，起拱高度为梁跨度的2‰～3‰。平板模板安装时，先在次梁模板的两侧板外侧弹水平线，水平线的标高应为平板底标高减去平板模板厚度及搁栅高度，然后按水平线钉上托木。

(D) 梁底的纵向背楞为50mm×100mm，间距为300～350mm。梁高超过700mm时，应设$\phi$14对拉螺栓，纵向间距500～800mm，加固侧模（对拉螺栓在钢筋安装完设置）。梁钢筋绑扎之前只能支半边侧模，梁钢筋绑扎完后加固梁侧模，加固时用木方把梁底的横木构成三角支撑在侧模的上部，支撑根据梁高的大小每隔500～700mm设一道，钉紧钉牢。要保证梁断面的准确、牢固，不产生变形移位。

3) 现浇板模板的支设

现浇混凝土板支模，在施工中主要控制标高平整度，预留洞口和位置及尺寸等。支模时应按梁模上口高度等于现浇板模面高度，挂好线，按线支模。根据梁模支架，综合考虑纵横向支柱布置及板面纵横向龙骨的设置。采用$\phi$4.8×3.0钢管、扣件作支撑体系；立杆：梁下立杆纵向间距500～800mm；横向间距（梁宽+500mm），板下立杆纵横向间距≤1000mm；横杆：步距≤1500mm；剪刀撑：纵横向剪刀撑≤3600mm。梁下支撑体系为独立系统，施工时与板下支撑体系连接。当板下支撑拆除后，楼面荷载通过梁下支承体系传到下一层，支撑体系立杆布置应保证上下楼层同轴，以防因局部应力过大，破坏结构楼板。底层支模要考虑土层夯实的密实度，支柱下面应垫木板。保证整体支撑系统不产生下沉、变形。

4）浇整体楼梯模板支设（见图4-41和图4-42）

模板支设前，先根据图纸放大样，一般先支基础和平台以便控制标高，再装楼梯斜梁或底板，外帮侧板。在帮侧板内侧弹出楼梯底板的厚度线，用样板画出踏步侧板的挡木（待钢筋安装完成后，再安装踏步板）；并沿踏步中间，上面设通长纵向斜杆，以便加钉吊木，加固踏步板。

图4-41　浇整体楼梯模板支设

图4-42　浇整体楼梯模板支设

**4.2.2　钢筋工程**

（1）分项工程钢筋

1）梁钢筋（见图4-43和图4-44）

（A）梁的弯钩度及平直长度按设计及规范要求。

（B）在主次梁或次梁间相交处，针对图纸按要求设附加箍筋。

（C）次梁上下、主筋应置于主梁上下、主筋之上，纵向框架梁的上部主筋应置于横向框架梁上部主筋之上；当两者梁高相同时，纵向框架连梁的下部主筋应置于横向框架梁下部主筋之上；当梁与柱或墙侧面平时，梁该侧主筋应置于柱或墙竖向纵筋之内。

（D）在梁箍筋底部、侧面加设砂浆垫块，保证梁钢筋保护层的厚度。

图4-43　梁钢筋

图4-44　梁钢筋

2）柱钢筋（见图 4-45）

（A）柱筋按要求设置后，在其底板上口增设一道限位箍，保证柱钢筋的定位。

（B）柱上、下两端箍筋加密，加密区长度及箍筋的间距均应符合设计要求。

（C）为了保证柱筋的保护层厚度，在柱箍筋外侧绑上砂浆垫块。

3）楼板钢筋（见图 4-46）

图 4-45　柱钢筋

图 4-46　楼板钢筋

（A）清扫模板杂物，表面刷涂脱模剂后放出轴线及上部结构定位边线，在模板上画好主筋分布筋间距，用红色墨线弹出每根主筋的线，依线绑筋。

（B）按弹出的间距线，先摆受力主筋，后摆分布筋。预埋件、电线管、预留孔等及时配合安装。

（C）楼板短跨方向上部主筋应置于长跨方向上部主筋之上，短跨方向下部主筋应置于长跨方向下部主筋之下。

（D）绑扎板钢筋时，用顺扣或八字扣，除外围两根钢筋的相交点全部绑扎外，其他各点可交错绑扎（双层双向板筋除外）。板钢筋为双层双向，为确保上部钢筋的位置，在两层钢筋间加设马凳，见图 4-47 和图 4-48。

图 4-47　绑扎板钢筋

图 4-48　绑扎板钢筋

（E）为了保证楼板钢筋保护层厚度，采用砂浆垫块在楼板最下部钢筋上，砂浆垫块纵横间距为 1m。

**4.2.3** 混凝土工程

（1）墙柱混凝土浇筑

1）墙、柱及电梯井壁混凝土浇筑到梁板底，浇筑时要控制混凝土自落高度和浇筑厚度，防止离析、漏振。混凝土振捣采用赶浆法，新老混凝土施工缝处理应符合规范要求。严格控制下灰厚度及振捣时间，不得振动钢筋及模板，以保证混凝土质量。加强梁柱接头及柱根部的振捣，防止漏振，造成根部结合不良。

2）遇楼层较高时，为了避免发生离析现象，混凝土自高处倾落时，其自由倾落高度不宜超过2m；如高度超过2m，应设置串筒，或在柱模板上侧面留孔进行浇筑，为了保证混凝土结构良好的整体性，不留施工缝，混凝土应连续浇筑；如必须间歇时，间歇时间应尽量缩短，并应在下一层混凝土初凝前，将上层混凝土浇筑完毕。

图4-49 浇筑前准备

3）浇筑柱子时，为避免柱脚出现蜂窝，在底部先铺一层50mm厚同混凝土配比的无石砂浆，以保证接缝质量。

（2）梁板混凝土浇筑

1）浇筑前准备（见图4-49）

（A）现场临水、临电已接至施工操作面。

（B）混凝土输送泵安置位置见总平面布置图，泵管沿外围护脚手架接至楼板向上布置，泵管架设于马凳上，泵管接头处必须铺设两块竹胶板，以防堵管时管内的混凝土直接倒在顶板上，难以清除。预备两个塔吊上料灰斗运输砂浆，配合混凝土浇筑。

（C）楼板板面抄测标高，用短钢筋焊在板筋上，钢筋上涂红油漆或粘贴红胶带，标明高度位置，短钢筋的纵横间距不大于3m。浇筑混凝土时，拉线控制混凝土高度，刮杠找平。

（D）混凝土班组人员安排应分工明确，有序进行，每个混凝土班组应配备一名专职电工，3名木工和两名钢筋工，跟班组作业，以保障施工正常进行。

（E）浇筑混凝土前，各工种详细检查钢筋、模板、预埋件是否符合设计要求，并办理隐蔽、预检手续。用水冲洗模板内遗留尘土及混凝土残渣，保持模板板面湿润、无积水。

（F）根据混凝土浇筑路线，铺设脚手板通道，防止已绑完钢筋在浇筑过程中被踩踏、弯曲变形。

2）浇筑顺序（见图4-50）

混凝土浇筑顺序遵循先浇低部位、后浇高部位，先浇高强度、后浇低强度的原则，先浇混凝土与后浇混凝土之间的时间间隔不允许超过混凝土初凝时间，避免混凝土冷缝出现。

**4.2.4** 砌体工程（见图4-51）

（1）本工程采用轻质砂加砌块混凝土、多孔砖、实心砖，砌筑施工时，应先进行砌体排砖设计。在混凝土柱及墙的相应位置留好预埋铁件，砌筑前将墙拉筋、构造柱筋与预埋铁件焊牢。

（2）工艺流程

图 4-50 混凝土浇筑顺序

基层清理→放线→焊接绑扎构造柱钢筋→钢筋验收→管线预留→排砖摞底→砌筑→窗下混凝土带（钢筋、模板、混凝土）→门窗洞顶混凝土过梁钢筋、模板→过梁以下构造柱模板→混凝土浇筑→过梁以上墙体砌筑→过梁以上构造柱混凝土→浇水养护→砌体验收。

图 4-51 砌体工程

**4.2.5** 外架工程

(1) 根据工程段划分及施工总体方案布置，在施工 ±0.00 以上工程时，地下室部分周围土方尚未回填，所以外脚手架的搭设应考虑不影响地下室部分的土方回填。本工程外架施工经详细计算研究，采用型钢悬挑外架施工方案。该脚手架将做为结构及装饰使用。

(2) 外脚手架搭设高度参见图 4-52。

(3) 采用材料

1）脚手架钢管 $\phi48\times3.2$mm、扣件；

2）竹笆脚手板；

3）安全网；

4）型钢（工字钢）具体型号（参见计算书）。

(4) 脚手架施工（见图 4-53 ~ 图 4-58）

1）脚手架搭设步骤

2）具体施工措施

本工程采用型钢悬挑外架施工，悬挑层定在 4.75m 板面（该层板面有降板区），悬挑型钢随板面标高，悬挑型钢下设素混凝土墩作为支架，型钢锚固段采用（$\phi16$，悬挑高度 15m；$\phi18$，悬挑高度 40m）钢筋套环（具体见计算书）。

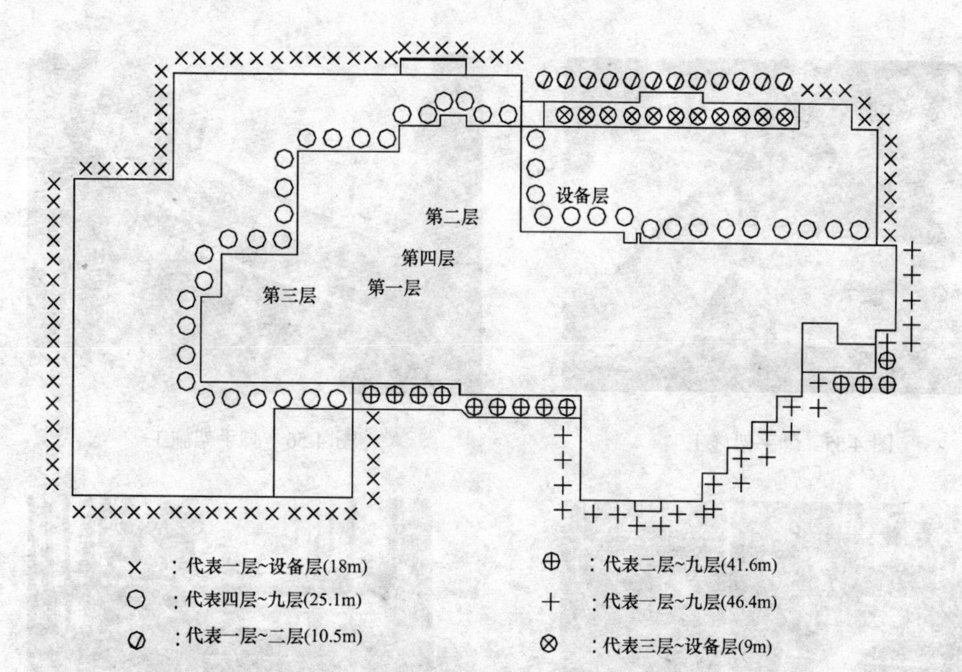


图 4-52 外脚手架搭设高度

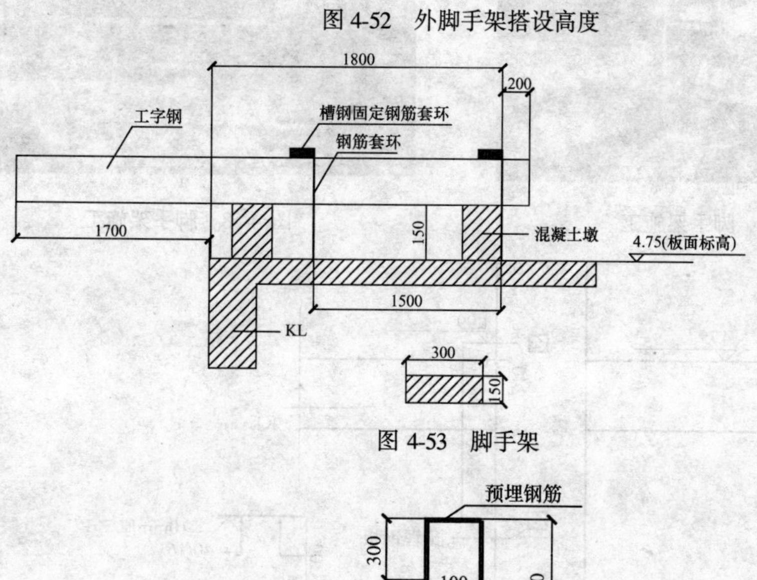


图 4-53 脚手架

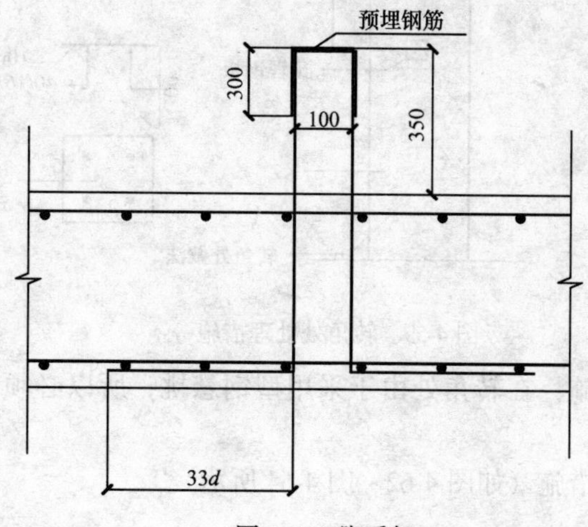


图 4-54 脚手架

图 4-55　脚手架施工

图 4-56　脚手架施工

图 4-57　脚手架施工

图 4-58　脚手架施工

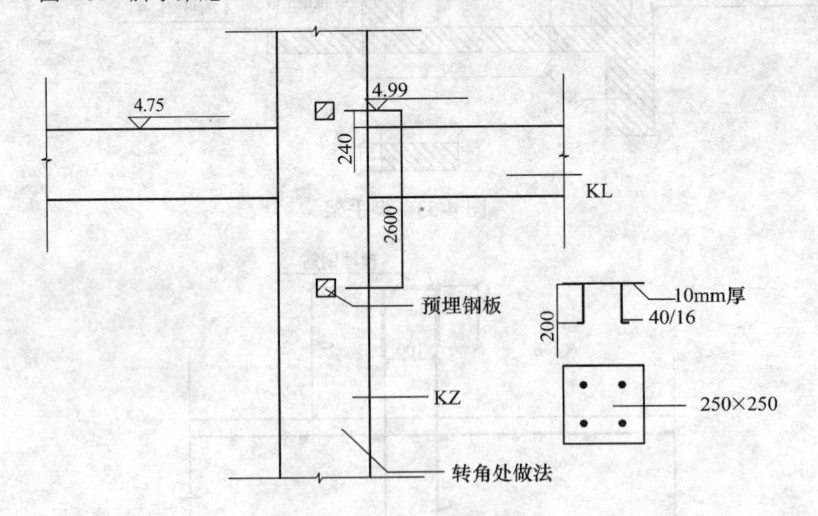


图 4-59　转角处处理措施一

3）转角处的处理措施：在转角处由于采用型钢悬挑，所以必须采取加强措施处理，按图 4-59～图 4-61 施工。

4）楼梯间处的处理措施（如图 4-62～图 4-64 所示）

5）连墙件

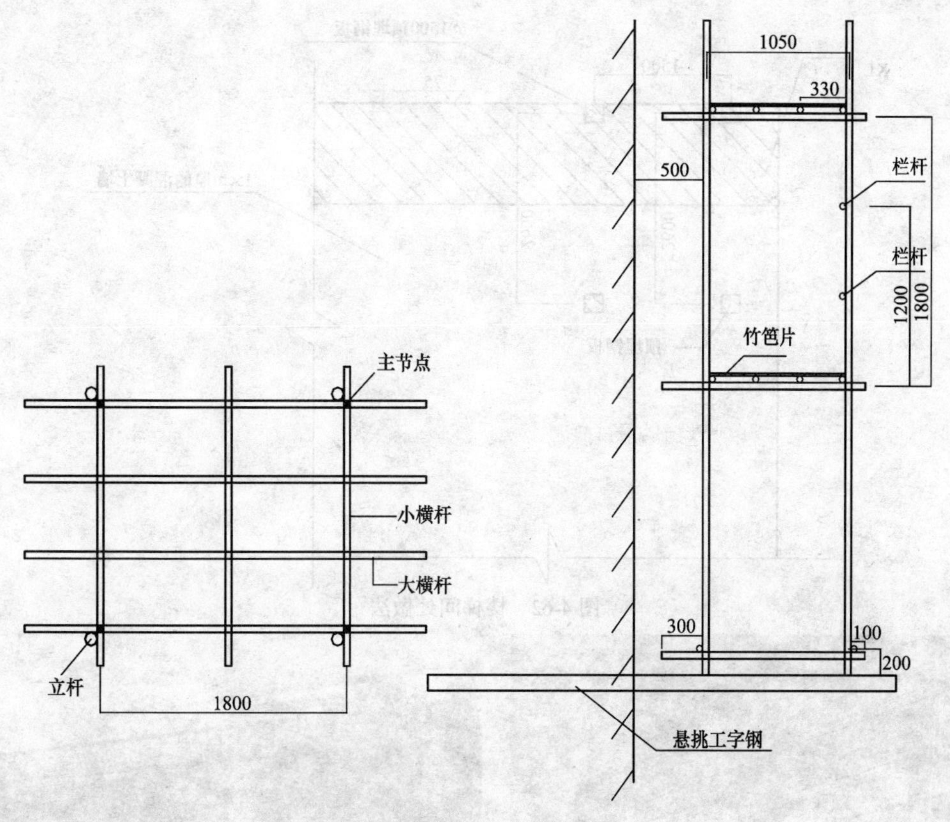


图 4-60　转角处处理措施二

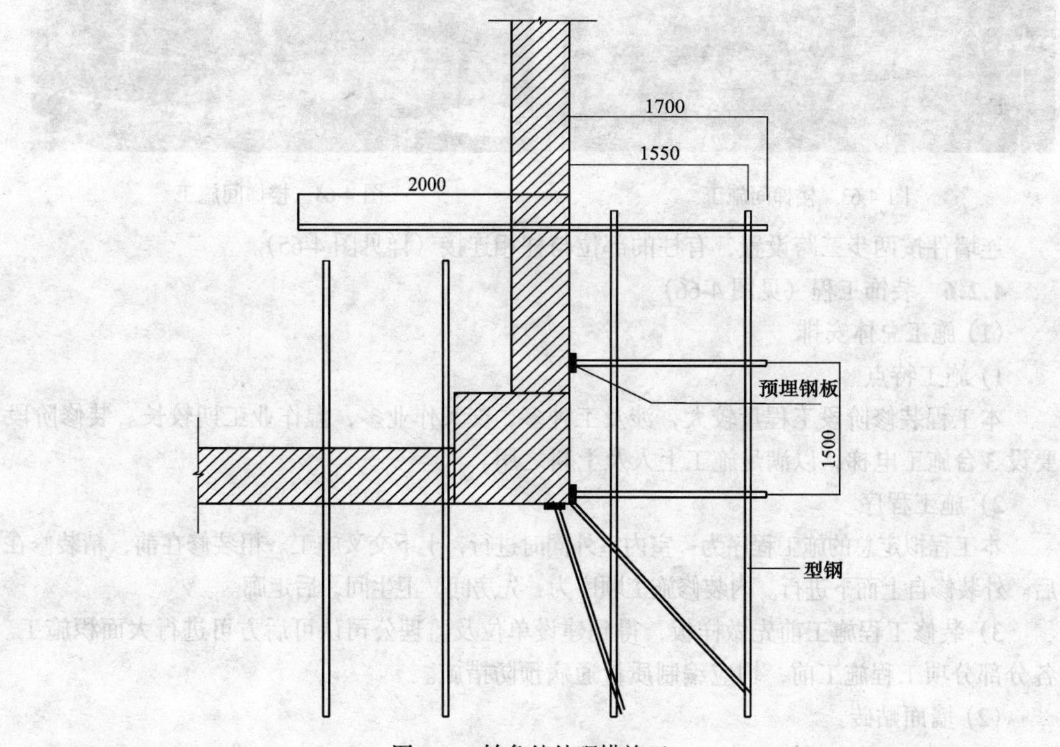


图 4-61　转角处处理措施三

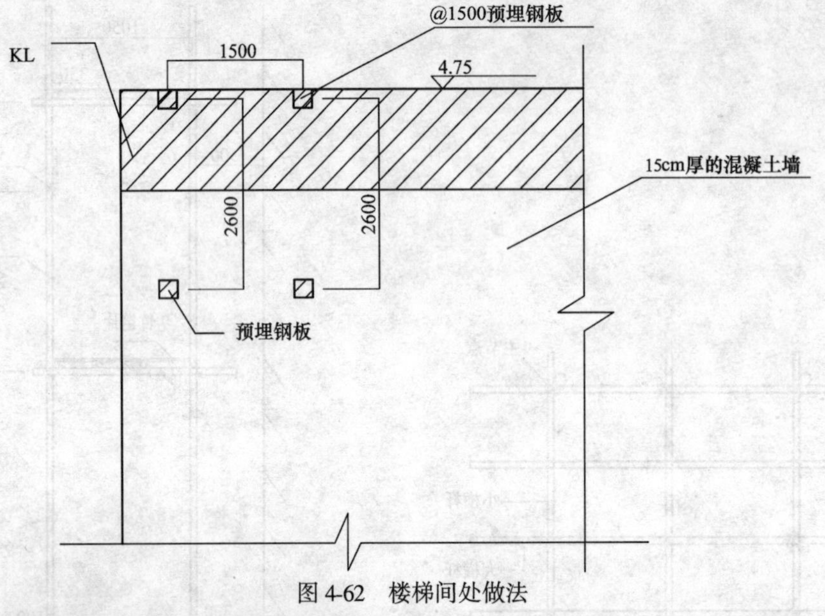


图 4-62 楼梯间处做法

图 4-63 楼梯间施工

图 4-64 楼梯间施工

连墙件按两步三跨设置，有柱的部位与柱相连接（详见图 4-65）。

**4.2.6** 装饰工程（见图 4-66）

(1) 施工总体安排

1) 施工特点

本工程装修阶段工程量较大，涉及工种多，交叉作业多，湿作业工期较长。装修阶段要设 3 台施工电梯，以满足施工上人及上料之用。

2) 施工程序

本工程拟定总的施工程序为：室内室外同时进行，上下交叉施工。粗装修在前，精装修在后。外装修自上而下进行。内装修施工顺序为：先房间、卫生间，后走廊。

3) 装修工程施工前先做样板，得到建设单位及监理公司认可后方可进行大面积施工。各分部分项工程施工前，均应编制质量通病预防措施。

(2) 墙面贴砖

1) 材料要求

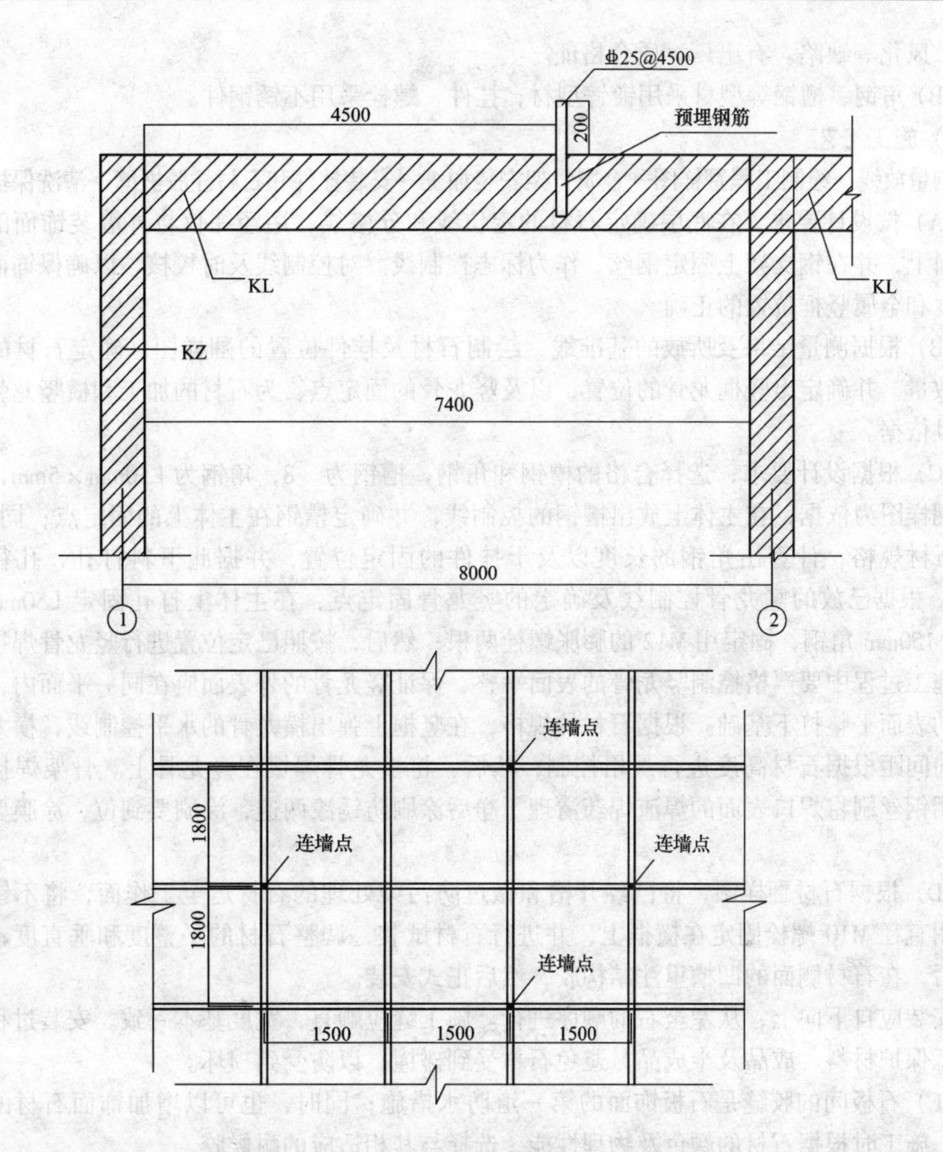


图 4-65 连墙件

(A) 仿石面砖、釉面砖的品种、规格、图案符合设计要求，颜色均匀，厚度一致，无缺棱、掉角现象，有出厂材质合格证。

(B) 水泥有出厂合格证，进场后复试试验合格。

(C) 砂为中砂，使用前过 5mm 孔径筛子。

2) 工艺流程

基层处理→浇水湿润→贴灰饼→抹底层砂浆→弹线分格→排砖→浸砖→镶贴面砖→擦缝。

(3) 外墙干挂花岗石

1) 材料要求

(A) 花岗石的品种、规格、质量符合设计要求，颜色均匀，厚度一致，无缺棱、掉角现象，表面无

图 4-66 装饰工程

隐伤、风化等缺陷。有出厂材质合格证。

（B）角钢、槽钢等型材采用镀锌型材，挂件、螺栓采用不锈钢件。

2）施工工艺

测量放线→绘制工程翻样图→金属骨架安装加工→安装挂件和石材注胶嵌缝→清洗保护。

（A）按设计要求，在底层确定石材的定位线和分格线，用经纬仪将外墙装饰面的阴阳角引上，并在钢支架上固定钢丝，作为标志控制线。对控制线及时校核，以确保饰面的垂直度和金属竖框位置的正确。

（B）根据测量结果及所放的基准线，绘制石材及挂件位置的翻样图，确定石材的规格和数量，并确定出竖框龙骨的位置，以及竖龙骨的固定点，为石材的加工和横竖龙骨下料提供依据。

（C）根据设计要求，选择合格的槽钢和角钢，槽钢为［8，角钢为 L50mm×5mm，以工程翻样图为依据，在主体上放出槽钢的控制线，并确定槽钢在主体上的固定点；同时，根据石材规格，计算出角钢的长度以及干挂件的固定位置，并据此下料打孔，孔径为13mm。根据已放的竖龙骨控制线及确定的竖龙骨固定点，在主体上打孔固定 L50mm×5mm×150mm 角钢，固定用 M12 的膨胀螺栓两根；然后，按照已定位置进行竖龙骨焊接安装，施工过程中要严格控制竖龙骨的表面平整，保证竖龙骨的外表面应在同一平面内，为饰面的表面平整打下基础。根据石材的规格，在竖框上弹出横龙骨的水平控制线，横龙骨的竖向间距根据石材高度进行严格控制；然后，将横龙骨焊接在竖龙骨上。骨架焊接完毕，用钢丝刷将焊口表面的焊渣焊药清理干净后涂刷防锈漆两遍，涂刷要到位，涂膜要均匀。

（D）根据石材翻样图，将已经开槽和做过防污染处理的石材运至工作面，将不锈钢挂件用直径 M10 螺栓固定在横框上，并进行石材试装，调整石材的平整度和垂直度，调整好后，在石材侧面的凹槽里注结构胶，然后正式安装。

安装应自下向上，从左至右的顺序进行。施工缝应顺直，宽度基本一致。安装过程中应注意保护材料、成品及半成品，避免石材受到碰撞，以防受到损坏。

（E）石板间的胶缝是石板饰面的第一道防水措施；同时，也可以增加饰面石材的整体性，施工时根据石材的颜色及物理性能，选择与其相适应的耐候胶。

注胶封缝分为两个步骤，第一是选择合适规格的泡沫塑料棒进行塞缝，塞缝深度为距板表面 5mm；第二是浇筑，石材专用嵌缝胶，为使石板面不受胶的污染，注胶前，板缝两侧石材应用纸面胶带保护，注胶后用特制的刮板将胶面刮平，竖缝用刮板刮成凹面；如石材面上粘有胶液，应及时擦净，在大风或雨雪天气不能注胶。

（F）注胶后，除去石材表面的纸带，用清水清洗受到污染的石材面，并对整个墙面进行保护。

（4）幕墙材料要求

（A）幕墙所有钢质螺栓均采用不锈钢螺栓，幕墙与主体结构连接支座采用表面热浸镀锌处理的碳素结构钢。

（B）所有幕墙立框、横框、角码、门、窗及外露构件，均采用铝合金材料。铝板采用 4mm 厚铝塑复合板。

（C）为保证本工程整体风格，玻璃幕墙所有玻璃采用中空玻璃。

（D）保温层采用70mm厚岩棉保温板，内衬1.5mm厚镀锌钢板，面涂防火漆。

（5）瓷砖地面

1）材料要求

（A）水泥有出厂合格证，进场后复试试验合格。

（B）砂为中砂或粗砂，使用前过5mm孔径筛子。

（C）瓷砖的品种、规格符合设计要求，颜色均匀，厚度一致，无缺棱、掉角现象，有出厂材质合格证。

2）工艺流程

清理基层、弹线→水泥素浆一道→水泥砂浆找平层→水泥素浆结合层→铺贴瓷砖→养护。

图4-67　花岗石地面

（6）花岗石地面（见图4-67）

1）材料要求

（A）花岗石的品种、规格、质量符合设计要求，颜色均匀，厚度一致，无缺棱、掉角现象，表面无隐伤、风化等缺陷。有出厂材质合格证。

（B）水泥有出厂合格证，进场后复试试验合格。

（C）砂为中砂或粗砂，使用前过5mm孔径筛子。

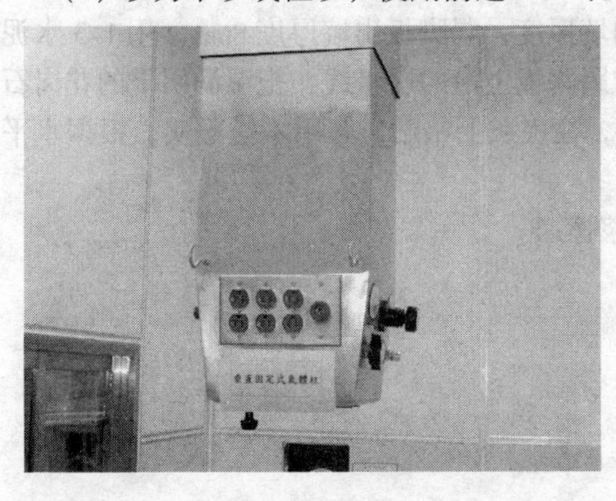

图4-68

图4-69

2）工艺流程

基层处理→弹线→试拼→编号→刷水泥浆结合层→铺砂浆→铺花岗石块→灌浆→擦缝→打蜡。

3）施工要点

（A）基层处理：将地面垫层上的杂物清理干净，用钢丝刷清理掉基层上的浮浆，并清扫干净。

（B）在房间的主要部位弹互相垂直的控制线，控制花岗石板块的位置，依据墙面+50cm水平线，找出面层标高，在墙上弹好水平线，注意要与楼梯面层标高一致。

（C）在正式铺设前，对每一房间的花岗石板块进行试拼，试拼后按两个方向编号排列，根据试拼石板的编号及施工大样图，结合房间实际尺寸，把花岗石板块排好，以便检查板块之间的缝隙，核对板块与墙面、洞口等部位的相对位置。

（D）在基层上洒水湿润，刷一层素水泥浆结合层（水灰比为0.5左右），然后铺1:3干硬性水泥砂浆，干硬程度以手捏成团不松散为宜。砂浆从里往门口处摊铺，铺好后用大杠刮平，再用抹子拍实找平，砂浆铺好后宜高出花岗石底面标高水平线3~4cm。

（E）铺花岗石块：先用净水浸湿花岗石块，擦干或晾干，根据房间的十字控制线，纵横各铺一行，作为大面积铺砌的依据。根据试拼时的编号，从十字控制线交点开始铺砌，将石板平放在已铺好的干硬性砂浆结合层上，用橡皮锤敲击木垫板，振实砂浆至铺设高度后，将板块掀起移至一旁，检查砂浆表面与板块之间是否吻合；如发现有空虚之处，应用砂浆补平，然后正式铺贴。先在水泥砂浆结合层上满浇一层水灰比为0.5的素水泥浆，然后铺放花岗石板，安放时四角同时下落，用橡皮锤轻击木垫板，有水平尺进行找平。铺完一块，向两侧和后退方向顺序铺砌，先里后外，逐步退至门口，以便成品保护，花岗石之间接缝要严密，不留缝隙。

（F）在石板铺砌后1~2昼夜进行灌浆，用浆壶把1:1稀水泥浆徐徐灌入花岗石板块之间的缝隙，并用长把刮板把流出的水泥浆向缝隙内喂灰。灌浆1~2h后，用棉丝团蘸原稀水泥浆擦缝；同时，将板面上水泥浆擦净，并采取保护措施。

（G）当各工序完工不再上人时，用干净的布将蜡均匀地涂在花岗石面上，达到光滑、洁净。

（H）根据墙面抹灰厚度吊线确定踢脚板出墙厚度，踢脚板出墙厚度8mm。用1:3水泥砂浆打底找平划出纹道。底层砂浆干硬后，拉踢脚板上沿的水平线，把湿润阴干的花岗石踢脚板背面，刮抹一层2~3mm厚的素水泥浆，往底灰上粘贴，并用木锤敲实，根据水平线找直。

（I）24h后用黑色素水泥浆擦缝，并将余浆擦净。

（J）当各工序完工不再上人时打蜡。

**4.2.7**　安装工程

（1）空调系统施工计划

1）施工工艺流程

2）冷冻机房、泵房设备和空调机组安装

（A）主要安装内容

空调系统主要设备如下：

离心式冰水机620kW×2台；

螺旋式冰水机325kW×1台；

空调水泵×10台；

热交换器×2台；

冷却水塔×3台；

组合式空调箱×19台；

空气处理器×20台；

新风机组×22台；

各式送排风机；

风机盘管×987台。

(B) 主要施工方法

(a) 施工准备

(b) 设备的水平运输吊装

由于空调系统的主要设备冷水主机、循环水泵等为整套设备，重量大，所以吊装、运输时应格外注意。机组在二次搬运时不拆箱，非拆箱不可时，运完后马上恢复包装，设备装完后未交工前也要有保护措施。根据设备规格、形状，用工字钢作成铁扁担作吊具，二次吊运水平运输用 8t 或 20t 吊车完成。

进入安装位置时，根据预先放出的设备中心线位置，用吊车或钢排滚杠进入安装地点，就位时以土建预埋吊钩作吊点，采用卷扬机或捯链到位。

在吊装前，应将防振橡胶垫片或原厂指定弹簧避振器平铺在设备四角，并经检验合格。

(c) 就位调整

设备就位后，采用水平仪调整到完全水平后再紧固螺栓，使设备固定。

(d) 试运行

整体空调系统联动试运前，应对水泵、通风机、冷却水塔进行单体试运行。

a) 水泵安装好后，应在设计负荷下连续运行 2h 以上，并符合下列要求：

整个系统运转正常，压力、流量、温度符合规定，无不正常的声音，振动符合要求；各静密封部位不应泄漏，机械密封的泄漏不宜大于 10min（即约 3 滴/min）。

b) 空调机组正式启动前应具备的投条件：

冷冻水经过充水、加压试验、清洗，在水泵运行 2h 后，过滤器清洁。温度计和压力计已装在冷冻水供水管和回水管上；冷冻水泵已和机组控制和实行电气连锁；流量开关已装好，并已接到机组控制箱上；所有的电气接线已完成；

启动的当天应达到足够的冷负荷（最少为设计负荷的 50%）；

采用高灵敏度的电子检漏器，对有衬垫的接头、螺栓头部、玻璃液位计、焊接接头、压力表及其接头、安全阀、蒸发器和冷凝器的水盖等处进行泄漏试验；

规定机组首次启动之前，油应该用泵和装好的过滤器注入油池中，油加热器至少工作 4h；

启动由制造厂商或其授权的人员进行。

3) 通风空调系统施工方案和技术措施

(A) 施工程序

施工准备→配合土建预留预埋→测绘施工放样图→风管、法兰、支架制作→设备及支托架安装→风管安装→风管与设备附件连接→调试→试运行。

(B) 施工方法

风管安装：

(a) 风管吊装时应采取保护措施。

(b) 风管安装前，对照大样图，仔细检查，合格后方可安装。

(c) 风管的连接：根据设计要求、规范要求施工，采用法兰连接，并用密封胶进行处理，保证连接处不漏风。

(d) 注意与土建装饰密切配合，风口短管的安装需得装饰定位后再进行。

(C) 风管及部件安装工程（见图 4-70）

图 4-70 风管及部件安装工程

用于通风空调系统，风管的法兰垫料采用 8501 密封阻燃胶垫，风管的安装位置、标高必须符合设计要求，风管放线主要与建筑相一致，参照准确的基准线，安装必须牢固，不得使风管产生变形或损坏。沿墙敷设的风管应保证靠墙的一面有拧法兰螺钉的距离，至 150mm。支吊、托架的间距，水平安装风管直径或大边长小于 400mm 时，间距不超过 4m；大于或等于 400mm 时，不超过 3m。保温风管的支吊、托架间距还应根据保温材料的重量适当缩短。圆形风管安放在托架上应有防止风管变形的托座，悬一个双吊架。支吊、托架不得设置在送风口、回风口、各类阀门、检查门、测定孔处。支吊架座牢固，焊缝饱满，与风管的接触面应平整，吊杆应垂直、抱箍圆弧均匀，支吊、托架的预埋件或膨胀螺栓位置应正确、牢固可靠，埋入部分不得油漆，并应除去油污。在砖墙或混凝土上打洞时，洞口处应一致，避免内小外大或坡度朝下，预埋时应将洞内垃圾取出、浇水，将预埋件固定后用水泥浆或细石混凝土填实。支吊、托架采用图集，根据设计要求（国标 T607），分部、分段安装完成后，应做透光检查。白天检查时人可进入风管内检查有无透光处，夜间检查时可把低压灯放入管内，从外部观察，凡有透光处必须用密封胶封闭或用焊锡，合格后用风管作试验，不漏风方可保温。风机盘管空调器安装吊顶内，安装卧式风机盘管空调器必须用不少四根吊杆固定，吊杆长度要一致，吊点用膨胀螺栓，这样位置比较准确。机组的送风口、回风口与饰板出现距离时，应接风管以保证空调效果不受影响，接装风管、回风管、进水管、回水管及凝水管时，均不得造成机组的变形和移位。消声器安装应设单独支架，固定支架，吊架的形式应根据重量及安装位置的不同合理选择支架或吊架，必须牢固。

（D）防腐和保温

该工程风管材料为镀锌薄钢板，无需再进行油漆。风管、部件及设备经质量检验合格后方可保温，隔热层应平整密实，不得有裂缝空隙等缺陷，隔热层若采用粘结材料，应符合下列规定：粘结材料应均匀地涂在风管及设备的外表面上，隔热板与风管及设备表面应紧密贴合；隔热板的纵横接缝应错开；隔热层粘贴后进行包扎或捆包扎的搭接处应均匀贴紧，捆扎时不得破坏隔热板。

4）通风与空调系统管道安装

通风空调系统管道安装的内容包括：冷冻水、冷却水、补充及膨胀水、冷凝排水等系统的管道安装。

（A）施工工艺流程（见图 4-71）

（B）施工要点

（a）管道安装前，应将管道内部清理干净，并详细检查管子确实无损后，方可使用。

（b）管道穿过建筑物的墙壁、地板、屋顶时应加设套管，套管的设置长度至少与穿过建筑物部分相等，穿越地板及屋顶时应高出 25mm 以上。

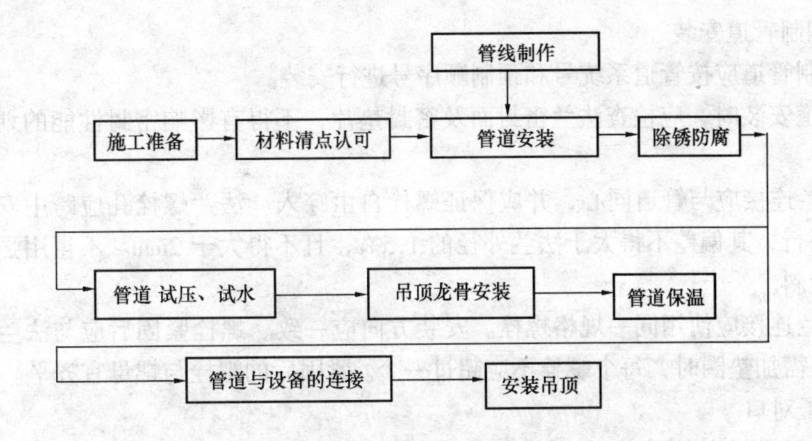


图 4-71 施工工艺流程

管路最低点集水口及设备的前后，不论设计图是否标明，均应在适当处设排水装置。

(c) 靠近机组、水泵的管子应当用避振式支吊架，将其支撑或固定在建筑物上。

(d) 与各种设备的连接均采用柔性接头，以消除管内应力和振动传递。

(e) 所有焊口和法兰不得埋入墙内。

(f) 对于并列设备配管时，一定要对称布置，以使其供液均匀。

(g) 管道试压时，应一面向管路注水，一面将系统内的空气排除掉，再将试验压力加至工作压力的 1.5 倍，稳压 1h，无渗漏为合格。

(C) 施工方法

(a) 弯管质量规定

a) 不得有裂纹（目测或依据设计文件规定）。

b) 不得存在过烧、分层等缺陷。

c) 不宜有皱纹。

(b) 管道焊接

a) 管道焊接应按本章和现行国家标准《现场设备、工业管道焊接工程施工及验收规范》的有关规定进行。

b) 管道焊缝位置应符合下列规定：

①直管段上两对接焊口中心面间的距离，当公称直径大于或等于 150mm 时，不应小于 150mm；当公称直径小于 150m 时，不应小于管子外径。

② 焊缝距离弯管（不包括压制、热推或中频弯管）起弯点不得小于 100mm，且不得小于管子外径。

③ 环焊缝距支、吊架净距不应小于 50mm；需热处理的焊缝距支吊架不得小于焊缝宽度的 5 倍，且不得小于 100mm。

c) 管子、管件的坡口形式和尺寸应符合设计规定。

d) 管道坡口加工宜采用机械方法，也可采用等离子弧、氧乙炔焰等热加工方法。采用热加工方法加工坡口后，应除去坡口表面的氧化皮、熔渣及影响接头质量的表面层，并应将凹凸不平处打磨平整。

(c) 管道安装

（d）钢制管道安装

a）预制管道应按管道系统号和预制顺序号进行安装。

b）管道安装时，应检查法兰密封面及密封垫片，不得有影响密封性能的划痕、斑点等缺陷。

c）法兰连接应与管道同心，并应保证螺栓自由穿入。法兰螺栓孔应跨中安装。法兰间应保持平行，其偏差不得大于法兰外径的1.5‰，且不得大于2mm。不得用强紧螺栓的方法消除歪斜。

d）法兰连接应使用同一规格螺栓。安装方向应一致。螺栓紧固后应与法兰紧贴，不得有楔缝。需加垫圈时，每个螺栓不应超过一个。紧固后的螺栓与螺母宜齐平。

e）管子对口

①管子对口时应在距接口中心200mm处测量平直度，当管子公称直径小于100mm时，允许偏差为1mm；当管子公称直径大于或等于100mm时，允许偏差为2mm。但全长允许偏差均为10mm。

②管道连接时，不得用强力对口、加偏垫或加多层垫等方法来消除接口端面的空隙、偏斜、错口或不同心等缺陷。

（e）连接机器的管道安装

连接机器的管道，其固定焊口应远离机器。

（f）阀门安装

a）阀门安装前，应检查填料，其压盖螺栓应留有调节裕量。

b）阀门安装前，应按设计文件核对其型号，并应按介质流向确定其安装方向。

c）当阀门与管道以焊接方式连接时，阀门不得关闭；焊缝底层宜采用氩弧焊。

d）水平管道上的阀门，其阀杆及传动装置应按设计规定安装，动作应灵活。

（g）补偿装置安装

a）安装“Π”形成“Ω”形膨胀弯管，应符合相关规定。

b）应按设计文件规定进行预拉伸或压缩，允许偏差为±10mm。

c）水平安装时，平行臂应与管线坡度相同，两垂直臂应平行。

d）铅垂安装时，应设置排气及疏水装置。

（h）安装波纹膨胀节

a）波纹膨胀节应按设计文件规定进行预拉伸，受力应均匀。

b）波纹膨胀节内套有焊缝的一端，在水平管道上应迎介质流向安装，在铅垂管道上应置于上部。

c）波纹膨胀节应与管道保持同轴，不得偏斜。

d）安装波纹膨胀节时，应设临时约束装置，待管道安装固定后再拆除临时约束装置。

e）安装球形补偿器，应符合下列规定：

①球形补偿器安装前，应将球体调整到所需角度，并与球心距管段组成一体。

②球形补偿器安装应紧靠弯头，使球心距长度大于计算长度。

③球形补偿器的安装方向，宜按介质从球体端进入，由壳体端流出安装。

④垂直安装球形补偿器时，壳体端应在上方。

（i）支吊架安装

a）管道安装时，应及时固定和调整支吊架。支吊架位置应准确，安装应平整、牢固，与管子接触应紧密。

b）无热位移的管道，其吊杆应垂直安装。有热位移的管道，吊点应设在位移的相反方向，按位移值的1/2偏位安装。两根热位移方向相反或位移值不等的管道，不得使用同一吊杆。

c）导向支架或滑动支架的滑动面应洁净、平整，不得有歪斜和卡涩现象。其安装位置应从支承面中心向位移反方向偏移，偏移量应为位移的1/2或符合设计规定，绝热层不得妨碍其位移。

d）支吊架的焊接应由合格焊工施焊，并不得有漏焊、欠焊或焊接裂纹等缺陷。管道与支架焊接时，管子不得有咬边、烧穿等现象。

e）管架紧固在槽钢或工字钢翼板斜面上时，其螺栓应有相应的斜垫片。

f）管道安装时不宜使用临时支吊架。当使用临时支吊架时，不得与正式支吊架位置冲突，并应有明显标记，在管道安装完毕后应予拆除。

g）有热位移的管道，在热负荷运行时，应及时对支吊架进行检查与调整。

h）活动支架的位移方向、位移值及导向性能应符合设计文件的规定。

i）弹簧支吊架的安装标高与弹簧工作荷载应符合设计文件的规定。

（j）外观检验

a）外观检验应包括对各种管道组成件、管道支承件的检验以及在管道施工过程中的检验。

b）除焊接作业指导书有特殊要求的焊缝外，应在焊完后立即除去渣皮、飞溅，并应将焊缝表面清理干净，进行外观检验。

（k）压力试验（见图4-72）

a）管道安装完毕，应进行压力试验。压力试验应符合下列规定：

①压力试验应以液体为试验介质。当管道的设计压力小于或等于0.6MPa时，也可采用气体为试验介质，但应采取有效的安全措施。脆性材料严禁使用气体进行压力试验。

②当进行压力试验时，应划定禁区，无关人员不得进入。

图4-72 压力试验

b）压力试验前应具备下列条件：

①试验范围内的管道安装工程除涂漆、绝热外，已按设计图纸全部完成，安装质量符合有关规定。

②焊缝及其他待检部位尚未涂漆和绝热。

③符合压力试验要求的液体或气体已经备齐。

④按试验的要求，管道已经加固。

⑤待试管道上的安全阀、爆破板及仪表组件等已经拆下或加以隔离。

⑥试验方案已经过批准，并已进行了技术交底。

c）液压试验应遵守下列规定：

①试验前，注液体时应排尽空气。

②试验时，环境温度不宜低于5℃；当环境温度低于5℃时，应采取防冻措施。

③试验时，应测量试验温度，严禁材料试验温度接近脆性转变温度。

④承受内压的地上钢管道及有色金属管道试验压力应为设计压力的1.5倍，埋地钢管道的试验压力应为设计压力的1.5倍，且不得低于0.4MPa。

⑤当管道与设备作为一个系统进行试验，管道的试验压力等于或小于设备的试验压力时，应按管道的试验压力进行试验；当管道试验压力大于设备的试验压力，且设备的试验压力不低于管道设计压力的1.15倍时，经建设单位同意，可按设备的试验压力进行试验。

(1) 管道的清洗

a）冲洗管道应使用洁净水。

b）排放水应引入可靠的排水井或沟中，排放管的截面积不得小于被冲洗管截面积的60%。排水时，不得形成负压。

c）管道的排水支管应全部冲洗。

d）水冲洗应连续进行，以排出口的水色和透明度与入口水目测一致为合格。

e）当管道经水冲洗合格后暂不运行时，应将水排净，并及时吹干。

(2) 电气系统施工方案

1）电气照明器具及其配电箱（配电盘）（见图4-73）

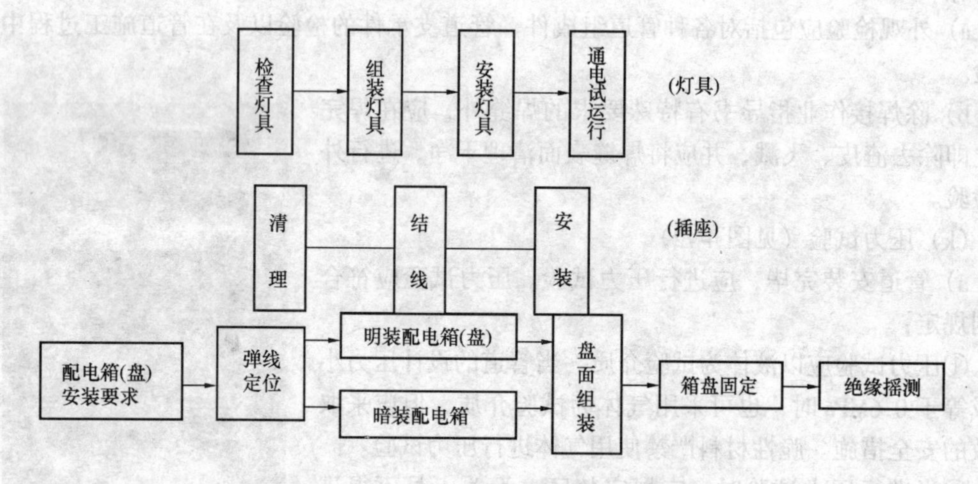


图4-73 电气照明器具及其配电箱

(A) 施工准备

(B) 施工工艺

(a) 灯具安装

吸顶日光灯及壁装应急灯安装：根据设计图确定灯位，将灯具贴紧建筑物表面，灯箱应完全遮盖住灯头盒，对着灯头盒的位置，开好进线孔，将电源线甩入灯箱，在进线孔处应套上塑料管，以保护导线。在灯箱的两端使用胀管螺栓加以固定，灯箱固定好后，将电源线压入灯箱内的端子板上，把灯具反光板固定在灯箱上，并把灯箱调整顺直，将灯管上好。

嵌入吊顶内的轻型灯具的支架可以直接固定在主龙骨上，再将电源线引入灯箱与灯具的导线连接并包扎紧密，调整各个灯口和灯脚，装上灯泡，上好灯罩；最后，调整灯具的边框与顶棚面的装修直线平行。

应急灯必须灵敏可靠，事故照明灯应有特殊标志。

(b) 开关、插座安装

跷板开关距地面高度为1.4m，距门边为15～20cm。开关不得置于单扇门后，开关位置应与灯位相对应，灯具相线应经开关控制。插座安装距地面为32cm，同一室内安装的插座高低差不应大于5mm，必须按插座上标明的相、零、地线的位置接线，暗装开关、插座的面板应与墙面平。

安装时先将盒内甩出的导线留出维修长度，削出线芯，将独芯导线线芯直接插入开关、插座面板的接线孔内，用顶丝压紧，注意线芯不得外露；然后，将开关或插座推入盒内，用配套螺钉固定牢固，固定时要使面板端正。

(c) 配电箱安装

明装配电箱底口距地1.2m，有膨胀螺栓直接固定在墙上，配电箱应安装在安全、干燥、易操作的场所，配电箱内配线应排列整齐，并绑扎成束，压头牢固可靠，配电箱上的电气器具应牢固、平整、间距均匀、启闭灵活，铜端子无松动，零部件齐全。

根据设计要求找出配电箱位置，并按照箱外形尺寸进行弹线定位，确定固定点位置，用电锤在固定点位置钻孔，孔的大小应刚好将金属膨胀栓的胀管部分埋入墙内，将配电箱调整平直后固定。管线入箱后，将导线理顺，分清支路和相序，绑扎成束，剥削导线端头，逐个压在器具上。进出配电箱的导线应留有适当余度。

(d) 通电试运行

灯具、开关、插座、配电箱安装完毕，且各条支路的绝缘电阻摇测合格后，方允许通电试运行，此时将配电箱卡片框内的卡片填写好部位，编上号。通电后应仔细检查灯具的控制是否灵活准确，开关与灯具的控制顺序应相对应。检查插座的接线是否正确，其漏电开关动作应灵敏可靠；如果发现问题需先断电，然后查找原因进行修复。

2) 套配电柜（盘及）开关柜动（见图4-74）

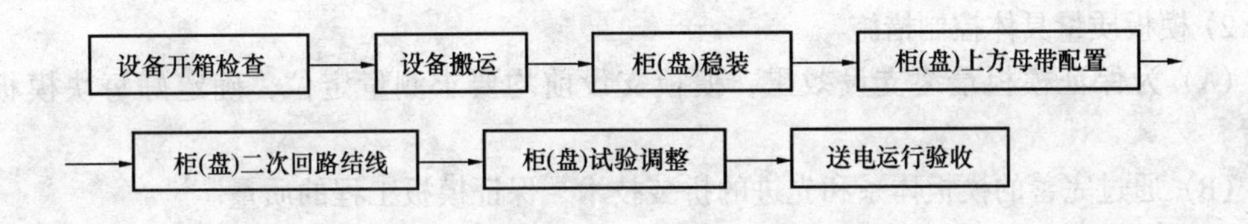


图4-74 套配电柜（盘及）开关柜动

# 5 质量、安全、环保技术措施

## 5.1 质量保证措施

### 5.1.1 施工技术措施

(1) 防水卷材施工质量保证措施

1) 防水选用具有专业资质、信誉好的分包队伍，施工操作人员均要持证上岗，并要求具有多年的施工操作经验。

2）必须对防水材料进行优选，对确定的防水材料，除必须具有认证资料外，还必须对进场的材料复试，满足要求后方可进行施工。

3）防水工程施工时严格按操作工艺进行施工，施工完成后必须及时进行蓄水和淋水试验，合格后及时做好防水保护层的施工，以防止防水卷材人为的破坏，造成渗漏。

4）防水做法及防水节点设计必须科学合理，对防水施工的质量必须进行严格管理和控制。

5）对防水层的保护措施和防水保护层的施工要确保防水的安全可靠。

6）加强过程控制与检查，严格管理，以确保防水施工质量。

（2）钢筋工程

1）钢筋工程是结构工程质量的关键，我们要求进场材料必须由合格供应商提供，并经过具有相应资质的试验室试验合格后方可使用，以确保原材料质量。在施工过程中，我们对钢筋的绑扎、定位、清理等工序采用规矩化、工具化、系统化控制。

2）具体控制措施

（A）为保证与混凝土的有效粘结，防止钢筋污染，在混凝土浇筑后均要求工人立即清理钢筋上的混凝土浆，避免其凝固后难以清除。

（B）为有效控制钢筋的绑扎间距，在绑顶板、墙钢筋时均要求操作工人先划线后绑扎。

（C）工人在浇筑墙体混凝土前安放固定钢筋，确保浇筑混凝土后钢筋不偏位。

（D）通过垫块保证钢筋保护层厚度，钢筋卡具和梯子筋控制钢筋排距、纵横间距和保护层。

（3）模板工程

1）模板体系的选择在很大程度上决定着混凝土最终观感质量，我公司对模板工程进行了大量的研究和试验，对模板体系的选择、拼装、加工等方面都有成熟的经验，能够较好地控制模板胀模、漏浆、变形、错台等质量通病。

2）模板质量具体控制措施

（A）为保证模板最终支设效果，模板支设前均要求测量定位，确定好每块模板的位置。

（B）通过完善的模板体系和先进的拼装技术，保证模板工程的质量。

（4）混凝土工程

1）为保证工程质量，在施工中采用流程化管理，严格控制混凝土各项指标，浇筑后成品保护措施严密，每个过程都存有完整记录，责任划分细致。

2）质量控制的具体措施

（A）浇筑混凝土时为保证混凝土分层厚度，制作有刻度的尺杆。晚间施工时配备足够照明，以便给操作者全面的质量控制条件。

（B）混凝土浇筑后做出明显标识，以避免混凝土强度上升期间损坏。

（C）为保证混凝土拆模强度，混凝土制作同条件试块，并用钢筋笼保护好，与该处混凝土同等条件进行养护，拆模前先试验同条件试块强度，如达到拆模强度方可拆模。

**5.1.2 管理措施**

(1) 建立岗位质量责任制

根据项目组织体系和项目质量保证体系图，建立项目岗位责任制和质量监督制，明确分工职责，落实施工质量控制责任，各岗位各负其责。

(2) 用“精品工程生产线”的机制创建过程精品

(3) 工程质量预控

1) 建立全面培训制度

(A) 项目全体人员质量意识的教育；

(B) 加强对专业施工单位的培训。

2) 对材料供应商的选择和加强材料进场的管理

3) 严格按施工组织设计和方案施工

每个方案的实施都要通过方案提出→讨论→编制→修改→定稿→交底→实施几个步骤进行。

(4) 严格执行施工管理制度

1) 实行样板先行制度；

2) 执行检查验收制度；

3) 质量例会制度、质量会诊制度、质量讲评制度；

4) 挂牌制度。

**5.1.3 其他质量保证措施**

(1) 劳务素质保证

(2) 季节性施工的质量保证

季节性施工严格按照季节性施工方案执行，以确保季节性施工的质量。

(3) 经济保证措施

(4) 合同保证措施

## 5.2 环境保护措施

(1) 制订环境保护控制措施：建筑施工工地是一个主要的环境污染源，尤其为噪声、粉尘及废水，而这些环境污染将直接影响社区生活环境。因此，切实做好环境保护工作是保证正常施工、创建文明工地的主要条件之一。

(2) 防止施工噪声污染：人为的噪声控制措施为：尽量减少人为的大声喧哗，增强全体施工人员防噪声扰民的自觉意识。

(3) 减少作业时间：严格控制作业时间，强噪声尽量安排到白天作业；晚间作业如超过22：00时，尽量利用噪声小的机械施工。

(4) 易产生强噪声的成品、半成品加工作业，应尽量放在工厂车间内完成，减少因施工现场加工制作产生的噪声，尽量采用低噪声的机械设备。

(5) 施工现场的强噪声机械如：搅拌机、电锯、电刨、砂轮机等，施工作业尽量放在封闭的机械棚内；或在白天施工，以致不影响工人与居民的休息时间。

(6) 防止空气污染：建筑施工垃圾多，应使用封闭的专用垃圾道或外用翻斗车，推拉至地面，严禁随意凌空抛散造成扬尘。施工垃圾要及时清运，清运时，适量洒水，减少扬尘。零星水泥采用专库室内存放，卸运时要采取有效措施，减少扬尘。

(7) 防止水污染

1) 搅拌机的废水排放控制：施工现场搅拌作业时，在搅拌机前设置“沉淀池”。使排放的放心水排入沉淀池，经沉淀后流入水沟，排入市政污水管。

2) 办公区、生活区及施工区设置排水明沟，场地及道路放坡，使整体流水至水沟，然后排入城市排污管网内。

3) 现场存放的各种油料，要进行防渗漏处理，储存和使用都要采取措施，防止污染。

4) 在生活用水及施工作业时，要节约用水，随手关紧水龙头。

(8) 环境保护的检查工作

工地管理人员，班组长每天进行检查一次，凡违反施工现场环境保护规定的及时提出整改。项目部进行每月两次的检查，在检查中，对于不符合环境保护要求的采取“三定”原则（定人、定时、定措施）予以整改，落实后及时做好复检工作。

(9) 建筑垃圾

1) 制定《建筑垃圾管理制度》。建筑垃圾在指定的场所分类堆放，并标以指标牌。废钢筋、铁钉、钢丝、纸张之类的送废品收购回收；落地灰等含砂较高的垃圾应及时过筛回用；无法再用的垃圾在指定的地点堆放，并及时运出工地，垃圾清运出场必须到批准的场所倾倒，不得乱倒乱卸。

2) 建筑物内清除的垃圾渣物，要通过施工电梯及时清运，严禁从楼层向外抛掷。施工现场必须做到“工完场清”，由专人管理现场清洁卫生。

## 5.3　安全保证措施

### 5.3.1　临边防护措施

基坑及楼层临边设置防护栏杆，防护栏杆由上、下两道横杆及栏杆柱组成，上杆距地面高度为1.2m，下杆离地高度为0.5m，并立挂安全网进行防护。

### 5.3.2　洞口防护措施

进行洞口作业以及因工程和工序需要而产生的，使人或物有坠落危险或危及人身安全的其他洞口进行高空作业时，必须设置防护措施。

外边长小于50cm的洞口，必须加设盖板，盖板须能保持四周均衡，并有固定其位置的措施，楼板上的预留洞在施工过程中可保留钢筋网片，暂不割断，起到安全防护作用。

边长大于150cm以上洞口，四周除设防护栏杆外，洞口下边设水平安全网。

### 5.3.3　脚手架安全防护

(1) 各类施工脚手架严格按照脚手架安全技术防护标准和支搭规范搭设，脚手架立网统一采用绿色密目网防护，密目网应绷拉平直，封闭严密。钢管脚手架不得使用严重锈蚀、弯曲、压扁或有裂纹的钢管，脚手架不得钢木混搭。

(2) 钢管脚手架的杆件必须使用合格的钢扣件，不得使用钢丝或其他材料绑扎。

(3) 脚手架必须按楼层与结构拉结牢固，拉结点垂直距离不得超过4m，水平距离不得超过6m，拉结所用的材料强度不得低于双股8号钢丝的强度，高大脚手架使用柔性材料进行拉结，在拉结点处设可靠支撑。

(4) 脚手架的操作面必须满铺脚手板，离墙面不得大于20cm，不得有空隙和探头板、飞跳板，施工层脚手板下一步架处兜设水平网。操作面外侧应设两道护身栏杆和一道挡脚板，立挂安全网，下口封严，防护高度为1.5m。

**5.3.4** 临时用电

(1) 建立现场临时用电检查制度，按照现场临时用电管理规定对现场的各种线路和设施进行定期检查和不定期抽查，并将检查、抽查记录存档。

(2) 本工程电缆敷设在基坑周边，直接敷设的深度不应小于0.6m，并在电缆上下各均匀敷设不小于50mm厚的细砂，然后覆盖砖等硬质保护层。

(3) 施工机具、车辆及人员，应与内、外电线路保持安全距离，达不到规范规定的最小距离时，必须采用可靠的防护措施。

(4) 配电系统必须实行分级配电，即分为总配电箱、分配电箱和开关箱三级，现场内所有电闸箱的内部设置必须符合有关规定，箱内电器必须可靠、完好，其选型、定值符合有关规定，开关电器应标明用途。电闸箱内电器系统须统一式样、统一配置，箱体统一刷涂橘黄色，并按规定设置围拦和防护棚，流动箱与上一级电闸箱的联接，采用外插联接方式。

(5) 独立的配电系统必须按部颁标准采用三相五线制的接零保护系统，非独立系统可根据现场的实际情况，采取相应的接零或接地保护方式，各种电气设备和电力施工机械的金属外壳、金属支架和底座必须按规定采取可靠的接零或接地保护。

(6) 在采用接地和接零保护方式的同时，必须设两级漏电保护装置，实行分级保护，形成完整的保护系统，漏电保护装置的选择应符合规定。

(7) 各种高大设施必须按规定装设避雷装置。

(8) 电动工具的使用应符合国家标准的有关规定，工具的电源线、插头和插座应完好，电源线不得任意接长和调换，工具的外绝缘应完好无损，维修和保管由专人负责。

(9) 室内临时照明采用36V安全电压，一般场所的照明应在电源侧装设漏电保护器，并应有分路开关和熔断器，照明灯具的金属外壳和金属支架必须做保护接零。

(10) 电焊机应单独设开关箱，电焊机外壳应做接零或接地保护，施工现场内使用的所有电焊机必须加装电焊机触电保护器。电焊机一次线长度应小于5m，二次线长度应小于30m。接线应压接牢固，并安装可靠防护罩，焊把线应双线到位，不得借用金属管道、金属脚手架、轨道及结构钢筋作回路地线，焊把线无破损，绝缘良好，电焊机设置地点应防潮、防雨、防砸。

**5.3.5** 塔吊作业管理

通过强化塔机作业的指挥、管理和协调，本工程塔机在施工中，要保证安全、合理使用、提高效率、发挥最大效能，满足生产进度需要。

进入施工作业现场的塔机司机，要严格遵守各项规章制度和现场管理规定，做到严谨自律，一丝不苟，禁止各行其是。

为了确保工程进度与塔机安全，本工程采取两班作业，塔吊司机交班、替班人员未当面交接，不得离开驾驶室，交接班时，要认真做好交接班记录。

**5.3.6** 消防管理

(1) 氧气瓶不得暴晒、倒置、平放使用，瓶口处禁止沾油。氧气瓶和乙炔瓶工作间距不得小于5m，两瓶同焊接的距离不得小于10m。

(2) 严格遵守有关消防方面的法令、法规，配备专、兼职消防人员，制定有关消防管理制度，完善消防设施，消除事故隐患。

(3) 现场设有消防管道、消防栓，楼层内设有消防栓，并有专人负责，定期检查，保证完好备用。

(4) 现场支持用火审批制度，电气焊工作要有灭火器材，操作岗位上禁止吸烟，对易燃、易爆物品的使用要按规定执行，指定专人设库存放分类管理。

(5) 新工人进场要和安全教育一起进行防火教育，重点工作设消防保卫人员，施工现场值勤人员昼夜值班，搞好“四防”工作。

# 6 新技术、新材料、新工艺的推广应用及经济效益分析

先进的施工技术、施工工艺、新型材料和新机具的使用和技术创新，是优质高效地完成工程任务，创造过程精品、保证工程质量，加快工程进度、缩短施工工期，极其有效地降低工程造价，完全实现建筑物设计风格和使用功能的关键之所在。

结合本工程的特点，我们将在施工过程中广泛推广使用科技成果，计划将建设部推广的十项新技术中的项目应用到本工程上。除此之外，我们还将结合本工程的施工实践，努力探索新的施工技术，总结新的施工工艺，应用新的建筑材料和新机具。

## 6.1 粗直径钢筋连接技术

对于直径在 22mm 以上的钢筋，柱子及梁主筋采用滚轧直螺纹连接技术，滚轧直螺纹连接具有节约钢材、操作简便、施工速度快、检查验收直观，且成本是所有机械连接中较低的连接方法。滚轧直螺纹连接技术的最大优点是现场操作工序简单，施工速度快，适用范围广，不受气候影响，而且对钢筋无可焊性要求，且成本较低，质量稳定可靠、安全、无明火。

## 6.2 泵送混凝土技术

本工程基础及主体混凝土采用泵送方式。泵送混凝土能有效加快施工速度，提高工作时效，缩短施工工期，加快材料的周转，混凝土质量稳定。

## 6.3 计算机推广、应用和信息化管理技术

在本工程的施工过程中，计算机技术的应用是项目管理最为先进、高效的现代化管理手段，不仅可以极大地提高效率，具有准确性、可靠性、可变更、高速性和可追溯性，可以有效而且有序地对工程的每一环节进行指挥、管理和监控，从而达到加快工程进度、保证工程质量、降低工程造价的目的。我公司项目经理部在项目管理实施过程中，长期运用计算机技术对工程项目进行辅助管理，除基本的文档处理、财务核算、人事工资管理、计划管理、资料管理、合约管理等常规管理之外，我公司将以工程总承包项目管理模式为基础，在该工程实施中，综合运用现代信息技术，建立项目经理部内部局域网，实现项目经理部内部信息的横向交流和数据共享，为项目管理和工程实施提供支持和服务，计算机应用和开发综合技术至少包括：

(1) 图纸二次深化设计、加工安装详图设计、机电综合系统配套图纸设计和工艺设计、装修效果和详图设计等。

(2) 建立工程项目管理信息系统，综合运用现代信息技术，建立局域网，实现信息的横向交流和数据共享，为项目决策、计划、管理、协调、监控和实施提供支持和报务，最终形成资源流优化系统，从而实现项目管理的网络化、信息化、现代化。

## 6.4 经济效益分析（见表 6-1 ~ 表 6-3）

**地下室防水采用新型防水涂料** **表 6-1**

| | |
|---|---|
| 技术进步项目简要内容 | 江苏省昆山市宗仁卿纪念医院地下室防水工程原设计为改性沥青防水卷材 SBS 设两层，项目部经过对市场的调查，并结合工程的情况，选用了 YN—地下建筑防水涂料（湿克威防水涂料）是以带有异氰酸基（—NOC）的化合物为主剂（A 液）和以无机材料及经特殊加工的硫化剂为固华剂（B 液）构成的双组分新型高分子涂膜防水涂料。该材料具有价格合理、施工工艺简单、质量易控制、施工工期短等优点。本工程地下室采用此防水材料施工，与原设计的卷材防水相比，施工工期短，造价低 |
| 技术进步取得的经济效益与节约三材数量计算方法及说明 | 与传统的卷材防水材料相比，为工程节省工期 15d 以上，节省造价 147240 元；<br>①原 SBS3mm + 3mm 卷材防水：$16360m^2 \times 48$ 元/ $m^2 = 785280$ 元；<br>② 湿克威防水涂料 2 mm 后：$16360m^2 \times 39$ 元/ $m^2 = 638040$ 元；<br>③节省造价：785280 - 638040 = 147240 元 |

**深基坑围护工程** **表 6-2**

| | |
|---|---|
| 技术进步项目简要内容 | 江苏省昆山市宗仁卿纪念医院工程经各方面考察，采用最常用的土钉墙结构。在分层分段挖土的条件下分层分段施做土钉和配有钢筋网的喷射混凝土面层，挖土与土钉施工交叉作业并保证每一施工阶段基坑的稳定性。土钉的水平与竖向间距一般均在 1.2m 之间，其受力特点是通过斜向土钉对基坑边坡土体的加固，增加边坡的抗滑力和抗滑力矩，以满足基坑边坡稳定的要求。一般采用钻孔中内置钢筋然后孔中注浆的土钉坡面用配有钢筋网的喷射混凝土形成的土钉墙（同时采用打入式钢管再向钢管内注浆的土钉、土钉和预应力锚杆等结合的复合土钉墙） |
| 技术进步取得的经济效益与节约三材数量计算方法及说明 | 该深基坑围护工程原方案工程造价 1308 万元，经设计、项目部对其结构进行优化，该工程深基坑围护工程优化结构后造价 610 万元；<br>原方案 1308 万元 - 优化后 610 万元 = 698 万元 |

**钢筋滚轧直螺纹、电渣压力焊连接工程** **表 6-3**

| | |
|---|---|
| 技术进步项目简要内容 | 江苏省昆山市宗仁卿纪念医院工程结构原设计："直径大于 22mm 的钢筋采用机械连接或等强度对焊，钢筋机械连接接头的形式为墩粗直螺纹钢筋接头"，经项目部对市场的调查，结合本工程实际情况，选用了钢筋滚轧直螺纹套筒连接、电渣压力焊连接（竖向），经考查、预估本工程采用该施工方法与原设计相比可达到施工工期短，造价低等优点 |

续表

| | |
|---|---|
| 技术进步取得的经济效益与节约三材数量计算方法及说明 | 预估使用该施工工艺同搭接绑扎接头相比，预估可节省造价430870元。<br>(1) 搭接绑扎接头钢筋按 $\phi$25计：搭接绑扎长度为40$d$<br>40×25mm×3.856kg/m×3.8元/kg=14.65元/个<br>搭接绑扎接头钢筋按 $\phi$22计：搭接绑扎长度为40$d$<br>40×22mm×3.856kg/m×3.8元/kg=9.99元/个<br>(2) 滚轧直螺纹连接 $\phi$25计：25000个×7.5元/个=187500元<br>滚轧直螺纹连接 $\phi$22计：5000个×6.5元/个=32500元<br>共计：187500+32500=220000元<br>(3) 电渣压力焊连接 $\phi$25计：15000个×3元/个=45000元<br>电渣压力焊连接 $\phi$22计：8000个×2.5元/个=20000元<br>共计：45000+20000=65000元<br>节省造价：搭接绑扎接头连接－滚轧直螺纹连接－电渣压力焊连接<br>（40000个×14.65元/个+13000×9.99元/个）－220000元－65000元=430870元 |

# 第十七篇

# 郑州大学第一附属医院高级病房楼工程施工组织设计

**编制单位：**中建六局三公司
**编 制 人：**邹佳男　刘长山　王永刚　鞠红玥
**审 核 人：**王永刚

**【简介】**　郑州大学第一附属医院高级病房楼工程为河南省重点项目，总建筑面积31263.57m²。

本工程具有工期紧、任务重、工程目标高、个别特殊、重点分部分项工程施工难度大、技术要求高等特点。针对以上特点，公司与项目经理部先期对工程施工组织进行了细致的研究，进行了详细的施工部署，并制定了科学可行的施工技术方案及工程创优计划。施工过程中现场加大了施工协调组织力度，搞好季节性施工措施、做好各种资源有效组织；同时，加强管理力度，提高管理效率，确保了各项管理目标的实现。

# 目 录

# 1 工程概况

## 1.1 工程建设概况

工程名称：郑州大学第一附属医院高级病房楼。

建筑规模：本工程建筑面积 31263.57m$^2$，建筑物地上 21 层，地下为两层，建筑高度 90m，地下埋深 7.65m。

工程地点：本工程项目位于郑州市区郑州大学第一附属医院内，该院西邻大学路、北邻建设东路，交通便利。

设计使用年限：50 年。

基础形式：钻孔灌注桩基础。

主体结构形式：框架—剪力墙结构。

建筑抗震设防分类：乙类。

结构抗震设防烈度：7 度（0.15$g$）。

抗震设计分组：第一组。

结构抗震等级：一级。

抗震构造措施：按七度抗震设防要求采取构造措施。

建筑结构安全等级：Ⅰ级。

质量要求：目前已经达到河南省优质工程“中州杯”。

## 1.2 施工条件

水、电、道路、通信及场地平整的“四通一平”工作已经基本完成，施工现场及周围环境情况良好，当地交通运输条件便利，具备施工条件。

# 2 施工部署

## 2.1 工程目标

### 2.1.1 工程质量目标

质量目标：目前已经达到河南省优质工程“中州杯”。

各分部分项工程质量主控项目符合相应质量检验工程标准的规定，一般项目合格项数达到检验项数的 90%以上，允许偏差项目抽检的点数中 90%以上的实测值在相应测量检验评定标准的允许偏差范围内。

质量资料真实、准确、配套、齐全、工整、完好。

具体措施详见“6”——工程质量的技术组织措施。

### 2.1.2 工程工期目标

工期目标：530 日历天。

具体措施详见“7”——工程工期的技术组织措施。

#### 2.1.3 工程安全施工目标

杜绝重大伤亡事故，一般轻伤事故率在1.5‰以下。

#### 2.1.4 工程文明施工目标

采用有效措施，减少施工噪声及环境污染，施工期间不扰民，不影响周围环境卫生，搞好现场文明施工管理，创建文明施工样板工地。

#### 2.1.5 工程科技进步目标

推广和应用新技术、新工艺、新材料、新设备和现代化的管理方法，通过科技进步和技术创新降低成本、缩短工期、提高质量。

#### 2.1.6 工程合同履行目标

认真执行合同各项条款，坚持诚信的原则处理各种问题，同业主精诚合作，共同保证合同的圆满履行。

### 2.2 施工准备

#### 2.2.1 施工现场准备

根据施工现场实际情况，对施工现场总平面布置进行再设计，有限的现场平面发挥出最佳效能。

#### 2.2.2 施工物资准备

(1) 建筑材料准备：根据施工进度计划要求和施工图预算的材料分析编制材料需用量计划，为施工备料、确定仓库和堆场面积以及组织运输提供依据，施工现场根据实际情况提前储备两成的材料用量。

(2) 构配件和制品的加工准备：根据施工图预算所提供的构配件和制品加工要求，编制构配件和制品的加工计划，为组织运输和确定堆场面积提供依据。

#### 2.2.3 施工机具准备

(1) 按照本工程的施工方案和进度计划的要求，编制施工机械计划和料具需用计划并进行组织和准备工作，同时根据现场需要及时组织进场。

(2) 按照施工现场平面布置图要求，将施工机具就位、安装并调试运转良好，符合安全要求。

(3) 做好施工机具的现场标识工作，机具的操作规程要张贴或悬挂明示。

#### 2.3.4 劳动组织准备

(1) 建立工地领导机构：根据工程规模、结构特点和复杂程度，确定工地领导机构的人选和名额。

(2) 建立精干的施工队组：按照工程实施的目标并根据施工实际需要组织精干的施工队伍，确定各个施工作业队的编制和劳动力配备。

(3) 做好职工入场教育工作：按管理系统逐级进行交底，落实施工计划和质量安全责任制，交底包括下列内容：工程施工进度计划和月旬作业计划；各项安全、文明、技术、质量保证和降低成本措施；质量计划、施工操作工艺标准和验收规范等；同时，健全各项规章制度，加强遵纪守法教育。

#### 2.2.5 施工用电、用水准备

(1) 施工用电

施工现场临时用电由建设单位提供，并根据现场使用需要设置配电箱，配电箱的设置详见施工现场临时用电平面布置图（由业主方指定地点处引入）。

施工现场用电量包括动力用电和照明用电两种，在计算用电量时，按施工最高峰阶段同时用电的机械设备最高数量为准进行计算；

公式如下：

$$P = (1.05 \sim 1.10) \times (K_1 \times \Sigma P_1 / \eta\cos\theta + K_2 \times \Sigma P_2)$$

经计算总电量为466.17kV·A。

可选用单芯截面积为150mm² 电缆，现场布置为架空结合地理敷设。

照明用电选用BX：2.5mm² 的铜芯塑料线。

因建设单位提供施工用电，完全满足施工需要，故我方只需采用经技术监督部门授权单位校核无误的电表计量后，即可进入施工现场组织施工。

(2) 施工用水

1）施工生产用水量

本工程主要施工用水工种为混凝土浇筑、砌体砌筑、水泥砂浆墙面及地面，依据工程实际情况，计算总用水量为6.24L/s。

2）管材及管径选择

取经济管流量为1.5L/s

可选择管径为100mm的铸铁管（或镀锌钢管）作为给水干管。因此，本工程施工用水、生活、消防用水应由建设单位在院内预留100mm干管提供。

施工用水经综合考虑，供水主管管径100mm，场院内支管线用50mm可满足施工需要。

## 2.3 施工顺序及施工流向安排

本工程遵守“先地下后地上”、“先土建后安装”、“先主体后围护”、“先结构后装饰”的原则，并做好土建施工与安装施工的程序安排，安排好竣工扫尾工作。

根据以上原则，基础完成之后先夯实回填土，再进行地上主体施工；主体施工阶段，水、电、卫、空调、电梯设备等专业密切配合，做好专业预埋管线、预留孔协调工作；主体完成第五层，内外围护砌筑及专业管线安装穿插介入。内檐装饰在主体结构封顶、内檐抹灰完工后陆续全面展开，施工程序为内装饰：“先房间后走廊，先卫生间后办公室，先顶棚后墙、地面”，这期间各专业安装调试全面穿插介入。外装饰自上而下依次进行。屋面安排在主体完工之后，内外檐抹灰阶段完成。

本工程施工组织要解决的主要矛盾是紧张的工期与成本之间的矛盾。经过分析，采取“平均分区、各自流水、重点先行”的原则来安排组织本工程施工。具体如下：

### 2.3.1 “平面分区”

即划大为小，使每个区域能在规定的时间内完工。

### 2.3.2 “各自流水”

本工程采用小节拍均衡流水法施工。达到以下目的：

(1) 施工段上下节拍均衡流水施工，没有传统方法的工序大小上下的现象，并具有稳定的日产量。

(2) 采用专业化模板体系，支拆简单，方便快捷，投入较少，周转次数较多。

(3) 专业化工人队伍，依照小流水模型，一天一段周期运转，时间上连接不断，空间上充分利用。

(4) 缩短工期，提高质量，其剪力墙柱梁板均达到清水混凝土标准，减少后期湿作业。

**2.3.3　“重点先行”**

在各分区中，以有设备安装、专业交叉作业频繁的施工区为主线，尽快完成土建，为后续作业提供工作面。

## 2.4　施工任务划分

根据施工蓝图、设计施工内容及有关答疑、图纸会审、变更等对施工内容和技术的要求，按照施工方便的因素划分为两部分，每一部分再按照工种和专业划分为土建、装饰、水电安装三个任务段，项目经理对各个部分任务段工程施工全权指挥和协调，项目技术负责人对工程技术负责，并负责施工方案的制定及施工技术措施的制定，项目副经理具体负责各个部分和各任务段的施工任务。

## 2.5　资源投入情况

**2.5.1　投入的劳动力（见表 2-1）。**

**劳动力配备计划表**　　**表 2-1**

| 工　种 | 按工程施工阶段投入劳动力情况 | | | | |
|---|---|---|---|---|---|
| | 基础工程 | 主体工程 | 层面及防水 | 装饰工程 | 安装工程 |
| 钢筋工 | 60 | 50 | | | |
| 木工 | 60 | 60 | | | |
| 混凝土工 | 20 | 30 | | | |
| 瓦工 | | 40 | | | |
| 抹灰工 | | | | 70 | |
| 电工 | 2 | 15 | 2 | 15 | 30 |
| 水暖工 | | | | | 30 |
| 油漆工 | | | | 30 | |
| 涂料工 | | | | 50 | |
| 防水工 | | | 30 | | |
| 力工 | 20 | 60 | | | |
| 精装修工 | | | | | 20 |
| 安装工 | 10 | | | | 20 |
| 塔吊司机 | 3 | 3 | | 2 | |
| 架子工 | 10 | 40 | | | |
| 总计 | 165 | 296 | 35 | 167 | 100 |

### 2.5.2 投入的主要机械设备（见表2-2）

施工机械设备配备计划　　表2-2

| 序号 | 机械或设备名称 | 型号规格 | 数量 | 国别产地 | 制造年份 | 额定功率(kW) | 生产能力 | 用于施工部门 | 备注 |
|---|---|---|---|---|---|---|---|---|---|
| 1 | 塔吊 | QTZ5012 | 1 | 重庆 | 1999年 | 64 | | 起重垂直运输 | |
| 2 | 轮式起重机 | NK-250E-V | 1 | 合肥 | 1999年 | | 231t | 起重垂直运输 | |
| 3 | 履带式挖掘机 | WD-100 | 1 | 合肥 | 2000年 | | 213 m³ | 土石方工程 | |
| 4 | 轮式装载机 | ZL50A | 1 | 郑州 | 2000年 | | 154.5 m³ | 土石方工程 | |
| 5 | 快速冲击夯 | HC-70D | 6 | 郑州 | 2001年 | | | 土石方工程 | |
| 6 | 自卸汽车 | 东风10t | 5 | 湖北 | 1999年 | | 206m³ | 水平运输 | |
| 7 | 混凝土输送泵 | HB6-3 | 2 | 武汉 | 2000年 | 60 | | 混凝土工程 | |
| 8 | 混凝土振捣器 | ZW50 | 30 | 郑州 | 2003年 | 1.1 | | 混凝土工程 | |
| 9 | 混凝土平板振动器 | ZW10A | 10 | 郑州 | 2003年 | 1.1 | | 混凝土工程 | |
| 10 | 砂浆搅拌机 | UJW1.5 | 1 | 郑州 | 2003年 | 1.5 | | 装饰工程 | |
| 11 | 混凝土搅拌机 | JS350 | 1 | 郑州 | 2003年 | 55 | | 混凝土工程 | |
| 12 | 钢筋切断机 | FCQ40A | 2 | 陕西 | 2002年 | 5.5 | | 钢筋加工 | |
| 13 | 施工电梯 | SCD200 | 1 | 上海 | 2001年 | 33 | | 主体装饰 | |
| 14 | 钢筋弯曲机 | GJB40A | 2 | 河北 | 2002年 | 3.7 | | 钢筋加工 | |
| 15 | 钢筋对焊机 | VN-100 | 2 | 上海 | 2002年 | 100 | | 钢筋加工 | |
| 16 | 木工圆锯机 | MJJ105 | 4 | 天津 | 2001年 | 2.65 | | 木材加工 | |
| 17 | 电焊机 | BX-300 | 5 | 天津 | 2000年 | 30 | | 安装工程 | |
| 18 | 手提电焊机 | | 3 | 天津 | 2002年 | 5 | | 安装工程 | |
| 19 | 柴油发电机 | 200kW | 1 | 湖南 | 1996年 | 260 | | 动力机械 | |
| 20 | 潜水泵 | WQ-50-15 | 1 | 天津 | 2000年 | 4 | | 泵类机械 | |
| 21 | 高压水泵 | KQL-100-125 | 1 | 郑州 | 1999年 | 11 | | 泵类机械 | |
| 22 | 经纬仪 | JJ2 | 3 | 苏州 | 2002年 | | | 测量仪器 | |
| 23 | 天顶仪 | Leica | 1 | 苏州 | 2002年 | | | 测量仪器 | |
| 24 | 水准仪 | | 2 | 苏州 | 2003年 | | | 测量仪器 | |
| 25 | 全站仪 | LeicaTC1600 | 1 | 苏州 | 2001年 | | | 测量仪器 | |
| 26 | 离心通风机 | 4-72-12NO.4A | 1 | 郑州 | 2000年 | 3 | | | |
| 27 | 钢卷尺 | GPLE3N，3m | 3 | 郑州 | 2004年 | | 50m | 质检 | |
| 28 | 电动套丝机 | TQ100-A | 2 | 天津 | 2002年 | 1.5 | | 安装工程 | |
| 29 | 砂轮切割机 | $\phi$400 | 2 | 天津 | 2002年 | 3 | | 安装工程 | |

# 3　主要项目施工方法

## 3.1　施工测量及沉降观测

### 3.1.1　平面测量控制

本工程平面测量控制采用内外相结合法。首先以总平面图提供的定位生标点，采用全站仪确定建筑物轴线，建立“井”字形方格控制网，并根据各轴线间尺寸关系，确定其条轴线。将各轴线向外作引桩，设置外控点，建立平面测量控制网。

地上部分采用内控法：平面控制网确定后，用直读式电子经纬仪和光电测距仪定出本工程各轴线及柱位，并经复核后进行下一道工序。

轴线传递：每层混凝土浇筑完毕后，将自动安平激光铅直仪分别架设在投测点上，将其投测至施工层，经复核无误后，再用电子经纬仪和光电测距仪测设出该层施工的轴线。

### 3.1.2　标高控制

利用先进激光扫平仪，从甲方交给的城市水准点将建筑物标高控制点转至工地基坑开挖影响线以外，设置临时固定水准点，并做好保护工作，且控制点要经常性地进行复核。地下施工阶段，用激光扫平仪将测设点引至基坑侧壁上，作为地下结构施工的高程控制点。当基坑施工完后，即转入建筑物内部，用内部标高控制整个建筑物，外部标高控制点将作为建筑物沉降观测的依据。

结构出地面向上施工时，根据引进的标高控制点复测楼层标高点，且在首层结构外框架部位，确定出 + 500mm 标高控制线，作为起始标高。施工层的标高均用全站仪向上传递。每层每段不少于两点，以便相互复核。

### 3.1.3　外墙与装修的测量控制

框架砌体施工利用钢筋混凝土结构施工时已弹出的轴线进行控制。标高采用向上传递的 + 500mm 线控制。

建筑外装饰利用直读式电子经纬仪测设控制点在外墙上用钢丝设控制线，转角两边均需设置；同时，用激光扫平仪在墙上测出每层的 + 500mm 控制线。

### 3.1.4　沉降观测

当基础施工完毕，首层结构施工时即按设计要求在相应部位设沉降观测点，观测点设置按设计进行布置，沉降观测点要采取保护措施防止冲撞引起变形，影响数据统计。

沉降观测周期为每施工一个结构层测量一次，主体结构封顶后每隔两个月观测一次，工程竣工后一年内每季度观测一次，以后每半年观测一次，直至沉降稳定为止。测量数据填统计分析表进行分析，观测成果提供沉降成果表、时间、沉降曲线图，并及时向业主、设计、监理反馈测量成果。

测量应采用固定激光扫平仪，专人测量，参照点为现场设置的观测点。现场设置的观测点每月复核修改一次，以确保数据精确。

### 3.1.5　垂直度控制措施

一层顶混凝土浇筑后，设置三个垂直控制点，分别在控制点位置预留埋铁板，待混凝土有一定强度后，精确测设出各控制点位置，用电钻在铁板上钻一直经 2mm 小孔，灌注红色油漆并用红色油漆画图，作为垂直控制点的基点。各楼层施工时，在对应位置留置200mm×200mm预留孔，利用激光对点仪，将控制点传递到相应各楼层，再由此控制点控制各楼层的垂直度。

## 3.2 基坑防护措施

本工程地下室基坑土方开挖较深且离四周建筑较近，采用钻孔灌注桩支护方案。

本工程在开挖基坑周围，用钻机钻孔，下钢筋笼现场灌注混凝土成桩，形成排桩作挡土支护。桩的排列形式采用双排式。双排桩系将桩前后或呈梅花形，按两排设置，桩顶亦设连系梁连成门式钢架，以提高抗弯刚度，减小位移。

灌注桩间距、桩径、桩长、埋置深度，根据基坑开挖深度、土质、地下水位高低以及所承受的土压力由计算确定。

灌注桩一般在基坑开挖前施工，成孔方法有机械和人工开挖两种，后者用于桩径不小于0.6m的情况。

钻孔灌注桩这种方法具有桩刚度较大、抗弯度高、变形相对较小、安全感好、设备简单、施工方便、工作场地不大、噪声低、振动小、费用较低等优点。

## 3.3 土方工程

### 3.3.1 土方开挖

(1) 开挖程序

测量放线→土方开挖→修坡→整平、留足预留层土→验槽。

(2) 开挖方法

基坑分三次进行机械开挖。第一次开挖至自然地表下2m位置，以便桩基施工，第二次开挖至底板垫层标高，第三次开挖至承台垫层标高。第一、二次全部采用机械开挖，第三次采用机械与人工配合的方法。

(3) 机械挖土方法

机械挖土采用沟端开挖的方法，开挖由建筑物东北角开始，后退向下，强制切土，一次挖到预定深度。见图3-1。

(4) 开挖施工

由于施工现场地狭小，现场无法设弃土场，挖土机挖出土方需要运土车辆及时外运到建设单位指定堆土场，运土车辆数量按外运距离确定。

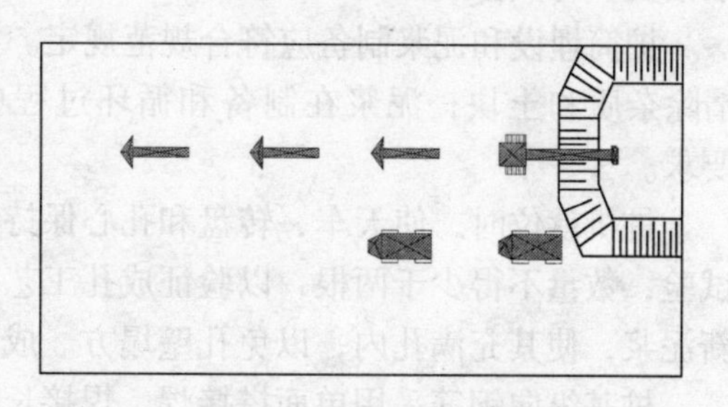
图3-1 机械挖土方法

为防止对地基土的扰动和超挖，机械开挖深度在距基坑底标高200mm，余下由人工开挖清底整平。边坡应预留200mm厚土层，由人工清理修坡。基坑周边1m范围内不得堆弃土或堆放材料，以保证坑壁边坡稳定，防止土体坍塌。基坑挖完后进行验槽，做好记录；如发现地基土质及地质勘探报告及设计要求不符时，及时通知勘察、设计单位共同处理。

#### 3.3.2　土方回填

土方回填拟采用人工填土和机械压实相结合的方法进行。

三七灰土回填：

(1) 方案选择：采用机械逐层夯实。

(2) 工艺流程：

检验土料和石灰粉的质量并过筛→灰土拌合→槽底清理→分层铺灰土→夯打密实→找平验收。

(3) 验收：分层布点进行压实后，进行土的干密度测试，其合格率不小于90%，回填完成后，应拉线或用靠尺检查标高和平整度，超高处用铁锹铲平，低处应及时补打灰土。

(4) 质量标准：

回填土的土料必须符合设计要求或施工规范的规定，必须按规定分层夯压密实，取样测定压实后土的干密度。

### 3.4　桩基工程

#### 3.4.1　施工方法

桩基采用正循环成孔，稠泥浆护壁，导管水下灌注混凝土的方法进行施工。

钢筋笼采用螺旋钢筋，整体绑扎，一次性吊放的方法进行安装。

为便于泥浆制备和排除，现场设3组泥浆池和沉淀池，由泥浆循环槽连通，废弃泥浆安排专人用拉浆车定期拉运。

#### 3.4.2　工艺流程

钻孔灌注施工工艺流程为：场地平整→桩位测定→埋设护筒和制备泥浆→桩机就位→钻机成孔→一次清孔→吊放钢筋笼→下放导管→二次清孔→浇灌混凝土→拔出护筒、钻机移位。

#### 3.4.3　施工要点

桩基正式施工前，应先做试桩，试桩数量不得少于3根，为配合试桩，每根周围做4根锚桩，与试桩成梅花形布置。

护筒埋设和泥浆制备应符合规范规定。泥浆采用红黏土制备，制备时红黏土应过筛，清除杂质和土块；泥浆在制备和循环过程中应定期检测，不断调整比重，以满足施工要求。

桩机就位时，使天车、转盘和孔心保持三点一线，钻杆垂直。钻机施工前，应做成孔试验，数量不得少于两根，以验证成孔工艺和钻机性能满足要求。成孔过程中，不断补充新泥浆，使其充满孔内，以免孔壁塌方。成孔的直径和深度必须满足设计要求。

桩基纵向钢筋采用单面搭接焊，焊接长度不小于$10d$；钢筋绑扎时，螺旋箍筋与纵向钢筋的每个交接点焊牢，以免脱落；吊放时，防止变形，并控制好保护层厚度和安装位置。

桩基混凝土选用粉煤灰硅酸盐水泥，并掺加早强剂，以期早期发挥强度，缩短施工工期。混凝土浇灌过程中，严格控制导管的埋深不小于0.6m。最大埋深不得大于6m，混凝土的充盈系数不得小于1cm。

### 3.4.4 试桩与破除桩头

试桩按设计进行施工，试桩的养护时间不得少于26d，如需赶工期时，同设计和试桩单位协商确定，并掺加早强剂，使混凝土强度提前达到要求。试桩前应按试桩单位的要求做好各项准备工作，试桩过程中，应密切与试桩单位配合，及时提供施工记录等资料，并不得弄虚作假。

桩头的破除采用机械和人工相结合的方法，施工时，先用风镐在接近设计标高处截取大部分桩头，然后由人工凿平至设计标高。破除过程中，应注意不要用力过猛，以防止造成桩身和钢筋破坏，凿除混凝土严禁用大锤敲击。桩头破除完工之后，应将混凝土清理干净，钢筋理顺拉直，并进行桩位复核和小应变实验。

## 3.5 基础及主体框架工程

### 3.5.1 混凝土工程

(1) 混凝土工程施工顺序

先地下后地上，由低到高顺序施工。每施工段内工程施工顺序由下至上，逐层施工。

(2) 混凝土工程施工工艺流程

承台、底板、钢筋、模板验收合格→底板混凝土浇筑（养护）→墙、柱钢筋模板支设、验收合格→墙、柱混凝土浇筑、养护→梁板、钢筋模板支设、验收→梁、板混凝土浇筑、养护。

(3) 混凝土的浇筑

1) 混凝土浇筑的一般要求

(A) 楼板混凝土浇筑时用脚手板铺设走道，以保护楼板钢筋。在浇筑混凝土时，严禁随意留设施工缝。

(B) 竖向结构应分层浇捣密实，分层高度可控制在250~300mm左右。

(C) 混凝土采用塔吊配合时，自吊斗口下落自由倾落高度不得超过2m；如超过2m时，必须采取措施。

(D) 混凝土表面处理：泵送混凝土表面水泥浆较厚，在浇筑后，按底板或板面标高要求，用2m刮杆刮平；然后，用木搓板反复搓压，至少两遍，使其表面密实平整，防止混凝土表面龟裂。

(E) 合理组织劳动力及机械设备：施工人员分2~3组，作业人员挂牌分区域作业，采用两班制，每班交接工作提前半小时完成，人员不到岗不准下班，并做好交接记录。

2) 混凝土的振捣

严格控制振捣器的移动距离、插入深度、振捣时间，混凝土振捣密实，特别是各浇筑带交接处不得漏振，为防止混凝土集中堆积，先振捣出料口处混凝土形成自然流淌程度；然后，全面振捣，振动棒应快插慢拔。每次的延续振捣时间，以混凝土表面出现浮浆和不再沉浆为准，振捣器移动距离不宜大于其作用半径的1.5倍，且应插入下层混凝土内不少于50cm，平板振动器移动距离应保持平板能覆盖已振实部分的边缘。混凝土应振捣密实，使新旧混凝土紧密结合。

3) 承台大体积混凝土施工

承台大体积混凝土浇筑，施工时采用如下措施：

(A) 选用低水化热水泥和粒径、级配良好的粗骨料并掺加木钙减水剂、UEA 和粉煤灰，以减少水泥用量；承台混凝土选用优质矿渣水泥，以降低其水化热，增加其抗裂性能。

(B) 浇筑尽量安排在室外温度较低时进行，以降低混凝土入模温度；当室外温度超过26℃时，应避免施工。

(C) 承台混凝土分层进行浇捣，每层厚度不超过40cm。

(D) 混凝土浇完后，立即进行覆盖养护，避免日光暴晒，养护时间不少于14d，以延缓降温时间和速度，充分发挥混凝土的应力松弛效应。

(E) 在承台上设置测温孔，加强温度监测与管理，随时掌握混凝土温度变化，及时调整保温与养护措施，使内外温差控制在2~5℃内，顶底温差控制在20℃以内。

4) 地下室防水混凝土施工

地下室底板、侧壁为防水混凝土，其主要掺JYB抗渗混凝土添加剂来实现结构自身防水性能。

防水混凝土必须连续浇筑，一气呵成，底板不得留施工缝，侧壁不得留垂直施工缝。施工时采用两台输送泵。

底板厚度如不大于500mm，浇筑不分层，分段宽度不超过4m，当前一段浇筑完成后方可进行下段施工；控制混凝土在一点的下料时间不宜太长；否则，混凝土段会过宽，易留施工缝隐患。

防水混凝土养护时间为14d，并覆盖保护。防水混凝土的拆模比普通混凝土适当延长，混凝土表面温度与环境温差不得超过15℃，防止混凝土表面产生裂缝。

5) 竖向框架柱与墙混凝土浇筑

(A) 柱混凝土浇筑前，底部应先填以5~10cm厚与混凝土内砂浆成分相同的水泥砂浆，然后浇筑混凝土，混凝土边浇筑边振捣。每次浇筑及振捣厚度不得超过50cm，振动棒不得触动钢筋和预埋件。除振动棒振捣外，模板外侧还需有人随时敲打模板。

(B) 每层柱混凝土一次浇筑完毕，施工缝留置在主梁下100cm处。

(C) 混凝土养护采用高效混凝土养护液。

(D) 当柱与墙高度超过3m时，采用串筒或溜槽导送混凝土。

6) 水平梁、板混凝土浇筑

本工程现浇板混凝土按施工段进行浇筑，每施工段混凝土一次连续浇筑完成，不设施工缝。

7) 楼梯混凝土浇筑

(A) 楼梯段混凝土自上而下浇筑，先振实底板混凝土，达到踏步位置时，再与踏步混凝土一起浇筑，不断连续向上推进，并随时用木抹子将踏步上表面抹平。

(B) 施工缝：楼梯混凝土连续浇筑完，多层楼梯的混凝土施工缝应留置在楼梯段1/3的部位。继续浇筑混凝土时，施工缝处理参见有关章节后浇带新旧混凝土处理方法。已浇筑的混凝土，其抗压强度不应小于1.2N/mm²。

(4) 后浇带施工

1) 工艺流程

后浇带模板支设→后浇带清理→后浇带混凝土浇筑→后浇带混凝土养护→后浇带

拆模。

2）施工方法

后浇带模板支设：

水平后浇带底模与两侧的主体结构底模同时支设，并且在水平后浇带浇筑混凝土之前不得拆除。

后浇带清理：

（A）后浇带处钢筋采用断离法，按设计及规范要求搭接或焊接。有加强附加钢筋，视附加钢筋具体位置穿插施工。

（B）后浇带混凝土浇筑

（C）后浇带混凝土的养护

（D）后浇带拆模

后浇带施工处理自下向上逐层处理后浇带混凝土，强度达到设计要求后逐层拆除模板。

（5）混凝土的养护

对柱混凝土，拆模后用麻袋或草袋进行外包并浇水养护；对梁、板等水平结构进行浇水养护；大面积结构如楼板、屋面板等可蓄水养护。养护用水采用清洁的地下水。

**3.5.2** 钢筋工程

（1）钢筋机械连接

本工程钢筋机械连接采用等强度剥肋直螺纹套筒连接。

1）现场连接施工

（A）连接钢筋时，钢筋规格和套筒的规格必须一致，钢筋和套筒的丝扣应干净，完好无损。

（B）采用预埋接头时，连接套筒的位置、规格和数量符合设计要求。带连接套筒的钢筋应固定牢靠，连接套筒的外露端应有保护盖。

（C）滚压直螺纹接头使用扭力扳手或管钳进行施工，将两个钢筋丝头在套筒中间位置相互顶紧，接头拧紧力矩应符合规定要求。扭力扳手的精度为±5%。

（D）经拧紧后的滚压直螺纹接头应做出标记，单边外露丝扣长度不应超过$2p$（$p$为螺距）。

（E）根据待接钢筋所在部位及转动难易情况选用不同的套筒类型，采取不同的安装方法。

2）接头质量检验

（A）工程中用滚压直螺纹接头时，技术提供单位应提交有效的型式检验报告。

（B）钢筋连接作业开始前及施工过程中，对每批进场钢筋进行接头工艺检验。

3）现场检验应进行拧紧力距检验和单向拉伸强度试验。

对接头有特殊要求的结构，在设计图纸中另行注明相应的检验项目。

4）滚压直螺纹接头的单向拉伸强度试验按验收批进行。同一施工条件下采用同一批材料的同等级、同型式、同规格接头，以500个为一个验收批进行检验。

（2）钢筋焊接

本工程钢筋焊接主要采用电渣压力焊和闪光对焊两种焊接方式。

电渣压力焊的工艺流程：

闭合电路→引弧→电弧过程→电渣过程→挤压断电→检查验收。

在正式进行钢筋电渣压力焊之前，必须按照选择的焊接参数进行试焊并做试件送试，确定合理的焊接参数合格后，进行正式生产。

(3) 闪光对焊

1）闪光对焊其工艺流程：检查设备→选择焊接工艺及参数→试焊、做模拟试件→送试件→确定焊接参数→焊接→质量检验。

2）当钢筋直径较小，级别较低，可采用连续闪光焊。采用连续闪光焊所能焊的最大钢筋直径为26mm。在钢筋对焊生产中，焊工应认真进行自检，发现偏心、弯折、烧伤、裂缝等缺陷，切除接头重焊，并查找原因，及时消除闪光对焊接头的外观检查。

(4) 钢筋绑扎

1）基础钢筋绑扎顺序

先绑承台钢筋，后绑地梁，一般情况下先长轴后短轴，由一端向另一端依次进行。操作时按图纸要求划线、铺铁、穿箍、绑扎、成型。施工时用钢管搭设简易架子，以便上下铁就位和穿箍方便。

2）基础以上结构钢筋绑扎顺序

柱插筋→梁板筋，柱插筋下端平直弯钩伸至基础底筋处与底筋固定牢固，根据测量放线定位布置，在基础钢筋上设置一道钢筋（水平筋）并与基础底筋点焊牢固，以保证柱插筋位置准确，防止钢筋位移。

3）梁柱节点钢筋绑扎

现浇钢筋混凝土结构梁柱节点的钢筋绑扎质量将直接影响结构的抗震性能，而且该部分又是钢筋加密区，严格控制该部分的施工程序，即；支设梁底模 →穿梁底钢筋 →套节点处柱箍筋 →穿梁面筋。

柱、梁板钢筋的接头位置，锚固长度、搭接长度满足设计和施工规范要求，钢筋绑扎完成后应固定好垫块和撑铁，以防止出现露筋现象；同时，要控制内外排钢筋之间的间距，防止钢筋保护层过大或过小。浇筑混凝土时，必须安排专人看护钢筋，以确保钢筋绑扎质量。

4）水平钢筋绑扎

水平钢筋绑扎时为控制间距和顺直，采用弹线或划线控制，绑扎时按照划线位置绑扎。

5）楼梯钢筋绑扎

(A) 工艺流程：划位置线→绑主筋→绑分布筋→绑踏步筋。

(B) 在楼梯底板上划主筋和分布筋的位置线。

(C) 根据设计图纸中主筋、分布筋的方向，先绑扎主筋后绑扎分布筋，每个交点均应绑扎；如有楼梯梁时，先绑梁后绑板筋。

(D) 底板筋绑完，待踏步模板吊支好后，再绑扎踏步钢筋。主筋接头数量和位置均符合施工规范的规定。

**3.5.3** 模板工程

(1) 基础模板

基础承台及地梁测模采用定型钢模和大块木胶合模板，钢筋绑扎完毕要及时支模，避免长时间暴露，造成土方污染钢筋。

(2) 柱、梁模板施工

当柱钢筋绑扎完毕且隐藏验收通过后，进行柱模板施工，首先在柱底部进行标高测量和找平，然后进行模板定位卡和保护层垫块的设置，经检查后支设柱模板。根据工程结构形式和特点及现场施工条件对模板进行设计，确定模板平面布置、纵横龙骨规格、排列尺寸、柱箍选用的形式及间距、梁模支撑体系、模板的组装形式、连接点大样，并验算模板和支撑的强度、刚度及稳定性。模板数量应在模板设计时，结合流水作业进行综合研究。

1) 柱模板的支设

柱模板采用竹（木）胶合板支设，按照放线位置在柱四边距离5cm处的主筋上焊接支杆，从四面顶住模板以防止位移，再安装模板，柱箍、靠吊垂直度后加固。

2) 梁顶板模板

(A) 本工程现浇楼板及梁采用竹胶合板，配以50mm×100mm方木作次龙骨，$\phi$46×3.5钢管作主龙骨，按结构平面图进行裁割、组合、镶边、拼装，工作量少、施工方便快捷，楼板混凝土底面达到清水混凝土施工质量标准。施工时先测定标高，铺设梁底模，梁底模按规范要求起拱，根据楼层上弹出的梁边线进行平面位置校正、固定，较浅的梁支好侧模，再绑扎钢筋，而较深的梁先绑扎钢筋，再支设侧模；然后，支平台模板和柱、梁、板交接点处模板。

(B) 本工程承台模板支撑体系采用碗扣式脚手架支撑体系，该体系设计先进合理，能有效降低劳动强度，加快施工进度。

(C) 当混凝土强度达到设计强度的50%时（3～5d左右），拆除梁侧模及模支撑，立柱拆除一部分，剩余部分继续支撑楼板混凝土，使结构处于短跨受力状态（小于2m）。待混凝土强度达到规范规定的拆模强度要求时，再拆除竖向支撑及保留的模板，大大加快了施工进度。

3) 楼梯模板施工

楼梯模板采用木模板，楼梯底板采用竹（木）胶合板，踏步侧板及挡板采用50cm板，休息平台处上下两步踏步应错开4cm，避免粉刷后两个踏步不在同一直线上。

4) 电梯井模板（见图3-2）

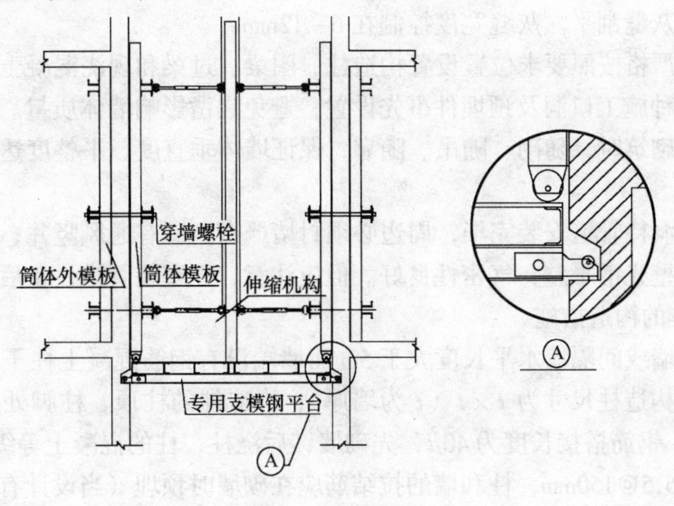


图3-2 电梯井模板

采用伸缩式定型筒模，由大模板厂家加工，定型筒模和定型平台在地上结构施工时开始使用。

5）剪力墙模板

剪力墙采用竹胶大模板，$\phi12$ 对拉螺栓 $\phi46$ 钢管固定，对拉螺栓间距取 500mm × 500mm，有防水要求时应焊止水环；无防水要求时，可套硬塑料管进行安装，以便重复利用。为防止剪力墙根部漏浆，造成蜂窝、麻面，支模时模板拼缝紧密，并在底部用水泥砂浆封堵。

6）模板拆除

对竖向结构，当其强度能保证构件不变形，不缺棱掉角时即可拆模。梁、板等水平结构模板部分的拆模时间，应通过同一条线养护的混凝土试件强度实验结果，结合规范要求来确定，模板拆除后即进行修整和清理，然后集中堆放，以便周转使用。

### 3.6 砌体工程

操作要点：

（1）砌筑前，应提前 2d 以上适当浇水湿润砌块，砌块表面有浮水时不得进行砌筑；同时，将楼面清扫干净，弹线验线，墙体位置、宽度、门窗洞口位置必须符合图纸要求。弹线时，在楼板、框架柱及梁底或板底弹出闭合墙边线，按线砌筑，严防墙体里出外进。

（2）拌制砂浆时，严格按照实验室提供配合比进行计量，按料顺序为砂子、水泥、水、石灰膏，搅拌时间不少于 90s。砂浆随拌随用，常温下砂浆应在 3h 内使用完毕；气温超过 30℃时，要在 2h 内用完，砌筑砂浆要按规定制作试块。

（3）砌至板或梁底时，留一定高度用砖斜砌，挤紧沉实。应注意每天砌筑高度不得超过 1.6m。

（4）砌筑时，必须遵守反砌原则，使砌块表面向上砌筑。上下皮应对孔错缝搭砌，竖向灰缝相互错开 1/2 砌块长，并不小于 120mm；如不能保证时，在水平灰缝中设置两根直径 6mm 的拉结钢筋。

（5）墙体砌筑灰缝应横平竖直，砂浆饱满度不低于 90%，竖向缝不低于 60%，并在砂浆终凝前后将灰缝刮平。灰缝宽度控制在 6 ~ 12mm。

（6）施工时严格按照要求位置设置构造柱、圈梁、过梁和现浇混凝土带，并与其他专业密切配合，各种施工口洞及预埋件事先设置，避免剔凿影响墙体质量。

（7）拉通线砌筑时，随砌、随吊、随靠，保证墙体垂直度、平整度达到要求，不允许砸砖修墙。

（8）所有留洞待管道安装完毕，周边必须封堵严密，所有通风竖井、管道井要求边砌边抹灰，保证内壁光滑平整，气密性良好。但应注意，先安装管道设备后砌筑管井。

#### 3.6.1 墙体的构造措施

（1）当围护墙或间隔墙水平长度大于 5m 而墙端没有钢筋混凝土柱子时，应在墙端及中部加构造柱，构造柱尺寸为 $t \times t$（$t$ 为墙厚），构造柱的柱顶、柱脚处应在主体结构中预埋 $4\phi12$ 竖筋，钢筋搭接长度为 $40d$，先砌墙，后浇柱，柱的混凝土等级为 C20，竖筋用 $4\phi12$，箍筋用 $\phi6.5@150$mm，柱和墙的拉结筋应在砌墙时预埋（当设计有规定时以设计要求为准）。

(2) 钢筋混凝土柱详见建筑平面图，构造柱应先砌墙后浇柱，砌墙时墙与构造柱连接处要砌成马牙槎，构造柱的尺寸为 $t \times t$（$t$ 为墙厚）。沿墙高每 500mm 设 2$\phi$6.5 钢筋，埋入墙内 1000mm 并与构造柱连接，构造柱的柱顶、柱脚处应在主体结构中预埋 4$\phi$12 竖筋，钢筋搭接长度为 40$d$，柱的混凝土等级为 C20，竖筋用 4$\phi$12，箍筋用 $\phi$6.5@150mm（当设计有规定时以设计为准）。

(3) 高度大于 4m 的 200mm 墙，需在墙体半高处设钢腰带一道，钢腰带用 M10 砂浆砌 250mm 高，墙厚为 200mm 时按 3$\phi$6，墙厚为 120mm 时按 2$\phi$6 钢筋，钢筋要锚入与之垂直的墙壁体或两端的构造柱内（当设计有规定时以设计为准）。

(4) 钢筋混凝土墙壁体与砌体的连接应沿钢筋混凝土墙柱高度，每隔 500mm 预埋 2$\phi$6.5 钢筋，锚入混凝土墙体内 200mm，外伸 1000mm；如果墙垛不够此长度时，则伸入墙内长度为墙垛长，且末端弯直钩（当设计有规定时以设计准）。

(5) 砌体墙内的门窗洞口或设备的预留洞，其洞顶均需设钢筋混凝土过梁，梁宽同墙体厚度，梁高用 1/6 洞宽，底筋用 2$\phi$12。梁立筋用 2$\phi$10，箍筋用 $\phi$6.5@200mm，梁的支座长度≥250mm，混凝土的强度等级为 C20；当洞顶离结构梁（或板）底小于 1/6 洞宽时，应与结构梁或板浇为整体。

### 3.6.2 砌体建筑裂缝防治措施

(1) 建筑设计

建筑设计应采用 1m 的基本模数，即砌体长度和高度均应是 100mm 倍数。门窗顶如有砌体，加设过梁（钢筋混凝土过梁）；若过梁端部与混凝土柱、墙直接相接，设角钢支座支承过梁。

砌体内设置的暗管、暗线、暗盒、洞口、沟槽应考虑避免打洞凿槽，宜采取先施工管线盒等、后砌体埋入管盒的方法，或采取在填充墙上设钢筋混凝土柱、梁的方式埋入管线，在已砌墙体上开槽，应用专用的镂槽工具或用切割机开槽，禁止人工凿打。

砌体墙与混凝土柱，墙应拉结牢固，墙高度每 500mm（或符合砌块模数）预留 2$\phi$6.5 拉结钢筋，伸入墙内 > 600mm。

砌体墙长度 > 5m，加构造柱，高度 > 4m，加圈梁、墙体与梁、板、柱结合处的抹灰层中，沿缝长方向加宽 > 200mm 的钢网做防裂处理，并绷紧钉牢。

(2) 砌体施工

砌块堆码高度不超过 1.6m，场地平整，不积水，装卸时严禁翻斗倾卸和丢掷，砌筑前按砌块尺寸计算皮数和排数，编制排列图。

砌筑时控制砌块含水率，雨天施工须防止雨水直接冲淋砌体，不得使用被雨水湿透的砌块，墙体材料宜保持均一性；若需镶砌，宜采用与原砌块物理力学性能相近的混凝土预制块。

砌筑时清扫墙体下楼面，无杂物，并湿润满铺底灰，砌块须错缝砌筑，上下皮搭接长度不小于 90mm 或砌块长度的 1/3；否则，在灰缝中设拉结筋（网），铺灰用铺灰器，一次铺灰长度不超 600mm，铺灰后立即放砌块，用木锤敲击摆正；如砌后需移动，需铲除原有砂浆重砌，不得随意撬动已砌好的砌块或打洞凿槽。切锯砌块用专用工具，不得用瓦刀砍劈；否则，砌块宜缺棱掉角。

灰缝横平竖直，砂浆饱满，水平缝不低于 90%，竖缝不低于 70%，竖缝内外临时夹板灌缝，严禁干砌再水冲灌缝，边筑边勾，缝不得出现暗缝，严禁有透亮灰缝，灰缝厚度应均匀，控制在6~12mm。

日砌高度控制在1.6m，最上两皮应隔日砌筑，待下部砌体变形沉实稳定后再砌，最上一皮应用辅助实心小砌块（或砖）45°斜砌，挤紧混凝土梁板底，空隙用砂浆填实，墙体留槎。如留直槎，沿高度600mm设置2ϕ6拉结钢筋伸入墙内600mm，并留成“马牙槎”。

## 3.7　外脚手架施工重点、特点及难点

### 3.7.1　脚手架搭设方案

从地下室基坑底起沿地下室外墙外围搭设单杆双排扣件式脚手架，待地下室施工完成后将外架拆除，以便外墙防水及回填土施工。主体外脚手架每间隔5层设一层挑架，以减轻架体对地面的压力。外架采用中ϕ46×3.5钢管搭设，立杆横距为1050mm，立杆纵距为1500mm，横杆步距为1600mm，脚手架内立杆距建筑物外皮350mm。操作层处脚手架板满铺，紧贴脚手架外立杆内侧设防护拦杆两道（高度分别为1.2m和0.6m）和挡脚板一道，挡脚板高度160mm。栏杆内侧立挂密目式阻燃安全网，网的下口与建筑物挂搭封严（即形成兜网）。剪刀撑在脚手架外侧沿架高连续设置，与地面倾角45°~60°。主体工程外架与主体框剪结构牢固拉结，连墙杆按两步三跨设置。立管基脚下设垫板厚度不小于50mm。

考虑多种原因，外脚手架架搭设采用单杆双排扣件式落地钢管脚手架。架全部采用中ϕ46×3.5钢管搭设，立杆横距为1050mm，立杆纵距为1500mm，横杆步距为1600mm，脚手架内立杆距建筑物外皮350mm。操作层处脚手板满铺，紧贴脚手架外立杆内侧设防护栏杆两道（高度分别为1.2m、0.6m）和挡脚板一道，挡脚板高160mm。栏杆内侧立挂密目式阻燃安全网，网的下口与建筑物挂搭封严（即形成兜网）。剪刀撑在脚手架外侧沿架高连续设置，与地面倾角45°~60°。外架与主体框剪结构牢固拉结，连墙杆按两步三跨设置。立管基脚下设垫板厚度不得小于50mm，地基应平整夯实。

### 3.7.2　施工顺序与工艺流程

总体搭设顺序随主体结构的施工顺序，每一施工区段内的脚手架搭设顺序由下至上，先外架后内架。搭设顺序为：

地弹线，立杆定位→按立杆间距排放底座→摆放纵向扫地杆→竖立杆并与纵向扫地杆扣紧→装横向扫地杆，并与立杆和纵向扫地杆扣紧→装第一步大横杆并与各立杆扣紧→安第一步小横杆→安第二步大横杆→安第二步小横杆→加设抛撑，上端与第二步大横杆扣紧（装设两道连墙杆）→接力杆→加接剪刀撑→铺设脚手板，绑扎防护栏杆及挡脚板→立挂安全网→完成。

### 3.7.3　脚手架施工方法

（1）搭设构造措施

立杆：

垂直度偏差不大于架高的1/200，并同时控制其绝对偏差值不大于100mm。每根立杆腹部均应设置垫板。立杆接头除在顶层可采用搭接外，其余各层各步接头必须采取对接扣件。

扫地杆：

脚步手底部设置纵、横向扫地杆，纵向扫地杆应用直的扣件固定在距垫木表面不大于

200mm 处的立杆上。横向扫地杆用直角扣件固定在紧靠纵向扫地杆下方的立杆上。

大横杆：

设在立杆内侧，长度不小于三跨，采用直角扣件与立杆扣紧，直角扣件不得朝上。大横杆采用对接扣件连接或搭接。

小横杆：

每一主节点处必须设置一小横杆，用直角扣件扣接并严禁拆除。主节点处两个直角扣件的中心距不应大于 150mm，靠墙一侧的外伸长度不大于 200mm，外架立面外伸长度以 100mm 为宜。作业层上非主节点处的小横杆宜根据支撑脚手板的需要等间距设置，最大间距不应大于立杆纵距的 1/2，可按 600mm 设置。小横杆两端均应用直角扣件，固定在大横杆上。

连墙杆：

按两步三跨设置，通过预埋在边梁部位的钢管或钢管筋拉环与外架立杆拉结。连墙件与脚手架连接的一端可稍微下斜，不容许向上翘起。设置第一排连墙件前，每隔 6 跨设一道抛撑，以确保架子稳定。

剪刀撑：

脚手架沿两端和转角处起，每 4 根立杆设一道，中间每隔 6～7 根立杆设一道，斜杆与地面的倾角为 45°～60°。剪刀撑沿架高连续设置，剪刀撑斜杆的接长宜采用搭接，连接方法同立杆。剪刀撑的斜杆除两端用旋转扣件与小横杆的伸出端或立杆扣紧外，还应在其中间增加 2～4 个扣接点，旋转扣件中心线至主节点的距离不大于 150mm。

脚手板、护栏和挡脚板：

脚手架设作业层一层，满铺竹或木脚手板，紧贴脚手架外立杆内侧设防护栏杆两道（高度分别为 1.2m 和 0.6m）和挡脚板一道，挡脚板高 160mm。脚手板平铺，铺满铺稳，拐角交圈，不超过 150mm 的探头板。脚手板设置在三根小横杆上；当脚手板长度小于 2m 时，可用两根小横杆支承，且脚手板两端应与其可靠固定，严防倾翻。脚手板对接平铺时，接头处设置两根小横杆，脚手板外伸长度取 130～150mm，两块脚手板外伸长度不大于 300mm；脚手板搭接铺设时，接头支在小横杆上，搭接长度大于 200mm，其伸出小横杆的长度不小于 100mm。栏杆上立挂密目阻燃安全网，网的下口与建筑物挂搭封严。

（2）防护棚搭设

防止施工时异物坠落，在每部井架前及建筑物周围外架下所设通道部位设置防护棚。

1）挑出建筑物（含外架）距离不得小于 3m。

2）棚具体做法为：每隔 3m 外挑 1 根斜钢管，钢管边必须与架体用扣件的连接，上面间距 1m 铺设横杆，横杆以 1 字扣连接，再铺设钢笆，最后用板铺设密实。

3）护棚悬挑端头应设置栏杆，栏杆不低于 1.2m 并不少于两道横杆，外面用密目式安全网封闭。

4）每隔 3m 应设置斜拉杆，一端与斜撑钢管端头相连，另一端与架体相连，保证防护棚的安全、稳定性。

（3）拆除顺序和方法

先搭的后拆，后搭的先拆。先从钢管脚手架顶端拆起。

拆除时，周围设置护栏或警戒标志，设专人指挥，严禁非作业人员入内。拆除顺序由上而下，先搭后拆，后搭先拆，先拆栏杆、脚手板、剪刀撑、斜撑、后拆小横杆、立杆、先按一步一清的原则依次进行。

拆立杆时，先抱住立杆再拆开最后两个扣，拆除大横杆、斜撑、剪刀撑时，先拆中间扣，然后托住中间，再解端头扣。

连墙杆随拆除进度逐层拆除。分段拆除高差不少于两步。

### 3.8　内外装修

#### 3.8.1　内外檐抹灰工程

(1) 抹灰用砂应使用中砂，含泥量不大于3%，使用时应过筛、无杂质。

(2) 砂浆拌合均匀，坍落度满足抹灰需要。

(3) 抹灰前，将基层表面的灰尘，污物、松散砂浆清理干净，并洒水充分湿润。墙面的脚手眼应堵塞严密，水暖通风设备管道以及电线盒的安装完后，用1:3水泥砂浆堵严。

(4) 抹灰前，先根据墙面平整度、垂直度找好规矩，即四周规方，横线找平，立线吊直，以确定抹灰的厚度，并用与抹灰层同强度等级砂浆设置标筋。

(5) 墙体抹灰分打底、刮平扫毛、罩面三遍成活儿；墙面清理干净后，先砂浆打底，待抹灰层凝固后再抹第二遍砂浆，最后罩面。要求墙面无空鼓、裂缝，表面光滑、平整、无砂眼。

(6) 室内门洞口的阳角，用1:2水泥砂浆做护角，其高度不低于2m，每侧宽度不小于50mm。

(7) 外墙抹灰时，窗台、雨篷、压顶和突出腰线等，上面抹流水坡度，下面滴水线或滴水槽。

(6) 门窗口在抹灰期间，在水平垂直方向拉通线，保证了高断面尺寸一致和标高统一。

(9) 墙面抹灰完毕在湿润状态下养护不少于7d，养护期间防止快干、水冲、撞击等。

(10) 加气混凝土砌块样面抹灰不出现空鼓、裂缝的关键措施，本工程采用防裂剂。当底下抹完后喷第一遍防裂剂，罩面抹灰完成后喷第二遍防裂剂。

#### 3.8.2　平顶及内墙面砖，涂料面层

(1) 面砖墙面：清理砖墙→刷108胶一遍→15mm厚2:1:6水泥石灰砂浆，分两次抹灰→3～4mm厚1:1水泥砂浆加水重20%108胶镶贴→4～5mm厚釉面转，白水泥擦缝。

(2) 内墙涂料墙面：清理钢筋混凝土外墙→15mm厚1:1:6水泥石灰砂浆→10mm厚1:0.5:3水泥石灰砂浆→清理基层→局部刮腻子，砂纸磨平→乳胶漆二遍。

#### 3.8.3　吊顶

(1) 施工工艺

弹顶棚标高水平线→画龙骨分挡线→安装管线设施→安装大龙骨→安装小龙骨→防腐处理→安装罩面板→安装压条。

1) 弹标高水平线：根据楼层标高水平线，顺墙高量至顶棚设计标高，沿墙四周弹顶棚标高水平线。

2) 划龙骨分档线：沿已弹好的顶棚标高水平线，划好龙骨的分档位置线。

3) 安装大龙骨：将预埋钢筋端头弯成环形圆钩，穿6号镀锌钢丝或用$\phi 6$螺栓将大龙

骨固定，未预埋钢筋时可用膨胀螺栓，并保证其设计标高。

4）安装小龙骨。

5）安装罩面：木骨架底面安装顶棚罩面板，罩面板的品种较多，应按设计要求的品种、规格和固定方式，分为圆钉钉固法、木螺钉拧固法、胶结粘固法三种方式。

6）安装压条：木骨架罩面板顶棚，设计要求采用压条做法时，待一间罩面板全部安装后，先进行压条位置弹线，按线进行压条安装。其固定方法，一般同罩面板，钉固间距为300mm，也可用胶结料粘贴。

（2）龙骨的安装与调平

1）龙骨安装顺序，先安装主龙骨后安装次龙骨，但也可以主、次龙骨一次安装。

2）先将大龙骨与吊杆固定时，用双螺帽在螺杆穿过部位上下固定。然后按标高线调整大龙骨的标高，使其在同一水平面上。

主龙骨调平一般一个房间为单元。调整方法可用6cm×6cm方木按主龙骨间距钉圆钉，再将长方木条横放在主龙骨上，并用铁钉卡住各主龙骨，使其按规定间隔定位，临时固定。方木两端要顶到墙上或梁边，再按十字和对角拉线，拧动吊杆螺栓，升降调平。

3）中小龙骨的位置，一般应按装饰板材的尺寸在大龙骨底部弹线，用挂件固定，并使其固定严密，不得有松动。为防止大龙骨向一边倾斜，吊挂件安装方向交错进行。

中（次）龙骨垂直于主龙骨，在交叉点中（次）龙骨吊挂件将其固定在主龙骨上，吊挂件上端搭在主龙骨上，挂件U形腿用钳子卧入主龙骨内。

4）横撑下料尺寸要比名义尺寸小2～3mm，其中距视装饰板材尺寸决定，一般安置在板材接缝处。

横撑龙骨应用中龙骨截取。安装时将截取的中（次）龙骨的端头插入挂插件，扣在纵向龙骨上，并用钳子将挂搭弯入纵向龙骨内，组装好后，纵向龙骨和横撑龙骨底面（即饰面板背面）要求一平。

### 3.8.4 外饰面工程

本工程外饰面采用面砖及玻璃幕墙。在施工前，先做样块、样板层，做到样板领路。

(1) 砖墙面

1）抹灰前墙面扫干净，浇水湿润。

2）大墙面和死角，门窗口边弹线找规矩，由顶层到底一次进行，弹出垂直线，并决定面砖出墙尺寸分层设点，做灰饼。横线则以楼层为水平基线交圈控制，竖向线则以四周大角示，通天垛、柱子为基线控制。每层打底时，则以次灰饼作为基准点进行冲筋，使其底层灰做到横平竖直，同时要注意找好突出檐口、腰线、窗台、雨篷等装饰面的流水坡度。

3）抹底层砂浆：先把墙面浇水湿润，然后用1:3水泥砂浆约6mm厚刮一道，接着用同强度等级灰与所冲的筋抹平，随即用木杠刮平，大抹搓毛。终凝后浇水养护。

4）弹线分格：待基层灰干时即可按图纸要求进行分段弹线，同时进行面层贴标准点的工作，以控制面层出墙尺寸及垂直平整。

5）排砖：根据大样图及墙面尺寸进行横竖排砖，以保证面砖缝隙均匀，符合设计图纸要求，注意大面和通天柱、垛排整砖，以及在同一墙面的横竖排列，不得有一行以上的非整砖。

6）面砖勾缝与擦缝：宽缝一般在6mm以上，用1∶1水泥砂浆勾缝，先勾水平缝再勾竖缝，勾好后要求进面砖外表面2~3mm。弱横缝为干挤缝，小于3mm者应用白水泥配颜料进行擦缝处理。面砖缝勾完后，用布或棉丝蘸稀盐酸擦洗干净。

（2）玻璃幕墙

1）施工方案

根据本工程的实际情况，从整个立面形式来看，采用脚手架施工。脚手架的立杆单排、双排均可，但最基本的要求是，里皮立杆离墙距离，不应小于400mm。

2）玻璃幕墙安装工艺

预埋件的埋设→测量放线→钢结构柱制安→安装立柱→安装横梁→安装玻璃→注胶及外立面幕墙情况。

（A）预埋件处理

根据埋件布置图，先对已预埋件进行清理、除锈、除混凝土，使之露出金属面；然后，用铁刷子刷掉铁锈，清理干净。根据安装基准线及幕墙分格尺寸，检查埋件的位置准确程度。然后连接转接件，转接件连接后，进行防腐处理。防腐处理的方式为先涂两层富特漆。处理时，应该考虑整个连接件的位置，且要同时考虑整个埋件所用区域，进行全面防腐。

（B）测量放线

土建施工结束后，施工队伍进场后首先进行测量定位，测量出施工结构偏差，为施工做好准备，测量后需确定安装基准线，包括龙骨排布基准及各部分幕墙的水平标高线，为各个不同部位的幕墙确定三个方向的基准。

（C）主梁安装

幕墙主梁的安装工作，是从结构的底部向上安装，先对照施工图检查主梁的尺寸加工孔位是否正确，然后将附件、芯套、防腐垫片、连接件等组装到主梁上，用螺栓将主梁与支座连接，调整主梁的垂直度、水平度后，加固支座（固焊）。

（D）横梁安装

将横梁两端的连接件与弹性橡胶垫安装在主梁的预定位置，要求安装牢固，接缝严密，同一层横梁安装应由下向上进行；当安装完一层高度时，要进行检查、校正、固定，使其符合质量要求。

（E）玻璃安装

安装前，对玻璃进行彻底清洁。玻璃与构件凹槽四周保持一定间隙，每块玻璃底部垫至少两块弹性垫块，垫块宽度与槽口宽度相等，长度不少于100mm，玻璃四周嵌入量及间隙需符合设计要求。玻璃与窗框四周采用压缩性聚氯丁橡胶密封，无断裂现象。

（F）注胶

板块安装固定完成后，进行注胶工序。在接缝两侧先贴好保护胶带，然后将胶缝部位用规定溶剂，按工艺要求进行净化处理，净化后及时按注胶工艺要求进行注胶，注胶后刮掉多余的胶并做适当的修整，拆掉保护胶带及清理胶缝四周，胶缝与基材粘结应牢固、无孔隙，胶缝平整光滑，表面清洁、无污染。

（G）避雷安装

根据整体建筑工程系统的特点，在幕墙框架安装过程中，框架按照避雷系统连接起来，避免因雷雨天气而使幕墙受到破坏，避雷系统的安装要符合国家有关标准及规范。

3）防雷节点施工方案

在竖料与40mm×2mm铝板连接处，用砂纸打去单元框上的阳极氧化物。打磨的尺寸小于40mm×40mm，大于35mm×35mm。将不锈钢角铁与单元竖料连接。螺栓连接处要拧紧，不得有松动。单元板上下、左右采用骑马件连接。连接完备后填隐蔽工程单，监理验收。检测仪器ZC296型接地电阻测试仪，接地电阻小于1Ω。

（3）涂料工程

涂料工程施工工艺流程如下：

基层处理→刮腻子→砂纸打磨→涂料涂刷→成品保护→分项验收。

1）基层处理：首先检查原墙面、顶棚的平整度、垂直度，保证基层平整干净。顶棚石膏板基层部分要进行嵌缝处理。

2）刮腻子：在清理完的墙、顶面刮2~3遍腻子，每道腻子之后用砂纸打磨，保证基面的平整度。

3）涂料涂刷：涂料在涂刷施工前，将门框、窗框、木制墙面等处加以保护，以免污染。涂刷顺序为：先顶棚，后墙面，同一饰面应先竖向再横向，操作时用力要均匀，保证不漏刷。第一遍涂料刷后将局部不平整处打磨，然后涂刷第二遍、第三遍涂料，饰面施工完后成注意成品保护。

4）成品保护：墙面刮腻子，滚刷涂料过程中，用胶带纸、塑料布对消防箱、配电箱、开关插座进行粘贴，遮盖保护。

## 3.9 楼地面工程

### 3.9.1 地面工程

（1）花岗石地面

素土夯实→60mm厚C10混凝土→素水泥浆结合层一遍→30mm厚1:3干硬性水泥砂浆、面上撒素水泥→20mm厚磨光花岗石贴面素水泥浆擦缝。

（2）地砖地面（卫生间）

素土夯实→100mm厚C10混凝土→素水泥浆结合层一遍→25mm厚1:4干硬性水泥砂浆结合层、面上撒素水泥→6~10mm厚防滑地砖贴面，水泥砂浆擦缝。

（3）水泥地面

素土夯实→60mm厚C10混凝土→素水泥浆结合层一遍→20mm厚1:2水泥砂浆抹面压光。

### 3.9.2 楼面

（1）PVC塑料地板

基层清理→定位放线→粘贴面板→细部处理→成品保护。

1）基层处理：将水泥砂浆基层面清理干净并进行检查和验收，基层面应平整、坚硬、干燥、无杂质。

2）定位放线：按铺贴部位的实际尺寸确定塑胶地板粘贴的拼缝位置线，即注意保证房间的对称；同时，注意在墙角部位不得出现较小的狭窄边条。

3）粘贴面板：粘贴施工前，应详细阅读胶粘剂的使用说明，并严格按使用说明进行使用。

4）细部处理：对墙根、门口等细部处理，完成后对粘贴好的面板表面进行清理，清除接缝处粘结溢胶。

5）成品保护：对完成施工的部位，应进行封闭保护，严禁在地板面放置、拖动重物；严禁污染有机溶剂；严禁高温烙烫。

（2）水泥砂浆楼面

现浇钢筋混凝土楼板→素水泥浆结合一遍→20mm 厚 1:2 水泥砂浆抹面压光。

## 3.10 门窗工程

本工程采用木门。窗为塑钢窗，现就塑钢窗和木门施工方法做简单施工方案。

### 3.10.1 塑钢窗

（1）塑钢窗的制作

断料→钻孔→组装→保护或包装。

（2）操作工艺

1）以窗边线为标准，用特制线坠将窗边下引，并做好标记，对个别不直的边进行修整。

2）窗的水平位置以 + 500mm 水平线为标准，往上反量出窗下皮标准，弹线拉直。

3）就位固定：根据找好的规矩，安装塑钢门窗，并及时将其吊直找平；同时，检查安装位置是否正确，用木楔子临时固定，再用塑料胀管上螺钉将铁脚与墙体固定，铁脚与窗脚的距离不应大于 160mm，铁脚间距应小于 600mm。

4）窗距与墙体的缝隙嵌填岩棉，嵌填时防止窗框碰撞变形。此项施工在外装修基本完成后进行。

5）安装玻璃时，玻璃应放在凹槽的中间，内外两侧的间隙不小于 2mm，玻璃的下部不能直接坐落在金属面上，而应用 3mm 的橡胶垫块将玻璃垫起。

### 3.10.2 木门

（1）木门制作：放样→配料框、截料→刨料划线→打眼、开榫、裁口与倒棱→拼装。

（2）木门框安装：用木榫临时固定→校正标高→校正垂直度→加固在预留的木砖上。

（3）注意事项：

1）木门框与墙体接触面要作防腐处理，框与墙体间镶嵌严密。

2）门扇安装的留缝宽度符合有关标准及规定。

3）小五金安装齐全，位置符合要求。

## 3.11 屋面、地下室及卫生间防水、防潮

### 3.11.1 屋面工程

本工程的屋面工程为刚性防水屋面。刚性防水屋面是指利用刚性防水材料做防水层的屋面。主要有普通细石混凝土防水屋面。

细石混凝土防水层施工：

（1）浇捣混凝土前，将隔离层表面浮渣清除干净，检查隔离层质量及平整度，排水坡

度和完整性，支好分格缝模板，标出混凝土浇捣厚度，厚度不小于40mm。

（2）材料及混凝土质量要严格保证，经检查是否按配合比准确计量，每工作班进行不小于两次的坍落度检查，并按规定制作检验的试块。加入外加剂时准确计量，投料顺序得当，搅拌均匀。

（3）混凝土搅拌用机械搅拌，搅拌时间不小于2min。混凝土运输过程中，防止漏浆和离析。

（4）采用掺加抗裂纤维的细石混凝土时，先加入纤维干拌均匀后再加水，干拌时间不少于2min。

（5）混凝土的浇捣按"先远后近、先高后低"的原则进行。

（6）一个分格缝范围内的混凝土一次浇捣完成，不留施工缝。

（7）混凝土宜采用小型机械振捣；如无振捣器，可先用木棍等插捣，再用小滚（30～40kg，长为600mm左右）来回滚压，边插捣边滚压，直至密实和表面泛浆，泛浆后用铁抹子压实抹平，并要保证防水层的设计厚度和排水坡度。

（8）铺设、振捣滚压混凝土时，必须严格保证钢筋间距及位置的准确。

（9）混凝土收水初凝后，及时取出分格缝隔板，用铁抹子第二次压实抹光，并及时修补分格缝的缺损部分，做到平直整齐，待混凝土终凝前进行第三次压实抹光，要求做到表面平光、不起砂、不起皮、无抹板压痕为止，抹压时，不得撒干水泥或干水泥砂浆。

（10）待混凝土终凝后，必须立即进行养护，应优先采用表面喷洒养护剂养护，也可用蓄水养护法或稻草、麦草、锯末、草袋等覆盖后浇水养护，养护时间不少于14d，养护期间保证覆盖材料的湿润，并禁止闲人上屋面踩踏或在上继续施工。

**3.11.2** 地下室防水工程

（1）基层处理

1）基层表面必须平整光滑，不得有疏松、砂眼或孔洞的存在。

2）遇有穿墙套管时，套管按规定安装牢固，收头圆滑。

3）需要施工涂料防水层的基层表面必须干净、干燥。

（2）施工工艺

1）清扫基层。

2）涂刷基层处理剂。

（3）涂抹防水层的施工：

（A）涂膜材料的配制。

（B）涂膜防水层的操作工艺：

用刮板或滚刷涂配制好的混合料，顺序、均匀地涂刷在基层处理剂已干燥的基层表面上，涂刷时要求厚薄均匀一致，对平面基层以涂刷2～3遍为宜，每遍涂刷量为0.6～1.0kg/m$^2$，

对立面基层以涂刷3～4遍为宜，每遍涂刷量为0.5～0.6kg/m$^2$，防水涂膜的总厚度以不小于2mm为合格。

（C）平面部位铺贴油毡保护隔离层。

（D）浇筑细石混凝土保护层。

(E) 立面粘贴聚乙烯泡沫塑料保护层。

(F) 回填灰土：

完成软保护层的施工后，既可按照设计要求或规范规定，分步回填三七或二八灰土，应分步夯实。

**3.11.3**　卫生间防水工程

(1) 施工要点

1) 合理设置防水层：防水层应设置在面层及其基层的下面，防水层不应设置在结构层上。

确定地漏标高：地漏标高的确定原则是偏低不偏高。

确定排水坡度：排水坡度从垫层找起，垫层坡向地漏的排水坡度为2%，而地漏处的排水坡度应为3%～5%。

结构层的设计：对有防水要求的盥洗卫生间等，结构层设计标高必须满足排水坡度的要求，其楼面含有地下室的底层地面和墙裙应设置防水层（隔离层）。

预留、预埋管道孔位：

依房间轴线确定预留，预留管道孔位置、标高及排水坡向。

防水层的铺设：

有防水要求的房间的防水层应先全部铺设，不可待一些设施完工后再进行防水和蹲台下找平，防水要坡向地漏。

管道缝隙处理：

厕浴间等楼层地面（含有地下室上底层地面）穿过管道较多，如上水管、洗浴下水管、坐便下水道、地漏、暖气管等，各种管道不易区别，因此，对于管径较小的宜一律加套管。套管与地面防水层之间的缝应用优质建筑防水密封膏封堵严密，以形成整体防水层。

2) 基层处理

(A) 厕浴间防水基层必须用1:3的水泥砂浆抹找平层，要求抹平、压光、无空鼓，表面要坚实，不应有起砂、掉灰现象。

(B) 厕浴间找平层的坡度以1%～2%为宜，凡遇到阴阳角处，要抹成半径小于10mm的小圆弧。

(C) 穿过楼面或墙面的管道套管、地漏以及卫生洁具等，必须安装牢固，收头圆滑，保证下水管转角墙的坡度及其与立墙之间的距离。

(D) 基层基本干燥，一般在基层表面均匀、泛白、无明显水印时，进行涂膜防水层的施工。施工时要把基层表面的尘土杂物清扫干净。

3) 柔性防水施工

厕浴间的楼层地面可选用高、中、低档涂料做防水层；

高、中、低档防水涂料进场经过复检，技术指标合格后方可使用。

细部构造及防水做法：

4) 聚氨酯涂膜防水施工

(A) 防水层涂膜前，基层表面必须清扫干净；

(B) 配制聚氨酯涂膜防水涂料；

(C) 涂膜防水层施工；

（D）平面基层在涂刷第1度涂膜固化至不粘手时，再按配制好的混合料涂刷第2度涂膜，涂刷方向应与第1度涂刷方向相垂直，在第2度涂膜固化后，再涂刷第3度涂膜；

（E）涂布防水层时，对管道根部和地漏周围以及一水管转角墙部分，必须认真涂布，并要求涂层比大面积要求的涂布厚度增加0.5mm左右，以确保防水工程质量；

（F）当聚氨酯涂膜防水层完全固化和通过蓄水试验并检查验收合格后，即可铺设一层厚度为15～25mm的水泥砂浆保护层；然后，根据设计要求铺设面层及饰面层。

## 3.12 电气专业工程

### 3.12.1 配电箱安装

（1）工艺流程

配电箱箱体制作→防腐处理→配合土建预埋箱体→管与箱连接→安装盘面→安装贴脸或箱门→成套铁制配电箱箱体现场预埋→管与箱体连接→安装盘面→装盖板（箱门）。

（2）质量通病及其防治

1）箱体预埋后，顶部受压变形。箱体预埋后，顶部应正确设置过梁。

2）铁箱开孔数量不能少于配电回路，箱体要配合土建施工预埋，不能先留墙洞后安装配电箱，往往会造成管与箱体敲落孔无法对正。不可用电气焊割孔，应用开孔器开孔。

3）同一工程中箱高度不一致，垂直度超差。预埋箱体时，要按建筑标高线找好高度，安装箱体同时用线坠吊好，直至垂直度符合要求。

4）配电箱后部墙体开裂、空鼓。在240mm墙上安装配电箱，后部缩进墙内，正确设置钢丝网或石棉板，防止直接抹灰，致使墙体开裂。

### 3.12.2 母线安装

（1）施工工艺

测量→支架制作安装→绝缘子安装→母线矫正→下料→母线加工→母线安装→母线涂色刷油→检查送电。

（2）成品保护

1）已加工调直的母线半成品应妥善保管，不得乱堆乱放。安装好的母线应注意保护，不得碰撞，更不得利用母线吊、挂和放置其他物件。

2）母线在刷相色漆时，要采取措施，避免污染其他母线、支架和建筑物。

3）母线安装场所土建需二次喷涂时，应将母线用塑料布遮盖好，防止被污染。

### 3.12.3 电缆线路

（1）施工工序

电缆检查→电缆支架配置安装→电缆保护管加工敷设→挖电缆沟→电缆敷设→管口密封处理→铺砂盖砖、盖板→埋桩标志→挂牌。

（2）质量通病及其防治

1）电缆敷设应根据图纸绘制的“电缆敷设图”进行，合理地安排好电缆的放置顺序，避免交叉和混乱现象。

2）电缆头制作时受潮。从开始剥切到制作完毕，必须连续进行，中间不能停顿，以免受潮。

3）热缩型电缆头，热缩管加热收缩时出现气泡。在加热时要按一定方向转圈，不停进行加热收缩。

4）绝缘管顶部加热收缩时，出现开裂。在切割绝缘管时，顶端要平整，防止加热收缩时，顶端开裂。

### 3.12.4　电缆桥架安装

（1）施工工艺

桥架选择→外观检查→支吊架安装→桥架组装→电缆敷设。

（2）质量标准

1）桥架安装的位置正确，连接可靠，支吊架配置正确，固定牢固，盖板齐全。支吊架间距均匀，排列整齐，桥架横平竖直，内外清洁。

2）电缆桥架保护接地（接零）线敷设正确，连接紧密牢固，接地（接零）线截面选用正确，走向合理。

### 3.12.5　管路敷设

（1）半硬塑料管暗敷设

1）施工程序

半硬塑料管在施工过程中，边敷设边加工即可。在确定盒（箱）位置后，进行管路敷设，主体工程结束后再清扫管路。

2）质量标准

管子敷设连接紧密，管口光滑，暗配层保护层大于15mm；盒（箱）设置正确，固定可靠，管子进入盒（箱）处顺直，在盒（箱）内露出长度应小于5mm。线路进入电气设备和器具的管口位置正确。

（2）钢管暗敷设

1）工艺流程

熟悉图纸→选管→切断→套丝→煨弯→按使用场所刷防腐漆→进行部分管与盒的连接→配合土建施工逐层段预埋管→管与管和管与盒（箱）连接→接地跨接线焊接。

2）质量标准

(A) 管子敷设应连接紧密，管口光滑，护口齐全，暗配管保护层大于15mm。

(B) 管路保护：穿过变形缝处有补偿装置，补偿装置能活动自如，穿过建筑和设备基础处加套保护管。补偿装置平整，管口光滑，加套的保护在隐蔽工程记录中标示正确。

(C) 接地（接零）：金属电线保护管、盒（箱）接地（接零）线截面选用及敷设正确，连接紧密、牢固。

（3）钢管硬质塑料管明敷设

1）作业条件

应配合土建施工安装好支架、吊架预埋件。土建室内装饰工程结束后配管。吊顶内配管应配合吊顶施工，在龙骨施工后没安装顶板前进行配管。

2）施工程序

支吊架制作→定位→盒箱支架、吊架安装→管子敷设。

（4）金属线槽配线

1）作业条件

预留孔洞、预埋件应全部结束。

2）施工程序

预留孔洞→支吊架安装→线槽安装→线槽配线→绝缘测试。

**3.12.6** 管内穿线和导线连接

(1) 作业条件

管内穿线应在建筑物的抹灰及地面工程结束后进行，在穿线前应将管内的积水及杂物清理干净。

(2) 工艺流程

1）穿线

清扫管路→穿引线钢丝→选择导线→放线→引线与电线扎接→穿线→剪断电线。

2）接线

肃削绝缘层→接线→焊头→恢复绝缘。

**3.12.7** 电器照明器具安装

(1) 工艺流程

安装开关、插座工艺流程：开关、插座接线→安装开关、插座芯或连同盖板→安装盖板。

(2) 质量标准

1）需接地或接零的灯具、插座、开关的金属外壳，应由接地螺栓连接。

2）器具安装牢固、端正，位置正确，有木台的安装在木台中心，器具与建筑物表面无缝隙。

3）导线与器具连接，不伤芯线，连接牢固、紧密。压板时压紧，无松动。螺栓连接时，在同一端上导线不超过两根，防松垫圈等配件齐全。

**3.12.8** 防雷及接地装置施工

本工程防雷接二类防雷建筑物设防，于屋面设置避雷网，避雷网采用$\phi$10镀锌圆钢明设。凡凸出屋面的所有金属构件均需就近与避雷网可靠连接，凡外露用作防雷的金属构件均需镀锌处理。

本工程接地体采用自然接地体，利用承台及桩基内引下主筋作接地极，利用地梁内下层钢筋将其焊接成网，组成一体。

(1) 施工程序

防雷装置：

挖接地体沟→接地体制做安装→接地母线敷设→引下线（支持卡子预埋）→避雷针带敷设安装→接地电阻测试→引下线（明装）敷设→避雷针带支座制作。

(2) 质量标准

1）接至电气设备、器具和可拆卸的其他非带电金属部件接地（接零）的分支线，必须直接与接地干线相连，严禁串联连接。

2）针（网、带）安装位置正确，针体垂直，避雷网规定尺寸和弯曲半径正确。

3）接地接零线敷设平直、牢固，固定点间距均匀；焊接连接的焊缝饱满，焊接平整，无明显气孔、咬肉等缺陷；螺栓连接牢固紧密，有防松措施。

**3.12.9** 弱电工程

本工程弱电分为局域网系统、有线电视系统、电话系统及电铃系统。

(1) 电视电缆系统工程安装施工程序

电视天线安装室外电缆线路安装→前端设备的安装→前端放大器、分配（支分）器安装、用户盒安装→系统高度验收。

(2) 公共建筑电话通信安装施工工序

设备材料选择→落地式交接箱安装→壁龛的安装→分线盒、电话出线盒安装→暗管敷设→电缆竖井设置→电缆穿管→用户线敷设→全塑电缆的接续→全塑电缆接头封闭→分接和分线设备及把线的安装→电话出线盒面板安装→电话机安装。

(3) 电话插座、线箱、信号线插座安装牢固，位置准确。插座的安装高度和位置应符合图纸实际要求。

(4) 同一室内的插座安装高度相差不大于5mm，相邻成排安装高度相差不大于2mm。

### 3.13 水暖专业工程

#### 3.13.1 工程概况

本分部分项工程包括：室内给水系统、室内排水系统、雨水系统、采暖系统室内消防系统、卫生洁具、保温等工程。

#### 3.13.2 分项分部施工工艺标准

(1) 室内给水管道工程安装工艺流程

安装准备→预制加工→干管安装→立管安装→支管安装→卡件固定→封口堵洞→闭水试验→管道防腐→管道冲洗。

(2) 室内排水管道工程安装工艺流程

安装准备→预制加工→干管安装→立管安装→支管安装→卡件固定→封口堵洞→闭水试验→通水试验。

(3) 室内采暖管道工程安装工艺流程

安装准备→预制加工→卡架安装→干管安装→立管安装→支管安装→水压试验→冲洗→防腐、保温→调试。

(4) 室内消防管道及设备安装工艺流程

安装准备→预制加工→干管安装→立管安装→消火栓、水流指示器、消防水泵结合器安装→水压试验→管道防腐→管道冲洗→消火栓配件安装→系统调试。

(5) 卫生洁具安装工艺流程

安装准备→卫生洁具及配件检验→卫生洁具安装→卫生洁具配件预装→卫生洁具稳装→卫生洁具与墙、地缝隙处理→卫生洁具外观检查→水压试验。

### 3.14 电梯安装施工方案

#### 3.14.1 电梯系统设置

本工程建筑物内共设有电梯7部（包括消防电梯），其中病梯4部（医生DIV专用梯1部，洁梯、餐梯兼消防梯1部，污梯兼消防梯1部）。

(1) 电梯安装工艺流程图（见图3-3）

(2) 安装方法及措施

1) 安装及挂铅坠线

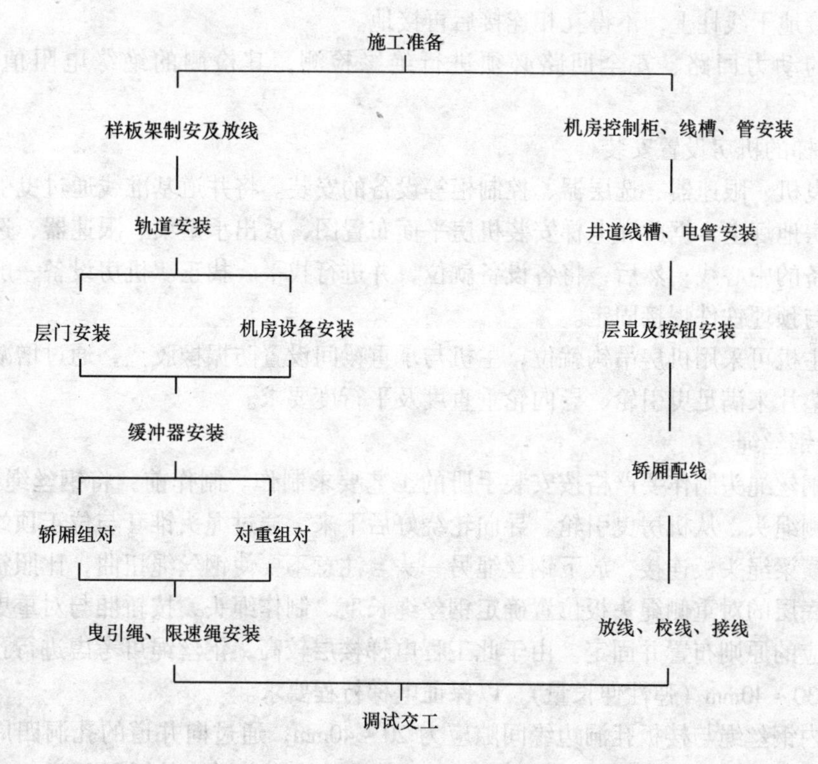


图 3-3 电梯安装工艺流程图

样板框架必须尺寸准确，结构紧固。

2）轿厢导轨的安装、调校

导轨支架，根据现场和设备到货情况，采用金属膨胀螺栓固定或与预埋钢板焊接固定。

导轨吊架前，要进行检查、校正，对不符合要求的用导轨校直器调校、合格后，对导轨进行表面油污清洗（用煤油），并清理干净榫头、榫槽。

导轨吊装用 0.5t 或 1t 卷扬机进行，从下往上逐根安装。导轨用轨道压板固定在导轨支架上；导轨与导轨间用连接板连接，螺栓固定。

导轨初校中心垂直度用初校卡板，校扭曲规定用专用找道尺、钢卷尺。接头台阶用轨道锉处理，严禁用磨光机。

3）层面部分安装

为了保证自身的施工安全并给土建留出更多的装修时间，井道放标准铅垂线后，即可先进行层门部分安装，安装顺序从上往下进行。

4）轿厢组对

轿厢在导轨安装调整合格后在顶层进行组对，应保证轿厢牢固、安全、美观。

当距轿底面在 1.1m 以下使用玻璃轿壁时，必须在距壁底面 0.9 ~ 1.1m 的高度安装扶手，且必须独立固定，不得与玻璃有关。

当轿箱顶部外侧边缘距井道壁水平方向的距离大于 0.3m 时，轿顶应装设防护栏杆及色别警示。

5）电气安装

所有电气设备及电管、线槽的外露可导电部分均必须可靠接地（PE）；接地支线分别直接接至接地干线柱上，不得互相连接后再接地。

电梯的动力回路、安全回路必须进行绝缘检测，其检测的绝缘电阻值应不小于0.5MΩ。

6）电梯的机房设置安装

包括曳机、限速器、选层器、控制柜等设备的安装。将井道基准线通过曳引绳预留洞口返到机房地坪上，据此和电梯安装机房平面布置图，放出承重梁、限速器、选层器、控制柜等设备的中心线；然后，将各设备就位，并进行找平、找正。机房设备一般用膨胀螺栓固定或与预埋铁件焊接固定。

曳引主机可采用机房吊钩就位，主机与承重梁间设置防振橡胶垫，通过增减曳引机与承重梁间垫片来满足曳引轮、导向轮垂直度及平行度要求。

7）挂钢丝绳

曳引钢丝绳头制作要严格按安装手册的工艺要求制作。制作前，将钢丝绳运至机房。先做好一侧绳头，从机房曳引轮、导向轮绕好后下来，通过绳头锥套与位于顶站平层位置的轿厢上横梁绳头板连接，放下钢丝绳另一头。注意不要使钢丝绳扭曲，比照符合规定要求的位于底层的对重侧绳头板位置确定钢丝绳长度，制作绳头，按轿厢与对重曳引绳锥套长短杆对应的原则布置并固定。由于此工程电梯楼层较高，钢丝绳可考虑进行预拉伸或考虑预缩短30~40mm（弹性伸长量），以保证电梯行程要求。

机房内钢丝绳与楼板孔洞边缘间隙应为20~40mm，通过向井道的孔洞四周应设置高度不小于50mm的台缘，以防机房内的水、油等液体流入井道内的轿厢顶部。

8）试验调试

首先对安全保护装置进行调试。

（A）当控制柜三相电源中任何一相断开或任何两相错接时，断相、错相保护装置动作可靠，指示正确，保证电梯不进行误操作。

（B）安装在井道内的上、下极限开关轿厢或对重接触缓冲器之前必须动作，且缓冲器完全压缩时，保证动作状态。

（C）位于轿顶、机房、滑轮间、底坑的保护装置动作必须正常可靠，限速器绳张紧开关、液压缓冲器复位开关、补偿绳张紧开关、轿厢安全开关、安全门、底坑门、悬挂钢丝防松动开关必须动作可靠。

（D）限速器与安全钳电气开关在联动试验中必须动作可靠，当轿厢以检修速度下行时，人为使限速器机械动作，安全钳应可靠动作，轿厢可靠制动。

（E）当一个层门或轿门非正常打开时，电梯严禁启动或继续运行。当各项安全装置试验完毕后，进行电梯加载后的各项试验。

# 4　复杂工序、环节的相应技术措施

## 4.1　冬期、雨期及高温季节施工组织措施

### 4.1.1　雨期施工组织措施

（1）成立雨期施工领导小组，全面负责雨期施工现场防水、排水工作。

（2）统一规划施工现场的排水线路，并最终将排水管线接至市政排水系统。

（3）安排专人负责雨期排水沟的疏通工作，保证交通道路完好，场内无积水。对于低洼的地方用潜水泵协助排水。

（4）现场配备足够的防雨覆盖材料，保证新浇筑的混凝土不被雨水冲刷。

（5）塔吊、脚手架等高耸设施要设避雷装置。

（6）雨后浇筑混凝土，要根据砂石的含水率及时调整配合比。

（7）大雨过后要及时排除场内积水，检查各种电器设备、支架的稳定情况，并及时做好处理。

#### 4.1.2 冬期施工组织措施

（1）根据冬期施工方案做好防寒器材、物资材料的准备工作：材料供应部门应根据计划及早做好防寒器材、物资材料的采购供应工作，以便随时领取，如草绳、煤炭、外加剂、温度计、保温用塑料薄膜、草帘、混凝土搅拌热水制备设备等，并推广应用新材料。

（2）做好各类机具设备的防冻工作：在室外施工的设备要搭设防冻棚，有冷却系统的设备，下班时必须将积水放干；无法放干时，应采取有效的防冻措施，如加防冻液等方法来防积水冻结膨胀，损坏设备。

（3）做好材料的保管工作：对各类建筑材料根据其不同的性质及时入库妥善保管，禁止将各类建材堆积在低凹积水处。

（4）施工现场进行检查：提前整修好施工道路，疏通排水沟，加固临时工棚，处在负温下的水管、水笼头、灭火器，要及时做好保温工作。

（5）定专人负责气象预报及保温测温工作：根据气象预报及时采取措施，防止大风、寒流和霜冻袭击而导致的质量冻害。做好气象、保温测量记录，积极指导施工和积累数据，丰富经验，以利于以后的施工。

（6）实验室结合工地实际情况，及时调整冬期所用混凝土和砂浆配合比。

#### 4.1.3 高温季节施工组织措施

（1）高温季节混凝土施工时，可考虑在混凝土中掺加缓凝剂，使混凝土初凝时间控制在4h以上或者在拌合水中加冰块降低水温。

（2）高温季节施工要特别注意混凝土养护，高温天气要覆盖草帘浇水养护，保证混凝土表面有足够的湿润状态。

（3）围护砌体的施工应经常浇水湿润砌砖，以保证砂浆粘结的饱满度。

（4）做好防暑降温和饮食卫生工作。

### 4.2 防噪声运用技术措施

通过运用新技术、新工艺、新方法，改变传统落后的施工方法，减少噪声。日常施工过程的噪声，主要来自于拆模板、振捣和机械。

（1）采用新型模板技术，减少噪声。传统的小钢模施工敲敲打打，噪声较大，在本工程我公司采用新型模板施工工艺。模板采用竹面大模板施工，消除了传统小块钢模的施工噪声。梁板支撑系统大量采用，从而降低了支模过程中的噪声。

（2）采用同频低噪声的振捣棒，减少混凝土振捣噪声。厚度小于200mm的平面混凝土，采用无噪声的平板式振动器进行振捣。

(3) 混凝土输送泵采用性能良好、低噪声的产品，并用防护棚围护，减少噪声扩散。

(4) 电锯、电刨等木工加工设备作业噪声较大，因此，木工作业必须在作业房进行，并设隔声防护设施。

(5) 进出施工现场的车辆禁止乱鸣喇叭，白天控制施工车辆随意进入。

(6) 钢筋加工设备搭设防护棚，四周封闭，减少噪声传播。

(7) 夜间施工尽量在22:00前结束。混凝土浇筑施工，尽量不要在夜间进行。

# 5 质量、安全、环保技术措施

## 5.1 施工质量控制管理措施

施工质量控制措施是施工质量控制体系的具体落实，其主要是对施工各阶段及施工中的各控制要素进行质量上的控制，从而达到施工质量目标的要求。

### 5.1.1 施工质量控制措施

施工阶段性的质量控制措施主要分为事前、事中、事后控制三个阶段，并通过这三阶段来对本工程各分部分项工程的施工进行有效的阶段性质量控制。

施工技术的质量控制措施：发放图纸后，专业技术人员会同施工工长先对图纸进行深化、熟悉、了解，提出施工图纸中的问题、难点、错误，并在图纸会审及设计交底时予以解决；同时，根据设计图纸的要求，对在施工过程中质量难以控制，或要采取相应的技术措施、新的施工工艺才能达到保证目的的内容进行摘录，并组织有关人员进行深入研究，编制相应的作业指导书，从而在技术上对此类问题进行质量上的保证，并在实施过程中予以改进。

施工工长在熟悉图纸、施工方案或作业指导书的前提下，合理地安排施工工序、劳动力，并向操作人员做好相应的技术交底工作，落实质量保证计划、质量目标计划，特别是对一些施工难点、特殊点，更应落实至班组每一个人，而且应让他们了解本次交底的施工流程、施工进度、图纸要求、质量控制标准，以便操作人员心里有数，从而保证操作中按要求施工，杜绝质量问题的出现。

### 5.1.2 技术保证措施

根据本工程的特点，为了按期、优质、高效、安全地完成本工程，使业主满意，除在施工方案、施工方法中所涉及的具体施工技术措施进行细化外，对技术管理工作做如下安排：

(1) 组织保证、制度落实

1) 选派有结构工程施工经验、组织管理能力强、技术过硬的技术人员组成项目管理班子。选派技术过硬、作风优秀的施工队伍进场施工。

2) 建立以项目总工程师为首的技术管理体系，切实执行设计文件审核制、工前培训、技术交底制、开工报告制、测量换手复核制、隐蔽工程检查签证制、“三检制”、材料半成品试验、检测制、技术资料归档制、竣工文件编制办法等管理办法。确保施工生产全过程始终在合同规定的技术标准和要求的控制下。

3) 建立完善的技术岗位责任制，各级技术人员都要签订技术保证责任书，实行技术人员专业分工负责制，明确责任，确保各项技术管理工作的落实。

(2) 技术措施保证

1) 对各有关工序的作业人员，定期进行技术、质量培训并考核，合格后方可上岗，特殊工种要专业培训，持证上岗。

2) 在施工过程中，要不断地进行施工方案优化工作，以求得施工方案的先进性和科学性，通过不断优化施工方案，从而提高本企业的施工水平。

3) 我们将进行施工技术的信息化管理，即施工进度网络计划、资料管理、设计变更、施工监测等全部进入计算机系统，采用先进的管理软件进行检测。

### 5.1.3 工程质量薄弱环节及质量预防措施

针对本工程的特点，影响工程质量的薄弱环节主要有：根基、施工测量放线、土方回填、地下室和卫生间防水、梁柱接头、清水混凝土、高性能混凝土、大体积混凝土、高支模、耐磨地面、预留预埋、钢屋盖、二次精装修等。

(1) 桩基工程质量预防措施

本工程桩基为钻孔灌注桩，600～1000mm 两种，最深达 50m，其质量对整个工程的承载力至关重要，针对其施工中常见的一些质量问题制定如下预防措施：

1) 坍孔

采取措施：

(A) 护筒周围用黏土填封紧密。

(B) 钻进中及时向孔内加新鲜泥浆，使其高于孔外水位。

(C) 遇松散砂层适当加大泥浆密度，不要使进尺太快或空转时间太长。

(D) 轻度坍孔，加大泥浆密度和提高水位；严重坍孔用黏土膏投入，待孔壁稳定后低速钻进。

2) 钻孔偏移

预防措施：

(A) 安装钻机时要对导架进行水平和垂直度校正，检修钻孔设备，如钻杆弯曲应及时调换。

(B) 遇土层软硬不均，应控制进尺，低速钻进。

(C) 偏差过大，填入石子、黏土重新钻进，控制钻速，慢速上下提升、下降，往复扫孔纠正。

(D) 如遇孤石，用钻机钻透。

3) 流砂

预防措施：使孔内水压高于孔外 0.5m 以上，适当加大泥浆的密度。

4) 不进尺

(A) 产生的原因：钻头粘满黏土块，排渣不畅，钻头周围堆积土块，钻头刀具安装角度不当，刀具切土过浅。

(B) 预防措施：加强排渣，重新安装刀具角度、形状和排列方向，降低泥浆密度，加大配重，糊钻时，可提出钻头，清除泥块后再施钻。

5) 钻孔漏浆

预防措施：适当加稠泥浆或倒入黏土，慢速转动，或在回填土内掺片石反复冲击、增强。护壁、护筒周围及底部接缝用土回填严密，适当控制孔内水头高度，不要使压力过大。

6）钢筋笼偏位、变形

预防措施：钢筋应分节制作、分段吊放、分段焊接和设加劲箍加强，孔底沉渣应置换清水或适当密度泥浆清除。

7）防止断桩的主要措施

（A）灌注水下混凝土的导管要符合要求，导管内壁光滑圆顺，内径一致，使用前试拼、试压，不漏水，防止堵管或漏水断桩。

（B）保证每小时运送混凝土不少于60m$^3$。要经常抽查混凝土的坍落度，控制在16～20cm，骨料最大料径不应大于40mm，超料径的石块应筛除，混凝土中防止掉入其他物件，以防止堵管断桩。

（C）灌注水下混凝土，要加强组织，明确分工，各负其责，统一指挥，连续不间断施工，混凝土随拌随灌，拌好的混凝土停留时间不宜过长，混凝土运输后灌注前不得离析，防止堵管断桩。

（D）要有备用发电机，保证混凝土的连续施工，防止断桩。

（2）梁柱接头的质量预防措施

本工程矩形、圆形柱和梁的接头处理是施工中的质量薄弱环节。

1）梁柱头质量主要是由接头的模板来决定的，施工中要定制好此部位模板，最好办法是采用定制异形模，确保有足够的刚度，不发生变形。

2）钢筋密集的梁柱节点要先放大样再绑扎，防止钢筋偏位，影响模板的准确性。

3）梁柱接头的混凝土浇捣要认真、仔细。

（3）清水混凝土程质量预防措施

竖向结构混凝土要求达到清水混凝土效果，清水混凝土工程施工的薄弱环节。在质量上主要控制以下几方面：

1）测量放线：保证柱的位置准确，采用全站仪精确定位。

2）钢筋工程：严格控制钢筋配料尺寸、钢筋接头和绑扎、钢筋保护层厚度，防止钢筋位置位移。

3）模板工程：实现清水混凝土目标，模板全部采用镜面15mm竹胶板和定型钢模。在模板的安装、拆除和维修等各方面采取措施，保证清水混凝土效果。

（A）墙、柱模按定型模板，分节设计，圆柱采用4mm厚定型钢模，方柱采用定型大模，墙用镜面板，各部位模板设计详见“6模板工程”。为解决梁柱连接处漏浆、错台的问题，柱模按两节设计，拆模时保留上节墙、柱头模，使其与梁模交圈。

（B）对钢柱和定型大模的分节接口采用企口形式，对于柱及主梁模板，其他拼缝均采用倒角密封作法，次梁不做倒角，所有面板的拼缝均采用白乳胶粘拼。

（C）在模板设计中，还注意加大支撑刚度，严防出现爆模现象。

（D）安装模板严格按模板图进行，拆模按支模的倒顺序进行。

4）混凝土工程：清水混凝土不仅要保证结构设计所要求的强度，而且要有良好的外观效果，必须从混凝土配合比、振捣养护措施和管理工作几方面采取措施。

（A）混凝土配制：清水混凝土要求颜色一致，选用同一强度等级、品种的水泥，使用颜色纯正、安定性和强度好的普通硅酸盐水泥；砂石也都按规定选用合格材料；掺外加剂不仅可改善混凝土的施工性能，提高早期强度，而且有利于提高混凝土内在质量和外观效果，因此，混凝土均应掺加外加剂。

(B) 混凝土浇筑前，用空压机清吹模板内部，清理干净后方允许浇筑。

(C) 浇筑墙、柱混凝土时使用串筒，下料要均匀。采用2根 $\phi$50 棒同时振捣，振捣时要掌握间距、厚度，控制时间。对有钢骨的混凝土和钢筋密集部位，要事先选好混凝土棒振捣点，墙柱根部先浇同强度等级减石子砂浆，顶部浇筑时加入适量的洗净石子，这样既可保证墙柱要部和顶部的强度，又可保证材质的均匀一致。

(D) 现场实行振捣手聘任制。经过“应知应会”考核合格的振捣手，发给聘书后方可上岗振捣，振捣手定岗承包，奖罚分明。

(4) 混凝土超长构件的裂缝控制措施

本工程地下室混凝土结构未设置变形缝，仅依靠设置后浇带来消除超长构件的裂缝，由于该结构长达300m，如果施工措施不合理，将会产生裂缝。施工中把此作为薄弱环节加以控制和预防。

1) 在混凝土内掺加膨胀剂，补偿混凝土的收缩，其掺量要由实验室根据不同的水泥、砂石料进行反复试配，以得出最佳施工配合比。

2) 在保证工期的前提下，尽可能延缓后浇带的施工插入时间。

3) 加强混凝土的养护。

4) 地下室外墙拆模后，尽快进行防水施工和回填，可以减少温度裂缝的出现。

5) 后浇带的钢筋断开，在以后施工此部位时再连接上，以减少对混凝土的约束。

(5) C50 高性能混凝土质量预防措施

本工程设计墙、柱混凝土采用C50，属高性能混凝土，我局对C50混凝土从生产到施工有一套完整的工法。其质量预防措施主要是从设计配合比、原材料选择检验、计量搅拌运输、泵送浇筑振捣、养护各环节进行控制。

1) 进行工程模拟试验，证明试验结果的正确性，混凝土强度及泵送性能均达到设计要求，找出影响现场混凝土质量的大部分因素，从而加以控制。

2) 严格检验原材料，特别是通过实验，分析水泥活性指标不应低于55MPa；否则，将影响混凝土强度。另外，石子粒径、级配、压碎指标、针片状含量、砂子的砂率、含泥量，均要严格控制并符合有关标准及试验规定。

3) 现场混凝土的检验

主要通过调整配合比来控制混凝土坍落度在规定的范围内，从而保证混凝土的可泵性及强度。

4) 采用强制式搅拌机使混凝土搅拌均匀，利于增加混凝土的流动性，也能满足混凝土的强度要求。

5) 混凝土从搅拌结束到入泵时间不宜超过90min；如时间过长而坍落度损失过大时，应采用相应措施处理（如追加外加剂）。

6) 加强养护：早期保水养护好坏对混凝土的强度发展、变形和耐久性都至关重要，对于墙、柱竖向结构可喷专门的养护液，对水平结构可表面覆盖塑料薄膜并浇水养护，养护时间不少于7d。

7）定岗定责：在施工中严格管理是高强混凝土成功的关键。在施工中从混凝土的搅拌、运输、泵送到浇灌振捣，每个岗位都定有专门人员进行监督和指导，并事前对每个岗位施工人员进行培训，做到心中有数，设施工安排人员24h值班，保证工程的顺利施工。

(6) 抹灰工程的质量预防措施

1）抹灰前，认真进行基层的处理。砌块墙面先浇水充分湿润，混凝土面清理后刷素水泥浆。

2）基层平整度偏差较大时，分层找平，每遍厚度控制在7～9mm。

3）根据不同的基层配制所需要的砂浆。

4）抹完面层灰后，在灰浆收水后再压光，避免出现起泡现象。

5）抹灰前认真做好吊垂直、套方以及打砂浆墩、冲筋，每面墙体要求在同一班内完成。

6）抹顶棚前，在墙面四周弹水平线，以控制顶棚抹灰面的平整。

### 5.2　安全技术组织措施

#### 5.2.1　安全防护

(1) 脚手架防护

1）外墙脚手架搭设所用材质、标准、方法均应符合国家标准。

2）外脚手架每层满铺脚手板，使脚手架与结构之间不留空隙，外侧用密目安全网全封闭。

3）提升井架在每层的停靠平台搭设平整牢固。两侧设立不低于1.6m的栏杆，并用密眼安全网封闭。停靠平台出入口设置用钢管焊接的统一规格的活动闸门，以确保人员上下安全。

4）每次暴风雨来临前，及时对脚手架进行加固；暴风雨过后，对脚手架进行检查、观测，若有异常及时进行矫正或加固。

5）安全网在国家定点生产厂购买，并索取合格证。进场后，由项目部安全员验收合格后方可投入使用。

(2)"四口"防护

1）通道口

用钢管搭设高2m、宽4m的架子，顶面满铺双层竹笆及一层木板，两层竹笆与木板的间距为600mm，用钢丝绑扎牢固。

2）楼梯口

楼梯扶手用粗钢筋焊接搭设，栏杆的横杆应为两道。

3）电梯进口

电梯井的门洞用粗钢筋做成风格，与预留钢筋焊接。电梯井口防护如图5-1所示。

正在施工的电梯井筒内搭设满堂钢管架，操作层满铺脚手板，并随着竖向高度的上升逐层上翻。井筒内每两层用木板或竹笆封闭，作为隔离层。

(3) 临边防护

1）楼层在砌体未封闭之前，周边无需用钢管制作成护栏，高度不小于1.2m，外挂安

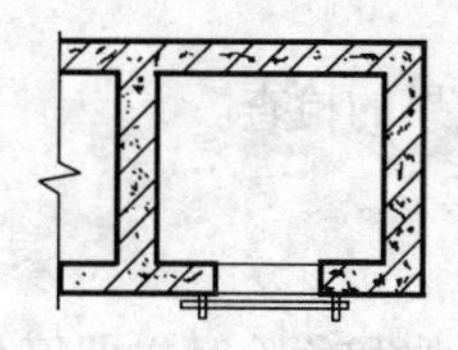

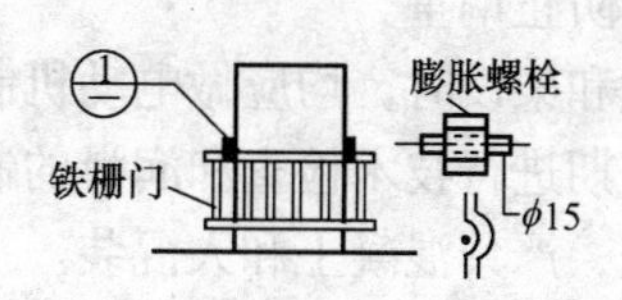


图 5-1 电梯井口防护门（单位：mm）

全网，刷红白警戒色。

2）外挑板在正式栏杆未安装前，周边均需用钢管制作成护栏，高度不小于 1.2m，外挂安全网。

**5.2.2** 机械设备的安全使用

本工程有塔吊、混凝土输送泵、提升龙门架、中小型机械设备若干，要消除机械事故重视机械的安全使用是十分重要的。机械在使用中应严格遵守安全操作规程。重点考虑三大机械：塔吊、输送泵、提升龙门架。

(1) 塔吊安全使用

1）塔吊运转、顶升必须严格遵守塔吊安全操作规程，严禁违章作业。

2）塔吊安装完毕，经市劳动局有关部门验收合格后方可正式投入使用。

3）吊车信号指挥工必须经培训考试合格持证上岗，严格执行以下“十不吊”的规定：

被吊物超过机械性能允许范围；

信号不明；

吊物下方有人；

阳上站人；

埋在地下物；

斜捡、斜牵、斜吊；

散物捆扎不牢；

吊物重量不明，吊索具不符合规定；

6 级以上强风；

零散/小物件无容器。

(2) 混凝土输送泵安全使用

1）每班班前需检查泵体各部位、油路系统、电气系统，一切正常后再开动泵机。

2）停止输送后应对泵体、管路进行清洗，以备下次再用。

3）管道接头和垂直段的附着装置必须牢固可靠，螺栓应拧紧。应经常检查螺栓松紧情况，以防止松脱，造成事故。

4）向溜槽内铲送混凝土的人员，应有牢固不滑的站板，防止混凝土浆液溅滑。

5）输送泵应搭防砸、防雨、防晒的防护棚。

6）泵送设备的停车制动和锁紧制动应同时使用，轮胎应楔紧，水源应正常，水箱应储满清水，料斗内应无杂物，各润滑点应润滑正常。泵送设备的各部位螺栓应紧固，卧管道接头应紧固密封，防护装置应齐全可靠。各部位操作开关，调整手柄、手轮，控制杆、旋塞等应在正确位置。压力系统应正常，无泄漏。

(3) 施工电梯的安全使用

1）严禁超载，防止偏重。

2）班前、满载和架设时，均应做电动机制动效果的检查。

3）坚持执行定期进行技术检查和润滑的制度。

4）对于斗梯笼，严禁混凝土和人混装。

5）司机开时应思想集中，随时注意信号，遇事故和危险时立即停车。

### 5.2.3　安全用电

（1）架空线路及电缆线路

1）架空线路

（A）工作零线与相线在一个横担架设时，导线相序排列是：面向负荷从左侧起为A、(N)、B、C。

（B）和保护零线在同一横担架设时，导线相序排列是：面向负荷从左侧起为A（N）、B、C、(PE)。

（C）动力线、照明线在两个横担上分别架设时，上层横担，面向负荷从左侧起为A、B、C；下层横担，面向负荷从左侧起为A、(B、C)、(N)、(PE)；在两个以上横担上架设时，最下层横担面向负荷，最右边的导线为保护零线（PE)。

（D）控线的档距不得大于35m，线间距不得小于30mm。一般场所架空高度距地平面为4m；机动车道处为6m。

2）电缆

（A）电缆直埋时，其表面距地面的距离不宜小于0.2～0.7m；电缆上下应铺以软土或砂土，其厚度不得小于100mm，并应盖砖保护。

（B）电缆与道路交叉处应敷设在坚固的保护管内，管的两端伸出路基2m。

（C）低压电缆（不包括油浸电缆）需架空敷设时，应沿建筑物架设，其架设高度不应低于2m；接头处应绝缘良好，并应采取防水措施，进入变电所配电所的电缆沟或电缆管，在电缆敷设完成后应将管口堵实。

（2）常用电气设备

1）配电箱和开关箱

配电箱及开关箱的设置：全现场应设总配电箱（或总配电室），总配电箱以下设分配电箱，分配电箱以下设开关箱，开关箱以下就是用电设备。

配电箱及开关箱的安装要求：配电箱、开关箱的安装高度为箱底距地面1.3～1.5m，箱内材料一般应选用铁板，亦可选用绝缘板，而不宜选用木质材料。配电箱所有开关电器必须是合格产品。不论是选用新电器还是延用旧电器，必须完整无损、动作可靠、绝缘良好，严禁使用破损电器；开关箱与用电设备之间应实行“一机一闸”，禁止“一闸多机”。开关箱的开关电器额定值应与用电设备额定值相适应。开关箱内应设置漏电保护器，其额定漏电动作电流和额定漏电动作时间应安全可靠；所有配电箱与开关箱应在其箱门处标注其编号、名称、用途和分路情况。

2）熔断器和插座

（A）熔断器的规格应满足被保护线路和设备的要求；熔体不得削小或合股使用，严禁用金属线代替熔丝。

（B）熔体应有保护罩。管型熔断器不得无管使用；有填充材料的熔断器不得改装使用。

（C）熔体熔断后，必须查明原因并排除故障后方可更换；装好保护罩后方可送电。

（D）更换熔体时，严禁采用不合规格的熔体代替。

（E）插销和插座必须配套使用。一类电气设备应先用可接保护线的三孔插座，其保护端子应与保护地线或保护零线连接。

3）移动式电动工具和手持式电动工

（A）本工程选用二类手持式电动工具。电动工具上装设额定动作电流不大于15mA，额定漏电动作时间小于0.1s的漏电保护器。

（B）负荷线采用耐气候型的橡皮保护套铜芯软电缆，不得有接头。

（C）手持式电动工具的外壳、手柄、负荷线、插头、开关等必须完好无损，使用前必须做空载检查，运转正常方可使用。

（D）移动式电动工具通电前，应做好保护接地或保护接零。

4）电焊机

（A）布置在室外的电焊机应设置在干燥场所，并应设棚遮蔽。焊接现场不准堆放易爆物品。交流弧焊机变压器的一次侧电源线长度应不大于5m，进线处必须设置防护罩。

（B）使用焊接机械必须按规定穿戴防护用品，电焊把绝缘必须良好。焊接机械的二次线宜采用YKS型橡皮护套铜芯多股软电缆。电缆的长度应不大于30m。

（C）电焊机的外壳有可靠接地，不得多台串联接地。电焊机各线卷对电焊机外壳的热态绝缘电阻值不得小于0.4MΩ。

（D）电焊机的裸露导电部分和转动部分应装安全保护罩。直流电焊机的调节器被拆下后，机壳上露出的孔洞应加设保护罩。

（E）电焊机一次侧的电源线必须绝缘良好，不得随地拖拉，长度不宜大于5m。

（F）电焊机的电源开关应单独设置。直流电焊机的电源应采用启动器控制。

**5.2.4** 安全消防措施

（1）防火教育

1）现场要有明显的防火宣传标志，每月对职工进行一次防火教育，每半月定期组织一次防火检查，建立防火工作档案。

2）施工材料的存放、保管，应符合防火安全要求，库房应用非燃材料支搭。易燃易爆物品应专库储存，分类单独存放，保持通风，用火符合防火规定。

（2）消防安全措施

1）可燃可爆物资存放与管理

施工材料的存放、保管，应符合防火安全要求，库房应用非燃材料搭设。易燃易爆物品应专库储存，分类单独存放，保持通风，用电符合防火规定。化学类易燃品和压缩可燃性气体容器等，应按其性质设置专用库房分类存放，其库房的耐火等级和防火要求应符合公安部制定的《仓库防火安全管理规则》，使用后的废弃物料应及时消除。

2）现场堆料防火措施

材料堆放不要过多，垛之间应保持一定的防火间距，木材加工的废料要及时清理，以防自燃。

3）施工现场不同施工阶段的防火要点

(A) 在主体结构施工时，焊接量比较大，要加强看火人员。在焊点垂直下方，尽量清理易燃物。结构施工用的碘钨灯要架设牢固，距保温、易燃物要保持1m以上的距离，照明和动力用胶皮线应按规定架设，不准在易燃保温材料上乱堆乱放。

(B) 在装修施工时，易燃材料较多，对所用电气及电线要严加管理，预防断路打火。

### 5.3　环境管理的实施方案及措施

#### 5.3.1　防止空气污染措施

(1) 施工垃圾使用封闭的专用垃圾道或采用容器吊运，严禁随意凌空抛撒造成扬尘，施工垃圾要及时清运，清运前要适量洒水，减少扬尘。

(2) 施工现场要在施工前，做好施工道路规划和设置，尽量利用设计中永久性的施工道路。路面及其余场地地面均要硬化。闲置场地要设置绿化池，进行环境绿化，以美化环境。

(3) 水泥和其他易飞扬的细颗粒散体材料应尽量安排库内存放。露天存放时要严密覆盖，运输和卸运时防止遗撒飞扬，以减少扬尘。

(4) 现场要制定洒水降尘制度，配备专用洒水设备及指定专人负责，在易产生扬尘的季节，施工场地采取洒水降尘。

#### 5.3.2　防止水污染措施

(1) 现场搅拌机前台及运输车辆清洗处设置洗车台、沉淀池。排放的废水要排入沉淀池内，经二次沉淀后，方可排入市政污水管线或回收用于洒水降尘。未经处理的泥浆水，严禁直接排入城市排水设施。

(2) 冲洗模板、泵车、汽车时，污水（浆）经专门的排水设施排至沉淀池，经沉淀后排至城市污水管网，而沉淀池由专人定期清理干净。

(3) 食堂污水的排放控制。施工现场临时食堂，要设置简易、有效的隔油池，产生的污水经下水管道排放要经过隔油池。平时加强管理，定期掏油，防止污染。

(4) 油漆油料库的防漏控制。

#### 5.3.3　其他污染的控制措施

(1) 通过电锯加工的木屑、锯末必须当天进行清理，以免锯末刮入空气中。

(2) 钢筋加工产生的钢盘皮、钢筋屑及时清理。

(3) 建筑物外围立面采用密目安全网，降低楼层内风的流速，阻挡灰尘进入施工现场周围的环境。

(4) 制定水、电、办公用品（纸张）的节约措施，通过减少浪费、节约能源，达到保护环境的目的。

## 6　经济效益分析

### 6.1　技术创新项目

本工程主要创新技术有以下几点：(1) 深基坑支护；(2) 新型模板及脚手架支撑体系；(3) 高强高性能混凝土应用；(4) 耐磨地面施工技术；(5) 大体积混凝土电脑测温有

线系统；(6) 清水混凝土施工工艺应用；(7) 粗直径钢筋的直螺纹连接技术；(8) 面积法漏风量测试技术；(9) 10kV 热缩型电缆终端的应用；(10) 安全压线帽应用套接；(11) 扣压式薄壁钢导管电线管的使用。

### 6.2 发现、发明及创新点

(1) 本工程所采用的护坡桩+预应力锚杆支护、土钉墙支护以及复合土钉墙，虽然在其他工程中也有应用，但雷同于本工程这种复杂的环境条件和大面积支护的情况不多见。在施工中我们详细地考虑了这方面的影响因素，在不同部位采取不同的支护方案，做到了技术方案先进适用、工程造价经济合理。并积累了丰富的施工经验，应在以后的工程施工中推广应用。

(2) 在土钉墙中部增设预应力锚杆，既加强了结构本身的承载能力，又大大增加了土钉墙的抗水平推力的能力，能减少施工时间，节约成本，这种做法在其他工程中尚不多见。

(3) 应用护坡桩+预应力锚杆支护，有效地控制基坑侧向位移，保证临近建筑物和道路管线的安全。

(4) 应用计算机信息化施工管理程序进行工程监测，依照《铁路隧道喷锚构筑法技术规程》(TBJ 108—92) 的变形等级指导施工，建立严格的监测程序，对监测结果及时整理，绘制位移或应力的时态变化曲线图，对工程施工进行有效控制，保证了施工质量和施工进度。

### 6.3 效益分析

#### 6.3.1 经济效益

(1) 钢筋采用套筒直螺纹连接，共节约钢材 80t，焊条 60t，共节约工程成本 20 万元。

(2) 外架搭设方案采用少支架法，较满堂支架节约周转钢材投入约 300t 及大量人工费，约合节约投资 20 多万元。

(3) 竹胶模板重复多次的利用效果，增加周转速度，共节约投资约 40 万元左右。

本项目基坑支护总造价为 740.65 万元，公司利润 110.8 万元。

另外，通过采用护坡桩+预应力锚杆支护以及复合土钉墙进行基坑支护，为业主节约投资约 100 万元左右。

#### 6.3.2 社会效益

本工程设计先进科学，同时采用了多项新技术、新工艺，科技含量较高，也是工程中的重点和难点，我们有信心发挥本企业的优势，抓好科技攻关。同时，积极推广建筑业 10 项新技术，提高经济效益，在郑州市树立起一座典型的科技示范工程。

本工程在施工过程中，项目领导班子高度重视科技在施工中的应用，加大科技成果推广，注重技术进步效益，大力开展 10 项新技术的应用工作，节约资金达 180 多万元，科技进步效益率达到 1.5%，获得了业主、设计单位、监理单位及郑州大学的高度赞扬，取得了良好的社会效益和经济效益。

积极推广四新技术，抓好新技术攻关。本工程达到河南省优质工程“中州杯”。

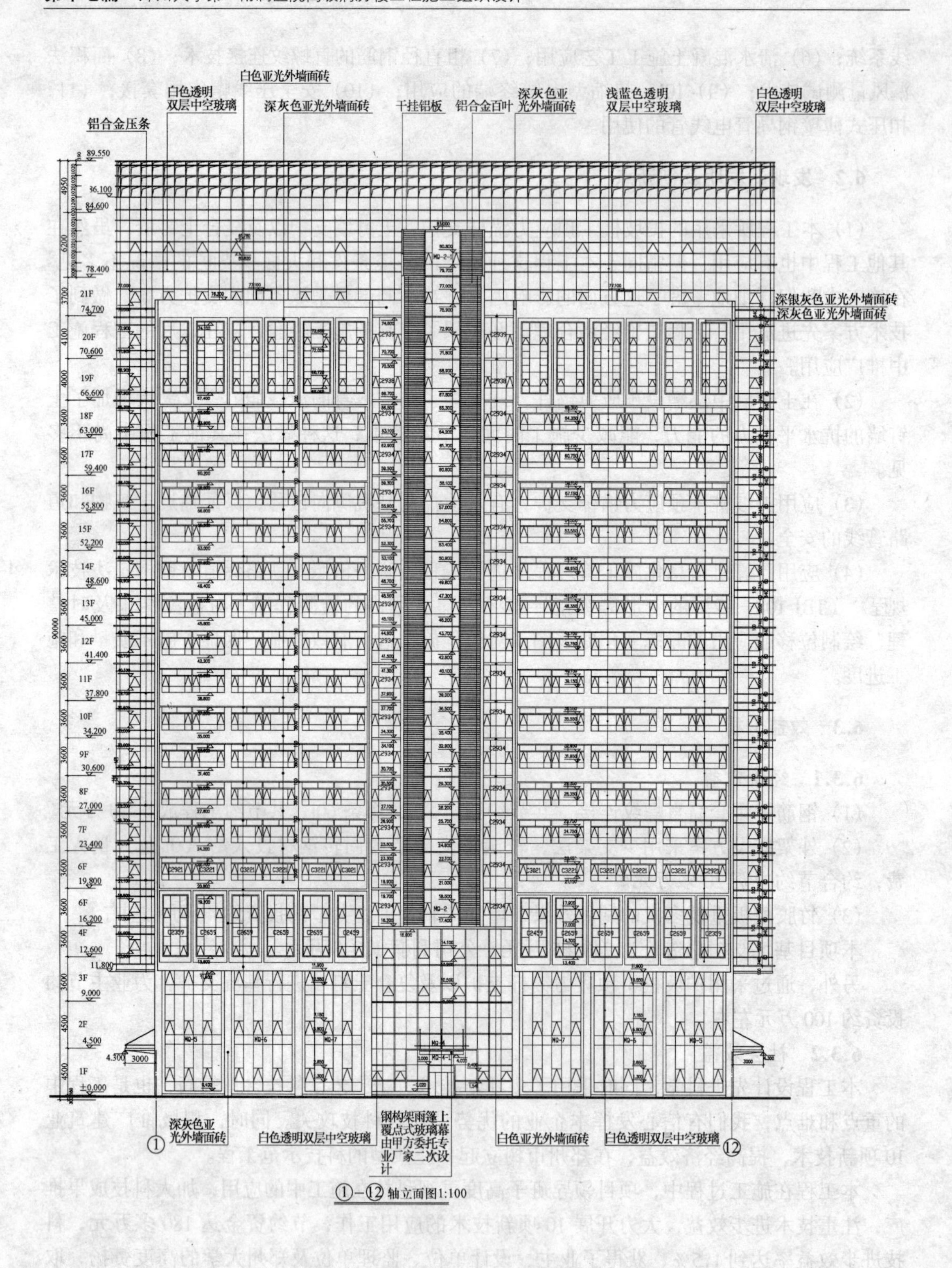

白色透明
双层中空玻璃
白色亚光外墙面砖
深灰色亚光外墙面砖
干挂铝板
铝合金百叶
深灰色亚
光外墙面砖
浅蓝色透明
双层中空玻璃
白色透明
双层中空玻璃
铝合金压条
深银灰色亚光外墙面砖
深灰色亚光外墙面砖
深灰色亚
光外墙面砖
白色透明双层中空玻璃
钢构架雨篷上
覆点式玻璃幕
由甲方委托专
业厂家二次设
计
白色亚光外墙面砖
白色透明双层中空玻璃
①-⑫轴立面图1:100


图 6-1　立面图

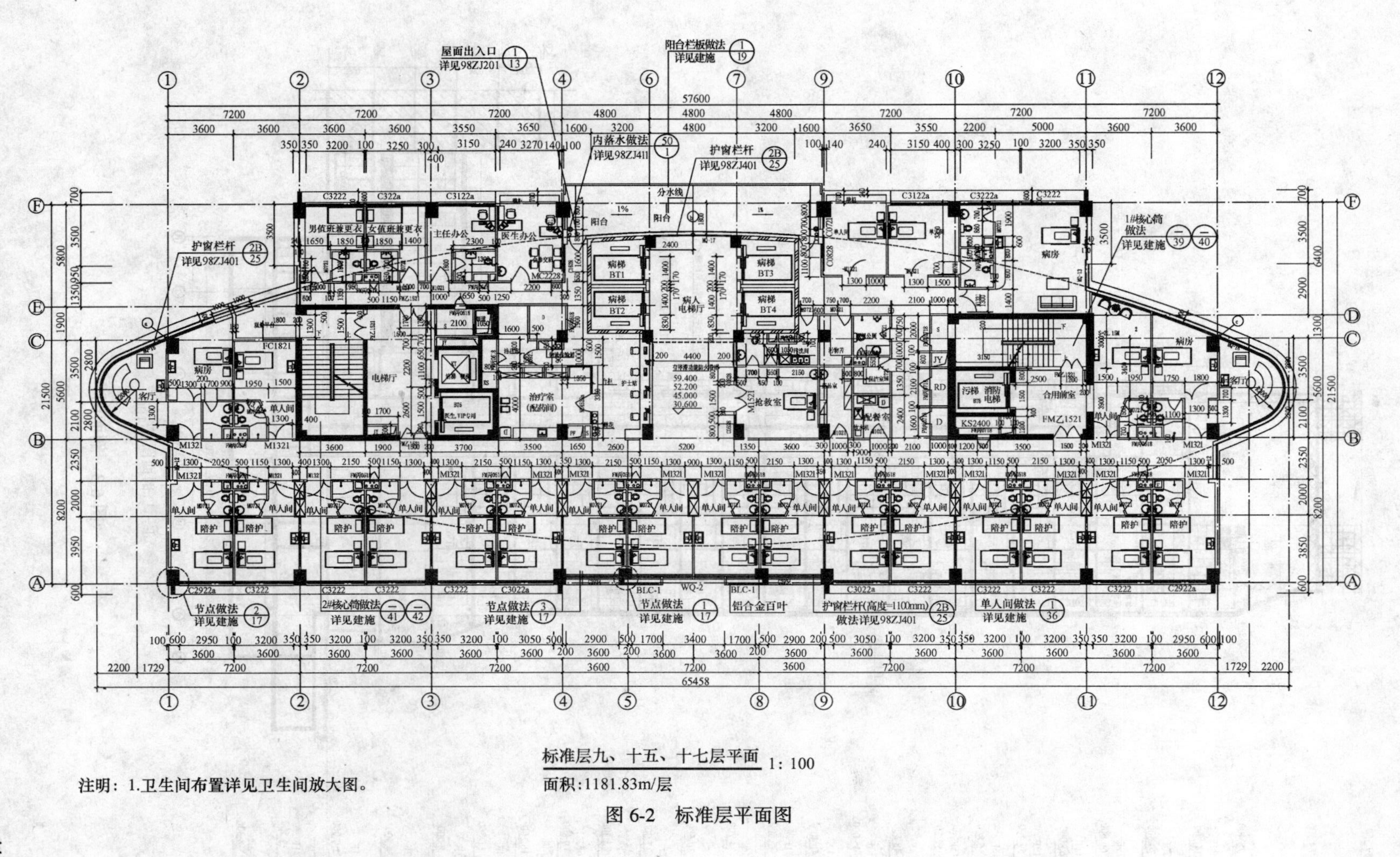


标准层九、十五、十七层平面 1:100

面积:1181.83m/层

注明：1.卫生间布置详见卫生间放大图。

图 6-2 标准层平面图

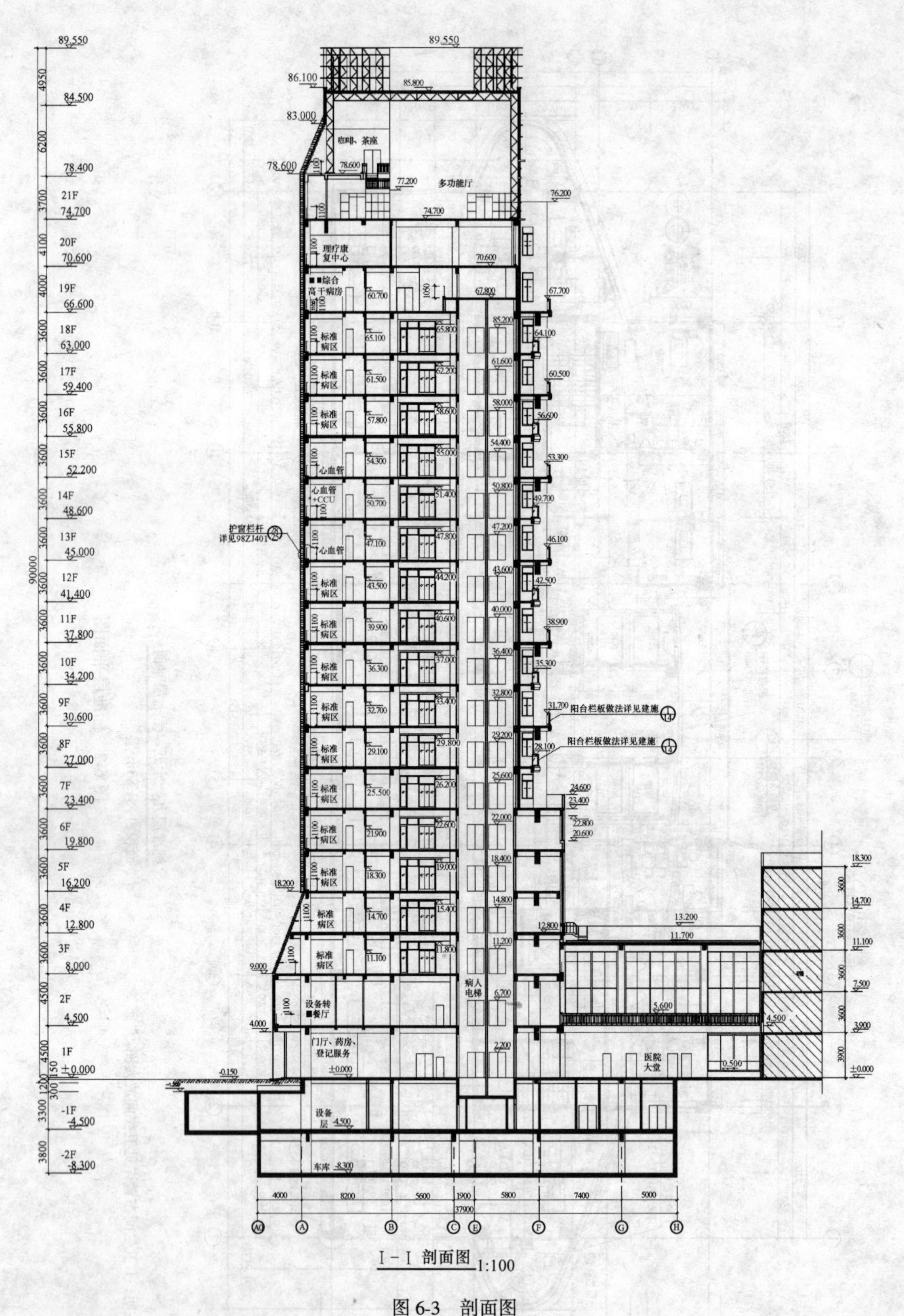

Ⅰ-Ⅰ 剖面图 1:100

图 6-3　剖面图

## 6.4 推广前景

（1）通过严格控制，本项目的护坡桩+预应力锚杆支护、土钉墙支护以及复合土钉墙施工取得了成功，对今后类似工程的施工具有较强的指导性。

（2）在土钉墙中部增设预应力锚杆，既加强了结构本身的承载能力，又大大增加了土钉墙抗水平推力的能力，能减少施工时间，节约成本，这种做法在其他工程施工中应该推广。

（3）应用护坡桩+预应力锚杆支护，有效地控制基坑侧向位移，保证临近建筑物和道路管线的安全，为今后类似工程施工积累了丰富的施工经验。

# 第十八篇

# 武警总医院医疗综合楼工程施工组织设计

**编制单位**：中国建筑土木工程公司

**编 制 人**：张彦昌　崔春永　黄细林

**审 核 人**：刘继峰

**【简介】**　武警总医院医疗综合楼工程荣获2004年度北京市“结构长城杯”金奖、“北京市安全文明工地”。该工程场地比较狭窄，施工管理难度较大，现场组织施工难度较大。其次，由于该工程位于医院内部，施工扰民及影响医院的正常工作也是较突出的问题之一。另外，医疗设备、管道安装等也是工程的重点、难点之一。该施工组织设计中施工部署内容齐全、详细，施工组织管理的做法有特色。施工方案中，防水工程、模板工程方案比较细致、清楚，各类保证措施，尤其是安全保证措施比较有力、得当。

# 目　　录

# 1 编制依据

## 1.1 编制依据范围

本工程施工组织设计依据国家现行规范、标准、图集，武警总医院医疗综合楼招标文件、施工合同、设计施工图，并结合我局的企业标准编制而成。

## 1.2 工程合同（见表1-1）

工 程 合 同 表1-1

| 序 号 | 合同名称 | 编 号 | 签订日期 |
| --- | --- | --- | --- |
| 1 | 工程总包合同 | GF-1999-0201 | 2004.3.18 |
| 2 | 主分包合同 | TM-2004-0326 | 2004.3.26 |

## 1.3 工程施工图纸（见表1-2）

工程施工图纸 表1-2

| 序 号 | 图纸名称 | 图纸编号 | 出图日期 |
| --- | --- | --- | --- |
| 1 | 建筑图 | Q177G1-J0020-M1001～1003<br>Q177G1-J0020-S1001～1002<br>Q177G1-J0020-F1001～1005<br>Q177G1-J0020-1001～1046 | 2003.8.14 |
| 2 | 结构图 | Q177G1-G0020-M101、S101、S102<br>Q177G1-G0020-101～156 | 2003.8.11 |
| 3 | 电气图 | Q177G1-D0020-M1001～1003<br>Q177G1-D0020-F1001～1004<br>Q177G1-D0020-S1001、2<br>Q177G1-D0020-1001～1061<br>Q177G1-D0020-S1024A<br>Q177G1-D0020-1028A | 2003.8.14 |
| 4 | 弱电图 | Q177G1-X0020-M101、M102<br>Q177G1-X0020-F101～F114<br>Q177G1-X0020-S101～141 | 2003.7.19 |
| 5 | 采暖空调与通风图 | Q177G1-N0020-M101～103<br>Q177G1-N0020-F101～104<br>Q177G1-D0020-S101～161 | 2003.8.14 |
| 6 | 给排水 | Q177G1-S0020-M101～103<br>Q177G1-S0020-F101～102<br>Q177G1-S0020-S101～133 | 2003.8.14 |
| 7 | 热力及医疗管道 | Q177G1-R0020-M101～102<br>Q177G1-R0020-F101～107<br>Q177G1-R0020-S101～103<br>Q177G1-R0020-101～120 | 2003.8.14 |

## 1.4　工程应用的主要规程、规范（见表1-3）

主要规程、规范　　表1-3

| 序号 | 类别 | 规范、规程名称 | 编号 |
|---|---|---|---|
| 1 | 国家 | 工程测量规范 | GB 50026—93 |
| 2 | 国家 | 建筑地基基础施工质量验收规范 | GB 50202—2002 |
| 3 | 国家 | 砌体工程施工质量验收规范 | GB 50203—2002 |
| 4 | 国家 | 混凝土结构工程施工质量验收规范 | GB 50204—2002 |
| 5 | 国家 | 屋面工程质量验收规范 | GB 50207—2002 |
| 6 | 国家 | 地下防水工程质量验收规范 | GB 50208—2002 |
| 7 | 国家 | 建筑地面工程施工质量验收规范 | GB 50209—2002 |
| 8 | 国家 | 建筑装饰装修工程质量验收规范 | GB 50210—2002 |
| 9 | 国家 | 建筑防腐蚀工程施工及验收规范 | GB 50212—91 |
| 10 | 国家 | 机械设备安装工程施工及验收通用规范 | GB 50231—98 |
| 11 | 国家 | 建筑给水排水及采暖工程施工质量验收规范 | GB 50242—2002 |
| 12 | 国家 | 通风与空调工程施工质量验收规范 | GB 50243—2002 |
| 13 | 国家 | 给水排水管道工程施工及验收规范 | GB 50268—97 |
| 14 | 国家 | 制冷设备、空气分离设备安装工程施工及验收规范 | GB 50274—98 |
| 15 | 国家 | 压缩机、风机、泵安装工程施工及验收规范 | GB 50275—98 |
| 16 | 国家 | 起重设备安装工程施工及验收规范 | GB 50278—98 |
| 17 | 国家 | 建筑电气安装工程施工质量验收规范 | GB 50303—2002 |
| 18 | 国家 | 电气装置安装工程低电器施工及验收规范 | GB 50254—96 |
| 19 | 国家 | 电气装置安装工程爆炸和火灾危险环境电气装置施工及验收规范 | GB 50257—96 |
| 20 | 国家 | 电气装置安装工程1kV及以下配线工程施工及验收规范 | GB 50258—96 |
| 21 | 国家 | 电气装置安装工程电缆线路施工及验收规范 | GB 50168—92 |
| 22 | 国家 | 电气装置安装工程接地装置施工及验收规范 | GB 50169—92 |
| 23 | 国家 | 电气装置安装工程母线装置施工及验收规范 | GBJ 149—90 |
| 24 | 国家 | 建筑施工安全技术规范 | 2002版 |
| 25 | 国家 | 民用建筑工程室内环境污染控制规范 | GB 50325—2001 |
| 26 | 国家 | 建筑结构可靠度设计统一标准 | GB 50068—2001 |
| 27 | 国家 | 混凝土结构设计规范 | GBJ 10—89 |
| 28 | 行业 | 钢筋混凝土高层建筑结构设计与施工规程 | JGJ 3—91 |
| 29 | 行业 | 钢筋焊接及验收规程 | JGJ 18—2003 |
| 30 | 行业 | 混凝土小型空心砌块建筑技术规程 | JGJ/T 14—2004 |
| 31 | 行业 | 玻璃幕墙工程技术规范 | JGJ 102—2003 |
| 32 | 行业 | 回弹法检测混凝土抗压强度技术规程 | JGJ/T 23—2001 |

续表

| 序 号 | 类 别 | 规范、规程名称 | 编 号 |
|---|---|---|---|
| 33 | 行业 | 建筑机械使用安全技术规程 | JGJ 33—2001 |
| 34 | 行业 | 钢筋机械连接通用技术规程 | JGJ 107—96 |
| 35 | 行业 | 混凝土泵送施工技术规程 | JGJ/T 10—95 |
| 36 | 行业 | 施工现场临时用电安全技术规范 | JGJ 46—88 |
| 37 | 行业 | 建筑施工高处作业安全技术规范 | JGJ 80—91 |
| 38 | 行业 | 建筑施工扣件式钢管脚手架安全技术规范 | JGJ 130—2001 |
| 39 | 地方 | 建筑安装工程资料管理规程 | DBJ 01—51—2003 |
| 40 | 地方 | 建筑用界面处理剂应用技术规程 | DBJ 01—40—98 |
| 41 | 地方 | 建筑内外墙涂料应用技术规程 | DBJ/T 01—42—99 |
| 42 | 地方 | 建筑内墙用耐水腻子应用技术规程 | DBJ 01—48—2000 |
| 43 | 地方 | 预防混凝土工程碱集料反应技术管理规定 | 京 TY5—99 |
| 44 | 地方 | 混凝土外加剂技术规程 | DBJ 01—61—2002 |
| 45 | 地方 | 新型沥青卷材防水工程技术规范 | DBJ 01—16—94 |
| 46 | 国家 | 建设工程项目管理规范 | GB/T 50326—2001 |

## 1.5 工程应用的主要图集（见表 1-4）

主 要 图 集 表 1-4

| 序 号 | 图 集 名 称 | 编 号 |
|---|---|---|
| 1 | 工程做法 | 88J1 |
| 2 | 墙身—砖混 | 88J2（一） |
| 3 | 外装修 | 88J3 |
| 4 | 内装修 | 88J4（一）、（二） |
| 5 | 屋面 | 88J5 |
| 6 | 地下工程防水 | 88J6 |
| 7 | 楼梯 | 88J7 |
| 8 | 卫生间、洗池 | 88J8 |
| 9 | 室外工程 | 88J9 |
| 10 | 附属建筑 | 88J11 |
| 11 | 无障碍设计 | 88J12 |
| 12 | 客房装修 | 88JX3 |
| 13 | 作业台钢梯及栏杆 | 87J432 |
| 14 | 挂号窗与观察窗 | 92SJ902（一） |
| 15 | 环境设备 | 92SJ902（三） |
| 16 | 平开门、推拉门、自动推拉门 | 92SJ902（六） |
| 17 | 病房窗头装置 | 92SJ902（七） |

续表

| 序　　号 | 图　集　名　称 | 编　　号 |
|---|---|---|
| 18 | 洗池及卫生间设备 | 92SJ902（八） |
| 19 | 平开防射线门 | J650（一）、（二） |
| 20 | 框架结构超填充空心砌块构造图集 | 京 94SJ19 |
| 21 | 框架结构粘土空心砖填充墙构造图集 | 京 97SJ25 |
| 22 | 常用木门、钢木门 | 京 95—J61 |
| 23 | 建筑抗震构造详图 | 97G329—1～9 |
| 24 | 混凝土结构施工图平面整体表示方法制图规则和构造详图 | 03G101—1 |

## 1.6　工程应用的主要标准（见表 1-5）

主　要　标　准　　　　表 1-5

| 序　　号 | 类　　别 | 标　准　名　称 | 编　　号 |
|---|---|---|---|
| 1 | 国家 | 混凝土强度检验评定标准 | GBJ 107—87 |
| 2 | 国家 | 建筑工程施工质量验收统一标准 | GBJ 50300—2001 |
| 3 | 国家 | 建筑工程质量检验评定标准 | GBJ 301—88 |
| 4 | 国家 | 建筑采暖卫生与煤气工程质量检验评定标准 | GBJ 302—88 |
| 5 | 国家 | 通风与空调工程质量检验评定标准 | GBJ 304—88 |
| 6 | 行业 | 建筑施工安全检查标准 | JGJ 95—99 |
| 7 | 行业 | 钢筋焊接接头试验方法标准 | JGJ 27—86 |
| 8 | 地方 | 建筑结构长城杯工程质量评审标准 | DBJ/T 01—69—2003 |

## 1.7　工程应用的主要法规（见表 1-6）

主　要　法　规　　　　表 1-6

| 序　　号 | 类　　别 | 法　规　名　称 | 编　　号 |
|---|---|---|---|
| 1 | 国家 | 中华人民共和国建筑法 | |
| 2 | 国家 | 中华人民共和国环境保护法 | |
| 3 | 国家 | 建设项目环境保护管理条例 | |
| 4 | 国家 | 建筑施工质量管理办法 | 国务院第 279 号文 |
| 5 | 地方 | 关于印发《预防混凝土工程碱集料反应技术管理规定〈试行〉》的通知 | 京建科［1999］230 号 |
| 6 | 地方 | 关于《房屋建筑工程和市政基础设施工程实行见证取样和送检》的规定 | 京建质［2000］578 号 |
| 7 | 地方 | 关于印发《北京市建设工程见证取样质量检测单位资质条件管理规定》的通知 | 京建质［2001］229 号 |
| 8 | 地方 | 北京市建筑工程安全玻璃使用规定 | 京建法［2001］2 号 |

续表

| 序号 | 类别 | 法规名称 | 编号 |
|---|---|---|---|
| 9 | 地方 | 北京市施工现场管理有关文件和标准 | |
| 10 | 地方 | 北京市建设工程质量条例 | |
| 11 | 地方 | 建筑工程技术资料管理规定 | 京建质［2000］569号文 |

# 2 工程概况

## 2.1 基本概况（见表2-1）

工程基本概况表 表2-1

| 序号 | 项目 | 内容 |
|---|---|---|
| 1 | 工程名称 | 武警总医院医疗综合楼工程 |
| 2 | 工程地址 | 北京市海淀区永定路69号 |
| 3 | 建设单位 | 中国人民武装警察部队总医院 |
| 4 | 设计单位 | 中元国际工程设计研究院 |
| 5 | 监理单位 | 北京京航联工程建设监理有限责任公司 |
| 6 | 质量监督 | 中国人民武装警察部队工程质量监督站 |
| 7 | 施工单位 | 中国建筑土木工程公司 |
| 8 | 合同范围 | 主体结构、屋面、装修工程（局部除外）、门窗工程、给排水与采暖、消防、电气、弱电、空调与通风工程 |
| 9 | 合同性质 | 总承包合同 |
| 10 | 投资性质 | 自筹资金 |
| 11 | 合同工期 | 开工2004年3月10日，竣工日期2005年12月21日；总工期650日历天 |
| 12 | 质量目标 | 结构工程：确保“结构长城杯”；争创“鲁班奖” |

## 2.2 建筑设计概况（见表2-2）

表2-2

| 序号 | 项目 | 内容 | | | |
|---|---|---|---|---|---|
| 1 | 总建筑面积 | 46957m$^2$ | | | |
| 2 | 建筑层数、高度 | 地上 | 11层，45.6m | 地下 | 3层 |
| 3 | ±0.000绝对标高 | 59.30m | | | |
| 4 | 基底标高 | −16.00m | | | |
| 5 | 耐火等级 | 一级 | | | |
| 6 | 填充墙 | 陶粒空心砌块 | | | |
| 7 | 保温 | 外墙 | 60mm厚聚苯板 | | |
| | | 屋面保温 | 60mm厚聚苯板、100mm厚聚苯板、加气混凝土块 | | |

续表

| 序号 | 项目 | 内容 | |
|---|---|---|---|
| 8 | 装修 | 门窗工程 | 铝合金门窗，玻璃幕墙，木夹板门、高级钢制仿木门、电动门、防火门、防火卷帘门、木门等 |
| | | 楼地面 | 地砖、环氧地面、钢屑地面、细石混凝土地面、防滑地砖、高级花岗石、花岗石、PVC、金属活动地板、进口高级防滑地砖、防静电 PVC、高级拼花 PVC 板 |
| | | 外墙面 | 浅黄色涂料、深褐色涂料、浅黄色复合蜂窝铝板、银灰色复合蜂窝铝板、花岗石 |
| | | 内墙面 | 涂料、釉面砖、吸声墙面、乳胶漆（防霉）、大理石、花岗石、乳胶漆、进口高级釉面砖、彩色钢板、高级乳胶漆局部外包 PVC 板 |
| | | 顶棚 | 吸声顶棚、乳胶漆、乳胶漆（防霉）、抹灰喷白、金属吊顶、石膏板吊顶、装饰石膏板、矿棉吸声板、铝合金条板、装饰吸声吊顶、彩色钢板顶棚 |
| 9 | 防水工程 | 卫生间 | 无毒防水涂料 |
| | | 屋面 | PE 改性沥青卷材 |
| | | 地下室 | PE 改性沥青卷材 |

## 2.3 结构设计概况（见表 2-3）

表 2-3

| 序号 | 项目 | 内容 | | |
|---|---|---|---|---|
| 1 | 土质情况 | 基础持力层 | ③层卵石层 | |
| | | 地基承载力 | 400kPa | |
| 2 | 结构形式 | 基础结构形式 | 筏形基础 | |
| | | 主体结构形式 | 框架-剪力墙结构 | |
| 3 | 地下防水 | 混凝土自防水 | 筏基底板及地梁，地下室外墙，水箱、水池 | |
| | | 柔性防水 | PE 改性沥青卷材 | |
| 4 | 混凝土等级 | 基础垫层 | C15 | |
| | | 筏基底板及地梁，地下室外墙，水箱、水池 | C35，抗渗等级为 P8 | |
| | | 框架柱及剪力墙 | 地下 3 层～地上 1 层 | C40 |
| | | | 2～6 层 | C35 |
| | | | 7 层以上 | C30 |
| | | 楼板、梁 | C30 | |
| | | 楼梯 | C30 | |

续表

| 序号 | 项目 | 内容 | |
|---|---|---|---|
| 5 | 抗震设防 | 工程设防烈度 | 8度 |
| | | 抗震等级 | 剪力墙、框架抗震等级均为一级；其中，地下二层、地下三层剪力墙抗震等级为二级，框架抗震等级为二级 |
| | | 建筑结构安全等级 | 二级 |
| | | 抗震设防类别 | 乙类 |
| 6 | 主要结构尺寸 | 剪力墙厚度（mm） | 200、250、300、350、400 |
| | | 底板厚度（mm） | 850 |
| | | 楼板板厚（mm） | 110、180 |
| | | 框架柱（mm） | 600×600、650×650、750×750、750×800、800×800、850×850、600×1000 |
| | | 框架梁（mm） | 300×550、400×800、300×700、350×700、350×750、300×500、400×2100、450×600、300×650、350×650、400×650、250×400、400×700、500×800、400×2000、500×750等 |
| | | 剪力墙连梁（mm） | 250×2680、300×2800、350×2800、400×2800、300×800、200×400、200×500、300×500、250×500、300×650、300×900 |
| 7 | 楼梯形式 | 板式楼梯 | |

## 2.4 机电设计概况

表2-4

| 序号 | 项目 | | 内容 |
|---|---|---|---|
| 1 | 给水排水工程 | 给水系统 | 地下室至十一层由市政供水 |
| 2 | | 排水系统 | 室内采用废水和污水分流排放，屋面雨水采用内重力流排水 |
| 3 | | 热水系统 | 热器供应热水。管网为同程式，热源动力站的蒸汽 |
| 4 | | 消防系统 | 消火栓给水系统，湿式自动喷水系统，发电机房设有水喷雾系 |
| 5 | 通风空调工程 | 空调风系统 | 用风机盘管加新风的空调系统 |
| 6 | | 通风排烟系统 | 二层以上排风（兼排烟）由排烟风机从屋顶排至室外；一层各处排风、排烟通过风管由地下混凝土风道排至室外；地下室、卫生间、更衣室等设机械排风系统 |
| 7 | | 空调水系统 | 两个系统 |
| 8 | 强电工程 | 照明系统 | 照明系统包括一般照明、应急照明、公共照明和室外泛光照明 |
| 9 | | 电力系统 | 主要包括空调、给排水、电梯及弱电工程用电设备 |
| 10 | | 应急电源 | 安防系统、消防用电设备及应急照明均为一级负荷 |

续表

| 序号 | 项目 | | 内容 |
|---|---|---|---|
| 11 | 强电工程 | 防雷接地 | 接地形式采用TN—S系统，屋面采用两套新型的satelit3—60‘卫星’提前放光电地式避雷针结合屋面敷设于女儿墙的避雷网格作为避雷系统 |
| 12 | 弱电工程 | 建筑设备监控系统 | 包括冷热源系统、空调机组系统、高低压配电系统、照明系统、电梯系统、给排水系统 |
| 13 | 弱电工程 | 火警自动报警与消防联动控制系统 | 主要包括：本工程属于一级保护对象，系统按总体保护方式设置，采用集中报警系统形式。消防控制中心设在南区一层，可实现自动和手动控制 |
| 14 | 弱电工程 | 通信系统 | 固定网络系统、移动通信网络系统和集群通信网络系统 |
| 15 | 弱电工程 | 综合布线系统 | 整个建筑物采用扩展星形（SPANNING TREE）结构 |
| 16 | 弱电工程 | 电子显示屏系统 | 在大厅东西侧各设置一块室内LED显示屏，每块包括全彩显示屏和电子显示屏 |
| 17 | 弱电工程 | 扩声系统 | 主扩声系统和流动扩声系统 |
| 18 | 弱电工程 | 有线电视系统 | 该系统能够接收与传送世界各地的主要卫星节目，具备多语言节目，技术上采用国际先进的860M邻频传输技术 |
| 19 | 医用气体工程 | 负压气体系统 | 楼内机房在地下三层，每层每区单独控制，接院内总站 |
| 20 | 医用气体工程 | 氧气系统 | 楼内机房在地下三层，每层每区单独控制，接院内总站 |
| 20 | 医用气体工程 | 氮气系统 | 楼内机房在地下三层，每层每区单独控制，接院内总站 |

## 2.5　工程重点、难点

### 2.5.1　解决现场狭小措施

本工程位于武警总医院内，现场十分狭窄，基本无加工场地，如何解决好模板、钢筋等主要材料的进场、就位是保证本工程施工进度的关键。

（1）由于施工场地狭小，本工程钢筋、模板加工区及堆放区在场外另行考虑，现场只考虑周转堆放场地。我单位在武警总医院附近租用1000m$^2$场地，作为本工程施工临时堆场及加工场地。

（2）各种材料按计划顺序进场，随到随用，堆放不得占用现场道路，车辆进场及时卸料，并立即退场。

（3）楼层现浇板模板用料，利用周转平台将下层拆除的模板吊运至使用的工作面上。

### 2.5.2　后浇带及施工缝的处理（见图2-1）

（1）施工缝的防水构造

本工程底板及地下室外墙为抗渗混凝土，除图纸设计的后浇带部位外，不再留垂直施工缝，其余部位留设施工缝须符合规范设计要求。

（2）后浇带的留设与保护

基础底板处后浇带防护在后浇带两侧砌筑三皮砖，砖上覆盖木龙骨、多层板及防水薄膜，砖外侧抹防水砂浆，防止上部雨水及垃圾进入后浇带而腐蚀钢筋，减少日后对后浇带处垃圾清理的难度。

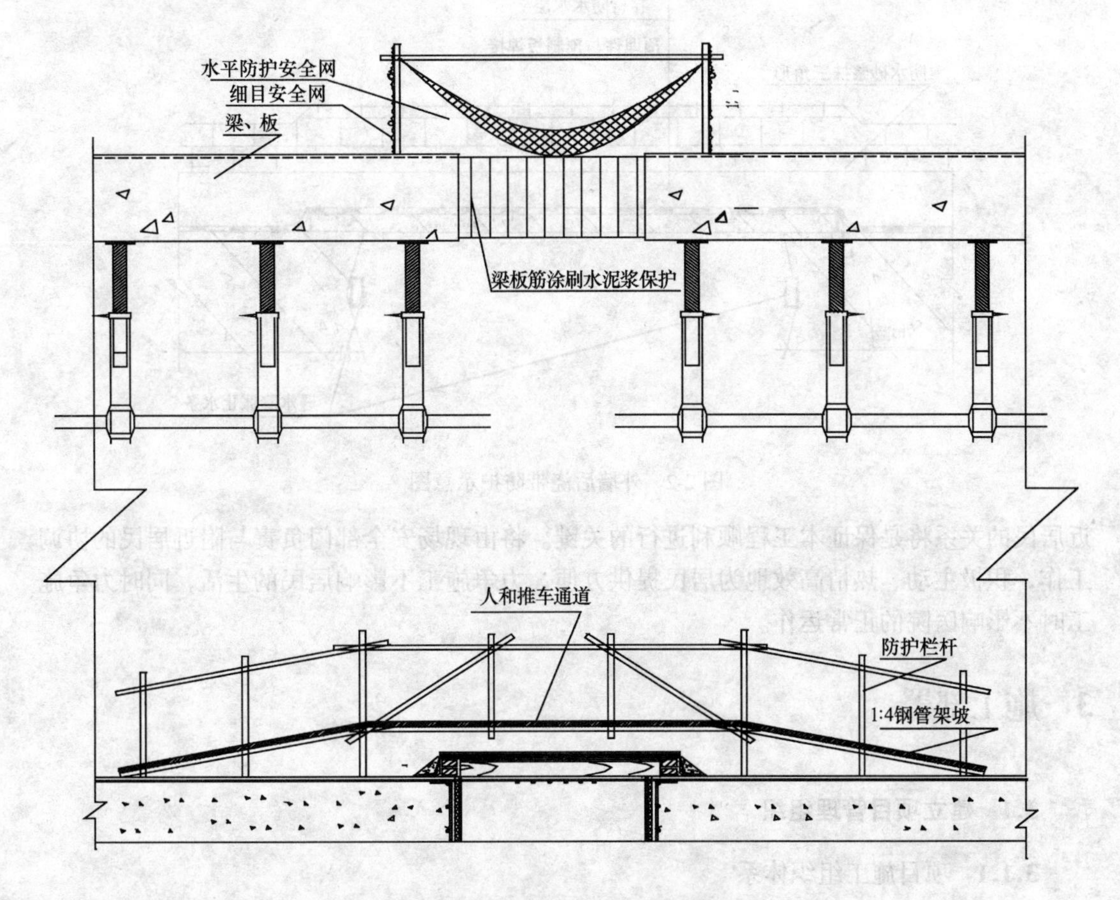


图 2-1　后浇带搭设通道和水平网防护

后浇带两侧顶板支撑：在后浇带混凝土浇筑前施工期间，该跨顶板的底模及支撑均不得拆除。当悬挑端长度≤2m 时，设置一排支撑；当悬挑端长度＞2m 时，设置两排支撑。

外墙后浇带处防护：外墙后浇带在回填土之前，按图 2-2 设置完成外墙防水卷材的施工工序。但在安放并焊接预制板之前，剔凿和清除墙立面上的松散混凝土，钢板止水带上的水泥砂浆清除干净，防止日后不方便清理。

(3) 后浇带及施工缝的处理

后浇带钢筋不切断，待本层顶板混凝土浇筑 28d 后，采用比设计强度高一级的微膨胀混凝土浇捣密实，加强养护。后浇带两侧的混凝土应一次浇捣完成，浇筑时应避开高温季节，以温度低于 20℃为宜。后浇带浇筑前，两侧混凝土应清洗干净，并保持湿润。

施工缝在下次浇筑混凝土之前，混凝土表面应清除松散的石子和混凝土软弱层，并将施工缝凿成垂直于构件平面，并用水充分湿润，浇筑混凝土时需振捣密实。后浇带混凝土养护不少于 28d。

### 2.5.3　防扰民措施

本工程位于武警总医院内，离原有的门诊楼较近，且周边居民众多，如何协调好与附

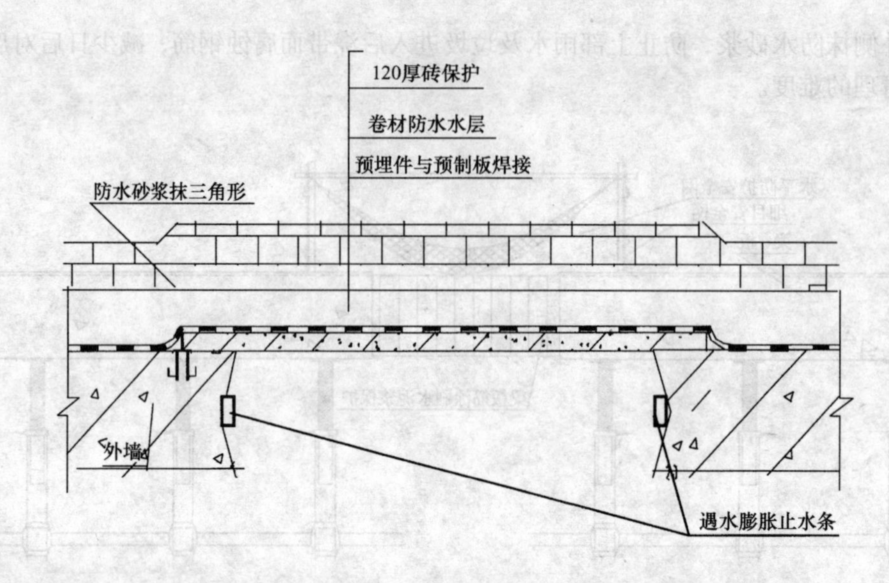


图 2-2　外墙后浇带防护示意图

近居民的关系将是保证本工程顺利进行的关键。将由现场安全部门负责与附近居民的协调工作，积极主动、热情高效地为居民提供方便，力争施工不影响居民的生活，同时力争施工时不影响医院的正常运作。

# 3　施工部署

## 3.1　建立项目管理组织

### 3.1.1　项目施工组织体系

本工程按照项目经理负责制组织施工，项目经理根据公司总部授权进行项目管理，并建立与本项目相适应的质量保证体系，形成以全面质量管理为中心环节、以专业管理和计算机管理相结合的科学管理体制。

### 3.1.2　工程项目经理部机构图及项目主要管理人员

(1) 项目经理部组织机构图（见图 3-1）

(2) 项目主要管理人员一览表（见表 3-1）

项目主要管理人员一览表　　表 3-1

| 姓　名 | 职　　务 | 职　　称 | 备　　注 |
|---|---|---|---|
| ××× | 项目经理 | 高级工程师 | 一级项目经理 |
| ××× | 项目总工 | 工程师 | |
| ××× | 项目副经理 | 工程师 | |
| ××× | 商务副经理 | 经济师 | |
| ××× | 质量副经理 | 工程师 | |

续表

| 姓 名 | 职 务 | 职 称 | 备 注 |
|---|---|---|---|
| ××× | 土建技术负责人 | 工程师 | |
| ××× | 电气技术负责人 | 工程师 | |
| ××× | 水暖技术负责人 | 工程师 | |
| ××× | 综合办主任 | 经济师 | |
| ××× | 材料负责人 | 工程师 | |
| ××× | 安全负责人 | 工程师 | |
| ××× | 土建专业质检员 | 工程师 | |
| ××× | 电气专业质检员 | 工程师 | |
| ××× | 水暖专业质检员 | 工程师 | |
| ××× | 试验员 | 工程师 | |
| ××× | 材料员 | 助 工 | |
| ××× | 材料员 | 助 工 | |
| ××× | 预算员 | 技术员 | |
| ××× | 预算员 | 技术员 | |
| ××× | 资料员 | 助 工 | |
| ××× | 安全员 | 助 工 | |

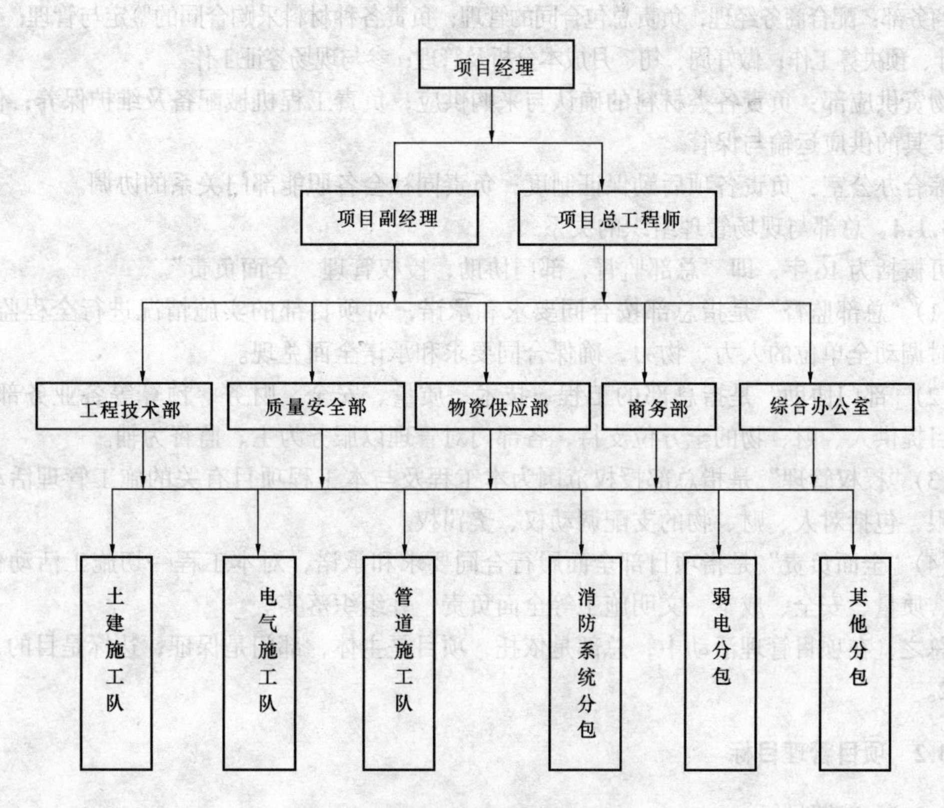


图 3-1 项目经理部组织机构图

### 3.1.3 项目部管理人员及各部门职责

项目经理：负责实施整个工程的全面管理工作。项目经理受企业法人委托，代表企业全面负责履行总承包合同，负责施工所需人、财、物的组织管理与控制。

项目副经理：负责施工生产调度，协调各工种施工；负责安全生产文明施工、临时水电；负责编制施工进度总计划、月计划、周计划；负责大型机械及垂直运输设备调度；负责记录总施工日记。

安装副经理：负责安装工程生产调度及协调，向项目经理负责。对机电安装的专业分包实施工期、质量、安全、文明施工等方面的管理。

商务副经理：在项目经理领导下，分管商务合约部，主要负责合同管理及预结算签证工作，负责成本及财务资金管理。

项目总工程师：组织技术人员学习贯彻执行各项技术政策、技术规范及规程和各项技术管理制度；编制施工组织设计、施工方案；主持图纸会审和重点部位的技术交底；组织制定保证工程质量、安全的施工技术措施。

工程技术部：负责土建、安装等专业的技术管理和各工种之间施工协调；负责对设计图纸加以深化，解决工程中的技术问题和技术变更，负责技术交底；控制项目施工质量及进场材料设备的质量；负责工程报验；负责工程过程控制及工程技术资料的收集和整理；负责检验实验工作；负责测量放线工作。

质量安全部：负责工程的质量、安全工作，负责对分部分项工程的检查和核定，负责施工现场的安全生产管理工作。

商务部：配合商务经理，负责总包合同的管理；负责各种材料采购合同的鉴定与管理；工程量统计、预决算工作；做好周、旬、月成本分析及管理；参与现场签证工作。

物资供应部：负责各类材料的确认与采购供应；负责工程机械配备及维护保养；保证周转工具的供应运输与保管。

综合办公室：负责各项后勤保证制度；负责同社会各职能部门关系的协调。

#### 3.1.4 总部与现场管理组织的关系

可概括为16字，即“总部监督，部门协助，授权管理，全面负责”。

(1)“总部监督”是指总部按合同要求和承诺，对项目部的实施情况进行全程监督，必要时调动全单位的人力、物力，确保合同要求和承诺全面兑现。

(2)“部门协助”是指总部的工程、技术、质量、安全、财务、预算等各业务部门，对项目提供人、财、物的全方位支持，各部门对管理以服务为主、监督为辅。

(3)“授权管理”是指总部授权范围为本工程及与本工程项目有关的施工管理活动所需权限，包括对人、财、物的支配调动权、奖罚权。

(4)“全面负责”是指项目部全面履行合同要求和承诺，对本工程一切施工活动包括工期、质量、安全、成本、文明施工等全面负责，并组织落实。

总之，在项目管理活动中，总部是依托，项目是主体，部门是保证，达标是目的，见图3-2。

### 3.2 项目管理目标

#### 3.2.1 工期目标

根据与业主合同要求，本工程的开工日期为2004年3月15日，竣工日期为2005年12月21日，总工期为650日历天。

### 3.2.2 质量目标

(1) 质量标准：合格；

(2) 质量奖项：确保北京市“结构长城杯”，争创“鲁班奖”。

### 3.2.3 安全目标

杜绝重大事故，一般事故频率小于0.25‰。确保达到“北京市安全文明工地”。

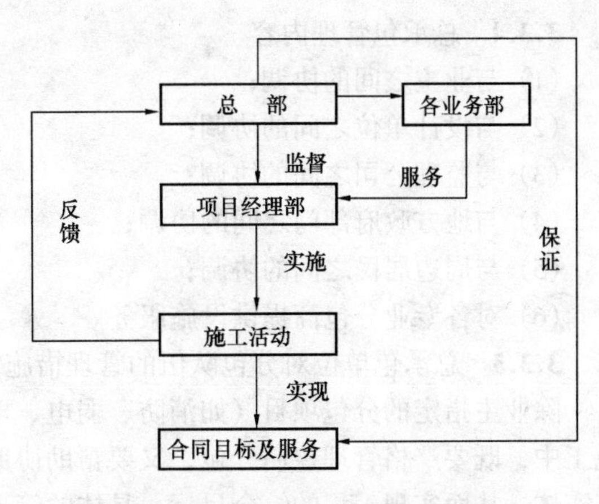


图 3-2 总部与项目部的关系图

### 3.2.4 场容目标

确保“北京市安全文明工地”。

### 3.2.5 消防目标

消除现场消防隐患。

### 3.2.6 环保目标

杜绝环境污染，美化施工周边环境，营建“花园式工地”。

### 3.2.7 施工回访和质量保修计划

根据我公司对业主和社会服务的承诺，保修期内每年夏季对用户进行回访，质量保修按合同约定执行。

### 3.2.8 科技进步目标

将工程列为我单位科技示范工程。科技进步效益率达 1.5%。

## 3.3 总承包管理

### 3.3.1 总承包管理模式

(1) 总部服务控制；

(2) 项目授权管理；

(3) 专业施工保障；

(4) 社会协力合作。

### 3.3.2 总承包管理制度

(1) 生产例会制度；

(2) 定期和不定期检查制度；

(3) 日报表制度；

(4) 总包服务管理制度。

### 3.3.3 总承包管理原则

施工总承包管理的基本原则可归纳为“公正”、“统一”、“控制”、“协调”、“服务”，这五个原则在施工过程中无时无刻不在体现，施工总承包商只有完全落实这五大原则，才有可能把整个工程做得尽善尽美。

在总承包施工管理的五大原则中：“公正”是基础，“统一”是要求，“控制”是手段，“协调”是关键，“服务”是保证，只有这五大原则充分贯穿于整个施工过程，才能保证整个工程的顺利施工。

**3.3.4** 总承包管理内容

(1) 与业主之间的协调;

(2) 与设计单位之间的协调;

(3) 与监理公司之间的协调;

(4) 与地方政府部门之间的协调;

(5) 与周边居民之间的协调;

(6) 对各专业分包商提供设施服务。

**3.3.5** 总承包单位对分包队伍的管理措施

除业主指定的分包项目(如消防、弱电、电梯等)以外,我们将使用自有工人施工。施工中,既要严格管理控制分包,又要帮助协助好分包,使总分包形成一个有机的工程实施实体,从而实现工程的综合目标。具体的管理措施如下:

(1) 统一编制施工组织设计和施工方案;

(2) 统一现场平面管理;

(3) 统一编制多级施工进度网络计划;

(4) 统一施工现场多工种、多专业交叉作业的平衡调度;

(5) 统一工程质量保证体系,确保工程符合国家的施工规范要求;

(6) 统一现场文明施工标准,建立安全生产保证体系。

## 3.4 总体和重点部位的施工顺序

**3.4.1** 施工部署总的原则和顺序

本工程施工部署总的原则和顺序是:先地下,后地上;先结构,后围护;先主体,后装修;先土建,后专业。

为了保证上部结构施工时,下部的两次维护结构、安装、装修能顺利插入施工,需要将结构分三次验收。结构验收的详细时间详见表3-2。

**结构验收时间表** **表3-2**

| 序 号 | 结构验收部位 | 验收时间 | 资料齐备时间 |
|---|---|---|---|
| 1 | 地下结构 | 2004/8/15 | 2004/8/12 |
| 2 | 地上首层~四层 | 2004/10/5 | 2004/10/3 |
| 3 | 地上五~十一层 | 2004/12/28 | 2004/12/26 |

根据施工工程量和现场实际条件投入机械设备。结构施工期间,在建筑物南区南侧及北区东侧设置一台FO/23B塔吊和一台QTZ6016塔,2#车道塔吊达不到处,使用吊车辅助。

为了降低塔吊的使用负荷,混凝土浇筑采用拖式混凝土输送泵完成。

装饰施工期间设置两台室外双笼电梯,供人、料上下。

**3.4.2** 分阶段安排总体施工

(1) 基础施工阶段

在基础施工阶段,最棘手的问题是场地狭小,因此,在保证工期和质量的前提下,如何增加现场施工使用面积是非常重要的。

(2) 主体施工阶段

主体施工阶段结构形式简单，但是留给主体结构施工的时间很短，仅有4个半月左右的时间，平均13d左右就要完成一层。

(3) 装修施工阶段

根据合同，装修承包范围为室内装修、外墙幕墙、涂料及蜂窝铝板。

## 3.5 流水段的划分情况

### 3.5.1 流水段的划分

(1) 流水段划分的原则

1) 根据不同的楼层特点和大小，进行流水段的合理划分，尽可能做到均步流水；

2) 每个流水段均能在塔吊旋转半径范围，便于材料垂直吊运；

3) 根据流水段的划分和结构施工进度安排，进行人、机、料的合理投入和配置，以及现场场地的合理安排。

(2) 流水段的划分情况

根据工程特点及施工要求，本工程底板、地下室分四个流水段；地上结构分四个流水段；1#、2#车道单独施工（见图3-3和图3-4)。竖向以每层作为一个施工段，施工缝留置在板底。装饰工程施工时以层分段，机电安装工程施工以系统为段。

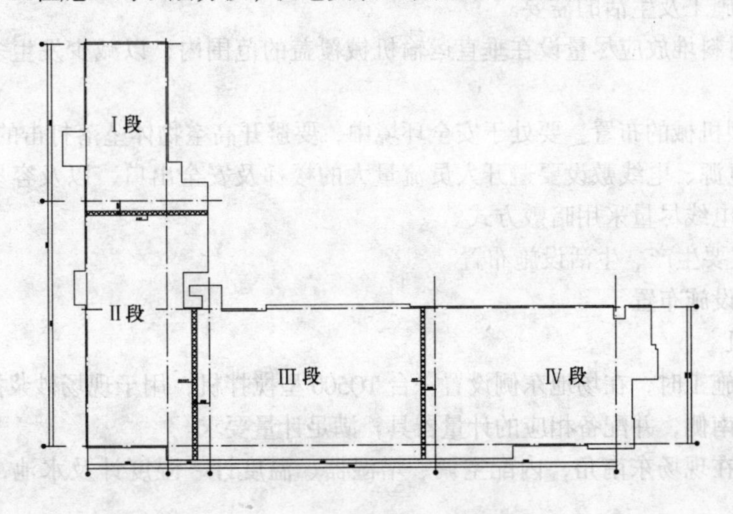


图3-3 地下结构施工段划分图

### 3.5.2 地下结构施工段划分图

### 3.5.3 地上结构施工段划分图

## 3.6 施工平面布置情况

### 3.6.1 施工场地总平面布置

(1) 施工现场目前现状

目前，现场围墙已完全搭建好。场地有出口面向主要交通道路。

(2) 施工现场总平面布置原则

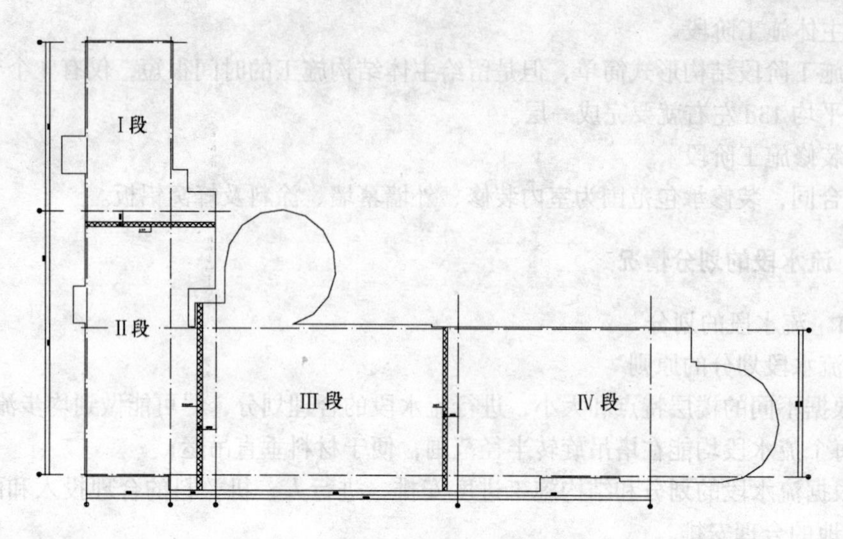


图 3-4　地上结构施工段划分图

1）现场平面随着工程施工进度进行布置和安排，阶段平面布置要与该时期的施工内容相适应。

2）由于场地设生产及道路等临时设施，因此，在平面布置中应充分考虑和优化合理布置，以满足施工及生活的需要。

3）施工材料堆放应尽量设在垂直运输机械覆盖的范围内，以减少发生多次搬运为原则。

4）中小型机械的布置，要处于安全环境中，要避开高空物体坠落打击的范围。

5）临电电源、电线敷设要避开人员流量大的楼梯及安全出口，以及容易被坠落物体打击的范围，电线尽量采用暗敷方式。

**3.6.2**　主要生产、生活设施布置

（1）生产设施布置

1）搅拌机

装饰阶段施工时，在场地东侧设置一台 TQ500 型搅拌机，用于现场砂浆搅拌。砂料堆场设在搅拌机南侧，并配备相应的计量器具，满足计量要求。

标养室设在现场东南角，内配空调、增湿器、温度计、湿度计及水池，满足标养条件。

2）塔吊平面布置

根据现场情况和进度安排，本工程设置两台塔吊，一台臂长 65m（QTZ 6016），另一台臂长 50m（FO/23B）。塔吊安装及塔吊基础施工参照专门的方案，塔吊参数详见表 3-3 和表 3-4。

**QTZ 6016 塔吊参数表**　　　　**表 3-3**

| 臂长 m（吊载 t） | 60（1.6） |
|---|---|
| 最小半径 m（吊载 t） | 2.5（8） |
| 回转速度（m/s） | 0.6 |

续表

| | |
|---|---|
| 小车速度（m/s） | 0.12-0.5-1 |
| 塔基混凝土 C30 长×宽×高（mm） | 5900×5900×1700 |
| 塔身标准节尺寸（mm） | 3000×3000 |

FO/23B 塔吊参数表 表 3-4

| | |
|---|---|
| 臂长 m（吊载 t） | 50（2.3） |
| 最小半径 m（吊载 t） | 1.5（10） |
| 回转速度（m/s） | 0.77 |
| 小车速度（m/s） | 0.12-0.5-1 |
| 塔基混凝土 C30 长×宽×高（mm） | 6450×6450×1700 |
| 塔身标准节尺寸（mm） | 2200×2200 |

3）钢筋加工场地

钢筋加工及堆放场地在场外另行考虑，场内只考虑周转堆放场地。场外的钢筋加工及堆放场地包括钢筋堆放、钢筋加工及成品半成品堆放等，各类钢材按不同规格堆放整齐，设置标识牌和检验状态。

4）模板维修及钢管料具堆放场地

模板加工及堆放场地在场外另行考虑。料具堆放场地，设在现场西侧，场地内钢管分类堆放，以利使用和吊装。

5）砌体材料堆场

本工程砌体材料堆场设置在场地东侧，靠近施工电梯。

6）安装、装饰设备堆场

露天场地设置于建筑物东侧，易受潮材料放置于建筑物内，作为安装部分各种钢材及配件的堆放场地。

(2) 生活设施布置

1）项目办公

在现场东侧布置施工项目办公区。办公室内统一配备办公桌椅、电脑、复印机、传真机等设施，会议室内配备拼装式长型会议桌，办公室、会议室安装空调机、电源插座和电话、传真机等。办公室门前进行绿化，靠道路设灯箱式“七牌一图”，营造一个整洁、文明、舒适的办公环境。

2）工人宿舍、浴室、厕所、食堂

在现场西侧布置工人生活区，由宿舍、食堂、浴室、厕所组成，面积约 1200m$^2$，可容纳 500 人同时住宿。生活区食堂约 100m$^2$，内配冰柜、蒸箱、炉灶等设施，满足施工人员用膳。宿舍每间 8 人，床架被褥统一，实行公寓化管理。

(3) 临时道路及围墙

1）由于现场较窄，进行全部硬化，路面为 C20 混凝土 15cm 厚，沿施工现场布置。具体现场道路布置详见施工总平面布置图。

2）排水系统

根据现场实际地势坡度，使雨水有组织汇流至施工干路一侧的雨水沟内，经沉淀池沉淀后排至市政雨水管道。冲洗混凝土泵的污水首先进入沉淀池，经沉淀后从排水沟流走。

工地在职工生活区及管理人员生活区各设水冲式厕所一座，厕所设专人清扫，做到清洁、卫生、文明。

3）围墙

本工程在永定路一侧均设砖砌围墙，高度2.0m，围墙外侧粉刷后做中建企业CI标识。

施工大门共设了两个，都设在永定路，一侧一个，一主大门，主大门设一独立门岗，一辅助大门供混凝土泵车专用。在保安公司雇两名保安白天值守大门，晚上安排两个专职工人施工场区。

（3）临时用地表（见表3-5）

**武警总医院医疗综合楼工程临时用地表**　　**表3-5**

| 用　途 | 面　积（$m^2$） | 位　置 | 需用时间 |
|---|---|---|---|
| 门　卫 | 10 | 现场东侧 | 2004.1.3～2005.11.20 |
| 厕　所 | 50 | 现场西侧 | 2004.1.3～2005.11.20 |
| 标养室 | 15 | 现场西南角 | 2004.1.3～2005.3.20 |
| 办公室 | 300 | 现场东侧 | 2004.1.3～2005.12.10 |
| 职工宿舍 | 900 | 现场西侧 | 2004.1.3～2005.12.10 |
| 淋　浴 | 50 | 现场西侧 | 2004.1.3～2005.10.20 |
| 食　堂 | 50 | 现场西侧 | 2004.1.3～2005.12.10 |
| 料具堆放区 | 160 | 现场西侧 | 2004.1.3～2004.9.30 |
| 钢筋模板周转场地 | 400 | 现场东侧 | 2004.1.3～2004.9.30 |
| 装修材料堆放区 | 200 | 现场东侧 | 2004.9.25～2005.12.5 |
| 砂料堆放场地 | 150 | 现场东侧 | 2004.9.25～2005.12.5 |
| 水泥库 | 50 | 现场东侧 | 2004.9.25～2005.12.5 |
| 场外场地 | 1000 | 场　外 | 2004.1.3～2004.9.30 |
| 合　计 | 3200 | | |

### 3.6.3　施工现场临水布设

（1）施工用水用途

工地临时供水主要包括：生产用水、办公及生活用水和消防用水三种。

（2）用水量计算

1）工程施工用水，主要考虑混凝土养护及模板冲洗用水等。

$$q_1 = K_1 \cdot \Sigma(Q_1 \times N_1 / T_1 \times t) \times K_2 / (8 \times 3600)$$

式中　$K_1$——未预计的施工用水系数，本工程取1.15；

$Q_1$——每日工程量，按浇筑混凝土400$m^3$；

$N_1$——施工用水定额，取养护混凝土用水400L/s；

$K_2$——用水不均衡系数，取1.5。

$$q_1 = 1.15 \times 400 \times 400 \times 1.5/(8 \times 3600) = 9.58\text{L/s}$$

2）施工现场生活用水，主要考虑饮用水、办公用水：

$q_2 = (Q_2 \times N_2 \times K_3)/(8 \times 3600)$

$Q_2$——施工高峰人数，取950人；

$N_2$——施工现场生活用水定额，取30L/（人·d）；

$K_3$——施工现场生活用水不均衡系数，取1.3。

$q_2 = (950 \times 30 \times 1.3)/(8 \times 3600) = 1.29\text{L/s}$

3）消防用水量

本工程施工现场面积小于5hm²，查表取消防用水量 $q_3 = 20\text{L/s}$。

因总用水量 $Q = q_1 + q_2 = 10.87\text{L/s} < q_3 = 20\text{L/s}$。

故施工现场总用水量按 $Q = q_3 = 20\text{L/s}$ 考虑。

供水管径 $D = \sqrt{4Q/(\pi \times v \times 1000)} = \sqrt{4 \times 20/(3.14 \times 2.5 \times 1000)} = 0.1\text{m}$

可采用管径 $\phi100$ 的给水钢管作为供水干管。

施工用水从现场南侧引入，成环状布置在各建筑物周围。

4）消防给水系统

根据本工程的实际情况，采用临时高压消防给水系统，在楼地下室设消防水池和临时泵房，加压泵采用两台，一台为生产用水泵，一台为临时消防泵，互做备用。室外消火栓与生产用水合用一套给水系统，室外消火栓与生产用水管之间设阀门，该阀门平时常闭，有火灾时立即打开。

本工程各高层建筑物竖向供水采用两根 $\phi50$mm 竖管（高干区和普通区各一竖管）提供施工及消防用水，竖管隔层设室内消火栓，每层预留甩口，以供施工用水。

### 3.6.4 施工现场临电布设

现场供电线路设计：

施工现场配电采用三级配电，两级保护。施工用电由五芯电缆从总变配电室引至各分配电箱，最后引至各用电设备。

现场配电划分为以下几路：

(1) 生活用电，包括办公、职工及管理人员宿舍用电；(2) 医疗楼高干区施工供电；(3) 医疗楼普通区施工供电；(4) 钢筋模板加工区供电。

整个现场主要的施工用电设备及其用电量如下：

本工程用电高峰期将出现在地上主体结构施工期内，用电主要机械有：塔吊两台、混凝土输送泵两台、钢筋加工场、安装加工预制场、施工电梯以及施工照明等。本工程拟用的主要机械设备额定功率统计详见拟投入的主要施工机械设备表：

$$p = 1.1 \times (K_1\Sigma p_1/\cos\varphi + K_2\Sigma p_2 + K_3\Sigma p_3)$$

式中 $\Sigma p_1$——电动机总功率，538.6kW；

$\Sigma p_2$——电焊设备总容量，227kV·A；

$\Sigma p_3$——生活照明总功率。

$\cos\varphi$——电动机平均功率因数，取0.75，$K_1 = 0.6$，$K_2 = 0.6$。

$\Sigma p = 1.1 \times (0.6 \times 538.6/0.75 + 0.6 \times 227) = 623.92\text{kW}$

$\Sigma p_3$ 按动力用电外，再加10%作为生活照明用量。

$P_1 = 0.1 \times 623.92 = 62.4\text{kW}$

即：$P = 623.92 + 62.4 = 686.32\text{kW}$。

根据以上计算结果，现场需提供一台800kV·A的变压器才能满足施工需要。

电缆选择：

根据以上计算结果，现场临时用电总配电柜电源线需 YJV22 - $3 \times 240 + 2 \times 120\text{mm}^2$ 才能满足施工需要，总配电柜内设电度表计量，总配电柜系统简图见附图（略）。自总配电柜引至各用电场所二级配电箱的电缆型号为 YJV - $3 \times 120 + 2 \times 70\text{mm}^2$，分别沿围墙等架空或埋地敷设。

配电箱布置：

根据施工现场设备及场地的需求情况，按"三级配电、二级保护"的原则布置。

## 3.7　施工进度计划情况

### 3.7.1　工程施工总进度控制计划

根据合同要求，本工程的竣工工期已经确定：2005年12月21日。因此，为了保证各分部分项工程均有相对充裕的施工时间以保证施工质量，在编制工程施工进度总控计划时，要确立各阶段的时间目标，阶段时间目标不能更改。施工设备、资金、劳动力在满足阶段目标的前提下进行配备。

### 3.7.2　施工阶段目标控制计划（见表3-6）

**施工阶段目标控制计划表**　　**表3-6**

| 序号 | 阶段目标 | 起止日期 | 所用天数（d） | 净占工期比例（%） | 结构验收时间 |
|---|---|---|---|---|---|
| 1 | 垫层、防水及保护层施工 | 2004/3/10~2004/3/25 | 15 | 2.3 | |
| 2 | 底板施工 | 2004/3/26~2004/4/25 | 30 | 4.6 | |
| 3 | 基础结构施工 | 2004/4/21~2004/7/10 | 80 | 12.3 | 04/8/12 |
| 4 | 4层以下结构施工 | 2004/7/5~2004/9/5 | 62 | 9.5 | 04/10/3 |
| 5 | 结构封顶 | 2004/9/1~2004/11/25 | 86 | 13.2 | 04/12/28 |
| 6 | 屋面施工 | 2005/3/15~2005/5/1 | 46 | 7 | |
| 7 | 外墙装饰 | 2005/3/15~2005/5/30 | 76 | 11.7 | |
| 8 | 室内装修 | 2004/11/1~2005/12/1 | 395 | 60.8 | |
| 9 | 安装预留预埋工程 | 2004/3/10~2005/3/15 | 370 | 56.9 | |
| 10 | 室内精装修 | 2005/5/1~2005/12/1 | 244 | 37.5 | |
| 11 | 给排水与采暖 | 2004/10/25~2005/10/1 | 342 | 52.6 | |
| 12 | 通风与空调 | 2004/10/25~2005/10/1 | 342 | 52.6 | |
| 13 | 弱电、消防系统 | 2004/10/25~2005/10/1 | 340 | 52.3 | |
| 14 | 手术室及净化 | 2005/3/1~2005/10/25 | 239 | 36.8 | |

续表

| 序号 | 阶段目标 | 起止日期 | 所用天数（d） | 净占工期比例（%） | 结构验收时间 |
|---|---|---|---|---|---|
| 15 | 医用气体系统 | 2005/3/1~2005/10/25 | 239 | 36.8 | |
| 16 | 电梯安装 | 2005/3/1~2005/7/15 | 137 | 21.1 | |
| 17 | 设备调试 | 2005/9/15~2005/12/1 | 77 | 11.8 | |
| 18 | 清理竣工验收 | 2005/12/1~2005/12/21 | 20 | 3.08 | |

### 3.7.3 施工进度计划编制形式

在多年施工总承包实践中，我单位总结出了一系列的具有实际的、可操作的、指导性极强的多级计划形式。

(1) 一级施工总体控制计划

一级施工总进度计划是对本工程全部施工过程的总体控制计划，具有指导、规范其他各级施工进度计划的作用，其他所有的施工计划均必须满足其控制节点的要求。

(2) 二级进度控制计划

以各专业工程的阶段目标为指导，分解该专业工程的具体实施步骤为目标，以达到满足一级总体控制计划的要求。

(3) 三级进度控制计划

是以二级控制进度计划为依据，对二级进度控制计划的进一步细化，具体进行流水施工和交叉施工的计划安排，一般是以月度的形式提供给业主和业主代表、监理、设计及各专业管理人员，具体控制每一个分项工程在各个流水段的工序工期。

(4) 周、日计划

是以文本格式和横道图的形式表述作业计划，计划管理人员随工程例会下发，并进行检查、分析和计划安排。通过日计划确保周计划、周计划确保月计划、月计划确保阶段计划、阶段计划确保总体控制计划的控制手段，使阶段目标计划考核分解到每一周、每一日。

### 3.7.4 施工总进度计划表（略）

## 3.8 施工周转物资及工程量资源配置情况

### 3.8.1 施工周转物资配置情况（见表3-7）

施工周转物资需用量计划表 表3-7

| 序 号 | 名 称 | 规格型号 | 单位 | 数 量 | 备 注 |
|---|---|---|---|---|---|
| 1 | 竹胶板 | 12mm厚 | $m^2$ | 21000 | |
| 2 | 木 方 | 50mm×100mm<br>100mm×100mm | $m^3$ | 700 | |
| 3 | 扣件式脚手架钢管 | $\phi48\times3.5$ | t | 500 | |
| | 扣 件 | 十字旋转 | 个 | 42000 | |

续表

| 序　号 | 名　　称 | 规格型号 | 单位 | 数　　量 | 备　　注 |
|---|---|---|---|---|---|
| 4 | 脚手板 | | $m^2$ | 3000 | |
| 5 | 腕扣式脚手架钢管 | $\phi48\times3.5$ | t | 260 | |
| 6 | U形托 | | 个 | 42000 | |

### 3.8.2　工程量及主要材料设备情况（见表3-8）

**主要材料、设备用量计划表**　　**表3-8**

| 序　号 | 项　目 | 名　　称 | 规格型号 | 单　位 | 数　　量 | 备　注 |
|---|---|---|---|---|---|---|
| 1 | 土建工程 | 钢筋 | HPB235级钢 | t | 461 | |
| | | | HRB335级钢 | t | 1449 | |
| | | | HRB400级钢 | t | 2134 | |
| 2 | | 混凝土 | | $m^3$ | 24600 | |
| 3 | | 150mm厚空心砖 | | $m^3$ | 5476.89 | |
| 4 | | 200mm厚空心砖 | | $m^3$ | 1875.84 | |
| 5 | | PE改性沥青卷材 | | $m^2$ | 17239 | |
| 6 | | 60mm厚聚苯板 | | $m^2$ | 5292 | |
| 7 | | 100mm厚聚苯板 | | $m^2$ | 3640 | |
| 8 | | 玻璃幕墙 | | $m^2$ | 3910 | |
| 9 | | 铝板 | | $m^2$ | 1404 | |
| 10 | | 釉面砖 | | $m^2$ | 13751 | |
| 11 | | 普通乳胶漆 | | $m^2$ | 20525 | |
| 12 | | 塑钢窗 | | 樘 | 670 | |
| 13 | | 木质防火门 | | 樘 | 571 | |
| 14 | | 夹板装饰门 | | 樘 | 1019 | |
| 15 | 电气 | 镀锌钢管 | | m | 115000 | |
| 16 | | 电缆桥架 | | m | 2280 | |
| 17 | | 配电柜、配电箱 | | 台 | 336 | |
| 18 | | 电线、电缆 | | 万米 | 32 | |
| 19 | | 封闭母线 | | m | 454 | |
| 20 | | 开关、插座、灯具 | | 个 | 13200 | |
| 21 | 水暖 | 水暖管道 | | m | 53300 | |
| 22 | | 阀门 | | 个 | 7149 | |
| 23 | | 卫生器具 | | 个 | 1138 | |
| 24 | | 散热器 | | 组 | 7083 | |

续表

| 序号 | 项目 | 名称 | 规格型号 | 单位 | 数量 | 备注 |
|---|---|---|---|---|---|---|
| 25 | 通风空调 | 风管铁皮 | | $m^2$ | 14692 | |
| 26 | | 空调设备机组、风机 | | 台 | 214 | |
| 27 | | 风机盘管 | | 台 | 866 | |
| 28 | | 调节阀、防火阀消声器等 | | 个 | 2076 | |
| 29 | | 风口 | | 个 | 1397 | |

## 3.9 主要施工机械选择情况（见表 3-9）

拟投入的主要施工机械设备表 表 3-9

| 序号 | 机械或设备名称 | 型号规格 | 数量 | 国别产地 | 制造年份 | 额定功率（kW） | 用于施工部位 |
|---|---|---|---|---|---|---|---|
| 1 | 塔吊 | QTZ 6016 | 1台 | 广西 | 2000 | 70 | 基础、主体 |
| | | FO/23B | 1台 | 法国波坦 | 1998 | 100 | |
| 2 | 施工电梯 | SCD200/200J | 2台 | 广西 | 2000 | 50 | 装修阶段 |
| 3 | 拖式混凝土输送泵 | HBT80 | 2台 | 徐州 | 2001 | 80 | 混凝土工程 |
| 4 | 直螺纹套丝机 | GY-40 | 3台 | 保定 | 2002 | 3.1 | 基础、主体 |
| 5 | 电焊机 | BX3-300 | 5台 | 保定 | 1999 | 23.4 | 基础、主体 |
| 6 | 砂浆搅拌机 | HJ350 | 2台 | 河北 | 1998 | 15 | 装修阶段 |
| 7 | 插入式振动棒 | ZX50 | 20台 | 北京 | 2000 | 1.1 | 混凝土工程 |
| 8 | 高压水泵 | | 2台 | 广东 | 2000 | 30 | 整个施工阶段 |
| 9 | 钢筋切断机 | QJ40-1 | 2台 | 广东 | 2002 | 5.5 | 基础、主体 |
| 10 | 钢筋弯曲机 | GW40 | 2台 | 广东 | 2002 | 3 | 基础、主体 |
| 11 | 钢筋调直机 | GT6/8 | 1台 | 广东 | 2002 | 5.5 | 基础、主体 |
| 12 | 平刨 | MI-105 | 1台 | 文登 | 2000 | 4 | 主体、装饰 |
| 13 | 压刨 | MBS/4B | 1台 | 文登 | 2000 | 3 | 主体、装饰 |
| 14 | 圆锯 | MB104 | 1台 | 文登 | 2000 | 3 | 主体、装饰 |
| 15 | 蛙式打夯机 | HW170 | 4台 | 济南 | 1998 | 4 | 主体 |
| 16 | 直流弧焊机 | ZXEL-160 | 1台 | 济南 | 1998 | 20 | 主体、装饰 |
| 17 | 电动套丝机 | TQ100-A | 2台 | 淄博 | 1997 | 2.75 | 主体、装饰 |
| 18 | 电动割管机 | φ400 | 2台 | 淄博 | 1997 | 3 | 主体、装饰 |
| 19 | 台钻 | EQ3025 | 2台 | 济南 | 2000 | 1.5 | 主体、装饰 |
| 20 | 电锤 | ZIC1-16 | 4把 | 济南 | 2001 | 0.31 | 主体、装饰 |
| 21 | 液压弯管器 | DB4-1\1.5-2 | 1台 | 西安 | 1997 | | 主体、装饰 |
| 22 | 离心泵 | ISG立式 | 1台 | 济南 | 2000 | 1.5 | 装饰 |
| 23 | 水压试验泵 | 手动 | 1台 | 济南 | 1999 | | 装饰 |

### 3.10 劳动力组织情况

#### 3.10.1 人力组织情况

公司在研究了工程的特点以后，除组建优秀的项目班子外，并选派具备相应劳务资质、有同类工程施工经验的劳务施工队伍负责本工程劳务作业施工。

#### 3.10.2 劳动力需用计划

根据流水段的划分、施工工期的要求，以及模板、架料的投入综合分析，各阶段劳动力投入安排如表 3-10 所示。

**劳动力计划表**（单位：人） **表 3-10**

| 工种 | 按工程施工阶段投入劳动力情况 | | | |
|---|---|---|---|---|
| | 地下结构 | 地上结构 | 装饰装修 | 竣工清理 |
| 木工 | 120 | 100 | 60 | |
| 钢筋工 | 100 | 80 | | |
| 混凝土工 | 30 | 30 | | |
| 瓦工 | 10 | 70 | 20 | |
| 抹灰工 | 10 | 10 | 100 | |
| 防水工 | 20 | | 20 | |
| 机械工 | 10 | 10 | 10 | |
| 架子工 | 5 | 20 | 20 | |
| 电工 | 20 | 30 | 50 | |
| 水暖工 | 10 | 10 | 30 | |
| 油漆工 | | | 50 | |
| 精装修 | | | 90 | |
| 其他 | 20 | 20 | 20 | 30 |
| 合计 | 355 | 380 | 470 | 30 |

# 4 施工准备

### 4.1 施工现场交接准备

进入现场前，须对现场实况进行交接，如对现场的平面和竖向控制、土方挖掘及基坑轴线、标高等与设计要求是否相符进行复验，并办理相应的手续。

### 4.2 技术准备工作

(1) 图纸会审与深化施工组织设计

施工图、图集、规范、规程是施工的主要依据，图纸收到后，我们将分专业安排相关技术人员认真阅读图纸，并尽快组织图纸会审工作。在此基础上，根据工程规模、结构特点和业主、监理单位要求，认真做好指导本工程施工全过程的施工组织设计，根据结构“长城杯”的要求编制各分部分项工程的施工方案和施工技术交底。

（2）器具配置（见表4-1）

综合医疗楼工程器具配置一览表　　表4-1

| 序　号 | 器 具 名 称 | 单　位 | 数　量 | 备　注 |
|---|---|---|---|---|
| 1 | 经纬仪 | 台 | 1 | |
| 2 | 水准仪 | 台 | 2 | |
| 3 | 50m钢尺 | 把 | 2 | |
| 4 | 微机 | 台 | 5 | |
| 5 | 养护室 | $m^2$ | 36 | 配置温湿自控仪1套 |
| 6 | 混凝土试模 | 套 | 12 | 其中抗渗试模6套 |
| 7 | 砂浆试模 | 套 | 5 | |
| 8 | 电子秤 | 台 | 1 | |

## 4.3 技术工作计划

（1）施工方案编制计划（见表4-2）

施工组织设计和专项施工方案编制计划表　　表4-2

| 序　号 | 方案名称 | 责 任 人 | 完成日期 | 审批单位 |
|---|---|---|---|---|
| 1 | 施工组织设计 | 项目总工 | 2004/4/25 | 公司总工 |
| 2 | 防水施工方案 | 土建技术负责人 | 2004/3/12 | 项目总工 |
| 3 | 临电方案 | 电气技术负责人 | 2004/3/15 | 项目总工 |
| 4 | 钢筋施工方案 | 土建技术负责人 | 2004/3/20 | 项目总工 |
| 5 | 底板混凝土施工方案 | 土建技术负责人 | 2004/3/25 | 项目总工 |
| 6 | 模板施工方案 | 土建技术负责人 | 2004/4/08 | 项目总工 |
| 7 | 试验方案 | 土建技术负责人 | 2004/4/10 | 项目总工 |
| 8 | 混凝土施工方案 | 土建技术负责人 | 2004/4/15 | 项目总工 |
| 9 | 安全施工方案 | 安全/技术负责人 | 2004/4/15 | 项目总工 |
| 10 | 大模板施工方案 | 土建技术负责人 | 2004/4/20 | 项目总工 |
| 11 | 安装专项施工方案 | 安装技术负责人 | 2004/4/25 | 项目总工 |
| 12 | 土方回填施工方案 | 土建技术负责人 | 2004/8/01 | 项目总工 |
| 13 | 砌筑工程施工方案 | 土建技术负责人 | 2004/10/01 | 项目总工 |
| 14 | 冬期施工方案 | 土建技术负责人 | 2004/10/25 | 项目总工 |
| 15 | 室内装修方案 | 土建技术负责人 | 2004/12/01 | 项目总工 |
| 16 | 门窗施工方案 | 土建技术负责人 | 2005/3/01 | 项目总工 |
| 17 | 外墙装饰施工方案 | 土建技术负责人 | 2005/3/01 | 项目总工 |
| 18 | 屋面施工方案 | 土建技术负责人 | 2005/3/10 | 项目总工 |

（2）样板、样板间计划（见表4-3）

**样板、样板间计划表**　　**表 4-3**

| 序　号 | 样　板　项　目 | | 样　板　部　位 | 样板施工时间 |
|---|---|---|---|---|
| 1 | 钢筋工程 | 底　板 | (10～16) / (A-2/D) | 2004/3/28 |
| | | 墙、柱 | (15～16) / (A-2/D) | 2004/5/1 |
| | | 梁、板 | (10～16) / (A-2/D) | 2004/5/15 |
| 2 | 模板工程 | 墙、柱 | (15～16) / (A-2/D) | 2004/5/5 |
| | | 梁、板 | (10～16) / (A-2/D) | 2004/5/20 |
| 3 | 防水工程 | 底　板 | (10～16) / (A-2/D) | 2004/3/18 |
| | | 外　墙 | (10～16) / (A-2/D) | 2004/9/10 |
| 4 | 回填土工程 | | (10～16) / (A-2/D) | 2004/9/20 |
| 5 | 装修样板间 | | (10～16) / (A-2/D) | 2005/3/10 |

# 5　主要施工方案及技术措施

## 5.1　施工测量

### 5.1.1　施工测量准备

(1) 校对测量仪器

本工程应用的经纬仪、水准仪等须经政府主管部门批准的计量检测单位校核，并确保使用时在有效检测周期内。

(2) 复核水准点及坐标点

对规划勘测部门或业主提供的坐标桩及水准点进行复测，确定水准点和坐标的准确性。

### 5.1.2　建筑物定位放线

为提高定位放线的精度，我们选用极坐标法。

(1) 根据施工总平面图提供的城市坐标点及相对位置，在现场内通视条件较好、易于保护的位置引测坐标点，并用混凝土固定，必要时设防护栏杆。

(2) 依据规划勘测部门提供的坐标桩及总平面图施测，进行建筑物定位，复测无误后，申请规划勘测部门验线。

### 5.1.3　水准点引测

(1) 根据业主提供的由规划勘测部门设置的水准点引测现场施工用水准点，采用精密水准仪进行数次往返闭合，敷设现场施工用水准点。现场水准点布置数量不少于 3 个，以便相互校核。见图 5-1。

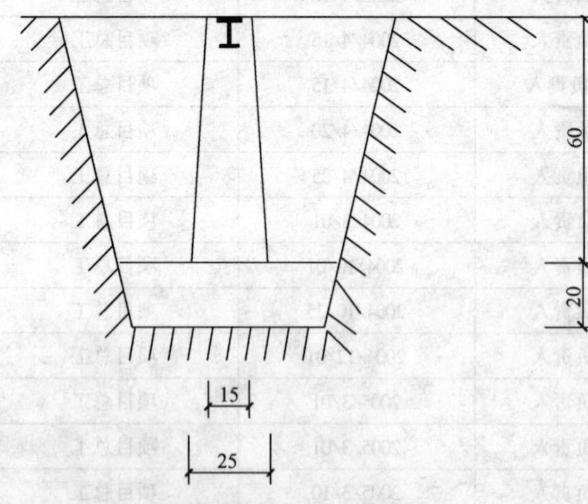


图 5-1　水准点标石埋设图（单位：mm）

(2) 现场水准点的测量方法及精度要求：

根据《工程测量规范》(GB 50026—93) 要求，本工程的高程控制网采用三等水准测量方法测定。

1) 测量方法

采用闭合导线法测量。

2) 主要技术要求（见表 5-1）

表 5-1

| 等级 | 每千米高差全中误差（mm） | 各线长度（km） | 水准仪型号 | 水准尺 | 观测次数 | | 往返较差、附合或环线闭合差（平地） |
|---|---|---|---|---|---|---|---|
| | | | | | 与已知点联测 | 附合或环线 | |
| 三等 | 6 | ≤5 | D91 | 因瓦 | 往返各一次 | 往一次 | $12\sqrt{l}$ |
| | | | DS3 | 双面 | | 往返各一次 | |

### 5.1.4 地下结构的施工测量

(1) 地下结构的平面控制

1) 采用极坐标法，先在地下室垫层上引测建筑物轴线交点；然后，根据地下室平面图弹出所有轴线及建筑物外边线。

2) 将轴线控制点外移至基坑边，并设置木桩作为地下结构的平面控制点。

3) 在基础施工过程中，轴线控制桩每半月测一次，以防桩位移，影响精度。

4) 每一层平面或每一施工段的轴线测设完后，必须进行自检。合格后及时填写报验单，并附报验内容的测量成果表，以便能及时验证各轴线的正确性。

5) 基础验线时，允许偏差如表 5-2 所示。

表 5-2

| 轴线长度（$l$） | 允许偏差 | |
|---|---|---|
| | 国家标准（mm） | 内控标准（mm） |
| $l\leqslant 30$m | ±5 | ±3 |
| 30m < $l\leqslant 60$m | ±10 | ±8 |
| 60m < $l\leqslant 90$m | ±15 | ±12 |
| 90m < $l$ | ±20 | ±18 |

(2) 地下结构的标高控制

底板施工时，所需标高可以从现场内水准点逐步引至槽底，并在槽边适当位置设置水准点。地下一层施工时，可从槽底水准点向上传递，也可从现场内水准点直接引测。无论采取哪种方式，都应往返闭合，误差控制在规范要求之内。

### 5.1.5 地上结构的施工测量

(1) 地上结构的平面控制

1) 地下室顶板施工完毕后，用现场内设置的点，对地下室使用的定位控制桩进行复测，校核无误后，将首层建筑轴线弹在地下室顶板上，作为首层施工的依据。

2) 在首层楼板上设置 10 个控制点，作为上部结构轴线传递的基准点。设置基点采用金属预埋钢板（100mm×100mm），并在钢板上刻画“十”字作为标记。

3）上部结构的轴线传递采用激光铅直仪。在每层结构的相应部位留置150mm×150mm孔洞，以便激光通过。

4）为确保轴线传递的准确性，每层的轴线均从首层基点向上传递。

5）据《工程测量规范》的要求，轴线竖向投测的允许误差见表5-3。

表 5-3

| 项　目 | | 允　许　偏　差 | |
|---|---|---|---|
| | | 国家标准 | 内控标准 |
| 轴线竖向投测 | 每　　层 | 3mm | 2mm |
| | 总　　高 | 5mm | 3mm |

（2）地上结构的高程测量

1）在每层墙体浇筑完后，在混凝土墙上弹出建筑1m线，用红三角标注，并以此做为上部结构高程测量的起始点。

2）本工程在首层设一道标高起始线，采用50m钢尺可保证每层的控制标高均从标高起始线开始，但对钢尺必须做加拉力、尺长、温度三差修正，并应往返数次测量，确保标高传递的准确性。

3）在结构层内引测标高时，要使用水准仪引测并往返测量，与基准点校核，误差要控制在规范控制范围内。

4）标高竖向传递的允许偏差见表5-4。

表 5-4

| 高　度（m） | 允　许　偏　差 | |
|---|---|---|
| | 国家标准 | 内控标准 |
| 每　　层 | ±3cm | ±2cm |
| 总　　高 | ±5cm | ±3cm |

## 5.2　土方回填

### 5.2.1　材料要求

回填时，石灰和土料应过筛，石灰粒径≤5mm，土颗粒粒径≤15mm。

### 5.2.2　施工操作要点及质量保证措施

（1）基坑侧壁回填土在地下室结构施工完毕后即可进行。室内回填待基础做完隐蔽验收后进行。填土前，应将基坑的松散土及垃圾、杂物等清理干净，并把基层整平。在土料下基坑前，应对土料的含水量进行检测，方法是以手握成团、落地开花为宜。土料过干，不易夯实。

（2）在摊铺土料前，应做好回填土高度和厚度水平标高的控制标志。

（3）回填应分层铺摊，每层虚铺厚度为250mm，用蛙式打夯机夯打3～4遍。夯打时应一夯压半夯，夯夯相接，行行相连，不得漏夯。

(4) 基坑侧壁回填时应沿建筑物四周同时进行。为加快回填速度，可根据现场具体情况进行分段回填，按铺土、夯实两道工序组织流水施工。在施工段相接处做成阶梯形，即于夯实部分做出一个高100mm、宽500mm的台阶，然后虚铺土找平一起夯实。

(5) 基坑侧壁回填时，回填用灰、土应在坑上边分别过筛，严格按比例拌均匀，采用溜槽送下基坑。室内回填时，素土在室内过筛。

(6) 在每层回填土夯实后，必须按规范规定进行环刀取样，并附有取样部位平面图，测定土的干密度，必须符合设计要求；若达不到设计要求，应根据试验结果，进行补夯1~2遍，再测验合格后，方可进行上层的铺土工作。

(7) 当整个土方回填完成，应进行资料整理。试验报告要注明土料种类、设计要求的土干密度、试验日期、试验结论和试验人员签字归档。

(8) 回填土的质量控制与检验：

1) 为使本工程回填土的质量能符合设计要求，必须对每层回填土的质量进行检验。采用环刀法取样测定土的干密度，当检验结果达到设计要求后，才能填筑上层土。

2) 室内填土，每层100~500m$^2$取样一组，但每层均不少一组；基坑侧壁回填每20~50m取样一组，每层均不少一组，取样部位在每层压实后的下半部。

3) 回填土压实后，测试土的干密度应100%达到要求。

## 5.3 防水工程

### 5.3.1 防水混凝土工程

地下室底板、部分顶板及外墙为抗渗混凝土。

(1) 固定防水混凝土模板的对拉螺栓，必须加止水片，固定模板用螺栓的防水做法如图5-2所示。

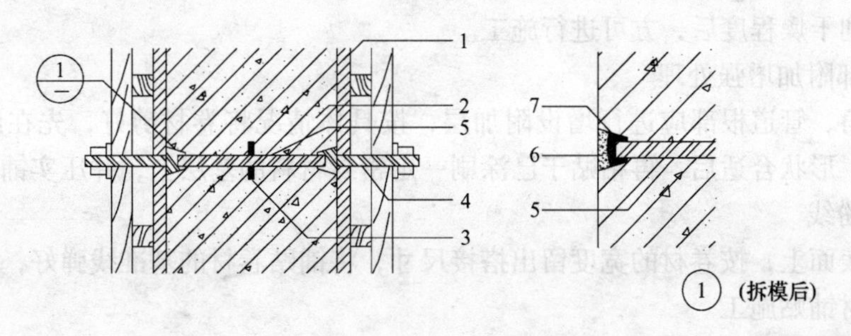


图5-2 防水做法示意图

1—模板；2—结构混凝土；3—止水环；4—工具式螺栓；
5—固定模板用螺栓；6—嵌缝材料；7—聚合物水泥砂浆

(2) 绑扎钢筋时应按设计规定留足保护层，不得有负误差。底板使用的钢筋马凳应放到下层钢筋网片之上，不得直接放到垫层上。

(3) 防水混凝土采用机械振捣，混凝土浇筑应分层，每层厚度不应超过400mm，相邻两层浇筑时间间隔不得超过2h。

(4) 墙体内预埋的较大管径的套管部位，振捣必须仔细，可预先在套管底部留置浇筑振捣孔，以利浇筑和排气，浇筑后再将孔补焊严密。

(5) 防水混凝土的养护时间不得少于14d。

### 5.3.2 地下室防水卷材施工

本工程地下室外防水采用PE改性沥青卷材。

(1) 材料要求

1) 卷材进场时必须有生产日期和出厂合格证，并有省市级技术权威部门的技术鉴定，否则不准进场。

2) 卷材进场后应首先进行外观检查，对于有断裂、皱折、孔洞、胎体未浸透和涂盖不均匀者，严禁在工程中使用。

3) 对卷材还应抽样进行物理性能试验，并达到规范要求。

(2) 卷材的铺贴方法与施工程序

本工程卷材施工时，底板平面部位采用空铺，其他与混凝土接触部位采用满粘法施工。粘贴在保护墙部位时采用条粘。

1) 基层要求及处理

(A) 基层表面应牢固平整，其平整度为：用两米长直尺检查，基层与直尺间的最大空隙不应超过5mm，且每1m长度内不能多于一处，空隙仅允许平缓变化。

(B) 基层应干燥，含水率宜小于9%，测试方法为：将1m见方的卷材盖在基层表面上，静置2~3h；若覆盖处表面无水印，且紧贴基层一侧的卷材也无结水，即认为基层含水率小于9%。

(C) 基层表面阴阳角处，均应做成圆弧，在阴阳角、管道根部等更应仔细清理。

2) 施工要点

(A) 涂刷基层处理剂

在处理好的基层上，用长柄滚刷将基层处理剂均匀地涂刷在基层表面，不能漏刷或露底。涂刷达到干燥程度后，方可进行施工。

(B) 细部附加增强处理

对阴阳角、管道根部应进行增设附加层，按具体情况将卷材剪好，先在细部试贴一下，视尺寸、形状合适后，再粘贴于已涂刷一定密封材料的基层上，并压实铺牢。

(C) 弹粉线

在基层表面上，按卷材的宽度留出搭接尺寸，将铺贴卷材的基准线弹好，以便按此基准线进行卷材铺贴施工。

(D) 防水卷材的收头处理

卷材搭接缝及收头的处理，是防水层密封质量的关键，必须按设计要求进行认真处理。

(E) 穿墙地下室的管道一律做防水套管，穿室内墙、板的管线应预埋套管，其套管均应高于楼地面做法30mm，突出墙面做法30mm，套管与管道间隙用防水材料封堵。

(F) 卷材与基层粘接：基层与卷材分别涂刷基层胶粘剂按纵向铺贴卷材，应提前铺贴附加层，卷材长边与短边预留纵横搭接宽度100mm宽，100mm宽内不涂基层胶粘剂。

(G) 卷材接缝粘结：使用卷材间胶粘剂进行卷材纵横搭接，100mm宽处的粘结要求粘结严密。

(H) 卷材接缝盖口条：卷材搭接缝加设盖口条粘结严密，并进行嵌缝处理。

(3) 卷材防水层的质量验收

1) 检查数量：按铺贴卷材面积每 100m$^2$ 抽查一处，但总数不少于三处。

2) 防水卷材应有出厂合格证、试验报告以及现场取样复检的试验报告。

3) 卷材之间以及防水层与基层之间，必须粘贴牢固。所有采用满粘和条粘工艺，应符合各自相应的粘铺和密封标准。外观表面平整，不允许有皱折、起泡及翘边等缺陷。

4) 卷材搭接宽度及收头处理，均应符合设计要求和规范规定。

5) 检查方法：检查隐蔽工程记录；现场实地观察。

**5.3.3** 屋面防水工程

(1) 保温层施工

本工程屋面保温采用 200mm 厚水泥聚苯板，施工时注意以下事项：

1) 加强对保温材料的进场检查，检查密度、形状和强度。堆放场设在室内，搬运时应注意轻放，防止损伤断裂、缺棱掉角，保证外形完整。铺设时遇有缺棱掉角破碎不齐的，应锯平拼接使用。

2) 铺设板块状保温层的基层表面应平整、干燥、洁净。

(2) 找坡层、找平层施工

在防水层施工前，应做好水泥砂浆找坡（平）层，本工程找坡层为 1:0.2:3.5 水泥粉煤灰页岩陶粒找 2%坡，最薄处 30mm 厚；找平层为 20mm 厚 1:3 水泥砂浆，施工时应注意如下几点：

1) 操作前，先将基层洒水湿润，扫纯水泥浆一次，随刷随铺砂浆，使其与基层粘结牢固，无松动、空鼓、凹坑、起砂、掉灰等现象。

2) 找平层表面平整光滑，其平整度用 2m 长直尺检查，最大空隙不超过 5mm，空隙仅允许平缓变化，凹坑处应用水泥:砂:108 胶 = 1:(2.5~3):0.15 砂浆顺平。

3) 基层与突出屋面的结构应抹成均匀一致和平整光滑的小圆角，基层与天沟、水落口等相连接的转角，应抹成光滑的小圆弧形，其半径控制在 100~150mm 之间，女儿墙与水落口中心距离应在 200mm 以上。

4) 水泥浆找平层压实抹光凝固后，应及时洒水养护，养护时间不得少于 7d。

5) 为防止屋顶墙体开裂，屋面保温层砂浆找平层设置分隔缝，分隔缝间距不宜大于 6m，并与女儿墙隔开，其缝宽不小于 30mm。

(3) 防水层施工

本工程屋面防水采用 SBS 防水卷材。

1) 加强对防水卷材的进场检验。首先检查卷材外观质量，检查其断裂、皱折、孔洞、剥离、边缘整齐情况及是否涂盖均匀等项目。在外观质量检验合格后，再取样送指定试验室进行物理性试验，检查拉伸性能、耐热度、柔性及不透水性等项目，合格后方可使用。卷材粘结用的胶粘剂也应作物理性能的检验，重点检验其粘结剥离强度、浸水后粘结剥离强度保持率。

2) 卷材防水层的搭接缝是屋面防水的薄弱环节之一，最易开缝而导致屋面渗漏，所以，卷材搭接缝宽度是确保防水层质量的关键。卷材接缝的搭接宽度符合现行施工规范要求，在接头部位每隔 1m 左右处，涂刷少许胶粘剂；待其基本干燥后，再将接头部位的卷材翻开，临时粘结固定。将卷材接缝的专用胶粘剂，用油漆均匀涂刷在翻开的卷材接头的两个粘结面上，涂胶20s左右，以指触基本不粘手后，用手一边压合一边驱除空气，粘合后再用压辊滚压一遍。

## 5.4 钢筋工程

### 5.4.1 工程概述及质量控制

（1）工程概述

本工程为框架-剪力墙结构，基础为筏形基础。

（2）质量控制

对于在主体结构中起核心作用的钢筋工程，必须在施工的全过程中采取动态控制，严格执行“三检制”，认真跟踪检查，其重点控制的内容为：

1）钢筋的长度：认真审查钢筋的配料单，保证钢筋下料长度符合设计要求。

2）钢筋的锚固：审查配料单使钢筋的弯折长度符合设计要求；现场检查钢筋的安装位置。

3）钢筋的接头：接头的位置、质量、搭接长度符合设计要求。

4）钢筋的位置：钢筋间距、纵向筋的两端伸到位。

5）钢筋在加工过程中，如发现脆断、焊接性能不良或力学性能显著不正常等现象，应通报技术人员处理，此批筋应停止加工和使用。

（3）钢筋的质量要求

钢筋进场时，现场材料员要检验钢筋出厂合格证、炉号和批量，要有相应资料，并在规定时间内将有关资料归档。钢筋进现场后，试验员应根据规范要求，立即做钢筋复试工作。钢筋复试合格后，方能下料加工。

### 5.4.2 钢筋的配料

钢筋配料是根据设计图中构件配筋图，先绘出各种形状和规格的单根钢筋简图并加以编号；然后，分别计算钢筋下料长度和根数，填写配料单，经审查无误后，方可以对此钢筋进行下料加工。因此，对钢筋配料工作必须认真审查，严格把关。

### 5.4.3 钢筋的下料与加工

（1）钢筋除锈：钢筋的表面应洁净，所以在钢筋下料前必须进行除锈，将钢筋上的油渍、漆污和用锤敲击时能剥落的浮皮、铁锈清除干净。对盘圆钢筋，除锈工作在其冷拉调直过程中完成；对螺纹钢筋采用自制电动除锈机来完成，并装吸尘罩，以免损伤工人的身体和污染环境。

（2）钢筋调直：采用牵动力为3t的卷扬机，两端设地锚的办法进行冷拉来调直钢筋，根据施工规范要求，HPB235级钢筋的冷拉率不宜大于4%；HRB335级钢筋的冷拉率不宜大于1%。钢筋经过调直后应平直，无局部弯折。

（3）钢筋切断：钢筋切断设备主要有钢筋切断机和无齿锯等，将根据钢筋直径大小和具体情况选用。

（4）弯曲成型

1）弯曲设备：钢筋弯曲成型主要利用钢筋弯曲机和手动弯曲工具配合共同完成。

2）弯曲成型工艺：钢筋弯曲前，对形状复杂的钢筋，根据配料单上标明的尺寸，用石笔将各弯曲点位置画出。画线工作宜从钢筋中线开始，向两边进行；若为两边不对称钢筋时，也可以从钢筋一端开始画线；如画到另一端有出入时，则应重新调整。经对画线钢筋的各尺寸复核无误后，即可进行加工成型。

**5.4.4** 钢筋接头

钢筋接头是整个钢筋工程中的一个重要环节，接头的好坏是保证钢筋能否正常受力的关键。因此，对钢筋接头形式应认真选择，选择的原则是可靠、方便、经济。

(1) 接头方式

梁、板、墙、柱主筋直径 $d \geqslant 20$mm 时，采用滚轧直螺纹连接；其余采用搭接。

(2) 接头位置：受力钢筋接头位置按 03G101 图集施工。

(3) 滚压直螺纹连接：直螺纹连接是目前推广使用的一种新型的连接方式，连接方便、可靠，可加快施工进度。

**5.4.5** 钢筋的堆放与运输

(1) 钢筋的堆放

堆放场地经硬化后，铺设方木，防止钢筋浸在水中生锈或油污污染。生锈的钢筋一定要除锈后，由项目总工批准后再使用。成型的钢筋，应按其规格、直径大小及钢筋形成的不同，分别堆放整齐，并挂标志牌，标识要注明使用部位、规格、数量、尺寸等内容。钢筋标识牌要统一一致。

(2) 钢筋的运输

本工程的钢筋运输：以塔吊为主，人工为辅。

在塔吊运输钢筋时，对较长的钢筋应进行试吊，以找准吊点。必要时可用方木或长钢管加以附着，严禁吊点距离过大，造成钢筋产生弯曲变形。

**5.4.6** 钢筋的绑扎与安装

(1) 准备工作

钢筋绑扎前，应核对成品钢筋的钢号、直径、形状、尺寸和数量等是否与配料单相符。为了使钢筋安装方便，位置正确，应先画出钢筋位置线。对筏基，在底板上画出板筋位置线时，应用两种颜色，以便识别。

根据本工程的具体情况，底板钢筋位置线在找平层上画线；墙筋采用梯子筋定位；楼板筋在模板上画线；箍筋在 4 根对称竖向筋上画点；梁的箍筋在架立筋上画点。准备足够数量塑料垫块和塑料环圈，以保证钢筋的保护层厚度。

(2) 基础钢筋连接

基础钢筋连接采用滚轧直螺纹。

对底板钢筋网片，必须将全部钢筋交叉点绑扎牢。绑扎时，注意相邻扎点的钢丝扣要成八字形，以免网片歪斜变形。

在绑扎底板下部钢筋时，应将垫块安设牢固，以保证钢筋保护层的厚度。

(3) 墙体、柱钢筋的施工

地下室混凝土墙、柱的竖向钢筋，在浇筑底板混凝土前应插入，并与墙下部筏板绑扎牢。墙体钢筋接头采用搭接或滚压直螺纹，接头应错开，同截面的接头率不大于 50%，钢筋搭接处应绑扎三个扣。

墙体钢筋网绑扎时，钢筋的弯钩应向混凝土内，应按设计要求绑扎拉结筋来固定两网片的间距。

(4) 楼层梁板钢筋的施工

梁纵向筋采用双层排列时，两排钢筋之间应垫以同直径（双层钢筋直径不同时，以较大钢筋为准）的短钢筋。箍筋接头应交错布置在两根架立钢筋上。梁箍筋加密范围必须符合设计要求。

板的钢筋绑扎与基础相同，但应注意板上的负筋，应加密马凳绑牢，以防止被踩下。另外，板上负筋必须与梁的两根架立筋扎牢，以防移位。

在板、次梁和主梁交叉处，应板筋在上，次梁钢筋居中，主梁的钢筋在下。

**5.4.7**　受力钢筋的接头位置控制

(1) 纵向受力钢筋的接头位置应设置在受力较小处；

(2) 各层楼板的下部钢筋应在支座内搭接，上部钢筋应在跨中1/3净跨范围内搭接，底板下部钢筋在跨中1/3净跨范围内搭接，上部钢筋在支座内搭接，搭接长度应符合设计规范和图纸要求；

(3) 楼面梁钢筋接头位置，下部钢筋在支座处，上部钢筋在跨中1/3净跨范围内；

(4) 受力钢筋接头位置应相互错开，错开长度不小于搭接长度35$d$，且不小于500mm，同一截面钢筋接头面积占钢筋总面积的百分比：搭接接头，受拉区25%，受压区50%；焊接接头、机械连接接头，受拉区及受压区均为50%。

**5.4.8**　定位措施

(1) 柱钢筋定位：在距板面1m高处和模板上口设定位框，来保证柱筋位置及保护层厚度，定位框用现场$\phi$16以上的钢筋头加工。采用塑料垫块控制保护层厚度。定位框如图5-3所示。

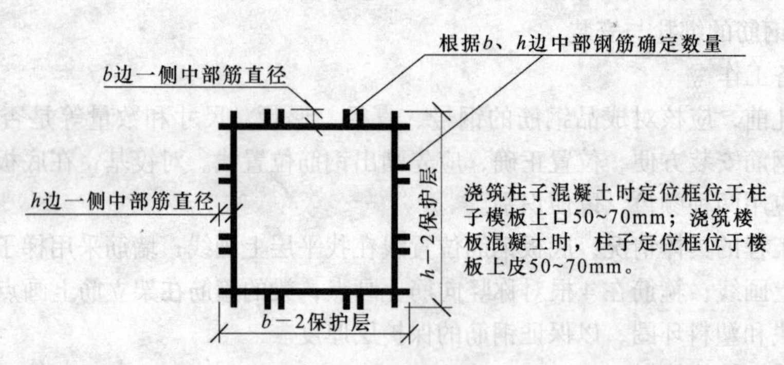


图5-3　柱定位框

(2) 梁钢筋：梁的纵向受力钢筋采用双层排列时，两排钢筋之间应垫以同直径（双层钢筋直径不同时，以较大钢筋为准）的短钢筋，以保证其设计间距。

(3) 墙体钢筋：竖向采用绑扎"梯子筋"的方法定位，根据墙体长度，按1.5m的间距与墙体同时绑扎，主要保证钢筋排距，且控制保护层厚度。水平方向在模板上口加设定距框，对墙体上部钢筋准确定位，如图5-4、图5-5所示。

(4) 板筋：为确保底板上下层钢筋之间距离，在上下层钢筋之间梅花形布置马凳铁（$\phi$16以上钢筋制成）固定，间距1000mm。钢筋绑扎时，应上下层钢筋网片对齐，以利于混凝土的浇筑。底板钢筋网片的交叉点应每点绑扎，且钢丝扣成八字形，绑扣应正反对应，以增加钢筋绑扎的牢固性。在浇筑混凝土时，在底板上层钢筋上铺设跳板，以保证施工荷载通过跳板作用在钢筋网上，禁止直接作用在钢筋上。马凳铁如图 5-6 所示。

**5.4.9** 钢筋的保护层控制

墙体侧面采用梯子筋控制保护层厚度，梁侧面钢筋保护层控制采用塑料垫块，梁、暗柱结构放在主筋上。基础底板垫块间距控制在 600mm × 600mm，呈梅花形布置。

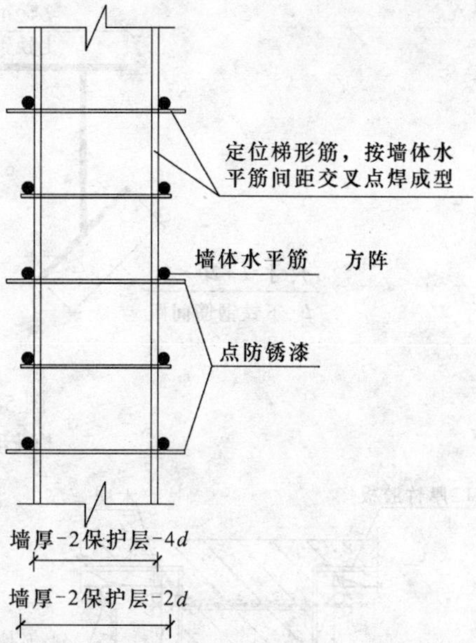

## 5.5 模板工程

### 5.5.1 模板设计

（1）基础模板

本工程基础底板厚为 850mm。外墙施工缝留置在基础底板顶面上 300mm 处。在基础垫层施工完成后，底板外模砌 240mm 厚砖胎模，用混合砂浆砌筑，内壁混合砂浆抹平压光，砖模兼做底板防水层的保护墙。

定位梯形筋，按墙体水平筋间距交叉点焊成型
墙体水平筋　方阵
点防锈漆
墙厚－2保护层－4$d$
墙厚－2保护层－2$d$

图 5-4　墙体水平钢筋定位梯做法示意图

在墙转角开始布置，间距 1500

（2）墙体模板

墙体模板采用 12mm 厚竹胶板，用 50mm × 100mm 木龙骨做背楞，根据墙体平面分块制作。板与板拼接，采用长 130M12 机制螺栓连接。

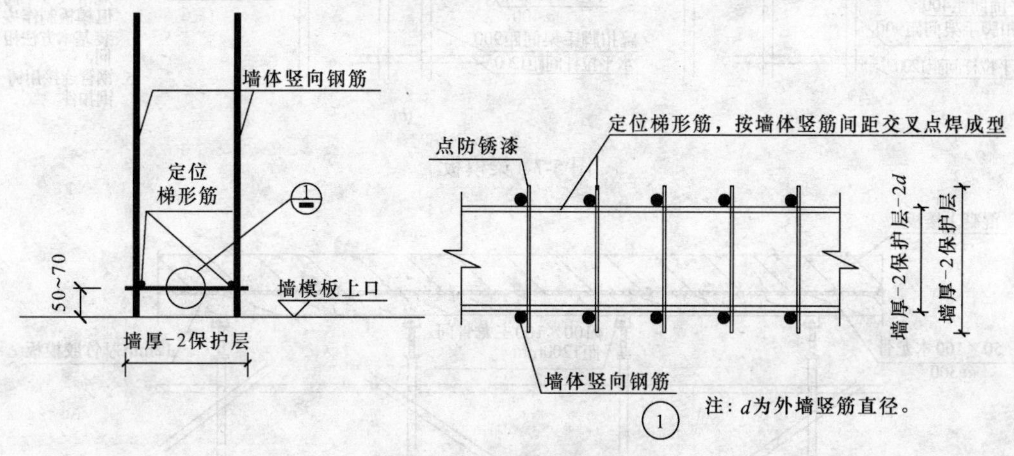


图 5-5　墙体竖向钢筋定位梯

浇筑墙体混凝土时，置于墙模上口 50 ~ 70mm

（3）梁模板

采用 12mm 厚竹胶板 50mm × 100mm 木带配制成梁帮梁底模板。规格尺寸要精确，加固梁帮采用双钢管对拉螺栓，梁上口用钢筋支撑以保证梁上口宽度。梁下部支撑采用碗扣脚手架，设水平拉杆和斜拉杆。见图 5-7。

（4）柱子模板

本工程柱子模板拟采用 12mm 厚竹胶板 50mm × 100mm 拼制，100mm × 100mm 方木做背楞，用 $\phi$12 穿墙对拉螺栓加固，尺寸大小依据柱子截面尺寸确定。

（5）楼板、顶板模板（见图 5-8）

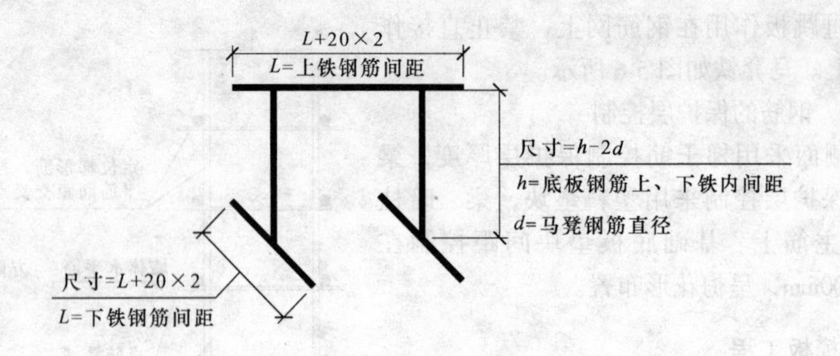


图 5-6　马凳铁示意图

梅花形布置，间距 1000mm

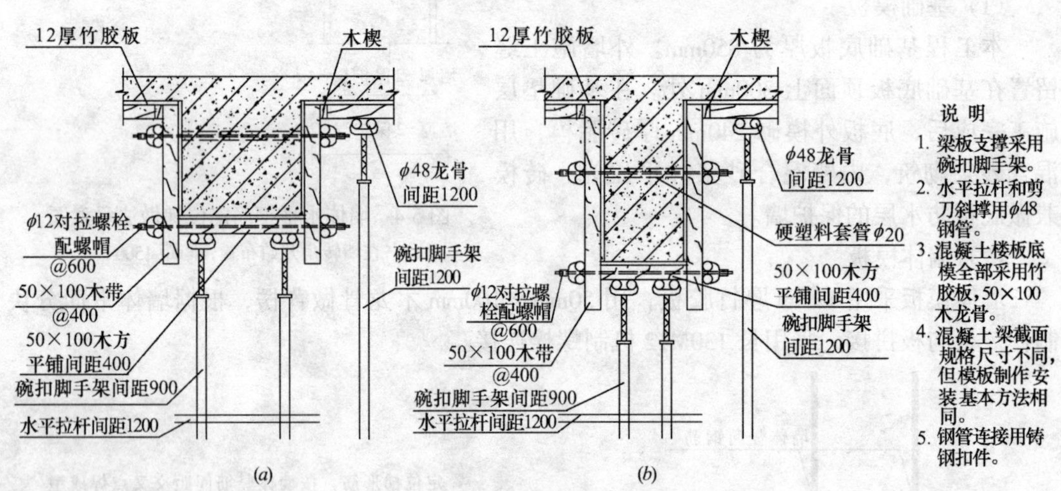


图 5-7　梁模板

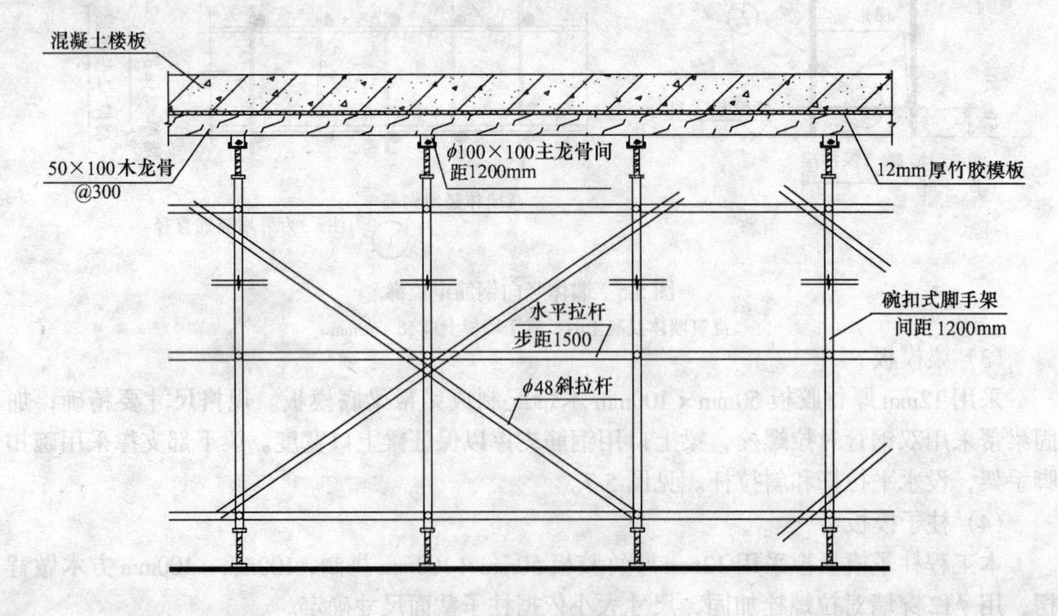


图 5-8　楼梯、顶板模板

支撑采用碗扣脚手架，纵横间距为1200mm，采用早拆体系柱头。主龙骨为100mm×100mm方木，次龙骨为50mm×100mm，上部铺设12mm厚竹胶板，用钉子钉牢，竹胶板间采用硬拼方式连接。跨度≥4m的梁、板，按设计要求起拱；当设计无具体要求时，起拱高度为跨度的1/1000~3/1000。

(6) 楼梯模板

采用踏步式定型封闭式模板。梯段的底板模板施工完后，绑扎钢筋。钢筋绑好后，然后把定型钢模用塔吊吊入梯段上部固定。见图5-9。

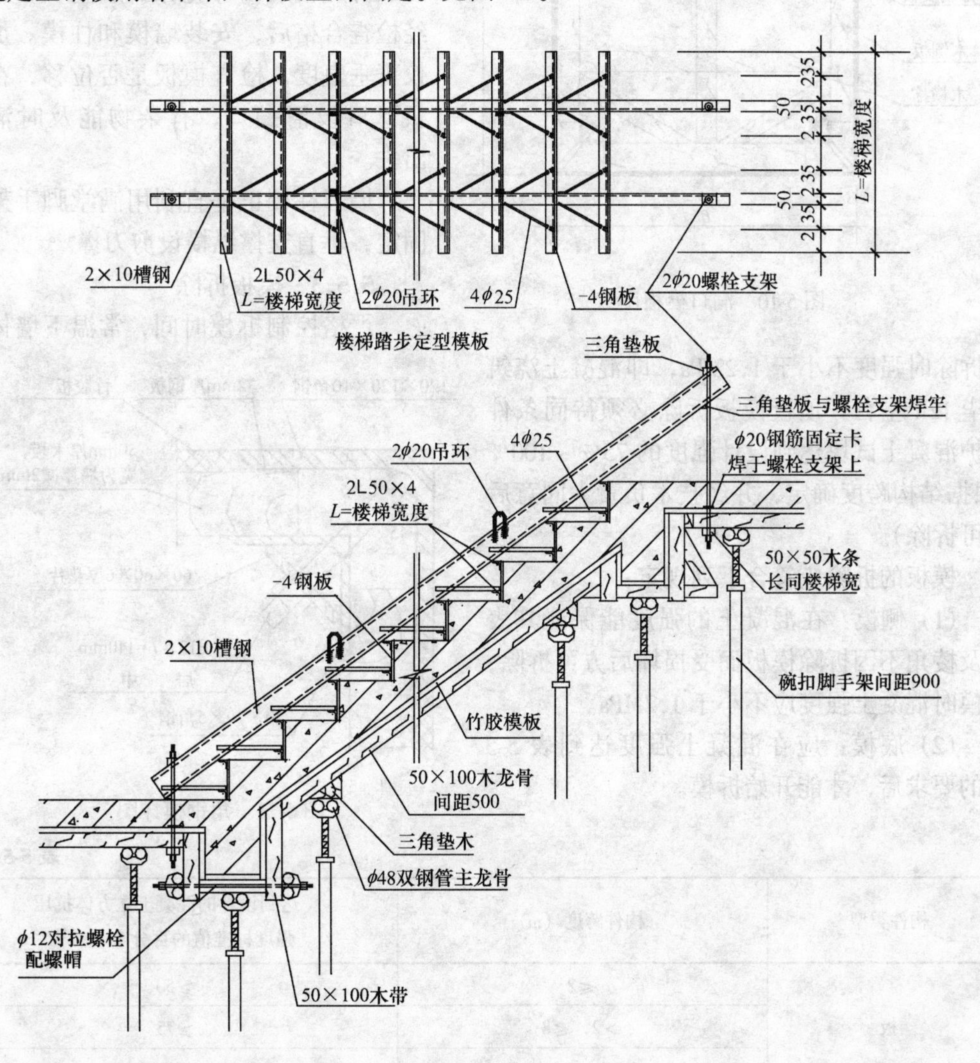


图5-9 楼梯模板

(7) 洞口模板（见图5-10和图5-11）

墙体门窗洞口模板、预留洞口模板采用竹胶板及木板、角铁、螺栓制作而成的定型钢模。

定型钢模尺寸，根据墙厚、洞口的高度和宽度来制作。利用洞边的钢筋，控制洞口模板的位移。如果是窗洞口，洞模下口模要钻出气孔，保证混凝土的密实度。

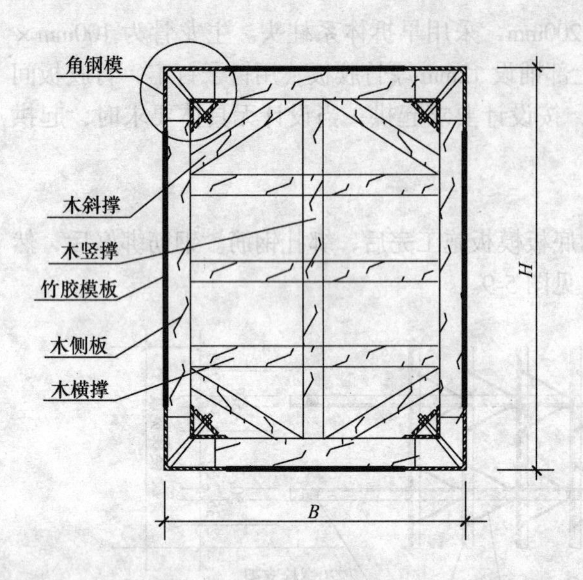


图 5-10　洞口模板图

### 5.5.2　施工要点

模板拼缝及模板下口处采用海绵条进行塞缝，保证不漏浆。

墙、梁模板施工，在钢筋未绑扎之前，必须根据图纸尺寸平面放线、墙、梁的位置，经有关部门检查无误后，墙可以绑扎钢筋，绑扎保护层垫块，钢筋经检查合格后，安装墙模和柱模。加固校正垂直度，检查模板是否位移，在模板下口设清扫口，有杂物能及时清扫出去。

墙、柱校正垂直利用满堂脚手架来固定，垂直支撑纵横设剪刀撑。

### 5.5.3　模板拆除

严格控制拆模时间，常温下墙体要求拆除时强度不小于 1.2MPa，即混凝土浇筑完毕 12h 左右。顶板模板拆除必须待同条件养护混凝土试块达到设计强度的 75%～100%（根据结构跨度确定，并经技术负责人同意后方可拆除）。

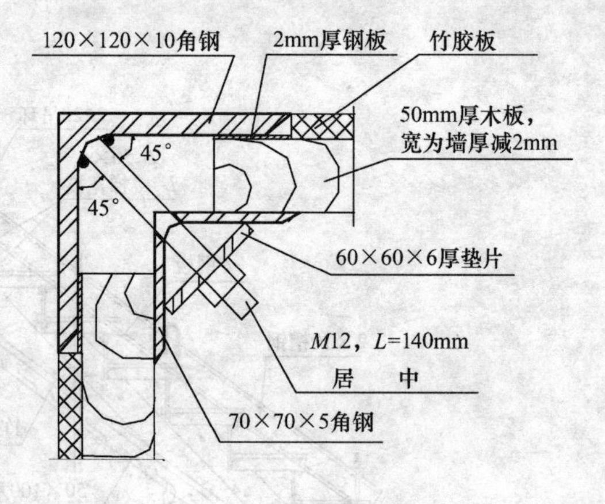


图 5-11　角钢模详图

模板的拆除应符合下列规定：

（1）侧模：在混凝土的强度能保证其表面及棱角不因拆除模板而受损坏后方可拆除，拆模时混凝土强度应不小于 1.2MPa。

（2）底模：应在混凝土强度达到表 5-5 中的要求后，才能开始拆模。

表 5-5

| 构件类型 | 构件跨度（m） | 达到设计的混凝土立方体抗压强度标准值的百分率（%） |
|---|---|---|
| 板 | ≤2 | ≥50 |
| | >2，≤8 | ≥75 |
| | >8 | ≥100 |
| 梁 | ≤8 | ≥75 |
| | >8 | ≥100 |

### 5.5.4　模板施工时注意事项

（1）模板需进行设计、计算，满足施工过程中的刚度、强度和稳定性要求，能可靠地承受所浇筑混凝土的重量侧压力及施工荷载。

（2）模板施工严格按翻样的施工图纸进行组装、就位和设支撑，模板安装就位后，由技术员、质量员按平面尺寸、标高、垂直度进行复核验收。

(3) 模板支撑体系必须按施工方案要求进行，确保模板施工质量及安全。

(4) 浇筑混凝土时派专人负责检查模板；发现异常情况，及时加以处理。

(5) 钢筋绑扎和模板施工穿插进行，外墙大模板及柱模需用塔吊吊升就位。必须提高施工人员安全意识，时时做好安全防护措施。

### 5.6 混凝土工程

本工程在结构施工阶段全部采用商品混凝土。

#### 5.6.1 混凝土浇筑

(1) 底板混凝土

底板混凝土浇筑时使用两台输送泵。我们拟定底板混凝土浇筑采用“一个坡度、薄层浇筑、往返推进、一次到顶”的浇灌方法，使混凝土自然流淌形成斜坡，底板混凝土浇筑时由东北侧向西南依次浇筑。每次浇筑要浇筑至后浇带部位，除后浇带部位以外，不再留置施工缝。

(2) 墙体混凝土

1) 混凝土墙支模前，必须对其根部的水平施工缝进行处理，并浇水冲洗干净，方可支墙体模板。

2) 混凝土墙混凝土采用一台固定泵输送，混凝土的浇筑方向为从一端开始，采用斜面分层法向另一端推进。

3) 地下室外墙为自防水混凝土。浇筑混凝土时，振捣器必须均匀的分布开，保证不漏振，以提高混凝土的密实度，达到设计的抗渗要求。

4) 浇筑门窗洞口时要两边均匀下料，防止模板位移。浇筑钢筋较密的梁时，应用楔形撬杠撬开钢筋，以利于混凝土的下料和振捣棒的插入；同时，门洞口两侧连梁下必须在墙体模板上留设门子板，以利于混凝土下料和振捣棒插入。

(3) 梁、板混凝土

1) 梁、板混凝土浇灌采用“赶浆法”施工，浇灌前应先浇水，充分湿润模板；然后，梁板同时浇筑，呈阶梯状不断推进。

2) 顶板混凝土浇筑时振点间距50cm，梅花形布置，要求振捣密实。顶板混凝土浇筑时，沿开间四角要拉线控制标高，随浇筑后用木杠刮平。待表面稍干后，用木抹子搓毛一遍，使混凝土表面平整，同时应赶去浮浆。

(4) 楼梯混凝土

1) 楼梯段混凝土自下向上浇筑，先振实楼梯板混凝土，达到踏步位置再与踏步混凝土一起浇筑，不断连续向上推进，用木抹子将踏步上表面抹平、搓毛。

2) 根据有关施工规定，楼梯施工缝留在休息平台中间1/3范围内。

#### 5.6.2 混凝土的振捣

在浇筑混凝土时，采用正确的振捣方法，可以避免蜂窝麻面通病，必须认真对待，精心操作。对地下室底板、墙、梁和柱均采用HZ-50插入式振捣器；在梁相互交叉处钢筋较密，可改用HZ6X-30插入式振动器进行振捣；对楼板浇筑混凝土时，采用插入式振动器；但棒要斜插，然后再用平板式振动器振一遍，将混凝土整平。

振捣过程中，振动棒应做到“快插慢拔”。宜将振动棒上下抽动，以使混凝土振捣均匀。振动器插点要均匀排列，可采用“行列式”或“交错式”的次序移动，但不能混用。每次移动位置的距离应不大于振动棒作用半径的1.5倍。

#### 5.6.3　混凝土的养护

为保证已浇好的混凝土在规定的龄期内达到设计要求的强度，且防止混凝土产生收缩裂缝，必须做好混凝土的养护工作。

(1) 覆盖浇水养护应在混凝土浇筑完毕后12h以内进行。浇水次数应根据能保证混凝土处于湿润的状态来决定。

(2) 对于竖向构件，采用涂刷养护液；对水平构件，采用塑料薄膜覆盖或浇水养护。

(3) 对地下室有抗渗要求的混凝土养护时间不小于14d；对普通混凝土养护时间不小于7d。

#### 5.6.4　施工缝的处理

二次浇筑混凝土时，必须将施工缝内垃圾、杂物清除干净，并用水冲洗湿润，先铺水泥浆一层，再继续浇筑混凝土。

#### 5.6.5　底板混凝土的测温

本工程基础底板厚850mm，拟采用目前较为先进的电子测温技术进行测温，该技术不但工艺简单、操作方便、性能可靠，且测试数据准确，可满足大体积混凝土测温要求（详见混凝土施工方案）。

### 5.7　砌筑工程

本工程砌筑主要为陶粒混凝土砌块。

#### 5.7.1　材料准备

(1) 本工程所选用的砌块必须是经过严格筛选出来的优质产品，进场时要严格进行抽样和外观检查，符合设计和规范规定后方准入场和使用。

(2) 砌体砌筑所用的砂浆必须按配合比进行配制，所用的水泥必须有出厂合格证或检验报告，并须按规范抽样进行复试。

#### 5.7.2　施工要求

(1) 沿墙高每500mm设一道2$\phi$6拉结筋与结构墙体连接，拉结筋与结构连接锚固长度不小于40$d$。

(2) 本工程填充墙长度均小于5m时，在墙中部不需设置竖向构造柱。

(3) 门洞宽≥2100mm时，洞口抱框通顶；大于400mm宽的洞顶必须设过梁，过梁做法按设计要求施工。

#### 5.7.3　施工技术措施

(1) 砌筑前测量放线人员在结构楼板和结构柱上画出轴线及水平标高线，并根据楼层高度和砖砌块厚度设置皮数杆。根据需要皮数杆应立于墙体转角处和内外墙交接处或墙体的末端，但间距不得超过15m。

(2) 墙体砌筑时应单面挂线，随着墙体的增高要随时用靠尺检查其平整度和垂直度，砌块上下皮应错缝搭砌，不准出现通缝。

(3) 砌体水平灰缝应平直，砂浆应饱满，饱满度不应低于90%，竖向灰缝应采用加浆法，使其砂浆饱满。严禁用水冲浆灌缝，不得出现瞎缝、通缝、透缝，其砂浆饱满度不宜低于80%。

(4) 墙体转角和交接处应同时砌筑，不得留设施工缝；如果必须留时，应留马牙槎，且每天砌筑高度不得大于1.8m。

(5) 在砌筑砂浆终凝前后的时间内，应将灰缝刮平。

(6) 砌筑砂浆不得使用隔夜砂浆，且使用过程不得随意加水，搅拌后的砂浆要尽快、尽可能用完，避免时间过长，致使砂浆终凝。

## 5.8 设备安装工程

### 5.8.1 工程概况

本工程设备安装主要包括空调、采暖、通风、生活给排水设备、消防设备、动力照明设备等。本工程的设备集中在地下室。

### 5.8.2 设备安装的通用方法及技术要求

(1) 施工准备

设备基础施工时，要严格按照设备尺寸画出设备基础图纸，提交监理工程师审核。配合土建专业进行设备基础的施工，施工按设备要求预留地脚螺栓孔。吊装的设备要根据设备重量及运行重量计算其受力情况，做出吊架的方案，提交监理工程师审核后安装。

(2) 设备的运输

运输及吊装时，要注意包装箱上的标记，不得翻转倒置、倾斜、野蛮装卸。

(3) 设备开箱检查

检查随机文件，核实设备及附件是否与图纸相符，进行外观质量检查，检查随机的专用工具是否齐全。设备开箱检验后，做好开箱检验记录。

(4) 基础验收

土建移交设备基础时，组织施工班组依照土建施工图，及时提交有关技术资料、各种测量记录、安装图和设备实际尺寸，对基础进行验收，并做好记录。

(5) 基础放线及垫铁布置

基础验收合格后进行放线工作，画出安装基准线及定位基准线，地脚螺栓的中心线也同时弹出来。对相互有关联或衔接的设备，按其关联或衔接的要求确定共同的基准。在基础平面上，画出垫铁布置位置，放置时按设备技术文件规定摆放。

(6) 找正找平及灌浆

找正、找平要在同一平面内两个或两个以上的方向上进行，找平要根据要求用垫铁调整精度，不得用松紧地脚螺栓或其他局部加压的方法调整。

(7) 联轴器对中

运转设备联轴器对中初调时，用钢板尺在联轴器外圆互相垂直的上、下、左、右四个位置上检查调整，精调可用专用夹具与百分表来调整。转动联轴器，在上、下、左、右四个互相垂直的位置测量调整，直至联轴器的两轴同心度、端面不平行度和端面间隙符合设备技术文件要求。

(8) 设备清洗

静置设备均要进行清理工作，清除内部的铁锈、灰尘、边角料等杂物。对无法进行人工清除的设备，要用压缩空气进行吹扫。

(9) 设备试运转

本工程的设备试运转按照设备所属的各专业分别进行单机试车、联合试车，试运转要在业主现场代表、监理及施工人员的参与下，依据设备有关技术文件、施工方案进行。

## 5.9　空调水系统管道工程

### 5.9.1　工程简述

本工程空调系统为冷水机组服务。

### 5.9.2　主要施工程序

施工准备→配合土建预留预埋→管道支吊架制安→干管、立管安装→管道试验→各层支干管安装→各层支干管试验→设备间配管→管道系统试验冲洗→防腐、保温→系统调试→工程竣工验收。

### 5.9.3　主要施工方法及技术要求

(1) 准备工作

各种管材、配件进场时必须具有材质证明书、产品合格证及当地质检部门所要求的证明资料。消防器材还必须具有消防部门颁发的消防许可证。

材料进场后按设计要求核对材料规格、材质、型号，对材料进行外观检查，并按要求进行各种试验。自检合格后，及时报业主及监理公司。

(2) 配合土建预留预埋

墙体、楼板需要剔凿孔洞及剔管槽时，必须在装修或抹灰前进行；若因其他原因需在其后进行，必须预先征得土建技术人员同意，采取相应补救措施后方可进行。

(3) 主要施工方法及技术要求

1) 管道丝接

套丝时必须按设计或施工规范规定。若丝太短，在使用过程中易脱丝，造成漏水；若有断丝或缺丝，不得大于螺纹全扣数的10%。螺纹连接以油麻、铅油作填料。丝接管道连接好后，丝扣外露2~3扣，去掉麻丝，擦净铅油。

2) 管道焊接

管道焊接时，若厚度≤4mm可进行对焊；若厚度>4mm时，可开坡口焊接。焊接时，焊口应平直，焊缝加强面应符合施工规范规定。焊口表面无烧穿、裂纹、结瘤、结渣和气孔缺陷，焊波应均匀一致。管道的对口焊缝处及弯曲部位严禁焊接支管，接口焊缝距起弯点或支吊架边缘必须大于50mm。

3) 阀门安装

安装前，必须做试验。对于主干管、泵房中的阀门应逐个进行强度和严密性试验，其他阀门应从每批同牌号、规格、型号中抽检10%，且不少于1个进行强度和严密性试验(强度和严密性试验压力为阀门出厂规定的压力)；如有不合格者，则再抽检20%；再有不合格者，要逐个试验。阀门安装位置、进出口方向正确，连接牢固、紧密，启闭灵活，朝向合理，表面洁净。

4) 空调水管的支吊架，均应加防腐木垫，木垫厚度同保温层厚度；木垫接合面的空隙应填实。

5）管道保温

工艺流程：散管壳→合管壳→缠裹保护壳→检验。

## 5.10 采暖工程

### 5.10.1 工程简述

本工程设计采暖系统，采暖热媒为95～70℃热水，热水由外网供给，采暖系统补水定压装置由院区统一考虑，本建筑采暖系统最高点为43m。

### 5.10.2 主要施工程序

施工准备→配合土建预留预埋→管道支吊架制安→干管、立管安装→管道试验→各层支干管安装→各层暖气片安装→各层支干管及暖气片试验→设备间配管→管道系统试验冲洗→防腐、保温→系统调试→工程竣工验收。

### 5.10.3 主要施工方法及技术要求

管道安装同空调水部分。

## 5.11 给排水工程

### 5.11.1 工程概况

本工程给排水主要包括生活给水系统、热水系统、直饮水系统、雨污水排水系统、消火栓给水系统、消防自喷系统等。

### 5.11.2 主要施工程序

施工准备→预留预埋→管道支吊架制安→干管、立管安装→管道试验→楼层支干管安装→楼层支干管试验→设备间配管→管道系统试验冲洗→防腐、保温→系统调试→工程竣工验收。

### 5.11.3 主要施工方法及技术要求

(1) 准备工作

技术准备同空调水系统管道。

机具准备：根据总进度及专业进度计划，组织机具进场。管道施工队在现场地下一层设置管道加工预制场，放置电动套丝机、电焊机、切割机、台钻和其他机具。

(2) 配合预留预埋

同空调水系统。

(3) 生活给水、热水管道安装

管道及支架防腐参照空调水部分。

(4) 排水管道安装

1）安装工艺流程

安装准备→预留预埋→预制加工→干管安装→立管安装→支管安装→封堵洞口→闭水试验→通水、通球试验。

2）施工方法及技术要求

排水采用机制铸铁排水管。排水管道横管与横管连接采用90°斜三通，立管与水平管连接采用2×45°连接。立管弯头处应做C10混凝土支墩。

排水水平管道应按图纸标高进行施工，并且要保证图纸要求的坡度。

3）铸铁排水管的安装

预制加工：

为了减少在安装中捻固定灰口，对部分管材与管件，可预先按测绘的草图捻好灰口，并编号码放在平坦的场地。管段下面用木方垫平垫实，并对这些预制好的管段进行养护。

干管安装：

首先根据设计图要求的设计坐标、标高及坡向做好托、吊架。施工条件具备时，将预制加工好的管段，按编号运至安装部位进行安装。全部连接后，管道要直，坡度均匀，各预留口位置正确。

立管安装：

安装前清理场地，根据需要支搭操作平台，将预制好的立管运至安装部位。安装时先将立管上端伸入上一层洞口内，垂直插入下段管。合适后将螺栓拧紧，然后找正找平，并测量顶板至三通口中心是否合适。无误后固定支架，再堵洞封严。

支管安装：

首先剔出吊卡孔洞或复查埋件是否合适。清理场地，按需要支搭操作平台，将预制好的支管按编号运至场地。将支管初步水平吊起，根据管段坡度调整好坡度，合适后固定卡架，封闭各预留管口的堵洞。

（5）消火栓箱消防给水管道安装

管道施工工艺参照空调水部分。

消火栓及箱安装：

消火栓栓口中心距地面为1.1m，允许偏差20mm；阀门距箱侧面140mm，距箱后内表面100mm，允许偏差5mm。加垫带螺母拧紧固定。消火栓安装应平整牢固，各零件齐全可靠。

管道试验、冲洗量应为消防时最大设计流量。试验压力按设计要求。

管道防腐：按设计要求做好管道防腐，漆层要均匀、不流淌。

管道保温：采用橡塑保温材料。

## 5.12　空调通风工程

### 5.12.1　工程概况

本工程共有58个空调系统，分为空气—水系统、独立空调系统、集中净化空调系统三部分。

### 5.12.2　通风工程施工程序及技术要求

（1）施工准备

风管制作前首先熟悉施工图并绘制出施工草图，管道与部件加工制作之前首先熟悉施工图纸和有关技术文件，了解与通风空调系统在同一房间内的其他管道、工艺设备等的安装位置、标高，土建墙体、柱体、梁体位置、尺寸、高度及有无变更，并根据现场复测绘制出风管加工制作图。

1）通风管道与部件的加工制作：

空调风管采用镀锌钢板制做，依据设计要求和规范规定选用钢板厚度。

2）材料的要求：首先，检查采用的材料是否符合质量要求，是否有出厂合格证或质量鉴定文件；同时，进行外观检查，并符合下列要求：板材表面平整，无凹凸及明显的压伤现象，并不得有裂纹、砂眼、划痕、磨损及刺边和锈蚀等情况，厚度符合设计要求及施工规范规定；镀锌薄钢板有镀锌层结晶花纹；不得有裂纹、结疤及水印等；型钢等材料外型均匀，不得有裂纹、起泡、窝穴及其他影响质量的缺陷；其他材料不能因为有缺陷导致成品强度降低，影响效能。

3）风管加工尺寸:矩形风管的制作尺寸以外边长为准；圆形风管尺寸以直径为准。

4）焊接时采用气焊、电焊或接触焊，焊缝形式应根据风管的构造和焊接方法确定。

5）金属风管采用直流焊机焊接。

6）金属风管在焊接过程中，产生焊接变形是各个工程施工中的质量通病。为预防变形，可采取预热。

7）风管与法兰组合。

8）风管、部件设备的支吊托架及其他钢制构件，喷漆防腐不能在温度低于+5℃和潮湿的环境进行，喷漆前清除表面灰尘、油污和锈斑，并保持干燥。

(2) 风管支吊托架的预制及安装

根据设计图纸及施工现场，并参照土建基准线放出风管标高。确定标高后，按照风管在设计图纸上的平面位置定出风管支吊架位置、形式及数量。

(3) 风管的组配

1）风管的组配采用传统的法兰连接工艺

通风风管法兰衬垫采用$\delta=5$mm闭孔乳胶海绵橡胶板，为保证法兰连接的严密性，闭孔乳胶海绵橡胶板接头采用梯形或楔形连接，防、排烟风管法兰衬垫采用多层玻璃布密封。

2）软连接

根据工程要求，风机两端与风管相连时采用软连接，软接与钢法兰连接后，法兰间再连接。

(4) 通风管道与部件的安装

风管安装前，先检查风管穿越墙孔的尺寸、标高和标定支吊架的位置等是否符合要求。风管安装前，必须经过预组装并检查合格后，方可按编写的顺序安装就位，且以先主管后支管或竖风管由下至上安装。

(5) 风管的漏风量测试

1）风管的漏光法检测

其试验方法在一定长度的风管上，在黑暗的环境下，在风管内用一个电压不高于36V、功率在100W以上的带保护罩的灯泡，从风管的一端缓缓移向另一端。试验时若在风管外能观察到光线，则说明风管有漏风，并对风管的漏风处进行修补。

2）风管的漏风量测试

风管的漏风量测试采用经检验合格的专用测量仪器，或采用符合现行国家标准《流量测量节流装置》规定计量组件搭设的测量风管单位面积漏风量的试验装置。

### 5.13　电气安装工程

#### 5.13.1　工程概况

本工程为医疗综合楼工程，主要包括高低压配电、动力、照明、防雷及接地、人防工程等系统。

本工程电气安装主要包括落地配电柜、配电箱安装、竖井内封闭母线、桥架安装、电缆敷设、配管及管内穿线、灯具开关插座安装、防雷及接地工程等。由于变配电工程为招标方指定分包内容，且本次下发的电气图纸中不包括变配电工程的图纸，所以，此部分的主要施工方法和技术要求不再赘述。

**5.13.2**　主要施工方法及技术要求

（1）施工准备

熟悉图纸，核实图中选用设备材料，准备施工机具，根据工期安排及进度要求合理配备劳动力，提出备料及分批采购计划。

（2）预留预埋

管路预埋：

预埋的钢管使用前先进行外观质量检查，不得有穿孔、裂缝、显著的凹凸不平及严重锈蚀情况，管内壁光滑、无毛刺，管口刮光，焊接钢管除锈后内壁刷防锈漆。

在土建地面施工前，管路要用砂浆做好管路保护，管口及接线盒内塞上专用泡沫塑料堵头，防止进入水泥砂浆和杂物。

隐蔽验收前，派施工人员检查是否有管、盒遗漏或设位错误，检查无误后，会同业主及监理工程师进行隐蔽验收，符合要求后在隐蔽验收记录上签字。地面施工时，要派专人进行防护，以防管路及箱盒移位。

（3）封闭插接母线安装

对封闭母线的材料要求：应有出厂合格证和安装技术文件。技术文件包括额定电压、额定容量、试验报告等技术数据。各种规格的型钢、卡件、螺栓、垫圈应符合设计要求，应是镀锌制品。

（4）基础槽钢预制安装

控制柜采用槽钢作为底座，施工时按图纸要求预制加工，槽钢先校平、校直再下料，按设计尺寸焊制槽钢架，刷好防锈漆，放在预埋底板上，用水平尺找平、找正。找平过程中，需用垫片的地方最多不能超过三片，然后与预埋底板焊接牢固。

基础槽钢安装完毕后，将两端与变配电室内明敷的40mm×4mm接地扁钢进行焊接，焊接面为扁钢宽度的两倍，然后将基础槽钢刷两遍灰漆。

（5）支吊架制作安装

制作时根据施工现场具体情况合理利用材料，成批制作。加工制作好后，将所有支吊架刷防锈漆两道、面漆一道。

安装支吊架时采用适配的膨胀螺栓固定，打膨胀螺栓严格按照规程操作，做到牢固、可靠，支吊架横担水平度保证在0.1mm以内，高度偏差不超过1mm。

（6）配电柜安装

开箱检查：控制柜运到现场后，组织开箱进行检查，检查有无变形、掉漆现象，仪表部件是否齐全，备品备件、说明书等有无缺损，并做好开箱记录。

就位：落地安装配电柜基础高度为0.15m。根据施工图的布置，按顺序将柜放在基础槽钢上。找正时采用0.5mm铁片进行调整，每处垫片最多不能超过三片。

固定：就位找平找正后，按柜固定螺孔尺寸进行固定。螺栓固定在基础槽钢架上，用磁力电钻钻孔，一般无要求时，低压柜钻 $\phi$12.2 孔，用 M12 镀锌螺钉固定。柜体与柜体、柜体与侧挡板均用镀锌螺钉连接。

（7）配电箱安装

配电箱安装须符合以下规定：位置正确，部件齐全，箱体开孔合适，切口整齐。暗式配电箱箱盖紧贴墙面；零线经总线（零线端子）连接，无绞接现象；油漆完整，盘内外清洁，箱盖、开关灵活，回路编号齐全，结线整齐，PE 线安装明显、牢固。

（8）桥架敷设

本工程均采用防火型桥架，竖井内施工完后孔洞应作防火封堵。桥架安装横平竖直，整齐美观，距离一致，固定牢固。同一水平面内水平度偏差不超过 5mm，直线度偏差不超过 5mm。

桥架的所有断口、开孔实行冷加工。

（9）电缆敷设

电缆进配电箱之前要留有余量。电缆沿普通电缆桥架至各强电竖井及用电点。

1）准备工作

施工前对电缆进行详细检查；规格、型号、截面、电压等级均符合设计要求。检查桥架、配管标高走向，测量每根电缆实际需用长度，然后进行配盘。电缆敷设前进行绝缘摇测或耐压试验：

1kV 以下电缆，用 1kV 摇表测线间及对地的绝缘电阻不低于 10MΩ。

控制电缆用 500V 摇表测量，其电阻不小于 0.5MΩ。

2）电缆敷设

电缆采用集中敷设，原则是由远到近、由大到小。敷设时要专人指挥，用力均匀，速度适当，防止电缆划伤和拉伤。

主开关及其设备的动力电缆在系统上必须保持正确的相序及相色，三相或三相四线电缆利用相色鉴别。

3）电缆头采用干包电缆头制作。

（10）管内穿线

照明及插座用支线用 BV 线，应急照明导线采用 ZRBV 型。

钢管在穿线前，首先检查各个管口的护口是否齐整；如有遗漏和破损，均补齐和更换。

（11）照明器具安装

1）开关安装

翘板开关距地 1.4m，距门边 0.2m。开关安装高度距地符合设计要求，成排安装的开关高度一致，高低差不大于 2mm。

2）插座安装

普通电源插座出线口距地 0.3m，三孔插座高度为 2.2m，防溅型插座距地 1.4m。同一室内安装的插座，高低差不大于 5mm，成排安装的插座不大于 2mm。

3）灯具安装

灯内配线符合设计要求及有关规定，安装时固定牢固，导线在分支连接处不得承受额外应力和磨损，灯具连接丝口处涂防锈导电脂。进线口用橡皮垫圈压紧密封，灯具外壳必须与 PE 线可靠连接。

(12) 调试

配电系统的调试为本工程电气安装的施工技术关键，调试时配合业主及指定的分包单位及有关供电部门共同进。调试前，检查所有的电气设备安装是否符合要求，接线是否准确无误，绝缘检查是否达到要求，确保一切合格后再进行电气调试。

## 5.14 医用压力管道系统工程

### 5.14.1 工程概况

医用压力管道在医疗救护工作中具有非常重要的作用，为了维护人民群众的身体健康，不仅要严格遵守国家施工规范的规定，还要遵守《中华人民共和国药品管理法》中关于医用管道的有关规定。

本工程中医用动力管道分为医用氧气管道、医用压缩空气管道、医用负压牵引管道、医用氮气管道、蒸汽管道。

### 5.14.2 主要施工方法及技术要求

(1) 施工准备

材料：所有管材、管件、阀门及焊材均应严格按照设计文件要求的规格、材质等级选用，各种材料必须有质量证明书和出厂合格证。入库材料应分类摆放，并进行材料标识和检验、试验状态标识等。

施工机具设备：由项目部依据医用管道安装施工需要进行配置，机具设备使用计划应纳入医用管道安装施工组织方案。

(2) 预留预埋

医用管道安装前，与医用管道有关的土建工程应施工完毕，并经土建与管道安装单位有关人员共同检查合格，办理工序交接手续；医用管道安装前，与医用管道相连接的设备应安装合格并固定完毕，二次灌浆已达到要求；在施工过程中，氧气管道及主要阀门安装前必须清洗和脱脂，管道内要防腐，衬里要严格检查，确保合格。

(3) 管道安装

1) 医用管道安装顺序

医用管道应执行先地下管道后地上管道，先大管后小管，先高压管后低压管，先不锈钢管后碳素钢管，先夹套管后单体管的安装顺序原则。

2) 施工工艺流程

医用管道安装前，要绘制施工工艺流程图，有步骤、有计划地施工，才能达到满足质量和工期的目的。

3) 管道与管道对接安装

管道与管道管口对接需符合规范要求。管口组对时，应在距管口中心200mm处测量平直度，当管子*DN*小于100mm时，允许偏差为1mm；当管子*DN*不小于100mm时，允许偏差不得大于10mm。管口焊接应执行焊接工艺规范，管道安装的允许偏差应按照设计规范执行。

4) 法兰组对与安装

法兰组对前，应检查法兰密封面及密封垫片，不得有影响密封性能的划痕、斑点等缺陷。法兰连接应使用同一规格的螺栓，螺栓安装方向要一致。

(4) 阀门与补偿器试验与安装

1) 阀门试验与安装

阀门安装前，应按设计文件核对其型号、规格及技术要求，然后进行试验或检查。特别是对氧气、氮气、蒸汽等高、中压阀门要做压力试验。氧气阀门必须进行酸洗及脱脂处理，其他阀门要做渗漏试验。渗漏试验基本方法是将阀门关闭、放平，将洁净水倒入阀中半小时后，检查阀门反面渗漏情况，不渗漏为合格。阀门检验要有独立的作业场地，主要机具设备要齐全。

阀门在安装前，要根据阀门的结构形式与管道介质，确定其安装方向及阀杆方向。当阀门与管道以法兰或螺纹方式连接时，阀门应在关闭状态下安装；当阀门与管道以焊接方式连接时，阀门应在开启状态下安装，焊接宜采用氩弧焊打底。

2) 管道补偿器安装

工程中采用的管道补偿器多为平面铰链波纹管补偿器，安装时应按设计文件进行预拉伸试验。预拉伸受力应均匀，预拉后应临时固定，待管道安装固定后再拆除临时固定装置。补偿器应与管道同轴，不得偏斜，严禁用补偿器来调整管道的安装偏差。

(5) 管道压力试验阶段

1) 试压准备

根据施工图设计要求，本工程管道设计工作压力最高为 0.3MPa，最低不足 0.05MPa。压力管道进行压力试验前，必须编制试压技术方案或试压技术措施，并绘制试压流程图。

2) 试压条件

压力管道压力试验前，对施工完成管道全面检查，如：支架、吊架、导向支架、管托、仪表、阀门、补偿器等。

压力管道试压范围内管道每个焊点质量都必须合格，热处理及无损检测工作全面结束。为了压力管道检测，漏点、管口对接点暂时不要防腐或涂漆，待试压完成后再做防腐处理。

医用管道试压前，要对试压系统范围内管道安装工程组织工序质量检验和工序交接。

3) 管道试压介质

液体试验压力：地上钢管或架空管道试验压力为设计工作压力的 1.5 倍；埋地钢管道试验压力应为设计工作压力的 1.5 倍，且不得低于 0.4MPa。

管道吹扫与清洗管道安装完毕且试压后，必须认真吹扫或清洗干净，气体管道吹扫用空气或氮气，末端用靶板涂上白漆，没有铁屑、铁锈等脏物即为合格。液体管道用洁净清水冲洗，直至末端出口呈现清水为合格。但也有气体管道使用洁净水冲洗，在这种情况下，以再用气体介质吹干为佳。

# 6 季节性施工措施

## 6.1 冬雨期施工部位

根据本工程的工程特点和进度计划，在工程施工期间将历经两个冬期和两个雨期，各季节预计的施工部位如下所述。

#### 6.1.1　雨期施工

2004年雨期：结构、砌体施工；

2005年雨期：装饰施工。

#### 6.1.2　冬期施工

2004年冬期：砌体、装饰施工；

2005年冬期：装饰施工。

### 6.2　冬期施工措施

#### 6.2.1　冬期施工

当冬天到来时，如连续5d的日平均气温稳定在5℃以下，则此5d的第一天为进入冬期施工的初日。当气温转暖时，最后一个5d的日平均气温稳定在5℃以上，则此5d的最后一天为冬期施工的终日。根据历年来北京地区气象资料以及相关规定，冬期施工起始日为当年11月15日到翌年3月15日。

极低温阶段的时间是：每年的12月下旬至翌年的2月中旬，特别是1月份属于北京地区气温的最冷月，日最低气温大约在－10℃。

#### 6.2.2　冬施准备工作

（1）组织措施

进行冬期施工的工程项目，在入冬前组织专人编制冬期施工方案。进入冬期施工前，对掺外加剂人员、测温保温人员，应专门组织技术业务培训。

（2）图纸准备

凡进行冬期施工的工程项目，必须复核施工图纸，查对其是否能适应冬期施工要求；否则，应通过图纸会审解决。

（3）现场准备

根据实物工程量，提前组织有关机具、外加剂和保温材料进场。工地的临时供水管道及白灰膏等材料，做好保温防冻工作。做好砂浆及混凝土掺外加剂的试配试验工作。

#### 6.2.3　冬期施工措施

（1）钢筋工程

雪天钢筋要用塑料布遮盖严密，以防钢筋表面结冰霜。钢筋负温冷拉宜采用控制应力方法，冷拉钢筋时，其控制应力应较常温提高30MPa。当环境温度低于－20℃时，HRB335级钢筋不得进行冷弯操作。在负温条件下焊接钢筋，应尽量安排在室内进行。如必须在室外焊接，其环境温度不宜低于－20℃。风力超过3级时应有挡风措施。焊后未冷却的接头，严禁碰到冰雪。

（2）模板工程

冬施浇筑混凝土前，认真检查模板，清理模板内的冰雪。模板和保温层在混凝土达到抗冻临界强度并冷却到5℃后方可拆除。拆模时混凝土温度与环境温度差大于20℃时，拆模后的混凝土表面应及时覆盖，使其缓慢冷却。

（3）混凝土工程

本工程使用商品混凝土，采用综合蓄热养护法养护。混凝土的受冻临界强度4.0MPa

(按室外温度不低于-10℃考虑)。混凝土泵送管道要先包裹保温被，再包一层塑料薄膜。混凝土在浇筑前，应清除模板和钢筋上的冰雪和污垢。模板的外侧要加50mm厚聚苯板保温。

温度控制：新搅拌混凝土的出机温度控制在10℃以上；混凝土的入模温度控制在8℃以上；混凝土浇筑后的起始养护温度不低于5℃。

冬期施工期间多留两组同条件养护试块，一组用来测定混凝土受冻前的临界强度，另一组用作28d的强度测试。试块应在浇筑现场取样制作，试压前，试块应放在有正温条件的房间内，解冻后再进行试压，停放时间约6~12h。

混凝土的养护：外墙采用大模板施工，大模背面采用5cm聚苯板固定保温。混凝土顶板上面覆盖一层塑料膜和一层草垫子，进行保温、保湿养护。

对冬期施工的主体结构，应防止出现水平构件和竖向构件的混凝土受冻。混凝土仍采用蓄热法养护，在混凝土达到抗冻临界强度之前，混凝土表面应覆盖。

冬期施工要设专人测温，收听收看天气预报，预计3d内的气温变化。

(4) 砌筑工程

砌筑前，应清除砌块表面污物、冰雪等，不得使用遭水浸和受冻后的砌块。拌制砂浆所用的砂，不得含有直径大于1cm的冻结块或冰块。拌合砂浆时，水的温度不得超过80℃，砂浆稠度宜较常温适当增大。每日砌筑后，应及时在砌筑表面用草袋覆盖保温，砌筑表面不得留有砂浆。在继续砌筑前，应扫净砌筑表面。冬期砌筑砂浆掺加防冻剂，砌筑砂浆的配比由试验室提供。砌筑时砂浆温度不应低于5℃。最低气温低于-10℃时，不得进行砌筑施工。砂浆试块的留置，除应按常温规定要求外，尚应增设两组与砌体同条件养护的试块，分别用于检验各龄期强度和转入常温28d的砂浆强度。

## 6.3 雨期施工措施

### 6.3.1 雨期施工准备

(1) 施工前认真组织有关人员分析雨期施工生产计划，根据雨期施工项目编制雨期施工措施，所需材料要在雨期施工前准备好。

(2) 建立防汛领导小组，制定防汛计划和紧急预防措施。项目夜间均设专职的值班人员，保证昼夜有人值班并做好值班记录；同时，要设置天气预报员，负责收听和发布天气情况。

(3) 施工现场及生产生活基地的排水设施，疏通各种排水渠道，清理雨水排水口，保证雨天排水通畅。

(4) 塔吊和外用龙门架基础是否牢固，塔基四周或轨道两侧设置排水沟，要求在大雨过后，及时对塔吊的垂直和沉降进行观测。

(5) 脚手架立杆底脚必须设置垫木或混凝土垫块，并加设扫地杆；同时，保证排水良好，避免积水浸泡。所有马道、斜梯均应钉防滑条。

(6) 大雨到来前，做好各高耸塔吊、脚手架防雷装置，质量检查部门在雨期施工前要对避雷装置做一次全面检查，确保防雷。

(7) 材料、设备和其他用品，如水泵、抽水软管、草袋、塑料布、苫布等由材料部门提前准备，水泵等设备应提前检修。

(8) 现场配电箱、闸箱、电缆临时支架等仔细检查，需加固的及时加固，缺盖、罩、门的及时补齐，确保用电安全。

**6.3.2** 雨期施工措施

(1) 原材料的储存和堆放

1) 水泥全部存入仓库，没有仓库的应搭设专门的棚子，保证不漏、不潮，下面应架空通风，四周设排水沟，避免积水。

2) 砂、石料一定要有足够的储备，以保证工程的顺利进行。

3) 陶粒混凝土砌块应在底部用木方垫起，上部用防雨材料覆盖。

4) 装修用材料要求入库存放、随用随领，防止受潮变质。

(2) 装修施工

1) 雨期装修施工应精心组织，合理安排雨期装修施工。按照晴、雨、内、外相结合的原则安排施工，晴天多做外装修，雨天做内装修。

2) 室内木作、油漆及精装在雨期施工时，其室外门窗采取封闭措施，防止雨水淋湿浸泡。

3) 内装修应先安好门窗或采取遮挡措施。结构封顶前的楼梯口、通风口及所有洞口，在雨天用塑料布及多层板封堵。水落管一定要安装到底，并安装好弯头，以免雨水污染外墙装饰。

4) 对易受污染的外装修，要制定专门的成品保护措施。

5) 每天下班前关好门窗，以防雨水损坏室内装修，防止门窗玻璃被风吹坏。

(3) 脚手架工程

1) 雨期前对所有脚手架进行全面检查，脚手架立杆底座必须牢固，并加扫地杆，外用脚手架要与墙体拉结牢固。

2) 外架基础应随时观察；如有下陷或变形，应立即处理。

# 7 质量保证措施

## 7.1 工程质量管理目标

在该工程项目上，我们的质量管理目标是：合格，确保北京市“结构长城杯”，单位工程争创“鲁班奖”。

## 7.2 质量保证体系

### 7.2.1 质量保证体系的建立

本工程将建立以项目经理、总工程师领导控制，专业监理工程师监督检查，现场专检的三级质量管理体系对施工质量全过程进行监控，以确保最终质量目标的实现。其质量保证体系图见图 7-1。

### 7.2.2 质量管理过程控制程序与质量保证程序

(1) 质量管理过程控制程序（见图 7-2）

(2) 质量保证程序（见图 7-3）

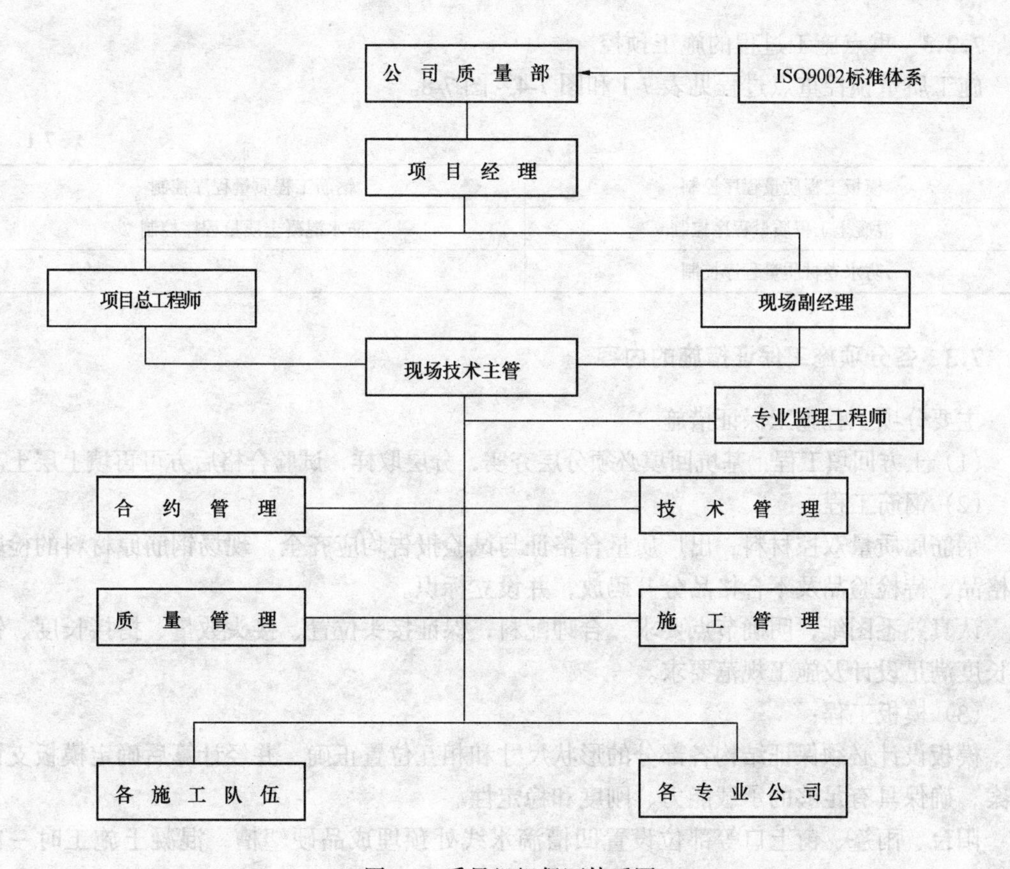


图 7-1 质量组织保证体系图

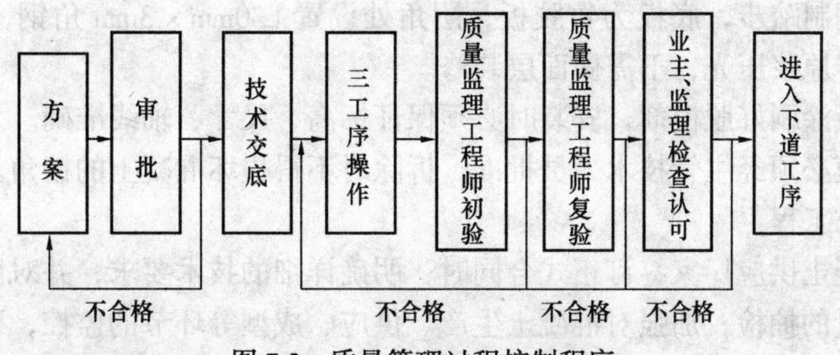


图 7-2 质量管理过程控制程序

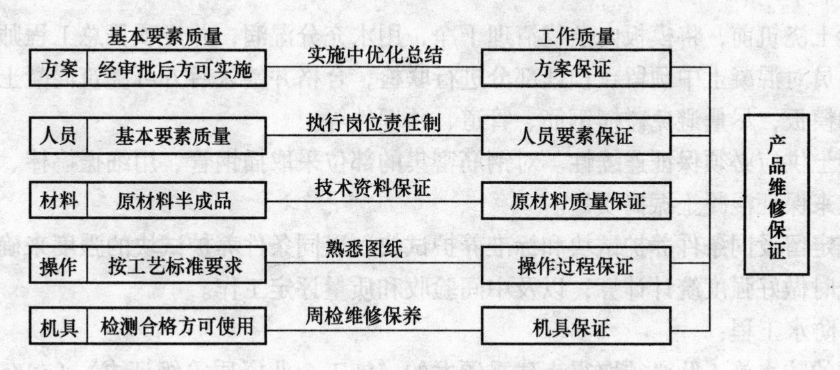


图 7-3 质量保证程序

### 7.2.3 重点施工过程的施工预控

施工质量预控重点过程见表7-1和图7-4～图7-8。

表7-1

| 模板工程质量程序控制 | 钢筋工程质量程序控制 |
|---|---|
| 混凝土工程质量程序控制 | 防水混凝土质量程序控制 |
| 防水卷材质量程序控制 | |

## 7.3 各分项施工保证措施的内容

主要分项工程施工保证措施：

（1）土方回填工程：基坑回填必须分层夯实，分层取样，试验合格后方可再填上层土。

（2）钢筋工程：

钢筋属质量双控材料，出厂质量合格证与试验报告均应齐全。现场钢筋原材料的检验合格品、待检验品及不合格品分开码放，并设立标识。

认真熟悉图纸，明确节点要求，合理配料，保证接头位置、接头数量、搭接长度、锚固长度满足设计及施工规范要求。

（3）模板工程：

模板设计必须保证结构各部分的形状尺寸和相互位置正确，并经计算后确定模板支设方案，确保具有足够的承载能力、刚度和稳定性。

阳台、雨篷、窗上口等部位设置凹槽滴水线处预埋成品硬塑槽，混凝土施工时一次成型。

楼梯采用钢制踏步，底板为竹胶板，阴角处设置∟30mm×3mm角钢，使楼梯混凝土一次成型，踏步原浆压光，不需做面层装修。

安装前模板涂刷好脱模剂，安装时必须保证标高、尺寸、轴线准确。

混凝土拆模必须经主管技术人员批准，拆除时不得损坏混凝土的棱角。

（4）混凝土工程：

与商品混凝土供应厂家签订正式合同时，明确详细的技术要求，并对商品混凝土加强现场混凝土质量的抽检，加强对混凝土生产、供应、成型等环节的监控，确保混凝土搅拌质量。

混凝土浇筑前，将模板内杂物清理干净，用水充分湿润，并经项目总工程师组织各专业技术人员对混凝土中预留、预埋部分进行联检，合格并签认后方可浇筑混凝土。振捣时防止振动模板，尽量避免碰撞钢筋、管道、预埋件等。

混凝土供应必须保证连续性。对钢筋密集的部位采取插钢管、用细振捣棒、留设振捣孔等措施来保证混凝土振捣质量。

按规定留设同条件养护试块和标准养护试块，以同条件养护试块的强度来确定拆模时间，并及时做好强度统计计算，以及中间验收和质量评定工作。

（5）防水工程：

选用的防水施工队必须取得市建委颁发的《施工企业资质等级证书》（在有效期内）。施工人员持证上岗，杜绝无证作业。

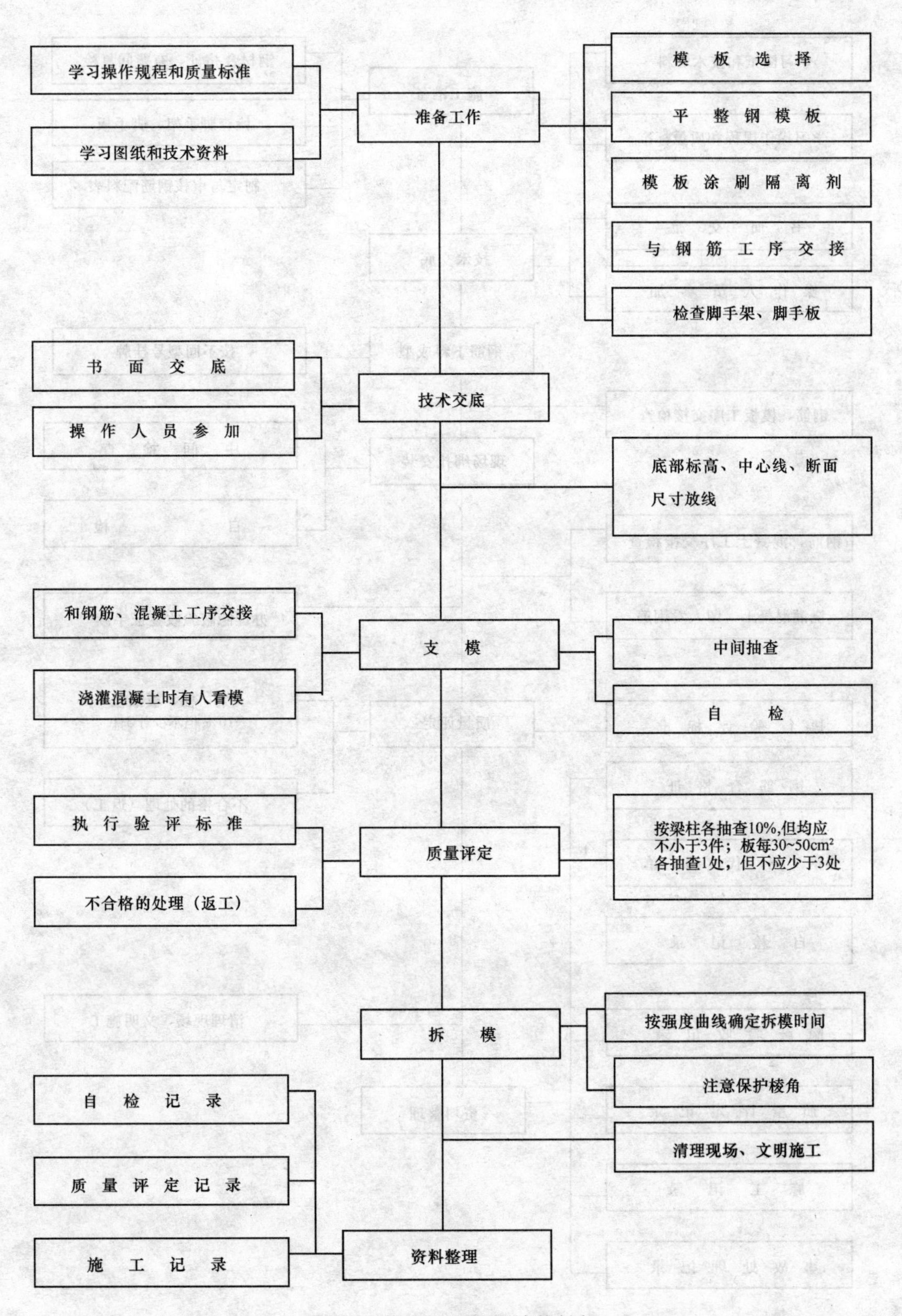


图 7-4 模板工程质量程序控制表

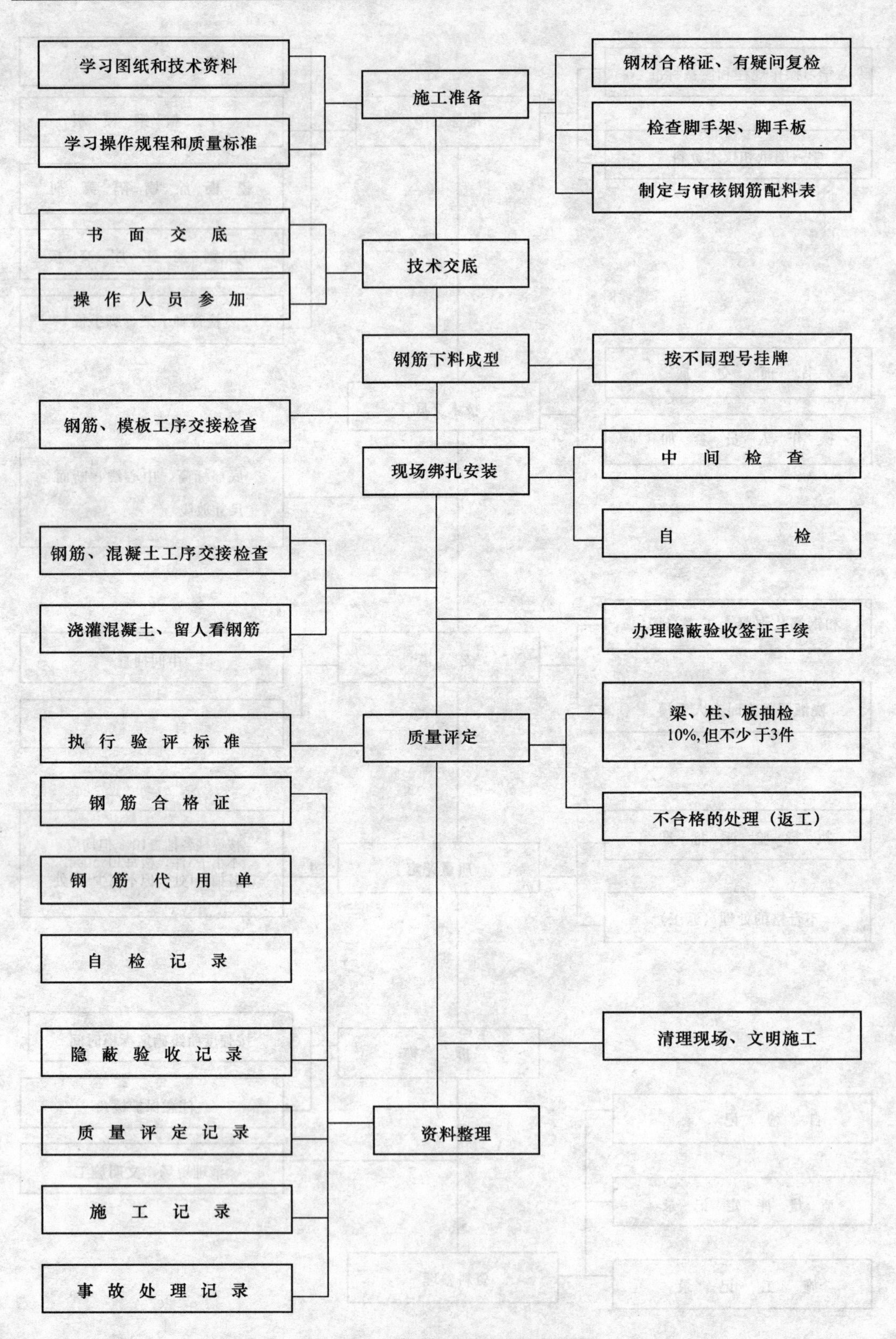


图 7-5　钢筋工程质量程序控制表

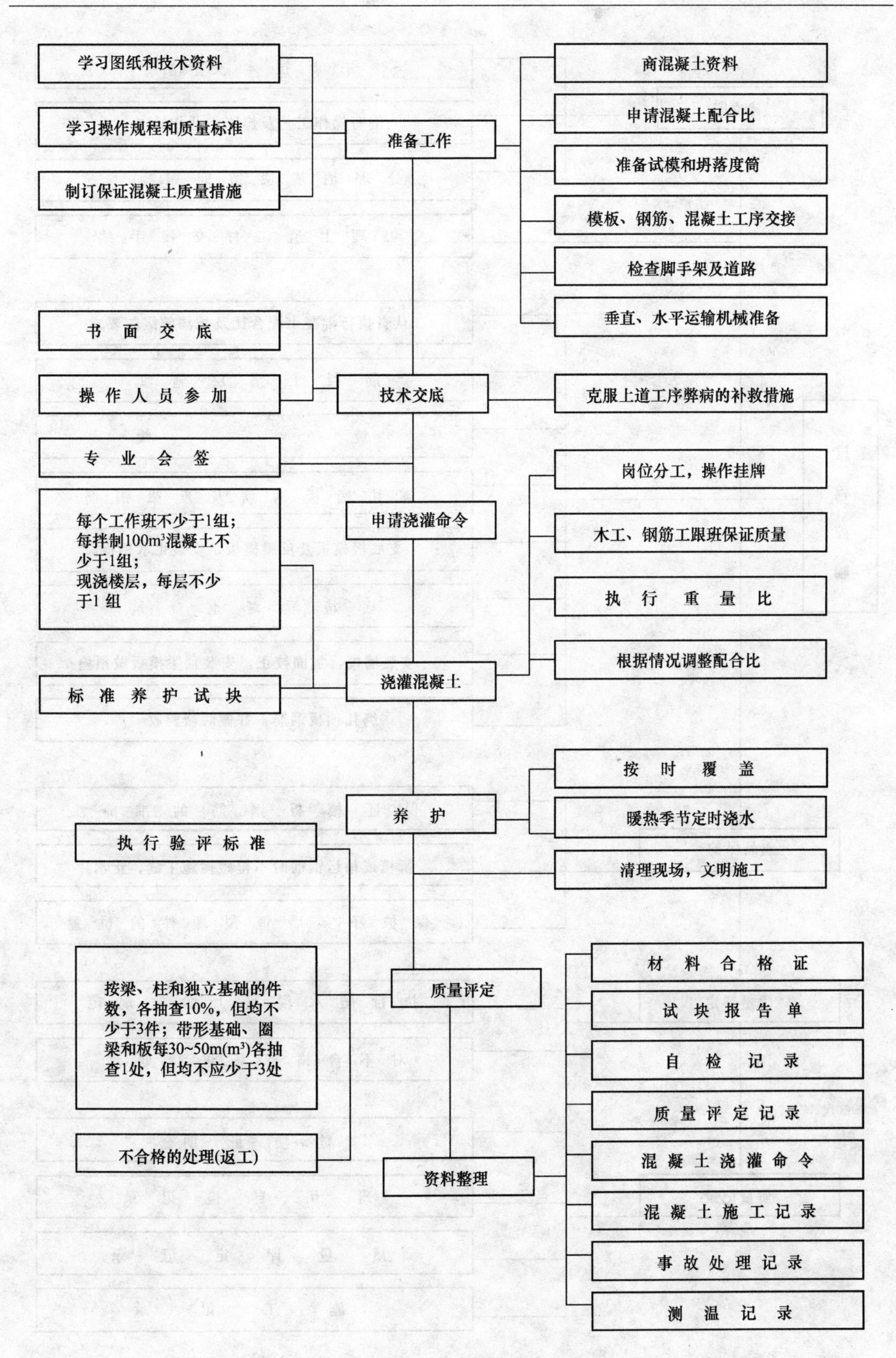


图 7-6 混凝土工程质量程序控制表

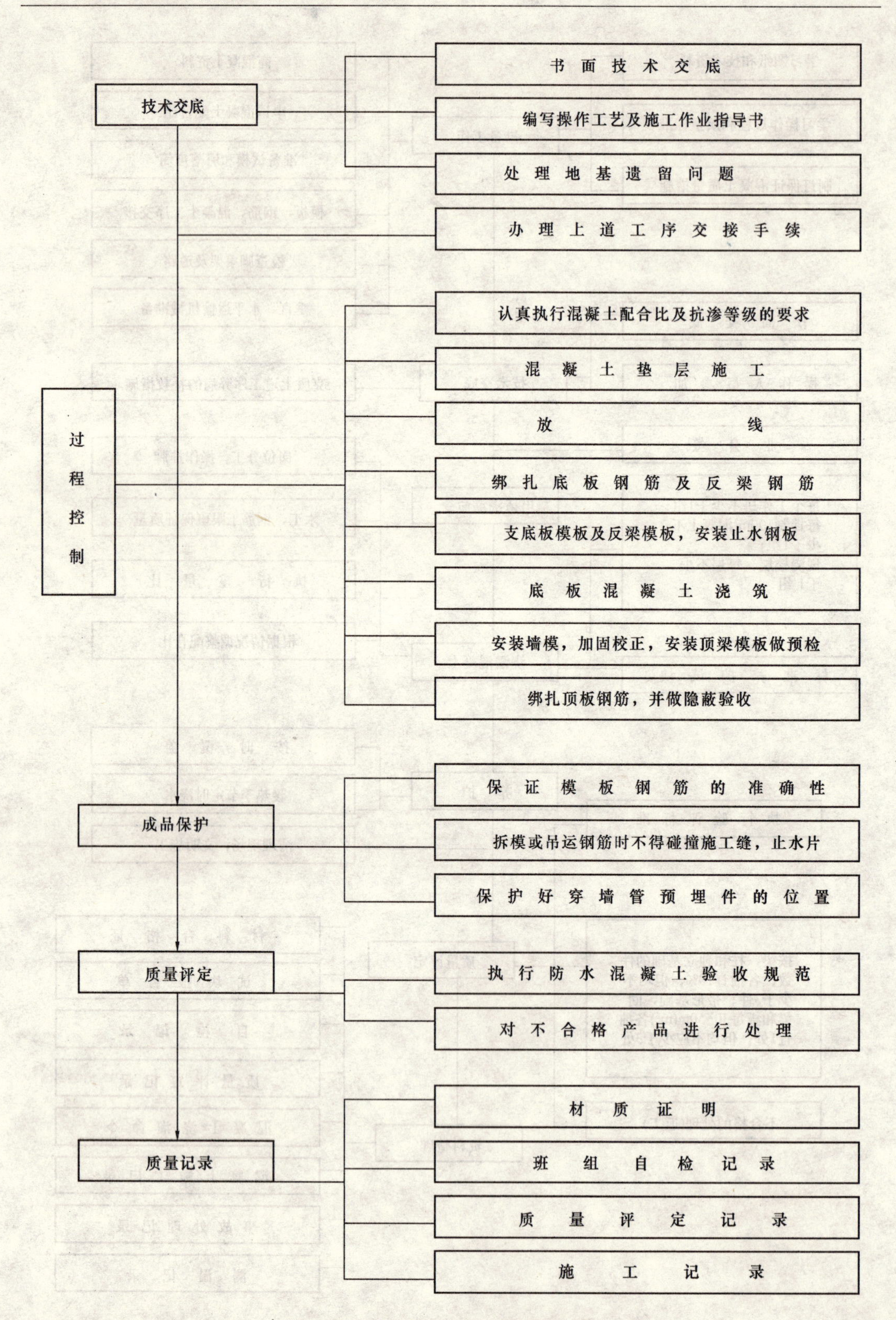


图 7-7　防水混凝土工程质量程序控制表

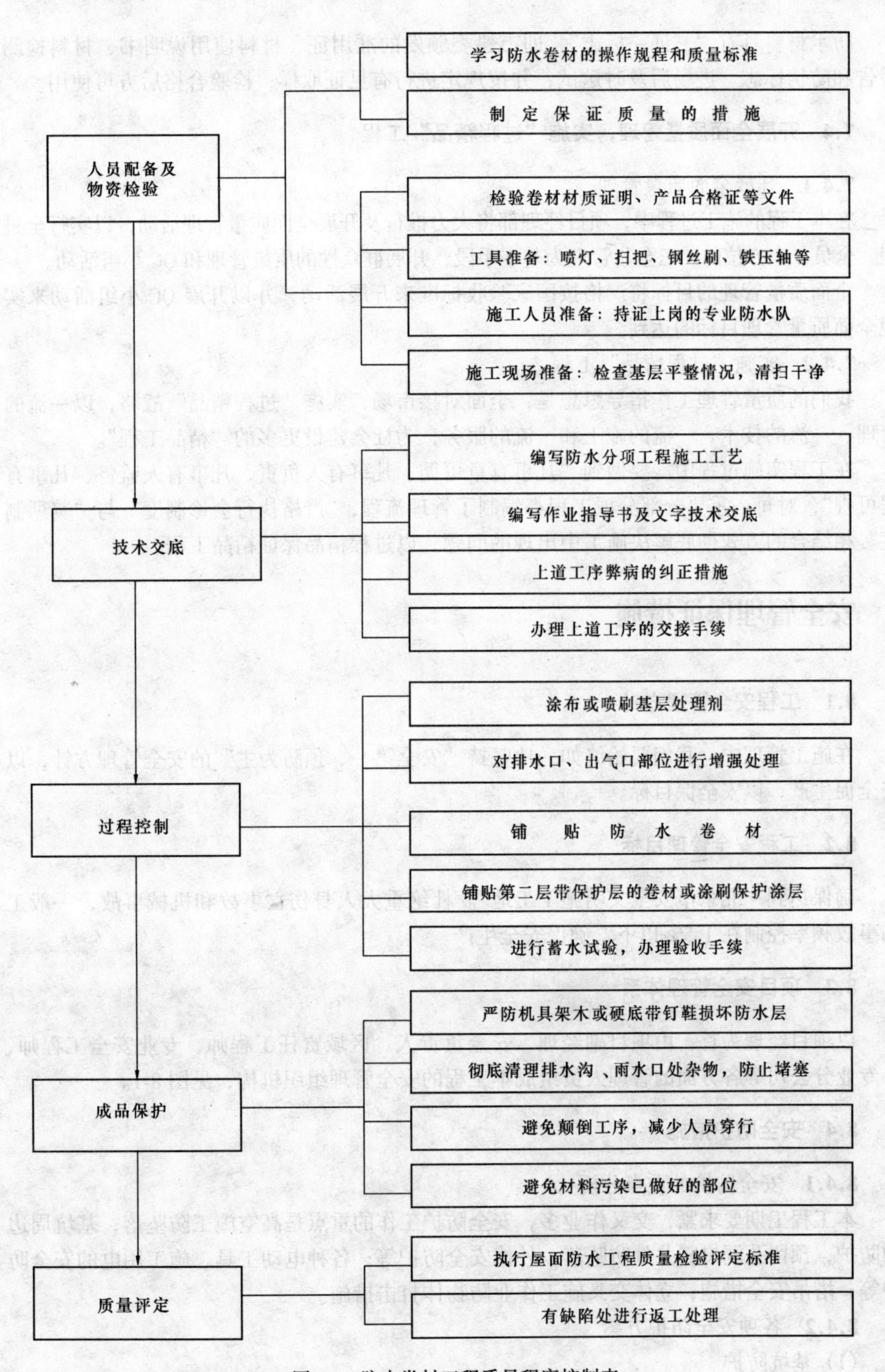


图 7-8 防水卷材工程质量程序控制表

防水材料具有“三证一标志”，即市建委颁发的准用证、材料使用说明书、材料检测报告和防伪标志。进场后及时送试，并按规定进行有见证取样，检验合格后方可使用。

### 7.4　开展全面质量管理，实施“过程精品”工程

#### 7.4.1　开展全面质量管理

在本工程的施工过程中，项目经理部将大力推行及开展全面质量管理活动，以实行全过程、全员、全方位的“三全”管理为基本手段，开展群众性的质量管理和QC小组活动。

全面质量管理的目标将严格按国家验收标准来开展活动，并以开展QC小组活动来实现全面质量管理目标的达到。

#### 7.4.2　实施“过程精品”工程

我们的质量管理工作指导思想是：全面对接市场，实施“过程精品”战略，以一流的管理、一流的技术、一流的施工和一流的服务，为社会建设更多的“精品工程”。

在工程实施过程中。要做到“凡事有章可循、凡事有人负责、凡事有人监督、凡事有据可查”，对每一重要分部分项工程都编制了管理流程，“严格执行会诊制度”与“奖惩制度”相结合的方式彻底解决施工中出现的问题，以过程精品保证精品工程。

## 8　安全管理保证措施

### 8.1　工程安全管理方针

在施工管理中，我们要始终如一地坚持“安全第一、预防为主”的安全管理方针，以安全促生产，以安全保目标。

### 8.2　工程安全管理目标

确保达到“北京市安全文明施工工地”。杜绝重大人身伤亡事故和机械事故，一般工伤事故频率控制在1.5‰以下，确保安全生产。

### 8.3　项目安全管理体系

以项目经理为首，由项目副经理、安全负责人、区域责任工程师、专业安全工程师、各专业分公司等各方面的管理人员组成本工程的安全管理组织机构，见图8-1。

### 8.4　安全防护措施

#### 8.4.1　安全防护的重点分析

本工程工期要求紧，交叉作业多，安全防护工作的重点是高空施工防坠落；基坑周边的防护，预留孔洞口竖井处防坠落；外檐安全防护等；各种电动工具、施工用电的安全防护等；塔吊安全措施；立体交叉施工作业防物体打击措施。

#### 8.4.2　各项安全防护方案

(1) 基坑防护

在±0.00以下施工阶段，采用$\phi$48钢管设置1.2m高防护栏杆，内部挂设绿色安全

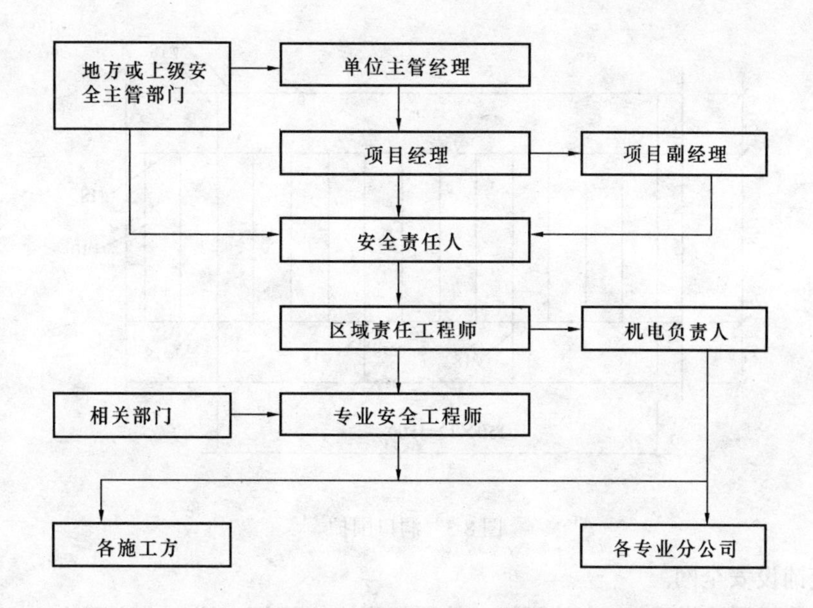


图 8-1 项目安全管理体系

网，防护栏杆设置横杆，立杆间距不超过 2m，钢管上刷红白相间的警示标记。在基坑内设置上下坡道。坡道架子采用 $\phi$48 钢管搭设，坡道用 50mm 厚木板铺设，上钉防滑条，间距不超过 300mm。

(2) 临边防护

防护栏杆由上下两道横杆及栏杆柱组成。上杆距地高度为 1.0～1.2m，下杆离地高度为 0.5～0.6m。横杆长度大于 2m 时，必须设置栏杆柱，见图 8-2。

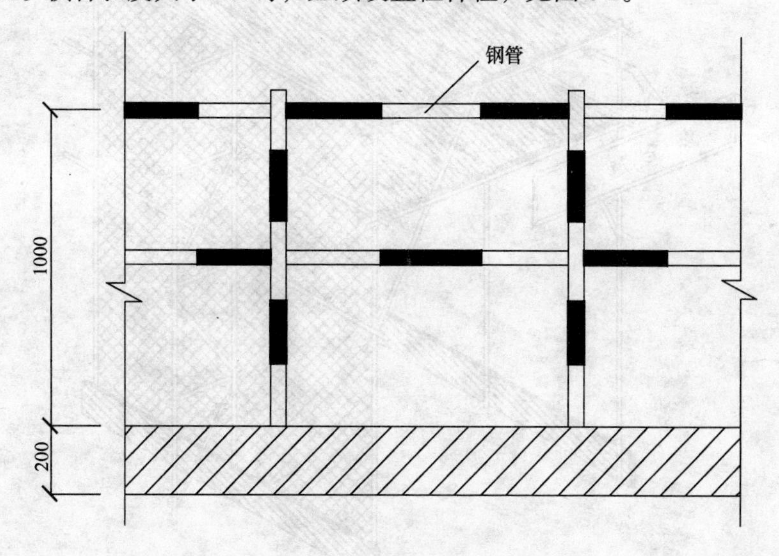


图 8-2 临边防护

(3) 洞口防护

边长为 25～50cm 的洞口，用坚实的木板盖，盖板应能防止挪动、移动，并用标识。

边长为 50～150cm 的洞口，四周设防护栏杆，具体做法同临边防护。边长大于 150cm

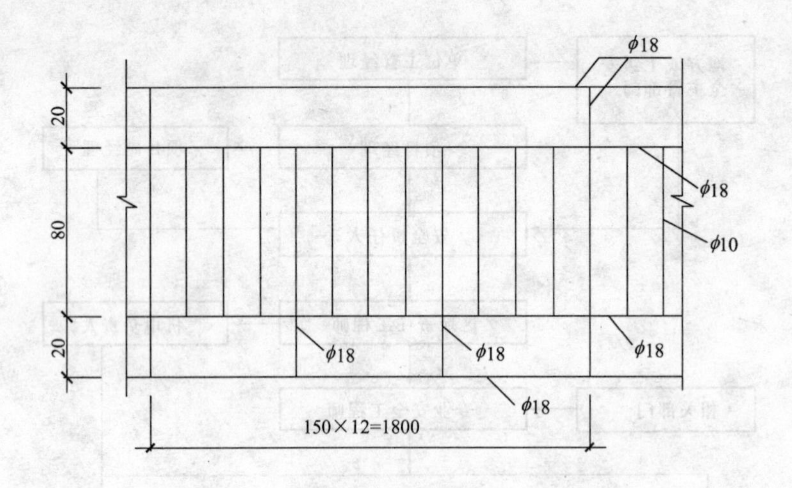


图 8-3　洞口围护

的洞口还应铺设安全网。

(4) 建筑物周边设置 6m 宽外围架，外围架设安全平网一道。在主要出入口处设防护通道。防护通道长度大于 3m，宽度大于洞口 50cm，两侧用密目安全网封闭，上部设置两道木板防护，两道防护层间的距离为 50cm，见图 8-4 ~ 图 8-6。

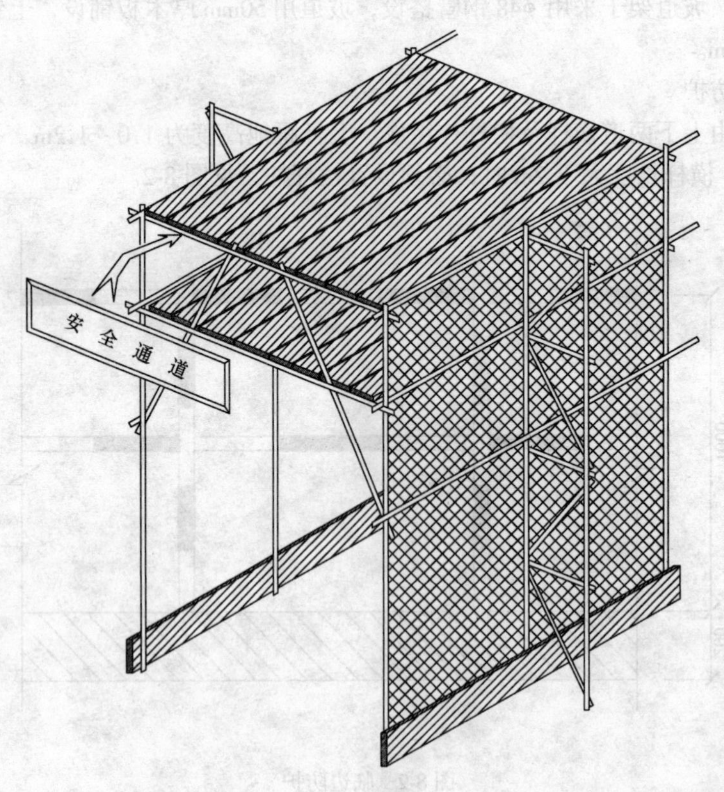


图 8-4　安全通道

(5) 机械设备的安全使用

本工程有塔吊两台、施工电梯两部、混凝土输送泵两台、中小型机械设备若干，要消

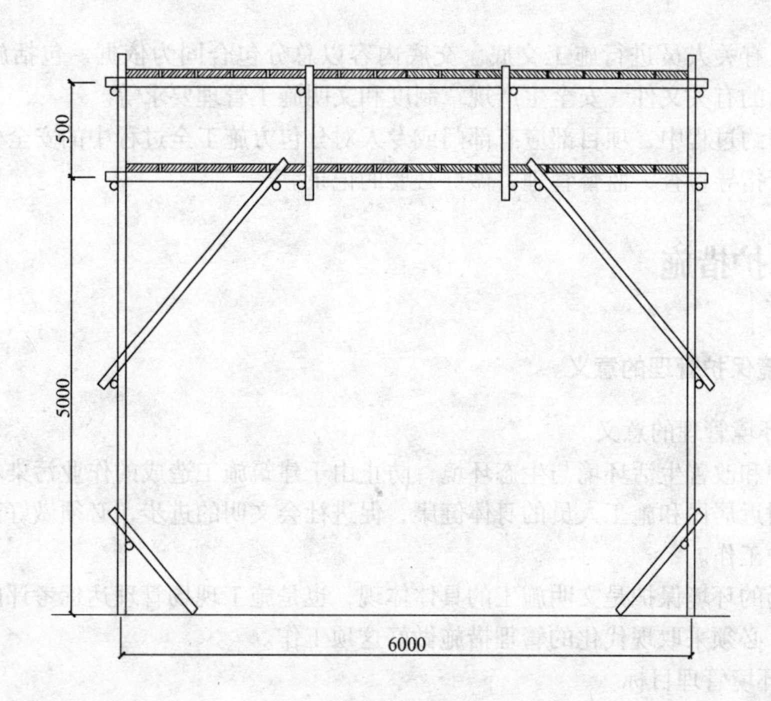


图 8-5 安全防护

除机械伤害事故，重视机械的安全使用是十分重要的。机械在使用中应严格遵守安全操作规程。

## 8.5 分包方的安全管理

### 8.5.1 总则

施工现场安全生产的有效实施，同各分包方的参与和密切配合是分不开的，特别是分包队伍的素质和履约能力。

### 8.5.2 分包合同要求

必须严格执行先签合同，后组织进行施工的原则。

合同中明确总包与分包的权利、义务。对违反分包合同要求的制约措施，不能与总合同的规定相矛盾。

在签订分包合同时，应同时签订有关的附件，如安全生产、治安消防等，并注意责、权、利一致。

分包合同中应含安全奖罚细则，原则参照工程项目部所制定的奖罚条款执行；如果有异议，可由双方平等协商制定。

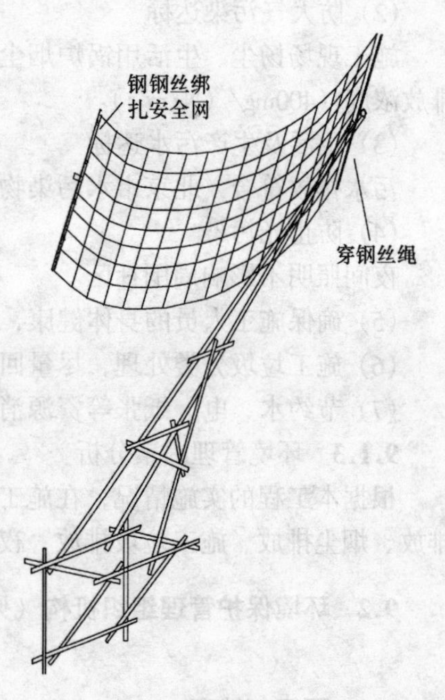


图 8-6 安全网

### 8.5.3 合同履约控制

合同规定应由总包提供的材料、设备、工具及生活设施，总包必须在分包进场前做好落实工作。

当分包队伍进入现场，正式开始施工前，应由项目经理或执行经理组织有关人员向分包方负责人及有关人员进行施工交底。交底内容以总分包合同为依据，包括施工技术文件、安全体系的有关文件、安全生产规章制度和文明施工管理要求等。

在合同履约过程中，项目部应有部门或专人对分包方施工全过程中的安全生产、文明施工情况进行指导检查，监督管理，做好必要的记录。

# 9　环境保护措施

## 9.1　环境保护管理的意义

### 9.1.1　环境管理的意义

为了保护和改善生活环境与生态环境，防止由于建筑施工造成的作业污染和扰民，保障建筑工地附近居民和施工人员的身体健康，促进社会文明的进步，必须做好建筑施工现场的环境保护工作。

施工现场的环境保护是文明施工的具体体现，也是施工现场管理达标考评的一项重要指标，所以，必须采取现代化的管理措施做好这项工作。

### 9.1.2　环境管理目标

(1) 噪声排放达标

结构施工：昼间 $<70$dB，夜间 $<55$dB；

装修施工：昼间 $<65$dB，夜间 $<55$dB。

(2) 防大气污染达标

施工现场扬尘、生活用锅炉烟尘的排放符合要求（扬尘达到国家二级排放规定，烟尘排放浓度（400mg/（N·$m^3$））。

(3) 生活及生产污水达标

污水排放符合《北京市水污染物排放标准》。

(4) 防止光污染

夜间照明不影响周围社区。

(5) 确保施工人员的身体健康，防止疫病蔓延。

(6) 施工垃圾分类处理，尽量回收利用。

(7) 节约水、电、纸张等资源消耗，节约资源，保护环境。

### 9.1.3　环境管理因素分析

根据本工程的实施情况，在施工过程中出现的环境管理因素主要有：噪声排放、粉尘排放、烟尘排放、施工垃圾排放、夜间照明污染和卫生防疫。

## 9.2　环境保护管理组织机构（见图 9-1）

## 9.3　职责与流程

### 9.3.1　职责

单位主管经理：主管单位的环境管理工作。

主管部门：负责单位环境管理体系的建立及运行、监督、管理工作。

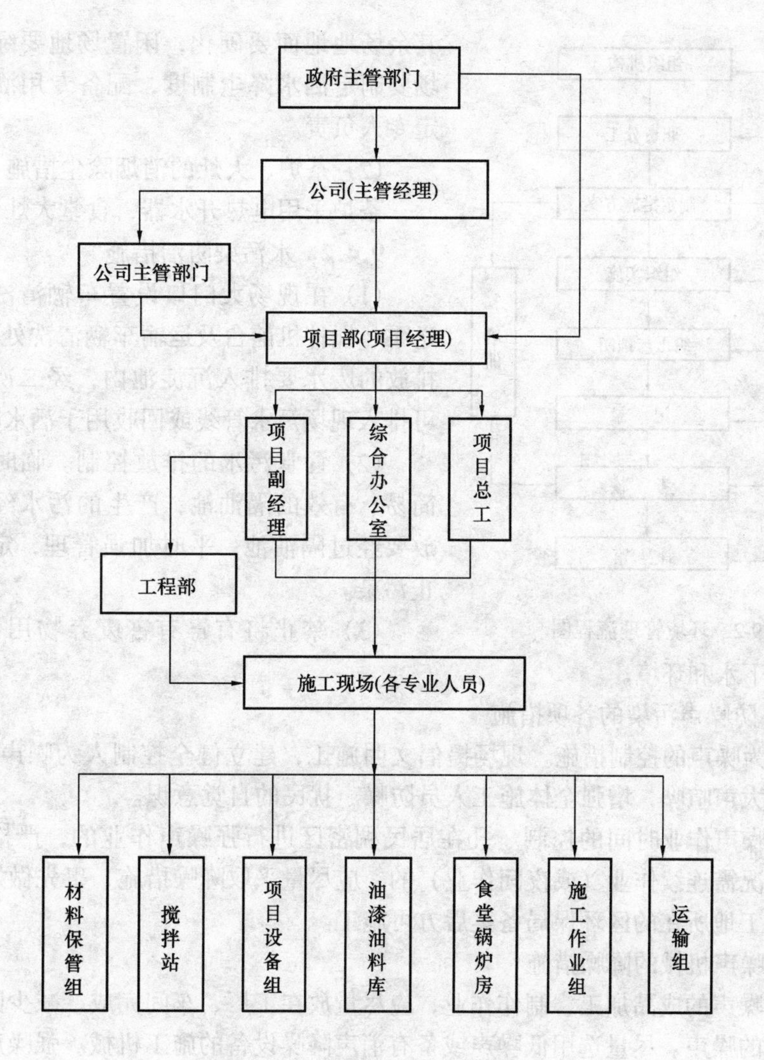


图 9-1 环境管理组织机构图

项目部：负责环境管理制度和方案的实施工作。

项目经理：对项目部环境管理体系的运行工作总负责。

项目副经理：具体负责项目部环境管理方案和措施的落实工作。

项目总工：负责根据项目部的具体情况制定相应的环境管理方案和措施。

工程技术部：项目经理部实施环境管理的主管部门。

综合办公室：项目经理部实施环境管理的协助部门。

**9.3.2** 环境管理流程图（见图 9-2）

## 9.4 环境管理的实施方案及措施

### 9.4.1 施工现场防大气污染措施

(1) 防扬尘措施

施工垃圾使用封闭的专用垃圾道或采用容器吊运，严禁随意凌空抛撒，造成扬尘。施工现场要在施工前做的施工道路规划和设置，尽量利用设计中永久性的施工道路。路面及

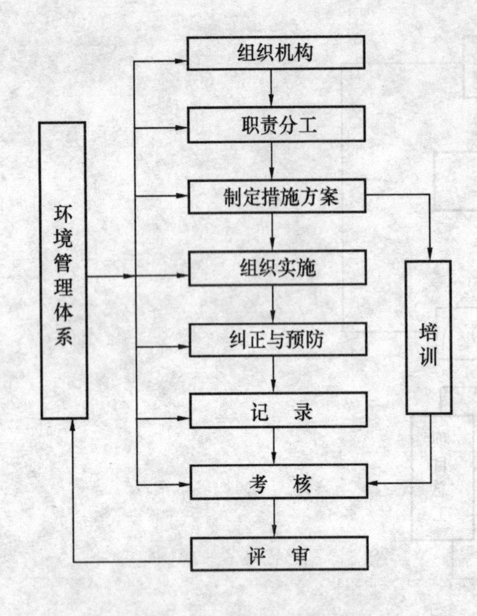


图 9-2　环境管理流程图

其余场地地面要硬化，闲置场地要绿化。施工现场要制定洒水降尘制度，配备专用洒水设备及指定专人负责。

(2) 茶炉、大灶的消烟除尘措施

茶炉采用电热开水器，食堂大灶使用液化气。

**9.4.2**　水污染防治措施

(1) 在现场大门口设置车辆清洗处。现场输送泵、搅拌机前台及运输车辆清洗处设置沉淀池。排放的废水要排入沉淀池内，经二次沉淀后，方可排入现场污水管线或回收用于洒水降尘。

(2) 食堂污水的排放控制。临时食堂要设置简易、有效的隔油池，产生的污水经下水管道排放要经过隔油池。平时加强管理，定期掏油，防止污染。

(3) 禁止将有毒有害废弃物用做土方回填，以免污染地下水和环境。

**9.4.3**　防噪声污染的各项措施

(1) 人为噪声的控制措施。现场提倡文明施工，建立健全控制人为噪声的管理制度，减少人为的大声喧哗，增强全体施工人员防噪声扰民的自觉意识。

(2) 强噪声作业时间的控制。凡在居民稠密区进行强噪声作业的，严格控制作业时间。特殊情况需连续作业（或夜间作业）的，应尽量采取降噪措施，事先做好周围群众的工作，并报工地所在的区环保局备案后方可施工。

(3) 强噪声机械的降噪措施

产生强噪声的成品加工、制作作业，应尽量放在工厂、车间完成，减少因施工现场加工制作产生的噪声。尽量选用低噪声或备有消声降噪设备的施工机械。强噪声机械要设置封闭的机械棚，以减少强噪声的扩散。

# 10　文明施工管理保证措施

## 10.1　文明施工管理目标

施工现场做到“两型五化”。两型：安全文明型、卫生环保型；五化：亮化、硬化、绿化、美化、净化。

## 10.2　文明施工管理机构及运行程序

**10.2.1**　建立工地文明施工领导小组

施工现场成立以项目经理为组长的文明施工领导小组，项目其他领导及成员分别担任副组长和成员。

**10.2.2**　安全文明施工管理组织机构图（见图 10-1）

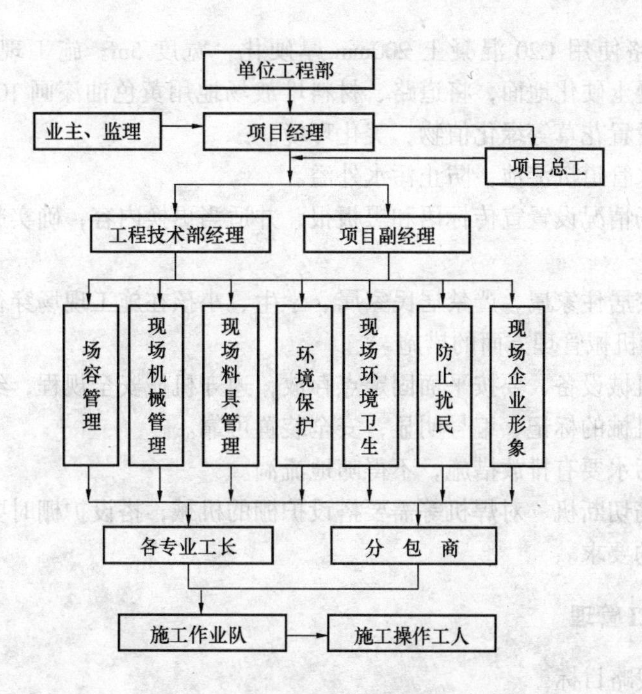


图 10-1 安全文明施工管理组织机构图

## 10.3 现场管理原则

### 10.3.1 进行动态管理

现场管理必须以施工组织设计中的施工总平面布置和当地政府及主管部门对场容的有关规定及依据，进行动态管理。

### 10.3.2 建立岗位责任制

按专业分工种实行现场管理岗位责任制，把现场管理的目标进行分解，落实到有关专业和工种，这是实施文明施工岗位责任制的基本任务。

### 10.3.3 勤于检查，及时整改

对文明施工的检查工作要从工程开工做起，直到竣工交验为止。

## 10.4 现场文明施工管理措施

### 10.4.1 现场场容管理方面的措施

施工工地的大门门柱为正方形，490mm×490mm，高度为2.5m，大门采用 $\phi50$ 钢管及0.5mm厚薄钢板焊接制作。

除原有围墙外，施工现场周围使用2m高压型钢板（0.6~0.8mm厚）围挡，并涂刷宣传画或标语。

在现场入口的显著位置设立北京市建设行政主管部门规定的“七牌一图”，内容包括现场施工总平面图、总平面管理，安全生产、文明施工，环境保护、质量控制、材料管理等规章制度和主要参建单位名称和工程概况等情况。

建立文明施工责任制，划分区域，明确管理负责人，实行挂牌制，做到现场清洁、整齐。

现场主要道路使用C20混凝土200mm厚硬化，宽度5m。施工现场未硬化部分用100mm厚C15混凝土硬化地面，将道路、材料堆放场地用黄色油漆画10cm宽黄线予以分割，在适当位置设置花草等绿化值物，美化环境。

修建场内排水管道沉淀池，防止污水外溢。

针对施工现场情况设置宣传标语和黑板报，并适当更换内容，确实起到鼓舞士气、表扬先进的作用。

施工现场严禁居住家属，严禁居民家属、学生、小孩在施工现场穿行、玩耍。

#### 10.4.2　现场机械管理方面的措施

现场使用的机械设备，要按平面固定点存放，遵守机械安全规程，经常保持机身等周围环境的清洁。机械的标记、编号明显，安全装置可靠。

机械排出的污水要有排放措施，不得随地流淌。

搅拌机、钢筋切断机、对焊机等需要搭设护棚的机械，搭设护棚时要牢固、美观，符合施工平面布置的要求。

### 10.5　现场CI管理

#### 10.5.1　CI战略目标

CI战略目标：创建文明卫生施工现场，争创名牌工程。

CI战略作为工程项目管理的一项重要内容，从树立企业形象整体出发，规范员工行为，促进施工过程中的质量、安全、文明及卫生等方面的管理标准化，保证项目管理目标的实现。

#### 10.5.2　CI战略目标的实施阶段

现场CI策划围绕总体目标，分为规划阶段、实施阶段和检查验收阶段三部分进行：

(1) 现场CI规划阶段：围绕总体目标，并结合现场实际环境，内部组建现场CI工作领导小组和现场CI工作执行小组，确定现场CI目标及实施计划。

(2) 现场CI实施阶段：保证CI工作实施，由CI执行小组按照现场CI策划总体设计要求落实责任具体实施，工作内容主要包括：施工平面CI总体策划，员工行为规范，着装要求，现场外貌视觉策划，主题工程CI整体策划等方面。

(3) 现场CI检查验收阶段：CI工作检查分局部和整体效果进行质量目标检查验收，从理念、行为到视觉识别，深化到用户满意理念，提高内在素质，保证外在效果。推动“创建优质工程，争创名牌工程”目标的实现。

## 11　现场消防保卫管理措施

### 11.1　施工现场消防管理

#### 11.1.1　成立现场义务消防组织机构（见图11-1）

消防安全工作领导小组：针对本项目成立消防安全工作领导小组，以项目经理为组长，项目安全负责人为副组长，各施工工长、施工队队长、现场保安员为组员。

**11.1.2**　加强防火教育

(1) 现场要有明显的防火宣传标志，每月对职工进行一次防火教育，定期组织防火检查，建立防火工作档案。

(2) 电工、焊工从事电气设备安装和电、气焊切割作业，要有操作证和用火证。动火前，要清除附近易燃物，配备看火人员和灭火用具。用火证当日有效，动火地点变换，要重新办理用火证手续。

(3) 施工材料的存放、保管，应符合防火安全要求，库房应用非燃材料支搭。易燃易爆物品应专库储存，分类单独存放，保持通风。用火符合防火规定。

(4) 保温材料的存放与使用，必须采取防火措施。

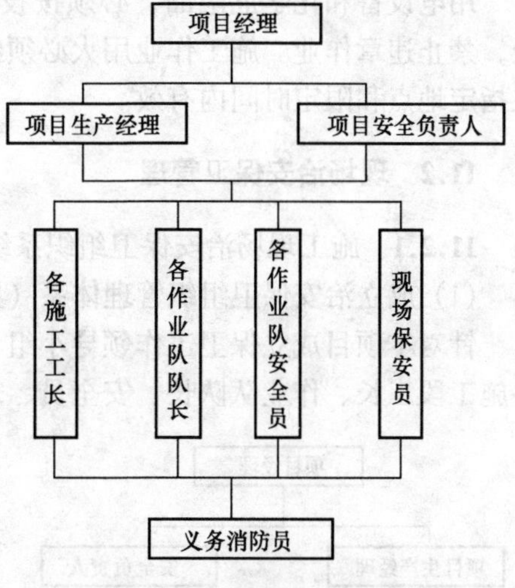

图 11-1　现场义务消防组织机构

**11.1.3**　消防安全措施

(1) 机电设备

受压容器应配备相应的安全阀、压力表，并避免暴晒、碰撞；氧气瓶严防沾染油脂；氧炔燃焊割，必须有防止回火的安全装置。

(2) 油漆工

类油漆或其他易燃、有毒材料，存放在专用库房内，不得与其他材料混放。挥发性油料应装入密闭容器内，妥善保管。

库房应通风良好，不准住人，并设置消防器材和“严禁烟火”明显标志。库房与其他建筑物应保持一定的安全距离。

(3) 焊接工程

1) 电焊工

电焊机外壳必须接地良好，其电源的装拆应由电工进行。工作结束应切断焊机电源，并检查操作地点，确认无火灾隐患后，方可离开。

2) 气焊工

气焊操作人员必须遵守安全使用危险品的有关规定。氧气瓶与乙炔瓶所放的位置，距火源不得少于10m。乙炔瓶要放在空气流通好的地方，严禁放在高压线下面，要立放固定使用，严禁卧放使用。

(4) 防水作业

皮肤病、眼结膜病以及对防水材料严重过敏的工人不得从事防水作业。装卸、搬运、施工时必须使用规定的防护用品，皮肤不得外露。在地下室、池壁内等处进行防水施工，应定时轮换间歇，增设换气扇或抽风机。防水施工设置明显警戒标志，施工范围内不得有电气焊作业、明火作业。防水施工时，现场要配备灭火器。

(5) 可燃可爆物资存放与管理

施工材料的存放、保管，应符合防火安全要求，库房应用非燃材料搭设。易燃易爆物品应专库储存，分类单独存放，保持通风。用易燃易爆物品，必须严格防火措施，指定防火负责人，配备灭火器材，确保施工安全。

(6) 明火作业

用电设备和化学危险品，必须按技术规范和操作规程，严格防火措施，确保施工安全，禁止违章作业。施工作业用火必须经保卫部门审批，领取用火证方可作业。用火证只在指定地点和限定时间内有效。

## 11.2 现场治安保卫管理

### 11.2.1 施工现场治安保卫组织系统

(1) 成立治安保卫组织管理体系（见图 11-2）

针对本项目成立保卫工作领导小组，以项目经理为组长，项目安全负责人为副组长，各施工段工长、作业队队长、安全员、现场保安为组员。

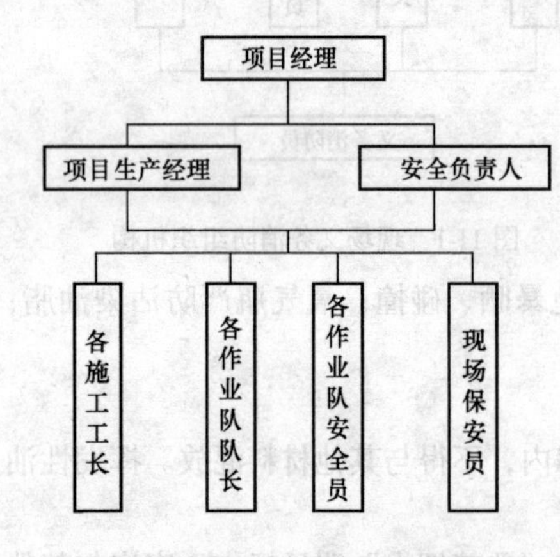


图 11-2 治安保卫组织系统

(2) 职责与任务

1) 定期分析施工人员的思想状况，做到心中有数。

2) 定期对职工进行保卫教育，提高思想认识，一旦发生灾害事故，做到召之即来，团结奋斗。

### 11.2.2 治安保卫措施

根据北京市建设工程施工现场保卫工作基本标准的要求，结合本工程的实际情况，为预防各类盗窃、破坏案件的发生，特制定本工程的保卫工作方案。

(1) 本工程设立由 10 人组成的保卫领导小组，由本工程项目经理任组长，全面负责领导工作，安全负责人任副组长，其他成员由施工工长、各施工队队长和安全员组成。

(2) 加强对劳务分包人员的管理，掌握人员底数，掌握每个人的思想动态，及时进行教育，把事故消灭在萌芽状态。

(3) 施工现场必须按照“谁主管、谁负责”的原则，由党政主要领导干部负责保卫工作。由业主指定分包队伍，仍由总包负责保卫工作，总包与分包签订保卫工作责任书，各分包单位接受总包单位的统一领导和监督检查。

### 11.2.3 现场保卫定期检查

根据本项目实际每周对现场保卫工作进行一次检查，并按期进行复查。检查内容如下：

(1) 加强对全体施工人员的管理，掌握各施工队伍人员底数，检查各队的职工“三证”是否齐全，无证人员、非施工人员立即退场，并对施工队负责人进行处罚。

(2) 加强对职工的思想政治教育，在施工场内严禁赌博酗酒，传播淫秽物品和打架斗殴。

(3) 现场保卫值班人员必须佩戴袖标上岗，门卫及值班人员记录完整、明确。

### 11.2.4 门卫值班记录

(1) 外来人员联系业务或找人，门卫必须先验明证件，进行登记后方可进入工地。

(2) 门卫值班每天记录完整清楚，值班人员上班时不得睡觉、喝酒，不得随意离开岗位，发现问题及时向主管领导报告。

（3）进入工地的材料，门卫值班人员必须进行登记，注明材料规格、品种、数量、车的种类和车号。

# 12 经济效益分析

## 12.1 经济效益分析

### 12.1.1 钢筋滚轧直螺纹接头材料节余

根据设计要求，直径大于20mm的钢筋采用滚轧直螺纹接头的方式，符合条件的钢筋统计如下，接头数量按照定额标准考虑8m/个，钢筋数量及接头数量详细统计见表12-1。

**钢筋接头数量统计表** **表12-1**

| 序 号 | 钢筋级别 | 钢筋规格 | 钢筋总量（t） | 钢筋表观密度（kg/m） | 接头数量（个） | 备 注 |
|---|---|---|---|---|---|---|
| 1 | HRB335级钢 | 20 | 5 | 2.47 | 253 | |
| 2 | | 22 | | 2.99 | | |
| 3 | | 25 | | 3.86 | | |
| 4 | | 28 | | 4.84 | | |
| 5 | HRB400级钢 | 20 | 257 | 2.47 | 13006 | |
| 6 | | 22 | 175 | 2.99 | 7316 | |
| 7 | | 25 | 1415 | 3.86 | 45823 | |
| 8 | | 28 | 210 | 4.84 | 5424 | |

经过市场调查，2004年3～10月钢筋平均价格及滚轧直螺纹接头平均价格分别见表12-2～表12-6。

**2004年3～10月钢材平均价格表** **表12-2**

| 时 间 | 钢筋级别 | 钢筋规格 | 钢筋平均价格（元/t） | 备 注 |
|---|---|---|---|---|
| 2004年3～10月 | HRB335级钢 | 15～24 | 3480.00 | |
| | | 25以上 | 3470.00 | |
| | HRB400级钢 | 15～24 | 3610.00 | |
| | | 25以上 | 3600.00 | |

**2004年3～10月滚轧直螺纹信息价统计表** **表12-3**

| 时 间 | 接头规格 | 接头价格（元/个） | 备 注 |
|---|---|---|---|
| 2004年3～10月 | 16 | 4.30 | |
| | 18 | 4.80 | |
| | 20 | 5.30 | |
| | 22 | 6.20 | |
| | 25 | 6.80 | |
| | 28 | 8.70 | |
| | 32 | 8.90 | |

纵向受拉钢筋抗震锚固长度（$l_{aE}$）统计表　　表 12-4

| 等级 钢筋种类与直径 \ 混凝土强度与抗震等级 | | | C30 | | C35 | | ≥C40 | |
|---|---|---|---|---|---|---|---|---|
| | | | 1、2 级抗震 | 3 级抗震 | 1、2 级抗震 | 3 级抗震 | 1、2 级抗震 | 3 级抗震 |
| HRB335 级钢 | 普通钢筋 | $d \leqslant 25$ | $34d$ | $31d$ | $31d$ | $29d$ | $29d$ | $26d$ |
| | | $d > 25$ | $38d$ | $34d$ | $34d$ | $31d$ | $32d$ | $29d$ |
| HRB400 级钢 | 普通钢筋 | $d \leqslant 25$ | $41d$ | $37d$ | $37d$ | $34d$ | $34d$ | $31d$ |
| | | $d > 25$ | $45d$ | $41d$ | $41d$ | $38d$ | $38d$ | $34d$ |

纵向受拉钢筋绑扎搭接长度 $l_{aE}$、$l_l$ 关系表　　表 12-5

| 纵向受拉钢筋绑扎搭接长度 $l_{aE}$、$l_l$ | | 注： |
|---|---|---|
| 抗　震 | 非抗震 | ①当不同直径的钢筋搭接时，其 $l_lE$ 与 $l_l$ 值按较小的直径计算。<br>②在任何情况下 $l_l$ 不得小于 300mm。 |
| $l_lE = l_{aE}$ | $l_l = \zeta l_a$ | ③式中 ζ 为搭接长度修正系数。 |

纵向受拉钢筋搭接长度修正系数 ζ 取值表　　表 12-6

| 纵向受拉钢筋搭接长度修正系数 ζ | | | |
|---|---|---|---|
| 纵向钢筋搭接接头面积百分率（%） | ≤25 | 50 | 100 |
| ζ | 1.2 | 1.4 | 1.6 |

遵照设计要求，按照规范规定，滚轧直螺纹钢筋接头为 A 级接头，但在日常施工当中，钢筋搭接接头面积百分率仍按 50%考虑，钢筋搭接长度修正系数 ζ 取 1.4。

根据武警总医院钢筋及混凝土的数量、强度等级，钢筋节余情况如下：

HRB335 级钢节余情况：

$\phi$20 钢筋，混凝土强度等级 C30：$0.020 \times 34 \times 1.4 \times 2.47 \times 3.48 - 5.30 = 8.18 - 5.30 = 2.88$ 元，总计金额：$2.88 \times 253 = 728.64$ 元。

HRB400 级钢节余情况：

$\phi$20 钢筋，混凝土强度等级 C35：$0.020 \times 37 \times 1.4 \times 2.47 \times 3.61 - 5.30 = 9.24 - 5.30 = 3.94$ 元，总计金额：$3.94 \times 13006 = 51243.64$ 元。

$\phi$22 钢筋，混凝土强度等级 C40：$0.022 \times 34 \times 1.4 \times 2.99 \times 3.61 - 6.20 = 11.30 - 6.20 = 5.10$ 元，总计金额：$5.10 \times 7316 = 37311.60$ 元。

$\phi$25 钢筋根据实际使用情况，用在底板钢筋和底部柱筋较多。这样，底板和柱筋按三段，分别按 30%考虑。

$\phi$25 钢筋，混凝土强度等级 C35：$0.025 \times 37 \times 1.4 \times 3.86 \times 3.60 - 6.80 = 18.00 - 6.80 = 11.20$ 元，总计金额：$11.20 \times 45823 \times 30\% = 153965.28$ 元。

$\phi$25 钢筋，混凝土强度等级 C40：$0.025 \times 34 \times 1.4 \times 3.86 \times 3.60 - 6.80 = 16.54 - 6.80 = 9.74$ 元，总计金额：$9.74 \times 45823 \times 50\% = 133894.81$ 元。

$\phi$25 钢筋，混凝土强度等级 C45：$0.025 \times 34 \times 1.4 \times 3.86 \times 3.60 - 6.80 = 16.54 - 6.80 = 9.74$ 元，总计金额：$9.74 \times 45823 \times 30\% = 133894.81$ 元。

$\phi$28 钢筋，混凝土强度等级 C35：$0.028 \times 41 \times 1.4 \times 4.84 \times 3.60 - 8.70 = 28.00 - 8.70 =$

19.30元，总计金额：$19.30 \times 5424 = 104683.20$元。

HRB335级钢节余金额：728.64元。

HRB400级钢节余金额：$51243.64 + 37311.60 + 153965.28 + 133894.81 + 133894.81 + 104683.20 = 614993.34$元。

钢筋节余合计：$728.64 + 614993.34 = 615721.98$元。

### 12.1.2 大型机械和料具租赁费用节余

一个工程大型机械和租赁料具的费用累计到每天是一笔不小的费用，晚进场一天，早退场一天，及时报停一天，都可以为工程节余一笔不菲的费用。几种主要的大型机械和料具每天的租赁费用统计见表12-7。

大型机械和租赁料具价格统计表　　表12-7

| 序号 | 机械或料具名称 | 机械或料具数量 | 租赁费单价（元/d） | 租赁费合价（元/d） |
|---|---|---|---|---|
| 1 | FO/23B塔吊 | 1台 | 1200 | 1200 |
| 2 | QTZ6016塔吊 | 1台 | 1300 | 1300 |
| 3 | SCD2000施工电梯 | 2台 | 400 | 800 |
| 4 | 普通钢管 | 500t | 3.9 | 1950 |
| 5 | 腕扣钢管 | 260t | 5.2 | 1352 |
| 6 | 扣　件 | 42000个 | 0.012 | 504 |
| 7 | U形托 | 15000个 | 0.05 | 750 |
| 8 | 跳　板 | 2400块 | 0.15 | 360 |

大型机械每天的租赁费用合计：$1200 + 1300 + 400 + 400 = 3300$元/d。

各种料具每天的租赁费用合计：$1950 + 1352 + 504 + 750 + 360 = 4916$元/d。

项目部在制订大型机械和料具租赁合同时，合同中注明春节期间报停30d，租赁费用不计取。通过工序的安排和调整，塔吊进出场时间节余了16d。

料具租赁考虑进出场是分期分批进场，按全额的50%计取。料具进场安排尽可能不在现场积压，料具出场通过专门的安排，专人负责。做到及时拆除，及时修整，及时退场。通过采取以上各种措施，料具租赁节余时间19d。

这样一来，大型机械和料具租赁节余的费用合计为：

$3300 \times 46 + 4916 \times 50\% \times 19 = 151800 + 46702 = 198502.00$元

### 12.1.3 综合费用分析

综合以上两项费用节余汇总，累计的费用合计为：

$615721.98 + 198502.00 = 814223.98$元

折合成平方米造价：$814223.98 \div 46957 = 17.34$元/$m^2$

即每平方米节余17.34元。通过采取各种费用节余措施，首先是为公司创造了直接的经济效益，其次提高了项目的整体管理水平。除去以上两种节余措施外，前面所述其他各项措施，也为项目和公司节余了不等的费用，创造了经济效益，此处不再赘述。

加强成本管理，经常检查各成本中心的成本控制情况，检查成本控制责、权、利的落实情况，分析成本目标，提高项目和企业管理的综合水平，这是每个总承包商今后发展的必经之路。